国家电网有限公司

技能人员专业培训教材

继电保护及自控装置运维

（330kV 及以上）上册

国家电网有限公司　组编

图书在版编目（CIP）数据

继电保护及自控装置运维．330kV 及以上：全 2 册 / 国家电网有限公司组编．—北京：中国电力出版社，2020.7

国家电网有限公司技能人员专业培训教材

ISBN 978-7-5198-3986-4

Ⅰ．①继…　Ⅱ．①国…　Ⅲ．①继电保护–电力系统运行–技术培训–教材　Ⅳ．①TM77

中国版本图书馆 CIP 数据核字（2019）第 244117 号

出版发行：中国电力出版社
地　　址：北京市东城区北京站西街 19 号（邮政编码 100005）
网　　址：http://www.cepp.sgcc.com.cn
责任编辑：王蔓莉（010-63412791）
责任校对：黄　蓓　郝军燕　李　楠　于　维
装帧设计：郝晓燕　赵姗姗
责任印制：石　雷

印　　刷：三河市百盛印装有限公司
版　　次：2020 年 7 月第一版
印　　次：2020 年 7 月北京第一次印刷
开　　本：710 毫米×980 毫米　16 开本
印　　张：88
字　　数：1694 千字
印　　数：0001—2000 册
定　　价：265.00 元（上、下册）

本书编委会

前　言

为贯彻落实国家终身职业技能培训要求，全面加强国家电网有限公司新时代高技能人才队伍建设工作，有效提升技能人员岗位能力培训工作的针对性、有效性和规范性，加快建设一支纪律严明、素质优良、技艺精湛的高技能人才队伍，为建设具有中国特色国际领先的能源互联网企业提供强有力人才支撑，国家电网有限公司人力资源部组织公司系统技术技能专家，在《国家电网公司生产技能人员职业能力培训专用教材》（2010 年版）基础上，结合新理论、新技术、新方法、新设备，采用模块化结构，修编完成覆盖输电、变电、配电、营销、调度等 50 余个专业的培训教材。

本套专业培训教材是以各岗位小类的岗位能力培训规范为指导，以国家、行业及公司发布的法律法规、规章制度、规程规范、技术标准等为依据，以岗位能力提升、贴近工作实际为目的，以模块化教材为特点，语言简练、通俗易懂，专业术语完整准确，适用于培训教学、员工自学、资源开发等，也可作为相关大专院校教学参考书。

本书为《继电保护及自控装置运维（330kV 及以上）》分册，共分为上下两册，由周丽芳、石连虎、陈剑、刘玙、蒋益恒、付晓奇、王焕金、李克峰、曹爱民、战杰、张冰、陶红鑫编写。在出版过程中，参与编写和审定的专家们以高度的责任感和严谨的作风，几易其稿，多次修订才最终定稿。在本套培训教材即将出版之际，谨向所有参与和支持本书籍出版的专家表示衷心的感谢！

由于编写人员水平有限，书中难免有错误和不足之处，敬请广大读者批评指正。

目　录

前言

上　册

第一部分　保护、安全自动装置的调试及维护

第一章　线路保护装置调试及维护 …… 2
　模块 1　110kV 及以下线路微机保护装置原理（Z11F1001 Ⅰ） …… 2
　模块 2　110kV 及以下线路微机保护装置调试的安全和技术措施（Z11F1002 Ⅰ） …… 19
　模块 3　110kV 及以下典型线路微机保护装置的调试（Z11F1003 Ⅰ） …… 24
　模块 4　220kV 线路微机保护装置原理（Z11F1004 Ⅱ） …… 31
　模块 5　220kV 线路微机保护装置调试的安全和技术措施（Z11F1005 Ⅱ） …… 47
　模块 6　220kV 典型线路微机保护装置的调试（Z11F1006 Ⅱ） …… 52
　模块 7　330kV 及以上线路微机保护装置原理（Z11F1010 Ⅱ） …… 63
　模块 8　330kV 及以上线路微机保护装置调试的安全和技术措施（Z11F1011 Ⅱ） …… 82
　模块 9　330kV 及以上典型线路微机保护装置的调试（Z11F1012 Ⅱ） …… 87
　模块 10　保护通道原理（Z11F1007 Ⅱ） …… 93
　模块 11　保护通道调试的安全和技术措施（Z11F1008 Ⅱ） …… 104
　模块 12　保护通道的调试（Z11F1009 Ⅱ） …… 108
第二章　变压器保护装置调试及维护 …… 142
　模块 1　330kV 及以上变压器微机保护装置原理（Z11F2001 Ⅱ） …… 142
　模块 2　330kV 及以上变压器保护装置调试的安全和技术措施（Z11F2002 Ⅱ） …… 153
　模块 3　330kV 及以上变压器微机保护装置的调试（Z11F2003 Ⅱ） …… 158

第三章　母线保护装置调试及维护 …… 166
模块 1　母线微机保护装置原理（Z11F3001Ⅱ） …… 166
模块 2　母线保护装置调试的安全和技术措施（Z11F3002Ⅱ） …… 181
模块 3　母线保护装置的调试（Z11F3003Ⅱ） …… 186
第四章　其他保护装置调试及维护 …… 197
模块 1　35kV 及以下电容器微机保护测控装置原理（Z11F4001Ⅰ） …… 197
模块 2　35kV 及以下电容器保护测控装置调试的安全和技术措施（Z11F4002Ⅰ） …… 200
模块 3　35kV 及以下电容器微机保护装置的调试（Z11F4003Ⅰ） …… 204
模块 4　35kV 及以下电抗器微机保护测控装置原理（Z11F4004Ⅰ） …… 209
模块 5　35kV 及以下电抗器保护测控装置调试的安全和技术措施（Z11F4005Ⅰ） …… 214
模块 6　35kV 及以下电抗器微机保护装置的调试（Z11F4006Ⅰ） …… 218
模块 7　断路器微机保护装置原理（Z11F4007Ⅱ） …… 223
模块 8　断路器微机保护装置调试的安全和技术措施（Z11F4008Ⅱ） …… 230
模块 9　断路器微机保护装置的调试（Z11F4009Ⅱ） …… 235
模块 10　短引线微机保护装置原理（Z11F4010Ⅱ） …… 241
模块 11　短引线微机保护装置调试的安全和技术措施（Z11F4011Ⅱ） …… 244
模块 12　短引线微机保护装置的调试（Z11F4012Ⅱ） …… 249
模块 13　高压并联电抗器微机保护装置原理（Z11F4013Ⅱ） …… 253
模块 14　高压并联电抗器保护装置调试的安全和技术措施（Z11F4014Ⅱ） …… 261
模块 15　高压并联电抗器微机保护装置的调试（Z11F4015Ⅱ） …… 266
第五章　自动装置调试及维护 …… 273
模块 1　电压并列、切换、操作装置调试及维护（Z11F5001Ⅰ） …… 273
模块 2　低频低压减载装置原理（Z11F5002Ⅰ） …… 283
模块 3　低频低压减载装置调试的安全和技术措施（Z11F5003Ⅰ） …… 291
模块 4　低频低压减载装置的调试（Z11F5004Ⅰ） …… 295
模块 5　备自投装置原理（Z11F5005Ⅱ） …… 300
模块 6　备自投装置调试的安全和技术措施（Z11F5006Ⅱ） …… 308
模块 7　备自投装置的调试（Z11F5007Ⅱ） …… 313
第六章　安全装置调试及维护 …… 319
模块 1　故障录波装置原理（Z11F5008Ⅱ） …… 319

模块 2　故障录波装置调试的安全和技术措施（Z11F5009Ⅱ）……326
模块 3　故障录波装置的调试（Z11F5010Ⅱ）……330
模块 4　故障信息系统调试及维护（Z11F5011Ⅱ）……336
模块 5　安全稳定控制装置调试及维护（Z11F5012Ⅱ）……349

第二部分　智能变电站二次系统调试

第七章　SCD 配置文件的配置及测试……365
模块 1　SCL 文件的分类（Z11F6001Ⅲ）……365
模块 2　SCD 文件的格式与配置方法（Z11F6002Ⅲ）……367
第八章　智能变电站单设备调试……381
模块 1　间隔层设备调试（Z11F6003Ⅲ）……381
模块 2　过程层设备调试（Z11F6004Ⅲ）……384
模块 3　站控层设备调试（Z11F6005Ⅲ）……427
模块 4　智能变电站对时、同步原理及测试技术（Z11F6006Ⅲ）……457
模块 5　常用测试仪器及软件介绍（Z11F6007Ⅲ）……489
模块 6　智能变电站工程调试（Z11F6008Ⅲ）……522

第三部分　二　次　回　路

第九章　二次回路的设计与审核……536
模块 1　二次回路的设计与审核（Z11G1001Ⅱ）……536
第十章　二次回路的施工……556
模块 1　二次回路的施工（Z11G2001Ⅰ）……556
第十一章　二次回路的检查及验收与改进……568
模块 1　二次回路的检查及验收（Z11G3001Ⅱ）……568
模块 2　二次回路的改进（Z11G4001Ⅱ）……582
第十二章　二次回路的异常及故障处理……594
模块 1　直流系统的基本原理（Z11G5001Ⅲ）……594
模块 2　交流回路的基本原理（Z11G5002Ⅲ）……613
模块 3　操作回路的基本原理（Z11G5003Ⅲ）……639
模块 4　信号回路的基本原理（Z11G5004Ⅲ）……646
模块 5　线路保护交流回路故障及异常处理（Z11G5005Ⅲ）……655
模块 6　线路保护开入回路故障及异常处理（Z11G5006Ⅲ）……660
模块 7　线路保护操作回路故障及异常处理（Z11G5007Ⅲ）……662

模块 8　变压器保护交流回路故障及异常处理（Z11G5008Ⅲ）…………………671
模块 9　变压器保护开入回路故障及异常处理（Z11G5009Ⅲ）…………………677
模块 10　变压器保护操作回路故障及异常处理（Z11G5010Ⅲ）………………680
模块 11　母线保护交流回路故障及异常处理（Z11G5011Ⅲ）…………………684
模块 12　母线保护开入回路故障及异常处理（Z11G5012Ⅲ）…………………688
模块 13　母线保护操作回路故障及异常处理（Z11G5013Ⅲ）…………………693
模块 14　自动装置交流回路故障及异常处理（Z11G5014Ⅲ）…………………695
模块 15　自动装置开入回路故障及异常处理（Z11G5015Ⅲ）…………………700
模块 16　自动装置操作回路故障及异常处理（Z11G5016Ⅲ）…………………702
模块 17　故障录波装置及故障信息系统异常及处理（Z11G5017Ⅲ）…………704

下　册

第四部分　继电保护异常及事故处理

第十三章　继电保护事故类型及处理原则……………………………………………710
模块 1　继电保护事故的预防（Z11H1001Ⅰ）………………………………………710
模块 2　继电保护事故处理的基本原则（Z11H2001Ⅰ）……………………………728
第十四章　典型事故案例分析…………………………………………………………734
模块 1　简单事故案例分析（Z11H2002Ⅱ）…………………………………………734
模块 2　复杂事故案例分析（Z11H3001Ⅲ）…………………………………………750
第十五章　事故分析及处理……………………………………………………………772
模块 1　通过测控和监控系统运行日志分析故障信息（Z11H4001Ⅲ）……772
模块 2　对电气设备安装、运行、检修中出现的重大事故和缺陷提出相关处理建议（Z11H4002Ⅲ）……………………………………………………………778

第五部分　厂站自动化设备的安装、调试及维护

第十六章　远动及数据通信设备的安装………………………………………………781
模块 1　远动及数据通信设备的安装（Z11I1001Ⅰ）………………………………781
模块 2　校核设备安装的合理性（Z11I1002Ⅰ）……………………………………786
第十七章　后台的安装…………………………………………………………………794
模块 1　后台计算机系统软件安装（Z11I2001Ⅰ）…………………………………794
模块 2　后台计算机设备的硬件安装（Z11I2002Ⅰ）………………………………801

模块 3　站内通信方式的选择及通信网络的安装（Z11I3001Ⅰ）……805
第十八章　不间断电源的使用……810
模块 1　UPS 的安装（Z11J1001Ⅰ）……810
模块 2　UPS 维护及管理（Z11J1002Ⅱ）……812
第十九章　测控装置的调试与检修……816
模块 1　遥信采集功能的调试与检修（Z11J2001Ⅱ）……816
模块 2　事件顺序记录调试（Z11J2002Ⅱ）……821
模块 3　遥测信息采集功能的调试与检修（Z11J2003Ⅱ）……828
模块 4　遥控功能联合调试（Z11J2004Ⅱ）……834
模块 5　测控装置与站内时间同步（Z11J2005Ⅱ）……840
模块 6　施工安全措施及技术措施（Z11J2006Ⅱ）……845
模块 7　三遥功能正确性验证及分析（Z11J2007Ⅱ）……853
第二十章　站内通信及网络设备调试与检修……858
模块 1　站内通信线路的调试与检修（Z11J3001Ⅰ）……858
模块 2　装置通信参数设定（Z11J3002Ⅱ）……864
模块 3　网关设备的调试与检修（Z11J3003Ⅱ）……869
模块 4　路由器系统参数配置（Z11J3004Ⅱ）……876
模块 5　交换机的调试与检修（Z11J3005Ⅱ）……887
第二十一章　站内其他智能接口单元通信的调试与检修……904
模块 1　规约转换器接口的调试与检修（Z11J4001Ⅱ）……904
模块 2　智能设备的规约分析及选用（Z11J4002Ⅱ）……908
第二十二章　后台监控系统的检修与调试……912
模块 1　后台监控系统启动及关闭（Z11J5001Ⅰ）……912
模块 2　后台监控遥信量、遥测量及通信状态（Z11J5002Ⅰ）……914
模块 3　后台监控系统的图形生成（Z11J5003Ⅱ）……916
模块 4　后台监控系统数据库修改（Z11J5004Ⅱ）……920
模块 5　报表制作（Z11J5005Ⅱ）……928
模块 6　备份和恢复数据库（Z11J5006Ⅱ）……930
模块 7　系统参数及系统数据库配置（Z11J5007Ⅱ）……934
模块 8　遥测系数及遥信极性的处理（Z11J5008Ⅱ）……936
模块 9　电压无功控制（Z11J5009Ⅱ）……938
第二十三章　数据处理及远传数据处理装置调试与检修……944
模块 1　配置数据处理装置的系统参数（Z11J6001Ⅱ）……944

模块 2　数据处理及通信装置组态软件功能设置（Z11J6002Ⅱ）……945
模块 3　常规通道的调试与检修（Z11J7001Ⅰ）……953
模块 4　与调度主站通信参数设置（Z11J7002Ⅱ）……956
模块 5　正确地配置远传数据（Z11J7003Ⅱ）……960
模块 6　分析远动规约数据报文（Z11J7004Ⅱ）……964
第二十四章　GPS 的调试与检修……971
模块 1　GPS 基本构成及工作原理（Z11J8001Ⅱ）……971
模块 2　设备是否对时准确判断（Z11J8002Ⅱ）……976
模块 3　GPS 授时的几种方式及设备运行状态（Z11J8003Ⅱ）……978
第二十五章　不间断电源常见异常处理……987
模块 1　不间断电源常见异常处理（Z11K1001Ⅲ）……987
第二十六章　测控装置的异常处理……992
模块 1　遥测信息异常处理（Z11K2001Ⅲ）……992
模块 2　遥信信息异常处理（Z11K2002Ⅲ）……998
模块 3　遥控信息异常处理（Z11K2003Ⅲ）……1002
模块 4　测控装置对时异常处理（Z11K2004Ⅲ）……1004
模块 5　测控装置系统功能及通信接口异常处理（Z11K2005Ⅲ）……1006
第二十七章　站内通信及网络设备异常处理……1009
模块 1　站内通信及网络设备线路连接的异常处理（Z11K3001Ⅲ）……1009
模块 2　网关设备的异常处理（Z11K3002Ⅲ）……1012
模块 3　路由器的异常处理（Z11K3003Ⅲ）……1014
模块 4　交换机的异常处理（Z11K3004Ⅲ）……1018
第二十八章　站内其他智能接口单元通信的异常处理……1023
模块 1　智能设备及通信线路的异常处理（Z11K4001Ⅲ）……1023
模块 2　规约转换器的异常处理（Z11K4002Ⅲ）……1024
第二十九章　后台监控系统的异常处理……1027
模块 1　后台监控系统参数异常处理（Z11K5001Ⅲ）……1027
模块 2　遥信数据异常处理（Z11K5002Ⅲ）……1029
模块 3　遥测信息异常处理（Z11K5003Ⅲ）……1030
模块 4　遥控功能异常处理（Z11K5004Ⅲ）……1031
模块 5　计算机操作系统异常（Z11K5005Ⅲ）……1033
模块 6　后台监控系统恢复及备份异常处理（Z11K5006Ⅲ）……1034
模块 7　后台监控系统数据库异常处理（Z11K5007Ⅲ）……1036

模块 8　告警功能异常处理（Z11K5008Ⅲ）…… 1042
模块 9　报表、曲线等其他功能异常处理（Z11K5009Ⅲ）…… 1045
第三十章　综合异常分析处理 …… 1048
模块 1　远动通道异常（Z11K6001Ⅲ）…… 1048
第三十一章　远传数据处理装置异常处理 …… 1050
模块 1　与调度主站的通信异常处理（Z11K7001Ⅲ）…… 1050
模块 2　远传数据选择的异常处理（Z11K7002Ⅲ）…… 1054
模块 3　通信规约报文异常处理（Z11K7003Ⅲ）…… 1056
第三十二章　变电站时钟同步系统的异常处理 …… 1061
模块 1　GPS 设备对时异常处理（Z11K8001Ⅲ）…… 1061
模块 2　GPS 授时设备工作异常处理（Z11K8002Ⅲ）…… 1064

第六部分　变电站直流设备的安装、调试及维护

第三十三章　相控电源基本原理 …… 1067
模块 1　整流原理（Z11L1001Ⅰ）…… 1067
模块 2　主电路（Z11L1002Ⅰ）…… 1073
模块 3　滤波电路（Z11L1003Ⅰ）…… 1077
模块 4　控制电路（Z11L1004Ⅰ）…… 1079
模块 5　晶闸管相控整流电路（Z11L1005Ⅰ）…… 1081
第三十四章　高频开关电源基本原理 …… 1083
模块 1　开关电路原理（Z11L1006Ⅰ）…… 1083
模块 2　模拟控制原理（Z11L1007Ⅰ）…… 1091
模块 3　数字控制原理（Z11L1008Ⅰ）…… 1092
第三十五章　逆变器电源（UPS）的基本原理 …… 1094
模块 1　逆变的概念（Z11L1009Ⅰ）…… 1094
模块 2　三相半波有源逆变电路（Z11L1010Ⅰ）…… 1097
模块 3　三相桥式逆变电路（Z11L1011Ⅰ）…… 1099
第三十六章　直流系统通用技术 …… 1102
模块 1　系统组成（Z11L1012Ⅰ）…… 1102
模块 2　部件和结构要求（Z11L1013Ⅰ）…… 1104
模块 3　直流系统使用条件（Z11L1014Ⅰ）…… 1111
模块 4　直流系统型号与基本参数（Z11L1015Ⅰ）…… 1112

第三十七章　蓄电池组的基本原理 …… 1114
模块 1　铅酸蓄电池的基本知识（Z11L1016Ⅰ） …… 1114
模块 2　蓄电池组在直流系统中的应用（Z11L1017Ⅰ） …… 1119
模块 3　阀控式密封铅酸蓄电池的基本知识（Z11L1018Ⅰ） …… 1122
模块 4　蓄电池的 AGM/GEL 技术（Z11L1019Ⅰ） …… 1127
第三十八章　蓄电池组的运行与维护 …… 1129
模块 1　铅酸蓄电池的运行方式（Z11L1020Ⅰ） …… 1129
模块 2　铅酸蓄电池的日常维护方法（Z11L1021Ⅰ） …… 1134
第三十九章　相控电源设备的运行与维护 …… 1137
模块 1　设备运行操作（Z11L1022Ⅰ） …… 1137
模块 2　设备运行检查（Z11L1023Ⅰ） …… 1138
模块 3　硅整流器的参数结构和使用条件（Z11L1024Ⅰ） …… 1140
第四十章　逆变器电源（UPS）的运行与维护 …… 1141
模块 1　UPS 设备运行操作（Z11L1025Ⅰ） …… 1141
模块 2　UPS 设备运行检查（Z11L1026Ⅰ） …… 1142
模块 3　技术参数（Z11L1027Ⅰ） …… 1144
第四十一章　直流电源设备的运行与维护 …… 1148
模块 1　微机绝缘监测仪（Z11L1028Ⅰ） …… 1148
模块 2　交流进线单元（Z11L1029Ⅰ） …… 1162
模块 3　防雷保护电路（Z11L1030Ⅰ） …… 1164
模块 4　降压装置（Z11L1031Ⅰ） …… 1165
模块 5　事故照明切换（Z11L1032Ⅰ） …… 1171
模块 6　直流断路器（Z11L1033Ⅰ） …… 1173
模块 7　微机监控器（Z11L1034Ⅰ） …… 1178
模块 8　闪光装置（Z11L1035Ⅰ） …… 1184
模块 9　电池巡检仪（Z11L1036Ⅰ） …… 1190
第四十二章　直流专业测量工器具的使用 …… 1196
模块 1　蓄电池容量测量仪的原理和应用（Z11L2001Ⅱ） …… 1196
模块 2　充电装置综合测试仪的原理和应用（Z11L2002Ⅱ） …… 1211
模块 3　直流接地故障定位仪的原理和应用（Z11L2003Ⅱ） …… 1224
模块 4　蓄电池内阻测试仪的原理和应用（Z11L2004Ⅱ） …… 1232
第四十三章　直流系统的几种接线方式 …… 1240
模块 1　直流系统的选择（Z11L2005Ⅱ） …… 1240

模块 2 蓄电池组的选择（Z11L2006Ⅱ） ······ 1242
模块 3 充电装置的选择（Z11L2007Ⅱ） ······ 1245
模块 4 接线方式与组屏方案（Z11L2008Ⅱ） ······ 1249
第四十四章 直流设备的验收 ······ 1252
模块 1 充电装置投运前检查项目（Z11L2009Ⅱ） ······ 1252
模块 2 蓄电池投运前的检查项目（Z11L2010Ⅱ） ······ 1255
模块 3 直流系统辅助项目的检查项目（Z11L2011Ⅱ） ······ 1256
第四十五章 蓄电池组的安装与调试 ······ 1258
模块 1 蓄电池组安装要求（Z11L2012Ⅱ） ······ 1258
模块 2 蓄电池调试前的准备（Z11L2013Ⅱ） ······ 1266
模块 3 蓄电池电解液的选择与配制（Z11L2014Ⅱ） ······ 1270
模块 4 蓄电池核对性充放电方法（Z11L2015Ⅱ） ······ 1273
模块 5 蓄电池的验收与交接（Z11L2016Ⅱ） ······ 1276
第四十六章 蓄电池组的运行与维护 ······ 1282
模块 1 蓄电池的均衡充电（过充电）法（Z11L2017Ⅱ） ······ 1282
模块 2 阀控式密封铅酸蓄电池的运行与维护（Z11L2018Ⅱ） ······ 1283
第四十七章 相控电源设备的安装与调试 ······ 1292
模块 1 相控电源设备安装要求（Z11L2019Ⅱ） ······ 1292
模块 2 相控电源设备调试前的准备（Z11L2020Ⅱ） ······ 1295
模块 3 主电路与控制电路的调试（Z11L2021Ⅱ） ······ 1297
模块 4 稳流稳压整定（Z11L2022Ⅱ） ······ 1302
第四十八章 逆变器电源（UPS）的安装与调试 ······ 1304
模块 1 UPS 设备的安装要求（Z11L2023Ⅱ） ······ 1304
模块 2 UPS 设备的调试运行（Z11L2024Ⅱ） ······ 1306
第四十九章 高频开关电源设备的安装与调试 ······ 1311
模块 1 高频开关电源设备安装要求（Z11L2025Ⅱ） ······ 1311
模块 2 高频开关电源设备调试前的准备（Z11L2026Ⅱ） ······ 1315
模块 3 充电模块的调试（Z11L2027Ⅱ） ······ 1316
模块 4 表计校准（Z11L2028Ⅱ） ······ 1322
模块 5 限流调整（Z11L2029Ⅱ） ······ 1324
模块 6 微机监控器的调试（Z11L2030Ⅱ） ······ 1326
模块 7 绝缘监测仪的调试（Z11L2031Ⅱ） ······ 1333

第五十章　直流系统故障处理……1338
模块 1　变电站直流全停的处理（Z11L3001Ⅲ）……1338
模块 2　变电站直流接地的处理（Z11L3002Ⅲ）……1339
模块 3　直流母线异常处理（Z11L3003Ⅲ）……1343
第五十一章　蓄电池组的故障处理……1346
模块 1　蓄电池极板故障的判断与处理（Z11L3004Ⅲ）……1346
模块 2　蓄电池容量下降的原因与处理（Z11L3005Ⅲ）……1350
模块 3　阀控式密封铅酸蓄电池常见故障（Z11L3006Ⅲ）……1352
模块 4　蓄电池其他故障原因与处理（Z11L3007Ⅲ）……1355
第五十二章　相控电源设备的故障处理……1358
模块 1　相控电源交流进线故障处理（Z11L3008Ⅲ）……1358
模块 2　相控电源输出异常处理（Z11L3009Ⅲ）……1359
模块 3　控制电路故障处理（Z11L3010Ⅲ）……1360
第五十三章　逆变器电源（UPS）的故障处理……1362
模块 1　UPS 交流进线故障处理（Z11L3011Ⅲ）……1362
模块 2　UPS 输出异常处理（Z11L3012Ⅲ）……1363
模块 3　UPS 逆变模块的故障处理（Z11L3013Ⅲ）……1364
第五十四章　高频开关电源设备的故障处理……1366
模块 1　高频模块故障处理（Z11L3014Ⅲ）……1366
模块 2　监控器故障处理（Z11L3015Ⅲ）……1371
模块 3　绝缘监测仪故障处理（Z11L3016Ⅲ）……1372

第一部分

保护、安全自动装置的调试及维护

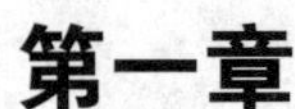

线路保护装置调试及维护

模块1　110kV及以下线路微机保护装置原理（Z11F1001Ⅰ）

【模块描述】本模块包含了110kV及以下线路保护的配置及原理。通过原理讲解、图解示意、要点归纳，掌握110kV及以下线路保护装置的组屏及配置原则，熟悉距离保护、零序电流保护、重合闸、低频减载、低压减载等的工作原理。

【模块内容】

一、110kV及以下线路微机保护配置基本要求

1. GB/T 14285—2006《继电保护和安全自动装置技术规程》相关规定

3～110kV电网继电保护一般采用远后备原则，即在邻近故障点的断路器装设继电保护或该断路器本身拒动时，能由电源上一级断路器处的继电保护动作切除故障。110kV及以下电网均采用三相重合闸。

对于110kV单侧电源线路，可装设阶段式相电流和零序电流保护，作为相间和接地故障的保护，如不能满足要求，则装设阶段式相间和接地距离保护，并辅以用于切除经电阻接地故障的一段零序电流保护。110kV双侧电源线路，可装设阶段式相间和接地距离保护，并辅用于切除经电阻接地故障的一段零序电流保护。

3～10kV中性点非有效接地电力网的线路，对于相间短路，单侧电源线路可装设两段过电流保护。双侧电源线路：① 可装设带方向或不带方向的电流速断保护和过电流保护；② 双侧电源短线路、电缆线路、并联连接的电缆线路宜采用光纤电流差动保护作为主保护，带方向或不带方向的电流保护作为后备保护；③ 并列运行的平行线路，尽可能不并列运行，当必须并列运行时，应配以光纤电流差动保护，带方向或不带方向的电流保护作后备保护；④ 发电厂厂用电源线（包括带电抗器的电源线），宜装设纵联差动保护和过电流保护。

3～10kV中性点非有效接地电力网的线路，对单相接地短路：① 在发电厂和变电站母线上，应装设单相接地监视装置。监视装置反应零序电压，动作于信号；② 有条件安装零序电流互感器的线路，如电缆线路或经电缆引出的架空线路，当单相接地电流能满足保护的选择性和灵敏性要求时，应装设动作于信号的单相接地保护；③ 如不能安装零序电流互感器，而单相接地保护能够躲过电流回路中不平衡电流的影响，例如单相接地电流较大，或保护反应接地电流的暂态值等，也可将保护装置接于三相电流互感器构成的零序回路中，在出线回路数不多，或难以装设选择性单相接地保护时，可用依次断开线路的方法，寻找故障线路；④ 根据人身和设备安全的要求，必要时，应装设动作于跳闸的单相接地保护；⑤ 可能时常出现过负荷的电缆线路，应装设过负荷保护。

2. 110kV 线路保护配置及组屏

110kV 系统属于大电流接地系统，根据 GB/T 14285—2006 的相关规定，110kV 线路保护一般配置为：阶段式距离保护、TV 断线后过电流保护、阶段式零序过电流保护、过负荷保护、重合闸，可以选配纵联保护。

相间短路和接地短路由阶段式距离保护反应，距离保护范围不随系统运行方式改变；TV 断线时距离保护被闭锁，此时发生短路可由 TV 断线后两段过电流保护反应；四段零序电流保护反应接地故障；系统负荷过大时由过负荷保护动作于信号或跳闸；110kV 及以下系统断路器采用三相一致断路器，若为架空线路或架空电缆混合线路，其重合闸方式采用三相一次重合闸；线路发生转换性故障或永久性故障时，重合闸与保护的配合宜采用电流后加速保护动作。

110kV 线路保护一般配置单面保护屏，保护装置包括完整的三段相间和接地距离保护、四段零序方向过电流保护、低频保护；装置配有三相一次重合闸功能、过负荷告警功能；装置还带有跳合闸操作回路以及交流电压切换回路。

3. 110kV 以下线路保护配置及组屏

110kV 以下电压等级系统为非直接接地系统或小电阻接地系统，目前很多厂家的产品是保护、测量、控制、信号四合一装置，可在开关柜就地安装。保护功能配置一般为：① 三段定时限过电流保护，其中第三段可整定为反时限段；② 三段零序过电流保护/小电流接地选线；③ 三相一次重合闸（检无压或不检）；④ 过负荷保护；⑤ 过电流/零序合闸后加速保护（前加速或后加速）；⑥ 低频减载、低压减载保护；⑦ 独立的操作回路及故障录波；⑧ 选配纵联保护。

非直接接地系统或小电阻接地系统发生相间故障时，由反应相间短路的三段过电流保护动作，为了提高保护灵敏度，可选带方向电压闭锁，使电流定值下降，反时限过电流保护能提高Ⅰ段、Ⅱ段电流保护拒动时保护的速动性，其特点是短路电流越大，保护动作时限越短。在经小电阻接地系统中，接地零序电流相对较大，故采用直接跳闸方法，装置中设置三段零序过电流保护（其中零序过电流Ⅲ段可整定为报警或跳闸）。若为不接地系统，发生单相接地故障时，系统可以非全相运行 2h，依靠小电流接地选线发现故障线路，手动或自动跳闸。110kV 及以下系统断路器采用三相一致断路器，若为架空线路或架空电缆混合线路，其重合闸方式采用三相一次重合闸。线路发生永久性故障，过电流保护可选择前加速或后加速保护动作，使用广泛的为后加速方式。当电力系统发生严重故障，如联络线跳闸、大机组切除等，有功和无功严重缺额时，超出小系统的正常调节能力，采用低压减载、低频减载功能可以防止电力系统频率或电压崩溃。对于加装以上保护仍不能满足要求的双侧电源短线路、电缆线路、并联连接的电缆线路、并列运行的平行线路、发电厂厂用电源线（包括带电抗器的电源线），宜装设纵联差动保护。

目前很多厂家 110kV 及以下电压等级线路的成套保护采用相同型号，保护装置可通过软件和插件配置，分别实现不同电压等级的保护功能。

二、110kV 线路保护装置的工作原理

（一）距离保护

大电流接地系统距离保护包括三段式相间距离保护和三段式接地距离保护，有些保护装置还配置四段四边形相间、接地距离继电器作为远后备保护。小电流接地系统距离保护包括三段式相间距离，一般只在过电流保护灵敏度不够时使用。距离保护各段的投退均受距离压板控制。

阻抗继电器的动作方程从原理上分为：幅值比较和相位比较两大类。不同的动作方程在阻抗复数平面上对应不同的动作特性，因此在实际应用中，不同厂家的产品其阻抗继电器的动作方程可能是一个或一组方程构成的平面特性。目前使用比较多的有方向圆特性阻抗继电器、多边形（包含四边形）特性阻抗继电器。有些产品结合了圆和四边形特性，例如 RCS–941 保护装置系列前三段阻抗继电器为方向圆特性，四段采用圆加四边形阻抗继电器以提高躲过渡电阻的能力，而 CSC–160 保护装置系列使用多边形特性阻抗继电器，多边形本质是由多个直线特性方程组合形成阻抗继电器的动作边界，微机保护很容易实现。

1. 距离元件

距离元件由方向元件、测量元件、选相元件构成。对距离元件的要求是：① 具有明显的方向性，死区故障不拒动；② 经过渡电阻短路应有足够的灵敏度，重负荷时防止超越；③ 区分系统振荡与短路；系统振荡后再故障保护能开放；④ 具有很好的选相能力。

（1） 距离方向元件。

1）出口短路或三相短路。为了防止阻抗继电器死区拒动，距离保护都采用记忆电压判方向。

某圆特性阻抗继电器采用的是当正序电压下降至 10%U_n 以下时，进入三相低压程

序，由正序电压记忆量极化，Ⅰ、Ⅱ段距离继电器在动作前设置正的门槛值，保证母线三相故障时继电器不可能失去方向性；继电器动作后则改为反门槛值，保证正方向三相故障继电器动作后一直保持到故障切除；Ⅲ段距离继电器始终采用反门槛，因而三相短路Ⅲ段稳态特性包含原点，不存在电压死区。

某多边形特性阻抗继电器采用的是故障前电压前移两周波后，同故障后电流比相。不同相位比较动作方程的阻抗继电器其实质是采用了不同的极化电压。

2）对于不对称故障。采用正序电压极化圆特性阻抗有较大的测量故障过渡电阻的能力；当用于短线路时，为了进一步扩大测量过渡电阻的能力，还可将Ⅰ、Ⅱ段阻抗特性向第一象限偏移（见图 Z11F1001Ⅰ-1）。接地距离继电器设有零序电抗特性，可防止接地故障时继电器超越。零序电抗继电器可整定，具有自适应性，零序阻抗分量中的电阻分量越大，躲过渡电阻能力越强。方向阻抗与零序电抗继电器相结合，增强了在短线上不对称故障时允许过渡电阻的能力。

多边形特性阻抗继电器则采用负序方向元件提高其灵敏度。负序方向元件如图 Z11F1001Ⅰ-2 所示，具有明显的方向性。

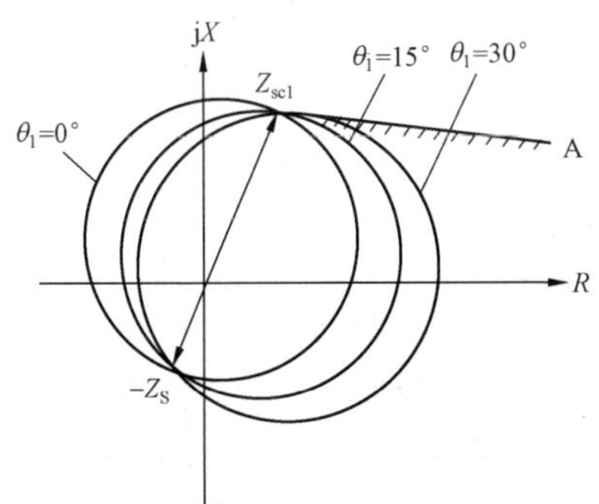

图 Z11F1001Ⅰ-1　偏移圆特性阻抗继电器

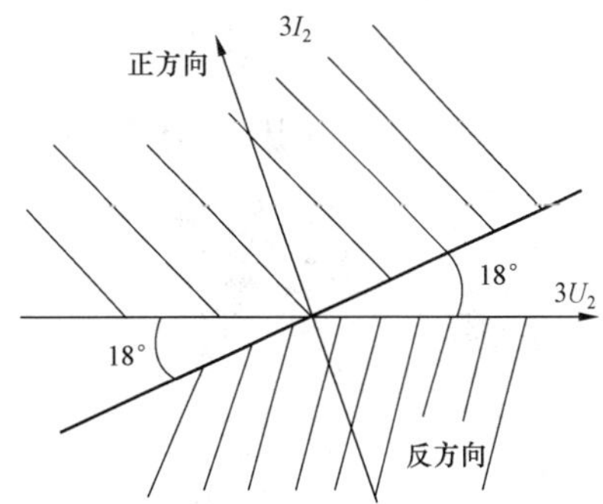

图 Z11F1001Ⅰ-2　负序方向元件

负序方向元件正向区为

$$18^\circ \leqslant \arg(3\dot{I}_2 / 3\dot{U}_2) \leqslant 180^\circ$$

式中　$3\dot{I}_2$ ——A、B、C 三相自产负序电流，A；

$3\dot{U}_2$ ——A、B、C 三相自产负序电压，V。

负序方向元件反向区为

$$-168^\circ \leqslant \arg(3\dot{I}_2 / 3\dot{U}_2) \leqslant 0^\circ$$

（2）距离测量元件。

距离测量元件常用的有圆特性阻抗继电器和多边形阻抗继电器。以多边形阻抗继电器为例，距离测量元件以实时电压、实时电流计算对应回路阻抗值。阻抗计算采用解微分方程法与傅氏滤波相结合的方法同时计算 Z_A、Z_B、Z_C、Z_{AB}、Z_{BC}、Z_{CA} 6 种阻抗。

计算相间阻抗的算法为

$$\dot{U}_{\phi\phi} = L_{\phi\phi}\frac{d\dot{I}_{\phi\phi}}{dt} + R\dot{I}_{\phi\phi}$$

式中：$\phi\phi = AB$；BC；CA 。

计算接地阻抗的算法为

$$\dot{U}_{\phi} = L_{\phi}\frac{d\dot{I}_{\phi} + K_X 3\dot{I}_0}{dt} + R\dot{I}_{\phi}(\dot{I}_{\phi} + K_r 3\dot{I}_0)$$

式中：$\phi = A$；B；C；

$\dot{K}_X = [(\dot{X}_0 - \dot{X}_1)/3\dot{X}_1]$，$K_r = (R_0 - R_1)/3R_1$，故障电抗 $X = 2\pi fL$ 。

（3）选相元件。阻抗继电器的选相元件主要使用突变量选相和稳态的阻抗选相元件。

1）突变量选相元件。

$$\Delta\dot{U}_{OP\phi\phi} = \Delta\dot{U}_{\phi\phi} - \Delta\dot{I}_{\phi\phi}Z_{set}$$

式中：$\Delta\dot{U}_{OP\phi\phi}$ ——相间电压突变量，V；$\phi\phi = AB,BC,CA$ ；

$\Delta\dot{U}_{\phi\phi}$ ——保护安装处母线相间电压，V；

$\Delta\dot{I}_{\phi\phi}$ ——流过保护的相间电流的故障分量，A。

$$\Delta\dot{U}_{OP\phi} = \Delta\dot{U} + \Delta\dot{I}_{\phi}(\dot{I}_{\phi} + K_r 3\dot{I}_0)Z_{set}$$

$$\Delta\dot{U}_{OP\phi} = \Delta\dot{U}_{\phi} + \Delta(\dot{I}_{\phi} + K3\dot{I}_0)Z_{set}$$

式中：$\phi = A$；B；C。

式中：$\Delta\dot{U}_{OP\phi}$ ——相电压突变量，V；$\phi\phi = A,B,C$ ；

$\Delta\dot{U}_{\phi}$ ——保护安装处母线相间电压，V；

$\Delta(\dot{I}_{\phi} + K3\dot{I}_0)$ ——流过保护的带零序电流补充的相电流故障分量 6 个补偿元件。

在单相接地时，故障相相关的相补偿元件和两个相间补偿元件的突变量最大；在两相短路时，两个故障相组合的相间补偿元件的突变量最大，非故障相的补偿电压突变量为零；两相接地短路时，两个故障相组合的相间补偿元件的突变量最大，非故障相的补偿电压突变量为零；三相短路时，三个相和相间补偿电压突变量幅值分别相等，后者是前者的 $\sqrt{3}$ 倍。因此，在故障初期具有很好的选相特性，且不受负荷电流影响，受过渡电阻影响小，但稳态时不能使用，转换故障时有偏差。

2）阻抗选相元件。阻抗继电器采用 Z_A、Z_B、Z_C、Z_{AB}、Z_{BC}、Z_{CA} 6 种阻抗，具有优越的选相能力。在同杆并驾双回线上发生跨线短路时，利用相继动作原理选相，对于出口跨线故障，两相或三相电压为零，则需方向元件配合选相。

（4）距离保护的动作特性。

1）多边形特性阻抗见图 Z11F1001Ⅰ–3，多边形内为动作区，外部为制动区。其中 R 独立整定可满足长、短线路的不同要求，以灵活调整对短线路允许过渡电阻的能力以及对长线路避越负荷阻抗的能力，多边形上边下倾角的适当选择可提高躲区外故障超越能力。设置小矩形动作区是为了保证出口故障时距离保护动作的可靠性。

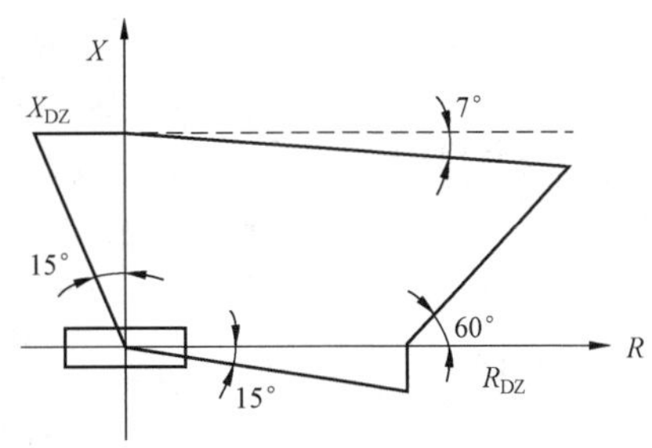

图 Z11F1001Ⅰ–3　多边形特性阻抗继电器

小矩形动作区的 X、R 取值为

$$\begin{cases} X=\dfrac{X_{set}}{2}\left(X_{set}\leqslant\dfrac{5}{I_n}\right) \\ X=\dfrac{2.5}{I_n}\left(X_{set}>\dfrac{5}{I_n}\right) \end{cases}$$

式中　I_n=1A、5A。

R 为 8 倍上述 X 取值与 $R_{set}/4$ 两者中较小者。

2）采用正序电压作为极化电压的圆特性阻抗继电器圆内为动作区，圆外为制动区。正方向故障时动作特性如图 Z11F1001Ⅰ–4 所示，反方向故障时的动作特性如图 Z11F1001Ⅰ–5 所示。

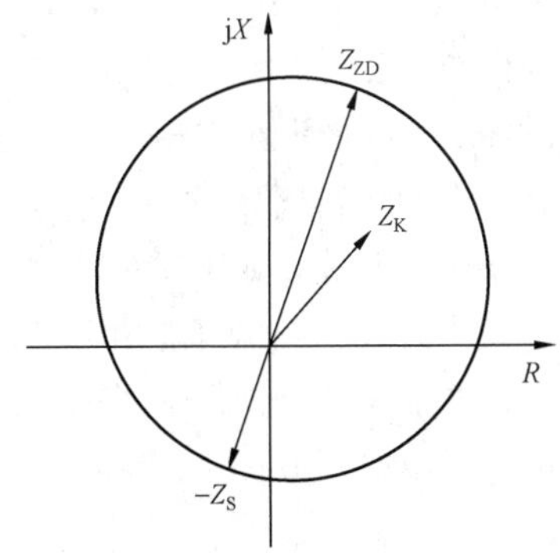

图 Z11F1001Ⅰ–4　正方向故障时的动作特性

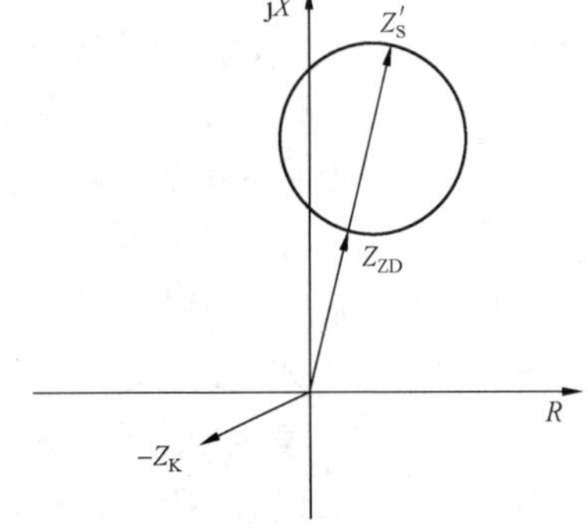

图 Z11F1001Ⅰ–5　反方向故障时的动作特性

（5）距离保护的出口选择。根据系统的需求情况，可以选择“相间故障永跳”和“Ⅲ段及以上故障永跳”，此时若发生相间故障、Ⅲ段范围内故障，距离保护出口永跳，避免扩大故障影响范围。

2. 系统振荡

对于对称故障和不对称故障，距离保护Ⅰ、Ⅱ段可以由控制字选择经或不经振荡闭锁。CSC–160系列是选择“经振荡闭锁”时，Ⅰ、Ⅱ段仅在启动元件启动后的150ms内开放（Ⅱ段固定），以后由不对称、对称故障检测元件开放距离Ⅰ、Ⅱ段。RCS–941系列是在启动元件开放瞬间，若按躲过最大负荷整定的正序过电流元件不动作或动作时间尚不到10ms，则将振荡闭锁开放160ms。

（1）不对称故障开放元件。

$$|I_0|+|I_2|>m|I_1|$$

式中 m——检测系数，可整定。

该方法能有效地防止振荡下发生区外故障时距离保护的误动，而对于区内的不对称故障能够开放。为了防止振荡系统切除时零序和负序电流不平衡输出引起保护的误动，保护延时50ms动作。

1）系统振荡或振荡同时又区外故障时不开放。系统振荡时，I_0、I_2接近于零，式*不开放是容易实现的。振荡同时区外故障时，相间和接地阻抗继电器都会动作，这时式*也不应开放，这种情况考虑的前提是系统振荡中心位于装置的保护范围内。对短线路，必须在系统角为180°时继电器才可能动作，这时线路附近电压很低，短路时的故障分量很小，因此，容易取m值以满足上式不开放。对长线路，区外故障时，故障点故障前电压较高，有较大的故障分量，因此，式*的不利条件是长线路在电源附近故障时，不过这时线路上零序电流分配系数较低，短路电流小于振荡电流，因此，仍很容易以最不利的系统方式验算m的取值。m的取值是根据最不利的系统条件下，振荡同时又区外故障时振荡闭锁不开放为条件验算，并留有相当裕度的。

2）区内不对称故障时振荡闭锁开放。当系统正常发生区内不对称相间或接地故障时，将有较大的零序或负序分量，这时振荡闭锁开放。当系统振荡伴随区内故障时，如果短路时刻发生在系统电势角未摆开时，振荡闭锁将立即开放。如果短路时刻发生在系统电势角摆开状态，则振荡闭锁将在系统角逐步减小时开放，也可能由一侧瞬时开放跳闸后另一侧相继速跳。因此，采用对称分量元件开放振荡闭锁保证了在任何情况下，甚至系统已经发生振荡的情况下，发生区内故障时瞬时开放振荡闭锁以切除故障，振荡或振荡同时又区外故障时则可靠闭锁保护。

（2）对称故障开放元件。四边形阻抗继电器系列采用阻抗变化率（dR/dt）检测元件。保护利用三相故障发生、发展过程中所显现出来的一系列特征，如故障以后阻抗基本不变，而振荡时阻抗总在渐变等，快速识别振荡闭锁中的三相对称故障，保护的三相故障动作时间与振荡特征的明显程度成反时限特性。

圆阻抗继电器在启动元件开放 160ms 以后或系统振荡过程中，如发生三相故障，装置中另设置了专门的振荡判别元件，即测量振荡中心电压

$$U_{OS}=U\cos\varphi$$

式中　U ——正序电压，V；

φ ——正序电压和电流之间的夹角，°。

在系统正常运行或系统振荡时，$U\cos\varphi$ 反应振荡中心的正序电压；在三相短路时，$U\cos\varphi$ 为弧光电阻上的压降，三相短路时过渡电阻是弧光电阻，弧光电阻上压降小于 $5\%U_N$。本装置采用的动作判据分为两部分：

1） $-0.03U_N < U_{OS} < 0.08U_N$，延时 150ms 开放。在实际系统中，三相短路时故障电阻仅为弧光电阻，弧光电阻上压降的幅值不大于 $5\%U_N$，因此，三相短路时该幅值判据满足，为了保证振荡时不误开放，其延时应保证躲过振荡中心电压在该范围内的最长时间；振荡中心电压为 $0.08U_N$ 时，系统角为 171°；振荡中心电压为 $0.03U_N$ 时，系统角为 183.5°，按最大振荡周期 3s 计，振荡中心在该区间停留时间为 104ms，装置中取延时 150ms 已有足够的裕度。

2） $-0.1U_N < U_{OS} < 0.25U_N$，延时 500ms 开放。该判据作为第一部分的后备，以保证任何三相故障情况下保护不可能拒动。振荡中心电压为 $0.25U_N$ 时，系统角为 151°；为 $0.1U_N$ 时，系统角为 191.5°；按最大振荡周期 3s 计，振荡中心在该区间停留时间为 337ms，装置中取 500ms 已有足够的裕度。

3. 转换性故障

针对转换性故障，保护采用单相故障记忆功能，保证由Ⅱ段延时切除故障。

4. 双回线相继速动功能（仅在启动后 300ms 内投入）

（1）双侧电源的双回线相继速动功能。利用相邻线路距离Ⅲ段的动作行为实现，如图 Z11F1001Ⅰ–6 所示。

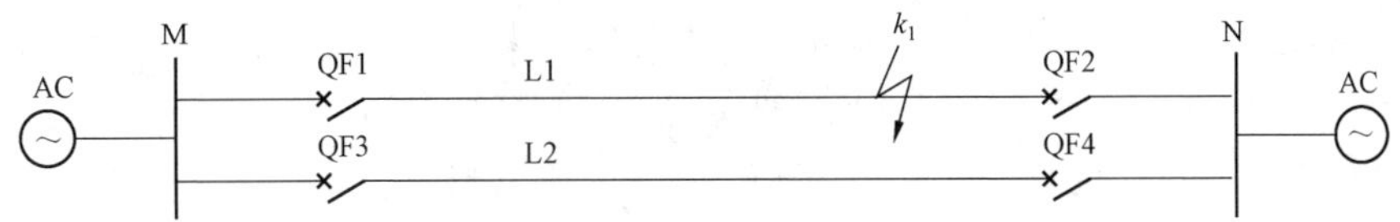

图 Z11F1001Ⅰ–6　双侧电源的双回线相继速动

故障开始 QF3 的 $Z_{Ⅲ}$ 动作，当 QF2 由其速动段保护跳开后，QF3 的 $Z_{Ⅲ}$ 马上返回，

同时向QF1的Z_{II}输送一个“加速信号”。QF1的Z_{II}在收到“加速信号”而且满足相继速动的条件：① 双回线相继速动压板投入；② 本线距离Ⅱ段 Z_{II}动作；③ 故障开始时没有收到加速信号，其后又收到同一侧另一回线来的加速信号；④ 本线 Z_{II}在满足② 中条件后经一个短延时（20ms）仍不返回。加速Z_{II}动作出口，跳开QF1。

（2）单侧电源双回线路的负荷端保护的相继速动功能。当 M 侧无电源，即为负荷端时，因为在k_1点故障时，QF3的Z_{III}不可能动作，故上述相继速动的条件不能满足，而可以利用负荷端保护在对侧QF2跳闸前和跳闸后感受的电流变化来实现加速功能。故障开始，QF3的电流方向从线路流向母线，故QF3的Z_{III}不可能动作；当QF2跳开后，QF1和QF3的保护感受的电流相对故障初期会突然增大，根据以下判据：① 双回线相继速动压板投入，同时控制字“双回线负荷端”投入；② 本侧（QF1）Z_{II}动作；③ 收不到同侧另一回线（QF3）来的加速信号；④ 300ms内QF1的相电流相对故障开始时增大4倍以上；⑤ 同侧另一回线（QF3）有电流（门槛$0.1I_n$）；⑥ 本侧 Z_{II}在满足上述条件后经小延时（40ms）不返回。此时本侧的距离Ⅱ段加速出口，跳开QF1。

5. 不对称故障相继速动功能

利用近故障侧三相跳闸后非故障相电流的消失，可以实现不对称故障相继速动。

在图Z11F1001Ⅰ–7中，当线路末端k_2点不对称故障时，非故障相仍有负荷电流I_h，在N侧速动保护跳开QF2后，由于QF2为三相跳闸，非故障相电流I_h同时被切除。因此M侧保护可以利用本侧非故障相电流消失而确认为对侧断路器已跳闸，来加速本侧距离Ⅱ段动作出口，跳开QF1。

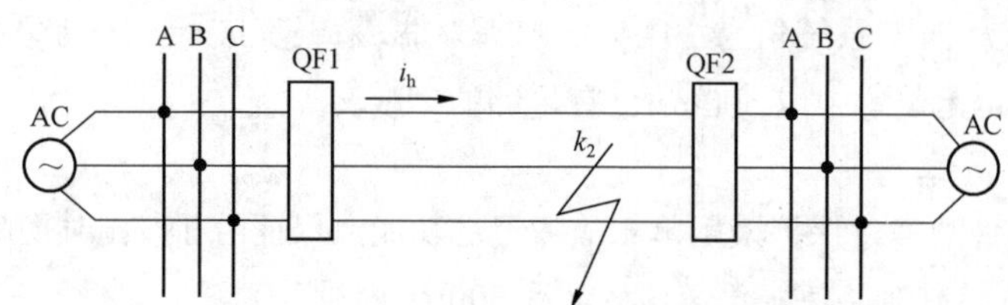

图Z11F1001Ⅰ–7 不对称故障相继速动

不对称故障相继速动的条件是：① 定值中“不对称相继速动”功能投入；② 本侧距离Ⅱ段动作；③ 有一相电流由故障时有电流（大于$0.16I_n$）突然变为无电流（小于$0.08I_n$）；④ 本侧距离Ⅱ段在满足条件② 后经短延时（40ms）不返回。此时，本侧距离Ⅱ段加速出口，跳开QF1。

6. 距离保护逻辑

某装置的距离保护逻辑框图如图Z11F1001Ⅰ–8所示。

（1）距离Ⅰ、Ⅱ、Ⅲ段的投退均受距离压板控制。

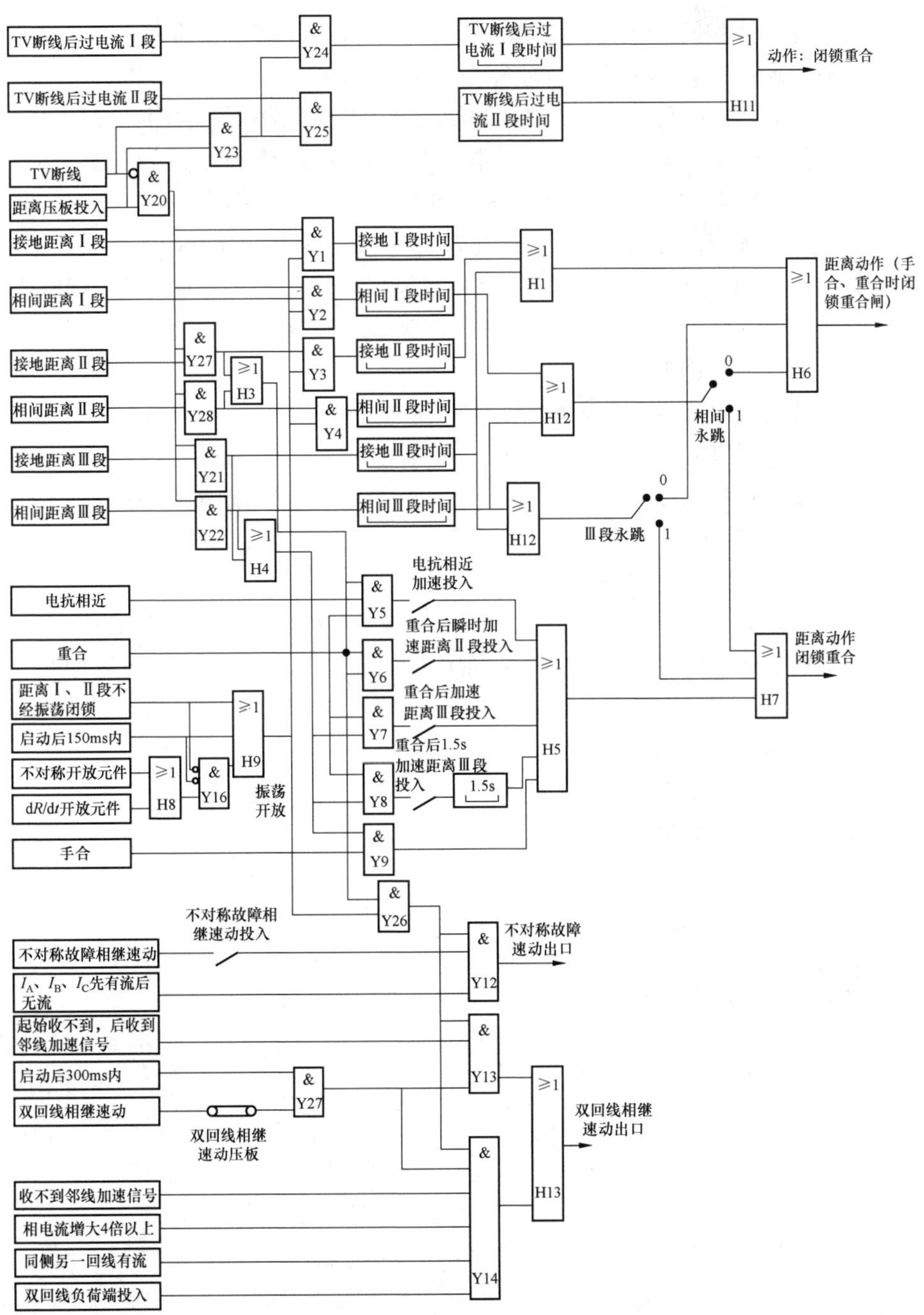

图 Z11F1001Ⅰ-8　距离保护逻辑框图

（2）若选择“相间故障永跳”，相间距离出口时永跳，闭锁重合闸。若选择“Ⅲ段及以上故障永跳”，距离Ⅲ段出口时永跳，闭锁重合闸。

（3）重合后加速：可以投入不经振荡闭锁的“重合后瞬时加速距离Ⅱ段”“电抗相近加速”[重合后原故障相的测量电抗值和跳闸前的相差不大（变化率12%以内），且故障范围在距离Ⅱ段内，保护瞬时加速出口]。

（4）重合后加速：可以投入“重合后1.5s加速距离Ⅲ段”功能。

（5）手合于距离Ⅲ段区内时，为了防止合闸于空载变压器时励磁涌流引起阻抗进入距离Ⅲ段而导致的误加速出口，若二次谐波值大于基波的20%，距离Ⅲ段带200ms延时，否则瞬时加速出口。

（6）若手合时阻抗落于距离Ⅰ、Ⅱ段内，瞬时加速出口。

（7）若投入“重合后加速距离Ⅲ段”，则同说明（5）。

（8）距离压板投入时，若TV断线，闭锁距离保护，自动投入TV断线后两段过电流。TV恢复正常时，自动恢复投入距离保护。

（二）零序过电流

在大接地系统或经电阻接地的小电流接地系统中，可配置零序电流保护以切除接地故障。特别是距离保护拒动时，零序后备段可以不带方向，以提高系统稳定性。

（1）零序保护配置。零序电流保护包括四段零序电流保护，部分装置可选配一段零序加速段，各段零序可由用户选择经或不经方向元件控制，各段零序电流保护的投退受零序压板控制。在TV断线时，零序Ⅰ段可由用户选择是否退出；零序Ⅳ段过电流保护均不经方向元件控制。

零序保护动作条件：

1）方式一。零序过电流启动元件启动（当外接和自产零序电流均大于整定值，且无交流电流断线时，零序启动元件动作并展宽7s，去开放出口继电器正电源）并达到相应段定值时，零序保护出口。因此，需要外接零序分量。

2）方式二。采用零序正方向元件的动作判据为$18^\circ \leqslant \arg(3I_0/3U_0) \leqslant 180^\circ$，且$3I_0$大于零序Ⅰ、Ⅱ、Ⅲ、Ⅳ段定值。

其中零序方向元件的方向判别采用自产$3I_0$（由三个相电流相加）和自产$3U_0$（三个相电压相加），自产$3U_0$小于1.5V时，闭锁零序方向元件。动作门槛值则取自产$3I_0$、外接$3I_0$最小值与定值比较，因此，也需要外接零序分量，如图Z11F1001Ⅰ-9所示。

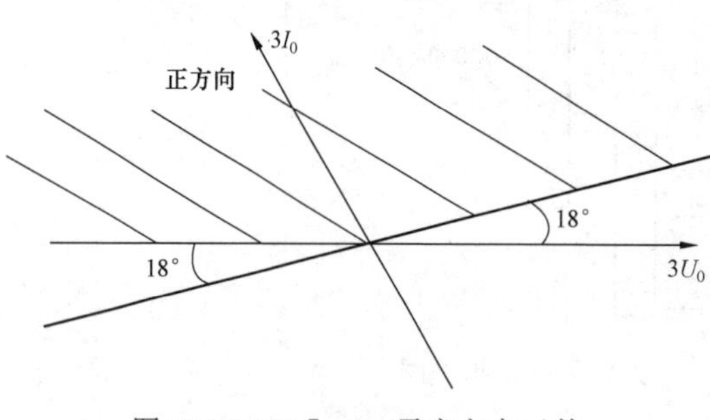

图Z11F1001Ⅰ-9 零序方向元件

根据系统的需求情况，可以选择“Ⅲ段及以上故障永跳”。此时，零序Ⅲ、Ⅳ段出口时闭锁重合闸。

（2）零序保护逻辑。某装置的零序保护逻辑框图如图 Z11F1001Ⅰ–10 所示。

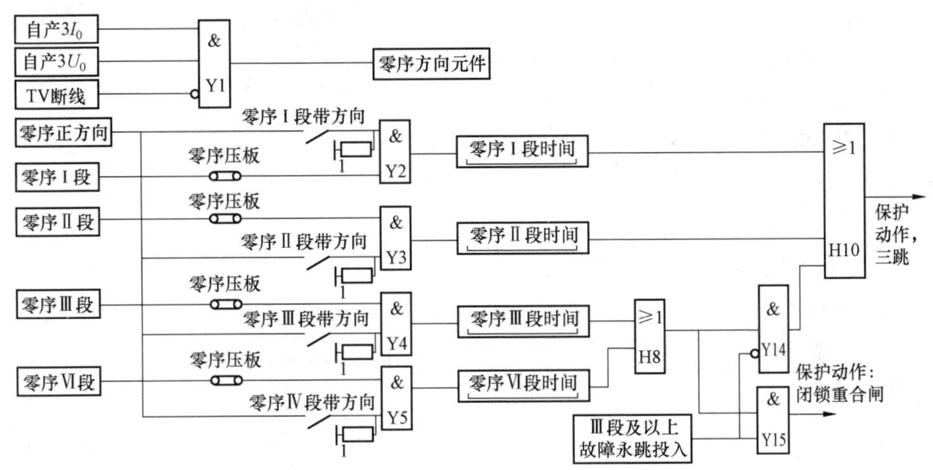

图 Z11F1001Ⅰ–10　零序保护逻辑框图

1）Ⅰ、Ⅱ、Ⅲ、Ⅳ段零序方向保护投退受零序压板控制。

2）正常运行时，TV 完好时零序保护的动作逻辑如图 Z11F1001Ⅰ–10 所示。

3）若选择“Ⅲ段及以上故障永跳”，零序Ⅲ段、Ⅳ段出口时永跳，闭锁重合闸。

4）重合、手合于故障时，若零序Ⅰ段 100ms 延时投入，零序Ⅰ段延时 100ms 出口。若零序Ⅱ、Ⅲ、Ⅳ段加速投入，零序Ⅱ、Ⅲ、Ⅳ段延时 100ms 加速出口。重合、手合于故障时，零序保护出口闭锁重合闸。

5）零序各段不带方向时，零序保护的动作行为不受 TV 断线的影响。

6）TV 断线时，带方向零序段可选择“退出零序 X 段方向元件”或“退出带方向零序 X 段”（由控制字投退，X 段表示Ⅰ段或Ⅱ、Ⅲ、Ⅳ段）。若选择“TV 断线退出零序 X 段方向元件”，TV 断线时，零序 X 段转为零序过电流，零序Ⅰ段出口的延时为 max（零序Ⅰ段时间定值，200ms），零序Ⅱ、Ⅲ、Ⅳ段延时为相应的时间定值，此时零序 X 段动作后永跳闭锁重合闸。

（三）TV 断线过电流

TV 断线后距离保护退出，在大电流接地系统的装置，配有两段 TV 断线后过电流保护，该保护不带方向和电压闭锁，TV 断线后零序过电流元件退出方向判别。TV 断线过电流保护逻辑与距离保护逻辑在一起，则 TV 断线后过电流保护随距离压板的投入而自动投入。有些还设有两段 TV 断线零序过电流，由零序保护压板出口。

（四）过电流保护、过负荷保护

过电流保护适合于 110kV 以下线路配置。

（1）过电流保护配置。过电流保护包括三段过电流保护和一段过电流加速段（可选配）。三段过电流保护的投退受过电流压板控制。根据系统的需求情况，可以选择“Ⅲ段及以上故障永跳”。此时，过电流Ⅲ段出口时闭锁重合闸。

1）过电流保护动作条件：

① 过电流元件正方向（控制字投退是否带方向）。

② 过电流元件电压条件满足（控制字投退是否带电压闭锁）。

③ 过电流元件定值满足。

④ 过电流元件延时满足。

2）过电流方向元件。过电流方向元件为 90° 接线方式，按相启动，各相电流保护受表 Z11F1001Ⅰ-1 所示相应方向元件的控制。动作区范围为［-90°，30°］（电流滞后电压角度为正）。

正向区为$-90° \leqslant \arg(U/I) \leqslant 30°$，如图 Z11F1001Ⅰ-11 所示。过电流方向元件如表 Z11F1001Ⅰ-1 所示。

表 Z11F1001Ⅰ-1　　过电流方向元件

方向元件	I	U
A	I_A	U_{BC}
B	I_B	U_{CA}
C	I_C	U_{AB}

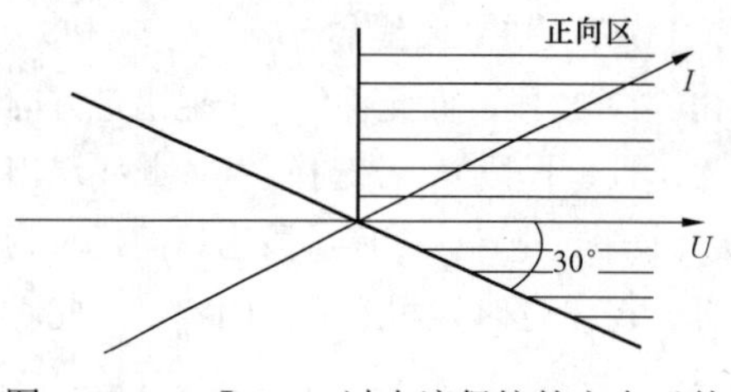

图 Z11F1001Ⅰ-11　过电流保护的方向元件

U_{AB}、U_{BC}、U_{CA} 任意一个小于过电流电压闭锁定值时，开放被闭锁的电流保护段，可以保证在电机反充电等非故障情况下不出现误动作。

（2）过负荷配置。过负荷保护是否投入、过负荷跳闸是否投入由控制字投退。

若不投过负荷跳闸，过负荷后，按照整定的“过负荷时间”告警。若投入过负荷跳闸，若发生过负荷，固定 30s 过负荷告警，按照整定的“过负荷时间”延时出口跳闸，过负荷出口永跳闭锁重合闸。

（3）过电流、过负荷保护逻辑框图。某装置的过电流、过负荷保护逻辑框图如图 Z11F1001Ⅰ-12 所示。

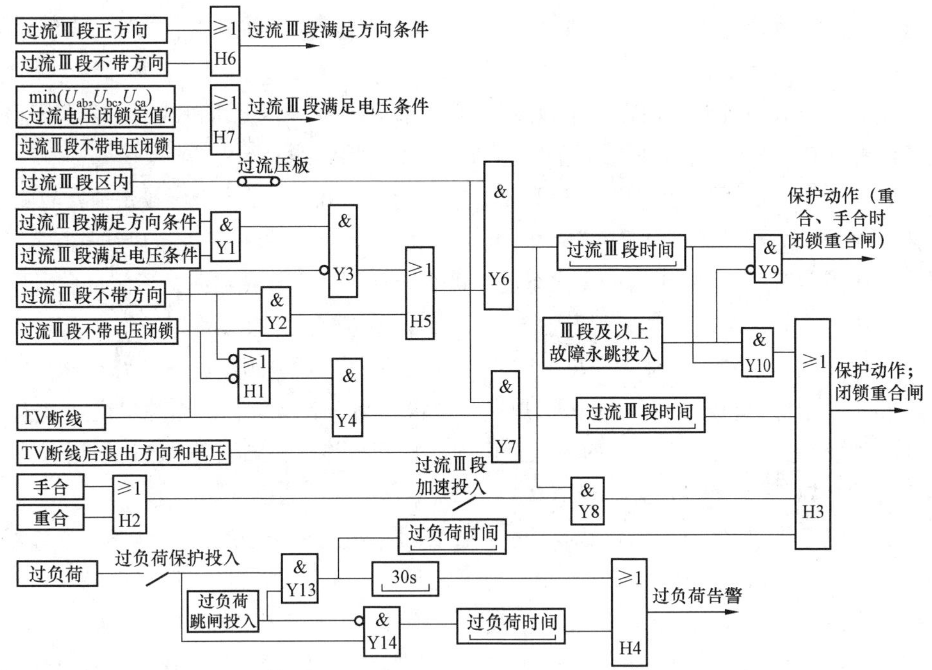

图 Z11F1001Ⅰ-12　过电流、过负荷保护逻辑框图

1）过电流Ⅰ、Ⅱ、Ⅲ段保护投退受过电流压板控制。过电流Ⅰ、Ⅱ、Ⅲ段的逻辑类似。

2）若选择“Ⅲ段及以上故障永跳”，过电流Ⅲ段出口时永跳，闭锁重合闸。

3）若选择“过电流Ⅲ段加速投入”，则手合、重合时为了防止合闸于空载变压器时励磁涌流引起电流达到过电流Ⅲ段定值而导致的误加速出口，若相应相电流的二次谐波值大于基波的20%，过电流Ⅲ段带200ms延时，否则瞬时加速出口。

4）过电流Ⅰ、Ⅱ、Ⅲ段不带方向和电压闭锁时，其动作行为不受TV断线的影响。

TV断线时，带方向、电压闭锁过电流保护段，可选择转为“退出方向和电压”或“退出带方向、电压闭锁段”（由控制字投退）。若过电流带方向段选择“退出方向和电压”，此时过电流保护动作后永跳闭锁重合闸。

5）过负荷保护是否投入、过负荷跳闸是否投入由控制字投退。

（五）重合闸

（1）重合闸配置。110kV及以下架空线路或架空电缆混合线路中电缆比例比较小的线路采用三相一次重合闸。

三相一次重合闸功能的投退受重合闸压板控制。重合闸的启动可以通过保护启动重合以及断路器位置不对应启动重合。重合闸的重合功能必须在“充电”完成后才能投入，以避免多次重合闸。

重合闸方式由控制字决定。可以选择“非同期”“检线路无压母线有压”“检母线无压线路有压”“检线路母线均无压”“检同期”“检相邻线有流”方式。

1）方式一。检同期重合时，则两侧电压须均大于0.7倍相应电压额定值，两侧电压角度相差在“重合闸同期角度”范围内。检无压重合时，“检线路无压母线有压”“检母线无压线路有压”“检线路母线均无压”可组合使用。组合使用时是逻辑或的关系。无压门槛为0.3倍的额定值，有压门槛为0.7倍的额定值，如果线路母线均有压，则自动转为检同期。检同期或检无压重合时，装置必须接入线路抽取 U_x，线路电压 U_x 的大小和相别由保护自动识别，不需用户整定。检相邻线有流重合：当并架线路侧未装设线路抽取装置，无法获取 U_x 时，装置可接入相邻线路一相电流 I_x，检相邻线有流作为重合的判别条件。

2）方式二。检线路无压母线有压时，检查线路电压小于30V且无线路电压断线，同时三相母线电压均大于40V时，检线路无压母线有压条件满足，而不管线路电压用的是相电压还是相间电压；检母线无压线路有压时，检查三相母线电压均小于30V且无母线TV断线，同时线路电压大于40V时，检母线无压线路有压条件满足；检线路无压母线无压时，检查三相母线电压均小于30V且无母线TV断线，同时线路电压小于30V且无线路电压断线时，检线路无压母线无压条件满足；检同期时，检查线路电压和三相母线电压均大于40V且线路电压和母线电压间的相位在整定范围内时，检同期条件满足。正常运行时测量 U_x 与 U_A 之间的相位差，与定值中的固定角度差定值比较，若两者的角度差大于10°，则经500ms报“角差整定异常”告警。

（2）重合闸逻辑框图。某装置的重合闸逻辑框图如图Z11F1001Ⅰ-13所示。

1）重合闸功能投退受重合闸压板控制。

2）重合闸为三相一次重合闸，合闸方式由控制字来决定，可以选择“非同期”“检线路无压母线有压”“检母线无压线路有压”“检线路母线均无压”“检同期”“检相邻线有流”。

3）以上6个控制位均置0时，装置默认为非同期重合方式。

4）“检线路无压母线有压”“检母线无压线路有压”“检线路母线均无压”方式可以组合使用，组合使用时，是逻辑或的关系。比如“检母线无压线路有压”“检线路母线均无压”均置1，则“母线无压线路有压”或“线路母线均无压”条件满足时均可以重合。

5）检同期或检无压重合方式时，装置必须接入线路抽取 U_x，线路电压 U_x 的大小和相别由保护自动识别，不需用户整定。如果运行时，线路抽取 U_x 大小、相别和保护识别的 U_x 相差较大，装置会报“线路 U_x 异常”。

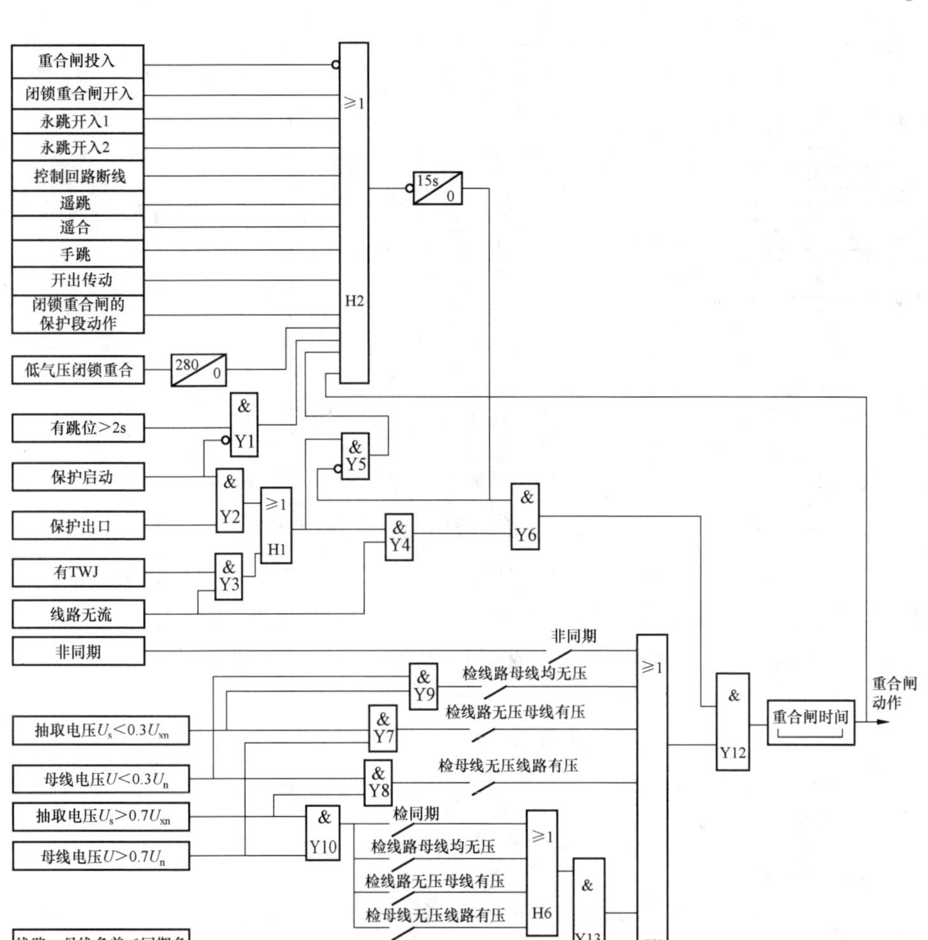

图 Z11F1001Ⅰ-13　重合闸逻辑框图

（六）低频减载

当电网出现有功缺额时，电网频率下降，若下降频率超过一定值，有可能使系统解列，因此，需利用保护把一部分不重要的负荷切除，保证电网的稳定。

当三相均有流，系统频率低于整定值，且无低电压闭锁和滑差闭锁时，经整定延时，低频保护动作，低电压以相间电压为判据。某装置的低频减载逻辑框图如图 Z11F1001Ⅰ-14 所示。

低频减载的投退受低频压板控制。其动作条件如下：

1）频率小于低频减载频率定值。

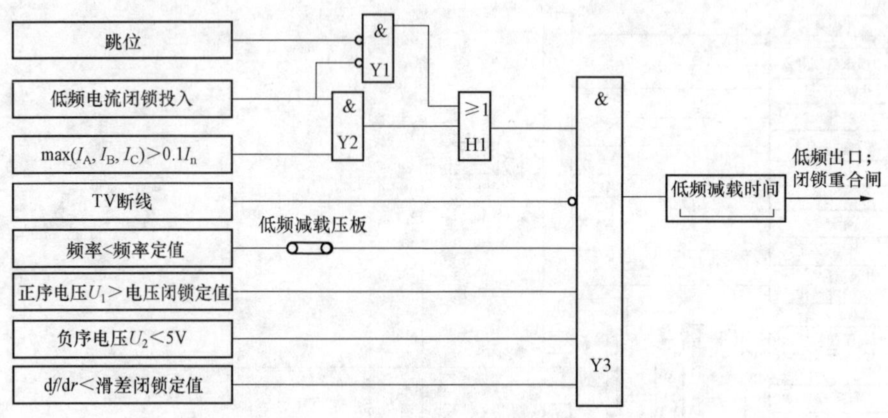

图 Z11F1001 Ⅰ–14 低频减载逻辑框图

2）正序电压 U_1 大于低频减载电压闭锁定值且负序电压 U_2 小于 5V。

3）d*f*/d*t* 小于低频减载滑差闭锁定值（以区分故障情况、电机反充电和真正的有功缺额，一旦闭锁需频率恢复（*f* 大于 49.5Hz）才重新开放低频减载）。

4）断路器合位（取 TWJ 判取）或有电流（任一相电流大于 $0.1I_n$，可用控制字进行投退）。

5）时间大于低频减载时间定值。

以上条件均满足后低频保护动作，动作后永跳闭锁重合闸。TV 断线闭锁该元件，直至电压恢复。

（七）低压减载

当电网出现无功缺额时，电网电压下降，若下降超过一定值，有可能使系统解列，因此，需利用保护把一部分不重要的负荷切除，保证电网的稳定。某装置的低压减载逻辑框图如图 Z11F1001 Ⅰ–15 所示。

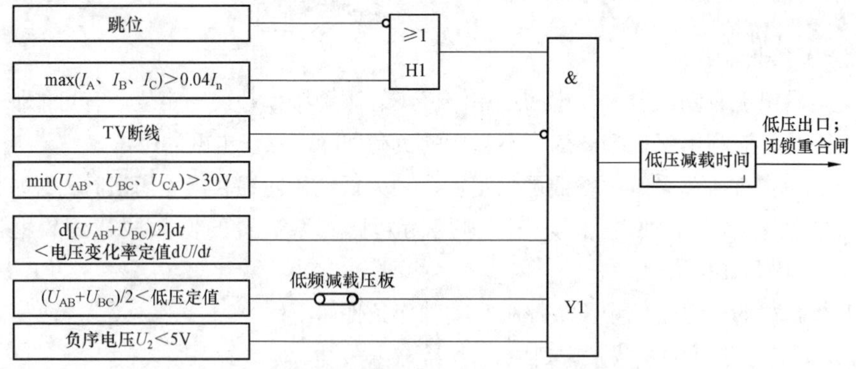

图 Z11F1001 Ⅰ–15 低压减载逻辑框图

当三相均有流，三相相间电压均低于整定值，三相电压平衡，且无低电压闭锁和滑压（dU/dt）闭锁时，经整定延时，低压保护动作，低电压以相间电压为判据。

图 Z11F1001Ⅰ–15 中需要说明的是：

1）低压减载投退受低压减载压板控制。

2）低压减载的电压定值为线电压，低压减载滑压闭锁 dU/dt 为线电压变化率。

【思考与练习】

1. 110kV 线路保护的配置有哪些？
2. 以图 Z11F1001Ⅰ–3 为例，简单分析多边形阻抗继电器的特点。
3. 以图 Z11F1001Ⅰ–15 为例，请分析低压减载的逻辑关系。

模块 2　110kV 及以下线路微机保护装置调试的安全和技术措施（Z11F1002Ⅰ）

【模块描述】本模块包含 110kV 及以下线路微机保护装置调试的工作前准备和安全技术措施。通过要点介绍、图表举例，掌握 110kV 及以下线路保护现场调试时的危险点预控及安全技术措施。

【模块内容】

一、110kV 及以下线路保护装置调试工作前的准备

（1）检修作业前 5 天做好检修准备工作，并在检修作业前 3 天提交相关停役申请。准备工作包括检查设备状况、反措计划的执行情况及设备的缺陷统计等。

（2）开工前 3 天，向有关部门上报本次工作的材料计划。

（3）根据本次校验的项目，组织作业人员学习作业指导书，使全体作业人员熟悉作业内容、进度要求、作业标准、安全注意事项。要求所有工作人员都明确本次校验工作的内容、进度要求、作业标准及安全注意事项。

（4）开工前一天，准备好作业所需仪器仪表、相关材料、工器具。要求仪器仪表、工器具应试验合格，满足本次作业的要求，材料应齐全。

仪器仪表主要包括：1000V、500V 绝缘电阻表各 1 只，微机型继电保护测试仪 2 套，钳形相位表 1 只，数字万用表 1 只。

工器具主要包括：个人工具箱、计算器、试验线 1 套、计算器 1 只、模拟断路器箱 2 只。

相关材料主要包括：绝缘胶布、自粘胶带、电缆盘（带漏电保安器，规格为 220V/10A）1 只、导线、小毛巾、中性笔、口罩、手套、毛刷、逆变电源板等。

备品备件：电源插件 1 块、管理板 1 块、通信板 1 块。

（5）准备最新整定单、相关图纸、上一次试验报告、本次需要改进的项目及相关技术资料。要求图纸及资料应与现场实际情况一致。

主要的技术资料包括：线路保护图纸、线路成套保护装置技术说明书、线路成套保护装置使用说明书、线路成套保护装置校验规程。

（6）根据现场工作时间和工作内容填写工作票（第一种工作票应在开工前一天交值班员）。要求工作票填写正确，并按Q/GDW 1799.1—2013《电力安全工作规程 变电部分》执行。

二、安全技术措施

以下分析110kV及以下线路微机保护装置调试现场工作危险点及控制。

（一）人身触电

1. 误入带电间隔

控制措施：工作前应熟悉工作地点、带电部位，相邻运行设备做运行标志。检查现场安全围栏、安全警示牌和接地线等安全措施。

2. 试验仪器电源使用

控制措施：必须使用装有漏电保护器的电源盘。螺丝刀等工具金属裸露部分除刀口外包上绝缘。接（拆）电源时至少有两人执行，一人操作，一人监护。必须在电源开关拉开的情况下进行。临时电源必须使用专用电源，禁止从运行设备上取得电源。

3. 保护调试及整组试验

控制措施：工作人员之间应相互配合，确保一、二次回路上无人工作。传动试验必须得到值班员许可并配合。

（二）机械伤害

机械伤害主要指坠落物打击，控制措施：工作人员进入工作现场必须戴安全帽。

（三）高空坠落

高空坠落主要指在线路上工作，控制措施：正确使用安全带，工作鞋应防滑。在线路上工作必须系安全带，并由专人监护。

（四）防“三误”事故的安全技术措施

（1）现场工作前必须作好充分准备，内容包括：

1）了解工作地点一、二次设备运行情况，本工作与运行设备有无直接联系（如备自投、联切装置等）。

2）工作人员明确分工并熟悉图纸与检验规程等有关资料。

3）应具备与实际状况一致的图纸、上次检验记录、最新整定通知单、检验规程、合格的仪器仪表、备品备件、工具和连接导线。

4）工作前认真填写安全措施票，特别是针对复杂保护装置或有联跳回路的保护装置，如母线保护、变压器保护、断路器失灵保护等的现场校验工作，应由工作负责人认真填写，并经技术负责人认真审批。

5）工作开工后先执行安全措施票，由工作负责人负责做的每一项措施要在“执行”栏做标记；校验工作结束后，要持此票恢复所做的安全措施，以保证完全恢复。

6）不允许在未停用的保护装置上进行试验和其他测试工作；也不允许在保护未停用的情况下，用装置的试验按钮（除闭锁式纵联保护的启动发信按钮外）做试验。

7）只能用整组试验的方法，即由电流及电压端子通入与故障情况相符的模拟故障量，检查保护回路及整定值的正确性。不允许用卡继电器触点、短路触点等人为手段作保护装置的整组试验。

8）在校验继电保护及二次回路时，凡与其他运行设备二次回路相连的连接片和接线应有明显标记，并按安全措施票仔细地将有关回路断开或短路，做好记录。

9）在清扫运行中设备和二次回路时，应认真仔细，并使用绝缘工具（毛刷、吹风机等），特别注意防止振动，防止误碰。

10）严格执行风险分析卡和继电保护作业指导书。

（2）现场工作应按图纸进行，严禁以记忆作为工作的依据。如发现图纸与实际接线不符时，应查线核对。需要改动时，必须履行以下程序：

1）先在原图上做好修改，经主管继电保护部门批准。

2）拆动接线前先要与原图核对，接线修改后要与新图核对，并及时修改底图，修改运行人员及有关各级继电保护人员的图纸。

3）改动回路后，严防寄生回路存在，没用的线应拆除。

4）在变动二次回路后，应进行相应的逻辑回路整组试验，确认回路极性及整定值完全正确。

（3）保护装置调试的定值，必须根据最新整定值通知单规定，先核对通知单与实际设备是否相符（包括保护装置型号、被保护设备名称、变比等）。定值整定完毕要认真核对，确保正确。

（五）其他危险点分析及控制

其他危险点分析及控制见表 Z11F1002Ⅰ–1。

表 Z11F1002Ⅰ–1　　其他危险点分析及控制

序号	危 险 点	安全控制措施	安全控制措施的原因
1	直流回路工作	工作中使用带绝缘手柄的工具。试验线严禁裸露，防止误碰金属导体部分	直流回路接地造成中间继电器误出口，直流回路短路造成保护拒动

续表

序号	危 险 点	安全控制措施	安全控制措施的原因
2	装置试验电流接入	短接交流电流外侧电缆，打开交流电流连接片。 在端子箱将相应端子用绝缘胶布实施封闭	防止运行TA回路开路运行，防止测试仪的交流电流倒送TA。 二次通电时，电流可能通入母差保护，可能误跳运行断路器
3	装置试验电压接入	断开交流二次电压引入回路。并用绝缘胶布对所拆线头实施绝缘包扎	防止交流电压短路，误跳运行设备、试验电压反送电。保护屏顶电压小母线带电，易发生电压反送事故或引起人员触电
4	带电插拔插件，易造成集成块损坏；频繁插拔插件，易造成插件插头松动	防止频繁插拔插件	易造成集成块损坏；频繁插拔插件，易造成插件插头松动
5	人员、物体越过围栏，易发生人员触电事故	现场设专人监护	易发生人员触电事故
6	室外端子箱母差电流回路、隔离开关开入回路运行	室外端子箱母差电流、隔离开关开入端子做明显标志	防止线路保护误接间隔
7	试验中误发信号	断开中央信号正电源；断开远动信号正电源；断开故障录波信号正电源；记录各切换把手位置	造成监控后台频繁形成SOE报文
8	保护室内使用无线通信设备	不在保护室内使用无线通信设备，尤其是对讲机	易造成其他正在运行的保护设备不正确动作
9	安全措施执行与恢复	工作开工后先执行安全措施票，由工作负责人负责做的每一项措施要在“执行”栏做标记；校验工作结束后，要持此票恢复所做的安全措施，以保证完全恢复	防止遗漏安全措施；防止保护设备状态完全恢复

以CSC–161A线路保护为例，安全工作票见表Z11F1002Ⅰ–2。

表Z11F1002Ⅰ–2　　现场工作安全工作票

<table>
<tr><td colspan="3">被试设备及保护名称</td><td colspan="3">220kV××变电站 110kV清铺1818线路 CSC–161A 保护</td></tr>
<tr><td>工作负责人</td><td>××</td><td>工作时间</td><td>××年××月 ×× 日</td><td>签发人</td><td>×××</td></tr>
<tr><td>工作内容</td><td colspan="5">CSC–161A保护全部校验（根据PRC01–22屏图，仅供参考）</td></tr>
<tr><td>工作条件</td><td colspan="5">1. 一次设备运行情况 110kV清铺1818线路检修 。
2. 被试保护作用的断路器 110kV清铺1818线断路器 。
3. 被试保护屏上的运行设备 无 。
4. 被试保护屏、端子箱与其他保护连接线 主要为110kV母差跳110kV清铺1818线</td></tr>
<tr><td colspan="6">安全技术措施：包括应打开及恢复压板、直流线、交流线、信号线、联锁线和联锁开关等，按下列顺序做安全措施。已执行，在执行栏打“√”按相反的顺序恢复安全措施，以恢复的，在恢复栏打“√”。</td></tr>
</table>

续表

序号	执行	安全措施内容	安全措施的原因	恢复
1	√	检查本屏所有保护屏上压板在退出位置，并做好记录	防止保护误出口	√
2	√	检查本屏所有把手及断路器位置，并做好记录	防止保护误出口	√
3	√	电流回路：断开 A 411；对应端子排端子号［D 8］	防止电流回路开路，防止人员触电，防止测试仪的交流电流倒送 TA	√
4	√	电流回路：断开 B 411；对应端子排端子号［D 9］		√
5	√	电流回路：断开 C 411；对应端子排端子号［D 10］		√
6	√	电流回路：断开 N 411；对应端子排端子号［D 11］		√
7	√	电压回路：断开 A 732；对应端子排端子号［D 1］	防止电压回路开路，防止人员触电，防止测试仪的交流电压倒送 TV	√
8	√	电压回路：断开 B 732；对应端子排端子号［D 2］		√
9	√	电压回路：断开 C 732；对应端子排端子号［D 3］		√
10	√	电压回路：断开 N 600；对应端子排端子号［D4、D5］		√
11	√	电压回路：断开 A 602；对应端子排端子号［D6］	防止电压回路开路，防止人员触电，防止测试仪的交流电压倒送 TV	√
12	√	故录公共端：断开 录波公共端；对应的端子号［D 99］并用绝缘胶布包好	防止试验动作报告误传送到故障录波器	√
13	√	通信接口：断开至监控的通信口，如果有检修压板投检修压板	防止保护试验信息误送到后台，频繁形成 SOE 报文	√
14	√	通信接口：断开至保护信息管理系统的通信口，如果有检修压板投检修压板		√
15		补充措施：		

填票人		操作人		监护人		审核人	

本安全工作票中去掉了模板中“11 断开信号正电源和 13 断开本保护用 TA 接地点”两项，增加断开线路电压回路的安全措施。

【思考与练习】

1. 请试编制本单位典型 110kV 线路保护二次工作安全措施票。
2. 传动和整组试验应实施哪些安全措施？

◢模块 3 110kV 及以下典型线路微机保护装置的调试（Z11F1003Ⅰ）

【模块描述】本模块包含 110kV 及以下线路微机保护装置调试的主要内容。通过要点归纳、图表举例、分析说明，掌握 110kV 及以下线路微机保护装置调试的作业程序、调试项目、各项目调试方法及调试报告编写等内容。

【模块内容】

一、作业流程

线路微机保护装置的调试作业流程如图 Z11F1003Ⅰ–1 所示。

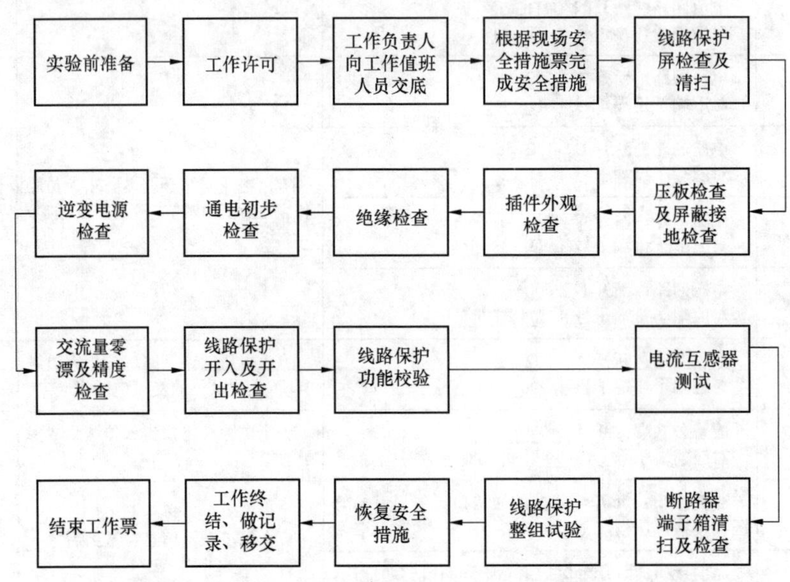

图 Z11F1003Ⅰ–1 线路微机保护装置的调试作业流程图

二、110kV 线路保护的校验项目、技术要求及校验报告

（1）对保护装置端子连接、插件焊接、插件与插座固定、切换开关、按钮等机械部分检查并清扫。要求连接可靠，接触良好，回路清洁。

1）保护屏后接线、插件外观检查。包括保护屏检查、屏内接线检查、保护屏内装置检查。

2）保护硬件跳线检查。检查 CPU、DSP 是否有跳线。

3）保护屏上压板检查。检查压板端子接线是否符合反措要求、压板端子接线压接是否良好、压板外观情况。

4）屏蔽接地检查。检查保护引入、引出电缆是否为屏蔽电缆，检查全部屏蔽电缆的屏蔽层是否两端接地，检查保护屏底部的下面是否构造一个专用的接地铜网格，保护屏的专用接地端子是否经大于 6mm^2 的铜线连接到此铜网格上，并检查各接地端子的连接处连接是否可靠。

（2）回路绝缘检查。

1）直流回路绝缘检查。确认直流电源断开后，将 CPU 插件、MON Ⅰ 插件、开入插件拔出，对地用 1000V 绝缘电阻表全回路测试绝缘电阻。要求绝缘电阻大于 10MΩ。

2）交流电压回路绝缘检查。将交流电压断开后，在端子排内部将电压回路短接，拔出 A/D 插件，对地用 500V 绝缘电阻表全回路测试绝缘电阻。要求绝缘电阻大于 20MΩ。

3）交流电流回路绝缘检查。确认各间隔交流电流已短接退出后，在端子排内部将电流回路短接，拔出 A/D 插件，对地用 500V 绝缘电阻表全回路测试绝缘电阻。要求绝缘电阻大于 20MΩ。

（3）通入试验电源，检查保护基本信息（版本及校验码）并打印。版本满足国家电网有限公司统一版本要求。

（4）装置直流电源检查。

1）快速拉合保护装置直流电源，装置启动正常。

2）缓慢外加直流电源至 80%额定电压，要求装置启动正常。

3）逆变稳压电源检测。

（5）装置通电初步检查。

1）保护装置通电后，先进行全面自检。自检通过后，装置运行灯亮。除可能发“TV 断线”信号外，应无其他异常信息。此时，液晶显示屏出现短时的全亮状态，表明液晶显示屏完好。

2）保护装置时钟及 GPS 对时，保护复归重启检查。

① 检查保护装置时钟及 GPS 对时，要求装置时间与 GPS 时间一致。

② 改变装置秒数，检查装置硬对时功能正常。要求对时功能正常。

③ 检查保护复归重启。要求功能检查正常。

3）检验键盘正常。

4）检查打印机与保护联调正常。进行本项试验之前，打印机应进行通电自检。将打印机与微机保护装置的通信电缆连接好。将打印机的打印纸装上，并合上打印机电源。保护装置在运行状态下，按保护柜（屏）上的“打印”按钮，打印机便自动打印出保护装置的动作报告、定值报告和自检报告，表明打印机与微机保护装置联机成功。

（6）交流回路校验。

1）在端子排内短接电流回路及电压回路并与外回路断开后，检查保护装置零漂。

2）在电压输入回路输入三相正序电压，每相 50V，检查保护装置内电压精度。误差要求小于 3%。

3）输入三相正序电流，每相 5A，检查保护装置内电流精度、相角，误差要求小于 3%。

（7）开入量检查。

1）投退功能压板。开入均正确。

2）检查其他开入量状态。开入均正确。

（8）开出量检查。

1）拉开装置直流电源，装置告直流断线。要求告警正确，输出接点正确。

2）模拟 TV 断线、TA 断线，装置告警，要求告警正确，输出接点正确。

（9）定值及定值区切换功能检查。

1）核对保护装置定值。现场定值与定值单一致。

2）检查保护装置定值区切换，功能切换正常。

3）检查各侧 TA 变比系数，要求与现场 TA 变比相符。

4）检查定值单上的变压器联结组别、额定容量及各侧电压参数。要求于实际的变压器联结组别、额定容量及各侧电压参数一致。

（10）保护功能校验。

1）距离保护校验。要求保护功能正确，定值正确。

仅投入距离保护投运连接片，做以下试验：

① 距离Ⅰ段保护检验。分别模拟 A、B、C 相单相接地瞬时故障，AB、BC、CA 相间瞬时故障。故障电流 I 固定（一般 $I=I_N$），相角为灵敏角，模拟故障时间为 100～150ms。故障电压为：

模拟单相接地故障

$$U = mIZ_{set1}(1+k)$$

模拟两相相间故障时

$$U = 2mIZ_{set1}$$

式中 m ——系数，其值分别为 0.95、1.05 及 0.7；

Z_{set1} ——距离Ⅰ段定值，Ω。

距离Ⅰ段保护在 0.95 倍定值（m=0.95）时，应可靠动作；在 1.05 倍定值时，应可靠不动作；在 0.7 倍定值时，测量距离保护Ⅰ段的动作时间。

② 距离Ⅱ段保护检验。检验距离Ⅱ段保护时，分别模拟单相接地和相间短路故障；故障电流 I 固定（一般 $I=I_N$），相角为灵敏角，故障电压为：

模拟单相接地故障时

$$U = mIZ_{setp2}(1+k)$$

模拟相间短路故障时

$$U = 2mIZ_{setpp2}$$

式中　m——系数，其值分别为 0.95、1.05 及 0.7；

Z_{setp2} ——接地距离Ⅱ段保护定值，Ω；

Z_{setpp2} ——相间距离Ⅱ段保护定值，Ω。

距离Ⅱ段保护在 0.95 倍定值时（m=0.95）应可靠动作；在 1.05 倍定值时，应可靠不动作；在 0.7 倍定值时，测量距离Ⅱ段保护动作时间。

③ 距离Ⅲ段保护检验。检验距离Ⅲ段保护时，分别模拟单相接地和相间短路故障；故障电流 I 固定（一般 $I=I_N$），相角为灵敏角，故障电压为：

模拟单相接地故障时

$$A = mIZ_{setp3}(1+k)$$

模拟相间短路故障时

$$A = 2mIZ_{setpp3}$$

式中　m——系数，其值分别为 0.95、1.05 及 0.7；

Z_{setp3} ——接地距离Ⅲ段保护定值，Ω；

Z_{setpp3} ——相间距离Ⅲ段保护定值，Ω。

距离Ⅲ段保护在 0.95 倍定值时（m=0.95）应可靠动作；在 1.05 倍定值时，应可靠不动作；在 0.7 倍定值时，测量距离Ⅲ段保护动作时间。

2）零序过电流保护检验。

仅投入零序保护投运压板，做如下试验，要求保护功能正确，定值正确。

分别模拟 A、B、C 相单相接地瞬时故障，模拟故障电压 U_A=30V，模拟故障时间应大于零序过电流Ⅱ段（或Ⅲ段）保护的动作时间定值，相角为灵敏角，模拟故障电流为

$$I = mI_{0setn}$$

式中　m ——系数，其值分别为 0.95、1.05 及 1.2；

I_{0setn} ——零序过电流 n 段定值（n=1，2，3，4），A。

零序过电流 n 段和保护在 0.95 倍定值（$m=0.95$）时，应可靠不动作；在 1.05 倍定值时，应可靠动作；在 1.2 倍定值时，测量零序过电流 n 段保护的动作时间。

将定值中所有零序段的方向方式字均投入，给定故障电压 $U_A=30V$；加故障电流 $I=1.2mI_{0set1}$，做 A 相反方向接地故障。零序保护应不动作。

3）TV 断线时相电流保护定值校验。零序保护和距离保护投运压板均投入。要求保护功能正确，定值正确。

模拟故障电压量不加（等于零），模拟故障时间应大于交流电压回路断线时过电流延时定值。故障电流为：

模拟相间（或三相）短路故障时

$$I=mI_{TVset}$$

模拟单相接地故障时

$$I=mI_{0TVset}$$

式中 m ——系数，其值分别为 0.95、1.05 及 1.2；

I_{TVset} ——交流电压回路断线时过电流定值，A；

I_{0TVset} ——交流电压回路断线时零序过电流定值，A。

在交流电压回路断线后，加模拟故障电流，过电流保护和零序过电流保护在 1.05 倍定值时应可靠动作，在 0.95 倍定值时可靠不动作，并在 1.2 倍定值下测量保护动作时间。

4）合闸于故障线零序电流保护检验。投入零序保护和距离保护投运压板。要求保护功能正确，定值正确。

模拟手合单相接地故障，模拟故障前，给上“跳闸位置”开关量。模拟故障时间为 300ms，模拟故障电压 $A=50V$，相角为灵敏角，模拟故障电流为

$$I=mI_{0setCK}$$

式中 I_{0setCK} ——合闸于故障线零序电流保护定值，A；

m ——系数，其值分别为 0.95、1.05 及 1.2。

合闸于故障线零序电流保护在 1.05 倍定值时可靠动作，0.95 倍定值时可靠不动作，并测量 1.2 倍定值时的保护动作时间。

5）保护反方向出口故障性能校验。

保护反向出口故障性能检验：零序保护和距离保护投运压板均投入，要求保护功能正确，定值正确。

分别模拟反向 B 相接地、CA 相间和 ABC 三相瞬时故障。模拟故障电压为零，相角 $\phi=180+\phi_{LM}$（线路最大灵敏角），模拟故障时间应小于距离Ⅲ段和零序过电流Ⅳ段

的时间定值。

（11）整组动作时间测试。

本试验是测量从模拟故障至断路器跳闸回路动作的保护整组动作时间以及从模拟故障切除至断路器合闸回路动作的重合闸整组动作时间，由于 110kV 线路保护一般不用于分相操动机构，因此不进行分相回路的测量。

时间测试的合格判据为：① 整定值在 0.1～1s 时，测量误差不小于 15ms；② 整定值在 1～10s 时，测量误差不小于整定值的 1.5%。

1）保护整组动作时间测试。

① 仅投入距离保护投运压板。模拟 AB 相间故障，其故障电流一般取 $I=I_N$，相角为灵敏角，模拟故障时间为 100ms，模拟故障。

电压：$U=0.7\times 2IZ_{set1}=1.4IZ_{set1}$（$Z_{set1}$ 为距离Ⅰ段定值）。

上述试验要求检查保护显示或打印出距离Ⅰ段的动作时间，其动作时间值应不大于 30ms。

以此类推，模拟距离Ⅱ、Ⅲ范围内的故障，故障注入时间略大于距离Ⅱ、Ⅲ动作时间。

② 仅投入零序方向电流保护投运压板。分别模拟零序电流Ⅰ、Ⅱ、Ⅲ范围的 A、B、C 单相接地故障，其故障电压一般取 $U=0.7U_n$，相角为灵敏角，故障电流取 $I=1.2I_{set}$。故障注入时间略大于整定时间，近段故障注入时间为 100ms。

2）重合闸整组动作时间测量。模拟过负荷，分别校验过负荷电流定值及时间，要求定值及时间应与整定值相符。

（12）户外设备检查。检查断路器端子箱、断路器操动机构箱、TA 接线箱等接线箱内部应清洁、无尘，各端子接线螺丝压接应紧固，户外端子箱防雨、防潮措施应可靠。工作中应防止跑错间隔。

（13）整组试验及验收传动。

1）新投产和全部校验时应用 80%保护直流电源和断路器控制电源进行断路器传动试验。

2）保护装置投运压板、跳闸及合闸压板应投上。

3）进行传动断路器试验之前，控制室和开关站均应有专人监视，并应具备良好的通信联络设备，以便观察断路器和保护装置动作相别是否一致，监视中央信号装置的动作及声、光信号指示是否正确。如果发生异常情况时，应立即停止试验，在查明原因并改正后再继续进行。

传动断路器试验应在确保检验质量的前提下，尽可能减少断路器的动作次数。根据此原则一般进行以下试验项目：

1）传动断路器试验和动作信号检查。

① 整定的重合闸方式下，模拟A相Ⅰ段范围瞬时性接地故障。

② 整定的重合闸方式下，模拟B相永久性接地故障。

③ 整定的重合闸方式下，模拟BC相间瞬时性故障。

④ 重合闸停用方式下，模拟C相Ⅰ段范围瞬时性接地故障。

分别用远方操作和就地操作断路器，检查操作断路器过程中测控信号是否正确及是否有异常现象发生。

2）开关量输入的整组试验。

在进行定期部分检验时，与母差保护装置的开关量整组试验免做。保护装置进入“保护状态”菜单后，选择开入显示子菜单，校验开关量输入变化情况。

① 闭锁重合闸：合上断路器，使保护充电。投闭锁重合闸压板，检查合闸充电由“1”变为“0”。

② 断路器跳闸位置：断路器分别处于合闸状态和分闸状态时，校验断路器跳闸位置开关量状态。

③ 压力闭锁重合闸：模拟断路器液（气）压压力低闭锁重合闸触点动作，校验压力闭锁重合闸开关量状态。

④ 断路器合闸后位置：进行断路器手动合闸操作，对断路器合闸后位置开关量状态进行校验。

3）重合闸检验。重合闸压板投入，距离、零序保护压板投入。

（14）回路绝缘检查。直流回路绝缘检查。确认直流电源断开，将直流正负极性短接后，对地用1000V绝缘电阻表全回路测试绝缘电阻。要求绝缘电阻大于10MΩ。

（15）TA校验。

1）TA伏安特性，每相加入0.5A至拐点以上，约取6点电流进行试验，记录相对应的电压值，做成伏安特性曲线。要求测出的电流、电压曲线符合要求。

2）用双臂电桥测量每相TA的电阻和回路电阻。根据回路情况，要求各相TA的电阻和回路电阻值基本平衡。

3）用1000V绝缘电阻表测每相TA及回路绝缘电阻。要求绝缘电阻大于20MΩ。

（16）保护装置二次通电。

（17）保护校验存在的问题。对本次保护校验存在的问题做好记录。

（18）投运前定值与开入量状态的核查。进入“定值”菜单，打印出按定值整定通知单整定的保护定值，定值报告应与定值整定通知单一致。

在正常运行压板显示状态，查看保护投入压板与实际运行状态一致。

（19）保护校验结论：保护可以（或不可以）投入运行。

保护校验人员：________________。

使用仪表、仪器：________________。

【思考与练习】

1. 编写本单位常用 110kV 线路保护装置的调试大纲。

2. 以距离保护和零序保护为例，比较欠量保护调试与过量保护调试的区别。

3. 实验中如何搜索零序保护动作的边界？

模块 4　220kV 线路微机保护装置原理（Z11F1004Ⅱ）

【模块描述】本模块包含了 220kV 线路保护的配置及原理。通过要点归纳、原理讲解、图解示意、典型案例分析，掌握 220kV 线路保护装置组屏及配置原则，各类纵联保护工作原理，重合闸等工作原理。

【模块内容】

一、220kV 线路微机保护配置基本要求

1. GB/T 14285—2006《继电保护和安全自动装置技术规程》的相关规定

电力系统中的电力设备和线路，应装设短路故障和异常运行的保护装置。电力设备和线路短路故障的保护应有主保护和后备保护，必要时可增设辅助保护。主保护是满足系统稳定和设备安全要求，能以最快速度有选择地切除被保护设备和线路故障的保护。后备保护是主保护或断路器拒动时，用以切除故障的保护。继电保护装置应满足可靠性、选择性、灵敏性和速动性的要求。

根据规定，目前，220kV 线路保护装置配置了纵联保护作为主保护，它对本线路首端、中间、末端的金属性短路故障都能快速动作切除故障，当主保护拒动时，距离保护Ⅰ段和零序保护Ⅰ段对线路首端故障也能无延时快速动作，而对于线路中间和末端的故障，采用距离保护和零序保护的延时段来保证选择性和灵敏性，在不能保证选择性和灵敏性要求，不能兼顾的情况下，优先保证灵敏性，即可使保护无选择动作，但必须采取补救措施，例如采用自动重合闸来补救。

220kV 线路保护一般采用近后备保护方式，即当故障线路的一套继电保护拒动时，由相互独立的另一套继电保护装置动作切除故障。而断路器拒动时，启动断路器失灵保护，断开与故障元件相连的所有其他连接电源的断路器，需要时，可采用远后备保护方式，即故障元件的继电保护或断路器拒动时，由电源侧最近故障元件的上一级继电保护装置动作切除故障。

2. 220kV 线路保护的组屏和配置原则

根据 Q/GDW 161—2007《线路保护及辅助装置标准化设计规范》的相关规定，

220kV 线路保护装置应双重化，即配置两套完全独立的全线速断的数字式保护，宜由不同的保护动作原理、不同厂家的硬件结构构成。220kV 线路两侧对应的保护装置应采用同型号（系列）、同原理的保护。每套保护除了全线速断的纵联保护外，还应具有完整阶段式相间距离、接地距离保护及必需的方向零序后备保护。每套完整、独立的保护装置应能处理可能发生的所有类型的故障；两套保护之间不应有任何电气的联系，当一套保护退出时不应影响另一套保护的运行；两套保护装置的跳闸回路应分别作用于断路器的两个跳闸线圈；两套保护装置与其他保护、设备配合的回路应遵循相互独立的原则；应配置两套独立的通信设备（含复用光纤通道、独立光纤芯、微波、载波等通道及加工设备等），并分别由两套独立的通信电源供电，两套通信设备和通信电源在物理上应完全隔离（两套电源人工切换，正常不并列运行）。第一套主保护应采用第一跳闸回路，第二套主保护采用第二跳闸回路，其他继电保护装置宜采用第一跳闸回路。与线路断路器控制单元（重合闸、失灵电流判别元件等）组屏在一起的保护为第一套线路保护，与保护操作箱组屏在一起的保护为第二套线路保护。

220kV 线路重合闸按断路器独立配置，应具有单重、三重、综重功能；宜采用单相重合闸。对单侧电源终端线路：电源侧采用任何故障三跳，仅单相故障三合的特殊重合闸，采用检无压方式；无电源或小电源侧保护和重合闸停用；当终端负荷变电站线路保护采用带有弱馈功能的线路保护或线路两侧为分相电流差动保护时，线路重合闸可采用单相重合闸。对同杆双回线不采用多相重合闸方式；正常单线送三台变压器运行时，线路重合闸停用；220kV 电缆线路重合闸正常应停用。电缆架空混合线路重合闸宜正常停用，在运行单位提出要求时也可投入重合闸。

根据 Q/GDW 161—2007，其组屏和配置原则如下：

（1）220kV 线路按双重化原则配置两套全线速断的数字式保护，按两面屏（柜）方案配置。

1）线路保护 1 屏（柜）：线路保护 1（含重合闸）+分相操作箱 1（含电压切换箱）+（信号传输装置）；

2）线路保护 2 屏（柜）：线路保护 2（含重合闸）+分相操作箱 2（含电压切换箱）+（信号传输装置）。

（2）220kV 线路两侧对应的保护装置应采用同一原理、同一型号、同一软件版本的保护。

（3）线路保护屏（柜）上设备居中布置，自上至下依次为分相操作箱、线路保护装置、信号传输装置、打印机、压板。

（4）两套线路保护应完全按双重化原则配置，并满足以下要求：

1）由不同的保护动作原理、不同厂家的硬件结构构成。

2）两套保护装置的直流电源应取自不同蓄电池组供电的直流母线段。

3）两套保护一一对应地作用于断路器的两个跳闸线圈。

4）线路保护独立完成合闸（包括手合、重合）后加速跳闸功能。

5）保护所用的断路器和隔离开关辅助触点、切换回路以及与其他保护配合的相关回路亦应遵循相互独立的原则按双重化配置。

6）合理分配保护所接电流互感器二次绕组，对确无办法解决的保护动作死区，可采取启动失灵及远方跳闸等措施加以解决。

（5）两套线路保护的外部输入回路、输出回路、压板设置、端子排排列应完全相同。

（6）线路保护装置应具有 GPS 对时功能，具有硬对时和软对时接口，一般采用 RS–485 串行数据通信接口接收 GPS 发出 IRIG–B（DC）时码作为对时信号源，对时误差小于 1ms。保护采用以太网口与计算机监控系统和故障信息管理子站通信，规约采用 IEC 60870–5–103 或 IEC 61850。

二、220kV 线路保护原理

1. 典型 220kV 线路微机保护装置原理

目前 220kV 线路微机保护装置一般配置的主保护为能实现全线速动的纵联保护，后备保护为阶段式相间距离和接地距离保护、阶段式零序保护（方向可投退），还有重合闸保护。根据原理分类，纵联保护主要是分相差动、纵联方向和纵联距离，按纵联通道分类可分为光纤通道和高频通道。纵联方向和纵联距离保护又可使用闭锁式或允许式逻辑。分相差动保护的光纤通道传送的报文用来取代交流二次回路，纵联方向或纵联距离保护无论使用的是光纤通道还是高频通道，传送的都是逻辑接点命令。

例如目前典型使用的产品中，光纤分相差动保护的典型产品为 RCS–931、PSL–603、CSC–103 等。高频保护的典型产品为 RCS–901、CSC–101、PSL–602 等，若采用高频通道，投闭锁式，若采用光纤通道，投允许式。

2. 典型 220kV 线路微机保护装置保护原理比较

（1）RCS–901A/B。RCS–901 包括以纵联变化量方向和零序方向元件为主体的快速主保护，由工频变化量距离元件构成的快速Ⅰ段保护，由三段式相间和接地距离及多个延时段或反时限零序方向过电流构成全套后备保护（RCS–901A 为 2 个延时段零序方向过电流保护，RCS–901B 4 个延时段零序方向过电流）。RCS–901A/B 保护有分相出口，配有自动重合闸功能，对单或双母线接线的断路器实现单相重合、三相重合和综合重合闸。

（2）RCS–931。RCS–931 系列保护包括以分相电流差动和零序电流差动为主体的快速主保护，由工频变化量距离元件构成的快速Ⅰ段保护，由三段式相间和接地距离及多个零序方向过电流构成的全套后备保护，RCS–931 系列保护有分相出口，配有自动重合闸功能，对单或双母线接线的断路器实现单相重合、三相重合和综合重合闸。

（3）CSC–101。CSC–101 由纵联距离保护、纵联零序方向保护和纵联突变量方向保护构成全线速动的纵联保护，由三段相间和接地距四段零序方向过电流保护构成完整的后备保护。保护具有分相出口。

（4）PSL–602。PSL–602 系列由纵联距离、零序保护、快速距离保护构成主保护，三段式相间距离保护、三段式接地距离保护、四段式零序电流保护构成后备保护，配有重合闸。保护具有分相出口。

距离和零序保护在模块 Z11F1001Ⅰ中已经介绍，不再赘述。

3. 纵联保护

本模块重点介绍纵联零序方向、突变量方向、距离保护，纵联光纤保护见模块 Z11F1010Ⅱ。

纵联方向保护包括启动元件、方向元件、测量元件、跳闸元件，方向元件与测量元件可以组合。方向元件主要有：零序功率方向元件、负序功率方向元件、补偿电压方向元件、突变量方向元件、暂态能量积分方向元件。不同方向元件有不同的优缺点，可以构成不同纵联方向保护。

（1）纵联零序方向保护。纵联零序方向保护在线路的两侧配置纵联零序方向元件，零序功率方向定义由线路到母线为反方向，由母线到线路为正方向。

1）零序功率方向继电器的工作原理。以某保护装置为例。纵联零序方向保护由零序正反方向元件 F_{0+}、F_{0-} 的零序功率 P_0 决定，P_0 由 K_X 和 $3I_0Z_D$ 的乘积获得，$3U_0$、$3I_0$ 为自产零序电压电流，Z_D 是幅值为 1 相角为 X_{D3} 的相量，P_0 大于 0 时 F_{0-} 动作；P_0 小于–1VA（$I_N=5A$）或 P_0 小于–0.2VA（$I_N=1A$）时 F_{0+} 动作。纵联零序保护的正方向元件由零序方向比较过电流元件和 F_{0+} 的与门输出，而纵联零序保护的反方向元件由零序启动过电流元件和 F_{0-} 的与门输出。

显然，纵联零序方向保护的动作值门槛值是固定的，在程序中固化，因此，保护装置的定值单中不需要给出其定值。

2）零序方向元件的特点。不受系统振荡的影响。只能反应接地故障，特别是高阻接地的发展过程中，零序电流缓慢增大，突变量方向元件不能反应，而零序方向元件能够反应，不反应两相短路。非全相运行可能会误动，因此 TV 断线时，零序功率方向元件必须退出。在有串补电容的线路上有可能误动；同杆并架的两条线路上由于线路之间互感较大，如果两条线路之间电气联系又较弱，在一条线路上发生接地短路时，可造成非故障线路的纵联零序方向保护误动。

220kV 线路采用分相断路器，出现某相断路器失灵将出现零序分量，而没有突变量，采用零序方向启动断路器失灵更加可靠。

（2）纵联突变量方向保护。突变量方向元件是利用故障时电压电流故障分量中的工频正序和负序分量判断故障方向的一种方向元件。由于这种分量不只是在故障时产生，在系统操作或其他状态突变时也会产生，因此称为工频变化量。

1）突变量方向保护原理。以工频变化量方向元件为例。它是利用变化量方向继电器测量保护线路的电压和电流的故障分量，计算出电压故障分量 $\Delta\dot{U}_{12}$ 和电流故障分量 $\Delta\dot{I}_{12}$ 的夹角 $\varphi^{+}(\varphi^{-})$，当正方向故障时，$\varphi^{+}=180°$，$\varphi^{-}=0°$；反方向故障时，$\varphi^{+}=0°$，$\varphi^{-}=180°$。φ^{+} 和 φ^{-} 定值固定，可在程序中固化，因此在保护定值中没有该保护的整定值。

电力故障状态由负荷分量和故障分量两部分组成，如图 Z11F1004Ⅱ-1～图 Z11F1004Ⅱ-3 所示。

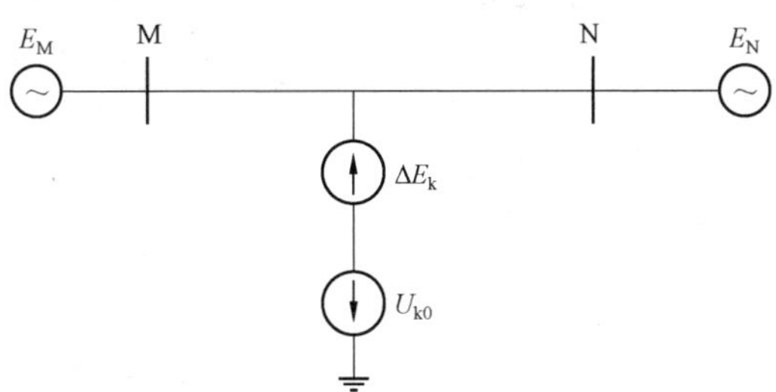

图 Z11F1004Ⅱ-1　系统故障时状态

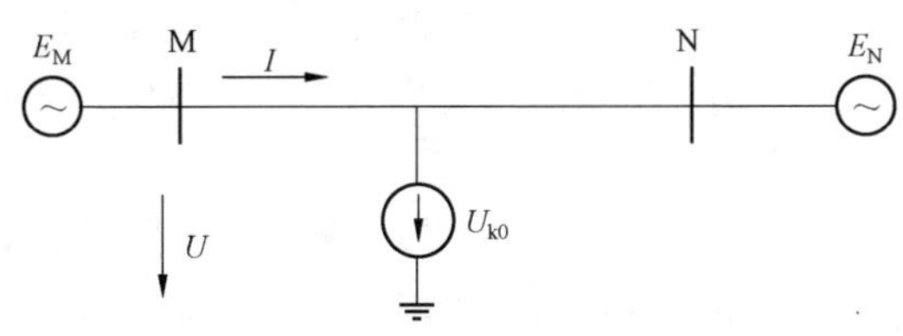

图 Z11F1004Ⅱ-2　负荷分量

从图中得出，故障分量 ΔU 和 ΔI 存在下述关系：

正向故障时

$$\Delta U / \Delta I = -Z_S$$

反向故障时

$$\Delta U / \Delta I = Z_L + Z_{S1}$$

式中　Z_S ——保护安装处到 M 侧电源的系统阻抗；

Z_{S1} ——N 侧电源的系统阻抗；

Z_L ——线路阻抗。

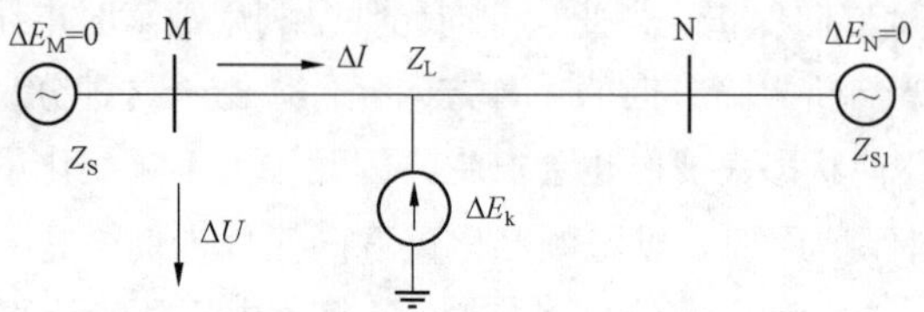

图 Z11F1004Ⅱ-3 故障分量

即正向故障，ΔU 和 ΔI 的极性相反；反方向故障，其极性相同。可见该保护具有明确的方向性。

正方向元件的测量相角为

$$\varphi_{+}=\arg\frac{\Delta U_{12}-\Delta I_{12}Z_{com}}{\Delta I_{12}Z_{D}}$$

反方向元件的测量相角为

$$\varphi_{-}=\arg\frac{-\Delta U_{12}}{\Delta I_{12}Z_{D}}$$

当测量相角为不同极性时动作。

在正方向故障时，实际上是背后的系统阻抗和模拟阻抗的相角相比较。在反方向故障时，实际上是前面的系统阻抗和模拟阻抗的相角相比较。Z_{com} 为补偿阻抗的，其作用是用于长线路重负荷时，保护背后运行方式很大，长线路末端短路，保证方向元件能够可靠动作。因此，其测量的相角不受故障点的状态和测量阻抗的影响，在任何复杂故障的全过程中，始终为 0°、180° 关系。

2）突变量方向元件的优缺点。负序功率方向元件能很好地反应不对称短路，而三相短路开始瞬间也有一个不对称过程，采用记忆回路或程序把故障过程固定下来，则负序方向元件也可反应三相短路，消除电压死区。同时反应负序的功率方向元件，则不受振荡的影响，但非全相运行可能会误动。

突变量的持续时间在 10ms 以下，不能作为稳态保护，需要零序方向元件作为后备。

振荡中再故障时突变量方向元件可能拒动，零序方向元件在功角δ较小时总可以动作。

应当注意，假如使用母线 TV，在断路器合闸或跳闸时如果有电流突变量，工频变化量方向继电器会误认为正方向短路而动作。因此无论是手动合闸后还是自动重合闸后的保护中都不能使用工频变化量方向继电器构成的纵联方向保护，否则会造成断路器始终合不上。

（3）闭锁式纵联保护逻辑。闭锁式纵联保护动作出口的条件是：① 保护启动元件动作；② 正方向元件动作（纵联变换量方向或纵联零序方向）；③ 曾连续收到 8ms 高频闭锁信号，即启动元件动作 8ms 以后，才允许正方向元件投入工作（通道检测作用）；④ 反方向元件不动作；⑤ 收信机收不到信号，再经过 8ms（这个 8ms 是用来防止线路区外故障时，若远故障点判为内部故障立即停信，将收不到对侧近故障点经过通道传输延时后到达的闭锁信号而误动），发跳闸命令。

闭锁式纵联保护逻辑框图如图 Z11F1004Ⅱ–4 所示。

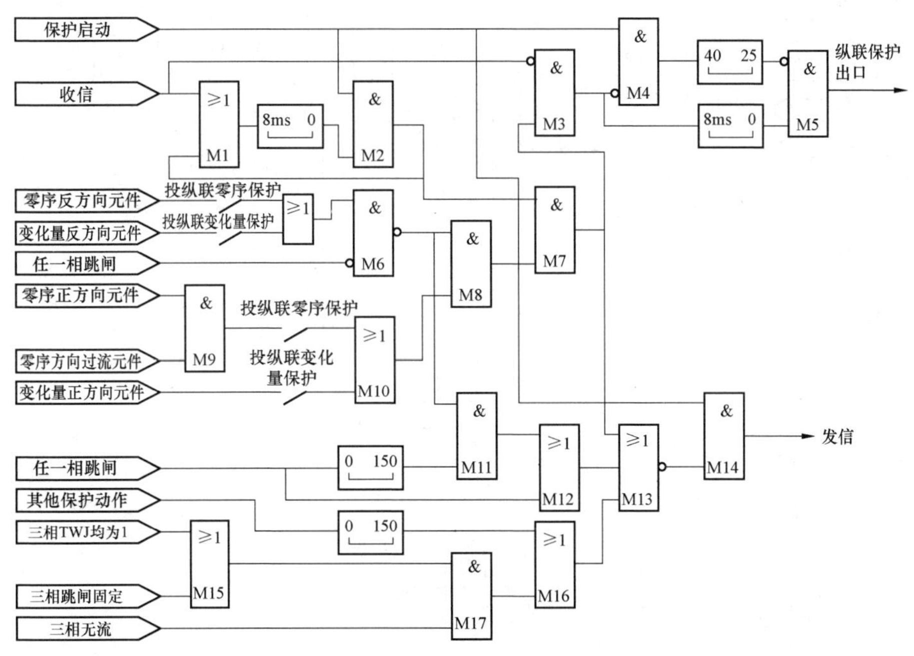

图 Z11F1004Ⅱ–4　闭锁式纵联保护逻辑框图

为了防止功率倒向时纵联保护误动，当纵联保护启动后 40ms 内不动作，这 40ms 包括同杆并架的故障线路保护动作时间 10ms 和断路器机构动作时间 30ms，若此时本线路转而判为内部故障，纵联保护再要动作需延时 25ms。

当本装置其他保护（如工频变化量阻抗、零序延时段、距离保护）动作，或外部保护（如母线差动保护）动作跳闸时，立即停止发信，并在跳闸信号返回后，停信展宽 150ms。但在展宽期间若反方向元件动作，立即返回，继续发信。本装置保护停信，这主要是防止保护出口故障时，工频变化量保护或距离Ⅰ段保护先动作而没有返回，本侧高频信号一直发信，使对侧快速保护不能动作。外保护停信对于 220kV 线路主要是指母差停信，当发生死区故障时，母差动作，故障仍在，母差保护使本侧纵联保护停信 150ms，为了使线路对侧纵联保护立刻动作。

三相跳闸固定回路动作或三相跳闸位置继电器均动作且无流时，始终停止发信。该逻辑是防止了充电线路发生故障时，对侧纵联保护误动作。

在弱馈运行方式时，采用超范围变化量阻抗继电器，该继电器动作判为正方向故障。

（4）允许式纵联保护逻辑框图如图 Z11F1004Ⅱ-5 所示。

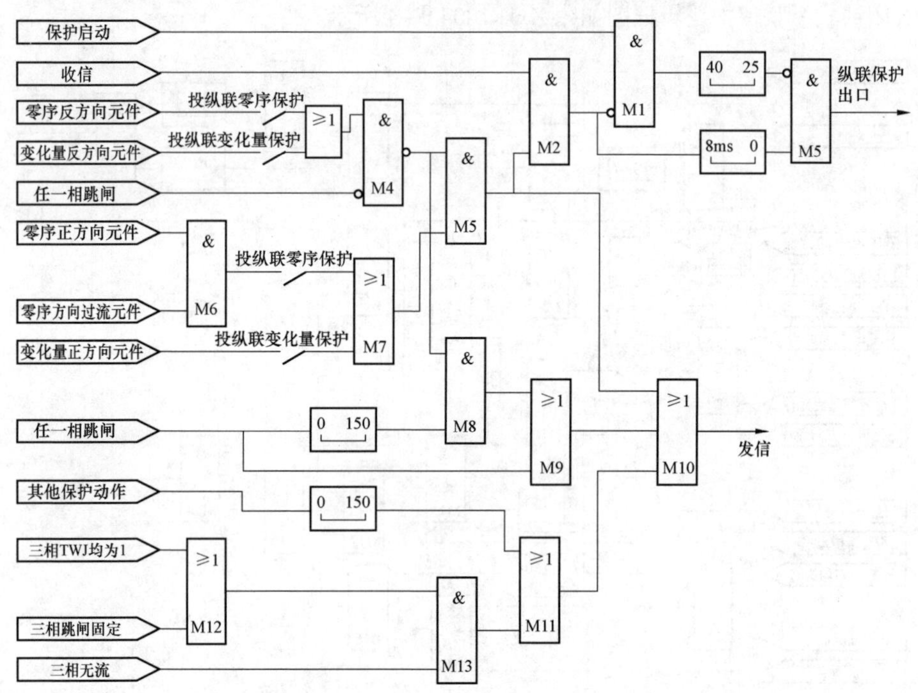

图 Z11F1004Ⅱ-5 允许式纵联保护逻辑框图

故障测量程序中允许式纵联保护逻辑为：

1）正方向元件动作且反方向元件不动即发允许信号，同时收到对侧允许信号达 8ms 后纵联保护动作。

2）如在启动 40ms 内不满足纵联保护动作的条件，则其后纵联保护动作需经 25ms 延时，防止故障功率倒向时保护误动。

3）当本装置其他保护（如工频变化量阻抗、零序延时段、距离保护）动作跳闸，或外部保护（如母线差动保护）动作跳闸时，立即发允许信号，并在跳闸信号返回后，发信展宽 150ms，但在展宽期间若反方向元件动作，则立即返回，停止发信。

4）三相跳闸固定回路动作或三相跳闸位置继电器均动作且无流时，始终发信。

当收到对侧信号后，如 TWJ 动作，则给对侧发 100ms 允许信号；当用于弱电侧，判断任一相电压或相间电压低于 30V 时，在收到对侧信号后给对侧发 100ms 允许信号，保证在线路轻负荷启动元件不动作的情况下，可由对侧保护快速切除故障。

（5）纵联距离保护。由具有方向性的阻抗继电器来代替纵联方向保护中的方向元件构成纵联保护。

线路发生外部故障时，两侧中至少有一侧（近故障点侧）的阻抗测量元件不动作，综合比较两侧阻抗测量元件的动作行为可以区别故障线路与非故障线路，故而把这种纵联保护称作纵联距离保护。

当用闭锁信号实现纵联距离保护时，可让阻抗继电器不动作的一侧一直发闭锁信号。这样在非故障线路 MN 上至少近故障点的 N 侧可一直发闭锁信号，所以两侧保护被闭锁不会误动。而在故障线路上由于两侧阻抗继电器均动作，所以最后两侧都不发闭锁信号，故而两侧都能跳闸。

对纵联距离保护的阻抗测量元件应提出如下要求：① 该阻抗继电器应有良好的方向性，从本质上讲该保护的原理就是利用它的方向性来实现的；② 为了确保故障线路两侧的阻抗继电器都能可靠动作，该阻抗继电器应在本线路全长范围内故障都有足够的灵敏度（灵敏系数大于 1.3），所以该阻抗继电器的定值应该用距离保护Ⅱ、Ⅲ段的整定值，目前用得比较多的是用Ⅲ段整定值。凡是满足上述要求的阻抗继电器原则上都可用来构成纵联距离保护。

为了避免系统振荡时纵联距离保护误动，曾经采用过的做法是在短路后纵联距离保护只短时投入一段时间，例如 150ms，以保证可靠切除本线路内部的短路，过了这一时间后把纵联距离保护退出。这实际上就是距离保护中振荡闭锁短时开放保护的思路，即发生振荡以后阻抗继电器的误动发生在短路后的 200ms 以后。但是这种短时投入纵联距离保护的做法将使得在启动元件启动后的 150ms 以后直到整组复归前的这一段时间内发生本线路的故障时丧失纵联距离保护。其实最好的办法是让纵联距离保护也受距离保护的振荡闭锁控制。目前距离保护中的振荡闭锁装置设计得是很完善的，用它控制纵联距离保护既能保证系统振荡时（无论是静稳定破坏还是暂态稳定破坏造成的振荡）纵联距离保护不误动，又能在区外短路后紧接着发生本线路故障、非全相运行中产生本线路故障，或振荡中产生本线路故障时纵联距离保护还能发挥作用。现在纵联保护与距离保护都在一套装置内，所以振荡闭锁控制纵联距离保护很容易实现，并不增加软件的开销。

（6）工频变化量距离保护。工频变化量距离元件充分体现了微机保护的优越性，它利用算法，把当前工频量的采样值与前几个周期的工频量的采样值比较，获取变化量，根据变化量的大小来决定动作，从而构成快速保护。显然，稳态时，该变化量几乎没有，因此该保护是快速保护，但不能作为稳态保护。

工频变化量距离继电器测量工作电压的工频变化量的幅值，其动作方程为

$$|\Delta U_{\mathrm{OP}}| > U_{\mathrm{Z}}$$

式中 U_{Z}——整定门槛，取故障前工作电压的记忆量，V。

$\Delta\dot{U}_{\mathrm{OP}} = \Delta(\dot{U}_{\mathrm{m}} - \dot{I}_{\mathrm{m}}\dot{Z}_{\mathrm{set}})$ 为阻抗继电器工作电压或补偿电压。$\dot{U}_{\mathrm{m}}$、$\dot{I}_{\mathrm{m}}$ 是由阻抗继电器接线方式决定的电压、电流。$\dot{Z}_{\mathrm{set}}$ 为工频变化量阻抗继电器的整定阻抗。U_{Z} 为动作门槛，取故障前工作电压的记忆量。由图 Z11F1004Ⅱ–6 可知，对于相间阻抗继电器

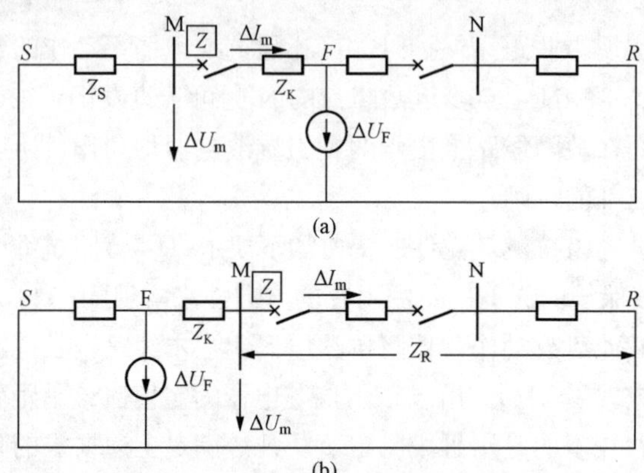

图 Z11F1004Ⅱ–6 金属性短路时的短路附加状态

（a）正方向短路；（b）反方向短路

$\Delta\dot{U}_{\mathrm{OP\phi\phi}} = \Delta(\dot{U}_{\phi\phi} - \dot{I}_{\phi\phi}Z_{\mathrm{set}})$，对于接地阻抗继电器：

$$\Delta\dot{U}_{\mathrm{OP\phi}} = \Delta[\dot{U}_{\phi} - (\dot{I}_{\phi} + K3\dot{I}_{0})Z_{\mathrm{set}}]$$

对相间故障：

$$U_{\mathrm{OP\phi\phi}} = U_{\phi\phi} - I_{\phi\phi}Z_{\mathrm{set}}$$

式中 $\phi\phi = \mathrm{AB, BC, CA}$。

对接地故障：

$$U_{\mathrm{OP\phi}} = U_{\phi} - (I_{\phi} + K3I_{0})\ Z_{\mathrm{set}}$$

式中 ϕ = A，B，C；

Z_{set}——整定阻抗，一般取 0.8～0.85 倍线路阻抗，Ω。

1）正方向短路时：

$$\begin{cases}\Delta\dot{U}_{\mathrm{m}}=-\Delta\dot{I}_{\mathrm{m}}\dot{Z}_{\mathrm{S}}\\ \Delta\dot{U}_{\mathrm{OP}}=\Delta\dot{I}_{\mathrm{m}}(\dot{Z}_{\mathrm{S}}+\dot{Z}_{\mathrm{set}})\ Z_{\mathrm{set}}>Z_{\mathrm{K}}\\ \Delta\dot{U}_{\mathrm{F}}=-\Delta\dot{I}_{\mathrm{m}}(\dot{Z}_{\mathrm{S}}+\dot{Z}_{\mathrm{K}})\end{cases}$$

显然，在内部故障时：

$$\left|\dot{Z}_{\mathrm{set}}\right|>\left|\dot{Z}_{\mathrm{K}}\right|$$

所以：

$$\left|\Delta\dot{U}_{OP}\right|>\left|\Delta\dot{U}_{F}\right|$$

2）反方向短路时：

$$\begin{cases}\Delta\dot{U}_{\mathrm{m}}=\Delta\dot{I}_{\mathrm{m}}\dot{Z}_{\mathrm{R}}\\ \Delta\dot{U}_{\mathrm{OP}}=\Delta\dot{I}_{\mathrm{m}}(\dot{Z}_{\mathrm{R}}-\dot{Z}_{\mathrm{set}})\\ \Delta\dot{U}_{\mathrm{F}}=-\Delta\dot{I}_{\mathrm{m}}(\dot{Z}_{\mathrm{R}}+\dot{Z}_{\mathrm{K}})\end{cases}$$

显然，在内部故障时：

$$\left|\dot{Z}_{\mathrm{set}}\right|<\left|\dot{Z}_{\mathrm{K}}\right|$$

所以：

$$\left|\Delta\dot{U}_{OP}\right|<\left|\Delta\dot{U}_{F}\right|$$

正、反方向故障时，工频变化量距离继电器动作特性如图 Z11F1004Ⅱ–7 和图 Z11F1004Ⅱ–8 所示。

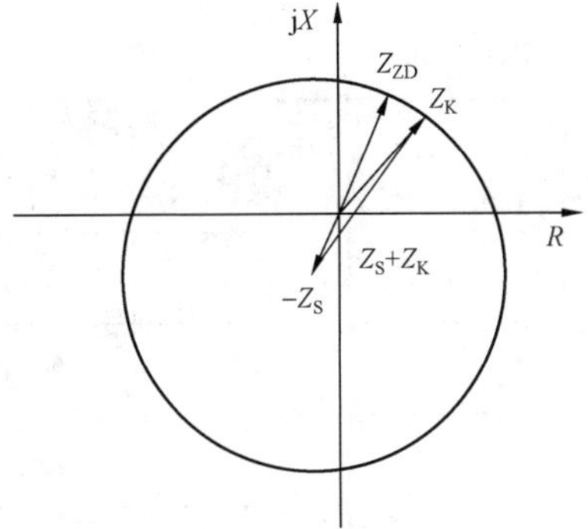

图 Z11F1004Ⅱ–7　正方向短路动作特性

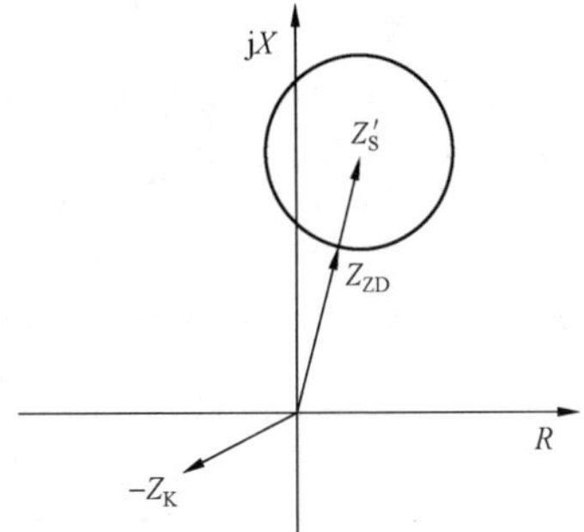

图 Z11F1004Ⅱ–8　反方向短路动作特性

正方向故障时，测量阻抗 $-Z_{\mathrm{K}}$ 在阻抗复数平面上的动作特性是以相量 $-Z_{\mathrm{S}}$ 为圆心，以 $\left|Z_{\mathrm{S}}+Z_{\mathrm{set}}\right|$ 为半径的圆，如图 Z11F1004Ⅱ–7 所示，当 Z_{K} 相量末端落于圆内时动作。

可见，这种阻抗继电器有大的允许过渡电阻能力。当过渡电阻受对侧电源助增时，由于ΔI_N一般与ΔI是同相位，过渡电阻上的压降始终与ΔI同相位，过渡电阻始终呈电阻性，与R轴平行，因此，不存在由于对侧电流助增所引起的超越问题。

对反方向短路，测量阻抗$-Z_K$在阻抗复数平面上的动作特性是以相量Z'_S为圆心，以$|Z'_S-Z_{set}|$为半径的圆，如图Z11F1004Ⅱ-8所示，动作圆在第一象限，而因为$-Z_K$总是在第三象限，因此，阻抗元件有明确的方向性。

工频变化量阻抗继电器的特点：① 有很强的保护过渡电阻的能力，而且该能力有很强的自适应功能；② 区外短路不会超越；③ 正方向出口短路没有死区，近处故障不会拒动；正向出口短路时动作速度很快；不受系统振荡影响；也适合于单侧电源线路上作为受电侧的保护；可应用于串联补偿电容的线路上，在电容器后面短路不会拒动；由于工频变化量只存在于短路初始一段时间内，所以它只能用于构成快速保护，因而还需要与反应稳态量的保护配合使用。

（7）距离保护中的负荷限制继电器的作用。负荷限制继电器的作用是防止长线路的整定阻抗太大，不能躲过负荷阻抗。为了防止后备保护发生误动，有效手段是缩小负荷，限制阻抗的整定范围。

（8）选相元件。选相元件分为变化量选相元件和稳态量选相元件，所有反应变化量的保护（如变化量方向、工频变化量阻抗）用变化量选相元件，所有反应稳态量的保护（如阶段式距离保护）用稳态量选相元件。稳态和突变量选相在Z11F1001Ⅰ模块中已经介绍，不再赘述。

1）相电流差变化量选相元件。采用相电流差变化量选相元件，不同相别、不同短路故障类型时相电流差变化量元件的动作情况见表Z11F1004Ⅱ-1。

表Z11F1004Ⅱ-1　　相电流差变化量元件的动作情况

故障类型 \ 选相元件	ΔI_{AB}	ΔI_{BC}	ΔI_{CA}	选　相
AO	+	–	+	选A跳
BO	+	+	–	选B跳
CO	–	+	+	选C跳
ABO，BCO，CAO，AB，BC，CA，ABC	+	+	+	选三跳

注　+表示动作，–表示不动作。

2）I_0与I_{2A}比相的选相元件。选相程序首先根据I_0与I_{2A}之间的相位关系，确定三个选相区之一，如图 Z11F1004Ⅱ–9 所示。

当$-60° < \mathrm{Arg}\dfrac{I_0}{I_{2A}} < 60°$时选 A 区，$60° < \mathrm{Arg}\dfrac{I_0}{I_{2A}} < 180°$时选 B 区，$180° < \mathrm{Arg}\dfrac{I_0}{I_{2A}} < 300°$时选 C 区。

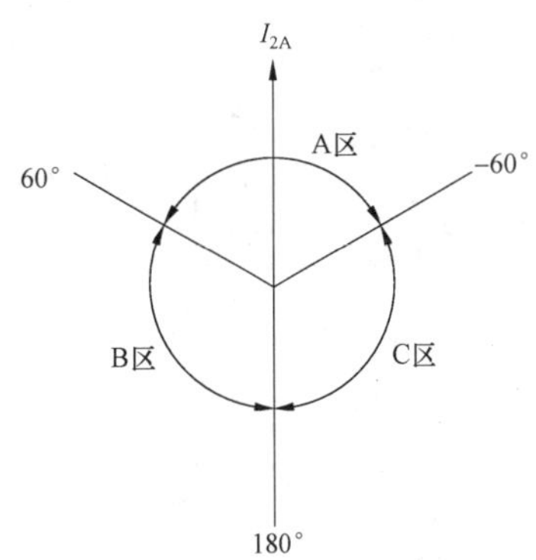

图 Z11F1004Ⅱ–9　零序电流和A相负序电流比选相区

（9）重合闸。220kV 线路对于双电源系统采用单相重合闸方式，对于单电源系统采用特殊重合闸。特殊重合闸即单相故障跳三相，重合三相；多相故障跳三相，不重合，适合于选相困难线路，例如弱馈回路。重合闸逻辑框图如图 Z11F1004Ⅱ–10 所示。

1）TWJA、TWJB、TWJC 分别为 A、B、C 三相的跳闸位置继电器的触点输入。

2）保护单跳固定、保护三跳固定为本保护动作跳闸形成的跳闸固定，单相故障、故障无电流时该相跳闸固定动作，三相跳闸、三相电流全部消失时三相跳闸固定动作。

3）外部单跳固定、外部三跳固定分别为其他保护来的单跳启动重合、三跳启动重合输入，由本保护经无流判别形成的跳闸固定。

4）重合闸退出指重合闸方式把手置于停用位置，或定值中重合闸投入控制字置“0”，则重合闸退出。本装置重合闸退出并不代表线路重合闸退出，保护仍是选相跳闸的要实现线路重合闸停用，需将沟通三闭重压板投上。当重合闸方式把手置于运行位置（单重、三重或综重）且定值中重合闸投入控制字置“1”时，本装置重合闸投入。

5）TV 断线时重合放电。

6）重合闸充电在正常运行时进行，重合闸投入、无 TWJ、无压力低压闭锁重输入、无 TV 断线和其他闭重输入经 15s 后充电完成。

7）本装置重合闸为一次重合闸方式，用于单断路器的线路，一般不用于 3/2 断路器方式，可实现单相重合闸、三相重合闸和综合重合闸。

8）重合闸的启动方式有本保护跳闸启动、其他保护跳闸启动和经用户选择的不对应启动。

9）若断路器三跳动作、其他保护三跳启动重合闸或三相 TWJ 动作，则不启动单重。

10）三相重合时，可选用检线路无压重合闸、检同期重合闸，也可选用不检而直接重合闸方式。检无压时，检查线路电压或母线电压小于 30V 时，检无压条件满足，

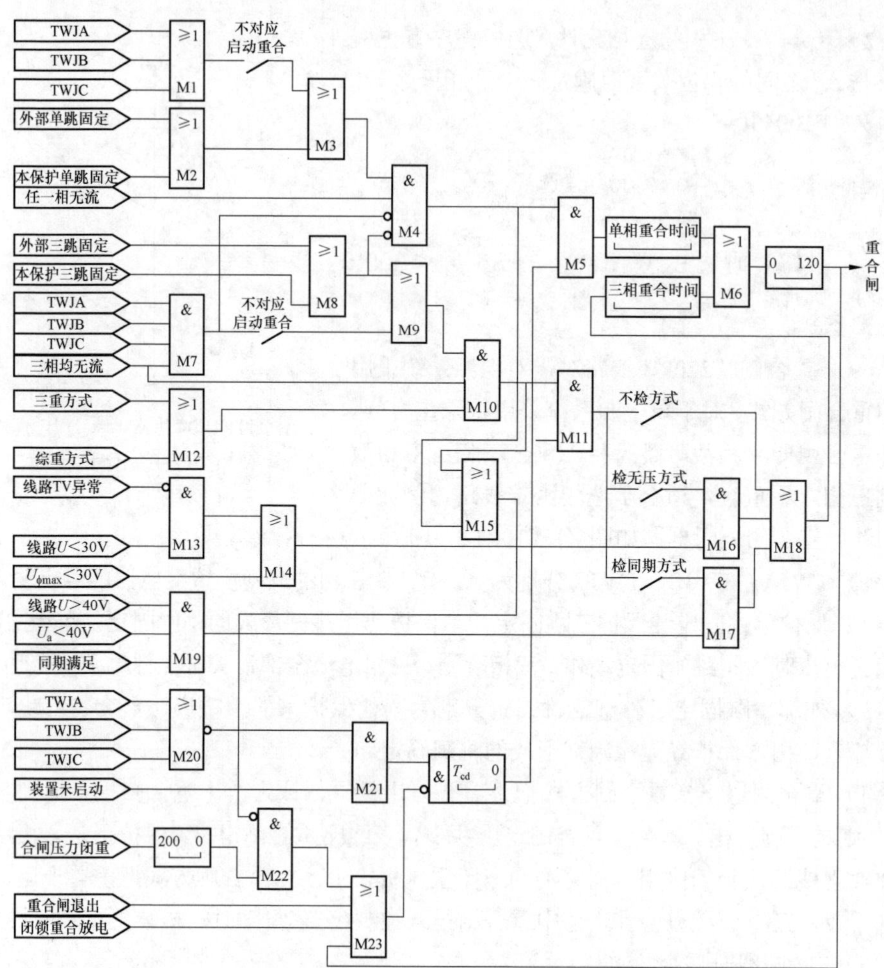

图 Z11F1004Ⅱ-10　重合闸逻辑框图

而不管线路电压用的是相电压还是相间电压；检同期时，检查线路电压和母线电压大于 40V 且线路电压和母线电压间的相位在整定范围内时，检同期条件满足。正常运行时，保护检测线路电压与母线 A 相电压的相角差，设为ϕ（定值），检同期时，检测线路电压与母线 A 相电压的相角差是否在（$-\phi$）至（$+\phi$）范围内，因此不管线路电压用的是哪一相电压还是哪一相间电压，保护能够自动适应。

三、220kV 线路保护的动作行为分析

以 RCS-901 保护装置为例进行分析。

1. 双电源系统

220kV 线路发生区间内金属性短路系统如图 Z11F1004Ⅱ-11 所示。

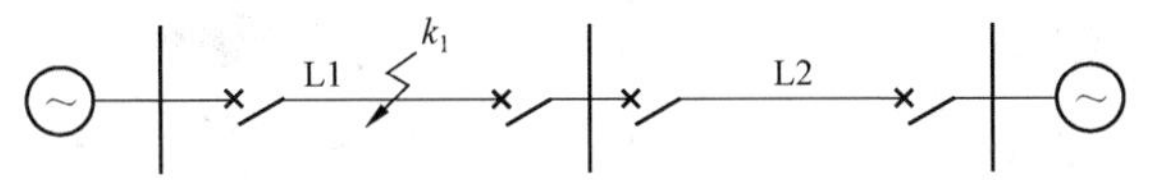

图 Z11F1004Ⅱ-11　220kV 线路双电源系统

L1 故障发生时，RCS-901 保护装置的动作过程如下：

（1）启动元件。电流变化量启动元件、零序过电流启动元件启动。启动元件启动后，微机保护装置进入故障程序。

（2）选相元件。相电流差变化量选相元件、I_0 与 I_{2A} 比相的选相元件动作。

（3）测量元件。故障初期，工频变化量距离继电器、工频变化量方向继电器、接地距离阻抗继电器、零序方向继电器动作；持续故障时，接地距离阻抗继电器、零序方向继电器动作。

（4）保护出口。

1）纵联保护。① 闭锁式。启动元件启动，收发信机发信，收信 8ms 后，纵联变化量方向或纵联零序方向元件的正方向元件动作，停止收发信机发信，纵联通道无闭锁信号，8ms 后，闭锁保护出口。② 允许式。正方向元件动作且反方向元件不动，发允许信号，同时收到对侧的允许信号，8ms 后，允许保护出口。

2）工频变化量距离保护。工频变化量距离保护出口。

3）距离保护。故障位置位于线路的首端、中间、末端，分别由接地距离Ⅰ、Ⅱ、Ⅲ段动作。

4）零序保护。接地故障时，零序保护出口。RCS-901A 零序无Ⅰ段，Ⅱ段带方向，Ⅲ段的方向由控制字投退决定。

工频变化量距离、纵联保护、距离Ⅰ段，距离Ⅱ段，零序Ⅱ段元件动作时经选相跳闸，如果选相失败而动作元件不返回，则经过 200ms 发选相无效三跳命令。零序Ⅲ段、相间距离Ⅲ段、接地距离Ⅲ段直接三跳。

第一套保护经第一组跳闸回路出口，第二套保护经第二跳闸回路出口，其他继电保护装置宜采用第一跳闸回路。

（5）重合闸。操作箱的跳闸位置继电器的触点接入重合闸回路，220kV 线路对于双电源系统采用单相重合闸方式，保护单相跳闸，重合闸动作，重合成功，线路为瞬时故障。

若为永久性故障，重合闸重合于故障，经振荡闭锁的距离Ⅱ段加速为 120ms 动作，零序Ⅲ段加速为 100ms 不经选相动作跳三相。

2. 单电源系统

220kV 线路发生区间内金属性短路，系统如图 Z11F1004Ⅱ-12 所示，当输电线路两侧有一侧的背后没有电源或是只有一个小电源时，把这一侧称作弱电侧。RCS-901保护用弱电侧时，定值中“弱电源侧”控制字置“1”，即纵联保护的投入弱电回馈功能。

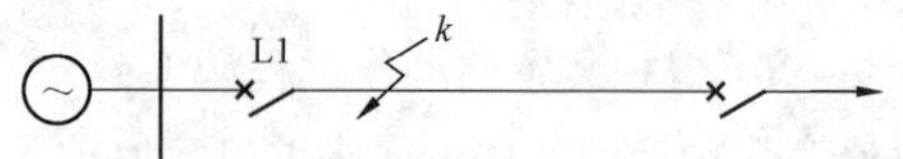

图 Z11F1004Ⅱ-12 220kV单电源系统

在L1故障发生时，其动作过程如下：

（1）启动元件。如果在空载情况下该线路上发生短路，受电侧电流在短路前后都为零。所以两相电流差突变量启动元件不启动。由于受电侧没有中性点接地的变压器，所以零序电流启动元件也不启动。如果在有负载的情况下线路上发生短路，受电侧电流在短路前是负荷电流，短路后电流是零，所以电流突变量启动元件可以启动。

（2）选相元件。相电流差变化量选相元件不动作，稳态的I_0与I_{2A}比相的选相元件可能动作。

（3）保护出口。

1）纵联保护。如果启动元件没有启动，当检查到任意一个相电压或相间电压低于0.6倍额定电压时，将远方起信推迟100～120ms。因为在线路上发生短路时，如果三相电流全是零，保护安装处的电压就是短路点的电压。接地短路时故障相的电压是很低的；相间短路时，两个故障相的相间电压也是很低的。这时将远方起信推迟一段时间，对侧的纵联方向保护就可在这段时间里可靠跳闸。

如果启动元件启动了，当保护检测到：① 所有的正、反方向的继电器均不动作；② 检查到任意一个相电压或相间电压低于0.6倍额定电压；③ 整定为弱电源侧时新增加的一个保护范围超过本线路全长的超范围的工频变化量阻抗继电器ΔZ元件动作（有的厂家应用）；④ 收到闭锁信号5～8ms。满足上面几个条件则立即停信，对侧的纵联方向保护就可以动作跳闸了。而弱电侧本身只要再检查到有一段时间收不到信号也可跳闸。

2）工频变化量距离。负荷情况下，工频变化量距离保护可能动作。

3）距离保护。负荷情况下，距离保护动作。

4）零序保护。负荷情况下，相间接地短路，零序保护可能动作。

保护动作，单相故障跳三相，启动重合闸；相间故障跳三相，不启动重合。

（4）重合闸。启用特殊重合闸方式，单相故障，跳三相重合三相，其他故障跳三相，不重合。

3. 功率倒向

RCS–901A 采用功率方向倒向时，纵联方向保护延时 25ms 动作的方式躲过。

4. 其他故障

线路末端经过渡电阻接地时，距离继电器有很好的躲过渡电阻的能力；线路重负荷时，距离继电器设有负荷限制继电器，防止距离继电器误动；非全相运行时，纵联零序退出，退出与断开相相关的相、相间变化量方向、变化量距离继电器，零序Ⅱ段退出，Ⅲ段不经方向元件控制，此时线路其他相故障，距离加速，零序加速动作跳三相。

【思考与练习】

1. 列举几种典型的纵联方向保护的方向元件，并说明其优缺点。

2. 什么是功率倒向？以 RCS–901A 为例，说明它是如何防止功率倒向误动的。

3. 分析允许式纵联保护启动后的方框图。

模块 5　220kV 线路微机保护装置调试的安全和技术措施（Z11F1005Ⅱ）

【模块描述】本模块包含220kV线路保护装置调试的工作前准备和安全技术措施。通过要点介绍、图表举例，掌握 220kV 线路保护现场调试时的危险点预控及安全技术措施。

【模块内容】

一、220kV 线路保护装置调试工作前的准备

（1） 检修作业前 5 天做好检修摸底工作，并在检修作业前 3 天提交相关停役申请。准备工作包括检查设备状况、反措计划的执行情况及设备的缺陷统计等。

（2） 开工前 3 天，向有关部门上报本次工作的材料计划。

（3） 根据本次校验的项目，组织作业人员学习作业指导书，使全体作业人员熟悉作业内容、进度要求、作业标准、安全注意事项。要求所有工作人员都明确本次校验工作的内容、进度要求、作业标准及安全注意事项。

（4） 开工前一天，准备好作业所需仪器仪表、相关材料、工器具。要求仪器仪表、工器具应试验合格，满足本次作业的要求，材料应齐全。

仪器、仪表及工器具：组合工具 1 套，电缆盘（带漏电保安器，规格为 220V/10A）1 只，计算器 1 只，1000V、500V 绝缘电阻表各 1 只，微机型继电保护测试仪 2 套，钳形相位表 1 只，试验线 1 套，数字万用表 1 只，模拟断路器箱 2 只，选频电平表 1 只，高频信号振荡仪 1 只，高频衰耗仪 1 只。

备品备件：电源插件 1 块、管理板 1 块、通信板 1 块。

材料：绝缘胶布 1 卷，自粘胶带 1 卷，小毛巾 1 块，中性笔 1 支，口罩 3 只，手套 3 双，毛刷 2 把，砂条 1 条，酒精 1 瓶，电子仪器清洁剂 1 瓶，1.5mm、2.5mm 单股塑铜线各 1 卷，微型吸尘器 1 台。

（5）图纸资料。技术说明书、相关图纸、定值清单、上次检验报告、调试规程等资料。

（6）最新整定单、相关图纸、上一次试验报告、本次需要改进的项目及相关技术资料。要求图纸及资料应与现场实际情况一致。

主要的技术资料有：线路保护图纸、线路成套保护装置技术说明书、线路成套保护装置使用说明书、线路成套保护装置校验规程。

（7）根据现场工作时间和工作内容填写工作票（第一种工作票应在开工前一天交值班员）。要求工作票填写正确，并按 Q/GDW 1799.1—2013《电力安全工作规程　变电部分》执行。

二、安全技术措施

以下分析 220kV 线路微机保护装置调试现场工作危险点及控制。

（一）人身触电

1. 误入带电间隔

控制措施：工作前应熟悉工作地点、带电部位。检查现场安全围栏、安全警示牌和接地线等安全措施。

2. 接（拆）低压电源

控制措施：必须使用装有漏电保护器的电源盘。螺丝刀等工具金属裸露部分除刀口外包上绝缘。接（拆）电源时至少有两人执行，一人操作，一人监护。必须在电源开关拉开的情况下进行。临时电源必须使用专用电源，禁止从运行设备上取得电源。

3. 保护调试及整组试验

控制措施：工作人员之间应相互配合，确保一、二次回路上无人工作。传动试验必须得到值班员许可并配合。

（二）机械伤害

机械伤害主要指坠落物打击。控制措施：工作人员进入工作现场必须戴安全帽。

（三）高空坠落

高空坠落主要指在线路上工作时，人员和工器具的跌落。控制措施：正确使用安全带，工作鞋应防滑。在线路上工作必须系安全带，由专人监护。

（四）防“三误”事故的安全技术措施

（1）现场工作前必须作好充分准备，内容包括：

1）了解工作地点一、二次设备运行情况，本工作与运行设备有无直接联系（如备自投、联切装置等）。

2）工作人员明确分工并熟悉图纸与检验规程等有关资料。

3）应具备与实际状况一致的图纸、上次检验记录、最新整定通知单、检验规程、合格的仪器仪表、备品备件、工具和连接导线。

4）工作前认真填写安全措施票，特别是针对复杂保护装置或有联跳回路的保护装置，如母线保护、变压器保护、断路器失灵保护等的现场校验工作，应由工作负责人认真填写，并经技术负责人认真审批。

5）工作开工后先执行安全措施票，由工作负责人负责做的每一项措施要在“执行”栏做标记；校验工作结束后，要持此票恢复所做的安全措施，以保证完全恢复。

6）不允许在未停用的保护装置上进行试验和其他测试工作；也不允许在保护未停用的情况下，用装置的试验按钮（除闭锁式纵联保护的启动发信按钮外）做试验。

7）只能用整组试验的方法，即由电流及电压端子通入与故障情况相符的模拟故障量，检查保护回路及整定值的正确性。不允许用卡继电器触点、短路触点等人为手段作保护装置的整组试验。

8）在校验继电保护及二次回路时，凡与其他运行设备二次回路相连的连接片和接线应有明显标记，并按安全措施票仔细地将有关回路断开或短路，做好记录。

9）在清扫运行中设备和二次回路时，应认真仔细，并使用绝缘工具（毛刷、吹风机等），特别注意防止振动，防止误碰。

10）严格执行风险分析卡和继电保护作业指导书。

（2）现场工作应按图纸进行，严禁凭记忆作为工作的依据。如发现图纸与实际接线不符时，应查线核对。需要改动时，必须履行如下程序：

1）先在原图上做好修改，经主管继电保护部门批准。

2）拆动接线前先要与原图核对，接线修改后要与新图核对，并及时修改底图，修改运行人员及有关各级继电保护人员的图纸。

3）改动回路后，严防寄生回路存在，没用的线应拆除。

4）在变动二次回路后，应进行相应的逻辑回路整组试验，确认回路极性及整定值完全正确。

（3）保护装置调试的定值，必须根据最新整定值通知单规定，先核对通知单与实际设备是否相符（包括保护装置型号、被保护设备名称、变比等）。定值整定完毕要认真核对，确保正确。

（五）其他危险点分析及控制

危险点分析及控制见表 Z11F1005Ⅱ–1。

表 Z11F1005Ⅱ-1 危险点分析及控制

序号	危险点	安全控制措施	安全控制措施的原因
1	直流回路工作	工作中使用带绝缘手柄的工具。试验线严禁裸露，防止误碰金属导体部分	直流回路接地造成中间继电器误出口，直流回路短路造成保护拒动
2	装置试验电压接入	断开交流二次电压引入回路。并用绝缘胶布对所拆线头实施绝缘包扎	防止交流电压短路，误跳运行设备、试验电压反送电。保护屏顶电压小母线带电，易发生电压反送事故或引起人员触电
3	装置试验电流接入	短接交流电流外侧电缆，打开交流电流压板片；在端子箱将相应端子用绝缘胶布实施封闭	防止运行 TA 回路开路运行，防止测试仪的交流电流倒送 TA。 二次通电时，电流可能通入母差保护，可能误跳运行断路器
4	拆动二次线，易发生遗漏及误恢复事故	拆动二次线时要做好记录。并用绝缘胶布对拆头实施绝缘包扎	拆动二次线时要做好记录是为防止施工图纸与设计图纸不一致时，二次接线误接或漏接线。对拆头实施绝缘包扎是防止二次回路误碰
5	带电插拔插件	防止频繁插拔插件	易造成集成块损坏；频繁插拔插件，易造成插件插头松动
6	人员、物体越过围栏	现场设专人监护	易发生人员触电事故
7	保护传动配合不当，易造成人员伤害及设备事故	传动时设专人通知和监护	保护传动配合不当，易造成人员伤害及设备事故
8	失灵启动压板未断开	检查失灵启动压板须断开并拆开失灵启动回路线头，用绝缘胶布对拆头实施绝缘包扎。检查220kV母差保护本间隔失灵启动压板应在退出位置，查清失灵回路及至旁路保护的电缆接线，并在端子排处用绝缘胶布将其包好封住，以防误碰；如线路处于旁代方式中，将保护屏背面通道装置的电源开关用红布遮住，将保护屏前面的切本线或旁路的切换把手用红布遮住，以防误碰	线路保护可能误启动失灵
9	母线保护端子严格标示	在端子箱将相应端子用绝缘胶布实施封闭	电流回路二次导通试验，电流可能误进入母线保护回路
10	纵联差动保护单侧试验	高频通道把通道置于本机负载位置，光纤通道置于自环状态	引起对侧误动
11	试验中误发信号	断开中央信号正电源；断开远动信号正电源；断开故障录波信号正电源；记录各切换把手位置	造成监控后台频繁报 SOE
12	按措执行与恢复	工作开工后先执行安全措施票，由工作负责人负责做的每一项措施要在“执行”栏做标记；校验工作结束后，要持此票恢复所做的安全措施，以保证完全恢复	防止遗漏安全措施；防止保护设备状态完全恢复

现场工作安全技术措施票见表 Z11F1005Ⅱ-2。

表 Z11F1005Ⅱ-2　　　　现场工作安全技术措施票

被试设备及保护名称	220kV××变电站 220kV 清霞 2Q58 线路 RCS-901A 保护				
工作负责人	××	工作时间	××年××月 ×× 日	签发人	×××
工作内容	RCS-901 保护全部校验（根据 PRC01-22 屏图，仅供参考）				
工作条件	1. 一次设备运行情况 220kV 清霞 2Q58 线检修 。 2. 被试保护作用的断路器 220kV 清霞 2Q58 线断路器 。 3. 被试保护屏上的运行设备 无 。 4. 被试保护屏、端子箱与其他保护连接线 主要为 220kV 母差跳 1 段 220kV 清霞 2Q58 线＼失灵启动 220kV 母差回路＼至 220kV 故障录波断开。即检查失灵启动压板须断开并拆开失灵启动回路线头，用绝缘胶布对拆头实施绝缘包扎。检查 220kV 母差保护本间隔失灵启动压板应在退出位置，查清失灵回路及至旁路保护的电缆接线，并在端子排处用绝缘胶布将其包好封住，以防误碰；如线路处于旁代方式中，将保护屏背面通道装置的电源开关用红布遮住，将保护屏前面的切本线或旁路的切换把手用红布遮住，以防误碰				

安全技术措施：包括应打开及恢复压板、直流线、交流线、信号线、联锁线和联锁开关等，按下列顺序做安全措施。已执行，在执行栏打“√”按相反的顺序恢复安全措施，以恢复的，在恢复栏打“√”

序号	执行	安全措施内容	安全措施原因	恢复
1	√	检查本屏所有保护屏上压板位置，并做好记录	防止保护试验时误动	√
2	√	检查本屏所有把手及断路器位置，并做好记录	保护试验时能恢复到原状态	√
3	√	电流回路：断开 A 421 ；对应端子排端子号［ D1 ］	防止电流回路开路，防止人员触电，防止试验仪电流倒送回 TA	√
4	√	电流回路：断开 B 421 ；对应端子排端子号［ D 3 ］		√
5	√	电流回路：断开 C 421 ；对应端子排端子号［ D 5 ］		√
6	√	电流回路：断开 N 421 ；对应端子排端子号［ D 7 ］，并短接 D2、D4、D6、D8		√
7	√	电压回路：断开 A 711 ；对应端子排端子号［ D 9 ］	防止电压回路短路，防止人员触电，防止试验仪电流倒送回 TV	√
8	√	电压回路：断开 B 711 ；对应端子排端子号［ D 10 ］		√
9	√	电压回路：断开 C 711 ；对应端子排端子号［ D 11 ］		√
10	√	电压回路：断开 N 600 ；对应端子排端子号［ D12、D13 ］		√
11	√	电压回路：断开 A 602 ；对应端子排端子号［ D 14 ］		√
12	√	故录公共端：断开 录波公共端 ；对应的端子号［ D 82 ］，并用绝缘胶布包好	防止保护试验动作记录进入故障录波器	√
13	√	通信接口：断开至监控的通信口。如果有检修压板投检修压板	防止保护试验动作记录频繁启动监控系统的 SOE	√
14	√	通信接口：断开至保护信息管理系统的通信口。如果有检修压板投检修压板		√
15	√	补充措施：		

填票人		操作人		监护人		审核人	

【思考与练习】

1. 请试编制本单位典型 220kV 线路保护二次安全措施票。

2. 简要说明本保护与相关保护连接线的安全措施。

模块 6 220kV 典型线路微机保护装置的调试（Z11F1006Ⅱ）

【模块描述】本模块包含 220kV 线路保护装置调试的主要内容。通过要点归纳、图表举例、分析说明，掌握 220kV 线路微机保护装置调试的作业程序、调试项目、各项目调试方法等内容。

【模块内容】

一、作业流程

线路微机保护装置的调试作业流程如图 Z11F1006Ⅱ–1 所示。

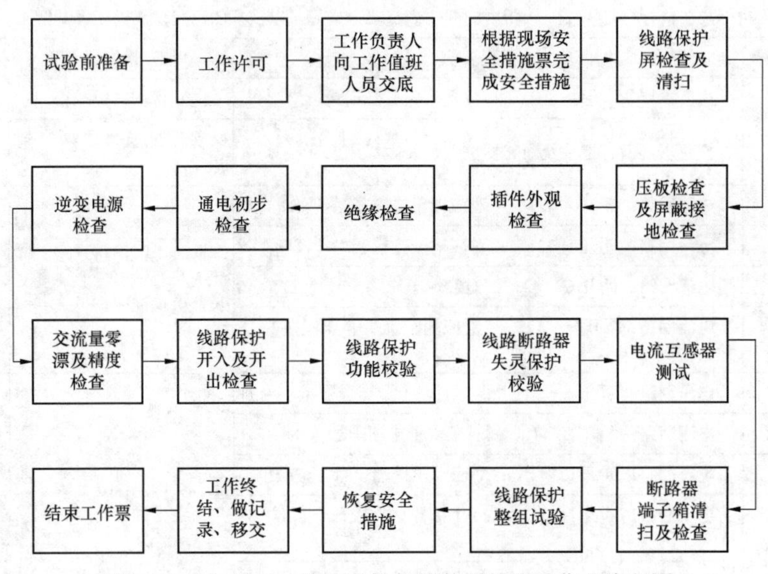

图 Z11F1006Ⅱ–1 线路微机保护装置的调试作业流程图

二、220kV 线路保护的校验项目、技术要求及校验报告

1. 检查与清扫

对保护装置端子连接、插件焊接、插件与插座固定、切换开关、按钮等机械部分检查并清扫。要求连接可靠、接触良好、回路清洁。

（1）保护屏后接线、插件外观检查。

（2）保护硬件跳线检查。

（3）保护屏上压板检查。检查压板端子接线是否符合反措要求、压板端子接线压接是否良好、压板外观检查情况。

（4）屏蔽接地检查。检查保护引入、引出电缆是否为屏蔽电缆，检查全部屏蔽电缆的屏蔽层是否两端接地，检查保护屏底部的下面是否构造一个专用的接地铜网格，保护屏的专用接地端子是否经大于 $6mm^2$ 的铜线连接到此铜网格上，检查各接地端子的连接处连接是否可靠。

2. 回路绝缘检查

（1）直流回路绝缘检查。确认直流电源断开后，将 CPU 插件、MON Ⅰ插件、开入插件拔出，对地用 1000V 绝缘电阻表全回路测试绝缘电阻。要求绝缘电阻大于 10MΩ。

（2）交流电压回路绝缘检查。将交流电压断开后，在端子排内部将电压回路短接，拔出 A/D 插件，对地用 500V 绝缘电阻表全回路测试绝缘电阻。要求绝缘电阻大于 20MΩ。

（3）交流电流回路绝缘检查。确认各间隔交流电流已短接退出后，在端子排内部将电流回路短接，拔出 A/D 插件，对地用 500V 绝缘电阻表全回路测试绝缘电阻。要求绝缘电阻大于 20MΩ。

3. 检查基本信息

通入试验电源，检查保护基本信息（版本及校验码）并打印。版本满足网省公司统一版本要求。

4. 装置直流电源检查

（1）快速拉合保护装置直流电源，装置启动正常。

（2）缓慢外加直流电源至 80%额定电压，要求装置启动正常。

（3）逆变稳压电源检测。

5. 装置通电初步检查

（1）保护装置通电后，先进行全面自检。自检通过后，装置运行灯亮。除可能发“TV 断线”信号外，应无其他异常信息。此时，液晶显示屏出现短时的全亮状态，表明液晶显示屏完好。

（2）保护装置时钟及 GPS 对时，保护复归重启检查。

1）检查保护装置时钟及 GPS 对时，要求装置时间与 GPS 时间一致。

2）改变装置秒数，检查装置硬对时功能正常。要求对时功能正常。

3）检查保护复归重启。要求功能检查正常。

（3）检验键盘正常。

（4）检查打印机与保护联调正常。进行本项试验之前，打印机应进行通电自检。

将打印机与微机保护装置的通信电缆连接好。将打印机的打印纸装上，并合上打印机电源。保护装置在运行状态下，按保护柜（屏）上的“打印”按钮，打印机便自动打印出保护装置的动作报告、定值报告和自检报告，表明打印机与微机保护装置联机成功。出厂设置为：打印机的串行通信速率为 4800bit/s，数据长度为 8 位，无奇偶校验，一个停止位。

6. 交流回路校验

（1）在端子排内短接电流回路及电压回路并与外回路断开后，检查保护装置零漂。

（2）在电压输入回路输入三相正序电压，每相 50V，检查保护装置内电压精度。误差要求小于 3%。

（3）输入三相正序电流，每相 5A，检查保护装置内电流精度、相角误差要求小于 3%。

7. 开入量检查

（1）投退功能压板。开入均正确。

（2）检查其他开入量状态。开入均正确。

8. 开出量检查

投入主保护、距离、零序压板，定值中“投多相故障闭重”“投三相故障闭重”置 0，压板定值中“投主保护压板”“投距离保护压板”“投零序保护压板”置 1，“投三跳闭重压板”置 0。每次试验在充电灯亮后再加入故障量。

（1）在 A、B、C 相瞬时接地故障，单重方式时，检查信号灯及屏上的输出接点。

（2）在相间永久故障，单重方式时，检查信号灯及屏上的输出接点。

（3）交流电压回路断线，加两相电压，检查信号灯及屏上的输出接点。

（4）断开直流逆变电源开关，检查屏上的输出接点。

9. 定值及定值区切换功能检查

（1）核对保护装置定值。现场定值与定值单一致。

（2）检查保护装置定值区切换，功能切换正常。

（3）检查各侧 TA 变比系数，要求与现场 TA 变比相符。

（4）检查定值单上的变压器联结组别、额定容量及各侧电压参数。要求于实际的变压器联结组别、额定容量及各侧电压参数一致。

10. 保护功能校验

定值控制字“内重合把手有效”控制字置 0。压板定值中“投主保护压板”“投距离保护压板”“投零序保护压板”置 1，“投三跳闭重压板”置 0。重合方式置单重位置，合上断路器，TWJA、TWJB、TWJC 都为 0，从保护屏电流、电压试验端子施加模拟故障电压和电流。为确保故障选相及测距的有效性，试验时请确保试验仪在收到保护跳闸命令 20ms 后再切除故障电流。

（1）纵联闭锁式保护。使用高频通道的，则将收发信机整定在“负荷”位置，或将本装置的发信输出接至收信输入构成自发自收；使用光纤通道，则将光纤传输装置的尾纤自环。

仅投主保护投运压板，重合把手切在“单重方式”；整定保护定值控制字中“投纵联变化量方向”置 1、“允许式通道”置 0、“投重合闸”置 1、“投重合闸不检”置 1；保护充电，直至“充电”灯亮。

1）纵联变化量方向保护校验。

① 正方向校验：加故障电流 I=5A，故障电压 U=30V，ϕ 为正序灵敏角下进行。分别模拟单相接地、两相、三相正方向瞬时故障；装置面板上相应跳闸灯亮，液晶上显示“纵联变化量方向”，动作时间为 15～30ms；

② 反方向校验：模拟上述反方向故障，纵联保护不动作。

2）纵联零序方向保护检验。

投入主保护和零序保护投运压板。整定保护定值控制字中“投纵联变化量方向”置 0，“投纵联零序方向”置 1。

① 正方向校验：分别模拟 A 相、B 相、C 相单相接地瞬时故障，一般情况下模拟故障电压取 U=50V，当模拟故障电流较小时可适当降低模拟故障电压数值。模拟故障时间为 100～150ms，相角为灵敏角，模拟故障电流为

$$I = mI_{0\text{settk}}$$

式中　$I_{0\text{settk}}$ ——零序方向比较过电流定值，A；

m ——系数，其值分别为 0.95、1.05 及 1.2。

高频零序方向保护在 0.95 倍定值（m=0.95）时，应可靠不动作；在 1.05 倍定值时应可靠动作；在 1.2 倍定值时，测量高频零序方向保护的动作时间。

② 反方向校验：分别模拟反向 B 相接地、CA 相间和 ABC 三相瞬时故障。模拟故障前电压为额定电压，模拟故障电压为零，相角 $\phi = 180^\circ + \phi_{\text{sen}}$，模拟故障时间应小于距离Ⅲ段和零序过电流Ⅲ段的时间定值，保护装置应可靠不动作。

模拟故障电流

$$I = \min[6I_{\text{N}}, 100/(1+k)I_{\text{D}}Z_{\text{set}}]$$

式中　I_{D} ——模拟故障的短路电流，A；

Z_{set} ——工频变化量阻抗定值，Ω。

其中电流量取两者较小值。

3）纵联距离保护检验。投入主保护和零序保护投运压板。整定保护定值控制字中“投纵联距离”置 1，“投纵联零序方向”置 0。

① 正方向校验：模拟故障前电压为额定电压，固定故障电流为 I（通常为 5A，若故障相间电压大于 100V、接地电压大于 57V，应将 I 适当降低），计算故障后电压。分别模拟单相接地、两相、三相正方向瞬时故障；模拟故障时间为 100～150ms，相角为 90°，故障电压为：

模拟单相接地故障时

$$U = m(1+K_X)I_D X_{DZ}$$

模拟两相相间故障时

$$U = 2mI_D X_{DZ}$$

式中 m ——系数，其值分别为 0.95、1.05、0.7；

I_D ——模拟故障的短路电流，A；

X_{DZ} ——高频距离电抗分量定值，Ω；

K_X ——零序补偿系数电抗分量。

高频距离保护在 0.95 倍定值（m=0.95）时，保护可靠动作，液晶屏幕显示和打印输出跳闸报告均应一致、正确。高频收发信机信号正确。在 1.05 倍定值时，应可靠不动作。

在 0.7 倍定值时，测量高频距离保护动作时间，其动作时间值应不大于 40ms。

② 保护反方向出口故障性能校验。同 2）② 。

（2）工频变化量距离保护检验（例如 RCS–901）。投入距离保护投运压板。距离保护其他段的控制字置“0”。

分别模拟 A 相、B 相、C 相单相接地瞬时故障和 AB、BC、CA 相间瞬时故障。模拟故障电流固定（其数值应使模拟故障电压在 0～U_N 范围内），模拟故障前电压为额定电压，模拟故障时间为 100～150ms，故障电压为：

模拟单相接地故障时

$$U = m(1+K_X)I_D X_{DZ} + (1～1.5m)U_N$$

模拟相间短路故障时

$$U = 2mI_D X_{DZ} + (1～1.5m)U_N \times \sqrt{3}\ U_N$$

工频变化量距离保护在 m=1.1 时，应可靠动作；在 m=0.9 时，应可靠不动作；在 m=1.2 时，测量工频变化量距离保护动作时间。

（3）距离保护检验。仅投入距离保护投运压板。

1）距离Ⅰ段保护检验。仅投入距离Ⅰ段投入压板。

分别模拟 A 相、B 相、C 相单相接地瞬时故障，AB、BC、CA 相间瞬时故障。故障电流 I 固定（一般 $I=I_N$），相角为 90　，模拟故障时间为 100～150ms，故障电压为：

模拟单相接地故障时

$$U = m(1+K_X)I_D X_{D1}$$

模拟两相相间故障时

$$U = 2mI_D X_{X_1}$$

式中　m——系数，其值分别为 0.95、1.05 及 0.7；

I_D——模拟故障的短路电流，A；

X_{D1}——距离Ⅰ段接地电抗分量定值，Ω；

X_{X_1}——距离Ⅰ段相间电抗分量定值，Ω；

K_X——零序补偿系数电抗分量。

距离Ⅰ段保护在 0.95 倍定值（$m=0.95$）时，应可靠动作；在 1.05 倍定值时，应可靠不动作；在 0.7 倍定值时，测量距离保护Ⅰ段的动作时间。

2）距离Ⅱ段和Ⅲ段保护检验。投入距离Ⅱ、Ⅲ段投入压板。

检验距离Ⅱ段保护时，分别模拟 A 相接地和 BC 相间短路故障，检验距离Ⅲ段保护时，分别模拟 B 相接地和 CA 相间短路故障。故障电流 I 固定（一般 $I=I_N$），相角为 90°，故障电压为：

模拟单相接地故障时

$$U = m(1+K_X)I_D X_{Dn}$$

模拟相间短路故障时

$$U = 2mI_D X_{X_n}$$

式中　m——系数，其值分别为 0.95、1.05 及 0.7；

n——其值分别为 2 和 3；

X_{D2}——接地距离Ⅱ段保护电抗分量定值，Ω；

X_{D3}——接地距离Ⅲ段保护电抗分量定值，Ω；

X_{X_2}——相间距离Ⅱ段保护电抗分量定值，Ω；

X_{X_3}——相间距离Ⅲ段保护电抗分量定值，Ω；

K_X——零序补偿系数电抗分量。

距离Ⅱ段和Ⅲ段保护在 0.95 倍定值时（$m=0.95$）应可靠动作；在 1.05 倍定值时，应可靠不动作；在 0.7 倍定值时，测量距离Ⅱ段和Ⅲ段保护动作时间。

（4）零序过电流保护检验。仅投入零序保护投运压板。

分别模拟 A 相、B 相、C 相单相接地瞬时故障，模拟故障电压 $U=50$V，模拟故障

时间应大于零序过电流Ⅱ段（或Ⅲ段）保护的动作时间定值，相角为灵敏角，模拟故障电流为

$$I = mI_{0set2}$$

$$I = mI_{0set3}$$

式中 m——系数，其值分别为0.95、1.05及1.2；

I_{0set2}——零序过电流Ⅱ段定值，A；

I_{0set3}——零序过电流Ⅲ段定值，A。

零序过电流Ⅱ段和Ⅲ段保护在0.95倍定值（$m=0.95$）时，应可靠不动作；在1.05倍定值时，应可靠动作；在1.2倍定值时，测量零序过电流Ⅱ段和Ⅲ段保护的动作时间。

（5）TV断线时保护检验。主保护、零序保护和距离保护投运压板均投入。模拟故障电压量不加（等于零），模拟故障时间应大于交流电压回路断线时过电流延时定值。故障电流为：

模拟相间（或三相）短路故障时

$$I = mI_{TVset}$$

模拟单相接地故障时

$$I = mI_{0TVset}$$

式中 m——系数，其值分别为0.95、1.05及1.2；

I_{TVset}——交流电压回路断线时过电流定值，A；

I_{0TVset}——交流电压回路断线时零序过电流定值，A。

在交流电压回路断线后，加模拟故障电流，过电流保护和零序过电流保护在1.05倍定值时应可靠动作，在0.95倍定值时可靠不动作，并在1.2倍定值下测量保护动作时间。

TV断线功能检查：① 闭锁距离保护；② 闭锁零序电流Ⅱ段；③ 零序Ⅲ段电流不带方向；④ 告警信号检查（单相、三相断线）。

TV逻辑功能在全部校验时进行，部分校验只做告警功能。

（6）合闸于故障线零序电流保护检验。投入零序保护和距离保护投运压板。

模拟手合单相接地故障，模拟故障前，给上“跳闸位置”开关量。模拟故障时间为300ms，模拟故障电压$U=50$V，相角为灵敏角，模拟故障电流为

$$I = mI_{0setck}$$

式中 I_{0setck}——合闸于故障线零序电流保护定值，A；

m——系数，其值分别为0.95、1.05及1.2。

合闸于故障线零序电流保护在1.05倍定值时可靠动作，0.95倍定值时可靠不动作，并测量1.2倍定值时的保护动作时间。

（7）TA断线功能检查：① 告警功能检测（单相、两相断线）；② 零序过电流Ⅱ段不带方向；③ 零序过电流Ⅲ段退出。

闭锁逻辑功能在全部校验时进行，部分校验只做告警功能。

11. 整组试验

整组试验时，统一加模拟故障电压和电流，本线路断路器处于合闸位置。退出保护装置跳闸、合闸、启动失灵等压板。

（1）装置整组动作时间测量。本试验测量从模拟故障至断路器跳闸回路动作的保护整组动作时间，以及从模拟故障切除至断路器合闸回路动作的重合闸整组动作时间（A相、B相和C相分别测量）。

1）相间距离Ⅰ段保护的整组动作时间测量，仅投入距离保护投运压板。

模拟AB相间故障，其故障电流一般取$I=I_N$，相角为灵敏角，模拟故障时间为100ms，模拟故障电压取

$$U=0.7\times 2IZ_{set1}=1.4IZ_{set1}$$

式中 Z_{set1}——距离Ⅰ段定值，Ω。

上述试验要求检查保护显示或打印出距离Ⅰ段的动作时间，其动作时间值应不大于30ms，并且与本项目所测保护整组动作时间的差值不大于6ms。

2）重合闸整组动作时间测量。仅投入距离保护投运压板，重合闸方式开关置整定的重合闸方式位置。

模拟C相接地故障，模拟故障电流一般取$I=I_N$，相角为灵敏角，模拟故障时间为100ms，模拟故障电压为

$$U=0.7I(1+k)Z_{set1}$$

式中 Z_{set1}——距离Ⅰ段定值，Ω。

测量的重合闸整组动作时间与整定的重合闸时间误差不大于50ms（不包含试验装置断流时间）。

方法：用保护动作触点启表，重合闸出口触点停表。

上述试验应同时核查保护显示和报告情况。

（2）与本线路其他保护装置配合联动试验。模拟试验应包括本线路的全部保护装置，以检验本线路所有保护装置的相互配合及动作正确性。重合闸方式开关分别置整定的重合闸方式以及重合闸停用方式，进行下列试验：

1）模拟接地距离Ⅰ段范围内单相瞬时和永久性接地故障。

2）模拟相间距离Ⅰ段范围内相间、相间接地、三相瞬时性和永久性故障。

3）模拟距离Ⅱ段范围内A相瞬时接地和BC相间瞬时故障（停用主保护）。

4）模拟距离Ⅲ段范围内B相瞬时接地和CA相间瞬时故障（停用主保护和零序保护）。

5）模拟零序方向过电流Ⅱ段动作范围内C相瞬时和永久性接地故障（停用主保护和距离保护）。

6）模拟零序方向过电流Ⅲ段动作范围内A相瞬时和永久性接地故障（停用主保护和距离保护）。

7）模拟手合于全阻抗继电器和零序过电流继电器动作范围内的A相瞬时接地和BC相间瞬时故障。

8）模拟反向出口A相接地、BC相间和ABC三相瞬时故障。

（3）重合闸试验。

1）单重方式。当整定的重合闸方式为单重方式时，则重合闸方式开关置“单重”位置，模拟上述各种类型故障。

2）三重方式。当整定的重合闸方式为三重方式时，则重合闸方式开关置“三重”位置，模拟上述各种类型故障。

3）重合闸停用方式。又分为方式1及方式2两种。

① 重合闸停用方式1。当整定的重合闸方式为重合闸停用方式时，则重合闸方式开关置“停用”位置，且“闭锁重合闸”开关量有输入，模拟上述各种类型故障。

② 重合闸停用方式2。当整定的重合闸方式为重合闸禁止方式时，则重合闸方式开关置“停用”位置，且“闭锁重合闸”开关量无输入，模拟上述各种类型故障。

4）特殊重合闸方式。当整定的重合闸方式为特殊重合闸方式时，则重合闸方式开关置“三重”位置，且保护装置整定值中的控制字BCS=1，BCPP=1，模拟上述各种类型故障。与断路器失灵保护配合联动试验。

（4）断路器失灵保护性能试验。

模拟各种故障，检验启动断路器失灵保护回路性能，应进行下列试验：

1）模拟A、B相和C相单相接地故障。

2）模拟AC相间故障。

做上述试验时，所加故障电流应大于失灵保护电流整定值，而模拟故障时间应与失灵保护动作时间配合。

（5）与中央信号、远动装置的配合联动试验。根据微机保护与中央信号、远动装置信息传送数量和方式的具体情况确定试验项目和方法。但要求至少应进行模拟保护装置异常、保护装置报警、保护装置动作跳闸、重合闸动作的试验。

（6）开关量输入的整组试验。保护装置进入“保护状态”菜单“开入显示”，校验开关量输入变化情况。

1）闭锁重合闸。分别进行手动分闸和手动合闸操作、重合闸停用闭锁重合闸、母差保护动作闭锁重合闸等闭锁重合闸整组试验。

2）断路器跳闸位置。断路器分别处于合闸状态和分闸状态时，校验断路器分相跳闸位置开关量状态。

3）压力闭锁重合闸。模拟断路器液（气）压压力低闭锁重合闸触点动作，校验压力闭锁重合闸开关量状态。

4）外部保护停信。在与母差保护装置配合试验时，对外部保护停信开关量输入状态进行校验。

在进行定期部分检验时，与母差保护装置的开关量整组试验免做。

12. 传动断路器试验

重合闸方式分别置整定的重合闸方式和重合闸停用方式，保护装置投运压板、跳闸及合闸压板投上。

进行传动断路器试验之前，控制室和开关站均应有专人监视，并应具备良好的通信联络设备，以便观察断路器和保护装置动作相别是否一致，监视中央信号装置的动作及声、光信号指示是否正确。如果发生异常情况时，应立即停止试验，在查明原因并改正后再继续进行。

传动断路器试验应在确保检验质量的前提下，尽可能减少断路器的动作次数。根据此原则，应在整定的重合闸方式下做以下传动断路器试验：

1）分别模拟 A、B、C 相瞬时性接地故障。

2）模拟 C 相永久性接地故障。

3）模拟 AB 相间瞬时性故障。

此外，在重合闸停用方式下模拟一次单相瞬时性接地故障。

传动断路器试验要求在 80%额定直流电压下进行。

13. 带通道联调试验

（1）通道检查试验。线路两侧收发信机均置通道位置，两侧收发信机和微机保护装置电源开关均合上。两侧的“运行”灯应亮，通道检查“通道异常”灯不亮。两侧分别进行通道检查试验（按保护屏上的通道检查试验按钮）。两侧收发信电平均正常。

（2）保护装置带通道试验。投入主保护投运压板、零序保护，退出距离保护投运压板。

模拟故障前电压为额定电压，故障时间为 100～150ms。

模拟单相接地故障时

$$U = 1.2I(1+k)Z_{setp2}, I = I_N$$

式中 Z_{setp2}——接地距离Ⅱ段定值，Ω。

模拟相间故障时

$$U = 2.4mIZ_{setpp2}, I = I_N，m 取 0.5$$

式中 Z_{setpp2}——相间距离Ⅱ段定值，Ω。

1）闭锁式保护。

① 合上一侧收发信机和保护装置的直流电源开关，另一侧收发信机关机。模拟区内故障，高频保护均应可靠动作。

② 线路两侧收发信机和保护装置均投入正常工作，单侧（两侧分别进行）模拟区内故障，相角为灵敏角。要求模拟不少于5次故障，高频保护均不动作。

2）允许式保护（光纤距离保护）。线路两侧光纤接口装置和保护装置均投入工作。

① 对侧光纤接口装置自环，另一侧模拟区内故障，高频保护均动作。

② 对侧光纤接口装置自环，一侧模拟区外故障，不少于5次故障，高频保护均不动作。

上述试验结束后，恢复所有接线。

14. 带负荷试验

在新安装检验时，如果负荷电流的二次电流值小于保护装置的精确工作电流（$0.5I_N$）时，应采用外接电流和相位表进行带负荷试验。

（1）交流电压的相名核对。用万用表交流电压挡测量保护屏端子排上的交流相电压和相间电压，并校核本保护屏上的三相电压与已确认正确的 TV 小母线三相电压的相别。

（2）交流电压和电流的数值检验。保护装置在运行状态下，选择“保护状态”菜单（DSP 采样值、CPU 采样值）。以实际负荷为基准，检验电压、电流互感器变比是否正确。

（3）检验交流电压和电流的相位。保护装置在主菜单中选择“保护状态”菜单“相角显示”，进行相位检验。在进行相位检验时，应分别检验三相电压的相位关系，并根据实际负荷情况，核对交流电压和交流电流之间的相位关系。

15. 保护校验存在的问题

对本次保护校验存在的问题做好记录，进行投运前定值与开入量状态的核查。

进入“定值”菜单，打印出按定值整定通知单整定的保护定值，定值报告应与定值整定通知单一致。

在正常运行压板显示状态，查看保护投入压板与实际运行状态一致。

16. 保护校验结论：保护可以、不可以投入运行。

保护校验人员：________________。

使用仪表、仪器：______________。

【思考与练习】

1. 请试编制本单位典型 220kV 线路保护调试大纲。

2. 简要说明让后加速保护动作的试验方法。

模块 7　330kV 及以上线路微机保护装置原理（Z11F1010Ⅱ）

【模块描述】本模块包含了330kV及以上 线路保护的配置及原理。通过要点归纳、原理讲解，掌握 330kV 及以上 线路保护装置的组屏及配置原则，掌握光纤保护的工作原理。

【模块内容】

一、330kV 及以上线路微机保护配置基本要求

1. GB/T 14285—2006《继电保护和安全自动装置技术规程》相关规定

（1）330～500kV 线路对继电保护的配置和对装置技术性能的要求，除按 220kV 线路保护要求外，还应考虑下列问题：

1）线路输送功率大，稳定问题严重，要求保护动作快，可靠性高及选择性好。

2）线路采用大截面分裂导线、不完全换位及紧凑型线路所带来的影响。

3）长线路、重负荷，电流互感器变比大，二次电流小对保护装置的影响。

4）同杆并架双回线路发生跨线故障对两回线跳闸和重合闸的不同要求。

5）采用大容量发电机、变压器所带来的影响。

6）线路分布电容电流明显增大所带来的影响。

7）系统装设串联电容补偿和并联电抗器等设备所带来的影响。

8）交直流混合电网所带来的影响。

9）采用带气隙的电流互感器和电容式电压互感器，对电流、电压传变过程所带来的影响。

10）高频信号在长线路上传输时，衰耗较大及通道干扰电平较高所带来的影响以及采用光缆、微波迂回通道时所带来的影响。

（2）330～500kV 线路，应按下列原则实现主保护双重化：

1）设置两套完整、独立的全线速动主保护。

2）两套全线速动保护的交流电流、电压回路，直流电源互相独立。

3）每一套全线速动保护对全线路内发生的各种类型故障，均能快速动作切除故障。

4）对要求实现单相重合闸的线路，两套全线速动保护应有选相功能，线路正常运行中发生接地电阻为（3）的 3）中规定数值的单相接地故障时，保护应有尽可能强的选相能力，并能正确动作跳闸。

5）每套全线速动保护应分别动作于断路器的一组跳闸线圈。

6）每套全线速动保护应分别使用互相独立的远方信号传输设备。

7）具有全线速动保护的线路，其主保护的整组动作时间应为；

对近端故障：小于 20ms；

对远端故障：小于 30ms（不包括通道传输时间）。

（3）330kV～500kV 线路，应按下列原则设置后备保护：

1）采用近后备方式。

2）后备保护应能反应线路的各种类型故障。

3）接地后备保护应保证在接地电阻不大于下列数值时，有尽可能强的选相能力，并能正确动作跳闸，330kV 线路：150Ω；500kV 线路：300Ω。

4）为快速切除中长线路出口故障，在保护配置中宜有专门反应近端故障的辅助保护功能。

（4）当 330～500kV 线路双重化的每套主保护装置都具有完善的后备保护时，可不再另设后备保护。只要其中一套主保护装置不具有后备保护，就必须再设一套完整、独立的后备保护。

（5）330～500kV 同杆并架线路发生跨线故障时，根据电网的具体情况，当发生跨线异名相瞬时故障允许双回线同时跳闸时，可装设与一般双侧电源线路相同的保护；对电网稳定影响较大的同杆并架线路，宜配置分相电流差动或其他具有跨线故障选相功能的全线速动保护，以减少同杆双回线路同时跳闸的可能性。

（6）根据一次系统过电压要求装设过电压保护，保护的整定值和跳闸方式由一次系统确定。

过电压保护应测量保护安装处的电压，并作用于跳闸。当本侧断路器已断开而线路仍然过电压时，应通过发送远方跳闸信号跳线路对侧断路器。

（7）装有串联补偿电容的 330～500kV 线路和相邻线路，应按（2）和（3）的规定装设线路主保护和后备保护，并应考虑下述特点对保护的影响，采取必要的措施防止不正确动作：

1）由于串联电容的影响可能引起故障电流、电压的反相。

2）故障时串联电容保护间隙的击穿情况。

3）电压互感器装设位置（在电容器的母线侧或线路侧）对保护装置工作的影响。

2. 330～500kV 线路保护配置及组屏

（1） 保护配置。

1） 主保护：纵联电流差动或纵联方向（距离、零序、变化量、能量积分等）保护。

2） 后备保护：多段（一般为三段）相间及接地距离保护、多段（一般为二至四段）零序方向过电流保护或反时限零序方向过电流保护。

3） 其他相关保护：过电压及远方跳闸保护、线路并联电抗器保护、短引线保护、断路器保护等。

（2） 组屏。

330kV～500kV 系统一般采用 3/2 断路器主接线方式：

1） 线路、过电压及远方跳闸保护组屏（柜）原则。

线路主保护、后备保护、过电压保护、远方跳闸保护的第一套组一面屏（柜），第二套组另一面屏(柜)；主保护、后备保护装置独立配置时，由主保护厂家负责组屏(柜)。

2） 线路、过电压及远方跳闸保护组屏（柜）方案。

线路保护 1 屏（柜）：主保护、后备保护 1＋（过电压及远方跳闸保护 1）；

线路保护 2 屏（柜）：主保护、后备保护 2＋（过电压及远方跳闸保护 2）。

上述括号内的装置可根据电网具体情况选配。

3） 断路器保护及短引线保护组屏（柜）原则。

断路器保护按断路器单套配置，独立组屏（柜）。

短引线保护按串集中组屏（柜），不分散布置在断路器保护柜中。

4） 断路器保护及短引线保护组屏（柜）方案。

断路器保护屏（柜）：断路器保护装置 1 台＋分相操作箱或断路器操作继电器接口；

短引线保护屏（柜）：短引线保护装置 4 台。

3. 330kV 及以上线路保护的特点

相对 220kV 线路而言，330kV 及以上线路在系统中的重要性不言而喻。为此根据 330kV 及以上系统接线方式的不同和可靠性要求的提高，330kV 及以上线路保护配置和 220kV 线路保护有着明显区别：

（1） 为避免通道故障影响保护的正常运行，330kV 及以上一般不采用闭锁式保护，而越来越多地采用光纤通道构成差动保护或允许式保护。

（2） 由于 330kV 及以上线路较长，光纤通道普遍采用复用方式。

（3） 由于 330kV 及以上多采用 3/2 接线方式，一条线路与两台断路器相关，在保护动作出口时应同时作用于两台断路器。

（4） 重合闸按照断路器配置，在投入断路器保护，线路重合闸停用时，需要线路保护与两台断路器保护配合完成重合闸启动、重合顺序以及重合闸后加速功能。

（5） 失灵保护按照断路器配置，由断路器保护进行失灵判别并联切相邻元件。

（6） 同杆架设线路发生跨线故障时，保护一般会判断为两条线路发生的相间故障而全部切除，这对于 330kV 及以上系统稳定会造成巨大影响，为此针对 330kV 及以上同杆架设线路配置了自适应重合闸功能，在发生跨线故障时能够选相跳闸并进行分相重合闸。

二、330kV 及以上线路保护及相关保护原理

330kV 及以上线路保护和 220kV 保护基本相同，主保护基本上是电流差动保护，采用光纤（或复用光纤）通道，后备保护是距离、零序方向过电流，不设置重合闸功能和启动失灵保护功能（因主接线多采用 2/3 断路器方式，将此二者功能放置在按断路器配置的断路器保护中）。

1. 光纤差动保护

330kV 及以上线路纵联保护一般采用光纤允许式保护和光纤差动保护，而光纤差动保护因其简单可靠的动作特性和良好的选相性能而受到广泛应用。允许式保护的工作原理和特性已经在 Z11F1004Ⅱ详细描述，本模块主要介绍光纤差动保护。

差动保护由三部分组成：变化量相差动保护、稳态相差动保护和零序差动保护。两侧保护实时采样并向对侧发送采样值，两侧保护根据本侧和收到的对侧系统的实时采样值计算差动电流，本侧电流差动保护元件动作后，还需要收到对侧的保护动作信号才能出口跳闸。

（1） 变化量相差动保护。采用相电流变化量构成，典型动作方程为

$$\begin{cases}\Delta I_{\mathrm{CD}\phi} > 0.75\Delta I_{\mathrm{R}\phi}\\ \Delta I_{\mathrm{CD}\phi} > I_{\mathrm{H}}\end{cases}$$

式中 $\Delta I_{\mathrm{CD}\phi}$——工频变化量差动电流，即两侧电流变化量相量和的幅值，A；

$\Delta I_{\mathrm{R}\phi}$——工频变化量制动电流，即两侧电流变化量的标量和，A；

I_{H}——差动保护整定值，A。

（2） 稳态相差动继电器。采用稳态相电流构成，典型动作方程为

$$\begin{cases}I_{\mathrm{CD}\phi} > 0.75 I_{\mathrm{R}\phi}\\ I_{\mathrm{CD}\phi} > 0.75 I_{\mathrm{H}}\end{cases}$$

式中 $I_{\mathrm{CD}\phi}$——差动电流，即为两侧电流相量和的幅值，A；

$I_{\mathrm{R}\phi}$——制动电流，即为两侧电流的标量和，A；

I_{H}——差动保护整定值，A， 取 A，B，C。

可以设置多个定值段，设置低定值段可以提高保护的灵敏度，但是为防止线路充

电误动，该段需经短延时动作。

（3）零序差动继电器。零序保护对经高过渡电阻接地故障具有较高的灵敏度，典型零序差动继电器其动作方程为

$$\begin{cases} I_{\mathrm{CD0}} > 0.75 I_{\mathrm{R0}} \\ I_{\mathrm{CDBC}\phi} > I_{\mathrm{QD0}} \end{cases}$$

式中　I_{CD0}——零序差动电流，即为两侧零序电流相量和的幅值，A；

I_{R0}——零序制动电流，即为两侧零序电流的标量和，A；

I_{QD0}——零序启动电流定值，A；ϕ 取 A，B，C。

光纤差动保护的典型逻辑框图如图 Z11F1010Ⅱ-1 所示，以 RCS-931A 为例，下同。

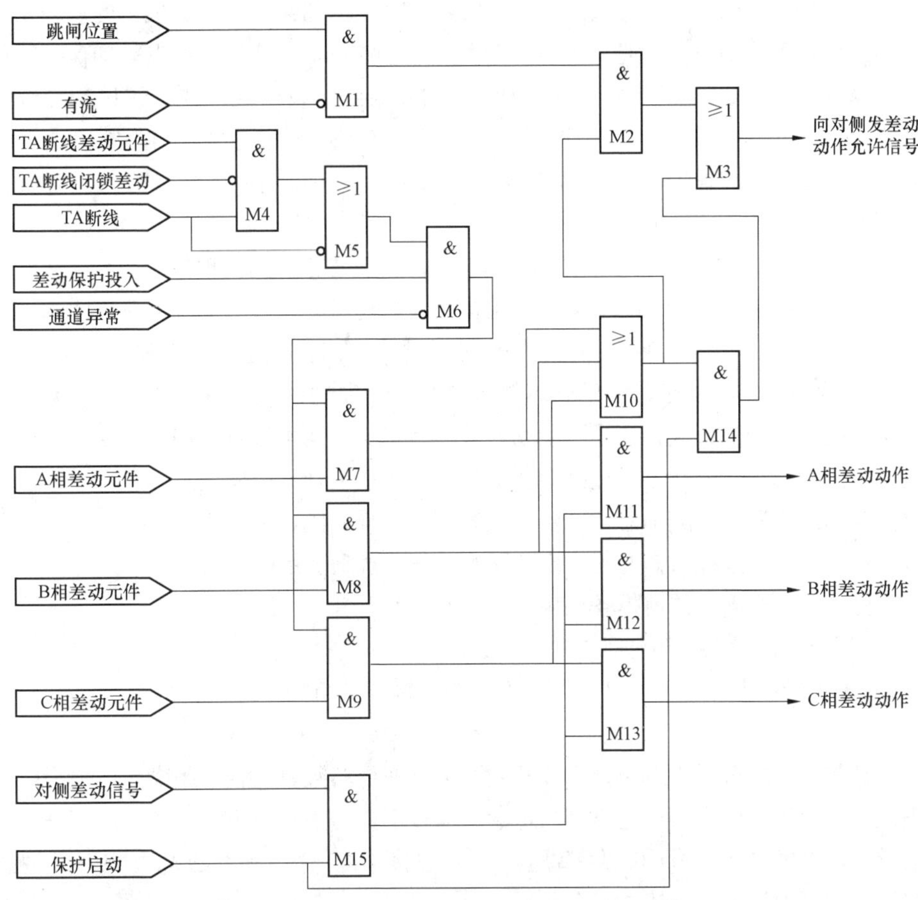

图 Z11F1010Ⅱ-1　光纤差动保护动作逻辑框图

（4）电容电流补偿。由于 330kV 及以上线路一般较长，同时多采用 4 分裂导线，线路的电容电流较大，在正常运行时就可能有一定的差流，保护整定时必须提高动作值以躲过该电容电流，但是在经大过渡电阻故障时保护的灵敏度可能不足。因此在线路较长时可进行电容电流补偿，减少电容电流对差动电流计算的影响。电容电流补偿由下式计算而得

$$I_{C\phi}=\left(\frac{U_{M\phi}-U_{M0}}{2X_{C1}}+\frac{U_{M0}}{2X_{C0}}\right)+\left(\frac{U_{N\phi}-U_{N0}}{2X_{C1}}+\frac{U_{N0}}{2X_{C0}}\right)$$

式中 $U_{M\phi}$，$U_{N\phi}$，U_{M0}，U_{N0} ——本侧、对侧的相、零序电压，V；

X_{C1}，X_{C0} ——线路全长的正序和零序容抗，Ω。

（5）TA 断线。由于光纤差动保护主要依据两侧电流进行差动计算，而且不经过电压闭锁，TA 断线会对保护的正常运行造成严重影响。TA 断线时断线侧的启动元件和差动继电器可能动作，但是对侧的启动元件不会动作，不会向本侧发差动保护动作信号，从而保证纵联差动保护不会误动。若 TA 断线时发生故障或系统扰动导致启动元件动作，可能造成差动保护误动，可以根据系统运行要求选择 TA 断线是否闭锁差动。一旦发生 TA 断线，应尽快退出差动保护，在查明原因并消除后方可重新投入运行。

（6）TA 饱和。当发生区外故障时，TA 可能会暂态饱和而出现较大差流，从而导致保护误动，必须在保护逻辑中采取适当措施，如通过采用较高的制动系数或采用自适应浮动制动门槛等辅助判据，保证在严重 TA 饱和情况下保护不会误动。

（7）采样同步。由于保护综合本侧电流和对侧发送的电流数据进行差动电流计算，两个电流必须保证采样同步，差动计算才有意义。两侧装置一侧作为参考端，另一侧作为同步端，以同步方式交换两侧信息，参考端采样间隔固定，并在每一采样间隔中固定向对侧发送一帧信息。同步端随时调整采样间隔，如果满足同步条件，就向对侧传输三相电流采样值；否则，启动同步过程，直到满足同步条件为止。

两侧装置采样同步的前提条件为：

1）通道单向最大传输延时≤15ms。

2）通道的收发路由一致（即两个方向的传输延时相等）。

2. 通道连接方式

光纤差动保护可采用专用光纤或复用通道。在纤芯数量及传输距离允许范围内，优先采用专用光纤作为传输通道。当传输距离较远，传输功率不满足条件，可采用复用通道，可以复接 2M 或 64k 数字通道，尽量复接 2M。采用复用方式时，应保证发、收路径相同，中间节点不超过 6 个。

（1）专用光纤的连接方式如图 Z11F1010Ⅱ–2 所示。

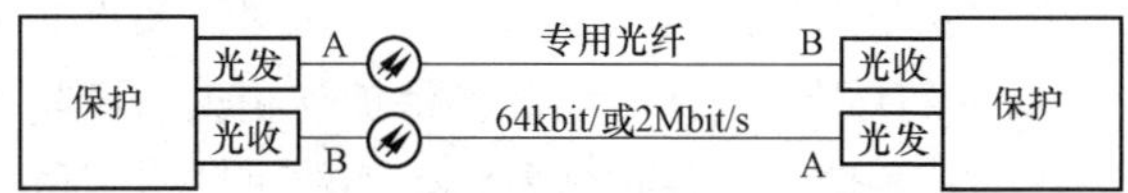

图 Z11F1010Ⅱ–2　专用光纤直接连接

（2）64kbit/s 复用的连接方式如图 Z11F1010Ⅱ–3 所示。

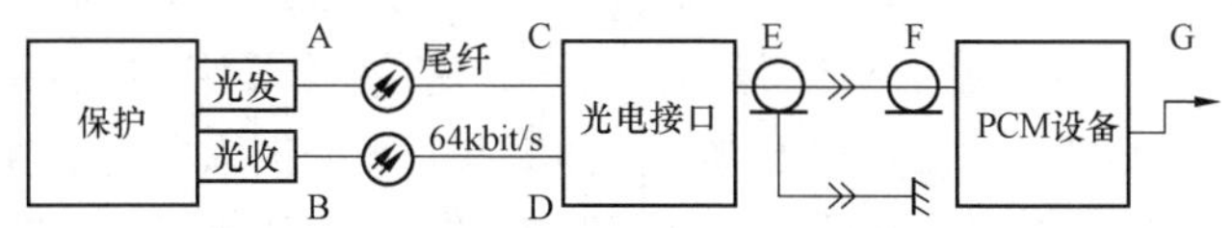

图 Z11F1010Ⅱ–3　复用 64kbit/s 通道连接

（3）2Mbit/s 复用的连接方式如图 Z11F1010Ⅱ–4 所示。

图 Z11F1010Ⅱ–4　复用 2Mbit/s 通道连接

3. 通信时钟

光纤差动保护的关键是线路两侧装置之间的数据交换，一般采用同步通信方式，通信速率为 2Mbit/s 和 64kbit/s。差动保护装置发送和接收数据采用各自的时钟，分别为发送时钟和接收时钟。保护装置的接收时钟固定从接收码流中提取，保证接收过程中没有误码和滑码产生。发送时钟可以有两种方式：① 采用内部晶振时钟；② 采用接收时钟作为发送时钟。采用内部晶振时钟作为发送时钟常称为内时钟（主时钟）方式，采用接收时钟作为发送时钟常称为外时钟（从时钟）方式。

两侧装置的运行方式有三种：

1）两侧装置均采用从时钟方式。

2）两侧装置均采用内时钟方式。

3）一侧装置采用内时钟，另一侧装置采用从时钟（这种方式会使整定定值更复杂，故不推荐采用）。

当光纤差动保护采用专用光纤连接时，一般采用内时钟方式；当采用复接 64kbit/s 通道时则一般采用外时钟方式；复接 2Mbit/s 通道时，需要和通信设备配合选择时钟方式，原则上采用内时钟方式时，SDH 设备中 2Mbit/s 通道的“重定时”功能需要关闭。

4. 纵联标识码

纵联标识码的设置主要是为了提高数字式通道线路保护装置的可靠性，尤其是在当前复接设备广泛使用的条件下，确保线路两侧保护与相关通道联系的唯一性是保证光纤差动保护正常工作的基本前提。保护装置将本侧的纵联码定值包含在向对侧发送的数据帧中传送给对侧保护装置，对侧保护接收到的纵联码与定值整定的对侧纵联码不一致时，退出差动保护并告警。

纵联码的整定应保证全网运行的保护设备具有唯一性，即正常运行时，本侧纵联码与对侧纵联码应不同，且与本线路的另一套保护的纵联码不同，也应该和其他线路保护装置的纵联码不同。保护根据设置的本侧纵联码和对侧纵联码定值决定两侧保护的主从机关系，同时决定是否为通道自环试验方式。若本侧纵联码和对侧纵联码整定一样，表示为通道自环试验方式；若本侧纵联码大于对侧纵联码，表示本侧为主机，反之为从机。

5. 基于光纤通道的辅助功能

可以利用保护的数字通道，不仅交换两侧电流数据，同时也交换开关量信息，实现一些辅助功能，其中包括远跳及远传。由于数字通信采用了CRC校验，并且所传开关量又专门采用了字节互补校验及位互补校验，因此具有很高的可靠性。在实际应用中，保护的通道常用于远方跳闸功能的实现，如断路器保护失灵动作出口远跳、过电压保护装置动作远跳等功能都可以借助光纤保护实现。

（1）远跳。保护装置接收到远跳开入时，经过专门的互补校验处理，作为开关量，连同电流采样数据及CRC校验码等，打包为完整的一帧信息，通过数字通道，传送给对侧保护装置。对侧装置每收到一帧信息，都要进行CRC校验，经过CRC校验后再单独对开关量进行互补校验。只有通过上述校验，并且经过连续三次确认后，才认为收到的远跳信号是可靠的。收到经校验确认的远跳信号后，可以无条件三跳出口或经本地判别出口。

（2）远传。同远跳一样，装置也借助数字通道分别传送远传1、远传2，区别只是在于接收侧收到远传信号后，并不作用于本装置的跳闸出口，而只是如实的将对侧装置的开入接点状态反映到对应的开出接点上。

6. 重合闸

330kV及以上线路保护重合闸功能由断路器保护实现，本装置重合闸功能不启用，保护仍是选相跳闸的。若需要退出线路重合闸，除退出断路器保护重合闸外，线路保护也需要将闭重压板投入，所有故障均三跳。

对于同杆并架双回线路，当两回线发生异名相故障或多相故障时，常规线路保护的选相元件会误选为相间故障，导致双回线三跳不重，这对系统的稳定运行造成严重威胁；若采用三相重合闸，重合于近区严重故障时也会造成严重后果。

自适应重合闸功能的引入，实现了分相结合无严重故障顺序重合。分相顺序重合是指两回线同时只有一相重合，如果有多相需要重合，则按一定顺序分别重合，避免了重合于多相永久故障。无严重故障重合是指判别是否发生了出口附近的永久性故障，如果是出口附近的严重故障，则采取由远故障侧先重合，重合于故障对侧三跳本侧就不再重合；若重合成功本侧紧接着重合，避免了重合于出口单相故障对系统的冲击。自适应重合闸无严重故障的判别原理及其分相顺序重合闸能有效地防止合于多相永久故障对系统的严重冲击造成系统稳定破坏，极大地提高输电的可靠性，并大大提高重合的概率。

当出现通道异常、TV 断线等情况时，装置可自动转为常规重合闸方式，其重合方式为当前已整定的重合闸方式（单重、三重、综重或停用）。

（1） 自适应重合闸电压判据。

故障相跳开后，健全相对断开相之间存在着电容耦合电压和互感电压。在有并联电抗器补偿的线路上，当潜供电弧熄灭后，各储能元件所储存的电磁能量按网络的固有频率（一般为 30～40Hz），以自由振荡的方式衰减。

当发生永久性接地故障时，电容耦合电压将很小，因此可利用跳开相电压判据 $U>U_{zd}$ 确定是否发生了近处的永久性接地故障。

当线路发生接地瞬时故障，断开相端电压基波幅值也会逐渐提高，满足电压判据，成功重合。

（2） 自适应重合闸分相顺序重合原则。

1） 如果两回线有同名相故障，同名相优先合闸。

2） 如果两回线无同名相故障时，按两回线超前相合闸。

（3） 自适应重合闸辅助判据。

当同杆并架双回线发生如Ⅰ回路 A 相与Ⅱ回路 BC 相接地的瞬时性故障，跳开后保留了Ⅰ回路 BC 相与Ⅱ回路 A 相构成准三相运行，健全的对称三相对跳开相的电容耦合电压和互感电压将很小，不能满足电压判据，两侧均认为是发生了严重永久性故障而不重合，为弥补采用端电压判据的不足，引入了辅助判据，当满足下列任一条件认为没有发生近处的严重故障，可以给予重合：

1） 故障时相电压、相间电压均大于 50%的额定电压。

2） 阻抗Ⅰ段、工频变化量阻抗投入但均没有动作。

3） 测距结果大于 40%的线路全长。

（4） 双通道结构。

为了全面利用双回线所有信息，完成双回线保护及自适应重合闸功能，保护装置应采用两路硬件上完全相同的双通道结构，通道A用于与线路对侧的保护装置通信，完成纵差保护功能及取得对侧信息；通道B用于与本侧同杆双回线另一回线的保护装置交换信息，得到为完成分相按顺序重合所必需的信息。

（5）自适应重合闸的实现。

在常规线路配置中，保护装置只向断路器保护提供分相跳闸触点和闭锁重合闸触点，重合闸逻辑都由断路器保护完成。在自适应重合闸中，永久性故障、近端故障等的判别以及重合闸的顺序等都是由线路保护完成，若和断路器保护配合，线路保护需要向断路器保护提供分相合闸触点，在满足断路器保护重合闸条件的情况下，按照线路保护提供的重合闸信息进行合闸。

7. 工频变化量距离继电器

电力系统发生短路故障时，其短路电流、电压可分解为故障前负荷状态的电流电压分量和故障分量，反应工频变化量的继电器只考虑故障分量，不受负荷状态的影响。工频变化量距离保护的相关特性已经在模块 Z11F1004Ⅱ中详细讲述，本模块不再赘述。

8. 后备保护

一般设置三阶段式相间和接地距离保护作为线路的后备保护，可以采用方向圆特性或四边形特性，并可根据需要选择具有偏移角的动作特性，扩大测量过渡电阻的能力。当用于长距离重负荷线路，常规距离保护整定困难时，可引入负荷限制继电器，可以有效地防止重负荷时测量阻抗进入距离保护而引起的误动。

零序过电流保护所具有的原理简单可靠的特点，尤其是在高电阻接地故障下能够保持较高的灵敏度，使得零序保护成为不可或缺的后备保护组件。一般设置多段定时限零序方向过电流保护，各段零序方向元件可以根据需要选择投入。

相关保护的动作特性已经在模块Z11F1004Ⅱ中详细阐述，本模块不再赘述。

9. 振荡闭锁

振荡闭锁可以分为4个部分：启动开放元件、不对称故障开放元件、对称故障开放元件、非全相运行时的振荡闭锁判据元件，以上任意元件动作开放保护。相关保护的动作特性已经在Z11F1004Ⅱ中详细阐述，本模块不再赘述。

10. 过电压保护

（1）保护启动元件。

当“电压三取一方式”控制字为“1”时，任一相过电压时保护启动，否则三相均过电压时保护才启动。

启动元件动作后展宽7～8s，去开放出口继电器正电源。

（2）过电压保护。

当线路本端过电压，保护经过电压延时整定跳本端断路器。过电压保护可反应任一相过电压动作（三取一方式），也可反应三相均过电压动作（三取三方式），由控制字整定。过电压保护电压元件返回系数为0.98。

过电压跳闸命令发出80ms后，若三相均无流时收回跳闸命令。

（3）过电压启动远跳。

当本端过电压元件动作，并且“过电压启动远跳”控制字为“1”，如果满足以下条件则启动远方跳闸装置（或门条件）：

1）本端断路器TWJ动作且三相无电流。

2）“远跳经跳位闭锁”控制字为“0”。

将三相TWJ接点串联后与装置TWJ开入接点联接，见图Z11F1010Ⅱ–5中（a）；对于一个半断路器接线将边断路器和中断路器的各三相 TWJ 接点串联后再串联后与装置TWJ开入接点联接，接线方式如图Z11F1010Ⅱ–5中（b）所示。

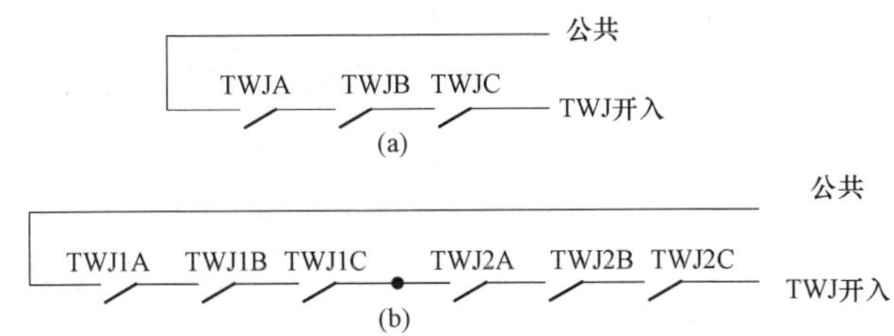

图Z11F1010Ⅱ–5　RCS–926A中TWJ开入接线方法

（a）三相TWJ接点串联后与装置TWJ开入接点联接；

（b）三相TWJ接点串联后再串联与装置TWJ开入接点联接

当过电压返回时，发远跳命令返回。

（4）过电压保护工作逻辑方框图。

图Z11F1010Ⅱ–6为过电压保护工作逻辑图。

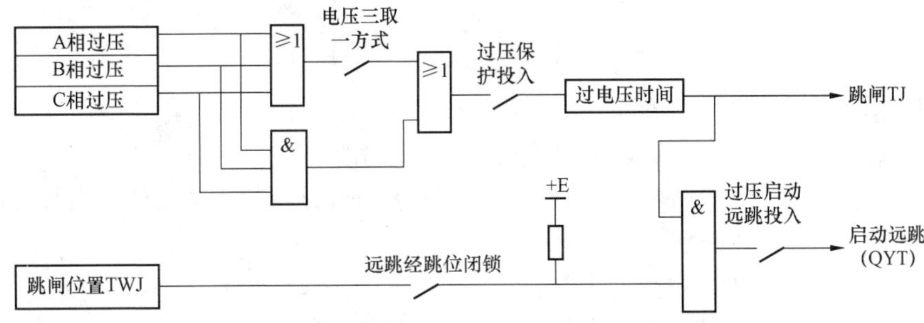

图Z11F1010Ⅱ–6　过电压保护工作逻辑图

11. 远方跳闸保护

当线路对端出现线路过电压、电抗器内部短路和断路器失灵等故障，均可通过远方保护系统发出远跳信号。由本端远跳保护根据收信逻辑和相应的就地判据出口跳开本端断路器。

（1）收信工作逻辑。

收信工作逻辑有“二取二”和“二取一”判断逻辑。“二取二”方式，指通道一和通道二都收信，置收信动作标志。“二取一”方式，指通道一与通道二其中之一收信，置收信动作标志。

当两通道均投入运行，方式控制字“二取一”方式不投入且两通道无一故障时为“二取二”方式；当方式控制字“二取一”方式投入，或两个通道只有一个通道投入运行，另一个退出时为“二取一”方式。

在“二取二”方式下，如有一通道故障，则闭锁该通道收信，并自动转入“二取一”方式。当通道故障消失后延时 200ms 开放该通道收信。当任一通道持续收信超过 4s，则认为该通道异常，发报警信号的同时闭锁该通道收信，当该通道收信消失后延时 200ms 开放该通道收信。

（2）远方跳闸就地判据。

本装置的远方跳闸就地判据有补偿过电压、补偿欠电压、电流变化量、零序电流、负序电流、低电流、低功率因素、低有功功率等，各个判据均可由整定方式字决定。

其是否投入。

1）补偿过电压、补偿欠电压。

电压元件按相装设，每相由过电压和欠电压组成，所测量的电压为补偿到远端的电压。

对于装有并联电抗器的线路，当“并联电抗器补偿”控制字为“1”时，根据公式形成对端电压：

$$\dot{U}_{\mathrm{OP}}=\dot{U}-\left(\dot{I}+\mathrm{j}\frac{\dot{U}}{X_{\mathrm{com}}}-\mathrm{j}\frac{\dot{U}}{X_{\mathrm{cap}}}\right)\times\dot{Z}_{\mathrm{zd}}$$

式中 $\dot{U}_{\mathrm{OP}}$ ——补偿到线路对端的电压，

X_{com} ——线路本侧的并联电抗器电抗值，按相整定；

X_{cap} ——将线路正序容抗按Π等效回路归算到线路两侧的容抗值，为线路正序容抗值的两倍；

$\dot{Z}_{\mathrm{zd}}$ ——线路的正序阻抗；

$\dot{I}$ ——线路电流。公式中，线路正序阻抗角可整定。

当“并联电抗器补偿”控制字为“0”时，根据公式形成对端电压

$$\dot{U}_{\mathrm{OP}} = \dot{U} - \left(\dot{I} - \mathrm{j}\frac{\dot{U}}{X_{\mathrm{cap}}} \right) \times \dot{Z}_{\mathrm{zd}}$$

定值整定时，线路容抗定值仍然按相整定为线路总容抗值，程序计算时将按照Π等效回路归算成两倍的线路总容抗值后再按照上面公式进行计算。

补偿电压可以反应任一相过电压或欠电压动作（三取一方式），也可以反应三相均过电压或欠电压动作（三取三方式），由整定方式字控制。补偿电压元件动作经补偿电压元件时间定值置补偿电压元件动作标志。补偿过电压返回系数为 0.98，补偿欠电压返回系数为 1.02。

2）电流变化量。

电流变化量元件测量相间电流工频变化量的幅值，其判据为

$$\Delta I_{\Phi\Phi\mathrm{MAX}} > 1.25\Delta I_{\mathrm{T}} + \Delta I_{\mathrm{ZD}}$$

式中 $\Delta I_{\Phi\Phi\mathrm{MAX}}$——相间电流的半波积分的最大值，A；

ΔI_{ZD}——可整定的固定门坎，A；

ΔI_{T}——浮动门坎，A。随着变化量的变化而自动调整，取 1.25 倍可保证门槛始终略高于不平衡输出。

当该判据满足时置电流突变量动作标志，并展宽（100+Δt）ms，Δt 为电流变化量动作展宽时间，大小可以整定。

3）零、负序电流。

当零序电流大于零序电流整定值或者负序电流大于负序电流整定值时，经过零负序电流整定时间置零负序电流动作标志。零序电流长期动作超过 10s 发报警信号。

4）低电流。

当三相任一相电流低于 $0.04I_{\mathrm{n}}$ 时置低电流动作标志。

5）低功率因数。

当三相任一相功率因数低于整定值时，经低功率因数整定时间置低功率因数动作标志。计算功率因数时计算相电压和相电流之间的角度，并归算到 0°～90°。当相电流低于 $0.03I_{\mathrm{n}}$，或相电压低于 $0.3U_{\mathrm{n}}$ 时将闭锁该相的低功率因数元件，在 TV 断线的情况下将三相低功率因数元件全都闭锁。

6）低有功功率。

当三相任一相有功功率低于整定值时，经低有功功率整定时间置低有功功率动作标志。在 TV 断线的情况下将三相低有功功率元件全都闭锁。

（3）远方跳闸逻辑。

在二取二收信方式下，就地判别元件动作标志与两通道收信动作标志都存在，经

过整定延时出口跳闸。在二取一收信方式下，就地判别元件动作标志与任一收信动作标志都存在，经过延时整定值出口跳闸。具体的收信动作标志逻辑见“（1）收信工作逻辑”。

在某些情况下，就地判据元件可能会因灵敏度不够而不能动作，这时作为后备，可将方式控制字“二取二无判据”或“二取一无判据”投入；如果 TV 断线，而就地判据又有功率因素等元件，这时可以投入 TV 断线自动转入“二取二”或“二取一”无就地判据。在这两种情况下，收信标志动作后经过较长的延时整定出口跳闸，该整定值要小于 4s。

当跳闸命令发出 80ms 后，三相均无流时收回跳闸命令。

（4）远方跳闸逻辑方框图。

1）远方跳闸就地判据逻辑。

图 Z11F1010Ⅱ-7 为远方跳闸就地判据逻辑方框图。图中 AB 相间电流变化量指

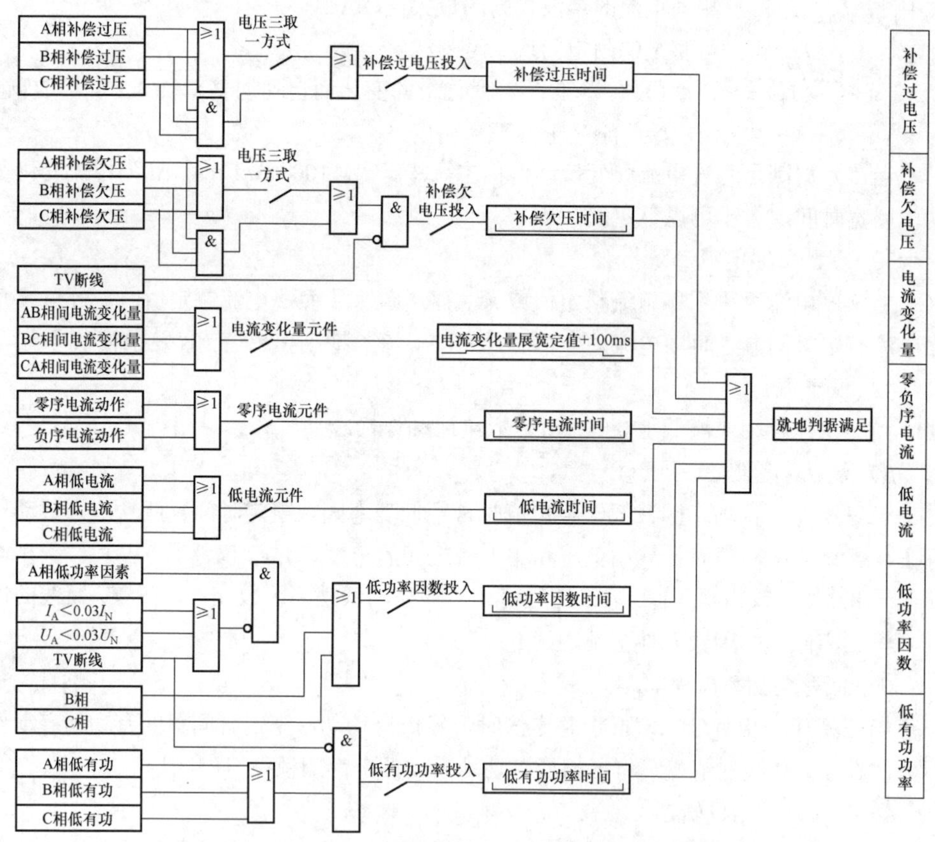

图 Z11F1010Ⅱ-7 远方跳闸就地判据逻辑方框图

AB 相间电流对“电流变化量$\Delta I_{\Phi\Phi\max}$”的电流变化量判据成立，BC、CA 定义与此类似。零序电流动作指自产零序电流大于零序电流元件定值。负序电流动作指负序电流大于负序电流元件定值。A 相低电流指 A 相电流小于 $0.04I_N$，B、C 相与此相同。A 相低功率因素指 A 相功率因素角大于功率因素角定值，B、C 相定义与此相同。交流电压回路断线时将退出补偿欠电压、低功率因数与低有功功率判据。

2）远方跳闸保护工作逻辑方框图。

图 Z11F1010Ⅱ–8 为远方跳闸保护工作逻辑图。

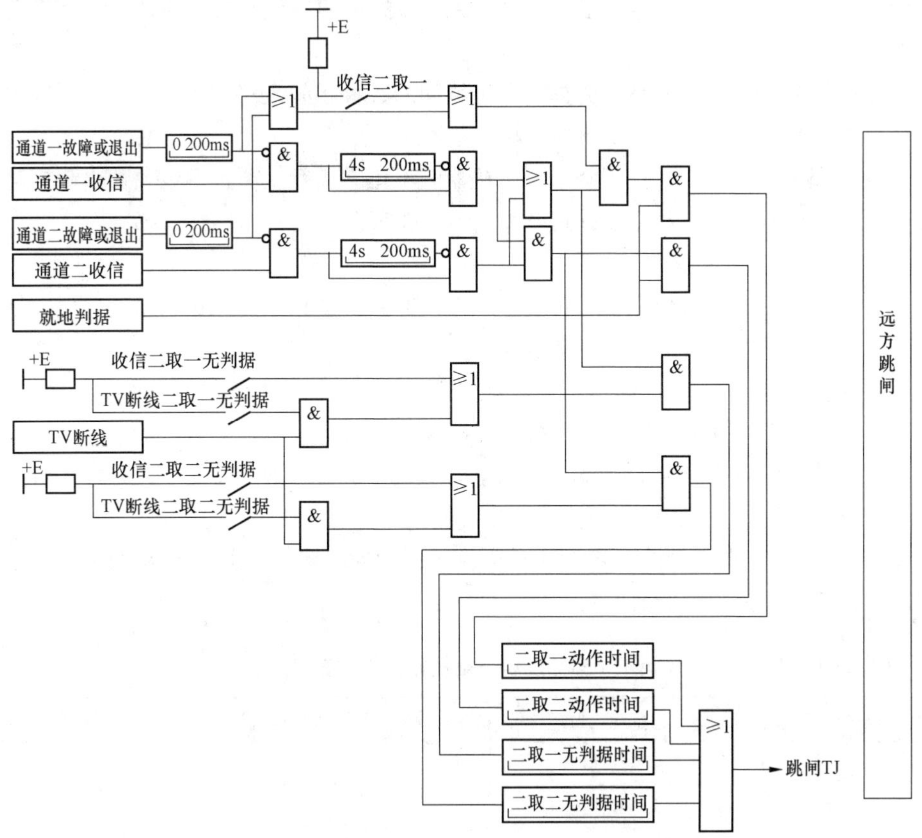

图 Z11F1010Ⅱ–8 远方跳闸保护工作逻辑图

当跳闸令发出 80ms 后，判线路是否有流，如果无流，则收回跳闸令。当相电流大于 $0.06\times I_N$（I_N 为额定电流）时判为线路有流，其返回系数为 0.9。

当两通道均投入且无通道故障时，二取二有判据方式始终投入；当只投入一个通道或者有通道故障时，二取一有判据方式始终投入。

12. 线路并联电抗器保护

35kV 及以下电抗器微机保护测控装置原理包括电抗器的故障、不正常运行状态及保护配置，电抗器保护的工作原理。

（1）电抗器的故障、不正常运行状态及保护配置

1）电抗器的故障类型

（a）电抗器故障可分内部故障和外部故障。电抗器内部故障指的是电抗器箱壳内部发生的故障，有绕组的相间短路故障、单相绕组的匝间短路故障、单相绕组与铁芯间的接地短路故障，电抗器绕组引线与外壳发生的单相接地短路，此外，还有绕组的断线故障。

电抗器外部故障指的是箱壳外部引出线间的各种相间短路故障，以及引出线因绝缘套管闪络或破碎通过箱壳发生的单相接地短路。

（b）电抗器的不正常运行状态。电抗器的不正常运行主要包括过负荷引起的对称过电流、运行中的电抗器油温过高以及压力过高等。

2）电抗器保护的配置

针对电抗器各种故障和不正常运行状态，需要配置相应的保护。电抗器保护的类型可分为主保护、后备保护及异常运行保护。

主保护配置：① 差动保护：包含差动速断保护、比率制动的差动保护。② 非电量保护：包含本体气体保护、压力释放保护等。

后备保护配置：① 阶段式过电流保护或反时限过电流保护。② 零序过电流保护。③ 过负荷保护。④ TV 断线告警或闭锁保护。

表 Z11F1010Ⅱ-1 是典型的数字式电抗器保护的配置，适用于 35kV 及以下电压等级的各种接线方式的电抗器保护。

表 Z11F1010Ⅱ-1　　35kV 及以下电抗器保护配置

保护分类	保护类型	段数	每段时限数	备　注
差动保护	差动速断	1		
	二次谐波比率差动	1		
后备保护	定时限过电流保护	2 或 3	1	
	反时限过电流保护	1	1	
	零序过电流保护	1	1	
	过负荷保护	1	1	告警
非电量保护	气体保护			
	压力释放			

（2）电抗器保护的工作原理

1）差动保护

（a）差动保护的基本原理。差动保护的基本原理源于基尔霍夫电流定律，即将被保护区域看成是一个节点，如果流入保护区域电流等于流出的电流，则保护区域无故障或是外部故障。如果流入保护区域的电流不等于流出的电流，说明存在其他电流通路，保护区域内发生了故障。由于电抗器采用各相首末端电流构成差动保护，各侧电压相同、TA 变比也相同，可以直接用于差动电流计算。电抗器首末端二次电流的相量和$\sum \dot{I}$称为差动电流，简称差流，用I_{cd}表示。在电抗器正常运行或外部故障时，电抗器首末端二次电流相等。此时$I_{cd}=0$，差动保护不动作。当电抗器内部故障时，则只有电抗器首端的电流而没有尾端的电流，I_{cd}很大，当I_{cd}满足动作条件时，差动保护动作，切除电抗器。

电抗器差动保护是电抗器相间短路和匝间短路的主保护。

（b）比率差动保护。若差动保护动作电流是固定值，必须按躲过区外故障差动回路最大不平衡电流来整定，定值相应增高，此时如发生匝间或离开尾端较近的故障，保护就不能灵敏动作。反之，若考虑区内故障差动保护能灵敏动作，就必须降低差动保护定值，但此时区外故障时差动保护就会误动。

比率制动式差动保护的动作电流随外部短路电流按比率增大，既能保证外部短路不误动，又能保证内部故障有较高的灵敏度。

以下是常规比率差动原理，其动作方程为：

当$|I_T-I_N|/2 \leqslant I_e$时

$$|I_T+I_N|>I_{cdqd}$$

当$|I_T-I_N|/2>I_e$时

$$|I_T+I_N|-I_{cdqd}>K_{bl}\left(|I_T-I_N|/2-I_e\right)$$

式中　I_T ——电抗器首端电流；

I_N ——尾端电流；

K_{bl} ——比率制动系数；

I_{cdqd} ——差动电流启动定值。

比率差动保护能保证内部故障时有较高灵敏度，动作曲线如图 Z11F1010Ⅱ–9 所示。I_d为差动电流$|I_T+I_N|$，I_r为制动电流$|I_T-I_N|/2$。任一相比率差动保护动作即出口跳闸。

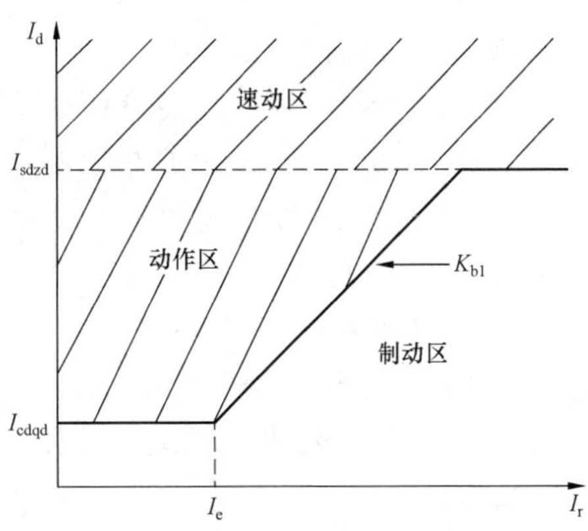

图 Z11F1010Ⅱ–9　纵差保护动作曲线

正常运行时，电抗器的励磁电流很小，

通常只有为 I_N（变压器额定电流）的3%～6%或更小，所以差动回路中的不平衡电流也很小。外部短路时，由于系统电压降低，励磁电流也不大，差动回路中不平衡电流也较小。但是当电抗器投入或外部短路故障切除电压突然增加时，就会出现很大的电抗器励磁电流，这种暂态过程中的电抗器励磁电流就称为励磁涌流。

励磁涌流对电抗器本身没有多大的影响，但因励磁涌流仅在电抗器一侧流通，故进入差动回路形成了很大的不平衡电流，如不采取措施将会使差动保护误动。在微机差动保护装置中，通过鉴别涌流中含有大量二次谐波分量的特点来闭锁差动保护，可采用按相闭锁方式，每相差流的二次谐波含量大于谐波制动系数定植，则闭锁该相的比率差动保护。

（c）差动速断保护。由于电抗器纵差保护设置了涌流闭锁元件，采用二次谐波原理判据，若判断为励磁涌流引起的差流时，将差动保护闭锁。一般情况下，比率制动的差动保护作为电抗器的主保护已满足要求了。但当电抗器内部发生严重短路故障时，由于短路电流很大，TA 严重饱和而使交流暂态传变严重恶化，TA 二次电流的波形将发生严重畸变，含有大量的高次谐波分量。若采用涌流判据来判断是需要时间的，这将造成电抗器发生内部严重故障时，差动保护延缓动作，不能迅速切除故障的不良后果。若涌流判别元件误判成励磁涌流，闭锁差动保护，将造成电抗器严重损坏的后果。

为克服上述缺点，微机差动保护都配置了差动速断元件。差动速断没有制动量，其元件只反应差流的有效值，不管差流的波形是否畸变及谐波分量的大小，只要差流的有效值超过整定值，它将迅速动作切除电抗器。差动速断动作一般在半个周期内实现。而决定动作的测量过程在四分之一周期内完成，此时 TA 还未严重饱和，能实现快速正确切除故障。为避免误动，差动速断保护的整定值需要躲过外部短路时最大不平衡电流值和励磁涌流。

（d）TA 断线判别。TA 断线闭锁或报警功能，其动作原理为：

延时 TA 断线报警在保护每个采样周期内进行。当任一相差流大于 $0.08I_n$ 的时间超过10s时发出 TA 断线报警信号，此时不闭锁比率差动保护。这也兼作保护装置交流采样回路的自检功能。

瞬时 TA 断线报警或闭锁功能在比率差动元件动作后进行判别。为防止瞬时 TA 断线的误闭锁，满足下述任一条件时，不进行瞬时 TA 断线判别：① 启动前各侧最大相电流小于 $0.08I_n$。② 启动后最大相电流大于过负荷保护定值 I_{gfh}。③ 启动后电流比启动前增加。

首端、尾端六路电流同时满足下列条件认为是 TA 断线：① 一侧 TA 的一相或两相电流减小至差动保护启动；② 其余各路电流不变。

可以选择瞬时 TA 断线发报警信号的同时是否闭锁比率差动保护。如果比率差动保护退出运行，则瞬时 TA 断线的报警和闭锁功能自动取消。

2）定时限过流保护。设置 2～3 段反映相电流增大的过电流保护，用以保护电抗器各部分发生的相间短路故障。在执行过电流判别时，各相、各段判别逻辑一致，可以设定不同时限。当任一相电流超过整定值达到整定时间时，保护动作。

3）反时限保护。相间过电流及正序过电流均可带有反时限保护功能，对于只装 A、C 相电流互感器的情况，必须进行特别整定方可正常运行。反时限保护元件是动作时限与被保护线路中电流大小自然配合的保护元件，通过平移动作曲线，可以非常方便地实现全线的配合。常见的反时限特性解析式一般分为四类，即标准反时限、非常反时限、极端反时限、长时间反时限，可以根据实际需要选择反时限特性。反时限特性公式如下。

（a）一般反时限：

$$t = \frac{0.14t_{\mathrm{p}}}{(I/I_{\mathrm{p}})^{0.02} - 1}$$

（b）非常反时限：

$$t = \frac{80t_{\mathrm{p}}}{(I/I_{\mathrm{p}})^{0.02} - 1}$$

（c）极端反时限：

$$t = \frac{13.5t_{\mathrm{p}}}{(I/I_{\mathrm{p}}) - 1}$$

（d）长时间反时限：

$$t = \frac{120t_{\mathrm{p}}}{(I/I_{\mathrm{p}}) - 1}$$

式中　t_{p}——时间系数，范围是 0.05～1；

I_{p}——电流基准值；

I——故障电流；

t——跳闸时间。

4）过负荷保护。过负荷保护一般设置一段定时限段，可选择投报警或跳闸。

5）接地保护。接地保护可以选择零序过电流保护和零序过压报警。

（a）零序过电流保护。当所在系统采用中性点直接接地方式或经小电阻接地方式时，零序过电流保护可以作用于跳闸。为避免由于各相电流互感器特性差异降低灵敏度，宜采用专用零序电流互感器。零序过电流元件的实现方式基本与过流元件相同，当零序电流超过整定值达到整定时间时，保护动作。

当采用零序过流动作告警时，可以将采集数据上送，由上位机比较同一母线上各单元采集的零序电流基波或五次谐波的幅值和方向，来实现选线功能。

（b）零序过压报警。零序过压报警用电压由装置内部对三相电压相量相加自产，一般采用动作告警，TV 断线时自动退出。

6）非电量保护。考虑到电抗器内部轻微故障，如少量匝间短路或尾端附近相间或接地短路，差动保护和过电流保护可能无法灵敏动作，而气体继电器可以灵敏反映这一变化。可以设置多路非电量保护，以反应油箱内气体流动或压力的增大，并可以选择动作告警或跳闸。

7）TV 断线检查。

TV 断线判据如下：① 低电压判据：最大相间电压小于 30V，且任一相电流大于 $0.06I_n$；② 不对称电压判据：负序电压大于 8V。

满足以上任一条件，延时报 TV 断线，断线消失后延时返回。TV 断线期间，自动退出零序过压报警。

13. 短引线保护

保护原理见短引线微机保护装置原理（模块 Z11F1007Ⅱ），不再赘述。

14. 断路器保护

保护原理见断路器微机保护装置原理（模块 Z11F1010Ⅱ），不再赘述。

模块 8 330kV 及以上线路微机保护装置调试的安全和技术措施（Z11F1011Ⅱ）

【模块描述】本模块包含 330kV 及以上线路保护装置调试的工作前准备和安全技术措施。通过要点介绍、图表举例，掌握 330kV 及以上线路保护现场调试时的危险点预控及安全技术措施。

【模块内容】

一、330kV 及以上线路保护装置调试工作前的准备

（1）检修作业前 5 天做好检修摸底工作，并在检修作业前 3 天提交相关停役申请。准备工作包括检查设备状况、反措计划的执行情况及设备的缺陷统计等。

（2）开工前 3 天，向有关部门上报本次工作的材料计划。

（3）根据本次校验的项目，组织作业人员学习作业指导书，使全体作业人员熟悉作业内容、进度要求、作业标准、安全注意事项。要求所有工作人员都明确本次校验工作的内容、进度要求、作业标准及安全注意事项。

（4）开工前一天，准备好作业所需仪器仪表、相关材料、工器具。要求仪器仪表、工器具应试验合格，满足本次作业的要求，材料应齐全。

仪器、仪表及工器具：组合工具 1 套，电缆盘（带漏电保安器，规格为 220V/20A）1 只，计算器 1 只，1000V、500V 绝缘电阻表各 1 只，微机型继电保护测试仪 2 套，钳形相位表 1 只，试验线 1 套，数字万用表 1 只，模拟断路器箱 2 只，光功率计 2 只，发光光源 1 只，误码仪 1 只、伏安特性测试仪、电流互感器变比测试仪。

备品备件：电源插件 1 块、管理板 1 块、通信板 1 块。

材料：绝缘胶布 1 卷，自粘胶带 1 卷，小毛巾 1 块，中性笔 1 支，口罩 3 只，手套 3 双，毛刷 2 把，砂条 1 条，酒精 1 瓶，电子仪器清洁剂 1 瓶，1.5mm、2.5mm 单股塑铜线各 1 卷，微型吸尘器 1 台。

（5）图纸资料。技术说明书、相关图纸、定值清单、上次检验报告、调试规程等资料。

（6）最新整定单、相关图纸、上一次试验报告、本次需要改进的项目及相关技术资料。要求图纸及资料应与现场实际情况一致。

主要的技术资料有：线路保护图纸、线路成套保护装置技术说明书、线路成套保护装置使用说明书、线路成套保护装置校验规程。

（7）根据现场工作时间和工作内容填写工作票（第一种工作票应在开工前一天交值班员）。要求工作票填写正确，并按 Q/GDW 1799.1《电力安全工作规程　变电部分》执行。

二、安全技术措施

以下分析 330kV 及以上线路微机保护装置调试现场工作危险点及控制。

（一）人身触电

1. 误入带电间隔

控制措施：工作前应熟悉工作地点、带电部位。检查现场安全围栏、安全警示牌和接地线等安全措施。

2. 接（拆）低压电源

控制措施：必须使用装有漏电保护器的电源盘。螺丝刀等工具金属裸露部分除刀口外包上绝缘。接（拆）电源时至少有两人执行，一人操作，一人监护。必须在电源开关拉开的情况下进行。临时电源必须使用专用电源，禁止从运行设备上取得电源。

3. 保护调试及整组试验

控制措施：工作人员之间应相互配合，确保一、二次回路上无人工作。传动试验必须得到值班员许可并配合。

（二）机械伤害

机械伤害主要指坠落物打击。控制措施：工作人员进入工作现场必须戴安全帽。

（三）高空坠落

高空坠落主要指在线路上工作时，人员和工器具的跌落。控制措施：正确使用安全带，工作鞋应防滑。在线路上工作必须系安全带由专人监护。

（四）防“三误”事故的安全技术措施

（1）现场工作前必须作好充分准备，内容包括：

1）了解工作地点一、二次设备运行情况，本工作与运行设备有无直接联系（如备自投、联切装置等）。

2）工作人员明确分工并熟悉图纸与检验规程等有关资料。

3）应具备与实际状况一致的图纸、上次检验记录、最新整定通知单、检验规程、合格的仪器仪表、备品备件、工具和连接导线。

4）工作前认真填写安全措施票，特别是针对复杂保护装置或有联跳回路的保护装置，如母线保护、变压器保护、断路器失灵保护等的现场校验工作，应由工作负责人认真填写，并经技术负责人认真审批。

5）工作开工后先执行安全措施票，由工作负责人负责做的每一项措施要在“执行”栏做标记；校验工作结束后，要持此票恢复所做的安全措施，以保证完全恢复。

6）不允许在未停用的保护装置上进行试验和其他测试工作；也不允许在保护未停用的情况下，用装置的试验按钮（除闭锁式纵联保护的启动发信按钮外）做试验。

7）只能用整组试验的方法，即由电流及电压端子通入与故障情况相符的模拟故障量，检查保护回路及整定值的正确性。不允许用卡继电器触点、短路触点等人为手段作保护装置的整组试验。

8）在校验继电保护及二次回路时，凡与其他运行设备二次回路相连的连接片和接线应有明显标记，并按安全措施票仔细地将有关回路断开或短路，做好记录。

9）在清扫运行中设备和二次回路时，应认真仔细，并使用绝缘工具（毛刷、吹风机等），特别注意防止振动，防止误碰。

10）严格执行风险分析卡和继电保护作业指导书。

（2）现场工作应按图纸进行，严禁凭记忆作为工作的依据。如发现图纸与实际接线不符时，应查线核对。需要改动时，必须履行如下程序：

1）先在原图上做好修改，经主管继电保护部门批准。

2）拆动接线前先要与原图核对，接线修改后要与新图核对，并及时修改底图，修改运行人员及有关各级继电保护人员的图纸。

3）改动回路后，严防寄生回路存在，没用的线应拆除。

4）在变动二次回路后，应进行相应的逻辑回路整组试验，确认回路极性及整定值完全正确。

（3）保护装置调试的定值，必须根据最新整定值通知单规定，先核对通知单与实际设备是否相符（包括保护装置型号、被保护设备名称、变比等）。定值整定完毕要认真核对，确保正确。

（五）其他危险点分析及控制

危险点分析及控制见表 Z11F1011Ⅱ–1。

表 Z11F1011Ⅱ–1　　危险点分析及控制

序号	危险点	安全控制措施	安全控制措施的原因
1	直流回路工作	工作中使用带绝缘手柄的工具。试验线严禁裸露，防止误碰金属导体部分	直流回路接地造成中间继电器误出口，直流回路短路造成保护拒动
2	装置试验电压接入	断开交流二次电压引入回路。并用绝缘胶布对所拆线头实施绝缘包扎	防止交流电压短路，误跳运行设备、试验电压反送电。保护屏顶电压小母线带电，易发生电压反送事故或引起人员触电
3	装置试验电流接入	短接交流电流外侧电缆，打开交流电流压板片；在端子箱将相应端子用绝缘胶布实施封闭	防止运行 TA 回路开路运行，防止测试仪的交流电流倒送 TA。 二次通电时，电流可能通入母差保护，可能误跳运行断路器
4	拆动二次线，易发生遗漏及误恢复事故	拆动二次线时要做好记录。并用绝缘胶布对拆头实施绝缘包扎	拆动二次线时要做好记录是为防止施工图纸与设计图纸不一致时，二次接线误接或漏接线。对拆头实施绝缘包扎是防止二次回路误碰
5	带电插拔插件	防止频繁插拔插件	易造成集成块损坏；频繁插拔插件，易造成插件插头松动
6	人员、物体越过围栏	现场设专人监护	易发生人员触电事故
7	保护传动配合不当，易造成人员伤害及设备事故	传动时设专人通知和监护	保护传动配合不当，易造成人员伤害及设备事故
8	失灵启动压板未断开	检查失灵启动压板须断开并拆开失灵启动回路线头，用绝缘胶布对拆头实施绝缘包扎。检查 220kV 母差保护本间隔失灵启动压板应在退出位置，查清失灵回路及至旁路保护的电缆接线，并在端子排处用绝缘胶布将其包好封住，以防误碰；如线路处于旁代方式中，将保护屏背面通道装置的电源开关用红布遮住，将保护屏前面的切本线或旁路的切换把手用红布遮住，以防误碰	线路保护可能误启动失灵

续表

序号	危险点	安全控制措施	安全控制措施的原因
9	母线保护端子严格标示	在端子箱将相应端子用绝缘胶布实施封闭	电流回路二次导通试验，电流可能误进入母线保护回路
10	纵联差动保护单侧试验	高频通道把通道置于本机负载位置，光纤通道置于自环状态	引起对侧误动
11	试验中误发信号	断开中央信号正电源；断开远动信号正电源；断开故障录波信号正电源；记录各切换把手位置	造成监控后台频繁报SOE
12	按措执行与恢复	工作开工后先执行安全措施票，由工作负责人负责做的每一项措施要在“执行”栏做标记；校验工作结束后，要持此票恢复所做的安全措施，以保证完全恢复	防止遗漏安全措施；防止保护设备状态完全恢复

现场工作安全技术措施票见表Z11F1011Ⅱ-2。

表Z11F1011Ⅱ-2　　现场工作安全技术措施票

被试设备及保护名称			500kV ××变电站 500kV 汉桥 5296 线路 RCS-931D 保护		
工作负责人	××	工作时间	××年××月××日	签发人	×××
工作内容	RCS-931D 保护全部校验（根据 PRC31D-500kV 屏图，仅供参考）				
工作条件	1. 一次设备运行情况 500kV 汉桥 5296 线检修。 2. 被试保护作用的断路器 500kV ××5051 断路器、××5052 断路器。 3. 被试保护屏上的运行设备 无。 4. 被试保护屏、端子箱与其他保护连接线 主要为去 5051 断路器第一组跳圈保持回路＼去 5052 断路器第一组跳圈保持回路＼去 5051 断路器失灵启动回路＼去 5052 断路器失灵启动回路＼至 500kV 故障录波断开＼至信号回路断开。即检查跳闸压板、失灵启动压板须断开并拆开失灵启动回路线头，用绝缘胶布对拆头实施绝缘包扎。以防误碰。				

安全技术措施：包括应打开及恢复压板、直流线、交流线、信号线、联锁线和联锁开关等，按下列顺序做安全措施。已执行，在执行栏打“√”按相反的顺序恢复安全措施，以恢复的，在恢复栏打“√”

序号	执行	安全措施内容	安全措施原因	恢复
1	√	检查本屏所有保护屏上压板位置，并做好记录	防止保护试验时误动	√
2	√	检查本屏所有把手及断路器位置，并做好记录	保护试验时能恢复到原状态	√
3	√	电流回路：断开 A 421；对应端子排端子号［D1］	防止电流回路开路，防止人员触电，防止试验仪电流倒送回TA	√
4	√	电流回路：断开 B 421；对应端子排端子号［D3］		√
5	√	电流回路：断开 C 421；对应端子排端子号［D5］		√
6	√	电流回路：断开 N 421；对应端子排端子号［D7］，并短接 D2、D4、D6、D8		√

续表

<table>
<tr><th>序号</th><th>执行</th><th>安全措施内容</th><th>安全措施原因</th><th>恢复</th></tr>
<tr><td>7</td><td>√</td><td>电压回路：断开 A 711 ；对应端子排端子号[D9]</td><td rowspan="5">防止电压回路短路，防止人员触电，防止试验仪电流倒送回 TV</td><td>√</td></tr>
<tr><td>8</td><td>√</td><td>电压回路：断开 B 711 ；对应端子排端子号[D10]</td><td>√</td></tr>
<tr><td>9</td><td>√</td><td>电压回路：断开 C 711 ；对应端子排端子号[D11]</td><td>√</td></tr>
<tr><td>10</td><td>√</td><td>电压回路：断开 N 600 ；对应端子排端子号[D12、D13]</td><td>√</td></tr>
<tr><td>11</td><td>√</td><td>电压回路：断开 A 602 ；对应端子排端子号[D14]</td><td>√</td></tr>
<tr><td>12</td><td>√</td><td>故录公共端：断开 录波公共端 ；对应的端子号[D82]，并用绝缘胶布包好</td><td>防止保护试验动作记录进入故障录波器</td><td>√</td></tr>
<tr><td>13</td><td>√</td><td>通信接口：断开至监控的通信口。如果有检修压板投检修压板</td><td rowspan="2">防止保护试验动作记录频繁启动监控系统的 SOE</td><td>√</td></tr>
<tr><td>14</td><td>√</td><td>通信接口：断开至保护信息管理系统的通信口。如果有检修压板投检修压板</td><td>√</td></tr>
<tr><td>15</td><td>√</td><td>补充措施：</td><td></td><td></td></tr>
</table>

填票人		操作人		监护人		审核人	

【思考与练习】

1. 330kV 及以上线路保护进行检验时现场有哪些危险点，如何控制？
2. 现场需要准备哪些主要设备和材料？

模块 9 330kV 及以上典型线路微机保护装置的调试（Z11F1012Ⅱ）

【模块描述】本模块包含 330kV 及以上线路保护装置调试的主要内容。通过要点归纳、图表举例、分析说明，掌握 330kV 及以上线路微机保护装置调试的作业程序、调试项目、各项目调试方法等内容。

【模块内容】

一、作业流程

330kV 及以上线路微机保护装置的调试作业流程如图 Z11F1012Ⅱ–1 所示。

二、校验项目、技术要求及校验报告

（一）清扫、紧固、外部检查

（1）检查装置内、外部是否清洁无积尘、无异物；清扫电路板的灰尘。

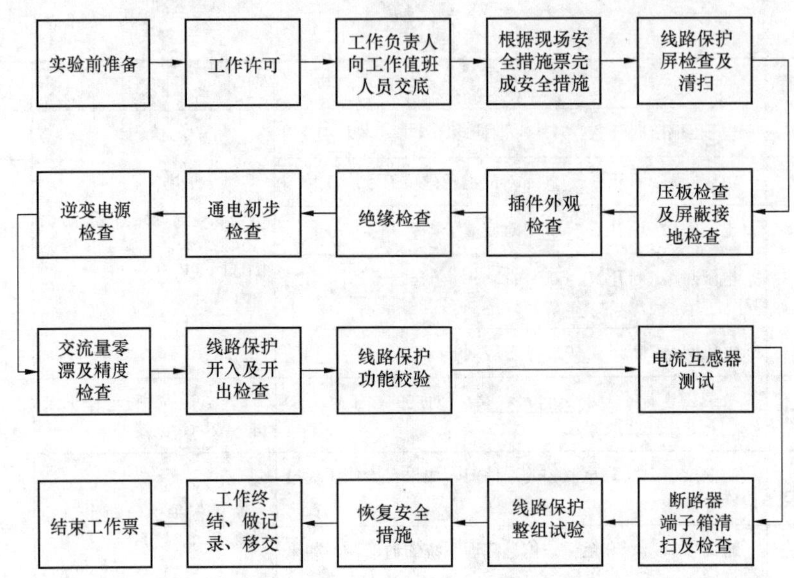

图 Z11F1012Ⅱ-1 330kV 及以上线路保护校验作业流程图

（2）检查各插件插入后接触良好，闭锁到位。

（3）切换开关、按钮、键盘等应操作灵活、手感良好。

（4）压板接线压接可靠性检查，螺丝紧固。

（5）检查保护装置的箱体或电磁屏蔽体与接地网可靠连接。

（二）逆变电源工况检查

（1）检查电源的自启动性能：拉合直流开关，逆变电源应可靠启动。

（2）进入装置菜单，记录逆变电源输出电压值。

（三）软件版本及 CRC 码检验

（1）进入装置菜单，记录装置型号、CPU 版本信息。

（2）进入装置菜单，记录管理版本信息。

注意事项：检查其与国家电网有限公司要求版本是否一致，与最新定值通知单核对校验码及程序形成时间。

（四）交流量的调试

1. 零漂检验

进行本项目检验时要求保护装置不输入交流量。进入保护菜单，检查保护装置各 CPU 模拟量输入，进行三相电流和零序电流、三相电压和同期电压通道的零漂值检验；要求零漂值均在 $0.01I_N$（或 0.05V）以内。检验零漂时，要求在一段时间（3min）内零漂值稳定在规定范围内。

2. 模拟量幅值特性检验

用保护测试仪同时接入装置的三相电压和同期电压输入，三相电流和零序电流输入。调整输入交流电压和电流分别额定值的 120%、100%、50%、10%和 2%，要求保护装置采样显示与外部表计误差应小于 3%。在 2%额定值时允许误差 10%。

不同的 CPU 应分别进行上述试验。

在试验过程中，如果交流量的测量误差超过要求范围时，应首先检查试验接线、试验方法、外部测量表计等是否正确完好，试验电源有无波形畸变，不可急于调整或更换保护装置中的元器件。

部分检验时只要求进行额定值精度检验。

3. 模拟量相位特性检验

按上述模拟是幅值特性检验的规定的试验接线和加交流量方法，将交流电压和交流电流均加至额定值。检查各模拟量之间的相角，调节电流、电压相位，当同相别电压和电流相位分别为 0°、45°、90°时装置显示值与表计测量值应不大于 3°。

部分检验时只要求进行选定角度的检验。

（五）开入、出量调试

1. 开关量输入测试

进入保护菜单检查装置开入量状态，依次进行开入量的输入和断开，同时监视液晶屏幕上显示的开入量变位情况。要求检查时带全回路进行，尽量不用短接触点的方式，保护装置的压板、切换开关、按钮等直接操作进行检查，与其他保护接口的开入或与断路器机构相关的开入进行实际传动试验检查。

2. 输出触点和信号检查

配合整组传动进行试验，不单独试验。全部检验时要求直流电源电压为 80%额定电压值下进行检验，部分检验时用全电压进行检验。

（六）逻辑功能测试（以光纤差动保护为例）

1. 光纤差动保护检验

将装置光纤自环，构成自发自收；仅投主保护压板；保护充电，直至“充电”灯亮。

（1）稳态相差动保护。分别模拟相间故障，故障电压及其与电流角度任意，依次加入 A、B、C 三相故障电流

$$I = 0.5mI_{\text{seth}}$$

式中　I_{seth}——差动电流定值，A；

m——系数，其值分别为 0.95、1.05 及 1.2。

光纤差动保护在 0.95 倍定值（m=0.95）时，应可靠不动作；在 1.05 倍定值时应

可靠动作；在1.2倍定值时，测量光纤差动保护的动作时间，应为15～30ms。

不同定值各段测试方法相同。

（2）零序差动保护。模拟单相接地故障，故障电压及其与电流角度任意，依次加入A、B、C三相故障电流

$$I = 0.5mI_{set1}$$

式中 I_{set1} ——零序差动电流定值，A；

m ——系数，其值分别为0.95、1.05及1.2。

测试方法同相差动保护。

2. 距离保护检验

仅投入距离保护投运压板。分别模拟A相、B相、C相单相接地瞬时故障，AB、BC、CA相间瞬时故障。故障电流I固定（一般I=I_N），相角为灵敏角，故障电压为：

模拟单相接地故障时

$$U = mIZ_{set}(1+k)$$

模拟两相相间故障时

$$U = 2mIZ_{set}$$

式中 m——系数，其值分别为0.95、1.05及0.7；

Z_{set} ——距离保护定值，Ω。

距离保护在0.95倍定值（m=0.95）时，应可靠动作；在1.05倍定值时，应可靠不动作；在0.7倍定值时，测量距离保护的动作时间；0.5倍反方向试验时不应动作。

距离保护各段测试方法和要求相同。

3. 零序过电流保护检验

仅投入零序保护投运压板。分别模拟A相、B相、C相单相接地瞬时故障，模拟故障电压U=50V，相角为零序方向元件最大灵敏角，模拟故障电流为

$$I = mI_{0set}$$

式中 m——系数，其值分别为0.95、1.05及1.2；

I_{0set} ——零序过电流定值，A。

零序过电流保护在0.95倍定值（m=0.95）时，应可靠不动作；在1.05倍定值时，应可靠动作；在1.2倍定值时，测量零序过电流保护的动作时间；2倍反方向试验时不应动作。

零序保护各段测试方法和要求相同。

4. 工频变化量距离保护检验

投入距离保护投运压板。分别模拟 A、B、C 相单相接地瞬时故障和 AB、BC、

CA 相间瞬时故障。模拟故障电流固定（其数值应使模拟故障电压在 0～U_N 范围内），模拟故障前电压为额定电压，模拟故障时间为 100～150ms，故障电压为：

模拟单相接地故障时

$$U=(1+k)I_D Z_{set}+(1-1.05m)U_N$$

模拟相间短路故障时

$$U=2I_D Z_{set}+(1-1.05m)\sqrt{3}U_N$$

式中　m——系数，其值分别为 0.9、1.1 及 1.2；

I_D——模拟故障的短路电流，A；

Z_{set}——工频变化量距离保护定值，Ω。

工频变化量距离保护在 m=1.1 时，应可靠动作；在 m=0.9 时，应可靠不动作；在 m=0.7 时，测量工频变化量距离保护动作时间。

5. 交流电压回路断线时保护检验

（1） TV 断线过电流保护检查。主保护、零序保护和距离保护投运压板均投入。模拟故障电压量不加（等于零）或三相不平衡，待装置发出 TV 断线信号后，加入故障电流为：

模拟相间（或三相）短路故障时

$$I=mI_{TVset}$$

模拟单相接地故障时

$$I=mI_{0TVset}$$

式中　m——系数，其值分别为 0.95、1.05 及 1.2；

I_{TVset}——交流电压回路断线时相过电流定值，A；

I_{0TVset}——交流电压回路断线时零序过电流定值，A。

在交流电压回路断线后，加模拟故障电流，过电流保护和零序过电流保护在 1.05 倍定值时应可靠动作，在 0.95 倍定值时可靠不动作，并在 1.2 倍定值下测量保护动作时间。

（2） TV 断线功能检查：

1） 闭锁距离保护。

2） 接触零序保护方向闭锁。

3） 告警信号检查（单相、三相断线）。

TV 逻辑功能在全部校验时进行，部分校验只做告警功能。

6. 合闸于故障线零序电流保护检验

投入零序保护和距离保护投运压板。模拟手合单相接地和两相故障，模拟故障前，

确认断路器三相在跳闸位置。模拟故障电压 $U=50V$，相角为灵敏角，模拟故障电流为

$$I = mI_{setck}$$

式中 I_{setck} ——合闸于故障电流保护定值，A；

m ——系数，其值分别为0.95、1.05及1.2。

合闸于故障线零序电流保护在1.05倍定值时可靠动作，0.95倍定值时可靠不动作，并测量1.2倍定值时的保护动作时间。

在部分检验时，该项目可以配合整组传动进行。

7. TA断线功能检查

（1）告警功能检测（单相、两相断线）。

（2）零序过电流Ⅱ段不带方向。

（3）零序过电流Ⅲ段退出。

闭锁逻辑功能在全部校验时进行，部分校验只做告警功能。

（七）整组试验

整组试验时，统一加模拟故障电压和电流，本线路断路器处于合闸位置。进行传动断路器试验之前，控制室和开关站均应有专人监视，并应具备良好的通信联络设备，以便观察断路器和保护装置动作相别是否一致，监视中央信号装置的动作及声、光信号指示是否正确。如果发生异常情况时，应立即停止试验，在查明原因并改正后再继续进行。传动断路器试验应在确保检验质量的前提下，尽可能减少断路器的动作次数。

1. 保护带断路器传动试验

本试验是测量从模拟故障至断路器跳闸的动作时间、从模拟故障切除至断路器合闸回路动作的重合闸整组动作时间（A、B相和C相分别测量）以及重合闸后加速时间。

模拟装置在实际故障时的动作行为，应与断路器保护配合完成两台断路器的分相跳闸和重合闸试验、三跳不重合试验、重合闸后加速试验等，特别注意检查两台断路器重合顺序以及重合于故障闭锁后重断路器等。

上述试验要求测量断路器的跳闸时间并与保护的出口时间比较，其时间差即为断路器动作时间，一般应不大于60ms。测量的重合闸整组动作时间与整定的重合闸时间误差不大于50ms（不包含试验装置断流时间）。

2. 与断路器失灵保护配合联动试验

与断路器保护配合，主保护电流和断路器保护电流串接加入，所加故障电流应大于失灵保护电流整定值，而模拟故障时间应与失灵保护动作时间配合模拟各种故障，检验启动断路器失灵保护回路性能。为正确试验失灵启动回路的正确性，应测试断路

器保护在各种故障下的跟跳时间进行验证。至两台断路器保护的出口回路应分别测试。

3. 与中央信号、远动装置的配合联动试验

根据微机保护与中央信号、远动装置信息传送数量和方式的具体情况确定试验项目和方法。要求所有的硬接点信号都应进行整组传动，不得采用短接点的方式。对于综合自动化站，还应检查保护动作报文的正确性。

（八）带负荷试验

在新安装检验时，为保证测试准确，要求负荷电流的二次电流值大于保护装置的精确工作电流（$0.06I_N$）时，应同时采用装置显示和钳形相位表测试进行相互校验，不得仅依靠外部钳形相位表测试数据进行判断。

1. 交流电压的相名核对

用万用表交流电压挡测量保护屏端子排上的交流相电压和相间电压，并校核本保护屏上的三相电压与已确认正确的 TV 小母线三相电压的相别。

2. 交流电压和电流的数值检验

进入保护菜单，检查模拟量幅值，并用钳形相位表测试回路电流电压幅值，以实际负荷为基准，检验电压、电流互感器变比是否正确。

3. 检验交流电压和电流的相位

进入保护菜单，检查模拟量相位关系，并用钳形相位表测试回路各相电流、电压的相位关系。在进行相位检验时，应分别检验三相电压的相位关系，并根据实际负荷情况，核对交流电压和交流电流之间的相位关系。

（九）定值与开关量状态的核查

打印保护装置的定值、开关量状态及自检报告，其中定值报告应与定值整定通知单一致；开关量状态与实际运行状态一致；自检报告应无保护装置异常信息。

【思考与练习】

1. 330kV 及以上线路保护上电前需要进行哪些检查？

2. 需要进行哪些保护装置逻辑功能试验？进行整组试验和与其他装置配合试验时，调试要点是什么？

3. 如何正确进行带负荷测试？

4. 如何拟定完善的、符合现场实际的调试记录，确保调试质量？

◢ 模块 10　保护通道原理（Z11F1007 Ⅱ）

【模块描述】本模块包含了线路快速保护用的高频通道、光纤通道。通过原理介绍、要点归纳、图解示意，掌握高频通道、专用光纤通道、2M 复用光纤通道的构成，

各类通道加工设备的工作原理、通道主要调试设备的工作原理。

【模块内容】

一、保护通道介绍

线路保护的通道有光纤通道、高频通道、短引线通道、微波通道等，目前主要使用的是光纤通道和高频通道，而微波通道的备份作用在 2008 年南方抗击冰灾的过程中扮演了重要的角色。在继电保护的应急通道中微波通道的可行性也值得探讨，其作用不容忽视。光纤通道具有天然的抗电磁干扰能力，传输质量优良，同时，由于光缆价格的大幅度下降以及工艺水平的不断提高，光纤通道的应用越来越广泛，特别是经济发达地区的 220kV 变电站和 500kV 变电站之间已经分别形成 OPGW 环网，也为线路保护提供了富裕的光纤通道资源。

光纤通道分为专用光纤通道和复用光纤通道，高频通道分为专用高频通道和复用高频通道。从保护装置实际使用来看，纵联差动保护使用的是光纤通道；纵联方向、纵联距离等可使用高频通道，也可使用光纤通道，若使用高频通道，一般投闭锁式逻辑；使用光纤通道，一般投允许式逻辑。

二、光纤通道

1. 点对点通道

专用光纤通道又称为点对点通道，通道提供给继电保护使用的是专用纤芯，本质上相当于两变电站之间的保护设备由两根专用的光纤连接在一起，一根发送，一根接收，数据流全是继电保护报文。由于保护设备普遍采用半导体光源，其发光功率一般只有 5dBm，通信不能实现长距离，若要长距离通信，需加装光放大器或转接到通信大功率光端机。

目前电力常用光缆为复合光缆架空地线（Optical Fiber Composite Overhead Ground Wire，OPGW）和全介质自承式光缆（All Dielectric Self-Supporting Optical Fiber Cable，ADSS）。继电保护光纤一般采用单模光纤，光纤结构不论是采用非金属加强芯或金属加强芯，进入变电站或电厂的控制楼前必须采用非金属加强芯光纤。以 OPGW 光缆为例，其进入变电站或电厂的控制楼后，在避雷针的转接盒经过光纤分配接线盒分开，分别进入继保小室和通信机房，其中给保护专用的纤芯经过铠装光缆后直接进入保护小室，而其余光纤经过铠装光缆进入通信机房到光配线架（Optical Distribution Frame，ODF）。若无光纤分配接线盒，则 OPGW 光缆进入通信机房后，再接入光纤分线盒（或光配架 ODF），从光纤分线盒（或 ODF）到继电保护装置间应采用光纤尾纤。尾纤的终端必须标明纤芯的编号，并与对端编号相对应。光纤的接续必须符合有关技术要求，一般接续损耗应在 0.2dB 以下，光纤的活接头一般在 1dB 以下。点对点通道如图 Z11F1007Ⅱ-1 所示。

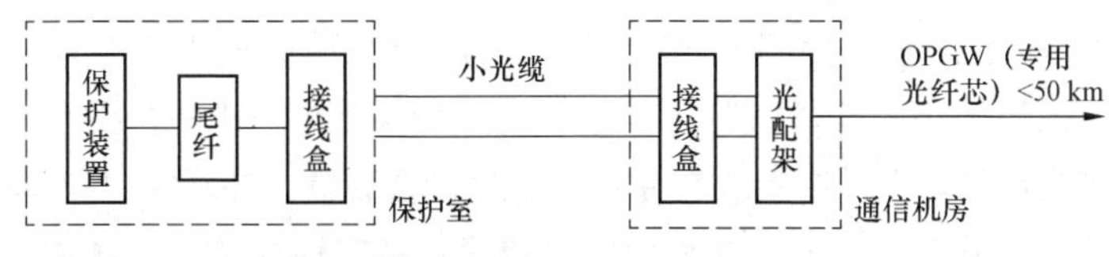

图 Z11F1007Ⅱ-1 点对点通道

点对点通道的实际连接是从保护的光板出来的两个尾纤通过尾纤接线盒与铠装光缆连接，铠装光缆穿越保护室到开关场，通过接线盒再与 OPGW 连接。一条线路保护要求使用 6 根纤芯，2 个工作通道，1 个备份通道，要求两个工作通道应使用不同的 OPGW，若变电站只有一根 OPGW，那么要求使用 OPGW 中不同的光单元。

2. 复用通道

点对点通道使用的是保护装置自带光发送和光接收板，适用于不太长的输电线路。例如：南瑞的 RCS–931 的光发送功率可达–5dBm，接收灵敏度为–45dBm，传输距离小于 100km。而当输电线路距离太长，仅仅利用保护设备本身的光功率不能保证对端设备的接收灵敏度，必须另外加装光放大器或利用电力通信专用设备的光端机来保证光功率。目前普遍采用的是复用电力通信中的同步数字体系（Synchronous Digital Hierarchy，SDH）光端机来保证保护信号的通信距离。

保护设备信号接入 SDH 必须解决规约的统一和速率的匹配这两个问题。国内大部分微机保护设备采用的是私有规约，目前光纤分相差动保护设备出口几乎都是光口，速率有 64kbit/s、256kbit/s、2Mbit/s 等。而纵联距离/方向保护的出口为电口，速率大部分为 64kbit/s。

脉冲编码调制器（pulse code modem，PCM），数字接口符合 G.703 标准，其最早是为语音信号数字化传输而研发的，有 PCM30/32 和 PCM24 两种体系，我国使用前者，PCM30/32 传输码型为含有定时关系的 HDB3 码，一帧为 125μs，分为 32 个时隙，每个时隙传输 8bit 数据，每个时隙速率为 64kbit/s，一帧速率为 2.048Mbit/s，简称为 2M 口，通过 75Ω同轴电缆或 120Ω双绞线进行非对称或对称传输。继电保护码流是通过同向数据接口接入 PCM 的某个时隙。

同步数字系列（synchronous digital hierarchy，SDH），是通信传输网的一种帧格式，采用同步传输模块 STM 放置信息，可以用光设备传输，也可用微波设备传输，SDH 若用光设备传输则为 SDH 光端机，其目前典型的速率有 155Mbit/s，622Mbit/s，2.5Gbit/s，10Gbit/s 4 种。数字接口符合 ITU–TRec.G.703、ITU–T Rec.G.732、ITU–T Rec.G.707 标准。SDH 依靠 OPGW 构成光纤自愈环网是目前电力通信传输网的主干网。

（1） 复用 PCM 方式。由于电力通信的光端机 SDH 设备支持的报文格式为 G.703、G.707，而微机保护报文的格式为私有协议，且 SDH 的最低接入速率为 1.5Mbit/s，若保护出口速率为 64kbit/s，则位于继保室的光差保护输出的光信号经过尾纤接入尾纤接线盒后再转接入铠装小光缆，铠装小光缆从继保室铺到通信机房，到通信机房通过尾纤接线盒转接成尾纤，尾纤进入放在通信机房尾纤接线盒，接入保护专用的光电接口，该接口将保护送来的光信号转换成电信号，将保护私有规约转换成 G.703 的 64kbit/s 规约，速率为 64kbit/s，经 64kbit/s 电缆、VDF（音频配线架）跳线，接入 PCM 的同向数据接口，与 PCM 中其他数码流一起合路形成 G.703 的 2Mbit/s 出口速率，经 2M 电缆，PCM 的 2M 速率的报文通过分插复用器（add drop multiplexer，ADM）或终端复用器（terminal multiplexer，TM）接入 SDH，与 SDH 中接入的通信、自动化等数据合路成 155Mbit/s 或更高速率的一路信号，通过一对光纤与线路对端 SDH 相连，实现收发，如图 Z11F1007Ⅱ-2 所示。

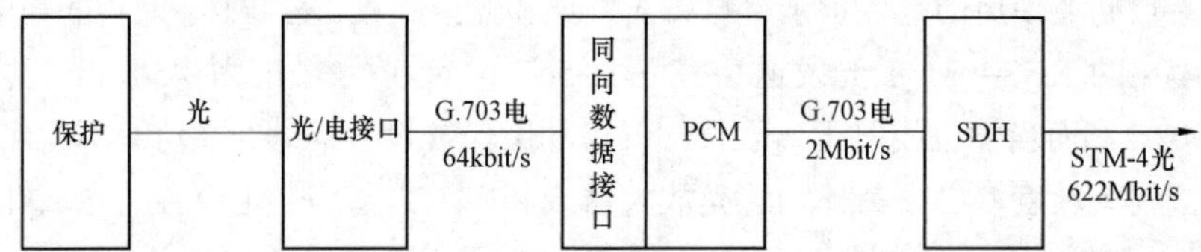

图 Z11F1007Ⅱ-2 复用 PCM 方式

保护通道复用 PCM 终端时，每一套保护分别接用不同 PCM 的同向接口。即如果线路出线 2 回，每回线配置 2 套完全独立的主保护，采用光纤通道，分别安排在 2 台 PCM 上，每台 PCM 为继电保护提供 2 路 64kbit/s 通道，且分别接入两台 SDH 光端机。保护装置与光/电转换设备之间采用光缆连接，光/电转换装置的数字信号接口元件设置在通信室，一条线接口元件装设在一个柜上。光电转换接口装置的电源为直流 +48V，为通信直流电源。

（2）复用 SDH 方式。由于 PCM 设备的加入，降低了保护动作的可靠性，很多厂家把纵差保护设备的接口直接做成了 2Mbit/s 的光口，这样，保护设备可通过光电转换设备转换成 2Mbit/s 的 G.703 信号后与 SDH 设备直接接口，节省了 PCM 设备的投资。

带 2M 出口的保护设备在保护室内通过专用光纤接入位于通信机房的光电接口完成 2M 光信号到 2M 电信号格式的转换，然后通过 2M 电接口接入 SDH 设备，与自动化、通信、调度等信号合路成高速率的信号，通过复用光纤传输到对端，对端接收到信号后再进行分路，提取保护数据流，如图 Z11F1007Ⅱ-3 所示。

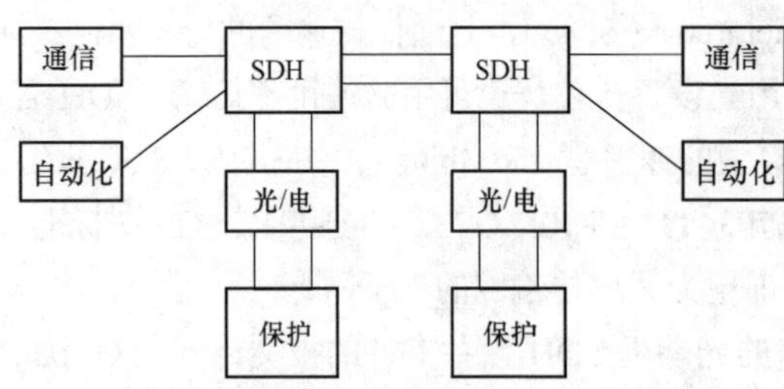

图 Z11F1007Ⅱ-3 直接复用 SDH 方式

无论是保护信号复用 PCM 方式还是复用 SDH 方式，最终保护信号将与其他通信信息流一起在通信干线的两根光纤上传输，不是专用光纤，所以称为复用通道。

三、高频通道

高频通道的原理是利用输送强电工频的输电线路传送高频的弱电信号，目前 220kV 线路高频保护一般采用专用的高频收发信机和相地耦合的高频通道，500kV 线路高频保护一般采用载波机复用高频保护，或用相相耦合的高频保护。

1. 专用高频通道

专用高频保护普遍使用 A 相—地为第一套保护，B 相—地为第二套保护，使用专用收发信机，保护投闭锁式。如图 Z11F1007Ⅱ–4 所示。

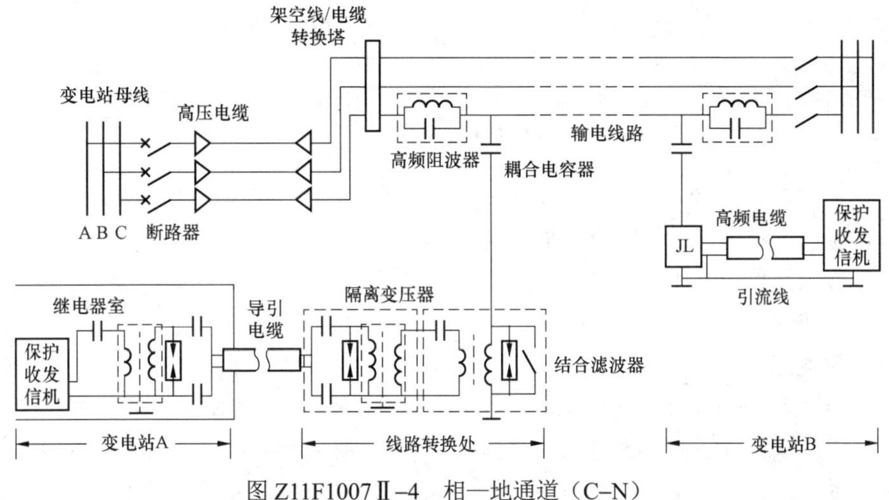

图 Z11F1007Ⅱ–4　相—地通道（C–N）

2. 复用高频通道

复用高频保护一般使用相—相通道，普遍使用 A—B 相相耦合，与载波机配合，保护投允许式，如图 Z11F1007Ⅱ–5 所示。

3. 输电线路

高频信号在高频通道中呈现波粒二性，高频信号通过电磁耦合形式，以输电线路为介质，将高频信号从线路一端传送至另一端。电力架空线的特性阻抗为 400Ω或 300Ω（双分裂导线）。目前使用的高频通道耦合方式有相地耦合与相相耦合。

4. 阻波器

阻波器又称为加工设备，它对一次设备进行加工，使输电线路可以传输高频信号，并阻止高频信号向母线分流，使高频信号沿线路向对侧传送。运行的线路每相都需要装设阻波器。

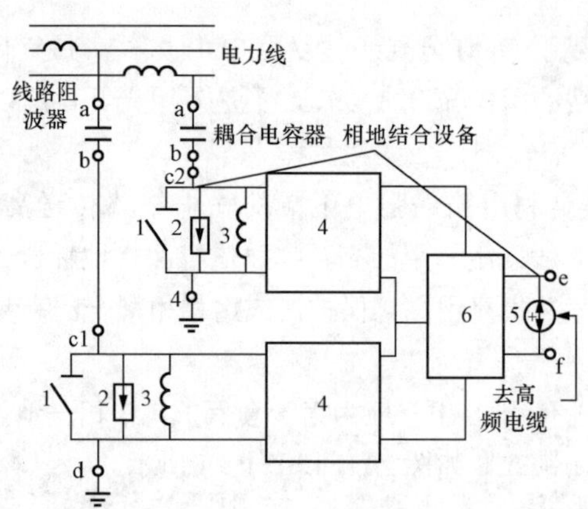

图 Z11F1007Ⅱ-5 用两个相—地结合滤波器构成的相—相通道

1—接地刀闸；2—主避雷器；3—排流线圈；4—调谐元件（包括匹配变量器）；5—副避雷器；6—平衡变量器；a—耦合电容器高压端子；b—耦合电容器低压端子；c1、c2—结合设备一次侧端子；d—结合设备接地端子；e、f—结合设备二次侧端子

（1）结构及分类。阻波器的发展经历了单频阻波器、单频展宽阻波器和宽带阻波器3个阶段，目前广泛使用的是宽带阻波器。

单频阻波器的基本电路实际是一个电容电感并联谐振回路，如图 Z11F1007Ⅱ-6所示。它按继电保护的工作频率进行调谐。调谐元件由电容器组合而成。L 为强流线圈，它的电感量随阻波器的种类不同而不同。它能承受线路的最大工作电流，不致因发热或电动力作用而损坏。L_δ 是防护线圈，一般只有 10～20μH，用以在雷击作用下产生一个反电动势，使加到调谐电容器上的电压延时一个 Δt 时间，以达到保护调谐电容的目的。避雷器 F 也是用来在高压下保护调谐电容器的。R_p 是避雷器的限流电阻。调谐电容器 C、单频阻波器必须采用工作电压 $U_{OP} \geqslant 5000V$ 的云母电容器或玻璃电容器，带频及宽频阻波器的调谐电容的最低工作电压要求 $U_{OP} \geqslant 2000V$，工作电压过低

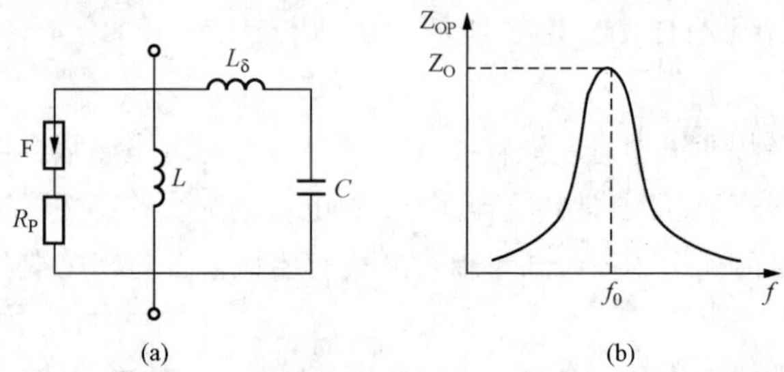

图 Z11F1007Ⅱ-6 单频阻波器的原理接线和阻抗特性

（a）接线图；（b）阻抗特性曲线

f_0 —谐振频率；Z_O —谐振阻抗

容易在出口短路及过电压时击穿。单频阻波器的阻抗在谐振频率时阻值最大，当元件参数稍有变化时，容易发生偏调，严重时将会造成通道中断，引起保护误动作。对不是单一频率而有一个不大的频带的发信装置（4kHz），就需要将阻带展宽。展宽的办法在电容器回路串入一个不大的电阻，以降低 Q 值。

宽带阻波器一般由电感形式的主线圈、调谐装置以及保护元件组成，如图 Z11F1007Ⅱ–7 所示，串接在高压输电线中载波信号连接点与相邻的电力系统元件（如母线、变压器等）之间。跨接于主线圈的调谐装置，经适当调谐，可使阻波器在一个、多个载波频率点的载波频带内呈现较高的阻抗，而工频阻抗则可忽略不计。宽带阻波器广泛使用的原因有：工作频率更换时可不加调整；假如每条线路均挂阻波器，则线线之间的信号跨越衰耗可以按两只计算，每隔两条线路，第三个站就可以使用了。

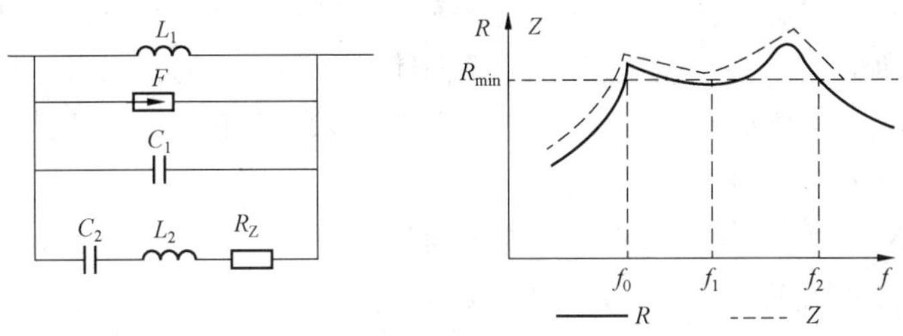

图 Z11F1007Ⅱ–7　宽带阻波器基本电路及其特性图

（2）阻波器的要求。继电保护高频通道对阻波器接入后的分流衰耗，在阻塞频带内一般要求不大于 2dB。为避免高频阻波阻抗与变电站电容形成串联谐振，要求阻波器在工作点的电阻 $R_{0P} \geqslant 800\Omega$，此分流衰耗为 1.945dB。阻波器的要求是：

1）必须保证工频电流流向变电站，所以要求阻波器对工频呈现的阻抗必须很小。

2）阻波器必须能够长期承受这条输电线的最大工作电流所引起的热效应和机械效应。

3）阻波器必须具有足够的承受过电压的能力，为此阻波器内要装设避雷器和防护线圈。

4）阻波器能短时承受这条输电线的最大短路电流引起的热效应和机械效应。

（3）阻波器常见故障。高频通道的工作情况与气候、环境有关，但它们引起衰耗的变化一般不超过 3dB。当通道裕度突然降低 3dB 以上时，很可能是阻波器故障所引起。此时尽管通道裕度可能仍大于 10dB，当母线发生故障时衰耗剧增，致使保护不正确动作，所以必须及时查出故障阻波器并进行处理。

运行中常见的故障是电容器击穿。引起故障的原因如下：

1）电容器的工作电压太低。

2）阻波器中避雷器放电电压高于电容器两端的工作电压，当系统出现故障时，电容器处于无保护状态，因而首先击穿。

3）电容器直接和强流线圈并联，宽带阻波器强流线圈的电感量大，当线路出口短路时，电容器两端电压为强流线圈通过最大短路电流时产生的压降。当系统电压一定时，电容两端电压的大小取决于变电站母线短路容量。近年来系统容量增加很快，分析可知，对于220kV线路，当阻波器的电感为 $L=1\text{mH}$，且变电站母线短路容量考虑10 000MVA时，阻波器中电容器的工作电压至少要用20 000V。考虑到与避雷器配合，制造厂目前选40kV与80kV电压作带频及宽频阻波器调谐元件的工作电压是合理的。

（4）阻波器运行中的检查方法。

1）拉线路断路器方法。对于允许短时停电的线路，可用此法。当被拉侧对侧接收电压有明显提高时，说明被拉侧的阻波器损坏。

2）测量输入阻抗法。在通道的两侧轮流测量输入阻抗，并与原始值比较，则输入阻抗变化大的一侧可能是损坏侧。

3）跨越衰耗测量法。测试分别在两侧的本线和相邻线的同一相高频装置上进行。阻波器损坏侧的跨越衰耗要比完好侧的跨越衰耗小许多。

5. 耦合电容器

与结合滤波器共同组成带通或高通滤波器，只允许此通带频率之内的高频信号通过。对高频信号呈很小的阻抗，对工频电流呈很大的阻抗，防止其侵入高频收发信机。

6. 结合滤波器

与耦合电容器组成带通或高通滤波器。结合滤波的变量器起阻抗匹配作用，减小高频信号的衰耗，同时使电力线载波机或高频收发信机与高压线路隔离。结合滤波器的接地刀闸在检修时起保安作用。

（1）对结合滤波器的要求：

1）其绝缘水平应和该线路的电压等级配合。

2）结合滤波器线路侧电感与耦合电容器一起应能承受工频过电压、大气过电压、操作过电压。

3）结合滤波器对工频呈现极大的衰耗，以防工频强电压进入高频装置。

4）结合滤波器对通带内的各个频率，工作衰耗应小于1.3dB。

5）结合滤波器线路侧的输入阻抗与电力线的特性阻抗相匹配（400Ω），电缆侧的输入阻抗与高频电缆的特性阻抗匹配（75Ω）。

6）二次线圈及其对外壳应有良好的绝缘，其耐压强度不小于5kV/1min。

（2）反措。

1）根据反措要求，断开结合滤波器的一、二次线圈电气联结，一次和二次接地必须分别接地是为了避免一次接地引线上的高频电压直接引入高频电线。结合滤波器二次侧最佳接地为距耦合电容器接地点 3～5m 处接地，结合滤波器的二次接地线的截面积应大于 10mm^2。

2）结合滤波器线路侧线圈上的接地开关合上时，严禁收发信机发信，最好将收发信机出口的高频电缆改接到负荷电阻上。

7. 高频电缆

高频电缆为同轴电缆，用来减少衰耗和干扰。虽然不长，但因发信机工作频率很高，高频信号在阻抗不匹配时的反射衰耗比较严重，早期的收发信机的输出阻抗为 100Ω，因而高频电缆的特性阻抗为 100Ω，结合滤波器的二次阻抗为 100Ω。近期的收发信机的输出阻抗为 75Ω，结合滤波器和高频电缆的特性阻抗为 75Ω。

在选择高频电缆长度时应考虑在现场放高频电缆时，要避开电缆长度接近（1/4 波长或 1/4 波长的整数倍）的情况，否则高频信号将被短路或开路，无法传送到对侧。

高频保护用的高频同轴电缆外皮应在两端分别接地，并紧靠高频同轴电缆敷设截面不小于 100mm^2 两端接地的铜导线。

8. 专用高频保护收发信机与保护的接口

高频保护收发信机与继电保护设备的连接主要是三个逻辑，保护启动收发信机发信、停信以及收发信机收到高频信号闭锁保护跳闸出口。若采用单接点方式，即三副接点：启信接点、停信接点、收信输出接点，启信接点、停信接点由保护送出空接点给收发信机，收信输出接点由收发信机送出空接点给保护。若采用双接点方式，启信和停信共用一副接点，启信接点返回为停信。如图 Z11F1007Ⅱ–8 所示。

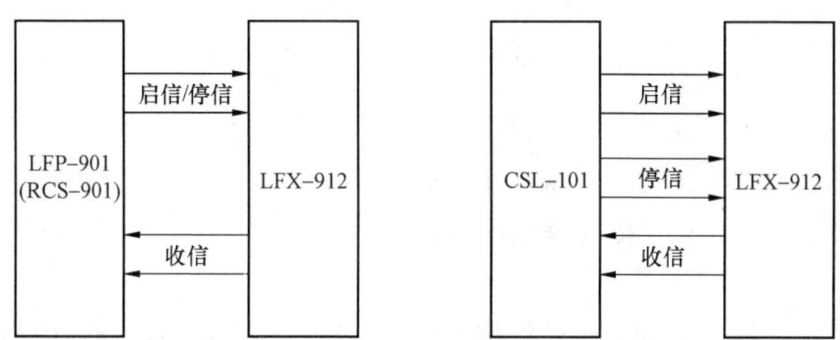

图 Z11F1007Ⅱ–8　高频保护与收发信机的接口示意图

9. 复用高频保护载波机与保护的接口

复用高频保护一般采用相—相通道，一条线路的两套主保护若都采用高频保护，则两套保护的信号通过分频滤波器 CF 来进行分频，不同频带的两套保护信号再采用

FDM 技术或数字插入技术复用到载波上，分别利用 A—B 相不同的频带。差分网络是让载波机的发信回路与收信回路分开，防止自发自收。

（1）保护使用的音频接口。保护信号是通过音频接口板插入载波机，经过载波机调制后，通过高频通道传输到对侧，目前载波机大部分是数字载波机，保护与载波机的音频接口也由传统的模拟式转换成数字式。以 ABB 公司的 ETL500 载波机为例，其保护与载波机的音频接口为 NSD550，在单回线路的双重化配置中，将使用到两个载波机和两个载波机的两块音频接口板。

如图 Z11F1007Ⅱ-9 所示，第一、二套主保护分别为两套主保护的允许命令接点输入，后备保护为断路器失灵保护、过电压保护、补偿电抗器保护远跳命令的接点输入或远方切机，4 个接点命令接入音频接口，经过编码处理后，再形成一路音频信号（音频信号带宽为 4kHz），经载波机调制到 30kHz～400kHz 的某个波段传输到对侧。

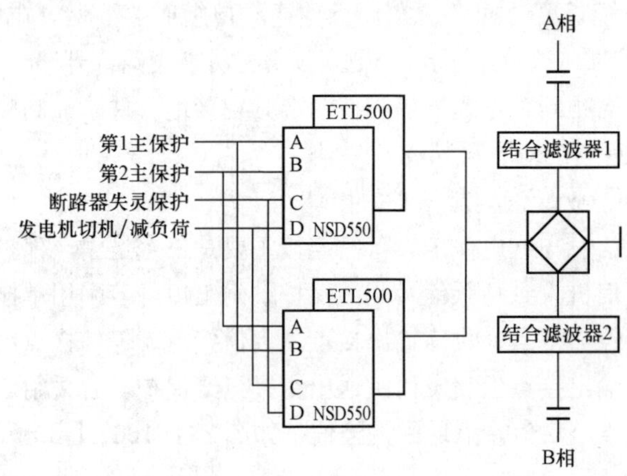

图 Z11F1007Ⅱ-9 单回线双重化配置

（2）快速通道与慢速通道。在 500kV 的复用高频保护的通道中，使用频带划分技术，不同信号使用不同带宽，带宽宽的通道能量大，可传输的波特率高，称为快速通道；反之，带宽窄，波特率低为慢速通道。例如：120Hz 带宽其比特率仅为 50bit/s，而带宽为 2600Hz，其比特率可达 1200bit/s。

500kV 线路高频保护通道中的快速通道用于传输允许信号，慢速通道传输直接跳闸信号。

（3）载波机的自动电平调节功能。线路正常运行时，载波机向通道发送导频信号，同时监视导频信号的质量，当导频信号变弱，说明载波通道质量变差，载波机的导频自动调节系统可适当提高发送功率。当线路内部发生故障，导频信号消失且跳频信号出现，即构成允许命令，各侧保护收到对侧的允许命令且本侧保护启动，开放跳闸出口。载波机在导频转发跳频命令时，功率提升 6dB。

四、高频通道调试设备工作原理

高频通道测试需要准备的仪表及工器具有：选频电平表、高频振荡仪器、电压表、屏蔽同轴电缆、高频通道测试盒等。

（一）选频电平表

1. 工作原理

电平表实际就是电压表，单位是用电平表示的，与普通万用表不同的是它测试的是某个频率或频带范围内高频信号的幅度，因此，使用时要选定在被测试设备的工作频率下进行，测试线为高频电缆。0dBm 参考点为功率 1mW，标称阻抗 600Ω，因此，0dBu 对应的输入电压为 0.775V。在测试时，已知测试点的电压电平，则该点的电压值为$U=0.775\times10^{\frac{P_U}{20}}$ V，这种测量方法与被测点的阻抗无关，只要电压相等，电平值相等。要知该点的功率电平，使用下列公式转换

$$L_{Px}=L_{Ux}+10\lg\frac{600}{Z}$$

式中 L_{Px} ——被测处的功率绝对电平，dB；

L_{Ux} ——被测处的电压绝对电平，dB；

Z ——被测处阻抗，Ω。

2. 选频电平的使用

（1） 电阻挡位的选择：使用电平表时，应注意其内阻，一般电平表的内阻有 150Ω、600Ω和高阻 3 挡。并联在四端口网络时使用高阻挡，替代四端口网络时，用等效电阻挡。例如，替代收发信机时，用 75Ω挡。

（2） 选频电平在四端口网络的接入方法。

1） 跨接法：跨接法将电平表放高阻挡，跨接在被测物两端，如图 Z11F1007Ⅱ-10 所示。

2） 终端测量法：被测物断开，用电平表代替被测量物，使电平表内阻等于被测物的输入阻抗。如图 Z11F1007Ⅱ-11 所示。在高平通道的测量中，被测物的输入阻抗

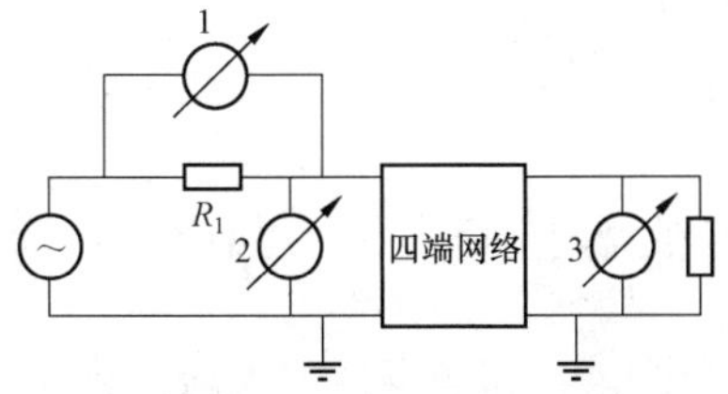

图 Z11F1007Ⅱ-10 电平表跨接法

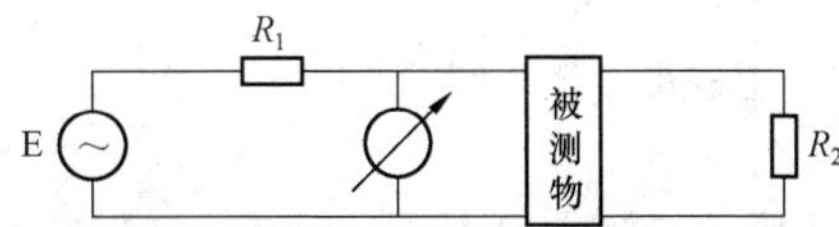

图 Z11F1007Ⅱ-11 电平表终端测量法

往往是未知数，而且一般不与电平表内阻匹配，故多不采用此法。但在通信设备的调试工作中，因载波机的各级输入阻抗一般为已知数且与标记内阻相符，因此可以采用。

在以后的电平测量中，若无特殊说明，电平测量均指跨接法。

（3）接地方式。电平表在使用时应注意接地点，可分为不平衡法和平衡法，如图 Z11F1007Ⅱ-10 所示，其中“2”“3”一般使用不平衡输入电平表测量；“1”使用平衡输入表计测量，因为被测量物体两端均不接地。需要接地测量的仪表，应将接地点直接接地网，不能几台仪器并起来接地，否则会因杂散电流的影响造成误差，特别是测量小信号时。

（4）选频电平表带宽的选择。电平表有宽频和选频两挡，一般进行元件测量时，用宽频挡比较方便，进行通道测量时，用宽频挡比较方便，当通道干扰信号比较多时，也可使用选频挡。

（二）高频振荡仪器

高频信号的发生器，设置频率，设置输出电平，设置输出阻抗。

（三）高频通道测试盒

高频通道检查通常要用到一些无感电阻和电容。包括：5Ω无感电阻、75Ω无感电阻、300Ω无感电阻、400Ω无感电阻、5000pF 电容。这些元件集成在高频通道测试盒供高频通道调试使用，如图 Z11F1007Ⅱ-12 所示。

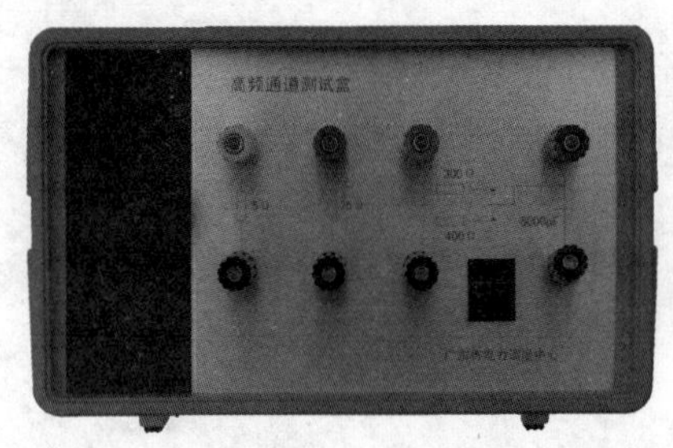

图 Z11F1007Ⅱ-12 高频通道测试盒

5Ω无感电阻主要是用于在回路中附加一小电阻，通过测量这个小电阻的电压进而求得回路中的高频电流。在测量衰耗的时候，用 75Ω无感电阻用于模拟收发信机的输入输出阻抗或高频电缆的特性阻抗，300Ω无感电阻和 400Ω无感电阻分别模拟输电线路的特性阻抗。5000pF 电容模拟母线对地等效电容（阻波器）。

【思考与练习】

1. 画出保护复用光纤通道两种方式的示意图，并简要说明接口设备的作用。
2. 画出复用高频通道的示意图，说明各设备的作用。
3. 简要说明闭锁式保护与收发信机配合的逻辑关系。

模块 11 保护通道调试的安全和技术措施（Z11F1008Ⅱ）

【模块描述】本模块包含保护通道调试的工作前准备和安全技术措施。通过要点介绍、图表举例，掌握各类保护通道现场调试时的危险点预控及安全技术措施。

【模块内容】

一、高频通道调试的安全和技术措施

（一）高频通道调试前工作准备

（1）检修作业前5天做好检修摸底工作，并在检修作业前3天提交相关停役申请。摸底工作包括检查设备状况、反措计划的执行情况及设备的缺陷等。

（2）开工前3天，向有关部门上报本次工作的材料计划。

（3）根据本次校验的项目，组织作业人员学习作业指导书，使全体作业人员熟悉作业内容、进度要求、作业标准、安全注意事项。要求所有工作人员都明确本次校验工作的内容、进度要求、作业标准及安全注意事项。

（4）开工前一天，准备好作业所需仪器仪表、相关材料、工器具。要求仪器仪表、工器具应试验合格，满足本次作业的要求，材料应齐全。

仪器、仪表及工器具：组合工具1套，电缆盘（带漏电保安器，规格为220V/10A）1只，计算器1只，1000V、500V绝缘电阻表各1只，微机型继电保护测试仪2套，钳形相位表1只，试验线1套，数字万用表1只，模拟断路器箱2只，选频电平表1只，高频信号振荡仪1只，高频衰耗仪1只，阻波器滤波器1只，自动测试仪1只，高频电缆测试线1套，高频通道测试盒1只。

备品备件：电源插件1块、管理板1块、通信板1块。

材料：绝缘胶布1卷，自粘胶带1卷，小毛巾1块，中性笔1支，口罩3只，手套3双，毛刷2把，砂条1条，酒精1瓶，电子仪器清洁剂1瓶，1.5mm、2.5mm单股塑铜线各1卷，微型吸尘器1台。

（5）图纸资料。技术说明书、相关图纸、定值清单、上次检验报告、调试规程等资料。

（6）最新整定单、相关图纸、上一次试验报告、本次需要改进的项目及相关技术资料。要求图纸及资料应与现场实际情况一致。

主要的技术资料：线路保护图纸、线路成套保护装置技术说明书、线路成套保护装置使用说明书、线路成套保护装置校验规程。

（7）根据现场工作时间和工作内容填写工作票（第一种工作票应在开工前一天交值班员）。要求工作票填写正确，并按Q/GDW 1799.1—2013《电力安全工作规程　变电部分》执行。

（二）安全技术措施

保护通道调试危险点分析及控制。

1. 人身触电

（1）误入带电间隔。控制措施：工作前应熟悉工作地点、带电部位。检查现场安全围栏、安全警示牌和接地线等安全措施。

（2）接（拆）低压电源。控制措施：必须使用装有漏电保护器的电源盘。螺丝刀等工具金属裸露部分除刀口外包上绝缘。接（拆）电源时至少有两人执行，一人操作，一人监护。必须在电源开关拉开的情况下进行。临时电源必须使用专用电源，禁止从运行设备上取得电源。

（3）保护调试及整组试验。控制措施：工作人员之间应相互配合，确保一、二次回路上无人工作。传动试验必须得到值班员许可并配合。

2. 机械伤害

机械伤害主要指坠落物打击。控制措施：工作人员进入工作现场必须戴安全帽。

3. 高空坠落

高空坠落主要指在线路上工作时，人员和工器具的跌落。控制措施：正确使用安全带，工作鞋应防滑。在线路上工作必须系安全带由专人监护。

4. 防“三误”事故的安全技术措施

（1）现场工作前必须作好充分准备，内容包括：

1）了解工作地点一、二次设备运行情况，本工作与运行设备有无直接联系（如备自投、联切装置等）。

2）工作人员明确分工并熟悉图纸与检验规程等有关资料。

3）应具备与实际状况一致的图纸、上次检验记录、最新整定通知单、检验规程、合格的仪器仪表、备品备件、工具和连接导线。

4）工作前认真填写安全措施票，特别是针对复杂保护装置或有联跳回路的保护装置，如母线保护、变压器保护、断路器失灵保护等的现场校验工作，应由工作负责人认真填写，并经技术负责人认真审批。

5）工作开工后先执行安全措施票，由工作负责人负责做的每一项措施要在“执行”栏做标记；校验工作结束后，要持此票恢复所做的安全措施，以保证完全恢复。

6）不允许在未停用的保护装置上进行试验和其他测试工作；也不允许在保护未停用的情况下，用装置的试验按钮（除闭锁式纵联保护的启动发信按钮外）做试验。

7）只能用整组试验的方法，即由电流及电压端子通入与故障情况相符的模拟故障量，检查保护回路及整定值的正确性。不允许用卡继电器触点、短路触点等人为手段作保护装置的整组试验。

8）在校验继电保护及二次回路时，凡与其他运行设备二次回路相连的连接片和接线应有明显标记，并按安全措施票仔细地将有关回路断开或短路，做好记录。

9）在清扫运行中设备和二次回路时，应认真仔细，并使用绝缘工具（毛刷、吹风机等），特别注意防止振动，防止误碰。

10）严格执行风险分析卡和继电保护作业指导书。

（2）现场工作应按图纸进行，严禁凭记忆作为工作的依据。如发现图纸与实际接线不符时，应查线核对。需要改动时，必须履行以下程序：

1）先在原图上做好修改，经主管继电保护部门批准。

2）拆动接线前先要与原图核对，接线修改后要与新图核对，并及时修改底图，修改运行人员及有关各级继电保护人员的图纸。

3）改动回路后，严防寄生回路存在，没用的线应拆除。

4）在变动二次回路后，应进行相应的逻辑回路整组试验，确认回路极性及整定值完全正确。

（3）保护装置调试的定值，必须根据最新整定值通知单规定，先核对通知单与实际设备是否相符（包括保护装置型号、被保护设备名称、变比等）。定值整定完毕要认真核对，确保正确。

5. 直流回路、交流电流、电压回路、试验电源、与运行设备关联回路安全措施

详细可见 220kV 线路保护安全措施。

6. 其他危险点分析及控制

（1）阻波器调试工作。

1）阻波器停电但不取下设备的条件下测试阻塞性能，容易发生保护调试人员触电。应将阻波器后面的隔离开关打开，接地开关合上，同时解开阻波器上端与线路的连接线，使阻波器上端悬空。拆线时应严格遵守有关在高压设备上作业的安全规定，高压线路停电并挂接地线。

2）阻波器落地后需垫木板等对地绝缘，工作中注意倾倒压伤。检查阻波器四个底脚都垫平，没有倾斜。注意做好固定工作，防止拆装调谐元件及避雷器时阻波器倾倒。

（2）耦合电容器调试。耦合电容器拆线时保护调试易发生作业人员触电。拆下接在高压耦合电容器上的一次侧线圈，拆线时应严格遵守有关在高压设备上作业的安全规定，高压线路停电并挂接地线，并将结合滤波器一次侧的接地开关合上。

（3）结合滤波器调试。

1）检修时，二次侧接地开关合上。防止检修人员触电。

2）高频通道联合调试时，结合滤波器的接地刀闸没有分闸，严禁带接地刀闸发信。

（4）收发信机调试。

1）断开直流电源后才允许插、拔插件。带电源插拔插件，损坏插件。

2）调试过程中发现有问题时，不要轻易更换芯片及电子元件，应先查明原因，

当证实确需更换芯片或电子元件时，则必须更换经筛选合格的芯片及电子元件，芯片插入的方向应正确，并保证接触可靠。在更换电子元件时，应注意更换后应保证不改变回路参数，如确需改变回路的参数，则应认真分析，保证改变回路参数后，不致影响装置的正常运行，并做好相关的记录，并向主管部门用书面形式汇报实际改变的情况。

3）试验人员接触、更换芯片时，应采用人体防静电接地措施，以确保不会因人体静电而损坏芯片。

4）原则上在现场不能使用电烙铁，试验过程中如需使用进行焊接时，应采用带接地线的电烙铁或电烙铁断电后再焊接。防止不正确使用电烙铁，损坏插件。

5）试验过程中，应注意不要将插件插错位置。

6）因检验需要临时短接或断开的端子，应逐个记录，并在试验结束后及时恢复。防止更改端子不记录，收发信机动作不正确。

7）使用交流电源的电子仪器（如示波器、电平表等）进行电路参数测量时，仪器外壳应与保护屏（柜）在同一点接地。测试仪不接地，影响测试准确度。

（5）通道联调。

单侧通道调试，收发信机置本机负载位置。防止单侧通道调试对侧保护误动。

二、光纤通道调试的安全和技术措施

调试前准备，二次安全措施同高频通道调试相关内容。其他危险点分析及控制如下：

（1）光纤通道置于自环状态。纵联差动保护单侧试验引起对侧误动。

（2）断开中央信号正电源；断开远动信号正电源；断开故障录波信号正电源；记录各切换把手位置。防止试验中误发信号。

【思考与练习】

1. 编写本单位典型光纤差动保护的安全措施。

2. 编写本单位高频通道的调试大纲。

◢ 模块12 保护通道的调试（Z11F1009Ⅱ）

【模块描述】本模块包含各类保护通道调试的主要内容。通过要点归纳、图解示意，掌握光纤通道调试、收发信机调试、高频通道调试的项目及各项目调试方法。

【模块内容】

一、光纤通道的调试

（一）通道维护的相关规定

根据微波、光纤电路传输继电保护信息通道运行管理办法的要求，保护在使用光纤通道时，通信、继电保护专业管理界面划分有以下规定：

（1）复用 PCM 基群 64kbit/s 及以上速率的数字接口（包括数字微波电路）传输通道，两种通道的公共部分由通信人员负责维护。

（2）公用光缆专用纤方式下，继电保护（传输）装置至最近的光纤分线盒 ODF 交接法兰盘间的尾纤由继电保护专业负责管理，其他设备和光缆由通信专业负责管理。通信人员在保护室或控制室内的光配架等设备上的操作维护，应在输完各项手续经批准同意后，在保护专业人员或电气值班人员监护下进行工作。

（3）复用数字传输通道方式下，以通信机房内的综合配线架 MDF（音频配线架 VDF/光配线架 ODF）最外侧端子为专业分工管理界面，继电保护（传输）装置至通信 MDF（VDF/ODF）出口端的传输线缆等设备由继电保护专业负责。

（二）点对点光纤通道调试

点对点光纤通道联调内容主要有：通道检查、装置带通道试验、带负荷试验。点对点的通道连接方式如图 Z11F1009Ⅱ–1 所示。

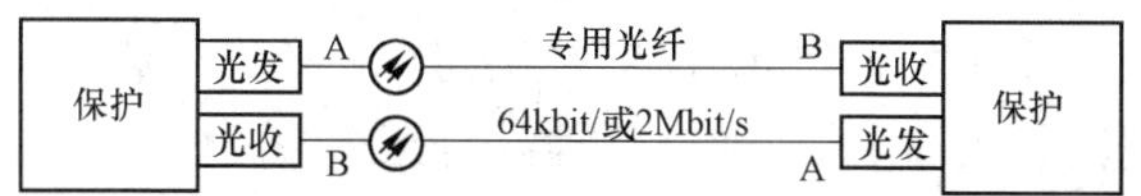

图 Z11F1009Ⅱ–1　点对点的通道连接方式

输入整定值，检查定值项“专用光纤”控制字为“1”（“1”表示通道采用专用光纤方式，“0”表示通道采用 PCM 复用方式）。核对两侧定值项“主机方式”控制字，一侧置“1”，另一侧必须置“0”。然后，将保护接入通道，检查保护装置面板上的通道告警灯是否已熄灭，告警灯已熄灭两侧保护装置通信已正常，可以进行以下联调工作。

1. 通道检查

（1）用光功率计测量保护的发送电平和接收电平。

1）本侧（装置）发送电平测试：在装置后的 TX 端用尾纤接到光功率计，在光功率计波长选保护整定的波长（例如　=1310），测得读数为本侧装置的发送功率，测量示意图如图 Z11F1009Ⅱ–2 所示。检查保护装置的发信功率是否和光端机插件（背后在 CPU 板上）上的标称值一致，以 RCS–931A 为例，常规插件波长为 1310nm，装置发信功率为–16dBm±3dBm，超长距离（64kbit/s 时光纤距离≥80km，2Mbit/s 时光纤距离≥60km，订货时需特殊说明）波长为 1550nm，装置发信功率为–11dBm±3dBm。

2）本侧接收电平测试：要求对方发信，拔出接在装置后 RX 端上的光纤直接接到光功率计上，并在光功率计中选定装置的波长，测得读数为通道接收到的电平。要求两种插件通信速率为64kbit/s的接收灵敏度达到要求。

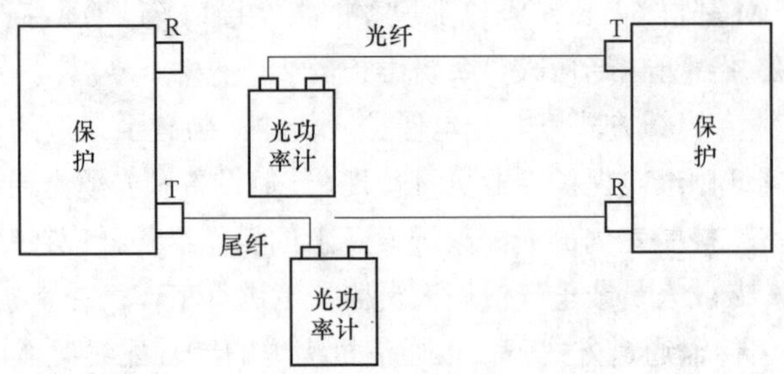

图 Z11F1009Ⅱ-2 点对点通道测试光功率

例如：RCS-931，λ=1310nm时，接收灵敏度为-45dBm，常规插件2M的接收灵敏度为 35dBm，超长距离插件2M的接收灵敏度为-40dBm。接收灵敏度为光接收器分辨“0”、“1”的最低电平。

3）通道衰耗：收信裕度为对侧发送电平减去本侧接收电平。保证收信功率裕度至少在6dBm以上，最好大于10dBm。若线路比较长导致对侧收信裕度不足时，可以在对侧装置内通过跳线增加发信功率，同时检查光纤的衰耗是否与实际线路长度相符（尾纤的衰耗是很小的，光缆平均衰耗为0.4dBm/km），填入表Z11F1009Ⅱ-1中。

表 Z11F1009Ⅱ-1　　通道测试

测试项目	发送电平 P_1	接收电平 P_2	衰耗
单侧通道测试（本侧光配线架自环）			
总衰耗（发送端本侧）			
总衰耗（发送端对侧）			

以上数值记录备案，以供定期校验参考。当接收电平小于要求时，应检查CPU插件中的相关跳线，见表Z11F1009Ⅱ-2。当采用专用光纤时，发送功率分四挡，由跳线决定。

表 Z11F1009Ⅱ-2　　RCS-931的发送功率

跳线选择（dBm） \ 发送速率（kbit/s）	64	2048
JP301-OFF，JP302-OFF	-16	-16
JP301-ON，JP302-OFF	-9	-12
JP301-OFF，JP302-ON	-7	-9
JP301-ON，JP302-ON	-5	-8

（2）通道通信指标检查。分别用尾纤将两侧保护装置的光收、发自环，通过专用纤芯通信时，两侧装置的“专用光纤”控制字都整定为1；“通道自环试验”控制字置1。经一段时间的观察，两侧装置上均无通道告警信号后，在装置上检查通道误码率。进入“通道状态”菜单，“失步次数”“误码总数”“报文异常总数”“报文超时”应为某个固定值，若该值一直在递增，说明通道不正常，应重新检查通道连接或光端机收发功率。

恢复正常运行时的定值，将通道恢复到正常运行时的连接，投入差动压板，保护装置通道异常灯应不亮，无通道异常信号，通道状态中的各个状态计数器维持不变。

（3）检查通道告警。两侧分别拔出保护装置T端子的光纤和R端子光纤，检查相应接点应动作，两侧保护装置面板上的通道告警灯均亮，并分别反应在各自的中央信号中。

2. 装置带通道试验

接好光缆，把两侧保护装置的“通道自环试验”控制字置“0”，两侧装置运行灯亮，无任何异常信号。同时注意“主机方式”控制字一侧置“1”，另一侧置“0”，两侧的差动保护投入压板均投入。

（1）两侧断路器均分位。两侧断路器均为分闸位置，对侧分别加入正常电压，加入单相电流大于差动高值，本侧不加电流、电压。在本侧装置“DSP采样值”上读取的对侧电流幅值，检查差动电流幅值，误差应小于5%I_n。同时可验证，对侧差动保护动作，本侧差动不动作。

（2）一侧断路器合位，另一侧断路器分位。一侧（M侧）断路器合上，另一侧（N侧）断路器分位，在M侧加入正常电压和单相电流大于差动高值。合格判据：M侧差动保护动作，N侧差动保护不动作。

一侧（M侧）断路器合上，另一侧（N侧）断路器分位，在N侧加入正常电压和单相电流大于差动高值。合格判据：两侧差动保护动作。

（3）两侧断路器均合位。一侧加入正常电压和大于差动高值的电流时，另一侧不加量。合格判据：加量侧差动保护单相跳闸；不加量侧三相跳闸。

一侧加入正常电压和大于差动高值的电流时，另一侧只加正常电压。合格判据：两侧差动保护不动作。

（4）模拟弱馈功能。两侧断路器合上，本侧通入分相电流，对侧加三相34～40V电压（以不出现TV断线为标准），两侧保护均出口。交换位置，做同样的试验。

（5）远跳试验。合上断路器，本侧仅投入差动压板，对侧模拟远跳输入接点动作。

当装置设置“远跳受本侧控制”为0时，开入量“收远跳”为1时，同时跳闸灯亮，本侧断路器跳闸，跳闸报告显示远跳动作。

当装置“远跳受本侧控制”为 1 时，开入量“收远跳”为 1 时，但不跳闸，必须加入故障启动量后才跳闸。

3. 带负荷试验

（1）交流电压的核相。测量端子排上交流电压应与已确认的 TV 小母线三相电压一致。

（2）交流电压和电流的数值检验。装置运行状态下，分别进入“保护状态”菜单的“DSP 采样”和“CPU 采样”子菜单。以实际负荷为基准，检验电压、电流互感器变比。“DSP 采样”中还需检查对侧电流数值并与对侧核对。

（3）检查交流电压和电流的相位。“保护状态”菜单的“相角显示”子菜单中检验本侧三相电流相位及对侧三相电流与本侧三相电流同名相之间的相位，本侧各相电流相序正确，互差 120°，而对侧与本侧同名相电流差近似 180°。

4. 差流检测

（1）记录两侧 TA 参数，见表 Z11F1009Ⅱ-3。

表 Z11F1009Ⅱ-3　　两侧 TA 参数

项　目	变　比	补偿系数 K_{ct}
本　侧		
对　侧		

K_{ct} 整定方法：① 一次电流额定值最大侧整定为 1；② 另一侧 K_{ct} 为本侧一次电流额定值与对侧一次电流额定值之比。

（2）本侧加入 $0.2I_n$ 电流，在本侧装置上读电流，填入表 Z11F1009Ⅱ-4 中。

表 Z11F1009Ⅱ-4　　电流读数表（一）

相　别	I_A	I_B	I_C	I_{AR}	I_{BR}	I_{CR}
幅值（A）						

（3）对侧加入 $0.2I_n$ 电流，在本侧装置上读电流，填入表 Z11F1009Ⅱ-5 中。

表 Z11F1009Ⅱ-5　　电流读数表（二）

相　别	I_A	I_B	I_C	I_{AR}	I_{BR}	I_{CR}
幅值（A）						

负荷电流（额定电流 5A）$0.05I_n$ 时在装置上差流显示值应大于 $0.02I_n$。

保护用光纤通道验收结束，通道资料齐全后，将两侧装置光端机经光纤正确连接，控制字“主机方式”按照整定书整定，控制字“通道自环试验”改为 0，整定完毕后若通道正常，则两侧的“运行”灯应亮，“通道异常”灯应不亮。

5. 联动试验

所有保护压板投入，通道投入，按表 Z11F1009Ⅱ–6 故障项目测试。

表 Z11F1009Ⅱ–6　　联动试验

故障类型	两侧保护动作情况	故障类型	两侧保护动作情况
A 相瞬时故障		相间瞬时故障	
B 相瞬时故障		本侧输入远跳令	
C 相永久故障		对侧输入远跳令	

6. ××保护专用光纤通道联调试验报告

结论：（合格，不合格）。

（三）复用光纤通道的调试

保护复用 PCM 方式的连接如图 Z11F1009Ⅱ–3 所示，保护复用 SDH 方式的连接如图 Z11F1009Ⅱ–4 所示。连接继电保护与通信数字传输电缆应采用屏蔽，通信和继电保护装置在同一接地网的屏蔽电缆应两端接地，不在同一接地网的应采用光传输方式。

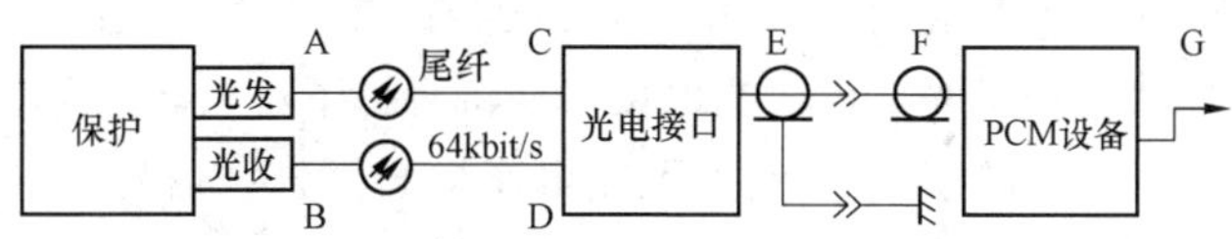

图 Z11F1009Ⅱ–3　复用 PCM 通道

图 Z11F1009Ⅱ–4　复用 SDH 通道

通道检查方法如下：

（1）保护装置的发送功率、接收功率检查同点对点通道检查（一）的（1）和（2）相关内容。

（2）光衰耗检查。检查两侧保护装置的光发送口测量发送功率 P_1，P_1 与出厂时标签上的标称值一致。检查保护装置的光接收口测量接收功率 P_2，在光电转换器的光发送口测量发送功率 P_4，在光电转换器的光接收口测量接收功率，P_3 保护发送功率与光电转换器的接收功率差（P_1–P_3）即保护至光电转换器的光衰耗，光电转换器发送功率与保护接收功率差（P_4–P_2）即光电转换器至保护的光衰耗。

例如 RCS–931，其光电接口 MUX 的发信功率为–13dBm±2dBm，接收灵敏度为–30dBm，因为站内光缆的衰耗不超过 1～2dB，故 MUX 的收信功率应在–20dBm 以上，保护装置的收信功率应在–15dBm 以上。两个方向的光衰耗之差应小于 2～3dB 并记录备案，否则应查明原因。

（3）收信裕度的确认：保证收信功率裕度至少在 6dBm 以上，最好大于 10dBm。否则进行通道检查或更改发送功率跳线。

（4）自环检查。

1）本侧保护装置自环检查：分别用尾纤将两侧保护装置的光收、发自环，将“专用光纤”“通道自环试验”控制字置“1”，经一段时间的观察，保护装置不能有通道异常告警信号，同时通道状态中的各个状态计数器均维持不变。

解开保护自环，恢复通道接线。

2）本侧光电接口自环检查：两侧在光电接口设备的电接口处使用电缆自环，将“专用光纤”“通道自环试验”控制字置“1”，经一段时间的观察，保护不能报通道异常告警信号，同时通道状态中的各个状态计数器均不能增加。

3）远端复用通道自环检查：将通道恢复正常连接，在本侧将保护装置的“专用光纤”置“0”或“1”（64kbit/s 的置“0”，2M 的装置置“1”）、“通道自环试验”控制字置“1”，在对侧接口设备光电接口的电接口处将线解下对远端自环，相当于带上复用通道自环，经一段时间的观察，保护不能报通道异常告警信号，同时通道状态中的各个状态计数器均不能增加，或因通道误码，长时间有小的增加，完成后再测试另一侧。

如有误码仪，将对侧的光电接口用尾纤或在电口自环，利用误码仪测试复用通道的传输质量，要求误码率越低越好（要求短时间误码率至少在 10^{-6} 以上）。同时不能有 NO SIGNAL（无收信信号告警）、AIS（信号丢失重要告警）、PATTERN LOS（图案丢失告警）等其他告警，通道测试时间要求最好超过 24h。

恢复两侧接口装置电口的正常连接，将通道恢复到正常运行时的连接。将定值恢复到正常运行时的状态。

（5）通道告警检查。投入差动压板，保护装置通道异常灯不亮，无通道异常信号。通道状态中的各个状态计数器维持不变（长时间后，可能会有小的增加）。

装置带通道试验、带负荷试验、差流、联动试验同点对点光纤通道调试。

（四）光纤通道故障排查方法

光纤通道故障的定位主要依靠的是自环试验。

1. 点对点通道

（1） 光纤通道常见故障。

1） 整定单中“专用光纤”“通道自环试验”“主机方式”等控制字整定错误。

2） 尾纤波长不对。

3） 保护设备的尾纤在连接器中端面不平整、尾纤在连接器中有缝隙，尾纤断裂。

4） 光配线错误。

5） OPGW 等光缆异常。

（2） 故障查找步骤。

1） 退出保护出口压板，将整定单中“专用光纤”“通道自环试验”“主机方式”等控制字整定为“1”，将保护装置后的尾纤 AB 自环，通道异常等灭，说明保护装置正常。对侧保护一样操作。

2） 在通信机房，将保护送来的铠装小光缆的接线盒后的尾纤进行近端自环，观察保护装置的通道异常等，若告警灯灭，说明通道异常在大通道上，由通信人员完成，若告警灯依然存在，进行通信机 ODF 远端自环，观察对侧保护装置的故障告警灯，而对侧也已经进行过两处近端自环且正常，那么，故障可能会在本侧的两个尾纤接线盒与铠装小光缆之间，更换成备用纤芯，通道应恢复正常。

2. 复用通道

复用通道可能故障点比较多：尾纤异常、连接器异常、小光缆异常、数据接口异常，MDF 综合配线架错误，2M 通路接口板异常，SDH 设备的光板异常等都会引起通道告警。故障查找步骤：

1） 近端保护装置自环。退出保护出口压板，将整定单中“专用光纤”“通道自环试验”“主机方式”等控制字整定为“1”，将保护装置后的尾纤自环，通道异常灯灭，说明保护装置正常。对侧保护一样操作。进入下一步。

2） 近端光电接口前尾纤自环。在通信机房，将保护送来的铠装小光缆的接线盒后的尾纤进行近端自环，观察保护装置的通道异常等，若告警灯灭，说明通道异常在此光缆接线盒之后，进入下一步。

3） 近端光电接口后电缆自环。对通信机房的保护专用的光/电接口出口处的电缆进行近端环回，也可在 MDF 上进行本地环回，保护通道异常告警灯灭，说明故障位于通信机房的光缆接线盒与 MDF 之间。若故障依然存在，进入下一步。

通信人员观察 PCM 的数据板和 2M 通道接口板的信号灯，并相应进行软件或硬环回，进行近端、远端环回。

二、收发信机的调试

高频通道的测试项目主要有收发信机的调试、高频通道加工设备调试、高频通道联合调试。本节以LFX–912收发信机为例，介绍高频收发信机的调试。

（一）通电前的检查

1. 外观及接线检查

二次接线的检查参照GB 50171—2012《电气装置安装工程 盘、柜及二次回路接线施工及验收规范》中相关内容。装置内的检查内容如下：

（1）保护装置的硬件配置、标注及接线等应符合图纸要求。

（2）保护装置各插件上的元器件的外观质量、焊接质量应良好，所有芯片应插紧，型号正确，芯片放置位置正确。

（3）检查保护装置的背板接线有无断线、短路和焊接不良等现象，并检查背板上抗干扰元件的焊接、连线和元器件外观是否良好。

（4）核查逆变电源插件的额定工作电压。

（5）电子元件、印刷线路、焊点等导电部分与金属框架间距应大于3mm。

（6）保护装置的各部件固定良好，无松动现象，装置外形应端正，无明显损坏及变形现象。

（7）各插件应插、拔灵活，各插件和插座之间定位良好，插入深度合适。

（8）保护装置的背板端子排连接应可靠，且标号应清晰正确。

（9）切换开关、按钮等应操作灵活、手感良好。

（10）各部件应清洁良好。

LFX–912铭牌数据见表Z11F1009Ⅱ–7。

表Z11F1009Ⅱ–7　　LFX–912铭牌数据

制造厂	工厂号	出厂日期	直流电压（V）	工作频率（kHz）

2. 硬件跳线的核查

根据整定要求，对硬件跳线进行设置和检查。

（1）“收信”插件。该插件中有如下跳线组：JP1，JP2，JP3，JP4，JUMP。其中JP3为数字地与模拟地的短接线；JUMP（2×2）为放置跳线短路块的多余插座，与插件内无电气连接；JP1为收信通路6dB衰耗投入跳线，JP4为收信通路10dB衰耗投入跳线，JP2（2×4）为收信裕度3dB告警整定跳线，这两组跳线应在现场投运之前，通道联调时，按实际收信裕度来整定。并且要将跳线状态标注在该插件面板背后的不干胶标签上，以备日后装置定期校验之用，其整定标签形式见表 Z11F1009Ⅱ–8。

表 Z11F1009Ⅱ–8　　“收信”插件跳线整定标签

收信插件	项目	投 6dB	投 10dB	收信裕度 3dB 告警整定（JP2）			
	跳线	JP1	JP4	+9dB	+12dB	+15dB	+18dB
	状态						

（2）“发信”插件。该插件中有跳线 JP1 及频率整定编码开关 S11，S21，S31，其中 JP 为数字地与模拟地之间的短接线。JP1 为输出信号控制短接线，正常运行时一定要短接。频率整定开关 S11，S21，S31 为十进制数码指示的 BCD 编码开关。如进行频率的整定是将各位小开关中间的箭头旋转至小开关上相应的数码，并且该整定值一定要与装置背板标牌上的频率数值相一致。

（3）“接口”插件。该插件中只有一个跳线 JP，要注意的是在与 RCS–900 系列装置配合构成线路保护时，该跳线绝不能短接。只有与其他无通道试验功能的保护配合构成的线路保护时，该跳线才能短接。

（4）“功率放大”插件。该插件上的跳线座有 J1，JMP。其中 JMP 为存放跳线短路块的插座。J1 跳线为发信功率检测门槛整定用，正常时，该跳线可以不接；只有在线路投运时，若线路两高频信号差拍严重，并且在两侧同时发信时，致使“接口”插件上的“正常”灯闪灭（或同时有报警输出），则需将 J1 跳线短接，以消除报警现象。

（5）“线路滤波”插件。该插件中有许多跳线组，这些跳线组在装置出厂时，已按工作频率整定好，其跳线状态在该插件屏蔽板上的不干胶整定标签纸上标出。插件内的标签整定纸形式见表 Z11F1009Ⅱ–9。要注意的是该插件中跳线在出厂时已整定好，其标签纸、测试记录及插件中的跳线，三者应一致，用户在现场切勿自行改变调整。若用户需改变频率运行，请事前与制造厂家联系。

表 Z11F1009Ⅱ–9　　滤波器跳线整定标签

线路滤波插件　整定频率：　kHz												
跳线	1	2	3	4	5	6	7	8	9	10	11	12
J1												
J2												
J3												
J4												
K1												
K2												
K3												

外观及接线检查见表 Z11F1009Ⅱ–10，硬件跳线的核查见表 Z11F1009Ⅱ–11。

表 Z11F1009Ⅱ–10　　外观及接线检查

项目序号	检查内容	检查结果
1	本保护在保护屏上相关端子排及装置背板接线检查清扫及螺丝压接检查情况	
2	各插件外观及接线检查、清扫情况	
3	本装置后背板内清扫及检查情况	
4		

表 Z11F1009Ⅱ–11　　硬件跳线的核查

插件名称	检查内容	连接情况	检查内容	连接情况	检查内容	连接情况
收信	JP1		JP2		JP3	
	JP4		JUMP			
发信	JP1					
接口	JP					
功率放大	J1		JMP			
线路滤波	J1		J2		J3	
	J4		K1		K2	
	K3					

3. 绝缘电阻测试

测试前准备工作：将保护装置除电源插件外，全部拔出机箱；逆变电源开关置“接通”位置；在背板接线端子处将正负极输入端子短接。本项测定中所触动的回路及插件，在测试结束后需立即恢复。

（1）测直流电源的对地绝缘。本项测试与保护回路一起进行，在本装置的背板端子 T3、T5 处断开电源进线，投入收发信机逆变电源的开关，除电源插件外，将其余所有插件拔出，并将 T3 和 T5 短接在一起后用 1000V 的绝缘电阻表测直流电源输入回路对地绝缘电阻，用 500V 的数字式绝缘电阻表测试各输出接点及各输入回路对地的绝缘电阻，在新投产中要求绝缘电阻值均应大于 10MΩ；定期校验中绝缘电阻值应大于 1.0MΩ。

（2）介质强度检测。在保护装置背板接线处将所有直流回路、输出接点及输入回路的端子连接在一起，整个回路对地施加工频电压 1000V、历时 1min 的介质强度试验。

试验前必须做好安全措施。试验区域应加设安全围栏，并有专人监护。正式加压试验前，应将高压端放在绝缘物上进行空载试升压，确实证明试验回路接线正确，方可进行试验。

试验过程中应无击穿或闪络现象。试验结束后，复测整个二次回路的绝缘电阻应无显著变化。当现场试验设备有困难时，允许用 2500V 绝缘电阻表历时 1min 测试绝缘电阻的方法代替。该项测试一般只在投产时有条件测试，在检验和部分校验时不进行此项试验，见表 Z11F1009Ⅱ-12。

表 Z11F1009Ⅱ-12　　绝缘电阻测试

检查内容	标准	试验结果（MΩ）
强电直流回路对地的绝缘电阻值	要求绝缘电阻大于 10MΩ	
弱电直流回路对地的绝缘电阻值	要求绝缘电阻大于 10MΩ	

4. 逆变电源的检验

断开保护装置跳闸出口压板。试验用的直流电源应经专用双极闸刀，断开本装置的背板端子 T3、T5 处的电源进线，在 T3、T5 端子输入直流试验电源，其电压能在 80%～115%的额定范围内变动。

（1）检验逆变电源的自启动性能。检验直流电源缓慢上升时的自启动性能，合上保护装置逆变电源插件上的电源开关，试验直流电源由零缓慢升至 80%额定电压值，此时逆变电源插件面板上的电源“运行”指示灯应亮。

（2）逆变电源输出电压及稳定性检测。

1）空载状态下检测。保护装置将逆变电源插件用转接插件引出，将其余插件全部拔出，分别在直流电压为 80%、100%、115%的额定电压值时检测逆变电源的空载输出电压。用万用表测量逆变电源盘插件内相应 24V、+12V、-12V、+5V 对数字地相应测试点的输出电压值。

2）正常工作状态下检测：保护装置所有插件均插入，加直流额定电压，保护装置处于正常工作状态。用万用表测量逆变电源盘插件内相应 24V、+12V、-12V、+5V 对数字地相应测试点的输出电压值。

（3）测试逆变电源各级输出电压的波纹系数。用示波器测试各级输出电压的纹波系数

$$q_u = \frac{U_{mm} - U_v}{U_0} \times 100\%$$

式中 q_u ——波纹系数；

U_{mm} ——最大瞬时电压，V；

U_v ——最小瞬时电压，V；

U_0 ——直流分量，V。

波纹系数测试结果要求应小于2%。见表Z11F1009Ⅱ–13。

表Z11F1009Ⅱ–13　检验满负荷时逆变电源的输出电压及波纹电压

标准电压（V）		24	12	+12	+5
测试孔		T12～T31	DC（113～116）	DC（115～116）	DC（112～116）
输出直流电压	允许范围（V）	24±2	12±1	+12±1	+5±0.2
	满负载时（V）				
纹波系数	允许范围（%）	<2	<2	<2	<2
	满负载时（mV）				

（4）直流电源拉合试验。直流电源在额定工作电压下运行，进行拉合直流工作电源（保护屏的直流输入端进行拉合），此时保护装置应不误动，不误发保护动作信号。见表Z11F1009Ⅱ–14。

表Z11F1009Ⅱ–14　直流电源拉合试验

检查项目	保护动作情况	合格判据
直流电源拉合		不误动作和误发信

记录：逆变电源自启动能力测试。

该电源装置自启动电压为：____V。

（二）收发信机调试

1. 发信回路检验

将装置背板上的“本机”“负载”插孔用专用连接销短接，同时短接接背板上的T10、T12（启动发信）端子，用选频电平表高阻挡电平测试线及频率计测试线跨接在“线路滤波”插件面板上的“负荷”与“公共”测试孔上，检查发信输出电平及发信频率，其电平表读数应为+11dB±1dB（即输出为+40dBm/75Ω左右）（装置内部已通过20dB衰耗），频率表读数应为f_0±5Hz。见表Z11F1009Ⅱ–15。

表Z11F1009Ⅱ–15　发信回路校验

内容	发信频率（kHz）	发信电平（dB）
测量点	线滤（负荷—公共）	线滤（负荷—公共）
标称值	（f_0±5）	（+11±1）
实测值		

2. 收信回路检验

（1）测收信回路的分流衰耗。试验接线如图 Z11F1009Ⅱ–5 所示，图中的 A、B 两点分别为保护装置的 T38（芯线）、T40（地线）（断开高频电缆），振荡器的输出电阻置于 0Ω的位置，但如有 75Ω的输出电阻时，则置于 75Ω的位置，这样可不必再在振荡器输出端串入模拟内部输出阻抗的 75Ω电阻。试验开始时，先将背板上的专用连接销拔出，将振荡器的输出频率固定在（f_0+14.0）kHz 处，输出电平则调至图中电平表的读值，指示为 0dB，然后将背板上的专用连接销将背板上的“本机”“通道”插孔短接，将收发信机接入测试回路中再读电平表的读值，该值不应小于–1.0dB。电平表指示的绝对值即为收发信机在（f_0+14.0）kHz 频率下的分流衰耗。改变振荡器的输出频率，以同样的方法检查频率为（f_0–14.0）kHz 时的分流衰耗值，该值也不应小于–1.0dB。

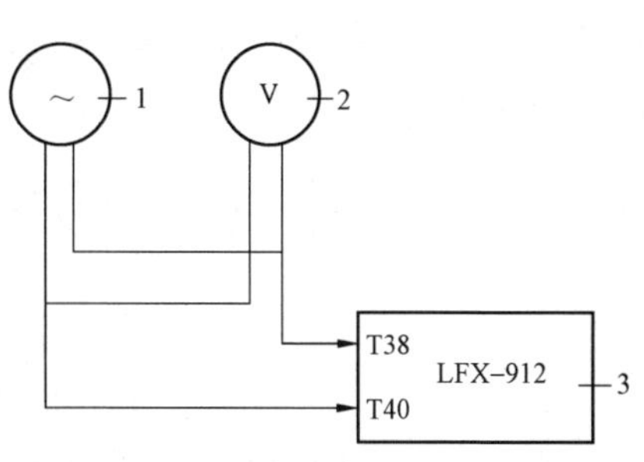

图 Z11F1009Ⅱ–5　收信回路的分流衰耗测试接线示意图

1—高频振荡器，阻抗 75Ω；2—电平表，阻抗 75Ω；3—收发信机

（2）测回波衰耗值。测试接线如图 Z11F1009Ⅱ–6 所示，图中电阻 R 的阻值为 75Ω。试验时先将背板上的专用连接销拔出，将振荡器输出频率调至 f_0，输出电平调至电平表指示为 0dB，输出固定不变，然后将背板上的专用连接销将背板上的“本机”“通道”插孔短接（将收发信机接入测试回路中），再读电平表指示值，该值应小于–10dB。

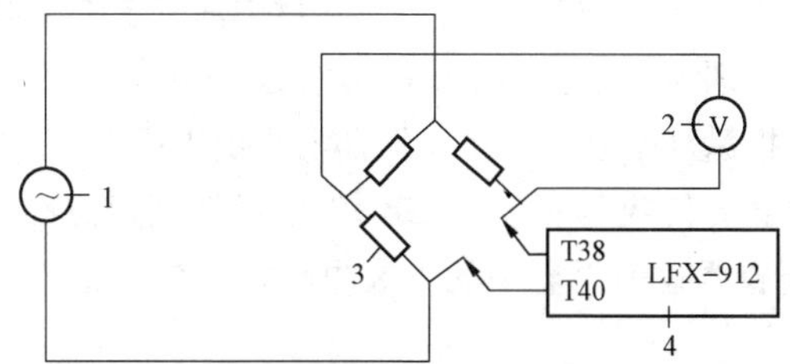

图 Z11F1009Ⅱ–6　回波衰耗测试接线示意图

1—高频振荡器；2—电平表；3—75Ω无感电阻；4—收发信机

若以上检验不符合要求，则用高频振荡器向发信输出滤波器的输入端送入可变频率的信号，在其输出端接入 75Ω的无感电阻（标称的负荷电阻），以检查输出滤波器的调谐频率是否与发信机的标称工作频率是否相同，如滤波器失谐则要求制造厂更换。

（3）检验收信回路工作的正确性。收信回路调整：将背板上的专用连接销将背板上的“本机”“通道”插孔短接，按图 Z11F1009Ⅱ-7 接线，将振荡器频率阻抗置 0 挡，调整输出频率为 f_0，并调整振荡器的输出电平，使 T38、T40 处的电平为+4dBm（电平表直读为 5dB）。

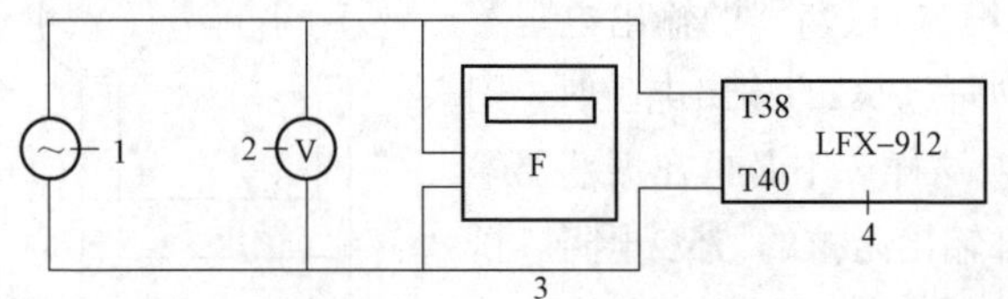

图 Z11F1009Ⅱ-7 收信回路试验接线示意图

1—高频振荡器，阻抗 75Ω；2—电平表，阻抗 75Ω；3—频率计；4—收发信机

1）收信灵敏启动电平整定。将“收信”插件用转接插件引出，并将“收信”插件上的 JP1、JP4 跳线断开，按图 Z11F1009Ⅱ-7 接线，加入 f_0 的高频信号，缓慢增大振荡器的输出电平值，使“收信”插件面板上的“收信启动”灯刚好点亮，并记下选频表读数，此时的选频表读数即为启动电平（也称灵敏启动电平）；然后再缓慢减小振荡器的输出电平使“接收信号”灯刚好灭，并记下此时的选频表读数，即为返回电平，启动电平应为（-5±0.5）dB，启动电平与返回电平之间的回差应小于 1dB，若启动电平的误差较大，可根据实际运行的需要，适当调节“收信”盘中的 W3 电位器。注意，保护必须处于停用状态。

2）收信裕度指示灯调整。按图 Z11F1009Ⅱ-7 接线，将振荡器输出电平调至+1dB，适当调整“收信”盘中的 W4 电位器，使收信裕度“6dB”指示灯刚好点亮；将振荡器输出电平调至+4dB，适当调整“收信”盘中的 W5 电位器，使收信裕度“9dB”指示灯刚好点亮；将振荡器输出电平调至+7dB，适当调整“收信”盘中的 W6 电位器，使收信裕度“12dB”指示灯刚好点亮；将振荡器输出电平调至+10dB，适当调整“收信”盘中的 W7 电位器，使收信裕度“15dB”指示灯刚好点亮；将振荡器输出电平调至+13dB，适当调整“收信”盘中的 W8 电位器，使收信裕度“18dB”指示灯刚好点亮。

3）连上通道后收信回路调整。两侧的收发信机及通道调试（包括测试通道传输衰耗等项目）完毕，且具备交换信号的条件下，要求调度让对侧相应的高频保护改为信号状态。

① 收信入口处电平测试：将电平表（高阻抗挡）测试线接于装置背板接线端子 T38、T40，远方启动对侧发信，用选频表高阻挡测试收、发信电平，并做好记录，填入表 Z11F1009Ⅱ-16、表 Z11F1009Ⅱ-17 中。

② 确定“收信”盘投入衰耗值。如实测通道口收信电平小于 13dB（电压电平），

则“收信”插件内跳线 JP1 及 JP4 都不应投入，如收信电平为 13～20dB，则将“收信”插件内的跳线 JP1 投入（相当于投入 6dB 衰耗），如收信电平大于 20dB，则将“收信”插件内的跳线 JP4 投入（相当于投入 10dB 的衰耗）。

表 Z11F1009Ⅱ–16　　通道入口处电平测试

内　容	通道入口处电平
测　量　点	T38～T40（75Ω）
发信时的测量值（dB）	
收信时的测量值（dB）	

表 Z11F1009Ⅱ–17　　“收信”插件内 TP3 点电平测试

内　容	“收信”插件内 TP3 点电平
测量点	“收信”插件内 TP3～TP0
收信条件	接收对侧发信信号
实际测量值（dB）	
调整点	“收信”W1
要求值	T1±1dB

4）调整 3dB 告警回路。做好以上工作后，此时远方启动对侧发信，装置的“收信”插件上的“收信裕度指示灯”在发信时应全部点亮，在收信时除 18dB 收信裕度指示灯不亮外应全部点亮，如不满足要求，则应按以上步骤重新调整；如确已满足要求，则将“收信”插件跳线 JP2 的 3～7 短接（相当于收信裕度为 15dB），则 3dB 告警回路便整定完毕，见表 Z11F1009Ⅱ–18。

表 Z11F1009Ⅱ–18　　收信衰耗及 3dB 跳线整定

内　容	收信衰耗跳线连接情况	3dB 告警跳线整定情况
实际情况		
连接含义		

5）远方启动功能检查。两侧做好交换信号的准备工作，让对侧合上直流电源并投入“远方启动”功能（如本装置的“远方启动”功能停用，则应合上与本装置配合的保护装置的电源），在全部校验或部分校验时应要求将对侧相关高频保护改为信号状态，本侧按发信按钮，本侧装置发信启动对方远方发信，观察功放盘上的表头、收信启动盘及接口盘的指示灯的情况，指示灯及表头指示应满足表 Z11F1009Ⅱ–19 的要求。

表 Z11F1009Ⅱ–19 远方启动功能检查

本侧交换信号					
试验过程		0～0.2s	0.2～5s	5～10s	10～15s
接口盘	“正常”指示灯	—	灯亮	灯亮	灯亮
	“起信”指示灯	—	灯亮并保持	灯亮并保持	灯亮并保持
	“收信”指示灯	—	灯亮	灯亮	灯亮
收信盘	“收信启动”指示灯	—	灯亮	灯亮	灯亮
	收信裕度灯	—	除18dB指示灯不亮外其作全部点亮	全部点亮	全部点亮
对侧交换信号					
试验过程		0～0.2s	0.2～5s	5～10s	10～15s
接口盘	“正常”指示灯	—	灯亮	灯亮	灯亮
	“起信”指示灯	—	灯亮并保持	灯亮并保持	灯亮并保持
	“收信”指示灯	—	灯亮	灯亮	灯亮
收信盘	“收信启动”指示灯	—	灯亮	灯亮	灯亮
	收信裕度灯	—	全部点亮	全部点亮	除18dB指示灯不亮外其他全部点亮

3. 接口逻辑功能及信号检查

（1）“正常”指示灯。装置工作正常时，此灯亮，在下列异常情况下，此灯灭：频率合成回路异常；发信时，功率放大器不能满功率发信；接收对侧的收信电平低于所整定收信裕度的3dB以上。

（2）“起信”指示灯。正常运行时不亮，保护装置启动发信输入时，灯亮，并保持；同时启动中央信号的“装置动作”信号。此保护信号必须由“复归”按钮复归。

（3）“停信”指示灯。正常动作时不亮。保护装置送来“停止发信”信号，此灯亮并保持；同时启动中央信号的“装置动作”信号。此保持信号必须由“复归”按钮复归。在与RCS–900保护配合时，此信号不接入。

（4）“收信”指示灯。收信回路收到本侧或对侧高频信号时，此灯亮并保持；同时启动中央信号的“装置动作”。此保持信号必须由“复归”按钮复归。

（5）“3dB告警”指示灯。在通道试验时，若收到对侧的信号低3dB以上，此灯亮。

（6）“收信启动”指示灯。收信回路收到本侧或对侧高频信号且高频信号输入电平大于实际灵敏启动电平时，此灯亮。

（7）“装置动作”信号。当保护装置有“启动发信”或“停止发信”输入或有“收信输出”时，接点闭合，送至中央信号。

（8）“装置异常”信号。当本装置直流电源消失、频率合成器异常、发信时不能满功率发信，接收对侧信号电平低于整定电平 3dB 以上，则装置发出“装置异常”中央信号。

4. 通道裕度（收信裕度）测试

在测试收信裕度时应检查断路器的状态，如断路器处于断开状态，则应考虑接入跳闸位置停信的影响，在通道试验项目结束后立即恢复；恢复后应立即检查停信回路工作的正确性。

两侧收发信机应处于信号位置，在高频电缆和收发信机之间串接一只 75Ω的衰耗器，先将衰耗器置 0，按发信按钮，当对侧远方启动时，加入衰耗（衰耗值应逐渐增加），当 5s 后本侧刚好能启动发信时的衰耗值即为本侧的通道裕度，要求实测通道裕度为 12～15dB 范围内。如不符合要求，可调整“收信”盘内的 W2。见表 Z11F1009Ⅱ–20。

表 Z11F1009Ⅱ–20　　收信裕度测试

实测收信裕度（dB）	
收信裕度范围（dB）	12～15
调整点	“收信”W3

5. 校验 3dB 告警回路

测量完收信裕度后，才能校验 3dB 告警回路，在高频电缆和收发信机之间串接一只 75Ω的衰耗器，两侧收发信机应处于信号状态，按本侧发信按钮，在收到对侧信号时，衰耗器加入 3～4dB，此时“+3dB 告警”灯应亮，小于 3dB 时“+3dB 告警”灯应可靠不亮。如不符合要求可适当调整“收信”盘内的 W7 电位器（对应于收信裕度为 15dB）。见表 Z11F1009Ⅱ–21。

表 Z11F1009Ⅱ–21　　3dB 告警回路校验

内容		测量点	标称值（dB）	实测值（dB）
3dB 告警	动作	外线	3～4	
	返回	外线	—	

6. 收发信高频信号波形检查

将示波器测试线接于线路滤波盘面板“外线”—“公共”插孔（如为防止高频信

号过大引起损坏示波器，可在示波器测试线上串入20dB的衰耗器），按本侧通道试验按钮交换信号，用示波器检查在交换高频信号过程中，高频信号应无间断及波形失真现象。

全部工作结束后，将所有临时拆开的接线头全部恢复，恢复后应认真检查是否正确，并对拆开过的回路做必要的试验，检查装置是否恢复正常，最后按装置的恢复按钮，将装置的所有动作信号全部复归，并检查将装置后背板上所有输出接点或电位是否处于正常工作状态。

记录：收发信波形检查。

在交换高频信号时用示波器观察高频信号是否为连续正弦波：________。

（三）LFX–912型远方保护信号传输装置全部校验遗留问题

遗留问题：________________________。

（四）LFX–912型远方保护信号传输装置全部校验结论

结论：________________________。

三、高频通道的调试

高频通道调试包括高频电缆调试、结合滤波器调试、耦合电容器调试、阻波器调试、接地刀闸外部检查和高频通道整组调试。

（一）阻波器的调试

在停电但不取下设备的条件下进行阻塞性能的测试。将阻波器后面的隔离开关打开，接地刀闸合上，同时解开阻波器上端与线路的连接线，使阻波器上端悬空。拆线时应严格遵守有关在高压设备上作业的安全规定，高压线路停电并挂接地线。

1. 外部检查

检查阻波器主线圈和调谐元件之间的连线是否正确，接触应良好。

清除阻波器上的灰尘和污物，检查螺丝是否拧紧，各焊接点可靠。调谐元件是否严密，放电器固定是否牢靠，注意强流线圈部分要干净，保证接触良好。记录检查结果。

2. 绝缘检查

（1）绝缘电阻测试。用2500V绝缘电阻表测定绝缘电阻。将绝缘电阻表的接地端子接在调谐元件的外壳上，另一端依次接到不接外壳的端子上。在检查调谐元件时应将强流线圈断开，所测得的绝缘电阻应大于100MΩ。工频1000V交流耐压试验（或用2500V绝缘电阻表代替）。摇测1min，代替耐压试验。绝缘电阻应无大的变化。记录数据至表Z11F1009Ⅱ–22中。

表 Z11F1009Ⅱ–22　　　　绝 缘 电 阻 测 试

回路名称	绝缘电阻（MΩ）	要 求 值	测 试 条 件
调谐元件对外壳		大于 100MΩ	（1）用 2500V 绝缘电阻表。 （2）断开调谐元件与主线圈连线。 （3）绝缘电阻表接地端子接调谐元件的外壳上

（2）避雷器放电电压测试。带有串联间隙的金属氧化物避雷器，工频放电应试验 5 次；每次间隔不少于 30s，5 次放电电压平均值应不超过避雷器合格证的上下限值；第一次放电电压与后四次的试验结果相差较大，则该次数据无效，应补做一次。R_p 为保护电阻，用来限制放电电流，可选用 2kΩ～5kΩ的碳膜电阻。TV 为适当变比的电压互感器（3000/100～6000/100）。电压表可用 0.5 级交流电压表或万用表或万用表，读数 U 乘上 TV 变比 n 就是放电器放电电压，即 $U_P=nU$。接线图如图 Z11F1009Ⅱ–8 所示，结果填入表 Z11F1009Ⅱ–23 中。

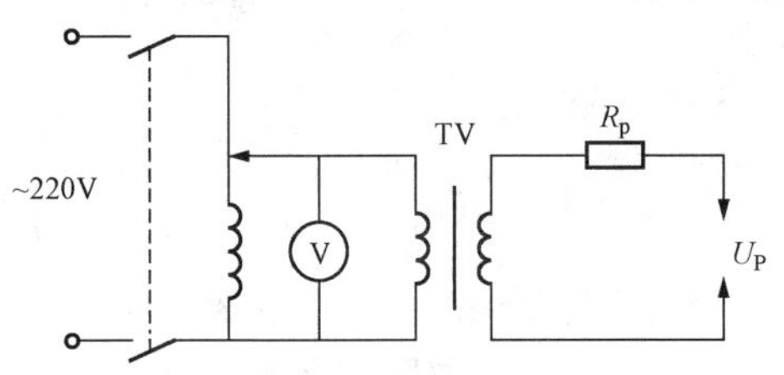

图 Z11F1009Ⅱ–8　避雷器放电电压试验接线图

表 Z11F1009Ⅱ–23　　　　避雷器放电电压试验　　　　kV

铭 牌 值	
实 测 值	

3. 阻塞特性测试

阻波器阻塞性能测试包括阻塞电阻、阻塞电抗、分流衰耗测试。

（1）在线测试应注意事项。

1）在线测试时，测试线尽可能短，一般不应大于 15m，应采用单芯带屏蔽的电缆。

2）二根测试引线应尽量分开，避免测试线引起的误差。

3）测量时可不解开阻波器与线路的连接线，但应将阻波器与线路的连接点可靠接地。

4）测试时振荡器选平衡方式，选频电平表带宽选择 1.7kHz。

5）测试仪表外壳地必须与接地线可靠连接。

（2）阻塞电阻及阻塞阻抗特性。其试验接线方式如图 Z11F1009Ⅱ–9 所示，频率步长为 10kHz。

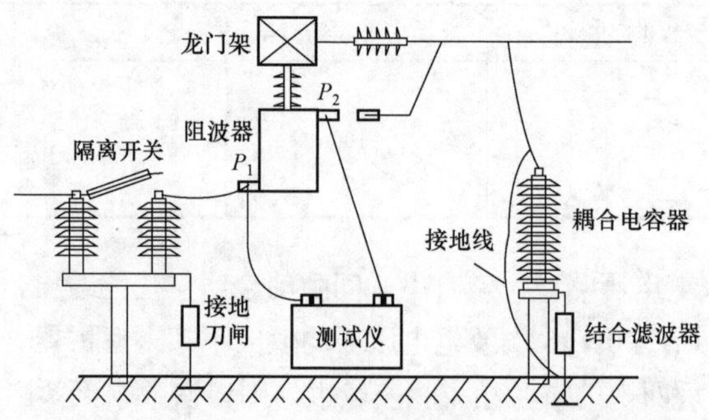

图 Z11F1009Ⅱ-9　阻波器阻塞特性测试接线图

计算公式为：

$$Z_r=\left(10^{\frac{p^1-p^2}{20}}-1\right)R$$

根据铭牌要求：单频阻波器（Z 型）大于 800Ω时的阻塞频带应满足 $f\geqslant\pm 2\text{kHz}$（在 f_0 时）；宽频阻波器（R 型），不小于 570Ω。将结果填入表 Z11F1009Ⅱ-24 中。

表 Z11F1009Ⅱ-24　　阻波器的阻塞电阻及阻塞阻抗

f（kHz）							
U_1（V）							
U_2（V）							
U_3（V）							
Z_e（Ω）							
R_e（Ω）							

注 1. 对于宽频阻波器 R_e>800Ω。

2. 对宽频阻波器每 20kHz 录取一组数据，在保护收发信机工作频率附近 20kHz 时，每 5 kHz 录取一组数据；对单频阻波器，每 0.5kHz 录取一组数据。

（3）分流衰耗。分流损耗和以阻塞电阻为基础的分流损耗测量（形式及常规试验），建议采用图 Z11F1009Ⅱ-10 所示电路测量分流损耗，并按下式计算：

分流损耗

$$A_t=20\lg\left|\frac{U_1}{U_2}\right|=20\lg\left|1+\frac{Z_1}{2Z_b}\right|$$

以阻塞电阻为基础的分流损耗

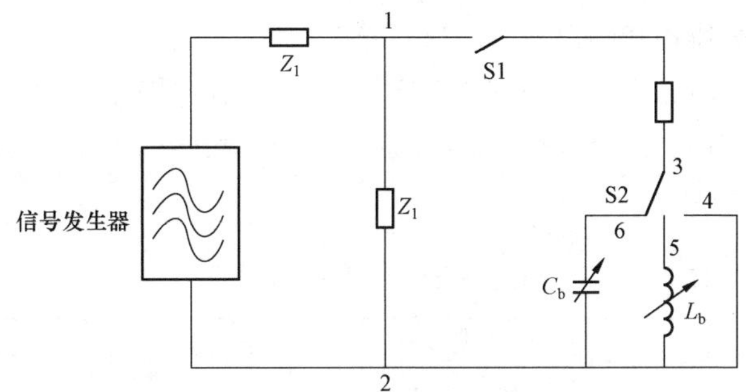

图 Z11F1009Ⅱ-10 阻波器分流损耗测量电路

$$A_{tR}=20\lg\left|\frac{U_1}{U_2}\right|=20\lg\left|1+\frac{Z_1}{2R_b}\right|$$

式中 Z_1——线路特性阻抗的等效电阻，Ω；

Z_b ——阻塞阻抗，Ω；

R_b ——阻塞电阻，Ω；

U_1 ——开关 S1 断开时，端子 1、2 之间的电压，V；

U_2 ——当开关 S1 闭合，开关 S2 闭合于 3～4（测量 *At*）或 3～5，3～6（测量 *AtR*）时端子 1、2 之间的电压，V。

测量以阻塞电阻为基础的分流损耗时，应在 3～5 和 3～6 之间切换开关 S2 的位置，并通过调整电容 C_b 或电感 L_b 补偿阻波器阻塞阻抗中的电抗分量。信号发生器应置于低内阻。

注意，如果以这种方式测量分流损耗，则可不测量阻塞阻抗和阻塞电阻，反之亦然。

在打开隔离开关的条件下，也可以用直接测量分流损耗的方法检查阻波器是否存在故障。测试时，可在机房通过高频电缆向高频通道发送出高频信号，也可在结合滤波器的电缆侧发送信号，用选频电平表测量耦合电容器顶端的电平值，阻波器后面的隔离开关打开和闭合两种状态下的电平之差，便是阻波器的分流损耗。

需要注意的是，阻波器的高频阻塞效果不仅取决于阻波器的线路，还与线路阻抗、结合滤波器线路侧的输出阻抗有关。其分流损耗的保证值和出厂试验值（例如 2.6dB）是以一定线路输入阻抗及结合滤波器线路侧输出阻抗与线路阻抗完全匹配为条件，因结合滤波器为了达到最大工作带宽，其输出阻抗有一定的波动范围，此外输电线的实际阻抗也未必为此种线路阻抗的典型值（例如 300Ω、400Ω）其波动范围也会使阻波器的分流损耗增大或减小。因此，在运行现场实际测得的分流损耗如果在一较小的程度上大于制造厂分流损耗的保证值，尚不能作为阻波器是否失效的判据。当这种偏差足够大，比如明显超过表 Z11F1009Ⅱ–25 所列的分流损耗范围，或者分流损耗频响曲线严重变形时，则应分别测试阻波器阻塞阻抗和输电线的输入阻抗。正常范围见表 Z11F1009Ⅱ–25。

表 Z11F1009Ⅱ–25　　阻波器分流损耗的正常范围

阻波器 阻塞阻抗（Ω）	线路阻抗（Ω）	结合滤波器回波损耗（dB） （不带阻波器时）	阻波器分流损耗 （dB）
800～2000 （单频调谐）	400	20	0.9～2.1
		12	1.0～2.3
	300	20	0.7～1.6
		12	0.8～1.8
570～800 （宽带调谐）	400	20	2.1～2.8
		12	2.3～3.1
	350	20	1.8～2.5
		12	2.0～2.8
	300	20	1.6～2.2
		12	1.8～2.4
424～600 （宽带调谐）	300	20	2.1～2.8
		12	2.3～3.1

部分检验时，可采用拉合线路两侧接地刀闸的方法对阻波器的阻塞性能进行判断。断开线路两侧的断路器及隔离开关，分别在线路侧接地刀闸合上与断开的情况下测试结合滤波器线路侧的收发信电平。在本侧高频通道其他结合加工设备正常的情况下，该电平值前后相差不大于 2.6dB 时可认为阻波器阻塞性能完好，不必对其进行细致的检验。

（二）结合滤波器试验

拆下接在高压耦合电容器上的一次侧线圈，拆线时应严格遵守有关在高压设备上作业的安全规定，高压线路停电并挂接地线，并将结合滤波器一次侧的接地刀闸合上。

1. 外部检查

检查结合滤波器中中各元件是否完整，连接是否正确、螺丝是否拧紧、焊点有无假焊及脱现象，外壳内有无渗水及生锈现象，放电器固定是否牢固等，记录检查结果。

2. 绝缘电阻测试

用 1000V 绝缘电阻表测量对外壳绝缘电阻。测量之前先将电感线圈接地点拆开，把所有元件短接后对地（外壳）测绝缘电阻，要求不小于 100MΩ。电缆侧电容两端同样用 1000V 绝缘电阻表测绝缘电阻，同样要求大于 100MΩ。在绝缘电阻合格后，进行 1000V 交流 1min 耐压试验（或用 2500V 绝缘电阻表代替），将结果填入表 Z11F1009Ⅱ–26 中。

表 Z11F1009Ⅱ–26　　结合滤波器的绝缘电阻测试

回路名称	绝缘电阻（MΩ）	要求值	测试条件
内部元件对外壳		大于100MΩ	（1）用 1000V 绝缘电阻表。 （2）断开电感线圈接地点。 （3）短接所有元件对地

3. 避雷器放电电压测试

可用 2500V 绝缘电阻表及能测量 2500V 直流的电压表测试或参照制造厂说明书进行。放电时电压表指示值不再上升，要求直流放电电压在 1700～2100V 之间（对于 Y5CB–1 氧化锌避雷器，工频放电电压为 1800～2200V），否则应进行调整或更换。将结果填入表 Z11F1009Ⅱ–27 中。

表 Z11F1009Ⅱ–27　　结合滤波器的放电电压测试　　kV

铭牌值	
实测值	

4. 结合滤波器的输入阻抗频率特性和衰耗特性试验

在结合滤波器的整个工作频带内进行测试，频率步长为 10kHz，要求 b_p 不大于 1.3dB。

（1）衰耗和阻抗特性测试。

1）使用普通选频电平表方式。如图 Z11F1009Ⅱ–11 和图 Z11F1009Ⅱ–12 所示。

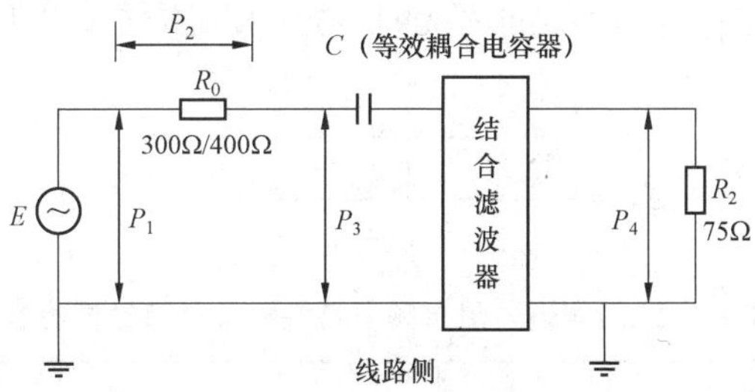

图 Z11F1009Ⅱ–11　结合滤波器线路侧工作衰耗及输入阻抗测试图

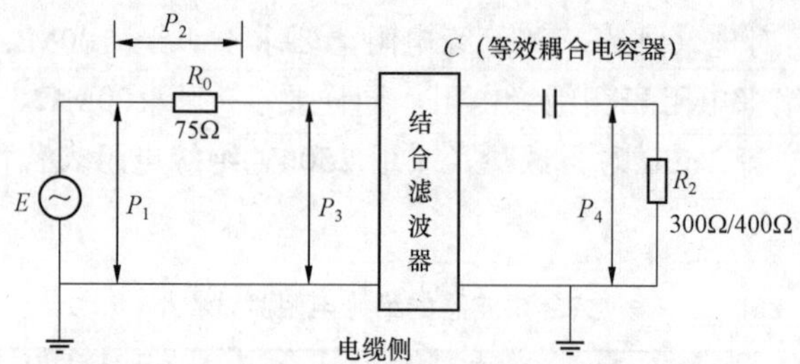

图 Z11F1009Ⅱ-12 结合滤波器电缆侧工作衰耗及输入阻抗测试图

① $E=10\text{dB}$，输出阻抗置于0Ω挡；f：工作频带内。

② 电平表置于高阻挡，p_2 采用平衡挡测量；p_3、p_4、p_1 采用不平衡挡测量。

工作衰耗

$$b_{\text{p}} = p_1 - p_4 + \lg\frac{R_2}{4R_0}$$

要求：单频不大于1.3dB；宽频不大于2.0dB。

输入阻抗

$$Z_{\text{R}} = 10^{\frac{p3-p2}{20}} R_0$$

要求：单频误差不大于±20%；宽频：误差不大于±25%。

2）使用自动测试仪。

阻波器、结合滤波器自动测试仪的测试插座是四芯的（或四个插孔），分线路侧和电缆侧。将线路侧测试引线接至结合滤波器高压端和一次接地端子，将电缆侧测试引线接至结合滤波器的高频电缆接入端子和二次接地端子。根据自动测试仪提示完成工作衰耗的测试，将结果填入表 Z11F1009Ⅱ-28 和表 Z11F1009Ⅱ-29 中。

（2）特性阻抗测试。特性阻抗 ZC 可用如图 Z11F1009Ⅱ-11 和图 Z11F1009Ⅱ-12 的接线形式进行测量，当末端 R_2 开路和短路时，分别测出工作频率 f_0 下的开路、短路时的输入阻抗 $Z\infty$ 和 Z_0。填入表 Z11F1009Ⅱ-30 和表 Z11F1009Ⅱ-31 中。

计算公式为

$$Z_{\text{C}} = \frac{\sqrt{\lg^{-1}(p_{3\infty} + p_{30} - p_{2\infty} - p_{20})}}{20} R_0$$

表 Z11F1009Ⅱ-28 线路侧输入阻抗频率特性和衰耗特性试验参数

f（kHz）								
U_1（V）								

续表

U_2（V）								
U_3（V）								
U_4（V）								
Z_{in}（Ω）								
b_p（dB）								

注 衰耗值 b_p 不大于 1.3dB。

表 Z11F1009Ⅱ–29　　电缆侧输入阻抗频率特性和衰耗特性试验参数

f（kHz）								
U_1（V）								
U_2（V）								
U_3（V）								
U_4（V）								
Z_{in}（Ω）								
b_p（dB）								

注 衰耗值 b_p 不大于 1.3dB。

表 Z11F1009Ⅱ–30　　线路侧特性阻抗测试

$P_{2\infty}$	$P_{1\infty}$	Z_{∞}	P_{20}	P_{10}	Z_0	Z_C

注 Z_C 与所用挡的最大误差不超过 20%。

表 Z11F1009Ⅱ–31　　电缆侧特性阻抗测试

$P_{2\infty}$	$P_{1\infty}$	Z_{∞}	P_{20}	P_{10}	Z_0	Z_C

注 Z_C 与所用挡的最大误差不超过 20%。

试验在所用收发信机频率下进行即可。

5. 回波损耗特性测试

回波损耗特性 $brt=F(f)$，测试接线如图 Z11F1009Ⅱ–13 所示，频率步长为 10kHz，要求结合滤波器在工作频带内的回波损耗大于 20dB。

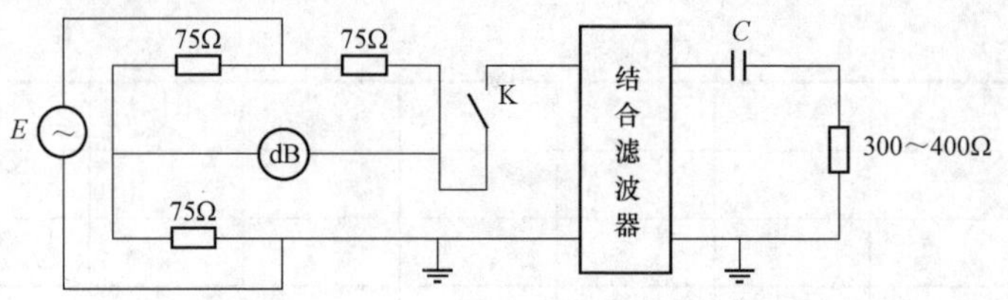

图 Z11F1009Ⅱ–13 结合滤波器的回波衰耗测试图

测量：

1）$E=10$dB，输出阻抗置于 0 挡；f：工作频带内。

2）K 断开时，电平值为 p_1；K 合上时，电平值为 p_2。

$$b_{rt}=p_1-p_2$$

要求：单频不小于 20dB；宽频不小于 12dB。

（三）耦合电容器的调试

耦合电容器的调试应根据高压电容器的有关规定进行。

（1）绝缘，耐压试验。

（2）电容量。要求与标称值相差不大于±10%。

（3）介质损耗试验。要求 20℃时 $\tan\delta<0.4\%$。

（四）高频电缆试验

1. 外部检查

检查高频电缆的状况是否良好，应检查铅包及铠装是否完好，电缆头是否完好，铜芯有无损伤等，各连接处是否牢固可靠，电缆标示牌是否清晰。记录检查结果。

2. 绝缘电阻测试

断开高频电缆与结合滤波器的连接端子，在保护屏的端子排处拆下电缆芯线。用 1000V 绝缘电阻表测定高频电缆芯与屏蔽层之间的绝缘电阻，应大于 100MΩ。绝缘电阻合格后再进行 2000V、1min 的交流耐压试验。结果填入表 Z11F1009Ⅱ–32 中。

表 Z11F1009Ⅱ–32 高频电缆绝缘电阻测试

回路名称	绝缘电阻（MΩ）	要 求 值	测 试 条 件
电缆芯对屏蔽层		大于 100MΩ	（1）用 1000V 绝缘电阻表。 （2）断开与外部的连线

3. 特性阻抗测试

特性阻抗 Z_C 可用图 Z11F1009Ⅱ–14 接线形式进行试验，各测试点采用电平表高阻挡测量。振荡器输出阻抗置于 0Ω挡，p_2 必须使用电平表平衡挡测量，p_1、p_3 用电平表不平衡挡测量。R_1 取为 75Ω，当末端开路（K 断开）和短路（K 闭合）时，分别测出工作频率 f_0 下的开路、短路时的输入阻抗 $Z\infty$ 和 Z_0。结果填入表 Z11F1009Ⅱ–33 中。

$$Z_C = \sqrt{\frac{\lg^{-1}\left(p_{3\omega}+p_{30}-p_{2\omega}-p_{20}\right)}{20}}R_1$$

测试结果偏差应不大于标称阻抗的 10%。

表 Z11F1009Ⅱ–33　　　　　高频电缆特性阻抗测试

U_{1k}	U_{2k}	Z_k	U_{1o}	U_{2o}	Z_0	Z_C

注　Z_C 与标称阻抗的最大误差不超过±10%。

如果电缆长度接近λ/4 或λ/4 的整数倍时，就有可能出现衰耗很大的情况。

4. 输入阻抗及工作衰耗测试

试验接线如图 Z11F1009Ⅱ–15 所示，各测试点采用电平表高阻挡测量。振荡器输出置于 0Ω挡。

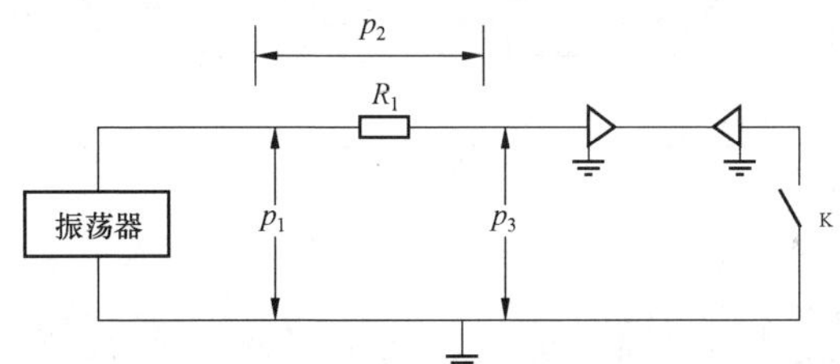

图 Z11F1009Ⅱ–14　高频电缆特性阻抗 Z_C

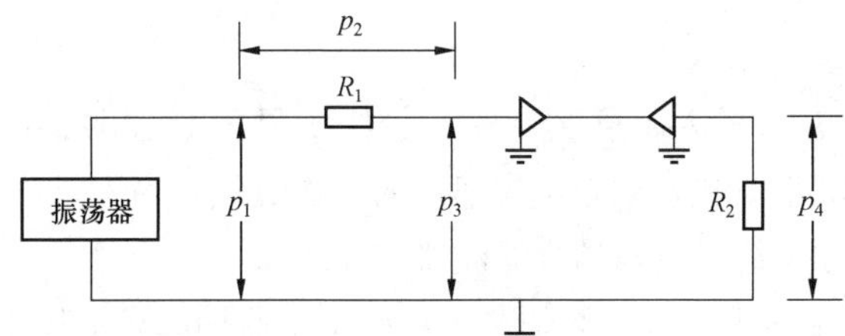

图 Z11F1009Ⅱ–15　高频电缆输入阻抗测试图

测试 p_2 时应用电平表平衡挡测量，p_1、p_3、p_4 用电子表不平衡挡测量。R_1 和 R_2 取为 75Ω。用下式计算工作频率 f_0 下的工作衰耗 b_p：

电平表法：

$$b_p = p_1 - p_4 - 6$$

上述计算公式均为 $R_1 = R_2$ 时得出。

用下式计算工作频率 f_0 下输入阻抗 Z_{in}：

$$Z_{in} = \lg^{-1}\left(\frac{p_3 - p_2}{20}\right) \times R_1$$

测试结果偏差应不大于标称阻抗的 10%。结果应符合表 Z11F1009Ⅱ–34 的要求，填入表 Z11F1009Ⅱ–35 中。

表 Z11F1009Ⅱ–34　　典型高频电缆工作衰耗值　　dB/km

工作频率（kHz） 电缆型号	50	100	150	200	300	400	500
SYV–75–9（PK–3）	1.56	1.82	2.35	2.60	2.95	3.47	4.34

表 Z11F1009Ⅱ–35　　高频电缆输入阻抗和工作衰耗值

f_0（kHz）	U_1（V）	U_2（V）	U_3（V）	Z_{in}（Ω）	b_p（dB/km）

注　输入阻抗的最大误差不超过±10%；工作衰耗值应小于 0.3dB/km。

（五）接地刀闸

外部检查：检查是否有锈蚀，触头接触是否紧密，标示是否清晰，接地线是否牢固可靠。

（六）高频通道对调

1. 单侧通道的测试

（1）工作衰耗 b_p 和输入阻抗 Z_{in}。试验接线如图 Z11F1009Ⅱ–16 所示，用来测定高频电缆加结合滤波器（包括耦合电容器）的工作衰耗和输入阻抗，测试得到的衰耗应为相同频率下高频电缆衰耗与结合滤波器衰耗之和。

p_2 需用平衡式电压表测量，其他测试点用不平衡挡测量；JL 为结合滤波器；C_1 为耦合电容器；R_1 取 75Ω，R_2 取 400Ω（或与线路阻抗相应的阻值）。为给以后的统调试验及保护投运后查找通道可能出现的异常现象做准备，宜进一步录取 R_2 为不同的电阻值（0、150、200，250、300、400、450、500Ω）时的输入阻抗值。

（2）计算公式如下。

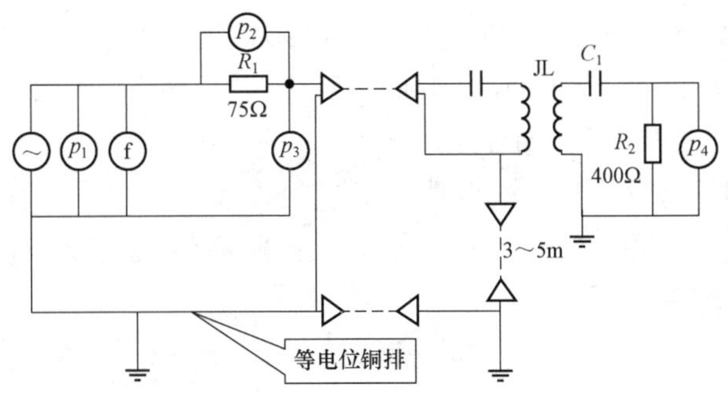

图 Z11F1009Ⅱ-16 单侧通道测试接线图

$$b_p = 20\log\frac{U_1}{U_4} + 10\log\frac{R_2}{4R_1}$$

用电压表法

$$Z_{in} = \frac{U_3}{U_2}R_1$$

$$b_p = p_1 - p_4 + 10\log\frac{R_2}{4R_1}$$

用电平表法

$$Z_{in} = \log^{-1}\left[(p_3 - p_2)/20\right]R_1$$

（3） 测量结果填入表 Z11F1009Ⅱ-36 中。

表 Z11F1009Ⅱ-36　　单侧通道衰耗测试记录表

工作频率	p_1（dB）	p_2（dB）	p_3（dB）	p_4（dB）	b_p（dB）	Z_{SR}（Ω）

衰耗在 3～4dB，应不大于高频电缆和结合滤波器的工作衰耗之和。输入阻抗在75Ω左右为正常。

2. 高频通道总衰耗和输入阻抗的测试

（1） b_Σ和 Z_{in} 测试。该项试验须在线路两侧保护及收发信机均做完单侧通道试验的检验项目之后才能进行。高频通道联调测试应在两侧分别轮流进行。若试验时，被保护线路尚没有带电，则试验应在断开两侧断路器和隔离开关以及线路两侧均接地（接地点在阻波器与断路器之间）的状态下进行检验，在线路带电时再复试。

试验时先在某一侧用高频振荡器 G 作信号源，然后再用保护收发信机作信号源，分别测试其工作衰耗和输入阻抗。试验接线如图 Z11F1009Ⅱ-17 所示，R_1 取 100Ω（或

75Ω），R_2 取 100Ω（或 75Ω）。频率为 40～500kHz，每隔 20kHz 左右测一点。在工作频率 $f_0\pm1$kHz、±2kHz、±4kHz、±14kHz 各测一次。为防止干扰信号侵入影响试验结果，测量应用选频表的选频挡进行。

1）$G=10$dB，输出阻抗置于 0Ω挡；f 置 f_0。

2）电平表置于高阻挡，p_1、p_3、p_4 采用不平衡挡测量；p_2 采用平衡挡测量。

计算公式如下

$$b_{\Sigma}=p_1-p_4-20\lg 2=p_1-p_4-6$$

$$Z_{\text{in}}=10^{\frac{1}{20}(p_3-p_2)}R_0$$

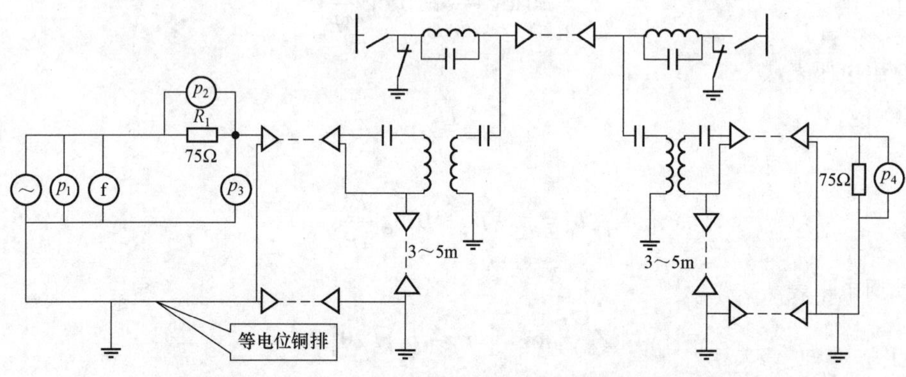

图 Z11F1009Ⅱ-17 高频通道总衰耗和输入阻抗测试接线图

在实际的检验中，往往遇到线路的输入阻抗并不等于线路的特性阻抗理论值（300Ω或 400Ω），而且两侧并不相等。所以该项检验是否合格的标准，是以收信电平值能否满足保护装置安全运行的条件来验证的，即要求两侧的收信电平均不小于16.0dBm，同时两侧分别测试所得的通道传输衰耗相 $b_{\Sigma}=\frac{1}{2}(p_2+p_3)-p_4$ 差不大于 3.0dB。

根据所测结果可求得传输衰耗，其结果应与理论计算值 $b=k\sqrt{f_0}\times L+6.08$ 相近。220kV 线路为 6.51×10^{-3}dB，110kV 线路为 11.29×10^{-3}dB。

在整个测试过程中，先在中心频率点进行两侧应分对线路接地刀闸进行分合状态的测试，当各状态下的工作衰耗大于 2dB 时，必须检查其他频率点，分析是否存在谐振点，不存在谐振点则对阻波器进行检查测试。

（2）采用收发信机作通道传输衰耗。用收发信机作两侧通道衰耗试验接线如图 Z11F1009Ⅱ-18 所示。

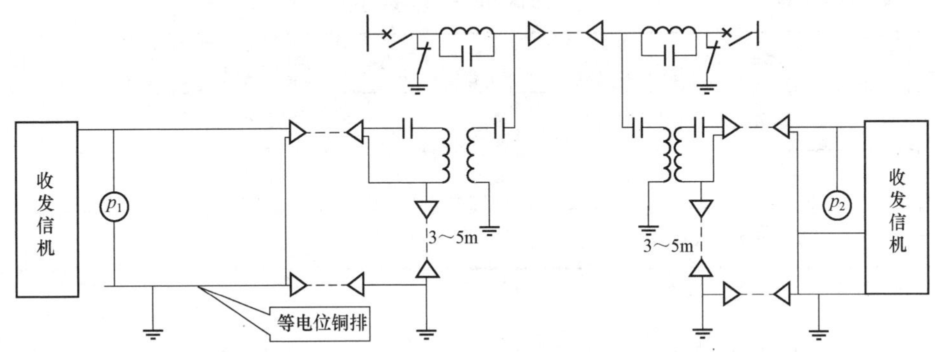

图 Z11F1009Ⅱ–18　用收发信机作两侧通道衰耗试验接线图

1）计算衰耗：两端分别发信，本侧减去对侧所收到的信号大小即为衰耗大小。但要注意，若收发信机有远方启动回路在进行本试验前应暂时退出此功能。

2）裕度测试：两端分别发信，在收信回路中串入衰耗器，逐渐增加，直到“收信”灯灭。一般要求裕度为 15～18dB 之间。试验分两侧分别进行。

3）dB 告警测试：两侧分别进行通道裕度试验后，做 3dB 告警测试。本试验两侧分别轮流进行，试验时使传输衰耗值大于 3dB 时，收发信机触发盘中红灯应发亮告警。两侧交换通道信号的发停信时间应满足图 Z11F1009Ⅱ–19 的要求，若不满足应做调整。

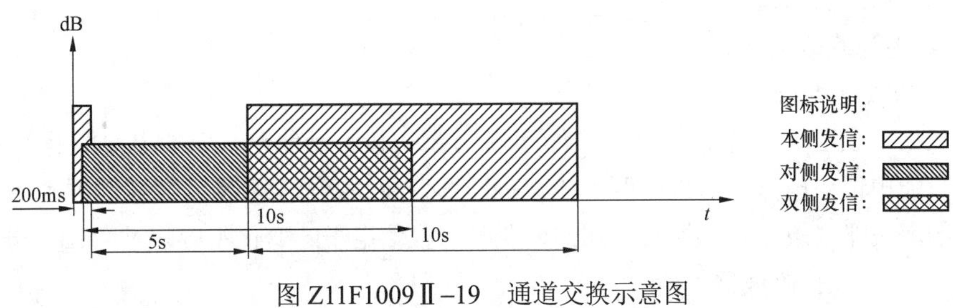

图 Z11F1009Ⅱ–19　通道交换示意图

3. 高频闭锁保护区内、区外故障模拟

本项试验可在两侧分别轮流进行。

（1）区外故障模拟。两侧均正常接入收发信机并投入远方启动回路，模拟故障时，由于收发信机仍正常交换信号，故障量被视为区外故障，保护不动作。试验时被保护线路的断路器应处于合闸状态。如处于断开状态需要暂时断开跳闸位置继电器停信回路。见表 Z11F1009Ⅱ–37。

表 Z11F1009Ⅱ-37 模拟区外故障试验

模拟故障类型	整组动作情况
正方向区外相间 AB 故障	
正方向区外单相接地 CN 故障	
反方向区外故障	

注 将对侧收发信机远方起信回路投入。

（2）区内故障模拟。需将对侧断路器处于分位，此时模拟故障，收发信机不能收到对侧的闭锁信号，保护出口跳闸。见表 Z11F1009Ⅱ-38。

表 Z11F1009Ⅱ-38 模拟区内故障试验

模拟故障类型	整组动作情况
正方向区内相间 AB 故障	
正方向区内单相接地 CN 故障	

注 将对侧收发信机远方起信回路退出。

4. 高频通道联合调试结论

高频通道联合调试结论：__________（合格，不合格）。

（七）高频通道故障检查

1. 阻波器检查

如果以上四个项目全部检查正确（两侧），就可以怀疑线路上面的阻波器是否失谐，这时只能申请停电，然后采用两侧轮流跳断路器及拉合线路接地刀闸的方法来判断哪一侧的阻波器出故障。地刀在不同的位置时，收信电平的变化不应超过 2dB（分流衰耗），否则应安排阻波器吊检。

2. 复杂高频通道故障的检查方法

实际上，高频通道检查是没有捷径可言的。只有测好每一点的数据，通过标准阻抗的测试数据与实际测试数据的比对，才能找到故障的元件。这一点，在有多个元件的特性阻抗偏移时尤为重要。对于这种情况，应逐点测试各种情况下，实际负载与模拟负载的收发信电平和输入阻抗，从而找到故障元件。

必须强调的是，阻抗和衰耗才是反映元件特性的参数。单凭借测到的电平，尤其是电压电平是不能确定问题根源的。

【思考与练习】

1. 以 RCS–931A 为例，比较复用光纤通道与专用光纤通道调试的不同之处。

2. 高频通道的裕度是否越大越好？说明原因。

3. 本侧收发信机发信时，用选频电压电平表测试本侧的结合滤波器的下桩头的电平比上桩头电平高 3dB 左右，正常吗？说明原因。

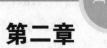

第二章

变压器保护装置调试及维护

模块 1　330kV 及以上变压器微机保护装置原理（Z11F2001Ⅱ）

【模块描述】本模块包含了 330kV 及以上变压器微机保护的配置及原理。通过要点归纳、原理讲解，掌握 330kV 及以上变压器微机保护的配置，阻抗保护、过励磁保护等的工作原理

【模块内容】

一、330kV 及以上电压等级的变压器保护主要配置

变压器保护的类型可分为主保护、后备保护配置及异常运行保护配置。

1. 主保护配置

（1） 差动保护：主要包含二次谐波制动元件、五次谐波制动元件、比率制动元件、差动速断过电流元件、差动元件和 TA 断线判别元件等。当主变压器为单相变压器时，还具有分相差动和低压侧小区差动元件。

（2） 本体保护：包含本体气体保护、有载调压气体保护和压力释放保护、冷却器全停保护等。

2. 后备保护配置

后备保护主要配置了相间阻抗保护、接地阻抗保护、复合电压闭锁过电流保护、反时限过励磁保护、零序（方向）过电流保护、零序过电流保护、中性点过电流保护。

3. 异常运行保护配置

异常运行保护主要配置了变压器各侧过负荷、变压器过负荷启动风冷、变压器过负荷闭锁调压、油温高、绕组温度高等。

变压器差动保护、励磁涌流闭锁元件、五次谐波闭锁元件、差动速断元件、分侧差动保护、零序差动保护、复合电压闭锁的过电流（方向）保护、零序电流（方向）保护、非电量保护等内容已在 220kV 及以下教材中讲述。本书主要讨论阻抗保护和过励磁保护，以及分相差动、低压侧小区差动保护。

二、阻抗保护

Q/GDW 1175—2013《变压器、高压并联电抗器和母线保护及辅助装置标准化设计规范》中规定，在330kV及以上电压等级的变压器高（中）压侧需配置阻抗保护，作为本侧母线故障和变压器绕组故障的后备保护。阻抗元件采用具有偏移圆动作特性的相间、接地阻抗元件，用于保护相间和接地故障。

（一）阻抗元件的构成及特性

相间阻抗元件采用0°接线方式，接地阻抗元件采用带零序补偿的接线方式：

$$\left.\begin{aligned} Z_{\phi\phi} &= \frac{\dot{U}_{\phi\phi}}{\dot{I}_{\phi\phi}} \\ Z_{\phi} &= \frac{\dot{U}_{\phi}}{\dot{I}_{\phi} + K3\dot{I}_{0}} \end{aligned}\right\}$$

式中　$\phi\phi$ ——AB、BC、CA；

ϕ ——A、B、C。

相间阻抗元件以电压形式表达的动作方程为

$$90° < \arg\frac{\dot{U}_{\phi\phi} - \dot{I}_{\phi\phi}Z_{\mathrm{p}}}{\dot{U}_{\phi\phi} + \dot{I}_{\phi\phi}Z_{\mathrm{n}}} < 270°$$

接地阻抗元件以电压形式表达的动作方程为

$$90° < \arg\frac{\dot{U}_{\phi} - (\dot{I}_{\phi} + K3\dot{I}_{0})Z_{\mathrm{p}}}{\dot{U}_{\phi} + (\dot{I}_{\phi} + K3\dot{I}_{0})Z_{n}} < 270°$$

式中　Z_{p} ——正方向整定阻抗，Ω；

Z_{n} ——反方向整定阻抗，Ω。

阻抗元件的动作特性是偏移圆特性，最大灵敏角为80°。其动作特性如图Z11F2001Ⅱ-1所示。

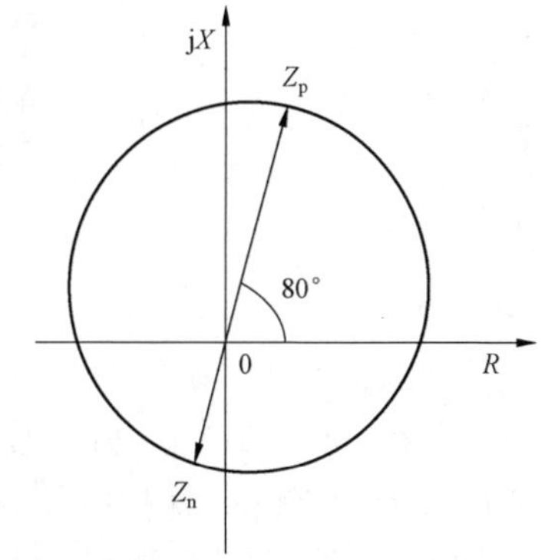

图Z11F2001Ⅱ-1　阻抗元件动作特性

（二）阻抗保护的配置

在330kV及以上电压等级的变压器，在高压侧（YN接线）、中压侧（YN接线）需配置带偏移特性的阻抗保护。高压侧的阻抗保护设置一段两时限，第一时限跳本侧断路器，第二时限跳变压器各侧断路器。中压侧的阻抗保护设置一段三时限，第一时限跳开本侧分段和母联断路器，第二时限跳开本侧断路器，第三时限跳开变压器各侧断路器。

由于偏移圆动作特性的阻抗元件，其正反方向两侧短路都有保护范围，若所用TA的正极性端在母线侧，则偏移圆动作特性的正方向指向变压器，反方向指向母线（系统）。安装在高（中）压侧的阻抗元件，当方向指向变压器时，整定阻抗保护范围要求不伸出中（高）压侧和低压侧的母线，作为变压器内部绕组短路故障的后备。而当阻抗元件方向指向母线（系统）时，整定阻抗按照与线路保护配合整定，作为系统短路故障的后备。

（三）TV断线及系统振荡对阻抗保护的影响及措施

为防止TV断线及系统振荡对阻抗元件的工作带来影响，可采用相间电流工频变化量和负序电流作为启动元件，启动元件启动后开放500ms，期间若阻抗元件动作则继续保持。在TV断线时由于启动元件不启动，阻抗保护不会误动。启动元件动作方程为

$$\begin{cases}\Delta I > 1.25\Delta I_{\mathrm{t}} + I_{\mathrm{th}} \\ I_2 > 0.2I_n\end{cases}$$

式中 ΔI_{t} ——浮动门槛，随着变化量输出增加而自动提高，取1.25倍可使门槛电流始终高于不平衡输出，保证在系统频率偏移和系统振荡情况下不误启动，A；

I_{th} ——固定门槛，A；

I_2 ——负序电流，大于$0.2I_n$时启动元件动作，A。

为了防止在TV断线期间发生区外短路时阻抗保护的误动，在判断出TV断线以后，将阻抗保护自动退出。此时可通过整定控制字选择是否投入一段过电流保护作为后备保护。若“阻抗退出投入过电流保护”控制字为“1”时，表示在TV断线时退出阻抗保护，投入一段过电流保护，动作后跳变压器各侧断路器；若“阻抗退出投入过电流保护”控制字为“0”时，表示在TV断线时退出阻抗保护，不投入过电流保护。

当本侧TV检修或旁路代路未切换TV时，为避免阻抗保护的误动作，需投入“本侧电压退出”压板或整定控制字，自动退出阻抗保护。并可通过整定控制字选择投入过电流保护作为后备保护。

（四）振荡闭锁

在变压器保护中采用的阻抗保护，如果其动作时间在1.5s以上时，可以用时限躲过振荡的影响，就不必经振荡闭锁控制。否则，阻抗保护应该受振荡闭锁控制，在系统振荡时闭锁阻抗保护。保护装置中设有整定控制字，当“阻抗保护经振荡闭锁投入”控制字为“0”时，阻抗保护不经振荡闭锁；当控制字整定为“1”时，阻抗保护经过

振荡闭锁。

阻抗元件的振荡闭锁分为以下三个部分：

1. 在启动元件动作起始160ms以内

在启动元件动作起始160ms以内其动作条件是，启动元件开放瞬间，若按躲过变压器最大负荷整定的正序过电流元件不动作或动作时间不到10ms，将振荡闭锁开放160ms。如果该元件在系统正常运行情况下突然发生故障时，立即开放160ms。当系统振荡时，正序过电流元件动作，随后再发生故障，振荡闭锁元件被闭锁。另外，当区外故障或操作后160ms再发生故障时，该元件也被闭锁。

2. 不对称故障开放元件

系统振荡且区内发生不对称故障时，振荡闭锁回路应开放。开放的条件为

$$|I_0|+|I_2|>m|I_1|$$

式中　m ——某一固定常数，其值根据最不利的系统条件下，即振荡又区外故障时振荡闭锁不开放为条件来确定，并留有一定的裕度；

I_1、I_2、I_0 ——正序、负序和零序电流，A。

采用不对称故障开放元件，保证了在系统已经发生振荡的情况下，发生区内不对称故障时瞬时开放振荡闭锁以迅速切除故障，振荡又区外故障时则可靠闭锁保护而不误动。

3. 对称故障开放元件

在启动元件开放160ms后或在系统振荡过程中区内发生三相短路故障，则上述两项措施都不能开放振荡闭锁，所以在保护装置中设置专门的判别元件，测量系统振荡中心电压U_{OS}。即

$$U_{OS}=U_1\cos\varphi_1$$

式中　U_1 ——正序电压，V；

φ_1 ——正序电流与正序电压之间的夹角，°。

当满足$-0.03U_N<U_{OS}<0.08U_N$时，延时开放150ms；当满足$-0.1U_N<U_{OS}<0.25U_N$时，延时开放500ms。

（五）阻抗保护逻辑框图

综合以上分析，可得阻抗保护逻辑框图，如图Z11F2001Ⅱ-2所示。

三、变压器过励磁保护

运行中的变压器由于电压升高或者频率降低，将会使变压器处在过励磁运行状态，此时变压器铁芯饱和，励磁电流急剧增加，波形发生畸变，产生高次谐波，从而使变压器铁芯损耗增大，温度升高。另外，铁芯饱和之后，漏磁通增大，在导线、油箱壁

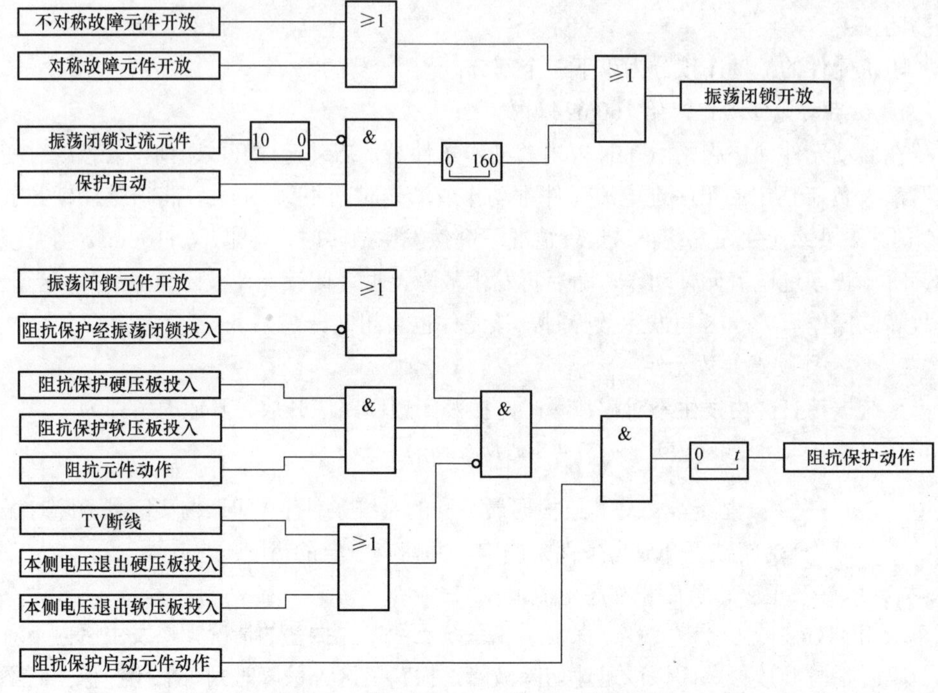

图 Z11F2001Ⅱ-2 阻抗保护逻辑框图

及其他构件中产生涡流，引起局部过热。严重时造成铁芯变形及损伤介质绝缘。因此，为保证大型、超高压变压器的安全运行，设置变压器过励磁保护是十分必要的。

标准化设计规定，在330kV及以上变压器的高压侧，220kV变压器的高压侧与中压侧应配置过励磁保护。

（一）过励磁保护的原理

在变压器差动保护中过励磁闭锁元件部分，已经讲述了变压器过励磁运行的原因，这里不再重复。在变压器过励磁保护中，采用一个重要的物理量，称为过励磁倍数 n，它等于变压器运行时铁芯中的实际磁密 B 与额定工作磁密 B_e 之比，即

$$n=\frac{B}{B_e}=\frac{U/U_e}{f/f_e}=\frac{U_*}{f_*}$$

式中 U_e,U ——变压器运行时的额定电压和实际电压，V；

f_e,f ——变压器的额定频率和实际频率，Hz；

U_*、f_* ——变压器运行时电压和频率的标幺值。

通过计算 n 值，可知变压器运行的状态，额定运行时，$n=1$；过励磁时，$n>1$。n值越大，过励磁倍数越高，对变压器的危害越严重。

（二）测量过励磁倍数的原理

在微机型变压器保护装置中，保护装置计算出加在变压器上的电压 U 和频率 f 后，直接计算出过励磁倍数 n。由于通常计算电压 U 时，认为系统频率为额定频率，而在过励磁时系统频率可能比额定频率偏低。因此在软件计算电压时，采用的算法应尽量减少由于频率变化带来的误差。

考虑到过励磁运行对变压器的危害，主要表现为变压器发热增加，温度升高。而变压器发热温升是一个积累过程，它不但与当前过励磁倍数有关，还与历史上过励磁倍数有关。所以，励磁倍数用均方根计算方法来求取。这种计算方法与“有效值”的概念相同，能确切反映过励磁时的发热情况。计算公式为

$$N=\sqrt{\frac{1}{T}\int_{0}^{T}n^{2}(t)\mathrm{d}t}$$

式中　T ——从过励磁开始到当前计算时刻止的时间，S；

$n(t)$ ——每一时刻按照（一）中公式计算得到的过励磁倍数（相当于交流瞬时值的概念），是时间的函数。

按上式计算得到的过励磁倍数 N（相当于交流有效值的概念），包含了从过励磁开始一直到当前为止所有的过励磁信息，反映的是发热的累积过程及程度。

（三）动作特性及逻辑框图

变压器过励磁保护分为定时限和反时限两种形式。

1. 动作方程

动作方程如下

$$\begin{cases}n\geqslant n_{\text{setL}}\\ n\geqslant n_{\text{seth}}\end{cases}$$

式中　n ——过励磁倍数；

n_{setL} ——过励磁倍数低定值，定时限保护的启动值，应按躲过正常运行时变压器铁芯中出现的最大工作磁密来整定。

其中Ⅱ段为告警信号，一般告警定值取 1.1，延时 4s；Ⅰ段为定时限过励磁跳闸，一般定时限元件动作过励磁倍数取变压器额定励磁的 1.15～1.2 倍，其动作延时可取 6～9s。n_{seth} 为过励磁倍数高定值，反时限部分启动值。反时限保护动作后，跳开变压器各侧断路器，将变压器从电网上切除。

2. 反时限部分的动作特性

实际运行的变压器过励磁越严重，发热越多，允许运行的时间越短；反之，变压器过励磁较轻时，允许运行的时间较长，显然是一个反时限特性。所以保护采用反时

限特性与之相适应，即过励磁倍数越大时，保护动作跳闸的时间越短；反之，过励磁倍数越小时，保护动作跳闸的时间越长。

过励磁反时限保护动作特性方程之一为

$$t = 0.8 + \frac{0.18K_t}{(M-1)^2}$$

式中 t——保护动作时限，s；

K_t——整定的时间倍率（1～63）；

M——启动倍率，$M = \frac{n}{n_{seth}}$，即等于过励磁倍数与反时限部分过励磁倍数之比。

过励磁反时限保护动作特性方程之二为

$$t = 10^{-K_1 n + K_2}$$

式中 t——保护动作时限，s；

n——过励磁倍数；

K_1、K_2——待定常数。

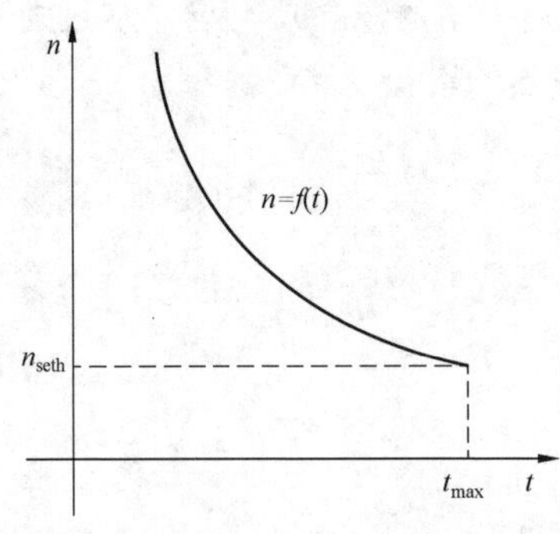

图 Z11F2001Ⅱ–3　反时限过励磁保护动作特性曲线

图 Z11F2001Ⅱ–3 所示为反时限过励磁保护动作特性曲线，按与制造厂给出的允许过励磁特性曲线相配合的原则来整定。图中 n_{seth} 为反时限过励磁保护启动值；t_{max} 为反时限过励磁保护动作最大时限。过励磁倍数 n 的整定值一般在 1.0～1.5 之间，最大延时可为 3000s。

众所周知，并网运行的变压器的频率决定于电网的频率，除发生电网解列、瓦解等严重事故外，电网频率大幅度下降的可能性很小，因此，变压器的过励磁主要由过电压所致。表 Z11F2001Ⅱ–1 给出了过电压倍数与允许持续时间的关系。

表 Z11F2001Ⅱ–1　　反时限过励磁保护的定值

过电压倍数	1.1	1.15	1.2	1.25	1.3	1.35	1.4
允许持续时间（s）	t_1	t_2	t_3	t_4	t_5	t_6	t_7

反时限过励磁保护定值的整定，是通过曲线拟合的方式来实现的，固定反时限过励磁 I 段的过励磁倍数为 1.1，以 0.05 的级差递增，一般取 7 个点进行定值整定。

3. 逻辑框图

微机型过励磁保护的动作逻辑框图如图 Z11F2001Ⅱ–4 所示。由图可以看出，当变压器电压升高或频率降低时，若测量出的过励磁倍数大于过励磁告警定值且过励磁告警投入时，经延时 t_{II} 发信号；若测量出的过励磁倍数大于过励磁保护定时限定值时，定时限Ⅰ段动作，定时限过励磁保护动作跳闸；严重过励磁时，则过励磁保护反时限动作，经与过励磁倍数相对应的延时，将变压器从电网上切除。

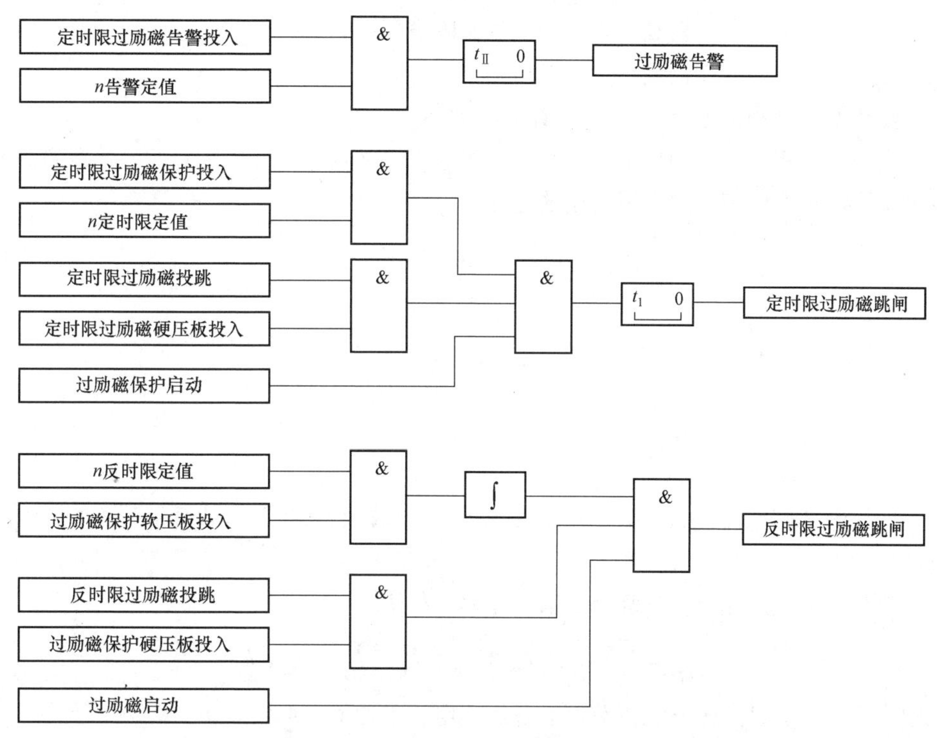

图 Z11F2001Ⅱ–4 微机型过励磁保护逻辑框图

四、变压器分相差动保护

分相差动保护是指由变压器高、中压侧外附 TA 和低压侧三角内部套管（绕组）TA 构成的差动保护，TA 为全 Y 接线该保护能反应变压器内部各种故障。

同纵差保护一样，分相差动保护应注意空载合闸时励磁涌流对变压器差动保护引起的误动，以及过励磁工况下的变压器差动保护动作行为。

以下以 Y0y0d11 变压器为例来说明分相差流的计算。

变压器各侧二次额定电流：

高压侧额定电流： $I_{n.h}=\dfrac{S}{\sqrt{3}\times U_h\times n_{a.h}}$；

中压侧额定电流： $I_{n.m}=\dfrac{S}{\sqrt{3}\times U_m\times n_{a.m}}$；

低压侧额定电流： $I_{n.l}=\dfrac{S}{3\times U_l\times n_{a.l}}$；

式中 S——变压器高中压侧容量，MVA；

U_h、U_m、U_l——变压器高、中、低压侧铭牌电压，kV；

$n_{a.h}$、$n_{a.m}$、$n_{a.l}$——变压器高、中、低压侧 TA 变比。

注意低压侧额定电流 $I_{n.l}$ 与纵差计算时的不同。

变压器分相差动各侧平衡系数和各侧的电压等级及 TA 变比都有关。计算差流时各侧电流均折算至高压侧。平衡系数的计算：

高压侧平衡系数： $K_h=\dfrac{I_{n.h}}{I_{n.h}}=1$；

中压侧平衡系数： $K_m=\dfrac{I_{n.h}}{I_{n.m}}$；

低压侧套管平衡系数： $K_l=\dfrac{I_{n.h}}{I_{n.l}}$；

变压器各侧电流互感器采用星形接线，二次电流直接接入本装置。电流互感器各侧的极性都以母线侧为极性端。

分相差动采用相电流计算，不需要作移相处理。

$$\dot{I}_{dai}=\dot{I}_{ai}\times k_i\text{；}\ \dot{I}_{dbi}=\dot{I}_{bi}\times k_i\text{；}\ \dot{I}_{dci}=\dot{I}_{ci}\times k_i$$

式中 $\dot{I}_{dai}$，$\dot{I}_{dbi}$，$\dot{I}_{dci}$——经折算后的各侧相电流矢量值，A。

k_i——变压器高、中、低侧的平衡系数（k_h，k_m，k_l）。

差动电流：

$$I_{da}=\left|\sum_{i=1}^{n}\dot{I}_{dai}\right|\text{；}\ I_{db}=\left|\sum_{i=1}^{n}\dot{I}_{dbi}\right|\text{；}\ I_{dc}=\left|\sum_{i=1}^{n}\dot{I}_{dci}\right|\text{；}$$

制动电流：

$$I_{ra}=\frac{\sum_{i=1}^{n}\left|\dot{I}_{dai}\right|}{2}\text{；}\ I_{rb}=\frac{\sum_{i=1}^{n}\left|\dot{I}_{dbi}\right|}{2}\text{；}\ I_{rc}=\frac{\sum_{i=1}^{n}\left|\dot{I}_{dci}\right|}{2}\text{。}$$

分相差动的差动速断保护，稳态量比例差动和故障量比例差动的动作条件、闭锁条件和参数选择均与纵差保护相同。

五、变压器低压侧小区差动保护

低压侧小区差动保护是由低压侧三角形两相绕组内部 TA 和一个反映两相绕组差电流的外附 TA 构成的差动保护。该保护反应低压侧绕组和低压侧绕组至低压侧外附 TA 短引线的故障。

低压侧小区差动各侧平衡系数，只和各侧的 TA 变比有关：

低压侧外附 TA 平衡系数：　　$K_l' = \dfrac{n_{\text{a.l}}}{n_{\text{a.l}}} = 1$；

低压侧套管 TA 平衡系数：　　$K_r' = \dfrac{n_{\text{a.r}}}{n_{\text{a.l}}}$。

$n_{\text{a.l}}$，$n_{\text{a.r}}$ 分别为低压侧外附 TA 和低压侧套管 TA 的 TA 变比，计算差流时各侧电流均折算至低压侧外附 TA。

低压侧小区差动采用相电流计算，不需要作移相处理。电流互感器各侧的极性都以母线侧为极性端。

$$\dot{I}_{\text{dar}} = \dot{I}_{\text{ar}} \times k_r';\quad \dot{I}_{\text{dbr}} = \dot{I}_{\text{br}} \times k_r';\quad \dot{I}_{\text{dcr}} = \dot{I}_{\text{cr}} \times k_r';$$

式中　$\dot{I}_{\text{dar}}, \dot{I}_{\text{dbr}}, \dot{I}_{\text{dcr}}$——折算后的低压侧套管 TA 相电流矢量值。

差动电流：

$$I_{\text{da}} = \left| \sum_{i=1}^{n} \dot{I}_{\text{dai}} + \dot{I}_{\text{dbr}} - \dot{I}_{\text{dar}} \right|;$$

$$I_{\text{db}} = \left| \sum_{i=1}^{n} \dot{I}_{\text{dbi}} + \dot{I}_{\text{dcr}} - \dot{I}_{\text{dbr}} \right|;$$

$$I_{\text{dc}} = \left| \sum_{i=1}^{n} \dot{I}_{\text{dci}} + \dot{I}_{\text{dar}} - \dot{I}_{\text{dcr}} \right|$$

制动电流：

$$I_{\text{ra}} = \frac{\sum_{i=1}^{n} |\dot{I}_{\text{dai}}| + |\dot{I}_{\text{dbr}}| + |\dot{I}_{\text{dar}}|}{2};$$

$$I_{\text{rb}} = \frac{\sum_{i=1}^{n} |\dot{I}_{\text{dbi}}| + |\dot{I}_{\text{dbr}}| + |\dot{I}_{\text{dcr}}|}{2};$$

$$I_{rc}=\frac{\sum_{i=1}^{n}|\dot{I}_{dci}|+|\dot{I}_{dcr}|+|\dot{I}_{dar}|}{2}$$

$\dot{I}_{dai},\dot{I}_{dbi},\dot{I}_{dci}$ ——折算后的低压侧外附 TA 相电流矢量值。

低压侧小区差动保护为比例差动保护，比例制动曲线为 3 折段，其动作方程如下

$$I_{xd}\geqslant I_{xopmin}，\ I_{xr}<I_{xs1}；$$

$$I_{xd}\geqslant I_{xopmin}+(I_{xr}-I_{xs1})\times k_{x1}，\ I_{xs1}\leqslant I_{xr}\leqslant I_{xs2}；$$

$$I_{xd}\geqslant I_{xopmin}+(I_{xs2}-I_{xs1})\times k_{x1}+(I_{xr}-I_{xs2})\times k_{x2}，\ I_{xr}<I_{xs2}$$

式中 I_{xd} ——差动电流，A；

I_{xr} ——制动电流，A；

I_{xopmin} ——最小动作电流，A；

I_{xs1} ——制动电流拐点 1（取 I_e），A；

I_{xs2} ——制动电流拐点 2（取 3 I_e），A；

k_{x1} ——斜率 1（取 0.5）；

k_{x2} ——斜率 2（取 0.7）；

I_e ——基准侧额定电流（低压侧外附 TA），A。

图 Z11F2001Ⅱ–5 为低压侧小区差动动作特性图。

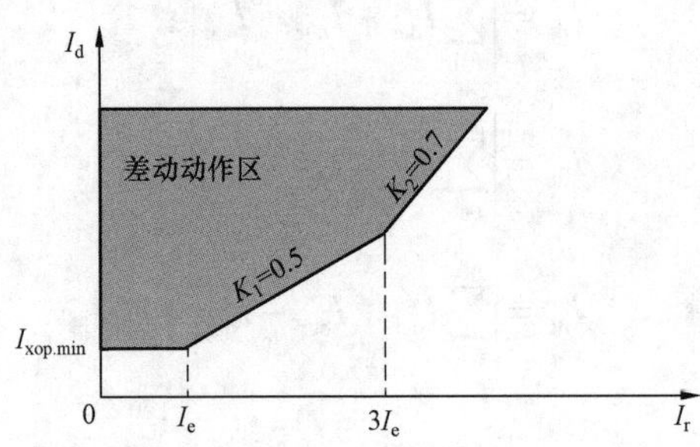

图 Z11F2001Ⅱ–5 低压侧小区差动动作特性图

低压侧小区差动保护经过 TA 断线判别（可选择）和 TA 饱和判别闭锁后出口。

闭锁条件：TA 断线判别（可选择）和 TA 饱和判别。

图 Z11F2001Ⅱ–6 为低压侧小区差动保护逻辑图。

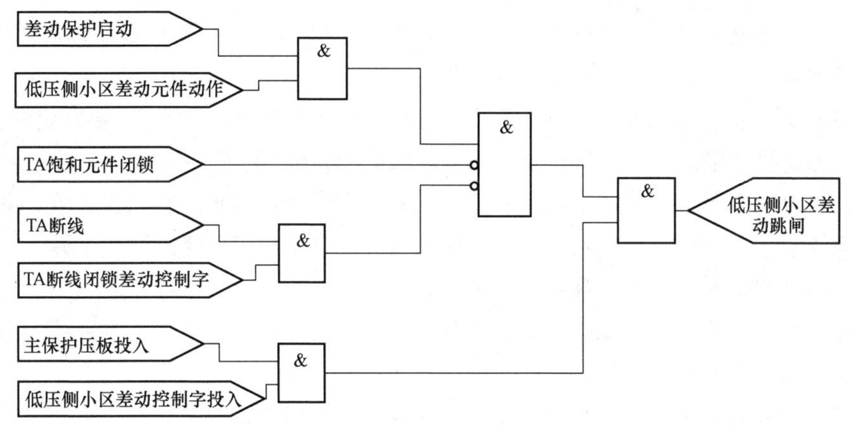

图 Z11F2001Ⅱ-6 低压侧小区差动保护逻辑图

【思考与练习】

1. 简述 330kV 及以上电压等级的变压器保护类型及配置。
2. 相间阻抗元件、接地阻抗元件采用什么接线方式？分别写出其动作方程。
3. 简述 330kV 及以上电压等级变压器的阻抗保护配置。
4. TV 断线及系统振荡对变压器阻抗保护有什么影响？可以采取了哪些措施消除？
5. 过励磁对变压器有什么影响？
6. 什么是过励磁保护反时限动作特性？画出过励磁保护的动作逻辑框图。

模块 2 330kV 及以上变压器保护装置调试的安全和技术措施（Z11F2002Ⅱ）

【模块描述】本模块包含 330kV 及以上变压器保护装置调试的工作前准备和安全技术措施，通过要点归纳、图表举例，掌握 330kV 及以上变压器保护装置现场调试的危险点预控及安全技术措施。

【模块内容】

一、330kV 及以上变压器保护装置调试工作前的准备

（1）检修作业前做好检修准备工作，并在检修作业前 3 天提交相关停役申请。摸底工作包括检查设备状况、反措计划的执行情况及设备的缺陷等。

（2）开工前 3 天，向有关部门上报本次工作的材料计划。

（3）根据本次调试的项目，组织作业人员学习作业指导书，使全体作业人员熟悉作业内容、进度要求、作业标准、安全注意事项。要求所有工作人员都明确本次校验工作的内容、进度要求、作业标准及安全注意事项。

（4） 开工前一天，准备好作业所需仪器仪表、相关材料、工器具。要求仪器仪表、工器具应试验合格，满足本次作业的要求，材料应齐全。

仪器仪表主要有：绝缘电阻表、数字式万用表、继电保护单相试验装置、继电保护三相校验装置，钳形相位表、伏安特性测试仪、电流互感器变比测试仪等。

工器具主要有：个人工具箱、计算器等。

相关材料主要有：绝缘胶布、自粘胶带、电缆、导线、小毛巾、中性笔、口罩、手套、毛刷、逆变电源板等。

（5） 最新整定单、相关图纸、上一次试验报告、本次需要改进的项目及相关技术资料。要求图纸及资料应与现场实际情况一致。

主要的技术资料有：主变压器保护图纸、变压器成套保护装置技术说明书、变压器成套保护装置使用说明书、变压器成套保护装置校验规程。

（6） 根据现场工作时间和工作内容填写工作票（第一种工作票应在开工前一天交值班员）。工作票应填写正确，并按 Q/GDW 1799.1—2013《电力安全工作规程　变电部分》执行。

二、安全技术措施

以下主要讨论调试工作危险点及控制。

（一）人身触电

1. 误入带电间隔

控制措施：工作前应熟悉工作地点、带电部位。检查现场安全围栏、安全警示牌和接地线等安全措施。

2. 接（拆）低压电源

控制措施：必须使用装有漏电保护器的电源盘。螺丝刀等工具金属裸露部分除刀口外包上绝缘。接（拆）电源时至少有两人执行，一人操作，一人监护。必须在电源开关拉开的情况下进行。临时电源必须使用专用电源，禁止从运行设备上取得电源。

3. 保护调试及整组试验

控制措施：工作人员之间应相互配合，确保一、二次回路上无人工作。传动试验必须得到值班员许可并配合。

（二）机械伤害及高空坠落

机械伤害主要指坠落物打击。高空坠落主要指在主变压器上工作时，人员和工器具的跌落。

控制措施：工作人员进入工作现场必须戴安全帽。正确使用安全带，工作鞋应防滑。在主变压器上工作必须系安全带，上、下主变压器本体由专人监护。

（三）继电保护“三误”事故

“三误”是指误碰、误整定、误接线。防“三误”事故的安全技术措施如下：

（1）现场工作前必须做好充分准备，内容包括：

1）了解工作地点一、二次设备运行情况，本工作与运行设备有无直接联系（如备自投、联切装置等）。

2）工作人员明确分工并熟悉图纸与检验规程等有关资料。

3）应具备与实际状况一致的图纸、上次检验记录、最新整定通知单、检验规程、合格的仪器仪表、备品备件、工具和连接导线。

4）工作前认真填写安全措施票，特别是针对复杂保护装置或有联跳回路的保护装置，如母线保护、变压器保护、断路器失灵保护等的现场校验工作，应由工作负责人认真填写，并经技术负责人认真审批。

5）工作开工后先执行安全措施票，由工作负责人负责做的每一项措施要在“执行”栏做标记；校验工作结束后，要持此票恢复所做的安全措施，并保证完全恢复。

6）不允许在未停用的保护装置上进行试验和其他测试工作；也不允许在保护未停用的情况下，用装置的试验按钮（除闭锁式纵联保护的启动发信按钮外）做试验。

7）只能用整组试验的方法，即由电流及电压端子通入与故障情况相符的模拟故障量，检查保护回路及整定值的正确性。不允许用卡继电器触点、短路触点等人为手段作保护装置的整组试验。

8）在校验继电保护及二次回路时，凡与其他运行设备二次回路相连的连接片和接线应有明显标记，并按安全措施票仔细地将有关回路断开或短路，做好记录。

9）在清扫运行中设备和二次回路时，应认真仔细，并使用绝缘工具（毛刷、吹风机等），特别注意防止振动，防止误碰。

10）严格执行风险分析卡和继电保护作业指导书。

（2）现场工作应按图纸进行，严禁凭记忆作为工作的依据。如发现图纸与实际接线不符时，应查线核对。需要改动时，必须履行如下程序：

1）先在原图上做好修改，经主管继电保护部门批准。

2）拆动接线前先要与原图核对，接线修改后要与新图核对，并及时修改底图，修改运行人员及有关各级继电保护人员的图纸。

3）改动回路后，严防寄生回路存在，没用的线应拆除。

4）在变动二次回路后，应进行相应的逻辑回路整组试验，确认回路极性及整定值完全正确。

（3）保护装置调试的定值，必须根据最新整定值通知单规定，先核对通知单与实际设备是否相符（包括保护装置型号、被保护设备名称、变压器联结组别、互感器接线、变比等）。定值整定完毕要认真核对，确保正确。

（四）主变压器保护故障

主变压器保护联跳各侧母联（分段）、旁路断路器。

控制措施：检查并断开对应的出口压板，解开对应线头并逐个用绝缘布包扎。

（五）断路器失灵

可能启动母差、启动远跳，误跳运行断路器。

控制措施：检查失灵启动压板须断开并拆开失灵启动回路线头，用绝缘胶布对拆头实施绝缘包扎。

（六）保护屏顶电压小母线带电

此种情况下易发生电压反送事故或引起人员触电。

控制措施：断开交流二次电压引入回路，并用绝缘胶布对所拆线头实施绝缘包扎。

（七）运行断路器误跳

二次通电时，电流可能误通入母差保护回路，误跳运行断路器。

控制措施：在端子箱将相应端子用绝缘胶布实施封闭。

（八）其他危险点及控制措施

（1）保护室内使用无线通信设备，易造成其他正在运行的保护设备不正确动作。

控制措施：不在保护室内使用无线通信设备，尤其是对讲机。

（2）带电插拔保护装置插件，易造成集成块损坏。而且频繁插拔插件，易造成插件插头松动。

控制措施：保护装置插件插拔前必须关闭电源并做好防静电措施。尽量减少插件插拔次数。

330kV及以上变压器保护装置检查调试安全措施票见表Z11F2002Ⅱ-1。

表Z11F2002Ⅱ-1 330kV及以上变压器保护装置检查调试安全措施票

被试保护设备：330kV及以上1号联变主变压器保护检修

运行状态：330kV及以上1号联变检修、5022断路器、5023断路器、2022断路器、2021断路器、3510断路器检修

序号	安全措施内容	执行	恢复
	保护屏屏名：1号联变保护屏A屏		
1	记录装置运行定值区号、屏前、后压板、空气开关、切换把手状态		
2	打开高压侧5022断路器电流端子：I1D1、1I1D2、1I1D3、1I1D4电流端子连接片		

续表

序号	安全措施内容			执行	恢复
2	打开高压侧 5023 断路器电流端子：1I1D10、1I1D11、1I1D12、1I1D13 电流端子连接片				
	打开并短接至安控装置电流端子内侧：1I1D5、1I1D6、1I1D7、1I1D8				
3	打开中压侧 2022 断路器电流端子：1I2D1、1I2D2、1I2D3、1I2D4 电流端子连接片				
	打开中压侧 2023 断路器电流端子 ：1I2D10、1I2D11、1I2D12、1I2D13 电流端子连接片				
4	打开低压侧电流端子：1I3D1、1I3D2、1I3D3、1I2D4 电流端子连接片				
5	打开公共绕组电流端子：1I4D1、1I4D2、1I4D3、1I4D4 电流端子连接片				
6	拉开交流电压空气开关：1ZKK1、1ZKK2、1ZKK3				
7	拆后包高压侧 5022 断路器出口跳闸 1：2–1QD4、2–1QD5、2–1QD6				
	拆后包高压侧 5023 断路器出口跳闸 1：3–1QD4、3–1QD5、3–1QD6				
8	拆后包中压侧 2022 断路器出口跳闸 1：1CD5、1KD5				
	拆后包中压侧 2023 断路器出口跳闸 1：1CD7、1KD7				
9	拆后包低压侧 3510 断路器出口跳闸 1：1CD13、1KD13				
10	拆后包启动高压侧 5022 断路器失灵：1KD15 拆后包启动高压侧 5022 断路器失灵：1KD16				
11	拆后包启动中压侧 2022 断路器失灵：1KD18 拆后包启动中压侧 2023 断路器失灵：1KD19				
12	拆后包启动安稳装置 1：1KD9				
13	拆后包至测控装置信号公共端：1YD1				
14	拆后包至故障录波器公共端：1XD1				
编制		审核		批准	

执行人：　　　　日期：　　　　恢复人：　　　　日期：

【思考与练习】

1. 330kV 及以上变压器保护装置调试工作前主要准备哪些仪器、仪表及工具？
2. 调试工作主要有哪些危险点？如何控制？
3. 编写 330kV 及以上变压器保护装置调试典型现场工作安全技术措施票。

模块 3 330kV 及以上变压器微机保护装置的调试（Z11F2003Ⅱ）

【模块描述】本模块包含 330kV 及以上变压器微机保护装置调试的主要内容。通过要点归纳、图表举例、分析说明，掌握 330kV 及以上变压器微机保护装置调试的作业程序、调试项目、各项目调试方法等内容。

【模块内容】

一、作业流程

330kV 及以上变压器微机保护装置调试的作业流程如图 Z11F2003Ⅱ-1 所示。

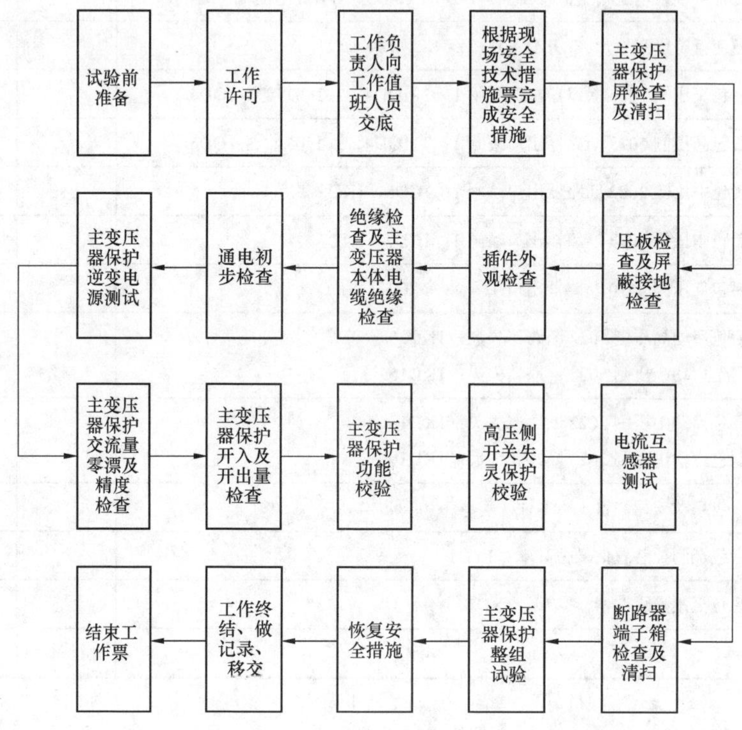

图 Z11F2003Ⅱ-1 主变压器保护校验作业流程图

二、校验项目、技术要求及校验报告

（一）绝缘检查

进行绝缘电阻测试前，应先将交流电流回路、交流电压回路、跳合闸回路、直流控制回路的端子分别短接，拆除交流回路和装置本身的接地端子，试验完成后注意恢复接地点。同时检查差动回路只有一点接地。注意摇测时应通知有关人员暂时停止在回路上的一切工作，断开直流电源，拆开回路接地点。

（1）用1000V绝缘电阻表摇测交流电流回路对地的绝缘电阻、摇测交流电压回路对地的绝缘电阻要求大于1MΩ；摇测交流电压回路对地的绝缘电阻时，应断开电压回路小母线引下线及电压回路接地点，防止电压回路短路、接地。

（2）用1000V绝缘电阻表摇测直流控制回路对地的绝缘电阻，要求大于1MΩ。

用500V绝缘电阻表摇测本体保护触点之间及对地（由气体继电器来）的绝缘电阻，要求大于10MΩ。

（3）用1000V绝缘电阻表摇测出口触点的绝缘电阻，要求大于10MΩ。

（二）逆变电源检查

（1）保护装置直流逆变电源输出电压测试，要求（24±1）V。

（2）保护装置逆变电源自启动电压测试。合上装置电源开关，试验直流电源由零缓慢上升至80%U_n，此时面板上的“运行”绿灯应常亮，直流消失装置闭锁触点打开。要求不大于80%的额定电压。

（3）80% U_n直流电源拉合试验。直流电源调至80% U_n，连续断开、合上电源开关几次，“运行”绿灯应能相应的熄灭、点亮。三次拉合直流电源，保护装置应不误动和误发保护动作信号。

（三）通电初步检查

（1）保护失电功能检查。失电后保护定值及各种信号应不丢失，输出“保护失电”信号。

（2）保护装置键盘操作及操作密码检查。在保护装置正常运行状态下检验键盘。分别操作每一键，保护装置的液晶显示应均有反映，键盘操作应灵活正确，保护密码应正确，并有记录。

（3）装置软件版本号检查进入主菜单，选择“其他”菜单进入，再选择“版本信息”子菜单进入，可分别显示保护板、管理板的软件版本号和CRC校验码。要求保护软件版本应和调度整定单一致。

（4）装置开入量检查。在保护运行状态下，依次进行开关量的输入和断开，同时监视液晶屏幕上显示的开关量变位情况。要求显示开入量状态应和实际状态对应。

（四）模拟量检查

（1）交流电流、电压零漂校验。进入主菜单，选择“采样信息”功能，再进入“显示有效值”子菜单，分别选择需要测量的保护CPU进入，此时屏幕显示被选择保护CPU的电流电压采样值菜单，此时三相电流和三相电压的显示值即为该侧的有效值、相角和零漂值。要求在一段时间（5min）内零漂值稳定在0.01I_n或0.05V以内。

（2）电流、电压精度测试。进行本项目检验时要求退出保护装置的所有保护功能压板。进入主菜单，选择“测试功能”子菜单，再进入“交流测试”子菜单，分别选择需要测量的保护 CPU 进入。在保护屏端子排上同时加三相正序电压和三相正序电流，调整输入交流电压分别为 5、20、60V，电流分别为 $0.1I_n$、I_n、$3I_n$，角度为 0°。要求电流、电压误差应不大于 5%，角度误差应不大于 1°。

（五）保护功能校验

以 PST–1201 变压器微机保护装置为例，介绍装置维护及调试方法。

1. 差动保护定值校验

（1）差动定值测试。以高压侧差动定值测试为例。依次在各侧的 A、B、C 相加入单相电流，电流大于（1.05×差动定值/各侧平衡系数）差动保护动作；电流小于（0.95×差动定值/各侧平衡系数）差动保护不动作。

注意到相位补偿是在高压侧（Y）采用两相电流相量差（超前电流–滞后电流），当加入单相电流进行差动定值校验时，两相有相同的差流，都有可能动作。如在高压侧 A 相电流端子上加电流 $I_A\angle 0°$，进入装置 A 相的电流为 $K_hI_A\angle 0°$，在 C 相中有差流 $K_hI_A\angle 180°$，大小相等，相位差 180°。此时 A 相和 C 相差动都有可能动作。如果要正确测定 A 相差动定值，需要将 C 相差流平衡，可在低压侧 C 相电流端子上加电流 $\dfrac{K_hI_A}{K_l}\angle 0°$。

（2）比率制动系数测试。

1）比例制动特性测试方法一：

① 用继电保护测试仪在高低压侧对应相加电流，使差流为零。然后固定高压侧电流，调节降低低压侧电流，直至差动动作。保护动作后退出试验电流，记录高低压侧动作电流。

② 以高、低压侧 A 相为例。在高压侧 A 相加电流，在低压侧 a 相、c 相分别加入相位相反、相位相同的电流，即高压侧 A 相加电流 $I_A\angle 0°$，低压侧 a 相加电流 $I_a=\dfrac{K_hI_A}{K_l}\angle 180°$，低压侧 c 相加电流 $I_c=\dfrac{K_hI_A}{K_l}\angle 0°$，此时的差流为 0；减小 I_a，直到差动保护动作，退出试验电流。记录两侧动作电流。

应用保护装置差动电流、制动电流和比率制动系数公式，计算比率制动系数。由于试验数据精度与测试仪所加电流的步长有密切关系，建议电流变化步长用 0.001A。

2）比例制动特性测试方法二：

① 先确定制动电流的大小，计算出高压侧的实际所加（A 相）电流。

② 算出该点的差流理论值，计算出此时低压侧所加理论（a 相和 c 相）电流；使

c 相的差流为 0，a 相差流达到动作值。

③ 在高压侧 A 相、低压侧 c 相加入计算值，且低压侧 a 相先加略大于计算值；

④ 减小低压侧 a 相电流至差动保护动作。

（3） 二次谐波制动系数的测试。依次在高压侧的 A、B、C 相加入基波电流（50Hz）和二次谐波电流（100Hz）。要求：基波电流大于差动定值/高压侧平衡系数。

1） 从电流回路加入基波电流 I，使差动保护可靠动作。

2） 从电流回路加入基波电流 I，同时叠加二次谐波分量，选择变量为二次谐波，设定变化步长。从大于定值的谐波分量逐渐减小，当小于二次谐波制动系数定值时，差动保护动作。记录二次谐波的百分值（或实际值）。

注意：因多相叠加二次谐波时，不同相中的二次谐波会互相影响，不易确定差流中的谐波含量，最好采用本相叠加二次谐波检验。

五次谐波制动系数的测试方法与二次谐波制动系数测试方法类似。

（4） 差动速断动作值测试。以高压侧差动速断定值测试为例。依次在各侧的 A、B、C 相加入单相电流，电流大于（1.05×差速断定值/各侧平衡系数）差速断保护可靠动作；电流小于（0.95×差速断定值/各侧平衡系数）差动速断保护可靠不动作。但此时差动保护会动作，要使差动保护不动作，可加二次谐波电流大于整定值，将差动保护闭锁。由于差动速断电流定值较大，校验时，保护装置差动速断动作后应及时退出试验电流，并记录差动速断动作值。

（5） 过励磁保护测试。过励磁保护保护作为大中型变压器在过电压或低频率下运行的保护，实际运行中，由于系统的频率变化几乎可以忽略，即系统的频率不会发生明显的变化，所以在测试该保护时侧重点放在过电压时保护的动作行为。

1） 定时限过励磁告警定值及时限测试。定时限过励磁保护分成两段，一般过励磁倍数为 1.1 时，经一定延时发出告警信号。当过励磁倍数达到 1.3 时，经延时 120s 发跳闸信号。过励磁保护启动倍数通常取 1.05。

定时限过励磁告警定值及时限测试的测试方法。用测试线将测试仪任两相电压接保护装置对应电压端子，固定测试仪上电压的频率为 50Hz，缓慢增加输出电压至过励磁保护定时限元件动作，记录过励磁保护刚动作时的电压，计算电压与频率之比，即过励磁倍数，应等于过励磁保护定时限元件的整定值，实测的过励磁倍数与整定值的误差在±5%以内。

定时限过励磁保护动作延时测试。用测试线将定时限过励磁保护出口继电器一对触点的输出端子与测试仪停止计时返回触点接入端子连接起来，在测试仪上设定 1.05 倍整定电压（或整定过励磁倍数），加电压测量动作时间，测出的时间应等于过励磁保护的整定时间，误差在±5%以内。

2）反时限跳闸定值测试。变压器具有一定的过励磁能力，过励磁倍数越高，允许的时间越短，即具有反时限特性。通常过励磁倍数的整定值在 1.0～1.5 之间，时间延时最大可达 3000s。

反时限跳闸定值测试方法。用测试线将测试仪任两相电压接保护装置对应电压端子，将定时限过励磁保护出口继电器一对触点的输出端子与试验仪停止计时返回触点接入端子连接起来，固定测试仪上电压的频率为 50Hz。在测试仪分别设定加 $1.4U_n$、$1.35U_n$、$1.3U_n$、$1.25U_n$、$1.2U_n$、$1.15U_n$，加电压测出对应过励磁倍数下的动作时间，测量值应等于各点对应的整定值，误差在±5%以内。

（6）阻抗保护测试。阻抗保护反应相间故障，采用 0° 接线，电流电压取自变压器同一侧的 TA 和 TV。方向元件的正方向指向变压器、反方向指向线路。TA 的极性要求可见保护装置的技术说明书，TA 断线时，相间阻抗保护自动退出，若电压恢复正常，相间阻抗保护也随之恢复正常。

特殊点阻抗定值测试主要有正向最大灵敏角阻抗定值；反向最大灵敏角阻抗定值；正向纯电阻点测试；反向纯电阻点测试；正向纯电抗点测试；反向纯电抗点测试。要求实测的动作阻抗与整定值（或理论值）的误差在±5%以内。

常规校验只要做最大灵敏角上两点即可。试验前按定值单进行计算得到正方向阻抗值、偏移阻抗值及阻抗角。如相间阻抗 $Z_{XJ}=\left|R_{XJ}+jX_{XJ}\right|$，阻抗角 $\varphi_{XJ}=\tan(X_{XJ}/R_{XJ})$，偏移阻抗 $Z_P=P_{XJ}Z_{XJ}$，阻抗角 $\varphi_{XJ}=180°-\tan(X_{XJ}/R_{XJ})$。然后用保护校验仪的阻抗测试窗口进行测试。加 0.95 倍计算值应可靠动作，加 1.05 倍计算值应可靠不动作。

因“TA 断线”对保护有影响，因此在做阻抗保护试验时，要先加电压量让保护装置发“TV 三相失压消失”的报文后再转换成故障状态。

（7）复合电压闭锁方向过电流保护测试。复合电压闭锁方向过电流保护反应相间故障，采用 90° 接线，电流电压取自变压器同一侧的 TA 和 TV。方向元件的正方向指向变压器，最大灵敏角–45°（电流超前电压为负）；反方向指向线路，最大灵敏角 135°。TA 的极性端要求详见说明书。TV 断线时，方向元件自动满足。

变压器各侧复合电压为并联逻辑，即开放条件为：① 本侧有压且满足复压（正序低电压或负序电压）条件任一个；② 本侧无压。

电流定值、复合电压定值测试，要求实测的动作值与整定值的误差在±2%以内。方向元件测试，要求实测的动作边界角与理论值的误差在±3° 以内。

下面讨论复合电压闭锁方向过电流保护测试方法。

1）复压闭锁方向过电流Ⅰ、Ⅱ段过电流。电流整定值检查：退出过电流保护经方向闭锁，在高压侧加入单相电流，并监视该套保护的跳闸触点。在 1.05 倍整定值时，可靠动作；在 0.95 倍整定值时，应可靠不动作。

高压侧负序电压元件动作值检查。投入“高压侧复压压板”，退出中、低压侧复压压板，在高压侧加入三相健全电压，等待 10s 后 TV 断线返回，装置无告警信号发出，加入单相电流并大于整定值，监视动作触点，降低某相电压最终使保护动作，记录此时的电压值，并计算出此时的负序电压的大小，即为负序电压元件的动作值。

高压侧低电压元件动作值检查。试验接线同上，此时应同时降低三相电压，并记录动作值。整定单中所给出的是线电压。

2）方向性检查。“复压方向控制字”选择为“0”，方向指向变压器。在高压侧加入三相健全电压，等待 10s 后 TV 断线返回，装置无告警信号发出，加入 A 相电流并大于整定值，监视动作触点，降低三相电压，并以 $\dot{U}_{BC}$ 参考相量，改变 A 相电流的相位，即可得到保护的动作范围，并记录动作边界。

（8）零序方向过电流Ⅰ、Ⅱ段、零序过电流Ⅰ、Ⅱ段、间隙过电流、过电压、非全相保护定值测试。零序方向过电流Ⅰ、Ⅱ段、零序过电流Ⅰ、Ⅱ段：退出零序过电流保护经方向闭锁，在高压侧零序回路加入单相电流，并监视动作触点。在 1.05 倍整定值时，可靠动作；在 0.95 倍整定值时，应可靠不动作。

方向性检查。“零序方向控制字”选择为“0”，方向指向变压器。在高压侧加入三相健全电压，等待 10s 后 TV 断线返回，装置无告警信号发出，在高压侧和高压侧零序电流回路同时加入 A 相电流并大于整定值，监视动作触点，降低 A 相电压，以 A 相电压为参考相，改变 A 相电流的相位，即可得到保护的动作范围，并记录动作时的边界。根据 U_A 和 U_0，I_A 和 I_0 的关系，就可得到 U_0 和 I_0 的关系，即零序过电流保护的动作范围。

零序过电压保护定值及时限测试。投入变压器高压侧间隙保护硬压板，在高压侧外接零序电压回路上加试验电压，同时监视该套保护的跳闸触点。在 1.05 倍定值时，可靠动作；在 0.95 倍定值时，应可靠不动作。测量从模拟故障至断路器跳闸回路的保护整组动作时间（测试到各出口压板），通入 1.2 倍整定电压，注入故障的时间略大于整定时间 100ms。以验证保护的跳闸矩阵和各段保护的动作时间。

间隙过电流保护定值及时限测试。投入变压器高压侧间隙保护硬压板，在高压侧间隙电流回路上加试验电流，同时监视该套保护的跳闸触点，在 1.05 倍整定值时，可靠动作；在 0.95 倍整定值时，应可靠不动作。测量从模拟故障至断路器跳闸回路的保护整组动作时间（测试到各出口压板），模拟故障试验电流为 1.2 倍的动作值，以验证保护的跳闸矩阵和保护的动作时间。

（9）变压器过负荷保护的测试。变压器过负荷保护反应变压器的负荷情况，包括过负荷监测元件、过负荷启动风冷元件、过负荷闭锁调压元件。

变压器过负荷监测元件监测变压器各侧的三相电流；过负荷启动风冷元件、过负荷闭锁调压元件一般取高压侧的三相电流。试验时退出差动保护压板，各元件达到定值经5s延时后发出信号。要求实测的动作电流值与整定值的误差在±2%以内。

2. 整组试验及带负荷测试

（1）差动保护联动三侧断路器。注意防止误跳旁路断路器。

（2）分别在高、中、低压侧保护联动三侧断路器，延时段跳母联的可用万用表电压挡监视保护触点的通断，防止误跳旁路及母联断路器。

（3）差动保护带负荷测试。在变压器带负荷超过20%时，检查各相差流值应小于$0.01I_n$。停用差动保护并防止TA开路。

（六）空气开关测试

三侧电压空气小开关、直流空气小开关跳闸电流及时间测试，应在$6\sim8I_n$下快速跳闸。要防止直流电源短路、试验电源短路或电流过大烧毁试验装置。

（七）TA校验

（1）TA伏安特性，每相加入0.5A至拐点以上约6信电流，记录相对应的电压值，作伏安特性曲线。要求测出的电流、电压曲线符合要求。

（2）用双臂电桥测量每相TA的电阻和回路电阻。根据回路情况，要求各相TA的电阻和回路电阻值基本平衡。

（3）用1000V绝缘电阻表测每相TA及回路绝缘，要求绝缘大于20MΩ。

（八）保护装置二次通电试验

分别在A、B、C相通入电流观察保护及信号、断路器动作情况。要求信号及动作正确。

（九）记录保护校验存在的问题

在保护装置及回路上存在的缺陷及问题，做好记录，并填写好处理意见。

（十）投运前定值与开入量状态的核查

进入“定值”菜单，打印出按定值整定通知单整定的差动、高、中、低后备保护定值，定值报告应与定值整定通知单一致。

在正常运行压板显示状态，查看差动、高、中、低后备保护投入压板与实际运行状态一致。

（十一）保护校验结论

试验结束需填写试验报告，写明本次校验结论，确定保护可以或不可以投入运行。

【思考与练习】

1. 简述330kV及以上变压器微机保护装置调试的作业流程。

2. 简述通电初步检查保护装置的内容。

3. 如何进行定时限过励磁保护动作值及时限测试？

4. 如何进行反时限过励磁保护动作值及时限测试?
5. 变压器阻抗保护定值测试主要有哪些特殊点?
6. 如何进行阻抗保护动作值及时限测试?
7. 复合电压闭锁方向过电流保护需要校验哪些定值?
8. 零序方向过电流保护需要校验哪些定值?
9. 为什么要进行整组试验及带负荷测试?

第三章

母线保护装置调试及维护

◢ 模块 1　母线微机保护装置原理（Z11F3001Ⅱ）

【模块描述】本模块包含了母线保护的配置及原理，通过要点归纳、原理讲解，掌握母线差动保护、母线死区保护、失灵保护、过电流保护、充电保护等母线保护装置的原理。

【模块内容】

一、概述

母线是汇集电能及分配电能的重要设备，是电力系统的重要组成部分之一，又称汇流排。虽然母线结构简单，且处于发电厂和变电站之内，发生故障的概率相对于其他电气设备较小，但由于母线绝缘子或断路器套管闪络、运行人员误操作等原因，还是可能发生故障。母线故障需断开母线上的所有连接元件，从而造成大面积停电，因此合理配置母线保护是非常重要的。

母线保护的配置一般包括母线差动保护、母联失灵保护、母线死区保护、母联过电流保护、充电保护、断路器失灵保护等，另外还有异常告警配置如 TA 短线告警、TV 断线告警等。220kV 及以上母线应当配置两套独立的母线保护。

由于母线保护关联到母线上的所有出线元件，因此，在设计母线保护时，还应考虑与其他保护及自动装置的配合。

（1）当母线发生短路故障或母线上故障断路器失灵时，为使线路对侧的闭锁式高频保护迅速作用于跳闸，母线保护动作后应使本侧的收发信机停信。

（2）当发电厂或重要变电站母线上发生故障时，为防止线路断路器对故障母线进行重合，母线保护动作后应闭锁线路重合闸。

（3）在母线发生短路故障而某一断路器失灵或故障点在断路器与电流互感器之间时，为使失灵保护能可靠切除故障，在母线保护动作后，应立即去启动失灵保护。

（4）当母线保护区内发生故障时，为使线路对侧断路器能可靠跳闸，母线保护动作后，应短接线路纵差保护的电流回路，使其可靠动作，切除对侧断路器。

母线的接线方式种类很多，有单母线、单母线分段、双母线、双母线单分段、双母线双分段、3/2 断路器接线、角形接线等。应根据发电厂或变电站在电力系统中的地位、母线的工作电压以及连接元件的数量及其他条件，选择最适宜的接线方式。

二、母线差动保护

根据基尔霍夫第一定律，把母线元件看成一个节点，当母线正常运行或发生外部故障时，母线各连接元件的电流的相量和等于零。当母线上发生故障时，流进和流出的电流不再平衡，即出现差流，当差流大于一定值时保护动作。

因此微机型母差保护的差动电流定义为

$$\sum_{j=1}^{n}\dot{I}_j=0$$

式中 n ——母线上连接的元件；

$\dot{I}_j$ ——母线所连第 j 条出线的电流，A。

保护动作条件为

$$\sum_{j=1}^{n}\dot{I}_j\geqslant I_{\mathrm{op}}$$

式中 I_{op} ——差动元件的动作电流，A。

母线差动保护由母线大差动和各段母线的小差动组成。母线大差动是指由母线上所有支路（除母联和分段）电流构成的差动元件，其作用是区分区内故障和区外故障。某段母线的小差动是指由该段母线上的各支路（含与该段母线相连的母联和分段）电流构成的差动元件，其作用是判断故障是否在该段母线之内，从而作为故障母线的选择元件。如果大差动元件和该段母线的小差动元件都动作，则将该段母线切除。

在差动元件中应注意 TA 极性的问题，一般各支路 TA 极性为其所在母线侧，母联 TA 极性可指向 Ⅰ 母或 Ⅱ 母。图 Z11F3001 Ⅱ–1 中（b）图所示母联 TA 极性在 Ⅰ 母侧，此时可将母联看作是 Ⅰ 母的一个支路，图 Z11F3001 Ⅱ–1 中（a）图所示则相反。若 TA 极性与母线保护装置程序中默认的不符，可能导致母差保护误动或拒动。

母线差动保护由三个分相差动元件构成。为提高保护的动作可靠性，在保护中还设有启动元件、复合电压闭锁元件、TA 二次回路断线闭锁元件及 TA 饱和检测元件等。双母线或单母线分段一相母差保护的逻辑框图如图 Z11F3001 Ⅱ–2 所示。由图 Z11F3001 Ⅱ–2 可以看出：当小差元件、大差元件及启动元件同时动作时，母差保护才动作；此时若复合电压元件也动作，则出口继电器才能去跳故障母线上各支路。如果 TA 饱和鉴定元件鉴定出差流越限是由于 TA 饱和造成时，立即将母差保护闭锁。

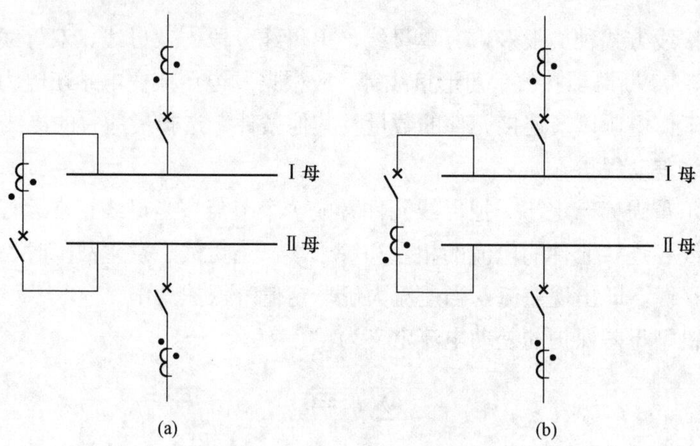

图 Z11F3001Ⅱ-1 TA 极性

（a）母联 TA 极性指向Ⅱ母；（b）母联 TA 极性指向Ⅰ母

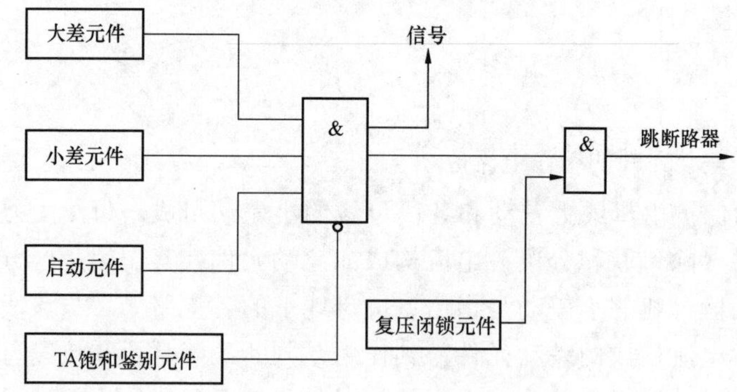

图 Z11F3001Ⅱ-2 双母线或单母线分段母差保护逻辑框图（以一相为例）

（一）启动元件

为提高母差保护的动作可靠性，设置有专用的启动元件，只有在启动元件启动之后，母差保护才能动作。通常采用的启动元件有：电压工频变化量元件、电流工频变化量元件及差流越限元件。

1. 电压工频变化量元件

当两条母线上任一相电压工频变化量大于门槛值时，电压工频变化量元件动作，启动母差保护。动作方程为

$$\Delta U \geqslant \Delta U_{T} + 0.05U_{N}$$

式中 ΔU ——相电压工频变化量瞬时值，V；

U_{N} ——额定相电压（TV 二次值），V；

ΔU_{T} ——浮动动作门槛值，V。

2. 电流工频变化量元件

当相电流工频变化量大于门槛值时，电流工频变化量元件动作，启动母差保护。动作方程为

$$\Delta I \geqslant KI_{\mathrm{N}}$$

式中 ΔI ——相电流工频变化量瞬时值，A；

I_{N} ——标称额定电流，A；

K ——小于 1 的常数。

3. 差流越限元件

当某一相大差元件测量差流大于某一值时，差流越限元件动作，启动母差保护。动作方程为

$$I_{\mathrm{d}} = \left|\sum_{j=1}^{n} I_j\right| \geqslant I'_{\mathrm{opo}}$$

式中 I'_{opo} ——差动电流启动门槛值，A；

I_{d} ——差动元件某相差动电流，A。

当上述各启动元件动作后，均将动作展宽 0.5s。

（二）差动元件

常见的差动元件有常规比率差动元件、工频变化量比率差动元件和复式比率差动元件。这些差动元件的差动电流的计算都相同，制动电流的计算有差异，因而在区外故障及区内故障时制动能力和动作灵敏度均有差异，但作用都是在区外故障时让动作电流随制动电流增大而增大使之能躲过区外短路产生的不平衡电流，而在区内故障时则希望差动继电器有足够的灵敏度。

1. 常规比率差动元件

动作判据如下

$$\left|\sum_{j=1}^{m} I_j\right| > I_{\mathrm{cdqd}}$$

$$\left|\sum_{j=1}^{m} I_j\right| > K\sum_{j=1}^{m}\left|I_j\right|$$

式中 K ——比率制动系数；

I_j ——第 j 个连接元件的电流，A；

I_{cdqd} ——差动电流启动定值，A。

根据上述的动作方程，绘制出的动作特性曲线如图 Z11F3001Ⅱ-3 所示。图中，I_d 为差动电流，$I_d=\left|\sum_{j=1}^{n} I_j\right|$；$I_z$ 为制动电流，$I_z=\sum_{j=1}^{n}\left|I_j\right|$；$\alpha_1$ 为整定的动作曲线与 I_z 轴的夹角，$\alpha_1=\arctan\dfrac{\left|\sum_{j=1}^{n} I_j\right|}{\sum_{j=1}^{n}\left|I_j\right|}$；$\alpha_2$ 为动作特性曲线的上限与 I_z 轴的夹角，即 $\left|\sum_{j=1}^{n} I_j\right|=\sum_{j=1}^{n}\left|I_j\right|$ 时动作特性曲线与 I_z 轴的夹角，显然，$\alpha_2=45°$，或 $\tan\alpha_2=1$。由图 Z11F3001Ⅱ-3 可以看出，母线小差元件的动作特性为具有比率制动的特性曲线。由于 $\left|\sum_{j=1}^{n} I_j\right|$ 不可能大于 $\sum_{j=1}^{n}\left|I_j\right|$，故差动元件不可能工作于 $\alpha_2=45°$ 曲线的上方。因此将 $\alpha_2=45°$ 曲线的上方称之无意义区。

2. 复式比率差动元件

动作判据

$$I_d > I_{dset}$$
$$I_d > K_r(I_r - I_d)$$

式中 I_d——母线上各元件电流的相量和，即差电流；

I_r——母线上各元件电流的标量和，即电流的绝对值和电流；

I_{dset}——差电流门槛定值；

K_r——复式比率系数（制动系数）。

复式比率差动元件动作特性图如图 Z11F3001Ⅱ-4 所示。

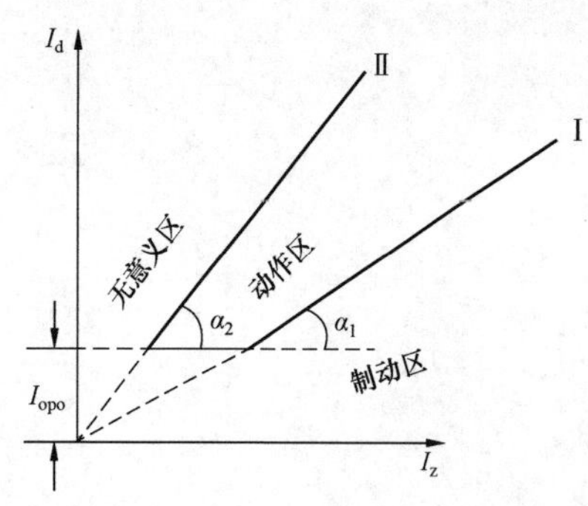

图 Z11F3001Ⅱ-3 差动元件的动作特性图

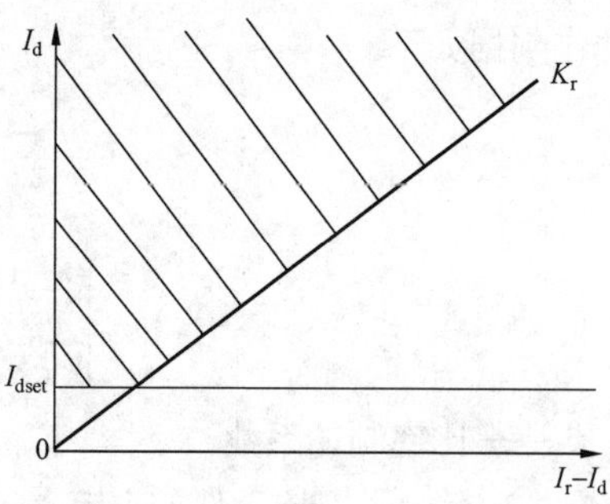

图 Z11F3001Ⅱ-4 复式比率差动元件动作特性图

若忽略 TA 误差和流出电流的影响，发生区外故障时，$I_d=0$，$0/I_r$ 为 0；发生区内故障时，$I_d=I_r$，$I_d/0$ 为∞。由此可见，复式比率差动继电器能非常明确地区分区内和区外故障，K_r 值的选取范围达到最大，即从 0 到∞。复式比率差动判据与常规的比率差动判据相比，由于在制动量的计算中引入了差电流，使其在母线区外故障时由于 K_r 值可选得大于 1 而有很强的制动特性，在母线区内故障时无制动，因此能更明确的区分区外故障和区内故障。

3. 比率制动系数的调整

当两条母线分列运行时（即母联断路器或分段断路器断开），若母线上发生故障，大差元件的动作灵敏度要降低。

如图 Z11F3001Ⅱ–5 所示，流入大差元件的电流为 $\dot{I}_1 \sim \dot{I}_4$ 四个电流；流入Ⅰ母小差元件的电流为 $\dot{I}_1$、$\dot{I}_2$ 及 $\dot{I}_0$ 三个电流；流入Ⅱ母小差元件的电流为 $\dot{I}_3$、$\dot{I}_4$、$\dot{I}_0$ 三个电流。当母联运行时Ⅰ母发生短路故障，Ⅰ母小差元件的差流为 $|\dot{I}_1|+|\dot{I}_2|+|\dot{I}_0|=|\dot{I}_3|+|\dot{I}_4|+|\dot{I}_1|+|\dot{I}_2|$；Ⅰ母小差元件的制动电流也为 $|\dot{I}_3|+|\dot{I}_4|+|\dot{I}_1|+|\dot{I}_2|$。两者之比为 1。大差元件的差流与制动电流与Ⅰ母小差相同，两者之比也为 1。当母联断开时Ⅰ母发生短路故障时，Ⅰ母小差元件的差流为 $|\dot{I}_1|+|\dot{I}_2|$，制动电流也为 $|\dot{I}_1|+|\dot{I}_2|$，两者之比为 1。而大差元件的制动电流仍为 $|\dot{I}_3|+|\dot{I}_4|+|\dot{I}_1|+|\dot{I}_2|$，但差流确只有 $|\dot{I}_1|+|\dot{I}_2|$。显然大差元件的动作灵敏度大大下降。为保证母差保护的动作灵敏度，当两条母线由并列运行转为分列运行时，母差保护装置会自动降低大差元件的比率制动系数。

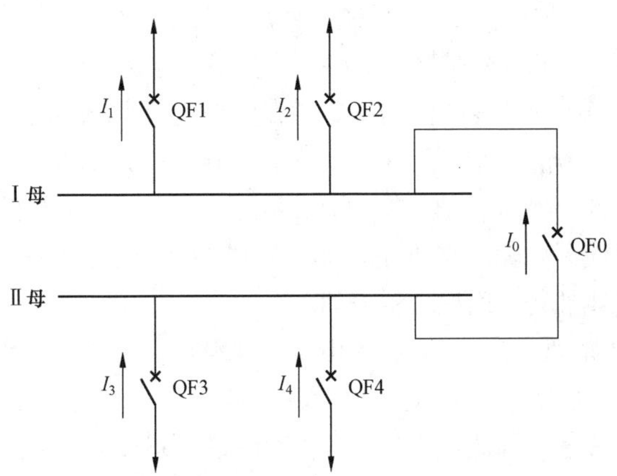

图 Z11F3001Ⅱ–5　母线接线示意图

QF1~QF4—母线出线断路器；QF0—母联断路器

4. TA 饱和鉴别元件

母线区外故障时，由于离故障点最近支路的电流互感器发生饱和，其电流不能线性传变到二次侧，最严重时其二次电流为零，使差动回路产生很大的差流造成保护误动；母线区内故障时，由于电流互感器的饱和，使差动回路的电流大大降低，可能造成母差保护的拒动。

在微机母差保护装置中，TA饱和的鉴别方法主要是同步识别法，也有利用差流波形存在线性传变区的特点，还有通过谐波制动原理防止TA饱和差动元件误动的。

（1）同步识别法。当母线区内发生故障时，各出线元件上的电流将发生很大的变化，与此同时在差动元件中出现差流，即工频电流的变化量与差动元件中的差流同时出现。当母差保护区外发生故障时，各出线元件上的电流立即发生变化，但由于故障后3～5ms，TA磁路才会饱和，因此，差动元件中的差流比工频电流变化量晚出现3～5ms。在母差保护中，当工频电流变化量与差动元件中的差流同时出现时，认为是区内故障开放差动保护；而当工频电流变化量比差动元件中的差流出现早时，即认为差动元件中的差流是区外故障TA饱和产生的，立即将差动保护闭锁一定时间。这种鉴别区外故障TA饱和的方法称为同步识别法。

（2）自适应阻抗加权抗饱和法。其基本原理同样是利用故障后TA即使饱和也不是短路后立即饱和的原理。在采用自适应阻抗加权抗饱和法的母差保护装置中，设置有工频变化量差动元件BLCD、工频变化量阻抗元件Z及工频变化量电压元件U。所谓的Z元件，是母线电压的变化量与差回路中电流变化量的比值。当区内发生故障时，U、BLCD和Z是同时动作的，保护可以快速跳闸。区外发生故障时，一开始TA没有饱和，所以U元件先动作，BLCD和Z元件没有动作。等到TA饱和以后，BLCD和Z元件才可能动作。据此判断是区外短路，保护不动作。

（3）基于采样值的重复多次判别法。若在对差流一个周期的连续R次采样值判别中，有S次及以上不满足差动元件的动作条件，认为是外部故障TA饱和，继续闭锁差动保护；若在连续R次采样值判别中有S次以上满足差动元件的动作条件时，判为发生区外故障转母线区内障，立即开放差动保护。该方法实际是基于TA一次故障电流过零点附近存在线性传变区原理构成的。

（4）谐波制动原理。TA饱和时差电流的波形将发生畸变，其中会有大量的谐波分量。用谐波制动可以防止区外故障TA饱和误动。但是，当区内故障TA饱和时，差流中同样会有谐波分量。因此，为防止区内故障或区外故障转区内故障TA饱和使差动保护拒动，必须引入其他辅助判据，以确定是区内故障还是区外故障。对于区外故障，当TA饱和后，在线性传变区是无差流的；而区内故障则无论是否在线性传变区都有差流。利用这一特点可以有效区别区内、区外故障。同时，利用谐波制动来防止区外故障时保护误动。在谐波制动原理中，为了正确测量谐波含量以及TA饱和后的线性传变区，往往需要一个采样周期的时间，所以其保护动作时间也较长。

5. 复合电压闭锁元件

母差保护动作后跳断路器的数量多，它的误动可能造成灾难性的后果。为防止保护出口继电器误动或其他原因跳断路器，通常采用复合电压闭锁元件。只有当母差保护差动元件及复合电压闭锁元件同时动作时，才能作用于去跳各路断路器。

（1）动作方程及逻辑框图。在大接地电流系统中，母差保护复合电压闭锁元件，由相低电压元件、负序电压及零序过电压元件组成。其动作方程为

$$\begin{cases} U_{\phi} \leqslant U_{op} \\ 3U_0 \geqslant U_{0op} \\ U_2 \geqslant U_{2op} \end{cases}$$

式中　U_{ϕ}——相电压（TV 二次值），V；

$3U_0$——零序电压，在微机母差保护中，利用 TV 二次三相电压自产，V；

U_2——负序相电压（二次值），V；

U_{op}——低电压元件动作整定值，V；

U_{0op}——零序电压元件动作整定值，V；

U_{2op}——负序电压元件动作整定值，V。

复合电压元件逻辑框图如图 Z11F3001Ⅱ-6 所示。从图中可以看出，低电压元件、零序过电压元件及负序电压元件中只要有一个或一个以上的元件动作，立即开放母差保护跳各路断路器的回路。

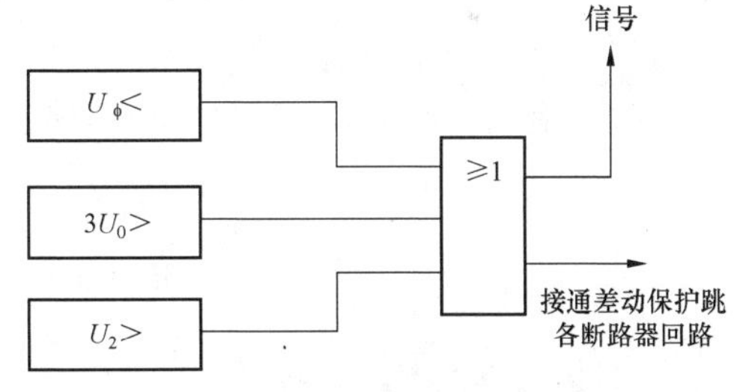

图 Z11F3001Ⅱ-6　复合电压元件逻辑框图

（2）闭锁方式。为防止差动元件出口继电器误动或人员误碰出口回路造成的误跳断路器，复合电压闭锁元件采用出口继电器触点的闭锁方式，即复合电压闭锁元件各对出口触点，分别串联在差动元件出口继电器的各出口触点回路中。跳母联或分段断路器的回路不串复合电压元件的输出触点。一般 220kV 母差保护用复合电压闭锁，500kV 母差不用复合电压闭锁。

6. TA 断线闭锁元件

高压母线出线上 TA 的变比通常为 600/1 或 1200/1，相差 2～4 倍；500kV 出线 TA 的变比将更小。TA 的变比越小，二次回路开路的危害越小，所以在母线保护装置中设置有 TA 断线闭锁元件，TA 断线时，立即将母差保护闭锁。

母差保护装置中的 TA 断线闭锁元件要求是：① 延时发出告警信号。当 TA 断线闭锁元件检测出 TA 断线之后，应经一定延时发出告警信号并将母差保护闭锁。② 分

相闭锁。母差保护为分相差动，TA断线闭锁元件也应分相设置，即A相TA断线就闭锁A相差动保护，以减少母线发生故障时差动保护拒动的概率。③ 母联、分段断路器TA断线，不锁母差保护。若断线闭锁元件检测到的是母联TA或分段TA断线，应发TA断线信号而不闭锁母差保护，且自动切换到单母线运行方式，发生区内故障时不再进行故障母线的选择。

一般采用系统无故障时差流越限，作为二次回路TA断线的判据，即

$$I_{\mathrm{d}} \geqslant I_{\mathrm{op}}$$

式中 I_{d} ——差电流，A；

I_{op} ——TA断线闭锁元件动作电流，A。

在某些装置中，也有采用零序电流作为TA断线判据。当任一支路中的零序电流大于定值时，判为差动TA断线。即

$$3I_0 > 0.25I_{\phi\max} + 0.04I_{\mathrm{e}}$$

式中 $3I_0$ ——零序电流，A；

$I_{\phi\max}$ ——最大相电流，A；

I_{e} ——标称额定电流（5A或1A）。

7. TV断线监视

对采用复合电压闭锁的母差保护，为防止由于TV二次回路断线造成对母线电压的误判断，设置有TV二次回路断线的监视元件。检测出TV二次断线后经延时发出告警信号，但不闭锁保护。TV断线监视元件的TV断线判据如下：

（1）利用自产零序电压与TV开口三角形电压进行比较判别，即

$$\left|\dot{U}_{\mathrm{a}} + \dot{U}_{\mathrm{b}} + \dot{U}_{\mathrm{c}}\right| - 3U_0/\sqrt{3} > U_{\mathrm{op}} \quad （适用于大电流系统）$$

$$\left|\dot{U}_{\mathrm{a}} + \dot{U}_{\mathrm{b}} + \dot{U}_{\mathrm{c}}\right| - 3U_0\sqrt{3} > U_{\mathrm{op}} \quad （适用于小电流系统）$$

式中 $\dot{U}_{\mathrm{a}}$、$\dot{U}_{\mathrm{b}}$、$\dot{U}_{\mathrm{c}}$ ——TV二次三相电压，V；

$3U_0$ ——TV开口三角形电压，V；

U_{op} ——TV断线闭锁元件动作电压，V。

（2）利用负序电压判别，当TV二次负序电压大于某一值，即$U_2 \geqslant 12$ V时判TV断线。

（3）利用三相电压幅值之和及TA二次有电流判别，即

$$\begin{cases} \left|\dot{U}_{\mathrm{a}}\right| + \left|\dot{U}_{\mathrm{b}}\right| + \left|\dot{U}_{\mathrm{c}}\right| < U_n \\ I_{\mathrm{a(b,c)}} \geqslant 0.04I_n \end{cases}$$

式中 $\dot{U}_{\mathrm{a}}$、$\dot{U}_{\mathrm{b}}$、$\dot{U}_{\mathrm{c}}$ ——TV二次三相电压，V；

U_n ——TV 二次额定电压，V；

$I_{a(b,c)}$ ——TA 二次三相电流，A；

I_n ——TA 二次标称额定电流（5A 或 1A）。

三、母联断路器的失灵保护

母线保护或其他有关保护动作跳母联断路器，但母联二次 TA 仍有电流，即判为母联断路器失灵，启动母联失灵保护。

母联失灵保护逻辑框图如图 Z11F3001Ⅱ–7 所示。所谓母线保护动作，包括Ⅰ母、Ⅱ母母差保护动作，充电保护动作，或母联过电流保护动作。其他有关保护包括：发变组保护、线路保护或变压器保护。它们动作后去跳母联断路器的触点闭合。母联失灵保护动作后，经短延时（0.2～0.3s）去切除Ⅰ母及Ⅱ母。

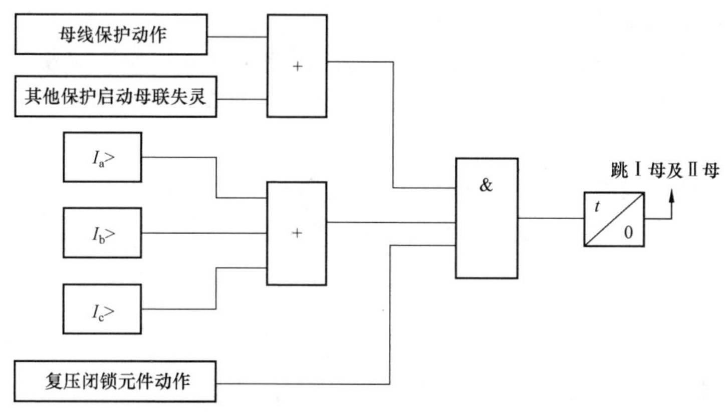

图 Z11F3001Ⅱ–7　母联失灵保护逻辑框图

图 Z11F3001Ⅱ–7 中，I_a、I_b、I_c 为母联 TA 二次三相电流。

四、母联断路器的死区保护

当故障发生在母联断路器 QF0 与母联电流互感器之间时，大差元件动作，同时电流 $\dot{I}_1$、$\dot{I}_2$ 及 $\dot{I}_0$ 增大，但流向不变，故Ⅱ母小差元件的差流近似等于零，不动作；而电流 $\dot{I}_3$ 与 $\dot{I}_4$ 的大小及流向均发生了变化（由流出母线变成流入母线），Ⅰ母小差元件的差流很大，Ⅰ母小差动作。Ⅰ母差动保护动作，跳开断路器 QF0、QF1 及 QF2；而此时Ⅱ母小差元件依然不动作，无法跳开断路器 QF3 及 QF4。因此，故障无法切除。

由此可见，对于双母线或单母线分段的母差保护，当故障发生在母联断路器与母联 TA 之间或分段断路器与分段 TA 之间时，非故障母线的差动元件会误动，而故障母线的差动元件会拒动，即保护存在死区。

由图 Z11F3001Ⅱ–8 可以看出，当Ⅰ母或Ⅱ母差动保护动作后，母联断路器被跳开（即母联断路器分位），但母联TA二次仍有电流，大差元件不返回，这时保护装置经过一个延时封母联TA（即此时母联TA不计入小差元件的差流计算），从而使故障母线的差流不再平衡，差动保护跳Ⅱ母或Ⅰ母（即去跳另一母线）上连接的各个断路器。

对于母线并列运行（联络断路器合位）发生死区故障而言，母联断路器触点一旦处于分位（可以通过断路器辅助触点或TWJ、HWJ触点读入），再考虑主触点与辅助触点之间的先后时序（50ms），即可封母联TA，这样可以提高切除死区故障的动作速度。由于母联断路器状态的正确读入对本保护的重要性，可将母联断路器的动合触点（HWJ）和动断触点（TWJ）同时引入装置，以便相互校验。对分相断路器，要求将三相动合触点并联，将三相动断触点串联。

五、母联过电流保护

母联（分段）过电流保护可以作为母线解列保护，也可以作为线路（变压器）的临时性保护。当母联代路投入运行时，若该线路发生故障，则由母联过电流保护动作跳母联断路器。

母联（分段）过电流保护压板投入后，当母联任一相电流大于母联过电流定值，或母联零序电流大于母联零序过电流定值时，经可整延时跳开母联断路器，不经复合电压闭锁。

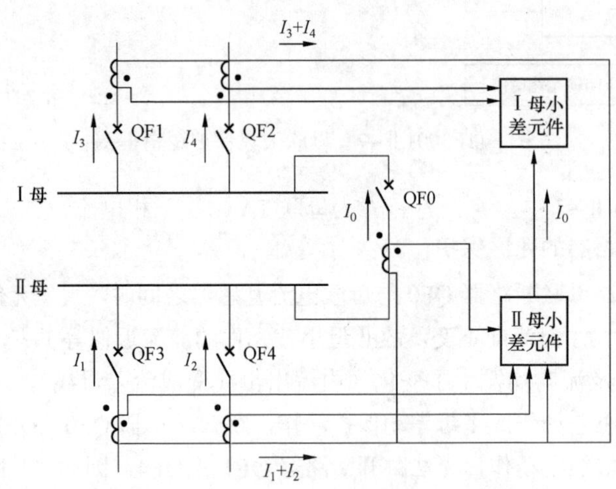

图Z11F3001Ⅱ-8 死区故障原理接线图

QF1～QF4—出线断路器；QF0—母联断路器

母联过电流保护逻辑如图Z11F3001Ⅱ-9所示。

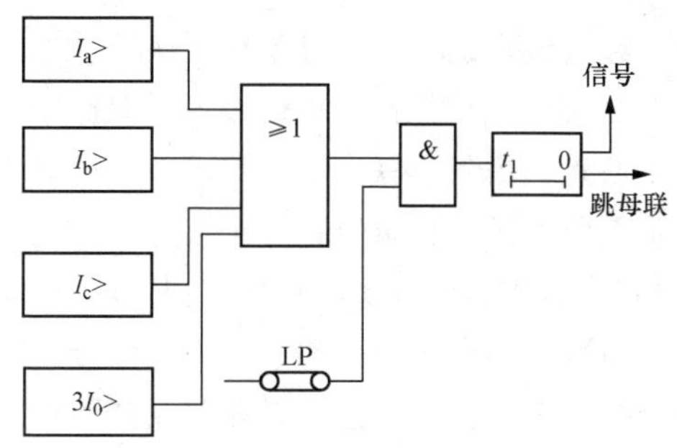

图 Z11F3001Ⅱ-9　母联过电流保护逻辑框图

LP—母联过电流保护投退压板（或控制字）

六、母联充电保护

母线充电保护是临时性保护。分段母线其中一段母线停电检修后，可以通过母联（分段）断路器对检修母线充电以恢复双母线运行。此时投入母联（分段）充电保护，当检修母线有故障时，跳开母联（分段）断路器，切除故障。

母联（分段）充电保护的启动需同时满足 4 个条件：① 母联（分段）充电保护压板投入；② 其中一段母线已失压，且母联（分段）断路器已断开（前采样状态母联（分段）断路器曾断开）；③ 母联电流从无到有；④ 母联断路器分位。

当有流门槛值为 $0.04I_n$ 时，保护的逻辑框图如图 Z11F3001Ⅱ-10 所示。

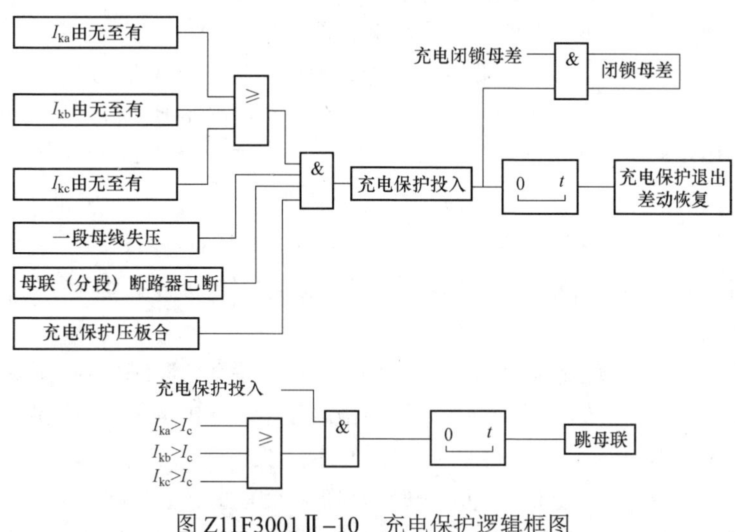

图 Z11F3001Ⅱ-10　充电保护逻辑框图

I_c—充电保护电流定值

充电保护一旦投入，自动展宽 200ms 后退出。充电保护投入后，当母联任一相电流大于充电电流定值时，经可整定延时跳开母联断路器，不经复合电压闭锁。

充电保护投入期间是否闭锁差动保护，可通过设置保护控制字相关项进行选择。充电保护投入闭锁母差主要是考虑到母联充电保护可以启动母联失灵保护，即使是被充母线有故障，母联断路器跳不开，也可以把整个母线上的元件切除。在母联断路器和 TA 之间发生故障的情况下，运行母线此时判区内故障，母差会动作，跳开运行母线上的所有元件，如果有母联充电保护闭锁母差保护的功能，则母联充电保护动作，跳开母联切除故障，避免扩大停电范围。由于存在母联辅助触点滞后打开的情况，在微机型差动保护中，母联断路器断开时，辅助触点自动将母联断路器差回路不计入差回路，当开始充电通过合闸按钮使母联断路器合上时，辅助触点有可能滞后打开，二次回路中因辅助触点滞后打开，母联 TA 二次电流未计入差回路，运行母线上面存在差流，就会引起母差保护误动，跳开非故障母线。

七、断路器失灵保护

当保护装置动作并发出了跳闸指令时，故障设备的断路器拒绝动作，称之为断路器失灵。发生断路器失灵故障的原因主要有：断路器跳闸线圈断线、断路器操动机构出现故障、空气断路器的气压降低或液压式断路器的液压降低、直流电源消失及控制回路故障等。其中发生最多的是气压或液压降低、直流电源消失及操作回路出现问题。

在 220～500kV 电力网中，以及 110kV 电力网的个别重要系统，应按规定设置断路器失灵保护。对断路器失灵保护的要求如下：① 动作可靠性高。断路器失灵保护与母差保护一样，其误动或拒动都将造成严重后果，因此，要求其动作可靠性高；② 动作选择性强，断路器失灵保护动作后，宜无延时再次跳开断路器。对于双母线或单母线分段接线，保护动作后以较短的时间断开母联或分段断路器，再经另一时间断开与失灵断路器接在同一母线上的其他断路器；③ 与其他保护的配合，断路器失灵保护动作后，应闭锁有关线路的重合闸。对于 3/2 断路器接线方式，当一串的中间断路器或边断路器失灵时，失灵保护则应启动远方跳闸装置，断开对侧断路器，并闭锁重合闸。对多角形接线方式的断路器，当断路器失灵时，灵敏保护也应启动远方跳闸装置，并闭锁重合闸。

断路器失灵保护应由故障设备的继电保护启动，手动跳断路器时不能启动失灵保护；在断路器失灵保护的启动回路中，除有故障设备的继电保护出口触点之外，还应有断路器失灵判别元件的出口触点（或动作条件）；失灵保护应有动作延时，且最短的动作延时应大于故障设备断路器的跳闸时间与保护继电器返回时间之和；正常工况下，失灵保护回路中任一对触点闭合，失灵保护不应被误启动或误跳断路器。断路器失灵的判据即为：① 保护动作（出口继电器触点闭合）；② 断路器仍在闭合状态；③ 断路器中还流有电流（负序电流或零序电流）。

断路器失灵保护一般由三部分构成：失灵启动及判别元件、运行方式识别元件及复压闭锁元件构成。双母线断路器失灵保护的逻辑框图如图 Z11F3001Ⅱ–11 所示。

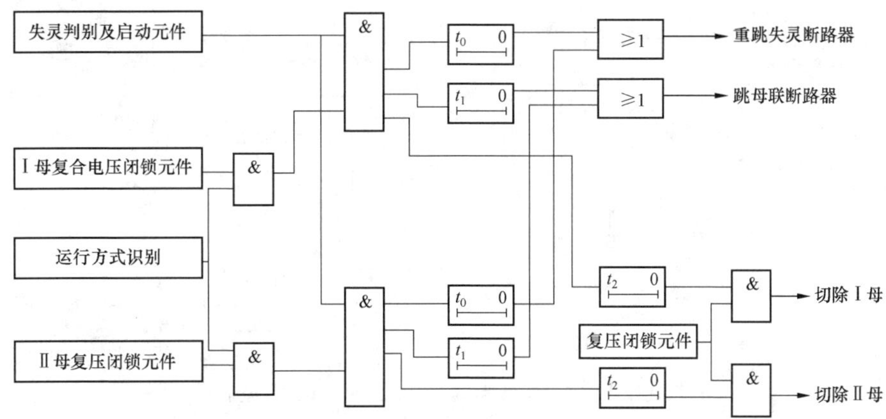

图 Z11F3001Ⅱ–11　双母线断路器失灵保护逻辑框图

（一）失灵启动及判别元件

保护出口跳闸触点有两类。在超高压输电线路保护中，有分相跳闸触点和三相跳闸触点，而在变压器或发电机—变压器组保护中只有三跳触点。保护出口跳闸触点不同，失灵启动及判别元件的逻辑回路有差别。线路断路器失灵保护及变压器或发电机—变压器组断路器失灵保护的失灵启动及判别回路，分别如图 Z11F3001Ⅱ–12 及图 Z11F3001Ⅱ–13 所示。

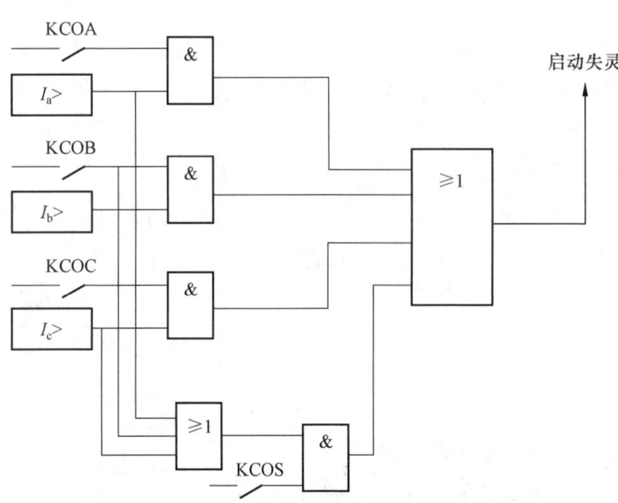

图 Z11F3001Ⅱ–12　线路断路器失灵保护启动回路

图中KCOA、KCOB、KCOC分别为线路保护分相跳闸出口继电器触点；KCOS—三跳出口继电器触点；$I_a>$、$I_b>$、I_c分别为a、b、c相过电流。

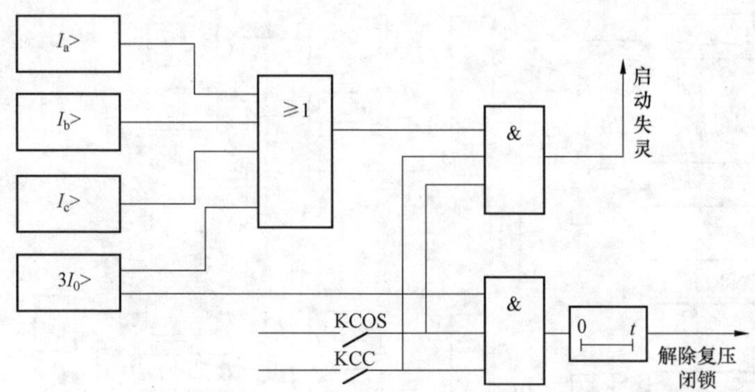

图 Z11F3001Ⅱ-13 变压器（发变组）断路器失灵启动回路

图Z11F3001Ⅱ-13中$3I_0$为零序过电流；KCC为断路器合闸位置继电器触点，断路器合闸时闭合。

由图Z11F3001Ⅱ-12可以看出，线路保护任一相出口继电器动作或三相出口继电器动作，若流过某相断路器的电流仍然存在，就判为断路器失灵，去启动失灵保护。在图Z11F3001Ⅱ-13中，继电保护出口继电器触点KCOS闭合，断路器仍在合位（合位继电器触点KCC闭合）且流过断路器的相电流或零序电流存在，则启动失灵，并经延时解除失灵保护的复合电压闭锁元件。

（二）运行方式识别元件

运行方式识别回路用于确定失灵断路器接在哪条母线上，从而决定失灵保护去切除该条母线。断路器所接的母线由隔离开关位置决定。因此，用隔离开关辅助触点进行运行识别。

（三）复合电压闭锁元件

复合电压闭锁元件的作用是防止失灵保护出口继电器误动或维护人员误碰出口继电器触点，而造成误跳断路器。其动作判据有

$$U_\phi \leqslant U_{op}$$
$$3U_0 \geqslant U_{0op}$$
$$U_2 \geqslant U_{2op}$$

式中 U_ϕ——母线TV二次相电压，V；

$3U_0$——零序电压（二次值），V；

U_2——负序电压（二次值），V；

U_{op}、U_{0op}、U_{2op} ——分别为相电压元件、零序电压元件及负序电压元件的整定值，V。

复合电压闭锁方式中，对于双母线断路器失灵保护，复合电压闭锁元件应设置两套，分别接在各自母线 TV 二次，并分别作为各自母线失灵跳闸的闭锁元件。闭锁方式应采用触点闭锁，分别串接在各断路器的跳闸回路中；复合电压闭锁元件应有一定的延时返回时间。双母线接线的每条母线上均设置有一组 TV。正常运行时，其失灵保护的两套复合电压闭锁元件分别接在各自母线上的 TV 二次侧。但当一条母线上的 TV 检修时，两套复合电压闭锁元件将由同一个 TV 供电。设Ⅰ母上的 TV 检修，与Ⅰ母连接的系统内出现短路故障，Ⅰ母所连的某一出线的断路器失灵，此时失灵保护动作，以短延时跳开母联。由于失灵保护的两套复合电压闭锁元件均由Ⅱ母 TV 供电，而在母联断路器跳开后Ⅱ母电压恢复正常，复合电压元件不会动作，失灵保护将无法将接在Ⅰ母上各元件的断路器跳开。为了确保失灵保护能可靠切除故障，复合电压闭锁元件有 1s 的延时返回时间是必要的。

（四）动作延时

根据对失灵保护的要求，其动作延时应有 2 个。以 0.2～0.3s 的延时跳母联断路器；以 0.5s 的延时切除接失灵断路器的母线上连接的其他元件。

【思考与练习】

1. 复式比率差动保护原理与常规比率差动保护原理相比有何优点？
2. 在微机母差保护装置中，TA 饱和的鉴别方法有哪些？

模块 2　母线保护装置调试的安全和技术措施（Z11F3002Ⅱ）

【模块描述】本模块包含母线微机保护装置调试的工作前准备和安全技术措施。通过要点归纳、图表举例，掌握母线保护装置现场调试的危险点预控及安全技术措施。

【模块内容】

一、母线保护装置调试工作前的准备

调试人员在调试前要做的准备工作主要如下：

（1）依据计划检修工作前 10 天做好检修准备工作，并在检修工作前 7 天提交相关停役申请。摸底工作包括检查设备状况、反措计划的执行情况及设备存在的缺陷。

（2）根据本次校验的项目，组织作业人员学习作业指导书，使全体作业人员熟悉并明确作业内容、进度要求、作业标准、安全注意事项。

（3）开工前三天，准备好施工所需仪器仪表、工器具、最新整定单、相关材料、相关图纸、上一次试验报告、本次需要改进的项目及相关技术资料。仪器仪表、工

器具应试验合格，满足本次施工的要求，材料应齐全，图纸及资料应符合现场实际情况。

（4）根据现场工作时间和工作内容落实工作票。工作票应填写正确，并按 Q/GDW 1799.1—2013《电力安全工作规程（变电部分）》相关部分执行。

（5）仪器、仪表及工器具：组合工具、220V/380V/10A 电缆盘（带漏电保安器）、计算器、微机型继电保护测试仪（含显示功能）、伏安特性测试仪、100V/400V 钳形相位表、试验接线、数字万用表、模拟断路器操作箱等。

（6）备品备件：电源插件 1 块、管理插件 1 块、单元插件 1 块。

（7）材料：绝缘胶布、自粘胶带、中性笔、手套、毛刷、独股塑铜线等。

（8）图纸资料：设计院设计图纸、厂家屏柜图纸、出厂试验记录、装置厂家技术说明书、调度最新定值单，上次调试报告。

二、安全技术措施

安全技术措施是为了规范现场人员作业行为，防止在调试过程中发生人身、设备事故而制定的安全保障措施。在装置调试工作开始前，办理开工手续时，同时应填写继电保护安全措施票，并组织全体调试人员学习，在调试工作过程中严格遵守。安全技术措施的一项重要内容是危险点分析及采取的相应安全控制措施。

1. 人身触电的预防措施

（1）执行继保安措票时注意：工作前应熟悉工作地点一、二次设备运行情况；应戴手套、使用绝缘工具；必须使用专用的短路片或短路线，并可靠接地，严禁用导线缠绕；严禁将 TA 二次侧开路，TV 二次侧短路；严禁在 TA 与短路端子之间的回路上进行工作；严禁将 TA 二次回路的永久接地点断开。

（2）对与运行设备相连的回路进行的具体准备见表 Z11F3002Ⅱ-1。

表 Z11F3002Ⅱ-1 现场工作安全技术措施工作票

现场工作安全技术措施			
工作内容：220kV××变电站 220kV BP-2B 型母差保护效验			
序号	所采取的安全技术措施	打“√”	
		执行	恢复
1	检查现场工作安全技术措施和实际接线及图纸是否一致（如发现不一致应及时修改）		
2	检查在被检修的 220kV 母差保护屏上确挂有“在此工作”标示牌		
3	检查在被检修的 220kV 母差保护屏相邻运行设备上确挂有明显的运行标志		
4	检查 220kV 母差保护屏 QK 切至“母差停，失灵停”位置		

续表

序号	所采取的安全技术措施	打"√"	
		执行	恢复
5	取下 BP-2B 母差屏上所有连接单元出口压板 母联 2620 断路器第一跳圈 LP11、 第二跳圈 LP31，失灵启动压板 LP51 清钢 4670 断路器第一跳圈 LP12、第二跳圈 LP32，失灵启动压板 LP52 清关 4937 断路器第一跳圈 LP13、第二跳圈 LP33，失灵启动压板 LP53 清关 4938 断路器第一跳圈 LP14、第二跳圈 LP34，失灵启动压板 LP54 清朱 4677 断路器第一跳圈 LP15、第二跳圈 LP35，失灵启动压板 LP55 旁路 2620 断路器第一跳圈 LP16、第二跳圈 LP36，失灵启动压板 LP56 1 号 B 2601 断路器第一跳圈 LP17、第二跳圈 LP37，失灵启动压板 LP57 清淮 4676 断路器第一跳圈 LP18、第二跳圈 LP38，失灵启动压板 LP58 清淮 4675 断路器第一跳圈 LP19、第二跳圈 LP39，失灵启动压板 LP59 1 号 B 2601 断路器第一跳圈 LP21、第二跳圈 LP41，失灵启动压板 LP61 清朱 4678 断路器第一跳圈 LP22、第二跳圈 LP42，失灵启动压板 LP62		
6	取下母联过电流保护投入压板 LP-79		
7	取下充电保护投入压板 LP-78		
8	取下"互联投入"压板 LP77		
9	取下双母线分列运行压板 LP-76		
10	断开屏后直流电源开关 1K、2K		
11	断开屏后交流电压空气开关 UK1、UK2		
12	所有连接单元电流回路短接，并退出母差保护（保护屏右侧）： 220kV 母联：短接电流端子 X12-1（A320）、X-12-2（B320）、X12-3（C320）、X12-4（N320）外侧，并断开电流端子压板 清钢 4670 断路器：短接电流端子 X12-7（A320）、X12-8（B320）、X12-9（C320）、X12-10（N320）外侧，断开电流端子压板 清关 4937 断路器：短接电流端子 X12-12（A320）、X12-14（B320）、X1Z11G5003 Ⅲ-1（C320）、X12-16（N320）外侧，断开电流端子压板 清关 4938 断路器：短接电流端子 X12-19（A320）、X12-20（B320）、X12-21（C320）、X12-22（N320）外侧，断开电流端子压板 清朱 4677 断路器：短接电流端子 X12-25（A320）、X12-26（B320）、X12-27（C320）、X12-28（N320）外侧，断开电流端子压板 旁路 2620 断路器：短接电流端子 X12-31（A320）、X12-32（B320）、X12-33（C320）、X12-34（N320）外侧，断开电流端子压板 1 号主变压器 2601 断路器：短接电流端子 X12-37（A320）、X12-38（B320）、X12-39（C320）、X12-40（N320）外侧，断开电流端子压板 清淮 4676 断路器：短接电流端子 X12-43（A320）、X12-44（B320）、X12-45（C320）、X12-46（N320）外侧，断开电流端子压板 清淮 4675 断路器：短接电流端子 X12-49（A320）、X12-50（B320）、X12-51（C320）、X12-52（N320）外侧，断开电流端子压板 2 号主变压器 2602 断路器：短接电流端子 X12-55（A320）、X12-56（B320）、X12-57（C320）、X12-58（N320）外侧，断开电流端子压板 清朱 4678 断路器：短接电流端子 X12-61（A320）、X12-62（B320）、X12-63（C320）、X12-64（N320）外侧，断开电流端子压板		
13	严禁电流回路开路或失去接地点，防止引起人员伤亡及设备损坏		

续表

序号	所采取的安全技术措施	打“√”	
		执行	恢复
14	电压回路（保护屏左侧）： 拆下X14–1（A630）、X14–2（B630）、X14–3（C630）、X14–4（N600）、X–5（A640）、X–6（B640）、X–7（C640）、X–8（N600）端子内侧二次线，用绝缘胶布包裹。 在带电端子外侧和正面用绝缘胶布封好		
15	拆下母差联跳出口回路二次线，并用绝缘胶布包裹，以防止工作人员误碰二次跳闸线，引起运行断路器跳闸。（保护屏左侧）： 220kV母联：跳闸Ⅰ：X4–1、X5–1，跳闸Ⅱ：X6–1、X7–1端子内侧 清钢4670断路器：跳闸Ⅰ：X4–2、X5–2，跳闸Ⅱ：X6–2、X7–2端子内侧 清关4937断路器：跳闸Ⅰ：X4–3、X5–3，跳闸Ⅱ：X6–3、X7–3端子内侧 清关4938断路器：跳闸Ⅰ：X4–4、X5–4，跳闸Ⅱ：X6–4、X7–4端子内侧 清朱4677断路器：跳闸Ⅰ：X4–5、X5–5，跳闸Ⅱ：X6–5、X7–5端子内侧 旁路2620断路器：跳闸Ⅰ：X4–6、X5–6，跳闸Ⅱ：X6–6、X7–6端子内侧 1号主变压器2601断路器：跳闸Ⅰ：X4–7、X5–7，跳闸Ⅱ：X6–7、X7–7端子内侧 清淮4676断路器：跳闸Ⅰ：X4–8、X5–8，跳闸Ⅱ：X6–8、X7–8端子内侧 清淮4675断路器：跳闸Ⅰ：X4–9、X5–9，跳闸Ⅱ：X6–9、X7–9端子内侧 2号主变压器2602断路器：跳闸Ⅰ：X4–10、X5–10，跳闸Ⅱ：X6–11、X7–12端子内侧 清朱4678断路器：跳闸Ⅰ：X4–13、X5–13，跳闸Ⅱ：X6–13、X7–13端子内侧		
16	严禁交、直流电压回路短路或接地，严禁交流电流回路开路		
17	工作中应使用绝缘工具并戴手套，或站在绝缘垫上工作		
18	在保护室内严禁使用无线通信设备，工作人员关闭手机		

（3）接、拆低压电源时的安全措施：必须使用装有漏电保护器的电源盘；螺丝刀等工具金属裸露部分除刀口外包绝缘；接拆电源时至少有两人执行，必须在电源开关拉开的情况下进行；临时电源必须使用专用电源，禁止从运行设备上取得电源。

（4）保护调试及整组试验时注意工作人员之间相互配合。

2. 继保“三误”的预防措施

（1）现场工作前必须作好充分准备，内容包括：

1）了解工作地点一、二次设备运行情况，本工作与运行设备有无直接联系。

2）工作人员明确分工并熟悉图纸与检验规程等有关资料。

3）应具备与实际状况一致的图纸、上次检验记录、最新整定通知单、检验规程、合格的仪器仪表、备品备件、工具和连接导线。

4）工作前认真填写安全措施票，特别是针对母线保护的现场校验工作，应由工作负责人认真填写，并经技术负责人认真审批。

5）工作开工后先执行安全措施票，由工作负责人负责做的每一项措施要在“执行”栏做标记；校验工作结束后，要持此票恢复所做的安全措施，以保证完全恢复。

6）不允许在未停用的低频低压减载装置上进行试验和其他测试工作。

7）只能用整组试验的方法，即由电压端子通入与故障情况相符的模拟故障量，检查装置回路及整定值的正确性。不允许用卡继电器触点、短路触点等人为手段作母线保护装置的整组试验。

8）在校验母线保护装置及二次回路时，凡与其他运行设备二次回路相连的连接片和接线应有明显标记，并按安全措施票仔细地将有关回路断开或短路，做好记录。

9）在清扫运行中设备和二次回路时，应认真仔细，并使用绝缘工具（毛刷、吹风机等），特别注意防止振动，防止误碰。

10）严格执行风险分析卡和继电保护作业指导书。

（2）现场工作应按图纸进行，严禁凭记忆作为工作的依据。如发现图纸与实际接线不符时，应查线核对。需要改动时，必须履行如下程序：

1）先在原图上做好修改，经主管继电保护部门批准。

2）拆动接线前先要与原图核对，接线修改后要与新图核对，并及时修改底图，修改运行人员及有关各级继电保护人员的图纸。

3）改动回路后，严防寄生回路存在，没用的线应拆除。

4）在变动二次回路后，应进行相应的逻辑回路整组试验，确认回路极性及整定值完全正确。

（3）母线保护装置调试的定值，必须根据最新整定值通知单规定，先核对通知单与实际设备是否相符（包括装置型号、被保护设备名称、互感器接线、变比等）。定值整定完毕要认真核对，确保正确。

3. 装置损坏的预防措施

（1）为防止带电插拔插件造成集成块损坏，在插拔插件前应确认装置电源已关闭。在插入插件时严禁插错插件的位置。

（2）为防止插件插头松动应避免频繁插拔插件。

（3）不得轻易更换芯片。试验人员接触、更换集成芯片时，应采用人体防静电接地措施，以确保不会因人体静电而损坏芯片。

4. 其他危险点及控制措施

（1）保护室内使用无线通信设备，易造成其他正在运行的保护设备不正确动作。控制措施：不在保护室内使用无线通信设备，尤其是对讲机。

（2）原则上现场不能使用电烙铁，试验过程中如需使用电烙铁进行焊接时，应采用带接地线的电烙铁或电烙铁断电后再焊接。

（3）严禁交、直流电压回路短路或接地，严禁交流电流回路开路。

现场工作安全技术措施工作票见表 Z11F3002Ⅱ-1。

【思考与练习】

1. 母线保护进行检验时现场有哪些危险点，如何控制？
2. 根据个人工作实际，试提出一些危险点和控制措施。

模块 3 母线保护装置的调试（Z11F3003Ⅱ）

【模块描述】本模块包含母线微机保护装置调试的主要内容。通过要点归纳、图表举例、分析说明，掌握母线微机保护装置调试的作业程序、调试项目、各项目调试方法等内容。

【模块内容】

一、作业流程

母线微机保护装置的调试作业流程如图 Z11F3003Ⅱ-1 所示。

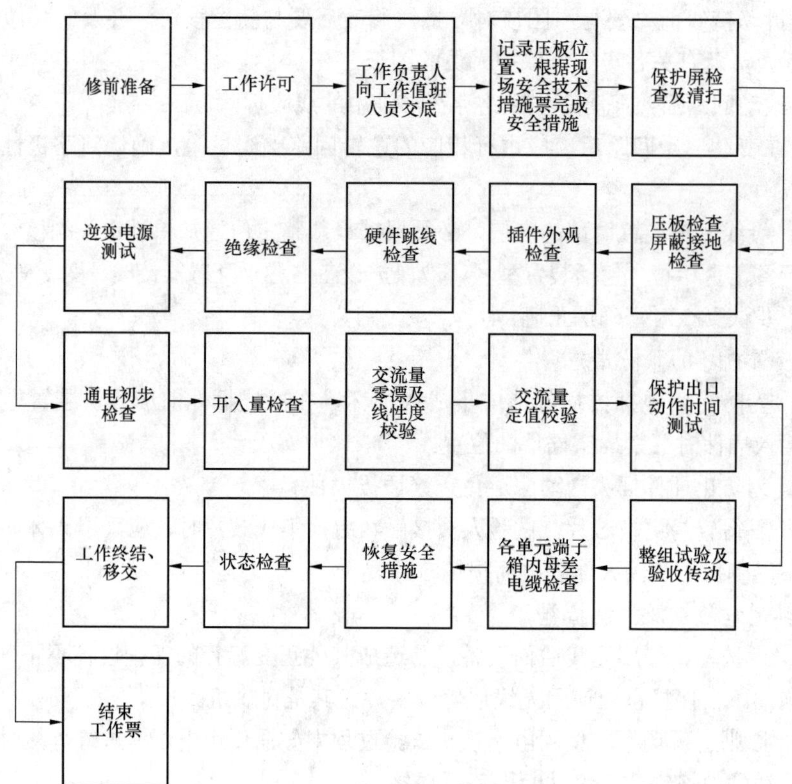

图 Z11F3003Ⅱ-1 母线微机保护校验作业流程图

二、校验项目、技术要求及校验报告

1. 外观检查

（1）保护屏检查。

1）检查装置的型号和参数是否与订货一致，其直流电源的额定电压应与现场匹配。

2）保护装置的端子排连接应可靠，且标号应清晰正确。检查配线有无压接不紧、断线或短路现象。

3）检查插件是否松动，装置有无机械损伤，切换断路器、按钮、键盘等应操作灵活、手感良好。

注意：检查前应先断开交流电压断路器，后关闭直流电源断路器。取下保护出口压板、失灵启动压板，防止直流回路短路、接地。

（2）压板检查。

1）跳闸压板的开口端应装在上方，接至断路器的跳闸线圈回路。

2）跳闸压板在落下过程中必须和相邻跳闸压板有足够的距离，以保证在操作跳闸压板时不会碰到相邻的跳闸压板。

3）检查并确证跳闸压板在拧紧螺栓后能可靠地接通回路，且不会接地。

4）穿过保护屏的跳闸压板导电杆必须有绝缘套，并距屏孔有明显距离。

（3）屏蔽接地检查。

1）保护屏引入、引出电缆应用屏蔽电缆，电缆的屏蔽层在两端接地。

2）确认装置电流回路有且只有一点可靠接地。

2. 绝缘检查

（1）分组回路绝缘电阻检测。

1）采用 1000V 绝缘电阻表分别测量交流电流回路、交流电压回路、直流回路各组回路之间及各组回路对地的绝缘电阻，绝缘电阻应大于 10MΩ。

2）在测量某一组回路对地绝缘电阻时，应将其他各组回路都短接接地。

注意：摇测前必须将断开交、直流电源；在端子箱短接母差电流回路。退出母差回路（新安装测试），拆除装置屏内、回路接地点，并通知有关人员暂时停止在回路上的一切工作。绝缘摇测结束后应立即放电、恢复接线。

（2）出口触点之间绝缘。

1）测量前应使保护装置复合电压元件动作，各个连接单元的隔离开关触点闭合。

2）用 500V 绝缘电阻表检测每对出口触点之间的绝缘，要求其绝缘电阻应大于 10MΩ，报告见表 Z11F3003Ⅱ–1。

表 Z11F3003Ⅱ–1　　绝 缘 检 查 报 告

检查内容（新安装）	标　准	试 验 结 果
交流电流回路对地	要求大于 10MΩ	合格/不合格
交流电压回路对地	要求大于 10MΩ	合格/不合格
直流电压回路对地	要求大于 10MΩ	合格/不合格
交直流回路之间	要求大于 10MΩ	合格/不合格
出口继电器出口触点之间	要求大于 10MΩ（500V）	合格/不合格

注：退出母差屏出口触点电缆芯线。并做好绝缘处理，防止误跳运行中断路器。

3. 逆变电源测试

（1）逆变电源输出电压稳定性测试。直流电源调至 80%、100%、115%的额定电压值时，断开、合上逆变电源断路器，逆变电源指示灯应亮。每次上电后，装置软件应能开始正常运转，检查装置指示灯和界面显示装置是否有异常情况。报告见表 Z11F3003Ⅱ–2。

表 Z11F3003Ⅱ–2　　逆 变 电 源 测 试 报 告

逆 变 电 源			检 查 结 果
外加直流电压	80%U_e	检查保护运行状态、信号灯指示应正常	合格/不合格
	100%U_e	检查保护运行状态、信号灯指示应正常	合格/不合格
	115%U_e	检查保护运行状态、信号灯指示应正常	合格/不合格

（2）直流电源拉合试验。拉合三次直流工作电源，保护装置应不误动和误发保护动作信号，报告见表 Z11F3003Ⅱ–3。

注：电源应从专用试验电源接取，不得在运行设备上取电源。防止直流回路短路、接地，及人员触电。

表 Z11F3003Ⅱ–3　　直流电源拉合试验报告

检 查 内 容	检查结果
外加 100%U_n，拉合直流电源 3 次检查装置是否有异常现象	合格/不合格
注：电源板在第二次全部定检时，可更换电源板，保证其工作的可靠性	

4. 上电检查

保护装置通电后，先进行全面自检。根据界面菜单，查看自检菜单中是否有自检异常信息，报告见表 Z11F3003Ⅱ–4。

表 Z11F3003Ⅱ–4　　上电检查报告

检查项目	检查结果	备注
保护装置的通电自检	合格/不合格	
检验键盘	合格/不合格	
时钟的检查	合格/不合格	
打印机联机功能	合格/不合格	

（1）检验保护装置液晶显示是否正常；键盘操作是否灵活正确。

（2）运行指示灯是否正常。

（3）检查装置时间是否正确无误。

（4）打印机联机检查，打印信息清晰，正确。

（5）核对软件版本号及程序校验码，应与整定单及原记录一致。

5. 整定定值

装置正常运行后，可设置相应的参数：母线编号，间隔单元的编号、TA 变比、类型，运行方式，波特率，通信地址，自动打印，时钟等。装置的固化参数、系统参数及使用参数整定正确，输入后打印正确。

通过断、合逆变电源断路器的方法检验整定值的失电保护功能，保护装置的整定值在直流电源失电后不应丢失或改变。

6. 交流量的调试

（1）交流电流量调试。

1）设置相位基准（以 L1 单元的 A 相电流的相位为基准）。

2）给第一个单元加三相正序交流电流：幅值为额定电流（5A/1A），频率为 50Hz。进入菜单查看显示的交流量并记录。

3）在其后的各单元的交流电流采样测试时，除在本单元加三相电流外，A 相电流与第一个单元的 A 相串接，以便校验各单元的相角。

4）各单元电流回路采样。

（2）交流电压量调试。

1）给Ⅰ母的电压端子加三相正序交流电压，幅值为额定相电压（57.74V），频率为 50Hz。进入菜单查看显示的交流量并记录。

2）同样地，校验Ⅱ母电压采样。

3）Ⅰ、Ⅱ母 TV 回路采样。

7. 开入开出量的调试

（1）开入量调试。

1）进入菜单，将所有单元的隔离开关位置由强制合改为自适应状态。用测试线将隔离开关辅助触点端子上各单元的隔离开关位置触点依次与开入回路公共端短接，在屏幕上查看一次接线图上显示的隔离开关位置是否正确。

2）用测试线将失灵启动触点上各单元的失灵启动触点依次与开入回路公共端短接，进入“查看—间隔单元”，检测各单元“失灵触点状态”是否由“断”变为“合”。

3）将“保护切换把手”（QB）切至“差动退，失灵投”位置，查看主界面是否正确显示“差动退出”“失灵投入”，同时“差动开放”信号灯灭，“失灵开放”信号灯亮；切至“差动投，失灵退”位置，查看主界面是否正确显示“差动投入”“失灵退出”，同时“差动开放”信号灯亮，“失灵开放”信号灯灭；切至“差动投，失灵投”位置，查看主界面是否正确显示“差动投入”“失灵投入”，同时“差动开放”信号灯亮，“失灵开放”信号灯亮。

4）检验信号复归是否正常。

5）分别投“充电保护”压板，“过电流保护”压板，查看主界面是否正确显示“充电保护投入”“过电流保护投入”。

6）投“分列运行”压板，在屏幕上查看一次接线图上母联断路器是否断开（由实心变为空心）。

7）投“强制互联”压板，查看“互联”告警灯是否亮。

8）用测试线将开入量回路端子上的母联断路器开触点、母联断路器闭触点分别与开入回路公共端短接，在屏幕上查看一次接线图上母联断路器是否正确显示为合位（实心）、分位（空心）。

（2）开出量调试。

1）进入“参数—运行方式设置”菜单，将母联（L1）和分段的隔离开关位置设为强制合；将L3、L5、L7、L9等奇数单元的Ⅰ母隔离开关位置设为强制合，Ⅱ母隔离开关位置设为自适应；将L2、L4、L6、L8等偶数单元的Ⅱ母隔离开关位置设为强制合，Ⅰ母隔离开关位置设为自适应。校验隔离开关位置显示是否正确。

2）用测试仪给L3单元的任一相电流端子加2倍的额定电流，使Ⅰ母差动保护动作。这时测试仪保持故障量，依次分合各单元跳闸压板，用万用表分别检测各单元跳闸触点通断并记录。

3）进入“参数—运行方式设置”菜单，改变强制隔离开关的位置，将母联（L1）和分段的隔离开关位置设为强制合；将L3、L5、L7、L9等奇数单元的Ⅱ母隔离开关位置设为强制合，Ⅰ母隔离开关位置设为自适应；将L2、L4、L6、L8等偶数单元的Ⅰ母隔离开关位置设为强制合，Ⅱ母隔离开关位置设为自适应。校验隔离开关位置显示是否正确。

4）用测试仪给L3单元的任一相电流端子加2倍的额定电流，使Ⅱ母差动保护动作。这时测试仪保持故障量，依次分合各单元跳闸压板，用万用表分别检测各单元跳闸触点通断并记录。

5）检测屏上的保护动作信号灯是否正确，用万用表检测“母差动作”“TA断线”对应的信号回路是否正确导通。

6）将屏后上方的直流电源空开（1K、2K）断开，用万用表检测“运行KM消失”“操作KM消失”“直流消失”对应的信号回路是否正确导通。只将操作电源空气开关（2K）断开，用万用表检测“操作KM消失”对应的信号回路是否正确导通。

8. 保护功能的调试

将母联（分段）的隔离开关强制合，两条母线并列运行。L1，L3，L5，L7，L9，…，奇数单元强制合Ⅰ母，Ⅱ母自适应；L2，L4，L6，L8，L10，…，偶数单元强制合Ⅱ母，Ⅰ母自适应。所有单元的TA变比都为基准变比。

（1）母线差动保护。

1）模拟母线区外故障：不加母线电压，母线复压闭锁开放。在L1的A相，L2的A相，L3的A相加电流，电流幅值相等（大于差动门槛），如图L2、L3电流方向相反；母联电流方向与L2反向、与L3同向。进入“查看——间隔单元”菜单，查看大差电流和两段母线小差电流均为0，差动保护不应动作，如图Z11F3003Ⅱ-2所示。

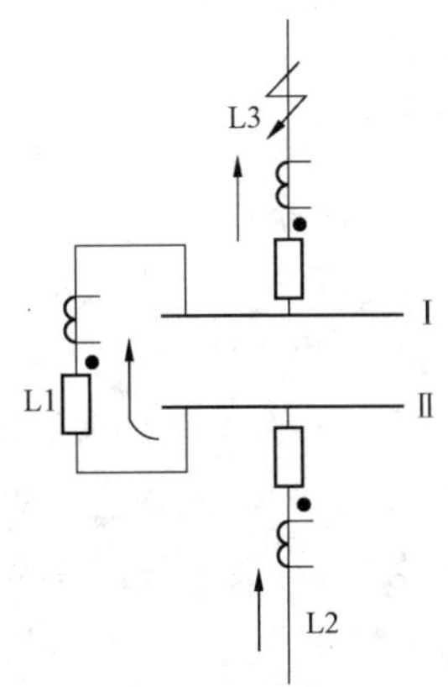

图Z11F3003Ⅱ-2　区外故障模拟图

2）模拟母线区内故障。

验证差动动作门槛定值：不加母线电压，母线复压闭锁开放。在L2的任一相加电流，幅值起始值小于门槛值，当电流大小增加到“差动保护”“Ⅱ母差动动作”信号灯亮时，记录该值，并验证是否满足要求，如图 Z11F3003Ⅱ-3 所示。

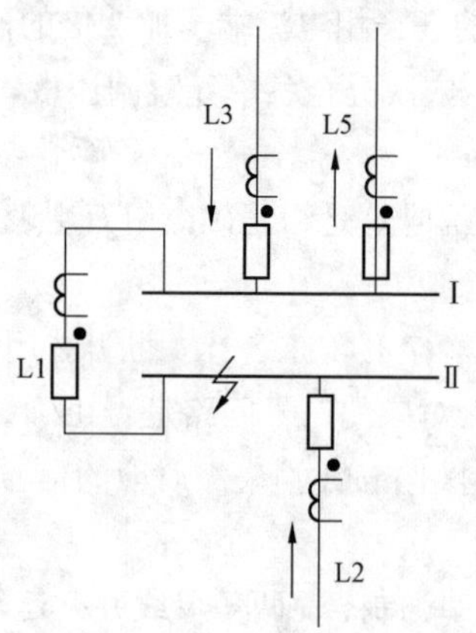

图 Z11F3003Ⅱ-3 Ⅱ母区内故障模拟图

注意：TA 断线定值为 0.3A，为避免 TA 断线闭锁差动保护，从加电流量到差动保护动作的时间应小于 9s，也可将 TA 断线定值临时改为大于差动门槛。实验中，不允许长时间加载 2 倍以上的额定电流。

母联断路器合位时，验证大差比率系数高值（$K_h=2$）。在 L3 的 A 相，L5 的 A 相加幅值相等，方向相反的电流。在 L2 的 A 相加流进母线的电流，当电流大小从 0A 增加到“差动保护”“Ⅱ母差动动作”信号灯亮时，记录该值。计算公式：

$$K=\frac{\text{差流}}{\text{制动电流}-\text{差动电流}}=\frac{I_2}{I_3+I_5}$$

母联断路器分位时，验证大差比率系数低值（$K_l=0.5$）。用测试线短接母联动断触点与开入量公共端，母联断路器位置为分位。实验步骤同上。由于大差比率系数自动降为低值，L2 的动作电流也将变小，再取两个平衡点计算比率系数 Kr。

验证小差比率系数（$K=2$）：在 L3 的 A 相加流进母线的电流，在 L5 的 A 相加流出母线的电流，两个电流幅值相等。L3 电流的幅值不变，当 L5 的电流幅值增加到“差动保护”“Ⅰ母差动动作”信号灯亮时，记录该值，并计算、验证小差比率系数是否满足要求。进入“查看——录波记录”菜单，查看波形、动作报告并打印。

3）倒闸过程中母线区内故障。

将 L3 单元Ⅰ、Ⅱ母隔离开关位置都设为合位，即 L3 单元隔离开关双跨，“互联”信号灯亮。在 L3 的 A 相加幅值大于差动门槛定值的电流，此时Ⅰ母、Ⅱ母同时差动动作。进入“查看——录波记录”菜单，查看波形、动作报告并打印。

4）复合电压闭锁逻辑调试。

低电压定值校验：在Ⅰ母的电压端子上加载额定电压，“Ⅰ母差动”信号灯灭，表明差动保护已被闭锁。在出线L1电流回路加A相I_n电流（大于差动门槛），差动不动，经延时，报TA断线告警。在屏后端子排加L1失灵启动开入量，失灵不动，经延时，报开入异常告警。复归告警信号，降低试验仪三相输出电压，至母差保护低电压动作定值，电流保持输出不变，母差装置“差动开放Ⅰ”“失灵开放Ⅰ”“差动动作Ⅰ”信号灯亮。在屏后端子排加L1失灵启动开入量，Ⅰ母失灵保护动作。电压动作值和整定值的误差不大于5%。

负序电压定值校验：试验前将低电压定值改为0V，用试验仪在Ⅰ母电压回路加三相对称负序电压。由0V升至负序整定值，母差保护屏上“差动开放Ⅰ”“失灵开放Ⅰ”灯灭。动作值和整定值的误差不大于5%。

零序电压定值校验：试验前将低电压定值改为0V，负序电压定值改为大于零序电压定值。用试验仪在Ⅰ母电压回路加单相电压。由0V升至零序电压整定值，母差保护屏上“差动开放Ⅰ”“失灵开放Ⅰ”灯灭。动作值和整定值的误差不大于5%。

（2）母联（分段）失灵保护。

将L2、L3的第一组跳闸触点接至测试仪的开入量，投上L2、L3的第一组跳闸压板。将测试仪的A相电流加在L1的A相，测试仪的B相电流加在L2的A相，测试仪的C相电流加在L3的A相，方向均为流进母线。不加母线电压，满足失灵复压闭锁开放条件。三个单元所加电流幅值均同时大于母联失灵定值、差动门槛定值，此时Ⅱ母区内故障并差动动作，母联断路器仍为合位且电流大于母联失灵定值，母联失灵启动经母联失灵延时后，封母联TA，此时Ⅰ母差流大于定值并差动动作。检验Ⅰ、Ⅱ母出口延时是否正确，验证母联失灵延时定值。进入“查看——录波记录”菜单，查看波形、动作报告并打印，如图Z11F3003Ⅱ–4所示。

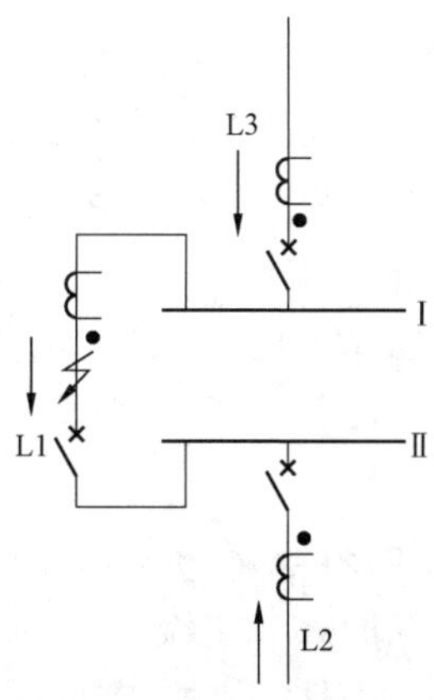

图Z11F3003Ⅱ–4　Ⅱ母区内故障时母联失灵

（3）母联（分段）死区保护，分列运行时死区故障如图 Z11F3003Ⅱ–5 所示。

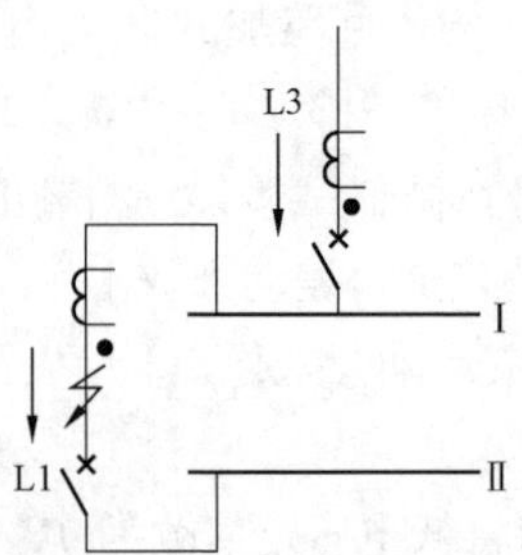

图 Z11F3003Ⅱ–5 分列运行时死区故障

1）母联断路器为合位。将 L1、L2、L3 的第一组跳闸触点接至测试仪的开入量，投上 L1、L2、L3 的第一组跳闸压板。将测试仪的 A 相电流加在 L1 的 A 相，测试仪的 B 相电流加在 L2 的 A 相，测试仪的 C 相电流加在 L3 的 A 相。电流方向均为流进母线，电流幅值均大于差动门槛，模拟Ⅱ母区内故障。此时Ⅱ母差动动作，母联断路器跳闸触点闭合触发测试仪，使其闭合母联断路器位置动断触点，母联断路器位置由合变分。继续保持故障电流，经 50ms 母线死区保护动作，封母联 TA，Ⅰ母差动动作。检验Ⅰ母、Ⅱ母出口延时是否正确，验证母线死区延时。进入“查看——录波记录”菜单，查看波形、动作报告并打印。

2）母联断路器为分位。用测试线短接母联动断触点与开入量公共端，母联断路器位置为分位。将测试仪的 A 相电流加在 L1 的 A 相，测试仪的 C 相电流加在 L3 的 A 相。电流方向均为流进母线，电流幅值大于差动门槛，此时Ⅰ母差动动作。进入“查看——录波记录”菜单，查看波形、动作报告并打印。

（4）母联（分段）过电流保护。

投过电流保护压板。不加母线电压。将测试仪的三相正序电流加在母联 L1 的三相，增大电流幅值至“过电流保护”动作信号灯亮，验证相电流过电流定值。

将母联相电流过电流定值抬高。将测试仪的 A 相电流加在母联 L1 的 A 相，幅值增至母联零序过电流定值，“过电流保护”动作信号灯亮，验证零序电流定值。

注意：若母联 TA 变比不是最大变比，则所加电流需按基准变比折算。母联相电流过电流只判母联 A、C 相电流，因此验证母联过电流定值时应避免只使用 B 相电流。

（5）母联（分段）充电保护。

投充电保护压板。用测试线短接母联动断触点与开入量公共端，母联断路器位置为分位。不加母线电压，将测试仪的 A 相电流加在母联 L1 的 A 相，幅值大于充电保护定值，若母联 TA 变比不是最大变比，则所加电流需按基准变比折算，母线充电保护延时动作，“充电保护”动作信号灯亮。将 L1 的第一组跳闸触点接至测试仪的开入量，投上 L1 的第一组跳闸压板，重复上述步骤，检验母线充电保护延时是否正确。进入“查看——事件记录”菜单，检查内容是否正确。

注意：充电保护的启动需同时满足四个条件：① 充电保护压板投入；② 其中一段母线已失压，且母联（分段）断路器已断开；③ 母联电流从无到有；④ 母联电流大于充电保护定值。充电保护一旦投入自动展宽 200ms 后退出，因此根据 $1.05I_C$ 可靠动作，$0.95I_C$ 可靠不动作来验证充电保护定值。若固定故障电流变化步长，使电流大小从 $0.95I_C$ 递增至 $1.05I_C$，则很可能因超过 200ms 展宽而使保护退出。

（6） 断路器失灵保护。

不加母线电压，满足失灵复压闭锁开放条件；将 L2（可任取除母联外的间隔）的“失灵启动”压板投入；用测试线将 L2 的“失灵启动触点”与“开入回路公共端”短接；失灵保护动作，经短延时 t_1，跳母联；经长延时 t_2，跳 L2 所在母线（Ⅱ母）上的所有支路；Ⅱ母“母线失灵动作”信号灯亮。

注意：若失灵判有流，则在失灵启动触点闭合后，还应使电流大于相应的失灵保护的电流定值。

（7） 电流回路断线。

1）非母联间隔电流回路断线。当差电流大于 TA 断线定值，母线保护装置会延时 9s 发出 TA 断线告警信号，同时闭锁母差保护，并在电流回路正常 0.9s 后自动恢复正常运行。非母联间隔电流回路断线逻辑框图如图 Z11F3003Ⅱ-6 所示。

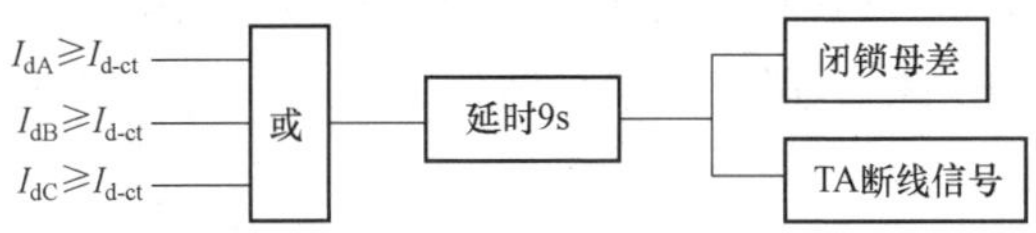

图 Z11F3003Ⅱ-6　非母联间隔电流回路逻辑框图

TA 断线闭锁差动逻辑的调试如下：将测试仪的三相电压在Ⅰ母、Ⅱ母的电压端子上加载额定电压，将测试仪的 A 相电流加在 L2 的 A 相，幅值 1.0A（大于 TA 断线定值 0.3A，小于差动门槛定值 2.0A）。差动保护应不动作，经 9s 延时，“TA 断线告警”信号灯亮。保持电流不变，将测试仪的三相电压输出改为 0V，母线差动保护仍不动作。图 Z11F3003Ⅱ-6 中 I_{dA} 表示 A 相大差电流，I_{dB} 表示 B 相大差电流，I_{dC} 表示 C 相大差电流，$I_{d\text{-}ct}$ 表示 TA 断线定值。

2）母联（分段）电流回路断线。母联电流回路断线并不会影响保护对区内、区外故障的判别，只是会失去对故障母线的选择性。因此，联络断路器电流回路断线不需闭锁差动保护，只需转入母线互联（单母方式）即可。母联（分段）电流回路正常后，需手动复归恢复正常运行。由于联络断路器的电流不计入大差，母联（分段）电流回路断线时上一判据并不会满足。而此时与该联络断路器相连的两段母线小差电流都会越限，且大小相等、方向相反。母联（分段）电流回路断线逻辑框图如图 Z11F3003Ⅱ-7 所示。

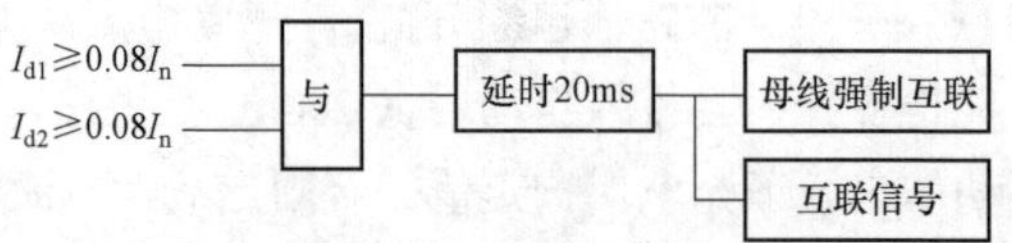

图 Z11F3003Ⅱ-7 母联（分段）电流回路断线逻辑框图

母联 TA 断线强制互联逻辑的调试：将测试仪的 A 相电流加在 L1 的 A 相，幅值 0.5A（大于 $0.08I_n$），经延时“互联”信号灯亮，母线强制互联。

（8）电压回路断线。

母线保护装置检测到某一段非空母线失去电压将延时 9s 发 TV 断线告警信号。

电压回路断线调试：将测试仪的三相电压在Ⅰ母、Ⅱ母的电压端子上加载额定电压；不加电流；测试仪的 A 相电压输出改为 0V，经 9s 延时，“TV 断线告警”信号灯亮。

9. 传动断路器试验

（1）模拟Ⅰ母动作，连接在Ⅰ母上所有单元断路器跳闸，母联断路器跳闸。Ⅱ母所有连接单元断路器不跳闸。保护信息动作正确。

（2）模拟Ⅱ母动作，连接在Ⅱ母上所有单元断路器跳闸，母联断路器跳闸，Ⅰ母所有连接单元断路器不跳闸。保护动作正确。

三、带负荷试验

（1）母线保护装置接入负荷后显示的大差电流、小差电流均为 0A。

（2）各个连接单元电流互感器没有开路现象，且 TA 变比设置正确。

【思考与练习】

1. 在做差动保护的试验时需考虑各个单元的变比，并与基准变比折算，这是为什么？

2. 母联失灵保护与断路器失灵保护的调试方法有何区别？

3. 母联充电保护调试有哪些注意要点？

第四章

其他保护装置调试及维护

模块1 35kV及以下电容器微机保护测控装置原理（Z11F4001Ⅰ）

【模块描述】本模块包含了35kV及以下电容器保护的配置及原理。通过要点归纳、原理讲解，掌握35kV及以下电容器微机保护测控装置的过电流保护、不平衡电压保护、低电压保护、过电压保护、测控等工作原理。

【模块内容】

一、电容器的故障、不正常运行及保护配置

（一）电容器的故障和不正常运行状态

电容器引线、电缆或电容器本体上发生的相间短路、单相接地等。电容器可能因运行电压过高受损或电容器失压后再次充电受损。部分电容器熔断器熔断退出运行造成三相电压不平衡引起其他电容器单体运行电压过高导致损坏。

（二）电容器保护的配置

1. 保护配置

（1）相间过电流保护。

（2）电压保护：包括过电压保护和欠电压保护。

（3）不平衡保护：包括不平衡电流保护和不平衡电压保护，可根据一次设备接线情况进行选择。

2. 异常告警配置

（1）零序过电流保护。

（2）TV断线告警或闭锁保护。

微机保护装置提供了各种保护软件模块，可根据电容器一次设备接线进行配置。表Z11F4001Ⅰ-1是典型的数字式电容保护的配置，适用于35kV及以下电压等级的各种接线方式的电容器保护。

表 Z11F4001Ⅰ-1　　35kV及以下电容器保护配置

保护分类	保护类型	段数	每段时限数	备　注
电容器保护	相间过电流保护	2或3	1	
	过电压保护	1	1	
	欠压保护	1	1	
	不平衡保护	1	1	根据一次接线采用电流或电压保护
	零序过电流保护	1	1	
	TV断线告警或闭锁保护	1	1	

二、电容器保护工作原理

1. 过电流保护

为保护电容器各部分发生的相间短路故障，可以设置2～3段反映相电流增大的过电流保护作为电容器相间短路故障的主保护。在执行过电流判别时，各相、各段判别逻辑一致，各段可以设定不同时限。当任一相电流超过整定值达到整定时间时，保护动作。

2. 零序过电流元件

设置一段零序过电流保护，主要反应电容器各部分发生的单相接地故障。当所在系统采用中性点直接接地方式或经小电阻接地方式时，零序过电流保护可以作用于跳闸；当采用中性点不接地或经消弧线圈接地时，零序过电流保护动作告警，并可与零序电压配合实现接地选线。为避免各相电流互感器特性差异降低灵敏度，宜采用专用零序电流互感器。零序过电流元件的实现方式基本与过电流元件相同，当零序电流超过整定值达到整定时间时，保护动作。

3. 反时限元件

相间过电流及零序电流均可带有反时限保护功能。反时限保护元件是动作时限与被保护线路中电流大小自然配合的保护元件，通过平移动作曲线，可以非常方便地实现全线的配合，常见的反时限特性解析式大约分为四类，即标准反时限、非常反时限、极端反时限、长时间反时限等，可以根据实际需要选择反时限特性。

典型反时限特性公式如下。

（1）一般反时限。

$$t=\frac{0.14t_{\mathrm{p}}}{(I/I_{\mathrm{p}})^{0.02}-1}$$

（2） 非常反时限。

$$t = \frac{80t_{\rm p}}{(I/I_{\rm p})^{0.02}-1}$$

（3） 极端反时限。

$$t = \frac{13.5t_{\rm p}}{(I/I_{\rm p})-1}$$

（4） 长时间反时限。

$$t = \frac{120t_{\rm p}}{(I/I_{\rm p})-1}$$

式中 $t_{\rm p}$——时间系数，范围是 0.05～1；
$I_{\rm p}$——电流基准值，A；
I——故障电流，A；
t——跳闸时间，s。

4. 欠压保护

欠压保护主要是为了防止电容器因备自投或重合闸动作，失电后在短时间内再次带电时，由于残余电荷的存在对电容器造成冲击损坏，欠压保护延时应小于备自投或重合闸动作时间。为了防止 TV 断线时欠压保护误动，设置有电流判据进行闭锁。欠压元件的一般动作条件：

（1） 三个线电压均低于欠压定值。

（2） 三相电流均小于电流整定值。

（3） 线电压从有压到欠压。

（4） 断路器在合位。

5. 过电压保护

过电压保护主要是防止运行电压过高造成电容器损坏，根据需要可以选择动作告警还是跳闸。为避免系统接地造成保护误动，电压判据应采用线电压。过电压元件的一般动作条件是：

（1） 三个线电压中的任一个电压高于过电压整定值。

（2） 断路器在合位。

6. 不平衡保护

不平衡保护主要用来保护电容器内部故障，单只或部分电容器故障退出运行，电容器三相参数不平衡造成其余电容器过电压损坏。可以根据一次设备接线情况选择配置不平衡电压保护和不平衡电流保护，如采用单星形接线方式下，将各相放电线圈二次电压串接形成不平衡电压保护；采用双星形接线时，将两个星形中性点连接线电流接入形成不平衡电流保护。其动作条件如下：

（1）不平衡电压或电流大于不平衡整定值。

（2）断路器在合位。

7. TV断线检测

TV断线时装置报发TV断线信号、点亮告警灯，并自动退出过电压保护和欠电压保护。各保护装置在判别TV断线时逻辑有所差异，典型判据如下：

（1）三相电压均小于8V，其中一相有电流，判为三相失压。

（2）三相电压和大于8V，最小线电压小于16V，判为两相TV断线。

（3）三相电压和大于8V，最大线电压与最小线电压差大于16V，判为单相的TV断线。

【思考与练习】

1. 不平衡保护的主要作用是什么？

2. 装置如何判别TV断线？

3. 设置过电压保护和欠压保护的目的是什么？

模块2 35kV及以下电容器保护测控装置调试的安全和技术措施（Z11F4002Ⅰ）

【模块描述】本模块包含35kV及以下电容器保护测控装置调试的工作前准备和安全技术措施。通过要点归纳、图表举例，掌握35kV及以下电容器保护测控装置现场调试的危险点预控及安全技术措施。

【模块内容】

一、35kV及以下电容器保护装置调试工作前的准备

（1）检修作业前3天做好检修准备工作，并在检修作业前2天提交相关停役申请。准备工作包括检查设备状况、反措计划的执行情况及设备的缺陷等。

（2）开工前2天，向有关部门上报本次工作的材料计划。

（3）根据本次校验的项目，组织作业人员学习作业指导书，使全体作业人员熟悉作业内容、进度要求、作业标准、安全注意事项。要求所有工作人员都明确本次校验工作的内容、进度要求、作业标准及安全注意事项。

（4）明确工作人员分工，针对技术负责、仪器仪表管理、图纸资料管理、专责安全监护人员等进行指定和明确。

（5）梳理待检修设备存在的缺陷以及以往缺陷统计，配合检修进行消缺。

（6）开工前一天，准备好作业所需仪器仪表、相关材料、工器具。要求仪器仪表、工器具应试验合格，满足本次作业的要求，材料应齐全。

仪器仪表主要有：绝缘电阻表、继电保护三相校验装置，钳形相位表、伏安特性测试仪、电流互感器变比测试仪等。

工器具主要有：个人工具箱、计算器等。

相关材料主要有：绝缘胶布、自粘胶带、电缆、导线、小毛巾、中性笔、口罩、手套、毛刷、逆变电源板等相关备件，根据实际需要确定。

（7）最新整定单、相关图纸、上一次试验报告、本次需要改进的项目及相关技术资料。要求图纸及资料应与现场实际情况一致。

主要的技术资料有：35kV 电容器保护图纸、35kV 电容器保护装置技术说明书、35kV 电容器保护装置使用说明书、35kV 电容器保护装置校验规程。

（8）根据现场工作时间和工作内容填写工作票（第一种工作票应在开工前一天交值班员）工作票应填写正确，并按 Q/GDW 1799.1—2013《电力安全工作规程　变电部分》执行。

二、安全技术措施

（一）人身触电

1. 误入带电间隔

控制措施：工作前应熟悉工作地点、带电部位。检查现场安全围栏、安全警示牌和接地线等安全措施。

2. 接、拆低压电源

控制措施：必须使用装有漏电保护器的电源盘。螺丝刀等工具金属裸露部分除刀口外包绝缘。接拆电源时至少有两人执行，必须在电源开关拉开的情况下进行。临时电源必须使用专用电源，禁止从运行设备上取得电源。

3. 保护调试及整组试验

控制措施：工作人员之间应相互配合，确保一、二次回路上无人工作。传动试验必须得到值班员许可并配合。

（二）机械伤害

机械伤害主要指坠落物打击。

控制措施：工作人员进入工作现场必须戴安全帽。

（三）高空坠落

高空坠落主要指在断路器或电流互感器上工作时，人员和工器具的跌落。

控制措施：正确使用安全带，鞋子应防滑。必须系安全带，上下断路器或电流互感器本体由专人监护。

（四）防“三误”事故的安全技术措施

（1）现场工作前必须做好充分准备，内容包括：

1）了解工作地点一、二次设备运行情况，本工作与运行设备有无直接联系。

2）工作人员明确分工并熟悉图纸与检验规程等有关资料。

3）应具备与实际状况一致的图纸、上次检验记录、最新整定通知单、检验规程、合格的仪器仪表、备品备件、工具和连接导线。

4）工作前认真填写安全措施票，并经技术负责人认真审批。

5）工作开工后先执行安全措施票，由工作负责人负责做的每一项措施要在“执行”栏做标记；校验工作结束后，要持此票恢复所做的安全措施，以保证完全恢复。

6）不允许在未停用的保护装置上进行试验和其他测试工作；也不允许在保护未停用的情况下，用装置的试验按钮做试验。

7）只能用整组试验的方法，即由电流及电压端子通入与故障情况相符的模拟故障量，检查保护回路及整定值的正确性。不允许用卡继电器触点、短路触点等人为手段做保护装置的整组试验。

8）在校验继电保护及二次回路时，凡与其他运行设备二次回路相连的压板和接线应有明显标记，并按安全措施票仔细地将有关回路断开或短路，做好记录。

9）在清扫运行中设备和二次回路时，应认真仔细，并使用绝缘工具（毛刷、吹风机等），特别注意防止振动，防止误碰。

10）严格执行风险分析卡和继电保护作业指导书。

（2）现场工作应按图纸进行，严禁凭记忆作为工作的依据。如发现图纸与实际接线不符时，应查线核对。需要改动时，必须履行如下程序：

1）先在原图上做好修改，经主管继电保护部门批准。

2）拆动接线前先要与原图核对，接线修改后要与新图核对，并及时修改底图，修改运行人员及有关各级继电保护人员的图纸。

3）改动回路后，严防寄生回路存在，没用的线应拆除。

4）在变动二次回路后，应进行相应的逻辑回路整组试验，确认回路极性及整定值完全正确。

（3）保护装置调试的定值，必须根据最新整定值通知单规定，先核对通知单与实际设备是否相符（包括保护装置型号、被保护设备名称、互感器接线、变比等）。定值整定完毕要认真核对，确保正确。

（五）其他危险点及控制措施

保护室内使用无线通信设备，易造成其他正在运行的保护设备不正确动作。

控制措施：不在保护室内使用无线通信设备，尤其是对讲机。

为防止一次设备试验影响二次设备，试验前应断开保护屏电流端子连接片，并对外侧端子进行绝缘处理。

电压小母线带电，易发生电压反送事故或引起人员触电。控制措施：断开交流二次电压引入回路，并用绝缘胶布对所拆线头实施绝缘包扎，带电的回路应尽量留在端子上防止误碰。

二次通电时，电流可能通入母差保护，可能误跳运行断路器。控制措施：在断路器端子箱将相应端子用绝缘胶布实施封闭。

带电插拔插件，易造成集成块损坏。频繁插拔插件，易造成插件插头松动。控制措施：插件插拔前关闭电源。

需要对一次设备进行试验时，如断路器传动，TA 极性试验等，应提前与一次设备检修人员进行沟通，避免发生人身伤害和设备损坏事故；

部分带电回路可能引起工作中的短路或接地，或导致运行设备受到影响，这些回路应该在试验前断开或进行可靠隔离。

典型的二次安全技术措施票见表 Z11F4002 Ⅰ–1。

表 Z11F4002 Ⅰ–1　　二次安全技术措施票

<table>
<tr><td colspan="3">被试设备及保护名称</td><td colspan="3">____变电站____线路____型____保护</td></tr>
<tr><td>工作负责人</td><td></td><td>工作时间</td><td>年　月　日</td><td>签发人</td><td></td></tr>
<tr><td>工作内容：</td><td colspan="5"></td></tr>
<tr><td>工作条件</td><td colspan="5">1. 一次设备运行情况____________。
2. 被试保护作用的断路器____________。
3. 被试保护屏上的运行设备____________。
4. 被试保护屏、端子箱与其他保护连接线____________</td></tr>
</table>

技术安全措施：包括应打开及恢复压板、直流线、交流线、信号线、联锁线和联锁开关等，按下列顺序做安全措施。已执行，在执行栏打“√”按相反的顺序恢复安全措施，以恢复的，在恢复栏打“√”

序号	执行	安全措施内容	恢　复
1		检查本保护压板在退出位置，并做好记录	
2		检查本保护相关操作把手及断路器位置，并做好记录	
3		电流回路：断开 A ____； 对应端子排端子号［D ____］	
4		电流回路：断开 B ____； 对应端子排端子号［D ____］	
5		电流回路：断开 C ____； 对应端子排端子号［D ____］	
6		电流回路：断开 N ____； 对应端子排端子号［D ____］	

续表

序号	执行	安全措施内容	恢复
7		母线电压回路：断开A ____； 对应端子排端子号［D ____］	
8		母线电压回路：断开B ____； 对应端子排端子号［D ____］	
9		母线电压回路：断开C ____； 对应端子排端子号［D ____］	
10		母线电压回路：断开N ____； 对应端子排端子号［D ____］	
11		不平衡电压回路：断开L ____； 对应端子排端子号［D ____］	
12		不平衡电压回路：断开N ____； 对应端子排端子号［D ____］	
13		电流回路接地点： 断开本保护用TA接地点端子号［ ____］	
14		通信接口： 断开至监控的通信口，如果有检修压板投检修压板	
15		通信接口： 断开至保护信息管理系统的通信口，如果有检修压板投检修压板	
16		用绝缘胶布将带电端子封闭	
17		补充措施：	

填票人		操作人		监护人		审核人	

【思考与练习】

1. 35kV及以下电容器保护进行检验时现场有哪些危险点，如何控制？
2. 现场需要准备哪些主要设备和材料？

模块3 35kV及以下电容器微机保护装置的调试（Z11F4003Ⅰ）

【模块描述】本模块包含35kV及以下电容器微机保护测控装置调试的主要内容。通过要点归纳、图表举例、分析说明，掌握35kV及以下电容器微机保护测控装置调试的作业程序、调试项目、各项目调试方法等内容。

【模块内容】

一、作业流程

电容器微机保护装置的调试作业流程如图Z11F4003Ⅰ-1所示。

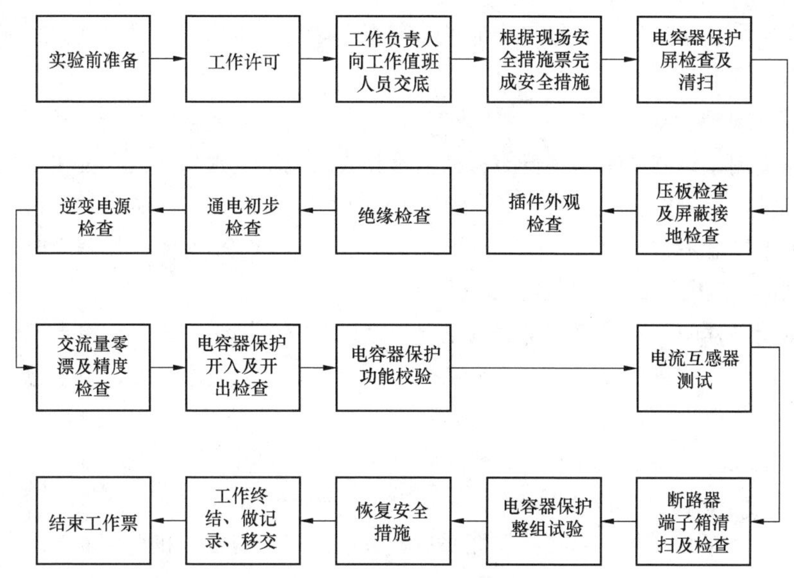

图 Z11F4003Ⅰ-1　电容器微机保护校验作业流程图

二、校验项目、技术要求及校验报告

（一）清扫、紧固、外部检查

（1）检查装置内、外部是否清洁无积尘、无异物；清扫电路板的灰尘。

（2）检查各插件插入后接触良好，闭锁到位。

（3）切换开关、按钮、键盘等应操作灵活、手感良好。

（4）压板接线压接可靠性检查，螺丝紧固。

（5）检查保护装置的箱体或电磁屏蔽体与接地网可靠连接。

（二）逆变电源工况检查

（1）检查电源的自启动性能：拉合直流开关，逆变电源应可靠启动。

（2）进入装置菜单，记录逆变电源输出电压值。

（三）软件版本及 CRC 码检验

（1）进入装置菜单，记录装置型号、CPU 版本信息。

（2）进入装置菜单，记录管理版本信息。

注意事项：与最新定值通知单核对校验码及程序形成时间。

（四）交流量的调试

1. 零漂检验

进行本项目检验时要求保护装置不输入交流量。进入保护菜单，检查保护装置各 CPU 模拟量输入，进行三相电流和零序电流、三相电压和线路电压通道的零漂值检验；

要求零漂值均在 $0.01I_N$（或 0.05V）以内。检验零漂时，要求在一段时间（3min）内零漂值稳定在规定范围内。

2. 模拟量幅值特性检验

用保护测试仪同时接入装置的三相电压和线路电压输入，三相电流和零序电流输入。调整输入交流电压和电流分别为额定值的 120%、100%、50%、10%和 2%，要求保护装置采样显示与外部表计误差应小于 3%。在 2%额定值时允许误差 10%。

不同的 CPU 应分别进行上述试验。

在试验过程中，如果交流量的测量误差超过要求范围时，应首先检查试验接线、试验方法、外部测量表计等是否正确完好，试验电源有无波形畸变，不可急于调整或更换保护装置中的元器件。

部分检验时只要求进行额定值精度检验。

3. 模拟量相位特性检验

按上文 2 项规定的试验接线和加交流量方法，将交流电压和交流电流均加至额定值。检查各模拟量之间的相角，调节电流、电压相位，当同相别电压和电流相位分别为 0°、45°、90°时装置显示值与表计测量值应不大于 3°。

部分检验时只要求进行选定角度的检验。

（五）开入、出量调试

1. 开关量输入测试

进入保护菜单检查装置开入量状态，依次进行开入量的输入和断开，同时监视液晶屏幕上显示的开入量变位情况。要求检查时带全回路进行，尽量不用短接触点的方式，保护装置的压板、切换开关、按钮等直接操作进行检查，与其他保护接口的开入或与断路器机构相关的开入进行实际传动试验检查。

2. 输出触点和信号检查

配合整组传动进行试验，不单独试验。全部检验时要求直流电源电压为 80%额定电压值下进行检验，部分检验时用全电压进行检验。

（六）逻辑功能测试

1. 过电流保护

加入保护电流，模拟相间故障，模拟故障电流为

$$I = mI_{setn}$$

式中 I_{setn}——过电流 n 段保护定值，A；

m——系数，其值分别为 0.95、1.05 及 1.2。

保护在 0.95 倍定值（m=0.95）时，应可靠不动作；在 1.05 倍定值时应可靠动作；

在 1.2 倍定值时，测量过电流保护的动作时间，时间误差应不大于 5%。

2. 零序过电流保护

加入零序电流，模拟单相接地故障，模拟故障电流为

$$I = mI_{set0}$$

式中　I_{set0} ——零序过电流保护定值，A；

m ——系数，其值分别为 0.95、1.05 及 1.2。

保护在 0.95 倍定值（m=0.95）时，应可靠不动作；在 1.05 倍定值时应可靠动作；在 1.2 倍定值时，测量零序过电流保护的动作时间，时间误差应不大于 5%。

3. 过电压保护

断路器在合位，加入三相对称电压，电压数值为

$$U = mU_{seth}$$

式中　U_{seth} ——过电压保护定值，V；

m——系数，其值分别为 0.95、1.05 及 1.2。

保护在 0.95 倍定值（m=0.95）时，应可靠不动作；在 1.05 倍定值时应可靠动作；在 1.2 倍定值时，测量过电压保护的动作时间，时间误差应不大于 5%。

4. 欠电压保护

断路器在合位，加入三相对称电压，电压数值为

$$U = mU_{setl}$$

式中　U_{setl} ——欠电压保护定值，V；

m——系数，其值分别为 0.95、1.05 及 1.2。

保护在 1.05 倍定值（m=1.05）时，应可靠不动作；在 0.95 倍定值时应可靠动作；在 0.7 倍定值时，测量欠电压保护的动作时间，时间误差应不大于 5%。

加入电流大于欠压闭锁电流，重新进行上述试验，欠压保护不应动作。

5. 不平衡电压保护

断路器在合位，加入不平衡电压，电压数值为

$$U = mU_{set.unb}$$

式中　$U_{set.unb}$ ——不平衡电压保护定值，V；

m ——系数，其值分别为 0.95、1.05 及 1.2。

保护在 0.95 倍定值（m=0.95）时，应可靠不动作；在 1.05 倍定值时应可靠动作；在 1.2 倍定值时，测量不平衡电压保护的动作时间，时间误差应不大于 5%。

6. TA、TV 断线功能检查

（1）TA 断线告警功能检测（单相、两相断线）。

（2）TV 断线告警功能检测（单相、两相断线）。

（3）TV 断线告警闭锁电压保护。闭锁逻辑功能在全部校验时进行，部分校验只做告警功能。

（七）整组试验

整组试验时，统一加模拟故障电流，断路器处于合闸位置。进行传动断路器试验之前，控制室和开关站均应有专人监视，并应具备良好的通信联络设备，以便观察断路器动作情况，监视中央信号装置的动作及声、光信号指示是否正确。如果发生异常情况时，应立即停止试验，在查明原因并改正后再继续进行。

1. 整组动作时间测量

本试验是测量从模拟故障至断路器跳闸的动作时间。要求测量断路器的跳闸时间并与保护的出口时间比较，其时间差即为断路器动作时间，一般应不大于 80ms。

2. 与中央信号、远动装置的配合联动试验

根据微机保护与中央信号、远动装置信息传送数量和方式的具体情况确定试验项目和方法。要求所有的硬接点信号都应进行整组传动，不得采用短接触点的方式。对于综合自动化站，还应检查保护动作报文的正确性。

（八）带负荷试验

在新安装检验时，为保证测试准确，要求负荷电流的二次电流值大于保护装置的精确工作电流（$0.06I_N$）时，应同时采用装置显示和钳形相位表测试进行相互校验，不得仅依靠外部钳形相位表测试数据进行判断。

1. 交流电压的相名核对

用万用表交流电压挡测量保护装置端子排上的交流相电压和相间电压，并校核本保护装置上的三相电压与已确认正确的 TV 小母线三相电压的相别。

2. 交流电压和电流的数值检验

进入保护菜单，检查模拟量幅值，并用钳形相位表测试回路电流电压幅值，以实际负荷为基准，检验电压、电流互感器变比是否正确。

3. 检验交流电压和电流的相位

进入保护菜单，检查模拟量相位关系，并用钳形相位表测试回路各相电流、电压的相位关系。在进行相位检验时，应分别检验三相电压的相位关系，并根据实际负荷情况，核对交流电压和交流电流之间的相位关系。

注意检查不平衡电压的组合情况，应分别测量各相电压幅值正确，组合后接近零。若采用不平衡电流，应检查幅值接近零。特别注意检查完全为零值的不平衡量，防止回路断线。

（九）定值与开关量状态的核查

打印保护装置的定值、开关量状态及自检报告，其中定值报告应与定值整定通知单一致；开关量状态与实际运行状态一致；自检报告应无保护装置异常信息。

【思考与练习】

1. 35kV 及以下电容器保护上电前需要进行哪些检查？

2. 需要进行哪些保护装置逻辑功能试验？进行整组试验时，调试要点是什么？

3. 如何正确进行带负荷测试？

4. 如何拟定完善的、符合现场实际的调试记录，确保调试质量？

模块 4 35kV 及以下电抗器微机保护测控装置原理（Z11F4004Ⅰ）

【模块描述】本模块包含了35kV及以下电抗器保护的配置及原理。通过要点归纳、原理讲解，掌握 35kV 及以下电抗器微机保护测控装置的差动保护、反时限过电流保护、非电量保护、测控等工作原理。

【模块内容】

一、电抗器的故障、不正常运行状态及保护配置

（一）电抗器的故障类型

（1）电抗器故障可分内部故障和外部故障。电抗器内部故障指的是电抗器箱壳内部发生的故障，有绕组的相间短路故障、单相绕组的匝间短路故障、单相绕组与铁芯间的接地短路故障，电抗器绕组引线与外壳发生的单相接地短路。此外，还有绕组的断线故障。

电抗器外部故障指的是箱壳外部引出线间的各种相间短路故障，以及引出线因绝缘套管闪络或破碎通过箱壳发生的单相接地短路。

（2）电抗器的不正常运行状态。电抗器的不正常运行主要包括过负荷引起的对称过电流、运行中的电抗器油温过高以及压力过高等。

（二）电抗器保护的配置

针对电抗器各种故障和不正常运行状态，需要配置相应的保护。电抗器保护的类型可分为主保护、后备保护及异常运行保护。

1. 主保护配置

（1）差动保护：包含差动速断保护、比率制动的差动保护。

（2）非电量保护：包含本体气体保护、压力释放保护等。

2. 后备保护配置

（1）阶段式过电流保护或反时限过电流保护。

（2）零序过电流保护

（3）过负荷保护。

（4）TV 断线告警或闭锁保护。

表 Z11F4004Ⅰ-1 是典型的数字式电抗器保护的配置，适用于 35kV 及以下电压等级的各种接线方式的电抗器保护。

表 Z11F4004Ⅰ-1　　35kV 及以下电抗器保护配置

保护分类	保护类型	段数	每段时限数	备注
差动保护	差动速断	1		
	二次谐波比率差动	1		
后备保护	定时限过电流保护	2 或 3	1	
	反时限过电流保护	1	1	
	零序过电流保护	1	1	
	过负荷保护	1	1	告警
非电量保护	气体保护			
	压力释放			

二、电抗器保护的工作原理

1. 差动保护

（1）差动保护的基本原理。差动保护的基本原理源于基尔霍夫电流定律，即将被保护区域看成是一个节点，如果流入保护区域电流等于流出的电流，则保护区域无故障或是外部故障。如果流入保护区域的电流不等于流出的电流，说明存在其他电流通路，保护区域内发生了故障。由于电抗器采用各相首末端电流构成差动保护，各侧电压相同、TA 变比也相同，可以直接用于差动电流计算。电抗器首末端二次电流的相量和 $\sum \dot{I}$ 称为差动电流，简称差流，用 I_{cd} 表示。在电抗器正常运行或外部故障时，电抗器首末端二次电流相等，此时 $I_{cd}=0$，差动保护不动作。当电抗器内部故障时，则只有电抗器首端的电流而没有尾端的电流，I_{cd} 很大，当 I_{cd} 满足动作条件时，差动保护动作，切除电抗器。

电抗器差动保护是电抗器相间短路和匝间短路的主保护。

（2）比率差动保护。若差动保护动作电流是固定值，必须按躲过区外故障差动回路最大不平衡电流来整定，定值相应增高，此时如发生匝间或离开尾端较近的故障，保护就不能灵敏动作。反之，若考虑区内故障差动保护能灵敏动作，就必须降低差动保护定值，但此时区外故障时差动保护就会误动。

比率制动式差动保护的动作电流随外部短路电流按比率增大，既能保证外部短路不误动，又能保证内部故障有较高的灵敏度。

以下是常规比率差动原理，其动作方程为：

当$|I_T-I_N|/2 \leqslant I_e$时

$$|I_T+I_N|>I_{cdqd}$$

当$|I_T-I_N|/2>I_e$时

$$|I_T+I_N|-I_{cdqd}>K_{bl}\cdot(|I_T-I_N|/2-I_e)$$

式中　I_T——电抗器首端电流，A；

I_N——尾端电流，A；

K_{bl}——比率制动系数；

I_{cdqd}——差动电流启动定值，A。

比率差动保护能保证内部故障时有较高灵敏度，动作曲线如图 Z11F4004Ⅰ-1 所示。I_d为差动电流$|I_T+I_N|$，I_r为制动电流$|I_T-I_N|/2$。任一相比率差动保护动作即出口跳闸。

正常运行时，电抗器的励磁电流很小，通常为I_N（变压器额定电流）的 3%～6%或更小，所以差动回路中的不平衡电流也很小。外部短路时，由于系统电压降低，励磁电流也不大，差动回路中不平衡电流也较小。但是当电抗器投入或外部短路故障切除电压突然增加时，就会出现很大的电抗器励磁电流，这种暂态过程中的电抗器励磁电流就称为励磁涌流。

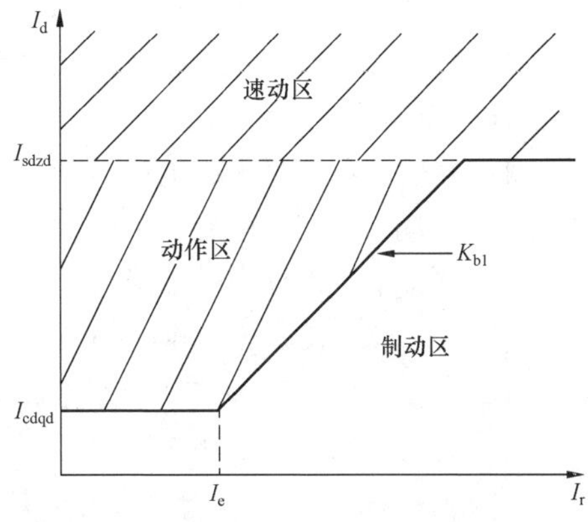

图 Z11F4004Ⅰ-1　纵差保护动作曲线

励磁涌流对电抗器本身没有多大的影响，但因励磁涌流仅在电抗器一侧流通，故进入差动回路形成了很大的不平衡电流，如不采取措施将会使差动保护误动。在微机差动保护装置中，通过鉴别涌流中含有大量二次谐波分量的特点来闭锁差动保护，可采用按相闭锁方式，每相差流的二次谐波含量大于谐波制动系数定植，则闭锁该相的比率差动保护。

（3）差动速断保护。由于电抗器纵差保护设置了涌流闭锁元件，采用二次谐波原理判据，若判断为励磁涌流引起的差流时，将差动保护闭锁。一般情况下，比率制动的差动保护作为电抗器的主保护已满足要求了。但当电抗器内部发生严重短路故障时，由于短路电流很大，TA 严重饱和而使交流暂态传变严重恶化，TA 二次电流的波形将发生严重畸变，含有大量的高次谐波分量。若采用涌流判据来判断是需要时间的，这将造成在电抗器发生内部严重故障时，差动保护延缓动作，不能迅速切除故障的不良后果。若涌流判别元件误判成励磁涌流，闭锁差动保护，将造成电抗器严重损坏的后果。

为克服上述缺点，微机差动保护都配置了差动速断元件。差动速断没有制动量，其元件只反应差流的有效值，不管差流的波形是否畸变及谐波分量的大小，只要差流的有效值超过整定值，它将迅速动作切除电抗器。差动速断动作一般在半个周期内实现。而决定动作的测量过程在四分之一周期内完成，此时 TA 还未严重饱和，能实现快速正确切除故障。为避免误动，差动速断保护的整定值需要躲过外部短路时最大不平衡电流值和励磁涌流。

（4）TA 断线判别。TA 断线闭锁或报警功能，其动作原理如下。

延时 TA 断线报警在保护每个采样周期内进行。当任一相差流大于 $0.08I_n$ 的时间超过 10s 时发出 TA 断线报警信号，此时不闭锁比率差动保护，这也兼作保护装置交流采样回路的自检功能。

瞬时 TA 断线报警或闭锁功能在比率差动元件动作后进行判别。为防止瞬时 TA 断线的误闭锁，满足下述任一条件时，不进行瞬时 TA 断线判别：

1）启动前各侧最大相电流小于 $0.08I_n$。

2）启动后最大相电流大于过负荷保护定值 I_{gfh}。

3）启动后电流比启动前增加。

首端、尾端六路电流同时满足下列条件认为是 TA 断线：

1）一侧 TA 的一相或两相电流减小至差动保护启动。

2）其余各路电流不变。

可以选择瞬时 TA 断线发报警信号的同时是否闭锁比率差动保护。如果比率差动保护退出运行，则瞬时 TA 断线的报警和闭锁功能自动取消。

2. 定时限过电流保护

设置 2～3 段反应相电流增大的过电流保护，用以保护电抗器各部分发生的相间短路故障。在执行过电流判别时，各相、各段判别逻辑一致，可以设定不同时限。当任一相电流超过整定值达到整定时间时，保护动作。

3. 反时限保护

相间过电流及正序过电流均可带有反时限保护功能，对于只装 A、C 相电流互感器的情况，必须进行特别整定方可正常运行。反时限保护元件是动作时限与被保护线路中电流大小自然配合的保护元件，通过平移动作曲线，可以非常方便地实现全线的配合。常见的反时限特性解析式一般分为四类，即标准反时限、非常反时限、极端反时限、长时间反时限，可以根据实际需要选择反时限特性。反时限特性公式如下：

（1）一般反时限。

$$t=\frac{0.14t_{\mathrm{p}}}{(I/I_{\mathrm{p}})^{0.02}-1}$$

（2）非常反时限。

$$t=\frac{80t_{\mathrm{p}}}{(I/I_{\mathrm{p}})^{0.02}-1}$$

（3）极端反时限。

$$t=\frac{13.5t_{\mathrm{p}}}{(I/I_{\mathrm{p}})-1}$$

（4）长时间反时限。

$$t=\frac{120t_{\mathrm{p}}}{(I/I_{\mathrm{p}})-1}$$

式中　t_{p} ——时间系数，范围是0.05～1；

I_{p} ——电流基准值，A；

I ——故障电流，A；

t ——跳闸时间，s。

4. 过负荷保护

过负荷保护一般设置一段定时限段，可选择投报警或跳闸。

5. 接地保护

接地保护可以选择零序过电流保护和零序过电压报警。

（1）零序过电流保护。当所在系统采用中性点直接接地方式或经小电阻接地方式时，零序过电流保护可以作用于跳闸。为避免由于各相电流互感器特性差异降低灵敏度，宜采用专用零序电流互感器。零序过电流元件的实现方式基本与过电流元件相同，当零序电流超过整定值达到整定时间时，保护动作。

当采用零序过电流动作告警时，可以将采集数据上送，由上位机比较同一母线上各单元采集的零序电流基波或五次谐波的幅值和方向，来实现选线功能。

（2）零序过电压报警。零序过电压报警用电压由装置内部对三相电压相量相加自产，一般采用动作告警，TV断线时自动退出。

6. 非电量保护

考虑到电抗器内部轻微故障，如少量匝间短路或尾端附近相间或接地短路，差动保护和过电流保护可能无法灵敏动作，而气体继电器可以灵敏反映这一变化。可以设置多路非电量保护，以反应油箱内气体流动或压力的增大，并可以选择动作告警或跳闸。

7. TV断线检查

TV断线判据如下：

（1）低电压判据：最大相间电压小于30V，且任一相电流大于$0.06I_n$；

（2）不对称电压判据：负序电压大于8V。

满足以上任一条件，延时报TV断线，断线消失后延时返回。TV断线期间，自动退出零序过电压报警。

【思考与练习】

1. 差动保护的动作方程是什么？

2. 电抗器保护的TA断线如何判别，哪种情况下需要闭锁保护？

模块5 35kV及以下电抗器保护测控装置调试的安全和技术措施（Z11F4005Ⅰ）

【模块描述】本模块包含35kV及以下电抗器保护测控装置调试的工作前准备和安全技术措施。通过要点归纳、图表举例，掌握35kV及以下电抗器保护测控装置现场调试的危险点预控及安全技术措施。

【模块内容】

一、35kV及以下电抗器保护装置调试工作前的准备

（1）检修作业前3天做好检修准备工作，并在检修作业前2天提交相关停役申请。准备工作包括检查设备状况、反措计划的执行情况及设备的缺陷等。

（2）开工前2天，向有关部门上报本次工作的材料计划。

（3）根据本次校验的项目，组织作业人员学习作业指导书，使全体作业人员熟悉作业内容、进度要求、作业标准、安全注意事项。要求所有工作人员都明确本次校验工作的内容、进度要求、作业标准及安全注意事项。

（4）明确工作人员分工，针对技术负责、仪器仪表管理、图纸资料管理、专责安全监护人员等进行工作指定和明确。

（5）梳理待检修设备存在的缺陷以及以往缺陷统计，配合检修进行消缺。

（6）开工前一天，准备好作业所需仪器仪表、相关材料、工器具。要求仪器仪表、工器具应试验合格，满足本次作业的要求，材料应齐全。

仪器仪表主要有：绝缘电阻表、继电保护三相校验装置，钳形相位表、伏安特性测试仪、电流互感器变比测试仪等。

工器具主要有：个人工具箱、计算器等。

相关材料主要有：绝缘胶布、自粘胶带、电缆、导线、小毛巾、中性笔、口罩、手套、毛刷、逆变电源板等相关备件，根据实际需要确定。

（7）最新整定单、相关图纸、上一次试验报告、本次需要改进的项目及相关技术资料。要求图纸及资料应与现场实际情况一致。

主要的技术资料有：35kV 电抗器保护图纸、35kV 电抗器保护装置技术说明书、35kV 电抗器保护装置使用说明书、35kV 电抗器保护装置校验规程。

（8）根据现场工作时间和工作内容填写工作票（第一种工作票应在开工前一天交值班员）。工作票应填写正确，并按 Q/GDW 1799.1《电力安全工作规程　变电部分》执行。

二、安全技术措施

（一）人身触电

1. 误入带电间隔

控制措施：工作前应熟悉工作地点、带电部位。检查现场安全围栏、安全警示牌和接地线等安全措施。

2. 接、拆低压电源

控制措施：必须使用装有漏电保护器的电源盘。螺丝刀等工具金属裸露部分除刀口外包绝缘。接拆电源时至少有两人执行，必须在电源开关拉开的情况下进行。临时电源必须使用专用电源，禁止从运行设备上取得电源。

3. 保护调试及整组试验

控制措施：工作人员之间应相互配合，确保一、二次回路上无人工作。传动试验必须得到值班员许可并配合。

（二）机械伤害

机械伤害主要指坠落物打击。

控制措施：工作人员进入工作现场必须戴安全帽。

（三）高空坠落

高空坠落主要指在断路器或电流互感器上工作时，人员和工器具的跌落。

控制措施：正确使用安全带，鞋子应防滑。必须系安全带，上下断路器或电流互感器本体由专人监护。

（四）防“三误”事故的安全技术措施

（1）现场工作前必须作好充分准备，内容包括：

1）了解工作地点一、二次设备运行情况，本工作与运行设备有无直接联系。

2）工作人员明确分工并熟悉图纸与检验规程等有关资料。

3）应具备与实际状况一致的图纸、上次检验记录、最新整定通知单、检验规程、合格的仪器仪表、备品备件、工具和连接导线。

4）工作前认真填写安全措施票，并经技术负责人认真审批。

5）工作开工后先执行安全措施票，由工作负责人负责做的每一项措施，要在“执行”栏做标记；校验工作结束后，要持此票恢复所做的安全措施，以保证完全恢复。

6）不允许在未停用的保护装置上进行试验和其他测试工作；也不允许在保护未停用的情况下，用装置的试验按钮做试验。

7）只能用整组试验的方法，即由电流及电压端子通入与故障情况相符的模拟故障量，检查保护回路及整定值的正确性。不允许用卡继电器触点、短路触点等人为手段作保护装置的整组试验。

8）在校验继电保护及二次回路时，凡与其他运行设备二次回路相连的压板和接线应有明显标记，并按安全措施票仔细地将有关回路断开或短路，做好记录。

9）在清扫运行中设备和二次回路时，应认真仔细，并使用绝缘工具（毛刷、吹风机等），特别注意防止振动，防止误碰。

10）严格执行风险分析卡和继电保护作业指导书。

（2）现场工作应按图纸进行，严禁凭记忆作为工作的依据。如发现图纸与实际接线不符时，应查线核对。需要改动时，必须履行如下程序：

1）先在原图上做好修改，经主管继电保护部门批准。

2）拆动接线前先要与原图核对，接线修改后要与新图核对，并及时修改底图，修改运行人员及有关各级继电保护人员的图纸。

3）改动回路后，严防寄生回路存在，没用的线应拆除。

4）在变动二次回路后，应进行相应的逻辑回路整组试验，确认回路极性及整定值完全正确。

（3）保护装置调试的定值，必须根据最新整定值通知单规定，先核对通知单与实际设备是否相符（包括保护装置型号、被保护设备名称、联结组别、互感器接线、变比等）。定值整定完毕要认真核对，确保正确。

（五）其他危险点及控制措施

（1）保护室内使用无线通信设备，易造成其他正在运行的保护设备不正确动作。控制措施：不在保护室内使用无线通信设备，尤其是对讲机。

（2）为防止一次设备试验影响二次，试验前应断开保护屏电流端子连接片，并对外侧端子进行绝缘处理。

（3）电压小母线带电，易发生电压反送事故或引起人员触电。控制措施：断开交流二次电压引入回路，并用绝缘胶布对所拆线头实施绝缘包扎，带电的回路应尽量留在端子上防止误碰。

（4）二次通电时，电流可能通入母差保护，可能误跳运行断路器。控制措施：在断路器端子箱将相应端子用绝缘胶布实施封闭。

（5）带电插拔插件，易造成集成块损坏。频繁插拔插件，易造成插件插头松动。控制措施：插件插拔前关闭电源。

（6）需要对一次设备进行试验时，如断路器传动，TA 极性试验等，应提前与一次设备检修人员进行沟通，避免发生人身伤害和设备损坏事故。

（7）部分带电回路可能引起工作中的短路或接地，或导致运行设备受到影响，应该在试验前断开这些回路或进行可靠隔离。

典型的二次安全技术措施票见表 Z11F4005 Ⅰ–1。

表 Z11F4005 Ⅰ–1　　二次安全技术措施票

被试设备及保护名称			____变电站____线路____型____保护		
工作负责人		工作时间	年　月　日	签发人	
工作内容					
工作条件	1.一次设备运行情况____________ 2. 被试保护作用的断路器____________ 3. 被试保护屏上的运行设备____________ 4. 被试保护屏、端子箱与其他保护连接线________				

安全技术措施：包括应打开及恢复压板、直流线、交流线、信号线、联锁线和联锁开关等，按下列顺序做安全措施。已执行，在执行栏打“√”按相反的顺序恢复安全措施，以恢复的，在恢复栏打“√”

序号	执行	安全措施内容	恢　复
1		检查本保护压板在退出位置，并做好记录	
2		检查本保护相关操作把手及断路器位置，并做好记录	
3		电流回路：断开 A ____； 对应端子排端子号［D ____］	
4		电流回路：断开 B ____； 对应端子排端子号［D ____］	
5		电流回路：断开 C ____； 对应端子排端子号［D ____］	

续表

序号	执行	安全措施内容					恢 复
6		电流回路：断开N ____； 对应端子排端子号［D ____］					
7		母线电压回路：断开A ____； 对应端子排端子号［D ____］					
8		母线电压回路：断开B ____； 对应端子排端子号［D ____］					
9		母线电压回路：断开C ____； 对应端子排端子号［D ____］					
10		母线电压回路：断开N ____； 对应端子排端子号［D ____］					
11		电流回路接地点： 断开本保护用TA接地点端子号［ ____］					
12		通信接口： 断开至监控的通信口，如果有检修压板投检修压板					
13		通信接口： 断开至保护信息管理系统的通信口，如果有检修压板投检修压板					
14		用绝缘胶布将带电端子封闭					
15		补充措施：					
填票人			操作人		监护人		审核人

【思考与练习】

1. 35kV及以下电抗器保护进行检验时现场有哪些危险点，如何控制？
2. 现场需要准备哪些主要设备和材料？

模块6 35kV及以下电抗器微机保护装置的调试（Z11F4006Ⅰ）

【模块描述】本模块包含35kV及以下电抗器微机保护测控装置调试的主要内容。通过要点归纳、图表举例、分析说明，掌握35kV及以下电抗器微机保护测控装置调试的作业程序、调试项目、各项目调试方法等内容。

【模块内容】

一、作业流程

电抗器微机保护装置的调试作业流程如图Z11F4006Ⅰ-1所示。

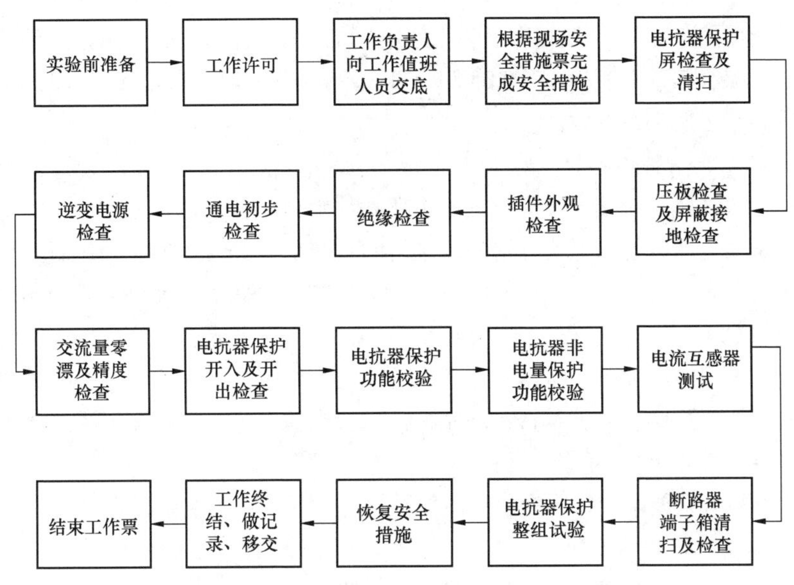

图 Z11F4006 Ⅰ–1　电抗器保护校验作业流程图

二、校验项目、技术要求及校验报告

（一）清扫、紧固、外部检查

（1）检查装置内、外部是否清洁无积尘、无异物；清扫电路板的灰尘。

（2）检查各插件插入后接触良好，闭锁到位。

（3）切换开关、按钮、键盘等应操作灵活、手感良好。

（4）压板接线压接可靠性检查，螺丝紧固。

（5）检查保护装置的箱体或电磁屏蔽体与接地网可靠连接。

（二）逆变电源工况检查

（1）检查电源的自启动性能：拉合直流开关，逆变电源应可靠启动。

（2）进入装置菜单，记录逆变电源输出电压值。

（三）软件版本及 CRC 码检验

（1）进入装置菜单，记录装置型号、CPU 版本信息。

（2）进入装置菜单，记录管理板版本信息。

注意事项：检查其与网局统一版本是否一致，与最新定值通知单核对校验码及程序形成时间。

（四）交流量的调试

1. 零漂检验

进行本项目检验时，要求保护装置不输入交流量。进入保护菜单，检查保护装置各 CPU 模拟量输入，进行三相电流和零序电流、三相电压和线路电压通道的零漂值检验；要求零漂值均在 $0.01I_N$（或 0.05V）以内。检验零漂时，要求在一段时间（3min）内零漂值稳定在规定范围内。

2. 模拟量幅值特性检验

用保护测试仪同时接入装置的三相电压和线路电压输入，三相电流和零序电流输入。调整输入交流电压和电流分别为额定值的 120%、100%、50%、10%和 2%，要求保护装置采样显示与外部表计误差应小于 3%。在 2%额定值时允许误差 10%。

不同的 CPU 应分别进行上述试验。

在试验过程中，如果交流量的测量误差超过要求范围时，应首先检查试验接线、试验方法、外部测量表计等是否正确完好，试验电源有无波形畸变，不可急于调整或更换保护装置中的元器件。

部分检验时只要求进行额定值精度检验。

3. 模拟量相位特性检验

按上文规定的试验接线和加交流量方法，将交流电压和交流电流均加至额定值。检查各模拟量之间的相角，调节电流、电压相位，当同相别电压和电流相位分别为 0°、45°、90°时，装置显示值与表计测量值应不大于 3°。

部分检验时只要求进行选定角度的检验。

（五）开入、出量调试

1. 开关量输入测试

进入保护菜单检查装置开入量状态，依次进行开入量的输入和断开，同时监视液晶屏幕上显示的开入量变位情况。要求检查时带全回路进行，尽量不用短接触点的方式，保护装置的压板、切换开关、按钮等直接操作进行检查，与其他保护接口的开入或与断路器机构相关的开入进行实际传动试验检查。

2. 输出触点和信号检查

配合整组传动进行试验，不单独试验。全部检验时，要求直流电源电压为 80%额定电压值下进行检验，部分检验时用全电压进行检验。

（六）逻辑功能测试

1. 校验纵联差动保护

（1） 差动速断保护。分别加入首末端两个断路器电流，分别模拟单相故障，模拟故障电流为

$$I = mI_{setsd}$$

式中 I_{setsd} ——差动速断电流定值，A；

m ——系数，其值分别为 0.95、1.05 及 1.2。

保护在 0.95 倍定值（$m=0.95$）时，应可靠不动作；在 1.05 倍定值时应可靠动作；在 1.2 倍定值时，测量差动保护的动作时间，时间应在 15～30ms。

（2）比率差动保护。同极性串接加入首末端两个断路器电流，分别模拟单相故障，模拟故障电流为

$$I = mI_{setcd} \times 0.5$$

式中　I_{setcd} ——比率差动电流定值，A；

m——系数，其值分别为 0.95、1.05 及 1.2。

测试要求同上。

（3）比率制动特性测试。

1）固定首端电流，调节末端电流，直至差动动作，保护动作后退掉电流。

2）在首端和末端任一同名相同时加入极性相反电流（注意负荷电流与差流的关系），并让此时的差流为 0；减小 I_{aL}，使差动保护动作，记录两侧动作电流。

2. 校验过电流保护

加入首端电流，模拟单相故障，模拟故障电流为

$$I = mI_{setn}$$

式中　I_{setn} ——过电流 n 段保护定值，A；

m——系数，其值分别为 0.95、1.05 及 1.2。

保护在 0.95 倍定值（$m=0.95$）时，应可靠不动作；在 1.05 倍定值时应可靠动作；在 1.2 倍定值时，测量过电流保护的动作时间，时间误差应不大于 5%。

过负荷保护也可以用同样的方法进行校验。

3. 零序过电流保护

加入首端电流，模拟单相接地故障，模拟故障电流为

$$I = mI_{set0}$$

式中　I_{set0} ——零序过电流保护定值，A；

m——系数，其值分别为 0.95、1.05 及 1.2。

保护在 0.95 倍定值（$m=0.95$）时，应可靠不动作；在 1.05 倍定值时应可靠动作；在 1.2 倍定值时，测量零序过电流保护的动作时间，时间误差应不大于 5%。

4. TA 断线功能检查

（1）告警功能检测（单相、两相断线），加入三相平衡负荷电流，短接其中一相或两相，应有告警信号发出。

（2）闭锁纵差保护：在上述试验条件下，发出告警信号后，健全相电流加入大于差动保护整定值的故障电流，差动保护不应动作。

闭锁逻辑功能在全部校验时进行，部分校验只做告警功能。

（七）整组试验

整组试验时，统一加模拟故障电流，断路器处于合闸位置。进行传动断路器试验之前，控制室和开关站均应有专人监视，并应具备良好的通信联络设备，以便观察断路器动作情况，监视中央信号装置的动作及声、光信号指示是否正确。如果发生异常情况时，应立即停止试验，在查明原因并改正后再继续进行。

1. 整组动作时间测量

本试验是测量从模拟故障至断路器跳闸的动作时间。要求测量断路器的跳闸时间并与保护的出口时间比较，其时间差即为断路器动作时间，一般应不大于60ms。

2. 非电量保护

在电抗器本体模拟各相非电量继电器动作，测试面板指示灯正确和出口回路正确，并选择其中一种保护带断路器传动。

3. 与中央信号、远动装置的配合联动试验

根据微机保护与中央信号、远动装置信息传送数量和方式的具体情况确定试验项目和方法。要求所有的硬接点信号都应进行整组传动，不得采用短接触点的方式。对于综合自动化站，还应检查保护动作报文的正确性。

（八）带负荷试验

在新安装检验时，为保证测试准确，要求负荷电流的二次电流值大于保护装置的精确工作电流（$0.06I_N$）时，应同时采用装置显示和钳形相位表测试进行相互校验，不得仅依靠外部钳形相位表测试数据进行判断。

1. 交流电压的相名核对

用万用表交流电压挡测量保护装置端子排上的交流相电压和相间电压，并校核本保护装置上的三相电压和已确认正确的TV小母线三相电压的相别。

2. 交流电压和电流的数值检验

进入保护菜单，检查模拟量幅值，并用钳形相位表测试回路电流电压幅值，以实际负荷为基准，检验电压、电流互感器变比是否正确。

3. 检验交流电压和电流的相位

进入保护菜单，检查模拟量相位关系，并用钳形相位表测试回路各相电流、电压的相位关系。在进行相位检验时，应分别检验三相电压的相位关系，并根据实际负荷情况，核对交流电压和交流电流之间的相位关系。

（九）定值与开关量状态的核查

打印保护装置的定值、开关量状态及自检报告，其中定值报告应与定值整定通知单一致；开关量状态与实际运行状态一致；自检报告应无保护装置异常信息。

【思考与练习】

1. 35kV 及以下电抗器保护上电前需要进行哪些检查？

2. 需要进行哪些保护装置逻辑功能试验？进行整组试验时，调试要点是什么？

3. 如何正确进行带负荷测试？

4. 如何拟定完善的、符合现场实际的调试记录，确保调试质量？

模块 7　断路器微机保护装置原理（Z11F4007Ⅱ）

【模块描述】本模块包含断路器微机保护的配置及原理。通过要点归纳、原理讲解，掌握断路器微机保护的配置原则，断路器失灵保护、死区保护、三相不一致保护及重合闸的工作原理。

【模块内容】

一、断路器保护配置

1. 断路器运行中可能出现的异常和故障

系统发生故障，保护正确动作，但因各种原因断路器拒动，导致相邻元件保护动作切除故障，造成停电范围扩大和故障切除时间延长。

分相操作断路器或电气联动断路器出现三相位置不一致，在负荷电流作用下产生零序和负序电流，严重影响系统的正常运行。

断路器与 TA 之间发生故障造成延时切除。

手合断路器于故障时，因元件 TV 未正常投入造成元件主保护无法正常动作，导致故障延时切除。

2. 断路器保护的配置

针对上述问题，需要配置相关保护如失灵保护、三相不一致保护、死区保护、充电保护等。另外，在 3/2 接线方式下，主变压器和线路都同时连接于两个断路器，线路保护不配置重合闸功能，自动重合闸由断路器保护实现，在重合闸动作时需要考虑两台断路器重合闸之间的配合，即先重后重，在重合闸方式上可以选择综合重合闸、三相重合闸和单相重合闸。表 Z11F4007Ⅱ-1 是典型的断路器保护配置。

表 Z11F4007Ⅱ-1　　断路器保护配置

保护分类	保护类型	段　数	每段时限数	备　注
断路器保护	失灵保护	1	2	
	三相不一致保护	1	1	
	死区保护	1	1	

续表

保护分类	保护类型	段 数	每段时限数	备 注
断路器保护	充电保护	1或2	1	
	自动重合闸	1	1	
报警闭锁功能	TV断线告警			
	TWJ异常告警			
	同期电压告警			

二、断路器保护工作原理

1. 断路器失灵保护

当系统发生故障保护正确动作后，若断路器因各种原因拒动，必须由相邻断路器来切除故障。由于220kV及以上系统相邻元件后备保护灵敏度不够，即使相邻保护能够动作，其动作延时也不能满足系统稳定的需要，必须依靠本地设置断路器失灵保护在较短延时内切除失灵断路器的相关元件以隔离故障。

通常判断断路器失灵的依据是保护已经向断路器发出了跳闸命令，但是断路器电流仍然大于正常运行电流，表明系统故障没有消除，此时即可启动失灵保护。在失灵保护动作切除相邻元件前，可以瞬时或以较短延时跟跳失灵断路器，若是因部分二次回路故障造成的断路器拒动，则可以迅速切除，防止进一步切除相邻元件。对于分相操作断路器，按相对应的线路保护跳闸触点和失灵过电流都动作后启动失灵保护；对于可能接收三跳命令的断路器，应设置三跳启动失灵回路，即三跳命令下，任一相失灵电流动作即启动失灵保护。充电保护也可以启动失灵保护。

断路器失灵保护动作逻辑如图Z11F4007Ⅱ-1所示，以某公司RCS-921A装置为例，下同。

2. 死区保护

某些接线方式下（如断路器在TA与线路之间），TA与断路器之间发生故障时，虽然故障线路保护能快速动作，但在本断路器跳开后，故障并不能切除。此时需要失灵保护动作跳开有关断路器。考虑到这种站内故障的故障电流大，对系统影响较大，而失灵保护动作一般要经较长的延时，所以设置了动作时间比失灵保护快的死区保护。

死区保护的动作逻辑为：当断路器保护收到三跳信号如线路三跳、发变三跳，或A、B、C三相跳闸同时动作，这时如果死区过电流元件动作，对应断路器跳开，装置收到三相TWJ，则经整定的时间延时启动死区保护。出口回路与失灵保护一致，动作后跳相邻断路器。死区保护动作逻辑如图Z11F4007Ⅱ-2所示。

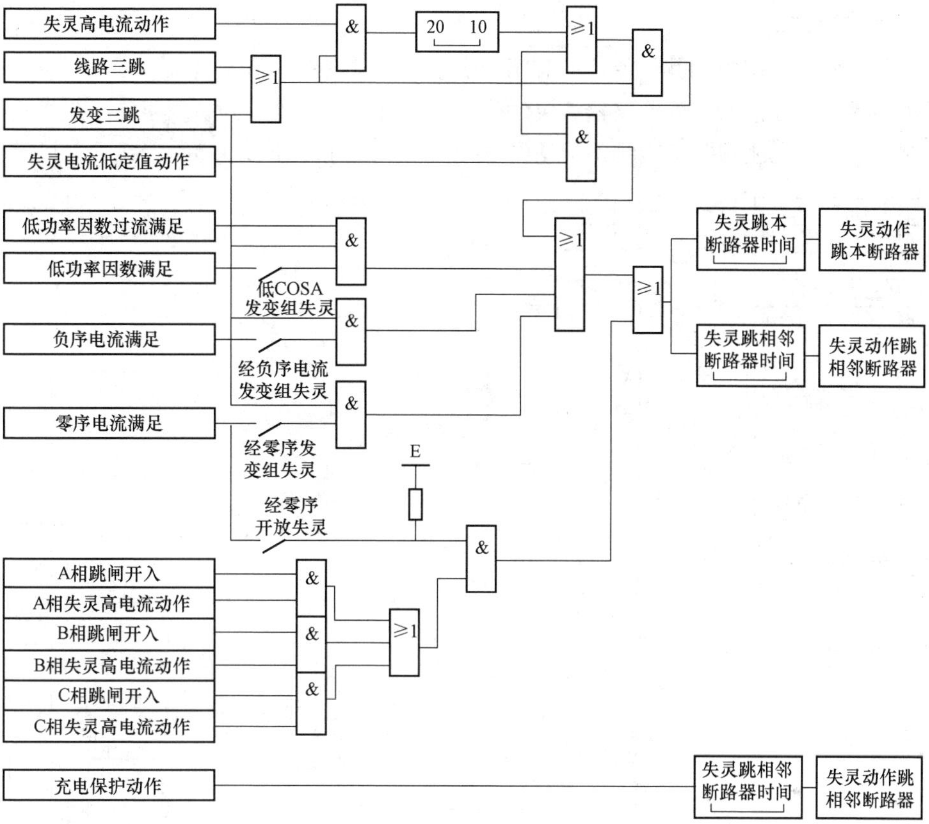

失灵高电流动作
线路三跳
发变三跳
失灵电流低定值动作
低功率因数过流满足
低功率因数满足
负序电流满足
零序电流满足
A相跳闸开入
A相失灵高电流动作
B相跳闸开入
B相失灵高电流动作
C相跳闸开入
C相失灵高电流动作
充电保护动作
&
≥1
20　10
低COSA发变组失灵
经负序电流发变组失灵
经零序发变组失灵
E
经零序开放失灵
失灵跳本断路器时间
失灵动作跳本断路器
失灵跳相邻断路器时间
失灵动作跳相邻断路器

图 Z11F4007Ⅱ-1　断路器失灵保护逻辑框图

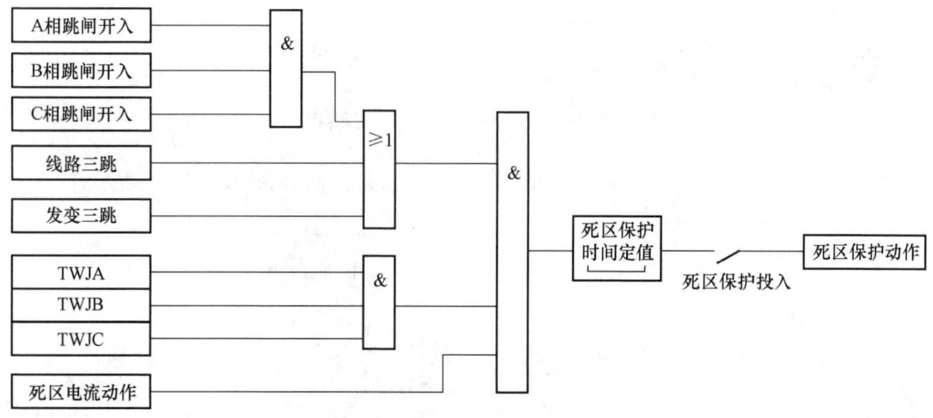

图 Z11F4007Ⅱ-2　断路器死区保护逻辑框图

3. 瞬时跟跳

断路器保护接收到其他保护的跳闸命令后，同时判断断路器电流，可以同步启动瞬时跟跳，以缩短可能的断路器失灵动作延时。瞬时跟跳可分为单相跟跳、两相跳闸联跳三相以及三相跟跳。跟跳保护动作逻辑如图 Z11F4007Ⅱ-3 所示。

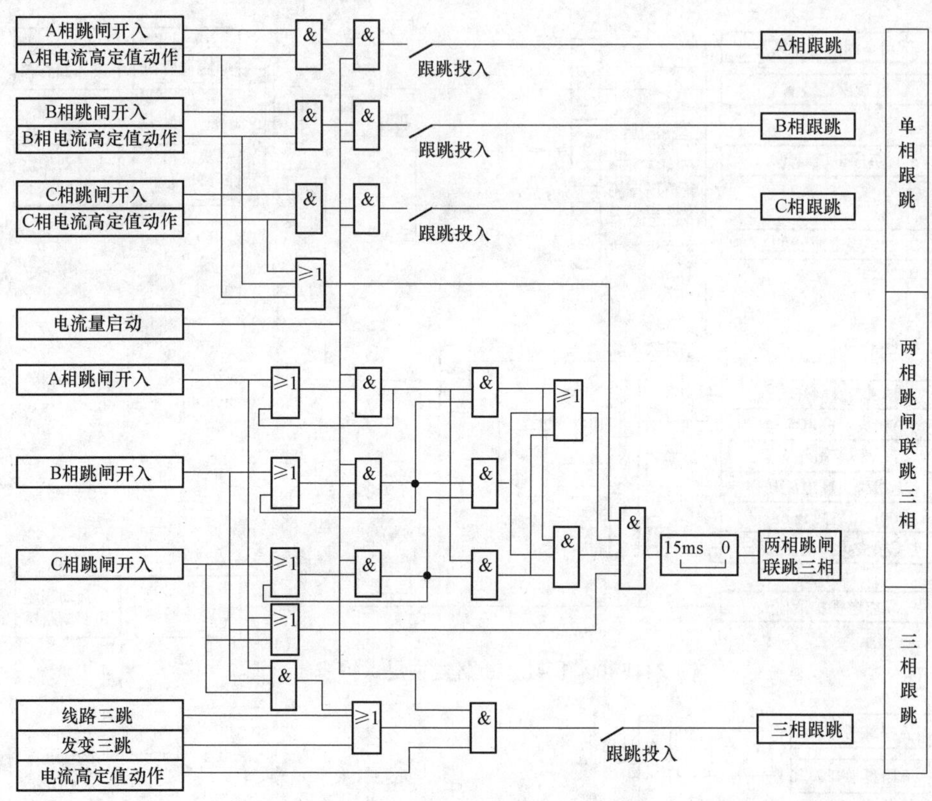

图 Z11F4007Ⅱ-3 跟跳保护逻辑框图

（1） 单相跟跳。当收到 A、B、C 单相跳闸信号，且该相电流元件动作时，瞬时启动分相跳闸回路。

（2） 两相跳闸联跳三相。当收到而且仅收到二相跳闸信号且相应电流元件动作时，经短延时联切三相。

（3） 三相跟跳。当收到三相跳闸信号，且任一相电流元件动作时，瞬时启动三相跳闸回路。

4. 断路器三相不一致保护

断路器处于三相不一致状态时，在负荷电流作用下产生的零序和负序电流会对系统的正常运行产生严重影响，必须在较短时间内断开其余各相，同时应该躲开断路器正常单相重合闸动作，即动作时间大于单相重合闸时间。装置通过检查三相断路器位置和各相电流来判断断路器状态。当任一相 TWJ 动作且无电流时，即认为该相断路器在跳闸位置，当任一相在跳闸位置而三相不全在跳闸位置，则认为不一致。不一致可经零序电流或负序电流开放，经延时出口跳开本断路器。断路器三相不一致保护逻辑如图 Z11F4007Ⅱ–4 所示。

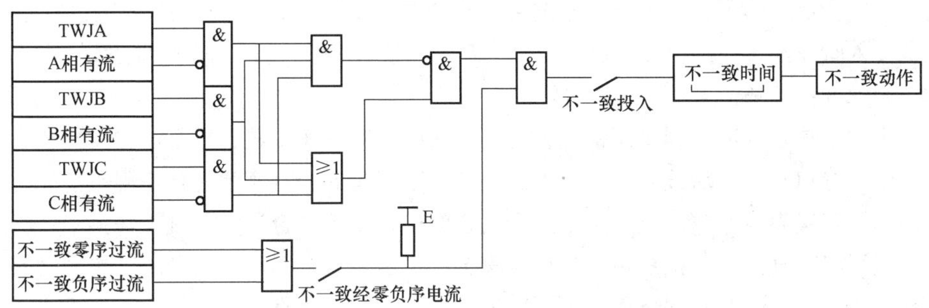

图 Z11F4007Ⅱ–4　三相不一致保护逻辑框图

5. 充电保护

充电保护主要用于向设备充电时作为临时快速保护，充电前投入，充电正常后立即退出，正常运行时不得投入。该保护用 1～2 段电流和时间定值均可设置的带延时的过电流保护实现。电流取自本断路器 TA，与断路器失灵保护共用。充电保护动作后，启动失灵保护并闭锁重合闸。充电保护动作逻辑如图 Z11F4007Ⅱ–5 所示。

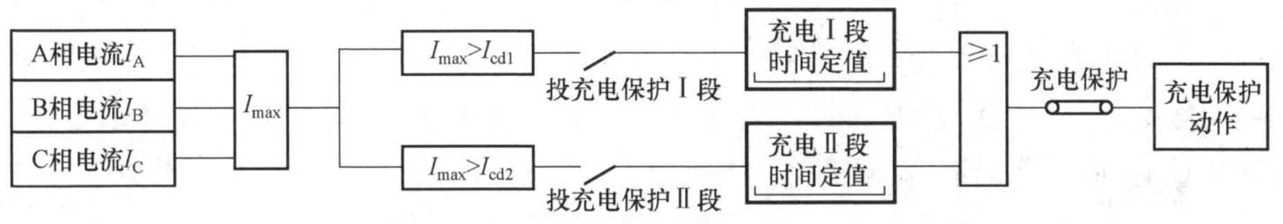

图 Z11F4007Ⅱ–5　充电保护逻辑框图

I_{cd1}—充电Ⅰ段过电流定值；I_{cd2}—充电Ⅱ段过电流定值；

I_{max}—A、B、C 三相电流中的最大相电流值

6. 自动重合闸

在 3/2 接线形式下，重合闸按照断路器配置，集成在断路器保护中，线路保护重合闸功能不启用。需要线路保护提供保护启动重合闸命令和闭锁重合闸命令，同时因线路对应两台断路器，需要两台断路器保护配合实现依次重合闸。

（1）重合闸启动方式有两种：① 由线路保护跳闸启动重合闸；② 由跳闸位置启

动重合闸。跳闸位置启动重合分为跳闸位置启动单重与跳闸位置启动三重。

（2）“先合重合闸”与“后合重合闸”。在 3/2 接线方式下，线路保护不配置重合闸，重合闸按照断路器进行配置，对应每条线路有两个断路器，必须指定一个断路器作为先重断路器，重合成功后，后重断路器再重合。一旦先重断路器重合于故障，在加速跳开的同时闭锁后重断路器重合闸，避免二次重合。为避免先重断路器重合于故障对相邻设备的影响，一般边断路器设定为先重断路器，中断路器设定为后合断路器。两台断路器保护的重合顺序一般通过各自的“先合投入”压板状态决定，“先合投入”压板投入时设定该断路器先合闸。先合重合闸经较短延时（重合闸整定时间），发出一次合闸脉冲；当先合重合闸启动时发出“闭锁先合”信号；如果先合重合闸启动返回，并且未发出重合脉冲，则“闭锁先合”触点瞬时返回；如果先合重合闸已发出重合脉冲，则装置启动返回后该触点才返回。先合重合闸与后合重合闸配合使用时，先合重合闸的“闭锁先合”输出触点接至后合重合闸的“闭锁先合”输入触点。当“先合投入”压板退出时，设定该断路器为后合重合闸。后合重合闸经较长延时（重合闸整定时间+后合重合延时）发合闸脉冲。当先合重合闸因故检修或退出时，先合重合闸将不发出闭锁先合信号，此时后合重合闸将以重合闸整定时限动作，避免后合重合闸作出不必要的延时，以尽量保证系统的稳定性。

（3）重合闸方式的选择。

1）单相重合闸方式：单相跳闸单合，多相跳闸不合。

2）三相重合闸方式：任何故障三跳三合。

3）综合重合闸方式：单相故障单跳单合，多相故障三跳三合。

重合闸方式可由外部开关量输入和内部控制字共同决定。当系统选择单相重合闸或综合重合闸方式时，在单相故障时开放单相重合闸。当仅单相跳开，即装置收到单相跳闸触点，且当该触点返回时，或者当单相 TWJ 动作且满足 TWJ 启动单重条件时，启动单重时间。若线路三跳或三相 TWJ 动作，则不启动单重。当选择三重或综重方式时，可选用检线路无压重合闸、检同期重合闸，也可选用不检而直接重合闸方式。

线路电压相位及相别自适应：正常运行时，保护检测线路 A 相电压与同期电压的相角差，设为ϕ，检同期时，检测线路 A 相电压与同期电压的相角差是否在（ϕ–定值）至（ϕ+定值）范围内，因此不管同期电压用的是哪一相电压还是哪一相间电压，保护能够自动识别。

当用于发电厂侧时，重合闸为单重方式时也要判该线路是否有压，也即对侧先合上后本侧才合上。

（4）重合闸的充放电。为了避免多次重合，必须在“充电”准备完成后才能启动合闸回路。

1）重合闸放电条件为（或门条件）：

① 重合闸启动前压力不足，经延时后“放电”；

② 重合闸方式在退出位置时“放电”；

③ 单重方式下，如果三相跳闸位置均动作或收到三跳命令，或本保护装置三跳，则重合闸“放电”；

④ 收到外部闭锁重合闸信号时立即“放电”；

⑤ 合闸脉冲发出的同时“放电”；

⑥ 失灵保护、死区保护、不一致保护、充电保护动作时立即“放电”；

⑦ 收到外部发变三跳信号时立即“放电”；

⑧ 对于后合重合闸，当单重或三重时间已到，但后合重合延时未到，这之间如再收到线路保护的跳闸信号，立即放电不重合。这可以确保先合断路器合于故障时，后合断路器不再重合。

2）重合闸充电条件为（与门条件）：

① 跳闸位置继电器 TWJ 不动作或线路有电流；

② 保护未启动；

③ 不满足重合闸放电条件；

④ 重合闸充电完后充电灯亮。

（5）沟三触点。沟三触点设置的目的在于当重合闸条件不具备时，在任意故障下均三跳出口，避免出现三相不一致。沟三触点为动断触点，并接在断路器保护分相跳闸出口回路上，实际也并接在其他保护的分相出口回路上，若沟三触点闭合，即使其他保护发出分相跳闸命令，断路器都会三跳。沟三触点闭合的条件为（或门条件）：

1）当重合闸在未充好电状态。

2）重合闸为三重方式时。

3）重合闸装置故障或直流电源消失。

（6）沟通三跳。沟通三跳功能的作用和沟三接点类似，也是在重合闸条件不具备时，当线路有电流且装置收到任一跳闸触点时，发沟通三跳命令跳本断路器，只不过沟通三跳是直接发出三条命令，而沟三接点只是根据外部命令强制三跳。

7. 装置告警

（1）交流电压断线。三相电压相量和大于设定值，且保护未启动，延时发 TV 断线异常信号；TV 断线时，将与电压有关元件如低功率因素元件退出，装置的其他功能正常。三相线路电压恢复正常后，经延时后全部恢复正常运行。

当装置与电压有关功能未投入运行，如不投入低功率因数元件、重合闸或检同期无压条件退出等，不进行 TV 断线判别。

（2）跳闸位置异常告警。当线路有电流且 TWJ 动作，或三相 TWJ 不一致时，经延时报 TWJ 异常。

（3）同期电压断线。当重合闸投入且处于三重或综重方式，如果装置整定为重合闸检同期或检无压方式，断路器在合闸位置时输入的同期电压小于设定值经延时，报同期电压异常。如重合闸不投或重合闸投入时重合方式为不检重合，则不进行同期电压断线判别。

【思考与练习】

1. 断路器保护如何通过设置实现先重和后重？
2. 断路器保护如何判别失灵？
3. 死区、失灵保护和充电保护的判据各是什么？

◢ 模块 8 断路器微机保护装置调试的安全和技术措施（Z11F4008Ⅱ）

【模块描述】本模块包含断路器微机保护装置调试的工作前准备和安全技术措施。通过要点归纳、图表举例，掌握断路器微机保护现场调试的危险点预控及安全技术措施。

【模块内容】

一、断路器保护装置调试工作前的准备

（1）检修作业前 5 天做好检修准备工作，并在检修作业前 3 天提交相关停役申请。准备工作包括检查设备状况、反措计划的执行情况及设备的缺陷等。

（2）开工前 3 天，向有关部门上报本次工作的材料计划。

（3）根据本次校验的项目，组织作业人员学习作业指导书，使全体作业人员熟悉作业内容、进度要求、作业标准、安全注意事项。要求所有工作人员都明确本次校验工作的内容、进度要求、作业标准及安全注意事项。

（4）明确工作人员分工，针对技术负责、仪器仪表管理、图纸资料管理、专责安全监护人员等进行工作指定和明确。

（5）梳理待检修设备存在的缺陷以及以往缺陷统计，配合检修进行消缺。

（6）开工前一天，准备好作业所需仪器仪表、相关材料、工器具。要求仪器仪表、工器具应试验合格，满足本次作业的要求，材料应齐全。

仪器仪表主要有：绝缘电阻表、继电保护单相试验装置、继电保护三相校验装置，钳形相位表、伏安特性测试仪、电流互感器变比测试仪等。

工器具主要有：个人工具箱、计算器等。

相关材料主要有：绝缘胶布、自粘胶带、电缆、导线、小毛巾、中性笔、口罩、手套、毛刷、逆变电源板等相关备件，根据实际需要确定。

（7）最新整定单、相关图纸、上一次试验报告、本次需要改进的项目及相关技术资料。要求图纸及资料应与现场实际情况一致。

主要的技术资料有：断路器保护图纸、断路器保护装置技术说明书、断路器保护装置使用说明书、断路器保护装置校验规程。

（8）根据现场工作时间和工作内容填写工作票（第一种工作票应在开工前一天交值班员）。工作票应填写正确，并按 Q/GDW 1799.1《电力安全工作规程　变电部分》执行。

二、安全技术措施

以 500kV 边断路器接入线路间隔为例，中断路器运行。

（一）人身触电

1. 误入带电间隔

控制措施：工作前应熟悉工作地点、带电部位。检查现场安全围栏、安全警示牌和接地线等安全措施。

2. 接、拆低压电源

控制措施：必须使用装有漏电保护器的电源盘。螺丝刀等工具金属裸露部分除刀口外包绝缘。接拆电源时至少有两人执行，必须在电源开关拉开的情况下进行。临时电源必须使用专用电源，禁止从运行设备上取得电源。

3. 保护调试及整组试验

控制措施：工作人员之间应相互配合，确保一、二次回路上无人工作。传动试验必须得到值班员许可并配合。

（二）机械伤害

机械伤害主要指坠落物打击。

控制措施：工作人员进入工作现场必须戴安全帽。

（三）高空坠落

高空坠落主要指在断路器或电流互感器上工作时，人员和工器具的跌落。

控制措施：正确使用安全带，鞋子应防滑。必须系安全带，上下断路器或电流互感器本体由专人监护。

（四）防“三误”事故的安全技术措施

（1）现场工作前必须作好充分准备，内容包括：

1）了解工作地点一、二次设备运行情况，本工作与运行设备有无直接联系。

2）工作人员明确分工并熟悉图纸与检验规程等有关资料。

3）应具备与实际状况一致的图纸、上次检验记录、最新整定通知单、检验规程、合格的仪器仪表、备品备件、工具和连接导线。

4）工作前认真填写安全措施票，必要时由工作负责人认真填写，并经技术负责人认真审批。

5）工作开工后先执行安全措施票，由工作负责人负责做的每一项措施，要在“执行”栏做标记；校验工作结束后，要持此票恢复所做的安全措施，以保证完全恢复。

6）不允许在未停用的保护装置上进行试验和其他测试工作；也不允许在保护未停用的情况下，用装置的试验按钮做试验。

7）只能用整组试验的方法，即由电流及电压端子通入与故障情况相符的模拟故障量，检查保护回路及整定值的正确性。不允许用卡继电器触点、短路触点等人为手段作保护装置的整组试验。

8）在校验继电保护及二次回路时，凡与其他运行设备二次回路相连的压板和接线应有明显标记，并按安全措施票仔细地将有关回路断开或短路，做好记录。

9）在清扫运行中设备和二次回路时，应认真仔细，并使用绝缘工具（毛刷、吹风机等），特别注意防止振动，防止误碰。

10）严格执行风险分析卡和继电保护作业指导书。

（2）现场工作应按图纸进行，严禁凭记忆作为工作的依据。如发现图纸与实际接线不符时，应查线核对。需要改动时，必须履行如下程序：

1）先在原图上做好修改，经主管继电保护部门批准。

2）拆动接线前先要与原图核对，接线修改后要与新图核对，并及时修改底图，修改运行人员及有关各级继电保护人员的图纸。

3）改动回路后，严防寄生回路存在，没用的线应拆除。

4）在变动二次回路后，应进行相应的逻辑回路整组试验，确认回路极性及整定值完全正确。

（3）保护装置调试的定值，必须根据最新整定值通知单规定，先核对通知单与实际设备是否相符（包括保护装置型号、被保护设备名称、变压器联结组别、互感器接线、变比等）。定值整定完毕要认真核对，确保正确。

（五）其他危险点及控制措施

保护室内使用无线通信设备，易造成其他正在运行的保护设备不正确动作。控制措施：不在保护室内使用无线通信设备，尤其是对讲机。

保护动作可能误跳相邻运行断路器、误启动母线失灵、误向线路对侧发送远跳命令。控制措施：检查相关运行回路，确保压板在断开状态并断开相关回路，用绝缘胶布对断开线头实施绝缘包扎。

为防止一次设备试验影响二次，试验前应断开保护屏电流端子连接片，并对外侧端子进行绝缘处理。

保护屏顶电压小母线带电，易发生电压反送事故或引起人员触电。控制措施：断开交流二次电压引入回路，并用绝缘胶布对所拆线头实施绝缘包扎，带电的回路应尽量留在端子上防止误碰。

二次通电时，电流可能通入母差保护，可能误跳运行断路器。控制措施：在端子箱将相应端子用绝缘胶布实施封闭。

带电插拔插件，易造成集成块损坏。频繁插拔插件，易造成插件插头松动。控制措施：插件插拔前关闭电源。

需要对一次设备进行试验时，如断路器传动，TA 极性试验等，应提前与一次设备检修人员进行沟通，避免发生人身伤害和设备损坏事故。

部分带电回路可能引起工作中的短路或接地，或导致运行设备受到影响，应该在试验前断开这些回路或进行可靠隔离。

典型的二次安全技术措施票见表 Z11F4008Ⅱ-1。

表 Z11F4008Ⅱ-1　　二次安全技术措施票

<table>
<tr><td colspan="3">被试设备及保护名称</td><td colspan="3">____变电站____线路____型____保护</td></tr>
<tr><td>工作负责人</td><td></td><td>工作时间</td><td>年　月　日</td><td>签发人</td><td></td></tr>
<tr><td>工作内容</td><td colspan="5"></td></tr>
<tr><td>工作条件</td><td colspan="5">1. 一次设备运行情况____________________
2. 被试保护作用的断路器____________________
3. 被试保护屏上的运行设备____________________
4. 被试保护屏、端子箱与其他保护连接线______________</td></tr>
<tr><td colspan="6">安全技术措施：包括应打开及恢复压板、直流线、交流线、信号线、联锁线和联锁开关等，按下列顺序做安全措施。已执行，在执行栏打“√”按相反的顺序恢复安全措施，以恢复的，在恢复栏打“√”</td></tr>
</table>

序号	执行	安全措施内容	恢　复
1		检查本保护压板在退出位置，并做好记录	
2		检查本保护相关操作把手及断路器位置，并做好记录	
3		联跳中断路器回路 1 正电：断开______； 对应端子排端子号［D ____］	
4		联跳中断路器回路 1 负电：断开______； 对应端子排端子号［D ____］	
5		联跳中断路器回路 2 正电：断开______； 对应端子排端子号［D ____］	
6		联跳中断路器回路 2 负电：断开______； 对应端子排端子号［D ____］	

续表

序号	执行	安全措施内容	恢 复
7		启动1号母差保护正电：　断开______； 对应端子排端子号［D ____］	
8		启动1号母差保护1：断开______； 对应端子排端子号［D ____］	
9		启动1号母差保护2：断开______； 对应端子排端子号［D ____］	
10		启动2号母差保护正电：断开______； 对应端子排端子号［D ____］	
11		启动2号母差保护1：断开______； 对应端子排端子号［D ____］	
12		启动2号母差保护2：断开______； 对应端子排端子号［D ____］	
13		启动光纤远跳正电：断开______； 对应端子排端子号［D ____］	
14		启动光纤远跳负电：　断开______； 对应端子排端子号［D ____］	
15		启动载波远跳正电：　断开______； 对应端子排端子号［D ____］	
16		启动载波远跳负电：断开______； 对应端子排端子号［D ____］	
17		电流回路：断开A ____； 对应端子排端子号［D ____］	
18		电流回路：断开B ____； 对应端子排端子号［D ____］	
19		电流回路：断开C ____； 对应端子排端子号［D ____］	
20		电流回路：断开N ____； 对应端子排端子号［D ____］	
21		线路电压回路：断开A ____； 对应端子排端子号［D ____］	
22		线路电压回路：断开B ____； 对应端子排端子号［D ____］	
23		线路电压回路：断开C ____； 对应端子排端子号［D ____］	
24		线路电压回路：断开N ____； 对应端子排端子号［D ____］	
25		母线电压回路：断开A ____； 对应端子排端子号［D ____］	

续表

序号	执行	安全措施内容	恢 复
26		母线电压回路：断开 N ____； 对应端子排端子号［D ____］	
27		电流回路接地点： 断开本保护用 TA 接地点端子号［ ____］	
28		通信接口： 断开至监控的通信口，如果有检修压板投检修压板	
29		通信接口： 断开至保护信息管理系统的通信口，如果有检修压板投检修压板	
30		用绝缘胶布将带电端子封闭	
31		补充措施：	

填票人		操作人		监护人		审核人	

【思考与练习】

1. 断路器保护进行检验时现场有哪些危险点，如何控制？
2. 进行检验时现场需要准备哪些主要设备和材料？

模块 9 断路器微机保护装置的调试（Z11F4009Ⅱ）

【模块描述】本模块包含断路器微机保护装置调试的主要内容。通过要点归纳、图表举例、分析说明，掌握断路器微机保护装置调试的作业程序、调试项目、各项目调试方法等内容。

【模块内容】

一、作业流程

断路器微机保护装置的调试作业流程如图 Z11F4009Ⅱ–1 所示。

二、校验项目、技术要求及校验报告

（一）清扫、紧固、外部检查

（1）检查装置内、外部是否清洁无积尘、无异物；清扫电路板的灰尘。

（2）检查各插件插入后接触良好，闭锁到位。

（3）切换开关、按钮、键盘等应操作灵活、手感良好。

（4）压板接线压接可靠性检查，螺丝紧固。

（5）检查保护装置的箱体或电磁屏蔽体与接地网可靠连接。

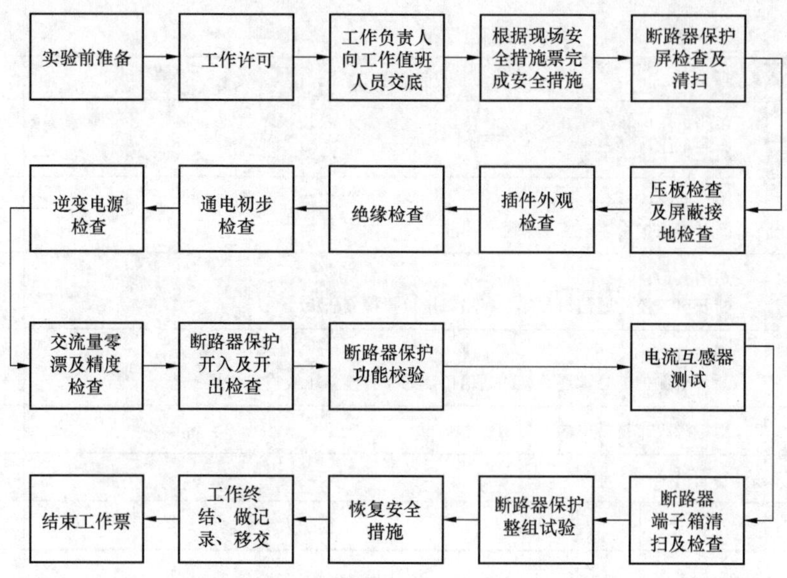

图 Z11F4009Ⅱ-1 断路器保护校验作业流程图

（二）逆变电源工况检查

（1）检查电源的自启动性能：拉合直流开关，逆变电源应可靠启动。

（2）进入装置菜单，记录逆变电源输出电压值。

（三）软件版本及 CRC 码检验

（1）进入装置菜单，记录装置型号、CPU 版本信息。

（2）进入装置菜单，记录管理板版本信息。

注意事项：检查其与网省局统一版本是否一致，与最新定值通知单核对校验码及程序形成时间。

（四）交流量的调试

1. 零漂检验

进行本项目检验时要求保护装置不输入交流量。进入保护菜单，检查保护装置各 CPU 模拟量输入，进行三相电流和零序电流、三相电压和同期电压通道的零漂值检验；要求零漂值均在 0.01I_N（或 0.05V）以内。检验零漂时，要求在一段时间（3min）内零漂值稳定在规定范围内。

2. 模拟量幅值特性检验

用保护测试仪同时接入装置的三相电压和同期电压输入，三相电流和零序电流输入。调整输入交流电压和电流分别为额定值的 120%、100%、50%、10%和 2%，要求保护装置采样显示与外部表计误差应小于 3%。在 2%额定值时允许误差 10%。

不同的 CPU 应分别进行上述试验。

在试验过程中，如果交流量的测量误差超过要求范围时，应首先检查试验接线、试验方法、外部测量表计等是否正确完好，试验电源有无波形畸变，不可急于调整或更换保护装置中的元器件。

部分检验时只要求进行额定值精度检验。

3. 模拟量相位特性检验

按模拟量幅值特性检验规定的试验接线和加交流量方法，将交流电压和交流电流均加至额定值。检查各模拟量之间的相角，调节电流、电压相位，当同相别电压和电流相位分别为 0°、45°、90° 时装置显示值与表计测量值应不大于 3°。

部分检验时只要求进行选定角度的检验。

（五）开入、出量调试

1. 开关量输入测试

进入保护菜单检查装置开入量状态，依次进行开入量的输入和断开，同时监视液晶屏幕上显示的开入量变位情况。要求检查时带全回路进行，尽量不用短接触点的方式，保护装置的压板、切换开关、按钮等直接操作进行检查，与其他保护接口的开入或与断路器机构相关的开入进行实际传动试验检查。

2. 输出触点和信号检查

配合整组传动进行试验，不单独试验。全部检验时，要求直流电源电压为 80%额定电压值下进行检验，部分检验时用全电压进行检验。

（六）逻辑功能测试

1. 失灵启动检验

（1） 故障相启动失灵。分别模拟 A、B、C 相故障，故障电压及其与电流角度任意，同时短接同名相跳闸输入，模拟故障电流为

$$I = mI_{\text{setslh}}$$

式中 I_{setslh} ——失灵启动电流定值，A；

m ——系数，其值分别为 0.95、1.05 及 1.2。

保护在 0.95 倍定值（m=0.95）时，应可靠不动作；在 1.05 倍定值时应可靠动作；在 1.2 倍定值时，测量保护出口触点的动作时间，经“失灵跳本断路器时间”跳本断路器，再经“失灵动作时间”延时跳开相邻断路器，时间误差应不大于 5%。

（2） 线路三跳启动失灵。模拟任意故障，故障电压及其与电流角度任意，同时短接线路三跳输入，模拟故障电流为

$$I = mI_{\text{setslh}}$$

式中 I_{setslh} ——失灵启动电流定值，A；

m——系数，其值分别为 0.95、1.05 及 1.2。

测试要求同上。

（3）发变三跳启动失灵。模拟单相故障，故障电压及其与电流角度任意，同时短接发变三跳输入，模拟故障电流为

$$I = m3I_{setsl}$$

式中 I_{setsl} ——失灵启动负序或零序电流定值；

m——系数，其值分别为 0.95、1.05 及 1.2。

2. 不一致保护检验

任意模拟单相故障，故障电压及其与电流角度任意，模拟故障电流为

$$I = m3I_{setbyz}$$

式中 I_{setbyz} ——不一致电流定值；

m——系数，其值分别为 0.95、1.05 及 1.2。

加入电流后立即短跳一相断路器，保护在 0.95 倍定值（m=0.95）时，应可靠不动作；在 1.05 倍定值时应可靠动作；在 1.2 倍定值时，测量保护出口触点的动作时间，时间误差应不大于 5%。恢复正常后分别短跳其他两相重复进行上述试验。

3. 死区保护检验

投入死区保护投运压板。

断路器处于跳位，短接装置线路三跳或发变三跳开入，同时加入任意相故障电流，故障电流为

$$I = mI_{setsq}$$

式中 I_{setsq} ——死区电流定值；

m——系数，其值分别为 0.95、1.05 及 1.2。

保护在 0.95 倍定值（m=0.95）时，应可靠不动作；在 1.05 倍定值时应可靠动作；在 1.2 倍定值时，测量保护出口触点的动作时间，时间误差应不大于 5%。

4. 充电保护检验

投入充电保护投运压板。

断路器处于跳位，短接断路器手动合闸输入使断路器合闸，同时加入任意相故障电流，故障电流为

$$I = mI_{setcd}$$

式中 I_{setcd} ——充电电流定值；

m——系数，其值分别为 0.95、1.05 及 1.2。

保护在 0.95 倍定值（$m=0.95$）时，应可靠不动作；在 1.05 倍定值时应可靠动作；在 1.2 倍定值时，测量保护出口触点的动作时间，时间误差应不大于 5%。

（七）整组试验

整组试验时，统一加模拟故障电压和电流，本线路断路器处于合闸位置。进行传动断路器试验之前，控制室和开关站均应有专人监视，并应具备良好的通信联络设备，以便观察断路器和保护装置动作相别是否一致，监视中央信号装置的动作及声、光信号指示是否正确。如果发生异常情况时，应立即停止试验，在查明原因并改正后再继续进行。装置的部分试验功能需要配合线路保护进行整组试验。传动断路器试验应在确保检验质量的前提下，尽可能减少断路器的动作次数。

由于断路器保护与线路保护回路联系紧密，在进行整组试验时，应和线路保护一起进行，以保证回路的完整性和正确性。

1. 跟跳保护及重合闸整组试验

将装置电流回路与线路保护电流回路串接，投入断路器保护出口压板，为测试跟跳出口动作行为，需要退出线路保护跳闸出口压板，但投入线路保护启动断路器失灵压板，分别模拟线路保护 A、B、C 相故障，电流大于装置跟跳电流定值，断路器保护通过跟跳保护分相出口并重合于故障。模拟相间故障三相跟跳，重合闸不应动作。测量从模拟故障至断路器跳闸的动作时间以及从模拟故障切除至断路器合闸回路动作的重合闸整组动作时间（A、B 相和 C 相分别测量和后加速时间）。

上述试验要求测量断路器的跳闸时间并与保护的出口时间比较，其时间差再减去线路保护的固有动作时间，即为断路器动作时间，一般应不大于 60ms。测量的重合闸整组动作时间与整定的重合闸时间误差不大于 50ms（不包含试验装置断流时间）。

因断路器保护有两组跳闸出口，同时考虑到两套线路保护同时启动断路器失灵保护，在进行试验时可以用 1 号线路保护与断路器保护配合测试第一组跳闸出口，用 2 号线路保护与断路器保护配合测试第二组跳闸出口。

2. 不一致保护整组试验

该试验也可以和线路保护共同进行，试验条件和接线同上，投入线路保护启动失灵压板和跳闸出口压板，投入断路器不一致保护，退出断路器保护的重合闸出口压板，待重合闸充电完成后，模拟单相瞬时性故障，线路保护动作单跳后重合闸不动作，测试不一致保护跳其他两相断路器时间。因断路器保护有两个三跳出口，应分别进行测试。

3. 失灵启动出口

将装置电流回路与线路保护电流回路串接，投入线路保护启动失灵压板，退出断路器和线路保护跳闸出口压板，分别测试装置联跳相邻断路器以及其他出口触点时间，并与整定时间比较，时间误差应不大于5%。

4. 先重、后重试验

（1）本侧断路器保护“先合投入”压板投入，相邻断路器该压板退出，投入线路保护跳闸出口、启动断路器失灵出口，两台断路器保护置单重方式，均投入重合闸出口，重合闸充电完成后，模拟线路保护A、B、C相瞬时故障，线路保护单跳，本断路器以整定时间重合闸，相邻断路器以整定时间加后重时间重合闸，时间误差应不大于5%。

（2）本侧断路器保护“先合投入”压板退出，相邻断路器该压板投入，其他条件同上，重合闸充电完成后，模拟线路保护A、B、C相瞬时故障，线路保护单跳，相邻断路器以整定时间重合闸，本断路器以整定时间加后重时间重合闸，时间误差应不大于5%。

（3）本侧断路器保护“先合投入”压板退出，相邻断路器处于跳位或“装置检修”压板投入，其他条件同上，重合闸充电完成后，模拟线路保护A、B、C相瞬时故障，线路保护单跳，相邻断路器不动作，本断路器以整定时间重合闸，时间误差应不大于5%。

5. 沟通三跳

断路器保护和线路保护电流回路串接，退出线路保护出口跳闸触点。断路器保护重合闸在未充好电状态或重合闸为三重方式，模拟线路保护单相瞬时故障，断路器保护出口三跳。

6. 沟三接点

断路器保护未充好电，退出断路器保护出口跳闸触点，模拟线路保护单跳出口，断路器三跳不重。

7. 与中央信号、远动装置的配合联动试验

根据微机保护与中央信号、远动装置信息传送数量和方式的具体情况确定试验项目和方法。要求所有的硬触点信号都应进行整组传动，不得采用短接触点的方式。对于综合自动化站，还应检查保护动作报文的正确性。

（八）带负荷试验

在新安装检验时，为保证测试准确，要求负荷电流的二次电流值大于保护装置的精确工作电流（$0.06I_N$）时，应同时采用装置显示和钳形相位表测试进行相互校验，不得仅依靠外部钳形相位表测试数据进行判断。

（1）交流电压的相名核对。用万用表交流电压挡测量保护屏端子排上的交流相电压和相间电压，并校核本保护屏上的三相电压与已确认正确的TV小母线三相电压的相别。

（2）交流电压和电流的数值检验。进入保护菜单，检查模拟量幅值，并用钳形相位表测试回路电流电压幅值，以实际负荷为基准，检验电压、电流互感器变比是否正确。

（3）检验交流电压和电流的相位。进入保护菜单，检查模拟量相位关系，并用钳形相位表测试回路各相电流、电压的相位关系。在进行相位检验时，应分别检验三相电压的相位关系，并根据实际负荷情况，核对交流电压和交流电流之间的相位关系。

（九）定值与开关量状态的核查

打印保护装置的定值、开关量状态及自检报告，其中定值报告应与定值整定通知单一致；开关量状态与实际运行状态一致；自检报告应无保护装置异常信息。

【思考与练习】

1. 断路器保护上电前需要进行哪些检查？

2. 需要进行哪些保护装置逻辑功能试验？进行整组试验和与其他设备进行配合试验时，调试要点是什么？

3. 如何正确进行带负荷测试？

4. 如何拟定完善的、符合现场实际的调试记录，确保调试质量？

模块 10　短引线微机保护装置原理（Z11F4010Ⅱ）

【模块描述】本模块包含短引线微机保护的配置及原理。通过要点归纳、原理讲解，掌握短引线微机保护的配置原则，短引线差动保护的工作原理。

【模块内容】

一、短引线保护的配置

1. 短引线保护的应用范围

短引线保护主要是考虑在 3/2 接线方式下，若元件（如线路、主变压器等）通过拉开元件隔离开关停运，但是元件相关断路器仍然运行，以保持串的完整性，一旦相关断路器和元件隔离开关之间发生故障，由于元件的主保护无法正常工作，可能造成故障无法快速切除，影响系统稳定。短引线保护实际上就是一种简单的差动保护，仅将元件相关断路器的电流进行差动计算，由于未接入隔离开关侧电流，该保护仅在隔离开关断开的运行方式下投入，正常运行时应退出。

2. 短引线保护的配置

（1）比率制动式电流差动保护。

（2）简单电流差动保护。

（3）TA 断线告警。

表 Z11F4010Ⅱ-1 是典型的数字式短引线保护的配置。

表 Z11F4010Ⅱ-1　　数字式短引线保护配置

保护分类	保护类型	段数	每段时限数	备　注
差动保护	比率差动保护	1 或 2	1	
	简单差动保护	1 或 2	1	
	TA 断线告警	1		

二、短引线保护工作原理

1. 差动保护基本原理

差动保护的基本原理源于基尔霍夫电流定律，把被保护区域看成是一个节点，如果流入保护区域电流等于流出的电流，则保护区域无故障或是外部故障。如果流入保护区域的电流不等于流出的电流，说明存在其他电流通路，保护区域内发生了故障。由于元件隔离开关断开，不考虑隔离开关侧电流，仅接入相关两个断路器的电流构成差动保护，由于两侧电压相同、TA 变比也相同，可以直接用于差动电流计算。相关两个断路器的二次电流的相量和 $\sum\dot{I}$ 称为差动电流，简称差流，用 I_{cd} 表示。在外部故障时，相关两个断路器的二次电流相等，此时 $I_{cd}=0$，差动保护不动作。当断路器和隔离开关之间故障时，两个断路器的电流为同极性故障电流，I_{cd} 很大，当 I_{cd} 满足动作条件时，差动保护动作。需要注意的是，短引线保护只接入了两侧断路器的电流，未引入元件侧电流，当元件运行时，短引线保护必须退出运行，否则在区外故障和正常运行时都可能使保护误动。

2. 比率制动式电流差动保护元件

若差动保护动作电流是固定值，就必须按躲过区外故障差动回路最大不平衡电流来整定，定值就高，此时如发生高阻短路故障，保护就不能把保证灵敏动作。反之若考虑区内故障差动保护能灵敏动作，就必须降低差动保护定值，但此时区外故障时差动保护就会误动。

比率制动式差动保护的动作电流是随外部短路电流按比率增大，既能保证外部短路不误动，又能保证内部故障有较高的灵敏度。

比率制动式电流差动保护可采用多段不同定值、不同制动特性的保护构成，既保证 TA 断线时保护不误动，同时具有很强的抗 TA 饱和能力。

低定值比率制动式电流差动保护动作方程为

$$|I_1+I_2|-|I_1-I_2|>I_{cdL}$$

式中　I_1、I_2——两侧断路器 TA 二次电流，I_{cdL} 为比率制式电流差动保护低定值。

低定值典型保护动作曲线如图 Z11F4010Ⅱ-1 所示。

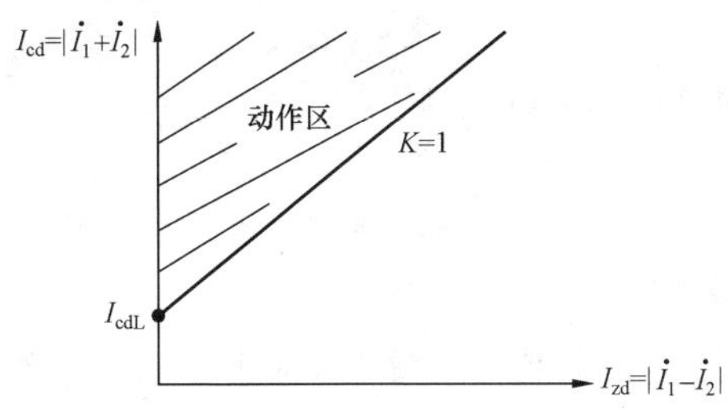

图 Z11F4010Ⅱ-1　低定值差动保护动作曲线

高定值比率制动式电流差动保护的动作定值应大于最大负荷电流，以防止 TA 断线时误动。动作方程为

$$|I_1+I_2|>I_{cdH}$$
$$|I_1+I_2|>0.75|I_1-I_2|$$

式中　I_{cdH}——比率制动式电流差动保护高定值。

高定值典型保护动作曲线如图 Z11F4010Ⅱ-2 所示。

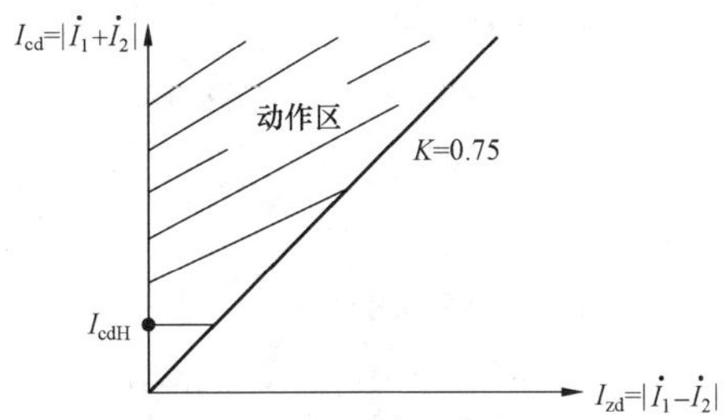

图 Z11F4010Ⅱ-2　高定值差动保护动作曲线

3. 简单电流差动保护

简单电流差动保护只根据计算差流作为动作判据，不经比率制动等其他闭锁。可以设置瞬时动作段和延时动作段。

瞬时动作段的定值应取得较大，以防止 TA 断线及 TA 饱和时误动。

动作方程为

$$|I_1+I_2|>I_{HL1}$$

式中　I_{HL1}——瞬时动作段差流定值。

延时动作段动作定值可以较低，可以提高灵敏度，但整定时应大于最大负荷电流，以防止 TA 断线时误动，增加延时是为了防止外部故障时暂态过程引起误动。

动作方程为

$$|I_1+I_2|>I_{HL2}$$

式中 I_{HL2}——延时动作及差流定值。

4. TA 断线告警

（1）任一组零序电流连续 12s 大于零序辅助启动定值而断线相电流小于 $0.06I_n$（I_n 为二次侧额定电流），装置报 TA 断线告警。

（2）计算出正常运行时的差电流连续 12s 大于 $0.2I_n$，而断线相电流小于 $0.06I_n$，装置报 TA 断线告警。

【思考与练习】

1. 短引线保护的主要作用是什么？

2. 比率差动保护靠什么防止 TA 断线误动？

模块 11 短引线微机保护装置调试的安全和技术措施（Z11F4011Ⅱ）

【模块描述】本模块包含短引线微机保护装置调试的工作前准备和安全技术措施。通过要点归纳、图表举例，掌握短引线微机保护现场调试的危险点预控及安全技术措施。

【模块内容】

一、短引线保护装置调试工作前的准备

（1）检修作业前 5 天做好检修准备工作，并在检修作业前 3 天提交相关停役申请。准备工作包括检查设备状况、反措计划的执行情况及设备的缺陷等。

（2）开工前 3 天，向有关部门上报本次工作的材料计划。

（3）根据本次校验的项目，组织作业人员学习作业指导书，使全体作业人员熟悉作业内容、进度要求、作业标准、安全注意事项。要求所有工作人员都明确木次校验工作的内容、进度要求、作业标准及安全注意事项。

（4）明确工作人员分工，针对技术负责、仪器仪表管理、图纸资料管理、专责安全监护人员等进行工作指定和明确。

（5）梳理待检修设备存在的缺陷以及以往缺陷统计，配合检修进行消缺。

（6）开工前一天，准备好作业所需仪器仪表、相关材料、工器具。要求仪器仪表、工器具应试验合格，满足本次作业的要求，材料应齐全。

仪器仪表主要有：绝缘电阻表、继电保护单相试验装置、继电保护三相校验装置，钳形相位表、伏安特性测试仪、电流互感器变比测试仪等。

工器具主要有：个人工具箱、计算器等。

相关材料主要有：绝缘胶布、自粘胶带、电缆、导线、小毛巾、中性笔、口罩、手套、毛刷、逆变电源板等相关备件，根据实际需要确定。

（7）最新整定单、相关图纸、上一次试验报告、本次需要改进的项目及相关技术资料。要求图纸及资料应与现场实际情况一致。

主要的技术资料有：短引线保护图纸、短引线保护装置技术说明书、短引线保护装置使用说明书、短引线保护装置校验规程。

（8）根据现场工作时间和工作内容填写工作票（第一种工作票应在开工前一天交值班员）。工作票应填写正确，并按 Q/GDW 1799.1《电力安全工作规程　变电部分》执行。

二、安全技术措施

按照配合 500kV 线路停运方式为例。

（一）人身触电

1. 误入带电间隔

控制措施：工作前应熟悉工作地点、带电部位。检查现场安全围栏、安全警示牌和接地线等安全措施。

2. 接、拆低压电源

控制措施：必须使用装有漏电保护器的电源盘。螺丝刀等工具金属裸露部分除刀口外包绝缘。接拆电源时至少有两人执行，必须在电源开关拉开的情况下进行。临时电源必须使用专用电源，禁止从运行设备上取得电源。

3. 保护调试及整组试验

控制措施：工作人员之间应相互配合，确保一、二次回路上无人工作。传动试验必须得到值班员许可并配合。

（二）机械伤害

机械伤害主要指坠落物打击。

控制措施：工作人员进入工作现场必须戴安全帽。

（三）高空坠落

高空坠落主要指在断路器或电流互感器上工作时，人员和工器具的跌落。

控制措施：正确使用安全带，鞋子应防滑。必须系安全带，上下断路器或电流互感器本体由专人监护。

（四）防“三误”事故的安全技术措施

（1）现场工作前必须作好充分准备，内容包括：

1）了解工作地点一、二次设备运行情况，本工作与运行设备有无直接联系。

2）工作人员明确分工并熟悉图纸与检验规程等有关资料。

3）应具备与实际状况一致的图纸、上次检验记录、最新整定通知单、检验规程、合格的仪器仪表、备品备件、工具和连接导线。

4）工作前认真填写安全措施票，必要时由工作负责人认真填写，并经技术负责人认真审批。

5）工作开工后先执行安全措施票，由工作负责人负责的每一项措施，要在“执行”栏做标记；校验工作结束后，要持此票恢复所做的安全措施，以保证完全恢复。

6）不允许在未停用的保护装置上进行试验和其他测试工作；也不允许在保护未停用的情况下，用装置的试验按钮做试验。

7）只能用整组试验的方法，即由电流及电压端子通入与故障情况相符的模拟故障量，检查保护回路及整定值的正确性。不允许用卡继电器触点、短路触点等人为手段作保护装置的整组试验。

8）在校验继电保护及二次回路时，凡与其他运行设备二次回路相连的压板和接线应有明显标记，并按安全措施票仔细地将有关回路断开或短路，做好记录。

9）在清扫运行中设备和二次回路时，应认真仔细，并使用绝缘工具（毛刷、吹风机等），特别注意防止振动，防止误碰。

10）严格执行风险分析卡和继电保护作业指导书。

（2）现场工作应按图纸进行，严禁凭记忆作为工作的依据。如发现图纸与实际接线不符时，应查线核对。需要改动时，必须履行如下程序：

1）先在原图上做好修改，经主管继电保护部门批准。

2）拆动接线前先要与原图核对，接线修改后要与新图核对，并及时修改底图，修改运行人员及有关各级继电保护人员的图纸。

3）改动回路后，严防寄生回路存在，没用的线应拆除。

4）在变动二次回路后，应进行相应的逻辑回路整组试验，确认回路极性及整定值完全正确。

（3）保护装置调试的定值，必须根据最新整定值通知单规定，先核对通知单与实际设备是否相符（包括保护装置型号、被保护设备名称、变压器联结组别、互感器接线、变比等）。定值整定完毕要认真核对，确保正确。

（五）其他危险点及控制措施

保护室内使用无线通信设备，易造成其他正在运行的保护设备不正确动作。控制措施：不在保护室内使用无线通信设备，尤其是对讲机。

保护动作可能误启动断路器失灵。控制措施：检查相关运行回路，确保压板在断开状态并断开相关回路，用绝缘胶布对断开线头实施绝缘包扎。

为防止一次设备试验影响二次，试验前应断开保护屏电流端子连接片，并对外侧端子进行绝缘处理。

二次通电时，电流可能通入母差保护，可能误跳运行断路器。控制措施：在端子箱将相应端子用绝缘胶布实施封闭。

带电插拔插件，易造成集成块损坏。频繁插拔插件，易造成插件插头松动。控制措施：插件插拔前关闭电源。

需要对一次设备进行试验时，如断路器传动，TA 极性试验等，应提前与一次设备检修人员进行沟通，避免发生人身伤害和设备损坏事故。

部分带电回路可能引起工作中的短路或接地，或导致运行设备受到影响，应该在试验前断开这些回路或进行可靠隔离。

典型的二次安全技术措施票见表 Z11F4011Ⅱ–1。

表 Z11F4011Ⅱ–1　　二次安全技术措施票

被试设备及保护名称			____变电站____线路____型____保护		
工作负责人		工作时间	年　月　日	签发人	
工作内容					
工作条件	1.一次设备运行情况________________； 2. 被试保护作用的断路器________________； 3. 被试保护屏上的运行设备________________； 4. 被试保护屏、端子箱与其他保护连接线____________				

安全技术措施：包括应打开及恢复压板、直流线、交流线、信号线、联锁线和联锁开关等，按下列顺序做安全措施。已执行，在执行栏打“√”按相反的顺序恢复安全措施，以恢复的，在恢复栏打“√”

序号	执行	安全措施内容	恢　复
1		检查本保护压板在退出位置，并做好记录	
2		检查本保护相关操作把手及断路器位置，并做好记录	
3		启动 1 号母差保护正电：断开______； 对应端子排端子号［D　___］	
4		启动 1 号母差保护 1：断开______； 对应端子排端子号［D　___］	
5		启动 1 号母差保护 2：断开______； 对应端子排端子号［D　___］	

续表

序号	执行	安全措施内容	恢复
6		启动2号母差保护正电：断开______； 对应端子排端子号［D ____］	
7		启动2号母差保护1：断开______； 对应端子排端子号［D______］	
8		启动2号母差保护2：断开______； 对应端子排端子号［D ____］	
9		电流回路1：断开A ____； 对应端子排端子号［D ____］	
10		电流回路1：断开B ____； 对应端子排端子号［D ____］	
11		电流回路1：断开C ____； 对应端子排端子号［D ____］	
12		电流回路1：断开N ____； 对应端子排端子号［D ____］	
13		电流回路2：断开A ____； 对应端子排端子号［D ____］	
14		电流回路2：断开B ____； 对应端子排端子号［D ____］	
15		电流回路2：断开C ____； 对应端子排端子号［D ____］	
16		电流回路2：断开N ____； 对应端子排端子号［D ____］	
17		电流回路接地点： 断开本保护用TA接地点端子号［ ____］	
18		电流回路接地点： 断开本保护用TA接地点端子号［ ____］	
19		通信接口： 断开至监控的通信口，如果有检修压板投检修压板	
20		通信接口： 断开至保护信息管理系统的通信口，如果有检修压板投检修压板	
21		用绝缘胶布将带电端子封闭	
22		补充措施：	

填票人		操作人		监护人		审核人	

【思考与练习】

1. 短引线保护进行检验时现场有哪些危险点，如何控制？
2. 现场需要准备哪些主要设备和材料？

模块 12　短引线微机保护装置的调试（Z11F4012Ⅱ）

【模块描述】本模块包含短引线微机保护装置调试的主要内容。通过要点归纳、图表举例、分析说明，掌握短引线微机保护装置调试的方法。

【模块内容】

一、作业流程

短引线微机保护装置的调试作业流程如图 Z11F4012Ⅱ-1 所示。

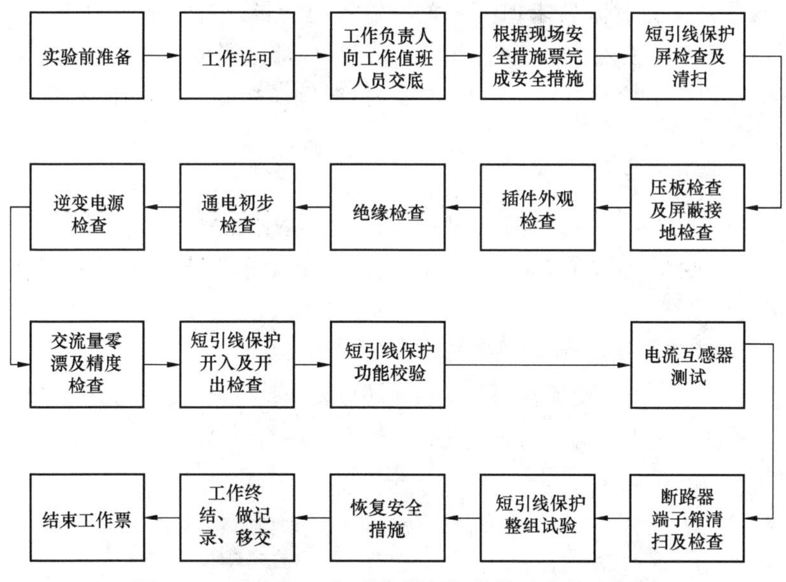

图 Z11F4012Ⅱ-1　短引线微机保护校验作业流程图

二、校验项目、技术要求及校验报告

（一）清扫、紧固、外部检查

（1）检查装置内、外部是否清洁无积尘、无异物；清扫电路板的灰尘。

（2）检查各插件插入后接触良好，闭锁到位。

（3）切换开关、按钮、键盘等应操作灵活、手感良好。

（4）压板接线压接可靠性检查，螺丝紧固。

（5）检查保护装置的箱体或电磁屏蔽体与接地网可靠连接。

（二）逆变电源工况检查

（1）检查电源的自启动性能：拉合直流开关，逆变电源应可靠启动。

（2）进入装置菜单，记录逆变电源输出电压值。

（三）软件版本及CRC码检验

（1）进入装置菜单，记录装置型号、CPU版本信息。

（2）进入装置菜单，记录管理版本信息。

注意事项：检查其与网省局统一版本是否一致，与最新定值通知单核对校验码及程序形成时间。

（四）交流量的调试

1. 零漂检验

进行本项目检验时，要求保护装置不输入交流量。进入保护菜单，检查保护装置各CPU模拟量输入，进行两侧断路器三相电流通道的零漂值检验；要求零漂值均在$0.01I_N$以内。检验零漂时，要求在一段时间（3min）内零漂值稳定在规定范围内。

2. 模拟量幅值特性检验

用保护测试仪同时接入装置的三相电流输入。调整输入交流电流分别为额定值的120%、100%、50%、10%和2%，要求保护装置采样显示与外部表计误差应小于3%。在2%额定值时允许误差10%。

不同的CPU应分别进行上述试验。

在试验过程中，如果交流量的测量误差超过要求范围时，应首先检查试验接线、试验方法、外部测量表计等是否正确完好，试验电源有无波形畸变，不可急于调整或更换保护装置中的元器件。

部分检验时只要求进行额定值精度检验。

3. 模拟量相位特性检验

按上文中2规定的试验接线和加交流量方法，将交流电流加至额定值。检查各模拟量之间的相角，调节两侧断路器电流相位，当两侧断路器同相别电流相位分别为0°、45°、90°时装置显示值与表计测量值应不大于3°。

部分检验时只要求进行选定角度的检验。

（五）开入、出量调试

1. 开关量输入测试

进入保护菜单检查装置开入量状态，依次进行开入量的输入和断开，同时监视液晶屏幕上显示的开入量变位情况。要求检查时带全回路进行，尽量不用短接触点的方式，保护装置的压板、切换开关、按钮等直接操作进行检查，与其他保护接口的开入或与开关机构相关的开入通过传动试验进行检查。

2. 输出触点和信号检查

配合整组传动进行试验，不单独试验。全部检验时，要求直流电源电压为80%额定电压值下进行检验，部分检验时用全电压进行检验。

（六）逻辑功能测试

1. 校验比率差动保护

分别加入两个断路器电流，分别模拟单相故障，模拟故障电流为

$$I = mI_{\text{set1}} \times 0.5$$

式中　I_{set1}——差动电流低定值，A；

m——系数，其值分别为0.95、1.05及1.2。

保护在0.95倍定值（m=0.95）时，应可靠不动作；在1.05倍定值时应可靠动作；在1.2倍定值时，测量差动保护的动作时间，时间应在15～30ms。

不同定值段保护测试方法相同。

2. 比率制动特性测试

（1）固定一次侧电流，调节二次侧电流，直至差动动作，保护动作后退掉电流。

（2）在一次侧二次侧A相同时加极性相反电流（注意负荷电流与差流的关系），使此时的差流为0；减小二次侧电流，使差动保护动作，记录两侧动作电流。

3. 校验简单差动保护

分别加入两个断路器电流，分别模拟单相故障，模拟故障电流为

$$I = mI_{\text{set}n} \times 0.5$$

式中　$I_{\text{set}n}$——简单差动n段电流定值，A；

m——系数，其值分别为0.95、1.05及1.2。

保护在0.95倍定值（m=0.95）时，应可靠不动作；在1.05倍定值时应可靠动作；在1.2倍定值时，测量差动保护的动作时间，差动Ⅰ段的动作时间应在15～30ms，Ⅱ段动作时间与整定时间误差不超过5%。

4. TA断线功能检查

（1）告警功能检测（单相、两相断线）。

（2）闭锁差动保护：闭锁逻辑功能在全部校验时进行，部分校验只做告警功能。

（七）整组试验

整组试验时，统一加模拟故障电流，两侧断路器处于合闸位置。进行传动断

路器试验之前，控制室和开关站均应有专人监视，并应具备良好的通信联络设备，以便观察断路器动作情况，监视中央信号装置的动作及声、光信号指示是否正确。如果发生异常情况时，应立即停止试验，在查明原因并改正后再继续进行。

（1）整组动作时间测量。本试验是测量从模拟故障至断路器跳闸的动作时间，要求测量断路器的跳闸时间并与保护的出口时间比较，其时间差即为断路器动作时间，一般应不大于60ms。对两侧断路器应分别测量。

（2）与中央信号、远动装置的配合联动试验。根据微机保护与中央信号、远动装置信息传送数量和方式的具体情况确定试验项目和方法。要求所有的硬触点信号都应进行整组传动，不得采用短接触点的方式。对于综合自动化站，还应检查保护动作报文的正确性。

（八）带负荷试验

在新安装检验时，为保证测试准确，要求负荷电流的二次电流值大于保护装置的精确工作电流（$0.06I_N$）时，应同时采用装置显示和钳形相位表测试进行相互校验，不得仅依靠外部钳形相位表测试数据进行判断。

1. 交流电流的数值检验

进入保护菜单，检查模拟量幅值，并用钳形相位表测试回路电流幅值，以实际负荷为基准，检验电流互感器变比是否正确。

2. 检验交流电流的相位

进入保护菜单，检查模拟量相位关系，并用钳形相位表测试回路同组各相电流的相位关系和两组电流之间的相位关系。

（九）定值与开关量状态的核查

打印保护装置的定值、开关量状态及自检报告，其中定值报告应与定值整定通知单一致；开关量状态与实际运行状态一致；自检报告应无保护装置异常信息。

【思考与练习】

1. 短引线保护上电前需要进行哪些检查？

2. 需要进行哪些保护装置逻辑功能试验？进行整组试验和与其他设备进行配合试验时，调试要点是什么？

3. 如何正确进行带负荷测试？

4. 如何拟定完善的、符合现场实际的调试记录，确保调试质量？

模块13　高压并联电抗器微机保护装置原理（Z11F4013Ⅱ）

【模块描述】本模块包含了高压并联电抗器（简称高抗）微机保护的配置及原理。通过要点归纳、原理讲解，掌握高抗微机保护装置的差动保护、过电流保护、非电量保护等工作原理。

【模块内容】

一、高抗的故障、不正常运行状态及保护配置

（一）高抗故障类型

1. 高抗故障可分内部故障和外部故障

高抗内部故障指的是箱壳内部发生的故障，有绕组的相间短路故障、单相绕组的匝间短路故障、单相绕组与铁芯间的接地短路故障、高抗绕组引线与外壳发生的单相接地短路故障。

高抗外部故障指的是箱壳外部引出线间的各种相间短路故障，以及引出线因绝缘套管闪络或破碎通过箱壳发生的单相接地短路。

2. 高抗不正常运行

高抗的不正常运行主要包括过负荷引起的对称过电流、外部接地故障引起的小电抗器过电流、运行电压过高、绕组断线等。此外，运行中的高抗可能存在油温过高、油位过高、压力过高以及冷却器故障等。

（二）高抗微机保护配置

1. 反映短路故障的主保护

电抗器纵联差动保护、电抗器零序差动保护、电抗器匝间保护。

2. 反映短路和接地故障的后备保护

电抗器过电流保护、电抗器零序过电流保护、接地电抗器过电流保护、反时限过电流保护。

3. 反映异常运行的保护

电抗器过负荷保护、小电抗器过负荷保护、过电压保护、绕组开断保护、TA 异常和 TV 异常。

4. 非电量保护

针对高抗本体存在的重瓦斯、压力释放等故障状态和油位异常、油温异常、油中特殊气态超值、绕组温度过高、轻瓦斯、冷却器故障、冷却器电源消失等异常运行状态，配置了相应的非电量保护，动作于跳闸或告警。

表 Z11F4013Ⅱ-1 是典型的数字式高抗保护的配置，适用于 220kV 及以上电压等级的高抗保护。

表 Z11F4013Ⅱ-1　　高 抗 保 护 配 置

保护分类	保护类型	段数	每段时限数	备　注
主保护	纵联差动保护	1		
	零序差动保护	1		
	匝间保护	1		
	非电量保护	按需		
后备保护	过电流保护	2	1	
	零序过电流保护	2	1	
	小电抗器过电流保护	2	1	
	反时限过电流保护	1		
异常运行的保护	过负荷保护	1		
	小电抗器过负荷保护	1		
	过电压保护			
	绕组开断保护			
	TA 异常和 TV 异常			

二、高抗保护工作原理

1. 纵联差动保护

（1）差动保护的基本原理。差动保护的基本原理源于基尔霍夫电流定律，把被保护区域看成是一个节点，如果流入保护区域电流等于流出的电流，则保护区域无故障或是外部故障。如果流入保护区域的电流不等于流出的电流，说明存在其他电流通路，保护区域内发生了故障，利用输入电流与输出电流的相量差作为动作量的保护就称为差动保护。由于电抗器采用各相首末端电流构成差动保护，各侧电压相同、TA 变比也相同，可以直接用于差动电流计算。电抗器首末端二次电流的相量和 $\sum\dot{I}$ 称为差动电流，简称差流，用 I_{cd} 表示。在电抗器正常运行或外部故障时，电抗器首末端二次电流相等，此时 $I_{cd}=0$，差动保护不动作。当电抗器内部故障时，若忽略负荷电流不计，则只有电抗器首端的电流而没有尾端的电流，I_{cd} 很大，当 I_{cd} 满足动作条件时，差动保护动作，切除电抗器。

（2）差动保护。若差动保护动作电流是固定值，就必须按躲过区外故障差动回路最大不平衡电流来整定，定值就高，此时如发生匝间或离开尾端较近的故障，保护就不能灵敏动作。反之，若考虑区内故障差动保护能灵敏动作，就必须降低差动保护定值，但此时区外故障时差动保护就会误动。

比率制动式差动保护的动作电流是随外部短路电流按比率增大，既能保证外部短路不误动，又能保证内部故障有较高的灵敏度。图 Z11F4013Ⅱ-1 为典型电抗器的纵联差动保护特性，由差动速断、比率制动特性组成，其中比率制动采用三段折线特性。

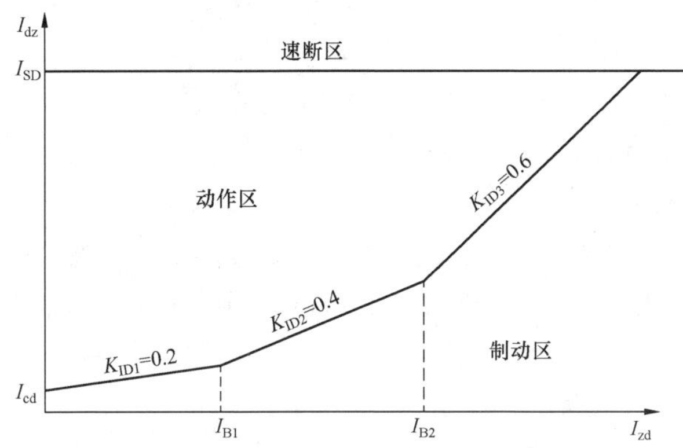

图 Z11F4013Ⅱ-1　电抗器纵联差动保护特性

典型比率制动差动保护的动作方程为

$$\begin{cases} I_{dz} > K_{ID1}I_{zd} + I_{cd} & (I_{zd} < I_{B1}) \\ I_{dz} > K_{ID2}(I_{zd} - I_{B1}) + K_{ID1}I_{B1} + I_{cd} & (I_{B1} \leqslant I_{zd} < I_{B2}) \\ I_{dz} > K_{ID3}(I_{zd} - I_{B2}) + K_{ID2}(I_{B2} - I_{B1}) + K_{ID1}I_{B1} + I_{cd} & (I_{B2} \leqslant I_{zd}) \end{cases}$$

式中　I_{zd}——制动电流，A；

K_{ID1}、K_{ID2}、K_{ID3}——各段的比率制动斜率；

I_{B1}、I_{B2}——拐点电流，A；

I_{cd}——差动启动电流定值，A。

大型的电抗器通常为单相式，故对每相采用上述的差动特性。当任一相满足上两式之一时，差动速断或比率差动保护动作。三段式比率差动保护经 TA 饱和闭锁和 TA 异常闭锁，其中 TA 饱和闭锁固定投入，TA 异常闭锁由用户通过控制位选择。

动作电流 I_{dz} 和制动电流 I_{zd} 的计算公式为

$$\begin{cases} I_{dz} = \left| \dot{I}_1 + \dot{I}_2 \right| \\ I_{zd} = \left| \dot{I}_2 \right| \end{cases}$$

式中 $\dot{I}_1$、$\dot{I}_2$——电抗器首端和末端电流，A。首端电流为经过平衡补偿后电流，均以流入电抗器为正方向。

上式中制动电流只选取末端电流的算法，内部故障时保护具有很高的灵敏度，外部故障时，差动保证不误动。

（3）差动速断保护。差动速断保护不受任何条件闭锁，仅依靠计算差流作为动作出口判据，这种保护可以在严重故障时快速动作，但是必须提高其动作定值以确保在励磁涌流等情况下可靠闭锁。其动作方程为

$$I_{dz} > I_{sd}$$

式中 I_{dz}——动作电流，A；

I_{sd}——速断电流定值，A。

（4）平衡补偿。若首末端 TA 变比完全相同，则首末端电流可以直接用于差动计算，但首端和末端 TA 变比不一致时，必须进行平衡系数计算。平衡系数的计算方法如下。

1）计算电抗器一次额定电流为

$$I_{rlN} = \frac{3S_N}{\sqrt{3}U_{1N}}$$

式中 S_N——单相电抗器的额定容量，kVA；

U_{1N}——电抗器一次额定电压（应以运行的实际电压为准），kV。

2）计算电抗器首端和末端二次额定电流，分别为 I_{rh2N} 和 I_{rl2N}。

$$I_{rh2N} = \frac{I_{r1N}}{n_{a1}}$$

$$I_{rl2N} = \frac{I_{r1N}}{N_{a2}}$$

3）以末端电流为基准，计算电抗器首端平衡系数 K_{ph}。

$$K_{ph} = \frac{I_{rl2N}}{I_{rh2N}} = \frac{N_{a1}}{N_{a2}}$$

4）将首端电流与平衡系数相乘，即得补偿后的各相电流。

（5）TA 饱和检测。由于电抗器在空投过程中，空充电流的暂态波形中含有较大的非周期分量，会导致 TA 饱和情况的出现。如果电抗器两端 TA 一侧饱和、另一侧不

饱和，一定会出现差流，差动保护很可能会误动。为了躲开空投时差动回路中出现的较大不平衡量，必须设置TA饱和检测功能并辅以谐波分析，当判出首端电流中存在空投直流饱和时，则闭锁差动保护，而在内部故障饱和时保护能快速出口。

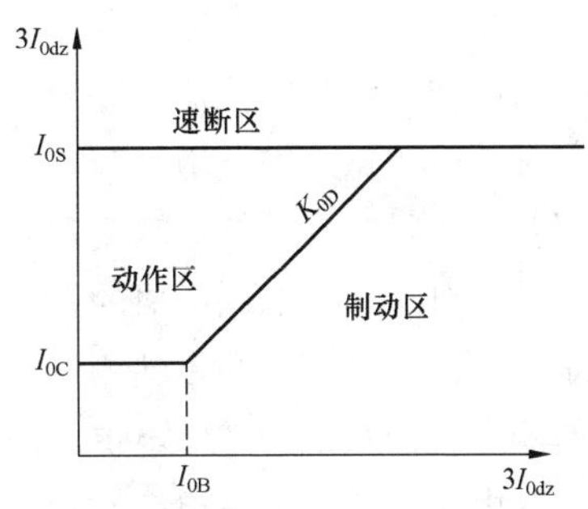

图 Z11F4013Ⅱ–2　电抗器零序差动保护动作特性

2. 零序差动保护

由于正常运行时没有零序电流存在，采用首末端零序电流构成的零序差动继电器对电抗器内部接地故障具有很高的灵敏度。与纵联差动保护类似，零差保护由零差速断和比率制动的差动保护组成，典型零序比率制动动作特性如图 Z11F4013Ⅱ–2 所示。

零序差动速断动作方程为

$$3I_{0.dz} > I_{0S}$$

式中　$3I_{0.dz}$——零序差动动作电流，A；

I_{0S}——速断电流定值，A。

比率制动的零序差动动作方程为

$$\begin{cases} 3I_{0.dz} > I_{0C} & \text{如果} 3I_{0.zd} < I_{0B} \\ 3I_{0.dz} > K_{0D}(3I_{0.zd} - I_{0B}) + I_{0C} & \text{如果} 3I_{0.zd} \geqslant I_{0B} \end{cases}$$

式中　I_{0C}——零序差动启动电流定值，A；

I_{0B}——拐点电流定值，A；

$3I_{0.zd}$——零序差动制动电流，A；

K_{0D}——零序差动比率制动斜率。

零序差动保护的差动电流和制动电流为

$$\begin{cases} 3I_{0.dz} = \left|3\dot{I}_{0.1} + 3\dot{I}_{0.2}\right| \\ 3I_{0.zd} = \dfrac{1}{2}\left|3\dot{I}_{0.1} - 3\dot{I}_{0.2}\right| \end{cases}$$

式中　$3\dot{I}_{0.1}$和$3\dot{I}_{0.2}$——电抗器的首端和末端零流，A。其中首端零流为自产零流，计算公式为$3\dot{I}_{0.1} = \dot{I}_{a.1} + \dot{I}_{b.1} + \dot{I}_{c.1}$，末端零流为避免零序电流极性校验问题，通常取电抗器末端自产零流，即$3\dot{I}_{0.2} = \dot{I}_{a.2} + \dot{I}_{b.2} + \dot{I}_{c.2}$。

同样，若首末端TA变比不同，在计算$3I_{0.dz}$和$3I_{0.zd}$前需要进行幅值补偿，补偿方法也与纵差保护一样采用首端零序电流向末端零序电流折合的方法。

3. 匝间保护

匝间短路是电抗器常见的一种内部故障形式，由于它可能进一步发展成严重故障，必须对匝间短路有灵敏反应。由于匝间故障时在高抗首末端产生的电流增量很小，纵联差动和零序差动的灵敏度都难以保证。采用主电抗器末端自产零序电流、电抗器安装处的自产零序电压组成的零序功率方向继电器作为匝间保护判据。由于电抗器内部匝间短路时，对应的末端测量值总是满足零序电压超前零序电流，而且此时零序电抗的测量值为系统的零序电抗。当电抗器外部（系统）故障时，对应的零序电压滞后于零序电流，此时零序电抗的测量值为电抗器的零序阻抗。所以，利用电抗器末端零序电流和电抗器安装处零序电压的相位关系来区分电抗器匝间短路、内部接地故障和电抗器外部故障。当短路匝数很少时，由于零序电压源很小，相应的，在系统零序阻抗（系统的零序阻抗远小于电抗器的零序阻抗）上产生的零序电流和零序电压很小，因此为了更好地判别小匝数的匝间故障，必须要对零序电压进行补偿。

零序电压和零序电流的正方向的取法如图 Z11F4013Ⅱ-3 所示。

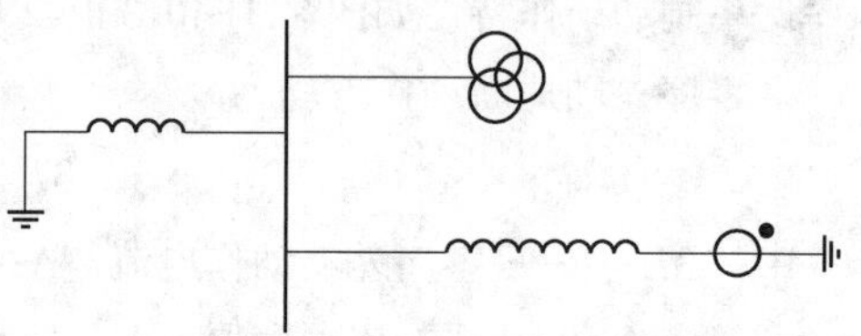

图 Z11F4013Ⅱ-3 零序电流、电压正方向的取法

零序功率方向元件的动作方程为

$$0° < \arg\frac{3\dot{U}_0 + KZ3\dot{I}_{02}}{3\dot{I}_{02}} < 180°$$

式中 $3\dot{U}_0$ ——电抗器安装处 TV 的自产零压，V；

$3\dot{I}_{02}$ ——电抗器末端 TA 的自产零流，A；

Z ——电抗器的零序阻抗，Ω（如有接地电抗器，则包括接地电抗器的零序阻抗）；

K ——自适应补偿系数。

在线路非全相运行、带线路空充电抗器、线路发生接地故障后重合闸后再重合、线路两侧断路器跳开后的 LC 振荡、断路器非同期、区外故障及非全相伴随系统振荡时，为了提高匝间保护的可靠性，需要增加其他电气量的突变量判据和稳态量判据作为辅助判据，在保证匝间保护灵敏性的同时，提高匝间保护抗区外故障的可靠性。

4. 电抗器后备保护

（1）电抗器过负荷保护。当并联电抗器所接系统电压异常升高，会造成电抗器过负荷。为此设有过负荷保护。过负荷保护取电抗器首端三相最大电流进行判别，可以设置多段保护用于发信和启动通风。

（2）电抗器过电流保护。电抗器过电流保护主要作为差动保护的后备，反应首端三相电流的大小，可设置定时限一段一时限。

根据需要可设置反时限过电流保护。典型反时限过电流保护特性曲线如图 Z11F4013Ⅱ–4 所示。特性由三部分组成，即下限定时限、反时限和上限定时限。图中 I_{12}、T_{12} 分别为反时限下限电流定值和动作时间，I_{13}、T_{13} 分别为反时限上限电流定值和动作时间。

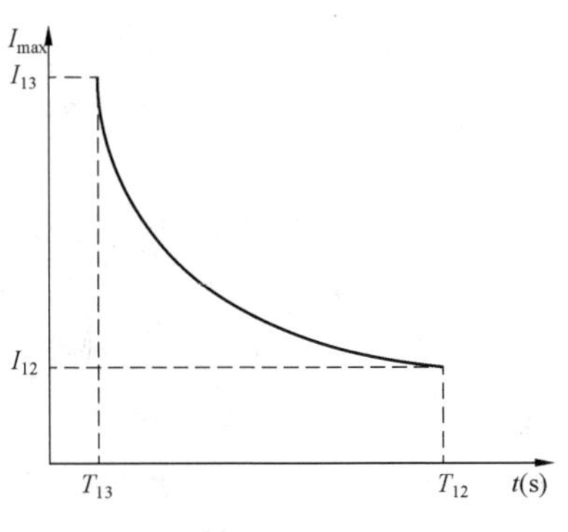

图 Z11F4013Ⅱ–4　电抗器反时限过电流保护特性

当电流大于启动电流时，进行热量累积，当电流小于启动电流并且原先已有热量积累时，电抗器开始散热过程。电抗器过电流保护反时限部分动作判据为

$$I_{max} > I_{12}$$
$$\left[(I_{max} / I_{rh2n})^2 - A_1^2\right]t > K_1$$

式中　I_{max} ——电抗器首端各相电流最大值，A；

t ——保护延时元件，s；

A_1 ——电抗器绕组的散热效应系数；

K_1 ——电抗器绕组热容量常数。

（3）电抗器零序过电流保护。零序过电流保护反应零序电流大小，零序电流取电抗器首端的自产零流进行判断。保护可设一段一时限。

（4）电抗器过电压保护。当并联电抗器所接线路电压异常升高，会造成线路及并联电抗器绕组绝缘的损坏，为此设置过电压保护。过电压保护设置多段定值，分别用于发信和跳闸。

通常，可能会产生工频过电压的线路会装设专门的过电压保护，当线路装有专用的过电压保护时，高抗保护的过电压保护功能作为线路过电压保护的后备，跳闸定值不低于线路过电压保护的跳闸定值，跳闸延时不短于线路过电压保护跳闸延时。当线路未装有专用的过电压保护时，高抗保护的过电压保护功能作为线路和并联电抗器的过电压保护，跳闸定值和跳闸延时按一次系统的要求整定。

（5）电抗器绕组开断保护。通常，高压并联电抗器每相由多个绕组串联而成，在运行中由于较强的振动，电抗器可能发生一次连线的断线。电抗器一次断线后，会造成中性点小电抗器过载发热、系统出现零序负序电流、系统电压升高等后果，一般不允许长期运行，保护将跳闸或发信号。

若电抗器某一相绕组与绕组之间的连线松动，该相的电流将减小，连线完全断开时该相电流减小到零。当装置判断电抗器某一相首末端电流同时减小到某一定值，而首末端自产零序电流都较大，且零序电压较小时，认为发生电抗器绕组开断故障。当一相完全断线后，小电抗器零序过电流保护也会带延时跳闸。

5. 小电抗器保护

为了限制线路单相重合闸时的潜供电流，并提高单相重合闸时的成功率，一般高压电抗器的中性点都接有一台小电抗器。当线路发生单相接地或断路器一相未合上，三相严重不对称时，接地电抗器会流过数值很大的电流，造成绕组过热。需要设置多段小电抗过电流保护，分别用于过负荷发信和跳闸。

当小电抗器 TA 不引入保护装置时，小电抗器的过负荷、过电流保护可以采用主电抗器的自产零序电流，但必须考虑主电抗器 TA 二次回路断线时可能引起保护误动，比较首端自产零序电流和末端自产零序电流实现闭锁。

6. TA、TV 异常检测

（1） TA 异常判别原理。电抗器保护中提供的 TA 异常判别主要针对电抗器首末端两侧的 TA，TA 二次断线或异常的判据如下：

1） 电流有突变且突变后的电流变小（而不是增大）。

2） 本侧三相电流中仅有一相无流，对侧三相电流健全且无变化。满足以上条件即判为 TA 异常，当检测到 TA 异常时，发出告警信号，同时闭锁匝间保护，可以考虑是否闭锁纵差和零差保护。

（2） TV 异常判别原理。在保护启动后不再进行 TV 异常判别，典型的 TV 异常的判据如下：

1） 三相电压均小于低压门槛值，且任一相电流大于有流门槛值，用于检测三相失压。

2） 三个相电压的相量和（自产 $3U_0$）或计算负序电压大于门槛值，且无电流突变，用于检测一相或两相断线。

当检测到 TV 异常时，发出告警信号，同时闭锁匝间保护。

【思考与练习】

1. 零序差动与比率差动比较有何特点？
2. 装置如何区分内部匝间短路和外部故障？
3. 设置小电抗器的作用是什么？
4. 装置如何判断 TA 断线？

模块 14　高压并联电抗器保护装置调试的安全和技术措施（Z11F4014Ⅱ）

【模块描述】本模块包含高抗微机保护装置调试的工作前准备和安全技术措施。通过要点归纳、图表举例，掌握高抗微机保护装置现场调试的危险点预控及安全技术措施。

【模块内容】

一、高抗保护装置调试工作前的准备

（1）检修作业前 5 天做好检修准备工作，并在检修作业前 3 天提交相关停役申请。准备工作包括检查设备状况、反措计划的执行情况及设备的缺陷等。

（2）开工前 3 天，向有关部门上报本次工作的材料计划。

（3）根据本次校验的项目，组织作业人员学习作业指导书，使全体作业人员熟悉作业内容、进度要求、作业标准、安全注意事项。要求所有工作人员都明确本次校验工作的内容、进度要求、作业标准及安全注意事项。

（4）明确工作人员分工，针对技术负责、仪器仪表管理、图纸资料管理、专责安全监护人员等进行工作指定和明确。

（5）梳理待检修设备存在的缺陷以及以往缺陷统计，配合检修进行消缺。

（6）开工前一天，准备好作业所需仪器仪表、相关材料、工器具。要求仪器仪表、工器具应试验合格，满足本次作业的要求，材料应齐全。

仪器仪表主要有：绝缘电阻表、继电保护单相试验装置、继电保护三相校验装置，钳形相位表、伏安特性测试仪、电流互感器变比测试仪等。

工器具主要有：个人工具箱、计算器等。

相关材料主要有：绝缘胶布、自粘胶带、电缆、导线、小毛巾、中性笔、口罩、手套、毛刷、逆变电源板等相关备件，根据实际需要确定。

（7）最新整定单、相关图纸、上一次试验报告、本次需要改进的项目及相关技术资料。要求图纸及资料应与现场实际情况一致。

主要的技术资料有：高抗保护图纸、高抗保护装置技术说明书、高抗保护装置使用说明书、高抗保护装置校验规程。

（8）根据现场工作时间和工作内容填写工作票（第一种工作票应在开工前一天交值班员）。工作票应填写正确，并按 Q/GDW 1799.1《电力安全工作规程　变电部分》执行。

二、安全技术措施

以高抗本体停运，断路器运行为例。

（一）人身触电

1. 误入带电间隔

控制措施：工作前应熟悉工作地点、带电部位。检查现场安全围栏、安全警示牌和接地线等安全措施。

2. 接、拆低压电源

控制措施：必须使用装有漏电保护器的电源盘。螺丝刀等工具金属裸露部分除刀口外包绝缘。接拆电源时至少有两人执行，必须在电源开关拉开的情况下进行。临时电源必须使用专用电源，禁止从运行设备上取得电源。

3. 保护调试及整组试验

控制措施：工作人员之间应相互配合，确保一、二次回路上无人工作。传动试验必须得到值班员许可并配合。

（二）机械伤害

机械伤害主要指坠落物打击。

控制措施：工作人员进入工作现场必须戴安全帽。

（三）高空坠落

高空坠落主要指在断路器或电流互感器上工作时，人员和工器具的跌落。

控制措施：正确使用安全带，鞋子应防滑。必须系安全带，上下断路器或电流互感器本体由专人监护。

（四）防“三误”事故的安全技术措施如下

（1）现场工作前必须作好充分准备，内容包括：

1）了解工作地点一、二次设备运行情况，本工作与运行设备有无直接联系。

2）工作人员明确分工并熟悉图纸与检验规程等有关资料。

3）应具备与实际状况一致的图纸、上次检验记录、最新整定通知单、检验规程、合格的仪器仪表、备品备件、工具和连接导线。

4）工作前认真填写安全措施票，必要时由工作负责人认真填写，并经技术负责人认真审批。

5）工作开工后先执行安全措施票，由工作负责人负责做的每一项措施，要在“执行”栏做标记；校验工作结束后，要持此票恢复所做的安全措施，以保证完全恢复。

6）不允许在未停用的保护装置上进行试验和其他测试工作；也不允许在保护未停用的情况下，用装置的试验按钮做试验。

7）只能用整组试验的方法，即由电流及电压端子通入与故障情况相符的模拟故障量，检查保护回路及整定值的正确性。不允许用卡继电器触点、短路触点等人为手段作保护装置的整组试验。

8）在校验继电保护及二次回路时，凡与其他运行设备二次回路相连的压板和接线应有明显标记，并按安全措施票仔细地将有关回路断开或短路，做好记录。

9）在清扫运行中设备和二次回路时，应认真仔细，并使用绝缘工具（毛刷、吹风机等），特别注意防止振动，防止误碰。

10）严格执行风险分析卡和继电保护作业指导书。

（2）现场工作应按图纸进行，严禁凭记忆作为工作的依据。如发现图纸与实际接线不符时，应查线核对。需要改动时，必须履行如下程序：

1）先在原图上做好修改，经主管继电保护部门批准。

2）拆动接线前先要与原图核对，接线修改后要与新图核对，并及时修改底图，修改运行人员及有关各级继电保护人员的图纸。

3）改动回路后，严防寄生回路存在，没用的线应拆除。

4）在变动二次回路后，应进行相应的逻辑回路整组试验，确认回路极性及整定值完全正确。

（3）保护装置调试的定值，必须根据最新整定值通知单规定，先核对通知单与实际设备是否相符（包括保护装置型号、被保护设备名称、变压器联结组别、互感器接线、变比等）。定值整定完毕要认真核对，确保正确。

（五）其他危险点及控制措施

（1）保护室内使用无线通信设备，易造成其他正在运行的保护设备不正确动作。控制措施：不在保护室内使用无线通信设备，尤其是对讲机。

（2）保护动作可能误启动断路器失灵、误向线路对侧发送远跳命令，误跳运行断路器。控制措施：检查相关运行回路，确保压板在断开状态并断开相关回路，用绝缘胶布对断开线头实施绝缘包扎。

（3）为防止一次设备试验影响二次，试验前应断开保护屏电流端子连接片，并对外侧端子进行绝缘处理。

（4）对于运行断路器的电流回路，应在场地端子箱可靠短接无误并断开连接片后方可进行工作，在短接前注意仔细核查防止误碰运行回路。

（5）保护屏顶电压小母线带电，易发生电压反送事故或引起人员触电。控制措施：断开交流二次电压引入回路，并用绝缘胶布对所拆线头实施绝缘包扎，带电的回路应尽量留在端子上防止误碰。

（6）带电插拔插件，易造成集成块损坏。频繁插拔插件，易造成插件插头松动。控制措施：插件插拔前关闭电源。

（7）需要对一次设备进行试验时，如断路器传动，TA 极性试验等，应提前与一次设备检修人员进行沟通，避免发生人身伤害和设备损坏事故。

（8）部分带电回路可能引起工作中的短路或接地，或导致运行设备受到影响，这些回路应该在试验前断开或进行可靠隔离。

典型的二次安全技术措施票见表 Z11F4014Ⅱ-1。

表 Z11F4014Ⅱ-1　　二次安全技术措施票

被试设备及保护名称			____变电站____线路____型____保护		
工作负责人		工作时间	年　月　日	签发人	
工作内容					
工作条件	1. 一次设备运行情况__________。 2. 被试保护作用的断路器__________。 3. 被试保护屏上的运行设备__________。 4. 被试保护屏、端子箱与其他保护连接线__________				

技术安全措施：包括应打开及恢复压板、直流线、交流线、信号线、联锁线和联锁开关等，按下列顺序做安全措施。已执行，在执行栏打“√”按相反的顺序恢复安全措施，以恢复的，在恢复栏打“√”

序号	执行	安全措施内容	恢　复
1		检查本保护压板在退出位置，并做好记录	
2		检查本保护相关操作把手及断路器位置，并做好记录	
3		联跳中断路器回路 1 正电：断开______； 对应端子排端子号［D ____］	
4		联跳中断路器回路 1 负电：断开______； 对应端子排端子号［D ____］	
5		联跳中断路器回路 2 正电：断开______； 对应端子排端子号［D ____］	
6		联跳中断路器回路 2 负电：断开______； 对应端子排端子号［D ____］	
7		联跳边断路器回路 1 正电：断开______； 对应端子排端子号［D ____］	
8		联跳边断路器回路 1 负电：断开______； 对应端子排端子号［D ____］	
9		联跳边断路器回路 2 正电：断开______； 对应端子排端子号［D ____］	
10		联跳边断路器回路 2 负电：断开______； 对应端子排端子号［D ____］	

续表

序号	执行	安全措施内容	恢 复
11		启动光纤远跳正电：断开______； 对应端子排端子号［D ____］	
12		启动光纤远跳负电：断开______； 对应端子排端子号［D ____］	
13		启动载波远跳正电：断开______； 对应端子排端子号［D ____］	
14		启动载波远跳负电：断开______； 对应端子排端子号［D ____］	
15		首端电流回路：断开 A ____； 对应端子排端子号［D ____］	
16		首端电流回路：断开 B ____； 对应端子排端子号［D ____］	
17		首端电流回路：断开 C ____； 对应端子排端子号［D ____］	
18		首端电流回路：断开 N ____； 对应端子排端子号［D ____］	
19		尾端电流回路：断开 A ____； 对应端子排端子号［D ____］	
20		尾端电流回路：断开 B ____； 对应端子排端子号［D ____］	
21		尾端电流回路：断开 C ____； 对应端子排端子号［D ____］	
22		尾端电流回路：断开 N ____； 对应端子排端子号［D ____］	
23		小抗首端电流回路：断开 L ____； 对应端子排端子号［D ____］	
24		小抗首端电流回路：断开 N ____； 对应端子排端子号［D ____］	
25		线路电压回路：断开 A ____； 对应端子排端子号［D ____］	
26		线路电压回路：断开 B ____； 对应端子排端子号［D ____］	
27		线路电压回路：断开 C ____； 对应端子排端子号［D ____］	

续表

序号	执行	安全措施内容	恢复
28		线路电压回路：断开 N ____； 对应端子排端子号［D ____］	
29		首端电流回路接地点： 断开本保护用 TA 接地点端子号［ ____］	
30		尾端电流回路接地点： 断开本保护用 TA 接地点端子号［ ____］	
31		小抗电流回路接地点： 断开本保护用 TA 接地点端子号［ ____］	
32		通信接口： 断开至监控的通信口，如果有检修压板投检修压板	
33		通信接口： 断开至保护信息管理系统的通信口，如果有检修压板投检修压板	
34		用绝缘胶布将带电端子封闭	
35		补充措施：	

填票人		操作人		监护人		审核人	

【思考与练习】

1. 高抗保护进行检验时现场有哪些危险点，如何控制？
2. 现场需要准备哪些主要设备和材料？

模块 15 高压并联电抗器微机保护装置的调试（Z11F4015Ⅱ）

【模块描述】本模块包含高抗微机保护装置调试的主要内容。通过要点归纳、图表举例、分析说明，掌握高抗微机保护装置调试的作业程序、调试项目、各项目调试方法等内容。

【模块内容】

一、作业流程

高抗微机保护装置的调试作业流程如图 Z11F4015Ⅱ-1 所示。

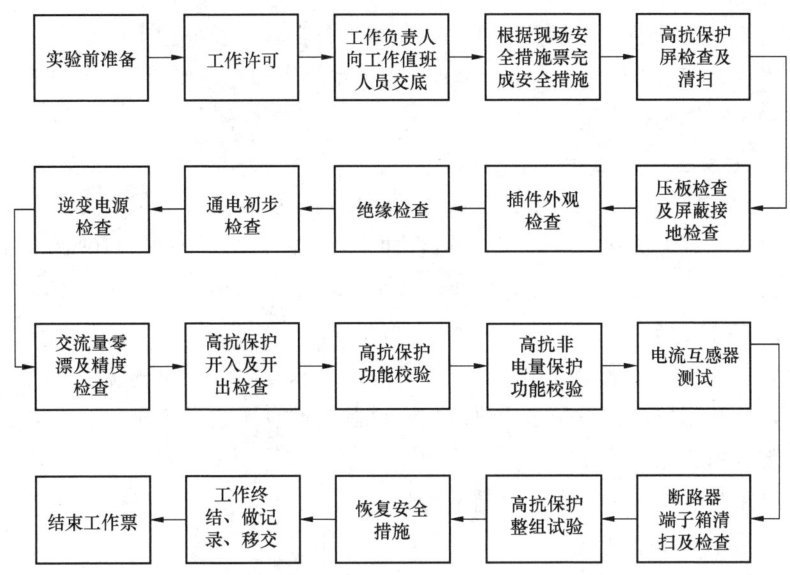

图 Z11F4015Ⅱ-1　高抗微机保护校验作业流程图

二、校验项目、技术要求及校验报告

（一）清扫、紧固、外部检查

（1）检查装置内、外部应清洁无积尘、无异物；清扫电路板的灰尘。

（2）检查各插件插入后接触良好，闭锁到位。

（3）切换开关、按钮、键盘等应操作灵活、手感良好。

（4）压板接线压接可靠性检查，螺丝紧固。

（5）检查保护装置的箱体或电磁屏蔽体与接地网可靠连接。

（二）逆变电源工况检查

（1）检查电源的自启动性能：拉合直流开关，逆变电源应可靠启动。

（2）进入装置菜单，记录逆变电源输出电压值。

（三）软件版本及 CRC 码检验

（1）进入装置菜单，记录装置型号、CPU 版本信息。

（2）进入装置菜单，记录管理板版本信息。

注意事项：检查其与网局统一版本是否一致，与最新定值通知单核对校验码及程序形成时间。

（四）交流量的调试

1. 零漂检验

进行本项目检验时要求保护装置不输入交流量。进入保护菜单，检查保护装置各

CPU 模拟量输入，进行首末端三相电流、小电抗器电流以及三相电压通道的零漂值检验；要求零漂值均在 $0.01I_N$（或 0.05V）以内。检验零漂时，要求在一段时间（3min）内零漂值稳定在规定范围内。

2. 模拟量幅值特性检验

用保护测试仪同时接入装置的三相电压和线路电压输入，三相电流和零序电流输入。调整输入交流电压和电流分别为额定值的 120%、100%、50%、10%和 2%，要求保护装置采样显示与外部表计误差应小于 3%，在 2%额定值时允许误差 10%。

不同的 CPU 应分别进行上述试验。

在试验过程中，如果交流量的测量误差超过要求范围时，应首先检查试验接线、试验方法、外部测量表计等是否正确完好，试验电源有无波形畸变，不可急于调整或更换保护装置中的元器件。

部分检验时只要求进行额定值精度检验。

3. 模拟量相位特性检验

按上文 2 的规定的试验接线和加交流量方法，将交流电压和交流电流均加至额定值。检查各模拟量之间的相角，调节电流、电压相位，当同相别电压和电流相位分别为 0°、45°、90° 时装置显示值与表计测量值应不大于 3°。

部分检验时只要求进行选定角度的检验。

（五）开入、出量调试

1. 开关量输入测试

进入保护菜单检查装置开入量状态，依次进行开入量的输入和断开，同时监视液晶屏幕上显示的开入量变位情况。要求检查时带全回路进行，尽量不用短接触点的方式，保护装置的压板、切换开关、按钮等直接操作进行检查，与其他保护接口的开入或与断路器机构相关的开入进行实际传动试验检查。

2. 输出触点和信号检查

配合整组传动进行试验，不单独试验。全部检验时要求直流电源电压为 80%额定电压值下进行检验，部分检验时用全电压进行检验。

（六）逻辑功能测试

1. 校验纵联差动保护

投入纵联差动保护压板。

（1）差动速断保护。分别加入首末端断路器单相电流，模拟单相故障，模拟故障电流为

$$I = mI_{\text{setsd}}$$

式中 I_{setsd}——差动速断电流定值，A；

m——系数，其值分别为 0.95、1.05 及 1.2。

保护在 0.95 倍定值（m=0.95）时，应可靠不动作；在 1.05 倍定值时应可靠动作；在 1.2 倍定值时，测量差动保护的动作时间，时间应在 15～30ms。

（2）比率差动保护。分别加入首末端断路器单相电流，模拟单相故障，模拟故障电流为

$$I = mI_{setcd}$$

式中 I_{setcd}——比率差动电流定值，A；

m——系数，其值分别为 0.95、1.05 及 1.2。

测试方法同上。

（3）比率制动特性测试。

1）固定首端电流，调节末端电流，直至差动动作，保护动作后退掉电流。

2）在首端末端 A 相同时加极性相反电流（注意负荷电流与差流的关系），并让此时的差流为 0；减小末端电流，使差动保护动作，记录两侧动作电流。

2. 校验零序差动保护

投入零序差动保护压板。

（1）零序差动速断保护。分别加入首末端断路器任一相电流，模拟单相故障，模拟故障电流为

$$I = mI_{set0s}$$

式中 I_{set0s}——零序差动速断电流定值，A；

m——系数，其值分别为 0.95、1.05 及 1.2。

保护在 0.95 倍定值（m=0.95）时，应可靠不动作；在 1.05 倍定值时应可靠动作；在 1.2 倍定值时，测量差动保护的动作时间，时间应在 15～30ms。

（2）零序比率差动保护。分别加入首末端断路器任一相电流，模拟单相故障，模拟故障电流为

$$I = mI_{set0c}$$

式中 I_{set0c}——零序差动速断电流定值，A；

m——系数，其值分别为 0.95、1.05 及 1.2。

测试要求同上。

（3）零序差动比率制动特性测试。

1）固定首端零序电流，调节末端零序电流，直至差动动作，保护动作后退掉电流。

2）在首端末端同相电流回路上同时加极性相反电流，并让此时的零序差流为0；减小末端电流，使差动保护动作。记录两侧动作电流。

3. 校验匝间保护

投入匝间保护压板。模拟单相故障，故障电压值约为额定电压的80%，电流加入电抗器末端绕组输入，电流幅值大于匝间保护零序电流启动值，故障相电流超前故障相电压90°。测量匝间保护的动作时间，应在15～40ms。改变电流电压角度，确定零序方向元件动作边界。

4. 过电流保护

加入首端电流，模拟相间故障，模拟故障电流为

$$I = mI_{set1}$$

式中 I_{set1} ——过电流保护定值；

m ——系数，其值分别为0.95、1.05及1.2。

保护在0.95倍定值（m=0.95）时，应可靠不动作；在1.05倍定值时应可靠动作；在1.2倍定值时，测量过电流保护的动作时间，时间误差应不大于5%。

过负荷保护也可以用同样的方法进行校验。

5. 零序过电流保护

加入首端电流，模拟单相接地故障，模拟故障电流为

$$I = mI_{set0}$$

式中 I_{set0} ——零序过电流保护定值；

m ——系数，其值分别为0.95、1.05及1.2。

保护在0.95倍定值（m=0.95）时，应可靠不动作；在1.05倍定值时应可靠动作；在1.2倍定值时，测量零序过电流保护的动作时间，时间误差应不大于5%。

6. 小电抗过电流保护

加入小电抗电流，模拟单相接地故障，模拟故障电流为

$$I = mI_{setx}$$

式中 I_{setx} ——小抗过电流保护定值，A；

m ——系数，其值分别为0.95、1.05及1.2。

保护在0.95倍定值（m=0.95）时，应可靠不动作；在1.05倍定值时应可靠动作；在1.2倍定值时，测量小电抗过电流保护的动作时间，时间误差应不大于5%。

过负荷保护也可以用同样的方法进行校验。

7. TA断线功能检查

（1）告警功能检测（单相、两相断线）。

（2） 闭锁纵差和零差保护。

（3） 闭锁匝间保护。

闭锁逻辑功能在全部校验时进行，部分校验只做告警功能。

（七）整组试验

整组试验时，统一加模拟故障电流，两侧断路器处于合闸位置。进行传动断路器试验之前，控制室和开关站均应有专人监视，并应具备良好的通信联络设备，以便观察断路器动作情况，监视中央信号装置的动作及声、光信号指示是否正确。如果发生异常情况时，应立即停止试验，在查明原因并改正后再继续进行。

1. 整组动作时间测量

本试验是测量从模拟故障至断路器跳闸的动作时间。要求测量断路器的跳闸时间并与保护的出口时间比较，其时间差即为断路器动作时间，一般应不大于 60ms。对两侧断路器应分别测量。由于各种保护公用出口回路，在整组试验时，可以只选取一种保护带断路器传动。

2. 非电量保护

在电抗器本体模拟各相非电量继电器动作，测试面板指示灯正确和出口回路正确，并选择其中一种保护带断路器传动。

3. 与其他保护的配合联动试验

一般高抗保护停运时，对应的线路及其两侧断路器也退出运行。模拟高抗保护动作，在断路器保护检查启动断路器失灵开入，同时检查高抗保护启动远跳触点闭合正确性。

4. 中央信号、远动装置的配合联动试验

根据微机保护与中央信号、远动装置信息传送数量和方式的具体情况确定试验项目和方法。要求所有的硬接点信号都应进行整组传动，不得采用短接触点的方式。对于综合自动化站，还应检查保护动作报文的正确性。

（八）带负荷试验

在新安装检验时，为保证测试准确，要求负荷电流的二次电流值大于保护装置的精确工作电流（$0.06I_N$）时，应同时采用装置显示和钳形相位表测试进行相互校验，不得仅依靠外部钳形相位表测试数据进行判断。

1. 交流电压的相名核对

用万用表交流电压挡测量保护屏端子排上的交流相电压和相间电压，并校核本保护屏上的三相电压与已确认正确的 TV 小母线三相电压的相别。

2. 交流电压和电流的数值检验

进入保护菜单，检查模拟量幅值，并用钳形相位表测试回路电流电压幅值，以实际负荷为基准，检验电压、电流互感器变比是否正确。

3. 检验交流电压和电流的相位

进入保护菜单，检查模拟量相位关系，并用钳形相位表测试回路各相电流、电压的相位关系。在进行相位检验时，应分别检验三相电压的相位关系，并根据实际负荷情况，核对交流电压和交流电流之间的相位关系。

（九）定值与开关量状态的核查

打印保护装置的定值、开关量状态及自检报告，其中定值报告应与定值整定通知单一致；开关量状态与实际运行状态一致；自检报告应无保护装置异常信息。

【思考与练习】

1. 高抗保护上电前需要进行哪些检查？

2. 需要进行哪些保护装置逻辑功能试验？进行整组试验和与其他设备进行配合试验时，调试要点是什么？

3. 如何正确进行带负荷测试？

4. 如何拟定完善的、符合现场实际的调试记录，确保调试质量？

第五章

自动装置调试及维护

模块 1　电压并列、切换、操作装置调试及维护（Z11F5001 Ⅰ）

【模块描述】本模块包含电压并列、切换、操作装置的内容。通过原理讲解、典型举例，掌握电压并列、切换、操作装置的工作原理及调试维护内容。

【模块内容】

一、电压并列、切换、操作装置原理

1. 电压并列装置原理

主接线采用双母线接线方式的变电站，当某段母线上的电压互感器检修或因故障退出运行，变电站母线运行方式保持不变时，为了使此段母线上元件的保护装置不失去电压，需要将两条母线上的电压互感器二次回路并列，即两条母线上的元件保护装置共用同一电压互感器。上述功能需要通过电压并列装置来完成，因此双母线接线方式的变电站均配置电压并列装置。

电压并列一般是通过手动或遥控实现的，电压并列装置主要由电压互感器隔离开关辅助触点重动继电器、母联（分段）断路器隔离开关辅助触点重动继电器和交流电压并列继电器等组成。需要电压并列时，合上电压并列开关，由母联（分段）断路器辅助触点与母联（分段）断路器隔离开关重动继电器触点串联后启动电压并列继电器，将两母线电压互感器二次并列。

2. 电压切换装置原理

电压切换装置主要用于双母线接线方式的变电站内继电保护装置电压回路切换。正常方式下，为了使继电保护装置接入的电压互感器二次电压和保护元件所在母线相一致，装置的电压回路随着元件连接母线倒闸操作同时进行切换。

电压切换有手动控制和自动控制两种方式，现阶段广泛采用自动控制方式。自动切换是利用隔离开关辅助触点控制中间继电器进行，一般采用隔离开关的辅助触点去启动电压切换中间继电器，利用中间继电器的触点实现电压回路的自动切换。中间继

电器有两种方式：① 采用有两个启动线圈的双位置切换继电器，此时，中间继电器可以采用隔离开关的双辅助触点，即采用本隔离开关的开触点和闭触点去启动双位置继电器；也可采用隔离开关的单辅助触点，即采用本隔离开关的开触点和另一个隔离开关的开触点去启动双位置继电器。② 采用一个启动线圈的单位置切换继电器，隔离开关的辅助触点直接启动切换继电器。采用双位置切换继电器的优点是直流电压消失时，交流电压切换回路维持原工作状态，保护不会失去电压。

手动切换采用控制开关来选择设备选用哪组电压，优点是回路简单，连接可靠，但需要人为操作，而且一、二次操作不可能同步。

3. 操作箱原理

操作箱是继电保护及安全自动装置的辅助设备，是断路器的控制装置。继电保护动作后，保护动作触点通过操作箱实现对断路器的控制。操作箱内包含断路器跳、合闸回路，跳、合闸位置监视回路，压力监视回路，信号回路等。

（1）断路器合闸回路。操作箱内提供一组断路器合闸回路，合闸回路具有电流自保持功能，手动合闸命令经压力闭锁触点启动手合继电器，手合继电器触点与保护合闸触点一并经防跳继电器闭锁（可取消）接至断路器合闸线圈。

（2）断路器跳闸回路。操作箱内设有两组分相跳闸回路，每组跳闸回路设有跳闸回路电流自保持功能和防跳功能，回路中串有跳闸执行信号继电器线圈，分别接至两组断路器跳闸线圈。

（3）断路器跳、合闸位置监视回路。操作箱内设有断路器分相跳、合闸位置监视继电器 TWJ 和 HWJ，分别接至断路器合闸和跳闸回路，提供触点用于指示断路器位置、控制回路断线等功能。

（4）信号回路。包括装置面板指示灯和提供的中央信号触点，面板指示灯分为运行灯及告警灯，运行包含电源监视、断路器位置、跳闸信号等。

二、典型电压并列、切换装置

典型的电压并列和切换装置回路原理图分别如图 Z11F5001Ⅰ–1 和图 Z11F5001Ⅰ–2 所示。

1. 电压并列装置

电压并列装置内包含远方遥控回路和就地手动并列回路。当只使用就地手动并列功能时，将就地功能对应的短接线连好，手动并列回路正电源接通后，J1A～J4A 电压并列继电器动作，两段母线电压互感器二次电压回路通过并列继电器触点并列。如使用远方并列功能时，将就地功能对应的短接线断开，正电源回路保持接通状态，通过远方命令控制继电器 JSA 动作，由其触点控制并列继电器动作，使两段母线电压互感器二次电压回路并列。

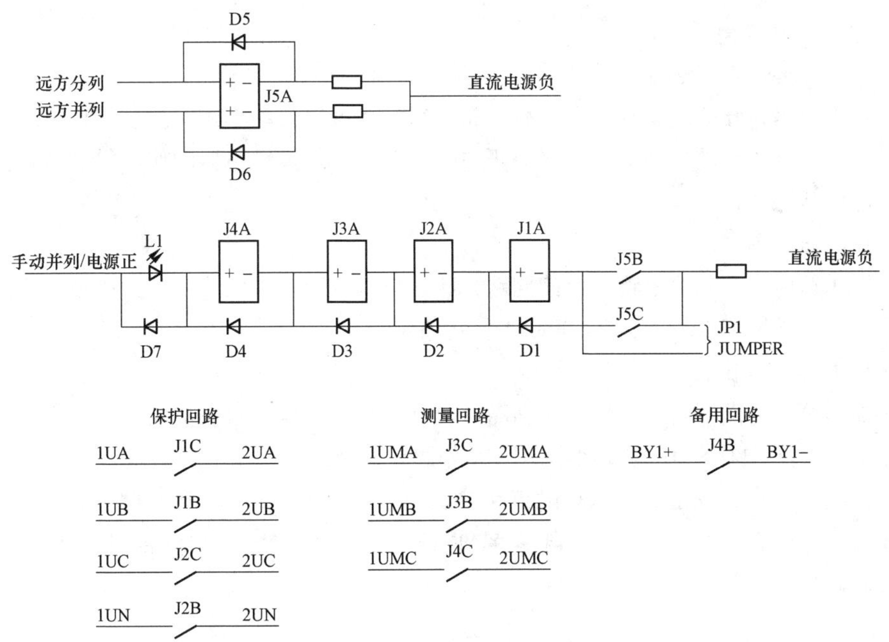

图 Z11F5001 Ⅰ-1　电压并列原理

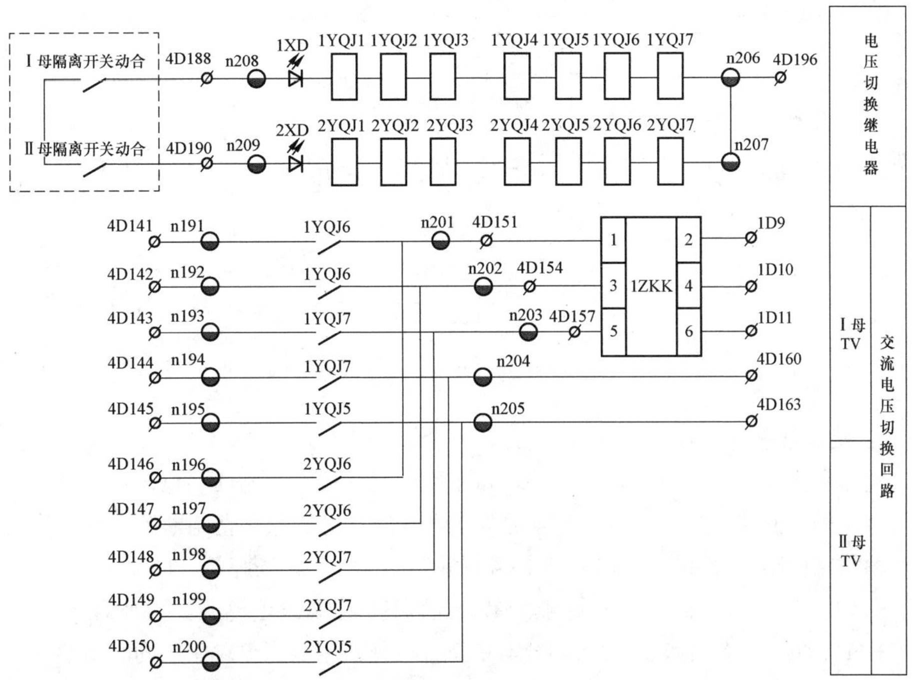

图 Z11F5001 Ⅰ-2　电压切换原理

2. 电压切换装置

电压切换装置内包含两组电压切换继电器，分别对应两段母线电压。图 Z11F5001Ⅰ–2 中，当Ⅰ母隔离开关端子接通正电时，第一组切换继电器动作，保护装置接至Ⅰ母电压互感器；当Ⅱ母隔离开关端子接通正电时，第二组切换继电器动作，保护装置接至Ⅱ母电压互感器。

三、典型操作箱

操作箱内包含断路器跳、合闸回路；跳、合闸位置监视回路；压力监视回路；信号回路等。操作箱原理如图 Z11F5001Ⅰ–3 所示。

1. 操作箱合闸回路

操作箱内提供一组断路器合闸回路，合闸回路具有电流自保持功能。操作箱合闸回路原理如图 Z11F5001Ⅰ–3 所示，以 A 相回路为例。

保护重合闸令发出后，保护触点（ZHJ）瞬时接通操作正电源，合闸保持继电器（SHJa）动作，经 SHJa 触点闭合自保持，保证断路器可靠合闸；手动合闸触点（1SHJ）闭合后，接通操作正电源，合闸回路导通，断路器合闸。

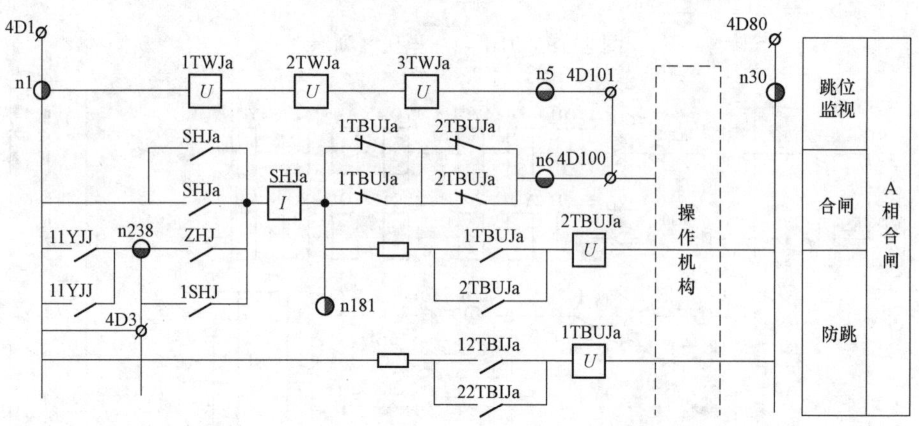

图 Z11F5001Ⅰ–3 操作箱合闸回路原理图

2. 操作箱跳闸回路

操作箱内设有两组分相跳闸回路，每组跳闸回路设有跳闸回路电流自保持功能和防跳继电器，回路中串有跳闸执行信号继电器线圈，分别接至两组断路器跳闸线圈。操作箱跳闸回路原理如图 Z11F5001Ⅰ–4 所示，以 A 相回路为例。

保护跳闸令发出后，保护触点（TA）瞬时接通操作正电源，跳闸保持继电器（21TBJa）动作，经 21TBJa 触点闭合自保持，保证断路器可靠跳闸，同时防跳继电器（22TBIJa）动作。手动跳闸触点（STJa）闭合后，瞬时接通操作正电源，跳闸回路导通，断路器跳闸。

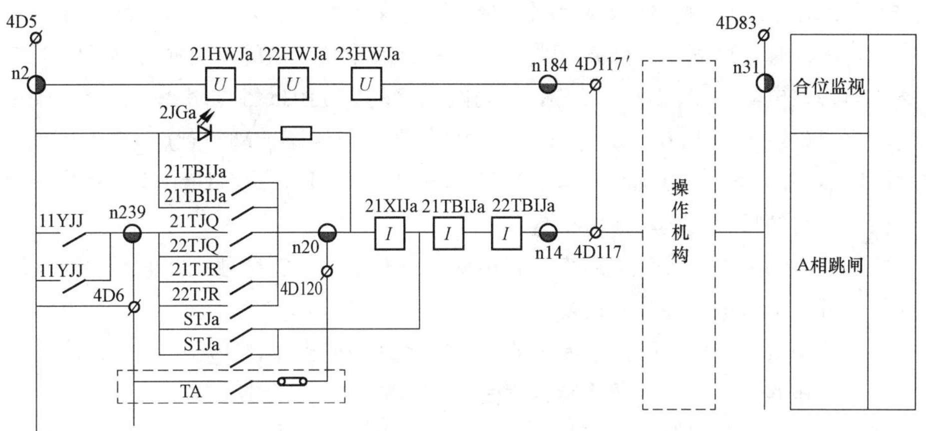

图 Z11F5001Ⅰ–4　操作箱跳闸回路原理图

3. 断路器跳、合闸位置监视回路

操作箱内设有断路器分相跳、合闸位置监视继电器 TWJ 和 HWJ，分别接至断路器合闸和跳闸回路，提供触点用于指示断路器位置、发出控制回路断线信号等功能。其在跳合闸回路中的接线情况如图 Z11F5001Ⅰ–3 和图 Z11F5001Ⅰ–4 所示。

4. 信号回路

包括装置面板指示灯和提供的中央信号触点，信号灯及信号触点通过跳合闸回路中的信号继电器辅助触点驱动，信号原理如图 Z11F5001Ⅰ–5 所示，跳闸信号以 A 相为例。

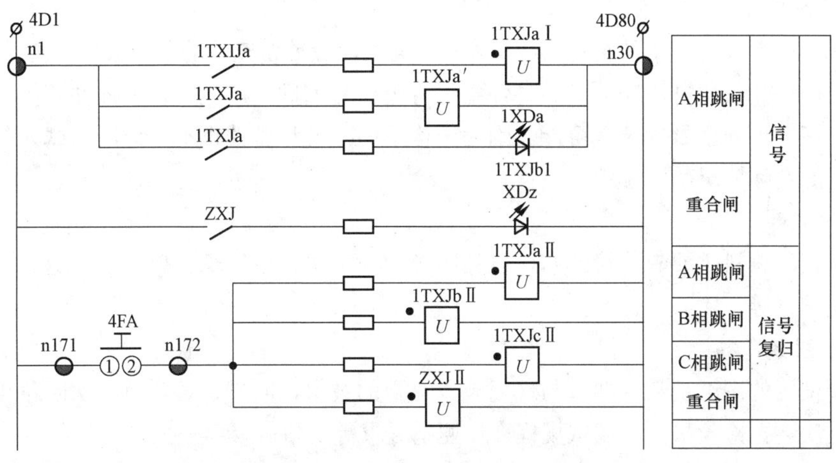

图 Z11F5001Ⅰ–5　操作箱信号回路原理图

5. 防跳回路

当断路器手合或重合到故障上而且合闸脉冲又较长时，为防止断路器跳开后又多次合闸，故设有防跳回路。以A相为例，当手合或重合到故障上断路器跳闸时，跳闸回路的防跳继电器（22TBIJa）动作，使防跳回路的22TBIJa触点闭合，在合闸脉冲存在情况下启动继电器1TBUJa，于是串入合闸回路的继电器的动断触点1TBUJa断开，避免断路器多次跳合。防跳回路原理如图Z11F5001Ⅰ–3和图Z11F5001Ⅰ–4所示。

四、装置的机箱结构与面板布置

电压并列切换装置一般采用直插式结构，设有若干个完全独立的电压并列、切换插件，对各路电压进行并列和切换。

装置的面板上一般包括汉字显示的信号指示灯，如Ⅰ母、Ⅱ母、并列等。

五、电压并列、切换、操作装置调试

现场工作程序一般分为以下几个步骤：工作前准备、办理工作票、填写安全措施票、装置调试、填写工作记录簿和办理工作结束手续。

（一）装置调试工作前的准备

调试人员在调试前要做四个方面的准备工作：准备仪器、仪表及工器具；准备好装置故障维修所需的备品备件；准备调试过程中所需的材料；准备被调试装置的图纸等资料。

1. 仪器、仪表及工器具

调试所需的仪器、仪表及工器具有组合工具、电缆盘（带漏电保安器）、计算器、绝缘电阻表、微机型继电保护测试仪、钳形相位表、试验接线、数字万用表、模拟断路器等，要求仪器、仪表经检验合格且在有效期范围内。

2. 备品备件

为了在检验过程中及时更换故障器件，调试前应准备充足的备品备件。电压并列、切换、操作装置调试所需的备品备件主要有电压并列插件、电压切换插件、操作继电器插件等，不同型号的装置可能会因为结构不同，备品备件也不一样，调试人员应根据装置的实际情况确定。

3. 材料

调试用材料主要有绝缘胶布、自粘胶带、小毛巾、中性笔、口罩、手套、毛刷、独股塑铜线等。

4. 图纸资料

调试用的图纸资料主要有与现场装置一致的技术说明书、装置及二次回路相关图纸、上次装置检验报告、调试规程、作业指导书等资料。

（二）安全技术措施

安全技术措施是为了规范现场人员作业行为，防止在调试过程中发生人身、设备事故而制定的安全保障措施。在装置调试工作开始前，办理开工手续时，同时应填写继电保护安全措施票，并组织全体调试人员学习，在调试工作过程中严格遵守。安全技术措施的一项重要内容是危险点分析及采取的相应安全控制措施。

1. 人身触电

（1）误入带电间隔。控制措施：工作前应熟悉工作地点、带电部位。检查现场安全围栏、安全警示牌和接地线等安全措施。

（2）接、拆低压电源。控制措施：必须使用装有漏电保护器的电源盘。螺丝刀等工具金属裸露部分除刀口外包绝缘。接拆电源时至少有两人执行，必须在电源开关拉开的情况下进行。临时电源必须使用专用电源，禁止从运行设备上取得电源。

2. 继电保护“三误”

防“三误”事故的安全技术措施如下：

（1）现场工作前必须作好充分准备，内容如下。

1）了解工作地点一、二次设备运行情况，本工作与运行设备有无直接联系（如备自投、联切装置等）。

2）工作人员明确分工并熟悉图纸与检验规程等有关资料。

3）应具备与实际状况一致的图纸、上次检验记录、最新整定通知单、检验规程、合格的仪器仪表、备品备件、工具和连接导线。

4）工作前认真填写安全措施票，特别是针对复杂保护装置或有联跳回路的保护装置的操作装置，如母线保护、变压器保护、断路器失灵保护等的现场校验工作，应由工作负责人认真填写，并经技术负责人认真审批。

5）工作开工后先执行安全措施票，由工作负责人负责做的每一项措施要在“执行”栏做标记；校验工作结束后，要持此票恢复所做的安全措施，以保证完全恢复。

6）不允许在未停用的装置上进行试验和其他测试工作。

7）只能用整组试验的方法，即由电压端子通入与实际情况相符的模拟量，检查装置回路的正确性。不允许用卡继电器触点、短路触点等人为手段作装置的整组试验。

8）在校验装置及二次回路时，凡与其他运行设备二次回路相连的连接片和接线应有明显标记，并按安全措施票仔细地将有关回路断开或短路，做好记录。

9）在清扫运行中设备和二次回路时，应认真仔细，并使用绝缘工具（毛刷、吹风机等），特别注意防止振动，防止误碰。

10）严格执行风险分析卡和继电保护作业指导书。

（2）现场工作应按图纸进行，严禁凭记忆作为工作的依据。如发现图纸与实际接线不符时，应查线核对。需要改动时，必须履行以下程序：

1）先在原图上做好修改，经主管继电保护部门批准。

2）拆动接线前先要与原图核对，接线修改后要与新图核对，并及时修改底图，修改运行人员及有关各级继电保护人员的图纸。

3）改动回路后，严防寄生回路存在，没用的线应拆除。

4）在变动二次回路后，应进行相应的逻辑回路整组试验，确认回路极性完全正确。

3. 通信干扰

保护室内使用无线通信设备，易造成其他正在运行的保护设备不正确动作。

控制措施：不在保护室内使用无线通信设备，尤其是对讲机。

4. 反送电事故

装置屏顶电压小母线带电，易发生电压反送事故或引起人员触电。

控制措施：断开交流二次电压引入回路。并用绝缘胶布对所拆线头实施绝缘包扎。

5. 集成块和插头损坏

带电插拔插件，易造成集成块损坏。频繁插拔插件，易造成插件插头松动。

控制措施：插件插拔前关闭电源。

6. 误跳、合闸

断路器跳、合闸压板未断开，操作装置调试容易引起误跳、合闸。

控制措施：试验前检查跳、合闸压板须在断开状态，并拆开跳、合闸回路线头，用绝缘胶布对拆头实施绝缘包扎。

（三）装置调试步骤

电压并列、切换、操作装置的调试主要包含以下内容：外观及接线检查、绝缘电阻测试、逆变电源检查、装置上电检查、逻辑回路调试、传动断路器试验、带负荷试验和办理工作结束。

1. 装置外观及接线检查

装置整体做外观及接线检查，目的是检查装置在出厂运输以及现场安装过程中是否有损坏的地方，以及屏体接线是否与设计图纸相符，屏体安装布置是否满足技术协议要求等，以保证装置在通电前的完好性。具体检查内容如下：

（1）检查装置型号、参数与设计图纸是否一致，装置外观应清洁良好，无明显损坏及变形现象。

（2）检查屏柜及装置是否有螺丝松动，特别是电流回路的螺丝及连片，不允许有丝毫松动的情况。

（3）对照说明书，检查装置插件中的跳线是否正确。

（4）检查插件是否插紧。

（5）装置的端子排连接应可靠，且标号应清晰正确。

（6）切换开关、按钮等应操作灵活、手感良好。

（7）装置外部接线和标注应符合图纸的要求。

2. 绝缘电阻测试

目的是检查备自投装置屏体内二次回路及装置的绝缘性能，试验前注意断开有关回路连线，防止高电压造成设备损坏。

（1）试验前准备工作如下：

1）装置所有插件在拔出状态。

2）屏上各压板置“投入”位置。

3）断开直流电源、交流电压等回路，并断开与其他装置的有关连线。

4）在屏端子排内侧分别短接交流电压回路端子、直流电源回路端子、跳闸和合闸回路端子、开关量输入回路端子、远动接口回路端子及信号回路端子。

（2）绝缘电阻检测。

1）分组回路绝缘电阻检测。用 1000V 绝缘电阻表分别测量各组回路间及各组回路对地的绝缘电阻（对开关量输入回路端子使用 500V 绝缘电阻表），绝缘电阻值均应大于 10MΩ。

2）整个二次回路的绝缘电阻检测。在屏端子排处将所有电流、电压及直流回路的端子连接在一起，并将电流回路的接地点拆开，用 1000V 绝缘电阻表测量整个回路对地的绝缘电阻，其绝缘电阻应大于 1.0MΩ。

3）部分检验时仅检测交流回路对地绝缘电阻。

3. 装置上电检查

装置接通电源后，面板的指示灯应能正常显示，其中电压切换、电压并列装置应正确显示目前保护装置使用的电压互感器组别；操作装置应正确显示断路器位置等。

4. 装置逻辑回路调试

（1）电压并列、切换装置调试。

1）电压并列装置调试。电压并列装置逻辑回路调试如图 Z11F5001 Ⅰ–1 所示。

若并列输入回路是保持回路，当手并端子接通正电时，图中所示的触点 J1C、J2C、J3C、J4C、J1B、J2B、J3B、J4B 闭合，用万用表测量相应输出端子应导通；当手并端子断开正电时，上述相应触点断开。

若并列输入回路不是保持回路，如采用远方并列，先把 JP1 短接线焊下来，手并或正电源端子接通正电。当远方并列时，远方并列端子接通正电，触点 J1C、J2C、J3C、

J4C、J1B、J2B、J3B、J4B闭合，用万用表测量相应输出触点应导通；当远方分列时，远方分列触点接通正电，上述相应触点应断开。

2）电压切换装置调试。电压切换装置逻辑回路调试如图Z11F5001Ⅰ–2所示。

当Ⅰ母隔离开关端子接通正电时，1YQJ继电器励磁，用万用表测量1YQJ的相应触点应导通。

当Ⅱ母隔离开关端子接通正电时，2YQJ继电器励磁，用万用表测量2YQJ的相应触点应导通。

（2）操作装置调试。

1）合闸保持回路调试。操作装置合闸回路调试如图Z11F5001Ⅰ–3所示。

使保护动作触点或手合触点导通，接通操作正电源，合闸保持继电器（SHJ）动作，经HBJ触点闭合自保持，保证断路器可靠合闸。

2）跳闸保持回路调试。操作装置跳闸回路调试如图Z11F5001Ⅰ–4所示。

使保护跳闸触点或手跳触点导通，接通操作正电源，跳闸保持继电器（TBIJ）动作，经TBIJ触点闭合自保持，保证断路器可靠跳闸。

3）防跳回路调试。模拟重合到故障线路且合闸脉冲长时间存在情况下，检查断路器是否多次跳合，合闸回路的防跳继电器的动断触点TBUJ应断开。

4）跳合闸位置监视回路。当断路器在分位时，TWJ继电器动作，其触点闭合；当断路器在合位时，HWJ继电器动作，其触点闭合。

5. 断路器传动试验

做操作箱和断路器连接传动试验，可用人工短接跳闸触点的方法。传动项目包含A、B、C分相跳闸、ABC三相跳闸、重合闸等，检验断路器是否正确动作，操作装置相关信号表示是否正确。做这项试验时，要注意跳、合闸回路电流的匹配，操作回路的防跳和断路器本体机构的防跳只能二取一。

本项试验也可用保护整组传动来进行，同时检验两组跳闸回路是否正确动作。

6. 带负荷试验

装置本体及断路器传动试验全部结束后，将装置的交流接线恢复正常，通入实际的系统电压和负荷电流，用万用表和相位表检测装置的电压、电流相序、相位和数值，确定接线的正确性。

7. 办理工作结束

装置调试结束后，复归所有动作信号，清除装置报告，确认时钟已校正和同步。整理、填写试验报告，填写继电保护现场记录簿，向运行人员交代，办理工作结束手续。

【思考与练习】

1. 电压并列装置的作用是什么？
2. 电压并列装置与电压切换装置有什么不同？
3. 防跳继电器的作用是什么？

模块 2 低频低压减载装置原理（Z11F5002 Ⅰ）

【模块描述】本模块包含了低频低压减载的配置及原理。通过要点归纳、原理讲解，了解低频低压的危害，掌握负荷特性，滑差闭锁，分级减载等的工作原理。

【模块内容】

一、低频低压的危害

当电力系统因事故而出现严重的功率缺额时，其频率、电压会随之急剧下降。频率降低较大时，对系统运行极为不利，甚至会造成严重后果，主要表现在以下三个方面。

1. 对汽轮机的影响

运行经验表明，某些汽轮机长期在频率低于 49～49.5Hz 运行时，叶片容易产生裂纹，当频率低到 45Hz 附近时，个别级的叶片可能发生共振而引起断裂事故。

2. 发生频率崩溃现象

当频率下降到 47～48Hz 时，火电厂的厂用机械（如给水泵等）的出力将显著降低，使锅炉出力减少，致使功率缺额更为严重。于是系统频率进一步下降，这样恶性反馈将使发电厂运行受到破坏，从而造成所谓“频率崩溃”现象。

3. 发生电压崩溃现象

当频率降低时，励磁机、发电机等的转速相应降低，由于发电机的电势下降，使系统电压的水平下降。运行经验表明，当频率下降至 46～45Hz 时，系统电压水平受到严重影响，系统运行的稳定性遭到破坏，出现所谓的“电压崩溃”现象。电压崩溃会导致系统损失大量负荷，甚至大面积停电或使系统瓦解。

二、低频低压减载装置的配置

在电力系统发生故障或非正常运行状态下，如果处理不当或处理不及时，往往会引起电力系统的频率崩溃或电压崩溃，造成电力系统事故。

为了提高供电质量，保证重要用户供电的可靠性，当系统中出现有功功率缺额引起频率下降、无功缺额引起电压下降时，根据频率、电压下降的程度，自动断开一部分用户，阻止频率、电压下降，以使频率、电压迅速恢复到正常值，这种装置称为低频低压减载装置。

低频低压自动减载装置根据负载的重要程度分级，在不同低频、低压的情况下，分别切除不同等级的负荷，凡是重要性低的负荷首先切除，而后逐级上升，直到系统频率、电压恢复正常为止。低频低压减载装置一般配置的功能见表Z11F5002Ⅰ-1。

表Z11F5002Ⅰ-1　　低频低压减载装置具有的功能

<table>
<tr><th>序号</th><th>功　能</th><th>效　果</th></tr>
<tr><td rowspan="3">1</td><td rowspan="3">低频减载功能</td><td>正常减载4轮（基本轮）</td></tr>
<tr><td>正常减载2轮（特殊轮）</td></tr>
<tr><td>加速减载2轮（加速轮）</td></tr>
<tr><td rowspan="3">2</td><td rowspan="3">低压减载功能</td><td>正常减载4轮（基本轮）</td></tr>
<tr><td>正常减载2轮（特殊轮）</td></tr>
<tr><td>加速减载2轮（加速轮）</td></tr>
<tr><td rowspan="3">3</td><td rowspan="3">过频跳闸功能</td><td>正常跳闸3轮（基本轮）</td></tr>
<tr><td>正常跳闸1轮（特殊轮）</td></tr>
<tr><td>加速跳闸2轮（加速轮）</td></tr>
<tr><td rowspan="2">4</td><td rowspan="2">过电压跳闸功能</td><td>正常跳闸2轮（基本轮）</td></tr>
<tr><td>正常跳闸1轮（特殊轮）</td></tr>
<tr><td rowspan="5">5</td><td rowspan="5">辅助告警功能</td><td>TV断线告警</td></tr>
<tr><td>母线失压告警</td></tr>
<tr><td>频率异常、频率测量超限告警</td></tr>
<tr><td>滑差闭锁</td></tr>
<tr><td>短路故障检测</td></tr>
</table>

三、低频低压减载装置的原理

1. 低频减载原理

低频减载一般配置六轮正常减载（Lfs1～Lfs6）和两轮加速减载（Lfsp1～Lfsp2），如图Z11F5002Ⅰ-1所示，两轮加速减载元件安装于低频第1轮元件Lfs1上，配置或整定退出Lfs1时，加速跳功能随之退出。正常减载Lfs1～Lfs4为基本轮，Lfs5～Lfs6为特殊轮。基本轮各轮之间、特殊轮各轮之间设有顺序和独立动作两种动作方式。

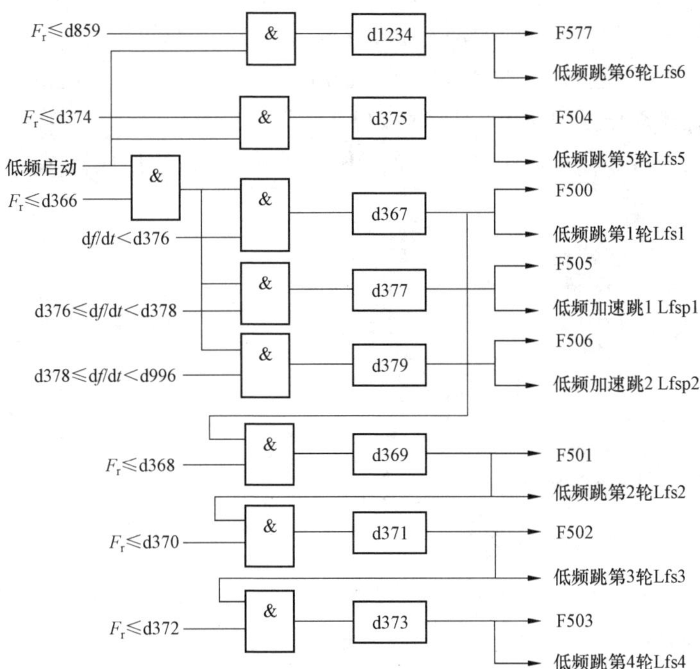

图 Z11F5002Ⅰ–1　低频切负荷逻辑原理图

根据厂站需要对 Lfs1～Lfs6、Lfsp1～Lfsp2 进行配置（投入/退出）和设定基本轮和特殊轮的动作方式。如：若低频减载基本轮 Lfs1～Lfs4 设定为顺序动作方式时，则四轮按 Lfs1→Lfs2→Lfs3→Lfs4 依次动作，当 Lfsn 退出（配置退出或软压板退出）时，Lfs（n–1）动作后，Lfs（n+1）开始计时，其他依次类推；若 Lfs1～Lfs4 设定为独立动作方式时，四轮启动计时、动作互相独立，各轮延时一到立即动作。

当 Lfs1 启动后，装置同时检查当前的 Lfsp1 和 Lfsp2 的动作状况，决定是正常减载（Lfs1）还是加速减载（Lfsp1/2）。低频加速跳 1 动作（F505）闭锁低频减载 Lfs1、2，直接启动 Lfs3；低频加速跳 2 动作（F506）闭锁低频减载 Lfs1～Lfs3，直接启动 Lfs4。加速跳闸动作区间如图 Z11F5002Ⅰ–2 所示。

图 Z11F5002Ⅰ–2 中，D_1 为加速跳 1 元件的 df/dt 定值；D_2 为加速跳 2 元件的 df /dt 定值；D_3 为滑差闭锁 df /dt 定值。当 df /dt 进入“区间 1”时仅低频第 1 轮出口，进入“区间 2”仅加速跳 1 出口，进入“区间 3”仅加速跳 2 出口，进入“区间 4”滑差闭锁。

区间1　区间2　区间3　区间4

0　D_1　D_2　D_3

图 Z11F5002Ⅰ–2　加速跳闸动作区间示意

加速跳闸元件和频率滑差闭锁元件的配置（投入/退出）状态会改变图 Z11F5002Ⅰ–2

所示的加速跳闸区间。如：两轮加速跳元件均退出时，则区间 1、2、3 合并为一个区间，当 df/dt 进入“区间 4”时滑差闭锁，否则低频第 1 轮动作，其他类似。过频加速跳、低压加速跳动作区间如图 Z11F5002Ⅰ–2 所示。

以 ISA–331G 型低频低压减载装置为例，低频启动逻辑原理如图 Z11F5002Ⅰ–3 所示。

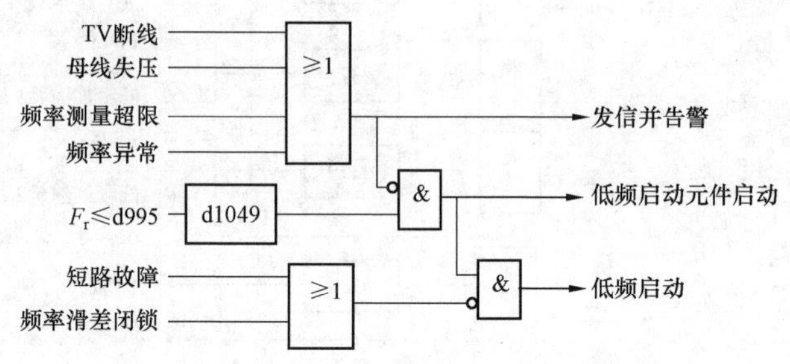

图 Z11F5002Ⅰ–3 低频减载启动逻辑原理图

图 Z11F5002Ⅰ–3 中，d995 指低频启动整定值，d1049 指低频启动延时，本模块其他部分中的 d×××含义与此类似，皆为 ISA–331G 装置软件程序对各项低频、低压定值的编号，不再一一说明。

低频启动原理主要由三个模块组成：

（1）装置无告警信号，即系统有压、运行正常，装置的电压、频率采样回路正常。

（2）装置检测到系统频率低于整定值。

（3）装置的闭锁元件不启动，即滑差闭锁、故障状态检测不动作。

当满足上述三个条件时，低频减载装置启动。

以 ISA–331G 型低频低压减载装置为例，低频减载的动作逻辑原理如图 Z11F5002Ⅰ–1 所示，该图是以基本轮顺序动作、特殊轮独立动作的工作方式为例。

低频减载装置启动后，根据基本轮顺序动作和特殊轮的定值，按照各轮的配置（投入/退出）状态动作出口。图 Z11F5002Ⅰ–3 所示的原理是将基本轮 1～4 设定为顺序动作方式，四轮按 1→2→3→4 的顺序依次动作；特殊轮 5～6 设定为独立动作方式，两轮间相互独立，根据定值的设定进行动作；加速轮的投退受基本轮 1 轮的控制，基本轮 1 轮投入，加速轮投入，满足定值条件时动作。

2. 低压减载动作原理

低压减载共配置六轮正常减载（Lvs1～Lvs6）和两轮加速减载（Lvsp1～Lvsp2），如图 Z11F5002Ⅰ–4 所示，两轮低压加速跳元件安装于低压第 1 轮元件 Lvs1 上，配置或整定退出 Lvs1 时，加速跳功能随之退出。低压减载各轮的动作方式全同低频减载。

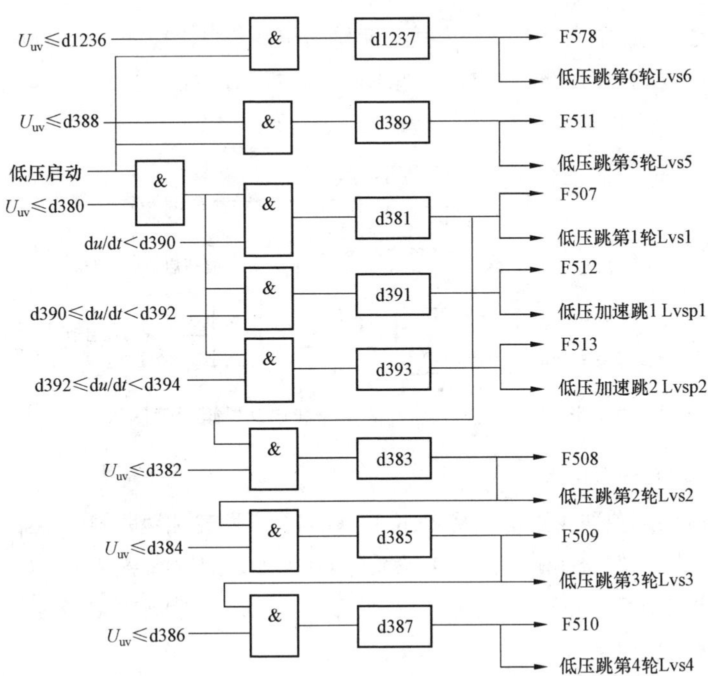

图 Z11F5002Ⅰ–4 低压减载逻辑原理图

当 Lvs1 启动后，装置同时检查当前的 Lvsp1 和 Lvsp2 的动作状况，决定是正常减载（Lvs1）还是加速减载（Lvsp1/2）。低压加速跳 1 动作（F512）闭锁低压减载 Lvs1 和 Lvs2，直接启动 Lvs3；低压加速跳 2 动作（F513）闭锁低压减载 Lvs1～Lvs3，直接启动 Lvs4，加速跳区间如图 Z11F5002Ⅰ–2 所示。

以 ISA–331G 型低频低压减载装置为例，低压减载启动逻辑原理如图 Z11F5002Ⅰ–5 所示。主要由三个模块组成：

（1）装置无告警信号，即系统有压、运行正常。

（2）装置检测到系统电压低于整定值。

（3）装置的闭锁元件不启动，即滑差闭锁、故障状态检测不动作。

当满足上述三个条件时，低压减载装置启动。

以 ISA–331G 型低频低压减载装置为例，低压减载的动作逻辑原理如图 Z11F5002Ⅰ–5 所示，该图是以基本轮顺序动作、特殊轮独立动作的工作方式为例。

低压减载逻辑与低频减载逻辑类似，在装置电压启动元件动作后，根据电压基本轮顺序动作和特殊轮的定值，按照各轮的配置（投入/退出）状态动作出口。图 Z11F5002Ⅰ–5 所示的原理是将基本轮 1～4 设定为顺序动作方式，四轮按 1→2→3→4 的顺序依次动作；特殊轮 5～6 设定为独立动作方式，两轮间相互独立，根据定值的设定进行动作；加速轮的投退受基本轮 1 轮的控制，基本轮 1 轮投入，加速轮投入，满足定值条件时动作。

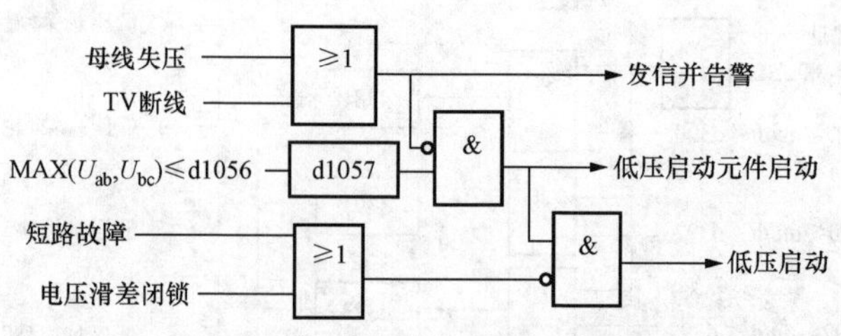

图 Z11F5002Ⅰ-5　低压减载启动逻辑原理图

3. 过频跳闸动作原理

过频跳闸共配置四轮正常跳闸（Gfs1～Gfs4）和两轮加速跳闸（Gfsp1～Gfsp2），两轮过频加速跳元件安装于过频第 1 轮元件 Gfs1 上，配置或整定退出 Gfs1 时，加速跳功能随之退出。Gfs1～Gfs3 为基本轮，Gfs4 为特殊轮，基本轮各轮之间设有顺序和独立动作两种动作方式。

根据厂站需要对 Gfs1～Gfs4、Gfsp1～Gfsp2 进行配置（投入/退出）和设定 Gfs1～Gfs3 基本轮的动作方式。如：若基本轮设定为顺序动作方式时，则各轮按 Gfs1→Gfs2→Gfs3 依次顺序动作，保持严格的先后动作顺序。当 Gfs*n* 退出（软压板或配置退出）时，Gfs（*n*-1）动作后，Gfs（*n*+1）开始计时；若基本轮设定为独立动作方式时，则 Gfs1～Gfs3 启动计时、动作互相独立。

以 ISA-331G 型低频低压减载装置为例，过频跳闸启动逻辑如图 Z11F5002Ⅰ-6 所示。过频跳闸的逻辑除切机轮数、过量与欠量继电器不同外，其他逻辑完全同低频切负荷的逻辑，如图 Z11F5002Ⅰ-1 所示。

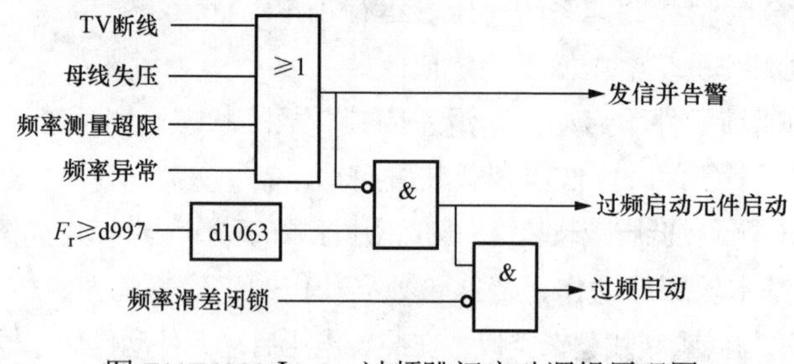

图 Z11F5002Ⅰ-6　过频跳闸启动逻辑原理图

当 Gfs1 启动后，装置同时检查当前的 Gfsp1 和 Gfsp2 的动作状况，决定是正常跳闸（Gfs1）还是加速跳闸（Gfsp1/2）。过频加速跳 1 动作（F518）闭锁过频跳闸 Gfs1 和 Gfs2，直接启动 Gfs3；过频加速跳 2 动作（F519）闭锁过频跳闸 Gfs1～Gfs3。过频加速跳闸区间如图 Z11F5002 Ⅰ–2 所示。

4. 过电压跳闸动作原理

过电压跳闸共配置三轮（Gvs1～Gvs3）。

（1） Gvs1、Gvs2 为基本轮，设有顺序动作和独立动作两种工作方式。

（2） Gvs3 轮为特殊轮，过电压启动后，Gvs3 立即启动计时。

（3） 根据厂站需要对 Gvs1～Gvs3 进行配置（投入/退出）和设定过电压轮的动作方式。基本轮设为顺序动作方式时，仅当 Gvs1 动作后，Gvs2 才开始计时；设为独立动作方式时，Gvs1、Gvs2 启动计时、动作互不影响。

以 ISA–331G 型低频低压减载装置为例，过电压跳闸动作逻辑原理如图 Z11F5002 Ⅰ–7 所示。

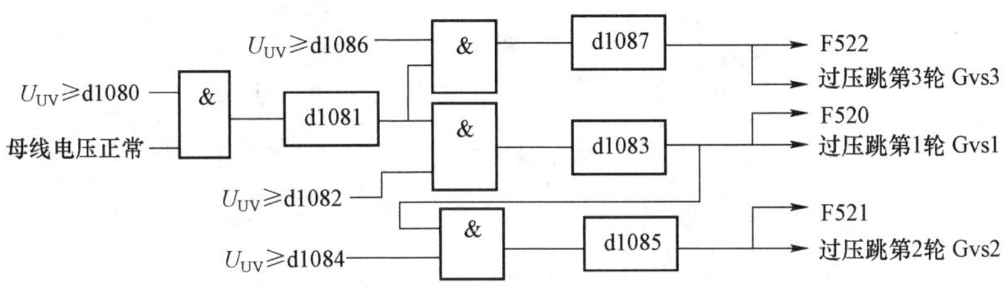

图 Z11F5002 Ⅰ–7 过电压跳闸逻辑原理图

5. 辅助告警动作原理

低频低压减载装置具备各种告警功能，负责检查 TV 断线、母线失压、频率越限等电网或装置本身发生的异常现象，发告警信号并闭锁装置，以深圳南瑞 ISA–331G 型低频低压减载装置为例，说明各告警逻辑原理。

（1） TV 断线告警。TV 断线瞬时闭锁本母线的低频减载、低压减载、过频跳闸、过电压跳闸、过载跳闸。Ⅰ母、Ⅱ母 TV 断线逻辑相同，如图 Z11F5002 Ⅰ–8 所示。

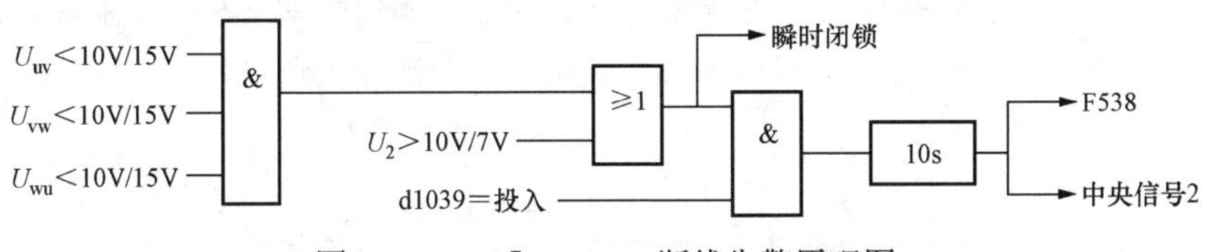

图 Z11F5002 Ⅰ–8 TV 断线告警原理图

（2） 母线失压告警。Ⅰ母、Ⅱ母母线失压逻辑相同，如图 Z11F5002 Ⅰ–9 所示。

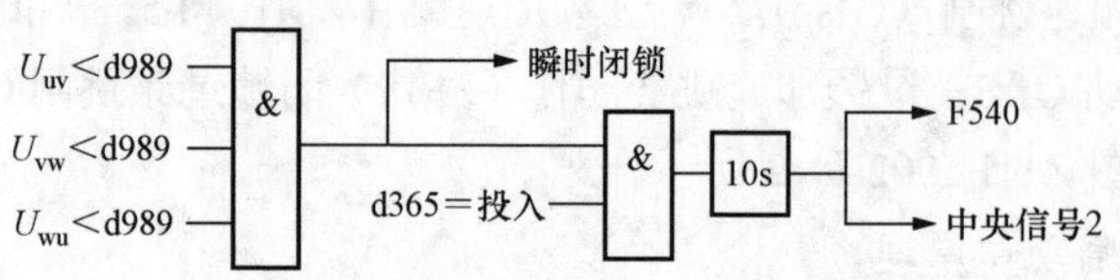

图 Z11F5002Ⅰ-9 母线失压告警原理图

（3）频率异常、频率测量超限告警。Ⅰ母、Ⅱ母频率异常、频率超限告警逻辑相同，如图 Z11F5002Ⅰ-10 和图 Z11F5002Ⅰ-11 所示。

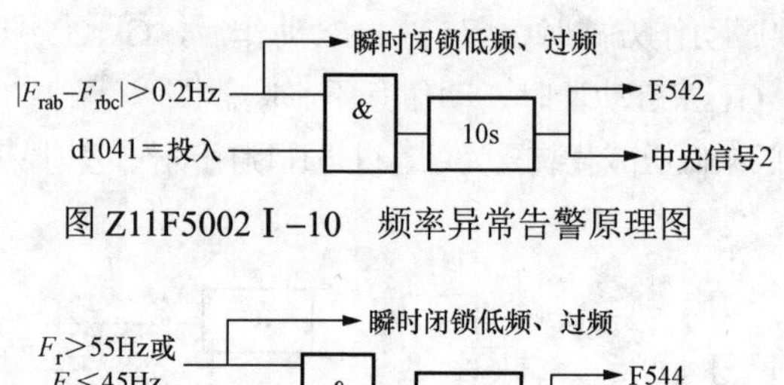

图 Z11F5002Ⅰ-10 频率异常告警原理图

图 Z11F5002Ⅰ-11 频率测量超限告警原理图

（4）滑差闭锁告警。低频减载、过频跳闸、低压减载的滑差闭锁逻辑完全相同，以低频滑差闭锁为例，原理如图 Z11F5002Ⅰ-12 所示。无论滑差闭锁告警软压板投入或退出，滑差闭锁（df/dt 或 du/dt）值都必须整定，滑差闭锁后，仅当相应的启动元件返回后才解除闭锁。

（5）短路故障检测原理。系统发生短路故障时，母线电压迅速降低，当电压降低到母线有压定值（d993）以下时，立即闭锁低频减载、低压减载功能。当保护动作切除故障元件后，装置安装处的电压迅速回升，在等待故障切除时间（d395）内，若电压升到母线有压定值以上时，立即解除闭锁低频和低压减载；若电压一直未升到母线有压定值之上，装置将一直闭锁低频/低压减载功能，直到电压上升至低压减载的低压启动电压定值（d1056）以上才解除闭锁。短路故障检测原理逻辑如图 Z11F5002Ⅰ-13 所示。

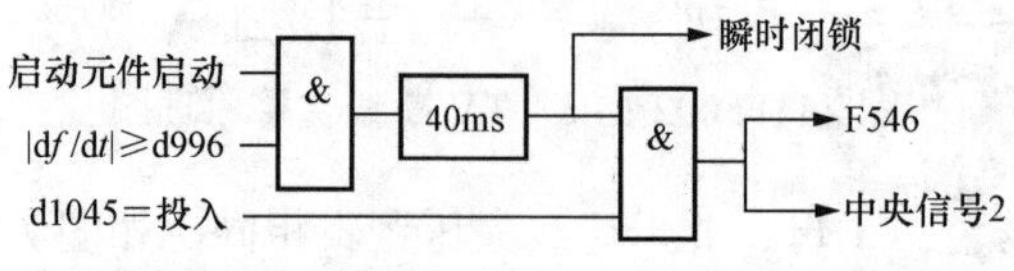

图 Z11F5002Ⅰ-12 滑差闭锁告警原理图

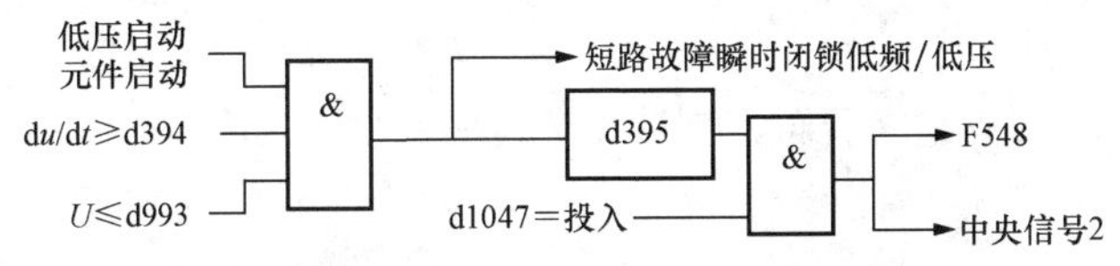

图 Z11F5002Ⅰ-13　短路故障检测原理图

【思考与练习】

1. 试述低频低压的危害。
2. 什么是滑差闭锁？
3. 低频低压减载装置的轮次及相互关系是怎样的？
4. 低频低压减载装置的辅助告警功能一般包括哪些？

模块 3　低频低压减载装置调试的安全和技术措施（Z11F5003Ⅰ）

【模块描述】本模块包含低频低压减载装置调试的工作前准备和安全技术措施。通过要点归纳、图表举例，掌握低频低压减载装置现场调试的危险点预控及安全技术措施。

【模块内容】

一、调试前准备

调试人员在调试前要做四个方面的准备工作：准备仪器、仪表及工器具；准备好装置故障维修所需的备品备件；准备调试过程中所需的材料；准备被调试装置的图纸等资料。

1. 仪器、仪表及工器具

低频低压减载装置调试所需的仪器、仪表及工器具有电缆盘（剩余电流动作保护器）、计算器、绝缘电阻表、微机型继电保护测试仪、频率计、钳形相位表、试验接线、数字万用表、模拟断路器等，为保障试验结果的准确性，要求使用的仪器、仪表经检验合格且在有效期范围内。

2. 备品备件

为了在检验过程中及时更换故障器件，调试前应准备充足的备品备件，低频低压减载装置调试所需的备品备件主要有电源插件、CPU 板、开出板、重动板，不同型号的装置可能会因为结构不同，备品备件也不一样，调试人员应根据装置的实际情况确定。

3. 材料

调试用材料主要有绝缘胶布、自粘胶带、小毛巾、中性笔、口罩、手套、毛刷、独股塑铜线等。

4. 图纸资料

调试用的图纸资料主要有与现场运行装置版本一致的技术说明书、装置及二次回路相关图纸、调度机构下发的定值通知单、上次装置检验报告、调试规程、作业指导书等资料。

二、与运行设备相连的回路进行具体的准备

低频低压减载装置的跳闸出口回路较多，应做好如下准备工作：

（1）注意查看图纸，明确低频低压减载装置的跳闸回路，特别是不经压板控制的直接跳闸连线。

（2）注意查看图纸，了解低频低压减载装置与运行继电保护装置间的回路，掌握在调试过程中需要断开的跳闸回路及断开点。

（3）可根据图纸，提前编写二次安全措施票，调试时将其与低频低压减载装置实际接线对照，查看有无接线错误。

三、安全技术措施

安全技术措施是为了规范现场人员作业行为，防止在调试过程中发生人身、设备事故而制定的安全保障措施。在装置调试工作开始前，办理开工手续时，同时应填写继电保护安全措施票，并组织全体调试人员学习，在调试工作过程中严格遵守。安全技术措施的一项重要内容是危险点分析及采取的相应安全控制措施。

1. 防止人身触电的安全控制措施

（1）工作前应熟悉工作地点、带电部位。检查现场安全围栏、安全警示牌和接地线等安全措施，误入带电间隔。

（2）接、拆低压电源时，必须使用装有剩余电流动作保护器的电源盘。螺丝刀等工具金属裸露部分除刀口外包绝缘。接拆电源时至少有两人执行，必须在电源开关拉开的情况下进行。临时电源必须使用专用电源，禁止从运行设备上取得电源。

（3）低频低压减载装置的调试及整组试验时，工作人员之间应相互配合，确保一、二次回路上无人工作。传动试验必须得到值班员许可并配合。

2. 防继电保护"三误"事故的安全技术措施

（1）现场工作前必须作好充分准备，内容包括：

1）了解工作地点一、二次设备运行情况，本工作与运行设备有无直接联系。

2）工作人员明确分工并熟悉图纸与检验规程等有关资料。

3）应具备与实际状况一致的图纸、上次检验记录、最新整定通知单、检验规程、合格的仪器仪表、备品备件、工具和连接导线。

4）工作前认真填写安全措施票，特别是针对复杂保护装置或有联跳回路的保护装置，如母线保护、变压器保护、断路器失灵保护等的现场校验工作，应由工作负责人认真填写，并经技术负责人认真审批。

5）工作开工后先执行安全措施票，由工作负责人负责做的每一项措施要在“执行”栏做标记；校验工作结束后，要持此票恢复所做的安全措施，以保证完全恢复。

6）不允许在未停用的低频低压减载装置上进行试验和其他测试工作。

7）只能用整组试验的方法，即由电压电流端子通入与故障情况相符的模拟故障量，检查装置回路及整定值的正确性。不允许用卡继电器触点、短路触点等人为手段作低频低压减载装置的整组试验。

8）在校验低频低压减载装置及二次回路时，凡与其他运行设备二次回路相连的连接片和接线应有明显标记，并按安全措施票仔细地将有关回路断开或短路，做好记录。

9）在清扫运行中设备和二次回路时，应认真仔细，并使用绝缘工具（毛刷、吹风机等），特别注意防止振动，防止误碰。

10）严格执行风险分析卡和继电保护作业指导书。

（2）现场工作应按图纸进行，严禁凭记忆作为工作的依据。如发现图纸与实际接线不符时，应查线核对。需要改动时，必须履行如下程序：

1）先在原图上做好修改，经主管继电保护部门批准。

2）拆动接线前先要与原图核对，接线修改后要与新图核对，并及时修改底图，修改运行人员及有关各级继电保护人员的图纸。

3）改动回路后，严防寄生回路存在，没用的线应拆除。

4）在变动二次回路后，应进行相应的逻辑回路整组试验，确认回路极性及整定值完全正确。

（3）低频低压减载装置调试的定值，必须根据最新整定值通知单规定，先核对通知单与实际设备是否相符（包括装置型号、被保护设备名称、互感器接线、变比等）。定值整定完毕要认真核对，确保正确。

3. 通信干扰

为防止无线通信设备造成其他正在运行的保护设备不正确动作，不在保护室内使用无线通信设备，尤其是对讲机。

4. 电压反送事故

断开交流二次电压引入回路，并用绝缘胶布对所拆线头实施绝缘包扎，防止低频低压减载装置屏顶电压小母线带电，发生电压反送事故或引起人员触电。

5. 集成块和插头损坏

插件插拔前关闭电源，防止造成集成块损坏及插件插头松动。

6. 断路器误跳闸

试验前检查跳闸压板须在断开状态，并拆开跳闸回路线头，用绝缘胶布对拆头实施绝缘包扎。防止引起断路器误跳闸。

四、现场安全措施票举例

现场安全措施票举例见表 Z11F5003 Ⅰ–1。

表 Z11F5003 Ⅰ–1　　现场工作安全技术措施票

工作内容：RCS–994A 低频低压减载装置全部校验（仅供参考）				
序号	安全措施内容 （打开的线缆一律包好）	备注	打“√”	
			执行	恢复
1	断开　A631Ⅰ　1D1–1	Ⅰ母 A 相二次电压		
2	断开　B631Ⅰ　1D1–2	Ⅰ母 B 相二次电压		
3	断开　C631Ⅰ　1D1–3	Ⅰ母 C 相二次电压		
4	断开　A631Ⅱ　1D1–4	Ⅱ母 A 相二次电压		
5	断开　B631Ⅱ　1D1–5	Ⅱ母 B 相二次电压		
6	断开　C631Ⅱ　1D1–6	Ⅱ母 C 相二次电压		
7	断开　101–33　1D3–1、1D3–2	跳闸回路		
8	断开　J40–J41　1D3–3、1D3–4	保护重合闸放电线		
9	断开　101–33　1D3–5、1D3–6	线跳闸回路		
10	断开　J40–J41　1D3–7、1D3–8	保护重合闸放电线		
11	断开远动及信号正电源			
12	记录空开位置			
13	记录压板位置			
14	断开各线路出口压板			
15				

执行日期		恢复日期		填票人		审核人		执行人		监护人	

【思考与练习】

1. 试分析低频低压减载装置调试工作的危险点及控制措施。

2. 低频低压减载装置调试需要哪些专用的仪表?

模块 4 低频低压减载装置的调试（Z11F5004 Ⅰ）

【模块描述】本模块包含低频低压减载装置调试的主要内容。通过要点归纳、图表举例、分析说明，掌握低频低压减载装置调试的作业程序、调试项目、各项目调试方法等内容。

【模块内容】

现场调试工作程序一般分为以下几个步骤：工作前准备、办理工作票、填写安全措施票、装置调试、填写工作记录簿、办理工作结束手续。

一、作业流程

低频低压减载装置的调试作业流程如图 Z11F5004 Ⅰ –1 所示。

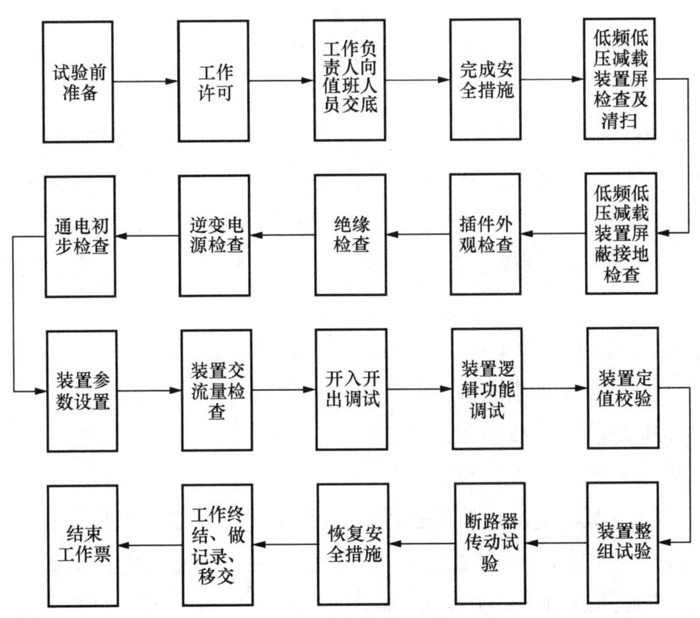

图 Z11F5004 Ⅰ –1 低频低压减载装置调试作业流程

二、调试项目及技术要求

1. 装置通电前检查

通电前对装置整体做外观检查，目的是检查装置在通电前的完整性，检查屏体、装置在运输过程中是否损坏；屏体接线是否与设计图纸相符；屏体安装布置是否满足技术协议要求等。具体检查内容如下：

（1）检查装置型号、参数与设计图纸是否一致，装置外观应清洁良好，无明显损坏及变形现象。

（2）检查屏柜及装置是否有螺丝松动，特别是电流回路的螺丝及连片，不允许有丝毫松动的情况。

（3）对照说明书，检查装置插件中的跳线是否正确。

（4）检查插件是否插紧。

（5）装置的端子排连接应可靠，且标号应清晰正确。

（6）切换开关、按钮、键盘等应操作灵活、手感良好，打印机连接正常。

（7）装置外部接线和标注应符合图纸的要求。

（8）压板外观检查，压板端子接线是否符合反措要求，压板端子接线压接是否良好。

（9）检查装置引入、引出电缆是否为屏蔽电缆，检查全部屏蔽电缆的屏蔽层是否两端接地。

（10）检查屏底部的下面是否构造一个专用的接地铜网格，装置屏的专用接地端子是否经一定截面铜线连接到此铜网格上，检查各接地端子的连接处连接是否可靠。

2. 绝缘电阻测试

检查装置屏体内二次回路的绝缘性能，试验前注意断开有关回路连线，防止高电压造成设备损坏。

（1）试验前准备工作如下：

1）装置所有插件在拔出状态。

2）将打印机与装置连线断开。

3）屏上各压板置“投入”位置。

4）断开直流电源、交流电压等回路，并断开与其他装置的有关连线。

5）在屏端子排内侧分别短接交流电压回路端子、交流电流回路端子、直流电源回路端子、跳闸回路端子、开关量输入回路端子、远动接口回路端子及信号回路端子。

（2）绝缘电阻检测。

1）分组回路绝缘电阻检测。采用1000V绝缘电阻表分别测量各组回路间及各组回路对地的绝缘电阻（直流及出口回路端子对地采用 500V 绝缘电阻表），绝缘电阻均应大于 10MΩ。

2）整个二次回路的绝缘电阻检测。在屏端子排处将所有电流、电压及直流回路的端子连接在一起，并将电流回路的接地点拆开，用 1000V 绝缘电阻表测量整个回路对地的绝缘电阻，其绝缘电阻应大于 1.0MΩ。

3）部分检验时仅检测交流回路对地绝缘电阻。

3. 逆变电源的检验

（1）试验前准备。断开装置跳闸出口压板。装置第一次上电时，试验用的直流电源应经专用双极闸刀，并从屏端子排上的端子接入。

（2）检验逆变电源的自启动性能。合上直流电源开关，试验直流电源由零缓慢升至 80%额定电压值，此时装置运行指示灯及液晶显示应亮。

（3）直流拉合试验。在拉合过程中，装置和监控后台上无保护动作信号。

4. 装置上电检查

（1）面板指示灯检查。“运行”指示灯应常亮，主界面上 CPU 间通信指示符号正常闪烁。

（2）装置软件版本核查。进入“查看”菜单下的“装置信息及软件版本”窗口，校对软件版本是否和要求的一致。

（3）检查装置的参数设置，若装置出厂缺省设置不符合现场要求，参考装置使用说明，进行相应的设置。

（4）调整装置日期与时钟。进入 “修改时钟”菜单，手动调整时钟。

（5）准备定值。输入一套调试定值，并下传定值。

5. 参数设置

（1）装置编号。设置本装置的编号，用于与上位机通信识别。

（2）通信口参数设置。RS–485 网口一般使用 9600 波特率。若现场工作条件恶劣，可适当降低波特率。

（3）其他设置。

1）装置检修：可以设置装置处于检修状态（检修开入为 1）时是否还主动上送事件和 SOE 记录。当设置为“主动上送”时，装置端子中的“装置检修”开入失效，可用作其他遥信；当设置为“不主动上送”时，若“装置检修”开入有效，装置将不主动上送事件和 SOE 记录等信息。

2）GPS 校时：投退 GPS 校时功能。

6. 定值整定

定值整定方法：从主菜单进入“整定”菜单，选择定值套别，按翻页键选择需整定的定值组，选定定值组后按“确认”键进入单个定值正常显示状态，按“确认”键进入单个定值修改状态。

7. 装置调试

（1）交流量的调试。

1）交流插件 TV、TA 额定值的配置。按照工程设计，对交流插件 TA 额定值进行配置和确认，并做好记录。TA 额定值一般有两种选择，即 5A 和 1A。

2）交流模拟量的幅值和相位特性检验。装置交流量包括 U_{AB1}、U_{BC1}、U_{AB2}、U_{BC2}、I_{A1}、I_{C1}、I_{A2}、I_{C2}、I_{A3}、I_{C3}，分别为Ⅰ母、Ⅱ母线电压、线路 1～3 的相电流。应分相加入相应电压、电流，调整幅值调节系数，使电流、电压幅值显示值的误差不大于±2%，调节系数不得超过±20。分别对Ⅰ母、Ⅱ母的 U_A、U_B、U_C 同时施加 35V 交流电压，频率分别设置为 46、50、53Hz，检查装置测量到的频率，其误差应不大于±0.02Hz。

交流量均有相位显示，相位误差不大于±2°，当交流量幅值、相位、频率精度超差并无法调节时，应检查交流插件上 TV、TA、滤波回路各元件（电阻、电容）参数。

电流电压幅值、相位、频率的调试同保护交流量，但各电流、电压幅值显示值的误差应不大于±0.2%，相位误差应不大于±0.2°。

（2）开入、开出量调试。

1）开入量检查。所有开入量用外加直流检查，每次只允许外加到一个开入量，相应开入量显示有开入，其他开入量显示无开入（“0”表示该开入量无开入，“1”表示该开入量有开入）。检查整屏复归按钮一复归开入的完好性，若无整屏复归按钮，复归开入按空触点方式检查。

2）开出与信号回路检查。检查各出口继电器、信号继电器、信号复归和信号灯颜色、亮灭；检查各信号触点回路，对信号复归进行试验；通、断装置电源或按装置复位键检查装置异常等信号。

（3）逻辑功能测试。对现场投入的逻辑功能，逐一进行试验。试验时将试验装置输出的交流量直接施加到屏的交流端子上。以下以 RCS–994A 为例进行说明。

1）低频逻辑测试过程。

$f \leqslant 49.5$Hz，$t \geqslant 0.1s$ 低频启动

↓ $f \leqslant F_1$， $t \geqslant Tf_1$ 低频第一轮动作

若 $Df_1 \leqslant -df/dt < Df_3$，$t \geqslant T_{fa2}$ 切第一轮，加速切第二轮

若 $Df_2 \leqslant -df/dt < Df_3$，$t \geqslant T_{fa23}$ 切第一轮，加速切第二、三轮

↓ $f \leqslant F_2$，$t \geqslant Tf_2$ 低频第二轮动作

↓　$f \leqslant F_3$，$t \geqslant Tf_3$　　低频第三轮动作

↓　$f \leqslant F_4$，$t \geqslant Tf_4$　　低频第四轮动作

以上四轮基本轮按箭头顺序动作。两轮特殊轮的判别式为：

$f \leqslant 49.5\text{Hz}$，$t \geqslant 0.1\text{s}$ 低频启动

↓　$f \leqslant F_{s1}$，　$t \geqslant T_{fs1}$　　低频特殊第一轮动作

↓　$f \leqslant F_{s2}$，　$t \geqslant T_{fs2}$　　低频特殊第二轮动作

2）低压逻辑测试过程。

$U \leqslant U_1 + 0.03U_n$，$t \geqslant 0.1\text{s}$　　低压启动

↓　$U \leqslant U_1$，　$t \geqslant T_{u1}$　　低压第一轮动作

若　$D_{u1} \leqslant -\text{d}u/\text{d}t < D_{u3}$，$t \geqslant T_{ua2}$ 切第一轮，加速切第二轮

若　$D_{u2} \leqslant -\text{d}u/\text{d}t < D_{u3}$，$t \geqslant T_{ua23}$ 切第一轮，加速切第二、三轮

↓　$U \leqslant U_2$，　$t \geqslant T_{u2}$　　低压第二轮动作

↓　$U \leqslant U_3$，　$t \geqslant T_{u3}$　　低压第三轮动作

↓　$U \leqslant U_4$，　$t \geqslant T_{u4}$　　低压第四轮动作

以上四轮基本轮按箭头顺序动作。两轮特殊轮的判别式为：

$U \leqslant U_1 + 0.03U_n$，$t \geqslant 0.1\text{s}$　　低压启动

↓　$U \leqslant U_{s1}$，$t \geqslant T_{us1}$　　低压特殊第一轮动作

↓　$U \leqslant U_{s2}$，$t \geqslant T_{us2}$　　低压特殊第二轮动作

注意：低压元件动作量是电压正序，做试验时一定要注意。

（4）定值检验。分别测试低频减载、低压减载、过频跳闸、过电压跳闸等在 0.95 和 1.05 倍整定值下的装置动作情况，定值误差应满足要求。

（5）整组试验。从 TV 的二次侧施加电压量，通过调整电压的幅值和频率，使装置动作，校验其交流量接线、各轮动作出口接线、整定值和相关信号的正确性。新建变电站应带实际断路器进行传动试验，对应断路器应能正确跳开。

（6）装置异常及处理。装置运行时可通过面板上的信号灯、液晶及端子上的信号输出来反应运行情况。

1）上电后正常运行时“运行”灯应点亮，若未点亮，说明 CPU 板程序没有正常工作或面板上的灯及其回路可能有故障

2）面板上其他指示灯异常，如果无“保护事件”或“告警”信息，表明相应信号继电器有异常。

3）“告警/”灯常亮，有以下几种可能：① 装置自检出错，界面上有错误信息提示，请查看并处理；② 装置处于调试状态，保护未投入，请确认调试完成，投入保护；③ 装置处于整定状态，保护未投入，请确认整定完成，投入保护；④ 线路过负荷动

作条件满足，装置动作，界面上有“保护事件”或“告警”信息弹出。

4）芯片故障，如RAM故障等，会有相应的信息报出，需要联系厂家更换。

5）电池不足，更换CPU板上的电池。

6）定值自检出错，检查输入的定值或复位装置，若现象无法消失，表明相关硬件可能有问题，与厂家联系更换。

8. 结束工作

装置调试结束后，根据试验结果可给出试验结论，复归所有动作信号，清除装置报告，确认时钟已校正和同步，打印装置定值，与定值单核对无误。整理填写试验报告，填写继电保护现场记录簿，向运行人员交代，办理工作结束手续。

【思考与练习】

1. 简述低频低压减载的调试步骤。

2. 装置面板上“告警”灯常亮，如何处理？

◢ 模块5　备自投装置原理（Z11F5005Ⅱ）

【模块描述】本模块包含了备自投的方式及原理。通过原理讲解、图解示意，掌握桥备投、进线备投、分段备投、主变压器备投、均衡负荷母联备投等的工作原理。

【模块内容】

备用电源自动投入装置（简称备自投）是当电力系统故障或其他原因使工作电源被断开后，能迅速将备用电源自动投入工作，或将被停电的设备自动投入到其他正常工作的电源，使用户能迅速恢复供电的一种自动控制装置。备自投的方式与变电站主接线形式有关，一般归结为桥备投、进线备投、分段备投等几种类型。

一、备投功能

备自投装置在系统发生故障需要将备用电源投入时应正确动作，且只允许动作一次。为了满足这个要求，备自投装置设计了类似于线路自动重合闸的充电过程，只有在充电完成后才允许自投。同时，备自投装置还设计了放电过程，以闭锁备自投装置，防止其误动作，因此，备自投装置的基本动作逻辑如图Z11F5005Ⅱ–1所示。

1. 桥备投原理

中小容量的发电厂和变电站高压侧一般采用内桥接线，一次接线如图Z11F5005Ⅱ–2所示。正常方式为两条线路和两台变压器同时运行，桥断路器在断开状态。当线路发

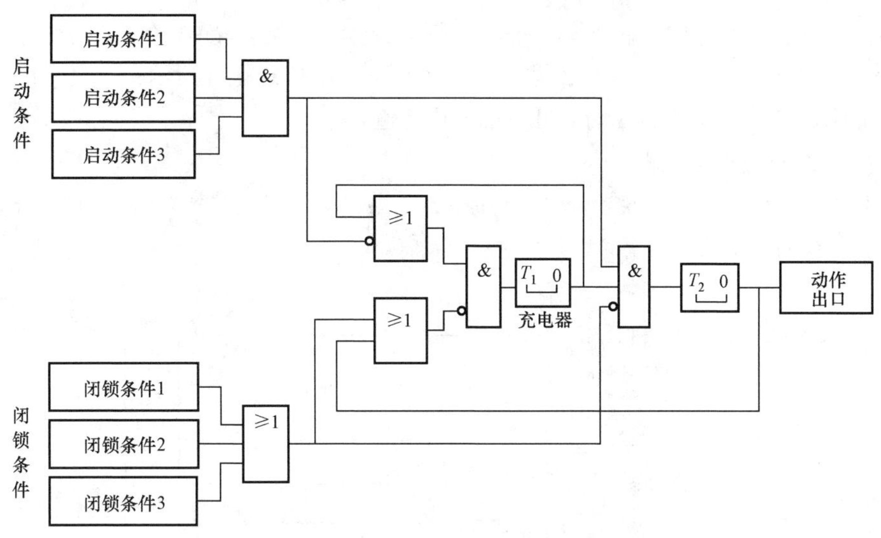

图 Z11F5005Ⅱ-1 备自投功能的基本动作逻辑框图

生故障或其他原因使得线路断路器 QF1（QF2）断开时，内桥断路器 QF3 由备自投投入，将另一台主变压器负荷带出。

（1）备自投投入条件（充电）。

Ⅰ母、Ⅱ母均三相有压；QF1、QF2 在合位，QF3 在分位。充电逻辑如图 Z11F5005Ⅱ-3 所示。

其中，U_{3max}、U_{4max} 为Ⅰ母、Ⅱ母的有压定值，MB 为备投投入的控制字，T 为充电延时。

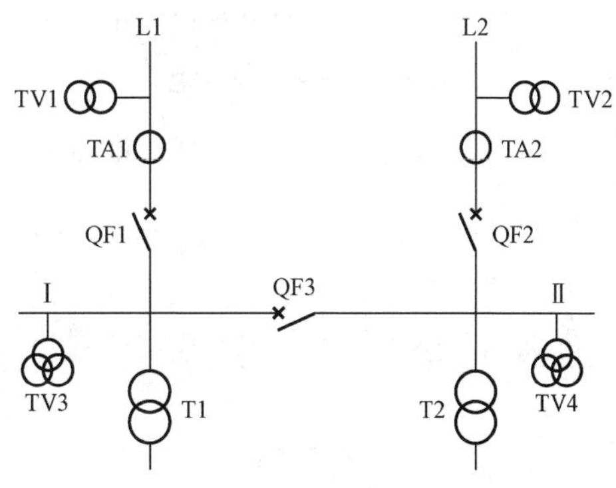

图 Z11F5005Ⅱ-2 内桥接线

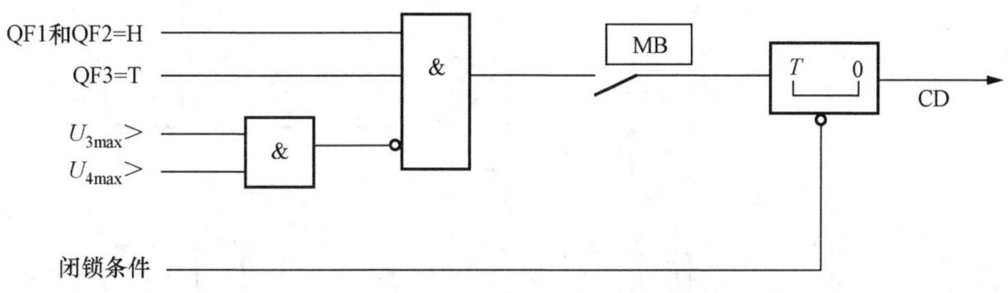

图 Z11F5005Ⅱ-3 桥备投充电逻辑框图

（2）备自投闭锁条件（放电）。

QF3 在合位经短延时；Ⅰ母、Ⅱ母不满足有压条件，延时 T；本装置没有跳闸出口时，手跳 QF1 或 QF2；有开入的外部闭锁信号；QF1，QF2，QF3 的 TWJ 异常；QF1 或 QF2 断路器拒跳等。备自投装置闭锁逻辑如图 Z11F5005 Ⅱ-4 所示。

其中，U_{3min}、U_{4min} 为Ⅰ母、Ⅱ母的失压定值。

（3）备自投动作逻辑：

1）Ⅰ母无压、1 号进线无流，Ⅱ母有压，则启动，经延时跳 QF1，确认 QF1 跳开后，经延时合 QF3。

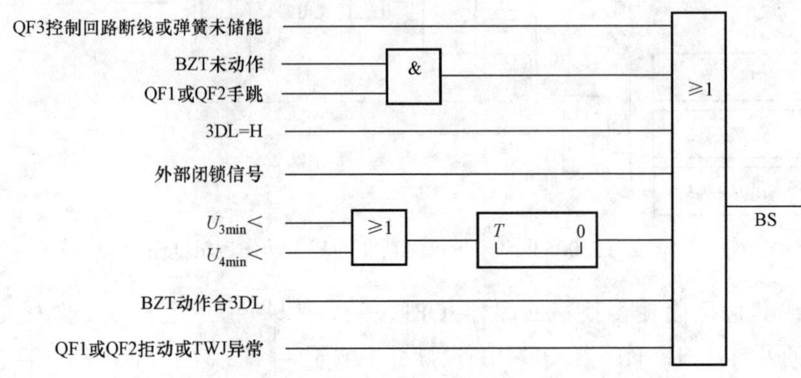

图 Z11F5005 Ⅱ-4 桥备自投闭锁逻辑框图

2）Ⅱ母无压、2 号进线无流，Ⅰ母有压，则启动，经延时跳 QF2，确认 QF2 跳开后，经延时合 QF3。

备自投装置动作逻辑如图 Z11F5005 Ⅱ-5 所示。

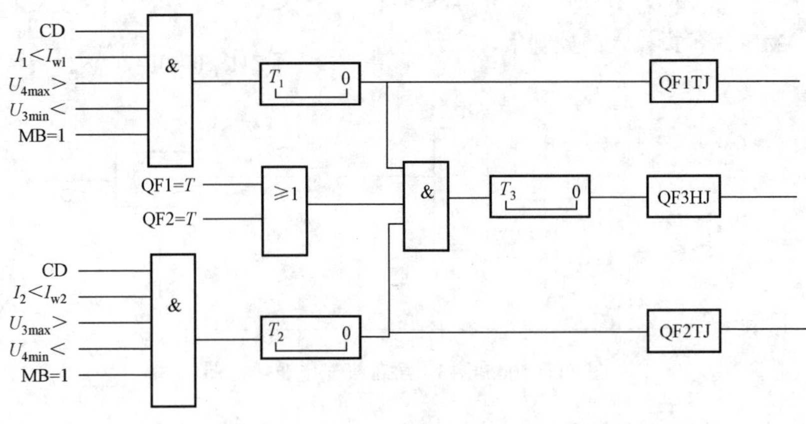

图 Z11F5005 Ⅱ-5 桥备自投动作逻辑框图

其中，I_{w1}、I_{w2}分别为线路的无流定值。T_1、T_2、T_3分别为备自投动作再跳 QF1（QF2）断路器及合 QF3 断路器的延时时间。

2. 进线备自投原理

变电站一次接线如图 Z11F5005Ⅱ–2 所示。变电站有两条进线，正常方式 1 号进线运行，2 号进线备用，即 QF1、QF3 在合位，QF2 在分位。当 1 号进线电源因故障或其他原因被断开后，2 号进线备用电源由备自投投入，将变电所负荷带出。

同理当 2 号进线运行，1 号进线备用时亦然。下面以正常方式 1 号进线运行、2 号进线备用为例说明进线备自投动作逻辑。

（1） 备自投投入条件（充电）。

Ⅰ母、Ⅱ母均三相有压；线路 L1、L2 均有压；QF1、QF3 在合位，QF2 在分位；备投压板投入。备自投装置充电逻辑图可参照图 Z11F5005Ⅱ–3。

（2） 备自投闭锁条件（放电）。

QF2 在合位；Ⅰ母、Ⅱ母不满足有压条件，线路 L1、L2 不满足有压条件；本装置没有跳闸出口时，手跳 QF1；有开入的外部闭锁信号；QF1，QF2，QF3 的 TWJ 异常；备投保护动作出口。备自投装置闭锁逻辑图可参照图 Z11F5005Ⅱ–4。

（3） 备自投动作逻辑。

Ⅰ母、Ⅱ母均三相无压、1 号进线无流；2 号进线有压，则备自投启动，经延时跳 QF1，确认 QF1 跳开后，经延时合 QF2。备自投装置动作逻辑如图 Z11F5005Ⅱ–6 所示。

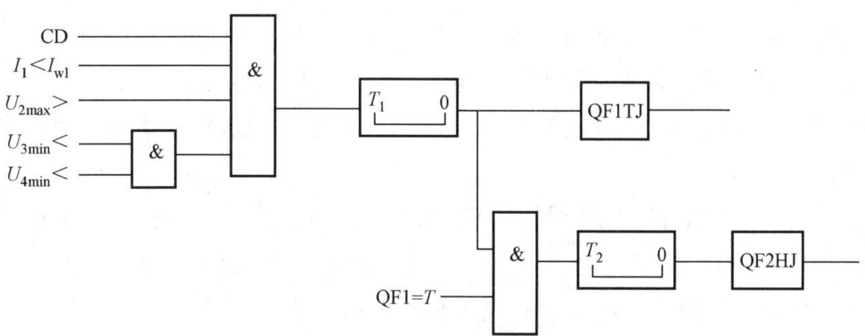

图 Z11F5005Ⅱ–6　进线备自投装置动作逻辑框图

3. 分段备自投原理

分段备自投的动作原理与桥备投基本相同，请参考桥备自投。

4. 主变压器备自投原理

主变压器备自投有两种方式，一种为冷备用方式，另一种为热备用方式。一次接线方式如图 Z11F5005Ⅱ–7 所示。

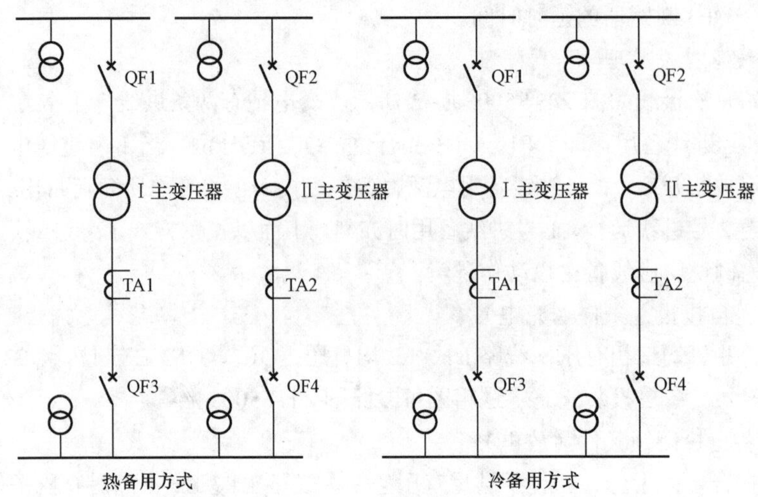

图 Z11F5005Ⅱ–7 变压器热备用、冷备用一次接线方式

（1）热备用：母线失电，相应主变压器低压侧断路器处于合位，在备用变压器高压侧有压情况下跳开工作变压器低压侧断路器，合备用变压器低压侧断路器；当工作变压器偷跳，合备用变压器低压侧断路器。为防止 TV 断线时备自投误动，取主变压器低压侧电流作为母线失压的闭锁判据。

（2）冷备用：逻辑同上面热备用的区别在于跳 QF3 的同时跳 QF1，还可通过外部增加继电器扩展接点跳电容器组，然后合 QF2 再合 QF4；跳 QF4 的同时跳 QF2，还可通过外部增加继电器扩展接点跳电容器组，然后合 QF1 再合 QF3。

以图 Z11F5005Ⅱ–7 中Ⅰ号主变压器运行，Ⅱ号主变压器热备用为例来说明备自投装置动作逻辑：

动作逻辑 1：QF1 在跳闸位置，QF3 在跳闸位置作为闭锁条件；Ⅰ主变压器低压侧电流小于 I_{dz1}，母线失压作为启动条件，以 T_1 延时跳开 QF3。

动作逻辑 2：Ⅱ主变压器高压侧电压小于电压定值 U_{dz2} 作为闭锁条件；QF3 在跳闸位置，母线失压作为启动条件，以 T_3 延时合 QF4。

主变压器备自投动作逻辑如图 Z11F5005Ⅱ–8 所示。

5. 均衡负荷母联备自投原理

该类型备自投应用的一次接线形式如图 Z11F5005Ⅱ–9 所示。由两套备自投装置配合完成所需功能。每套装置的接线如图 Z11F5005Ⅱ–9 中不同的标识所示。

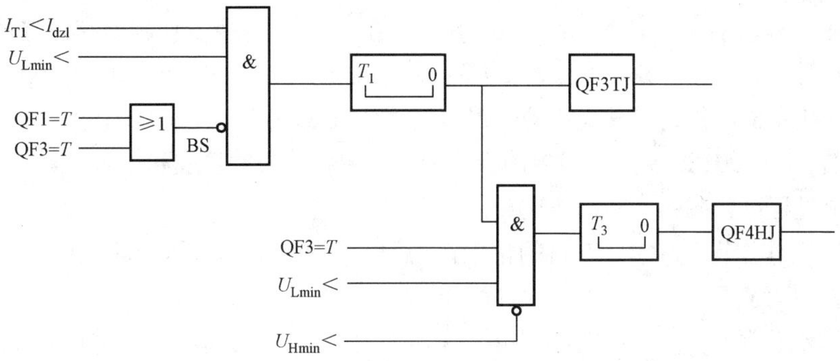

图 Z11F5005Ⅱ-8　主变压器备自投动作逻辑框图

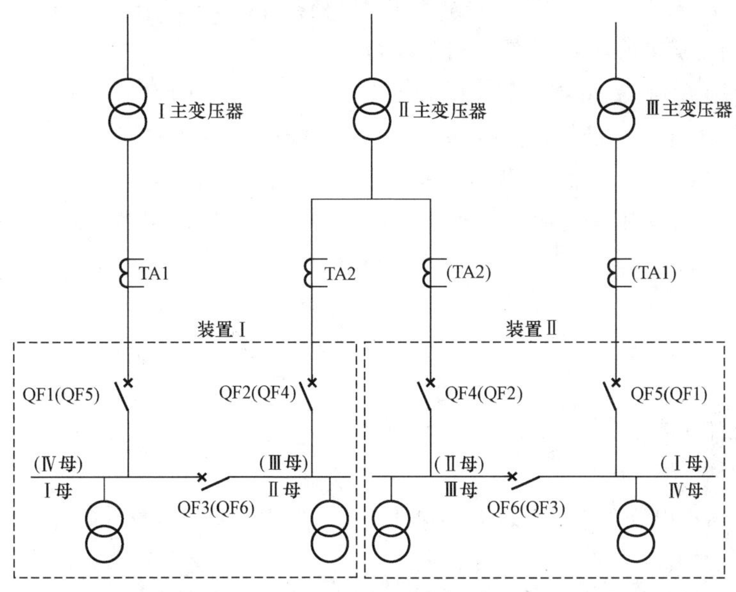

图 Z11F5005Ⅱ-9　均衡负荷母联备自投一次系统接线

该类型备投逻辑较复杂，可以分解成以下部分：

（1）Ⅰ母备Ⅱ母：Ⅱ母线失电，Ⅰ母有压，跳 QF2，合 QF3（装置 1 完成）。

（2）Ⅱ母备Ⅰ母：Ⅰ母失压，Ⅱ母有压，跳 QF1，确认 QF1 跳开后合 QF3；确认 QF1 跳开及 QF3 合上后，跳 QF4，合 QF6 均衡 2 号、3 号主变压器负荷。这样处理，Ⅲ母会短暂失压，但可防止 2 号、3 号变压器的非同期合闸。为防止 TV 断线时备自投误动，取线路电流作为母线失压的闭锁判据（装置 1 完成）。

（3）Ⅳ母备Ⅲ母：Ⅲ母线失电，Ⅳ母有压，跳 QF4，合 QF6（装置 2 完成）。

（4）Ⅲ母备Ⅳ母：Ⅳ母失压，Ⅳ母有压，跳 QF5，确认 QF5 跳开后合 QF6；确认

QF5 跳开及 QF6 合上后，跳 QF2，合 QF3 均衡 1 号、2 号主变压器负荷。这样处理，Ⅱ母会短暂失压，但可防止 1 号、2 号变压器的非同期合闸。为防止 TV 断线时备自投误动，取线路电流作为母线失压的闭锁判据（装置 2 完成）。

如图 Z11F5005Ⅱ–9 中括号内的标注为另一台备自投的接线和相对位置。

以上过程可分解为下列动作逻辑：

（1）动作逻辑 1：QF2 在跳闸位置作为闭锁条件；Ⅱ母失压，Ⅱ进线电流小于电流定值 I_{dz2} 作为启动条件；以 T_2 延时跳开 QF2。

（2）动作逻辑 2：Ⅰ母电压小于 U_{dz2} 作为闭锁条件；Ⅱ母失压，QF2 在跳闸位置作为启动条件；以 T_3 延时合 QF3。

（3）动作逻辑 3：QF1 在跳闸位置作为闭锁条件；Ⅰ母失压，Ⅰ进线电流小于电流定值 I_{dz1} 作为启动条件；以 T_1 延时跳开 QF1。

（4）动作逻辑 4：Ⅱ母电压小于 U_{dz2} 作为闭锁条件；Ⅰ母失压，QF1 在跳闸位置作为启动条件；以 T_3 延时合 QF3。

（5）动作逻辑 5：QF4 在跳闸位置、Ⅳ母电压小于 U_{dz3} 作为闭锁条件；QF1 在跳闸位置，QF3 在合闸位置作为启动条件；以 T_8 延时跳 QF4。QF4 拒跳则紧急联切负荷，出口动作。

（6）动作逻辑 6：QF6 在合闸位置作为闭锁条件；QF4 在跳闸位置作为启动条件；以 T_3 延时合 QF6。本套装置采用单个逻辑动作方案，因而本动作逻辑由另一台配套的装置实现。

二、其他功能

1. 过负荷联切功能

为防止备用电源由于负载较大引起过负荷，造成大面积停电，备自投装置一般具有过负荷联切功能。

过负荷联切功能有两种实现方式：① 在备用电源投入前先切除部分负荷，从而保证备用电源投入后不会发生过负荷，这种方式适用于负荷较重而备用电源容量相对较小的情况，为保证重要用户供电，人为确定切除部分负荷；② 备用电源投入后，由备自投装置自动检测备用电源的负荷情况，当检测到备用电源过负荷后，备自投装置动作，切除部分负荷线路。下面以图 Z11F5005Ⅱ–2 中桥备自投为例说明其动作逻辑。

当线路 1 跳闸，备自投动作后，线路 2 发生过载，则联切逻辑：

Ⅱ线电流（I_{L2}）大于电流定值 I_{dz1}，经延时 T_1，第一轮联切出口；

Ⅱ线电流（I_{L2}）大于电流定值 I_{dz2}，经延时 T_2，第二轮联切出口。

过负荷联切功能用联切压板投退。过负荷动作逻辑如图 Z11F5005Ⅱ–10 所示。

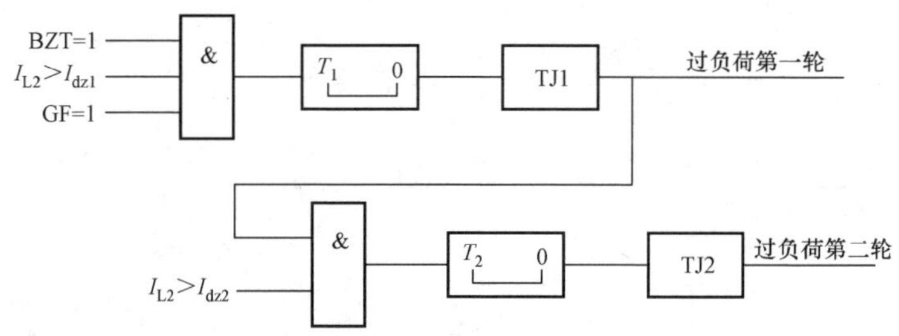

图 Z11F5005Ⅱ-10　备自投过负荷联切逻辑框图

2. 合闸后加速保护

备自投装置一般配置了独立的合闸后加速保护，包括手合于故障加速跳、备投动作合闸于故障加速跳，电流判别条件可选择使用过电流加速段（可经复压闭锁）或零序加速段，该保护开放时间一般为3s。动作逻辑如图 Z11F5005Ⅱ-11 所示。

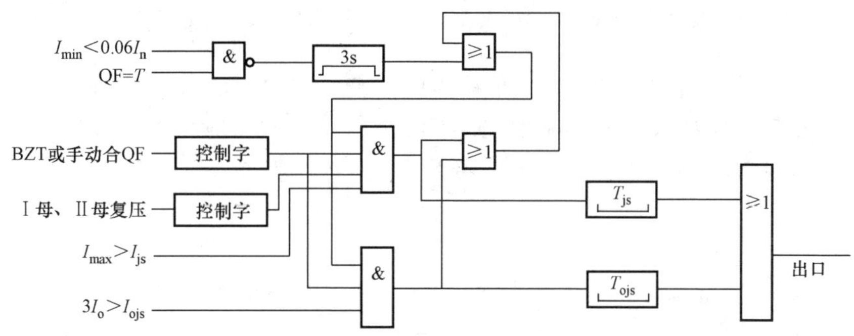

图 Z11F5005Ⅱ-11　备自投加速保护动作逻辑框图

3. 与相关保护的配合

设置备自投装置的目的是为了保证系统的可靠供电，但当系统发生严重故障时，如母线故障或断路器失灵（此时由母差保护或变压器后备保护动作跳开各间隔断路器，母线失压，备自投装置满足动作条件），由于负荷线路已经全部切除，备自投装置动作已经没有必要，且备自投如果动作，可能由于故障未消失造成系统再一次冲击，不利于系统的稳定。因此，按照系统实际运行情况的要求，备自投装置需要和相关保护进行配合，当这些保护动作后，对备自投装置进行闭锁，其基本方式就是给备自投装置一个外部闭锁开入信号，其逻辑如图 Z11F5005Ⅱ-4 所示。

4. TV 断线闭锁

TV 断线分为母线断线、母线失压、进线失压，可分别通过控制字投退，判别逻辑如图 Z11F5005Ⅱ-12 所示。

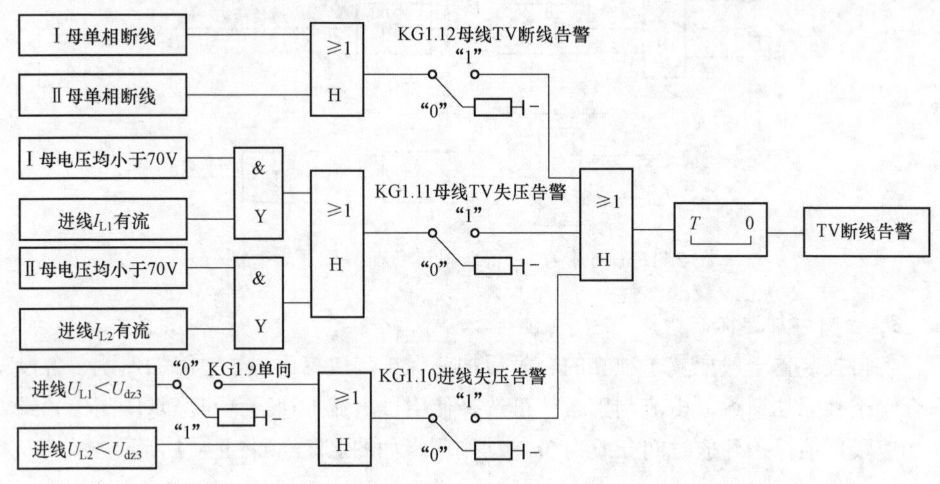

图 Z11F5005Ⅱ-12 备自投装置 TV 断线告警逻辑框图

其中，KG1 表示备自投装置定值中的控制字一，定值整定格式一般为二进制 16 位数码，即整定范围为0000～FFFF。KG1.12 表示控制字一的第 12 位，其他类推，每一位可分别置"1"或置"0"，置"1"投入该位表示的功能，置"0"退出该位表示的功能。

【思考与练习】

1. 以图 Z11F5005Ⅱ-1 为例，试说明分段备自投的原理。

2. 试描述进线备自投装置（2 号进线运行，1 号进线备用）的充放电条件及动作过程。

3. 试描述系统接线方式与备自投方式的关系。

4. 备自投装置一般需要与哪些保护装置进行配合？如何配合？

模块 6 备自投装置调试的安全和技术措施（Z11F5006Ⅱ）

【模块描述】本模块包含备自投装置调试的工作前准备和安全技术措施。通过要点归纳、图表举例，掌握备自投装置现场调试的危险点预控及安全技术措施。

【模块内容】

一、调试前准备

调试人员在调试前要做四个方面的准备工作：准备仪器、仪表及工器具；准备好装置故障维修所需的备品备件；准备调试过程中所需的材料；准备被调试装置的图纸等资料。

1. 仪器、仪表及工器具

备自投装置调试所需的仪器、仪表及工器具应包含以下几种：组合工具、电缆盘（带漏电保安器）、计算器、绝缘电阻表、微机型继电保护测试仪、钳形相位表、试验接线、数字万用表、模拟断路器等。为保障试验结果的准确性，要求使用的仪器、仪表经检验合格且在有效期范围内。

2. 备品备件

为了在检验过程中及时更换故障器件，调试前应准备充足的备品备件，一般数字型备自投装置应准备下列备品备件：电源插件，CPU 板，开入、开出板。不同型号的装置可能会因为硬件结构不同，备品备件也不一样，调试人员应根据装置的实际情况相应确定。

3. 材料

调试用材料主要有：绝缘胶布、自粘胶带、小毛巾、中性笔、口罩、手套、毛刷、酒精、独股塑铜线等。

4. 图纸资料

调试用的图纸资料主要有与现场运行装置版本一致的备自投装置技术说明书、装置及二次回路相关图纸、调度机构下发的定值通知单、上次装置检验报告、调试规程、作业指导书等资料。

二、与运行设备相连的回路进行具体的准备

备自投装置接线复杂，无固定模式，对于不同的变电站应区别对待，应做好如下准备工作：

（1）对照系统运行方式，了解备自投装置运行方式。

（2）注意查看图纸，明确备自投装置的跳闸、合闸回路，特别是不经压板控制的直联跳、合闸连线。

（3）查看图纸，了解备自投装置与运行继电保护装置间的回路，掌握在调试过程中需要断开的开入、开出回路。

（4）可根据图纸，提前编写二次安全措施票，调试时将其与备自投实际接线对照，查看有无接线错误。

三、安全技术措施

安全技术措施是为了规范现场人员作业行为，防止在调试过程中发生人身、设备事故而制定的安全保障措施。在装置调试工作开始前，办理开工手续时，同时应填写继电保护安全措施票，并组织全体调试人员学习，在调试工作过程中严格遵守。安全技术措施的一项重要内容是危险点分析及采取的相应安全控制措施。

有关危险点分析及控制方法如下：

1. 人身触电

（1）误入带电间隔。控制措施：工作前应熟悉工作地点、带电部位。检查现场安全围栏、安全警示牌和接地线等安全措施。

（2）接、拆低压电源。控制措施：必须使用装有漏电保护器的电源盘。螺丝刀等工具金属裸露部分除刀口外包绝缘。接拆电源时至少有两人执行，必须在电源开关拉开的情况下进行。临时电源必须使用专用电源，禁止从运行设备上取得电源。

（3）备自投调试及整组试验。控制措施：工作人员之间应相互配合，确保一、二次回路上无人工作。传动试验必须得到值班员许可并配合。

2. 继电保护"三误"

防"三误"事故的安全技术措施如下：

（1）现场工作前必须做好充分准备，内容包括：

1）了解工作地点一、二次设备运行情况，本工作与运行设备有无直接联系（如母线保护、主变压器保护、联切装置等）。

2）工作人员明确分工并熟悉图纸与检验规程等有关资料。

3）应具备与实际状况一致的图纸、上次检验记录、最新整定通知单、检验规程、合格的仪器仪表、备品备件、工具和连接导线。

4）工作前认真填写安全措施票，应由工作负责人认真填写，并经技术负责人认真审批。

5）工作开工后先执行安全措施票，由工作负责人负责做的每一项措施要在"执行"栏做标记；校验工作结束后，要持此票恢复所做的安全措施，以保证完全恢复。

6）不允许在未停用的备自投装置上进行试验和其他测试工作。

7）只能用整组试验的方法，即由电流端子和电压端子通入与故障情况相符的模拟故障量，检查装置回路及整定值的正确性。不允许用卡继电器触点、短路触点等人为手段作备自投装置的整组试验。

8）在校验备自投装置及二次回路时，凡与其他运行设备二次回路相连的连接片和接线应有明显标记，并按安全措施票仔细地将有关回路断开或短路，做好记录。

9）在清扫运行中设备和二次回路时，应认真仔细，并使用绝缘工具（毛刷、吹风机等），特别注意防止振动，防止误碰。

10）严格执行风险分析卡和继电保护作业指导书。

（2）现场工作应按图纸进行，严禁凭记忆作为工作的依据。如发现图纸与实际接线不符时，应查线核对。需要改动时，必须履行如下程序：

1）先在原图上做好修改，经主管继电保护部门批准。

2）拆动接线前先要与原图核对，接线修改后要与新图核对，并及时修改底图，修改运行人员及有关各级继电保护人员的图纸。

3）改动回路后，严防寄生回路存在，没用的线应拆除。

4）在变动二次回路后，应进行相应的逻辑回路整组试验，确认回路极性及整定值完全正确。

（3）备自投装置调试的定值，必须根据最新整定值通知单规定，先核对通知单与实际设备是否相符（包括装置型号、被保护设备名称、互感器接线、变比等）。定值整定完毕要认真核对，确保正确。

3. 通信干扰

保护室内使用无线通信设备，易造成其他正在运行的保护设备不正确动作。

控制措施：不在保护室内使用无线通信设备，尤其是对讲机。

4. 反送电事故

备自投装置屏顶电压小母线带电，易发生电压反送事故或引起人员触电。

控制措施：断开交流二次电压引入回路。并用绝缘胶布对所拆线头实施绝缘包扎。

5. 误跳运行断路器

二次通电时，电流可能通入其他保护回路，可能误跳运行断路器。

控制措施：注意看图，如回路中有至其他保护的串、并联电流回路，亦必须断开相应串、并联回路。

6. 集成块和插头损坏

带电插拔插件，易造成集成块损坏。频繁插拔插件，易造成插件插头松动。

控制措施：插件插拔前关闭电源。

7. 误跳、合闸

断路器跳、合闸压板未断开，容易引起误跳、合闸。

控制措施：试验前检查跳、合闸压板须在断开状态，并拆开跳、合闸回路线头，用绝缘胶布对拆头实施绝缘包扎。

四、现场安全措施票举例

现场安全措施票举例见表 Z11F5006Ⅱ–1。

表 Z11F5006Ⅱ-1　　现场工作实际二次安全措施票

工作内容：CSC-246 备自投装置全部检验				
序　号	安全措施内容 （打开的线缆一律包好）	备　注	打“√”	
			执行	恢复
1	短路：1 号主变压器 A4122 与 1 号主变压器 N4121（即 1D1-1 与 1D1-2）并打开 A4122 与 N4121 所接端子排上的电流连接片，使外部电流回路与备自投隔离	A4122 为 1 号主变压器电流（来），N4121 为 1 号主变压器电流（回）		
2	短路：2 号主变压器 A4122 与 2 号主变压器 N4121（即 1D1-1 与 1D1-2）并打开 A4122 与 N4121 所接端子排上的电流连接片，使外部电流回路与备自投隔离	A4122 为 2 号主变压器电流（来），N4121 为 2 号主变压器电流（回）		
3	断开　A631Ⅰ　1D1-6	Ⅰ母线 A 相二次电压		
4	断开　B631Ⅰ　1D1-7	Ⅰ母线 B 相二次电压		
5	断开　C631Ⅰ　1D1-8	Ⅰ母线 C 相二次电压		
6	断开　A631Ⅱ　1D1-9	Ⅱ母线 A 相二次电压		
7	断开　B631Ⅱ　1D1-10	Ⅱ母线 B 相二次电压		
8	断开　C631Ⅱ　1D1-11	Ⅱ母线 C 相二次电压		
9	断开　1 号主变压器 301　1D2-1	1 号主变压器断路器跳闸正电源		
10	断开　1 号主变压器 333R　1D3-1	1 号主变压器断路器跳闸线		
11	断开　2 号主变压器 301　1D2-2	2 号主变压器断路器跳闸正电源		
12	断开　1 号主变压器 333R　1D3-2	2 号主变压器断路器跳闸线		
13	断开　母联 101　1D2-3	母联保护跳闸正电源		
14	断开　母联 33　1D3-3	母联保护跳闸线		
15	断开　玉德甲 101　1D2-4	玉德甲保护跳闸正电源		
16	断开　玉德甲 33　1D3-4	玉德甲保护跳闸线		
17	断开　玉德甲 Y103　1D3-5	玉德甲保护合闸线		
18	断开　玉德乙 101　1D2-6	玉德乙保护跳闸正电源		
19	断开　玉德乙 33　1D3-6	玉德乙保护跳闸线		

续表

序　号	安全措施内容 （打开的线缆一律包好）	备　注	打“√”	
			执行	恢复
20	断开　玉德乙 Y103　1D3–7	玉德乙保护合闸线		
21	断开　1 号电容器 101　1D2–16	电容器保护跳闸正电源		
22	断开　1 号电容器 133R　1D3–16	电容器保护跳闸线		
23	断开　玉德甲 J40　2D1–9	玉德甲重合闸放电线		
24	断开　玉德甲 J41　2D1–10	玉德甲重合闸放电线		
25	断开　玉德乙 J40　2D1–11	玉德乙重合闸放电线		
26	断开　玉德乙 J41　2D1–12	玉德乙重合闸放电线		
27	压板状态			
28	断开出口压板			
29	空开位置			
30	当前定值区			
31	断开远动、信号正电源			

执行日期		恢复日期		填票人		审核人		执行人		监护人	

【思考与练习】

1. 备自投装置调试工作的危险点有哪些？应如何预防？
2. 根据个人工作实际，你还能提出哪些其他危险点和控制措施？

模块 7　备自投装置的调试（Z11F5007Ⅱ）

【模块描述】本模块包含备自投装置调试的主要内容。通过要点归纳、图表举例、分析说明，掌握备自投装置调试的作业程序、调试项目、各项目调试方法等内容。

【模块内容】

现场工作程序一般分为以下几个步骤：工作前准备、办理工作票、填写安全措施票、装置调试、填写工作记录簿、办理工作结束手续。

一、工作流程图

备自投装置的调试作业流程如图 Z11F5007Ⅱ-1 所示。

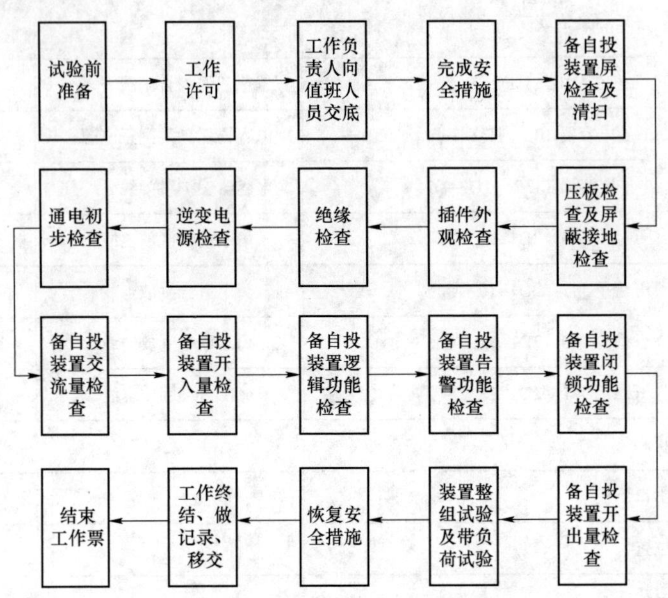

图 Z11F5007Ⅱ-1 备自投装置校验作业流程图

备自投装置的调试主要包含以下方面内容：外观及接线检查、绝缘电阻测试、逆变电源的检验、通电初步检验、定值整定、开关量输入回路检验、模数变换系统检验、定值检验、输出触点和信号检查、整组试验、传动断路器试验、定值与开关量状态的核查等。

二、检验项目及技术要求

1. 装置通电前检查

通电前对装置整体做外观检查，目的是检查装置在出厂运输以及现场安装过程中是否有损坏的地方，以及屏体接线是否与设计图纸相符，屏体安装布置是否满足技术协议要求等，以保证装置在通电前的完好性。具体检查内容如下：

（1）检查装置型号、参数与设计图纸是否一致，装置外观应清洁良好，无明显损坏及变形现象。

（2）检查屏柜及装置是否有螺丝松动，特别是电流回路的螺丝及连片，不允许有丝毫松动的情况。

（3）对照说明书，检查装置插件中的跳线是否正确。

（4）检查插件是否插紧。

（5）装置的端子排连接应可靠，且标号应清晰正确。

（6）切换开关、按钮、键盘等应操作灵活、手感良好，打印机连接正常。

（7）装置外部接线和标注应符合图纸的要求。

（8）压板外观检查，压板端子接线是否符合反措要求，压板端子接线压接是否良好。

（9）检查备自投装置引入、引出电缆是否为屏蔽电缆，检查全部屏蔽电缆的屏蔽层是否两端接地。

（10）检查屏底部的下面是否构造一个专用的接地铜网格，装置屏的专用接地端子是否经一定截面铜线连接到此铜网格上，检查各接地端子的连接处连接是否可靠。

2. 绝缘电阻测试

绝缘电阻测试的目的是检查备自投装置屏体内二次回路及装置的绝缘性能，试验前注意断开有关回路连线，防止高电压造成设备损坏。

（1）试验前准备工作如下：

1）装置所有插件在拔出状态。

2）将打印机与备自投装置断开。

3）屏上各压板置“投入”位置。

4）断开直流电源、交流电压等回路，并断开与其他装置的有关连线。

5）在屏端子排内侧分别短接交流电压回路端子、交流电流回路端子、直流电源回路端子、跳闸和合闸回路端子、开关量输入回路端子、远动接口回路端子及信号回路端子。

（2）绝缘电阻检测。

1）分组回路绝缘电阻检测。用 1000V 绝缘电阻表分别测量各组回路间及各组回路对地的绝缘电阻（对开关量输入回路端子使用 500V 绝缘电阻表），绝缘电阻值均应大于 10MΩ。

2）整个二次回路的绝缘电阻检测。在屏端子排处将所有电流、电压及直流回路的端子连接在一起，并将电流回路的接地点拆开，用 1000V 绝缘电阻表测量整个回路对地的绝缘电阻，其绝缘电阻应大于 1.0MΩ。

3）部分检验时仅检测交流回路对地绝缘电阻。

3. 逆变电源的检验

检查逆变电源插件工作是否正常，逆变电源特性是否满足设计要求，检查内容有电压输出值量测和输入电源变化时的输出电压特性。其次检查装置在直流电源变化时是否误动作或误信号表示。

（1）试验前准备。断开装置跳、合闸出口压板。装置第一次上电时，试验用的直流电源应经专用双极闸刀，并从屏端子排上的端子接入。

（2）检验逆变电源的自启动性能。合上直流电源开关，试验直流电源由零缓慢升至80%额定电压值，此时装置运行指示灯及液晶显示应亮。

（3）直流拉合试验。在拉合过程中，装置和监控后台上无装置动作信号。

4. 装置上电检查

做装置通电后的初步检查和设置，主要内容如下。

（1）面板指示灯检查。“运行”指示灯应常亮，否则，说明装置有问题，应查找故障点，处理后再进行下面调试。具体指示灯情况应参见各装置说明书。

（2）装置软件版本核查。软件版本应与省公司要求的版本号一致，否则要求生产厂家进行更换。

（3）检查装置精度。手动调整菜单的值是否与交流插件贴纸上的值一致。

（4）调整装置日期与时钟。

（5）检查装置通信地址、规约设置是否与后台监控设置相匹配。

5. 装置调试

（1）交流模拟量校验。用试验仪器从装置的屏端子上分别通入额定的电压、电流量，在装置相应的子菜单下、液晶显示屏显示的采样值或通过打印机输出的交流量打印值应与实际加入量数值相等，其误差应小于±5%。

（2）开关量输入试验。用短路线在屏端子上分别进行各开入接点的模拟导通和断开，在装置相应的子菜单下，液晶显示屏显示的开入量状态应有相应改变，做此项试验应注意接通和断开的时间应超过装置软件设置的延时。

（3）逻辑功能试验。检查软件逻辑功能和输出回路是否正常。具体步骤如下：

1）进行装置逻辑功能实验前，将对应元件的控制字、软压板、硬压板设置正确，装置整组试验后，检查装置记录的跳闸报告、SOE事件记录是否正确，对于有通信条件的试验现场可检查后台监控软件记录的事件是否正确。

2）校验有压定值、无压定值及动作时间，校验动作元件动作是否正确。

3）设置整定定值，设定备自投装置的“自投方式”。

4）根据备自投方式，按照备自投装置的投入条件设置相应的开关量、模拟量，确认没有外部闭锁自投开入，经备自投充电延时，面板显示充电标志充满。

5）根据备自投方式，按照备自投装置的动作逻辑，做相应的模拟试验，备自投装置应正确动作，面板显示相应动作跳闸、合闸等命令。

（4）运行异常报警试验。进行运行异常报警试验前，将对应元件的控制字、软压板设置正确，试验项完毕后，检查装置记录的跳闸报告、SOE事件记录是否正确，对于有通信条件的试验现场可检查后台监控软件记录的事件是否正确。

1）频率异常报警。加母线电压，频率小于装置整定频率定值，经延时报警，报警灯亮，液晶界面显示母线电压低频报警。

2）TV 断线报警。自投方式控制字投入，进线有流，母线正序电压小于整定值，经延时报警灯亮，液晶界面显示母线 TV 断线报警。

线路电压检查控制字投入，线路电压小于有压定值，经延时报警灯亮，液晶界面显示线路 TV 断线报警。

3）TWJ 异常报警。分段电流大于无流定值，分段断路器 TWJ 开入为“1”；进线电流大于无流定值，相应 TWJ 开入为“1”。经延时报警灯亮，液晶界面显示 TWJ 异常报警。

（5）装置闭触试验。

1）定值出错。进入装置“保护定值”菜单，任意修改一个定值为不合理值后按“确认”键，运行灯熄灭，闭锁接点闭合。

2）电源故障。装置电源发生故障时，闭锁触点闭合。

（6）输出触点检查。

1）断开装置的出口跳合闸回路，结合装置逻辑功能试验，检查进线及分段断路器的跳闸触点、合闸触点。

2）分别进行三组遥控跳合闸操作，对应触点应由断开变为闭合。

3）关闭装置电源，装置闭锁触点闭合，装置处于正常运行状态，闭锁触点断开。

4）发生报警时，装置报警触点应闭合，报警事件返回，该触点断开。

5）装置动作跳闸时，装置跳闸信号触点应闭合，信号复归时断开。

6）装置动作合闸时，装置合闸信号触点应闭合，信号复归时断开。

6. 整组试验

从装置电压、电流的二次端子侧施加电压量，通过端子排加入相关开关量，通过调整电压电流及开关量，使装置动作，校验其交流量接线、各出口接线、整定值和相关信号的正确性。新建变电站应带实际断路器进行传动试验，对应断路器应能正确跳开。

7. 带负荷试验

装置调试项目完成后，恢复装置屏体上的所有接线为正常运行状态，待装置通入正常运行时的母线电压和线路负荷后，做带负荷试验。读取各相电流、电压，核对相位，确定接线的正确性。

8. 结束工作

装置调试结束后，复归所有动作信号，清除装置报告，确认时钟已校正和同步，打印装置定值，与定值单核对无误。整理填写试验报告，填写继电保护现场记录簿，向运行人员交代，办理工作结束手续。

【思考与练习】

1. 典型备自投装置的调试项目有哪些？写出调试工作流程图。
2. 如何做开关量输入试验，试验时应注意什么？

第六章

安全装置调试及维护

模块1　故障录波装置原理（Z11F5008Ⅱ）

【模块描述】本模块介绍了故障录波装置。通过原理讲解、图例分析，掌握故障录波装置的工作原理及故障录波装置的录波记录方式。

【模块内容】

一、故障录波装置基本原理

故障录波装置是在电力系统发生大扰动时，自动记录重要电力设备的电参量以及继电保护及安全自动装置的动作触点变化过程，提供故障录波数据分析功能的自动装置。故障录波装置一般由录波单元和录波管理机组成，结构如图Z11F5008Ⅱ-1所示。其中录波单元完成电压、电流、通道信号等模拟量和开关量的数据采集、转换、处理及存储；录波管理机为用户提供录波器设置、录波文件后台存储、波形分析、打印、数据远传等功能。故障录波单元功能相对独立，除录波单元配置和波形分析外，不依赖录波管理机，可以单独工作。故障录波装置一般采用嵌入式结构及操作系统，以保证运行的稳定性和录波的可靠性。

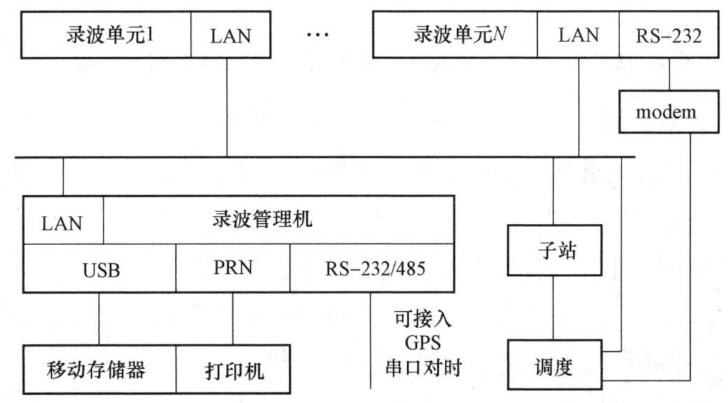

图Z11F5008Ⅱ-1　故障录波装置结构

故障录波装置按功能一般分为线路故障录波器、主变压器故障录波器和发电机—变压器组故障录波器三种类型，在主要发电厂、220kV 及以上变电站和 110kV 重要变电站装设线路故障录波器和主变压器故障录波器，单机容量为 200MW 及以上的发电机—变压器组装设专用发电机—变压器组故障录波器。

1. 模拟量采集原理

模拟量采集利用模拟变换器将需要记录的信号转换为适于录波单元处理的电平信号，同时，实现输入信号与录波器之间在电气上的隔离。模拟信号变换器的数量和类型，根据输入信号的类型确定。交流模拟量及直流模拟量的采集系统硬件结构原理如图 Z11F5008Ⅱ-2 及图 Z11F5008Ⅱ-3 所示。

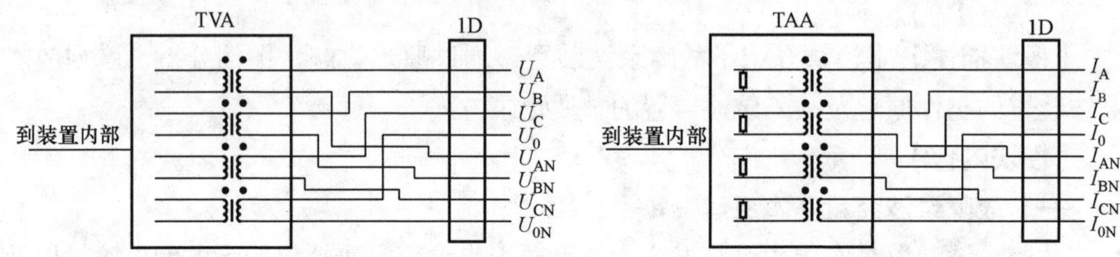

图 Z11F5008Ⅱ-2 录波器交流模拟量采集系统结构原理

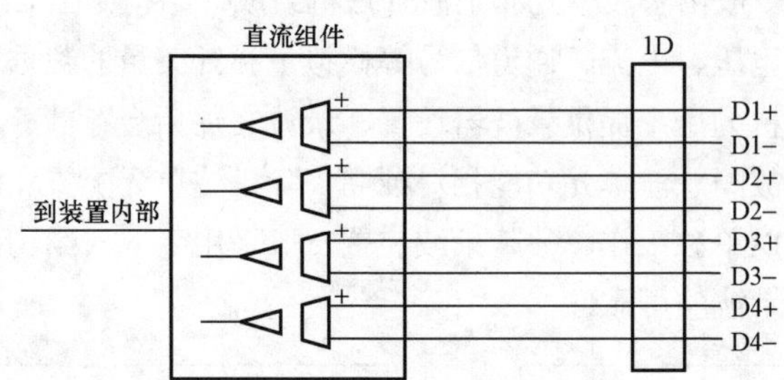

图 Z11F5008Ⅱ-3 录波器直流模拟量采集系统结构原理

2. 开关量采集原理

开关量一般采用光耦隔离元件实现电气隔离，利用大规模 FPGA 技术将开关量输入信号传送到录波单元。

故障录波器装置目前一般配置 128 路开关量，如现场应用开关量不够时，可以增加开关量插件进行扩充，开关量路数的配置与模拟量路数无关，单独配置。

开关量采集系统逻辑原理如图 Z11F5008Ⅱ-4 所示。

3. 数据的存储

新型故障录波装置的录波单元一般具有同步双存储能力，录波单元中的 DSP 板上配置 FLASH 存储器，采用循环覆盖方式可以保存最近 512 次故障录波；录波单元配置大容量存储器，可以保存不少于 20 000 次故障录波；录波单元与 DSP 板采用并行同步存储，而不是传统的先保存在 DSP 板上，然后在从 DSP 板通过并口或其他方式上传到录波单元。

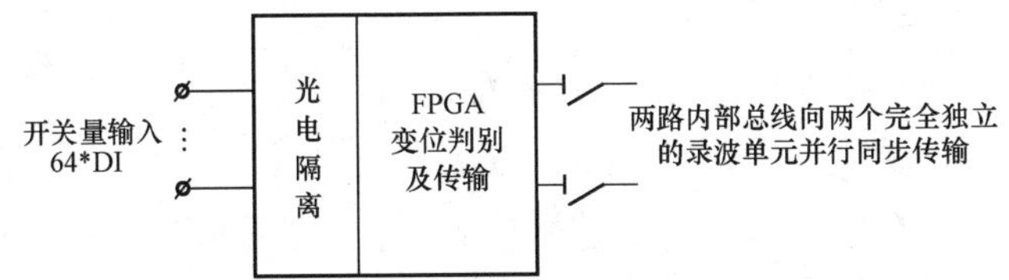

图 Z11F5008Ⅱ-4 开关量采集系统逻辑原理

录波管理机平时可以退出运行，并且不会影响录波单元的正常工作，当需要操作录波单元时（如设置定值、修改线路参数等），或需要对录波数据分析打印时，再启用录波管理机。录波单元存储数据的原理如图 Z11F5008Ⅱ-5 所示。

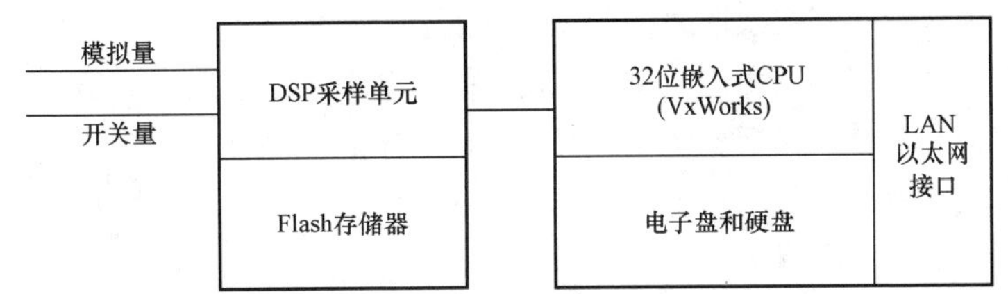

图 Z11F5008Ⅱ-5 录波单元存储数据原理

二、故障录波装置的启动方式

故障录波装置常用启动方式有如下几种：

（1）电压、电流突变量、越限。

$$\begin{cases} U_{\phi} > U_{SET} \\ I_{\phi} > I_{SET} \\ \Delta U_{\phi} > \Delta U_{SET} \\ \Delta I_{\phi} > \Delta I_{SET} \end{cases}$$

式中 U_{SET} ——相电压越限启动定值，高越限定值一般整定为 110%U_N（二次额定电压），低越限定值一般整定为 90% U_N，V；

I_{SET} ——相电流越限启动定值，一般整定为 110% I_N（二次额定电流），A；

ΔU_{SET} ——相电压突变量启动定值，一般整定为 5%U_N，V；

ΔI_{SET} ——相电流突变量启动定值，一般整定为 10% I_N，A；

U_{ϕ} ——TV 二次值，可为 a、b、c 三相任意相，V；

I_{ϕ} ——TA 二次值，可为 a、b、c 三相任意相，A；

ΔU_{ϕ} ——TV 二次值，可为 a、b、c 三相任意相，V；

ΔI_{ϕ} ——TA 二次值，可为 a、b、c 三相任意相，A。

（2）工频频率越限、变化率。

$$\begin{cases} f > f_{max} \\ f < f_{min} \\ \Delta f > \Delta f_{set} \end{cases}$$

式中 f_{max} ——频率高越限启动定值，一般整定为 50.5Hz；

f_{min} ——频率低越限启动定值，一般整定为 49.5Hz；

Δf_{set} ——频率突变量启动定值，一般整定为 0.1Hz；

f ——系统频率测量值，Hz；

Δf ——系统频率变化率，Hz。

（3）谐波量。包括三次谐波、五次谐波和七次谐波等。

（4）直流量越限、突变量。判别公式类似于电流突变量、越限启动。

（5）序分量启动。包括零序分量启动、负序分量启动。

（6）开关量变位。

（7）手动等。

三、故障录波装置的记录方式

故障录波装置启动后，数据采用分段记录方式，按顺序分 A、B、C、D、E 五个时段，其中：

A 时段：系统大扰动开始前的状态数据，输出原始记录波形及有效值，记录时间不小于 0.04s。

B 时段：系统大扰动后初期的状态数据，可直接输出原始记录波形，可观察到五次谐波，同时也可输出每一周波的工频有效值及直流分量值，记录时间不小于 0.1s。

C 时段：系统大扰动后的中期状态数据，输出连续的工频有效值，记录时间不小于 1.0s。

D 时段：系统动态过程数据，每 0.1s 输出一个工频有效值，记录时间不小于 20s。

E 时段：系统长过程的动态数据，每 1s 输出一个工频有效值，记录时间不小于 10min。

220kV 系统线路发生单相故障后的电压故障录波图如图 Z11F5008Ⅱ–6 所示。

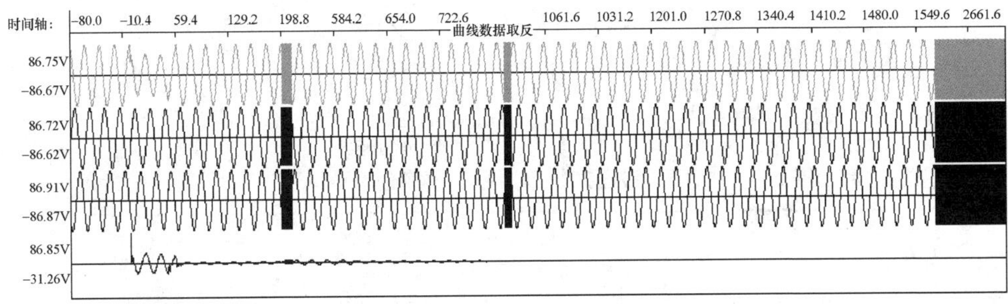

图 Z11F5008Ⅱ-6　220kV 系统线路发生单相故障后电压故障录波图

图 Z11F5008Ⅱ-6 中，A 段记录时间为 0.08s，B 段时间为 0.2s，C 时段记录过程中由于系统有波动，重新进入了 A、B 时段，本次暂态录波记录总时间为 3s，未包括 D、E 段。

四、故障录波装置波形记录及分析

故障录波装置记录波形是将录波装置采集到的电参量和开关量等用波形的形式通过打印机输出或通过后台分析软件处理后显示出来，供技术人员分析使用。

录波波形的数据分析一般通过故障录波器管理机上的软件进行。下面以某变电站实际发生的单相接地故障为例说明数据分析的基本情况。

故障录波器分析软件调取的故障波形如图 Z11F5008Ⅱ-7 所示。

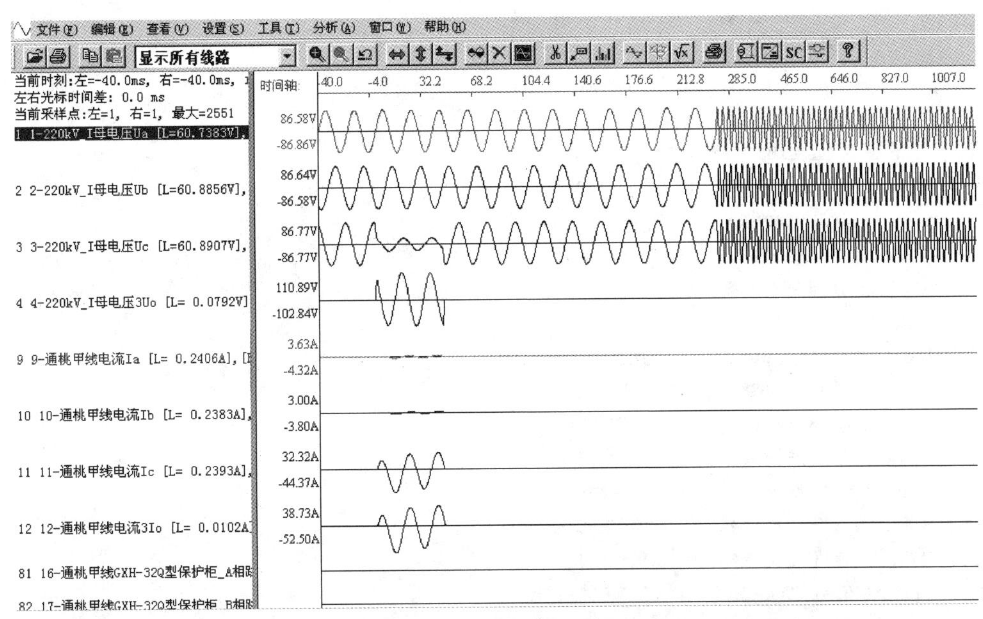

图 Z11F5008Ⅱ-7　某变电站实际发生的 C 相单相接地故障录波波形

利用故障录波器管理机上的后台分析软件对图 Z11F5008Ⅱ-7 所示的故障录波数据进行故障分析，其分析结果见表 Z11F5008Ⅱ-1。通过分析报告，可较清楚地了解故障线路、故障类型、故障点、断路器动作情况等信息。

表 Z11F5008Ⅱ-1　　故障录波器对故障数据的故障分析结果

故障分析简表

电站名称：某 220kV 变电站 1461 号录波器
故障线路：甲线
相对时间 0ms 对应的绝对时刻：2009 年 06 月 22 日 15 时 06 分 24 秒 365.800ms
第 0001 段：（采样点号：从 1 点～1400 点）
故障开始点：201 点
故障开始时间：0.0ms
故障相别：C　N
故障结束点：447 点
断路器跳闸时间：49.2ms
故障距离：10.359km
二次侧电抗：0.3458 2Ω
故障前一周波的母线电压有效值：
A 相：（一次值＝133.711kV）；（二次值＝60.778V）
B 相：（一次值＝134.225kV）；（二次值＝61.011V）
C 相：（一次值＝134.383kV）；（二次值＝61.083V）
N：（一次值＝1.536kV）；（二次值＝0.698V）
故障前一周波的故障电流有效值：
A 相：（一次值＝0.058kA）；（二次值＝0.240A）
B 相：（一次值＝0.057kA）；（二次值＝0.238A）
C 相：（一次值＝0.051kA）；（二次值＝0.210A）
N：（一次值＝0.012kA）；（二次值＝0.050A）
故障时的母线电压有效值：
A 相：（一次值＝135.077kV）；（二次值＝61.399V）
B 相：（一次值＝131.032kV）；（二次值＝59.560V）
C 相：（一次值＝54.098kV）；（二次值＝24.590V）
N：（一次值＝82.960kV）；（二次值＝37.709V）
故障时的故障电流有效值：
A 相：（一次值＝0.574kA）；（二次值＝2.391A）
B 相：（一次值＝0.465kA）；（二次值＝1.937A）
C 相：（一次值＝5.660kA）；（二次值＝23.585A）
N：（一次值＝6.690kA）；（二次值＝27.874A）

续表

故障后一周波的母线电压有效值：
A 相：（一次值 = 133.277kV）；（二次值 = 60.580V）
B 相：（一次值 = 130.448kV）；（二次值 = 59.294V）
C 相：（一次值 = 40.948kV）；（二次值 = 18.613V）
N：（一次值 = 94.660kV）；（二次值 = 43.027V）
故障后一周波的故障电流有效值：
A 相：（一次值 = 0.603kA）；（二次值 = 2.511A）
B 相：（一次值 = 0.502kA）；（二次值 = 2.090A）
C 相：（一次值 = 5.809kA）；（二次值 = 24.206A）
N：（一次值 = 6.895kA）；（二次值 = 28.730A）

==

第 0002 段：（采样点号：从 1401 点～2400 点），本段无故障
第 0003 段：（采样点号：从 2401 点～2551 点），本段采样率 = 50Hz，小于 600Hz，不做分析!
开关量变位清单：
第 083 通道：18–甲线 GXH—32Q 型保护柜_C 相跳闸：
　第 001 次变位：相对时间 = 17.2ms，采样点 = 286
　第 001 次复位：相对时间 = 79.6ms，采样点 = 598
第 088 通道：23–甲线 GXH—32F 型保护柜_C 相跳闸：
　第 001 次变位：相对时间 = 19.4ms，采样点 = 297
　第 001 次复位：相对时间 = 77.4ms，采样点 = 587
第 091 通道：26–甲线 GXH—32F 型保护柜_重合闸：
　第 001 次变位：相对时间 = 1090.0ms，采样点 = 2250
　第 001 次复位：相对时间 = 1148.0ms，采样点 = 2308
第 094 通道：29–甲线 GXH—32F 型保护柜_C 相出口：
　第 001 次变位：相对时间 = 27.2ms，采样点 = 336
第 095 通道：30–甲线 GXH—32F 型保护柜_重合闸出口：
　第 001 次变位：相对时间 = 1094.0ms，采样点 = 2254
　第 001 次复位：相对时间 = 1151.0ms，采样点 = 2311

可以利用后台软件对图 Z11F5008Ⅱ–7 所示的故障录波数据进行进一步分析，如进行谐波含量分析、故障过程中故障线路的电压、电流相量分析等，以相量分析为例，如图 Z11F5008Ⅱ–8 所示。由图可以方便地了解故障电压、故障电流的相量关系，是一种良好的故障分析手段。

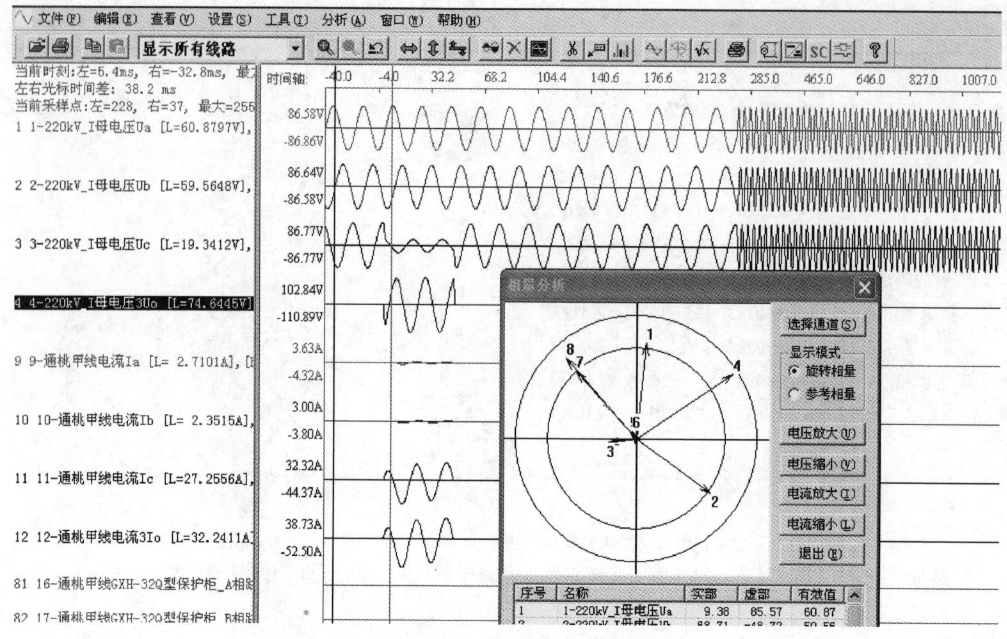

图 Z11F5008Ⅱ-8 故障录波器的相量分析功能

【思考与练习】

1. 故障录波装置的启动方式有几种？

2. 故障录波装置录波数据分几段？记录时间分别是多少？

模块 2 故障录波装置调试的安全和技术措施（Z11F5009Ⅱ）

【模块描述】本模块包含故障录波装置调试的工作前准备和安全技术措施。通过要点归纳、图表举例，掌握故障录波装置现场调试的危险点预控及安全技术措施。

【模块内容】

一、调试前工作准备

调试人员在调试前要做四个方面的准备工作：准备仪器、仪表及工器具；准备好装置故障维修所需的备品备件；准备调试过程中所需的材料；准备被调试装置的图纸等资料。

1. 仪器、仪表及工器具

故障录波装置调试所需的仪器、仪表及工器具应包含以下几种：组合工具、电缆盘（带剩余电流动作保护器）、计算器、绝缘电阻表、微机型继电保护测试仪、钳形相位表、试验接线、数字万用表等，使用的仪器、仪表经检验合格且在有效期范围内。

2. 备品备件

为了在检验过程中及时更换故障器件，调试前应准备充足的备品备件，故障录波器调试所需的备品备件主要有：电源插件、DSP 板、CPU 板，不同型号的装置可能会因为结构不同，备品备件也不一样，调试人员应根据装置的实际情况确定。

3. 材料

调试用材料主要有绝缘胶布、自粘胶带、小毛巾、中性笔、口罩、手套、毛刷等。

4. 图纸资料

调试用的图纸资料主要有：与现场运行装置版本一致的装置技术说明书、装置及二次回路相关图纸、调度机构下发的定值通知单、上次装置检验报告、调试规程、作业指导书等资料。

二、与运行设备相连的回路进行的准备

故障录波器装置与运行设备的连线较多，应做好如下准备工作：

（1）注意查看图纸，明确故障录波器与各电压互感器、各间隔电流互感器的连接情况。

（2）对于直接连接互感器的连线，应做好断开电压互感器、封电流互感器的准备，如绝缘胶布、短接线或短接片等。

（3）对于并联或串联在运行设备后的二次回路连线，应确定断开点。

（4）根据图纸，明确故障录波器开入触点与其他运行设备的连线。

（5）可根据图纸，提前编写二次安全措施票，调试时将其与故障录波器实际接线对照，查看有无接线错误。

三、安全技术措施

安全技术措施是为了规范现场人员作业行为，防止在调试过程中发生人身、设备事故而制定的安全保障措施。在装置调试工作开始前，办理开工手续时，同时应填写继电保护安全措施票，并组织全体调试人员学习，在调试工作过程中严格遵守。安全技术措施的一项重要内容是危险点分析及采取的相应安全控制措施。

1. 人身触电

（1）误入带电间隔。控制措施：工作前应熟悉工作地点、带电部位。检查现场安全围栏、安全警示牌和接地线等安全措施。

（2）接、拆低压电源。控制措施：必须使用装有漏电保护器的电源盘。螺丝刀等工具金属裸露部分除刀口外包绝缘。接拆电源时至少有两人执行，必须在电源开关拉开的情况下进行。临时电源必须使用专用电源，禁止从运行设备上取得电源。

（3）电流互感器二次开路。控制措施：工作人员之间应对照图纸，确认电流二次回路现场接线与图纸一致，并在将电流回路封死，经第二人检查无误后方可断开。

2. 继电保护“三误”

防“三误”事故的安全技术措施如下：

（1）现场工作前必须做好充分准备，内容包括：

1）了解工作地点一、二次设备运行情况，本工作与运行设备有无直接联系。

2）工作人员明确分工并熟悉图纸与检验规程等有关资料。

3）应具备与实际状况一致的图纸、上次检验记录、最新整定通知单、检验规程、合格的仪器仪表、备品备件、工具和连接导线。

4）工作前认真填写安全措施票。

5）工作开工后先执行安全措施票，由工作负责人负责做的每一项措施要在“执行”栏做标记；校验工作结束后，要持此票恢复所做的安全措施，以保证完全恢复。

6）不允许在未停用的故障录波装置上进行试验和其他测试工作。

7）只能用整组试验的方法，即由电压电流端子通入与故障情况相符的模拟故障量，检查装置回路及整定值的正确性。不允许用卡继电器触点、短路触点等人为手段作故障录波装置的整组试验。

8）在校验故障录波装置及二次回路时，凡与其他运行设备二次回路相连的连接片和接线应有明显标记，并按安全措施票仔细地将有关回路断开或短路，做好记录。

9）在清扫运行中设备和二次回路时，应认真仔细，并使用绝缘工具（毛刷、吹风机等），特别注意防止振动，防止误碰。

10）严格执行风险分析卡和继电保护作业指导书。

（2）现场工作应按图纸进行，严禁凭记忆作为工作的依据。如发现图纸与实际接线不符时，应查线核对。需要改动时，必须履行如下程序：

1）先在原图上做好修改，经主管继电保护部门批准。

2）拆动接线前先要与原图核对，接线修改后要与新图核对，并及时修改底图，修改运行人员及有关各级继电保护人员的图纸。

3）改动回路后，严防寄生回路存在，没用的线应拆除。

4）在变动二次回路后，应进行相应的试验，确认回路极性及整定值完全正确。

（3）故障录波装置调试的定值，必须根据最新整定值通知单规定，先核对通知单与实际设备是否相符（包括装置型号、互感器接线、变比等）。定值整定完毕要认真核对，确保正确。

3. 通信干扰

保护室内使用无线通信设备，易造成其他正在运行的保护设备不正确动作。

控制措施：不在保护室内使用无线通信设备，尤其是对讲机。

4. 反送电事故

录波器屏顶电压小母线带电，易发生电压反送事故或引起人员触电。

控制措施：断开交流二次电压引入回路。并用绝缘胶布对所拆线头实施绝缘包扎。

5. 误跳运行断路器

二次通电时，电流可能通入其他保护装置，可能误跳运行断路器。

控制措施：注意看图，如回路中有至其他保护的串联电流回路，必须有明显的断开点。

6. 集成块和插头损坏

带电插拔插件，易造成集成块损坏。频繁插拔插件，易造成插件插头松动。

控制措施：插件插拔前关闭电源。

7. 后台管理机感染病毒

故障录波器后台管理机感染病毒，造成机器不能正常工作。

控制措施：① 管理机应安装防病毒软件，定期升级；② 避免使用文件拷贝方式，使用的 U 盘等需经杀毒处理；③ 采用嵌入式操作系统。

四、二次安全措施票举例

二次安全措施票举例见表 Z11F5009Ⅱ-1。

表 Z11F5009Ⅱ-1　　　现场工作安全技术措施票

工作内容：WGL-9000+故障录波器全部校验（仅供参考）				
序号	安全措施内容 （打开的线缆一律包好）	备　注	打“√”	
			执行	恢复
1	断开　A631Ⅰ　　1D-1	Ⅰ母 A 相二次电压		
2	断开　B631Ⅰ　　1D-2	Ⅰ母 B 相二次电压		
3	断开　C631Ⅰ　　1D-3	Ⅰ母 C 相二次电压		
4	断开　L630Ⅰ　　1D-4	Ⅰ母二次开口电压 L		
5	断开　N600　　1D-5	Ⅰ母中性点接地		
6	断开　A631Ⅱ　　1D-9	Ⅱ母 A 相二次电压		
7	断开　B631Ⅱ　　1D-10	Ⅱ母 B 相二次电压		
8	断开　C631Ⅱ　　1D-11	Ⅱ母 C 相二次电压		

续表

序号	安全措施内容 （打开的线缆一律包好）	备　注	打“√”	
			执行	恢复
9	断开　L630Ⅱ　　1D–12	Ⅱ母二次开口电压L		
10	断开　N600　　1D–13	Ⅱ母中性点接地		
11	短路：甲线A4051、B4051、C4051、N4051（即短路1D–17、1D–18、1D–19、1D–24）并打开A4051、B4051、C4051、N4051所接端子排上的电流连接片，使外部电流回路与录波器隔离	电流回路封死		
12	短路：乙线A4051、B4051、C4051、N4051（即短路1D–25、1D–26、1D–27、1D–32）并打开A4051、B4051、C4051、N4051所接端子排上的电流连接片，使外部电流回路与录波器隔离	电流回路封死		
13	短路：甲线A4051、B4051、C4051、N4051（即短路1D–33、1D–34、1D–35、1D–40）并打开A4051、B4051、C4051、N4051所接端子排上的电流连接片，使外部电流回路与录波器隔离	电流回路封死		
14	断开信号正电源：+SM			
15	记录空开位置：			
16	******	*****	***	***

执行日期		恢复日期		填票人		审核人		执行人		监护人	

【思考与练习】

1. 故障录波装置调试工作的危险点有哪些？如何预防？
2. 故障录波装置与其他保护装置调试工作的危险点有何不同？

◢ 模块3　故障录波装置的调试（Z11F5010Ⅱ）

【模块描述】本模块包含故障录波装置调试的主要内容。通过要点归纳、图表举例、分析说明，掌握故障录波装置调试的作业程序、调试项目、各项目调试方法等内容。

【模块内容】

现场工作程序一般分为以下几个步骤：工作前准备、办理工作票、填写安全措施票、装置调试、填写工作记录簿、办理工作结束手续。

一、作业流程

故障录波器的调试作业流程如图 Z11F5010Ⅱ–1 所示。

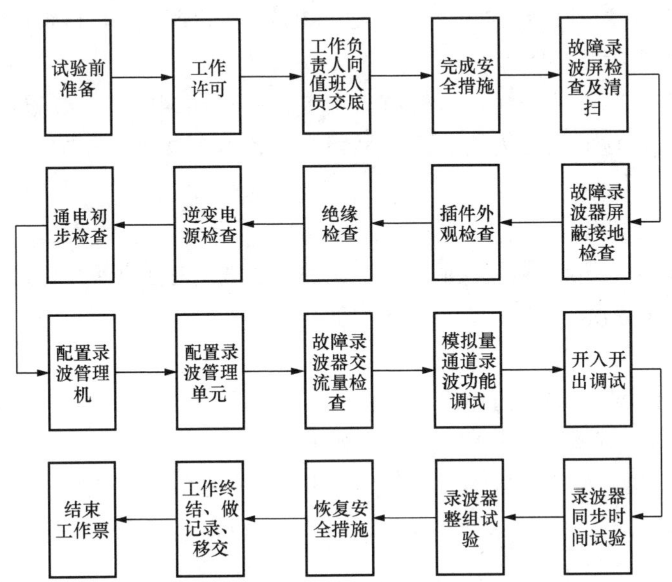

图 Z11F5010Ⅱ–1　故障录波器调试作业流程

二、调试项目及技术要求

故障录波装置的调试主要包含以下内容：外观及接线检查，绝缘电阻测试，逆变电源的检验，通电初步检验，定值整定，交流量的调试，录波功能调试，开入、出量调试，整组实验，录波器通信与组网检验。下面以 ZH–3 型录波器为例进行描述。

1. 装置通电前检查

通电前对装置整体做外观检查，目的是检查装置在出厂运输以及现场安装过程中是否有损坏的地方，以及屏体接线是否与设计图纸相符，屏体安装布置是否满足技术协议要求等，以保证装置在通电前的完好性。具体检查内容如下：

（1）检查装置型号、参数与设计图纸是否一致，装置外观应清洁良好，无明显损坏及变形现象。

（2）检查屏柜及装置是否有螺丝松动，特别是电流回路的螺丝及连片，不允许有丝毫松动的情况。

（3）对照说明书，检查装置插件中的跳线是否正确。

（4）检查插件是否插紧。

（5）装置的端子排连接应可靠，且标号应清晰正确。

（6）按钮、键盘等应操作灵活、手感良好，打印机连接正常。

（7）装置外部接线和标注应符合图纸的要求。

（8）检查故障录波器装置引入、引出电缆是否为屏蔽电缆，检查全部屏蔽电缆的屏蔽层是否两端接地。

（9）检查屏底部的下面是否构造一个专用的接地铜网格，装置屏的专用接地端子是否经一定截面铜线连接到此铜网格上，检查各接地端子的连接处连接是否可靠。

2. 绝缘电阻试验

检查故障录波器屏体内二次回路的绝缘性能，试验前注意断开有关回路连线，防止高电压造成设备损坏。

（1）试验前准备工作。

1）在端子排处断开直流电源、交流电流、电压回路外部连线，以及录波装置与其他装置的有关连线，断开打印机与装置的连接。

2）在录波装置端子排内侧分别短接交流电压回路端子、交流电流回路端子、直流电源回路端子、开关量输入回路端子、远动接口回路端子及信号回路端子。

（2）绝缘电阻检测。

1）交流回路对地、交流回路之间、交流回路与直流回路之间用1000V绝缘电阻表测量，施加时间不小于5s，绝缘电阻不小于10MΩ。

2）直流回路对地用1000V绝缘电阻表测量，施加时间不小于5s，绝缘电阻不小于10MΩ。

3）电源回路对地、电源回路之间用1000V绝缘电阻表测量，施加时间不小于5s，绝缘电阻不小于10MΩ。

试验后应将各回路对地放电。

3. 装置上电检查

检查装置上电后的运行状态是否正常，试验人员主要观察面板指示灯、液晶显示、打印机状态等。

装置电源接通后，检查装置各信号指示灯是否正常。正常时“运行”“电源”灯应该亮，“录波”“故障”灯熄灭，软件运行界面应正常，无异常告警，打印装置应正确连接，时钟应正常显示。

4. 配置录波管理机

打开录波管理机软件界面，设置录波单元的基本参数、运行环境参数和用户权限，如图 Z11F5010Ⅱ–2 所示。

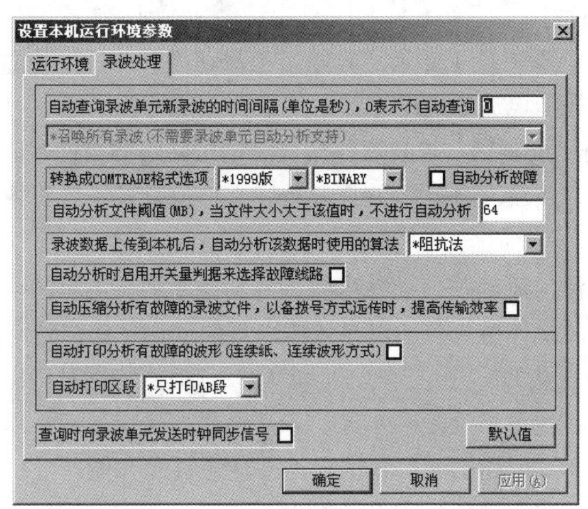

图 Z11F5010Ⅱ–2　录波单元的基本参数

5. 配置录波管理单元

打开录波单元管理菜单，设置录波单元有关参数和输入定值。

（1） 参数设置。内容包括录波装置参数、一次设备参数、模拟量通道、开关量通道、运行参数等，如图 Z11F5010Ⅱ–3 所示。

（2） 调整装置日期与时钟，设定正确的时钟后，录波管理机先修改本机时钟，再向录波单元发送对时命令，将录波单元时钟与录波管理机时钟同步。

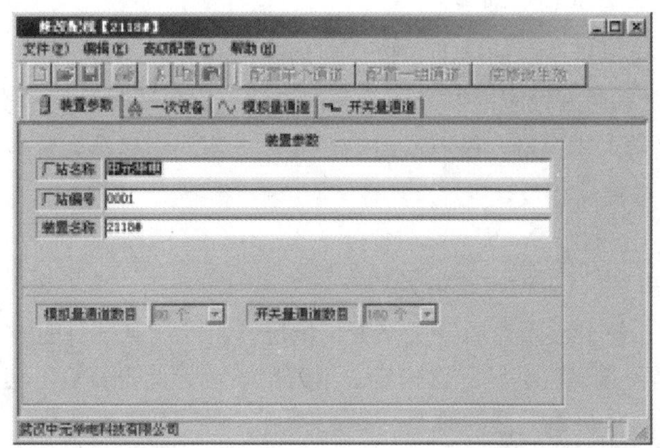

图 Z11F5010Ⅱ–3　故障录波器一次设备、模拟量、开关量等参数设置

（3）输入定值。按照省调下发的定值单进行整定。

（4）装置软件版本核查。软件版本应与省公司要求版本一致，否则要求生产厂家进行更换。

6. 交流量的调试

（1）静态波形试验。使电压通道短路，电流通道开路，手动启动录波，打开波形文件，观察各个电压、电流通道的零漂，均应在规定值范围内。

（2）交流通道精度测试。将装置各相交流电压回路同极性并联，分别加入测试电压，手动启动录波，用录波分析软件打开录波文件检查各通道有效值。其数值误差均在允许值范围内。

将装置各相交流电流回路顺极性串联，分别通入测试电流，手动启动录波，用录波分析软件打开录波文件检查各通道有效值。其数值误差均在允许值范围内。

（3）相位一致性检查。在进行（1）和（2）项检查的同时，由显示或打印的波形中可观测各路电压、电流极性是否一致，若某路极性接反，应予以纠正；在输入电压和电流同相位时，所有回路的相位角的误差不能超过允许值。

连续三次录波，如有效值误差及角度误差均满足要求，则精度测试通过。此三次录波文件要求存档。

（4）谐波可观测性检查。任选一相交流电压回路，分别通入 20% 或不同比例的二次、三次、五次、七次谐波，装置应可靠不启动；手动启动录波后，应能明显地观测到相应的谐波波形。

（5）直流通道精度测试。将量程相同的直流电压通道同极性并联，将量程相同的直流电流通道顺极性串联，并分别接入测试仪的直流电压和直流电流输出端。

根据其量程，设定若干个测试点，测量值与输入值的误差应满足要求。

7. 模拟量通道录波功能调试

设定被测试模拟量通道的启动定值，而清除所有其他定值。对过量启动的，用测试仪按定值的 105%通入相应模拟量，每项定值做三次启动实验，三次均启动为合格；再按定值的 95%通入模拟量，做三次启动实验，三次均不启动为合格。欠量启动的，所加动作量与过量启动相反。

8. 开入、开出调试

（1）开入信号调试。设定定值为所有开关量通道启动。依次短接或断开开关量，装置应启动录波。打开波形查看开关量变位情况，将此测试项目的波形文件存档。

（2）开出信号调试。装置异常告警。用万用表测量此告警输出触点，在下列情况下该节点动作：装置失电、故障灯亮、电源异常、装置自身异常时。

9. 整组试验

（1）模拟故障录波。将录波器启动定值全部投入，并输入相应的线路参数，交流电压交流电流端子接入保护测试仪相应的输出。打开打印机的电源，确保打印机与装置正常连接，有打印纸并安装正确。测试仪可以采用整组实验方法模拟线路故障，故障线路的参数必须与录波器设置的一致。故障类型为单相接地、两相短路、两相接地短路、三相短路，每种故障类型设定测试仪距离或阻抗值为线路总长的5%、50%、100%。每次故障模拟，装置应能够可靠启动，并能正确判别故障类型，能自动进行正确的故障测距。

（2）波形分析及故障报告。装置录波后，管理机应当可以自动从录波器上召唤本次录波，从管理机软件下部的“故障文件”页面可以看到此次录波，以及故障线路、故障相别、故障距离。通过该数据上可以查看故障报告，打开波形，并检查波形是否正常。

装置录波后，应该可以自动打印故障报告和故障波形图。检查报告和波形的内容是否正确。故障报告内容应包含以下内容或部分内容：故障线路名、故障绝对时间、故障相别、故障类型、故障距离、保护动作时间、断路器动作时间、故障前一周波电流电压有效值、故障第一周波电流电压有效值、故障第一周波电流电压峰值、断路器重合时间、再次故障时间、再次跳闸相别、再次保护动作时间、再次跳闸时间。

只有以上操作都正常，且故障线路正确、故障相别相同，测距结果误差小于 2%才算合格。

10. 录波器时间同步试验

在做时间同步试验前，首先必须保证 GPS 装置工作正常（网络对时不需要 GPS，不考虑）。一般要求 GPS 必须与卫星正常同步，GPS 天线的接收头安装在建筑物的屋顶，四周开阔，附近没有高大建筑物遮挡天空。

在管理机上修改装置时间为不正确的时间。但必须注意：IRIG–B 对时只能校正月、日、时、分、秒及秒以下的时间，所以修改时必须保证年份正确。分脉冲（PPM）对时只能校正秒及秒以下的时间，所以修改时必须保证年、月、日、时、分正确。秒脉冲（PPS）对时只能校正秒以下的时间，所以修改时必须保证年、月、日、时、分、秒正确，或者与串口对时、网络对时同时使用，由串口对时、网络对时校正大时间。大部分串口对时协议都可以校正完整的时间，但串口对时可能有若干毫秒的误差。试验时，建议保持年、月、日正确。网络对时可以校正完整的时间，但同样可能存在毫秒级的误差。等待 3～10min，检查录波器的时间是否与 GPS 一致，如果一致则合格，否则不合格。

11. 装置异常及处理

以下是典型故障录波器几种常见异常及处理方法。

（1）频繁启动录波。打开录波管理机主程序，仔细查看每个录波数据提示的启动信息。根据启动信息的提示，适当地调整对应的定值的大小。

（2）不能启动录波。打开录波数据查看是否有采样信号波形，如没有波形或波形不正常，请检查外部接线是否正确，使用万用表测量端子排输入端是否正常，在排除外部问题后，如果故障不能消失，则可能是接入插件或变送器故障。

（3）液晶屏幕无显示。检查电源是否接入，使用万用表测试电源电压是否正确，电源开关是否合上。

（4）录波单元异常处理。录波单元死机，检查电源系统是否正常。

1）通信故障灯亮，表示与DSP通信故障。请首先确认DSP插件与CPU插件之间的通信线是否松动。

2）硬盘故障灯亮，表示硬盘故障。

（5）管理机与录波单元通信异常。如果录波单元指示正常，但管理机无法正常与录波单元通信，则：

1）检查网络插件上的网线是否连接可靠，其中连接录波单元和录波管理机的网口，都应该是绿色指示灯亮，否则可能是网线故障或网络插件故障。

2）检查“录波管理机”和“录波单元”的IP地址、子网掩码设置是否正确。

12. 填写试验报告

最后，向运行人员交代测试结果，调试结论填写在记录本上。

【思考与练习】

1. 简述典型故障录波装置的调试步骤。

2. 故障录波装置频繁启动如何处理？

◢ 模块4 故障信息系统调试及维护（Z11F5011Ⅱ）

【模块描述】本模块介绍了故障信息系统。通过原理讲解、要点归纳、图例示意，熟悉故障信息系统的工作原理，掌握系统调试流程及方法。

【模块内容】

一、故障信息系统原理

（一）故障信息系统的基本原理及配置原则

故障信息系统是利用网络通信技术，将变电站内二次装置（继电保护、故障录波器等）与调度端设备连接起来，实现变电站内二次装置的实时、非实时运行和故障信息采集、转发、数据分析等功能；实现本地和远方调度中心在电网故障时的装置运行状态监视和故障信息采集和记录，并具备保护设备管理及故障计算、整定计算、故障测距、录波数据分析等故障综合分析处理功能的系统。通过此系统，为继电保护、调度等专业人员快速分析、判断保护动作行为、处理电网事故提供技术支持，实现继电保护装置运行、管理的自动化和智能化。GB/T 14285—2006《继电保护和安全自动装置技术规程》中规定：为使调度端能全面、准确、实时地了解系统事故过程中继电保护装置的动作行为，应逐步建立继电保护及故障信息管理系统。《国家电网公司二次系统典型设计》明确故障信息系统配置原则为500kV变电站、220kV变电站配置一套故障信息管理系统。

（二）典型的故障信息系统

故障信息系统一般由主站系统、子站系统、通信网络三部分组成。

1. 主站系统

主站系统设置在网、省公司或地区调度端，是故障信息系统中数据查询、检索、存储、备份等数据处理的核心及主子站数据的传输任务的控制单元。主站系统包括数据服务器、通信服务器、保护工作站、调度工作站及相关的接口设备等。主站系统结构如图Z11F5011Ⅱ-1所示。

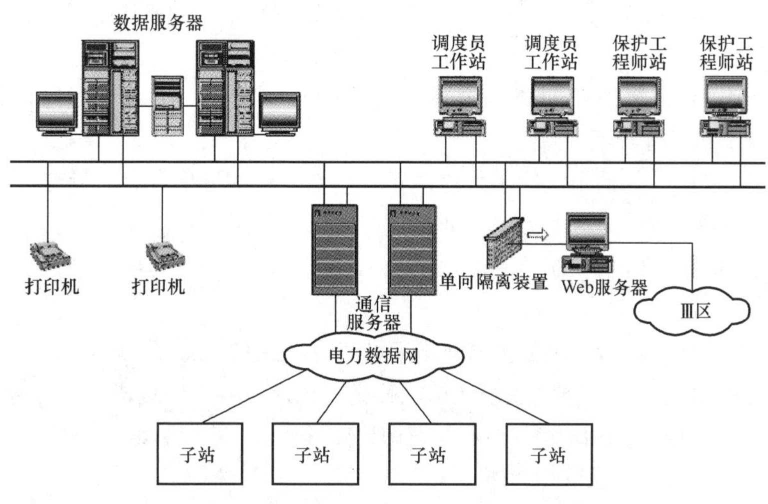

图Z11F5011Ⅱ-1　故障信息系统主站系统结构

主站系统一般应实现如下功能：

（1）与不同电压等级的不同厂家的子站系统通信。主站系统能够与不同厂家、不同型号的子站系统进行通信，宜采用遵循Q/GDW 273—2009《继电保护故障信息处理系统技术规范》规定的主——子站系统通信方式，条件具备时支持具备统一模型的、不依赖于特定通信协议的标准的无缝通信体系。

（2）图形界面和建模。主站系统能显示电网带有保护配置的一次接线图，并根据需要显示地理接线图、通信状态图，图元外观符合相关国家标准或得到用户认可；能在图形界面上方便地查看一、二次设备的属性，特别是保护和录波器要求能查看其能提供的所有有用的准实时和历史数据；能召唤装置内的信息；能提供方便的图模一体化的绘图建模工具，能支持图形描述文件的导入导出。

（3）数据库管理与维护。应采用技术成熟的商用数据库管理系统。数据库管理系统应支持并发访问、分布冗余，并保证数据一致性、完整性和有效性。提供图形化的数据库管理和维护工具，可进行数据库结构维护、数据备份、数据导入导出、数据库存取管理等工作。可查看存储空间状况、数据存储状态等，存储空间报警阈值等参数可设定。

（4）监视连接子站的通信情况。主站系统能够实时监视主站系统与其连接的各个子站系统的通信情况，能使用图形化界面直观地显示；当主站系统与子站系统通信出现异常时，能以告警形式反映，并在图形界面上清晰地标出出现异常的子站系统位置和异常内容；能定期生成所有接入子站系统通信状态报告。

（5）主站系统运行环境监测。运行环境监测主要包括资源监视、进程监视、网络监视和工具软件。

1）资源监视：包括CPU的使用率、内存容量、系统占用内存的容量、磁盘空间等，并有提示和告警功能。

2）进程监视：包括系统应用程序的运行状态、进程退出告警、特定进程的自动巡检、核心进程的全程自动监视和管理。

3）网络监视：包括实时监测主站系统网络节点的启动和退出，并给出提示告警信息。

4）工具软件：包括系统配置、网络流量监视、报文监视与记录工具。

（6）主站系统通过与子站系统通信能够完成包括召唤、控制、初始化配置等功能。此外主站系统还能实现故障信息归档与查询、波形分析、双端测距、继电器特性分析、Web发布及与其他系统通信等功能。

（7）事件告警。主站系统收到来自子站的事件信息，支持分层、分类、分级告警。用户能够按装置和事件类型设置是否告警及告警方式。告警方式包括图形闪烁、推事故画面、语音报警、音响报警、入历史事件库、入实时告警窗等多种处理手段。提供故障简报告警。

1）分层告警。当电网发生故障时，在地理图上反映发生故障的厂站/线路，厂站图标/线路闪烁告警。进入厂站接线图后，接线图上发生故障的元件和保护图标闪烁告警。

2）分类告警。可以根据保护信息类型显示告警。保护信息类型一般可分为保护告警、保护动作、保护自检、故障简报、故障波形等。

3）分级告警。可以根据子站对于保护信息分级后的优先等级告警。

（8）定值及运行状态管理。召唤保护装置的当前定值区定值、指定定值区定值（装置支持）、分 CPU 召唤定值（装置支持）；可召唤定值区号、软压板、硬压板、保护测量量等。

定值核对：系统可以设定巡检周期，定期自动召唤装置当前运行的定值，与数据库中存储的定值基准进行核对并反馈核对结果。

（9）统计分析。实现运行情况统计、异常情况统计、故障情况统计以及其他数据统计功能；支持多种查询方式访问统计结果；以报表形式显示统计分析结果。

（10）故障测距计算。主站系统能够利用接收到的故障录波器录波数据，自动或手动完成单端和双端测距计算。

（11）故障信息自动归档。主站系统能够对接收到的信息按同一次故障进行准实时的自动归档，形成事故报告并将结果存档。归档内容包括故障时间、故障元件、故障类型、保护动作事件报告和录波报告、重合情况及故障录波器录波报告等。事故报告内容包括故障时间、故障元件、故障类型、保护动作情况、重合情况及故障距离等。可以按时间、故障元件查询已归档的汇总结果、事故报告。

（12）检修状态信息的处理。对标志有检修状态的信息，主站系统能按用户要求进行处理。

（13）通过 Web 方式向 MIS 网发布故障信息。主站系统能够通过单向逻辑隔离措施向 MIS 网发布故障信息，信息以 Web 方式浏览，即实现安全Ⅱ区到安全Ⅲ区的单向数据发布。

（14）保护工程师与调度员工作站的功能。保护工程师站安装有主站系统客户端软件，是主站系统的人机界面，能够实现所有主站系统功能，并能完成主站系统的配置、备份和其他维护工作。

调度员工作站安装有精简的主站系统客户端软件，可以订阅和监视调度员关心的信息，帮助调度员对电网故障快速反应。

（15）远程子站系统维护。主站系统能够远程登录子站系统，对子站系统进行维护，能够完成数据查询、数据备份、数据导入、参数设置一系列操作。

（16）高级应用（可选）。主站系统除了接收来自子站的信息之外，还应合理应用所收到的信息，实现以下高级应用功能：

1）波形分析：能够对从子站接收到的COMTRADE格式录波文件进行波形分析，能以多种颜色显示各个通道的波形、名称、有效值、瞬时值、开关量状态，能对单个或全部通道的波形进行放大缩小操作，能对波形进行标注，能局部或全部打印波形，能自定义显示的通道个数，能显示双游标，能正确显示变频分段录波文件，能进行向量和谐波分析。

2）测距：能够利用从子站接收到的COMTRADE格式录波文件进行单、双端测距，金属性故障单端测距误差应在±3%以内。

3）继电器特性分析：能够利用主站系统数据库内的特征值绘制出继电器特性图形，并利用从子站接收到的COMTRADE格式录波文件在继电器特性图形上绘制出故障的阻抗变化轨迹，变化速度可调节，对进入动作区域的阻抗点，能以醒目的颜色标示。能够自定义继电器特性图形模板，能够对已有的模板进行增加和删除操作。

（17）强制召唤。主站系统能够要求子站即刻上传指定装置的信息。强制召唤的内容包括保护动作事件、保护定值、保护和录波器的录波数据。

（18）权限认证。主站系统拥有完整且严格的权限认证体系。用户可以根据实际分工需要自定义用户和用户组名称及其权限。主站系统的所有登录、查询、召唤、配置、初始化和控制功能都要求有相应的权限才能进行。

（19）远程控制（可选）。根据用户实际需求主站系统能够支持远程控制功能。远程控制命令要求操作员拥有相关权限，并经过监护人确认才能下发，必须通过选择和返校过程才能执行，执行结果回送主站系统。每个步骤主站系统和子站系统都必须留有详细日志记录，以备后查。

远程控制功能通常包括以下几种：

1）定值区切换：主站系统能够通过必要的校验、返校步骤，完成对子站中的指定装置的定值区切换操作，使其工作的当前定值区实时改变。

2）定值修改：主站系统能够通过必要的选择、返校步骤，完成远方对指定装置的定值修改操作，使其保存的定值实时改变。应支持批量的定值返校和批量的定值修改操作。

3）软压板投退：主站系统能够通过必要的选择、返校步骤，完成远方对指定装置的软压板投退操作，使其软压板状态实时改变。应支持批量的软压板返校和批量的软压板投退操作。

2. 子站系统

故障信息系统的子站设置在变电站内，是故障信息系统中的信息收集及处理单元。子站系统包括子站主机以及连接网络型设备需要的逻辑隔离措施和连接串口型设备需要的串口服务器。子站系统结构如图Z11F5011Ⅱ-2所示。

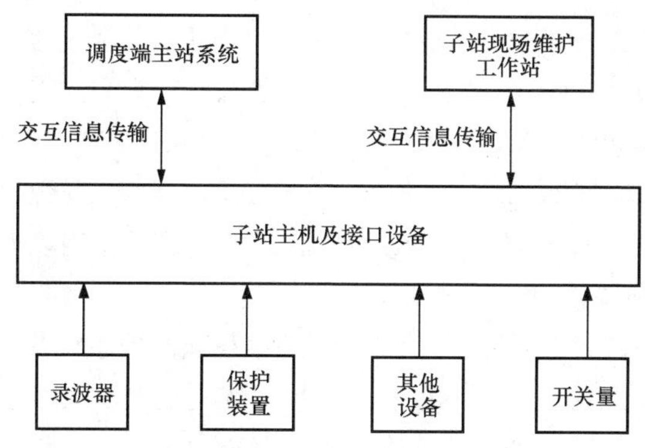

图 Z11F5011Ⅱ–2　故障信息系统子站系统结构

子站系统一般实现如下功能：

（1）监视子站系统所连接的装置的运行工况及装置与子站系统的通信状态，监视与主站系统的通信状态。

（2）完整地接收并保存子站系统所连接的装置在电网发生故障时的动作信息，包括保护装置动作后产生的事件信息和故障录波报告。

（3）可响应主站系统召唤，将子站系统的配置信息传送到主站系统。能够根据主站系统的信息调用命令上送子站系统详细信息，也可根据主站的命令访问连接到子站系统上的各个装置。

（4）可对保护装置和故障录波器的动作信息进行智能化处理，包括信息过滤，信息分类及存储。

（5）可以向变电站内当地监控系统传送保护装置动作信息，宜采用 IEC 60870–5–103 规约。在总线型网络轮询方式下，子站系统应采取一定的手段保证保护事件的及时收取，并在最短时间送到监控系统，以满足监控系统的实时性要求。

（6）遵循 Q/GDW 273—2009《继电保护故障信息处理系统技术规范》规定的主——子站系统通信规范，向主站传送信息，并保证传送的信息内容与对应的接入设备内信息内容一致。

（7）子站维护工作站应能以图形化方式显示子站系统信息，并提供友好的人机交互界面。

3. 通信网络

（1）子站系统应能支持同时向不少于 4 个主站系统传送信息。向主站系统传输网络优先采用电力数据网通道，不宜采用网络拨号方式。在无电力数据网的厂站使用 2M 专线方式。

（2）子站系统与串口型设备的通信。可通过子站主机自身提供的串口或经串口服务器扩展的串口以RS–232或RS–485方式与保护装置或故障录波器相连。

由于采用RS–485总线形式通信的规约一般都是轮询方式工作，为保证通信质量和实时性，每个RS–485通信口接入的设备数量不宜超过8个。

（3）子站系统与故障录波器的通信。若故障录波器接入子站系统，不单独组网，则子站系统与故障录波器通过以太网或者串口连接，推荐采用以太网。多台录波器单独组网，不与保护装置共网。

（4）子站系统与监控系统的通信。当子站系统从监控系统获取保护信息时，子站系统与监控系统之间可通过以太网或串口连接，优先采用以太网连接。

（5）子站系统与子站维护工作站的通信。子站主机与维护工作站通过以太网直接连接。维护工作站仅与子站系统连接，不与站内外其他设备有通信连接。

二、故障信息系统调试的安全和技术措施

（一）调试前准备

调试人员在调试前要做4个方面的准备工作：准备仪器、仪表及工器具；准备好装置故障维修所需的备品备件；准备调试过程中所需的材料；准备被调试装置的图纸等资料。

1. 仪器、仪表及工器具

调试所需的仪器、仪表及工器具应包含以下几种：组合工具、电缆盘（带漏电保安器）、计算器、绝缘电阻表、微机型继电保护测试仪、钳形相位表、试验接线、数字万用表、模拟断路器等。为保障试验结果的准确性，要求使用的仪器、仪表经检验合格且在有效期范围内。

2. 备品备件

为了在检验过程中及时更换故障器件，调试前应准备充足的备品备件，一般故障信息系统装置应准备下列备品备件：电源插件、CPU、通信板。不同型号的装置可能会因为硬件结构不同，备品备件也不一样，调试人员应根据装置的实际情况相应确定。

3. 材料

调试用材料主要有：绝缘胶布、自粘胶带、小毛巾、中性笔、口罩、手套、毛刷、独股塑铜线等。

4. 图纸资料

调试用的图纸资料主要有：与现场运行装置版本一致的故障信息系统子站技术说明书、装置及二次回路相关图纸、上次装置检验报告、调试规程、作业指导书等资料。

（二）对与运行设备相连的回路进行具体的准备

故障信息系统仅通过通信线缆与运行设备相连接，调试前应注意查看图纸，了解子站系统与保护装置、故障录波器装置间通信线连接方式，当子站系统具备修改保护

定值或投退软压板功能时，应明确通信线缆断开点，准备好绝缘胶布等材料。

根据图纸，提前编写二次安全措施票，调试时将其与子站系统实际接线对照，查看有无接线错误。

(三)安全技术措施

安全技术措施是为了规范现场人员作业行为，防止在调试过程中发生人身、设备事故而制定的安全保障措施。在装置调试工作开始前，办理开工手续时，同时应填写继电保护安全措施票，并组织全体调试人员学习，在调试工作过程中严格遵守。安全技术措施的一项重要内容是危险点分析及采取的相应安全控制措施。

有关危险点分析及控制方法如下：

1. 人身触电

（1） 误入带电间隔。控制措施：工作前应熟悉工作地点、带电部位。检查现场安全围栏、安全警示牌和接地线等安全措施。

（2） 接、拆低压电源。控制措施：必须使用装有漏电保护器的电源盘。螺丝刀等工具金属裸露部分除刀口外包绝缘。接拆电源时至少有两人执行，必须在电源开关拉开的情况下进行。临时电源必须使用专用电源，禁止从运行设备上取得电源。

2. 继电保护“三误”事故

防继电保护“三误”事故的安全技术措施如下。

（1） 现场工作前必须做好充分准备，内容包括：

1） 了解工作地点一、二次设备运行情况，本工作与运行设备有无直接联系。

2） 工作人员明确分工并熟悉图纸与检验规程等有关资料。

3） 应具备与实际状况一致的图纸、上次检验记录、检验规程、合格的仪器仪表、备品备件、工具和连接导线。

4） 工作前认真填写安全措施票。

5） 工作开工后先执行安全措施票，由工作负责人负责做的每一项措施要在“执行”栏做标记；校验工作结束后，要持此票恢复所做的安全措施，以保证完全恢复。

6） 不允许在未停用的故障信息系统装置上进行试验和其他测试工作。

7） 严格执行风险分析卡和继电保护作业指导书。

（2） 现场工作应按图纸进行，严禁凭记忆作为工作的依据。如发现图纸与实际接线不符时，应查线核对。需要改动时，必须履行如下程序：

1） 先在原图上做好修改，经主管继电保护部门批准。

2） 拆动接线前先要与原图核对，接线修改后要与新图核对，并及时修改底图，修改运行人员及有关各级继电保护人员的图纸。

3） 改动回路后，严防寄生回路存在，没用的线应拆除。

（3） 故障信息系统装置调试的参数，必须根据最新参数通知单规定，先核对通知单与实际设备是否相符（包括装置型号、保护设备名称、保护通信地址、通信规约等）。参数修改完毕要认真核对，确保正确。

3. 通信干扰

保护室内使用无线通信设备，易造成其他正在运行的保护设备不正确动作。

控制措施：不在保护室内使用无线通信设备，尤其是对讲机。

4. 集成块和插头损坏

带电插拔插件，易造成集成块损坏。频繁插拔插件，易造成插件插头松动。

控制措施：插件插拔前关闭电源。

5. 计算机感染病毒

计算机感染病毒，造成机器不能正常工作。

控制措施：① 管理机应安装防病毒软件，定期升级；② 避免使用文件拷贝方式，使用的U盘等需经杀毒处理；③ 采用嵌入式操作系统。

三、故障信息系统的调试

本节主要介绍故障信息系统子站的调试，主站的调试步骤与子站基本相同。

故障信息系统的调试主要包含以下内容：外观及接线检查、逆变电源的检验、通电初步检验、站内信息核对、保护装置信息调用检验、故障录波器信息调用检验、GPS对时检验、与自动化接口检验、与主站通道检验。

下面以国内典型故障信息系统为例，讲解调试过程。

（一）系统调试

1. 外观及接线检查

检查子站屏柜外观完好无损；检查设备铭牌、型号与设计图纸是否一致；检查实际接线是否与设计图纸相一致，接线端子上接线应无松动现象；屏内设备应清洁无灰尘；检查屏内接地线牢固接地。

2. 逆变电源检验

当站内交流和直流同时供电时，屏内工控机风扇为开启状态。当切断任意一路电源时，屏内工控机风扇正常工作。

3. 通电检验

（1） 检验屏内装置工作状态。工控机风扇为开启状态，显示器屏幕显示正常，各转换装置电源灯显示为亮。

（2） 检验通信连接。检验与主站通信是否正常，进入Windows操作系统DOS环境，输入“ping ××.××.××.××（主站IP）–t”，如果有报文返回，表示与主站通信正常。

（3）检验系统软件。操作系统、数据库软件、系统软件版本符合技术协议要求。已安装操作系统补丁和数据库补丁。已安装防病毒软件，病毒库更新时间显示为近期。

（4）检验系统软件。在操作系统右下方任务栏中显示通信服务器，数据采集器和GPS对时程序已启动。

4. 站内信息核对

（1）一次主接线图核对。打开“拓扑绘图”软件，主界面上显示变电站一次接线图，核对一次主接线图的正确性。变电站一次主接线图示例如图Z11F5011Ⅱ–3所示。

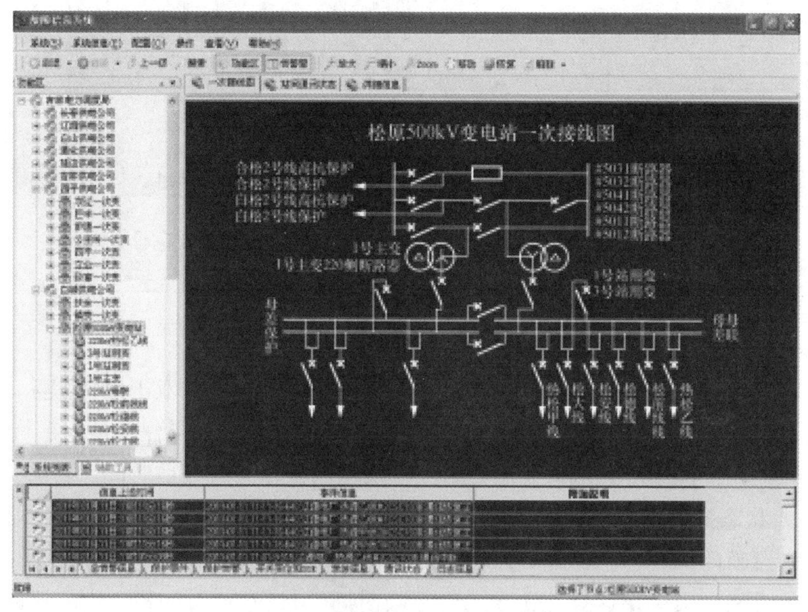

图Z11F5011Ⅱ–3　变电站一次接线图

（2）接入设备核对。打开“拓扑绘图”软件，在变电站一次接线图上标注有接入设备运行名称及设备型号，核对设备运行名称和设备型号的正确性。

5. 保护装置信息调用调试

通过故障信息系统调用保护装置信息，显示情况如图Z11F5011Ⅱ–4所示。

（1）召唤通信状态。打开“拓扑绘图”软件，用鼠标左键双击设备图标，在“状态|装置通信状态”页中用鼠标左键单击“手动召唤”按钮。“状态描述”中应返回“正常”，同时“起始时间”中应返回操作系统当前时间，“一次主接线图”装置图标显示为绿色。在保护装置侧断开通信线，重新召唤通信状态，“状态描述”中应返回“断开”，同时“起始时间”中应返回操作系统当前时间，“一次主接线图”装置图标显示为红色。

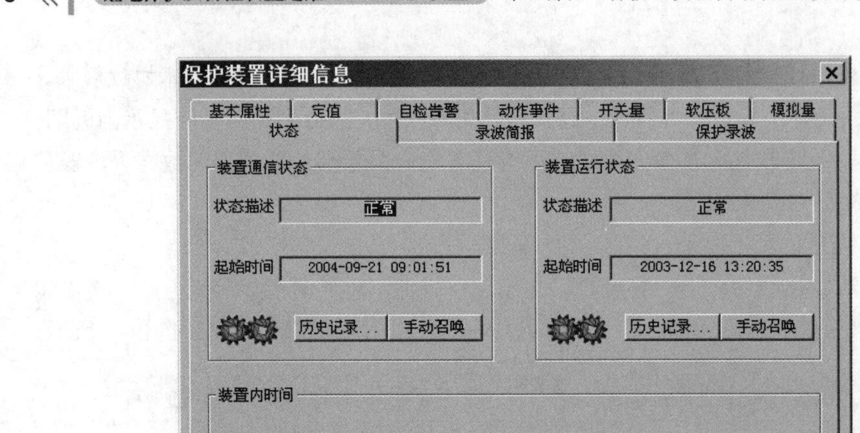

图 Z11F5011Ⅱ–4 保护装置信息调用图

（2）召唤运行状态。打开“拓扑绘图”软件，用鼠标左键双击设备图标，在“状态|装置运行状态”页中用鼠标左键单击“手动召唤”按钮。如果保护是运行状态，“状态描述”中返回“正常”，同时“起始时间”中返回操作系统当前时间；如果保护是调试状态，“状态描述”中返回“调试”，同时“起始时间”中返回操作系统当前时间。

（3）召唤内部时钟。打开“拓扑绘图”软件，用鼠标左键双击设备图标，在“状态|装置内时间”页中用鼠标左键单击“召唤时间”按钮。“时间栏”中应返回保护装置当前时钟。

（4）强制对时。打开“拓扑绘图”软件，用鼠标左键双击设备图标，在“状态|装置内时间”页中用鼠标左键单击“强制对时”按钮。系统应返回“强制对时”成功或失败的结果。

（5）召唤定值区号。打开“拓扑绘图”软件，用鼠标左键双击设备图标，在“定值”页中用鼠标左键单击“召唤定值区号”按钮。“当前定值区号”中应返回保护装置当前的定值区号，确认显示的定值区号与保护装置当前定值区号是否一致。

（6）召唤定值。打开“拓扑绘图”软件，用鼠标左键双击设备图标，在“定值”页中，选择“定值区号”，并用鼠标左键单击“召唤定值”按钮。“定值栏”中应返回选定定值区号的各项定值。将显示的定值与保护装置中的定值进行逐项核对。

（7）召唤开关量。打开“拓扑绘图”软件，用鼠标左键双击设备图标，在“开关量”页中用鼠标左键单击“召唤开关量”按钮，“开关量栏”中应返回保护装置当前各项开关量值。将显示的开关量值与保护装置开关量进行逐项核对。

（8）召唤模拟量。打开“拓扑绘图”软件，用鼠标左键双击设备图标，在“模拟量”页中用鼠标左键单击“召唤开关量”按钮，“模拟量栏”中应返回保护装置当前各项模拟量值。将显示的模拟量值与保护装置模拟量进行逐项核对。

（9）生成录波简报。打开“拓扑绘图”软件，用鼠标左键双击设备图标，在“录波简报”页中可根据时间选择相应的录波简报。

（10）保护录波自动上送。打开“拓扑绘图”软件，用鼠标左键双击设备图标，在“保护录波”页中可根据时间选择相应的录波文件。

（11）告警信息自动上送。打开“拓扑绘图”软件，在保护装置侧模拟告警事件，主界面自动弹出告警事件窗口，核对告警信息和保护一致。

（12）动作事件自动上送。打开“拓扑绘图”软件，在保护装置侧模拟动作事件，主界面自动弹出动作事件窗口，核对动作信息和保护一致。

6. 故障录波器信息调用调试

若故障录波器接入故障信息系统，故障录波器信息调用情况如图 Z11F5011Ⅱ–5 所示。

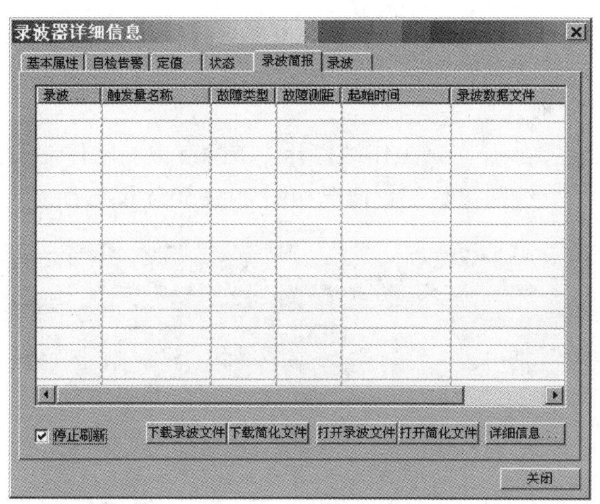

图 Z11F5011Ⅱ–5　故障录波器信息调用

（1）保存录波文件。打开“拓扑绘图”软件，用鼠标左键双击设备图标，在“录波文件”页中可根据时间选择相应的录波文件。

（2）生成故障录波简报。打开“拓扑绘图”软件，用鼠标左键双击设备图标，在“录波简报”页中可根据时间选择相应的录波简报。

7. GPS 对时检验

将子站系统时间设置为任意时间，经过 60s 后，子站系统时间变更为 GPS 当前时间。

8. 与变电站当地监控接口检验

（1）上送保护子站与保护装置通信状态。在保护装置侧断开与保护子站通信线，变电站当地监控系统相应状态量应为“开”。重新接上通信线，状态量应变为“合”。

（2）上送保护子站与主站通信状态。断开保护子站与主站通信线，变电站当地监控系统相应状态量应为“开”。重新接上通信线，状态量应变为“合”。

（3）上送保护子站与 GPS 通信状态。断开 GPS 侧与保护子站通信线，站内自动化系统相应状态量应为“开”。重新接上通信线，状态量应变为“合”。

（4）上送保护子站与故障录波器通信状态。断开故障录波器侧与保护子站通信线，变电站当地监控系统相应状态量应为“开”。重新接上通信线，状态量应变为“合”。

（5）上送保护装置动作信息。在保护装置侧模拟动作事件，变电站当地监控系统相应状态量应为“开”。动作返回后，状态量应变为“合”。

（6）实现信号复归。在保护装置侧模拟告警事件，在变电站当地监控系统界面上发送“信号复归”命令，保护装置应完成复归。

（7）实现组别切换。在变电站当地监控系统界面上选择需要定值区号，并发送“组别切换”命令，保护装置当前定值区应变更为选定的定值区号。

9. 与主站通道调试

（1）核对线路参数。在主站工作站打开“故障参数”软件，在“线路参数配置”页核对各项线路参数。线路参数配置情况如图 Z11F5011Ⅱ-6 所示。

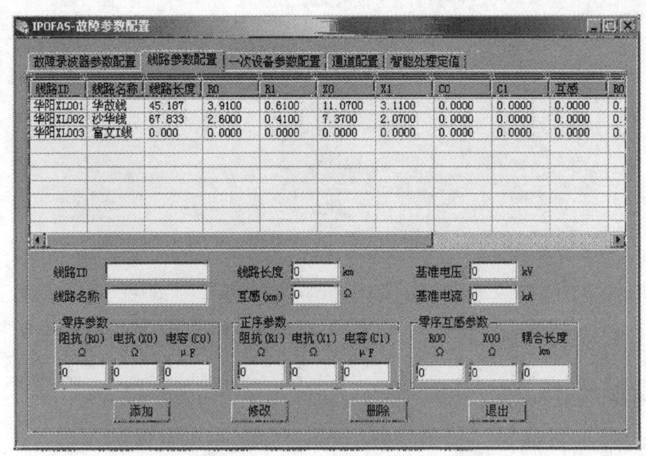

图 Z11F5011Ⅱ-6 线路参数配置

（2）保护装置信息调用。在主站工作站打开“拓扑绘图”软件，站内每种型号的保护装置各选择一台进行检验，调试方法见本章节 5 保护装置信息调用调试部分。

（3）故障录波器信息调用。在主站工作站打开“拓扑绘图”软件，选择站内任一台故障录波器进行检验，调试方法见本章节 6 故障录波器信息调用调试部分。

（二）装置异常及处理

（1）若故障信息系统子站与站内保护装置、录波器通信不通，应检查子站与各保护装置、故障录波去的通信线缆、光纤通道等连接是否正确、可靠，在通道确认正确的情况下，检查子站与保护装置、录波器地址参数的对应关系是否配置正确。

（2）若故障信息系统主站、子站通信不通，应检查主站、子站间通信线缆、光纤通道等连接是否正确、可靠，在通道确认正确的情况下，检查主站、子站地址参数的对应关系是否配置正确。

（3）若故障信息系统主站、子站召唤信息不正确、不完整，应检查配置的传输规约等参数是否正确，若无问题，应对程序进行检查。

（4）若故障信息系统子站装置与变电站当地监控系统通信不通或上送信息不正确，应检查通道的完好性及上送信息与监控系统中监控点的对应关系。

（5）若装置直流电源消失，应检查保护柜直流开关是否跳开，接入是否正确。

（三）结束工作

在装置调试过程中填写好试验报告，装置调试结束后，所有拆接线恢复原状，复归所有信号，清除装置报告，确认时钟已校正和同步，做好工作交代记录，办理工作结束手续。

【思考与练习】

1. 试述典型故障信息系统的基本原理。
2. 简述故障信息系统主、子站的主要功能。

模块 5　安全稳定控制装置调试及维护（Z11F5012Ⅱ）

【模块描述】本模块介绍了安全稳定控制装置。通过概念描述、原理讲解、要点归纳，熟悉典型安全稳定控制装置的原理及结构，掌握典型安全稳定控制装置调试内容及方法。

【模块内容】

一、安全稳定控制装置概述

安全稳定控制装置作为电力系统安全稳定的第二道防线，是在电力系统发生扰动或负荷较大变化情况下用以保证系统同步稳定，防止稳定破坏事故而采取切机或切负荷等紧急控制措施的安全自动装置。电网稳定控制装置具有以下功能：

（1）电力系统遭受大干扰时，防止暂态稳定破坏。

（2）电力系统有小扰动或慢负荷增长时，防止线路过负荷、静态或动态稳定破坏。

安全稳定控制装置有集中式和分散式两种。前者是装设一个中央控制装置，将系统有关网络参数和运行参数的信息送到该中央装置进行分析计算，求出控制量，再利用通道分送到各厂、站去执行。后者是在各厂、站分散装设控制装置，利用本地信息进行分析判断和控制。

在安全稳定控制装置中，往往采用离线计算方式，针对系统不同的扰动类型或过负荷程度预先设定相应的控制措施，即控制策略。当稳控装置根据采集的电力系统运行参数，计算后满足相应措施的触发条件，执行相应的控制措施。控制策略可分为以下三种：

（1）电力系统发生严重故障后，为防止系统出现暂态稳定破坏，稳控装置自动执行的切除部分发电机组措施。

（2）电力系统发生小扰动等异常行为后，系统出现过载等静态稳定问题时，稳控装置自动执行切或减发电机组出力或切负荷等措施。

（3）电力系统发生严重故障后，系统出现失步振荡时，稳控装置自动执行的解列联络线措施。

当安全稳定控制装置执行的控制策略为切除发电机组的命令时，根据系统不同要求所采取的不同切机形式称为切机方式。切机方式可分为以下三种：

（1）固定切机方式，或称人工设定切机方式，即由人工确定稳定控制策略与发电机组（负荷）的对应关系，并保持不变。

（2）按优先级切机方式。安全稳定控制装置通过计算发电机组出力，按照各发电机组出力大小进行排序，并确定最大值或最小值优先级最高。一般情况下，所有稳定控制策略对应于优先级最高的发电机组。

（3）随机切机方式。安全稳定控制装置在执行稳定控制策略时，通过计算确定需要切除量值的大小，并与各发电机组出力进行比较，选出与需切量最接近的发电机组。一般情况下，所有稳定控制策略对应于安全稳定控制装置计算选出的发电机组。

目前国内电力系统中运行的安全稳定控制装置种类较多，不同装置是按照系统的不同特点和要求而设计的。本模块以国内典型安全稳定控制装置为例，讲述安全稳定控制装置的原理及调试。

二、典型安全稳定控制装置原理

（一）装置基本原理

安全稳定控制装置包含测量、判断、控制及远方通信功能，既可构成区域电网的安全稳定控制系统，也可作为单个厂站的安全稳定控制装置。根据电力系统对安全稳定自动装置的不同功能需要，装置可以实现暂态稳定紧急控制，即故障联切机组或负荷、电阻制动、电容或电抗器投退、解列、HVDC 功率紧急调制等。装置的主要功能如下：

（1）监测系统有关的线路、主变压器、机组、断路器、通道等运行状态，把本站的信息发送至其他有关厂站或调度中心；接收其他有关厂站的运行信息或调度中心的信息，进行综合智能判断，自动识别电网当前的运行方式；对机组、负荷按预定的逻辑进行排序，以便系统故障时进行最合理的切机、切负荷控制。

（2）判断本厂站出线、主变压器、机组、母线的故障类型，如单相瞬时、单相永久、两相短路、三相短路、无故障跳闸、母线故障、保护误动、断路器失灵等。

（3）当系统发生故障时，根据本站判断出的故障类型和远方故障信息、事故前电网的运行方式及被控制的断面潮流，搜索控制策略表，确定对应的控制措施及控制量，进行切机、切负荷、解列、直流功率调制、快减机组出力等控制措施。当系统发生如低频、低压、设备过载等与系统运行方式无关的稳定事故时，根据设定的控制逻辑采取控制措施。

（4）通过光纤、微波或载波通道，实现与就地监控系统、调度系统、其他厂站安全稳定控制装置交换运行信息、控制命令、远程操作，如修改定值、控制策略表、强置运行方式、召唤系统运行状态等。

（5）进行事件记录与故障数据录波。

（6）具有回路自检、异常报警、自动显示、打印等功能。

（7）预留与就地监控系统、工程师站、调度系统或在线刷新策略表系统的接口。

（二）装置结构

安全稳定控制装置一般采用主——从机构。对功能简单的厂站，也可以由主机单独构成。主机经通信线连接到通信复接器，经通信复接器后再经通信线和从机连接。采用主——从机结构的单站控制系统既可集中布置，也可分散布置。装置结构示意如图 Z11F5012Ⅱ-1 所示。

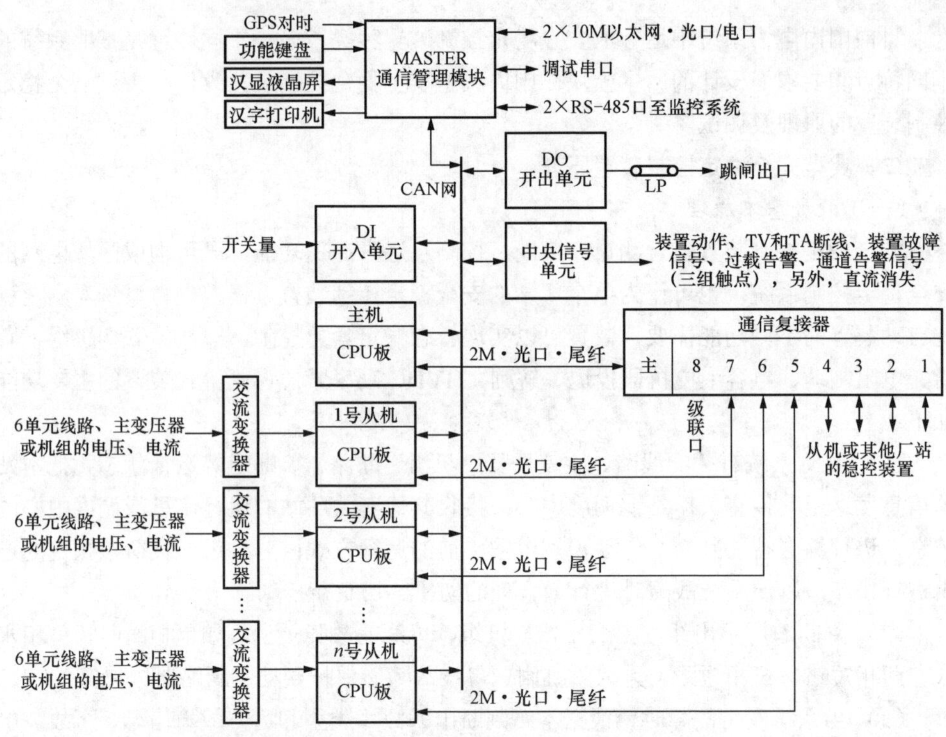

图 Z11F5012Ⅱ-1 安全稳定控制装置系统结构

（三）主机结构与功能

1. 主机结构

安全稳定控制装置主机采用标准机箱，装置内部主要由策略机、管理板、开入板、出口板、信号板、通信板和电源等插件组成。装置内部插件可根据需要灵活配置。主机面板包括汉字显示液晶、信号指示灯、键盘和信号复归按钮等。

2. 主机功能

策略机是安全稳定控制装置主机的核心插件，通过通信线与通信复接器连接，实现主机与从机、其他厂站安全稳定控制装置间的数据交换功能。主机的主要功能如下：

（1）与从机通信，获取本站的运行状态量，向从机下发控制命令。

（2）与远方安全稳定控制装置通信，获取远方厂站的运行状态量或控制命令，向远方厂站安全稳定控制装置发送本站运行状态量或控制命令。

（3）综合本站及远方安全稳定控制装置发来的系统运行信息，如线路开关位置信号、系统故障情况、机组投停、系统异常等，自动识别电网运行方式，如特殊方式、正常方式、检修方式、应急方式、后备方式等，对相关机组、负荷进行排序或发出相应控制命令。

（4）当系统发生故障时，判断系统的故障组合，确定潮流断面情况，通过搜索策略表，发出决策与控制命令。

（5）与就地监控系统、工程师站、调度系统通信。

（6）装置动作后的故障录波，事件记录等。

安全稳定控制装置主机原理如图 Z11F5012Ⅱ–2 所示。

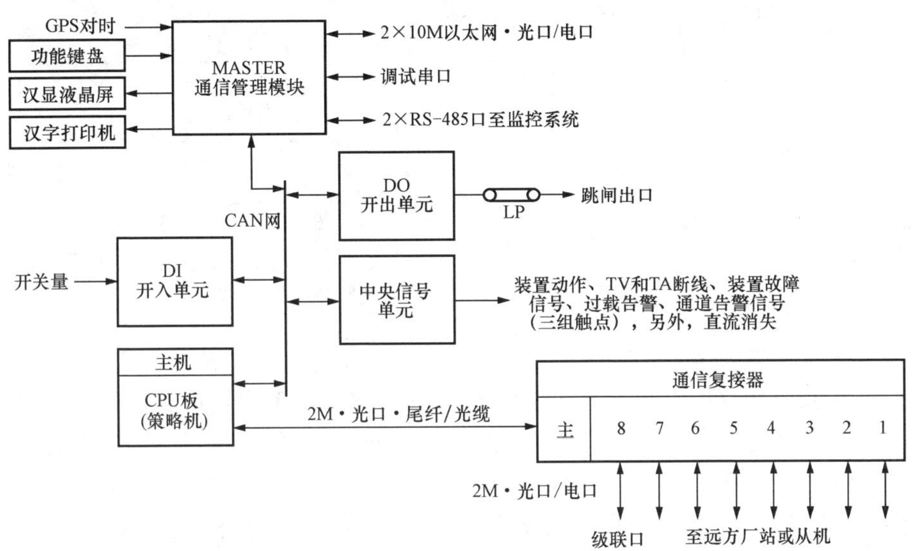

图 Z11F5012Ⅱ–2　安全稳定控制装置主机原理

（四）从机结构及功能

从机结构和主机结构基本相同，主要由交流变换器、CPU 板、开入板、出口板、通信板和电源等组成。从机主要功能如下：

（1）采集模拟量，计算电气量电压、电流、有功功率、无功功率、系统频率、相位角、阻抗等。

（2）监测接入装置的线路、主变压器、机组或母线的运行状态，如线路的运行或停运、断面潮流大小、机组投退、主变压器负荷等。

（3）判断接入装置的线路、主变压器、机组或母线的故障类型，如线路单瞬故障、单永故障、相间故障、无故障跳闸、母线故障、断路器失灵等。

（4）与主机通信，上送本机各检测元件的运行状态或故障状态，接收主机下发控制命令。

（5）执行主机控制命令，出口跳闸。

（6）兼有频率、电压、过载等控制功能。

安全稳定控制装置从机原理如图 Z11F5012Ⅱ-3 所示。

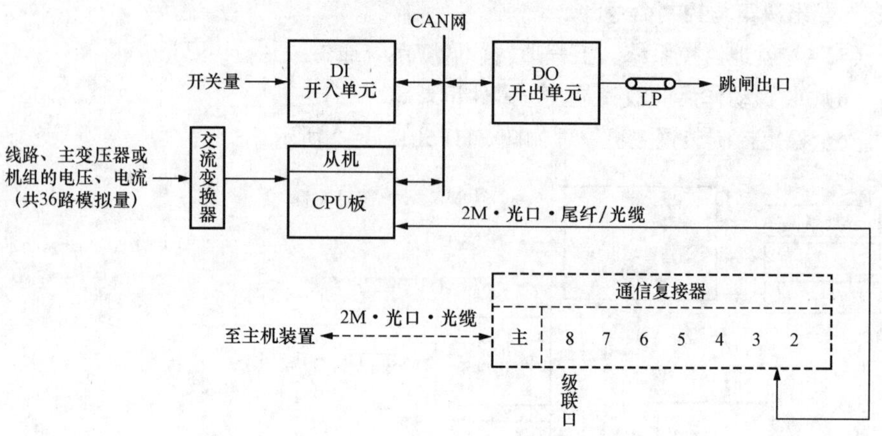

图 Z11F5012Ⅱ-3 安全稳定控制装置从机原理

（五）安全稳定控制系统

根据电网安全稳定的要求，可按分层分区的结构设计安全稳定控制系统，将多套安全稳定控制装置，经通道互联构成区域电网安全稳定控制系统。一个区域安全稳定控制系统一般由一个或多个主站系统构成一级控制层，多个子站系统构成二级控制层，任意一个执行站系统构成三级控制层。区域电网安全稳定控制系统结构如图 Z11F5012Ⅱ-4 所示。

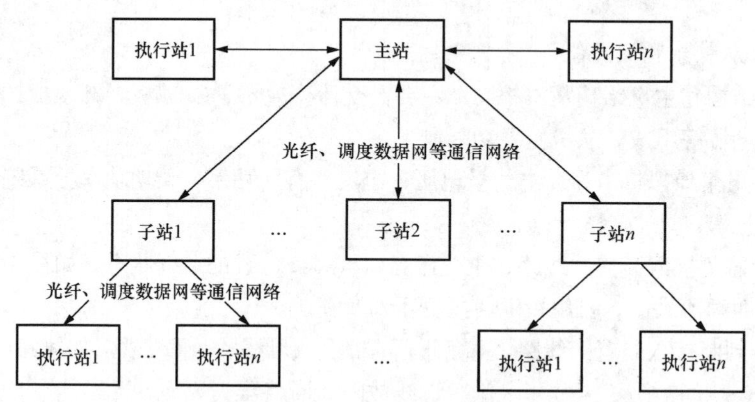

图 Z11F5012Ⅱ-4 区域电网安全稳定控制系统结构

对于分层分区设置的区域安全稳定控制系统，子站装置一般集成了部分分析判断功能和跳闸出口功能，即就地判别跳闸功能。子站通过收集本站的电网运行信息，根据策略表功能，进行跳闸出口，将本站稳定问题就地化解决，减轻了主站装置的负担，同时，由于不需要通过通信网络与主站进行数据交互，一方面提高了本站稳控装置执行动作的快速性，另一方面减少了通道故障对装置的影响，提高了装置运行的可靠性。

而对于区域电网的稳定问题，如电网中某一厂站发生故障需要切除其他厂站的机组或负荷或需要解列某条联络线时，需要稳控系统的主站收取各子站的信息，经综合判别，按照策略表策略向某个子站或执行站发送控制命令，由执行站完成切机切负荷或切联络线功能。

因此，按照主站、子站、执行站布置的区域稳控系统既体现了分层结构特点，使整个系统结构简洁、信息流清晰、运行可靠；同时也体现了功能分区的特点，本地问题由子站就地解决，区域稳定问题由整个系统解决，提高了整个系统的运行可靠性。

（六）软件功能

1. 模拟量计算

对输入的电压、电流量进行计算，得出电压、电流有效值，以及有功功率、无功功率等。

2. 线路、主变压器及机组的投停状态判别

通过判断每个支路的有功功率值 P 是否大于设定功率定值 P_T 或采用断路器 HWJ 等位置信号判别线路、主变压器、机组的投/停运行状态。

3. 启动判别

为了保证在电网安全稳定运行受到影响的情况下装置能可靠启动进入策略搜索状态，而在系统正常运行状态下又不会频繁启动，装置通常采用电流突变量、功率突变量、功率过载等启动判据，这些启动判据为“或”逻辑关系，其中任一判据满足都可使装置进入启动状态。

4. 过载判别

过载控制主要解决线路或主变压器过载问题。用于电源侧时，主要解决机组出力过大，电量送出线路或主变压器过载问题，采取切除机组控制；用于负荷侧时，主要解决负荷过重问题，采取切负荷控制。过载判断方法可以采用电流、功率或二者结合的判别方法，为了判别潮流流向，装置一般具备自动识别过载方向功能。

5. 故障判别

为保证系统暂态稳定，需要在线路故障时采取控制措施。安全稳定控制装置可根据外部保护跳闸触点辅以元件电气量的变化，判断各种故障；也可以利用继电保护现有的距离保护原理在安全稳定控制装置中设置独立的判断各种故障功能。

6. 断面潮流计算

通过将系统断面的各支路有功功率叠加，从而获得断面潮流。断面潮流计算一般

在主站装置中完成，当子站装置接入了系统断面所有支路时，断面潮流计算可在子站中完成。

7. 策略判别

稳控装置启动后，进入策略功能判别，根据检测元件的过载或故障状态，结合断面潮流等情况，执行相应的策略表，发就地跳闸命令或通过通信网络发送远跳命令，按照预先设定的切机、切负荷顺序执行出口动作。

8. 自检功能

自检功能包括装置的硬件自检功能、TV断线判别功能、TA断线判别功能等，稳控装置的自检功能与微机继电保护装置基本相同。

9. 其他功能

根据系统功能需要，可配置频率、电压等相关控制功能。

（七）操作界面

为了便于运行监视，装置通过液晶循环显示各元件一次电压、电流、功率及系统频率，已投入的压板，当前运行方式等实时运行信息。

装置的命令菜单多为树形结构多级菜单。装置正常运行时，按“确认”键进入主菜单。在任何菜单界面下，连续按“返回”键可回到主菜单。在主菜单界面按通过移动光标选择操作项，按“确认”键进入下一级菜单。

三、安全稳定控制装置调试的安全和技术措施

（一）调试前准备

调试人员在调试前要做好以下四个方面的准备工作。

1. 仪器、仪表及工器具

调试所需的仪器、仪表及工器具有组合工具、电缆盘（带漏电保安器）、计算器、绝缘电阻表、微机型继电保护测试仪、光功率计、钳形相位表、试验接线、数字万用表、模拟断路器等，为保障试验结果的准确性，要求使用的仪器、仪表经检验合格且在有效期范围内。

2. 备品备件

为了在检验过程中及时更换故障器件，调试前应准备充足的备品备件，安全稳定控制装置调试所需的备品备件主要有电源插件、交流插件、CPU板、管理板、开入开出板、通信板，不同型号的装置可能会因为结构不同，备品备件也不一样，调试人员应根据装置的实际情况确定。

3. 材料

调试用材料主要有绝缘胶布、自粘胶带、小毛巾、中性笔、口罩、手套、毛刷独股塑铜线等。

4. 图纸资料

调试用的图纸资料主要有与现场运行装置版本一致的装置技术说明书、装置及二次回路相关图纸、调度机构下发的定值通知单、上次装置检验报告、调试规程、作业指导书等资料。

（二）与运行设备相连的回路进行具体的准备

稳定控制装置的接线复杂，无固定模式，对于不同的区域安全稳定控制系统应区别对待，应做好如下准备工作：

（1）对照系统运行方式及稳定控制装置定值，了解区域安全稳定控制系统的运行方式。

（2）注意查看图纸，明确稳定控制装置的跳闸回路，特别是不经压板控制的直联跳闸连线，掌握在调试过程中需要断开跳闸回路的断开点。

（3）注意查看图纸，了解稳定控制装置与运行继电保护装置及断路器间的回路，掌握在调试过程中需要断开的开入回路及断开点。

（4）注意查看图纸，明确稳定控制装置与其他厂站稳定控制装置间的通信方式，掌握在调试过程中需要断开的通信线及断开点。

（5）可根据图纸，提前编写二次安全措施票，调试时将其与稳定控制装置实际接线对照，查看有无接线错误。

（三）安全技术措施

安全技术措施是为了规范现场人员作业行为，防止在调试过程中发生人身、设备事故而制定的安全保障措施。在装置调试工作开始前，办理开工手续时，同时应填写继电保护安全措施票，并组织全体调试人员学习，在调试工作过程中严格遵守。安全技术措施的一项重要内容是危险点分析及采取的相应安全控制措施。

1. 防人身触电的安全技术措施

（1）工作前应熟悉工作地点、带电部位。检查现场安全围栏、安全警示牌和接地线等安全措施，防止误入带电间隔。

（2）接、拆低压电源时，必须使用装有剩余电流动作保护器的电源盘。螺丝刀等工具金属裸露部分除刀口外包绝缘。接拆电源时至少有两人执行，必须在电源开关拉开的情况下进行。临时电源必须使用专用电源，禁止从运行设备上取得电源。

（3）进行稳控系统调试及整组试验时，不同厂站工作人员之间应相互配合，确保一、二次回路上无人工作。传动试验必须得到值班员许可并配合。

（4）防止电流互感器二次开路，工作人员之间应对照图纸，确认电流二次回路现场接线与图纸一致，并在将电流回路封死，经第二人检查无误后方可断开。

2. 防继电保护“三误”事故的安全技术措施

（1）现场工作前必须作好充分准备，内容包括：

1）了解工作地点一、二次设备运行情况，本工作与运行设备有无直接联系（如备自投、联切装置等）。

2）工作人员明确分工并熟悉图纸与检验规程等有关资料。

3）应具备与实际状况一致的图纸、上次检验记录、最新整定通知单、检验规程、合格的仪器仪表、备品备件、工具和连接导线。

4）工作前认真填写安全措施票，应由工作负责人认真填写，并经技术负责人认真审批。

工作开工后先执行安全措施票，由工作负责人负责做的每一项措施要在“执行”栏做标记；校验工作结束后，要持此票恢复所做的安全措施，以保证完全恢复。

5）不允许在未停用的安全稳定控制装置上进行试验和其他测试工作。

6）只能用整组试验的方法，即由电流端子和电压端子通入与故障情况相符的模拟故障量，检查装置回路及整定值的正确性。不允许用卡继电器触点、短路触点等人为手段作安全稳定控制装置的整组试验。

7）在校验安全稳定控制装置及二次回路时，凡与其他运行设备二次回路相连的连接片和接线应有明显标记，并按安全措施票仔细地将有关回路断开或短路，做好记录。

8）在清扫运行中设备和二次回路时，应认真仔细，并使用绝缘工具（毛刷、吹风机等），特别注意防止振动，防止误碰。

9）严格执行风险分析卡和继电保护作业指导书。

（2）现场工作应按图纸进行，严禁凭记忆作为工作的依据。如发现图纸与实际接线不符时，应查线核对。需要改动时，必须履行如下程序：

1）先在原图上做好修改，经主管继电保护部门批准。

2）拆动接线前先要与原图核对，接线修改后要与新图核对，并及时修改底图，修改运行人员及有关各级继电保护人员的图纸。

3）改动回路后，严防寄生回路存在，没用的线应拆除。

4）在变动二次回路后，应进行相应的逻辑回路整组试验，确认回路极性及整定值完全正确。

（3）安全稳定控制装置调试的定值，必须根据最新整定值通知单规定，先核对通知单与实际设备是否相符（包括装置型号、被保护设备名称、互感器接线、变比等）。定值整定完毕要认真核对，确保正确。

3. 通信干扰

不在保护室内使用无线通信设备，尤其是对讲机，防止造成其他正在运行的保护设备不正确动作。

4. 电压反送事故

稳控装置屏顶电压小母线带电，易发生电压反送事故或引起人员触电。断开交流二次电压引入回路，并用绝缘胶布对所拆线头实施绝缘包扎。

5. 误跳运行断路器

注意看图，如回路中有至其他保护的串联电流回路，也必须断开相应串联回路。防止二次通电时，电流可能通入其他保护回路，可能误跳运行断路器。

6. 集成块和插头损坏

插件插拔前关闭电源。防止带电插拔插件，造成集成块损坏，频繁插拔插件，造成插件插头松动。

7. 误跳闸

断路器跳闸压板未断开，容易引起误跳闸。

控制措施：试验前检查跳闸压板须在断开状态，并拆开跳闸回路线头，用绝缘胶布对拆头实施绝缘包扎。

8. 稳控装置误动

单体调试时，退出通道压板，将通信通道置于自环状态。防止单体调试没有断开通道压板和通道，误发命令造成其他厂站稳控装置误动。

四、安全稳定控制装置调试

安全稳定控制装置的调试主要包括装置的单体调试和稳控系统的联调。装置的单体调试内容与其他继电保护或安全自动装置类似，通过调试确定装置硬件完好，功能齐全，能够可靠投运运行。稳控系统的联调需要多个厂站间进行配合，测试主站、子站、执行站间的通信情况，相互发送的信息流情况，功能执行情况等，从而确定整个稳控系统能够满足电网的需要。下面以 CSS–100BE 型稳控装置为例进行说明。

（一）外观及接线检查

通电前对装置整体做外观检查，目的是检查装置在通电前的完整性，检查屏体、装置在运输过程中是否损坏；屏体接线是否与设计图纸相符；屏体安装布置是否满足技术协议要求等。具体检查项目如下：

（1）检查装置型号、参数与设计图纸是否一致，装置外观应清洁良好，无明显损坏及变形现象。

（2）检查屏柜及装置是否有螺丝松动，特别是电流回路的螺丝及连片，不允许有丝毫松动的情况。

（3）对照说明书，检查装置插件中的跳线是否正确。

（4）检查插件是否插紧。

（5）装置的端子排连接应可靠，且标号应清晰正确。

（6）切换开关、按钮、键盘等应操作灵活、手感良好，打印机连接正常。

（7）装置外部接线和标注应符合图纸的要求。

（8）压板外观检查，压板端子接线是否符合反措要求，压板端子接线压接是否良好。

（9）检查装置引入、引出电缆是否为屏蔽电缆，检查全部屏蔽电缆的屏蔽层是否两端接地。

（10）检查屏底部的下面是否构造一个专用的接地铜网格，装置屏的专用接地端子是否经一定截面铜线连接到此铜网格上，检查各接地端子的连接处连接是否可靠。

（二）绝缘电阻测试

绝缘电阻测试的目的是检查安全稳定控制装置屏体内二次回路及装置的绝缘性能，试验前注意断开有关回路连线，防止高电压造成设备损坏。

1. 试验前准备工作

（1）装置所有插件在拔出状态。

（2）将打印机与稳定控制装置断开。

（3）屏上各压板置“投入”位置。

（4）断开直流电源、交流电压等回路，并断开与其他装置的有关连线。

（5）在屏端子排内侧分别短接交流电压回路端子、交流电流回路端子、直流电源回路端子、跳闸回路端子、开关量输入回路端子、远动接口回路端子及信号回路端子。

2. 绝缘电阻检测

（1）分组回路绝缘电阻检测。采用1000V绝缘电阻表分别测量各组回路间及各组回路对地的绝缘电阻（对开关量输入回路端子采用500V绝缘电阻表），绝缘电阻均应大于10MΩ。

（2）整个二次回路的绝缘电阻检测。在屏端子排处将所有电流、电压及直流回路的端子连接在一起，并将电流回路的接地点拆开，用1000V绝缘电阻表测量整个回路对地的绝缘电阻，其绝缘电阻应大于1.0MΩ。

（3）部分检验时仅检测交流回路对地绝缘电阻。

（三）逆变电源的检验

检查逆变电源插件工作是否正常，逆变电源特性是否满足设计要求，检查内容包括电压输出值量测，输入电源变化时的输出电压特性。其次检查装置在直流电源变化时是否误动作或误信号表示。

1. 试验前准备

断开装置跳闸出口压板。装置第一次上电时，试验用的直流电源应经专用双极闸刀，并从屏端子排上的端子接入。

2. 检验逆变电源的自启动性能

合上直流电源开关，试验直流电源由零缓慢升至80%额定电压值，此时装置运行指示灯及液晶显示应亮。

3. 直流拉合试验

在拉合过程中，装置和监控后台上无装置动作信号。

（四）装置上电检查

做装置通电后的初步检查和设置，主要内容如下：

（1）装置整机通电检查，装置通电后，应无告警、无动作出口，能够正常显示界面。

（2）装置软件版本核查。

（3）调整装置日期与时钟，通过菜单操作，设置装置时钟，应显示正确，关闭电源一段时间，重新上电，时钟应能正常运行，并走时准确。

（4）装置通信地址、规约设置是否与后台相匹配。

（五）装置调试

1. 交流模拟量校验

此项试验要求对主机、从机分别进行，若有某个从机不存在，在菜单操作过程中设置所选从机CPU未投入或不存在。

一般装置在出厂前已将零漂、刻度调整好，在现场只需查看。若不满足要求需进行调整，为了避免装置频繁启动影响模拟量检查，可将装置有关功能压板退出或提高启动定值。

（1）零漂检查及调整。

1）零漂检查：在“查看零漂”菜单下，查看各路电流通道、电压通道零漂显示，应在要求范围内。

2）零漂调整：在“调整零漂”菜单下进行零漂调整。

（2）刻度检查及调整。

1）刻度检查：外加额定电压57.7V、额定电流5A或1A，分别在相关菜单下，查看电压、电流显示同实际加入电压、电流是否满足误差要求。

2）刻度调整：加电压50V、额定电流5A或1A，分别在“调整刻度”菜单，选择需要调整的通道，设置调整基准值为额定电流5A或1A与50V，然后确认执行。若操作失败，装置将显示模拟通道异常及出错通道号，请检查调整基准值与实际加入的模拟量误差是否超过20%。

（3）模拟量精度及线性度检查测试。刻度和零漂调整好以后，用0.5级以上测试仪检测装置测量线性误差，要求在TA二次额定电流为5A时，通入电流分别为5、2、1A；在TA二次额定电流为1A时，通入电流分别为2A、1A、0.2A；通入电压分别为60V、30V、5V；在“查看刻度”中查看，要求电压通道、电流通道误差值小于要求值。

（4）模拟量极性检查。改变接入装置的线路、主变压器或发电机元件的电压、电流之间的相位，通过液晶显示或在菜单中查看显示的一次电压、电流、功率及频率是否正确。

2. 开入量检查

依次模拟每个开入触点闭合，查看当前的开入量状态是否同实际开入量状态一致，检查开入量回路是否正常。

3. 开出传动试验

开出传动试验测试出口继电器动作情况，确定出口回路是否正常。具体的开出传动对应出口触点情况见设计图纸或说明书。

4. 定值输入

进入装置“定值设定”菜单，输入权限密码，选择定值区号，进行定值整定。如果每一项定值设有上下限范围，当定值整定超过范围时，将不能整定。

5. 策略功能试验

每一个区域安全稳定控制系统的策略都不相同，因此，装置策略功能试验需根据具体稳控系统设计进行。

（1）检验稳定控制装置各逻辑判别元件动作的正确性，包括启动元件、过载判别元件、故障判别元件、方向判别元件、潮流计算元件等。

（2）根据策略表定值，检验稳定控制装置动作条件完全满足时稳控装置的每个策略都能正确动作。

（3）对每一个策略，检验动作条件不完全满足或就地判据等防误动措施不满足时，稳控装置不会误动。

6. 联调试验

投入区域安全稳定控制系统各稳控装置的通道，根据区域安全稳定控制系统的设计情况，在一个厂站内对稳定控制装置进行试验，如开关量变位、模拟系统故障、元件潮流变化等，检验其他不应接收到信息的厂站稳控装置可靠收不到信息，检验应收到信息的厂站稳定控制装置能够收到信息且接收到的信息正确。

7. 装置的整组试验

从装置电压、电流的二次端子测施加电压量，通过端子排加入相关开关量。通过调整电压电流及开关量，使装置动作，校验其交流量接线，各出口接线，整定值和相关信号的正确性，校验装置动作的整组时间，主、备系统配合情况及站间通信状况等。

8. 带负荷试验

装置调试项目完成后，恢复装置屏体上的所有接线为正常运行状态，待装置通入正常运行时的母线电压和线路负荷后，做带负荷试验。读取各相电流、电压，核对相位，确定接线的正确性。

9. 结束工作

装置调试结束后，复归所有动作信号，清除装置报告，确认时钟已校正，所有拆开的线缆已恢复，打印装置定值，与定值单核对无误。整理填写试验报告，填写继电保护现场记录簿，向运行人员交代，办理工作结束手续。

【思考与练习】

1. 安全稳定控制系统一般采用什么结构？

2. 安全稳定控制装置的切机方式有哪几种？

3. 简述安全稳定控制装置的判线路故障的两种方式。

第二部分

智能变电站二次系统调试

第七章

SCD 配置文件的配置及测试

模块 1 SCL 文件的分类（Z11F6001Ⅲ）

【模块描述】本模块介绍了 SCL 文件的分类，通过对 SSD、ICD、SCD、CID 配置文件介绍，掌握 SSD、ICD、SCD、CID 配置文件的规范。

【模块内容】

变电站配置描述语言 SCL 基于 XML1.0，利用 XML 的自描述特性，主要用于智能化设备能力描述和变电站系统与网络通信拓扑结构描述。2004 年 3 月出版的 IEC 61850–6 中定义了 SCL 文档结构，标准中以 SCL.xsd 作为主文件，引用和包含了其他 7 个 Schema 文件，用于校验 IED 配置文件格式的正确性与数据信息的有效性。IEC61850–6 标准内容即 SCL.xsd 文件内容。

SCL.xsd 文件包含 5 个元素，分别是 Header、Substation、IED、Communication 和 DataTypeTemplates，SCD 配置文件如图 Z11F6001Ⅲ–1 所示。

SCL
Header

id	xjb
version	1
revision	1
toolID	61850SCLConfig
nameStructure	IEDName
History	

Substation

desc	无锡220kV西泾变
name	xjb
VoltageLevel	desc=VoltageLevelDesc name=VoltageLevelName

Communication

desc	string

SubNetwork (6)

	name	desc	type	BitRate	ConnectedAP
1	MMS-A	MMS-A网	8-MMS	BitRate unit...	ConnectedAP
2	MMS-B	MMS-B网	8-MMS	BitRate unit...	ConnectedAP
3	GOOSE-A	GOOSE-A网	IECGOOSE	BitRate unit...	ConnectedAP
4	GOOSE-B	GOOSE-B网	IECGOOSE	BitRate unit...	ConnectedAP
5	SV-A	SV-A网	SMV	BitRate unit...	ConnectedAP
6	SV-B	SV-B网	SMV	BitRate unit...	ConnectedAP

IED (146)
DataTypeTemplates

图 Z11F6001Ⅲ–1 某变 SCD 配置文件

Header 包含了 SCL 配置文件的版本号、名称等信息；

Substation 元素描述变电站的功能结构、它的主元件及电气连接；

IED 元素描述所有 IED 的信息，如接入点（access point）、逻辑设备、逻辑节点、数据对象与具备的通信服务功能；IED 子元素下接入点采用 S1 表示 MMS 通信、G1 表示过程层 GOOSE 通信、M1 表示采样值通信，IED 接入点配置如图 Z11F6001Ⅲ-2 所示。

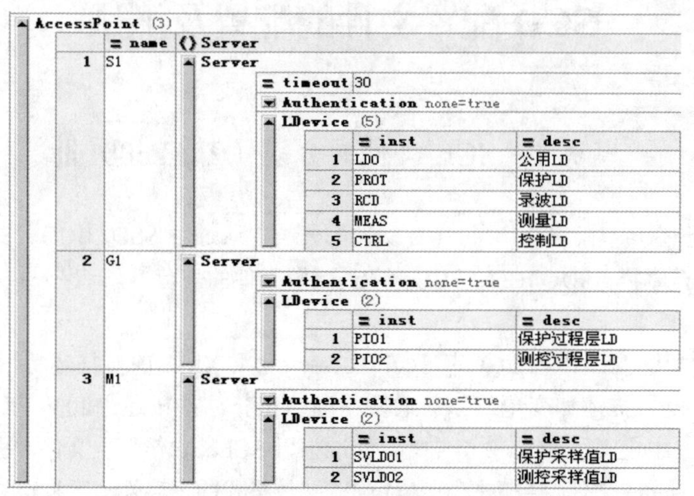

图 Z11F6001Ⅲ-2 IED 接入点配置

Communication 元素定义逻辑节点之间通过逻辑纵向和 IED 接入点之间的联系方式；

DataTypeTemplates 详细定义了在文件中出现的逻辑节点类型模板以及逻辑节点所包含的数据对象、数据属性、枚举类型等模板。从图 Z11F6001Ⅲ-3 可以看出实际应用中在 IEC61850 基本逻辑节点基础上，用户可以对逻辑节点进行继承，选择需要的数据 DO（data object）进行扩展。

DataTypeTemplates

LNodeType (1751)

	lnClass	id	desc
1	MMXU	SAC_IED_MMXU	遥测

DO (12)

	type	name	desc
1	CN_INC_Mod	Mod	模式
2	CN_INS_Beh	Beh	性能
3	CN_INS_Health	Health	健康状态
4	CN_LPL	NamPlt	铭牌
5	CN_DEL	PPV	线电压
6	CN_WYE	A	电流
7	CN_MV	TotW	总有功
8	CN_MV	TotVAr	总无功
9	CN_MV	TotVA	总视在
10	CN_MV	TotPF	功率因数
11	CN_MV	Hz	频率
12	CN_WYE	PhV	相电压

图 Z11F6001Ⅲ-3 MMXU 逻辑节点扩展

配置文件共分为4类，分别以ICD、CID、SSD、SCD为后缀进行区分，这些配置文件本质上都是XML文件，并且必须能满足通过SCL.xsd约束与校验。

1）ICD文件描述了IED提供的基本数据模型及服务，包含模型自描述信息，但不包含IED实例名称和通信参数，ICD文件还应包含设备厂家名、设备类型、版本号、版本修改信息、明确描述修改时间、修改版本号等内容，同一型号IED具有相同的ICD模板文件，ICD文件不包含Communication元素。

2）SSD文件描述变电站一次系统结构以及相关联的逻辑节点，全站唯一，SSD文件应由系统集成厂商提供，并最终包含在SCD文件中。

3）SCD文件包含全站所有信息，描述所有IED的实例配置和通信参数、IED之间的通信配置以及变电站一次系统结构，SCD文件应包含版本修改信息，明确描述修改时间、修改版本号等内容，SCD文件建立在ICD和SSD文件的基础上；目前，一些监控系统已支持根据SCD或ICD文件自动映射生成数据库，减少了监控后台数据库配点号的困难。

4）CID文件是IED的实例配置文件，一般从SCD文件导出生成，禁止手动修改，以避免出错，一般全站唯一、每个装置一个，直接下载到装置中使用。

【思考与练习】

1. SCL文件分为哪几类？
2. CID文件的特点？

模块2　SCD文件的格式与配置方法（Z11F6002Ⅲ）

【模块描述】本模块以实例化配置文件为例，通过介绍遥信、遥测、遥控、遥调、定值、GOOSE、SV在配置文件中是如何配置的，掌握配置文件的格式与配置方法。

【模块内容】

随着光纤以太网通信代替了传统电缆硬接线，使得工程中以往一些查点对信号的工作变成了对配置文件参数与配置的核对，因此，工程人员需对配置文件的格式与配置方法深入掌握。从前述可知，4类配置文件中，配置信息最终主要在CID文件中实例化，以下以220kV某变中一些保护测控、故障录波、合并器等实例化配置文件为例，介绍遥信、遥测、遥控、遥调、定值、GOOSE、SV在配置文件中是如何配置的，并介绍IEC 61850中数据集、控制块、报告等概念。

以从某变SCD文件中单独导出某线路保护测控装置的CID文件为例，通过一些工具可以直接将CID配置文件以层次化结构展示出来，如图Z11F6002Ⅲ-1所示，可看到主要包括 Data（IEC 61850 模型）、Datasets（用于将用户关心的数据视为一个集合）、UnbufferedReports（非缓冲报告控制块）、BufferedReports（缓冲报告控制块）、GOOSE（GOOSE 控制块）等。

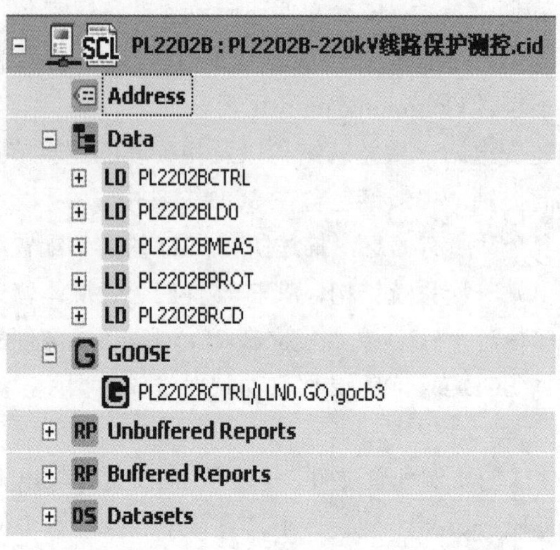

图 Z11F6002Ⅲ-1 装置 CID 文档结构

1. Data（IEC 61850 模型）

与传统的工程化的流程，需要人工参与点表的配置、对点不同，IEC 61850 中所有数据都面向对象，且自带描述。根据配置文件树状结构列表可知道，该保护设备面向对象建模具有 5 个逻辑设备，分别是 CTRL（控制）、LD0（公用）、MEAS（测量）、PROT（保护）、RCD（录波），以展开的一个测量 MMXU 逻辑节点为例，如图 Z11F6002Ⅲ-2 所示可以看到在 MX 功能约束下，定义了 PPV、A、TotW、Hz 等一系列 DO（数据）。限于篇幅不一一展开，以频率测量量为例，其路径信息层次可表达成“PL2202BMEAS/MeaMMXU1$M X$Hzmagf”。

另以故障遥信量为例，如图 Z11F6002Ⅲ-3 所示，在 PL2202BLD0 逻辑设备下，定义了 DevAlmGGIO1 逻辑节点，在 ST 功能约束下定义了一系列 Almn 的告警信息量。以 Alm1 告警量为例，其路径信息层次即可表达成“PL2202BLD0/DevAlmGGIO1STAlm1$stVal”。

因此，与传统规约相比，IEC 61850 带有良好的自描述特性，基于配置文件即可快速了解该装置的功能信息与通信能力，IEC 61850 客户端与 IEC 61850 服务器间建立连接后，客户端即可从服务器中读到图示的树状结构，访问各个数据对象，进行设置数据集、控制块、定值组切换等操作。

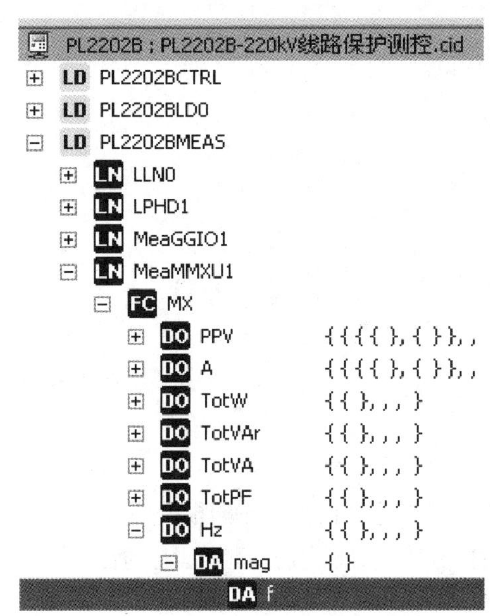

图 Z11F6002Ⅲ-2　装置遥测数据建模

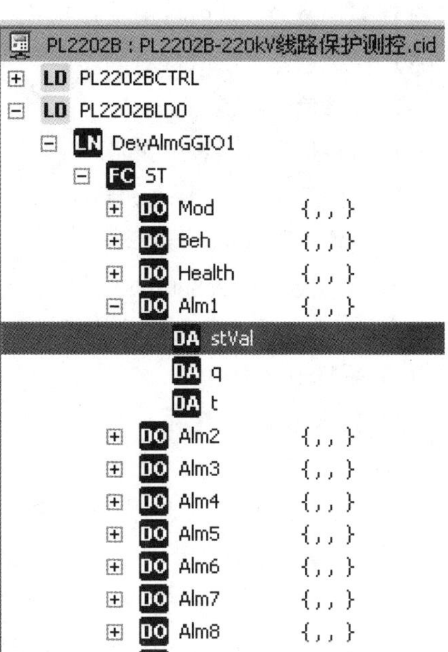

图 Z11F6002Ⅲ-3　装置遥信数据建模

2. Dataset 数据集

是指将用户关心的一些对象，将其视为一个集合体以便于实现集中监视上传，是用作报告控制块、GOOSE 控制块、SV 控制块中的重要参数。

按 Q/GDW 396—2009《IEC 61850 工程继电保护应用模型》要求，测控装置预定义下列数据集，前面为数据集描述，括号中为数据集名：

1）遥测（dsAin）。

2）遥信（dsDin）。

3）故障信号（dsAlarm）。

4）告警信号（dsWarning）。

5）通信工况（dsCommState）。

6）装置参数（dsParameter）。

7）GOOSE 信号（dsGOOSE）。

保护装置预定义下列数据集，前面为数据集描述，括号中为数据集名：

1）保护事件（dsTripInfo）。

2）保护遥信（dsRelayDin）。

3）保护压板（dsRelayEna）。

4）保护录波（dsRelayRec）。

5）保护遥测（dsRelayAin）。

6）故障信号（dsAlarm）。

7）告警信号（dsWarning）。

8）通信工况（dsCommState）。

9）装置参数（dsParameter）。

10）保护定值（dsSetting）。

11）GOOSE 信号（dsGOOSE）。

12）采样值（dsSV）。

13）日志记录（dsLog）。

请注意：

（1）保护压板数据集中同时包含硬压板和软压板数据。

（2）故障信号数据集中包含所有导致装置闭锁无法正常工作的报警信号。

（3）告警信号数据集中包含所有影响装置部分功能，装置仍然继续运行的告警信号。

（4）通信工况数据集中包含所有装置 GOOSE、SV 通信链路的告警信息。

（5）装置参数数据集中包含要求用户整定的设备参数，比如定值区号、被保护设备名、保护相关的电压、电流互感器一次和二次额定值，不应包含通信等参数。

（6）保护定值数据集中包含的应为支持多个区的保护定值和控制字。

（7）日志记录数据集中可包含事件和模拟量数据，实现对历史事件和历史数据的访问。若数据集内容与前面的其他数据集内容相同，也可以使用已定义的数据集，应用时只需额外添加相关的日志控制块。

（8）在数据集过大或信号需要分组的情况下，可将该数据集分成多个以从 1 开始的数字作为尾缀的数据集，如需要多个 GOOSE 数据集时，GOOSE 数据集名依次为 dsGOOSE1、dsGOOSE2、dsGOOSE3。

从图 Z11F6002Ⅲ–4 可以看出 PL2202B 有 10 个数据集，分别是保护事件 dsTripInfo、告警信号 dsWarning、保护定值 dsSetting、保护压板、dsRelayEna、遥测 dsAin、GOOSE 输出、dsGOOSE1、遥信 dsDin、通信工况 dsCommState、故障信号 dsAlarm。

以 dsAlarm 故障信号数据集为例：如图 Z11F6002Ⅲ–4 所示，该数据集包括了多个 Alm 故障遥信量，这个数据集用于遥信报告中，装置在自动不断监视数据集中遥信量变位情况，如果发生变位或周期时刻到达，在故障报警报告使能情况下，将自动上送报告至监控后台。

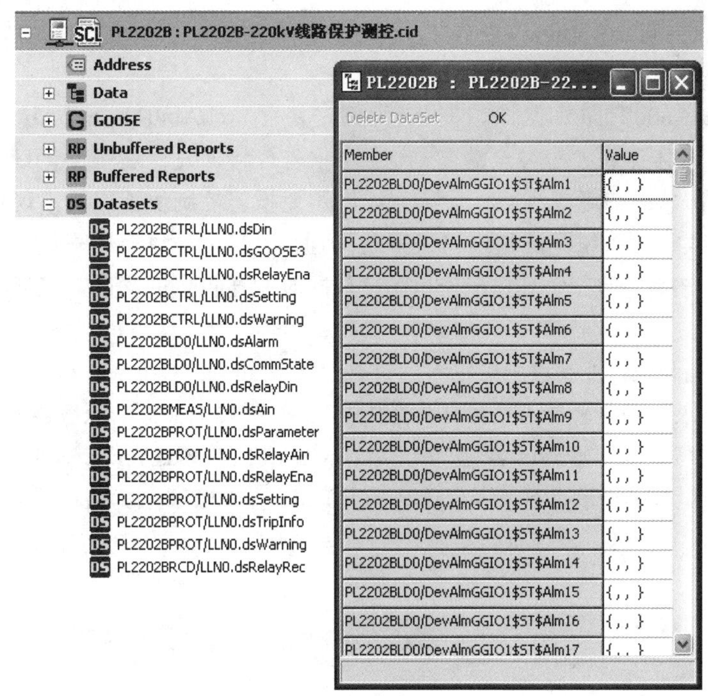

图 Z11F6002Ⅲ–4 装置告警数据集

3. Reports 报告

按 Q/GDW 396—2009《IEC 61850 工程继电保护应用模型》要求，测控装置预配置下列报告控制块，前面为描述，括号中为名称：

遥测（urcbAin）

遥信（brcbDin）

故障信号（brcbAlarm）

告警信号（brcbWarning）

通信工况（brcbCommState）

保护装置预配置下列报告控制块，前面为描述，括号中为名称：

保护事件（brcbTripInfo）

保护压板（brcbRelayEna）

保护录波（brcbRelayRec）

保护遥测（urcbRelayAin）

保护遥信（brcbRelayDin）

故障信号（brcbAlarm）

告警信号（brcbWarning）

通信工况（brcbCommState）

如图 Z11F6002Ⅲ-5 以非缓冲报告为例，共有 urcbAin01～urcbAin12 个报告控制块，即允许分别最大与客户端建立 12 个报告连接，发送遥测变化量。在设计配置文件的时候，应该考虑现场实际需求，以避免报告控制块不够而出现抢占控制块的情况，导致一些系统无法稳定与装置连接通信，甚至导致无法与装置建立连接的情况。由于支持面向多个 IEC 61850 客户端同时发送报告的功能，事件可以同时送到多个后台。

从图中展开报告控制块中可以看到有 RptID、RptEna、DataSet、GI 等一系列参数，其中 RptEna 表示报告使能，即客户端将其中 False 置成 True 后，服务器即可向该客户端开始发送报告，而 DataSet 名为“PL2202BMEAS/LLN0$dsAin”，即前述的 dsAin 遥测量数据集名。GI 表示总召，客户端将其中 False 置成 True 后，服务器端将数据集所有量当前值总召上送。具体报告控制块中一些参数含义在下文中介绍。

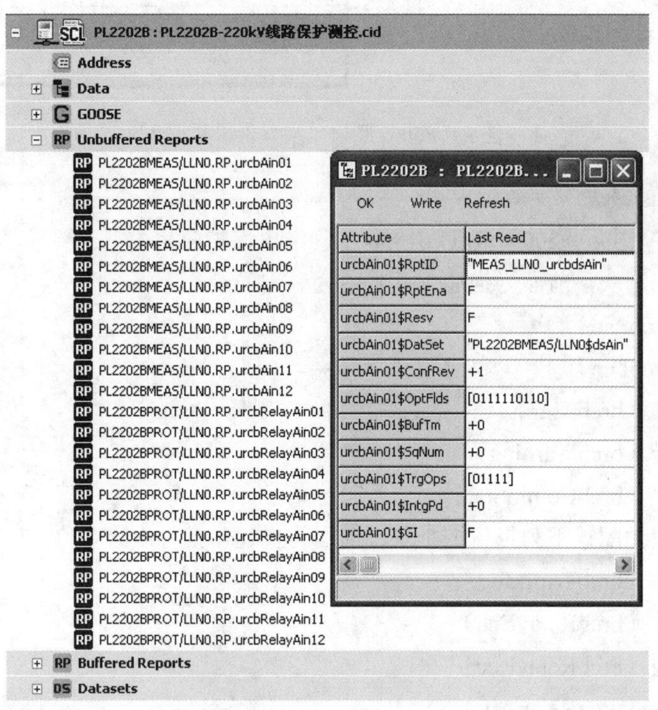

图 Z11F6002Ⅲ-5　非缓存报告控制块

缓存报告控制块（BR）与非缓存报告控制块（RP）类似，但缓存报告具有断开连接后能将报告保存在缓存区的功能，当重新连接服务器应用能及时将未发出的报告继续上送，而非缓存报告断开后无法对信息进行预存保留。通过缓存报告控制块，可以实现遥信的变化上送、周期上送、总召和事件缓存。由于支持面向多个 IEC 61850 客户端同时发送报告的功能，事件可以同时送到多个后台。

缓冲报告控制块与非缓冲报告控制块参数列有差别，具体一些参数含义可以参考标准。缓存报告控制块如图 Z11F6002Ⅲ–6 所示。

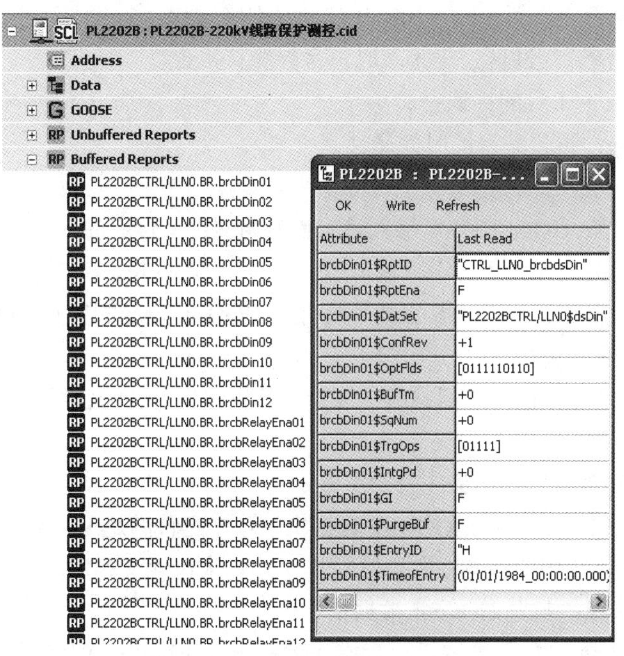

图 Z11F6002Ⅲ–6　缓存报告控制块

RptID：报告控制块的 ID 号，这里报告标识是 brcbdsDin.

RptEna：报告控制块使能，当客户端访问服务器时，首先要将报告控制块使能置 true 才能进行将数据集内容上送。

DateSet：报告控制块所对应的数据集，这里就是 dsDin。

CofRev：配置版本号，这里是 1。

OptFlds：包含在报告中的选项域，就是发送报告中所含的选项参数：

① sequence–number（顺序号）：事件发生的正确顺序；

② report–time–stamp（报告时标）：通知客户何时发出报告；

③ reason–for–inclusion（包含的原因）：指出引起发送报告的触发原因；

④ data-set-name（数据集名）：指明哪个数据集的值产生报告；

⑤ data-reference（数据引用）：包含值的 objectreference。

BufTm：缓存时间，这里设的缺省值 0。

Sqnum：报告顺序号。

TrgOpt：报告触发条件，有五个变化条件，值变化 dchg，品质更新 qchg，值更新上送 dupd，周期性上送 IntgPd，总召唤 GI。

IntgPd：周期上送时间，这里是 0ms。

GI：表示总召唤，置 1 时，BRCB 启动总召唤过程。

PurgeBuf：清除缓冲区，当为 1 时，舍弃缓存报告。

EntryID：报告条目的标识符。

TimeofEntry：报告条目的时间属性。

4. GOOSE

GOOSE 通信：GOOSE、SV 输入输出信号为网络上传递的变量，与传统屏柜的端子存在着对应的关系，为了便于形象地理解和应用 GOOSE、SV 信号，将这些信号的逻辑连接点称为虚端子。GOOSE 在配置文件分 GOOSE 发送配置与 GOOSE 接收配置，GOOSE 配置基本要求如下：

1）通信地址参数由系统组态统一配置，装置根据 SCD 文件的通信配置具体实现 GOOSE 功能。

2）GOOSE 输出数据集应支持 DA 方式。

3）装置应在 ICD 文件的 GOOSE 数据集中预先配置满足工程需要的 GOOSE 输出信号（除测控联闭锁用 GOOSE 信号外）。为了避免误选含义相近的信号，进行 GOOSE 连线配置时应从保护装置 GOOSE 数据集中选取信号。

4）装置 GOOSE 输入定义采用虚端子的概念，在以“GOIN”为前缀的 GGIO 逻辑节点实例中定义 DO 信号，DO 信号与 GOOSE 外部输入虚端子一一对应，通过该 GGIO 中 DO 的描述和 dU 可以确切描述该信号的含义，作为 GOOSE 连线的依据。装置 GOOSE 输入进行分组时，采用不同 GGIO 实例号来区分。

5）在 SCD 文件中每个装置的 LLN0 逻辑节点中，Inputs 部分定义了该装置输入的 GOOSE 连线，每一个 GOOSE 连线包含了装置内部输入虚端子信号和外部装置的输出信号信息，虚端子与每个外部输出信号为一一对应关系。Extref 中的 IntAddr 描述了内部输入信号的引用地址，应填写与之相对应的以“GOIN”为前缀的 GGIO 中 DO 信号的引用名，引用地址的格式为“LD/LN.DO.DA”。

6）装置应通过在 ICD 文件中支持多个 AccessPoint 的方式支持多个独立的 GOOSE 网络。在只连接过程层 GOOSE 网络的 AccessPoint，SCD 文件中装置应通过在相应 LD 的 LN0 中定义 Inputs，接收来自相应 GOOSE 网的 GOOSE 输入；在相应 LD 的 LN0 中定义 GOOSE 数据集和 GOOSE 控制块用来发送 GOOSE 信号。

以某变某保护配置文件 GOOSE 发送部分为例：在 GOOSE 控制块中主要配置 GOOSE 的 name、APPID、datSet 等信息，如下图将装置一些遥信量通过 GOOSE 共享广播/多播给需要的对象，首先在 DataSet 数据集中先定义了 dsGOOSE1 这个数据集，这个数据集包含"LinPTRC1STBlkRec$stVal、LinRREC1$STOpgeneral"等，然后在 GSEControl 中定义 APPID，并将 datSet 设置为 dsGOOSE1。装置 GOOSE 发送控制块如图 Z11F6002Ⅲ-7 所示。

LN0

= l	SAC_IED_LLN0
= l	LLN0
= i	

DataSet

= desc	GOOSE信号
= name	dsGOOSE1

FCDA (6)

	= ldInst	= prefix	= l	= lnClass	= doName	= daName	= fc
1	PI01	Lin	1	PTRC	BlkRec	stVal	ST
2	PI01	Lin	1	RREC	Op	general	ST
3	PI01	GOSig	1	GGIO	Ind1	stVal	ST
4	PI01	GOSig	1	GGIO	Ind2	stVal	ST
5	PI01	GOSig	1	GGIO	Ind3	stVal	ST
6	PI01	Lin	1	PTRC	Str	general	ST

Inputs

GSEControl

= appID	PL2202BPI01/LLN0GOgocb1
= datSet	dsGOOSE1
= con...	1
= name	gocb1
= type	GOOSE

图 Z11F6002Ⅲ-7　装置 GOOSE 发送控制块

另外 SCL.xsd 在 Communication 元素中 SubNetwork 子元素下定义 ConnectedAP 描述了 GOOSE 通信所需要的参数，包括接收方 MAC 地址、APPID、VLAN 参数、MinTime、MaxTime 等参数信息，如图 Z11F6002Ⅲ-8 所示。

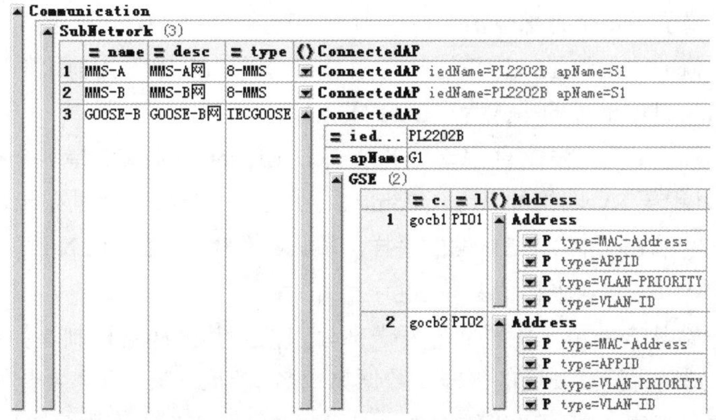

图 Z11F6002Ⅲ-8　装置 GOOSE 通信参数

以某变某保护配置文件 GOOSE 发送部分为例：如图 Z11F6002Ⅲ-9 所示，配置文件中定义了 GOOSE 接收来自装置 PT2001A 的信息，数据包括 OpHi、OpLo、OpStop 等，并将接收到的信息映射到自身 IEC 61850 模型下，如：将收到来自 PT2001A 的信息 PI_PROT/GOOUTGGIO1.Ind2.stVal 赋给自身模型 RPIT/GOINGGIO1.SPCSO4.stVal，其他几个类推。

Inputs

{} P. GOOSE INPUTS

ExtRef (4)

	ied...	ldInst	prefix	l..	l	d..	d...	intAddr
1	PT2001A	PI_PROT	GOOUT	GGIO	1	Ind2	stVal	RPIT/GOINGGIO1.SPCSO4.stVal
2	PT2001A	PI_BCU		ATCC	1	OpHi	general	RPIT/GOINGGIO1.SPCSO7.stVal
3	PT2001A	PI_BCU		ATCC	1	OpLo	general	RPIT/GOINGGIO1.SPCSO8.stVal
4	PT2001A	PI_BCU		ATCC	1	OpStop	general	RPIT/GOINGGIO1.SPCSO9.stVal

GSEControl (3)

图 Z11F6002Ⅲ-9 装置 GOOSE 输入

5. SV 采样值

SV 在配置文件分 SV 发送配置与 SV 接收配置，SV 配置基本要求如下：

1）采样值输出数据集应支持 DO 方式，数据集的 FCDA 中包含每个采样值的 instMag.i 和 q 属性。

2）装置采样值输入定义采用虚端子的概念，在以“SVIN”为前缀的 GGIO 逻辑节点实例中定义 DO 信号，DO 信号与采样值外部输入虚端子一一对应，通过该 GGIO 中 DO 的描述和 dU 可以确切描述该信号的含义，作为采样值连线的依据。装置采样值输入进行分组时，采用不同 GGIO 实例号来区分。

3）在 SCD 文件中每个装置的 LLN0 逻辑节点中的 Inputs 部分定义了该装置输入的采样值连线，每一个采样值连线包含了装置内部输入虚端子信号和外部装置的输出信号信息，虚端子与每个外部输出采样值为一一对应关系。Extref 中的 IntAddr 描述了内部输入采样值的引用地址，应填写与之相对应的以“SVIN”为前缀的 GGIO 中 DO 信号的引用名，引用地址的格式为“LD/LN.DO”。

4）装置应通过在 ICD 文件中支持多个 AccessPoint 的方式支持多个独立的 SV 网络。在只连接过程层 SV 网络的 AccessPoint，SCD 文件中装置应通过在相应 LD 的 LN0 中定义 Inputs，接收来自相应 SV 网的采样值输入；在相应 LD 的 LN0 中定义 SV 数据集和 SV 控制块用来发送采样值。

以某变电站某合并单元配置文件发送部分为例，其采样值控制块如图 Z11F6002Ⅲ-10 所示，先配置好要发送的采样值数据集，名字为 dsSV，将需要合并输出的电流电压作为数据集元素。配置采样值控制块 MSVCB，指定关联的数据集名是 dsSV。

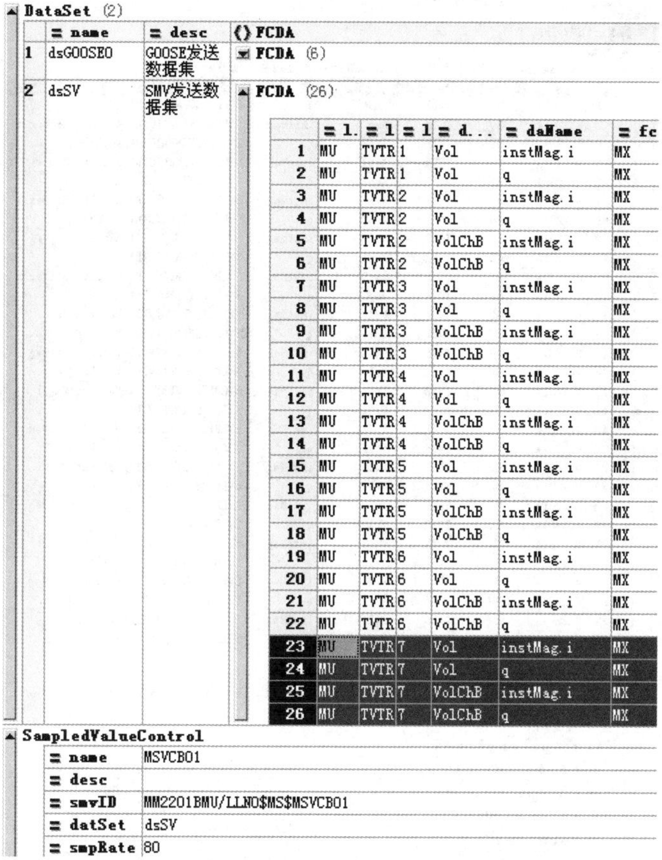

DataSet (2)

	name	desc	FCDA
1	dsGOOSE0	GOOSE发送数据集	FCDA (6)
2	dsSV	SMV发送数据集	FCDA (26)

FCDA (26)

	l.	l	l	d...	daName	fc
1	MU	TVTR	1	Vol	instMag.i	MX
2	MU	TVTR	1	Vol	q	MX
3	MU	TVTR	2	Vol	instMag.i	MX
4	MU	TVTR	2	Vol	q	MX
5	MU	TVTR	2	VolChB	instMag.i	MX
6	MU	TVTR	2	VolChB	q	MX
7	MU	TVTR	3	Vol	instMag.i	MX
8	MU	TVTR	3	Vol	q	MX
9	MU	TVTR	3	VolChB	instMag.i	MX
10	MU	TVTR	3	VolChB	q	MX
11	MU	TVTR	4	Vol	instMag.i	MX
12	MU	TVTR	4	Vol	q	MX
13	MU	TVTR	4	VolChB	instMag.i	MX
14	MU	TVTR	4	VolChB	q	MX
15	MU	TVTR	5	Vol	instMag.i	MX
16	MU	TVTR	5	Vol	q	MX
17	MU	TVTR	5	VolChB	instMag.i	MX
18	MU	TVTR	5	VolChB	q	MX
19	MU	TVTR	6	Vol	instMag.i	MX
20	MU	TVTR	6	Vol	q	MX
21	MU	TVTR	6	VolChB	instMag.i	MX
22	MU	TVTR	6	VolChB	q	MX
23	MU	TVTR	7	Vol	instMag.i	MX
24	MU	TVTR	7	Vol	q	MX
25	MU	TVTR	7	VolChB	instMag.i	MX
26	MU	TVTR	7	VolChB	q	MX

SampledValueControl

name	MSVCB01
desc	
smvID	MM2201BMU/LLN0MSMSVCB01
datSet	dsSV
smpRate	80

图 Z11F6002Ⅲ–10　合并单元 SV 发送数据集

图 Z11F6002Ⅲ–11 配置表述是某保护接收到来自 ML2201A 合并器的电流与电压数据，并且 Extref 中的 IntAddr 描述了内部对应输入采样值的引用地址。

6. 遥控与遥调

遥控、遥调等控制功能通过 IEC 61850 的控制相关数据结构实现，映射到 MMS 的读写和报告服务。IEC 61850 提供多种控制类型，如：增强型 SBOw 功能和直控功能，支持检同期、检无压、闭锁逻辑检查等功能。ctlModel 代表控制模式，IEC 61850 总共定义了 5 种控制模式，如图 Z11F6002Ⅲ–12 所示，在配置文件的 DataTypeTemplates 子元素下，可以看 EnumType 中列出了 ctlMode 分别为从 0～4，表示了不同的控制类型，0 是为只读状态量，4 为增强型 SBOw 带选择控制功能。

Inputs

{} P... SMV INPUTS

ExtRef (30)

	iedName	l	l	l.	l	doName	daName	intAddr
1	ML2201A	MU		TCTR	1	Amp1	instMag. i	SVLD1/SVINPATCTR1. Amp. instMag. i
2	ML2201A	MU		TCTR	1	Amp1	q	SVLD1/SVINPATCTR1. Amp. q
3	ML2201A	MU		TCTR	1	Amp2	instMag. i	SVLD1/SVINPATCTR1. AmpChB. instMag. i
4	ML2201A	MU		TCTR	1	Amp2	q	SVLD1/SVINPATCTR1. AmpChB. q
5	ML2201A	MU		TCTR	2	Amp1	instMag. i	SVLD1/SVINPBTCTR1. Amp. instMag. i
6	ML2201A	MU		TCTR	2	Amp1	q	SVLD1/SVINPBTCTR1. Amp. q
7	ML2201A	MU		TCTR	2	Amp2	instMag. i	SVLD1/SVINPBTCTR1. AmpChB. instMag. i
8	ML2201A	MU		TCTR	2	Amp2	q	SVLD1/SVINPBTCTR1. AmpChB. q
9	ML2201A	MU		TCTR	3	Amp1	instMag. i	SVLD1/SVINPCTCTR1. Amp. instMag. i
10	ML2201A	MU		TCTR	3	Amp1	q	SVLD1/SVINPCTCTR1. Amp. q
11	ML2201A	MU		TCTR	3	Amp2	instMag. i	SVLD1/SVINPCTCTR1. AmpChB. instMag. i
12	ML2201A	MU		TCTR	3	Amp2	q	SVLD1/SVINPCTCTR1. AmpChB. q
13	ML2201A	MU		TVTR	1	Vol1	instMag. i	SVLD1/SVINUATVTR1. Vol. instMag. i
14	ML2201A	MU		TVTR	1	Vol1	q	SVLD1/SVINUATVTR1. Vol. q
15	ML2201A	MU		TVTR	1	Vol2	instMag. i	SVLD1/SVINUATVTR1. VolChB. instMag. i
16	ML2201A	MU		TVTR	1	Vol2	q	SVLD1/SVINUATVTR1. VolChB. q
17	ML2201A	MU		TVTR	2	Vol1	instMag. i	SVLD1/SVINUBTVTR1. Vol. instMag. i
18	ML2201A	MU		TVTR	2	Vol1	q	SVLD1/SVINUBTVTR1. Vol. q
19	ML2201A	MU		TVTR	2	Vol2	instMag. i	SVLD1/SVINUBTVTR1. VolChB. instMag. i
20	ML2201A	MU		TVTR	2	Vol2	q	SVLD1/SVINUBTVTR1. VolChB. q
21	ML2201A	MU		TVTR	3	Vol1	instMag. i	SVLD1/SVINUCTVTR1. Vol. instMag. i
22	ML2201A	MU		TVTR	3	Vol1	q	SVLD1/SVINUCTVTR1. Vol. q
23	ML2201A	MU		TVTR	3	Vol2	instMag. i	SVLD1/SVINUCTVTR1. VolChB. instMag. i
24	ML2201A	MU		TVTR	3	Vol2	q	SVLD1/SVINUCTVTR1. VolChB. q
25	ML2201A	MU		TVTR	6	Vol1	instMag. i	SVLD1/SVINUXTVTR1. Vol. instMag. i
26	ML2201A	MU		TVTR	6	Vol1	q	SVLD1/SVINUXTVTR1. Vol. q
27	ML2201A	MU		TVTR	6	Vol2	instMag. i	SVLD1/SVINUXTVTR1. VolChB. instMag. i
28	ML2201A	MU		TVTR	6	Vol2	q	SVLD1/SVINUXTVTR1. VolChB. q
29	ML2201A	MU		LLN0		DelayTRtg	instMag. i	SVLD1/SVINGGIO1. AnIn1. mag. i
30	ML2201A	MU		LLN0		DelayTRtg	q	SVLD1/SVINGGIO1. AnIn1. q

图 Z11F6002Ⅲ-11 保护装置 SMV 接收数据

DataTypeTemplates

LNodeType (321)

DOType (453)

DAType (90)

EnumType (37)

	id	EnumVal		
1	ctlModel	EnumVal (5)		
			ord	Text
		1	0	status-only
		2	1	direct-with-normal-security
		3	2	sbo-with-normal-security
		4	3	direct-with-enhanced-security
		5	4	sbo-with-enhanced-security

图 Z11F6002Ⅲ-12 枚举类型数据模板

目前，智能变电站中典型的遥控类型如下：

断路器隔离开关遥控使用 sbo–with–enhenced–security 方式；

装置复归使用 direct–with–enhenced–security 方式；

保护软压板采用 sbo–with–enhanced–security 的控制方式；

变压器档位采用 direct–with–normal–security 的控制方式；

装置应初始化遥控相关参数（ctlModel、sboTimeout 等）。

以某变某备投总投与联切对应的数据对象 FuncEna1、FuncEna2 为例，如图 Z11F6002Ⅲ–13 所示，配置文件中设置了 ctlModel 为 4，即带选择 SBOw 控制，sboTimeOut 表示其选择后超时 35 000ms 时间后失效。

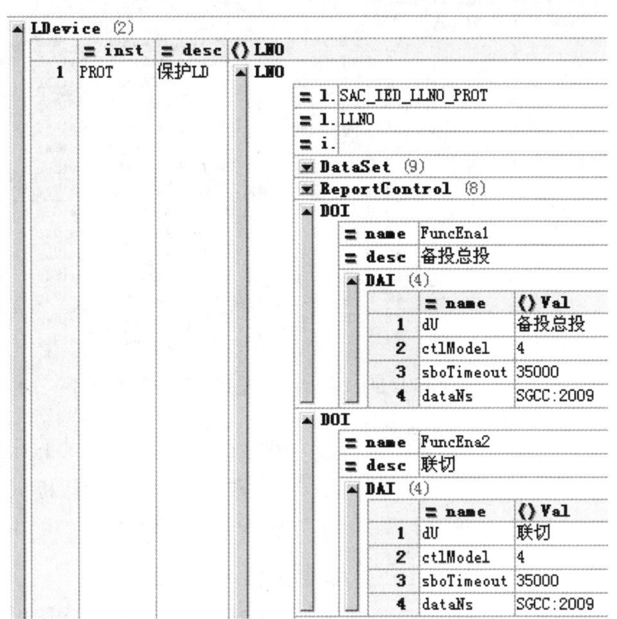

图 Z11F6002Ⅲ–13　备投装置建模

7. 定值服务

IEC 61850 的 ACSI 中提供了一系列定值服务，如图 Z11F6002Ⅲ–14 所示，包含 SelectActiveSG（选择激活定值组）、SelectEditSG（选择编辑定值组）、SetSGValuess（设置定值组值）、ConfirmEditSGValues（确认编辑定值组值）、GetSGValues（读定值组值）和 GetSGCBValues（读定值组控制块值）服务。按《IEC 61850 工程继电保护应用模型》标准要求，规定了 dsSetting 作为保护定值数据集的名称，数据集中元素顺序按定值序号排列。单个保护装置的 IED 可以有多个 LD 和定值控制块（SGCB），每个 LD 应只有一个 SGCB 实例。

图 Z11F6002Ⅲ–15 配置文件中 SettingControl 的数据属性 numOfSGs 参数表示共用多少个定值组，actSG 表示当前运行中使用的定值组序号，示例中表示共 31 个定值组，当前激活为定值组 1。

DataSet (9)

	desc	name	FCDA
1	通信工况	dsCommState	FCDA (15)
2	故障信号	dsAlarm	FCDA (18)
3	保护事件	dsTripInfo	FCDA (25)
4	告警信号	dsWarning	FCDA (17)
5	保护定值	dsSetting	FCDA (38)

	l..	p..	l	l...	doName	daName	fc
1	PROT	Set	1	GGIO	IngSet1	setVal	SG
2	PROT	Set	1	GGIO	IngSet2	setVal	SG
3	PROT	Set	1	GGIO	AsgSet14	setMag.f	SG
4	PROT	Set	1	GGIO	AsgSet15	setMag.f	SG
5	PROT	Set	1	GGIO	AsgSet16	setMag.f	SG
6	PROT	Set	1	GGIO	AsgSet17	setMag.f	SG
7	PROT	Set	1	GGIO	AsgSet18	setMag.f	SG
8	PROT	Set	1	GGIO	AsgSet19	setMag.f	SG
9	PROT	Set	1	GGIO	AsgSet20	setMag.f	SG
10	PROT	Set	1	GGIO	AsgSet21	setMag.f	SG
11	PROT	Set	1	GGIO	AsgSet1	setMag.f	SG
12	PROT	Set	1	GGIO	AsgSet2	setMag.f	SG
13	PROT	Set	1	GGIO	AsgSet3	setMag.f	SG
14	PROT	Set	1	GGIO	AsgSet4	setMag.f	SG

图 Z11F6002Ⅲ-14 保护装置定值数据集

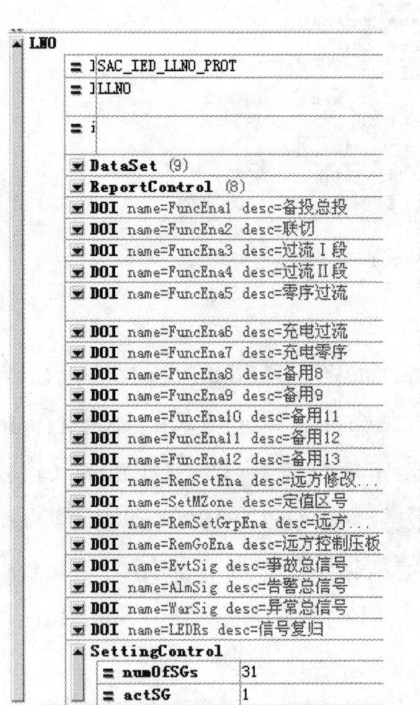

LN0

= I	SAC_IED_LLN0_PROT
= I	LLN0
= i	
DataSet (9)	
ReportControl (8)	
DOI name=FuncEna1 desc=备投总投	
DOI name=FuncEna2 desc=联切	
DOI name=FuncEna3 desc=过流Ⅰ段	
DOI name=FuncEna4 desc=过流Ⅱ段	
DOI name=FuncEna5 desc=零序过流	
DOI name=FuncEna6 desc=充电过流	
DOI name=FuncEna7 desc=充电零序	
DOI name=FuncEna8 desc=备用8	
DOI name=FuncEna9 desc=备用9	
DOI name=FuncEna10 desc=备用11	
DOI name=FuncEna11 desc=备用12	
DOI name=FuncEna12 desc=备用13	
DOI name=RemSetEna desc=远方修改...	
DOI name=SetMZone desc=定值区号	
DOI name=RemSetGrpEna desc=远方...	
DOI name=RemGoEna desc=远方控制压板	
DOI name=EvtSig desc=事故总信号	
DOI name=AlmSig desc=告警总信号	
DOI name=WarSig desc=异常总信号	
DOI name=LEDRs desc=信号复归	
SettingControl	
= numOfSGs	31
= actSG	1

图 Z11F6002Ⅲ-15 备投装置定值数据集

定值管理中应注意以下几点：

“远方修改定值”软压板只能在装置本地修改。“远方修改定值”软压板投入时，装置参数、装置定值可远方修改。

“远方切换定值区”软压板只能在装置本地修改。“远方切换定值区”软压板投入时，装置定值区可远方切换。定值区号宜放入遥测数据集，供远方监控。

“远方控制压板”软压板只能在装置本地修改。“远方控制压板”软压板投入时，装置功能软压板、GOOSE 出口软压板可远方控制。

【思考与练习】

1. 测控装置预定义哪些数据集？
2. SV 配置基本要求是什么？

第八章

智能变电站单设备调试

模块1　间隔层设备调试（Z11F6003Ⅲ）

【模块描述】本模块包含智能变电站中间隔层的测试技术原理、过程、方法及注意事项，通过装置介绍及原理分析，掌握智能化变电站间隔层二次设备的测试技术。

【模块内容】

一、智能保护测控装置

常规变电站中，模拟量采集由二次保护、测控等设备自身完成，相同的模拟量会被不同的设备同时采集，造成了采集的重复性。随着电子式互感器的使用，模拟量采集功能被独立出来，并下放到过程层，电子式互感器采集可以通过光纤网络为不同的设备提供统一的电气量。智能变电站的保护测控装置就可以略去模拟量采集的TA/TV部分，设备结构得到简化，而且与一次系统有效隔离，安全性、可靠性得到提高。

同时，智能断路器的应用使变电站内分/合闸、闭锁、断路器位置等重要信息的传递由常规的硬接点方式变为网络通信方式，因而智能保护测控装置不再需要状态量端子和中间继电器，硬件结构得到进一步简化，也可省略复杂的二次电缆接线。

IEC 61850标准设计了一套统一的变电站通信体系，建议采用以太网作为站内通信系统，设备之间要加强信息交互，实现资源共享。智能变电站中，IED设备间采用对等模式通信，同一个IED既可以是服务器向其他IED提供信息，也可作为客户机请求其他IED的数据。智能保护测控装置既要与变电站层的监控主机通信，又要与过程层的智能设备交互数据，同时还要与间隔层内的设备实现信息交互，这就需要智能保护测控装置具有强大的通信功能。

智能保护测控设备的输入输出发生了较大的变化，其接收来自合并单元的SV采样值信号及智能终端的开关量信号，经过判别后，其执行结果又通过GOOSE信号送到智能终端完成保护测控的功能，但从功能上与常规保护测控的功能类似。

二、智能保护测控装置单体测试

1. 通用检查

检查单体装置的外观完整，无机械损伤；装置铭牌参数正确，说明书、合格证及相关资料齐全；提供的装置配置文件应满足IEC 61850建模规范的要求；屏柜内螺丝无松动，屏内小开关、继电器、切换把手及压板布置规范，标识正确；装置的接地点明显且可靠。

2. 保护采样检查

（1）交流量精度检查。

1）零点漂移检查。对模拟量采样方式的保护装置，不加入外部采样值，检查零点漂移应符合微机继电保护装置技术条件的要求；对采用数字量输入的保护装置应结合合并单元环节一起检查。

2）电流电压输入的幅值和相位准确度检验。检验保护测控装置采样值通道订阅的正确性，同时检查幅值和相位准确度应满足技术条件的要求。

3）同步性能检验。检验保护装置对来自不同合并单元的电流、电压信号的同步采样性能是否满足技术条件的要求。考虑各合并单元的额定延时可能不同，该项宜结合合并单元环节一起进行。

（2）SV异常处理检验。

1）检验保护装置对SV数据无效的处理机制，要求当采样数据无效时不应引起保护的不正确动作。

2）对采用合并单元双AD数据的继电保护方案，检查一路AD采样值畸变时，保护的处理逻辑。重点计算保护双AD采样不一致的预判门槛值，确保正常情况下不会因为零漂原因造成保护装置的误闭锁。

3）检验SV断链时保护的处理逻辑，正常情况下应闭锁与该采样相关的保护功能。

4）检验当接收的采样值通信延时、MU间采样序号不连续、采样值错序及采样值丢失数量超过一定范围时，保护的处理逻辑是否符合标准规范。

5）检验SV采样值失步，即报文中同步位消失时保护的采样和动作逻辑是否正常。

（3）二次回路。

1）检查保护装置SV输入端口配置是否与设计相符，不同IED的数据集与采样接收端口一一绑定。

2）检验保护装置的“电流/电压接收软压板”或“支路投入软压板”命名是否规范，相应的功能应正确。

3. 保护 GOOSE 开入/开出检查

（1） GOOSE 开入测试。

1） 对照虚端子表检查保护装置 GOOSE 订阅信息是否正确，在装置上面板检查相应的开关量变位情况。

2） 检查光口配置与保护装置订阅数据集的绑定关系。

3） 验证保护 GOOSE 接收压板的功能。

（2） GOOSE 开出测试。

1） 检查保护装置发送数据集的正确性，包括通信参数、通道数据信息等；

2） 结合保护功能测试，逐个验证 GOOSE 开出信息，以及与保护出口压板的对应性。

保护 GOOSE 开入/开出测试示意图如图 Z11F6003Ⅲ–1 所示。

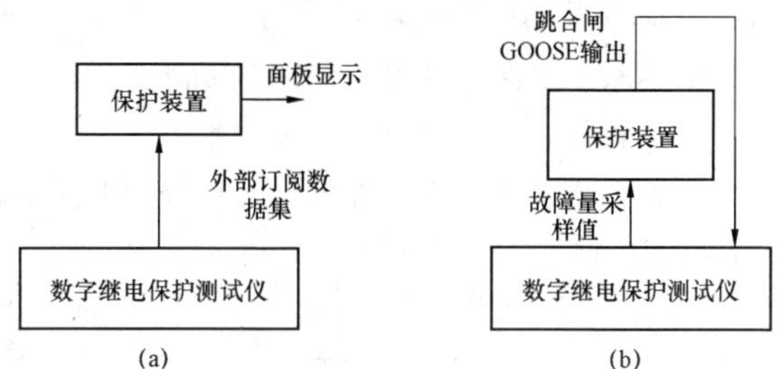

图 Z11F6003Ⅲ–1 保护 GOOSE 开入/开出测试示意图

（a）GOOSE 开入；（b）GOOSE 开出

4. 功能测试

智能变电站继电保护装置的功能测试项目与常规变电站“六统一”保护类似，主要区别为所采用的继电保护测试仪不同。测试采用如图 Z11F6003Ⅲ–2 所示的测试平台，即利用IEC 61850数字式继电保护测试仪输出9–2采样值报文形式的测试信号和GOOSE开入量到智能保护装置进行各种保护功能的测试，保护装置输出 GOOSE 跳闸信号到对应的智能操作箱，智能操作箱相应的断路器开出量跳闸出口，模拟断路器能模拟断路器的跳闸过程和断路器位置，智能操作箱发送断路器变位信号的 GOOSE 报文到保护装置，保护测试仪也可以通过订阅智能保护装置的 GOOSE 断路器变位信号来获取断路器位置。

（1） 母线保护。

母线保护功能测试内容包括差动保护逻辑、失灵保护逻辑、TA 断线判别，对双母线接线方式的母线保护还应进行死区保护逻辑、复压逻辑等试验。

（2） 主变压器保护。

主变压器保护功能测试项目包括差动保护、后备距离、后备零序、失灵联跳、跳闸矩阵等。

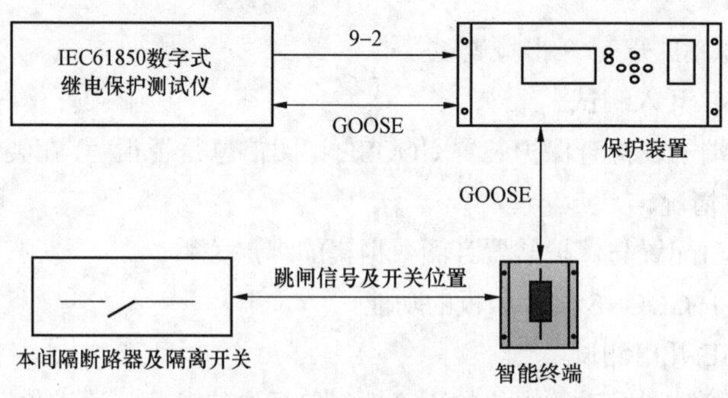

图 Z11F6003Ⅲ–2 保护功能试验平台

1）差动保护。变压器保护主保护投入，其他后备保护退出；通过高、中压侧验证纵差、分侧差动保护正确性及制动曲线。

2）后备保护。变压器保护主保护退出，分别验证高压侧、中压侧、低压侧后备保护，验证其调整矩阵的正确性。

3）失灵联跳保护。失灵联跳保护除外部失灵开入外，变压器保护内部还有固定的电流条件和 50ms 的时间条件。

（3）线路保护。线路保护功能测试项目包括纵联差动保护逻辑、后备距离保护逻辑、零序过电流保护逻辑、零序方向保护逻辑等。

（4）测控装置。测控装置功能包括同期功能测试、五防联闭锁功能、四遥功能测试等。

智能变电站中，采样值通过合并单元处理后传输给保护装置，保护装置动作后通过智能终端跳闸，保护整组动作时间比传统的动作时间多了合并单元处理延时和智能终端处理延时，因此整组动作时间较传统要长。保护功能测试时，测试保护的整组动作时间，即从合并单元加数据直至智能终端节点动作。

【思考与练习】

1. 常规变电站与智能变电站的间隔层设备有什么不同？

2. 如何检查保护装置的 GOOSE 开入、GOOSE 开出？

◢ 模块 2 过程层设备调试（Z11F6004Ⅲ）

【模块描述】本模块包含过程层设备的功能要求，过程层网络特点及原理技术，过程层的典型配置结构，掌握过程层的原理及测试技术。

【模块内容】

智能变电站必须首先满足变电站正常运行的要求，电网故障时能正确切除和隔离故障，保证电网安全。与常规变电站相比，智能变电站增加了过程层网络及设备，用于实现信息的共享以及间隔层设备与智能化一次设备之间的连接，从对应的角度看，智能变电站过程层网络相当于常规变电站的二次电缆组成的回路，各智能设备之间的信息通过报文来交换，信息回路主要包括采样值回路、GOOSE 开关量输入输出回路等。从变电站功能角度出发，过程层包括过程设备、间隔层设备以及过程层网络，它们有机组合，共同完成智能变电站继电保护、运行控制等任务。

一、智能变电站过程层特点

一次设备智能化是过程层智能化的基础。常见的智能化一次设备有：电子式互感器，实现采样值的数字化、共享化；智能终端，也即智能操作箱，实现断路器隔离开关开入开出命令和信号的数字化以及一次设备的故障诊断。一次设备信息实现数字化为信息的共享提供了条件，总线传输为信息的共享提供了方式。过程层总线主要传输智能化一次设备的数字信号，与电缆传输模拟信号相比，其抗干扰能力增强，信息共享方便，在工程上仅需几根光缆就可实现和控制室的连接，大大简化了传统大量电缆的连接方式。智能变电站过程层总线的信息传输如图 Z11F6004Ⅲ-1 所示。

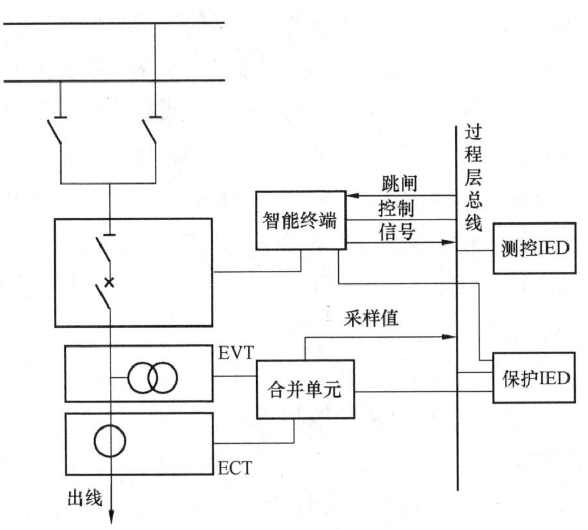

图 Z11F6004Ⅲ-1　过程层总线

智能变电站过程层是变电站正确、可靠运行的保障，实时性要求非常高，因此，过程层信息的传输要求是准确、可靠、快速。过程层传输的信息主要分为两种：

1）周期性的采样值信号，该信息需要保证传输的实时、快速。

2）由事件驱动的开入开出信号，如分布式系统下各设备间跳闸命令、控制命令、状态信息、互锁信息的相互交换和智能设备状态信息的发布等，该信息不仅对数据传输实时性要求高，同时可靠性也要求高。

以太网是目前使用广泛、采用总线拓扑的网络技术，具有高效率、开放性、高可靠性等优势，便于实现信息的共享，IEC 61850 推荐采用以太网作为通信途径。百兆或千兆光纤以太网可靠性好，实时性高，适用于智能变电站过程层总线。

二、智能变电站过程层设备

1. 合并单元

（1） 合并单元概述。

随着电子式互感器在智能变电站的应用和推广，变电站二次电压/电流回路发生了本质的改变。电子式互感器的实现、远端电气单元的二次输出并没有统一的规定，各厂家使用的原理、介质系数、对二次输出光信号含义也都不尽相同，因此，电子式互感器输出的光信号需要同步、系数转换等处理后才能输出统一的数据格式供变电站二次设备使用。由此，IEC 标准定义了电子式互感器接口的重要组成部分——合并单元（Merging Unit，MU），并严格规范了它与保护、测控等二次设备之间的接口方式。

合并单元的主要功能是采集多路电子式互感器的光数字信号，并组合成同一时间断面的电流电压数据，最终按照标准规定以统一的数据格式输出至过程层总线，合并单元系统架构如图 Z11F6004Ⅲ-2 所示。合并单元与电子式互感器之间的数字量采用串行数据传输，可以采用异步方式传输，也可以采用同步方式传输，而传输介质一般采用光纤。

图中 ETVTa 中的 SC1，为 A 相电子式电压互感器二次转换器的 AD1；ETVTa 中的 SC2，为 A 相电子式电压互感器二次转换器的 AD2。ECTa 的 SC1，为 A 相电子式电流互感器二次转换器的 AD1；ECTa 的 SC2，为 A 相电子式电流互感器二次转换器的 AD2。通道布局根据实际工程应用而决定，可能有其他通道布局。

在低电压等级的一些特殊应用情况下，合并单元除了组合各电流和电压外，还可能同时组合了相应的开关设备状态量和控制量。

（2） 合并单元数据接口。

按照国家标准 GB/T 14285 要求“除出口继电器外，装置内的任一元件损坏时，装置不应误动作跳闸”，国网 Q/GDW 441—2010《智能变电站继电保护技术规范》中要求 220kV 及以上保护、合并单元双重化配置，每套电子式电流/电压互感器内至少应配置 1 个传感元件，由两路独立的采样系统进行采集。

对于只具备一个传感元件的电子式电流互感器，每个传感元件必须对应两路独立的采样系统进行采集（双 A/D 系统），两路采样系统形成三组电流数据（保护用 AD1、AD2 以及测量用数据）通过同一通道输入到合并单元，而合并单元将双 A/D 的三组采样数据输出为三组数字采样值，由同一路通道输入保护、测控等二次设备。

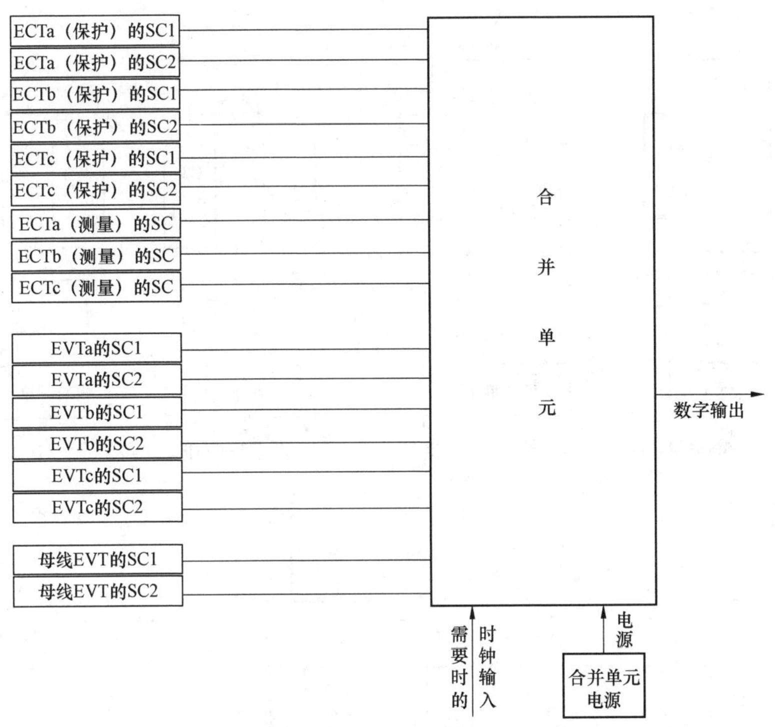

图 Z11F6004Ⅲ-2　合并单元架构示意图

对于不具备双 A/D 系统设计的电子式电流互感器，应具备两个传感元件，每个传感元件对应一个独立的采样系统，一个电子式电流互感器具备两路独立的采样系统，两路采样系统形成三组电流数据通过同一通道输入到合并单元，而合并单元将双路采样系统的数据输出为三组数字采样值，由同一路通道输入保护、测控等二次设备。

对于只具备一个传感元件的电子式电压互感器，每个传感元件必须对应两路独立的采样系统进行采集，两路采样系统形成两组电压数据（AD1 和 AD2）通过同一通道输入到合并单元，而合并单元将双 A/D 采样数据输出为两组数字采样值，由同一路通道输入保护、测控等二次设备。合并单元与电子式互感器之间数据接口如图 Z11F6004Ⅲ-3～Z11F6004Ⅲ-5 所示。

用于双重化保护的电子式互感器，其两个采样系统应由不同的电源供电并与相应保护装置使用同一组直流电源。

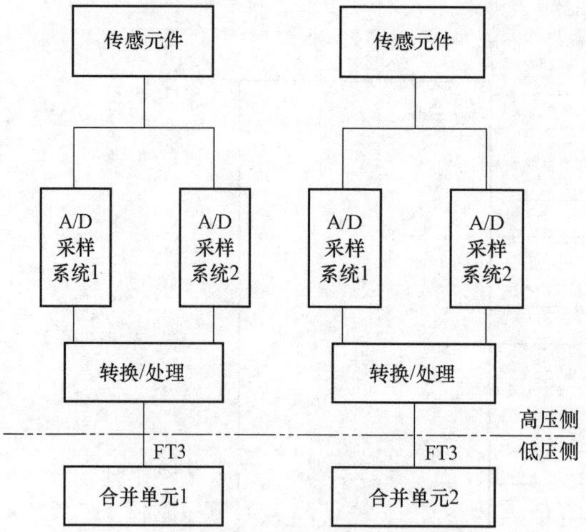

图 Z11F6004Ⅲ-3 罗氏线圈型 ETA 接口

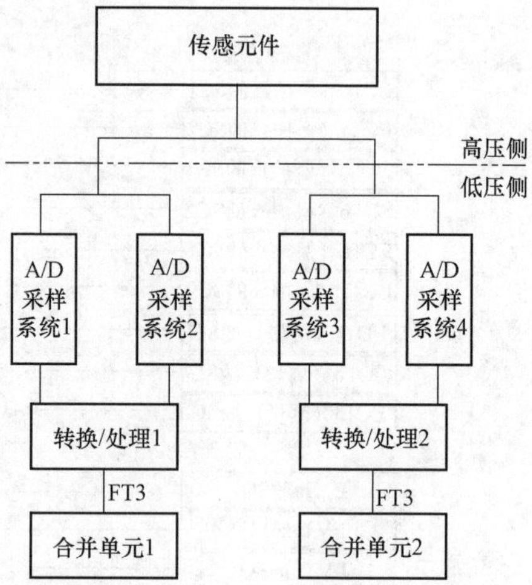

图 Z11F6004Ⅲ-4 分压式 EVT 接口

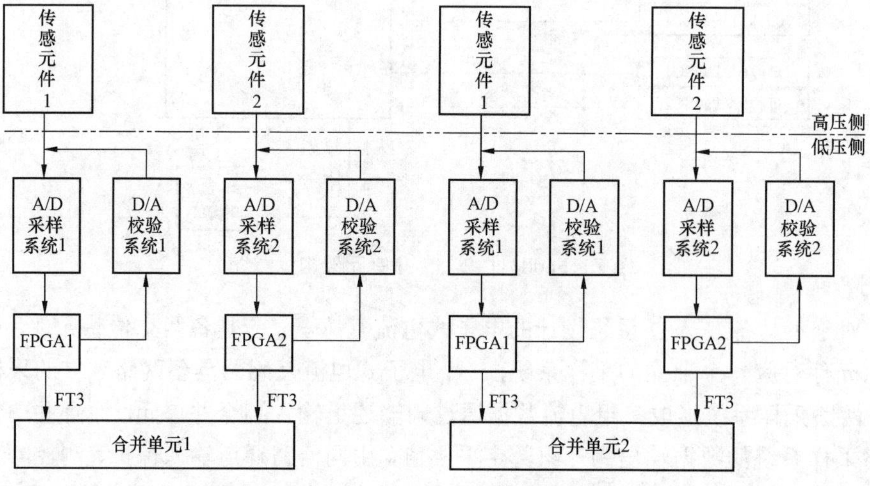

图 Z11F6004Ⅲ-5 全光纤电流互感器 FOTA 接口

合并单元应能同时支持 GB 20840—2013（IEC 60044-8）《电子式电压互感器的补充技术要求》的 FT3 格式输出和 IEC 61850-9-2《变电站通信网络和系统》规约输出，在具体工程应用时应能灵活配置。不管采用 IEC 61850-9-2 规约还是 IEC 60044-8 的 FT3 规约输出，合并单元都应支持数据帧通道可配置的功能。

FT3 数据格式如图 Z11F6004Ⅲ-6 所示，每个通道的值用两个字节表示，最后的状态字 1 和状态字 2 用于集中表示各电压/电流通道数据的有效性。

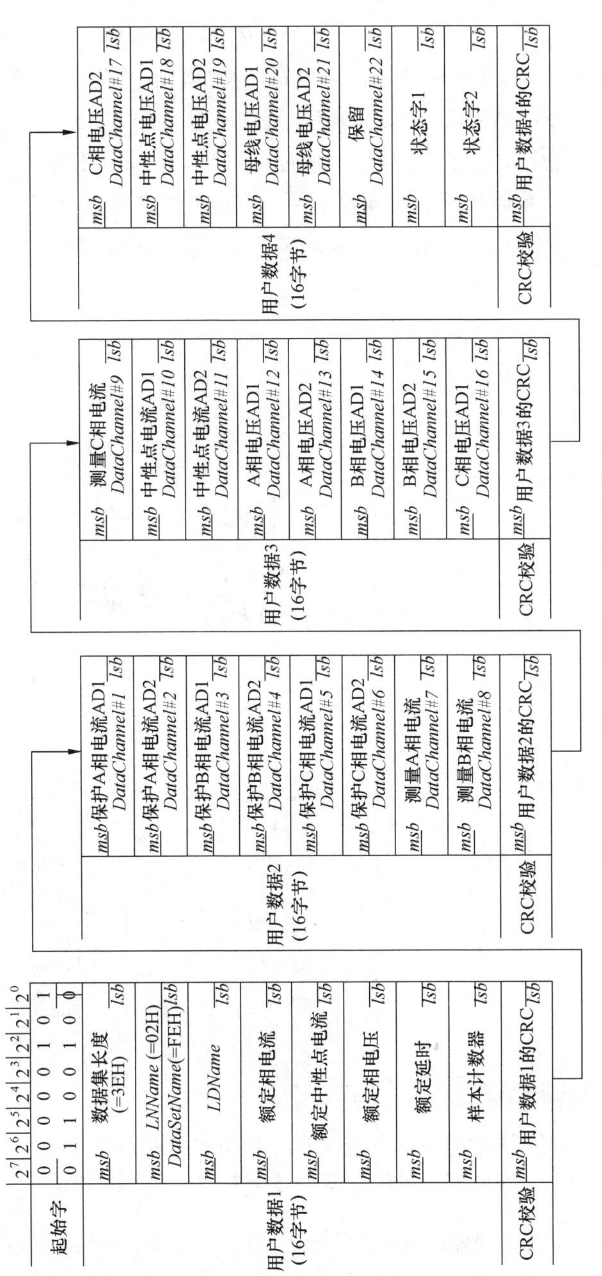

图 Z11F6004Ⅲ-6　通用 FT3 数据帧格式

9–2 规约格式如图 Z11F6004Ⅲ–7 所示，数据按照 ASN.1 规则进行编码，采用 T–L–V（类型–长度–值，Type–Length–Value 或者标记–长度–值，Tag–Length–Value）格式传输，其中 V 可以是具体的值，可以是结构体，也可以是 T–L–V 组合本身，图中 PDU、ASDU 序列、ASDU1 序列的值即为向下包含的 T–L–V 组合。数据集中的每个通道的数据都包含两部分：大小（i）和品质（q），i 和 q 分别用四个字节的数据表示。数据集中通道的具体物理意义定义灵活，在配置文件中给出的，图 Z11F6004Ⅲ–7 中给出的数据集是某变电站 220kV 线路间隔合并单元的数据集定义。

T | L | PDU(V)
PDU:
T | L | ASDU数目(V)
T | L | 安全性(V)
T | L | ASDU序列(V)
ASDU序列:
T | L | ASDU1序列(V)
ASDU1:
T | L | ID(V)
T | L | 数据集(V)
T | L | 采样计数器(V)
T | L | 版本信息(V)
T | L | 刷新时间(V)
T | L | 采样同步(V)
T | L | 采样率(V)
T | L | 数据集序列(V)
数据集:
额定延时
A相保护电流AD1
A相保护电流AD2
B相保护电流AD1
B相保护电流AD2
C相保护电流AD1
C相保护电流AD2
A相测量电流
B相测量电流
C相测量电流
A相电压AD1
A相电压AD2
B相电压AD1
B相电压AD2
C相电压AD1
C相电压AD2
母线电压AD1
母线电压AD2

T=ASN .1标记　L=长度

图 Z11F6004Ⅲ–7　IEC 61850–9–2 数据格式

注：PDU、ASDU 序列、ASDU1 序列的值向下包含；数据集中每个数据都包含了大小（i）和品质（q）。

合并单元对电子式互感器送出的采样数据应能进行同步性、有效性等品质判别，并通过合并单元输出数据的标志告知保护、测控等二次设备，以保证采样数据被有效使用。采样数据的品质标志应实时反映自检状态，不应附加任何延时或展宽。

（3）合并单元的技术要求。

每个合并单元应能满足最多12个电子式互感器通道输入，并对这些通道输出数据进行有效处理。考虑到高电压等级应用中，必须保证保护装置采样数据的快速性和可靠性，合并单元应采用点对点传输方式将采样值输入到保护装置，因此，合并单元至少具备8个输出端口。合并单元统一格式的数据输出应既能支持点对点传输方式，也能支持组网传输方式，以满足保护快速性、可靠性的要求，同时也满足监控、计量系统的数据共享的要求。

考虑到保护的可靠性，Q/GDW 441—2010《智能变电站继电保护技术规范》中要求220kV及以上的保护不依赖于外部时钟，保护装置通过插值计算实现采样值的同步，这就要求保护装置接收的采样值数据实时性要高，且要等间隔，考虑到采样值通过交换机传输具有一定的延时，且延时具有不确定性，合并单元应支持点对点输出功能，而且合并单元发送采样值的间隔离散度尽量小，保证采样值的等间隔性，Q/GDW 441—2010《智能变电站继电保护技术规范》中指出，这一离散值应小于10μs。因此，合并单元通过光纤点对点直接将采样数据相对稳定的传输至保护装置。

由于实现原理不同，电子式互感器传变一次电流/电压的延时不同，且各厂家对于数据的处理方法也不相同，由此导致不同电子式互感器从一次电流/电压到合并单元二次输出的延时各不相同，这将给保护装置的插值同步带来很大的误差，为此，合并单元必须计算出采样值从电子式互感器一次输入到其处理输出至保护装置的整个过程的时间，并以额定延时的选项通过采样值的一个数据通道传输给保护装置。保护装置通过额定延时将采样值还原到其一次的发生的真实时刻以实现不同间隔间采样值的同步。

考虑到不同的应用，合并单元应能支持多种采样频率的采样数据输出，用于保护、测控的输出接口采样频率宜为4000Hz，用于电能质量、行波测距等应用中采样率宜为12 800Hz或更高。

若电子式互感器由合并单元提供电源，合并单元应具备对激光器的监视以及取能回路的监视能力。

2. 智能终端

智能变电站显著特点就是一次设备智能化，也即要实现断路器的智能化。智能断路器的实现方式有两种：① 直接将智能控制模块内嵌在断路器中，智能断路器是一个不可分割的整体，可直接提供网络通信的能力；② 将智能控制模块形成一个独立装置——智能操作箱，安装在传统断路器附近，实现现有断路器的智能化。目前，后者比较容易实现，国内智能化变电站建设基本采用常规断路器+智能终端的方案。常规断路器等一次设备通过附加智能组件实现智能化，使断路器等一次设备不但可以根据运行的实际情况进行操作上的智能控制，同时还可根据状态检测和故障诊断的结果进行状态检修。

在传统断路器旁边安装智能终端，该装置负责采集与断路器、隔离开关、地刀相关的开入信号，并负责控制断路器、隔离开关、地刀的操作。通过智能终端完成了对一个间隔内相关一次设备的就地数字化。智能终端作为过程层的一部分，为非智能的一次设备提供了外挂的智能终端。过程层的智能终端通过光纤与间隔层的保护、控制装置通信，将开入信息上传，并接收间隔层设备的控制命令。通过智能终端，完全取消了间隔层与过程层之间的电缆。这也是目前国内一些厂家在现有一次设备条件下推荐的智能化变电站方案。

智能终端与间隔层设备之间主要传输一次设备的数字信号，与模拟信号相比，其抗干扰能力增强，信息共享方便，在工程上仅需几根光缆就可实现和主控室连接，大大简化了传统的电缆连接方式。

3. 过程层交换机

（1）过程层交换机概述。

网络交换机的大量使用是智能变电站的主要特征，常规的变电站只有自动化系统有一些网络交换机，在智能变电站中，除了站控层有用于交换四遥信息的网络交换机外，还配置有大量的过程层网络交换机，因此在智能变电站中，网络交换机的重要性不言而喻。

智能变电站过程层采用面向间隔的广播域划分方法提高GOOSE报文传输实时性、可靠性，通过交换机VLAN配置，同一台过程层交换机面向不同的间隔划分为多个不同的虚拟局域网，以最大限度减少网络流量并缩小网络的广播域。同时过程层交换机静态配置其端口的多播过滤以减少智能电子设备CPU资源的不必要占用，保证过程层信息传输的快速性；过程层交换机的传输优先级机制的设置还可以确保过程层重要信息的实时性和可靠性。

上述这些配置在变电站自动化系统扩建或交换机故障更换时必然要修改或重新设置，这必然带来通信网络的安全风险。为规避风险，智能化变电站的通信网络管理不仅要满足信息网络设备管理要求，而且要与继电保护同等重要的对待，将交换机的VLAN及其所属端口、多播地址端口列表、优先规则描述和优先级映射表等配置作为定值来管理。便于在系统扩建、交换机更换后，网络系统的安全稳定。

（2）过程层交换机要求。

过程层GOOSE跳闸用交换机应采用100M及以上的工业光纤交换机，满足GB/T 17626电磁兼容的规定，宜通过KEMA认证。工业交换机应具备如下功能的支持：

1）支持IEEE 802.3x全双工以太网协议；

2）支持服务质量Quality of Service（QoS）IEEE802.1p优先级排队协议；

3）支持虚拟局域网 VLAN（802.1q）以及支持交叠（overlapping）技术；

4）支持 IEEE 802.1w　RSTP（快速生成树协议）；

5）支持基于端口的网络访问控制（802.1x）；

6）支持组播过滤、报文时序控制、端口速率限制和广播风暴限制；

7）支持 SNTP 时钟同步；

8）支持光纤口链路故障管理；

9）网络交换设备应采用冗余的直流供电方式，额定工作电压波动 20%范围内均可正常工作，并能实现无缝的切换；

10）光功率传输距离＞50kM，网络交换机可靠性大于 99.999%，MTBF 无故障时间在 50 年以上；

11）无风扇设计。

三、智能变电站过程层网络

1. 智能变电站过程层网络技术

IEC 61850 作为变电站通信网络和系统标准，主要作用是规范需求，为不同厂家之间装置的互操作提供一种框架。过程层信息的传输要求是：准确、可靠、快速。智能变电站中，VLAN、优先级、多播过滤等技术的应用保证了过程层网络的性能要求。

（1）过程层报文结构。

IEC 61850 建议采用以太网作为变电站通信网络，以太网属于 LAN 协议体系（IEEE 802 系列）。同大多数通信协议一样，LAN 协议建立在 OSI 标准模型的基础上，但是作为底层协议，它只对应了 OSI 模型中的物理层和数据链路层，同时它又将数据链路层划分为逻辑链路控制（Logic Link Control，LLC）和介质访问控制（Media Access Control，MAC）2 个子层。LLC 层接近网络层，负责向上层协议提供标准的 OSI 数据链路层服务，通过服务访问点建立 1 个或多个与上层协议间的逻辑接口，使上层协议（如 TCP/IP）能够运行于以太网上；MAC 层则靠近物理层，负责以太网帧的封装（发送时将 LLC 层的数据封装成帧，接收时将帧拆封后给 LLC 层），包括帧前同步信号的产生，源/目的地址的编码及对物理介质传输差错进行检测等，并实现以太网介质访问控制方法和冲突退避机制。划分 LLC 和 MAC 子层的目的在于：如果要改变网络传输介质或访问控制方法，只需要改动与介质相关的 MAC 层协议，而无须改动与介质无关的 LLC 层协议，从而使 LAN 协议具有广泛的适用性。

IEC 61850 规范了过程层的 SV 和 GOOSE 采用以太网进行传输，通信协议栈以 ISO 标准模型为基础，链路层遵循 ISO/IEC8802-3，如图 Z11F6004Ⅲ-8 所示。

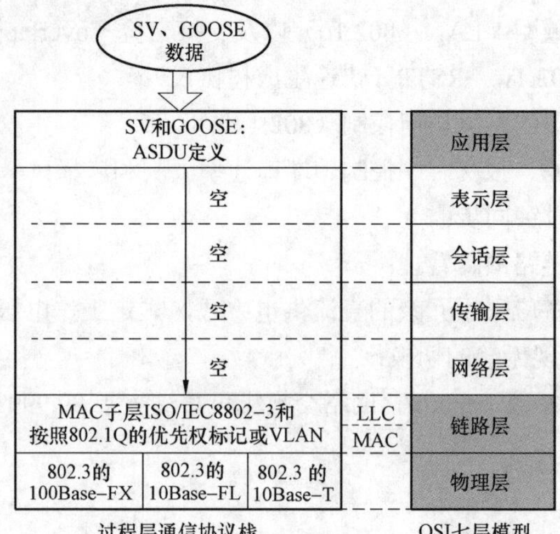

图 Z11F6004Ⅲ-8 过程层通信协议栈

从图 Z11F6004Ⅲ-8 中可以看出，过程层通信协议栈中应用层数据直接映射到数据链路层的 MAC 子层，然后传递给物理层发送，而表示层、会话层、传输层和网络层都为空。这样使协议栈得到简化，过程层数据传输时减少了协议栈的处理过程，增强数据的实时性，符合过程层传输的实时性要求。

普通的以太网帧格式如图 Z11F6004Ⅲ-9 所示，可以分为帧前同步信号、MAC 层的地址用户数据及校验序列。

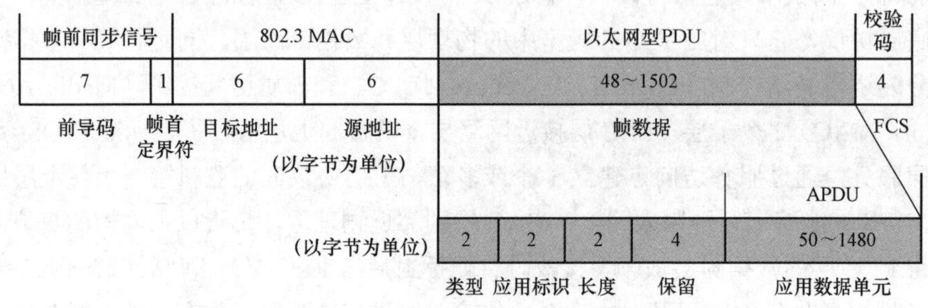

图 Z11F6004Ⅲ-9 以太网帧格式

其中，帧前同步信号属于物理层的信息，其余都是链路层中 MAC 子层的数据。帧中各部分内容具体如下：

前导码（Preamble，PR）：用于收发双方的时钟同步，56 位 1 和 0 交替的二进制数 1010101010。

帧首定界符（Start of frame delimiter，SD）：8 位固定二进制数 10101011，与前导

码不同的是最后两位是 11 而不是 10，表示跟随的是真正的数据。

日的地址（Destination Address，DA）：数据接收方的（Media Access Control Address）地址，用 6 个字节表示。若由全部“1”组成，则表示广播地址，以太网帧会发给网络中所有的设备；若第一个字节为“01”，则表示组播地址，可以使以太网帧发送给特定的设备组；若第一个字节为“00”，则表示单播地址，将使以太网帧发给某一个特定的设备。

源地址（Soures Address，SA），自己的 MAC 地址，也用 6 个字节表示。SA 可以自己定义，当使用交换机时必须使用唯一的以太网源地址；不使用交换机时，数据包以广播或点对点形式传输，并不要求这一地址具有唯一性。

帧数据（Protocol Data Unit，PDU）：以太网型协议数据单元，是以太网帧的数据区，它又可分解为类型（Ethertype）、应用标识（APPID）、长度（Length）、应用协议数据单元（APDU）和保留区 5 部分。

Ethertype：2 个字节的以太网帧类型标识，不同的以太网类型都有唯一的标识码。基于 ISO/IEC 8802–3 的 MAC 子层以太网类型由 IEEE 著作权注册机构进行注册，对于 SV，所注册的以太网类型为 0x88BA（16 进制）；对于 GOOSE，所注册的以太网类型为 0x88B8（16 进制）。

APPID（Application ID）：2 个字节的应用信息标识码，为 GOOSE 保留的值范围为 0x000～0x3FFF，IEC 61850 标准为采样值保留的值范围是 0x4000～0x7FFF（16 进制）。

Length：协议数据单元的长度，包括从 APPID 开始的以太网型 PDU 的 8 位位组数目，用 2 个字节表示，其值为 $8+m$（$m<1480$，m 位 APDU 的字节数）。

APDU（Application Protocol Data Unit）：应用数据，由应用协议控制信息（APCI）和应用服务数据单元（ASDU）组成，长度根据应用服务数据的长度而改变，这部分内容将具体包含 SV 采样值信息或 GOOSE 信息。

保留区：Reserved1/Reserved2，IEC 61850 预留了这 4 个字节的空间，用于将来标准化应用。

帧校验序列（Frane Check Sequence，FCS）：32 位的帧数据校验码，由除了帧前同步信号和自身以外的所有内容计算得出的循环冗余校验码（Cyclical Redundncy Check，CRC）。这部分由发送方计算填充，接收方收到帧后用相同的方式重新计算 CRC，并与这部分内容比较，以校验帧在网络传输过程中是否出错。

（2）优先级技术和虚拟局域网技术。

以太网基于载波多路访问和冲突检测（CSMA/CD）机制，任何网络中的通信设备都会在发送数据之前侦听网络是否空闲，如果网络上有数据传输，则欲发送数据的设备会退回向网络发送的数据，等待一定延时后再侦听网络是否空闲，直至网络空闲才发送数据。这样，实时数据和非实时数据在同一个网络中传输时，容易发生竞争服务资源的情况。优先级技术通过 IEEE 802.1q 优先级标签使网络中具有高优先级的数据帧获得更快的响应速度。智能变电站过程总网络中负载的种类较多，且不同信息的实时性要求也不相同，为了区分 SV 报文、GOOSE 报文和总线上的低优先级负载，IEC 61850 标准采用了符合 IEEE 802.1q 的优先级标签，使过程层能够实现实时数据的快速可靠传输。

随着网中设备的增多，网络中的信息量也逐步增加，信息量达到网络 25%以上，网络性能就会下降。虚拟局域网（Virtuol Local Area Network，VLAN）是一种利用现代交换技术，将局域网内的设备逻辑地、而非物理地划分成多个网段的技术。这样，智能变电站过程层的设备可以在物理上组成一个庞大的网络，但是从逻辑上将需要交互信息的设备划分在同一个 VLAN 中，一个物理网络可以划分成多个 VLAN，从而可靠控制了网络信息的传输途径，有效保证了重要网段的安全性。网络中的信息通过报文中 VLAN 标识符（VID）来决定处于哪个虚拟局域网内。交换机接收到带有 VID 的报文后，只会将该报文转发到属于该 VLAN 的端口上，而不是所有的端口上，因此可有效地限制广播报文，节省带宽。

IEEE 802.1q 中将优先级标签和 VLAN 标号都定义在一个 VLAN 标签字段中，其结构如图 Z11F6004Ⅲ-10 所示。

	8	7	6	5	4	3	2	1
802.1Q标签类型	0x8100							
标签控制信息	优先级			CFI	VID			
	VID							

图 Z11F6004Ⅲ-10 IEEE 802.1Q 定义的 VLAN 标签格式

前两个字节是 IEEE 802.1q 的标签类型，该值应为 0x8100。后两个字节为标签控制信息，其中前 3bit 是用户优先级字段，可标记 8 种不同优先级的报文（0～7 每个数字表示一个优先级）；最后的 12bit 是 VLAN 的标识符（VID），它唯一地标识了该以太网帧属于哪个 VLAN。

具有优先级和 VLAN 功能的以太网数据帧比普通的以太网帧多了 4 个字节的标记，如图 Z11F6004Ⅲ-11 所示，标记在源地址之后，用以标识数据优先权以及虚拟局域网的网络号。

帧前同步信号		802.3 MAC		802.1Q	以太网型PDU	校验码
7	1	6	6	4	48～1502	4
前导码	帧首定界符	目标地址	源地址	优先级标记	帧数据	FCS

图 Z11F6004Ⅲ-11 具有优先级标记的以太网帧

（3）多播技术。

发布者/订阅者模型是利用网络发送数据的一种模型，特别适用于多数据源向多接收者发送流量大、实时性要求高的数据。IEC 61850 标准中规定，SV 报文和 GOOSE 报文这两类重要的实时报文均采用发布者/订阅者模型进行通信，具体实现时可有以下两种方案：基于 VLAN 的多播模式和基于 MAC 多播地址过滤的多播模式。

在图 Z11F6004Ⅲ–12 中，发布者和订阅者具有相同的 VID=20，交换机接收到多播报文后，根据帧中的 VID，将该帧转发到支持该 VID 的端口上。

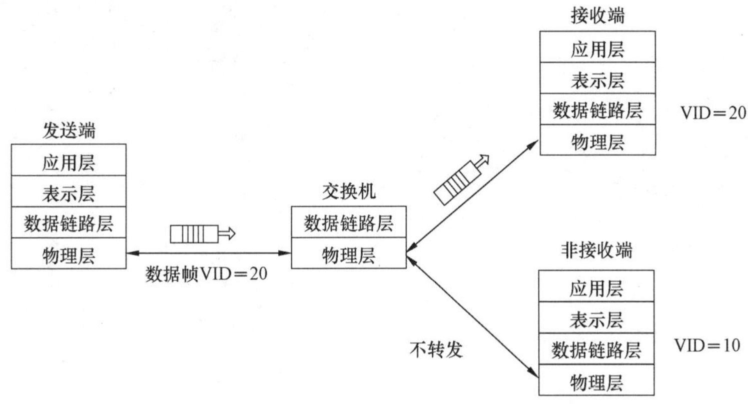

图 Z11F6004Ⅲ–12 基于 VLAN 的发布者/订阅者通信模式

另一种实现发布者/订阅者模式的通信方式是基于 MAC 多播地址过滤机制。如果以太网帧的目的地址第一字节的最低位为 1，则该地址为多播地址，该帧为多播帧。交换机接收到多播帧后，将多播帧转发到交换机的所有端口，接收端装置的网卡可通过编程实现对多播地址的过滤并决定是否接收该多播帧。SV 报文和 GOOSE 报文所用的多播地址（6 个字节）有以下结构：前三个字节被 IEEE 定为 01–0C–CD；第四个字节为 01 则为 GOOSE；第四个字节为 04 则为 SV；最后两个字节为独立地址，其范围可参考表 Z11F6004Ⅲ–1。根据工程应用情况，最后两个字节也可对表 Z11F6004Ⅲ–1 的地址进行扩充。

表 Z11F6004Ⅲ–1 GOOSE 报文和 SV 报文多播地址

报文类别	取值范围建议	
	开始地址	结束地址
GOOSE 报文	01–0C–CD–01–00–00	01–0C–CD–01–01–FF
SV 报文	01–0C–CD–04–00–00	01–0C–CD–04–01–FF

图 Z11F6004Ⅲ-13 是基于 MAC 多播过滤机制的发布者/订阅者通信模式。发布者发送的数据帧的目的地址为 01-0C-CD-01-00-0C，交换机上的所有端口都会收到该帧，由于非订阅者的多播地址列表中没有该地址，因此该帧将被丢弃。如果交换机支持 IGMP Snooping 协议，多播报文也可以不在交换机上广播，而是仅转发到订阅该报文的端口上。

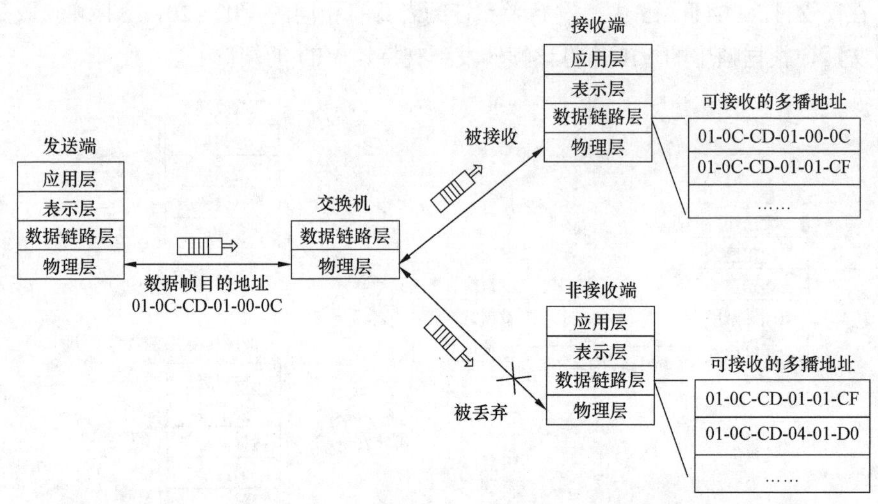

图 Z11F6004Ⅲ-13　基于 VLAN 的发布者/订阅者通信模式

（4）网络冗余。

网络冗余包括链路冗余和设备冗余，链路冗余包括交换机冗余，设备冗余主要是 IED 的网口冗余。

1）链路冗余。

链路冗余可有单环网、双环网和双星型网等多种方式，但各有优缺点，均不能完全满足 IEC 61850 的要求。单环网和双环网通过网络管理协议对备用链路进行阻塞，保证网络上任何两点之间只有一条唯一的路径，网络故障时再启用备用链路，网络故障的恢复需要一定的时间，且单环网和双环网大多是采用非标准化的故障恢复协议，对互操作性也有一定的影响。环网还存在网络风暴的隐患，因此环网不适合智能变电站过程层网络高实时性、高可靠性的要求。双星型网的最大优点在于网络上任何两点之间有两条相互热备用的路径，网络故障时恢复时间为零，因而适用于保护双重化的通信网络结构。星型网中任两点之间的通信路径不会超过三级交换，实时性可以得到保证；且两点之间也不存在环，不会产生网络风暴，可靠性也得到了保障。因此双星型网可满足智能变电站过程层网络的性能要求。但由于目前尚未有国际标准对 IED 如何处理双网的冗余信息进行规范，因而对 IED 之间的互操作性造成了一定的影响。

2）IED 网口冗余。

IED 网口冗余方式又可分为备用方式和双网独立工作两种方式。

a. 备用方式

正常运行时，冗余网口以备用状态存在。备用网口不发送数据，故交换机无法获知备用网口的 MAC 地址，也就无法将该地址与备用网口连接的交换机端口绑定，备用网口只能接收到广播报文。因此，当备用网口转入运行状态后，要立刻发送一帧报文以便在连接的交换机端口上建立起自己的 MAC 地址表，这样就能在连接主网口的交换机端口的 MAC 地址表老化之前，接收到原本发向主网口的报文。

备用网口切换需要过程，无法实现网络零延时切换，因此不能满足过程层网络的实时性要求。

b. 双网独立工作

IED 的 2 个网口拥有不同的 MAC/IP 地址，但同步发送相同的报文（源地址除外）；任意一条链路发生故障都不会影响 IED 发送数据（若对端也采取相同方法，则不会影响 IED 接收数据），可以实现链路故障零切换时间。

由于报文被重复发送或接收，双网独立工作的冗余方式显著增加了 IED 的负担。当然在明确链路已经失效之后，可不再向失效链路发送报文，或者在传输最重要的数据时才临时采取这种方法。

双网独立工作要求对端 IED 能够对接收到报文进行甄别，以避免对同一报文重复响应（如根据报文中的事件计数值）；同时，只有对端 IED 也采取这种冗余方式，才能实现接收冗余。

2. 过程层网络实时性分析

通信网络的实时性能是由网络带宽、访问仲裁/ 传输控制方法、优先级、组网方式等诸多因素共同决定的。

（1） 以太网的延迟不确定性。

以太网技术虽然在带宽上具有突出优势，但由于以太网技术最初针对的是商业应用领域而非工业过程控制领域，强调的是网络节点之间的平等和带宽的共享，所以在访问仲裁/ 传输控制方法和优先级上的实时性特征并不突出。

以太网采用的是载波侦听多路访问/ 冲突检测（carrier sense multiple access with collision detection，CSMA/CD）的介质控制方法，网络上的一个通信设备视为一个节点，各节点采用二进制指数退避算法处理报文冲突：节点在访问网络之前，首先侦听网络是否空闲，如空闲则发送数据，如繁忙则等待；节点发送完一帧报文之后等待一个帧间隔时间，以留给其他节点访问网络的机会；当 2 个或多个节点同时访问网络时，就会产生数据冲突，所有冲突的节点会按照一定的退避算法随机延迟一定时间，然后重新侦听网络，试图获得网络的访问权，只有当侦听到网络是空闲的才访问网络。因其时间滞后是随机的，实质上以太网是一种通信延迟不确定性的网络系统。

（2）延时估算。

网络传输延时由以下几部分组成：

1）交换机存储转发延时 T_{SF}。

现代交换机都是基于存储转发原理的，因此单台交换机的存储转发延时等于帧长除以传输速率。以100Mbit/s光口为例，以太网最大帧长是1522bit，加上同步帧头8bit，交换机存储转发最长延时为122μs。

2）交换机交换延时 T_{SW}。

交换机交换延时为固定值，取决于交换机芯片处理MAC地址表、VLAN、优先级等功能的速度。一般工业以太网交换机的交换延时不超过10μs。

3）光缆传输延时 T_{WL}。

光缆传输延时为光缆长度除以光缆光速（约2/3倍光速），以1km为例，光缆传输延时约5μs。

4）交换机帧排队延时 T_Q。

交换机发生帧冲突时均采用排队方式顺序传送，这给交换机延时带来不确定性。考虑最不利的情况，即交换机（共 K 个端口）所有其他 $K-1$ 个端口同时向另一端口发送报文。忽略帧间隔时间，最长帧排队延时约为（$K-1$）TSF，最短排队延时则为0，平均排队延时为（$K-1$）$T_{SF}/2$。

根据以上分析，可估算最不利情况下经过 N 台交换机的最长报文网络传输延时TALL为：

$$T_{ALL}=N(T_{SF}+T_{SW}+T_Q)+T_{WLA}$$

式中 T_{WLA}——报文经过 N 台交换机的光缆传输总延时；

T_Q——用平均排队延时评估，最不利情况下，所有交换机其他端口均同时向目的端口或交换机级联端口发送最长报文。

按星型结构计算，以2台交换机级联，每台交换机18个100Mbit/s光口、光缆总长1km为例，最不利情况下网络传输延时为：

$$T_{ALL}=2\times[122\mu s+10\mu s+(18-1)\times 122\mu s/2]+5\mu s\approx 2.343ms$$

因此，普通以太网的访问仲裁/传输控制方法使实时性能只能满足站控层的要求，网络传输延时的不确定性不能确保满足采样值和保护跳闸传输小于3ms的时间要求以及保护事件传输2～10ms之间的时间要求。

（3）实时性能的提升。

从过程层网络实时性分析可以看出，信息的端到端延时不只消耗在传输延时上，而更多的消耗在排队延时上（包括节点侦听网络、冲突退避后等待再侦听等过程中消耗的时间）。因此，提高以太网的实时性能，应首先从避免数据冲突或保证实时数据的优先权入手，如修改以太网介质访问控制 MAC 层协议、采用带优先级的交换式以太网、实时调度协议等措施。其中采用带优先级的交换式以太网是可行的措施。

修改以太网介质访问控制（media access control，MAC）层协议的方法，理论上是一种理想的方法。当检测到冲突时，实时信息不退避或者采用与非实时信息不同的退避算法或者等待较小的帧间隔时间，从而保证实时信息的优先传送。但需要修改硬件芯片，且需要得到芯片制造商广泛支持并形成标准。

实时调度协议是将网络中的某个节点设定为主节点，由主节点发出命令，调度其他节点有序地访问网络。通过控制节点访问网络的过程，预留了带宽、避免了数据冲突，可以达到硬实时系统的要求。但目前各种实时调度协议都还处于研究试验阶段，没有形成标准，设备厂商之间难以统一。

采用带优先级的交换式以太网。通过交换机将网络划分为多个网段，减少了冲突域，从而降低了数据冲突的概率；提高了网络带宽；通过优先级的标识或仲裁，保证优先级高的数据通过交换机时可以优先传送；能够单独隔离最重要的节点，以确保其实时性。

假设以太网是 N 个交换机级联，一个 VLAN 有 K 个端口（设在同一台交换机上），最长报文网络传输延时：

$$T_{ALL}=N[T_{SF}+T_{SW}+(K-1)T_Q]+T_{WLA}$$

若 2 个交换机级联，一个 VLAN 有 8 个端口，最长报文网络传输延时：

$$\begin{aligned}T_{ALL}&=N(T_{SF}+T_{SW}+(K-1)T_Q)+T_{WLA}\\&=2\times[122\mu s+10\mu s+(8-1)\times 122\mu s/2]+5=1.123ms\end{aligned}$$

根据 IEC 61850，GOOSE 报文优先级可以用 3 个 bit 位来表示，换句话说，就是支持 8 种优先级。现假设报文的优先级为 p（1≤p≤8），根据概率估算，该报文需要的在排队上耗去的时间为：$(9-p)/8\times[(M-1)\times T_Q]$

设报文优先级为最高优先级，则：$T_{ALL}=N\left[T_{SF}+T_{SW}+\dfrac{9-p}{8}(K-1)T_Q\right]+T_{WLA}$

$$T_{ALL}=2\times\{122\mu s+10\mu s+(9-7)/8\times[(8-1)\times 122\mu s/2]\}+5=0.482ms$$

因此，采用带优先级和 VLAN 技术后，报文传输延迟有显著减少，可以满足智能变电站过程层实时性的要求。

3. 过程层网络可靠性分析

可靠性的指标通常包括抗毁性（Invulnerability）、生存性（Survivability）和可用性（Availability）三个。此处仅考虑智能变电站过程层网络的可用性。

（1） GOOSE 报文传输的可靠性。

在 GOOSE 网络协议设计时，为了降低报文处理过程中的延时，对原有 TCP/IP 协议栈进行了裁剪，去掉了网络层和传输层，使得链路层直接向上映射到会话层，如图 Z11F6004Ⅲ-14 所示。

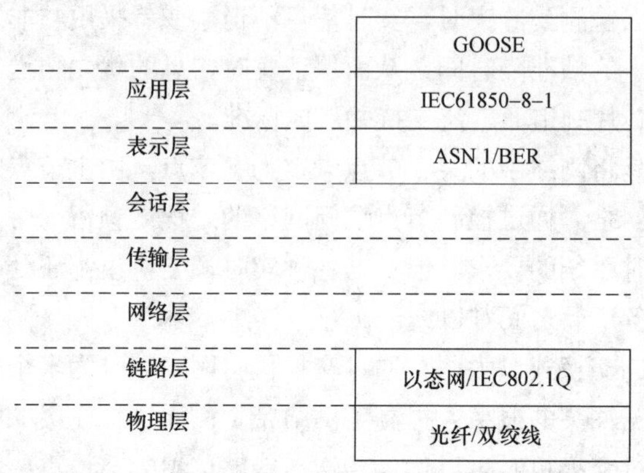

图 Z11F6004Ⅲ-14 GOOSE 报文传输的协议堆栈

TCP 传输层协议具有按序交付、差错检查、重发等可靠性机制。过程层 GOOSE 传输由于缺少了传输层，必须自己在应用层采取措施保证其可靠性。

对策：

1） 重发机制。

虽然 GOOSE 报文传输是触发机制，但出于可靠性考虑，即使外部状态不再变化，也应重发，只是重发间隔逐渐拉长。

2）报文中应携带“报文存活时间”（T_{AL}）和数据品质等参数。

如果接收端在 $2\times T_{AL}$ 时间内未收到任何报文（网络中 2 个连续帧丢失），此时接收端认为后续报文均是错误的。

（2） 网络风暴。

以太网介质中，当网络数据量迅速膨胀，远远大于正常时的使用量，直到交换机端口过于繁忙或链路无法承受数据包丢失而失去稳定，这种导致网络无法正常通信的情况称之为网络风暴。网络风暴的数据中多数为各种广播包，它们会同时扩展到整个以太网环境中，导致整个网络瘫痪，网络风暴也称为广播风暴。导致网络风暴的原因有多种：

1）局域网内广播节点太多。

在 ISO/ OSI 模型下，以太网络链路层通信的寻址主要由地址解析协议完成，寻址请求是通过发送链路层广播数据包完成的。这是大型交换环境中的主要广播数据来源。其他的还有 DHCP 协议等。在交换环境中，寻址工作由交换机完成。交换机中保留链路层地址（MAC Address）与端口的映射关系，类似于三层环境中路由器和路由表的作用。正常通信时，交换机只在必要的端口间传输数据，但广播包例外，它会发送到所有的物理端口，以保证所有主机都能够收到，这是广播包在交换式以太网的特殊作用决定的。因此，在节点大于 300 的交换环境中，如果不隔离广播域，导致在一个广播域中节点数太多，就容易出现广播流量大，产生网络风暴。

对策：通过 VLAN 等技术，隔离广播域。VLAN 基于交换技术，可以把原来一个广播域的局域网逻辑地划分为若干个子广播域。在子广播域的广播包只能在该子广播域传送，而不会传送到其他广播域中，有效起到分割广播域的作用，从而有助于抑制网络风暴，提高管理效率。不同 VLAN 之间根据安全等级和权限等级进行 VLAN 优先级区分，并通过访问控制列表控制 VLAN 之间的安全，实现虚拟工作组的同时增强了网络的安全性。

2）网卡损坏。

网卡损坏也会引起网络风暴。损坏的网卡，会不停向交换机发送大量的数据包，产生了大量无用的数据包，导致网络风暴。因为损坏的网卡一般还能通信交互信息，故障比较难排除，所以要借用局域网管理软件，查看网络数据流量，确定故障点的位置。

对策：加强网络监控，通过网管软件捕获网络流量进行详细分析和系统诊断，及时发现故障隐患，在网络拥塞前找出问题主因并解决，最大限度地降低网卡损坏等带来的影响。

3）链路环路（loop）。

当物理链路中出现环路并稳定存在时，广播数据包会沿着环路不断传播而且会无限地循环下去。类似的情况，工作在三层的 IP 协议数据包会因其生存时间（T_{TL}）不断减小而逐渐消亡。但智能变电站过程层网络交互环境中，数据直接工作在以太网的链路层，这些数据不但不会消失，而且环路沿途的交换机中其他的广播包也会不断地加入这个无限循环中来。只要环路不拆除，循环的工作模式会一直持续下去，形成网络风暴。

对策：智能变电站过程层网络应采用星型网络拓扑，不适宜采用环形结构。同时星型结构一般不会出现环路，但在系统实施、维护期间，应正确接线，避免网络中出现环路，同时要保证交换机版本的定期升级，当发现交换机版本较低时，及时升级，减少其自身性能所造成的隐形故障。

（3） 网卡溢出。

网络带宽和IED的CPU处理能力是SV和GOOSE报文传输性能的最大约束。

SV和GOOSE报文为多播报文，多播报文在交换机中如果不进行任何处理，就是广播转发。SV报文在网络中流量非常大，若采样率为4kHz，则单个MU每秒向网络发送4000个SV报文，网络负载将在5～8Mbps左右。因此，SV网络中存在多个MU时，若不采取措施，接收IED的缓冲区很有可能溢出。单个IED的GOOSE流量不大，但当大量GOOSE报文同时发生时，可能引起接收装置网卡的缓冲区溢出而丢失报文，也可能引起网络负荷瞬时过重而丢失报文。GOOSE采用顺序重发机制，即使没有事件发生，网络上也有大量"心跳"多播报文存在。如果不进行合理地多播报文过滤，网络上所有IED发出的多播报文都会被接收，这将会对IED的应用程序造成严重影响。当电力系统发生故障时，很可能多IED同时发出大量间隔时间很短的GOOSE报文，可能引起IED网卡接收缓冲区溢出丢失报文并严重占用CPU资源。

对策：SV和GOOSE报文过滤。

1）设置IED网卡多播MAC地址过滤报文。

IEC 61850标准的9–2部分附录C中提到："为了增强多播报文接收的整体性能，最好采用MAC硬件过滤。不同的集成电路哈希算法也不一样，推荐由系统集成商在分配目的多播地址时评估这些算法的冲突。"标准中建议了GOOSE、GSSE、SV的多播地址结构和取值范围，网卡多播MAC地址过滤虽然未能减少网络GOOSE报文泛滥，但可以解决IED CPU资源的不必要占用。网卡多播MAC地址过滤的缺点是难以了解或统一各厂商IED网卡的多播MAC地址过滤算法，因此，难以评估各网卡的算法冲突，可能存在过滤"漏洞"。此外，变电站改扩建时系统集成可能会重新考虑多播地址分配，需要修改运行设备的配置。

2）交换机多播过滤。

交换机多播过滤可通过静态多播配置和动态多播分配2种方式实现。

静态多播配置，即通过配置交换机静态多播地址表实现多播报文过滤，这种方式原理简单，主要依赖交换机功能实现，但是交换机配置较复杂，IED连接的交换机端口必须固定不变。当变电站自动化系统扩建或交换机故障更换时必然要修改或设置交换机多播配置，存在一定的安全风险。

动态多播分配方式，由交换机根据实际情况分配多播报文的路径，这种方式由交换机和IED设备共同完成，交换机和IED之间需要信息交互。动态多播分配方式实现灵活，无须过多配置，但目前动态多播管理协议还没有很好的运行经验。交换机多播过滤不仅可以解决IED CPU资源的不必要占用，而且可以减少网络GOOSE报文泛滥。

（4） 间隔层设备处理能力。

目前过程层网络上的通信瓶颈主要是信号接收端，尤其是对数据量要求较多的二次保护、测控装置，如变压器保护和母线保护等。以比较关注的母线保护为例，因为涉及的模拟量非常多，如 6 个支路，每个支路发送 4 个电压和电流（虽然母线保护不需要支路的电压，但 MU 发送给母线保护的数据与发送给线路保护的数据是一致的），考虑 SV 采用 9–2，同时考虑双 A/D 的要求，报文长度 T_L=7（PR）+1（SD）+6（DA）+6（SA）+2（T_PID）+2（TCI）+10（PDU）+5（T_PCI）+35（APDU）+8×16（ASDU）+4（FCS）=206Byte=1648bits，再考虑网络帧的间隔，报文长度 T_L=1648+96=1744bits；若采样率为 4kHz，则以太网帧频率 S_r=4000 帧/s；考虑双母线接线形式的母线电压，则 n_{MU}=7；则母线保护接收 SV 的网络负载 DR=S_r×TL×n_{MU}=4000×1744×7=48.832Mbps，当信号集中传输到母线保护装置时，对现有的母线保护的硬件处理能力将是一个很大的考验。

对策：提高间隔层设备的内存缓冲区容量、采用并行计算的策略来提高处理能力。

4. 交换机 VLAN 配置

交换机已经成为智能化变电站中重要的二次设备，工程人员需要了解交换机的基本配置；生产技术部门需要对交换机进行统一管理。

交换机配置 VLAN 的必要性如下：

（1）减轻交换机和装置的负载。过程层 GOOSE 和 SV 报文都是组播报文，在没有任何处理的情况下，交换机将组播报文广播到每个端口。一般情况下，单个合并单元发送 SV 报文的流量约 7Mbps。若 SV 采用组网方式传播，多个合并单元接入同一个交换机，大量 SV 报文在网络中广播，交换机实时性将受影响，接入交换机的装置端口也将被阻塞，极大影响了过程层网络的实时性、可靠性。特别的，对于 IEEE 1588 主钟，若有大量的 SV 报文涌入主钟端口，将阻塞 1588 报文的正常发送，甚至使主钟瘫痪。结合 SV 网络实时性要求高、数据流量大、数据流向单一等特点，SV 网络采用 VLAN 技术，有效隔离网络流量，将减轻交换机和装置的负载，提高网络的可靠性、实时性。

（2）安全隔离。GOOSE 报文相对 SV 报文，其流量小、数据流向复杂，且保护装置的配置变动较多（考虑扩建）。GOOSE 网络使用 VLAN 进行划分，有效限定 GOOSE 的传输范围，最大程度上做到每个保护端口只收所需的 GOOSE 信号，避免无关 GOOSE 信号的干扰，提高 GOOSE 网络的安全性、可靠性。

四、智能变电站过程层典型配置

1. 过程层配置要求

继电保护功能并不需要数据完全充分共享；其目标是充当变电站的安全卫士，即使在其他任何系统瘫痪时，仍能快速、可靠地保护被保护设备的安全，因此为达到这个目的，必须要求继电保护正常工作时所依赖的设备最少。常规的继电保护装置独立性很强，从采样、判断、到跳闸出口，并不太依赖于其他相关设备。而采用数字化网络后，继电保护的安全可靠性更多的与过程层的采样值网络与过程层GOOSE网络有关。

常规保护接线如图Z11F6004Ⅲ-15所示，两个线路间隔之间，常规保护并无信息交换，它们与母线保护之间有信息交互，对母线保护来说实际上也是一点对*N*点的信息交互，而接入母线保护的各个间隔之间并不需要信息交互。

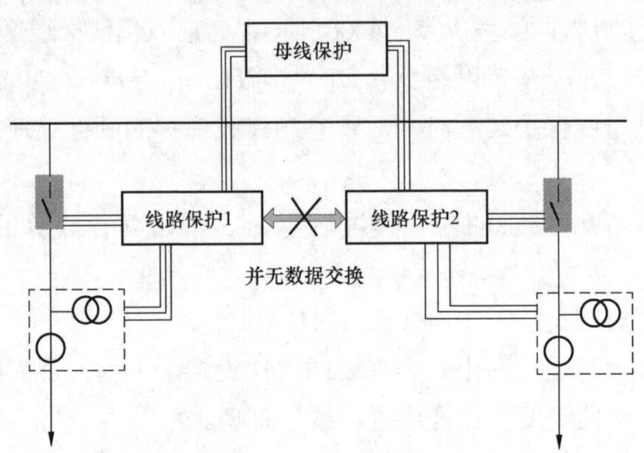

图Z11F6004Ⅲ-15 常规保护接线方式

因此，智能变电站过程层的规划设计应从继电保护“选择性、可靠性、灵敏性、速动性”为出发点，并尽量考虑工程简化，提高变电站可靠性与稳定性。继电保护设备对实时性、可靠性要求高，应采用“直采直跳”的方式，对于断路器位置、启动失灵、闭锁重合闸等GOOSE信号采用网络方式传输；测控、计量等实时性要求相当不高的设备，采样值可采用组网方式传输，控制命令、位置信号、告警信号等GOOSE采用网络方式传输，但采样值网络和GOOSE网络分开，以保证网络的可靠性。

目前一些智能变电站网络方案为抵御网络风险、提高保护动作速度，很多厂家采取复杂的网络设计，增加大量高性能交换机，以此提高抗风险能力。然而，在很多试验中仍然发现，虽然付出了巨额投资和建设了复杂的系统，网络故障仍然能够威胁保护的安全性，保护的动作速度依然下降，同时系统检修愈发复杂化，运行检修存在较大安全风险。

下面以220kV电压等级的变电站为例介绍智能变电站过程层的典型配置。

2. 220kV线路间隔

以一个220kV线路为例，配置2套包含有完整的主、后备保护功能的线路保护装置，各自独立组屏。合并单元、智能终端采用双套配置，保护采用安装在线路上的电子式电压互感器或组合式电子式电压电流互感器获得电流电压。若采用保护测控一体化装置，则不需要配置独立的测控装置，若保护、测控采用独立的装置，则每回线路单独配置 1 套测控装置。

线路间隔内采用保护装置与智能终端之间的点对点直接跳闸方式，保护点对点直接采样。跨间隔信息（启动母线保护失灵功能和母线保护动作远跳功能等）采用 GOOSE 网络传输方式。测控装置的 GOOSE 也采用网络方式传输。测控、计量装置的采样值 SV 对于实时性要求不高，也可采用组网方式传输。

线路间隔的技术实施方案如图 Z11F6004Ⅲ-16 所示。

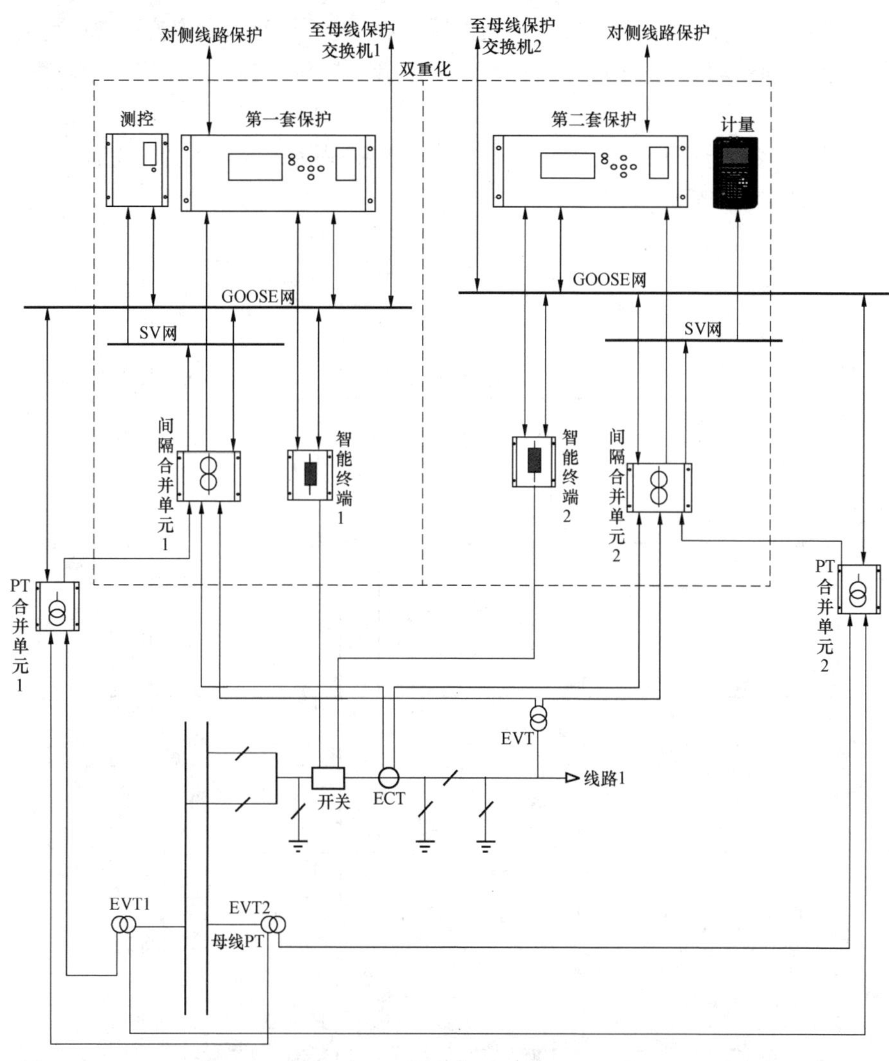

图 Z11F6004Ⅲ-16　220kV 线路保护配置示意图

间隔合并单元和母线TV合并单元也接入GOOSE网，接收GOOSE信息，以实现母线电压的切换和电压并列功能。

3. 220kV母线保护

母线保护按双重化进行配置，每套保护独立组屏。

母线保护对采样值SV的实时性要求非常高，采用点对点的传输方式。母线保护跳闸对应母线上的所有间隔，包括线路、主变压器、母联，采用GOOSE直跳方式。母线保护的开入量（失灵启动、隔离开关位置接点、母联断路器过电流保护启动失灵、主变压器保护动作解除电压闭锁等）及闭锁线路重合闸等GOOSE信息采用网络方式传输。

母线保护单套技术实施方案如图Z11F6004Ⅲ-17所示，另一套母线保护与图中第一套母线保护完全一致。

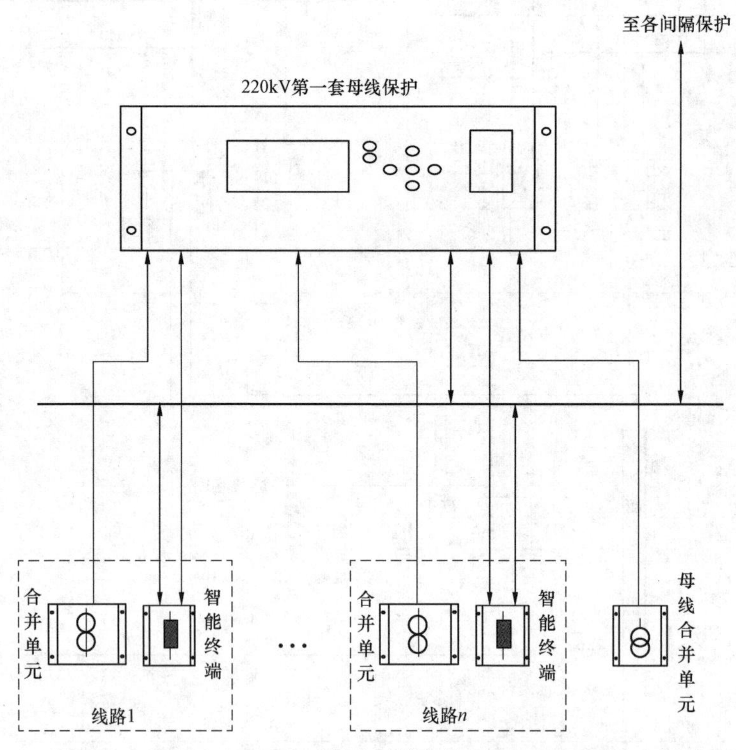

图Z11F6004Ⅲ-17 220kV单套母线保护GOOSE网配置示意图

4. 220kV 主变压器保护

主变压器保护按双重化进行配置，包含各侧合并单元、智能终端，如图 Z11F6004Ⅲ-18 所示，均应采用双套配置。主变压器各侧采样值 SV 采用点对点直采的方式。主变压器跳各侧断路器用直跳方式，其余 GOOSE 信号以及主变压器与母联智能终端之间的 GOOSE 采用网络方式传输，为了使主变压器各侧的网络相互独立，可组建高、中、低三个 GOOSE 网络。

非电量保护就地安装，有关非电量保护均在就地实现，采用电缆直接跳闸，现场配置智能终端上传非电量动作报文和调档及接地隔离开关控制信息。

主变压器保护配置技术实施方案如图 Z11F6004Ⅲ-19 所示。

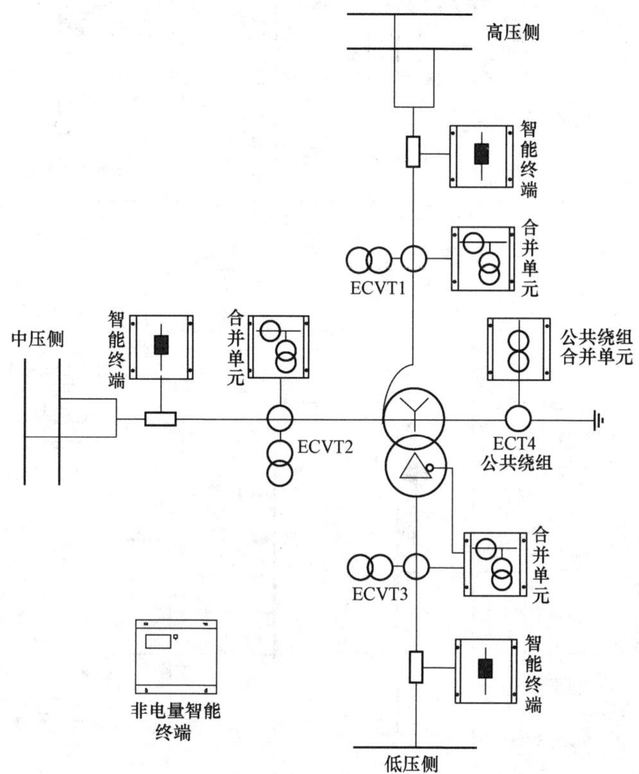

图 Z11F6004Ⅲ-18　220kV 主变压器保护合并单元、智能终端配置示意图

5. 220kV 母联（分段）保护

220kV 母联（分段）保护配置与 220kV 线路保护配置类似，具体技术实施方案如图 Z11F6004Ⅲ-20 所示。

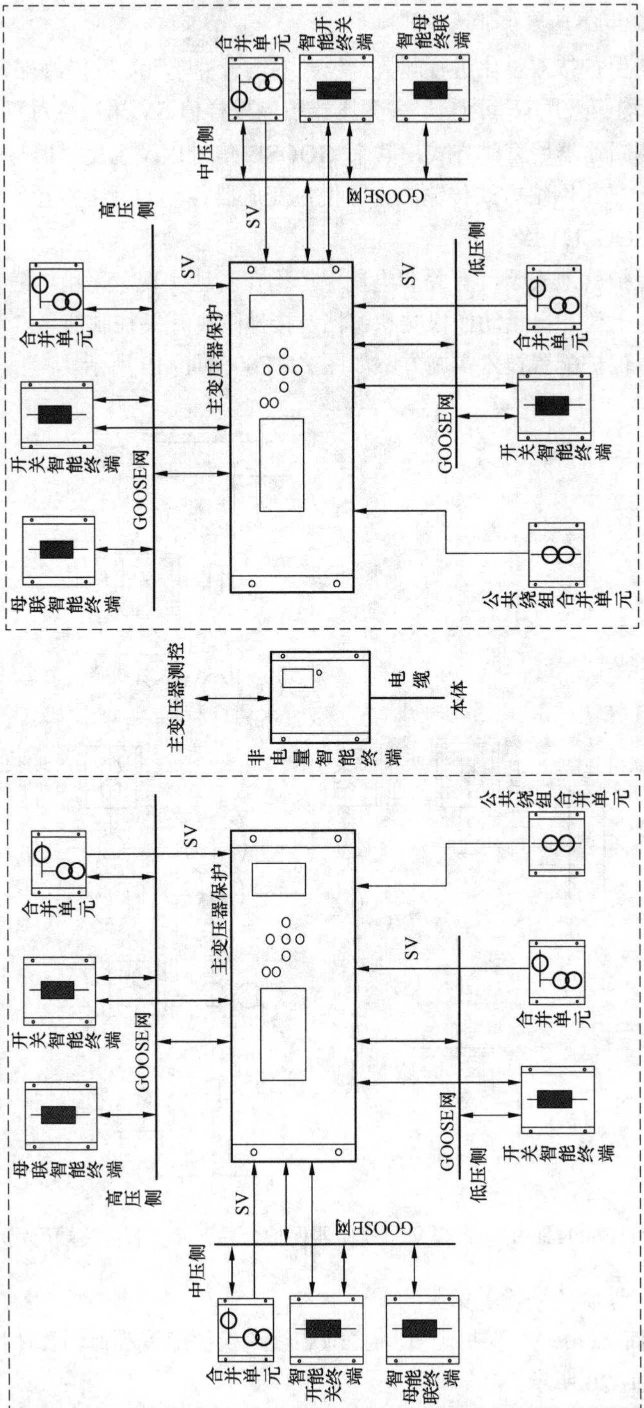

图 Z11F6004Ⅲ-19 220kV 主变压器保护技术实施方案示意图

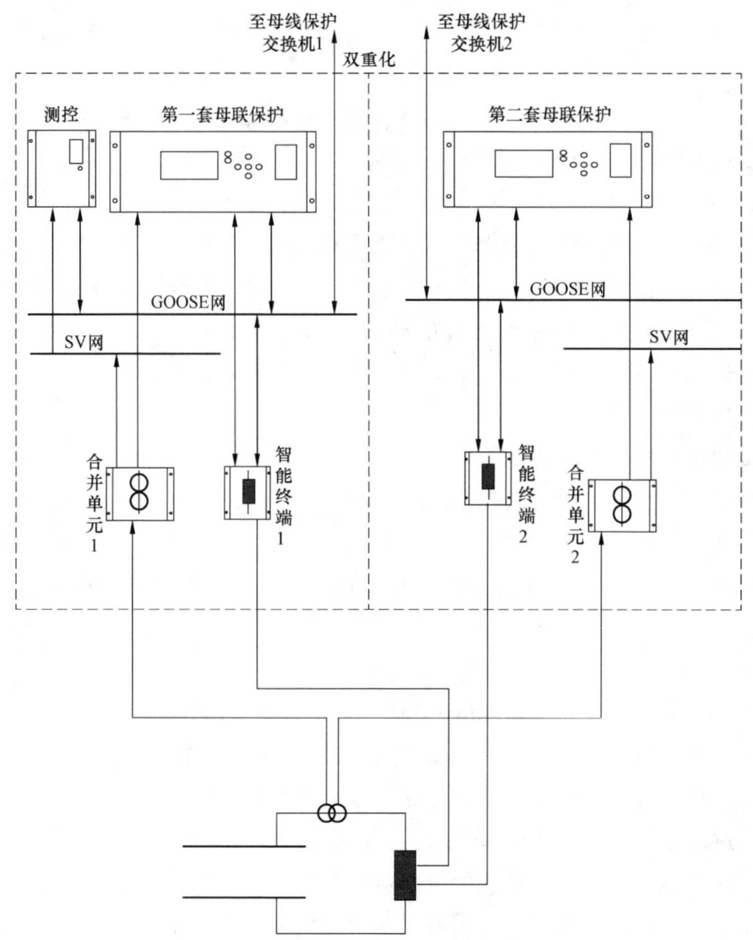

图 Z11F6004Ⅲ-20 220kV 母联保护配置示意图

6. 典型配置特点

上述典型配置方案的优点主要有以下 5 个方面。

（1）网络安全可靠性高。点对点传输模式任意网络故障只影响最少连接设备，具有较高的安全性和可靠性；最大限度地避免了对交换机的依赖，避免了网络风暴的问题；网络复杂程度大大降低。

（2）保护可靠性高、速动性好。保护“直采直跳”方案所依赖的网络交换机最少，且母线保护、主变压器保护网络之间相互独立，可避免网络所带来的问题；间隔内不组网采用直跳的方式，提高了本间隔直跳的可靠性，避免了交换机级联带来的延时问题，网络延时对速动性的影响最小。

采样值点对点方案也保证了保护在失去统一对时时钟的情况下也能保证保护的可靠运行，防止保护误动和拒动情况的发生。

（3）运行检修方便。任何一个设备的检修或故障，不影响其他设备的正常运行；设备隔离安全措施方便，检修维护方便。

（4）运行和检修人员适应快。由于变电站设计理念与常规变电站有很多相通之处，网络复杂程度较常规变电站相似，系统配置工作量较低，技术难度大大降低，运行和检修人员比较容易适应数字化带来的工作方式变化，减少了人员出错的可能性。

（5）降低了变电站建设成本。该方案减少了高性能网络交换机的高昂成本，虽然单体装置网口增加可能导致硬件成本的增加，但综合来看该方案整体设备投资成本低于目前一些全数字化组网方案。

五、智能变电站过程层测试技术

智能变电站过程层主要由GOOSE和SV网络及相关IED构成，过程层主要需要进行IED单体功能测试和GOOSE、SV的正确性、收发性能及互通性测试。IED单体功能各厂家都比较容易实现，GOOSE、SV测试涉及不同厂家IED的配合实现，因此，后者是过程层测试的关键部分。

1. 虚端子测试

智能变电站过程层的GOOSE和SV输入输出关系由虚端子来体现，常规变电站装置之间连线的图纸由智能变电站的虚端子所替代。因此，虚端子表是了解IED之间的联系的前提，也是进行装置间测试的前提。虚端子表是由全站SCD配置文件给出的，因此在进行过程层GOOSE和SV测试前必须解析虚端子表并检查其正确性。

由于智能变电站的二次回路已经全部融合到配置文件当中，配置已经代替了传统的接线工作，同样的，现场工作也需要对配置文件中的虚端子连线（等同传统的二次回路）进行检查试验，如发现错误还需重新更改配置。但配置文件是根据IEC 61850标准建立的一种XML格式的文本文件，一般工程人员难以掌握其阅读方法，即使会看配置文件，要在上万行的配置文本中找出一条清晰的回路也是不可想象的工作量。配置文件如此重要又难于把握，这一问题已经成为阻碍智能化变电站二次设备调试的一个拦路虎，如果可以将配置文件转化为一种工程人员容易理解的表现形式，数字化保护设备就会更容易被传统继电保护人员理解掌握，间接的为智能变电站运行维护提供了有力的保障。

制造厂的配置工具更多的是关注配置模型建模方面的工作，为了解决这一难题，根据智能变电站试验研究的需要，开发一套“智能变电站二次设备虚端子自动生成系统”，该软件满足现场调试和运行的需要，解决了配置文件可读性的问题，工程人员完全可以抛开配置文件，只根据导出的虚端子表检查每一条回路就可以完成柜间传动试验，大大提高了现场调试的效率，也以一种规范化的手段，保证了配置正确性。

GOOSE talk 是一款基于.net 的智能变电站二次设备虚端子自动生成软件系统，可自动扫描全站的 SCD 文件，生成全站二次设备的虚端子表，完成配置文件向传统二次回路连接的映射，软件可自动生成 Excel 虚端子表和 Visio 虚端子图，在保证智能变电站现场二次回路正确性的前提下提高了调试效率。采用该软件调试人员可以方便地测试保护测控装置与间隔内其他装置的 GOOSE 信号开入开出，其中包括：

1）智能终端至保护功能的断路器位置信号及闭锁信号。

2）智能终端至测控功能的断路器、隔离开关位置信号及告警信号。

3）间隔合并单元至测控功能的告警信号。

4）TV 合并单元至测控功能的告警信号。

5）保护功能至智能终端的跳/合闸信号。

6）测控功能至智能终端的控制功能。

表 Z11F6004Ⅲ–2 是由 GOOSE talk 导出的某变电站利港 1 线第二套保护测控装置的 GOOSE 开入量虚端子列表，表 ZY19002010XX–3 是由 GOOSE talk 导出的某变电站利港 1 线第一套保护测控装置的 GOOSE 开出量虚端子列表。表 ZY19002010XX–3 中列出了线路保护测控装置开出量名称、开出量类别（保护功能发出还是测控功能发出）、开出数据集的名称及 MAC 地址、APPID 等参数，并给出了开出量接收装置及接收方的对应开入名称。例如，线路保护测控装置的保护功能发出的“A 相跳闸”信号所在数据集为“dsGOOSE0”，MAC 地址为“01–0C–CD–01–20–01”，APPID 为“2001”，该信号发出到“利港电厂 1 智能终端”和“220kV 故障录波”。通过 GOOSE 开入开出虚端子列表，使得装置间开入开出的对应关系如同传统保护信号回路一样清晰明了，提高了测试的工作效率。

表 Z11F6004Ⅲ–2　利港 1 线第二套保护测控装置 GOOSE 开入量

<table>
<tr><th>类别</th><th>开入量名称</th><th>开入量</th><th>来源装置</th><th>对应名称</th><th>开出
数据集</th><th>MAC</th><th>APPID</th></tr>
<tr><td>测控</td><td>断路器位置 DI3</td><td><——</td><td rowspan="7">利港 1 线
智能终端
B</td><td>断路器总位置</td><td rowspan="7">dsGOOSE1</td><td rowspan="7">01–0C–CD–
01–21–06</td><td rowspan="7">2106</td></tr>
<tr><td>保护</td><td>G_断路器 TWJA</td><td><——</td><td rowspan="2">断路器 A 相位置</td></tr>
<tr><td>测控</td><td>A 相断路器位置</td><td><——</td></tr>
<tr><td>保护</td><td>G_断路器 TWJB</td><td><——</td><td rowspan="2">断路器 B 相位置</td></tr>
<tr><td>测控</td><td>B 相断路器位置</td><td><——</td></tr>
<tr><td>保护</td><td>G_断路器 TWJC</td><td><——</td><td rowspan="2">断路器 C 相位置</td></tr>
<tr><td>测控</td><td>C 相断路器位置</td><td><——</td></tr>
</table>

续表

类别	开入量名称	开入量	来源装置	对应名称	开出数据集	MAC	APPID
测控	隔刀 1 位置	<——	利港 1 线智能终端 B	隔刀 1 位置	dsGOOSE1	01–0C–CD–01–21–06	2106
⋮	⋮	⋮		⋮			
测控	地刀 3 位置	<——		地刀 3 位置			
保护	G_压力低禁止重合闸	<——		压力低闭锁重合闸			
测控	控制回路断线	<——		控制回路断线	dsGOOSE2	01–0C–CD–01–21–07	2107
测控	操作电源消失	<——		操作电源消失			
测控	非全相	<——		非全相			
测控	事故总	<——		事故总			
⋮	⋮	⋮		⋮			
测控	隔离开关电气解锁信号	<——		解锁信号			
测控	隔离开关电气联锁信号	<——		联锁信号			
测控	VD 无电信号	<——		VD 无电信号			
测控	无效定值区	<——		无效定值区	dsGOOSE3	01–0C–CD–01–21–08	2108
测控	开入异常	<——		开入异常			
⋮	⋮	⋮		⋮			
测控	闭锁状态 8	<——		闭锁状态 8			
测控	OTA 合并单元取 I 母电压成功	<——	利港 1 线间隔合并单元 B	取 I 母电压成功	dsGOOSE0	01–0C–CD–01–21–03	2103
⋮	⋮	⋮		⋮			
测控	OTA 合并单元电气单元 2 数据无效	<——		电气单元 2 数据无效			
测控	EVT 合并单元装置报警	<——	利港 1 线 TV 合并单元 B	板 1 硬件置维修	dsGOOSE0	01–0C–CD–01–21–0A	210A
测控	EVT 合并单元检修状态投入	<——		检修把手投入			
测控	EVT 合并单元同步异常报警	<——		同步异常告警			
保护	远方跳闸 1	<——	220kV 母线保护 B	支路 6 跳闸	dsGOOSE1	01–0C–CD–01–21–74	2174
保护	闭锁重合闸 1	<——					
保护	双点开入 1	<——	220kV 母联保测 B	断路器位置	dsGOOSE3	01–0C–CD–01–01–59	0159
测控	双点开入 2	<——	220kV 母线测控	地刀 1 位置	dsGOOSE3	01–0C–CD–01–01–4A	014A
测控	双点开入 3	<——		地刀 1 位置			

表 Z12I2003Ⅲ-3　利港 1 线第一套保护测控装置 GOOSE 开入量

类别	开出量名称	开出数据集	MAC	APPID		去向装置	对应名称
保护	A 相跳闸	dsGOOSE0	01–0C–CD–01–20–01	2001	——>	利港电厂 1 智能终端 A	A 相跳闸出口
					——>	220kV 故障录波	单点开入 31
保护	B 相跳闸				——>	利港电厂 1 智能终端 A	B 相跳闸出口
					——>	220kV 故障录波	单点开入 32
保护	C 相跳闸				——>	利港电厂 1 智能终端 A	C 相跳闸出口
					——>	220kV 故障录波	单点开入 33
保护	A 启动失灵				——>	220kV 母线保护 A	支路 6A 相失灵
保护	B 启动失灵				——>		支路 6B 相失灵
保护	C 启动失灵				——>		支路 6C 相失灵
保护	闭锁重合闸				——>	利港电厂 1 智能终端 A	闭锁重合闸
保护	G–重合闸出口				——>		重合 1
					——>	220kV 故障录波	单点开入 34
测控	断路器分闸	dsGOOSE1	01–0C–CD–01–20–02	2002	——>	利港 1 线智能终端 A	测控三跳
测控	断路器合闸				——>		测控合闸
测控	地刀 3 合闸				——>		地刀控合 3
测控	遥控 10 分闸				——>		测控远方复归
测控	遥控 01 合闭锁状态	dsGOOSE2	01–0C–CD–01–20–03	2003	——>		断路器闭锁
测控	遥控 08 合闭锁状态				——>		地刀闭锁 3

2. GOOSE 测试

（1）GOOSE 解析。

本节通过介绍 GOOSE 报文的结构，结合配置文件分析 GOOSE 报文中与设备调试相关的信息，旨在为现场试验人员提供一种通用的过程层 GOOSE 调试方法。工程人员通过本节介绍的内容，再结合实际工程应用和具体装置，应能够完成保护装置开入/开出测试，能够通过网络报文的解析技术，对工程调试中遇到的疑难问题做出简单分析。

GOOSE 报文是具有 IEEE 802.3Q 优先级的以太网帧，主要由前导码、目标地址、源地址、优先级标记、数据 PDU、校验码构成。其中 PDU 部分在 IEC 61850 标准中规定由报文类型、报文应用标识、报文数据长度以及应用数据 APDU 等构成。应用数据 APDU 是 GOOSE 报文的具体数据，也是主要部分，其结构在 IEC 61850 中给出，如图 Z11F6004Ⅲ-21 所示。

```
IECGOOSEPdu ::= SEQUENCE {
        gocbRef                  [0]   IMPLICIT VISIBLE-STRING,
        timeAllowedtoLive        [1]   IMPLICIT INTEGER,
        datSet                   [2]   IMPLICIT VISIBLE-STRING,
        goID                     [3]   IMPLICIT VISIBLE-STRING OPTIONAL,
        t                        [4]   IMPLICIT UtcTime,
        stNum                    [5]   IMPLICIT INTEGER,
        sqNum                    [6]   IMPLICIT INTEGER,
        test                     [7]   IMPLICIT BOOLEAN DEFAULT FALSE,
        confRev                  [8]   IMPLICIT INTEGER,
        ndsCom                   [9]   IMPLICIT BOOLEAN DEFAULT FALSE,
        numDatSetEntries         [10]  IMPLICIT INTEGER,
        allData                  [11]  IMPLICIT SEQUENCE OF Data,
                                  }
```

图 Z11F6004Ⅲ-21 GOOSE 应用数据结构

GOOSE 应用数据由 12 部分组成，图 Z11F6004Ⅲ-21 中左侧为 GOOSE 的一些参数，右侧为 GOOSE 参数的类型。gocbRef、datSet、goID 都为字符串类型；timeAllowedtoLive、stNum、sqNum、confRev、numDatSetEntries 为整数类型；test、ndsCom 为 BOOL 类型；t 为 UTC 时间类型；allData 为 GOOSE 具体传输的数据，其本身也是由数据结构组成。GOOSE 的具体参数将在下文配合 GOOSE 具体报文进行解释。

GOOSE 报文的解析工具推荐使用开源的报文解析工具 Ethereal 软件，该软件可以捕获并解析网络上的 GOOSE 报文、MMS 报文以及其他一些主流网络报文。Ethereal 安装在普通带网卡的 PC 机上即可使用，只要将 PC 机接至网络上即可对报文进行捕获，并可对捕获的报文进行过滤、解析。图 Z11F6004Ⅲ-22 为某智能变电站线路保护发送的 GOOSE 报文。

GOOSE 报文主要分网络参数、GOOSE 参数和 GOOSE 数据三块内容。

1）网络参数。

Destination（目的地址）：一种组播 MAC 地址，在交换机上以组播的形式传递，GOOSE 的目的地址一般以 01–0C–CD–01 开头，后两个字节可自由分配。目的地址是集成设计时统一分配的，是全站唯一的。

```
⊟Ethernet II, Src: 00:10:00:00:01:01 (00:10:00:00:01:01), Dst: 01:0c:cd:01:01:01
  ⊞Destination: 01:0c:cd:01:01:01 (01:0c:cd:01:01:01)
  ⊞Source: 00:10:00:00:01:01 (00:10:00:00:01:01)
   Type: 802.1Q Virtual LAN (0x8100)
⊟802.1Q Virtual LAN
   100. .... .... .... = Priority: 4
   ...0 .... .... .... = CFI: 0
   .... 0001 0010 1101 = ID: 301
   Type: IEC 61850/GOOSE (0x88b8)
⊟IEC 61850 GOOSE
   AppID*: 257
   PDU Length*: 157
   Reserved1*: 0x0000
   Reserved2*: 0x0000
  ⊟PDU
     IEC GOOSE
     {
       Control Block Reference*:   PL2231API1/LLN0$GO$gocb0
       Time Allowed to Live (msec):  10000
       DataSetReference*:   PL2231API1/LLN0$dsGOOSE0
       GOOSEID*:   PL2231API1/LLN0$GO$gocb0
       Event Timestamp:  2011-01-10 00:17.15.992987  Timequality: 0a
       StateNumber*:    1
       Sequence Number:  262
       Test*:    FALSE
       Config Revision*:    1
       Needs Commissioning*:    FALSE
       Number Dataset Entries:  11
       Data
       {
         BOOLEAN:  FALSE
         BOOLEAN:  FALSE
         BOOLEAN:  FALSE
         BOOLEAN:  FALSE
         BOOLEAN:  FALSE
         BOOLEAN:  FALSE
         BOOLEAN:  FALSE
         BOOLEAN:  FALSE
         BOOLEAN:  FALSE
         BOOLEAN:  FALSE
         BOOLEAN:  FALSE
       }
```

图 Z11F6004Ⅲ–22 线路保护发送的 GOOSE 报文

Source（源地址）：装置板卡的物理地址，过程层应用中没有实际意义，但也要保证其不能冲突，物理地址是可以由厂家修改的。

VLAN 标识（802.1Q virtual LAN ID）：GOOSE 报文的 VID，十进制数，范围 0～4095。

APPID：GOOSE 报文的另一个重要标识，一般配置成与目的地址的后两个字节相同。

网络参数在 SCD 文件的 Communication→SubNetwork→ConnectedAp→GSE→Address 中配置，如图 Z11F6004Ⅲ-23 所示。

2）GOOSE 参数。

Time Allowed to Live：GOOSE 报文的生存周期 2T（T 为 GOOSE 心跳报文的发送周期），若订阅此 GOOSE 报文的装置在 2T 时间内没有收到报文将判断出此 GOOSE 链路中断。

GOOSE ID：GOOSE 报文的又一个重要标识，与目的地址和 APPID 类似，都是 GOOSE 报文的唯一标识。装置可根据对目的地址、APPID 和 GOOSE ID 的判断识别所订阅的 GOOSE 报文。GOOSE ID 在 IED 设备的 GSEControl 模块中配置，如图 Z11F6004Ⅲ-24 所示。

Address

P	type	Text
P	MAC-Address	01-0C-CD-01-01-01
P	VLAN-ID	301
P	VLAN-PRIORITY	4
P	APPID	0101

图 Z11F6004Ⅲ-23 配置文件中的 GOOSE 网络参数

GSEControl

name	gocb0
desc	
datSet	dsGOOSE0
confRev	1
type	GOOSE
appID	PL2231API1/LLN0GOgocb0
Text	...

图 Z11F6004Ⅲ-24 配置文件中的 GOOSE ID

Event Timestamp：GOOSE 数据最后一次变位的 UTC 时间。

State Number：记录 GOOSE 数据总共的变位次数。当 GOOSE 数据发生变化时 stNum 加 1。装置上电时 stNum 应初始化为 1。

Sequence Number：记录 GOOSE 数据最后一次变位至今发送的报文数。随 GOOSE 心跳报文自动累加 1，当 GOOSE 数据变位时 sqNum 置 0。装置上电时 sqNum 应初始化为 1。

Test：GOOSE 检修位，接收方据此判断 GOOSE 报文是否为检修状态，并根据检修机制确定是否使用此 GOOSE 报文的内容。一般的，两侧设备都处于检修态或都处于运行态，GOOSE 报文的内容将被采用；当两侧装置检修装置不一致时，接收的 GOOSE 报文不参与运行处理。

3）GOOSE 数据。

GOOSE 数据项的数目、次序、数据类型都是配置文件的 GOOSE 数据集定义的，如图 Z11F6004Ⅲ-25 所示。数据集的相关内容参照“配置文件”章节。

FCDA (11)

	ldInst	prefix	lnClass	lnInst	doName	daName	fc
1	PI1	Break1	PTRC	1	Tr	phsA	ST
2	PI1	Break1	PTRC	1	Tr	phsB	ST
3	PI1	Break1	PTRC	1	Tr	phsC	ST
4	PI1	Break1	PTRC	1	StrBF	phsA	ST
5	PI1	Break1	PTRC	1	StrBF	phsB	ST
6	PI1	Break1	PTRC	1	StrBF	phsC	ST
7	PI1	Break1	PTRC	1	BlkRecST	stVal	ST
8	PI1		RREC	1	Op	general	ST
9	PI1	RemTr1	PSCH	1	ProRx	stVal	ST
10	PI1	RemTr2	PSCH	1	ProRx	stVal	ST
11	PI1		GGIO	5	Alm1	stVal	ST

图 Z11F6004Ⅲ-25　GOOSE 数据集

（2）GOOSE 收发测试。

GOOSE 报文中包含了过程层最重要的信息，实时性、可靠性要求非常高。GOOSE 报文解析可以使用 Ethereal 通用软件，也可使用专业的网络报文分析仪进行分析。报文分析仪具有分析、报错等功能，可以作为公证的第三方，因此在集成测试时可采用报文分析进行过程层测试，以提高测试效率。

图 Z11F6004Ⅲ-26 为报文分析仪捕获的智能终端某时刻的 GOOSE 发送情况。正常情况下，GOOSE 的心跳报文时间间隔为 5s，图中序号 18～22 条 GOOSE 报文。图中报文分析仪在收到第 23 条 GOOSE 报文的时候报错“stNum 错序”，从具体的报文解析可知，第 22 条 GOOSE 的 stNum 为 25，而第 23 条报文 stNum 变化为 1，stNum 没有连续变化，且第 23 条报文与第 22 条报文的时间间隔为 18s，显然此处装置的 GOOSE 发送是有问题的。

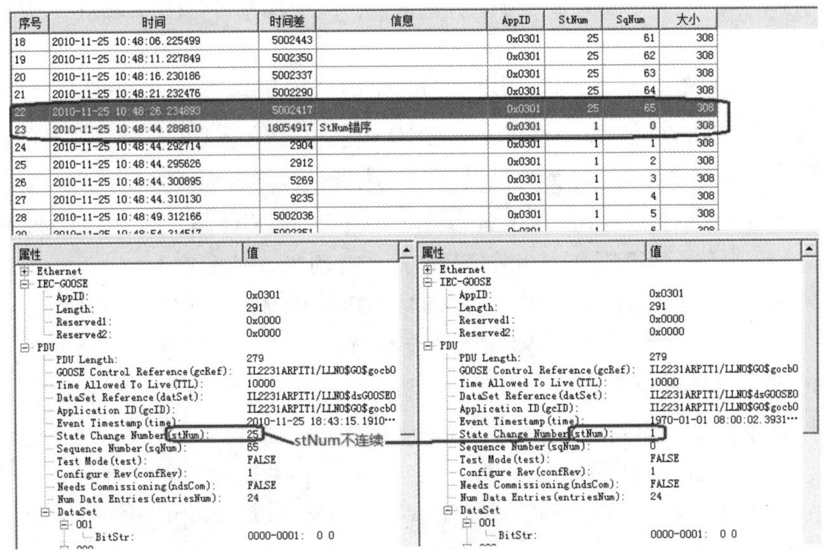

序号	时间	时间差	信息	AppID	StNum	SqNum	大小
18	2010-11-25 10:48:06.225499	5002443		0x0301	25	61	308
19	2010-11-25 10:48:11.227849	5002350		0x0301	25	62	308
20	2010-11-25 10:48:16.230186	5002337		0x0301	25	63	308
21	2010-11-25 10:48:21.232476	5002290		0x0301	25	64	308
22	2010-11-25 10:48:26.234893	5002417		0x0301	25	65	308
23	2010-11-25 10:48:44.289810	18054917	StNum错序	0x0301	1	0	308
24	2010-11-25 10:48:44.292714	2904		0x0301	1	1	308
25	2010-11-25 10:48:44.295626	2912		0x0301	1	2	308
26	2010-11-25 10:48:44.300895	5269		0x0301	1	3	308
27	2010-11-25 10:48:44.310130	9235		0x0301	1	4	308
28	2010-11-25 10:48:49.312166	5002036		0x0301	1	5	308

图 Z11F6004Ⅲ-26　GOOSE 报文发送测试

图 Z11F6004Ⅲ-27 为报文分析仪捕获的 GOOSE 状态变位过程，正常情况下，GOOSE 心跳报文间隔为 5s；状态变位立刻发送 GOOSE 报文，此时 stNum 由 1 增加至 2，sqNum 复归从 0 开始计数；随后又紧接着发送 4 条 GOOSE 报文，时间间隔分别为 2.5ms、2.5ms、5ms、9ms；最后 GOOSE 发送间隔恢复到 5s 心跳报文间隔。图中状态变位过程的 GOOSE 发送与 IEC 61850 标准中定义的 GOOSE 发送机制一致。

序号	时间	时间差	信息	AppID	StNum	SqNum	大小
70	2010-11-25 10:52:54.428778	5002455		0x0302	1	54	1032
71	2010-11-25 10:52:59.431039	5002261		0x0302	1	55	1032
72	2010-11-25 10:53:04.433471	5002432		0x0302	1	56	1032
73	2010-11-25 10:53:09.435738	5002267		0x0302	1	57	1032
74	2010-11-25 10:53:14.438166	5002428		0x0302	1	58	1032
75	2010-11-25 10:53:19.440517	5002351		0x0302	1	59	1032
76	2010-11-25 10:53:21.366205	1925688	状态改变	0x0302	2	0	1032
77	2010-11-25 10:53:21.368766	2561		0x0302	2	1	1032
78	2010-11-25 10:53:21.371297	2531		0x0302	2	2	1032
79	2010-11-25 10:53:21.376217	4920		0x0302	2	3	1032
80	2010-11-25 10:53:21.385353	9136		0x0302	2	4	1032
81	2010-11-25 10:53:26.387738	5002385		0x0302	2	5	1032
82	2010-11-25 10:53:31.390157	5002419		0x0302	2	6	1032

图 Z11F6004Ⅲ-27 GOOSE 报文状态变位

GOOSE 接收测试可以采用测试仪或 PC 机模拟软件进行相应的 GOOSE 变位模拟发送给被测装置，通过被测装置的响应判断 GOOSE 接收的正确性，也可通过装置实际 GOOSE 的发生来测试被测装置 GOOSE 接收的性能。

（3） GOOSE 检修机制测试。

Q/GDW 396—2009《IEC 61850 工程继电保护应用模型》中对 GOOSE 报文检修处理机制要求如下：

1） 当装置检修压板投入时，装置发送的 GOOSE 报文中的 test 应置位。

2）GOOSE 接收端装置应将接收的 GOOSE 报文中的 test 位与装置自身的检修压板状态进行比较，只有两者一致时才将信号作为有效进行处理或动作。

3）对于测控装置，当本装置检修压板或者接收到的 GOOSE 报文中的 test 位任意一个为 1 时，上传 MMS 报文中相关信号的品质 q 的 Test 位应置 1。

GOOSE 报文的检修标志如图 Z11F6004Ⅲ-28 和图 Z11F6004Ⅲ-29 所示。

1）检修机制测试内容：线路间隔的保护测控装置、智能终端、合并单元都有检修硬压板，当装置检修压板投入时，装置发出的 GOOSE 报文会带上检修位；合并单元检修压板投入时，发出的 SV 报文中相应数据品质位 q 也会置上检修位。《IEC 61850 工程继电保护应用模型》中规范了智能变电站装置的检修处理机制，装置处理 GOOSE 信号以及 SV 数据时，必须检查数据的检修位，并根据自身的检修状态做出相应的处理。

```
⊞ Frame 10: 171 bytes on wire (1368 bits), 171 bytes captured (1368 bits)
⊞ Ethernet II, Src: CableTel_00:01:03 (00:10:00:00:01:03), Dst: Iec-Tc57_01
⊟ GOOSE
    APPID: 0x0103 (259)
    Length: 157
    Reserved 1: 0x0000 (0)
    Reserved 2: 0x0000 (0)
  ⊟ goosePdu
      gocbRef: PL2235API1/LLN0$GO$gocb0
      timeAllowedtoLive: 10000
      datSet: PL2235API1/LLN0$dsGOOSE0
      goID: PL2235API1/LLN0$GO$gocb0
      t: Sep 26, 2006 15:59:01.323995828 UTC
      stNum: 1
      sqNum: 3488
      test: False
      confRev: 1
      ndsCom: False
      numDatSetEntries: 11
    ⊟ allData: 11 items
      ⊞ Data: boolean (3)
      ⊞ Data: boolean (3)
      ⊞ Data: boolean (3)
      ⊞ Data: boolean (3)
0030  63 62 30 81 02 27 10 82  18 50 4c 32 32 33 35 41   cb0..'.. .PL2235A
0040  50 49 31 2f 4c 4c 4e 30  24 64 73 47 4f 4f 53 45   PI1/LLN0 $dsGOOSE
0050  30 83 18 50 4c 32 32 33  35 41 50 49 31 2f 4c 4c   0..PL223 5API1/LL
0060  4e 30 24 47 4f 24 67 6f  63 62 30 84 08 45 19 4e   N0$GO$go cb0..E.N
0070  45 52 f1 64 0a 85 01 01  86 02 0d a0 87 01 00 88   ER.d.... ........
0080  01 01 89 01 00 8a 01 0b  ab 21 83 01 00 83 01 00   ........ .!......
0090  83 01 00 83 01 00 83 01  00 83 01 00 83 01 00 83   ........ ........
00a0  01 00 83 01 00 83 01 00  83 01 01                  ........ ...
```

检修没置位

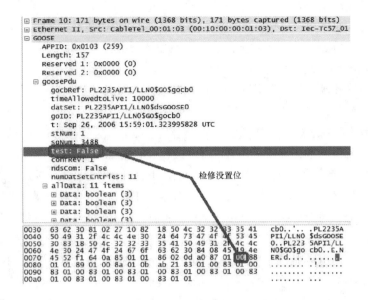

图 Z11F6004Ⅲ-28　不带检修标志的 GOOSE 报文

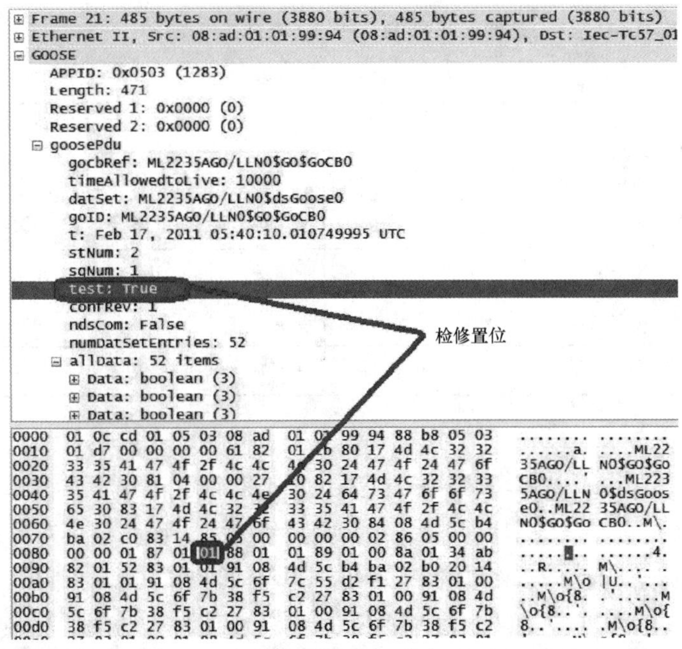

图 Z11F6004Ⅲ-29　带检修标志的 GOOSE 报文

2）检修机制主要包括：GOOSE 检修机制：保护测控装置与智能终端之间 GOOSE 检修机制、智能终端与合并单元之间 GOOSE 检修机制、合并单元与保护测控装置之间 GOOSE 检修机制；

SV 检修机制：合并单元与保护测控装置之间 SV 检修机制。

3）检修机制测试方法及结果：GOOSE 检修机制需要验证通信双方检修位一致（双方都置检修或都处于正常运行）、检修位不一致（一方置检修另一方正常运行）时接收方对 GOOSE 的处理，可以通过查看接收方的显示或动作行为来验证。

由于通信双方都处于正常运行时，GOOSE 开入开出已经在上一项试验中验证，因此只需再验证发送置检修，接收方正常运行；发送方正常运行，接收方置检修；发送方、接收方都置检修三种情况下，GOOSE 开入开出的行为。由于同一装置的同一功能（保护或测控）对同一类型 GOOSE 信号（断路器位置或闭锁信号或告警信号）的检修机制处理是相同的，且在正常情况下所有 GOOSE 信号都已验证过，所以验证检修机制时，装置不同功能只需选取每个 GOOSE 数据集每类信号中代表性的信号进行验证。以某变电站 220kV 利港 1 线间隔 A 套设备为例，其 GOOSE 检修机制测试结果见表 Z11F6004Ⅲ-4。

表 Z11F6004Ⅲ-4　　某变电站 220kV 利港 1 线间隔 A 套设备 GOOSE 检修机制

合并单元	SV 中 Test 位		保护测控正常		保护测控检修	
	电压	电流	面板显示	保护行为	面板显示	保护行为
间隔 MU 正常/TVMU 正常	0	0	正常	正常	正常	闭锁
间隔 MU 检修/TVMU 正常	0	1	正常	闭锁	正常	闭锁
间隔 MU 正常 TVMU 检修	1	0	正常	闭锁	正常	闭锁
间隔 MU 检修/TVMU 检修	1	1	正常	闭锁	正常	正常

3. SV 测试

目前采样值 SV 主要有两种格式，IEEE 60044-8 的 FT3 格式和 9-2 的网络报文格式。前者是点对点的串口方式，后者是网络方式，既可以点对点传输，也可以组网传输。9-2 格式的 SV 报文也是具有 IEEE802.3Q 优先级的以太网帧，报文结构如图 Z11F6004Ⅲ-6 所示，与 GOOSE 类似，所不同的是应用数据 APDU。应用数据 APDU 是 SV 报文的具体数据，也是主要部分，其结构如图 Z11F6004Ⅲ-7 所示。

（1） SV 收发测试。

SV 报文的解析可以使用 Wireshark 通用软件，但由于 SV 流量非常大，因此长时间分析 SV 还是采用专业的报文分析仪比较适合。报文分析仪可以实时监测网络中 SV 的发生情况，具有分析、报错等功能，在测试过程中可方便地发现问题，有助于提高测试效率。

图 Z11F6004Ⅲ–30 为报文分析仪捕获的 SV 报文，由图可以看出，SV 报文中含有 20 个通道的数据，其中前 16 个数据的品质 q 为 00000000，说明数据是有效的，且无检修标志，而后 4 个数据的品质 q 为 00000001，说明数据无效；SV 的同步标志 smpSynch 为 1，说明采样值是同步的；SV 报文之间的时间间隔为 250μs 左右，偏差很小，符合 Q/GDW 441—2010《智能变电站继电保护技术规范》中离散度小于 10μs 的要求；SV 的采样计数器 smpCnt 也是连续的。

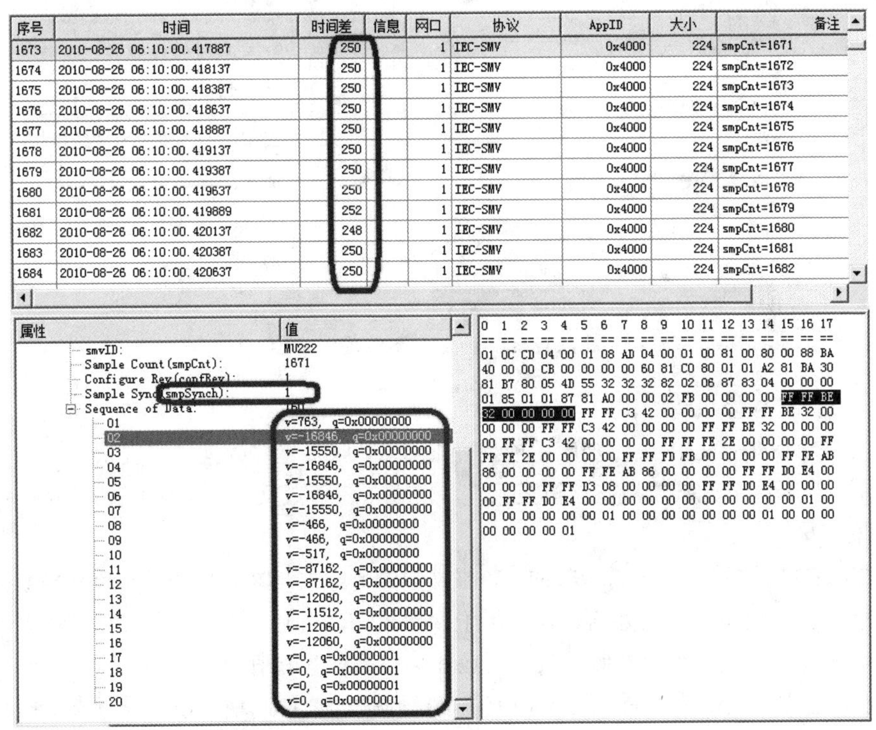

图 Z11F6004Ⅲ–30　SV 报文发生测试

图 Z11F6004Ⅲ–31 为 SV 丢失同步时报文分析仪捕获的 SV 报文，报文分析仪会报“丢失同步信号”，此时丢失同步后，报文中的同步标志 smpSynch 变为 0，说明 SV

已经失步。丢失同步后，SV 报文的发送间隔还是保持在 250μs 左右，对于不依赖外同步的装置而言，此时的 SV 还是可用的。

序号	时间	时间差	信息	AppID	smpCnt	大小
31993	2010-08-26 06:10:07.998366	252		0x4000	3992	224
31994	2010-08-26 06:10:07.998614	248		0x4000	3993	224
31995	2010-08-26 06:10:07.998864	250		0x4000	3994	224
31996	2010-08-26 06:10:07.999114	250		0x4000	3995	224
31997	2010-08-26 06:10:07.999365	251		0x4000	3996	224
31998	2010-08-26 06:10:07.999614	249		0x4000	3997	224
31999	2010-08-26 06:10:07.999864	250		0x4000	3998	224
32000	2010-08-26 06:10:08.000115	251		0x4000	3999	224
32001	2010-08-26 06:10:08.000364	249	丢失同步信号	0x4000	0	224
32002	2010-08-26 06:10:08.000614	250	丢失同步信号	0x4000	1	224
32003	2010-08-26 06:10:08.000864	250	丢失同步信号	0x4000	2	224

属性	值
Ethernet	
IEC-SMV92	
AppID:	0x4000
Application Length:	203
Reserved1:	0x0000
Reserved2:	0x0000
PDU	
PDU Length:	192
Number of Asdu:	1
Sequence of ASDU:	186
ASDU[1]	
smvID:	MU222
Sample Count(smpCnt):	0
Configure Rev(confRev):	1
Sample Sync(smpSynch):	0
Sequence of Data:	160
01	v=763, q=0x00000000
02	v=-16846, q=0x00000000
03	v=-15550, q=0x00000000
04	v=-16846, q=0x00000000
05	v=-15550, q=0x00000000
06	v=-18142, q=0x00000000

```
0  1  2  3  4  5  6  7  8  9  10 11 12 13 14 15
== == == == == == == == == == == == == == == ==
01 0C CD 04 00 01 08 AD 04 00 01 00 81 00 80 00
88 BA 40 00 00 CB 00 00 00 00 60 81 C0 80 01 01
A2 81 BA 30 81 B7 80 05 4D 55 32 32 32 82 02 00
00 83 04 00 00 00 01 85 01 00 87 81 A0 00 00 02
FB 00 00 00 00 FF FF BE 32 00 00 00 00 FF FF C3
42 00 00 00 00 FF FF BE 32 00 00 00 00 FF FF C3
42 00 00 00 00 FF FF B9 22 00 00 00 00 FF FF C3
42 00 00 00 00 FF FF FE 2E 00 00 00 00 FF FF FE
2E 00 00 00 00 FF FF FE 2E 00 00 00 00 FF FF E4
2A 00 00 00 00 FF FF E8 72 00 00 00 00 00 00 08
90 00 00 00 00 00 00 08 90 00 00 00 00 00 00 04
48 00 00 00 00 00 00 02 24 00 00 00 00 00 00 00
00 00 00 00 01 00 00 00 00 00 00 00 01 00 00 00
00 00 00 00 01 00 00 00 00 00 00 00 01
```

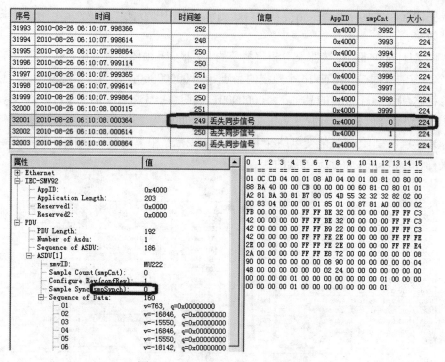

图 Z11F6004Ⅲ-31 SV 丢失同步

（2）SV 检修机制测试。

《IEC 61850 工程继电保护应用模型》中对 SV 报文检修处理机制要求：

1）当合并单元装置检修压板投入时，发送采样值报文中采样值数据的品质 q 的 Test 位应置 True。

2）SV 接收端装置应将接收的 SV 报文中的 test 位与装置自身的检修压板状态进行比较，只有两者一致时才将该信号用于保护逻辑，否则应不参加保护逻辑的计算。对于状态不一致的信号，接收端装置仍应计算和显示其幅值。

3）若保护配置为双重化，保护配置的接收采样值控制块的所有合并单元也应双重化。两套保护和合并单元在物理和保护上都完全独立，一套合并单元检修不影响另一套保护和合并单元的运行。

SV 报文的检修标志如图 Z11F6004Ⅲ-32 和图 Z11F6004Ⅲ-33 所示。

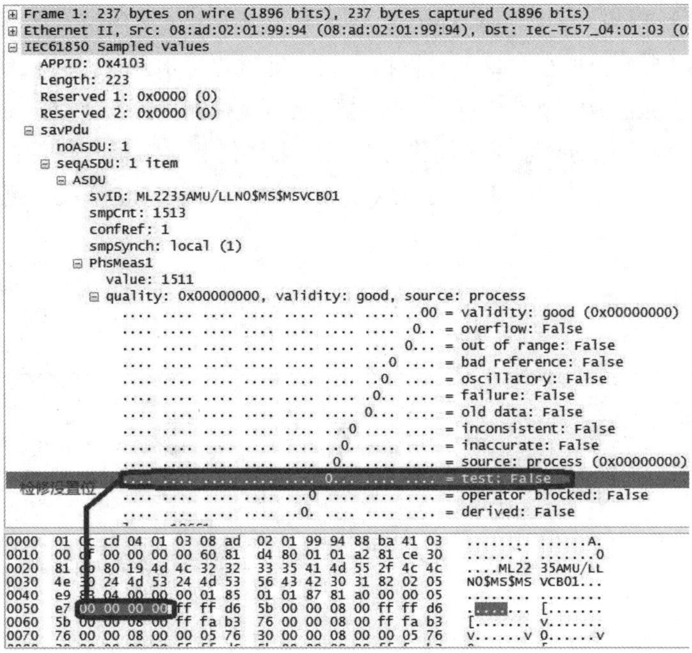

```
⊞ Frame 1: 237 bytes on wire (1896 bits), 237 bytes captured (1896 bits)
⊞ Ethernet II, Src: 08:ad:02:01:99:94 (08:ad:02:01:99:94), Dst: Iec-Tc57_04:01:03 (0
⊟ IEC61850 Sampled Values
    APPID: 0x4103
    Length: 223
    Reserved 1: 0x0000 (0)
    Reserved 2: 0x0000 (0)
  ⊟ savPdu
      noASDU: 1
    ⊟ seqASDU: 1 item
      ⊟ ASDU
          svID: ML2235AMU/LLN0$MS$MSVCB01
          smpCnt: 1513
          confRef: 1
          smpSynch: local (1)
        ⊟ PhsMeas1
            value: 1511
          ⊟ quality: 0x00000000, validity: good, source: process
              .... .... .... .... .... .... .... ..00 = validity: good (0x00000000)
              .... .... .... .... .... .... .... .0.. = overflow: False
              .... .... .... .... .... .... .... 0... = out of range: False
              .... .... .... .... .... .... ...0 .... = bad reference: False
              .... .... .... .... .... .... ..0. .... = oscillatory: False
              .... .... .... .... .... .... .0.. .... = failure: False
              .... .... .... .... .... .... 0... .... = old data: False
              .... .... .... .... .... ...0 .... .... = inconsistent: False
              .... .... .... .... .... ..0. .... .... = inaccurate: False
              .... .... .... .... .... .0.. .... .... = source: process (0x00000000)
检修设置位    .... .... .... .... .... 0... .... .... = test: False
              .... .... .... .... ...0 .... .... .... = operator blocked: False
              .... .... .... .... ..0. .... .... .... = derived: False

0000  01 0c cd 04 01 03 08 ad  02 01 99 94 88 ba 41 03   ........ ......A.
0010  00 df 00 00 00 00 60 81  d4 80 01 01 a2 81 ce 30   ......`. .......0
0020  81 cb 80 19 4d 4c 32 32  33 35 41 4d 55 2f 4c 4c   ....ML22 35AMU/LL
0030  4e 30 24 4d 53 24 4d 53  56 43 42 30 31 82 02 05   N0$MS$MS VCB01...
0040  e9 83 04 00 00 00 01 85  01 01 87 81 a0 00 00 05   ........ ........
0050  e7 00 00 00 00 ff ff d6  5b 00 00 08 00 ff ff d6   ........ [.......
0060  5b 00 00 08 00 ff fa b3  76 00 00 08 00 ff fa b3   [....... v.......
0070  76 00 00 08 00 00 05 76  30 00 00 08 00 00 05 76   v......v 0......v
```

图 Z11F6004Ⅲ-32　不带检修标志的 SV 报文

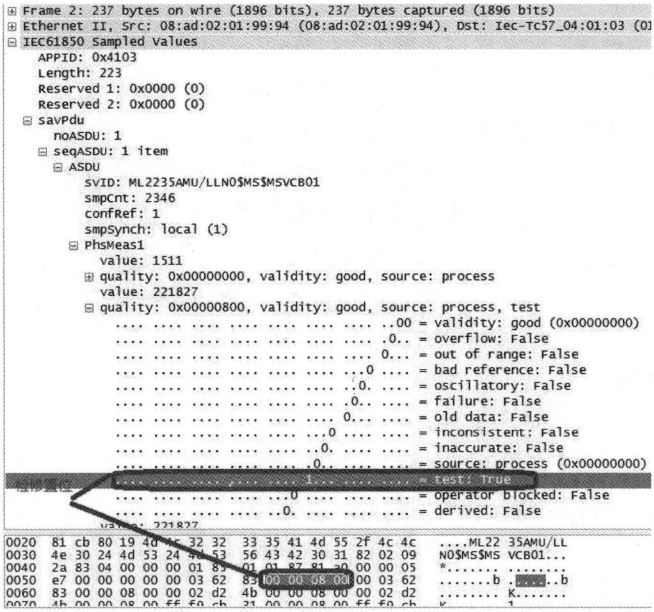

```
⊞ Frame 2: 237 bytes on wire (1896 bits), 237 bytes captured (1896 bits)
⊞ Ethernet II, Src: 08:ad:02:01:99:94 (08:ad:02:01:99:94), Dst: Iec-Tc57_04:01:03 (01
⊟ IEC61850 Sampled Values
    APPID: 0x4103
    Length: 223
    Reserved 1: 0x0000 (0)
    Reserved 2: 0x0000 (0)
  ⊟ savPdu
      noASDU: 1
    ⊟ seqASDU: 1 item
      ⊟ ASDU
          svID: ML2235AMU/LLN0$MS$MSVCB01
          smpCnt: 2346
          confRef: 1
          smpSynch: local (1)
        ⊟ PhsMeas1
            value: 1511
          ⊞ quality: 0x00000000, validity: good, source: process
            value: 221827
          ⊟ quality: 0x00000800, validity: good, source: process, test
              .... .... .... .... .... .... .... ..00 = validity: good (0x00000000)
              .... .... .... .... .... .... .... .0.. = overflow: False
              .... .... .... .... .... .... .... 0... = out of range: False
              .... .... .... .... .... .... ...0 .... = bad reference: False
              .... .... .... .... .... .... ..0. .... = oscillatory: False
              .... .... .... .... .... .... .0.. .... = failure: False
              .... .... .... .... .... .... 0... .... = old data: False
              .... .... .... .... .... ...0 .... .... = inconsistent: False
              .... .... .... .... .... ..0. .... .... = inaccurate: False
              .... .... .... .... .... .0.. .... .... = source: process (0x00000000)
检修置位      .... .... .... .... .... 1... .... .... = test: True
              .... .... .... .... ...0 .... .... .... = operator blocked: False
              .... .... .... .... ..0. .... .... .... = derived: False

0020  81 cb 80 19 4d 4c 32 32  33 35 41 4d 55 2f 4c 4c   ....ML22 35AMU/LL
0030  4e 30 24 4d 53 24 4d 53  56 43 42 30 31 82 02 09   N0$MS$MS VCB01...
0040  2a 83 04 00 00 00 01 85  01 01 87 81 a0 00 00 05   *....... ........
0050  e7 00 00 00 00 00 03 62  83 00 00 08 00 00 03 62   .......b .......b
0060  83 00 00 08 00 00 02 d2  4b 00 00 08 00 00 02 d2   ........ K.......
```

图 Z11F6004Ⅲ-33　带检修标志的 SV 报文

对于SV检修机制，首先要通过SV报文查看相应电流电压数据的品质q中Test位是否置位；然后验证合并单元与保护测控装置检修位不一致以及检修位一致时，保护测控装置的显示以及动作行为。合并单元与保护测控装置都处于正常运行时，保护测控装置对SV的显示以及动作行为在“采样值测试”以及“保护功能测试”中验证。以某变220kV利港1线间隔A套设备为例，其SV检修机制测试结果见表Z11F6004Ⅲ-5。

表Z11F6004Ⅲ-5　　某变电站220kV利港1线间隔A套设备GOOSE检修机制

合并单元	SV中Test位		保护测控正常		保护测控检修	
	电压	电流	面板显示	保护行为	面板显示	保护行为
间隔MU正常/TVMU正常	0	0	正常	正常	正常	闭锁
间隔MU检修/TVMU正常	0	1	正常	闭锁	正常	闭锁
间隔MU正常TVMU检修	1	0	正常	闭锁	正常	闭锁
间隔MU检修/TVMU检修	1	1	正常	闭锁	正常	正常

4. VLAN测试

VLAN测试是设备间互通的关键环节，需在全配置、全接线的环境下测试。所谓全配置就是按照划分的VLAN在配置文件中填写正式的VID。

VLAN的测试方法分为3步：

（1）保护单体测试：保证装置严格按照配置文件输出正确的报文，带有正确的VID。

（2）交换机VLAN整理：根据设计院的虚端子表，整理出交换机每个端口输入输出报文的VID，这也能重新检查VLAN配置是否正确。

（3）全局VLAN测试：全接线情况下，逐台交换机逐个端口做单一镜像，通过抓包分析、检查每个端口的报文的VID是否与配置的一致。

【思考与练习】

1. 过程层传输的信息主要是哪两种？

2. 合并单元应满足哪些技术要求？

3. 试画出220kV线路保护典型配置示意图？

4. 智能变电站过程层测试包括哪几个部分？

模块3 站控层设备调试（Z11F6005Ⅲ）

【模块描述】本模块包含智能变电站的站控层组成及特点、站控层服务实现原理，站控层相关报文的构成，测试内容及测试方法，通过装置介绍及原理分析，掌握站控层的原理及测试技术。

【模块内容】

一、智能变电站站控层特点

Q/GDW 383—2009《智能变电站技术导则》中对智能变电站站控层的定义为：智能变电站站控层包括自动化站级监视控制系统、站域控制、通信系统、对时系统等，实现面向全站设备的监视、控制、告警及信息交互功能，完成数据采集和监视控制、操作闭锁以及同步相量采集、电能质量采集、保护信息管理等相关功能。

站控层由监控主机、信息一体化平台主机兼操作员工作站、远动通信装置和其他各种功能站构成，提供站内运行的人机联系界面，实现管理控制间隔层、过程层设备等功能，形成全站监控、管理中心，并实现与调度通信中心通信。站控层的设备采用集中布置，站控层设备与间隔层设备之间采用以太网相连，且网络为双网冗余的方式，如图 Z11F6005Ⅲ–1 所示。

在常规变电站的站控层功能基础之上，智能变电站站控层采用 IEC 61850 规约实现统一建模、统一配置实现智能设备互操作，采用一体化信息平台技术，支持电网实时自动控制，智能调节、在线分析决策、协同互动等高级功能。常规变电站站控层如图 Z11F6005Ⅲ–2 所示。

对比图 Z11F6005Ⅲ–1 和图 Z11F6005Ⅲ–2 可以直观地看出常规站与智能站站控层典型设备及网络结构存在的差异，它们的主要区别是：

（1）常规站保护装置站控层规约多为私有规约，保护装置难以与监控后台通信实现互操作，保护装置通常只与自家的保护管理机通过私有规约通信。

（2）常规站站控层多采用 IEC 103 规约，而保护装置站控层通信采用私有规约，难以实现远方切换定值区、远方修改定值、远方投退功能软压板、程序化控制等功能。

（3）常规变电站没有应用一体化信息平台技术难以实现高级应用功能。

（4）智能变电站站控层基于 IEC 61850 统一建模，能够实现监控后台、保护信息子站与间隔层设备之间的互操作，可以实现远方切换定值区、远方修改定值、远方投退功能软压板，程序化控制等。

（5）智能变电站采用一体化信息平台技术对各种新系统的集成和数据整合，满足调控一体化的高级应用需求。

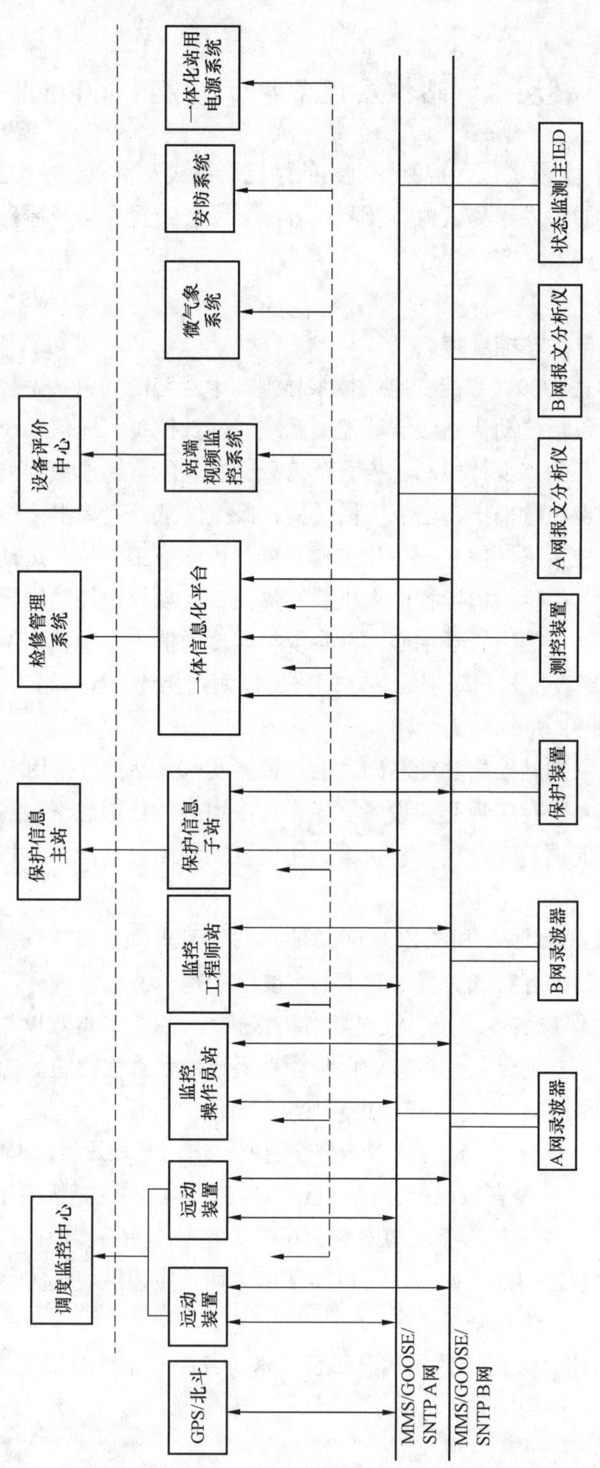

图 Z11F6005Ⅲ-1 智能变电站站控层典型设备及网络结构

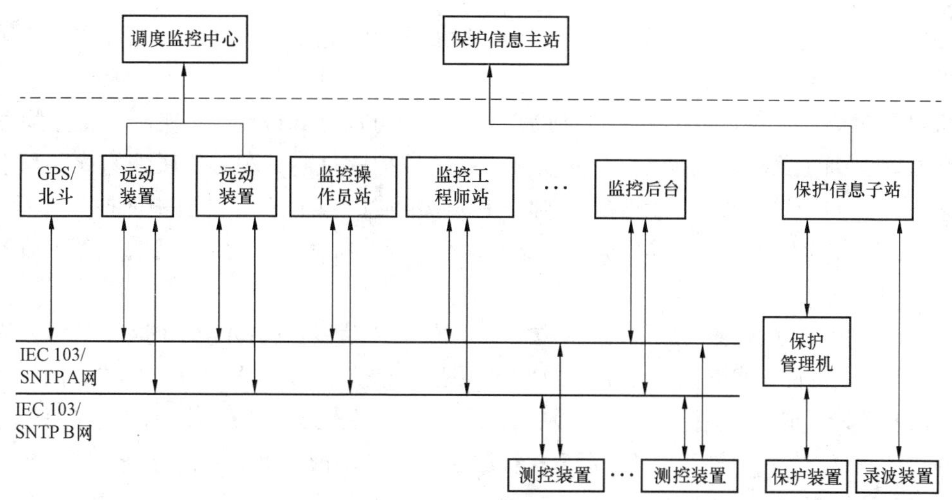

图 Z11F6005Ⅲ-2　常规变电站站控层典型设备及网络结构

二、智能变电站站控层原理

智能变电站站控层在通信规约层面上主要遵循 IEC 61850-8-1［特定通信服务映射到 MMS（Manufacture Message Specification）服务］。IEC 61850-8-1 为使用 GB/T 16720—2005（制造报文规范）、SNTP 及其他应用协议提供详细的指示和规范，作为实现在 IEC 61850-7-2、IEC 61850-7-3 和 IEC 61850-7-4 中规定的服务、对象和算法的机制和规则，实现了从 ACSI 到 MMS 的映射，使得不同生产厂商实现功能之间的互操作。

MMS 是由国际标准化组织 ISO 工业自动化技术委员会 TC184 制订的一套用于开发和维护工业自动化系统的独立国际标准报文规范。MMS 是通过对真实设备及其功能进行建模的方法，实现网络环境下计算机应用程序或智能电子设备之间数据和监控信息的实时交换。国际标准化组织出台 MMS 是为了规范工业领域具有通信能力的智能传感器、智能电子设备、智能控制设备的通信行为，使出自不同厂商的设备之间具有互操作性，使系统集成变得简单、方便。MMS 主要特点为：

（1）定义了交换报文的格式；结构化层次化的数据表示方法；可以表示任意复杂的数据结构；ASN.1 编码可以适用于任意计算机环境。

（2）定义了针对数据对象的服务和行为。

（3）为用户提供了一个独立于所完成功能的通用通信环境。

1. MMS 对象和服务模型

（1）MMS 对象和服务。

对象和服务是 MMS 协议中两类最主要的概念，其中对象是静态的概念，以一定的数据结构关系间接体现了实际设备各个部分的状态、工况以及功能等方面的属性。属性代表了对象所对应的实际设备本身固有的某种可见或不可见的特性，它既可以是简单的数值，也可以是复杂的结构，甚至可以是其他对象。实际设备的物理参数映射到对象的相应属性上，对实际设备的监控就是通过对对象属性的读取和修改来完成的。对象类的实例称为对象，它是实际物理实体在计算机中的抽象表示，是 MMS 中可以操作的、具有完整含义的最小单元，所有的 MMS 服务都是基于对象完成的。

MMS 位于 OSI 参考模型的应用层，它的服务定义针对制造环境下的实际设备，描述了它们之间的信息交换。MMS 成功地运用抽象建模的方法提取出了实际设备的各种资源和行为，定义了虚拟制造设备 VMD 及其内部的各种抽象对象，详细规定了每一种对象应具有的各种属性和相关的服务执行过程。MMS 标准共定义了 80 多种服务，按照操作对象将它们分成十大类：环境和通用管理、VMD 支持、域管理、程序调用、变量管理、信号量管理、事件管理、日志管理、操作员通信、文件管理。表 Z11F6005Ⅲ-1 给出了 IEC 61850 中使用的 MMS 对象和服务。

表 Z11F6005Ⅲ-1　　IEC 61850 中使用的 MMS 对象和服务

MMS 对象和服务	IEC 61850 对象	MMS 服务
虚拟制造设备（VMD）	服务器（Sever）	GetNameList、GetCapabilities
环境和通用管理服务	应用关联（Application Association）	Initiate、Conclude、Abort、Reject、Cancle
域（Domain）	逻辑设备（LD）	GetNameList
命名变量（Named Variable）	逻辑节点（LN） 数据（Data） 数据属性（DA）	Read、Write、InformationReport、GetNameList、GetVariableAccessAttribute
命名变量列表	数据集（DataSet）	GetNameVariableListAttributes、GetNameList、DefinedNameVariableList、DeleteNameVariableList
日志（Joural）	日志（Log）	ReadJoural、InitializeJoural、GetNameList
文件（File）	文件（File）	FileOpen、FileRead、ObtainFile、FileClose、FileDirectory、FileDelete

下面就读、写服务类型进行介绍。

（2）读数据值服务。

ACSI 读数据值服务应映射到 MMS 读服务。ACSI 读服务参数映射到 MMS 服务或参数见表 Z11F6005Ⅲ-2，读数据值服务出错的原因见表 Z11F6005Ⅲ-3。

表 Z11F6005Ⅲ–2　　　　读数据值服务参数的映射

读数据值参数	MMS 服务或参数	约束
请求（Request）	读请求服务（Read Request Service）	
索引（Reference）	变量访问规范（Variable Access Specification）	映射到一个 IEC 61850–8–1 的变量规范
响应+（Response+）	读响应服务（Read Response Service）	
数据属性值[1…*n*]	访问结果列（list Of AccessResult）	
响应–（Response–）	读响应服务	
服务错误（Service Error）	访问结果列（list Of AccessResult）	

表 Z11F6005Ⅲ–3　　　　ASCI 服务错误原因

ACSI 服务错误	访问结果代码（数据访问错误）
实例不可访问（instance–not–available）	对象不存在（object–non–existent）
访问违反（access–violation）	对象访问拒绝（object–access–denied）
参数值不一致（parameter–value–inconsistent）	不正确的地址（invalid–address）
实例被另一个客户锁定（instance–locked–by–other–client）	暂时不可访问（temporarily–unavailable）
类型冲突（type–conflict）	类型不一致（type–inconsistent）
由于服务器限制导致失败（failed–due–to–sever–constraint）	硬件错误（hardware–failure）

（3）写数据值服务。

ACSI 写数据值服务应该映射到 MMS 写服务。ACSI 写服务参数的映射到 MMS 服务或参数见表 Z11F6005Ⅲ–4。

表 Z11F6005Ⅲ–4　　　　写数据值服务参数的映射

写数据值服务参数	MMS 服务或参数	约束
请求服务（Request）	写请求服务（Write Request Service）	
索引（Reference）	变量访问规范（VariableAccessSpecification）	映射到一个 IEC 61850–8–1 的变量规范
数据属性值[1…*n*]	数据列表（list Of Data）	
响应+（Response+）	写响应服务成功（Write Response Service success）	
响应–（Response–）	写响应服务	
服务错误（ServiceError）	失败（failure）	

2. 报告和日志

（1）IEC 61850 中的报告和日志模型。

IEC 61850 对变电站自动化系统中的数据对象统一建模，IED 自上往下分为 LD、LN、DO 和 DA，其中 LN 是数据、数据集以及各种控制块的合成物，其中包括报告控制块 RCB（Report Control Block）和日志控制块 LCB（Log Control Block）。通过 RCB 特定报告的发送，某些服务可以用于远程管理 IED。信息模型（逻辑节点和数据类）和服务模型（例如报告和日志）提供了对信息模型的综合信息检索和操作的服务。内部事件（过程值、引起事件的相应触发值、时标和品质信息）是报告和日志的触发基础。信息由数据集分组构成，数据集（DataSet）包含数据和数据属性引用，是报告和日志的内容基础。图 Z11F6005Ⅲ-3 对报告与日志模型进行简单说明。

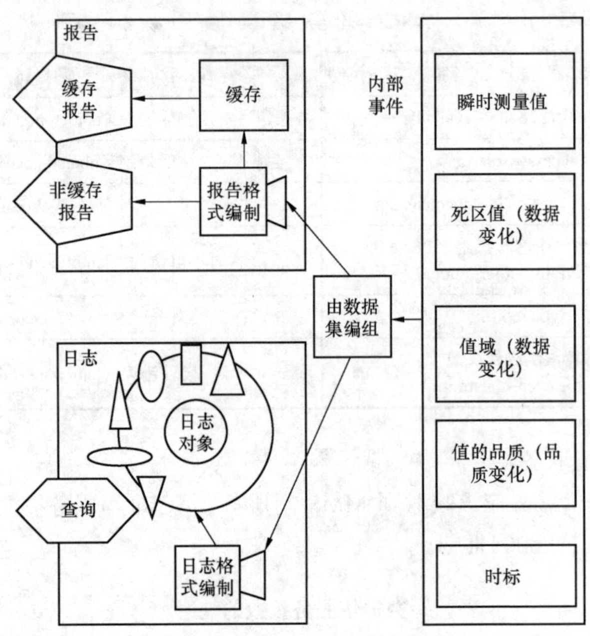

图 Z11F6005Ⅲ-3 报告与日志模型

报告和日志可以满足许多时间紧迫的由事件驱动的信息交换要求。当确定了哪些数据要被监测和报告后，就需要确定报告和记录日志的时间和方式，这就需要使用控制块。RCB 提供了在已定义条件下从逻辑节点到客户传输数据值的机能，LCB 提供了数据存储在服务器记录中以备查询。

（2）IEC 61850 报告控制块。

IEC 61850 提供的报告机制发送的是数据集，可以立即报告，也可以在若干缓存时间后将组合的数据集报告。RCB 控制一个或多个 LN 向客户端报告数据值的过程，而客户端可以通过 RCB 对报告行为进行配置。IEC 61850–7–2 规定了两类 RCB：缓存报告控制块 BRCB（Buffered Report Control Block）和非缓存报告控制块 URCB（Unbuffered Report Control Block）。

1）BRCB 与 URCB 的区别。在内部事件发生后，BRCB 缓存后发送报告，也可立即发送。特征是在通信中断时继续缓存事件数据，当通信可用时报告过程继续。BRCB 在某些实际限制下（例如缓存大小和最大中断时间），保证事件顺序 SOE（sequence of events）传送。URCB 在内部事件发生后立即发送报告，可能丢失事件，在通信中断时不支持 SOE。因此，缓存报告比较可靠，常用于不允许丢失数据的情况，例如控制中心的数据采集、监视控制系统和变电站控制系统之间的通信。另外，使用 BRCB，若在缓存时间内连续发生几个事件，缓存时间结束时报告在此时间内发生变化的所有事件，服务器可减少报告次数。

2）RCB 的使用过程。在发送报告操作之前，先要配置 RCB，IEC 61850–7–2 中提供 4 种操作来获取和设置 RCB 的配置：对于 BRCB 为 GetBRCBValues（获取配置）和 SetBRCBValues（设置配置），对于 URCB 为 GetURCBValues 和 SetURCBValues。图 Z11F6005Ⅲ–4 以 BRCB 为例，对基本缓存报告机制进行说明。

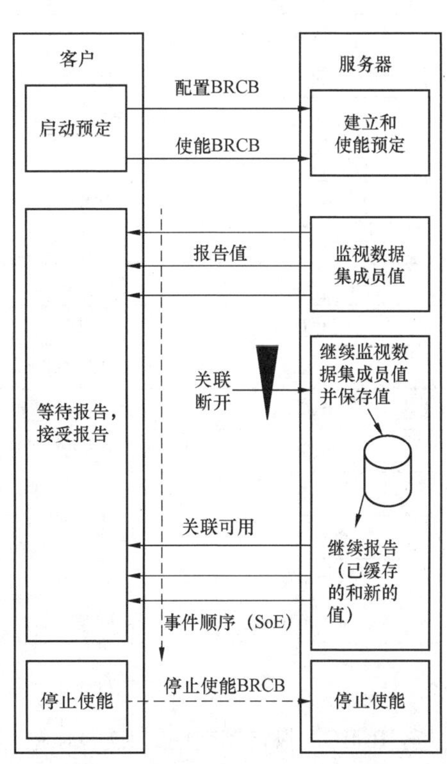

图 Z11F6005Ⅲ–4　缓存报告控制块

每个 RCB 都需要客户端与服务器之间的连接，而服务器资源有限，因此提供的连接数有限，进而影响 RCB 个数。但为了允许多个客户接受同一个数据，服务器又应允许多个 RCB 实例可用。当某个 RCB 被一个客户使能后，其他客户不能对其访问，当不需要时释放，从而允许其他客户端订阅事件。客户端从配置或命名约定中得知 BRCB 和 URCB 实例的路径名。

智能变电站中，开关量事件（开入、事件、报警等遥信信号）上送功能通过 BRCB 映射到 MMS 的读写和报告服务来实现。借助缓存报告控制块，可以实现遥信和开入的变化上送、周期上送、总召、事件缓存。由于采用了多可视的实现方案，事件可以同时送到多个后台。

缓存报告控制块定义如表 Z11F6005Ⅲ-5 所示。

表 Z11F6005Ⅲ-5　　缓存报告控制块定义

属性名	属性类型	PC	TrgOp	值/值域/解释
BRCB 类				
BRCBName	ObjectName	—	—	BRCB 实例的实例名
BRCBRef	ObjectReference	—	—	BRCB 实例的路径名
报告处理器特定				
RptID	VISIBLE STRING65	BR	—	
RptEna	BOOLEAN	BR	dchg	
DatSet	ObjectReference	BR	dchg	
ConfRev	INT32U	BR	dchg	
OptFlds	PACKED LIST	BR	dchg	
sequence-number	BOOLEAN			
report-time-stamp	BOOLEAN			
reason-for-inclusion	BOOLEAN			
data-set-name	BOOLEAN			
data-reference	BOOLEAN			
buffer-overflow	BOOLEAN			
entryID	BOOLEAN			
Conf-revision	BOOLEAN			
BufTm	INT32U	BR	dchg	
SqNum	INT16U	BR	—	
TrgOp	TriggerConditions	BR	dchg	
IntgPd	INT32U	BR	dchg	0～MAX；0 隐含无完整性报告
GI	BOOLEAN	BR	—	
PurgeBuf	BOOLEAN	BR	—	
EntryID	EntryID	BR		
TimeOfEntry	EntryTime	BR	—	

表中：

RptID：报告控制块的 ID 号，由客户端提供的关键词识别缓存报告控制块。

RptEna：报告控制块使能，当客户端访问服务器时，首先要将报告控制块使能置

1 才能进行将数据集内容上送。

DateSet：报告控制块所对应的数据集。

CofRev：配置版本号，包含配置版本号以指明删除数据集成员或成员的重新排序的版本号。

OptFlds：包含在报告中的选项域，就是所发报告中所含的选项参数，具体参数如表 Z11F6005Ⅲ-6 所示。

表 Z11F6005Ⅲ-6　　缓存报告选项域（Option Fields）

MMS 的 bit 位	BRC 状态的 ACSI 值	MMS 的 bit 位	BRC 状态的 ACSI 值
0	保留（Reserved）	5	数据引用（data-reference）
1	序列号（sequence-number）	6	缓冲区溢出（buffer-overflow）
2	报告时间戳（report-time-stamp）	7	入口标识（entryID）
3	包含原因（reason-for-inclusion）	8	配置版本（conf-rev）
4	数据集名称（data-set-name）	9	分段（Segmentation）

BufTm：缓存时间，数据集内发生第 1 个事件后等待的时间。

Sqnum：报告的当前顺序号。

TrgOpt：触发选项，包含引起控制块将值写入报告中的原因。表 Z11F6005Ⅲ-7 给出了缓冲报告触发选项的 5 个变化条件：值变化、质量更新、值更新上送、周期性上送、总召唤。

表 Z11F6005Ⅲ-7　　缓冲报告触发选项（Trigger Option）

Bit 位置	触发项	Bit 位置	触发项
0	保留（与 UCA2.0 向后兼容）	3	数据刷新（data-update）
1	数据变化（data-change）	4	完整性周期（integrity period）
2	品质变化（quality-change）	5	总召唤（general-Interrogation）

IntgPd：周期上送时间，在给定周期由服务器启动报告所有值。

GI：总召唤，由客户启动报告所有值。

PurgeBuf：清除缓冲区，当为 1 时，舍弃缓存报告。

EntryID：条目标识符。

TimeofEntry：条目时间属性。

Q：品质位，品质位具体定义如表 Z11F6005Ⅲ-8 所示。

表 Z11F6005Ⅲ-8 品 质 位（Quality）

<table>
<tr><th rowspan="2">bit 位</th><th colspan="2">DL/T860.73</th><th colspan="2">位串</th></tr>
<tr><th>属性名称</th><th>属性值</th><th>值</th><th>缺省</th></tr>
<tr><td rowspan="4">0–1</td><td rowspan="4">合法性（Validity）</td><td>好（Good）</td><td>0 0</td><td>0 0</td></tr>
<tr><td>非法（Invalid）</td><td>0 1</td><td></td></tr>
<tr><td>保留（Reserved）</td><td>1 0</td><td></td></tr>
<tr><td>可疑（Questionable）</td><td>1 1</td><td></td></tr>
<tr><td>2</td><td>溢出（Overflow）</td><td></td><td>TRUE</td><td>FALSE</td></tr>
<tr><td>3</td><td>超量程（OutofRange）</td><td></td><td>TRUE</td><td>FALSE</td></tr>
<tr><td>4</td><td>坏引用（BadReference）</td><td></td><td>TRUE</td><td>FALSE</td></tr>
<tr><td>5</td><td>振荡（Oscillatory）</td><td></td><td>TRUE</td><td>FALSE</td></tr>
<tr><td>6</td><td>故障（Failure）</td><td></td><td>TRUE</td><td>FALSE</td></tr>
<tr><td>7</td><td>故障（Failure）</td><td></td><td>TRUE</td><td>FALSE</td></tr>
<tr><td>8</td><td>不相容（Inconsistent）</td><td></td><td>TRUE</td><td>FALSE</td></tr>
<tr><td>9</td><td>不准确（Inaccurate）</td><td></td><td>TRUE</td><td>FALSE</td></tr>
<tr><td rowspan="2">10</td><td rowspan="2">源（Source）</td><td>过程（Process）</td><td>0</td><td>0</td></tr>
<tr><td>取代（Substituted）</td><td>1</td><td></td></tr>
<tr><td>11</td><td>测试（Test）</td><td></td><td>TRUE</td><td>FALSE</td></tr>
<tr><td>12</td><td>操作员闭锁（OperatorBlocked）</td><td></td><td>TRUE</td><td>FALSE</td></tr>
</table>

模拟量事件（遥测、保护测量类信号）的上送功能通过非缓存报告控制块映射到 MMS 的读写和报告服务来实现。通过非缓存报告控制块，可以实现遥测的变化上送（比较死区和零漂）、周期上送、总召。

（3）IEC 61850 日志控制块。

日志服务是 IEC 61850 提供的一个重要服务，为以后回顾和统计而对历史数据进行内部存储。相对于报告服务模型而言，它具有一些特殊性质：数据的记录和存储相对独立，不依赖于外部客户端的连接和检索；客户端可以通过检索服务获取日志库的一个子集，用以在装置外部利用海量存储器建立大容量的历史数据库等。这就使得日志服务模型在产品研制中具有不可替代的作用。

日志模型包括日志（LOG）和日志控制块 LCB（Log Control Block）。一个 LOG 可以被多个 LCB 控制，LCB 之间相互独立，LCB 控制哪些数据值何时存入 LOG。与 LCB 对应的操作为 GetLCBValues、SetLCBValues、QueryLogByTime、QueryLogByEntry

以及 GetLogStatusValues。图 Z11F6005Ⅲ-5 是一个 LOG 和三个 LCB 的例子。条目按时间顺序存储，以便将来以事件顺序表检索。

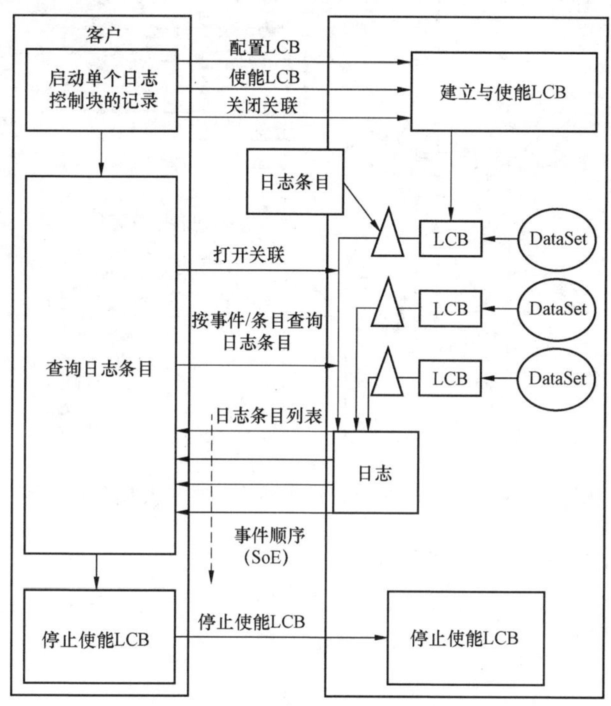

图 Z11F6005Ⅲ-5　日志控制块

3. 定值模型应用

定值远控操作需按 IEC 61850 定义的服务来操作，按 IEC 61850 定义，定值组控制模块 SGCB 提供了 SelectActiveSG（激活定值区）、SelectEditSG（选择编辑定值区）、SetSGValues（设置定值）、ConfirmEditSGValues（确认修改定值）、GetSGValues（读定值）、GetSGCBValues（读定值控制块内容），其服务可由图 Z11F6005Ⅲ-6 形象说明，图中 SG 的值由 PDIF 和 PVOC 两个不同的逻辑节点提供，在这个模型中，有 3 组定值，图左的 SelectActiveSG 服务决定选择 SG#1，#2，#3 的哪组值复制到激活缓冲区（active buffer）。图中选择将 SG#1 设置成激活状态。SelectEditSG 服务切换右侧多路开关至 SG#3，用 GetSGValues 和 SetSGValues 服务读写编辑缓冲区（edit buffer）的 SG 值。SG#3 的值写入编辑缓冲区后，客户端以 ConfirmEdit-SGValues 确认存储在编辑缓冲区的新值。GetSGCBValues 服务可以检索 SGCB 的属性，而 SG 中的 DATA 可以由 GetSGValues 服务直接访问。

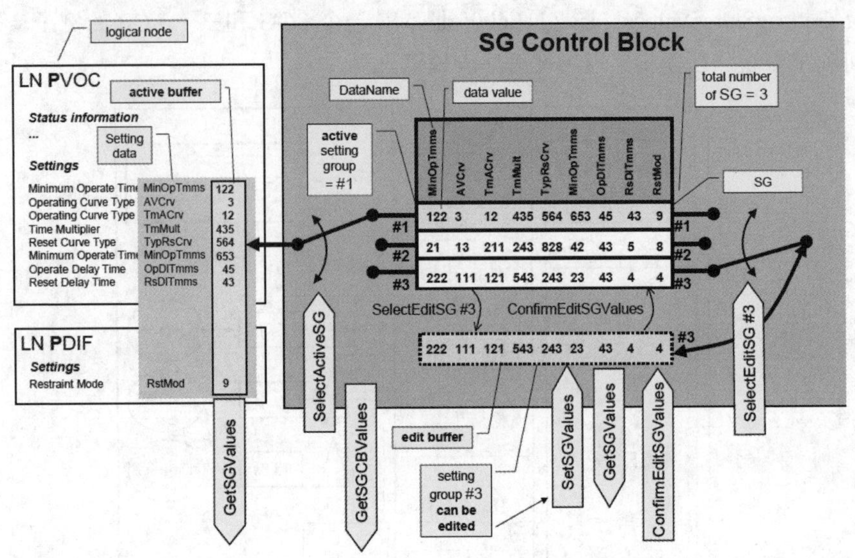

图 Z11F6005Ⅲ-6 定值组控制模块 SGCB 及服务示意图

4. 基于 GOOSE 的五防逻辑闭锁

常规变电站测控装置本间隔断路器、隔离开关、二次压变空气开关等设备辅助接点通过硬接线输入测控装置，跨间隔闭锁量则通过站控层网络 IEC103 报文实现跨间隔设备之间各联闭锁。

智能变电站间隔层五防闭锁逻辑通信机制基于 GOOSE 订阅/发布机制，测控装置本间隔内断路器、隔离开关、二次压变空气开关等设备辅助接点信息由过程层 GOOSE 网络获取，跨间隔闭锁量则通过站控层网 GOOSE 报文实现。智能变电站由于二次设备网络化，所以参与逻辑闭锁的条件加入了电压模拟量品质判断，电压模拟量数据断链判断等。

5. 程序化操作

程序化控制作为智能变电站基本功能，是在变电站标准化操作前提下，由自动化系统自动按照操作票规定的顺序执行相关操作任务，一次性自动完成多个控制步骤的操作。程序化控制在执行每一步操作前均自动进行防误闭锁逻辑校验，并具有中断、急停的功能。

程序化操作主要按间隔进行操作管理，如线路的运行⟷停运⟷检修⟷运行的管理切换，操作包括断路器分合、电动隔离开关分合、软压板投退。控制要求能满足多个程序化操作的组合操作功能，或多个间隔同时操作。程序化操作的数据配置模型要求采用标准化模型。与调度互动采用标准、开放的接口。程序化操作流程如图

Z11F6005Ⅲ-7 所示。

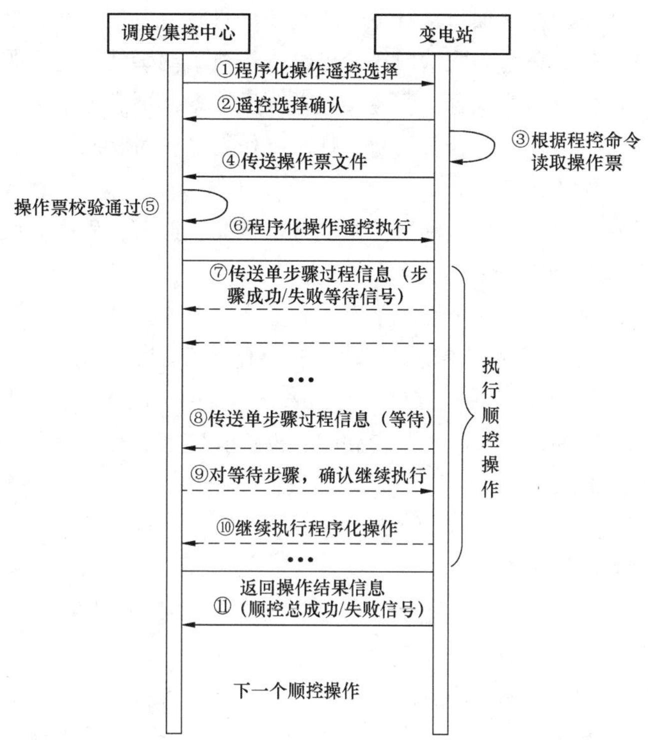

图 Z11F6005Ⅲ-7　程序化操作流程图

程序化操作功能要求：

a）应满足无人值班及区域监控中心站管理模式的要求；

b）程序化操作应采用站控层集中式模式；

c）宜具备自动生成不同主接线和不同运行方式下典型操作流程的功能；

d）应具备投、退保护软压板功能；

e）应具备急停功能；

f）可配备直观图形图像界面，在站内和远端实现可视化操作；

无人值班模式时，程序化操作服务模块统一配置在站控层远动通信设备中，远动通信设备可接收和执行监控中心、调度中心和本地自动化系统发出的控制指令，经安全校核正确后，自动完成符合相关运行方式变化要求的设备控制；

有人值班模式时，程序化操作服务模块同时也配置在监控后台主机中，就地的程序化操作通过监控后台机下发控制指令，宜具备与视频监控系统的互动功能，采集设备操作的视频分析结果作为程序化操作步骤判别的依据；

操作人员可通过置位停止指令变量来中途停止程序化操作。每完成一步操作，系统应依据典型操作票的检查项目进行逻辑与判断，只有所有条件都满足了才能进入下一步操作，特殊步序如负荷分配情况等应可经操作员手动确认。检查的项目可冗余，以提高判断的准确性。程序执行过程中如果遇到反馈条件不满足状态判断条件的情况时，程序经延时置位执行超时告警信号，提示操作人员核对状态，然后再进行继续操作或跳出程序化操作的选择。

根据操作的输入输出信息所涉及的测控或保护装置，可将程序化操作分为间隔内的程序化操作和跨间隔的程序化操作。

为了保证程序化操作的安全性，采取下列措施：

（1）一次设备性能经过严格测试，满足程序化要求。

（2）变电站监控系统在人机接口界面“选择—监护—执行”的过程中，预先设定用户的权限和密码管理，通过配置逻辑联闭锁等功能防止电气误操作。

（3）遥控操作时采用“选择—返校—执行”安全模式强化操作安全性。

（4）变电站内一旦发出“事故总”“保护动作”等信号，程序化操作系统应可靠闭锁并自动终止程序化操作。

（5）人工干预包括主动干预和被动干预。人工干预越少，越能体现程序化操作的优越性，提高操作效率，降低失误概率。

在现有工程实例中，某变电站程序化操作采用基于主机的实现方案，操作命令的动作序列表被预制在主机中。该方案以监控后台主机、远动机为主体，根据变电站的典型操作票编制对应的操作序列表库，当运行人员选定操作任务后，计算机按照预定的操作程序向相关电气间隔的测控保护设备发出操作指令，执行操作。操作命令的动作序列表被预制在主机中，依靠变电站各间隔单元的状态信息和编程能力强大的主机，实现单一间隔或跨电气间隔的程序化操作。

该方案中无论单一间隔的操作还是跨间隔的程序化操作都易于实现；程序化操作票可统一管理，更大程度保证逻辑的一致性；工程实施和维护也比较方便。但是电气间隔的状态信息从间隔单元的测控保护设备采集后需传送到主机，对站内通信及远动装置的可靠性要求较高。

三、站控层测试技术

1. 信号事件量测试

变电站保护、监控通信传动试验流程如图 Z11F6005Ⅲ-8 所示。

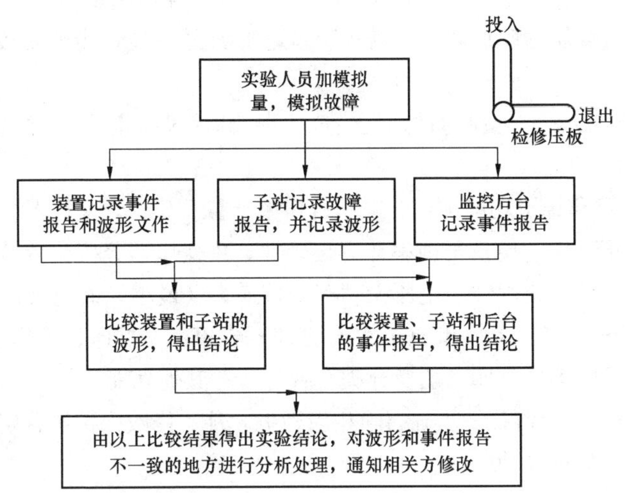

图 Z11F6005Ⅲ-8　变电站保护、监控通信传动试验流程

保护装置、监控后台、保护子站三者事件信息（包括事件描述和时标）应保持一致。

2. 监控后台测试

监控后台系统的测试包括主窗口功能测试、数据库功能测试、告警功能测试、配置工具测试、控制权切换功能测试、电压无功控制功能测试、控制联闭锁功能测试、事故追忆、在线计算和记录功能测试、打印功能测试、保护信息功能测试、系统自诊断和自恢复功能测试、性能指标测试及其他功能测试。

（1）主窗口功能测试。主要画面检查、曲线功能显示、棒图显示功能、通信状态显示功能、报表浏览功能、画面及图元编辑功能、人员权限维护功能。

（2）数据库功能测试。实时数据库验收、历史数据库验收、数据库的条件删除和修改。

（3）告警功能测试。报警管理、告警一览表、模拟量越线告警功能。

（4）配置工具测试。能够正确导入标准 ICD 文件、SCD 文件的生成、CID 文件的生成及 GOOSE 配置。

（5）控制权切换功能测试。进行遥控权限的切换，包括分别对间隔层测控单元上的选择开关、站控层监控后台系统和模拟调度层的就地、远方命令进行操作，判断遥控操作权限的切换是否正确。

（6）电压无功控制功能测试。电压无功控制功能测试内容包括操作方式选择开关检查、控制权切换、模拟开关变位、分解脱调节时间间隔设置、无功设备等概率选择控制、自动调节方式检查、主变压器闭锁条件检查、电容器闭锁条件检查、操作报告记录检查、日动作信息显示、闭锁信号上送、电压变化异常闭锁功能、压差闭锁功能、滑挡闭锁功能、主变压器联调功能、具备闭锁逻辑画面、VQC 定值修改、用户图形界面设定功能等。

（7）事故追忆功能。包括事故追忆生成、事故追忆时间配置、事故追忆文件正确性等内容。

（8）在线计算和记录功能测试。电压合格率计算正确性、变压器负荷率计算正确性、全站负荷率正确性、电量平衡率计算正确性、主变压器分接头调节次数统计正确性、分时电量统计计算正确性、电压无功有功日最大（最小）值记录正确性。

（9）打印测试功能。事故和 SOE 信号打印、告警信号打印、操作信息自动打印、定时打印功能、画面菜单打印功能及分类召唤打印等其他功能。

（10）保护信息功能测试。正确召唤相应数据功能、修改保护装置定值功能、复归操作正确性、录波数据操功能。

（11）系统自诊断和自恢复功能测试。主备机切换、工作站退出运行告警、网络切换功能、通信中断上报、系统正确告警、进程能自动恢复、系统快速自恢复等。

（12）其他功能。网络拓扑着色、操作票编辑、操作预演的功能、挂牌功能、检修设备信息屏蔽、GPS 对时精度、应能接入 GPS 故障信号、失步信号、报文监视工具、积分电量。

（13）性能指标测试。监控后台性能指标主要包括：切换画面响应时间不大于 3s；画面实时数据刷新周期不大于 3s，可设置；遥信变位到操作员工作站显示的时间不大于 2s；遥测变化到操作员工作站显示时间不大于 3s；操作执行指令到现场变位信号返回总时间不大于 3s；主服务器切换时间不大于 30s，可设置；网络切换时间不大于 60s；后台 SOE 分辨不大于 2ms；30min 内后台计算机的平均 CPU 负荷不大于 35%；发生故障条件下 3s 内后台计算机的平均 CPU 负荷不大于 50%。

3. 远动装置调试

远动装置收集测控装置、保护装置及其他智能装置的信息，将相关数据进行处理转发给调度主站、以实现远方调度对变电站运行的监视和控制。

智能变电站中，远动装置应支持以下功能：

（1）支持 IEC 61850 标准，与各种保护装置、测控装置、自动装置及其他辅助装置通信，接收它们上送的保护动作、SOE、遥信、遥测、遥脉量以及其他信息。

（2）支持各种远动通信规约，能够与调度中心数据共享和通信，可同时支持多个主站、不同通信规约、不同通道参数、不同数据映射。

（3）接收主站的命令，下发给相关装置执行，包括遥控、遥调、信号复归等。

（4）记录来自所有控制源的命令，包括遥控选择、遥控执行、遥调、信号复归等信息供查看。

（5）提供对装置连接的保护、测控以及各种自动化装置通信状态、及时上报各类装置是否通信中断，保证电站自动化系统可靠运行。

（6）根据用户需要，可以将多个采集信息按照一定规则编辑、合成为一个信息并按照用户将这些信息转发到调度、集控站、后台计算机系统。这样既降低总信息量，又解决自动判断合理性问题，提供安全的选择机制。

（7）通过网络联机维护和监测功能，调试人员能够方便地维护、修改和监测装置运行情况，可以监视运行打印信息，监视网络和串口报文、数据库查看、人工置数，文件传输、远程启动等，提高维护和调试效率。

（8）支持多套双机切换方案。根据不同的要求，可以支持单机运行，对上双主模式对下双主模式、对上双主模式对下主备模式、对上主备模式对下主备模式4套方案。双机运行时能保证双机数据实时同步和无缝切换，最大限度保证信息的完整性。

（9）自诊断功能。在运行期间会自动对软硬件进行监视，一旦软硬件出现错误将会自动报警，同时闭锁自身，以免造成误操作。如果是双机配置，当主机发生错误时，除了闭锁自身，备机还自动上升为主机继续承担运行任务，同时发出报警信号，保证运行的稳定性和可靠性。

远动装置测试工作主要包括：远动工作站切换无异常信号、远动工作站复位无异常信号、正确收到遥信变位信号、遥控功能与遥控记录、通信状态正确上报、负荷率指标合理性、备机自动切换与实时记录功能、检修设备信息屏蔽、GPS对时同步达到1ms、遥测数据传送越死区、遥测数据过载能力、远动数据品质位、双通道硬件配置、远动机能自恢复、支持远方通信。测试中将远动工作站原值班主机CPU关掉，原备用CPU将自动切换为值班状态，在此过程中注意观察模拟主站是否收到异常的遥信和遥测上送。将远动工作站两个CPU都断电，再上电重起。在此过程中注意观察模拟主站端有无异常的遥信和遥测上送。

4. 保护信息子站测试

保护信息子站装置是针对保护故障信息管理系统而开发的一种通信及数据存储装置，用于多种继电保护装置及其他装置与保护主站、当地监控系统之间的通信转接及规约转换。它通过多种类型的标准通信接口来沟通保护、数据采集和故障录波等装置与调度端或当地监控系统之间的通信联系，并对保护信息、故障波形加以保存，以供历史查询和故障分析。

保护信息子站应具备以下功能：

（1）采集各种微机保护、自动装置的各种信息。

（2）定值管理功能，能够上装定值、下载定值和定值比对，并在数据库中保存所有定值信息。

接收主站或当地监控发送的命令，下发给相应装置执行。这些命令包括上装/下装定值、遥控、遥控、遥调、巡检、信号复位等。对主站发出的查看定值、开关量的状态的命令，能够区分是从装置调用还是从继电保护工作站调用故障波形的转换、转发、存储和检索。

（3）历史事件记录和查新，记录所有微机保护及故障录波器的自检信息、事件信息、故障信息、定值变化等信息。所有这些信息可以通过多种查询条件进行检索和查看。

（4）记录所有来自控制源的命令，包括遥控选择、遥控执行、遥调、修改定值选择、修改定值执行、信号复归等。所有这些信息可以通过多种查询条件进行检索查看。

（5）实现与管理变电站主计算机系统通信，将各种采集的信息送往站内后台系统，通过后台系统值班人员可以方便直观地监控整个变电站运行情况。

（6）支持多套双机切换方案。根据不同的要求，可以支持单机运行，对上双主模式对下双主模式、对上双主模式对下主备模式、对上主备模式对下主备模式4套方案。双机运行时能保证双机数据实时同步和无缝切换，最大限度保证信息的完整性。

（7）自诊断功能。在运行期间会自动对软硬件进行监视，一旦软硬件出现错误将会自动报警，同时闭锁自身，以免造成误操作。如果是双机配置，当主机发生错误时，除了闭锁自身，备机还自动上升为主机继续承担运行任务，同时发出报警信号，保证运行的稳定性和可靠性。

保护信息子站主要测试内容及性能指标如表Z11F6005Ⅲ-9所示。

表Z11F6005Ⅲ-9　　保护信息子站测试内容及指标

序号	技术参数名称	参　数
1	模拟量 U、I 测量误差	≤0.2%
	模拟量 P、Q 测量误差	≤0.5%
2	电网频率测量误差	≤0.01Hz
3	事件顺序记录分辨率（SOE）	同一装置1ms，不同装置、不同间隔之间2ms
4	遥测超越定值传送时间（至站控层）	≤2s
5	遥信变位传送时间（至站控层）	≤1s
6	遥测信息响应时间（从I/O输入端至远动工作站出口）	≤2s

续表

序号	技术参数名称	参　数
7	遥信变化响应时间（从I/O输入端至远动工作站出口）	<1s
8	遥控命令执行传输时间	≤3s
9	动态画面响应时间	≤2s
10	双机系统可用率	≥99.99%
11	控制操作正确率	100%
12	系统平均无故障间隔时间（MTBF）	≥30 000h
13	（其中I/O单元模件MTBF）	≥50 000h
14	间隔级测控单元平均无故障间隔时间	≥40 000h
15	各工作站的CPU平均负荷率：	
	正常时（任意30min内）	≤20%
	电力系统故障时（10s内）	≤40%
16	网络负荷率	
	正常时（任意30min内）	≤20%
	电力系统故障（10s内）	≤30%
17	模数转换分辨率	≥16位
18	整个系统对时精度	≤1ms
19	远动工作站双机切换时间	≤10s
20	双网切换时间	≤10s
21	后台双机切换时间	≤10s

四、站控层典型报文解析

站控层典型的MMS服务报文主要包括初始化、读LD名称列表、信息报告、读服务、写服务、终止，本节将对每一种服务的报文结构以及请求、应答内容进行简要介绍。

1. 初始化——initiate

ACSI中的通信初始化过程映射到MMS中，主要包含了建立TCP连接、释放TCP连接、初始化请求、读模型、读控制块、写控制块等，在TCP连接建立之后，客户端将向服务器端发起初始化请求，服务器端在收到请求后，将予以初始化响应，报文如图 Z11F6005Ⅲ-9 所示。

```
172.20.0.1      172.20.50.159   MMS    Initiate Request
172.20.50.159   172.20.0.1      MMS    Initiate Response
```

图 Z11F6005Ⅲ-9 Initiate 服务报文

初始化请求主要用于通知服务器端，客户端所支持的服务类型，服务类型后括号中的数字为服务的编码，例如支持标识服务 identify（2）、文件服务 fileOpen（72），fileRead（73），fileClose（74）、报告服务 informationReport（79），如图 Z11F6005Ⅲ-10 所示。

```
⊟ ISO/IEC 9506 MMS
    Initiate Request (8)
    Proposed MMS PDU Size:  65435
    Proposed Outstanding Requests Calling:   1
    Proposed Outstanding Requests Called:   1
    Proposed Data Nesting Level:  5
  ⊟ Initiate Request Detail
      MMS Version Number: 1
    ⊟  Proposed Parameter CBBs:
          Proposed Parameter CBBs:
          Array Support [STR1] (0)
          Structure Support [STR2] (1)
          Named Variable Support [VNAM] (2)
          Alternate Access Support [VALT] (3)
          Addressed Variable Support [VADR] (4)
          Third Pary Service Support [TPY] (6)
          Named Variable List Support [VLIS] (7)
    ⊟  Services Supported Calling:
          Services Supported Calling:
          identify (2)
          fileOpen (72)
          fileRead (73)
          fileClose (74)
          informationReport (79)
```

呼叫端所支持的服务

图 Z11F6005Ⅲ-10 Initiate 服务请求

初始化响应主要用于服务器端，为服务器端收到初始化请求后，通知服务器端所支持的类型，例如读服务 read（4）、写服务 write（5）、读模型服务 getVariableAccess Attributes（6）、终止服务 conclude（83）、取消服务 cancel（84）等，服务器端响应报文如图 Z11F6005Ⅲ-11 所示。

2. 读 LD 名称列表——GetNameList

当后台客户端和服务器端刚建立连接时，客户端与服务器不断收发 GetNameList 请求和响应报文，以读取 LD 名称列表，例如 IP 地址为 172.20.0.1 的客户端与 IP 地址为 172.20.50.159 的服务器之间的交互报文，如图 Z11F6005Ⅲ-12 所示。

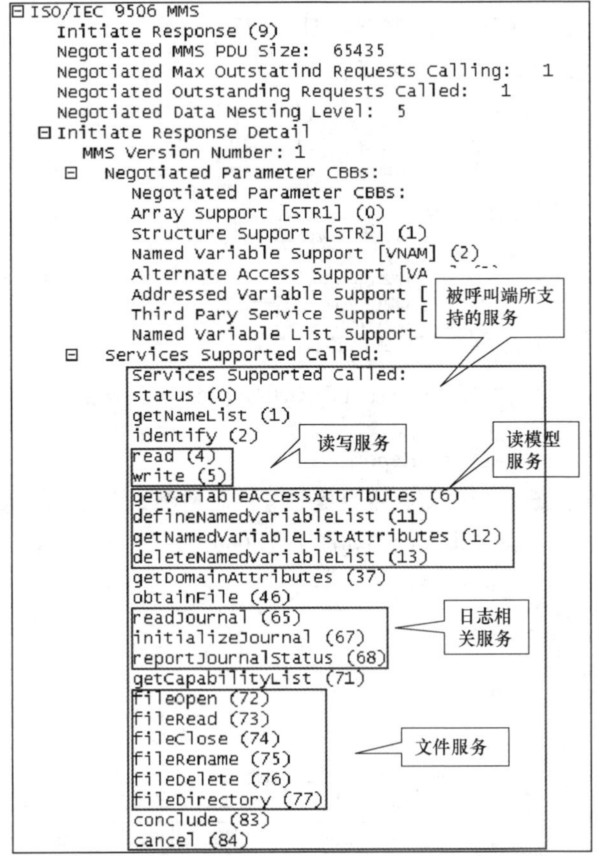

图 Z11F6005Ⅲ-11　Initiate 服务响应

No.	Time	Source	Destination	Protocol	Info
1	0.000000	172.20.0.1	172.20.50.159	MMS	GetNameList
2	0.019724	172.20.50.159	172.20.0.1	MMS	GetNameList

图 Z11F6005Ⅲ-12　GetNameList 服务报文

GetNameList 服务请求报文如图 Z11F6005Ⅲ-13 所示。

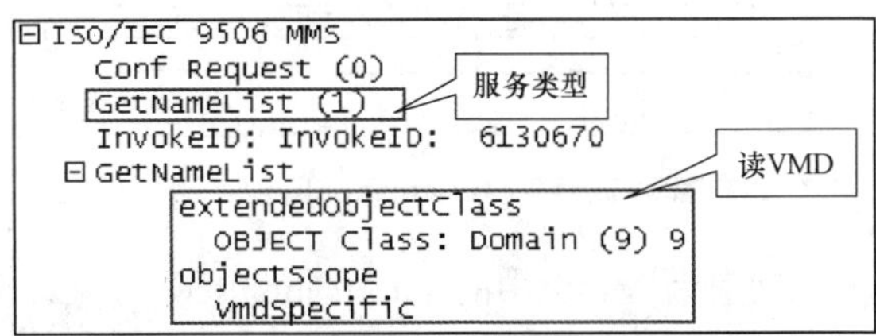

图 Z11F6005Ⅲ-13　GetNameList 服务请求

GetNameList 服务响应报文如图 Z11F6005Ⅲ-14 所示，读取的 LD 名称包括 PL5072BLD0、PL5072BMEAS、PL5072BPROT、PL5072BRCD。

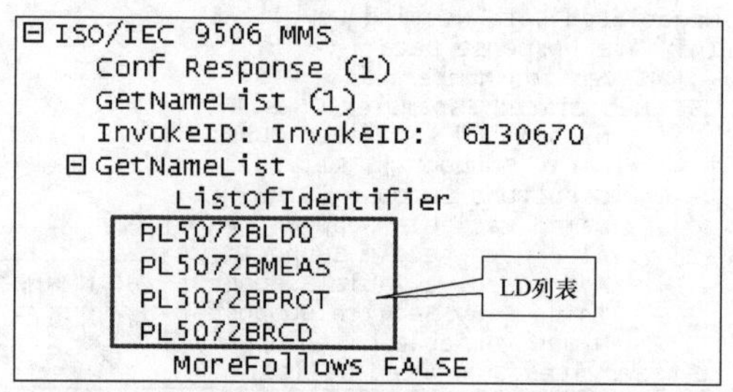

图 Z11F6005Ⅲ-14 GetNameList 服务响应

3. 信息报告——InformationReport

信息报告主要上送压板位置、告警信号等信息，例如进行压板操作之后，服务器即上送变位信息报文。具体报文结构如图 Z11F6005Ⅲ-15 所示。

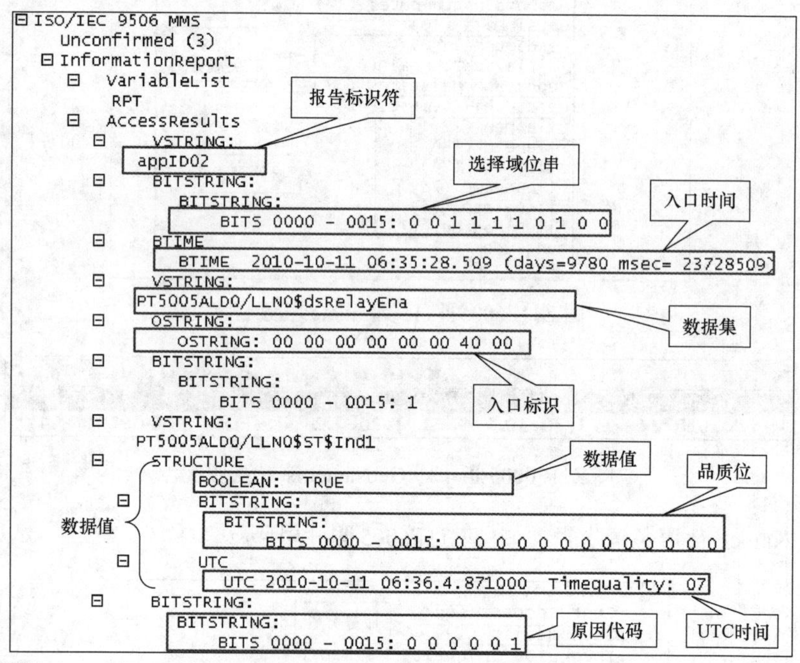

图 Z11F6005Ⅲ-15 InformationReport 服务报文

ACSI 中的 Report 映射为 MMS 中的 informationReport，报告格式参数名，如表 Z11F6005Ⅲ-10 所示。

表 Z11F6005Ⅲ-10　　　　报告上送的访问结果

报告参数名	条　件
报告 ID（RptID）	始终存在
选择域（OptFlds）	始终存在
顺序编号（SeqNum）	当 OptFlds.sequence-number 为 TRUE 时存在
入口时间（TimeOfEntry）	当 OptFlds.report-time-stamp 为 TRUE 时存在
数据集（DatSet）	当 OptFlds.data-set-name 为 TRUE 时存在
发生缓冲溢出（BufOvfl）	当 OptFlds.buffer-overflow 为 TRUE 时存在
入口标识（EntryID）	当 OptFlds.entryID 为 TRUE 时存在
子序号（SubSeqNum）	当 OptFlds.segmentation 为 TRUE 时存在
有后续数据段（MoreSegmentFollow）	当 OptFlds.segmentation 为 TRUE 时存在
包含位串（Inclusion-bitstring）	应存在
数据索引［data-reference（s）］	当 OptFlds.data-reference 为 TRUE 时存在
值（value（s））	见值
原因代码［ReasonCode（s）］	当 OptFlds.reason-for-inclusion 为 TRUE 时存在，这位必须置上 1

4. 读服务——Read

Read 服务是 MMS 报文中比较常见的服务，主要用来读值，例如图 Z11F6005Ⅲ-17 所示，IP 地址为 172.20.0.1 的客户端读取 IP 地址为 172.20.50.158 的服务器的定值，报文交互如图 Z11F6005Ⅲ-16 所示。

```
172.20.0.1      MMS   Conf Response: Read (InvokeID: 2729404)
172.20.50.158   MMS   Conf Request: Read (InvokeID: 2729405)
172.20.0.1      MMS   Conf Response: Read (InvokeID: 2729405)
172.20.50.158   MMS   Conf Request: Read (InvokeID: 2729406)
172.20.0.1      MMS   Conf Response: Read (InvokeID: 2729406)
```

图 Z11F6005Ⅲ-16　Read 服务报文

1）Read 服务请求：通过 Read 服务，后台客户端发出读定值请求，如图 Z11F6005Ⅲ-17 所示。变量列表包括域名和条目名，从变量列表中可知，客户端要读取的是 JL5072APROT 逻辑节点中 PTOC2 的整定值。

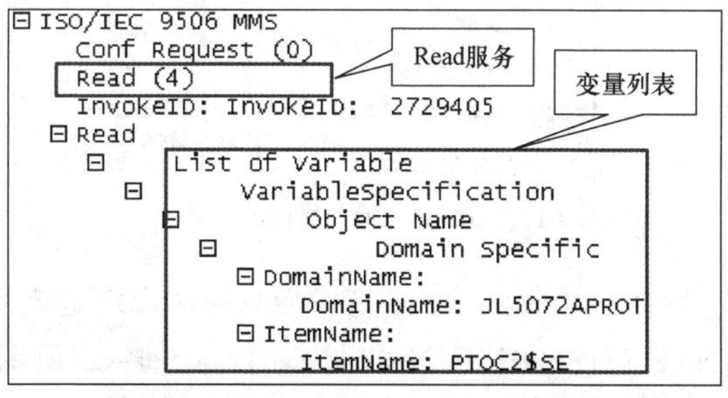

图 Z11F6005Ⅲ-17　Read 服务请求

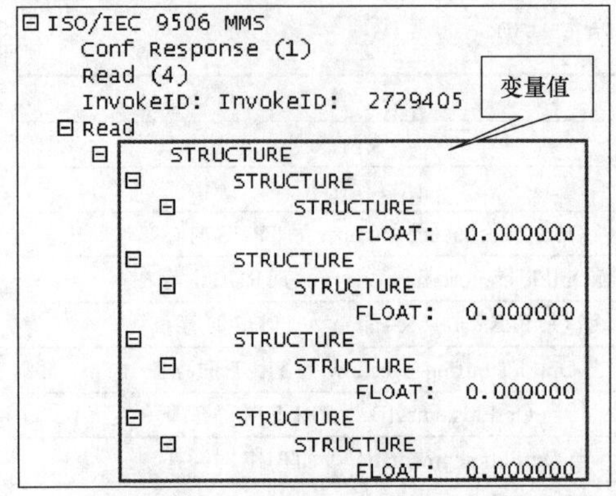

图 Z11F6005Ⅲ-18 Read 服务响应

2）Read 服务响应：服务器端响应 Read 请求，返回 JL5072APROT 逻辑节点中 PTOC2 的整定值，如图 Z11F6005Ⅲ-18 所示。

5. 写服务——Write

写控制块服务包括保护定值修改，定值区切换，软压板投退，控制块使能以及写 RptID、EntryID 等，下面以定值区切换为例解析 write 服务的客户端与服务器的应答情况以及报文结构，双方应答情况如图 Z11F6005Ⅲ-19 所示。

1）Write 请求：客户端发出切换定值区的请求，如图 Z11F6005Ⅲ-20 所示。可知，write 请求写 PL5072BPROT 中 SGCB 控制块，“Data”中写入数据为“2”，即客户端要把定值区切换到 2 区。

```
MMS    Conf Request: GetNameList (InvokeID: 6014842)
MMS    Conf Response: GetNameList (InvokeID: 6014842)
MMS    Conf Request: Write (InvokeID: 6014844)
MMS    Conf Response: Write (InvokeID: 6014844)
MMS    Conf Request: GetNameList (InvokeID: 6015159)
MMS    Conf Response: GetNameList (InvokeID: 6015159)
```

图 Z11F6005Ⅲ-19 Write 服务报文

图 Z11F6005Ⅲ-20 Write 服务请求

2）Write 响应：服务器接收到 write 请求后响应客户端是否写成功，返回“写成功”或“写失败”，如图 Z11F6005Ⅲ-21 和图 Z11F6005Ⅲ-22 所示。

```
⊟ISO/IEC 9506 MMS
    Conf Response (1)
    Write (5)
    InvokeID: InvokeID:
  ⊟Write
    Data Write Success
```

修改成功

图 Z11F6005Ⅲ–21　Write 服务响应成功

```
⊟ISO/IEC 9506 MMS
    Conf Response (1)
    Write (5)
    InvokeID: InvokeI
  ⊟Write
      Data Write Failure  object-access-denied (3) 3
```

修改失败

图 Z11F6005Ⅲ–22　Write 服务响应失败

6. 终止——Conclude

当客户端需要释放与服务器间的连接时，会向服务器发起 MMS 通信通信结束请求，同时服务器端予以响应，报文交互以及报文结构如图 Z11F6005Ⅲ–23 所示。

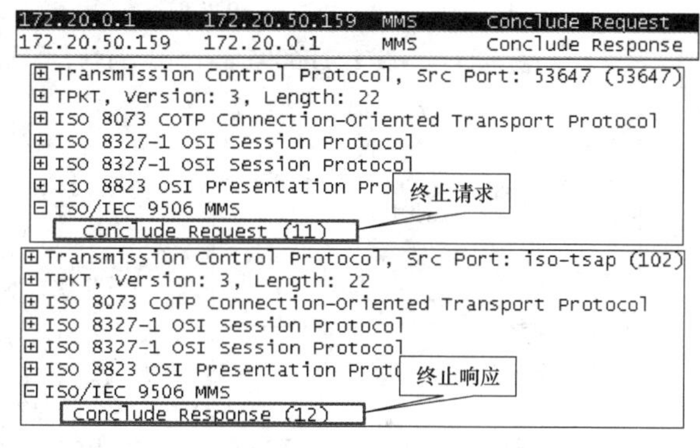

图 Z11F6005Ⅲ–23　Conclued 服务报文

7. 操作报文实例

（1）投退软压板（主变压器保护为例）。

后台客户端投退软压板操作的交互报文包括下面 6 条报文，如图 Z11F6005Ⅲ–24 所示，分别为：操作前选择；预置成功；投退；投退成功；压板变位报文；主动上送报文。

```
MMS    Conf Response: GetNameList (InvokeID: 2560177)
MMS    Conf Request: Write (InvokeID: 2560317)
MMS    Conf Response: Write (InvokeID: 2560317)
MMS    Conf Request: Write (InvokeID: 2560360)
MMS    Conf Response: Write (InvokeID: 2560360)
MMS    Unconfirmed: InformationReport (InvokeID: 2687119400)
MMS    Unconfirmed
MMS    Conf Request: GetNameList (InvokeID: 2560575)
```

投退软压板的报文

图 Z11F6005Ⅲ–24　后台投退软压板报文

下面分别对应上述 6 条报文进行详细报文分析（以变压器主保护软压板控分为例）。

1）操作前选择。图 Z11F6005Ⅲ–25 可以看出待投退装置为 PT5005APROT，“SBOw”为“操作前选择”，即对待操作装置进行预置；“控制值”为“FALSE”表示要进行的动作为将 Ena1 软压板控分；“检修位”为“FALSE”表示未投检修压板。

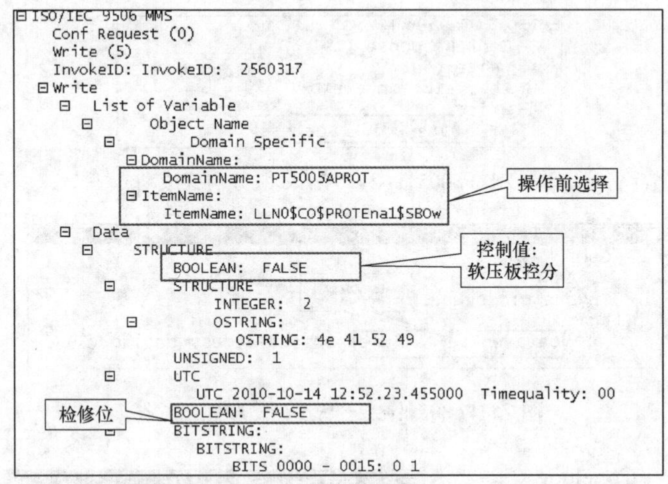

图 Z11F6005Ⅲ-25　后台投退软压板请求报文

2）预置成功。返回预置结果，图Z11F6005Ⅲ-26为预置成功。

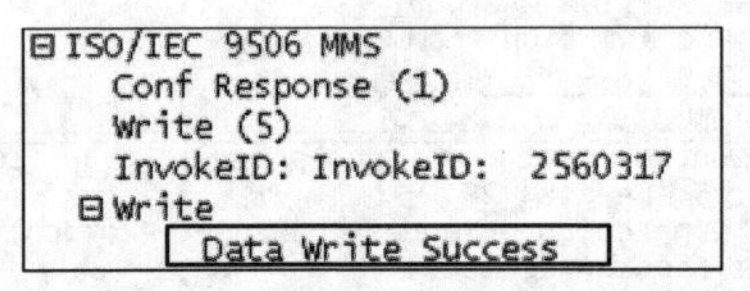

图 Z11F6005Ⅲ-26　软压板投退操作预置成功

3）投退。预置后进行压板投退操作，图 Z11F6005Ⅲ-27 中红框“投退操作”处的“Oper”表示将PROT的Ena1压板进行投退；方框“压板退出（分位）”处的“FALSE”表示将压板控分，检修位仍为退出。

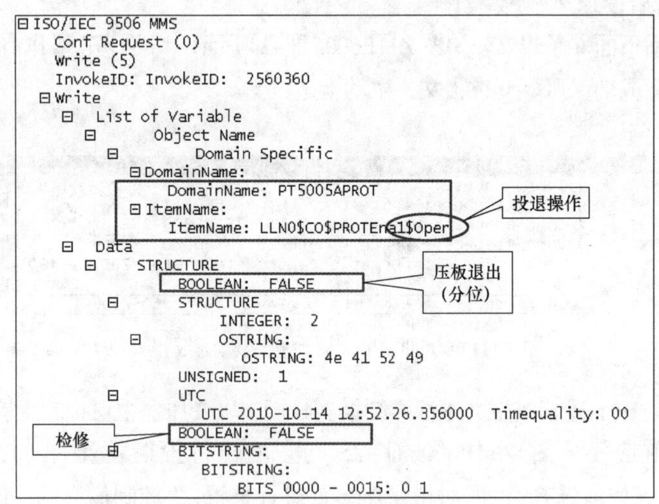

图 Z11F6005Ⅲ-27　后台投退软压板响应

4）返回投退结果。返回投退操作成功与否，图 Z11F6005Ⅲ–28 为软压板投退成功。

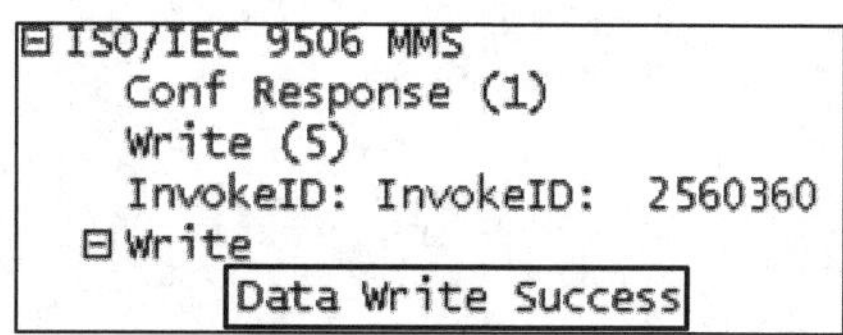

图 Z11F6005Ⅲ–28　软压板投退成功

5）上送压板变位报文。与压板投退操作返回成功报文同时，服务器上送压板变位报文，如图 Z11F6005Ⅲ–29 所示。报文包括变量列表和访问结果，表明所操作的对象和压板现在的分合状态。

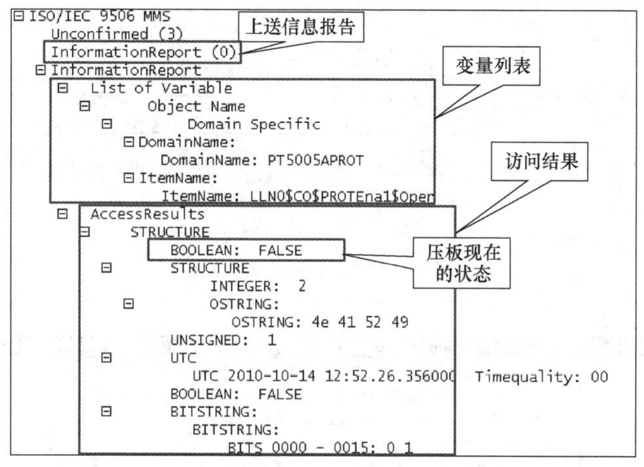

图 Z11F6005Ⅲ–29　压板变位

6）报文上送。包含位串（Inclusion–bitstring），每一位与一个功能数据属性（FCDA）相对应，例如此处共 19 位，说明 DataSet 中有 19 个 FCDA，其中 bit0 为 1，其余位为 0，则报告中只包含 bit0 所指的数据属性（主保护压板）的值（分位）。

功能约束数据属性（FCDA）包括状态、品质、UTC 时间、原因代码。

报文上送如图 Z11F6005Ⅲ–30 所示。

（2） 切换定值区（主变压器保护为例）。

以后台切换保护装置定值区为例，简述操作过程的报文交互，以及每条报文的具体内容。后台切换定值区的完整操作报文包括以下 5 条：确认编辑定值组；返回确认结果；激活新定值区（切换到新区）；上送报文；返回操作结果。

后台与装置的交互报文如图 Z11F6005Ⅲ–31 所示：

1）确认编辑定值区。请求报文中的变量列表包括域名和条目名称，上文已作描述，不再赘述。确认编辑定值区如图 Z11F6005Ⅲ–32 所示。

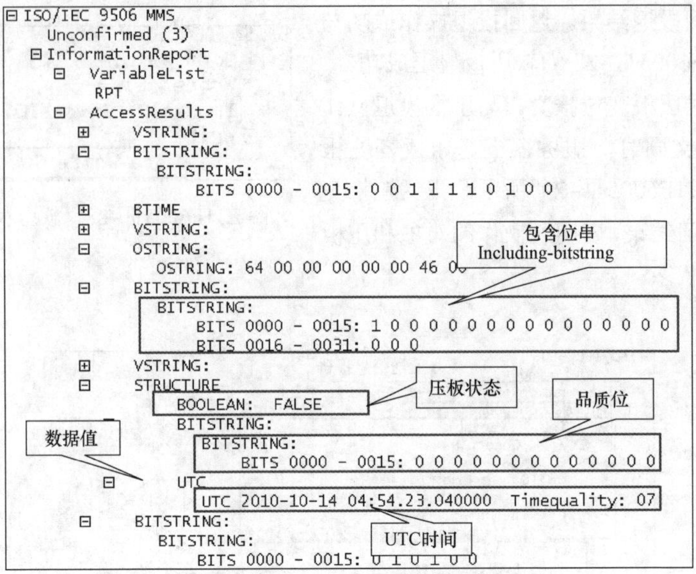

```
⊟ ISO/IEC 9506 MMS
  Unconfirmed (3)
 ⊟ InformationReport
   ⊟  VariableList
       RPT
   ⊟  AccessResults
      ⊞   VSTRING:
      ⊟   BITSTRING:
             BITSTRING:
                BITS 0000 - 0015: 0 0 1 1 1 1 0 1 0 0
      ⊞   BTIME
      ⊞   VSTRING:
      ⊟   OSTRING:
             OSTRING: 64 00 00 00 00 00 46 00
      ⊟   BITSTRING:
             BITSTRING:
                BITS 0000 - 0015: 1 0 0 0 0 0 0 0 0 0 0 0 0 0 0 0
                BITS 0016 - 0031: 0 0 0
      ⊞   VSTRING:
      ⊟   STRUCTURE
              BOOLEAN:  FALSE
              BITSTRING:
               BITSTRING:
                  BITS 0000 - 0015: 0 0 0 0 0 0 0 0 0 0 0 0 0 0
        ⊟     UTC
               UTC 2010-10-14 04:54.23.040000  Timequality: 07
      ⊟   BITSTRING:
             BITSTRING:
                BITS 0000 - 0015: 0 1 0 1 0 0
```

包含位串 Including-bitstring

压板状态

品质位

数据值

UTC时间

图 Z11F6005Ⅲ-30 报文上送

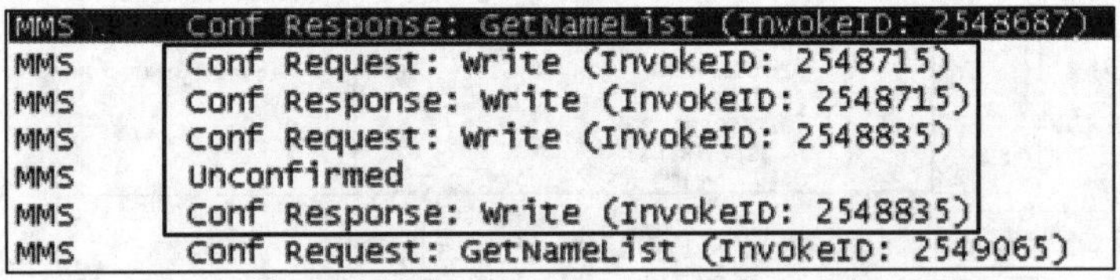

```
MMS     Conf Response: GetNameList (InvokeID: 2548687)
MMS     Conf Request: Write (InvokeID: 2548715)
MMS     Conf Response: Write (InvokeID: 2548715)
MMS     Conf Request: Write (InvokeID: 2548835)
MMS     Unconfirmed
MMS     Conf Response: Write (InvokeID: 2548835)
MMS     Conf Request: GetNameList (InvokeID: 2549065)
```

图 Z11F6005Ⅲ-31 后台切换定值区操作

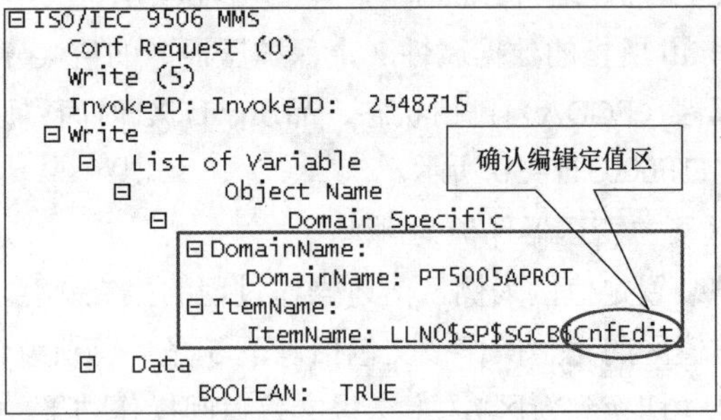

```
⊟ ISO/IEC 9506 MMS
    Conf Request (0)
    Write (5)
    InvokeID: InvokeID:  2548715
  ⊟ Write
     ⊟  List of Variable
       ⊟     Object Name
         ⊟      Domain Specific
            ⊟ DomainName:
                DomainName: PT5005APROT
            ⊟ ItemName:
                ItemName: LLN0$SP$SGCB$CnfEdit
     ⊟  Data
           BOOLEAN:  TRUE
```

确认编辑定值区

图 Z11F6005Ⅲ-32 确认编辑定值区

2）返回确认结果，如图 Z11F6005Ⅲ-33 所示。

3）激活新定值区（切换到新定值区）。确认编辑定值区后，后台发出切换到新定值区的报文，激活新定值区，图 Z11F6005Ⅲ-34 报文中“Data”为新定值区的区号。

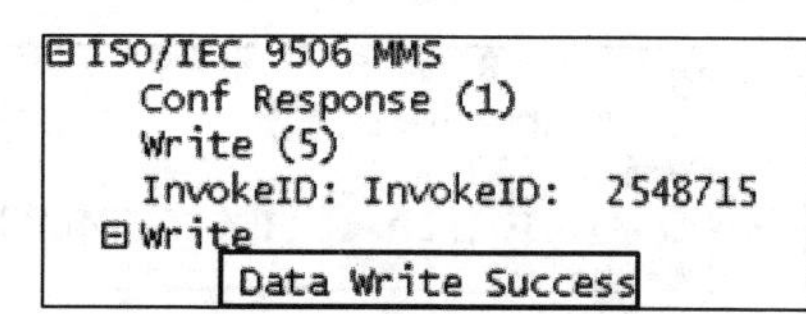

图 Z11F6005Ⅲ-33　确认成功

4）上送报文。切换到新定值区后，服务器上送信息报告，图 Z11F6005Ⅲ-35 中标出的方框内表明所进行的操作为“切换定值区”，“TRUE”表示切区成功。对于 InformationReport 的其他内容，请参照写数据值服务部分。

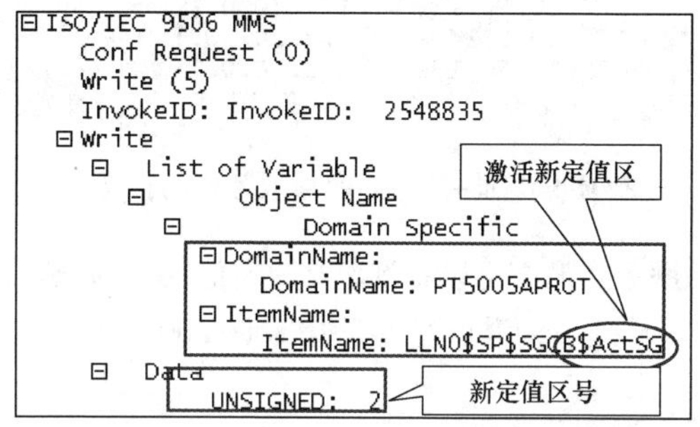

图 Z11F6005Ⅲ-34　激活新定值区

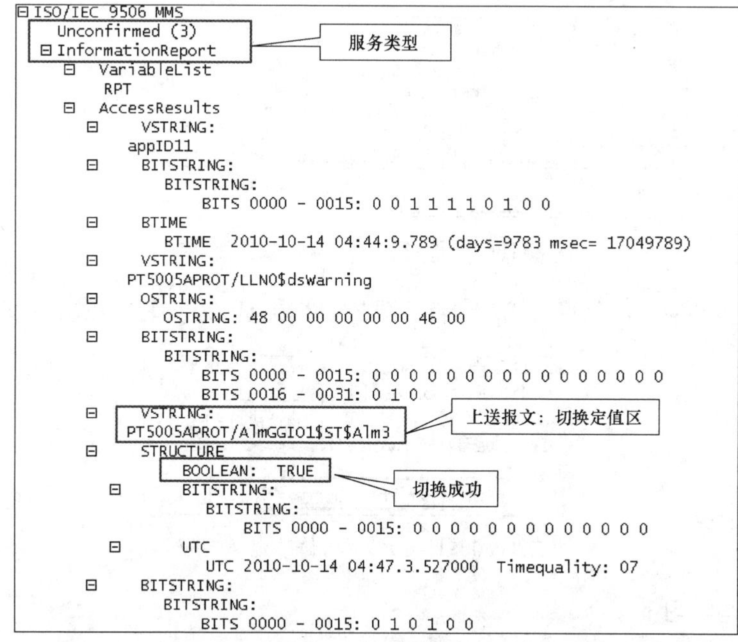

图 Z11F6005Ⅲ-35　激活新定值区上送报文

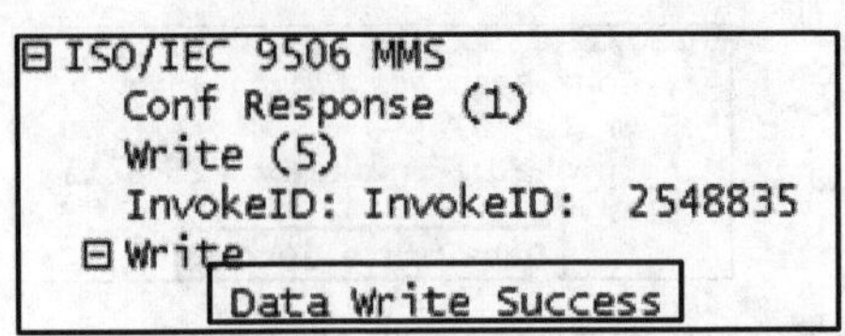

图 Z11F6005Ⅲ-36 激活新定值区切区成功

5）返回操作结果，如图 Z11F6005Ⅲ-36 所示。

（3）修改定值（线路保护为例）。以 IP 地址为 172.20.0.1 的客户端和 IP 地址为 172.20.50.159 的线路保护装置为例，后台修改定值交互报文如图 Z11F6005Ⅲ-37 所示。

1 0.000000	172.20.0.1	172.20.50.159	MMS	Write
2 0.009513	172.20.50.159	172.20.0.1	MMS	Write
3 2.812404	172.20.0.1	172.20.50.159		Write
4 2.036095	172.20.50.159	172.20.0.1		Write

修改定值的报文交互

图 Z11F6005Ⅲ-37 后台修改定值的报文交互

1）服务请求。从服务类型中可以看到，修改定值操作为 Write 服务，变量列表中的域名为 PL5072BPROT，修改值为浮点型数据 100.000 000，如图 Z11F6005Ⅲ-38 所示。

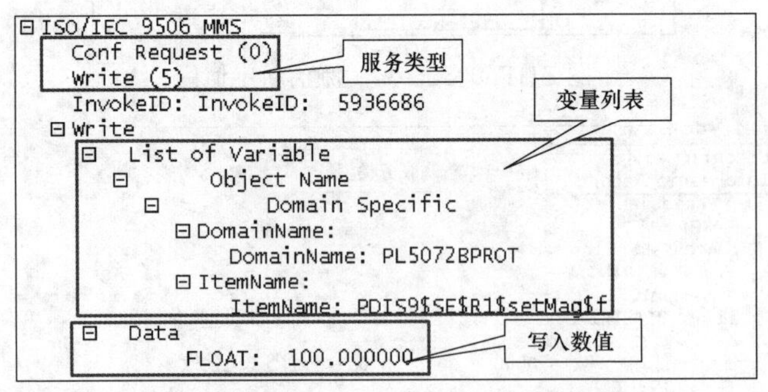

图 Z11F6005Ⅲ-38 后台修改定值请求

2）服务响应。回复写入成功与否。图 Z11F6005Ⅲ-39 为写入成功的报文。

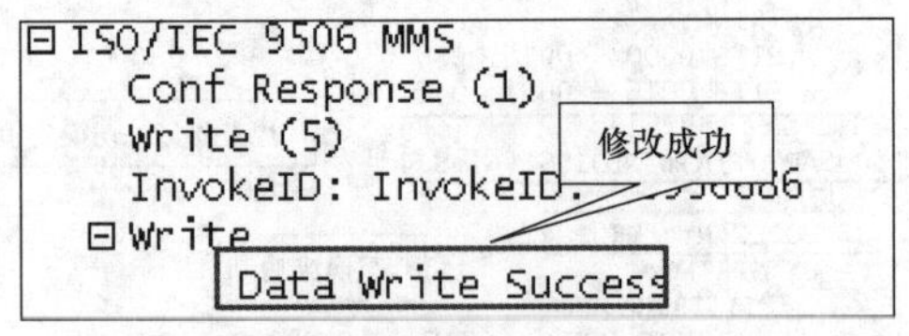

图 Z11F6005Ⅲ-39 后台修改定值响应

【思考与练习】

1. 常规变电站与智能变电站站控层的区别有哪些？

2. 智能变电站间隔层五防闭锁逻辑是怎样实现的？

3. 站控层测试包括哪些部分？

模块4　智能变电站对时、同步原理及测试技术（Z11F6006Ⅲ）

【模块描述】本模块介绍变电站智能设备的对时过程，电子式互感器采样数据同步方法在保护计算中的应用，通过装置介绍及原理分析，掌握智能变电站对时、同步原理及其测试技术。

【模块内容】

在现代电网中，统一的时间系统对于电力系统的故障分析、监视控制及运行管理具有重要意义。变电站中的测控装置、故障录波器、微机保护装置、功角测量装置PMU、安全自动装置等都需要站内的一个统一时钟对其授时。全网维持一个统一的时间基准，通过收集分散在各个变电站的故障录波数据和事件顺序记录，有利于在全网内更好地复现事故发生发展的过程，监视系统的运行状态。

由于电子式互感器正在替代常规互感器大量应用于智能变电站的建设，保持各个互感器之间的采样同步性成为电子式互感器应用的关键技术问题。常规互感器的一次、二次电气量的传变延时很小，可以忽略，继电保护等自动化装置只要根据自身的采样脉冲在某一时刻对相关TA、TV的二次电气量进行采样就能保证数据的同时性。采用电子式互感器后，继电保护等自动化设备的数据采集模块前移至合并单元，互感器一次电气量需要经前端模块采集再由合并单元处理。由于各间隔互感器的采集处理环节相互独立，没有统一协调，且一二次电气量的传变附加了延时环节，导致各间隔电子式互感器的输出数据不具有同时性，无法直接用于对数据同步性要求高的保护计算。

一、对时方法介绍

变电站对时是指站内保护、测量、监控设备为了统一时间的需要，采用相应的对时方法，实现与标准时钟源时间保持同步的过程。现首先解释几个常用时间概念和时钟源，并介绍常规变电站对时方法。

1. 时间的概念

在时间概念方面经常提到以下术语：世界时、国际原子时、协调世界时、闰秒等，下面对这些术语分别进行解释和定义。

（1） 世界时（UT0/UT1/UT2）。

以平子夜作为0时开始的格林威治（英国伦敦南郊原格林尼治天文台的所在地，它又是世界上地理经度的起始点）平太阳时，就称为世界时。由于地极移动和地球自转的不均匀性，最初得到的世界时，也是不均匀的，将其记为UT0；人们对UT0加上极移改正，得到的结果记为UT1；再加上地球自转速率季节性变化的经验改正就得到UT2。

（2）国际原子时（TAI）。

原子时间计量标准在1967年正式取代了天文学的秒长的定义新秒长规定为：位于海平面上的铯Cs133原子基态的两个超精细能级间在零磁场中跃迁振荡9 192 631 770个周期所持续的时间为一个原子时秒，称之为国际原子时（TAI）。

（3）协调世界时（UTC）。

相对于以地球自转为基础的世界时来说，原子时是均匀的计量系统，这对于测量时间间隔非常重要。但世界时时刻反映了地球在空间的位置，并对应于春夏秋冬、白天黑夜的周期，是熟悉且在日常生活中必不可少的时间。为兼顾这两种需要，引入了协调世界时（UTC）系统。UTC在本质上还是一种原子时，因为它的秒长规定要和原子时秒长相等，只是在时刻上，通过人工干预，尽量靠近世界时。

（4）闰秒。

UTC在秒长上使用原子时秒，它在速率上精确符合TAI，但在时刻上会与TAI相差若干整数秒。UTC时间尺度通过插入或删除若干整数秒（正闰秒或负闰秒）以保证与UT1时间尺度近似一致。每当UTC与世界时UT1时刻之差超过接近或超过0.9s时，在当年的6月底或12月底的UTC时刻上增加一秒或减少一秒。截至2010年12月31日，UTC时间落后TAI时间34s，计及offset=34s。

从以上几个概念应该这样理解，世界时是人们容易接受的时间，是一种天文时间；TAI时间由于原子钟物理性质的稳定性决定其时间是最精确的；而UTC时间因速率精确符合 TAI，而且通过闰秒机制使其接近天文时间，所以目前已经代替格林威治时间成为广泛使用的一种时间系统。

2. 常用时钟源

时钟源用于提供标准时钟信号，授时系统主要包括无线授时和有线授时两类。无线授时系统包括美国GPS导航系统、欧洲伽利略（Galileo）导航系统、中国北斗导航系统、俄罗斯全球导航卫星系统（GLONASS）等，以及长波授时系统（BPL）、短波授时系统（BPM）等；有线授时系统以网络或专线作为载体，例如通信网络授时系统。

（1）卫星授时。

卫星全球定位系统是一种以人造地球卫星为载体的全球覆盖、全天候工作的无线电导航定位系统，可以实现精确导航、定位和授时。主要有美国的 GPS、俄罗斯的GLONASS、欧洲空间局的伽利略计划、中国的北斗导航卫星系统。目前电力系统应用最广的是GPS系统。

GPS 由专门的接收器接收卫星发射的信号，可以获得位置、时间和其他相关信息。GPS 系统每秒发送一次信号，其时间精度在 1μs 以内。其时间信息包含年、月、日、时、分、秒以及 1PPS（标准秒）信号，因而具有很高的频率精度和时间精度。GPS 可以通过扩展单元输出各种类型的对时编码信号，包括 IRIG–B（DC）时间码、脉冲码以及串口时间报文等类型时间同步信号，以满足不同的接口设备的对时要求。

（2）网络授时。

网络时间协议 NTP（Network Time Protocol）是使用最普遍的国际互联网时间传输协议，属于 TCP/IP 协议族，采用了复杂的时间同步算法，可提供对时精度在 1～50ms。

网络时钟传输的是以 1900 年 1 月 1 日 0 时 0 分 0 秒算起时间戳的用户数据协议（UDP）报文，用 64 位表示，前 32 位为秒，后 32 位为秒等分数。网络中报文往返时间是可以估算的，因而采用补偿算法可以达到精确对时的目的。SNTP（Simple Network Time Protoco）是 NTP 的一个简化版，没有 NTP 复杂的算法，应用于简单的网络中。

3. 常用对时方式

（1）脉冲对时（硬对时）。

主要有秒脉冲信号（Pulse Per Second，PPS）和分脉冲信号（Pulse Per Minute，PPM）。秒脉冲是利用 GPS 所输出的每秒一个脉冲方式进行时间同步校准，获得与 UTC 同步的时间准确度较高，上升沿的时间误差不大于 1μs，这是国内外 IED 常用的对时方式；分脉冲是利用 GPS 所输出的每分钟一个脉冲方式进行时间同步校准。

（2）串口通信（软对时）。

通信对时是通过通信通道将时钟信息以数据帧的形式向各个 IED 发送。IED 接收到报文后通过解帧获取当前主时钟信息，来校正自己的时间，以保持与主时钟的同步。

（3）编码对时。

编码对时信号有多种，国内常用的是 IRIG–B，它又被分为调制 IRIG–B 对时码和非调制 IRIG–B 对时码。调制 IRIG–B 对时码，其输出的桢格式是每秒输出一桢，每桢有 100 个代码，包含了秒段、分段、小时段和日期段等信号。非调制 IRIG–B 对时码，是一种标准的 TTL 电平，主要用在传输距离不大的场合。

通过 IRIG–B 码发生器，可将 GPS 接收器输送的 RS232 数据及 1PPS 转换成 IRIG–B 码，通过 IRIG–B 输出口及 RS232/RS422/RS485 串行接口输出，在同站内的各种保护的管理机及测控单元内都装有 IRIG–B 码解码器，通过它输出标准北京时间及 1PPS，该时间代码有年、月、日、时、分、秒。

IRIG–B 码对时框图如图 Z11F6006Ⅲ–1 所示。

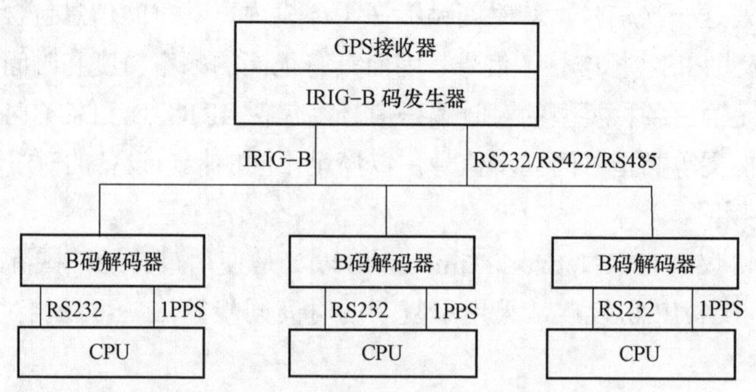

图 Z11F6006Ⅲ–1 IRIG–B 码对时框图

4. 500kV 变电站对时系统

常规变电站 500kV 继电保护小室配有一个独立的主时钟柜，主时钟含时间信号接收单元和输出单元，分别用于 GPS 对时信号的接收和输出。各小室内的保护、测控和故障录波装置通过电 B 码与主钟对时，小室之间采样光纤 B 码互为备用，同时通过时间同步信号扩展装置以 SNTP 实现对保护子站、监控主机的对时。具体示意如图 Z11F6006Ⅲ–2 所示。

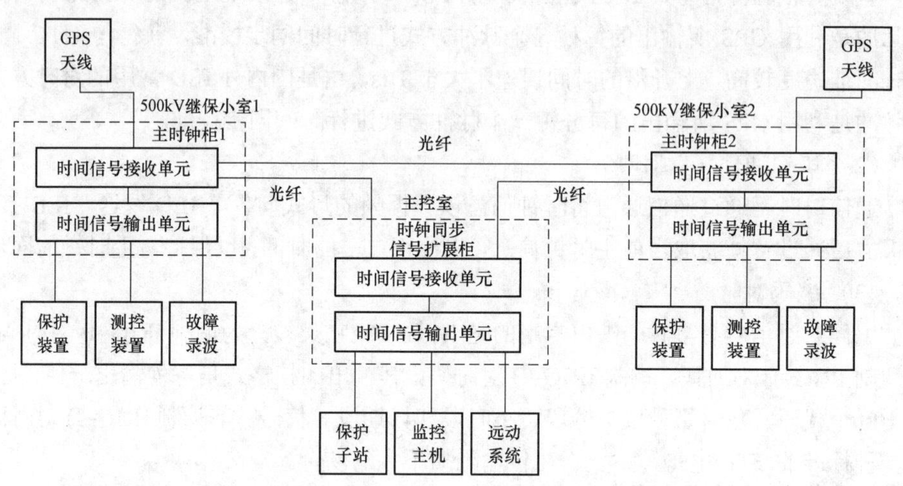

图 Z11F6006Ⅲ–2 某 500kV 常规变电站对时系统

二、IEEE 1588 精密时钟技术

1. IEEE 1588 概述

随着工业现场控制的规模越来越大，自动化程度越来越高，对测量和控制的同步

性和实时性提出了越来越高的要求。基于以太网方式下的 NTP 对时方式的精度由于只有 1ms 左右，不能满足现场高精度测控装置对时间的要求。为此美国一些研究机构专门开展了测量和控制设备间的时钟同步技术的研究，其方案随后获电气与电子工程师协会的认可，形成适用于高精度对时要求的 IEEE 1588 标准。

IEEE 1588 为基于多播技术的标准以太网实时定义了一个在测量和控制网络中与网络交流、本地计算和分布式对象有关的精确时钟同步协议（Precision Time Protocol，PTP），该协议具备高精度、网络化的特点，适用于在局域网中支持组播报文发送的网络通信技术。IEEE 1588 为消除分布式网络测控系统各个测控设备的时钟误差和测控数据在网络中的传输延迟提供了有效途径。按照这个规范去策划和设计的网络测控系统，其同步精度可以达到μs 级的范围，从而有效地解决分布式网络系统的实时性问题。

智能变电站采用 IEC 61850–5《变电站通信网络和系统》通信协议分层构建，分为过程层、间隔层、站控层，采用分布式网络技术实现数据交换，适用于 IEEE 1588 对时技术的实现。

2. PTP 精密时钟协议

（1）PTP 结构组成。

PTP 体系结构的特别之处在于硬件部分和协议的分离以及软件部分与协议的分离，因此，运行时对处理器的要求很低。PTP 的体系结构是一种完全脱离操作系统的软件结构，如图 Z11F6006Ⅲ–3 所示。硬件单元由一个高精度的实时时钟和一个用来产生时间戳的时间戳单元（TSU）组成，软件部分通过与实时时钟和硬件时间戳单元的联系来实现时钟的同步。

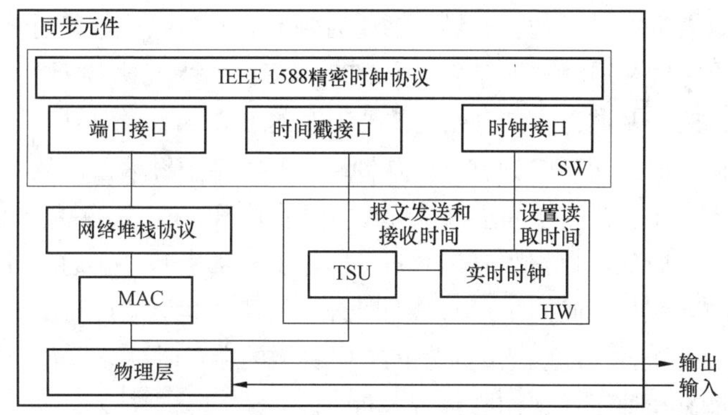

图 Z11F6006Ⅲ–3 PTP 体系结构图

PTP 这种体系结构的目的是为了支持一种完全脱离操作系统的软件组成模型，如图 Z11F6006Ⅲ–4 所示。根据抽象程度的不同，PTP 可分为 3 层结构：协议层、OS 抽象层和 OS 层。协议层包含完成网络时钟同步的精密时钟协议，能运用在不同的通信原件中（如 PC，路由器等）。协议层与 OS 抽象层之间的通信是通过一个序列和 3 个精确定义的接口实现的。OS 抽象层包含了基于操作系统的功能函数，这一层包含 PTP 的 3 个通信接口：时间戳接口，时钟接口，端口接口。时间戳接口通过对 sync 和 Delay Req 信号加盖时间戳来提供精密时钟协议，同时根据精度需要决定到底是原件还是软件产生时间戳。产生“软件时间戳”的最好办法是依赖操作系统的网卡驱动，并且在传输媒介中取得越近越好。

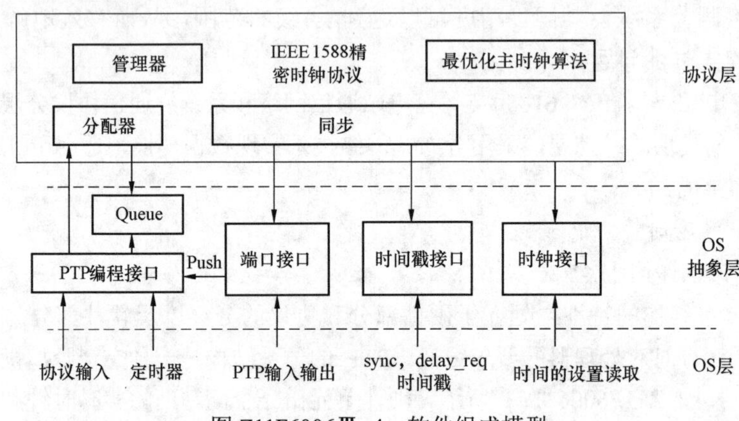

图 Z11F6006Ⅲ–4 软件组成模型

（2）PTP 时钟定义。

PTP 包括多个节点，每一个节点都代表一个时钟，它们之间经网络连接。时钟可以分为主时钟、普通时钟、边界时钟、透明时钟等。其中主钟与普通时钟都只有一个 PTP 端口，边界时钟和透明时钟包含多个 PTP 端口。主钟一般选取原子钟、GPS 等作为整个系统内的时间基准；大部分站内需要对时的 IED 为普通时钟，接收主钟的对时报文与主钟之间对时；边界时钟有一个从钟端口和多个主钟端口，从钟端口保证其与上一级主钟同步，而主钟端口为下级从钟提供同步信号；透明时钟精确测量交换机/路由器中的报文驻留时间，以消除延迟和抖动对于对时的影响，普通时钟和边界时钟需要与其他时钟节点保持时间同步，而透明时钟不需要与其他节点同步。

1）主钟（Master Clock）。主钟是 PTP 时钟域的参考时钟，只有一个 PTP 端口，其时钟基准可能来自原子钟、GPS 或者 NTP 等。

2）普通时钟（Ordinary/Slave Clock）。普通时钟指任一个通过 IEEE1588 协议实现其自身时钟同步的节点，只有一个 PTP 端口，大部分站内需要对时的 IED 为普通时钟。

3）边界时钟（Boundary Clock）。边界时钟有一个从钟端口和多个主钟端口，从钟端口保证其与上一级主钟同步，而主钟端口为下级从钟提供同步信号。

4）透明时钟（Transparent Clock）。IEEE 1588 标准 V2 提出透明时钟，对那些多端口设备，如网桥、交换机、路由器等作为执行边界时钟的替代。透明时钟包括两种类型：端到端透明时钟（End to end）和点对点透明时钟（Peer to peer）。

5）端对端透明时钟转交 PTP 事件消息，但修改了消息从入口端传播到出口端的滞留时间。必须对 Sync 和 Delay_Req 消息的传播做修正。

6）点对点透明时钟采用同级延时机制可以测量本地环路的延时而不用延迟请求机制测量全部链路的延时，其必须确定滞留时间并修正到 Sync 消息。此外，使用同级延时机制测量本段路经延时必须包含校正。由于在点到点 TCs 上不支持 Delay_Req 机制，Delay_Req 消息不需要特殊处理。

（3）PTP 报文分类。

IEEE 1588 协议定义了事件 PTP 报文和通用 PTP 报文。事件报文即时间报文，在传输和接收中都产生的正确时间戳，通用报文不需要正确的时间戳。

1）事件报文包含以下类型：

Sync：Sync 报文由主时钟发送到从时钟。它同时还包含它的发送时间或在跟随的 Follow_Up 报文中包含这个时间。它可以由接收报文节点测量数据包从主时钟发送到从时钟的延时。

Delay_Req：Delay_Req 报文是一个对接收报文节点的请求，接收报文节点使用 Delay_Resp 报文，返回接收 Delay_Req 报文那刻的时间。

Pdelay_Req：Pdelay_Req 报文由一个 PTP 端口发送到另一个 PTP 端口，这是同等（peer）延时机制的一个部分，用来确定两个端口之间的链路上的延时。

Pdelay_Resp：Pdelay_Resp 报文由一个 PTP 端口响应接收到了 Pdelay_Req 报文而发送的。Pdelay_Resp 报文中有几种可选方式传送时间戳信息：

（d1）在 Pdelay_Resp 报文中传送 Pdelay_Resp 报文发送时间与对应的 Pdelay_Req 报文接收时间之间的差值；

（d2）在跟随 Pdelay_Resp 报文后面的 Pdelay_Resp_Follow_Up 报文中传送 Pdelay_Resp 报文发送时间与对应的 Pdelay_Req 报文接收时间之间的差值；

（d3）在 Pdelay_Resp 报文中传送对应的 Pdelay_Req 报文接收时间，在跟随 Pdelay_Resp 报文后面的 Pdelay_Resp_Follow_Up 报文中传送 Pdelay_Resp 报文发送时间。

2）通用报文包含以下类型：

Announce：提供发送报文节点的状态和特征信息以及它的最高级主时钟。当接收报文节点计算最佳主时钟算法时使用这些信息；

Follow_Up：对于两步时钟和边界时钟，Follow_Up 报文为了特殊的 Sync 报文需要而进行的通信；

Delay_Resp：Delay_Resp 报文向发送 Delay_Req 报文的从端口通信值；

Presp_Follow_Up：对于支持同等（peer）延时机制的二步时钟，Presp_Follow_Up 报文带有发送时间戳，这是 PTP 端口在发送 Pdelay_Resp 报文时产生的。

（4）PTP 报文结构。

报文通用字段。采用 Wireshark 抓取的 IEEE1588 报文首先由 Winpcap 动态链接库打上包序号、时标等基本信息，报文具体内容包括以太网地址信息和 PTP 协议解析部分，如图 Z11F6006Ⅲ-5 所示。

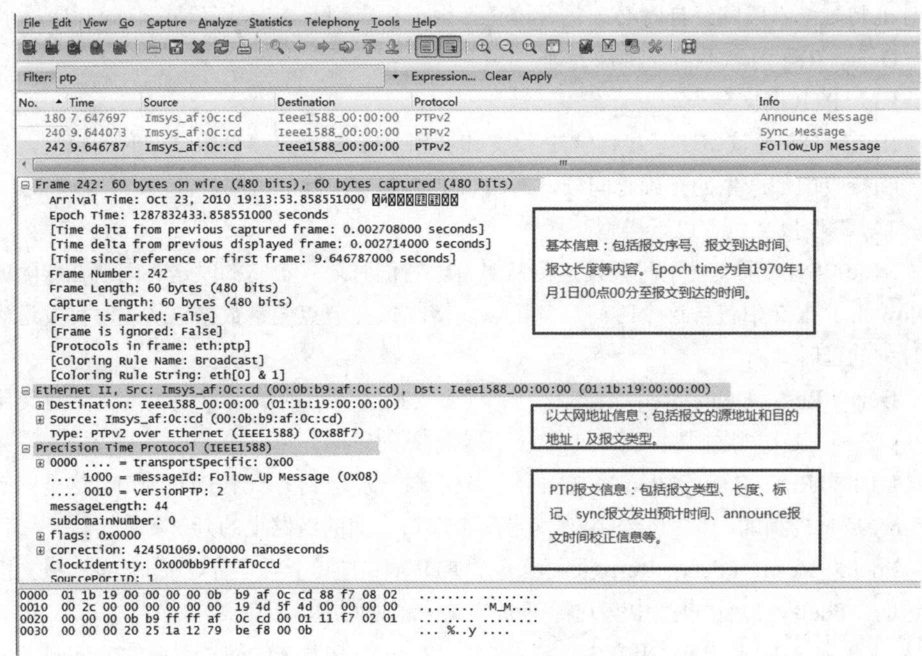

图 Z11F6006Ⅲ-5 PTP 报文内容

其中报文头 Epoch time 指的是自 PTP 时元 1970 年 1 月 1 日 00:00:00（UTC）始流逝的时间。以太网地址信息中 PTP 报文源地址采用单播地址，如 Imsys_7f:8d:a9(00:0b:b9:7f:8d:a9）；目的地址一般采用组播地址，如 IEEE1588_00:00:00（01:1b:19:00:00:00）。Length 为报文长度（byte）。

对于 PTP 报文内容解析如下：

PTP Version 字段：PTP 版本号，包括 V1 和 V2 两个版本。

Message Id 字段：当前报文的类型，值的分为从 00–0F，长度为一个字节。同时在 PTP 报文的报头还包含一个附加字段称为"Control Field"，用来提供与以前版本的兼容性，即兼容本标准版本 1 适用的硬件。Message Type 字段的值如表 Z11F6006Ⅲ–1 所示。

表 Z11F6006Ⅲ–1　　Message Type 字段的值

报文类型	消息类型	值
Sync	Event	00
Delay_Req	Event	01
Pdelay_Req	Event	02
Pdelay_Resp	Event	03
Reserved	—	04～07
Follow_Up	General	08
Delay_Resp	General	09
Pdelay_Resp_Follow_Up	General	0A
Announce	General	0B
Signaling	General	0C
Management	General	0D
Reserved	—	0E～0F

Subdomain Number 字段：PTP 子域号，默认为 0。PTP 域由一个或多个 PTP 子域组成，PTP 子域由一个或者相互通信的多个时钟组成，其目的是使这些时钟得到同步。除了特定的 PTP 管理报文，子域中的节点不会为了与 PTP 相关联的目的同另一个子域中的节点进行通信。

报文标记，如表 Z11F6006Ⅲ–2 所示。

表 Z11F6006Ⅲ–2　　报 文 标 记

Octct	Bit	名称	描　述
0	0	PTP_LI_61	在 PTP 系统中，谁的时元为 PTP 时元，timePropertiesDS.leap61 值为 TRUE 将预示着当前 UTC 日期的最后一分钟为 61 秒。 如果时元为非 PTP，该值为 FALSE
0	1	PTP_LI_59	在 PTP 系统中，谁的时元为 PTP 时元，timePropertiesDS.leap61 值为 TRUE 将预示着当前 UTC 日期的最后一分钟为 59 秒。 如果时元为非 PTP，该值为 FALSE
0	2	PTP_UTC_REASONABLE	采用 UTC 时间时为 TRUE，由 timescale 决定

续表

Octet	Bit	名称	描　述
0	3	PTP_TIMESCALE	采用 PTP 时间标尺时为 TRUE，采用 ARB 时间标尺时 FALSE
0	4	TIME_TRACEABLE	通过时间标尺和 offset 可以追踪到原主基准时钟，则值为 TRUE
0	5	FREQUENCY_TRACEABLE	若频率决定时间标尺可追踪到原主基准时钟，则值为 TRUE
1	0	PTP_ALTERNATE_MASTER	值为 TRUE 表示该报文是从非主态端口发送
1	1	PTP_TWO_STEP	值为 TRUE 表示该报文是从二步时钟发送
1	2	PTP_UNICAST	值为 TRUE 表示该报文以单播报文发送
1	5	PTP_PROFILE_SPECFIC1	由配置文件定义
1	6	PTP_PROFILE_SPECFIC2	由配置文件定义
1	7	PTP_SECURITY	PTP 安全协议

从图 Z11F6006Ⅲ–6 中可以看出方案中 sync 报文采用两步法，即 sync 报文的确切发送时间记录在 Follow_ up 报文中。

```
⊟ flags: 0x0200
    0... .... .... .... = PTP_SECURITY: False
    .0.. .... .... .... = PTP profile Specific 2: False
    ..0. .... .... .... = PTP profile Specific 1: False
    .... .0.. .... .... = PTP_UNICAST: False
    .... ..1. .... .... = PTP_TWO_STEP: True
    .... ...0 .... .... = PTP_ALTERNATE_MASTER: False
    .... .... ..0. .... = FREQUENCY_TRACEABLE: False
    .... .... ...0 .... = TIME_TRACEABLE: False
    .... .... .... 0... = PTP_TIMESCALE: False
    .... .... .... .0.. = PTP_UTC_REASONABLE: False
    .... .... .... ..0. = PTP_LI_59: False
    .... .... .... ...0 = PTP_LI_61: False
```

图 Z11F6006Ⅲ–6　Sync 报文的 flags

Correction Field 字段：校正数值。以纳秒为单位，乘以 2 的 16 次方。例如 2.5ns 表示为 0x0000000000028000。这样看来，Correction Field 最小可以表示为 0x0000000000000001，即大约 0.000 015ns。该字段主要用于透明时钟驻留时间，peer–to–peer 时钟路径延时和非对称校正。

Clock identity 字段：时钟地址。

Source port id 字段：标识时钟端口号。

Source Port Identity 字段：唯一识别网络内报文的出口端口，由于每一台时钟（包括边界时钟和透明时钟）都有唯一的 Clock identity 确定，同时每个钟的端口由 Port Id 确定，则 Source Port Identity＝Clock identity＋Port Id。

报文帧序号 Sequence Id：用来指示时间戳值是处理哪个帧时采样得到的。主钟上电时 Sequence Id 从 1 开始重新计数。并且由于各报文定义的发送时间间隔不同或者通道延时的差异，不同类型的报文间 Sequence Id 可能会存在差异。但通常配对的 Sync 和 Follow_Up、Delay_Req 和 Delay_Resp 消息拥有同样的序号。

Logmessageperiod：指每个报文间的平均发送间隔，表示为在发送报文设备的本地时钟上所测的这个间隔时间以 2 为底的对数，间隔时间以秒为单位，如图 Z11F6006Ⅲ-7 所示。

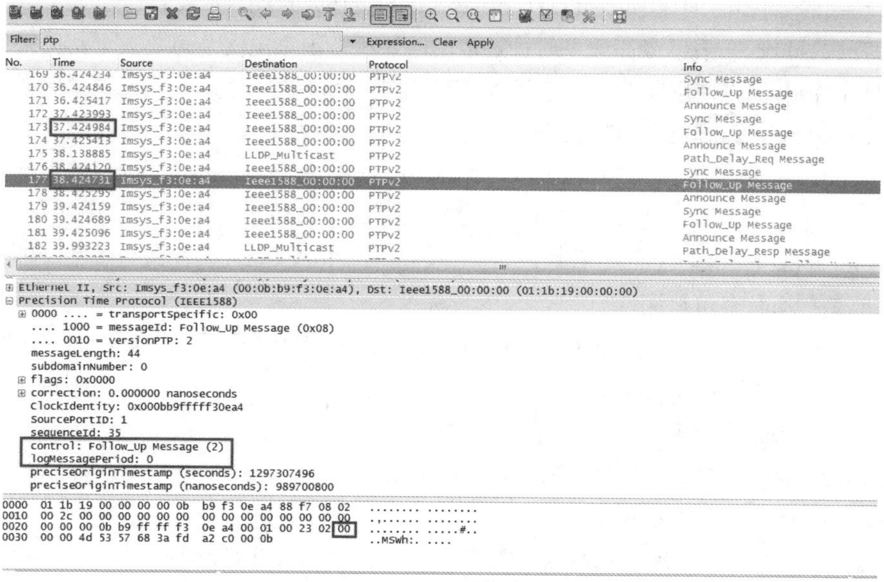

图 Z11F6006Ⅲ-7 Logmessageperiod 字段含义

图 Z11F6006Ⅲ-7 中 Follow_up 报文发送间隔 1s，相应 Logmessageperiod＝log 2（1）＝0，通过调整该参数可以改变报文发送时间间隔。

Origin/Precise/Receive Timestamp：针对不同类型的报文会有不同的时间戳，对 Sync 和 Delay_Req 事件消息，其 Origin Timestamp 是估算值，但需要打精确时间戳。对 Follow_Up 和 Delay_Resp 通用消息，其 Precise Origin Timestamp 是 Sync 消息的实际发送时间，Receive Timestamp 是 Delay_Req 消息的实际接收时间。

Request Receipt/ Response Origin Timestamp：在网络上的某个时钟接到传输延时测量请求组播报文 Path_Delay_Req 后，它将首先向网络上发送响应报文 Path_Delay_Resp

报文，其中记录了 Path_Delay_Req 报文到达的时间 Request Receipt Timestamp，在随后的 Path_Delay_Resp_Followup 报文中记录了 Path_Delay_Resp 报文发出的时间，以此测量该钟与主钟之间的传输延时。

报文特殊字段。上面介绍了报文通用字段，针对主钟的 Announce 报文，其提供发送报文节点的状态和特征信息以及它的最高级主时钟，当接收报文节点计算最佳主时钟算法时使用这些信息。因此有针对 Announce 报文的特定字段，如最优主时钟 grandmasterclockclass，闰秒 UTCoffset，优先级 priority，时钟源 timesource，精度 accuracy 等。

Origin current UTC offset：Announce 报文中记录了 current UTC offset 属性，用于换算现在的 UTC 时间。Current UTC offset（Integer16）=TAI−UTC；

Time source：表示最高级主时钟选取的时钟源。国家电网公司要求全站应采用基于卫星时钟（优先使用北斗）与地面时钟互备方式获取精确时间；

Grand master priority：Grand master priority1 代表分布式网络里是否选取了最优主时钟，0～127 为 TRUE，128～255 为 FALSE；Grand master priority2 则说明最优主时钟是不是边界时钟，0～127 为 TRUE，128～255 为 FALSE；

Grand master clock class：普通时钟和边界时钟 Clock Class 属性意味着主时钟分发的时间和频率具有可追溯性。

Grand master clock accuracy。显示主时钟与 GPS 的对时精度，如果主钟与 GPS 对上时，则显示 100ns 反之为 10s。

Grand master clock variance：主钟精度方差。

Grand master ID：主时钟标识，为主钟的地址。

3. IEEE 1588 对时机制

IEEE 1588 系统包括多个节点，每个节点代表一个 IEEE 1588 时钟，时钟之间通过网络相连，并由网络中最精确的时钟以基于报文（Message−based）传输的方式同步所有其他时钟，这是 IEEE 1588 的核心思想。

PTP 协议基于同步数据包被传播和接收时的最精确的匹配时间，每个从时钟通过与主时钟交换同步报文而与主时钟达到同步。这个同步过程分为两个阶段：偏移测量阶段和延迟测量阶段。

（1） 不考虑传输延时的对时方法。

目前智能变电站中采用的大都是透明时钟两步法（IEEE 1588 标准 11.5.2.2）的对时方案，即所有的终端设备都与主钟对时，交换机需要计算 PTP 报文的驻留时间。需要精确对时的设备不仅需要计算 Offset 偏移量，还需要计算 PTP 报文的传输延时 Delay（～ns），传输延时的计算需要终端设备发送 Request 报文与主钟交互。忽略传输延时的对时过程如图 Z11F6006Ⅲ–8 所示。

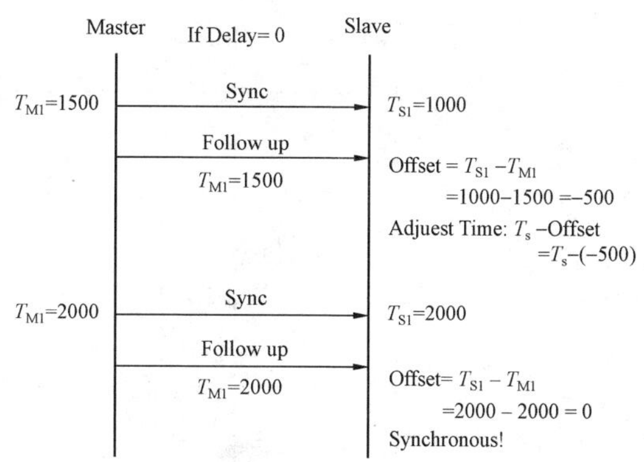

图 Z11F6006Ⅲ–8　忽略传输延时的 1588 对时过程

假设终端设备的时间比主钟的标准时间超前 500，主钟于 T_{M1} 时刻发一帧 Sync 报文，终端于 T_{S1} 时刻收到 Sync 报文，若忽略传输延时，终端设备可以根据 T_{M1} 和 T_{S1} 计算出与主钟的时间偏差 Offset=$T_{S1}-T_{M1}$=−500。由于主钟在产生 Sync 报文时无法精确预测到其发送时间 T_{M1}，而且交换机会产生可观的驻留延时，因此在发送 Sync 之后紧接着发送一帧 Follow up 报文，T_{M1} 时刻被记录在 Follow up 报文中，作为透明时钟的交换机会将 Sync 报文的驻留时间记录在 Follow up 报文的 correction 字段中（IEEE 1588 标准 9.5.10）。总之，终端设备只需要计算收到 Sync 包的本地时间 T_{S1} 与 Follow up 报文中记录的精确时间 T_{M1} 的偏差量 Offset（如果经交换机传输还应将 T_{M1} 加上驻留时间 correction），并将本地时间调整即可。

这种简化的两步法仅仅忽略了传输环节的延时，不需要受端发送数据帧，只需要对 Sync 和 Follow up 等 IEEE 1588 数据帧进行解析即可完成对时。

（2） 考虑传输延时的对时方法。

对于需要高精度对时的智能设备，除需完成时钟偏差 Offset 的调整外，还需要考虑通道传输延时 Delay 的影响。目前对通道延时的算法是乒乓法，该方法基于链路传输延时对称。下面介绍考虑延时情况下从钟经过交换机与主钟间的精确对时原理。考虑延时的 PTP 同步过程如图 Z11F6006Ⅲ–9 所示。

首先：假设主钟、交换机、从钟的时间原点分别为 A、B、C，主钟与交换机之间的时间偏差为 Q_1，交换机与合并单元从钟间的时间偏差为 Q_2，主钟与从钟的时间偏差为 Q_1+Q_2。

主钟到交换机的链路延时为 d_1，交换机的报文存储转发时间为 d_2，交换机到合并单元从钟的链路延时为 d_3。

时间偏差 Q 的计算方法如图 Z11F6006Ⅲ–10 所示。

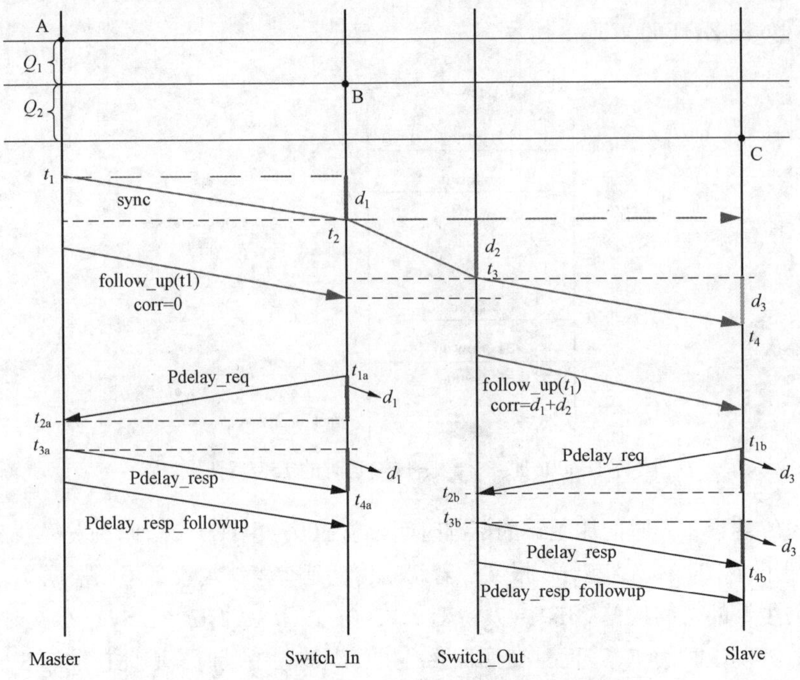

图 Z11F6006Ⅲ-9 考虑延时的 PTP 同步过程

根据图 Z11F6006Ⅲ-10 中时间尺度得 $t_2-d_1=t_1-Q_1$，即主钟和交换机间的时间偏差为：$Q_1=t_1-t_2+d_1$

根据图 Z11F6006Ⅲ-11 中的时间标尺得 $t_2-Q_2=t_4-d_2-d_3$，即交换机与从钟的时间偏差为：$Q_2=t_2-t_4+d_2+d_3$

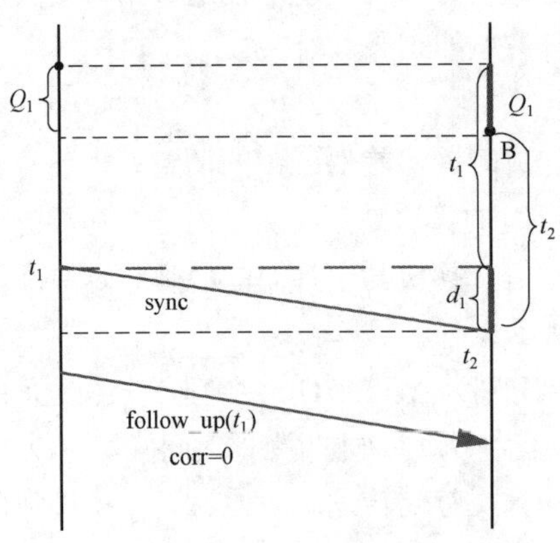

图 Z11F6006Ⅲ-10 主钟与交换机间的时间偏差

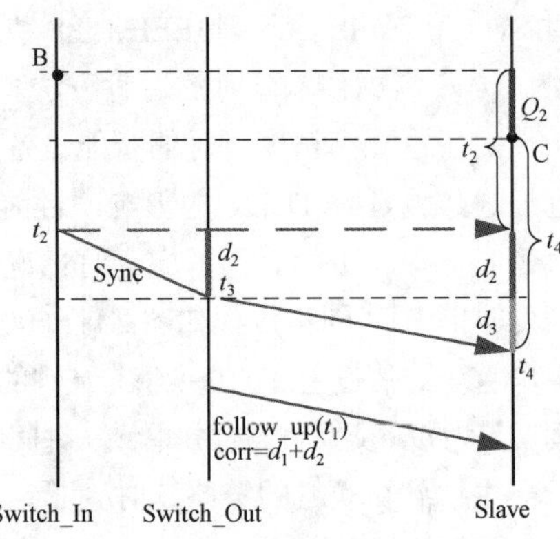

图 Z11F6006Ⅲ-11 交换机与从钟间的时间偏差

将 Q_1 与 Q_2 相加，得从钟与主钟之间的时间偏差为：$Q_1+Q_2=t_1-t_4+d_1+d_2+d_3$

传输延计算如下：

延时 d_1：交换机在 t_{1a} 时刻发出 Pdelay_req 报文，这个报文在 t_{2a} 时刻被主钟收到；主钟在 t_{3a} 发送 Pdelay_resp 报文，该报文在延时 t_{4a} 时刻被交换机收到，则不难算出：

$$d_1=\frac{(t_{4a}-t_{1a})-(t_{3a}-t_{2a})}{2}$$

驻留延时 d_2 是 Sync 报文穿越报文穿过交换机的驻留延时。

$$d_2=t_3-t_2$$

延时 d_3：交换机在 t_{1b} 时刻发出 Pdelay_req 报文，这个报文在 t_{2b} 时刻被从钟收到，从钟在时刻 t_{3b} 发送 Pdelay_resp 报文，该报文在试验 t_{4b} 被交换机收到，同理计算出：

$$d_3=\frac{(t_{4b}-t_{1b})-(t_{3b}-t_{2b})}{2}$$

至此，将 d_1、d_3 代入即可得出从中与主钟之间的时间偏差。从钟接收时间时间调整为 $t_4+Q_1+Q_2$，即实现与主钟同步。

三、智能终端 IEEE 1588 对时应用

1. 应用背景

SOE 时间精度要求较高，DL/T 5149—2001《220～500kV 变电站计算机监控系统设计规程标准》要求满足整个系统对时精度误差不大于 1ms。

传统变电站通过电缆直接接入测控装置，电平信号的传输延时可忽略，只要测控装置对时精度满足 1ms 要求，采用测控装置的时间作为 SOE 时间，其时间精度也就满足技术指标，延时环节如图 Z11F6006Ⅲ-12 所示。

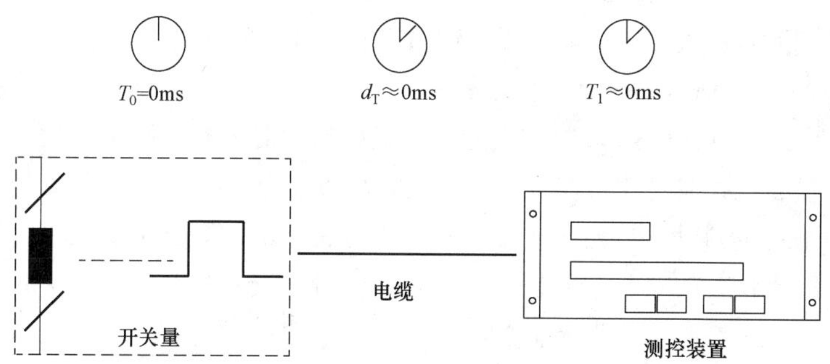

图 Z11F6006Ⅲ-12　传统变电站监控系统 SOE 时间

智能变电站的保护测控及相关自动化装置和一次设备间的开入开出信号均下放至智能终端。智能变电站的就地开关量信号需要经智能终端设备生成 GOOSE 报文上送

至测控装置，智能终端 I/O 板接收开关量变位生成 GOOSE 报文需要一定的处理延时，经交换机传输送至测控装置也需要一定的传输延时，要保证测控装置显示 SOE 时间为就地开关变位的精确时间，必须采用就地打时标的方法。其中整个环节的延时组成如图 Z11F6006Ⅲ-13 所示。

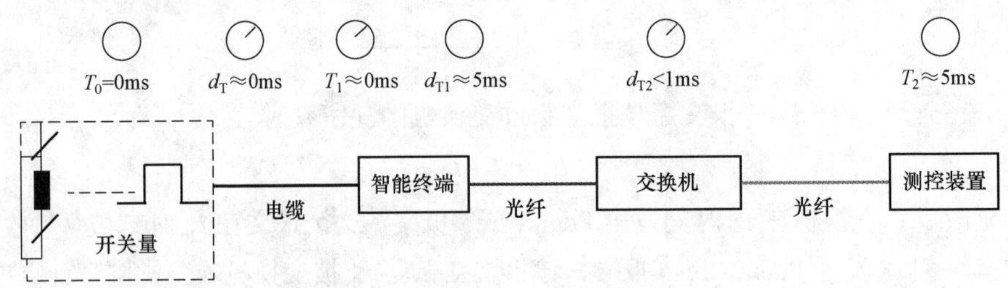

图 Z11F6006Ⅲ-13 智能变电站测控接收开关量时间延迟

图中，T_0 为开关量事件发生时刻；d_T 为开关量信号通过电缆传输延时；T_1 为智能终端收到开关量信号时刻；d_{T1} 为智能终端处理开关变位信号并生成 GOOSE 报文的延时；d_{T2} 为交换机转发报文延时；T_2：测控装置接收到 GOOSE 变位报文时刻。

图 Z11F6006Ⅲ-13 中 d_{T1} 为智能终端处理延时，这一客观存在的延时导致测控装置感知开关量变位的时间已经远迟于事件发生时间。为了保证各智能终端间时间系统的一致性，必须对其进行对时。

由于智能终端可能采用就地布置的方式，并且对时精度要求很高，常规的 NTP 网络对时方式精度不满足要求，而 B 码对时方式至接地易受电磁干扰影响。基于以太网的 IEEE 1588 标准定义了一种用于分布式测量和控制系统中的高精度时钟同步协议，同时对时精度达到微秒级。GOOSE 报文传输采用了基于以太网的网络技术，本身具备了网络环境，不需要大的改动就可以采用 IEEE 1588 方式对时。

2. 智能终端 IEEE 1588 对时方案

智能变电站 IEEE 1588 对时方案通过交换机实现对分布式网络内设备的对时，由于交换机实行的是存储转发策略，在高负载情况下，交换机会给每个以太帧增加 10μs 的延迟和 0.4μs 的抖动，同时处于交换机内部等待传输的队列中的帧将会增加数百微秒的延迟。智能设备的对时中如果不考虑这段延时，仅拿从钟接收报文时间减去主钟发送报文时间将对对时精度带来影响。

这个问题的解决方案是使用带 IEEE 1588 透明时钟的交换机进行网络互连。这样交换机可以像一个主时钟单元对连接在其上的从时钟端进行同步，其实现过程为：首先该交换机先与主时钟端进行时钟同步，然后自己扮演主时钟端的角色去同步所有连接在其上的从时钟端，这样就不会将交换机的延迟带给从设备端，因此影响同步的精度。

图 Z11F6006Ⅲ–14 为某实际智能变电站过程层 IEEE 1588 对时方案，1588 主钟接于过程层根交换机上，PTP 报文通过开放 1588 功能的级联端口转发至子交换机，连接于子交换机上的智能设备作为普通时钟实现与主钟的对时。方案中交换机采用透明时钟，主钟 PTP 报文采用 TAI 时间，GOOSE 事件报文采用 UTC 时间，MMS 报文采用 UTC 时间，监控系统和测控装置将接收到的 UTC 时间转换为 UTC+8 北京时间。

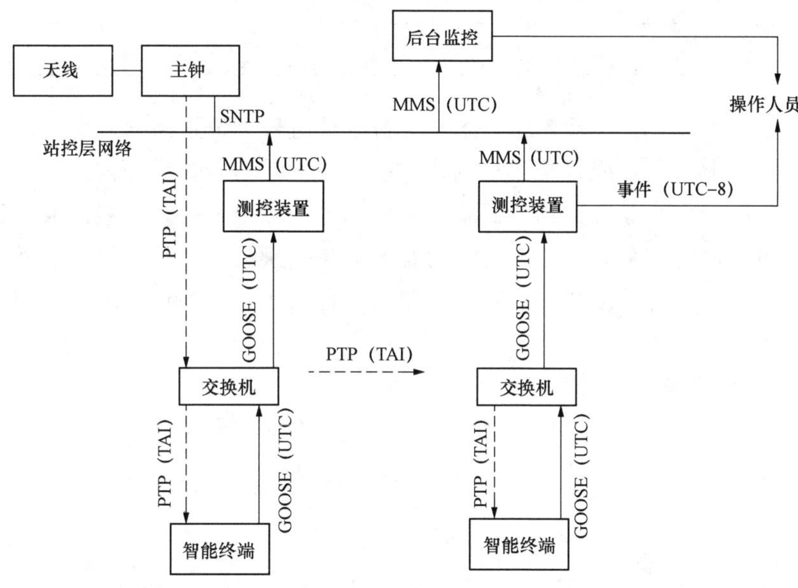

图 Z11F6006Ⅲ–14　智能变电站过程层对时方案

3. 智能终端对时测试

智能终端的模型对开关量事件定义了状态位 stval 和变位时间 *t*。时间 *t* 属性表示了该数据对象最后一次变位的 UTC 时间。TimeStamp 类型的编码规范应参照 IEC 61850–7–2 标准 5.5.3.7 和 IEC 61850–8–1 标准 8.1.3.6。考虑到高精度时间的测试方法，在这里有必要举例说明编码规范：

$$\underbrace{4c\ \ fc\ \ bf\ \ 4d}_{\text{SecondSinceEpoch}}\underbrace{4d\ \ 5f\ \ ff}_{\text{FractionOfSecond}}\ \ \underbrace{0a}_{\text{TimeQuality}}$$

SecondSinceEpoch：以秒为单位从 1970–01–01 00：00：00UTC 开始计时的时间，是一个 32 位的整型值。

FractionOfSecond：当前秒的小数部分，按 $\sum_{i=0}^{i=23} b_i \times 2^{-(i+1)}$ （i=0～23）计算。注意此

属性应根据时间精度 TimeAccuracy 计算。

TimeQuality：时间品质，其中最高 3 位为三个标志位，分别表示闰秒已知、时钟故障、时钟未同步；剩余 5 位时间精度 TimeAccuracy 表示 FractionOfSecond 使用最高位的数目。UTC 时间解码结果如图 Z11F6006Ⅲ-3 所示。

表 Z11F6006Ⅲ-3　　UTC 时间解码结果

编码	4c fc bf 4d	4d 5f ff	0a
UTC	2010-12-06 10:47:41	374ms	1ms（T_1）

智能终端接收一次侧断路器变位上送的电平信号，记录断路器变位的时间，同时智能终端 I/O 板形成报文送给测控、故障录波等装置，用于监控后台事件信息实时显示或者故障分析计算。试验中可以通过比较给定时刻与被测装置记录的该开关量闭合时刻，来判断智能终端的时间同步准确度。在这过程中，同时需要考察智能终端记录的断路器变位时间和测控装置收到 GOOSE 报文的时间差，即 SOE 精度。

（1）采用智能终端就地打时标。

工程使用 FPC-5GPS 时间校验仪测试，校验仪外接 GPS 天线作为基准源，输出一副空接点接入智能终端。其测试结构图如图 Z11F6006Ⅲ-15 所示。

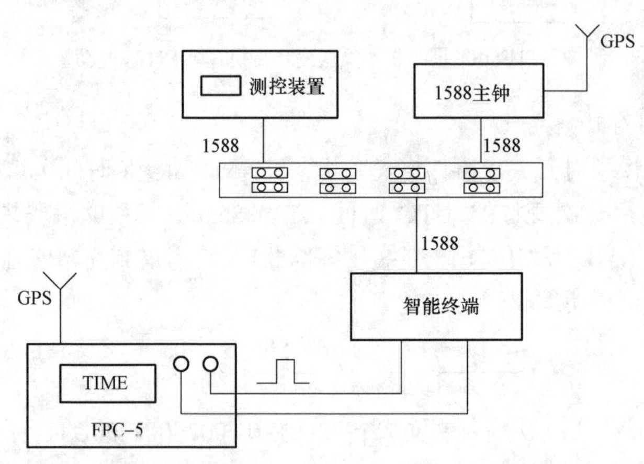

图 Z11F6006Ⅲ-15　SOE 时间测试示意图

空接点闭合起始时间分别设置整分钟后延时 0ms、1ms、10ms、100ms、999ms，分析 GOOSE 报文开关量变位时间，如表 Z11F6006Ⅲ-4 所示。

表 Z11F6006Ⅲ-4　　智能终端 SOE 时间精度测试结果

延时（ms）	事件时间	GOOSE 时标	误差（ms）
0	12:48:00.000	12:48:00.000000	0
1	12:52:00.001	12:52:00.000977	0
10	12:57:00.010	12:57:00.009766	0
100	13:00:00.100	13:00:00.099609	0
999	13:03:00.999	13:03:00.998047	-1

表 Z11F6006Ⅲ-4 测试数据说明了经对时后的智能终端在 GOOSE 报文中的时标能正确反映事件时间。

（2）采用测控装置打时标。

常规变电站的开关事件采用测控装置打时标的方式，保护装置动作输出空节点给测控装置，测控装置记录空节点闭合电平信号到达的时间，以 UTC 时间格式记录于 MMS 报文中上传给监控后台，MMS 报文中记录事件 UTC 事件如图 Z11F6006Ⅲ-16 所示。

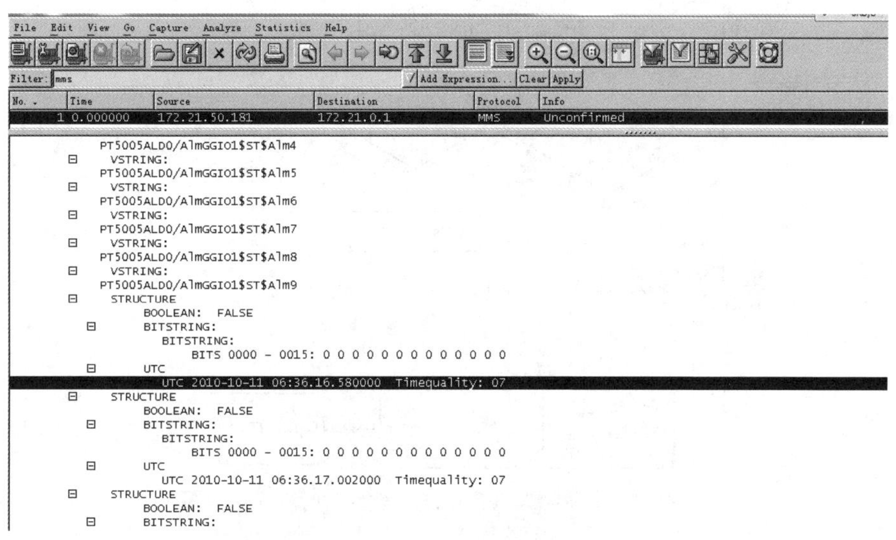

图 Z11F6006Ⅲ-16　MMS 报文中记录事件 UTC 时间

（3）两种时标生成方式的对比测试。

由于 FPC-5 装置无法接收 GOOSE 报文，为直观地对比一次设备开关量事件采用智能终端就地打时标和测控装置打时标的差别，开发了一种基于 Winpcap 的 GOOSE 报文分析程序，该程序使用软件 IEEE 1588 对时方式与网络中的主钟对时，程序流程图如图 Z11F6006Ⅲ-17 所示。采用一台 PC 机模拟对上时的测控装置，其具备 ms 级的精度。该程序在记录开关事件报文达到时刻的同时解析 GOOSE 报文中记录的开关变位时间，以对比两种时标生成方式的差异，如图 Z11F6006Ⅲ-18 所示。

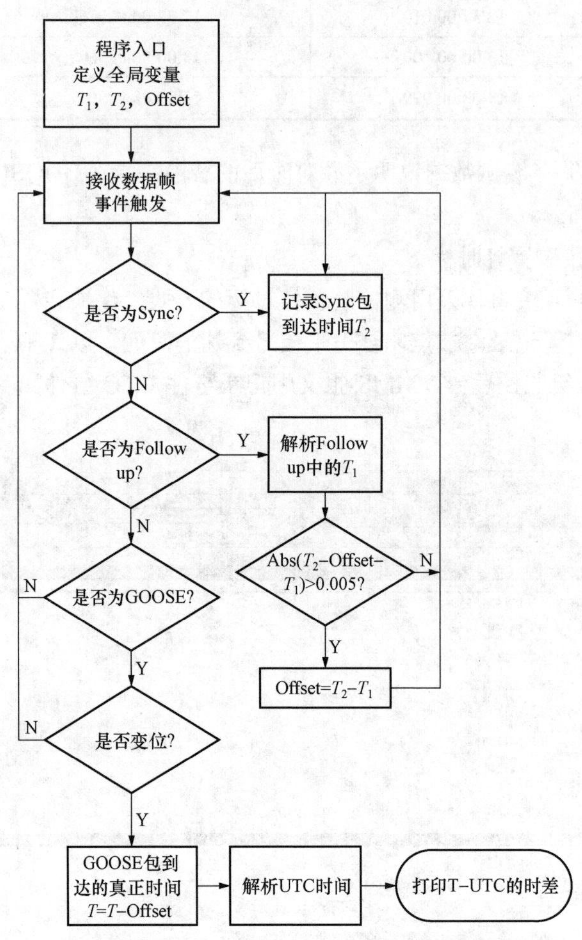

图 Z11F6006Ⅲ-17 IEEE 1588 软件对时程序流程图

程序精确对时后，将会准确记录 GOOSE 报文到达的时刻，模拟了测控装置打时标方式，同时软件解析出 GOOSE 报文中记录的开关变位时间。测试结果如 Z11F6006Ⅲ-19 所示。

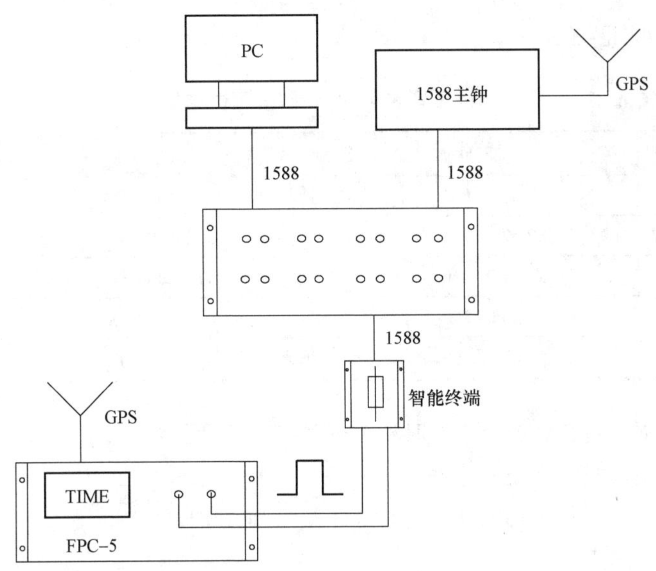

图 Z11F6006Ⅲ-18　测控装置和智能终端打时标对比测试图

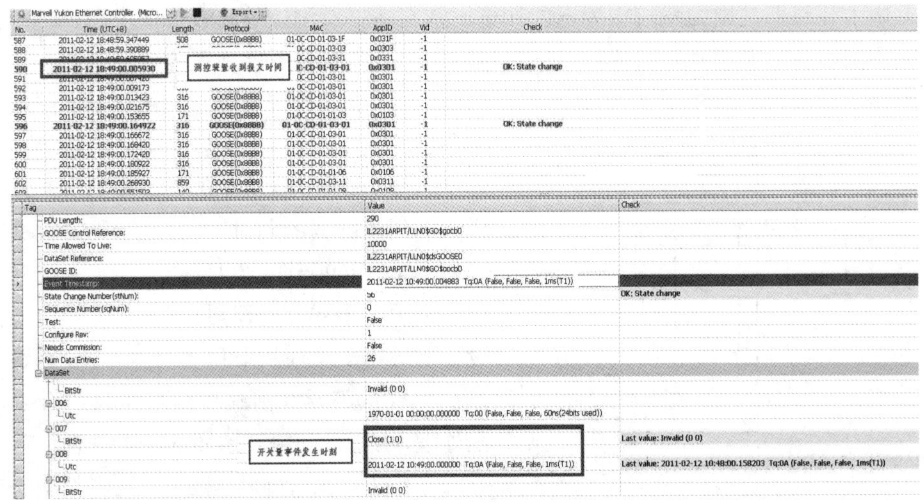

图 Z11F6006Ⅲ-19　采用测控装置对时和就地对时方式对比

图 Z11F6006Ⅲ-19 为采用测控装置打时标和智能终端就地打时标方式的对比界面。图中可以看出测控装置收到报文的时间比实际开关事件发生的时间滞后 5～6ms，经分析该时间为智能终端形成报文和网络传输延时。研究时间校验系统空接点闭合起始时间整分钟后延时 0ms、1ms、10ms、100ms、999ms，GOOSE 报文开关量变位时间如表 Z11F6006Ⅲ–5 所示。

表 Z11F6006Ⅲ–5　　　测控装置 SOE 时间精度测试结果

延时（ms）	事件时间	GOOSE 时标	误差（ms）
0	12:48:00.000	12:48:00.000000	0
1	12:52:00.001	12:52:00.000977	0
10	12:57:00.010	12:57:00.009766	0
100	13:00:00.100	13:00:00.099609	0
999	13:03:00.999	13:03:00.998047	–1

经仿真测试，通过测控装置打时标方式的 SOE 时间精度大于 1ms，无法满足标准要求。因此建议在智能变电站中对开关量变位事件记录采用在智能终端就地打时标的方式，测控装置采用 GOOSE 报文内的时标作为 SOE 时间。

四、采样值同步技术

1. 同步问题的由来

电力互感器是电力系统中为电能计量、继电保护及测控等装置提供电流、电压信号的重要设备。电子互感器的数据采集包括集中采样和分散就地采样两种方式。常规变电站数据采集为集中采样方式，在不考虑一二次电气量传变延时的情况下，继电保护等自动化装置只要根据自身的采样脉冲在某一时刻对相关 TA、TV 的二次电气量进行采样就能保证数据的同时性。传统变电站数据采集如图 Z11F6006Ⅲ-20 所示。

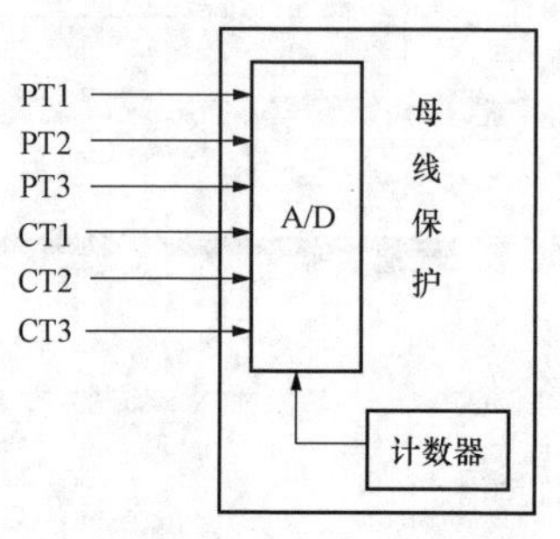

图 Z11F6006III–20　传统变电站数据采集

采用电子式互感器后，继电保护等自动化设备的数据采集模块前移至合并单元，互感器一次电气量需要经前端模块采集再由合并单元处理，由于各间隔互感器的采集处理环节相互独立，没有统一协调，且一二次电气量的传变附加了延时环节，导致各间隔互感器的二次数据不具有同时性，无法直接用于自动化装置计算。

智能变电站中合并单元数据同步主要涉及以下几个方面：常规互感器与电子式互感器并存时，如电压电流之间，变压器不同的电压等级之间的同步、同一间隔三相电流、电压采样之间同步、变压器差动保护、母线保护的跨间隔数据同步、线路纵差保护线路两端数据采样同步。

下面某智能变电站电子互感器数据采集为例，说明电子式互感器分散采样过程和数据传输延时如图 Z11F6006Ⅲ–21 所示。

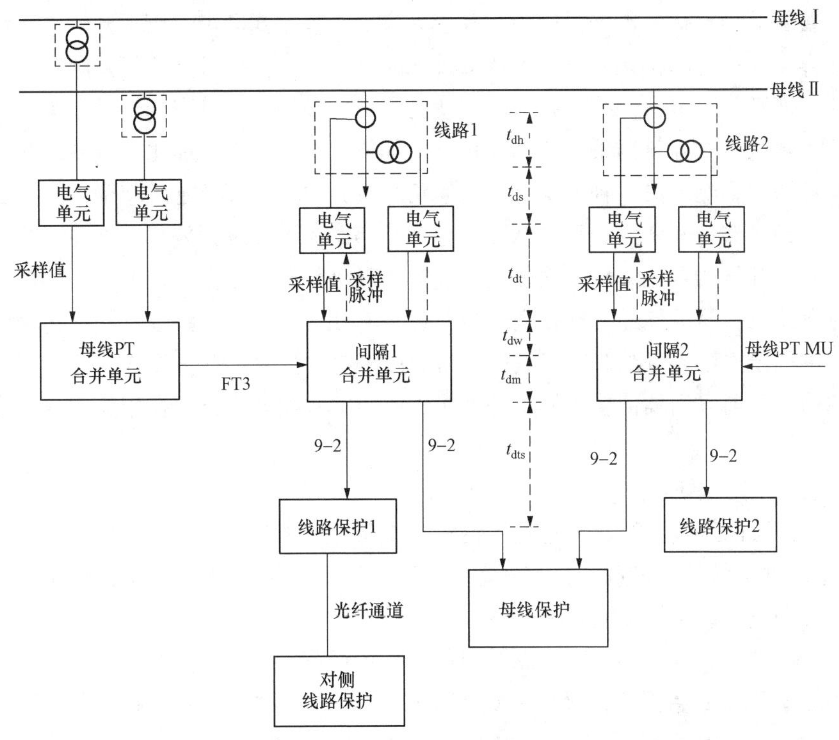

图 Z11F6006Ⅲ–21　智能变电站数据采集过程

图中，t_{dh} 为电子互感器特性延时；t_{ds} 为电子互感器的采样环节延时；t_{dt} 为电气单元至合并单元的传输延时；t_{dw} 为合并单元级联等待时间；t_{dm} 为合并单元的处理时间；t_{dts} 为合并单元到保护装置的传输延时。

图 Z11F6006Ⅲ–21 中电子式互感器远端模块的采样脉冲由 MU 提供，各间隔 MU 依据自身的晶振发出的采样脉冲独立采样，但由于不同的 MU 时钟晶振有偏差，并且 MU 的时钟系统也不完全相同，不能保证所有 MU 间的采样脉冲同步。这对于仅接收单台 MU 数据的保护装置来说数据是同步的，不影响保护的逻辑判断；但对于需要接收跨间隔 MU 采样数据的保护装置，如母线保护等，不同步的采样数据用于保护计算将没有意义，并且会出现一定的计算差流，严重时将影响保护的可靠运行。

所以智能变电站分散数据采样的数据同步是一个共性问题，所有跨间隔数据都存在这个问题，必须找到一个有效的方法解决采样数据同步问题。

2. 同步问题解决方案

针对电子式互感器推广应用过程中遇到的数据同步问题，目前解决数据同步问题的方法主要有两种：插值再采样同步、基于外时钟同步方式同步。第一种解决方法的思路是放弃合并单元的协调采样，不依赖外部时钟，而严格要求其等间隔脉冲采样以及精确的传变延时，继电保护设备根据传变延时补偿和插值计算在同一时刻进行重采样，保证了各电子式互感器采样值的同步性。插值重采样算法目前比较成熟，其误差主要来自算法的影响。第二种解决方法的思路是放弃对处理环节延时精确性的限制，采用统一时钟协调各互感器的采样脉冲，全部互感器在同一时刻采集数据并对数据标定，带有同一标号的各互感器二次数据，同样实现了数据同时性。该方式需要铺设独立的对时链路，容易受外部干扰和衰耗的影响。IEEE 1588 是一种基于网络传输协议的外部时钟同步方法，可以在应用数据链路层传输对时脉冲，不需要 B 码方式下的专门光纤通道。目前采用插值重采样和外部时钟同步的数据同步方法在相关工程中均有应用。

（1） 插值同步原理。

对于跨间隔的母线保护、主变压器保护、光纤差动保护的应用，Q/GDW 441—2010《智能变电站继电保护技术规范》中规定了“模拟量应直采”，保证其保护功能不依赖于外部时钟和数据链路的传输延时。

Q/GDW 441—2010《智能变电站继电保护技术规范》对采样值的要求：

1）“4.6 保护装置采样值采用点对点接入方式，采样同步应由保护装置实现，支持 GB/T 20840.8（IEC 60044–8）或 DL/T 860.92（IEC 61850–9–2）协议。”

2）“6.4.4 MU 采样值发送间隔离散值应小于 10μs，保护装置应自动补偿电子式互感器的采样响应延迟。”

前一点要求合并单元与保护装置采用点对点连接方式，不经过交换机。后一点规定了合并单元的发送均匀度指标。

插值同步方案并不实现保护装置与合并单元系统时钟的同步，而是通过跟踪两者系统时钟，将非同步点（合并单元的系统时钟）的数据插值到同步点（保护装置的系统时钟）的一种用于智能变电站跨间隔数据同步的方法。它通过软件插值算法利用已有的不同时刻的采样值计算出新的同一时刻的采样值。这种同步方式数据源侧的采样数据是不同步的，而在数据接收端进行同步，不依赖于外部设备或外部信号，完全由数据接收端设备的软件完成，设备之间也不需要同步时钟同步，只要设备运行正常，就能进行同步，因此从安全性方面考虑，这种不依赖于外部时钟的同步方式最可靠的。但是采样值插值同步以后已不是原来的采样值，而是新计算出来的值，因此这一值与原采样值之间存在一定的误差，这一误差与插值算法有关，工程中通过选取合适的算法可以将这一误差完全控制在允许范围内。下面将重点介绍站内跨间隔保护装置的数据插值同步进行介绍。

当采样数据不经过交换机，采用点对点方式直接传输时，假设线路 1 间隔和线路 2 间隔合并单元分别按各自晶振控制下以相同的采样率独立采样，将采样值打包形成报文后传给母线保护，报文中记录了数据源地址信息、帧序号、数据链路传输固定延时 Delay 等，延时 Delay 由电子互感器厂家经测试后提供，并且固定不变。母线保护解析出各个间隔合并单元的报文内容，根据其中的时间 Delay 推算到母线保护装置时间系统下的各间隔采样值，用于保护计算。由于保护装置使用的采样频率一般为 1.2k，而合并单元采样频率为 4k，并且各间隔的采样数据也不刚好对应至保护装置时间系统内的同一时刻，因此需要对收集到的各路数据进行重新插值采样。插值重采样的原理如图 Z11F6006Ⅲ–22 所示。

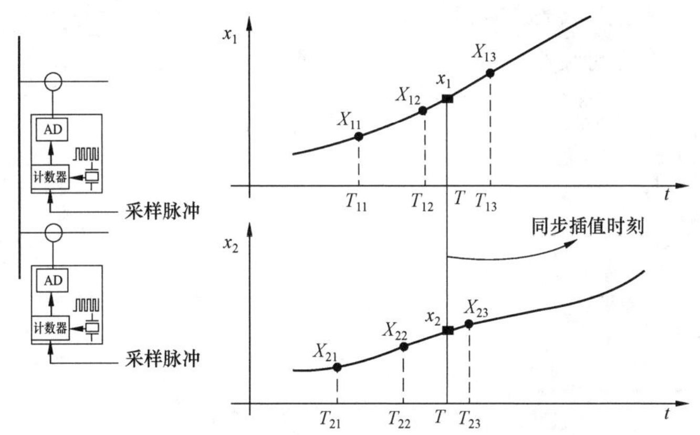

图 Z11F6006Ⅲ–22　插值同步原理图

母线保护在自身的时间基准下，分别于 T_{11}，T_{12}，T_{13} 和 T_{21}，T_{22}，T_{23} 时刻收到来自间隔 1 和间隔 2 合并单元发送的采样数据，由于不同间隔采样数据到达时刻的差异，母线保护装置再根据自身的采样频率重新插值采样，得到一组各间隔同一时刻的采样值 X_1 和 X_2 参与保护计算。为了保证插值算法的精确性，要求合并单元发送的数据有很高的等间隔性。

（2）外部时钟同步。

当采样数据经过交换机传输后，由于交换机的数据存储转发环节增加了传输延时，并且该延时受到报文大小和网络工况的影响，造成传输延时存在不确定性。由于电气单元的采样脉冲由合并单元控制，此时可以采用外时钟同步法，将所有间隔合并单元的采样脉冲拉至同步，保证所有间隔的电气单元在同一时刻进行采样，保护装置根据接收的相同包序号的报文用于计算。

外部时钟同步方式是一种依靠外部时钟源发出同步信号进行同步的方式，首先将站内的所有合并单元对上时，这种信号可以是脉冲信号，IRIG–B码信号，IEEE 1588信号等。合并单元在接收到同步信号后稍作处理即发出采样脉冲，由于合并单元与外部时钟之间完成了同步，因此这时从电子互感器采集的数据是对应同一时刻的。这种方式保证了采样值数据在源头是同步的，虽然数据传输过程中可能延时不一样，但同一采样序号的数据始终是同步的。

IEEE 1588同步是一种新型的网络协议对时方案，具体实施结构如图Z11F6006Ⅲ–23所示。这种方式同样有一个高精度的时钟源。和其他外同步信号相比，IEEE 1588定义了最优主钟算法：当时钟源丢失以后，它会利用已有的信息通过一系列算法推算出网络中时钟最准的设备，然后以该设备作为主时钟，其他设备作为从时钟与主时钟对时，不存在时钟源丢失带来的问题。采用IEEE 1588对合并单元进行同步后，使各合并单元与主钟间的时间误差小于1μs，从而保证电子式互感器同时采集数据，满足采样精度的要求。这种同步方式既依靠外部的精确时钟源，同时也利用软件计算来实现同步。

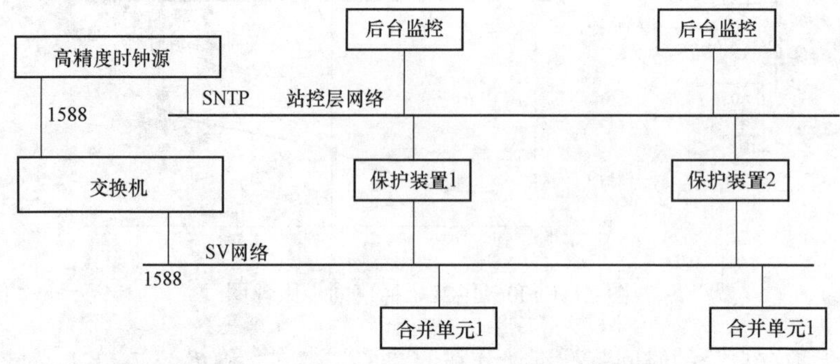

图Z11F6006Ⅲ–23 IEEE 1588同步原理图

在采用外时钟数据同步过程时，需要依赖外部统一的时钟源，万一失去时钟源，或时钟源发生问题，采样数据将可能完全失去同步而导致二次保护设备不正常，影响二次保护设备的可靠运行。对于采用IEEE 1588的外同步方式，由于目前支持IEEE 1588的交换机芯片还不完全成熟，该方法用于继电保护采样数据同步的可靠性方面还有待深入研究。

五、同步测试技术

针对智能变电站中采用的插值法和基于外时钟法数据同步方案，分别研究互感器之间采样数据同步、跨间隔保护采样数据同步、以及线路差动保护与对侧常规站间数据同步测试方法。

1. 基于插值法的数据同步

（1） 线路电压与电流数据同步。

对于接收 TV 合并单元电压量的间隔合并单元，需要测试电流和电压间的数据同步性，验证合并单元数据传输延时处理的正确性。试验中 TV 合并单元与间隔合并单元级联，采用继电保护测试仪给电子式电压、电流互感器的模拟器加相位相同的电压和电流量，测试保护测控装置接收的电流和电压之间的数据同步。

对智能变电站电压和电流的数据同步测试中发现，当在模拟器上加同相位的电压和电流时，如图 Z11F6006Ⅲ–24 所示，间隔合并合并单元输出的电压和电流量之间相角差达到了 8°。

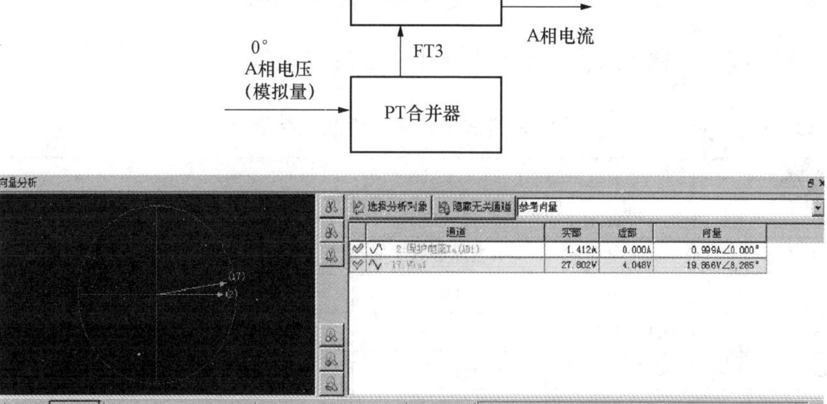

图 Z11F6006Ⅲ–24 电压、电流同步测试图

经研究发现是 TV 合并单元给定的延时不对，在插值时少补偿两个点，经程序升级问题解决。

（2） 站内间隔数据同步测试。

对于本站内需要接收多间隔采样数据的保护，例如母线保护和主变压器保护，如果采用插值法进行数据同步，则需要对保护接收到间隔合并单元数据的处理情况进行验证。以母线保护为例，说明数据同步性测试过程。

根据工程实际情况搭建了如下的测试环境：将升流器一次侧导线不同极性穿过两个光纤互感器的三相敏感环，前置模块的光纤接至间隔合并单元上，合并单元输出 9–2 数据至母线保护，以一个间隔合并单元的电流相量为参考，将另一路电流换到不同的间隔合并单元上，测试母线保护对各间隔数据的处理结果。改变一次电流值大小，记录测试结果，如图 Z11F6006Ⅲ-25 所示。

对主变压器保护以相同的方法测试高-高、高-中、中-低压侧间的数据同步性。

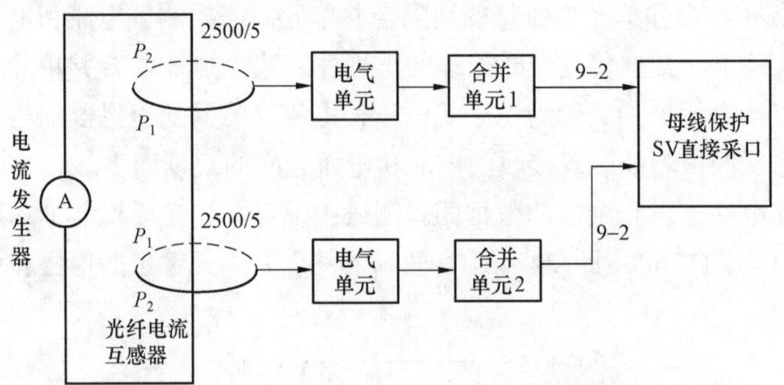

图 Z11F6006Ⅲ-25 母线保护各间隔电流数据同步测试

跨间隔采样保护同步测试结果如表 Z11F6006Ⅲ-6 所示。

表 Z11F6006Ⅲ-6 跨间隔采样保护数据同步测试结果

标准电流（A）	I_{1-2}（A）	I_{1-3}（A）	I_{1-4}（A）	I_{1-5}（A）
50	0.09/180.56°	0.09/180.55°	0.09/180.59°	0.09/180.58°
100	0.21/180.59°	0.21/180.59°	0.21/180.60°	0.21/180.62°
150	0.29/180.64°	0.29/180.67°	0.29/180.65°	0.29/180.64°
200	0.41/180.66°	0.41/180.67°	0.41/180.66°	0.41/180.69°
300	0.59/180.71°	0.59/180.72°	0.59/180.72°	0.59/180.71°
400	0.79/180.78°	0.79/180.77°	0.79/180.79°	0.79/180.80°
500	1.0/180.83°	1.0/180.84°	1.0/180.84°	1.0/180.84°
600	1.27/180.87°	1.27/180.87°	1.27/180.88°	1.27/180.87°
700	1.39/180.91°	1.39/180.91°	1.39/180.92°	1.39/180.92°

注：以支路 1 电流为基准，测试其他支路与该支路的相角差。

从表 Z11F6006Ⅲ-6 数据中可以分析出，采用插值算法同步的母线保护各间隔电流之间的角度偏差小于 1°，满足母线保护同步的要求。

（3）常规保护与数字化保护间同步测试。

对于线路差动保护来说，当一侧使用了光纤电流互感器，而对侧采用常规的电磁型电流互感器时，需要验证差动保护在一侧采用数字输入一侧采用模拟输入时的数据同步问题。

根据工程实际情况搭建了如下的测试环境：用升流器将工程用光纤电流互感器的

一次电流逐渐升至800A，光纤电流互感器将一次电流转换为数字量传送至间隔合并单元，然后提供给光纤差动保护；另一方面升流器的一次电流通过标准电流互感器转换为二次电流，然后直接提供给常规侧的差动保护；光纤差动保护与常规差动保护之间通过光纤通道连接，通过保护CPU板采样显示直接比较光纤差动保护与常规保护的差流以及两侧保护电流的幅值和角度即可得知两侧电流的同步性。分别改变一次电流值，多次测试，记录测试结果。光差保护两侧电流同步性测试如图Z11F6006Ⅲ-26所示。

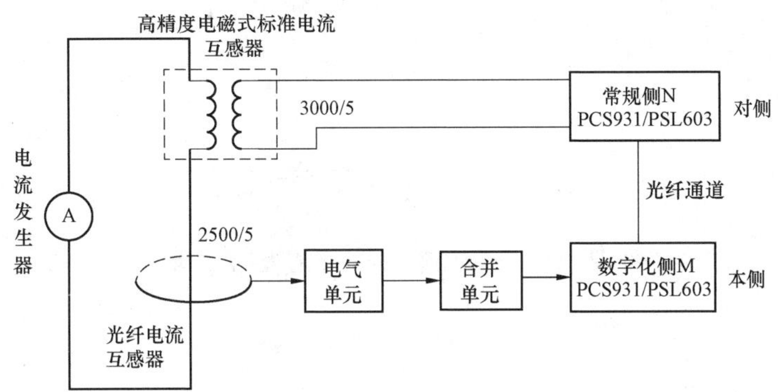

图Z11F6006Ⅲ-26　光差保护两侧电流同步性测试

与对侧常规保护数据同步测试结果如表Z11F6006Ⅲ-7所示。

表Z11F6006Ⅲ-7　　与对侧常规保护数据同步测试结果

数字化侧M（变比2500/5）					常规侧N（变比3000/N）			
标准电流（A）	Im	In	角差	差流	In	Im	角度差	差流
50/50	0.09	0.09	176	0.02	0.08	0.08	177	0.02
100	0.2	0.19	178	0.02	0.17	0.18	177	0.01
150	0.29	0.30	179	0.02	0.25	0.26	179	0.02
200	0.4	0.39	179	0.02	0.34	0.35	181	0.01
300	0.59	0.60	181	0.02	0.5	0.51	180	0.01
400	0.79	0.80	181	0.02	0.5	0.51	179	0.02
500	1.0	0.99	181	0.02	0.67	0.68	181	0.02
600/640	1.27	1.26	180	0.02	0.67	0.68	181	0.02
700	1.39	1.39	182	0.04	1.14	1.15	179	0.02

从Z11F6006Ⅲ-7数据中可以分析出：被测的数字化光纤电流差动保护的差动电流随着区外负荷电流的增加基本上不变化，满足光纤电流差动保护同步的要求。

以一次穿越电流为横坐标，画出二次差流随一次电流的变化趋势如图Z11F6006Ⅲ-27所示。

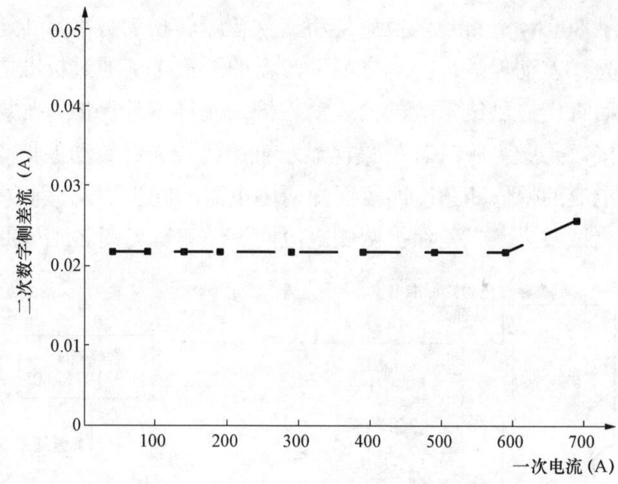

图 Z11F6006Ⅲ-27 差动电流随外部穿越性电流的增加变化趋势

2. 基于 IEEE 1588 的数据同步测试

（1）合并单元同步过程测试。

对于采用 SV 组网方式下数据传输，同步脉冲通过级联交换机至合并单元，通过比较主钟和合并单元的同步脉冲上升沿，即可对合并单元的时钟偏差进行测试，如图 Z11F6006Ⅲ-28 所示。

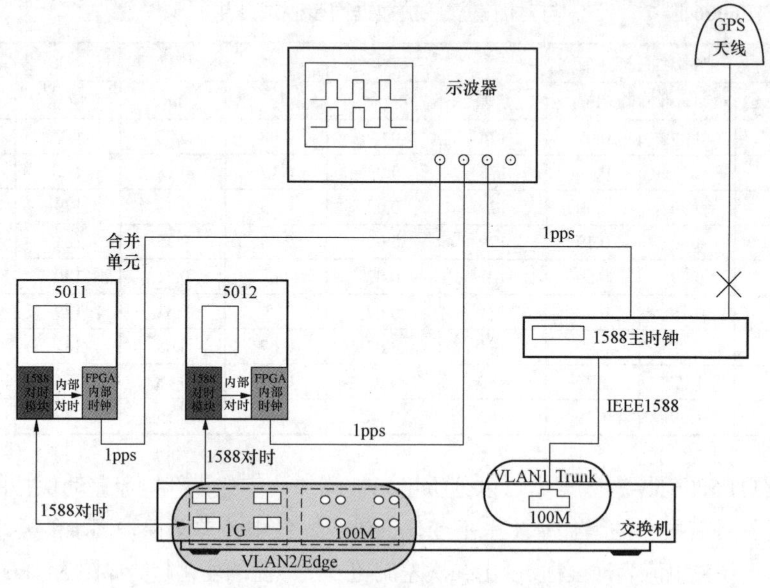

图 Z11F6006Ⅲ-28 合并单元同步性能测试结构图

图 Z11F6006Ⅲ–29 曲线的测量时间为 2h，曲线表明合并单元输出的秒脉冲与主钟脉冲时间偏差波动范围在 800～1000ns。

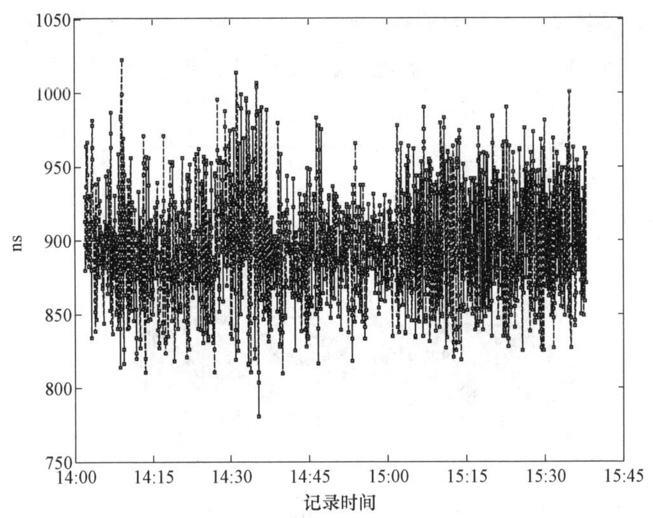

图 Z11F6006Ⅲ–29　合并单元输出秒脉冲与主钟脉冲时间偏差波动曲线

（2）网络交换机流量对合并单元同步的影响。

采用 SmartBit 对 SV 组网交换机上加背景流量，测试不同网络负载对采样值同步的影响。试验中将背景流量加在参考电流支路所处的子交换机相应端口，记录不同负载流量下合并单元间的 1pps 偏差，测试系统如图 Z11F6006Ⅲ–30 所示。

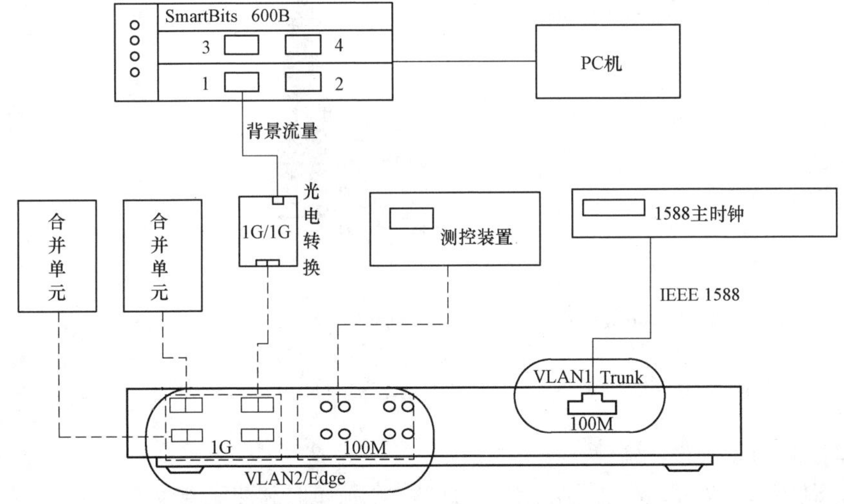

图 Z11F6006Ⅲ–30　交换机背景流量对数据同步的影响测试

（1） 正常流量。

图 Z11F6006Ⅲ–31 为正常流量情况下合并单元 1pps 脉冲主钟间偏差，从测试结果可以看出正常工作情况下合并单元与主钟间秒脉冲时间差变化范围为[780，1022]ns，滞后主钟平均值为 896.4ns，方差为 36.0ns，均值满足要求。

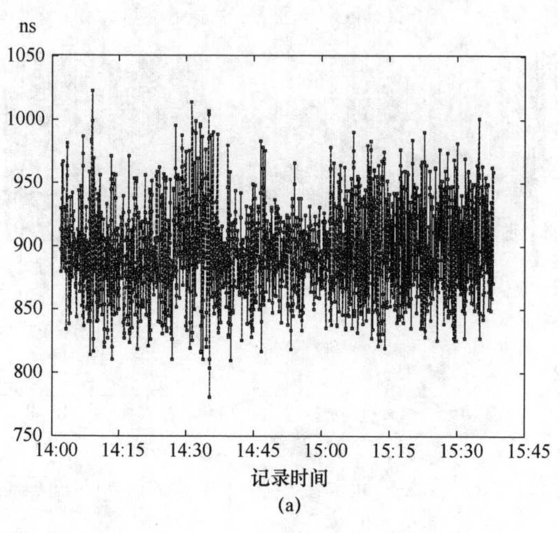

(a)

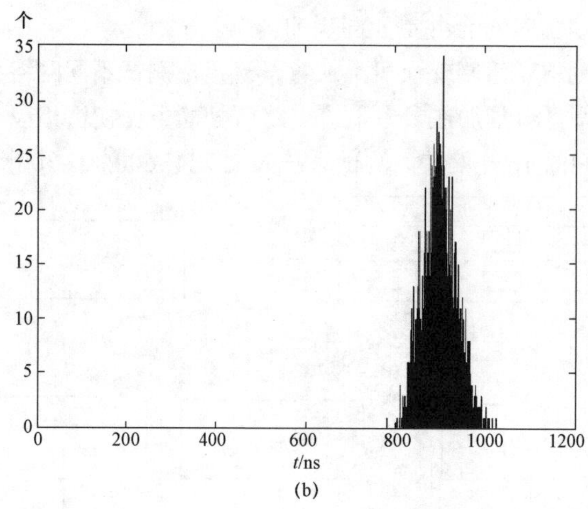

(b)

图 Z11F6006Ⅲ–31 正常情况下合并单元与主钟 1pps 偏差分布

（a）5011 合并单元与主时钟（无背景流量）；

（b）5011 合并单元与主时钟（无背景流量）统计特性均值：896.3579ns 方差 36.0423ns

（2） 叠加 30%背景流量。

图 Z11F6006Ⅲ–32 为交换机上叠加 30%背景流量时脉冲偏差。

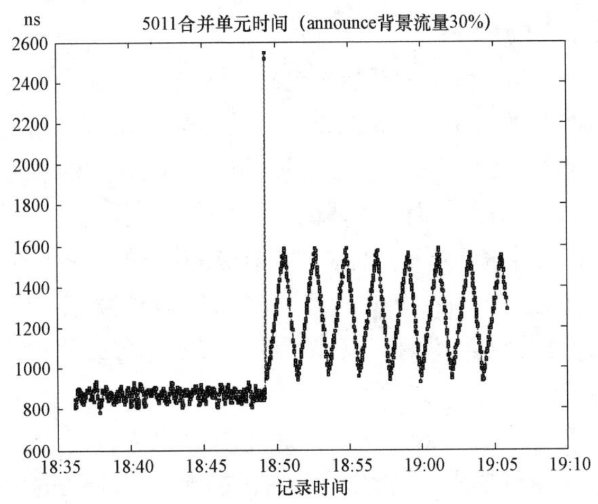

图 Z11F6006Ⅲ–32 交换机上叠加 30%背景流量时脉冲偏差

从图Z11F6006Ⅲ–32可以看出在交换机端口叠加30%的背景announce流量的情况下，合并单元与主钟间的脉冲延时出现锯齿波状的较大波动，变化范围为[787，2542]ns，滞后主钟平均值为 1092.7ns，方差为 245.7ns，均值不再满足要求。

【思考与练习】

1. 常用对时方式有哪几种？
2. IEEE 1588 的对时机制是怎样的？
3. 外部时钟同步方式是怎样解决采样值同步问题的？
4. 如何进行站内间隔数据同步测试？

模块 5 常用测试仪器及软件介绍（Z11F6007Ⅲ）

【模块描述】本模块包含智能变电站工程测试过程中相关测试仪器和测试软件的使用方法，通过对虚端子自动生成系统、数字化继电保护测试仪、电子式互感器校验仪、网络报文分析仪、网络性能测试仪、网络抓包工具等测试仪器及软件原理介绍，掌握智能站调试常用测试仪器及软件的使用方法。

【模块内容】

随着智能变电站工程建设的开展，与智能变电站相关的测试仪器和软件得到深入的研究与广泛应用，本模块将介绍智能变电站工程测试过程中相关测试仪器和测试软件的使用方法，主要包括数字化继电保护测试仪、电子式互感器校验仪、网络报文分析仪、网络性能测试仪和网络抓包工具。

一、虚端子自动生成系统

GOOSE talk 是一款基于.net 的智能变电站二次设备虚端子自动生成软件系统，可自动扫描全站的 SCD 文件，生成全站二次设备的虚端子表，完成配置文件向传统二次回路联接的映射，软件可自动生成 Excel 虚端子表和 Visio 虚端子图，在保证智能变电站现场二次回路正确性的前提下提高了调试效率。该软件基于微软的.net 平台开发，利用了 Xml 类库对配置文件进行解析，根据 IEC 61850 标准的要求对文件中的数据进行了深层挖掘，构成了一张虚端子联系表作为整个软件的基础数据表。软件与 Excel 和 Visio 交互，并使用高级控件展现全部数据信息，增强了数据的可读性和软件的易操作性。

1. SCD 解析功能

点击 GOOSE talk 工具栏中 SCL 按钮，选择 SCD 文件打开。SCD 文件读入后软件对 SCD 文件中的配置进行解析，分析出一些常见的问题，显示在软件的下方信息框内。

在软件左侧的树形列表中选择某设备（或输入关键字筛选），软件根据设备的配置动态列出此设备的配置类别（Goose Output/Goose Input/Sv Output/Sv Input），用户可根据需要选择查看。

软件在工作区的上半部分表格显示（Goose Input 或 Sv Input），在下半部分表格显示（Goose Output 或 Sv Output）。软件可直接根据分类，查看到本设备的详细配置。其中 Input 和 Output 都是根据 SCD 中配置的虚端子联系生成，仅仅是显示的方式有所区别。Input 是反向的显示方式，即显示了到达本装置的全部数据；Output 是正向的显示方式，即显示了本装置送出的全部数据及终点（根据配置不同，部分数据可能没有装置接收，软件中以“–”显示）。

软件根据不同的使用人群所关注的配置信息，设置了 3 种表现方式：工程人员、设计院、集成商，可自由切换，软件选择的模式展现配置内容。图 Z11F6007Ⅲ–1 为设计院模式下的配置显示。

软件提供了 Visio 图形显示全站的数据流向图，以及装置的虚端子图，如图 Z11F6007Ⅲ–2 和图 Z11F6007Ⅲ–3 所示。

2. 数据导出功能

软件提供了如下 4 种导出方式，导出的文件默认保存于软件目录下的工程目录中。

导出 Input：点击 Export Input.xls 按钮导出全部 Input 信息于一个 xls 文件，或右击装置选择导出 Input 则导出本装置的 Input 信息。

导出 Output：与导出 Input 类似。

导出 DataSet：与导出 Input 类似。

导出 Mac：导出全站的网络地址配置。

GOOSE 开入表如图 Z11F6007Ⅲ–4 所示。

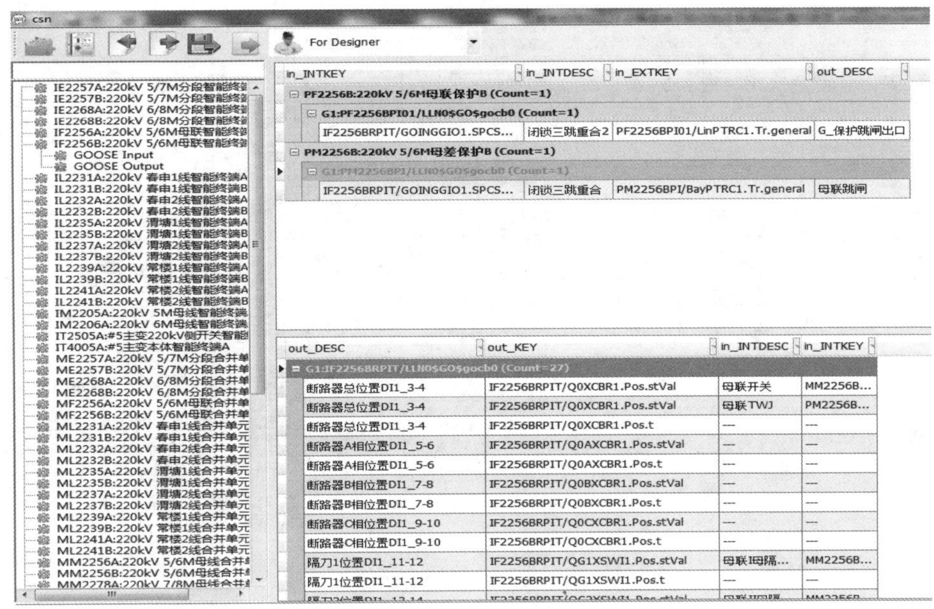

图 Z11F6007Ⅲ-1　配置表格显示功能

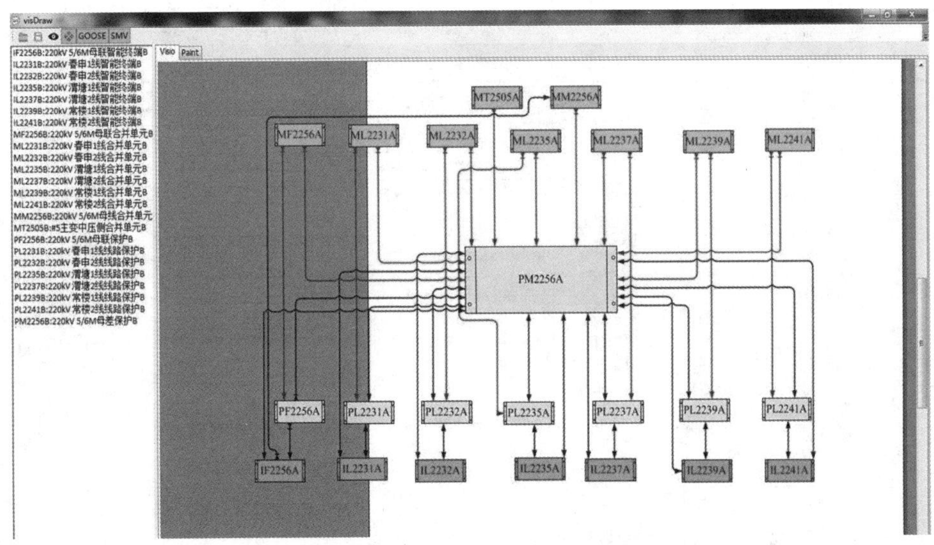

图 Z11F6007Ⅲ-2　数据流 Visio 显示功能

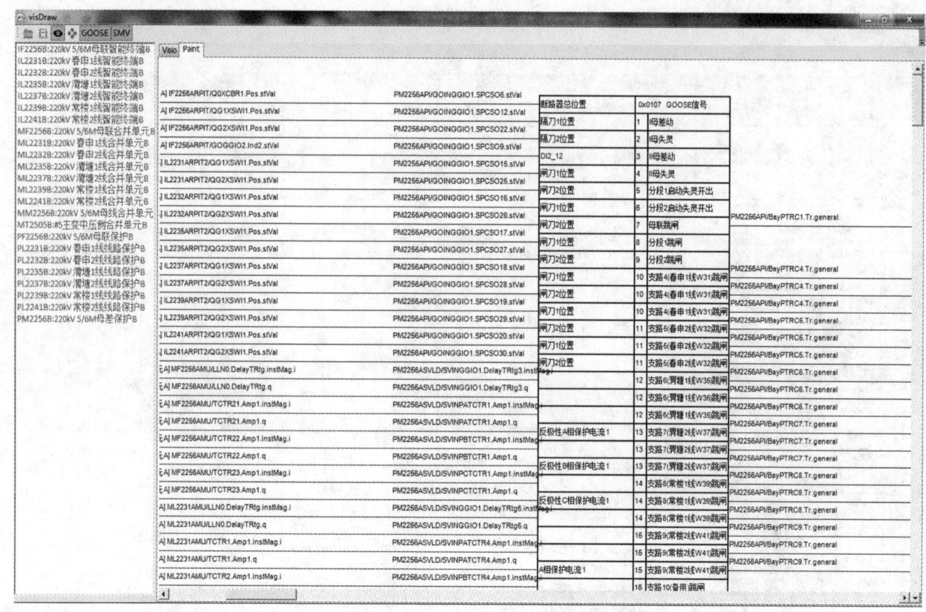

图 Z11F6007Ⅲ-3 虚端子图显示功能

PM2256B:220kV 5/6M母差保护B								
开入量		序号	开出量	开出装置	开出GOOSE控制块	MAC	APPID	VLAN
母联TWJ	<-----	1	断路器总位置	IF2256B:220kV 5/6M母联智能终端B	G1:IF2256BRPIT/LLN0GOgocb0	01-0C-CD-01-04-1F	041F	425
母联G1	<-----	9	隔刀1位置					
母联G2	<-----	11	隔刀2位置					
母联SHJ	<-----	11	DI2_12		G1:IF2256BRPIT/LLN0GOgocb1	01-0C-CD-01-04-20	420	425
支路4(春申1线W31)G1	<-----	28	1G_从2	IL2231B:220kV 春申1线智能终端B	A3:IL2231BRPIT3/LLN0GOgocb0	01-0C-CD-01-04-05	405	425
支路4(春申1线W31)G2	<-----	30	2G_从2					
支路5(春申2线W32)G1	<-----	28	1G_从2	IL2232B:220kV 春申2线智能终端B	A3:IL2232BRPIT3/LLN0GOgocb0	01-0C-CD-01-04-0A	040A	425
支路5(春申2线W32)G2	<-----	30	2G_从2					
支路6(渭塘1线W35)G1	<-----	28	1G_从2	IL2235B:220kV 渭塘1线智能终端B	A3:IL2235BRPIT3/LLN0GOgocb0	01-0C-CD-01-04-0F	040F	425
支路6(渭塘1线W35)G2	<-----	30	2G_从2					
支路7(渭塘2线W37)G1	<-----	28	1G_从2	IL2237B:220kV 渭塘2线智能终端B	A3:IL2237BRPIT3/LLN0GOgocb0	01-0C-CD-01-04-14	414	425
支路7(渭塘2线W37)G2	<-----	30	2G_从2					
支路8(常楼1线W39)G1	<-----	28	1G_从2	IL2239B:220kV 常楼1线智能终端B	A3:IL2239BRPIT3/LLN0GOgocb0	01-0C-CD-01-04-19	419	425
支路8(常楼1线W39)G2	<-----	30	2G_从2					
支路9(常楼2线W41)G1	<-----	28	1G_从2	IL2241B:220kV 常楼2线智能终端B	A3:IL2241BRPIT3/LLN0GOgocb0	01-0C-CD-01-04-1E	041E	425
支路9(常楼2线W41)G2	<-----	30	2G_从2					
外部充电启动母联失灵开入	<-----	2	G_失灵启动	PF2256B:220kV 5/6M母联保护B	G1:PF2256BPI01/LLN0GOgocb0	01-0C-CD-01-02-08	208	401
支路4(春申1线W31)A相失灵	<-----	6	A相启动失灵	PL2231B:220kV 春申1线线路保护B	A2:PL2231BTRIP/LLN0GOgocb0	01-0C-CD-01-02-01	201	401
支路4(春申1线W31)B相失灵	<-----	7	B相启动失灵					
支路4(春申1线W31)C相失灵	<-----	8	C相启动失灵					
支路5(春申2线W32)A相失灵	<-----	6	A相启动失灵	PL2232B:220kV 春申2线线路保护B	A2:PL2232BTRIP/LLN0GOgocb0	01-0C-CD-01-02-02	202	401
支路5(春申2线W32)B相失灵	<-----	7	B相启动失灵					
支路5(春申2线W32)C相失灵	<-----	8	C相启动失灵					
支路6(渭塘1线W35)A相失灵	<-----	6	A相启动失灵	PL2235B:220kV 渭塘1线线路保护B	A2:PL2235BTRIP/LLN0GOgocb0	01-0C-CD-01-02-03	203	401
支路6(渭塘1线W35)B相失灵	<-----	7	B相启动失灵					
支路6(渭塘1线W35)C相失灵	<-----	8	C相启动失灵					
支路7(渭塘2线W37)A相失灵	<-----	6	A相启动失灵	PL2237B:220kV 渭塘2线线路保护B	A2:PL2237BTRIP/LLN0GOgocb0	01-0C-CD-01-02-04	204	401
支路7(渭塘2线W37)B相失灵	<-----	7	B相启动失灵					
支路7(渭塘2线W37)C相失灵	<-----	8	C相启动失灵					
支路8(常楼1线W39)A相失灵	<-----	6	A相启动失灵	PL2239B:220kV 常楼1线线路保护B	A2:PL2239BTRIP/LLN0GOgocb0	01-0C-CD-01-02-05	205	401
支路8(常楼1线W39)B相失灵	<-----	7	B相启动失灵					
支路8(常楼1线W39)C相失灵	<-----	8	C相启动失灵					
支路9(常楼2线W41)A相失灵	<-----	6	A相启动失灵	PL2241B:220kV 常楼2线线路保护B	A2:PL2241BTRIP/LLN0GOgocb0	01-0C-CD-01-02-06	206	401
支路9(常楼2线W41)B相失灵	<-----	7	B相启动失灵					
支路9(常楼2线W41)C相失灵	<-----	8	C相启动失灵					

图 Z11F6007Ⅲ-4 GOOSE 开入表

3. GOOSE 虚端子映射软件应用

以某变 220kV 母差保护为例，利用 Goose 虚端子导出软件从某变的 SCD 文件中导出 220kV 母差 A 套的 Goose 开入量映射表，部分结果如图 Z11F6007Ⅲ-5 所示。

PM2201A:SGB750 220kV母差保护1								
开入量		序号	开出量	开出装置	开出GOOSE控制块	MAC	APPID	VLAN
母联HWJ	<-----	1	断路器总位置DI1 3-4	IF2201A:PSIU601 220kV母联智能终端1	G1:IF2201ARPIT/LLN0GOgocb1	01-0C-CD-01-20-66	2066	0
母联G1	<-----	5	隔刀1位置DI1 11-12					
母联G2	<-----	6	隔刀2位置DI1 13-14					
母联SHJ	<-----	34	DI3 19		G1:IF2201ARPIT/LLN0GOgocb2	01-0C-CD-01-20-67	2067	0
支路6G1	<-----	5	隔刀1位置DI1 11-12	IL2201A:PSIU601 利港电厂1智能终端1	G1:IL2201ARPIT/LLN0GOgocb1	01-0C-CD-01-20-07	2007	0
支路6G2	<-----	6	隔刀2位置DI1 13-14					

图 Z11F6007Ⅲ-5　某变 220kV 母差 A 套的 GOOSE 开入量映射

二、数字化继电保护测试仪

智能变电站采用了符合 IEC 61850 标准的数字化保护装置，随之带来的问题就是如何使用相关配套测试仪对接口数字化的保护装置进行测试。本部分以 ZH-605D 型数字继电保护测试仪为例，主要介绍其“数字报文测试”功能在工程测试中的应用。ZH-605D 的测试主界面如图 Z11F6007Ⅲ-6 所示。

图 Z11F6007Ⅲ-6　ZH-605D 测试仪控制软件主界面

1. 试验配置

打开测试仪控制软件，试验之前首先进行试验配置。包括“SV 采样值配置”和“GOOSE 输入输出配置”。

（1） SV 配置。

SV 配置界面如图 Z11F6007Ⅲ-7 所示，对于点对点输出主要配置的项目包括 AppID、MAC、光口、通道数目、svID，组网输出还需要配置 VLanID。具体内容包括：

1）采样值报文规范。

选择采样值报文类型，可选 IEC 60044–7/8、IEC 61850–9–1、IEC 61850–9–2，也可自定义，一般选 IEC 61850–9–2 或自定义。

2）采样频率、周波点数。

设置采样值报文输出频率及相应的每周波点数，可参考设置采样频率为 4000kHz，周波点数为 80。

3）序号同步、翻转序号。

有不同步、秒脉冲同步、自定义翻转 3 种方式。不同步时，报文序号依次累加，不翻转；秒脉冲同步时，收到秒脉冲信号时报文序号回置为 0，然后依次累加，直至下次秒脉冲的到来；自定义翻转时，报文序号增加到翻转序号时回置为 0，例如翻转序号为 4000 时，若本次序号为 3999，则下次序号为 0。

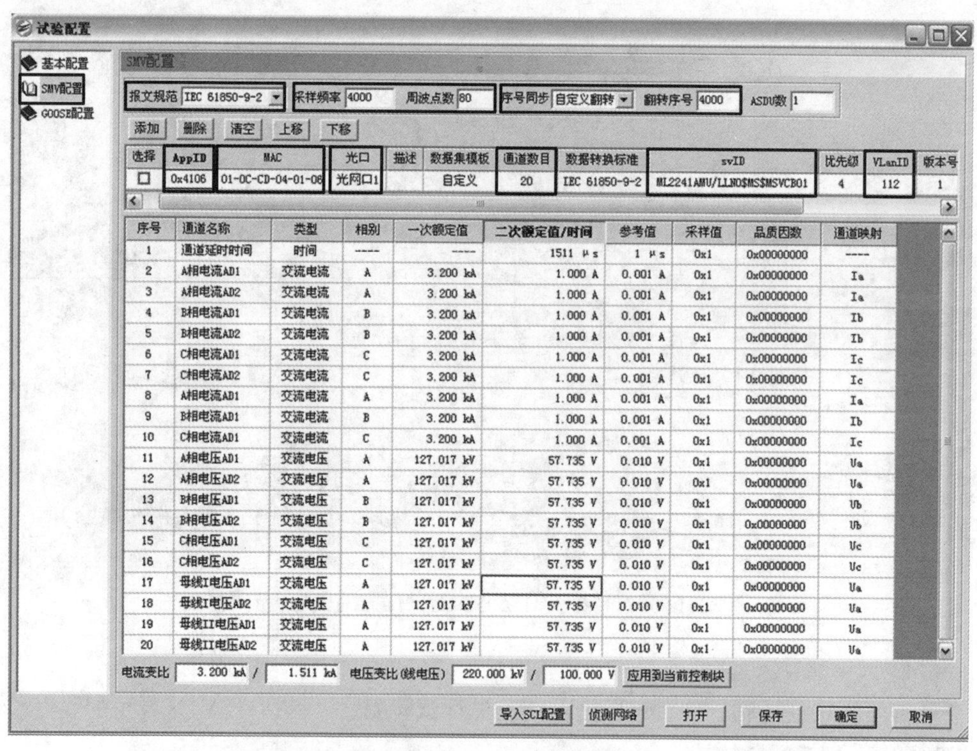

选择	AppID	MAC	光口	描述	数据集模板	通道数目	数据转换标准	svID	优先级	VLanID	版本号
□	0x4106	01-0C-CD-04-01-06	光网口1		自定义	20	IEC 61850-9-2	ML2241AMU/LLN0MSMSVCB01	4	112	1

序号	通道名称	类型	相别	一次额定值	二次额定值/时间	参考值	采样值	品质因数	通道映射
1	通道延时时间	时间	-----	-----	1511 μs	1 μs	0x1	0x00000000	----
2	A相电流AD1	交流电流	A	3.200 kA	1.000 A	0.001 A	0x1	0x00000000	Ia
3	A相电流AD2	交流电流	A	3.200 kA	1.000 A	0.001 A	0x1	0x00000000	Ia
4	B相电流AD1	交流电流	B	3.200 kA	1.000 A	0.001 A	0x1	0x00000000	Ib
5	B相电流AD2	交流电流	B	3.200 kA	1.000 A	0.001 A	0x1	0x00000000	Ib
6	C相电流AD1	交流电流	C	3.200 kA	1.000 A	0.001 A	0x1	0x00000000	Ic
7	C相电流AD2	交流电流	C	3.200 kA	1.000 A	0.001 A	0x1	0x00000000	Ic
8	A相电流AD1	交流电流	A	3.200 kA	1.000 A	0.001 A	0x1	0x00000000	Ia
9	B相电流AD1	交流电流	B	3.200 kA	1.000 A	0.001 A	0x1	0x00000000	Ib
10	C相电流AD1	交流电流	C	3.200 kA	1.000 A	0.001 A	0x1	0x00000000	Ic
11	A相电压AD1	交流电压	A	127.017 kV	57.735 V	0.010 V	0x1	0x00000000	Ua
12	A相电压AD2	交流电压	A	127.017 kV	57.735 V	0.010 V	0x1	0x00000000	Ua
13	B相电压AD1	交流电压	B	127.017 kV	57.735 V	0.010 V	0x1	0x00000000	Ub
14	B相电压AD2	交流电压	B	127.017 kV	57.735 V	0.010 V	0x1	0x00000000	Ub
15	C相电压AD1	交流电压	C	127.017 kV	57.735 V	0.010 V	0x1	0x00000000	Uc
16	C相电压AD2	交流电压	C	127.017 kV	57.735 V	0.010 V	0x1	0x00000000	Uc
17	母线I电压AD1	交流电压	A	127.017 kV	57.735 V	0.010 V	0x1	0x00000000	Ua
18	母线I电压AD2	交流电压	A	127.017 kV	57.735 V	0.010 V	0x1	0x00000000	Ua
19	母线II电压AD1	交流电压	A	127.017 kV	57.735 V	0.010 V	0x1	0x00000000	Ua
20	母线II电压AD2	交流电压	A	127.017 kV	57.735 V	0.010 V	0x1	0x00000000	Ua

图 Z11F6007Ⅲ–7 SV 配置界面

4）AppID、MAC 地址、ASDU 数目、VLanID、优先级、品质因数、svID、状态字、版本号。

AppID、MAC、svID 都要根据 scd 文件中进行配置，通道数目与图中的“序号”相对应。例如 SV 采样值采用 20 通道，其中可设置第 1 路为通道延时时间；第 2～10 路为线路采样电流（其中 AD1 采样电流用于保护和测量，AD2 采样电流用于保护）；第 11～16 路为线路采样电压；第 17～20 路为母线Ⅰ和母线Ⅱ采样电压。

（2） GOOSE 配置。

1） 导入 SCL 配置。

GOOSE 配置界面如图 Z11F6007Ⅲ-8 所示，点击“导入 SCL 配置”进行配置。导入界面如图 Z11F6007Ⅲ-9，在左栏中选择要导入的项目，在“内部 GOOSE 控制块列表”中选中相应控制块，点击“确定”。

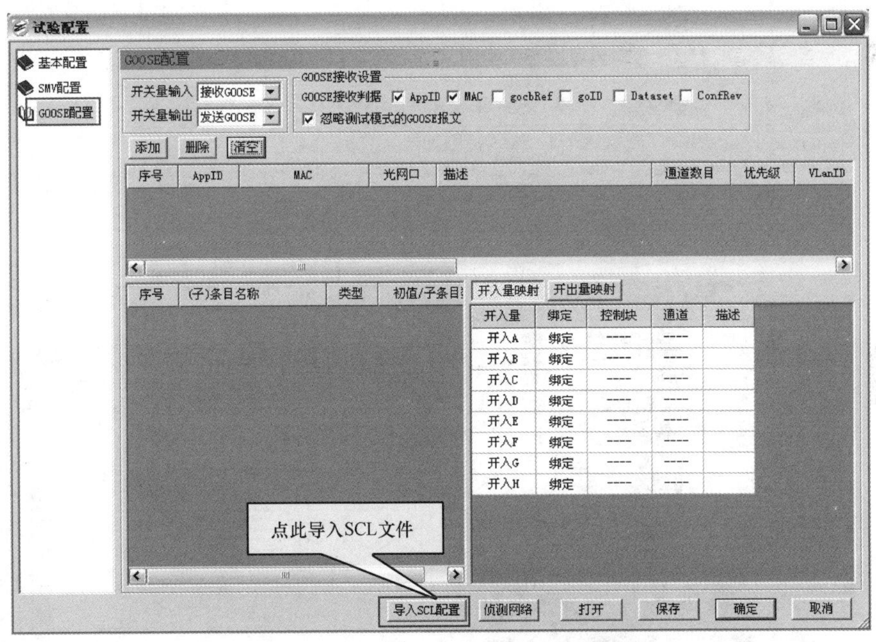

图 Z11F6007Ⅲ-8 GOOSE 配置界面

2） 开出量映射。

除了导入 SCL 配置之外，如果对保护装置进行开入开出测试，还要进行“开出量映射”。例如图 Z11F6007Ⅲ-10 中，将“A 相跳闸”“B 相跳闸”“C 相跳闸”“重合闸_GOOSE”与右侧“开出量映射”中“开出 1”“开出 2”“开出 3”“开出 4”分别绑定。

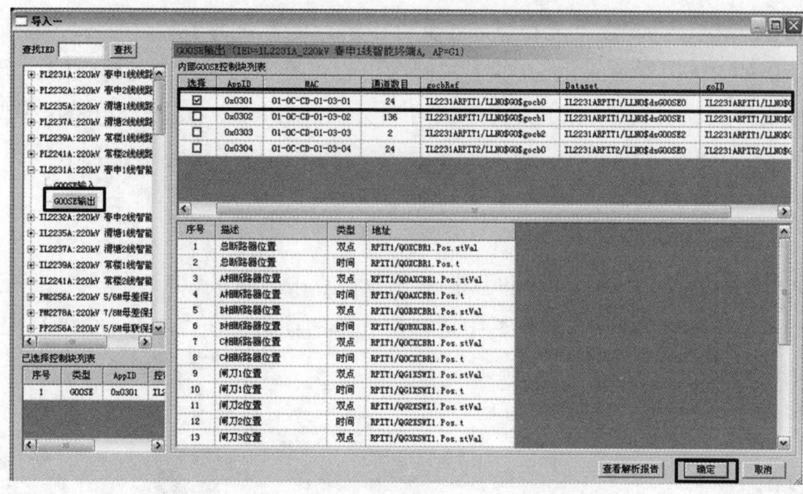

图 Z11F6007Ⅲ-9 导入 SCL 配置界面

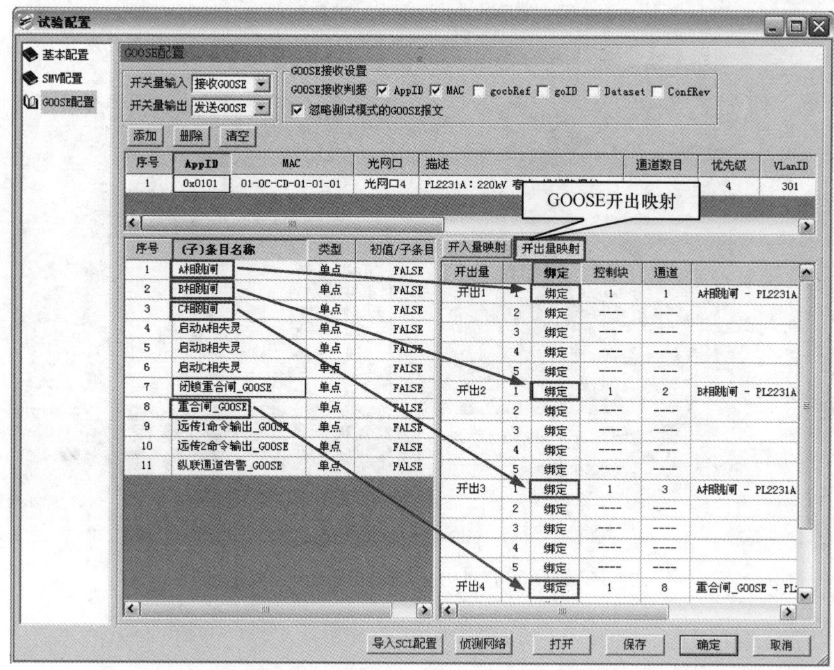

图 Z11F6007Ⅲ-10 开出量映射界面

2. 数字报文测试

数字报文测试模块最主要的功能是输出 SV 采样值和发送 GOOSE 信号。测试仪提供 4 个 100Mbps 光纤以太网收发口、6 个光串口输出，可同时发送和接收多组采样值报文，发送多组 GOOSE 报文并实时显示状态变化。

测试前，首先在配置栏中进行测试配置，包括 AppID、光口、MAC 等，如果已经进行了上述介绍过的配置，则打开“数字报文测试”时，配置栏中则默认为配置过的内容，不需再配置。

（1）SV 采样值发送。

采样值发送界面如图 Z11F6007Ⅲ–11 所示，分为左区的基本配置、右上区的采样值控制块列表和右下区的通道列表 3 个部分。部分设置如下：

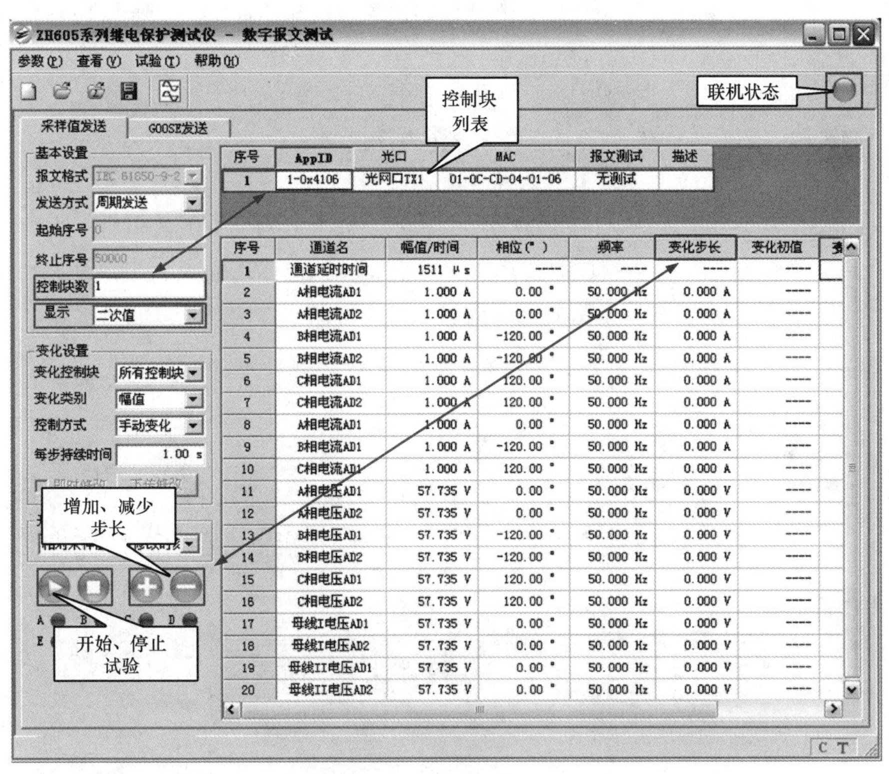

图 Z11F6007Ⅲ–11　采样值发送

1）控制块数。

IEC 60044–8 最多可设置 3 个控制块，9–1 和 9–2 最多可设置 5 个控制块，改变控制块数目时，右上侧的控制块列表会相应增减行数。

2）显示一次/二次值。

通道列表中的幅值列会根据相应设置显示为一次值或二次值；当采用 IEC

61850–9–1 标准和 FT3 规约标时，通道列表中的“参考值”列设置为一次额定值或者二次额定值（电压通道为相电压）；当采用 IEC 61850–9–2 标准时，先将幅值转换为一次值再打包发送数字报文。

3）输出光口选择。

可从控制块列表的“光口”选项为各控制块选择输出光口。

4）控制块列表报文测试列。

默认时无测试，双击弹出报文测试设置对话框，可设置序号偏差（失步）、阻塞、丢帧、同步位、品质、序号跳变、错值（假数据）等测试；品质和错值测试需要设定通道，选中的通道才产生相应测试；测试限制设置测试起始帧/点，限制次数设定测试次数，不限制时测试一直进行直到试验停止。

右下区的通道列表中可设置幅值、相位、频率、一次额定值、二次额定值等通道参数。

“联机状态”灯为红色表示未联机，绿色表示已联机。

（2）GOOSE 发送。

GOOSE 发送界面如图 Z11F6007Ⅲ–12 所示。该页分为上中下 3 部分：上部设置品质因数、控制块数，最多可同时发送 10 个控制块的 GOOSE 报文；中部为控制块列表，设置各个控制块参数；下部为通道列表，可手动改变每个控制块通道状态。

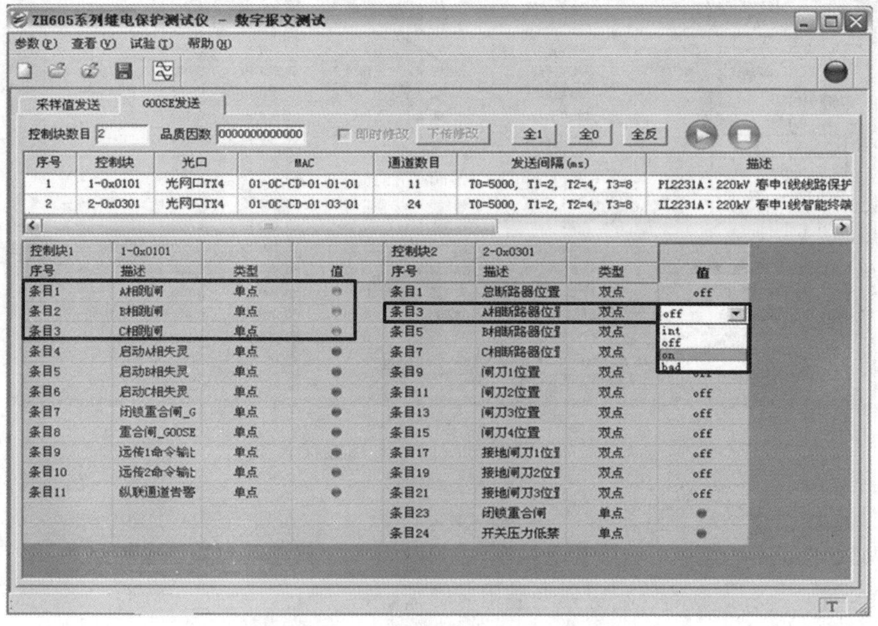

图 Z11F6007Ⅲ–12 GOOSE 发送

发送 GOOSE 数据分为单点和双点类型，单点类型的值用小灯表示，绿灯表示 TRUE、红灯表示 FALSE；双点类型的值为 on、off、int 和 bad 四种，其中 on 表示合、off 表示分、int 表示中间态、bad 表示坏状态。

3. 通信相关说明

各功能软件通过收发以太网报文与测试仪通信，通信状态由右上角的指示灯标识。对于多网卡的计算机，软件会在以下 3 种情况弹出图 Z11F6007Ⅲ–13 所示的对话框，以便用户选择要绑定的网卡：

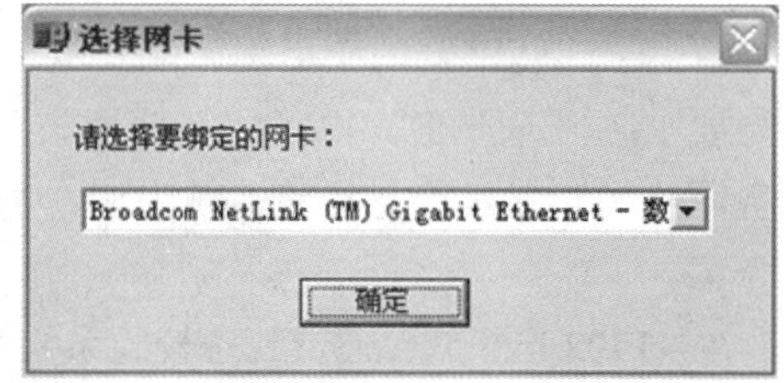

图 Z11F6007Ⅲ–13　多网卡的选择绑定

（1） 首次启动试验模块。

（2） 计算机的网络连接有变动时，如用户添加、拆除网卡，或停用、启用网络连接。

（3） 用户单击菜单项：试验绑定网卡。

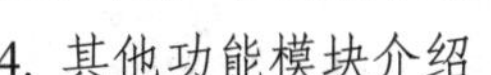

4. 其他功能模块介绍

ZH–605D 测试仪除了可以进行数字报文测试之外，还可以进行电压电流、整组试验、状态序列等十余项功能模块，下面主要对电流电压、整组实验、状态序列进行简要介绍。

（1） 电压电流。

电压电流具有以下功能：电压保护测试，电流保护测试，功率保护测试，频率及高低频保护测试，时间继电器测试，直流继电器测试。

电压保护、电流保护、时间继电器和直流继电器测试可以测试装置的动作值和动作时间。功率保护测试除了可测试动作值和动作时间之外，还可以测试动作边界。频率及高低频保护测试可测试动作值、动作时间、d*f*/d*t* 闭锁值，d*v*/d*t* 闭锁值，低电压闭锁值和低电流闭锁值。用户只需设置起始值、终止值、变化步长以及判断开入量变位方式，装置将自动完成实验，并显示试验结果。频率及高低频保护还可提供滑差变化方式。

4 个开出量可单独控制，可设置起始状态，提供 3 种变位方式：变位后复位、变位后不复位和不变位。变位的起始时间及变位持续时间都可设置，最小分辨率为 1ms。

（2） 整组实验。

整组实验模块用于模拟输电线路故障前、故障、跳开、重合和永久性故障等状态，以测试保护装置在各个状态下的动作情况。可叠加非周期分量，选择任意合闸角或固定合闸角。可在故障后或重合后添加转换性故障，故障起始时刻可设置，故障类型包含单相、两相和三相故障，计算模型有 Z_s 恒定、电压恒定和电流恒定模式。

（3）状态序列。

状态序列可设置最多 50 个状态，可设置时间触发、开关量触发、同步触发和 GPS 触发。可显示所有状态的波形图，并可进行全面的试验评估。输入方式有任意输入、按序量输入和按功率输入，短路故障计算模型有 Zs 恒定、电压恒定或电流恒定。

三、电子式互感器校验仪

电子式互感器的应用是智能变电站的一个重要的技术特征，工程测试中对其性能要求越来越严格，电子式互感器校验工作的重要性不言而喻，本部分以 NT702 型电子式互感器稳态校验系统为例，对电子式互感器校验以及仪器的使用进行简要介绍。

NT702 电子式互感器稳态校验系统的软件主界面如图 Z11F6007Ⅲ-14 所示。

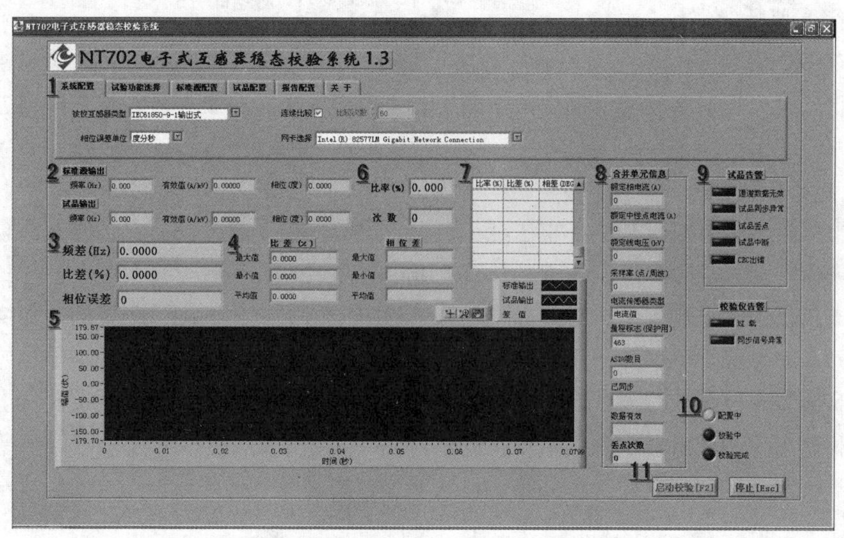

图 Z11F6007Ⅲ-14 主界面图

程序界面各部分功能，按图中标号依次说明如下：

1. 参数配置

参数配置对应主界面图中标注 1 区域。

（1）系统配置。图 Z11F6007Ⅲ-15 为系统配置界面，下面具体介绍配置过程。

图 Z11F6007Ⅲ-15 系统配置界面

1） 被校验互感器类型。

开始试验前，根据被测互感器的输出方式，选择模拟量输出式、IEC 61850–9–1 输出式、IEC 61850–9–2LE 输出式、IEC 61850–9–2 输出式或 FT3 输出式。该配置选项在程序启动后，会进入灰色显示状态，不允许改变。若要改变此值，应先停止程序的运行。

2） 比较次数。

设定需要进行校验试验的次数。当程序比较的次数达到设定值时，会自动生成试验报告，并结束程序运行。当“连续比较”复选框勾选后，该设置项自动变灰，表示试验会一直进行下去，无固定校验次数。

3） 相位误差单位。

设定相位误差数据是以度分秒为单位，还是以分为单位。

4） 网卡选择。

当进行数字量输出式互感器校验时，系统自动检测可供使用的网卡并列表，需根据实际接线进行选择。模拟量校验时因为无须使用网卡，此项自动变灰。

（2） 标准源配置。

标准源配置如图 Z11F6007Ⅲ-16 所示。

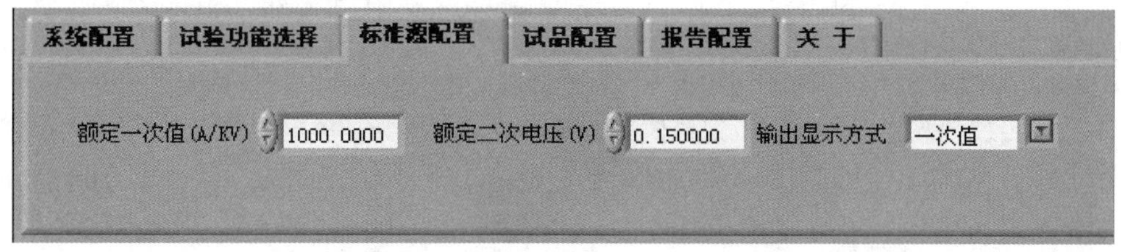

图 Z11F6007Ⅲ-16 标准源配置界面图

1） 额定一次值；额定二次电压。

标准源配置按照标准源信号的接入方式来设置该值。如果标准源电流信号采用内接，则额定二次电压固定填写2V。举例：

情况一：试验用标准电流互感器是1000A/1A的接线方式，标准互感器1A输出电流接至校验仪的1A电流输入端，则此时的额定一次值为1000A；额定二次电压固定为2.0V。

情况二：如果标准电流互感器是1000A/5A的接线方式，标准互感器5A输出电流接至校验仪的5A电流输入端，则额定一次值是1000A，额定二次电压固定为2.0V。如果标准源电压信号采用内接，则额定二次电压固定填写2.5V。举例：试验用标准电压互感器是110KV/100V的接线方式，标准互感器100V输出电压接至校验仪的100V电压输入端，则此时的额定一次值为110kV；额定二次电压固定为2.5V。如果标准源信号采用外接方式，则需要根据标准互感器的一次侧的额定值来设置额定一次值，根据该额定值转化成的对应二次侧模拟电压值来设置额定二次电压。

2）输出显示方式

一次值是指一次侧所加的电流电压值，二次值是指一次量变换到二次后的，加到采集模块上的模拟电压的值。主界面标注2处的标准源输出中，有效值的显示方式会根据该值的设定进行改变。标注5处的波形绘制，也会根据此设定值进行相应改变。

（3）试品配置。

当系统配置中的被校验互感器类型为模拟量输出式时，此处界面如图Z11F6007Ⅲ-17所示：

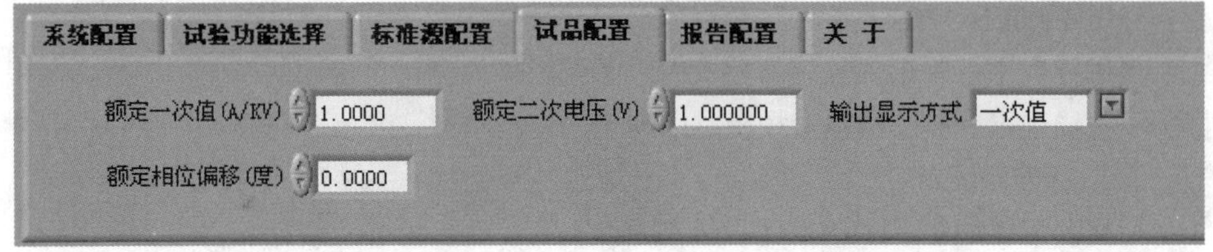

图Z11F6007Ⅲ-17 模拟量输出式试品配置界面图

1）额定一次值；额定二次电压。

按照被测互感器参数，设定该值。例如，被测互感器是额定参数400A的罗氏线圈，额定二次输出电压是150mV，则此时的额定一次值为400A；额定二次电压为0.15V。如果被试互感器是600A的测量线圈，二次额定电压为4.0V，则额定一次值为600A；额定二次电压为4.0V。如果被试互感器110kV的TV，二次额定电压为1.5V，则额定一次值为110kV；额定二次电压为1.5V。

2）输出显示方式。

一次值是指一次侧所加的电流电压值，二次值是指一次量变换到二次后的，加到采集模块上的模拟电压的值。主界面标注 2 处的试品输出中，有效值的显示方式会根据该值的设定进行改变。标注 5 处的波形绘制，也会根据此设定值进行相应改变。

3）额定相位偏移。

根据被试品所提供的参数来设置，单位度。试验开始前应由被试品生产商提供该参数，试验过程中该项变灰，禁止改动。

当系统配置中被校互感器类型为 IEC 61850–9–1 输出式或 FT3 输出式时，此处界面如图 Z11F6007Ⅲ–18 所示：

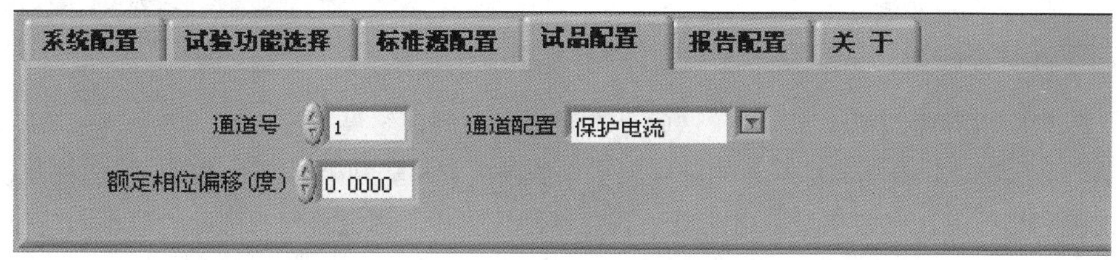

图 Z11F6007Ⅲ–18 IEC 61850–9–1 输出式或 FT3 输出式试品配置界面图

1）通道号。

从合并单元（MU）数据集的 12 路数据通道中选择某一路采样数据进行试验。

2）通道配置。

根据所选通道号对应的信号类别来设置此项：电压、测量电流、保护电流、或者零序电流。

3）额定相位偏移。

同上当系统配置中被校互感器类型为 IEC 61850–9–2LE 输出式或 IEC 61850–9–2 输出式时，此处界面如图 Z11F6007Ⅲ–19 所示：

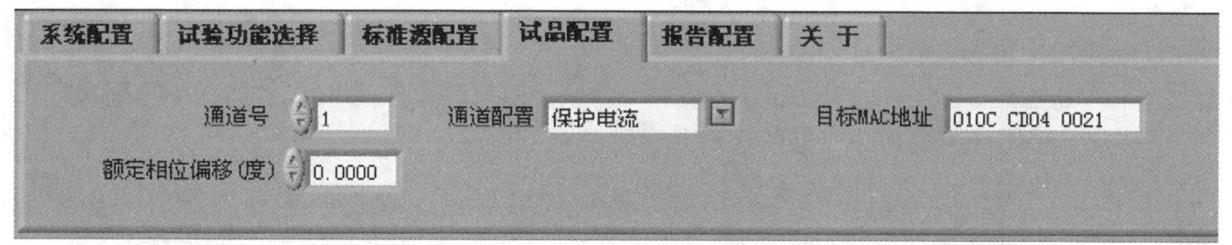

图 Z11F6007Ⅲ–19 IEC 61850–9–2 输出式试品配置界面图

其中通道号、通道配置、额定相位偏移。

上述参数的设置均同上。因为 IEC 61850–9–2 中以 32 位整型数据来传输实际一次值，无一次额定参数值，当传输电流值时，数字量1代表1mA，传输电压时，数字量1代表10mV，所以此处的“通道配置”中，测量电流、保护电流和零序电流是无差别的，均表示该通道为电流值。

目标MAC地址则根据需要接收的IEC 61850–9–2采样值报文所对应的以太网目标MAC地址来设定此参数，十六进制。

2. 测量结果显示

对应主界面图标注2。标准源和试品的测量结果分开显示，包括频率值、基波有效值、以及基波相位值。此处的基波有效值会根据配置信息来决定是显示一次值还是二次值。

3. 校验结果显示

对应主界面图标注3。校验试验是将互感器的测试结果，包括基频频率、基频幅值、基频相位，分别与标准源的基频频率、基频幅值和基频相位进行比对，得出频差、比差和相位差。在数字量输出的电子式互感器校验中，相位差和相位误差有不同的概念，相位差中除了包含相位误差外，还有额定相位偏移和额定延时时间造成的相位移，详见IEC 60044–7（GB/T 20840.7）和IEC 60044–8（GB/T 20840.8）标准中对“相位误差”的说明。

4. 校验结果统计

对应主界面图标注4。在校验试验过程中对试验结果进行统计，得到当前的比差和相差的最大值、最小值和平均值。

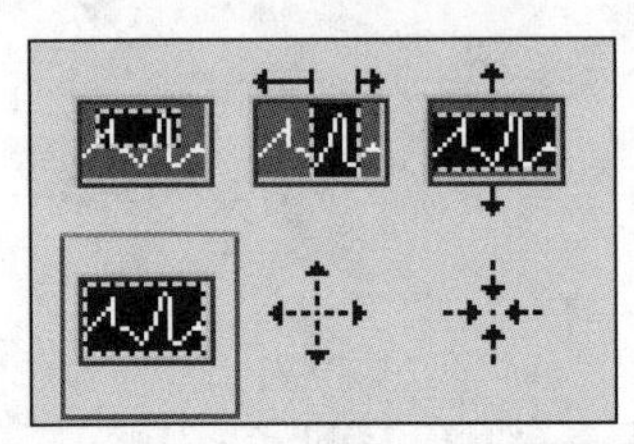

图 Z11F6007Ⅲ–20 波形缩放子图标

5. 波形显示

对应主界面图标注5。对每次比对中所采集到的标准源信号，被测互感器信号进行波形绘制，同时得出被试互感器相对标准源的差值信号，各个波形以不同的颜色加以区分。此处的波形幅值受输出显示方式的控制。波形的控制可以点击控制图标：[图标]，第1个暂无用处；第2个[图标]为波形缩放，其子图标如图Z11F6007Ⅲ–20所示。

功能依次为：所选窗口放大，横向放大，纵向放大，全屏显示，整体放大，整体缩小。第3个图标[图标]为波形的拖拽。波形窗口点击右键可以进行波形图像的清除，标注和导出，以及坐标的调整。

6. 比率及次数

对应主界面图标注6。比率是指从标准源侧看，一次电压或一次电流的实际值相对标准源配置中额定一次值的百分比。次数显示当前试验已比较的次数。

7. 程序控制按钮

对应主界面图标注 11。点击程序左上角[⇨]后，程序即进入校验试验前的配置阶段，程序运行阶段指示灯会指示为配置中。当配置完毕后，点击启动校验按钮，即进入校验试验。停止按钮可随时停止校验试验的进行。

8. 绝对延时测试

绝对延时测试的子界面如图 Z11F6007Ⅲ-21 所示。

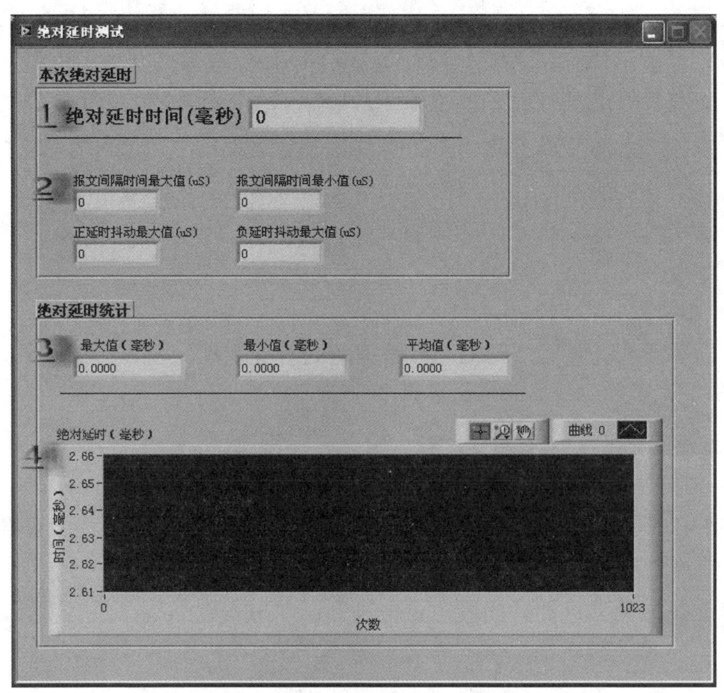

图 Z11F6007Ⅲ-21　绝对延时测试的子界面

标注 1 为本次所测的绝对延时时间，毫秒值。

标注 2 为本次所测的合并器（MU）采样值报文时间特性，包括报文与报文之间的时间间隔，和延时抖动的值，均以μs 为单位。

标注 3 为上述标注 1 处的绝对延时时间的统计值，包括最大值，最小值和平均值。

标注 4 为绝对延时时间的图形绘制。

四、网络报文分析仪

智能变电站中，设备之间的网络通信已成为信息交互和共享的主要方式。网络报文的发送端、接收端以及通信网络异常均有可能影响变电站的正常运行，因此需要对网络报文进行有效的监视、记录和诊断。当电力系统故障发生时，不仅需要对网络原始报文进行记录，还需要对网络报文进行解析，还原为一次设备的故障波形和二次设备的动作行为记录，便于事故发生后进行分析和快速查找故障原因。本部分将简要介绍ZH–5N型和NSAR500型网络报文分析仪的使用方法。

1. ZH–5N网络报文分析仪简介

ZH–5N网络报文分析装置由过程层报文记录子系统、站控层报文记录子系统、暂态录波子系统、就地管理分析子系统以及远端管理分析子系统组成。过程层报文记录子系统主要记录智能变电站过程层的SV报文、GOOSE报文以及PTP报文；站控层报文记录子系统记录站控层网络中MMS报文、GOOSE报文（五防闭锁用）。暂态录波子系统以COMTRADE格式记录一次系统故障波形（包括电压、电流、开关量）。就地管理分析子系统和远端管理分析子系统实现就地和远方的人机交互管理，可以设置系统运行参数，调阅、查询、分析原始记录报文和暂态录波文件等。

2. 使用方法

（1）打开程序。

1）双击 ZH5NMAN.exe 图标，打开ZH–5N管理机的管理软件。

2）双击 ZHNPA.exe 图标，打开ZHNPA报文分析程序。

（2）报文文件查询。

在ZH–5N管理机软件的左栏采集器中，如图Z11F6007Ⅲ–22所示，双击ZH5N_2N（v1.03，ZH–5N/CLU）。

右栏报文查询输入查询时间段，点击查询，弹出查询结果；或者直接点击最近进行查询。

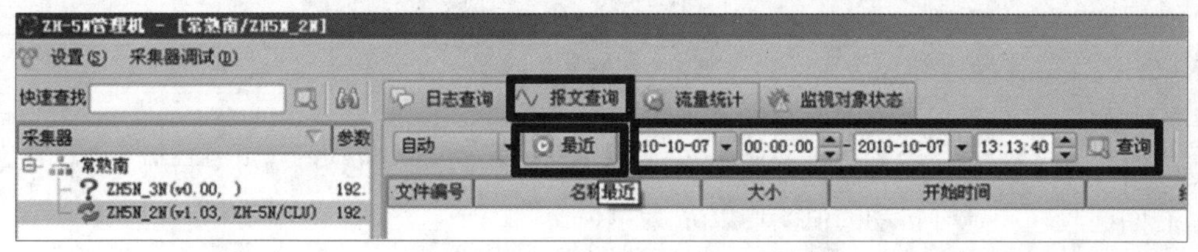

图Z11F6007Ⅲ–22 报文列表查询

（3）下载文件。

双击相应的文件条目就会自动进行下载，并弹出ZHNPA报文分析程序窗口，如图Z11F6007Ⅲ–23所示。

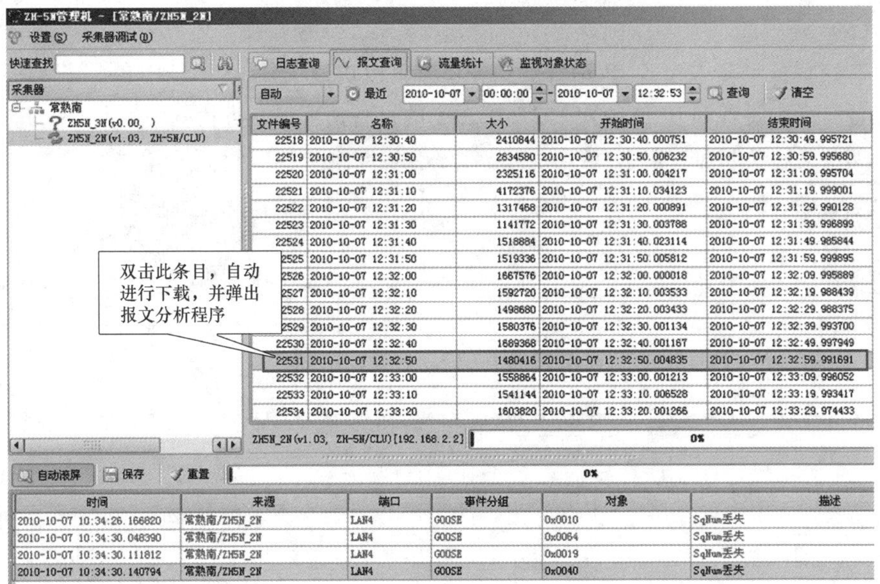

图 Z11F6007Ⅲ–23 报文下载

（4） 同时打开多个文件。

ZH–5N 报文分析仪每隔 10s 就会记录一个报文文件，如果同时打开多个报文文件，可以双击多条报文文件进行下载，在 ZHNPA 报文分析程序窗口中文件下拉菜单中点同时打开多个文件即可，如图 Z11F6007Ⅲ–24 所示。

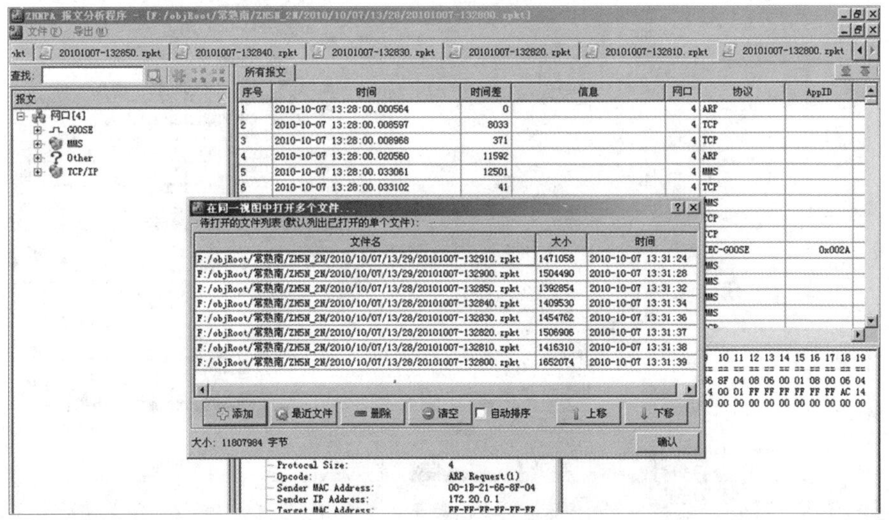

图 Z11F6007Ⅲ–24 打开文件

（5）查找。

在查找框中输入设备 IP 地址的某一字段可以快速找到 IP 地址中包含该字段的所有设备。例如要查询 IP 地址为 172.20.22.93 的设备，可以在查找框中输入 93，进行查找，如图 Z11F6007Ⅲ–25 所示。

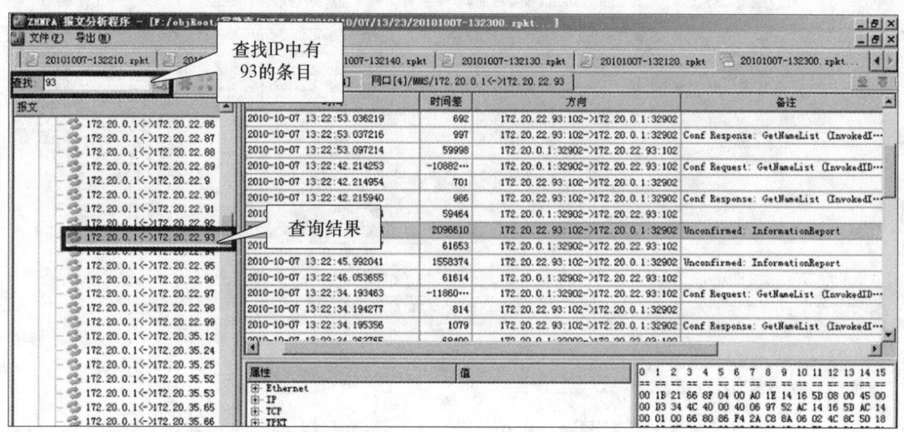

图 Z11F6007Ⅲ–25 报文查询

（6）查看报文。

在图 Z11F6007Ⅲ–26 的右栏中点击相应报文条目进行查看。

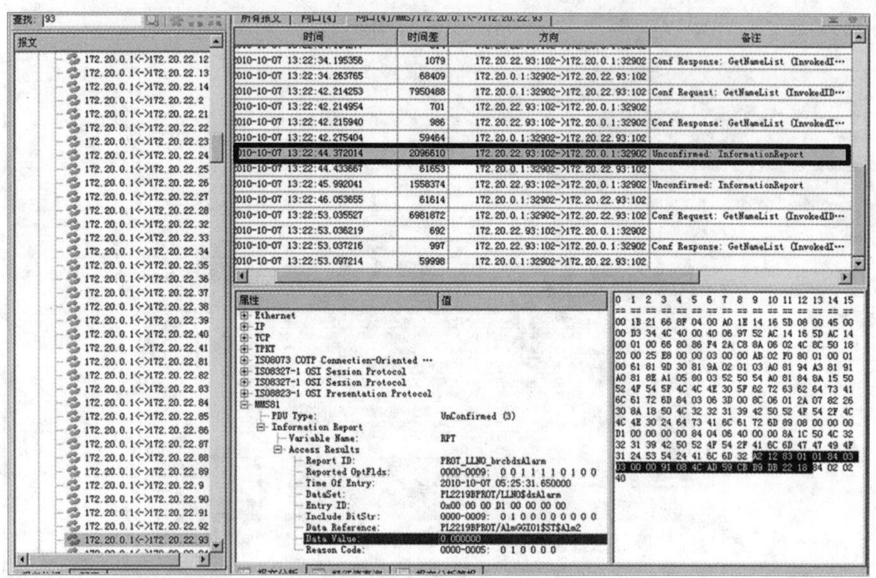

图 Z11F6007Ⅲ–26 报文分析

3. NSAR5000 网络报文分析仪简介

NSAR500 网络报文记录分析系统是智能变电站通信监视设备，可对网络通信状态进行在线监视，并对网络通信故障及隐患进行告警，有利于及时发现故障点并排查故障；同时能够对网络通信信息进行无损全记录，以便于重现通信过程及故障。该设备通过对智能变电站中的所有通信信息进行实时解析，能够以可视化的方式展现数字式二次回路状态。

4. 使用方法

（1） 打开程序。

双击图标 NSA500规约记录与分析，打开报文分析程序。

（2） 下载文件。

记录通道查询界面如图 Z11F6007Ⅲ–27 所示。

图 Z11F6007Ⅲ–27 中显示有四个记录通道，任何一个通道都可以查看报文。双击其中一个通道弹出下载对话框，如图 Z11F6007Ⅲ–28 所示，选中某条文件进行下载。

图 Z11F6007III–27 记录通道查询

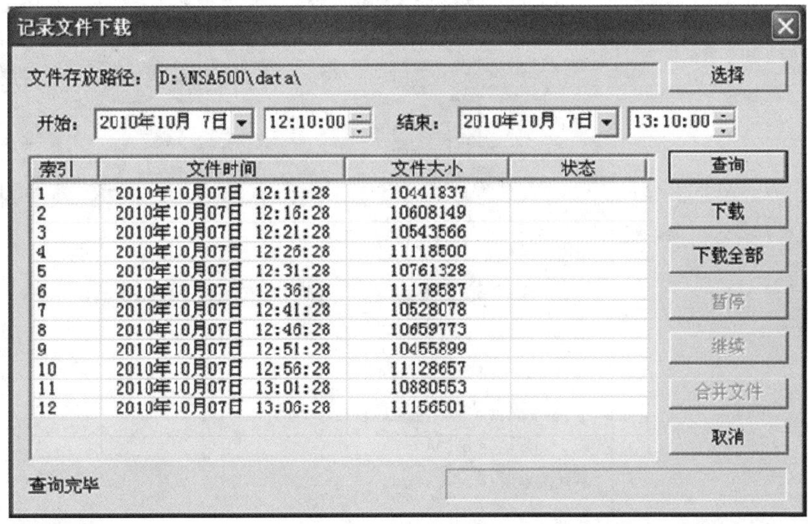

图 Z11F6007Ⅲ–28 报文下载

（3）规约分析。

下载完成后，要进行规约分析，如图 Z11F6007Ⅲ-29 所示，点右键选择规约分析，弹出图 Z11F6007Ⅲ-30 所示界面。

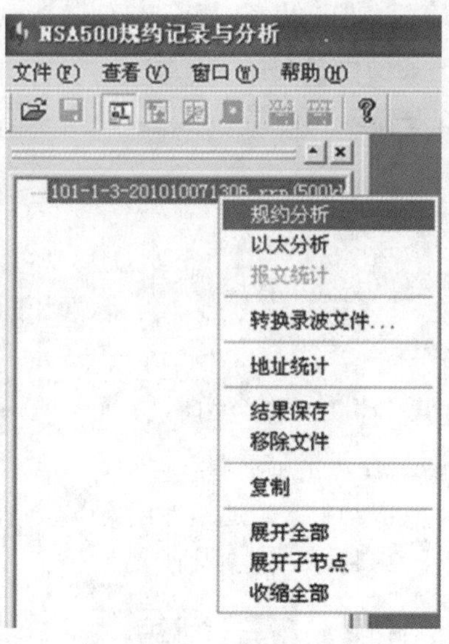

图 Z11F6007Ⅲ-29　规约分析选择

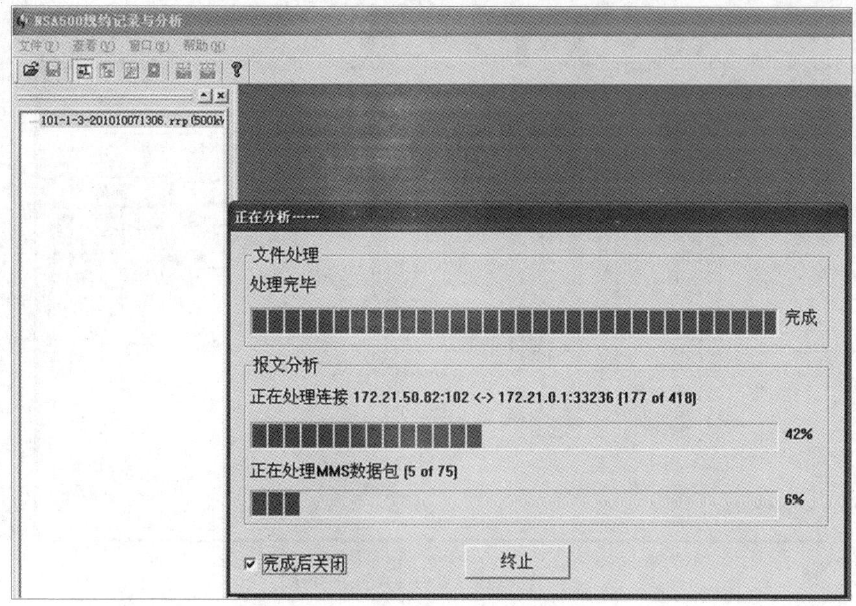

图 Z11F6007Ⅲ-30　报文分析界面

（4）报文分析。

规约分析结束后可以看到图 Z11F6007Ⅲ–31 所示界面，显示报文文件中的每一帧报文。图 Z11F6007Ⅲ–32 为 MMS 无应答服务报文的分析界面。

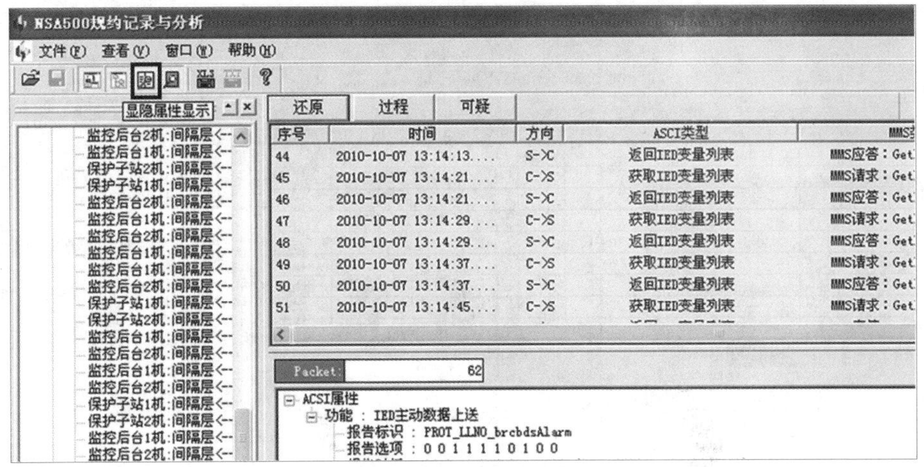

图 Z11F6007Ⅲ–31 报文分析

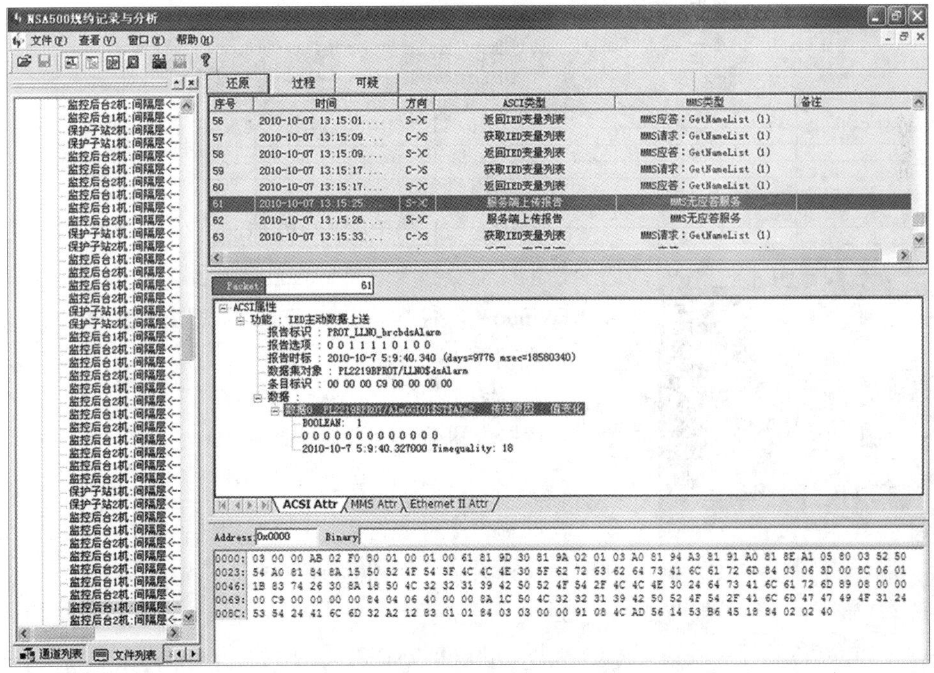

图 Z11F6007Ⅲ–32 报文分析界面例子

（5） 查找某个间隔。

对于某个保护间隔可以通过查找快速找到。例如沙家浜 2 线线路保护 B 柜，可右击 MMS 点击查找，输入沙家浜 2 线线路即可，如图 Z11F6007Ⅲ-33 和图 Z11F6007Ⅲ-34 所示。

图 Z11F6007Ⅲ-33 报文查找

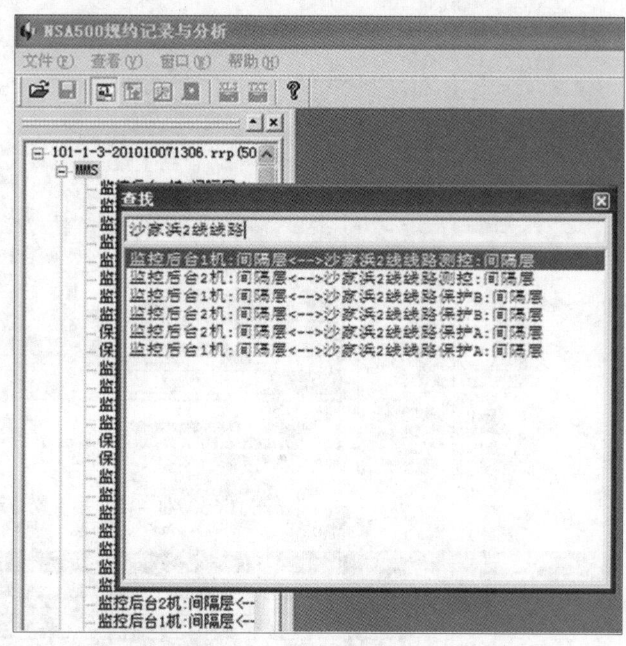

图 Z11F6007Ⅲ-34 设备交互信息查找

五、网络性能测试仪

SmartBits 是专用的网络性能测试仪，可以对网络中的交换机性能及整个网络的性能进行测试分析。本节通过 SmartWindow 软件介绍 SmartBits 的使用方法。

1. 打开程序

双击图标，打开 Smart Window 程序。

2. 选择 SmartBits 装置类型

软件预设 4 种装置类型，根据硬件设备选择相应的控制软件装置类型，如图 Z11F6007Ⅲ-35 所示。

3. 设置连接项

如图 Z11F6007Ⅲ-36 所示，点击 Options 下拉菜单中 ConnectionSetup…项，进行连接设置。

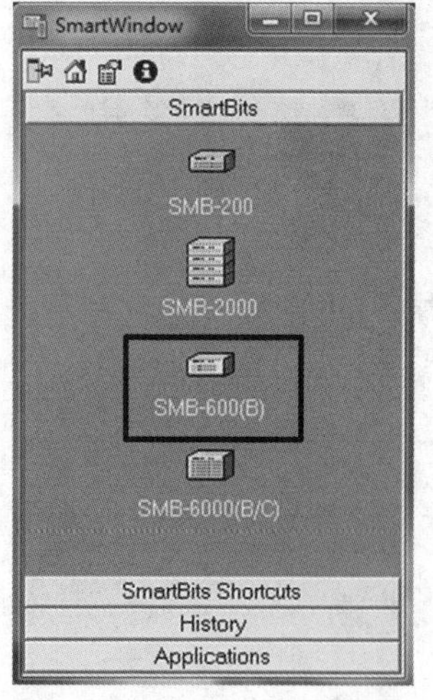

图 Z11F6007Ⅲ-35 选择程序

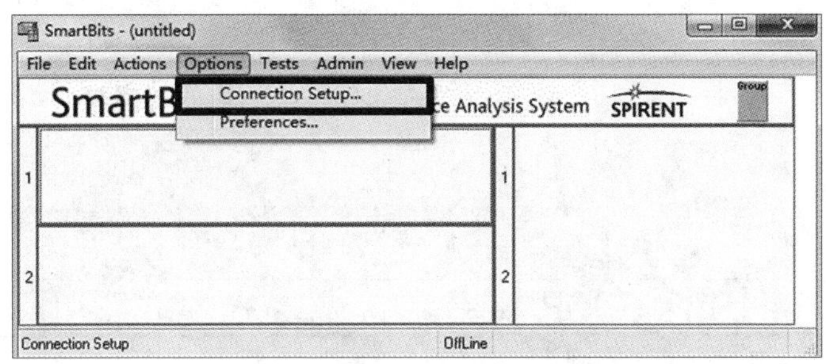

图 Z11F6007Ⅲ–36　连接参数设置

连接设置主要进行通信方面的设置，如图 Z11F6007Ⅲ–37 所示，设置远程 IP 地址。

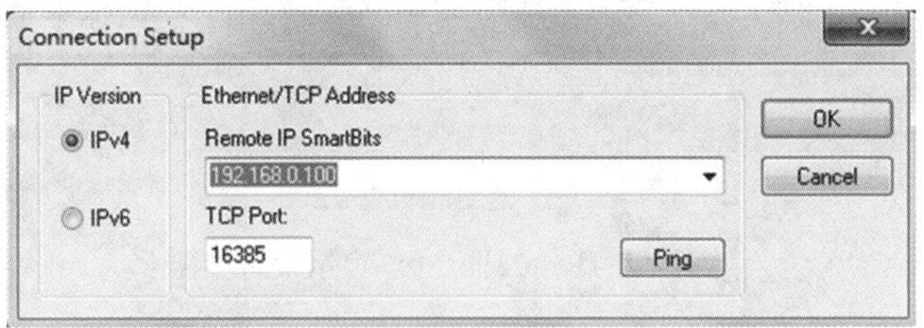

图 Z11F6007Ⅲ–37　设置通信地址

4. 连接网络

连接设置完成之后，点击 Actions 下拉菜单中的 Connect 项进行连接，如图 Z11F6007Ⅲ–38 所示。

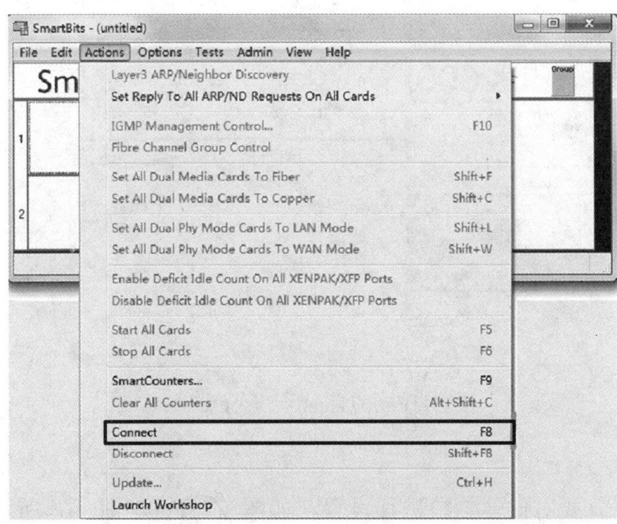

图 Z11F6007Ⅲ–38　连接设备

5. 启用模块

如图 Z11F6007Ⅲ–39 所示，在相应设备图标上点右键，选 Reserve This Module 启动相应设备。

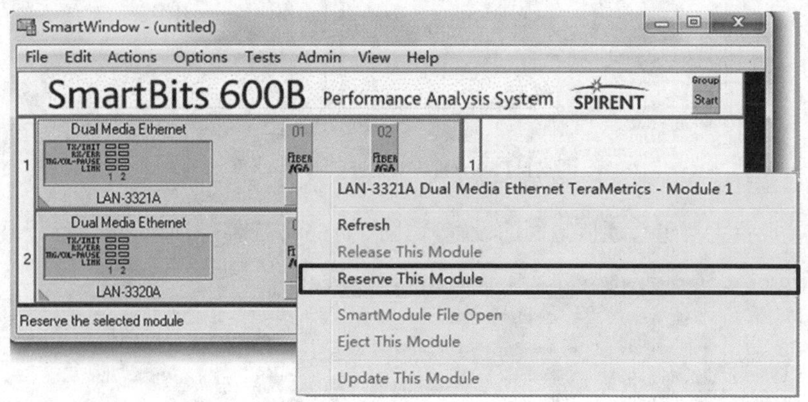

图 Z11F6007Ⅲ–39 启用设备

6. 使能电口

启动设备后，根据连接装置的端口是电口还是光口，对相应端口进行使能。如图 Z11F6007Ⅲ–40 所示，图中选 Enable Copper Port 将电口使能。

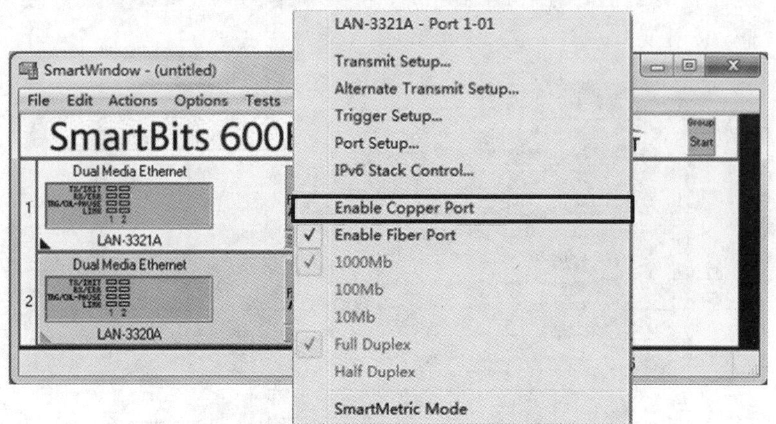

图 Z11F6007Ⅲ–40 选择测试口

7. 参数设置

使能端口后就要对传输参数进行设置，如图 Z11F6007Ⅲ–41 所示，点右键选择 Transmit Setup…项进入参数设置界面，如图 Z11F6007Ⅲ–42 所示。

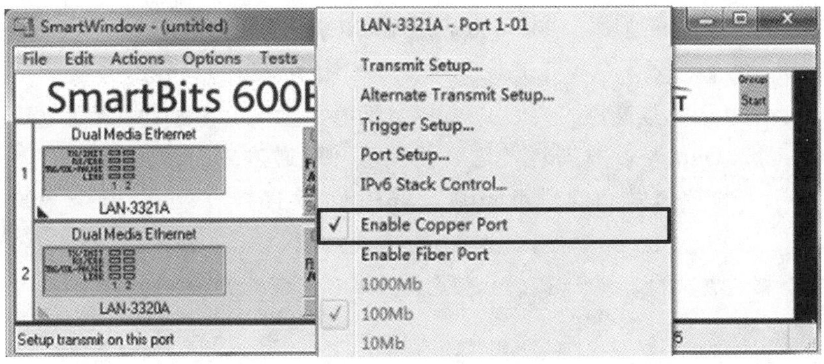

图 Z11F6007Ⅲ–41　设置测试参数

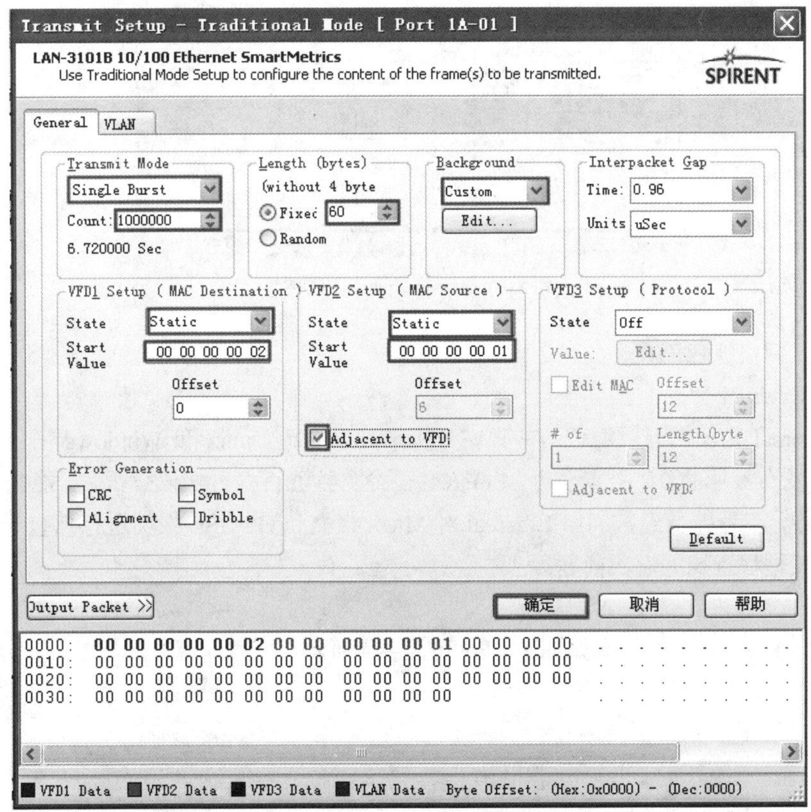

图 Z11F6007Ⅲ–42　设置测试参数界面

Mode 表示发包的方式，Contnuous 表示持续发包，Single Burst 表示在短时间内突发某个数量的包。

Count 表示以太网速度。100，000 表示 100M 以太网，10，000 表示 10M 以太网。

Length（bytes）表示数据包的长度，取值范围为：60～1514 字节。

Background 表示数据包的类型，有 IP、UDP、TCP、IPX、AAAA 等。

Interpacket Gap 表示数据包发送时的间隙，可通过μsec、mSec、%Utilization 等方式表示。数据包之间的最小间隙为 96Bit（即 16 字节），此时带宽的利用率最高。

将鼠标移至测试的第一个端口上，按右键选择 Copy Port Data，拷贝当前端口的数据。

8. 开始测试

图 Z11F6007Ⅲ–43 中，点击 Start 即开始测试。

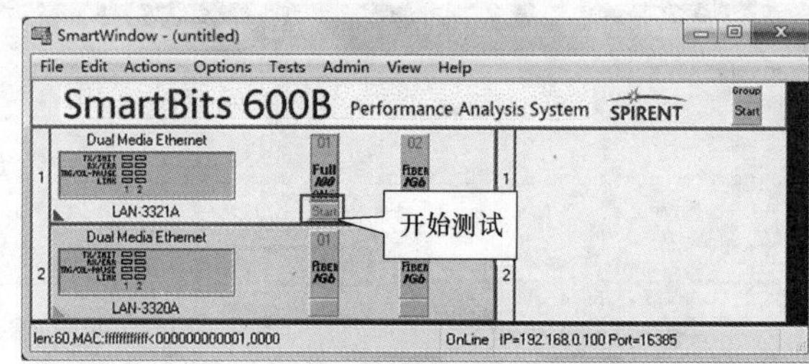

图 Z11F6007Ⅲ–43 开始测试

六、网络抓包工具

1. Ethereal

Ethereal 是一个开放源代码的报文分析工具，支持 Linux 和 Windows 平台。自从 1998 年发布最早的 0.2 版本至今，Ethereal 已经支持五百多种协议解析。智能变电站建设过程中，工程人员通常利用 Ethereal 对 MMS 报文和 GOOSE 报文进行抓包分析，以便于测试过程查找并解决问题。

（1） 主界面。

打开 Ethereal，主界面如图 Z11F6007Ⅲ–44 所示。

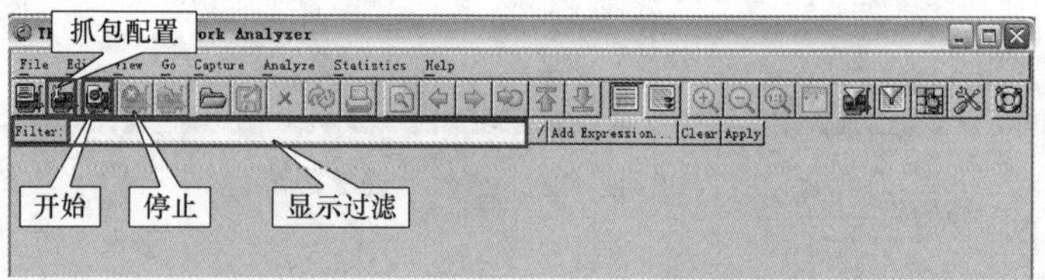

图 Z11F6007Ⅲ–44 Ethereal 工具界面

（2）抓包配置。

首先在 Interface 项中选择网卡，即将来用于抓包的接口，网卡选择不正确就会捕捉不到报文；Display Options（显示设置）中，建议选中 Update list of packets in realtime（实时更新抓包列表）、Automatic scrolling in living capture（自动滚屏）、Hide capture info dialog（隐藏抓包信息对话框）这 3 项选中；Capture packets in promiscuous mode（混杂模式抓包）是指捕捉所有的报文，若不选中则只捕捉本机收发的报文；若选中 Limit each packet to（限制每个包的大小）项，则只捕捉小于该限制的包。设置完成后即可点击 Start 开始捕捉。Ethereal 参数设置界面如图 Z11F6007Ⅲ–45 所示。

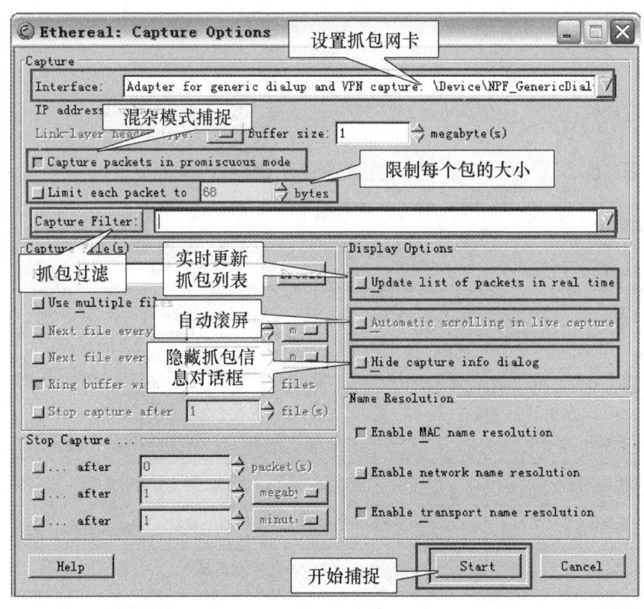

图 Z11F6007Ⅲ–45　Ethereal 参数设置

（3）报文显示过滤。

为了快速查找要得到的报文，通常会对捕捉到的包进行显示过滤。在 Filter 栏中输入过滤条件，按回车键或者点击 Apply 进行报文显示过滤，如图 Z11F6007Ⅲ–46 所示，例如 eth.src= =5a:48:36:30:35:44”则过滤后显示的全部为源地址 MAC–Address 为 5a:48:36:30:35:44 的报文；或者直接点击右键，如下图所示进行显示过滤。注意：Filter 栏中输入的过滤条件为小写字母，如果过滤条件输入正确，则 Filter 栏底色为绿色，否则底色为红色提醒用户过滤条件输入错误。

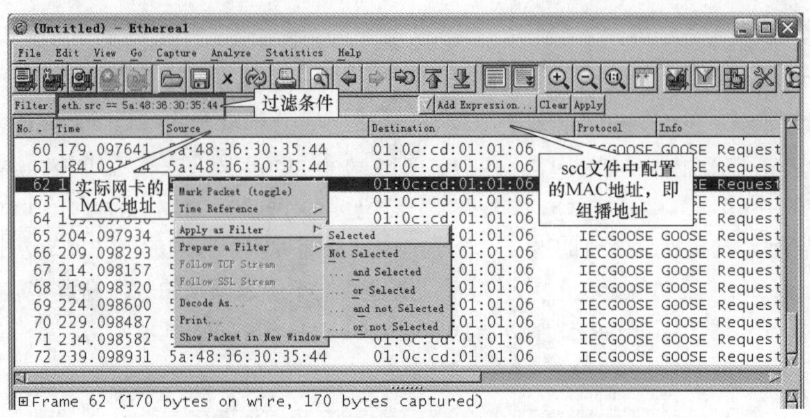

图 Z11F6007Ⅲ-46 Ethereal 过滤条件设置

常用过滤条件如表 Z11F6007Ⅲ-1 所示。

表 Z11F6007Ⅲ-1　　常用过滤条件及说明

显示过滤语法	说　明
mms	只显示 MMS 报文
iecgoose	只显示 GOOSE 报文
tcp	只显示 tcp 报文
udp	只显示 udp 报文
ip.addr= =172.20.50.164	与 IP 地址为 172.20.50.164 的服务器交互的报文
ip.src= =172.20.50.164	源地址 IP 为 172.20.50.164 的服务器发出的报文
ip.dst= =172.20.50.164	与目的地址 IP 为 172.20.50.164 的服务器交互的报文
eth.addr= =5a:48:36:30:35:44	与 MAC 地址为 5a:48:36:30:35:44 的服务器交互的报文
eth.src= =5a:48:36:30:35:44	源地址为 5a:48:36:30:35:44 的服务器发出的报文
eth.dst= =01:0c:cd:01:01:06	与目的地址为 01:0c:cd:01:01:06 的服务器交互的报文
&&	逻辑并，例如（mms）&&（ip.dst= =172.20.50.164）
||	逻辑或，例如（mms）||（ip.dst= =172.20.50.164）

（4） 判别网络状况。

某些报文还可以判别网络状况，例如，输入显示过滤条件 tcp.analysis.flags，可以显示丢失、重发等异常情况相关的 TCP 报文，此类报文的出现频率可以作为评估网络状况的一个标尺。通常情况下偶尔会出现此类报文属于正常。

常见的异常类型如表 Z11F6007Ⅲ-2 所示。

表 Z11F6007Ⅲ-2 常见异常报文类型

异常报文类型	异常原因
[TCP Retransmission]	由于没有及时收到 ACK 报文而产生的重传报文
[TCP Dup ACK xxx]	重复的 ACK 报文
[TCP Previous segment lost]	前一帧报文丢失
[TCP Out-Of-Order]	TCP 的帧顺序错误

1）监视 TCP 连接建立与中断。

输入显示过滤条件：tcp.flags.syn==1||tcp.flags.fin==1|| tcp.flags.reset==1，SYN 是 TCP 建立的第一步，FIN 是 TCP 连接正常关断的标志，RST 是 TCP 连接强制关断的标志。

2）统计心跳报文有无丢失。

在 statistics→conversations 里选择 UDP，可以看到所有装置的 UDP 报文统计。一般情况下，相同型号装置的 UDP 报文数量应该相等，最多相差 1～2 个，如果个别装置数量异常，则可能是有心跳报文丢失，可以以该装置的地址为过滤条件进行进一步查找。

（5）捕捉过滤设置。

当网络报文流量很大时，如果只想捕捉特定的报文，抓包之前可在 Capture Filter 进行抓包过滤设置，与显示报文过滤不同的是，显示报文过滤抓到的是所有报文，只显示特定的报文；而捕捉过滤是在捕捉报文时就进行筛选，符合条件的报文才进行捕捉。

常用的捕捉过滤语法如表 Z11F6007Ⅲ-3 所示。

表 Z11F6007Ⅲ-3 常用捕捉过滤语法

捕捉过滤语法	说 明
tcp	只捕捉 tcp 报文
udp	只捕捉 udp 报文
host 172.20.50.181	只捕捉 IP 地址为 172.20.50.181 的报文
ether host 5a:48:36:30:35:44	只捕捉 MAC 地址为 5a:48:36:30:35:44 的报文

（6）保存。

保存报文时在"Packets Range"项中有几个可选项：

1）Captured：保存捕捉到的所有报文。

2）Displayed：保存屏幕显示的报文。

3）All packets：保存所有的数据包。

4）Selected packets only：保存选中的数据包。

5）Marked packets only：保存标记过的数据包。

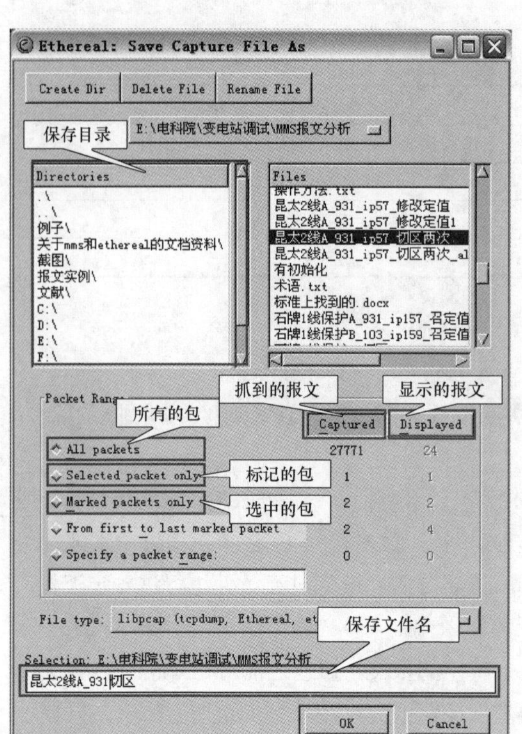

图 Z11F6007Ⅲ-47 报文保存

All packets、Selected packets only、Marked packets only 与 Captured、Displayed 结合使用。

报文保存界面如图 Z11F6007Ⅲ-47 所示。

2. Wireshark

Wireshark 也是开源的网络协议分析软件，支持 Windows/Unix/Linux，前身是前面介绍过的 Ethereal。由于 Wireshark 对 SV 采样值报文解析地较好，所以在智能变电站集中集成测试中，一般用 Wireshark 来对过程层的 9-2 采样值报文进行抓包解析，而 Ethereal 则用于对站控层 MMS 报文和过程层 GOOSE 报文进行解析。

Wireshark 与 Ethereal 工具使用方法非常类似，故在此部分中将对 Wireshark 进行简略的说明。

（1）软件主界面。

在软件主界面中主要是设置抓包网卡，这与 Ethereal 的抓包时在 Options 中设置网卡相类似，不同之处是 Wireshark 的网卡设置直接在 Interface List 选择，如图 Z11F6007Ⅲ-48 所示。

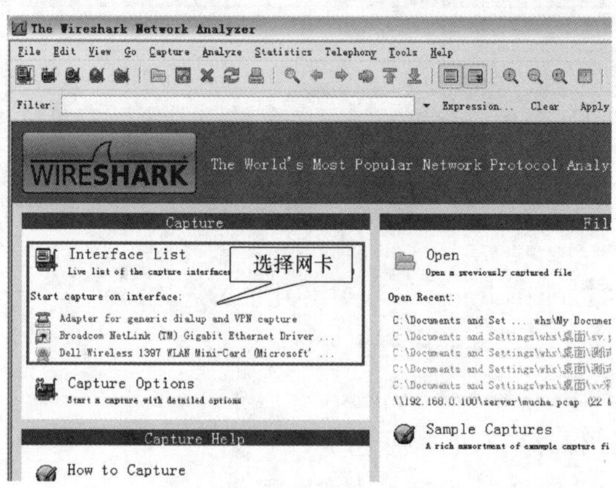

图 Z11F6007Ⅲ-48 Wireshark 工具网卡选择

（2）抓包。

Wireshark 抓包界面如图 Z11F6007Ⅲ–49 所示。

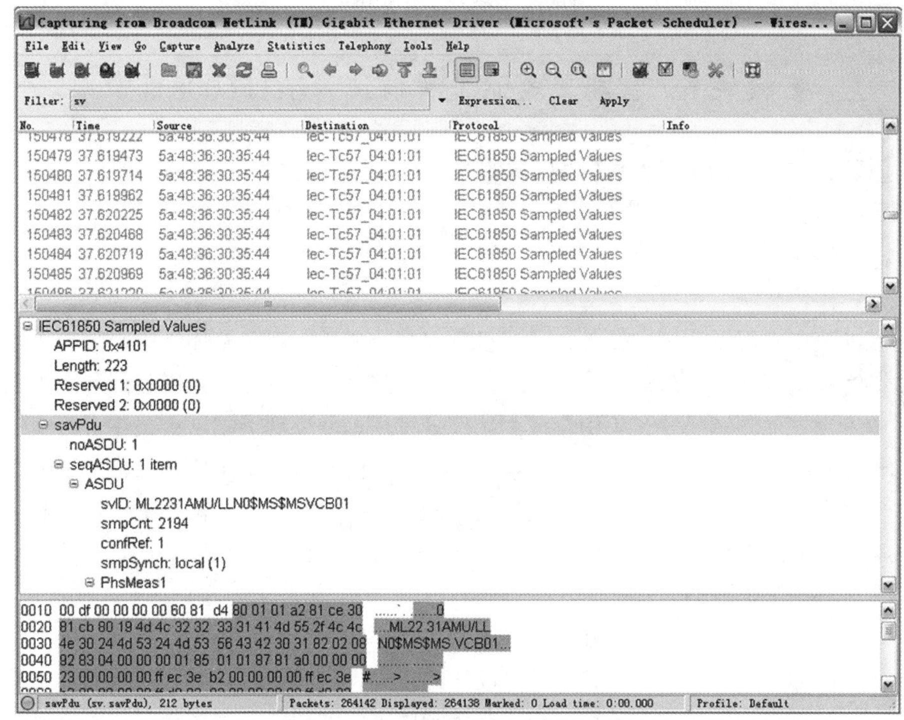

图 Z11F6007Ⅲ–49　Wireshark 工具抓包界面

（3）报文显示过滤。

常见过滤语法如表 Z11F6007Ⅲ–4 所示。

表 Z11F6007Ⅲ–4　　常见过滤语法

显示过滤语法	说　明
sv	9–2 采样值报文
goose	GOOSE 报文
host 172.20.50.181	只捕捉 IP 地址为 172.20.50.181 的报文
ether host 5a:48:36:30:35:44	只捕捉 MAC 地址为 5a:48:36:30:35:44 的报文

【思考与练习】

1. 使用数字化继电保护测试仪进行保护功能的测试需要哪些步骤？

2. 电子式互感器校验仪标准源配置需要进行哪些参数的设置？
3. 网络报文分析仪的作用是什么？
4. 如何利用网络抓包工具判别网络状况？

◢ 模块6 智能变电站工程调试（Z11F6008Ⅲ）

【模块描述】本模块包含工程调试的内容及方法，通过对实例的介绍，掌握工程调试的技术。

【模块内容】

一、整体思路

智能变电站现场测试主要是一、二设备安装完成后，对其整体性能、功能进行测试。其特点是将一、二次设备作为一个整体，以整组联动的方式开展测试。由于设备单体和专项性能测试已经在集中集成测试部分完成，所以现场测试更关注于对安装的正确性、系统功能、高级应用、电压电流回路方面的测试。主要包括保护整组联动测试、全站遥控及程序化操作测试、全站遥信测试、全站联闭锁测试、电子互感器现场测试和一次通流通压试验。

二、保护整组联动

保护整组联动测试主要验证从保护装置出口至智能终端，最后直至断路器回路整个跳、合闸回路的正确性；保护装置之间的启动失灵、闭锁重合闸等回路的正确性。其中，保护装置至智能终端的跳、合闸回路和装置之间的启动失灵、闭锁重合闸回路是通过网络传输的软回路；而智能终端至断路器本体的跳合闸回路是硬接线回路，与传统的相同。保护装置智能化后已不再包含出口硬压板，保护的出口受保护装置软压板控制，而传统的出口硬压板也并未取消，而是下放到智能终端的出口，因此保护整组联动测试在验证整个回路的同时需对回路中保护出口软压板、智能终端出口硬压板的作用进行分别验证，如图Z11F6008Ⅲ-1所示。

智能变电站中，二次装置之间很多都是通过网络GOOSE信号相互联系的，而网络信号是通过总线形式传输的，因此装置间的GOOSE信号并不能像传统硬电缆联接那样可靠隔离。因此，考虑到检修、扩建等问题，智能化二次设备都新增了一个硬压板——检修压板，通过检修压板控制装置的运行状态，同时IEC 61850《工程继电保护应用模型》中规范了GOOSE检修机制：① 当装置检修压板投入时，装置发送的GOOSE报文中的test应置位；② GOOSE接收端装置应将接收的GOOSE报文中的test位与装置自身的检修压板状态进行比较，只有两者一致时才将信号作为有效进行处理或动作；③ 对于测控装置，当本装置检修压板或者接收到的GOOSE报文中的test位任意

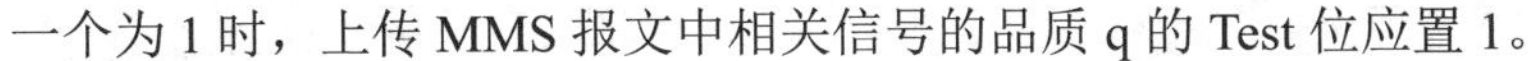

一个为 1 时，上传 MMS 报文中相关信号的品质 q 的 Test 位应置 1。

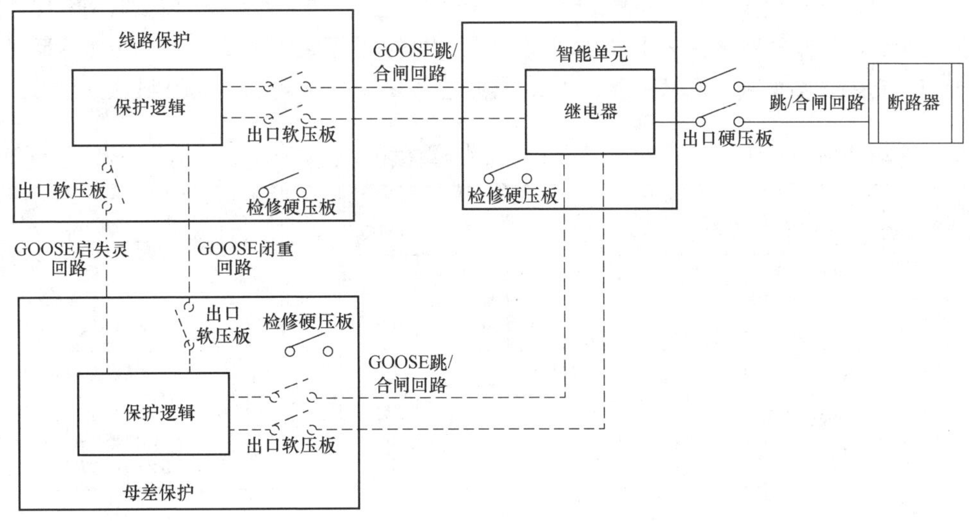

图 Z11F6008Ⅲ-1　保护整组联动测试

由上述检修机制可以看出，保护装置与智能终端之间的跳合闸软回路以及装置之间的启动失灵、闭锁重合闸软回路是受到装置检修压板影响的。因此，保护整组联动测试同时需要分别验证每个装置的检修压板。

1. 220kV 线路保护整组联动

220kV 线路保护在单相瞬时性故障时单跳单重；永久性故障、相间故障或转换性故障时三跳闭锁重合。因此，220kV 线路保护跳闸采用单相出口（永久性故障时，三个单相同时出口），而重合闸是采用三相出口（保护单跳单重时，虽然有两相没有跳闸，但是这两相的重合闸仍然是出口的，由于这两相断路器处于合位，因此断路器不会有任何动作）。220kV 线路保护装置的出口软压板设置有：GOOSE 跳闸出口、GOOSE 重合闸出口、GOOSE 启动失灵出口，软压板不分相；220kV 线路间隔智能终端出口硬压板设置有：A 相跳闸出口、B 相跳闸出口、C 相跳闸出口、重合闸出口，跳闸出口分相，重合闸出口不分相。因此，220kV 线路保护在整组联动测试过程中需要验证上述 3 个软压板和 4 个硬压板的正确性以及压板与回路的一一对应关系；考虑到检修机制，220kV 线路保护还需验证保护装置和智能终端的检修压板对应关系的正确性。

220kV 线路断路器具有两个跳闸线圈和一个合闸线圈；220kV 线路保护采用双重化配置，两套保护的跳闸回路，包括操作电源完全独立；两套保护的合闸回路在合闸线圈之前也完全独立的。因此，220kV 线路保护的跳闸回路应分别验证其对应关系，包括控制电源也应验证对应关系；而合闸回路和控制电源，由于断路器只有一个合闸线圈，只需分别验证两套保护合闸回路的正确性，不需验证对应关系。

220kV 线路保护整组联动测试时，保护装置投入主保护差动保护，测试时两套保护分别测试，具体项目如表 Z11F6008Ⅲ-1 和表 Z11F6008Ⅲ-2 所示，表 Z11F6008Ⅲ-1 为第一套保护整组联动测试，表 Z11F6008Ⅲ-2 为第二套保护整组联动测试。

表 Z11F6008Ⅲ-1　　220kV 线路第一套保护整组联动测试

故障类型	保护装置				智能终端					母差保护	操作电源1	操作电源2	结果
	GOOSE跳闸出口	GOOSE重合闸出口	GOOSE启动失灵出口	检修压板	A相跳闸出口	B相跳闸出口	C相跳闸出口	重合闸出口	检修压板	检修压板			
A相瞬时故障	√	√	√	×	√	√	√	√	×	×	√	×	断路器A相单跳单重，母差A相启失灵
B相瞬时故障	√	√	√	×	√	√	√	√	×	×	√	×	断路器B相单跳单重，母差B相启失灵
C相瞬时故障	√	√	√	×	√	√	√	√	×	×	√	×	断路器C相单跳单重，母差C相启失灵
BC相间故障	√	√	√	×	√	√	√	√	×	×	√	×	断路器三相跳闸，母差三相启失灵
A相瞬时故障	×	√	√	×	√	√	√	√	×	×	√	×	断路器无动作，母差未启失灵
	√	×	√	×	√	√	√	√	×	×	√	×	断路器A相单跳，母差A相启失灵
	√	√	×	×	√	√	√	√	×	×	√	×	断路器 A 相单跳单重，母差未启失灵
	√	√	√	×	×	√	√	√	×	×	√	×	断路器无动作，母差A相启失灵
	√	√	√	×	√	×	×	√	×	×	√	×	断路器A相单跳单重，母差A相启失灵
	√	√	√	×	√	√	√	×	×	×	√	×	断路器A相单跳，母差A相启失灵
B相瞬时故障	√	√	√	×	√	×	√	√	×	×	√	×	断路器无动作，母差B相启失灵
	√	√	√	×	×	√	×	√	×	×	√	×	断路器B相单跳单重，母差B相启失灵
C相瞬时故障	√	√	√	×	√	√	×	√	×	×	√	×	断路器无动作，母差C相启失灵
	√	√	√	×	×	×	√	√	×	×	√	×	断路器C相单跳单重，母差C相启失灵

续表

故障类型	保护装置				智能终端					母差保护	操作电源1	操作电源2	结果
	GOOSE跳闸出口	GOOSE重合闸出口	GOOSE启动失灵出口	检修压板	A相跳闸出口	B相跳闸出口	C相跳闸出口	重合闸出口	检修压板	检修压板			
BC相间故障	√	√	√	√	√	√	√	√	×	×	√	×	断路器无动作，母差未启失灵
	√	√	√	√	√	√	√	√	√	×	√	×	断路器三相跳闸，母差未启失灵
	√	√	√	√	√	√	√	√	√	√	√	×	断路器三相跳闸，母差三相启失灵
	√	√	√	×	√	√	√	√	√	√	√	×	断路器无动作，母差未启失灵
	√	√	√	×	√	√	√	√	×	√	√	×	断路器三相跳闸，母差未启失灵
B相瞬时故障	√	√	√	×	√	√	√	√	×	—	×	√	断路器无动作
AC相间故障	√	√	√	×	√	√	√	√	×	—	×	√	断路器无动作

注：√表示压板或电源合；×表示压板或电源分；——表示与压板状态无关；母差启动失灵只是启动线路相应支路的失灵，其他支路不启动失灵。

表 Z11F6008Ⅲ-2　　220kV 线路第二套保护整组联动测试

故障类型	保护装置				智能终端					母差保护	操作电源1	操作电源2	结果
	GOOSE跳闸出口	GOOSE重合闸出口	GOOSE启动失灵出口	检修压板	A相跳闸出口	B相跳闸出口	C相跳闸出口	重合闸出口	检修压板	检修压板			
A相瞬时故障	√	√	√	×	√	√	√	√	×	×	√	√	断路器A相单跳单重，母差A相启失灵
B相瞬时故障	√	√	√	×	√	√	√	√	×	×	√	√	断路器B相单跳单重，母差B相启失灵
C相瞬时故障	√	√	√	×	√	√	√	√	×	×	√	√	断路器C相单跳单重，母差C相启失灵
AC相间故障	√	√	√	×	√	√	√	√	×	×	√	√	断路器三相跳闸，母差三相启失灵

续表

故障类型	保护装置				智能终端					母差保护	操作电源1	操作电源2	结果
	GOOSE跳闸出口	GOOSE重合闸出口	GOOSE启动失灵出口	检修压板	A相跳闸出口	B相跳闸出口	C相跳闸出口	重合闸出口	检修压板	检修压板			
B相瞬时故障	×	√	√	×	√	√	√	√	×	×	√	√	断路器无动作，母差未启失灵
	√	×	√	×	√	√	√	√	×	×	√	√	断路器B相单跳，母差B相启失灵
	√	√	×	×	√	√	√	√	×	×	√	√	断路器B相单跳单重，母差未启失灵
	√	√	√	×	×	√	√	√	×	×	√	√	断路器无动作，母差A相启失灵
	√	√	√	×	√	×	×	√	×	×	√	√	断路器B相单跳单重，母差A相启失灵
	√	√	√	×	√	√	√	×	×	×	√	√	断路器B相单跳，母差B相启失灵
B相瞬时故障	√	√	√	×	√	×	√	√	×	×	√	√	断路器无动作，母差B相启失灵
	√	√	√	×	×	√	×	√	×	×	√	√	断路器B相单跳单重，母差B相启失灵
C相瞬时故障	√	√	√	×	√	√	×	√	×	×	√	√	断路器无动作，母差C相启失灵
	√	√	√	×	×	×	√	√	×	×	√	√	断路器C相单跳单重，母差C相启失灵
AC相间故障	√	√	√	√	√	√	√	√	×	×	√	√	断路器无动作，母差未启失灵
	√	√	√	√	√	√	√	√	√	×	√	√	断路器三相跳闸，母差未启失灵
	√	√	√	√	√	√	√	√	√	√	√	√	断路器三相跳闸，母差三相启失灵
	√	√	√	×	√	√	√	√	√	√	√	√	断路器无动作，母差未启失灵
	√	√	√	×	√	√	√	√	×	√	√	√	断路器三相跳闸，母差未启失灵
C相瞬时故障	√	√	√	×	√	√	√	√	×	—	√	×	断路器无动作
	√	√	√	×	√	√	√	√	×	—	×	√	断路器C相单跳不重合
AB相间故障	√	√	√	×	√	√	√	√	×	—	√	×	断路器无动作

注：√表示压板或电源合；×表示压板或电源分；—表示与压板状态无关；母差启动失灵只是启动线路相应支路的失灵，其他支路不启动失灵。

2. 110kV 线路保护整组联动

110kV 线路保护采用三跳三重方式，即只要故障是瞬时的，无论是单相故障还是相间故障，都是直接跳三相，然后重合三相，智能终端的出口也是三相的，没有分相压板，且 110kV 线路不启动母差保护的失灵。因此，110kV 线路保护装置的出口软压板设置有：GOOSE 跳闸出口、GOOSE 重合闸出口；110kV 线路间隔智能终端出口硬压板设置有：跳闸出口重合闸出口。无论是保护装置的软压板还是智能终端的硬压板都是不分相的。因此，110kV 线路保护在整组联动测试过程中需要验证上述 2 个软压板和 2 个硬压板的正确性，压板没有相别对应关系；考虑到检修机制，11kV 线路保护还需验证保护装置和智能终端的检修压板对应关系的正确性。

110kV 线路断路器只具有一个跳闸线圈和一个合闸线圈，操作电源也只有一个，线路保护也是单套配置，因此 110kV 线路保护与 220kV 保护不同，不存在两套之间的对应关系。

110kV 线路保护整组联动测试时，保护装置投入主保护距离保护，测试具体项目如表 Z11F6008Ⅲ–3。

表 Z11F6008Ⅲ–3　　110kV 线路保护整组联动测试

故障类型	保护装置			智能终端			操作电源	结果
	GOOSE 跳闸出口	GOOSE 重合闸出口	检修压板	跳闸出口	重合闸出口	检修压板		
A 相瞬时故障	√	√	×	√	√	×	√	断路器三跳三重
B 相瞬时故障	√	√	×	√	√	×	√	断路器三跳三重
C 相瞬时故障	√	√	×	√	√	×	√	断路器三跳三重
BC 相间瞬时故障	√	√	×	√	√	×	√	断路器三跳三重
A 相永久故障	√	√	×	√	√	×	√	断路器三跳不重合
A 相瞬时故障	×	√	×	√	√	×	√	断路器无动作
	√	×	×	√	√	×	√	断路器三跳不重合
	√	√	×	×	√	×	√	断路器无动作
	√	√	×	√	×	×	√	断路器三跳不重合
BC 相间瞬时故障	√	√	√	√	√	×	√	断路器无动作
	√	√	√	√	√	√	√	断路器三跳三重
	√	√	×	√	√	√	√	断路器无动作，母差未启失灵

注：√表示压板或电源合；×表示压板或电源分。

3. 母差保护整组联动

母差保护通过线路或主变压器智能终端跳挂在母线上的各支路，由于智能终端至断路器本体部分的回路通过线路保护整组联动或主变压器保护整组联动中验证，因此在母差保护整组联动测试中就不必包含这部分内容，母差保护整组联动测试只需验证母差保护 GOOSE 跳闸出口软压板的正确性即可，母差保护 GOOSE 跳闸出口软压板是按支路整定的，因此每个支路的 GOOSE 跳闸出口软压板都需要验证。

母差保护动作闭锁相应线路支路的重合闸，因此母差保护之线路保护的闭锁重合闸软回路也必须同时验证。

考虑到检修机制，母差保护整组联动测试还需要验证母差保护与智能终端之间以及母差保护与线路保护之间的检修压板对应关系。

4. 主变压器保护整组联动

主变压器保护具有高、中、低三侧，主变压器保护装置对于每一侧都设置有独立的 GOOSE 跳闸出口软压板，主变压器三侧的整组联动可以独立进行。主变压器高压侧和中压侧断路器具有两个独立的跳闸线圈，低压侧只有一个跳闸线圈；主变压器保护装置和智能终端都是双重化配置的，因此对于高压侧和中压侧而言，跳闸回路是两个完全独立的回路；而低压侧保护装置和智能终端是完全独立的回路，跳闸线圈共用一个回路。

主变压器保护在任何故障情况下都是三跳的，且不会重合，对于高压侧而言智能终端的跳闸出口是分相的；对于中压侧和低压侧而言智能终端的跳闸出口时不分相的。因此对于主变压器高压侧，跳闸回路要分相验证。

主变压器保护与 220kV 母差保护和 110kV 母差保护之间还有启动失灵软回路需要验证。同时考虑到检修机制还需验证主变压器保护装置与各侧智能终端之间以及与母差之间的检修压板的对应关系。

主变压器保护整组联动测试时，保护装置投入主保护差动保护，测试时两套保护分别测试，测试项目相同，具体项目如表 Z11F6008Ⅲ-4。

表 Z11F6008Ⅲ-4　　主变压器保护整组联动测试

故障类型	保护装置						高压侧智能终端				中压侧智能终端		低压侧智能终端		母差保护	结果
	高		中		低	检修压板										
	GOOSE跳闸出口	GOOSE启动失灵出口	GOOSE跳闸出口	GOOSE启动失灵出口	GOOSE跳闸出口		A相跳闸出口	B相跳闸出口	C相跳闸出口	检修压板	跳闸出口	检修压板	跳闸出口	检修压板	检修压板	
A相故障	√	√	√	√	√	×	√	√	√	×	√	×	√	×	×	主变压器三侧都三跳，母差三相启失灵
B相故障	√	√	√	√	√	×	√	√	√	×	√	×	√	×	×	主变压器三侧都三跳，母差三相启失灵

续表

故障类型	保护装置						高压侧智能终端				中压侧智能终端		低压侧智能终端		母差保护	结果
	高		中		低											
	GOOSE跳闸出口	GOOSE启动失灵出口	GOOSE跳闸出口	GOOSE启动失灵出口	GOOSE跳闸出口	检修压板	A相跳闸出口	B相跳闸出口	C相跳闸出口	检修压板	跳闸出口	检修压板	跳闸出口	检修压板	检修压板	
C相故障	√	√	√	√	√	×	√	√	√	×	√	×	√	×	×	主变压器三侧都三跳，母差三相启失灵
BC相间故障	√	√	√	√	√	×	√	√	√	×	√	×	√	×	×	主变压器三侧都三跳，母差三相启失灵
	×	√	×	√	×	×	√	√	√	×	√	×	√	×	×	断路器无动作，母差未启失灵
	√	×	√	×	√	×	√	√	√	×	√	×	√	×	×	主变压器三侧都三跳，母差未启失灵
C相故障	√	√	√	√	√	×	×	√	√	×	×	×	×	×	×	高压侧B、C跳开，母差三相启失灵
	√	√	√	√	√	×	√	×	√	×	×	×	×	×	×	高压侧A、C跳开，母差三相启失灵
	√	√	√	√	√	×	√	√	×	×	×	×	×	×	×	高压侧A、B跳开，母差三相启失灵
	√	√	√	√	√	√	√	×	√	×	√	×	√	×	×	断路器无动作，母差未启失灵
	√	√	√	√	√	√	√	√	√	√	√	√	√	√	×	主变压器三侧都三跳，母差未启失灵
B相故障	√	√	√	√	√	√	√	√	√	√	√	√	√	√	√	主变压器三侧都三跳，母差三相启失灵
	√	√	√	√	√	×	√	√	√	√	√	√	√	√	√	断路器无动作，母差未启失灵
	√	√	√	√	√	×	√	√	√	×	√	×	√	×	√	主变压器三侧都三跳，母差未启失灵

注：√表示压板或电源合；×表示压板或电源分；母差指 220kV 母差保护和 110kV 母差保护，两套母差 保护进行相同操作，母差启动失灵只是启动主变压器相应支路的失灵，其他支路不启动失灵。

5. 备自投整组联动

备自投整组联动测试主要验证 10kV 分段智能终端跳闸出口硬压板以及主变压器 10kV 分支智能终端合闸出口硬压板的正确性，同时考虑到检修机制，还需验证备自投和 10kV 分段智能终端、主变压器 10kV 分支智能终端之间的检修压板的对应关系。

6. 低频低压减载整组联动

低频低压减载装置跳 10kV 出线，因此整组联动测试主要验证 10kV 线路保护的跳闸出口硬压板的正确性，低频低压减载装置对于每个 10kV 线路出口都设置了 GOOSE

出口软压板，因此需对 GOOSE 出口软压板的正确性及对应关系进行验证。

三、全站遥控及程序化操作

监控系统的程序化操作可以实现真正意义上的无人值班，一般采用单键操作，将操作票转变成任务票；减少甚至无须人工操作，大大降低误操作的概率，提高了操作效率，达到减人增效的目的。

根据操作的输入输出信息所涉及的测控或保护装置，可将程序化操作分为间隔内的程序化操作和跨间隔的程序化操作。

为了保证程序化操作的安全性，采取了下列措施：

（1）一次设备性能经过严格测试，满足程序化要求。

（2）变电站监控系统在人机接口界面选择—监护—执行的过程中，预先设定用户的权限和密码管理，通过配置逻辑联闭锁等功能防止电气误操作。

（3）遥控操作时采用选择—返校—执行安全模式强化操作安全性。

（4）变电站内一旦发出“事故总”“保护动作”等信号，程序化操作系统应可靠闭锁并自动终止程序化操作。

（5）人工干预包括主动干预和被动干预。人工干预越少，越能体现程序化操作的优越性，提高操作效率，降低失误概率。

某变程序化操作采用基于主机的实现方案，操作命令的动作序列表被预制在主机中。该方案以监控后台主机、远动机为主体，根据变电站的典型操作票编制对应的操作序列表库，当运行人员选定操作任务后，计算机按照预定的操作程序向相关电气间隔的测控保护设备发出操作指令，执行操作。操作命令的动作序列表被预制在主机中，依靠变电站各间隔单元的状态信息和编程能力强大的主机，实现单一间隔或跨电气间隔的程序化操作。

四、全站遥信试验

全站遥信试验主要包含一次设备位置及状态信号、二次设备的动作及报警信号。

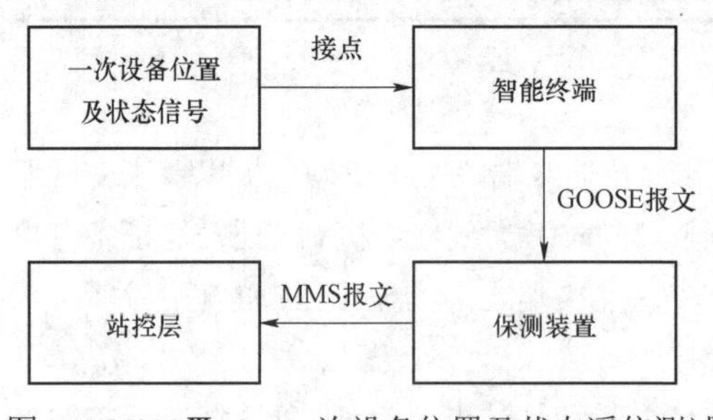

图 Z11F6008Ⅲ-2　一次设备位置及状态遥信测试

1. 一次设备位置及状态信号

一次设备位置及状态信号以硬接点形式输入智能终端，智能终端以 GOOSE 报文的形式将一次设备位置及状态信号传送至保护测控装置，由保护测控装置以 MMS 报文的格式送至站控层监控后台及远动机。一次设备位置及状态遥信测试如图 Z11F6008Ⅲ-2 所示。

一次设备位置及状态信号测试时，实际操作一次设备改变其位置和设备状态，在监控后台服务器检查相应信号变化是否正确。

2. 二次设备的动作及报警信号

保护测控装置的动作及报警信号直接以 MMS 报文的形式送至站控层监控后台及远动机，智能终端和合并单元的报警信号则先以 GOOSE 报文的形式送至保护测控装置，再由保护测控装置以 MMS 报文的形式送至站控层监控后台及远动机。二次设备动作及告警遥信测试如图 Z11F6008Ⅲ–3 所示。

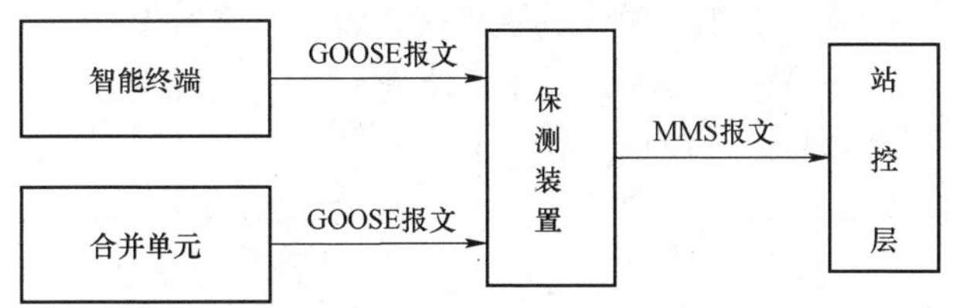

图 Z11F6008Ⅲ–3　二次设备动作及告警遥信测试

二次设备的动作信号及报警信号测试时，实际模拟产生相应信号，然后在监控后台服务器检查相应信号变化是否正确。

五、电子式互感器试验

电子式电流互感器精度试验

（1）基本原理。

采用比较法通过专用电子式互感器校验仪测试电子式互感器的误差，即用一个与被试电子式互感器额定变比（额定电压）相同的传统精密互感器作为标准，标准互感器二次信号与被试电子式互感器二次数字信号同时输入专用电子式互感器校验仪进行比较，直接读出被试电子式互感器的比差f和角差δ。

（2）测试系统说明。

电子式电压互感器现场校验装置由调压器、试验变压器、谐振装置、标准电压互感器、耦合电感、调压器、电子式互感器校验仪、二次转换器及相关配套设备等组成。

电子式电流互感器现场校验装置由调压器、升流器、标准电流互感器、电子式互感器校验仪、二次转换器及相关配套设备等组成。互感器校验仪的测量不确定度小于0.05%。极性试验需要配置直流升流器、数字式互感器分析仪；或交流升流器、数字式互感器校验仪。二次供电电源的开断抗干扰试验需要配置数字式互感器分析仪。

（3）测试条件。

FOTA 所连断路器、隔离开关、接地刀闸和出线端已安装到位，并可操作，使 FOTA 一次电流形成回路。二次供电正常，光纤通道通信通信正常。

（4） 测试步骤及方法。

现场试验区装设围栏，悬挂“止步，高压危险”标示牌；操作间隔区装设围栏，悬挂“在此工作”标示牌；“远方/近控”把手打到就地位置；在一经合闸即可送电到工作地点的断路器、隔离开关的操作把手上应悬挂“禁止合闸，有人工作”的标示牌。进入现场试验区，工作人员应戴安全帽，穿绝缘鞋。

按图 Z11F6008Ⅲ-4 进行一次设备操作，按图 Z11F6008Ⅲ-5 接好试验设备。认真检查试验接线、仪器量限，调压器回零位。调节调压器，将一次电流升至额定电流的 1%、5%、20%、100%、120%，测试通道延时、进行互感器误差试验并记录数据。

试验结束，断开试验电源，恢复互感器接线，“远方/近控”把手恢复到远方位置，并对被试设备进行检查和清理现场。

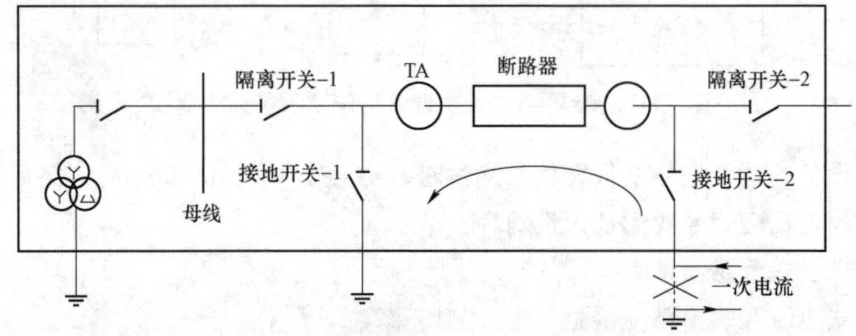

图 Z11F6008Ⅲ-4 GIS 型电流互感器现场测试一次回路示意图

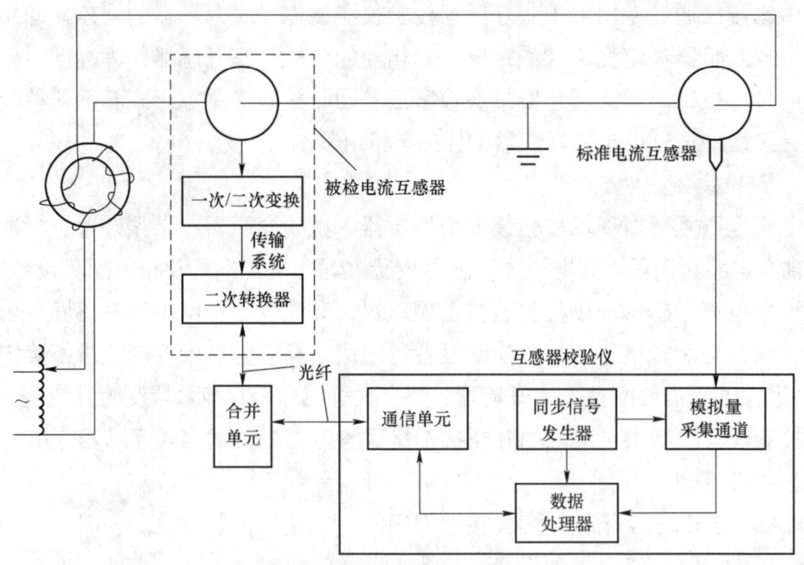

图 Z11F6008Ⅲ-5 电子式电流互感器现场测试接线示意图

二次供电电源的开断抗干扰试验可直接对供电电源进行开断，通过分析仪或校验仪观察二次数字输出，验证输出结果的正常。

电子式电流互感器极性试验：电流互感器极性是保护一个非常重要的技术指标，测定光 TA 的极性成为现场工作的一个重要内容。由于光 TA 能够传变直流电流，因此直流法测定极性成为光 TA 极性测定的一种便捷可靠的方法。

直流法测定光 TA 极性的原理是从光 TA 一次侧极性端通入直流电流，从合并单元输出的报文中解析出 SV 电流值，如果 SV 电流值为正值表明光 TA 为正极性接法，二次电流值为负值表明光 TA 为反极性接法。使用专用 SV 报文分析软件，以波形的方式表示每个模拟量通道数值，可以方便地进行极性判断。

电子式电流互感器极性校验接线示意图如图 Z11F6008Ⅲ-6 所示。

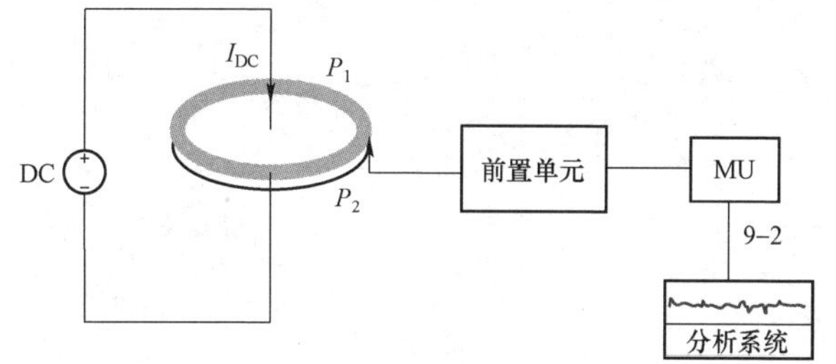

图 Z11F6008Ⅲ-6　电子式电流互感器极性校验接线示意图

六、一次通流试验

1. 220kV 一次通流试验

三相升流仪的基本原理就是将 380V 动力电源通过大容量降压变压器，输出可以调节的低电压。一次通流时，三相升流仪加在一次导体和大地之间，通过操作断路器、隔离开关及地刀，使得一次导体和大地构成导电回路，利用三相升流仪的输出电压，产生较大的短路电流，例如 100A。通过该短路电流对电子式电流互感器的 TA 变比、极性进行验证。

2. 主变压器一次通流试验

由于主变压器阻抗较大，使用三相升流仪无法提供可供仪表精确测量的电流。所以只能考虑使用现场 380V 动力电源作为电源，通过操作主变压器各侧断路器、隔离开关及接地开关，构成导电回路，利用短路电流对主变压器各侧和公共绕组电流互感器的变比和极性进行测试。

进行主变压器一次通流试验，首先需要根据主变压器铭牌参数，计算出主变压器模型，得出主变压器通流的一次电流。如果将 380V 动力电源加在主变压器高压侧，合主变压器中压侧接地开关，构成导电回路，则一次短路电流很小，无法使用仪表测量。如果将 380V 动力电源加在主变压器低压侧，合主变压器高压侧接地开关，构成导电回路，则主变压器高压侧电压过高，危及人身安全。因此，主变压器一次通流选择将 380V 动力电源加在主变压器中压侧，通过合高压侧接地开关，进行高—中压侧通流试验；通过合低压侧接地开关，进行低—中压侧通流试验，这样既可以提供足够仪表测量的一次电流，又不产生危及人身安全的电压。

【思考与练习】

1. 工程调试整体思路是什么？

2. 工程调试包括哪些内容？

第三部分

二　次　回　路

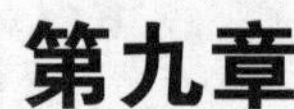

第九章

二次回路的设计与审核

模块 1　二次回路的设计与审核（Z11G1001Ⅱ）

【模块描述】本模块包含二次回路设计与审核的相关内容。通过要点归纳、典型二次回路示意，掌握二次回路设计与审核的基本要求、二次回路设计的设备选择及典型的二次回路的设计与审核。

【模块内容】

一、二次回路设计的基本要求

对于二次回路的设计，必须满足二次回路设计总的要求，及应按照国家电网公司典型设计进行。

DL/T 5136—2001《火力发电厂、变电所二次接线设计技术规程》中对二次回路设计的主要要求明确如下：

1. 常规控制系统

（1）发电厂和变电站宜采用强电一对一控制接线。强电控制时，直流电源额定电压，可选用 110V 或 220V。控制回路宜采用控制开关具有固定位置的接线。无人值班变电站的控制回路，宜采用控制开关自动复位的接线。

（2）断路器的控制回路应满足下列要求：

1）应有电源监视，并宜监视跳、合闸绕组回路的完整性。

2）应能指示断路器合闸与跳闸的位置状态；自动合闸或跳闸时应有明显信号。

3）合闸或跳闸完成后应使命令脉冲自动解除。

4）有防止断路器“跳跃”的电气闭锁装置。

5）接线应简单可靠，使用电缆芯最少。

（3）断路器宜采用双灯制接线的灯光监视回路。断路器在合闸位置时红灯亮，跳闸位置时绿灯亮。

（4）在配电装置就地操作的断路器，可只装设监视跳闸回路的位置继电器，用红、绿灯作位置指示灯，正常时暗灯运行，事故时绿灯闪光，并向控制室发出声、光信号。

（5）当发电厂与变电站装设有两组蓄电池时，对具有两组独立跳闸系统的断路器，应由两组蓄电池的直流电源分别供电。当只有一组蓄电池时，两独立跳闸系统宜由两段直流母线分别供电。保护的两组出口继电器也应分别接至两组跳闸绕组。断路器的两组跳闸回路都应设有断线监视。

（6）当分相操动机构的断路器设有综合重合闸或单相重合闸装置时，应满足事故时单相和三相跳、合闸的功能。其他情况下均应采用三相操作控制。采用单相重合闸的线路，为确保多相故障时可靠不重合，宜增设由不同相断路器位置触点串并联解除重合闸的附加回路。发电机变压器组的高压侧断路器、变压器的高压侧断路器、并联电抗器断路器、母线联络断路器、母线分段断路器和采用三相重合闸的线路断路器均宜选用三相联动的断路器。

（7）主接线为一台半断路器接线时，为使二次接线运行、调试方便，每串的二次接线宜分成 5 个安装单位。当为线路串时，每条出线作为一个安装单位，每台断路器各为一个安装单位；当为线路变压器串时，变压器、出线、每台断路器各为一个安装单位。当线路接有并联电抗器时，并联电抗器可单独作为一个安装单位，也可与线路合设一个安装单位。

（8）220～500kV 倒闸操作用的隔离开关宜远方及就地操作；检修用的隔离开关、接地开关和母线接地器宜就地操作。额定电压为 110kV 及以下的隔离开关、接地开关和母线接地器宜就地控制。隔离开关、接地开关和母线接地器，都必须有操作闭锁措施，严防电气误操作。防电气误操作回路的电源应单独设置。

（9）液压或空气操动机构的断路器，当压力降低至规定值时，应闭锁重合闸、合闸及跳闸回路。对液压操动机构的断路器，不宜采用压力降低至规定值后自动跳闸的接线。弹簧操动机构的断路器应有弹簧拉紧与否的闭锁及信号。

（10）对具有电流或电压自保持的继电器，如防跳继电器等，在接线中应标明极性。

2. 常规信号系统

（1）在控制室应设中央信号装置，中央信号装置由事故信号和预告信号组成。发电厂应装设能重复动作并延时自动解除音响的事故信号和预告信号装置。有人值班的变电站应装设能重复动作、延时自动或手动解除音响的事故和预告信号装置。无人值班的变电站只装设简单的音响信号装置，该信号装置仅在变电站就地控制时才投入。

（2）中央信号接线应简单、可靠，对其电源熔断器应有监视。中央信号装置应具备下列功能：

1）对音响监视接线能实现亮屏或暗屏运行。

2）断路器事故跳闸时，能瞬时发出音响信号及相应的灯光信号。

3）发生故障时，能瞬时发出预告音响，并以光字牌显示故障性质。

4）能进行事故和预告信号及光字牌完好性的试验。

5）能手动或自动复归音响，而保留光字牌信号。

6）试验遥信事故信号时，不应发出遥信信号。

7）事故音响动作时，应停事故电钟。但在事故音响信号试验时，不应停钟。

（3）强电控制时也可采用弱电信号。对屏台分开的控制方式，应在屏上设置断路器的位置信号，由断路器的位置继电器触点控制。

（4）当设备发生事故或异常运行时，宜用一对一的光字牌信号。

（5）为避免有些预告信号（如电压回路断线、断路器三相位置不一致等）可能瞬间误发信号，可将预告信号带0.3～0.5s短延时动作。元件过负荷信号应经其单独的时间元件后接入预告信号。

（6）直流系统的事故、预告信号应重复动作。

（7）在配电装置就地控制的元件，应按各母线段分别发送总的事故和预告音响和光字牌信号。

（8）倒闸操作用的隔离开关宜在控制室装设位置指示器。检修用的就地操作隔离开关，在控制室内可不装设位置指示器。

（9）继电保护及自动装置就地布置时，主要的保护和自动装置的动作信号应能传送到主控制室。为使继电保护及自动装置动作后能及时将信号继电器予以复归，宜设事故分析光字牌或“掉牌未复归”小母线，并发送光字牌信号。

3. 交流电流、电压回路

（1）电流互感器的选择应符合以下要求：

1）应满足一次回路的额定电压、最大负荷电流及短路时的动、热稳定电流的要求。

2）应满足二次回路测量仪表、继电保护和自动装置的要求。

3）500kV保护用电流互感器的暂态特性应满足继电保护的要求。

（2）电流互感器的配置应符合以下要求：

1）电流互感器二次绕组的数量与准确等级应满足继电保护自动装置的要求。

2）用于保护装置时，应减少主保护的不保护区。保护接入电流互感器二次绕组的分配，应注意避免当一套线路保护停用而线路继续运行时，出现电流互感器内部故障时的保护死区。

3）对中性点直接接地系统，可按三相配置；对中性点非直接接地系统，依具体要求可按两相或三相配置。

4）当采用一台半断路器接线时，对独立式电流互感器每串宜配置三组。

（3）用于变压器差动保护的各侧电流互感器铁芯，宜具有相同的铁芯型式。

（4）用于同一母线差动保护的电流互感器铁芯，宜具有相同的铁芯型式。

（5）当测量仪表与保护装置共用一组电流互感器时，宜分别接于不同的二次绕组。

（6）电流互感器的二次回路不宜进行切换，当需要时，应采取防止开路的措施。

（7）电流互感器的二次回路应有且只有一个接地点，宜在配电装置处经端子接地。由几组电流互感器绕组组合且有电路直接联系的保护回路，如差动保护，电流互感器二次回路的接地点宜在控制室。

（8）电压互感器的选择应能符合以下要求：

1）应满足一次回路额定电压的要求。

2）容量和准确等级（包括电压互感器剩余绕组）应满足测量仪表、保护装置和自动装置的要求。

3）对中性点非直接接地系统，需要检查和监视一次回路单相接地时，应选用三相五柱或三个单相式电压互感器，其剩余绕组额定电压应为100V/3。中性点直接接地系统，电压互感器剩余绕组额定电压应为100V。

4）500kV 电压互感器应具有 3 个二次绕组，其暂态特性和铁磁谐振特性应满足继电保护的要求。

（9）当主接线为一台半断路器接线时，线路和变压器回路宜装设三相电压互感器；母线宜装设一相电压互感器。

（10）应保证电压互感器负载端仪表、保护和自动装置工作时所要求的电压准确等级。电压互感器二次负载三相宜平衡配置。

（11）电压互感器的一次侧隔离开关断开后，其二次回路应有防止电压反馈的措施。

（12）电压互感器二次绕组的接地。

对中性点直接接地系统，电压互感器星形接线的二次绕组应采用中性点一点接地方式（中性线接地）。中性点接地线（中性线）中不应串接有可能断开的设备。

对中性点非直接接地系统，电压互感器星形接线的二次绕组宜采用中性点一点接地方式（中性线接地），不宜采用 B 相一点接地方式。当采用 B 相接地方式时，二次绕组中性点应经击穿保险接地。B 相接地线和 B 相熔断器或自动开关之间不应再串接有可能断开的设备。

对 V—V 接线的电压互感器，宜采用 B 相一点接地，B 相接地线上不应串接有可能断开的设备。

电压互感器开口三角绕组的引出端之一应一点接地，接地引线上不应串接有可能断开的设备。

几组电压互感器二次绕组之间有电路联系或者地电流会产生零序电压使保护误动作时，接地点应集中在控制室或继电器室内一点接地。无电路联系时，可分别在不同的控制室或配电装置内接地。

由电压互感器二次绕组向交流操作继电器保护或自动装置操作回路供电时，电压互感器二次绕组之一或中性点应经击穿保险或氧化锌避雷器接地。

（13）在电压互感器二次回路中，除接成开口三角形的剩余二次绕组和另有规定者（例如自动调整励磁装置）外，应装设熔断器或自动开关。

电压互感器接成开口三角形的剩余二次绕组应抽取试验芯。抽取的试验芯宜按同步系统接线的要求而定，并注意与零序方向保护的极性相配合。

（14）电压互感器二次侧互为备用的切换，应由在电压互感器控制屏上的切换开关控制。在切换后，在控制屏上应有信号显示。中性点非直接接地系统的母线电压互感器，应设有绝缘监察信号装置及抗铁磁谐振措施。

4. 计算机监控

（1）计算机监控系统应具有以下功能：

1）数据采集和处理。

2）事故顺序记录。

3）远方集中和就地控制操作。

4）“四遥”（即遥控、遥调、遥侧、遥信）调度和通信。

5）电压和无功功率调节和控制。

6）防误操作闭锁。

7）同步鉴定。

8）人机对话。

（2）计算机监控范围应包括：

1）主变压器和联络变压器。

2）输电线、母线设备及330～500kV并联电抗器。

3）所用电系统。

4）消防水泵的启动命令。

（3）220kV及以上的变电站和发电厂网络部分的计算机监控系统应采用开放式、分层分布式结构。就地监控单元宜采用智能型设备。

（4）计算机监控系统应采集以下数据：

1）开关量：监控、监测所涉及的全部开关量。

2）模拟量：监控、监测所涉及的全部电气模拟量，应符合DL/T 5137—2001《电测量及电能计量装置设计技术规程》的有关规定，还应包括变压器、电抗器的温度模拟量。

3）脉冲量。

4）事件顺序记录（Sequence of Event，SOE）：监控范围内的断路器事故跳闸或继电保护动作的开关量。

二、二次回路中局部回路的设计

（一）断路器控制回路的设计

图 Z11G1001Ⅱ-1 为弹簧储能机构的断路器控制回路展开图。从图中能够看到，当断路器在分闸位置时，断路器辅助开关 QF 动断触点闭合，如果此时机构已经储能，触点 S1 闭合，跳闸位置继电器 TWJ 动作，HBJ、TBJ、TBJV、HWJ 均不动作，此时已准备好断路器的合闸条件。当远方/就地切换开关 1ZK 在就地位置时，1ZK 触点③④导通，此时如果将分合闸转换开关打至合闸位置，1KK 的①②触点导通，正电经过通过 HYJ 动断触点、TBJV 动断触点、HBJ 继电器线圈驱动机构的合闸线圈，可以实现断路器的合闸。当远方/就地切换开关 1ZK 在远方位置时，1ZK 触点①②导通，可以通过遥控合闸继电器的触点 YHJ 实现合闸操作。当重合闸动作时，通过 CHJ 触点、1LP2 连片实现合闸操作。

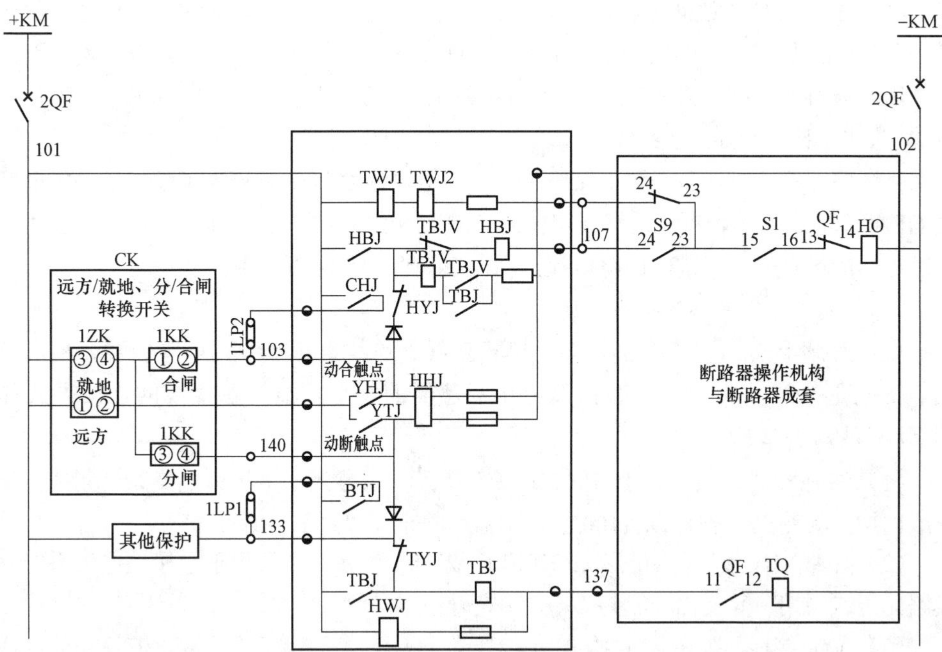

图 Z11G1001Ⅱ-1　断路器控制回路展开图

当断路器在合闸位置时，断路器辅助开关 QF 动合触点闭合，合闸位置继电器 HWJ 动作，HBJ、TBJ、TBJV、TWJ 均不动作，此时已准备好断路器的分闸条件。同时，断路器的动合辅助触点闭合，所以绿红亮，显示分闸回路完好，为断路器的分闸准备好条件。当 1ZK 触点③④导通时，如果将分合闸转换开关打至分闸位置，1KK 的③④触点导通，正电通过 HYJ 动断触点、TBJ 继电器线圈驱动机构的分闸线圈，可以实现断路器的分闸。当 1ZK 触点①②导通时，可以通过遥控分闸继电器的触点 YTJ 实现分闸操作。当保护动作时，通过 BCJ 触点、1LP1 连片实现分闸操作。

当断路器分闸、合闸后，通过断路器的辅助开关 QF 实现自动切除分、合闸脉冲电流。所以，此回路满足了能进行手动分、合闸和由继电保护与自动装置自动跳、合闸，并且当跳、合闸操作完后，能够自动切除跳、合闸脉冲电流的功能。

如果在断路器合位的情况下，1ZK 的③④触点和 1KK 的①②触点始终导通，或者 1ZK 的①②触点和 YHJ 的触点始终导通，在保护动作或手动跳闸后，断路器就又会合闸，从而会出现多次分合现象，也就是常说的“跳跃”。在回路图的分闸回路中，有防跳继电器 TBJ 的电流启动线圈，在合闸回路中有防跳继电器 TBJV 的电压保持线圈和一动合触点以及 TBJ 的一动合触点，这就会起到防止“跳跃”现象的作用。当进行就地或远方合闸时，如果合闸在短路故障上，保护就会动作，跳开断路器。同时跳闸电流也会使 TBJ 的电流线圈励磁，启动 TBJ，使其动合触点闭合，此时 TBJV 电压线圈励磁，TBJV 动合触点闭合，TBJV 保持。同时 TBJV 动断触点打开，断开合闸回路，防止断路器再次合闸。当 1ZK 的③④触点和 1KK 的①②触点、YHJ 的触点复位后，TBJV 失去励磁，TBJV 返回。

当断路器跳闸时，为了防止保护装置出口继电器 BCJ 的触点先于断路器的辅助开关 QF 断开而烧毁其触点，跳闸回路中的 TBJ 动合触点闭合使 TBJ 自保持，不会由出口继电器的触点来切断跳闸回路电流，从而起到保护该触点作用。

（二）电压二次回路的接线设计

电压互感器的二次接线主要有：单相接线、单线电压接线、V/V 接线、星形接线、三角形接线、中性点接有消弧电压互感器的星形接线。各接线的连接方式如图 Z11G1001Ⅱ-2 所示。

（1）单相接线，如图 Z11G1001Ⅱ-2（a）所示，常用于大接地电流系统判线路无压或同期，其变比一般为 $U_{\Phi}/(100/\sqrt{3})$，需要时也可以选 $U_{\Phi}/100$。

（2）单线电压接线，如图 Z11G1001Ⅱ-2（b）所示，主要用于小接地电流系统判线路无压或同期，其变比一般为 $U_{\Phi\Phi}/100$。

（3）V/V 接线，如图 Z11G1001Ⅱ-2（c）所示，主要用于小接地电流系统的母线电压测量，其变比一般为 $U_{\Phi\Phi}/100$。

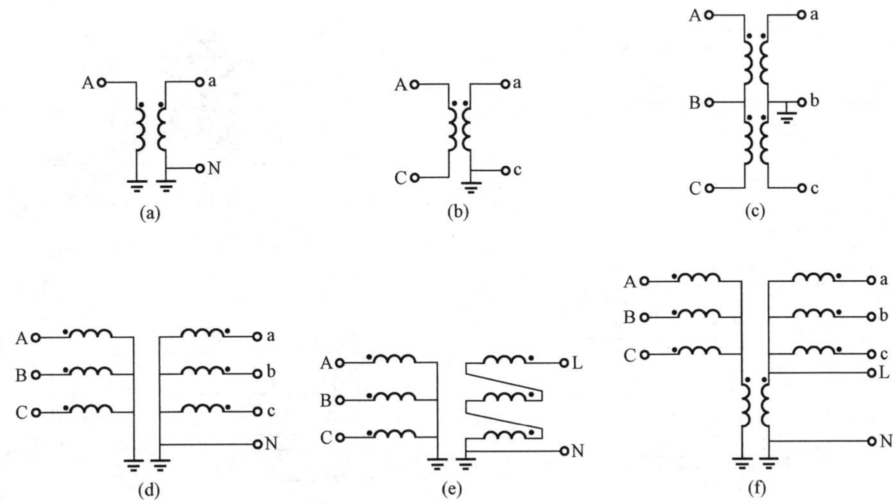

图 Z11G1001Ⅱ–2 常用电压互感器二次接线方式

（a）单相接线；（b）单线电压接线；（c）V/V 接线；（d）星形接线；（e）三角形接线；（f）中性点接消弧电压互感器的星形接线

（4） 星形接线，如图 Z11G1001Ⅱ–2（d）所示，常用于母线测量三相电压，变比一般为 $U_{\Phi}/(100/\sqrt{3})$。

（5） 三角形接线，如图 Z11G1001Ⅱ–2（e）所示，常用于零序电压，在大接地电流系统中变比一般为 $U_{\Phi}/100$，在小接地电流系统变比中为 $U_{\Phi}/(100/3)$。

（6） 图 Z11G1001Ⅱ–2（f）所示为中性点安装有消弧电压互感器的星形接线。

对电压电互感器的接线方式有一定的了解，能够有助于对电压互感器二次进行接线，判断接线的正确与否。

（三）电流互感器二次回路的接线设计

电流互感器的二次接线主要有：单相接线、两相星形（或不完全星形）接线、三相星形（或全星形）接线、三角形接线和电流接线等，各接线的连接方式如图 Z11G1001Ⅱ–3 所示。

（1） 单相接线如图 Z11G1001Ⅱ–3（a）所示。它可以用于小电流接地系统零序电流的测量，也可以用于三相对称电流中电流的测量或过负荷保护等。

（2） 两相星形接线，如图 Z11G1001Ⅱ–3（b）所示。这种接线又叫不完全星形接线。它一般用于小电流接地系统的测量和保护回路，能反应各类相间故障，但不能完全反应接地故障。

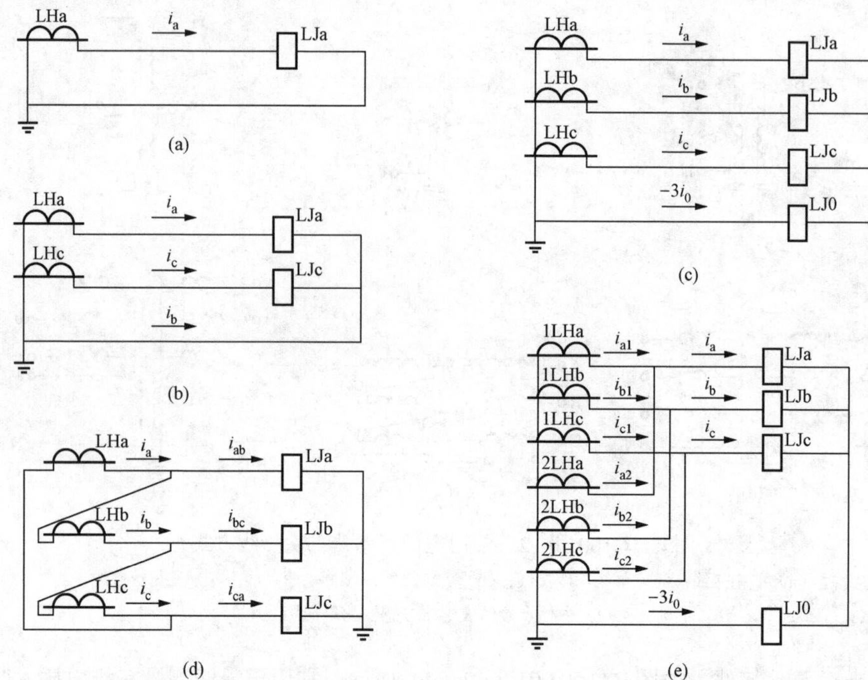

图 Z11G1001Ⅱ–3　常用电流互感器二次接线方式图

（a）单相接线；（b）两相星形接线；（c）三相星形接线；（d）三角形接线；（e）和电流接线

（3）三相星形接线又叫全星形接线，如图 Z11G1001Ⅱ–3（c）所示。三相星形接线一般应用于大接地电流系统的测量和保护回路接线，它能反应任何一相、任何形式的电流变化。

（4）三角形接线，如图 Z11G1001Ⅱ–3（d）所示。这种接线将三相电流互感器二次线圈按极性头尾相接，像三角形，极性一定不能搞错。这种接线主要用于保护二次回路的转角或滤除短路电流中的零序分量。

（5）和电流接线如图 Z11G1001Ⅱ–3（e）所示。这种接线是将两组星形接线并接，一般用于 3/2 断路器接线、角形接线、桥形接线的测量和保护回路，用以反应两只断路器的电流之和。

除了以上接线外，还有其他一些接线方式，但并不常见。

在电流互感器的接线中，要特别注意其二次线圈的极性，特别是方向保护与差动保护等回路。当电流互感器二次极性错误时，将会造成计量、测量错误，方向继电器指向错误，差动保护中有差流等，造成保护装置的误动或拒动。

（四）二次回路的回路标号

为了便于安装施工和在投运后进行维护检修，在二次回路的展开接线图中应进行回路标号，标号一般采用数字或数字与文字的组合。

回路的标号应做到：根据标号能了解该回路的性质和用途；根据标号能进行正确的连接。

1. 回路标号的基本原则

凡是各设备间要用控制电缆经端子排进行联系的，都要按回路原则进行标号。此外，某些装在屏顶上的设备与屏内设备的连接，也需要经过端子排，此时，屏顶设备就可以看作是屏外的设备，而在其连接线上同样按回路编号原则给以相应的标号。

为了明确起见，对直流回路和交流回路采用不同的标号方法，而在交、直流回路中，对各种不同的回路又赋予不同的数字符号，因此，通过标号，就能知道这一回路的性质。

2. 二次回路标号的基本方法

常见的二次回路标号是用三位或三位以下的数字组成，需要标明回路的相别或某些主要特征时，可以在数字标号的前面（或后面）增注文字符号；按“等电位”的原则标注，即在电器回路中，连于同一点上的所有导线（包括接触连接的可折线段）需标以相同的回路标号；电气设备的触点、线圈、电阻、电容等元件所间隔的线段，即视为不同的线段，一般给予不同的标号，对于在接线图中不经过端子而在屏内直接连接的回路，可以不进行标号。

对于不同用途的交流回路，使用不同的数字组，见表 Z11G1001Ⅱ–1。

表 Z11G1001Ⅱ–1　　二次回路编号分组

回路类别	控制、保护、信号回路	电流回路	电压回路
标号范围	1～399	400～599	600～799

3. 直流回路的标号细则

不同用途的直流回路，使用不同的数字范围。控制和保护回路用 001～099 及 100～599，励磁回路用 601～699；控制和保护回路使用的数字标号，按熔断器所属的回路进行分组，每一百个数分为一组，如 101～199、201～299、301～399 等，其中每段里面先按正极性回路（编为奇数）由小到大，再编负极性回路（编为偶数）由大到小，如 100、101、103、133、142、140 等；信号回路的数字编号，按事故、位置、预告、指挥信号进行分组，按数字大小进行排列；断路器设备、控制回路的数字标号组，应按断路器设备的数字序号进行选区取，例如有三个控制开关 1KK、2KK、3KK，则 1KK

对应的控制回路的数字标号选 101～199，2KK 对应的控制回路数字标号选 201～299，3KK 对应的控制回路数字标号选 301～399；正极回路的线段按奇数标号，负极回路的线段按偶数标号，每经过回路的主要压降元（部）件（如线圈、电阻、绕组等）后，即行改变其极性，其奇偶顺序即随之改变，对不能标明极性或其极性在工作中改变极性的线段，可任选奇数或偶数。

对于某些特定的主要回路给予专用的标号组，例如：正电源为 101、201，负电源为 102、202，合闸回路中的绿灯回路为 105、205、305、405，分闸回路中的红灯回路标号为 135、235、335、435。这些特殊的标号在规程中都有相应的规定。

根据主变压器保护直流配置 $N+1$ 原则，要有四组直流。其中，第一组直流为主保护的直流，直流回路编号为 01 和 02，第二组为高压侧直流，回路编号为 101、102，分闸回路的回路编号为 133、137，合闸回路编号为 103、107，红、绿灯回路编号为 135、105，第三组直流为中压侧直流，回路编号为 201、202，分闸回路的回路编号为 233、237，合闸回路编号为 203、207，红、绿灯回路编号为 235、205，第四组直流为低压侧直流，回路编号为 301、302，分闸回路的回路编号为 333、337，合闸回路编号为 303、307，红、绿灯回路编号为 335、305，在每一组直流回路中其有关的回路编号都是一一对应的。

4. 交流回路的标号细则

交流回路按相别顺序标号，它除三位数字标号外，还加有文字标号以示区别，例如 A411、B411、C411。

电流回路的数字标号，一般以三位数字为一组，如 A401～A409，B401～B409，C401～C409，若不够亦可以 20 个数字为一组，供一套电流互感器使用，几组相互并联的电流互感器的并联回路，应先取数字组中最小的一组数字标号，不同相的电流互感器并联时，并联回路应选任何一相电流互感器的数字组进行标号，电压回路的数字标号，应以三位数字为一组，如 A601～A609，B601～B609，C601～C609 等以供一个单独的电压互感器回路标号使用；电流互感器和电压互感器的回路，均须在分配给它们的数字标号范围内，自互感器引出端开始，按顺序编号，例如 TA 的回路编号用 411～419，TV 的回路标号用 621～629 等；某些特定的交流回路（如母线电流差动保护公共回路、绝缘监察电压表的公共回路等）给予专用的标号组。

在电压回路中，回路的编号在设计规程中也有具体的规定，第一组或奇数母线段的电压回路编号为 A630、B630、C630、L630、S630、N630，第二组或偶数母线段的电压回路编号为 A640、B640、C640、L640、S640、N640，旁路母线电压切换的回路编号为 C712。经隔离开关辅助触点或继电器切换后的电压回路编号见表 Z11G1001Ⅱ-2。

表 Z11G1001Ⅱ-2　　切换后的电压回路编号

用　途	回　路　编　号	用　途	回　路　编　号
6～10kV	A（C、N）760～769、B600	220kV	A（B、C、I、SC）720～729、N600
35kV	A（C、N）730～739、B600	330（500）kV	A（B、C、I、SC）730～739、N600
110kV	A（B、C、I、SC）710～719、N600		

掌握回路编号的有关知识，对于熟悉图纸、理解二次回路以及提高解决缺陷的能力能够起到很大的作用。

三、二次回路设备的选择

DL/T 5136—2001《火力发电厂、变电所二次接线设计技术规程》中对二次回路设备的选择的主要要求明确如下。

（一）控制电缆的选择

1. 控制电缆型式及芯数的选择

控制电缆应选用铜芯和绝缘导线，宜选用聚乙烯或聚氯乙烯绝缘、护套铜芯控制电缆（KYV、KVV 型），也可选用橡皮绝缘聚氯乙烯护套或聚丁护套铜芯电缆（KXV、KXF 型）。

控制电缆应留有适当的备用芯线作为设计改进或芯线折断时用。电缆芯数及备用芯线选择时应考虑以下 4 方面：

（1）控制电缆宜选用多芯电缆，应尽可能减少电缆的根数。当芯线截面积分别为 $1.5mm^2$、$2.5mm^2$、$4～6mm^2$ 时，电缆芯数分别不宜超过 37、24、10 芯。弱电控制电缆不宜超过 50 芯。

（2）对双重化保护的电流回路、电压回路、直流电源回路、双套跳闸绕组的控制回路等，两套系统不应合用一根多芯电缆。

（3）7 芯及以上芯线截面积小于 $4mm^2$ 的较长控制电缆应有必要的备用芯。

（4）在一根电缆内不宜有两个及以上安装单位的电缆芯。

2. 控制电缆铜芯截面的选择

电缆芯线截面的选择应满足二次回路对导线截面积的要求，同时还应符合下列要求：

（1）电流回路：应使电流互感器的工作准确等级符合继电保护和安全自动装置的要求。无可靠依据时，可按断路器的断流容量确定最大短路电流。

（2）电压回路：当全部继电保护和安全自动装置动作时（考虑到电网发展，电压互感器的负荷最大时），电压互感器到继电保护和安全自动装置屏的电缆压降不应超过额定电压的 3%。

（3）操作回路：在最大负荷下，电源引出端到断路器分、合闸线圈的电压降，不应超过额定电压的10%。

（二）二次回路保护设备的选择

1. 二次回路保护设备的配置

二次回路的保护设备用于切除二次回路短路故障，并作为回路检修、调试时断开交、直流电源之用。保护设备可采用熔断器或自动开关。

（1）控制、保护和自动装置供电回路的熔断器或自动开关配置应符合以下规定：

1）对具有双重化快速主保护和断路器具有双跳闸线圈的安装单位，其控制回路和继电保护、自动装置回路应分设独立的熔断器或自动开关，并由双电源分别向双重化主保护供电。两电源间不应有电路上的联系。

2）凡两个及以上安装单位公用的保护或自动装置的供电回路，应装设专用的熔断器或自动开关。

3）当本安装单位仅含一台断路器时，控制、保护和自动装置可共用一组熔断器或自动开关。

4）当一个安装单位有几台断路器时，应设总熔断器或自动开关，并按断路器设分熔断器或自动开关，分熔断器或自动开关应经总熔断器或自动开关供电；公用保护和公用自动装置应接于总熔断器或自动开关之下。对其他保护或自动控制装置按保证正确工作的条件，可接于分熔断器、自动开关、总熔断器或自动开关之下。

5）本安装单位含几台断路器而又无单独运行的可能，或断路器之间有程序控制要求时，保护和各断路器控制回路可共用一组熔断器或自动开关。

6）控制、保护和自动装置供电回路的熔断器或自动开关应加以监视，可用断路器控制回路的监视装置进行监视。如保护或自动装置单独装设熔断器或自动开关时，宜采用继电器进行监视，其信号应接至另外的电源。

（2）信号回路熔断器或自动开关的配置：

1）每个安装单位的信号回路（包括隔离开关的位置信号、事故和预告信号、指挥信号等），宜用一组熔断器或自动开关。

2）公用的信号回路（如中央信号等），应装设单独的熔断器或自动开关。

3）厂用电源及母线设备信号回路，应分别装设公用的熔断器或自动开关。

4）闪光小母线的分支上，不宜装设熔断器或自动开关。

5）信号回路用的熔断器或自动开关均应加以监视，可使用隔离开关位置指示器，也可用继电器或信号灯来监视。当采用继电器进行监视，信号应接至另外的电源。

（3）电压互感器回路的保护设备配置。

1）电压互感器回路中，除接成开口三角的剩余绕组和另有专门规定者外，应在其出口装设熔断器或自动开关。当二次回路发生故障可能使保护和自动装置不正确动作时，宜装设自动开关。

2）电压互感器二次侧中性点引出线上，不应安装保护设备；当采用B相接地方式时，B相熔断器或自动开关应装在绕组引出端与接地点之间。

3）电压互感器开口三角的剩余绕组的试验芯出线端，应装设熔断器或自动开关。

2. 保护设备动作电流的选择

（1）熔断器额定电流应按回路最大负荷电流选择，并应满足选择性的要求。干线上的熔断器熔件的额定电流应较支线上的大2～3级。

（2）选择电压互感器二次侧熔断器时，其最大负荷电流应考虑到双母线仅一组母线运行时，两组电压互感器的全部负荷由一组电压互感器供给的情况。

3. 自动开关额定电流的选择

（1）自动开关额定电流应按回路的最大负荷电流选择，并满足选择性的要求。干线上的自动开关脱扣器的额定电流应较支线上的大2～3级。

（2）电压互感器二次侧自动开关的选择。

1）自动开关瞬时脱扣器的动作电流，应按大于电压互感器二次回路的最大负荷电流来整定。

2）当电压互感器运行电压为90%额定电压时，二次电压回路末端经过渡电阻短路，加于继电器线圈上的电压低于70%额定电压时，自动开关应瞬时动作。

3）瞬时脱扣器断开短路电流的时间应不大于0.02s。

4）自动开关应附有用于闭锁有关保护误动的动合辅助触点和自动开关跳闸时发报警信号的动断辅助触点。

（三）控制和信号设备的选择

1. 控制开关的选择

控制开关的选择应符合二次回路额定电压、额定电流、分断电流、操作的频繁程度、电寿命和控制接线等要求。

2. 跳、合闸位置继电器的选择

（1）母线电压为1.1倍额定值时，通过跳、合闸绕组或合闸接触器绕组的电流应不大于其最小动作电流和长期热稳定电流。

（2）母线电压为85%额定值时，加于位置继电器线圈的电压不小于其额定值的70%。

3. 跳、合闸继电器、防跳继电器以及重合闸出口中间继电器和其串联信号继电器的选择

（1）电压线圈的额定电压可等于供电母线额定电压；如用较低电压的继电器串联

电阻降压时，继电器线圈上的压降应等于继电器电压线圈的额定电压；串联电阻的一端应接负电源。

（2）额定电压工况下，电流线圈的额定电流的选择，应与合闸绕组或合闸接触器绕组的额定电流相配合，继电器电流自保持线圈的额定电流宜不大于跳、合闸线圈额定电流的 50%，并保证串接信号继电器电流灵敏度不低于 1.4。

（3）跳、合闸中间继电器电流自保持线圈的电压降应不大于额定电压的 5%；电流启动电压保持“防跳”继电器的电流启动线圈的电压降应不大于额定电压的 10%。

（4）具有电流和电压线圈的中间继电器，其电流和电压线圈应采用正极性接线。电流与电压线圈间的耐压水平不应低于 1000V、1min 的试验标准。

4. 串联信号继电器与跳闸出口中间继电器并联电阻的选择

（1）额定电压时信号继电器的电流灵敏系数宜不小于 1.4。

（2）1.4 倍额定电压时信号继电器线圈的电压降应不大于额定电压的 10%。

（3）选择中间继电器的并联电阻时，应使保护继电器触点的断开容量不大于其允许值；应不超过信号继电器串联线圈的热稳定电流。

5. 重瓦斯保护回路并联信号继电器或附加电阻的选择

（1）并联信号继电器的额定电压等于供电母线额定电压。

（2）当用附加电阻代替并联信号继电器时，附加电阻的选择应符合串联信号继电器与跳闸出口中间继电器并联电阻选择中的（1）、（3）条的要求。

（四）端子排的选择

（1）端子排应由阻燃材料制成。端子的导电部分应为铜质。安装在潮湿地区的端子排应当防潮。

（2）安装在屏上每侧的端子距地不宜低于 350mm。

（3）端子排配置应满足运行、检修、调试的要求，并适当与屏上设备的位置相对应。

每个安装单位应有其独立的端子排。同一屏上有几个安装单位时，各安装单位端子排的排列应与屏面布置相配合。

（4）每个安装单位的端子排，宜按下列回路分组，并由上而下（或由左至右）按下列顺序排列：

1）交流电流回路（自动调整励磁装置回路除外）按每组电流互感器分组，同一保护方式的电流回路宜排在一起。

2）交流电压回路（自动调整励磁装置回路除外）按每组电压互感器分组。

3）信号回路按预告、位置、事故及指挥信号分组；当光字牌布置在屏的上部时，可将信号回路端子排排在上列，其余顺序同上。

4）控制回路按熔断器或自动开关配置的原则分组。

5）其他回路按励磁保护、自动调整励磁装置的电流和电压回路、远方调整及联锁回路等分组。

6）转接端子排顺序为：本安装单位端子、其他安装单位的转接端子，最后排小母线兜接用的转接端子。

（5）当一个安装单位的端子过多或一个屏上仅有一个安装单位时，可将端子排成组地布置在屏的两侧。

（6）屏上二次回路经过端子排连接的原则如下：

1）屏内与屏外二次回路的连接、同一屏上各安装单位之间的连接以及转接回路等，均应经过端子排。

2）屏内设备与直接接在小母线上的设备（如熔断器、电阻、开关等）的连接宜经过端子排。

3）各安装单位主要保护的正电源应经过端子排。保护的负电源应在屏内设备之间接成环形，环的两端应分别接至端子排；其他回路均可在屏内连接。

4）电流回路应经过试验端子，预告及事故信号回路和其他需断开的回路（试验时断开的仪表、至闪光小母线的端子等），宜经过特殊端子或试验端子。

（7）每一安装单位的端子排应编有顺序号，并宜在最后留2～5个端子作为备用。当条件许可时，各组端子排之间也宜留1～2个备用端子。在端子排两端应有终端端子。正、负电源之间以及经常带电的正电源与合闸或跳闸回路之间的端子排，宜以一个空端子隔开。

（8）一个端子的每一端宜接一根导线，导线截面积宜不超过6mm^2。

（9）屋内、外端子箱内端子的排列，亦应按交流电流回路、交流电压回路和直流回路等成组排列。

（10）每组电流互感器的二次侧，宜在配电装置端子箱内经过端子连接成星形或三角形等接线方式。

（11）强电与弱电回路的端子排宜分开布置，如有困难时，强、弱电端子之间应有明显的标志，宜设空端子隔开。如弱电端子排上要接强电缆芯数时，端子间应设加强绝缘的隔板。

（12）强电设备与强电端子的联结和端子与电缆芯的连接应用插接或螺丝连接，弱电设备与弱电端子间的连接可采用焊接。屏内弱电端子与电缆芯的连接宜采用插接或螺丝连接。

四、二次回路的审核

二次回路的审核，就是根据二次回路设计总的要求及参照国家电网公司典型设计，结合具体工程对二次回路的设计的正确性、完善性进行审查，对二次设备选择的合理性、先进性进行审查。

（一）审核总体二次回路的正确性、完善性

变电站、发电厂等电气工程二次系统的总体设计要达到对该工程中所有一次设备控制、保护、测量、调节、监视的目的。为便于运行管理和有利于性能配合，同一电力网或同一厂站内的继电保护和安全自动装置的型式、品种不宜过多。

设计安装的继电保护和安全自动装置、监控设备等应与一次系统同步投运，所有的电气一次设备不允许无保护运行，且至少应有两级及以上的保护，即除了本电气一次设备的保护外，还需要有在本电气一次设备的保护或断路器拒动时能够切除故障的后备保护，该后备保护根据电力系统的电压等级或系统稳定的要求，采取远后备或近后备方式。所谓远后备，是当某电力设备主保护或断路器拒动时，由相邻电力设备或线路的保护实现后备保护；所谓近后备，是当某电力设备主保护拒动时，由该电力设备的另一套保护实现的后备保护，当断路器拒动时，由断路器失灵保护来实现的后备保护。

新建综合自动化或数字化变电站的监控系统应能对变电站内所有的断路器、隔离开关进行遥控，能对变压器的有载调压开关进行遥控。同间隔断路器的合闸、隔离开关的分闸和合闸均应同时有电气闭锁和逻辑闭锁；跨间隔的必须有逻辑闭锁。监控画面和遥信、遥测系统应能如实反映变电站一次及二次设备的工作状态等等。

（二）审核局部二次回路的正确性、完善性

1. 审核断路器的控制回路应满足要求

（1）能进行手动（包括遥控）跳、合闸和由继电保护与自动装置实现自动跳、合闸，并在跳、合闸动作完成后，自动切断跳合闸脉冲电流（因为跳、合闸线圈是按短时间带电设计的）。

（2）能指示断路器的分、合闸位置状态，自动跳、合闸时应有明显信号。

（3）能监视电源及下次操作时分闸回路的完整性，对重要元件及有重合闸功能、备用电源自动投入的元件，还应监视下次操作时合闸回路的完整性。

（4）有防止断路器多次合闸的“跳跃”闭锁装置。

（5）当具有单相操作机构的断路器按三相操作时，应有三相不一致的信号。

（6）气动操作机构的断路器，除满足上述要求外，尚应有操作用压缩空气的气压闭锁；弹簧操作机构应有弹簧是否完成储能的闭锁；液压操作机构应有操作液压闭锁；气体绝缘的断路器应有绝缘气体密度闭锁分合闸功能。上述闭锁功能应在断路器中实现，不应引入保护屏上的断路器操作箱。

（7）控制回路的接线力求简单可靠，要避免存在寄生回路。

2. 审核信号回路应满足要求

（1）信号装置的动作要准确、可靠。

信号装置作为一种信息变换设备，它输入的信息是电气设备和电力系统的各种运行状态，输出是运行人员可以感受的声光信号。这种变换是按事先约定的对应关系进行的。例如，表示断路器正常合闸用红灯信号灯点亮或监视器中的稳定的红色实心方框；事故跳闸的声音信号是电笛声或事故告警声，而灯光信号是绿色信号灯闪光或监视器中的闪烁的绿色空心方框并推事故画面；直流系统接地时为警铃响或异常告警声，并有光字牌指示或监视器中的告警信息等等。信号装置的这种变换信息的功能一定要准确可靠，既不能误变换，也不允许不变换。否则，运行人员就不能准确地掌握电气设备和系统的运行工况，因而也就不能作出正确的判断和操作，甚至可能造成操作地延误或严重事故。例如，当小接地电流系统发生单相接地时，如果信号装置失灵而不能及时发出警报信号，运行人员就不可能作出停用电容器及拉路查找接地点决定和操作，结果系统发生长时间接地，结果造成设备绝缘损坏和故障停电事故。

（2）声光信号要便于运行人员注意。

运行人员感受各种信号主要靠视觉和听觉，光线的不同颜色、亮度，声音的不同频率及强度被人感受的灵敏度不同。信号装置采用的声光信号必须适应人的要求，明显、清晰，最有利于人的感官接收与判别，有利于对发生事件的判断。具体如下：

1）对不同性质的信号，要有明显的区别。例如，事故跳闸的音响是电笛声或事故告警声，预告信号的音响是警铃声异常告警声，运行人员从音响信号就能判断发生事件的性质。

2）信号装置是否动作要有明显的区别，便于运行人员查找具体的动作信号内容，不致多读或少读信号，造成对发生事件的错误判断。最优的是在几个动作的信号中，已经动作并被运行人员确认的信号与没有确认的信号之间有明显的区别，如未确认的闪光，已确认的不闪光；动作后又自动消失与没有动作的信号之间有明显的区别，如自动消失的有闪光但可复归，未动作的没有任何信号等。随着微机型信号系统及计算机监控系统的应用，这一点已不难实现。

（3）在变电所中信息量很大，在大量的信号中，动作的信号属于哪个设备单元，应有明显的指示。这样，在出现不正常运行状态或发生事故时，通过信号装置的动作指示，运行人员就能迅速知道，在哪个回路中，在什么设备上，发生了什么性质和什么内容的故障，便于快速反应与正确处理。

（4）信号装置对事件的反应要及时。当电气设备或系统发生事故或出现异常运行状态时，运行人员必须及时知道，并尽快进行处理，减少事故造成设备损坏的程度及对电网的影响，这样就要求信号装置有较高的反应速度，否则可能延误事故的处理，而使事故扩大。在信号系统中，常常根据信号的重要性将其分为瞬时预告信号与延时预告信号，这样既可以突出一些重要信号，也可以减少一些次要信号对运行人员的精神压力，如一些在系统波动或操作中的瞬间干扰可能触发的信号。

3. 审核电流互感器二次回路应满足要求

（1）选用合适的准确度级。计量对准确度要求最高，接 0.2S 级，测量回路要求相对较低接 0.5 级。保护装置对准确度要求不高，但要求能承受很大的短路电流倍数，所以选用 5P20 或 TPY 的保护级。

（2）保护用电流互感器根据保护原理与保护范围合理选择接入位置，确保一次设备的保护范围没有死区。如母差保护的范围指向母线，所用二次绕组应放在离母线较远的位置；线路保护的保护范围指向线路，所用二次绕组应放在靠近母线的位置，这样可以与母差保护形成交叉，任何一点故障都有保护切除。如果母差保护接在最近母线侧的二次绕组，线路保护接离母线较远的二次绕组，则在两个绕组间发生故障时，既不在母差保护范围，线路保护也不会动作，故障只能靠远后备保护切除。虽然这种故障的概率很小，却有发生的可能，一旦发生后果是严重的。

（3）当有旁路断路器需要旁代主变压器等断路器时，如有差动等保护则需要进行电流互感器的二次回路切换，这时既要考虑切换的回路要对应一次运行方式的变换，还要考虑切入的电流互感器二次极性必须正确，变比必须相等。

4. 审核电压互感器二次回路应满足下列要求

（1）对于主接线为单母线、单母线分段、双母线等，在母线上安装三相式电压互感器；当其出线上有电源，需要重合闸鉴同期或无压，需要同期并列时，应在线路侧安装单相或两相电压互感器；为消除电压切换回路对保护、计量的影响，也有在双母线 220kV 线路或主变压器 220kV 侧装设三相压变的设计。

（2）对于 3/2 主接线，常常在线路或变压器侧安装三相电压互感器，而在母线上安装单相互感器以供同期并联和重合闸鉴无压、鉴同期使用。

（3）内桥接线的电压互感器可以安装在线路侧，也可以安装在母线上。安装地点的不同对保护功能有所影响。

（4）对 110kV 及以下的电压等级，电压互感器一般有两个次级，一组接为星形，一组接为开口三角形。在 220kV 及以上系统中，为了继电保护的完全双重化，一般选用三个次级的电压互感器，其中两组接为星形，一组接为开口三角形。

（5）当计量回路有特殊需要时，可增加专供计量的电压互感器次级或安装计量专用的电压互感器组。

（6）在小接地电流系统，需要检查线路电压或同期时，应在线路侧装设两相式电压互感器或装一台电压互感器接线间电压。

5. 审核二次施工图纸

根据各回路的原理图来核对其他图纸（即屏面布置图、端子排图、安装接线图等），核对无误后，根据屏、柜、箱的设备表查对设备的型号、规范及数量是否相符。以及端子排的配置是否与端子排一致。最后根据端子排图画出较复杂的回路的电缆联系图（包括各电缆芯数及备用电缆芯数。）与设计的电缆清册核对长度，规格及型号等。

（三）审核二次设备选择的先进性、合理性

所选二次设备的功能要完备、性能要优秀，要采用先进的设备。如在确定继电保护和安全自动装置的配置方案时，应优先选用具有成熟运行经验的数字式装置。监控设备宜选择网络方式组网的设备。变电站直流供电设备选择具有高频充电模块、斩波稳压、带自动定时活化蓄电池功能、带支路绝缘监测的设备等等。

所选二次设备的参数要符合技术规程规定、反措的要求，符合所在回路的要求，符合和相关二次设备相互配合的要求等等。

【思考与练习】

1. 断路器的控制回路应满足哪些要求？
2. 如何定义主变压器控制回路的二次编号？
3. 控制、保护和自动装置供电回路的熔断器或自动开关配置应符合哪些规定？
4. 常用电压互感器二次接线方式有哪些？变比如何选择？
5. 二次回路的审核有哪些内容？

第十章

二次回路的施工

模块 1 二次回路的施工（Z11G2001Ⅰ）

【模块描述】本模块包含二次回路施工的相关内容。通过要点归纳总结、图例示意，掌握二次回路施工程序、工艺要求、质量标准、施工材料准备内容及基本识图和施工方法。

【模块内容】

二次回路施工的内容一般包括：各类屏、柜、箱的安装；屏上电器的安装；屏内二次接线的配制；控制电缆头制作与接线。

工艺要求包括：按图施工、接线正确；电气连接可靠，接触良好；螺丝、设备齐全，配线整齐美观；导线无损伤，绝缘良好；回路编号正确规范，字迹清晰，不易脱色；检验、维护和试验等方便安全。

一、安装接线图

安装接线图包括屏面布置图、屏背面接线图和端子排图几个组成部分。

（一）屏面布置图

屏面布置图是决定屏上各个设备的排列位置以及相互间距离尺寸的图纸，要求按照一定的比例尺绘制。图 Z11G2001Ⅰ–1 所示为 RCS–915A 保护装置屏面布置图。通过屏面布置图，对保护屏上的设备进行标注，包括微机母线保护、母线模拟屏、打印机、复归按钮、隔离开关位置确认按钮、切换开关以及压板，并标明这些设备的布置情况。

（二）屏背面接线图

屏背面接线图是在屏上配线所必需的图纸，其中应标明屏上各个设备在屏背面的引出端子之间的连接情况，以及屏上设备与端子排的连接情况。

在安装接线图中各种仪表、电器、继电器以及连接导线等，都是按照实际图形、位置和连接关系绘制的，同时为了便于施工和运行中检查，所有设备的端子和导线都加上走向标志。图 Z11G2001Ⅰ–2 为一线路保护屏背面接线图。在熟悉相关基础知识的前提下，通过对接线图的熟悉，知道如何接线，同时利用接线图，能够将展开接线图绘制出来，以便能够校验施工接线图是否与展开接线图相符合、接线是否正确。

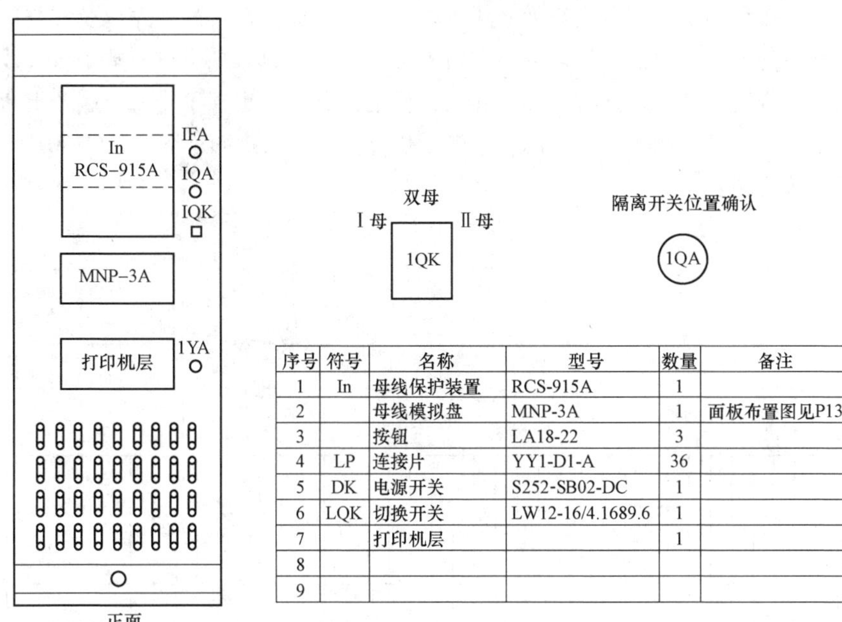

序号	符号	名称	型号	数量	备注
1	In	母线保护装置	RCS-915A	1	
2		母线模拟盘	MNP-3A	1	面板布置图见P13
3		按钮	LA18-22	3	
4	LP	连接片	YY1-D1-A	36	
5	DK	电源开关	S252-SB02-DC	1	
6	LQK	切换开关	LW12-16/4.1689.6	1	
7		打印机层		1	
8					
9					

图 Z11G2001Ⅰ-1　屏面布置

注：本图纸适用 110kV 双母线连接，最多接 21 个单元。

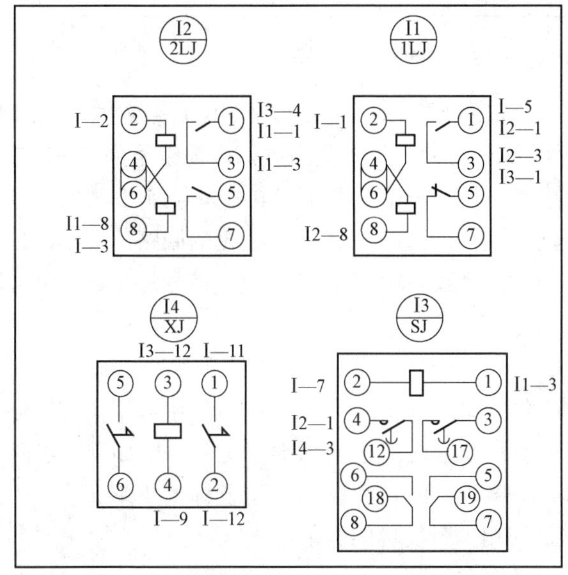

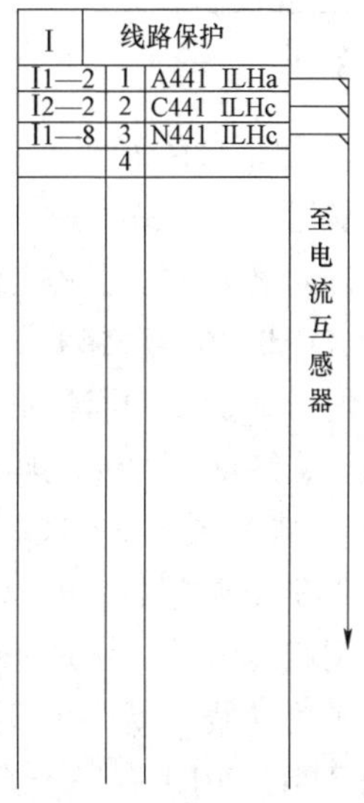

图 Z11G2001Ⅰ-2　屏背面接线图

（三）端子排接线图

端子排接线图是表示屏上需要装设的端子数目、类型、排列次序以及它与屏上设备及屏外设备连接情况的图纸。通常在屏背面接线图中包含端子排。端子排接线图是施工接线、查线的依据，通过对端子排接线图的熟悉，知道端子排每一端子上所接回路及作用，端子排内侧接线的走向以及端子排外侧电缆的走向。图 Z11G2001 Ⅰ-3 为一端子排接线图。

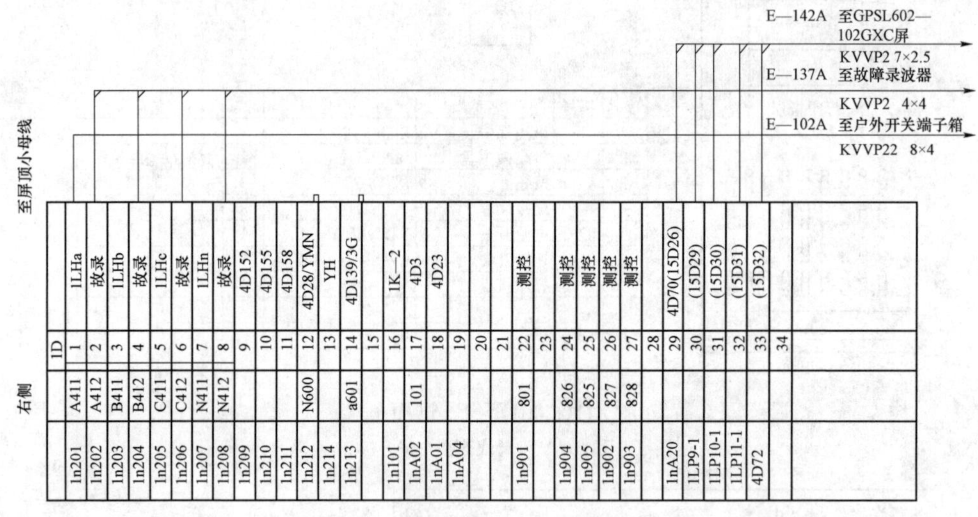

图 Z11G2001 Ⅰ-3 端子排接线图

从图 Z11G2001 Ⅰ-3 中看到，有一根到 602 保护屏的电缆，电缆编号为 E—142A，型号为 KVVP2，规格为 7×2.5；到一根故障录波器屏的电缆，电缆编号为 E—137A，型号为 KVVP2，规格为 4×4；一根到户外端子箱的电缆，电缆编号为 E—102，型号为 KVVP22，规格为 8×4。通过端子排图，知道每一端子上所接的回路，例如，1～8 号端子排接的是电流回路，29～31 号端子接的是控制回路。电缆编号、规格、型号起始点、终点通过端子排接线图，一目了然。

（四）相对编号法

在安装接线图中，还有一种相对编号法的概念，在实际的现场中应用比较广泛。所谓相对编号法就是在本端的端子处标记远端所连接的端子的号，例如甲、乙两个端子用导线连接，在甲端子旁标上乙端子上的号，在乙端子上标上甲端子上的号。图 Z11G2001 Ⅰ-4 为一个相对编号法应用的最简单的例子。

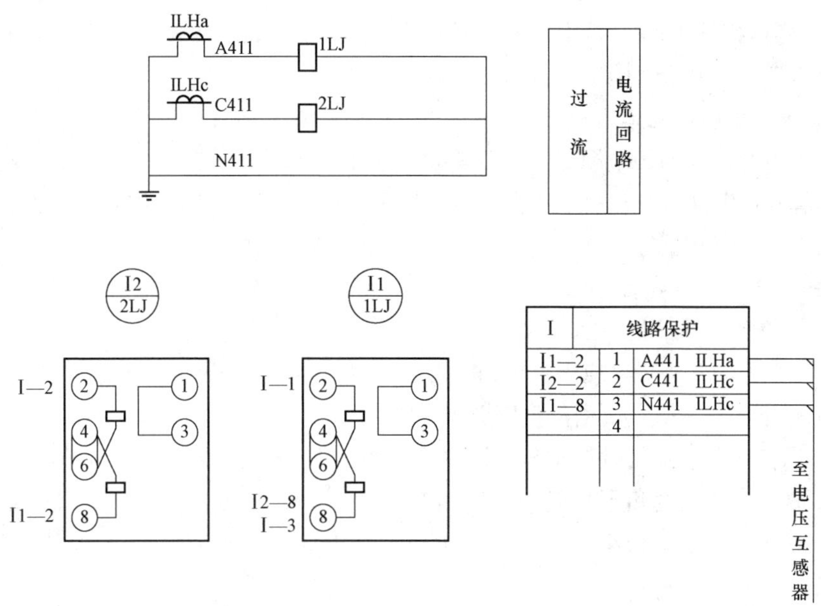

图 Z11G2001 Ⅰ–4　相对编号法的应用

如果在某个端子旁没有标号，说明该端子是空的，没有连接对象。如果有两个标号，说明该端子有两个连接对象。要注意的是按规程要求，每个端子上最多只能接两根导线，如果导线接多了会导致接线不牢靠。

二、二次回路安装施工

（一）施工前的准备工作

（1）了解工程概况。施工前，施工人员应了解工程概况、施工内容、工程量的大小、计划工期等有关情况，具体的人员分工情况，以便能够做到心中有数。

（2）相关规程、规范、图纸的熟悉、掌握。施工前，施工人员必须掌握于施工内容有关的规程、技术规范、反措要求，以便能够在施工时保证施工质量，达到相应的技术要求；对施工图纸进行熟悉，在熟悉图纸的同时也是对图纸进行校对的过程，检查施工图是否有错误存在，以免在施工时才发现错误影响施工进度；对组织措施、技术措施、安全措施以及施工方案进行学习，使施工人员在施工时根据相关的要求进行施工。

（3）对施工现场情况进行熟悉。在熟悉现场的同时注意检查施工现场有没有妨碍施工的地方，有没有不安全因素的存在等，以便根据现场的实际情况作出相应的方案和措施。

（4）工器具的准备。施工前要准备好所需的工器具，准备的工器具要齐全，否则就有可能影响工程的进度，准备的工器具要合格，符合相关的技术要求，否则就有可能影响施工的质量或对施工人员的安全造成威胁。

（二）二次回路施工材料

控制电缆、大剪、电缆刀、多股软铜线（$4mm^2$）、塑料带、电缆头、尼龙扎扣、电缆挂牌及电缆挂牌打印机、电缆芯号牌机及标号管，剥线钳、改锥、尖嘴钳，偏口钳、扳手、成套螺丝等。

（三）屏、柜的安装

1. 检查预留屏、柜基础

基础型钢的大小规格应根据屏、柜的尺寸、重量、大小来选择，一般用角钢40×4～50×5，槽钢5～10号，所用的型钢必须平直。

型钢应在土建施工时根据设计要求埋设好。在埋设前要严格加工平直，埋设时严格找平，其不直度和不平度的允许偏差是每米小于1mm和全长小于5mm，位置误差及不平行度是全长小于5mm；其顶部宜高出抹平地面10mm；应有明显的可靠接地。

2. 开箱检查

屏、柜等在搬运和安装时应采取防振、防潮、防止框架变形和漆面受损等安全措施，必要时可将装置性设备和易损元件拆下单独包装运输。屏、柜应存放在室内或能避雨、雪、风、沙的干燥场所。对有特殊保管要求的装置性设备和电气元件，应按规定保管。

到达现场后，应在规定期限内作验收检查，并应符合要求：包装及密封良好；开箱检查型号、规格符合设计要求，设备无损伤，附件、备件齐全；产品的技术文件齐全。

3. 屏、柜安装

（1） 就位。将屏、柜搬运至指定位置。搬运过程中应小心谨慎，由有经验的人员统一指挥，相互之间要配合好，既要严防屏倾倒造成人员伤害，又要保证设备的安全，包括不能误碰运行设备和所要安装设备的安全，应采取防振、防止框架变形和漆面受损等安全措施，必要时可将装置性设备和易损元件拆下单独包装运输，当产品有特殊要求时，还应符合产品技术文件的规定，特别是要注意防振动、防误碰，防止引起保护的误动作。

（2） 找平。将已就位的屏体进行调整以达到规定的要求。屏、柜单独或成列安装时，其垂直度、水平偏差以及屏、柜面偏差和屏、柜间接缝的允许偏差应符合表Z11G2001Ⅰ-1的规定。

表 Z11G2001Ⅰ–1　　屏、柜安装的允许偏差

<table>
<tr><th colspan="2">项　目</th><th>允许偏差（mm）</th><th colspan="2">项　目</th><th>允许偏差（mm）</th></tr>
<tr><td colspan="2">垂直度（每米）</td><td><1.5</td><td rowspan="2">屏间偏差</td><td>相邻两屏边</td><td><1</td></tr>
<tr><td rowspan="2">水平偏差</td><td>相邻两屏顶部</td><td><2</td><td>成列屏面</td><td><5</td></tr>
<tr><td>成列屏顶部</td><td><5</td><td colspan="2">屏间接缝</td><td><2</td></tr>
</table>

模拟母线应对齐，其误差不应超过视差范围，并应完整，安装牢固。

（3）固定。可采用电焊焊接或压板固定，安装要牢固，但对主控制屏、继电保护屏和自动装置屏等不宜采用电焊焊接。

设备安装用的紧固件，应用镀锌制品，并宜采用标准件。

（四）屏、柜内元器件安装及校线

1. 屏、柜内元器件安装

屏、柜上的元器件安装应符合要求：电器元件质量良好，型号、规格应符合设计要求，外观应完好，且附件齐全，排列整齐，固定牢固，密封良好；各电器应能单独拆装更换而不应影响其他电器及导线束的固定；发热元件宜安装在散热良好的地方；两个发热元件之间的连线应采用耐热导线或裸铜线套瓷管；熔断器的熔体规格、自动开关的整定值应符合设计要求；切换压板应接触良好，相邻压板间应有足够安全距离，切换时不应碰及相邻的压板；对于一端带电的切换压板，应使在压板断开情况下，活动端不带电；信号回路的信号灯、光字牌、电铃、电笛、事故电钟等应显示准确，工作可靠；屏上装有装置性设备或其他有接地要求的电器，其外壳应可靠接地；带有照明的封闭式屏、柜应保证照明完好。

端子排的安装应符合：端子排应无损坏，固定牢固，绝缘良好；端子应有序号，端子排应便于更换且接线方便；离地高度宜大于 350mm；回路电压超过 400V 者，端子板应有足够的绝缘；强、弱电端子宜分开布置；当分开布置空间不够时，应有明显标志并设空端子隔开或设加强绝缘的隔板；正、负电源之间以及经常带电的正电源与合闸或跳闸回路之间，宜以一个空端子隔开；电流回路应经过试验端子，其他需断开的回路宜经特殊端子或试验端子。试验端子应接触良好；潮湿环境宜采用防潮端子；接线端子应与导线截面匹配，不应使用小端子配大截面导线。

接入交流电源（220V 或 380V）的端子与其他回路（如：直流、TA、TV 等回路）端子采取有效隔离措施，并有明显标识。

二次回路的连接件均应采用铜质制品；绝缘件应采用自熄性阻燃材料。

屏、柜的正面及背面各电器、端子排等应标明编号、名称、用途及操作位置，其标明的字迹应清晰、工整，且不易脱色。

二次回路的电气间隙和爬电距离应符合下列要求：

（1）屏、柜内两导体间，导电体与裸露的不带电的导体间，应符合表Z11G2001Ⅰ-2的要求。

表Z11G2001Ⅰ-2 允许最小电气间隙及爬电距离 mm

额定电压（V）	电气间隙		爬电距离	
	额定工作电流		额定工作电流	
	≤63A	＞63A	≤63A	＞63A
≤60	3.0	5.0	3.0	5.0
60＜U≤300	5.0	6.0	6.0	8.0
300＜U≤500	8.0	10.0	10.0	12.0

（2）屏顶上小母线不同相或不同极的裸露载流部分之间，裸露载流部分与未经绝缘的金属体之间，电气间隙不得小于12mm；爬电距离不得小于20mm。

2. 屏内配线的校线

按照原理展开图及安装接线图对厂家屏内配线进行检验，看是否符合设计要求。

可使用万用表逐一对二次配线检查，检查时应将有关端子、压板打开，对经低阻值元件的二次线应特别注意，必须打开一端。检查完毕及时恢复。

对简单、明显错误可立即改正，对较大错误应与设计、厂家沟通后再变更。

如需另配线应保持与原接线颜色尽量一致，并注意芯线截面积应符合要求。配线要防止出现一个端子压接两根导线情况。

（五）控制电缆的敷设

1. 控制电缆敷设程序

敷设电缆必须做好充分的准备工作，保证人员数量，要由有经验的人员统一指挥，避免造成人员伤害、敷设的电缆损伤、运行电缆损坏引起保护误动。

（1）电缆敷设前，要将电缆通道检查一遍，检查有没有影响电缆敷设的地方，对需重新开沟敷设的直埋电缆提前勘察走径并准备施工工器具。

（2）核实图纸设计是否正确，电缆清册是否与其他安装接线图相符。

（3）核实电缆清册所开列电缆的型号是否正确，数量是否符合实际走径；实际所需电缆总长度、型号是否与材料准备相符。

（4）检查所准备电缆是否符合设计要求，包括电缆型号、电气性能是否符合规范。

（5）根据电缆清册开列电缆敷设清单，确定电缆敷设顺序。电缆一般应按区域集中敷设，先长后短。

（6）在掀电缆沟盖板时应两人或多人协同配合，避免砸手、脚或其他人员伤害，并尽量减少盖板的损坏。

（7） 电缆盖板打开一段时间后方可进入，防止浊气侵害身体。

（8） 电缆敷设时对每根电缆应做临时标记，以便确认电缆走向和编号。

（9） 敷设电缆时应多人配合，电缆敷设路径、弯曲半径要符合设计及有关要求；采取防火、隔热措施；布置排列整齐，固定牢固；同方向电缆必须利用一层支架充分调整，层次分明，电缆拐弯一致，电缆拐弯和确需交叉处分层整排敷设，严禁少量电缆来回交叉。电缆支架横撑外端留有 1～2cm 余度防止电缆脱落。保护室考虑下部留有足量网线敷设位置。

（10） 电缆敷设完毕后两端应临时固定，留有适量的余量，待某个单元全部电缆敷设完毕后进行整理，按设计位置排列整齐，并固定。

（11） 悬挂电缆标识牌。电缆标识应标明电缆规格、编号、起止点。

（12） 在开关场的变压器、断路器、隔离开关和电流、电压互感器等设备的二次电缆应经金属管从一次设备的接线盒（箱）引至就地端子箱，金属管分段连接处应使用镀锌扁钢可靠焊接，并将金属管的上端与上述设备的底座和金属外壳良好焊接，下端就近与主接地网良好焊接。金属管末端使用蛇皮管的部分，须将金属管末端与接地镀锌扁钢可靠焊接，蛇皮管与金属管的连接部分用火泥封好。地下浅层电缆必须加护管，并做防腐防水处理；地下直埋电缆深度不应小于 0.7m。

2. 使用电缆敷管时的注意事项

当电缆敷设过程中，需使用电缆敷管时，应注意以下 6 个方面：

（1） 电缆管口切断必须垂直、平滑无毛刺，镀锌层破坏处刷环氧富锌漆。

（2） 电缆管口必须直接对准设备出线口，保证电缆不外露，条件确不允许时增加槽盒或金属软管。

（3） 电缆管尽可能整体贯通埋设，如确有困难，由电缆沟至机构处电缆管接口宜放在硬化地面以外并用不易腐烂物（如塑料布）在地下接口处封堵。

（4） 由设备出口至地下部分电缆管必须利用就近接地网等加以固定并接地，上部自构件支撑部位焊接牢固，严禁下沉、歪斜。隔离开关机构、断路器机构薄板底部用角铁与钢管焊接后用螺丝与机构底部连接。必须保证不能因钢管下沉引起底板变形。

（5） 电缆管重新喷漆与设备颜色保持一致。

（6） 波导管集中放在进入保护室处，即 220V、110V、35kV（10kV）电缆均通过波导管进入保护室，波导管数量留有扩建余量，上层放置适量大直径管以满足动力电缆需要。切断处刷环氧富锌漆，固定牢固、整齐。

3. 控制电缆敷设时的注意事项

（1） 注意人身和运行设备的安全，在高压开关场地和电缆层，施工人员穿戴要符合要求，不要有违章行为，特别是在高压开关场地不能将电缆上举，施放时注意脚下安全，不要走错间隔，注意运行设备，不要误碰，敷设电缆时严禁站在其他电缆线上，电缆不能有小绕，更不能有打结，施放过程中发现电缆有破损时要进行更换。

（2）要严格按照设计要求进行相关电缆的敷设，起始位置与终止位置要正确，以防把电缆放错。

（3）电缆的走向布置要合理，要符合相关规程的要求，强电电缆与弱电电缆不要敷设在同一层，电缆转弯时要注意有弧度，并满足规程要求。

（4）电缆的预留长度要适当，不要太长，太长了浪费，也不要太短，太短时接线就有可能不够长。

（5）电缆的标识牌的标识要正确、悬挂要牢固、位置要合理。户外电缆的标牌，字迹应清晰并满足防水、防晒、不脱色的要求。

（6）交流回路与直流回路不能共用一根电缆；强弱电回路不能共用一根电缆；交流电流回路和交流电压回路不能共用一根电缆。

（7）缆沟内动力电缆在上层，接地铜排（缆）在上层的外侧。

4. 二次电缆敷设完毕后需要做的工作

（1）检查每一根电缆是否都按照设计的要求敷设，有没有放错的，其起始位置到终止位置是否正确。

（2）检查有没有漏放、多放电缆。

（3）检查被拆除的防火墙、有关封堵是否恢复。检查电缆封堵是否严密、可靠。注意：同屏（箱）两排电缆之间的也不能留有缝隙。

（六）控制电缆头制作

控制电缆头的制作包括终端头和中间接头两种，实际工作中应尽量避免使用中间接头，这里只介绍终端头的制作。

（1）按照实际需要量出剥切尺寸，将填充物、钢铠、铜屏蔽整齐切断，电缆头做好后不外露以上物体。

（2）地线焊接时烙铁头必须在带锡情况下使用，短时间内将地线良好焊接，严禁烫坏绝缘和焊接不良。

（3）电缆地线固定时，沿横撑、钢排等构件平行走线，在铜排上方向下煨弯。横平竖直，拐直角弯，排线均匀，不交叉，严禁斜拉。地线鼻子压接紧固，严禁用扁口钳断线部位压鼻子，地线芯必须露出压接部位前稍许。地线固定用6mm×20mm螺丝，螺丝不宜太长，每个螺丝固定地线数量不得超过五根，盘内装置接地宜单独固定在一个螺丝上。盘门等地线必须全部恢复。

（4）电缆头处排列绑扎应统一高度、统一方式、电缆头排列整齐。

（七）对芯及接线

1. 对芯

控制电缆的对芯方法有很多，一般采用干电池校线灯或万用表对地的方法。当对好一根线芯后随即套好芯线号牌。号牌可采用异型塑料管打印，号牌信息应符合要求，并做到字迹清晰、工整且不宜褪色。对芯时的注意事项如下：

（1）要保证对芯的正确性，对芯也是检验电缆芯是否完好的过程，不允许采用看电缆芯的编号方法来确定。

（2）当电缆芯号牌套好后要进行复核，以防止把号牌套错。

2. 接线

对芯完毕后即可进行接线工作。

（1）每根电缆因单独打把，可使用塑料扎扣或其他工艺，电缆应排列整齐，避免交叉，并应固定牢固，不得使所接的端子排受到机械应力。

（2）端子排垂直排列时，引至端子排的每根横向单根线应从纵束后侧抽出并与纵束垂直正对所要接的端子，水平均匀排列，弯一个半圆弧作备用长度。所有圆弧应大小一致，美观大方。

（3）每根备用芯可在螺丝刀把上绕成螺旋形圆圈，放置于较隐蔽的一侧。

（4）剥电缆芯绝缘层时要小心，长度要适当，不要太短，也不要太长，太短时就有可能将螺帽压到绝缘层，使接触不良或接触不了，太长时，很容易误碰造成事故，且不要损伤电缆铜芯。

（5）做线圈时不要伤线，固定线圈时要注意线圈的旋转方向是否与螺丝旋转方向一致。

（6）每个接线端子的每侧接线宜为一根，不得超过两根。对于插接式端子，不同截面积的两根导线不得接在同一端子上；对于螺栓连接端子，当接两根导线时，中间应加平垫片。

（7）二次接线端子接线应压接良好，振动场所的二次接线螺丝应有防松动措施。

3. 现场接线时的注意事项

（1）要以施工图为依据，不能凭记忆或习惯，要保证接线的绝对正确。

（2）要采取隔离措施，防止对运行设备误碰。

（八）正确标识

（1）将保护屏、控制屏、端子箱内二次电缆标示再次进行检查、核对。

（2）屏上各种设备、压板标识应名称统一规范，含义准确、字迹清晰、牢固、持久。

（3）涂去装置上闲置连片的原有标志或加标“备用”字样，该闲置连片端子上的连线应与图纸相符合，图上没有的应拆掉。

（九）二次回路接线的检查

二次接线全部完成后应进行一次全面的二次接线正确性、可靠性的检查。

1. 二次接线正确性检查

进行全回路按图查线工作，检查二次接线的正确性，杜绝错线、缺线、多线、接触不良、标识错误，二次回路应符合设计和运行要求。

接线端子、电缆芯和导线的标号及设备压板标识应清晰、正确。检查电缆终端的电缆标牌是否正确完整，并应与设计相符。

在检验工作中，应加强对保护本身不易检测到的二次回路的检验检查，如压力闭锁、通信接口、变压器风冷全停等非电量保护及与其他保护连接的二次回路等，以提高继电保护及相关二次回路的整体可靠性、安全性。

2. 二次接线连接可靠性检查

应对所有二次接线端子进行可靠性检查，二次接线端子是指保护屏、端子箱及相关二次装置的接线端子。

（十）二次回路检验

二次回路检验是二次回路接线的最后一关，无论是施工单位还是验收单位都应引起高度的重视，具体相关内容在模块Z11G3001Ⅱ详细介绍。

【思考与练习】

1. 根据下面的展开接线图（见图Z11G2001Ⅰ-5），绘出防跳回路的安装接线图。

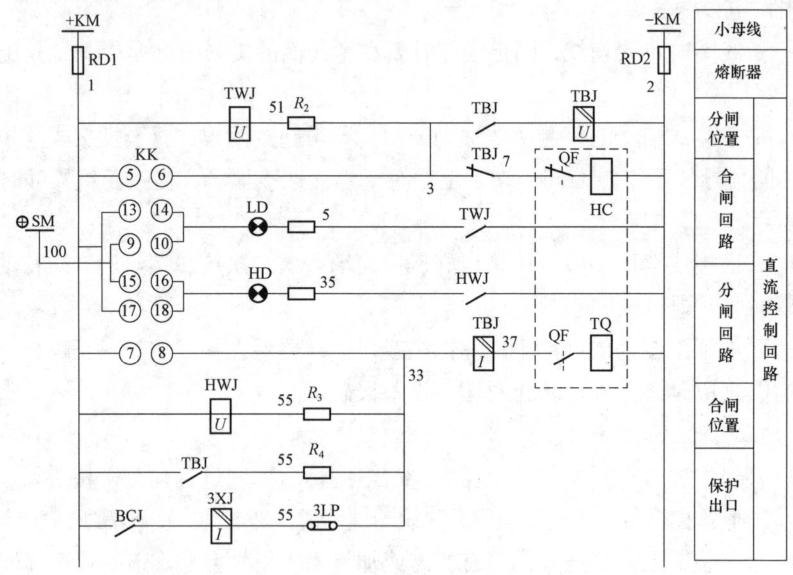

图Z11G2001Ⅰ-5 展开接线图

2. 二次设备安装的步骤有哪些？
3. 二次回路施工前，应准备哪些资料和材料？
4. 敷设二次电缆时有哪些注意事项？
5. 二次设备的标示有什么要求？

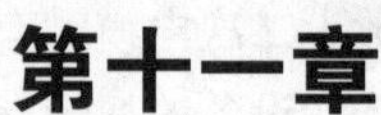

第十一章

二次回路的检查及验收与改进

模块1　二次回路的检查及验收（Z11G3001Ⅱ）

【模块描述】本模块包含二次回路检查及验收的相关内容。通过知识要点的归纳总结，掌握二次回路检查及验收的准备、步骤、检查与验收的内容及质量关键点。

【模块内容】

二次回路点多面广、运行环境复杂、无自检、缺乏在线检测等，这些方面为二次回路的运行维护带来一定的困难，因此检验（含检查和验收）二次回路接线正确性的工作尤为重要。

一、二次回路正确性的检验

（一）检验的准备

在对二次回路进行检验前，要对相关的检验规程、验收规程、技术规程、反措要求等进行熟悉和掌握，同时，准备并熟悉相应的图纸、资料，以便能够在验收的过程中做到心中有数。

1. 二次回路检验相关规程的准备以及熟悉、掌握

在对二次回路进行检验之前，首先要对相关的技术规程、检验规程、验收规范等要进行熟悉和掌握，包括GB/T 14285—2006《继电保护和安全自动装置技术规程》、DL/T 995—2006《继电保护和电网安全自动装置检验规程》、继电保护反事故措施等关于二次回路有关规定的熟悉和掌握。

2. 相关图纸、资料的准备和熟悉

在检验前，与实际状况一致的图纸、上次检验的记录、最新定值通知单、技术说明书等相关资料必须准备齐全，这些同样都是对二次回路进行检查、验收的依据，同时必须对这些资料进行熟悉，只有这样，才能对检验、验收项目的严格把关打下基础。

3. 作业指导书的编制、执行

在现场进行检验工作前，应认真了解被检验装置的一次设备情况及其相邻的一、二次设备情况，与运行设备关联部分的详细情况，据此按照现场标准化作业指导书的

执行规定，提前编制，明确作业危险点、检验方法、步骤，特别是检验设备与运行设备相关部分应具体详细，如提前无法确认具体端子号位置，可到现场补充。

现场开工前，工作负责人应进行详细交代，并履行签字手续，确保人员对危险点清楚。

4. 仪器、仪表的准备

检验所使用的仪器、仪表必须经过检验合格，并应满足 GB/T 7261—2008《继电保护和安全自动装置基本试验方法》中的规定。

5. 新安装装置验收检验的准备工作

（1）了解设备的一次接线及投入运行后可能出现的运行方式和设备投入运行的方案，该方案应包括投入初期的临时继电保护方式。

（2）检查装置的原理接线图（设计图）及与之相符合的二次回路安装图，电缆敷设图，电缆编号图，断路器操作机构图，电流、电压互感器端子箱图及二次回路分线箱图等全部图纸以及成套保护、自动装置的原理和技术说明书及断路器操作机构说明书，电流、电压互感器的出厂试验报告等。以上技术资料应齐全、正确。

若新装置由基建部门负责调试，生产部门继电保护验收人员验收全套技术资料之后，再验收技术报告。

（3）根据设计图纸，到现场核对所有装置的安装位置及接线是否正确。

6. 在运行设备上进行检验的注意事项

继电保护检验人员在运行设备上进行检验工作时，必须事先取得发电厂或变电站运行人员的同意，遵照电业安全工作规程的规定履行工作许可手续，并在运行人员利用专用的连片将装置的所有出口回路断开之后，才能进行检验工作。

7. 在被保护设备上进行检验的注意事项

在被保护设备的断路器、电流互感器以及电压回路与其他单元设备的回路完全断开后方可进行检验。

（二）现场检验

1. 对于检验中的屏、柜检查

二次接线可靠性检查已在模块 Z11G2001 Ⅰ 中讲解，本章仅介绍回路正确性检验。

2. 电流、电压互感器及其二次回路的检验

（1）电流、电压互感器的检验。

1）核对各保护所使用的电流互感器的安装位置是否合适，有无保护死区等。

2）电流、电压互感器的变比、容量、准确级必须符合设计、定值要求。

3）测试互感器各绕组间的极性关系，核对铭牌上的极性标志是否正确。检查互感器各次绕组的连接方式及其极性关系是否与设计符合，相别标识是否正确。

4）有条件时，可自电流互感器的一次分相通入电流，检查工作抽头的变比及回路是否正确。

5）自电流互感器的二次端子箱处向负载端通入交流电流，测定回路的压降，计算电流回路每相与零相及相间的阻抗（二次回路负担）。将所测得的阻抗值按保护的具体工作条件和制造厂提供的出厂资料来验算是否符合互感器10%误差的要求。

（2）二次回路检查。

1）检查电流互感器二次回路的接地点与接地状况符合模块Z11G1001Ⅱ中所讲述的要求。

2）检查电压互感器二次回路的接地点、中性线符合模块Z11G1001Ⅱ中所讲述的要求。

3）检查电压互感器二次回路中所有熔断器（自动开关）的装设地点、熔断（脱扣）电流是否合适（自动开关的脱扣电流需通过试验确定）、质量是否良好，能否保证选择性、自动开关线圈阻抗值是否合适。

4）检查串联在电压回路中的断路器、隔离开关及切换设备触点接触的可靠性。

5）测量电压回路自互感器引出端子到配电屏电压母线的每相直流电阻，并计算电压互感器在额定容量下的压降，其值不应超过额定电压的3%。

3. 二次回路绝缘检查

在对二次回路进行绝缘检查前，必须确认被保护设备的断路器、电流互感器全部停电，交流电压回路已在电压切换把手或分线箱处与其他单元设备的回路断开，并与其他回路隔离完好后，才允许进行。

（1）在进行绝缘测试时，应注意以下3方面：

1）试验线连接要紧固。

2）每进行一项绝缘试验后，须将试验回路对地放电。

3）对母线差动保护、断路器失灵保护及电网安全自动装置，如果不可能出现被保护的所有设备都同时停电的机会时，其绝缘电阻的检验只能分段进行，即哪一个被保护单元停电，就测定这个单元所属回路的绝缘电阻。

（2）结合装置的绝缘试验，一并试验，分别对电流、电压、直流控制、信号回路，用1000V绝缘电阻表测量各回路对地和各回路相互间的绝缘电阻，其阻值均应大于1MΩ。

（3）对使用触点输出的信号回路，用1000V绝缘电阻表测量电缆每芯对地及对其他各芯间的绝缘电阻，其绝缘电阻应不小于1MΩ。

4. 新安装直流回路二次回路的验收检验

（1）当设备新投入或接入新回路时，核对熔断器和自动开关的额定电流是否与设计相符或与所接入的负荷相适应，并满足上下级之间的配合。

（2）检验直流回路是否确实没有寄生回路存在。检验时应根据回路设计的具体情况，用分别断开回路的一些可能在运行中断开（如熔断器、指示灯等）的设备及使回路中某些触点闭合的方法来检验。

每一套独立的装置，均应有专用于直接到直流熔断器正负极电源的专用端子对，这一套保护的全部直流回路包括跳闸出口继电器的线圈回路，都必须且只能从这一对专用端子取得直流的正、负电源。

（3）信号回路及设备可不进行单独的检验。

5. 断路器、隔离开关、变压器有载调压开关及二次回路的检验

（1）断路器、隔离开关、变压器有载调压开关中的一切与装置二次回路有关的调整试验工作，均由管辖断路器、隔离开关、变压器有载调压开关的有关人员负责进行。继电保护检验人员应了解掌握有关设备的技术性能及其调试结果，并负责检验自保护屏柜引至断路器（包括隔离开关、变压器有载调压开关）二次回路端子排处有关电缆线连接的正确性及螺钉压接的可靠性。

继电保护检验人员还应了解以下 9 方面内容：

1）断路器的跳闸线圈及合闸线圈的电气回路接线方式（包括防止断路器跳跃回路、三相不一致回路等措施）。

2）与保护回路有关的辅助触点的开、闭情况，切换时间，构成方式及触点容量。

3）断路器二次操作回路中的气压、液压及弹簧压力等监视回路的工作方式。

4）断路器二次回路接线图。

5）断路器跳闸及合闸线圈的电阻值及在额定电压下的跳、合闸电流。

6）断路器跳闸电压及合闸电压，其值应满足相关规程的规定。

7）断路器的跳闸时间、合闸时间以及三相触头不同时开闭的最大时间差，应不大于规定值。

8）有载调压开关的升、降、急停二次回路接线图。

9）有载调压开关的挡位显示二次回路接线图。

（2）控制回路检查试验由保护人员负责，传动前应制定方案，确保检查到位。传动前，应在断路器、隔离开关、变压器有载调压开关机构箱等处，进行就地操作传动试验。然后，在控制屏处用控制把手进行操作传动试验。如为综合自动化变电站应在保护屏或测控屏处进行把手传动试验，再在变电站后台机和集控中心用键盘和鼠标进行操作传动试验。

在传动过程中应注意检查相关一次设备状态与执行命令的一致性，信号显示的正确性。

模拟实际运行情况，操作传动试验的主要内容有：

1）手动分、合闸。断路器正常的手合、手跳操作，断路器合跳正常。

2）断路器、隔离开关的位置及变压器有载调压开关的挡位显示检查。断路器跳、合闸过程中检查断路器位置显示；拉合隔离开关检查隔离开关位置显示；升降变压器有载开关检查挡位显示。

3）防跳闭锁回路检查。断路器处于合闸位置，同时将断路器的操作把手固定在合闸位置（合闸脉冲长期存在），保护装置发三跳令，断路器三相可靠跳闸，不造成三相断路器合闸。

4）气（液）压降低回路的检查。断路器的机构压力降低禁止重合闸时，重合闸装置放电闭锁；断路器的机构压力降低禁止合闸时，操作箱中手动合闸回路闭锁，操作断路器操作把手合断路器不成功；断路器的机构压力降低禁止跳闸时，断路器三相跳闸将闭锁，断路器处于合闸位置，手动跳闸不成功；断路器的机构压力异常禁止操作时，断路器手动合闸回路和断路器三相跳闸将闭锁，操作断路器操作把手合断路器不成功，断路器处于合闸位置，手动跳闸操作不成功。

5）断路器三相不一致回路的检查。在保护装置分相跳、合断路器整组试验的过程中，断路器三相不一致时检查非全相保护接点正确及微机保护装置的开入变位正常。

6. 交流电流、电压等模拟量采集回路的正确性检验

交流电流、电压回路采用通入外加试验电源的方法来检验回路的正确性。

如有条件可从电流互感器的一次通入大电流，也可从电流互感器的各二次绕组通入额定电流，逐个通过设备采集量或钳型电流表测量，检查各二次回路所连接的设备中电流相别、数值是否正确。此项工作可随二次回路二次负担测试一同完成。

断开电压互感器二次熔断器或自动开关后，在电压互感器的各二次绕组分别加入额定电压，逐个通过设备采集量或万用表测量，检查各二次回路所连接的设备中电压相别、数值，是否正确。

7. 开关量输入回路检验

（1）分别接通、断开连片及转动把手，检查开入量变位正确。

（2）外接设备接点开入可通过在相应端子短接、断开回路的方法检查本装置开入量变位正确。有条件的，应通过改变取用接点的状态检查。

8. 整组试验传动

通过保护测试仪器，加入模拟量，模拟发生的故障状态，使保护装置或自动装置动作，发出跳闸或合闸脉冲，驱动断路器进行跳、合闸操作。

（1）整组试验时应检查各保护之间的配合、装置动作行为、断路器动作行为、保护启动故障录波信号、调度自动化系统信号、中央信号、监控信息等正确无误。

（2）对装设有综合重合闸装置的线路，检查各保护及重合闸装置的相互动作情况，应与设计相符合。

（3）将装置及重合闸装置接到实际的断路器回路中，进行必要的跳、合闸试验，以检验各有关跳、合闸回路、防止断路器跳跃回路、重合闸停用回路及气（液）压闭锁等相关回路动作的正确性，每一相的电流、电压及断路器跳合闸回路的相别是否一致。

（4）在进行整组试验时，还应检验断路器跳、合闸线圈的压降不小于额定值的90%。

（5）对母线差动保护、失灵保护及电网安全自动装置的整组试验，可只在新建变电站投产时进行。定期检验时允许用导通的方法证实到每一断路器接线的正确性。一般情况下，母线差动保护、失灵保护及电网安全自动装置回路设计及接线的正确性，要根据每一项检验结果（尤其是电流互感器的极性关系）及保护本身的相互动作检验结果来判断。

变电站扩建变压器、线路或回路发生变动，有条件时应利用母线差动保护、失灵保护及电网安全自动装置传动到断路器。

（6）对设有可靠稳压装置的厂站直流系统，经确认稳压性能可靠后，进行整组试验时，应按额定电压进行。

（7）在整组试验中着重检查如下问题：

1）各套保护间的电压、电流回路的相别及极性是否一致。

2）有两个线圈以上的直流继电器的极性连接是否正确，对于用电流启动（或保持）的回路，其动作（或保持）性能是否可靠。

3）所有相互间存在闭锁关系的回路，其性能是否与设计符合。

4）所有在运行中需要由运行值班员操作的把手及连片的连线、名称、位置标号是否正确，在运行过程中与这些设备有关的名称、使用条件是否一致。

5）中央信号装置的动作及有关光字、音响信号指示是否正确。

6）各套保护在直流电源正常及异常状态下（自端子排处断开其中一套保护的负电源等）是否存在寄生回路。

7）断路器跳、合闸回路的可靠性，其中装设单相重合闸的线路，验证电压、电流、断路器回路相别的一致性及与断路器跳合闸回路相连的所有信号指示回路的正确性。对于有双跳闸线圈的断路器，应检查两跳闸线圈接线极性是否一致。

9. 交流回路的直流电阻测试

整组试验结束后应在恢复接线前测量交流回路的直流电阻。

10. 投入运行前的准备工作

（1）现场工作结束后，工作负责人应检查试验记录有无漏试项目，核对装置的整定值是否与定值通知单相符，试验数据、试验结论是否完整正确。盖好所有装置及辅助设备的盖子，对必要的元件采取防尘措施。

（2）拆除在检验时使用的试验设备、仪表及一切连接线，清扫现场，所有被拆动的或临时接入的连接线应全部恢复正常，所有信号装置应全部复归。

（3）清除试验过程中微机装置及故障录波器内保存的故障报告、告警记录等所有报告。

（4）填写继电保护工作记录，将主要检验项目和传动步骤、整组试验结果及结论、定值通知单执行情况详细记载于内，对变动部分及设备缺陷、运行注意事项应加以说明，并修改运行人员所保存的有关图纸资料。向运行负责人交代检验结果，并写明该装置是否可以投入运行。办理工作票结束手续。

（5）运行人员在将装置投入前，必须根据信号灯指示或者用高内阻电压表以一端对地测端子电压的方法检查，并证实被检验的继电保护及安全自动装置确实未给出跳闸或合闸脉冲，才允许将装置的连片接到投入的位置。

（6）检验人员应在规定期间内提出书面报告，主管部门技术负责人应详细审核，如发现不妥且足以危害保护安全运行时，应根据具体情况采取必要的措施。

11. 对新安装或设备回路经较大变动的装置的检验

对新安装的或设备回路经较大变动的装置，在投入运行以前，必须用一次电流和工作电压加以检验，以判定对接入电流、电压的相互相位、极性有严格要求的装置（如带方向的电流保护、距离保护等），其相别、相位关系以及所保护的方向是否正确；电流差动保护（母线、发电机、变压器的差动保护、线路纵联差动保护及横差保护等）接到保护回路中的各组电流回路的相对极性关系及变比是否正确；利用相序滤过器构成的保护所接入的电流（电压）的相序是否正确、滤过器的调整是否合适；每组电流互感器（包括备用绕组）的接线是否正确，回路连线是否牢靠。

定期检验时，如果设备回路没有变动（未更换一次设备电缆、辅助变流器等），只需用简单的方法判明曾被拆动的二次回路接线确实恢复正常（如对差动保护测量其差电流、用电压表测量继电器电压端子上的电压等）即可。

用一次电流与工作电压检验，一般需要进行如下项目：

（1）测量电压、电流的相位关系。对使用电压互感器三次电压或零序电流互感器电流的装置，应利用一次电流与工作电压向装置中的相应元件通入模拟的故障量或改变被检查元件的试验接线方式，以判明装置接线的正确性。

（2）测量电流差动保护各组电流互感器的相位及差动回路中的差电流（或差电压），以判明差动回路接线的正确性及电流变比补偿回路的正确性。所有差动保护（母线、变压器、发电机的纵、横差等）在投入运行前，除测定相回路和差回路外，还必须测量各中性线的不平衡电流、电压，以保证装置和二次回路接线的正确性。

（3）相序滤过器不平衡输出。对高频相差保护、导引线保护，须进行所在线路两侧电流电压相别、相位一致性的检验。对导引线保护，须以一次负荷电流判定导引线极性连接的正确性。对发电机差动保护，应在发电机投入前进行的短路试验过程中，测量差动回路的差电流，以判明电流回路极性的正确性。

（4）对零序方向元件的电流及电压回路连接正确性的检验要求和方法，应由专门的检验规程规定。对使用非自产零序电压、电流的并联高压电抗器保护、变压器中性点保护等，在正常运行条件下无法利用一次电流、电压测试时，应与调度部门协调，创造条件进行利用工作电压检查电压二次回路，利用负荷电流检查电流二次回路接线的正确性。

对用一次电流及工作电压进行的检验结果，必须按当时的负荷情况加以分析，拟订预期的检验结果，凡所得结果与预期的不一致时，应进行认真细致的分析，查找原因，不允许随意改动保护回路的接线。

12. 正确填写试验项目报告及独立判断检验结果

试验报告要根据实验的实际数据进行正确填写，试验数据要齐全，不能有遗漏。实验报告既是对设备进行检验结果的记录，也是以后对设备进行校验、检验比较的依据。在填写实验报告的同时要对相关数据进行正确的判断，这也是对设备是否正常、回路是否正确的一次复检。

（三）二次回路检验的注意事项

二次回路检验应特别注意以下问题：

（1）有明显的断开点（打开了连接片或接线端子片等才能确认），也只能确认在断开点以前的保护停用了。

如果连接片只控制本保护的出口跳闸继电器的线圈回路，则必须断开跳闸触点回路才能认为该保护确已停用。

对于采用单相重合闸，由连接片控制正电源的三相分相跳闸回路，停用时除断开连接片外，尚需断开各分相跳闸回路的输出端子，才能认为该保护已停用。

（2）不允许在未停用的保护装置上进行试验和其他测试工作；也不允许在保护未停用的情况下，用装置的试验按钮（除闭锁式纵联保护的启动发信按钮外）做试验。

（3）分部试验应采用和保护同一直流电源，试验用直流电源应由专用熔断器供电。

（4）只能用整组试验的方法，即除由电流及电压端子通入与故障情况相符的模拟故障量外，保护装置处于与投入运行完全相同的状态下，检查保护回路及整定值的正确性。

不允许用卡继电器触点、短路触点或类似人为手段作保护装置的整组试验。

（5）对运行中的保护装置及自动装置的外部接线进行改动，即便是改动一根连线的最简单情况，也必须履行如下程序：

1）先在原图上做好修改，经主管继电保护部门批准。

2）按图施工，不准凭记忆工作；拆动二次回路时必须逐一做好记录，恢复时严格核对。

3）改完后，做相应的逻辑回路整组试验，确认回路、极性及整定值完全正确，然后交由值班运行人员验收后再申请投入运行。

4）施工单位应立即通知现场与主管继电保护部门修改图纸，工作负责人应在现场修改图上签字，没有修改的原图应要标志作废。

（6）新投入或改动了二次回路的变压器差动保护，在变压器由第一侧投入系统时必须投入跳闸，变压器充电良好后停用；然后变压器带上部分负荷，测六角图，同时测量差动回路的不平衡电流或电压，证实二次接线及极性正确无误后，才再将保护投入跳闸。在上述各种情况下，变压器的重瓦斯保护均应投入跳闸。

（7）所有差动保护（母线、变压器的纵差与横差等）在投入运行前，除测定相回路及差回路电流外，必须测各中性线的不平衡电流，以保证回路完整、正确。

（8）所有试验仪表、测试仪器等，均必须按使用说明书的要求做好相应的接地（在被测保护屏的接地点）后，才能接通电源；注意与引入被测电流、电压的接地关系，避免将输入的被测电流或电压短路；只有当所有电源断开后，才能将接地点断开。

（9）对于由 $3U_0$ 构成的保护的测试：

1）不能以检查 $3U_0$ 回路是否有不平衡电压的方法来确认 $3U_0$ 回路是否良好。

2）不能单独依靠六角图测试方法确证 $3U_0$ 构成的方向保护的极性关系正确。

3）可以对包括电流及电压互感器及其二次回路连接与方向元件等综合组成的整体进行试验，以确证整组方向保护的极性正确。

4）最根本的办法是查清电压及电流互感器极性，以及所有由互感器端子到继电保护盘的连线和盘上零序方向继电器的极性，做出综合的正确判断。

（10）变压器零序差动保护，应以包括两组电流互感器及其二次回路和继电器元件等综合组成的整体进行整组试验，以保证回路接线及极性正确。

（11）多套保护回路共用一组电流互感器，停用其中一套保护进行试验时，或者与其他保护有关联的某一套进行试验时，必须特别注意做好其他保护的安全措施，例如将相关的电流回路短接，将接到外部的触点全部断开等。

（12）在可靠停用相关运行保护的前提下，对新安装设备进行各种插拔直流熔断器的试验，以保证没有寄生回路存在。

（四）二次回路检验的关键点

1. 回路正确性的检验

二次回路检验一般应重点从以下 3 个方面进行：

（1）直流电源的引接，要鉴别其正、负，正、负不应接错，更不应发生混淆，正、负极性反接可能造成直流接地，在弱电回路中将损坏元件。正、负极的混淆会引起直流短路，或者是回路无法完成通路。

（2）仪用互感器的连接是否正确，包括变比与极性两个内容，变比应根据设计要求选用，当仪用互感器上有几个分接头时，应根据设备上的标号引接，对于差动保护回路以及由极性要求的仪表，应特别注意由仪用互感器上引接的极性，要根据标记正确连接，否则将会造成保护误动作或指示混乱，此外，应检查其二次侧接地是否正确、可靠，并且 A、B、C 三相二次引线必须与一次回路相对应。

（3）检查接线是否正确，应按展开图，对每一支路用万用表进行试验、干电池蜂鸣器或万用表等进行试验，一段一段地核对。

为了防止因窜线而无法分辨通断，应临时解开端子上有关接线，但要注意，恢复时不得发生差错，必要时要用安全措施票，将打开及恢复的端子号记入票内。

接线检查包括就地设备与控制电缆，因此在试验室应专用通信工具，一般不宜试灯发信号来代替，以减少错误的发生。

在检查回路连接时，要特别注意：交、直流回路不应存在短路和接地现象，电压互感器回路不应短路，电流互感器回路不应开路，与设备、元件的连接应正确，不应将线圈端子当作接点端子等，交、直流回路，强、弱电回路不应相混，常见的某些直流接地，查其根源，往往是由此原因造成的，这种故障寻找比较费时，故要加以重视。

要使通电操作及联动试验顺利，还应在回路接线正确的基础上，检查连接端子，恢复临时拆除的接线，并全面复查一下所有电器连接，如拧紧松动的螺丝，补齐或更换已损坏的丝扣的螺丝等，拧紧螺丝时，用劲要恰当。

总之，对二次回路正确性进行检验时，要严格按照相应的规程要求进行检验，检验的方法要正确，否则就不能达到对二次回路进行验证的目的。检验的项目要齐全，如果项目有遗漏，就会造成有些回路得不到验证，从而就有可能对设备的正常运行留下隐患。再有就是对检验的结果要有正确的判断，在检验时，通过对保护、自动装置的动作行为以及相关数据进行判断，判断所验证的回路是否正确。

2. 回路绝缘的检验

外观检查，检查所有绝缘部件、控制电缆线芯套管、继电器接线螺杆套管、导线和控制电缆的绑线绝缘情况，发现异常时，应采取措施修复或更换。

为确保二次回路工作正常，必须对直流小母线，电压小母线以及二次回路的每一支路进行绝缘试验。

实践证明，二次回路绝缘不合格多半是由于导线、控制电缆芯线以及继电器线圈绝缘受潮或手挤压；继电器接线柱套管、穿过屏面的导线以及端子排绝缘不良；蓄电池组绝缘低或回路内的接地线未拆除等，必须根据具体情况，作出正确的判断，以便对症处理。检查时，一般可采用分段查找，以便缩小范围，发现原因。

若由于线圈、绝缘件、导线或电缆芯线受潮，可用灯泡、电吹风等进行干燥，提高其绝缘强度；或将线圈、绝缘件拆下置于烘箱中干燥。

屏面开孔太小或导线套管的绝缘部件不佳时，应扩孔或更换绝缘部件。

直流回路绝缘较差时，亦有可能是蓄电池组的原因，应分析判断清楚，进行处理。

在上述缺陷和隐患处理完后，应在测量绝缘电阻情况。绝缘检查完毕后，应将拆除的接地线恢复并将电容器的短接线拆除。此外，有些设备如接触器等，可单独进行通电试验（与回路分开），而操动机构的跳、合闸用线圈也应进行绝缘试验。

检验过程中应认真仔细，不能粗心大意，特别是整组传动试验时，压板不能投错，否则也有可能造成事故。

二、二次回路的验收

（一）二次回路验收的准备

在对二次回路进行验收前，要对相关的验收大纲、验收规范、技术规程、反措要求等进行熟悉和掌握，同时，准备并熟悉相应的图纸、资料，以便能够在验收的过程中做到心中有数。

1. 二次回路验收相关规程的准备以及熟悉、掌握

在对二次回路进行验收之前，首先要对相关的技术规程、验收规范等要进行熟悉和掌握，包括 GB/T 14285—2006《继电保护和安全自动装置技术规程》、继电保护反事故措施等关于二次回路有关规定的熟悉和掌握。

继电保护及安全自动装置验收应做如下工作：

（1）所有继电保护和安全自动装置均应按有关规程进行调试按定值单进行整定，经基层局、厂进行验收后，才能正式投入运行。

（2）新安装的保护装置竣工后，其验收主要项目如下：

1）电气设备及线路有关实测参数完整正确。

2）全部保护装置竣工图纸符合实际。

3）装置定值符合整定通知单要求。

4）检验项目及结果符合检验条例和有关规程的规定。

5）核对电流互感器变比及伏安特性，其二次负荷满足误差要求。

6）检验屏前、后的设备整齐、完好，回路绝缘良好，标志齐全、正确。

7）检查二次电缆绝缘良好，标号齐全、正确。

8）用一次负荷电流和工作电压进行验收试验，判断互感器极性、变比及其回路的正确性，判断方向、差动、距离、高频等保护装置有关元件及接线的正确性。

从上述规程的具体要求中可以看出，规程对回路、装置验收的具体项目、范围、应遵循哪些技术要求等作了具体的规定。可以说，在验收时必须做哪些项目、每一项目的具体步骤从规程中都能找到依据，所以，要想能够高质量完成验收工作，就必须熟悉掌握相关的规程、技术规范、反措要求。

总之，对于规程、技术规范、反措要求等，都必须掌握、理解透，只有这样，在验收的过程中才能去发现问题，解决问题，提高验收质量，为设备的安全、正常运行把好质量关。

2. 相关图纸、资料的准备和熟悉

在验收前，施工图纸、设备合同和技术说明书等相关资料必须准备齐全，这些同样都是对二次回路进行验收的依据，同时必须对这些资料进行熟悉，只有这样，才能对验收项目的严格把关打下基础。

（二）现场验收

1. 电缆排放、接线工艺的验收

在对电缆的敷设以及二次回路的接线工艺进行验收时，要根据 GB 50171—2012《电气装置安装工程盘、柜及二次回路接线施工及验收规范》中相关规定进行验收，重点要注意以下几个方面：

（1）电缆的排放是否符合相应的规程要求，强电与弱电电缆以及直流与交流电缆排放层次问题是否考虑到，电缆在端子箱以及在保护屏内排布要规范符合规程要求。

（2）二次回路接线是否符合下列要求：

1）按图施工，接线正确。

2）导线与电气元件间采用螺栓连接、插接、焊接或压接等，均应牢固可靠。

3）盘、柜内的导线不应有接头，导线芯线应无损伤。

4）电缆芯线和所配导线的端部均应标明其回路编号，编号应正确，字迹清晰且不易脱色。

5）配线应整齐、清晰、美观，导线绝缘应良好，无损伤。

6）每个接线端子的每侧接线宜为一根，不得超过两根。对于插接式端子，不同截面积的两根导线不得接在同一端子上；对于螺栓连接端子，当接两根导线时，中间应加平垫片。

7）二次回路接地应设专用螺栓。

8）盘、柜内的配线电流回路应采用电压不低于 500V 的铜芯绝缘导线，其截面积不应小于 2.5mm^2；其他回路截面积不应小于 1.5mm^2；对电子元件回路、弱电回路采用锡焊连接时，在满足载流量和电压降及有足够机械强度的情况下，可采用截面积不小于 0.5mm^2 的绝缘导线。

（3）用于连接门上的电器、控制台板等可动部位的导线尚应符合下列要求：

1）应采用多股软导线，敷设长度应有适当裕度。

2）线束应有外套塑料管等加强绝缘层。

3）与电器连接时，端部应绞紧，并应加终端附件或搪锡，不得松散、断股。

4）在可动部位两端应用卡子固定。

（4）引入盘、柜内的电缆及其芯线是否符合下列要求：

1）引入盘、柜的电缆应排列整齐，编号清晰，避免交叉，并应固定牢固，不得使所接的端子排受到机械应力。

2）铠装电缆在进入盘、柜后，应将钢带切断，切断处的端部应扎紧，并应将钢带接地。将钢带接地这一点在实际现场中有时做的不是太到位。

3）使用于静态保护、控制等逻辑回路的控制电缆，应采用屏蔽电缆，其屏蔽层应按设计要求的接地方式接地。

4）橡胶绝缘的芯线应外套绝缘管保护。

5）盘、柜内的电缆芯线，应按垂直或水平有规律地配置，不得任意歪斜交叉连接。备用芯长度应留有适当余量。

6）强、弱电回路不应使用同一根电缆，并应分别成束分开排列。

2. 二次回路的验收

二次回路的验收要根据相关的规程要求、反措要求以及有关图纸资料进行验收，验收时的方法要正确，验收的项目要全面，不能有遗漏。

（1）交流回路中的验收关键点。交流回路的验收包括电流回路和电压回路的验收。验收项目主要包括回路的接线情况、相关的反措执行情况、回路的绝缘情况以及回路的正确性检验等方面是否符合相应的规程要求。

在电流二次回路中，注意电流二次回路接地点与接地状况，在同一个电流回路中只允许存在一个接地点，一般设在开关场地，对于由几组电流互感器二次组合的电流回路，如差动保护、各种双断路器主接线的保护电流回路，其接地点宜选在控制室，特别要注意的是电流回路绝对不允许开路。

在电压二次回路中，注意电压二次回路接地点与接地状况，对于中性点直接接地电力网的电压互感器，如装置中的方向性元件是用相电压或零序电压，而且可由两组电压互感器供给（经切换设备）时，则这两组电压互感器的二次及三次绕组只允许在一个公共地点直接接地，而每一组电压互感器二次绕组的中性点处经放电器接地，对于其他使用条件的电压互感器，则在每组电压互感器二次绕组的中性点各自接地，严禁电压回路短路。

对回路绝缘的检查要满足规程的要求，同时检查的范围要全面，包括互感器二次绕组对外壳及绕组间、全部二次回路对地及同一电缆内的各芯间，在对电流回路的绝缘进行检查时，要解开 TA 回路在断路器端子箱的接地点，这样既可检测 TA 回路的绝缘（包括 TA 二次绕组和电缆），又可发现 TA 回路有无其他接地点，保证一点接地。

最后应利用工作电压来检查电压二次回路的正确性，利用负荷电流检查电流二次回路正确性，检查时要特别注意是检查的方法要正确，检查的项目要全面。

（2）直流回路中的验收关键点。直流回路的验收包括直流控制回路、信号回路、装置直流回路的验收。验收项目主要包括回路的接线情况、相关的反措执行情况、回路的绝缘情况以及回路的正确性检验等。在回路验收时要注意回路的接线是否是按图施工、是否牢固可靠，对反措要求中关于直流回路部分的执行是否符合要求，特别是直流熔断器与相关回路配置的情况是否真正按反措要求进行设计、施工。

回路绝缘检查项目不能有遗漏，绝缘情况必须达到相应的规程要求。在摇测绝缘时要注意：先取下控制、信号及保护回路的熔断器，静态保护要将保护屏上所有插件拔出（可保留电源插件和 VFC 模数转换插件），严禁带保护插件摇绝缘。

在回路正确性的验收时要注意试验方法的正确性和试验项目的全面性，试验方法必须正确，必须按相应的检验规程要求进行检验，只有这样才能达到检验相关回路是否正确的目的，同时试验项目不能有遗漏，否则就有可能存在相关回路没有验证到。

在实际现场中，在对保护及相关回路进行验证时，一般是根据定值单整定值的要求，输入定值，并在保护端子排上加入模拟量，检验保护定值，同时在出口压板量电位，保证每一项保护（差动，过电流，零序，非电量等）动作后，跳闸正电源经出口接点到达压板处；根据断路器的控制，信号回路图纸，对每一回路进行传动和试验，同时确保远动、中央信号的正确性；用保护传动断路器，检查防跳回路、闭锁回路的正确性，最后进行整组传动试验。

3. 反措执行情况的验收

继电保护反事故措施是汇总了多年来设计与运行部门在继电保护装置安全运行方面的基本经验，也是事故教训的总结，所以，在验收时一定注意二次回路是否真正满足相应的反措要求，这关系到保护设备、制动装置能否正常运行。在对反措执行情况的验收时，要特别注意以下几个方面：

（1）有关二次接地网的反措情况。严格按照《国家电网公司十八项电网重大反事故措施（试行）》（简称《反措》）继电保护专业重点实施要求中关于二次接地的要求执行。

（2）有关电压互感器二次回路的反措情况。根据反事故措施要求，将电压互感器二次的四根开关场引入线和三次的两根开关场引入线分开，避免 YMa、YMb、YMc 三条带交流电压的引入线在 YML 引入线中产生感应电压而影响 YML 的数值。

在验收工作中，要严格按要求执行，重点查验电压互感器二次的四根开关场引入线和互感器三次的两根开关场引入线是否分别用两根电缆引到控制室，再将二次和三次绕组的 N600 并联后，在控制室一点接地；同时，要保证在开关场无接地点，严禁两点接地。

（3）有关交直流回路的反措情况。交、直流系统都是独立系统，直流回路是绝缘系统，而交流系统是接地系统。若共用一条电缆，两者之间一旦发生短路就会造成直流接地，同时影响交、直流两个系统。平时也容易互相干扰，还有可能降低直流回路的绝缘电阻。 在验收工作中，对这一问题一定要严格把关。

（4）有关直流熔断器与相关回路配置的反措情况。《反措》规定，“信号回路由专用熔断器供电，不得与其他回路混用”；“每一断路器的操作回路应分别由专用的直流熔断器供电，而保护装置的直流回路由另一组直流熔断器供电”。

在验收中，可采用分别拉开每一断路器的控制、信号回路及保护装置的熔断器的方法，根据图纸，在熔断器之后的回路中量电位，确保无寄生回路或与另一断路器的控制、信号回路及保护回路有电的联系。

4. 图纸资料、试验报告的验收

（1）图纸、资料的验收。竣工图、设计变更应完整、准确、清晰、规范、修改到位，真实反映项目竣工验收时的实际情况，加盖竣工图章，签字手续完备。

（2）试验报告的验收。试验报告应规范，数据齐全、真实、符合相应的技术要求。

【思考与练习】

1. 二次回路检查和验收前应进行哪些准备工作？
2. 电流、电压互感器及其二次回路的检验包括哪些内容？
3. 如何进行二次回路的绝缘检查？
4. 二次回路的检验应注意哪些方面？
5. 交流回路验收的关键点有哪些？

◢ 模块 2 二次回路的改进（Z11G4001Ⅱ）

【模块描述】本模块包含变电站二次回路图常见错误的查找及改正。通过要点归纳、图例示意、典型案例分析，掌握正确查找图纸错误的方法及改进二次回路的要点。

【模块内容】

一、变电站二次回路图纸的熟悉

（一）二次回路原理图熟悉

根据保护原理的不同，保护分为电流保护、距离保护、高频保护、光纤差动保护等，通过对保护原理图的认识和熟悉，能够对保护的一些基本原理有更深入的理解，同时，随着对保护基本原理理解的加深，对熟悉二次回路展开图也有很大的帮助。可以说对二次回路原理图的熟悉，是熟悉二次回路展开图的一个基础。

高频方向保护是以输电线路载波通道作为通信通道的纵联保护。它通过比较线路两端的电流相位或功率方向，有效地区分保护范围内部和外部故障。图 Z11G4001Ⅱ-1 所示为一简单的接于被保护线路一侧的高频方向保护原理接线图。

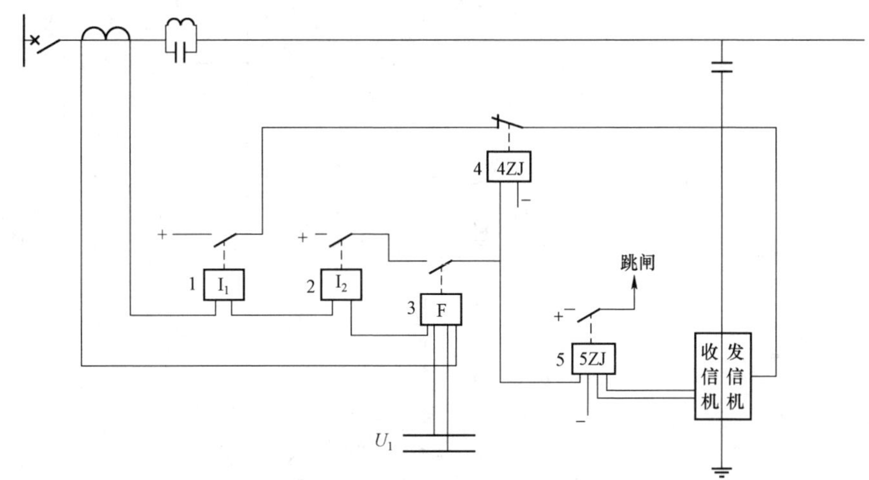

图 Z11G4001Ⅱ-1　高频闭锁方向保护原理接线图

当被保护线路内部发生故障时，启动元件 1 和启动元件 2 启动，同时功率方向元件 3 动作，所以 4ZJ 动作，动断触点打开，发信机停止发信。对侧的动作过程与本侧相同，所以收信机收不到高频信号，继电器 5 动作，出口跳闸。当区外发生故障时，假设故障发生在本侧的正方向，在对侧的反方向时，本侧的启动元件 1 和 2、功率方向元件 3 以及中间继电器 4 都会动作。同时，由于对侧保护的启动元件 1 和 2 会动作，但是，功率方向元件 3 不会动作，所以对侧发信机就会一直发信。由于本侧也一直收到对侧的高频信号，所以继电器 5 不动作，从而达到区外故障时，保护不动作的目的。

（二）二次回路展开图熟悉

对二次回路展开图的认识和熟悉，是建立在对保护原理的基础之上，只有对原理有比较深的了解，才能对展开图有更好的认识。同时，在对展开图进行熟悉的时候，还应注意要有一定的顺序，紧紧以各个回路为中心，从一次到二次，再从交流回路到直流回路，从而熟悉各回路之间的相互关系。图 Z11G4001Ⅱ-2 为一线路保护的展开图，当一次线路发生故障时，通过电流互感器反映到二次就是电流的突然增大，如果其电流值达到 3LJ、4LJ 的动作值时，3LJ 或 4LJ 的触点就会闭合，在直流回路中，时间继电器就会励磁，当经过一定的延时，时间继电器的触点闭合，使 CKJ 中间继电器线圈通电，触点闭合，从而使断路器跳开，达到切除故障的目的，同时通过信号继电器发出信号。

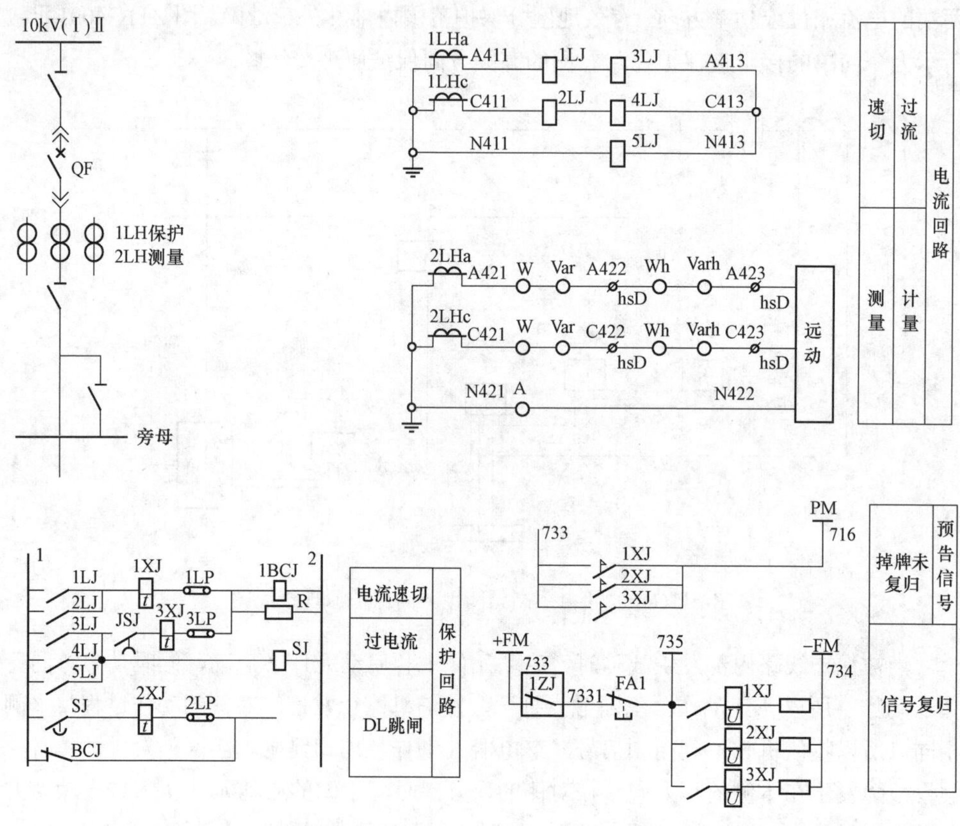

图 Z11G4001Ⅱ-2 二次回路展开图

只有对二次回路展开图有较好的熟悉和认识，才能为二次回路接线图的校对以及正确接线、回路缺陷的分析打下牢固的基础。

二、二次回路图纸常见错误及改正

在二次回路图中，由于设计人员的疏忽或其他各种原因，就有可能存在错误或回路设计不合理的地方，这就需要在对图纸进行熟悉的时候，能够发现这些错误或不合理的地方，并及时进行改正，以免在施工结束或对回路进行检验时才发现，增加不必要的麻烦。在实际的现场中，较常见的错误有以下 4 类。

（一）二次回路图的设计不合理

例如在对变电站进行综合自动化改造时，采用双位置继电器 KKJ 来区分是手动分合断路器还是保护或自动装置跳合断路器，在设计时采用了如图 Z11G4001Ⅱ–3 所示的接线。

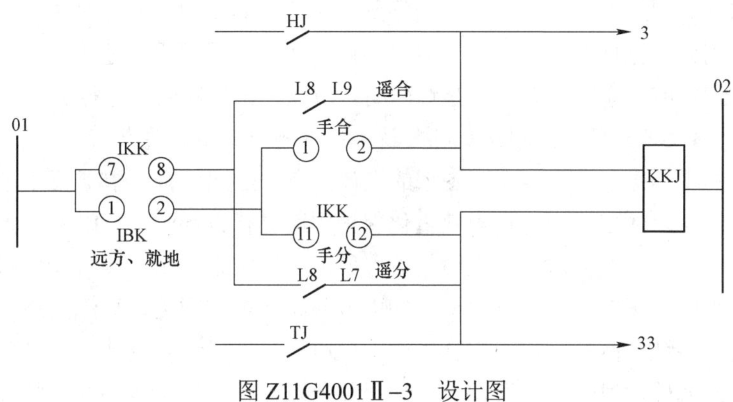

图 Z11G4001Ⅱ–3　设计图

从接线图中，可以看出此接线图存在一个问题，就是无论是手合或者是重合闸动作，继电器 KKJ 都会动作，同样，在手动分闸以及保护跳闸时，继电器 KKJ 都会动作，所以并不能达到区分是手动分、合闸还是保护或重合闸动作分、合断路器的目的。所以必须对接线图进行修改，修改接线如图 Z11G4001Ⅱ–4 所示。

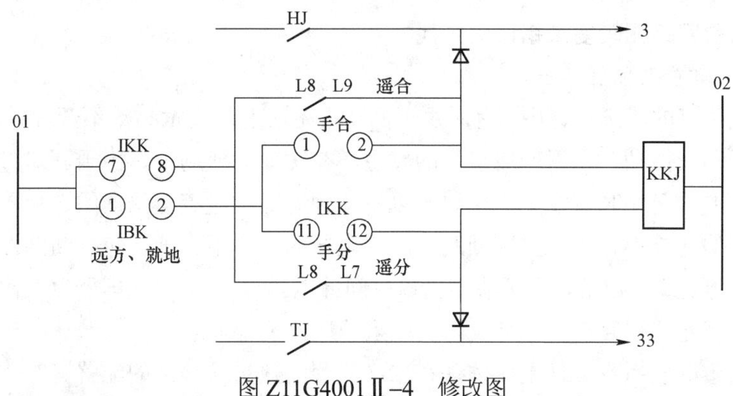

图 Z11G4001Ⅱ–4　修改图

如图 Z11G4001Ⅱ–4 所示，即在保护与手动分闸之间以及手动合闸与重合闸触点之间增加二极管，使保护动作或重合闸动作时，双位置继电器 KKJ 能够不动作，从而达到设计的最终目的。但是，增加二极管就增加了回路的复杂性，所以，在设计时，就要考虑周到。在某种程度上讲，二次回路越简单，就越可靠，所以设计时在满足相关要求的同时，还应注意回路的简单化。

（二）回路的编号不规范或不正确

在对回路进行编号时，要根据规程的要求进行编号，不能随意进行编号，否则就会给以后的施工或缺陷处理等工作带来不必要的麻烦。不按照要求对回路进行编号，就不能知道这一回路的性质和用途，起不到回路编号的作用，或者对这一回路产生错误的认识。例如规程规定用 5、35 对灯回路的编号，如果采用其他数字，就会让人产生错误的认识，或根本就没有想到是灯回路。所以，正确对回路进行编号非常重要。

（三）回路设计时没有严格执行有关技术规程或《反措》要求

在实际的现场中能够经常遇到图纸的设计没有按照规程、《反措》要求进行设计的情况。例如在实际的现场中，在对双重化保护回路进行设计时，有时考虑到了控制回路应选用多芯电缆，并力求减少电缆根数，所以在有两组控制直流时，使用了一根电缆。但是规程同时规定对于双重化保护的电流回路、电压回路、直流回路、双套跳闸线圈的控制回路灯，两套系统不宜合用同一根电缆。所以这种设计是不符合要求的。在对图纸熟悉或校对时要能够发现这些错误并加以改正。为了能够发现并改正图纸中的这些错误，对于保护人员来说，必须熟悉并掌握有关的技术规程、规范、《反措》要求，同时也有利于提高自己二次回路的工作业务水平，保证施工质量。

（四）安装接线图与原理图不相符合

在根据原理接线图对安装接线图进行设计时，有时由于疏忽或其他原因，就有可能发生错误，使安装接线图与原理接线图不一致，不是原理接线图的真实反映。

三、二次回路图较复杂错误的查找

（一）回路参数配置不当

在二次回路的图纸设计中，有时由于回路设备所选的技术参数不合理，导致保护、自动装置误动或拒动，从而造成事故的发生。在实际的现场中，由于回路参数配置不当导致事故的情况还时有发生，主要有以下几种情况：电流互感器的选择不合理、二次回路电缆的选择不合理、控制回路中间继电器的选择不合理（包括断路器跳、合位置继电器、防跳跃继电器、保护跳闸出口中间继电器等）、信号继电器以及附加电阻选择不合理、灯光监视回路信号灯及附加电阻的选择不合理。

电流互感器使用不合理主要体现在二次线圈的数量与等级的配置有时不能满足继电保护、自动装置和测量计的要求。对于一般的线路保护，必须使用 P 级，而对于差动保护，则必须使用 D 级电流互感器，以满足一次侧通过较大短路电流时铁芯也不至于饱和，从而减小不平衡电流的产生，对于测量回路，则要使用 0.5 级的二次线圈，计量回路则必须使用 0.2 级的二次绕组。所以在对图纸进行熟悉或在实际施工时应进行核对，以防止使用不当。

对于二次回路中所使用的电缆，应注意其所选用的芯数、导线截面积是否合理，是否满足要求，比如对于电流回路，按照机械强度的要求，连接强电端子的导线其截面积必须大于 1.5mm^2，按电器特性的要求，所选用的导线截面积必须大于 2.5mm^2，对于电缆的芯数，在满足一定备用芯的前提下，电缆芯尽量减少，以免增加成本。

对于断路器的分、合闸位置继电器，应注意其额定电压是否满足要求，根据在正常情况下，通过跳、合闸回路的电流是否小于动作电流以及长期的热稳定电流，在直流母线电压降低到 85%额定电压时，加于继电器的电压是否能够大于其额定电压的 70%，如果不能满足上述要求，就有可能导致位置继电器不能正确反应断路器的真实情况或有可能使继电器的线圈烧毁。电流启动的防跳继电器，要注意其电流线圈的额定电流值，其是否与跳闸线圈的额定电流相配合，是否能够保证动作的灵敏系数不小于 1.5。如果选择的防跳继电器电流额定值太大时，其导致的后果是当与合闸有关的触点连死时防跳继电器不能启动，从而达不到防跳的目的。所以，在选择防跳继电器的规格时，根据回路中的相关参数进行选择，并满足相应的规程要求。同样，在对出口继电器进行检查时，也要注意继电器的参数是否符合相应的规程要求，即其电流线圈的额定值是否与断路器的合闸或分闸线圈的额定电流相配合，动作的灵敏系数是否不小于 1.5。

在灯光监视回路中信号灯以及附加电阻的选择是否合理，是否能够满足当灯泡引出线上短路时，流过跳、合闸线圈的电流小于其最小动作电流及长期热稳定电流，当直流母线电压为 95%额定电压时，加在灯泡上的电压应不低于其额定电压的 60%～70%，以便保证适当的亮度。

在实际情况中，导致回路参数配置不当因素很多，要减少或避免这些情况的发生，对设计人员来讲，对设计规程、技术规范、反措要求要相当熟悉，在设计时要考虑周到，严格执行相关的规程要求，对现场施工技术人员来讲，要熟悉一些基本的技术要求，要对回路中的相关技术参数有所了解，以便能够对设备的选择是否合理进行复检，同时在检验中出现不正常现象时能够判断是否是由于设备的选择不合理造成的，从而减少排除故障的时间。

（二）特定情况下的寄生回路

在二次回路中，由于寄生回路的存在，导致的直接后果就是事故的发生，其危害相当大。寄生回路的存在有时又是比较隐蔽的，很难发现，有的寄生回路只有在事故发生后，经过仔细的分析才能发现。图 Z11G4001Ⅱ-5 所示为一简单的存在寄生回路的例子。

在此回路中，当触点 3 与触点 4 之间的连接线断开时就会产生寄生回路。当触点 3 与触点 4 之间断开时，如果电阻 R_1、R_2 以及继电器 ZJ 总的电阻值较小，此时加在 CKJ 上的电压就可能较高，若出口继电器 CKJ 的动作电压值又比较低时，就有可能导致 CKJ 动作，从而发生误动作行为。

所以，必须对接线图 Z11G4001Ⅱ-5 中的有关回路进行修改，修改后的接线图如图 Z11G4001Ⅱ-6 所示，即在接线时将 ZJ 继电器的负端直接接到负电源，从而消除寄生回路的存在。

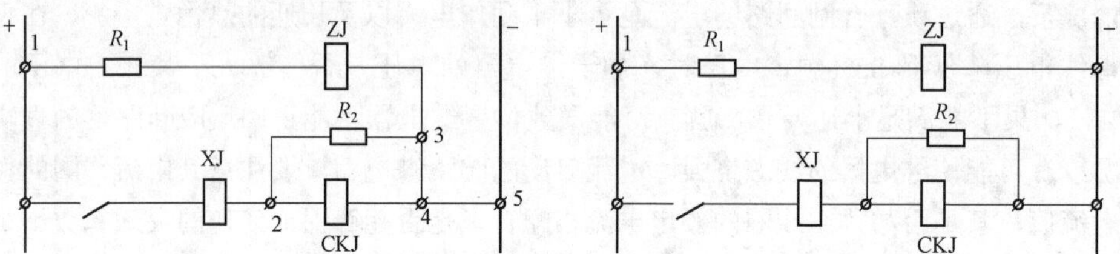

图 Z11G4001Ⅱ-5 存在寄生回路的二次回路 图 Z11G4001Ⅱ-6 消除寄生回路后的二次回路

在实际的现场中，由于二次回路中寄生回路的存在导致保护、制动装置的拒动或误动的事故可以说是屡见不鲜。

四、案例分析

（一）案例一 寄生回路导致的事故

1. 事故经过

1999 年 7 月 21 日 11 时 25 分，220kV 某变电站 1 号变压器高压侧 B 相、2 号变压器高压侧 A 相同时跳闸，非全相保护延时 5s 出口，两台主变压器均三侧跳闸。其一次接线如图 Z11G4001Ⅱ-7 所示。事故时，该站有继电保护人员正在进行 220kV 甲、乙两条线路保护的保护定校。

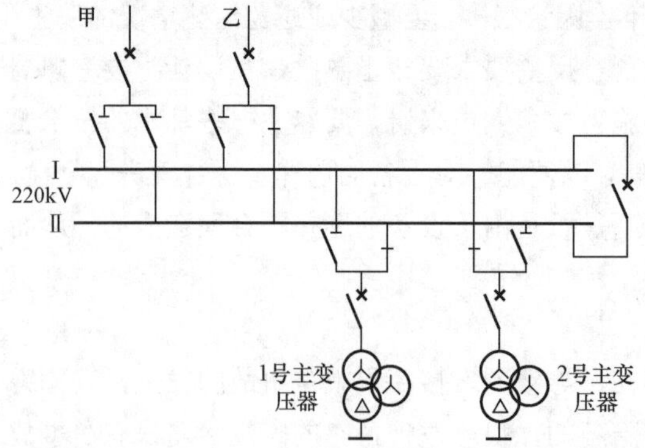

图 Z11G4001Ⅱ-7 某变电站一次接线示意图

2. 事故分析

某变电站采用两组操作电源分别接于两组独立的110V蓄电池组，而Ⅰ、Ⅱ段母线隔离开关的电压切换回路，都接在第二组操作电源上，如图 Z11G4001Ⅱ-8 所示。

事故后，通过模拟试验，证实用 101 正电源碰 735（或 737），必然造成 1 号主变压器高压侧断路器 B 向保护出口，经过检查发现，主变压器高压侧断路器的两组操作回路之间存在寄生回路，如图 Z11G4001Ⅱ-9 所示。

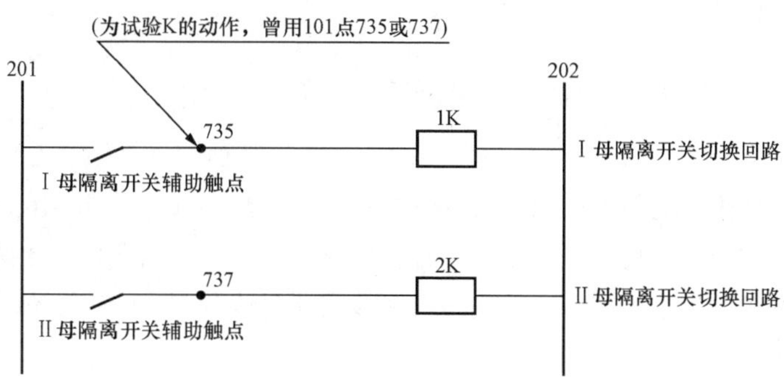

图 Z11G4001Ⅱ-8 母线隔离开关切换继电器示意图

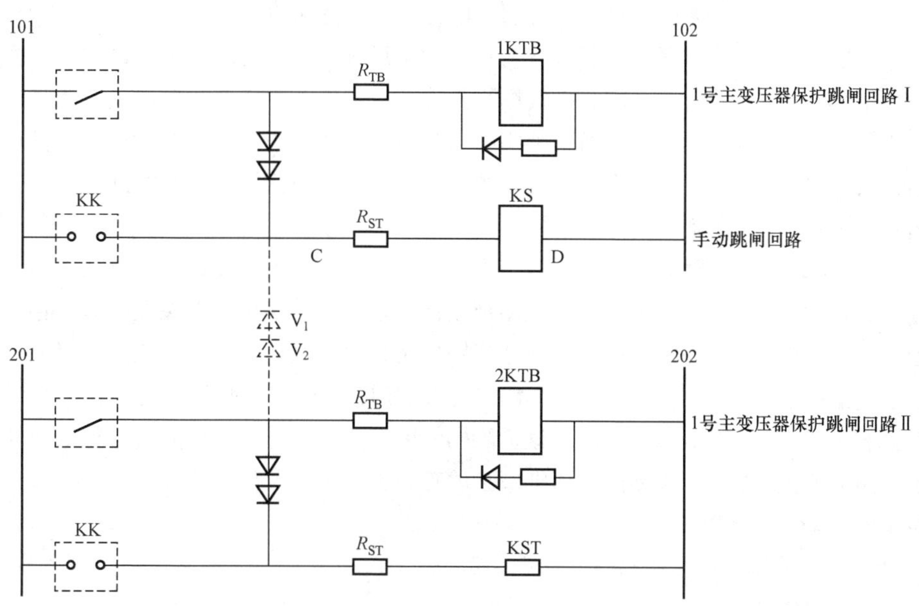

图 Z11G4001Ⅱ-9 两组操作回路之间的寄生回路

由于 V1、V2 桥路的存在，当 101 正电源触到 735 或 737 时，电流就通过 1K-202-2KTB-V1、V2-KS，直至 102 负电源，等效展开如图 Z11G4001Ⅱ-10 所示。

模拟试验测出 CD 两点电压为 55V，而在验收记录中两台主变压器高压侧断路器六个 KS 的动作值中，最低的是 1 号主变压器 B 相，为 55V，与 2 号主变压器 A 相向同，因此，造成 1 号主变压器及 2 号主变压器的误动。

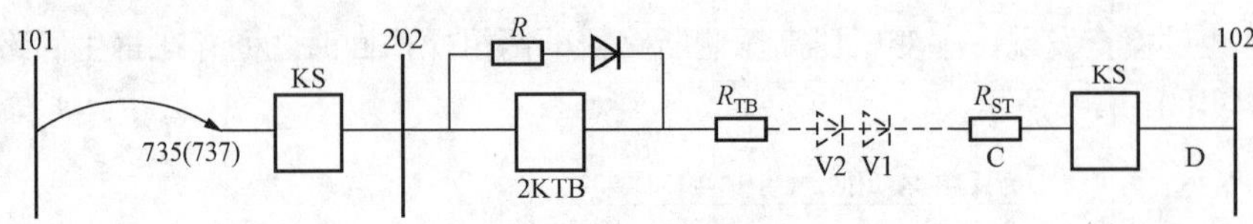

图 Z11G4001Ⅱ-10 等效展开图

3. 采取对策

在高压侧操作箱插件上拆除 V1、V2 二极管，如图 Z11G4001Ⅱ-10 所示，断开保护跳闸回路Ⅱ启动 KS 回路，消除两组操作回路之间的寄生。严格防止两组控制回路电源以任何方式发生电气连接，特别是在两段直流母线分别由两组独立蓄电池组供电的变电站。

4. 事故教训

在二次回路上工作时，应先查清图纸。而在有两组独立蓄电池供电的变电站，在二次回路设计时，应避免电器交叉连接，以防止类似情况的再次发生。

总之，寄生回路的存在是影响二次设备正常运行的重大隐患，造成寄生回路存在的原因很多，包括设计不合理、接线图不正确、现场施工不按要求接线，改造时该拆除的线或多余的线不拆除等，而对回路改造是最容易造成寄生回路的存在。所以，在对回路改造时要特别仔细，不能有丝毫的马虎，在二次回路施工前要对施工图有比较好的熟悉和掌握，在施工的过程中要杜绝寄生回路的存在。

如何消除寄生回路的存在应从多个方面进行把关。在图纸设计上（包括原理图、展开接线图以及施工接线图）要保证图纸设计的正确性，从源头上保证能够不存在寄生回路。在施工的过程中要严格按照施工图以及相关规程的要求进行施工，保证在施工时不留下寄生回路。特别是在对回路进行改造时，更应注意施工的方法是否科学、是否合理，回路是否清晰、简洁，该拆除的线要拆除，在施工结束后要进行全面的检验，不能有检验项目的遗漏，任何细节上的疏忽都有可能导致寄生回路的存在，给设备的正常运行留下隐患。

（二）案例二 寄生回路误启动失灵保护

1. 事故经过

某 500kV 变电站用 12 断路器对 2 号主变压器进行充电合闸过程中，误启动失灵保护而误跳相邻的 11 断路器，2 号主变压器各侧断路器及远方跳 L4 线路对侧断路器。主接线如图 Z11G4001Ⅱ-11 所示。

2. 事故分析

导致事故的原因是寄生回路的存在。寄生回路如图 Z11G4001Ⅱ-12 所示，2 号主变压器保护的 C 相跳闸回路和 2 号主变压器启动失灵保护回路设计成合用一只个隔离

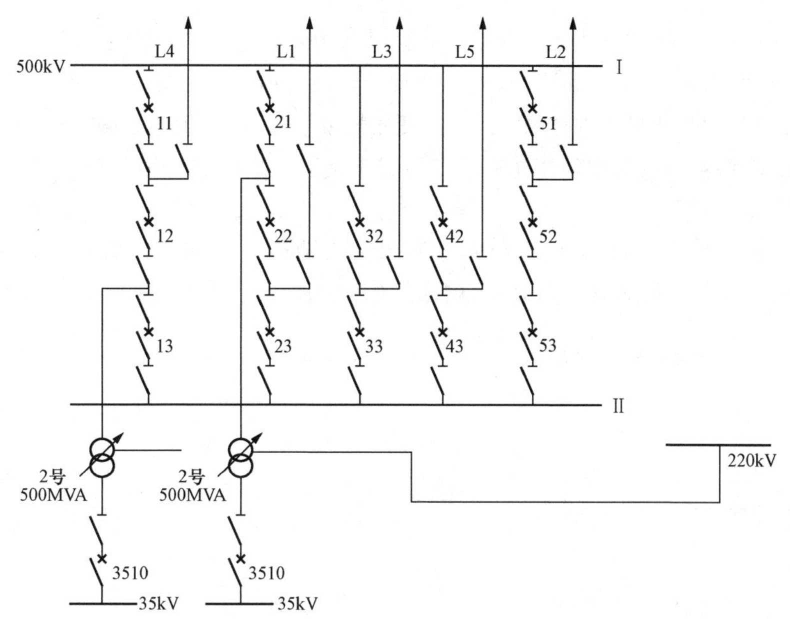

图 Z11G4001Ⅱ-11 变电站 500kV 一次主接线图

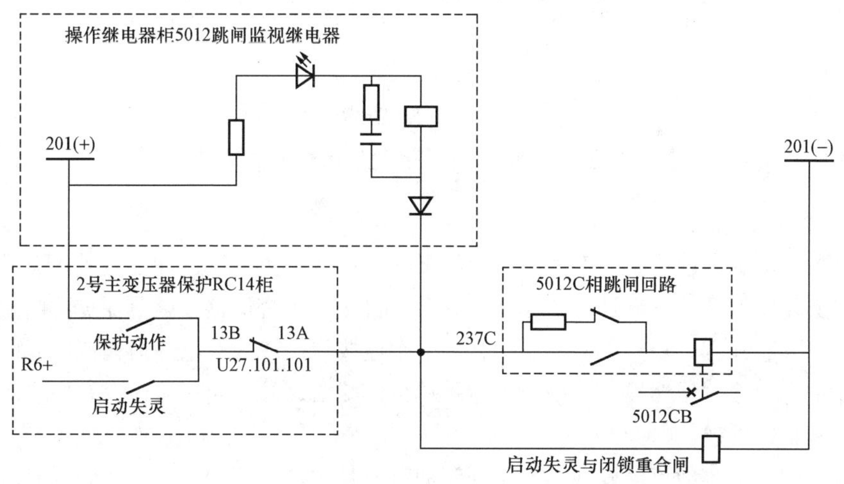

图 Z11G4001Ⅱ-12 寄生回路

插把 U27.101.101，继电保护用直流电源 R6+与断路器操作电源 201+混接在一起，当 12 断路器在合闸的过程中，断路器动合辅助触点和动断辅助触点在转换过程中，有一个两者都断开的瞬间，此时通过跳闸监视断路器与失灵保护启动中间，构成分压回路，失灵保护启动中间继电器动作且通过跳闸监视继电器自保持直到跳闸，合闸时 2 号主变压器有励磁涌流，主变压器保护动作，失灵保护电流会动作，经过 187ms12 断路器失灵保护动作跳开相邻 11 断路器、2 号主变压器总出口、远方条线路 L4 对侧断路器。

此次失灵保护误跳闸主要是 2 号主变压器非电量保护和失灵保护公用一个断开点，在 12 断路器合闸时出现寄生回路，造成失灵保护误动作跳闸。

3. 采取对策

将 2 号主变压器非电量保护和失灵保护的出口断开点分开，同时将启动失灵保护用直流电源 R6+同断路器操作电源 201+分开，如图 Z11G4001Ⅱ-13 所示。

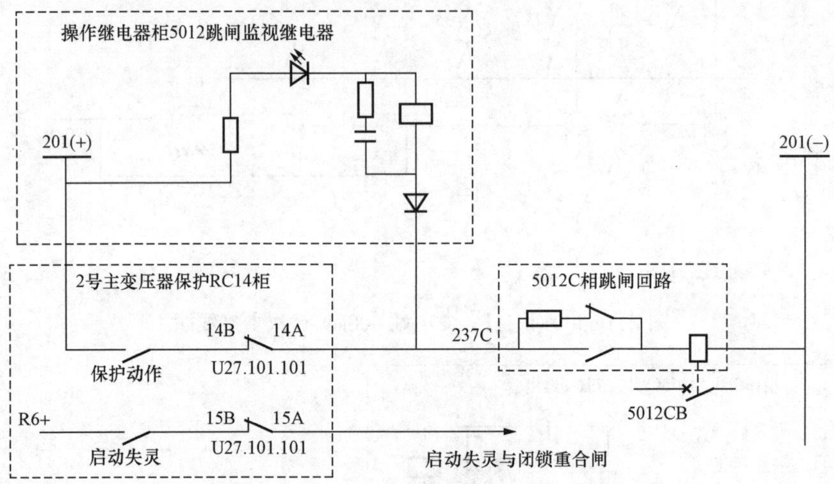

图 Z11G4001Ⅱ-13 改进的保护接线图

4. 事故教训

这条失灵保护误跳闸的寄生回路，如果不是对 2 号主变压器冲击合闸没有励磁涌流，也就发现不了了。但是，把启动失灵保护和 2 号主变压器非电量保护跳闸触点共用一个隔离断开点，相当于多套保护合用一个连接片，造成继电保护直流电源同断路器操作电源混接，虽然设计、基建、运行单位都明白这是不允许的，但是在实际的工作中没有引起重视。

从上面两个事故可以发现，寄生回路的存在是比较隐蔽的，其导致的后果就是保护拒动或误动，而造成寄生回路存在的原因很多。但是，经过对事故进行分析和总结之后发现，这些寄生回路的存在又是可以避免的，只是在某些方面没有严格执行有关规程、技术规范和《反措》要求。

要想消除寄生回路的存在，就必须从多个方面入手。首先要从图纸的设计上防止寄生回路的存在，在设计时，严格根据有关设计规程、技术规范和《反措》要求进行设计；其次就是要在施工时严格按照施工图进行施工；再有就是在对回路进行检验时，检验要全面，检验方法要正确，从多方面消除寄生回路的存在。

【思考与练习】

1. 常见的二次回路图中的错误有哪些？

2. 避免二次回路中寄生的存在应从哪些方面考虑？

3. 本章案例一中的错误违反了哪些反措要求？

第十二章

二次回路的异常及故障处理

◢ 模块 1　直流系统的基本原理（Z11G5001Ⅲ）

【模块描述】本模块包含了直流系统的基本原理，通过对直流系统结构组成，要求，注意事项的介绍，掌握直流系统的基本原理。

【模块内容】

一、直流系统的构成及对其的要求

直流系统是发电厂和变电站的重要系统。目前，发电厂及变电站的控制回路、继电保护装置及其出口回路、信号回路，皆采用由直流电源供电。监控系统 UPS 电源、事故照明也采用直流供电方式。在发电厂及变电站，由于被操作和被保护的主设备众多，使直流系统分布面很广。因此，为确保发电厂和变电站的安全、经济运行，有完善而可靠的直流系统是非常必要的。

1. 直流系统的构成

发电厂和变电站的直流系统，主要由直流电源、直流母线及直流馈线等组成。直流电源包括蓄电池及充电设备；直流馈线由主干线及支馈线构成。

（1） 蓄电池。

发电厂及变电站常用的蓄电池，主要有酸性的和碱性的两大类。常用的酸性蓄电池是铅蓄电池，而常用的碱性蓄电池是镉–镍蓄电池。

1）铅蓄电池。

铅蓄电池的正极为二氧化铅，负极为铅（海绵铅），电解液是硫酸溶液。工作时，蓄电池内部的化学反应为

$$P_bO_2 + P_b + 2H_2SO_4 \underset{\text{充电}}{\overset{\text{放电}}{\rightleftharpoons}} P_bSO_4 2 + 2H_2O$$

电池在放电时，正极、负极上均生成硫酸铅，而消耗硫酸，充电时与放电过程相反，其正、负极的硫酸铅分别反应成二氧化铅及海绵铅，同时生成硫酸。

2）镉–镍蓄电池。

镉–镍蓄电池的正极为氧化镍，而负极为镉–铁，其电解液采用氢氧化钠或氢氧化钾溶液，并加入少量的氢氧化铝。电池内部的化学反应为

$$2Ni(OH)_2 + Cd(OH)_2 \underset{\text{放电}}{\overset{\text{充电}}{\rightleftharpoons}} 2NiOOH+Cd+2H_2O$$

3）电气参数。

蓄电池的主要电气技术参数有：

① 额定电压。220kV 及以上变电站常用的铅蓄电池的额定电压为 2～2.5V/只，110kV 及以下变电站常用的铅蓄电池的额定电压为 6V/只或 12V/只，镉–镍蓄电池的额定电压为 1.25V/只。

② 额定容量（Ah）。不同型号的蓄电池，其额定容量不同。所谓额定容量是指：放电时间 10h（或 5h）、放电终止电压为蓄电池 0.9 倍额定电压时的计算放电容量。铅蓄电池的容量，小的有几十 Ah，大的有 1600Ah；而镉–镍蓄电池的容量，小的有 10Ah，大的有 500Ah。

③ 短路电流。短路时蓄电池供出电流的大小，决定于蓄电池的电动势、内阻及外回路的电阻。当外回路的内阻等于零时，镉–镍蓄电池可供出的最大短路电流为 15～58A。

4）蓄电池的充电。

蓄电池的充电方法，通常采用定电流充电方法。充电的种类有初充电、正常充电和均衡充电 3 种。

为提高蓄电池的放电性能，对新电池的首次充电称之为初充电。对已经放过电的蓄电池充电称之为正常充电。均衡充电，实际上是定期充电。在电池用 5～20 小时的放电之后，进行充电。

5）蓄电池组。

发电厂及变电站直流系统的额定电压，通常为 48V、110V 及 220V 3 种。为取得上述各种电压，需要将多个蓄电池串联起来。另外，为使直流电源能输出较大的电流，需将几个蓄电池组并联使用。直流系统的电压越高，需串联的蓄电池个数越多；要求直流系统输出的电流越大，需并联的支路数越多。

6）蓄电池组的浮充。

为延长蓄电池组的使用寿命并及时补充电池自放电的容量损耗，需充电设备经常对蓄电池组进行充电。该充电方式叫作浮充。此时，充电电源与蓄电池组并联运行。

（2）充电设备。

为补偿蓄电池运行中的功率损耗，维持电源电压及增大短路容量，需对蓄电池经

常进行充电。

充电设备通常采用将三相交流进行整流、滤波及稳压的交流–直流变换装置。它应满足以下要求：

1）输出电压及输出电流的调节范围。

充电设备输出电压及输出电流的调节范围，应满足蓄电池组各种充电方式的需要。对于直流电压为110V的直流系统，充电设备输出电压的调节范围应为90～160V；对于额定电压为220V的直流系统，充电设备输出电压的调节范围为180～310V。

2）具有维持恒定输出电压及恒定输出电流的调节功能。

对于用晶闸管整流设备作为充电装置时，当其输入电压在额定电压的+5%～–15%范围内变化及输出负荷电流在额定电流的20%～100%范围内变化时，其输出电压的变化≤+2%；输入电压在+5%～–15%额定电压的范围内变化时，输出稳定电流的误差小于±5%。

3）输出电压的纹波系数小。

当充电设备不与蓄电池并联运行时，其纹波系数不大于5%。

4）充电时应维持直流母线电压的变化小于5%。

5）充电设备的额定电流的选择。

浮充电设备的输出电流，应能承担正常运行时直流系统的负荷电流和蓄电池的自放电电流。其额定电流应为

$$I_N = \frac{1.1Q_S}{T} + I_{\text{jc}}$$

式中 I_N——额定电流，A；

Q_S——蓄电池放电容量，AH；

T——蓄电池长期放电时间，取12h；

I_{jc}——直流系统正常负荷电流。

考虑到核对性充放电，也可按最大充电电流选择

$$I_N = (0.1 \sim 0.125)Q_{\text{S10}} / 10$$

式中 Q_{S10}——蓄电池10h放电容量，AH。

（3）直流母线及输出馈线。

蓄电池组的输出与充电设备的输出并接在直流母线上。直流母线汇集直流电源输出的电能，并通过各直流馈线输送到各直流回路及其他直流负载（例如事故照明、直流电动机等）。

直流母线的接线方式，取决于蓄电池组的数量、对直流负荷的供电方式及充电设备的配置方式。在中、大型发电厂及变电站，直流母线的接线方式多为单母线分段或

双母线。根据需要，从每段或每条直流母线上引出多路直流馈线，将直流电源引至全厂或全站的配电室及控制室的直流小母线上，或引至直流动力设备的输入母线上。从各直流小母线上又分别引出多路出线，分别接至保护盘、控制盘、事故照明盘或其他直流负荷盘。

（4） 直流监控装置

为测量、监视及调整直流系统运行状况及发出异常报警信号，对直流系统应设置监控装置。直流监控装置应包括测量表计、参数越限和回路异常报警系统等。

2. 对直流系统的基本要求

为确保发电厂及变电站的安全、经济运行，其直流系统应满足以下要求：

（1） 正常运行时直流母线电压的变化应保持在10%额定电压的范围内。若电压过高，容易使长期带电的二次设备（例如继电保护装置及指示灯等）过热而损坏；若电压过低，可能使断路器、保护装置等设备不能正常动作。

（2） 电池的容量应足够大，以保证在浮充设备因故停运而其单独运行时，能维持继电保护及控制回路的正常运行；此外，还应保证事故发生后能可靠切除断路器及维持直流动力设备（例如直流油泵等）的正常运行。

（3） 充电设备稳定可靠，能满足各种充电方式的要求，并有一定的冗余度。

（4） 直流系统的接线应力求简单可靠，便于运行及维护，并能满足继电保护装置及控制回路供电可靠性要求。

（5） 具有完善的异常、事故报警系统及分级保护系统。当直流系统发生异常或运行参数越限时，能发出告警信号；当直流系统发生短路故障时，能快速而有选择性地切除故障馈线，而不影响其他回路的正常运行。

二、直流系统的绝缘检测

发电厂及变电站的直流系统分布面广，回路繁多，很容易发生故障或异常，其中最常见的不正常状态是直流系统接地。

1. 直流系统接地的危害

运行实践表明，直流系统一点接地，容易致使运行中的断路器偷跳。此外，当直流系统中发生一点接地之后，若再发生另外一处接地，将可能造成直流系统短路，致使直流电源中断供电，或造成运行中的断路器误跳或拒跳的事故发生。

（1） 断路器的偷跳。

由于直流系统一点接地而造成断路器偷跳的事例较多，对于 3/2 断路器接线的母线，各串中间的断路器容易偷跳；而对于双母线接线，其母联断路器容易偷跳。

（2） 断路器的误跳及拒跳。

当控制回路中发生两点接地时，可能造成断路器的拒跳或误跳。

断路器的简化跳闸回路如图 Z11G5001Ⅲ-1 所示。

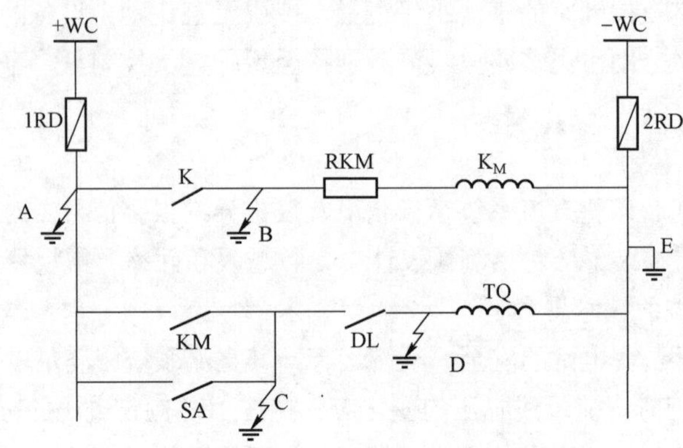

图 Z11G5001Ⅲ-1 简化的断路器跳闸回路

在图 Z11G5001Ⅲ-1 中：K——继电保护出口继电器的常开接点；

A、B、C、D、E——分别为接地点位置；

KM——跳闸中间继电器；

SA——断路器操作开关的辅助接点；

TQ——断路器的跳闸线圈；

RKM——电阻；

1RD、2RD——熔断器或快速开关刀口；

DL——断路器辅助接点，断路器在合位时闭合；

+WC、-WC——控制回路直流正、负小母线。

由图 Z11G5001Ⅲ-1 可以看出：当 A、B 两点接地或 A、C 两点接地或 A、D 两点接地时，跳闸线圈 TQ 将有电流通过，致使断路器跳闸；而当 C、E 两点接地、B、E 两点接地或 D、E 两点接地时，可导致断路器拒跳，或由于跳闸中间继电器不能启动而在继电保护动作后，断路器不能跳闸现象的发生。

（3）直流回路短路。

当图 Z11G5001Ⅲ-1 中的 A、E 两点同时发生接地时，将造成直流电源的正极与负极之间的短路故障，致使熔断器（或快速开关）1RD、2RD 要熔断（或快速开关跳闸），导致控制回路直流电源消失。

2. 直流绝缘检测装置

当直流系统发生一点接地之后，为避免发生两点接地故障，应立即进行检查及处理。这就需要设置直流系统对地绝缘的检测装置，当直流系统对地绝缘严重降低或出现一点接地之后，立即发出告警信号。

（1） 直流绝缘检测装置的构成机理。

直流绝缘检测装置是根据电桥平衡原理构成的。其检测原理的示意图如图 Z11G5001Ⅲ–2 所示。

在图 Z11G5001Ⅲ–2 中：R_1、R_2——监测装置内 P 的辅助电阻；R_3、R_4——分别为直流电源两极对地的绝缘电阻；XJ——电压信号继电器；V——直流电压表；+WC、–WC——直流电源的正、负小母线。

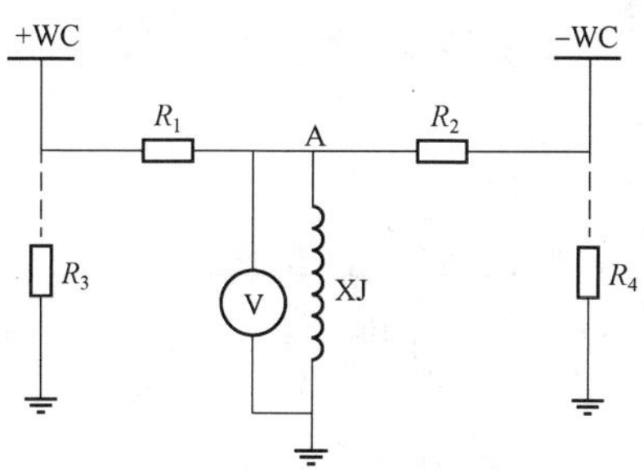

图 Z11G5001Ⅲ–2　直流绝缘检测装置检测原理示意图

正常工况下，直流系统正、负两极对地的绝缘电阻 $R_3=R_4$，由于装置内电阻 $R_1=R_2$，因此，在由 R_1、R_2、R_3、R_4 构成的四臂电桥中 $R_1R_4=R_2R_3$，满足电桥平衡条件。A 点的电位与地电位相等，直流电压表的指示等于零。信号继电器 XJ 两端无电压，它不动作。

当某一极对地的绝缘电阻下降或直接接地时，R_3 不再等于 R_4，故 $R_1R_4 \neq R_2R_3$，电桥平衡被破坏，A 点对地产生电压，信号继电器 XJ 动作，发出告警信号。

图 Z11G5001Ⅲ–2 中直流电压表的刻度为电压和电阻的双刻度，电压的刻度应与直流系统的额定电压相对应。

（2） 绝缘检测和电压监视装置。

直流系统的绝缘检测装置的种类很多。但是，不管是哪种装置，其构成原理均为电桥平衡原理。不同处是：构成元件不同，功能多少不同。以下简要介绍最基本的由继电器构成的绝缘检测装置及微机型绝缘检测装置的原理接线图。

1） 继电器构成的绝缘检测装置。

由继电器构成的典型绝缘监察装置的原理接线如图 Z11G5001Ⅲ–3 所示。

在图 Z11G5001Ⅲ–3 中：1ZK——测量转换开关；2ZK——绝缘测量及对地电阻测量转换开关；CK——电压监视及接地位置选测切换开关；XTJ——接地信号继电器；Ⓞ——电压和电阻双刻度测量表计；Ⓥ2——直流电压表。

由图 Z11G5001Ⅲ–3 可以看出：该装置将直流系统的绝缘监测与电压监视集为一体，它适用于双母线或单母线分段的直流系统。

装置由一、二段母线测量转换、绝缘监测、绝缘测量及母线电压测量等部分构成。

① 母线测量转换。

两段母线测量的转换，主要由测量转换开关 1ZK 来完成。当测量Ⅰ段母线的对地绝缘时，将测量开关拨至“Ⅰ母”位置。此时，开关接点①③及⑤⑦闭合，将Ⅰ段母线的正极和负极接入监视装置。当测量Ⅱ段母线的绝缘时，将测量开关拨至“Ⅱ母”位置，开关接点②④及⑥⑧闭合，将二段母线的两极引至装置。

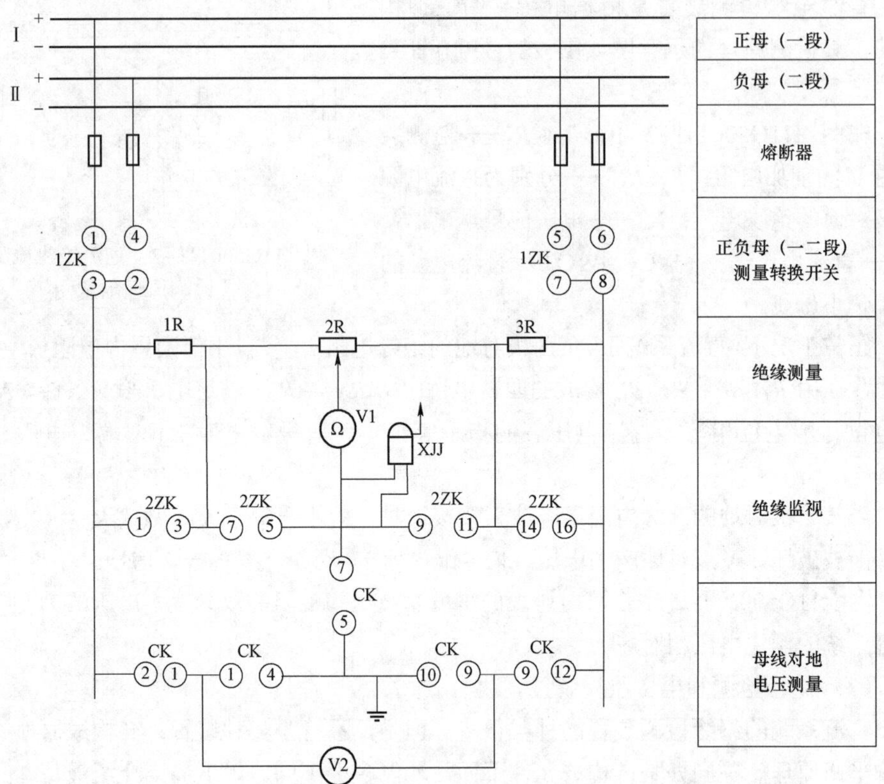

图 Z11G5001Ⅲ-3 直流绝缘监察装置原理接线图

② 绝缘测量及绝缘监测。

绝缘测量及绝缘监测部分由电阻 1R、2R、电位器 3R、开关 2ZK、信号继电器 XTJ 及Ⓠ表计构成。

正常工况下，开关 2ZK 的接点⑦⑤和⑨⑪闭合，开关 CK 的接点⑦⑤闭合。与电位器 3R 连接的表通过 CK 的⑦⑤接点接地。此时，由于直流系统对地绝缘良好，其正、负两极的对地电阻相等，并与电阻 1R、2R 构成的四臂电桥处于平衡状态。表计的指示电压值近似等于零，信号继电器 XTJ 不动作。

当直流系统某一极对地绝缘严重降低或直接接地时，例如负极接地，则四臂电桥平衡破坏，Ⓠ表计的两端出现较大的电压，即继电器 XTJ 线圈两端出现电压，继电器 XTJ 动作，发出“直流接地”告警信号。

当出现“直流接地”告警信号之后，可通过调节电位器 3R 及Ⓠ表计的指示值，测量及计算直流系统正极和负极的对地电阻。方法如下：

通过开关 CK 的切换及电压表ⓥ2的测量值，首先判断出是正极的绝缘降低还是负极的绝缘降低。

将开关 2ZK 置于“I 位置”或“Ⅱ位置”。当直流系统的正极对地绝缘降低时，开关 2ZK 置于“I 位置”，而当直流系统的负极对地绝缘降低时，开关 2ZK 置于“Ⅱ位置”。开关 2ZIK 置于“I 位置”时，其接点①③闭合；而置于“Ⅱ位置”时，开关 2ZK 的接点⑭⑯闭合。

调节电位器 3R 的滑动头，使表计的电压指示值等于零。

再将开关 2ZK 切换到与正常位置上，通过Ω表计分别观察并记录直流系统的对地电阻 R_{jD}。

计算正极与负极的对地电阻。设此时电位器 R3 所在位置电阻占其全电阻的百分数为 X，正极对地的绝缘电阻为 R_{+D}，负极对地的绝缘电阻为 R_{-D}。

当正极的对地绝缘降低时

$$\begin{cases} R_{+D} = \dfrac{2R_{\mathrm{jD}}}{2-X} \\ R_{-D} = \dfrac{2R_{\mathrm{jD}}}{X} \end{cases}$$

而当负极绝缘降低时

$$\begin{cases} R_{+D} = \dfrac{2R_{\mathrm{jD}}}{1-X} \\ R_{-D} = \dfrac{2R_{\mathrm{jD}}}{1+X} \end{cases}$$

③ 直流母线电压的监视。

正常工况时开关 CK 的接点②①和⑨⑫闭合，电压表 V2 的电压指示值即为直流电源的母线电压。

当直流系统对地绝缘降低时，可通过对 CK 的切换及观察 V2 表的指示，分别测量出直流母线正极及负极的对地电压，以判断是正极还是负极的对地绝缘降低。

2）微机型绝缘监测装置。

采用上述接地监测装置，可以监测全直流系统对地绝缘状况，当发生接地时可判断出接地的极性。但当直流系统的正极与负极绝缘同时降低，且对地电阻相差不大时，装置无法正确检测；另外，当直流系统中出现接地时，也无法判断接地点在哪条馈线上。

采用微机型绝缘检测装置，除能检测出直流系统是否有接地之外，还能检测出具体发生接地的直流馈线。该装置的原理接线如图 Z11G5001Ⅲ–4 所示。

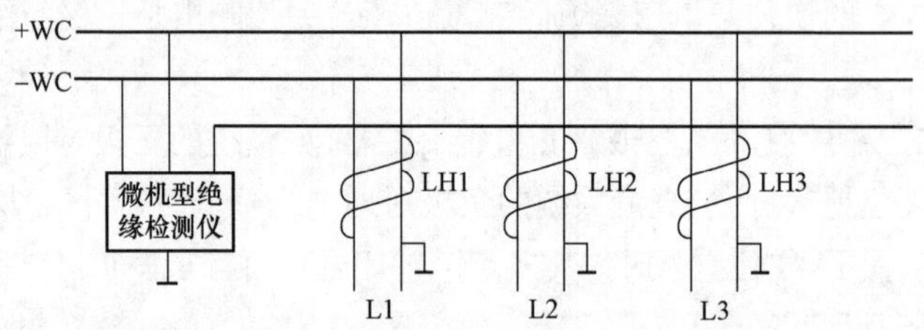

图 Z11G5001Ⅲ–4 微机型绝缘监测装置原理接线图

在图 Z11G5001Ⅲ–4 中：+WC、–WC——分别表示直流电源的正、负极母线；L1、L2、L3——直流馈线；LH1、LH2、LH3——直流绝缘监测回路辅助电流互感器。

图 Z11G5001Ⅲ–4 中所示的微机型绝缘检测仪的检测原理也是电桥平衡原理。不同的是装置内部有一低频电压信号发生器，该信号发生器产生的低频电压加在直流母线与地之间。当直流系统中某一馈线回路出现接地故障时，该馈线上将流过一低频电流信号。该低频电流信号经辅助电流互感器传递给检测仪，经计算判断出接地馈线及接地电阻的大小，也有采用霍尔传感器来代替图中辅助电流互感器的。

3. 对直流绝缘监测装置的要求

直流系统是不接地系统，直流系统的两极（正极和负极）对地应没有电压，大地也应没有直流电位。但是，由于绝缘检测装置的电压表（即图 Z11G5001Ⅲ–3 中的电压表）及信号继电器的一端是接地的，就使得直流系统通过该仪表及信号继电器与大地连接。实际上，发电厂及变电站的直流系统是经高阻接地的接地系统。又由于图 Z11G5001Ⅲ–3 中的 R_1 等于 R_2，因此在正常工况下，地的直流电位应等于直流系统电压的 1/2。对于直流电压为 220V 的直流系统，其所在大地的地电位应为 110V 左右。

对直流绝缘监测装置的要求，除了动作可靠之外，还要求其内测量电压表计的内阻要足够大，否则将可能造成继电保护出口继电器误动、拒动及断路器的拒跳和误跳。这是因为，如果绝缘检测装置中测量电压表的内阻过小（极限情况下为零），使直流系统在正常工况下已有一点接地，当再发生另一点接地时，就像两点接地一样，使断路器拒跳或误跳。

对直流系统绝缘监测装置用直流表计内阻的要求是：用于测量 220V 回路的电压表，其内阻不得低于 20kΩ，而测量 110V 回路的电压表，其内阻不低于 10kΩ。

三、直流系统接地位置的检查

直流系统分布范围广、外露部分多、电缆多且较长。所以，很容易受尘土、潮气的腐蚀，使某些绝缘薄弱元件绝缘降低，甚至绝缘破坏造成直流接地。直流接地故障中，危害较大的是两点接地，可能造成严重后果，不仅对设备不利，而且对整个电力系统的安全构成威胁。因此，规程上规定有直流接地情况时，应停止直流网络上的一切工作，并进行有选择性的查找接地点。

1. 直流接地故障的原因

直流接地故障发生的原因很多，也比较复杂。这里概括性地归纳为以下 4 点：

（1） 设计方面原因。

由于设计人员掌握专业知识的局限性、与相关专业的协调不够细致、对设备性能了解不深以及对控制、保护装置内部原理吃不透，而造成交、直流回路串接。在系统送电调试时或者保护装置动作时，造成交、直流回路串电而引发的直流系统接地故障。

（2） 设备自身原因。

设备厂家在设备制造过程中，由于工作失误、选材不合格、设计缺陷以及制作粗糙等原因造成设备本身回路绝缘低和直流带电设备直接与设备外壳相接或相碰，从而在送电调试过程中，发生直流系统绝缘低或接地现象。如充电设备、蓄电池本身接线柱、不停电电源装置、直流供电部分与设备外壳及各直流用电设备的接地柱和内部回路以及电缆损坏、不合格等。

（3） 施工过程造成的原因。

这是引起直流系统接地故障发生的最常见的原因。由于施工过程中施工人员业务技术素质不同，环境的好坏及诸多外部因素的影响等，均会发生接地故障或造成隐患。如：

1） 电缆接线过程中，施工人员将芯线绝缘外皮损坏。

2） 电缆敷设过程中由于施工不慎将电缆小绕、挤压、损伤。

3） 电缆头制作过程中，不按规范施工造成绝缘不良。

4） 电缆保护管处理不当，使电缆外皮损伤而造成绝缘不良。

5） 接线过程中由于技术人员工作失误或施工人员粗心造成接线错误，而发生与其他回路或外壳接到一起。

6） 直流母线在联接过程中，因绝缘板绝缘不合格，使直流电源系统对地绝缘太低。

7） 直流小母线压接过程中，绝缘端子损坏与外壳接触。

8） 两个直流系统连接错误。

9） 事故照明回路中灯座因安装不合格与地接触。

10）由于施工工期或设计原因、控制电缆一端已施工完毕而另一端未施工，造成控制电缆芯线接地或因潮湿造成绝缘降低。

11）信号光字牌接线柱与底座设计安装不合理，线柱与外壳相碰。

12）交流回路和直流回路合用同一根电缆等等。

（4）运行、检修维护的原因。

由于运行、检修维护人员受业务技术水平限制，运行检修维护不到位，或在回路检查和消除故障的过程中，错误地将直流系统接地，以及在检修、测量和检查过程中，由于误操作而造成的直流系统接地故障。此外，还有以下的原因：

1）由于气候恶劣、潮湿，加热装置未开或者坏了，断路器端子箱的门没有关好造成户外断路器端子箱内电缆或端子对地绝缘降低或爬电。

2）由于气候恶劣、潮湿，加热装置未开或者坏了，断路器控制箱的门没有关好造成户外断路器控制箱内二次回路辅助接点对地绝缘降低或爬电。

3）由于气候恶劣、潮湿或漏雨，造成户外闸刀接线箱内电缆或端子对地绝缘降低或爬电。

4）由于蓄电池维护不好造成对地绝缘降低或爬电。

5）由于运行检修维护不到位，端子或接线柱结灰，对地绝缘降低。

6）由于检修工作不到位，保护内部对地绝缘降低或爬电。

7）由于气候原因，老式变电站内绝缘水平整体下降造成的直流系统接地等等。

2. 怎样查找、排除直流系统接地故障

直流系统发生一点接地之后，绝缘监测装置发出报警信号。运行及维护人员应尽快检测出接地点的具体位置，并予以消除。排除直流接地故障，首先要找到接地的位置，这就是常说的接地故障定位。直流接地大多数情况不是一个点，可能是多个点，或者是一个片，真正通过一个金属点去接地的情况是比较少见的。更多的会由于空气潮湿，尘土粘贴，电缆破损，设备某部分的绝缘降低或外界其他不明因素所造成。大量的接地故障并不稳定，随着环境变化而变化，因此在现场查找直流接地是一个较为复杂的问题。在查找接地点及处理时，应注意以下事项：① 应有两人同时进行；② 应使用带绝缘的工具，以防造成直流短路或出现另一点接地；③ 需进行测量时，应使用高内阻电压表或数字万用表，表计的内阻应不低于2000Ω/V，严禁使用电池灯（通灯）进行检查；④ 需开二种工作票，做好安全措施，严防查找过程中造成断路器跳闸等事故。

（1）拉回路法。

拉回路法是电力系统查直流接地故障一直沿用的一个简单办法。当出现一点接地故障之后，运行人员要首先缩小接地点可能所在的范围，即确定哪一条馈线回路发生了接地故障。

所谓拉路法是指：依次、分别、短时切断直流系统中各直流馈线来确定接地点所在馈线回路的方法。例如，发现直流系统接地之后，先断开某一直流馈线，观察接地现象是否消失。如果接地现象未消失，立即恢复对该馈线的供电，再断开另一条馈线进行检查。重复上述过程，直至确定出接地点的所在馈线。

用上述方法确定接地点所在馈线回路时，应注意以下 5 点：

1）应根据运行方式、天气状况及操作情况，判断接地点可能所在的范围，以便在尽量少的拉路情况下能迅速确定接地点位置。

2）拉路顺序的原则是先拉信号回路及照明回路，最后拉操作回路；先拉室外馈线回路，后拉室内馈线回路。

3）断开每一馈线的时间不应超过 3S，不论接地是否在被拉馈线上，应尽快恢复供电。

4）当被拉回路中接有继电保护装置时，在拉路之前应将直流消失后容易误动的保护（例如发电机的误上电保护、启停机保护等）退出运行。

5）当被拉回路中接有输电线路的纵联保护装置时（例如高频保护等），在进行拉路之前，首先要退出线路两侧的纵联保护。

当用拉路法找不出接地点所在馈线回路时，可能原因如下：① 接地位置发生在充电设备回路中、发生在蓄电池组内部或发生在直流母线上；② 直流系统采用环路供电方式，而在拉路之前没断开环路时；③ 全直流系统对地绝缘不良；④ 各直流回路互相串电或有寄生回路。

（2）直流接地选线装置监测法。

直流接地选线装置是一种在线监测直流系统对地绝缘情况的装置。该装置的优点是能在线监测，随时报直流系统接地故障，并显示出接地回路编号。缺点是该装置只能监测直流回路接地的具体接地回路或支路，但对具体的接地点无法定位。技术上它受监测点安装数量的限制，很难将接地故障缩小到一个小的范围，而且该装置必须进行施工安装，对旧系统的改造很不便。此类装置还普遍存在检测精度不高，抗分布电容干扰差，误报较多的问题。如果能有一种在监测点上不受限制，检测精度较高，选线准确的直流接地选线装置，应是一种较好的选择。

（3）便携式直流接地故障定位装置故障定位法。

便携式直流接地故障定位装置是近几年开始在电力系统较为广泛应用的产品。该装置的特点是无须断开直流回路电源，可带电查找直流接地故障，完全可以避免再用“拉回路”的方法，极大地提高了查找直流接地故障的安全性。而且该装置可将接地故障定位到具体的点，便于操作。目前生产此类产品的厂家也较多，但真正好用的产品很少，绝大部分产品都存在检测精度不高、抗分布电容干扰差、误报较多的问题。

3. 正确选择直流接地故障查找地装置

按现场的运行经验，从上面分布电容产生的对地容抗经验数据分析，选择直流接地故障查找地装置，一定要严格掌握两个重要指标：① 装置抗分布电容干扰（目前绝大多数生产厂家的设备都未列出该指标），要求其抗分布电容干扰，对地分布电容系统总值应大于或等于 80mF，回路的对地分布电容系统值应大于或等于 8mF；② 检测接地故障的对地阻抗值应大于或等于 40kΩ。达不到上述两个指标的直流接地故障查找地装置，在现场应用中，对大部分的直流系统接地故障往往检测不出，更不用说用作定期巡检装置。

四、查找直流系统接地故障讨论

据现场使用情况反映，绝大部分查找直流系统接地故障的装置都不是很好用，其原因要从直流系统接地说起，由于发电厂、变电站的直流系统是一个庞大的、复杂的直流电源网络，所接设备多，母线、小母线层层分布，回路纵横交错，客观上增大了查找直流接地故障的难度。

1. 分布电容

电容的特性是对直流呈现开路，对交流呈现一定阻抗特性，电容量越大，该电容呈现的容抗就越小，频率越高，该电容呈现的容抗也越小。变电站、发电厂直流系统的对地分布电容情况是直流系统越大，回路越复杂，所接设备越多，系统呈现的对地分布电容也越大，100kV、220kV 和 500kV 不同电压等级的变电站的直流系统其分布电容都不一样。按现场运行经验，变电站、发电厂直流系统的对地分布电容还与发电厂、变电站的投运时间有关，投运时间越长的变电站，分布电容也更大，一般来说，如果查找直流接地的检测装置以叠加低频交流检测信号方式在直流系统上，假设点的交流信号频率 $f=2$Hz（目前绝大多数装置都采用 5Hz），那么，直流系统的分布电容对检测装置所叠加的低频交流信号呈现阻抗就大，这就要求检测装置的精度要高。

2. 对直流系统接地故障的定义标准

直流接地是指直流系统正或负极对地绝缘阻抗值降低到某个规定值或某个设定值时，称直流系统发生了接地故障。电力系统对直流系统的接地故障目前尚无统一的标准，各个厂站按各自的要求将接地故障报警值按对地电压不平衡情况定义。直流系统绝缘监测普遍采用平衡电桥方式来判定对地绝缘，即为正或负对地绝缘降低时，平衡电桥失去平衡，绝缘监测指示上正对地或负对地电压会升高或降低。由于平衡电桥回路选用的电阻目前尚无统一标准。各直流屏生产厂家均有不同的平衡电桥电阻取值，就现场实际运行情况，平衡电桥的电阻取值从 1kΩ～36kΩ不等，这样仅仅用对地电压的变化来说明接地故障的程度，显然不是准确的。直流系统对地的绝缘情况，准确地说，应该用阻抗来衡量。发达国家的电力系统，对一座较大规模的发电厂、变电站，直流系统对地绝缘阻抗的报警值设定在 50kΩ，目前中国一些全套引进进口设备，管理先进的个别发电厂（如大亚湾核电站），直流系统绝缘告警值仍沿用国外标准，设为 50kΩ。事实上绝大部分的电厂、变电站，由于种种原因，其接地故障报警值一般设在 5kΩ～25kΩ之间，有些甚至更低。这就导致运行水平高、管理严格的发电厂、变电站，比运行水平低、管理松散发电厂、变电站的直流接地故障概率还高。个别运行水平低下的变电站一两年也难有直流接地故障报警，其根本在于直流系统绝缘监测平衡电桥电阻取值的极大差异，造成对地绝缘整定值过低，无法真正体现实际的绝缘情况，也查不到故障真正原因。

3. 多点接地及闭合环路接地、正负同时接地

多点接地、环路接地、正负同时接地是查找直流系统接地故障的难点，这类接地故障对系统危害更大。拉回路是难以拉出接地回路的。目前应用中，无论是直流接地选线装置还是便携式查找接地装置，绝大部分都无力处理以上的接地。因为此类接地故障较为复杂，要求检测设备具有相当高的精度，抗分布电容指标较高，否则就会出现误报，使检测无法进行。环路接地检测时，要能精确区分接地环路的不同位置接地程度的差异，经分析比较，逐步逼近真正的接地故障点。同样多点接地，无论是处于同一回路，还是分处于不同回路，在主回路上还能判别，往下查找已查不出接地支路或分支路，检测设备的精度显然不够。如果检测设备的抗分布电容干扰指标不够，还可能会出现更多误报。正负同时接地，目前大部分直流系统绝缘监测已不能有效的报告接地故障，平衡电桥方式判定出的，仅仅是正接地故障和负接地故障，同时接地时对地绝缘的差值。因此，定期巡检直流系统的对地绝缘，对运行安全要求较高的发电厂、变电站已十分必要。综上所述，用仪器查找直流系统接地，最重要的是要解决直流系统分布电容的干扰，提高查找检测设备的检测精度，解决受对地分布电容干扰大和多点接地、环路接地的误报问题。

4. 直流接地故障选线装置存在问题

老的变电站直流系统一般选用电磁型继电器构成的绝缘监测装置，它利用电桥平衡的原理，主要存在以下问题：当直流系统正负极绝缘电阻同等下降时，电桥未失去平衡，绝缘监测装置不能发出报警信号；绝缘监测装置发出报警信号后，运行人员需要通过拉回路的方法确定接地支路，费时费力且存在安全隐患。

而无人值班变电所要求直流系统配置微机型直流系监视装置。其基本功能是在线监测直流系统的母线电压和对地绝缘电阻，显示母线电压值和正负母线对地绝缘电阻值。当母线电压过高过低或对地绝缘电阻过低时发出相应的告警信号，告警门限参数可手工设置。另外，监测装置具有支路巡检功能，可以在线检测各馈线支路的绝缘电阻，通过 RS485 或 RS422 串口，监测装置可以将直流系统正负母线对地的绝缘电阻值

上送至系统监控单元。

目前，微机型接地选线装置的原理是：

（1）利用直流传感器来检测各直流支路的对地漏电流来判断支路是否发生接地。它是将直流供电系统的某一支路的正负极同时穿入高灵敏的直流传感器中，当支路对地绝缘正常时，穿过直流传感器的电流大小相等，方向相反，既总的电流为零，直流传感器的输出也为零。当支路的某一极对地绝缘电阻下降到一定程度时（也称为接地时），那么这两极的电流会出现一个差值，也就是出现对地漏电流，直流传感器就会产生输出，以此来判明该支路是否发生接地故障。

存在问题：该方法比较理想化，不需要向直流系统注入信号，且不受线路对地电容影响，直接采样对地漏电流，利用欧姆定律直接计算接地线路的接地电阻。若直流传感器采用磁平衡原理，做成有源传感器，当一次侧有电流变化或有冲击电流时，易发生剩磁变化。若直流传感器做成无源传感器，受电流冲击后剩磁变化更大。这种剩磁变化会严重造成电流电压放大器及数模转换器的直流偏移，只有及时调节装置的零点及传感器特性，才能保障选线装置的精度及稳定性。这种做法给现场带来极大的不便和麻烦，且造成选线装置的不准。

（2）在直流母线上注入低频交流信号。它是将直流供电系统的某一支路的正负极同时穿入高灵敏度的交流传感器中，当直流系统接地时，装置自动产生低压低频交流信号〔一般电压为10V左右，频率为2.5～5.0Hz左右〕，经电容注入母线，接地支路的交流传感器二次侧就会检测到低频交流信号，以此来判明该支路是否发生接地故障。

存在问题：影响该方法选线正确性的主要问题是线路对地电容的影响，为了去掉电容电流的影响，一般采用以下 3 种方法：① 用功率方向原理去掉电容无功电流；② 用硬件锁相方法去掉电容电流；③ 用软件锁相方法去掉电容电流。对于方法①和②，由于注入的低频信号电压较低，当接地电阻较大时，交流传感器一次电流很小，要将传感器二次侧电流转换为计算机可分析的信号，放大器放大倍数很大，输入电路任何元件参数的微小变化都会影响计算的准确性，用硬件锁相方法，不仅调试工作量大，而且装置的适应能力极差。用软件锁相的基本思想是用软件自动跟踪设备参数及回路对地电容的变化，从而较好地弥补了用硬件锁相方法的缺陷。

五、直流系统的一些其他问题

1. 继电保护及控制回路等对直流馈线的要求

（1）对大容量发电机组及额定电压为 220KV 及以上的主设备、输电线路等，应根据继电保护与控制回路双重化的要求及保护电源与控制电源分开的原则，使控制回路同保护回路由不同的直流馈线供电。两套双重化的保护及控制回路也需由不同的直流母线供电。

（2）事故照明系统需有两套，分别由不同的母线供电。

（3）对于微机型保护装置，非电量保护应与电气量保护的直流电源分开。

2. 空气开关、熔断器及快速开关的选择

当直流系统发生短路故障时，为能迅速切除故障，需在各直流馈线及各分支直流馈线的始端设置能自动脱扣的空气开关、或熔断器或快速跳闸的小开关。另外，当需要对某馈线进行检修或检查时，可手动断开空气开关、快速小开关，或取下熔断器。

（1）选择原则。

为确保直流系统的安全运行，对空气开关、熔断器及快速小开关的选择应遵照以下原则：

1）正常或最大负荷工况下，不会误脱扣或误熔断，或误跳闸。

2）在各直流馈线及各分支直流馈线上均应设置熔断器或快速开关。

3）对大型直流动力设备供电的直流馈线宜设置空气开关。

4）保护装置及控制回路的分支直流馈线宜采用快速开关，其上一级馈线宜采用熔断器。

5）各级空气开关、熔断器或快速开关的脱扣、熔断或跳闸电流应满足上、下级配合及动作选择性要求，即只断开有短路故障的分支直流馈线，不得越级跳闸或熔断。

（2）技术参数的确定。

1）额定电压。

空气开关、熔断器及快速开关的额定电压应大于或等于直流系统的额定电压。

2）额定电流

对于直流电动机回路，应考虑电动机的启动电流。空气开关的脱扣或熔断器熔件的额定电流，应按下式确定

$$I_N = \frac{I_{\mathrm{cp}}}{K_X}$$

式中　I_N——空气开关的脱扣或熔断器熔件的额定电流，A；

I_{cp}——电动机的启动电流，A；

K_X——配合系数，取 3。

对于控制、保护及信号回路，应按回路最大负荷电流选择，即

$$I_N = \frac{I_{\max}}{K_X}$$

式中 I_N ——熔断器熔件的额定电流；

I_{max} ——馈线的最大负荷电流，A；

K_X ——配合系数，取 3。

断路器合闸回路的熔断器熔件的额定电流为

$$I_N = K_X I_{HQ}$$

式中 I_N ——熔断器熔件的额定电流，A；

I_{HQ} ——断路器的合闸电流，A；

K_X ——配合系数，取 0.25～0.3。

（3） 各级熔断器熔断特性的配合。

在直流系统中，各级熔断器宜采用同型号的，各级熔断器熔件的额定电流应相互配合，使其具有熔断的选择性。上、下级熔断器熔件额定电流之比应为 1.6:1。

（4） 自动空气开关与熔断器特性的配合。

当直流馈线用空气开关，而下级分支直流馈线用熔断器时，自动空气开关与熔断器的配合关系如下：

1）对于断路器合闸回路的熔断器，其熔件的额定电流应比自动空气开关脱扣器的额定电流小 1～2 级。例如，对熔件额定电流为 60A 和 30A 的熔断器，其上级自动空气开关脱扣器的额定电流应为 100A 和 50～60A。

2）对于控制、信号及保护回路的熔断器，其熔件的额定电流一般选择 5A 或 10A，其上级自动空气开关脱扣器的额定电流应比熔断器熔件额定电流大 1～2 级，通常选择 20～30A。

3. 直流回路输出线不能与交流回路共用一条电缆

直流系统和交流系统为两个相互独立的系统。直流为不接地系统，而交流系统为接地系统。如果直流回路与交流回路共用一根电缆，当电缆中的直流芯线与交流芯线之间的绝缘损坏时，交流系统便串入直流系统，使直流系统接地。在电缆内部由于交、直流系统互串引起的直流接地很难检查及处理。

另外，交流回路与直流回路同用一根电缆，也容易相互干扰。若交流信号进入直流回路，将影响继电保护及控制回路的正常运行，相互之间的扰动可能致使继电保护误动，断路器偷跳等事件的发生。

典型的 110kV 及以下变电站直流系统图如图 Z11G5001Ⅲ-5 所示。典型的 220kV 及以上变电站直流系统图如图 Z11G5001Ⅲ-6 所示。

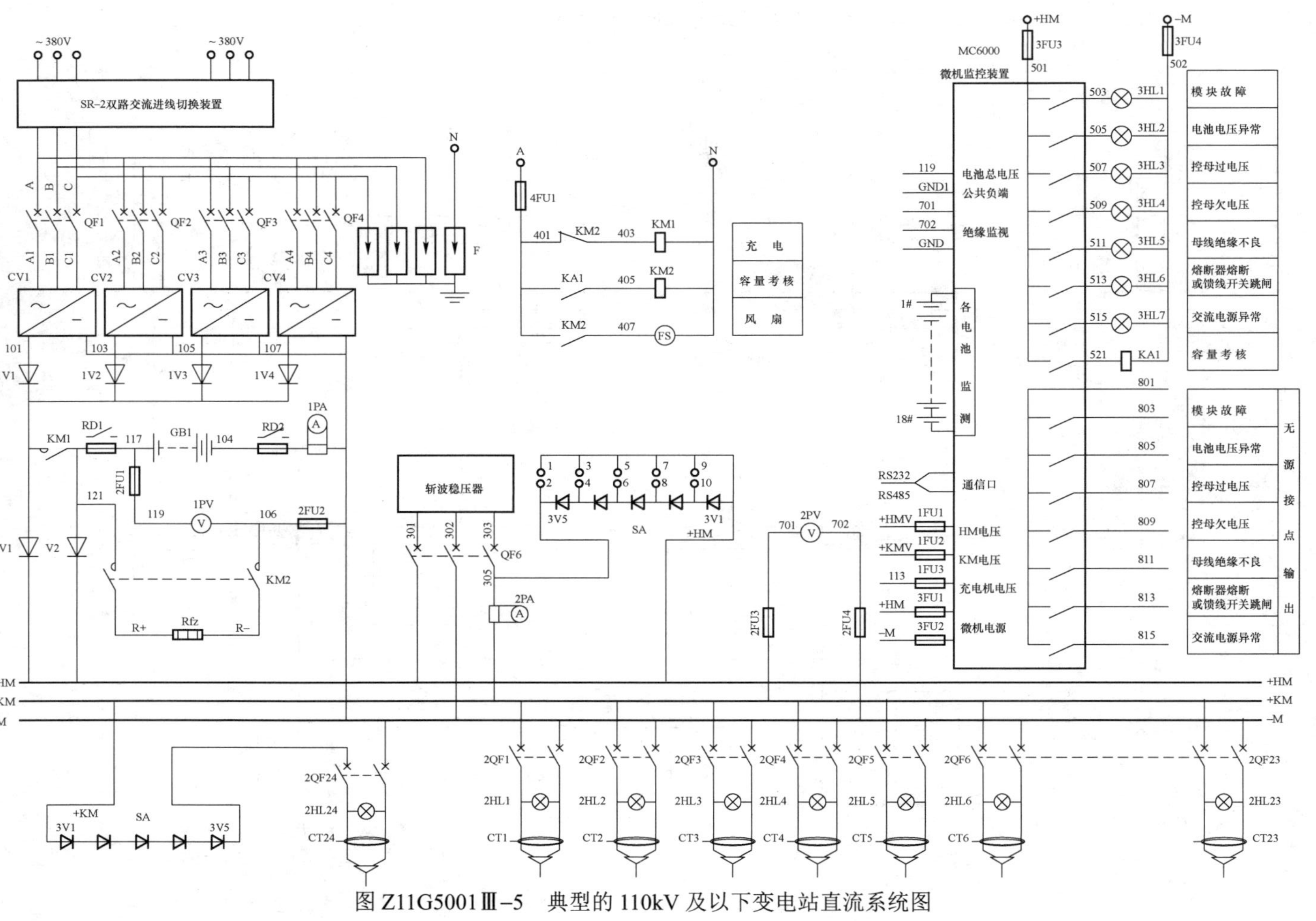

图 Z11G5001Ⅲ-5　典型的110kV及以下变电站直流系统图

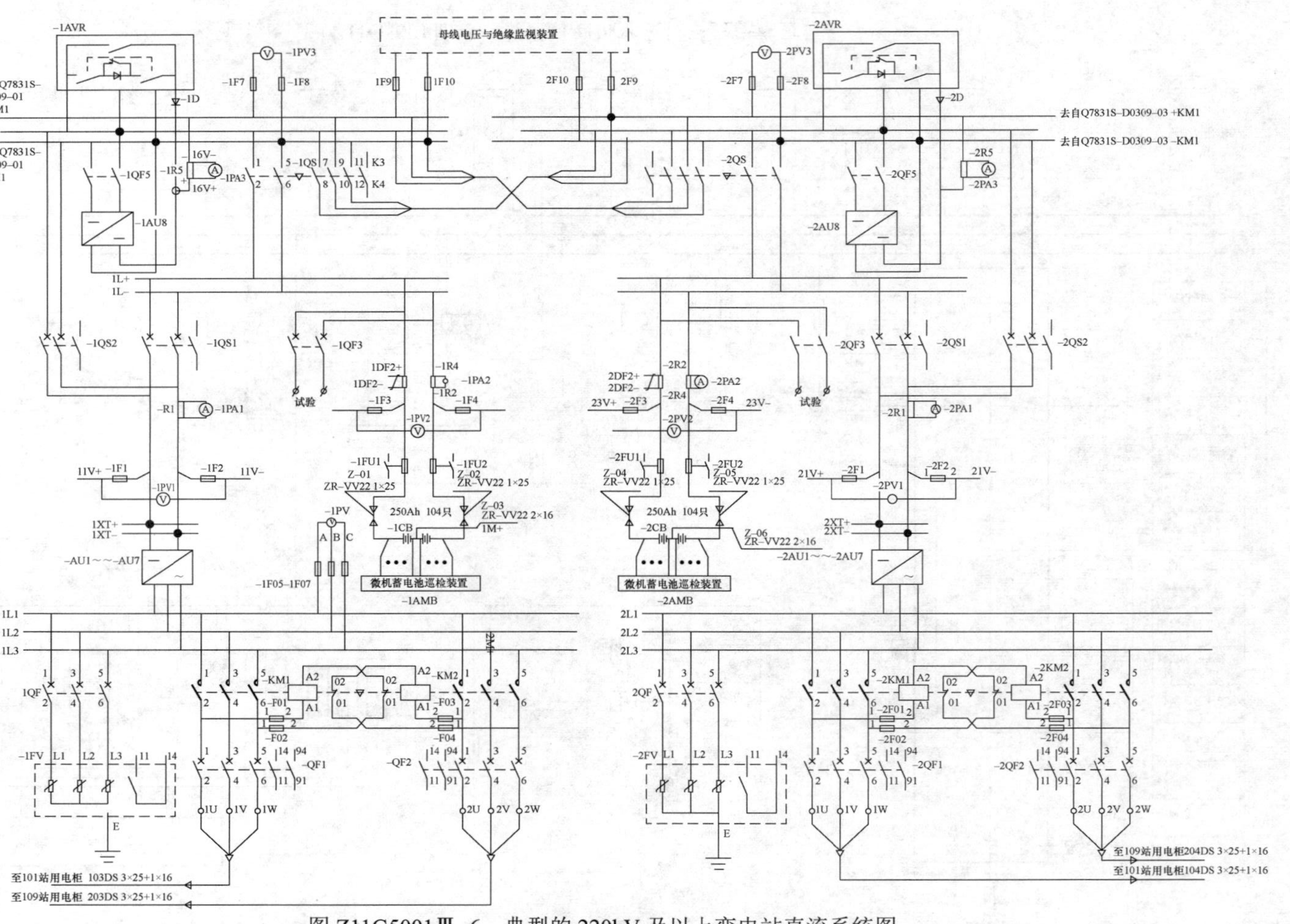

图 Z11G5001Ⅲ-6 典型的220kV及以上变电站直流系统图

模块 2　交流回路的基本原理（Z11G5002Ⅲ）

【模块描述】本模块包含了交流系统的基本原理，通过对交流系统的组成、要求、注意事项讲解，掌握交流系统的基本原理。

【模块内容】

一、电流互感器原理及二次回路接线

1. 电流互感器的构成及工作特点

电流互感器的作用是将电力系统的一次大电流变换成与其成正比的二次小电流，然后输入到测量仪表或继电保护及自动装置中。其构成及工作特点是：

（1）一次匝数少，二次匝数多。

用于电力系统中的电流互感器，其一次绕组通常是一次设备的进、出母线，而只有一匝；其二次匝数很多。例如，变比为 5000/1 的电流互感器，其二次匝数为 5000 匝。

（2）铁芯中工作磁密很低、系统故障时磁密大。

正常运行时，电流互感器铁芯中的磁密很低，其一次与二次保持安匝平衡。当系统故障时，由于故障电流很大，二次电压很高，励磁电流增大，铁芯中的磁密急剧升高，甚至使铁芯饱和。

（3）高内阻、定流源。

正常工况下，铁芯中的磁密很低，励磁阻抗很大，而二次匝数很多。从二次看进去，其阻抗很大。负载阻抗与电流互感器的内阻相比，可以忽略不计，故负载阻抗的变化对二次电流的影响不大。可称之为定流源或电流源。

（4）二次负载小，二次回路不得开路。

电流互感器的二次负载如果很大，运行时其二次电压要高，励磁电流必然增大，从而使电流变换的误差增大。特别是在系统故障时，电流互感器一次电流可能达额定工况下电流的数十倍，致使铁芯饱和，电流变换误差很大，不满足继电保护的要求，甚至使保护误动。

电流互感器的二次回路不得开路。如果运行中二次回路开路，二次电流消失，二次去磁作用也随之消失，铁芯中的磁密很高；又由于二次匝数特高，二次感应电压 $U=4.44fBWS$（f—电源频率，B—铁芯中的磁密，W—二次匝数，S—铁芯中有效截面）会很高，有时可达数千伏，危及二次设备及人身安全。

2. 电流互感器的额定参数

（1）额定电流。

电流互感器的额定电流，有一次额定电流和二次额定电流。

1） 一次额定电流。

电流互感器的一次额定电流，应大于一次设备的最大负荷电流。其一次额定电流越大，所能承受的短时动稳定及热稳定的电流值越大。

电流互感器一次额定电流值，应与国家标准 GB 1208—2006《互感器》推荐值相一致。

2） 二次额定电流。

目前，在电力系统中普遍采用的电流互感器二次额定电流有两种，即 5A 和 1A。

电流互感器二次额定电流的选择原则，主要是考虑经济技术指标。当一次额定电流相同时，二次额定电流值取越大，二次绕组的匝数便越少，电流互感器的体积及造价相对小。但是，二次额定电流大，正常运行时其输出电流大，二次损耗也大；另外，由于故障时输出电流很大，要求二次设备的热稳定及动稳定的储备也大。在各种条件相同的情况下，电流互感器的二次额定电流为 5A 时的二次功耗，为额定电流为 1A 时二次功耗的 25 倍。

（2） 变比。

电流互感器的变比是其重要的参数之一，它等于一次额定电流与二次额定电流之比。

变比的选择，首先应考虑额定工况下测量仪表的指示精度、满足继电保护及自动装置额定输入电流及工作精度的要求。例如，当保护装置的额定输入电流为 5A 时，在正常工况下电流互感器二次输出电流应在 1～4.5A 之间较为合理，而如果二次输出电流很小（例如小于 0.5A）就不合理。其次，变比的选择还应考虑其输出容量满足要求。

（3） 额定容量。

电流互感器的额定容量，指的是额定输出容量。该容量应大于额定工况下的实际输出容量。

额定工况下电流互感器的输出容量为

$$S_e = I_{2N}^2 KZ$$

式中 S_e——额定工况下电流互感器的输出容量，VA；

I_{2N}——电流互感器的二次额定电流，A；

K——正常工况下电流互感器的负载系数；

Z——电流互感器两端的阻抗（等于负载阻抗+连接线的阻抗），Ω。

根据国家标准，电流互感器的额定容量标准值有：5、10、15、20、25、30、40、50、60、80、100VA。

（4） 准确度。

电流互感器的准确度是其电流变换的精确度。目前，国内采用的电流互感器的准确度等级有 6 个，即 0.1 级、0.2 级、0.5 级、1 级、3 级及 5 级。继电保护用电流互感器，通常采用 0.5 级的；主设备纵差保护也有采用 0.2 级的。电流互感器的准确度级，实际上是相对误差标准。例如，0.5 级的电流互感器，是指在额定工况下，电流互感器的传递误差不大于 0.5%。显然，0.1 级的电流互感器，其精度要大于其他级的电流互感器，即电流互感器准确度等级小者测量精度高。

3. 常用的电流互感器二次回路的接线方式

在三相对称网路中，根据电网的电压等级、电流互感器的二次负载及经济技术比较结果，选择电流互感器的型式及二次回路的接线方式。

常见的电流互感器二次回路的接线方式有三相 Y 连接、三相 d 连接、二相 Y 连接及二相差接。当不计连接导线的电阻和接触电阻、且零线回路中无负载时，上述四种接线方式的原理接线如图 Z11G5002Ⅲ-1 中的（a）～（d）所示。

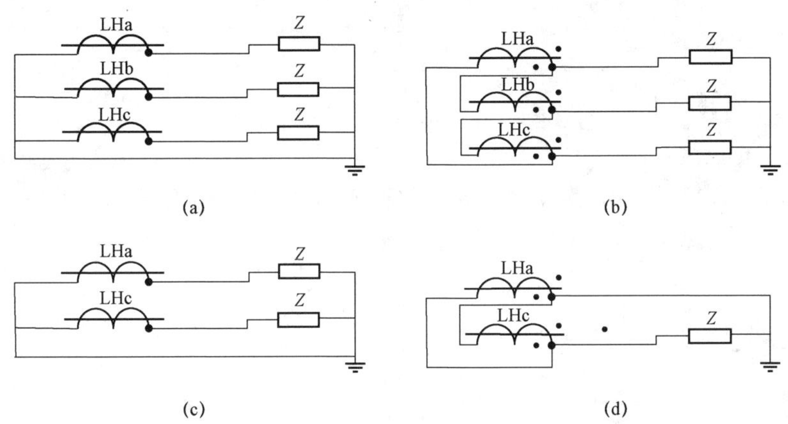

图 Z11G5002Ⅲ-1　常用的电流互感器二次回路接线方式

（a）三相 Y 连接；（b）三相 d 连接；（c）二相 Y 连接；（d）二相差接

在图 Z11G5002Ⅲ-1 中：LHa、LHb、LHc 分别为 a、b、c 三相的电流互感器；Z 为二次设备的阻抗（已包括导线及接触电阻）。

4. 电流互感器的二次负载阻抗

（1）二次负载阻抗。

电流互感器的二次负载阻抗为：

$$Z_{LH}=\left|\frac{\dot{U}_{LH}}{\dot{I}_{LH}}\right|$$

式中　Z_{LH} ——电流互感器二次负载阻抗，Ω；

$\dot{U}_{LH}$ ——电流互感器两端的电压，V；

$\dot{I}_{LH}$ ——流过电流互感器二次绕组的电流，A。

分析及计算表明，电流互感器的二次负载阻抗，与二次回路的接线方式、一次系统故障类型及二次设备的阻抗（包括连接导线电阻等）均有关，它并不完全等于二次设备的阻抗，而是等于二次设备的阻抗乘以电流互感器的二次负载系数 K。

以下计算各种工况下不同接线方式时电流互感器的二次负载系数。

（2） 三相 Y 连接电流互感器的二次负载阻抗。

三相 Y 连接电流互感器二次回路的接线方式如图 Z11G5002Ⅲ-1（a）所示。

1） 正常工况。

设各相电流互感器二次电流为 I_{LH}，则各相电流互感器两端的电压均等于

$$U_{LH}=I_{LH}Z$$

故二次负载阻抗

$$Z_{LH}=\frac{U_{LH}}{I_{LH}}=Z$$

即等于负载阻阻抗，显然二次负载系数 $K=1$。

2） 三相短路时。

三相短路时，设各相电流互感器二次电流为 I_k，则各相电流互感器两端的电压均为

$$U_k=I_kZ$$

故二次负载阻抗

$$Z_{LH}=\frac{U_k}{I_k}=Z$$

二次负载系数 $K=1$。

3）二相短路及单相接地短路（设用于大电流系统中）。

计算结果与上述相同，故障相电流互感器二次负载阻抗均等于 Z，故二次负载系数均等于 1。

（3） 三相 d 连接的电流互感器二次负载阻抗。

三相 d 连接电流互感器二次回路的接线方式如图 Z11G5002Ⅲ-1（b）所示。

1） 正常工况。

设各相电流互感器二次电流分别为 I_a、I_b 及 I_c，则各相互感器两端的电压分别为

$$U_a=(\dot{I}_a-\dot{I}_b)Z-(\dot{I}_c-\dot{I}_a)Z=3\dot{I}_aZ$$

$$U_b=(\dot{I}_b-\dot{I}_c)Z-(\dot{I}_a-\dot{I}_b)Z=3\dot{I}_bZ$$

$$U_c=(\dot{I}_c-\dot{I}_a)Z-(\dot{I}_b-\dot{I}_c)Z=3\dot{I}_cZ$$

可得各相二次负载阻抗均等于 3Z，二次负载系数均为 3。

2）三相短路。

计算方法及结果同正常工况，即各相二次负载均等于 3Z，二次负载系数均为 3。

3）两相短路（用于大电流系统时）。

设 a、b 两相短路时，短路电流 I_K，则 a 相互感器 LHa、b 相互感器 LHb 二次电流分别为 I_K 与 $-I_K$，LHa 两端电压为

$$U_{\text{LHa}}=(\dot{I}_{\text{a}K}-\dot{I}_{\text{b}K})Z+\dot{I}_{\text{a}K}Z=3\dot{I}_{\text{a}K}Z=3\dot{I}_KZ$$

LHb 两端电压为

$$U_{\text{LHb}}=(\dot{I}_{\text{b}K}-\dot{I}_{\text{a}K})Z+\dot{I}_{\text{b}K}Z=3\dot{I}_{\text{b}K}Z=3\dot{I}_KZ$$

LHa、LHb 二次的负载阻抗均为 3Z，二次负载系数均等于 3。

4）单相接地短路（用于大电流系统时）。

设一次系统 a 相接地短路，LHa 二次电流等于 $\dot{I}_K$。则 LHa 两端电压为

$$U_{\text{LHa}}=I_K(Z+Z)=2I_KZ$$

二次负载阻抗 $Z_{\text{CH}}=2Z$，二次负载系数 K=2。

（4）二相 Y 连接。

各种工况下，电流互感器二次负载阻抗及二次负载系数的计算结果同三相 Y 连接。

（5）两相差接。

两相差接的电流互感器二次回路的接线方式，如图 Z11G5002Ⅲ-1（d）所示。

1）正常工况。

设正常工况时电流互感器 LHa、LHc 的二次电流分别为 $\dot{I}_{\text{a}}$ 及 $\dot{I}_{\text{c}}$。则 LHa 及 LHc 两端的电压均等于

$$U_{\text{LHa}}=U_{\text{LHc}}=(\dot{I}_{\text{a}}-\dot{I}_{\text{c}})Z=\sqrt{3}\dot{I}_{\text{a}}Z=\sqrt{3}\dot{I}_{\text{c}}Z$$

故 LHa 及 LHc 的二次负载阻抗均为 $\sqrt{3}Z$，二次负载接线系数为 $\sqrt{3}$。

2）三相短路时。

三相短路时，对电流互感器二次负载阻抗的计算结果，同正常工况下的计算值。

3）两相短路。

① a、b（或 b、c）短路。

设一次系统两相短路时，流过故障相电流互感器二次的电流为 I_K，则故障相电流互感器二次两端的电压等于 I_KZ 则二次负载阻抗等于 Z，二次负载系数为 1。

② a、c 两相短路。

设一次系统 a、c 两相短路，短路电流为 I_K，则电流互感器 LHa 及 LHc 两端的电压均为 2I_KZ。故电流互感器的二次负载等于 2Z，二次负载系数等于 2。

将上述计算结果列于表 Z11G5002Ⅲ-1。

表 Z11G5002Ⅲ-1 不同工况下电流互感器二次负载阻抗及负载系数

TA 二次回路接线方式	负载阻抗及负载系数							
	正常工况		三相短路		二相短路		单相短路	
三相 Y 接	Z	1	Z	1	Z	1	Z	1
三相 d 接	$3Z$	3	$3Z$	3	$3Z$	3	$2Z$	2
二相 Y 接	Z	1	Z	1	Z	1	Z	1
二相 d 接	$\sqrt{3}Z$	$\sqrt{3}$	$\sqrt{3}Z$	$\sqrt{3}$	$1Z$ （$2Z$）	1 2	Z	1

注 表中，Z 为含导线电阻及接触电阻在内的二次各相阻抗；表中纯数值表示 TA 二次负载的接线系数；表中括弧中的数值表示 TA 二次呈差接的两相一次系统短路。

5. P 级及 TP 级电流互感器

目前，用于 220～500kV 大型变压器及各种发电机保护的电流互感器，一般采用 P 级电流互感器或 TP 级电流互感器。

P 级电流互感器属于一般保护用的电流互感器，其暂态特性较差。电力系统发生短路故障时，暂态电流在互感器内也产生一个暂态过程，其非周期分量可能使铁芯饱和，电流互感器不能准确地传递一次电流，从而导致保护不正确动作。

另外，对于超高压电力系统，为了系统的稳定，需要快速切除故障。但是，由于超高压系统的时间常数较大，则 P 级电流互感器无法满足快速切除故障的要求。

TP 级电流互感器具有较好的暂态特性，受故障电流中非周期分量的影响较小，系统故障时，它能使主保护在故障后的暂态过程中动作，以保证快速切除故障。

TP 级电流互感器分为 4 个等级，即 TPS、TPX、TPY 及 TPZ。应当注意，某些 TP 级电流互感器，由于铁芯中的剩磁较大，故用于重合闸或启动失灵保护的电流元件是不适宜的。

6. 电流互感器的误差

（1）误差产生的原因。

在具有铁芯的电流互感器中，其一次磁势，除应保证建立必须的二次磁势之外，尚要补偿励磁等损耗的附加磁势。因此，电流互感器的磁势方程为

$$\dot{F}_1 = \dot{F}_2 + \dot{F}_M$$

式中 $\dot{F}_1$ ——电流互感器的一次磁势，AT；

$\dot{F}_2$ ——电流互感器的二次磁势，AT；

$\dot{F}_M$ ——电流互感器的励磁等磁势，AT。

设电流互感器的一次电流为 $\dot{I}_1$、一次匝数为 W_1、二次电流为 $\dot{I}_2$、二次匝数为 W_2 及励磁等综合电流为 $\dot{I}_M$，则

$$\dot{I}_1 W_1 = \dot{I}_2 W_2 + \dot{I}_M W_1$$

则 $\dot{I}_1 = \dot{I}_2 \dfrac{W_2}{W_2} + \dot{I}_M$

令 $\dot{I}_1' = \dot{I}_1 \dfrac{W_1}{W_2}$、$\dot{I}_M' = \dot{I}_M' \dfrac{W_1}{W_2}$

则 $\dot{I}_1' = \dot{I}_2 + \dot{I}_M'$

设 $\dot{I}_M'$ 中的有功分量等于零，以 $\dot{I}_2$ 为参考向量，则绘出的电流互感器各侧电流的向量关系如图 Z11G5002Ⅲ–2 所示。

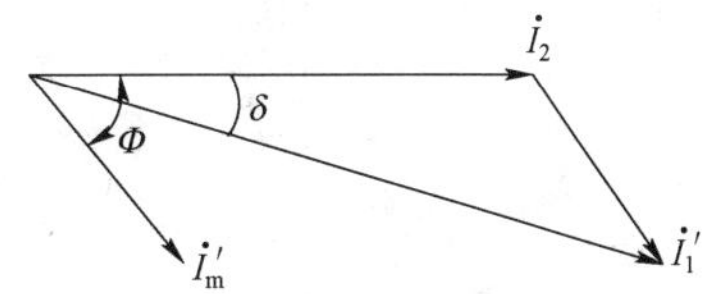

图 Z11G5002Ⅲ–2　电流互感器各侧电流向量图

在图 Z11G5002Ⅲ–2 中，Φ为电流 $\dot{I}_M'$ 与 $\dot{I}_2$ 之间的夹角；δ为电流 $\dot{I}_1'$ 与 $\dot{I}_2$ 之间的夹角。

由图 Z11G5002Ⅲ–2 可以看出，由于励磁电流 I_M 的存在，电流互感二次电流 $\dot{I}_2$ 与一次电流量值不同，相位也不同，因此，它并不能完全反映一次电流 $\dot{I}_1'$，即电流互感器存在测量误差，可知该测量误差有量值误差及相位误差两种。

（2）误差分析。

若将 $\dot{I}_2$ 与 $\dot{I}_1'$ 的量值误差称作变比误差，而将 $\dot{I}_2$ 与 $\dot{I}_1'$ 之间的夹角称之为相位误差，则变比误差

$$\Delta I = \frac{\dot{I}_1' - \dot{I}_2}{\dot{I}_1'} \times 100\%$$

由于角误差相对较小，故其值

$$\delta \approx \sin\delta = \frac{\dot{I}_M'}{\dot{I}_1'} \sin\Phi$$

由图 Z11G5002Ⅲ–2 可以看出，电流互感器的比误差及角误差，均是由于 $\dot{I}_M'$ 的存在造成的。当二次电流为纯电阻电流时（即电流互感器二次负载为纯电阻），Φ=90°，角误差最大。而当二次电流为纯电感电流时，δ=0，角误差等于零。

分析表明，影响 $\dot{I}_M'$ 的大小及与 $\dot{I}_2$ 之间相位的因素主要有：电流互感器铁芯材料及结构、二次负载、一次电流及一次电流的频率等。

1）铁芯材料及结构的影响。

电流互感器铁芯材料及结构直接影响铁芯中的各种损耗，因此它对励磁电流 $\dot{I}_M'$

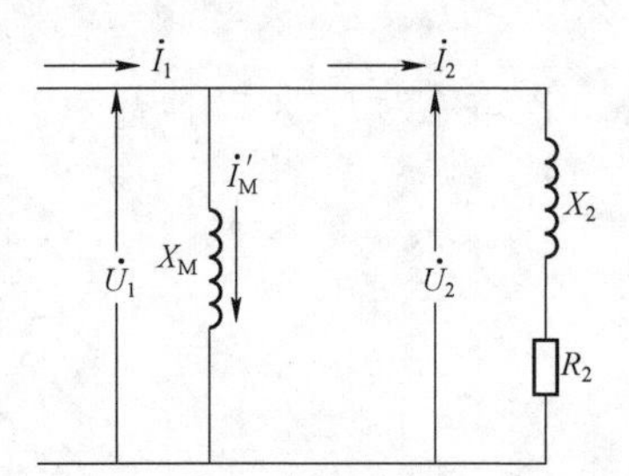

图 Z11G5002Ⅲ–3 电流互感器等值回路

的大小和相位均有影响，将直接影响变比误差和相角误差。

2）二次负载的影响。

若忽略一次漏抗和二次漏抗的影响，电流互感器的等值回路如图 Z11G5002Ⅲ–3 所示。

在图 Z11G5002Ⅲ–3 中，X_M 为电流互感器的励磁电抗；X_2、R_2 分别为电流互感器二次回路的电抗及电阻，Ω；$\dot{I}_M$ 为等效励磁电流，A；$\dot{U}_2$ 为二次负载两端电压，U。

由图 Z11G5002Ⅲ–3 得：

$$\dot{I}_M = \frac{\dot{U}_M}{X_M} = \frac{\dot{I}_2(R_2 + jXl2)}{jX_M} = K\dot{I}_2 e^{-jQ}$$

式中 K——系数，$K = \frac{\sqrt{R^2 + X_2^2}}{X_M}$；

Q——$\dot{I}_M$ 与 $\dot{I}_2$ 之间的夹角，$Q = \text{arctg}\frac{R_2}{X_M}$，弧度。

可以看出：当励磁阻抗不变时，X_2 及 R_2 越大，励磁电流 $\dot{I}'_M$ 值越大，电流互感器的比误差越大；而当二次负载 X_2 及 R_2 不变时，X_M 越小，电流互感器的比误差越大。

当电流互感器二次负载为纯电阻时（即二次电抗 $X_2 = 0$），R_2 增大，角误差增大，当 R_2=0 时（即二次负载为纯感性时），角误差等于零。即纯电阻负载时角误差最大，纯电感负载时，角误差等于零。

3）一次电流大小的影响。

当电流互感器的一次增大时，其二次电流也增大。当一次电流过大时，电流互感器的误差增大。当一次电流过小时，其误差也将增大。

电流互感器测量误差与一次电流倍数的关系曲线如图 Z11G5002Ⅲ–4 所示。

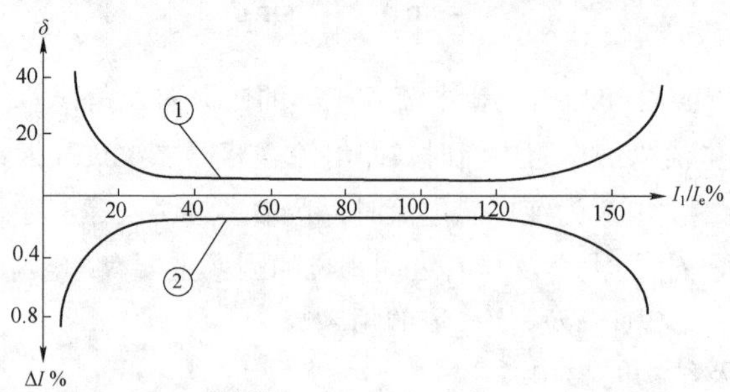

图 Z11G5002Ⅲ–4 电流互感器误差与一次电流关系

在图 Z11G5002Ⅲ–4 中，δ为角误差度；I_1/I_e%为电流互感器一次电流为额定电流的百分数；ΔI%为变比误差的百分数；

图中曲线①为角误差与一次电流的关系曲线；曲线②为变比误差与一次电流的关系曲线。

由图 Z11G5002Ⅲ–4 可以看出，当一次电流为 40%～120%的额定电流时，角误差及比误差最小。

4）一次电流频率的影响。

当电流互感器一次电流的频率变化时，将引起损耗发生变化，从而使测量误差发生变化。

（3）稳态误差和暂态误差。

1）稳态误差。

稳态误差，指电力系统正常工况下，电流互感器一次电流等于额值时的误差。

国内生产的各种型号保护用电流互感器的稳态误差如表 Z11G5002Ⅲ–2 所示。

表 Z11G5002Ⅲ–2　保护用电流互感器的稳态误差（极限值）

电流互感器级	额定一次电流时误差		
	比误差	角误差	
	±%	±（′）	±（crad）
5P	1	60	1.8
10P	3	—	—
TPX	0.5	30	0.9
TPY	1	60	1.8
TPZ	1	180±18	5.3±0.6

2）暂态误差。

在系统故障或故障切除后的暂态过程中，由于非周期分量电流的存在，将使电流互感器二次电流同一次电流之间的相位发生变化，使角误差增大；另外，由于直流分量的存在，使电流互感器的励磁阻抗减小，励磁电流增大，比误差增大。

暂态误差的大小，与互感器的级别、特性、二次负载及故障电流的大小均有关。

对于电力主设备纵差保护而言，在区外故障及区外故障切除后的暂态过程中，由于各侧电流互感器的型号不同、变比不同、二次负载不同，将使流进差动元件的各侧电流之间的相位、相对幅值发生较大的变化，从而在差回路产生较大的差流。

（4） 电流互感器的10%误差。

电流互感器的10%误差，主要指的是比误差。为了动作的可靠性，继电保护要求电流互感器的最大测量误差（包括暂态误差）不超过10%。所谓10%误差，是指将电流互感器的二次电流乘以变比，与一次电流之差占一次电流的百分数等于10%。

（5） 10%误差曲线。

电流互感器的比误差，决定于其励磁电流。由图 Z11G5002Ⅲ-5 可知，电流互感器的励磁电流与其二次电压有关。而二次电压又决定于二次电流及二次负载阻抗的乘积。因此，电流互感器的误差与其二次电流及二次负载阻抗均有关。当二次电流很大时、误差增大，二次负载阻抗增大，误差也增大。

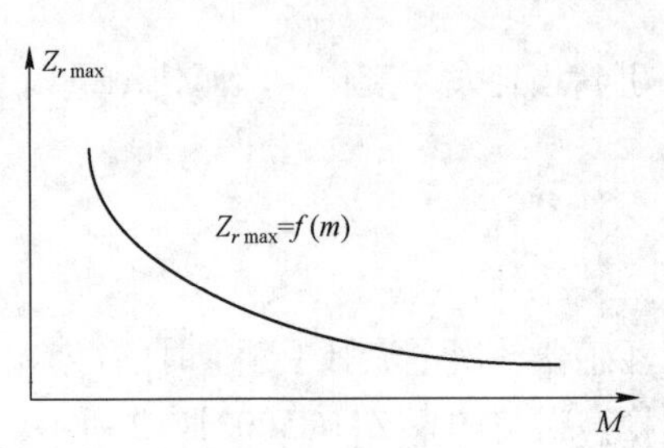

图 Z11G5002Ⅲ-5 电流互感器的10%误差曲线

所谓10%误差曲线是指，当电流互感器的比误差为10%时，其二次负载与二次电流倍数的关系曲线，即

$$Z_{r\max} = f(M)$$

式中 $Z_{r\max}$ ——电流互感器误差等于10%时其二次的最大负载阻抗，Ω；

M——额定电流倍数。

由于10%误差与电流互感器二次电压的某一值相对应，而该电压值又等于二次阻抗与二次电流的乘积，故10%误差曲线（即当 $Z_{r\max} \times M$ =常数时，$Z_{r\max}$ 与M的关系曲线为如图 Z11G5002Ⅲ-5 所示的反比例特性曲线。

根据电流互感器的10%误差曲线及系统故障时最大一次电流，可以确定满足10%误差时电流互感器二次允许的最大负载阻抗（其中包括电流互感器的直流电阻）。

（6） 电流互感器比误差的近似计算。

1） 计算条件。

为近似计算运行中的电流互感器可能出现的最大测量误差（比误差），首先要录制出其二次的V–A特性曲线，还要知道电流互感器的变比，系统故障时的最大一次电流，电流互感器二次接线方式及二次设备的阻抗（含导线电阻及接触电阻）等。

2） 计算实例。

一台呈Yn，d连接的大型变压器，其低压侧发生两相短路时，Y侧最大一相的短路电流为24 000A；Y侧电流互感器二次的接线方式为d，变比为1200/5、每相二次负载的阻抗（含连接导线电阻及接触电阻）为2Ω，电流互感器的内阻为0.4Ω/相，并且二次V–A特性曲线已知。计算故障时电流互感器的误差。

故障时，电流互感器二次的最大电流

$$I_{max}=\frac{24\,000}{1200/5}=100\text{A}$$

二次最大负载阻抗为

$$Z_{max}=3\times2+0.4=6.4\Omega$$

二次最大电压

$$U_{2max}=100\times6.4=640\text{V}$$

如果在二次 V–A 特性曲线上查得与 640V 相对应的电流等于 10A，则在故障时电流互感器实际二次电流将小于 100A，约等于 90A。最大误差近似等于 10%，实际小于 10%。

（7）电流互感器误差不满足要求时可采取的措施。

当电流互感器的误差不满足要求时，可以采取以下措施：

1）增大二次回路连接导线的截面，以减小二次回路总的负载电阻。

2）选择变比大的电流互感器，以降低二次电流，从而降低二次电压。

3）采用两个同容量、同变比的电流互感器串联使用，以增大输出容量。此时电流互感器的等值容量增大一倍，但变比不变。

4）采用饱和电流倍数高的电流互感器，其 V–A 特性曲线高，可以减小励磁电流 I_M。

另外，由于二次三相 d 联接的接线方式电流互感器二次负载阻抗远大于三相 Y 连接，因此，为减少电流互感器的误差，尽量不采用该连接方式。

7. 电流互感器的饱和

如果选型不当，或二次回路接入负载过大，在系统故障时，幅值很大。且含有非周期分量的故障电流，可能导致电流互感器励磁电流很大，甚至使其饱和。

（1）饱和电流互感器的特点。

当电流互感器饱和之后，将呈现以下特点：其内阻大大减小，极限情况下近似等于零；二次电流减小，且波形发生畸变，高次谐波分量很大；一次故障电流波形过零点附近，饱和电流互感器又能线性传递一次电流；一次系统故障瞬间，电流互感器不会马上饱和，通常滞后 3～4ms。

在国内生产的各种型号的微机母差保护及中阻抗型母差保护装置中，躲区外故障 TA 饱和的判据，正是利用上述特点之一来区分内部故障产生的差流还是外部故障 TA 饱和产生的差流的。

（2）饱和电流互感器一次电流、二次电流及铁芯中磁通的波形。

电流互感器是否饱和，对其一次电流没有影响，二次电流减小，二次电流及铁芯中磁通的波形均要发生畸变。

若忽略故障瞬间故障电流中的非周期分量，则铁芯严重饱和 TA 的一次电流，铁芯磁通及二次电流波形分别如图 Z11G5002Ⅲ-6 所示。

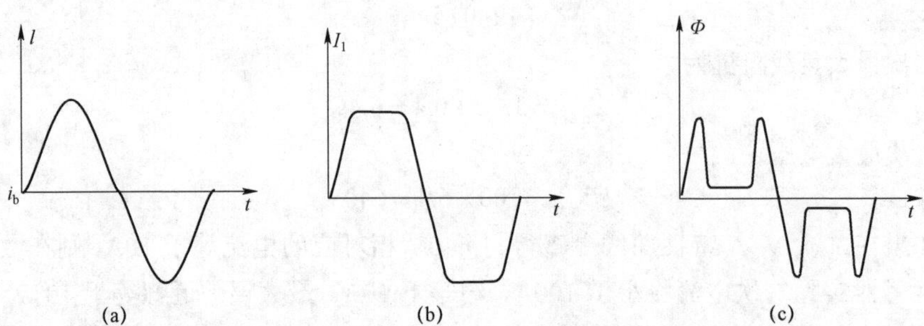

图 Z11G5002Ⅲ-6 严重饱和 TA 的一次、二次电流及磁通的波形

（a）一次电流；（b）铁芯磁通；（c）二次电流

由图 Z11G5002Ⅲ-6 可以看出，一次电流仍为正弦波时，而铁芯中的磁通为平顶波，二次电流波形呈间断波，二次电流大大减小。

8. 电流互感器的暂态特性

在电力系统发生短路故障或故障切除后的暂态过程中，电流互感器的工作状态将发生变化，即由一个工作状态向另外一个状态过渡。在该过渡过程中，电流互感器的二次电流不能完全反映一次系统的真实状态，这给继电保护正确的检测造成了困难，尤其是在超高压大容量的电力系统中，一次系统中的时间常数较大，使上述过渡过程持续的时间拖长。

为使在系统短路后的过渡过程中快速继电保护能正确判断故障点的位置及故障的性质，研究电流互感器对过渡过程的响应特性（即暂态特性）是必要的。

（1） 暂态过程中电流互感器回路的电流方程。

为简化分析，对研究的电流互感器及其等值回路做以下假设。

1） 电流互感器的铁芯不饱和，其一次匝数等于 1。

2） 忽略电流互感器的有效损耗，其励磁回路为纯电感。

3） 不计电流互感器一次绕组和二次绕组的漏抗。

根据上述假设，电流互感器的等值网路如图 Z11G5002Ⅲ-7 所示。

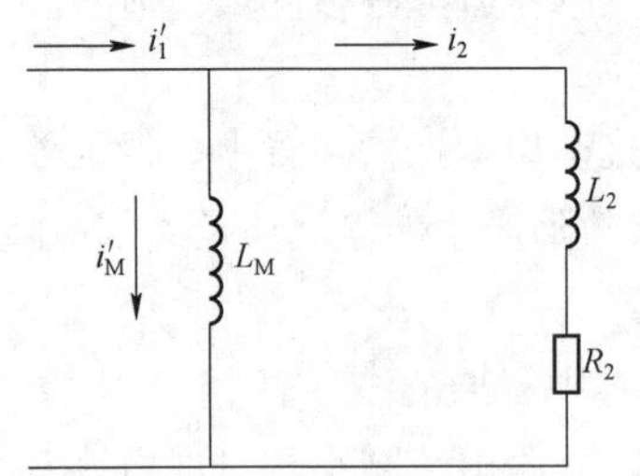

图 Z11G5002Ⅲ-7 电流互感器的等值网路

在图 Z11G5002Ⅲ-7 中：i_1' 为折算到二次的电流互感器一次电流，A；i_M' 为折算到二次

的电流互感器励磁电流，A；L_2 为电流互感器二次负载电感，H；L_M 为电流互感器励磁电感，H；R_2 为电流互感器二次负载电阻，Ω；i_2 为电流互感器二次电流，A。

根据图 Z11G5002Ⅲ–4 可列出电流互感器暂态过程中的微分方程

$$L_{\mathrm{M}}\frac{\mathrm{d}i'_{\mathrm{M}}}{\mathrm{d}t}=i_2R_2+L_2\frac{\mathrm{d}i_2}{\mathrm{d}t}$$

$$i_2+i'_{\mathrm{M}}=i'_1$$

在电力系统短路或故障切除瞬间，考虑到非周期分量电流的存在，则

$$i'_1=i'_m=\cos\omega t-i'_{1m}e^{-\frac{t}{T_1}}$$

式中　i'_{1m} ——折算到二次电流互感器一次电流的幅值，A；

T_1 ——一次系统的时间常数，s，它等于短路电流流过的电阻 R_1 与电感 L_1 之比，即 $T_1=\frac{L_1}{R_1}$。

令电流互感器的二次回路时间常数 $T_2=\frac{L_2+L_{\mathrm{M}}}{R}\approx\frac{L_{\mathrm{M}}}{R}$，二次负载的时间常数 $T_{L2}=\frac{L_2}{R_2}$ 则：

$$T_2\frac{\mathrm{d}i'_{\mathrm{M}}}{\mathrm{d}t}=i_2+T_{L2}\frac{\mathrm{d}i_2}{\mathrm{d}t}$$

（2）电流互感器的励磁电流。

消去 i_2 后，可得

$$(T_2+T_{L2})\frac{\mathrm{d}i'_{\mathrm{M}}}{\mathrm{d}t}+i'_{\mathrm{M}}=I'_{1m}\cos\omega t-I'_{1m}e^{-\frac{t}{T_1}}-\omega T_{L2}I'_{1m}S_m\omega t+\frac{T_{L2}}{T_1}I'_{1m}e^{-\frac{t}{T_1}}$$

为简化求解，设电流互感器二次负载为纯电阻，$T_{L2}\approx 0$，则

$$T_2\frac{\mathrm{d}i'_{\mathrm{M}}}{\mathrm{d}t}+i'_{\mathrm{M}}=I'_{1m}\cos\omega t-I'_{1m}e^{-\frac{t}{T_1}}$$

求解可得

$$i'_{\mathrm{M}}=I'_{1m}\cos\delta\cos(\omega t-\delta)+\frac{T_1}{T_2-T_1}I'_{1m}e^{-\frac{t}{T_1}}-\frac{T_1}{T_2-T_1}I'_{1m}e^{-\frac{t}{T_2}}$$

式中　$\delta=\mathrm{arctg}\omega T_2$。

上式中的第一项为强迫分量，即暂态过程后的稳态分量，其他两项为衰减的自由分量。强迫分量的大小与励磁电感 L_{M} 及二次负载电阻 R_2 有关，而自由分量的大小及衰减时间除与电流互感器回路的时间常数有关之外，尚与一次回路的时间常数

有关。

（3）电流互感器的二次电流。

消去i'_{M}，可得

$$(T_2+T_{L2})\frac{\mathrm{d}i_2}{\mathrm{d}t}+i_2=\omega T_2 I'_{1m}\cos\omega t+\frac{T_2}{T_1}I'_{1m}e^{-\frac{t}{T_1}}$$

设二次负载为纯电阻。求解得：

$$i_2=I'_{1m}\sin\delta\sin(\omega t-\delta)+\frac{T_2}{T_2-T_1}I'_{1m}e^{-\frac{t}{T_1}}-\left(I'_{1m}\cos^2\delta+\frac{T_1}{T_2-T_1}I'_{1m}e^{-\frac{t}{T_2}}\right)$$

由上式可知：在暂态过程中，电流互感器的二次电流由强迫分量及衰减的自由分量组成。各自由分量的大小及衰减时间，除与电流互感器回路的时间常数有关之外，尚与一次系统的时间常数有关。

（4）减小暂态过程中测量误差的措施。

电流互感器的测量误差，主要是由于励磁电流i'_{M}的存在造成的。在暂态过程中，当电流互感器的铁芯不饱和时，i'_{M}的最大值约为稳态值的10倍以上。当铁芯饱和时，i'_{M}将更大。因此，在暂态过程中，电流互感器的测量误差将相当大。

当电流互感器结构一定时，致使i'_{M}增大的原因主要是铁芯中的磁通密度的增大。因此，减小暂态过程中电流互感器i'_{M}的主要途径，是减小该过程中的磁通密度。为此，可采取以下措施：

1）选择电流互感器时，可适当增大一次额定电流的值。

2）尽量减小电流互感器的二次负载。

3）采用带小气隙的电流互感器，减少时间常数T_2（因为L_2减小了），从而使暂态的i'_{M}值减小。

另外，为使保护不受电流互感器暂态过程的影响，应尽量缩短保护的动作时间，即采用快速动作的保护装置。

9. 电流互感器的其他问题

（1）二次回路的接地。

电流互感器二次回路必须接地，目的是为了确保安全。否则，当电流互感器一次与二次之间的绝缘破坏时，一次回路的高电压直接加到二次回路中，损坏二次设备及危及人身的安全。

电流互感器二次回路只能有一个接地点，决不允许多点接地。

当二次回路只有一组Y型连接的电流互感器供电时，该接地点应在电流互感器出口的端子箱内，在二次绕组呈Y型连接的电流互感器中性线接地。对于有几组电流互

感器互相连接供电的二次回路（例如主设备纵差保护的各侧电流互感器），也只能有一个接地点，该接地点应在保护盘（柜）上。

运行时，不允许拆除电流互感器二次回路中的接地点。

（2） 二次回路中串接辅助电流互感器问题。

在实际应用中，若电流互感器选择的变比过大或过小，将使正常工况下其输出电流不能满足二次设备（例如保护装置）的工作要求。此时，通常需在电流互感器的二次接一组中间辅助电流互感器，将电流互感器的二次电流经辅助电流互感器变换成二次设备所要求的电流值范围。例如，母差保护几组电流互感器变比不相同，需增加辅助电流互感器使各电流互感器的综合变比一致。

应当指出，电流互感器二次接入的辅助电流互感器，决不能是升流器。如果是升流器，其输入阻抗将很大（与变比的平方成正比），将使电流互感器二次负载阻抗很大。使其变换误差增大，还可能使其饱和。

（3） 电流互感器二次回路的切换。

为了满足一次运行方式的需要，需要对电流互感器的二次回路进行切换。例如，用旁路断路器代替主变压器高压侧断路器运行时，需将旁路电流互感器切换至主变压器纵差保护或将主变压器纵差保护电流回路由独立电流互感器的二次切换至主变压器套管电流互感器的二次。

当有对电流互感器二次回路进行切换的运行方式时，需在保护盘上设置有大电流切换端子。

在进行切换时应注意：① 作好确保安全的各种措施，严防 TA 二次回路开路；② 当电流互感器二次呈 Y 型连接时，其二次回路的中性线（零线）也应随之切换，否则可能致使二次回路多点接地或开路运行。

（4） 电流互感器的准确度等级表示。

电流互感器的误差与短路电流的倍数有关，故一般用εPM 表示其准确度（ε为准确度等级；M 表示保证准确度时允许最大短路电流倍数；P 表示 P 级电流互感器）。例如 5P10 的含义是：在 10 倍的电流互感器额定电流的短路电流下，其误差不大于 5%。

10. 光电式电流互感器

随着电力系统容量的增大，短路故障时短路电流的最大值可达数万安。

电磁型电力互感器的主要缺点是：大电流时容易饱和，暂态特性差。

光电式电流互感器没有上述缺点。

光电式电流互感器的构成原理是：将主设备一次电流转换成光信号（光信号的强弱与一次电流的大小成比例），并通过通道传递至继电保护装置或测量仪表的安装处。然后，再将光信号转变成电信号，供测量仪表或继电保护采用。

11. 保护用电流互感器的安装位置

为确保电力系统运行的稳定性及电力主设备的安全，当系统或主设备出口发生短路故障时，继电保护应迅速动作切除故障。为此，各相邻电力设备的主保护之间应有重叠保护区。

另外，对于发电机的后备保护，应在发电机各种运行工况下均能起到后备保护的作用；对反应发电机内部故障的功率方向保护（例如负序功率方向保护），只有在发电机内部故障时才起保护作用。

为达到上述目的，正确地选择各保护用电流互感器的安装位置，是非常必要的。

（1） 母差保护用电流互感器的安装位置。

母差保护装置各侧的输入电流，分别取自母线上各出线单元（线路或变压器等）电流互感器的二次。为使母差保护与线路保护及主变压器的差动保护之间具有重叠的保护区，母差保护用电流互感器的安装，应尽量在各出线单元上远离母线，而使线路保护用电流互感器及主变压器差动保护电流互感器的安装位置尽量靠近母线。即使各出线单电流互感器的安装位置在母差保护电流互感器之内（即前者距母线近）。

（2） 主变压器差动电流互感器及发电机差动电流互感器的安装位置。

为使主变压器纵差保护与发电机纵差保护之间具有保护重叠区，主变压器差动保护用发电机侧电流互感器的安装位置应尽量靠近发电机，而发电机差动保护用主变压器侧电流互感器的安装位置，应尽量靠近主变压器。

（3） 发电机短路故障后备保护用电流互感器的安装位置。

发电机短路故障后备保护用电流互感器的安装位置，应在发电机的中性点，当发电机并网之前或解列之后发电机电压系统内故障时，能起后备保护作用。

（4） 发电机内部故障方向保护用电流互感器的安装位置。

发电机内部故障方向保护（例如负序功率方向保护及发电机低阻抗保护）用电流互感器，应安装在发电机端。这样，才能保护区外故障时不误动。

220kV变电所电流互感器典型配置方式如图Z11G5002Ⅲ-8所示。

二、电压互感器原理及二次回路接线

电压互感器的作用是将电力系统一次的高电压转换成与其成比例的低电压，输入到继电保护、自动装置和测量仪表中。

1. 构成及工作特点

（1） 一次匝数多二次匝数少。

电磁型电压互感器，像一个容量很小的降压变压器，其一次匝数有数千匝，二次匝数只有几百匝。

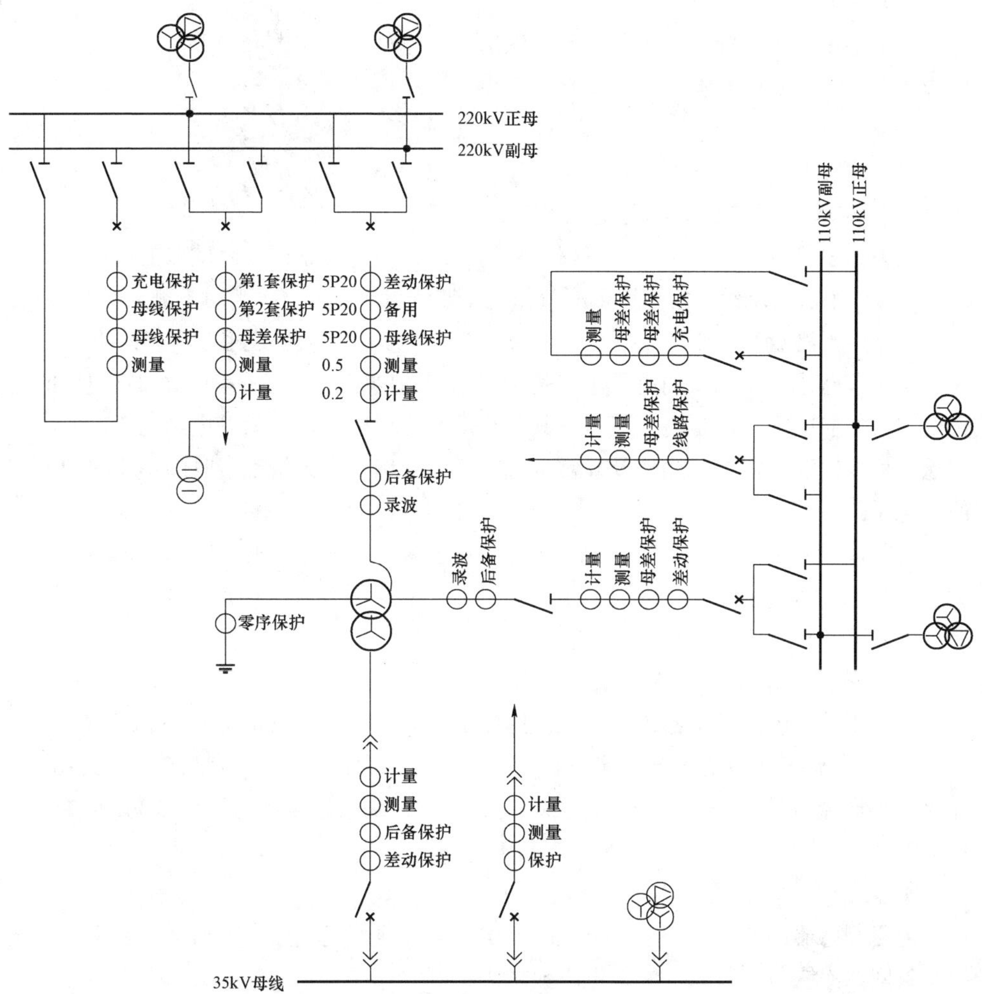

图 Z11G5002Ⅲ-8　220kV 变电所电流互感器典型配置方式

（2） 正常运行时磁通密度高。

电压互感器正常运行时的磁通密度接近饱和值，且一次电压越高，磁通密度越大；系统短路故障时，一次电压大幅度下降，其磁通密度也降低。

（3） 低内阻定压源。

电压互感器的二次负载阻抗可很大。因此，从二次侧看进去，其内阻很小。另外，由于二次负载阻抗很大，其二次输出电流就很小，在二次绕组上的压降相对很小，输出电压与其内阻关系不大，故可看作为定压源。

（4） 二次回路不得短路。

由于电压互感器的内阻很小，当二次出口短路时，二次电流将很大，若没有保护措施，将会烧坏电压互感器。

2. 额定参数

（1） 额定电压。

1）一次（一次绕组）额定电压。

在电力系统中应用的电压互感器，多为三绕组电压互感器。匝数多的绕组为一次绕组。有二个次级绕组，其一用于测量相电压或线电压，另一绕组用于测量零序电压。通常，将用于测量相电压或线间电压的绕组叫二次绕组，另一绕组叫三次绕组。

电压互感器一次输入的电压，就是所接电网的电压。因此，其一次额定电压的选择值应与相应电网的额定电压相符，其绝缘水平应保证能长期承受电网电压，并能短时承受可能出现的雷电、操作及异常运行方式下（例如失去接地点时的单相接地）下的过电压。

目前，国内生产并投入电网运行的电压互感器一次额定电压，有 6、10、15、20、35、110、220、330 及 500kV（分别除以 $\sqrt{3}$ ）等 9 个类别。现在又增加了 750kV、1000kV 两种。

2） 二次（二次绕组）及三次（三次绕组）额定电压。

保护用单相电压互感器二次及三次的额定电压，通常有 100V、57.5V、100/3V 三种。用于大电流接地系统的电压互感器，其二次、三次额定电压值分别为 57.7V 及 100V，而用于小电流接地系统的电压互感器，其二次、三次额定电压值则分别为 57.7V 及 100/3V。

① 电压互感器的变比。

电压互感器的变比，等于其一次额定电压与二次额定电压的比值，也等于一次绕组匝数同二次绕组匝数或三次绕组匝数之比。

用于大电流接地系统电压互感器与用于小电流接地系统的电压互感器的变比不同。前者的变比为 $\frac{U_N}{\sqrt{3}}\Big/\frac{0.1\text{kV}}{\sqrt{3}}\Big/0.1\text{kV}$；而后者的变比则为 $\frac{U_N}{\sqrt{3}}\Big/\frac{0.1\text{kV}}{\sqrt{3}}\Big/\frac{0.1\text{kV}}{3}$（$U_N$ 为一次系统的额定电压，相间电压）。

接于发电机中性点的电压互感器可只用两卷（即只有一组二次线圈）电压互感器，其变比最好是 $\frac{U_e}{\sqrt{3}}\Big/0.1\text{kV}$，也有取 $U_e/0.1\text{kV}$ 的。

② 额定容量及极限容量。

电压互感器的额定容量，指其二次负载功率因数为 0.8 并能确保其电压变换精度（幅值精度、相位精度）时互感器的最大输出容量。

极限容量的含义是：当一次电压为 1.2 的额定电压时，在其各部位的温升不超过规定值情况下，二次能连续输出的功率值。

电压互感器的精确度，实际是电压互感器的误差。电压互感器的误差有比误差和角误差两种。

电压互感器的比误差为

$$\varepsilon_v\% = \frac{K_N U_2 - U_1}{U_2} \times 100\%$$

式中 $\varepsilon_v\%$——比误差的百分数；

K_N——额定变比；

U_1——外加一次电压，V；

U_2——与 U_1 相对应的二次输出电压，V。

电压互感器的角误差，是指一次电压与二次电压之间的相位差，其单位可用（′）或 crad 来表示。

保护用电压互感器通常采用准确度级为 3P 和 6P 两个等级。其在 2%额定电压下的极限误差限值列于表 Z11G5002Ⅲ–3。

表 Z11G5002Ⅲ–3　　保护用电压互感器误差限值

准确度级	电压误差（±%）	相位误差	
		（′）	crad
3P	3.0	120	3.5
6P	6.0	240	7.0

3. 电压互感器的类型

常用电压互感器的类型有电磁式电压互感器、电容电压抽取式电压互感器两类。

电磁式电压互感器的优点是结构简单、暂态特性好。其缺点是易产生铁磁谐振，致使一次系统过电压；另外，容易饱和，造成测量不准确及过热损坏。

电容式电压互感器（即电容电压抽取式电压互感器）的优点是没有铁磁谐振问题。其稳态工作特性与电磁式电压互感器基本相同，但暂态特性较差，当系统发生短路故障时，该电压互感器的暂态过程持续时间比较长，影响快速保护的工作精度。

4. 电压互感器二次回路的接线方式及电压向量图

根据用途不同及一次系统的接线方式不同，采用的电压互感器有单相互感器和三相互感器。三相电压互感器又分三相五标式电压及由三个单相互感器构成的三相互感器组。

（1）二次及三次回路接线方式。

电力系统中常用的三相电压互感器二次回路的接线方式，如图 Z11G5002Ⅲ-9 所示。

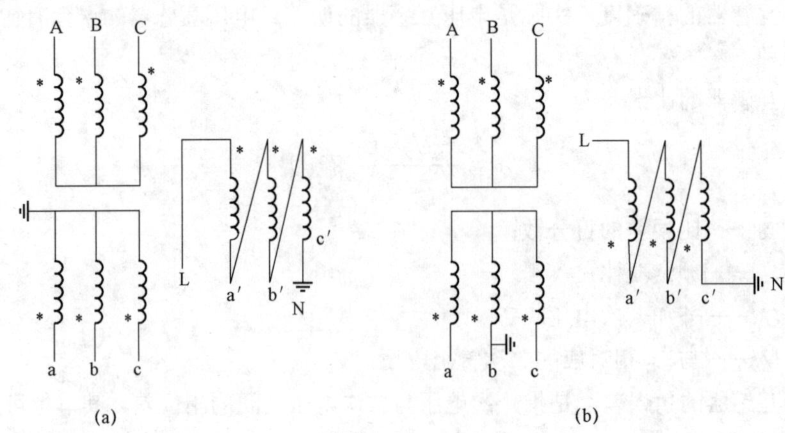

图 Z11G5002Ⅲ-9 常用的三相电压互感器二次及三次回路接线方式

（a）二次中性点接地方式；（b）二次 b 相接地方式

图中 A、B、C 分别为电压互感器一次的三相输入端子；a、b、c 分别为电压互感器二次三相输出端子；a′、b′、c′分别为电压互感器三次三相绕组的输出端子；L、N 为电压互感器三次输出端子。

图 Z11G5002Ⅲ-9（a）与图 Z11G5002Ⅲ-9（b）的区别是前者代表二次中性点接地方式，而后者代表二次 b 相接地方式。另外，两者三次绕组相对二次绕组所标示的极性不同。

（2）电压向量图。

在正常工况下，三相电压互感器二次电压与三次电压之间的向量关系如图 Z11G5002Ⅲ-10 所示。其中，图 Z11G5002Ⅲ-10（a）为与图 Z11G5002Ⅲ-9（a）相对应的向量图；而图 Z11G5002Ⅲ-10（b）为与图 Z11G5002Ⅲ-9（b）相对应用题的向量图。

在图 Z11G5002Ⅲ-10 中，$\dot{U}_a$、$\dot{U}_b$、$\dot{U}_c$ 分别为电压互感器二次三相电压，V；$\dot{U}'_a$、$\dot{U}'_b$、$\dot{U}'_c$ 分别为电压互感器三次三相电压，V。

（3）各输出端间电压的计算。

在模拟式保护装置中，为判断零序方向过电流保护中零序方向元件动作方向的正确性，必须首先校验电压互感器二次与三次绕组之间的相对极性及三相接线组别的正确性。为校核三相电压互感器的二次与三次之间的相对极性及接线组别的正确性，需要在运行中测量各输出端子之间的电压值。为此，需要首先计算出某种接线、接地方式下各端子之间的电压，然后与测量结果数值相比较，从而判断出接线组别及极性的正确性。

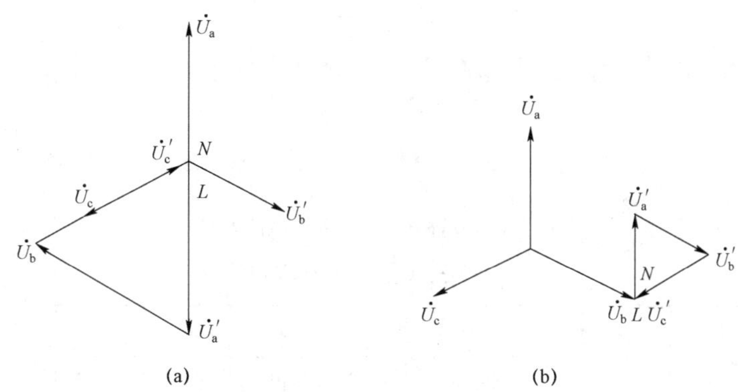

图 Z11G5002Ⅲ-10　三相电压互感器二次、三次电压向量图

（a）大电流系统中用电压互感器的向量关系图；（b）小电流系统中用电压互感器的向量关系图

1）用于大电流系统二次中性点接地的三相电压互感器各输出端之间的电压。

设该三相电压互感器二次及三次接线方式及相对极性同图 Z11G5002Ⅲ-9（a），且在正常工况下，三相一次电压对称并等于额定电压。则二次三相相电压$U_a = U_b = U_c = 57.7V$，二次三相相间电压$U_{ab} = U_{bc} = U_{ca} = 100V$；三次三相电压$U_{a'L} = U_{b'a'} = U_{b'N} = 100V$；开口三角形输出电压$U_{LN} \approx 0$。

由图 Z11G5002Ⅲ-10（a）可以看出：二次 a 相输出端子 a 与三次 a′相绕组端子 a′之间的电压为

$$U_{aa'} = 100 + 57.7 = 157.7V$$

二次 c 相输出端子与三次 c′相绕组端子 c′之间电压

$$U_{cc'} = 57.7V$$

而二次 b 相输出端子与三次 b′相绕组端 b′之间的电压

$$U_{bb'} = \sqrt{100^2 + 57.7^2 - 2 \times 100 \times 57.7 \times \cos 120^\circ} = 127.3V$$

2）用于小电流系统且二次 b 相接地的三相电压互感器各端子之间电压。

设三相电压互感器二次及三次接线方式及相对极性同图 Z11G5002Ⅲ-9（b），且在正常工况下三相一次电压对称并等于额定电压。则二次三相相间电压$U_{ab} = U_{bc} = U_{ca} = 100V$，三次三相相电压为$U_{La'} = U_{a'b'} = U_{b'N} = 33.3V$，开口三角形输出电压$U_{LN} \approx 0$。

由图 Z11G5002Ⅲ-10（b）可以看出，二次 a 相输出端子与三次 a′相输出端子 a′之间电压

$$U_{aa'} = \sqrt{33^2 + 100^2 - 2 \times 100 \times 33.7 \times \cos 30^\circ} = 73.4V$$

二次 c 相输出端子与三次 c′相输出端子次 c′之间电压

$$U_{cc'}=100\text{V}$$

二次 b 相输出端子与三次 b′相输出端子 b′之间电压

$$U_{bb'}=33.3\text{V}$$

将以上计算结果分别列到表 Z11G5002Ⅲ–3 及表 Z11G5002Ⅲ–4。

表 Z11G5002Ⅲ–3　　图 Z11G5002Ⅲ–9（a）所示电压互感器二次、三次各端子之间电压

项目	U_a	U_b	U_c	$U_{a'L}$	$U_{b'a'}$	$U_{b'N}$	U_{LN}	$U_{aa'}$	$U_{bb'}$	$U_{cc'}$
电压值（V）	57.7	57.7	57.7	100	100	100	0	157.7	127.3	57.7

表 Z11G5002Ⅲ–4　　图 Z11G5002Ⅲ–9（b）所示电压互感器二次、三次各端子之间电压

项目	U_{ab}	U_{bc}	U_{ca}	$U_{a'L}$	$U_{a'b'}$	$U_{b'N}$	$U_{aa'}$	$U_{bb'}$	$U_{cc'}$
电压值（V）	100	100	100	33.3	33.3	33.3	73.4	100	33.3

在实际运行时，若在电压互感器端子箱中对各电压端子之间测量电压得到的结果同表 Z11G5002Ⅲ–3 或表 Z11G5002Ⅲ–4 中所列数据，则说明该互感器的接线方式及相对极性同图 Z11G5002Ⅲ–9（a）或图 2Z11G5002Ⅲ–9（b）。

5. 熔断器及快速开关

电压互感器为定压源，其内阻小。因此，当电压互感器二次发生短路时，将产生很大的短路电流。此时，若无法快速切除故障，将烧坏电压互感器。

为快速切除电压互感器二次短路故障，应在其二次输出加装快速熔断器或快速开关。

另外，在发电厂，对于某些电压等级较低的电压互感器（例如发电机机端的电压互感器），为防止因各种原因损坏电压互感器，在其一次输入端设置快速高压熔断器。

（1） 熔断器（低压熔断器）及快速开关的设置原则。

应按下述原则设置快速开关或熔断器：

1） 自动励磁调节器及强行励磁装置用电压互感器的二次回路中不能设置熔断器；发电机中性点电压互感器（通常用于接地保护）二次不应设置熔断器；三相电压互感器的三次输出端（包括开口三角形两端）及在三次回路中不应设置熔断器。

2） 熔断器或快速开关设置在电压互感器二次输出端（通常在电压互感器端子箱处内）。

3）在三相电压互感器二次的零线回路上，一般不设置熔断器或快速开关；二次 B 相接地时，该相的熔断器或快速开关应设置在互感器出口与接地点之间。

4）若因熔断器熔断特性不良（过渡过程长）而会造成保护或自动装置不正确动作及工作时，宜采用快速开关取代熔断器。

5）在测量仪表或变送器的输入回路中应设置分熔断器。

（2）熔断器或快速开关容量的选择。

熔断器的容量选择，实际上是选择熔断器熔断丝的额定电流。该电流应大于可能最大的负荷电流，即

$$I_N = K_{rel} I_{max}$$

式中 I_N ——熔断器熔断丝的额定电流，A；

I_{max} ——电压互感器二次的最大负荷电流，A；

K_{rel} ——可靠系数，通常取 1.5。

（3）熔断器熔断或快速开关断开对保护装置的影响及对策。

对于其工况反应电压互感器二次或三次电压的保护（例如低阻抗保护、过电压或过励磁保护等），当互感器熔断器一相或二相熔断或快速开关跳开时，可能使保护装置误动或拒动。熔断器熔断或快速开关断开，相当于 TV 一相或三相断线，直接影响有关保护的输入电压。

1）电压互感器回路断线可能造成误动的保护。

当电压互感器二次回路熔断器熔断或快速开关跳开时，可能造成误动的保护有低阻抗保护、发电机失磁保护、低压闭锁或复合电压闭锁过电流保护及自产零序电压的零序方向过电流保护、功率方向保护等。

当电压互感器一次熔断器一相熔断时，可能使小电流系统接地保护（含发电机定子接地保护）、发电机定子匝间保护及功率方向保护等不正确动作。

2）电压互感器回路断线可能造成拒动的保护。

电压互感器熔断器熔断或快速开关跳开可能导致以下保护拒动：过电压保护及过励磁保护、功率方向保护（三相断线）等。

3）设置电压互感器断线闭锁装置。

为防止电压互感器断线运行导致保护装置误动，应设置电压互感断线闭锁元件，当熔断器熔断或快速开关断开时，快速将失压后易误动的保护出口闭锁，同时延时发出“TV 断线”信号。

6. 电压互感器二次回路的切换

对于主接线为双母线的发电厂或变电站，每条母线上接有一组电压互感器。正常运行时，两组电压互感器同时运行，分别为所在母线各出线单元的保护装置、测量仪

表及自动装置提供电压信号输入。

当一台电压互感器退出运行时，该电压互感器所在母线各出线单元保护装置、测量仪表及自动装置的所需电压信号，需由另一台电压互感器供给。因此，需要电压互感器的二次回路进行切换。

另外，当出线单由一条母线切换到另一条母线上运行时，其继电保护及自动装置的接入电压，也随着进行切换。

（1） 切换回路。

目前，对于电压互感器二次回路的切换，通常采用按单元随隔离开关位置变化而改变输入电压回路的切换方式。如图 Z11G5002Ⅲ-11 所示。

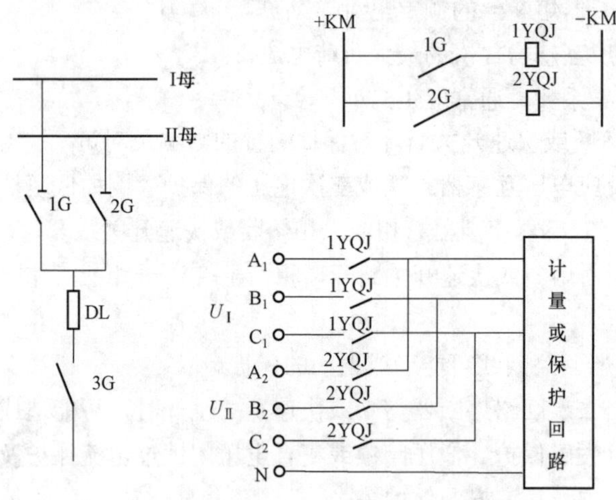

图 Z11G5002Ⅲ-11 电压感器二次切换回路

图中 1G、2G 分别为接不同母线的隔离开关辅助接点；1YQJ、2YQJ 为切换继电器；+KM、-KM 分别为直流电源的正、负母线；U_{I}为Ⅰ母电压互感器二次三相电压；A_1、B_1、C_1为Ⅰ母电压互感器二次三相输出端子；A_2、B_2、C_2为Ⅱ母电压互感器二次三相输出端子；U_{II}为Ⅱ母电压互感器二次三相电压。

图 Z11G5002Ⅲ-11 表示运行方式变化时电压互感器二次电压自动切换的回路。当出线单元运行至Ⅰ母时，隔离开关辅助接点 1G 导通，1YQJ 动作，其常开接点闭合。接入测量仪表或保护装置的输入电压为Ⅰ母电压互感器二次电压。而当运行方式改接到Ⅱ母上时，则计量仪表或自动装置的接入电压便改为Ⅱ母电压互感器二次电压。

（2） 对二次回路电压切换的要求。

用隔离开关辅助接点控制切换继电器时，该继电器应有一对常开接点，用于信号监视。不得在运行中维护隔离开关辅助接点。此外，对切换提出如下要求：

1）应确保切换过程中不会出现由电压互感器二次向一次反充电。

2）在切换之前，应退出在切换过程中可能误动的保护，或在切换的同时断开可能误动保护的正电源。

3）进行手动切换时，应根据专用的运行规程，由运行人员进行切换。

4）当将双母线或单母线分段的一组电压互感器退出运行切换为由另一组电压互感器供电时，需先将要退出的电压互感器输出拉开，再合上另一组电压互感器的输出。

7. 电容式电压互感器

电容式电压互感器，又称电容式电压抽取装置，其构成原理接线如图Z11G5002Ⅲ-12所示。

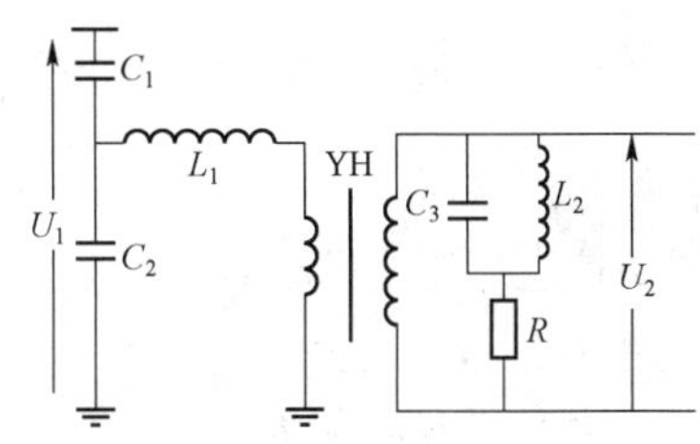

图 Z11G5002Ⅲ-12　电容式电压互感器原理接线图

在图Z11G5002Ⅲ-12中，C_1、C_2为电压电容组；L_1为调谐电感；YH为中间电压互感器；电容C_3、电感L_2与电阻R构成串联阻尼器。

电容器组C_1、C_2串联构成电容电压抽取装置，电容器C_2上的电压U_{C2}为抽取电压，其值

$$U_{C2}=\frac{C_1+C_2}{C_2}U_1$$

式中　U_1——电力系统一次对地电压（相电压），V。

设中间电压互感YH的变比为n，则电容式电压互感器二次电压为

$$U_2=\frac{C_1+C_2}{nC_2}U_1$$

采用电容式电压互感器的好处是价格低廉，其缺点是频率变化时使测量误差增大。另外，当一次系统发生短路故障时，由于电容器为储能元件，其上的电压不能跃变，故电压互感器的输出电压不会立即降下来。

图Z11G5002Ⅲ-13表示动模及数模一次电压下降到零时，电容式电压互感器二次电压的变化状况。

在图Z11G5002Ⅲ-13中，一次电压指图Z11G5002Ⅲ-12中的U_{C2}，而二次电压是互感器的输出电压。

在稳态工况下，电容式电压互感器的工作特性与电磁式电压互感器基本相同，但在系统发生短路故障而使电压突变时，电容式电压互感器的暂态过程比电磁式电压互感器要长得多，这对动作时间小于40ms的快速保护是不利的。

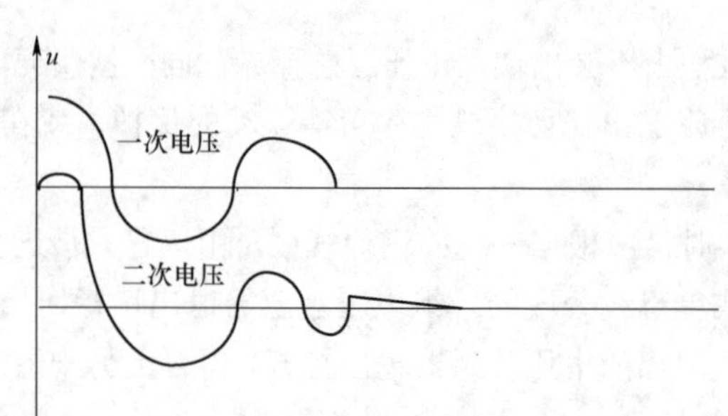

图 Z11G5002Ⅲ-13 一次系统接地短路时电容式电压互感器电压变化曲线

改善电容式电压互感器暂态响应的途径是取消内部的调谐回路、增设快速反应回路或设置快速进行储能释放的回路。

8. 电压互感器的其他问题

（1）二次回路接地问题。

电压互感器二次及三次回路必须各有一个接地点，为保安接地。若没有接地点，当电压互感器一次对二次或三次之间的绝缘损坏时，一次的高电压将串至二次或三次回路中，危及人身及二次设备的安全。

目前，在电力系统中应用的三相式电压互感器，其二次回路中的接地方式有中性点接地和 B 相接地两种。在过去设计的发电厂中，为了同期并车的需要，电压互感器二次多采用 B 相接地方式。

除了使发电机并网回路简单之外，在小电流系统中采用 B 相接地的优点是便于采用两个单相电压互感器构成 V–V 接线取到三相电压，可省一个单相互感器的投资。采用 B 相接地的缺点是：① 无法方便地测量相电压；② 当接于中性点的击穿保险被击穿时，容易产生二次绕组的短路并损坏电压互感器。

三相电压互感器二次中性点的接地方式，能方便地获得相电压和相间电压，且有利于继电保护的安全运行。

电压互感器二次回路只允许有一个接地点。若有二个或多个接地点，当电力系统发生接地故障时，各个接地点之间的地电位相差很大，该电位差将叠加在电压互感器二次或三次回路上，从而使电压互感器二次或三次电压的大小及相位发生变化，进而造成阻抗保护或方向保护误动或拒动。

经控制室零线小母线（N600）联通的几组电压互感器二次回路，只应在控制室内将 N600 一点接地。否则，由于各组电压互感器二次回路均有接地点，将不可避免地出现多点接地现象，从而造成地电位加在二次回路中，使保护不正确动作。

当保护引入发电机中性点电压互感器二次电压时，该电压互感器二次回路中的接地点应在保护盘（柜）上。保护用电压互感器三次回路的接地点也宜在保护盘上。

（2）二次回路与三次回路的分开。

对于二次中性点接地的三相电压互感器，当需要将二次三相电压及三次开口三角电压同时引至控制室或保护装置时，不能将由互感器端子箱引出二次回路的四根线（即A、B、C、N四根线）中的N线与三次回路的零线N合用一根线使用。否则，三次回路中的电流将在公用N线上产生压降，致使自产式零序方向保护拒动或误动。

（3）在电压互感器二次回路工作时注意事项。

在带电的电压互感器二次回路上工作时，应注意以下事项：

1）严防电压互感器二次接地或相间短路，为此，应使绝缘工具，戴手套。

2）防止继电保护不正确动作，必要时，先退出容易不正确动作的有关保护。

3）需接临时负载时，必须设置专用刀闸及熔断器。

4）当在不带电压互感器二次回路中进行通电试验时，应严防由二次向一次反充电。为此，应首先做好以下措施：① 使试验电源与电压互感器二次绕组隔离，在互感器端子箱内将至电压互感器的连线断开；② 取下电压互感器的一次保险，或拉开隔离开关；③ 外加电源应采取隔离措施，以防短路。

模块3　操作回路的基本原理（Z11G5003Ⅲ）

【模块描述】本模块包含了操作回路的基本原理，通过对操作回路组成、要求、注意事项讲解，掌握操作回路的基本原理。

【模块内容】

1. 对断路器控制回路的基本要求

断路器的控制回路应满足以下要求：

（1）能进行手动跳合闸和由保护及自动装置的跳合闸，且在跳、合闸动作完成之后能自动断开跳、合闸回路。

（2）应有断路器位置状态（在合位还是在分位）指示信号及自动跳、合闸信号。

（3）能监视直流电源及下次操作时（在合位时，下次操作是跳闸，而在跳位时，下次操作是合闸）对应回路的完好性。

（4）具有防止断路器多次重复动作的防跳跃回路。

（5）当对具有单相操作机构的断路器进行三相操作时，应具有三相位置不一致信号。

（6）应有完善跳、合闸的闭锁回路，例如压力（气压或液压）降低、弹簧储能不足等闭锁回路。

（7）对于具有两组跳闸回路的断路器，其控制回路应由两路相互独立的直流电源供电，当其中一路直流电源消失时，应立即进行自动切换，以确保直流供电的可靠性。

（8）控制回路的接线应力求简单、可靠。

2. 典型的断路器控制回路图

典型断路器控制回路如图 Z11G5003Ⅲ-1 所示。

在图 Z11G5003Ⅲ-1 中：1JJ、2JJ 为直流电源切换继电器；2SHJ 为手动合闸后加速继电器；1SHJ 为手动合闸继电器；STJ 为手动跳闸继电器；1YJJ、3YJJ、4YJJ 为压力监视继电器；TWJ 为跳闸位置继电器；HWJ 为合闸位置继电器；TBJ 为跳跃闭锁继电器。

在图 Z11G5003Ⅲ-1 所示的断路器控制回路中，只画出了有一组跳闸线圈的分相跳闸控制回路。该控制回路由合闸回路、跳闸回路、断路器位置监视回路、低气压闭锁、跳跃闭锁继电器、信号回路、直流电源监视及自动切换回路组成。

（1）手动合闸回路。

合闸回路由手动合闸继电器 1SHJ、2SHJ、相关电阻、控制开关 KK、断路器跳闸辅助接点及压力继电器的常开接点等构成。

手动合闸时，操作控制开关 KK（图中未画出），其合闸回路接点闭合。回路正电源经手合继电器 1SHJ 线圈、电阻 R1SHJ 与回路负电源接通，使 1SHJ 启动；1SHJ 的接点 1SHJ1、1SHJ2、1SHJ3 闭合。回路正电源经 1SHJ 的接点及电流自保持线圈、防跳跃继电器 TBJ 的常闭接点、断路器跳闸位置辅助接点、压力闭锁继电器接点、断路器合闸线圈与回路的负电源接通，使断路器三相 A、B、C 合闸。回路中合闸继电器采用电流自保持，目的是可靠合闸。

在图中，合闸继电器 2SHJ 启动后，若启动信号消失，2SHJ 的动作可保持动作状态 0.3～0.8s，其接点用于经断控单元手合或备用。

（2）跳闸回路。

断路器的跳闸方式有手动跳闸和保护跳闸两种。手动跳闸继电器 STJ 由控制开关 KK 启动，而保护跳闸继电器 TJ、1TJR、2TJR 分别由不同保护的出口接点来启动。其中 TJ 继电器由不启动失灵的保护来启动，而 1TJR 及 2TJR 则由不启动重合闸的保护来启动。

在上述跳闸继电器中的某一跳闸继电器动作后，其接点闭合。回路的正电源经跳闸继电器的常开接点、信号继电器 1TXJ 线圈、防跳跃继电器 TBJ 的电流线圈、断路器合闸位置辅助接点及跳闸线圈、压力闭锁继电器接点与回路的负电源接通，使断路器跳闸。

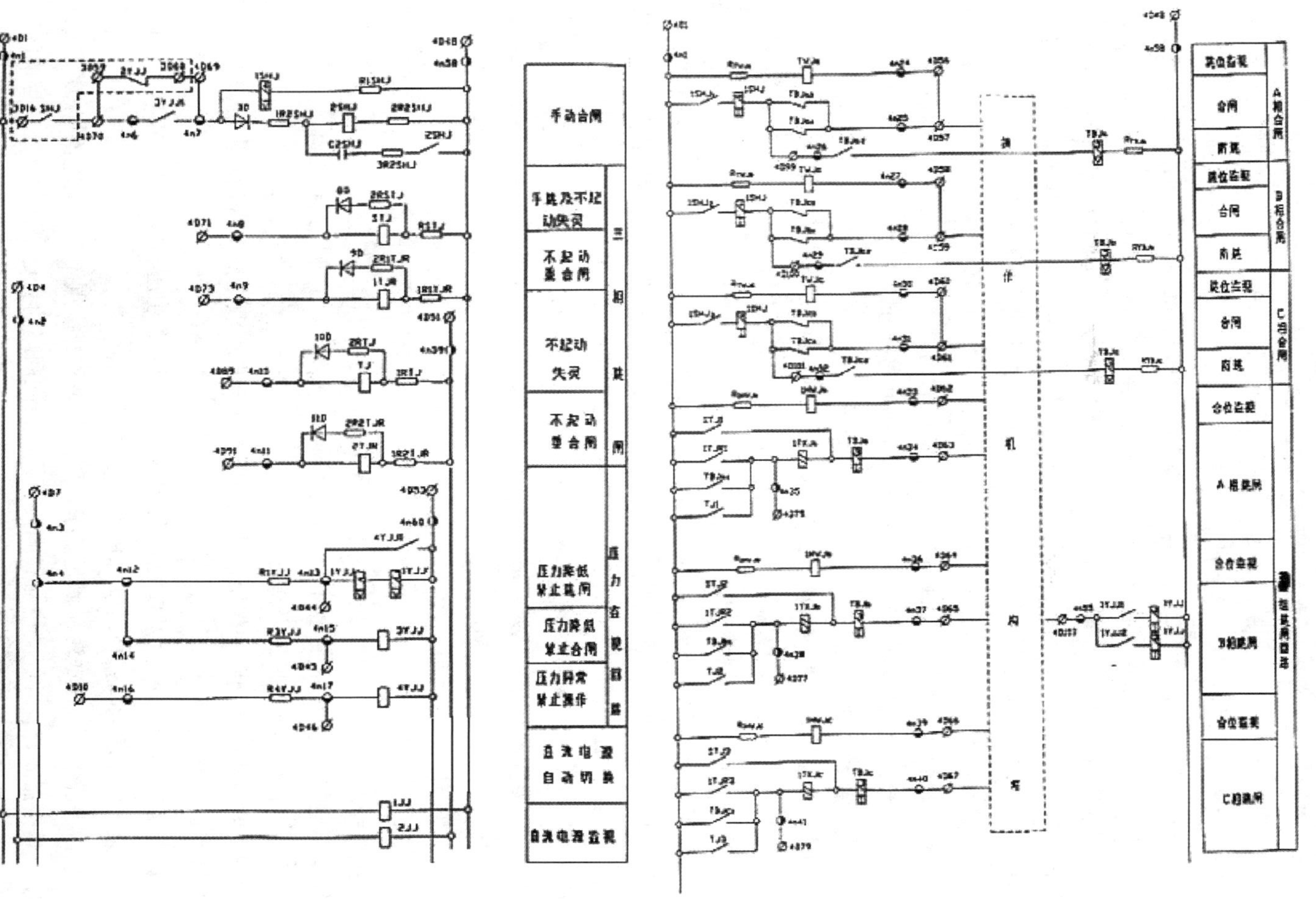

图 Z11G5003Ⅲ-1　典型断路器控制回路

（3） 断路器位置及下次操作回路完好性监视。

断路器的位置状态有“跳位”及“合位”两种，分别由跳位监视继电器TWJ和合位监视继电器HWJ的动作信号来指示。

所谓“下次操作回路”的含义是：若断路器目前在合位，则下次操作回路便是跳闸回路；反之，若断路器目前在跳位，则下次操作回路便是合闸回路。

跳闸位置监视回路，由跳闸位置继电器TWJ线圈，电阻RTW，断路器在跳闸位置时的辅助接点及断路器的合闸线圈，压力闭锁继电器接点等串联构成。若跳闸位置继电器动作，其接点闭锁，跳闸位置指示信号灯亮，表明合闸回路完好。

合闸位置监视回路，由合闸位置继电器HWJ线圈、电阻RHW、断路器合闸位置辅助接点、跳闸线圈及压力闭锁继电器接点等串联构成。若合闸位置继电器动作，其接点闭合，合闸位置指示信号灯亮，并表明跳闸回路完好。

（4） 防跳跃闭锁。

为防止断路器多次重复合闸，在断路器的控制回路中设置有防跳闭锁继电器TBJ。该继电器采用电压启动、电流保持型闭锁继电器。继电器的电压线圈并接在合闸回路，而电流线圈串接在跳闸回路中。

由图Z11G5003Ⅲ-1可以看出，在断路器合闸过程中，由于常开接点TBJ2打开，故防跳继电器上无电压，继电器不动作。当合闸于故障线路之后，继电保护动作，跳闸回路接通，断路器跳闸，同时TBJ继电器电流线圈流过跳闸电流，TBJ动作，常开接点TBJ2闭合，TBJ电压线圈两端有电压，常闭接点TBJ3及TBJ4打开，断开了合闸回路。只有在断路器已跳开，跳闸脉冲解除，且TBJ电流线圈断电之后，才允许断路器合闸。

（5） 压力监视及闭锁回路。

目前，SF_6断路器得到了广泛应用。该断路器与其他气体断路器一样，是靠气流截断并灭电弧的。如果气体的压力不足，就无法有效切除故障，甚至损坏断路器。因此，在气压不足时，不允许对断路器进行跳、合闸。同样，对于液压式断路器，当液体的压力不足时，也不允许断路器进行跳、合闸。

压力监视及闭锁回路的作用，就是当压力（气压或液压）不足是发出告警信号，并且断开跳闸及合闸回路。

如图Z11G5003Ⅲ-1可以看出，压力监视及闭锁回路由压力继电器（1YJJ～4YJJ）、串联电阻（R1YJJ～R4YJJ）、压力开关串接构成。

正常工况下，气压或液压满足要求，压力开关常开接点闭合，继电器1YJJ、2YJJ动作，其接点闭合，并经其电流线圈接通跳、合闸回路的负电源。此时，一旦跳闸或合闸继电器常开接点闭合，便可以可靠地进行跳闸或合闸。当操作断路器气压或液压降低时，压力开关常开接点断开，继电器 1YJJ、2YJJ 返回，断开跳、合闸回路。

继电器 3YJJ 的常开接点，串联在手动合闸继电器 SHJ 的启动回路中，当压力降低到不允许程度时，压力开关常开接点断开，继电器 3YJJ 返回，打开启动合闸继电器的 SHJ 回路。

压力继电器 4YJJ 正常时不动作。当断路器压力降低时，压力开关常闭接点动作，4YJJ 动作，其常开接点将继电器 1YJJ 及 2YJJ 电压线圈短接，使 1YJJ、2YJJ 不动作，断开断路器的跳、合闸回路。

（6） 信号回路。

反映断路器操作回路工况的信号有断路器位置（跳位或合位）信号、断路器跳闸及合闸信号、直流电源状况信号及断路器压力状况信号等。

（7） 直流电源监视回路。

直流电源监视回路，由分别接地两段直流母线上的继电器 1JJ、2JJ 及其接点构成。当一段直流母线电压消失或降到系统不允许程度时，1JJ 继电器返回，常闭接点闭合，发出“直流电源消失”信号，而当二段直流母线电压消失时，2JJ 继电器动作，发出“直流电源消失”信号。

3. 提高可靠性措施

（1） 提高出口继电器的动作可靠性。

跳、合闸回路出口继电器动作的可靠性，对确保按指令使断路器可靠跳、合闸具有重大的作用。对于跳、合闸出口继电器及接入回路的要求是：

1）继电器的动作电压应为回路额定直流电压的 55%～70%，其动作功率应足够大。

2）用于断路器跳、合闸回路的出口继电器，应采用电压启动、电流自保持的中间继电器，其电流自保持线圈应串接在出口继电器常开接点与断路器控制回路之间。此外，还应满足以下条件：① 自保护电流不大于断路器额定跳、合闸回路电流的一半，自保护线圈上的压降，不大于直流母线额定电压的 5%；② 继电器电压线圈与电流线圈之间的相对极性要正确，否则，在进行跳、合闸时，继电器接点要跳跃，产生高电压及电弧，损坏设备；③ 继电器电压线圈与电流线圈的耐压水平应足够高，能承受不低于 1000V、1min 的交流耐压试验。

（2） 提高防跳跃继电器的动作可靠性。

在断路器跳、合闸时，为防止断路器跳跃，应设置防跳跃继电器。该继电器的动作速度应快，其动作电流应小于跳、合闸回路中额定电流的 1/2；断路器跳、合闸时，其电流线圈上的压降应小于回路额定电压的 10%，电流线圈应串接在出口继电器一对常开接点与负电源之间。

另外，防跳继电器电压线圈与电流线圈之间的相对极性应正确，两线圈的耐压水平应能承受交流 1000V、1min 的试验标准。

（3） 提高跳闸回路的可靠性。

发电厂及变电站直流回路的分布面很广，直流回路对地的分布电容较大。近几年来，随着集成电路及微机保护的应用，不适当的采用了很多抗干扰电容，使直流回路的对地电容更大。

由于直流回路对地分布电容大，在直流接地的暂态过程，可能使动作速度快的 SF_6 断路器偷跳。

SF_6 断路器偷跳的原因，可用图 Z11G5003Ⅲ–2 予以说明。

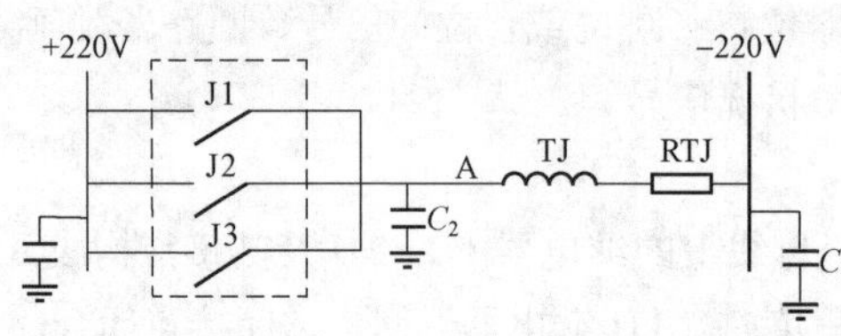

图 Z11G5003Ⅲ–2 简化的断路器跳闸回路

在图 Z11G5003Ⅲ–2 中，C_2、C_3 为回路对地的等值电容（分布电容）；TJ 为跳闸出口继电器；RTJ 为跳闸回路串联电阻；J1、J2、J3 分别为保护出口继电器、手动跳闸继电器或跳闸控制开关的接点。

正常工况下，地的直流电位约为 110V；图中 A 点电位 0 电位（相对负极），电容 C_2 上的电压约为 110V。

设直流电源的正极出现了直接接地故障，地的直流电位突然由约 110V 升到约 220V。由于电容 C_2 上的电压不能跃变，在直流电源直接接地的瞬间，A 点的电位突然升到 110V 左右。此时继电器 TJ 上突然出现了电压，可能使其误动，接通跳闸回路。

另外，某些保护装置的安装处可能距跳闸继电器 TJ 的安装处很远，保护的动作接点需由长电缆引至 TJ 安装处。此时，如果上述电缆为非屏蔽电缆且与直流动力电缆相近，则在动力电缆突然通过大电流时，干扰信号串至图 Z11G5003Ⅲ–2 的 A 点，使 TJ 误动。

为提高断路器跳、合闸回路的可靠性，一方面提高跳闸出口继电器的动作电压及动作功率，另一方面要防止动力电缆对控制回路的干扰。避免干扰的方法，可采用有屏蔽的控制电缆，或控制电缆的放置应远离动力电缆。

SF_6 断路器位置监视回路的串接电阻值应足够大。

SF_6 断路器的跳、合闸功耗很小，其跳、合闸线圈的额定容量不大。特别是某些国外生产的 SF_6 断路器，流过跳、合闸线圈几十 mA 的电流就可能使断路器动作。如果断路器合位或跳位监视回路中的电阻过小，长期流过较大的电流，要烧坏断路器线圈或使断路器误动作。

法国生产的高压 SF_6 断路器，当流过跳闸或合闸线圈的电流大于 20mA 时，就可能使断路器动作或烧坏线圈。因此，为了安全，断路器位置监视回路的电流不应超过 10mA。

4. 断路器的同期合闸回路

断路器的同期合闸回路如图 Z11G5003Ⅲ–3 所示。

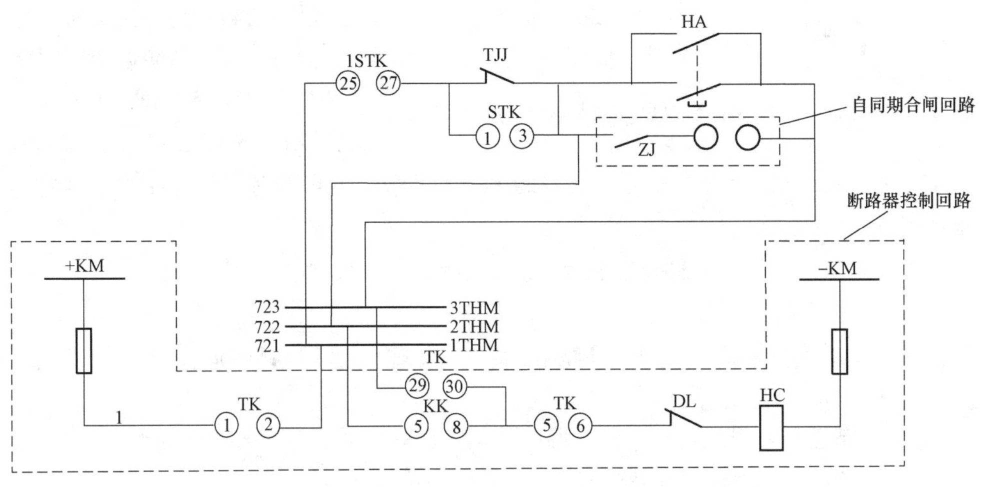

图 Z11G5003Ⅲ–3　断路器同期合闸回路

在图 Z11G5003Ⅲ–3 中，TK 为同期开关；STK 为同期闭锁开关；1STK 为同期转换开关；TJJ 为同期闭锁继电器的接点；HA 为手动同期合闸按钮；ZJ 为自动准同期装置出口继电器接点；+KM、–KM 为控制回路正负电源母线；1THM～3THM 为同期小母线。

发电厂及变电站的断路器数量较多，为简化同期回路，使几台需要进行同期并列的断路器公用一套同期系统。同期转换开关 1STK 的作用是将同期并列系统切换至待同期并列的某断路器控制回路上。

当同期闭锁开关 STK 的 1、3 接点断开时，断路器的合闸需经同期闭锁继电器的接点 TJJ。同期闭锁继电器的作用是，只有当待并的两个系统电压之间相角差小于整定值时（例如 30°），才允许进行同期并列（即图示中的接点闭合）。

断路器同期并列时，操作同期开关 TK，使接点①②、⑤⑥及㉙㉚导通，将断路器操作回路的正、负电源分别引到同期小母线 1THM 及 3THM 上。当两个待并系统电压之间的相角差小于整定值时，同期闭锁继电器 TJJ 接点闭合，当两个待并系统满足同期条件时，自动同期合闸回路导通（即继电器 ZJ 接点闭合），使同期母线 1THM 与 3THM 连通，断路器 DL 合闸回路全导通，进行合闸。

在同期并列过程中，当满足同期条件之后，也可以手动按按钮 HA 进行并列。

5. 断路器的防误闭锁回路

为防止误操作断路器使其跳、合闸，可以在断路器的操作回路中增加防误闭锁回

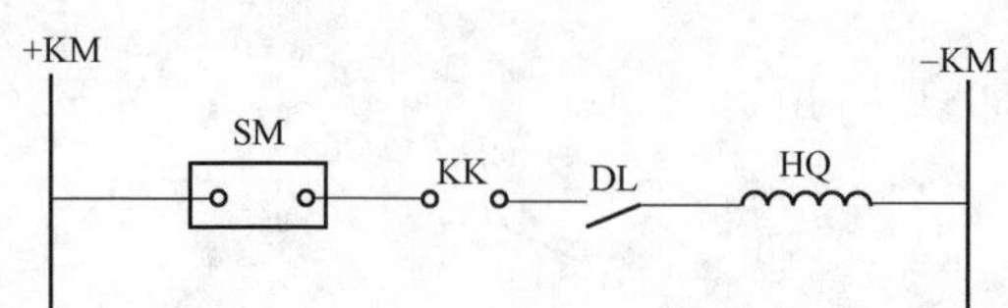

图 Z11G5003Ⅲ-4 断路器合闸回路防误闭锁示意图

路。目前，应用较多、功能较完善的是微机型防误闭锁装置。该装置是按照规则库及所执行操作票来判断断路器是否允许合闸。该防误闭锁回路的示意图如图 Z11G5003Ⅲ-4 所示。

在图 Z11G5003Ⅲ-4 中，SM 为电脑钥匙插孔；KK 为操作开关；DL 为断路器辅助接点（断开时它闭合）；HQ 为断路器合闸线圈。

当防误条件满足时，SM 会将合闸回路接通，允许合闸。

◢ 模块 4 信号回路的基本原理（Z11G5004Ⅲ）

【模块描述】本模块包含了信号回路的基本原理，通过对信号回路的组成、要求、注意事项的讲解，掌握信号回路的基本原理。

【模块内容】

在发电厂及变电站，运行人员必须随时掌握当前电气设备和系统工况的状态、变化及异常。为此必须有完善而可靠的信号系统。

1. 信号的种类及对其要求

若按信号的性质及用途进行分类，发电厂及变电站的电气信号可分为事故信号、预告信号、位置及状态指示信号及其他信号。

（1）事故信号。

事故信号是紧急告警信号，只有当电力系统或厂内、站内主设备故障或系统异常而危及主设备安全而造成断路器自动跳闸时发出。

另外，继电保护误动作或控制回路异常引起的断路器跳闸，以及自动装置动作跳闸，也发出事故告警信号。

若将断路器操作开关在“合闸位置”而断路器却已跳闸的情况称之为“不对应状态”，当该状态发生时要发出事故告警信号。

事故信号的特点是电笛鸣，相应断路器位置指示灯闪光。事故信号装置设置在控制室，又称中央信号装置，它应具有以下功能：

1）发生事故时应无延时发出信号。

2）事故时应立即启动远动装置，发出遥信信号（有遥信装置时）。

3）能手动或自动复归音响信号，能手动试验声光信号，但试验时不发遥信。

4）应有能表示继电保护和自动装置动作情况的光字牌。

5）能重复动作，当某一断路器事故跳闸之后，在运行人员没来得及确认事故及复位之前，其他断路器又出现事故跳闸，事故信号装置能再次发出音响及灯光信号。

（2）预告信号。

预告信号装置也包含在中央信号装置之中。

当发电厂或变电站电气设备的运行状态发生有不安全趋势的变化或主设备运行参数越限时发出告警信号。告警信号包含声（警铃）、光两种信号。

在下述情况时，中央信号装置应发出告警信号：

1）系统运行参数越限，例如系统电压的变化（升高或降低）超过允许值，系统频率异常，各种电力主设备过负荷等。

2）系统或主设备（发电机）工况发生异常（例如小电流系统单相接地）；气压式或液压式断路器的气压或液压降低，变压器温度过高、油位或压力异常及电压互感器熔断器熔断或快速开关跳开时。

3）主设备保护回路异常，例如电压互感器断线、差动保护差流越限等。

4）直流回路异常，例如直流电源消失及直流接地等。

对预告信号装置有以下要求：① 预告信号出现时，应有与事故信号有区别的音响信号（一般电铃响），灯光信号应指示出预告信号的内容（对应的光字牌亮）而不闪光；② 音响及光字信号能手动及自动得归，在预告信号未消除之前，相应的光字牌仍应亮；③ 能重复动作，即在一个预告信号未消失之前，再出现新的预告信号时，仍能发出音响和灯光信号；④ 运行人员可对预告信号装置进行手动试验。

（3）位置及状态指示信号。

发电厂及变电站电气设备位置的指示信号，主要有断路器的位置信号及隔离开关位置的指示信号。状态指示信号，主要是指继电保护和自动装置的动作信号等。

1）断路器位置信号。

断路器的位置信号，只是指示断路器的工作状态（即是在合闸还是在跳闸位置），有时也作为直流电源消失或控制回路断线的辅助判据。

无操作箱的三相操作机构的断路器，通常采用图 Z11G5004Ⅲ-1 所示的断路器位置指示信号。

在图 Z11G5004Ⅲ-1 中，KK 为控制开关；TBJ 为防跳继电器；TQ 为断路器跳闸线圈；LD 为绿灯；HD 为红灯；HQ 为断路器合闸线圈；DL 为断路器位置辅助接点；

1 为正电源；2 为负电源；100 接闪光母线。

断路器在跳闸位置时，控制开关接点⑪⑩导通，常闭接点 DL 导通。控制回路的正电源，经控制开关⑪⑩接点、绿灯 LD、断路器辅助接点 DL 及断路器合闸线圈 HQ、负电源构成回路，LD 亮。而当断路器在合闸位置时，控制开关接点⑨⑫及⑯⑱闭合。

从正电源、控制开关辅助接点⑯⑱接点、TBJ 电流线圈、断路器常开辅助接点 DL、跳闸线圈 TQ 至负电源构成回路，红灯亮。

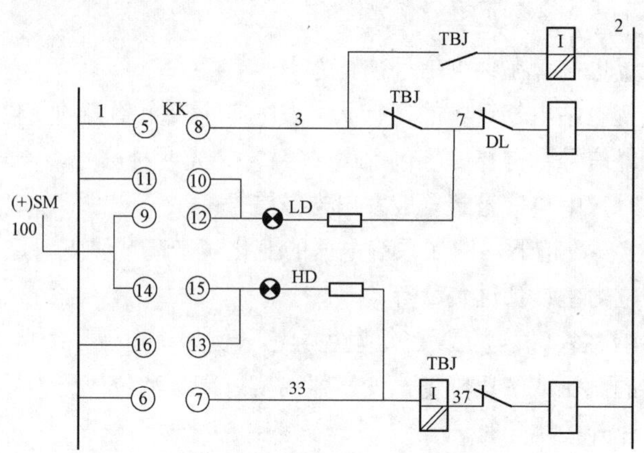

图 Z11G5004Ⅲ-1 断路器位置指示信号图

当控制开关在合闸位置，而断路器在跳闸位置时，闪光母线带电。由闪光母线经控制开关接点⑨⑫、绿灯、DL 常闭接点、断路器合闸线圈、负电源构成回路，则绿灯 LD 闪光；另外，当断路器在合闸位置，而操作开关在预跳位置时，则红灯 HD 闪光；而当断路器在跳闸位置，操作开关在预合位置时，绿灯闪光。

图 Z11G5004Ⅲ-1 断路器位置指示回路的缺点是：绿、红灯泡 LD、HD 的功耗大，在分、合闸操作时的过程中容易烧坏。为此，可采用图 Z11G5004Ⅲ-2 所示的位置指示图。

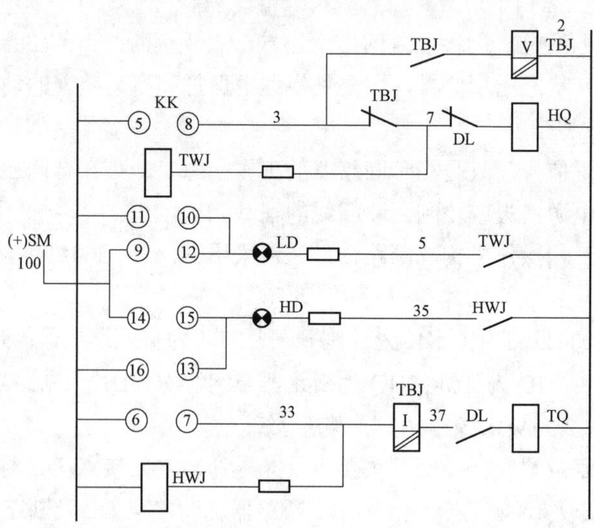

图 Z11G5004Ⅲ-2 断路器位置指示信号图

在图 Z11G5004Ⅲ–2 中，HWJ 为断路器合闸位置指示继电器；TWJ 为断路器跳闸位置指示继电器。其他符号的意义同图 Z11G5004Ⅲ–1。

当断路器在合闸位置时，HWJ 动作，其接点闭合，红灯 HD 亮；断路器在跳闸位置时 TWJ 动作，绿灯 LD 亮。

对于额定电压为 220KV 及以上且具有分相操作机构的断路器，其位置指示信号可采用如图 Z11G5004Ⅲ–3 或图 Z11G5004Ⅲ–4 所示的信号回路。

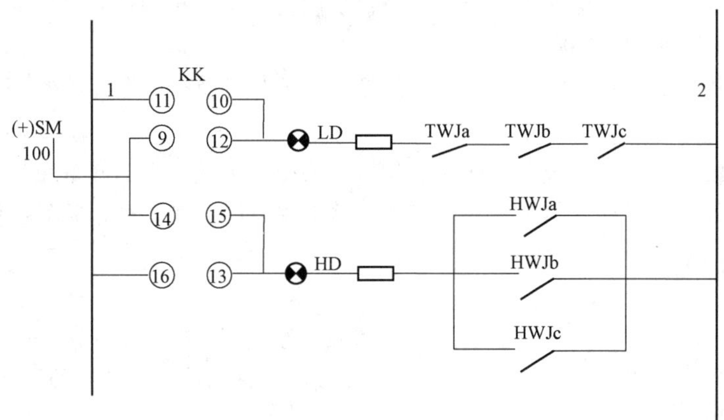

图 Z11G5004Ⅲ–3　分相操作断路器位置指示信号回路

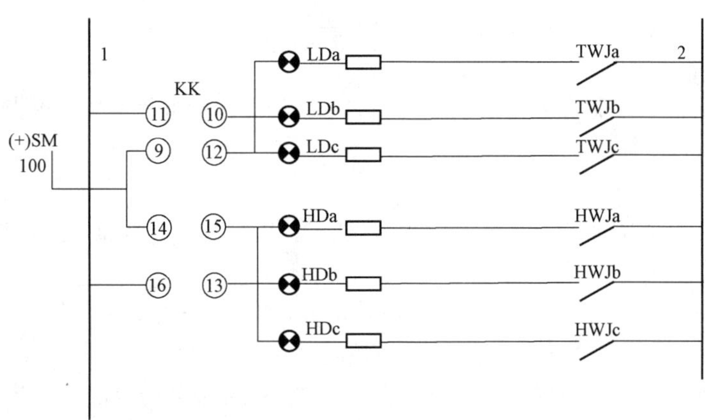

图 Z11G5004Ⅲ–4　分相操作断路器位置指示信号回路

在图 Z11G5004Ⅲ–3 及图 Z11G5004Ⅲ–4 中，各符号的物理意义同图 Z11G5004Ⅲ–1 及图 Z11G5004Ⅲ–2。不同之处是：在图 Z11G5004Ⅲ–3 及图 Z11G5004Ⅲ–4 中有三个合闸位置继电器及三个跳闸位置继电器。

图 Z11G5004Ⅲ–3 的缺点是不能真实地反映各相断路器的实际位置。

2）隔离开关位置信号。

在控制盘上及一次系统模拟盘上，为指示一次系统的运行方式，需要反应变电站或发电厂隔离开关及接地刀闸的运行状态（是合闸还是断开），即需要其位置指示信号。

隔离开关位置指示信号灯由隔离开关的辅助接点启动。为防止因隔离开关辅助接点绝缘不良而影响其他回路的安全运行，其位置指示信号装置最好采用独立的直流工作电源。

3）继电器保护和自动装置的动作信号。

在发生事故时，继电保护动作、断路器跳闸、发出音响和灯光事故信号。此外，指示某种保护动作的光字牌亮。

在保护装置上有相应保护动作的信号灯，该信号灯及控制台上的光字牌均由保护动作信号继电器启动。

为便于运行人员检查及事后的事故分析，继电保护的动作信号继电器应具有磁保持。其动作后，在运行人员手动复归之前，该继电器应一直在动作状态，即使保护直流电源消失，也不会自动返回。

2. 信号系统的电源

由于信号系统回路复杂，涉及面广，如果信号系统与控制系统及保护装置共用电源，则当信号系统出现问题时，将影响控制系统及保护装置的正常运行。为此，信号系统应设置相对独立的信号电源小母线。

另外，信号回路与控制回路及保护回路的电源不能相互交叉使用，以免引起误操作致使断路器的跳闸和保护不正确动作的事件发生。

3. 中央信号典型回路

中央信号装置设置在变电站或发电厂的控制室，它由事故信号、预告信号及闪光信号组成。

（1）设置原则。

在发电厂及有人值班的变电站，应装设能重复动作、自动延时返回或能手动解除音响的事故信号和预告信号装置。

在无人值班变电站，可装设简单的音响信号装置，该信号装置可切换远方或就地。在运行装置停用检修时可转为变电站就地控制时使用。

单元机组单元控制室的中央信号装置，宜与热控专业共用事故报警装置。

（2）事故音响信号回路图。

由 CJ–2 型冲击继电器构成的典型事故音响信号回路的原理接线如图 Z11G5004Ⅲ–5 所示。

在图 Z11G5004Ⅲ–5 中，1XMJ 为冲击继电器；FM 为电笛；1ZJ 为中间继电器；1YA 为试验按钮；1JJ 为电源监视继电器；FA1 为复归按钮；DL 为断路器辅助接点；KK 为控制开关；1RD、2RD 为熔断器；+XM、–XM 为直流电源的正、负母线。

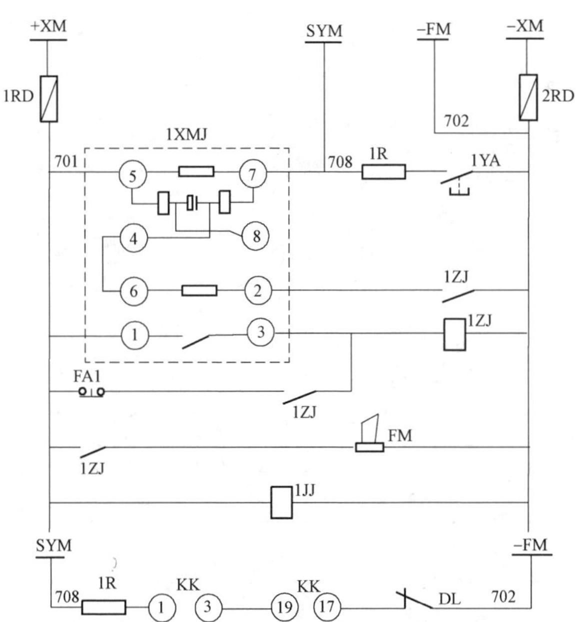

图 Z11G5004Ⅲ-5 中央信号装置的事故间响信号回路

其作用原理如下：

断路器在合闸位置时，控制开关的接点①③及⑲⑰闭合，但由于断路器在合闸位置，其辅助常闭接点 DL 在断开位置；又由于试验按钮 1YA 在断开位置，故冲击继电器 1XMJ 不会动作，也不会发出音响信号。

当断路器因故跳闸后，其辅助常闭接点 DL 闭合，由信号正电源 701 经冲击继电器 1XMJ 线圈、SYM 小母线电阻 1R、控制开关的①③和⑲⑰接点，DL 接点至信号负电源构成回路，1XMJ 冲击后动作，1XMJ 常开接点①③闭合，启动中间继电器 1ZJ。

1ZJ 启动后，其三对常开接点闭合。一对常开接点闭合启动电笛 FM，使 FM 发出音响；第二对常开接点经复归按钮 FA1 接通 1ZJ 的动作自保持回路；第三对常开接点闭合后，复归冲击继电器 1XMJ。

事故音响信号的复归，靠按下复归按钮 FA1 完成（断开 1ZJ 的自保持回路）。

另外，可通过试验按钮 1YA 来启动冲击继电器 1XMJ，来定期校验事故音响回路的良好性。

1JJ 为一直流继电器，用来监视直流电源。当直流电源消失时，1JJ 动作返回，其常闭接点闭合，发出告警信号。

（3） 预告信号回路图。

由冲击继电器构成的典型预告信号回路的原理接线如图 Z11G5004Ⅲ-6 所示。

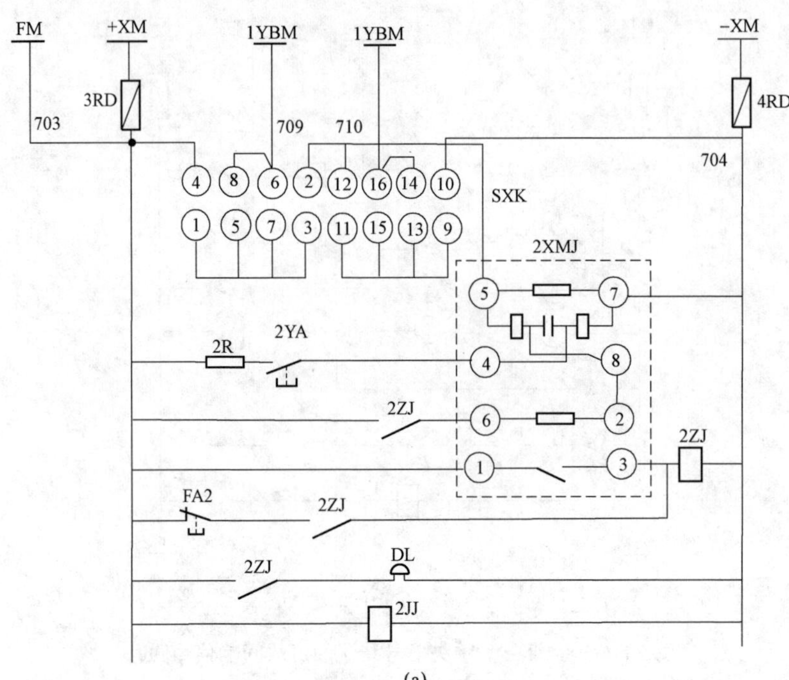

(a)

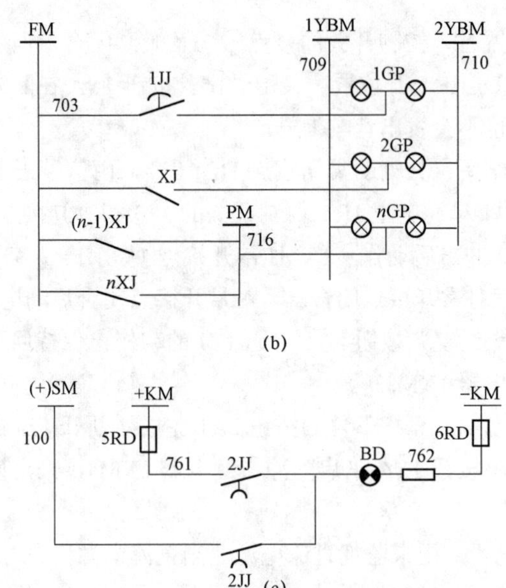

(b)

(c)

图 Z11G5004Ⅲ–6　中央信号装置的预告信号回路

（a）预告信号原理图；（b）光字牌启动回路；（c）直流电源监视回路

图 Z11G5004Ⅲ–5 中：SXK 为切换开关；2XMJ 为冲击继电器；2ZJ 为中间继电器；2JJ 为直流电源监视继电器；2YA 为试验按钮；FA2 为复归按钮；JL 为电铃；BD 为信号灯；1GP～nGP 为光字牌；RD 为熔断器；XJ 为信号继电器。

在无异常工况下，试验按钮 2YA 断开；切换开关①④断开，信号继电器不动作。小母线 1YBM 及 2YBM 为负电位，冲击继电器 2XMJ 不动作，警铃不响。

正常运行时切换开关 SXK 的接点③②、⑥⑦、⑪⑫、⑮⑯导通。当异常工况发生时，信号继电器 XJ 接点闭合，除使相应的光字牌 GP 亮之外，还使小母线 1YBM 和 2YBM 呈现正电位（相对 XM），冲击继电器 2XMJ 动作。2XMJ 动作后，其常开接点①③闭合，启动中间继电器 2ZJ。中间继电器 2ZJ 的三对常开接点闭合，分别去启动电铃 JL、使 2ZJ 动作自保持及复归冲击继电器 2XMJ。

按试验探钮 2YA 也可启动 2XMJ，对预告信号系统的良好性进行检查。

由图 Z11G5004Ⅲ–5（a）和 Z11G5004Ⅲ–5（c）可以看出，当回路的直流电源消失时，继电器在 2JJ 返回，其常开接点打开，而常闭接点闭合，使灯 BD 由显平光转换成闪光（因为 SM 为闪光母线）。

（4） 闪光信号回路。

图 Z11G5004Ⅲ–7 是由 SGJ 型闪光继电器构成的闪光信号回路。

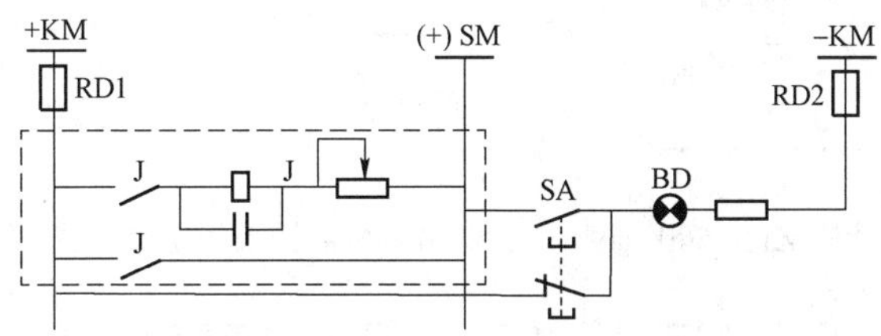

图 Z11G5004Ⅲ–7 闪光信号回路

在图 Z11G5004Ⅲ–7 中，+KM、–KM 分别为控制回路的直流正、负小母线；RD 为熔断器；+SM 为闪光小母线；SA 为闪光试验按钮；J 为继电器；C 为电容器；BD 为信号灯。

正常工况下，试验按钮的常开接点打开而常闭接点闭合，信号灯 BD 两端的电压为控制回路的电源电压，故信号灯亮（为平光）。又由于闪光小母线同控制回路的负电流小母线–KM 之间的回路不通，继电器 J 不动作。

当断路器的位置（合闸或断开）同控制开关的位置（在合位或其他位置）不对应时，闪光母线（+）SM 与控制回路负电源母线–KM 之间的回路导通，图 Z11G5004Ⅲ–7 中的电容器 C 充电，当 C 上的电压达到一值时，继电器 J 动作，其常开接点闭合，使闪光小母线的电位与控制母线+KM 相同，其常闭接点打开，使继电器 J 失电返回，电容器再次充电，继电器再次动作，循环往复，从而使（+）SM 与–KM 之间的信号灯闪光（此回路应与断路器位置指示信号相联系起来）。

用试验按钮 SA 也可检查闪光回路的完好性。

4. 微机监控系统中信号功能的实现

变电站微机监控系统逻辑框图如图 Z11G5004Ⅲ-8 所示。

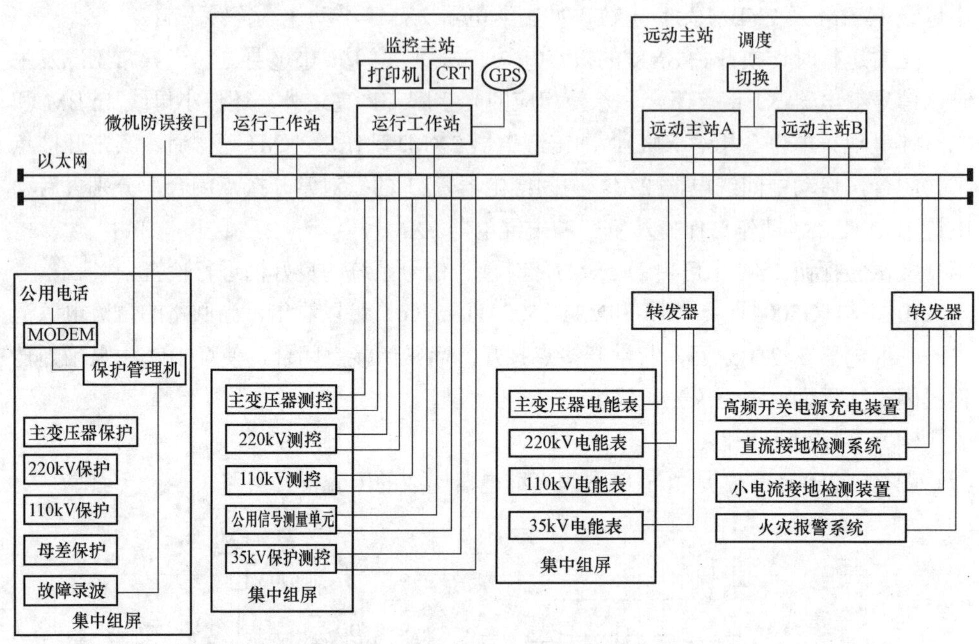

图 Z11G5004Ⅲ-8 变电站微机监控系统逻辑框图

监控系统中的显示器用以查看各种信息。各类信息的动作可以在显示器中以告警的形式加以显示，还可通过音响发出语言报警。与传统的电笛、警铃相比，语音报警可以将信息分得更细，更便于运行人员对信息的分类与判别。为了运行人员更方便地查看各开关量的动作情况与实际状态，有些监控系统还将开关量的变化做成模拟光字牌的格式。

打印机可以输出各类报表，也可以将各类动作信号逐条打印，是信息输出与记录的一个途径。

在监控系统中，可以将断路器、隔离开关、有载调压开关等设备的辅助接点实时采集，并在显示器中显示一次接线图的实际运行状态，便于对系统进行监视。对现场采集辅助接点有困难的，可以采取人工置数的方法对运行状态进行调整。当电网或设备发生故障引起断路器跳闸时，一方面发出语言告警，同时事故告警系统自动将故障跳闸后变电所的主接线图推出，跳闸断路器的符号在闪烁，便于运行人员对事故迅速判断处理。

监控系统有强大的历史数据库，对历史信息可以保存与查询，这样就方便了对运行情况的分析。

在传统的信号系统中，要做到准确地记录各种信号的动作时间非常困难，这一点在计算机监控系统中得到了很好的解决。当断路器变位或保护装置动作等开关量信号上传到监控系统时，监控系统在记录信号变化情况时同时记录收到信号的时间，有些微机型设备在上传信号时还带有时标，如顺序事件记录 SOE，这样就减少了信号上传时间造成的误差。

为了确保系统中的所有时间保持统一，一般在监控系统中还设有卫星时钟同步系统 GPS 装置，该装置将卫星发送的标准时钟通过软件对时及硬件对时的方法对各具有时钟功能的设备进行时钟同步，其中硬件对时可以做到使设备的时钟绝对误差不大于 1ms，这对事故分析、判断保护装置与断路器等设备的先后动作顺序非常有用。

模块 5 线路保护交流回路故障及异常处理（Z11G5005Ⅲ）

【模块描述】本模块包含了线路保护交流回路故障及异常处理步骤及方法，通过对相关案例的讲解，掌握线路保护交流回路故障及异常处理方法。

【模块内容】

一、线路保护交流回路图

1. 交流电流回路

线路保护交流电流回路如图 Z11G5005Ⅲ-1 所示。

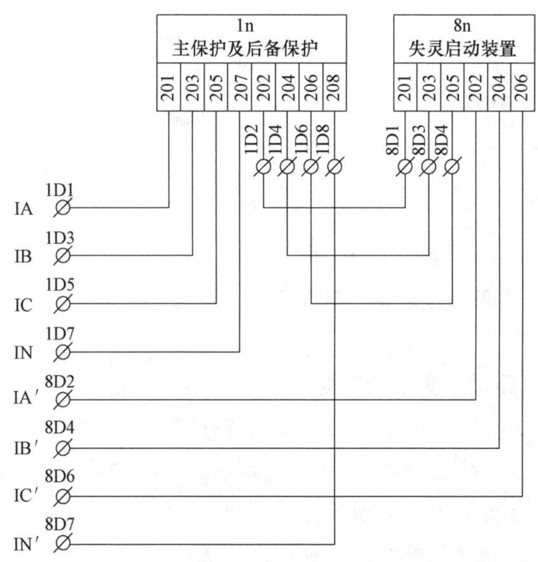

图 Z11G5005Ⅲ-1 线路保护交流电流回路

2. 交流电压回路

线路保护交流电压回路如图 Z11G5005Ⅲ-2 所示。

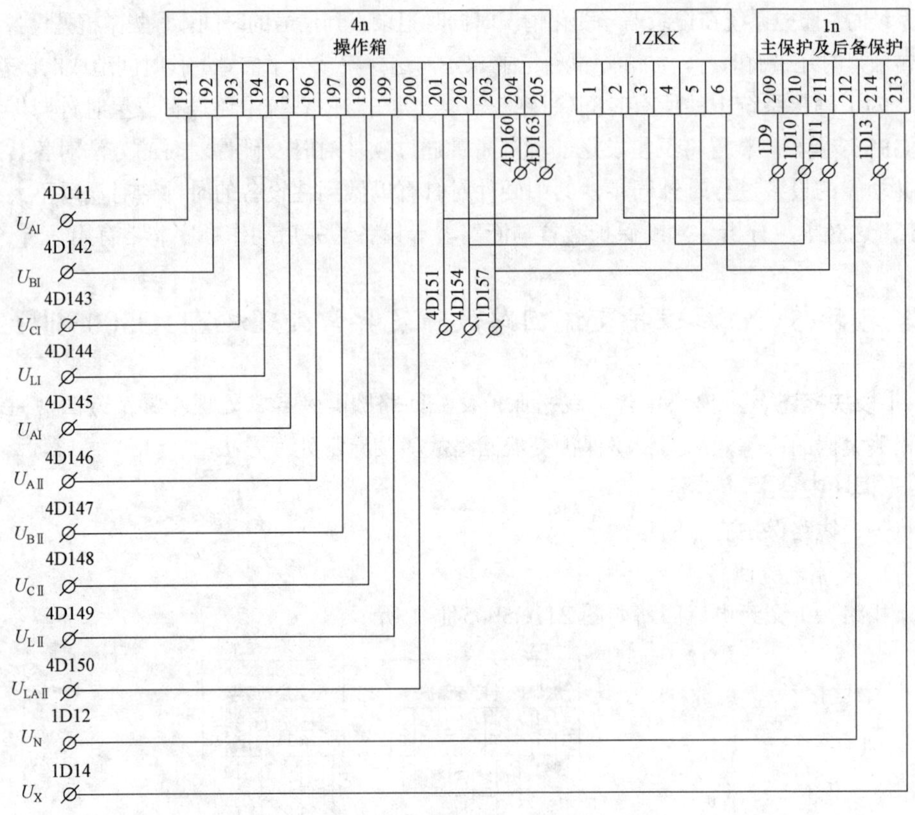

图 Z11G5005Ⅲ-2 线路保护交流电压回路

线路电压切换回路如图 Z11G5005Ⅲ-3 所示。

二、线路保护交流回路故障异常现象及分析

1. 交流电流回路

（1）交流电流回路最常见的故障是电流互感器二次回路断线，具体可能是：

1）电流互感器二次绕组出线桩头内部引线松动或外部电缆芯未拧紧。

2）电流互感器二次端子箱内端子排上接线接触不良或接错档。

3）保护屏上电流端子接线接触不良或接错档。

4）保护机箱背板电流端子接线接触不良或接错线。

5）保护电流插件内电流端子接线接触不良或接错线。

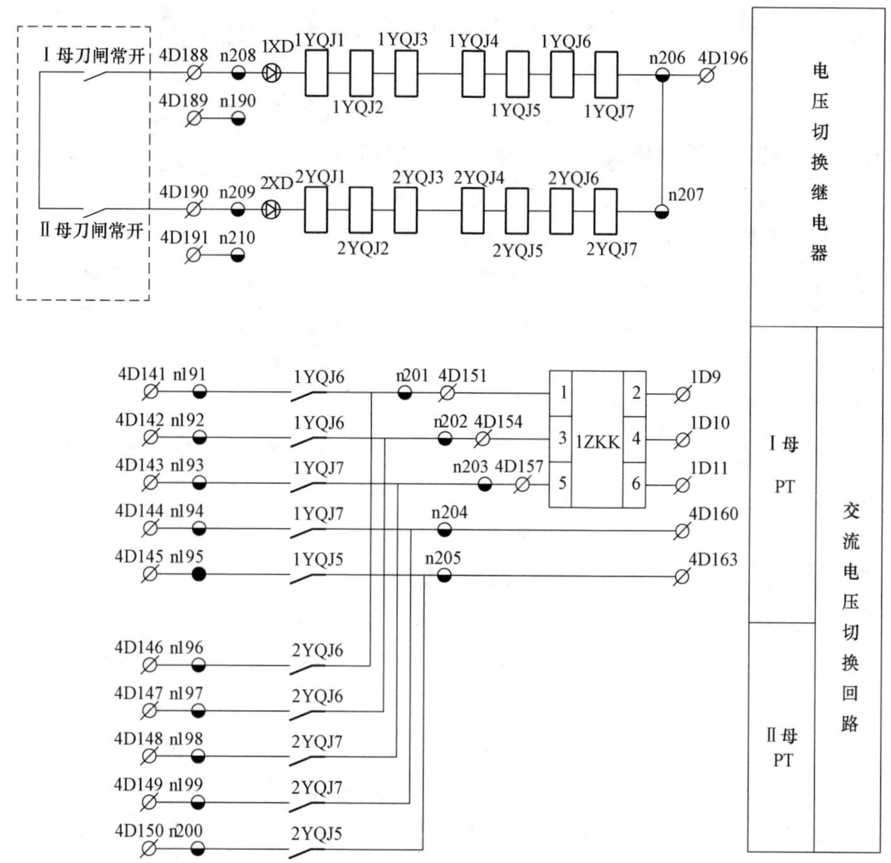

图 Z11G5005Ⅲ-3　线路电压切换回路

6）有电流互感器二次绕组极性错误或保护内小电流互感器引线头尾接反，三相电流不对称度较严重。

（2）交流电流回路有短接或分流现象，具体可能是：

1）保护装置前某处电流互感器二次回路接线间有受潮的灰尘等导电异物。

2）保护装置前某处电流互感器相线绝缘破损，有接地现象，和电流互感器二次原有的接地点形成回路。

（3）保护装置采样回路故障，使采样值和实际加入电流值不一致。

2. 交流电压回路

（1）交流电压回路最常见的故障是电流互感器二次回路断线，具体可能是：

1）压变二次绕组出线桩头内部引线松动或外部电缆芯未拧紧。

2）压变二次端子箱内端子排上接线接触不良或接错档。

3）压变二次端子箱内总空开接点接触不良或接线接触不良。

4）保护屏上电压端子接线接触不良或接错档。

5）保护屏上压变电源空开接点接触不良或接线接触不良。

6）保护机箱背板电压端子接线接触不良或接错线。

7）保护电压插件内电流端子接线接触不良或接错线。

8）有压变二次绕组极性错误，三相电压不对称。

9）若有压变电压切换、并列回路还可能是相关继电器接点、线圈或接线问题等。

（2）交流电压回路有短接引起压变空开跳闸现象，具体可能是：

1）某处压变二次回路接线间有受潮的灰尘等导电异物。

2）某处压变相线绝缘破损，有接地现象。

3）引入线路保护装置的两段母线二次电压接线不正确，保护切换电压时异相并列等。

（3）保护装置采样回路故障，使采样值和实际加入电压值不一致。

三、线路保护交流回路故障异常检查及处理

1. 交流电流回路

（1）在电流互感器带负荷运行中若发现三相电流不平衡较严重或某相无电流，可用在电流互感器端子箱处测量电流互感器各二次绕组各相对N端电压的方法判别相应电流回路是否有开路现象。在正常情况下电流互感器二次回路的负载阻抗很小，在负荷电流下所测得的电压也应较小，若有开路或接触不良现象则负载阻抗变大，在负荷电流下所测得的电压也应明显增大。若负载电流较大时，可用高精度钳形电流表分别在电流回路各环节测量电流值，检查是否有分流现象。必要时，用数字钳形相位表检查各相进入保护装置电流的相位是否是正相序、和同名相电压的夹角是否符合功率输送的方向。

若在电流互感器带负荷运行中无法断定问题原因或查出大致原因后，需要对电流互感器停电对相关二次回路做进一步检查处理。

（2）在相关一次设备停电的情况下，检查电流回路的最基本方法，就是做电流回路的二次通电试验，即在电流互感器二次绕组桩头处或电流互感器端子箱处按A、B、C相分别（或同时但三相不同值）向线路保护装置通入一定量及相位的电流，看相关保护装置是否能显示相同的电流及相位值。

1）若保护装置显示的电流值明显较小可能是有分流现象，用高精度钳形电流表分别在电流回路各环节测量电流值，可以检查出分流大致的地点。

2）若保护装置显示无电流值可能为电流回路开路，用数字万用表分别从保护装置背板电流端子开始在电流回路各环节测量电阻值，可以检查出开路大致的地点。

3）若保护装置显示无电流值或电流值较小甚至较大，但保护装置入口处用高精度钳形电流表能测得和所加电流一致的值，证明保护装置的相应采样回路有异常。可用更换同型号交流或 CPU 等相关插件的方法予以验证。

4）若保护装置显示电流值虽和所加电流值一致但和所加相别不一致，证明电流回路有串相现象存在；若保护装置显示电流值虽和所加电流值一致但和所加相位不一致，可能是保护装置电流引线头尾接反。

5）若相关保护装置显示的电流及相位相同，则在电流互感器二次绕组桩头处或电流互感器端子箱处断开下接的二次回路，用电流互感器伏安特性的试验方法，向电流互感器二次绕组通电，以检查问题是否出在电流互感器二次绕组及其至二次绕组桩头处，或电流互感器端子箱处的接线上。

2. 交流电压回路

（1）在电压互感器带负荷运行中若发现三相电压不平衡较严重、某相无电压或三相无电压，可用在正母、付母电压屏顶小母线或公用测量屏引入本保护屏的端子排处，测量进入保护屏的电压互感器二次各相对 N 的相电压、相间电压的方法，判别电压回路是否有异常现象。若进入的电压不正常，则在电压互感器二次接线桩头或二次端子箱至接入线路保护屏端子间查找，按电压互感器电压二次回路的连接采用逐级测量电压的方法，查找出产生电压不平衡、某相无压或三相无压的原因。

电压互感器带负荷运行时，在本保护屏的端子排处测量进入保护屏的电压互感器二次各相对 N 的相电压、相间电压，可以判别电压回路是否正常，本线路保护屏电压切换回路包括线路隔离开关辅助接点，如果要判别电压切换回路是否正常，则需要对线路保护屏停用以便对相关二次回路做进一步检查处理。

（2）在线路保护屏停用的情况下，检查线路保护电压回路的最基本方法，就是做电压回路的二次加压试验，即在进入线路保护屏的电压互感器电压端子排处按 A、B、C 相分别（或同时但三相不同值）向线路保护装置通入一定量及相位的电压，看相关保护装置是否能显示相同的电压及相位值。

1）若保护装置显示的电压值明显较小可能是有接线处接触不良现象，用数字万用表分别在电压回路各环节测量电压值，可以检查出接线处接触不良大致的地点。

2）若保护装置显示无电压值可能为电压回路开路，用数字万用表分别从保护装置背板电压端子开始在电压回路各环节测量电阻值，可以检查出开路大致的地点。

3）若保护装置显示无电压值或电压值较小甚至较大，但保护装置入口处用电压表能测得和所加电压一致的值，证明保护装置的相应采样回路有异常。可用更换同型号交流或 CPU 等相关插件的方法予以验证。

4）若保护装置显示电压值虽和所加电压值一致但和所加相别不一致，证明电压回路有串相现象存在；若三相同时加入幅值不等的正序电压，保护反映的各相电压采样值和所加的不相等且之间相位混乱，则证明是电压零线有开路现象。

模块6 线路保护开入回路故障及异常处理（Z11G5006Ⅲ）

【模块描述】本模块包含了线路保护开入回路故障及异常处理步骤及方法，通过对相关案例的讲解，掌握线路保护开入回路故障及异常处理方法。

【模块内容】

一、线路保护开入回路图

线路保护开入回路图如图 Z11G5006Ⅲ-1 所示。

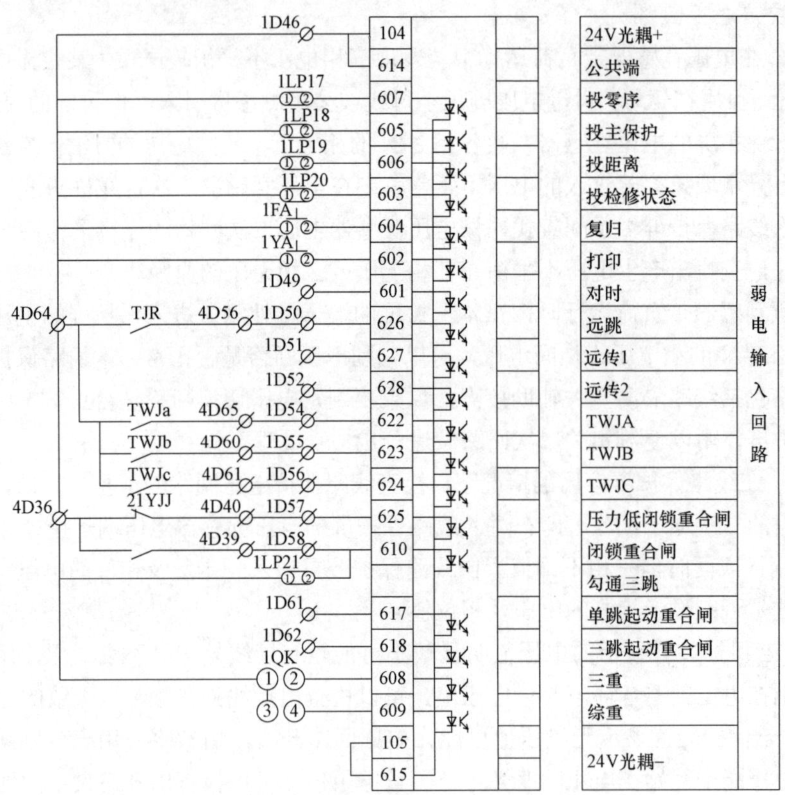

图 Z11G5006Ⅲ-1 线路保护开入回路图

二、线路保护开入回路故障异常现象及分析（以图 Z11G5006Ⅲ-1 为例）

（1）投入任何保护功能压板、沟通三跳压板或断路器三相全部在分闸位置等，相应开入量全部显示为“0”不变为“1”，可能的原因是：

1）光耦正电源“24V 光耦+”104 端子接触不良。

2）光耦正电源“24V 光耦+”至 1D64 接线断线或至保护背板 614 端子断线。

3）光耦负电源“24V 光耦–”端子 105 接触不良。

4）光耦负电源“24V 光耦–”至保护背板 615 端子断线。

5）保护装置内 24V 光耦电源异常。

（2）投入某一保护功能压板、或沟通三跳压板、或断路器三相全部在分闸位置等，某开入量显示为“0”不变为“1”，可能的原因是：

1）该开入量接入保护装置端子接触不良。如投入主保护压板 1LP18，保护装置中“主保护投入”开入量不能从“0”变为“1”，则可能是保护背板 605 端子接触不良。

2）该开入量接入保护装置的相关回路异常。如断路器 A 相在分闸位置，保护装置中“A 相分闸位置”开入量不能从“0”变为“1”，可能是“24V 光耦+”至 4D64 接线或 4D65 至 1D54 接线有异常，也可能是操作箱中 TWJa 接点异常等等。

3）保护装置内相关的光耦损坏等。

（3）未投入某一保护功能压板、或沟通三跳压板、或断路器三相全部在合闸位置等，某开入量显示为“1”，可能的原因是：

1）该开入量实际被短接。如断路器 A 相在合闸位置，保护装置中“A 相分闸位置”开入量为“1”，可能是 4D64、4D65 端子间爬电，也可能是 TWJa 接点粘连未打开。

2）保护装置内相关的光耦损坏等。

三、线路保护开入回路故障异常检查及处理

1. 对于开入量不能从“0”变为“1”

先用数字万用表确认保护装置内 24V 光耦电源正常（如果不正常则更换相关电源插件）且已由 1 号插件（电源插件）引至 6 号插件（光耦插件），以此排除所有开入量不能从“0”变为“1”的问题；再用光耦正电源点通不能从“0”变为“1”的开入量尽量靠近保护装置的接线端子，若该开入量此时能从“0”变为“1”，则为该开入量外回路接线有异常，按照相关回路用光耦正电源逐点点通，直至该开入量不能从“0”变为“1”时，则可判断出异常点的位置；若该开入量此时不能从“0”变为“1”，则为该开入量内部接线有误或光耦损坏。比如断路器三相全部在分闸位置，保护装置中“A 相分闸位置”开入量不能从“0”变为“1”，可用短接线一端接在保护背板“104”端子“24V 光耦+”，另一端接 1D54 端子，若该开入量此时能从“0”变为“1”，再依次去接 4D65、4D64、1D46，如在接时“A 相分闸位置”开入量能从“0”变为“1”而接 4D65 时不能，则可大致确定问题出在 1D46、4D65 之间的回路上。

2. 对于开入量异常从“0”变为“1”

拆开异常从“0”变为“1”的开入量尽量靠近保护装置的接线端子，若该开关量

仍然保持为“1”，则为该开入量内部接线有误或光耦损坏；若该开关量变为“0”，则为该开入量外回路接线有异常，拆开应断开接点的外部连线，若该开入量从“1”变为“0”，则表明异常之处在此，可在断电后测量该接点的通断以确定其是否粘连。若该接点正常，则按照相关回路逐点拆开，直至该开入量从“1”变为“0”，以此则可判断出异常点的位置。比如断路器三相全部在合闸位置，保护装置中“A 相分闸位置”开入量不能从“1”变为“0”，先拆开 1D54 至保护装置背板 622 端子的连线，检查光耦是否损坏；然后拆开 4D65、4D64 至操作箱背板的连线测量 TWJa 接点是否粘连；若“A 相分闸位置”开入量仍不能为 “0”，则逐点拆开 TWJa 接点后的 1D54、4D65 等相关点，如在拆开 4D65 时“A 相分闸位置”开入量能从“1”变为“0”而拆开 1D54 时不能，则可大致确定问题出在 4D65、1D54 之间的回路上。

模块 7 线路保护操作回路故障及异常处理（Z11G5007Ⅲ）

【模块描述】本模块包含了线路保护操作回路故障及异常处理步骤及方法，通过对相关案例的讲解，掌握线路保护操作回路故障及异常处理方法。

【模块内容】

一、线路保护操作回路图

线路保护出口回路图如图 Z11G5007Ⅲ-1 所示。

端子	连接片	端子	接点	端子	连接片	端子	用途	
1D17		A02	TJA-1	A05	1LP1	1D70	A相跳闸	第一组跳合闸
			TJB-1	A07	1LP2	1D71	B相跳闸	
			TJC-1	A09	1LP3	1D72	C相跳闸	
1D18		A01	HJ-1	A11	1LP4	1D74	重合闸	
1D19		A04	TJA-2	A08	1LP5	1D76	A相跳闸	第二组跳闸
			TJB-2	A10	1LP6	1D77	B相跳闸	
			TJC-2	A12	1LP7	1D78	C相跳闸	
1D29		A20	TJA-3	A19	1LP9	1D30	A相跳闸	第一组起动失灵
			TJB-3	A21	1LP10	1D31	B相跳闸	
			TJC-3	A22	1LP11	1D32	C相跳闸	
1D37	1LP15	919	TJABC-1	921		1D38	三跳	第一组至重合闸
			TJ-1	920		1D39	单跳	
			BCJ-1	922		1D40	闭锁重合闸	
1D63		916	YC1-2	918		1D65	收远传一备用	
1D64		915	YC2-2	917		1D66	收远传二备用	

图 Z11G5007Ⅲ-1 线路保护出口回路图

线路断路器操作回路图如图 Z11G5007Ⅲ-2 所示。

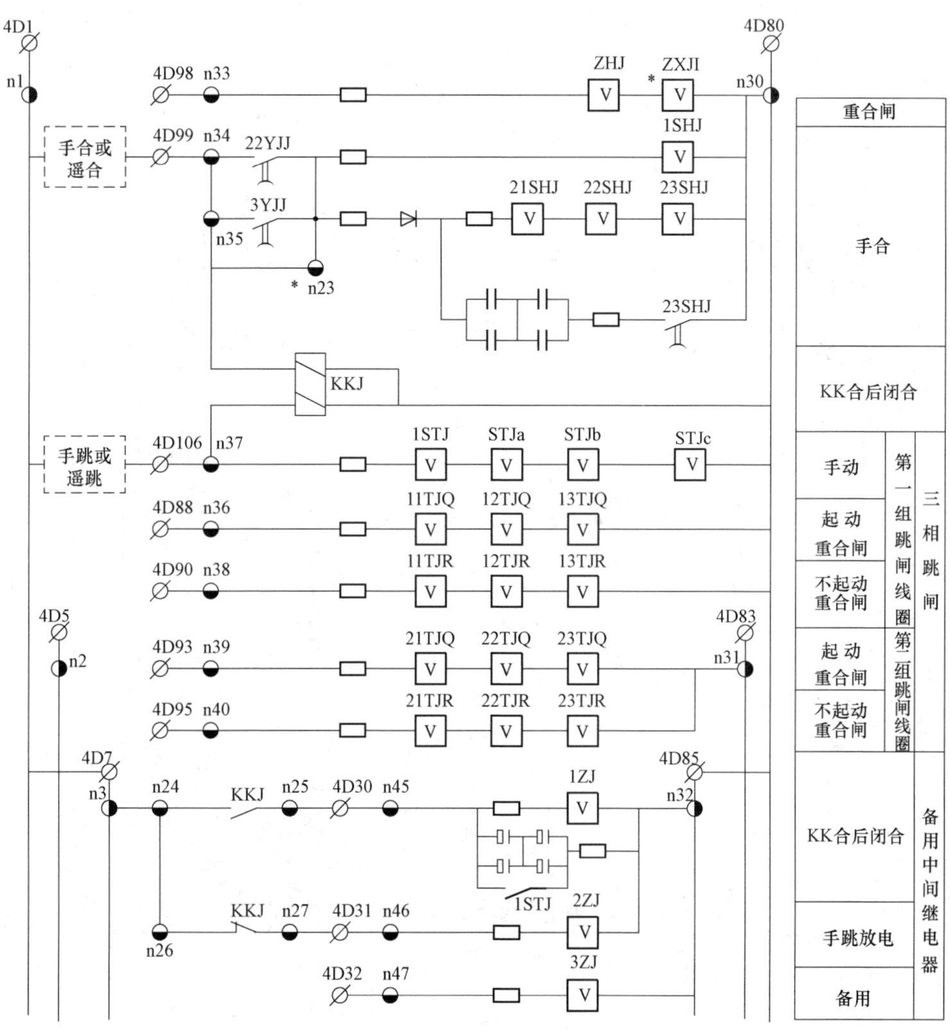

图 Z11G5007Ⅲ-2　线路断路器操作回路图

线路断路器压力监视回路图如图 Z11G5007Ⅲ-3 所示。

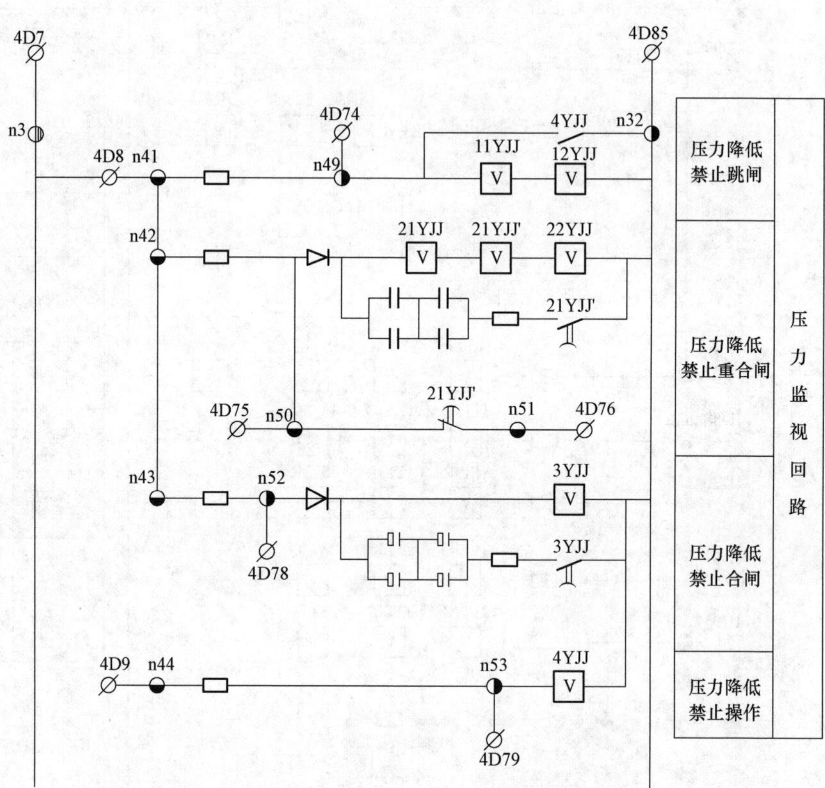

图 Z11G5007Ⅲ-3 线路断路器压力监视回路图

线路断路器合闸回路图如图 Z11G5007Ⅲ–4 所示。

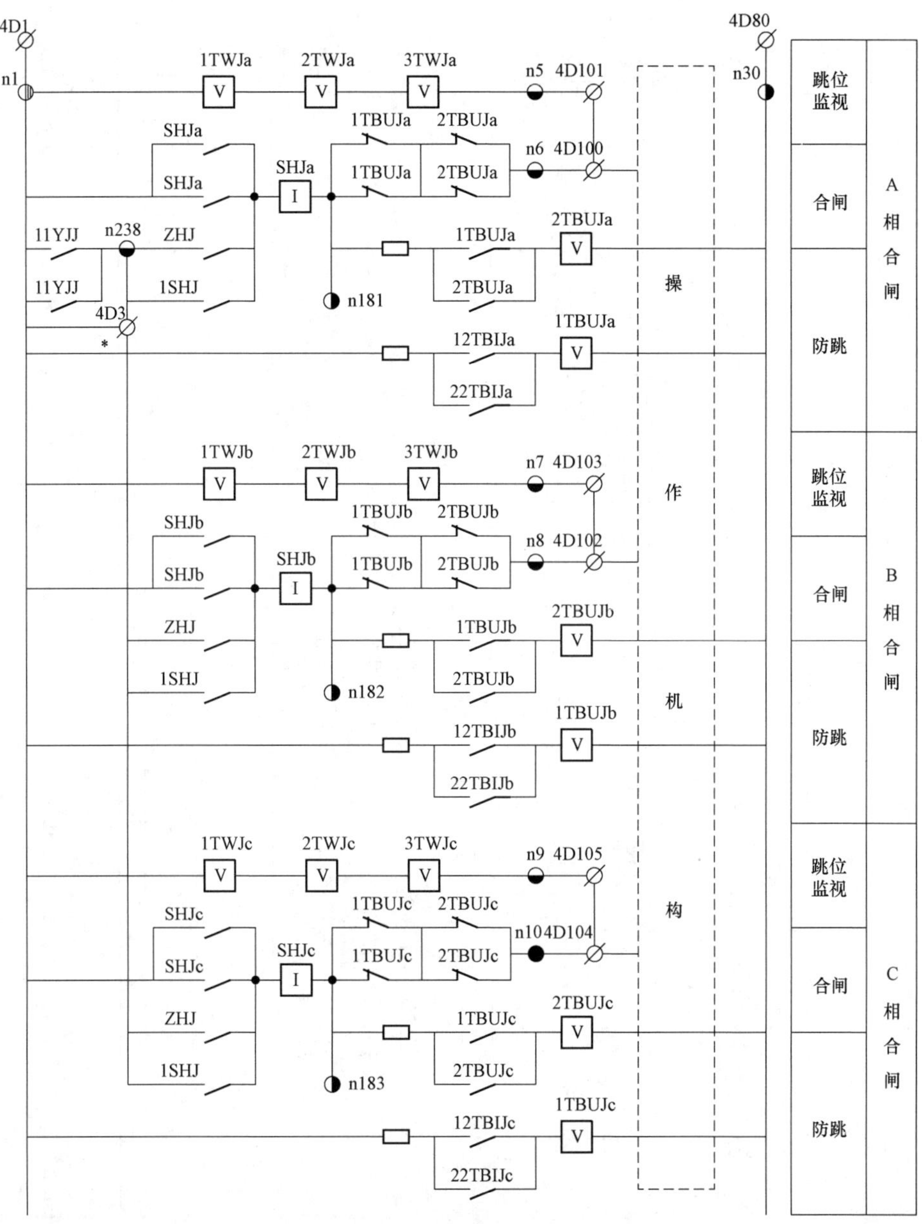

图 Z11G5007Ⅲ–4 线路断路器合闸回路图

线路断路器第一组跳闸回路图如图 Z11G5007Ⅲ-5 所示。

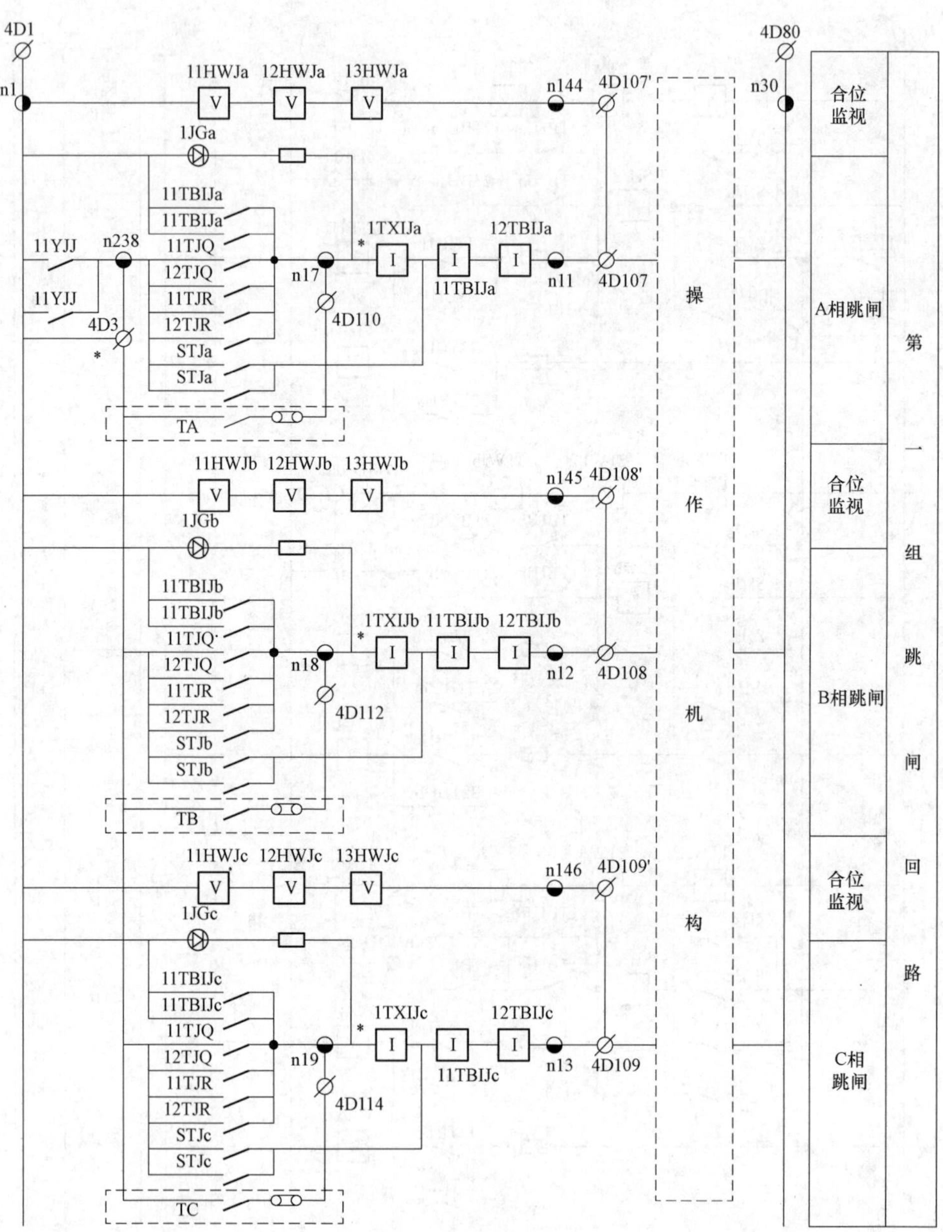

图 Z11G5007Ⅲ-5 线路断路器第一组跳闸回路图（第二组跳闸回路相同）

二、线路保护操作回路故障异常现象及分析

线路保护操作回路包括出口跳合闸回路和断路器控制回路等。

（一）保护出口跳合闸回路

如果断路器手动（包括遥控）分、合闸正常但保护动作跳、合闸不正常，有以下4种情况：

（1）保护发某相单跳令时，该相断路器不跳。可能的原因是该相跳闸压板未投或接触不良；跳闸压板到保护端子或端子排的引线接触不良；保护端子排到操作箱回路的端子引线有问题；保护装置出口三极管坏或分相跳闸继电器线圈断线、接点接触不良等。

（2）保护发某相单跳令时，该相断路器不跳而其他一相断路器跳。可能的原因是分相跳闸输出引线有交叉现象，如图 Z11G5007Ⅲ-5 线路保护出口回路图中，若保护发跳 A 相令而跳了 B 相断路器，则可能是 1D70 和 1D71 引线接反或至操作箱回路的端子引线接反。此时如另一套保护接线正确，A、B 相断路器同时跳，在单重方式下，重合闸就会不动作。

（3）保护发三相跳令时，某相断路器不跳。可能的原因是该相跳闸压板未投或接触不良；跳闸压板到保护端子或端子排的引线接触不良；保护端子排到操作箱回路的端子引线有问题；保护装置出口三极管坏或分相跳闸继电器线圈断线、接点接触不良等。

（4）保护发出重合闸令，断路器未合闸，可能的原因是重合闸压板未投或接触不良；重合闸压板到保护端子或端子排的引线接触不良；保护端子排到操作箱回路的端子引线有问题；保护装置出口三极管坏或重合闸继电器线圈断线、接点接触不良等。

（二）断路器控制回路

断路器控制回路是运行中经常出现异常的回路。断路器本身的辅助转换开关、跳合闸线圈、液压机构或弹簧储能机构的控制部分，以及断路器控制回路中的控制把手、灯具及电阻、单个的继电器、操作箱中的继电器、二次接线等部分，由于运行中的机械动作、振动以及环境因素，都会造成控制回路的异常。

断路器控制回路主要的异常有以下 5 种。

1. 断路器辅助开关转换不到位导致的控制回路断线

断路器分闸后，如果断路器辅助开关转换不到位，将导致合闸回路不通，合闸跳闸位置继电器不能动作；断路器合闸后，如果断路器辅助开关转换不到位，将导致分闸回路不通，分闸跳闸位置继电器不能动作。在这两种情况下，控制回路中合闸位置继电器、分闸位置继电器都不能动作，发“控制回路断线”信号。

在某些断路器合闸或跳闸回路中、合闸继电器或跳闸继电器线圈带电后，将形成

自保持回路，直到断路器完成合闸或跳闸操作，断路器辅助开关正确转换后，断开合闸或跳闸回路，该自保持回路才能复归。如果断路器辅助开关转换不到位，在断路器已合上后合闸、跳闸回路中串接的辅助开关触点未断开，合闸或跳闸回路中将始终通入合闸、跳闸电流，最终将导致断路器合闸、跳闸线圈烧毁或合闸、跳闸继电器线圈或回路中的触点烧毁。

2. 断路器内部压力闭锁触点动作不正确

断路器液压机构压力闭锁触点、弹簧储能机构未储能闭锁触点、SF_6压力闭锁触点动作不正确造成的断路器控制回路异常所。

断路器液压机构压力闭锁触点，按照机构压力从高到低依次闭合的顺序为停泵、启泵、闭锁重合闸、闭锁合闸、闭锁操作。当机构压力不能满足一次跳闸—合闸—跳闸时，闭锁重合闸动作，如果该触点误动作，将导致重合闸误闭锁；如果该触点不能正确闭合，当机构压力低时线路发生故障，本应闭锁的重合闸未闭锁，此时如果线路是永久故障，可能导致断路器重合后因机构压力不足不能正常跳开。当机构压力不能满足一次跳闸—合闸时，“闭锁合闸”触点动作，如果该触点误动作，将导致断路器合闸回路不通，不能合闸；如果该触点不能正确闭合，将导致机构压力低时断路器因机构压力不足不能正确合闸，或是手合于故障线路时，断路器不能正确跳开。当机构压力不能满足一次跳闸时，闭锁操作触点动作，如果该触点误动作，将闭锁断路器的跳闸或合闸回路，断路器不能跳闸或合闸，如果该触点不能正确闭合，将导致断路器因机构压力不足不能正常跳闸或合闸，或是手合或重合于故障线路时，断路器不能正确跳开。

弹簧储能机构在每次合闸后进行储能，其能量保证一次断路器完成一次跳闸—合闸—跳闸过程。断路器合闸后，如果机构未能正常储能，断路器还可以完成一次跳闸—合闸—跳闸过程。当未储能误闭锁合闸回路后，将导致断路器合闸回路不通，不能合闸；同时可能发“控制回路断线”信号。当未储能不能正确闭锁合闸回路时，断路器不能正确合闸，同时可能因为未发“控制回路断线”信号，失去提前消除缺陷的机会。

在某些断路器合闸或跳闸回路中、合闸继电器或跳闸继电器带有自保持功能的回路中，如果液压机构中闭锁合闸触点、闭锁操作触点或者弹簧储能机构未储能触点未能正确闭锁断路器的合闸或跳闸回路，断路器因机构压力不足或能量不足不能完成跳闸、合闸操作，断路器辅助开关不能转换，合闸或跳闸回路中将始终通入合闸、跳闸电流，最终将导致断路器合闸、跳闸线圈烧毁或合闸、跳闸继电器线圈或触点烧毁。

当机构 SF_6 压力不足时，将闭锁跳闸和合闸回路。如果 SF_6 压力低闭锁操作触点误动作，断路器合闸和跳闸回路不通，断路器不能操作。当 SF_6 压力低不能满足操作要求而 SF_6 压力低闭锁操作触点不能正确动作时，如果对断路器进行合闸或分闸操作，可能会使断路器不能正确灭弧，从而导致断路器损坏。

3. 断路器控制回路继电器损坏造成的控制回路异常

断路器控制回路中的继电器主要包括位置继电器、压力闭锁继电器、跳闸继电器、合闸继电器、防跳跃继电器等。

当位置继电器发生异常时，将导致回路中红灯或绿灯不亮、误发“控制回路断线”信号，或是在控制回路断线时不能正确发“控制回路断线”信号。因为保护中一般通过接入位置继电器触点来判断断路器位置，当位置继电器发生异常时，可能误启动重合闸，或是误启动三相不一致保护。

当压力闭锁继电器发生异常时，其现象与对应得机构压力闭锁触点异常时现象、危害相似。

当串接在跳闸、合闸回路中的跳闸、合闸继电器发生触点不通或线圈断线等异常时，将导致断路器不能正确分闸或合闸。如果串接在跳闸、合闸回路中触点发生粘连，将导致断路器合上之后立即跳开或是跳开之后立即合上。

防跳继电器的作用是当手合故障或重合于故障且重合闸接点粘死时，防止因外部始终有合闸命令，断路器跳开后再次合上、跳开，并持续合上、跳开的过程。当外部有合闸命令时，因此时防跳跃未动作，继电器动断触点依然闭合，断路器合闸；如果合于故障，保护动作，防跳跃继电器电流线圈中有电流流过，继电器动作；如果此时外部的合闸命令没有消失，防跳跃继电器的一副触点使继电器电压线圈带电，继电器在断路器跳开、防跳跃继电器电流线圈试点后依然保持动作后状态，同时其串接于合闸回路中的动断触点打开，断开合闸回路，防止断路器再次合闸。当外部合闸命令消失后，继电器才能返回。当该继电器不能正确动作、与电压线圈串接的触点不能闭合、与断路器合闸线圈串联的动断触点不能打开时，将失去断路器的防跳跃功能；如果动断触点损坏，不能闭合，断路器不能进行合闸操作。如果继电器的电流线圈断线，将使断路器不能分闸。

4. 控制把手、灯具或电阻等元件损坏造成的控制回路异常

在常规的控制回路中，控制把手的一副触点用于合闸，一副触点用于分闸，两副触点串联后再与断路器辅助开关的动断触点串联用于事故后启动事故音响，同时还有用于启动重合闸充电回路的触点。当这些触点发生异常时，会导致相应的异常。

在常规的控制回路中，灯具与电阻串联后再与控制把手的合闸或分闸触点并联。如果灯具或电阻发生断线，灯具不亮，不能正确地指示断路器位置；如果接致断路器

合跳闸线圈一侧发生接地，可能会使断路器误跳闸或合闸。

5. 由于二次接线接触不良或短路、接地造成的控制回路异常

二次接线原因造成控制回路的异常的也较多，其中包括二次接线端子松动、端子与端子间绝缘不良或者误导通、导线绝缘层损坏等。

三、线路保护操作回路故障异常检查及处理

（一）保护出口跳合闸回路

1. 对于保护发某相单跳令时，该相断路器不跳，用一根导线，一头接控制正电源，一头按相应的跳闸回路逐点点通，当点通的相邻两点一点能跳闸、另一点不能时，则问题就在这两点之间。若回路查不出问题则可在有跳闸令时用万用表测量对应的跳闸接点两端的电压，若接点及其引出线良好则电压应从接近直流操作电源额定电压降至零；也可以将跳闸接点两端接线拆开，在有跳闸令时用万用表直接测量对应的跳闸接点的通断；以此来确定保护装置内部跳闸体系的完好。

2. 对于保护发某相单跳令时，该相断路器不跳而其他一相断路器跳，只要根据现象核对接线，即可发现并解决问题。

3. 对于保护发三相跳令时，某相断路器不跳，解决方法同第1条。

4. 对于保护发出重合闸令，断路器未合闸，用一根导线，一头接控制正电源，一头按相应的合闸回路逐点点通，当点通的相邻两点一点能合闸、另一点不能时，则问题就在这两点之间。若回路查不出问题则可在有合闸令时用万用表测量对应的合闸接点两端的电压，若接点及其引出线良好，则电压应从接近直流操作电源额定电压降至零；也可以合闸接点两端接线拆开，在有合闸令时用万用表直接测量对应的合闸接点的通断，以此来确定保护装置内部合闸体系的完好。

（二）断路器控制回路

1. 手动或遥控合闸，断路器合不上

（1）断路器在分位时，发控制断线信号。这种情况表明跳闸位置继电器尾端后面的回路有问题，即合闸回路不完好，可检查断路器的压力是否正常、合闸线圈是否完好、断路器辅助接点、断路器防跳继电器接点是否接触良好、远方/就地转换开关位置是否切至远方（若在远方其接点接触是否良好）、相互之间的连接线是否良好、保护屏至断路器操作机构控制负电源和合闸电缆芯接线是否良好等。

（2）断路器在分位时，跳闸位置继电器动作，未发控制断线信号。这种情况先用控制正电源跨接手合或遥合接点，若断路器可以合上则反映手合或遥合接点不好或其引入保护屏的回路接线不通；若断路器不能合上则要检查手合继电器 1SHJ 线圈是否断线、其接点接触是否良好、相关接线是否良好等。

2. 手动或遥控分闸，断路器分不掉

（1）断路器在合位时，发控制断线信号。这种情况表明合闸位置继电器尾端后面的回路有问题，即分闸回路不完好，可检查断路器的压力是否正常、分闸线圈是否完好、断路器辅助接点、远方/就地转换开关位置是否切至远方（若在远方其接点接触是否良好）、相互之间的连接线是否良好、保护屏至断路器操作机构控制负电源和分闸电缆芯接线是否良好等。

（2）断路器在合位时，分闸位置继电器动作，未发控制断线信号。这种情况先用控制正电源跨接手分或遥分接点，若断路器可以分开则反映手分或遥分接点不好或其引入保护屏的回路接线不通；若断路器不能分开则要检查手跳继电器 1STJ 及 STJa、STJb、STJc 线圈是否断线、其接点接触是否良好、相关接线是否良好、保护防跳继电器线圈是否断线等。

3. 保护发控制断线信号但手动或遥控分合闸正常

（1）断路器在分位时，发控制断线信号。这种情况主要检查跳闸位置继电器本身有无问题，方法是测量跳闸位置继电器两端有无电压，若有则跳闸位置继电器断线或接点不好。

（2）断路器在合位时，发控制断线信号。这种情况先检查合闸位置继电器本身有无问题，方法是测量合闸位置继电器两端有无电压，若有则合闸位置继电器断线或接点不好。

4. 重合闸不动作

除了保护出口跳合闸回路的问题外，重合闸运行时充电完毕，该动作而没有动作，分为以下两种情况：

（1）重合闸已动作而断路器没重合。这种情况主要考虑回路问题，检查重合闸继电器 ZHJ 线圈、接点及其相关回路接线是否完好等。

（2）重合闸未动作。这种情况主要考虑保护动作跳断路器时，使重合闸放电闭锁了重合闸，比如跳闸位置继电器光耦和闭锁重合闸光耦输入端被短接等；或是引入保护开关量跳位继电器接点或其回路不通等。

模块 8 变压器保护交流回路故障及异常处理（Z11G5008Ⅲ）

【模块描述】本模块包含了变压器保护交流回路故障及异常处理步骤及方法，通过对相关案例的讲解，掌握变压器保护交流回路故障及异常处理方法。

【模块内容】

一、变压器保护交流回路图

1. 交流电流回路图

主变压器保护交流电流回路图如图 Z11G5008Ⅲ-1 所示。

图 Z11G5008Ⅲ-1 主变压器保护交流电流回路图

2. 交流电压回路图

主变压器保护交流电压回路图如图 Z11G5008Ⅲ-2 所示。

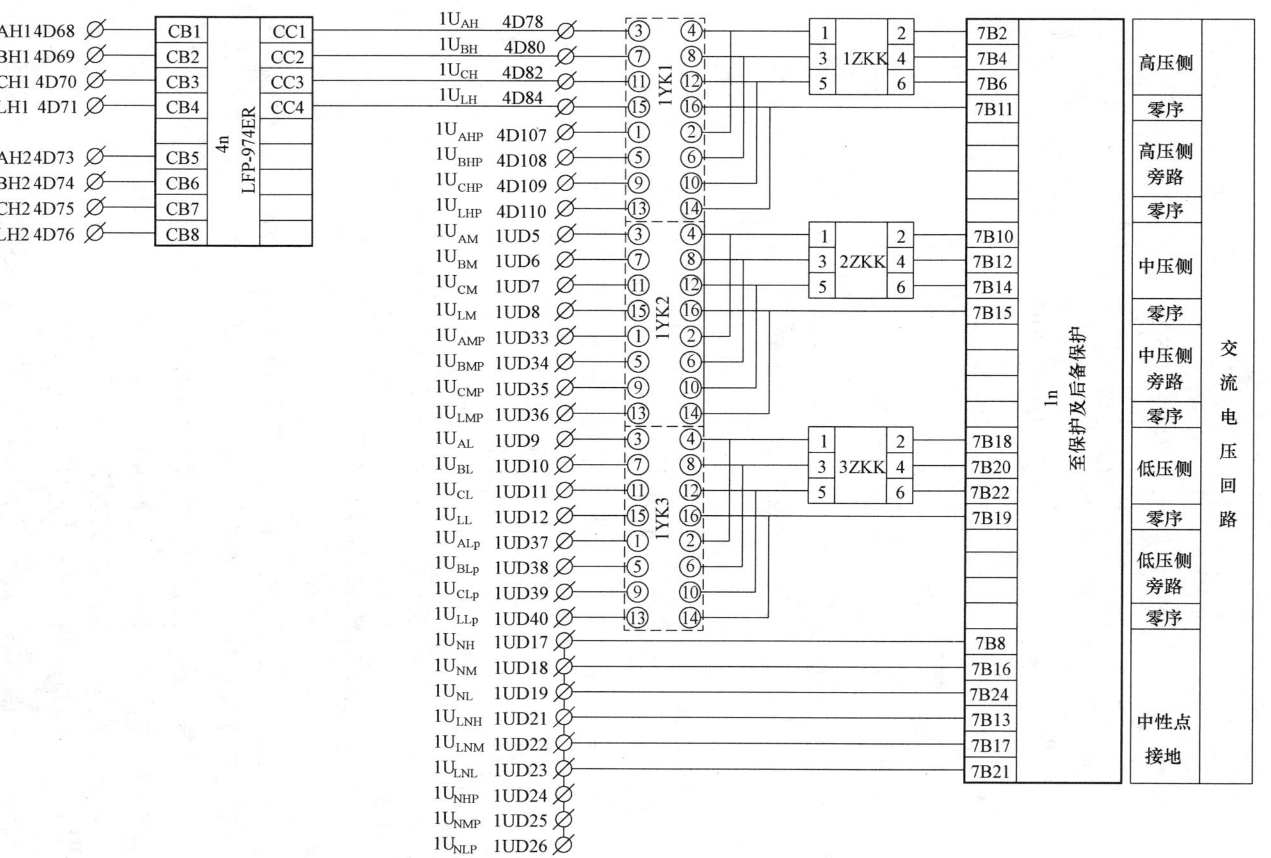

图 Z11G5008Ⅲ-2　主变压器保护交流电压回路图

主变压器保护交流电压切换回路图如图 Z11G5008Ⅲ-3 所示。

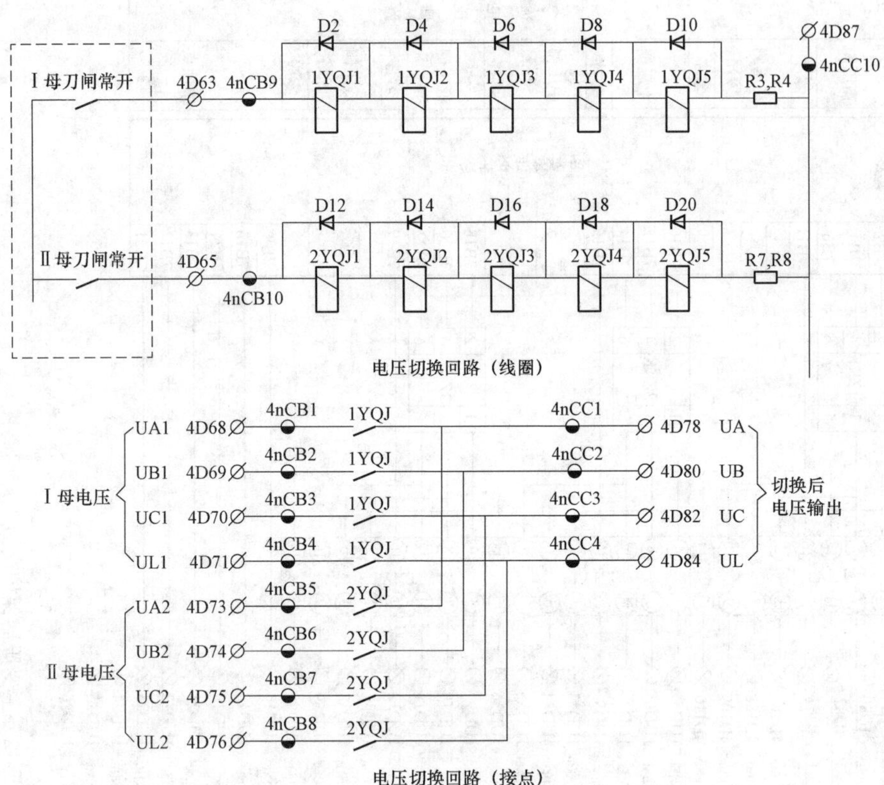

图 Z11G5008Ⅲ-3 主变压器保护交流电压切换回路图

二、变压器保护交流回路故障异常现象及分析

1. 交流电流回路

（1）交流电流回路最常见的故障是电流互感器二次回路断线，具体可能是：

1）电流互感器二次绕组出线桩头内部引线松动或外部电缆芯未拧紧。

2）电流互感器二次端子箱内端子排上接线接触不良或接错档。

3）保护屏上电流端子接线接触不良或接错档。

4）保护机箱背板电流端子接线接触不良或接错线。

5）保护电流插件内电流端子接线接触不良或接错线。

6）有电流互感器二次绕组极性错误或保护内小电流互感器引线头尾接反，三相电流不对称度较严重。

7）如有旁路断路器代变压器某侧断路器运行回路，主变压器保护屏上该侧旁代电流切换端子未切换或连接片接触不良。

（2）交流电流回路有短接或分流现象，具体可能是：

1）保护装置前某处电流互感器二次回路接线间有受潮的灰尘等导电异物。

2）保护装置前某处电流互感器相线绝缘破损，有接地现象，和电流互感器二次原有的接地点形成回路。

（3）保护装置采样回路故障，使采样值和实际加入电流值不一致。

2. 交流电压回路

（1）交流电压回路最常见的故障是电流互感器二次回路断线，具体可能是：

1）电压互感器二次绕组出线桩头内部引线松动或外部电缆芯未拧紧。

2）电压互感器二次端子箱内端子排上接线接触不良或接错档。

3）电压互感器二次端子箱内总空开接点接触不良或接线接触不良。

4）保护屏上电压端子接线接触不良或接错档。

5）保护屏上电压互感器电源空开接点接触不良或接线接触不良。

6）保护机箱背板电压端子接线接触不良或接错线。

7）保护电压插件内电流端子接线接触不良或接错线。

8）有电压互感器二次绕组极性错误，三相电压不对称。

9）若有电压互感器电压切换、并列回路，还可能是相关继电器接点、线圈或接线问题等。

10）有旁路断路器代变压器某侧断路器运行回路，主变压器保护屏上该侧旁代电压切换开关未切换或内部触点接触不良。

（2）交流电压回路有短接引起电压互感器空开跳闸现象，具体可能是：

1）某处电压互感器二次回路接线间有受潮的灰尘等导电异物。

2）某处电压互感器相线绝缘破损，有接地现象。

3）引入变压器保护装置的两段母线二次电压接线不正确，保护切换电压时异相并列等。

（3）保护装置采样回路故障，使采样值和实际加入电压值不一致。

某侧后备保护电流电压采样值均无显示或显示到其他侧，可能是在更换该侧 CPU 插件时地址设置不正确，或清扫插件后恢复时插件互换。

三、变压器保护交流回路故障异常检查及处理

1. 交流电流回路

（1）在电流互感器带负荷运行中若发现三相电流不平衡较严重或某相无电流，可用在电流互感器端子箱处测量电流互感器各二次绕组各相对 N 端电压的方法判别相应

电流回路是否有开路现象。在正常情况下电流互感器二次回路的负载阻抗很小，在负荷电流下所测得的电压也应较小，若有开路或接触不良现象则负载阻抗变大，在负荷电流下所测得的电压也应明显增大。若负载电流较大时，可用高精度钳形电流表分别在电流回路各环节测量电流值，检查是否有分流现象。必要时，用数字钳形相位表检查各相进入保护装置电流的相位是否是正相序、和同名相电压的夹角是否符合功率输送的方向。

若在电流互感器带负荷运行中无法断定问题原因或查出大致原因后，需要对电流互感器停电对相关二次回路做进一步检查处理。

（2）在相关一次设备停电的情况下，检查电流回路的最基本方法，就是做电流回路的二次通电试验，即在电流互感器二次绕组桩头处或电流互感器端子箱处按 A、B、C 相分别（或同时但三相不同值）向变压器保护装置通入一定量及相位的电流，看相关保护装置是否能显示相同的电流及相位值。

1）若保护装置显示的电流值明显较小可能是有分流现象，用高精度钳形电流表分别在电流回路各环节测量电流值，可以检查出分流大致的地点。

2）若保护装置显示无电流值可能为电流回路开路，用数字万用表分别从保护装置背板电流端子开始在电流回路各环节测量电阻值，可以检查出开路大致的地点。

3）若保护装置显示无电流值或电流值较小甚至较大，但保护装置入口处用高精度钳形电流表能测得和所加电流一致的值，证明保护装置的相应采样回路有异常。可用更换同型号交流或 CPU 等相关插件的方法予以验证。

4）若保护装置显示电流值虽和所加电流值一致但和所加相别不一致，证明电流回路有串相现象存在；若保护装置显示电流值虽和所加电流值一致但和所加相位不一致，可能是保护装置电流引线头尾接反。

5）若相关保护装置能显示相同的电流及相位值，则要电流互感器二次绕组桩头处或电流互感器端子箱处断开下接的二次回路，用做电流互感器伏安特性的试验方法，向电流互感器二次绕组通电以检查问题是否出自电流互感器二次绕组及其至二次绕组桩头处或电流互感器端子箱处的接线。

（3）检查主变压器保护屏上本侧/旁路电流切换端子连接片位置应符合实际一次设备运行情况，在此基础上检查相应的连接片通断状态应良好（该通的接触良好，该断的绝缘良好）。

2. 交流电压回路

（1）在电压互感器带负荷运行中若发现三相电压不平衡较严重、某相无电压或三相无电压，可用在正、副母电压屏顶小母线或公用测量屏引入本保护屏的端子排处，测量电压互感器二次各相对 N 的相电压、相间电压，判别进入电压回路是否有异常现象。若进入的电压不正常则要在电压互感器二次接线桩头或二次端子箱至接入变压器保护屏端子间查找，按电压互感器电压二次回路的连接采用逐级测量电压的方法，查找出产生电压不平衡、某相无压或三相无压的原因。

若在电压互感器带负荷运行时，在引入本保护屏的端子排处，测量电压互感器二次各相对N的相电压、相间电压，可以判别进入电压回路是否有异常现象，本变压器保护屏电压切换回路包括线路隔离开关辅助接点，如果要判别电压切换回路是否正常，则需要对变压器保护屏停用以便对相关二次回路做进一步检查处理。

（2）在变压器保护屏停用的情况下，检查变压器保护电压回路的最基本方法，就是做电压回路的二次加压试验，即在进入变压器保护屏的电压互感器电压端子排处按A、B、C相分别（或同时但三相不同值）向变压器保护装置通入一定量及相位的电压，看相关保护装置是否能显示相同的电压及相位值。

1）若保护装置显示的电压值明显较小可能是有接线处接触不良现象，用数字万用表分别在电压回路各环节测量电压值，可以检查出接线处接触不良大致的地点。

2）若保护装置显示无电压值可能为电压回路开路，用数字万用表分别从保护装置背板电压端子开始在电压回路各环节测量电阻值，可以检查出开路大致的地点。

3）若保护装置显示无电压值或电压值较小甚至较大，但保护装置入口处用电压表能测得和所加电压一致的值，证明保护装置的相应采样回路有异常，可用更换同型号交流或CPU等相关插件的方法予以验证。

4）若保护装置显示电压值虽和所加电压值一致但和所加相别不一致，证明电压回路有串相现象存在。若三相同时加入幅值不等的正序电压，保护反映的各相电压采样值和所加的不相等且之间相位混乱，则证明是电压零线有开路现象。

（3）检查主变压器保护屏上本侧/旁路电压切换开关位置应符合实际一次设备运行情况，在此基础上检查相应的切换开关触点通断状态应良好（该通的接触良好，该断的绝缘良好）。

3. 注意事项

更换CPU插件注意地址设置正确，清扫插件后恢复插件时认真核对以防止错误。

模块9 变压器保护开入回路故障及异常处理（Z11G5009Ⅲ）

【模块描述】本模块包含了变压器保护开入回路故障及异常处理步骤及方法，通过对相关案例的讲解，掌握变压器保护开入回路故障及异常处理方法。

【模块内容】

一、变压器保护开入回路图

主变压器保护开入回路图如图 Z11G5009Ⅲ-1 所示。

端子	元件	弱电输入接点
4B17	1RD1	公共端DC24V+
2B7	1LP1 ② ①	投差动保护
2B26	1LP2 ② ①	投零序差动保护
2B17	1LP4 ② ①	投高压侧相间后备
2B22	1LP5 ② ①	投高压侧接地零序
2B13		投高压侧不接地零序
2B16	1LP7 ② ①	退高压侧电压
2B9	1LP8 ② ①	投中压侧相间后备
2B10	1LP9 ② ①	投中压侧接地零序
2B14		投中压侧不接地零序
2B18	1LP11 ② ①	退中压侧电压
2B11	1LP12 ② ①	投公共绕组后备
2B8	1LP13 ② ①	投低压侧后备保护
2B19	1LP14 ② ①	退低压侧电压
2B20	1RD3 1FA ② ①	复归
4B13	1YA ② ①	打印
4B14	1RD4	对时

图 Z11G5009Ⅲ-1 主变压器保护开入回路图

二、变压器保护开入回路故障异常现象及分析

（1）投入任何保护功能压板、按复归按钮、打印按钮等，相应开入量全部显示为“0”不变为“1”，可能的原因是：

1）光耦正电源“24V 光耦+”4B17 端子接触不良。

2）光耦正电源“24V 光耦+”至 1RD1 接线断线。

3）保护装置内 24V 光耦电源异常。

（2）投入某一保护功能压板，该开入量显示为“0”不变为“1”，可能的原因是：

1）该开入量接入保护装置端子接触不良。如投入差动保护压板 1LP1，保护装置中“差动保护投入”开入量不能从“0”变为“1”，则可能是保护背板 2B7 端子接触不良；

2）该开入量接入保护装置的相关回路异常。如按复归按钮，不能复归保护信号，保护装置中“复归”开入量不能从“0”变为“1”，可能是“24V 光耦+”至复归按钮 1 号端子接线或复归按钮 2 号端子至保护装置背板 2B20 接线有异常，也可能是复归按钮触点接触不良等。

3）保护装置内相关的光耦损坏等。

（3）未投入某一保护功能压板等，该开入量显示为“1”，可能的原因是：

1）该开入量实际被短接。如差动保护压板 1LP1 在分开位置，保护装置中“差动保护投入”开入量为“1”，可能是保护装置 2B7、2B9 端子间爬电，当投入中压侧相间后备保护 1LP8 压板时，差动保护也同时被投入。

2）保护装置内相关的光耦损坏等。

三、变压器保护开入回路故障异常检查及处理

（1）对于开入量不能从“0”变为“1”。

先用数字万用表确认保护装置内 24V 光耦电源正常（如果不正常则更换相关电源插件）且已由主变压器保护 4B17 端子引至端子排 1RD1 并引至各保护功能压板 1 号桩头，以此排除所有开入量不能从“0”变为“1”的问题；再用光耦正电源点通不能从“0”变为“1”的开入量尽量靠近保护装置的接线端子，若该开入量此时能从“0”变为“1”，则为该开入量外回路接线有异常，按照相关回路用光耦正电源逐点点通，直至该开入量不能从“0”变为“1”时，则可判断出异常点的位置；若该开入量此时不能从“0”变为“1”，则为该开入量内部接线有误或光耦损坏。比如按下复归按钮 1FA 不能复归保护信号，保护装置中“复归”开入量不能从“0”变为“1”，可用短接线一头接在保护端子排 1RD1“DC24V+”上，另一头点通 1RD3 端子，若该开入量此时能从“0”变为“1”，则可确定复归按钮触点接触不良或其引出线断线。

（2）对于开入量异常从“0”变为“1”。

拆开异常从“0”变为“1” 的开入量尽量靠近保护装置的接线端子，若该开关量仍然保持为“1”，则为该开入量内部接线有误或光耦损坏；若该开关量变为“0”，则为该开入量外回路接线有异常。断开所有的保护功能压板并检查确认复归按钮、打印按钮在分开状态，观察该开关量是否能变为“0”，若能变为“0”则逐个投入保护功能压板，看其与各压板开关量是否有联动现象，以此可知问题所在；若仍然不能变为“0”则表明该压板两端被短接，可采用逐根查线的方法去找到问题的根源。

模块 10 变压器保护操作回路故障及异常处理（Z11G5010Ⅲ）

【模块描述】本模块包含了变压器保护操作回路故障及异常处理步骤及方法，通过对相关案例的讲解，掌握变压器保护操作回路故障及异常处理方法。

【模块内容】

一、变压器保护操作回路图

主变压器保护出口跳闸回路图如图 Z11G5010Ⅲ-1 所示。

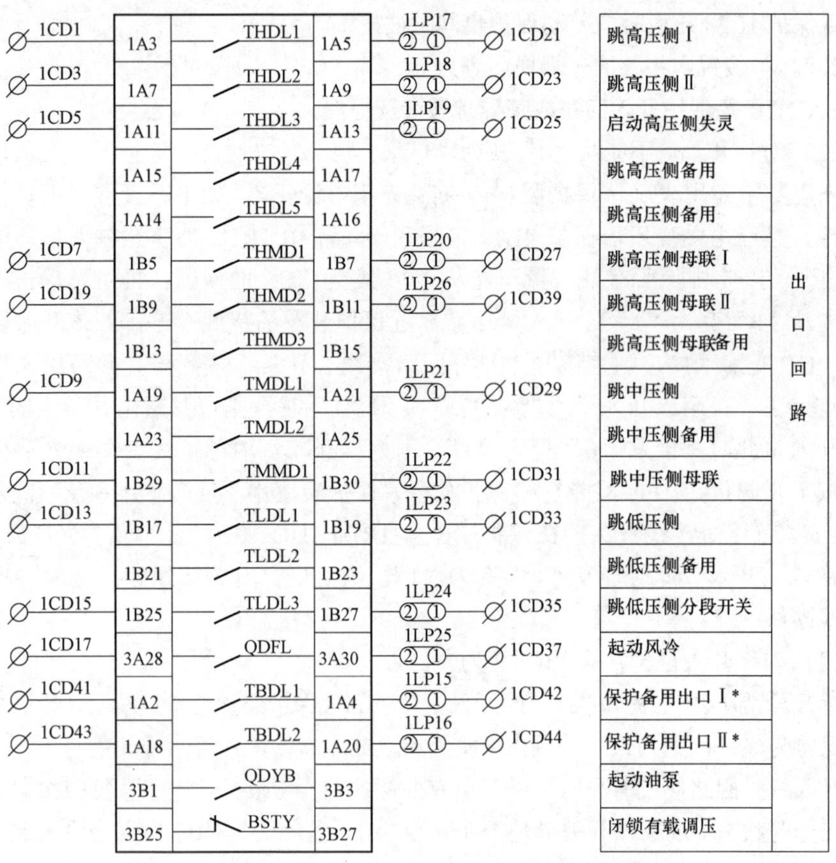

图 Z11G5010Ⅲ-1 主变压器保护出口跳闸回路图

三相式高压侧断路器操作回路图如图 Z11G5010Ⅲ–2 所示。

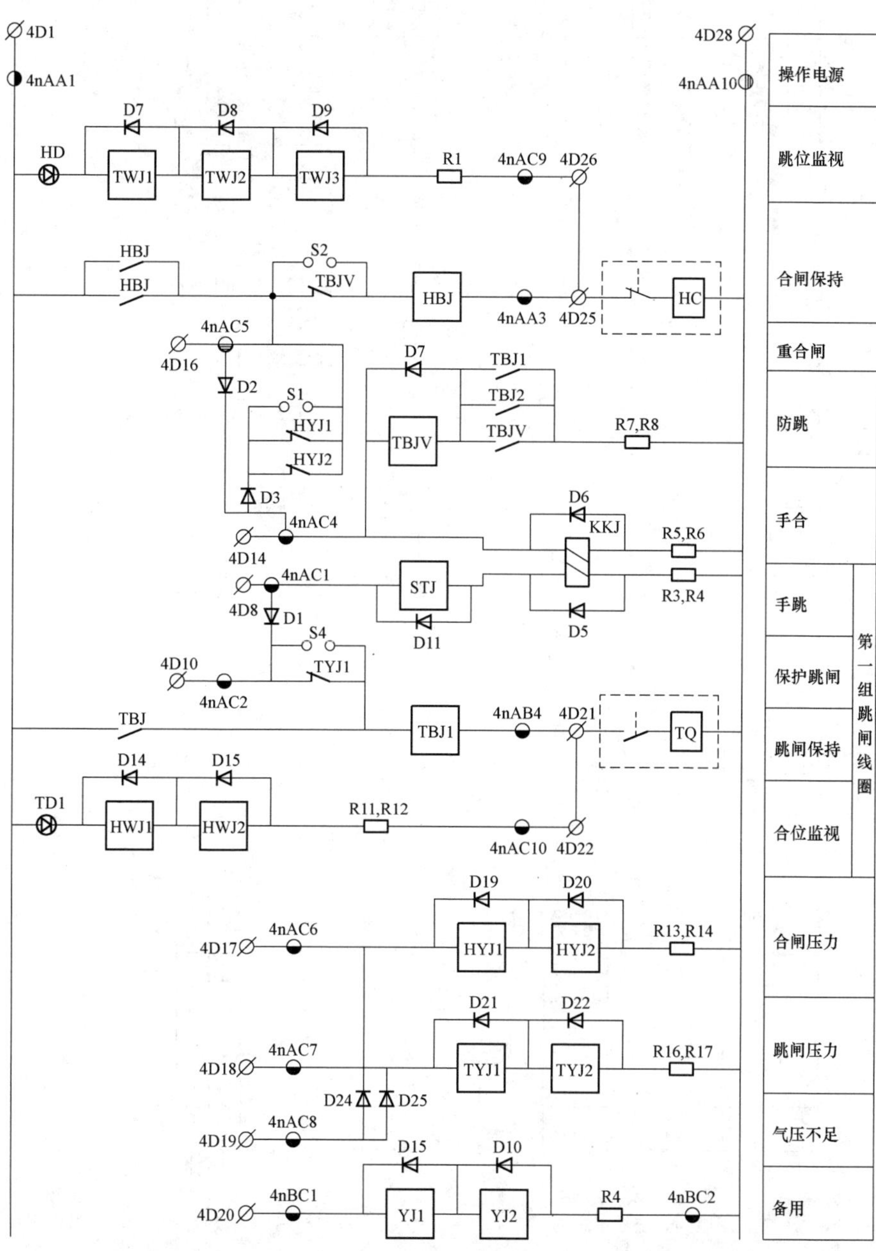

图 Z11G5010Ⅲ–2　三相式高压侧断路器操作回路图（中、低压侧基本相同）

主变压器保护跳闸接点联系图（包括第二套保护）如图 Z11G5010Ⅲ–3 所示。

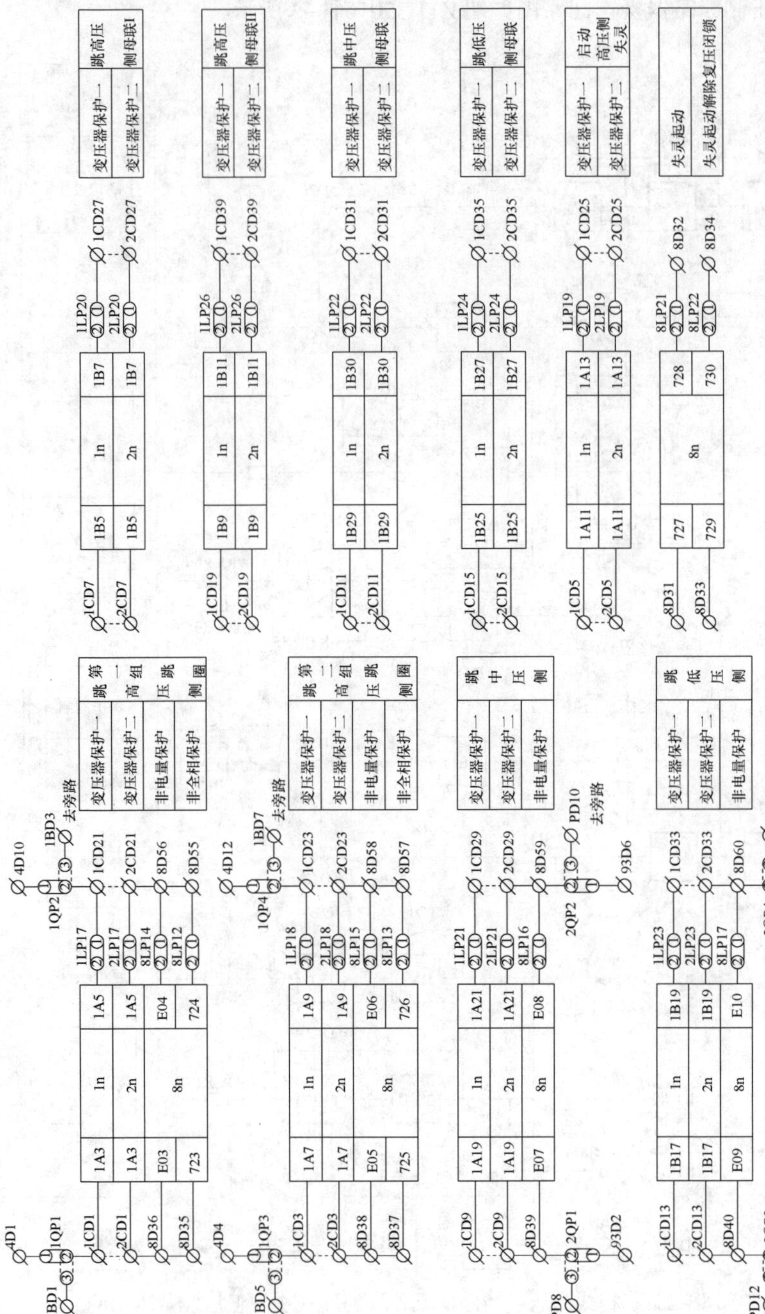

图 Z11G5010Ⅲ-3 主变压器保护跳闸接点联系图（包括第二套保护）

二、变压器保护操作回路故障异常现象及分析

变压器保护操作回路包括各侧出口跳合闸回路和各侧断路器控制回路等。

（一）保护出口跳闸回路

（1）某套变压器电量保护发出跳闸命令时，断路器不跳。可能的原因是该套保护跳闸压板未投或接触不良；跳闸压板到保护端子或端子排的引线接触不良；保护端子排到操作箱回路的端子引线有问题；保护装置出口三极管坏或跳闸继电器线圈断线、接点接触不良；"本侧/旁路"跳闸出口切换压板位置和运行方式不对应等。

（2）变压器非电量保护如重瓦斯保护接点闭合发出跳闸命令时，断路器不跳。可能的原因是重瓦斯继电器至主变压器端子箱或主变压器端子箱至主变压器保护屏电缆接线不良；重瓦斯保护跳闸压板未投或接触不良；跳闸压板到保护端子或端子排的引线接触不良；保护端子排到操作箱回路的端子引线有问题；重瓦斯跳闸继电器线圈断线、接点接触不良；"本侧/旁路"跳闸出口切换压板位置和运行方式不对应等。

（二）变压器各侧断路器控制回路

各侧断路器控制回路故障异常现象及分析参见模块 Z11G5007Ⅲ 线路保护操作回路故障及异常处理相关部分，不再赘述。

三、变压器保护操作回路故障异常检查及处理

（一）保护出口跳闸回路

（1）对于某套变压器电量保护发出跳闸命令时，断路器不跳。可用一根导线，一头接控制正电源，一头按相应的跳闸回路逐点点通，当点通的相邻两点一点能跳闸、另一点不能时，则问题就在这两点之间。若回路查不出问题则可在有跳闸令时用万用表测量对应的跳闸接点两端的电压，若接点及其引出线良好则电压应从接近直流操作电源额定电压降至零；也可以跳闸接点两端接线拆开，在有跳闸令时用万用表直接测量对应的跳闸接点的通断；以此来确定保护装置内部跳闸体系的完好。

（2）对于变压器非电量保护如重瓦斯保护接点闭合发出跳闸命令时，断路器不跳。可先在主变压器保护屏上端子排拆开至主变压器端子箱的重瓦斯电缆芯，按下瓦斯继电器试验探针，测量非电量保护正电源和重瓦斯电缆芯是否导通或正电位是否到达重瓦斯电缆芯，以此区分是主变压器保护屏外部还是内部有问题；若问题在外部则去检查相关电缆接线、重瓦斯接点及其引线等；若问题在内部则可参照上一条电量保护的检查处理方法去处理。

（二）变压器各侧断路器控制回路

各侧断路器控制回路故障异常现象及分析参见模块 Z11G5007Ⅲ 线路保护操作回路故障及异常处理相关部分，不再赘述。

◢ 模块11 母线保护交流回路故障及异常处理（Z11G5011Ⅲ）

【模块描述】本模块包含了母线保护交流回路故障及异常处理步骤及方法，通过对相关案例的讲解，掌握母线保护交流回路故障及异常处理方法。

【模块内容】

一、母线保护交流回路图

1. 交流电流回路图

母线保护交流电压回路图如图Z11G5011Ⅲ–1所示。

2. 交流电压回路图

母线保护交流电压回路图如图Z11G5011Ⅲ–2所示。

二、母线保护交流回路故障异常现象及分析

1. 交流电流回路

（1）交流电流回路最常见的故障是电流互感器二次回路断线，具体可能是：

1）电流互感器二次绕组出线桩头内部引线松动或外部电缆芯未拧紧。

2）电流互感器二次端子箱内端子排上接线接触不良或接错档。

3）保护屏上电流端子接线接触不良或接错档。

4）保护机箱背板电流端子接线接触不良或接错线。

5）保护电流插件内电流端子接线接触不良或接错线。

6）有电流互感器二次绕组极性错误或保护内小电流互感器引线头尾接反，三相电流不对称度较严重。

（2）交流电流回路有短接或分流现象，具体可能是：

1）保护装置前某处电流互感器二次回路接线间有受潮的灰尘等导电异物。

2）保护装置前某处电流互感器相线绝缘破损，有接地现象，和电流互感器二次原有的接地点形成回路。

（3）保护装置采样回路故障，使采样值和实际加入电流值不一致。

2. 交流电压回路

（1）交流电压回路最常见的故障是电流互感器二次回路断线，具体可能是：

1）电压互感器二次绕组出线桩头内部引线松动或外部电缆芯未拧紧。

2）电压互感器二次端子箱内端子排上接线接触不良或接错档。

3）电压互感器二次端子箱内总空开接点接触不良或接线接触不良。

4）保护屏上电压端子接线接触不良或接错档。

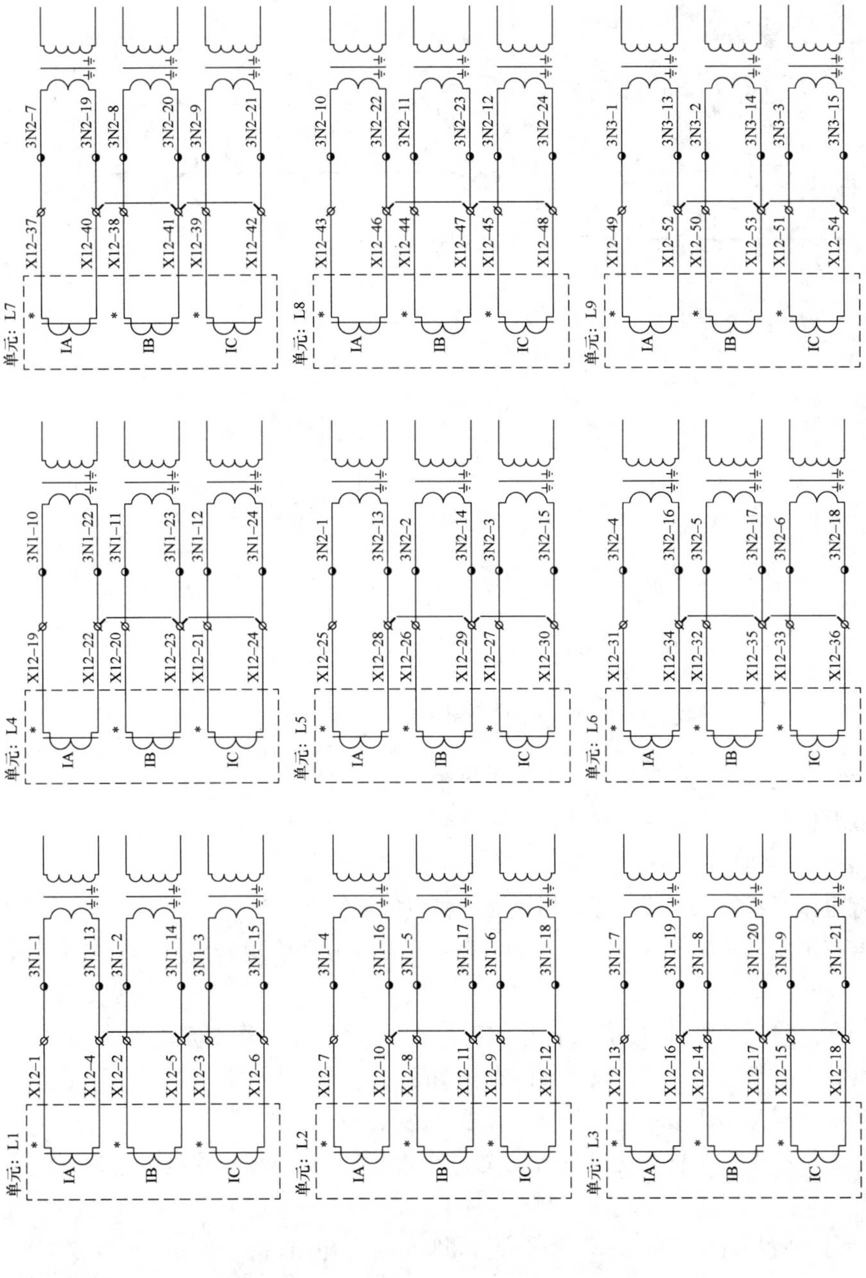

图 Z11G5011Ⅲ-1　母线保护交流电流回路图

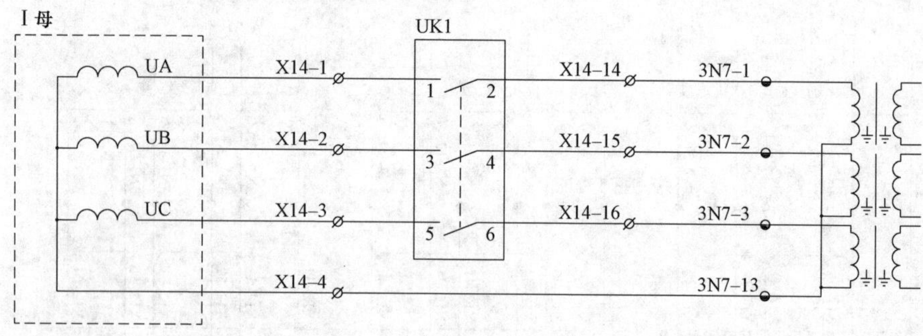

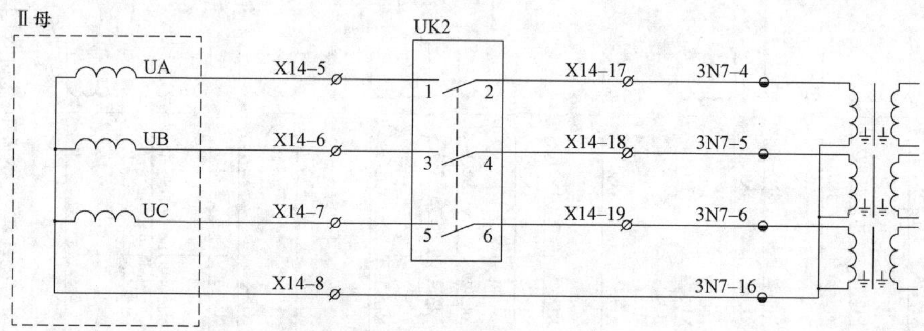

图 Z11G5011Ⅲ–2 母线保护交流电压回路图

5）保护屏上电压互感器电源空开接点接触不良或接线接触不良。

6）保护机箱背板电压端子接线接触不良或接错线。

7）保护电压插件内电流端子接线接触不良或接错线。

8）有电压互感器二次绕组极性错误，三相电压不对称。

9）若有电压互感器电压切换、并列回路还可能是相关继电器接点、线圈或接线问题等。

（2）交流电压回路有短接引起电压互感器空开跳闸现象，具体可能是：

1）某处电压互感器二次回路接线间有受潮的灰尘等导电异物。

2）某处电压互感器相线绝缘破损，有接地现象。

3）引入母线保护装置的两段母线二次电压接线不正确，保护切换电压时异相并列等。

（3）保护装置采样回路故障，使采样值和实际加入电压值不一致。

三、母线保护交流回路故障异常检查及处理

1. 交流电流回路

（1）在电流互感器带负荷运行中若发现三相电流不平衡较严重或某相无电流，可用在电流互感器端子箱处测量电流互感器各二次绕组各相对N端电压的方法判别相应电流回路是否有开路现象。在正常情况下电流互感器二次回路的负载阻抗很小，在负荷电流下所测得的电压也应较小，若有开路或接触不良现象则负载阻抗变大，在负荷电流下所测得的电压也应明显增大。若负载电流较大时，可用高精度钳形电流表分别在电流回路各环节测量电流值，检查是否有分流现象。必要时，用数字钳形相位表检查各相进入保护装置电流的相位是否是正相序、和同名相电压的夹角是否符合功率输送的方向。

若在电流互感器带负荷运行中无法断定问题原因或查出大致原因后，需要对电流互感器停电对相关二次回路做进一步检查处理。

（2）在相关一次设备停电的情况下，检查电流回路的最基本方法，就是做电流回路的二次通电试验，即在电流互感器二次绕组桩头处或电流互感器端子箱处按A、B、C相分别（或同时但三相不同值）向母线保护装置通入一定量及相位的电流，看相关保护装置是否能显示相同的电流及相位值。

1）若保护装置显示的电流值明显较小可能是有分流现象，用高精度钳形电流表分别在电流回路各环节测量电流值，可以检查出分流大致的地点。

2）若保护装置显示无电流值可能为电流回路开路，用数字万用表分别从保护装置背板电流端子开始在电流回路各环节测量电阻值，可以检查出开路大致的地点。

3）若保护装置显示无电流值或电流值较小甚至较大，但保护装置入口处用高精度钳形电流表能测得和所加电流一致的值，证明保护装置的相应采样回路有异常。可用更换同型号交流等相关插件的方法予以验证。

4）若保护装置显示电流值虽和所加电流值一致但和所加相别不一致，证明电流回路有串相现象存在；若保护装置显示电流值虽和所加电流值一致但和所加相位不一致，可能是保护装置电流引线头尾接反。

5）若相关保护装置能显示相同的电流及相位值，则要电流互感器二次绕组桩头处或电流互感器端子箱处断开下接的二次回路，用作电流互感器VA特性的方法，向电流互感器二次绕组通电以检查问题是否出自电流互感器二次绕组及其至二次绕组桩头处或电流互感器端子箱处的接线。

2. 交流电压回路

（1）在电压互感器带负荷运行中若发现三相电压不平衡较严重、某相无电压或三相无电压，可用在正、付母电压屏顶小母线或公用测量屏引入本母线保护屏的接入电

缆端子排处测量进入母线保护屏电压互感器二次各相对N及相间电压的方法判别进入电压回路是否有异常现象。若进入的电压不正常则要在电压互感器二次接线桩头或二次端子箱至接入母线保护屏端子间查找，按电压互感器电压二次回路的连接采用逐级测量电压的方法，查找出产生电压不平衡、某相无压或三相无压的原因。

若在电压互感器带负荷运行中引入本母线保护屏的接入电缆端子排处测量进入母线保护屏电压互感器二次各相对N及相间电压的方法判别进入电压回路正常，本母线保护屏电压切换回路包括线路隔离开关辅助接点也正常，则需要对母线保护屏停用以便对相关二次回路做进一步检查处理。

（2）在母线保护屏停用的情况下，检查母线保护电压回路的最基本方法，就是做电压回路的二次加压试验，即在进入母线保护屏的电压互感器电压端子排处按A、B、C相分别（或同时但三相不同值）向母线保护装置通入一定量及相位的电压，看相关保护装置是否能显示相同的电压及相位值。

1）若保护装置显示的电压值明显较小可能是有接线处接触不良现象，用数字万用表分别在电压回路各环节测量电压值，可以检查出接线处接触不良大致的地点。

2）若保护装置显示无电压值可能为电压回路开路，用数字万用表分别从保护装置背板电压端子开始在电压回路各环节测量电阻值，可以检查出开路大致的地点。

3）若保护装置显示无电压值或电压值较小甚至较大，但保护装置入口处用电压表能测得和所加电压一致的值，证明保护装置的相应采样回路有异常。可用更换同型号交流等相关插件的方法予以验证。

4）若保护装置显示电压值虽和所加电压值一致但和所加相别不一致，证明电压回路有串相现象存在；若三相同时加入幅值不等的正序电压，保护反映的各相电压采样值和所加的不相等且之间相位混乱，则证明是电压零线有开路现象。

◢ 模块12 母线保护开入回路故障及异常处理（Z11G5012Ⅲ）

【模块描述】本模块包含了母线保护开入回路故障及异常处理步骤及方法，通过对相关案例的讲解，掌握母线保护开入回路故障及异常处理方法。

【模块内容】

一、母线保护开入回路图

母线保护开入回路图如图Z11G5012Ⅲ-1和图Z11G5012Ⅲ-2所示。

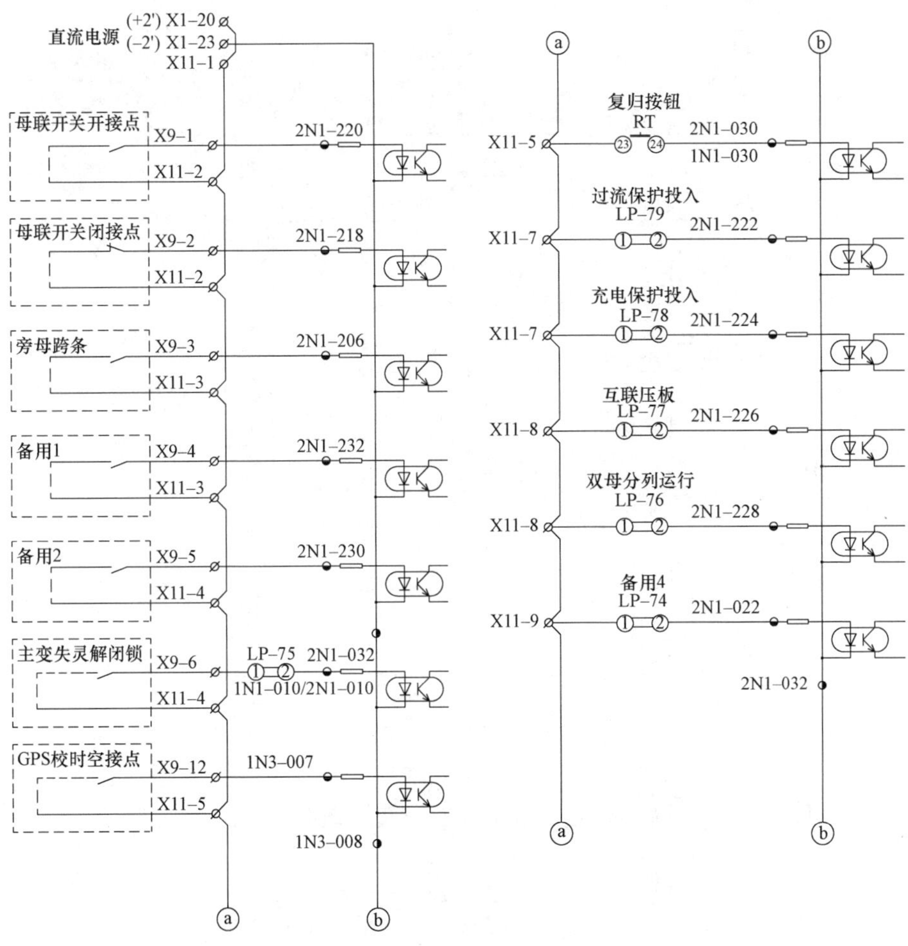

图 Z11G5012Ⅲ–1　母线保护开入回路图之一

二、母线保护开入回路故障异常现象及分析

（1）投入任何保护功能压板、各间隔隔离开关（或其模拟盘对应小开关）在合闸位置或有失灵启动接点闭合等，相应开入量全部显示为“0”不变为“1”或不能相应变位，母联断路器在分闸位置却在保护装置中反映为合位，可能的原因是：

1）开入量光耦电源空开正极至端子排 X1–20 端子或负极至 X1–23 端子接线不良。

2）光耦正电源 X1–20 端子至 X11 端子排接线不良。

3）光耦负电源 X1–23 端子至保护背板 2N1–032 端子接线不良。

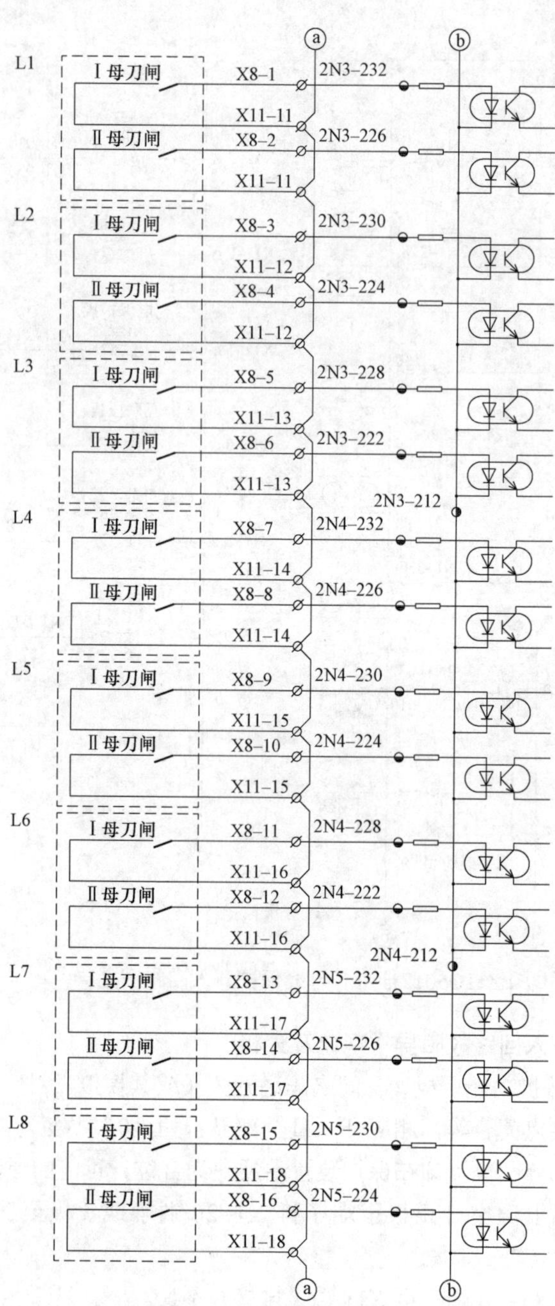

图 Z11G5012Ⅲ-2 母线保护开入回路图之二（一）

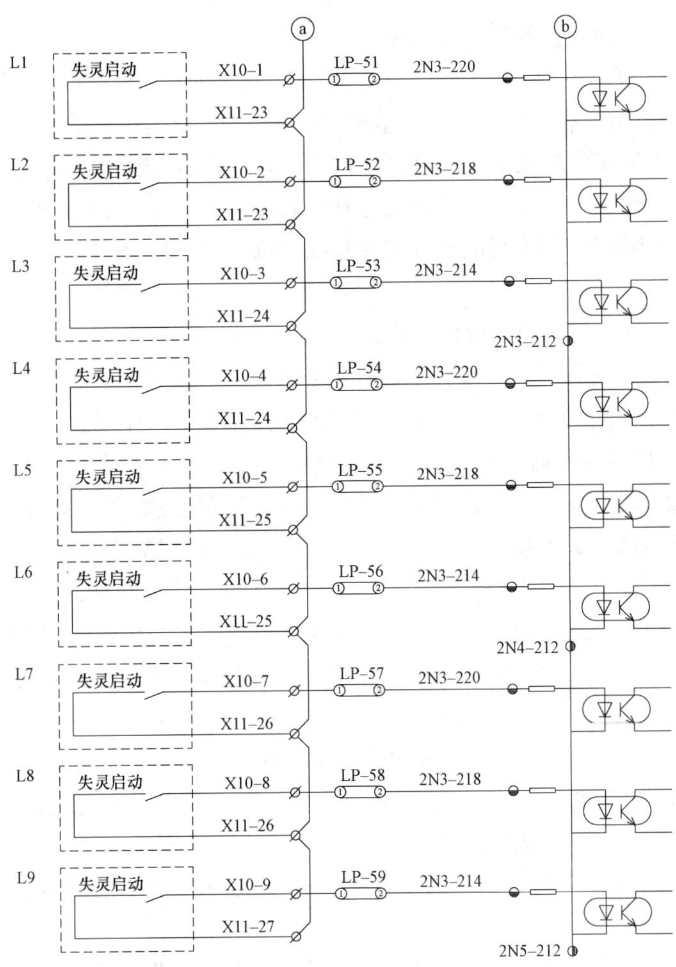

图 Z11G5012Ⅲ–2　母线保护开入回路图之二（二）

（2）投入某一保护功能压板、连通某一隔离开关位置或连通某一失灵启动接点等，该开入量显示为“0”不变为“1”或不能相应变为接通位置，可能的原因是：

1）该开入量接入保护装置端子接触不良。如投入过电流保护压板 LP79，保护装置中“过电流保护投入”开入量不能从“0”变为“1”或不显示“过电流保护投入”，则可能是保护背板 2N1–222 端子接触不良。

2）该开入量接入保护装置的相关回路异常。比如间隔 L2 的Ⅰ母隔离开关在合闸位置，保护装置中“L2：Ⅰ母隔离开关”开入量不能从“0”变为“1”或不能显示在合位，可能是保护屏至 L2 间隔Ⅰ母隔离开关的某一电缆芯接线不良，也可能是该隔离开关辅助接点异常，或是保护屏 X8–3 端子至保护背板 2N3–230 接线有异常等。

3）保护装置内相关的光耦损坏等。

（3）未投入任何保护功能压板、各间隔隔离开关（或其模拟盘对应小开关）在分闸位置或无失灵启动接点闭合等，某开入量显示为“1”或显示为投入/合上，可能的原因是：

1）该开入量实际被短接。比如间隔 L2 的Ⅰ母隔离开关在分闸位置，保护装置中“L2：Ⅰ母隔离开关”开入量为“1”或显示在合位，可能是保护背板 2N3–230、2N3–228 端子间爬电（间隔 L3 的Ⅰ母隔离开关此时在合位），也可能是 L2 的Ⅰ母隔离开关辅助接点未打开。

2）保护装置内相关的光耦损坏等。

三、母线保护开入回路故障异常检查及处理

（1）对于开入量不能从“0”变为“1”或从分位显示为合位。

先用数字万用表确认保护屏开入量光耦电源正常且开入量电源空开引至端子排 X1–20、X1–23 端子接线良好，以此排除所有开入量不能从“0”变为“1”的问题；再用开入量正电源点通不能从“0”变为“1”的开入量尽量靠近保护装置的接线端子，若该开入量此时能从“0”变为“1”，则为该开入量外回路接线有异常，按照相关回路用光耦正电源逐点点通，直至该开入量不能从“0”变为“1”时，则可判断出异常点的位置；若该开入量此时不能从“0”变为“1”，则为该开入量内部接线有误或光耦损坏。比如间隔 L2 失灵启动接点闭合，保护装置中“L2 失灵启动”开入量不能从“0”变为“1”或显示为“断开”，可用短接线一头接在开入量正电源 X1–20 端子上，另一头点通 LP52 的桩头 2，若该开入量此时能从“0”变为“1”，再依次去点通 LP52 的桩头 1、X10–2 端子，如在点通 LP52 的桩头 1 时“L2 失灵启动”开入量能从“0”变为“1”而点通 X10–3 端子时不能，则可大致确定问题出在 LP52 的桩头 1、X10–3 端子之间的回路上。

（2）对于开入量异常从“0”变为“1”或从分位显示为合位。

拆开异常从“0”变为“1” 的开入量尽量靠近保护装置的接线端子，若该开关量仍然保持为“1”或显示为接通，则为该开入量内部接线有误或光耦损坏；若该开关量变为“0”，则为该开入量外回路接线有异常，可按照相关回路逐点拆开，直至该开入量从“1”变为“0”或显示为分位，以此则可判断出异常点的位置。比如间隔 L2 失灵启动接点已确定断开，保护装置中“L2 失灵启动接点”开入量不能从“1”变为“0”或仍然显示为“闭合”，先拆开 LP52 的桩头 2 至保护装置背板 2N3–218 端子的连线，检查光耦是否损坏或内部接线是否有问题；无问题则予以恢复，然后再依次拆开 LP52 的桩头 1、X10–2 端子等相关点，如在拆开 X10–2 端子时“L2 失灵启动接点”开入量能从“1”变为“0”而拆开 LP52 的桩头 1 时不能，则可大致确定问题出在 X10–2 端子、LP52 的桩头 1 之间的回路上。

模块 13 母线保护操作回路故障及异常处理（Z11G5013Ⅲ）

【模块描述】本模块包含了母线保护操作回路故障及异常处理步骤及方法，通过对相关案例的讲解，掌握母线保护操作回路故障及异常处理方法。

【模块内容】

一、母线保护操作回路图

母线保护出口跳闸回路图如图 Z11G5013Ⅲ-1 所示。

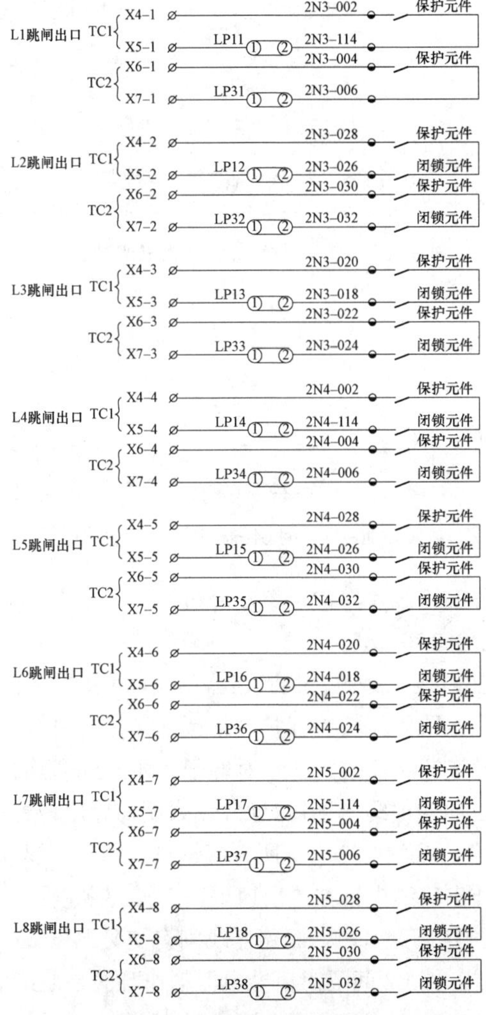

图 Z11G5013Ⅲ-1 母线保护出口跳闸回路图（一）

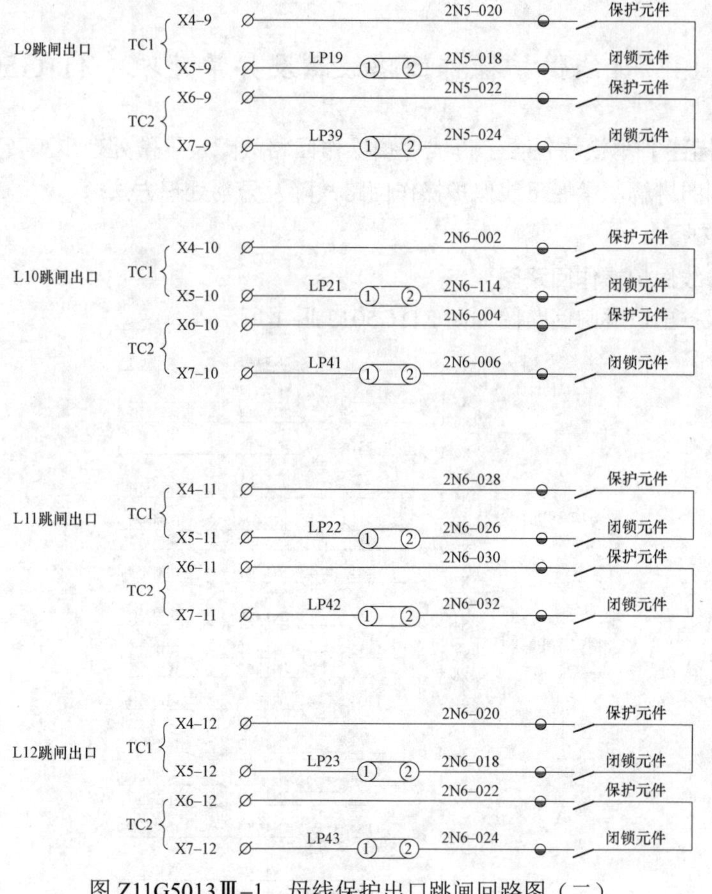

图 Z11G5013Ⅲ–1 母线保护出口跳闸回路图（二）

二、母线保护操作回路故障异常现象及分析

（一）保护出口跳闸回路

（1）母差保护发出跳闸命令时，某断路器不跳，可能的原因是对应该断路器的跳闸压板未投或接触不良；跳闸压板到保护端子或端子排的引线接触不良；保护装置出口三极管坏。如果对应该断路器跳闸的一对端子（如 L2 间隔的第一跳闸回路 X4–2、X5–2 端子）已导通且上面的电缆芯连接良好，则表明问题出在外接的断路器操作回路。

（2）若母差保护发出跳闸命令时，所有应该跳闸的断路器都不跳。可能的原因是出口继电器电源不良或出口继电器被“出口退出”控制字强制退出等。

（3）母差保护发出跳闸命令时，断路器跳闸有交叉现象。可能的原因是屏内引线错误或外接电缆芯接错。如 L2 间隔出口继电器动作跳的是 L3 间隔的断路器，可能的原因是屏内 X5–2 至 2N3–028 线和 X5–3 端子至 2N3–018 线位置接反或 X5–2、X5–3

至各自断路器操作回路的电缆芯线位置接反。

（二）母差保护所接各间隔断路器控制回路

各间隔断路器控制回路故障异常现象及分析参见模块 Z11G5007Ⅲ 线路保护操作回路故障及异常处理相关部分，不再赘述。

三、母线保护操作回路故障异常检查及处理

（一）保护出口跳闸回路

（1）对于母差保护发出跳闸命令时，某断路器不跳。

先检查屏内该间隔跳闸回路是否正常。拆开对应该断路器跳闸的一对端子（如 L2 间隔的第一跳闸回路 X4–2、X5–2 端子）上面的电缆芯，用绝缘胶布包好，加模拟故障量使母差保护跳该间隔的逻辑动作，测量这对端子是否导通。若不通，则按相应回路逐段核对接线的正确性，比如 L2 间隔第一跳闸回路，可测量 2N3–028 和 2N3–026 之间是否导通（若不通则说明母差保护装置内跳闸接点、闭锁接点或接点引出线有异常）；X4–2 端子至 2N3–028 连线、2N3–026 至 LP12 桩头 2、X5–2 端子至 LP12 桩头 1 连线是否连接良好；LP12 压板接触是否良好等。若 X4–2、X5–2 端子之间在母差保护跳该间隔的逻辑动作时连通良好，则向上级申请进一步检查对应断路器的操作回路。

（2）对于母差保护发出跳闸命令时，所有应该跳闸的断路器都不跳。

检查保护装置的背板上出口继电器电源接入端子和保护装置电源是否连接良好，若连接良好则可能是出口继电器电源模块坏或其电源小开关坏，可更换电源插件检验一下。

（3）对于母差保护发出跳闸命令时，断路器跳闸有交叉现象。

这种情况在发生交叉现象的两台断路器运行于同一母线时不易察觉，但在这两台断路器运行于不同母线或断路器失灵保护有跟跳功能时问题就会暴露出来。解决的办法就是在母差保护投运时要每个间隔单独传动断路器试验。

（二）母差保护所接各间隔断路器控制回路

各间隔断路器控制回路故障异常现象及分析参见模块 Z11G5007Ⅲ 线路保护操作回路故障及异常处理相关部分，不再赘述。

模块 14 自动装置交流回路故障及异常处理（Z11G5014Ⅲ）

【模块描述】本模块包含了自动装置交流回路故障及异常处理步骤及方法，通过对相关案例的讲解，掌握自动装置交流回路故障及异常处理方法。

【模块内容】

一、备自投装置交流回路图

1. 交流电流回路图

备自投装置交流电流回路图如图 Z11G5014Ⅲ-1 所示。

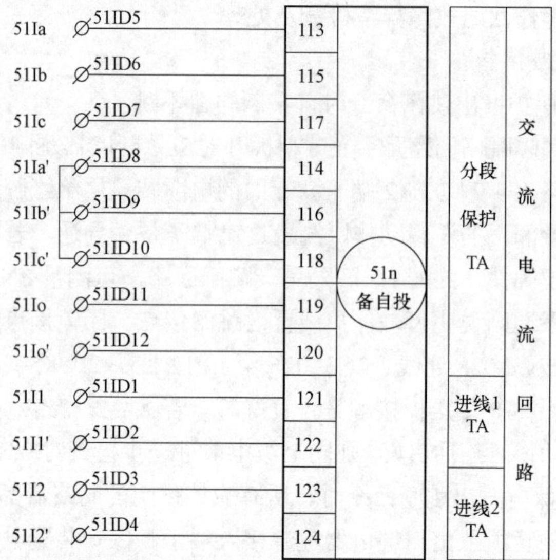

图 Z11G5014Ⅲ-1 备自投装置交流电流回路图

2. 交流电压回路图

备自投装置交流电压回路图如图 Z11G5014Ⅲ-2 所示。

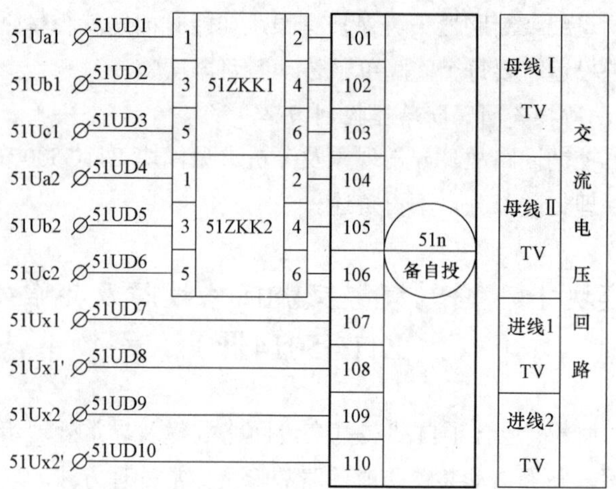

图 Z11G5014Ⅲ-2 备自投装置交流电压回路图

二、自动装置交流回路故障异常现象及分析

1. 交流电流回路

（1）交流电流回路最常见的故障是电流互感器二次回路断线，具体可能是：

1）电流互感器二次绕组出线桩头内部引线松动或外部电缆芯未拧紧；

2）电流互感器二次端子箱内端子排上接线接触不良或接错档；

3）保护屏上电流端子接线接触不良或接错档；

4）保护机箱背板电流端子接线接触不良或接错线；

5）保护电流插件内电流端子接线接触不良或接错线；

6）有电流互感器二次绕组极性错误或保护内小电流互感器引线头尾接反，三相电流不对称度较严重。

（2）交流电流回路有短接或分流现象，具体可能是：

1）保护装置前某处电流互感器二次回路接线间有受潮的灰尘等导电异物；

2）保护装置前某处电流互感器相线绝缘破损，有接地现象，和电流互感器二次原有的接地点形成回路。

（3）保护装置采样回路故障，使采样值和实际加入电流值不一致。

（4）进线 1、进线 2 电流在保护装置上位置接反，使得实际运行中备自投拒动。

2. 交流电压回路

（1）交流电压回路最常见的故障是电流互感器二次回路断线，具体可能是：

1）电压互感器二次绕组出线桩头内部引线松动或外部电缆芯未拧紧；

2）电压互感器二次端子箱内端子排上接线接触不良或接错档；

3）电压互感器二次端子箱内总空开接点接触不良或接线接触不良；

4）保护屏上电压端子接线接触不良或接错档；

5）保护屏上电压互感器电源空开接点接触不良或接线接触不良；

6）保护机箱背板电压端子接线接触不良或接错线；

7）保护电压插件内电流端子接线接触不良或接错线；

8）有电压互感器二次绕组极性错误，三相电压不对称；

9）若有电压互感器电压切换、并列回路，还可能是相关继电器接点、线圈或接线问题等。

（2）交流电压回路有短接引起电压互感器空开跳闸现象，具体可能是：

1）某处电压互感器二次回路接线间有受潮的灰尘等导电异物；

2）某处电压互感器相线绝缘破损，有接地现象；

3）引入自动装置的两段母线二次电压接线不正确，保护切换电压时异相并列等。

（3） 保护装置采样回路故障，使采样值和实际加入电压值不一致。

（4） Ⅰ母 TV、Ⅱ母 TV 电压或进线 1、进线 2 电压在保护装置上位置接反，使得实际运行中备自投拒动。

三、自动装置交流回路故障异常检查及处理

1. 交流电流回路

（1） 在电流互感器带负荷运行中，若发现三相电流不平衡较严重或某相无电流，可用在电流互感器端子箱处，测量电流互感器各二次绕组各相对 N 端电压的方法，判别相应电流回路是否有开路现象。在正常情况下电流互感器二次回路的负载阻抗很小，在负荷电流下所测得的电压也应较小，若有开路或接触不良现象则负载阻抗变大，在负荷电流下所测得的电压也应明显增大。若负载电流较大时，可用高精度钳形电流表分别在电流回路各环节测量电流值，检查是否有分流现象。必要时，用数字钳形相位表检查各相进入保护装置电流的相位是否是正相序、和同名相电压的夹角是否符合功率输送的方向。

若在电流互感器带负荷运行中无法断定问题原因或查出大致原因后，需要对电流互感器停电对相关二次回路做进一步检查处理。

（2） 在相关一次设备停电的情况下，检查电流回路的最基本方法，就是做电流回路的二次通电试验，即在电流互感器二次绕组桩头处或电流互感器端子箱处，按 A、B、C 相分别（或同时但三相不同值）向自动装置通入一定量及相位的电流，看相关保护装置是否能显示相同的电流及相位值。

1） 若保护装置显示的电流值明显较小可能是有分流现象，用高精度钳形电流表分别在电流回路各环节测量电流值，可以检查出分流大致的地点；

2） 若保护装置显示无电流值可能为电流回路开路，用数字万用表分别从保护装置背板电流端子开始在电流回路各环节测量电阻值，可以检查出开路大致的地点；

3） 若保护装置显示无电流值或电流值较小甚至较大，但保护装置入口处用高精度钳形电流表能测得和所加电流一致的值，证明保护装置的相应采样回路有异常，可用更换同型号交流或 CPU 等相关插件的方法予以验证；

4） 若保护装置显示电流值虽和所加电流值一致但和所加相别不一致，证明电流回路有串相现象存在；若保护装置显示电流值虽和所加电流值一致但和所加相位不一致，可能是保护装置电流引线头尾接反；

5） 若相关保护装置能显示相同的电流及相位值，则要电流互感器二次绕组桩头处或电流互感器端子箱处断开下接的二次回路，用做电流互感器伏安特性的方法，向电流互感器二次绕组通电以检查问题是否出自电流互感器二次绕组及其至二次绕组桩头处或电流互感器端子箱处的接线。

（3） 在校验装置时，应注意所加进线 1、进线 2 电流和装置中显示的一致性；在设备新投验收中应从进线1、进线2电流的源头进行通流试验，以确定接线的正确性。

2. 交流电压回路

（1）在电压互感器带负荷运行中若发现三相电压不平衡较严重、某相无电压或三相无电压，可用在正、副母电压屏顶小母线或公用测量屏引入本自动装置屏的接入电缆端子排处，测量进入自动装置屏电压互感器二次各相对 N 及相间电压的方法，判别进入电压回路是否有异常现象。若进入的电压不正常则要在电压互感器二次接线桩头或二次端子箱至接入自动装置屏端子间查找，按电压互感器电压二次回路的连接采用逐级测量电压的方法，查找出产生电压不平衡、某相无压或三相无压的原因。

若在电压互感器带负荷运行中，引入本自动装置屏的接入电缆端子排处，测量进入自动装置屏电压互感器二次各相对N及相间电压的方法，判别进入电压回路正常，本自动装置屏电压切换回路包括线路隔离开关辅助接点，如果要判别电压切换回路是否正常，则需要对自动装置屏停用以便对相关二次回路做进一步检查处理。

（2）在自动装置屏停用的情况下，检查自动装置电压回路的最基本方法，就是做电压回路的二次加压试验，即在进入自动装置屏的电压互感器电压端子排处按A、B、C 相分别（或同时但三相不同值）向自动装置通入一定量及相位的电压，看相关保护装置是否能显示相同的电压及相位值。

1）若保护装置显示的电压值明显较小，可能是有接线处接触不良现象，用数字万用表分别在电压回路各环节测量电压值，可以检查出接线处接触不良大致的地点；

2）若保护装置显示无电压值可能为电压回路开路，用数字万用表分别从保护装置背板电压端子开始，在电压回路各环节测量电阻值，可以检查出开路大致的地点；

3）若保护装置显示无电压值或电压值较小甚至较大，但保护装置入口处用电压表能测得和所加电压一致的值，证明保护装置的相应采样回路有异常。可用更换同型号交流或CPU等相关插件的方法予以验证；

4）若保护装置显示电压值虽和所加电压值一致但和所加相别不一致，证明电压回路有串相现象存在；若三相同时加入幅值不等的正序电压，保护反应的各相电压采样值和所加的不相等且之间相位混乱，则证明是电压零线有开路现象。

（3）在校验装置时，应注意所加进线1、进线2电压或Ⅰ母TV、Ⅱ母TV电压和装置中显示的一致性；在设备新投验收中应从进线1、进线2电压的源头进行加压试验，以确定接线的正确性；认真核对接线以保证Ⅰ母TV、Ⅱ母TV电压接线的正确性。

◢ 模块 15 自动装置开入回路故障及异常处理（Z11G5015Ⅲ）

【模块描述】本模块包含了自动装置开入回路故障及异常处理步骤及方法，通过对相关案例的讲解，掌握自动装置开入回路故障及异常处理方法。

【模块内容】

一、备自投装置开入回路图

备自投装置开入回路图如图 Z11G5015Ⅲ-1 所示。

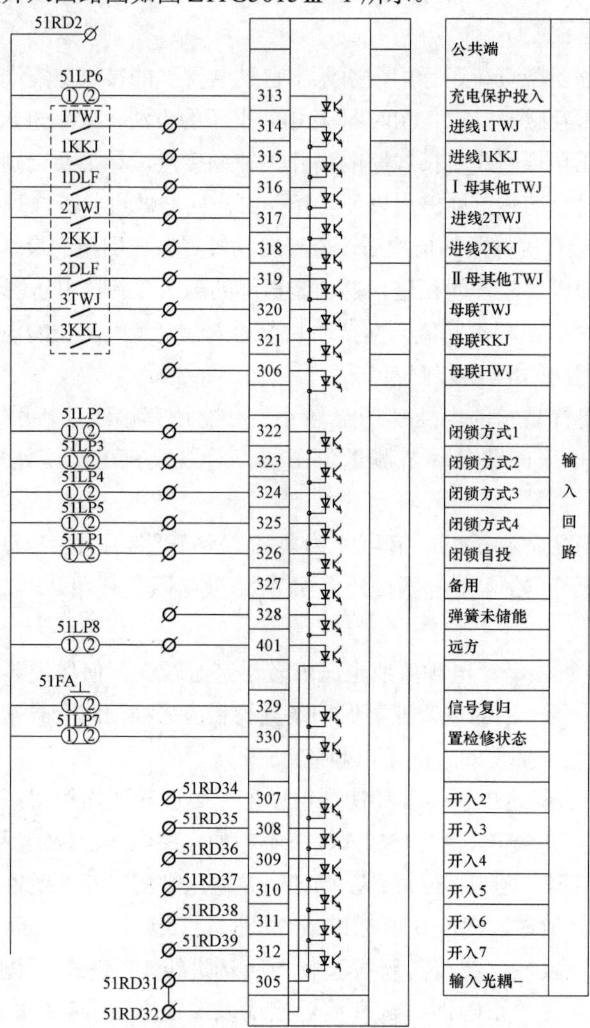

图 Z11G5015Ⅲ-1 备自投装置开入回路图

二、备自投装置开入回路故障异常现象及分析

（1）投入任何闭锁压板、充电保护投入压板或有相关断路器在分闸位置等，对应开入量全部显示为“0”不变为“1”，可能的原因是：

1）备自投装置正电源51RD2端子至51LP6桩头1引线不通或接线处接触不良；

2）备自投装置负电源51RD31端子至备自投装置背板305端子引线不通或接线处接触不良；

（2）投入某一闭锁压板、充电保护投入压板或有相关断路器在分闸位置等，对应开入量显示为“0”不变为“1”，可能的原因是：

1）该开入量接入保护装置端子接触不良。如投入闭锁备自投压板51LP1，保护装置中“闭锁自投”开入量不能从“0”变为“1”，则可能是保护背板326端子接触不良或至端子51RD15引线不通，或51RD15至51LP1桩头2引线不通、接线处接触不良等；

2）该开入量接入保护装置的相关回路异常。如进线1断路器在分闸位置，备自投装置中“进线1TWJ”开入量不能从“0”变为“1”，可能是备自投装置正电源51RD2或对应光耦输入端子51RD6至进线1断路器跳闸位置继电器接点的电缆芯或引线接线有异常，也可能是进线1断路器跳闸位置继电器接点异常等等；

3）保护装置内相关的光耦损坏等。

（3）未投入某一闭锁压板、充电保护投入压板或有相关断路器在分闸位置等，对应开入量显示为“1”，可能的原因是：

1）该开入量实际被短接。如进线1断路器在合闸位置，保护装置中“进线1TWJ”开入量为“1”，可能是51RD2、51RD6端子间因某种原因连通，也可能是进线1断路器跳闸位置继电器接点粘连未打开；

2）保护装置内相关的光耦损坏等。

三、备自投装置开入回路故障异常检查及处理

1. 对于开入量不能从“0”变为“1”

先用数字万用表确认备自投装置正电源正常引至51RD2端子，备自投装置负电源正常引至51RD31端子，以此排除所有开入量不能从“0”变为“1”的问题；再用装置正电源点通不能从“0”变为“1”的开入量尽量靠近备投装置的接线端子，若该开入量此时不能从“0”变为“1”，则为该开入量内部接线有误或光耦损坏；若该开入量此时能从“0”变为“1”，则为该开入量外回路接线有异常，按照相关回路用装置正电源逐点点通，直至该开入量不能从“0”变为“1”时，则可判断出异常点的位置。比如闭锁自投压板在投入位置，保护装置中“闭锁自投”开入量不能从“0”变为“1”，可用短接线一头接在保护背板51RD2端子装置正电源上，另一头点通51RD15端子，若该开入量此时能从“0”变为“1”，再依次去点通51LP1桩头2等，如在点通1RD15

端子时“闭锁自投”开入量能从“0”变为“1”而点通51LP1桩头2时不能，则可大致确定是1RD15端子至51LP1桩头2引线不通或接线处接触不良。

2. 对于开入量异常从“0”变为“1”

拆开异常从“0”变为“1”的开入量尽量靠近保护装置的接线端子，若该开关量仍然保持为“1”，则为该开入量内部接线有误或光耦损坏；若该开关量变为“0”，则为该开入量外回路接线有异常，拆开应断开接点的外部连线，若该开入量从“1”变为“0”，则表明异常之处在此，可在断电后测量该接点的通断以确定其是否粘连。若该接点正常，则按照相关回路逐点拆开，直至该开入量从“1”变为“0”，以此则可判断出异常点的位置。比如进线1断路器合闸位置，保护装置中“进线1TWJ”开入量不能从“1”变为“0”，先拆开51RD6至备投装置背板314端子的连线，检查光耦是否损坏或装置内引线异常；然后检查51RD6端子上是否有和本屏装置正电源的异常连线，若无则拆开备自投装置正电源51RD2及对应光耦输入端子51RD6至进线1断路器跳闸位置继电器接点的电缆芯或引线，测量进入本屏的进线1跳闸位置继电器接点回路是否还在接通状态，若是则向上级申请去进线1间隔做进一步检查。

◢ 模块16 自动装置操作回路故障及异常处理（Z11G5016Ⅲ）

【模块描述】本模块包含了自动装置操作回路故障及异常处理步骤及方法，通过对相关案例的讲解，掌握自动装置操作回路故障及异常处理方法。

【模块内容】

一、备自投装置操作回路图

备自投装置出口跳合闸回路图如图Z11G5016Ⅲ-1所示。

二、备自投装置操作回路故障异常现象及分析

（一）备自投装置出口跳合闸回路

（1）备自投装置对某断路器发出跳闸命令时，该断路器不跳。可能的原因是对应该断路器的跳闸压板未投或接触不良；跳闸压板到保护端子或端子排的引线接触不良；保护装置出口三极管坏。如果对应该断路器跳闸的一对端子（比如跳进线Ⅰ断路器回路的51CD1、51CD4端子）已导通且上面的电缆芯连接良好，则表明问题出在外接的断路器操作回路。

（2）备自投装置对某断路器发出合闸命令时，该断路器不合。可能的原因是对应该断路器的合闸压板未投或接触不良；合闸闸压板到保护端子或端子排的引线接触不良；保护装置出口三极管坏。如果对应该断路器跳闸的一对端子（比如合进线 I 断路器回路的 51CD2、51CD5 端子）已导通且上面的电缆芯连接良好，则表明问题出在外接的断路器操作回路。

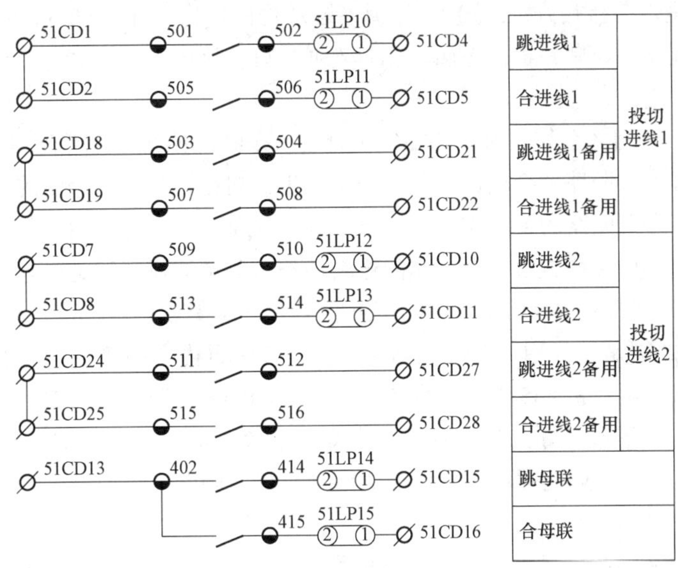

图 Z11G5016Ⅲ-1　备自投装置出口跳合闸回路图

（3）备自投装置对某断路器发出跳闸或合闸命令时，该断路器不动作。可能的原因是屏内对应该断路器的跳、合闸引线错误或来自该断路器操作回路跳、合电缆芯接反。比如备自投装置对进线 2 断路器无论发跳闸令还是发合闸令进线 2 断路器均无反应，原因之一就可能是 51CD10、51CD11 端子通向内部的连线或来自进线 2 断路器操作回路的跳、合闸电缆芯线接反。

（二）备自投装置所接各间隔断路器控制回路

各相关断路器控制回路故障异常现象及分析参见模块 Z11G5007Ⅲ线路保护操作回路故障及异常处理相关部分，不再赘述。

三、备自投装置操作回路故障异常检查及处理

（一）备自投装置出口跳合闸回路

（1）对于备自投装置对某断路器发出跳闸命令时，该断路器不跳。

先检查屏内该断路器跳闸回路是否正常。拆开对应该断路器跳闸的一对端子（比如跳进线 I 断路器回路的 51CD1、51CD4 端子）上面的电缆芯，用绝缘胶布包好，加模拟故障量使备自投装置跳该断路器的逻辑动作，测量这对端子是否导通。若不通，

则按相应回路逐段核对接线的正确性，比如跳进线1断路器回路，可测量保护背板501和502端子之间是否导通（若不通则说明备自投装置内跳闸接点或接点引出线有异常）；51CD1端子至背板501端子连线、502端子至51LP10桩头2、51CD4端子至51LP10桩头1连线是否连接良好；51LP10压板接触是否良好等。若51CD1、51CD4端子之间在备自投装置跳该断路器的逻辑动作时连通良好，则向上级申请进一步检查对应断路器的操作回路。

（2）对于备自投装置对某断路器发出合闸命令时，该断路器不合。

先检查屏内该断路器合闸回路是否正常。拆开对应该断路器合闸的一对端子（比如合进线1断路器回路的51CD2、51CD5端子）上面的电缆芯，用绝缘胶布包好，加模拟故障量使备自投装置合该断路器的逻辑动作，测量这对端子是否导通。若不通，则按相应回路逐段核对接线的正确性，比如合进线1断路器回路，可测量保护背板505和506端子之间是否导通（若不通则说明备自投装置内合闸接点或接点引出线有异常）；51CD2端子至背板505端子连线、506端子至51LP11桩头2、51CD5端子至51LP11桩头1连线是否连接良好；51LP11压板接触是否良好等。若51CD2、51CD5端子之间在备自投装置合该断路器的逻辑动作时连通良好，则向上级申请进一步检查对应断路器的操作回路。

（3）对于备自投装置对某断路器发出跳闸或合闸命令时，该断路器不动作。

如怀疑是该断路器跳、合闸回路接反，可测量来自该断路器的跳合闸线是否接反，方法是在备自投屏端子排上按照图纸标示应该接跳闸或合闸线的端子上测量来线的对地电位，该断路器在合闸位置时，跳闸线对地应是负电位、合闸线对地应是正电位；该断路器在分闸位置时，合闸线对地应是负电位、分闸线对地应是正电位；若接线不正确则把两者互换再做整组试验验证，若接线正确就去检查屏内接线，按照图纸认真核对接线的每一个环节，直至找出问题的根源并予以更正，再做整组试验验证。

（二）备自投装置所接相关隔断路器控制回路

各相关断路器控制回路故障异常现象及分析参见模块Z11G5007Ⅲ线路保护操作回路故障及异常处理相关部分，不再赘述。

◢ 模块17 故障录波装置及故障信息系统异常及处理（Z11G5017Ⅲ）

【模块描述】本模块包含了故障录波装置及故障信息系统操作回路故障及异常处理步骤及方法，通过对相关案例的讲解，掌握故障录波装置及故障信息系统操作回路故障及异常处理方法。

【模块内容】

一、故障录波装置及故障信息系统回路图

1. 故障录波装置回路图

故障录波装置原理图如图 Z11G5017Ⅲ–1 所示。

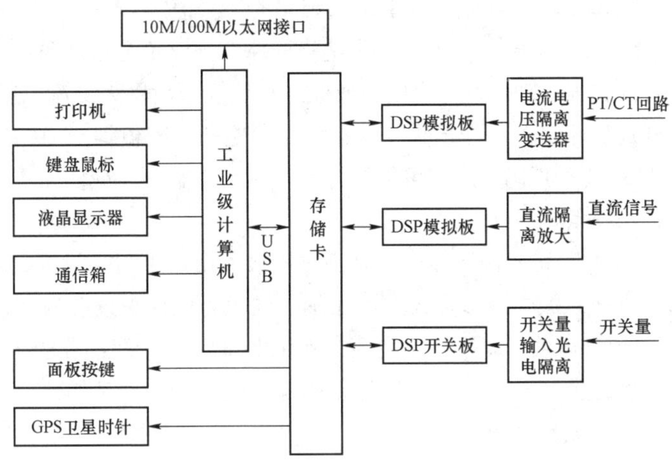

图 Z11G5017Ⅲ–1　故障录波装置原理图

2. 变电站故障信息系统联系图

变电站故障信息系统联系图如图 Z11G5017Ⅲ–2 所示。

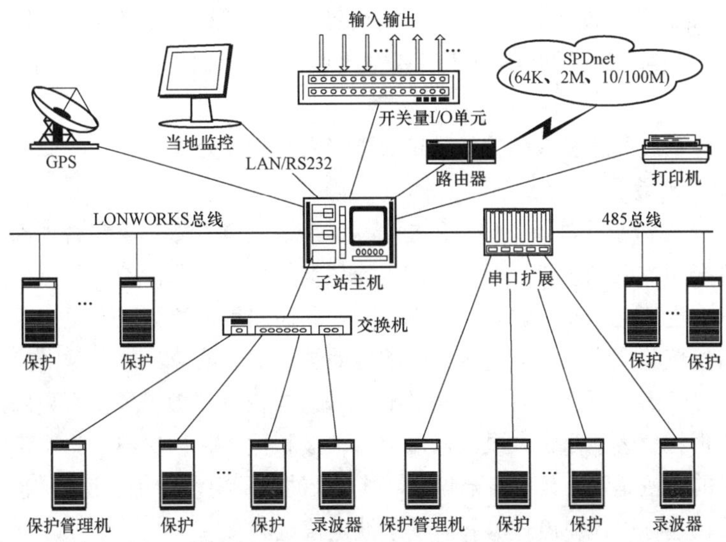

图 Z11G5017Ⅲ–2　变电站故障信息系统联系图

二、故障录波装置及故障信息系统故障异常现象及分析

1. 故障录波装置

（1）电流量录波不正确。原因可能是电流回路有开路或分流现象；录波器内参数设置不正确（未设定为启动量、对应板件或通道组属性未设置为交流电流等）；电流隔离变送器等采样通道不良；电流值大于录波装置的上限值等。

（2）电压量录波不正确。原因可能是电流回路有开路或分压现象；录波器内参数设置不正确（未设定为启动量、对应板件或通道组属性未设置为交流电压等）；电压隔离变送器等采样通道不良；电压值大于录波装置设定的上限值等。

（3）开入量录波不正确。原因可能是开入量接点接触不良或回路不通或短接；相应开入量的光耦不良等。

（4）高频量录波不正确。原因可能是高频量接入回路不通或短接；装置内转换元件等采样通道不良；录波器内参数设置不正确（通道组属性未设置为高频）等。

（5）录波器频繁启动。原因可能是某个支路电流启动值的上限定值小于正常负荷电流；或某个支路电流启动值的下限定值不为零；有设为启动量的位置接点抖动；录波装置抗干扰能力差或异常等。

2. 故障信息系统

（1）故障信息子站收不到下接二次设备（主要是保护装置）的信息。原因可能是通信线（网线、双绞线等）断线或短路；保护装置侧或故障信息子站侧通信口变坏；通信受电磁干扰停顿等。

（2）上级监控、调度端收不到子站的信息。原因可能是通信线（网线、双绞线等）断线或短路；故障信息子站侧通信口或站内通信设备通信口异常；站内通信设备异常等。

三、故障录波装置及故障信息系统故障异常检查及处理

1. 故障录波装置

（1）对于电流量录波不正确，先检查录波装置内部参数设置是否正确，再用高精度的数字钳形相位表测量进入录波器的电流值及相位，并和保护、监控等处电流比较以辨别接入的电流是否正确。若无问题，则在录波器屏电流端子上短接退出相应电流回路，用微机校验仪进行电流精度试验和启动录波定值试验。

（2）对于电压量录波不正确，先检查录波装置内部参数设置是否正确，再用高精度的数字钳形相位表测量进入录波器的电压值及相位，并和保护、监控等处电流比较以辨别接入的电压是否正确。若无问题，则在录波器屏电流端子上退出相应电压回路，用微机校验仪进行电流精度试验和启动录波定值试验。

（3）对于开入量录波不正确，应该闭合的接点录波器反映是打开的，测量录波器

开入量正电源和相应接点引入端子间的电压，若为零则可能是内部光耦或引线异常，若为光耦电源电压则表明外接接点或回路不通，下面再进一步检查外回路。应该打开的接点录波器反映是闭合的，拆开该开关量在录波器屏端子上的进线，若仍反映为闭合，则可能是内部光耦或引线短路；若恢复为打开，则表明外接接点闭合或回路短路，下面再进一步检查外回路。

（4）对于高频量录波不正确，在发信和停信两种情况下测量相应录波器屏端子上的直流电压，若发信时有压，停信时无压，则可能是录波器内部元件或引线异常；若测量不到电压，则表明高频收发信机录波端口异常或其至故障录波器屏回路异常。

（5）对于录波器频繁启动，先从故障录波记录上观察是哪一路模拟量或开关量启动录波，检查对应的电流启动值设置是否合理，拆开相应的开关量看是否能消除频繁启动现象，或观察到录波装置有异常现象则通知厂家进行进一步处理。

2. 故障信息系统

（1）对于故障信息子站收不到下接二次设备的信息，检查通信线是否畅通（网线可用网线对线器、双绞线可用万用表）；信息子站和所接装置相互间的地址、规约设置是否正确；信息子站更换通信口；了解所接保护装置是否新换了程序；信息子站和所接装置复位或重新上电等。

（2）对于上级监控、调度端收不到子站的信息，检查通信线是否畅通；检测故障信息子站侧通信口或站内通信设备通信口是否异常；站内通信设备异常是否等。

国家电网有限公司

技能人员专业培训教材

继电保护及自控装置运维

（330kV 及以上）下册

国家电网有限公司　组编

图书在版编目（CIP）数据

继电保护及自控装置运维．330kV 及以上：全 2 册 / 国家电网有限公司组编．—北京：中国电力出版社，2020.7

国家电网有限公司技能人员专业培训教材

ISBN 978-7-5198-3986-4

Ⅰ．①继… Ⅱ．①国… Ⅲ．①继电保护–电力系统运行–技术培训–教材 Ⅳ．①TM77

中国版本图书馆 CIP 数据核字（2019）第 244117 号

出版发行：中国电力出版社
地　　址：北京市东城区北京站西街 19 号（邮政编码 100005）
网　　址：http://www.cepp.sgcc.com.cn
责任编辑：王蔓莉（010-63412791）
责任校对：黄　蓓　郝军燕　李　楠　于　维
装帧设计：郝晓燕　赵姗姗
责任印制：石　雷

印　　刷：三河市百盛印装有限公司
版　　次：2020 年 7 月第一版
印　　次：2020 年 7 月北京第一次印刷
开　　本：710 毫米×980 毫米　16 开本
印　　张：88
字　　数：1694 千字
印　　数：0001—2000 册
定　　价：265.00 元（上、下册）

本书编委会

前　言

为贯彻落实国家终身职业技能培训要求，全面加强国家电网有限公司新时代高技能人才队伍建设工作，有效提升技能人员岗位能力培训工作的针对性、有效性和规范性，加快建设一支纪律严明、素质优良、技艺精湛的高技能人才队伍，为建设具有中国特色国际领先的能源互联网企业提供强有力人才支撑，国家电网有限公司人力资源部组织公司系统技术技能专家，在《国家电网公司生产技能人员职业能力培训专用教材》（2010 年版）基础上，结合新理论、新技术、新方法、新设备，采用模块化结构，修编完成覆盖输电、变电、配电、营销、调度等 50 余个专业的培训教材。

本套专业培训教材是以各岗位小类的岗位能力培训规范为指导，以国家、行业及公司发布的法律法规、规章制度、规程规范、技术标准等为依据，以岗位能力提升、贴近工作实际为目的，以模块化教材为特点，语言简练、通俗易懂，专业术语完整准确，适用于培训教学、员工自学、资源开发等，也可作为相关大专院校教学参考书。

本书为《继电保护及自控装置运维（330kV 及以上）》分册，共分为上下两册，由周丽芳、石连虎、陈剑、刘玙、蒋益恒、付晓奇、王焕金、李克峰、曹爱民、战杰、张冰、陶红鑫编写。在出版过程中，参与编写和审定的专家们以高度的责任感和严谨的作风，几易其稿，多次修订才最终定稿。在本套培训教材即将出版之际，谨向所有参与和支持本书籍出版的专家表示衷心的感谢！

由于编写人员水平有限，书中难免有错误和不足之处，敬请广大读者批评指正。

目　录

前言

上　册

第一部分　保护、安全自动装置的调试及维护

第一章　线路保护装置调试及维护 ······ 2
模块 1　110kV 及以下线路微机保护装置原理（Z11F1001 Ⅰ） ······ 2
模块 2　110kV 及以下线路微机保护装置调试的安全和技术措施（Z11F1002 Ⅰ） ······ 19
模块 3　110kV 及以下典型线路微机保护装置的调试（Z11F1003 Ⅰ） ······ 24
模块 4　220kV 线路微机保护装置原理（Z11F1004 Ⅱ） ······ 31
模块 5　220kV 线路微机保护装置调试的安全和技术措施（Z11F1005 Ⅱ） ······ 47
模块 6　220kV 典型线路微机保护装置的调试（Z11F1006 Ⅱ） ······ 52
模块 7　330kV 及以上线路微机保护装置原理（Z11F1010 Ⅱ） ······ 63
模块 8　330kV 及以上线路微机保护装置调试的安全和技术措施（Z11F1011 Ⅱ） ······ 82
模块 9　330kV 及以上典型线路微机保护装置的调试（Z11F1012 Ⅱ） ······ 87
模块 10　保护通道原理（Z11F1007 Ⅱ） ······ 93
模块 11　保护通道调试的安全和技术措施（Z11F1008 Ⅱ） ······ 104
模块 12　保护通道的调试（Z11F1009 Ⅱ） ······ 108
第二章　变压器保护装置调试及维护 ······ 142
模块 1　330kV 及以上变压器微机保护装置原理（Z11F2001 Ⅱ） ······ 142
模块 2　330kV 及以上变压器保护装置调试的安全和技术措施（Z11F2002 Ⅱ） ······ 153
模块 3　330kV 及以上变压器微机保护装置的调试（Z11F2003 Ⅱ） ······ 158

第三章　母线保护装置调试及维护……166
模块 1　母线微机保护装置原理（Z11F3001Ⅱ）……166
模块 2　母线保护装置调试的安全和技术措施（Z11F3002Ⅱ）……181
模块 3　母线保护装置的调试（Z11F3003Ⅱ）……186
第四章　其他保护装置调试及维护……197
模块 1　35kV 及以下电容器微机保护测控装置原理（Z11F4001Ⅰ）……197
模块 2　35kV 及以下电容器保护测控装置调试的安全和技术措施（Z11F4002Ⅰ）……200
模块 3　35kV 及以下电容器微机保护装置的调试（Z11F4003Ⅰ）……204
模块 4　35kV 及以下电抗器微机保护测控装置原理（Z11F4004Ⅰ）……209
模块 5　35kV 及以下电抗器保护测控装置调试的安全和技术措施（Z11F4005Ⅰ）……214
模块 6　35kV 及以下电抗器微机保护装置的调试（Z11F4006Ⅰ）……218
模块 7　断路器微机保护装置原理（Z11F4007Ⅱ）……223
模块 8　断路器微机保护装置调试的安全和技术措施（Z11F4008Ⅱ）……230
模块 9　断路器微机保护装置的调试（Z11F4009Ⅱ）……235
模块 10　短引线微机保护装置原理（Z11F4010Ⅱ）……241
模块 11　短引线微机保护装置调试的安全和技术措施（Z11F4011Ⅱ）……244
模块 12　短引线微机保护装置的调试（Z11F4012Ⅱ）……249
模块 13　高压并联电抗器微机保护装置原理（Z11F4013Ⅱ）……253
模块 14　高压并联电抗器保护装置调试的安全和技术措施（Z11F4014Ⅱ）……261
模块 15　高压并联电抗器微机保护装置的调试（Z11F4015Ⅱ）……266
第五章　自动装置调试及维护……273
模块 1　电压并列、切换、操作装置调试及维护（Z11F5001Ⅰ）……273
模块 2　低频低压减载装置原理（Z11F5002Ⅰ）……283
模块 3　低频低压减载装置调试的安全和技术措施（Z11F5003Ⅰ）……291
模块 4　低频低压减载装置的调试（Z11F5004Ⅰ）……295
模块 5　备自投装置原理（Z11F5005Ⅱ）……300
模块 6　备自投装置调试的安全和技术措施（Z11F5006Ⅱ）……308
模块 7　备自投装置的调试（Z11F5007Ⅱ）……313
第六章　安全装置调试及维护……319
模块 1　故障录波装置原理（Z11F5008Ⅱ）……319

模块 2　故障录波装置调试的安全和技术措施（Z11F5009 Ⅱ）……326
模块 3　故障录波装置的调试（Z11F5010 Ⅱ）……330
模块 4　故障信息系统调试及维护（Z11F5011 Ⅱ）……336
模块 5　安全稳定控制装置调试及维护（Z11F5012 Ⅱ）……349

第二部分　智能变电站二次系统调试

第七章　SCD 配置文件的配置及测试……365
模块 1　SCL 文件的分类（Z11F6001 Ⅲ）……365
模块 2　SCD 文件的格式与配置方法（Z11F6002 Ⅲ）……367
第八章　智能变电站单设备调试……381
模块 1　间隔层设备调试（Z11F6003 Ⅲ）……381
模块 2　过程层设备调试（Z11F6004 Ⅲ）……384
模块 3　站控层设备调试（Z11F6005 Ⅲ）……427
模块 4　智能变电站对时、同步原理及测试技术（Z11F6006 Ⅲ）……457
模块 5　常用测试仪器及软件介绍（Z11F6007 Ⅲ）……489
模块 6　智能变电站工程调试（Z11F6008 Ⅲ）……522

第三部分　二　次　回　路

第九章　二次回路的设计与审核……536
模块 1　二次回路的设计与审核（Z11G1001 Ⅱ）……536
第十章　二次回路的施工……556
模块 1　二次回路的施工（Z11G2001 Ⅰ）……556
第十一章　二次回路的检查及验收与改进……568
模块 1　二次回路的检查及验收（Z11G3001 Ⅱ）……568
模块 2　二次回路的改进（Z11G4001 Ⅱ）……582
第十二章　二次回路的异常及故障处理……594
模块 1　直流系统的基本原理（Z11G5001 Ⅲ）……594
模块 2　交流回路的基本原理（Z11G5002 Ⅲ）……613
模块 3　操作回路的基本原理（Z11G5003 Ⅲ）……639
模块 4　信号回路的基本原理（Z11G5004 Ⅲ）……646
模块 5　线路保护交流回路故障及异常处理（Z11G5005 Ⅲ）……655
模块 6　线路保护开入回路故障及异常处理（Z11G5006 Ⅲ）……660
模块 7　线路保护操作回路故障及异常处理（Z11G5007 Ⅲ）……662

模块 8　变压器保护交流回路故障及异常处理（Z11G5008Ⅲ）……671
模块 9　变压器保护开入回路故障及异常处理（Z11G5009Ⅲ）……677
模块 10　变压器保护操作回路故障及异常处理（Z11G5010Ⅲ）……680
模块 11　母线保护交流回路故障及异常处理（Z11G5011Ⅲ）……684
模块 12　母线保护开入回路故障及异常处理（Z11G5012Ⅲ）……688
模块 13　母线保护操作回路故障及异常处理（Z11G5013Ⅲ）……693
模块 14　自动装置交流回路故障及异常处理（Z11G5014Ⅲ）……695
模块 15　自动装置开入回路故障及异常处理（Z11G5015Ⅲ）……700
模块 16　自动装置操作回路故障及异常处理（Z11G5016Ⅲ）……702
模块 17　故障录波装置及故障信息系统异常及处理（Z11G5017Ⅲ）……704

下　册

第四部分　继电保护异常及事故处理

第十三章　继电保护事故类型及处理原则……710
模块 1　继电保护事故的预防（Z11H1001Ⅰ）……710
模块 2　继电保护事故处理的基本原则（Z11H2001Ⅰ）……728
第十四章　典型事故案例分析……734
模块 1　简单事故案例分析（Z11H2002Ⅱ）……734
模块 2　复杂事故案例分析（Z11H3001Ⅲ）……750
第十五章　事故分析及处理……772
模块 1　通过测控和监控系统运行日志分析故障信息（Z11H4001Ⅲ）……772
模块 2　对电气设备安装、运行、检修中出现的重大事故和缺陷提出相关处理建议（Z11H4002Ⅲ）……778

第五部分　厂站自动化设备的安装、调试及维护

第十六章　远动及数据通信设备的安装……781
模块 1　远动及数据通信设备的安装（Z11I1001Ⅰ）……781
模块 2　校核设备安装的合理性（Z11I1002Ⅰ）……786
第十七章　后台的安装……794
模块 1　后台计算机系统软件安装（Z11I2001Ⅰ）……794
模块 2　后台计算机设备的硬件安装（Z11I2002Ⅰ）……801

模块 3　站内通信方式的选择及通信网络的安装（Z11I3001Ⅰ）……………805
第十八章　不间断电源的使用……………810
模块 1　UPS 的安装（Z11J1001Ⅰ）……………810
模块 2　UPS 维护及管理（Z11J1002Ⅱ）……………812
第十九章　测控装置的调试与检修……………816
模块 1　遥信采集功能的调试与检修（Z11J2001Ⅱ）……………816
模块 2　事件顺序记录调试（Z11J2002Ⅱ）……………821
模块 3　遥测信息采集功能的调试与检修（Z11J2003Ⅱ）……………828
模块 4　遥控功能联合调试（Z11J2004Ⅱ）……………834
模块 5　测控装置与站内时间同步（Z11J2005Ⅱ）……………840
模块 6　施工安全措施及技术措施（Z11J2006Ⅱ）……………845
模块 7　三遥功能正确性验证及分析（Z11J2007Ⅱ）……………853
第二十章　站内通信及网络设备调试与检修……………858
模块 1　站内通信线路的调试与检修（Z11J3001Ⅰ）……………858
模块 2　装置通信参数设定（Z11J3002Ⅱ）……………864
模块 3　网关设备的调试与检修（Z11J3003Ⅱ）……………869
模块 4　路由器系统参数配置（Z11J3004Ⅱ）……………876
模块 5　交换机的调试与检修（Z11J3005Ⅱ）……………887
第二十一章　站内其他智能接口单元通信的调试与检修……………904
模块 1　规约转换器接口的调试与检修（Z11J4001Ⅱ）……………904
模块 2　智能设备的规约分析及选用（Z11J4002Ⅱ）……………908
第二十二章　后台监控系统的检修与调试……………912
模块 1　后台监控系统启动及关闭（Z11J5001Ⅰ）……………912
模块 2　后台监控遥信量、遥测量及通信状态（Z11J5002Ⅰ）……………914
模块 3　后台监控系统的图形生成（Z11J5003Ⅱ）……………916
模块 4　后台监控系统数据库修改（Z11J5004Ⅱ）……………920
模块 5　报表制作（Z11J5005Ⅱ）……………928
模块 6　备份和恢复数据库（Z11J5006Ⅱ）……………930
模块 7　系统参数及系统数据库配置（Z11J5007Ⅱ）……………934
模块 8　遥测系数及遥信极性的处理（Z11J5008Ⅱ）……………936
模块 9　电压无功控制（Z11J5009Ⅱ）……………938
第二十三章　数据处理及远传数据处理装置调试与检修……………944
模块 1　配置数据处理装置的系统参数（Z11J6001Ⅱ）……………944

模块 2　数据处理及通信装置组态软件功能设置（Z11J6002Ⅱ）……945
模块 3　常规通道的调试与检修（Z11J7001Ⅰ）……953
模块 4　与调度主站通信参数设置（Z11J7002Ⅱ）……956
模块 5　正确地配置远传数据（Z11J7003Ⅱ）……960
模块 6　分析远动规约数据报文（Z11J7004Ⅱ）……964
第二十四章　GPS 的调试与检修……971
模块 1　GPS 基本构成及工作原理（Z11J8001Ⅱ）……971
模块 2　设备是否对时准确判断（Z11J8002Ⅱ）……976
模块 3　GPS 授时的几种方式及设备运行状态（Z11J8003Ⅱ）……978
第二十五章　不间断电源常见异常处理……987
模块 1　不间断电源常见异常处理（Z11K1001Ⅲ）……987
第二十六章　测控装置的异常处理……992
模块 1　遥测信息异常处理（Z11K2001Ⅲ）……992
模块 2　遥信信息异常处理（Z11K2002Ⅲ）……998
模块 3　遥控信息异常处理（Z11K2003Ⅲ）……1002
模块 4　测控装置对时异常处理（Z11K2004Ⅲ）……1004
模块 5　测控装置系统功能及通信接口异常处理（Z11K2005Ⅲ）……1006
第二十七章　站内通信及网络设备异常处理……1009
模块 1　站内通信及网络设备线路连接的异常处理（Z11K3001Ⅲ）……1009
模块 2　网关设备的异常处理（Z11K3002Ⅲ）……1012
模块 3　路由器的异常处理（Z11K3003Ⅲ）……1014
模块 4　交换机的异常处理（Z11K3004Ⅲ）……1018
第二十八章　站内其他智能接口单元通信的异常处理……1023
模块 1　智能设备及通信线路的异常处理（Z11K4001Ⅲ）……1023
模块 2　规约转换器的异常处理（Z11K4002Ⅲ）……1024
第二十九章　后台监控系统的异常处理……1027
模块 1　后台监控系统参数异常处理（Z11K5001Ⅲ）……1027
模块 2　遥信数据异常处理（Z11K5002Ⅲ）……1029
模块 3　遥测信息异常处理（Z11K5003Ⅲ）……1030
模块 4　遥控功能异常处理（Z11K5004Ⅲ）……1031
模块 5　计算机操作系统异常（Z11K5005Ⅲ）……1033
模块 6　后台监控系统恢复及备份异常处理（Z11K5006Ⅲ）……1034
模块 7　后台监控系统数据库异常处理（Z11K5007Ⅲ）……1036

模块 8　告警功能异常处理（Z11K5008Ⅲ）……1042
模块 9　报表、曲线等其他功能异常处理（Z11K5009Ⅲ）……1045
第三十章　综合异常分析处理……1048
模块 1　远动通道异常（Z11K6001Ⅲ）……1048
第三十一章　远传数据处理装置异常处理……1050
模块 1　与调度主站的通信异常处理（Z11K7001Ⅲ）……1050
模块 2　远传数据选择的异常处理（Z11K7002Ⅲ）……1054
模块 3　通信规约报文异常处理（Z11K7003Ⅲ）……1056
第三十二章　变电站时钟同步系统的异常处理……1061
模块 1　GPS 设备对时异常处理（Z11K8001Ⅲ）……1061
模块 2　GPS 授时设备工作异常处理（Z11K8002Ⅲ）……1064

第六部分　变电站直流设备的安装、调试及维护

第三十三章　相控电源基本原理……1067
模块 1　整流原理（Z11L1001Ⅰ）……1067
模块 2　主电路（Z11L1002Ⅰ）……1073
模块 3　滤波电路（Z11L1003Ⅰ）……1077
模块 4　控制电路（Z11L1004Ⅰ）……1079
模块 5　晶闸管相控整流电路（Z11L1005Ⅰ）……1081
第三十四章　高频开关电源基本原理……1083
模块 1　开关电路原理（Z11L1006Ⅰ）……1083
模块 2　模拟控制原理（Z11L1007Ⅰ）……1091
模块 3　数字控制原理（Z11L1008Ⅰ）……1092
第三十五章　逆变器电源（UPS）的基本原理……1094
模块 1　逆变的概念（Z11L1009Ⅰ）……1094
模块 2　三相半波有源逆变电路（Z11L1010Ⅰ）……1097
模块 3　三相桥式逆变电路（Z11L1011Ⅰ）……1099
第三十六章　直流系统通用技术……1102
模块 1　系统组成（Z11L1012Ⅰ）……1102
模块 2　部件和结构要求（Z11L1013Ⅰ）……1104
模块 3　直流系统使用条件（Z11L1014Ⅰ）……1111
模块 4　直流系统型号与基本参数（Z11L1015Ⅰ）……1112

第三十七章　蓄电池组的基本原理……1114
模块1　铅酸蓄电池的基本知识（Z11L1016Ⅰ）……1114
模块2　蓄电池组在直流系统中的应用（Z11L1017Ⅰ）……1119
模块3　阀控式密封铅酸蓄电池的基本知识（Z11L1018Ⅰ）……1122
模块4　蓄电池的AGM/GEL技术（Z11L1019Ⅰ）……1127
第三十八章　蓄电池组的运行与维护……1129
模块1　铅酸蓄电池的运行方式（Z11L1020Ⅰ）……1129
模块2　铅酸蓄电池的日常维护方法（Z11L1021Ⅰ）……1134
第三十九章　相控电源设备的运行与维护……1137
模块1　设备运行操作（Z11L1022Ⅰ）……1137
模块2　设备运行检查（Z11L1023Ⅰ）……1138
模块3　硅整流器的参数结构和使用条件（Z11L1024Ⅰ）……1140
第四十章　逆变器电源（UPS）的运行与维护……1141
模块1　UPS设备运行操作（Z11L1025Ⅰ）……1141
模块2　UPS设备运行检查（Z11L1026Ⅰ）……1142
模块3　技术参数（Z11L1027Ⅰ）……1144
第四十一章　直流电源设备的运行与维护……1148
模块1　微机绝缘监测仪（Z11L1028Ⅰ）……1148
模块2　交流进线单元（Z11L1029Ⅰ）……1162
模块3　防雷保护电路（Z11L1030Ⅰ）……1164
模块4　降压装置（Z11L1031Ⅰ）……1165
模块5　事故照明切换（Z11L1032Ⅰ）……1171
模块6　直流断路器（Z11L1033Ⅰ）……1173
模块7　微机监控器（Z11L1034Ⅰ）……1178
模块8　闪光装置（Z11L1035Ⅰ）……1184
模块9　电池巡检仪（Z11L1036Ⅰ）……1190
第四十二章　直流专业测量工器具的使用……1196
模块1　蓄电池容量测量仪的原理和应用（Z11L2001Ⅱ）……1196
模块2　充电装置综合测试仪的原理和应用（Z11L2002Ⅱ）……1211
模块3　直流接地故障定位仪的原理和应用（Z11L2003Ⅱ）……1224
模块4　蓄电池内阻测试仪的原理和应用（Z11L2004Ⅱ）……1232
第四十三章　直流系统的几种接线方式……1240
模块1　直流系统的选择（Z11L2005Ⅱ）……1240

模块 2　蓄电池组的选择（Z11L2006Ⅱ）……1242
模块 3　充电装置的选择（Z11L2007Ⅱ）……1245
模块 4　接线方式与组屏方案（Z11L2008Ⅱ）……1249
第四十四章　直流设备的验收……1252
模块 1　充电装置投运前检查项目（Z11L2009Ⅱ）……1252
模块 2　蓄电池投运前的检查项目（Z11L2010Ⅱ）……1255
模块 3　直流系统辅助项目的检查项目（Z11L2011Ⅱ）……1256
第四十五章　蓄电池组的安装与调试……1258
模块 1　蓄电池组安装要求（Z11L2012Ⅱ）……1258
模块 2　蓄电池调试前的准备（Z11L2013Ⅱ）……1266
模块 3　蓄电池电解液的选择与配制（Z11L2014Ⅱ）……1270
模块 4　蓄电池核对性充放电方法（Z11L2015Ⅱ）……1273
模块 5　蓄电池的验收与交接（Z11L2016Ⅱ）……1276
第四十六章　蓄电池组的运行与维护……1282
模块 1　蓄电池的均衡充电（过充电）法（Z11L2017Ⅱ）……1282
模块 2　阀控式密封铅酸蓄电池的运行与维护（Z11L2018Ⅱ）……1283
第四十七章　相控电源设备的安装与调试……1292
模块 1　相控电源设备安装要求（Z11L2019Ⅱ）……1292
模块 2　相控电源设备调试前的准备（Z11L2020Ⅱ）……1295
模块 3　主电路与控制电路的调试（Z11L2021Ⅱ）……1297
模块 4　稳流稳压整定（Z11L2022Ⅱ）……1302
第四十八章　逆变器电源（UPS）的安装与调试……1304
模块 1　UPS 设备的安装要求（Z11L2023Ⅱ）……1304
模块 2　UPS 设备的调试运行（Z11L2024Ⅱ）……1306
第四十九章　高频开关电源设备的安装与调试……1311
模块 1　高频开关电源设备安装要求（Z11L2025Ⅱ）……1311
模块 2　高频开关电源设备调试前的准备（Z11L2026Ⅱ）……1315
模块 3　充电模块的调试（Z11L2027Ⅱ）……1316
模块 4　表计校准（Z11L2028Ⅱ）……1322
模块 5　限流调整（Z11L2029Ⅱ）……1324
模块 6　微机监控器的调试（Z11L2030Ⅱ）……1326
模块 7　绝缘监测仪的调试（Z11L2031Ⅱ）……1333

第五十章　直流系统故障处理 ……1338
模块 1　变电站直流全停的处理（Z11L3001Ⅲ） ……1338
模块 2　变电站直流接地的处理（Z11L3002Ⅲ） ……1339
模块 3　直流母线异常处理（Z11L3003Ⅲ） ……1343
第五十一章　蓄电池组的故障处理 ……1346
模块 1　蓄电池极板故障的判断与处理（Z11L3004Ⅲ） ……1346
模块 2　蓄电池容量下降的原因与处理（Z11L3005Ⅲ） ……1350
模块 3　阀控式密封铅酸蓄电池常见故障（Z11L3006Ⅲ） ……1352
模块 4　蓄电池其他故障原因与处理（Z11L3007Ⅲ） ……1355
第五十二章　相控电源设备的故障处理 ……1358
模块 1　相控电源交流进线故障处理（Z11L3008Ⅲ） ……1358
模块 2　相控电源输出异常处理（Z11L3009Ⅲ） ……1359
模块 3　控制电路故障处理（Z11L3010Ⅲ） ……1360
第五十三章　逆变器电源（UPS）的故障处理 ……1362
模块 1　UPS 交流进线故障处理（Z11L3011Ⅲ） ……1362
模块 2　UPS 输出异常处理（Z11L3012Ⅲ） ……1363
模块 3　UPS 逆变模块的故障处理（Z11L3013Ⅲ） ……1364
第五十四章　高频开关电源设备的故障处理 ……1366
模块 1　高频模块故障处理（Z11L3014Ⅲ） ……1366
模块 2　监控器故障处理（Z11L3015Ⅲ） ……1371
模块 3　绝缘监测仪故障处理（Z11L3016Ⅲ） ……1372

第四部分

继电保护异常及事故处理

第十三章

继电保护事故类型及处理原则

模块 1　继电保护事故的预防（Z11H1001 Ⅰ）

【模块描述】本模块包含继电保护事故预防的相关内容。通过知识要点归纳总结、典型案例分析，掌握继电保护常见事故类型，防止人员直接过失造成继电保护事故的方法及现场工作中应注意的一些问题等内容。

【模块内容】

一、继电保护事故的类型

发生继电保护事故的原因是多方面的，当继电保护设备或二次设备出现问题时，有时很难判断故障的根源，但只有找出事故的根源，才能有针对性地加以消除。继电保护事故的分类对现场的事故分析处理是非常必要的，但是分类的标准不易掌握，人们理解和运用标准的水平也有差异。通过多年的运行、检修经验，对事故案例的归类和总结，将现场的事故归纳为以下几种。

（一）定值的问题

1. 整定计算的错误

继电保护设备更新较快，由于设备厂家提供的技术资料不全，在设备特性尚未被人们掌握透彻的情况下，继电保护的定值不容易计算准确。由于电力系统的参数或元器件的参数的标称值与实际值有差别，有时两者的差别比较大，则以标称值算出的定值较不准确。

2. 人为整定的错误

人为的误整定同整定计算方面的错误基本类同，有看错数值、看错位置、一次和二次定值没有转换、互感器变比看错、临时定值校验后不恢复等现象发生过。总结其原因主要是工作不仔细，检查手段不全面，整定后核对不仔细，遗漏整定项等。

（1）参数设置错误，例如 RXIDK4 短线保护中的参数设置，其控制外部闭锁功能是否有效的 BinInput1 未设置成有效状态。

（2）定值整定错误，例如电流值、阻抗值等输入时变大或变小，时间值输入变长或变短。

（3）互感器变比设置错误，例如主变压器差动、母线差动保护变比设置错误。

（4）临时定值校验后不恢复，例如保护电流整定值较大，而校验仪电流无法升到该值，校验人员只能将保护定值改小后进行试验，校验工作结束，忘记改回保护定值。

（二）装置元器件的损坏

在现在微机保护中的元器件损坏会使 CPU 自动关机或频繁重启，迫使保护退出，有时甚至会使得保护动作出口，引发事故。

（1）保护装置 A/D 模数转换插件损坏，零漂变大，造成误动。

（2）保护装置保护插件与管理插件同时故障，引起误出口。

（3）保护装置内部硬件损坏，造成采样异常，产生差流，保护误动作。

（4）保护装置 CPU 插件中的 RAM 芯片故障，引起 CPU 上的启动继电器和出口继电器同时动作，导致保护装置出口跳闸。

（5）保护装置 CPU 插件异常，例如 220kV 某线路发生 A 相接地故障，线路两侧保护正确动作切除故障。同时，JN 站 220kV 母差保护误动，切除Ⅰ母上所有元件。检查发现事故前 CPU 插件工作情况异常，母线保护动作后保护装置打印不出差动故障报告，事故过后母线保护发出自检错误信号。分析母线保护装置此次动作之前已处于不稳定工作状态，当一次系统中出现故障时，复合电压闭锁元件动作，母线保护误动出口。

（6）保护装置功能存在缺陷，例如 500kV 某变电站 500kVⅠ、Ⅱ母失灵（兼母差）保护误动，跳闸原因为 CSC–150 保护功能上存在缺陷，当直流接地时 CSC–150 保护失灵开入光耦动作，导致失灵保护误动出口。

（7）保护装置操作继电器箱或门芯片损坏，例如 500kV 某变电站 BGⅡ线 282 断路器跳闸，造成 220kV GPD 站全停。跳闸原因是：保护操作继电器箱的“非全相逻辑插件”（3 号插件）中的或门 H1 芯片损坏。

（三）保护装置程序有问题

微机保护中的 CPU 程序损坏或出错也会使 CPU 频繁启动，使得保护功能退出，甚至会使保护误动作，引发事故。

（1）保护装置发生死机，引起保护拒动。

（2）保护装置通信模块的 CPU 程序错误，引发保护与监控的通信时通时断，引起保护异常。

（3）保护装置 CPU 程序版本太低，引起保护频繁启动。

（4）保护装置 CPU 保护软件故障，致使故障检测逻辑判断失误，导致保护误动。

（5）保护装置整定模式与内部逻辑判断出错，例如某地区雷雨大风天气。330kV

系统 SJⅠ线发生 C 相瞬时性接地故障，同时 CJB 变电站 1、2 号主变压器 CST-141B 微机差动保护动作。跳闸原因：根据某公司提供的 CST-141B 及 CST-143B 装置技术说明书要求，主变压器保护整定由三卷四侧模式调整为三卷三侧模式。改造后的 CST-141B 主变压器差动保护装置不能适应三卷三侧模式，出现了整定模式与内部逻辑判断不一致问题，致使 CST-141B 主变压器差动保护装置误动作。

（四）自然因素引起的故障

恶劣天气中，雷击、大风、大雨、大雪、冰冻等也可能造成保护误动作，断路器跳闸。严重时可能引起线路断线、电塔倒塌等事故。

（五）接线错误

新建的发电厂、变电站或是更新改造的项目中，接线错误的现象相当普遍，由此留下的隐患随时都可能暴露出来。

（1）电流互感器接线错误，极性接反，相位接错导致保护误动跳闸。

（2）二次接线端子排装配错误，跳闸正电源和跳闸出口线、辅助触点线两个端子间没有隔离，引起保护误动。

（3）厂家接线工艺的质量较差，例如 2005 年 4 月 14 日，220kV 某变电站 2 号主变压器 B 套保护零序Ⅱ段动作，主变压器断路器跳闸，故障发生后组织技术人员对相关设备进行了试验和分析，结果是各项试验均正常，当检查电流回路时将保护装置 AC1 板拔出检查时，未发现明显接地，但发现有一根细小金属丝，经检查内部无其他异常。通过查看故障录波器和现场检查情况，判断没有外部故障，分析认为，本次跳闸原因可能是因为机箱内小金属丝引起 B 相电流回路间隙性接地引起。

（4）辅助变流器一次侧短接，对其二次回路相当于 TA 饱和，其二次回路全部为直流负载电阻，而不是很大的励磁电抗，因此使中阻抗母差中流入差动回路的电流因分流而减少，导致区内故障保护拒动。

（六）抗干扰性能差

在电力系统运行中，诸如操作干扰、冲击负荷干扰、变压器励磁涌流干扰、直流回路接地干扰、系统或设备故障干扰等非常普遍，尤其是工作现场使用电焊机，电焊电流窜入电流回路引起跳闸的现象时有发生，为解决这些问题必须采取行之有效的方法。

（1）外部干扰信号引发事故，例如某发电厂主变压器温度信号触点采入保护屏后经光耦隔离直接送到出口元件，由于外部存在的操作干扰信号，两次使保护误动跳闸停机。

（2）电焊机干扰引发事故，现场电焊机的干扰问题不容忽视，在运行设备周围进行氩弧焊焊接时，高频信号会感应到保护电缆上，使保护动作跳闸。

（七）振动引起的故障

某些一次设备运行时振动较大或电力设备运行场地施工引起振动，可能会引起保护动作，错误跳闸，而施工时某些设备上的螺丝没有旋紧，有松动现象，设备长期振动很容易引起螺丝的脱落引起故障。这种故障主要集中在电流互感器二次回路和出口回路上。

（1）振动导致TA断线，例如某站1号主变压器低压侧，1号低抗运行时长期振动，造成本体二次接线箱内差动保护用电流二次回路（B411 与 C411）之间的短接线螺丝压接点处断线，1号低抗差动保护动作出口。

（2）振动导致出口继电器误动，例如2004年3月31日，某站1号联络变压器5022、5023、2021断路器跳闸，35kV低抗断路器跳闸，1号联络变压器失电。现场检查发现中央信号发出“冷却器全停”信号，但1号联络变压器跳闸前没有出现站用交流系统异常情况，交流消失冷却器全停跳闸要经过30min的延时，因此现场重点检查了冷却器全停回路，未发现异常，又逐一检查了1号联络变压器保护屏中各套保护的信号继电器，信号继电器动作均正常。当时，控制室因扩建正在进行墙体改造，加装室外走廊，施工时振动很大。经过分析认定：1号联络变压器跳闸原因为控制室扩建，墙体改造施工时巨大的振动而导致出口继电器误动，其触点抖动闭合，直接导致联络变压器出口跳闸。

（八）误碰与误操作引起事故

继电保护工作人员以及运行管理人员担负着生产、基建、更改、反措等一系列的工作，支撑着庞大的电力系统，工作任务艰巨而繁重。在工作中由于工作人员素养、责任心等种种原因，常常会出现一些误碰、误操作的违章行为，后果非常严重。

1. 误操作问题

（1）旁路断路器代主变压器断路器时，差动保护电流互感器二次回路切换短接错误，差动保护启用压板又没有退，引发事故。

（2）带负荷试验操作错误，例如某年10月12日下午，220kV某变电站110kV Ⅱ段电压互感器更换后，保护班进行2号主变压器带负荷测110kV侧零序方向保护、复合电压方向向量工作。由于2号主变压器110kV侧零序过电流保护未停用，且它与零序方向保护接于电流互感器同一绕组，保护班在测零序方向向量，短接电流二次回路时，由于当时主变压器负荷电流较大（二次电流达到2.72A），而零序过电流保护定值为1.5A，造成110kV侧零序过电流保护动作跳开三侧断路器。

2. 误碰问题

（1）电流二次回路连片断裂，例如：继保人员在处理主变压器保护过负荷继电器告警缺陷时，由于过负荷回路所在电流互感器二次回路后级尚接有220kV侧零序过电流保护，所以在试验前将该电流互感器进过负荷保护电流回路短接，并将其进过负荷回路的试验连接片断开。试验时从保护屏上的220kV过负荷继电器背板加入试验电流。由于保护屏上220kV侧过负荷回路的B相电流端子中间连接片爆裂，连接片中间固定螺丝卡在里面，目测已断开，但实际连接片内层没有脱开，造成上下端子间未完全隔离。当做过负荷试验通入电流时，试验电流通过连接片内层导通而引入，造成220kV侧零序过电流保护动作。

（2）联跳回路未断开，在做试验时，未断开旁路、母联、失灵二次回路而误跳断路器。

（3）误投跳闸出口压板引发事故。

（4）未将解开的线头进行包扎，导致导线线头碰壳，引起电流二次回路两点接地，引起误跳。

（5）焊接电流窜入电流二次回路，例如某500kV变电站在扩建NL线施工中，施工人员在NL线5033断路器TA的C相接线盒处进行电焊工作，不慎将焊接工具触及C相电流互感器接线盒内的母差保护所用的3K1接线柱，使焊接电流窜入母差保护回路引起500kV Ⅱ母差动保护误动跳闸出口。

（九）工作电源的问题

保护及二次设备的工作电源对其工作的可靠性以及正确性有着直接影响。目前直流系统故障造成保护误动和拒动时有发生，而某些变电站直流电源的配置比较混乱，直流空开的上下级配置也不符合规范，也时常会引起故障。

（1）直流电源消失引起保护拒动。

（2）母线电压互感器直流控制电源消失引起保护误动，例如2006年3月1日，500kV某站因220kV Ⅲ、Ⅳ段母线电压互感器控制直流消失，造成3号主变压器220kV侧后备距离保护动作，经现场查勘，发现220kV Ⅲ、Ⅳ段母线电压互感器直流控制回路熔断器系螺旋式RL1–15（6A），因运行时间较长，已氧化，引起接触不良，使220kV Ⅲ、Ⅳ段母线电压互感器二次电压各次级同时失去。3号主变压器220kV侧距离保护为REL511（1.2版本）装置，保护动作闭锁原理存在设计性缺陷，当母线电压互感器二次电压均失去时，该装置无法实现距离保护的可靠闭锁，以致跳闸。

（3）直流电源短路接地，引起保护误动和拒动。

（4）直流绝缘监察系统性能恶化，例如2006年6月14日，220kV CS线215断路器LFP–901保护高频主保护突变量方向、零序方向元件动作，CS线215断路器跳闸。从保护的动作报告及故录器的波形上看，CS线215断路器的第一组跳闸回路中TJR继电器发出10ms的跳闸脉冲，造成215断路器跳闸。经查发现该站直流系统配套的（WZJD–5A型微机直流系统接地检测仪）性能恶化，绝缘监察系统中用于检测直流回路绝缘正常与否的平衡电桥电阻老化，引起电桥不平衡，造成直流母线正、负极对地电压偏离，最严重时，直流母线正极对地电压+56V，负极对地电压−163V。又因 215 断路器操作回路 TJR 继电器的前端直流失地，相当于直流母线负对地的不平衡电压直接作用于 TJR 继电器，造成 215 断路器跳闸。

（5）直流熔丝或直流空开的配置问题。现场的直流系统的熔丝是按照从负荷到电源一级比一级熔断电流大的原则设置的，以便保证直流电路上短路或过载时熔丝的选择性。但是有些 5、6、10A 熔丝的底座没有区别，型号非常混乱。其后果是回路上过电流时造成熔丝越级熔断。

（6）查找直流接地误拉直流开关会引发事故。

（十）TV、TA 及其二次回路的问题

运行中，TV、TA 及其二次回路上的故障并不少见，主要问题是 TV 失压、TV 短路、TA 开路、TA 短路接地错误与 TA 严重饱和等，由于电压、电流二次回路上的故障而导致的严重后果是保护误动或拒动等。

1. TV 及其二次回路的问题

（1）线路 TV 空气小开关机械部分缺陷导致接触不良造成断路器跳闸。例如 2006 年 9 月 14 日 7 时 58 分，P 庄线 5051、5052 断路器从热备用改为运行对线路充电。8 时 50 分 R 庄站第二套苏北安控系统告警闭锁“功率总加异常”“P 庄 I 线低电压异常”的告警信号发出。9 时 30 分 P 庄 5205 线路第二套分相电流差动保护（REL561）“合闸于故障”（SOTF−TRIP）保护功能动作，P 庄线 5051、5052 断路器跳闸，重合闸被闭锁。检查发现 5205 线路第二套分相电流差动保护跳闸的直接原因是 TV 失压。在申请停用了与第二套分相电流差动保护共用电压回路的第二套安控装置后，对 TV 端子箱内的电压二次回路空气开关进行检查。多次分合后，发现该空气开关出现了接触不良的现象。

（2）电压切换接点接触不良，造成距离保护动作出口。例如 2007 年 4 月 29 日，某站 3 号主变压器 220kV 距离后备保护（1987 年投运的集成型保护）失压动作造成误跳。经过检查发现操作屏的 CK 接触不良，在事发当时该开关 A、B 相电压切换的触点先后发生接触不良，导致距离保护 A、B 相失压，从而引发距离保护出口。

2. TA 及其二次回路的问题

保护用电流互感器 TA 的问题很多，如 TA 饱和造成 10%的误差特性曲线不满足要求、二次接线错误等造成保护误动。

（十一）其他二次回路的问题

其他二次回路故障主要集中在断路器的辅助触点回路、弹簧储能电机的行程触点、防跳回路、连片接触不好，导线没有接到位等。

（1）开断路器关辅助节点接触不良，例如2006年7月16时19分，某站L圃Ⅰ线141线路保护LFP-941A零序Ⅰ、Ⅱ、Ⅳ段，距离Ⅰ、Ⅱ、Ⅲ段动作，141断路器未跳闸，1号主变压器中压侧零序过电流t011、t021、过电流t11动作，中压侧15A断路器跳闸，110kVⅠ段母线失压；16时19分L圃Ⅱ线142线路保护装置EEPROM故障，2号主变压器中压侧过电流Ⅰ段t11、零序过电流Ⅰ段t011、t012动作，中压侧15B断路器跳闸，110kV Ⅱ段母线失压。检查141断路器发现该断路器的辅助触点为插拔式接插头，分闸回路触点松动，存在接触不良现象，经紧固处理后正常。分析认为断路器未跳闸的原因是分闸回路触点接触不良导致无法跳闸，越级1号主变压器15A断路器跳闸。

（2）储能辅助开关接触不良，例如2006年4月9日，220kV某Ⅰ回线路因鸟巢放电，271断路器零序Ⅰ段、距离Ⅰ段动作，B相跳闸，重合不成功，造成三跳，该断路器为瑞士“双S”公司产品，经查断路器不能重合原因为271断路器合闸回路储能辅助开关S2接触不良，造成合闸回路偏大，断路器不能重合。

（3）辅助开关部分触点非正常变位，例如2007年2月27日10时30分，220kV某变警铃响，T桔2355断路器控制屏“油压总闭锁”“控制回路断线CSC-122A装置故障”GP亮。当班值班员到现场检查，发现断路器机构箱内各接触器动作频繁，片刻后正常。11时11分，T桔2355断路器控制屏“油压总闭锁”“控制回路断线”“CSC-122A装置故障”GP亮。值班员再次到现场检查，发现电机电源开关跳开，但合不上，随后T桔2355断路器三相跳闸；控制室警铃响，T桔2355断路器三相绿灯闪光，T桔2355断路器控制屏“SF_6、N_2泄漏及总闭锁”，“三相不一致动作”“油压总闭锁”“控制回路断线”“CSC-122A装置故障”GP亮。断路器跳闸后，报告显示低气压告警频繁（11时08分～1时11分发信6次）。三相不一致出口继电器K61、K63动作保持。经组织有关专业人员多次进行现场调查试验，认为故障原因系断路器辅助开关部分触点非正常变位所致。

（十二）保护性能的问题

保护的性能问题包括两个方面的内容：① 性能方面的问题，即装置的功能存在的缺陷；② 特性方面的问题，即装置的特性存在缺陷。

（1）保护电压回路存在缺陷，例如2007年5月24日，500kV某开关站500kV D三Ⅰ线5031、5032断路器过电压保护动作跳闸。经查线路无故障，确认线路第一套过电压保护电压回路存在缺陷。

（2）保护误判，例如2006年4月9日，某地区220kV H线发生B相接地故障，线路两侧保护正确动作切除故障并重合成功。故障时TK变电站220kV母差保护由于A相采样通道故障导致母差保护误判为母线故障，保护误跳。

（十三）设计的问题

随着微机保护的大量应用，有些保护装置的保护原理设计不符合现场需求，成为引起事故的一个重要因素。

（1）220kV 母差保护装置在设计上存在寄生回路，例如 2007 年 6 月 22 日，220kV 某变电所失压，4 座馈供 110kV 变电站失电。经查 2341 线 C 相在 16 时 13 分 50 秒遭雷击跳闸后约 75ms，C 相断路器断口击穿，故障电流重现，母差失灵保护动作，跳开 220kV 正母连接的所有断路器。相关保护动作记录显示，在母差失灵保护动作、跳开 220kV 正母连接的所有断路器后约 120ms，2341 线 C 相又遭雷击（此时 C 相断路器断口已被击穿），故障电流再起，正母电压再次恢复，而此时 220kV 母联断路器跳闸后发生了自动合闸（原因系 220kV 母差保护装置在设计上存在寄生回路所致），导致 220kV 变电站全站失电。

（2）失灵保护设计有问题，例如 2007 年 7 月 31 日，500kV 某站 220kV Ⅲ/Ⅳ段母联 29M 断路器、Ⅰ/Ⅲ段母分 280 断路器失灵保护（REB–103 型）动作跳闸，经查发现，失灵保护（REB–103）设计有问题，采用保护节点+电流判据+延时逻辑，保护动作输入节点采用光耦，且开入节点延时 8ms 后记忆保持，光耦的动作功率实测为 0.1～0.2W 较低，不符合要求，造成保护误动。

二、继电保护事故的预防

继电保护事故预防原则：安全第一、预防为主。继电保护工作要立足于全过程管理理念，在选型配置、设计、施工、验收、运行、技改反措各环节，认真执行继电保护技术规程、标准化设计规范、标准化作业指导书、验收规范、检验规程、运行管理规程、现场工作保安规定、反事故措施等，安全、技术、管理措施。

1. 防止误碰运行设备

要完善继电保护屏上各设备单元的名称编号。在保护装置的正背面、端子排、压板、电源开关、各种切换开关等处都应按规定设置设备的名称编号。如一块屏上有两个或两个以上回路的保护设备时，在屏上应有明显的划分标志线条。跳闸压板间应有足够的间隔距离，间隔过近的跳闸压板应设法加以绝缘套罩，以防止在投切压板时误碰跳闸。对连跳其他设备的引出压板、端子、电缆引线等宜作出明显特殊标志。凡一经触动就有可能跳闸的继电器，在其盖子及底板上均应有明显的警告标志。线路接地试验跳闸按钮，应装盖防护罩，防护罩上应有警告标志。定期需要测试的端子上应做好标示以防止误碰其他端子。在投入保护装置及备用电源自动重合闸前，应测量跳闸压板端子有无直流正电源，检查出口中间不在动作状态，或检查启动继电器不在动作状态。

在现场工作，必须严格遵守继电保护现场工作保安规定。工作前应做好完整的安全技术措施和组织措施，包括工作部分与带电设备的隔离，二次接线拆接的具体地点、工作程序、主要试验接线等，连同有关图纸交参与工作的人员讨论和消化，然后到现场执行。在设备带电的二次回路内进行工作时，工作负责人必须事先写好书面的工作计划及继电保护二次工作安全措施票，现场工作时要有专人监护，不得随意更改工作步骤或试验方法。在工作前应查对运行操作人员所做的安全措施是否符合要求。运行人员应在工作的继电保护屏的正、背面设置“在此工作”的标志。如进行工作的继电保护屏上仍有运行设备，则应将运行的装置、端子排、压板等用红布等覆盖，以与检修设备分开。相邻的运行继电保护屏前后应有“运行中”的明显标志（如红布、遮栏等）。在继电保护屏上工作时，特别在一块屏上有几个回路及装置较紧凑的情况下工作时，对邻近的继电保护端子排等要有明显的隔离措施，如加临时绝缘套、罩或其他防护措施，以防使用螺丝刀、钳子、扳手等不慎误碰跳闸。在检验继电保护及二次回路时，凡与其他运行设备二次回路相连的连接片和接线应有明显标记，并按安全措施票仔细地将有关回路断开或短路，并做好相应的记录。安全措施票应记录工作前各联片和空气开关的状态。在一次设备运行而停用部分保护的工作时，应同时断开所有跳闸回路（包括联跳回路）及启动其他保护的连接片，应特别注意断开不经连接片的跳、合闸线圈及与运行设备安全有关的连线，拆下的裸线头应采取措施防止碰擦。不允许在运行的继电保护屏上钻孔。尽量避免在运行的继电保护屏附近进行钻孔或进行任何有振动的工作，如要进行，则必须采取妥善措施，以防止运行的继电保护误动作。在继电保护屏间的过道上搬运或安放试验设备时，要注意与运行设备保持一定距离，防止误碰造成继电保护误动。在清扫运行中的设备和二次回路时，应认真仔细，并使用绝缘工具（毛刷、吹风设备等），特别注意防止振动，防止误碰。

2. 防止继电保护的误接线

施工前要组织施工人员学习原理接线图、展开图和端子接线图，如系改建工程，还应学习原有图纸，并与现场接线核对。现场工作应按图纸进行，严禁凭记忆作为工作的依据。工作前应核对图纸与现场是否一致，如发现图纸与实际接线不符时，应查线核对，如有问题，应查明原因，并按正确接线修改更正，然后记录修改理由和日期。修改二次回路接线时，事先必须经过审核，拆动接线前先要与原图纸核对，接线修改后要与新图纸核对，并及时修改底图，修改运行人员及有关各级继电保护人员用的图纸。修改后的图纸应及时报送所直接管辖调度的继电保护机构。保护装置二次线变动或改进时，严防寄生回路存在，没用的线应拆除。在变动直流二次回路后，应进行相应的传动试验。必要时还应模拟各种故障进行整组试验。调换继电保护部件，调换高压断路器、断路器辅助接点、电流电压互感器等，或由于试验要求要临时拆接二次回路线头，虽不变更接线，工作时也应随带图纸，并与现场接线核对无误。拆线前相应端子要做好记录，接线后还要核对是否相符，接拆线要在专人监护下进行。恢复接线中若有疑问，则必须进行带负荷检验，以确定接线无误。新设备投入运行时，应拔去正负极保险器，拉开和合上各个断路器，并模拟闭锁（如气压闭锁等）回路运行等，以检查是否有寄生回路存在。带方向性的保护和差动保护新投入运行时，或变动一次设备、改动交流二次回路后，均应用负荷电流和工作电压来检验其电流、电压回路的正确性，并用拉合直流电源来检查接线中有无异常。继电保护屏上接线，应有清晰的端子编号，端子编号必须与设计图纸相符。必须采取各种措施消除寄生回路；信号回路必须严格与保护回路分开；应以每一断路器为单位（包括操作回路，保护及自动装置），使用独立的保险器，保证在保险回路断开的情况下其回路中无串电现象。作用于几个断路器的保护装置（如母差、变压器差动等）其直流电源应从独立的保险取得，操作各断路器的直流电源则应分别取自各断路器自己的直流电源，不允许以一断路器的直流电源作为公用的直流电源，以防止误动作或拒绝动作。禁止使用一对接点或一个压板操作两个以上的断路器或连接两个不同的回路。

在进行试验接线前，应了解试验电源的容量和接线方式。配备适当的熔丝，特别要防止总电源熔丝越级熔断。试验用隔离开关必须带罩，禁止从运行设备上直接取得试验电源。在进行试验接线工作完毕后，必须经第二人检查，方可通电。在电流互感器二次回路进行短路接线时，应用短路片或导线压接短路。运行中的电流互感器短路后，仍应有可靠的接地点，对短路后失去接地点的接线应有临时接地线，但在一个回路中禁止有两个接地点。对交流二次电压回路通电时，必须可靠断开至电压互感器二次侧的回路，防止反充电。保护装置进行整组试验时，不宜用将继电器触点短接的办法进行。传动或整组试验后不得再在二次回路上进行任何工作，否则应作相应的试验。

3. 防止继电保护的误整定

新装继电保护和自动装置的整定值，基建施工单位必须及时提供整定计算所需资料（包括设备参数，保护配置，互感器变比，定值清单等），并负责资料的准确性。由于系统的要求需要变更继电保护和自动装置整定值时，负责整定的人应根据有关资料进行计算，并另由专业人员核算审核。新整定和更改整定都要出具经批准的整定书。在进行整定计算时，应注意核对各保护之间的灵敏度。根据有关部门提供的设备参数和运行方式资料，编制继电保护及安全自动装置整定方案。继电保护整定方案编制后要组织有关部门进行讨论、审查。审查的主要内容是继电保护装置的灵敏度和可能引起的后果、对地区系统配合等。定期编制系统继电保护整定方案，遇到一次接线，最大最小运行方式负荷潮流有巨大变化时，对于整定方案要进行全面复核。根据电网运行方式的变化，每年进行一次整定方案的校核或补充。对于随运行方式变化而需要更改保护整定值者，要编入继电保护现场运行规程，各个整定值位置要有明显标志，并向运行值班人员详细交底。

保护装置调试的定值，必须根据最新整定值通知单规定，先核对通知单与实际设备是否相符（包括互感器的接线、变比，保护软件版本、校验码）及有无审核人签字。根据电话通知整定时，应在正式的运行记录上做相应记录，并核对无误，在收到整定通知单后，将试验报告与通知单逐条核对。如有疑问，必须向整定单位询问。不论永久性或临时性变更继电保护和自动装置的整定值，都要作为系统操作的一部分，要有调度令或得到值班调度员的许可，执行后要有书面记录。调度中心和变电站控制室要有现行的整定书，继电保护人员和运行值班人员每年进行一次整定值的全面核对。过期的整定单须及时回收工妥善处理。保护装置运行和维护单位，要互通情况，如设备参数有变动（如电流互感器、电压互感器的变化等）必须事先通知整定计算单位。

4. 防止继电保护的误校验

要严格执行 DL/T 955—2006《继电保护和电网安全自动装置检验规程》和 GB/T 14285—2006《继电保护和安全自动装置技术规程》。各单位必须使用统一的继电保护试验规程、统一的试验方法和质量要求，不能因人而异各搞一套。对各种保护装置，应有一套包括检验条例所规定的全部检验项目的试验记录表格，格式要简明扼要，清晰易查。

继电保护试验用仪表，必须定期校核，确保符合标准，极性表在使用前应证明它的极性指示是正确的，在继电保护试验中应记明本次试验所用仪表名称及编号。仪表工作人员在若在仪表和继电保护公用回路工作，应在继电保护工作人员做好防止继电保护误动的措施后才能进行仪表工作。由于试验要求需切除直流电源时，最好能同时切除正、负电源，如没有这种装置则应先断开正电源，后断负电源；恢复时先给上负电源，后给正电源。防止通过寄生回路引起事故。

试验应逐项进行，试验一项要立即记录在试验记录表格内。工作结束应收集试验记录，检查测试数据完整正确后，方可离开现场。应及时写好试验报告，并有人审查。通过整组传动试验对保护装置的各个元件动作情况进行检查，整组模拟试验（包括传动断路器）必须根据原理图模拟保证装置时的实际情况，要根据试验规程、运行规程、整定要求和有关图纸等编制整组试验方案。对同时具有交流电压、交流电流回路的继电器进行带负荷检查时，应防止电流电压回路的混接，造成电压回路短路。加强对主变压器非电量继电器、500kV 断路器操机屏继电器、断路器内三相不一致保护继电器的机械部分检查与调整，提高继电器机械部分工艺调试质量，克服只重视电气试验，忽视机械部分的调整的倾向。所有交流继电器的最后定值试验必须在保护屏的端子排上通电进行。开始试验时，应先做原定值试验，如发现与上次试验结果相差较大或与预期结果不符等任何细小疑问时，应慎重对待，查找原因，在未得出正确结论前，不得草率处理。保护整组试验结果，应符合控制字的要求。使用远方可投退软压板的，应定期检查软压板状态。

5. 防止继电保护配置引发事故

（1）继电保护配置问题。两套保护装置的交流电压、交流电流应分别取自电压互感器和电流互感器互相独立的绕组，其保护范围应交叉重叠，避免死区；两套保护装置的直流电源应取自不同蓄电池组供电的直流母线段；两套保护装置的跳闸回路应分别作用于断路器的两个跳闸线圈；两套保护装置与其他保护、设备配合的回路应遵循相互独立的原则；两套保护装置之间不应有电气联系；线路纵联保护的通道（含光纤、微波、载波等通道及加工设备和供电电源等）、远方跳闸及就地判别装置应遵循相互独立的原则按双重化配置；220kV 及以上电压等级变压器（含发电厂的启动变）、高抗等主设备的微机保护应按双重化配置（非电量保护除外），在满足保护双重化配置原则的基础上，还应做到：两套完整、独立的、能反应被保护设备的各种故障及异常状态，并能作用于跳闸或给出信号的主、后备保护；两套完整的电气量保护的跳闸回路宜各自作用于断路器的两个跳闸线圈，非电量保护的跳闸回路宜同时作用于断路器的两个跳闸线圈。

（2）直流熔丝的配置问题。为防止因直流熔断器不正常熔断而扩大事故，配置保护装置电源的直流熔断器或自动开关应满足以下要求：在新建和技改工程中，严禁质量不合格的熔断器和自动开关，已投入运行的熔断器和自动开关应定期检验；采用近后备原则进行双重化配置的保护装置，每套装置应由不同的电源供电，并分别设有专用的自动开关；由一套装置控制多组断路器（例如母线保护、变压器差动保护、发电机差动保护、各种双断路器接线方式的线路保护等），保护装置与每一断路器的操作回路应分别由专用的自动开关供电。有两组跳闸线圈的断路器，其每一跳闸回路应分别由专用的自动开关供电；直流总输出回路、直流分路均装设熔断器时，直流熔断器应分级配置，逐级配合；直流总输出回路装设熔断器，直流分路装设自动开关时，必须保证熔断器与小空气开关有选择性地配合；直流总输出回路、直流分路均装设自动开关时，必须确保上、下级自动开关有选择性地配合；直流回路配置自动开关的额定工作电流应按最大动态负荷电流（即保护三相同时动作、跳闸和收发信机在满功率发信的状态下）的 2.0 倍选用。

（3）保护用电流互感器问题。用于保护的电流互感器应满足 GB 16847—1997《保护用电流互感器暂态特性技术要求》的要求，优先选用误差限制系数和饱和电压较高的电流互感器。连接于 220kV 电网的保护各支路的电流互感器应全部选用 D 级、5P 级电流互感器。连接于 500kV 电网各支路的电流互感器，宜选用 TPY 级电流互感器；应将保护各侧的电流信息引入故障录波器，并分析二次回路时间常数相差的数值，以及在切除外部短路故障后，二次电流衰减速度的差别。在使用电流互感器时应对其全部的交流二次负载进行校验计算和误差分析。不合格的电流互感器应及时更换，避免造成保护误动和电流互感器饱和而拒动。

三、现场工作需要引起注意的几个问题

1. 逆变稳压电源问题

微机保护逆变电源的工作原理是，将输入的220V或110V直流电源经开关电路变成方波交流，再经逆变器变成需要的+5V、±12V、+24V等电压。其在现场容易发生的故障有以下几种情形。

（1）纹波系数过高：变电站的直流供电系统正常供电时大都运行于“浮充”方式下。纹波系数是输出中的交流电压与直流电压的比值。由于交流成分属于高频范畴，高频幅值过高会影响设备的寿命，甚至造成逻辑错误或导致保护拒动，因此要求直流装置有较高的精度。

（2）输出功率不足或稳定性差：电源输出功率不足会造成输出电压下降。若电压下降过大，则会导致比较电路基准值的变化、充电电路时间变短等一系列问题，从而影响到微机保护的逻辑配合，甚至导致逻辑功能判断失误。尤其是在事故发生时，有出口继电器、信号继电器、重动继电器等相继动作，这就要求电源输出有足够的容量。如果在现场发生事故时，出现微机保护无法给出后台信号或是重合闸无法实现等现象，则应考虑电源的输出功率是否因元件老化而下降。

（3）应加强对逆变电源的现场管理，按规程要求对逆变电源进行定期检验。应重视微机型保护装置开关电源的维护工作，宜在4～6年后予以更换。

（4）对微机型的继电保护及安全自动装置，在上电时，应避免带负载操作直流熔丝导致装置开关电源损坏。

（5）微机保护的集成度很高，一套装置由几块插件组成，若在不停直流电源的情况下拔各种插件，可能会造成装置损坏或事故。因此现场应加强监督，必须做到一人操作一人监护，严禁带电插拔插件。

2. 保护光耦开入量问题

为防止直流接地可能导致保护误动等问题，光耦开入量的动作电压应控制在额定直流电源电压的55%～70%范围以内。

（1）所有涉及断路器失灵、母差及非电量等保护跳闸回路，以及没有时间配合要求的开入量，宜采用动作电压在额定直流电源电压的55%～70%范围以内的直流中间继电器。为提高保护的安全性，非电量等跳闸回路在开入设计时，不得因装置单一元件损坏而引起保护装置不正确动作。

（2）遵守保护装置24V开入电源不出保护室的原则，以免引进干扰。

（3）重视二次回路的维护和检修工作，在使用微机型保护的厂、站还应特别注意电磁兼容和防止寄生回路方面的特殊要求。

3. 工作时的抗干扰问题

微机保护的抗干扰性能较差，对讲机和其他无线通信设备在保护屏附近使用都会导致一些逻辑元件误动作。现场曾发生过在进行氩弧焊接时，电焊机的高频信号感应到保护电缆上使微机保护误跳闸的事故。因此要严格执行有关反事故技术措施，尽可能避免操作干扰、冲击负荷干扰、直流回路接地干扰等问题的发生。

4. 保护性能问题

保护性能问题主要包括两方面，即装置的功能和特性缺陷。有些保护装置在投入直流电源时出现误动；高频闭锁保护存在频拍现象时会误动；有些微机保护的动态特性偏离静态特性很远也会导致动作结果的错误。

5. 清扫和绝缘问题

（1）对保护插件中清扫时要防止静电损坏芯片，同时由于机箱内静电积尘较多，所以一定要加强清扫，有条件时建议用小型吸尘器进行清扫。对端子排螺丝复紧，由于现在使用凤凰端子较多，特别是断路器控制箱内震动很大，时间久了会有松动，由于端子螺丝松动误跳断路器时有发生。

（2）微机保护装置的集成度高，布线密度大。在长期运行过程中，由于静电作用使插件的接线焊点周围聚集大量静电尘埃，在外界条件允许时，会在两焊点之间形成导电通道，从而引起装置故障或者事故的发生。

（3）由于是双重化保护，所以保护用的直流回路有两个，控制用的直流回路也有两个，主变压器保护用的分路直流还要多，要分别对直流回路做绝缘试验，直流回路不能共用，特别是针对跳闸回路要加强绝缘试验，现在跳闸回路也有两个，要分别进行试验。保护检验时对跳闸长电缆拆线后进行绝缘试验，主要是户外电缆头由于剥电缆时刀片把电缆绝缘层破坏了，时间久了绝缘就会下降，严重时会误跳断路器。

6. 软件版本问题

（1）应按 DL/T 587—2007《微机继电保护装置运行管理规程》的要求对微机保护进行管理，凡涉及投入运行的微机型继电保护装置的软件（含保护的结构、配置文件）到保护原理和功能方面的修改、升级工作必须通过调度、运行主管部门的批准和动模试验认证。在修改、升级软件前，应对原有软件（含保护的结构、配置文件）进行备份。安装新版本软件（含保护的结构、配置文件）的继电保护装置，应在运行现场通过全面的整组试验方可投入运行。

（2）严禁通过远传通道对 220kV 及以上电压等级在线运行的继电保护及装置进行整定值、配置和结构文件进行修改。相关运行和检修部门应对软件修改、更新、升级以及升级后验证的全过程和投运前的检验工作进行记录备案。

（3）当继电保护装置的网络和信息系统需要与非生产信息系统联网时，应采取有效的物理隔离措施。必须有针对性的、系统的防病毒措施。

7. 高频收发信机问题

在220kV线路保护运行中，收发信机存在的问题仍然是造成纵联保护不正确动作的主要因素。主要问题是元器件损坏、抗干扰性能差等。目前各制造厂生产的收发信机基本上都出过问题，因此，一定要重视收发信机的生产质量。应注意校核继电保护通信设备（光纤、微波、载波）传输信号的可靠性和冗余度，防止因通信设备的问题而引起保护不正确动作。另外，高频保护的收发信机工作不正常，也是高频保护不正确动作的原因之一，如收发信机元件损坏、收发信机启动发信信号产生缺口、高频通道受强干扰误发信、收发信机故障、收发信机内连线错误、忘投收发信机电源、收发信机不能起到闭锁作用、区外故障时误动等。

8. 校验装置的接线问题

现场用微机校验装置较多，它的特点是功能齐全，精度较高，有的可以达到0.2级，重量轻，校验方法容易掌握，但是校验微机保护使对校验装置接地不重视，这容易损坏保护中的芯片，同时由于安全措施没有做全，电压回路没有全部与外部断开（电压切换继电器是自保持的），不用万用表测量确无电压后就接上校验装置，当校验装置通电后，输出交流电压时，母线二次电压会反充至校验装置内部，损坏校验装置。

9. 断路器内部继电器校验问题

由于继电保护设备的划分以断路器端子箱为界，所以对断路器内部继电器不管是直流还是交流都不会去校验，一次检修班也不会去管，也就是一个盲区，由于断路器传动振动很大，断路器内部三相不一致保护的时间继电器就会移位，造成断路器误动，这方面还需要加强重视。

10. 电压互感器二次回路中放电间隙器校验问题

公用电压互感器的二次绕组的二次回路只允许在控制室内有一点接地，为保证接地可靠，各电压互感器的中性线不得接有可能断开的开关或熔断器等。已在控制室一点接地的电压互感器二次线圈，宜在断路器场地将二次线圈中性点经放电间隙或氧化锌阀片接地，其击穿电压峰值应大于 $30I_{max}$V（I_{max}——电网接地故障时通过变电所的可能最大接地电流有效值）。

变电站电压互感器二次回路中零线在电压互感器端子箱内有放电间隙器，有很多单位从变电站投运后就不再去问询，一般是等到出了问题才去处理。检验比较简单，只需用万用表测量一下是否已击穿，同时用绝缘电阻表测量一下击穿电压是否符合要求，防止电压互感器两点接地造成事故。

11. 光纤接口问题

在光纤保护校验时，光纤接口一定要用酒精清洗，由于保护运行一段时间后受环境的影响，接口内有可能接灰尘，使得通道受到影响，同时要检查尾纤不能弯曲和损伤。

四、加强继电保护专业管理

1. 抓好继电保护的验收工作

继电保护调试完毕，严格自检、专业验收，然后提交验收单由公司组织检修、运行、生产等多个部门进行保护整组检验、断路器合跳试验，合格并确认拆动的接线、元件、标志、压板已恢复正常，现场文明卫生清洁干净之后，在验收单上签字。保护定值或二次回路变更时，进行整定值或保护回路与有关注意事项的核对，并在更改簿上记录保护装置变动的内容、时间、更改负责人，运行负责人或班长签名。保护主设备的改造还要进行设备带负荷试验，如电流互感器和电压互感器的更换，就应作设备带负荷试验合格后，方可投运。

2. 严格继电保护装置及其二次回路的巡检

巡视检查设备是及时发现隐患，避免事故的重要途径，对继电保护巡视检查的内容有：保护压板、自动装置均按调度要求投入；切换开关、压板位置正确；各回路接线正常，无松脱、发热现象及焦臭味存在；熔断器接触良好；继电器触点完好，带电的触点无大的抖动及烧损，线圈及附加电阻无过热；电流、电压互感器回路分别无开路、短路；指示灯、运行监视灯指示正常；表计参数符合要求；光字牌、警铃、事故音响情况完好；微机保护打印机动作后，还应检查报告的时间及参数。

在雨季节来临之时，应切实做好继电保护室外端子箱、断路器机构箱的防雨、防潮、防霉工作，防止雨水渗漏造成端子间击穿短路，防止由于继电保护装置至断路器端子箱的二次回路电缆绝缘破坏而导致断路器无故障跳闸事故的发生。对户外的气体继电器、压力释放阀触点可采取加装防水罩的措施。

3. 加强现场工作安全措施票

一般说来，目前保护现场试验的安全措施比较简单，对要隔离的间隔、要拆除的二次线、要解除的压板等要求不详，这就可能造成在试验中出现误跳事故，在检验完毕后忘投压板等，影响到保护的正确动作率的提高，为此要针对具体保护装置，可以像现场操作票那样，预先制定比较完整的安全措施，以提高保护正确动作率。继电保护现场工作前，在值班员所做的安全措施以外，另外要根据继电保护的特点做好补充安全措施，以防止误跳、误合、误启动、误短路接地、误发信运行中的设备，先要填写好现场二次工作安全措施票，根据票中的内容一项一项的分别执行，同时必须有监护人。如果要临时拆除二次回路的线头和投退压板时，要确定位置，在有人监护的情况下进行，拆除的线头要用绝缘布包好，会误跳运行中设备的压板也要做好防止误跳的措施。

4. 加强继电保护的基础数据管理工作

应用网络技术建立健全完整、实用的继电保护管理基础数据库，例如：保护的类型和型号，生产厂家和日期，保护投运时间和校验周期，保护的调试大纲和校验方法，保护的校验记录和缺陷处理，以及图纸和说明书资料等。实现对继电保护的信息化管理，是一项重要的工作。这有助于了解目前保护的配置情况，保护历年来的运行情况等。还可为保护的选型提供基础数据，方便了解保护技改、反措执行情况等。尝试开展微机保护装置的可靠性统计，从而从计划检修过渡到状态检修。

5. 加强保护备品备件的储备

根据主网、主设备保护的运行情况和装置可靠性统计，有针对性地储备部分保护装置的备品备件是很有必要的。各个市公司可以合理利用有限的资金集中购买，避免各个基层单位购买重复的备品备件，及时向各县局及基层单位提供备品备件，保证主网、主设备的故障保护能够尽快得到修复、及时投运，保证电网的安全运行。

6. 加强保护试验设备的规范与管理

（1）加强继电保护试验仪器、仪表的管理工作，做好微机型继电保护试验装置及继电保护校验等设备的专用计算机管理与防病毒工作，防止因试验仪器、仪表存在问题而造成继电保护误整定、误试验的问题。

（2）对专用试验仪器、仪表的检验应符合相关计量法规和技术标准的要求。每1～2年应对微机型继电保护试验装置进行一次全面检测，确保试验装置的准确度及各项功能满足继电保护试验需要。

（3）现在继电保护三相试验台基本上都是微型机试验台，这种试验台的使用提高了保护校验工作的效率，降低了保护校验工作人员的劳动强度。但是在微机型保护试验台的应用中，应注意两个问题：① 这些试验台的电流和（或）电压输出为自产模式，与外部电源无关，在现场使用时间过长后，就有可能出现输出不稳定，波形畸变等问题，影响校验精度，所以必须注意加强试验台的定检工作，制定一套检定办法；② 这些试验台在校验保护时大都不接外接表，仅以计算机显示的数据为准，而其负载的大小往往会对其校验时精度降低，因此在校验保护时一定要了解保护装置的输入阻抗值，决定是否用外接表。同时，目前市面上的微型机试验台各式各样，性能和质量，各有千秋，在购买时一定要注意选择和比较。

7. 搞好保护动作分析

保护动作跳闸后，严禁随即将掉牌信号复归，而应检查动作情况并判明原因，做好记录。恢复送电前，才可将所有掉牌信号全部复归，并尽快恢复电气设备运行。事后做好保护动作分析记录及运行分析记录，内容包括岗位分析、专业分析及评价、结论等。凡属不正确动作的保护装置，及时组织现场检查和分析处理，找出原因，提出防范措施，避免重复性事故的发生。

8. 加强技术改造工作

（1）针对直流系统中，直流电压脉动系数大，多次发生微机保护等工作不正常的现象，可将原硅整流装置改造为整流输出交流分量小、可靠性高的集成电路硅整流充电装置。针对雨季及潮湿天气经常发生直流失电现象，首先将其户外端子箱中的易老化端子排更换为新的端子，并有加热和通风，提高二次绝缘水平。其次，整改二次回路，使其每个单元的控制、保护、信号、合闸回路要分开。在断路器室加装熔断器分路开关箱，便于直流失电的查找与处理，也避免直流失电时引起的保护误动作。

（2）对缺陷多、超期服役且功能不满足电网要求的110kV和220kV线路保护、主变压器保护应根据要求更换成微机保护。220kV 母线保护也更换成可自动切换的微机母差保护，加速保护动作时间，从而快速切除故障，达到提高系统稳定的作用。

（3）技术改造中，对保护进行重新选型、配置时，首先考虑的是满足可靠性、选择性、灵敏性及快速性，其次考虑运行维护、调试方便，且便于统一管理。优选经运行考验且可靠的保护，对于个别新保护可少量试运行，在取得经验后再推广运用。

（4）对现场二次回路老化，保护压板及继电器的接线标号头、电缆标示牌模糊不清及部分信号掉牌无标示现象，应重新标示，做到美观、准确、清楚。清除基建或改造中遗留遗弃的电缆寄生二次线，整理并绘制出符合实际的二次图纸供使用，杜绝回路错误或寄生回路引起的保护误动作。

（5）对保护装置中不能保证自启动的逆变电源，要进行更换，对保护装置中运行时间较长的逆变电源，也要定期进行更换。

9. 重视继电保护反措工作

认真贯彻落实《国家电网公司十八项电网重大反事故措施》对继电保护专业的重点要求，不断提高主网保护的健康水平和预防事故的能力。

加强对主网继电保护装置及其二次回路的检验管理，确保主网保护不漏检，并且记录齐全，数据满足规程要求。此外，在继电保护检验、验收中要重视对继电保护二次回路、继电保护通道的检查，不断提高继电保护运行水平。

充分发挥专业管理职能和继电保护技术监督的职能，积极主动做好对电厂侧涉网继电保护的管理工作，监督和帮助发电单位做好电厂侧继电保护专业管理和反措落实、机组保护定值计算与管理以及设备选型等工作，确保主网安全稳定运行。

10. 培养复合人才，提高人员素质

要提高装置管理水平，离不开人，人员素质低，责任心差，装置管理水平就上不去，所以必须加强继保工作人员的技术培训工作。人员的培养不仅要抓技术培训，而且要抓敬业精神的培养。同时随着综合自动化系统的出现和应用，还要培养一批即懂保护又懂计算机监控的复合型人才。在技术培训上，要充分利用自己人才的优势，要积极发挥个人主观能动性，学习上的钻研性和刻苦性，有计划有步骤地进行自我培训，适应继电保护的发展。

五、继电保护技改工作“三措”的编写

在继电保护技改工作中，应注意到由于继电保护装置接线复杂，拆除及接入容易出问题，造成危害，许多线头带有电压，是造成危害的主要因素。必须解决此类事故隐患，保证更换工作顺利。由于拆屏、箱及重新安装屏箱时，双母线回路、3/2 断路器等主接线保护屏存在启动母线保护失灵，跳相邻断路器、远方直跳的接线，启动故障录波器、远动信号等，二次电压的短路、二次电流的开路等存在十分大的危险性。为保证人员及设备的安全，在施工工作前应制定好“组织措施、技术措施、安全措施”，简称“三措”。报请上级主管部门批准，并组织施工人员认真学习，弄懂弄通，在施工中严格执行。编写“三措”要写明更换保护的目的，内容及安全措施，停电时间，施工步骤和要求等，对于施工中的步骤和要求要写得比较详细（电缆的名称及编号，拆线及接入线的数量和标号等），以便施工人员掌握。

【思考与练习】

1. 继电保护事故的种类有哪些？
2. 继电保护装置的定值应如何管理？
3. 如何防止继电保护人员责任事故？

◢ 模块 2 继电保护事故处理的基本原则（Z11H2001 Ⅰ）

【模块描述】本模块包含继电保护事故处理的相关内容。通过知识要点的归纳总结，掌握继电保护事故处理的基本思路与方法及提高继电保护人员事故处理的能力。

【模块内容】

一、继电保护事故处理的基本思路

1. 正确利用故障信息判断故障

（1）利用保护、监控信息判明故障点。要充分利用光字信号及监控信号来判断故障原因，它是简单事故查找的参考依据；有些故障仅凭经验是难以解决的，要充分利用保护装置灯光显示信号、微机保护事件记录来判断故障原因，它是事故分析的可靠依据；而有些继电保护事故发生后，按照现场的信号指示和各种信息无法找到故障原因，一、二次设备检查也没有发现故障点，可以利用保护生产厂家调取保护装置内部逻辑动作行为的各种信息进行软件分析，以判明保护动作的正确性，查出故障点。

（2）利用故障录波装置信息判明故障点。有些继电保护事故发生后，按照现场的信号指示无法找到故障原因，要充分利用故障录波和时间记录、故障录波图形来判断故障原因，根据有用信息作出正确判断是解决问题的关键。

（3）利用一次信息判明故障点。在无法分清一次系统故障还是继电保护等二次设备误动作的前提下，最简单的办法是一次、二次方面同时展开工作。对一次设备进行一些观察、检查、检测工作，可以很快得出结论，同时开展一次设备的工作可以在短的时间内给继电保护工作人员提供极为有价值的参考信息。若通过一、二次系统的全面检查发现一次系统故障使继电保护正确动作，则不存在继电保护事故处理的问题；若判断故障出在继电保护上，应尽量维持原状，做好记录，做出故障处理计划后再开展工作，以避免原始状况的破坏给事故处理带来不必要的麻烦。

2. 运用逆序思维法查找故障

如果利用微机保护事件记录和故障录波不能在短时间内找到事故发生的根源时，应注意从事故发生的结果出发，逆向思维，一级一级往前查找，直到找到根源为止。这种逐级逆序思维检查的方法常用在保护出现误动现象时。

3. 运用顺序思维法查找故障

按直流回路、一次设备的性能、电流和电压回路、二次切换回路、闭锁回路、跳闸回路、逆变电源性能测试、外部检查、绝缘检测、定值复核、开关量检查、保护功能检查、整组传动试验等顺序进行。顺序检查法常常用于继电保护出现拒动或者保护逻辑出现错误的事故处理中。

二、继电保护事故处理的基本方法

电力生产过程中，由于受不可抗拒的外力破坏、设备存在缺陷、继电保护误动、工作人员误操作、误处理等原因，常常会发生设备事故或故障。而处理电气设备事故或故障是一件很复杂的工作，它要求工作人员具有良好的技术素质和一定的检修技能，并熟悉电气事故处理规程，系统运行方式和设备性能、结构、工作原理、运行参数等技术法规和专业知识。为了能够正确判断和及时处理电力生产过程中发生的各种电气设备事故或故障，一方面应开展经常性的岗位技术培训活动，定期开展反事故演习和值班时做好各种运行方式下的事故预想；另一方面应掌握处理电气设备事故或故障的一般方法。后者在处理电气设备事故或故障时往往能够收到事半功倍的效果。

1. 一般程序法

（1）设备发生事故时，立即清楚、准确地向值班调度员、上级主管领导和相关部门汇报。

（2）做好故障设备的安全隔离措施，通知检修人员处理。

（3）进行善后处理工作，包括事故现象及处理过程的详细记录，断路器故障跳闸及继电保护动作情况的记录等。

2. 感官检查法

感官检查法就是利用人的感官（眼看、耳听、手摸、鼻闻）检查电气设备故障，常采取顺藤摸瓜的检查方式找到故障原因及所在部位，是最简单、最常用的一种方式。如检查 2 号主变压器冷却器操作柜时，嗅到焦臭味，估计是某接触器出了故障，用手触摸接触器线圈，发现其发热严重，并且线圈外表有烧焦痕迹，于是判断出该接触器线圈烧损。

3. 分割法（拉路试验法）

分割法是把电气相连的有关部分进行切割分区，逐步将有故障的部位与正常的部位分离开，准确查出具体故障点的方法，是运行人员查找电气设备故障常用的一种方法。如分割法常用来查找 35kV 电压系统、10kV 电压系统单相接地故障和直流系统一点接地故障等。通常采用逐条拉开馈线的“拉路法”，拉到某条馈线时接地故障信号消失，则接地点就在该条馈线内。再分割该条馈线就可以查找出具体的故障点。

4. 回路分析法

回路分析法是根据电气设备的工作原理、控制原理和控制回路，结合感官，初步诊断设备的故障性质，分析设备故障原因，确定设备故障范围的方法。分析时先从主电路入手，再依次分析各个控制回路及其辅助回路。

5. 仪器、仪表测量法

仪器测量法是利用仪器设备对某些电气量进行实时测量，常用的测量仪器有选频表、示波器、光功率计等。如高频通道两侧检测时，使用示波器检测两侧的高频信号就非常的直观和方便。

仪表测量法是利用仪表器材对电气设备进行检查，根据仪表测量某些电参数的大小并与正常的数值比较后，确定故障原因及部位的方法。检查人员常使用的测量仪表有万用表和绝缘电阻表。万用表常用来测量交、直流电压，交、直流电流和电阻。如用万用表交流电压挡测量电源、回路电压、继电器和线圈的电压，若发现所测电压与额定电压不相符合（超过 10%），则是故障可疑处。绝缘电阻表常用来测量二次回路、继电器绝缘电阻，当低于标准值则说明绝缘受潮、局部有缺陷、绝缘击穿。如二次电缆接地、二次电缆线间和端子绝缘能力降低等。

6. 再现故障法

再现故障法就是接通电源，操作控制开关或按钮，让故障现象再次出现，以找出故障点所在部位，如二次回路故障时等。

7. 断电复位法

自动装置本身是由各种电子元件组成的整体，加之装置长时间带电运行，常引起元器件工作不稳定，容易受到电气干扰、热稳定等因素的影响而发生各种偶发性故障，如微机保护装置死机、自检程序出错等。

8. 整组试验法

运用整组试验方法的主要目的是检查继电保护装置的逻辑功能是否正常，动作时间是否正常。整组试验的方法可以用很短的时间再现其故障、并判明问题的根源。在进行整组试验时输入适量的模拟量、开关量使保护装置动作，如果动作关系出现异常，再结合上述逆序检查法去寻找故障点。

三、提高继电保护事故处理水平的途径

掌握继电保护事故处理的基本思路，是提高继电保护事故处理水平的重要条件，同时还必须掌握必要的理论知识，运用正确的工作方法。

1. 理论和实践相结合

理论知识在事故分析中很重要，由于电网的迅速发展，微机保护的应用率已经达到 90%以上，数字化变电站也开始运用，作为一个继电保护人员，学好电路、电子技术、微机知识、计算机知识及通信知识就成为当务之急；同时必须全面了解保护的基本原理与性能，并且熟悉厂方保护程序原理，熟悉二次回路原理图等。理论知识扎实了，在事故分析时才能迅速、准确地判断故障，缩小事故原因查找的范围。再加上实践经验，理论结合实际来分析问题，将问题分析得更细致，更容易分析出事故的原因，继电保护人员应努力提高自身的理论知识水平和实践能力。

2. 熟悉相关规程和技术资料

要顺利地进行继电保护故障分析与处理，继电保护人员必须熟悉有关的规程和技术资料：继电保护技术规程、校验规程、反事故措施、保护产品说明书、调试大纲、出厂调试记录、定值通知单、投运试验记录、电路方框图、电路原理图、标准电压值、电流值、波形以及相关的参数等。如果继电保护人员不熟悉规程和技术参数，继电保护故障分析与处理就无从下手，得不到正确的结果。

3. 运用正确的思维和检查方法

一般继电保护事故往往经过简单的检查就能够被查出，如果经过一些常规的检查仍未发现故障元件，说明该故障较为隐蔽，应当引起充分的重视。此时可采用逆向检查法，即从故障现象的暴露点入手去分析原因，由故障原因判别故障范围。如果仍不能确定故障原因，就采用顺序检查法，对装置进行全面的检查。

4. 熟练掌握必要的故障查找和处理技巧

在继电保护的事故处理中，工作经验是非常宝贵的，它能帮助工作人员快速消除重复发生的故障，但技能尤为重要。

（1）电阻测量法：利用万用表测量电路电阻和元件阻值确定所判断故障的部位及故障的元件，一般采用在路电阻测量法，即不焊开电路的元件直接在印刷板上测量，然后判断其好坏的一种方法。

（2）电流测量法：利用万用表测量晶体管或集成电路的工作电流、稳压电路的负载电流，可确定该电路工作状态是否正常、元件是否完好。

（3）电压测量法：对所有可能出现故障的电路的各参考点进行电压测量，将测量结果与已知的数值或经验值相比较，通过逻辑判断确定故障的部位及损坏的元件。

（4）替代法：该方法是指用规格相同、功能相同、性能良好的插件或元件替代被怀疑而不便测量的插件或元件。

（5）对比法：该方法是将故障装置的各种参数或以前的检验报告和正确的插件进行比较，差别较大的部位就是故障点。

（6）模拟检查法：该方法是指在良好的装置上根据原理图（一般由厂家配合）对其部位进行脱焊、开路或改变相应元件参数，观察装置有无相同的故障现象出现，若有相同的故障现象出现，则故障部位或损坏的元件被确认。

总至故障查找和处理的方法很多，归纳出来有以下3种：

（1）假设法：假设的方法是在没有明确事故原因时，可能提出几个有可能引起事故的原因，多方面来分析问题。

（2）排除法：结合实际情况，在假设的几种可能引起事故的原因里将有可能的留下，剩下的去掉，缩小事故查找的范围。

（3）论证法：通过技术手段来证明前面假设的几种可能是否能行得通。每次发生的事故都会有它的道理，都能用理论知识加以证明，证明以上的假设是正确的。

保护及自动装置的事故处理除了技能的因素之外，培养高度的责任心是十分重要的，工作人员只要有良好的技能、认真的态度和一丝不苟的精神就能够快速排除一切故障。

5. 微机保护事故处理的特点

微机保护在现场的事故处理比较简单。目前检修人员在现场对微机保护装置的事故处理能够进行的工作是更换插件或更换芯片。微机保护常出现故障及处理方法如下：

（1）逆变电源不正常。检查5、15、24V电源是否正确，确认损坏后更换。

（2）显示功能不正常。检查判别推动显示器的芯片是否损坏，确认损坏后更换。

（3）显示器无法显示。检查接插口是否接触良好，确认无法恢复后更换。

（4）保护自检告警。检查插件和芯片是否接触良好，确认无法恢复后更换。

（5）输入输出信号数值不正确。检查测量通道元器件是否损坏，确认损坏后更换。

（6）温度特性不能满足。当环境温度升高，保护性能就会变坏，应采取限温措施。

【思考与练习】

1. 继电保护事故处理的基本思路是什么？

2. 继电保护事故处理的基本方法有哪些？

第十四章

典型事故案例分析

模块 1　简单事故案例分析（Z11H2002Ⅱ）

【模块描述】本模块包含电网继电保护简单事故案例的介绍和事故分析。通过要点归纳、典型案例分析，掌握通过各类记录与信息利用直观法、电位法、导通法、通电法进行简单事故案例分析。

【模块内容】

继电保护简单事故是指由于电力系统、二次回路、保护装置等原因而发生的单一性故障，简单故障案例分析，是提供部分具有代表意义的典型简单故障，通过利用故障录波装置信息、保护装置信息、调度信息、综合自动化信息等作为分析判断依据，采用理论推导、逻辑验证、设备校验等具体方法进行案例分析，得出具有指导性的防范措施。

一、220kV 变电站变压器保护越级跳闸分析

1. 事故过程

2004 年 8 月 21 日 14:55，220kV S 西变电站的 110kV S 坛线路因导线对芭蕉树叶放电发生 A 相经大过渡电阻接地故障，S 坛线 103 断路器零序电流保护Ⅲ段动作跳闸，同时 1 号主变压器 110kV 侧中性点零序过电流Ⅱ段动作跳闸，造成变电站 110kV 母线失压的一般电网事故。

2. 事故调查及原因分析

S 西变电站 110kV S 坛线 103 断路器零序电流保护整定值Ⅱ段为 1080A（一次值，后同），1s；Ⅲ段为 264A，2s；1 号主变压器 110kV 侧中性点零序过电流Ⅱ段定值为 344A，2s。由于 110kV S 坛线路发生 A 相经大过渡电阻接地故障，短路电流缓慢增加，在故障开始较长一段时间 103 断路器零序电流保护Ⅱ段因短路电流达不到整定动作值而未动作，由线路零序过电流Ⅲ段动作跳闸。而同时 1 号主变压器 110kV 侧中性点零序过电流Ⅱ段电流已达到动作值，且动作时间与 S 坛线 103 断路器零序Ⅲ段动作时间整定相同，均为 2s，故两段保护同时出口跳闸，1 号主变压器 110kV 侧中性点零序过

电流Ⅱ段保护定值整定计算错误是造成本次事故的直接原因。

保护定值整定计算错误的原因，是继电保护整定计算人员在对1号主变压器110kV侧中性点零序过电流保护定值计算，选取与线路保护配合的分支系数时，错误把流过主变压器零序等值电路△绕组漏电抗支路的零序电流作为主变压器110kV侧中性点的零序电流，即零序分支系数误为 $K_{fz0}=I_3/I_1=538.8/1867=0.29$，如图 Z11H2002Ⅱ–1 所示。正确的分支系数应为 $K_{fz0}=I_2/I_1=1867/1867=1$。从而定值错误整定为 $I_{dz}=1.1\times0.29\times1080=344A$，造成认为主变压器中性点零序过电流Ⅱ段保护灵敏度及动作时间可以与S坛线零序Ⅱ段保护相配合的假象。但实际上由于分支系数计算错误，主变压器中性点零序过电流Ⅱ段保护灵敏度不能与S坛线零序Ⅱ段保护相配合、动作时间不能与S坛线零序Ⅲ段保护相配合，最终造成S坛线发生经大过渡电阻接地故障时主变压器110kV侧中性点零序过电流Ⅱ段保护越级跳闸事故。

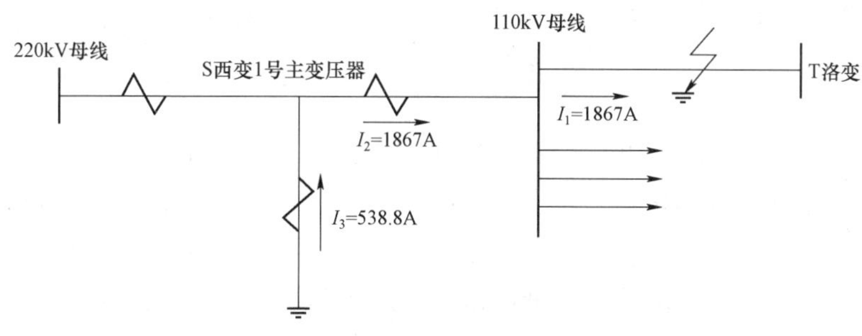

图 Z11H2002Ⅱ–1　一次零序电流图

3. 防范措施

加强继电保护整定计算人员的责任心，对整定值要进行认真审核。

二、110kV LJ 变电站 2 号主变压器后备保护拒动分析

1. 事故简述

（1）故障前LJ变电站运行方式。LJ变电站110kV侧由JCJ变电站通过金老线送电，35kV侧三条出线分别与水泥厂、冶炼厂、甲电厂连接，10kV侧向用户供电，如图 Z11H2002Ⅱ–2 所示。

（2）故障时保护动作情况。2004年9月2日8:46:49，LJ变电站35kV 343断路器发生A、C相接地故障，故障电流900A，达到JCJ变电站184、185断路器过电流Ⅰ段保护动作值，因继电保护定值误整定，由JCJ变电站110kV LJ线184断路器、JL线185断路器“TV断线过电流Ⅰ段保护”越级动作1.4s跳开184断路器，1.8s跳开185断路器。同时甲电厂35kV出线305断路器距离保护Ⅲ段动作1.5s跳305断路器，将故障切除。

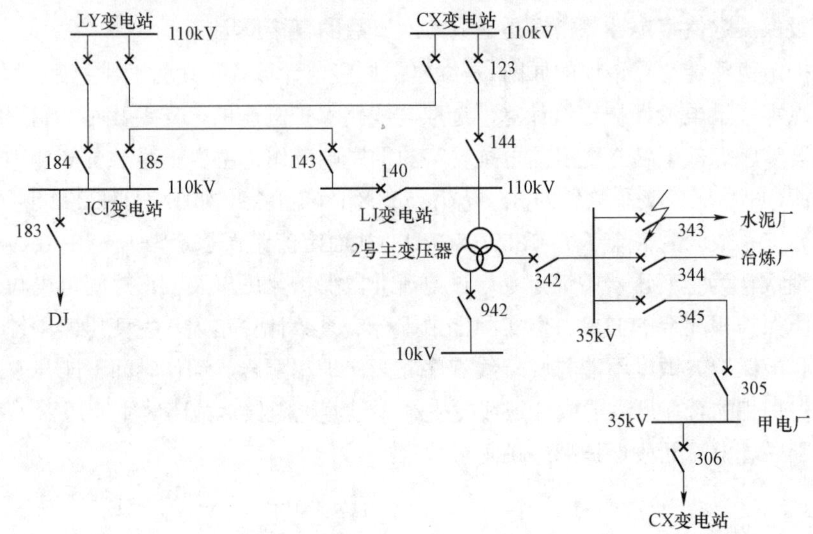

图 Z11H2002Ⅱ-2 一次系统图

JCJ 变电站 110kV LJ 线 184 断路器、JL 线 185 断路器跳闸后，185 断路器无压重合闸动作，重合后因故障尚未消失，经 1.8s 后 185 断路器“TV 断线过电流Ⅰ段保护”再次越级动作将故障切除，同时 LJ 变电站 2 号主变压器高压侧复压过电流Ⅰ段动作，经 1.8s 延时跳开 942 断路器。184 断路器在 185 断路器跳开后同期重合成功，110kV LJ 线恢复运行。

JCJ 变电站 185 断路器第二次跳开后，LJ 变电站 110kV 备自投装置动作，跳开 143 断路器、合上 144 断路器。因故障仍存在，且已发展为三相短路，LJ 变电站 2 号主变压器中压侧复压闭锁方向过电流保护因方向元件电压取自 35kV TV 方向元件无法动作而拒动，高压侧复压闭锁方向过电流保护因复压元件电压仅取自 110kV TV 复压元件灵敏度不足而拒动，CX 变电站 CL 线 123 断路器后备保护因灵敏度不足而拒动。因故障一直无法切除，最后发展为变压器内部故障，故障持续约 2min 后变压器重瓦斯保护动作，跳开主变压器 140、144、342 断路器，才最终将故障彻底切除。

2. 事故调查分析

（1）JCJ 变电站 184、185 断路器“TV 断线过电流Ⅰ段保护”应通过控制字整定仅在 TV 发生断线时才投入，但因误整定在正常时就投入，且动作时间（184 断路器 1.4s，185 断路器 1.8s）比 LJ2 号主变压器中压侧复压闭锁方向过电流保护动作时间（2.5s 跳 342 断路器，2.9s 跳三侧）和高压侧复压闭锁方向过电流保护动作时间（2.5s 跳 342 断路器，3.3s 跳三侧）短，以致发生越级跳闸。

（2）LJ 变电站备自投动作合上 144 断路器后，对主变压器再次冲击，高压侧故障电流达到 1300A，故障发展为三相故障，2 号主变压器中压侧复压闭锁方向过电流保护方向元件取本侧电压，方向元件因电压死区无法动作判别方向，故中压侧后备保护拒动。高压侧复压闭锁方向过电流保护因复压元件电压仅取自本侧 TV，复压元件灵敏度不足（LJ 变电站 110kV 母线故障残压折算到二次线电压为 75V，低电压整定值为 70V）而拒动。CX 变电站 CL 线 123 断路器后备保护因整定不合理，灵敏度不足而拒动。

3. 暴露问题

（1）继电保护整定计算人员业务水平不高、安全意识不强，对整定计算规程理解不透、执行不严，以致发生因误整定引起的 JCJ 变电站 184 和 185 断路器保护越级跳闸、CX 变电站 123 断路器保护拒动、LJ 变电站 2 号主变压器后备保护拒动事故。

（2）LJ 变电站 2 号主变压器在正常运行时“中压侧复合电压并联启动”“低压侧复合电压并联启动”压板未投入。由于高压侧后备保护低电压定值对 35kV 和 10kV 母线故障没有灵敏度，不投入这两个保护压板，在 35kV 和 10kV 母线三相故障时高压侧复压过电流保护将不能动作，复电过电流保护的电压元件应同时取高、中、低压三侧电压。

（3）LJ 变电站 2 号主变压器中、低压侧后备保护方向元件电压均取自本侧，故障时因电压灵敏度不足而使得保护拒动。

（4）LJ 变电站 2 号主变压器三侧相间后备保护均经方向元件闭锁，不合理，应考虑有一段不经方向元件闭锁，以做总后备；无电源侧的后备保护也宜不经方向元件闭锁，以提高动作可靠性。

（5）在事故调查中同时发现，LJ 变电站 2 号主变压器高压侧后备保护用的 TA 变比接错，应为 300/5，而现场实际为 600/5；正常运行时 2 号主变压器保护“中压侧复压Ⅲ段跳 144”“低压侧复压Ⅲ段跳 144”压板未投入；保护屏上多个压板标签与实际功能不符。

4. 防范措施

（1）加强对继电保护设计、整定、施工、试验等人员的技术培训和安全培训，提高业务素质水平和安全意识水平。

（2）对主变压器后备保护的方向元件接线应确保各侧故障时的灵敏度，对不合理的进行改进，以提高保护装置动作可靠性。

（3）制订或修订现场运行规程，规范继电保护压板标识和投退规定。

（4）认真开展继电保护整定计算工作，认真继电保护定值进行校核，防止发生继电保护误整定事故。

三、220kV WP线纵联保护拒动分析

1. 事故简述

2004年7月3日13:05，WP线因雷雨天气发生B相收雷击单相接地故障，线路正确动作跳开B相断路器，并重合成功。

(1)P城变电站。主Ⅰ保护RCS–901D:接地距离Ⅰ段出口;主Ⅱ保护RCS–902DK:纵联距离出口，纵联零序出口，接地距离Ⅰ段出口。

(2)W城变电站。主Ⅰ保护RCS–901D：工频变化量距离出口；接地距离Ⅰ段出口；主Ⅱ保护RCS–902DK：纵联距离出口，纵联零序出口，工频变化量距离出口，接地距离Ⅰ段出口；后备保护RCS–902D：突变量阻抗出口，接地距离Ⅰ段出口。

2. 保护动作分析

从保护跳闸报告看出，两侧主Ⅰ允许式保护RCS–901D故障时均没有收到对侧的允许信号导致无法出口。从ABB载波机的通信记录可看到，ABB载波机在故障前后共有14次解除闭锁现象，每次200ms。在解除闭锁过程中，A、B命令均无法发送。故障时载波机通信记录如下：

P城站侧

2004–7–3	13:05:15.579	命令B发信	开始
2004–7–3	13:05:15.577	命令A发信	结束
2004–7–3	13:05:15.554	解除闭锁	结束
2004–7–3	13:05:15.405	命令B发信	结束
2004–7–3	13:05:15.404	命令A发信	开始
2004–7–3	13:05:15.353	解除闭锁	开始
2004–7–3	13:05:15.339	命令B收信	结束
2004–7–3	13:05:15.316	命令B收信	开始

W城站侧

2004–7–3	13:04:09.010	命令B收信	结束
2004–7–3	13:04:08.028	命令A收信	结束
2004–7–3	13:04:08.027	命令B收信	开始
2004–7–3	13:04:08.008	命令A收信	开始
2004–7–3	13:04:07.999	解除闭锁	结束
2004–7–3	13:04:07.997	命令B发信	开始
2004–7–3	13:04:07.995	命令A发信	结束
2004–7–3	13:04:07.842	命令B发信	结束

2004–7–3 13:04:07.841 命令 A 发信 开始

2004–7–3 13:04:07.799 解除闭锁 开始

从通信记录可看出，在故障前约 50ms，又发生发解除闭锁信号的情况，造成两侧允许信号无法发送（150ms 左右），导致两侧主Ⅰ保护主保护均无法动作。

3. 防范措施

某电网 500kV 线路纵联保护普遍采用复用允许式+复用闭锁式的配置，本次故障中，主ⅡRCS–902DK 复用闭锁式保护未受通道阻塞的影响，正确动作。但是复用闭锁式保护也存在通道传输时间过长或载波机固有发信能力造成误动的可能，因此对于双载波通道传输的保护，在具备光纤通道的情况下，应改为 1 套载波+1 套光纤传输的方式。

四、测控装置故障造成 220kV 马月线 223 断路器跳闸分析

1. 事故简述

（1）事故前运行方式。220kV 马月线 223 断路器、1 号主变压器 22A 断路器接 220kV Ⅰ段运行，水月Ⅰ线 229 断路器接 220kVⅡ段运行，220kV 母联 22K 断路器运行。

（2）事故经过。2006 年 7 月 12 日 10:32，220kV 马月线 223 断路器跳闸，保护未发任何信号，运行人员到保护小室和断路器场地进行巡视检查均未发现异常情况，10:45 时汇报上级，于 10:48 恢复 220kV 马月线 223 断路器运行。因 220kV 系统环网运行未造成少送电。

2. 事故调查分析

11:00 继电保护人员到现场检查保护设备、测控设备、断路器设备运行情况，13:00 打开 220kV 马月线 223 断路器测控装置面板，闻到焦味，随后向调度申请退出测控装置进行检查，发现 220kV 马月线 223 断路器测控装置内部开出板 S3 继电器（跳闸出口）的印刷电路有烧焦痕迹，用手触摸印刷电路板温度较高，判断为测控装置内部开出板在运行过程中温度过高，造成 S3 继电器损坏。同时对外回路进行检查，发现 S4 继电器（跳闸出口）背板接线端子 6、8 处因多股铜导线压接工艺不良造成金属丝短路。

3. 暴露问题

经综合分析确认本次 220kV 马月线 223 断路器跳闸的原因是测控装置在运行过程中温度过高，使得装置内部开出板 S3 继电器损坏造成接点接通，且测控装置 S4 继电器接点在背板接线端子 6、8 原已短接，造成跳闸回路连通，直接将断路器跳闸。事后继电保护班利用备用开出板更换已损坏的插件，并对其他背板端子进行全面检查，未发现其他异常情况，测控装置已正常运行。

4. 防范措施

已将 S4 继电器接点在背板接线端子 6、8 处铜导线重新压接；立即更换 220kV 马月线223断路器测控装置开出板，并投入运行。

五、二次回路引发断路器拒动事故分析

2005年7月15日，某500kV变电站发生一起3/2接线串中间断路器拒动事故，造成断路器失灵保护动作，发出远跳命令切除正在运行的500kV线路。

1. 事故简述

16:52，因一场罕见的龙卷风袭击，某变电站500kV 5304线路发生A相接地故障，线路双高频及接地距离Ⅰ段保护动作跳开5043和5042断路器A相，5043断路器先重合于故障线路，后加速保护动作启动跳5043和5042断路器，5043断路器三相跳开、5042断路器拒动。1174ms后5304线路又发生C相故障，断路器5042失灵保护动作跳开5041断路器，并向运行在该断路器串的5302线路对侧发远跳信号，切除了正在运行的5302线路。

2. 事故调查分析

经检查，5042断路器机构内非全相中间继电器线圈A2上的负电源线头松动（5042断路器机构内的非全相功能不用，但仅拆除了其时间继电器接点两端的连线）。

当第一次故障断路器A相跳开后，断路器的B、C相常开辅助接点与A相动断辅助触点闭合，启动了保护屏上压力闭锁跳合闸重动继电器2ZJ，2ZJ动作断开了断路器跳合闸回路，造成第二次故障时断路器拒动。

3. 暴露问题

（1）检修人员没有严格执行Q/GDW 267—2009《继电保护及电网安全自动装置现场工作保安规定》中关于二次回路改造的有关规定，没用的回路未拆除干净，造成寄生回路，从而对运行的二次回路产生影响，直接导致此次事故的发生。

（2）制造厂对断路器机构内二次回路的设计不够规范、合理，将不同回路中的中间继电器的线圈负电源端互相跨接并联，为寄生回路的存在埋下了隐患。

（3）由于分合时产生的振动，断路器机构二次回路接线非常容易发生松动，但维护工作不到位。

4. 防范措施

（1）对于断路器和保护中均有的回路（如非全相和防跳回路等）只保留一套，另一套回路应拆除干净，杜绝寄生回路存在。

（2）制造厂应将断路器机构内各回路的中间继电器线圈的负电源端分别引到端子排上，由同一组直流电源供电，不可在内部随意跨接取电源。

（3）拆除保护操作箱内的压力闭锁重动继电器2ZJ的启动回路并短接其触点，仅用断路器机构内的压力闭锁继电器来闭锁跳合闸回路，以简化二次回路，提高可靠性。

（4）举一反三，吸取事故教训，对类似的断路器二次回路进行针对性检查，采取

相应的防范措施。

（5）加强设备检修管理工作，明确各专业检修人员的分工，大力推行现场检修工作作业指导书的执行，促进检修工作标准化。

六、光耦端子接线松动引起两次保护拒动分析

1. 事故简述

2003 年 8 月 3 日 19:25，220kV 鲁 M 二线 B 相接地故障，M 窝侧 LFP901A 保护正确动作，LFP902A 拒动。

2. 事故调查分析

提取保护打印报告后，检查发现保护装置开入压板多次发生投退变位，且在故障时保护压板（高频，零序，距离）处于退出状态，现场无投退压板操作，进一步检查保护屏发现光耦（+24V）1D47 端子螺丝松动，1D47 至保护投入压板公共端的导线松动，保护处于实际退出状态。另一起类似情况发生在 2003 年 4 月 25 日 15:16，500kV L 梧Ⅱ线 C 相接地故障，L 宾侧 LFP901A 保护正确动作，LFP902A 保护拒动，经查原因也是光耦正电端子螺丝松动，导线松动，导致保护退出。改动前的原理图及端子排图如图 Z11H2002Ⅱ–3 和图 Z11H2002Ⅱ–4 所示。

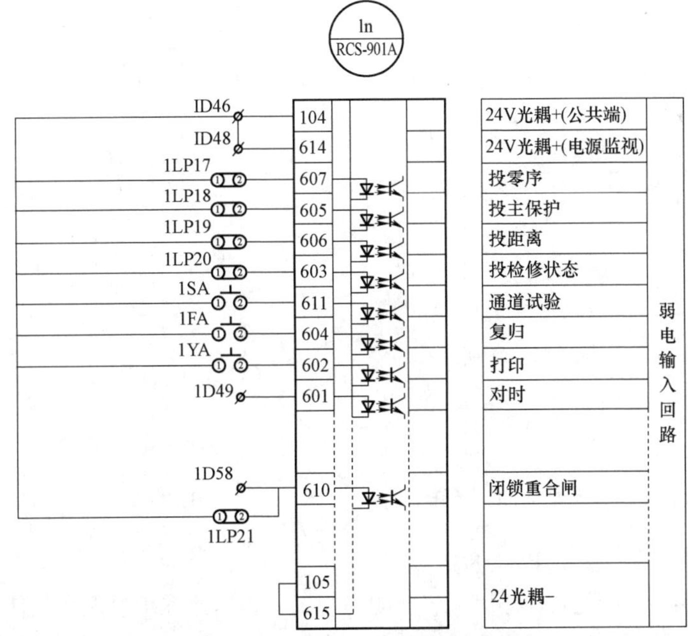

图 Z11H2002Ⅱ–3 改动前的原理图

3. 防范措施

（1）以 RCS-901A 为例说明，如端子排公共端不够可以增加端子。原 24V 光耦正电源监视端 1n614 与 24V 光耦正公共端 1n104 同接至端子排 1D46，1D46～1D47～1D48 连接片如果发生松动，开入可能失电而不会报警。现将电源监视端 1n614 改接至端子排公共端末尾 1D48，这样 1D46～1D47 连接片松动造成失电时将会报警。

（2）原保护投退等开入压板公共端在压板上连接后，从最后一个压板接至端子排开入公共端 1D47，为防止压板或连线松动造成保护投退压板整体失电，拟从第一个压板增加连线至端子排开入公共端 1D46 以加强可靠性。改动后的端子排图和压板图如图 Z11H2002Ⅱ-5 和图 Z11H2002Ⅱ-6 所示。

1D
41
42
43
44
45
1n104 46
1LP21-1 47
1SA-1,1n614 48
1n601 49
50
51

图 Z11H2002Ⅱ-4 改动前的端子排图

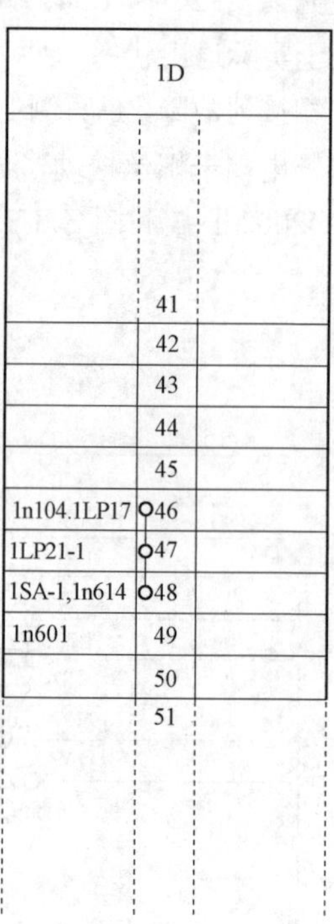

图 Z11H2002Ⅱ-5 改动后的端子排图

正电源在屏后连接 1LP17/18/19/20/21。

（3）运行维护人员应做好保护装置的巡视工作，留意保护投退变位信号，加强设备定检及维护，二次工作中解开的电缆芯线应做好标识，恢复时应拧紧端子，端子不宜压接多根芯线，防止导线松动。

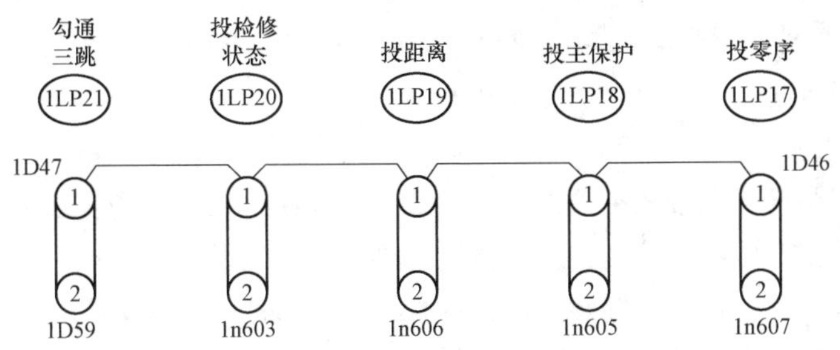

图 Z11H2002Ⅱ–6　改动后的压板图

七、220kV 线路保护重合闸不成功原因分析

1. 事故简述

2004 年 7 月 3 日 10:07，220kV G 竹变电站 220kV 东 G 线故障，2738 断路器保护动作，两套高频保护、距离保护Ⅰ段动作，出口跳 C 相单相断路器，重合闸保护无动作，重合不成功，三相不一致保护出口跳闸，跳三相。检查继电保护动作情况为：东 G 线 A 屏保护高闭零序出口动作、距离Ⅰ段出口动作、C 相跳闸；东 G 线 B 屏保护高闭距离出口动作、距离Ⅰ段出口动作、C 相跳闸，重合闸无动作，三相不一致保护出口跳三相。保护基本配置情况见表 Z11H2002Ⅱ–1。

表 Z11H2002Ⅱ–1　　保护基本配置情况

序号	保护分类	保护型号	投产日期	制造厂
1	主保护	WXH–11x/A	1994.7.1	某公司
		CSL–101A	2001.7.1	某公司
2	后备保护	WXH–11x/A	1994.7.1	某公司
		CSL–101A	2001.7.1	某公司

2. 事故调查分析

两套高频保护零序、距离出口动作，两套距离保护Ⅰ段出口动作，单相跳闸应启动重合闸，因重合闸未动作，三相不一致保护延时出口跳 A、B 两相断路器。

东 G 线采用的重合闸装置为 CSL–101，此类型装置的重合闸开入信号不要求来自跳闸固定继电器，而要求来自保护跳闸重动继电器，即要求跳闸成功后立即返回。重合闸在这些触点闭合时启动，触点返回后开始计时。这一设计与原来的 11 型保护由固定继电器触点启动重合有很大区别。

现场试验发现 WXH–11X/A 型保护去启动重合闸的触点用的是固定继电器输出触点，无法开始重合闸计时，只能等 WXH–11X/A 型保护动作后整组复归，跳闸固定继电器返回时，重合闸才能计时启动重合，时间要等到保护动作后 5～6s，而三相不一致保护在 1.5s 后已出口，因此重合闸不能正确动作。

3. 防范措施

重合闸回路设计和校核把关不严，出现设计错误，同时现场安装调试验收把关不严，造成此次重合闸不正确动作。为避免此类错误再次发生，各单位应加强设计和施工阶段的规范管理，设计、安装、调试及验收各阶段责任人确实认真把关。

八、220kV 变电所全所失电事故分析

1. 事故简述

2007 年 6 月 22 日 16:13，某电网一座 220kV 变电站州门 2341 线由于雷击发生 C 相故障，两侧保护正确动作跳开 C 相断路器。75ms 后，C 相断路器断口击穿，故障电流重现，220kV 正母失灵保护动作，跳开母联和正母上所有断路器。140ms 后，母联断路器发生自动合闸，合于州门 2341 线 C 相故障点上，220kV 副母差动动作，跳开副母上所有断路器，造成 220kV 变电站全停。

2. 事故调查分析

现场检查发现，母联电流切换回路原理接线存在缺陷，由于母差保护正电源与母联合闸回路之间存在寄生回路，母差保护动作后，正电源通过手合回路串到了母联断路器合闸回路，同时造成母联合闸回路中间继电器和母联电流双位置切换继电器接点竞争，导致 220kV 母联断路器自动合闸。详细分析如图 Z11H2002Ⅱ-7 所示。

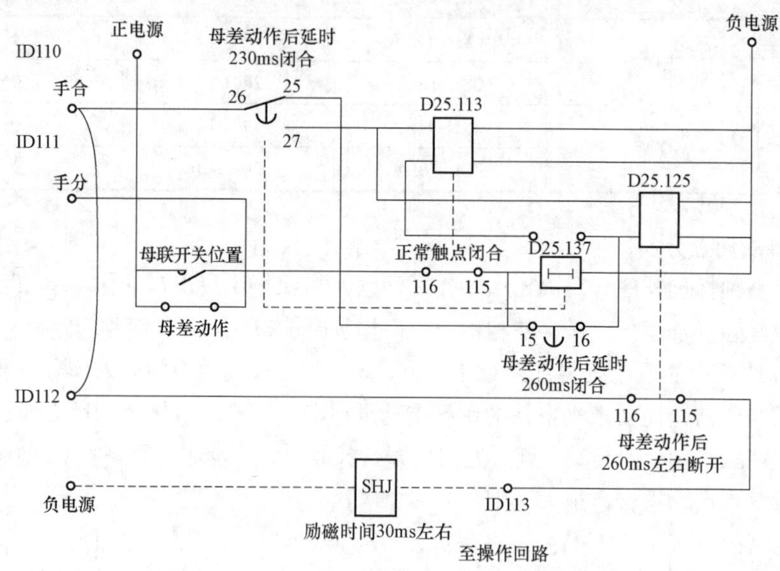

图 Z11H2002Ⅱ-7 母联合闸寄生回路示意图

如图 Z11H2002Ⅱ-7 所示，母差动作或母联断路器分闸后，母差（失灵）动作触点或母联断路器辅触点导通，经 230ms 延时后，时间继电器 D25.137:26–25 触点闭合，此时 1D110 端子（该端子与 1D112 合闸回路短接）带上正电源。由于 D25.125（母联电流双位置切换继电器）继电器动作时间约为 30ms（母差动作后 230ms+30ms），在该 30ms 时间内 D25.125:116–115 触点仍为闭合状态，存在合闸回路中间继电器（SHJ）和 D25.125 继电器触点竞争，造成断路器合闸。

3. 防范措施

该母线保护于 1997 年投运，系某公司生产的 RADSS 中阻抗母差保护装置。2000 年后，某公司对其母联电流切换回路原理接线已进行了改进，消除了寄生回路，但未将改进措施发布。要求各使用单位对该公司 2000 年以前的产品进行检查和整改。

九、500kV 线路纵联保护误动分析

1. 事故简述

2005 年 1 月 27 日 0:59:49.613，500kV QB 甲线发生区外 B 相接地故障，50ms 后故障被切除；2731ms 后再次发生区外 B 相接地故障，2785ms QB 甲线 QJ 侧（正方向侧）主Ⅱ保护 CSL–101A（载波机复用闭锁式，软件版本：V3.35F）高频负序误动出口，单跳 B 相，重合成功。CSL–101 保护动作报告显示，第一次故障后 8ms 高频保护启动，2785ms 高频负序出口。

2. 事故调查分析

CSL–101 高频保护用于复用闭锁式时的动作时间约为 36ms，CSL–101 保护判正方向时间一般约为 18ms，需继续判 18ms 内无对侧闭锁信号后才能出口跳闸。QB 甲线在第一次故障时，反方向侧保护判出反方向的速度较快，时间为 11～13ms。第一次故障录波图显示正方向侧收到对侧闭锁信号的时间约为故障后 33ms，所以闭锁住了正方向高频保护的动作，但此时距离正方向侧 CSL–101 高频保护动作时间 36ms 也仅差 3ms。

第一次故障后保护在没有整组复归前，又发生第二次故障，此时保护进入了振荡闭锁逻辑。V3.35F 版本的高频负序保护不经阻抗闭锁，负序正方向元件动作则报高频负序停信，继续等待 20ms 内无对侧闭锁信号后则跳闸出口。厂家技术人员提供的试验分析显示在保护进入振荡闭锁模块后，由于程序计算问题，负序正方向元件动作可能较负序反方向元件慢，负序正方向元件最快动作时间为 25ms，而反方向元件动作时间可能最长要 29ms（未包括继电器触点动作时间）。现场通道测试结果表明通道传输时间最长为 18ms 左右。第二次故障时曲江侧保护收到闭锁命令的时间为故障后 54ms，因通道传输时间过长，以及保护进入振荡闭锁逻辑后负序正方向元件与负序反方向元件时间配合存在问题，使反方向负序方向元件发信较正方向出口时间慢，无法闭锁正方向保护的出口，最后造成曲江侧主Ⅱ保护 CSL–101 高频负序方向出口跳闸。

3. 防范措施

（1）已与厂家讨论商定修改 CSL–101 保护装置的复用载波高频闭锁式保护软件，通道确认时间由现有的 20ms 增加到 25ms。

（2）负序正方向元件未经阻抗把关的应更改为经阻抗把关的软件版本。

（3）在振荡闭锁逻辑中，增加正方向元件计算确认时间，确保反方向元件比正方向元件动作时间快。

（4）某电网 500kV 纵联保护采用 1 套闭锁式纵联保护+1 套允许式纵联保护的配置原则。复用载波机实现闭锁式纵联保护的主要目的是解决通道为允许式时，线路发生高频信号耦合相或相间故障时，高频允许信号被故障点阻断无法传至对侧，导致纵联保护接收不到对侧的允许信号而造成纵联保护拒动的问题。

（5）考虑到复用闭锁式纵联保护的出发点及载波机发信时间的限制，CSL–101 保护用于载波机复用闭锁式时由反方向元件动作发信，正方向元件动作停信，正方向元件停信后 25ms（反措修改）收不到闭锁信号即出口。因此相对于复用允许式保护，闭锁式纵联保护对载波通道传输时间有更严格的要求。各有关单位应在复用载波通道定期检验及新投产验收检验时测试载波通道传输时间，当用于复用闭锁式保护时，载波通道的传输时间应经过严格测试。

十、500kV 双回线事故分析

1. 事故简述

2004 年 3 月 31 日 15:38:26，500kV M 昆Ⅱ回线发生 C 相永久性故障，重合后转为 BC 相接地故障。500kV M 昆双回跳闸，M 湾电厂带 M 昆Ⅰ回空线与系统解列，一次系统图如图 Z11H2002Ⅱ–8 所示。

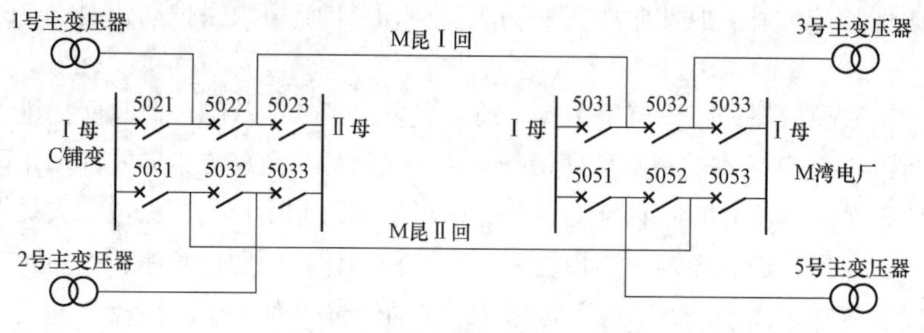

图 Z11H2002Ⅱ–8　一次系统图

（1）事故前运行方式。M 湾电厂 500kV 侧 3 号、4 号、6 号发电机带负荷 620MW，经 500kV M 昆双回线与系统并网，M 湾电厂 220kV 部分总停。系统总负荷为 3890MW，

500kV 罗马线外送 343MW，漫厂 AGC 投入调联络线。

（2）事故现象。3 月 31 日 15:40，500kV 罗马线由送出 343MW 转为送入 241MW；M 昆Ⅰ回线 C 铺侧 5022、5023 断路器跳闸；M 昆Ⅱ回两侧断路器（M 湾：5052、5053 断路器；C 铺：5031、5032 断路器）跳闸。M 湾电厂带 M 昆Ⅰ回空线与系统解列，甩负荷 620MW。

2. 事故调查分析

3 月 31 日 15:38:26.628，500kV M 昆Ⅱ回线发生 C 相永久性故障，重合后转为 BC 相接地故障。保护动作情况如下。

（1）500kV M 昆Ⅱ回线。

1）M 湾侧：GE 公司 TLS1B 高频距离保护动作跳 C 相，CKF–1、CKJ–1 保护动作跳 C 相，重合闸动作不成功，TLS1B、CKJ–1 保护后加速三跳。

2）C 铺侧：GE 公司 TLS1B 高频距离保护动作跳 C 相，CKF–1、CKJ–1 保护动作跳 C 相，重合闸动作不成功，TLS1B、CKJ–1 保护后加速三跳。

（2）500kV M 昆Ⅰ回线。C 铺侧：CKF–1 保护出口三跳 5022、5023 断路器。

根据两侧故障录波图和保护动作情况，500kV M 昆Ⅱ回线两侧保护动作正确，而 M 昆Ⅰ回 C 铺侧 CKF–1 保护出口误动三跳。

通过现场试验和对 M 湾侧 CKF–1 保护装置有关功能试验结果进行验证分析以及载波通道的检查测试后，得出 M 昆Ⅱ回故障过程中，M 昆Ⅰ回线 C 铺侧 CKF–1 保护在当时故障和收信条件下的动作行为是符合保护逻辑的，误出口跳闸是由于收到被载波音频接口收信回路展宽 160ms 的允许信号。

（3）M 昆Ⅰ回 C 铺侧 CKF–1 保护误动分析如下。M 昆Ⅱ回 C 相跳闸期间，M 昆Ⅰ回为负荷电流，当 M 昆Ⅱ回 C 铺侧先重合于故障时（约在 974ms），M 昆Ⅰ回 C 铺侧保护判断为反向故障。M 昆Ⅱ回 M 湾侧也重合于故障时（约在 1010ms），M 昆Ⅰ回发生功率倒向，M 昆Ⅰ回 C 铺侧保护此时判为正向故障，正方向 ΔF+元件动作（正方向元件动作保持时间：约突变量动作时间 15～25ms+展宽 70ms），由于此时保护仍然处于反方向元件动作后的闭锁保持时间（约突变量动作时间 15ms+展宽 85ms）中，正方向元件被反方向元件保持闭锁，到 1050ms 时 M 昆Ⅱ回两侧断路器经保护后加速跳开，M 昆Ⅱ回故障切除 M 昆Ⅰ回恢复为负荷电流，此时反方向元件展宽仍闭锁正方向元件。直到约在 1075ms 时反方向元件保持返回，开放闭锁，正方向元件发允许信号，M 湾侧保护在功率倒向后（约 1010ms）即判正方向停止发信，因 C 铺侧载波机音频接口收信回路展宽设置为 160ms，C 铺侧保护仍收到本侧载波机展宽的允许信号，保护在判正方向（约在 1010ms）约 90ms 后（1100ms）功率倒向出口延时（约 20ms）结束，保护发跳闸令。

3. 防范措施

事故调查中发现M昆双回线载波机相关保护接口回路有约160ms的收信展宽，在发生类似上述功率倒向事故时将可能出现保护误动，对系统安全稳定危害很大。目前允许式保护躲功率倒向普遍采取保护判功率倒向后延时发信延时出口的逻辑或保护启动后一段时间未收信则延时出口的逻辑；如载波机接口收信展宽时间过长，在功率倒向过程中仍会造成非故障线路保护误动，载波机线路纵联主保护通道的收信展宽应予取消。

十一、斗南5265线，斗南5266线故障跳闸分析

1. 事故简述

（1）事故经过。2004年7月30日14:52，500kV WN变电站斗南5265线B相接地故障，斗南线5033断路器、斗南线/东武线5032断路器B相跳闸，5033、5032断路器相继重合成功。故障电流36.27kA，故障测距+RD33显示：14.6%，+RD34显示：15.1%，650故障录波器显示8.71km。同时斗南5266线ALPS高频距离保护动作，斗南线5043断路器、斗南线/政武线5042断路器B相跳闸，5043、5042断路器相继重合成功，ALPS保护显示故障测距：142km（线路全长为51km）。

（2）故障现象。

1）监控后台SCADA显示：斗南5265线：+RD33保护动作、+RD34保护动作、+RG32重合闸动作、+RG33重合闸动作。

2）斗南5266线：ALPS保护B相跳闸、ALPS装置动作、ALPS保护动作发信2、ALPS保护动作收信2、LFP–901D装置1P收信、5042重合闸动作、5043重合闸动作。

所有故障录波器启动，所有220kV线路收发信机启动。

（3）保护装置动作行为。

1）斗南5265线两套高频距离均动作MMI显示：B相接地故障，距离Ⅰ段、高频距离动作，故障测距第一套显示14.6%，第二套显示15.1%。

2）5033断路器保护显示：重合闸动作。5032断路器保护显示：重合闸动作。

3）5266线ALPS高频距离保护动作，MMI显示：B相接地故障，高频距离动作。

4）LFP–901D方向高频保护未动作。

5）5043断路器保护显示：重合闸动作。5042断路器保护显示：重合闸动作。

现场一次设备检查正常，当时天气为雷雨天，无其他异常情况。

通过调取现场故障录波信息，分析得出结论：此次故障斗南5265线保护动作正常。但是斗南5266线保护动作不正常，WN变斗南5266线只有ALPS高频距离动作，而LFP–901D保护未动作。对侧DS变斗南5266线两套保护均未动作。

2. 事故调查分析

通过调取 ALPS 保护动作录波分析，如图 Z11H2002Ⅱ-9 所示。

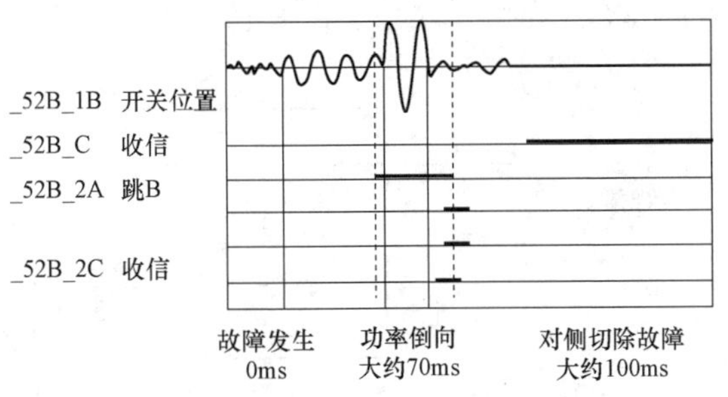

图 Z11H2002Ⅱ-9 保护动作录波图

5265 线路发生故障后大约 70ms，5265 线武南侧断路器切除故障，此时出现功率导向，在故障发生后大约 100ms，5265 线斗山侧断路器切除故障，在整个故障发生大约 115ms 时，本侧 ALPS 保护开始发信。通过检查验证，ALPS 保护功率倒向闭锁时间为 30ms。通过以上数据分析，可以排除 ALPS 保护功率倒向闭锁未能闭锁保护动作的可能性。

从图 Z11H2002Ⅱ-9 可以发现，在本侧开始发信时，收信也继续存在，在这种状况下，必然造成保护认为存在区内故障而动作。收信放大图如图 Z11H2002Ⅱ-10 所示。

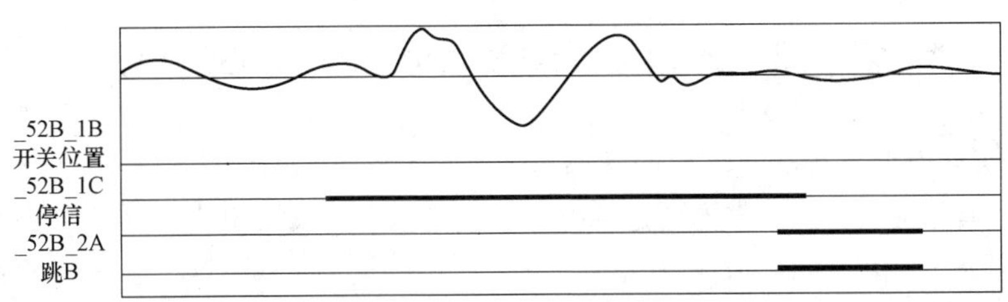

图 Z11H2002Ⅱ-10 收信放大图

针对收信放大图可以清楚地看到，在故障发生后大约 66ms，武南侧收到对侧的跳闸允许信号，在故障发生后大约 110ms 后，WN 侧收信出现 1ms 的停顿后又继续收信大约 8ms。检查 DS 侧发信长度大约 24ms，通道展宽 20ms，那么收信 44ms 是正常的，而 1ms 的停顿后又继续收到的大约 8ms 的信息由来是武南侧 2566 断路器跳闸的一个很重要的原因。

通过检查 ALPS 保护的收信回路，如图 Z11H2002Ⅱ-11 所示，可以发现在 ALPS 保护的收信元件 CC1 上，为了增加故障录波等功能，并接了一个重动继电器 ZJ，在收信机收信接点返回时，在重动继电器 ZJ 中储存的电磁场形成反向电势，使得 CC1 反向动作大约 7.5ms。检测 CC1 的动作电压，在+37V 或–37V 的状况下都能动作，从而证明了在故障发生时收信回路出现大约 8ms 拖尾现象的由来。经询问上级网调，此种回路方式在该地区 6 回 500kV 线路的 ALPS 保护上采用。

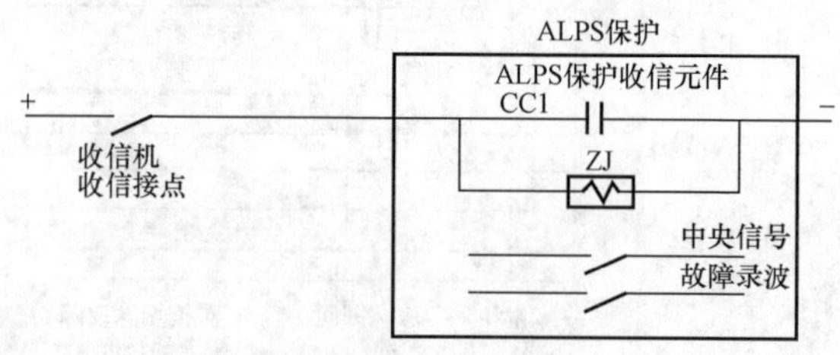

图 Z11H2002Ⅱ–11 收信回路图

3. 防范措施

5266 线 ALPS 保护收信回路处理措施：

（1）更改收信展宽时间由原来的 20ms 为 5ms。

（2）拆除重动继电器 ZJ。

【思考与练习】

1. 什么是继电保护简单事故？

2. 继电保护简单事故分析的方法有哪些？

◢ 模块 2 复杂事故案例分析（Z11H3001Ⅲ）

【模块描述】本模块包含电网继电保护复杂事故案例的介绍和事故分析。通过要点归纳、典型案例分析，掌握通过各类记录与信息利用仪器仪表或故障分析法对复杂事故进行分析。

【模块内容】

继电保护复杂事故，无非是简单事故的综合或复故障引起的连环反应，还有简单故障情况下的保护装置、二次回路、接口等多系统存在隐患，设计、整定、试验、施工等多方面原因而造成的多个不正确动作情况。应针对具体实际，制定有针对性地分析策略，一般应综合应用各类信息，采用理论分析、回路分析、客观记录（故障录波）为依据，进行合理推断并设计可行的试验验证方案，进行综合分析得出结论。以下用实际事例分析来讲解具体分析的应用。

一、35kV 建材线、西新线跳闸情况分析

2007 年 1 月 6 日 8:28，西郊变电站 35kV 建材线 317 断路器、35kV 西新线 314 断

路器、新闸变电站 35kV 西新线 315 断路器、三井变电站 35kV 建材线先后发生重合闸及故障跳闸，现将其跳闸情况、处理过程、对设备检查情况进行汇总，并对其中的发生的异常情况进行了分析，制订相关的防范措施。

1. 跳闸前运行方式（见图 Z11H3001Ⅲ-1）

（1）西郊变电站运行方式：35kV 建材线 317 断路器副母热备用；35kV 西新线 315 断路器副母运行中；35kV 正、副母联络运行。

（2）三井变电站：35kV 建材线 316 断路器为副母运行。

（3）新闸变电站：35kV 西新线 314 断路器为热备用。

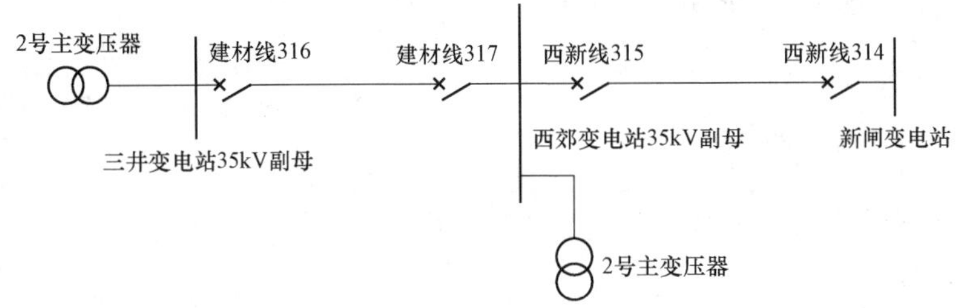

图 Z11H3001Ⅲ-1　故障前正常运行方式

2. 跳闸情况及处理经过

（1）8:00，西郊变电站 35kV 建材线 317 断路器重合闸动作，断路器合上，并通知人员到现场进行检查。

（2）8:50:05，三井变电站 35kV 副母、西郊变电站 35kV 正、副母及新闸变电站 35kV 母线检测到单相接地信号。

（3）8:50:10，三井变电站建材线 316 断路器，西郊变电站建材线断路器跳闸，重合成功（重合闸动作时间 1s）；同时西郊变电站西新线 315 断路器跳闸，重合不成（检无压重合闸动作时间 1.5s）；新闸变电站西新线 314 断路器重合闸动作（检无压重合闸动作时间 1.5s），断路器合上后跳闸。经检查以上断路器均由电流速断保护动作跳闸，其中除三井变电站为微机保护外，其他均为电磁型保护。

（4）运行人员检查变电站内无异常后，9:12 调度发令西郊变电站拉开建材线 317 断路器，11:20 将新闸变电站西新线 315 断路器转冷备用，11:40 调度发令西郊变电站合上西新线 315 断路器，11:45 调度发令西新线试送成功，其间线路工区对 35kV 建材线、西新线进行了巡线，未发现故障点。

（5）由于热备用中的西郊变电站 35kV 建材线 317 断路器重合闸动作、新闸变电站西新线 314 断路器重合闸动作情况异常，11:46 变检工区安排人员到西郊变电站 317 断路器及保护装置、二次回路进行了相应的检查。

3. 检查分析

（1）经现场检查，断路器及操作机构正常。

（2）经对open2000监控系统检查，系统未发出远方合闸及跳闸命令，上述断路器的分合闸与监控系统无关。

（3）经核对open2000监控系统事件记录，其时间顺序符合现场断路器及保护的动作情况。

（4）经对西郊变电站建材线317断路器保护装置检查，发现重合闸继电器中，重合闸时间继电器触点SJ（如图Z11H3001Ⅲ-2中圈内触点SJ所示）存在接触不良情况，该触点接触不良即会造成断路器热备用方式下的重合闸动作，其原理如下。

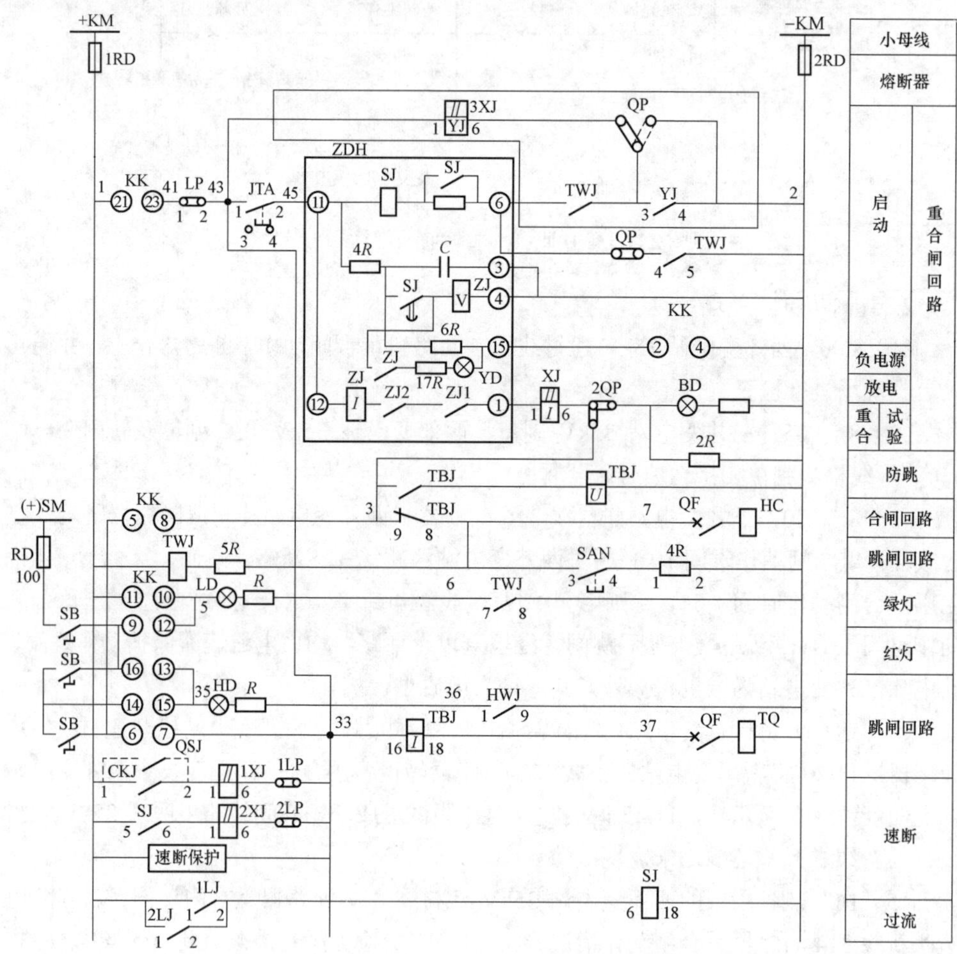

图Z11H3001Ⅲ-2 局部控制回路原理图

西郊变电站建材线 317 断路器目前为电磁型保护，重合闸是由继电器中的电容器充放电是来实现的。对于常规变电站，在断路器热备用时处于分闸状态，其控制开关 KK 在合后位置，KK 的 21、23 触点分开，重合闸无正电源，KK 的 2、4 触点处于接通位置，重合闸不可能动作。该变电站通过无人值班改造，增加了远近控开关，原 KK 开关置按 DL/T 969—2005《变电站运行导则》要求放在合后位置，该位置 KK 的 21、23 触点接通，重合闸有正电源，KK 的 2、4 触点处于分开位置，重合闸可以充电，由于断路器遥控操作由合闸位置变分闸位置时，远动装置在分闸同时由另一对并联于 KK 的 2、4 触点的 TJ 对重合闸继电器中的电容器 C 进行瞬时放电，所以当 TWJ 动作启动重合闸后，即使 SJ 动作，重合闸当作继电器 ZJ 也不会动作，当断路器在分闸位置而 KK 在合后位置时，重合闸一直处于启动状态，并靠 SJ 触点接通电容器 C 来保证其无法充电，使重合闸不会动作。当 SJ 触点接触不良时，电容器 C 就会进行充电，充电后如 SJ 又接通，则会发生重合闸动作情况。

（5）新闸变电站西新线 314 断路器的重合闸动作原因与西郊变电站建材线 317 断路器的情况有所不同，原因是该断路器使用无压鉴定重合闸，当西新线故障西郊变电站西新线 315 断路器跳闸之后，线路失压，使线路电压鉴定继电器 YJ 触点接通而启动重合闸，其原理如下。

新闸变电站重合闸的接线原理与西郊变电站相同，在断路器热备用时，由于控制开关 KK 放在合后位置，KK 的 21、23 触点接通，重合闸有正电源，KK 的 2、4 触点处于分开位置，电容器 C 可以充电，由于线路有压，即使 TWJ 接通，但 YJ 处于分开状态，重合闸不会启动，当西郊变电站西新线 315 断路器跳闸后，线路失电，新闸变电站西新线 314 断路器 YJ 继电器动作接通，重合闸启动，经整定时间合上 314 断路器。

（6）根据以上对重合闸的检查与分析，可以将本次故障的整个动作过程描述如下。

8:28 西郊变电站建材线 317 断路器由于重合闸中时间继电器 SJ 触点接触不良造成合闸，三井变电站与西郊变电站通过 35kV 建材线合环，由于合环电流不大，两则断路器不会跳闸；8:50:05 三井变电站 35kV 副母及西郊变电站 35kV 副母线发现有单相接地（极有可能是西新线发生单相接地），5s 后发展为相间故障，三井变电站建材线 316 断路器、西郊变电站建材线 317 断路器、西郊变电站西新线 315 断路器均为速断保护动作，三台断路器瞬时跳闸，此时新闸变电站西新线 314 断路器重合闸开始启动，经 1.5s 后合闸，西郊变电站西新线 315 断路器也经 1.5s 同时重合，两侧断路器因重合于故障线路而再次跳闸。三井变电站建材线 316 断路器、西郊变电站建材线 317 断路器经 1s 后重合成功，对于合于故障后 35kV 建材线未再次跳闸，经分析为 35kV 西新线重合后增加了新闸变电站侧供给故障电流 I3（如图 Z11H3001Ⅲ–3 所示），该故障电流会对 I 分流，使两个电源供给的故障电流 I1 及 I2 下降，经调度中心计算，分流后

35kV 建材线三相短路电流 I1 较分流前下降了约 400A，下降幅度为 16.5%，35kV 建材线两侧的速断保护处于动作的临界状态。

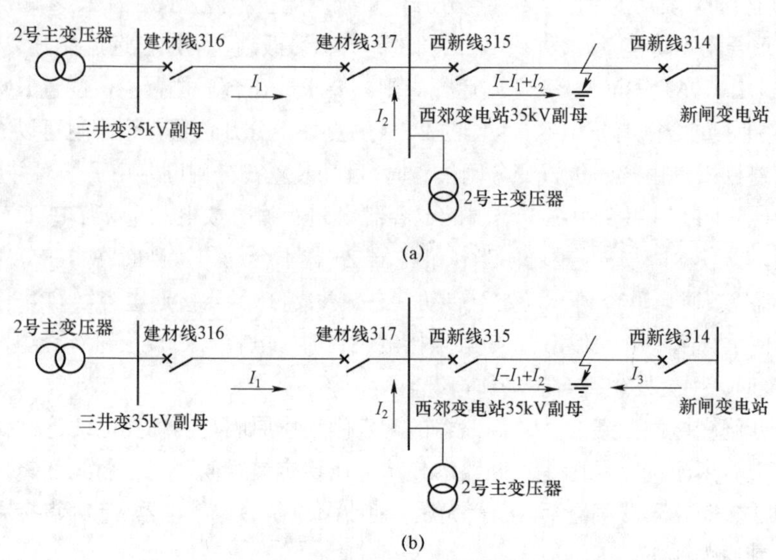

图 Z11H3001Ⅲ–3 重合前后故障电流情况

（a）重合前；（b）重合后

（7）从调取三井变电站 35kV 建材线 316 断路器保护录波报告（如图 Z11H3001Ⅲ–4 所示）可以看出，当时系统确实存在故障，先是发生 B 相接地，继而发生 C 相接地，发展为两相接地故障，约 130ms 故障切除。

4. 相应对策

对于断路器热备用状态下的重合闸误合情况，其根本原因是在无人值班变电站电磁型保护的控制开关 KK 无法按断路器状态进行自动切换引起的，如果在控制回路中采用了双位置继电器代替 KK 的部分功能，可以在远方操作时对重合闸的相关回路进行自动切换，不存在上述的重合闸误合问题，其解决的根本办法是进行综合自动化改造。

二、110kV 新赛线高频通道衰耗过大问题的分析

1. 问题简述

110kV 新赛线自 2002 年投运以来，由于通道干扰严重，情况复杂，通道衰耗过大，常年发 3dB 告警，高频保护不能正常投入使用。虽经多次检查分析，但一直未查明原因，高频保护也一直没有能够正常投入使用，成为某 110kV 电网的一大缺陷。

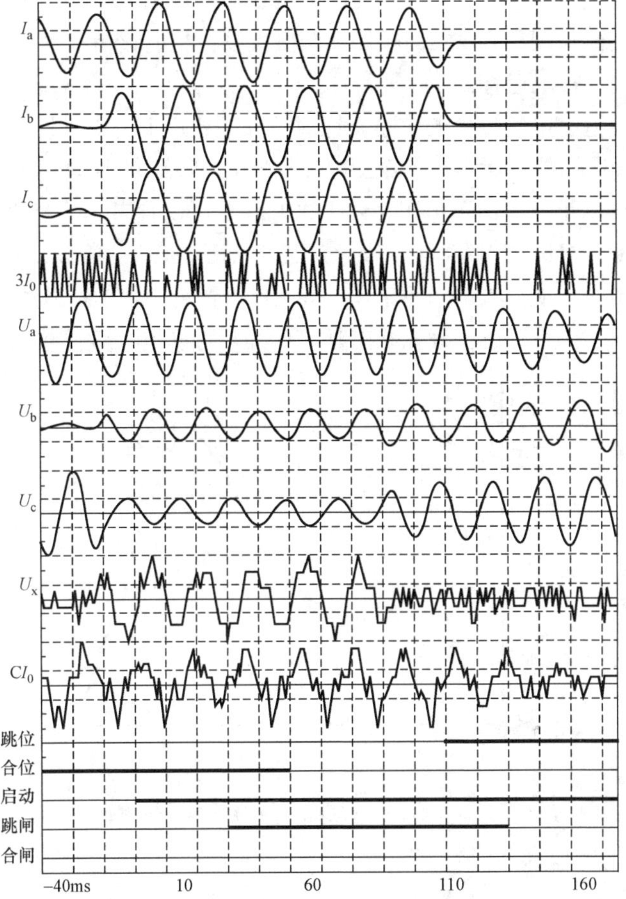

图 Z11H3001Ⅲ–4　三井变电站 35kV 建材线微机保护故障录波

2. 新赛线高频通道的概述

（1）新赛线高频通道系统结构。高压电力线路的主要功能是传输工频电流，同时它也兼作传输高频信号的通道，这就必须使工频电流和高频电流分开。电力线路载波通道的构成，主要包括电力线、高频阻波器、耦合电容器、连接滤波器、高频电缆和高频收发信机等。110kV 新赛线全长 7.734km，高频通道使用频率为 138kHz。

（2）新赛线高频保护存在的问题。新赛线使用高频闭锁方向保护和高频闭锁零序距离保护，高频通道衰耗过大，常年发 3dB 告警，高频保护不能正常投入使用。

3. 新赛线通道衰耗过大原因分析

（1）新赛线高频通道故障现象。新赛线高频通道两侧故障现象均为保护装置一直发 3dB“通道告警”、通道异常、高频保护不能正常投运。对该高频通道进行交换通道信号试验，对侧额定发信 31dB，本侧收信+8dB，而 DL/T 995—2016《继电保护和电网安全自动装置检验规程》要求高频保护两侧收发信机的收信电平均不小于 16dB，否则高频保护不允许投入运行。

（2）高频通道上电气设备的实验。针对该高频通道上的电气设备单独进行实验。由图 Z11H3001Ⅲ-5 可以看出，在通道频率在 138kHz 的时候高频阻波器的阻抗在 1000Ω 以上，可以正常工作。由图 Z11H3001Ⅲ-6 可以看出，结合滤波器的回波衰耗和工作衰耗在 138kHz 的时候都不是很大，也可以正常工作。由表 Z11H3001Ⅲ-1 可以得出耦合电容器的各项实验都为正常，也可以投入使用。同时对高频电缆、保护间隙、接地开关都进行了检查，这些设备状态都为良好，可以投入运行。

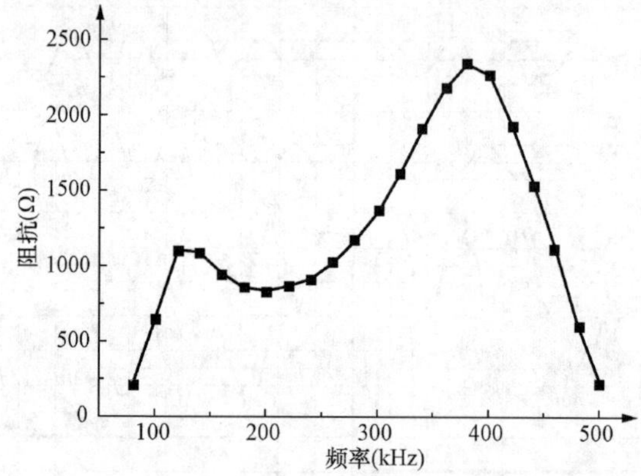

图 Z11H3001Ⅲ-5 高频阻波器频率阻抗测试图

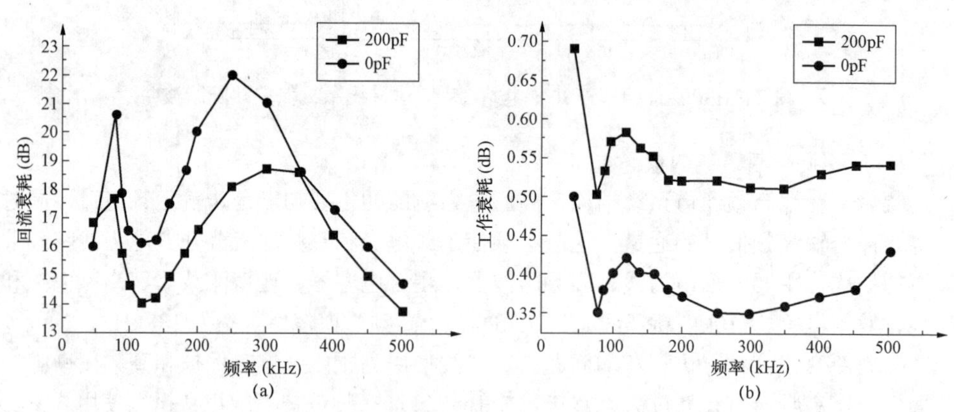

图 Z11H3001Ⅲ-6 结合滤波器测试图

（a）回波衰耗；（b）工作衰耗

表 Z11H3001Ⅲ-1　　　　耦合电容器试验记录表

工频试验电压	有效值（1min，kV）	DC.420
低压端子对地工频试验电压	有效值（1min，kV）	10
电容测试	测试电压（kV）	63.5
	电容值（μF）	0.009 89
介质衰耗角正切值 tanδ 的测试	测试电压（kV）	63.5
	tanδ（%）	0.090
局部放电试验	局部放电强度	6
测试环境条件	温　度	20
	湿　度	74

（3）地返波干扰分析。由于地返波和相间波的传输途径不同，其传输速度也会有所不同，在很高的频率下，传输至对端后就会造成较大的相位差，如果相位差接近或达到 180°，地返波就会对相间波起抵消作用（一般来说，大于 120°就开始削弱相间波），此时通道的终端衰耗 a 端最大，严重时可以使收信机不能正常工作，称之为地返波干扰。根据电力设计院新赛线的设计说明书可得：新赛线全长 7.734km，使用 LGJ–300/25 导线，土壤电阻率实测为 30Ω/m、设计为 50Ω/m。地返波及相间波的衰耗值通过经验公式和线路、土壤等参数可以计算得出表 Z11H3001Ⅲ–2。

表 Z11H3001Ⅲ–2　电阻率 30Ω/m 在各种频率下的地返波参数表

土壤电阻率	参数名称	单位	50kHz	100kHz	150kHz	200kHz	250kHz	300kHz	470kHz
30Ω/m	K_{zD}	$\times10^{-5}$	9.5	8.0	7.0	6.3	5.8	5.5	4.0
	Δ_D	$\times10^{-4}$	18.0	14.0	12.0	10.7	9.0	8.3	5.6
	V_D	km/s	272 204	279 937	282 803	284 666	287 102	288 105	301 115
	Δ_Φ	km	6.12	8.6	10.9	12.9	13.5	14.9	22.8
	L	$\times10^{-5}$	29.4	20.9	16.5	13.6	13.3	12	7.90

新赛线两侧收发信机使用的频率为 138kHz，此时的相位差由表 Z11H3001Ⅲ–2 查得，150kHz 每千米相差为 10.9，经线性化后计算出线路地返波与相间波的相位差为 10.1×7.734=78.1°＜120°。因此，如果高频通道的工作频率使用 138kHz，地返波干扰比较微弱，可以不计。另外，120/7.734=15.5，查表 Z11H3001Ⅲ–2 可以得出高频通道的工作频率如果使用 300kHz 以下，通道上的地返波干扰并不是很严重。

（4）高频通道衰耗过大原因分析。由于高频通道上的电器设备都为正常设备，而高频通道在 138kHz 的频率下地反波干扰很微弱，可以断定该高频通道在 138kHz 的频率下，通道上的电器设备与新赛线路及系统产生了谐振，引起了通道衰耗的增加。由于新赛线一端为赛德电厂，有两台发电运行机组，赛德电厂的另外一条进线悬接于 110kV 三新线之间，系统结构比较复杂，很难对新赛线高频通道进行系统建模。因此，决定通过扫频实验的方式对该通道进行检查和分析，以查找出高频通道的系统频率谐振点及非谐振点。

4. 新赛线两侧扫频试验

（1）扫频实验方法。赛德电厂的一次系统图如图 Z11H3001Ⅲ-7 所示。赛德电厂有三种运行方式：

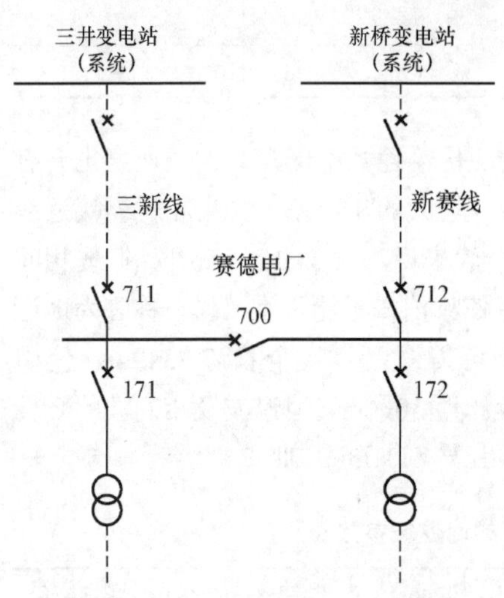

图 Z11H3001Ⅲ-7 赛德电厂一次系统图

方式一：断路器 711、712 合，断路器 700、171、172 分；

方式二：断路器 711、712、700 合，断路器 171、172 分；

方式三：断路器 711、712、171、172 合，断路器 700 分。

针对这三种运行方式，分别对新赛线高频通道的两侧进行扫频实验（一侧采用 HF5040 电平振荡器发送信号 12dB，另外一侧采用选频电平表检测信号）。

（2）新赛线两侧扫频试验结果及分析。新赛线高频通道的两侧进行扫频实验，其结果如图 Z11H3001Ⅲ-8 所示。

从图 Z11H3001Ⅲ-8 可以看出，频率点在 138kHz 附近时，正好是新赛线高频通道的频率谐振点。高频通道的工作频率如果使用在 138kHz，3 种不同的运行方式下高频通道上衰耗都过大。

5. 整改方案

把扫频实验得出的数据绘制到同一张图中，如图 Z11H3001Ⅲ-9 所示。对图中的各个频率点进行对比。

由图 Z11H3001Ⅲ-8 可以看出，频率 110、190、260、370kHz 4 个点，在 3 种不同的运行方式下，该高频通道都为低衰耗。但频率点在 110～138kHz 之间通道两侧的收信电平是陡降的，频率点 190～138kHz 之间通道两侧的收信电平也是陡降的，如果高频通道的频率点选择 110kHz 与 190kHz 左右，通道上的系统参数只要稍微变化，高频通道的衰耗可能就会变得很大。而频率点 260kHz 与 360kHz 附近，高频通道的收信

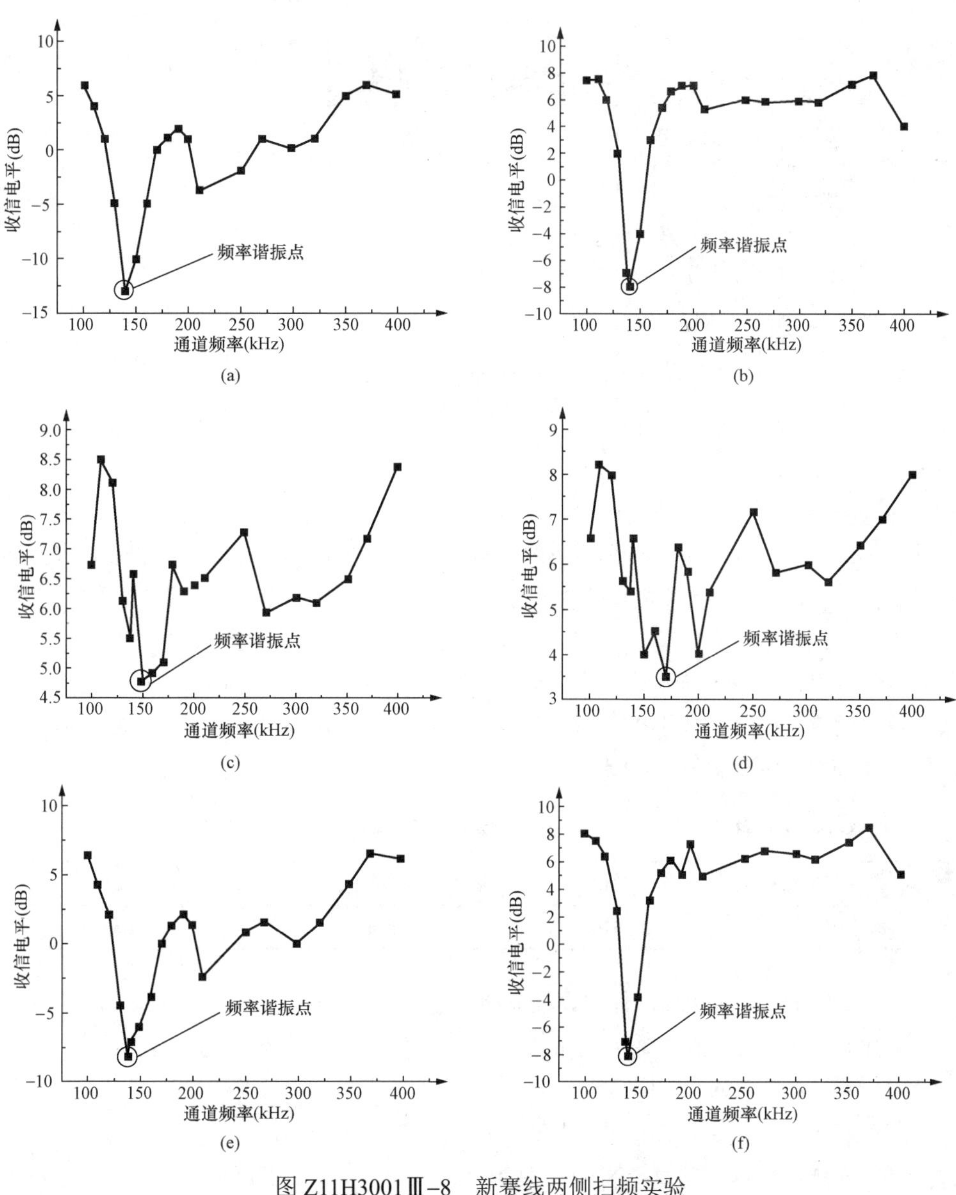

图 Z11H3001Ⅲ-8 新赛线两侧扫频实验

（a）方式一，新桥变发赛德电厂收；（b）方式一，赛德电厂发新桥变收；
（c）方式二，新桥变发赛德电厂收；（d）方式二，赛德电厂发新桥变收；
（e）方式三，新桥变发赛德电厂收；（f）方式三，赛德电厂发新桥变收

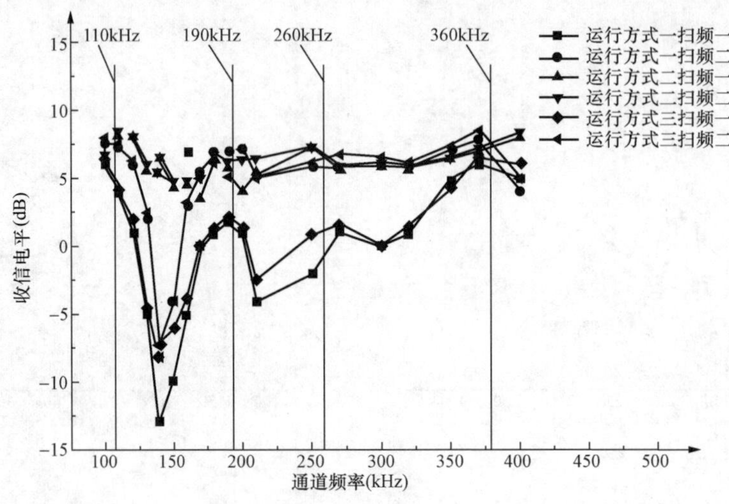

图 Z11H3001Ⅲ-9 频率对比图

电平比较稳定，受系统参数变化的影响较小。考虑如果工作频率使用 360kHz 附近地返波干扰比较大，因此，该高频通道的工作频率可在 260±10 等频率点选取。经上级主管部门同意，最后确定新赛线高频通道的频率更改为 268kHz。通过更换新赛线两侧收发信机的频率为 268kHz 之后，对新赛线通道两侧的收发信电平进行了测试，此时新赛线为停电检修状态。测试结果见表 Z11H3001Ⅲ-3，从表中可以看出高频通道两侧收发信机的收信电平均大于 16dBm，新赛线的高频保护投入了运行，经过较长时间的运行，高频保护没有再发 3dB 告警信号。

表 Z11H3001Ⅲ-3 新赛线两侧收发信电平测试表

赛德电厂侧发	31dB	新桥变侧收	22dB
新桥变侧发	31dB	赛德电厂侧收	21.5dB

三、YT 220kV 线路纵联保护误动分析

1. YT 线保护复用载波通道使用情况

（1）结合相序：A、B 相，相—相耦合。

（2）复用保护载波设备：ETI21 型载波机；两套并列运行。

（3）复用保护接口装置：NSD41 分别复用 A、B 命令。

（4）YL 变电站端：1 号载波机（收发频率为 216～220/232～236kHz）复用保护接口 NSD41 的 A 命令传送 902 高频距离保护；2 号载波机（收发频率为 216～220/232～236kHz）复用保护接口 NSD41 的 A 命令传送南瑞 901 高频方向保护；1 号、2 号载波

机的B命令传送安全稳定装置远方直接跳闸命令。

2. 故障描述

2004年4月10日18:01:55，LB变电站施工人员带电合5501接地开关，造成B相对地产生电弧短路，使5502和5503断路器跳闸。同时YT线01号复用保护载波通道TB变电站端收到A命令信号，向TB变电站TY线902高频距离保护发出允许跳闸命令，TB变电站TY线902装置高频保护动作，TB变电站205断路器跳闸，重合闸动作，一次合闸成功。

2004年4月10日18:01:55，YL变电站（反方向侧）220kV YT线902高频距离保护因电网有故障保护元件启动，但没有向YT线01号载波机发出跳闸命令启动信号，NSD41复用保护接口A命令发送计数器无计数。

3. 检查步骤及结果

（1）现场检查YL变电站侧220kV YT线LFP–902保护运行记录，有无发A命令记录。

检查结果：通过查看保护装置运行记录，220kV YT线LFP–902保护装置在4月10日18:01:14:00时，因电网有故障保护元件启动，但没有向YT线01号载波机发出跳闸命令A启动信号。A命令发送计数器没有计数。

（2）在YL变电站模拟线路故障，检查YT线两侧高频保护收发命令传送是否正确，跳闸计数器动作是否正常。

检查结果：4月11日18:38:44，在YL变电站端模拟线路故障，YT线902保护装置正确启动，向YT线01号载波机发出跳闸命令A启动信号，同时A命令发信计数器动作，有记录。

TB变电站端01号载波机收到跳闸命令A，向YT线902保护装置发出跳闸命令启动信号，保护装置正确启动发出跳闸命令。

TB变电站端01号载波机没有接A命令收信跳闸计数器，以故障录波记录为准。没有接A命令收信跳闸计数器的原因是01号载波机NSD41保护接口附加收信接点接到故障录波屏，没有接点接收信跳闸计数器。

模拟线路故障结果：YT线两侧高频保护收发命令传送正常，保护装置动作正确。

（3）现场检查YT线两侧载波复用保护接口接线是否正确，有无松动现象。

检查结果：接线正确，无松动现象。

（4）检查YL变电站、TB变电站两端结合滤波器至主控室是否按继电保护反事故措施要求敷设接地铜排。

检查结果：满足要求。

（5）YT线两侧复用保护载波机通过NSD41试验按钮检查收发命令是否正常。

检查结果：A、B、A+B命令收发正常。

（6）检测YT线两侧复用保护载波机、NSD41复用保护接口装置收发电平。

检查结果：收发电平满足技术指标要求，与原始记录相比无太大变化，在允许误差范围内。复用保护载波机ETI21、复用保护接口装置NSD41工作正常。

（7）根据载波机传送保护命令的工作原理，必须满足两个条件才能向保护送出跳闸命令。检查载波机传送保护命令的两个判据。

收到保护跳闸命令信号：A命令为1300Hz；B命令为1700Hz；A+B命令为1500Hz。同时中断载波机导频信号（正常情况下载波机常送导频信号）。

检查结果：在没有发送保护命令的情况下，载波机导频信号中断，载波机不会送出保护跳闸命令信号。

在不中断载波机导频信号的情况下，给载波机送电平为+10dB（正常值为+9dB），频率为1300Hz单频信号，载波机不会送出A命令跳闸信号。

给载波机送电平为+10dB（正常值为+9dB）频率为1300Hz单频信号，中断载波机导频信号，载波机发出A命令跳闸信号。

载波机存在传送保护命令的两个判据。

（8）YT线复用保护通道传输时间测量，检查保护收发命令是否正确，跳闸计数器动作是否正常。

检测结果：保护命令的传输时间为：12.3ms＜14ms。

发信跳闸计数器动作正常，有记录；收信跳闸计数故障录波有记录。

从载波机保护控制电缆接口发信端子到对端载波机保护控制电缆接口收信端子，保护命令发送、接收工作正常。

（9）220kV YT线两侧高频保护传动试验。

检查结果：正常。

4. 故障分析

从以上的检查结果来看，两次的检查结果说明了220kV YT线高频保护装置、复用载波设备、高频通道、保护命令传输回路工作是正常的，不存在误动、拒动和误发保护命令不计数的情况。

故障的起因主要是LB变电站施工人员带电合5501接地开关，造成B相对地产生电弧短路，使TB变电站220kV YT线902保护装置保护元件启动，判出是正方向。

从系统继电保护原理来分析，TB变电站的YT线902保护装置判出是正方向这一过程是正确的，但为什么同时会收到一个来自复用保护载波通道的A跳闸命令，造成TB变电站的YT线902保护装置误动？检查记录YL变电站220kV YT线LFP-902保护并没有向TB变发送A命令跳闸信号。

分析认为主要有以下几个方面的可能性：

（1）YL 变电站 220kV YT 线 LFP-902 保护向 TB 变电站发出 A 命令跳闸信号，保护装置没有留下记录，载波机 A 命令发信计数器不计数。检查试验结果是否定的。

（2）由于复用载波机传送保护命令的两个判据不存在，有干扰信号就会造成误发保护跳闸命令信号。根据检查试验结果这种可能性不存在。

（3）由于复用载波机传送保护命令传输时间展宽，由 14ms 展宽到 300ms，在系统发生事故时，如果能满足在接地瞬间断路器没有跳闸时，故障点对于 YL 变电站来说是正方向，向 TB 变电站发出跳闸命令信号。对于 TB 变电站来说是反方向，保护装置收 YL 变电站发来的跳闸命令信号后，由于判别是反方向保护装置不发出跳闸命令。故障点一侧断路器先跳开，功率导向重新分布，此时对于 TB 变电站来说判别是正方向，又由于 YL 变电站发出的跳闸命令信号仍存在，造成保护装置误动。根据检查试验结果不存在这种可能性。

（4）由于载波机复用保护 NSD41 接口 FL 继电器模块工作不正常，A 命令收信继电器触点抖动，造成载波机向保护装置误发 A 命令信号。

载波机复用保护接口装置 NSD41 的 A 命令接收输出继电器，带有一个辅助继电器，受到 A 命令后两个继电器同时动作，主继电器触点接保护装置，启动保护收信回路；辅助继电器触点接 A 命令收信计数器或接到保护故障录波屏。两个继电器触点同时抖动的概率很小，何况是发生在来宾变 B 相对地产生电弧短路的一瞬间。检查试验结果是否定的。

（5）线路干扰，干扰源来自 LB 变电站 B 相对地产生电弧，从时间上看是吻合的。由于电弧产生的白噪声频率分布很广，几乎涵盖了所有的频率，据国际大电网会议介绍在电力线载波通信工作频带内 40～500kHz 频带内干扰信号功率可达 25dB，功率随着频率的升高而降低。在干扰频率当中包含有 TB 变电站 1 号载波机收信导频频率 232.631kHz 和 A 命令信号频率 234.7kHz（经调制后的频率）。干扰信号和载波机常送导频相位、频率相同，两信号叠加在一起，造成载波机收信放大器过载，载波机收信导频信号降低，但不会消失，载波机不会向保护发出 A 命令信号。否则并列运行的载波机以及相邻线路的载波机尽管频率不同但概率是相同的，同样会向保护装置发出 A 命令信号，这种可能性不存在。如果干扰信号和载波机常送导频频率相同，相位相反，幅度基本相同时，两信号互相抵消，使载波机收信导频信号消失，由于 A 命令干扰信号频率存在，就会使载波机向保护装置发出 A 命令信号。并列运行的载波机以及相邻线路的载波机由于不满足干扰信号和载波机常送导频频率相同，相位相反，幅度基本相同的条件，载波机就不会向保护装置发出 A 命令信号。由于现场条件有限，未能模拟出与载波机导频相位相反的干扰信号进行试验。

5. 防范措施

载波通道易受干扰是其固有缺陷，在具备光通信条件的厂站，应积极推广使用不易受到电磁干扰的光纤通道。检查中还发现TB变电站220kV YT线902保护装置的收信继电器工作电压为48V。载波机房距主控室约有60m距离，弱电回路易受电磁干扰，建议收信继电器工作电压改为直流110V或220V。

四、500kV母线保护无故障跳闸分析

1. 事故简要经过

2006年6月12日22:21:24（变电站GPS时间），变电站500kV 1号、2号母线CSC-150型微机母线保护中的失灵直跳功能出口（另一套母线保护为RCS-915E型，也含失灵保护，未动作），跳开1号母线的5011、5042、5061、5071断路器及2号母线的5013、5043、5063、5073断路器，5013、5043断路器的RCS-921A型断路器保护三相跟跳，500kV Ⅰ母、Ⅱ母停电。

上述跳闸造成500kV侯百线和百清Ⅰ、Ⅱ线停运，500kV廉百Ⅰ线通过5012断路器单带3号主变压器运行。跳闸后的500kV系统接线如图Z11H3001Ⅲ-10所示。

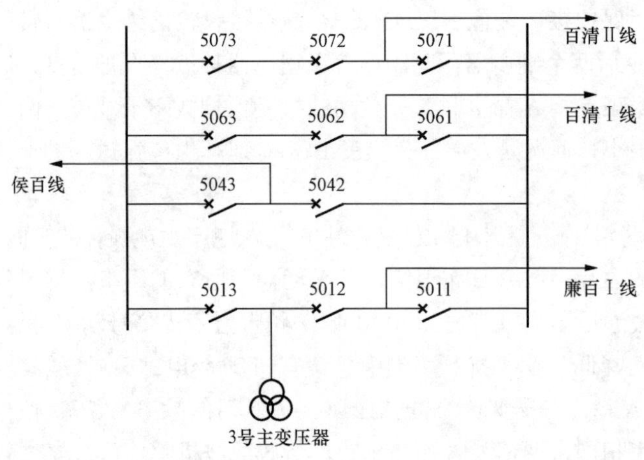

图Z11H3001Ⅲ-10 500kV系统接线图

2. 事故分析

调查人员到达现场后，通过查询故障录波数据、调度自动化系统记录等，确认其时变电站的500kV 1号、2号母线并未发生故障，CSC-150型母线保护失灵直跳功能的出口属误动。

（1）实北站500kV 1号、2号母线的保护配置。

500kV 1号母线：保护Ⅰ为RCS-915E；保护Ⅱ为CSC-150。

500kV 2 号母线：保护Ⅰ为 RCS–915E；保护Ⅱ为 CSC–150。

（2）CSC–150 保护报文分析。CSC–150 保护的报文显示，造成 500kV 1 号、2 号母线同时掉闸的保护是 CSC–150 型母线保护中的失灵直跳功能。

变电站使用了 CSC–150 型母线保护的两部分功能：母差功能和失灵直跳功能。失灵保护的动作逻辑在各断路器的断路器保护中完成，母线保护中的失灵直跳功能实际上只是为失灵保护提供出口回路，与母差功能的动作逻辑无关，即当 500kV 线路故障，且相应边断路器失灵时，由该边断路器的断路器失灵保护直接跳开本串的中断路器，同时通过两套母线保护中的失灵直跳功能向连接母线的所有边断路器发出跳闸令。各断路器保护与母线保护的逻辑配合示意如图 Z11H3001Ⅲ–11 所示。

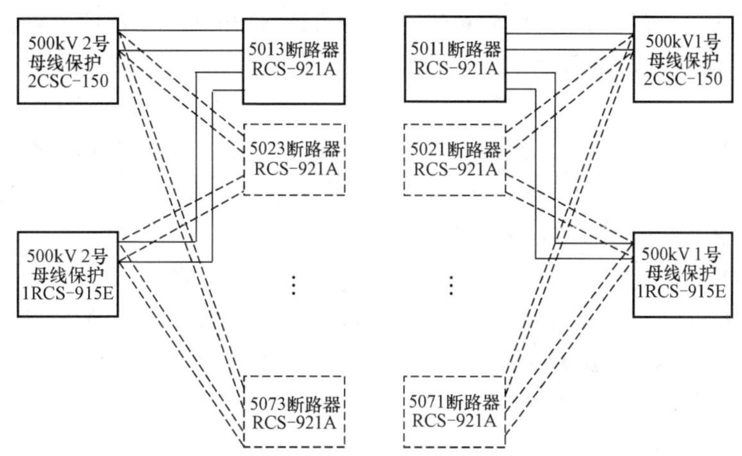

图 Z11H3001Ⅲ–11　断路器保护与母线保护的逻辑配合示意图

断路器失灵保护启动母线保护的失灵直跳功能是在失灵保护动作后，输出两个开入量至母线保护来实现的，两个开入量在母线保护内部构成“与”门。正常运行时，母线保护装置的两个开入量均不会收到来自断路器失灵保护的跳闸命令，在断位。当断路器失灵保护动作发出跳闸命令时，母线保护装置的两个开入量同时闭合，经一个小的抗干扰延时 10ms，向本母线的所有边断路器发出跳闸命令。

为提高安全性，CSC–150 型母线保护的两个失灵功能开入量采用了不同的回路设计：一路开入量经 220V 光耦直接接入装置，另一路开入量经 220V/24V 两级光耦转换后接入装置，两个开入量经逻辑“与”后，再延时 10ms 出口跳闸。

本次事故中，所有边断路器的断路器失灵保护并未发出跳闸命令（5013、5043 断路器的断路器保护发出的跟跳命令是由这两个断路器跳闸引起的。其他边断路器由于电流较小而未发出跟跳命令），但 CSC–150 母线保护内部记录的数据却表明，两个失灵直跳功能开入量均确有输入，即虽然断路器失灵保护并未动作，但母线保护中的失灵功能却收到了出口命令。而只要该开入量存在，CSC–150 母线保护的失灵直跳功能出口则属必然。CSC–150 母线保护记录的跳闸时刻的内部数据显示：220V/24V 光耦开入量的动作时宽超过 140ms，220V 直通光耦开入量的动作时宽为 10.0ms。由于 CSC–150 记录两个失灵跳闸开入量的时刻是从失灵跳闸出口后 2.5ms 开始显示变位，故两个开入量的实际时宽应分别为：

220V/24V 光耦开入量：超过 152.5ms（保护装置的记录时长有限，不能确认何时返回）；

220V 直通光耦开入量：22.5ms。

500kV 1 号、2 号母线的两套 CSC–150 型母线保护中失灵功能的动作行为完全相同，因而造成两条母线同时跳闸。双重化配置的另外两套母线保护（RCS–915E 型）未见异常。

（3）跳闸原因分析。考虑到两套 CSC–150 型母线保护中失灵跳闸功能的动作行为完全相同，初步猜测保护动作的原因应源于母线保护中的两个失灵跳闸开入量或直流公用回路。为此，开展了以下调查工作：

1）经过现场检查、试验，首先排除了误接线、误整定的可能。

2）测试 CSC–150 型母线保护的失灵功能开入量光耦的动作电压，符合《国家电网公司十八项电网重大反事故措施》（简称《反措》）要求（55%～70%U_e），不致因光耦动作电压过低受干扰而误出口。

实测数据如下：

220V/24V 光耦开入量：131V（60%U_e）；

220V 直通光耦开入量：143V（65%U_e）。

试验至此，已基本排除了装置本身因明显缺陷导致误动的可能。调查重点转移到直流回路。在讨论何种直流系统异常可能导致误出口时，有人提出直流一点接地一般不会造成保护误动，但应确认一下 CSC–150 型母线保护失灵功能开入量正端的对地电位，如其为负 110V，当不会因直流一点接地造成误动；如为悬浮电位，则有可能。

3）测量 CSC–150 型母线保护，正常运行时失灵功能开入量正端的对地电位。CSC–150 型保护（两套装置数据基本相同）：

220V/24V 光耦开入量正端对地电压：0.0V；

220V 直通光耦开入量正端对地电压：–20.0V。

分析认为，在这种情况下，若直流系统发生正端接地，光耦开入量负极性端瞬间对地电位将变为–220V。此时光耦 11（如图 Z11H3001Ⅲ–12 所示）正极性端的对地电位为 0V，光耦 12 正极性端的对地电位为–20V，则光耦 11 两端电压差为 220V，光耦 12 两端电压差为 200V，光耦 11、12 两端电压差在直流正端接地的初始时刻是满足其动作条件（131V 和 143V）的。其后的电压差是一个指数衰减过程，衰减的快慢与回路中的分布电容有关。光耦开入量正端引入线的分布电容越大，则加在光耦开入量两端的电压差衰减时间就越长，越容易超过母线保护内为躲干扰而设置的开入量防抖延时，从而造成总出口回路误出口。

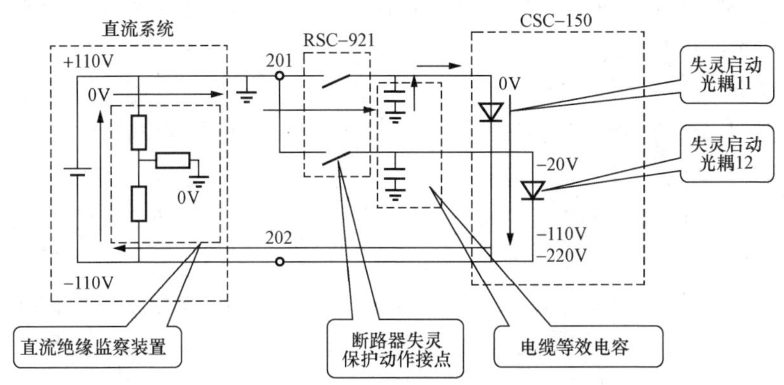

图 Z11H3001Ⅲ–12 失灵启动光耦动作直流回路图

经查，该开入量的正端引入线为多根长电缆，变电站 500kV 系统的继电保护、故障录波、测控单元等二次设备屏（柜）体分别布置在三个保护小室中。其中 500kV 母线保护布置在第二保护小室，各串断路器的断路器失灵保护屏分别布置在三个保护小室中。断路器保护与母线保护之间的连接电缆沿 1～2、3～2 小室间电缆沟敷设，距离较长，约 100m 左右，电缆芯线对地（电缆屏蔽层）存在较大的分布电容。存在较大的对地电容。因此在发生直流正接地的情况下，光耦 11、12 导通的可能性是存在的。

若光耦开入量正端对地电压为–110V（正常情况），则发生直流正端接地的瞬间，在光耦两端产生的电压差只能达到 110V（额定直流电压的 50%），不会造成光耦开入量的导通。且随着电压差的指数衰减，光耦开入量更不会动作。分析认为，如果光耦开入量的正端对地电压与其负端电位相同（–110V），与控制回路中的中间继电器类似，只要其动作电压符合《反措》要求，直流系统发生一点接地是不会造成保护误动的。

4）现场模拟直流正端接地试验。为验证上述分析，并顾及试验的安全性，在将变电站直流负荷大部分倒至第一组直流，并将无法倒至第一组直流的第二组直流所带部分保护停运后，现场模拟了第二组直流电源正极接地。试验中，CSC-150型保护的220V/24V光耦开入量出现了36～38ms宽的开入变位；另一开入量（220V直通光耦）未出现变位。因“与”门条件不满足，CSC-150型保护的失灵跳闸功能未出口。

虽然现场模拟试验未能再现事故现象，但已定性地证明了3）中的分析是正确的。

分析现场模拟直流接地试验未造成CSC-150型保护动作的原因是，模拟试验时第二组直流所带负荷已大部分倒出，改变了电容电流的分配，仅使得动作值相对灵敏的220V/24V光耦开入量变位。

5）调查是否有直流接地。事实上，调查人员一到现场即曾询问跳闸时刻是否伴随有直流接地，但得到的答复是未见报警。若果真如此，事故原因还不能算是真正查出。

首先，跳闸前后进行中的220kV非全相保护传动是否有可能造成直流接地？

此时，调查工作的重点回到跳闸时未投运，且其时正在进行的220kV百车Ⅰ线221断路器的非全相保护调试工作。虽然该保护放置在断路器机构箱内，而500kV保护在独立的保护小室，二者不在同一物理空间内，但因共用一个站内直流系统，其调试工作是否可能与跳闸有关？

经现场察看和了解非全相保护传动过程，疑为在传动过程中，调试人员将由不同熔断器供电的第二组直流电源的正极点接至接在第一组直流的合闸线圈的正极性端，形成第二组直流正极与第一组直流负极经合闸线圈相连，等同于第二组直流正极、第一组直流负极接地，如图Z11H3001Ⅲ-13所示，分析如下。

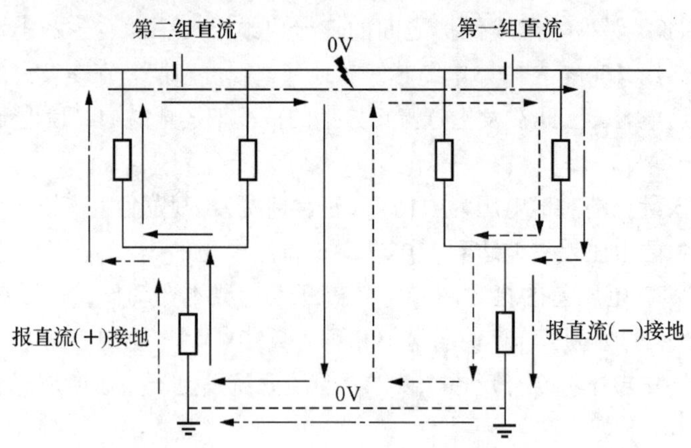

图Z11H3001Ⅲ-13 直流回路联系图

当第二组直流正极接地时，将会沿着图中实线箭头所示方向产生电流，直流绝缘监察装置报第二组正极接地；当第一组直流负极端接地时，将会沿着图中虚线箭头所示方向产生电流，直流绝缘监察装置报第一组负极接地。

照此推理，当第二组直流正极与第一组直流负极端连通时，两组直流短接后将形成一个端电压为 440V 的电池组，中点（正负极连通处）对地电压为零。在回路中将会沿着图中点画线箭头方向产生电流，致使第二组直流检测装置报正极接地、第一组直流检测装置报负极接地。

若如此，监控系统应有记录。仔细查找监控系统的信息发现，在 12 日 22:21:24（故障发生时刻）前确无直流接地记录；但在 22:21:28，查到监控系统有一条记录："2 号直流屏母线直流接地异常"，5s 后复归。

监控系统记录的直流接地时刻与事故发生时刻有约 4s 的时差，而且还发生在跳闸后，与上述分析不相吻合；似乎应先直流接地，后跳闸。但显然这是一条值得重视的信息。那么，直流接地信号上报到监控系统时是否可能有延时呢？

调取 13 日晚模拟第二组直流接地试验期间的监控信息，显示：

2006/06/13 21:41:29.340　500kV Ⅰ母 CSC–150 保护失灵启动开入 11 动作。

2006/06/13 21:41:32.956　2 号直流屏母线直流接地异常。

数据表明，从监控报"失灵开入量变位"到报"直流接地"确有 3.6s 的时间差，且也是先报"失灵开入量变位"后报"直流接地"。这说明，监控系统记录的直流接地信号与实际发生的时刻确实存在 3～4s 的延时。这也解释了为什么此前一直说未见直流接地，因为一直是在跳闸时刻前的信息中查找直流接地信号，当然找不到。而跳闸后，监控系统接收的信息很多，直流接地信号被淹没在其中了。

但根据上述分析，若第二组直流正极与第一组直流的负极连通，直流绝缘监察装置不仅应报"2 号直流屏母线直流接地异常"，还应报出"1 号直流屏母线直流接地异常"。进一步反复查找监控系统的事件记录，未发现"1 号直流屏母线直流接地异常"。而在事故前一天（6 月 11 日）监控系统曾记录到四次"1 号直流屏母线直流接地异常"，说明第一组直流绝缘监察装置及其与监控系统的数据通信都是正常的（因 CSC–150 微机型母线保护装置的直流取自第二组直流，故前述第一组直流接地不会造成其失灵直跳功能误出口）。

虽然经分析由不同熔断器供电的两组直流混接形成的等效直流接地可以导致 CSC–150 装置的失灵直跳功能误出口，但监控系统记录的信号与上述分析结果不完全相符。

（1）除两组直流混接可以引发CSC-150型保护的失灵保护直跳功能误出口外，第二组直流的正极直接一点接地，同样可以引发误出口。

（2）据了解，6月12日晚22时左右，与221断路器非全相保护传动同时进行的，还有220kV“录波器接入221间隔非全相保护动作开入量”的接线工作，同样存在误碰导致的直流接地的可能。

（3）事故当晚，雷雨大风，空气湿度很大，也有可能导致直流回路的某一点瞬间对地绝缘降低，造成直流一点接地。

综合上述分析与模拟试验，12日22:21:28监控系统记录的“2号直流屏母线直流接地异常”，虽然不能确认其产生的确切原因，但可以肯定，其与22:21:24的跳闸具有因果关系。正是由于第二组直流系统的异常，引发了CSC-150装置失灵直跳功能的开入回路导通，出口跳闸，跳开了变电站两条500kV母线上的全部断路器。

3. 结论

至此，变电站500kV系统，一个半接线的两组母线同时跳闸的原因已基本查找、分析清楚：CSC-150型母线保护中的失灵直跳功能因光耦开入回路设计缺陷，在第二组直流正极一点接地或等效接地时误出口（但这一误出口与母差保护和失灵保护的动作逻辑无关）。

虽然CSC-150型母线保护失灵直跳功能光耦开入量的动作电压满足反措要求，但回路的反向截止作用导致光耦开入的正端对地电位不再是+110V。这一装置本身固有的设计缺陷是导致两条500kV母线断路器同时全部跳闸的潜在原因，第二组直流系统正极接地或等效接地是诱发因素。

4. 整改措施

退出变电站500kV 1号、2号母线CSC-150型母线保护的失灵跳闸功能，仅投入其母差保护功能，保证500kV 1号、2号母线的双母差保护运行。待与上级部门、生产厂家协商确定的整改技术措施落实后，再投入其失灵跳闸功能。

（1）组织检修部门迅速对所有500kV变电站的500kV母线保护进行核查，并在所有继电保护中“有光耦开入直接跳闸，且引入线为长电缆”的微机型保护进行核查。根据核查结果，制定并落实整改计划。

（2）联系各有关保护设备制造厂，摸清其设备底数，制定整改技术措施，防止其他保护制造商的同类产品再发生类似误动。

（3）检修部门在继电保护现场工作中要特别注意：虽然继电保护装置分散布置在不同的物理空间，但变电站或电厂的升压站通常都是共用一个站用直流系统。在投运过程中、扩建施工中以及运行设备的检修中，要特别注意做好安全措施。停运或未投的保护设备，只是出口回路断开了，直流部分仍与运行设备的直流连接在一起，直流接地、由不同熔断器供电的直流混接等直流回路的异常，可能会导致继电保护装置或其总出口回路误动，甚至造成多台断路器同时跳闸，进而引发电网事故。

【思考与练习】

1. 什么是继电保护复杂事故？

2. 继电保护复杂事故分析的方法有哪些？

第十五章

事故分析及处理

模块1　通过测控和监控系统运行日志分析故障信息（Z11H4001Ⅲ）

【模块描述】本模块介绍了事故调查分析的规定和基本方法，包含测控装置运行日志、监控后台系统事故报告，SOE事件、遥控操作记录、实时告警等。通过背景概述、要点介绍，掌握获取分析事故原因的信息的方法和报告分析结果的基本要求。

【模块内容】

一、概述

在早期的电力生产管理中，由于电网自动化设备未被广泛地用于实时监控电力系统的运行，电网自动化设备错误或故障引起的事故极少发生，极少见到专门针对电网自动化设备的事故分析和研究成果。近些年来，国内外多次发生电网重大事故后，电力生产的管理者才逐步重视自动化设备可能对电力生产产生的严重影响，促使对自动化设备或系统给电力安全生产造成的影响进行分析研究。

对许多电网重大事故的分析表明了自动化设备的作用，例如，北美大停电事故中，如果自动化系统当时能够正常运行，电网管理机构极有可能对初发的事故进行迅速处理和控制，防止事故扩大造成的严重后果。

随着电力系统生产管理和技术装备的发展，自动化系统越来越广泛地在电力生产中发挥作用，继电保护和安全自动装置、厂站自动化系统是电力生产中直接控制和监视电网运行的设备，其动作行为的结果直接对电网运行状态产生影响。

从设备的组成和运行形式等方面来看，厂站自动化设备与继电保护和安全自动装置相似，在电力生产实践中形成的针对继电保护、安全自动装置在发生事故后的分析、调查及防范措施的制定等方面的思路、规则和方法也是适用于厂站自动化设备。

二、事故调查分析的规定和要求

1. 厂站自动化设备事故调查和分析的依据

针对厂站端自动化设备事故和异常进行调查和分析的依据主要有：电力生产事故

调查暂行规定，电业安全生产规程，自动化设备技术资料，相关的电路、电子、计算机技术知识，相应的现场管理规程规定等。

2. 电力生产事故的定义

根据《电力生产事故调查暂行规定》（电监会 4 号令），电力企业的事故主要有：人身事故；电网停电事故；电网非正常解列造成减供负荷的事故；220kV 及以上电压母线全停事故；电能质量降低事故；电力生产设备/设施损坏超过规定数额的事故；火灾事故等。

对于电力生产企业来说，事故经常是伴随着对人身的危害、对电力用户停电、对设备造成严重损失等。电力企业确认事故的主要依据就是对人身的伤害程度、对外停电的影响、对设备的损坏等。

3. 电力系统事故调查的规定

电力生产中发生事故后，安全监察部门或专业主管部门会根据事故的情况立即组织进行事故调查和处理，一般来说，确定事故性质等工作一般是由安全监察部门来操作的，专业技术人员应从技术和专业管理出发，配合安全监察部门查找事故的原因，运用专业技术知识，对发生的现象、过程以及人员的表现等方面进行分析，提出建议，落实整改等。

另外，当发生设备等原因引起的事故后，应对现场设备的运行状态及相关记录信息进行全面的收集，保存现场资料，以便进一步分析原因和实施有效的整改措施。现场资料保存后，应根据生产实际要求，迅速进行设备的恢复，切换故障元件，恢复运行。

《电力生产事故调查暂行规定》发生重大事故，应立即按规定向上级管理部门报告，并组织对事故进行调查和分析，查明原因，提出措施，并迅速处理，减少或消除事故的影响，同时，还应该提出预防措施，防止同类事故重复发生。

《电力生产事故调查暂行规定》还规定了事故调查原则和程序，在现场处理中，首先是进行抢救伤员和应急处理，并严格保护事故现场。未经调查和记录的事故现场，不得任意变动，应当立即对事故现场和损坏的设备进行照相、录像、绘制草图，详细记录现场状况，组织收集事故经过、现场情况（包括现场记录资料和设备内部记录信息等）、财产损失等原始材料。

4. 与厂站自动化设备相关的事故及可能对电网运行产生的影响

厂站自动化设备主要的功能是对电力系统及电气设备进行测量、监视、控制等，因此，与之相关的事故也主要人身伤害事故（自动化设备在安装、调试、检修和运行中，由于设备误动作、故障损坏等对在设备上工作的人员和设备周围的人员造成伤害，引起的人身伤害事故）；设备损坏事故（设备在安装、调试、检修和运行中，发生故障，引起设备损坏，电气设备因自动化系统失去监视和控制出错等原因，引起电气设备的损坏事故）；监控失效引起的电网事故或延误电网紧急状态的处理；设备误动作事故；人员误操作事故等。

5. 自动化人员在事故调查中的作用

在发生事故时，如果自动化设备正常运行，将比较详细、准确地记录事故发生的前后电力系统的运行情况，如遥测曲线记录电压、电压和功率等测量值的变化情况，变位记录和SOE等记录下的状态量变位动作情况，操作记录保留下的遥控使用记录等，这些记录是分析事故的重要信息。另外，自动化设备本身在事故前后的运行状态记录是设备分析的重要资料，自动化人员应注意收集和分析。

当发生电力生产事故后，自动化人员应在得到事故调查组同意后，配合收集翔实、可靠的记录资料，解读自动化设备的动作行为，为分析事故提供可靠的依据。同时，还应对自动化设备在事故前后的运行情况进行认真分析，提出改进的意见或建议。

如果事故时自动化设备未能正常运行，自动化人员在得到事故调查组同意后，首先应检查自动化设备，尽可能全面地收集设备中的运行记录信息，在对事故前后自动化设备运行状况做出准确的分析基础上为事故调查提供可信的资料，并且，还应该对自动化设备在事故时未能正常运行及引起异常的原因进行深入分析，并针对运行管理、技术等方面提出改进的意见或建议。

此外，发生自动化设备异常或故障，人员在自动化设备上错误操作等造成的电力生产事故或影响安全生产的情况，自动化人员应配合管理部门进行调查分析，为明确原因、完善管理提供切实可行的意见和措施。

三、从自动化系统提取资料分析事故或故障

在工业生产中，发生事故后应迅速进行应急处理，并开展深入细致的调查分析，查明原因，提出并落实防范措施，改进安全生产状况。

事故调查的实质是运用可以证实的依据，推理发生的事故的过程，找出引起事故原因（基本因素和诱发因素），确定责任对象，落实整改措施。因此，事故分析的主要方法是全面收集发生的现象、记录数据和行为痕迹，应用技术和理论知识，推理事件发生、演化和发展的过程，揭示原因，并从原因、过程等方面提出防范措施。

工业生产的事故分析常用的方法为故障树分析方法、类型和影响分析、变更分析等，主要适用于有存在大量干扰因素的复杂事件的调查和分析，与厂站自动化设备或系统相关的事故一般对象和影响范围都比较容易确定，多数可以直接通过现场调查获得证据，主要需注意防止人为因素干扰分析结果，做到真实反映情况。主要方法和分析内容如下。

1. 现场检查取证

到达厂站现场后，应在保持设备现状的条件下检查厂站自动化的各类装置，记录有无被人工操作进行过切换、重启，有无断电，记录面板显示状态，推理发生事故或异常时的运行系统工况。

以某系列变电站自动化系统例，说明现场检查过程。

（1）数据处理及通信单元检查。通过面板显示查看运行状态。主要内容是：通过面板显示检查装置当前是否运行正常，若有异常，则先检查确认发生了什么样的异常情况；若无异常，则通过装置面板检查、记录系统配置、历史数据和当前运行状态。注意在记录历史数据、运行状态、系统配置前，不得关闭装置电源或重启动装置。检查重点有：

1）装置面板各指示灯状态。

2）装置电源及其供电电源的当前状态。

3）装置各模块的自检结果，自检结果显示的模块标有“。”的为正常，标有“？”的自检异常。

4）装置的网络连接状态。

5）记录程序版本，程序版本应与要求一致。

6）记录远动配置，通信配置、规约版本、规约数据点位配置，应与主站对应配置一一对应。

7）装置时间，应满足时间同步要求。

记录历史数据，特别是发生事件先后几分钟的遥信变位、SOE 和遥控记录，注意：如果装置上时间与当前实际时间不一致时，应根据时间差折算出发生事件时间点。

（2）数据及处理及通令单元面板操作。面板显示菜单：① 遥测显示；② 遥信显示；③ 串口报文；④ 系统调试；⑤ 系统配置；⑥ 时钟显示；⑦ 历史数据。

“遥测显示”，查看相关遥测实时数据，与现场比较应正确一致。

“遥信显示”，查看相关遥信实时数据，与现场比较应正确一致。

“系统调试”，可测试遥控或遥测。

“系统配置”，查看各项设置，如装置地址、通信参数、遥控参数等。

“历史数据”，可查阅事件记录（SOE）、遥控记录。

（3）相关测控装置检查。通过测控屏上切换开关、压板、指示灯和测控装置面板等，检查测控设备基本运行状态，记录远方/就地、分/合，投/解闭锁断路器位置，遥控投入/退出压板或电源供电状况，检查通信连接状况和运行事件，遥测遥信数据等。检查重点如下。

通过装置面板检查记录，主要内容包括：

1）记录测控屏上切换开关、压板、指示灯状态，如与正常状态不符合，须查明原因。

2）查看装置当前通信状态，事件记录（包括遥控记录、通信中断、自检告警等记录），对应发生事故的时间和现象寻找相关资料。

3）查看装置采集的测量值、状态值，对照运行实际提取分析依据。

4）查看当前装置上各输出部件状态（如遥控输出结点、闭锁输出结点等），对照实际运行提取资料。

（4）测控装置面板显示菜单：① 显示实时数据；② 显示记录；③ 显示装置状态字；④ 显示配置表；⑤ 用户自定义画面。

其中“显示实时数据”有：① 显示开入状态；② 显示开出状态；③ 显示模拟量；④ 显示虚拟开入；⑤ SOE 记录；⑥ 模件实时数据；⑦ 模件精度校正；⑧ 精度记录。

“显示记录”可显示操作记录；

“显示装置状态字”可显示装置内部已装入的模块自检结果和装置电源自检结果（标有“。”的为正常，标有“？”的自检异常）。

（5）操作员站查询。操作员站是变电站中最具有记录功能的设备之一，在提取事故或异常分析资料时，主要是利用其记录功能，提取发生事件时的全方位的记录信息，主要有：

1）遥信变位（包括 SOE）和动作记录（保护动作及保护设备信息，站内或远方的操作记录，闭锁开闭的记录）。

2）测量值的曲线（主要是相关测量值的变化，站内交流、直流电源也应注意）。

3）通过对 SOE 事件、遥控操作记录、实时告警、测量值曲线等相关事故信息的调阅，掌握分析事故原因的能力。

操作员站一般都提供较全面的记录和查询功能，如可查询变位和 SOE 状态，查曲线等，操作方法，数据记录查询见图 Z11H4001Ⅲ-1，遥信变位和 SOE 记录查询见图 Z11H4001Ⅲ-2。

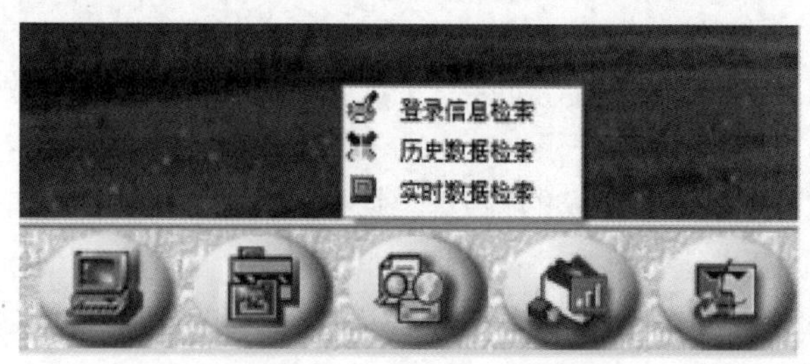

图 Z11H4001Ⅲ-1 数据记录查询

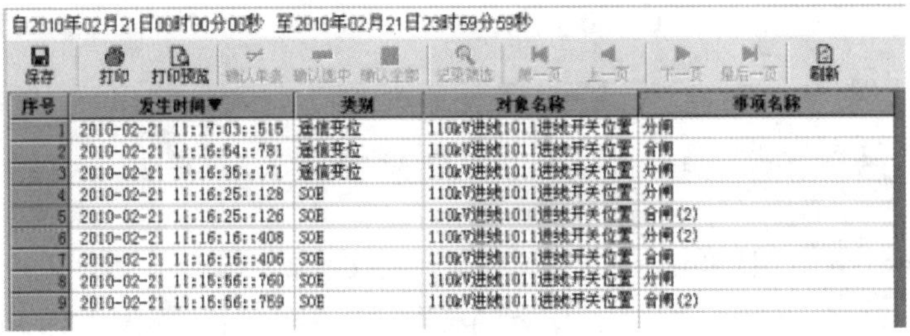

自2010年02月21日00时00分00秒 至2010年02月21日23时59分59秒

保存 打印 打印预览 确认单条 确认选中 确认全部 记录筛选 第一页 上一页 下一页 最后一页 刷新

序号	发生时间▼	类别	对象名称	事项名称
1	2010-02-21 11:17:03::515	遥信变位	110kV进线1011进线开关位置	分闸
2	2010-02-21 11:16:54::781	遥信变位	110kV进线1011进线开关位置	合闸
3	2010-02-21 11:16:35::171	遥信变位	110kV进线1011进线开关位置	分闸
4	2010-02-21 11:16:25::128	SOE	110kV进线1011进线开关位置	分闸
5	2010-02-21 11:16:25::126	SOE	110kV进线1011进线开关位置	合闸(2)
6	2010-02-21 11:16:16::408	SOE	110kV进线1011进线开关位置	分闸(2)
7	2010-02-21 11:16:16::406	SOE	110kV进线1011进线开关位置	合闸
8	2010-02-21 11:15:56::760	SOE	110kV进线1011进线开关位置	分闸
9	2010-02-21 11:15:56::759	SOE	110kV进线1011进线开关位置	合闸(2)

图 Z11H4001Ⅲ-2　遥信变位和 SOE 记录查询

在事故或异常调查中，检查数据处理及通信单元、相关测控装置的目的是收集与发生的事件有关联的记录数据，为查明原因和分析事件发生、发展的过程提供可信的证据。

四、事故（或故障、异常）的分析报告

分析报告对事故（故障或异常）清楚、准确地描述，说明在什么时间、什么地方，发生了什么事件，特别是要明确指出什么设备或什么人是造成事故发生的主要对象，并且要说明事故造成什么影响，同时，还需说明已经采取了什么处理，最后，应该针对发生的事故，提出防范同类事件重复发生的主要措施。

报告要求简洁、明确，用词力求准确，对不明情况和不明现象应特别说明。主要包括现场描述、调查过程和分析、调查结论、防范措施等内容：

准确、清楚的文字描述什么时间，什么地点，发生了什么事件，造成了什么影响（或后果），已经查明是什么设备或人的什么情况（或行为）导致了事件的发生，还有什么尚未查明，还将以什么方法进一步查找。

叙述事故（故障或异常）发生后，什么机构组织了调查，什么单位或人参加了调查，进行了什么样的工作，阅读了材料，检查了什么记录或资料，作了什么测试和分析，提出了什么结论，什么人或单位应对什么负责等。

根据调查的结论，制定了什么措施，已经完成整改的有什么，还须进一步做什么，什么时间做，什么单位或人负责等。

事故或异常调查报告是对调查情况的总结和汇报，必须立足客观证据，叙述准确，推理得当，责任明确，提出的措施应考虑可执行性。

【思考与练习】

1. 发生哪些情况被定义为事故？与自动化设备有关的事故主要有哪些方面？
2. 从变电站自动化系统主要查阅和提取什么记录信息用于分析事故？

◢ 模块2 对电气设备安装、运行、检修中出现的重大事故和缺陷提出相关处理建议（Z11H4002Ⅲ）

【模块描述】本模块介绍在电气设备（自动化设备）安装、运行、检修中可能出现的危险源和危险点。通过学习，掌握其在出现重大事故和缺陷处时的处理方法。

【模块内容】

一、概述

变电站自动化设备，主要功能是采集数据、执行控制和调节命令，传送信息。目前已经成为电力系统直接面对电气设备的基本监视和控制手段之一，因此，变电站自动化系统在运行、检修工作中，除了设备本身和工作人员可能发生危及安全的异常事件以外，还可能由于变电站自动化设备的异常影响电力系统运行监控，在电网发生扰动或事故时，可能由此影响事故处理从而造成较大的损失。

二、运行检修中主要事故或异常的表现

1. 人身伤害

自动化设备在安装、调试、检修和运行中，对在设备上工作的人员和设备周围的人员等造成伤害，引起的人身伤害事故。

自动化设备故障或异常，发生误动作，造成的人身伤害事故。

2. 设备损坏

设备在安装、调试、检修和运行中，发生故障，引起损坏；电气设备因自动化系统失去监视和控制出错等原因，造成设备的损坏事故。

3. 监控失效

自动化设备故障，引起对电网的监控失效，使得无法实现对电网或电气设备的运行监视和控制。

当电网或电气设备发生变化时，由于自动化设备的原因，未能及时发现和处理，造成了电力生产事故，或者延误了电网事故处理等。

4. 误动作

自动化设备误动作，造成电网事故，如断路器、隔离开关等由误发控制命令引起的误动作等。

5. 人员误操作事故

运行、检修人员在自动化设备上未严格执行有关规程、规定，进行误操作，引起的电网或电气设备误动作等事故。

6. 其他原因

自动化设备由于外部干扰、电源异常等引起的误动作，或者失效造成了电网事故，电气设备误动作。

三、发生事故后处理

1. 紧急处理

事故发生后，厂站、主站自动化专业人员应按照电力安全规程及现场运行管理规程等规定，执行相应预案，并接受现场负责人指挥，进行应急处理，尽可能保护现场，对事故现场和损坏的设备进行照相、录像、绘制草图，提取资料，以便分析事故原因，制定防范措施。

如应急处理需要改动现成设备的运行状态，应做好先准确、详细地记录，尽可能完整地收集事故发生时的数据资料。

如发生人员伤亡事故，应首先进行抢救伤员的紧急处理；如发生设备损坏事故，应尽快切除故障损坏的设备，恢复设备的完好运行，降低对电力系统事故处理的影响；

发生事故的单位应当迅速抢救伤员和进行事故应急处理，并派专人保护事故现场。未经调查和记录的事故现场，不得任意变动。

2. 情况报告

事故发生后，自动化人员应主动配合安全部门和运行管理部门收集事故经过、现场情况、财产损失等原始材料，尽快提供真实可靠的设备状态材料供安全部门整理情况报告，并应按规定迅速向分管领导报告，汇报自动化专业管理部门。

3. 调查分析，确定原因

发生与自动化设备或专业人员相关的事故后，自动化专业人员应配合相应管理部门调查和收集资料，分析原因，迅速确定事故原因和诱发因素。如需自动化专业整改，应根据相应的规程和管理规定，提出整改意见和防范措施。

4. 明确责任，落实防范措施

在安监部门或专业管理部门明确责任和防范措施后，自动化专业人员应认真执行，迅速落实防范措施，并将安监部门或专业管理部门提出的规定和要求传达到本专业相应人员，从中总结经验，吸取教训。

【思考与练习】

1. 运行检修中主要事故或异常的表现有哪些？
2. 发生与自动化设备相关的事故后，自动化专业人员应该做些什么工作？

第五部分

厂站自动化设备的安装、调试及维护

第十六章

远动及数据通信设备的安装

模块 1 远动及数据通信设备的安装（Z11I1001 Ⅰ）

【模块描述】本模块介绍了远动及数据通信设备的分类、用途和安装工作程序。通过安装流程介绍，掌握远动及通信设备安装调试前的准备工作、相关安全和技术措施和安装调试。

【模块内容】

远动及数据通信设备安装的目的就是在站端和调度中心之间建立起数据传输的桥梁，从而实现调度中心和远方厂站之间的远动功能。

一、远动及数据通信设备介绍

电力系统远动及数据通信设备通常指的是厂站内的自动化设备、调度中心的前置机（数据接收装置）及传输通道。传统的远动数据传输是把装置采集的遥测、遥信等数字信号转换成模拟信号后，再经由传输通道传送至调度中心。随着设备的发展和技术的进步，光纤和以太网通道的出现，使得数字信号的直接传送成为可能，同时数据的传输速度也有了较大提高。

远动及数据通信设备一般包括测控装置、远动主机、通信接口设备和传输通道。测控装置负责完成电厂、变电站内遥测、遥信等各种测量数据的采集，然后通过专门的传输通道发送给调度中心，调度中心也有相应的前置系统来接收厂站内发送的数据。同时，远动自动化设备还负责规约的转换和解释，只有配置了相同规约的调度中心和厂站，才能进行正常的通信。早期使用的 RTU 只能提供串行接口，所以传输通道也使用传统的微波、载波、光端、扩频等音频传输设备，调度和厂站内通信使用的是串口通信。而随着技术的不断发展，如今使用的自动化设备除了能提供常规的串口外，还能提供多路以太网接口，并且传输通道也演变为光纤、交换机、路由器、防火墙等数字网络设备。传输通道也由模拟通道逐步过渡为数字通道，同时由于传输介质的发展，数据的传输速度也发生较大变化。传统的模拟通道，通信速率最高只有 1200Baud，而现在的网络传输速率可达到 10M、100M 甚至 1000M。由于网络技术的迅猛发展，电力系统远动及数据通信已经大量使用网络数据通道通信，传统的模拟通道通信方式将逐渐成为历史。

远动及数据通信设备的作用就是完成调度和厂站内数据的双向传送，实现调度中心对远方厂站电网设备的实时监视和控制。可见，远动数据通信设备的可靠性是数据传输的基本要求。因此，数据传输的速度和传输质量也越来越引起人们的重视。目前，变电站和电厂与调度中心的通信传输已经开始广泛使用传输速度更快和纠错能力更好的光纤调度数据网系统。

二、设备安装的安全和技术措施

1. 安装环境要求

自动化及数据通信设备大部分都安装在室内，在厂站内都会设计专门的机房来布置自动化和通信设备。为了保证设备的稳定、可靠运行，对设备的安装环境有较高的要求。通常设备在自身运行过程中会产生发热现象，为保证设备运行的正常散热，机房环境的温度要相对低一些。在机房中应配备专用工业空调，温度应当保持在25℃左右。同时，房间内的湿度也要控制在适宜范围40%～50%以内，如果房间内过于干燥，就会容易产生静电，对处于弱电环境下运行的设备不利。除了温度、湿度要求外，室内的防火、防水、防鼠、防盗的措施也应齐全。设备机房的抗震措施应高于本地区抗震烈度一度的要求。

2. 安全和技术措施

从设备运行的安全技术角度考虑，远动设备的不间断运行可以确保调度中心在任何时候都能正确实时地监视站内发生的所有事件。因此，远动及数据通信设备必须保证其运行的可靠性。为确保在意外停电的情况下，远动及数据通信设备仍能正常运行，机房的供配电系统必须设计有独立的电源系统。远动设备本身是一种弱电系统，受到强电磁场的干扰有可能会增加模拟通道运行的误码率，所以在正常运行情况下远动设备应远离高压运行设备，避免受到强电磁场的干扰。在雷雨天气里，一旦设备遭到雷击，各个部件都有可能出现损坏，因此机房及通道必须增加相应的防雷措施。同时，机房应有统一的接地网，设备运行时所有设备屏柜要可靠接地，以防止超过一定容限的静电对设备造成的损坏。

三、设备安装过程

1. 设备调试前的外观检查

按照变电站常规的施工方式，远动设备通常是组装到屏柜内后再发送到现场的。远动设备生产厂家在生产时一般根据用户的要求进行组屏和安装，把相关设备都提前组装到屏柜内完成初步的调试后再运送到现场。在设备进行安装前，要根据厂家提供的设备清单，核对现场的设备是否齐全，同时根据设计的图纸确定厂家提供的设备型号与实际要求是否一致。

远动通信设备通常在屏柜内安装组成，屏柜内安装有远动主机设备和附带安装的模拟通道 Modem 设备，网络数字通道使用的路由器、交换机设备等。由于机柜都有标准的尺寸大小，所以安装在机柜内的设备也必须满足标准的尺寸要求。

一个典型的自动化设备屏应当包括一套远动主机设备，按照其重要性的不同要求，或配置为主备双机系统，或配置为单机系统。另外还应包括用于模/数转换的 Modem 设备，用于网络通信的路由器、交换机等。如果是安全等级要求很高的网络通信系统，还会配置防火墙或物理隔离装置进行安全隔离。因此，在现场检查设备清单时，应根据设计提供的图纸进行检查，确定设备屏内安装的设备是否完整。同时注意，设计有路由器和交换机的屏柜，还应当附带一条专门用于配置路由器参数和划分交换机 vlan 的专用调试线。

如果设备的部件齐全，没有遗漏，则开始检查设备外观有无损坏。首先检查屏柜的外观是否有损坏，屏柜油漆是否有脱落，是否附带柜门钥匙等；其次检查机柜内设备安装的位置是否合理，两台设备之间是否留有足够的散热距离，屏内配线的布局是否合理与整齐。固定装置的螺丝在运输过程中是否有松动或脱落现象，设备之间的连接线、工作电源线、端子配线等是否完整，接地线是否已经可靠连接到屏柜的接地铜排。另外，机柜内的路由器、交换机等设备通常是外购设备，并且在工厂调试时一起安装在机柜内的。因此，应检查路由器和交换机的工作电源是否合理。

2. 设备间的电缆连接

远动设备安装过程中，首先必须完成各种设备之间的电缆连接，从而保证数据汇集后再向远方传送。远动主机是传送给调度中心数据的远程终端，其中负责数据转发的设备部分必须可以接收站内所有设备采集的数据，因此远动主机负责收集数据的设备与站内其他设备的连接要有专门的数据网络，通常称之为站控层网络。目前常用的远动主机设备基本上都可以通过站控层以太网从站内其他装置处得到遥信、遥测等测量信息，同时也可以把调度下发的控制命令通过以太网转发给其他装置。站内其他分散的数据采集装置、智能设备之间的通信也大量使用串口和现场总线方式。对于站控层网络的通信，如果距离较短则直接使用八芯以太网双绞线连接至同一台交换机；如果设备距离较远，则需要使用光纤通信方式接入交换机。在距离较远但又不方便敷设光纤，或者考虑到费用因素时，也可以使用双绞线连接，但中间必须增加中继交换机进行信号放大。在选择双绞线时应当选择专业厂家生产的高质量双绞线，双绞线内应包含抗干扰的屏蔽层。同时在制作双绞线的 RJ–45 插头时，也应当采用标准的线序进行压制，这样可以达到最好的抗干扰效果，以保证通信质量。

在完成变电站远动数据网络的连接后，便可以进行远动主机与通信设备电缆的连接。传统的模拟通道使用微波、载波、光端、扩频等设备传输，一般用四线 E/M 通路中的收发通路。对于常用的模拟通道连接，自动化设备先提供一个 232 或 422 方式通信的串行接口，串口发出的数字信号经过 Modem 转换为音频信号后，再通过四芯屏蔽电缆接入通信配线柜，经通信处理后向远方调度中心发送。

如果使用光纤调度数据网与调度中心通信，则远动主机必须提供至少一个标准的 RJ–45 以太网接口，该以太网接口应当以 10M/100M 速度自适应。如果远动主机是双机冗余配置，则两个远动主机装置应各提供一个 RJ–45 以太网接口，如两个以太网接口需要连接同一个调度数据网的话，必须通过一个交换机进行数据传输。假如一个厂站同时与多个调度系统使用网络（IEC 104 规约）通信，就必须对各个调度系统的数据之间进行必要的隔离，一般是在交换机上划分多个虚拟的 vlan 网，划分后的不同虚拟网之间的数据无法传输。远动主机的以太网口可以和多个调度的数据网口划分在一起进行数据交换。从交换机出来的以太网线需要经过路由器正式进入调度光纤数据网，所以交换机和路由器之间也必须要有可靠的双绞线连接，路由器中的配置必须按照实际的要求进行设置才能使数据顺利通过，从路由器出口处再用一条双绞线连接至通道终端柜的指定接线口。有关交换机和路由器的配置记录应在设备的安装调试记录中进行说明。

另外，为了方便日后的维护和故障检查，每条通信电缆的起始和终止位置都应该带有明确的标示牌，标明电缆的走向。如果是通过电缆沟进行远距离连接的数据线，为保护电缆不被损坏，还应当增加必要的保护措施，如穿防火的 PVC 管等。

3. 设备的安装和调试

设备的安装，一般是指把设备固定在指定的位置，连接好设备的工作电源线和各种通信连接线，使其能够正常地工作。而远动通信设备的安装除以上工作外，还要完成设备本身的功能调试及站端自动化设备与调度中心的前置机之间的调试工作。在完成远动设备的电缆连接后，就可进行设备的安装调试工作。在确保设备电源正确的前提下，将所有设备上电开机试运行，检查设备能否正常工作、装置指示灯或者液晶面板显示是否正常、设备的散热风扇是否运转正常、有无接线错误导致装置不能正常运行等。如果所有设备都能正常运行，就可以进行自动化设备与远方调度中心的信号调试工作。在调试过程中，还要注意站端远动设备的规约与调度中心使用的规约应一致，且规约中要求的站址及各种规约信息参数都满足双方通信的要求。

在模拟通道使用前，必须对 Modem 板进行正确的设置，使其波特率和特征频率等与调度设置的一致，正负逻辑要统一，配置的 Modem 可以通过跳线的方式进行设置。另外，信号传输的电平应符合通信设备的设置要求，过高或者过低的传输电平将造成传输信号过负荷或者失真。

调度数据网的连接关键在于远动主机、路由器和交换机的配置。目前采用的调度数据网通信方式是使用国际标准的 IEC 104 规约通信，规约要求厂站内的远动主机要和调度中心的前置机建立一种可靠的 TCP 方式的“服务器—客户端”连接。因此，厂站内的远动主机必须根据调度中心的要求定义指定的 IP 地址，然后通过路由器的路由功能实现和远方调度中心的连接，从而建立起规约要求的 TCP 连接。对于要与多个调度数据网进行通信的厂站，远动主机则按照每个调度分配指定的 IP 地址进行连接，一般每个调度分配指定的 IP 地址是不一样的。不同的调度数据网之间还必须形成可靠的隔离，而交换机的 vlan 功能可以满足这一要求。

支持 vlan 划分功能的交换机，可以通过交换机的 Console 口进行 vlan 虚拟网的划分。在交换机关机状态下，将计算机的串口与专用调试线的九针插头相连，把专用调试线的 RJ45 插头与 Console 口相连。在计算机的超级终端里选择一个串口连接，将串口通信波特率设置为默认的 9600 波特率，数据位 8 位，无校验，完成之后交换机上电开机。在交换机启动的过程中，通过计算机的超级终端就可以轻松地进行参数修改和虚拟网划分。通常在交换机的设备清单里会提供装置的说明书，根据说明书中的命令介绍可以很容易地把交换机的多个以太网口任意组合成多个虚拟的小网，每个小网之间互相不能访问，从而实现各个调度数据网之间的数据隔离。经过 vlan 划分的交换机，其各个虚拟网之间不能互访，必须注意网口的正确使用。

从交换机流出的数据还必须通过路由器才能到达指定的调度数据网，因此路由器中必须配置正确的路由表才能提供远动主机和调度中心前置机这两个不同网段的网络节点的连接通道。配置路由的方法与划分交换机虚拟网的方法类似，也是通过设备附带的专用调试线连接到路由器的 Console 口后，通过命令的方式进行设定的。值得注意的是，为了防止路由器中的设置被任意修改，在进入设置命令方式时会判断使用者的权限，只有具有超级管理员权限的用户才可以修改路由器中的路由配置。另外，在调度数据网所有设置工作全部完成后，厂站内路由器的维护也可以由调度中心通过远方登录后进行，但正常情况下设置好的网络模式在运行后一般不会进行更改。

需要说明的是，通常路由器的配置都是成对出现的，即厂站内远动主机使用的 IP 地址和调度中心前置机使用的 IP 地址不属于同一个网段，彼此的连接都需要通过各自的路由器设置的第三方网段来建立路由映射关系。一旦厂站内和调度中心两侧的路由器设置都完成后，就可以通过远方 ping 命令来测试整个通道是否畅通了。如果在任意一侧都可以顺畅地 ping 到对方，那么 RTU 就可以和远方的调度中心建立可靠的 TCP 连接，从而实现规约应用数据的相互交换。

【思考与练习】

1. 远动数据通信设备安装的目的是什么？

2. 在使用模拟通道时，对 Modem 板进行设置的内容有哪些？

模块 2 校核设备安装的合理性（Z11I1002 Ⅰ）

【模块描述】本模块介绍了设备安装的整体布局、工作环境要求，包含设备安装环境、整体布局、电磁兼容、线路的走向、工作电源。通过要点讲解、样例介绍，掌握校核安装设备的合理性。

【模块内容】

设备安装的合理与否直接影响到设备使用的效果，科学的安装方法可以减少设备出现故障的概率，增加系统运行的可靠性，延长设备使用的寿命。

一、安装环境检查

1. 安装环境要求

电力系统二次设备包括测量控制装置、保护装置、综合控制单元、故障录波装置及各种智能设备和通信设备等。受设备本身的功能及组成元件限制，二次设备通常都置于室内，对周围环境的要求较高。

随着电子技术的发展，以微电子元件为主的二次设备采用了大量高运算能力的 CPU 元件，运算能力的提高同时也增加了元件的发热量。虽然设备本身在出厂前都经过了各种温度、湿度环境的型式试验，但是现场的实际运行环境仍然应该保持一定的温度和湿度。较高的温度不利于设备的散热，长时间的高温运行也容易造成设备寿命缩短，以及出现不正常的停机现象，正常的室内温度应当保持在 25℃左右。环境的湿度对于微电子元器件的影响也不容忽视，过分干燥的环境容易产生静电，对处于弱电环境下工作的设备相对不利；长时间过于潮湿的环境也可能对元件形成一定的腐蚀，造成元件的提前老化和故障，因此正常的室内湿度应当保持在 40%～50%的范围内。

除了对温度、湿度等主要要求外，还应当增加防火、防盗、防水、防鼠等措施，同时二次设备安装的机房应当具有满足相关抗震要求的防护措施。

远动设备工作环境一般要求：

（1）工作环境温度：–20～+55℃。运输中短暂的储存环境温度–25～+70℃，在此极限值下不施加激励量，装置不出现不可逆的变化，温度恢复后，装置应能正常工作。

（2）相对湿度：最湿月的月平均最大相对湿度为 90%，同时该月的月平均最低温度为 25℃且表面无凝露。

（3）大气压力：80～110kPa。

使用场所不得有火灾、爆炸、腐蚀等触及装置安全的危险和超出说明书规定的振动、冲击和碰撞。

2. 电磁兼容合理性要求

电力系统是一个强大的干扰源，在其正常运行或者故障时都会产生各种稳态或暂态干扰，如大电流设备附近的磁场、断路器操作时的暂态干扰等。随着现在微电子技术的普遍采用，对干扰具有很高敏感性的各种二次自动化设备在电力系统中起着重要的作用，它们在提高电力系统自动化运行程度的同时，不可避免地会遭受到来自系统内部或外部的影响，从而成为影响电力系统安全可靠运行的一个隐患。

影响二次设备的主要干扰源有：

1）一些自然的干扰，如雷击、静电。

2）操作或系统故障时的瞬态干扰，如隔离开关和断路器操作、低压回路继电器动作、接地故障时短路电流引起的共模干扰。

3）系统运行时的暂态干扰，如高压设施附近的工频电磁场、通信设备的干扰等。

其中，对二次设备最具影响作用的干扰是隔离开关和断路器动作时产生的瞬态干扰，这种瞬态干扰以场的形式向外辐射，或者通过直接连接到二次设备的导体传导进入二次设备内部，影响二次设备的正常工作。传统的测控和保护设备通常采用总线的方式进行通信，如果通信线经过高压设备附近时，高压设备的电磁辐射将会对设备之间的通信产生强烈干扰，甚至导致通信中断。另外，测量仪表、继电器等装置受电磁场干扰的影响也很大，会导致测量仪表测量的数据失真，严重的可能会导致继电器误动作，所以该类装置必须远离高压带电设备。

远动设备电磁兼容能力：

（1）脉冲群干扰。装置能承受 GB/T 14598.13（eqv IEC 60255–22–1）规定的 1MHz 和 100kHz 脉冲群干扰试验（第一半波电压幅值共模为 2.5kV，差模为 1kV）。

（2）静电放电干扰。装置能承受 GB/T 14598.14（idt IEC 60255–22–2）规定的Ⅲ级（接触放电 6kV）静电放电干扰试验。

（3）辐射电磁场干扰。装置能承受 GB/T 14598.9（idt IEC 60255–22–3）规定的Ⅲ级（10V/m）的辐射电磁场干扰试验。

（4）快速瞬变干扰。装置能承受 GB/T 14598.10（idt IEC 60255–22–4）规定的Ⅳ级（通信端口 2kV，其他端口 4kV）的快速瞬变干扰试验。

二、校核安装的合理性

1. 安装的布局

变电站、发电厂内的二次设备根据电压等级的不同，其数量也不同。通常情况下，电压等级越高，使用的二次设备就越多，变压器、线路、母线等一次设备的数目越多，对应的二次设备数目也越多。电压等级较高，一次设备较多的变电站，其一次设备占用的场地比较大，为了缩短二次电缆的连接距离，方便设备的维护和管理，变电站内的二次设备应根据不同的电压等级分别在不同的小室内进行安装，每个电压等级的二次设备安装在一个小室内。这样不仅节省了资源，同时对设备的检修和维护也非常有利，减少了在维护设备的过程中出现误操作的可能性。

对于安装在同一小室内的设备，其安装的布局应充分考虑到散热和方便维护等方面的要求。设备在运行过程中必然会散发一定的热量，因此同一屏柜内的设备之间尽量不要紧靠在一起，对发热量大的设备应加装专门的散热风扇，同时考虑在其安装的屏柜上打孔来促进屏柜与室内空气的流通。如果两个设备之间没有留下足够的空隙，将不利于发热设备的降温，从而影响到设备的稳定运行。

变电站内二次设备根据其功能的不同分别有不同的二次回路与之对应，二次回路中一部分用于信号和测量数据的采集，另外一部分则用于继电器出口控制断路器和隔离开关的操作。二次设备中的保护装置和测量控制装置虽然作用不同，但是都有测量回路和出口控制回路。由于二次设备在检修的过程中常常需要对设备的采集控制回路进行检查，为防止在检修测控装置的回路时误碰到保护设备的出口跳闸回路而引起事故，测控装置应该和保护装置应尽量安装在不同的屏柜内。

2. 设备的电源

电力系统二次设备在整个电力系统中起到测量、保护和控制一次设备及整个系统的作用。通过二次设备的监测及远动通信设备的数据传送，调度中心可以实现对远方变电站、发电厂的监视和控制，因此二次设备在整个电力系统中具有至关重要的作用。受其重要性决定，二次设备在正常情况下应当保持可靠的不间断运行，即使出现了意外的事故导致短时的停电，二次设备也必须能够保持正常的运行状态，可以采集和分析故障情况下的各种事故信息，同时远传给调度中心。

为了能够保证二次设备的不间断工作，二次设备的工作电源一般都采用直流供电，对于不能采用直流电源工作的重要二次设备，例如，厂站内的计算机监控系统等，必须通过UPS供电，并且UPS的容量应足够供应计算机设备在一定时间段内正常运行。由于二次设备直流电源是否可靠决定着整个设备运行的可靠性，所以对提供直流电源的直流柜也提出了相应的要求。

首先，直流柜的接线应简单可靠，运行灵活，安装、维护方便；其次所采用的元件、部件性能要可靠、稳定；再次，安装运行的环境条件应该符合直流电源柜的产品说明书的要求。除了以上基本要求外，因工作环境特殊，电力系统使用的直流电源还应当具备良好的电磁兼容性和抗干扰性能。

3. 电缆布设遵循的原则

（1）电缆的敷设首先要遵循强弱电分离的原则，电平很低的通信电缆应尽量远离高压电缆。

（2）通信电缆应选用专门的标准通信电缆，同时电缆的分布结构应符合网络结构的要求。

（3）截面积较小的电缆容易被老鼠咬断，所以应当通过穿管的方式进入电缆沟布置。

（4）电缆的走向应当有明确的标示牌，标示牌上应该有明确的用途（名称）、屏柜号、电缆的接线位置（端子排编号）等，用来表明电缆的起止位置，方便电缆的接驳和维护。

（5）电缆在设备端子排的位置应遵循相同类型的电缆统一摆放的原则，保护跳闸出口用的电缆应和信号采集输入的电缆位置远离，防止在检查信号的过程中误操作导致保护出口动作。

电力系统设备的安装应当遵循安全、可靠的基本原则，在设备安装时应综合考虑设备的工作环境、安装布局，以及系统的电磁干扰等因素，尽量避免各种可能的不合理安装因素，从而确保设备能够安全、稳定、可靠地运行。

三、一般验收检查样例

设备安装验收检查表见表 Z11I1002Ⅰ–1。

表 Z11I1002Ⅰ–1　　设备安装验收检查表

设备名称	核查项目	标准要求提示	验收结果	备注
远动通信屏	设备的外观检查	屏体、设备安装是否牢固可靠，外观无损坏		
	标识检查	设备的动力/信号电缆（线）是否整齐布线，电缆（线）两端应有规范清晰的标示牌		
	设备的接地检查	应有可靠的接地系统，接地电阻应符合设计规程要求。运行设备的金属外壳、框架、各种电缆的金属外皮及其他金属构件应与接地系统牢固可靠连接。屏体接地铜排截面不小于 40mm×5mm，接地铜线截面不小于 $50mm^2$，设备接地线截面不小于 $4mm^2$		
	接入设备的信号电缆应采用抗干扰的屏蔽电缆。屏蔽线应接地	接入设备的信号电缆应采用抗干扰的屏蔽电缆，屏蔽线应接地		
网络接口屏	设备的外观检查	屏体、设备安装是否牢固可靠，外观无损坏		
	标识检查	设备的动力/信号电缆（线）是否整齐布线，电缆（线）两端应有规范清晰的标示牌		

续表

设备名称	核查项目	标准要求提示	验收结果	备注
网络接口屏	设备的接地检查	应有可靠的接地系统，接地电阻应符合设计规程要求。运行设备的金属外壳、框架、各种电缆的金属外皮及其他金属构件应与接地系统牢固可靠连接。屏体接地铜排截面不小于 40mm×5mm，接地铜线截面不小于 $50mm^2$，设备接地线截面不小于 $4mm^2$		
	接入设备的信号电缆应采用抗干扰的屏蔽电缆。屏蔽线应接地	接入设备的信号电缆应采用抗干扰的屏蔽电缆，屏蔽线应接地		
调度数据网屏	设备的外观检查	屏体、设备安装是否牢固可靠，外观无损坏		
	标识检查	设备的动力/信号电缆（线）是否整齐布线，电缆（线）两端应有规范清晰的标示牌		
	设备的接地检查	应有可靠的接地系统，接地电阻应符合设计规程要求。运行设备的金属外壳、框架、各种电缆的金属外皮及其他金属构件应与接地系统牢固可靠连接。屏体接地铜排截面不小于 40mm×5mm，接地铜线截面不小于 $50mm^2$，设备接地线截面不小于 $4mm^2$		
	接入设备的信号电缆应采用抗干扰的屏蔽电缆。屏蔽线应接地	接入设备的信号电缆应采用抗干扰的屏蔽电缆，屏蔽线应接地		
公用测控及GPS 对时屏	设备的外观检查	屏体、设备安装是否牢固可靠，外观无损坏		
	标识检查	设备的动力/信号电缆（线）是否整齐布线，电缆（线）两端应有规范清晰的标示牌		
	设备的接地检查	应有可靠的接地系统，接地电阻应符合设计规程要求。运行设备的金属外壳、框架、各种电缆的金属外皮及其他金属构件应与接地系统牢固可靠连接。屏体接地铜排截面不小于 40mm×5mm，接地铜线截面不小于 $50mm^2$，设备接地线截面不小于 $4mm^2$		
	接入设备的信号电缆应采用抗干扰的屏蔽电缆。屏蔽线应接地	接入设备的信号电缆应采用抗干扰的屏蔽电缆，屏蔽线应接地		
不间断电源屏	设备的外观检查	屏体、设备安装是否牢固可靠，外观无损坏		
	标识检查	设备的动力/信号电缆（线）是否整齐布线，电缆（线）两端应有规范清晰的标示牌		
	设备的接地检查	应有可靠的接地系统，接地电阻应符合设计规程要求。运行设备的金属外壳、框架、各种电缆的金属外皮及其他金属构件应与接地系统牢固可靠连接。屏体接地铜排截面不小于 40mm×5mm，接地铜线截面不小于 $50mm^2$，设备接地线截面不小于 $4mm^2$		

续表

设备名称	核查项目	标准要求提示	验收结果	备注
不间断电源屏	接入设备的信号电缆应采用抗干扰的屏蔽电缆。屏蔽线应接地	接入设备的信号电缆应采用抗干扰的屏蔽电缆，屏蔽线应接地		

变电站电力调度数据网验收规范表见表 Z11I1002Ⅰ–2。

表 Z11I1002Ⅰ–2　　变电站电力调度数据网验收规范表

变电站：　　系统名称：　　型号：　　制造厂：

施工单位：　　验收人员：　　验收日期：

一、设备验收							
序号	工序	检验项目		性质	质量标准	检验方法及器具	结论
1	屏柜安装	安装位置		重要	按设计规定	对照设计图检查	
2		垂直度误差			＜1.5mm/m	用铅坠检查	
3		水平误差	相邻两盘顶部		＜2mm	拉线检查	
4			成列盘顶部		＜5mm		
5		盘面误差	相邻两盘边		＜1mm		
6			成列盘面		＜5mm		
7		盘间接缝			＜2mm	用尺检查	
8		固定连接		重要	牢固	用扳手检查	
9		紧固件检查			完好、齐全、紧固	观察检查	
10		底架与基础件连接接地			牢固，导通良好	观察并导通检查	
11		屏柜接地		重要	屏柜通过接地引下线与接地铜排相连、屏柜与门用软铜导线可靠连接		
12	屏内检查	屏内设备标识			正确、规范、齐全	对照图纸检查	
13		空气开关、熔断器		重要	与上一级有2级配合。交、直流空气开关不能混用，试验合格。熔断器挂牌正确	观察检查	
14		装置外观检查			无损伤		
15		电缆、网线连接及导向牌			紧固、美观、完好、		
16		盘内接线			正确、牢固、美观		
17		接线号头			正确齐全、清晰、不易脱色		
18		屏内封堵			美观，无缝隙		

续表

序号	工序	检验项目	性质	质量标准	检验方法及器具	结论
19	设备外观及系统整体检查	组成部件标识		准确、清晰	观察检查	
20		装置、元器件规格、参数		正确	察看	
21		反措执行情况		执行项目齐全、方法正确	对照文件检查	
22		系统结构基本情况		符合规定要求	整体检验	
23	电力调度数据网安装与调试	调度数据网地址分配完成情况	重要	地址分配合理，与各级调度联通	测试检查	
24		二次安全防护		满足二次安防要求		
25		调度自动化调试情况		该业务网络通道通畅		
26		GPS 同步对时系统调试情况		该业务网络通道通畅		
27		电能计量系统调试情况		该业务网络通道通畅		
28		保护子站系统调试情况		该业务网络通道通畅		
29		其他所需系统调试情况		其他各项业务网络通道通畅		

二、资料验收

序号	工序	检验项目		性质	质量标准	检验方法及器具	结论
1	图纸资料验收	设备出厂资料	出厂检验报告		内容翔实，准确	察看	
2			合格证		标识清楚、有效	察看	
3			设备屏图		与设备相符，工程号正确	察看	
4			数据网设备清册	重要	数据网设备型号、软件版本、操作系统、数据库类型	察看	
5		图纸验收	施工图	重要	册数足够，册内目录与实际图纸对应，标识清楚，描绘、说明明确	察看	
6			设计变更通知单		与工程实际相符	察看	
7			可修改的电子版图纸		齐全、准确	察看、清点	
8		试验报告	签名、盖章		清晰	查阅	
9			试验项目		齐全，符合全部校验的要求	察看	
10			试验方法		描述清晰，无歧义	察看	
11			试验数据		正确	察看	

续表

<table>
<tr><th>序号</th><th>工序</th><th colspan="2">检验项目</th><th>性质</th><th>质量标准</th><th>检验方法及器具</th><th>结论</th></tr>
<tr><td>12</td><td rowspan="2">图纸资料验收</td><td>试验报告</td><td>试验结论</td><td></td><td>明确</td><td>察看</td><td></td></tr>
<tr><td>13</td><td colspan="2">数据网运行交代</td><td></td><td></td><td>查阅</td><td></td></tr>
<tr><td>14</td><td colspan="3">备品、备件</td><td></td><td>清点、试验</td><td>清点、试验</td><td></td></tr>
<tr><td colspan="8">三、验收总体意见</td></tr>
<tr><td>总体评价</td><td colspan="7"></td></tr>
<tr><td>整改意见</td><td colspan="7"></td></tr>
<tr><td>验收结论</td><td colspan="7"></td></tr>
</table>

【思考与练习】

1. 变电站电缆的布设应注意哪些问题？
2. 二次设备的工作电源应注意哪些问题？
3. 变电站二次设备安装环境要求有哪些？

第十七章

后台的安装

模块1　后台计算机系统软件安装（Z11I2001Ⅰ）

【模块描述】本模块介绍了后台计算机操作系统软件和应用软件的准备工作和安装。通过案例介绍、界面图形示意，熟悉后台计算机操作系统软件和应用软件安装的操作步骤和注意事项。

【模块内容】

后台计算机软件系统是操作及管理人员的人机对话联系系统。通过人机系统能够完成如画面和报表的编辑，数据库的管理与维护，图形画面的调看，各种遥控遥调命令的发送等工作。

后台计算机软件系统的安装包括操作系统及补丁和数据库系统及补丁的安装，在安装过程中接受所有默认安装选项。在操作系统和数据库软件安装完成后，还要进行后台监控软件的安装。

下面以实例介绍后台计算机软件系统安装准备工作、安装过程和安装注意事项。

某后台计算机系统软件安装配置实例：

1. 安装前的准备工作

（1）系统要求。

1）操作系统安装盘：Windows XP+SP2。

2）商用数据库安装盘：Microsoft SQL Server+SP2。

3）监控后台应用软件安装：最新版本的后台监控软件安装包。

4）管理员密码（区分大小写）：通常情况下Administrator的密码设置为空。

5）产品密钥（即产品标识号）：产品密钥是条形码编号，位于计算机机盖外侧的标签上。当重新安装操作系统时，则需要使用产品密钥。

（2）分区要求。对于单硬盘配置，各分区容量所占比例及文件格式为：

C盘：10%的总硬盘容量，FAT32格式；

D盘：80%的总硬盘容量，NTFS格式；

E盘：10%的总硬盘容量，NTFS格式。

（3）安装目录说明：操作系统均安装在 C 盘目录下。计算机的所有驱动程序文件根据设备类型建立各自文件夹，统一保存在 E：\backup\drivers 目录下。若有特殊安装要求，则需在此目录下新建一个“readme”文本文档来详细说明安装时的注意事项。后台监控软件及相关辅助工具软件均安装在 D 盘目录下。

2. 安装过程

（1）在后台监控软件安装包中，双击“Setup.exe”可执行程序。系统弹出安装工具界面（见图 Z11I2001 Ⅰ–1）。安装程序将首先对系统进行例行检查，然后启动“安装向导”指导后面的安装工作。

（2）安装向导——欢迎界面（见图 Z11I2001 Ⅰ–2）：单击“下一步”。

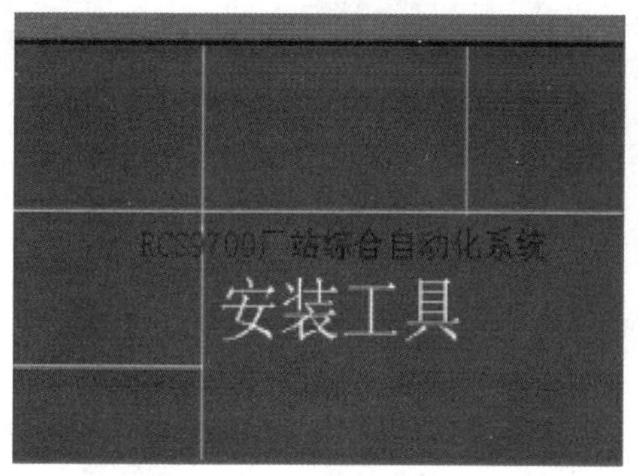

图 Z11I2001 Ⅰ–1　后台监控软件安装过程一

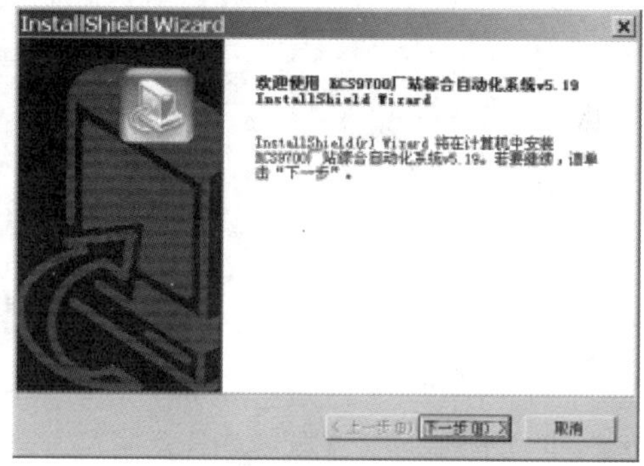

图 Z11I2001 Ⅰ–2　后台监控软件安装过程二

（3）安装向导——许可证协议界面（见图 Z11I2001 Ⅰ–3）：选择“是”，接受所有条款。

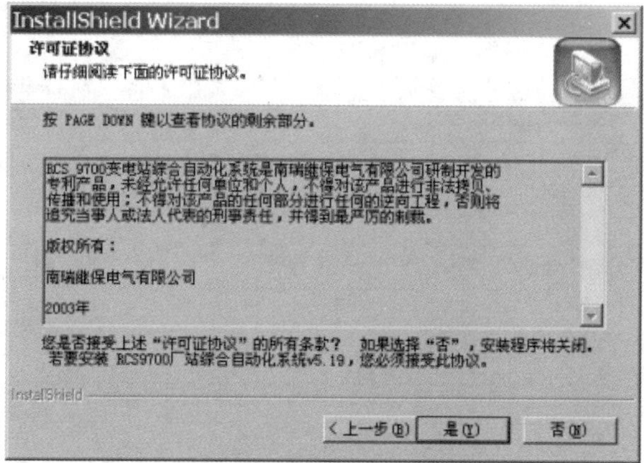

图 Z11I2001 Ⅰ–3　后台监控软件安装过程三

（4）安装向导——系统信息界面（见图Z11I2001Ⅰ-4）：列出了操作系统的相关信息，单击“下一步”。

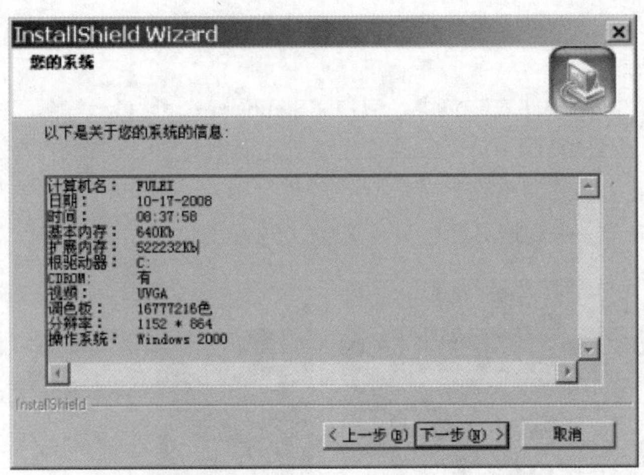

图Z11I2001Ⅰ-4 后台监控软件安装过程四

（5）安装向导——客户信息界面（见图Z11I2001Ⅰ-5）：输入“用户名”“公司名称”和“序列号”（序列号为任意字符），单击“下一步”。

图Z11I2001Ⅰ-5 后台监控软件安装过程五

（6）安装向导——选择目的地位置界面（见图 Z11I2001 Ⅰ–6）：系统缺省安装路径是“C:\RCS_9700”，确定安装路径后，单击“下一步”。

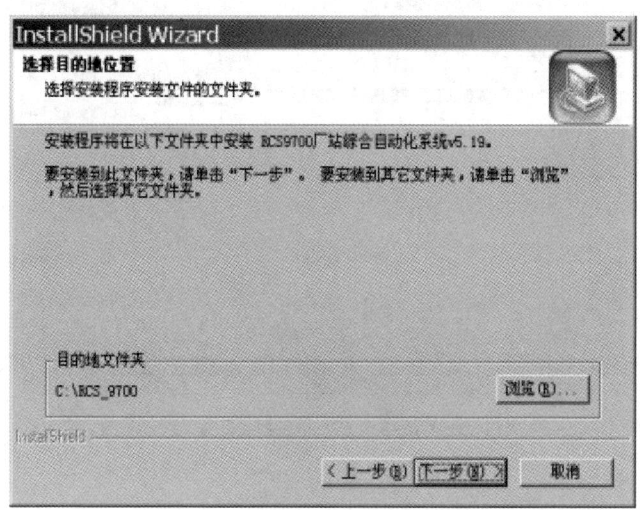

图 Z11I2001 Ⅰ–6　后台监控软件安装过程六

（7）如果要将后台监控系统安装到其他目录下，单击“浏览”按钮，弹出“选择文件夹”窗口（见图 Z11I2001 Ⅰ–7），指定安装路径，确认后单击“确定”按钮，系统的安装路径变为用户所选的路径，如果指定的安装路径不存在，将提示创建此路径。

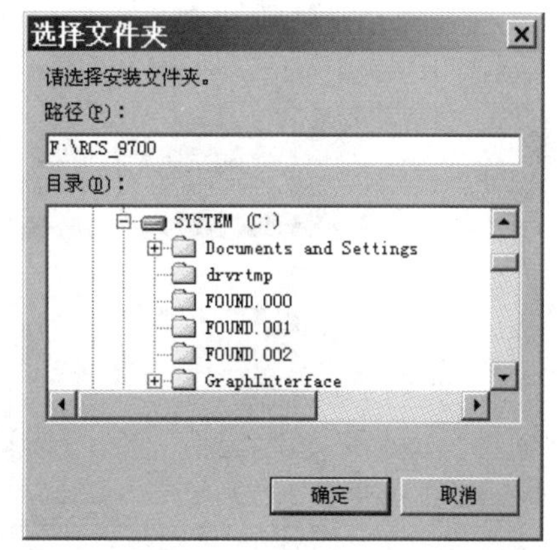

图 Z11I2001 Ⅰ–7　后台监控软件安装过程七

（8）安装向导——安装类型界面（见图 Z11I2001 Ⅰ–8）：根据后台监控系统所采用的历史数据库类型来选择对应的安装类型，包括“MySQL 版安装程序”“SQL Server 版安装程序”和“文件版安装程序”。选择安装类型后，单击“下一步”。

（9）安装向导——选择程序文件夹界面（见图 Z11I2001 Ⅰ–9）：确定程序文件夹后，单击“下一步”。

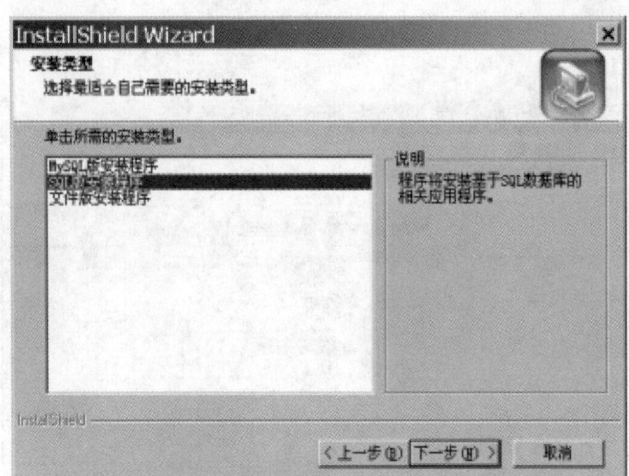

图 Z11I2001 Ⅰ-8　后台监控软件安装过程八

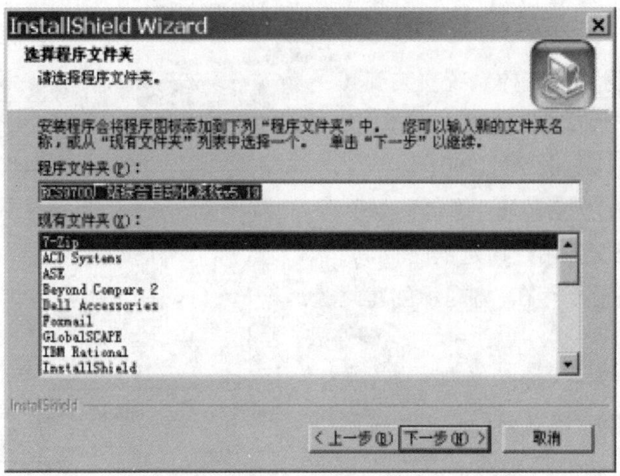

图 Z11I2001 Ⅰ-9　后台监控软件安装过程九

（10）安装向导——检查安装信息界面（见图 Z11I2001 Ⅰ-10）：列出安装信息列表，提交用户确认，单击“下一步”。

（11）安装向导——安装状态界面（见图 Z11I2001 Ⅰ-11）：安装过程开始拷贝系统文件到指定的路径，并通过进度条显示安装进度。

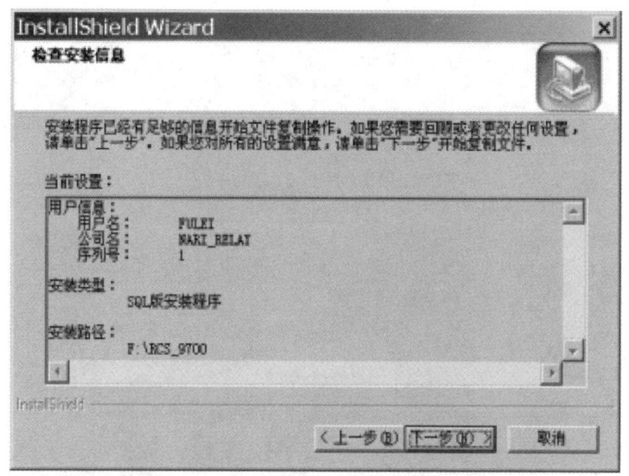

图 Z11I2001Ⅰ–10　后台监控软件安装过程十

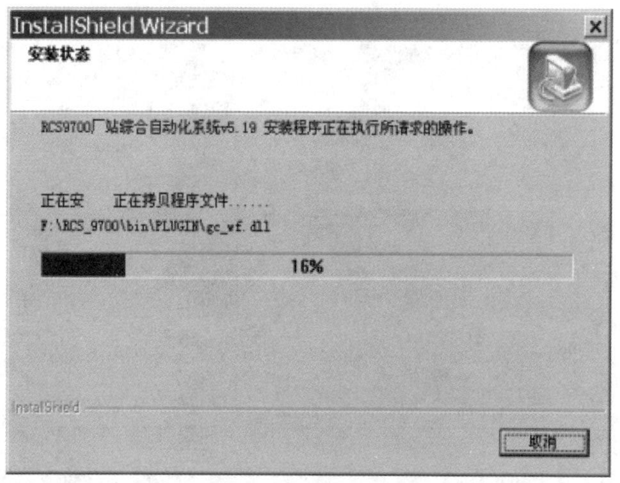

图 Z11I2001Ⅰ–11　后台监控软件安装过程十一

（12）安装向导——数据库安装（见图 Z11I2001Ⅰ–12）：后台监控系统组件安装完毕后，进入数据库安装阶段，指定历史数据库的主服务器和备用服务器。若系统中只配置了一台数据库服务器，则“备数据源计算机名”和“主数据源计算机名”一致。单击“下一步”。

（13）选择是否自动安装 RCS–9700 数据库（见图 Z11I2001Ⅰ–13），推荐选择“是的，现在自动安装”，单击“下一步”，开始安装历史数据库。

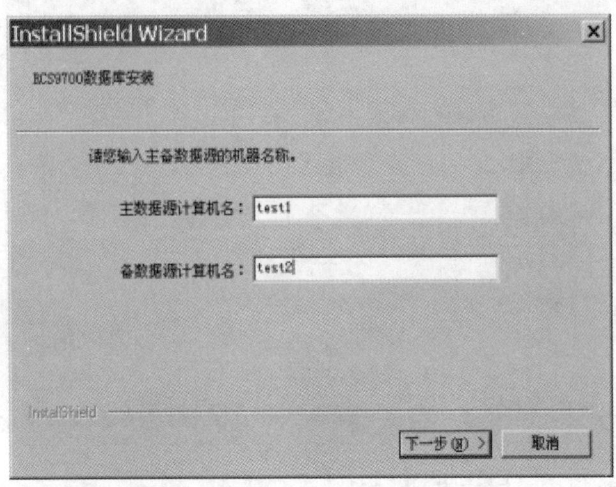

图 Z11I2001 Ⅰ–12 后台监控软件安装过程十二

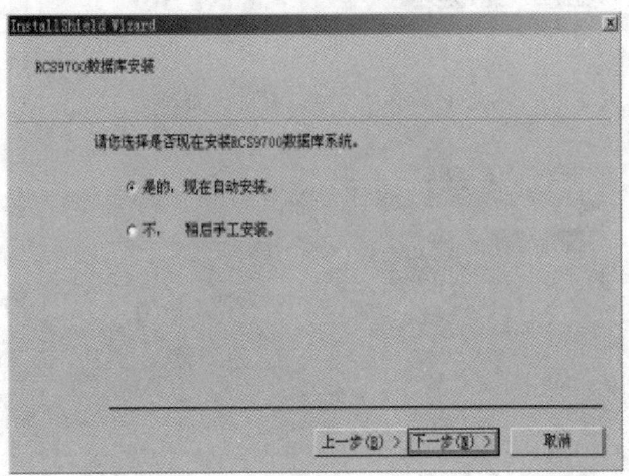

图 Z11I2001 Ⅰ–13 后台监控软件安装过程十三

（14）安装向导——安装完成界面（见图 Z11I2001 Ⅰ–14）：单击“完成”按钮，重启计算机，RCS–9700 厂站自动化后台监控系统就安装完成了。

3. 安装注意事项

为了便于系统日常维护，请根据分区原则进行硬盘分区，并按照目录说明进行系统软件和各应用软件的安装。

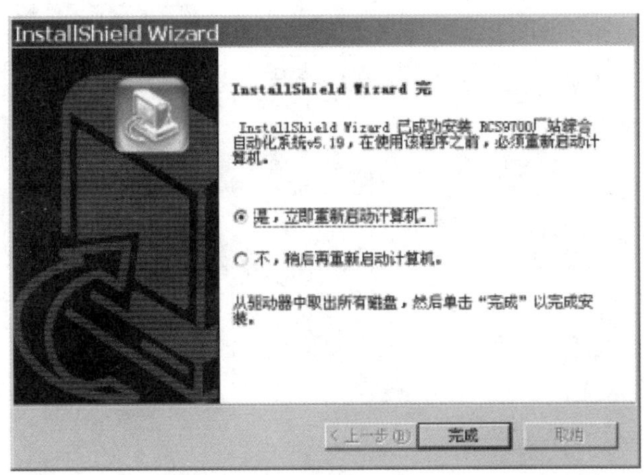

图 Z11I2001Ⅰ-14　后台监控软件安装过程十四

【思考与练习】

1. 后台计算机软件系统的配置主要内容有哪些？
2. 后台计算机软件系统有哪些用途？

模块 2　后台计算机设备的硬件安装（Z11I2002Ⅰ）

【模块描述】本模块介绍了后台计算机硬件设备的安装。通过安装过程、方法介绍，掌握计算机的设备搬运要点、外观检查注意事项、线缆连接方法的操作步骤和注意事项。

【模块内容】

一、后台计算机硬件设备的搬运

如果需要搬运机器，首先要保护好全部硬件设备器件，搬运要点如下：

（1）保存所有的当前文件。

（2）关掉电源，拔下电源线。

（3）拆开计算机系统的各个独立部分：

1）从主机背板上拆下显示器电缆；

2）从主机背板上拔出键盘、鼠标电缆；

3）拆下安装在主机箱外的其他设备，如音响、打印机等。

（4）将机器重新包装于原始的包装箱中。

（5）在搬运计算机时必须小心搬运，不可滚转、抛掷、掉落，并保持干燥。

二、后台计算机的硬件组成及外观检查

后台监控计算机通常由主机、显示器、键盘、鼠标和其他外部设备组成。下面介绍后台计算机的外观检查事项。

1. 检查外包装

（1）外包装应完整。

（2）计算机相关配件、操作系统安装盘、产品说明书等应完备齐全。

2. 测试检查

（1）设备外部检查。

1）设备外观应无碰、擦、划、裂等伤痕；

2）液晶显示屏应无划伤；

3）周边及电脑设备内外应无变形、变色、异味等现象；

4）加电后，设备各部件、元器件及其他设备应无变形、变色、异味、温度异常等现象。

（2）检查电脑内部连接。

1）电源开关应能正常通断，且声音清晰，无松动、接触不良等现象；

2）其他各按钮、开关通断应正常。

（3）检查加电后的现象。

1）按下电源开关或复位按钮后，各指示灯应正常闪亮；

2）电源、CPU 的风扇应运转正常，不应有只动作一下即停止的现象；

3）风扇、驱动器等的电机应正常运转，声音不能过大。

三、后台计算机硬件设备的安装

1. 显示器和主机的连接方法

（1）首先找到显示器和主机连接的位置，标准的显示器插头和接口的颜色均为蓝色。

（2）仔细检查显示器插头指针和显示器接口插孔，其连接位置应一一对应。

（3）将显示器与主机接口用连接线连接。

（4）把插头两端的螺丝拧紧固定。

2. 键盘与主机的连接方法

（1）在主机上找到连接键盘的接口位置。正确区分两个并列的圆形多孔接口，其中紫色的为键盘接口。若配置的是 USB 接口键盘，则直接插入主机的 USB 接口即可。

（2）检查键盘连接线指针和接口插孔，其连接位置要一一对应。标准键盘插头和主机接口的颜色均为紫色。

（3）在进行键盘插头和主机上的连接口对接时，必须小心操作，防止将指针插弯

或插断。

3. 鼠标和主机的连接方法

（1）在主机上找到连接鼠标的接口位置。正确区分两个并列的圆形多孔接口，其中浅绿色的为鼠标接口。若配置的是USB接口鼠标，则直接插入主机的USB接口即可。

（2）检查鼠标连接线指针和接口插孔，其连接位置一一对应。标准鼠标插头和主机接口的颜色均为浅绿色。

（3）在进行鼠标插头和主机上的连接口对接时，必须小心操作，防止将指针插弯或插断。

4. 其他外部设备与主机的连接

（1）音箱和麦克风与主机的连接方法。首先在主机上确认音箱和麦克风的位置，然后将音箱和麦克风的插头插入对应的接口。

（2）打印机和主机的连接方法：

1）将计算机主机上的LPT端口与打印机信号输出端口用打印机连接线连接，确保连接可靠；

2）接通打印机的电源，然后开启打印机；

3）确认打印机驱动程序安装正确；

4）打印测试页面，检查打印机是否安装正确。

不同型号的打印机在软件安装过程中略有不同，安装前请仔细阅读打印机的使用说明书。

5. 后台计算机硬件设备的线缆连接

在连接后台计算机和远动设备之前，必须了解所需电缆的型号类型，并确保所有设备安放到位，所用的电缆线安放到位，并准备带屏蔽层的水晶头、冷压头、压线钳、剥线钳、扎线带、螺丝刀和斜口钳等工具。

变电站计算机监控系统一般采用分层分布式模块化思想设计。它分为两层：站控层和间隔层，站控层和间隔层之间通过通信网络相连。

站控层设备一般由主机（主备冗余配置）、操作员工作站（可按需配置）、远动工作站、智能接口管理设备组成，全面提供变电站设备的状态监视、控制、信息记录等功能。站控层设备一般通过以太网进行连接。

智能接口管理设备主要用于与变电站或电厂内第三方的智能装置（如保护装置、直流屏、电能表等）进行通信，以达到信息共享及运行监视的目的。智能接口管理设备与站内其他智能装置的通信接口实现方式有：通过通信控制器的集中接入和通过终端服务器就地接入。

间隔层设备主要是测控装置，用于采集变电站或电厂现场一次设备的各种电气量和状态量，同时站控层设备通过间隔层设备实现对一次设备的遥控。各间隔相互独立，一般通过通信网相连。

以太网网络线的连接，有两种国际标准连接方式，EIA/TIA 568A 和 EIA/TIA 568B，二者并没有本质的区别，只是颜色的区别，用户需注意的是在连接时必须保证：1，2 线对是一个绕对；3，6 线对是一个绕对；4，5 线对是一个绕对；7，8 线对是一个绕对。

网络线缆的连接方法如下：

（1）直通线缆。水晶头两端都是遵循 568A 或 568B 标准，双绞线的每组绕线是一一对应的。颜色相同的为一组绕线，适用场合：

1）交换机（或集线器）UPLINK 口—交换机（或集线器）普通端口；

2）交换机（或集线器）普通端口—计算机（终端）网卡。

（2）交叉线缆。水晶头一端遵循 568A，而另一端遵循 568B 标准，即两个水晶头的连接是交叉连接，A 水晶头的 1，2 对应 B 水晶头的 3，6；A 水晶头的 3，6 对应 B 水晶头的 1，2；颜色相同的为一组绕线。适用场合：

交换机（或集线器）普通端口—交换机（或集线器）普通端口；

计算机（或集线器）网卡—计算机（或集线器）网卡。

工程上常用的是直通线缆。

CAN 通信采用“挂葫芦”的接线方式，采用屏蔽线依次将各装置的 CAN 接口挂接入通信网络中。CAN 通信采用双网双备用方式，即一路 CAN 作为主网通信，另一路 CAN 作为备用网，当主网发生故障时，自动调整到备用网工作。

后台计算机和远动设备的连接线缆应牢固可靠；电缆芯线和所配导线的端部均应标明各分路线路名称；字迹清晰且不易脱色；配线整齐、清晰、美观；导线绝缘良好，无损伤。

四、后台计算机的硬件安装注意事项

（1）为避免在网络电缆连接时造成计算机短路，拔出电缆时请先断开与计算机背面网络适配器的连接，然后再断开与网络插孔的连接。将网络电缆重新连接至计算机时，请先将电缆插入网络插孔，然后再插入网络适配器。

（2）切勿将任何异物塞入计算机的开口处。如果塞入物体，可能会导致内部部件短路而引起火灾或电击。

（3）切勿将食物或液体溅入计算机。

（4）在已卸下任何护盖（包括主机盖、挡板、填充挡板、前面板插件等）的情况下，请勿操作计算机。

（5）为避免损坏主机板，请在关闭计算机后等待 5s，然后再从主机板上卸下组件或从计算机上断开设备的连接。

【思考与练习】

1. 后台计算机的硬件组成及外观检查有哪些内容？

2. 后台计算机硬件设备安装有哪些注意事项？

模块3　站内通信方式的选择及通信网络的安装（Z11I3001 Ⅰ）

【模块描述】本模块介绍了站内通信方式选择及安装的工作程序及相关安全注意事项。通过工艺流程介绍、图形示意，掌握正确站内通信方式选择及安装的技术。

【模块内容】

科技的进步加速了变电站二次设备的智能化和小型化，这一变化使设备的分散、就地安装从一种想法变成了一种趋势，而让这些散布在变电站内各个角落的设备如一个整体般的协同工作，就要依靠通信功能。通信在变电站综合自动化系统中的作用就如神经系统对我们每个个体一样。通信网络的安装调试是变电站综合自动化系统调试和检修的一个重要环节，不可掉以轻心。

目前，国内变电站的站内设备通信一般分为 3 大类：串口通信方式，现场总线方式和网络通信（一般为以太网）方式。

串口通信可能是现在国内变电站用得最多的一种站内设备间的通信方式，有 3 种形式。全双工的 RS–232 和 RS–422，半双工的 RS–485。

现场总线主要有 LON 网和 CAN 网，近年来这种通信方式逐渐被流行的网络方式所替代。

网络通信方式因其通信速率高、数据流量大，是现在最被追捧的通信方式，按照其通信介质又可将其分为双绞线电口以太网和光纤以太网。

一、准备工作

事先的准备和计划往往达到事半功倍的效果。在进行调试和检修前，要做好准备工作。

材料：通信连接用的线缆和接头。

工具：常用工具主要有：万用表，螺丝刀、剥线钳。

调试和检修串口通信所需工具：DB–9 孔式接头，波士转换器，有串口的计算机，压线钳（制作冷压头）。

调试和检修现场总线通信所需工具：压线钳（制作冷压头）。

调试和检修网络通信所需工具：网络钳，网络检测仪。

测试软件：串口监视软件。

危险点和注意事项

1. 防止误控制和错误数据上传

在变电站中，各种设备的各种数据都是要依靠通信来上传的，同时各种控制命令和运行参数也是依靠通信下达到设备。在调试和检修时，不可避免地产生一些错误数据，要事先对可能出现错误的数据进行冻结，防止错误信息影响到各种智能专家系统。装置参数和地址的设置错误，会造成控制命令被错误装置执行，在工作前要对这部分设备采取预防措施。

2. 防止设备损坏

通信接口属于弱电设备，耐压值一般都不高。变电站内常用的一些电压，如±110V直流，100、57.7、220V 交流，对通信接口都是危险的。要避免通信线接触到其他带电的二次线。另外，通信线不同芯间的短路也会损坏接口。

3. 防止静电

对于集成电路来说，静电是最大的杀手。而变电站又是一个电磁环境很复杂的地方，人体也很容易带上静电。工作前，应该通过触摸一些接地的金属，释放掉身上的电荷。

二、通信网络安装

1. 通信线路连接

根据通信方式，按照要求正确连接通信线。

2. 通信参数设置

接好通信线后，设备在物理上连成了一个整体，但它们还不能进行正常通信，还有一些通信参数需要设置。这些参数保证了设备能在同一通信环境中协调、正常工作，并不对环境中的其他设备产生干扰。

通信参数的设置方式有：跳线、拨码开关、设备面板输入、下装配置文件等很多种。设备生产厂家一般会采用上述的一种或多种综合，也有的厂家会将通信参数固化在设备里，这样就省去了参数设置这一步，方便了调试，但设备的灵活性和适应性就下降了。具体设置方法请参看设备说明书。这里仅仅叙述一下各个参数的含义和作用。通信参数根据通信方式的不同是不一样的。

（1）设置通信方式。

首先要设置设备的通信方式。现在的智能设备一般都有几种通信方式供选择，一般来说，设备制造商都会根据合同要求同时提供串口、现场总线和网络这 3 种常见的通信方式（或其两种的任意组合），只要在布线时正确选择接口或接口端子就可以了，一般无须进行额外设置。但串口通信方式包括了 RS232、RS485 和 RS422 3 种类型，需要根据现场通信要求，按照设备说明书进行设置。

设置完通信方式后，下一步就是根据通信方式设置其相关参数。若参数设置有错，更正后重新检查通信状态。对于通过配置软件或者液晶面板的人机界面设置参数的设备，由于参数是存储在 Flash 之类的存储器中，在今后运行中要留意其通信状态，以防因为设备硬件故障造成参数丢失或变化。

（2）串口通信参数设置。

1）地址：设备在通信系统中的标识，用来将自身和其他设备在通信报文中区分开的标志。它就像我们现实生活中的门牌号。你的房子必须有一个门牌号，不然邮递员就不能给你递送信件；而且这个门牌号必须是唯一的，这样才不会有错误投递。所以，设备地址在同一个通信网中必须是唯一的（有些系统因为其他因素考虑还要求地址要连续）。这里的同一通信网是针对接受处理程序而言的，即通信网上的通信数据在通过 OSI 的 7 层结构后，被同一个程序所处理，就可以认为是同一通信网。一般来说，不同通信方式的设备被看作在不同的通信网中，即使是相同的通信方式，如果没有物理连接，也可以看成是在不同的通信网。在不同的通信网中的设备可以有相同的地址。

2）比特率：单位时间内传输的二进制代码位数（bit），单位 bps（bit/s），每秒比特数。很多设备制造商常常会把“波特率”和“比特率”混为一谈。实际上，波特率即调制速率，单位时间内载波参数变化的次数，用于模拟通道，单位 Bps（Baud/s）。串口是数字通道，要用比特率来描述，比特率相同的设备才能进行通信。

3）奇偶校验：线路噪声可能会改变传输中的数据位。奇偶校验就是将“奇偶校验位”添加到数据包中，使数据包中“1”的个数为奇数或偶数；接收方将接收到的“1”的个数累加，并根据总和是否符合奇偶校验位来决定接受还是拒绝数据包。奇偶校验常用的设置有偶校验（设置校验位，使 1 的数目为偶数），奇校验（设置校验位，使 1 的数目为奇数），无校验（不发送奇偶校验位）。另外还有两个不常用的设置，标记（校验位始终为 1），空（校验位始终为 0）。

4）起始位、停止位和数据位：在异步通信中，起始位用来告诉接收方要开始发送字节数据了，停止位告诉接收方已经发送了一个字节。

数据位是字节中位的个数，现在绝大多数都是用 8 位来表示一个字符，少数老系统仍使用 7 位字符。

一般常用的通信参数的是一位起始位、八位数据位和一位停止位。

除了地址以外，一些设备将剩余参数已部分或全部固化，调试时要参看设备说明书。

（3）现场总线通信参数设置。

1）地址：作用和意义同串口通信。

2）通信速率：即 CAN 网或 LON 网通信比特率，一般情况下设备制造商在出厂时都将此参数固化。因此，使用现场总线通信的设备一般都为同一厂家制造。

（4）网络通信参数设置。

1）IP 地址（网址）：网络通信中的 IP 地址作用相当于上面两种通信方式的地址，只是更为复杂一点。IP 地址有 4 个字节 32 位构成，此外，还要设置 4 个字节 32 位的子网掩码，用来表明 32 位 IP 地址中哪些位表示网络地址，哪些位表示主机地址。

另外，在复杂的网络中，如果有路由器存在，还要设置路由器地址。

2）端口号：这里是指逻辑意义上的端口号，即 TCP/IP 和 UDP/IP 协议中规定端口，范围从 0 到 65 535。一般的网络通信规约都将端口号规定了，如 104 规约的端口号就是 2404。如设备需要设置端口号，请参照设备说明书和通信规约规定设置。

3. 设备上电

在正确连接通信线和设置通信参数后，就可以给设备上电进行调试了。在上电前，要用万用表检查设备的电源线，确保电压在正常范围内，极性没出现差错。如果设备的通信参数是通过下装文件或面板输入设置的，此项检查要放在“通信参数设置”前进行。

上电，待设备进入正常工作后，检查设备的通信状态。智能设备的人机交互界面系统一般会用发光二极管来表示当前的通信状态，或者有液晶屏显示通信状态，更复杂的人机界面上甚至可以看到通信报文等更全面的信息。

4. 功能检验

设备的通信状态正常后，就可以进行最后一步功能检验了，逐一验证和通信相关的所有功能是否满足设备的技术要求，我们前面所有的工作就是为了这个目标。

在变电站综合自动化系统中，这些功能可以归纳两类：① 上行数据，即遥测、遥信（断路器、隔离开关位置和保护事件信号等）、遥脉（电量）；② 下行数据，即控制和整定命令，包括遥控、遥调、定值整定等。

检验这些功能包括两个方面：

（1）准确性。上送的遥测和遥脉与电网实际量的误差应该在设备的技术指标范围内，遥信量正确反应一次设备的实际状态。下发控制命令后，设备完全按照命令动作，设备运行参数和命令整定值一致。

（2）及时性。上送的数据应该随着电网实际量的变化而变化，延时应该在合同规定范围内；对下发命令的响应时间也应该在规定的范围内。

当所有功能都符合这两点要求时，通信的调试就圆满结束了。

最后，如果单个设备调试时，功能均能满足上面两点要求，接入通信系统后，不能满足技术要求，原因常常会出在通信程序的编制上，应请相关制造商共同来解决。

5. 调试报告

变电站综合自动化系统中，最复杂也最花时间的却又是效果最差的就是通信的调试。通信线上的噪声是和信号同质的东西，设备很难区分出来，而噪声又受电磁环境影响很大。变电站电磁环境极复杂，噪声变化大，通信故障成因多样。

调试结束后，必要时填写调试报告。调试报告的格式，各地各行业的企业有各自的企业管理文化和管理要求，这里就不做讨论，只强调一点。调试报告应该详细记录这个调试过程中的每个细节，对遇到的问题要准确描述现象，详尽记录解决过程和所用的方法。

【思考与练习】

1. 站内通信方式分为哪几类？
2. 站内通信和网络线路连接前的准备工作有哪些？

第十八章

不间断电源的使用

◢ 模块 1　UPS 的安装（Z11J1001Ⅰ）

【模块描述】本模块介绍了 UPS 安装的注意事项及方法，包含 UPS 安装环境、供电、接地、配电要求。通过要点介绍，掌握 UPS 正确、合理的安装方法。

【模块内容】

一、安装方法

1. UPS 设备就位

（1）立式设备应该安装在硬质水泥型的水平地面，如果是防静电活动地板，则根据 UPS 的重量，考虑地板的平均负荷量来设计制作供安装设备的托架。

（2）机架式设备则安装在机柜内。

2. 敷设 UPS 输入、输出电缆及接地电缆

输入电缆包含主交流电缆、旁路电源电缆和蓄电池直流电缆。

3. 电缆接入 UPS

（1）电缆的两端分别挂牌，核对电缆芯并套相应的号码管，保证电缆及电缆芯一致性。

（2）先接入 UPS 端的输入电缆，再接入对端电缆。

（3）先接入用户端输出电缆，再接入 UPS 端输出电缆。

（4）固定 UPS 的接地电缆。

4. UPS 开机

（1）确定输入电缆上电压正确、直流极性正确，输出电缆回路无短路。

（2）在不带负载的情况下，以市电旁路方式给负载供电。

（3）投入主交流电源。

（4）在第三步正常运行的基础上断开市电，检测电池逆变是否正常。

（5）重新合上市电后加带负载运行，检测带载情况下的市电/逆变运行是否正常。

（6）每隔 3min 分/合配电箱内市电开关 1 次，共分/合 5 次以上，测试机器是否正

常（严禁使用机器上的市电开关做此测试）。

二、注意事项

1. 安装环境

通风良好、无尘、温度在35℃以下，湿度在50%左右为宜。附近无热源、易燃、易爆或具有腐蚀性的物品。

2. 配电要求

对于机器的输入、输出配线，应先接好且到装机现场机器放置点要预留一定长度（一般预留1～1.5m长），以便机器到场后顺利安装。

3. 出入线径选择

机器输入、输出线径的选择，不能低于国家用电安全标准，特别注意：对于三进单出的机器，其旁路火线及零线的进线线径必须为其他两相火线的三倍。

4. 走线要点

所有的输入、输出铜芯线最好选用多芯软线为佳，方便布线，也利于机器接线。机器输入、输出的地下走线应有金属材质护套（尤其是机房防静电地板下的走线），以防鼠咬、意外损断、烧裂等；金属材质护套也可屏蔽电磁干扰，有利于通信设备信号线的地下走线。

5. 输出防范

布线时，机器的输出必须单独拉线。设置的输出专用插排/插座必须与日常用电插排/插座严格区分，且要标记醒目的标识。机器的输出插排、插座不应与普通插排插座并置或堆放在一起。以防不小心而使机器乱插上装修的电钻、吸尘器等动力设备损坏本电源。UPS为精密电源，较适合计算机类弱感性负载，不能插接过多的打印机等强感性负载。如需使用，UPS与这类强感性负载设备功率匹配比必须在4:1以上。

6. 安全接地

检查接地地线，其接地电阻是否合乎国家标准，这对机器安全运行及防雷均有利。在机器输入前端的配电箱柜内应设置输入空气开关或断路器（零线不得单独设置），用于UPS/EPS的蓄电池定期放电检测，但其型号不应过小，应稍大于UPS最大输入电流，避免其功率过小而造成频繁跳闸。UPS及EPS输入前端不得接入任何漏电保护开关。

7. 平衡用电

用户配电箱柜内三相用电的功率分配应尽量分配平衡，如分配相差过大会造成中性线（零线）电流过大及零对地电压偏高，会造成机器不安全运行甚至引发火灾事故。对服务器等精密负载会造成损坏。

8. 使用环境

UPS 不能置于潮湿、肮脏、无空气对流的环境中。小型 UPS 不应直接堆放于地面，底部应设有垫物，以防春季潮湿机内结露。中、大型机器最好能置于专用机房，良好的运行环境（如少灰尘、合适的环境温度、湿度等）可大大延长机器及用户各种负载的使用寿命。环境温度 25℃以上，每升高 10℃蓄电池的使用寿命减半。环境温度 30℃以上，每升高 10℃，UPS 的使用寿命减半。

9. 通风/承重安全

UPS 的摆放应使 UPS 的进/出风道距离墙壁不小于 30cm，以利 UPS 散热。中、大型 UPS 长延时机型所配蓄电池，还需考虑楼层的承重压强（国际标准：写字楼每 m^2 不大于 1000kg，工业厂房不大于 1400kg），如超标则需采取加大载重面积减少压强的方式来加以解决，一般采用设置大面积钢板或增加电池柜数量的方式。

10. 避雷需要

对于市郊及空阔地带区域的 UPS 用户，由于高层建筑少，其电力输送又依靠高架线，雷雨季节高架线易遭雷击，用户应在机器的输入前端加装专用大功率防雷器，才能有效避免雷电对本设备及用户负载的损坏。

11. 相序要求

三相 UPS 机器的输入接线有相序要求。按照相序将市电 A、B、C、L 接入 UPS，再接上地线用手摇动，看线材是否松动，并锁紧。确认 A、B、C 相序后，再用万用表测量 A–L、B–L、C–L 电压为 220（1±25%）V 范围内，频率为（50±1）Hz；合上机器市电输入开关，再合上机器自动旁路开关，若有长鸣报警声则是市电输入错相，应立即更正相位（任意调换输入三相其中二相，无长鸣报警则表示相位正确）。

12. 电池组连接

电池组连接好后将电池组正、负连接线接入机器正负端头，注意电池组的正、负连线与机器的正、负端子连接要一致（即正接正、负接负），并锁紧。测量电池组端电压应大约为：电池数量×13.5V 左右，运行的机器在断开电池组的情况下，实测开路时的充电电压应为：同组电池数量×（13.6～13.8）V。

【思考与练习】

安装 UPS 的注意事项有哪些？

◢ 模块 2　UPS 维护及管理（Z11J1002Ⅱ）

【模块描述】本模块介绍了 UPS 日常使用、维护的基本内容。通过要点介绍，掌握 UPS 一般操作、维护内容及注意事项。

【模块内容】

一、UPS 使用和维护

为保证 UPS 及所带负载正常运行和人身安全，正确使用 UPS 很重要。

（1）UPS 电源在初次使用或久放一段时间后再用时，必须先接入市电利用 UPS 自身的充电电路，对 UPS 蓄电池进行补充充电。对小功率 UPS 来说，一般充电时间在 10h 左右。待蓄电池容量达到饱和后，方可投入正常使用；其次，要确定市电电压的波动范围与所选 UPS 输入电压变化范围相符合。在连接 UPS 时也要注意，UPS 输入必须有接地，且接地电阻不超过 4Ω。

（2）UPS 开、关机步骤必须正确。UPS 内部的功率元件都有一定的额定工作电流，冲击电流过大，会使功率元件寿命缩短甚至烧毁。因此，开机时，应先开启 UPS 的市电开关，再逐一打开负载开关。开负载时也是从冲击电流大的负载向冲击电流小的负载逐一开启。决不能将所有负载同时开启，更不能带载开机。关机时，先逐个关闭负载，再关闭 UPS 开关，最后关闭 UPS 市电开关。同样，也不能带载关机。

（3）UPS 不可过载。为保证 UPS 正常工作，很重要的一点就是 UPS 不能过载运行。小功率 UPS 产品不同于大型 UPS 带有冗余设计，它只能在其标称的输出功率范围内正常运行。因此，如果 UPS 过载运行，在蓄电池供电过程中由于逆变器的过载保护功能，UPS 会因过载而中断输出，从而造成不必要的损失。

在这里还需要指出，小功率 UPS 适合接容性负载，如个人 PC、喷墨打印机、扫描仪等，但却不适合接感性负载。因为感性负载的启动电流往往会超过额定电流的 3～4 倍，这样就会引起 UPS 的瞬时超载，影响 UPS 的寿命。

（4）UPS 不宜满载。虽然每台 UPS 标有额定功率，但一般情况下，建议后备式 UPS 选取额定功率的 60%～70%的负载量；在线式 UPS 选取额定功率的 70%～80%的负载量。因此，最好不要按照 UPS 标称的额定功率使用它。长期处于满载状态的话，会造成 UPS 逆变器及整流滤波器的过热，影响 UPS 的使用寿命。

（5）UPS 要远离热源。环境温度对 UPS 的影响很重要，研究发现，UPS 内的蓄电池在 10～25℃环境下工作为益。当环境温度升高时，电池本身固有的“存储寿命”会逐渐缩短。所以，UPS 应避免靠近暖气等热源，同时也要避免阳光直射。

环境温度也不能过低，如果温度过低比如低于 5℃时会导致电池释放的电量大幅度减少。此外，保持 UPS 工作环境的清洁也很重要。当 UPS 在浑浊的环境下工作时，空气中飘浮的有害灰尘一旦进入 UPS，会对其内部器件造成腐蚀或短路，从而影响 UPS 的正常工作甚至损坏 UPS。

（6）UPS 需定期保养。通常情况下，每 1～3 个月需要对 UPS 进行一次检查，测量其电池的端电压和内阻。如果单个电池的端电压低于其最低临界电压或电池内阻大于 80mΩ 时，应进行均衡充电或更换电池。如果市电长期不停电，需要定期人为断电一次，让 UPS 带负载放电。这样就可以使 UPS 电源在逆变状态下工作一段时间，以激活蓄电池的充放电能力，延长其使用寿命。

二、蓄电池组的维护保养

在中、小型 UPS 电源中，广泛使用的是一种所谓无须维护的密封式铅酸蓄电池，由于使用不当引起蓄电池故障导致电源不能正常工作占的比重较大。正确对蓄电池组的维护保养，是延长 UPS 蓄电池组使用寿命的关键。为此，应做到：

（1）严禁对 UPS 电源的蓄电池组过电流充电，因为过电流充电容易造成电池内部的正、负极板弯曲，板表面的活性物质脱落，造成蓄电池可供使用容量下降，以致损坏蓄电池。

（2）严禁对 UPS 电源的蓄电池组过电压充电，因为过电压充电会造成蓄电池中的电解液所含的水被电解成氢和氧而逸出，从而缩短蓄电池的使用寿命。

（3）严禁对 UPS 电源的蓄电池组过度放电，因为过度放电容易使电池的内部极板表面的硫酸盐熔化，其结果是导致蓄电池的内阻增大，甚至使个别电池产生“反极”现象，造成电池的永久性损坏。

（4）对于长期闲置不用的 UPS 电源，为保证蓄电池具有良好的充放电特性，在重新开机使用之前，最好先不要加负载，让 UPS 电源利用机内的充电回路对蓄电池浮充电 10～15h 以后再用。

电池保养可以分为例行保养和特殊保养两部分。

例行保养：在不常停电的地区，每个月要对 UPS 进行一次浅放电处理，每 3 个月要进行一次中度放电处理，无论停电与否每 9 个月要做一次深度放电。电池的放电就是人为断开交流供电，使用 UPS 逆变为负载供电。浅放电一般放电量在电池总容量的 1/5，中度放电为电池容量的 1/3～1/2，深度放电为电池容量的 4/5。电池的例行保养目的是为了保持电池活性，可以有效避免电池极板酸化，使电池极板一直处于良好工作状态。要注意的是在 UPS 有效运转工作时间超过两年后放电程度要相应减少一些。

特殊保养：UPS 设备在连续工作半年后就要进入电池的特别保养阶段了。特别保养的做法是定期（1～3 个月）检查电池组中的各电池容量差异，具体做法是分别测量电池组中各电池的端电压，当发现个别电池端电压差在 0.5V 以上时就有必要对端电压低的电池进行单独补充充电，并要在今后的保养中对该电池进行特别关注，连续 3 次以上发现该电池电压异常后就要进行特别维护了。虽然电池的设计寿命一般在 10 年以上，但通常的 UPS 电源标称循环寿命在 3 年左右。缺乏科学有效保养的电池往往在 1 年左右的时间就寿命终结了，而经过精心保养的电池寿命往往可以达到 5～7 年甚至更长。

实践发现，随着 UPS 电源使用时间的延长，总有部分电池的充放电性能减弱，进入恶化状态，这种变化趋势在后备式 UPS 电源及部分的在线式 UPS 电源中尤为突出。因此应定期对每个电池作快速充放电测量，检查电池的蓄电能力和充放电特性，对不合格的电池，坚决给予更换，更不应将其与另外的蓄电池混合使用，以影响其他蓄电池的性能。

【思考与练习】

1. UPS 的使用中应注意哪些问题？
2. 蓄电池组的维护保养应做哪些工作？

第十九章

测控装置的调试与检修

模块1　遥信采集功能的调试与检修（Z11J2001Ⅱ）

【模块描述】本模块包含测控装置遥信信息采集的原理、调试工作流程及注意事项。通过原理讲解、调试流程和实例介绍，掌握调试前的准备工作、相关安全和技术措施、装置的调试项目及其操作步骤、方法和要求。

【模块内容】

一、测控装置遥信信息采集原理

遥信信息通常由电力设备的辅助接点提供，辅助接点的开合直接反映出该设备的工作状态。提供给远动装置的辅助接点大多为无源接点，即空节点，这种接点无论是在“分”状态还是“合”状态下，接点两端均无电位差。断路器和隔离开关提供的就是这一类辅助接点。另一类辅助接点则是有源接点，有源接点在“开”状态时两端有一个直流电压，是由系统蓄电池提供的110V或220V直流电压。

遥信信息用来传送断路器、隔离开关的位置状态；传送继电保护、自动装置的动作状态；系统中设备的运行状态信号（如厂站端事故总信号，发电机组开、停状态信号及远动终端，通道设备的运行和故障信号）。

这些位置状态、动作状态和运行状态都只取两种状态值。如开关位置只取“分”或“合”，设备状态只取“运行”或“停止”。因此，一个遥信对象正好可以对应与计算机中二进制码的一位，“0”状态与“1”状态。

1. 遥信信息及其来源

（1）断路器状态信息的采集。断路器的合闸、分闸位置状态反映着电力线路的接通和断开，断路器状态是电网调度自动化的重要遥信信息。断路器的位置信号通过其辅助触点DL引出，DL触点是在断路器的操动机构中与断路器的传动轴联动的，所以，DL触点位置与断路器位置一一对应。

（2）继电保护动作状态的采集。采集继电保护动作的状态信息，就是采集继电器的触点状态信息，并记录动作时间，对调度员处理故障及事后的事故分析有很重要的意义。

（3）事故总信号的采集。发电厂或变电站任一断路器发生事故跳闸，就将启动事故总信号。事故总信号用以区别正常操作与事故跳闸，对调度员监视系统运行十分重要。

（4）其他信号的采集。当变电站采用无人值班的方式运行后，还要增加大门开关状态等遥信信息。

2. 遥信采集电路

由上述分析可见，断路器位置状态、继电保护动作信号及事故总信号，最终都可以转化为辅助触点或信号继电器触点的位置信号，因此只要将触点位置采集进测控装置就完成了遥信信息的采集。

当合闸线圈通电时，断路器闭合，辅助触点断开；当跳闸线圈通电时，断路器断开，辅助触点闭合。辅助触点为常闭触点，若直接提供给远动装置，则是一无源触点。通常情况下，二次系统都要给远动提供相应的空触点，但有时无空触点提供给远动使用时，则需在保护回路中提取有源触点。

不论无源还是有源触点，由于他们来自强电系统，直接进入远动装置将会干扰甚至损害远动设备，因此必须加入信号隔离措施。通常采用继电器和光电耦合器作为遥信信息的隔离器件，采用继电器隔离，当断路器断开时，其辅助触点闭合使继电器 K 动作，其动合触点 K 闭合，输出的遥信信息 YX 为低点平“0”状态。反之，当断路器闭合时，其辅助触点 QF 断开，使继电器 K 释放，产生高电平“1”状态的遥信信息 YX。同样，采用光耦合器也有相似的过程。当断路器断开时，辅助触点闭合使发光二极管发光，光敏三级管导通，集电极输出低电平“0”状态。当断路器闭合时，辅助触点断开使发光二极管中无电流通过，光敏三极管截止，集电极输出高电平“1”状态。

当遥信信号源连通（短路）时，输出 YX 为高电平；当遥信信号源悬空或带有直流电压时，YX 为低电平。

目前在遥信对象状态的采集方面也有采用双触点遥信的处理方法。双触点遥信就是一个遥信量由两个状态信号表示，一个来自断路器的合闸接点，另一个来自断路器的跳闸接点。因此双触点遥信采用二进制代码的两位来表示。“10”和“01”为有效代码，分别表示合闸与跳闸；“11”和“00”为无效代码。这种处理方法可以提高遥信信号源的可靠性和准确性。

3. 遥信输入的几种形式

（1）采用定时扫查方式的遥信输入。如在某微机保护装置中，采用定时扫查的方式读入 128 个遥信状态信息，其遥信输入电路由三个部分组成：

1）遥信信息采集电路；

2）多路选择开关；

3）并行接口电路。

多路选择开关的作用是实现多路输入切换输出功能，如 74 150，它是 16 选 1 数据选择器，实现多路输入切换输出功能，71 450 有 16 个数字量输入端，1 个数字量输出端 DO，有 4 个地址选择输入端（A，B，C，D）。当 4 位地址输入后，与地址相对应的输入数据反相后输出端 DO 输出。由于模型机采集 128 个遥信状态，而每个 74 150 只能输入 16 个遥信，所以，共使用 8 个 74 150 输入 128 个遥信，8255A 用作遥信输入量与 CPU 的接口。

在扫查开始时，8 个 74 150 分别将各自的 DI0 送入 8255A 的 A 口，CPU 可读取 8 个遥信信息，选择地址 1，又可输入 8 个遥信信息。128 个遥信全部输入一遍，即实现对遥信码的一次扫查。

通信定时扫查工作在实时时钟中断服务程序中进行，每 5ms 执行一次。每当发现有遥信变位，就更新遥信数据区，按规定插入传送遥信信息。同时，记录遥信变位时间，以便完成事件顺序记录信息的发送。

（2）中断触发扫查方式的遥信输入。采用定时扫查方式输入遥信信息，扫查频率高，占 CPU 时间长。电力系统正常运行，很少发生遥信变位，在此期间，CPU 每次读到相同的遥信状态。采用中断式输入遥信时，每当检查到遥信变位，才向 CPU 发中断请求。CPU 响应中断，有的放矢地读入新的遥信状态。

二、测控装置遥信信息采集功能调试工作流程及注意事项

对于运行中测控装置的遥信信息采集功能调试一般应完成以下几个步骤：

（1）做好工作前的准备工作，包括图纸资料、仪器、仪表及工器具的准备。

（2）做好设备调试的安全和技术措施。

（3）开工前按照要求通知调度和监控相关工作人员，或把相应可能影响到的数据进行闭锁处理，防止误信息造成对电网运行的影响。

（4）核对图纸，确认遥信信息表中的遥信点与设备端子的对应位置。

（5）遥信变位测试，核对遥信动作及 SOE 情况，记录动作时间。

（6）如发生错误动作，应检查遥信信息表中的遥信点与设备端子的对应位置是否正确。

（7）如发生拒动，则需要进一步检查测控装置本身或现场遥信采集电源是否正常。

（8）完成单个测控装置遥信信息采集功能调试后，可在多个测控装置同时发送成批遥信，从而测试系统的数据处理能力。

（9）装置调试结论进行记录整理。

三、测控装置遥信信息采集功能调试的安全和技术措施

1. 工作票

工作票中，应该含有测控装置、相关二次回路、通信电缆、监控中心的具体工作信息。

2. 安全和技术措施

应该做好防止触及其他间隔或小室设备、防止产生误数据、防止进行误操作等的安全措施。

3. 危险点分析及控制

检查现场开关量采集信号电源是 DC 110V 还是 DC 220V，测控装置所配开关量采集模件是否一致。如检查正常，合上开关量采集信号电源。

在计算机监控系统和测控装置上检查开关量信号状态是否正确、SOE 事件是否正确。测控装置菜单中可显示本装置所有开入状态。

（1）主要的危险点：

1）带电拔插通信板件；

2）通信调试或维护产生误数据；

3）通信调试或维护导致其他数据不刷新；

4）参数调试或维护导致影响其他的通信参数；

5）通信电缆接触到强电；

6）信号实验走错到遥控端子；

7）通信设备维护影响到其他共用此设备的通信。

（2）主要控制手段：

1）避免带电拔插通信板件；

2）避免直接接触板件管脚，导致静电或电容器放电引起的板件损坏；

3）调试前，把相应可能影响到的数据进行闭锁处理；

4）依据图纸在正确的端子上进行相应的实验；

5）设备断电前检查是否有相关的共用设备。

四、测控装置遥信信息采集功能调试检修

下面以实际案例介绍某测控装置设备遥信信息采集功能调试检修的准备工作、装置的调试项目及其操作步骤、方法和要求。

1. 仪器、仪表及工器具的准备

1）笔记本电脑；

2）RS–232 串口线及以太网直通网络线；

3）组态软件；

4）GPS对时装置；

5）数字万用表。

2. 通电前检查

（1）设计图纸检查。

1）平面图：检查装置中设备（开关，装置，温度变送器等）型号及其位置是否一一与图纸相对应；

2）电源端子图：装置背视端子图，检查端子是否需要连接，顺序的排列及其数量。

（2）外观检查。检查装置在运输和安装后是否完好，模件安装是否紧固。

（3）通电前电源检查：

1）检查电源是否存在短路现象；

2）检查机柜是否可靠接地；

3）检查测控装置工作电源是否过电压或欠电压。正常要求输入电压范围AC 176～264V或DC 85～242V。

3. 通电检查

一切检查正常后，合上装置电源，等待30s左右，检查装置是否运行正常。

装置运行正常时，面板上“VCC”指示灯亮；“控制使能，合，分”指示灯灭；“装置运行”灯亮，“远方/当地”“连锁/解锁”指示灯状态与他们的把手位置一致；“网卡1通信故障，网卡2通信故障，模件故障，装置配置错，装置电源故障”指示灯灭，但在测试装置前由于网卡没接通，通常“网卡1通信故障，网卡2通信故障”灯是亮的。LCD上会显示主菜单（显示实时数据，显示记录，显示装置状态字，显示配置表，用户自定义画面及时钟）。

4. 装置调试

（1）遥信变位测试。依次测试每个开入信号，当接入信号时，相应开入数据值为“1”；撤掉信号时，值变为“0”。测试结果记入遥信变位测试记录表（见表Z11J2001Ⅱ–1）。

表Z11J2001Ⅱ–1　　遥信变位测试记录表

序号	遥信名称	监控后台报警信息	遥信正确性	SOE情况	遥信动作反应时间
1					
2					
3					
4					
5					

（2）雪崩试验：任选几个测控装置，同时发送成批遥信。测试结果记入雪崩试验测试记录表（见表 Z11J2001Ⅱ–2）。

表 Z11J2001Ⅱ–2　　雪崩试验测试记录表

序号	遥信总个数	测控装置	后台报警个数	正确性
1				
2				
3				

验收意见：

结论：　　通过□　　不通过□

【思考与练习】

1. 遥信信息及其来源有哪些？
2. 测控装置进行遥信采集功能调试与检修的流程是什么？

模块 2　事件顺序记录调试（Z11J2002Ⅱ）

【模块描述】 本模块介绍了事件顺序记录 SOE 的概念、应用目的、调试项目及注意事项。通过调试流程介绍、图形示意，掌握调试前的准备工作及相关安全和技术措施、SOE 的调试项目及其操作方法。

【模块内容】

一、事件顺序记录 SOE 的概念和应用目的

随着电网日趋规模化和复杂化，生产过程信息瞬间千变万化，当电网发生故障时，需要查找出真实原因，并采取相应措施，这时就需要对事件进行精确分析。

SOE（Sequence of Event）即事件顺序记录。调度自动化主站系统记录的报警记录只能做到秒级的分辨率，记录的时间一般为主站收到报警信息时的时间，当事件发生后往往同一秒内出现的信息很多，且不能分出先后顺序，这就给事故分析造成了很大的困扰。SOE 则能更精确地反映事件情况，它能以毫秒级的分辨率获取事件信息，记录的时间即事故发生时的时间，由站端自动化系统对此时的时间进行记录，然后再送至主站，这就为事故分析提供了有力的证据。SOE 系统的输入信号全部为开关量信号，并以毫秒级分辨率记录各个信号的状态变化，因此 SOE 成为分析事故的主要记录手段。

事件顺序记录的主要技术指标是厂站内的分辨率，即能区分各个断路器动作的时间间隔，一般要求分辨率不大于 2ms。

电力系统发生的事故往往是系统性的，可能涉及多个变电站、发电厂同时动作，

为了分析事故，要求各个远方站的时间应统一，全系统实现统一对时，对时的准确度应以毫秒计。因此，事件顺序记录的另一个技术指标是厂站间的分辨率。事件顺序记录厂站间的分辨率一般不大于 10～20ms。

二、装置 SOE 功能调试的工作流程

由于 SOE 功能是测控装置软件功能实现的，因此它的调试准备工作与测控装置遥信信息采集功能调试检修的准备工作是相同的。

由于SOE功能涉及的技术参数精确到毫秒，因此它的测试工作还应完成以下内容：

（1）当遥信发生动作时，其时间记录格式是否正确。

（2）当多个遥信发生动作时，记录能否反映其动作的先后顺序，是否有信息丢失现象。记录的遥信动作次数与实际动作次数是否一致。

因此，对装置 SOE 功能的调试应在核对记录格式的基础上，核对测试装置在有干扰或抖动的情况下，是否存在 SOE 误报、漏报，从而保证 SOE 的正确性，为电网在事故状态下做出正确的故障判断和分析。

三、装置 SOE 功能调试的安全和技术措施

1. 工作票

工作票中，应该含有测控装置、相关二次回路、通信电缆、监控中心的具体工作信息。

2. 安全和技术措施

应该做好防止触及其他间隔或小室设备、防止带电操作、防止产生误数据、防止进行误操作等的安全措施。

3. 危险点分析及控制

检查现场开关量采集信号电源是 DC 110V 还是 DC 220V，测控装置所配开关量采集模件是否一致。如检查正常，合上开关量采集信号电源。

在计算机监控系统和测控装置上检查开关量信号状态是否正确、SOE 事件是否正确。测控装置菜单中可显示本装置所有开入状态。

（1）主要的危险点：

1）带电拔插通信板件；

2）通信调试或维护产生误数据；

3）通信调试或维护导致其他数据不刷新；

4）参数调试或维护导致影响其他的通信参数；

5）通信电缆接触到强电；

6）信号实验走错到遥控端子；

7）通信设备维护影响到其他共用此设备的通信。

（2）主要控制手段：

1）避免带电拔插通信板件；

2）避免直接接触板件管脚，导致静电或电容器放电引起的板件损坏；

3）调试前，把相应可能影响到的数据进行闭锁处理；

4）依据图纸在正确的端子上进行相应的实验；

5）设备断电前检查是否有相关的共用设备。

四、装置 SOE 功能调试

在变电站自动化系统中，事件顺序记录的重要功能就是要正确辨别电网故障时各类事件发生的先后顺序，为电网调度运行人员正确处理事故、分析和判断电网故障提供重要手段。因而，电网中 SOE 的正确记录非常重要。若处理不好，特别是在信号有干扰或抖动的情况信号下，可能会导致 SOE 误报、漏报。这样，不仅严重影响电网的安全稳定运行，而且因记录时间不准确，导致因果混乱，在事故状态下无法做出正确的故障判断和分析。接点抖动时遥信波形见图 Z11J2002Ⅱ–1。

目前，针对干扰和抖动信号的处理，大多采用软件去抖滤波方法，即在软件中设计一个“遥信去抖参数”，对信号抖动过程中多次变位信息后进行综合延时处理。但由于软件去抖方法设计的不同，会导致遥信记录起始时间不准确，也会导致 SOE 误报。因此，在有干扰和抖动信号输入情况下，如何正确识别信号变位，保证 SOE 不误报、不漏报，显得尤为重要。

针对遥信防抖动，许多装置软件处理方法基本相似，均采用软件去抖滤波方法。软件上均设计“遥信去抖时间”，在遥信瞬时变位后，若在“遥信去抖时间”内，遥信信号返回，则认为是干扰信号，而不是真正变位信号。遥信瞬时变位后，经过一段时间的抖动，变化到新的稳定状态，SOE 记录时间的选取，不同软件的处理方法又有一定的差别。在目前常用的软件处理方法中，大概分为下面 4 种方法。

1. 取信号稳定变位前沿

在该方法中，软件认为信号变位稳定才是真正的变位。开关信号输入至 CPU 的波形（SOE 时间记录方法 1）见图 Z11J2002Ⅱ–2。

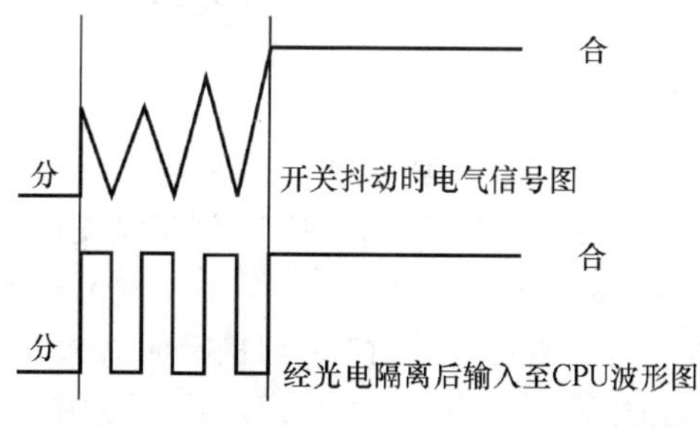

图 Z11J2002Ⅱ–1　接点抖动时遥信波形

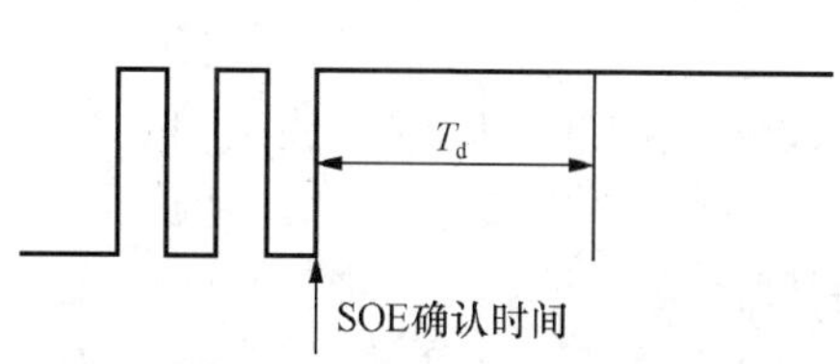

图 Z11J2002Ⅱ–2　SOE 时间记录方法 1

软件若发现某一遥信变位，便将当前时间记录下来，若变位后稳定时间小于 T_d（遥信去抖时间），则将该时间舍弃，取下一个变化前沿时间，直至该信号稳定时间大于 T_d 后，记录该时间，确认该 SOE 为有效事件。该方法软件资源消耗较小，软件编程容易实现，部分测量装置采用这种遥信去抖方法。但是在系统事故分析中，一般认为开关抖动时刻即为变位时刻，将开关抖动的前沿时刻作为分析前后因果关系的基本依据。

2. 取信号变位前沿

在该方法中，SOE 记录时间取遥信刚变位时刻。开关信号输入至 CPU 的波形（SOE 时间记录方法 2）见图 Z11J2002Ⅱ–3。

软件记录变化前沿作为 SOE 产生时刻，然后判断经过 T_d 时间后位置状态，如果仍然变位，则确认开关真正变位，记录该时间，确认该 SOE 为有效事件；如果经过 T_d 时间后状态返回，则认为是抖动，舍弃该变位，重新捕捉变化前沿。该方法强调遥信防抖时间 T_d 就是信号（如中间继电器）抖动的最大时间，在该时间内信号应该稳定。但该方法对信号是否稳定的确认相对简单，如果遇上反复抖动的信号，可能会多次产生遥信变位，SOE 可能会误报，也可能会漏报。

3. 取信号变位前沿

在该方法中，SOE 记录时间取遥信刚变位时刻。开关信号输入至 CPU 的波形（SOE 时间记录方法 3）见图 Z11J2002Ⅱ–4。

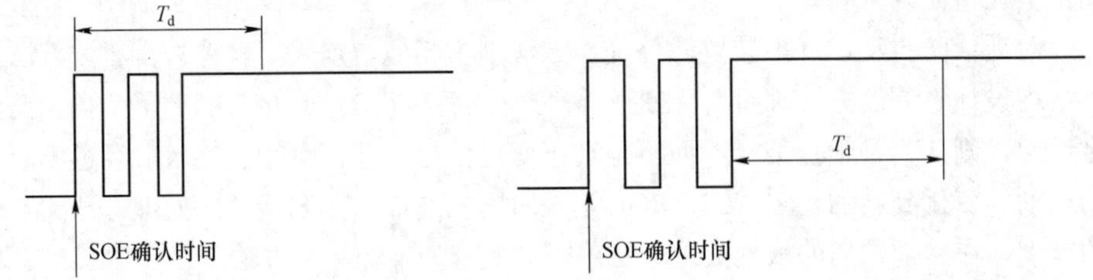

图 Z11J2002Ⅱ–3 SOE 时间记录方法 2　　图 Z11J2002Ⅱ–4 SOE 时间记录方法 3

软件记录变化前沿作为 SOE 产生时刻，直到遥信变位稳定 T_d 时间后确认该事件，并取刚开始抖动时间作为 SOE 记录的有效时间。该方法能够准确地反应开关的实际动作时刻。大多数测量装置采用这种遥信去抖方法。

4. 取信号变位前沿

方法 4 与方法 3 的原理基本相同，只是处理方法略有差别。开关信号输入至 CPU 的波形（SOE 时间记录方法 4）见图 Z11J2002Ⅱ–5。SOE 记录时间取自遥信刚变位时刻，当遥信变位稳定 T_d 时间后确认该事件，并取刚开始抖动时间。当 ΔT（信号抖动持续时间）小于 T_d 时，取抖动前沿，认为该时刻为 SOE 产生时刻；当抖动时间 ΔT 大于 T_d 时，前面的 T_d 时间放弃，取后面的变化前沿作为 SOE 产生时刻。上述两种情况都要求信号稳定时间大于 T_d。该方法中，当开关抖动时间 ΔT 大于 T_d 时，则认为是干扰信号。该方法对软件资源要求较高，在多个抖动信号同时输入时，若程序任务调度不好，也可能导致 SOE 误报、漏报。同时，该方法的设计出发点是想滤除干扰信号，若干扰持续存在，显然无法滤除。

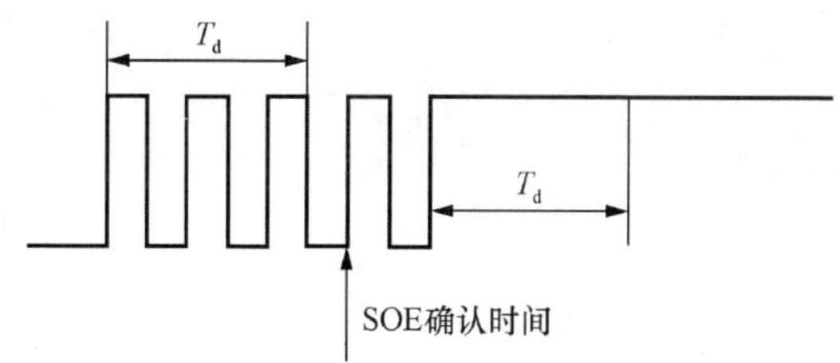

图 Z11J2002Ⅱ-5　SOE 时间记录方法 4

上述 4 种遥信去抖方法中，对于方法 2 来说，若遥信去抖时间设置不合适，可能会导致 SOE 误报、漏报；对于方法 4 来说，软件资源要求较高，特别是多个输入信号同时需要判断变位时候，对软件要求更高；同时在连续干扰信号输入的情况下，方法 4 也无法正确辨别。

针对上述软件去抖设计方法，在此提供方法 3 的软件设计流程（SOE 处理软件流程），见图 Z11J2002Ⅱ-6。

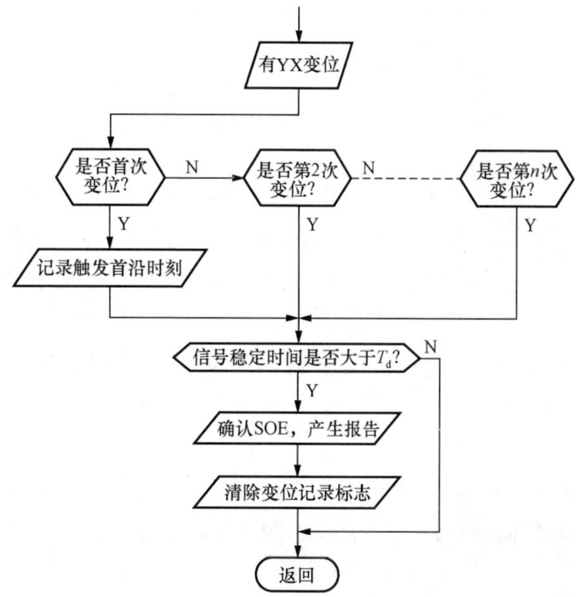

图 Z11J2002Ⅱ-6　SOE 处理软件流程

五、装置SOE功能调试的结果分析

1. 测试系统结构

在变电站自动化系统中，针对开关量信号的采集，各测控设备生产厂家采用的防抖动方法有一定的区别，一般不超出上述4种方法。为验证上述4种软件去抖动方法的效果，可对去抖动软件进行测试。测试系统结构见图Z11J2002Ⅱ-7。

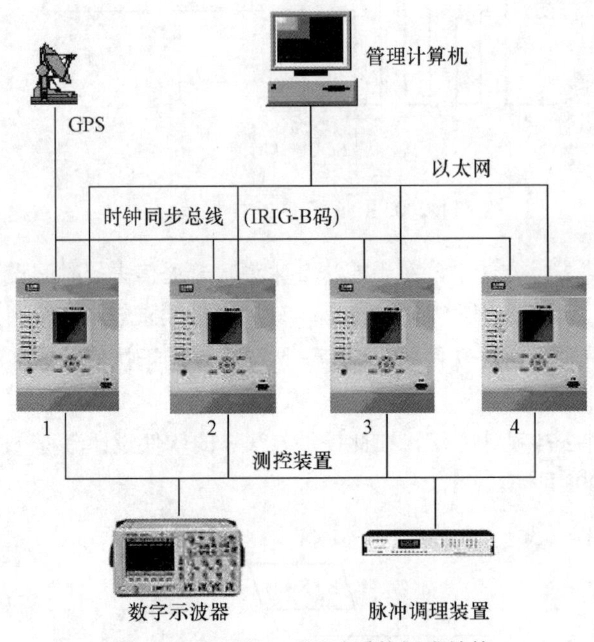

图Z11J2002Ⅱ-7 测试系统组成结构

测试系统中，管理计算机通过以太网与测控装置通信，以表格方式显示装置上送的SOE信息。GPS提供测控装置标准时钟，接口方式为IRIG-B。脉冲调理装置模拟开关位置变化，输出一路脉冲信号，脉宽和间隔任意调制，最小输出分辨率可达0.5ms。4台测控装置按照上述4种软件去抖方法设计程序，对脉冲调理装置调制出的信号进行采集，测控装置地址分别为1～4。高速数字示波器用于监视脉冲调理装置的脉冲信号，其采样频率为300MHz。

2. 测试数据及分析

脉冲调理装置模拟开关抖动信号输出波形，同时接入4台测控装置的第一路信号采集通道。数字示波器监视抖动信号波形如图Z11J2002Ⅱ-8所示。

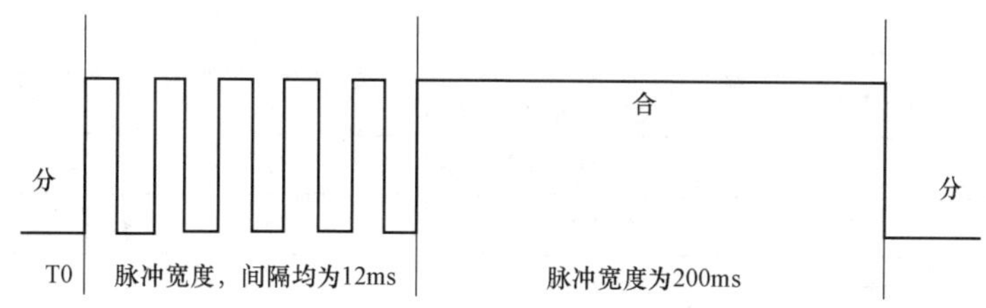

图 Z11J2002Ⅱ–8　数字示波器监视抖动信号波形图

（1）测试结果一。四台测控装置遥信去抖时间设置为 50ms，不考虑分信号产生的 SOE。管理计算机显示的 SOE 记录统计表 1 见表 Z11J2002Ⅱ–1。

表 Z11J2002Ⅱ–1　　管理计算机显示的 SOE 记录统计表 1

序号	去抖方法	SOE（h:min:s::ms）	性　质	变位情况
1	方法 1	09:00:00::120	合	0→1
2	方法 2	09:00:00::000	合	0→1
3	方法 2	09:00:00::072	合	0→1
4	方法 3	09:00:00::000	合	0→1
5	方法 4	09:00:00::072	合	0→1

（2）测试结果二。四台测控装置遥信去抖时间设置为 70ms，不考虑分信号产生的 SOE。管理计算机显示的 SOE 记录统计表 2 见表 Z11J2002Ⅱ–2。

表 Z11J2002Ⅱ–2　　管理计算机显示的 SOE 记录统计表 2

序号	去抖方法	SOE（h:min:s::ms）	性　质	变位情况
1	方法 1	09:13:00::120	合	0→1
2	方法 2	09:13:00::072	合	0→1
3	方法 3	09:13:00::000	合	0→1
4	方法 4	09:13:00::072	合	0→1

（3）测试结果三。四台测控装置遥信去抖时间设置为 130ms，不考虑分信号产生的 SOE。管理计算机显示的 SOE 记录统计表 3 见表 Z11J2002Ⅱ–3。

表 Z11J2002Ⅱ–3　　管理计算机显示的 SOE 记录统计表 3

序号	去抖方法	SOE（h:min:s::ms）	性　质	变位情况
1	方法 1	09:29:00::120	合	0→1

续表

序号	去抖方法	SOE（h:min:s::ms）	性　质	变位情况
2	方法 2	09:29:00::000	合	0→1
3	方法 3	09:29:00::000	合	0→1
4	方法 4	09:29:00::000	合	0→1

从上述测试结果分析，虽然遥信去抖时间设计一致，但是不同的软件去抖算法会导致不同的 SOE 记录结果，可能会多产生变位记录，也可能导致 SOE 记录的时间不一致，表 Z11J2002Ⅱ-1 记录显示，采用遥信去抖方法 2，SOE 记录便多产生一条。同时，在不同遥信去抖时间情况下，测控装置对抖动信号采集结果差异较大，上述三个表格中的记录可以说明。

【思考与练习】

1. 分析遥信抖动的原因是什么？有什么解决办法？
2. 什么是事件顺序记录？

模块 3　遥测信息采集功能的调试与检修（Z11J2003Ⅱ）

【模块描述】本模块介绍了常用的交/直流遥测信息采集的模式、装置遥测外回路的接法、调试项目及注意事项。通过原理讲解、调试流程和实例介绍，掌握调试前的准备工作及相关安全和技术措施、遥测信息的调试项目及其操作方法。

【模块内容】

一、测控装置遥测采集的原理

1. 遥测信息采集实现过程

遥测量可通过装置内的高隔离（AC 2000V）、高精度（0.2 级）TA/TV 将强交流电信号（5A/100V）不失真地转变为内部弱电信号。经简单的抗混迭处理后进入 A/D 芯片进行模数变换。TA/TV 输出的直流电压信号和直流电流信号，都能反映被测量的大小。

2. 遥测输入电路

（1）输入保护和滤波电路。输入保护和滤波电路由 RC 低通网络构成，它可以用来滤除输入直流信号中的纹波和其他干扰。电阻也起到一定的防护作用，当采集装置发生故障时，不致造成变送器输出短路而影响其他装置工作。

（2）电子开关。在遥测输入回路中，采用多路模拟电子开关。

（3）缓冲放大器。因采样芯片的输入阻抗较低，当输入电压为双极性且范围−5～

+5V 时，其输入阻抗为 5kΩ 左右。由于输入滤波回路和模拟电子开关均有一定的电阻，若将模拟电子开关输出直接接到采样芯片，则因变送器内阻，传输线的内阻，滤波回路及模拟电子开关的电阻上所产生压降而影响遥测转化精度。为此，在模拟电子开关与采样芯片之间接入一个缓冲放大器。缓冲放大器采用运算放大器构成的电压跟随器，它具有极高的输入阻抗和极小的输出阻抗。由于输入阻抗极高，几乎不从信号源（变送器输出端）吸收电流，因而在变送器内阻，模拟电子开关电阻等上压降可以忽略不计。因此，缓冲放大器将提高遥测转换精度。

（4）电平变换电路。电平变换电路将 COMS 电平转变为驱动电路采用的 TTL 电平。

（5）模数转化器及其接口电路。采样芯片工作在双极性信号输入状态时，其输入信号范围是−5～+5V，且为 12 位数字输出。当输入为+5V 时输出满码（即 0FFFH）；当输入为+0V 时输出为 800H；当输入为−0V 时输出为 7FFH；输入为−5V 时输出为 000H。

二、测控装置遥测采集功能调试工作流程及注意事项

1. 断开遥测二次回路

（1）断开遥测电压回路。

1）操作步骤：从电压引入端断开电缆连接或断开电压保险，将电缆头用绝缘胶布裹好，并做好记号。

2）注意事项：防止电压回路短路或接地，防止错断电缆。

（2）断开遥测电流回路。

1）操作步骤：从电流引入端封好回路后，断开电流连接片。

2）注意事项：防止电流回路开路。

2. 标准源架设

（1）标准源自身接线连接。

1）操作步骤：电源连接在专用插座上；电压按相序连接；电流按相序及极性连接，并注意电流的进出方向。

2）注意事项：防止人身触电；防止交流电源回路短路或接地。

（2）标准源与测控装置连接。

1）操作步骤：电压连接于电压端子的内侧；电流连接于电流端子的内侧；连接并检查无误后，合上标准源电源，按说明书要求，预热标准源，并进行标准源自校，准备检测。

2）注意事项：防止标准源电压回路短路或接地；防止标准源电流回路开路。

3. 遥测数据记录

测控遥测数据显示及标准源数据记录（V_X、V_I）。

1）操作步骤：在该装置的人机对话界面选择“现场监视”查看实时信息，显示实时数据一次值，查看并记录数据。

2）注意事项：防止误记、漏记遥测数据；标准源数据与测控装置的数据应同时记录。

4. 遥测精度计算

利用维护软件读数与标准源读数计算遥测准确度 E（即装置误差），要求在±0.5%内。准确度按下式计算

$$E=\frac{V_X-V_I}{A_P}\times 100\%$$

式中 V_X——软件显示值；

V_I——标准表显示值；

A_P——基准值。

三、测控装置遥测采集功能调试的安全和技术措施

1. 工作票

工作票中，应该含有测控装置、二次回路、通信电缆、监控中心的具体工作信息。

2. 安全和技术措施

应该做好防止触及其他间隔或小室设备、防止产生误数据、防止进行误操作等的安全措施。

3. 危险点分析及控制

在对电流互感器、电压互感器二次回路进行接线时，要严格按照设计的要求进行接线，注意其接线方式，要注意相关反措要求的执行，严禁电流回路开路，电压回路短路。在施工时必须按照图纸进行施工，严格执行有关规程、技术规范、反措要求。

（1）主要的危险点。

1）带电拔插通信板件；

2）通信调试或维护产生误数据；

3）通信调试或维护导致其他数据不刷新；

4）参数调试或维护导致影响其他的通信参数；

5）通信电缆接触到强电；

6）信号实验走错到遥控端子；

7）通信设备维护影响到其他共用此设备的通信。

（2）主要控制手段。

1）避免带电拔插通信板件；

2）避免直接接触板件管脚，导致静电或电容器放电引起的板件损坏；

3）调试前，把相应可能影响到的数据进行闭锁处理；

4）依据图纸在正确的端子上进行相应的实验；

5）设备断电前检查是否有相关的共用设备。

四、某测控装置遥测采集回路说明

（一）直流遥测采集

NSD500V–AIM 模件用于采集站内的直流模拟信号，例如，主变压器温度、室温、直流母线电压等经过变送器后输出的 0～5V 或 0～20mA（或 4～20mA）的信号。NSD500V～AIM 模件上 E1～E8 中的某一跳线柱跳上，表示该通道采集的是 0～20mA 电流信号，断开表示该通道采集的是 0～5V 电压信号。

NSD500V–AIM 模件采用 CAN 网与 NSD500V–CPU 模件通信，在板地址拨码用以确定模件在 CAN 网络上的地址，拨码开关拨到“ON”表示“1”，“OFF”表示“0”。NSD500V–AIM 模件可任意安装在机箱槽位上，其地址取决于在机箱上的位置。第一个 IO 槽位地址为“1”，依次递增。

NSD500V–AIM 模件通过采用继电器隔离等抗干扰措施，以提高采集信号的可靠性。

图 Z11J2003Ⅱ–1 是 NSD500V–AIM 接线示意图。

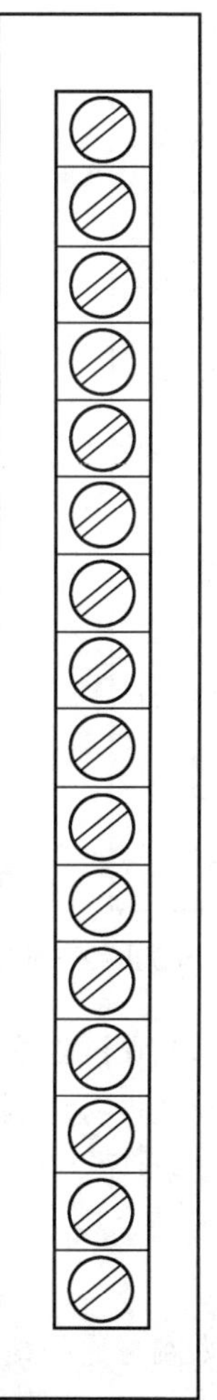

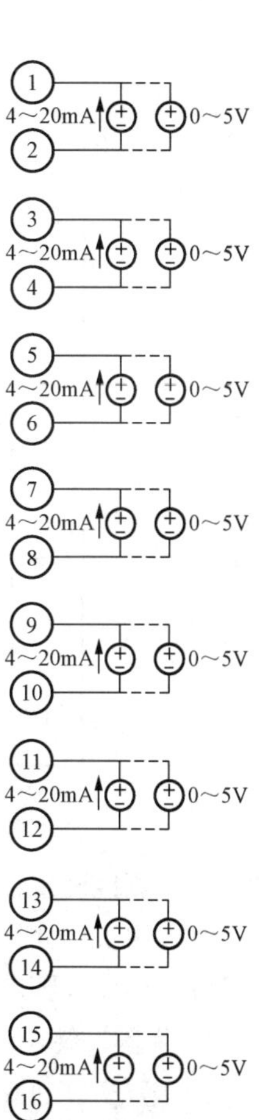

图 Z11J2003Ⅱ–1　NSD500V–AIM 接线示意图

（二）交流采集回路

NSD500V–DLM 模件用于采集站内一条线路的交流信号，以及断路器的控制（可自动检同期、无压）、电动隔离开关或其他对象的控制，如变压器分接开关、风机组及保护装置远方复归等。

NSD500V–DLM 模件通过采用变

压器隔离、光电隔离等抗干扰措施，以提高采集信号及输出控制的可靠性。

图 Z11J2003Ⅱ-2 是 NSD500V-DLM 接线示意图。

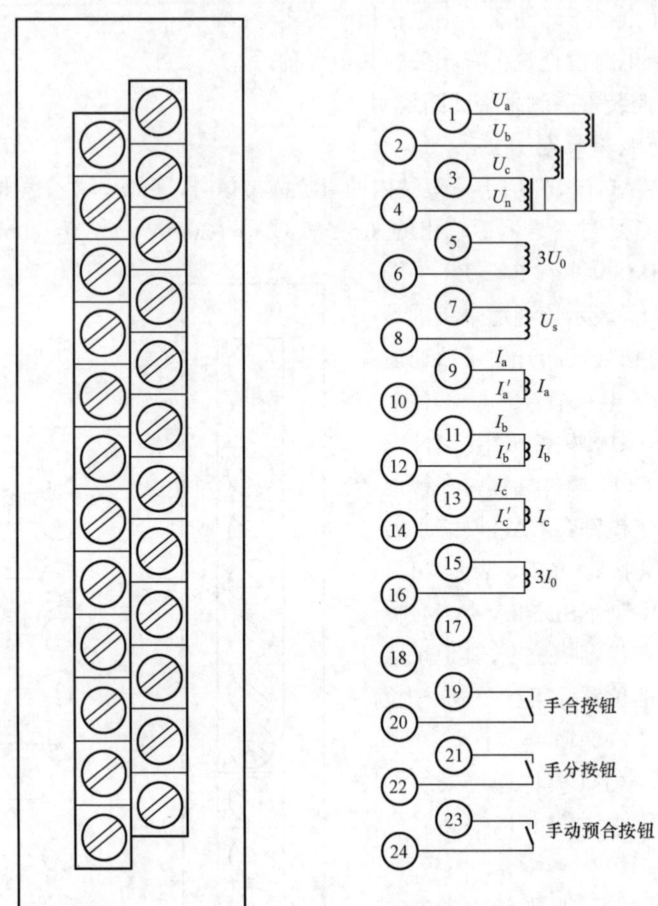

图 Z11J2003Ⅱ-2 NSD500V-DLM 接线示意图

五、测控装置遥测采集功能调试检修

下面用实例介绍某测控装置设备遥测采集功能调试检修的准备工作、装置的调试项目及其操作步骤、方法和要求。

1. 仪器、仪表及工器具的准备

1）笔记本电脑；

2）RS-232 串口线及以太网直通网络线；

3）组态软件；

4）三相电力标准（功率）源；

5）GPS 对时装置；

6）数字万用表。

2. 通电前检查

（1）设计图纸检查。

1）平面图：检查装置中设备（开关、装置、温度变送器等）型号及其位置是否一一与图纸相对应。

2）电源端子图：装置背视端子图，检查端子是否需要连接，顺序的排列及其数量。

（2）外观检查。

检查装置在运输和安装后是否完好，模件安装是否紧固。

（3）通电前电源检查。

1）检查电源是否存在短路现象；

2）检查机柜是否可靠接地；

3）检查测控装置工作电源是否过电压或欠电压。正常要求输入电压范围 AC 176～264V 或 DC 85～242V。

3. 通电检查

一切检查正常后，合上装置电源，等待 30s 后，检查装置是否运行正常。

装置运行正常时，面板上“VCC”指示灯亮；“控制使能，合，分”指示灯灭；“装置运行”灯亮，“远方/当地”“连锁/解锁”指示灯状态与它们的把手位置一致；“网卡 1 通信故障，网卡 2 通信故障，模件故障，装置配置错，装置电源故障”指示灯灭，但在测试装置前由于网卡没接通，通常“网卡 1 通信故障，网卡 2 通信故障”灯是亮的。LCD 上会显示主菜单（显示实时数据，显示记录，显示装置状态字，显示配置表，用户自定义画面及时钟）。

4. 装置调试

测试系统主要功能及性能指标。测试结果记入表 Z11J2003Ⅱ–1。

表 Z11J2003Ⅱ–1　　实时数据 YC 量测试记录表　测控装置

（U=57.74V，I=1A，ϕ=30°）

序号	遥测名称	理论值	测量值	精　度	数据到画面响应时间（s）	正确性
1	AB 相电压					
2	BC 相电压					
3	CA 相电压					

续表

序号	遥测名称	理论值	测量值	精 度	数据到画面响应时间（s）	正确性
4	A 相电流					
5	B 相电流					
6	C 相电流					
7	有功功率					
8	无功功率					

验收意见：

结论： 通过□ 不通过□

备注：

【思考与练习】

1. 遥测采集实现过程的原理是什么？
2. 遥测输入电路由哪几部分组成？各自的作用是什么？
3. 测控装置进行遥测采集功能调试检修的流程是什么？

模块 4 遥控功能联合调试（Z11J2004Ⅱ）

【模块描述】本模块介绍了遥控功能的原理、遥控外回路接线、调试项目及注意事项。通过调试流程介绍，掌握调试前的准备工作及相关安全和技术措施、遥控功能的调试项目及其操作方法。

【模块内容】

一、测控装置遥控功能的基本原理

为保证遥控输出的可靠性，每一对象的遥控均由三个继电器完成，并增加了一闭锁控制电路，由控制电路来控制遥控的输出。对象操作严格按照选择、返校、执行三步骤，实现出口继电器校验。此外，测控装置还具有硬件自检闭锁功能，以防止硬件损坏导致误出口。

二、遥控功能联合调试的安全和技术措施

1. 工作票

工作票中，应该含有测控装置、相关二次回路、通信电缆、监控中心的具体工作信息。传动工作中应填写遥控传动记录，内容包括时间、地点、操作人、监护人、断路器名称、动作情况等内容。

2. 安全和技术措施

应该做好防止触及其他间隔或小室设备、防止产生误数据、防止进行误操作等的安全措施。

3. 危险点分析及控制

（1）检查遥控点号设置是否正确，分站采集的开关量是否正确，可以采用查看测控装置菜单、原始报文的方式进行核对。核对所有测控装置的遥控点号是否按照上级下达的内容设置，是否有重复的点号，备用装置遥控点号默认值是否合适。

（2）执行遥控操作测控装置的远方/就地把手（或压板）应在“远方”位置，其他装置应在“就地”位置。

（3）主要的危险点。

1）带电拔插通信板件；

2）通信调试或维护产生误数据；

3）通信调试或维护导致其他数据不刷新；

4）参数调试或维护导致影响其他的通信参数；

5）通信电缆接触到强电；

6）信号实验走错到遥控端子；

7）通信设备维护影响到其他共用此设备的通信。

（4）主要控制手段。

1）避免带电拔插通信板件；

2）避免直接接触板件管脚，导致静电或电容器放电引起的板件损坏；

3）调试前，把相应可能影响到的数据进行闭锁处理；

4）依据图纸在正确的端子上进行相应的实验；

5）如果装置有遥控回路，做好闭锁措施，防止误操作；

6）通信设备断电前检查是否有相关的共用设备。

三、遥控功能的联合调试方法

（一）手控操作

1. 遥控联调时先执行手控操作的作用

由于遥控联调牵涉的环节比较多，使用逐步调试的方法将联调拆分成容易实现的几个简单步骤，有利于提高联调工作效率。在遥控联调时先执行手控操作，保证测控装置以及遥控回路没有问题，之后就可以专心检查变电站当地后台、调度后台方面的影响遥控联调的环节有无问题。

2. 准备工作

（1）将测控装置的远方/就地把手（或压板）打在“就地”位置。

（2）确认本次遥控操作对应的遥控压板是否已经处于“退出”位置。

（3）如本测控装置具有联锁组态功能且本次遥控操作需要验证联锁组态功能的正确性，请将“解除闭锁”压板打在“退出”位置，并仔细检查联锁逻辑文本中的联锁逻辑规则图是否正确，确认本步遥控操作是否符合联锁逻辑所要求的条件。

如果本测控装置不具备联锁组态功能，或本次遥控操作不希望使用联锁组态功能，直接将“解除闭锁”压板打在“投入”位置。

（4）断路器检同期合闸的情况下，请检查测控装置的同期条件是否满足，并检查测控装置的同期设置是否正确。

3. 手控操作的方法

在测控装置液晶菜单中，选择“手控操作”进入手控操作菜单第一步，显示菜单如下：

手控操作：
第一步：对象选择
遥控 1
遥控 2
遥控 3
遥控 4
遥控 5
遥控 6
遥控 7
遥控 8

选择一个遥控对象后，按“确定”按钮进入第二步，显示菜单如下：

手控操作：
第二步：操作选择
分闸操作
合闸操作
取消

将光标移到相应位置，按“确定”按钮。选择操作成功后进入第三步，显示菜单如下：

可选择下发执行命令或者取消本次操作，移动光标选择相应命令，按“确定”按钮执行。

手控操作：
第三步：执行确认
执行
取消

（二）在监控后台执行遥控操作

（1）保证在测控装置上执行手控操作正常。

（2）将测控装置的远方/就地把手（或压板）打在“远方”位置。

（3）检查变电站当地后台数据库、画面有关本次遥控操作的相关内容正确。

（4）如果是在部分已投运设备的变电站做遥控联调工作，在客观条件允许并得到相关管理部门许可的情况下，做好安全措施，办理允许本测控装置在变电站当地后台遥控的工作票。

（5）在变电站当地后台执行遥控操作，操作人、监护人不能是同一人，操作人必须是具有操作权限的变电站当值运行人员，监护人必须是具有监护权限的变电站当值运行人员。

（三）调度中心远方执行遥控操作

调度中心远方执行遥控操作与在监控后台执行遥控操作的方法类似。但在传动时应与调度中心取得密切联系，分别将被控制开关执行由“分”到“合”和“合”到“分”操作。传动工作中应填写遥控传动记录。

传动工作中如发现遥控功能失效，可先检查通道情况，然后通过远动主机检查报文接收和发送情况，验证报文内容是否正确。

四、某测控装置遥控回路的接线

RCS–9705C 遥控板上的遥控回路接线见图 Z11J2004Ⅱ–1。图中的 RCS–9705C 安装在屏内 1n 位置的，因此其对应的端子排编号为 1YK 的。1YK1…1YK52 为端子排编号。

由于第一路遥控在现场常用于控制断路器，故第一路遥控回路比较特殊，具体表现为：

（1）第一路“遥控合、遥控分”分别有独立的遥控压板。

当遥跳压板 1LP3 投入时第一路遥控才能遥控分闸，如果 1LP3 压板退出，则第一路遥控分闸将不能出口。

当遥合压板 1LP4 投入时第一路遥控才能遥控合闸，如果 1LP4 压板退出，则第一路遥控合闸将不能出口。

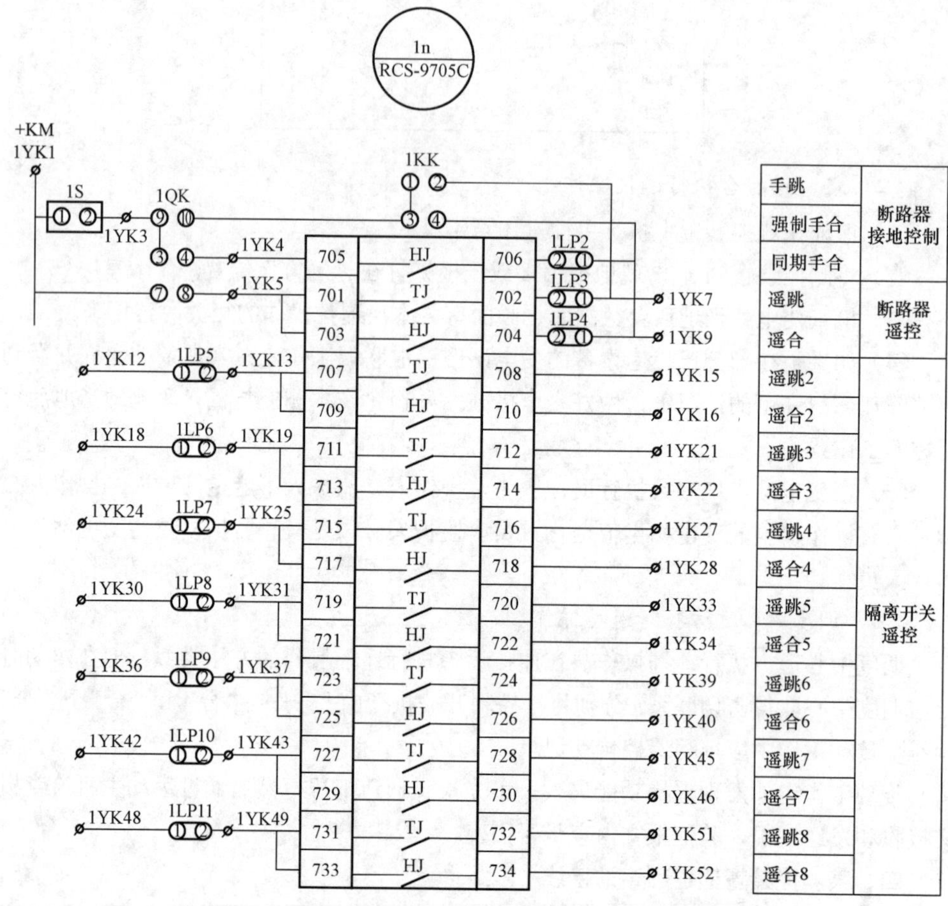

图 Z11J2004Ⅱ–1　RCS–9705C 遥控板上的遥控回路接线图

而第二路到第八路遥控分别均只有 1 个遥控压板，以第二路遥控为例，其对应的遥控压板为 1LP5，这个遥控压板投入时第二路遥控才能合闸、分闸，退出时第二路遥控将既不能合闸又不能分闸。

（2）第一路操作需要考虑到测控屏上的电气锁 1S、1KK 操作把手和 1QK 操作把手。

1KK 操作把手含义见图 Z11J2004Ⅱ–2。

运行方式＼接点		3–4 7–8 11–12	1–2 5–6 9–10
合闸	↗	×	—
就地	↑	—	—
跳闸	↖	—	×

图 Z11J2004Ⅱ–2　1KK 操作把手含义图

1QK 操作把手含义见图 Z11J2004Ⅱ–3。

运行方式＼接点		1–2 3–4	5–6 7–8	9–10 11–12
同期手合	↗	×	—	—
远控	↑	—	×	—
强制手动	↖	—	—	×

图 Z11J2004Ⅱ–3　1QK 操作把手含义图

进行第一路手跳操作时，需要操作把手 1KK 打到“跳闸”位置才能成功。

第一路操作成功的条件见表 Z11J2004Ⅱ–1。

表 Z11J2004Ⅱ–1　　第一路操作成功的条件

操作名	能成功操作的条件序号	能成功操作的条件内容
遥合	1	1QK 打到“远控”位置
	2	第一路遥控的遥合压板 1LP4 在合位
遥跳	1	1QK 打到“远控”位置
	2	第一路遥控的遥跳压板 1LP3 在合位
同期手合	1	使用电脑钥匙打开第一路操作的测控屏上的电气锁 1S，或直接短接 1S，使之导通
	2	1QK 打到“同期手合”位置
	3	第一路操作的同期手合压板 1LP2 投上
强制手合	1	使用电脑钥匙打开第一路操作的测控屏上的就地五防锁 1S，或直接短接 1S，使之导通
	2	1QK 打到“强制手动”位置
	3	操作把手 1KK 打到“合闸”位置

续表

操作名	能成功操作的条件序号	能成功操作的条件内容
手跳	1	使用电脑钥匙打开第一路操作的测控屏上的就地五防锁1S，或直接短接1S，使之导通
	2	1QK打到“强制手动”位置
	3	操作把手1KK打到“跳闸”位置

五、遥控功能的检测及报告查询

1. 遥控功能的检测

遥控调试时，可使用万用表的欧姆档来检测遥控节点的闭合情况。如果执行控制命令时，电阻突然降为0Ω左右，表明正在遥控的该路遥控结点已经闭合，遥控成功。如果电阻没有变化，则表明测控装置没有向外输出遥控信号。

2. 报告查询

操作报告记录装置操作的情况，屏幕显示如下：

```
遥控3
日期：2008年10月21日
时间：13h28min11s
毫秒：775
状态：9998　合执行
序号：6
```

按“↑”或“←”按钮可选择“上一个”记录，按“↓”或“→”按钮可选择“下一个”记录，若要查看最新的一条记录，请按“确认”按钮。装置可记录的操作记录数目共256条，采用循环式指针记录方式，只记录最新的256条信息。

【思考与练习】

1. 遥控功能联合调试时，遥控联调时执行手控操作的作用是什么？
2. 遥控功能联合调试时，在监控后台执行遥控操作的作用是什么？

◢ 模块5　测控装置与站内时间同步（Z11J2005Ⅱ）

【模块描述】本模块介绍了测控装置的对时类型、对时精度检测、调试项目及注意事项。通过调试流程介绍，掌握调试前的准备工作及相关安全和技术措施、对时功能的调试项目及其操作方法。

【模块内容】

一、GPS 授时的几种方式

1. 1PPS 脉冲信号

系统的同步脉冲信号通常以空接点方式输出，每秒钟发一次的脉冲称为 1 PPS（1PULSE PER SECOND）脉冲信号。

2. 1PPM 脉冲信号

每分钟发一次的脉冲称为 1PPM（1 pulse per minute）脉冲信号。

3. 1PPH 脉冲信号

每小时发一次的脉冲称为 1PPH（1 pulse per hour）脉冲信号。

4. IRIG–B（DC）时间码

IRIG–B 时间码为美国靶场仪器组（inter range instrumentation group，IRIG）提出国际通用时间格式码，并分成 A、B、C、D、E、G、H 几种，电力系统的时间同步对时中最为常用的是 IRIG–B，传输介质可用双绞线和同轴电缆。

IRIG–B（DC）时间码要求每秒 1 帧，包含 100 个码元，每个码元 10ms。脉冲宽度编码，2ms 宽度表示二进制 0、分隔标志或未编码位，5ms 宽度表示二进制 1，8ms 宽度表示整 100ms 基准标志。

IRIG–B（DC）时间码帧结构包括起始标志、秒（个位）、分隔标志、秒（十位）、基准标志、分（个位）、分隔标志、分（十位）、基准标志、时（个位）、分隔标志、时（十位）、基准标志、自当年元旦开始的天（个位）、分隔标志、天（十位）、基准标志、天（百位）（前面各数均为 BCD 码）、7 个控制码（在特殊使用场合定义）、自当天 0 时整开始的秒数（为纯二进制整数）、结束标志。

根据 IEEE Std 1344—1995 规定，在 IRIG–B 时间码 P50～P58 位应含有年份信息。

5. IRIG–B（AC）时间码

IRIG–B（AC）时间码是用 IRIG–B（DC）时间码对 1kHz 正弦波进行幅度调制形成的时间码信号，幅值大的对应高电平，幅值小的对应低电平，调制比 2:1～6:1 连续可调，典型调制比 3:1。

IRIG–B（AC）时间码帧和 IRIG–B（DC）时间码帧结构相同，这两种时间码只是传送形式不同，而码的帧结构是相同的。

6. 串口时间报文

对时装置可通过 RS–232、RS–485 或光纤扩展插件向外发送对时报文，对时报文采用统一的波特率和信息格式，说明如下：

波特率：9600bit/s；

数据格式：每字节中一位起始位，八位数据位，一位停止位，无校验；

信息格式：每秒发送一次，采用Motorola二进制格式，长度为154字节，每个字节均为16进制数值。

RCS–9785C/D对时装置报文内容见表Z11J2005Ⅱ–1。

表Z11J2005Ⅱ–1 RCS–9785C/D对时装置报文内容

字节序号	符号	含义	字节序号	符号	含义
0	@	报文开始标志（40H）	9	m	分
1	@	报文开始标志（40H）	10	s	秒
2	H	报文开始标志（48H）	11～55	...	保留
3	a	报文开始标志（61H）	56	*t*	跟踪上的卫星数目
4	m	月	57～150	...	保留
5	d	日	151	C	校验字节
6	y	年高字节	152	〈CR〉	报文结束标志（0DH）
7	y	年低字节	153	〈LF〉	报文结束标志（0AH）
8	h	时			

其中，跟踪上的卫星数目t是指本装置的内置GPS模块跟踪上的卫星数目，假如装置切换至外部对时源，那么它将根据接收到的外部IRIG–B时间码判断外部对时源的GPS信号是否有效，如果有效则t置为1，如果无效则t置为0；校验字节C是从报文的第2号字节（即“H”）开始，到第150号字节（即校验字节C的前一字节）逐字节异或的结果。

7. 网络时间报文

根据国际标准的NTP网络对时协议，通过RJ–45接口和客户端软件向发电厂、变电站的计算机网络授时。

二、测控装置对时几种方式

1. 软对时（报文对时）

报文对时是指对时源以网络对时方式，通过测控装置的网线传输对时报文的对时方式。

2. 硬对时

（1）RS–485串口差分对时。

（2）IRIG–B对时。

三、案例

某变电站时间同步系统的应用。

变电站时间同步系统由 GPS 主时钟 RCS–9785C/D 和 GPS 扩展装置 RCS–9785E 构成。系统配备两台带 GPS 对时功能的 RCS–9785C 装置，一“主”一“从”，分别安装在两个小室，其他小室和主控室配备 RCS–9785E 对时扩展装置，RCS–9785E 接收来自两台 RCS–9785C 的 IRIG–B 时间码并选择输出。RCS–9785E 是单纯的对时信号扩展装置，它不带 GPS 模块，只需接收外部对时源的 IRIG–B 时间码，通过解码和转换处理后可同步扩展输出 IRIG–B、1PPS、1PPM、1PPH 和对时报文信息。

RCS–9785C 的 GPS 插件不仅可以接收 GPS 天线的信号，而且通过光纤输入接口可以接收来自另一台时钟源的 IRIG–B 时间码。正常运行时，如果两台装置的 GPS 模块都能跟踪到卫星，则两台装置都根据自己的 GPS 信号输出对时信息，它们均为高精度高准确度的时间信息；如果其中一台的 GPS 信号失步，则自动切换至外部时钟源，即采用另一台装置的 IRIG–B 时间码作为时间基准；如果两台装置的 GPS 信号都失步，则首先将由“主”装置根据内部时钟输出对时信息，“从”装置以“主”装置的时钟信号为时间基准，假如“主”装置的内部时钟故障，则都以“从”装置的内部时钟为时间基准。

图 Z11J2005Ⅱ–1 中的两台 RCS–9785C 也可以用一台 RCS–9785D 来代替，见图 Z11J2005Ⅱ–2。

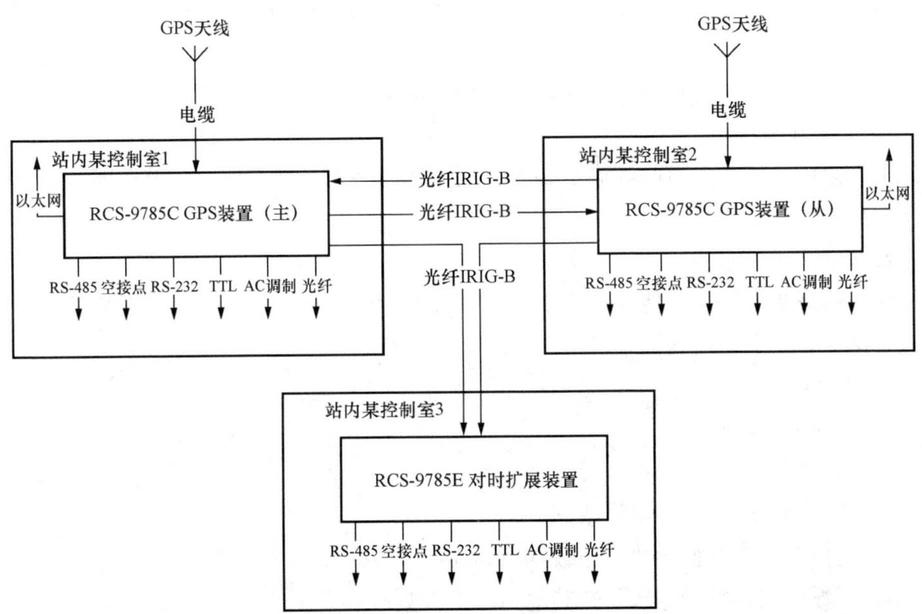

图 Z11J2005Ⅱ–1 时间同步系统的应用组成方案一

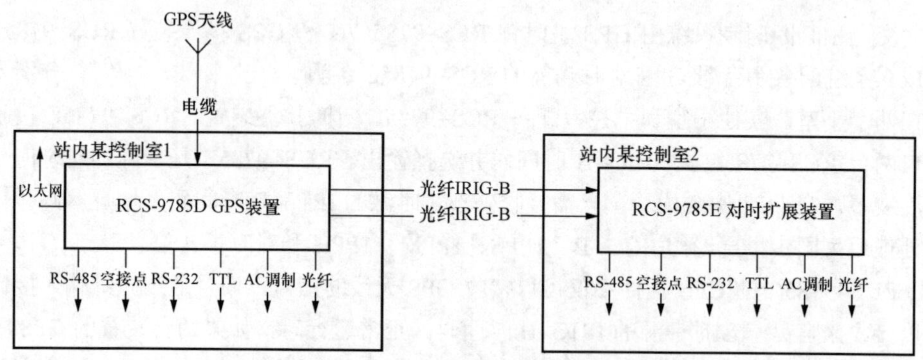

图 Z11J2005Ⅱ-2 时间同步系统的应用组成方案二

RCS-9785D 装置具有两个 GPS 插件，在内部也是一“主”一“从”的关系，由 CPU 插件对其进行选择切换，如果两个插件的 GPS 模块都能跟踪到卫星，则 CPU 选择“主”GPS 插件输出对时信息；如果其中一个插件的 GPS 模块失步，则 CPU 选择另一个 GPS 插件输出对时信息；如果两个 GPS 模块都失步，则 CPU 先判断有无有效的外部时钟源，如果有则取外部 IRIG-B 时间码为时间基准，否则优先选择“主”GPS 插件根据内部时钟输出对时信息。

RCS-9785E 对时扩展装置的两路 IRIG-B 输入信号互为备用，在同等条件下优先选择第一路 IRIG-B 输入信号为基准时钟源。

四、时钟同步功能调试和检修的安全和技术措施

1. 工作票

工作票中，应该含有时间同步装置、相关测控装置、通信电缆、监控中心的具体工作信息。

2. 安全和技术措施

应该做好防止触及其他间隔或小室设备、防止带电操作、防止产生误数据、防止进行误操作等的安全措施。

3. 危险点分析及控制

（1）主要的危险点。

1）带电拔插通信板件；

2）通信调试或维护产生误数据；

3）通信调试或维护导致其他数据不刷新；

4）参数调试或维护导致影响其他的通信参数；

5）通信电缆接触到强电；

6）信号实验走错到遥控端子；

7）通信设备维护影响到其他共用此设备的通信。

（2）主要控制手段。

1）避免带电拔插通信板件；

2）避免直接接触板件管脚，导致静电或电容器放电引起的板件损坏；

3）调试前，把相应可能影响到的数据进行闭锁处理；

4）依据图纸在正确的端子上进行相应的实验；

5）设备断电前检查是否有相关的共用设备。

五、测控装置对时精度检测方法

使用 GPS 主时钟和测控装置配合使用就可以准确、快捷地检测测控装置的对时精度。

（1）先清除测控装置中所有 SOE 历史记录。

（2）GPS 主时钟输出信号通过电缆引出，接在测控装置上。此时，测控装置每到整分钟时都将收到对时信号。

（3）在测控装置的“SOE 报告”中观察各条 SOE 记录的时间。

六、测控装置 GPS 失步的告警模式

当 GPS 对时失步超过 90s，测控装置将产生“GPS 失步”告警信号，在测控装置通信正常，置检修压板未投的情况下，变电站监控后台将接收到装置上送的“GPS 失步”告警信号。

【思考与练习】

1. 测控装置对时精度检测方法有哪些？

2. GPS 授时有几种方式？特点分别是什么？

模块 6　施工安全措施及技术措施（Z11J2006Ⅱ）

【模块描述】本模块介绍了测控装置屏内接线的注意事项及各种安全与技术措施，包含各种模拟量数字量的输入、输出的接线安全措施及技术措施。通过要点介绍，了解测控装置在整个施工过程中需要注意的相关安全和技术措施。

【模块内容】

变电站（发电厂）电气系统中二次设备包括继电保护装置、自动控制装置、测量仪表、计量仪表、信号装置及绝缘监测装置等设备。这些设备所组成的电路统称为二次电路或二次回路。二次回路的电压等级一般为 100V、110V 和 220V（弱电控制除外）等。虽然二次回路电压属于低压范围，但二次设备与一次设备即高压设备的距离较近，而且一次设备与二次设备有着密切的电磁耦合关系。因此一方面在二次回路工作的人员有触碰高压设备的危险，另一方面由于绝缘不良或电流互感器二次开路可能使工作人员触及高压而发生事故。为此，必须采取预防措施。下面介绍一下在二次回路工作前、工作过程中对主要设备所采取的安全组织措施和有关安全的注意事项。

一、在二次回路工作前的准备工作

（1）工作前应填写工作票。

1）必须填写第一种工作票的工作范围。在二次回路上的工作，需要将高压设备全部停电或部分停电的，或虽不需要停电，但需要采取安全措施的工作：① 移开或越过高压室遮拦进行继电器和仪表的检查、试验时，需将高压设备停电的工作；② 进行二次回路工作的人员与导电部分的距离小于表 Z11J2006Ⅱ–1 规定的安全距离，但大于表 Z11J2006Ⅱ–2 规定的安全距离，虽然不需要将高压设备停电，但必须设置遮拦等安全措施的工作；③ 检查高压电动机和启动装置的继电保护装置和仪表，需要将高压设备停电工作。

表 Z11J2006Ⅱ–1　临近或交叉其他电力线工作的安全距离

电压等级（kV）	安全距离（m）	电压等级（kV）	安全距离（m）
10 级以下	1.0	154～220	4.00
35（20～44）	2.5	330	5.00
60～110	3.0	500	6.00

表 Z11J2006Ⅱ–2　在带电线路杆塔上工作与带电导线最小安全距离

电压等级（kV）	安全距离（m）	电压等级（kV）	安全距离（m）
10 级以下	1.0	154	2.00
20～35	1.00	220	3.00
44	1.20	330	4.00
60～110	1.50	500	5.00

2）必须填写第二种工作票的工作范围。工作本身不需要停电或没有偶然触及导电部分的危险，并许可在带电设备的外壳上工作的，应填写第二种工作票：① 串联在一次回路中的电流继电器，虽本身有高电压，但有特殊传动装置，可以不停电在运行中改变整定值的工作；② 装在开关室过道上或控制室配电屏上的继电器和保护装置，可以不断开保护的高压设备（不停电）进行校验等工作。

（2）执行上述第一种或第二种工作票的工作至少要有两人进行。

（3）工作之前要做好准备，了解工作地点的一次及二次设备的运行情况和上次检验记录。核查图纸是否和实际情况相符。

（4）进入现场开始工作前，应查对已采取的安全措施是否符合要求，运行设备和检修设备是否明显分开，还要对照设备的位置、名称，严防走错位置。

（5）在全部停电或部分带电的屏（配电屏、保护屏、控制屏）上工作时，应将检修设备与运行设备用明显的标志隔开。通常在屏后挂上红布帘，这样，可防止错拆、错装继电器，防止误操作控制开关。在屏前悬挂“在此工作”的标志牌。作业中严防误动、误碰运行中的设备。

（6）在保护屏上进行钻孔等振动较大的工作时，应采取防止运行中的设备掉闸的措施。因为，剧烈的振动可能造成继电器抖动，使其接点误动而发生误跳闸。如果不能采取措施，必须得到值班调度员或值班负责人的同意，将保护暂停。

（7）在继电保护屏间的通道上搬运或放置试验设备时，要与运行设备保持一定的距离，防止误碰运行设备，造成保护误动作。清扫运行设备和二次回路时，要防止振动，防止误碰。

（8）继电保护装置做传动试验或一次通电时，应通知值班员和有关人员，并派人到现场监视、方可进行。继电保护的校验工作有时需要对断路器机械联动部分作分、合闸传动试验，有时也需要利用其他电源对电流互感器进行校验工作。上述两种情况均应事先通知值班人员，告知设备的安全措施是否变动及注意事项；并通知其他检修、试验的工作负责人，要求在传动试验或一次通电试验的设备上撤离工作人员，并保持一定的安全距离。继电保护工作负责人还要派人员到现场进行检查，并在试验时间内进行现场监护，防止有人由于接触被试设备，而发生机械伤人或触电事故。

（9）工作前应检查所有的电流互感器和电压互感器的二次绕组是否有永久性的且可靠的保护接地。

二、在二次回路工作中应遵守的规则

（1）调试检修人员在现场工作过程中，凡遇到异常情况（如直流系统接地、或断路器跳闸等），不论与本身工作是否有关，都应立即停止工作，保持现状，待查明原因，确定与本工作无关后方可继续工作；若异常情况是由于本身工作引起的，应保护现场立即通知值班人员，以便及时处理。

（2）二次回路通电或耐压试验前，应通知值班员和有关人员，检查回路上确无人工作后，方可加压；并派人到现场看守。

（3）电压互感器的二次回路通电试验时，为防止由二次侧向一次侧反充电，除将电压互感器的二次侧隔离开关拉开外，还要拉开电压互感器的一次侧隔离开关，取下一次侧保险器。

（4）检验继电保护和仪表的工作人员，不准对运行中的设备、信号系统、保护压板进行操作，以防止误发信号和误跳闸。在取得值班人员许可并在检修工作屏两侧断路器把手上采取防止误操作的措施（挂标志牌、设遮拦等）后，可拉、合检修的断路器。

（5）试验用的隔离开关必须带防护罩，以防止弧光短路灼伤工作人员。禁止从运行设备上直接取试验电源，以防止试验线路有故障时，使运行设备的电源消失。试验线路的各级保险器的熔丝要配合得当，上一级熔丝的熔断时间应等于或大于下一级熔丝的熔断时间的3倍，以防止越级熔断。

（6）保护装置二次回路变动时，严防寄生回路存在，对没有用的线应拆除，拆下的线应该接上的不要忘记，且应接牢；临时在继电器接点间所垫的纸片也不要忘记取出。

三、在带电的电流互感器器二次回路上工作时，应采取的安全措施

（1）严禁电流互感器二次侧开路。

1）必须使用短路片或短路线将电流互感器的二次做可靠的短路后，方可工作。

2）严禁用导线缠绕的方法或用鱼夹线进行短路。

（2）严禁在电流互感器与短路端子之间的回路上进行任何工作。因为这样易发生二次开路。

（3）工作应认真谨慎，不得将回路永久接地点断开，以防止电流互感器一次侧与二次侧的绝缘损坏（漏电或击穿）时，造成二次侧有较高的电压而危及人身安全。

（4）工作中，必须有专人监护。使用绝缘工具，并站在绝缘垫上。这样，即使在二次侧开路情况下，由于工作人员使用的是绝缘工具且脚下有绝缘垫，会大大降低触电的可能性和危险性。

四、在带电的电压互感器二次回路上工作时应采取的安全措施

（1）严格防止短路或接地。因为电压互感器的二次电流大小由二次回路的阻抗决定。如果电压互感器的二次回路发生相间或对地短路，则二次阻抗大大降低，使二次电流猛增，熔断器中的熔件就会熔断，使二次电压消失。欠电压继电器就会误动，进而造成保护装置的误动。同时，电压表、电能表的指示和计量都不正确。为了防止发生短路使电压消失致使保护误动作，在工作时应使用绝缘工具、戴手套。必要时，工作前停用有关的保护装置。

（2）接临时负载时，必须装有专用刀闸和可熔熔丝。可熔熔丝的熔丝选择必须与电压互感器的熔丝有合理的配合。

五、测控装置调试、检修常用的安全措施

测控装置在变电站中虽然是二次设备，在调试或者检修过程中，还是有很多危险点。必须深入了解各个危险点，做出相对应的施工安全措施及技术措施，达到安全施工的目的。

1. 调试、检修遥信、遥测、遥控装置工作时安全措施

（1）检修遥测回路，电流回路不许开路、电压回路不许短路。工作时，必须有专人监护，使用绝缘工具，并站在绝缘垫上。

（2）检修遥信回路时，二次接线正确且牢靠，高压带电部位保持安全距离（10kV，0.7m；35kV，1m）。

（3）检修遥控回路时，应断开控制回路压板，防止断路器误动。

（4）防低电压触电。

（5）更换变送器时，在断开二次回路时，还要将其工作电源断开，以免短路造成设备损坏。

（6）二次设备插拔板子时，应先将电源断开，以免烧坏电路板。

2. 其他安全技术措施

（1）工作现场人员应戴好安全帽。

（2）设专人监护，其他人不许触及设备。

（3）工作前应做好准备，了解工作地点、工作范围、一次、二次设备运行情况、安全措施、图纸是否齐备并符合实际，检查仪表、仪器等是否完好。

（4）现场工作开始前，检查已做好的安全措施是否符合实际要求。

（5）低压带电作业应设专人监护，使用有绝缘柄的工具。工作时必须穿长袖衣服工作，并站在干燥的绝缘物上进行，严禁使用锉刀、金属尺和带有金属物的毛刷、毛掸等工具。

（6）远动回路变动或改进时，应先修改原图纸，正确无误后方可进行回路改造。

六、测控装置调试、检修注意事项及技术措施

由于不同生产厂家不同型号的测控装置具有差异性，因此在制定测控装置的安全技术措施时应结合装置特点进行，下面针对某型号测控装置，进行安全技术措施的介绍。案例如下：

（一）测控装置接入电源时的注意事项，安全及技术措施

（1）采用直流电源输入时，一定要注意直流电源的正负极不能接反。

（2）RCS–9700 系列测控装置 220V 直流电源和 220V 交流电源可以混用，但直流 110V 和 220V 直流电源不能混用。

（3）如果接入的是直流电源，测控装置上电之前，请拉掉该测控装置的直流电源

空气开关。用万用表检测输入电源，确保其电压值在上表允许的偏差范围之内后，再合上该测控装置的直流电源空气开关。

（二）测控装置交流模拟量输入接入的注意事项，安全及技术措施

1. 交流电流模拟量输入

（1）注意区分两表法和三表法两种接线方法。

（2）不允许出现电流回路开路的情况。

2. 交流电压模拟量输入

不允许出现电压回路短路的情况。

（三）测控装置直流模拟量输入接入的注意事项，安全及技术措施

（1）注意直流板上可接入8路直流模拟量输入，每路设置2个跳线，共计16个跳线。由于每路跳线含义相同，所以不一一列出每路跳线含义，而是用JPA*n*、JPB*n*来表示这些跳线，*n*表示是第几路直流模拟量输入，*n*可从1到8。各跳线的含义见表Z11J2006Ⅱ-3。

表Z11J2006Ⅱ-3　　跳线的含义

直流输入量的类型	JPA*n*	JPB*n*
0～250V	OFF	2～3
0～10V	OFF	1～2
0～20mA	ON	1～2

（2）接入电压型直流模拟量时，注意输入电压最大允许值是220V。

（3）接入电流型直流模拟量时，注意电流极性不要接错。

（四）测控装置数字量输入的接入注意事项，安全及技术措施

（1）测试测控装置的数字量输入时需要将一台装置的光耦公共负全部短接起来。图Z11J2006Ⅱ-1为RCS-9705C的YX1和YX2两块遥信板，接入数字量输入时，需要将510、520、530、610、620、630这几个端子连接起来。

（2）如图Z11J2006Ⅱ-1，需要将YX1板上的“电源监视”端子接到直流正电源，这样才能保证遥信电源监测成功。当电源监视这几个端子不接遥信光耦正电源，则装置会产生“遥信失电”告警。实际上，509、519、529、609、619、629这几个端子在装置内部已经短接。

（3）测控装置某些开入端子已经有特殊定义，见表Z11J2006Ⅱ-4，不能再作为可任意定义的自由开入。

YX2

601	开入 39	开入 40	602
603	开入 41	开入 42	604
605	开入 43	开入 44	606
607	开入 45	开入 46	608
609	电源监视 4	光耦公共 4–	610
611	开入 47	开入 48	612
613	开入 49	开入 50	614
615	开入 51	开入 52	616
617	开入 53	开入 54	618
619	电源监视 5	光耦公共 5–	620
621	开入 55	开入 56	622
623	开入 57	开入 58	624
625	开入 59	开入 60	626
627	开入 61	开入 62	628
629	电源监视 6	光耦公共 6–	630

YX1

501	开入 15	开入 16	502
503	开入 17	开入 18	504
505	开入 19	开入 20	506
507	开入 21	开入 22	508
509	电源监视 1	光耦公共 1–	510
511	开入 23	开入 24	512
513	开入 25	开入 26	514
515	开入 27	开入 28	516
517	开入 29	开入 30	518
519	电源监视 2	光耦公共 2–	520
521	开入 31	开入 32	522
523	开入 33	开入 34	524
525	开入 35	开入 36	526
527	开入 37	开入 38	528
529	电源监视 3	光耦公共 3–	530

图 Z11J2006Ⅱ–1　RCS–9705C 的遥信板

表 Z11J2006Ⅱ–4　　测控装置开入端子定义

开入名称	含义		备注
开入 1	置检修压板	为“1”时：装置处于置检修态。除上送此压板变位状态外，其他通信被禁止	所有 10 种型号的测控装置的开入 1 均定义为“置检修压板”
		为“0”时：装置退出置检修态。装置通信恢复	
开入 2	解除闭锁压板	为“1”时：屏蔽装置联锁功能	除 RCS–9706 之外其余 9 种型号装置的开入 2 均定义为“解除闭锁压板”
		为“0”时：恢复装置联锁功能	
开入 3	远方/就地压板	为“1”时：装置处于远方状态。此时只能进行变电站监控后台或调度后台的遥控操作	除 RCS–9706 之外其余 9 种型号装置的开入 3 均定义为“远方/就地压板”
		为“0”时：装置处于就地状态。此时只能进行就地手动操作	
开入 4	手合同期 1	为“1”时：当开入 3 处于就地状态，手合同期 1 开入为“1”时，执行“手合同期 1”就地操作	除 RCS–9702、RCS–9706、RCS–9710 之外其余 7 种型号装置的开入 4 均定义为“手合同期 1”
		为“0”时：“手合同期 1”功能暂时退出	
开入 5	手合同期 2	为“1”时：当开入 3 处于就地状态，手合同期 2 开入为“1”时，执行“手合同期 2”就地操作	只有 RCS–9704 和 RCS–9709 两种装置的开入 5 定义为“手合同期 2”
		为“0”时：“手合同期 2”功能暂时退出	

（4）RCS–9700系列测控装置的遥信电源板可以选用220V或110V标准直流遥信电源输入，对于以直流48V或24V接入的遥信，则需要采用特殊光耦的遥信板，对于220V交流电压接入的遥信则需要做特殊软件处理。

（5）遥信输入是带时限的，即某一位状态变位后，在一定的时限内该状态不应再变位，如果变位，则该变化将不被确认，这是防止遥信抖动的有效措施。为正确利用此项功能，每一位遥信输入都对应了一个时限，通常设为20ms左右，如果其遥信输入的抖动时间较长，可以相应设置较长的时限。装置初始化的默认值为20ms。表Z11J2006Ⅱ–5对测控装置液晶面板菜单中的“参数设置”的“遥信参数”中的关于防抖时限的内容设置加以说明。

表Z11J2006Ⅱ–5　　　　测控装置防抖时限设置

序号	定值名称	定　值	范　围
1	遥信1防抖时限	Yxt1	0～10s
2	遥信2防抖时限	Yxt2	0～10s
3	遥信3防抖时限	Yxt3	0～10s
4	遥信4防抖时限	Yxt4	0～10s
5	遥信5防抖时限	Yxt5	0～10s
6	遥信6防抖时限	Yxt6	0～10s
7	遥信7防抖时限	Yxt7	0～10s
8	遥信8防抖时限	Yxt8	0～10s
9	遥信9防抖时限	Yxt9	0～10s
10	遥信10防抖时限	Yxt10	0～10s
		…	

（五）测控装置数字量输出的接入注意事项，安全及技术措施

（1）每组跳闸分合公共端的接线问题。

RCS–9700系列C型测控装置的每组跳合公共端各自独立分开。

（2）跳合输出接点串在220V操作回路中，作为断路器或隔离开关、接地刀闸的跳合线圈的启动接点。

（3）遥控跳闸、合闸和动作保持时间，接地刀闸分、合、停动作保持时间，分接头升、降、停的动作保持时间通常为120ms左右。但对于某些操作回路无保持继电器的断路器，可能要求延长，对此增加了遥控保持时间设置功能。表Z11J2006Ⅱ–6对测控装置液晶面板菜单中的“参数设置”的“监控参数”中的关于遥控接点跳、合闸保

持时间的内容设置加以说明。

表 Z11J2006Ⅱ–6　　　测控装置监控参数设置

序号	定值名称	定　值	整定范围
1	遥控接点跳闸保持时间 1	Ytt1	0～10s
2	遥控接点合闸保持时间 1	Yht1	0～10s
3	遥控接点跳闸保持时间 2	Ytt2	0～10s
4	遥控接点合闸保持时间 2	Yht2	0～10s
5	遥控接点跳闸保持时间 3	Ytt3	0～10s
6	遥控接点合闸保持时间 3	Yht3	0～10s
7	遥控接点跳闸保持时间 4	Ytt4	0～10s
8	遥控接点合闸保持时间 4	Yht4	0～10s
9	遥控接点跳闸保持时间 5	Ytt5	0～10s
10	遥控接点合闸保持时间 5	Yht5	0～10s
		…	

【思考与练习】

1. 在二次回路工作前，准备工作有哪些？
2. 在二次回路工作中应遵守的安全技术规则是什么？
3. 测控装置调试、检修常用的安全措施有哪些？
4. 根据你日常使用的测控装置，制定此测控装置的安全技术措施。

◢ 模块 7　三遥功能正确性验证及分析（Z11J2007Ⅱ）

【模块描述】本模块介绍了遥测、遥信、遥控功能的检测及功能分析，包含“三遥”功能的具体测试与分析。通过要点介绍和分析，掌握测控装置基本“三遥”功能的错误分析及解决方法。

【模块内容】

电力系统由若干个发电厂、变电站、输配电线路组成。为了保证电力系统安全、可靠、经济地运行，调度中心必须及时地掌握系统的运行情况，监视系统的运行参数，对系统中的断路器进行操作，对系统的有功功率、无功功率进行调节。因此，各厂、站端远动终端设备需要向调度端发送各断路器位置、运行情况等各种信息，接收调度端发来的命令，对各断路器和主变压器进行相应的操作或有关参数的调整。所有这些功能的实现，都必须依靠远动终端设备的基本功能，即遥测、遥信和遥控。所以，遥测精度是否符合要求，遥信动作是否准确、响应时间能否满足要求，遥控功能是否可靠，是检验厂、站端远动终端设备工作是否正常的根本指标。

发展调度自动化系统，首先要保障实现远动系统的基本功能，只有厂、站端远动终端设备工作稳定可靠，才能在此基础上逐步发展和完善调度自动化系统的功能。在变电站无人值班工作开展以来，对远动终端设备的功能指标及设备的稳定性提出了更高的要求。

一、遥测功能的检测及分析

1. 技术指标

根据 DL/T 5003—2005《电力系统调度自动化设计技术规程》中测量装置遥测精度技术指标为0.2级。DL/T 5002—2005《地区电网调度自动化设计技术规程》中规定交流采样精度宜为0.2级，变送器的精度宜为0.2～0.5级。

2. 检验装置的要求

（1）交流采样装置测量单元的检验采用虚负荷法，其检验装置应为可以模拟输出单、三相交流电压、电流、功率（相位、频率）的标准功率源或高稳定度功率源配以数字多功能表，检验装置的基本误差限应不超过表 Z11J2007Ⅱ–1 的规定，其实验标准差（以测量上限的百分数表示）应不超过表 Z11J2007Ⅱ–2 的规定。

表 Z11J2007Ⅱ–1　　检验装置的基本误差限

被检测量单元的准确度等级	0.1	0.2	0.5
现场检验装置的准确度等级指数	0.03	0.05	0.1
现场检验装置的基本误差限（%）	±0.03	±0.05	±0.1
现场校验仪或数字多功能表的等级	0.03	0.05	0.1

表 Z11J2007Ⅱ–2　　检验装置允许的实验标准差

检验装置的类别	检验装置的等级指数		
	0.03	0.05	0.1
	允许的试验标准差 S（%）		
校验电流、电压、频率、功率因数的检验装置	0.006	0.01	0.02
校验有功（无功）交流采样遥测单元的装置 $\cos\varphi$（$\sin\varphi$）=1 和 0.5（感性）	0.006	0.01	0.02

（2）测量单元的现场比对测试采用实负荷法，选用在15℃～30℃范围内保证其准确度指标或温度系数优于0.002%/℃（以20℃或23℃为基准）的可以测量交流电压、电流、功率（相位、频率）的现场校验仪（或数字多功能表）为标准，其基本误差限应不超过表Z11J2007Ⅱ–1的规定。

（3）现场校验仪和试验端子之间的连接导线应有良好的绝缘，中间不允许有接头，防止工作中松脱；并应有明显的极性和相别标志，防止电压互感器二次短路，电流互感器二次开路，以确保人身和设备安全。

3. 实负荷法现场检验

实负荷现场检验法，就是将现场校验仪（或多功能标准表）的电流回路与被检交流采样装置测量单元的电流回路串联，电压回路与被检交流采样远动终端测量单元的电压回路并联，在电网实际电压、电流、功率因数和频率下，将标准表的测量值与被检测量单元的测量值进行比较，计算出被检测量单元在实际运行点的误差。

（1）检验内容。运行点电压、电流、有功功率、无功功率，频率的误差。有特殊要求的还需进行功率因数的误差测量。

（2）检验方法。将现场校验仪（或多功能标准表）接入被测回路，读取实际运行点时的电压、电流、功率、频率、功率因数等值，与被检测量单元显示值进行比较，计算这一点的误差。考虑到电网的波动，可读取2～3次取平均值，误差限应在±1.0%以内。

（3）误差计算方法。

$$\gamma=(A_x-A_oK_iK_u)/A_F\times100\%$$

式中　A_x——被测量显示值；

A_o——标准表显示值；

K_i——电流互感器变比；

K_u——电压互感器变比；

A_F——被测参数的整定值。

4. 检测及分析

（1）根据检测结果，分析现场装置测量精度。

（2）与调度主站进行数据核对，分析转换系数是否正确，测点对应是否正确。

（3）根据运行情况，分析“死区”设定是否满足要求。

5. 检测结果记录

实负荷/虚负荷检验记录格式分别见表Z11J2007Ⅱ–3和表Z11J2007Ⅱ–4。

表 Z11J2007Ⅱ-3 实负荷检验记录格式

遥测量	标准表值（二次值）	标准表换算值（一次值）	测量单元显示值	平均引用误差（%）

表 Z11J2007Ⅱ-4 虚负荷检验记录格式

检验项目	被测量输入值	功率因数	标准表示值	测量单元显示值	引用误差（%）

二、遥信功能的检测及分析

电力系统发生事故后，运行人员从遥信动作中能及时了解断路器和继电保护的状态改变情况。为了分析系统事故，不仅需要知道断路器和保护的状态，还应掌握其动作的先后顺序及确切的时间。在测量装置处理遥信变位时，把发生的事件（断路器或保护动作就是一种事件）按先后顺序将有关的内容记录下来，并附加相应的精确时间（可精确到毫秒）标识，然后通过特定信息帧传送到主站，这就是事件顺序记录。因此，对于遥信功能指标分析，要分析事件顺序记录分辨率和遥信变位传送时间两个指标。

1. 技术指标

根据 DL/T 5003—2005《电力系统调度自动化设计技术规程》和 DL/T 5002—2005《地区电网调度自动化设计技术规程》中的规定，测量装置遥信变化传送时间不大于 3s，事件顺序记录分辨率不大于 2ms，事件顺序记录站间分辨率应小于 10ms。

2. 遥信动作功能的检测方法

（1）将脉冲信号模拟器的两路输出信号至测控装置的任意两路遥信输入端，对两路脉冲信号设置一定的时间延迟，如 2ms、5ms、10ms。

（2）启动脉冲模拟器工作，这时在显示屏上显示出遥信名称、状态及动作时间。

（3）重复上述试验不少于 5 次。

3. 检测及分析

（1）根据测试结果，可以分析站内事件顺序记录分辨率和遥信动作情况，其中断路器动作应正确，站内分辨率应满足事件顺序记录站内分辨率的要求。结合遥信记录时间与事件顺序记录时间，可分析遥信变化传送时间范围值。

（2）与调度主站进行数据核对，分析测点对应是否正确。

三、遥控功能的检测及分析

（1）遥控功能的检测方法主要就是采用实际传动的办法。传动时应与主站系统取得联系，分别将被控制开关执行由“分”到“合”和“合”到“分”操作，遥控、遥调命令传送时间不大于 4s。

（2）传动工作中应填写遥控传动记录，内容包括时间、地点、操作人、监护人、断路器名称、动作情况等内容。

（3）传动工作中如发现遥控功能失效，可先检查通道情况。站端可采用当地后台执行遥控进行实验。如排除通道原因，可对站端设备进行检查。

（4）遥控失败原因。

1）遥控点号设置是否正确，可以采用查看原始报文的方式进行核对；

2）主站下发报文是否正确，如果分站采集的断路器位置不正确，也会造成遥控操作失败；

3）远方调度遥控操作时，相应测控装置的远方/就地把手（或压板）应在“远方”位置；

4）确认相应测控装置的“置检修状态”压板不在“投入”位置，当“置检修状态”压板在“投入”位置时，该装置不能接收变电站当地后台、调度后台的遥控命令，但测控装置手控操作仍能成功；

5）测控装置通信不正常也会导致遥控失败；

6）遥控操作对应的遥控压板如果处于“退出”位置，将导致遥控信号不能出口，遥控失败；

7）测控装置本身发生故障时也会导致遥控失败；

8）如果是执行断路器遥控，有的断路器遥控需要检同期，在做断路器检同期合闸的情况下，如果测控装置的同期条件不满足，或测控装置的同期设置不正确都有可能导致遥控合闸失败；

9）如本测控装置具有联锁组态功能且“解除闭锁”压板在“退出”位置，如果不满足联锁组态中联锁逻辑规则图的闭锁条件，则遥控也将失败。

【思考与练习】

1. 怎样对装置遥测精度进行实负荷法现场检验？

2. 遥信动作功能的检测方法是什么？

3. 遥控失败原因有哪些？

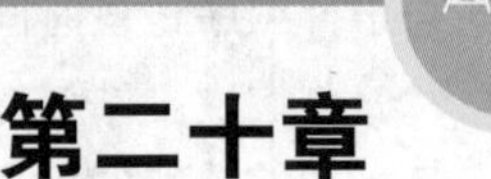

第二十章
站内通信及网络设备调试与检修

模块1　站内通信线路的调试与检修（Z11J3001Ⅰ）

【模块描述】本模块介绍了站内通信及网络设备线路连接的工作程序及相关安全注意事项。通过工艺流程介绍、图形示意，掌握正确连接站内通信及网络设备的技术。

【模块内容】

一、站内常见设备的通信

（一）通信方式分类

站内常用通信方式可分为以下3类：

1. 串口通信方式

（1）EIA–RS–232接口标准。EIA–RS–232接口标准是早期串行通信接口标准，是美国电子工业协会（Electronic Induastrses Alliance，EIA）于1973年制定的数据传输标准接口。EIA–RS–232接口标准接口简单，广泛应用于变电站综合自动化系统内部的通信，主要缺点是易受干扰，故传输距离短，速率低，最大传输距离为15m。在距离15m时，最大传输速率为20 000bit/s。

（2）EIA–RS–422/485接口标准。EIA–RS–422对EIA–RS–232的电路进行改进，采用了平衡差分的电气接口，EIA–RS–422加强了抗干扰能力，使传输速率和距离比EIA–RS–232有很大的提高。EIA–RS–422在全双工通信时，需要4根传输线，不方便，为了减少传输线，又保留平衡差分的特点，由EIA–RS–422标准变形为EIA–RS–485。EIA–RS–422用4根传输线，工作于全双工，EIA–RS–485只有2根传输线，工作于半双工，它们的传输距离可到1200m，传输速度100Kbit/s。

2. World FIP通信方式

World FIP使用曼彻斯特码传输，是一种令牌网。World FIP使用信息生产者和消费者的概念，同通常意义上的输出量、输入量略有区别。每个生产者或消费者变量都有一个地址，任何时候，生产者只能有一个，而消费者可以是 1 个或多个。

World FIP 的设计思想是按一定的时序，为每个信息生产者分配一个固定的时段，通过总线仲裁器逐个呼叫每个生产者，如果该生产者已经上网，应在规定时间内应答。

网络仲裁器是整个网络通信的主宰者。网络仲裁器轮番呼叫每一个生产者变量，整个网线上总是有信号的。如果若干时间间隔内（如几十毫秒）没有监听到网上的信号，则可以诊断为网络故障。在一个网络中可以有一个或多个网络仲裁器。在任意给定时刻，只有一个在起作用，其他处于热备用状态，监听网络状态。在变电站中，当地后台机为网络仲裁器，循环向各装置问信息。

World FIP 网络拓扑结构为总线型，在一般变电站中，World FIP 网络拓扑结构图见图 Z11J3001Ⅰ–1。

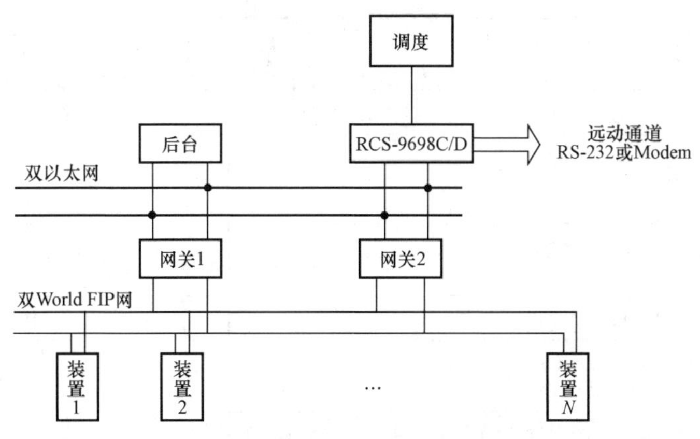

图 Z11J3001Ⅰ–1　World FIP 网络拓扑结构图

3. 以太网通信方式

以太网（Ethernet）的名称是由加利福尼亚 Xerox 公司的 PARC 研究中心的 Bob Metcalfe 于 1973 年 5 月首次提出的。在以太网网络中重要的通信设备就是“网卡”，网卡上面装有处理器和存储器（包括 RAM 和 ROM）。网卡和局域网之间的通信通过双绞线或光纤以串行传输方式进行，而网卡和计算机之间的通信则是通过计算机主板的 I/O 总线以并行方式进行传输。网络通信采用 TCP/IP 协议，每一个通信单元均要有唯一的 IP 地址。

以太网网络拓扑结构见图 Z11J3001Ⅰ–2。

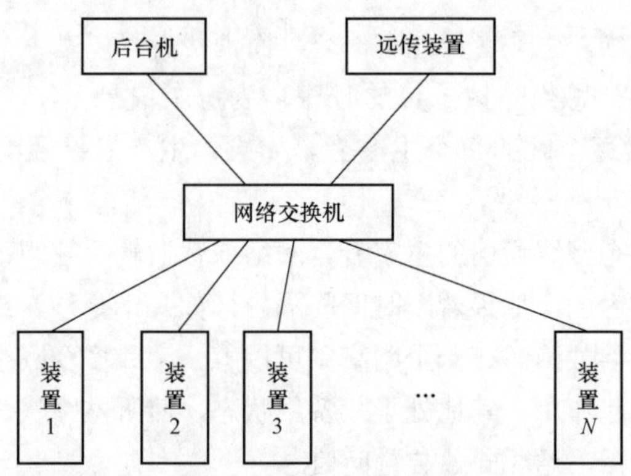

图 Z11J3001 Ⅰ–2 以太网网络拓扑结构图

（二）通信方式比较（见表 Z11J3001 Ⅰ–1）

表 Z11J3001 Ⅰ–1 通 信 方 式 比 较

特性	以太网	World FIP	EIA–RS–232	EIA–RS–485 或 422 方式
数据编码	曼彻斯特	曼彻斯特	不归零	
通信方式	全双工/半双工	半双工	半双工	
拓扑关系	网络型	总线型	总线型	
传输介质	8 芯屏蔽双绞线 光纤	2 芯屏蔽双绞线	4 芯屏蔽双绞线	
速率	10Mbit/s 或 100Mbit/s	2.5Mbit/s	1200～9600bit/s	
最大传输距离	双绞线：100m 多模光纤：2km	500m	15m	1200m
特点	传输速度快，可扩展性好；可靠性高，1 个节点的故障不会影响其他节点的通信；以太网交换机可以级联，具有良好的灵活性和扩展能力	数据可以在恶劣的工业现场高速长距离传输，具有良好的抗电磁干扰性能，适合变电站电磁干扰强的工业环境	接口简单，但 1 个接口只能接入 1 台设备，并且传输距离较短	接口简单，1 个接口可以接入多台设备；可采用标准传输规约

从目前的发展来看，以太网具有的速度优势是其他总线所无法比拟的，变电站自动化系统的网络结构发展趋势是以以太网为主，其他多种网络结构形式为辅的网络结构形式。

二、危险点预控及安全注意事项

1. 危险点分析

（1）防止误控制和错误数据上传。在变电站中，各种设备的各种数据都是要依靠通信来上传，同时各种控制命令和运行参数也是依靠通信来下达。在调试和检修时，不可避免地会产生一些错误数据，要事先对可能出现错误的数据进行冻结，防止错误信息影响到各种智能专家系统。若装置参数和地址设置错误，控制命令便会被错误装置执行，在工作前要对这部分设备采取预防措施。

（2）防止设备损坏。通信接口属于弱电设备，耐压值一般都不高。变电站内常用的一些电压，如±110V 直流，100V、57.7V、220V 交流，对通信接口都是危险的。要避免通信线接触到其他带电的二次线。另外，通信线不同芯间的短路也会损坏接口。

（3）防止静电。对于集成电路来说，静电是最大的杀手。变电站又是一个电磁环境很复杂的地方，人体也很容易带上静电。工作前，应该通过触摸一些接地的金属，释放掉身上的电荷。

2. 安全注意事项

（1）检修前办理好相应工作票，保证工作地点、工作时间和工作组人员正确。

（2）检修人员身体任何部位不要直接接触通信线金属部分，操作前检修人员将手接触可靠接地，保证身上静电完全释放。

三、站内通信和网络线路连接前的准备

1. 检修技术资料的准备

检修串口通信方式时需要准备串口监视软件。

2. 工具、机具、材料、备品备件、试验仪器和仪表的准备

常用工具主要有：万用表、螺丝刀、剥线钳。

调试和检修串口通信所需工具：DB–9 孔式接头，波士转换器，有串口的计算机，压线钳（制作冷压头）。

调试和检修现场总线通信所需工具：压线钳（制作冷压头）。

调试和检修网络通信所需工具：网络钳，网络检测仪。

四、通信线路调试检修的操作步骤及工艺要求

（一）串口通信数据收发调试

1. 操作步骤

首先，进行串口调试线的连接。

（1）RS–232 通信方式。直接使用串口调试线，将笔记本的串口和通信装置的 232 端子连接起来，连接方式为：

笔记本串口的 Rx 接 232 串口的 Tx；

笔记本串口的 Tx 接 232 串口的 Rx；

笔记本串口的 GND 接 232 串口的 GND。

（2）RS–485 通信方式。需用波士头，将笔记本的串口和波士头的 232 一侧连接起

来（波士头的 232 一侧一般做成串口接头），将波士头的 485 一侧和通信装置的 485 端子连接起来，连接方式为：

波士头的 485 一侧 A 接 485 串口的 A；

波士头的 485 一侧 B 接 485 串口的 B；

波士头的 485 一侧 GND 接 485 串口的 GND。

正确设置串口通信参数，使用串口报文监视软件截取串口通信报文，对截取的串口报文进行分析，判断串口通信是否正常。

2. 工艺要求

（1）串口线剥出防护层后形成的断面需要使用绝缘胶布包裹好。

（2）串口线的屏蔽线需要保留，末端接上冷压头，并使用工具压紧，可靠接在所接装置的信号地上，这个处理能改善通信质量。

（3）串口线的两根线芯的末端需要接上冷压头，并使用工具压紧。

（4）串口线一律在压线槽内走线。

（二）World FIP 现场总线终端匹配电阻检查

1. 操作步骤

（1）找到 World FIP 现场总线终端匹配电阻，一般站内 World FIP 现场总线是分 A、B 网的，所以一般 1 对 World FIP 现场总线的两端有 4 个 150Ω 匹配电阻。

（2）使用万用表的欧姆挡并接在终端匹配电阻两端，测量其正常通信时的电阻，为 70～80Ω 说明电阻正常（因为 World FIP 网络两端均有 1 只 150Ω 电阻，两端的电阻是并联的，并联后的结果就是 75Ω 左右）。如果阻值偏差较大，则需要办理允许 World FIP 单网停止运行几分钟的工作票，将某一只终端匹配电阻从回路中断开取出，单独测量其电阻值是否为 150Ω 左右。如果偏差较大，将会对通信造成不良影响，需要更换为准备好的 150Ω 匹配电阻。

2. 工艺要求

（1）World FIP 现场总线终端匹配电阻的末端需要接上冷压头，并使用工具压紧。

（2）World FIP 现场总线终端匹配电阻外套上打印好标识字符的套管，起保护电阻的作用。

（三）以太网网通信线路检修

1. 操作步骤

（1）将以太网线测试仪的两个模块分别接在需要检测的网线的两侧，打开以太网线测试仪的电源，观察其两个模块上的指示灯闪烁情况：

对于平行直连网线，以太网线测试仪两个模块上的 8 个绿色指示灯逐个亮起的时刻、次序要完全同步。

对于交叉级联网线：

以太网线测试仪的一个模块上的 1 号绿灯亮起时，另一个模块的 3 号绿灯需同时亮起。

以太网线测试仪的一个模块上的 2 号绿灯亮起时，另一个模块的 6 号绿灯需同时亮起。

（2）如果按上述步骤检查发现绿色指示灯亮起的时刻、次序错误，说明线序有问题。如果使用测线仪的过程中出现任何一个灯为红色或黄色的，都证明存在断路或者接触不良现象。这两种情况均需要重新制作以太网线。制作方法为：

先抽出一小段线，然后把外皮剥除一段（长度为 1.2～1.3cm）。根据排线标准将双绞线反向缠绕开，用斜口钳把参差不齐的线头剪齐，嵌入水晶头，并用压线钳用力夹紧，另一头也按标准接好，最后使用以太网线测试仪测试网络线是否接通，也可以直接用到网络上进行测试，观察是否已接通。

将水晶头有塑料弹片一面朝下，另外一面朝向检修人员，8 根线芯从左向右的接入次序为：

标准 568B 方式（适用于平行直连以太网线的两侧、交叉级联以太网线的一侧）：橙白，橙，绿白，蓝，蓝白，绿，褐白，褐。

标准 568A 方式（适用于交叉级联以太网线的另一侧）：绿白，绿，橙白，蓝，蓝白，橙，褐白，褐。

将 8 根线芯牢固接入水晶头后，使用网线钳压紧水晶头即可。

以太网接口分为 MDI（Media Dependent Interface）和 MDIX（Media Dependent Interface with Crossover）两种。一般设备的以太网接口为 MDI，以太网交换机的接口为 MDIX。连接 MDI 和 MDIX 接口采用平行网线，连接相同类型的接口采用交叉网线。

部分以太网交换机如 RCS–9882 提供一个 UpLink 口，为 MDI 接口，因此可以用平行网线级联另一台交换机的普通端口。

如果设备的接口支持 MDI/MDIX 自动识别，则可以任意选择一种线序的网线进行连接。

2. 工艺要求

（1）以太网线的屏蔽线需要保留 1cm 左右，卷曲缠绕在以太网线的外部，与金属外壳保持紧密接触。

（2）根据接口类型选择合适线序的网线。

（3）以太网线一律在压线槽内走线。

五、检修质量标准

（1）检修后通信恢复正常，且能稳定运行。

（2）检修后通信线布局合理、整齐、美观。通信线一律在压线槽内走线，在压线槽内保持走线整齐，压线槽盖严、屏柜门关紧。

（3）填写调试检修报告。

【思考与练习】

1. 站内通信和网络线路连接前的准备工作有哪些？

2. 站内通信和网络线路检修的质量标准是什么？

模块2 装置通信参数设定（Z11J3002Ⅱ）

【模块描述】本模块介绍了装置通信参数设定的工作程序及相关安全注意事项。通过工艺流程介绍、实例说明，掌握装置通信参数设定前的准备工作和作业中的危险点预控及装置通信参数设置的方法。

【模块内容】

变电站综合自动化系统是综合利用计算机控制、通信等现代科学技术对变电站内设备进行监控的系统，它的目的就是保证电网安全、稳定、经济运行。目前，对电网的监测和控制主要是通过变电站内的二次设备来实现的，利用通信技术来传输各装置监测数据和下达控制命令，是当今变电站综合自动化系统的主流方式。

在变电站运行的综合自动化系统内，所有的二次装置一般都要组成一个或多个通信网。装置的通信参数就是为了保证在同一通信网中的装置能够相互正常通信，不发生干扰和冲突，保证整个网络的数据交换。

一、装置通信方式的基本类型

目前，比较常见的智能设备通信方式分为3大类：串口通信方式，现场总线方式和网络（一般为以太网）方式。

串口通信是每个变电站都可能用到的通信方式，也是历史最悠久的一种通信方式，有3种形式：全双工的RS–232和RS–422，半双工的RS–485。具体选用哪种形式，可根据3种串口类型特点（见表Z11J3002Ⅱ–1）结合现场实际确定。

表Z11J3002Ⅱ–1　RS–232、RS–485和RS–422三种串口类型特点

串口类型	传输距离	工作方式	连接装置数	备　注
RS–232	50ft（15.25m）	全双工	1	
RS–485	4000ft（1220m）	半双工	32	
RS–422	4000ft（1220m）	全双工	32	RS–422和RS–485的电路原理上基本是相同的，RS–422可以看成两个RS–485接口，一个负责接收，一个负责发送

现场总线主要有LON网和CAN网，近年来这种通信方式逐渐被流行的网络方式所替代。采用现场总线通信方式的设备一般都为同一厂家的设备，能兼容其他厂家的总线通信的装置较少。

网络通信方式通信速率高、数据流量大，已成为主流通信方式。网络方式要求有Hub（集线器），Switch（交换器）甚至是路由器这些网络设备。

变电站内的智能设备种类和数量很多，国内主流生产厂家的保护和测控主流产品一般可以提供多种通信方式，有些公司生产的装置一般只提供单一的通信接口。国外公司的智能设备是按照合同约定提供通信接口的，一般也就一种。所以确定装置的通信方式并不复杂。

二、危险点预控及安全注意事项

（一）危险点分析

（1）引起进行参数设置的装置通信中断。

（2）装置参数设置冲突，导致其他装置通信中断。

（3）错误选择装置，导致错误修改装置的参数，引起本次操作范围以外的装置通信中断。

（二）安全注意事项

（1）检修前办理好相应工作票，保证工作地点、工作时间和工作组人员正确。

（2）检修人员身体任何部位不要直接接触通信线金属部分，操作前检修人员将手接触可靠接地，保证身上静电完全释放。

三、装置通信参数调试前的准备

1. 设备调试资料的准备

装置通信参数调试时需要准备相关图纸资料，包括网络结构图，设备说明书等。

2. 仪器、仪表及工器具的准备

笔记本电脑；

RS–232串口线及以太网直通网络线；

组态软件。

四、设置通信方式和参数

通常，通信方式不用设置，装置上不同通信方式的接口位置不同。但同一串口的3种通信方式（RS–232、RS–422、RS–485）往往会共用一个接口位置，所以需要进行设置。

装置上不同通信接口往往默认不同的通信规约，要根据装置情况，选择合适的通信规约。

1. 串口通信参数设定

（1）地址。地址是设备在通信系统中的标识，用来将自身和其他设备区分开，在同一个通信系统中应该是唯一的。在通信中，地址冲突是个比较常见的问题。站内所有智能装置统一编址是最完美的解决方法，可以保证在变电站范围内所有装置的地址都是唯一的。地址，实际上是用来标识数据的来源和去向。只要通信数据在通过 OSI 的 7 层结构到达应用层后不是被同一个程序模块所处理，相同的地址是通常不会造成数据处理的错误（这个和程序的数据结构有关）。一般来说，不同通信方式是用不同程序模块来处理。相同的通信方式但不用同一接口接入，程序也会用不同的任务来处理，也不会造成数据处理的错误。所以，对于站内不得不设置成相同地址的装置，可以考虑用不同方式通信，或者用同一方式不同接口通信。

（2）比特率。单位时间内传输的二进制代码位数（bit），单位为 bit/s，每秒比特数。比特率相同的设备才能进行正常通信。

（3）奇偶校验。线路噪声可能会改变传输中的数据位。奇偶校验就是将"奇偶校验位"添加到数据包中，使数据包中"1"的个数为奇数或偶数；接收方将接收到的"1"的个数累加，并根据总和是否符合奇偶校验位来决定接受还是拒绝数据包。奇偶校验常用的设置有偶校验（设置校验位，使 1 的数目为偶数），奇校验（设置校验位，使 1 的数目为奇数），无校验（不发送奇偶校验位）。另外还有两个不常用的设置，标记（校验位始终为 1），空（校验位始终为 0）。奇偶校验常用的设置见表 Z11J3002Ⅱ-2。

表 Z11J3002Ⅱ-2 奇偶校验常用的设置

类型	说明	备注	类型	说明	备注
偶校验	设置校验位，使 1 的数目为偶数		标记	校验位始终为 1	不常用
奇校验	设置校验位，使 1 的数目为奇数		空	校验位始终为 0	不常用
无校验	不发送奇偶校验位				

（4）起始位、停止位和数据位（见表 Z11J3002Ⅱ-3）。

表 Z11J3002Ⅱ-3 起始位、停止位和数据位含义

起始位	告诉接收方要开始发送字节了
停止位	告诉接收方已经发送了一个字节
数据位	字中位的个数，现在绝大多数用 8 位来表示一个字符，少数老系统有 7 位字符

（5）设定方法。各种装置设定参数的方法不尽相同。跳线器和拨码开关是早期被广泛使用的两种方法，可靠性高，但参数值的选择余地小。随着计算机存储技术的发展，通过友好的人机界面输入参数值，或利用配置软件直接配置参数并将其转换成文件传输到装置中，已经成为一种新的便捷设置方法。由于参数值存储在电子硬盘中，修改很方便，但硬件故障会造成其丢失。

2. 现场总线通信参数设定

（1）地址。作用和意义同串口通信，必须要设定。

（2）通信速率。即 CAN 网或 LON 网通信比特率。国内的现场总线绝大多数参数出厂时都已经固化。

3. 网络通信参数设定

（1）IP 地址（网址）。网络通信中的 IP 地址作用相当于上面两种通信方式的地址，只是更为复杂一点。IP 地址有 4 个字节 32 位构成，此外，还要设置 4 个字节 32 位的子网掩码，用来表明 32 位 IP 地址中哪些位表示网络地址，哪些位表示机器地址。另外，在复杂的网络中，如果需要路由，还要设置网关地址。

（2）端口号。这里是指逻辑意义上的端口号，即 TCP/IP 和 UDP/IP 协议中规定端口，范围 0～65 535。一般的网络通信规约都将端口号规定了，如 104 规约的端口号就是 2404。

五、案例

下面介绍某装置通信参数常见设置项目。

（一）串口通信装置通信参数常见设置项目

以某变电站现场 1 号电抗器保护 RCS–9647（地址是 21）为例。如表 Z11J3003Ⅱ–1 所示。

表 Z11J3003Ⅱ–1　　电抗器保护 RCS–9647（地址是 21）串口通信装置通信参数设置

序号	名　称	说　明	现场推荐用值
1	装置地址	装置地址最好取 1～240 内的整数	21（视现场情况）
2	规约	0：103 规约 1：LFP 规约	0（新变电站很少有 LFP 规约）
3	串口 A 波特率	0～4800；1～9600； 2～19 200；3～38 400	1
4	串口 B 波特率		1

（二）World FIP 通信参数常见设置项目

以某变电站现场 2 号进线保护 RCS–9612B（地址是 38）为例。如表 Z11J3003Ⅱ–2 所示。

表 Z11J3003Ⅱ-2 进线保护 RCS-9612B（地址是 38）World FIP 通信参数设置

序号	名 称	说 明	现场推荐用值
1	总线地址	总线地址最好取 1～63 内的整数	38（视现场情况）
2	装置地址	装置地址最好取 1～32 000 内的整数	38（视现场情况）
3	规约	0：103 规约 1：LFP 规约	0（目前变电站很少用 LFP 规约）

（三）以太网通信参数常见设置项目

以某变电站现场 RCS-9705C（地址是 208）为例，参数设置如表 Z11J3003Ⅱ-3 所示。

表 Z11J3003Ⅱ-3 RCS-9705C（地址是 208）以太网通信参数设置

序号	名 称	取 值 范 围	现场推荐用值
1	装置地址	0～65 535	208（视现场情况）
2	IP1 地址 3 位	1～254	198
3	IP1 地址 2 位	1～254	120
4	IP2 地址 3 位	1～254	198
5	IP2 地址 2 位	1～254	121
6	掩码地址 3 位	0～255	255
7	掩码地址 2 位	0～255	255
8	掩码地址 1 位	0～255	0
9	掩码地址 0 位	0～255	0

装置地址到 IP 地址的转换关系为，装置地址=IP 地址 1 位×256+IP 地址 0 位。例如，装置地址为 345，则对应的 IP 地址为 198.120.1.89。

IP 地址 0 位为 255 的一般用作子网广播地址，设置装置地址时必须避开，否则可能导致通信故障。

六、参数设定质量标准

在装置通信参数设置过程中，“装置地址”需要和监控后台数据库组态中的装置地址设置保持一致。

通信参数设置完成后，需保证该装置与站控层的监控后台、保护信息子站或远动通信管理机通信正常。

【思考与练习】

1. 装置通信参数设定质量标准是什么？

2. 装置通信参数设定有哪些危险点？
3. 装置通信参数调试前的准备有哪些？

◢ 模块3 网关设备的调试与检修（Z11J3003Ⅱ）

【模块描述】本模块介绍了网关设备的调试与检修工作程序及相关安全注意事项。通过工艺流程及方法介绍，掌握网关设备调试检修前的准备工作和作业中的危险点预控及网关设备调试检修的工艺标准和质量要求。

【模块内容】

一、网关设备简介

网关又称网间连接器、协议转换器。网关在传输层上以实现网络互联，是最复杂的网络互联设备，仅用于两个高层协议不同的网络互联。网关的结构也和路由器类似，不同的是互联层。网关既可以用于广域网互联，也可以用于局域网互联。网关是一种充当转换重任的计算机系统或设备。在使用不同的通信协议、数据格式或语言，甚至体系结构完全不同的两种系统之间，网关是一个翻译器。与只是简单地传达信息的网桥不同，网关对收到的信息要重新打包，以适应目的系统的需求。同时，网关也可以提供过滤和安全功能。大多数网关运行在 OSI 7 层协议的顶层，即应用层。

网关不能完全归为一种网络硬件。用概括性的术语来讲，它们应该是能够连接不同网络的软件和硬件的结合产品。它们可以使用不同的格式、通信协议或结构连接起两个系统。网关实际上通过重新封装信息以使它们能被另一个系统读取。为了完成这项任务，网关必须能运行在 OSI 模型的几个层上。网关必须同时应用通信，建立和管理会话，传输已经编码的数据，并解析逻辑和物理地址数据。

网关可以设在服务器、微机或大型机上。由于网关具有强大的功能并且大多数时候都和应用有关，它们比路由器的价格要贵一些。另外，由于网关的传输更复杂，它们传输数据的速度要比网桥或路由器低一些。

网关实质上是一个网络通向其他网络的 IP 地址。例如，有网络 A 和网络 B，网络 A 的 IP 地址范围为“192.168.1.1～192.168.1.254”，子网掩码为 255.255.255.0；网络 B 的 IP 地址范围为“192.168.2.1～192.168.2.254”，子网掩码为 255.255.255.0。在没有路由器的情况下，两个网络之间是不能进行 TCP/IP 通信的，即使是两个网络连接在同一台交换机（或集线器）上，TCP/IP 协议也会根据子网掩码（255.255.255.0）判定两个网络中的主机处在不同的网络里。而要实现这两个网络之间的通信，则必须通过网关。如果网络 A 中的主机发现数据包的目的主机不在本地网络中，就把数据包转发给它自己的网关，再由网关转发给网络 B 的网关，网络 B 的网关再转发给网络 B 的某个主机，网络连接示意图见图 Z11J3003Ⅱ–1。网络 B 向网络 A 转发数据包的过程也是如此。

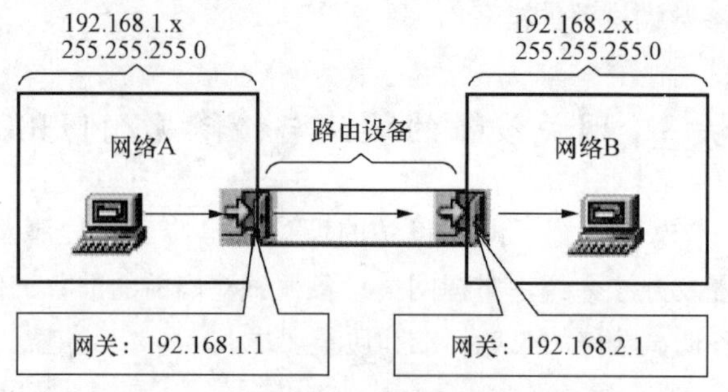

图 Z11J3003Ⅱ–1　网络连接示意图

所以，只有设置好网关的 IP 地址，TCP/IP 协议才能实现不同网络之间的相互通信。网关的 IP 地址是具有路由功能的设备的 IP 地址，具有路由功能的设备有路由器、启用了路由协议的服务器（实质上相当于一台路由器）、代理服务器（也相当于一台路由器）。

二、网关设备的发展现状和分类

（一）网关设备发展现状

在早期的因特网中，术语网关即指路由器。路由器是网络中超越本地网络的标记，它用于计算路由并把分组数据转发到源始网络之外，因此，它被认为是通向因特网的大门。随着技术的不断发展，路由器不再神秘，公共的基于 IP 的广域网的出现和成熟促进了路由器的发展。现在路由功能也能由主机和交换集线器来行使，网关不再是神秘的概念。路由器变成了多功能的网络设备，它能将局域网分割成若干网段，互联私有广域网中相关的局域网，并将各广域网互联而形成了因特网，这样路由器就失去了原有的网关概念。然而术语网关仍然沿用了下来，它不断地应用到多种不同的功能中。

由于网关是实现互联、互通和应用互操作的设施。通常又是用来连接专用系统，所以市场上从未有过出售网关的广告或公司。因此，在这种意义上，网关是一种概念，一种功能的抽象。网关的范围很宽，在 TCP/IP 网络中，网关有时指的就是路由器，而在 MHS 系统中，为实现 CCITTX.400 和 SMTP 简单邮件运输协议间的互操作，也有网关的概念。SMTP 是 TCP/IP 环境中使用的电子邮件，其标准为 RFC–822，而符合国际标准的 CCITTX.400 发展较晚，但受到以欧洲为先锋的世界范围的支持。为将两种系统互联，TCP/IP 标准制定团体专门定义了 X.400 和 RFC–822 之间的变换标准 RFC–987（适用于 1984 年 X.400），以及 RFC–1148（适用于 1988 年 X.400）。实现上述变换标准的设施也称之为网关。

现行的 IPV4 的 IP 地址是 32 位的，根据头几位再划分为 A、B、C、D、E 五类地址。由于 Internet 的迅猛发展，IP 资源日渐枯竭，可供分配的 IP 地址越来越少，在 IPV6 还远未能全面升级的情况下，唯有以代理服务器的方式，实行内部网地址跟公网地址进行转化而实现接入 Internet。中介作用的代理服务器就是一个网关，也就是这个网关带给现阶段的多媒体通信系统许多问题。在 IP 资源匮乏的情况下，唯有以网关甚至多层网关的方式接入宽带网，因为多媒体通信系统的协议如 H.323 等要进行通信的双方必须有一方有公网的 IP 地址，但是现在的宽带很少有几个用户能符合这个要求。Microsoft 的 NetMeeting 等多媒体通信系统就是处于这种状态，跨网关成为十分麻烦的难题。

在和 Novell NetWare 网络交互操作的上下文中，网关在 Windows 网络中使用的服务器信息块（SMB）协议及 NetWare 网络使用的 NetWare 核心协议（NCP）之间起着桥梁的作用。网关也被称为 IP 路由器。

（二）网关设备分类

按照不同的分类标准，网关也有很多种。TCP/IP 协议里的网关是最常用的，在这里我们所讲的“网关”均指 TCP/IP 协议下的网关。

目前，主要有 3 种网关：协议网关、应用网关和安全网关。

1. 协议网关

协议网关通常在使用不同协议的网络区域间做协议转换。这一转换过程可以发生在 OSI 参考模型的第 2 层、第 3 层或 2、3 层之间。但是有两种协议网关不提供转换的功能：安全网关和管道网关。由于两个互联网络区域的逻辑差异，安全网关是两个技术上相似的网络区域间的必要中介，如私有广域网和公有的因特网。

2. 应用网关

应用网关是在使用不同数据格式的系统间翻译数据。典型的应用网关接收一种格式的输入，将之翻译，然后以新的格式发送。输入和输出接口可以是分立的也可以使用同一网络连接。

一种应用可以有多种应用网关。如 E-mail 可以以多种格式实现，提供 E-mail 的服务器可能需要与各种格式的邮件服务器交互，实现此功能唯一的方法是支持多个网关接口。

应用网关也可以用于将局域网客户机与外部数据源相连，这种网关为本地主机提供了与远程交互式应用的连接。将应用的逻辑和执行代码置于局域网中客户端避免了广域网低带宽、高延迟的缺点，这就使得客户端的响应时间更短。应用网关将请求发送给相应的计算机，获取数据，如果需要，就把数据格式转换成客户机所要求的格式。

3. 安全网关

安全网关是各种技术的融合，具有重要且独特的保护作用，其范围从协议级过滤到十分复杂的应用级。防火墙主要有3种：分组过滤、电路网关、应用网关。这3种防火墙中只有一种是过滤器，其余都是网关。这3种机制通常结合使用。过滤器是映射机制，可区分合法数据和欺骗包。每种方法都有各自的能力和限制，要根据安全的需要仔细评价。

三、危险点预控及安全注意事项

1. 危险点分析

（1）防止错误配置造成网络传输异常。在工作前要对网络设备采取预防措施，备份配置参数。

（2）防止设备损坏。通信设备接口属于弱电设备，耐压值一般都不高。要避免通信线接触到其他带电线路，避免通信线不同芯间的短路。

（3）防止静电。工作前，应该通过触摸一些接地的金属，释放掉身上的电荷。

2. 安全注意事项

（1）检修前办理好相应工作票，保证工作地点、工作时间和工作组人员正确。

（2）检修人员身体任何部位不要直接接触通信线金属部分，操作前检修人员将手接触可靠接地，保证身上静电完全释放。

四、网关设备调试前的准备

（1）设备调试资料的准备。网关设备调试时需要准备相关图纸资料。包括网络结构图，设备说明书等。

（2）工具、机具、材料、备品备件、试验仪器和仪表的准备。常用工具主要有万用表，螺丝刀、剥线钳。调试和检修网络通信所需工具有网络钳，网络检测仪。

五、网关设备调试流程和注意事项

1. 明确网络结构

网关大多使用与多个网络或者子网共存、互联的情况，所以首先要明确网关所在网络的共存及互联的方式。

（1）异构型局域网，如互联专用交换网PBX与遵循IEEE 802标准的局域网。

（2）局域网与广域网的互联。

（3）广域网与广域网的互联。

（4）局域网与主机的互联（当主机的操作系统与网络操作系统不兼容时，可以通过网关连接）。

在网络规划的过程中，绘制一幅准确的网络图是不可缺少的。准确的网络文档对于日后的升级和分析问题有不可或缺的帮助。好的网络图应包含连接不同网段的各种网络设备的信息，如路由器、网桥、网关的位置、IP地址，并用相应的网络地址标注各网段。若网络很小，只有一个网段，可同时画出其他关键网络设备（如服务器），包括网络地址。

2. 确定网络地址分配

在网络规划中，IP 地址方案的设计至关重要，好的 IP 地址方案不仅可以减少网络负荷，还能为以后的网络扩展打下良好的基础。

IP 地址用于在网络上标识唯一一台机器。根据 RFC 791 的定义，IP 地址由 32 位二进制数组成（四个字节），表示为用圆点分成每组 3 位的 12 位十进制数字（×××.×××.×××.×××）每个 3 位数代表 8 位二进制数（1 个字节）。由于 1 个字节所能表示的最大数为 255，因此 IP 地址中每个字节的十进制值为 0～255。但 0 和 255 有特殊含义，255 代表广播地址，IP 地址中 0 用于指定网络地址号（若 0 在地址末端）或节点地址（若 0 在地址开始）。例如 192.168.32.0 指网络 192.168.32.0，而 0.0.0.62 指网络上节点地址为 62 的计算机。

根据 IP 地址中表示网络地址字节数的不同将 IP 地址划分为三类，A 类，B 类，C 类及特殊地址 D 类、E 类。A 类用于超大型网络（百万节点），B 类用于中等规模的网络（上千节点），C 类用于小网络（最多 254 个节点）。A 类地址用第一个字节代表网络地址，后三个字代表节点地址。B 类地址用前两个字节代表网络地址，后两个字节表示节点地址。C 类地址则用前三个字节表示网络地址，第四个字节表示节点地址。

网络设备根据 IP 地址的第一个字节来确定网络类型。A 类网络第一个字节的第一个二进制位为 0；B 类网络第一个字节的前两个二进制位为 10；C 类网络第一个字节的前三位二进制位为 110。换成十进制可见 A 类网络地址从 1～127，B 类网络地址从 128～191，C 类网络地址从 192～223。224～239 间的数称为 D 类多播地址，239 以上的网络号为 E 类保留地址。

子网掩码用于找出 IP 地址中网络及节点地址部分。子网掩码长 32 位，其中 1 表示网络部分，0 表示节点地址部分。如一个节点 IP 地址为 192.168.202.195，子网掩码 255.255.255.0，表示其网络地址为 192.168.202，节点地址为 195。

有时为了方便网络管理，需要将网络划分为若干个网段。为此，必须打破传统的 8 位界限，从节点地址空间中“抢来”几位作为网络地址。具体说来，建立子网掩码需要以下两步：确定运行 IP 的网段数、确定子网掩码。

首先，确定运行 IP 的网段数。例如，网络上有 5 个网段，但只让 3 个网段上的用户访问，则只有这 3 个网段需要配置 IP。在确定了 IP 网段数后，再确定从节点地址空间中截取几位才能为每个网段创建一个子网络号。方法是计算这些位数的组合值。例如，取 2 位有 4 种组合（00、01、10、11），取 3 位有 8 种组合（000、001、010、011、100、101、110、111）。需要注意的是，在这些组中须除去全 0 和全 1 的组合。因为在

IP 协议中规定了全 0 和全 1 的组合代表了网络地址和广播地址，所以如果我们需要将 C 类网络（192.168.123.0）划分为 4 个网段，需要截取节点地址的前 3 位作为网络地址，与之对应的子网掩码就是 255.255.255.224（11111111.11111111.11111111.11100000）。

可见，采用以上子网络方案，每个子网络有 30 个节点地址。通过从节点地址空间中截取几位作为网络地址的方法，可将网络划分为若干网段，方便了网络管理。

如果不计划连到 Internet 上，则可用 RFC–1918 中定义的非 Internet 连接的网络地址，称为“专用 Internet 地址分配”。RFC–1918 规定了不连入 Internet 的 IP 地址分配指导原则。Internet 地址授权机构（IANA）控制 IP 地址分配方案中，留出了 3 类网络号，给不连到 Internet 上的专用网用，分别用于 A、B 和 C 类 IP 网，具体如下：10.0.0.0～10.255.255.255，172.16.0.0～172.31.255.255，192.168.0.0～192.168.255.255。

IANA 保证这些网络号不会分配给连到 Internet 上的任何网络，因此任何人都可以自由地选择这些网络地址作为自己的网络地址。

3. 确定接线方式

网线由一定距离长的双绞线与 RJ–45 头组成。双绞线由 8 根不同颜色的线分成 4 对绞合在一起，成对扭绞的作用是尽可能减少电磁辐射与外部电磁干扰的影响，双绞线可按其是否外加金属网丝套的屏蔽层而区分为屏蔽双绞线（STP）和非屏蔽双绞线（UTP）。在 EIA/TIA–568A 标准中，将双绞线按电气特性区分有：三类线、四类线、五类线等。目前最常用的是五类线、超五类线和五类双绞线，最高速率可达 100Mbit/s，符合 IEEE 802.3 100Base–T 的标准。做好的网线要将 RJ–45 水晶头接入网卡或 Hub 等网络设备的 RJ–45 插座内。相应，RJ–45 插头座也区分为三类或五类电气特性。RJ–45 水晶头由金属片和塑料构成，特别需要注意的是引脚序号，当金属片面对我们的时候从左至右引脚序号是 1～8，这序号做网络联线时非常重要，不能弄错。

EIA/TIA 的布线标准中规定了两种双绞线的标准线序 568A 与 568B。

568B：橙白——1，橙——2，绿白——3，蓝——4，蓝白——5，绿——6，棕白——7，棕——8；

568A：绿白——1，绿——2，橙白——3，蓝——4，蓝白——5，橙——6，棕白——7，棕——8。

在整个网络布线中应用一种布线方式，但两端都有 RJ–45 头的网络联线无论是采用端接方式 A，还是端接方式 B，在网络中都是通用的。双绞线的顺序与 RJ–45 头的引脚序号一一对应。

100BASE–T4 RJ–45 对双绞线的规定如下：

1、2 用于发送，3、6 用于接收，4、5，7、8 是双向线。

1、2 线必须双绞，3、6 双绞，4、5 双绞，7、8 双绞。

下面介绍几种应用环境下双绞线的制作方法。

MDI 表示此口是级连口，而 MDI–X 时表示此口是普通口。PC 等网络设备连接到 Hub 时，用的网线为直通线，双绞线的两头连线要一一对应，此时，Hub 为 MDI–X 口，PC 为 MDI 口。10Mbit/s 网线只要双绞线两端一一对应即可，不必考虑不同颜色的线的排序，而如果使用 100M 速率相连的话，则必须严格按照 EIA/TIA 568A 或 568B 布线标准制作。在进行间 Hub 级连时，应把级连口控制开关放在 MDI（Uplink）上，同时用直通线相连。如果 Hub 没有专用级连口，或者无法使用级连口，必须使用 MDI–X 口级连，这时，我们可用交叉线来达到目的，这里的交叉线，即是在做网线时，用一端 RJ–45 头的 1 脚接到另一端 RJ–45 头的 3 脚；再用一端 RJ–45 头的 2 脚接到另一端 RJ–45 头的 6 脚。可按如下色谱制作：

B 端：橙白，橙，绿白，蓝，蓝白，绿，棕白，棕；

A 端：绿白，绿，橙白，蓝，蓝白，橙，棕白，棕。

同时也应知道，级连 Hub 间的网线长度不应超过 100m，Hub 的级连不应超过 4 级。因交叉线较少用到，故应做特别标记，以免日后误作直通线用，造成线路故障。另外交叉网线也可用在两台微机直连，但现在很多交换机、计算机能够自动识别网线，不论是交叉线还是直通线，都能正常使用。

4. 网络连接及检查

首先检查各个网络设备的运行指示灯是否正常，特别是网络接线两端的连接指示灯是否正常，然后使用 ping 命令测试网络中两台计算机之间的连接。

在 PC 机上或 Windows 为平台的服务器上，ping 命令的格式如下：

ping［–n　number］［–t］［–l　number］ip–address

n　ping 报文的个数，缺省值为 5；

t　持续地 ping 直到人为地中断，Ctrl+Break 暂时中止 ping 命令并查看当前的统计结果，而 Ctrl+C 则中断命令的执行。

l　设置 ping 报文所携带的数据部分的字节数，设置范围 0～65 500。

如：向主机 10.15.50.1 发出 2 个数据部分大小为 3000Bytes 的 ping 报文

C:\>ping–l 3000–n 2 10.15.50.1

Pinging 10.15.50.1 with 3000 bytes of data

Reply from 10.15.50.1:bytes=3000 time=321ms TTL=123

Reply from 10.15.50.1:bytes=3000 time=297ms TTL=123

Ping statistics for 10.15.50.1:

Packets:Sent=2,Received=2,Lost=0(0%loss),

Approximate round trip times in milli–seconds:

Minimum=297ms,Maximum=321ms,Average=309ms

可以看到来自另一台计算机的几个答复，如：Reply from×.×.×.×：bytes=32 time<1ms TTL=128。如果没有看到这些答复，或者看到“Request timed out”，说明两台计算机之间的连接可能有问题。如果 ping 命令成功执行，那么就确定了两台计算机之间可以连接。

【思考与练习】

1. 什么是网关？它的工作原理是什么？

2. 在 TCP/IP 协议下的网关分为哪几种？

◢ 模块 4 路由器系统参数配置（Z11J3004Ⅱ）

【模块描述】本模块介绍了路由器系统参数配置工作程序及相关安全注意事项。通过原理讲解、配置实例介绍，掌握路由器系统参数配置前的准备工作和作业中的危险点预控及路由器系统参数配置。

【模块内容】

一、路由器的基本原理、结构体系介绍

1. 路由器工作原理

路由器是工作在 IP 协议网路层实现子网之间转发数据的设备。在网络层，主机用 IP 地址寻址，IP 地址实行全网统一管理。IP 地址通过子网掩码而分成两部分：Net ID 和 Host ID。同一子网内部使用相同的 Net ID，而 Host ID 各不相同。子网内部的主机通信，由链路协议直接进行；子网之间的主机通信要通过路由器来完成。路由器是多个子网的成员，在它的内部有一张表示 Net ID 与下一跳端口的对应关系的路由表。通信起点主机发出 IP 包被路由器接收后，路由器查路由表，确定下一跳输出端口，发给下一台路由器，这台路由器又转发给另外一台路由器，用这样一跳接着一跳的方式，直到通信终点另一台主机收到这个 IP 包。IP 协议的网络层是无连接的，路由器中没有表示连接状态的信息。路由器在网络层也没有重发机制和拥塞控制。IP 协议重发机制和拥塞控制由传输层 TCP 来处理，按端到端的方式运行。传输层拥塞控制通过 TCP 慢启动实现。

2. 路由器体系结构

路由器内部可以划分为控制平面和数据通道。路由器的控制平面，运行在通用 CPU 系统中，一直没什么变化。在高可用性设计中，可以采用双主控进行主从式备份来保证控制平面的可靠性。路由器的数据通道，为适应不同的线路速度，不同的系统容量，

采用了不同的实现技术。简单而言，可分为软件转发路由器和硬件转发路由器。软件转发路由器使用 CPU 软件技术实现数据转发，根据使用 CPU 的数目，进一步区分为单 CPU 的集中式和多 CPU 的分布式。硬件转发路由器使用网络处理器硬件技术实现数据转发，根据使用网路处理器的数目及网路处理器在设备中的位置，进一步细分为单网络处理器的集中式、多网络处理器的负荷分担并行式和中心交换分布式。

二、危险点预控及安全注意事项

1. 危险点分析

要保证路由器设备良好的工作，要注意以下 5 个方面的问题。

（1）电源方面。请务必确认电源是否接地，防止烧坏路由器设备。在拆装和移动路由器设备之前必须先断开电源线，这样防止移动过程造成内部部件的损坏。在放置路由器设备时电源插座尽量不要离路由器设备过远，否则当出现问题时切断路由器设备电源会非常不方便。

（2）防静电要求。超过一定容限的静电会对电路乃至整机产生严重的破坏作用。因此，应确保设备良好的接地以防止静电的破坏。人体的静电也会导致设备内部元器件和印刷电路损坏，所以触摸电路板或扩展模块时，请拿电路板或扩展模块的边缘，不要用手直接接触元器件和印刷电路，以防因人体的静电而导致元器件和印刷电路的损坏。如果有条件最好能够佩戴防静电手腕。

（3）通风良好。为了冷却内部电路务必确保空气流通，在路由器设备的两侧和背面至少保留 100mm 的空间。不要让空气的入口和出口被阻塞，更不要将重物放置在路由器设备上。

（4）接地良好。因为设备的单板都是接到设备的结构上，设备安装和工作时请务必使用一条低阻抗的接地导线通过设备接地柱将设备的外壳接地，以保证安全。

（5）环境良好。路由器设备放置的地方应该保持一定的温度与湿度，所以设备环境应配备空调等设备。良好的环境可以让路由器设备寿命更长，性能更稳定。

2. 安全注意事项

（1）检修前办理好相应工作票，保证工作地点、工作时间和工作组人员正确。

（2）检修人员身体任何部位不要直接接触通信线金属部分，操作前检修人员将手接触可靠接地，保证身上静电完全释放。

三、路由器配置介绍

下面以 Cisco 路由器为例，介绍路由器的配置基础，其他路由器配置基本类似，参照相关说明书即可。

（一）基本设置方式

一般来说，可以用 5 种方式来设置路由器：

（1）Console 口接终端或运行终端仿真软件的微机。

（2）AUX 口接 Modem，通过电话线与远方的终端或运行终端仿真软件的微机相连。

（3）通过以太网上的 TFTP 服务器。

（4）通过以太网上的 TELNET 程序。

（5）通过以太网上的 SNMP 网管工作站。

但路由器的第一次设置必须通过第一种方式进行，此时终端的硬件设置如下：

波特率：9600；数据位：8；停止位：1；奇偶校验：无。

（二）命令状态

1. router >

路由器处于用户命令状态，这时用户可以看路由器的连接状态，访问其他网络和主机，但不能看到和更改路由器的设置内容。

2. router#

在 router＞提示符下键入 enable，路由器进入特权命令状态 router#，这时不但可以执行所有的用户命令，还可以看到和更改路由器的设置内容。

3. router（config）#

在 router#提示符下键入 configure terminal，出现提示符 router（config）#，此时路由器处于全局设置状态，这时可以设置路由器的全局参数。

4. router（config–if）#； router（config–line）#； router（config–router）#； ...

路由器处于局部设置状态，这时可以设置路由器某个局部的参数。

5. >

路由器处于 REBOOT 状态，在开机后 60s 内按 ctrl+break 可进入此状态，这时路由器不能完成正常的功能，只能进行软件升级和手动引导。

（三）设置对话过程

利用设置对话过程可以避免手动输入命令的烦琐，但它还不能完全代替手动设置，一些特殊的设置还必须通过手动输入的方式完成。

进入设置对话过程后，路由器首先会显示一些提示信息：

——System Configuration Dialog——

At any point you may enter a question mark '?' for help.

Use ctrl+c to abort configuration dialog at any prompt.

Default settings are in square brackets '[]'.

这是告诉你在设置对话过程中的任何地方都可以键入“？”得到系统的帮助，按 ctrl+c 可以退出设置过程，缺省设置将显示在‘[ ]’中。然后路由器会问是否进入设置对话：

Would you like to enter the initial configuration dialog?[yes]:

如果按 y 或回车，路由器就会进入设置对话过程。首先你可以看到各端口当前的状况：

First,would you like to see the current interface summary?[yes]:

Any interface listed with OK？ value " NO " does not have a valid configuration

（四）常用命令

1. 帮助

在 IOS 操作中，无论任何状态和位置，都可以键入“？”得到系统的帮助。

2. 改变命令状态

改变命令状态如表 Z11J3004Ⅱ–1 所示。

表 Z11J3004Ⅱ–1　　改变命令状态

任　务	命　令
进入特权命令状态	enable
退出特权命令状态	disable
进入设置对话状态	setup
进入全局设置状态	config terminal
退出全局设置状态	end
进入端口设置状态	interface type slot/number
进入子端口设置状态	interface type number.subinterface［point–to–point | multipoint］
进入线路设置状态	line type slot/number
进入路由设置状态	router protocol
退出局部设置状态	exit

3. 显示命令

显示命令如表 Z11J3004Ⅱ–2 所示。

表 Z11J3004Ⅱ–2　　显示命令

任　务	命　令
查看版本及引导信息	show version
查看运行设置	show running–config
查看开机设置	show startup–config

续表

任　　务	命　　令
显示端口信息	show interface type slot/number
显示路由信息	show ip router

4. 网络命令

网络命令表如表 Z11J3004Ⅱ–3 所示。

表 Z11J3004Ⅱ–3　　　　网　络　命　令

任　　务	命　　令
登录远程主机	telnet hostname|IP address
网络侦测	ping hostname|IP address
路由跟踪	trace hostname|IP address

5. 基本设置命令

基本设置命令如表 Z11J3004Ⅱ–4 所示。

表 Z11J3004Ⅱ–4　　　　基 本 设 置 命 令

任　　务	命　　令
全局设置	config terminal
设置访问用户及密码	username password
设置特权密码	enable secret password
设置路由器名	hostname name
设置静态路由	ip route destination subnet–mask next–hop
启动 IP 路由	ip routing
启动 IPX 路由	ipx routing
端口设置	interface type slot/number
设置 IP 地址	ip address address subnet–mask
设置 IPX 网络	ipx network
激活端口	no shutdown
物理线路设置	line type number
启动登录进程	login［local|tacacs server］
设置登录密码	password

（五）配置 IP 寻址

接口设置：interface type slot/number

为接口设置 IP 地址：ip address ip–address　mask

以 Cisco2610 为例，配置以太网口：

Cisco2610(config)#interface FastEthernet0/0

Cisco2610(config–if)#ip address 100.100.100.254 255.255.255.0

Cisco2610(config–if)#no shutdown

配置 serial 口：

Cisco2610(config)#interface serial0/0

Cisco2610(config)#ip address x.x.x.x 255.255.255.0

Cisco2610(config)#no shutdown（激活端口）

Cisco2610#copy run start（备份配置文档到硬盘）

（六）配置静态路由

通过配置静态路由，用户可以人为地指定对某一网络访问时所要经过的路径，在网络结构比较简单，且一般到达某一网络所经过的路径唯一的情况下采用静态路由。配置案例如下：

Cisco2610(config)#interface FastEthernet0/0

Cisco2610(config)#description link_neiwang

Cisco2610(config)#ip address 10.10.10.1 255.255.255.0(连接内部交换机地址)

Cisco2610(config)#ip route 0.0.0.0 0.0.0.0 192.168.0.1（缺省网关指向中心路由器接口地址）

Cisco2610(config)#exit

Cisco2610(config)#write（保存）

四、路由协议设置

（一）路由信息协议

路由信息协议（Routing information Protocol，RIP）是应用较早、使用较普遍的内部网关协议（Interior Gateway Protocol，IGP），适用于小型同类网络，是典型的距离向量（distance–vector）协议。

RIP 通过广播用户数据包协议（User Datagram Protocol，UDP）报文来交换路由信息，每 30s 发送一次路由信息更新。RIP 提供跳跃计数（hopcount）作为尺度来衡量路由距离，跳跃计数是一个包到达目标所必须经过的路由器的数目。如果到相同目标有两个不等速或不同带宽的路由器，但跳跃计数相同，则 RIP 认为两个路由是等距离的。RIP 最多支持的跳数为 15，即在源网和目的网之间所要经过的最多路由器的数目为 15，跳数 16 表示不可达。

1. 有关命令

有关命令如表 Z11J3004Ⅱ–5 所示。

表 Z11J3004Ⅱ–5　　　　RIP 有关命令

任　务	命　令
指定使用 RIP 协议	router rip
指定 RIP 版本	version {1|2}
指定与该路由器相连的网络	network

注　Cisco 的 RIP 版本 2 支持验证、密钥管理、路由汇总、无类域间路由（CIDR）和变长子网掩码（VLSMs）。

2. 举例

router rip

version 2

network 192.200.10.0

network 192.20.10.0

相关调试命令：

show ip protocol

show ip route

（二）内部网关路由协议

内部网关路由协议（Interior Gateway Routing Protocol，IGRP）是一种动态距离向量路由协议，它由 Cisco 公司 20 世纪 80 年代中期设计。使用组合用户配置尺度，包括延迟、带宽、可靠性和负载。

缺省情况下，IGRP 每 90s 发送一次路由更新广播，在 3 个更新周期内（即 270s），没有从路由中的第一个路由器接收到更新，则宣布路由不可访问。在 7 个更新周期即 630s 后，Cisco IOS 软件从路由表中清除路由。有关命令如表 Z11J3004Ⅱ–6 所示。

表 Z11J3004Ⅱ–6　　　　IGRP 有关命令

任　务	命　令
指定使用 IGRP 协议	router igrp autonomous–system
指定与该路由器相连的网络	network
指定与该路由器相邻的节点地址	neighbor ip–address

注　autonomous–system 可以随意建立，并非实际意义上的 autonomous–system，但运行 IGRP 的路由器要想交换路由更新信息其 autonomous–system 需相同。

（三）开放式最短路径优先协议

开放式最短路径优先协议（Open Shortest Path First，OSPF）是一个内部网关协议（Interior Gateway Protocol，IGP），用于在单一自治系统（Autonomous System，AS）内决策路由。与 RIP 相对，OSPF 是链路状态路由协议，而 RIP 是距离向量路由协议。

链路是路由器接口的另一种说法，因此 OSPF 也称为接口状态路由协议。OSPF 通过路由器之间通告网络接口的状态来建立链路状态数据库，生成最短路径树，每个 OSPF 路由器使用这些最短路径构造路由表。有关命令如表 Z11J3004Ⅱ-7 所示。

表 Z11J3004Ⅱ-7　　OSPF 有关命令

任　务	命　令
指定使用 OSPF 协议	router ospf process-id[1]
指定与该路由器相连的网络	network address wildcard-mask area area-id[2]
指定与该路由器相邻的节点地址	neighbor ip-address

注 1　OSPF 路由进程 process-id 必须指定范围在 1～65 535，多个 OSPF 进程可以在同一个路由器上配置，但最好不这样做。多个 OSPF 进程需要多个 OSPF 数据库的副本，必须运行多个最短路径算法的副本。process-id 只在路由器内部起作用，不同路由器的 process-id 可以不同。

注 2　wildcard-mask 是子网掩码的反码，网络区域 ID area-id 在 0～4 294 967 295 内的十进制数，也可以是带有 IP 地址格式的×.×.×.×。当网络区域 ID 为 0 或 0.0.0.0 时为主干域。不同网络区域的路由器通过主干域学习路由信息。

（四）重新分配路由

在实际工作中，会遇到使用多个 IP 路由协议的网络。为了使整个网络正常地工作，必须在多个路由协议之间进行成功的路由再分配。相关命令如表 Z11J3004Ⅱ-8 所示。

表 Z11J3004Ⅱ-8　　重新分配路由相关命令

任　务	命　令
重新分配直连的路由	redistribute connected
重新分配静态路由	redistribute static
重新分配 ospf 路由	redistribute ospf process-id metric metric-value
重新分配 rip 路由	redistribute rip metric metric-value

（五）IPX 协议设置

IPX 协议与 IP 协议是两种不同的网络层协议，它们的路由协议也不一样，IPX 的路由协议不像 IP 的路由协议那样丰富，所以设置起来比较简单。但 IPX 协议在以太网上运行时必须指定封装形式。有关命令如表 Z11J3004Ⅱ-9 所示。

表 Z11J3004Ⅱ-9 IPX 协议设置有关命令

任　务	命　令
启动 IPX 路由	ipx routing
设置 IPX 网络及以太网封装形式	ipx network［encapsulation encapsulation-type］[1]
指定路由协议，默认为 RIP	ipx router {eigrp autonomous-system-number | nlsp［tag］| rip}

注　network 范围是 1～FFFFFFFD。

五、服务质量及访问控制

（一）协议优先级设置

1. 有关命令（见表 Z11J3004Ⅱ-10）

表 Z11J3004Ⅱ-10 协议优先级设置有关命令

任　务	命　令
设置优先级表项目	priority-list list-number protocol protocol {high | medium | normal | low} queue-keyword keyword-value
使用指定的优先级表	priority-group list-number

2. 举例

Router1：

priority-list 1 protocol ip high tcp telnet

priority-list 1 protocol ip low tcp ftp

priority-list 1 default normal

interface serial 0

priority-group 1

（二）队列定制

1. 有关命令（见表 Z11J3004Ⅱ-11）

表 Z11J3004Ⅱ-11 队列定制有关命令

任　务	命　令
设置队列表中包含协议	queue-list list-number protocol protocol-name queue-number queue-keyword keyword-value
设置队列表中队列的大小	queue-list list-number queue queue-number byte-count byte-count-number
使用指定的队列表	custom-queue-list list

2. 举例

队列定制有关命令如图 Z11J3004Ⅱ-1 所示。

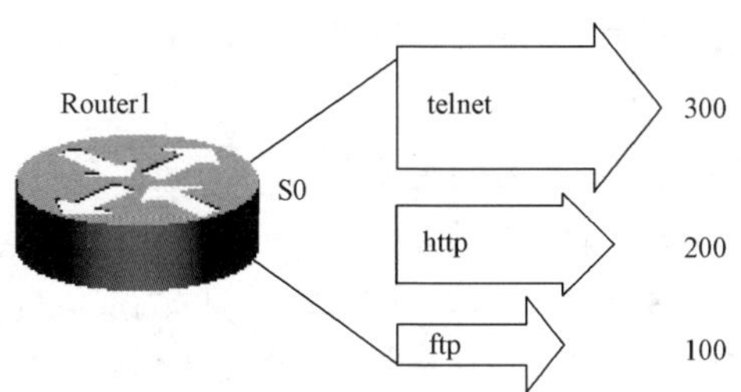

图 Z11J3004Ⅱ-1　队列定制有关命令

Router1：

queue-list 1 protocol ip 0 tcp telnet

queue-list 1 protocol ip 1 tcp www

queue-list 1 protocol ip 2 tcp ftp

queue-list 1 queue 0 byte-count 300

queue-list 1 queue 1 byte-count 200

queue-list 1 queue 2 byte-count 100

interface serial 0

custom-queue-list 1

（三）访问控制

1. 有关命令（见表 Z11J3004Ⅱ-12）

表 Z11J3004Ⅱ-12　　访问控制有关命令

任　务	命　令
设置访问表项目	access-list list {permit | deny} address mask
设置队列表中队列的大小	queue-list list-number queue queue-number byte-count byte-count-number
使用指定的访问表	ip access-group list {in | out}

2. 举例

访问控制有关命令如图 Z11J3004Ⅱ-2 所示。

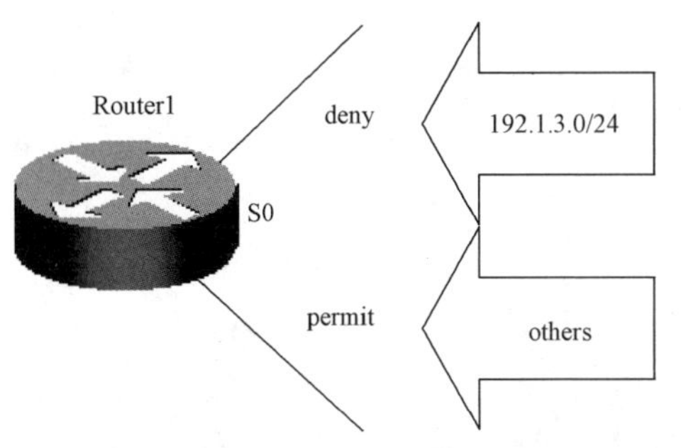

图 Z11J3004Ⅱ-2　访问控制有关命令

Router1：

access-list 1 deny 192.1.3.0 0.0.0.255

access-list 1 permit any

interface serial 0

ip access-group 1 in

六、路由器配置注意事项

（1）路由器配置之前一定要先备份 running-config 和 startup-config 文件（在特权模式下使用命令 copy run tftp 和 copy start tftp 即可，当然必须已经开启了 tftp 服务器），路由器配置最容易出现问题的地方就是这两个文件。另外，不要动 ios 镜像文件，一旦它出现问题，路由器恢复起来要大费周折。

（2）要小心使用命令 w（write），它会把可能有错的配置信息导入到路由器的启动芯片里，如果配置错误，就无法采用重启这种简单的方法恢复正确的配置。对于运行中的路由器有影响的配置文件只有 running–config 文件，startup–config 是不起任何作用的，只要配置命令完成，它会立刻起作用，如果配置错误，不要试图用 write 来实现刷新当前配置。

（3）Cisco 路由器口令恢复。当 Cisco 路由器的口令被错误修改或忘记时，可以按以下步骤进行操作：

1）开机时按〈Ctrl+Break〉使进入 ROM 监控状态；

2）按 o 命令读取配置寄存器的原始值：

＞o　一般值为 0x2102

3）作如下设置，使忽略 NVRAM 引导：

＞o/r0x**4*　　Cisco2500 系列命令

rommon 1＞confreg 0x**4*　　Cisco2600、1600 系列命令

一般正常值为 0x2102。

4）重新启动路由器：

＞I

rommon 2＞reset

5）在“Setup”模式，对所有问题回答 No；

6）进入特权模式：

Router＞enable

7）下载 NVRAM：

Router＞configure memory

8）恢复原始配置寄存器值并激活所有端口：

" hostname " #configure terminal

" hostname " (config)#config–register 0x " value "

" hostname " (config)#interface xx

" hostname " (config)#no shutdown

9）查询并记录丢失的口令：

" hostname " #show configuration(show startup–config)

10）修改口令：

" hostname " #configure terminal

" hostname " (config)line console 0

" hostname " (config–line)#login

" hostname " (config–line)#password xxxxxxxxx

" hostname " (config–line)#<ctrl+z>

" hostname " (config–line)#write memory(copy running–config startup–config)

【思考与练习】

1. 路由器基本工作原理是什么？

2. 路由器配置操作注意事项有哪些？

3. 路由器基本设置方式有哪些？

模块 5　交换机的调试与检修（Z11J3005Ⅱ）

【模块描述】本模块介绍了交换机调试检修的工作程序及相关安全注意事项。通过原理讲解、配置实例介绍，掌握交换机调试检修前的准备工作和作业中的危险点预控及掌握交换机调试检修的基本方法。

【模块内容】

一、交换机原理简介

在计算机网络系统中，交换概念的提出是相对于共享工作模式的。交换机拥有一条带宽很高的背部总线和内部交换矩阵。交换机的所有端口都挂接在这条背部总线上。控制电路收到数据包以后，处理端口会查找内存中的 MAC 地址（网卡的硬件地址）对照表以确定目的 MAC 的 NIC（网卡）挂接在哪个端口上，通过内部交换矩阵直接将数据包迅速传送到目的节点，而不是所有节点，目的 MAC 若不存在才广播到所有的端口。可以明显地看出，这种方式优点为① 效率高，不会浪费网络资源（只是对目的地址发送数据），一般来说不易产生网络堵塞；② 数据传输安全，因为它不是对所有节点都同时发送，发送数据时其他节点很难侦听到所发送的信息，这也是交换机会很快取代集线器的重要原因之一。

交换机还有一个重要特点，就是它不像集线器一样，每个端口共享带宽，它的每一端口都是独享交换机的一部分总带宽，这样在速率上对于每个端口来说有了根本的保障。另外，使用交换机也可以把网络“分段”，通过对照地址表，交换机只允许必要的网络流量通过，这就是后面将要介绍的虚拟局域网（Virtual Local Area Network，VLAN）。通过交换机的过滤和转发，可以有效地隔离广播风暴，减少误包和错包的出现，避免共享冲突。这样交换机就可以在同一时刻进行多个节点对之间的数据传输，每一节点都可视为独立的网段，连接在其上的网络设备独自享有固定的一部分带宽，无须同其他设备竞争使用。如当节点 A 向节点 D 发送数据时，节点 B 可同时向节点 C 发送数据，而且这两个传输都享有带宽，都有着各自的虚拟连接。

交换机的主要功能包括物理编址、网络拓扑结构、错误校验、帧序列及流量控制。目前一些高档交换机还具备了一些新的功能，如对 VLAN 的支持、对链路汇聚的支持，甚至有的还具有路由和防火墙的功能。

交换机除了能够连接同种类型的网络之外，还可以在不同类型的网络（如以太网和快速以太网）之间起到互联作用。如今许多交换机都能够提供支持快速以太网或 FDDI 等的高速连接端口，用于连接网络中的其他交换机或者为带宽占用量大的关键服务器提供附加带宽。

一般来说，交换机的每个端口都用来连接一个独立的网段，但是有时为了提供更快的接入速度，可以把一些重要的网络计算机直接连接到交换机的端口上。这样，网络的关键服务器和重要用户就拥有更快的接入速度，支持更大的信息流量。

总之，交换机是一种基于 MAC 地址识别，能完成封装转发数据包功能的网络设备。交换机对于因第一次发送到目的地址不成功的数据包会再次对所有节点同时发送，企图找到这个目的 MAC 地址，找到后就会把这个地址重新加入自己的 MAC 地址列表中，这样下次再发送到这个节点时就不会发错。交换机的这种功能就称为“MAC 地址学习”功能。

二、交换机的调试

1. 交换机的安装

将交换机放到机柜中，确保交换机四周有足够的空间用于空气流通。关闭设备电源，并将设备接地，防止静电。拔下设备接口上的所有网络电缆。取出接口卡或模块，安装时应手持模块的边缘，不要用手接触模块上的元器件或电路板，以免因人体静电导致元器件损坏。交换机插槽的两边有滑轨，将拇指放在接口模块的螺钉下方，对准滑轨的位置，将接口模块沿滑轨插入插槽直至接触到交换机内的连接插座，然后稍稍用力将接口模块按下，使模块的连接器与交换机的连接插座连接牢固。重新打开设备电源，察看接口卡或模块的指示灯是否正常，如果正常就可连接其他网络线缆。将电源线插在交换机后面的电源接口，将接地线连接在交换机背面的接地口上，保证交换机正常接地。

2. 交换机的规划（见表 Z11J3005Ⅱ-1）

表 Z11J3005Ⅱ-1　　　　交换机 VLAN 的规划

VLAN 号	VLAN 名	端　口　号
2	Prod	Switch 1　2～21
3	Fina	Switch 2　2～16
4	Huma	Switch 3　2～9
5	Info	Switch 3　10～21

之所以把交换机的 VLAN 号从 2 号开始，是因为交换机有一个默认的 VLAN，就是 1 号 VLAN，它包括所有连在该交换机上的用户。

3. 交换机的基本配置（以 Cisco1900 交换机为例）

其他交换机与 Cisco1900 交换机类似，参照相关说明书即可和路由器一样，Cisco 交换机的 Console 端口的缺省设置如下：

端口速率：9600bit/s。

数据位：8。

奇偶校验：无。

停止位：1。

流控：无。

把 PC 机超级终端程序中串行端口的属性设置成与上述参数一致后，便可以开始配置。在 PC 机启动正常，PC 机与交换机使用 Console 电缆连接起来，并且在已经进入超级终端程序的情况下，接通交换机电源。由于交换机没有电源开关，接通电源即直接插上电源插头。

第一段：交换机的启动。

Catalyst 1900 Management Console

Copyright(c)Cisco Systems,Inc.1993–1999

All rights reserved.

Emter[rose Edotopm Software

Ethernet Address:00–04–DD–4E–9C–80

PCA Number:73–3122–04

PCA Serial Number:FAB0503D0B4

Model Number:WS–C1912–EN

System Serial Number:FAB0503W0FA

Power Supply S/N PHI044207FR

PCB Serial Number:FAB0503D0B4,73–3122–04

1 user(s)now active on Management Console.

User Interface Menu

[M]Menus

[K]Command Line

[1]IP Configuration

[P]Console Password

Enter Selection:

第二段：进行交换机基本配置。

Enter Selection:K

CLI session with the switch is open.

To end the CLI session,enter[Exit].

>?

Exec commands:

enable Turn on privileged commands

exit Exit from the EXEC

help Description of the interactive help system

ping Send echo messages

session Tunnel to module

show Show running system information

terminal Set terminal line parameters

>enable

#

#conft

Enter configuration commands,one per line.End with CNTL/Z

(config)#?

Configure commands:

address–violation Set address violation action

back–pressure Enable back pressure

banner Define a login banner

bridge–group Configure port grouping using bridge groups

cdp Global CDP configuration subcommands

cgroup Enable CGMP
cluster Cluster configuration commands
ecc Enable enhanced congestion control
enable Modify enable password parameters
end Exit from configure mode
exit Exit from configure mode
help Description of the interactive help system
hostname Set the system′ s network name
interface Select an interface to configure
ip Global IP configureation subcommands
line Configure a terminal line
login Configure options for logging in
mac–address–table Configure the mac address table
monitor–port Set port monitoring
—More—
mlilticast–store–and–forward Enables multicast store and forward
network–port Set the network port
no Negate a cominand or set its defaults
port–channel Configure Fast EtherChannel
rip Routing information protocol configuration
service Configuration Command
sump–server Modify SNMP parameters
spantree Spanning subsystem
spantree–template Set bridge template parameter
storm–control Configure broadcast storm contfolpirameters
switching–mode Set the switching mode
tacacs–server Modify TACACS query parameters
tftp Configure TFTP
uplink–fast Enable Uplink fast
vlan VLAN configuration
vlan–membership VLAN membership server configuration
vtp Global VTP configuration commands
(config)#SiostBiame SW1912

```
SW1912(config)#enabSe password?
level Set exec level password
SW1912(config)#enable password level 1 pass1
SW1912(config)#enabSe password level 15 passl5
SW1912(config)#enable secret Cisco
SW1912#disable
SW1912>
SW1912>en
Enter password:*****(键入 cisco)
SW1912#conf t
Enter configuration commands,one per line.End with CNTL/Z
SW1912(config)#ip address 192.168.1.1255.255.255.0
SW1912(config)#ip default–gateway 192.168.1.254
SW1912(config)#ip domain–name?
WORD Domain name
SW1912(config)#ip domain–name cisco.com
SW1912(config)#ip name–server 200.1.1.1
SW1912(config)#end
SW1912#sh version
Cisco Catalyst 1900/2820 Enterprise Edition Software
Version V9.00,05 written from 192.168.000.005
Copyright(c)Cisco Systems,Inc.1993–1999
SW1912 uptime is 0day(s)00hour(s)12minute(s)44secibd(s)
cisco Catalyst 1900(486sxl)processor with 2048K/1024K bytes of memory
Hardware board revision is 5
Upgrade Status:No upgrade currently in progress.
Config File Status:No configuration upload/download is in progress
15 Fixed Ethernet/IEEE802.3interface(s)
Base Ethernet Address:00–04–DD–4E–9C–80
SW1912#show ip
IP Address:192.168.1.1
Subnet Mask:255.255.255.0
Default Gateway:192.168.1.254
```

```
Management VLANl:1
Domain name:cisco.com
Name server1:200.1.1.1
HTTP server:Enabled
HTTP port:80
RIP:Enabled
SW1912#show running–config
Building configuration...
Current configuration:
!
tftp accept
tftp server  " 192.168.0.5 "
tftp filename  " catl900EN.9.00.05.bin "
!
hostname  " SW1912 "
!
ip address 192.168.1.1255.255.255.0
ip default–gateway 192.168.1.254
ip domain–name  " cisco.com "
ip name–server 200.1.1.1
!
enable secret 5 $l$FMFQ$mlNHW7EzaJpG9uhKPWBvf/
enable password level 1  " PASS 1 "
enable password level 15  " PASS 15 "
!
interface Ethernet 0/1
!
interface Ethernet 0/2
!
interface Ethernet 0/3
!
interface Ethernet 0/4
!
```

```
interface Ethernet 0/5
!
interface Ethernet 0/6
!
interface Ethernet 0/7
!
interface Ethernet 0/8
!
interface Ethernet 0/9
interface Ethernet 0/10
!
interface Ethernet 0/11
!
interface Ethernet 0/12
!
interface Ethernet 0/25
!
interface FastEthernet 0/26
!
interface FastEthernet 0/27
!
line console
end
SW1912#show int e0/l
Ethernet 0/1 is Suspended–no–linkbeat
802.1 dSTP State:Forwarding Forward Transitions:1
Port monitoring:Disabled
Unknown unicast flooding:Enabled
Unregistered multicast flooding:Enabled
Description:
Duplex setting:Half duplex
Back pressure:Disabled
Receive Statistics Transmit Statistics
```

Total good frames 0 Total frames 0

Total octets 0 Total octets 0

Broadcast/multicast frames 0 Broadcast/multicast frames 0

Broadcast/multicast octets 0 Broadcast/multicast octets 0

Good frames forwarded 0 Deferrals 0

Frames filtered 0 Single collisions 0

Runt frames 0 Multiple collisions 0

No buffer discards 0 Excessive collisions 0

Queue full discards 0

Errors:Errors:

第三段:重新启动交换机查看配置保持情况。

SW1912#reload

This command resets the switch.All configured system parameters and static addresses will be retained.All dynamic addresses will be removed.

Reset system,[Y]es or[N]o?Yes

Catalyst 1900 Management Console

Copyright(c)Cisco Systems,Inc.1993–1999

All rights reserved.

Enterprise Edition Software

Ethernet Address:00–04–DD–4E–9C–80

PCA Number:73–3122–04

PCA Serial Number:FAB0503D0B4

Model Number:WS–C 1912–A

System Serial Number:FAB0503W0FA

Power Supply S/N:PH1044207FR

PCB Serial Number:FAB0503DOB4,73–3122–04

----

1 user(s)now active on Management Console.

User Interface Menu

[M]Menus

[K]Command Line

Enter Selection:K

Enter password:*****

CLI session with the switch is open.

To end the CLI session,enter[Exit].

SW1912>enable

Enter password:*****(键入 cisco)

SW1912#show running-config

…（与第二段中配置清单相同，此处省略）

（1）第一段是 1912 交换机加电后出现的显示内容，依次列出了版权信息、软件版本信息（企业版）、以太网地址（00-04-DD-4E-9C-80）及各种序列号。

在以上信息之后，列出的"1 user（s）now active on Management Console"信息表明当前正有 1 个用户使用管理控制台，此用户即超级终端程序。最后列出了用户接口菜单，有 4 项可供选择，分别是菜单式（M）、命令行（K）、IP 配置（1）和控制台口令（P）。

（2）第二段中选择命令行方式，进入用户命令模式。键入问号，可以看到此模式下的可用命令，它们都是非常简单的命令。

（3）键入 enable 命令，进入特权执行模式。

（4）键入 conft 命令，进入配置模式。问号显示了在全局配置模式下可以发出的全部指令。

（5）hostname SW1912 命令给交换机命名为 SW1912，命令立即生效，可以看到提示符已经变为"SW1912（config）#"。

（6）enable password（使能口令）是分等级的，从 1 到 15 共 15 个等级，其中等级 1 是最低等级；等级 15 是最高等级。即特权命令等级。

本例中分别设置了 level 1 和 level 15 的使能口令 pass1 和 pass15。

（7）在 1912 交换机的配置中，还可以设置 enable secret（使能密码）。使能密码与使能口令的不同之处在于，使能口令在配置清单中是明码显示的，而使能密码在配置清单中是密码显示的。当交换机上设置了使能密码后，level 15 的使能口令便不再生效，在进入特权命令模式时，应输入使能密码。

（8）ip address 命令设置当前交换机的 IP 地址为 192.168.1.1，这是用于交换机管理的 IP 地址。

（9）ip default-gateway 命令设置当前交换机的缺省网关。应注意的是，这个网关是为交换机本身设置的，与它所连接的其他网络设备无关。换言之，此交换机所连接的所有 PC 机、服务器等设备都应在其操作系统中设置网关，交换机上的网关设置只对其自身有效。

（10）ipdomain-name 命令设置了交换机所在域的域名，本例中设置的域名为

cisco.com。

（11）ipname-server 命令用来设置交换机所使用的域名服务器地址，此地址也是为交换机本身所使用的，所有与交换机相连的主机还应该设置自身的域名服务器地址。

（12）show version 命令列出了交换机的版本、存储器和端口等信息。本例中，主要信息包括：软件版本：Cisco Catalyst 1900/2820 企业版；版本号：V9.00.05；开机时间：0h 12min 44s；处理器：Catalyst 1900（486sxl）；内存：2048KB/1024KB，共 3MB 内存；端口信息：15 个固定配置以太网端口；基本以太网地址：00.04.DD.4E.9C.80。

（13）show ip 命令列出了交换机有关 IP 协议的配置信息，可以看到前面相关命令的设置是否已生效。

（14）show running.con 的命令列出了交换机的配置清单，它是检查配置时最常用的命令。

除了刚刚设置的项目被显示出来外，清单还显示了端口信息，其中 interface Ethernet 是 10M 以太网端口，interface FastEthernet 是 100M 快速以太网端口。编号 0/*m* 中的 0 是模块号，1912 交换机只有 1 个模块，其编号是 0。编号 0/*m* 中的 *m* 的取值是 1～22、25、26 和 27。1～12 是 10M 以太网端口编号；25 是 AUI 端口（在机箱后面板上方 26 和 27 是 100M 快速以太网端口的编号，即前面板上标号为 A 和 B 的 2 个端口。从配置清单可以看出，对于所有接口没有进行任何配置。它们所使用的是缺省配置。show interface 命令可以列出接口（端口）的具体配置和统计信息。清单中列出了 E0/1 端口的有关信息，在接收和发送数据帧的统计中均为 0，这是因为此端口没有连接任何设备。

（15）第 3 段开始时使用 reload 命令重新启动交换机，提示行表明配置参数和静态 MAC 地址将被保留，而动态 MAC 地址将被清除。

（16）重新启动后，交换机启动界面有所变化。在用户接口菜单项中只有菜单和命令行两种方式可供选择，这是因为 IP 参数和口令等已被设置。

（17）进入特权模式后，使用 show running-config 命令列出的配置清单与重新启动交换机之前完全一样，说明配置已经被完整地保存进 NVRAM 了。

4. vlan 的划分（以 Cisco 交换机为例）

vlan 即虚拟局域网，是一种通过将局域网内的设备逻辑地而不是物理地划分成多个网段从而实现虚拟工作组的技术。IEEE 于 1999 年颁布了用以标准化 vlan 实现方案的 802.1Q 协议标准草案。

vlan 技术允许网络管理者将一个物理的 lan 逻辑地划分成不同的广播域（或称虚拟 lan，即 vlan），每一个 vlan 都包含一组有着相同需求的计算机工作站，与物理上形成的 lan 有着相同的属性。但由于它是逻辑地而不是物理地划分，所以同一个 vlan 内的各个工作站无须被放置在同一个物理空间里，即这些工作站不一定属于同一个物理lan网段。一个vlan内部的广播和单播流量都不会转发到其他vlan中，从而有助于控制流量、减少设备投资、简化网络管理、提高网络的安全性。

vlan是为解决以太网的广播问题和安全性而提出的一种协议，它在以太网帧的基础上增加了vlan头，用vlan ID把用户划分为更小的工作组，限制不同工作组间的用户二层互访，每个工作组就是一个虚拟局域网。虚拟局域网的好处是可以限制广播范围，并能够形成虚拟工作组，动态管理网络。

（1）基于端口划分vlan。这种划分vlan的方法是根据以太网交换机的端口来划分，如Quidway S3526的1～4端口为vlan 10，5～17为vlan 20，18～24为vlan 30，当然，这些属于同一vlan的端口可以不连续，如何配置，由管理员决定，如果有多个交换机，例如，可以指定交换机1的1～6端口和交换机2的1～4端口为同一vlan，即同一vlan可以跨越数个以太网交换机，根据端口划分是目前定义vlan的最广泛的方法，IEEE 802.1Q规定了依据以太网交换机的端口来划分vlan的国际标准。

这种划分的方法的优点是定义vlan成员时非常简单，只要将所有的端口都定义一下即可。它的缺点是如果vlan A的用户离开了原来的端口，到了一个新的交换机的某个端口，那么就必须重新定义。

（2）基于MAC地址划分vlan。这种划分vlan的方法是根据每个主机的MAC地址来划分，即对每个MAC地址的主机都配置它属于哪个组。这种划分vlan的方法的最大优点就是当用户物理位置移动时，即从一个交换机换到其他的交换机时，vlan不用重新配置，所以，可以认为这种根据MAC地址的划分方法是基于用户的vlan，这种方法的缺点是初始化时，所有的用户都必须进行配置，如果有几百个甚至上千个用户的话，配置是非常累的。而且这种划分的方法也导致了交换机执行效率的降低，因为在每一个交换机的端口都可能存在很多个vlan组的成员，这样就无法限制广播包了。另外，对于使用笔记本电脑的用户来说，他们的网卡可能经常更换，这样，vlan就必须不停地配置。

（3）基于网络层划分vlan。这种划分vlan的方法是根据每个主机的网络层地址或协议类型（如果支持多协议）划分的，虽然这种划分方法是根据网络地址，如IP地址，但它不是路由，与网络层的路由毫无关系。它虽然查看每个数据包的IP地址，但由于不是路由，所以，没有RIP，OSPF等路由协议，而是根据生成树算法进行桥交换。

这种方法的优点是用户的物理位置改变了，不需要重新配置所属的vlan，而且可以根据协议类型来划分vlan，这对网络管理者来说很重要。还有，这种方法不需要附加的帧标签来识别vlan，这样可以减少网络的通信量。

这种方法的缺点是效率低，因为检查每一个数据包的网络层地址是需要消耗处理时间的（相对于前面两种方法），一般的交换机芯片都可以自动检查网络上数据包的以太网帧头，但要让芯片能检查 IP 帧头，需要更高的技术，同时也更费时。当然，这与各个厂商的实现方法有关。

（4）根据 IP 组播划分 vlan。IP 组播实际上也是一种 vlan 的定义，即认为一个组播组就是一个 vlan，这种划分的方法将 vlan 扩大到了广域网，因此这种方法具有更大的灵活性，而且也很容易通过路由器进行扩展，当然这种方法不适合局域网，主要是效率不高。

鉴于当前业界 vlan 发展的趋势，考虑到各种 vlan 划分方式的优缺点，为了最大限度地满足用户在具体使用过程中需求，减轻用户在 vlan 的具体使用和维护中的工作量，Quidway S 系列交换机采用根据端口来划分 VLAN 的方法。

（5）配置实例（以 1900 交换机为例）：

第一步：设置好超级终端，连接上 1900 交换机，通过超级终端配置交换机的 vlan，连接成功后出现如下所示的主配置界面（交换机在此之前已完成了基本信息的配置）：

```
1 user(s)now active on Management Console.
User Interface Menu
[M]Menus
[K]Command Line
[I]IP Configuration
Enter Selection:
```

第二步：单击 K 按键，选择主界面菜单中［K］Command Line 选项，进入如下命令行配置界面：

```
CLI session with the switch is open.
To end the CLI session,enter[Exit].
>
```

此时进入了交换机的普通用户模式，就像路由器一样，这种模式只能查看现在的配置，不能更改配置，并且能够使用的命令很有限。所以必须进入特权模式。

第三步：在上一步＞提示符下输入进入特权模式命令 enable，进入特权模式，命令格式为＞enable，此时就进入了交换机配置的特权模式提示符：

```
#config t
Enter configuration commands,one per line.End with CNTL/Z
(config)#
```

第四步：为了安全和方便起见，分别给这 3 个 Catalyst 1900 交换机起个名字，并且设置特权模式的登录密码。下面仅以 Switch1 为例进行介绍。配置代码如下：

(config)#hostname Switch1

Switch1(config)# enable password level 15 XXXXXX

Switch1(config)#

注：特权模式密码必须是 4～8 位字符，要注意这里所输入的密码是以明文形式直接显示的，要注意保密。交换机用 level 级别的大小来决定密码的权限。Level 1 是进入命令行界面的密码，也就是说，设置了 level 1 的密码后，你下次连上交换机，并输入 K 后，就会让你输入密码，这个密码就是 level 1 设置的密码。而 level 15 是你输入了 enable 命令后让你输入的特权模式密码。

第五步：设置 vlan 名称。因四个 vlan 分属于不同的交换机，vlan 命名的命令为 vlan 'vlan 号' name 'vlan 名称'，在 Switch1、Switch2、Switch3、交换机上配置 2、3、4、5 号 vlan 的代码为：

Switch1(config)#vlan 2 name Prod

Switch2(config)#vlan 3 name Fina

Switch3(config)#vlan 4 name Huma

Switch3(config)#vlan 5 name Info

注：以上配置是按表 2 规则进行的。

第六步：上一步对各交换机配置了 vlan 组，现在要把这些 vlan 对应于规定的交换机端口号。对应端口号的命令是 vlan-membership static/dynamic'vlan 号'。在这个命令中 static（静态）和 dynamic（动态）分配方式两者必须选择一个，不过通常都是选择 static（静态）方式。vlan 端口号应用配置如下：

1）名为 Switch1 的交换机的 vlan 端口号配置如下：

Switch1(config)#int e0/2

Switch1(config-if)#vlan-membership static 2

Switch1(config-if)#int e0/3

Switch1(config-if)#vlan-membership static 2

Switch1(config-if)#int e0/4

Switch1(config-if)#vlan-membership static 2

……

Switch1(config-if)#int e0/20

Switch(config-if)#vlan-membership static 3

Switch1(config-if)#int e0/21

Switch1(config-if)#vlan-membership static 3

Switch1(config-if)#

注：int 是 interface 命令缩写，是接口的意思。e0/3 是 ethernet 0/2 的缩写，代表交换机的 0 号模块 2 号端口。

2）名为 Switch2 的交换机的 vlan 端口号配置如下：

```
Switch2(config)#int e0/2
Switch2(config–if)#vlan–membership static 3
Switch2(config–if)#int e0/3
Switch2(config–if)#vlan–membership static 3
Switch2(config–if)#int e0/4
Switch2(config–if)#vlan–membership static 3
……
Switch2(config–if)#int e0/15
Switch2(config–if)#vlan–membership static 3
Switch2(config–if)#int e0/16
Switch2(config–if)#vlan–membership static 3
Switch2(config–if)#
```

3）名为 Switch3 的交换机的 vlan 端口号配置如下（它包括两个 vlan 组的配置），先看 vlan4（Huma）的配置代码：

```
Switch3(config)#int e0/2
Switch3(config–if)#vlan–membership static 4
Switch3(config–if)#int e0/3
Switch3(config–if)#vlan–membership static 4
Switch3(config–if)#int e0/4
Switch3(config–if)#vlan–membership static 4
……
Switch3(config–if)#int e0/8
Switch3(config–if)#vlan–membership static 4
Switch3(config–if)#int e0/9
Switch3(config–if)#vlan–membership static 4
Switch3(config–if)#
```

下面是 vlan5（Info）的配置代码：

```
Switch3(config)#int e0/10
Switch3(config–if)#vlan–membership static 5
Switch3(config–if)#int e0/11
```

```
Switch3(config-if)#vlan-membership static 5
Switch3(config-if)#int e0/12
Switch3(config-if)#vlan-membership static 5
……
Switch3(config-if)#int e0/20
Switch3(config-if)#vlan-membership static 5
Switch3(config-if)#int e0/21
Switch3(config-if)#vlan-membership static 5
Switch3(config-if)#
```

我们已经按要求把 vlan 都定义到了相应交换机的端口上了。为了验证配置正确性，可以在特权模式使用 show vlan 命令显示出刚才所做的配置，检查一下是否正确。

以上是就 Cisco Catalyst 1900 交换机的 vlan 配置进行介绍，其他交换机的 vlan 配置方法基本类似，参照有关交换机说明书即可。

三、危险点预控及安全注意事项

（一）危险点分析

要保证交换设备良好的工作，要注意以下 5 个方面的问题。

（1）电源方面。请务必确认电源是否接地，防止烧坏交换机设备。在拆装和移动交换机之前必须先断开电源线，这样防止移动过程造成内部部件的损坏。在放置交换机时电源插座尽量不要离交换机过远，否则当出现问题时切断交换机电源会非常不方便。

（2）防静电要求。超过一定容限的静电会对电路乃至整机产生严重的破坏作用。因此，应确保设备良好的接地以防止静电的破坏。人体的静电也会导致设备内部元器件和印刷电路损坏，所以触摸电路板或扩展模块时，请拿电路板或扩展模块的边缘，不要用手直接接触元器件和印刷电路，以防因人体的静电而导致元器件和印刷电路的损坏。如果有条件最好能够佩戴防静电手腕。

（3）通风良好。为了冷却内部电路务必确保空气流通，在交换机的两侧和背面至少保留 100mm 的空间。不要让空气的入口和出口被阻塞，并且不要将重物放置在交换机上。

（4）接地良好。因为设备的单板都是接到设备的结构上，设备安装和工作时请务必使用一条低阻抗的接地导线通过设备接地柱将设备的外壳接地，以保证安全。

（5）环境良好。交换机放置的地方应该保持一定的温度与湿度，所以说空调等设备是必须的。良好的环境可以让交换机寿命更长，性能更稳定。

（二）交换机配置注意事项

（1）配置完后，最后断电重启一次再检查所作配置有无变化；千万小心使用软件重启命令，它默认的选项是恢复出厂设置。

（2）Cisco 交换机口令恢复（以 1900 交换机为例）。

1）连接交换机的 Console 口到终端或 PC 仿真终端。用无 Modem 的直连线连接 PC 的串行口到交换机的 Console 口；

2）先按住交换机面板上的 mode 键，然后打开电源；

3）初始化 flash：

＞flash_init

4）更名含有 password 的配置文件：

>rename flash:config.text flash:config.old

5）启动交换机：

＞boot

6）进入特权模式：

＞enable

7）此时开机已忽略 password：

#rename flash:config.old flash:config.text

8）copy 配置文件到当前系统中。

#copy flash:config.text system:running–config

9）修改口令：

#configure terminal

#enable secret

10）保存配置：

#write

【思考与练习】

1. 交换机的主要功能有哪些？

2. 交换机的安装要注意哪些问题？

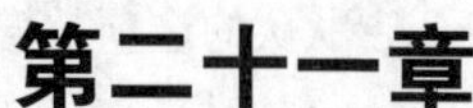

第二十一章　站内其他智能接口单元通信的调试与检修

模块 1　规约转换器接口的调试与检修（Z11J4001Ⅱ）

【模块描述】本模块介绍了规约转换器介绍、智能接口单元设备分类、通信参数种类及设置等。包含规约转换器原理、技术参数、通信参数及相关内容。通过要点讲解，掌握规约转换器调试前的准备工作、调试、检修。

【模块内容】

在变电站综合自动化系统中，许多智能设备往往是由多个厂家生产的，它们之间的接口形式、数据传输方式差距很大。要实现智能设备之间的数据交换，就必须通过一种硬件设备和接口，实现数据通信规约的转换。如果各种智能设备之间不能进行数据通信，大量的运行数据和调控命令就没有办法上传下达，电网的实时监控就无法完成。

一、规约转换器介绍

规约转换器就是一种能够通过不同接口形式的设备，实现与变电站内各种智能设备以不同通信规约进行通信，并根据信息的特征进行处理，形成新的标准信息，上送至相应的信息系统。

由于信息的采集和传送是根据优先级进行划分的，这要求规约转换器具有实时、分时的特性，同时也要求规约转换器具有接口多样性的特性。

二、智能接口单元设备分类

目前，变电站综合自动化系统中各间隔层智能设备是依靠有线进行通信的，智能接口单元设备主要有电能表、电能采集器、直流屏、交流屏、UPS、温湿度测量仪等设备，这些设备都是通过规约转换器进行数据交换并传送给调度中心。智能接口单元功能表见表 Z11J4001Ⅱ-1。

由于变电站综合自动化系统智能接口单元设备往往由不同厂家提供，通信方式和通信规约不尽相同，在进行规约转换器接口的调试与检修前，需要明确各智能接口设备的通信方式和通信规约，通过规约转换器转换数据格式，只有这样才能实现信息的相互交流。

表 Z11J4001Ⅱ-1　　　　智能接口单元功能表

序号	智能设备类型	功　能
1	电能表	计量一次设备电能量，兼作分时电量处理，上传变电站后台和调度
2	电能采集器	接入多块电能表，形成统一电量数据库和上传接口，上传变电站后台和调度
3	直流屏	为变电站内提供直流电源，并通过给蓄电池充电，在站内失去外部电源时提供应急直流电源。其主要运行状态参数可上传变电站后台和调度
4	交流屏	为变电站内提供交流电源。其主要运行状态参数可上传变电站后台和调度
5	UPS	为变电站内的重要电气设备提供不间断电源。其主要运行状态参数可上传变电站后台和调度
6	温湿度测量仪	测量变电站内室温、环境湿度并上传变电站后台和调度

三、智能接口单元设备通信方式介绍

目前，国内比较常见的智能设备通信方式分为 3 大类：串口通信方式，现场总线方式和网络（一般为以太网）方式。串口通信是现在国内每个变电站都用到的通信方式，也是历史最悠久的一种通信方式，有 3 种形式：全双工的 RS–232 和 RS–422，半双工的 RS–485。现场总线主要有 LON 网和 CAN 网，近年来这种通信方式逐渐被流行的网络方式所替代。网络通信方式具有通信可靠、通信速率高、数据流量大等特点，已成为主流通信方式。

通信方式的选择，首先要看设备支持什么样的通信方式。国内主流厂家的保护和测控方面的主导产品可以提供多种方式，其他公司的设备一般都只提供单一的通信接口；而国外公司的智能设备是按照合同约定提供通信接口的，一般只提供一种。

如果设备支持多种通信方式，那就要根据各种通信方式的特点和现场对通信的要求确定其中一种。各种通信方式的简单特点简述如下：

（一）网络通信

网络通信速率高，数据吞吐量大，而且借助互联网的普及，其技术标准被广泛采用。但网络通信，除了要求设备本身提供网络接口外，还必须要有辅助设备如集线器（Hub）或交换机（Switch），如果网络结构复杂的话，可能还需要有路由器。

（二）现场总线通信

现场总线，常见的有 CAN 网和 LON 网，其通信速率和流量仅次于网络通信且接线简单，而且抗干扰能力甚至强于网络。但现场总线方式的兼容性差，因为支持这种方式的设备少，且不同厂家间相同通信方式的设备一般是不能互联的。因此，现场总线方式一般只是局限于同一厂家的设备。

（三）串口通信

串口通信方式有 RS–232、RS–485 和 RS–422 这 3 种形式，具体选用哪种形式，可根据现场实际情况确定。确定串口通信方式，应尽可能选用全双工方式的，半双工方式要求设备不断地进行收发切换，会给调试和检修增加故障点。

自动化系统各测控装置和许多智能设备之间选择不同的通信方式就意味着采用不同的通信拓扑结构，对布线方式、接线工艺及电缆的规格都有不同的要求。

规约转换器常见通信技术参数包括如下内容：

1. 通信接口种类

（1）RS–232 接口。

（2）RS–422/RS–485/RS–232。

（3）CanBus 接口。

（4）10M/100M 双绞线以太网接口。

（5）10M/100M 光纤以太网接口。

（6）串口接口 RS–232/422/485，300 000～57 600 000bit/s。

（7）CanBus 接口 10k～1Mbit/s。

（8）Ethernet 接口 10M/100Mbit/s。

2. 通信协议

（1）IEC 61850。

（2）IEC 60870–5–101，102，103，104。

（3）DNP3.0。

（4）Sc1801。

（5）u4F。

（6）ModBus。

（7）SpaBus。

（8）M–Link+。

（9）CDT。

四、规约转换器的调试

1. 仪器、仪表及工具的准备

准备的仪器、仪表及工具有电脑、万用表、螺丝刀、斜口钳、通信电缆（网线、维护线等）、通信转换头（如 485/232 转换器等）和 Hub（用于观察 TCP 或点对点网络报文用）等。

2. 相关软件准备

需要准备的软件有维护软件、参数配置软件、串口数据监视软件、网络数据监视软件等。

3. 通电前检查

通电前的检查应包括以下 6 项内容：

1）电源线的接入是否正确；

2）电源的电压值是否合格；

3）是否有短路或开路的回路；

4）接地是否良好；

5）端子等外观是否完整；

6）电源插件是否正确。

4. 上电检查

上电后，应该检查以下 6 项内容：

1）电源指示灯是否正常；

2）规约转换器运行是否正常；

3）规约转换器面板指示是否正常；

4）维护接口是否正常；

5）内部参数检查；

6）自检信息查看是否正常。

5. 通信参数设置

规约转换器的本机参数主要包括：网络 IP 地址和掩码、地址类参数、工作方式参数等。

规约转换器的通信参数主要包括：通信串口的波特率、校验方式、数据位、停止位等；各板件的通信介质选择（如 485/422/232 等）；各板件的通信规约类型、参数和网络路由等内容。

6. 通信功能调试

首先，应该在通信两侧正确设置通信参数，并且正确地连接通信电缆。其次，查看通信报文，握手、传递数据等过程是否符合通信规约，内容是否正确。然后进行相应的通信实验，主要有数据正确性实验、变化数据实验、控制类数据实验、突发大数据量传送实验、通信异常恢复实验、通信中断实验和通信拷机类实验。

7. 试验报告

试验报告应该涵盖通信两侧的设备信息、通信电缆的连接、通信设备的信息、试验的目的、试验的基本要求、试验的数据项、试验的对象、试验的结果、试验的结论、试验的时间和试验人。

五、规约转换器的检修

（1）接线检查包括：接线是否有接地、接线中是否有短路回路、接线是否有开路、接地线是否可靠连接、通信屏蔽线是否可靠连接、屏蔽线是否单点接地、通信电缆是否有断线、接线端子是否有松动、接线头是否有氧化、电缆外皮是否破损等。

（2）指示灯检查包括：电源指示灯是否正常、运行指示灯是否正常、串口收发指示灯是否正常、网卡连接指示灯是否正常、网卡收发指示灯是否正常、网卡冲突检测指示灯是否不闪、是否有异常的指示灯常亮或闪烁。

（3）通信检查包括：通信参数是否正确、通信板件是否正常、通信电缆是否可靠连接、通信设备（如交换机）是否正常、是否有通信报文交互等。

（4）数据报文检查包括：数据报文过程是否正常、数据报文是否完整、数据报文中的数据是否正常、数据报文中的数据是否刷新、数据报文中有无陷入死循环的报文过程、数据报文中有无停顿、数据报文中有无某个设备不上送数据或不查询某个设备的数据、数据报文中有无误码、数据报文中有无不可识别类型的报文、数据报文中有无跳变的异常数据。

（5）检修报告。检修报告应该涵盖通信两侧的设备信息、通信电缆的检查、通信设备的检查、检修的对象、检修的原因、检修的数据项、问题的分析、检修的处理过程、检修的处理结果、检修的结论、检修的时间和检修人。

【思考与练习】

1. 国内变电站内比较常见的智能设备通信方式可分为哪几类？

2. 规约转换器的作用是什么？

◢ 模块 2　智能设备的规约分析及选用（Z11J4002Ⅱ）

【模块描述】本模块介绍了智能设备规约简介、分析及选用、入网方式等，含智能设备规约选择的条件、实现功能。通过要点介绍，掌握智能设备通信规约优缺点及使用范围。

【模块内容】

变电站各种智能设备通过不同的通信规约将变电站内智能设备采集的信息，送至变电站综合自动化系统和当地后台，并转送至调度中心，让变电站值班人员、调度值班人员能准确掌握变电站智能设备的遥信、遥测、遥脉等信息。因此，智能设备在通信过程中选择规约时，应统筹考虑，选择在多个现场长期运行过的，数据能长期稳定传输抗干扰能力强的规约。

一、智能设备规约介绍

1. 规约类型

规约类型一般可以分为两大类：问答式和循环式。

问答式：通过一问一答或发送/确认的方式来完成一次通信过程。标准的规约一般采用客户/服务器模式，由客户端向服务器端发起通信握手，握手成功后，通过客户端查询的方式交互数据。根据通信双方是否都可以充当客户端又分为平衡式（可以）和非平衡式（不可以）两种。

循环式：拥有数据的一端主动循环上送数据信息给通信对侧。

规约按照接口模式，也可以分为串口规约和网络口规约。

2. 规约结构

规约的结构一般由报文头、信息体、结束码组成。

报文头：主要由同步字符、报文长度、地址、报文类型等组成；其中，同步字符用于定位报文的起始并起到防止误码干扰的作用；报文长度用于界定报文内容（信息体）；地址用于标识发出报文的源设备及该报文的目的设备；报文类型用于标识该报文的数据类型或结构类型。

信息体：主要由信息类别、信息个数、信息索引、信息、附加信息组成；其中，信息类别用于标识信息的类别；信息个数用于标识信息体内所含单个信息的个数；信息索引用于标识单个信息的顺序索引号；信息是按规约的定义表达出来的约定的数据；附加信息一般为时标、状态码等，用于说明特定的信息内容。

结束码：一般由校验码和结束符组成；其中，校验码一般有和校验、CRC 校验等，用于接收方对整个报文进行正确性校验用；结束符用于标识报文的结束。

3. 规约报文分析实例

（1）IEC 103 规约报文分析。IEC 103 规约类型为问答式。报文结构分析如下（十六进制）：

S：10 5A 36 90 16

R：68 0E 0E 68 28 36 01 81 09 36 F2 BE 01 06 4F 11 10 00 46 16

其中，S 代表查询，R 代表应答。

S 报文中：

10 5A 36 为报文头；10 为同步字符；5A 为报文类型，表示查询一级数据；36 为查询的目的地址。

90 16 为结束码；90 为和校验码（5AH+36H=90H）；16 为结束符。

R 报文中：

68 0E 0E 68 28 36 为报文头；68 为同步字符；0E 0E 为报文长度和长度的重复，

报文长度 0E（14）指从报文类型至信息体之间的字节数；表示报文的应接收字节数为 14+4+2=20；68 为同步字符的重复；28 为报文类型，表示数据报文并有一级数据；36 为地址，表示报文由地址为 36H 的源设备发出。

01 81 09 36 F2 BE 01 06 4F 11 10 00 为信息体；01 为信息类别，表示带时标的信息类别；81 表示含有一个该类信息；09 为原因，表示报文由总查询引发；36 为设备源地址；F2 BE 表示信息的索引号；01 为双点信息，表示状态为分；06 4F 11 10 为时标；00 为附加信息。

46 16 为结束码；46 为和校验码（十六进制下 28 36 01 81 09 36 F2 BE 01 06 4F 11 10 00 的和为 346，取单个字节 46）；16 为结束符。

（2）CDT 规约报文分析。CDT 规约类型为循环式。报文结构分析如下（十六进制）：

S：EB 90 EB 90 EB 90 71 F4 01 01 02 28 F0 40 00 04 06 2B

其中，S 代表发送。

EB 90 EB 90 EB 90 71 F4 01 01 02 28 为报文头；EB 90 EB 90 EB 90 为同步字符；71 为控制字；F4 表示报文类别为遥信；01 表示信息体为一个；01 02 表示源站址为 01，目的站址为 02；28 为 71 F4 01 01 02 的单字节 CRC 校验码。

F0 40 00 04 06 2B 为信息体；F0 表示遥信的起始功能码为 F0，按协议即第一组遥信；40 00 04 06 表示具体的遥信信息；2B 为 F0 40 00 04 06 的单字节 CRC 校验码。

4. 智能设备入网方式

变电站里的第三方智能电子设备均需通过规约转换器才能接入站控层网络，将信息上送给变电站监控后台及远动通信管理机。

（1）串口的智能电子设备需通过串口扩展板接入。

（2）网口的智能电子设备需通过 CPU 板的网络口接入。

二、智能设备规约选用

1. 常见的智能设备规约标准

常见的智能设备规约标准有以下几种：

（1）IEC 103：问答式规约。

（2）IEC 102：问答式规约。

（3）IEC 101：问答式规约。

（4）IEC 104：问答式规约。

（5）DL 645：问答式规约。

（6）MODBUS：问答式规约。

（7）CDT：循环式规约。

（8）其他厂家自定义规约。

2. 规约选用的原则

规约的选择有几种原则：

（1）按通信介质选择。一般不采用现场总线方式与智能设备进行通信，除非通信双方都是同一个厂家。

对于采用 RS–232 串口方式的通信而言，可以选择问答式、循环式类型的通信规约。一般只适用于点对点的通信模式。

对于采用 RS–422 串口方式的通信而言，可以选择问答式、循环式类型的通信规约。如果采用一对多的通信模式，则须选用问答式规约。

对于采用 RS–485 串口方式的通信而言，只能选择问答式类型的规约。

对于采用网络方式的通信而言，如果采用 UDP 广播协议或组播协议，一般采用问答式规约。

对于采用网络方式的通信而言，如果采用 UDP/IP 或 TCP 协议，可采用问答式、循环式规约。

（2）按通信模式选择。点对点的通信模式，可以选择问答式、循环式规约。

一对多的通信模式，在没有冲撞检测功能的通信介质上，必须选择问答式规约。

（3）按通信质量选择。

通信质量较好的情况下，可以选择问答式或循环式规约。

通信质量较差的情况下，应该选择问答式规约。

（4）按数据要求选择。

如果数据的完整性要求比较高，应该尽量选择问答式规约。

如果数据的实时性要求比较高，可考虑选择循环式规约。

（5）按设备类型选择。

IEC 103 规约一般适用于变电站内保护装置、普通智能设备通信，应用范围较大。

IEC 102 规约一般适用于电能采集器设备的通信。

IEC 101 规约一般适用于调度端与站端的通信，通信模式为串行口。

IEC 104 规约一般适用于调度端与站端的通信，通信模式为网络模式，对网络的要求较高，实时性也较高。

DL 645 规约一般适用于和电能表或电能采集器通信。

MODBUS 规约一般适用于和普通智能设备通信，应用范围较大。

CDT 规约一般适用于和普通智能设备通信，应用范围较大，数据容易丢失。

厂家自定义规约应该尽量避免，兼容性较差。

【思考与练习】

1. 规约选用的原则是什么？

2. 列举常见的智能设备信息传输规约，并简述它们各自的特点。

第二十二章

后台监控系统的检修与调试

模块1　后台监控系统启动及关闭（Z11J5001Ⅰ）

【模块描述】本模块介绍了后台监控系统的启动、关闭方法、调试项目及注意事项。通过工作流程介绍、界面图形示意，掌握调试前的准备工作及相关安全和技术措施、后台监控系统启动及关闭功能的调试项目及其操作方法。

【模块内容】

一、启动后台监控系统前的准备工作

1. 检查后台计算机各硬件设备的连接情况

（1）设备间的连接线是否正确，是否存在错接或漏接情况。

（2）检查连接插座、插头的连接针是否存在变形、缺失或短路的现象。

（3）检查各硬件外观是否完整。

2. 登录用户名和口令

后台监控系统登录时需要选择用户并输入正确的口令，确定不同操作权限下的用户名及口令。

二、启动后台监控系统的方法及注意事项

1. 按主机和显示器电源按钮并打开后台机器

2. 启动监控系统

（1）确认Windows系统以Administrator用户登录，启动正常。

（2）确认系统桌面右下角任务栏中数据库服务器启动正常，显示为“正在运行”。

（3）确认系统防火墙处于关闭状态。

（4）双击桌面上监控系统运行图标，启动监控系统。

3. 查看监控系统启动正确

（1）确认监控系统启动过程中，数据库能正常启动，无报错。

（2）“操作界面”画面和简报窗口弹出同时，告警发音。

（3）登录监控系统，进行各功能操作。

三、关闭后台监控系统的步骤方法

1. 关闭后台监控系统

（1）注销、关机、重新启动与正常的 Windows 操作系统相同。

（2）切换工作模式，有些监控系统可以运行在标准的 Windows 操作系统上，也可以运行在受限的 Windows 操作系统上，当在受限的 Windows 操作系统上运行时，Windows 上的所有功能将不能使用，使用者只能使用监控系统，有效地提高了监控系统稳定性、可靠性。

（3）关闭监控系统，该命令只有当监控系统运行在标准的 Windows 操作系统上时有效。

2. 关闭后台机操作系统

监控系统完全关闭后，关闭后台计算机。

3. 关闭设备电源

四、案例

1. 启动监控系统

运行人员可通过以下 2 种方法启动变电站后台监控系统：

（1）在 Windows 运行桌面中找到某厂站综合自动化系统“VX.XX”快捷图标，用鼠标双击后，即可启动整个后台监控系统。

（2）在 Windows 系统的“开始”菜单中，选择“程序”→“某厂站综合自动化系统 VX.XX”→“某在线运行”菜单项，即可启动后台监控系统。

2. 查看系统运行情况

（1）从后台监控系统的“开始”菜单中选择“进程管理”子菜单（见图 Z11J5001Ⅰ–1），系统将弹出用户权限校验对话框，选择用户名并输入正确的口令。

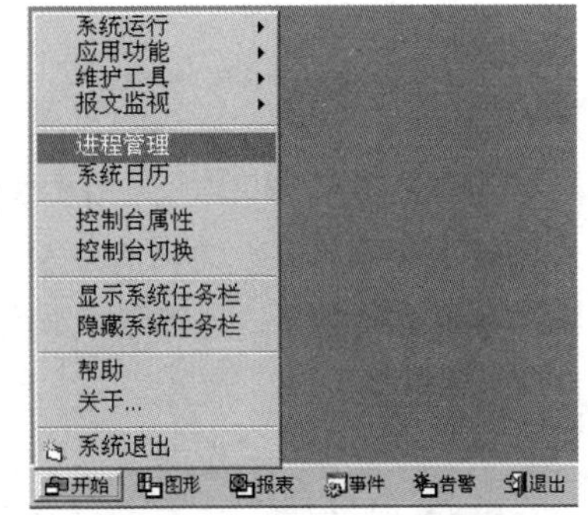

图 Z11J5001Ⅰ–1 开始菜单

（2）系统弹出“监控系统进程监控”管理界面（见图 Z11J5001Ⅰ–2）：

从进程列表中可查看系统关键进程的运行状态，从而判断后台监控系统的运行是否正常。其中“数据库服务器”“RCS 控制台”“后台网络”“实时告警系统”和“SCADA 模块”是系统的核心进程。

3. 关闭后台监控系统

从后台监控系统的“开始”菜单中选择“退出系统”、或在系统控制台工具栏中选择“退出”按钮（见图 Z11J5001Ⅰ–3），系统将弹出用户校验对话框，选择用户名并输入正确的密码后，可关闭后台监控系统。

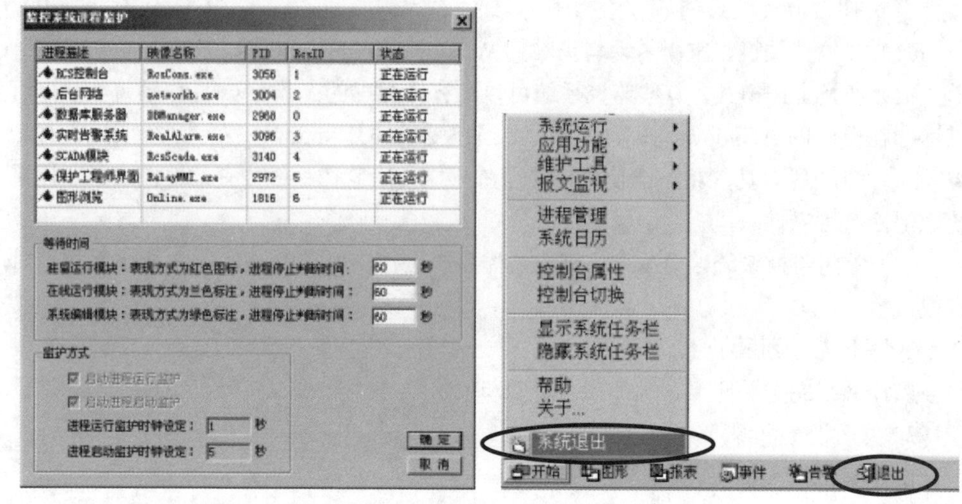

图 Z11J5001Ⅰ–2　监控系统进程监控管理界面

图 Z11J5001Ⅰ–3　退出菜单

【思考与练习】

1. 启动后台监控系统有哪些步骤？

2. 在后台监控系统中切换工作方式有什么作用？

模块 2　后台监控遥信量、遥测量及通信状态（Z11J5002Ⅰ）

【模块描述】本模块介绍了后台监控系统中遥信量、遥测量及通信状态的显示方式，以及数据和参数的查询方法。通过方法介绍、界面图形示意，掌握正确读取后台监控系统中遥信量、遥测量及装置通信状态的方法。

【模块内容】

一、查看后台监控遥信量、遥测量及通信状态前的准备工作

1. 确认监控系统与装置通信正常

（1）确认所有装置正常启动。

（2）确认装置和后台之间的连接设备运行正常，包括交换机通电、通信正常及所有网线连接正确并通信正常。

（3）确认后台计算机地址和所有装置地址配置正确，所有装置地址能够 ping 通。

2. 准备装置配屏图纸

（1）准备装置白图。

（2）准备一次主接线图。

（3）准备各侧间隔详细分图。

3. 准备后台信息表

（1）准备所有遥信表、遥测表、遥控表。

（2）准备其余详细信息表。

二、数据的显示方式

1. 后台监控系统中遥信量的显示方式

（1）一次接线图/间隔图。在一次接线图或间隔图中，遥信量的状态可通过图符的各种显示状态来表示。

1）断路器/隔离开关位置示例图（见图 Z11J5002Ⅰ–1）；

2）保护压板投入/退出状态显示图（见图 Z11J5002Ⅰ–2）；

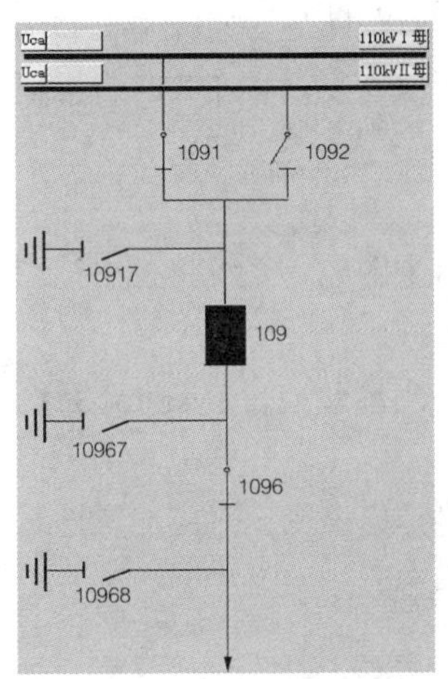

图 Z11J5002Ⅰ–1 断路器/隔离开关位置示例图

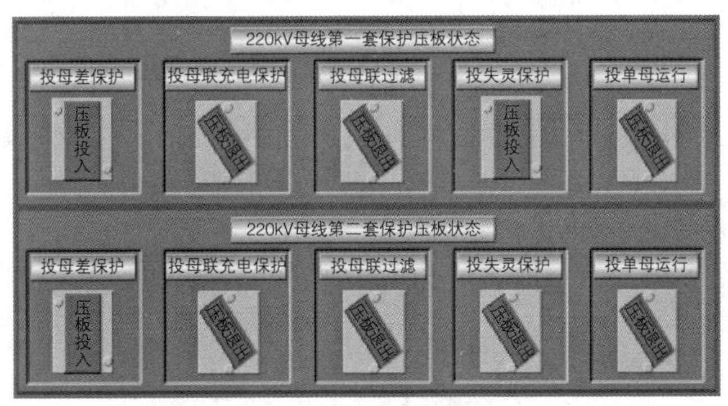

图 Z11J5002Ⅰ–2 保护压板投入/退出状态显示图

3）操作把手远方/就地状态显示图（见图 Z11J5002Ⅰ–3）。

（2）遥信量一览表，用以显示一组遥信量信号的状态，遥信量的状态一般用图符的不同颜色来代表。

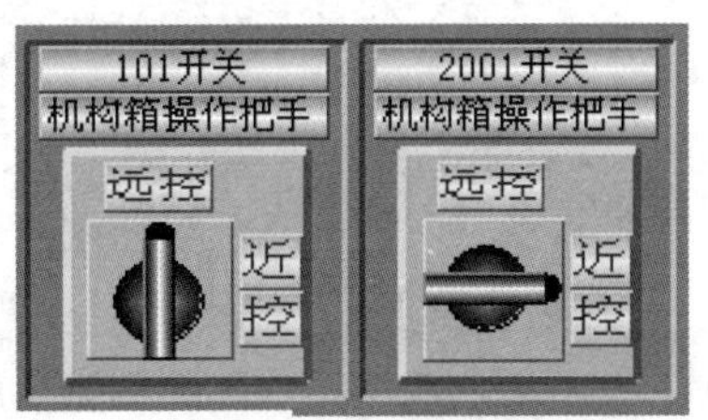

图 Z11J5002Ⅰ–3 操作把手远方/就地状态显示图

（3）实时告警。当遥信量状态发生变化时，在实时告警框中将出现相关的告警事件，提醒运行人员注意。告警信息可通过分层、分类、分级方式进行检索。每一条告警记录包含“告警等级”

"时间""操作人""站名称""点名称"和"事件"等信息。

2. 后台监控系统中遥测量的显示方式

（1）实时曲线/历史曲线。在一张曲线图中可同时显示多条曲线。

（2）遥测量一览表。遥测一览表用以显示一组遥测量的值。

（3）一次接线图/间隔图。

3. 通信状态的显示方式

目前自动化监控系统一般均采用双网冗余配置，用"A/B网"来标识这两个网络。后台监控系统的通信状态包含了变电站内所有接入后台监控系统装置的通信状态。这些设备包括间隔层的智能电子设备、站控层的监控主机和远动通信管理机。间隔层的智能电子设备，如测控装置、保护装置、低压保护测控四合一装置、电能表、直流屏等设备的通信状态可在通信状态一览表中查看，在线运行时，运行人员通过此通信状态一览表就可以判断出厂站内所有装置的通信状态。系统实时判断后台监控主机和远动通信管理机的通信状态，当发生通信异常时，如通信中断或恢复，将在实时告警框中显示相关的告警事件，提醒运行人员注意。

三、数据及参数的查询方式

（1）遥信量的查询，在运行画面上用鼠标双击某个遥信量图元，系统将弹出该图元对应的属性对话框，可以在对话框中查询所需要的数据状态。

（2）设备的查询，在运行画面上用鼠标双击某个断路器/隔离开关设备图元，系统将弹出该设备图元对应的属性对话框。

（3）在运行画面上用鼠标双击某个遥测量图元，系统将弹出该图元对应的属性对话框。

【思考与练习】

1. 后台监控系统的遥测量可以通过哪些方式显示？

2. 在监控系统中如何显示通信状态？

◢ 模块3　后台监控系统的图形生成（Z11J5003Ⅱ）

【模块描述】本模块介绍了后台监控系统中画面编辑工具的启动和使用方法。通过方法讲解、案例介绍、界面图形示意，掌握各种图形的绘制方法。

【模块内容】

一、后台监控系统画面编辑器的作用

画面编辑器是生成监控系统画面的重要工具，主要负责主接线图、各间隔分图的制作，由画面编辑器生成的画面都可以在实时运行中打开进行浏览，地理图、接线图、列表是查看数据、进行操作的主要界面，棒图、曲线则主要用于打印。

图形编辑制图的同时，还会建立图形的连接关系，最后会建立设备的连接关系，即拓扑连接关系，依次来实现图形的动态着色，同时为系统的一些高级应用如 VQC、五防等所用。图形编辑提供了自动断线、合并、连接线跟随等功能来保证图形连接关系的正确。

图形都必须定义属性，包括图类型、图大小、所属变电站等。图大小的单位是像素，对应显示器的分辨率。因此，在制作图形的时候需要统一计算机的分辨率，以保证图形在每个计算机上的显示是一致的，建议一个图形的大小是当前屏幕的大小，不要出现滚动条。

二、后台监控系统的图形生成的准备工作

（1）收集现场一次主接线图。

（2）收集各侧详细分图及数据。

（3）收集其他相关技术参数。

三、画面编辑器的启动、使用方法及注意事项

（一）启动后台监控系统的制图软件

单击操作系统的“开始”菜单，选择“画面编辑”进入图形编辑界面，在进入画面编辑器之前，系统弹出密码验证框，要求用户输入用户名和密码，如无权限或不匹配，系统拒绝登录。若通过验证，将显示画面编辑器的主界面。

（二）利用图形、图元编辑工具绘制各类图形

1. 工具栏

操作图形编辑主要提供多种工具栏，工具栏是由一组功能相近的工具组成。画面编辑器中包含以下工具栏：基本工具栏、常用图形编辑工具栏、缩放工具栏、拓扑工具栏、网格工具栏、线形处理工具栏、画面窗口工具栏、画线条工具、画拓扑连接点工具、画形状工具和画图表工具等。工具条中的某些工具对应有菜单项，如基本工具栏、常用图形编辑工具栏，选取菜单项也可以完成相同功能，但使用工具栏可加快操作速度。工具条可以在编辑器主窗口四条边的任意位置放置，或变成浮动的，停留在屏幕的任意位置。工具栏的具体作用及使用方法根据监控系统不同也有所差别，具体操作方法就不过多介绍。

2. 属性设置

在属性工具条中可以对图元的一些基本属性进行设置，不同类型的图元有不同的属性对话框，在图元上面双击鼠标左键即可弹出属性对话框。

（1）画面属性窗。画面属性窗用来设置画面编辑窗口的属性参数。鼠标左键双击当前画面即可弹出当前画面的属性窗，该窗口首先列出当前画面的一些属性，用户可

以根据自己的需要，修改当前画面窗口的一些基本属性。

（2）外观设置属性。主要设置线宽、线色、线性、文字、填充色及透明度等。

（3）位置大小及标签设置属性。主要设置高度、宽度、角度及标签。

（4）测点数据源选择属性。主要设置检索方式、厂站名称、装置名（间隔名）、测点类型、测点名及当前点。

（5）设备数据源选择属性。主要设置设备所在厂站及间隔。

（6）敏感点设置属性。敏感点图元代表的动作有弹出画面、播放音乐、执行程序、遥控遥调告警确认及全站复归。

（7）挡位设置属性。设置挡位测点及最大档位值。

3. 连接关系

设备图元都有自己的端子定义的，在图形制作中，要保证设备图元之间及设备图元和电力连接线或者线路之间端子可靠的连接。两个实际的设备之间，必须通过电力连接线来连接。在图形编辑中，提供了断开/合并连接线、连接线跟随、坐标自动修正等功能来保证在制图中端子的可靠连接。断开/合并连接线的作用是当把一个双端设备，如断路器、隔离开关，放在一个电力连接线上时，则电力连接线会自动断开，当移走或删除该设备，两个电力连接线会自动合并为一个。另外，如果连接线的一端也放在另一个连接线上，则后者也会自动断开。

（三）案例

1. 四遥列表分图自动生成

以遥信列表生成为例介绍。首先，使用标题文本编辑框设置遥信报表的显示标题，通过“标题字体”按钮来设置该标题显示的字体。厂站列表自动列出了当前所有的厂站，检索方式列出当前检索所采用的方式，主要有 3 种方式，即所有测点、按方式检索、按间隔检索。选中一种检索方式后，下面将对应列出该方式下的装置或间隔列表，通过该列表选择一个装置或间隔，对应测点列表将显示出来。然后，从测点列表中选择需要的测点，并放到右边列表框内。其次，在下面大小设置部分设置好遥信的列数、宽度值，在画面编辑器组件选择工具内指定一个组件，该组件图符自动加入到图符右边对应方框内，因为是遥信列表自动生成，所以取遥信组件图符进行设置。最后，点击创建按钮就在画面上生成一个遥信列表（见图 Z11J5003Ⅱ–1）。

2. 光字牌分图自动生成

前面过程与遥信列表自动生成基本相同，增加了对光字牌本身的布局、字体、颜色及闪烁效果的设置，由于这些设置比较简单，所以不做过多介绍。

3. 间隔复制

将一个已有的间隔图形复制到目的间隔中去。复制间隔首先要保证当前被复制间隔与目的间隔同属于一个类型，这样才能保证间隔正常复制。具体步骤：点选“间隔复制…”菜单项弹出如下对话框（见图 Z11J5003Ⅱ–2）。

厂站遥信一览表								
序号	遥信名称	值	序号	遥信名称	值	序号	遥信名称	值
0	装置 1_失灵投入		2	装置 1_Ⅰ母电压闭锁开放		4	装置 1_外部母联失灵长期起动	
1	装置 1_母差投入		3	装置 1_Ⅱ母电压闭锁开放		5	装置 1_外部闭锁母差长期起动	

图 Z11J5003Ⅱ–1　厂站遥信表

第一步：选择需要复制的当前间隔，如图 Z11J5003Ⅱ–2 中的“05C19”，然后选择好目的间隔，如图 Z11J5003Ⅱ–2 中的“05C20”，这样就将同样类型的间隔关联到“05C20”上面。

第二步：指定目标窗口，图 Z11J5003Ⅱ–2 中的“画面一”。当前窗口由系统默认生成，无需改动，所以一般设置为只读状态。如果用户对系统默认指定的窗口不满意，也可以改变目标窗口名称。

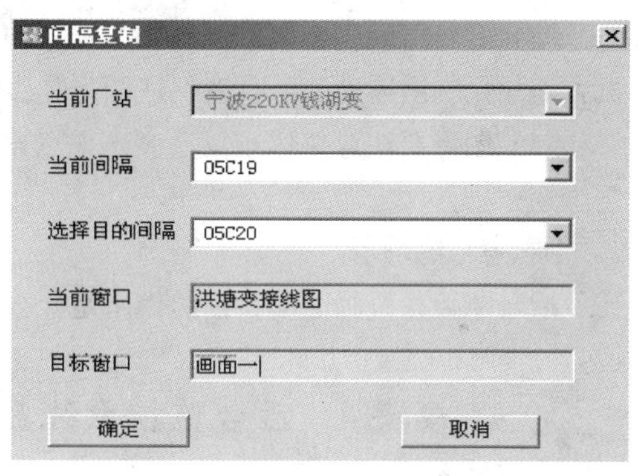

图 Z11J5003Ⅱ–2　间隔复制

第三步：点击确定按钮即可。系统将自动生成一个新的画面，名称为目标窗口名。

（四）图形生成与保存

1. 图形生成

弹出一个新的编辑窗口。可创建两种类型的图形文件，一种为普通的图形文件，后缀为.pic；另一种为给硬件装置上的液晶屏显示用的图形，后缀为.dlp，这两种图形可相互转换。根据输入的厂站相关信息自动生成接线图。

2. 图形保存

保存分为网络保存、本地保存及另存，网络保存即将编辑好的图形以网络图形数据文件的格式在网络中存储，本地保存为将编辑好的图形以 pic 的文件后缀存储在本地计算机上，另存为将当前编辑的文件以其他文件名保存，选择保存类型可以保存为普通图形文件或硬件装置液晶图形文件。

（五）退出

关闭当前编辑的文件，如在关闭前未存盘，则提出警告，然后退出图形编辑。

（六）画面编辑注意事项

画面编辑是指利用各种图元按各种形式进行组合，并对图元进行属性设置的一个过程。养成良好的工作习惯对快速、稳定、美观的制图是非常重要的，需要注意如下5点：

（1）先建库后做图，特别避免出现在多个计算机上同时作图和建库或修改库。

（2）在一个计算机上作图，始终保持此计算机上的图形是最新的，由它向其他计算机同步。

（3）在图形制作工程中，对设备图元有增加、删除、修改操作时，在系统退出前，要做数据备份，即把实时库数据保存到商业库，否则增加、删除、修改的设备及其信息会丢失。

（4）对典型间隔而言，先制作好一个间隔，特别是属性设置完毕后，使用复制会极大地加快制图速度，而且能保证图形制作的正确性。

（5）图形要注意整体布局，突出重点设备，如变压器，给人感觉要饱满，避免头重脚轻。

【思考与练习】

后台监控系统画面编辑器的作用是什么？

◢ 模块4 后台监控系统数据库修改（Z11J5004Ⅱ）

【模块描述】本模块介绍了后台监控系统数据库结构、数据库编辑工具使用方法。通过方法讲解、案例介绍、界面图形示意，掌握后台监控系统数据库修改的方法。

【模块内容】

一、后台监控系统的数据库修改的准备工作

（1）收集现场一次主接线图。

（2）收集相关信息表。

（3）收集其他相关技术参数。

二、数据库结构

数据库维护工具采用了层次加关系的数据组织模式。层次体现在后台监控系统在线运行时系统对数据库的读写访问上，由厂站、装置、测点所形成的两到三层的数据库访问层次，同时层次也体现在系统数据库的定义上，系统数据库的定义分为厂站定义、装置/设备定义和测点定义3级进行，厂站、装置和测点都有一系列属性。数据库维护工具有厂站、装置、线路、变压器、断路器/隔离开关、容抗器、发电机/电动机、母线、电压互感器、电流互感器、避雷器、其他设备、遥信、遥测、遥控、脉冲、挡

位等多种主要的数据结构。

三、数据库编辑工具使用方法

1. 启动后台监控系统数据库编辑软件

在 Windows 操作系统的“开始”菜单→“程序”→“厂站综合自动化系统”→“系统维护”→“数据库编辑”来启动数据库编辑软件。

2. 数据库的建立与修改

（1）建立逻辑节点定义表。

（2）建立设备组表。

（3）建立设备组表里各设备组数据库。依次建立包括遥信表、遥测表、电能表、档位表、设备表等详细数据库。

3. 数据库的保存与加载

（1）点击保存按钮，保存已修改的组态表。

（2）主接线图各设备与数据库进行关联。

四、案例

以某型号厂站监控系统为例具体介绍数据库编辑修改方法。

（一）厂站数据定义及修改

1. 增加厂站

在系统列表中的“监控”页面中，选中“系统”根节点，然后单击工具栏上的 ✚ 按钮，即可在“系统”下增加一个新的厂站（见图 Z11J5004Ⅱ–1）。新增加的厂站下默认包含“装置”“间隔”和“旁路代换”3 个节点，在“装置”节点下默认包含“非固定装置”和“合成信息”2 个装置。若配置了一体五防系统，则在“装置”节点下还默认包含“一体五防”装置。

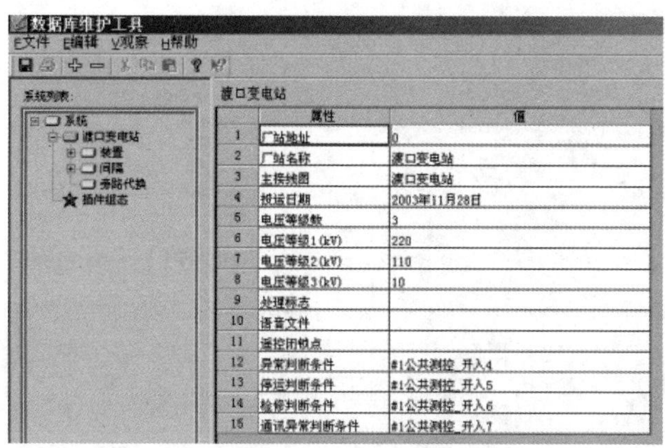

图 Z11J5004Ⅱ–1　厂站配置

新建厂站后的数据库界面中，操作窗口左边为树型列表，操作窗口右边为厂站属性定义窗口。

2. 厂站的配置

厂站的配置是指配置厂站地址、厂站名称、主接线图、投运时间、电压等级数、语音文件、遥控闭锁点、异常停运检修的判断条件，其中厂站地址必须设置为 0，厂站名称不超过 30 个汉字。删除厂站只需要在“系统列表”中选择要被删除的厂站，然后单击 ▭ 按钮。系统弹出删除确认对话框“删除厂站××？”选择“是”，删除该厂站，选择“否”，取消此次删除操作。

（二）装置及相关测点数据定义及修改

遥信、遥测、遥控、脉冲和档位信息的配置是按照每一个装置进行的，对每一台装置而言，确定了装置型号，也就确定了该装置的测点信息列表，而且该测点信息列表只可修改属性定义，不可增加或删除测点。

1. 增加装置

在“系统列表”的“监控”页面中，选中需要添加装置的厂站，用鼠标左键单击“装置”条目，然后单击工具栏上的 ✚ 按钮，即可在“装置”下增加一个新装置。非固定装置和合成信息是增加厂站时由系统自动添加的，不可删除。

2. 装置的配置

鼠标左键单击某一个需要编辑的装置，出现装置配置操作界面（见图 Z11J5004Ⅱ–2），在右边的装置属性配置界面中用户可以方便地进行装置的属性配置。

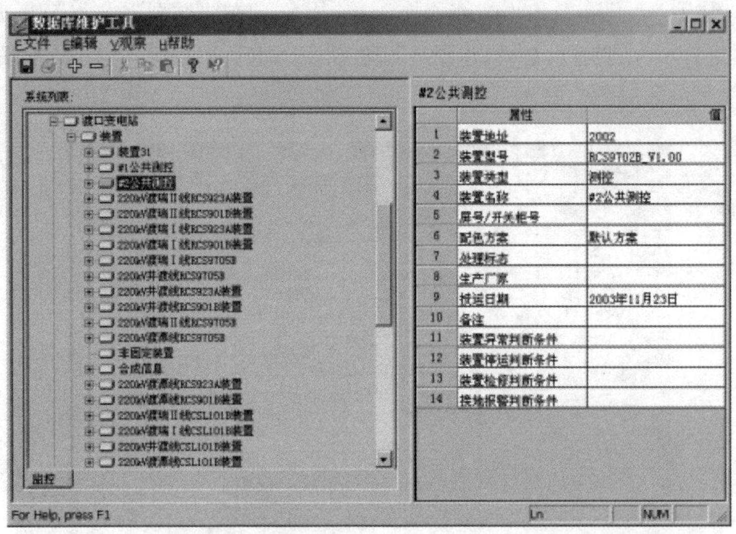

图 Z11J5004Ⅱ–2　装置配置

其中装置地址输入范围为 0～65 279，系统自动判断是否有重复，如果有重复则不接受用户的更改，全站必须唯一。装置型号可从下拉列表中选择，如“LFP921v1.00”、“RCS9611Bv1.00”等，装置型号的更改将直接导致对应测点数据的更改。其他几项可以根据实际情况进行更改。

3. 遥信的配置

展开“装置”节点，双击某一个装置，展开该装置的测点信息，包含“遥信”“遥测”“遥控”“脉冲”和“档位”。鼠标左键单击“遥信”，出现遥信配置操作界面（见图 Z11J5004Ⅱ–3），在右边的遥信配置界面中用户可以方便地对遥信量进行配置。或者从“间隔”→“电压等级”→“××间隔”→“××设备”，展开该设备下的遥信、遥测、遥控、脉冲和档位，鼠标左键单击“遥信”，也会显示遥信属性设置界面。

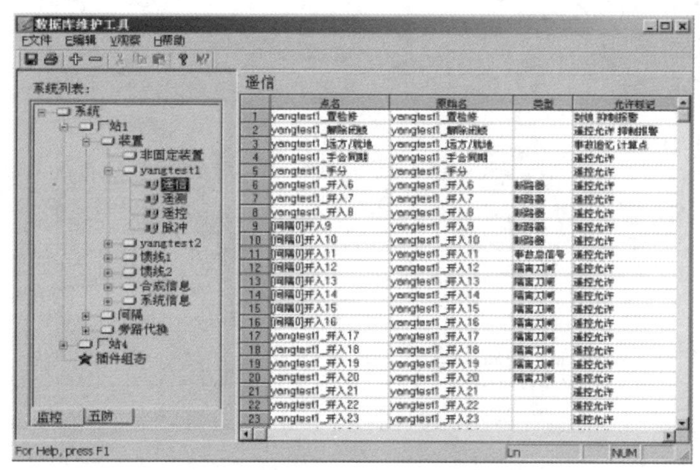

图 Z11J5004Ⅱ–3　遥信配置

其中，单击允许标记区域，将弹出允许标记对话框（见图 Z11J5004Ⅱ–4）。

用鼠标单击复选框，✔表示被选中，如果取消复选，再次单击该复选框。完成选择后键入回车或按×按钮确认，键入 Esc 键取消操作。遥信点的缺省允许标记为遥控允许。

封锁，即是否封锁该遥信点。如果封锁，则系统不处理该测点的数据，如果取消封锁，系统处理该测点的数据。

抑制报警，即是否允许该遥信点产生报警。如果不抑制，当遥信变位时，产生报警信息，画面上的该测点所对应的图符将闪烁，如果抑制告警，当遥信变位时，不产生相关报警。

图 Z11J5004Ⅱ–4　允许标记

遥控允许，即是否能对该遥信点进行遥控操作。

取反使能，即对遥信状态进行取反。当遥信点的原始值为“0”时，工程值为“1”；当遥信点的原始值为“1”时，工程值为“0”。

事故追忆，即是否对该遥信点进行事故追忆。如果允许，当进行事故追忆时，将该遥信点记入事故追忆数据库。

计算点指该遥信点是否为计算点。

相关遥控是指择遥信点对应的遥控点。遥控操作时，系统通过其对应遥信点的变位情况来判断遥控操作是否成功。因此，遥控点必须与某个遥信点对应。

计算公式为允许标记中计算点为选中状态时，该遥信点才可以进行计算。单击遥信点计算公式的区域，弹出遥信点计算图（见图 Z11J5004Ⅱ–5）。

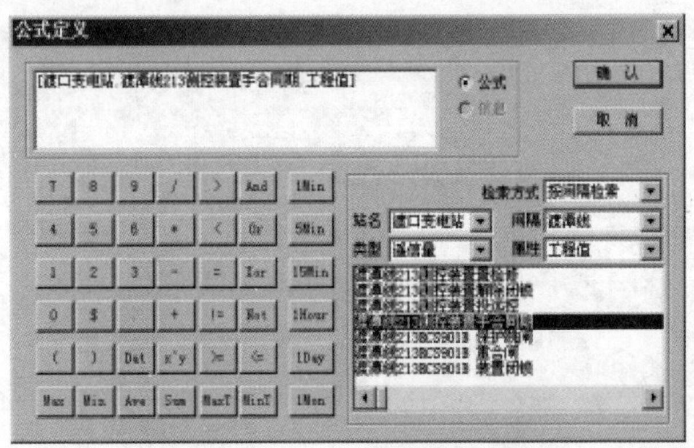

图 Z11J5004Ⅱ–5　遥信点计算图

遥信测点的计算公式定义只在“合成信息”的“遥信”中才有效。

4. 遥测相关配置

在“系统列表”中，选择某个装置下的“遥测”组，数据库维护工具的右侧将显示遥测属性设置界面。一般遥测需要配置电压、电流、有功、无功及频率等，可以根据系统参数进行配置（见图 Z11J5004Ⅱ–6）。

遥测数据包括一次值、校正值、允许标记、存储标记及计算公式等。其中，允许标记的封锁是指是否封锁该遥测点，如果封锁，则系统不处理该测点的数据，如果取消封锁，系统处理该测点的数据；统计允许是指是否对该遥测点数据进行统计；抑制报警是指是否抑制该遥测点产生报警，如果抑制告警，当数据越限时，不产生报警信息；事故追忆是指是否对该遥测点进行事故追忆，如果允许，当进行事故追忆时，将该遥测点记入事故追忆数据库；计算点是指是否对该遥测点进行统计计算，计算点为选中状态时，该遥测点才可以进行计算，仅对合成信息装置有效。存储标记为选择该遥测点存储类型，不同的遥测点存储类型都不尽相同。

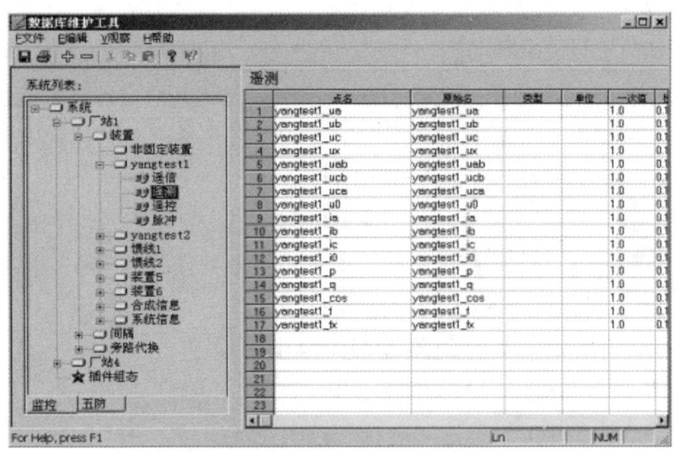

图 Z11J5004Ⅱ–6　遥测配置

5. 遥控相关配置

在“系统列表”中，选择某个装置下的“遥控”组，数据库维护工具的右侧将显示遥控属性设置界面。可以在此界面上对遥控相关参数进行设置（见图Z11J5004Ⅱ–7）。

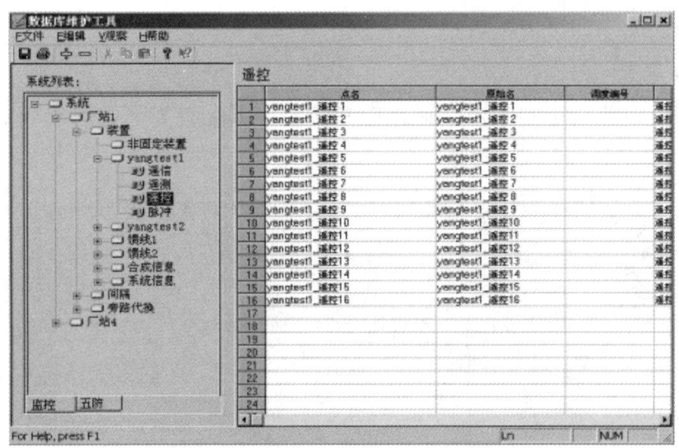

图 Z11J5004Ⅱ–7　遥控配置

遥控设置包括遥控点名、调度编号、允许标记、遥控类型相关遥信及档位等。其中，遥控类型是选择此类遥控是调压、调挡、普通遥控还是顺控遥控，相关遥信在“遥信”测点的“相关遥控”属性处定义，此处仅用于查看，不允许用户修改，遥控操作前，通过该遥信点状态判断可以进行的遥控动作是分闸还是合闸，在执行遥控操作后，系统通过对应遥信点的变位情况来判断遥控操作是否成功。

（三）间隔及一次设备数据定义及修改

一次设备目前提供 10 种类型：线路、变压器、断路器/隔离开关、容抗器、发电机/电动机、母线、电压互感器、电流互感器、避雷器和其他设备。系统按照电压等级将它们组织起来。把若干个同类型或不同类型的一次设备合在一起就构成一个间隔。

图 Z11J5004Ⅱ–8 增加电压等级

1. 间隔的增加和删除

（1）增加。在左侧系统列表中的“监控”页面，鼠标左键单击树形列表的“间隔”，然后单击工具栏中的 按钮，弹出“电压等级”选择对话框（见图 Z11J5004Ⅱ–8）。

在下拉列表框中选择所需添加间隔的电压等级，用户可选择的电压等级包括：10/35/66/110/220/330/500kV。单击“确认”按钮完成操作，在“间隔”下增加一个新的电压等级节点，单击“取消”按钮取消本次操作。选中该电压等级，单击工具栏中的 按钮，即可在该电压等级下增加一个新的间隔。

（2）删除。从树形列表中选择需被删除的间隔点击，然后单击工具栏中的 按钮。系统弹出删除确认对话框：“删除间隔××？”，选择“是”，删除该间隔，选择“否”，取消此次删除操作。

注意：删除间隔的过程不可逆。

2. 间隔的配置

在树形列表中单击选中某个间隔，在右侧的间隔配置界面中用户可对间隔的属性进行配置（见图 Z11J5004Ⅱ–9）。

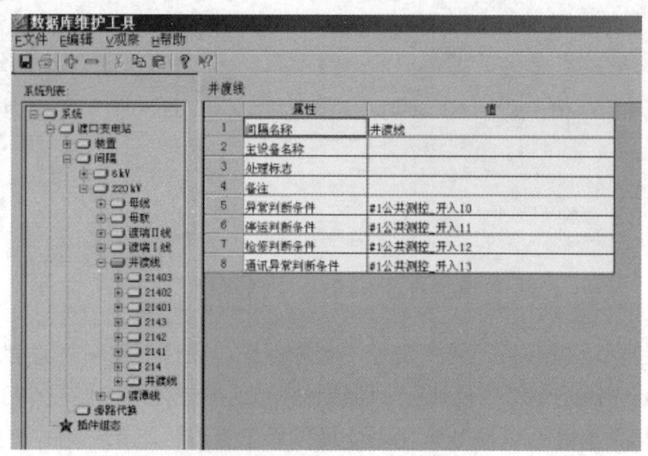

图 Z11J5004Ⅱ–9 间隔配置

3. 一次设备的增加和删除

（1）增加。双击树形列表的“间隔”，展开间隔，选中要增加设备的间隔，单击工具栏中的按钮，弹出“增加间隔设备”对话框（见图 Z11J5004Ⅱ–10）。用户可从“设备类型”下拉列表中选择所要增加设备的设备类型，单击“确认”按钮完成操作；单击“取消”按钮取消操作。系统自动在树形列表的间隔下增加一个新的设备。

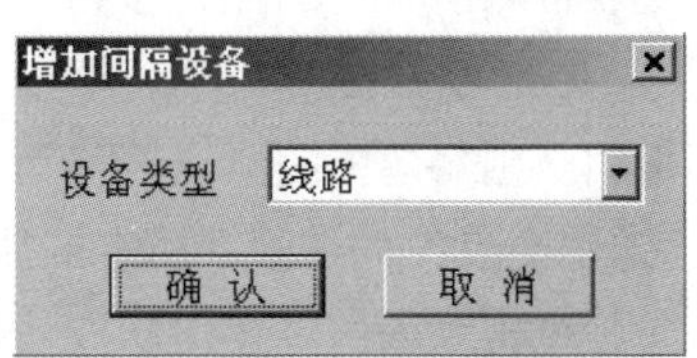

图 Z11J5004Ⅱ–10　增加设备

（2）删除。在间隔下的设备列表中选中所要删除的设备名，单击工具栏中的按钮。系统弹出删除确认对话框：“删除××××？”，选择“是”，则从间隔中删除该设备，选择“否”，取消此次删除操作。删除间隔中设备的过程不可逆。

4. 一次设备关联测点

在树形列表中选择某个需要关联测点的一次设备，然后单击工具栏上的按钮，弹出“测点列表”选择对话框（见图 Z11J5004Ⅱ–11）。

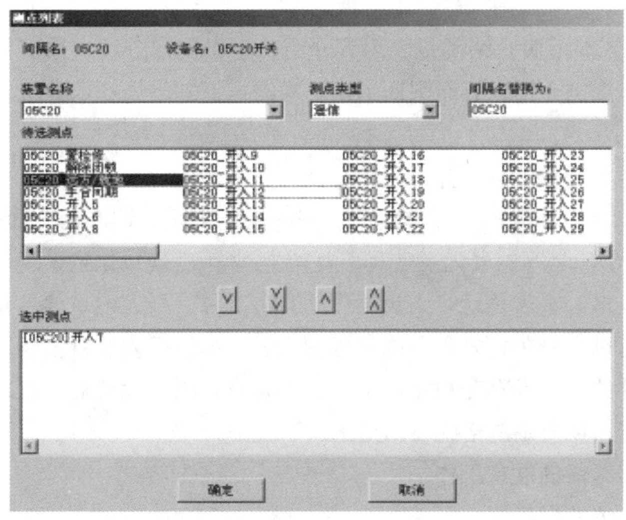

图 Z11J5004Ⅱ–11　测点关联

在“装置名称”下拉列表中列出了厂站下所有二次装置的名称。在“测点类型”下拉列表中列出了装置的测点类型，包括“遥测”“遥调”“遥信”“遥控”“脉冲”和“挡位”。选择装置和测点类型后，在“待选测点”列表框中显示装置下某类型测点中未与该一次设备关联的且未与其他一次设备关联的测点名，在“选中测点”列表框中显示与该一次设备关联的测点名。

在“待选测点”列表框中选择需要被关联的测点（可多选），单击“V”按钮，则将选中的测点转移到“选中测点”列表框中；或者单击“︾”按钮，则将“待选测点”列表框中所有的测点转移到“选中测点”列表框中。

在“选中测点”列表框中选择需要被解除关联关系的测点（可多选），单击“Λ”按钮，则将选中的测点转移到“待选测点”列表框中；或者用单击“︽”按钮，则将“选中测点”列表框中所有的测点专用到“待选测点”列表框中。

单击“取消”按钮，取消本次操作。单击“确定”按钮，完成关联操作，系统自动在该一次设备下生成关联测点列表，单击“遥测”“遥信”“遥控”“脉冲”或“挡位”可查看该一次设备的关联测点信息。

【思考与练习】

1. 简述数据库的结构。
2. 如何编辑修改数据库？

◢ 模块5 报表制作（Z11J5005Ⅱ）

【模块描述】本模块介绍了报表工具介绍、报表创建方法、报表相关数据定义；通过方法讲解、案例介绍、界面图形示意，掌握报表制作的基本方法。

【模块内容】

一、报表及其制作工具简介

报表是变电站运行监视和存储运行数据的重要手段。这有两方面的含义：① 就SCADA系统来说，运行报表记录是其主要功能；② 就现场来说，现场日常工作中需要统计大量的表格，报表是运行人员工作的有力支撑。报表的重要性是不言而喻的，报表编辑工具可以用来制作各种不同类型的报表，如日报表、月报表、年报表等。制作的报表以文件的形式保存在数据库中，在浏览时，根据设置的报表时间，从数据库中取得各种数据，以一定的格式显示出来。

二、报表创建前的准备工作

（1）收集相关信息表。

（2）收集其他相关技术参数。

（3）收集变电站的报表格式。

三、后台监控系统报表制作方法

1. 启动后台监控系统报表管理软件

2. 报表的制作与编辑

（1）新建一个报表，设置报表类型，修改报表名称。

（2）从本机中打开报表文件。

（3）显示报表时间及刷新时限，输入报表所需显示的数据类型。

（4）设置报表显示区域、打印区域及显示比例。

（5）数据检索选择，根据提供的表名、厂站、设备组类型、设备组、设备、记录名、域名等按对象组织的下拉列表框，选择出所需要的测点。

（6）设置报表外观，包括字体、边框及填充模式。

（7）保存已经做好的报表，并退出报表编辑界面。

四、案例

以某型号监控系统为例介绍报表制作方法。

1. 启动报表管理软件

在 Windows 操作系统的“开始”菜单→“程序”→“某厂站综合自动化系统”→“系统维护”→“报表编辑”。

2. 自动生成报表方法

（1）在报表列表窗口中选择某个厂站，单击工具栏上的 ，将弹出报表自动生成向导（见图 Z11J5005Ⅱ–1）。从报表子类型下拉列表中选择报表的子类型（日报表、月报表或年报表）、输入报表名称、报表标题，选择报表中测点的类型（遥测或电能量），选择表格方向，“横向”表示测点在 x 轴方向，时间在 y 轴方向，“纵向”则与之相反。在“时间范围”中，设置测点的起始时间、结束时间和步长。若是月报表和年报表，需要设定时刻，即报表取每天此时刻测点的值。按“下一步”进步报表自动生成第二步。

（2）选择测点及统计量，可以按“保护设备”或“间隔”检索相关测点。单击“生成”按钮，自动生成所需报表（见图 Z11J5005Ⅱ–2）。

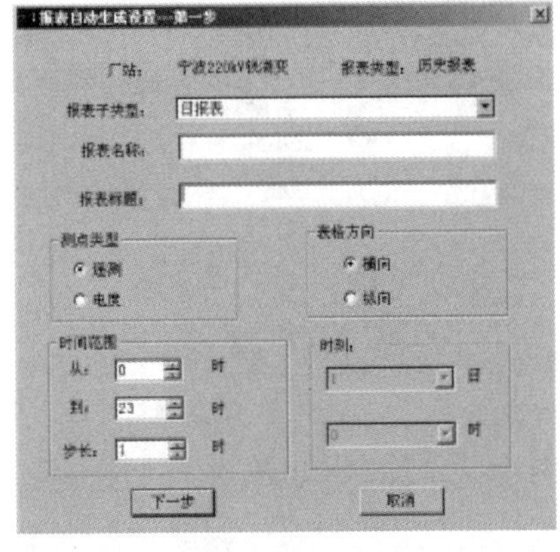

图 Z11J5005Ⅱ–1　日报表基本配置

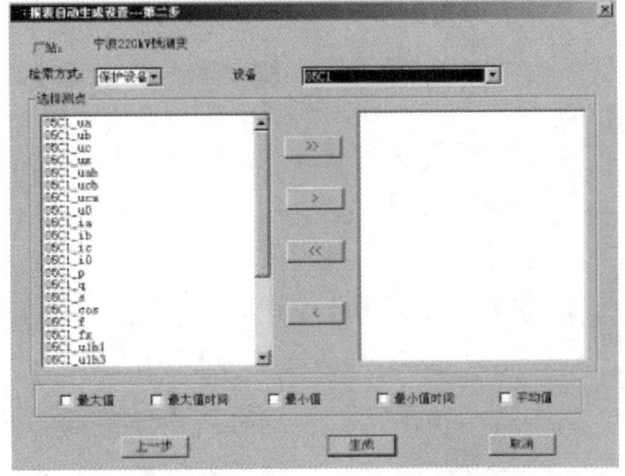

图 Z11J5005Ⅱ–2　日报表测点关联

3. 手动生成报表方法

（1）在报表列表窗口中选择某个厂站，单击工具栏上的 ，系统弹出“报表属性”对话框（见图 Z11J5005Ⅱ–3）。

（2）选择报表类型，输入报表名称、报表表体的大小（行数、列数）、报表是否定时打印等，报表的定时打印只对日报表、月报表和年报表有效，对特殊、实时报表不能设置定时打印。如果一张日报表选择了定时打印，设置定时打印的时间为 12 时 30 分，那么每天的 12 时 30 分就会自动打印该报表。如果对月报表设置的打印时间为 16 日 12 时 30 分，那么每月 16 日的 12 时 30 分会自动打印该报表。设置完成后单击“确定”按钮将生成一张空白的报表。

（3）空白报表生成后，选择所需要的测点类型及名称，在指定测点时，依次选择检索方式、选择保护装置或间隔、测点类型、测点（见图 Z11J5005Ⅱ–4）。

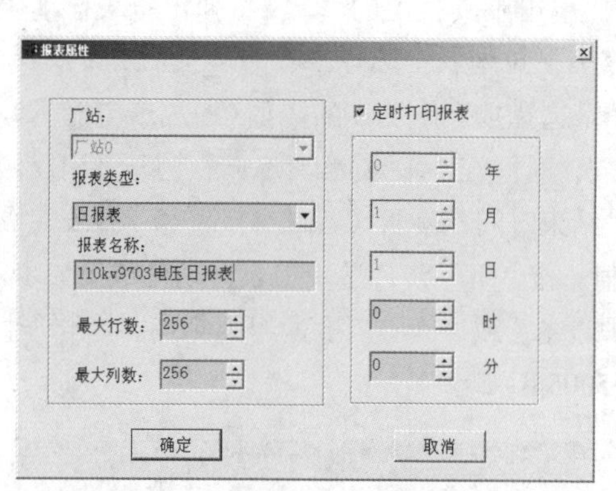

图 Z11J5005Ⅱ–3 报表属性

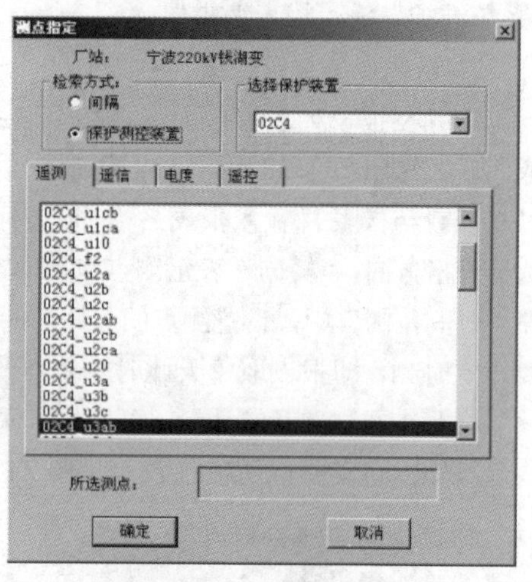

图 Z11J5005Ⅱ–4 测点关联

4. 保存已生成的报表，并退出报表编辑系统

【思考与练习】

1. 在监控系统内各种报表有哪些作用？

2. 报表制作有哪些步骤？

模块 6 备份和恢复数据库（Z11J5006Ⅱ）

【模块描述】本模块介绍了数据库备份和还原方案介绍、相关工具使用及操作过程中的注意事项。通过要点介绍、案例分析、界面图形示意，熟悉数据库备份和恢复

方案制定以及操作过程。

【模块内容】

一、数据库备份的原因

一个工程完工后，需要对整个工程文件进行备份，包括数据库、图形等所有后台系统数据，可以在系统更改后出错或出现不正常运行状态后对系统数据库进行恢复。

二、备份数据库及注意事项

（1）在程序中打开系统数据库备份功能。

（2）选择菜单数据库备份维护中备份实时表库和文件库。

（3）点击后，此时弹出要求选择备份文件存储路径及填写备份文件名的窗口，并输入存储路径。

（4）以上步骤确认后，系统会开始自动备份整个工程文件，包含数据库、图形等所有后台系统数据。备份完后，会在指定的备份路径中生成备份文件。

三、恢复数据库及注意事项

（1）请保证后台系统已经退出，然后在程序中选择数据库恢复。

（2）选择存放备份文件的路径及备份文件。

（3）以上选项确认完后，系统将自动恢复整个工程文件。

四、案例

不同类型的监控系统备份与恢复操作各不相同，主要以典型操作系统为例进行介绍。

1. 启动数据库备份、还原工具

在 Windows 操作系统的“开始”菜单→“程序”→“某厂站综合自动化系统”下选择“数据库备份还原”菜单项，即可启动“数据库备份（还原）工具”。操作界面见图 Z11J5006Ⅱ–1。

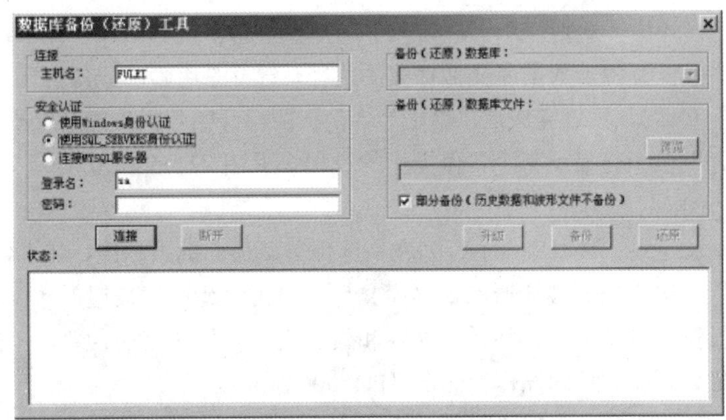

图 Z11J5006Ⅱ–1　数据库备份操作界面

在“主机名”中默认显示的是本节点的计算机名。对于SQL Server数据库安全认证方式可选择“使用Windows身份认证”或“使用SQL_SERVERS身份认证”；对于MySQL数据库需选择“连接Mysql服务器”。在“使用SQL_SERVERS身份认证”时，需要输入“登录名”和“密码”，根据数据库安装过程中配置的选项，登录名为“sa”，密码为空。在设置了连接主机和安全认证方式后，单击“连接”按钮，将连接到指定计算机上的SQL Server数据库。连接成功后的显示状态如图Z11J5006Ⅱ-2所示。若不能正常连接，系统将给出相关的连接出错提示。

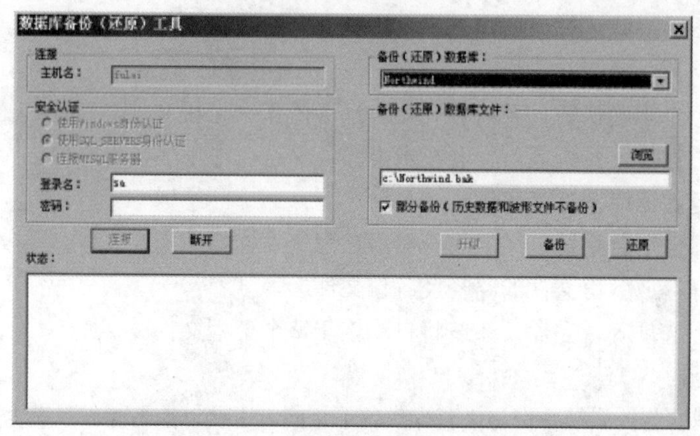

图Z11J5006Ⅱ-2　连接成功后的显示状态

在“备份（还原）数据库”下拉列表中列出了SQL Server中所有的数据库，用户可从中选择需要进行备份、还原或升级操作的数据库。

2. 备份操作

在“备份（还原）数据库”下拉列表中选择需要备份的数据库，在“备份（还原）数据库文件”中设置备份数据库文件存放的路径，选择是否“部分备份”（即不备份历史数据和波形文件），设置完成后，单击“备份”按钮开始数据库的备份操作。在界面下方的“状态”栏中将显示整个备份操作的过程（见图Z11J5006Ⅱ-3）。

3. 还原操作

在“备份（还原）数据库”下拉列表中选择需要还原的数据库，在“备份（还原）数据库文件”中选择需要被还原的数据库文件，单击“还原”按钮，系统弹出“还原数据库文件设置”对话框，选择数据文件和日志文件存放的路径，单击“确认”按钮后，开始指定数据库的还原操作（见图Z11J5006Ⅱ-4）。

在界面下方的“状态”栏中将显示整个还原操作的过程（见图Z11J5006Ⅱ-5）。

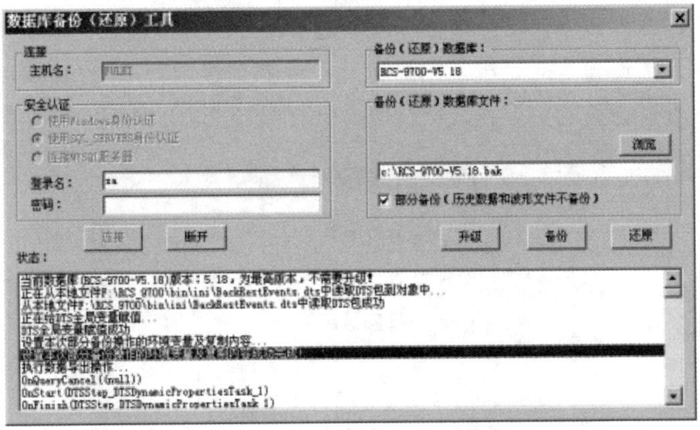

图 Z11J5006Ⅱ-3　数据库备份过程

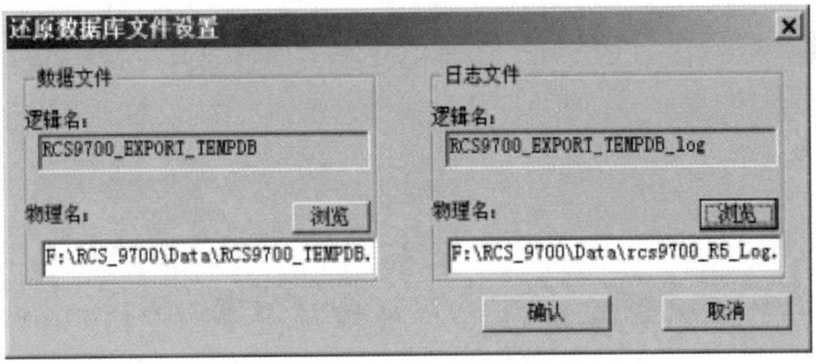

图 Z11J5006Ⅱ-4　数据库还原操作

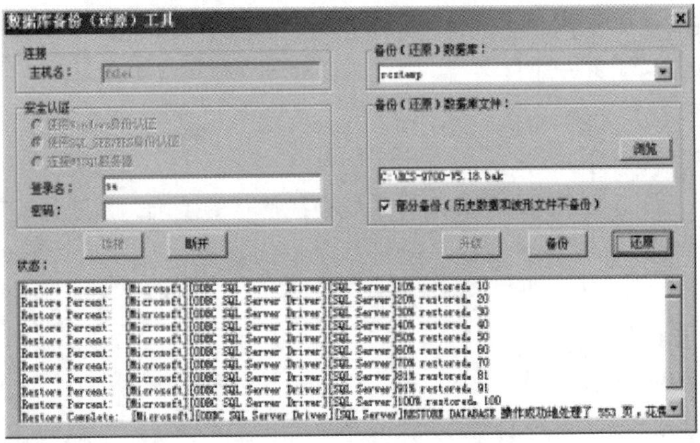

图 Z11J5006Ⅱ-5　数据库还原操作过程

4. 升级操作

在“备份（还原）数据库”下拉列表中选择某系统数据库，若该数据库的版本低于目前最新的数据库版本，在“状态”栏中显示相关的提示信息。单击“升级”按钮，弹出“数据库升级设置”对话框，用户可从中选择升级用脚本所在的目录，在列表中列出该目录下所有相关的数据库升级脚本文件（见图 Z11J5006Ⅱ–6）。

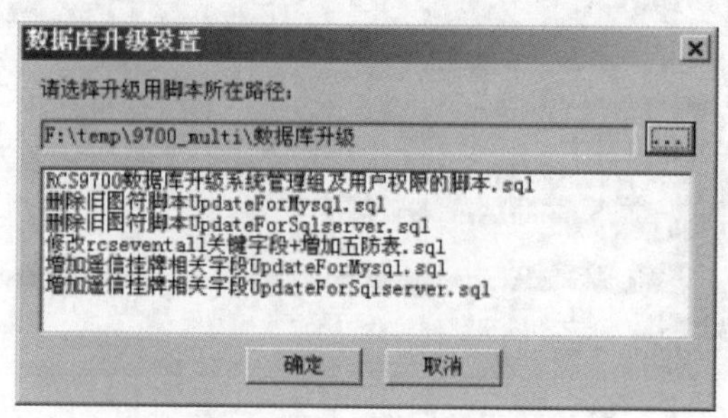

图 Z11J5006Ⅱ–6 数据库升级

单击“确定”按钮，系统弹出升级确认对话框：“升级前请先备份数据库！确定要升级吗？”。单击“是”，开始数据库升级操作，单击“否”，取消本次操作。

【思考与练习】

备份及还原数据库有哪些步骤？

模块 7 系统参数及系统数据库配置（Z11J5007Ⅱ）

【模块描述】本模块介绍了后台监控系统配置工具介绍、系统参数设置方法和注意事项、系统数据库配置方法。通过方法介绍、界面图形示意，了解各系统参数的含义和系统数据库的配置方法。

【模块内容】

一、配置工具简介

系统配置工具是变电站自动化后台系统在线运行的基础。系统配置工具提供了友好的用户界面，用于对后台监控系统进行基本的设置。配置工具可对本机路径、SCADA、遥控、节点及时间等功能进行设置。

二、系统参数配置方法

（一）启动系统配置工具

选择 Windows 操作系统的“开始”菜单→“程序”→“厂站综合自动化系统”→“系统维护”→“系统配置”。在使用该工具对系统参数进行设置后，后台监控系统必须退出，重新启动，设置的系统参数才能生效。

（二）系统参数设置

1. 本机路径设置

单击“本机路径设置”Tab 页，进入设置界面，该界面用以设置系统在本机上存放运行信息的路径。默认的主路径为系统安装时设置的安装路径。对于各运行信息存放的路径，可以选择“统一设置”或“单独设置”，建议采用“统一设置”方式来设置路径。“本机路径设置”仅对本节点的路径信息进行配置，若要修改其他节点的路径信息，需要在各自节点的系统配置工具中进行相应的设置。

2. SCADA 设置

单击“SCADA 设置”Tab 页，进入设置界面，可对 SCADA 运行时的一些功能选项进行设置。

3. 遥控设置

单击“遥控设置”Tab 页，进入遥控设置界面（见图 Z11J5007Ⅱ–1）。

其中遥控选择、执行及校验超时主要是设置命令超时判断的时间值，遥控监护人、调度编号及五防校验主要是遥控时所需要进行校验的种类，打 √ 即选中。

4. 时间设置

单击“时间设置”Tab 页，进入时间设置界面（见图 Z11J5007Ⅱ–2），可对系统运行时的时间参数进行设置。

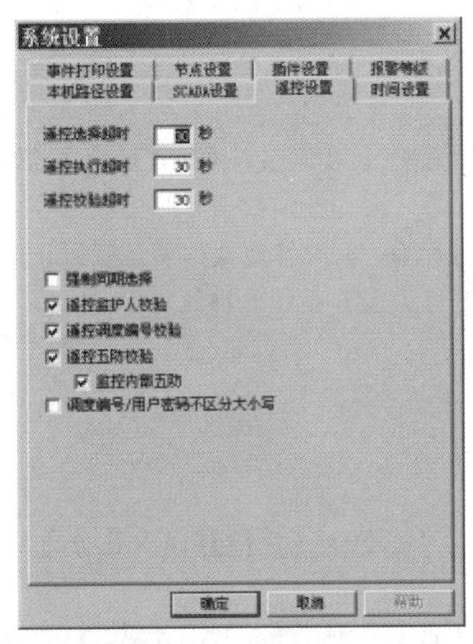

图 Z11J5007Ⅱ–1　遥控设置

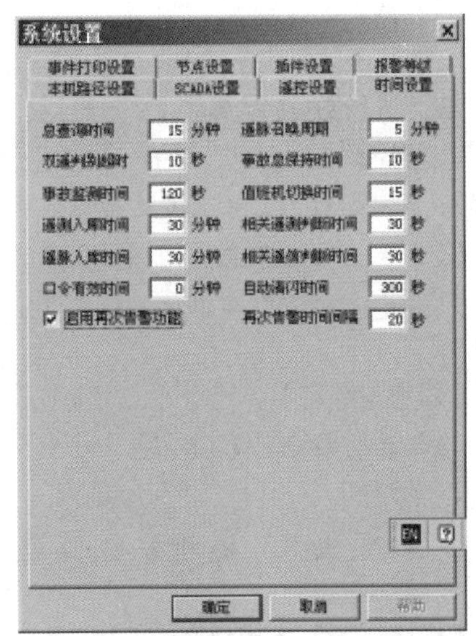

图 Z11J5007Ⅱ–2　时间设置

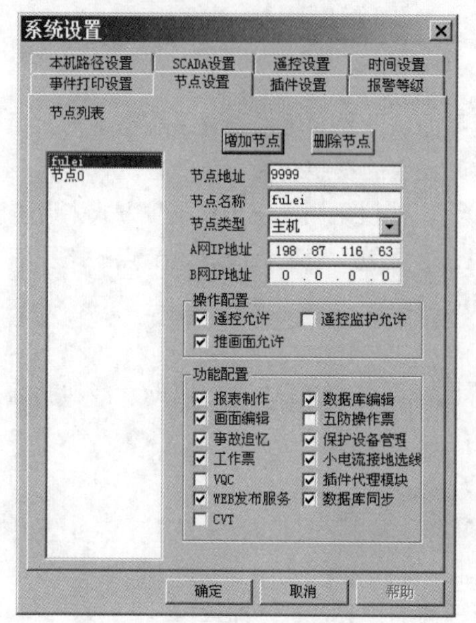

图 Z11J5007Ⅱ–3 节点设置

5. 节点设置

单击“节点设置”Tab 页，进入节点设置界面（见图 Z11J5007Ⅱ–3）。

（1）节点增加和删除。单击“增加节点”按钮，即可在“节点列表”中增加一个节点，从“节点列表”中选择要被删除的节点，然后单击“删除节点”按钮。系统弹出删除确认对话框“确信删除该节点吗？”，选择“是”，删除该节点，选择“否”，取消此次删除操作。

（2）节点配置。主要是配置节点地址、名称、类型及 A/B 网网址。其中节点地址当于站内的装置地址，必须全站唯一；节点名称为本机的计算机名称在 30 个汉字以内；A/B 网网址为本机的 IP 地址；节点类型有“主机”“备机”“操作员站”“维护工程师站”“保护工程师站”和“Web 服务器”，可以根据具体情况进行选择。

（3）节点配置注意事项。删除节点的过程不可逆，主机和备机在升值班机时是竞争关系，两者的区别是，若同时存在两个值班机，定义为“备机”的节点自动降为备用机，备机不进行功能设置，其功能配置（除数据库同步）完全等同于主机。

三、进行数据库配置

当监控系统通过初次装机后，数据库已经按照安装步骤装入系统，通常在监控应用系统正常运行时，不需要对数据库再进行配置，因为安装数据库时已经按照监控系统的要求进行了配置。当然，在监控系统运行中，如果发现数据库运行不正常的话，需要手动对数据库进行一次配置，配置过程中监控系统差别比较大，这里不作多介绍。

【思考与练习】

如何启动系统配置工具？

◢ 模块 8 遥测系数及遥信极性的处理（Z11J5008Ⅱ）

【模块描述】本模块介绍了电压、电流、电能量等遥测量系数的计算方法，以及遥信量极性的处理方法。通过配置过程介绍，掌握根据现场运行配置情况对监控系统中的遥测量系数以及遥信量极性进行处理的能力。

【模块内容】

一、遥测系数的设置

通过二次测量装置采集上送的遥测量属于二次测量值，经过监控系统遥测量比例系数转换成一次测量值。对于不同型号，不同厂家不同时期的测量装置，比例系数的算法也不尽相同。

1. 标度系数

标度系数就是遥测信号的放大系数，如果是电流就是 TA 变比的值，如果是电压就是 TV 变比的值，如果是有功或者无功，就是电流和电压的标度系数的积值，其他量则为 1。这里的变比是比值，是同样带单位比的，比出来的一次侧的单位就是后面单位属性里要填写的单位。例如，电压如果一次用“kV”的电压等级去作计算，那么单位属性就要填写“kV”为最后得到的单位。

2. 参比因子

参比因子是相应的测控装置的码值转换系数，这个根据现场的逻辑装置不同会有不同的设定，这个值可以根据测控装置的说明中得到，一般不同的生产厂家会发布具体的转换码值。

3. 系统遥测系数的计算填写方法

（1）遥测值的计算公式：遥测值=原码/参比因子×标度系数+基值。

（2）各类遥测系数的填写方法：首先某公司的测控装置的满码值为 2047，其中码值有一个 1.2 的系数，也就是说当装置上传的码值为 2047 时，表示一次工程值已经达到了理论工程值的 1.2 倍，如 220kV 母线线电压 U_{ab} 为正常值 220kV 的时候，装置实际上传的码值应该为 2047/1.2=1705.83，这样的做法是为了防止工程值超出理论值时引起测控装置码值溢出。

标度系数=一次值，参比因子=满码值/系数

实例：电流一次值为 5A，电压一次值为 100V。

电流的标度系数：5。

电流的参比因子：2047/1.2=1705.833。

电流的基值：0。

电压的标度系数：100。

电压的参比因子：2047/1.2=1705.833。

电压的基值：0。

一般在遥测数据库电压及电流系数为 TA、TV 变比，有功及无功系数为 TA 变比×TV 变比，会根据监控系统型号不同有些许差别。

二、遥信极性的处理方法

在现场实际调试中，有时会发现有些个别遥信实际送到测控装置的极性是反的，也就是说，也许需要的遥信是动合节点，但是送到装置的遥信却是动断节点。在这种情况下，并不需要去改变机构内的端子接线，因为在监控系统后台可以进行取反处理。在系统组态软件的遥信表中，每个遥信的选项中都有个是否需要取反的选项，只需将其勾上，对这个遥信的取反即可生效。

【思考与练习】

如果后台遥信位置显示与实际位置相反，应如何处理？

◢ 模块9 电压无功控制（Z11J5009Ⅱ）

【模块描述】本模块介绍了电压无功控制功能、配置界面、电压无功控制工具的使用方法。通过公式介绍、案例分析、界面图形示意，掌握电压无功相关设置和定值整定方法。

【模块内容】

电压的稳定对于保证国民经济的生产、延长生产设备的使用寿命有着重要的意义，而尽量减少无功在线路上的流动，降低网损、经济供电又是每一供电部门的目标。老式变电站通常是人为调节电压无功，这一方面增加了值班员的负担，另一方面人为去判断、操作，很难保证调节的合理性。目前已有各种电压无功控制装置，通过连接到该装置的各种信号接线，能自动控制一个变电站的电压与无功变化。这种方式在一定程度上可以满足变电站的运行需求。其缺点在于调节原理与方式简单，难以适应具有复杂主接线方式的变电站，能处理的信号少，需要人为处理的异常情况多，且硬件设备成本高。随着变电站自动化的发展，监控系统综合能力的提高，系统的采样精度与信号响应速度均有很大的改善，采集量也有很大的增加。因此，在当地监控系统中，用软件模块来实现变电站的电压与无功的自动调节。

一、VQC调节作用

电网除了要负担用电负荷的有功功率P，还要负担负荷的无功功率Q，有功功率P、无功功率Q和视在功率S三者之间存在下述关系，即

$$S=\sqrt{P^2+Q^2}$$

$$\cos\varphi=\frac{P}{S}$$

$\cos\varphi$被视为电网的功率因数，其物理意义是线路的视在功率S供给有功功率的消耗所占的百分数。提高功率因数的意义如下。

1. 改善设备的利用率

因为功率因数还可以表示成下列形式

$$\cos\varphi = \frac{P}{S} = \frac{P}{\sqrt{3}UI}$$

式中 U——线电压，kV；

I——线电流，A。

可见，在一定的电压电流的情况下，提高功率因数，其输出的有功功率越大。因此，改变功率因数是充分发挥设备潜力，提高设备利用率的有效方法。

2. 减少电压损失

因为电力网中的电压损失可以借助下式求出

$$\Delta U = \frac{PR + QX}{U}$$

可以看出影响电压降的因素一共有 4 个：线路的有功 P、线路的无功 Q、电阻 R 和电抗 X，如果采用电抗为 X_c 的电容来补偿则电压损失为

$$\Delta U = \frac{PR + Q(X - X_c)}{U}$$

故采用补偿电容提高功率因数后电压损失减小，改善了电压质量。

3. 减少线路损失

当线路通过电流 I 时，其有功损耗

$$\Delta P = 3\frac{P^2R}{U^2}\left(\frac{1}{\cos^2\varphi}\right)\times 10^{-3}$$

可见线路的有功损失与功率因数的平方成反比，功率因数越大，有功损耗越少。

4. 提高电网的输送能力

视在功率与有功功率关系如下

$$P = S\cos\varphi$$

可见在传送一定有功功率的情况下，功率因数越高所需要的视在功率越少。

二、VQC 设计对监控系统的要求

1. 全面的数据采集

监控系统必须能够采集到更多的遥测量、断路器/隔离开关信号及各类保护信号，提供对分接头开关的遥调和电容器开关的遥控功能。完善的信号采集是 VQC 正确运行的基础。事实上，很多厂家生产的电压无功控制装置都是通过自身的二次回路接线来完成基本的信号采集与控制，只是其信号容量及处理能力有限。

2. 适应无人值班站

在无人值班站的监控系统中，远方（调度端）应能够通过监控系统控制当地后台的 VQC 运行。当地 VQC 必要的运行状况同时能够反映到远方。

3. 采样精度及信号响应速度

当地监控系统采集信号的响应速度与遥控的可靠性在很大程度上都影响着后台 VQC 的稳定运行，同时 VQC 调节对遥测量的采样精度要求很高。

4. 遥控、遥调的自动返校执行

通常的监控系统在遥控执行时都采用先选择再执行的方法，这是为了适应人工操作而设计的，VQC 的调节操作，不需人工干预，监控系统应能够实现遥控返校的自动执行。

5. 数据再处理能力

监控系统应能对采集到的遥信信号进行“与”“或”“取反”处理，遥测量的总加处理等。对于有复杂主接线的变电站，通过对数据的再处理，可以用简单的信号表现出不同的接线运行方式。

三、案例

以某型号监控系统为例进行系统配置及操作。

1. 实时库组态

在实时库组态中添加站、间隔、点，生成四遥数据。VQC 系统所需要的高中压侧 $P\backslash Q$ 以流入主变压器为正方向，如果工程现场的 PQ 方向设定与此相反，则需要设置相关虚测点，通过公式刷新此测点值。

2. 绘制主接线图

（1）断路器/隔离开关所配置的遥信点属性务必是〈断路器/隔离开关〉类型，否则会造成图形不能及时进行拓扑着色。

（2）主变压器的有功、无功、母线电压等遥测量的变化死区都设置成 0。

（3）设置图形中主变压器属性。

（4）设置图形中电容器属性，请务必设置额定容量 Mvar。

（5）设置图形中母线属性，右下角的电压号设置点应与上方的显示点一致。

3. 检查设备库

（1）确保主变压器、容抗器在设备库中的顺序与实际对应，1 号主变压器应该在第一个，2 号主变压器应该在第二个，依次类推；电容/电抗类似。如果 2 号主变压器投运，1 号主变压器为远期计划，则 1 号主变压器必须存在设备库中，否则报文信息会有错位。

（2）设备库中的所有双绕组变压器、三绕组变压器、电容器、电抗器、母线设备必须配置相关电力属性，否则需要把无用的冗余设备删除。启动开始→应用模块→数据库管理→设备管理，选择设备清单→厂站→××变电站→站内一般设备。在右侧列表中鼠标左键点击上方的〈设备类型〉列名，从表格中找到设备类型为双绕组变压器、三绕组变压器、电容器、电抗器、母线的记录，如果发现无用的设备（远期规划的除外），选中，点击右键菜单删除，确保这 5 类设备的个数与预期的设备个数一致。

4. 生成拓扑连接

在图形编辑画面上右键选择“形成拓扑连接”。

5. 初始化 VQC 定值

新启动控制台，运行“VQCexe –e［kv］”，如果对 VQCexe 的参数不熟悉，可以运行 VQCexe –h 查看帮助。例如：主变压器高压侧电压等级为 110kV，则输入 VQCexe –e 110 回车，完成初始化操作。此命令执行完毕后，可以在组态工具中看到 VQC 间隔已经自动生成，同时间隔内有一些描述 VQC 状态信息的虚点。VQC 间隔必须通过此方式自动生成，手动创建无效。

6. VQC 间隔匹配

通过实时库组态工具，在 VQC 间隔中添加 VQC 模板数据，匹配相关的遥测、遥信、遥控点。

7. 设置 VQC 定值

从用户手中拿到 VQC 定值清单，根据工程定值清单中的说明，通过 VQC 整定界面对其参数进行设置。

闭锁表中闭锁条件字段的编写格式：和公式中的条件部分格式一致，如果 ID32=2 的遥信为 1 时闭锁，则直接在〈闭锁条件〉字段中写入“@D2”即可，如果为 0 时闭锁，则需要取反，直接写入“!@D2”。

8. 绘制九区图

有几个变压器就需要画几个九区图，九区图右下角放置一个遥测点，对应 *n* 号主变压器启动时间。把用户需要显示的信息配置在九区图旁边，一般有 VQC 总投入、总复归；主变压器对应显示启动时间、动作后时间、日动作次数、总动作次数、闭锁信息、解锁按钮、投退遥控按钮，见图 Z11J5009Ⅱ–1。

电容器对应显示动作后时间、日动作次数、总动作次数、闭锁信息、解锁按钮、投退遥控按钮（见图 Z11J5009Ⅱ–2）。

9. 软硬压板

VQC 同时支持软压板投退和硬压板投退，硬压板可以通过是否配置来选择是否启用，但软压板是始终启用的。软压板和硬压板同时起作用时，二者为串联关系，同时投入才算投入，否则功能退出。

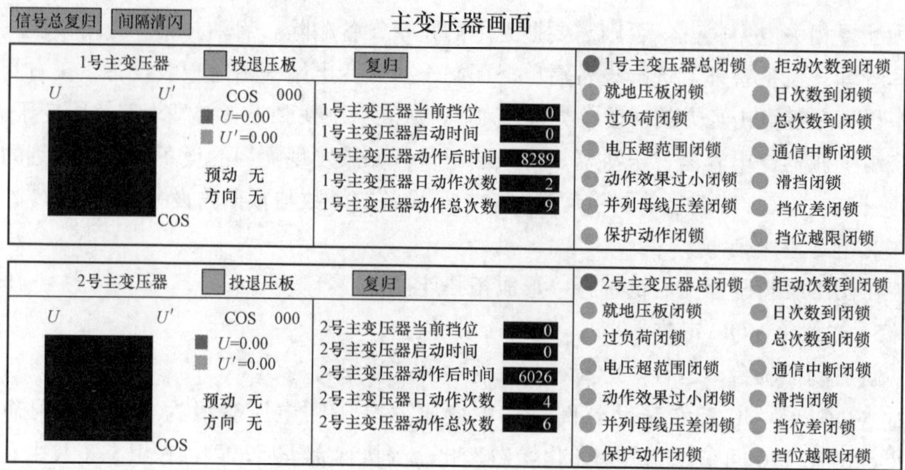

图 Z11J5009Ⅱ-1 主变压器画面

电容器画面

信号总复归 间隔清闪

211电容器

投退压板 复归

211电容器动作后时间 8551

211电容器日动作次数 1

211电容器动作总次数 2

总闭锁 日次数到闭锁

就地压板闭锁 总次数到闭锁

保护动作闭锁 通信中断闭锁

拒动次数到闭锁

215电容器

投退压板 复归

215电容器动作后时间 6954

215电容器日动作次数 4

215电容器动作总次数 5

总闭锁 日次数到闭锁

就地压板闭锁 总次数到闭锁

保护动作闭锁 通信中断闭锁

拒动次数到闭锁

图 Z11J5009Ⅱ-2 电容器画面

启用硬压板功能查看系统是否引入相关开入信号，所有开入点信息都配置在〈开入虚间隔〉中。如果有相关开入信号，查看 VQC 设置界面中的闭锁列表，在各个设备的硬压板闭锁项目中加入相关开入虚点作为闭锁条件。

停用硬压板投退功能：在各个设备的硬压板闭锁项目中删除开入虚点信息，或把是否启用此闭锁项目设置为否。

10. 功能验证测试

功能验证可参照 wizcon 版的验证数据。

11. 测试后工作

（1）测试完毕后，请按照以下要求进行自动启动程序配置。

（2）需要配置的后台应用有 VQC、拓扑、历史。

（3）把所有试验时的人工置数取消。

（4）把 VQC 设备动作时间间隔等定值恢复。

（5）实时库保存入商业库。

（6）工程备份。

【思考与练习】

电压无功调节有哪些作用？

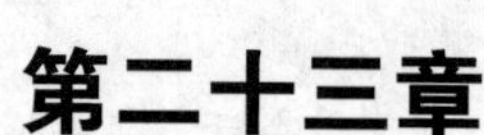

第二十三章

数据处理及远传数据处理装置调试与检修

◢ 模块 1　配置数据处理装置的系统参数（Z11J6001Ⅱ）

【模块描述】本模块介绍了数据处理装置的参数及其配置方法。通过配置示例介绍、界面图形示意，掌握数据处理装置系统参数的配置方法。

【模块内容】

一、装置组态软件的介绍

1. 数据处理装置简介

数据处理装置用于与变电站内测控保护装置和各智能设备通信。将通信数据传送给远传数据处理装置和当地后台，并将远传数据处理装置和当地后台的控制命令处理后转送给站内装置。远传数据处理装置与调度及集控系统通信，转发信号及接收命令，在 110kV 及以下电压等级变电站，数据处理装置及远传数据处理装置可能功能合并，由同一装置完成，在 220kV 及以上电压等级变电站中，这两种装置一般分开，变电站内设置单独的远传处理装置，数据处理装置的系统参数起着标识装置名称、装置地址等作用。

2. 不同型号装置系统参数的差异

各设备厂家设计的数据处理装置内部结构差异比较大，因此，系统参数的设置内容也不一样，本部分只给出比较通用的设置内容，具体参数设置内容及方法请参阅各装置说明书。

二、配置系统参数

组态软件作为远动通信装置的一个管理和维护工具，用于远动机进行配置。实现通信组态，规约选择，参数设置，以满足工程的要求。通过组态软件还可对装置进行维护、监视其内部信息。组态软件的功能主要包括：

（1）生成和维护所连装置名表、装置采集和提供的信息总表。

（2）生成和维护送往调度的转发信息表、并对规约需要的参数进行设置。

（3）进行信息合成（遥测、遥信、步位置信息计算转换）。

（4）程序文件的下装、配置文件的上装和下装。

（5）调试信息监视。

（6）串口原始数据观察。

三、组态工具配置系统参数示例

组态软件中需要将 GPS 对时方式设置为：“GPS(卫星对时) 内置(摩托罗拉数据”（见图 Z11J6001Ⅱ-1）。

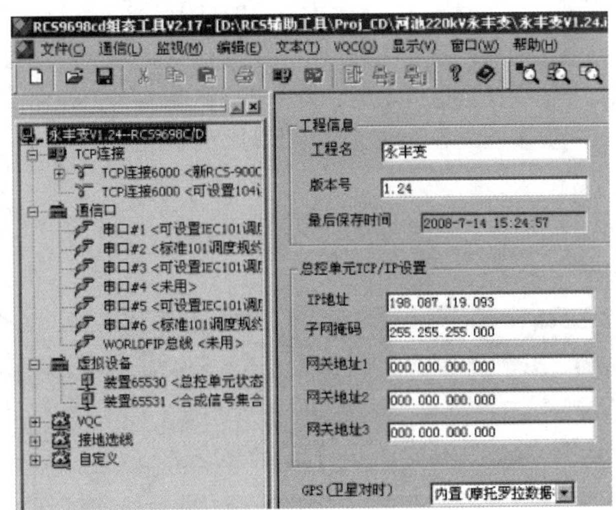

图 Z11J6001Ⅱ-1　组态软件画面

四、启用系统参数的注意事项

对于改造站及总控设备已经运行的站，在配置完系统参数后要仔细检查，先修改备机，然后升级为主机，在确认运行正常，并和各主站核对四遥数据正确无误后再修改主机，并测试主机功能是否正常。

【思考与练习】

数据处理装置的作用有哪些？

模块 2　数据处理及通信装置组态软件功能设置（Z11J6002Ⅱ）

【模块描述】本模块介绍了数据处理及通信装置组态软件的功能、操作界面和使用方法。通过设置方法介绍、配置流程讲解、界面图形示意，掌握根据现场运行情况及正确使用组态软件进行配置。

【模块内容】

一、数据处理及通信装置组态软件简介

组态软件按照现场情况对数据处理及通信装置进行实例化配置，不同的厂家界面相差比较大，但都具有通信口设置，通信协议设置，转发数据库设置。

二、数据处理及通信装置组态软件的一般功能及使用方法

（一）通信参数的配置

1. 基本配置情况

（1）网络口配置：主要配置规约类型、网络口功能及网络口名称。

（2）串口配置：主要配置串口功能、类型及规约。

（3）地址分配：主要分配各个网口的IP地址及子网掩码。

2. 配置过程

（1）“TCP 连接”通信参数的设置。“规约类型”可从下拉菜单中选择，“TCP 连接端口号”则直接输入（见图Z11J6002Ⅱ–1）。

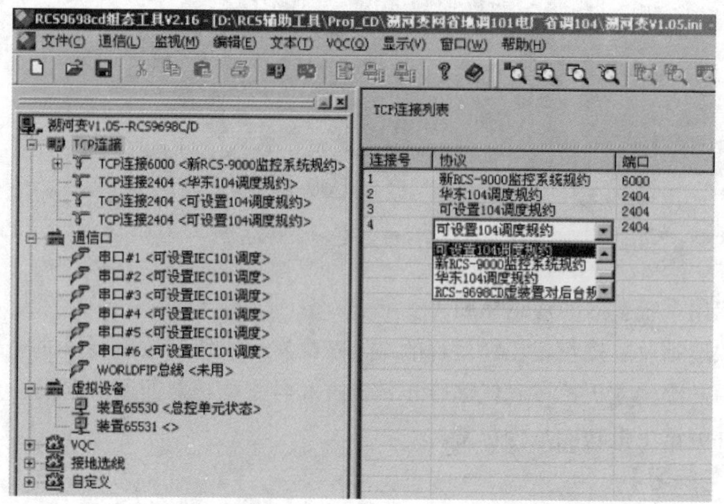

图Z11J6002Ⅱ–1　TCP通信参数设置

（2）“通信口”参数列表的设置。“通信口参数列表”中的“通信口”“装置数目”两列无需设置，其余参数均可从对应的下拉菜单中选择（见图Z11J6002Ⅱ–2）。

（二）数据库组态

（1）点击安装目录，如“D：\RCS 辅助工具\Bin”下的“ ”图标，在弹出的界面中点击“ ”来创建新组态。

（2）在“欢迎使用”界面中点击“下一步”按钮。

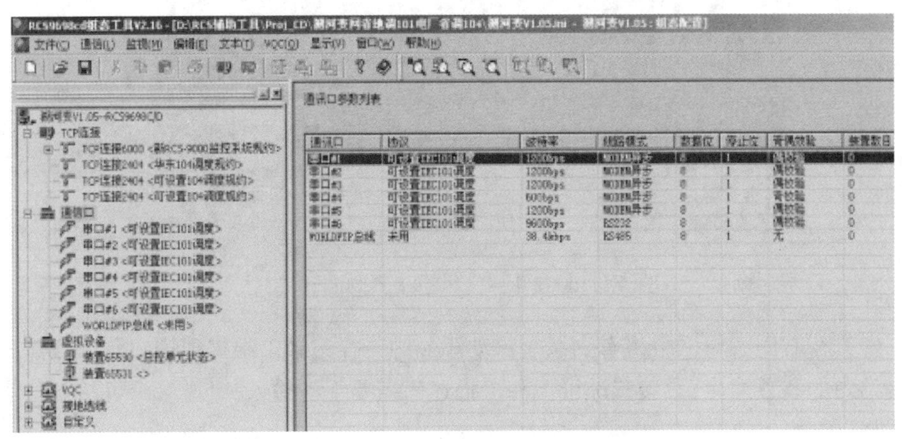

图 Z11J6002 Ⅱ–2　通信口参数设置画面

（3）在“属性页一”界面中输入“工程名称”和“工程目录名”，点击“下一步”按钮。

（4）在“结束使用”界面中点击“完成”按钮。

（5）系统弹出如下提示对话框，点击“确定”按钮即可。

（6）此时将弹出如下界面（见图 Z11J6002 Ⅱ–3）。

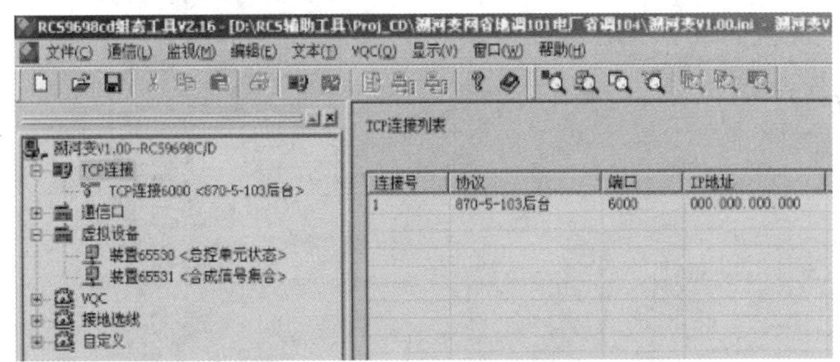

图 Z11J6002 Ⅱ–3　组态工具画面（一）

（7）点击“870-5-103后台”，

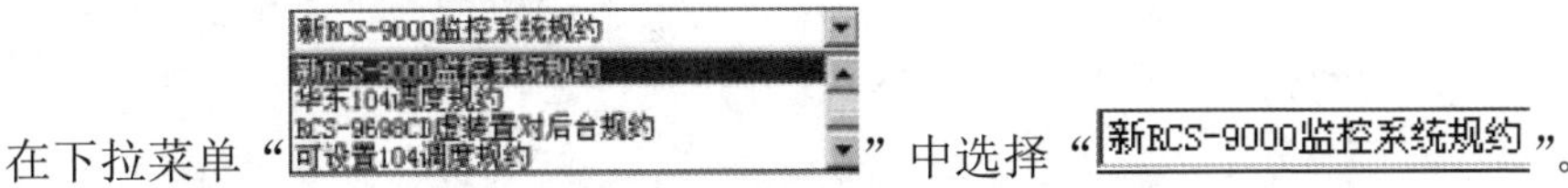

在下拉菜单“ ”中选择“新RCS-9000监控系统规约”。

“端口”无需修改，默认为“6000”，“IP 地址”属性没有实际的意义，无需设置。

（8）选中左侧树形列表中“TCP连接6000 <新RCS-9000监控系统规约>”，在右侧编辑区中，单击鼠标右键，从弹出菜单中选择“添加”（见图 Z11J6002 Ⅱ–4）。

图 Z11J6002Ⅱ-4　组态工具画面（二）

（9）在右侧编辑区中将看到系统自动添加的一行记录。根据现场实际运行情况，选择站内的装置型号。“装置地址”和“描述”需要手动输入，“型号”可从下拉菜单中选择。

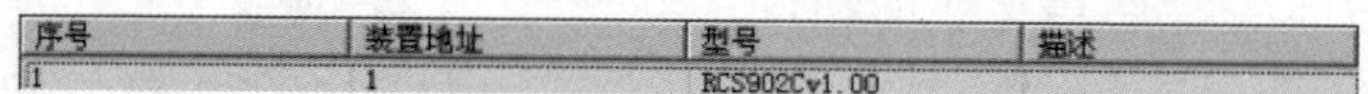

序号	装置地址	型号	描述
1	1	RCS902Cv1.00	

（10）500kV 变电站配置完所有站内装置后的示例界面（见图 Z11J6002Ⅱ-5）。

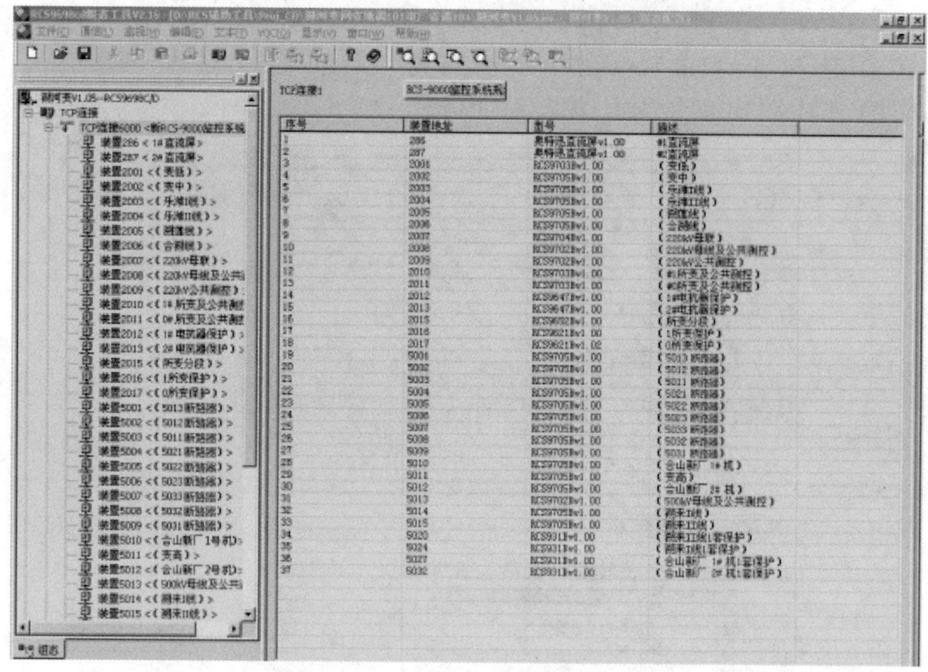

图 Z11J6002Ⅱ-5　500kV 配置实例

在左侧树形列表中选中某个装置，如单击“装置 2004〈(乐滩Ⅱ线)〉”，在右侧编辑区中显示该装置的具体配置信息，可通过“遥测”“遥信”“遥脉”“遥控”“遥调”

“步位置”等 Tab 页面查看。

（三）数据转发表配置

1. 添加网络通道

（1）创建一个 TCP 连接，作为转发给调度的 1 个网络通道。在右侧编辑区域空白处点击鼠标右键，从弹出拉菜单中选择“添加”，系统自动化增加一条新的记录“870–5–103 后台”（见图 Z11J6002Ⅱ–6）。

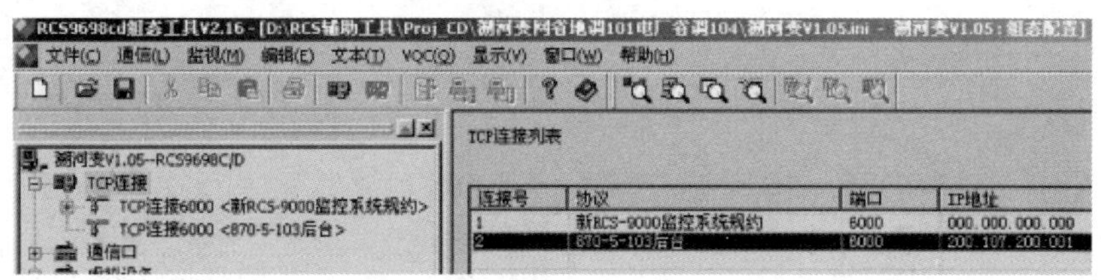

图 Z11J6002Ⅱ–6 数据转发图（一）

根据和主站商量后的结果进行各项设置，本例中设置如下：

“协议”设置为“华东 104 调度规约”（可从下拉菜单中选取）；“端口”设置为“2404”；“IP 地址”设置为“222.222.223.079”；配置完成的界面见图 Z11J6002Ⅱ–7。

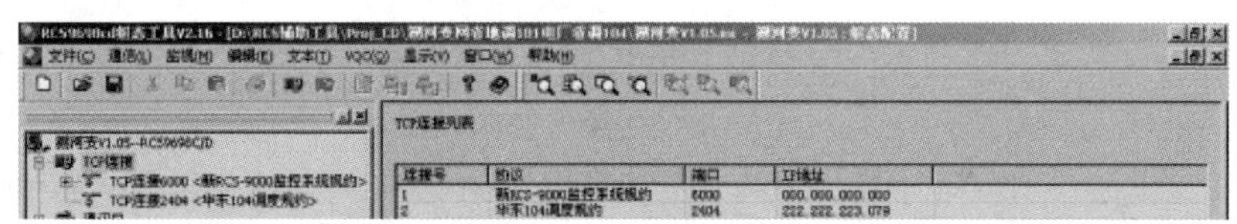

图 Z11J6002Ⅱ–7 数据转发图（二）

（2）选择需要转发的点。在树形列表中选中“TCP 连接 2404〈华东 104 调度规约〉”，在右侧编辑区中显示该规约对应的转发信息列表，分为“遥测”“遥信”“遥脉”“遥控”“遥调”和“档位”（见图 Z11J6002Ⅱ–8）。

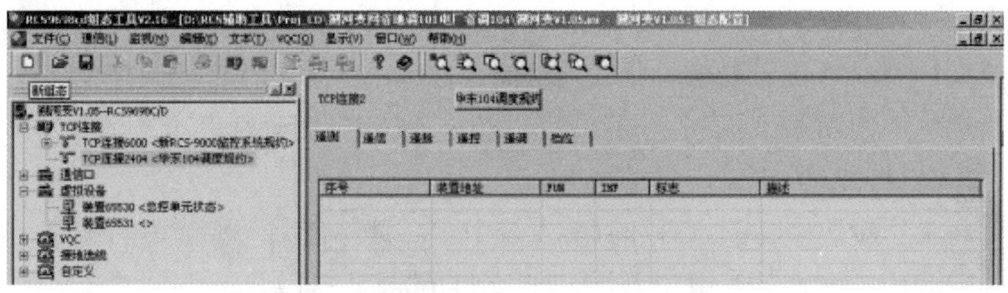

图 Z11J6002Ⅱ–8 数据转发图（三）

将鼠标移到最右侧，点击右边框 ，向左拉动，弹出界面（见图 Z11J6002Ⅱ–9）。

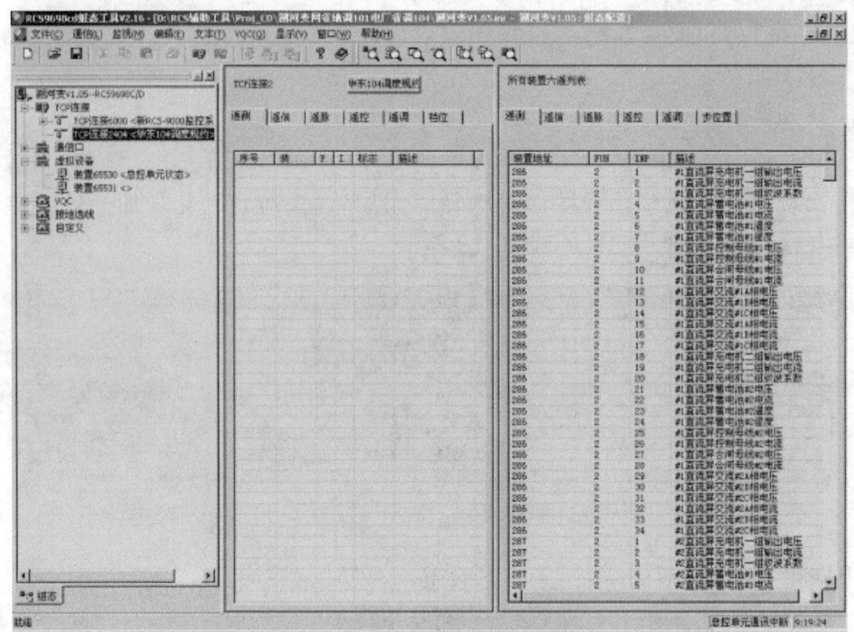

图 Z11J6002Ⅱ-9 数据转发图（四）

在“所有装置六遥列表”中列出了变电站内所有装置的测点信息。在这里作为选取转发点的候选点来源。

在“TCP 连接 2 华东 104 调度规约”列表中选择“遥信”类 Tab 页面，“所有装置六遥列表”界面中也将自动切换至“遥信”类 Tab 页面，便于用户选择。

根据调度转发表，在“所有装置六遥列表”中查找需要转发的测点。

不同装置的遥测条目是按照“装置地址”从小到大依次排列，装置内的遥测量的排列顺序是按照 FUN（功能码）从小到大依次排列，装置内的同一个 FUN（功能码）下的遥测量的排列顺序是按照 INF（信息字）从小到大依次排列。

可以按住“Shift”键单击选中第 m 行，再单击选中第 n 行，这样就能实现选择第 m 行到第 n 行（含第 m 行和第 n 行）的功能。被选中的那些行将变成黑色。

若要选中不连续的第 p、q、r 行，可以按住“Ctrl”键分别点击鼠标单击第 p、q、r 行，见图 Z11J6002Ⅱ-10。

（3）将上一步选中的测点添加到转发表中。右键单击上一步选黑的任何一行，从弹出菜单中选择“<<添加到引用表”（见图 Z11J6002Ⅱ-11）。

系统弹出确认操作对话框“你确定增加选项吗？”，单击“是”即可将选中的测点添加到 TCP 连接表中。

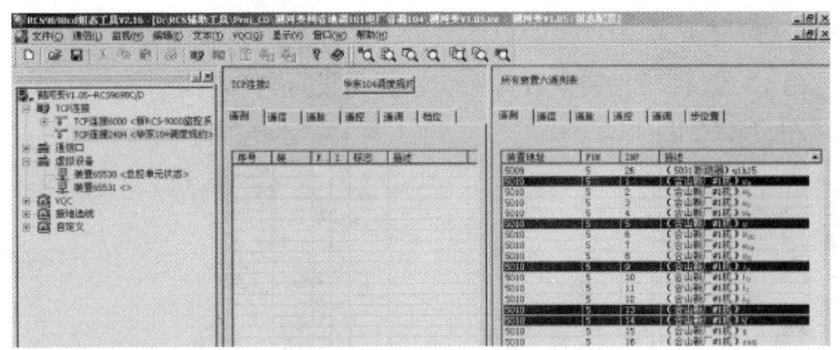

图 Z11J6002Ⅱ-10　数据转发图（五）

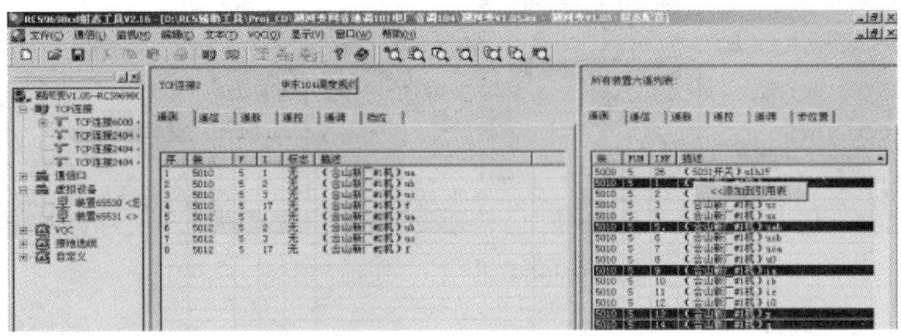

图 Z11J6002Ⅱ-11　数据转发图（六）

2. 添加串口通道

（1）创建一个串口连接，作为转发给调度的 1 个串口通道（见图 Z11J6002Ⅱ-12）。

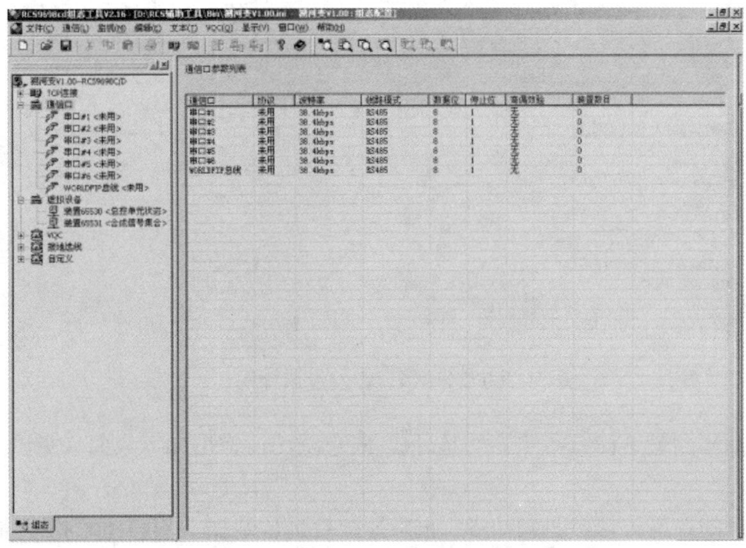

图 Z11J6002Ⅱ-12　串口通道配置图

在左侧树形列表中选中“通信口”节点，右侧的编辑区中显示对应的“通信口参数列表”，除了“通信口”“装置数目”属性无需设置外，其余参数均可从下拉菜单中选择，见图 Z11J6002Ⅱ–13。

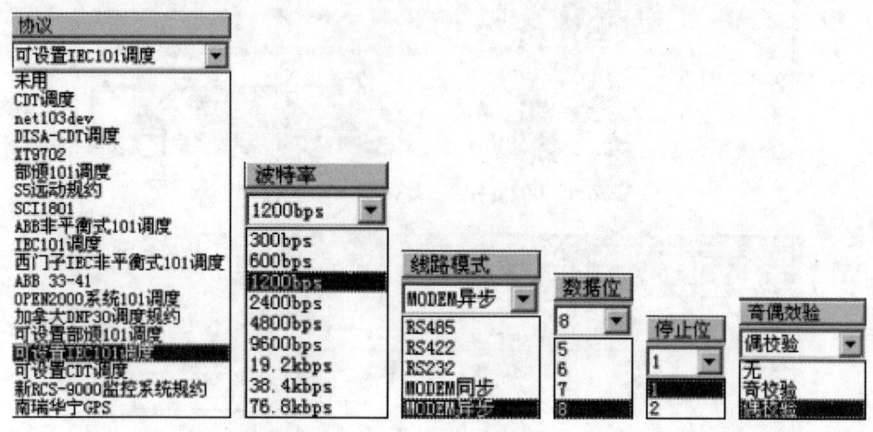

图 Z11J6002Ⅱ–13 通信口配置

（2）选择需要转发的点。在左侧树形列表中选中“串口#1〈可设置 IEC101 调度〉”，在右侧编辑区中显示该规约对应的转发信息列表，分为“遥测”“遥信”“遥脉”“遥控”“遥调”和“步位置”（见图 Z11J6002Ⅱ–14）。

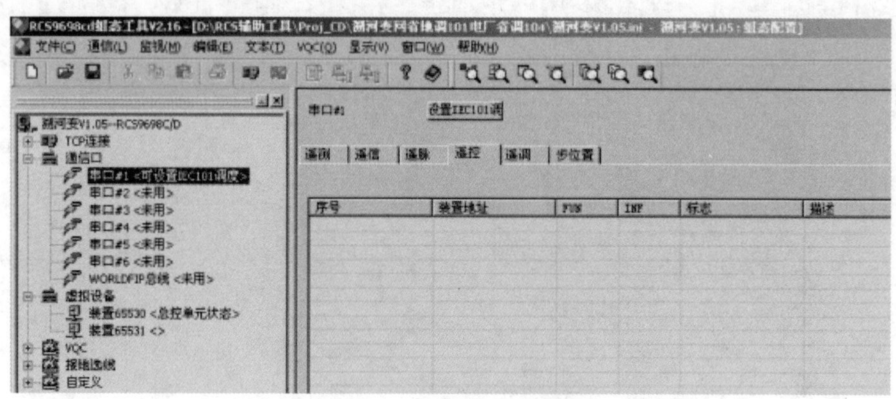

图 Z11J6002Ⅱ–14 转发点选择图（一）

将鼠标移到最右侧，点击右边框 ，向左拉动，弹出如下界面（见图 Z11J6002Ⅱ–15）。

转发点的选择方法参见模块 5 正确地配置远传数据（Z11J7003Ⅱ）的介绍，本处不再赘述。

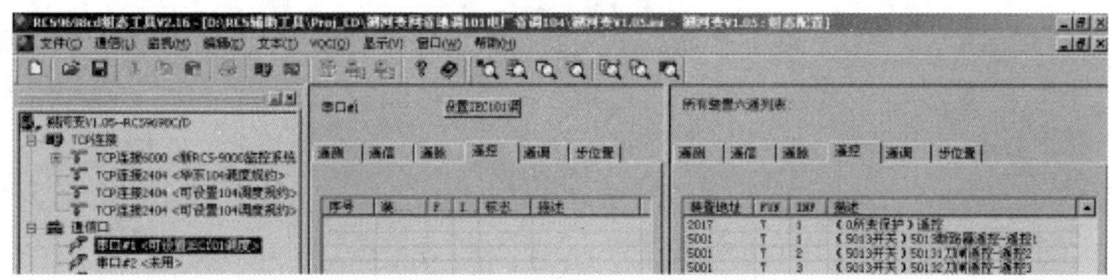

图 Z11J6002Ⅱ-15　转发点选择图（二）

【思考与练习】

1. 如何配置通信参数？

2. 如何配置数据转发表？

模块 3　常规通道的调试与检修（Z11J7001Ⅰ）

【模块描述】本模块介绍了远传数据处理装置通道调试检修的工作程序及相关安全注意事项。通过工艺流程介绍、试验案例讲解，掌握常规通道调试检修前的准备工作和作业中的危险点预控、掌握通道调试检修的基本方法。

【模块内容】

一、电力通信网常规通道介绍

电力通信网中常规通道是指远动设备采用串行方式和通信设备相连，远动设备与通信设备的接口有模拟接口和数字接口两种。

1. 模拟接口

电力通信早期采用模拟信号进行传输，受通道频带宽度的限制，计算机串口发出的代码必须进行调制解调成音频信号才能传输，在电力系统中一般采用频移键控 FSK 调制方式，模拟通道的传输速率较低，一般不超过 1200Bd。模拟通道一般采用 4 线双工方式，上行和下行通道分开，上行和下行各两根电缆，因为传输的是音频信号，这两根电缆无正负区别。

2. 数字接口

随着电力通信网的发展，光纤等通信介质的采用，使通道传输能力大大提高，光端机设备可以直接和远动通信装置用 RS-232 或 RS-422 连接，传输速率可达到 9600Bd。

二、常规通道性能及影响因素

1. 通道性能

误码率为通道传输过程中的误码，一般是随机发生的。按统计规律，误码的发生属于均匀分布。每个位（bit）在通道上传输时发生误码的概率，被称为误码率。通道误码率是由通道的性质和工作状态决定的，是通道性能的一个重要指标。它与传输介质、通信设备、传输方式和传输速率有关。

2. 影响因素

当外界的干扰和由于通信系统内部各个组成部分的质量问题引起的信号畸变达到一定程度时，就会产生差错。电话线、电力线载波、微波通信方式易受外界干扰，有一定误码率。光纤方式一般不易受到干扰，误码率很低，传输速率高时抗干扰能力也弱。

三、远传数据处理装置通道调试检修的工作程序

（1）确定远传数据通道的类型为数字通道或是模拟通道。

（2）检查远传数据处理装置的配置是否与通道配置相匹配。

（3）将远传数据处理装置与通道正确连线。

（4）根据远传数据通道的参数配置装置。

（5）观察远传数据处理装置运行正常。

四、远传数据处理装置通道调试检修的工作相关安全注意事项

（1）保证远传数据处理装置机箱可靠接地。

（2）保证远传数据通道安装避雷器。

五、调试及测试常规通道的方法

1. 模拟通道调试

模拟通道一般以 Modem 调制解调器作为远动专业和通信专业的接口，在 Modem 线路侧以内，包括 Modem 属于远动专业，Modem 线路侧以外属于通信专业。

（1）Modem 参数设置。中心频率，频偏，发送电平，接收电平，四线/二线选择，波特率等，具体设置不同型号装置不一样，请参考装置说明书。

（2）检查 Modem 上指示灯。Modem 一般都有指示灯，用来指示工作状态，数据收发状态，下行通道状态等，在调试和检测通道时注意观察这些指示灯可以给工作带来很多方便。

（3）检测信号质量。检测信号质量有多种工具，专业性工具功能强，具有分析功能，但价格昂贵，其实用一些简单工具也能进行一定的检测，如听筒、万用表、示波器等。

2. 主站系统自环测试

对于 IEC 101、DNP 等问答式协议，主站作为通信发起端，首先向子站发送查询报文，子站收到报文后再给予应答，为了测试通道，可在子站端将收发短接，主站端检查返回的报文是否与发送的报文一致。

六、子站系统自环测试

对于 CDT 等协议，子站作为通信发起端，不断向主站发送数据报文，为了测试通道，可在主站端将收发短接，由子站端检查返回的报文是否与发送的报文一致。

七、案例

使用某厂家组态工具的报文监视功能进行收发报文监视的试验。

（1）在变电站端远动机装置背板的串口端子上自环，在变电站端使用远动组态工具的报文监视界面进行收发报文监视的试验。

在变电站端远动机装置背板的串口端子上将该串口通道的“收”“发”两端原来接有的 32 芯蓝线拆下来并用绝缘胶布包好，防止误接触。将该串口通道的“收”“发”两个端子可靠短接，注意，不要接触“地”或其余端子，最好使用冷压头接在短接线末端，既安全又美观。如果在报文监视窗口里面看到的收发报文完全一致，说明自身软硬件是没有问题的，请做下一个自环试验。如果在报文监视窗口里面看到只有发出去的报文，而没有收到的报文，或收到的报文和发出去的报文不一致，说明远动机自身软硬件设置就是有问题的，请检查做试验用的组态设置，串口板跳线设置，如检查软硬件确实无误，在客观条件允许并得到相关管理部门许可的情况下，做好安全措施，办理允许相应工作票，之后更换远动机的这块通道板，再观察报文监视窗口中报文收发是否正常。

（2）在变电站端远动机屏柜的端子排的防雷器内侧自环，在变电站端使用远动组态工具的报文监视界面进行收发报文监视的试验。

在变电站端远动机屏柜的端子排的防雷器内侧，将从远动机屏内该串口引出的“收”“发”两根 32 芯蓝线从防雷器内侧的端子排上拆下，将这两根 32 芯蓝线可靠短接，注意，不要接触“地”或其余端子。最好使用冷压头接在这两根线的末端，既安全又美观。如果在报文监视窗口里面看到的收发报文完全一致，说明远动机自身软硬件以及从远动机到屏柜端子排上的防雷器内侧的这一段 32 芯蓝线均是没有问题的，请做下一个自环试验。如果在报文监视窗口里面看到只有发出去的报文，而没有收到的报文，或收到的报文和发出去的报文不一致，而上面的自环试验“1”却成功通过了，说明从远动机到屏柜端子排上的防雷器内侧的这一段 32 芯蓝线是有问题的，请使用两根新的短接线代替原来的从远动机到屏柜端子排上的防雷器内侧的这一段 32 芯蓝线的“收”“发”两根线，再观察报文监视窗口中报文收发是否正常。

（3）在变电站端远动机屏柜的端子排的防雷器外侧自环，在变电站端使用远动组态工具的报文监视界面进行收发报文监视的试验。

在变电站端远动机屏柜的端子排的防雷器外侧，将对应于远动机屏内该串口的“收”“发”两个端子原有的两根外部通道接线拆除，将防雷器外侧的这两个端子使用短接线可靠短接，注意，不要接触“地”或其余端子。最好使用冷压头接在短接线末端，既安全又美观。如果在报文监视窗口里面看到的收发报文完全一致，说明远动机自身软硬件、从远动机到屏柜端子排上的防雷器内侧的这一段32芯蓝线、防雷器均是没有问题的，请做下一个自环试验。如果在报文监视窗口里面看到只有发出去的报文，而没有收到的报文，或收到的报文和发出去的报文不一致，而上面的自环试验“1”和“2”却成功通过了，说明远动机所在屏柜的端子排上的防雷器是有问题的，请将防雷器两端的两对“收”“发”线平行转接到另外一个备用的防雷器上（如果现场已经没有备用防雷器而客观条件又不允许暂时接到别的已经在用的防雷器上，只能使用一个新的防雷器更换老的防雷器），再观察报文监视窗口中报文收发是否正常，如果确实因此收发报文恢复正常，请更换防雷器。

【思考与练习】

一般测试常规通道有哪些方法？

◢ 模块4 与调度主站通信参数设置（Z11J7002Ⅱ）

【模块描述】本模块介绍了远传数据处理装置与调度主站通信时需设置的参数、参数配置的方法。通过设置方法介绍、案例说明、界面图形示意，掌握通信参数的配置方法。

【模块内容】

一、了解通信参数的内容

1. 通信参数简介

变电站数据远传装置与调度主站通信需要事先进行充分准备。对于新接入变电站，必须约定好通道、协议、信息表等参数，对于扩容站，除约定好扩充信息表外并要注意新加信号对原系统的影响。

2. 不同型号装置通信参数设置的差异

各设备厂家设计的数据处理装置各不相同，通信参数的设置方法也不一样，本模块只给出比较通用的设置内容，具体参数设置内容及方法请参阅装置说明书。

二、通信参数设置

1. 协议

常用协议主要有IEC 104、IEC 101、CDT、DISA、XT 9702和DNP等，下面分别就IEC 104和IEC 101两种国际标准协议进行介绍。

IEC 104协议是一种基于以太网方式与调度系统通信的协议，由IEC TC57委员会制定，是国际上各厂家都应当支持的通信协议，具有实时性高，容量大，在变电站和调度具备网络通道的情况下，推荐使用此协议。Nsc 总控单元提供 6 组 IEC 104 通信，能同时与 6 级调度通过 IEC 104 协议进行通信，每组调度可提供主备前置机功能。Nsc 总控 IEC 104 规约参数可灵活组态，可满足国内大部分主站系统的要求。

IEC 101 规约是一种应用于串口通信的问答式远动规约，也是由 IEC TC57 委员会制定，是国际上各厂家都应当支持的通信协议，在变电站和调度有串口通道的情况下，推荐使用此协议。Nsc 总控单元提供 8 路 IEC 101 通信。

2. 转发表

目前提供 4 张数据转发表，每张数据转发表又包括状态量（YX）转发表，模拟量（YC）转发表，电能量（YM）转发表，每种转发表都有的域，包括转发序号，节点索引，遥信号（遥测号，遥脉号），状态量转发表有存在 COS、存在 SOE、存在时标、存在长时标、双位遥信、副遥信索引和副遥信点号。模拟量转发表有系数值、基数值、最大值、最小值、变化阈值。

3. 通信口通信参数

串口通信参数如下。

波特率：600，1200，2400，4800，9600 可选。

校验方式：无，奇，偶方式。

同异步方式：同步，异步方式。

传输方式：RS–232，RS–422，RS–485。

网络通信参数：IP 地址、IP 掩码、IP 网关都根据设计而定，装置应灵活支持。

三、案例

下面以某 220kV 变电站为例进行说明。

1. 网络通道的通信参数设置

（1）装置液晶菜单设置。可以设置的网络参数有“IP 地址”“子网掩码”“网关 1”“网关 2”“网关 3”。在正常显示状态下按“Enter”按钮可以进入操作菜单，将光标移到“网络设置”菜单项，按“确认”按钮进入。“网络设置”菜单项用于设置远动通信装置网络参数，按“↓”、“↑”键移动光标，可以切换编辑项目。由于改动网络设置可能会影响远动通信装置的网络连接，所以在调试完成后，不要轻易改动此项参数，以免造成系统无法正常运行。要使更改生效，按确定键然后按复位键，让远动通信装置重新启动。

（2）组态软件中的设置。在组态工具左侧树形列表中选中“TCP 连接 2404〈可设置 104 调度规约〉”，在右侧的编辑界面中单击“可设置 104 调度规约”按钮弹出规约参数配置对话框，见图 Z11J7002Ⅱ–1。

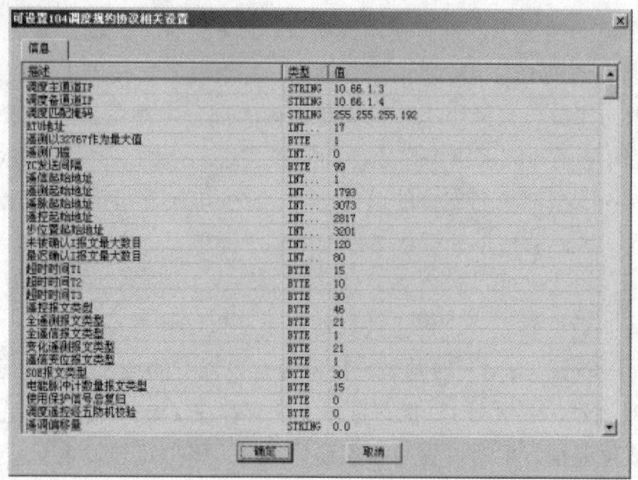

图 Z11J7002Ⅱ–1 调度通信协议设置表

根据现场运行配置，输入“调度主通道 IP”和“调度备用通道 IP”。一般情况下“调度主通道 IP”为调度前置主机的 IP 地址，“调度备用通道 IP”为调度前置备机的 IP 地址。

2. 串口通道的通信参数设置

（1）组态软件中的设置。组态配置见图 Z11J7002Ⅱ–2。

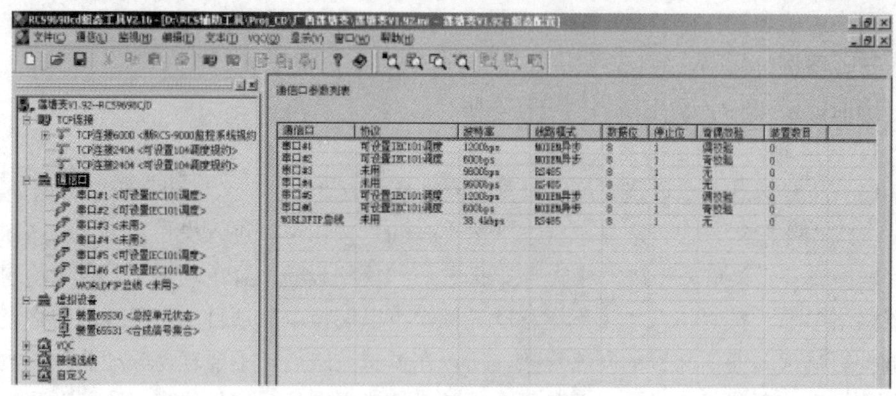

图 Z11J7002Ⅱ–2 组态配置

其中“协议”“波特率”“线路模式”“数据位”“停止位”“奇偶校验”这 6 项均需根据现场运行配置进行设置。

（2）硬件跳线设置。图 Z11J7002Ⅱ–3 为通道板跳线示意图，一块通道板上有两路通道，因此有两组跳线。

一块通道板上有两个通道，每个通道有 12 个跳线。通过跳线可以决定“波特率”“奇偶校验”“中心频率”“频偏”几项设置。每个跳线可以有左、中、右 3 根针，可以选择将黑色小跳线跳在“左、中”两根针上，或“中、右”两根针上。跳线说明表见表 Z11J7002Ⅱ–1，电平说明表见表 Z11J7002Ⅱ–2。

波特率说明表见表 Z11J7002Ⅱ–3，参数设置表见表 Z11J7002Ⅱ–4。

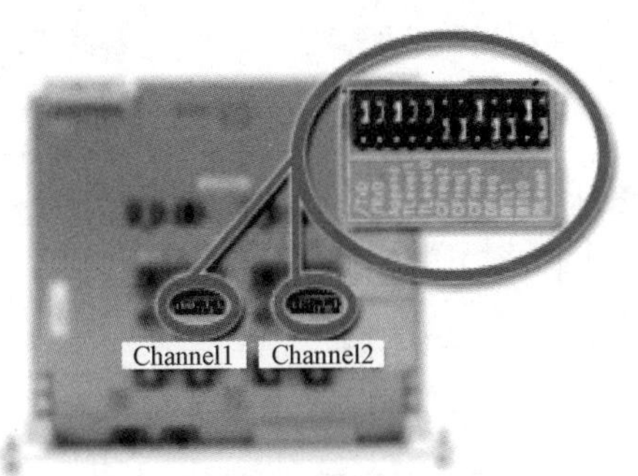

图 Z11J7002Ⅱ–3　通道板跳线示意图

表 Z11J7002Ⅱ–1　　跳 线 说 明 表

在跳线说明中出现的图标	实际跳线的位置
▲	左、中
▼	中、右
×	不要求，随便怎么跳线都行

表 Z11J7002Ⅱ–2　　电 平 说 明 表

接收电平（dBm）	输出电平（dBm）	RXD 输入反相	TXD 输出反相	RLever	BTL0	BTL1	DFreq	CFreq0	CFreq1	CFreq2	TLerver0	TLever1	Append	/RXD	/TXD
≥–20				▲	×	×	×	×	×	×	×	×	×	×	×
<–20				▼	×	×	×	×	×	×	×	×	×	×	×
	–18			×	×	×	×	×	×	×	▲	▲	×	×	×
	–12			×	×	×	×	×	×	×	▼	▲	×	×	×
	–6			×	×	×	×	×	×	×	▲	▼	×	×	×
	0			×	×	×	×	×	×	×	▼	▼	×	×	×
		是		×	×	×	×	×	×	×	×	×	×	▲	×
		否		×	×	×	×	×	×	×	×	×	×	▼	×
			是	×	×	×	×	×	×	×	×	×	×	×	▲
			否	×	×	×	×	×	×	×	×	×	×	×	▼

表 Z11J7002Ⅱ-3　　　　波 特 率 说 明 表

信息速率（bit/s）	频率偏移（Hz）	中心频率（Hz）	RLever	BTL0	BTL1	DFreq	CFreq0	CFreq1	CFreq2	TLerver0	TLever1	Append	/RXD	/TXD
300			×	▲	▲	×	×	×	×	×	×	▼	×	×
600			×	▼	▲	×	×	×	×	×	×	▼	×	×
1200			×	▲	▼	×	×	×	×	×	×	▼	×	×
	200		×	×	▲	▲	×	×	×	×	×	▼	×	×
	400		×	×	▼	▲	×	×	×	×	×	▼	×	×
	150		×	×	▲	▼	×	×	×	×	×	▼	×	×
	300		×	×	▼	▼	×	×	×	×	×	▼	×	×
		1500	×	×	×	×	▲	▲	▲	×	×	▼	×	×
		1700	×	×	×	×	▼	▲	▲	×	×	▼	×	×
		2880	×	×	×	×	▲	▼	▲	×	×	▼	×	×
		3000	×	×	×	×	▼	▼	▲	×	×	▼	×	×
		1200	×	×	×	×	▲	▲	▼	×	×	▼	×	×
		1350	×	×	×	×	▼	▲	▼	×	×	▼	×	×

则相应参数的设置值为：

表 Z11J7002Ⅱ-4　　　　参 数 设 置 表

项　目	含　　义	项　目	含　　义
波特率	1200bit/s	输出电平	0dB（即输出电平是4种输出电平的选择方案中最高的）
中心频率	1700Hz	输入同相	不做取反
频偏	±400Hz	输出同相	不做取反
接收电平	≥-20dB（即接收电平较高）		

【思考与练习】

与调度主站通信参数应如何设置？

◢ 模块5　正确地配置远传数据（Z11J7003Ⅱ）

【模块描述】本模块介绍了远传数据的配置内容、配置时的注意事项及检验远传数据配置的正确性的方法。通过配置流程介绍、界面图形示意，掌握配置远传数据的方法。

【模块内容】

随着计算机技术、网络通信技术的飞速发展，变电站自动化系统得到越来越广泛的应用，无人值守站越来越多，监控工作一般在主站完成，因此正确的配置远传数据显得尤为重要。配置远传数据可以从以下几个方面来进行。

一、准备工作

1. 危险点分析

智能化的调度需要正确的远传数据做基础，若远传数据配置不正确，则会导致调度收不到信号或者收到误信号，更严重的是若遥控号配置不正确会导致误操作等。在配置远传数据时，主要注意以下3点。

（1）转发表不能弄错：各级调度对应的转发表一定要弄清楚，避免诸如把市调的转发表用到中调等这类的错误。

（2）不能下错参数：若已配置好远传数据，下载参数时一定不能下错，同时要注意最后实际配置的正确的参数的下载。

（3）必须使用配套的参数组态软件：远动设备程序时常升级，相配套的参数组态软件也可能会升级。若用不配套的软件生成的参数下载到远动设备中，有可能会导致远动设备运行不正常，极端情况可能会导致死机，所以配置参数前一定要核对程序与软件是否配套。

2. 远动转发表

远动转发表包括遥信转发表、遥测转发表、遥脉转发表、遥控转发表等，正确收集要上传给各级调度的转发数据，并交给各级主站确认。

3. 远传处理装置组态软件

查看远动设备程序支持的组态软件，准备好配套的组态软件。还有要设置好相关的登录密码，以防其他人员误改配置导致参数配置不正确。

二、配置工作

1. 配置遥信转发表

遥信转发表包括上送调度的遥信序号、对应当地的遥信序号、是否上送COS、是否上送SOE等，以下是某组态软件中的遥信转发表设置框架。

（1）“转发序号”“节点索引”及“遥信号”（见图Z11J7003Ⅱ–1）。

转发调度程序在发送状态量时将节点遥信按转发序号排列顺序发送。转发序号为转发顺序号，节点索引为转发遥信的节点索引号，遥信号为转发遥信所在节点内的序号。

（2）“数据描述”，即该转发遥信的名称描述。

当前功能：转发表参数 -> 0号转发表设置 ->状态量　　新建　打开　保存　另存　备份

当前目录：D:\总控参数\18\

纪录号	转发序号	节点索引	遥信号	数据描述	存在COS	存在SOE	存在时标	存在长时标	存在取反	双位遥信	副遥信索引	副遥信点号
0	0	0	0	0号节点_工况节点_[0]_[0]_[无							-1	-1
1	1	0	1	0号节点_工况节点_[0]_[0]_[无							-1	-1
2	2	0	2	0号节点_工况节点_[0]_[0]_[无							-1	-1
3	3	0	3	0号节点_工况节点_[0]_[0]_[无							-1	-1
4	4	0	4	0号节…[无							-1	-1
5	5	0	5	0号节…无							-1	-1
6	6	0	6	0号节…无							-1	-1
7	7	0	7	0号节…无							-1	-1
8	8	0	8	0号节…无							-1	-1
9	9	0	9	0号节…无							-1	-1
10	10	0	10	0号节…无							-1	-1
11	11	0	11	0号节…无							-1	-1
12	12	0	12	0号节…无							-1	-1
13	13	0	13	0号节…无							-1	-1
14	14	0	14	0号节…无							-1	-1
15	15	0	15	0号节…无							-1	-1
16	16	0	16	0号节…无							-1	-1
17	17	0	17	0号节…无							-1	-1
18	18	0	18	0号节…无							-1	-1
19	19	0	19	0号节…无							-1	-1
20	20	0	20	0号节…无							-1	-1
21	21	0	21	0号节…无							-1	-1
22	22	0	22	0号节…无							-1	-1
23	23	0	23	0号节…无							-1	-1
24	24	0	24	0号节…无							-1	-1
25	25	0	25	0号节…无							-1	-1
26	26	0	26	0号节…无							-1	-1

图 Z11J7003Ⅱ–1　遥信转发表

（3）“存在 COS”“存在 SOE”“存在时标”“存在长时标”“存在取反”“双位遥信”“副遥信索引”及“副遥信点号”。

2. 配置遥测转发表

按照给定的遥测转发表配置各级遥测转发数据及相关的遥测系数等。

（1）“转发序号”“节点索引”及“遥测号”（见图 Z11J7003Ⅱ–2）。

当前功能：转发表参数 -> 0号转发表设置 ->模拟量　　新建　打开　保存　另存　备份

当前目录：D:\总控参数\18\

纪录号	转发序号	节点索引	遥测号	数据描述	系数值	基数值	最大值	最小值	变化阀值
0	0	5	0	5号节点_保护单元_[0]_[0]_[串口1]_节点地址[5]_第[0]点遥测	[0.100000]	[0.000000]	2047	-2047	[0.000000]
1	1	5	1	5号节点_保护单元_[0]_[0]_[串口1]_节点地址[5]_第[1]点遥测	[-0.100000]	[0.000000]	2047	-2047	[0.000000]
2	2	5	2	5号节点_保护单元_[0]_[0]_[串口1]_节点地址[5]_第[2]点遥测	[1.000000]	[0.000000]	2047	-2047	[0.000000]
3	3	5	3	5号节点_保护单元_[0]_[0]_[串口1]_节点地址[5]_第[3]点遥测	[1.000000]	[0.000000]	2047	-2047	[0.000000]
4	4	5	4	5号节点_保护单元_[0]_[0]_[串口1]_节点地址[5]_第[4]点遥测	[1.000000]	[0.000000]	2047	-2047	[0.000000]
5	5	5	5	5号节点_保护单元_[0]_[0]_[串口1…遥测	[1.000000]	[0.000000]	2047	-2047	[0.000000]
6	6	5	6	5号节点_保护单元_[0]_[0]_[串口1…遥测	[1.000000]	[0.000000]	2047	-2047	[0.000000]
7	7	5	7	5号节点_保护单元_[0]_[0]_[串口1…遥测	[1.000000]	[0.000000]	2047	-2047	[0.000000]
8	8	5	8	5号节点_保护单元_[0]_[0]_[串口1…遥测	[1.000000]	[0.000000]	2047	-2047	[0.000000]
9	9	5	9	5号节点_保护单元_[0]_[0]_[串口1…遥测	[1.000000]	[0.000000]	2047	-2047	[0.000000]
10	10	5	10	5号节点_保护单元_[0]_[0]_[串口1…点遥测	[1.000000]	[0.000000]	2047	-2047	[0.000000]
11	11	5	11	5号节点_保护单元_[0]_[0]_[串口1…点遥测	[1.000000]	[0.000000]	2047	-2047	[0.000000]
12	12	5	12	5号节点_保护单元_[0]_[0]_[串口1…点遥测	[1.000000]	[0.000000]	2047	-2047	[0.000000]
13	13	5	13	5号节点_保护单元_[0]_[0]_[串口1…点遥测	[1.000000]	[0.000000]	2047	-2047	[0.000000]
14	14	5	14	5号节点_保护单元_[0]_[0]_[串口1…点遥测	[1.000000]	[0.000000]	2047	-2047	[0.000000]
15	15	5	15	5号节点_保护单元_[0]_[0]_[串口1…点遥测	[1.000000]	[0.000000]	2047	-2047	[0.000000]
16	16	5	16	5号节点_保护单元_[0]_[0]_[串口1…点遥测	[1.000000]	[0.000000]	2047	-2047	[0.000000]
17	17	6	0	6号节点_保护单元_[0]_[0]_[串口2…点遥	[1.000000]	[0.000000]	2047	-2047	[0.000000]
18	18	6	1	6号节点_保护单元_[0]_[0]_[串口2…点遥	[1.000000]	[0.000000]	2047	-2047	[0.000000]
19	19	6	2	6号节点_保护单元_[0]_[0]_[串口2…点遥	[1.000000]	[0.000000]	2047	-2047	[0.000000]
20	20	6	3	6号节点_保护单元_[0]_[0]_[串口2…点遥	[1.000000]	[0.000000]	2047	-2047	[0.000000]
21	21	6	4	6号节点_保护单元_[0]_[0]_[串口2…点遥	[1.000000]	[0.000000]	2047	-2047	[0.000000]
22	22	6	5	6号节点_保护单元_[0]_[0]_[串口2…点遥	[1.000000]	[0.000000]	2047	-2047	[0.000000]
23	23	6	6	6号节点_保护单元_[0]_[0]_[串口2…点遥	[1.000000]	[0.000000]	2047	-2047	[0.000000]
24	24	6	7	6号节点_保护单元_[0]_[0]_[串口2…点遥	[1.000000]	[0.000000]	2047	-2047	[0.000000]
25	25	6	8	6号节点_保护单元_[0]_[0]_[串口2…点遥	[1.000000]	[0.000000]	2047	-2047	[0.000000]
26	26	6	9	6号节点_保护单元_[0]_[0]_[串口2…点遥	[1.000000]	[0.000000]	2047	-2047	[0.000000]
27	27	6	10	6号节点_保护单元_[0]_[0]_[串口2]_节点地址[136]_第[10]点遥	[1.000000]	[0.000000]	2047	-2047	[0.000000]

图 Z11J7003Ⅱ–2　遥测转发表

转发调度程序在发送遥测量时将节点遥测按转发序号排列顺序发送。“转发序号”为转发顺序号，“节点索引”为转发遥测的节点索引号，“遥测号”为转发遥测所在节点内的序号。

（2）“数据描述”，即该转发遥测的名称描述。

（3）“系数值”“基数值”“最大值”“最小值”及“变化阈值”，即该转发遥测附带的转发属性。

3. 配置遥脉转发表

按照给定的遥脉转发表配置各级遥脉转发数据（见图 Z11J7003 Ⅱ–3）。

当前功能：转发表参数 -> 0号转发表设置 ->电度量　　新建　打开　保存　另存　备份

当前目录：D:\总控参数\10\

纪录号	转发序号	节点索引	遥脉号	数据描述
0	0	1	0	1号节点_保护单元_[0]_[0]_[串口1]_节点地址[1]_第[0]点遥脉
1	1	1	1	1号节点_保护单元_[0]_[0]_[串口1]_节点地址[1]_第[1]点遥脉
2	2	1	2	1号节点_保护单元_[0]_[0]_[串口1]_节点地址[1]_第[2]点遥脉
3	3	1	3	1…[0]_[串口1]_节点地址[1]_第[3]点遥脉
4	4	1	4	1…[0]_[串口1]_节点地址[1]_第[4]点遥脉
5	5	1	5	1…[0]_[串口1]_节点地址[1]_第[5]点遥脉
6	6	1	6	1…[0]_[串口1]_节点地址[1]_第[6]点遥脉
7	7	1	7	1…[0]_[串口1]_节点地址[1]_第[7]点遥脉
8	8	1	8	1…[0]_[串口1]_节点地址[1]_第[8]点遥脉
9	9	1	9	1…[0]_[串口1]_节点地址[1]_第[9]点遥脉
10	10	1	10	1…[0]_[串口1]_节点地址[1]_第[10]点遥脉
11	11	1	11	1…[0]_[串口1]_节点地址[1]_第[11]点遥脉
12	12	1	12	1…[0]_[串口1]_节点地址[1]_第[12]点遥脉
13	13	1	13	1…[0]_[串口1]_节点地址[1]_第[13]点遥脉
14	14	1	14	1…[0]_[串口1]_节点地址[1]_第[14]点遥脉
15	15	1	15	1…[0]_[串口1]_节点地址[1]_第[15]点遥脉
16	16	1	16	1…[0]_[串口1]_节点地址[1]_第[16]点遥脉
17	17	1	17	1…[0]_[串口1]_节点地址[1]_第[17]点遥脉
18	18	1	18	1…[0]_[串口1]_节点地址[1]_第[18]点遥脉
19	19	1	19	1…[0]_[串口1]_节点地址[1]_第[19]点遥脉
20	20	1	20	1…[0]_[串口1]_节点地址[1]_第[20]点遥脉
21	21	1	21	1…[0]_[串口1]_节点地址[1]_第[21]点遥脉
22	22	1	22	1…[0]_[串口1]_节点地址[1]_第[22]点遥脉
23	23	1	23	1…[0]_[串口1]_节点地址[1]_第[23]点遥脉
24	24	1	24	1…[0]_[串口1]_节点地址[1]_第[24]点遥脉
25	25	1	25	1号节点_保护单元_[0]_[0]_[串口1]_节点地址[1]_第[25]点遥脉

升序排列
降序排列
向下复制
向下递增
同增加
复制纪录
粘贴
复制转发数据
追加纪录
插入纪录
删除纪录
追加节点记录
插入节点记录
删除节点记录
确认更新标志
导出转发说明
导入转发数据

图 Z11J7003 Ⅱ–3　遥脉转发表

转发调度程序在发送遥脉量时将节点遥脉按转发序号排列顺序发送。“转发序号”为转发顺序号，“节点索引”为转发遥脉的节点索引号，“遥脉号”为转发遥脉所在节点内的序号。

4. 配置遥控转发表

按照给定的遥控转发表配置各级遥控转发数据，注意当地遥控号和调度遥控号的对应关系，千万不能填错，若填错会导致误分合断路器事故。

三、核对远传数据的正确性

核对远传数据，以确保发送给各级调度数据的正确性，以免引起遥信遥测遥脉数据不对、遥控误动等问题。可以从以下几个方面来进行。

（1）利用组态软件自身的纠错机制，查看明显的错误配置。一般组态软件有简单的纠错机制，如同一数据点（节点数据）转发到一个以上的调度数据点时会报告错误等，这样可先排除掉因笔误导致的一些问题。

（2）查看不同调度的转发表是否选配错。一般情况下变电站会有几级调度主站，各个主站所需要的信号一般不一样，配置完参数后可查看有没有把这级调度转发表配到另外的调度去，这类错误问题常会出现。

（3）与主站核对信号。要核对远传数据的正确性，最可靠的办法就是实验。逐一信号与主站核对，包括遥信变位，遥测数据，遥脉数据等，遥控的每个对象都要验证，包括返校与执行和撤销，这样才可确保远传数据的正确性。

【思考与练习】

校核数据是否配置正确应该从哪几个方面考虑？

◢ 模块6　分析远动规约数据报文（Z11J7004Ⅱ）

【模块描述】本模块介绍了远动通信规约的分类、循环/问答式远动规约的特点、数据报文分析方法。通过典型数据报文格式介绍、内容分析，掌握分析理解远动通信规约数据报文的方法。

【模块内容】

一、概述

远动通信规约是随着现代通信技术和计算机网络技术的发展而发展的。根据数据交换方式的不同，可大体分为循环式和问答式两种类型。

1. 循环式

在我国的电力系统调度自动化系统中，早期大多采用的是串行口连接的星形模式计算机网络拓扑结构，相应产生了CDT规约。采用异步通信方式，偶校验，数据结构采用11位，一位起始位（下降沿有效），8位数据位，一位校验位，一位停止位（上升沿有效）；采用轮流通信，有错误则重发的数据流控制方式。

主要优点是，这种传输模式不需主站干预，传输信息时只需使用单向信道，当传输过程中某些数据出现差错时，由于是循环传送，因而可以用下一个循环中的数据来补救。

主要缺点是，循环传输模式的传送延时与一个循环中传送远动信息的数量有关，传送的数量越多，传送的延时就越长，这种传输模式不论情况如何，即使用户数据毫无变化，也照样循环不停地向主站发送数据，因此在正常情况下，信道的有效利用率不高，且下行困难，奇/偶校验检错能力差（偶数位同时出错时认为正确）。

2. 问答式

由于CDT规约使用效果不理想，作为改进，出现了Polling规约，采用轮询，有错误则重发，数据分优先级，优先级高则多问的数据流控制方式。

主要优点是，主站可以要求被控站发送某一远动信息，也可以要求发送某些类型的信息等，工作方式灵活。

主要缺点是，由于传送信息的主动权在主站，因而被控子站的紧急信息难以及时发给主站，故上行不够及时，轮流问答的时间较长。

二、循环式规约

1. 典型规约

CDT 规约是典型的循环规约，在早期的调度系统中应用较多，适用于点对点的远动通道结构及以循环字节同步方式传送远动设备与系统，也适用于调度所间以循环式远动规约转发实时信息的系统。

2. 交换过程

本规约采用可变帧长度、多种帧类别循环传送、变位遥信优先传送，重要遥测量更新循环时间较短，区分循环量、随机量和插入量采用不同形式传送信息，以满足电网调度安全监控系统对远动信息的实时性和可靠性的要求。可上送的信息为遥信、遥测、事件顺序记录（SOE）、电能脉冲记数值、遥控命令、设定命令、升降命令、对时、广播命令、复归命令和子站工作状态。信息按其不同的重要性确定优先级和循环时间，以实现国家标准《地区电网数据采集与监控系统通用技术条件》和《远动终端通用技术条件》所规定的要求和指标。

上行（子站至主站）信息的优先级排列顺序和传送时间要求如下：

对时的子站时钟返回信息插入传送；变位遥信、工作状态变化信息插入传送，要求在 1s 内送到主站，遥控、升降命令的返送校核信息插入传送，重要遥测安排在 A 帧传送，循环时间不大于 3s，次要遥测安排在 B 帧传送，循环时间一般不大于 6s，一般遥测安排在 C 帧传送，循环时间一般不大于 20s，遥信状态信息，包含子站工作状态信息，安排在 D1 帧定时传送，电能脉冲计数值安排在 D2 帧定时传送；事件顺序记录安排在 E 帧以帧插入方式传送。

下行（主站至子站）命令的优先级排列如下：

召唤子站时钟，设置子站时钟校正值，设置子站时钟，遥控选择、执行、撤销命令，升降选择、执行、撤销命令，设定命令，广播命令，复归命令。D 帧传送的遥信状态、电能脉冲计数值是慢变化量，以几分钟至几十分钟循环传送。E 帧传送的事件顺序记录是随机量，同一个事件顺序记录应分别在 3 个 E 帧内重复传送，变位遥信和遥控、升降命令的返校信息以信息字为单位优先插入传送，连送 3 遍。对时的时钟信息字也优先插入传送，并附传送等待时间，但只送一遍。

3. 具体报文

以遥测报文为例：

EB 90 EB 90 EB 90	71 61 10 01 00 F7
00 00 00 00 00 FF	01 00 00 00 00 9D
02 00 00 00 00 3B	03 00 00 00 00 59
04 00 00 00 00 70	05 00 00 00 00 12
06 00 00 00 00 B4	07 00 00 00 00 D6
08 00 00 00 00 E6	09 00 00 00 00 84
0A 00 00 00 00 22	0B 00 00 00 00 40
0C 00 00 00 00 69	0D 00 00 00 00 0B
0E 00 00 00 00 AD	0F 00 00 00 00 CF

三组 0xEB 0x90 是同步字节，0x71 是控制字节，0x61 是帧类别码，0x10 代表后面有 16 个信息字，16 个信息字的首字节是功能码，每个信息字可带 2 个遥测量，每个遥测量 2 个字节。

三、问答式规约

1. 典型规约

20 世纪 90 年代以来，国际电工委员会第 57 技术委员会，为适应电力系统（包括 EMS、SCADA 和配电自动化系统）及其他公用事业的需要，制定了一系列传输规约：

IEC 60870–5–1：1990 远动设备与系统 第 5 部分 传输规约 第 1 篇传输帧格式

IEC 60870–5–2：1992 远动设备与系统 第 5 部分 传输规约 第 2 篇链路传输规则

IEC 60870–5–3：1992 远动设备与系统 第 5 部分 传输规约 第 3 篇应用数据的一般结构

IEC 60870–5–4：1992 远动设备与系统 第 5 部分 传输规约 第 4 篇应用信息元素定义和编码

IEC 60870–5–5：1995 远动设备与系统 第 5 部分 传输规约 第 5 篇基本应用功能

近年来，我国制定了一系列配套标准，分别是：

DL/T 634—1997 基本远动任务配套标准（neq IEC 60870–5–101：1995）；

DL/T 719—2000 电力系统电能累计量传输配套标准（idt IEC 60870–5–102：1996）

DL/T 667—1999 继电保护设备信息接口配套标准（idt IEC 60870–5–103：1997）

IEC 60870–5–104–2000 远动设备与系统 第 5 部分 传输规约 第 104 篇采用标准传输协议子集的 IEC 60870–5–101 网络访问。

IEC 60870–5 系列标准涵盖了各种网络配置（点对点、多个点对点、多点共线、多点环形、多点星形），各种传输模式（平衡式、非平衡式），网络的主从传输模式和网络的平衡传输模式，电力系统所需要的应用功能和应用信息是一个完整的集，同 IEC 61334、配套标准 IEC 60870–5–101、IEC 60870–5–104、IEC 60870–5–102 一起，既可以用于变电站和控制中心之间交换信息，也可以用于变电站和配电控制中心之间交换信息、各类配电远方终端和变电站控制端之间交换信息，可以适应电力自动化系统中各种调制方式、各种网络配置和各种传输模式的需要。

2. 交换过程

IEC 60870–5 规约是基于三层参考模型“增强性能体系结构”（由 IEC 60870–5–3 节 4 所规定）。物理层采用 ITU–T 建议，在所要求的介质上提供了二进制对称无记忆传输，以保证所定义链路层的组编码方法高的数据完整性。

链路层采用明确的链路规约控制信息（LPCI），此链路控制信息可将一些应用服务数据单元（ASDUs）当作链路用户数据，链路层采用帧格式的选集能保证所需的数据完整性、效率，以及方便传输。非平衡传输规则为启动站仅包括一个启动链路层，从动站仅包括一个从动链路层。多个从动站可以和一个启动站相连接。在启动站和特定从动站之间的兼容通信仅仅和这两个站有关。从多个从动站请求数据的询问过程是启动站当地内部功能。在多于一个从动站的情况下，启动站必须记住每个从动站当前状态。平衡传输的链路层有两个独立的逻辑过程。一个逻辑过程代表 A 站为启动站、B 站为从动站。一个逻辑过程代表 B 站为启动站、A 站为从动站。每一个站均为综合站。这样在每一个站存在两个独立的过程，在逻辑启动方向和逻辑从动方向去控制链路层。应用层包含一系列“应用功能”，它包含在源和目的之间传送的应用服务数据单元中。本配套标准的应用层未采用明确的应用规约控制信息（APCI），它隐含在应用服务数据单元的数据单元标识符以及所采用的链路服务类型中。应用服务数据单元由数据单元标识符和一个或多个信息对象所组成。数据单元标识符在所有应用服务数据单元中具有相同的结构，一个应用服务数据单元中的信息对象常有相同的结构和类型，它们由类型标识域所定义。

数据单元标识符的结构如下：

一个 8 位位组	类型标识
一个 8 位位组	可变结构限定词
一个或者 2 个 8 位位组	传送原因
一个或者 2 个 8 位位组	应用服务数据单元公共地址

类型标识不是公共地址，也不是信息对象地址。

应用服务数据单元公共地址的八位位组数目是由系统参数所决定，可以是一个或两个八位位组，公共地址是站地址，它可以去寻址整个站或者仅仅站的特定部分。无应用服务数据单元的数据域长度，每一帧仅有一个应用服务数据单元，应用服务数据单元的长度是由帧长（即为链路规约长度域）减去一个固定的整数，此固定整数是一个系统参数（无链路地址时系统参数为1、有一个八位位组链路地址时系统参数为2、有两个八位位组链路地址时系统参数为3）。时标（如果出现的话）属于单个信息对象。信息对象由一个信息对象标识符（如果出现的话）、一组信息元素和一个信息对象时标（如果出现的话）所组成。信息对象标识符仅由信息对象地址组成，在大多数情况下，在一个特定系统中，应用服务数据单元公共地址连同信息对象地址一起可以区分全部信息元素集，在每一个系统中这两个地址结合在一起将是明确的。一组信息元素集可以是单个信息元素、一组综合元素或者一串顺序元素。

3. 具体报文

（1）初始化报文。主站链路层向子站链路层发送“请求链路状态”，若子站链路层工作，则向主站以“链路状态”响应，若子站不回答，主站则多次向子站链路层发送“请求链路状态”。

主站链路层为了和子站链路层的帧计数位状态保持一致，向子站链路层发送“复位远方链路”。子站链路层收到此链路规约数据单元后，则将帧计数位（FCB）置零，并以主站链路层发送的链路规约数据单元的镜像作为确认，此时，两端的帧计数位状态一致，主站就可进行总召唤。

R：10 49 26 6f 16

T：10 ab 26 d1 16

R：10 40 26 66 16

T：10 a0 26 c6 16

（2）总召。向子站进行总召唤功能是在初始化以后进行，或定时进行总召唤，以刷新主站的数据库，主站的应用功能向主站的链路层发送总召唤的请求原语，子站链路层接收后向子站应用功能发送总召唤的指示原语，子站链路层向链路发送总召唤命令的镜像确认。然后子站的应用功能就连续地以总召唤的信息内容依次组成被召唤的信息的请求原语，向子站链路层传送，子站链路层向链路发送响应帧。传送的内容包括子站的遥信、遥测、步位置信息、BCD 码（水位）、子站远动终端状态等，并将它们分组。其各组的安排分别是第1～8组为遥信信息；第9～12组为遥测；第13组为步位置信息；第14组为BCD码；第15组为子站远动终端。

遥信量前4组的信息体起始地址如下：第1组为1 H；第2组为81 H；第3组为101 H；第4组为181H。以上每组的遥信个数均不超过128个。

遥测量共分4组，其各组信息体的地址如下：第9组为701H～780H；第10组为

781H～800H；第 11 组为 801H～880 H；第 12 组为 881H～900H。

R：68 09 09 68 53 26 64 01 06 26 00 00 14 1e 16//总召唤

T：68 09 09 68 80 26 64 01 07 26 00 00 14 4c 16//总召唤确认

以下是数据：

T：　68 48 48 68 88 26 01 c0 14 26 01 00 00 00 00 00 00 00 00
00 00 00 00 00 00 00 00 00 00 00 00 00 00 00 00 00 00 00 00
00 00 00 00 00 00 00 00 00 00 00 00 00 00 00 00 00 00 00 00
00 00 00 00 00 00 00 00 00 00 00 00 00 00 00 00 00 00 00 00
aa 16//遥信

…

T：68 88 88 68 88 26 15 c0 14 26 01 07 00 00 00 00 00 00 00
00 00 00 00 00 00 00 00 00 00 00 00 00 00 00 00 00 00 00 00
00 00 00 00 00 00 00 00 00 00 00 00 00 00 00 00 00 00 00 00
00 00 00 00 00 00 00 00 00 00 00 00 00 00 00 00 00 00 00 00
00 00 00 00 00 00 00 00 00 00 00 00 00 00 00 00 00 00 00 00
00 00 00 00 00 00 00 00 00 00 00 00 00 00 00 00 00 00 00 00
00 00 00 00 00 00 00 00 00 00 00 00 00 00 00 00 00 00 00 00
00 00 00 00 00 00 00 00
c5 16//遥测

…

T：68 09 09 68 88 26 64 01 0a 26 00 00 14 57 16//总召结束。

（3）时钟同步。由于子站的时钟必须与主站时钟同步，以便为带时标的事件或信息体提供正确的时标。因此，无论是初始化以后或是定时再同步，时钟同步均由主站启动，由主站的应用功能向链路层传送时钟同步命令的服务原语，链路层向链路发送时钟同步链路规约数据单元。子站链路层收到后，立即向子站应用功能发送时钟同步命令的指示原语。子站应用功能将接收的链路规约数据单元内的时间值写入子站的时钟，然后子站向链路层发送时间报文的请示原语，子站链路层通过链路向主站发送时钟同步的确认帧。

这样，时间同步发送帧和确认帧使子站与主站实现时间同步，同时，使子站当地实现日历钟，使打印和事件顺序（SOE）有日期。

R：68 0f 0f 68 73 26 67 01 06 26 00 00 05 25 28 11 74 f3 02 f9 16

T：68 0f 0f 68 80 26 67 01 07 26 00 00 05 25 28 11 74 f3 02 07 16

（4）召唤一级用户数据。主站是否执行询问一级用户数据，还要根据上一响应帧中 ACD 是否为 1，如果 ACD=1，主站立即向该站召唤一级用户数据，其中 ACD 为子站→主站中控制域的 D5 位，即要求访问位。

一级用户数据是指变位遥信、由读数命令所寻址的信息体的数据、子站初始化结束、子站状态变化。

R：10 7a 26 a0 16

T：68 09 09 68 88 26 01 01 03 26 87 00 01 61 16

（5）召唤二级用户数据。二级用户数据是指超过门限值的遥测、子站改变下装参数，水位超过门限值、变压器分接头变化、事件顺序记录数据和带时标的其他量。

主站询问子站的二级用户数据是其经常的询问过程。如果子站有二级数据，则向主站传送如下 6 种测量和状态变化帧：

1）遥测数据变化帧；

2）不带品质描述的遥测数据变化响应帧；

3）带时标的遥测数据变化响应帧；

4）变压器分接头变化响应帧；

5）BCD 码响应帧；

6）事件顺序记录。

在 2 级用户数据中，越过门限的遥测值的优先级最高，优先传送。

（6）遥控。101 规约的遥控是采用返送校核方式，即其遥控命令是采用选择和执行命令的过程。

当进行遥控时，由主站应用功能向主站链路层发送选择命令的请求原语。主站链路层向链路发送双位选择命令。子站链路层收到命令后，向子站应用功能发送选择命令的指示原语，子站应用功能将命令中选择的对象和性质送到相应的硬件，经过校核，形成由主站发来命令的镜像报文，向子站链路层发送选择响应原语，子站链路层向链路发送双位选择命令的确认帧。主站链路层收到确认帧后，向主站的应用功能发送选择信息的确认原语。主站应用功能经过检查确认帧的命令对象和性质正确无误后向链路层发送执行命令帧。子站链路层接收以后向子站的应用功能发送执行命令的指示原语，应用功能就执行控制命令并向链路层发送执行命令的响应原语，子站链路层就向链路发送执行命令的确认帧。

【思考与练习】

常用远动通信规约有哪几种？

第二十四章

GPS 的调试与检修

模块 1　GPS 基本构成及工作原理（Z11J8001Ⅱ）

【模块描述】本模块介绍了变电站时间同步系统的组成、GPS 时钟装置的构成和工作原理，包含时间同步系统、主时钟、时钟扩展装置。通过理论介绍、框图讲解，掌握 GPS 的基本构成和工作原理。

【模块内容】

一、GPS 介绍和在电力系统中的作用

GPS 是美国国防部自 1973 年开始研制的第二代卫星导航系统，于 1994 年正式投入使用。该系统包括 24 颗卫星，这些卫星飞行在离地面 20 200km 高的 6 条圆心轨道上，每 12h 绕地球运行一周。它们与地面测控站、用户设备仪器构成了整个 GPS。该系统全球覆盖、全天候实时向用户提供与国际标准时间 UTC 高度同步的时间，以及经度、纬度等信息。

GPS 的定位原理和过程可以简述如下：在一个立体直角坐标系中，任何一个点的位置都可以通过三个坐标数据 X、Y、Z 得到确定。也就是说，只要能得到 X、Y、Z 三个坐标数据，就可以确知任何一点在空间中的位置。如果能测得某一点与其他三点 A、B、C 的距离，并确知 A、B、C 三点的坐标，就可以建立一个三元方程组，解出该未知点的坐标数据，从而得到该点的确切位置。GPS 就是根据这一原理，在太空中建立了一个由 24 颗卫星所组成的卫星网络，通过对卫星轨道分布的合理化设计，用户在地球上任何一个位置都可以观测到至少三颗卫星，只要测得与它们的距离，就可以精确解算出自身的位置和时间，其时间精确度可达纳秒级。

目前，我国电网已初步建成以超高压输电、大机组和自动化为主要特征的现代化大电网。它的运行实行分层控制，设备的运行往往要靠数百公里外的调度员指挥；电网运行瞬息万变，发生事故后更要及时处理，这些都需要统一的时间基准。为保证电网安全、经济运行，各种以计算机技术和通信技术为基础的自动化装置广泛应用，如调度自动化系统、故障录波器、微机继电保护装置、事件顺序记录装置、变电站计算

机监控系统、火电厂机组自动控制系统、雷电定位系统等。这些装置的正常工作和作用的发挥，离不开统一的全网时间基准。有了统一精确的时间，既可实现全厂（站）各系统在GPS时间基准下的运行监控，也可以通过各断路器动作、调整的先后顺序及准确时间来分析事故的原因及过程。统一精确的时间是保证电力系统安全运行，提高运行水平的一个重要措施。

现在相当一部分变电站的故障录波装置、自动化及线路微机保护装置、计算机监控系统都有自己的GPS时间同步系统，它们之间相互独立。每个孤立的时钟信号源节点都各自接收GPS卫星提供的UTC信号，并进行处理后向被授时装置输出。不同的信号源节点对UTC信号的处理水平并不一样，所提供UTC信号准确性也不一致，孤立节点间无法相互校正，从而导致时间同步精度的降低。这样的时间同步网在时间统一性方面容易产生差错。若各系统实施统一GPS时钟同步方案，就可实现全厂（站）各系统在统一GPS时间基准下的运行监控和事故后的故障分析，大大提高了电厂（站）系统的安全稳定性。因此采用GPS时钟同步系统比采用传统的GPS同步设备有着明显的优势，也是技术发展的必然趋势。

二、时间同步系统的组成

时间同步系统（Time Synchronism System）安装在调度中心（调度所）、发电厂和变电站内，它主要由以下3个部分组成：主时钟；时间信号传输通道；时间信号用户设备接口。

其中主时钟由以下3个主要部分组成：

（1）时间信号接收（输入）单元，接收外部时间基准信号。重要应用场合（如调度中心、500kV变电站和发电厂）。

（2）时间保持单元。

（3）时间信号输出（扩展）单元。

时间同步系统一般在一个调度中心（调度所）、发电厂或变电站只建立一个。出于安全考虑，也可以在单独的建筑物里建立一个，如在500kV变电站的一个保护设备室里。

三、时间同步系统各组成部分的技术要求

1. 时间信号接收（输入）单元

（1）功能。时间信号接收（输入）单元通过接收以无线手段传递的时间信号或输入以有线手段传递的时间信号，获得1PPS和包含北京时间的时刻和日期信息的时间报文，1PPS的前沿与UTC秒的时刻偏差≤1μs，该1PPS和时间报文作为主时钟的外部时间基准。

（2）无线时间信号接收单元。接收GPS（全球定位系统）卫星或我国卫星、短波

广播和电视等无线手段传递的时间信号，获得满足规定要求的时间信息。

（3）GPS卫星信号接收单元。接收GPS卫星发送的定时、定位信号。

（4）有线时间信号输入单元。通过导线或光纤接收其他主时钟发送的时间信号。一般在主时钟内时间信号接收单元冗余配置时采用，其时间信息作为主时钟的后备外部时间基准。

2. 时间保持单元

（1）功能。主时钟内部的时钟，当接收到外部时间基准信号时，被外部时间基准信号同步；当接收不到外部时间基准信号时，保持一定的走时准确度，使主时钟输出的时间同步信号仍能保证一定的准确度。

（2）准确度。时间保持单元的时钟准确度应优于 7×10^{-8}。

（3）内部时钟的振荡源。内部时钟的振荡源可以根据时钟精度的要求，选用普通石英晶振、有温度补偿的石英晶振或原子频标。

3. 时间信号输出（扩展）单元

（1）功能。当主时钟接收到外部时间基准信号时，按照外部时间基准信号输出时间同步信号；当接收不到外部时间基准信号时，按照内部时钟保持单元的时钟输出时间同步信号。当外部时间基准信号接收恢复时，自动切换到正常状态工作，切换时间应小于 0.5s。切换时主时钟输出的时间同步信号不得出错：时间报文不得有错码，脉冲码不得多发或少发。

（2）扩展。一般主时钟应输出足够数量的不同类型时间同步信号，数量不够时可以增加扩充单元以满足不同使用场合的需要。

（3）输出时间信号。输出的时间信号类型应符合现场使用要求。时间信号的电接口在电气上均应相互隔离。

四、时间同步系统的组网方式

各电压等级变电站，采取不同的组网方式，其标准同步钟本体配置原则为：

110kV 变电站：配置一台标准同步钟本体，在主控室独立组屏，标准同步钟本体应预留一路接口接收通信网络传送的对时信号。

220kV 变电站及以上：配置两台标准同步钟本体，互为备用，在主控室组成一面屏通过时间扩展装置向全站统一对时。两台标准同步钟本体，以冗余热备模式工作，完成GPS卫星信号的接收、处理，以及向时间扩展设备提供标准同步时间信号（RS–422电平方式IRIG–B）。每台主时钟同时具有接收另一台主时钟的IRIG–B时间信息功能，达到两台主时钟之间能够互为备用。

主时钟与时间扩展设备之间采用光纤连接，以IRIG–B来传送GPS时间信息。信号扩展装置的时间基准信号输入包括两路 IRIG–B 输入。当信号扩展装置只接一路 IRIG–B 输入时，该路输入可以是 IRIG–B 输入 1，也可以是 IRIG–B 输入 2。信号扩展装置接入两路 IRIG–B 时码输入时，以 IRIG–B 输入 1 作为该扩展装置的外部时间基准，IRIG–B（DC）输入 2 作为后备。扩展时钟向故障录波装置、继电保护装置、计算机监控装置等提供对时信号接口。同时网络时间服务器还可提供 1～3 个 NTP 网络接口，以满足 MIS 及 SIS 等系统的网络对时需要。

五、时间同步系统工作原理

时间同步系统主要安装在调度中心（调度所）、发电厂和变电站内，它利用各种方式获得精准的时钟源信号，形成主时钟，然后将时间信号通过相关的传输通道发送到周边各种设备，由时间信号用户设备接口接收信号，从而使系统中各设备能够统一精准校时，即供电力系统及一切需要标准时间尺度的各种自动化装置使用，以满足电力系统时间同步要求。

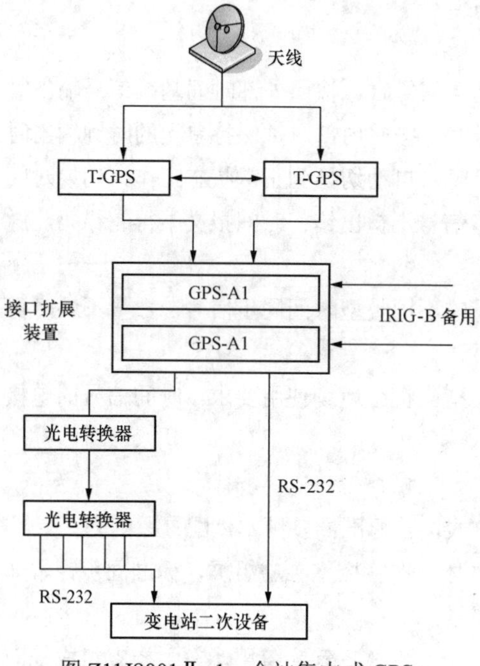

结合 500kV 变电站时钟同步系统，概述一下时间同步系统工作原理。全站集中式 GPS 时钟同步系统结构图见图 Z11J8001Ⅱ–1。

天线
T-GPS
T-GPS
接口扩展装置
GPS-A1
GPS-A1
IRIG-B 备用
光电转换器
光电转换器
RS-232
RS-232
变电站二次设备

图 Z11J8001Ⅱ–1 全站集中式 GPS 时钟同步系统结构图

各保护小室的二次设备通过光纤从控制室 GPS 时间同步系统屏取 RS–232 信号，距离主时钟 GPS 较近的设备则通过屏蔽线取多路 RS–232 信号、多路脉冲信号。

T–GPS 电力系统同步时钟内置全球定位系统（GPS）信号接收模块，它负责给行波采集装置提供精确秒同步脉冲信号（1PPS）及全球统一时间信息。T–GPS 电力系统同步时钟由 GPS 接收机、中心处理单元、外围接口电路等组成，同步时钟原理框图见图 Z11J8001Ⅱ–2。

GPS 接收机采用美国 Garmin 公司生产的 GPS20 接收机，GPS20 接收 GPS 卫星的粗码（A 码）并与本地钟（GPS 接收机时钟）校正同步，输出绝对误差不超过 1μs 的秒同步脉冲信号和国际标准时间信息。中心处理单元由 80C196 单片机构成，它把 GPS20 接收到的国际标准时间信息转换成当地标准时间。

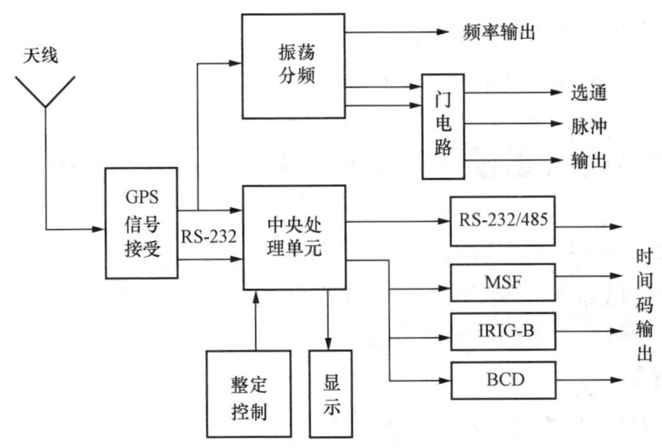

图 Z11J8001Ⅱ-2　T-GPS 同步时钟原理框图

T-GPS 同步时钟有两种信号输出方式：① 硬件电路的同步脉冲输出，即每隔一定的时间间隔输出一个精确的同步脉冲；② 软硬件结合的串行时间信息输出，即通过同步时钟和自动装置的串行口以数据流的方式交换时间信息。其中，脉冲同步方式又可分为 TTL 电平输出、无源空接点输出和继电器输出，它们都能提供秒、分、时同步脉冲；在串行口同步方式中 T-GPS 同步时钟以串行数据流方式输出时间信息，各自动装置则通过标准串行口接收每秒一次的串行时间信息来获得时间同步。串行时间信息可以分为不同的信息格式，如 ASCⅡ码、IRIG-B 码等。按照串行接口标准的不同 ASCⅡ码又有 RS-232C、RS-423、RS-422、RS-485 等不同码制，IRIG-B 码有 TTL 直流电平码、1kHz 正弦调制码等。

主时钟完成 GPS 卫星信号的接收、处理，及向信号扩展装置提供标准同步时间信号（RS-422 电平方式 IRIG-B），同时提供 TTL 电平测试口、RS-232 串行口、空接点脉冲接口、IRIG-B 接口；同时具有接收 IRIG-B 时间功能和内部守时功能。扩展装置提供多路脉冲输出、多路 B 码输出、多路串口输出。

信号扩展装置的时间基准信号输入包括两路 IRIG-B（RS-422）输入。当信号扩展装置只接一路 IRIG-B（RS-422）输入时，该路输入可以是 IRIG-B 输入 1，也可以是 IRIG-B 输入 2。信号扩展装置接入两路 IRIG-B（RS-422）时码输入时，以 IRIG-B（RS-422）输入 1 作为该扩展装置的外部时间基准，IRIG-B（DC）输入 2 作为后备。

【思考和练习】

1. GPS 系统如何完成对时过程？
2. GPS 时钟同步系统对于电力系统有什么重要性？

3. 时间同步系统的组成有哪些？
4. 变电站时间同步系统的结构是什么？

模块2 设备是否对时准确判断（Z11J8002Ⅱ）

【模块描述】本模块介绍了电力系统各种类型装置、系统的时间同步准确度要求，包含GPS设备提供的各种对时信号准确度的测试方法。通过列表数据、系统图形分析，掌握GPS设备对时是否准确的判断方法。

【模块内容】

一、不同设备对时间同步准确度要求

常用的各种装置（系统）的时间同步准确度要求规定见表Z11J8002Ⅱ-1。

表Z11J8002Ⅱ-1 常用的各种装置（系统）的时间同步准确度要求规定

装置（系统）名称	时间同步准确度	时间同步信号类型
线路行波故障测距装置	1μs	1PPS及时间报文
雷电定位系统	1μs	1PPS及时间报文
功角测量系统	40μs	1PPS及时间报文
故障录波器	1ms	IRIG-B或1PPM及时间报文
事件顺序记录装置	1ms	IRIG-B或1PPM及时间报文
微机保护装置	10ms	IRIG-B或1PPM及时间报文
RTU	1ms	IRIG-B或1PPM及时间报文
各级调度自动化系统	1ms	IRIG-B或1PPM及时间报文
变电站、换流站监控系统	1ms	IRIG-B或1PPM及时间报文
火电厂机组控制系统	1ms	IRIG-B或1PPM及时间报文
水电厂计算机监控系统	1ms	IRIG-B或1PPM及时间报文
配电网自动化系统	10ms	IRIG-B或1PPM及时间报文
电能量计费系统	≤0.5s	时间报文
电力市场交易系统	≤0.5s	时间报文
电网频率按秒考核系统	≤0.5s	时间报文
自动记录仪表	≤0.5s	时间报文
各级MIS系统	≤0.5s	时间报文
负荷监控系统	≤0.5s	时间报文
调度录音电话	≤0.5s	时间报文
各类挂钟	≤0.5s	时间报文

二、时间同步系统的现场测试

时间同步系统建立后要在现场进行测试，包括主时钟技术指标的测试和用户设备接收时间同步信号后，能达到的时间同步准确度的测试。

三、测试仪器

在现场测试中使用的测试仪器有：带 GPS 的标准时钟（有事件记录功能）、时间间隔计数器、电平转换装置和脉冲延时装置等。也可以用将这些仪器功能组合在一起的一台现场综合测试仪代替。

四、主时钟技术指标的测试

主时钟的主要技术指标是它输出的 1PPS（TTL 电平信号）脉冲前沿相对于 UTC 秒的时间准确度，可按图 Z11J8002Ⅱ–1 接线进行测试。

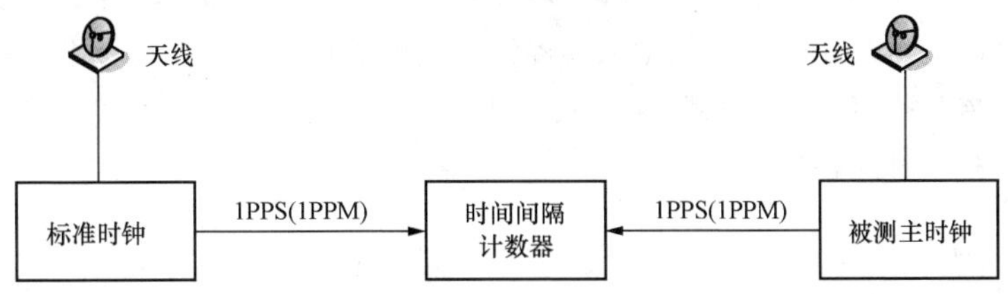

图 Z11J8002Ⅱ–1　时钟测试系统（一）

如主时钟只有 1PPM（TTL 电平信号）输出，则测量它相对于 UTC 分的时间准确度，也按图 Z11J8002Ⅱ–2 接线进行测试。

如主时钟没有 1PPS 或 1PPM（TTL 电平信号）输出，则用测量 1PPS 或 1PPM（空接点信号）输出相对于 UTC 时间秒或分的时间准确度代替，对 1PPS 或 1PPM 空接点信号经电平转换后接到测试仪器，见图 Z11J8002Ⅱ–2。

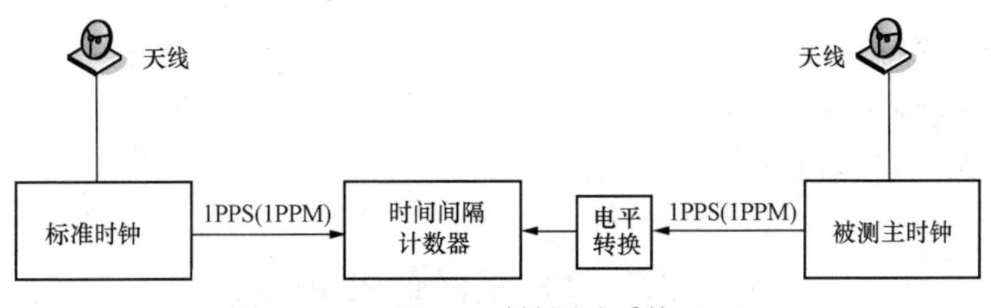

图 Z11J8002Ⅱ–2　时钟测试系统（二）

五、有事件记录功能的装置的时间同步准确度测量

有事件记录功能的装置，如故障录波器、RTU 等，都能记录空接点型开关量的闭合时刻，并显示或打印出来。可按图 Z11J8002Ⅱ–3 所示，将一个给定时刻的开关量信号送到被测装置去，将该给定时刻与被测装置记录的该开关量闭合时刻比较，可判断

被测装置的时间同步准确度。

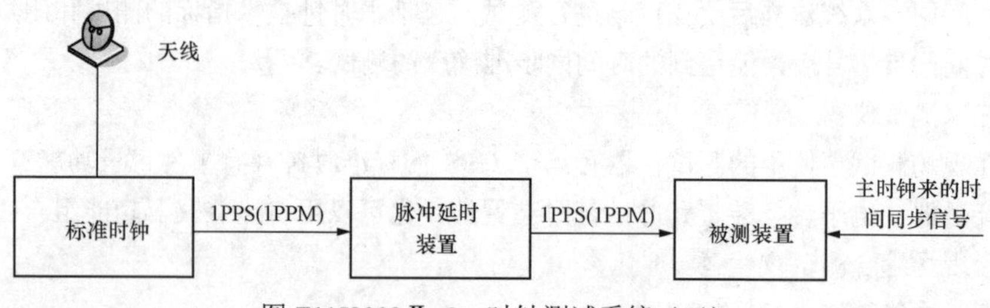

图 Z11J8002Ⅱ-3 时钟测试系统（三）

六、微机保护装置的时间同步准确度测试

按图 Z11J8002Ⅱ-4 将保护试验信号加到被测保护装置，使保护装置动作，保护装置的跳闸出口接点接到具有事件记录（停钟）功能的标准时钟，将标准时钟记录的保护装置跳闸出口接点闭合时刻与保护装置事故报告中的跳闸时刻比较，可以判断被测微机保护装置的时间同步准确度。

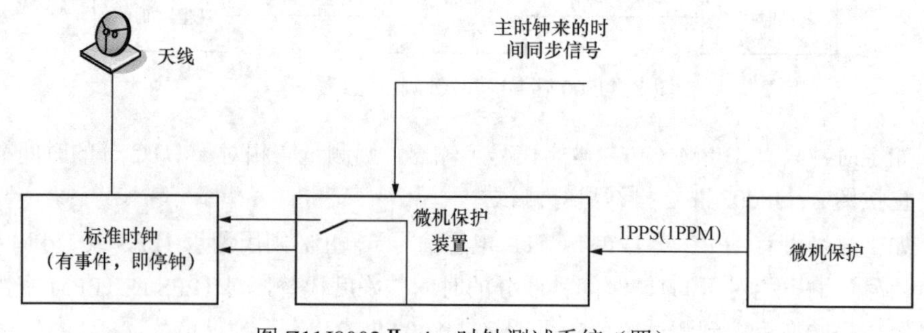

图 Z11J8002Ⅱ-4 时钟测试系统（四）

【思考和练习】

1. 画出主时钟测试原理框图。
2. 试举出三种系统的准确度指标。

模块 3 GPS 授时的几种方式及设备运行状态（Z11J8003Ⅱ）

【模块描述】本模块介绍了变电站 GPS 系统常见的各种对时方式、设备运行状态查询方法，包含 GPS 设备提供的各种对时信号、设备相关的液晶显示界面。通过对时要点讲解、实例介绍，掌握 GPS 设备的各种授时方式及正确判断设备的运行状态。

【模块内容】

一、GPS 授时的方式

目前，国内的同步时间主要以 GPS 时间信号作为主时钟的外部时间基准信号。现在各时钟厂家大多提供硬对时、软对时、编码对时及 NTP 网络对时方式。

1. 硬对时（脉冲节点）

主要有秒脉冲信号（1PPS，即每秒 1 个脉冲）和分脉冲信号（1PPM，即每分 1 个脉冲）。秒脉冲是利用 GPS 所输出的 1PPS 方式进行时间同步校准，获得与 UTC 同步的时间准确度较高，上升沿的时间准确度不大于 1μs。分脉冲是利用 GPS 所输出的 1PPM 方式进行时间同步校准，获得与 UTC 同步的时间准确度较高，上升沿的时间准确度不大于 3μs，这是国内外保护常用的对时方式。另外通过差分芯片将 1PPS 转换成差分电平输出，以总线的形式与多个装置同时对时，同时增加了对时距离，由 1PPS 几十 m 的距离提高到差分信号 1km 左右。

用途：对国产故障录波器、微机保护、雷电定位系统、行波测距系统对时。

2. 软对时（串口报文）

串口校时的时间报文包括年、月、日、时、分、秒，也可包含用户指定的其他特殊内容，例如接收 GPS 卫星数、告警信号等，报文信息格式为 ASCⅡ码或 BCD 码或十六进制码。如果选择合适的传输波特率，其精确度可以达到毫秒级。串口校时往往受距离限制，RS–232 口传输距离为 30m，RS–422 口传输距离为 150m，加长后会造成时间延时。

用途：对电能量计费系统、输煤 PLC、除灰 PLC、化水 PLC、脱硫 PLC、自动化装置、控制室时钟对时。

3. 编码对时

编码时间信号有多种，国内常用的有 IRIG（inter–range instrumentation group）和 DCF77（deutsche，long wave signal，frankfurt，77.5kHz）两种。IRIG 串行时间码共有 6 种格式，即 A、B、D、E、G、H。其中 B 码应用最为广泛，有调制和非调制两种。调制 IRIG–B 输出的帧格式是每秒输出 1 帧，每帧有 100 个代码，包含了秒段、分段、小时段、日期段等信号。非调制 IRIG–B 信号是一种标准的 TTL 电平，用在传输距离不大的场合。

为了提高对时精度，一般采用硬对时和软对时相结合的方式，即装置通过串口获取年、月、日、时、分、秒等信息，同时，通过脉冲信号精确到毫秒、微秒，对于有编码对时口（例如 IRIG–B）的装置优先采用编码对时。

用途：给某些进口保护或故障录波器对时。

4. NTP 网络对时

NTP（network time protocol）是用来使计算机时间同步化的一种协议，它可以使计算机对其服务器或时钟源（如石英钟，GPS 等）做同步化，提供高精准度的时间校正（LAN 上与标准间差小于 1ms，WAN 上几十 ms），且可采用加密确认的方式来防止恶毒的协议攻击。主要给电厂的 MIS 系统、SIS 厂级监控信息系统、工程师站及需要网络对时的系统进行对时。

NTP 是由美国德拉瓦大学的 David L.Mills 教授于 1985 年提出，除了可以估算封包在网络上的往返延迟外，还可独立地估算计算机时钟偏差，从而实现在网络上的高精准度计算机校时，它是设计用来在 Internet 上使不同的机器能维持相同时间的一种通信协定。时间服务器（time server）是利用 NTP 的一种服务器，通过它可以使网络中的机器维持时间同步。在大多数的地方，NTP 可以提供 1～10ms 的可信赖性的同步时间源和网络工作路径。NTP 网络对时是一种更为先进、更为可靠的时间同步方式，并且距离不受任何限制。

比较而言，串口报文的对时精度较低（误差在 10ms 以上），目前一般应用在变电站自动化系统的后台监控系统。而脉冲对时编码信息量较少，一般需与串口报文配合使用。IRIG–B 时间编码是一种比较优秀的时间编码格式，能提供较高的对时精度且包含了全部的时间信息。

二、GPS 授时的信号类型

1. 1PPS 脉冲信号

准时沿：上升沿，上升时间≤50ns；

上升沿的时间准确度≤1μs；

脉冲宽度：20～200ms。

主时钟至少有一路标准 TTL 电平 1PPS 输出，表征主时钟的准确度。

2. 1PPM 脉冲信号

准时沿：上升沿，上升时间≤150ns；

上升沿的时间准确度≤3μs；

脉冲宽度：20～200ms。

3. 1PPH 脉冲信号

准时沿：上升沿，上升时间≤1μs；

上升沿的时间准确度≤3μs；

脉冲宽度：20～200ms。

4. IRIG–B（DC）时码

每秒 1 帧，包含 100 个码元，每个码元 10ms；

脉冲宽度编码，2ms 宽度表示二进制 0、分隔标志或未编码位；

5ms 宽度表示二进制 1；

8ms 宽度表示整 100ms 基准标志；

秒准时沿：连续两个 8ms 宽度基准标志脉冲的第二个脉冲的前沿；

帧结构：起始标志、秒（个位）、分隔标志、秒（十位）、基准标志、分（个位）、分隔标志、分（十位）、基准标志、时（个位）、分隔标志、时（十位）、基准标志、自当年元旦开始的天（个位）、分隔标志、天（十位）、基准标志、天（百位）（前面各数均为 BCD 码）、7 个控制码（在特殊使用场合定义）、自当天 0 时整开始的秒数（为纯二进制整数）、结束标志。

5. IRIG–B（AC）时码

用 IRIG–B（DC）码对 1kHz 正弦波进行幅度调制形成的时码信号，幅值大的对应高电平，幅值小的对应低电平，典型调制比为 3:1。

三、时间报文

1. 报文内容

时间报文应该包含下列内容：

时间：时、分、秒。

日期：年、月、日。

报文起始、结束标志及其他信息传输必需的标志。也可包含用户指定的其他特殊内容，如时间基准标志、GPS 卫星锁定状态、接收 GPS 卫星数、告警信号等。

报文信息格式：ASCⅡ码或 BCD 码或 16 进制码。

数据位：7 位或 8 位。

起始位：1 位。

校验位：偶校验、奇校验或无校验。

停止位：1 位或 2 位。

2. 信息传输速率

300、600、1200、2400、4800、9600、19 200bit/s 可选。

3. 报文发送时间

每秒输出、每分输出或根据请求输出 1 次（帧），或用户指定的方式输出。

四、时间同步信号电接口

主时钟有多路时间信号输出时，不管信号接口的类型，各路输出在电气上均应相互隔离。

1. 静态空接点（光隔离）输出

允许外接电压：250V。

2. TTL电平输出

负载：50Ω；驱动：HCMOS。

3. 串行数据通信接口RS–232

电气特性符合GB/T 6107—2000（CCITT建议V.28）。

连接器9针D型小型公插座，针的编号和定义见表Z11J8003Ⅱ–1。

表Z11J8003Ⅱ–1　　针的编号和定义

针的编号	RS–232信号	RS–422/485信号
1	空	数据接收RXD–
2	数据接收RXD	数据接收RXD+
3	数据发送TXD	数据发送TXD–
4	空	数据发送TXD+
5	信号地GND	信号地GND
6～9	空	空

4. 串行数据通信接口RS–422

电气特性符合GB 11014—90（CCITT建议V.11）。

连接器9针D型小型公插座，针的编号和定义见表Z11J8003Ⅱ–1。

5. 串行数据通信接口RS–485

电气特性符合EIA/485（CCITT建议V.28）。

连接器9针D型小型公插座，针的编号和定义见表Z11J8003Ⅱ–1。

6. 20mA电流环接口

传输有效信号时环路电流保持20mA，电气特性尚无标准。

7. AC调制信号接口

载波频率：1kHz。

信号幅值（峰—峰值）：高：≥10.0V、低：符合3:1调制比要求。

输出阻抗：600Ω隔离输出。

8. 各种时间同步信号采用的电接口

为保证时间同步信号传输的质量，应按表Z11J8003Ⅱ–2采用不同信号接口。

表 Z11J8003Ⅱ-2　　信 号 接 口 类 型

信号电接类型 / 同步信号类型	静态空接点	TTL	RS-232	RS-422	RS-485	20mA 电流环	AC
1PPS	√	√					
1PPM	√	√				√	
1PPH	√	√				√	
时间报文			√	√	√	√	
IRIG-B（DC）		√	√	√	√		
IRIG-B（AC）							√

五、时间同步信号传输介质

时间信号传输通道应保证主时钟发出的时间信号传输到用户设备时能满足用户设备对时间信号质量的要求，一般可在下列 4 种通道中选用。

1. 同轴电缆

用于高质量地传输 TTL 电平信号，如 1PPS、1PPM、1PPH 和 IRIG-B（DC）码 TTL 电平信号等，传输距离≤10m。

2. 有屏蔽控制电缆

用于在保护室内传输 RS-232 接口信号、传输距离≤15m。

用于在保护室内传输 RS-422、RS-485、20mA 电流环接口信号、传输距离≤150m。

3. 音频通信电缆

用于传输 IRIG-B（AC）信号，传输距离≤1000m。

4. 光纤

用于远距离传输各种时间信号，传输距离取决于光纤的类型。

六、判别 GPS 授时设备是否工作正常

以某品牌天文时钟为例，介绍天文时钟的面板状态，见图 Z11J8003Ⅱ-1。

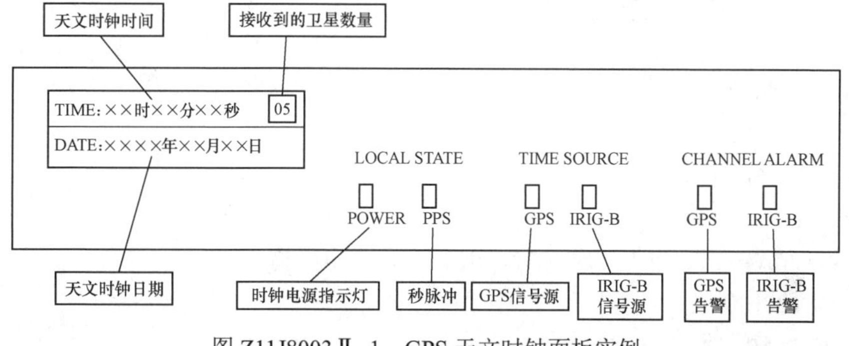

图 Z11J8003Ⅱ-1　GPS 天文时钟面板实例

1. 工作状态指示

（1）天线配带30m馈线置于开阔地点，GPS标准时间同步钟接通电源后，收到卫星后前面板1PPS灯每秒闪烁一下，此时收星数量显示在3～9之间。

捕获时间：20s～2min。

（2）外部时间基准信号锁定（接收外部时间基准信号正常）。当外部时间基准信号输入冗余配置时应指示当前起作用的一个。

（3）面板LCD是否有年月日，时分秒显示，显示时间是否正确。

外部事件产生的时刻记录：测量精度 1μs，格式为××年××月××日，××时××分××秒。

2. 告警

（1）GPS装置电源中断，告警接点是否动作。

（2）外部同步时间GPS信号消失，告警接点是否动作。

3. 电源

交流供电：220V±20%（50Hz±1Hz），功耗：＜15W。

直流供电：85～264V，功耗：＜15W。

4. 技术指标

输出指标包括下列内容：

（1）1PPS输出。

极性：正脉冲。

脉宽：约80ms。

阻抗：50Ω。

前沿：20ns。

精度：1μs。

接口方式：TTL电平，RS–232，RS–485，光电隔离。

（2）1PPM输出。

极性：正脉冲。

脉宽：约1s。

阻抗：50Ω。

前沿：20ns。

精度：1μs。

接口方式：TTL电平，RS–232，RS–485，光电隔离。

（3）1PPH输出。

极性：正脉冲。

脉宽：约1s。

阻抗：50Ω。

前沿：20ns。

精度：1μs。

接口方式：TTL电平，RS–232，RS–485，光电隔离。

（4）IRIG–B输出。

IRIG–B/DC≤2μs。

IRIG–B/AC≤30μs。

IRIG–B/AC调幅可调整性3～12V。

IRIG–B/AC3：1调幅正确性VPPd=VPPg/3。

守时时钟稳定度≤4.2μs/min。

5. 测试方法

（1）GPS主机的测试（用数字万用表）：

1PPS输出电压：–4～4V变化。

1PPM整分时有一正电压变化。

RS–232串口：2脚输出，5脚信号地，输出电压±12V之间变化。

RS–485串口：2脚为信号“+”，4脚为信号“–”，电压–4～4V变化。

天线输入口输出电压约4.8V。

（2）GPS天线的测试（用数字万用表）：

接收频率1.575 42GHz。

正常时用万用表的二极管挡测量其显示值为0.7～1.2之间。

天线的安装要求：以天线蘑菇头为中心最小在120°范围。

（3）GPS扩展部分的测试（用数字万用表）：

脉冲扩展的测试：24V有源的脉冲扩展输出电压为20V左右。

220V有源脉冲扩展输出电压为220V左右。

串口扩展的测试：RS–232串口输出电压±12V之间变化，RS–485串口输出电压约–4～4V之间变化。

IRGI–B码扩展的测试：输入指示灯和前面板指示灯均连续闪烁，每秒含100个脉冲输出，电压约–2～1V之间变化。

（4）光纤产品的测试方法。光纤发送装置的输入必须为差分信号，光纤发送和接收一一对应，光纤接收装置的输出为差分信号。

（5）网络口的测试方法。ping IP地址，看黄色指示灯为常亮，网络连通。

【思考和练习】

1. GPS 授时的方式有哪几种？
2. GPS 授时的信号类型有哪几种？
3. 如何判别 GPS 授时设备是否工作正常？

第二十五章

不间断电源常见异常处理

模块 1 不间断电源常见异常处理（Z11K1001Ⅲ）

【模块描述】本模块包含不间断电源的常见异常及处理方法，通过对异常及常见故障介绍，掌握不间断电源异常的处理方法

【模块内容】

特别注意事项：因 UPS 设备为电源设备，其内部存在高电压，且 UPS 设备为其他设备提供电源，UPS 的稳定性及可靠性影响其他设备的运行，因此不建议对 UPS 设备进行现场的检修，建议在无生产厂家人员的情况下，不要打开 UPS 设备的外壳，以免发生人员意外，现场人员仅检查外观及简单测量即可，UPS 出现故障后，在操作任何断路器以前，应立即记录下液晶显示器指示，蜂鸣器鸣叫声音，指示灯状态和 UPS 各个开关的位置。记录完所有指示以后，参看 UPS 故障信息说明表，查看不正常的指示灯，以确定故障的类型，最后将结果报送给 UPS 技术支持工程师，待厂家工程人员进行维修。

一、UPS 简单异常现象

有许多 UPS 的故障现象是由于电池、市电、使用环境和使用方法等因素造成的，有相当一部分 UPS 本身并没有出现故障。这些简单 UPS 异常现象，现场人员可以进行处理。

1. 蓄电池因素引起的 UPS 设备异常

（1）新安装的 UPS 不能启动。请检查 UPS 后面板的电池连接插头是否连接，检查电池是否连接。由于新的电池在存放的过程中会有自放电的现象，所以电池处在低电状态 UPS 不能启动。这时候需要将 UPS 与电池和市电连接好，UPS 会给电池充电。充电一段时间后，UPS 就可以启动工作了。

（2）UPS 工作较短时间后，UPS 不能启动。同前一现象，因为电池低电，需要给电池充电。

（3）UPS 电池使用 2 年以上，UPS 不能启动。根据大多数情况来看，电池在使用了两年以后一般会出现或多过少的容量下降问题，如果电池不能起到延时的作用就需要更换新的电池。

（4）单节电池的电压都很正常，但UPS不能启动。这时虽然单节电池电压正常，很可能是由于电池与电池之间的连接或电池与UPS之间的连接出现问题，比如连接点不牢固或者是连接点有氧化现象，这时候就需要祛除氧化物后重新连接。也可能是UPS与电池连线的保险断了，如果是保险断了换一个保险即可。也可能是UPS与电池之间的连线很长、很细或中间有连接点，因此产生了很大的压降，导致UPS不能启动。

2. 环境因素引起的UPS设备异常

（1）切勿在以下环境下使用UPS：① 有可燃性气体、腐蚀性物质、大量灰尘的场所；② 异常高温、低温、高湿度的场所；③ 有阳光直射或接近加热器具的场所；④ 有剧烈震动的场所。如果电网内存在非常严重的干扰，比如电压下陷等电源干扰就有可能会造成UPS出现断电等故障现象，这种干扰还会降低电池的使用寿命。如果条件允许，可以更换一路市电输入或者改造电网。

（2）UPS输入端的空气开关跳闸。这种现象可能是因为UPS输入端的空气开关容量小造成的，因为UPS的启动电流比较大，所以要求其前端空气开关的容量要足够大。

（3）未发生停电，UPS在市电/电池状态切换。市电电压不稳定，达到UPS切换的电压，属于UPS正常工作。另外UPS输出接上打印机等负载，打印机开启运行时的瞬间大电流可能导致UPS切换，如果使用了发电机，也可能发生这种情况。

3. 操作方法不当引起的UPS设备异常

（1）UPS不能冷启动，但可以正常逆变工作。这属于操作方法不对，应该掌握UPS正确的操作方法。

（2）UPS与计算机通信通信不正常。如果没有使用原装的通信线，可能会发生这种问题。

（3）UPS时常有过载报警。可能将打印机连接到了UPS上，打印机在作打印的时候工作电流会突然增大许多，可能会造成UPS过载而断电。同样不建议在UPS后面接电源插座，因为可能会发生由于电源插座瞬间短路而造成UPS过载。

4. 其他因素引起的UPS设备异常

（1）UPS设备输出电压为0，则UPS设备无输出，应检查UPS设备本身的运行状态是否正常，交流输入、直流蓄电池连接是否正常，如连接均正常，则可以判断为UPS本身设备问题，需设备生产厂家人员处理，不建议使用人员进行修理。

（2）UPS设备输出电压无法达到额定值，则可以判断设备及附属设备的线缆连接无异常，但是UPS设备本身故障，建议立刻停止UPS设备，交由设备生产厂家修理。

二、UPS 简单异常处理

下面举例介绍 UPS 设备的异常处理过程，因所举样例与具体设备相关，所描述具体操作仅供参考。

（1）有市电时 UPS 输出正常，而无市电时蜂鸣器长鸣，无输出。

故障分析：从现象判断为蓄电池和逆变器部分故障，可按以下程序检查：

1）检查蓄电池电压，看蓄电池是否充电不足，若蓄电池充电不足，则要检查是蓄电池本身的故障还是充电电路故障。

2）若蓄电池工作电压正常，检查逆变器驱动电路工作是否正常，若驱动电路输出正常，说明逆变器损坏。

3）若逆变器驱动电路工作不正常，则检查波形产生电路有无 PWM 控制信号输出，若有控制信号输出，说明故障在逆变器驱动电路。

4）若波形产生电路无 PWM 控制信号输出，则检查其输出是否因保护电路工作而封锁，若有则查明保护原因；

5）若保护电路没有工作且工作电压正常，而波形产生电路无 PWM 波形输出则说明波形产生电路损坏。

（2）蓄电池电压偏低，但开机充电十多小时，蓄电池电压仍充不上去。

故障分析：从现象判断为蓄电池或充电电路故障，可按以下步骤检查：

1）检查充电电路输入输出电压是否正常；

2）若充电电路输入正常，输出不正常，断开蓄电池再测，若仍不正常则为充电电路故障；

3）若断开蓄电池后充电电路输入、输出均正常，则说明蓄电池已因长期未充电、过放或已到寿命期等原因而损坏。

（3）UPS 开机后，面板上无任何显示，UPS 不工作。

故障分析：从故障现象判断，其故障在市电输入、蓄电池及市电检测部分及蓄电池电压检测回路。

1）检查市电输入熔丝是否烧毁；

2）若市电输入熔丝完好，检查蓄电池保险是否烧毁，因为某些 UPS 当自检不到蓄电池电压时，会将 UPS 的所有输出及显示关闭；

3）若蓄电池保险完好，检查市电检测电路工作是否正常，若市电检测电路工作不正常且 UPS 不具备无市电启动功能时，UPS 同样会关闭所有输出及显示。

4）若市检测电路工作正常，再检查蓄电池电压检测电路是否正常。

（4）在市电供电正常时开启 UPS，逆变器工作指示灯闪烁，蜂鸣器发出间断叫声，UPS 只能工作在逆变状态，不能转换到市电工作状态。

故障分析：不能进行逆变供电向市电供电转换，说明逆变供电向市电供电转换部分出现了故障，要重点检测：

1）市电输入熔丝是否损坏；

2）若市电输入熔丝完好，检查市电整流滤波电路输出是否正常；

3）若市电整流滤波电路输出正常，检查市电检测电路是否正常；

4）若市电检测电路正常，再检查逆变供电向市电供电转换控制输出是否正常。

（5）UPS 只能由市电供电而不能转为逆变供电。

故障分析：不能进行市电向逆变供电转换，说明市电向逆变供电转换部分出现故障，要重点检测：

1）蓄电池电压是否过低，蓄电池熔丝是否完好；

2）若蓄电池部分正常，检查蓄电池电压检测电路是否正常；

3）若蓄电池电压检测电路正常，再检查市电向逆变供电转换控制输出是否正常。

三、UPS 异常处理注意事项

（1）UPS 异常处理前必须准备一套专用的系统软件和专用接口，现在的许多 UPS 厂商都开发有用户级别的专用维护和检修软件，许多问题可通过它检查出来并通过这个来修改的，且平时还可以通过它与出厂设定值进行比对，发现问题后可及时纠正，且能比较直观地向厂家反映问题，能尽快得到很好的解决，有了这个工具，以免日后不必要的损失。

（2）要尽可能多地获取资料，操作手册，事故报警说明，线路图，出厂测试报告，机器所有零部件清单编号，以及控制板卡内的软件版本编号等，这些都有助于日后的维护和备品备件的选择和购买。

（3）用户在维护 UPS 时，应随时记住：除非 UPS 已完全切断了同市电电源、交流旁路电源和蓄电池组之间的输入通道，切断同用户其他系统总线相连的输出通道，并且放掉了机器内的各种高压滤波电容内储藏电能。否则，在 UPS 中总是存在有致命的高压电源。用户在对 UPS 内部执行任何检修操作前，请务必仔细阅读所选购的用户手册中所描述的各项安全操作事项。

四、UPS 异常处理案例

故障现象：市电工作正常，带正常负载后备工作时间严重不足。

检测与分析：从故障现象分析，故障可能有：① 电池电压过低，未充足电；② 逆变控制回路有故障；③ 部分电池损坏；④ 充电器回路有故障；⑤ 输出接插受潮灰尘侵入造成漏电现象。

检查顺序为：

（1）对输出接插件进行清除，排除漏电可能。

（2）对 UPS 进行长时间充电，充电后开机故障仍存在。

（3）用万用表检测电池组电压，为 48V 正常。

（4）检查充电回路，正常。

（5）检查逆变控制回路，正常。

（6）用万用表和电流表按照下图接法检查电池的电性能，发现电池组电性能下降，具体表现电池内阻增大所造成。不带 50Ω 电阻时测得电池电压为 48V。接电阻后，电流为 800mA，电阻两端电压为 40V。测试数据表明，电池内阻增大，即内阻上 8V 压降消耗功率为 6.4W，如电池内阻增大同供电时间 30 分钟联系起来，证明电池电性能下降。

处理结果：更换蓄电池，开机后正常，能达到 UPS 的长后备时间。蓄电池成本很高，约占 UPS 总成本的 30%以上。因此，为节约开支，可对部分性能下降的蓄电池用充电机强行充电，充电成功，仍可使用。此故障有时是由逆变控制回路散热风扇损坏而造成的，请在维护时注意。

【思考与练习】

1. 蓄电池因素引起的 UPS 设备异常有哪些现象？

2. 环境因素引起的 UPS 设备异常有哪些现象？

3. 处理 UPS 异常的注意事项有哪些？

第二十六章

测控装置的异常处理

模块1　遥测信息异常处理（Z11K2001Ⅲ）

【模块描述】本模块介绍了测控装置常见的遥测信息异常及简单的原因分析。通过要点分析、案例介绍、界面图形示意，掌握测控装置遥测信息异常的基本处理方法。

【模块内容】

测控装置遥测信息异常主要是指测控装置显示的电压、电流、有功功率、无功功率、功率因数、温度等遥测数据的异常。

一、测控装置遥测信息的异常及处理

1. 电压异常的处理

（1）电压外部回路问题的处理。判断电压异常是否属于外部回路的问题，可以将电压的外部接线解开，用万用表直接测量即可。

（2）内部回路问题的处理（包含端子排）。检查装置内部回路的问题的时候，首先要了解电压回路的流程，从端子排到空气开关，再到装置背板。

端子排的检查：查看端子排内外部接线是否正确，是否有松动，是否压到电缆表皮，有没有接触不良情况。

空气开关：现在的电压回路设计和早期的略有不同，每一路电压进入屏柜后并不是直接接入测控装置，而是经过一个空气开关，然后再引入测控装置。空气开关断开的时候，装置上的电压是采集不到的。

线路的检查：空气开关把内部线路分成了两段。一段是从端子排到空气开关的上端，另一段是空气开关的下端到测控装置的背板。断开电压的外部回路，将这两段内部线路分别用万用表测量一下通断，判断是否线路上有问题。

（3）遥测模件问题的处理。当电压采集不正确时，做好安全措施（将电压空气开关断开，电流在端子排短接），更换遥测模件。因每个模件都有不同的地址，所以更换

模件时，需重新设置拨码开关，与旧板上的地址设置一致。

（4）CPU 模件问题的处理。遥测模件采集到的数据最终送到 CPU 模件进行处理，测控装置上遥测异常也可能是因为 CPU 模件的问题导致。如果电压回路和遥测模件没有问题可更换 CPU 模件。

2. 电流异常的处理

（1）外部回路问题的处理。判断电流异常是否属于外部回路的问题时，可以用钳形电流表直接测量即可。

（2）内部回路问题的处理（包含端子排）。检查装置内部回路的问题的时候，首先要了解电流回路的流程，从端子排直接到装置背板。

端子排的检查：查看端子排内外部接线是否正确，是否有松动，是否压到电缆表皮，有没有接触不良情况。

线路的检查：在端子排把 TA 外部回路短接，从端子排到装置背部端子用万用表测量一下通断，判断是否线路上有问题。

（3）遥测模件问题的处理。遥测模件问题的处理同电压异常的处理。

（4）CPU 模件问题的处理。CPU 模件问题的处理同电压异常的处理。

3. 有功、无功、功率因数异常的处理

在监控系统中，有功、无功、功率因数的采样是根据电压、电流采样计算出来的，所以不存在接线的问题。如果电压和电流采样不正确，首先处理电压、电流采样问题。如果电压电流采样正确，而有功、无功、功率因数异常，则有以下 2 种情况。

（1）电压、电流相序问题。电压、电流相序的异常，单从电压、电流数值上无法判断，当有功、无功、功率因数显示出异常状况时，需要检查外部接线是否有相序错误的情况。

（2）CPU 模件计算问题。装置内的有功、无功、功率因数计算由 CPU 模件处理，如果接线没有问题，最有可能的就是 CPU 模件故障，可以更换 CPU 模件。

4. 频率的处理

频率是在采集电压的同时采集的，如果电压不正常，频率则显示出异常。所以处理频率异常问题和处理电压异常一样。如果电压没有问题，可以更换 CPU 模件。

5. 直流量异常的处理

根据直流采样的过程分析，直流量异常情况分以下 2 点：

（1）外部回路问题的处理。如果输入是 0～5V 电压，可以解开外部端子排，用万用表测量电压；如果输入是 0～20mA 电流，可以用钳形电流表直接测量。

（2）内部回路问题的处理（包含端子排）。检查装置内部回路的问题的时候，首先要了解直流采样的流程，从端子排直接到装置背板。

端子排的检查：查看端子排内外部接线是否正确，是否有松动，是否压到电缆表皮，有没有接触不良情况。

线路的检查：断开直流采样的外部回路，从端子排到装置背部端子用万用表测量一下通断，判断是否线路上有问题。

（3）温度变送器问题的处理。直流采样采集的是主变压器的油温值，在实际现场中，很多主变压器的油温都是用电阻值上送的，到了测控装置后，经过温度变送器转换成 0～5V。这时需要测量电阻值的大小，如果电阻值的大小与实际温度的对照关系不一致，则需检查温度电阻回路。否则，更换温度变送器。常见温度和温度电阻的对照关系见表 Z11K2001Ⅲ-1。

表 Z11K2001Ⅲ-1　　常见温度和温度电阻的对照关系

温度（℃）	Cu50（Ω）	Pt100（Ω）	温度（℃）	Cu50（Ω）	Pt100（Ω）
0	50.0	100.0	60	62.84	123.24
10	52.14	103.9	70	65.98	127.07
20	54.28	107.79	80	67.12	130.89
30	56.42	111.67	90	69.26	134.7
40	58.56	115.54	100	71.4	138.5
50	60.70	119.40			

（4）直流采样模件问题的处理。当直流 0～5V 电压或 0～20mA 电流回路、温度电阻回路、温度变送器没有问题时，可以更换直流采样模件。

6. 组态软件设置引起的遥测异常及处理

测控装置组态内有遥测系数可设置，如果系数不对会影响到遥测的数值，为此，当遥测问题经过以上方法仍未得到解决的时候，可以查看遥测参数来确定问题。

当修改并下装遥测参数时，须注意下装过程中装置不能断电。将装置脱离交换机，直接用笔记本连接下装，防止误把参数下装到运行的其他设备中。

下面以实例介绍设置遥测参数处理遥测异常的方法。

二、案例

某公司测控装置的组态软件设置遥测参数实例。

（1）打开组态软件，见图 Z11K2001Ⅲ-1。

（2）点击操作装置，设置装置 IP 地址，申请原来 CPU 模件的参数（见图 Z11K2001Ⅲ-2）。

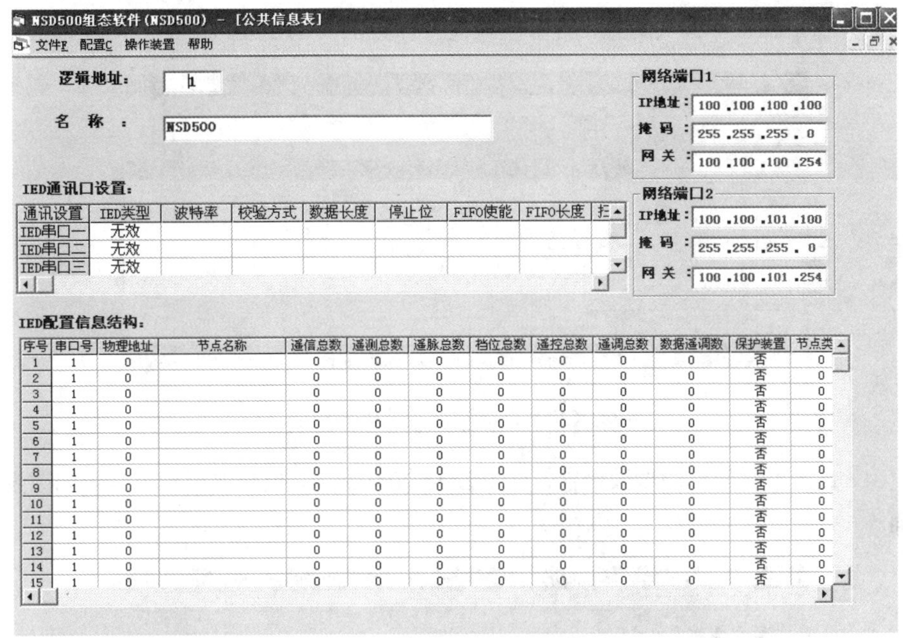

图 Z11K2001Ⅲ-1　组态软件

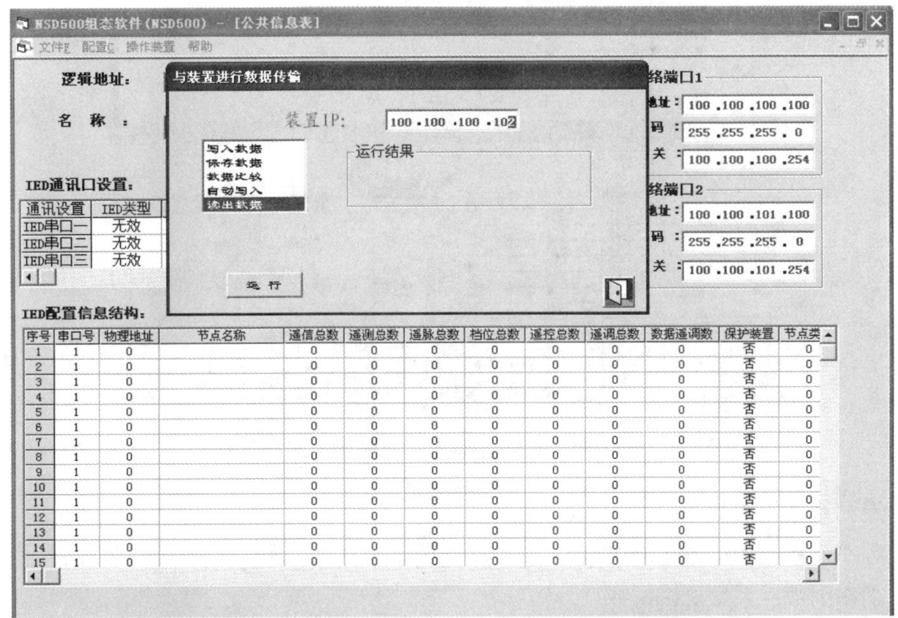

图 Z11K2001Ⅲ-2　组态软件申请参数界面

（3）点击配置→模块配置，打开模块配置，见图 Z11K2001Ⅲ-3。

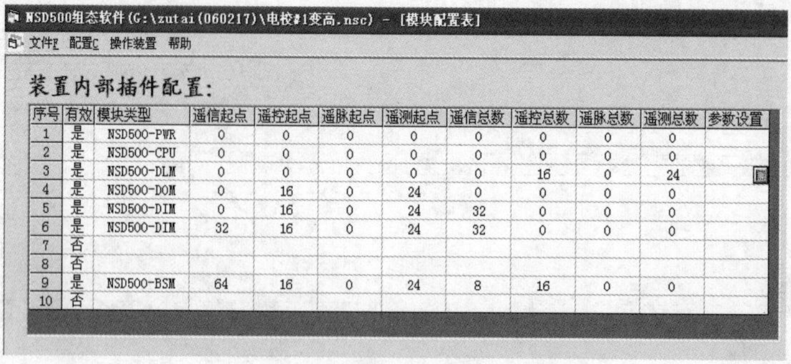

NSD500组态软件(G:\zutai(060217)\电校#1变高.nsc) - [模块配置表]

文件F 配置C 操作装置 帮助

装置内部插件配置：

序号	有效	模块类型	遥信起点	遥控起点	遥脉起点	遥测起点	遥信总数	遥控总数	遥脉总数	遥测总数	参数设置
1	是	NSD500-PWR	0	0	0	0	0	0	0	0	
2	是	NSD500-CPU	0	0	0	0	0	0	0	0	
3	是	NSD500-DLM	0	0	0	0	0	16	0	24	
4	是	NSD500-DOM	0	16	0	24	0	0	0	0	
5	是	NSD500-DIM	0	16	0	24	32	0	0	0	
6	是	NSD500-DIM	32	16	0	24	32	0	0	0	
7	否										
8	否										
9	是	NSD500-BSM	64	16	0	24	8	16	0	0	
10	否										

图 Z11K2001Ⅲ-3 测控装置模块配置

（4）点击遥测插件的参数设置，见图 Z11K2001Ⅲ-4，检查遥测系数是否如图设置正确。

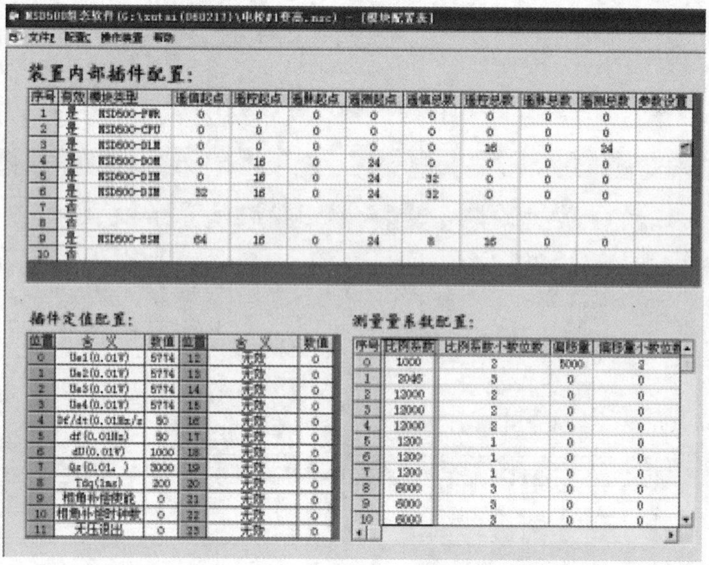

NSD500组态软件(G:\zutai(060217)\电校#1变高.nsc) - [模块配置表]

文件F 配置C 操作装置 帮助

装置内部插件配置：

序号	有效	模块类型	遥信起点	遥控起点	遥脉起点	遥测起点	遥信总数	遥控总数	遥脉总数	遥测总数	参数设置
1	是	NSD500-PWR	0	0	0	0	0	0	0	0	
2	是	NSD500-CPU	0	0	0	0	0	0	0	0	
3	是	NSD500-DLM	0	0	0	0	0	16	0	24	
4	是	NSD500-DOM	0	16	0	24	0	0	0	0	
5	是	NSD500-DIM	0	16	0	24	32	0	0	0	
6	是	NSD500-DIM	32	16	0	24	32	0	0	0	
7	否										
8	否										
9	是	NSD500-BSM	64	16	0	24	8	16	0	0	
10	否										

插件定值配置：

位置	含义	数值	位置	含义	数值
0	Us1(0.01V)	5774	12	无效	0
1	Us2(0.01V)	5774	13	无效	0
2	Us3(0.01V)	5774	14	无效	0
3	Us4(0.01V)	5774	15	无效	0
4	Df/dt(0.01Hz/s	50	16	无效	0
5	df(0.01Hz)	50	17	无效	0
6	dU(0.01V)	1000	18	无效	0
7	Qs(0.01。)	3000	19	无效	0
8	Tdq(1ms)	200	20	无效	0
9	相角补偿使能	0	21	无效	0
10	相角补偿时钟数	0	22	无效	0
11	无压退出	0	23	无效	0

测量量系数配置：

序号	比例系数	比例系数小数位数	偏移量	偏移量小数位数
0	1000	2	5000	2
1	2046	3	0	0
2	12000	2	0	0
3	12000	2	0	0
4	12000	2	0	0
5	1200	1	0	0
6	1200	1	0	0
7	1200	1	0	0
8	6000	3	0	0
9	6000	3	0	0
10	6000	3	0	0

图 Z11K2001Ⅲ-4 测控装置模块配置遥测参数配置

遥测系数设置如下：

频率：系数 10，偏移 50。

功率因数：系数 2.046。

电压：系数 120。

电流：系数 6（5A 的 TA），1.2（1A 的 TA）。

有功无功：系数 1247。

如有不正确的遥测系数需要修改、保存并下装到装置中。

（5）点击文件→保存，将文件保存成*.nsc 文件，见图 Z11K2001Ⅲ-5。

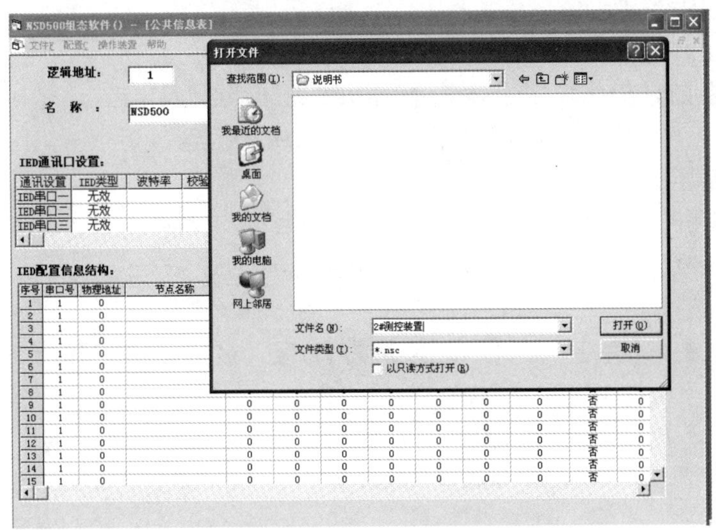

图 Z11K2001Ⅲ-5　保存参数界面

（6）点击操作装置，设置装置 IP 地址，把参数下装到新的 CPU 模件中，见图 Z11K2001Ⅲ-6。

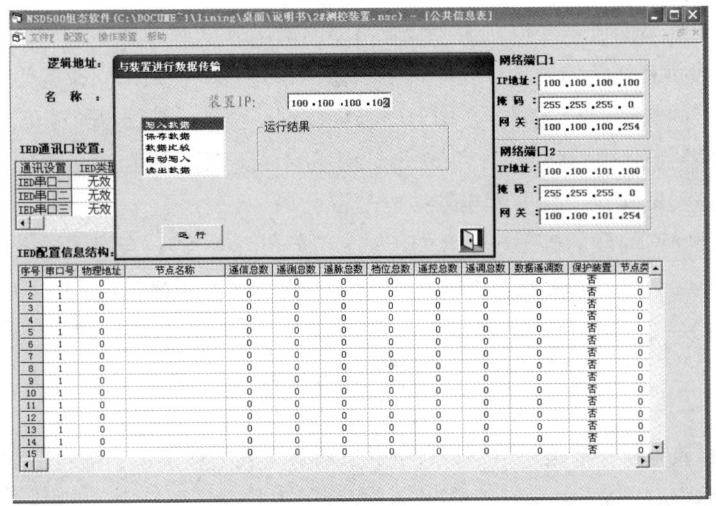

图 Z11K2001Ⅲ-6　下装参数界面

（7）断电重启测控装置。

三、注意事项（安全措施）

（1）防止 TA 二次侧开路。短接电流回路时，应用短接线或短接片，短接应妥善可靠，严禁用导线缠绕。

（2）防止 TV 二次侧短路及接地。

（3）更换 CPU 模件前，应将本装置遥控压板退出，装置稳定运行一段时间之后（推荐是 10min），确定没有任何问题后再由运行人员恢复压板。

【思考与练习】

1. 处理测控装置遥测信息异常的注意事项有哪些？
2. 测控装置遥测信息主要有哪些异常情况？

◢ 模块 2　遥信信息异常处理（Z11K2002Ⅲ）

【模块描述】本模块介绍了测控装置常见的遥信信息异常及简单的原因分析。通过实例介绍、界面图形示意，掌握测控装置遥信信息异常的基本处理方法。

【模块内容】

测控装置遥信信息异常主要是指测控装置显示的断路器、隔离开关等遥信状态异常及信号异常抖动等。

一、测控装置遥信信息的异常及处理

1. 信号状态错误的处理

根据信号采集的过程分析，信号状态错误的情况分以下 4 点。

（1）外部回路问题的处理。判断信号状态异常是否属于外部回路的问题，可以将遥信的外部接线从端子排上解开，用万用表直接对地测量，带正电压的信号状态为 1，带负电压的信号状态为 0。如果信号状态与实际不符，则检查遥信采集回路，含断路器、隔离开关辅助接点或信号继电器接点是否正常。

（2）内部回路问题的处理（包含端子排）。端子排的检查：查看端子排内外部接线是否正确，是否有松动，是否压到电缆表皮，有没有接触不良情况。

空气断路器：每个装置的遥信电源是独立的，遥信公共端经过空气断路器后方才进入测控装置。遥信空气断路器断开的时候，装置上的遥信均为 0，是采集不到信号的。

线路的检查：断开遥信信号的外部回路，用万用表测量一下遥信内部回路的通断，判断是否线路上有问题。

（3）遥信模件问题的处理。当遥信模件故障时，需要断开装置电源，更换遥信模件。因每个模件都有不同的地址，所以更换模件时，需将设置地址的拨码开关，与旧板上的地址设置一致。

（4）遥信电源问题的处理。遥信电源如果没有了会导致装置上所有遥信均为 0 状态，此时应更换遥信电源。

2. 信号异常抖动的处理

由于变电站现场环境比较复杂，遥信信号有可能出现瞬间抖动的现象，如果不加以去除，会造成系统的误遥信。测控装置一般都使用软件设置防抖时间来去除抖动信号。

下面以实例介绍设置防抖时间处理信号异常抖动的方法。

二、案例

某公司测控装置的组态软件设置遥信防抖时间参数实例。

（1）打开组态软件，见图 Z11K2002Ⅲ–1。

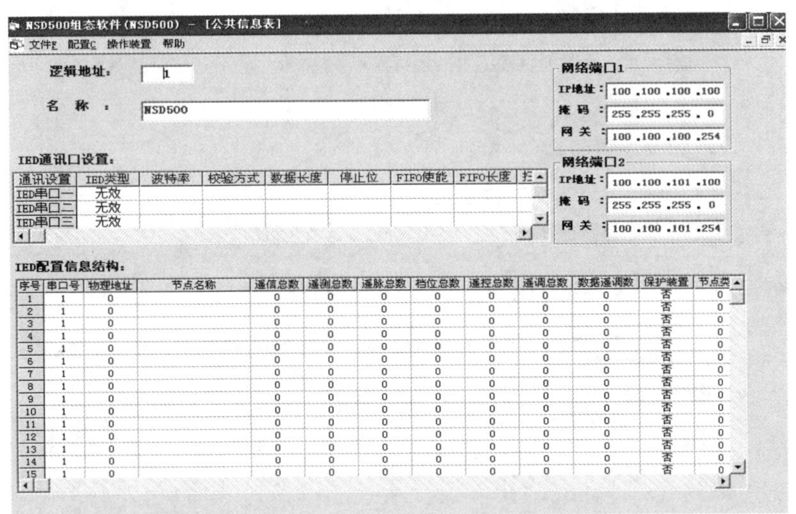

图 Z11K2002Ⅲ–1　组态软件

（2）点击操作装置，设置装置 IP 地址，申请原来 CPU 模件的参数（见图 Z11K2002Ⅲ–2）。

（3）点击配置→模块配置，打开模块配置，见图 Z11K2002Ⅲ–3。

（4）点击遥信模件的参数设置，见图 Z11K2002Ⅲ–4，设置遥信防抖参数。

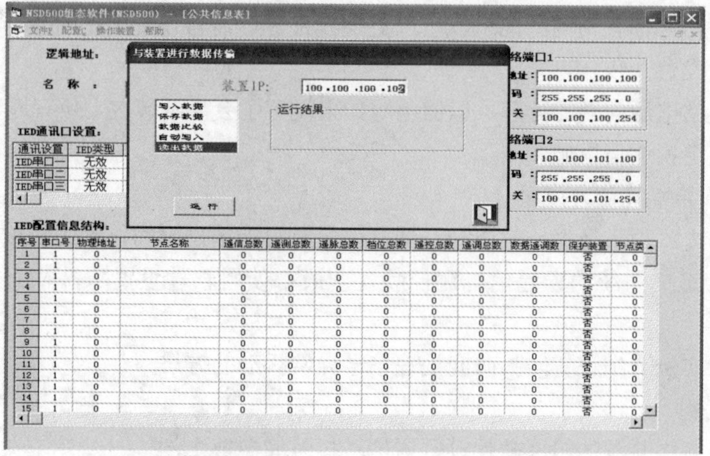

图 Z11K2002Ⅲ-2 组态软件申请参数界面

NSD500组态软件(G:\zutai(060217)\电校#1变高.nsc) - [模块配置表]

文件F 配置C 操作装置 帮助

装置内部插件配置：

序号	有效	模块类型	遥信起点	遥控起点	遥脉起点	遥测起点	遥信总数	遥控总数	遥脉总数	遥测总数	参数设置
1	是	NSD500-PWR	0	0	0	0	0	0	0	0	
2	是	NSD500-CPU	0	0	0	0	0	0	0	0	
3	是	NSD500-DLM	0	0	0	0	0	16	0	24	
4	是	NSD500-DOM	0	16	0	24	0	0	0	0	
5	是	NSD500-DIM	0	16	0	24	32	0	0	0	
6	是	NSD500-DIM	32	16	0	24	32	0	0	0	
7	否										
8	否										
9	是	NSD500-BSM	64	16	0	24	8	16	0	0	
10	否										

图 Z11K2002Ⅲ-3 测控装置模块配置

NSD500组态软件(G:\zutai(060217)\电校#1变高.nsc) - [模块配置表]

文件F 配置C 操作装置 帮助

装置内部插件配置：

序号	有效	模块类型	遥信起点	遥控起点	遥脉起点	遥测起点	遥信总数	遥控总数	遥脉总数	遥测总数	参数设置
1	是	NSD500-PWR	0	0	0	0	0	0	0	0	
2	是	NSD500-CPU	0	0	0	0	0	0	0	0	
3	是	NSD500-DLM	0	0	0	0	0	16	0	24	
4	是	NSD500-DOM	0	16	0	24	0	0	0	0	
5	是	NSD500-DIM	0	16	0	24	32	0	0	0	
6	是	NSD500-DIM	32	16	0	24	32	0	0	0	
7	否										
8	否										
9	是	NSD500-BSM	64	16	0	24	8	16	0	0	
10	否										

插件定值配置：

位置	含义	数值	位置	含义	数值
0	滤波时间1	60	12	滤波时间13	60
1	滤波时间2	60	13	滤波时间14	60
2	滤波时间3	60	14	滤波时间15	60
3	滤波时间4	60	15	滤波时间16	60
4	滤波时间5	60	16	滤波时间17	60
5	滤波时间6	60	17	滤波时间18	60
6	滤波时间7	60	18	滤波时间19	60
7	滤波时间8	60	19	滤波时间20	60
8	滤波时间9	60	20	滤波时间21	60
9	滤波时间10	60	21	滤波时间22	60
10	滤波时间11	60	22	滤波时间23	60
11	滤波时间24	60	23	滤波时间24	60

图 Z11K2002Ⅲ-4 测控装置模块配置遥信参数配置

遥信防抖参数设置如下：

滤波时间 1～23 分别对应前 23 个遥信的去抖时间，单位 ms。从 24～32 一共 9 个遥信共用一个遥信防抖参数，即滤波时间 24。

（5）点击文件→保存，将文件保存成*.nsc 文件，见图 Z11K2002Ⅲ-5。

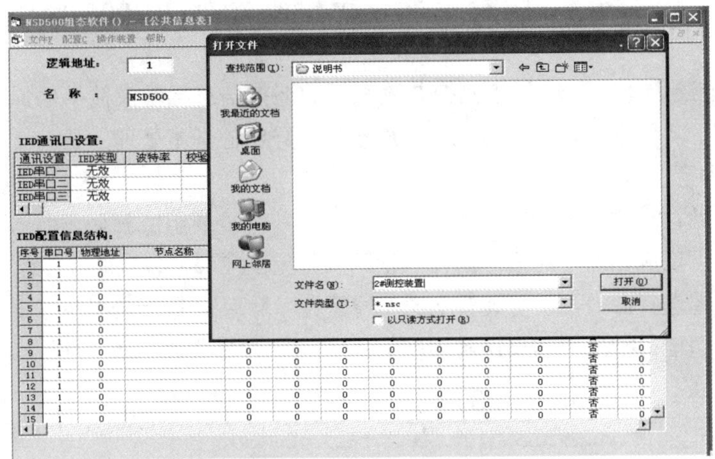

图 Z11K2002Ⅲ-5　组态软件保存参数界面

（6）点击操作装置，设置装置 IP 地址，把参数下装到新的 CPU 模件中，见图 Z11K2002Ⅲ-6。

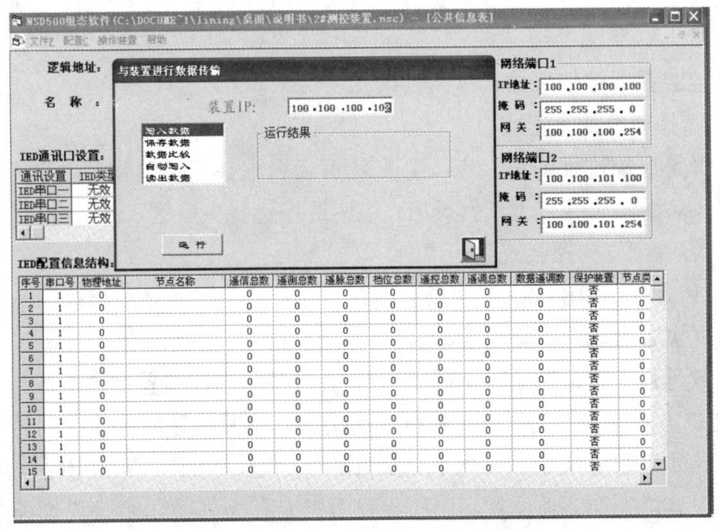

图 Z11K2002Ⅲ-6　组态软件下装参数界面

（7）断电重启测控装置。

【思考与练习】

测控装置遥信信息主要有哪些异常情况？

模块 3 遥控信息异常处理（Z11K2003Ⅲ）

【模块描述】本模块介绍了测控装置常见的遥控信息异常及简单的原因分析。通过要点讲解、实例介绍，掌握测控装置遥控信息异常的基本处理方法。

【模块内容】

在变电站自动化系统中，遥控是监控系统的一个重要组成部分，断路器、隔离开关、档位都可以成为遥控对象。遥控执行示意图见图 Z11K2003Ⅲ-1，首先是调度/后台机下发遥控选择命令，接着装置上送遥控返校，然后调度/后台机下发遥控执行，最后装置通过遥信，把遥控结果送到调度/后台机，遥控结束。

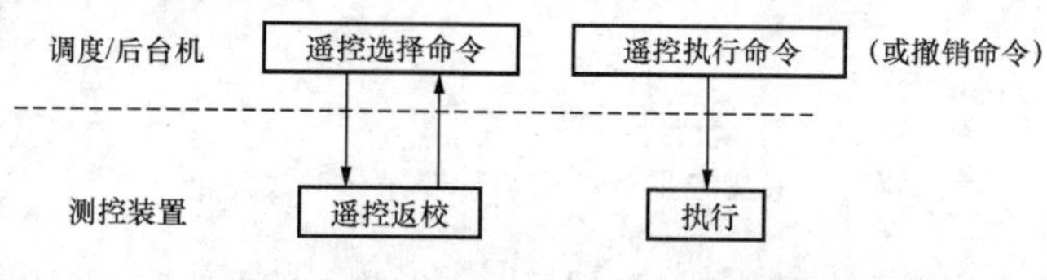

图 Z11K2003Ⅲ-1 遥控执行示意图

测控装置遥控信息异常主要是指测控装置对遥控选择、遥控返校、遥控执行等命令的处理异常。

一、测控装置遥控信息的异常及处理

1. 遥控选择失败的处理

遥控选择是遥控过程的第一步，是由调度/后台机往测控装置发“选择”报文，如果报文下发到装置后，装置无任何反应，说明遥控选择失败了，通常有以下几种可能。

（1）总控/后台与测控装置通信中断。

1）当通信方式是 RS-485 或现场总线时，检查通信线缆是否有接触不好或开路现象，若有则更换通信线缆或将其接触可靠。若线缆没有问题，则检查总控/后台和测控装置通信参数是否正确，若正确问题就在总控/后台与测控装置的通信插件，需更换。

2）当通信方式是网络时，将交换机上连接通信中断装置的网线接到另一个指示灯正常的网口。如果通信恢复了，则是交换机端口问题，否则，是装置网卡出了故障。

（2）测控装置处于就地位置。测控装置面板上有一“远方/就地”切换开关，用于控制方式的选择。“远方/就地”切换打到“远方”时可进行调度遥控、站级后台遥控；

打到“就地”时只可在监控单元就地操作。当“远方/就地”切换打到“就地”时，会出现遥控选择失败的现象，将其打到“远方”即可。

（3）CPU 模件故障。关闭装置电源，更换 CPU 模件。

2. 遥控返校失败的处理

一个正常的遥控过程中，在遥控选择成功后，是测控装置遥控返校。总体来说遥控返校失败的原因有以下 3 种情况。

（1）遥控模件故障。遥控模件故障会导致 CPU 不能检测遥控继电器的状态，从而发生遥控返校失败。可关闭装置电源，更换遥控模件。

（2）装置“五防”逻辑闭锁。测控装置内部可以设置“五防”规则，用于间隔层的“五防”闭锁。当操作条件不满足设置的“五防”规则时，遥控返校会失败，从而不能继续遥控操作。测控装置面板上一般有“联锁/解锁”切换开关，用于控制方式的选择。“联锁/解锁”切换打到“联锁”位置进行逻辑闭锁检查；打到“解锁”则不进行逻辑闭锁检查。逻辑闭锁规则在组态软件内设置。

（3）操作间隔时间的闭锁。每个测控装置的第一路遥控通常用于断路器的控制输出，为了避免断路器短时间内被连续操作分合，测控装置设置了操作间隔时间闭锁，时间一般为 30s。当断路器被遥控操作分/合后，30s 内，禁止再次分/合，防止断路器被连续操作。这 30s 内，遥控返校状态为失败，从而不能继续遥控操作。

3. 遥控执行失败的处理

（1）遥控执行继电器无输出。可关闭装置电源，更换遥控模件。

（2）遥控执行继电器动作但端子排无输出。检查遥控回路接线是否正确，其中遥控公共端至端子排中间串入一个接点——遥控出口压板，除了检查接线是否通畅外，还需要检查对应压板是否合上。

（3）遥控端子排有输出但无遥信信号返回。可以将该遥信的外部接线从端子排上解开，用万用表直接对地测量，带正电压的信号状态为 1，带负电压的信号状态为 0。如果信号状态与实际不符，则需变电二次工作人员检查遥信采集回路，含断路器、隔离开关辅助接点或信号继电器接点是否正常。如果信号状态与实际相符，则查看端子排内外部接线是否正确，是否有松动，是否压到电缆表皮，有没有接触不良情况。

下面以实例介绍测控装置遥控失败异常现象的处理方法。

二、案例

某公司测控装置在变电站后台执行某 1 路遥控时发现遥控失败的处理实例。

（1）在测控装置上执行“手控操作”发现还是操作失败。

（2）在测控屏以外的外回路进行操作发现操作成功，证明一次设备没有问题。

（3）检查测控屏遥控压板时，发现压板上的出厂标签被现场施工单位的调试人员使用新标签覆盖了，将新标签拆除，发现新标签和该遥控压板的实际用途相比，正好错位了1路，新标签标为“遥控2”的，其实是“遥控3”的遥控压板。因此实际上在进行第二路遥控时，调试人员投上的“遥控2”的压板，实际上是“遥控3”压板，真正的“遥控 2”压板并未投上，因此导致了遥控失败。更换正确的标签，投入该路压板后，遥控执行成功。

三、注意事项（安全措施）

工作前应将本装置遥控出口压板退出，工作结束后再由运行人员恢复压板。

【思考与练习】

1. 处理测控装置遥控信息异常的注意事项有哪些？
2. 简述测控装置遥控选择失败的常见原因及处理原则。

◢ 模块4　测控装置对时异常处理（Z11K2004Ⅲ）

【模块描述】本模块介绍了测控装置常见的对时异常及简单的原因分析。通过要点分析、实例介绍，掌握测控装置对时异常的基本处理方法。

【模块内容】

在变电站综合自动化系统中，时间的准确性是十分重要的，无论是保护事件还是事件顺序记录SOE，上送信息过程中如果附带了时标，就很容易区分事件发生的先后关系，从而帮助分析事故原因。最初，对时方式大多采用软件对时方式，然而在使用过程中发现系统时间会因通信过程而造成时间偏差，特别通信线路发生故障时，更加不能保证时间合格。随着综合自动化厂家生产的系统逐步完善，就有了硬件对时方式，逐步实现站内智能设备的精确时间同步。

一、对时方式的分类及简介

1. 广播报文对时

GPS通过通信报文将时间发送至总控通信单元，总控通信单元通过现场总线或串行总线，以对时广播报文的形式将时间信号发送给各个保护装置、测控装置和第三方智能设备，实现软件对时，一般系统每分钟发一次对时报文。优点是省去了专用硬件设备，不需要单独敷设电缆，降低了成本。缺点是对时总线经过多个环节，对时存在一定的延时，可能造成不同装置的时间会相差1s以上。

2. 脉冲对时

GPS装置通过脉冲扩展板将同步脉冲扩展，放大，隔离后输出，通过通信电缆与保护装置、测控装置和第三方智能设备连接，脉冲对时方式分有源和无源两种，常用空接点方式输入，一般脉冲信号有：1PPS（秒脉冲），1PPM（分脉冲）。优点是秒脉冲信号每秒钟发一个同步脉冲，装置接收到秒脉冲后，装置时钟清毫秒，在下一个秒脉冲到来之前，装置按内部时钟，保持一定的走时准确度。分脉冲在整分时发一个同步脉冲，装置时钟清秒，脉冲对时能保证秒和毫秒的准确度。缺点是需要敷设大量的对时电缆，且不能保证装置时间信息年、月、日、时、分信息的准确性。

3. IRIG–B 码对时

全变电站可以采用单一的 GPS 系统，GPS 可以通过对时光缆给各个装置下发 B 码对时信号。优点是 IRIG–B 码每秒发送一帧时间报文，其时间信息包含秒、分、小时、日期，并在整分或整秒时发出脉冲信号，装置收到脉冲信号和时间报文后，即可进行时间同步。采用 B 码对时，可以简化对时回路设计，提高对时的可靠性和准确性。缺点是需在智能装置上选用专用的 B 码解析芯片，需要敷设大量的对时电缆。

二、测控装置的对时异常及处理

测控装置对时异常主要是指测控装置处理广播报文对时、脉冲对时、IRIG–B 码对时的异常。

1. 广播报文对时失败的处理

测控装置的广播报文对时方式，主要是利用通信规约中约定的报文对时格式进行对时。测控装置如果通信正常的时候，收到对时报文后，依据通信规约自行处理，修正自己的时间，达到对时的目的。如果通信不正常，则广播报文对时就会失败。

当通信方式是 RS–485 或现场总线时，检查通信线缆是否有接触不好或开路现象，若有，则更换通信线缆或将其接触可靠。若线缆没有问题，则检查测控装置通信参数是否正确，若正确问题就在测控装置的通信插件，需更换。

当通信方式是网络时，将交换机上连接测控装置的网线接到另一个指示灯正常的网口。如果通信恢复了，则是交换机端口问题，否则，是装置网卡出了故障。

2. 脉冲对时失败的处理

（1）对时方式的选择。脉冲对时常用的有两种模式：分脉冲和秒脉冲。测控装置接受的是分脉冲对时，在接入对时脉冲时注意不能错接成秒脉冲。同样，秒脉冲对时不能错接成分脉冲。

（2）对时节点是有源还是无源。无论是分脉冲对时还是秒脉冲对时，均可采取空节点方式或有源接点方式，有源接点电压必须与各厂家协商配合，确定选择 24VDC 还是 220VDC，这样才能保证对时的准确。

（3）对时节点的电缆不能接错。一个测控装置可以支持多种对时方式，每种对时方式的节点各不相同，接线时需注意不能错接。另外有源对时的+、–端也不能接反。

（4）测控装置对时方式的选择必须正确。测控装置由于支持多种对时方式，在装置内部有一个位码开关进行选择是 5～24V 有源对时方式，还是 RS–485 对时方式。

3. IRIG–B 码对时失败的处理

（1）对时节点的电缆不能接错。IRIG–B 码对时接线有+、–之分，不能接错。

（2）测控装置对时方式的选择必须正确。测控装置内部有一个位码开关进行选择是 IRIG–B 码对时方式。

下面以实例介绍测控装置对时异常的处理方法。

三、案例

某变电站所有测控装置的时间快了 24h 后的处理实例。

（1）观察该变电站的某厂家的 GPS 时钟源自身也快了 24h，说明问题出在时钟源上。

（2）联系 GPS 厂家后，最终确定是因为 2008 年是闰年，这个厂家的 GPS 时钟源的程序未做此处理，在 2008 年 2 月 29 日把日期处理为 2008 年 3 月 1 日，导致时钟快了 24h。该厂家升级 GPS 对时程序后问题解决。

【思考与练习】

简述测控装置的对时的类别及其特点。

◢ 模块 5 测控装置系统功能及通信接口异常处理（Z11K2005Ⅲ）

【模块描述】本模块介绍了测控装置常见的系统功能异常、通信接口异常及简单的原因分析。通过要点分析、实例介绍，掌握测控装置系统功能及通信接口异常的基本处理方法。

【模块内容】

测控装置是以变电站内一条线路或一台主变压器为监控对象的智能监控设备。它既采集本间隔的实时信号，又可与本间隔内的其他智能设备（如保护装置）通信，同时通过双以太网接口直接上网与站级计算机系统相连，构成面向对象的分布式变电站计算机监控系统。

测控装置统功能及通信接口异常主要是指测控装置运行、通信、I/O 模件、装置配置等功能的异常。

一、装置系统功能及通信接口异常及处理

（一）异常现象

无论是内部的系统功能异常还是外部的以太网通信接口异常，在测控装置的面板上均有告警灯显示。

装置运行：装置正常运行的时候，灯亮。

网卡 1 通信故障：A 网故障的时候，灯亮。

网卡 2 通信故障：B 网故障的时候，灯亮。

I/O 模件故障：装置内部 I/O 模件故障的时候，灯亮。

装置配置错误：装置参数配置错误的时候，灯亮。

装置电源故障：装置电源故障的时候，灯亮。

（二）故障处理

1. 网卡 1/2 通信故障

（1）检查网线是否松动、接错。

（2）检查装置 IP 地址是否设置错误。

（3）更换 CPU 模块。

2. I/O 模件故障

首先检查模件地址没有设置错误，如果地址正确，需要更换相应的 I/O 模件。

3. 装置配置错

检查装置 I/O 模件配置是否有错误。如有错误，根据现场实际 I/O 模件进行重新配置。

4. 装置电源故障

用万用表测量电源各组输出电压，如果某组电压异常，则需要更换装置电源模件。

下面以实例介绍测控装置系统功能及通信接口异常的处理方法。

二、案例

某公司测控装置网卡 1 通信故障的处理实例。

（1）检查测控装置网卡 1 的网线连接是否可靠。轻轻插拔网卡 1 的网线以及网卡 1 的网线对应的交换机上的网线，看是否由网线接触不良引起的，但故障依旧存在。

（2）确认系统参数设置是否正确。在测控装置液晶菜单“参数设置”的“监控参数”一栏中检查表 Z11K2005Ⅲ-1 所列的参数设置是否正确。

表 Z11K2005Ⅲ-1 参数设置

参数	设置的内容	参数	设置的内容
装置地址	和后台设置的此装置地址需要保持一致。范围是 0～65 534	掩码地址 3 位	255
IP1 子网高位地址	198	掩码地址 2 位	255
IP1 子网低位地址	120	掩码地址 1 位	0
IP2 子网高位地址	198	掩码地址 0 位	0
IP2 子网低位地址	121		

发现 IP1 子网低位地址为 130，将其改为 120 并保存后，重启测控装置，“运行”灯亮，“网卡 1 通信故障”灯灭，此时再检查本测控装置通信已经恢复正常。

三、注意事项（安全措施）

（1）更换电源模件时要断开装置电源。

（2）更换遥测模件时，注意把外部回路的电压端子断开，电流端子短接。

（3）更换 CPU 模件前，应将本装置遥控压板退出，装置稳定运行一段时间（推荐是 10min），确定没有任何问题后，再由运行人员恢复压板。

【思考与练习】

测控装置的作用是什么？

第二十七章

站内通信及网络设备异常处理

模块1　站内通信及网络设备线路连接的异常处理（Z11K3001Ⅲ）

【模块描述】本模块介绍了站内通信及网络设备的线路连接的常见异常及简单的原因分析。通过要点分析、实例介绍，掌握站内串口通信、现场总线、以太网线路连接异常的表现及处理方法。

【模块内容】

站内通信及网络设备的线路连接异常主要表现为数据停止刷新，数据刷新缓慢，通信中断等异常现象。

一、数据不刷新的异常及处理

数据不刷新常反映在后台监控系统或调度主站系统出现由某装置采集的数据长时间没有刷新。该异常的处理分以下两步进行。

第一步：如果装置有遥控功能，应先进行遥控预置试验。因为变电站的遥控采用的是“选择—返校—执行（撤销）”方式，涉及了通信的接收和发送两个环节。如果遥控返校成功，则故障点不在通信上，而在装置的硬件（数据采集部分），在排除TV、TA二次回路正常的情况下，更换采集插件。

第二步：如果遥控不成功，或者装置没有遥控功能，则要根据它的通信方式具体分析查找原因。

（1）串口通信设备通信异常及处理

在串口通信网中，有一个装置充当主设备，下面称为总控，其余设备为从设备，称为装置。现场总线通信方式也是一样。

1）RS-232是点对点通信方式，总控只能和一个装置通信。

检查总控上的接收指示灯，若不闪烁则通信中断，参看“通信中断异常及处理”。

若接收灯闪烁正常，在总控上查看接收到的装置通信报文。没有看到通信报文，问题一般是总控和装置的通信参数设置不一致。

总控有报文显示，对照通信规约检查报文格式。报文格式和规约一致，则是软件问题。不一致，则检查装置发出的报文。总控接收和装置发出的报文不一致，一般是通信线路的问题，否则就是装置的软件或设置问题。

2）RS–485 和 RS–422 是一点对多点通信方式，这时要先把通信网解开，将设备逐个接入通信网，每接入一个都要检查一下已经接入装置的数据，找出“害群之马”。再将问题装置先逐一和总控通信，如果均数据刷新正常，说明是总控本身驱动能力问题或总控与众装置通信接口之间阻抗或电平匹配问题，是硬件原因。

（2）现场总线通信设备通信异常及处理与串口通信中的 RS–485 和 RS–422 方式类似处理。

（3）网络通信设备通信异常及处理。

检查交换机或集线器上相应网口上的指示灯是否点亮，如果是光纤以太网，则检查光纤的收发灯，不亮，参看“通信中断异常及处理”。

指示灯正常，则将一台计算机接入网络，将 IP 地址设为与装置同网段，ping 装置。ping 不通，问题在网络通信参数设定上。

ping 通，检查网线的水晶头内双绞线的线序。线序错误会造成通信串扰。

ping 通且线序正确，一般是软件问题。

二、数据刷新缓慢异常及处理

数据刷新缓慢常反映在后台监控系统或调度主站系统，出现由某装置采集的数据变化明显滞后于实际的变化，不能反映电网的实时运行状态。

这种故障一般和干扰及设备老化有关。先查看通信报文，若通信报文十分连贯，问题应该是总控或装置的程序上。如果通信报文是断续，而且根据通信规约分析，这种中断已经超出了规约允许的正常范围，则检查通信线缆，如果发现通信线缆的绝缘层或屏蔽层有老化、破损的情况，在条件许可下，要更换新的通信线。另外，对于接在端子上的五类线，要注意检查接入处有没有被端子压伤。

确定接线完全正确后，再检查设备是否已经可靠接地。如果接地良好，基本可以确定是总控或装置硬件设备老化导致的，则更换相应硬件。更换通信板件不能解决问题时，电源也可以考虑更换。

如果是软件问题或者原因不明，或按上述方法仍不能消除故障，应该要求相应厂家技术人员前来协助处理。

三、通信中断异常及处理

通信中断常反映在后台监控系统或调度主站系统出现某装置退出运行，或装置上的通信指示灯处在异常状态。

出现通信中断后，首先要检查通信线是否出现问题。确保通信线都是按照要求连接后，再具体分析查找原因。

1. 串口通信设备通信中断异常及处理

（1）RS–232 串口通信中断异常及处理。用万用表分别测量总控和装置的 RS–232 接口地线与收、发线间的电压，正常工作电压在直流±（5～15）V 之间。如果电压不在正常范围，地线不动，解开接收线，到对侧设备上测量地线和此设备发送线间的电压是否在正常范围。不在正常范围，一般是对侧设备的发送有问题，否则就是自身设备的接收口有问题。对于问答式规约，用上述方法，先检查主动查询发送方（一般是总控）的发送电平，如正常，然后再检查被动应答发送方（一般是装置）的发送电平。这样一般能查出故障所在处。

（2）RS–485 和 RS–422 串口通信中断异常及处理。检查所有设备，若是部分装置通信中断，则只要检查处理这些装置的通信问题。可采用检查接线和通信参数配置（总控和装置）、更换与通信有关的硬件等步骤来检查处理。

若都是通信中断状态，首先就要怀疑是总控的问题。

先检查总控的通信参数配置，若无问题，进行下面的检查。

将装置逐一单独和总控通信，若所有装置仍是通信中断，就能明确总控的通信模块有问题了。否则，说明问题出在装置上。

将通信正常的装置重新接到总控上，如果没有出现通信中断，则就是余下这些装置的硬件问题了。

如果通信中断又出现了，从网络末端逐一解下装置，直到通信正常。这时将最后一个解下的装置剔除，该装置一定有问题。

剩余装置重新接入。

若通信仍中断，重复上一步，直到通信恢复。

这样就找出了全部有硬件问题的装置。

2. 现场总线设备通信中断异常及处理

现场总线通信与串口通信中的 RS–485 和 RS–422 方式类似，参看“RS–485 和 RS–422”条目。

3. 网络设备通信中断异常及处理

将交换机上连接通信中断装置的网线接到另一个指示灯正常的网口。如果通信恢复了，则是交换机端口问题，否则，是装置网卡出了故障。

下面以实例介绍现场总线通信中断的处理方法。

四、案例

某变电站 35kV 线路保护测控装置 A 网通信全部中断现象的处理实例。

该站 35kV 小室的 World FIP 总线上接了十余台线路保护测控装置，运行中发现，这些保护装置的A网通信同时中断，而B网通信正常。

经检查，是由于该World FIP总线上末端的那台保护测控装置的A网的终端匹配电阻的一端松动，导致这条总线的A网的电阻过大，从而引起该总线上面所接所有保护测控装置通信中断，将松动的匹配电阻重新可靠连接后问题解决。

【思考与练习】

简述由于站内通信及网络设备的线路连接异常导致数据刷新缓慢的异常现象及处理方式。

模块2 网关设备的异常处理（Z11K3002Ⅲ）

【模块描述】本模块介绍了网关设备的常见异常及简单的原因分析。通过要点分析、实例介绍，掌握网关设备异常的表现和处理方法。

【模块内容】

网关又称网间连接器、协议转换器。网关在传输层上实现网络互连，是最复杂的网络互连设备，仅用于两个高层协议不同的网络互连。网关的结构也和路由器类似，不同的是互连层。网关既可以用于广域网互连，也可以用于局域网互连。网关是一种充当转换重任的计算机系统或设备。在使用不同的通信协议、数据格式或语言，甚至体系结构完全不同的两种系统之间，网关是一个翻译器。与只是简单地传达信息的网桥不同，网关对收到的信息要重新打包，以适应目的系统的需求。同时，网关也可以提供过滤和安全功能。大多数网关运行在OSI 7层协议的顶层—应用层。

网关不能完全归为一种网络硬件。用概括性的术语来讲，它们应该是能够连接不同网络的软件和硬件的结合产品。特别地，它们可以使用不同的格式、通信协议或结构连接起两个系统。网关实际上通过重新封装信息以使它们能被另一个系统读取。为了完成这项任务，网关必须能运行在OSI模型的几个层上。网关必须同时应用通信，建立和管理会话，传输已经编码的数据，并解析逻辑和物理地址数据。

网关可以设在服务器、微机或大型机上。由于网关具有强大的功能并且大多数时候都和应用有关，它们比路由器的价格要贵一些。另外，由于网关的传输更复杂，它们传输数据的速度要比网桥或路由器低一些。正是由于网关较慢，它们有造成网络堵塞的可能。然而，在某些场合，只有网关才能胜任工作。

一、网关设备的异常及处理

网关大多使用于多个网络或者子网共存、互联的情况，所以首先要明确网关所在网络的共存及互联的方式，再确定包含连接不同网段的各种网络设备的信息，如路由器、网桥的位置、IP地址，并用相应的网络地址标注各网段。注意级连Hub间的网线长度不应超过100m，Hub的级连不应超过4级。交叉线应做特别标记，确定没有误作直通线用，造成线路故障。

1. 物理连接故障及处理

物理连接故障一般是：网关设备上电后，网关设备的网口和交换机对应的端口指示灯不亮。出现这种情况应在网关设备与交换机上电的情况下，检查网关设备与交换机之间的双绞线有没有松动，然后对比来确定网关和交换机的RJ–45口或双绞线的质量好坏，并做相应处理。现在设备一般接在交换设备下面，而交换机均有自动跳线功能，因此不必考虑网线类型，如直接连在电脑或者Hub上就要注意网线类型。

2. 设备物理故障及处理

通过以上步骤的检查，确定没有问题，这时应注意网关设备是否存在物理故障。可以通过观测设备的供电、各指示灯情况来初步估计设备物理上是否有问题，并寻求技术支持。如是物理故障则只能返回公司，进行物理维修。

3. 本地网络连通故障及处理

使用ping命令测试网络中两台计算机之间的连接。

在PC机上或Windows为平台的服务器上，ping命令的格式如下：

ping[–n number][–t][–l number]ip–address

n：ping报文的个数，缺省值为5；

t：持续地ping直到人为地中断，Ctrl+Break暂时中止ping命令并查看当前的统计结果，而Ctrl+C则中断命令的执行。

l：设置ping报文所携带的数据部分的字节数，设置范围从0至65 500。

例：向主机10.15.50.1发出2个数据部分大小为3000Bytes的ping报文。

C:\>ping–l 3000–n 2 10.15.50.1

pinging 10.15.50.1 with 3000 bytes of data

Reply from 10.15.50.1:bytes=3000 time=321ms TTL=123

Reply from 10.15.50.1:bytes=3000 time=297ms TTL=123

ping statistics for 10.15.50.1:

Packets:Sent=2, Received=2, Lost=0(0%loss),

Approximate round trip times in milli–seconds:

Minimum=297ms, Maximum=321ms, Average=309ms

ping其他计算机IP，在命令提示处，键入ping×.×.×.×（其中×.×.×.×是另一台计算机的IP地址），然后按Enter键。应该可以看到来自另一台计算机的几个答复，例如，Reply from×.×.×.×：bytes=32 time＜1ms TTL=128。

如果没有看到这些答复，或看到“Request timed out”，说明本地计算机可能有问题，或者有可能设备的网络通信不畅，或网络中禁止该项服务（但这种情况是比较少见的）。如果 ping 命令成功执行，那么就确定了计算机可以正确连接。

4. 网关参数设置错误及处理

可以通过网关设备提供的查询软件检查是否配置了相关参数。

（1）检查网关参数中的数据是否和当前网关设备的 MAC 一致。

（2）检查开放的端口、协议、IP 地址。

在设置过程中，如果提示操作错误，这时要注意设置的参数是否正确，也有可能是被系统锁定（对新设备很少出现这种情况）。

下面以实例介绍网关设备的异常处理方法。

二、案例

某公司网关所连设备通信中断的处理实例。

某变电站在进行扩建时，发生 World FIP 总线末端接入一台新的保护测控装置，导致现场一台原有运行中的保护测控装置时通时断，这台新加的装置通信也时通时断的问题。关闭新加装置的电源后发现通信正常。检查后发现，新加装置的“装置地址”虽然和原有装置的“装置地址”不冲突，但是“总线地址”和运行中的某台装置的“总线地址”相同。而在同一条 World FIP 总线上不允许有“总线地址”重复的装置存在。

将新保护测控装置的“总线地址”改为唯一的“总线地址”后，系统通信恢复正常。

【思考与练习】

简述网关设备的物理连接异常及处理方式。

◢ 模块 3　路由器的异常处理（Z11K3003Ⅲ）

【模块描述】本模块介绍了路由器的异常问题处理，包含路由器的故障分类、故障诊断技术及诊断步骤。通过故障分析及处理方法介绍，掌握路由器的异常问题处理步骤、方法和要求。

【模块内容】

路由器设备的异常一般可以分为硬件故障和软件故障两大类。

一、路由器硬件故障

硬件故障主要指路由器电源、背板、模块、端口等部件的故障，可以分为以下 5 类。

1. 电源故障

由于外部供电不稳定，电源线路老化，或雷击等原因导致电源损坏或风扇停止，从而不能正常工作。由于电源而导致机内其他部件损坏的事情也经常发生。

如果面板上的POWER指示灯是绿色的，就表示是正常的；如果该指示灯灭了，则说明路由器没有正常供电。这类问题很容易发现，也很容易解决，同时也是最容易预防的。

针对这类故障，首先应该做好外部电源的供应工作，一般通过引入独立的电力线来提供独立的电源，并添加稳压器来避免瞬间高压或低压现象。如果条件允许，可以添加UPS（不间断电源）来保证路由器的正常供电，有的UPS提供稳压功能，而有的没有，选择时要注意。在机房内设置专业的避雷措施，来避免雷电对路由器的伤害。现在有很多做避雷工程的专业公司，实施网络布线时可以考虑。

2. 端口故障

这是最常见的硬件故障，无论是光纤端口还是双绞线的RJ–45端口，在插拔接头时一定要小心。如果不小心把光纤插头弄脏，可能导致光纤端口污染而不能正常通信。很多人喜欢带电插拔接头，理论上讲是可以的，但是这样也无意中增加了端口的故障发生率。在搬运时不小心，也可能导致端口物理损坏。如果购买的水晶头尺寸偏大，插入路由器时，也容易破坏端口。此外，如果接在端口上的双绞线有一段暴露在室外，万一这根电缆被雷电击中，就会导致所连路由器端口被击坏，或者造成更加不可预料的损伤。

一般情况下，端口故障是某一个或者几个端口损坏。所以，在排除了端口所连计算机的故障后，可以通过更换所连端口，来判断其是否损坏。遇到此类故障，可以在电源关闭后，用酒精棉球清洗端口。如果端口确实被损坏，就只能更换端口了。

3. 模块故障

路由器由很多模块组成，如堆叠模块、管理模块（也叫控制模块）、扩展模块等。这些模块发生故障的概率很小，不过一旦出现问题，就会遭受巨大的经济损失。如果插拔模块时不小心，或者搬运路由器时受到碰撞，或者电源不稳定等情况，都可能导致此类故障的发生。

当然上面提到的这3个模块都有外部接口，比较容易辨认，有的还可以通过模块上的指示灯来辨别故障。例如，堆叠模块上有一个扁平的梯形端口，有些路由器上是一个类似于USB的接口。管理模块上有一个CONSOLE口，用于和网管计算机建立连接，方便管理。如果扩展模块是光纤连接的话，会有一对光纤接口。

在排除此类故障时，首先确保路由器及模块的电源正常供应，然后检查各个模块是否插在正确的位置上，最后检查连接模块的线缆是否正常。在连接管理模块时，还要考虑它是否采用规定的连接速率，是否有奇偶校验，是否有数据流控制等因素。连接扩展模块时，需要检查通信模式是否匹配，例如，使用全双工模式还是半双工模式。当然如果确认模块有故障，解决的方法只有一个，那就是应当立即联系供应商给予更换。

4. 背板故障

路由器的各个模块都是接插在背板上的。如果环境潮湿，电路板受潮短路，或者元器件因高温、雷击等因素而受损都会造成电路板不能正常工作。如散热性能不好或环境温度太高导致机内温度升高，致使元器件烧坏。

在外部电源正常供电的情况下，如果路由器的各个内部模块都不能正常工作，那就可能是背板坏了，遇到这种情况唯一的办法就是更换背板。

5. 线缆故障

这类故障从理论上讲，不属于路由器本身的故障，但在实际使用中，电缆故障经常导致路由器系统或端口不能正常工作，所以这里也把这类故障归入路由器硬件故障。如接头接插不紧，线缆制作时顺序排列错误或者不规范，线缆连接时应该用交叉线却使用了直连线，光缆中的两根光纤交错连接，错误的线路连接导致网络环路等。

从上面的几种硬件故障来看，机房环境不佳极易导致各种硬件故障，所以在建设机房时，必须先做好防雷接地及供电电源、室内温度、室内湿度、防电磁干扰、防静电等环境的建设，为网络设备的正常工作提供良好的环境。

二、路由器的软件故障

路由器的软件故障是指系统及其配置上的故障，可以分为以下 4 类。

1. 系统错误

路由器系统是硬件和软件的结合体。在路由器内部有一个可刷新的只读存储器，它保存的是这台路由器所必需的软件系统。这类错误也和常见的 Windows、Linux 一样，由于当时设计的原因，存在一些漏洞，在条件合适时，会导致路由器满载、丢包、错包等情况的发生。所以路由器系统提供了诸如 Web、TFTP 等方式来下载并更新系统。当然在升级系统时，也有可能发生错误。

对于此类问题，需要养成经常浏览设备厂商网站的习惯，如果有新的系统推出或者新的补丁，应及时更新。

2. 配置不当

由于初学者对路由器不熟悉，或者由于各种路由器配置不一样，管理员往往在配置路由器时会出现配置错误，如线路两端路由器的参数不匹配或参数错误等。如果不能确保自己的配置有问题，请先恢复出厂默认配置，然后再一步一步地配置。最好在配置之前，先阅读说明书，这也是要养成的习惯之一。每台路由器都有详细的安装手册、用户手册，深入到每类模块都有详细的讲解。由于很多路由器的手册是用英文编写的，所以英文不好的用户可以向供应商的工程师咨询后再做具体配置。

3. 密码丢失

一旦忘记密码，都可以通过一定的操作步骤来恢复或者重置系统密码。有些比较简单，如在路由器上按下一个按钮就可以了；而有些则需要通过一定的操作步骤才能解决。

此类情况一般在人为遗忘或者路由器发生故障后导致数据丢失，才会发生。

4. 外部因素

由于病毒或者黑客攻击等情况的存在，有可能造成频繁掉线等问题。如果是这种情况，用户需要查看所有连接的计算机是否都感染了病毒或者木马，使用正版的杀毒软件或木马专杀工具，扫描清除掉计算机内的病毒或者木马。

总的来说软件故障应该比硬件故障较难查找，解决问题时，可能不需要花费过多的金钱，但需要较多的时间。最好在平时的工作中养成记录日志的习惯。每当发生故障时，及时做好故障现象记录、故障分析过程、故障解决方案、故障归类总结等工作，以积累自己的经验。有时在进行配置时，由于种种原因，当时没有对网络产生影响或者没有发现问题，但也许几天以后问题就会逐渐显现出来。如果有日志记录，就可以联想到是否前几天的配置有错误。由于很多时候都会忽略这一点，以为在其他方面出现问题，当走了许多弯路之后，才找到问题所在。所以说，记录日志及维护信息是非常必要的。

三、路由器的故障诊断命令及相关处理方法

（1）show 命令。如果路由器的多个接口同时丢失报文，则可能由于路由器内存不足或 CPU 过载。常用命令如下：

show memory：检查内存利用率。

show process：检查 CPU 利用率。

show memory free：检查内存被划分成多少碎片的情况。

show stack：跟踪路由器的堆栈，提供路由器临时重启的原因。

show ip interface brief：由该命令可获取接口的错误检测信息。

（2）Debug 命令。调试命令可以获取路由器交换的报文和帧的细节。

（3）ping 命令。最常用的故障诊断与排除命令，它由一组 ICMP 回应请求报文组成，如果网络正常运行将返回一组回应应答报文。ICMP 消息以 IP 数据包传输，因此接收到 ICMP 回应应答消息能够表明第三层以下的连接都工作正常。

（4）trace 命令。提供路由器到目的地址的信息。

【思考与练习】

简述路由器端口故障原因及处理方法。

◢ 模块4 交换机的异常处理（Z11K3004Ⅲ）

【模块描述】本模块介绍了交换机的常见异常及简单的原因分析。通过故障分析、处理方法及实例介绍，掌握交换机异常的表现和处理方法。

【模块内容】

交换机的异常一般可以分为硬件故障和软件故障两大类。

一、交换机硬件故障

交换机硬件故障主要指交换机电源、端口、模块、背板等部件的故障，可以分为以下5类。

1. 电源故障

由于外部供电不稳定，电源线路老化，或雷击等导致电源损坏或者风扇停止，从而不能正常工作。由于电源缘故而导致机内其他部件损坏的事情也经常发生。

如果面板上的POWER指示灯是绿色的，就表示是正常的；如果该指示灯灭了，则说明交换机没有正常供电。这类问题很容易发现，也很容易解决，同时也是最容易预防的。

针对这类故障，首先应该做好外部电源的供应工作，一般通过引入独立的电力线来提供独立的电源，并添加稳压器来避免瞬间高压或低压现象。如果条件允许，可以添加UPS（不间断电源）来保证交换机的正常供电，有的UPS提供稳压功能，而有的没有，选择时要注意。在机房内设置专业的避雷措施，来避免雷电对交换机的伤害。现在有很多做避雷工程的专业公司，实施网络布线时可以考虑。

2. 端口故障

这是最常见的硬件故障，无论是光纤端口还是双绞线的RJ–45端口，在插拔接头时一定要小心。如果不小心把光纤插头弄脏，可能导致光纤端口污染而不能正常通信。经常看到很多人喜欢带电插拔接头，理论上讲是可以的，但是这样也无意中增加了端口的故障发生率。在搬运时不小心，也可能导致端口物理损坏。如果购买的水晶头尺寸偏大，插入交换机时，也容易破坏端口。此外，如果接在端口上的双绞线有一段暴露在室外，万一这根电缆被雷电击中，就会导致所连交换机端口被击坏，或者造成更加不可预料的损伤。

一般情况下，端口故障是某一个或者几个端口损坏。所以，在排除了端口所连计算机的故障后，可以通过更换所连端口，来判断其是否损坏。遇到此类故障，可以在电源关闭后，用酒精棉球清洗端口。如果端口确实被损坏，那就只能更换端口了。

3. 模块故障

交换机是由很多模块组成，例如，堆叠模块、管理模块（也叫控制模块）、扩展模块等。这些模块发生故障的概率很小，不过一旦出现问题，就会遭受巨大的经济损失。如果插拔模块时不小心，或者搬运交换机时受到碰撞，或者电源不稳定等情况，都可能导致此类故障的发生。

当然上面提到的这 3 个模块都有外部接口，比较容易辨认，有的还可以通过模块上的指示灯来辨别故障。例如，堆叠模块上有一个扁平的梯形端口，或者有的交换机上是一个类似于 USB 的接口。管理模块上有一个 CONSOLE 口，用于和网管计算机建立连接，方便管理。如果扩展模块是光纤连接的话，会有一对光纤接口。

在排除此类故障时，首先确保交换机及模块的电源正常供应，然后检查各个模块是否插在正确的位置上，最后检查连接模块的线缆是否正常。在连接管理模块时，还要考虑它是否采用规定的连接速率，是否有奇偶校验，是否有数据流控制等因素。连接扩展模块时，需要检查通信模式是否匹配，例如，使用全双工模式还是半双工模式。如果确认模块有故障，就应当立即联系供应商给予更换。

4. 背板故障

交换机的各个模块都是接插在背板上的。如果环境潮湿，电路板受潮短路，或者元器件因高温、雷击等因素而受损都会造成电路板不能正常工作。例如，散热性能不好或环境温度太高导致机内温度升高，致使元器件烧坏。

在外部电源正常供电的情况下，如果交换机的各个内部模块都不能正常工作，那就可能是背板坏了，唯一的办法就是更换背板了。

5. 线缆故障

这类故障从理论上讲，不属于交换机本身的故障，但在实际使用中，电缆故障经常导致交换机系统或端口不能正常工作，所以这里也把这类故障归入交换机硬件故障。如接头接插不紧，线缆制作时顺序排列错误或者不规范，线缆连接时应该用交叉线却使用了直连线，光缆中的收发光纤未交叉连接，错误的线路连接导致网络环路等。

从上面的几种硬件故障来看，机房环境不佳极易导致各种硬件故障，所以在建设机房时，必须先做好防雷接地及供电电源、室内温度、室内湿度、防电磁干扰、防静电等环境的建设，为网络设备的正常工作提供良好的环境。

二、交换机的软件故障

交换机的软件故障是指系统及其配置上的故障，可以分为以下几类。

1. 系统错误

交换机系统是硬件和软件的结合体。在交换机内部有一个可刷新的只读存储器，它保存的是这台交换机所必需的软件系统。这类错误也和常见的 Windows、Linux 一样，由于当时设计的原因，存在一些漏洞，在条件合适时，会导致交换机满载、丢包、错包等情况的发生。所以交换机系统提供了诸如 Web、TFTP 等方式来下载并更新系统。当然在升级系统时，也有可能发生错误。

对于此类问题，需要养成经常浏览设备厂商网站的习惯，如果有新的系统推出或者新的补丁，请及时更新。

2. 配置不当

由于初学者对交换机不熟悉，或者由于各种交换机配置不一样，管理员往往在配置交换机时会出现配置错误。例如，vlan 划分不正确导致网络不通，端口被错误地关闭，交换机和网卡的模式配置不匹配等原因。这类故障有时很难发现，需要一定的经验积累。如果不能确保用户的配置有问题，请先恢复出厂默认配置，然后再一步一步地配置。最好在配置之前，先阅读说明书，这也是网络管理员所要养成的习惯之一。每台交换机都有详细的安装手册、用户手册，深入到每类模块都有详细的讲解。由于很多交换机的手册是用英文编写的，所以英文不好的用户可以向供应商的工程师咨询后再做具体配置。

3. 密码丢失

一旦忘记密码，都可以通过一定的操作步骤来恢复或者重置系统密码。有些比较简单，如在交换机上按下一个按钮就可以了；而有些则需要通过一定的操作步骤才能解决。

此类情况一般在人为遗忘或者交换机发生故障后导致数据丢失，才会发生。

4. 外部因素

由于病毒或者黑客攻击等情况的存在，有可能某台主机向所连接的端口发送大量不符合封装规则的数据包，造成交换机处理器过分繁忙，致使数据包来不及转发，进而导致缓冲区溢出产生丢包现象。还有一种情况就是广播风暴，它不仅会占用大量的网络带宽，而且还将占用大量的 CPU 处理时间。网络如果长时间被大量广播数据包所占用，正常的点对通信就无法正常进行，网络速度就会变慢或者瘫痪。

一块网卡或者一个端口发生故障，都有可能引发广播风暴。由于交换机只能分割冲突域，但不能分割广播域（在没有划分 vlan 的情况下），所以当广播包的数量占到通信总量的 30%时，网络的传输效率就会明显下降。

总的来说软件故障应该比硬件故障较难查找，解决问题时，可能不需要花费过多的金钱，而需要较多的时间。最好在平时的工作中养成记录日志的习惯。每当发生故障时，及时做好故障现象记录、故障分析过程、故障解决方案、故障归类总结等工作，以积累自己的经验。例如，有时在进行配置时，由于种种原因，当时没有对网络产生影响或者没有发现问题，但也许几天以后问题就会逐渐显现出来。如果有日志记录，就可以联想到是否前几天的配置有错误。

三、交换机故障的一般排障步骤

交换机的故障多种多样，不同的故障有不同的表现形式。故障分析时要通过各种现象灵活运用排除方法（如排除法、对比法、替换法），找出故障所在，并及时排除。

1. 排除法

排除法是指依据所观察到的故障现象，尽可能全面地列举出所有可能发生的故障，然后逐个分析、排除。在排除时要遵循由简到繁的原则，提高效率。使用这种方法可以应付各种各样的故障，但维护人员需要有较强的逻辑思维，对交换机知识有全面深入的了解。

2. 对比法

所谓对比法，就是利用现有的、相同型号的且能够正常运行的交换机作为参考对象，同故障交换机进行对比，从而找出故障点。这种方法简单有效，尤其是系统配置上的故障，只要简单地对比一下就能找出配置的不同点，但是有时要找一台型号相同、配置相同的交换机也不是一件容易的事。

3. 替换法

这是最常用的方法，也是在维修电脑中使用频率较高的方法。替换法是指使用正常的交换机部件来替换可能有故障的部件，从而找出故障点的方法。它主要用于硬件故障的诊断，但需要注意的是，替换的部件必须是相同品牌、相同型号的同类交换机才行。

当然为了使排障工作有章可循，可以在故障分析时，按照以下的原则来分析：

（1）由远到近。由于交换机的一般故障（如端口故障）都是通过所连接计算机而发现的，所以经常从客户端开始检查。可以沿着客户端计算机→端口模块→水平线缆→跳线→交换机这样一条路线，逐个检查，先排除远端故障的可能。

（2）由外而内。如果交换机存在故障，可以先从外部的各种指示灯上辨别，然后根据故障指示，再来检查内部的相应部件是否存在问题。如 POWER LED 为绿灯表示电源供应正常，熄灭表示没有电源供应；LINK LED 为黄色表示现在该连接工作在 10Mbit/s，绿色表示为 100Mbit/s，熄灭表示没有连接，闪烁表示端口被管理员手动关闭；RDP LED 表示冗余电源；MGMT LED 表示管理员模块。无论能否从外面的现象诊断出故障所在，都必须登录交换机以确定具体的故障所在，并进行相应的排障措施。

（3）由软到硬。在检查时，应先从系统配置或系统软件上着手进行排查。如果软件上不能解决问题，那就是硬件有问题了。例如，某端口不好用，那可以先检查用户所连接的端口是否不在相应的 vlan 中，或者该端口是否被其他的管理员关闭，或者配置上的其他原因。如果排除了系统和配置上的各种可能，那就可以怀疑到真正的问题所在，即硬件故障上。

（4）先易后难。在遇到故障分析较复杂时，必须先从简单操作或配置来着手排除。这样可以加快故障排除的速度，提高效率。

四、常见交换机问题及处理方法

（1）故障现象：将某工作站连接到交换机上后，无法 ping 通其他电脑，看桌面上“本地连接”图标显示网络不通。或者是在某个端口上连接的时间超过了 10s，超过了交换机端口的正常反应时间。

原因及解决方法：采用重新启动交换机的方法，一般能解决这种端口无响应的问题。但端口故障者则需要更换接入端口。

（2）故障现象：将某工作站连接到交换机上的几个端口后，无法 ping 通局域网内其他电脑，但桌面上“本地连接”图标仍然显示网络连通。

原因及解决方法：先检查这些被 ping 的电脑是否安装有防火墙。三层交换机可以设置 vlan（虚拟局域网），不同 vlan 内的工作站在没设置路由的情况下无法 ping 通，因此要修改 vlan 的设置，使它们在一个 vlan 中，或设置路由使 vlan 之间可以通信。

（3）故障现象：某交换机连接的所有电脑都不能正常与网内其他电脑通信。

原因及解决方法：这是典型的交换机死机现象，可以通过重新启动交换机的方法解决。如果重新启动后，故障依旧，则检查一下那台交换机连接的所有电脑，看逐个断开连接的每台电脑的情况，慢慢定位到某个故障电脑，会发现多半是某台电脑上的网卡故障导致的。

（4）故障现象：有网管功能的交换机的某个端口变得非常缓慢，最后导致整台交换机或整个堆叠都慢下来。通过控制台检查交换机的状态，发现交换机的缓冲池增长得非常快，达到了 90%或更多。

原因及解决方法：首先应该使用其他电脑更换这个端口上的原来的连接，看是否由这个端口连接的那台电脑的网络故障导致，也可以重新设置出错的端口并重新启动交换机。个别时候，可能是这个端口损坏了。

下面以实例介绍交换机异常现象的处理方法。

五、案例

某公司交换机上所接的一台测控装置通信中断的处理实例。

检查了这测控装置的面板上的参数设置，以及网线质量和连接牢固可靠度，均未发现问题。将交换机上该网线拔下换在另一个网口上后，通信恢复正常。说明交换机上对应的网口损坏。

【思考与练习】

简述交换机故障的一般排障步骤。

第二十八章

站内其他智能接口单元通信的异常处理

模块1　智能设备及通信线路的异常处理（Z11K4001Ⅲ）

【模块描述】本模块介绍了智能设备通信线路连接的常见异常及简单的原因分析。通过异常分析、处理方法及实例介绍，掌握通信线路连接异常的表现和处理方法。

【模块内容】

一、智能设备及通信线路的异常及处理

智能设备及通信线路的异常一般指变电站自动化系统提示该智能设备通信故障或通信异常，并且此智能设备出现无效数据或死数。

1. 线路检查

目前，智能设备的接口一般是串行口通信方式或网络通信方式。故首先应按照接口方式的不同，检查通信线的连接是否正确。

（1）串口方式。串口方式主要是RS–232，RS–422，RS–485，根据其不同的特性，接线方式也各有不同。

RS–232方式：3根接线，分别是“收、发、地”，线路两侧“收、发”对接。

RS–422方式：4根接线，分别是“收+、收–、发+、发–”，同样线路两侧“收、发”对接。

RS–485方式：2根接线，分别是“485A、485B”，线路两侧须一一对应。

串口方式都有一根屏蔽线，可视具体情况连接是否。一般而言，有屏蔽线的接线方式可提高通信质量，增强抗干扰能力。

（2）网络方式。主要是检查网络通信线是否符合制作规范，而且还须区分连接方式，以及是否经过网络交换机。因为级联和直联的网络线的制作有不同的规范。必须使用相对应的制作方法，否则就会出现通信故障。具体的制作方法，非本章所叙内容，请参见相应的制作标准。

2. 电平检查

不同的接线方式，有不同的电平特性，此点在串口方式下，可作为检查的一个主要方法。

（1）RS–232 方式。一般只用于 20m 以内设备之间的通信，最高传送速率限制在 20 000bit/s 以下。RS–232 的电气特性：任何一条信号线的电压均为负逻辑关系。即：逻辑“1”，–5～–15V；逻辑“0”，+5～+15V。噪声容限为 2V。即要求接收器能识别低至+3V 的信号作为逻辑“0”，高到–3V 的信号作为逻辑“1”。

（2）RS–485 方式。最长传输距离能达到 1200m。最高传输速率为 10Mbit/s。RS–485 的电气特性：逻辑“1”以两线间的电压差为+2～+6V 表示；逻辑“0”以两线间的电压差为–2～–6V 表示。

（3）RS–422 方式。其电气特性类似于 RS–485，RS–485 是半双工，RS–422 为全双工通信，用单独的发送和接收通道，因此不必控制数据方向，各装置之间任何必须的信号交换均可以按软件方式（XON/XOFF 握手）或硬件方式（一对单独的双绞线）实现。

3. 参数检查

（1）串口方式。双方必须具有相同的串口参数：传输方式（RS–232、RS–485、RS–422），波特率，校验方式（奇校验、偶校验、无校验），通信方式（异步、同步），停止位个数，起始位个数，数据位个数。

（2）网络方式。网络方式下需分析双方的 IP 和子网掩码，确认其是否在同一个网段内，因为站内通信一般都是局域网内通信。同时还须注意当两设备直连时需考虑网卡速率的匹配问题，如果通过网络交换机，则会自动匹配。

下面以实例介绍智能设备通信线路连接异常的处理方法。

二、案例

某变电站扩建，增加 1 段 10kV 母线，10kV 馈线增加 12 条，施工时将增加的 12 块电能表全部并接入原 10kV 线路电能表的通信线，造成该站所有 10kV 电能表的数据不刷新。

经检查该站电能量采集器串口 3 接入 10kV 线路电能表个数为 35 个，超出了一个 485 串口的驱动能力。将新增的 12 个电能表的 485 通信线单独接入电能量采集器串口 4 后，所有电能表数据通信正常。

【思考与练习】

简述智能设备及通信线路异常的检查方法。

◢ 模块 2　规约转换器的异常处理（Z11K4002Ⅲ）

【模块描述】本模块介绍了规约转换器的常见异常及简单的原因分析。通过异常分析、处理方法及实例介绍，掌握规约转换器异常的表现和处理方法。

【模块内容】

规约转换器的作用就是实现其所连接的设备与所要接入的系统之间的通信，其常见的异常现象有通信连接中断和通信数据时断时续两种。

一、通信连接中断异常及处理

规约转换器接入系统后，系统报警指示通信中断或相应数据长时间不刷新。主要是因为通信双方的硬件及用于连接双方的介质出现问题对通信状态造成直接的影响。

1. 硬件对通信状态的影响在规约转换器上的表现为

（1）规约转换器所接入的系统与规约转换器之间的状态。

1）规约转换器不发送数据也接收不到数据。

2）规约转换器能接收到数据但是不发送数据。

（2）规约转换器与规约转换器所接设备之间的状态。

1）规约转换器不发送数据也接收不到数据。

2）规约转换器发送数据但是接收不到数据。

规约转换器与规约转换器所接入的系统之间通信所使用的规约可以称作上层规约，规约转换器与规约转换器所接设备之间的通信所使用的规约可以称作下层规约。上层规约和下层规约的通信机制一般都存在较大的差别。一般来说上层规约大多采用问答方式，下层规约的方式却不尽相同，基本上可以分为问答式和主动发送方式两种。规约的通信机制不同，对于通信连接中断的判别逻辑也有差别。下面根据规约转换器出现的不同通信状态进行原因分析及处理。

2. 规约转换器所接入的系统与规约转换器之间的环节

（1）规约转换器不发送数据也接收不到数据。因为规约转换器与系统之间一般采用问答式通信，出现这种情况的原因主要有：

1）系统设备未发出数据，检查系统设备应用软件和通信口是否正常。

2）系统设备发出数据，但与规约转换器连接的介质出现问题或规约转换器的通信口故障也会引起规约转换器接收不到数据。

（2）规约转换器能接收到数据但是不发送数据。这种情况只能是规约转换器本身软件或通信接口故障，检查相关的软件设置或更换接口硬件。

3. 规约转换器与规约转换器所接设备之间的环节

（1）规约转换器不发送数据也接收不到数据。这种情况要从两个方面分析：

1）当采用问答式通信时，原因主要是规约转换器本身软件或通信接口故障造成的，检查相关的软件设置或更换通信接口硬件。

2）当采用主动发送方式通信时，原因主要是规约转换器所接的设备未发出数据，也可能是与规约转换器连接的介质出现问题或规约转换器的通信口故障引起的。检查规约转换器所接的设备及通信介质和接口。

（2）规约转换器发送数据但是接收不到数据。原因主要是规约转换器所接的设备未发出数据，或是与规约转换器连接的介质出现问题引起的。

二、通信数据时断时续异常及处理

通信连接有时中断，规约转换器所接入的系统反复报警指示通信中断且相应数据刷新慢。主要原因是双方（规约转换器与规约转换器所接设备或者规约转换器所接入的系统与规约转换器）之间的通信受到干扰，或者是单方面（规约转换器所接设备、规约转换器所接入的系统、规约转换器）运行不稳定。通过分析，可逐一检查排除通信介质或设备硬件的问题。

下面以实例介绍规约转换器通信中断的处理方法。

三、案例

某公司规约转换器扩展板上的 1 个 485 串口上接有 4 台保护装置全部通信中断的处理实例。

双方厂家检查了这 4 台保护装置的面板上的参数设置和规约转换器组态设置，以及通信线质量和连接牢固可靠度，均未发现问题。

在规约转换器端，将该 485 串口通信电缆接入一个 RS–232/RS–485 转换器通过笔记本电脑模拟测试与 4 台保护装置通信，结果全部正常。因此，判断为转换器扩展板上的这个 485 串口损坏。更换后，4 台保护装置全部通信正常。

【思考与练习】

简述规约转换器通信数据时断时续的异常及处理原则。

第二十九章

后台监控系统的异常处理

模块 1　后台监控系统参数异常处理（Z11K5001Ⅲ）

【模块描述】本模块介绍了后台监控系统常见参数异常及简单的原因分析。通过异常分析、处理方法及实例介绍，掌握监控系统常见的参数异常现象及处理方法。

【模块内容】

一、常见后台监控系统参数异常现象

在调试和维护过程中，常遇到的一些问题是同监控系统的参数配置有关的，故遇到问题可以直接先看看相应选项是否已正确配置。

（1）系统为双网配置，但监视只有 A 网正常。

（2）遥控操作被禁用。

（3）遥控操作方式为单人，无监护人界面。

（4）遥控操作无“五防校验”。

（5）经后台系统计算的数据不正确。

二、后台监控系统参数异常原因分析及处理

（1）系统为双网配置，但监视只有 A 网正常的原因分析：现在后台监控系统基本上都是双网配置，正常双网通信正常，如出现 A/B 网络异常，可先检查网线是否完好，是否可靠接触，如正常，检查数据库配置是否正确、完整，在后台系统组态界面的系统设置/节点表里，有所有后台机相关设置，包括 IP 地址等，IP 地址设置要正确，一般调试初期就会设置好，相应机器都有一个“是否双网”的设置，此相应设置，否则只有 A 网是正常的，B 网为异常状态。通过后台的系统网络界面也能看到相应网络状态。如以上都没问题，就要考虑计算机硬件了，查看网卡是否被禁用了。

（2）遥控操作被禁用的原因分析：在系统组态界面的系统设置/节点表里有“遥控允许”设置，如要遥控允许没有被设置，那么该后台机的遥控操作会被禁止。

（3）遥控操作方式为单人，无监护人界面的原因分析：在系统组态界面的系统设置/遥控设置里有“遥控监护人校验”设置，如要遥控监护人校验没有被设置，那么该

后台机的遥控操作方式为单人，无监护人界面。

（4）遥控操作无“五防校验”的原因分析：在系统组态界面的系统设置/遥控设置里有“五防校验”设置，如要“五防校验”没有被设置，那么该后台机的遥控操作将无需进行“五防校验”。

（5）经后台系统计算的数据不正确的原因分析：后台通过综合量计算实现将收到的数据进行转化，像变压器档位，有时收到的是BCD码等，要将之转换为档位就需要综合量计算，但有时存在结果不正确，这时可检查：

1）系统组态界面的系统设置/节点表，有“有综合量计算”设置，如果此相不设置，则后台不进行处理；

2）计算公式表中综合量计算公式的计算周期被设置为“事件触发”，请正确选择计算周期；

3）系统类/综合量计算表中相应记录的“是否禁止计算”的被设置，请取消此设置；

4）计算的结果为非法值，如档位的计算结果为0或遥测的计算结果不在有效范围内，检查公式，输入输出数据等。

下面以实例介绍后台监控在实际遥控操作过程中没有弹出监护人权限验证界面的处理方法。

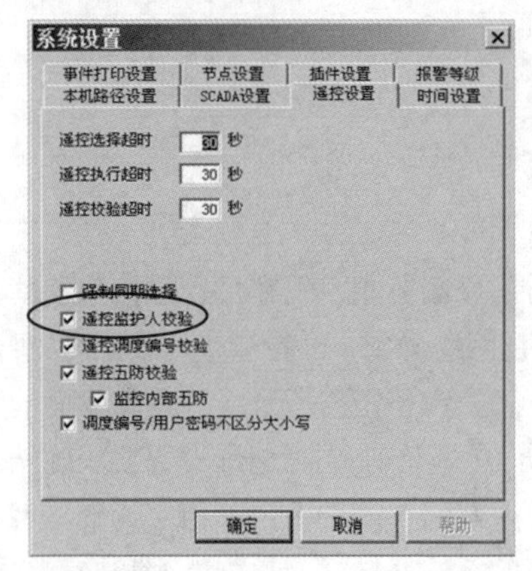

图 Z11K5001Ⅲ-1 后台监控系统参数设置

三、案例

某公司后台监控系统参数设置解决遥控操作过程中没有弹出监护人权限验证界面的处理实例。

（1）在监控后台微机上开始菜单中启动“系统配置”工具。

（2）在“遥控设置”页面中查看“遥控监护人校验”是否被选中。见图 Z11K5001Ⅲ-1。

选中后保存并重启计算机。运行正常后在遥控操作过程中就会弹出监护人权限验证界面。

【思考与练习】

若后台系统是双网配置，分析监视只有A网正常的原因。

模块 2　遥信数据异常处理（Z11K5002Ⅲ）

【模块描述】本模块介绍了后台监控系统遥信数据常见异常现象和简单的原因分析。通过异常分析、处理方法及实例介绍，掌握遥信数据常见的异常现象及处理方法。

【模块内容】

一、常见遥信数据异常现象

在调试、运行时常遇到的异常现象包括：

（1）遥信数据不刷新。

（2）遥信值和实际值相反。

（3）遥信错位。

（4）遥信名称错误。

二、遥信数据异常原因分析及处理

（1）遥信数据不刷新可分为 3 种情况分别分析：

1）如果一个测控装置的所有遥信都不刷新，可查看后台与此装置通信是否正常，如通信中断，解决通信中断问题，如通信正常，可查看此装置是否有遥信电源。

2）如果只是单个或部分遥信不刷新，可查看后台有没有人工置数，如设置人工置数，那么遥信不会实时刷新，解除人工置数即可，如未人工置数，可检查采集遥信的相应装置的遥信节点状态是否正确，相应节点可通过遥信信息表，相关设备回路图纸查到，节点状态可看装置采集的状态，也可通过万用表量节点确定。

3）装置检修压板在投入状态时，该装置的遥信信号被封锁。

（2）遥信值和实际值相反。遥信采集一般使用常开接点，当某一采集接点使用动断接点时，会出现遥信值和实际值相反的现象，可将该遥信参数中的取反项选中，或将采集接点改为常开接点使遥信状态与实际一致。

（3）遥信错位有两种情况，首先检查测控装置上的遥信电缆是否接错端子，若接错将其改正；其次，是遥信库定义错位，改正后保存。

（4）遥信名称错误可先确定遥信状态与实际一致，之后可以在遥信定义表里进行遥信名称修改，保存。并进行系统重要参数确认。

下面以实例介绍后台监控系统某个遥信不刷新的处理方法。

三、案例

某公司后台监控系统的遥信人工置数参数设置实例。

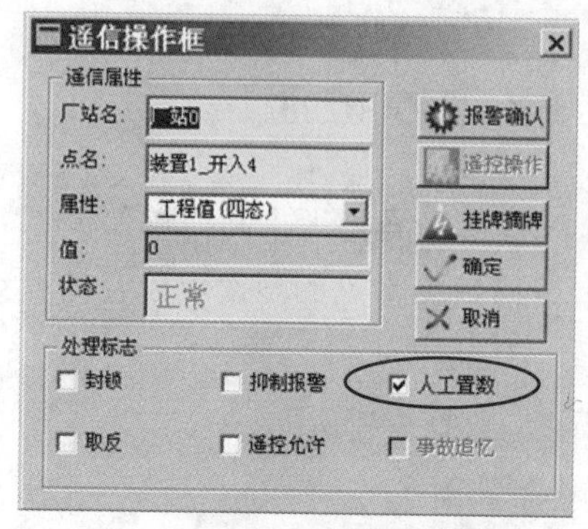

图 Z11K5002Ⅲ-1 后台监控系统遥信人工置数参数设置

在画面中用鼠标双击该遥信点对应的图符，将弹出“遥信操作”对话框，见图 Z11K5002Ⅲ-1。检查“处理标志”中的“人工置数”标志位是否处于选中状态。若测点处于“人工置数”状态时，该遥信点将一直保持人工置数的设定值，而不会根据现场的状态进行刷新。取消该测点“人工置数”状态后，该遥信刷新正常。

【思考与练习】

简述后台系统遥信数据不刷新的原因分析及处理原则。

◢ 模块 3 遥测信息异常处理（Z11K5003Ⅲ）

【模块描述】本模块介绍了后台监控系统遥测数据常见异常现象和简单的原因分析。通过异常分析、处理方法及实例介绍，掌握遥测数据常见的异常现象及处理方法。

【模块内容】

一、常见遥测数据异常现象

在调试、运行时常遇到的异常现象包括：

（1）遥测数据不刷新。

（2）遥测数据错误。

二、遥测数据异常原因分析及处理

（1）遥测数据不刷新可分两种情况分别分析，首先如果一个测控装置的所有遥测都不刷新，可查看后台与此装置通信是否正常，如通信中断，解决通信中断问题；其次，如果只是单个或部分遥测不刷新，可查看后台有没有人工置数，如设置人工置数，那么遥测不会实时刷新，解除人工置数即可，在后台实时数据检索界面可查看到装置上送的遥测是否刷新。

（2）遥测数据错误可以首先查看装置上送的遥测是否正确，在后台实时数据检索界面的节点遥测可以查到装置上送的码值，如码值正确，那么就查看后台设置的系数是否正确。如果数据是后台综合量计算得来的，那就查看相应公式的处理是否正确。

下面以实例介绍后台监控系统某个遥测数据错误的处理方法。

三、案例

某公司后台监控系统由于某有功功率遥测系数不对造成遥测数据错误的处理实例。

（1）在监控后台微机上开始菜单中启动“数据库编辑”工具。

（2）在“数据库维护工具”画面左边树状菜单中找到遥测出错的那个装置，选中“遥测”，见图 Z11K5003Ⅲ-1。

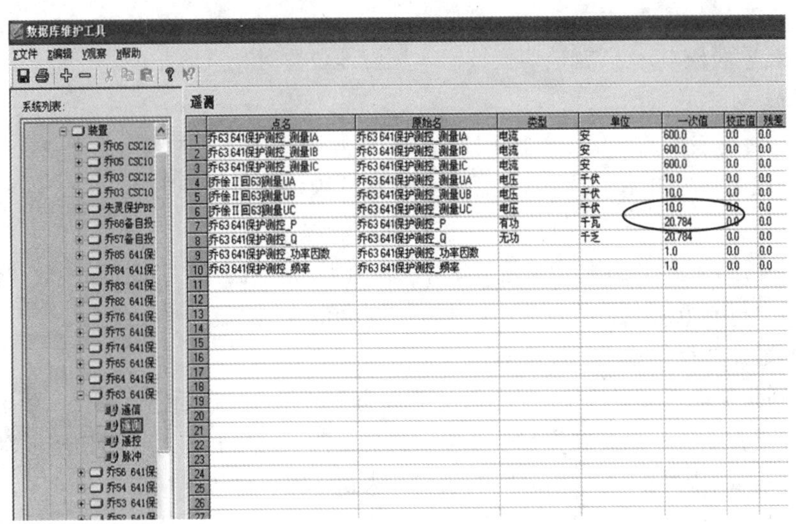

图 Z11K5003Ⅲ-1　后台监控系统遥测系数设置

在画面右边遥测列表中，有该装置电流、电压、功率等遥测列表，由于“乔 63 641 保护测控_P”的“一次值”数据为“2.0784”，造成其遥测值比实际值缩小 10 倍。将“2.0784”改为“20.784”，并保存，重启计算机。计算机启动运行正常后，该遥测值正常。

【思考与练习】

简述后台系统遥测数据不刷新的原因分析及处理原则。

模块 4　遥控功能异常处理（Z11K5004Ⅲ）

【模块描述】本模块介绍了后台监控系统遥控功能常见异常现象和简单的原因分析。通过异常分析、处理方法及实例介绍，掌握遥控功能常见的异常现象及处理方法。

【模块内容】

一、常见遥控功能异常现象

在调试、运行时常遇到的异常现象包括：

（1）遥控选择不成功。

（2）遥控执行不成功。

二、遥控功能异常原因分析及处理

（1）遥控选择不成功的原因分析：

1）装置有逻辑闭锁，在不满足条件时，禁止遥控，检查逻辑，使之正确，并满足条件。

2）装置面板有远方/就地切换按钮，在就地位置时，远方不能进行遥控，请打到远方位置。

3）后台与装置的通信中断，遥控指令不能发送到装置造成遥控选择不成功，通信中断的处理请参见“站内通信及网络设备的线路连接的异常处理”。

4）后台遥控操作一般要与五防微机装置通信进行防误闭锁逻辑判断，如果“五防”校验没有通过，遥控选择将会失败，此时应检查五防微机的相关设置和参数是否正确。另外，后台机与五防微机装置的通信中断，也会造成遥控选择将会失败。

（2）遥控执行不成功的原因分析：

1）判断装置有没有执行，一般装置都会有相应指示，在面板上有合、分指示，如未执行，可查通信，如装置执行了，但无遥信返回，可看相应遥控出口压板有没有投入，或者设备实际已动作，而辅助节点状态未送上来。如以上情况都排除了，可查看装置出口到一次设备控制回路是否正常。

2）遥控相关遥信即遥控点判断遥信。在遥控操作前，以该遥信点判断可以进行的遥控动作（是控分还是控合）；在执行遥控操作后，系统通过其对应遥信点的变位情况来判断遥控操作是否成功。所有遥控点必须定义该属性，否则无法执行遥控操作。遥控点的判断遥信定义错误，将造成遥控操作后，系统提示遥控执行不成功。

下面以实例介绍后台监控系统某断路器遥控执行不成功的处理方法。

三、案例

某公司后台监控系统的某断路器遥控相关遥信点设置错误，导致系统提示遥控执行不成功的处理实例。

（1）在监控后台微机上开始菜单中启动“数据库编辑”工具。

（2）在“数据库维护工具”画面左边树状菜单中找到遥控不成功的那个装置，选中“遥控”，见图Z11K5004Ⅲ-1。

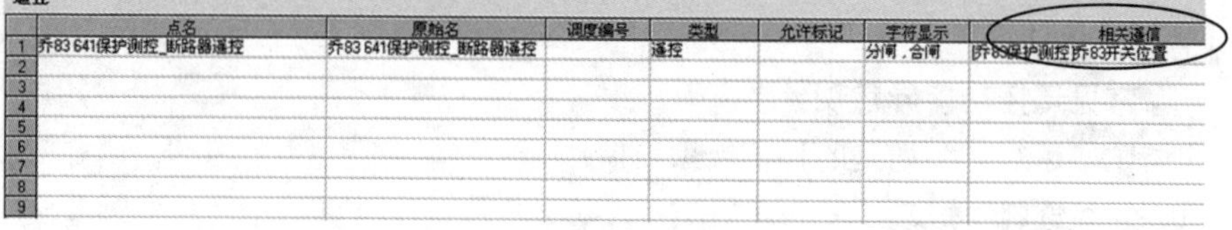

遥控

	点名	原始名	调度编号	类型	允许标记	字符显示	相关遥信
1	乔83 641保护测控_断路器遥控	乔83 641保护测控_断路器遥控		遥控		分闸，合闸	乔83保护测控 乔83开关位置
2							
3							
4							
5							
6							
7							
8							
9							

图Z11K5004Ⅲ-1 后台监控系统遥控相关遥信设置

在画面右边遥控列表中，查看“相关遥信”是否与遥控点对应，例如，点名“乔 83 641 保护测控_断路器遥控”的相关遥信应为“乔 83 641 保护测控_乔 83 断路器位置”，若不是，则改正并保存，重启计算机。计算机启动运行正常后，做乔 83 断路器遥控操作，后台监控系统提示遥控成功。

四、注意事项（安全措施）

在处理某单元遥控异常前，应将其他单元的“远方/就地”开关打至“就地”，工作结束后再由运行人员恢复。

【思考与练习】

简述后台系统遥控执行命令下发后，遥控执行不成功的原因分析及处理原则。

模块 5 计算机操作系统异常（Z11K5005Ⅲ）

【模块描述】本模块介绍了计算机操作系统常见异常现象和简单的原因分析。通过异常分析、处理方法及实例介绍，掌握后台计算机对时异常、双机切换异常等常见异常现象及处理方法。

【模块内容】

一、计算机操作系统异常现象

计算机操作系统常见异常现象包括：

（1）语音告警测试失败。

（2）网络异常。

（3）显示器黑屏。

（4）对时异常。

（5）双机切换异常。

二、计算机操作系统异常原因分析及处理

（1）语音告警测试失败的原因分析：后台可以进行语音测试，如测试失败，首先，检查音响是否已打开，音量旋钮是否在最小位置，声卡是否被静音，音响的音频线是否插接正常。其次，可检查计算机声卡是否正常工作，通过 Windows 自带功能可测试声卡是否能正常发声。例如，播放一个系统自带的声音文件。如检测是声卡故障，则更换声卡。

（2）网络异常的原因分析：先检查网线是否正常，如正常可检查网卡是否工作正常，有没有被禁用。如果正常可检查固定的 IP 地址是否被修改。排除以上原因可考虑更换网卡。

（3）显示器黑屏的原因分析：

1）如果是开机无显示，一般是因为显卡与主板接触不良造成，将显卡与主板接触良好即可。对于一些集成显卡的主板，如果显存共用主内存，则需注意内存条的位置，一般在第一个内存条插槽上应插有内存条。由于显卡原因造成的开机无显示故障，开机后一般会发出一长两短的蜂鸣声。

2）如果在运行的过程中出现黑屏，首先检查显示器有无电源，视频输入线是否插接良好。有的显示器具有输入视频信号模式选择功能，检查视频输入模式是否为 VGA 模式，如果不是请改正。如果电源、线缆、视频模式均正常，可能是显示器损坏，更换显示器。

3）排除以上两种原因可考虑更换显卡。

（4）对时异常的原因分析：后台计算机对时异常在排除网络通信中断后，主要原因是计算机系统应用软件具备对时保护功能，当计算机时钟偏差超过设定值时，将不再处理接收到的对时报文，即不会根据对时报文校正操作系统的时间。此时可手动调整计算机系统时间，使之和站内时钟源之间的时间偏差小于设定值。或者取消对时保护功能。

（5）双机切换异常的原因分析：双后台计算机系统，需设置主备机节点，当主机故障时备机自动升级为值班机。当主机恢复正常运行时，备机自动降为备用机。双机切换异常主要原因：① 主备机之间通信故障，导致主机故障时不能与备机传递信息，从而备机不会自动升级为值班机，此时应检查双机之间的网络通信并排除故障；② 主机或备机切换软件出错，需重装切换程序。

下面以实例介绍后台计算机对时异常的处理方法。

三、案例

某公司后台监控计算机时钟快了 20min，不能自动校时的处理实例。

经检查后台计算机网络通信及其他功能均正常，系统对时保护时间设定为 10min。因此，判断为计算机时钟超出对时保护时间设定值，导致计算机对时异常。此时手动调整计算机系统时间，使之和站内时钟源之间的时间偏差小于 10min，经自动校时后，计算机时钟与 GPS 时钟一致。

【思考与练习】

简述后台计算机对时异常现象原因分析及处理原则。

模块 6 后台监控系统恢复及备份异常处理（Z11K5006Ⅲ）

【模块描述】本模块介绍了后台监控系统恢复及备份操作过程、异常情况分析及处理。通过异常及处理方法介绍、案例分析，掌握后台监控系统异常情况时的处理方法。

【模块内容】

一、后台监控系统恢复及备份异常的危害

后台监控系统恢复及备份异常表现为后台监控系统无法正常启动、后台监控系统应用故障及后台监控备份失败或不全，后台监控系统故障后无法恢复，影响了运行人员的正常监视、控制等功能的应用，从而导致监控系统不能正常运行；后台监控系统在没有备份的情况下，故障后系统难以正常恢复运行。

二、后台监控系统恢复及备份异常的主要原因

1. 后台监控系统无法正常启动

后台监控系统中的操作系统无法正常启动，主要是计算机硬件问题或工作电源异常。

2. 后台监控系统应用故障

后台监控系统应用故障，主要原因是数据库加载失败或应用程序出现问题。

3. 后台监控系统备份失败或不全

后台监控系统备份失败或不全，一般原因是后台监控系统备份软件无法正常导出数据库或者备份软件批处理出现故障。

三、后台监控系统恢复及备份异常的现象

后台监控系统恢复及备份异常的现象主要表现为应用软件无法正常运行，运行人员无法通过后台监控系统正常监视控制以及后台监控系统数据备份故障或不全。

四、后台监控系统恢复及备份异常的处理

1. 处理原则

（1）后台监控系统一般为主备机运行模式，尽量保证一台机正常运行时再对另一台进行故障恢复。

（2）判断后台监控系统异常的原因是软件问题还是硬件问题，视具体情况处理。

2. 处理方法、步骤

（1）后台监控系统无法正常启动，首先检查工作电源是否正常；其次检查计算机硬件是否故障。针对计算机故障的提示，检查计算机相应硬件状况，计算机硬件故障开机一般会有不同的声音报警，观察是内存条、网卡、主板数据线等是否松动，若是硬盘故障，需对操作系统进行重装。

（2）后台监控系统应用故障，若计算机操作系统能够正常启动，则表现为应用软件问题。这需要根据不同产品类型的后台监控系统采取相应的处理方式。基本方法是，首先检查机器网络、声卡是否正常，这些基本条件应该具备；其次检查应用软件的数据库加载是否报错，检查应用软件的相应进程是否都正常启动，查看有无某些应用程

序无法启动或者自动退出导致软件异常。

（3）后台监控系统备份失败或不全，一般进行系统备份都有相应的批处理文件自动执行数据备份，在出现备份失败或不全的话，需要检查批处理文件是否被破坏，检查数据库本身有无异常。

五、案例

某后台监控系统恢复数据库失败的案例。

（1）进行恢复数据库时，要先退出后台监控系统，因为在线运行恢复会将工程数据直接写入商业库，系统未退出时会冲掉刚才恢复的工程数据，所以应退出后台监控系统再进行恢复。

（2）可通过观测 SQL 执行过程，确定错误信息，常见错误信息报“LState=28 000，NativeError=［Microsoft］［ODBC SQL Server］用户‘sa’登录失败”，这是因为在安装 SQL Server 时未按要求安装，未与信任的 SQL Server 连接相关联。解决办法是打开 SQL 的企业管理器，展开 SQL Server 组，选定本地计算机，点击右键选择“属性”，在“安全性”选项卡里将“身份验证”选为“SQL Server 和 Windows”，“审核级别”选为“无”，“服务账户”选为“系统账户”，按“确定”后选择“空密码”，这些修改完成后进行操作并观测执行过程。

（3）如使用 SQLDBManager.exe 恢复数据库时无法弹出相应的操作菜单或在数据源可用的情况下报“SQL Server 登录连接失败”，这是因为 SQLDBManager.exe 不在相应工程的 bin 文件夹下，将它剪切至 bin 文件夹下即可。

【思考与练习】

1. 后台监控系统计算机故障一般表现为哪几个方面？

2. 简述后台监控系统数据库备份操作过程。

◢ 模块 7　后台监控系统数据库异常处理（Z11K5007Ⅲ）

【模块描述】本模块介绍了后台监控系统数据库常见异常情况及简单的原因分析。通过异常及处理方法介绍、案例分析、界面图形示意，掌握数据库常见异常情况及处理方法。

【模块内容】

一、后台监控系统数据库异常的危害

后台监控系统数据库发生异常后，会造成数据库无法加载、用户无法登录等现象，从而影响了后台监控系统数据与报表的正确性，将导致运行人员无法使用后台监控系统和发生错误判断的后果。

二、后台监控系统数据库异常的主要原因

（1）SQL Server 名称或 IP 地址拼写有误。

（2）服务器端网络配置有误。

（3）客户端网络配置有误。

（4）SQL Server 使用了“仅 Windows”的身份验证方式，用户无法使用 SQL Server 的登录账户（如 sa）进行连接。

（5）当用户在 Internet 上运行企业管理器来注册另外一台同样在 Internet 上的服务器，而且是慢速连接时。

三、后台监控系统数据库异常的现象

（1）SQL Server 不存在或访问被拒绝。

（2）无法连接到服务器，用户登录失败。

（3）提示连接超时。

四、后台监控系统数据库异常的处理

1. 处理原则

（1）通过后台监控系统数据库的配置工具进行处理。

（2）不影响后台监控系统的其他配置。

2. 处理方法、步骤

（1）SQL Server 不存在或访问被拒绝。

1）首先检查网络物理连接：ping〈服务器 IP 地址/服务器名称〉。

2）如果 ping〈服务器 IP 地址〉不成功，说明物理连接有问题，这时候要检查硬件设备，如网卡、HUB、路由器等，还有一种可能是由于客户端和服务器之间安装有防火墙软件造成的。

3）如果 ping〈服务器 IP 地址〉成功而 ping〈服务器名称〉失败，则说明名字解析有问题，这时候要检查 DNS 服务是否正常。有时候客户端和服务器不在同一个局域网里面，这时候很可能无法直接使用服务器名称来标识该服务器，这时候我们可以使用 HOSTS 文件来进行名字解析。具体的方法是使用记事本打开 HOSTS 文件（一般情况下位于 C：/WINNT/system32/drivers/etc 目录下）添加一条 IP 地址与服务器名称的对应记录，例如，172.168.10.24 myserver。

4）其次使用 telnet 命令检查 SQL Server 服务器工作状态：telnet〈服务器 IP 地址〉1433。如果命令执行成功，可以看到屏幕一闪之后光标在左上角不停闪动，这说明 SQL Server 服务器工作正常，并且正在监听 1433 端口的 TCP/IP 连接；如果命令返回“无法打开连接”的错误信息，则说明服务器端没有启动 SQL Server 服务，也可能服务器端未启用 TCP/IP 协议，或者服务器端没有在 SQL Server 默认的端口 1433 上监听。

5）在服务器上检查服务器端的网络配置，检查是否启用了命名管道，是否启用了TCP/IP协议等。可以利用SQL Server自带的服务器网络使用工具来进行检查。具体的方法是选择操作系统的“开始”菜单→“程序”→“Microsoft SQL Server”→“服务器网络服务工具”，可启动“SQL Server网络实用工具”，在“常规”页面中可以看到服务器启用了哪些协议。一般而言，需要启用命名管道以及TCP/IP协议，见图Z11K5007Ⅲ-1。

选中“TCP/IP协议”，单击“属性（P）…”按钮，检查SQL Server服务默认端口的设置，见图Z11K5007Ⅲ-2。

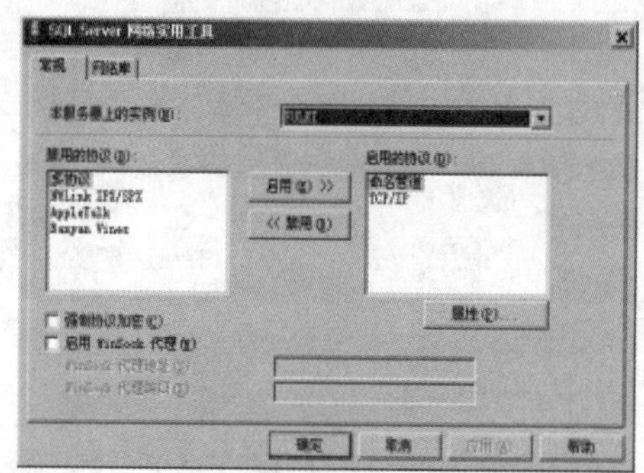

图Z11K5007Ⅲ-1　SQL Server网络实用工具

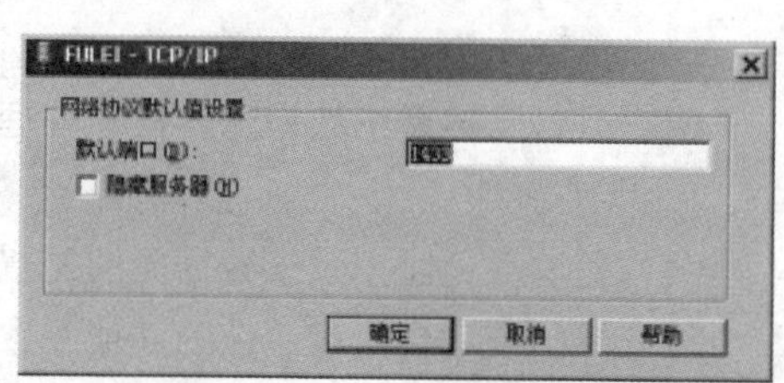

图Z11K5007Ⅲ-2　TCP/IP协议默认端口设置

一般而言，使用SQL Server默认的1433端口。如果选中“隐藏服务器”，则意味着客户端无法通过枚举服务器来看到这台服务器，起到了保护的作用，但不影响连接。

6）在客户端检查客户端的网络配置，同样可以利用SQL Server自带的客户端网络使用工具来进行检查，所不同的是这次是在客户端来运行这个工具。具体的方法是选择操作系统的“开始”菜单→“程序”→“Microsoft SQL Server”→“客户端网络服务工具”，可启动“SQL Server客户端网络实用工具”，见图Z11K5007Ⅲ-3。

在“常规”页面中，可以看到客户端启用了哪些协议。一般而言，同样需要启用命名管道（Named Pipes）以及TCP/IP协议。选中“TCP/IP协议”，单击“属性（P）…”按钮，可以检查客户端默认连接端口的设置，该端口必须与服务器一致，见图Z11K5007Ⅲ-4。

（2）无法连接到服务器，用户登录失败。

1）选择操作系统的“开始”菜单→“程序”→“Microsoft SQL Server”→“企业管理器”，可启动SQL Server企业管理器。展开“SQL Server组”，鼠标右键点击SQL Server服务器的名称，选择“属性”菜单，见图Z11K5007Ⅲ-5。

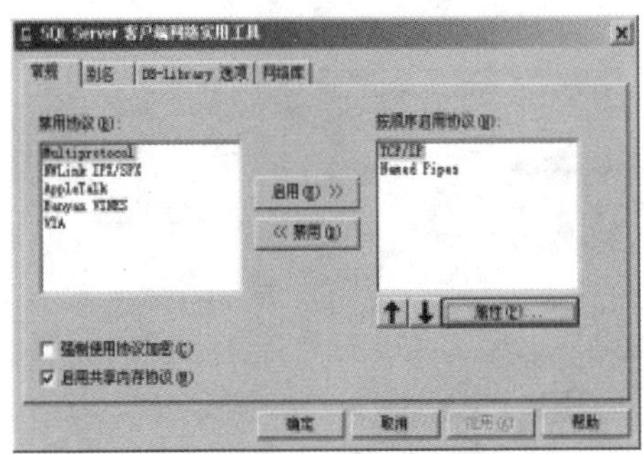

图 Z11K5007Ⅲ-3　SQL Server 客户端网络实用工具

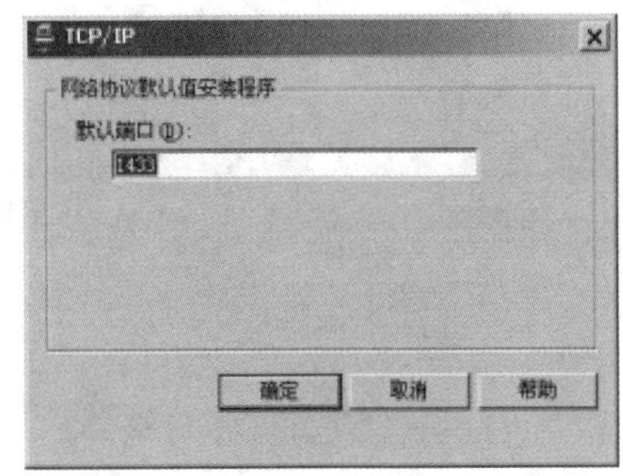

图 Z11K5007Ⅲ-4　TCP/IP 协议默认端口设置

2）进入“安全性”选项卡，在“身份验证”下，选择“SQL Server 和 Windows”，重新启动 SQL Server，见图 Z11K5007Ⅲ-6。

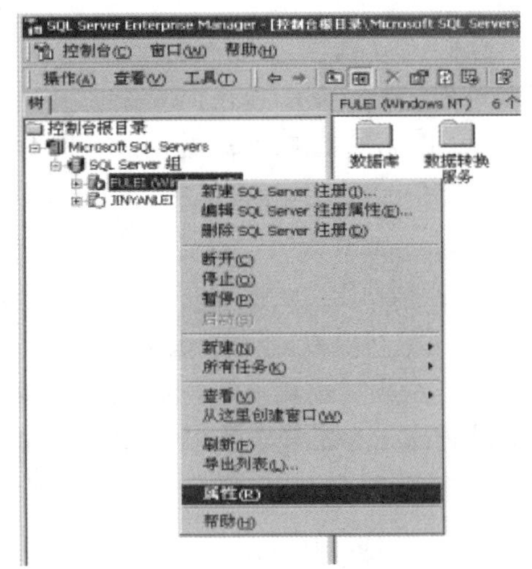

图 Z11K5007Ⅲ-5　SQL Server 企业管理器

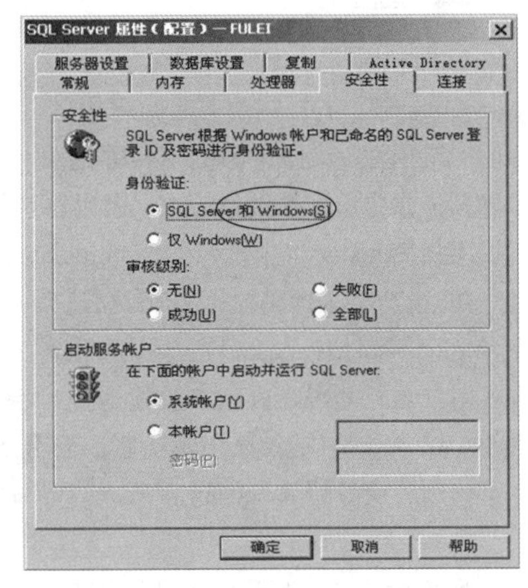

图 Z11K5007Ⅲ-6　SQL Server 属性配置

（3）提示连接超时。

1）启动 SQL Server 企业管理器，在“工具”菜单中选择“选项”菜单项，见图 Z11K5007Ⅲ-7。

2）在“高级”选项卡中。将“连接设置”下的“登录超时（秒）”输入框中输入一个比较大的数字（例如 20），见图 Z11K5007Ⅲ-8。

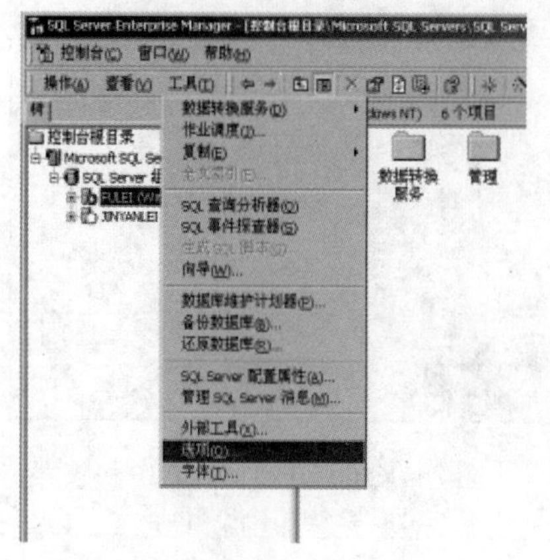

图 Z11K5007Ⅲ–7 SQL Server 企业管理器

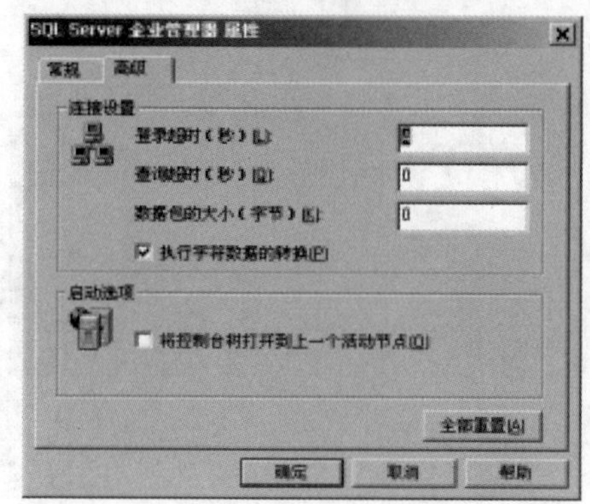

图 Z11K5007Ⅲ–8 SQL Server 企业管理器属性

五、案例

1. sqlplus

sqlplus 是 SQL 终端工具，可由此进行从简单到复杂的 SQL 操作，可由此测试数据库的可用性，或维护数据库相关记录，进行表的删除、维护操作等。sqlplus 使用时，可以预先指定所连接的用户名、密码以及数据库名，例如所需连接数据库名为 scada1、所用用户为 history，则命令为 sqlplus history/history@ scada1。

在 solaris x86 下，因为没有默认数据源，所以必须使用上述指定数据源的方式运行 sqlplus。solaris sparc 下，默认数据源为本机数据库，可以直接敲入 sqlplus，依提示输入用户名及密码，登录本机数据库。连接成功后，会出现 SQL > 提示符，输入 SQL 语句，以‘;’结尾。使用完毕后，使用 quit 命令退出 sqlplus。如果未出现 SQL > 提示符，则表明数据库未被自启动，请重新安装。

2. netasst

通过 netasst，可以通过图形界面的形式，进行 oracle 监听、服务名的配置、测试工作，切换到 oracle 用户，在控制台上输入 netasst，见图 Z11K5007Ⅲ–9。

在 netasst 下，服务名及监听配置路径见图 Z11K5007Ⅲ–10、图 Z11K5007Ⅲ–11。配置完毕后，点击菜单项的 File→Save Network Configuration 保存配置。对于服务名配置，还需要点击菜单项的 Command→Test Services，测试数据库是否可用。如果网线不通或所测试的数据库不可用，则测试时间较长。

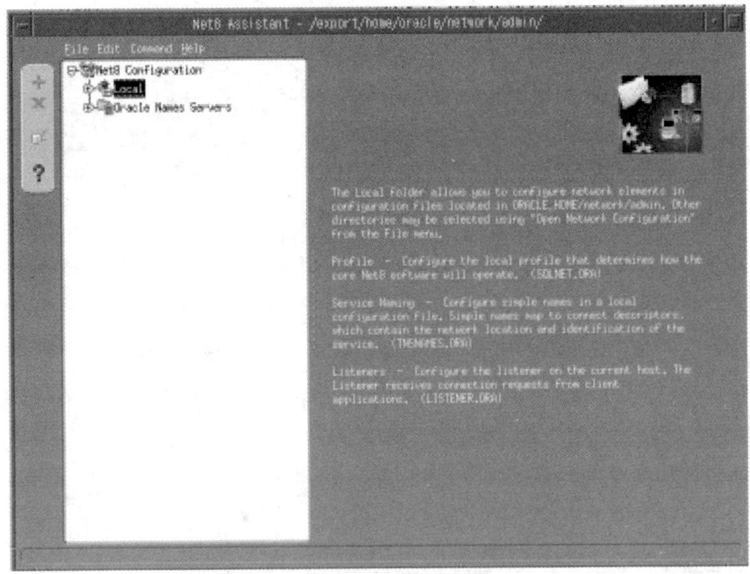

图 Z11K5007Ⅲ-9　Net8 向导

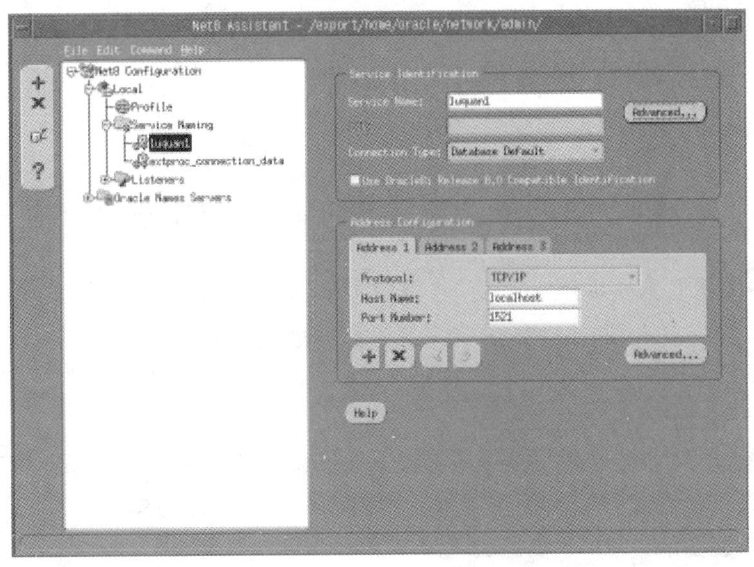

图 Z11K5007Ⅲ-10　配置服务/测试侦听

需要明确的是，监听配置时主备服务器必须配置，它是主备机作为数据库服务器、实时监听客户端连接的配置，而对于服务名则是每个客户端连接数据库的配置，所以每个需要访问数据库的节点都需要配置服务名。

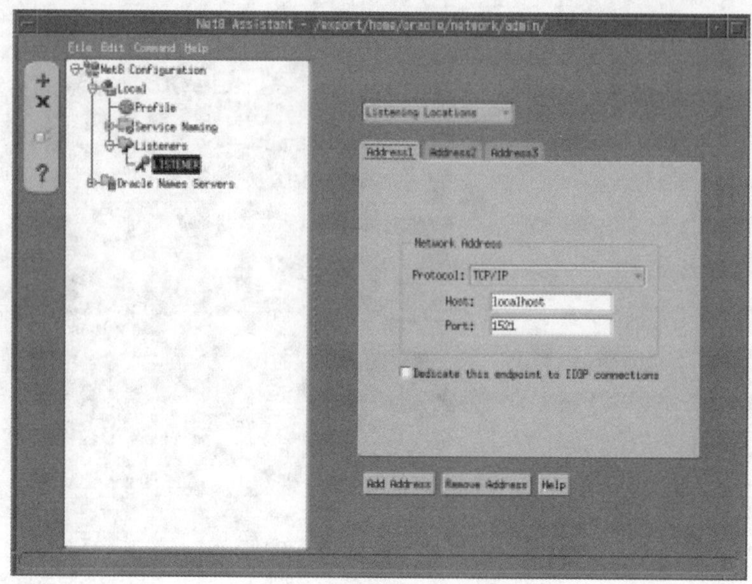

图 Z11K5007Ⅲ-11 配置侦听

【思考与练习】

1. 后台监控系统数据库加载失败是什么原因？
2. 后台监控系统数据库无法保存怎么办？

模块 8 告警功能异常处理（Z11K5008Ⅲ）

【模块描述】本模块介绍了系统告警功能和常见异常情况及简单的原因分析。通过异常及处理方法介绍、案例分析，掌握告警功能常见异常情况及处理方法。

【模块内容】

一、告警功能异常的危害

告警功能异常后会发生告警信号漏报、误报和告警方式不正确的现象，将导致运行人员忽视潜在的或已发生的危险因素，引起事故发生或事故扩大。

二、告警功能异常的主要原因

告警功能异常的主要原因是后台监控系统设置不正确。

三、告警功能异常的现象

（1）有信号发生却未告警。

（2）误报事故。

（3）告警语句描述不正确或语音未响。

四、告警功能异常的处理

1. 处理原则

（1）按遥信、遥测、遥控等信号的不同分别检查后台监控系统实时数据库中告警功能的配置。

（2）检查告警设备及与后台监控系统的连接工作状态。

（3）检查后台监控系统实时数据库中告警文件的配置。

（4）不影响后台监控系统的其他配置。

2. 处理方法、步骤

（1）检查实时数据库对该信号有没有定义正确，检查遥信有没有被封锁、检查遥测限值是否正确。

（2）检查后台监控系统判断路器偷跳的设置是否正确，通过保护事件、事故总信号等判断事故。

（3）告警语句描述不正确一般都是数据库里定义不正确导致，对实时数据库进行检查修改正确并生效。事故类告警事件发生时，若未启动相应的音响告警，先测试所连接的音箱工作是否正常。在数据库组态工具中查看该告警对象测点所对应的“动作处理”方案设置是否正确，“音响报警”是否处于选中状态，所选择的“音响文件”是否正确。

五、案例

1. 告警描述异常

告警描述异常可分为语句描述异常和字体颜色、闪烁等异常。如为语句描述异常可通过修改实时数据库中的控点定义来解决，如图 Z11K5008Ⅲ–1 所示。

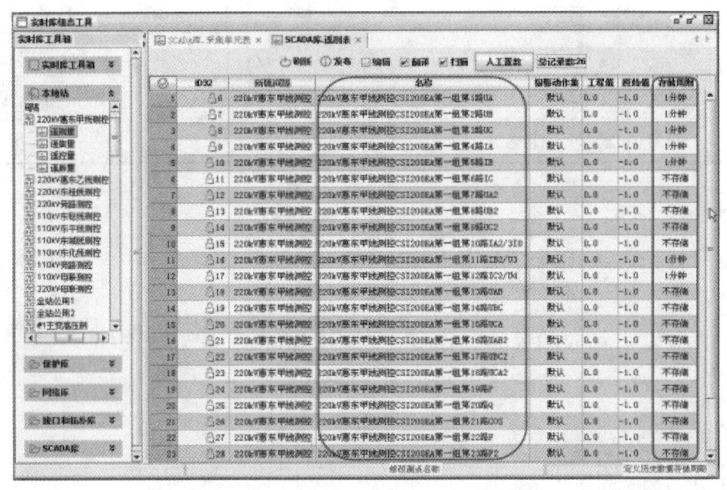

图 Z11K5008Ⅲ–1　告警语句描述异常

如果是字体颜色、闪烁等异常可通过实时报警设置窗口进行更改和完善，如图Z11K5008Ⅲ-2所示。

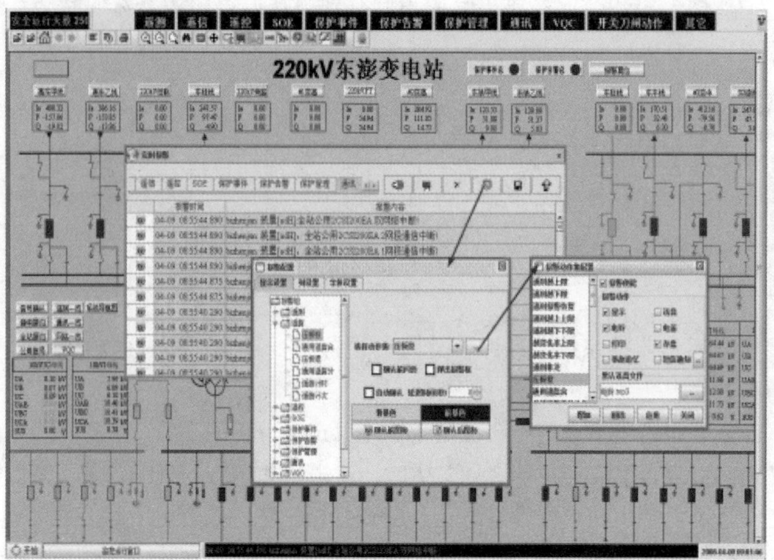

图Z11K5008Ⅲ-2 实时报警设置窗口

告警动作集见表Z11K5008Ⅲ-1。

表Z11K5008Ⅲ-1 告警动作集

显示	定义是否实时显示报警信息	语音	播放语音文件提示报警信息
电铃	报警发生时响电铃	电笛	报警发生时响电笛
打印	报警信息实时打印输出	事故追忆	参与事故追忆
短信通知	报警信息实时短信发送到指定号码	存盘	报警信息存历史

2. 告警语音异常

（1）检查音箱连接正确并工作正常。

（2）语音报警服务进程是否正常启动。

（3）实时报警中相应的报警动作集配置中“语音”是否被选择。

（4）系统设置中“铃笛使用音箱”及本地设置中“语音报警投入”是否被选择。

3. 电铃电笛异常

（1）实时报警中相应的报警动作集配置中“电铃”和“电笛”是否被选择。

（2）本地设置中“电铃电笛投入”是否被选择。

（3）系统设置中“铃笛使用音箱”及本地设置中“语音报警投入”是否被选择。

（4）告警文件配置是否正确。

4. 报警不打印

（1）检查打印机安装是否正确，运行测试程序，打印机可以正常打印测试报警。

（2）检查相应的报警动作集打印使能是否选中。

（3）检查本节点的打印服务进程是否启动。

（4）检查本节点的本地打印功能是否投入。

【思考与练习】

1. 后台监控系统遥信告警类型一般分为哪几种类型？
2. 后台监控系统中断路器事故跳闸和正常分闸有什么区别？
3. 如何实现断路器事故跳闸告警？如何区分事故跳闸和正常分闸的语音类型？

模块 9　报表、曲线等其他功能异常处理（Z11K5009Ⅲ）

【模块描述】本模块介绍了报表、曲线等常见异常情况及简单的原因分析。通过异常及处理方法介绍、案例分析，掌握出现异常情况时的处理方法。

【模块内容】

一、报表、曲线等其他功能异常的危害

报表、曲线等其他功能异常后，无法进行正确报表的生成、无法观察电压与负荷等实时曲线的变化情况、无法利用后台监控系统进行数据自动统计，影响了后台监控系统的功能使用。

二、报表、曲线等其他功能异常的主要原因

（1）后台监控系统数据采样不正确。

（2）数据库数据统计功能定义不正确。

三、报表、曲线等其他功能异常的现象

（1）在报表中某条线路数据为空，从 0～23 时都没有数据。

（2）报表中的某条线路电流的“日最大值”统计为空。

（3）实时曲线中数据不刷新。

四、告警功能异常的处理

1. 处理原则

（1）检查报表与曲线的数据来源、数据统计功能的设置。

（2）检查测控装置及与后台监控系统通信的正确性。

（3）不影响后台监控系统的其他配置。

2. 处理方法、步骤

（1）检查该采样测控装置通信是否正常，检查该遥测点在数据库里是否采样，检查历史采样的数据值是否正确。

（2）检查该遥测数据实时数据是否刷新，检查该遥测数据是否定义采样，检查遥测表里的字段“保留历史趋势曲线”是否设置。

（3）检查该遥测数据是否定义为统计。

（4）检查遥测表里的字段“需要追忆”是否设置。

五、案例

以CSC–2000变电站自动化系统为例。

1. 报表、曲线等其他功能异常处理

csc2100_home\project\Report\data中存放报表模版文件以及各报表系统文件。各文件意义如下：

（1）ReportInfo.dat。报表配置，存放用户所定义的报表信息，如报表类型、名称及报表中实点信息。此文件一旦破坏，报表将不能查看所定义的报表。这个文件是由程序自动生成的，不可缺少。

（2）ReportInfo_back.dat。报表配置的备份文件，程序自动备份。

（3）rptitem.def。报表读取历史库的配置文件，这个文件一般不需要修改，不可缺少。

（4）sample.vts。报表的最基本模版文件，所有用户定义的报表都是由此而来。这个文件不需要修改，不可缺少。

（5）剩下的以.vts 结尾的文件都是用户自己定义的各日、月、年报表同名模版文件。这些文件在程序更新的时候，可能因上述ReportInfo.dat的破坏，常见的是报表存储信息格式发生改变后不能从报表中读取。

先将以.vts结尾的文件移出ReportTest目录，不包括sample.vts文件。然后再打开报表，在报表中重新建立各类型的同名报表，然后退出报表，将移出的文件重新移回ReportTest目录。然后打开报表，在编辑态中重新打开各报表，然后逐一保存即可。因此，对用户定义的报表模版，可以做一备份，防止丢失。

2. 报表数据获取异常

打开“数据库编辑”工具，找到该电压对应的遥测量测点，查看该测点的“存储标记”属性设置是否为空，若空则需根据运行需求为其设置一个存储时间间隔，可从“1 分钟”“5 分钟”“15 分钟”“小时”“日”“月”中选择一个。每隔设定的存储时间间隔，系统将该测点的值保存到历史数据库中，供报表统计计算使用，见图Z11K5009Ⅲ–1。

3. 报表统计异常

打开“数据库编辑”工具，找到该电流对应的遥测量测点，查看该测点的“允许标记”属性中是否包含“统计允许”标记，若不包含，请在下图所示的“允许标记”对话框中选中“统计允许”标记，见图 Z11K5009Ⅲ-2。

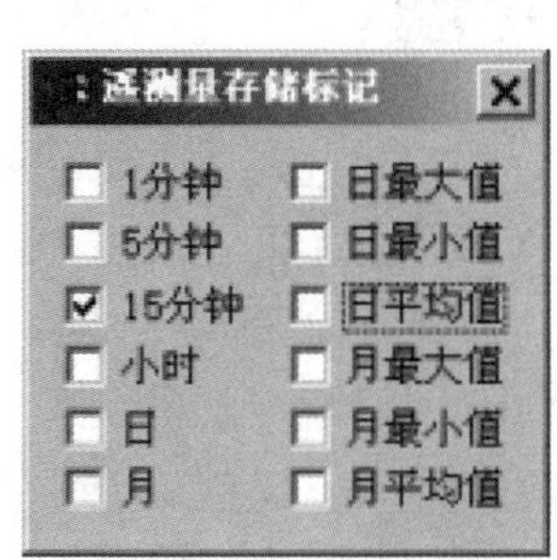

图 Z11K5009Ⅲ-1　遥测量存储标记

图 Z11K5009Ⅲ-2　允许标记

查看该测点的“存储标记”属性中是否包含“日最大值”标记，若不包含，请“遥测量存储标记”对话框中选中“日最大值”标记。

4. 实时曲线数据不刷新

找到曲线对应的遥测量测点，查看该测点所属的测控装置通信状态是否正常。若装置通信异常，则先排查通信链路相关环节，使之恢复正常通信。

查看该遥测量测点“处理标记”中的“封锁”或“人工置数”标记是否处于选中状态，若被选中，取消设置。

【思考与练习】

1. 后台监控系统中，导致报表数据异常一般有哪几种原因？

2. 后台监控系统中，历史报表的数据和历史曲线的数据都需要采样吗？

第三十章

综合异常分析处理

模块 1　远动通道异常（Z11K6001Ⅲ）

【模块描述】本模块介绍了变电站自动化系统通道常见异常现象和简单的原因分析。通过异常及处理方法介绍、案例分析，掌握通道常见的异常现象及处理方法。

【模块内容】

一、通道异常的危害

在无人值班变电站的发展趋势下，通道异常后会使调度主站无法进行有效监视，远方监控完全瘫痪，从而使变电站自动化系统失去作用。

二、通道异常的主要原因

（1）一般远动装置都是通过主备切换模式向调度主站上送数据，切换不正常会在信息源方面造成问题。这种不正常可能是值班远动装置缺乏完善的自我诊断模式，在出现异常时没有退出并让备用远动装置升级为值班远动装置，或者是主备远动装置都出现电源异常、死机等问题。

（2）通道异常可能是由于物理通道出现异常造成的，也有可能是在通信层面出现的问题造成的。物理通道中断的原因比较多样化，需要分段排除；通信层面，有可能是更换新的调度主站通信程序与旧的配置无法对接，或者上送数据不符合要求造成的。

三、通道异常的现象

1. 网络通道异常现象

网络通道发生问题表现为监控系统或调度主站 ping 不通变电站远动装置。这是由于变电站远动装置的某些服务没有被正常开启，另外，路由器也会出现问题，导致监控系统或调度主站无法与路由器实现有效互联。

2. 串口通道异常现象

串口通道和网络通道的区别是串口通道的上行通道与下行通道是独立的，串口通道异常现象有：

（1）上行通道、下行通道有一路中断。

（2）上行通道、下行通道同时中断。

四、通道异常的处理

1. 处理原则

（1）网络通道异常应重点检查 IP、网关的相关配置。

（2）串口通道异常应重点检查串口、调制解调器的物理层特性。

2. 处理方法及步骤

（1）网络通道异常的处理。首先需检查网络通信线接头是否符合制作标准，网络线是否完好，网络交换机工作是否正常。还要检查网络通道的好坏，并正确配置路由器，合理分配通信用 IP、子网掩码及正确配置网关地址。

（2）串口通道异常的处理。首先要检查通信接线是否正确，两侧收发是否需要交换；其次要检查串口的通信方式及串口的波特率、数据位、起始位、停止位、校验位是否一致，调制解调器的波特率、中心频率、频偏和工作模式等内容是否一致。如两侧串口匹配较差，可适当降低波特率。

五、案例

某远动装置和调度主站进行网络 104 规约联调，远动装置通过网线接入路由器，经远动通道接到调度主站的路由器，再经过网线转接到调度主站的交换机，实现远动装置与调度主站的互连。调试过程中，专业人员发现调度主站的前置机上 ping 远动通道网口的 IP 失败，调度主站与远动装置通信调试无法进行。

（1）远动装置侧拔下原本接在远动装置与调度主站进行调试网口上的网线，接到笔记本电脑的网口上。将笔记本电脑的 IP 地址、子网掩码、网关和远动装置网口的相应设置保持一致，此时在笔记本上 ping 调度主站前置机的 IP 地址，发现能 ping 通。

（2）调度主站侧 ping 远动装置调试用笔记本电脑的网口，发现 ping 不通。

（3）路由器专业人员检查远动装置侧的路由器设置，发现该路由器软件设置和硬件功能没有问题。

（4）路由器专业人员检查调度主站的路由器的设置，发现存在设置问题，重新进行设置后，问题得到了解决。

【思考与练习】

1. 通道异常后如何判断是远动装置还是通信通道出现问题？

2. 如何判断串口通道出现物理性中断？

第三十一章

远传数据处理装置异常处理

◢ 模块 1　与调度主站的通信异常处理（Z11K7001Ⅲ）

【模块描述】本模块介绍了远传数据处理装置与调度主站的常见通信异常及简单的原因分析。通过异常及处理方法介绍、案例分析，掌握出现异常情况时的处理方法。

【模块内容】

一、与调度主站通信异常的危害

与调度主站通信发生异常后，调度主站与远传数据处理装置的数据交换无法正常进行，调度主站不能正确接收远传数据处理装置上传的数据，远传数据处理装置也不能正确解析调度主站的命令，造成误码率增大或数据传输中断，影响了运行人员的监视与操作。

二、与调度主站通信异常的主要原因

（1）软件方面存在规约设置不正确的可能性。

（2）硬件方面存在通道板或网络设置错误的问题。

三、与调度主站通信异常的现象

（1）调度主站与远传数据处理装置的数据交换不畅。

（2）调度主站或远传数据处理装置接收不到报文或解码不正确。

四、与调度主站通信异常的处理

（一）处理原则

坚持分项检查、逐项排除及调度主站与远传数据处理装置通信参数匹配的原则。

（二）处理方法、步骤

1. 配置异常的处理

（1）规约的一致性。主站和子站两侧的规约要一致，如 CDT 规约、DISA 规约与 XT9702 规约的区分、IEC 870–101 规约与华北 101 规约的区分等。

（2）规约参数的一致性。规约选定后，还需注意参数的一致性，例如，站址、信息体地址等。以 IEC 870–101 和 IEC 104 规约为例，站址（ASDU 地址和 IEC 870–101

的链路地址)、地址的字节数、传送原因的字节数、信息体地址的字节数和起始地址等内容的一致性。

2. 通道异常的处理

(1)串口方式。在串口方式下，要注意串口参数和调制解调器参数配置的一致性。首先要检查通信接线是否正确，两侧收发是否需要交换；其次要检查串口的通信方式以及串口的波特率、数据位、起始位、停止位、校验位是否一致，调制解调器的波特率、中心频率、频偏和工作模式等内容是否一致。如两侧串口匹配较差，可适当降低波特率。

(2)网络方式。若使用网络通道，首先需检查网络通信线接头是否符合制作标准，网络线是否完好，网络交换机工作是否正常；其次还要检查网络通道的好坏，并正确配置路由器，合理分配通信用 IP、子网掩码以及正确配置网关地址。

3. 利用示波器辅助检查

利用示波器所做的任何测量，都归结为对电压的测量。示波器可以测量各种波形的电压幅度，既可以测量直流电压和正弦电压，又可以测量脉冲或非正弦电压的幅度。更有用的是它可以测量一个脉冲电压波形各部分的电压幅值，如上冲量或顶部下降量等，这是其他任何电压测量仪器都不能比拟的。

用示波器能观察各种不同电信号幅度随时间变化的波形曲线，在这个基础上示波器可以应用于测量电压、时间、频率和相位差等参数。下面介绍用示波器观察电信号波形的使用步骤：

(1)选择 y 轴耦合方式。根据被测信号频率的高低，将 y 轴输入耦合方式选择“AC–地–DC”开关置于 AC 或 DC。

(2)选择 y 轴灵敏度。根据被测信号的大约峰–峰值(如果采用衰减探头，应除以衰减倍数；在耦合方式取 DC 档时，还要考虑叠加的直流电压值)，将 y 轴灵敏度选择 V/div 开关(或 y 轴衰减开关)置于适当挡级。实际使用中如不需读测电压值，则可适当调节 y 轴灵敏度微调(或 y 轴增益)旋钮，使屏幕上显现所需要高度的波形。

(3)选择触发(或同步)信号来源与极性。通常将触发(或同步)信号极性开关置于“+”或“–”挡。

(4)选择扫描速度。根据被测信号周期(或频率)的大约值，将 x 轴扫描速度 t/div(或扫描范围)开关置于适当挡级。实际使用中如不需读测时间值，则可适当调节扫速 t/div 微调(或扫描微调)旋钮，使屏幕上显示测试所需周期数的波形。如果需要观察的是信号的边沿部分，则扫速 t/div 开关应置于最快扫速挡。

(5)输入被测信号。被测信号由探头衰减后(或由同轴电缆不衰减直接输入，但此时的输入阻抗降低、输入电容增大)，通过 y 轴输入端输入示波器。

（6）示波器的测量方法主要有直接测量法和比较测量法两种。

1）直接测量法，就是直接从屏幕上量出被测电压波形的高度，然后换算成电压值。定量测试电压时，一般把 y 轴灵敏度开关的微调旋钮转至“校准”位置上，这样就可以从“V/div”的指示值和被测信号占取的纵轴坐标值直接计算被测电压值。所以，直接测量法又称为标尺法。

交流电压的测量。将 y 轴输入耦合开关置于“AC”位置，显示出输入波形的交流成分，若交流信号的频率很低时，则应将 y 轴输入耦合开关置于“DC”位置。将被测波形移至示波管屏幕的中心位置，用“V/div”开关将被测波形控制在屏幕有效工作面积的范围内，按坐标刻度片的分度读取整个波形所占 y 轴方向的度数 H，则被测电压的峰–峰值 VP–P 可等于“V/div”开关指示值与 H 的乘积。如果使用探头测量时，应把探头的衰减量计算在内，即把上述计算数值乘 10。例如，示波器的 y 轴灵敏度开关“V/div”位于 0.2 挡级，被测波形占 y 轴的坐标幅度 H 为 5div，则此信号电压的峰–峰值为 1V。如是经探头测量，仍指示上述数值，则被测信号电压的峰–峰值就为 10V。

直流电压的测量。将 y 轴输入耦合开关置于“地”位置，触发方式开关置“自动”位置，使屏幕显示一水平扫描线，此扫描线便为零电平线。将 y 轴输入耦合开关置“DC”位置，加入被测电压，此时，扫描线在 y 轴方向产生跳变位移 H，被测电压即为“V/div”开关指示值与 H 的乘积。

直接测量法简单易行，但误差较大。产生误差的因素有读数误差、视差和示波器的系统误差（衰减器、偏转系统、示波管边缘效应）等。

2）比较测量法，就是用一已知的标准电压波形与被测电压波形进行比较求得被测电压值。将被测电压 U_x 输入示波器的 y 轴通道，调节 y 轴灵敏度选择开关“V/div”及其微调旋钮，使荧光屏显示出便于测量的高度 H_x 并做好记录，且“V/div”开关及微调旋钮位置保持不变。去掉被测电压，把一个已知的可调标准电压 U_s 输入 y 轴，调节标准电压的输出幅度，使它显示与被测电压相同的幅度。此时，标准电压的输出幅度等于被测电压的幅度。

比较法测量电压可避免垂直系统引起和误差，因而提高了测量精度。

五、案例

与调度主站通信异常的原因比较复杂，需要具体问题具体分析。本模块主要介绍一下问题处理思路及常见的一些异常分析举例。

如图 Z11K7001Ⅲ–1 所示，远动装置通过 RS–232 串口与 Modem 进行数据传输，Modem 通过四线模拟接口或者数字接口与调度通道进行数据传输。当发生通信异常时，根据图中所述的通信流程，逐项排查分析问题。

（1）检查远动装置是否运行正常，规约进程是否运行正常。

（2）观察 Modem 指示灯，大体判断 Modem 与远动装置收发数据是否正常。

（3）检查远动装置与Modem之间的连线是否正常。

（4）用调试设备（一般为带串口的笔记本电脑）分别测试远动装置串口、Modem的串口数据收发是否正常。

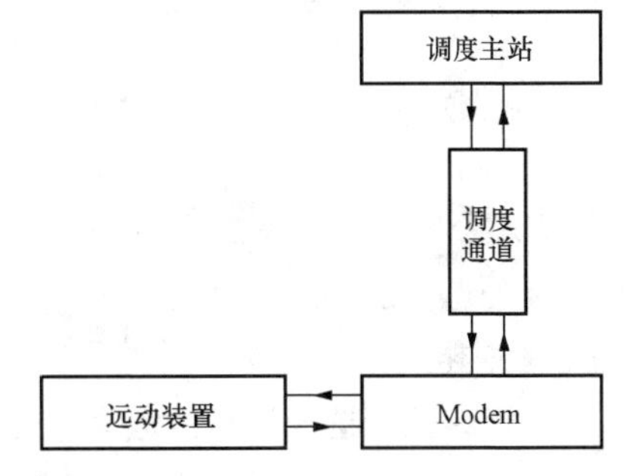

图 Z11K7001Ⅲ-1　典型的远动通信连接模式

（5）观察 Modem 指示灯，大体判断 Modem 与调度通道收发数据是否正常。

（6）检查调度通道与 Modem 之间的连线是否正常。

（7）如果是模拟通道，检查 Modem 的收发电平是否正常，通常应该在 0.4～1V 之间。

（8）对于传输连续信号的模拟通道，可以用电话听筒听取数据音。当通道无数据只传输 Modem 中心频率时，只能听到一个单音；若有数据发送，可听出来有断断续续的两个频率的声音。

（9）如果是数字通道，需要用调试设备（一般为带串口的笔记本电脑）分别测试 Modem 通道、调度通道的数据收发是否正常。

（10）通道自环测试，该测试需要分短帧、长帧测试，有些通道故障时，短帧测试正常，当帧长达到一定长度后，误码率会逐渐升高。

正常情况下运行设备突然出现通信异常，应该不会是通信参数错误，但有时会因为某种原因导致波特率、校验、链路地址等参数错误，这种现象通常是由于调度主站的调试原因造成的。

以上所述项目没有严格的先后关系，需要根据不同现象进行不同的项目检查。例如，第 4 项判断出 MODEM 与调度通道数据收发异常，则可进行第 10 项通道自环测试，若判断出通道问题，则无需再做其他检查。

【思考与练习】

1. 远传数据处理装置与调度主站进行通信有哪几种常规方式？

2. 远传数据处理装置与调度主站通信的模拟通道与数字通道有何区别？

3. 远传数据处理装置与调度主站常用的 IEC 870-104 规约相比 IEC 870-101 规约有什么优点？

◢ 模块2 远传数据选择的异常处理（Z11K7002Ⅲ）

【模块描述】本模块介绍了远传数据选择的常见异常现象及简单的原因分析。通过异常及处理方法介绍、案例分析，掌握出现异常情况时的处理方法。

【模块内容】

一、远传数据选择异常的危害

远传数据选择异常时，不会引起远动装置本身的异常，但会引起调度主站接收不到厂站的部分遥信、遥测、遥脉信号或引起调度主站遥控部分遥控点失败。

二、远传数据选择异常的主要原因

远传数据选择异常的主要原因是远传配置不正确。

1. 遥测数据异常

（1）CDT 规约。遥测用两个字节表示，数据位 11 位，第 12 位是符号位，用二进制的补码表示负数，数值的范围–2048～2047。

（2）101 规约。规一化被测值，也是使用两个字节表示，最高位是符号位，用二进制的补码表示负数，数值的范围是–32 768～32 767。

如此，即可参照相应的规约格式，来换算实际报文值，查看是否符合实际值。

2. 遥信数据异常

（1）CDT 规约。用一个字节的 8 位分别代表 8 个遥信，“0”代表信号分，“1”代表信号合。

（2）101 规约。可分成单点遥信（SIQ）和双点遥信（DIQ），用不同的 ASDU 表示。如 SIQ=CP8 {SPI,RES,BL,SB,NT,IV}，SPI=单点信息=BS1[1]<0..1>(<0>=开、<1>=合)；DIQ=CP8{DPI,RES,BL,SB,NT,IV}，DPI=双点信息=UI2[1..2]<0..3>(<0>=不确定或中间状态、<1>=确定状态开、<2>=确定状态合、<3>=不确定或中间状态)。

如此，即可参照相应的规约格式，来换算实际报文值，查看是否符合实际状态。

3. 遥脉数据异常

遥脉用四个字节表示，数据位 32 位，用二进制表示。

4. 遥控过程异常

一般远动规约的遥控都是经历选择→返校→执行这个过程，此过程中任一环节有误，都会导致遥控不成功。

三、远传数据选择异常的现象

（1）远传报文异常。

（2）数据内容异常。

四、远传数据选择异常的处理

1. 处理原则

（1）调度主站与远动装置的信息点表匹配的原则。

（2）检查调度主站与远动装置通信规约的一致性与互操作性。

2. 处理方法、步骤

（1）根据和调度主站约定的转发点表，仔细检查转发调度的转发点表。

（2）检查远动装置配置文本。

有时即使反复检查转发点表无误，调度主站依然收不到变电站发来的一部分遥信、遥测、遥脉信号，或调度遥控一部分遥控点总是失败，出现这种情况有可能是远动装置配置文本内容不对。例如在做变电站二期扩建 2 号主变压器时，已确认 2 号主变压器保护的转发点表无误，但其中的几个软报文测点调度主站仍然收不到。最终查出原因是因为一期已经向调度主站转发了 1 号主变压器保护的测点，1 号主变压器保护的程序版本较老，而 2 号主变压器保护程序版本较新，新增了部分软报文测点，且有些软报文测点的 Fun（功能码）和 Inf（信息字）改变了，修改数据库的人员一般根据软报文测点名来选点，这就造成了选出来的点和修改数据库的人员的想法不一致的后果。

五、案例

1. 远动主站接收不到调度主站的下行报文

（1）检查配置文件有没有问题。

（2）将通道自环，检查远动主站能否正常接收自环报文。

（3）用模拟主站（如 CDT 模拟主站），进行模拟下行报文测试。

一个可能的原因是由于串口的通信方式不对。一般情况下，串口工作于全双工方式，但有些现场是工作在半双工方式，那么在配置串口时应将 Modem 列配置成半双工方式。

2. 远动装置执行远方遥控不成功

首先确认远动通道是否正常，有无误码；然后分析接收到调度主站预遥控命令的规约格式是否正确。确认无误后，分析转发到系统网络上的规约报文是否正确（包括遥控的目标地址、遥控功能码、对象号等）。如果报文也是正确的，就观察被遥控设备的通信状态是否正常，配置文件是否正确，以及在通信正常的条件下是否有正确的返校报文。返校报文上送后，分析上送给调度主站的返校报文是否正确。接下来，分析接收调度主站的遥控报文、转发的报文、设备的遥控返校报文、上送给调度主站的返校报文等。在按照以上遥控过程进行正确性更正后，就可以保证整个遥控过程的正常执行了。

3. 调度主站接收不到上行信息

首先要检查 Moxa 卡是否将数据送到了 Modem，这一般从 Modem 的发送指示灯中得到简单快速的判断，也可以用笔记本电脑中的串口收发工具来检测。如确定是 Moxa 卡没有送出，屏幕上显示有送出的报文，调度主站却收不到。此时，首先应检查 Moxa 的设置（如地址、中断号、速率 Normal/High 等）。

其次应检查 Modem 是否成功发出信息，检查 Modem 主要是核实波特率、中心频率和频偏、发送电平、发送相位（TD 是否反相）等。一种简单的方法是用听筒来听一下上行通道的声音，可以从中发现是否基本正常。自环也是一种比较简单而有效的方法，可以直接在 Modem 上将输入与输出自环，也可以在调度主站自环，然后在远动装置上检查接收数据，当然这种方式只适合于主动上送方式的远动规约，如 CDT 等。还有一种方法是准备一个测试用的 Modem 和笔记本电脑，利用串口收发工具来检测，其接线方式可以在远动屏柜上与远动 Modem 采用背靠背的接线方式，也可以在调度主站对远动上行信息做检测。

4. 调度端遥控成功率不高

与通道质量有关，这可以从调度端上行信息接收中的误码率情况来判断，误码率比较高，可以采用降低波特率或提高通道质量的手段。也有可能是波特率和中心频率与频偏的配合上的原因。如果排除了上述原因，则需要检查下行信息的具体发送编码情况，与调度主站沟通双方规约配合上是否有不一致之处。

【思考与练习】

1. 常用的部颁 CDT 和 IEC 870–101 规约通信的遥测满码值是多少？

2. 远动装置能发送正确报文给调度主站，但调度主站收不到报文，试分析原因可能出在哪些方面？

3. 调度主站对厂站进行远方遥控一般需要经过哪几个步骤？

◢ 模块 3　通信规约报文异常处理（Z11K7003Ⅲ）

【模块描述】本模块介绍了通信规约报文的常见异常现象及简单的原因分析。通过异常及处理方法介绍、案例分析，掌握出现异常情况时的处理方法。

【模块内容】

一、通信规约报文异常的危害

通信规约报文异常表现为循环式规约报文异常和问答式规约报文异常两种情况，通信规约报文异常后，监控系统或调度主站无法正确接收厂站信息，将造成监控系统失效的后果。

二、通信规约报文异常的主要原因

通信规约报文异常的主要原因是通信规约的配置不一致或互操作性不协调。

三、通信规约报文异常的现象

通信规约报文异常的现象是通信异常，数据展示不一致或遥控功能执行失败。

四、通信规约报文异常的处理

（一）处理原则

检查调度主站与远动装置通信规约配置与互操作的一致性。

（二）处理方法、步骤

1. 循环式报文异常处理

循环式规约中，以 CDT 规约最为常见。

CDT 规约采用可变帧长度、多种帧类别循环传送、变位信号优先传送等方式，重要遥测量更新循环时间较短，且区分循环量、随机量和插入量采用不同形式传送信息，满足调度主站对远动信息的实时性和可靠性的要求。

CDT 规约可上送的信息为遥信、遥测、事件顺序记录（SOE）、电能脉冲记数值、遥控命令、设定命令、升降命令、对时、广播命令、复归命令、子站工作状态，信息按其不同的重要性确定优先级和循环时间。

CDT 规约上行（子站至主站）信息的优先级排列顺序和传送时间要求是，对时的子站时钟返回信息插入传送；变位遥信、工作状态变化信息插入传送，要求在 1s 内送到主站；遥控、升降命令的返送校核信息插入传送；重要遥测安排在 A 帧传送，循环时间不大于 3s；次要遥测安排在 B 帧传送，循环时间一般不大于 6s；一般遥测安排在 C 帧传送，循环时间一般不大于 20s；遥信状态信息，包含子站工作状态信息，安排在 D1 帧定时传送；电能脉冲计数值由 D2 帧定时传送；事件顺序记录由 E 帧以帧插入方式传送。

下行（主站至子站）命令的优先级排列是，召唤子站时钟，设置子站时钟校正值，设置子站时钟；遥控选择、执行、撤销命令，升降选择、执行、撤销命令，设定命令；广播命令；复归命令。D 帧传送的遥信状态、电能脉冲计数值是慢变化量，以几 min 至几十 min 循环传送。E 帧传送的事件顺序记录是随机量，同一个事件顺序记录应分别在 3 个 E 帧内重复传送，变位遥信和遥控、升降命令的返校信息、以信息字为单位优先插入传送，连送 3 遍。对时的时钟信息字也优先插入传送，并附传送等待时间，但只送一遍。

以上原则是双方都应同时遵循的准则，任一方的改动都可能影响某一功能的完成。如遥测上送的循环时间过长，则影响主站遥测的刷新速度；遥控没有完全按照选择、返校、执行的过程来实现，或交换过程间隔太长，都会导致遥控无法实现。

2. 问答式报文异常

（1）报文交换过程异常。一般规约都以固定的格式和特定的报文交换过程来完成相对应的功能，否则远动通信功能将无法实现。以 IEC 60870–5 规约集为例：

1）101 规约中建立链接时要召唤链路状态，在得到肯定应答后，主站链路层为了和子站链路层的帧计数位状态保持一致，还要向子站链路层发送“复位远方链路”。子站链路层收到此链路规约数据单元后，则将帧计数位（Frame Counting Bit，FCB）置零，并以主站链路层发送的链路规约数据单元的镜像作为确认，此时两端的帧计数位状态一致，并且随后主站发出的 FCB 有效的第一帧的 FCB 必须为 1。若此过程无法顺利完成，则主站将无法继续查询数据。R：10 49 26 6f 16→T：10 ab 26 d1 16→R：10 40 26 66 16→T：10 a0 26 c6 16。

2）104 规约中在双方建立 TCP 链接后，主站需发送 U 格式的链路启动帧，而子站须以 U 格式的链路确认启动帧应答，否则主站将无法进行数据召唤，子站也无法主动上送变化数据。R：68 04 07 00 00 00→T：68 04 0B 00 00 00。

（2）报文格式异常。若报文格式与规约不符，特别是关键字节不标准时，报文交换可能也将无法完成。以 IEC 60870–5 规约集的时钟同步、遥控命令和品质描述解释如下。

1）时钟同步。101、103 和 104 规约都提供了相应的时钟同步功能，在该功能规约测试中，某些厂家没有严格执行规约中的应用层应答，而是采用报文镜像的方式应答，这与标准规定的“应答报文的时标应是控制站发送对时命令时对应的被控站当地时间”不符。另外，部分厂家的软件设计还缺少对校时命令的时间的合理性检查。例如在接收到无效时间（如 13 月、32 日、61 分）的时钟校时命令时，不应该修改当地时钟。这样的试验意在模拟现场普遍存在的干扰环境（如电磁干扰）对通信线路的编码造成的影响，以考验装置的容错能力。如果厂家在产品研发时没有注意这个细节，那么如果在现场发生了此类情况，则会造成一系列不利于通信正确性的问题，如事件和报警的时标不具备合理性和有效性等。

2）对不可控点的遥控。这种情况在控制站与被控站的信息点表配置不匹配时可能会出现，那么被控站（装置）应该能对所控点的类型和状态进行判断，如果在装置上未配置该信息点或该地址不属于控制点，则应向控制站做相应的符合规定的应答，如 101 规约中规定可采用传输原因 COT=47（未知的信息对象地址）或 COT=7（P/N 位=1，否定确认）。在测试中，某些厂家或者不应答，或者一律做肯定确认却不做任何实际处理，都是不恰当的。这样做的后果是让监控系统或调度主站误以为传输通道出现问题而重发命令，或者误认为现场装置出了故障，最后造成不必要的麻烦。

3）执行遥控命令时又发生另一遥控命令。这种情况的出现跟控制站的软件设计有关，跟操作员的操作习惯也有关系。一方面控制站由于可设置多任务同时执行，允许操作员同时进行同一装置多个点的遥控；另一方面由于通道（如以太网）的延迟或者被控站（装置）的命令处理较慢，操作员可能在发出某点控制命令后，再次点击发送该点控制命令。以上情况均可能造成短期内装置收到两个或更多的遥控命令，在 101 规约里对其处理方式做出了严格规定，在对前一次的命令做出认可之前，间隔单元又收到控制站的命令报文，装置应对新的控制命令进行否定认可。而测试中，部分厂家不是做出了与标准相反的处理（对旧的命令做否定认可），就是干脆不对新的命令做任何应答。这样既违背了标准的规定，同时由于应答过程不完整，还会存在一些互操作的麻烦。

4）品质描述的使用。IEC 60870–5 系列规约的显著特点之一就是使用了品质描述，但品质描述常常造成沟通和互联的障碍。品质描述主要包括无效（IV）、NT（当前值）、OV（溢出）、SB（替代）、BL（闭锁）等，通常用于遥测、遥信、遥脉等信息对象的品质信息。例如，101 规约中装置调试期间产生的信息可以采用 SB=1（替代）描述；装置长时间刷新不成功的信息可用 NT=1（非当前值）描述；装置在信息源不正常状态时可将对应的信息对象值设置为 IV=1（无效）等。

在互操作测试中，有的控制站对被控站上送的信息的品质描述不加判断，造成数据分类和处理的缺陷；有的被控站在调试状态或故障时，没有在相关遥测、遥信和事件等信息中用品质描述，造成现场状态不能如实反映到控制站，影响了系统监控的实时性和准确性。

同样，在时标中的 IV（无效）位也没有得到很多厂家的重视。由于事件信息、控制信息（104 规约）、时钟同步命令中都带有时标，因此该位的处理也是至关重要的。101 规约中明确定义了“如果时钟在特定时间周期内没有进行同步，IV 位设置为 1）”，103 中也规定“继电保护设备最后一次同步后超过 23h 未再同步”，应“在时间信息元素的第三个八位位组的无效位（IV）位置 1”。

（3）数据内容异常。当远传数据和实际运行数据不一致时，首先检查数据转发表和转换系数是否正确，再检查数据报文是否符合规约要求，如正确则须检查具体的报文中的数据字节。

五、案例

（1）某 220kV 变电站曾经发生在扩建时，一期工程的所有信号调度主站均可以正常接收，但扩建部分的任何遥信和遥测信号却无法接受，而变电站的报文监视界面中收发均处于正常状态。

转发的两个串口通道分别是模拟通道和数字通道，由于仅对模拟通道做了扩建部分的点表，对数字通道未做，而调度主站一直在数字通道值班的情况下监视遥测、遥信报文，所以未监视到。

对于这类问题，最好的处理方法还是培养良好习惯，扩建时直接将两路通道的点表同步添加，避免类似问题再次发生。

（2）某调度主站在进行某220kV变电站的遥控试验时，发现在101通道值班时，遥控没有问题，但在104通道值班时遥控失败。调度主站已下发正确的遥控选择命令，发现变电站远动装置未回报文，因此调度主站不能继续向变电站发送遥控执行命令。

下面显示的就是在变电站侧捕捉到的调度主站104通道次下发的遥控选择报文：

68 0e 08 00 a8 02 2d 01 06 01 01 00 08 0b 00 81（2d表达了报文类型，十六进制2d=十进制45，这是单点遥控类型。在转发调度主站的遥信转发表的规约设置中看到“遥控报文类型为46”，46是双点遥控类型，与调度主站设置的单点遥控类型不一致）。

调度主站设置的104通道遥控类型是单点遥控（遥控类型是45），101通道遥控类型是双点遥控（遥控类型是 46），变电站则采用双点遥控（遥控类型是 46），这就是101通道值班时遥控没有问题、但在104通道值班时遥控失败的原因。双方统一将104通道遥控类型变更为46，即使用双点遥控后，问题得到了解决。

【思考与练习】

1. 调度通信采用的循环式规约和问答式规约在数据交换方式有何区别？

2. 循环式规约和问答式规约通信中断后现象有什么不同？

3. 调度进行遥控操作失败，如何针对报文进行分析原因？

第三十二章

变电站时钟同步系统的异常处理

模块 1 GPS 设备对时异常处理（Z11K8001Ⅲ）

【模块描述】本模块介绍了 GPS 设备对时的常见异常现象和简单的原因分析。通过异常及处理方法介绍、案例分析，掌握常见的 GPS 设备对时异常现象及处理方法。

【模块内容】

一、GPS 设备对时异常的危害

GPS 设备对时异常后，会造成全站的统一时钟丢失，影响了保护及故障录波、自动化系统和电能量采集装置等数据的正确采集。

二、GPS 装置与对时异常的主要原因

1. GPS 设备对时的类型及传输方式

（1）对时类型。变电站中需要接收时钟信号的设备，包括保护装置、故障录波、相量测量装置、测控装置、电能量采集装置、计算机监控系统等电子设备，这些设备具备以下对时类型。

1）脉冲信号对时。

1PPS——每秒钟发一次脉冲，200ms 的脉冲宽度；

1PPM——每分钟发一次脉冲，200ms 的脉冲宽度；

1PPH——每小时发一次脉冲，200ms 的脉冲宽度。

脉冲信号对时分为有源及无源两种，有源是指 GPS 供电、无源是指外部供电。

脉冲信号对时主要用于国内保护装置、自动化装置等的对时。

2）串行口对时。

装置通过串行口读取同步时钟每秒一次串行输出的时钟进行对时，串行口又分为 RS–232 接口和 RS–422 接口。

串行口对时主要用于计算机监控系统、控制室时钟等的对时。

3）IRIG–B 对时。

IRIG–B 为 IRIG 委员会的 B 标准，是专为时钟传输制定的时钟码，每秒输出一帧按秒、分、小时、日期的顺序排列的时钟信息。IRIG–B 信号有直流偏置（TTL）电平、1kHz 正弦调制信号、RS–422 电平、RS–232 电平 4 种形式。

IRIG–B 对时主要用于国外保护装置、自动化装置等的对时，目前国内保护装置、自动化装置等的对时也采用了该种对时类型。

按照对时类型的不同，可根据需要选用对时设备的对时类型，将站内的所有具备对时功能的装置进行对时，达到统一时钟的目的。

（2）时钟信号传输方式。

1）双绞线或同轴电缆传送。对于传输距离不超过 1200m 的时钟同步，可以采用 IRIG–B 时钟格式，通过双绞线或同轴电缆直接传输。

2）光纤传送。需时钟同步的设备距离较远时，为避免电磁干扰，应尽可能选用光纤传输。采用的时钟格式也是 IRIG–B，一般需要专用的时钟信号光收发设备。

3）TCP/IP 方式传送。对于计算机设备，只要连接在局域网上，都可以采用 NTP 或 SNTP 协议，通过 TCP/IP 的方式同步到主时钟。

2. GPS 设备对时异常的主要原因

（1）对时双方的对时类型不一致，双方没有统一的对时标准。GPS 输出的是哪种对时类型，被对时设备一定要对应哪种类型。

（2）物理接口不对应，两侧没有统一的接口方式。

（3）电压及电流不匹配，电流输出功率不够。

三、GPS 设备对时异常的现象

（1）GPS 装置输出板烧坏。

（2）GPS 装置输出板驱动能力不够，被对时设备没有接收到时钟信号。

（3）GPS 装置与被对时设备连接电缆断路，接收不到信号。

（4）保护装置及测控装置输入板烧坏。

四、GPS 设备对时异常的处理

1. 处理原则

（1）GPS 设备对时异常时应重点考虑 GPS 装置与被对时设备的时钟类型和传输方式等影响因素。

（2）GPS 设备对时异常的处理尽量避免对被对时设备的影响。

2. 处理方法、步骤

（1）关闭 GPS 装置的电源。

（2）检查 GPS 装置的连线是否正确，恢复正确连线。

（3） GPS 装置上电，检查 GPS 装置输出的类型与被对时设备接收的类型是否相同，通过测试装置进行测试。如果不对，查看两装置的说明书，通过跳线及拨码开关来实现。

（4）检查 GPS 装置的驱动能力、输出电流，检查被对时设备的输入电阻，连接以后测量电压。注意一方有源时，一方一定是无源，不可以双方都有源或双方都无源。

（5）当使用 RS–232 接口时，需使用屏蔽电缆。如果与主时钟距离较远，信号电缆超过 30m，建议使用 RS–422 接口。

（6）GPS 装置与被对时设备采用串口通信时，检查串口接线的正确性。RS–232 串口输出电压±12V 之间变化，RS–485 串口输出电压约–4～4V 之间变化。

以 YA2000 GPS 时钟同步装置为例，DB9 输出 RS–232 信号 2 脚为信号输出，5 脚为信号地，用万用表（直流档）测量，在 8V 左右；DB9 输出 RS–485 信号，2 脚为信号“+”输出，4 脚为信号“–”输出，用万用表量在 2V 左右。检查 GPS 装置与被对时设备的连接，当 DB9 接 DB9 时，2 脚接 2 脚，5 脚接 5 脚；DB9 接 DB25 时，DB9 的 2 脚接 DB25 的 3 脚，DB9 的 5 脚接 DB25 的 7 脚。

（7）GPS 装置输入工作电压一般在 85～265V 范围，交直流均可。但脉冲扩展箱 220V 有源输出时，输入工作电压只能为直流 220V，不能加交流 220V，否则导致输出电路一直有电压加在回路上。

（8）有源脉冲输出时，220V 有源输出电压为 220V，24V 有源输出电压为 20V 左右（该值仅是测量 GPS 装置本身的输出值，未计后续连接设备）。

五、案例

1. GPS 装置液晶面板在两个不同的时钟之间切换显示

网络上存在不同的对时源。对保护装置来说，它需要接入到监控网络和故障信息子站网络，容易出现两个不同的对时源。尤其是采用 IEC 870–103 规约与监控系统进行通信，因为 IEC 870–103 规约的初始化过程有对时这一部分。

2. B 码对时的情况下，GPS 装置液晶面板上出现对时失败的信息

（1）可能跳线设置错误。

（2）可能 GPS 装置的 B 码输出时钟质量为无效。

（3）可能 GPS 输出信号有毛刺。

对于（2），可以采用软件设置时钟质量位来确认；对于（3），可采用示波器或 B 码解码工具来检查。（2）和（3）属于 GPS 装置输出或者是 B 码回路上存在问题。

3. B 码对时的情况下有时会出现时钟突变又回复正常的问题

可能是 GPS 装置失星，时钟输出不正确。

【思考与练习】

1. GPS 设备对时的类型有哪几种？

2. 时钟同步装置与被对时设备连接时物理上要注意哪些方面？

模块 2 GPS 授时设备工作异常处理（Z11K8002Ⅲ）

【模块描述】 本模块介绍了 GPS 授时设备工作时的常见异常现象和简单的原因分析。通过异常及处理方法介绍、案例分析，掌握常见的异常现象及处理方法。

【模块内容】

一、GPS 授时设备工作异常的危害

GPS 授时设备故障异常后，GPS 时钟同步装置只能依据自身的晶振守时，随着时间的延长不可避免地出现时钟精度误差，从而造成 GPS 装置与站内时钟系统异常。

二、GPS 授时设备工作异常的主要原因

（1）由于 GPS 授时设备天线安装的原因，造成接收的卫星数量不够。

（2）因为雷击原因，造成 GPS 授时设备内部连接的问题或天线接收板损坏。

（3）GPS 授时设备天线损坏及天线驱动能力不够。

三、GPS 授时设备工作异常的现象

（1）开启 GPS 装置电源后，液晶屏显示主板正常、而接收机处于待机状态。

（2）不同的 GPS 时钟装置，天线放置在同一位置时，某些 GPS 时钟有信号输出，而某些 GPS 时钟无输出。这是因为有的 GPS 时钟只有当同时接收到三颗以上的授时卫星信号时，设备才启动授时。

（3）在电源输入正确的情况下，若通电后液晶屏无任何显示，可能是电源故障；若通电后液晶屏慢慢灭，可能是主板故障；若各输出接口信号均正确，液晶屏出现遗漏笔画，可能是液晶屏松动；若各输出接口信号均正确，1PPS 指示灯不闪，可能是指示灯漏焊或灯故障。

（4）当 GPS 装置面板液晶屏显示丢星告警状态，授时精度达不到要求。可根据装置输出分析丢星的时刻。此时应检查天线，只有当显示为卫星星数的时候，精度才达到要求。

四、GPS 授时设备工作异常的处理

1. 处理原则

（1）GPS 授时设备工作异常时应重点考虑 GPS 天线及与装置的连接等因素。

（2）GPS 授时设备工作异常的处理尽量避免对 GPS 装置的影响。

2. 处理方法及步骤

（1）GPS 天线为高频有源放大天线，其接收频率 1.575 42GHz，一般的低频仪器是检测不出其性能的。用万用表的二极管档位测量时，各连接接头一定要接触紧密可靠，否则衰耗太大接收机无法接收到卫星信号，授时设备无法启动（对于 50m 以上带放大器的天线，放大器的 IN 端与蘑菇头线缆的一端应可靠相连。放大器值为 0.7～1.2 之间时，只能定性说明天线正常）。

（2）天线的问题来自于架设和连接上，应保证高频传输的 OUT 端与主机连接的线缆可靠相连。

（3）由于卫星的临空状态影响天线的接收，所以天线的架设应尽可能对天空开阔，具体方式以天线蘑菇头为中心最小在 120° 范围内。

五、案例

RCS–9785C/D 对时装置液晶面板举例见图 Z11K8002Ⅲ–1。

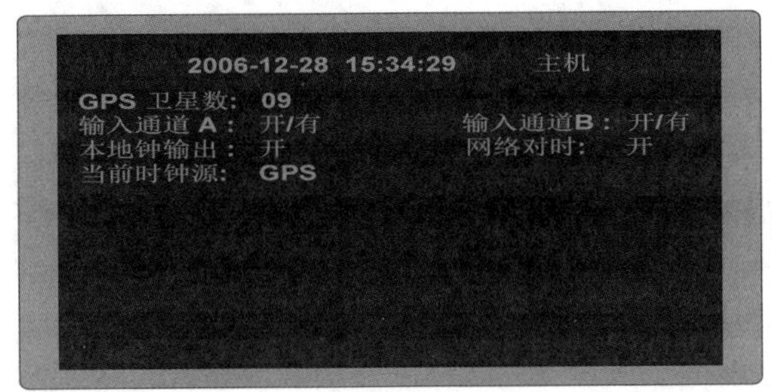

图 Z11K8002Ⅲ–1　RCS–9785C/D 对时装置液晶面板

液晶面板的“当前时钟源”为“GPS”时，表示 RCS–9785C/D 对时装置通过自身的 GPS 对时天线接收卫星信号并依此校准本装置时钟，此时“GPS 卫星数”的含义是“内置 GPS 接收模块当前跟踪到的卫星数目”。当“GPS 卫星数”为 0 时，说明 RCS–9785C/D 对时装置未跟踪到任何一颗卫星。此时 RCS–9785C/D 对时装置以自身的时钟为基准，并不能保证完全精确，此时应检查 GPS 对时天线接头处是否已经可靠拧紧，尝试变换 GPS 对时天线的摆放位置和角度，尽量使对时天线末端处在不受遮挡的开阔朝阳处，如仍不能解决，应更换 GPS 对时天线。

【思考与练习】

1. GPS 授时设备工作异常的主要原因有哪些？
2. 如何对 GPS 授时设备异常进行处理？

第六部分

变电站直流设备的安装、调试及维护

第三十三章

相控电源基本原理

模块1　整流原理（Z11L1001Ⅰ）

【模块描述】本模块介绍了晶闸管的作用、三相桥式全波整流电路、晶闸管与自饱和电抗器的相互关系。通过原理讲解、公式推导，了解整流装置、电路的工作原理。

【模块内容】

晶闸管是组成相控电源装置的主要元件之一。晶闸管的主要作用是将输入的交流电压转换成直流电压，它具有控制特性好、效率高、寿命长、体积小、质量轻、维护方便等优点，应用很普遍。

一、晶闸管的基本特性

（1）阳极（A）和阴极（K）间加正向电压、控制极（G）和阴极间加正向电压，晶闸管导通。

（2）晶闸管一旦触发导通，无论控制极与阴极间电压是正、是负还是零，晶闸管都继续维持导通状态。就是说控制极加触发电压，只有控制晶闸管导通的功能，而没有使已导通的晶闸管关断的功能。

（3）使晶闸管关断的办法是降低阳极电压，使阳级电流小于维持电流，或在阳极和阴极间施加反向电压。

二、晶闸管的阳极伏安特性

晶闸管阳极和阴极间的电压 U_a 与电流 I_a 的关系曲线称为晶闸管的阳极伏安特性，如图 Z11L1001Ⅰ-1 所示。第一象限为正向特性，正向特性显示正向阻断和正向导通两种状态；第三象限为反向特性，反向特性显示反向阻断。

三、晶闸管的主要参数

（1）额定电压。晶闸管额定电压即晶闸管重复峰值电压（UDRM、URRM）。正向重复峰值电压（UDRM）是当晶闸管控制极开路且处于额定结温时，允许50次/s，每次持续时间≤10ms，重复加在晶闸管上的正向峰值电压。反向重复峰值电压（URRM）是当晶闸管控制极开路且管子处于额定结温时，允许重复加在晶闸管上的反向峰值电压。U_{DRM}=0.9U_{DSM}，U_{RRM}=0.9U_{DSM}，U_{DSM}和 U_{RSM} 分别为断态正向和反向不重复峰值电压。重复峰值电压一般取正常工作峰值电压的 2～3 倍。

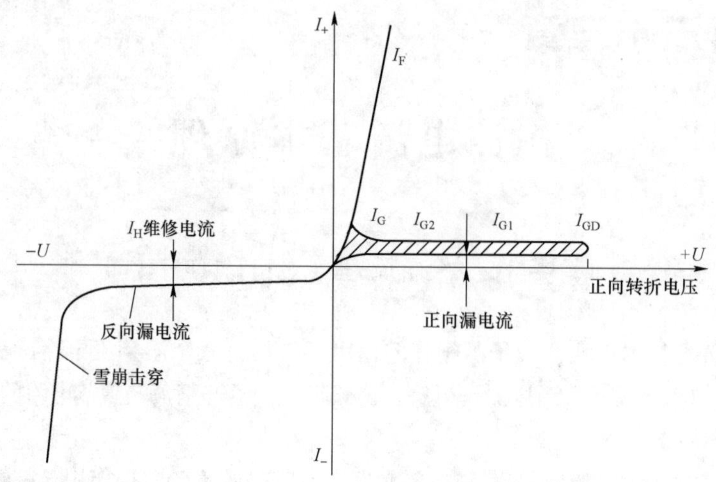

图 Z11L1001Ⅰ-1 晶闸管的阳极伏安特性

（2）额定电流（保护 I_F 不变）。晶闸管额定电流 I_F 即是其额定通态平均电流 I_{Ta}。它是在规定的环境温度和散热条件下，晶闸管工作于电阻性负载单相工频正弦半波电路中，导通角为 180°时，晶闸管结温稳定且不超过额定结温情况下，晶闸管所允许通过的最大通态平均电流。

晶闸管额定电流 I_{Ta}、有效值 I 与通过晶闸管的电流峰值 I_P 有以下关系

$$I_{Ta}=\frac{I_P}{\pi}$$

$$I=\frac{I_P}{2}$$

$$\frac{I}{I_{Ta}}=\frac{\pi}{2}=1.57$$

晶闸管额定电流通常按下式选择

$$I_F=I_{Ta}(K_u)\frac{K_f}{1.57}I_d$$

式中 K_u ——使用系数；

K_f——流过晶闸管电流的波形系数，$K_f=\frac{I}{I_d}$；

I_d——流过晶闸管的允许平均电流值，A。

所以，通常取 K_u=1.5～2.0，即晶闸管额定电流（通态平均电流）为正常使用电流平均值的 1.5～2.0 倍，才能可靠工作。

（3）反向击穿电压（URBD）。反向电压在一定范围内，漏电流极小，晶闸管呈阻断状态，当增至一定数值后电流突增，晶闸管击穿。使晶闸管击穿的反向电压称为反向击穿电压。

四、单相半波可控整流电路

图 Z11L1001Ⅰ–2 为单相半波可控整流电路的原理图及带电阻负载时的工作波形。图中，变压器 T 起变换电压和隔离的作用；其一次和二次电压瞬时值分别用 u_1、u_2 表示，有效值分别用 U_1 和 U_2 表示，其中 U_2 的大小根据需要的直流输出电压 u_d 的平均值 U_d 确定。

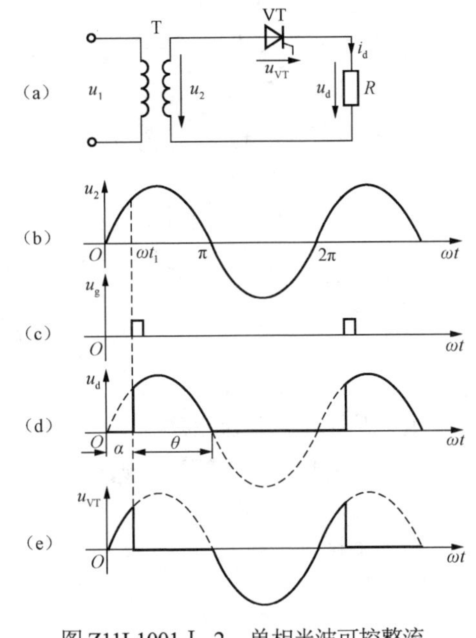

图 Z11L1001Ⅰ–2 单相半波可控整流电路及波形图（电阻负载）

在晶闸管 VT 处于断态时，电路中无电流，负载电阻两端电压为零，u_2 全部施加于 VT 两端。如在 u_2 正半周 VT 承受正向阳极电压期间的 ωt_1 时刻给 VT 控制极加触发脉冲，则 VT 导通。忽略晶闸管通态压降，则直流输出电压瞬时值 U_d 与 U_2 相等。至 ωt=π 即 u_2 降为零时，电路中电流亦降至零，VT 关断，之后 u_d、i_d 均为零。图 Z11L1001Ⅰ–2（d）、（e）分别给出了 u_d 和晶闸管两端电压 uVT 的波形。i_d 的波形与 u_d 波形相同。

改变触发时刻，u_d 和 i_d 波形随之改变，整流输出电压 u_d 为极性不变，但瞬时值变化的脉动直流的波形只在 u_2 正半周内出现，故称“半波”整流。加之电路中采用了可控器件晶闸管，且交流输入为单相，故该电路称为单相半波可控整流电路。整流电压 u_d 波形在一个电源周期中只脉动 1 次，故该电路为单脉波整流电路。

从晶闸管开始承受正向阳极电压起到施加触发脉冲止的电角度称为触发延迟角，用 α 表示，也称触发角或控制角。晶闸管在一个电源周期中处于通态的电角度称为导通角，用 θ 表示，$\theta=\pi-\alpha$。直流输出电压平均值为

$$U_d=\frac{1}{2\pi}\int_{\alpha}^{\pi}\sqrt{2}U_2\sin\omega t\mathrm{d}\omega t=\frac{\sqrt{2}U_2}{2\pi}(1+\cos\alpha)=0.45U_2\frac{1+\cos\alpha}{2}$$

当 $\alpha=0$ 时，整流输出电压平均值为最大，用 U_0 表示，U_0=U_d=0.45U_2。随着 α 增

大，U_d减小，当$\alpha=\pi$时，U_d=0；该电路中 VT 的α移相范围为 180°。可见，调节α角即可控制 U_d的大小。这种通过控制触发脉冲的相位来控制直流输出电压大小的方式称为相位控制方式，简称相控方式。

负载电压平均值

$$U_d=0.45U_2\frac{1+\cos\alpha}{2}=0.225U_2(1+\cos\alpha)$$

负载电流平均值

$$I_d=0.45\frac{U_2}{R_d}\frac{1+\cos\alpha}{2}=0.225\frac{U_2}{R_d}(1+\cos\alpha)$$

五、单相桥式整流电路

（1）电阻负载。图 Z11L1001Ⅰ-3 为单相桥式整流电路电阻负载的电路图和电量波形图。

负载电压平均值为

$$U_d=0.9U_2\frac{1+\cos\alpha}{2}$$

负载电流平均值为

$$I_d=0.9\frac{U_2}{U_d}\frac{1+\cos\alpha}{2}$$

通过每个晶闸管和相应臂二极管的电流平均值为$I_{dT}=\frac{1}{2}I_d=0.45\frac{U_2}{U_d}\times\frac{1+\cos\alpha}{2}$。

（2）电感负载。负载电压平均值与电阻负载相同。

负载电流平均值

$$I_d=\frac{U_d}{R_d}=0.9\frac{U_2}{R_d}\times\frac{1+\cos\alpha}{2}$$

流过晶闸管的电流平均值为$I_{dT}=\frac{\pi-\alpha}{2\pi}I_d$。

对于电感负载，在晶闸管突然关断时，可能会产生危险的反向过电压，危及晶闸管的安全。为此，接较大的电感负载时，通常都接入续流二极管，如图 Z11L1001Ⅰ-4 所示。通过续流二极管的电流平均值为$I_{VD3}=\frac{\alpha}{\pi}I_d$。

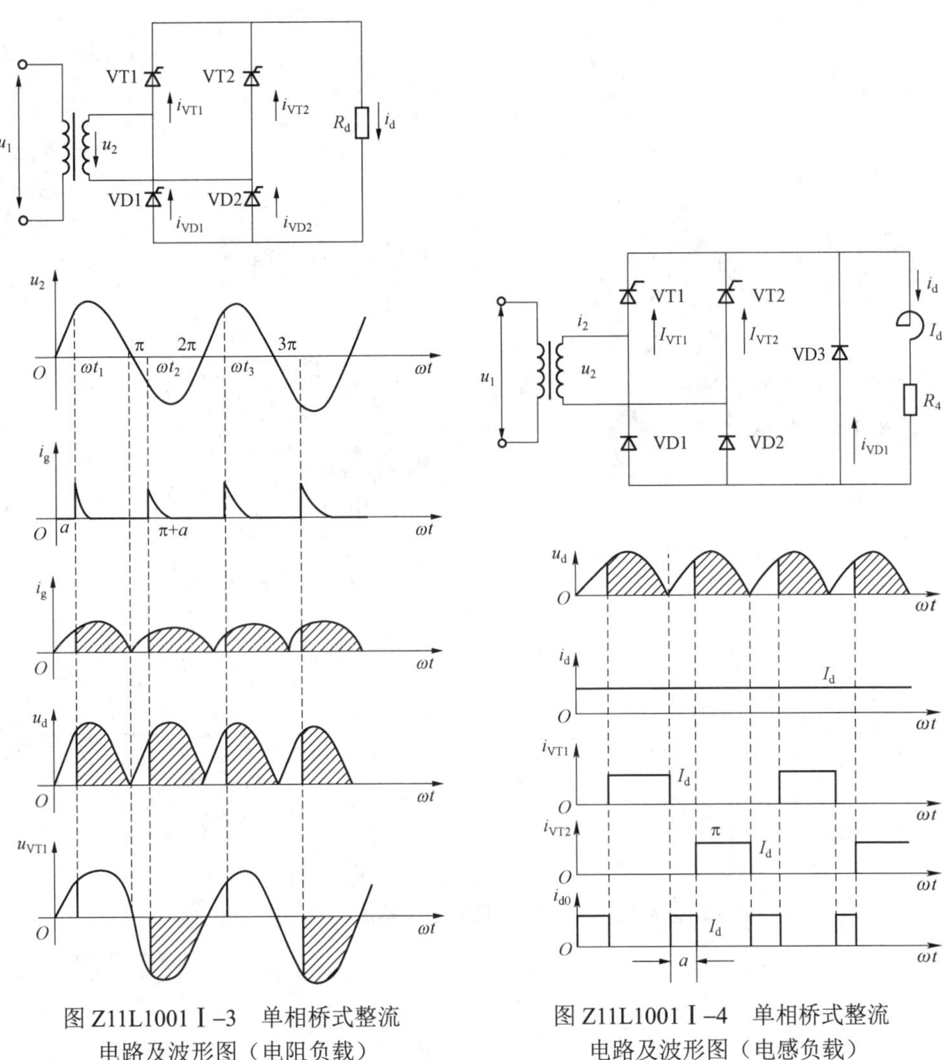

图 Z11L1001Ⅰ–3　单相桥式整流电路及波形图（电阻负载）

图 Z11L1001Ⅰ–4　单相桥式整流电路及波形图（电感负载）

六、三相桥式全控整流电路

三相桥式全控整流电路及其电量波形如图 Z11L1001Ⅰ–5 所示。由图可知，当$\alpha \leqslant 60°$时，负载电压瞬时值 $u_d>0$；当$\alpha >60°$时，u_d出现负值；当$\alpha =90°$时，电压平均值 $U_d=0$。所以这种电路的移相范围为 90°。

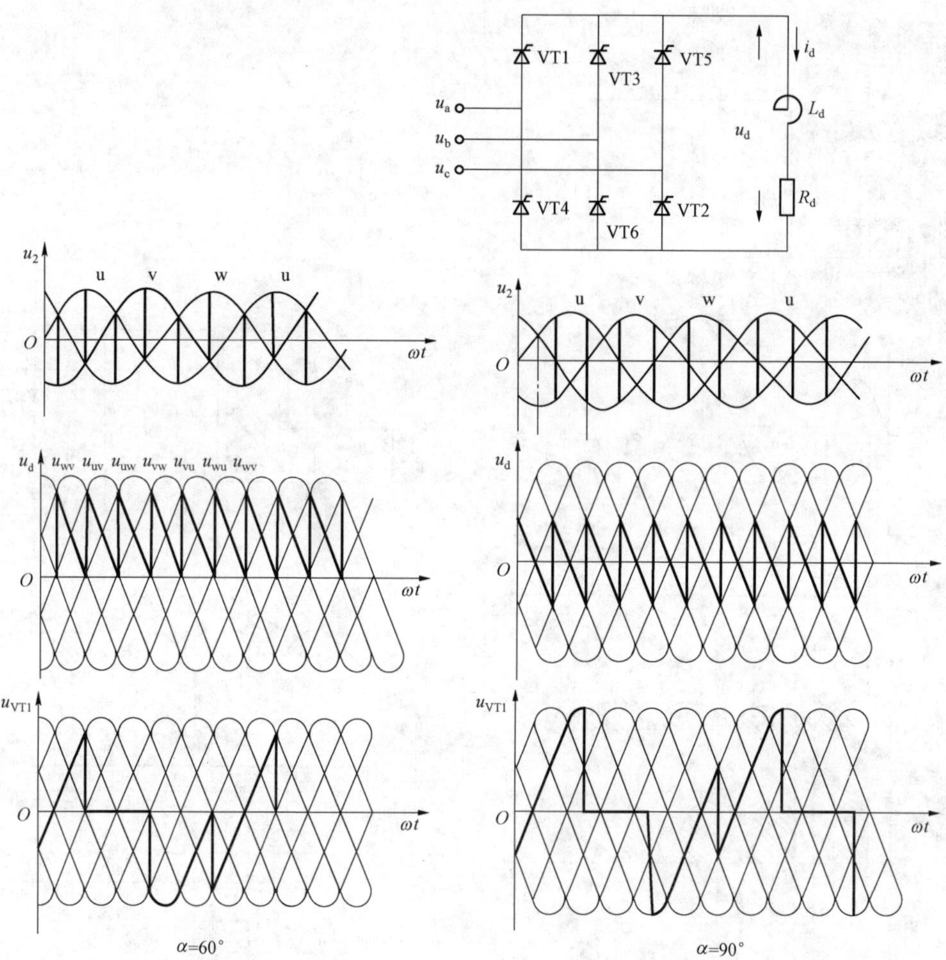

图 Z11L1001 Ⅰ-5 三相桥式全控整流电路及波形图

负载电压平均值

$$U_{\mathrm{d}}=\frac{6}{2\pi}\int_{\frac{\pi}{3}}^{\frac{2\pi}{3}+\alpha}\sqrt{6}U_2\sin\omega t\mathrm{d}\omega t=2.34U_2\cos\alpha$$

负载电流平均值

$$I_{\mathrm{d}}=\frac{U_{\mathrm{d}}}{R_{\mathrm{d}}}=2.34\frac{U_2}{R_{\mathrm{d}}}\cos\alpha$$

流过晶闸管的电流平均值为 $I_{\mathrm{dT}}=\frac{1}{3}I_{\mathrm{d}}$，晶闸管承受的最高电压为 $U_{\mathrm{RM}}=\sqrt{2}\sqrt{3}U_2=\sqrt{6}U_2$。

七、自饱和电抗器

自饱和电抗器的作用是调整电压和补偿电压。自饱和电抗器由 6 组矩形铁芯，12 个交流绕组和一个直流绕组组成。其中每相由左右两组铁芯组成，前后 3 组共组成三相。三相铁芯之间用铝质垫块隔开。每个铁芯柱上均套有一只工作线圈，每个矩形铁芯两个柱的工作线圈同相串联（或并联）。每相两个串联（或并联）的工作线圈，一端反向并接之后，接到交流电源（主变压器的次边绕组），另一端分别接到两个硅整流元件的正极或负极。

直流绕组装在 6 组矩形铁芯的内框上，它围着 6 个工作绕组。直流绕组共有两组，其中一组为控制绕组，另一组为位移绕组。

自饱和电抗器的工作原理是：在三相电源的主回路中，每相由两组工作绕组和整流元件组成。由电路结构决定每组工作绕组及整流元件通过半波脉动直流。通过改变绕组电感，可改变其饱和角，从而达到调整直流输出电压的目的。工作绕组的电感由下式决定

$$L=1.26\frac{Q_{cm}W\mu}{L_{cm}10^8}$$

式中　W——工作绕组匝数；

Q_{cm}——铁芯柱有效截面积，m^2；

L_{cm}——铁芯平均磁路长度，m。

在饱和电抗器结构已确定的情况下，Q_{cm}、W、L_{cm} 为不变值。因此，绕组电感和铁芯磁导率 μ 成正比。

铁芯磁导率 $\mu=\dfrac{B}{H}$。磁场强度 $H=\dfrac{L_{yW}}{L_{cm}}$ 又同自饱和电抗器控制绕组中的电流 I_y 成正比。因此，改变自饱和电抗器控制绕组中的电流，便可改变其工作绕组的感抗及其饱和角，从而达到调整输出直流电压的目的。

【思考与练习】

1. 画出三相桥式整流电路图。
2. 简述自饱和电抗器工作原理。

模块 2　主电路（Z11L1002Ⅰ）

【模块描述】本模块介绍了相控电源自交流输入至直流输出中间各个部件的连接方框图，介绍了各个部件的功能，描述了主电路中的 11 个主要参数。通过结构介绍，熟悉整流电源的组成和主要指标。

【模块内容】

在电力系统直流电源中，相控整流器由于其具有安全可靠、结构简单、维护方便等特点，目前仍在应用。

一、整流电源分类

整流器是将交流电变换为直流电的一种整流设备。按整流元件的种类，当前主要有二极管整流电源和晶闸管整流电源。依靠改变晶闸管的导通角来控制整流器输出电压的整流电源称为相控型整流电源。

二、相控整流电源的基本构成

相控整流电源由 4 个主要部分构成：主整流电路、移相触发电路、自动调整电路和信号保护电路，如图 Z11L1002Ⅰ-1 所示。

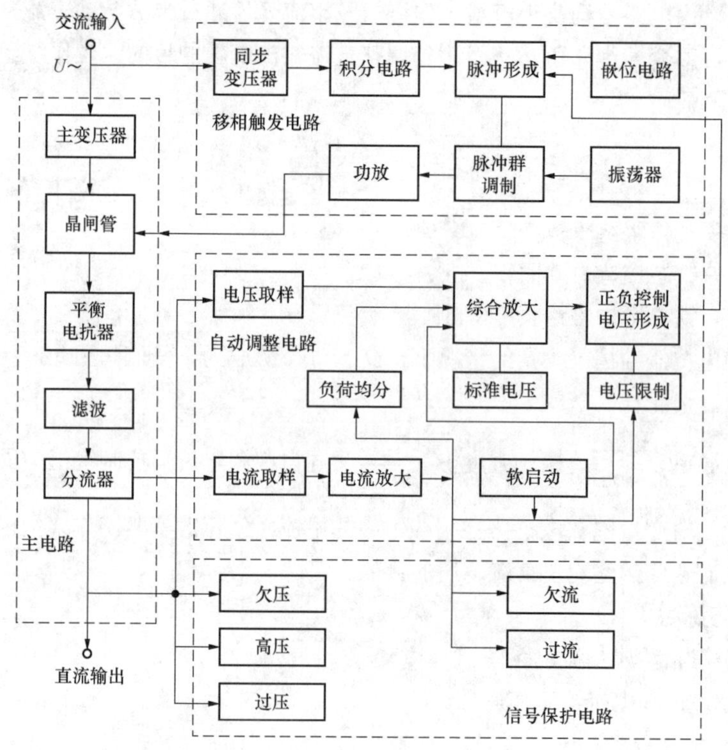

图 Z11L1002Ⅰ-1 相控整流电源的基本构成方框图

（1）主整流电路。主变压器将输入的三相 380V 交流电压降至整流器所需要的交流电压值，再由带平衡电抗器的可控整流电路将交流变成脉动直流，滤波后将平滑的直流供给负载。

（2）移相触发电路。由同步变压器取得正弦同步电压，通过积分电路获得余弦波，它与自动调整电路送来的控制电压比较形成脉冲，再经过脉冲调制和功放电路，输出脉冲群去触发主电路的晶闸管。

（3）自动调整电路。通过取样电路从整流器输出端取出反馈量（电压和电流），与标准电压比较后，由综合放大电路放大，然后去控制移相触发电路，使其触发脉冲改变相位，以控制晶闸管的导通角，从而达到稳定输出的目的。

（4）信号保护电路。在欠流、欠压、过电压时发出相应的告警信号，在过电压、过电流、熔丝熔断时能自动停机并告警。

三、相控整流电路的主要参数

（1）电压变换系数（K_{vt}）。整流输出电压平均值与输入相电压峰值之比称为电压变换系数，即

$$K_{vt}=\frac{U_0}{U_{2m}}$$

式中　U_0——输出电压平均值，V；

U_{2m}——输入相电压峰值，V。

（2）波纹系数（K_r）。输出电压中交流分量有效值与输出电压平均值之比称为波纹系数，即

$$K_r=\frac{U_{ac}}{U_0}$$

$$U_{ac}=\sqrt{U^2-U_0^2}$$

式中　U_{ac}——输出电压交流分量有效值，V；

U——输出电压有效值，V。

所以

$$K_r=\sqrt{\left(\frac{U}{U_0}\right)^2-1}=\sqrt{K_w^2-1}$$

式中　K_w——波形系数，输出电压有效值与其平均值之比。

目前，在一些标准中，波纹系数定义为输出电压峰谷值之差（或差值之半）与输出电压平均值之比的百分数，即

$$K_r=\frac{U_p-U_v}{2U_0}\times 100\%$$

式中　U_p——输出电压峰值，V；

U_v——输出电压谷值，V。

（3）变压器利用系数 K_u。输出直流功率平均值 $P_0 = U_0 I_0$ 与变压器二次侧计算容量 $P_s = U_s I_s$ 之比，称为变压器利用系数，即

$$K_r = \frac{P_0}{P_s} = \frac{U_0 I_0}{U_s I_s}$$

式中 U_s——变压器二次电压有效值，V；

I_s——变压器二次电流有效值，A。

（4）输入功率因数 $\cos\varphi$。电源输入功率平均值 P_p 与其视在功率 S_p 之比称为输入功率因数，即

$$\cos\varphi = \frac{P_p}{S_p} = \frac{U_p I_{p1} \cos\varphi_{p1}}{U_p I_p} = \frac{I_{p1}}{I_p} \cos\varphi_{p1}$$

输入电压 U_p 与输入电流基波分量 I_{p1} 之间位移角 φ_{p1} 的余弦 $\cos\varphi_{p1}$ 值称为位移因数 K_d；输入电流基波分量 I_{p1} 与有效值 I_p 之比称为畸变因数 $K_{dis}=\frac{I_{p1}}{I_p}$。则输入功率因数 $\cos\varphi$ 为

$$\cos\varphi = K_{dis} K_d$$

（5）输入电流谐波因数（K_n）。除基波电流外的所有谐波电流有效值与基波电流有效值之比称为输入电流谐波因数，即

$$K_n = \frac{\sqrt{I_{pn}^2 - I_{p1}^2}}{I_{p1}}$$

式中 I_{pn}——第 n 次电流谐波分量（有效值），A。

谐波电流限值见 JB/T 5777.4—2001《电力系统直流电源设备通用技术条件及安全要求》表 3-1 所示。

（6）稳流精度 δ_i。当交流输入电压、直流输出电压在给定的范围内变化时，直流输出电流在规定的允许范围的任一数值上保持稳定的性能，电流波动极限值和输出电流整定值之差与输出电流整定值之比的百分数称为稳流精度，即

$$\delta_i = \frac{I_L - I_r}{I_r} \times 100\%$$

式中 I_L——输出电流波动极限值，A；

I_r——输出电流整定值，A。

（7）稳压精度 δ_u。当交流输入电压、直流输出电压在给定的范围内变化时，直流输出电压在规定的允许范围的任一数值上保持稳定的性能，用电压波动极限值和输出电压整定值之差与输出电压整定值之比的百分数称为稳压精度，即

$$\delta_u = \frac{U_L - U_r}{U_r} \times 100\%$$

式中　U_L ——输出电压波动极限值，V；

U_r ——输出电压整定值，V。

（8）电压稳定度 K_s 和电压调整率 A_u。负载电流和环境温度不变的条件下，直流输出电压变化量 ΔU_{ou} 与引起该变化的交流输入电压变化量 ΔU_{iu} 的比值，称为整流器的电压稳定度。它表示整流器对交流输入电压的稳定性，用公式表示为

$$K_s = \left.\frac{\Delta U_{ou}}{\Delta U_{iu}}\right|_{\substack{\Delta I_L = 0 \\ \Delta T = 0}}$$

电压稳定度 K_s 对输出电压之比的百分数称为电压调整率，即

$$A_u = \frac{K_s}{U_0} \times 100\%$$

（9）电流调整度 A_i。负载电流变化引起输出电压变化量 ΔU_{ou} 与输出电压平均值之比的百分数称为电流调整率，即

$$A_i = \frac{\Delta U_{ou}}{U_0} \times 100\%$$

（10）输出电阻 R_{ou}。当交流输入电压和环境温度不变时，输出电压变化量 ΔU_{ou} 和输出电流变化量 ΔI_{ou} 之比称为输出电阻 R_{ou}，即

$$R_{ou} = \left.\frac{\Delta U_{ou}}{\Delta I_{ou}}\right|_{\substack{\Delta U_L = 0 \\ \Delta T = 0}}$$

输出电阻反映整流器带负载的能力。

（11）噪声电压。在通信设备直流电源中，直流输出脉动分量过大，会使通信质量下降，为此 GB 10292—1988《通信用半导体整流设备》规定，通信整流设备以稳压方式与蓄电池浮充工作时，在电网电压、输出电流和输出电压允许变化的范围内，其噪声电压应不大于有关的规定指标。

【思考与练习】

1. 简述相控电源主电路中各个部件的功能。
2. 简述相控电路主要参数的含义。

模块 3　滤波电路（Z11L1003Ⅰ）

【模块描述】本模块介绍了滤波电路的构成及其功能。通过原理讲解，掌握滤波电路的工作原理。

【模块内容】

为了获得比较平滑、纹波系数满足要求的整流直流电压或电流，必须进行滤波，利用滤波电路滤去单方向脉动电压或电流中的交流分量。滤波电路接在整流电路的后面，让其直流分量顺利通过，交流分量则不容易通过负载回路，而流经滤波回路。利用电容器在直流电路中等效于开路、电感线圈在直流线路中等效于短路的特性，可单独用电容器或电感线圈或同时用电容器、电感线圈和电阻构成各种滤波电路，常用的滤波电路有6种形式，如图Z11L1003Ⅰ–1所示。

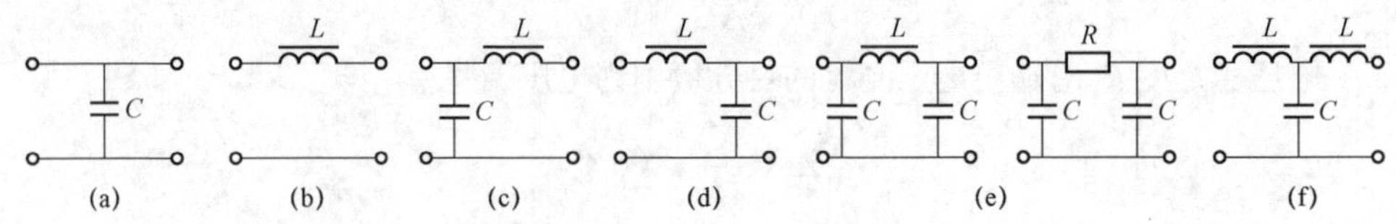

图Z11L1003Ⅰ–1 滤波电路

（a）电容滤波；（b）电感滤波；（c）r型滤波；（d）ㄱ型滤波；（e）Π型滤波；（f）T型滤波

感容滤波电路：实际应用中为了抑制电流冲击，常在直流侧串入较小的电感，成为感容滤波电路，如图Z11L1003Ⅰ–2（a）所示。此时输出电压和输入电流的波形如图Z11L1003Ⅰ–2（b）所示。从波形可见，u_d波形更平直，而电流i_2的上升段平缓了许多，这对于电路的工作是有利的。当L与C的取值变化时，电路的工作情况会有很大的不同，这里不再详细介绍。

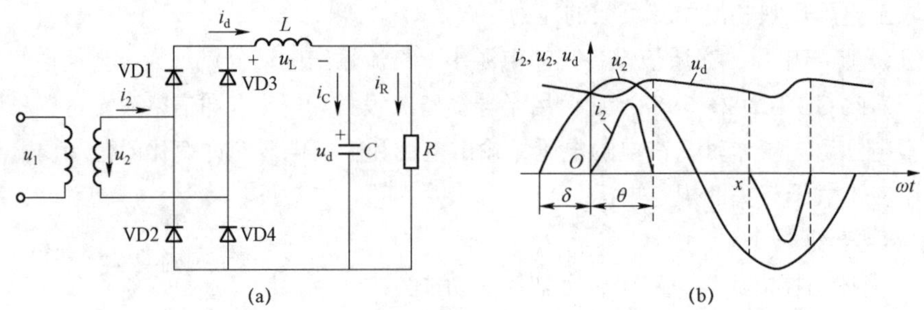

图Z11L1003Ⅰ–2 感容滤波的单相桥式不可控整流电路及其工作波形

（a）电路图；（b）波形

【思考与练习】

1. 简述在直流电路中，电容器、电感线圈的阻抗特性。

2. 简述感容滤波电路的工作原理。

模块4　控制电路（Z11L1004Ⅰ）

【模块描述】本模块涵盖了手动、自动电压控制电路的组成，电压、电流调整的原理及方法。通过原理讲解，熟悉充电装置控制电路。

【模块内容】

控制回路有手动和自动两种方式，如图 Z11L1004Ⅰ–1 所示。下面详细介绍其工作原理。

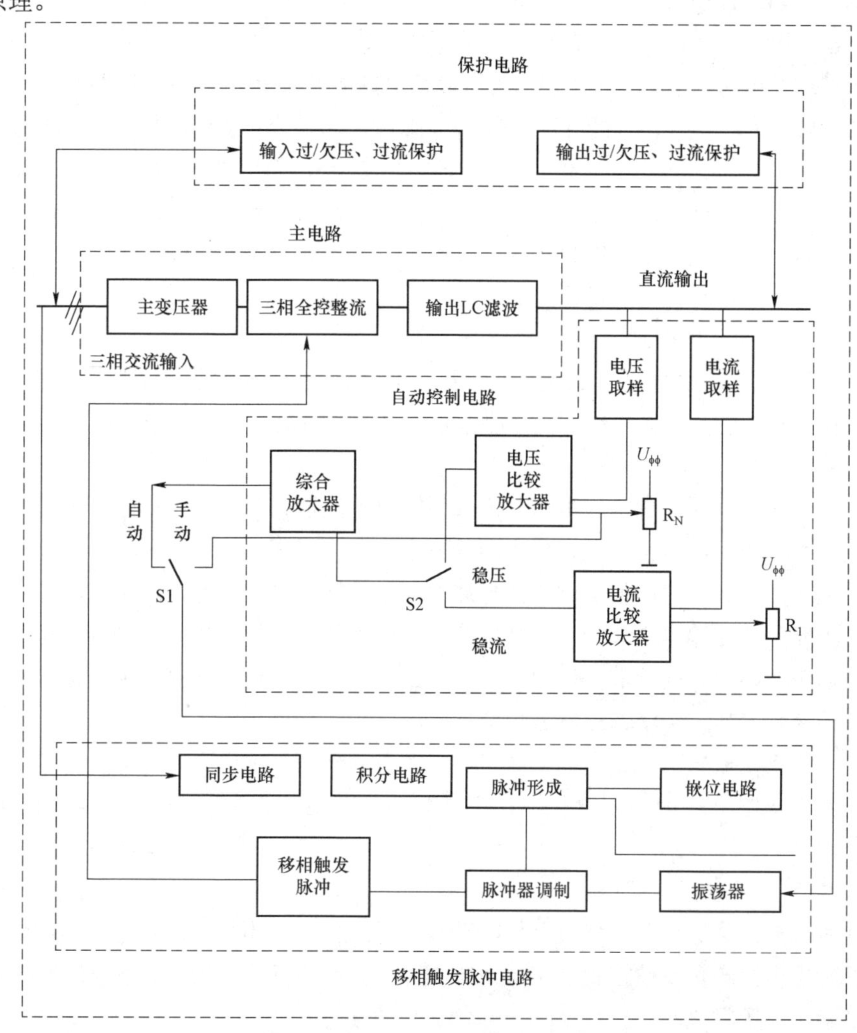

图 Z11L1004Ⅰ–1　充电装置原理框图

一、手动工作模式

手动调压电路主要由主电路、移相脉冲触发电路、电压调节电位器 Rv、保护电路组成。“手动”状态是当控制回路不能正常工作的时候，为了保障电源输出的不间断而设置的。如图 Z11L1004Ⅰ–1 所示，将转换开关 S1 置于“手动”位置，电源系统就工作在手动工作状态，此时输出电压的调整是开环的，调整输出电压调整电位器 Rv，其输出电压直接送到移相触发电路，促使晶闸管的触发脉冲相位角发生变化，进而调节输出电压的升高和降低，此时保护电路仍然起作用。

二、自动工作模式

正常情况下，电源系统工作在“自动工作”状态，自动稳压/稳流电路由主电路、移相脉冲触发电路、自动控制电路、电压调节电位器 Rv、电流调节电位器 Ri、保护电路组成，此时转换开关 S1 置于自动位置。其工作方式又分自动稳流和自动稳压两种工作模式。

自动稳压和自动稳流是根据需要来选择的。在长期浮充工作方式下，选择自动稳压工作状态，保证输出电压的稳定；当对蓄电池进行大电流充电时，选择自动稳流工作状态，可以保证对蓄电池以恒定的大电流快速充电。

1. 自动稳流工作模式

此时转换开关 S2 置于“稳流”的位置，电位器 Ri 与电流比较放大器、综合放大器组成输出电压的负反馈控制回路，使电源输出稳定的电压，调节电位器 Ri 可以调节输出电流的大小。

当由于某种原因，如输入电压升高致使输出电流增大时，输出电流采样增大，电流比较放大器的输出减小，综合放大器的输出也相应减小，使移相脉冲触发电路的触发脉冲延迟角增大，进而使晶闸管的导通角减小，输出电压降低，输出电流减小；当由于某种原因致使输出电流减小时，电流反馈回路的输出使移相脉冲触发电路的触发脉冲延迟角减小，晶闸管的导通角增大，输出电压增大，输出电流增大。输出电流的闭环反馈控制就是这样使输出电流稳定的。

在稳流工作模式，整个电源系统可以等效成为一个恒定电流源，其输出电压是在一定范围内变化的，但电流是恒定的，调节电流调节电位器 Ri 可以改变电源的输出恒流值。

2. 自动稳压工作模式

此时转换开关 S2 置于“稳压”的位置，电位器 Rv 与电压比较放大器、综合放大器组成输出电流的负反馈控制回路，使电源输出稳定的直流电压，调节电位器 Rv 可以调节输出电压的大小。

当由于某种原因，如输入电压升高致使输出电压增大时，输出电压采样升高，电压比较放大器的输出电压降低，综合放大器的输出电压也降低，送到移相脉冲触发电路，使触发脉冲的延迟角增大，进而使晶闸管的导通角减小，输出电压降低；当由于某种原因，如输入电压降低致使输出电压减小时，电压反馈回路的输出使移相脉冲触发电路的触发脉冲延迟角减小，晶闸管的导通角增大，输出电压增大。输出电压的闭环反馈控制就是这样使电源系统输出稳定的直流电压。

在稳压工作模式，整个电源系统可以等效成为一个恒定电压源，其输出电流是在一定范围内变化的，但电压是恒定的，调节电压调节电位器 Rv 可以改变电源的输出电压值。

【思考与练习】

1. 简述手动电压控制电路的工作过程。
2. 简述自动稳压稳流控制电路的工作过程。

模块 5 晶闸管相控整流电路（Z11L1005Ⅰ）

【模块描述】本模块介绍了晶闸管整流电路原理图。通过典型电路讲解，了解晶闸管相控整流电路主要元器件的作用。

【模块内容】

图 Z11L1005Ⅰ–1 中画出了相控电源装置由交流输入到直流输出之间各部件的连接图，TR 为主变压器，它是三相芯式空气自冷变压器。在三相芯柱均装有初级、次级

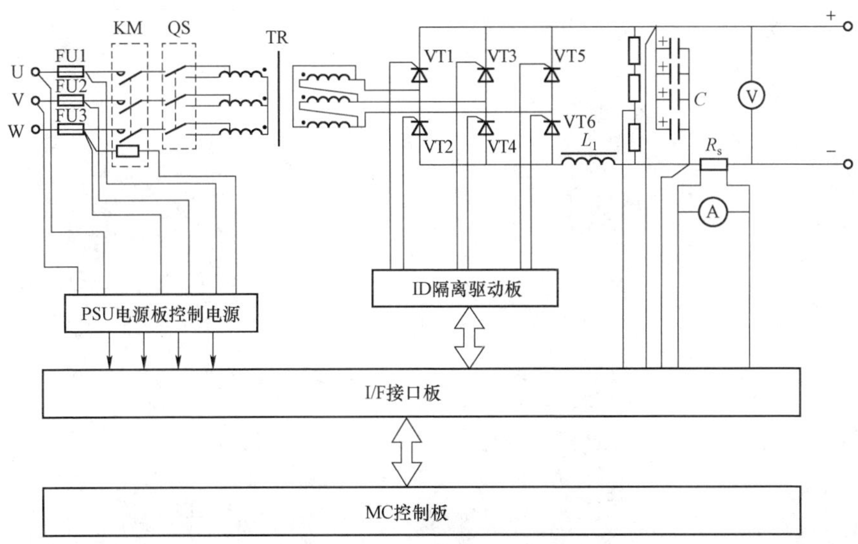

图 Z11L1005Ⅰ–1 相控电源整流电路原理图

绕组。它是将交流电源电压变换至需要的电压，以达到经整流后的直流输出电压符合负荷所需要的数值。VT1～VT6 为晶闸管元件，这 6 只晶闸管组成三相桥式全波整流电路，保证负载端有整流的直流输出电压。电感 L1 和电容器 C 组成感容滤波电路，作用是将直流输出电压中的交流脉动抑制到所规定的允许值以下。PSU 为电源控制板，ID 为隔离驱动板，I/F 为接口板，MC 为控制面板，它们的主要功能是实现相控电源的自动调整信号、保护和操作控制。

【思考与练习】

1. 相控电源有哪些主要元件？
2. 简述原理电路中各组成部分的功能。

第三十四章

高频开关电源基本原理

模块 1　开关电路原理（Z11L1006Ⅰ）

【模块描述】本模块包含了 PWM 原理、PWM 电路的几种形式以及 PWM 电路的软开关技术。通过定性分析和应用举例，了解这一类电路的基本概念。

【模块内容】

开关电源顾名思义就是离不开开关这一基本元件，如同日常生活中控制照明的开关，小小的开关可以控制很大功率的照明，而开关本身根本不会发热。单位时间内的开关次数就是开关频率 f，机械开关做不到很高的开关频率，但电子开关可以做到很高的开关频率。

变压器可以传送交流能量，且频率越高传送同样能量的变压器越小，因此高频率的交流能量变压器体积急剧下降，其所绕线圈匝数仅是工频变压器几十分之一，所以高频变压器铜耗和铁耗大大减少，传输效率大大提高。

将直流电源通过高速电子开关变成高频率的交流，通过变压器再经过整流输出另一种电压的直流电源，这就是高频开关电源的基本工作过程。高频开关电源具有体积小、质量轻、功率大、技术性能指标高、效率高的特点，因此高频开关电源的应用很广泛。

一、PWM 原理

PWM 是 Pulse Width Moduation 的缩写，其含义是脉宽调制技术。开关器件基本的物理模型等效于一个开关，如果把一个直流电源输出端接在有开关器件控制的负载上，不断地控制开关通和断得到的是一列脉冲电压，这个脉冲电压的幅值等于电源电压，脉冲电压的宽度等于开关导通时间。在一定的负载条件下，每一脉冲的宽度包含了输出功率的大小，调整脉宽也就是调整了输出功率。利用这个原理组成的最基本开关电路如图 Z11L1006Ⅰ-1（a）所示。

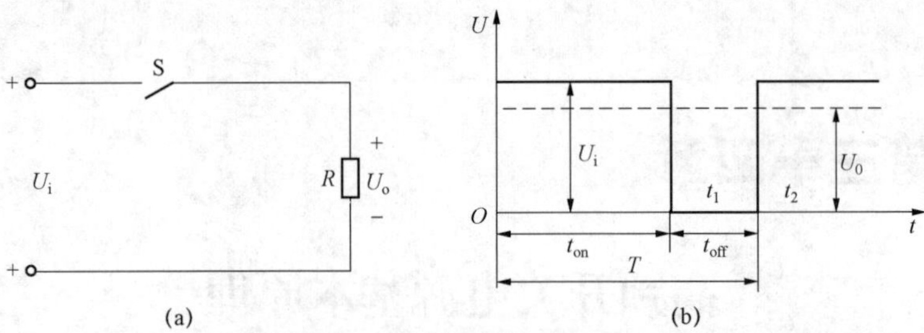

图 Z11L1006Ⅰ–1 开关式 DC/DC 变换电路

（a）电路图；（b）电压波形图

这是一个 DC/DC 变换电路（又称为斩波器），应用在大功率变换中又称为逆变器或电能变换装置。当开关 S 合上时，直流输入电压 U_i 加到负载电阻 R 上，并持续 t_{on} 时间。当开关 S 切断时，负载上的电压为零，并持续 t_{off} 时间。$T=t_{on}+t_{off}$ 称为斩波器的工作周期。斩波器的输出波形如图 Z11L1006Ⅰ–1（b）所示。若定义斩波器占空比为 $D=t_{on}/T$，则由波形图可获得输出电压平均值为

$$U_0=\frac{1}{T}\int_0^{t_1}U_i\mathrm{d}t=\frac{t_{on}}{T}U_i=DU_i$$

由此可知，当占空比 D 从 0 变化到 1 时，输出电压平均值 U_0 从 0 变化到 U_i。显然，通过调整占空比即可实现控制输出功率的目的。

从输出结果看，这样的直流输出电压波形是无法实际应用的，还要经过电容器的滤波后才能得到波形比较好的直流电压，如图 Z11L1006Ⅰ–2 所示。

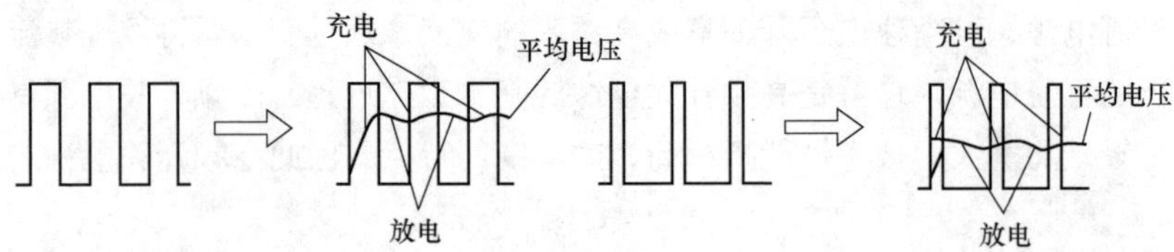

图 Z11L1006Ⅰ–2 不同脉宽加电容滤波后的输出电压大小及电压波形

图 Z11L1006Ⅰ–2 中，在前后不同脉宽作用下，经过电容器滤波后变成比较平滑的不同电压幅值的直流电压，输出电压范围 0～U_i。这就是 PWM 电路原理，即通过控制调整脉宽而达到控制输出电压和功率的目的。

调整脉宽可以得到想要的电压，实际运用中充当开关作用的器件为全控型电力电子开关元件，从理论上讲开关器件工作在开和关两种状态，器件本身在调整脉宽过程中没有损耗，实际使用电力电子开关器件时，在导通状态下有一个很小的压降、导通时间和关断时间，使开关元件有一定损耗，但与开关器件传输变换的功率相比所占的

比例很小。通常开关器件损耗所占转换功率的比值均在 5%以下，且变换功率越大效率越高。

应用电力电子大功率开关元件极大地提高了电能变换频率，可以使用高频铁氧体磁性材料组成的磁体作变压器，降低了变压器的体积和质量，频率的提高又降低了安匝数，减少了铜材的消耗。因此高频开关直流模块电源相比工频直流电源，在同等功率容量的条件下有明显的三大优势，即体积小、耗铜铁材料少、效率高。

高频开关电源还有以下特点：变换频率越高，高频变压器的体积越小，但随着高频开关电源变换频率的提高，对大功率开关器件的开关特性和整流二极管的开关特性要求也提高。即开关期间的导通和关闭时间短，开关损耗才可以降低，如果开关时间长就会导致元器件剧烈发热而不能正常工作或损坏。

二、PWM 电路的形式

应用高频开关电源技术基本原理可以组成各种各样电能变换电路结构，在大功率电能变换中分为半桥式、全桥式和推挽式 3 种，其中常见的是前面两种。

1. 半桥式逆变电路

半桥式逆变电路如图 Z11L1006Ⅰ–3（a）所示，两个相同的电容串联连接在直流输入端，它们的结点“O”具有中间电位，每个电容上的电压为 $U_d/2$。当电容量足够大时开关管 T1、T2 轮流导通，“O”点电位基本维持不变。

VT1 开关管导通时输出电压 U_{OA} 为$+U_d/2$，VT2 开关管导通时输出电压 U_{OA} 为–Ud/2，如图 Z11L1006Ⅰ–3（b）上部电压波形，当输出接纯电阻时，电流波形与电压完全相同（图中没有画出）。当输出接感性负载时，输出的电流波形如图 Z11L1006Ⅰ–3（b）下部电流波形，这是由于电感特性电流不能突变形成的波形特征。

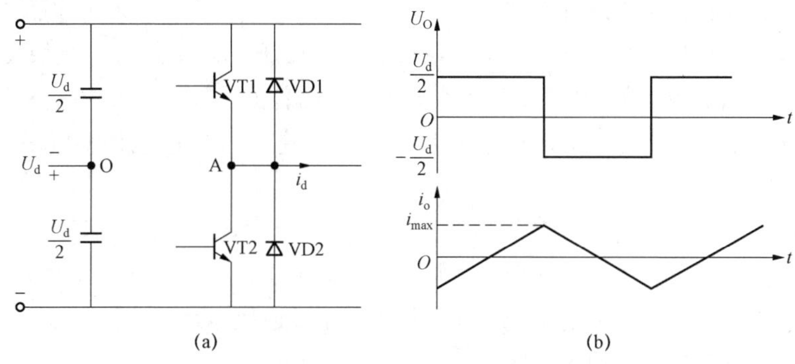

图 Z11L1006Ⅰ–3　半桥式逆变电路及波形图

（a）电路图；（b）电压波形图

输出端 UOA 接在电容桥和开关管组成的桥之间，对于开关管来讲称为半桥。从这个电路结构可以看出：

（1）VT1 和 VT2 开关管的导通时间必须相等，不然会造成 O 点电压偏移，使得输出电压上下幅值不对称。

（2）输出电压的峰值为 $U_d/2$，即电源电压的 1/2，电压的利用率低，因此该电路结构通常应用在小功率开关电源场合。

（3）开关管两端并联二极管主要起续流作用；当输出接感性负载时，在 VT1 由导通变为关断时，由于电流不能突变的缘故，通过 VD1 形成释放通道。

2. 全桥式逆变电路

全桥式逆变电路如图 Z11L1006Ⅰ–4 所示，它由两个半桥式逆变电路构成。开关管工作时分别是对角导通，如在 VT1 和 VT4 导通时，加在负载上的电压为$+U_d$，在 VT3 和 VT2 导通时，加在负载上的电压为$-U_d$。相比半桥电路在输入电压相同的条件下，其输出电压最大值是半桥式逆变电路的 2 倍。

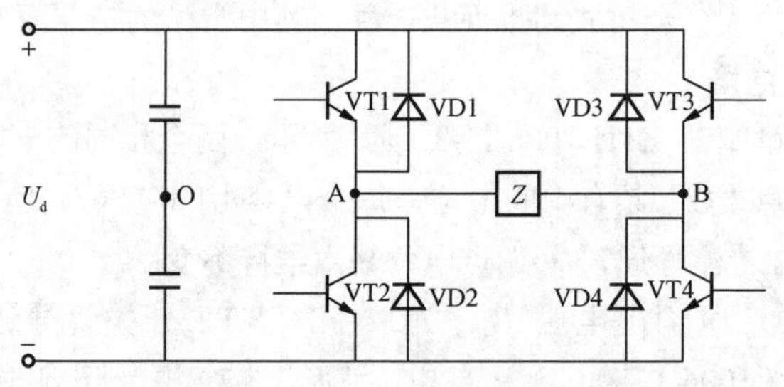

图 Z11L1006Ⅰ–4 全桥式逆变电路

如果输出功率相同，其输出电流和开关电流则是半桥式逆变电路的 1/2。实际上导通时的开关器件和输出回路均存在电阻分量，电流减少一半，这部分的损耗将下降到原先的 1/4，因此全桥开关电路大量运用在目前的高频开关电源模块上。模块使用 380V 或 220V 交流，前者的效率要高于后者；缺点是元器件的工作耐压要求提高了。

全桥开关电路与半桥开关电路相比优点为：① 电源电压的利用率提高；② 开关回路的损耗降低。

缺点是多用两只开关管，稍微增加了成本。随着元器件价格的下降，全桥式逆变电路尽管要多用两个开关元件，但由于具有在相同的工作电压下输出功率大，便于控制等方面的优势，目前的大功率变换几乎都采用全桥逆变电路。

三、高频开关电源模块内部结构

目前在电力系统应用的高频开关电源模块单体功率一般为 2～5kW，一方面是受电力电子开关元器件功率限制，另一方面是直流电源采用模块并联冗余方式，模块功率与目前直流电源容量相匹配。模块原理方框图如图 Z11L1006Ⅰ–5 所示。

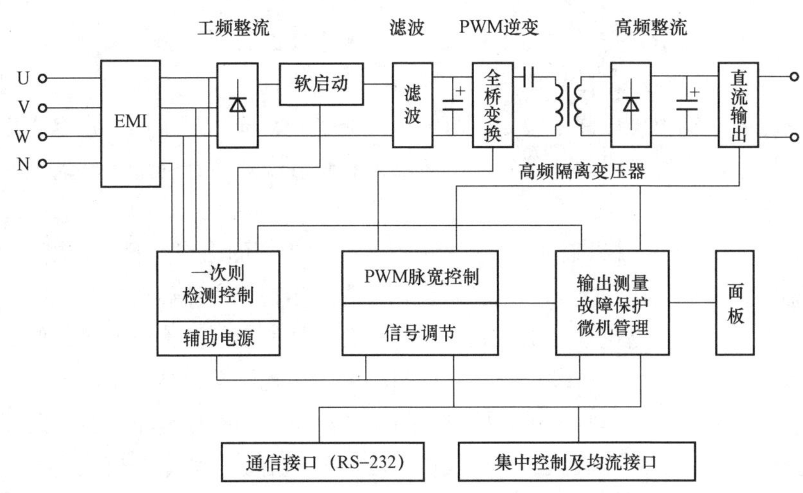

图 Z11L1006Ⅰ–5 开关电源模块内部原理图

开关电源的基本电路包括两部分：① 主电路，是指从交流电网输入到直流输出的全过程，它完成功率转换任务；② 控制电路，通过为主电路变换器提供的激励信号控制主电路工作，实现直流输出稳压、均流、故障检测等功能。

在模块中交流输入首先通过电磁干扰滤波器滤波。电磁干扰滤波器是抑制电磁干扰的有效手段，它是由电感、电容组成的无源器件，实际上它是一种低通滤波器，让工频无阻碍地通过，抑制高频电磁干扰（可抑制干扰频段一般为 10kC～100MC）。电磁干扰滤波器既能防止电网上的电磁干扰通过电源线路进入设备，又能防止设备本身电磁干扰污染电网，在开关电源模块中其主要功能是后者。电磁干扰元件是为满足电磁兼容条件而设的。

交流输入有两种：三相 380V 交流输入和单相 220V 交流输入。三相交流输入用在模块功率较大的场合，如一般 220V、20A 模块均使用三相交流输入。小功率模块也有采用 220V 单相输入，优点是当输入交流缺相时仅仅减少三分之一模块（正常时所有模块分接在三相电源上），其余模块照常工作。缺点是单相整流后的直流纹波要远远大于三相整流，直流滤波电容相对来说使用的要大一些，但对经过 PWM 逆变后的直流基本没有影响。

通过电磁干扰滤波器后的交流经全桥整流变成直流脉动电压，经过电容器滤波，直流中的纹波大大降低，可供全桥式逆变电路 PWM 使用。但这个直流电压是不稳定的，它随交流输入电压而波动。中间的“软启动”能限制开机瞬间由滤波电容产生的大冲击电流。

不稳定的直流电源经过 PWM“全桥变换”转换成高频方波，经过“高频隔离变压器”变换及隔离输出，再经过高频整流后得到所需要的直流电压。调整直流输出电压高低由“PWM 脉宽控制”调节。从“直流输出”端采样与设定电压相比后控制全桥式开关导通时间；输出电压高于设定值时缩短导通时间，输出电压低于设定值延时长导通时间。通过这个过程，将不稳定的交流输入和负载变化引起的电压波动调整为稳定的直流电压输出。

图 Z11L1006Ⅰ-5 中“辅助电源”提供整个模块内部的工作电源，一般为 5V、12V 等。“一次侧检测控制”是对输入交流电源的监控，当输入交流电压过欠压时对电路进行保护，对软启动电路进行控制。此部分的所有信号和由直流输出的采集信号均送到“输出测量故障保护微机”系统，该单元微机是采用单片计算机技术组成的模块内部管理单元，对模块所有工作状态进行检测和控制，该单元同时还与充电机“监控器”进行数据交换，接受上级“监控器”对模块下达的各种指令，如命令模块进入均充或浮充状态、调整输出电压等，并将模块的工作状况及数据传送到充电机“监控器”。

有的模块内部没有配置单片微机管理系统，对模块输出电压及各种状态的控制是由监控器直接输出控制电压进行调整的。运用这种控制方式，在设计上要考虑由于控制电压异常而造成模块输出电压失控的情况，在技术上采取措施，防止监控器内部元件故障造成控制电压偏移而导致输出电压不正常。

四、软开关技术

开关电源在运行中不可避免地存在各种损耗：开关损耗、开关和整流元器件的导通压降损耗、变压器损耗等。但损耗大部分集中在开关损耗中，如何降低开关损耗是所有开关电源提高效率的关键所在。

电压、电流波形和开关损耗如图 Z11L1006Ⅰ-6 所示。

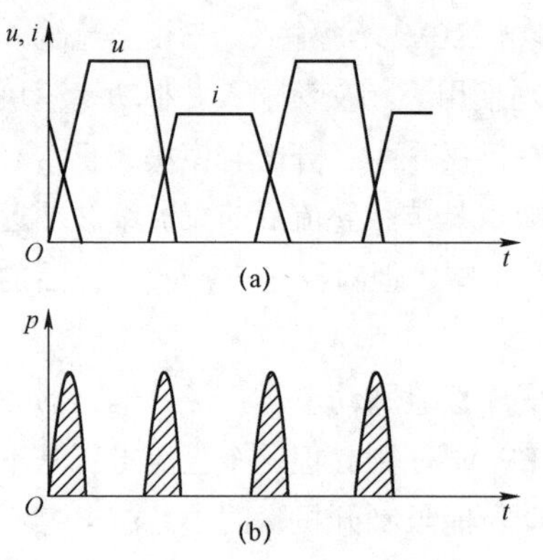

图 Z11L1006Ⅰ-6　电压、电流波形和开关损耗
（a）电压、电流波形；（b）开关损耗

开关损耗主要发生在开和关的瞬间，电压和电流关断或导通均存在一定的时间，如图 Z11L1006Ⅰ-6（a）所示。开和关瞬间的功率损耗，如图 Z11L1006Ⅰ-6（b）所示。

如果开关过程中在控制电流为零的情况下开或关，则开关损耗降为零，这就是开关电源的软开关技术。软开关技术降低了开关的损耗，降低了模块的发热量，提高了高频开关电源模块的效率。

全桥相移 ZVZCS 软开关技术采用恒频控制、对称性结构，在大功率变换器中得到了广泛应用。它能使全桥相移电路结构中处于被动臂的两只开关管工作在ZCS状态，而主动臂的两只开关管仍然工作在ZVS状态，从而达到更完善的软开关效果。在高频大功率变换器中，全桥相移ZVZCS技术是理想的软开关方案。

图Z11L1006Ⅰ-7是全桥相移ZVZCS的基本原理图，与硬开关相比，增加了一个饱和电感L_s，省去了全桥臂上的吸收电容，并在主回路上增加了一个阻挡电容C_e。通过相移方式控制主回路的有效占空比。阻挡电容C_e与饱和电感L_s适当配合，能够使全桥被动臂上的主开关管（A、B）达到零电流开关（ZCS）的效果，而主动臂上的主开关管（C、D）仍然处于零电压开关（ZVS）的状态。

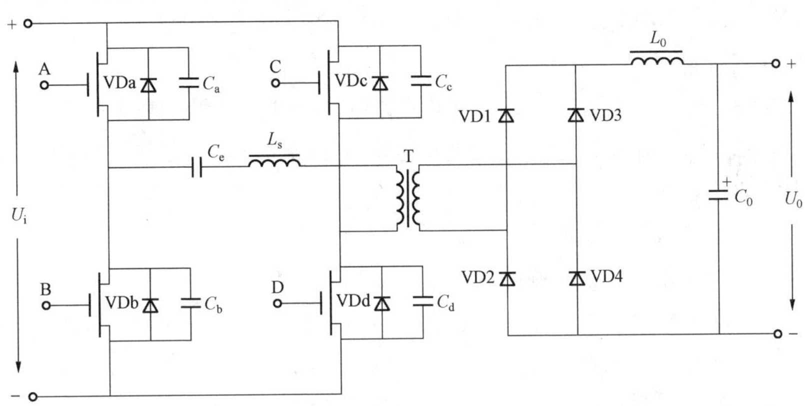

图Z11L1006Ⅰ-7　全桥相移ZVZCS基本原理图

图Z11L1006Ⅰ-8是全桥相移ZVZCS的主要波形图，可从5个时间段来说明它的工作过程。

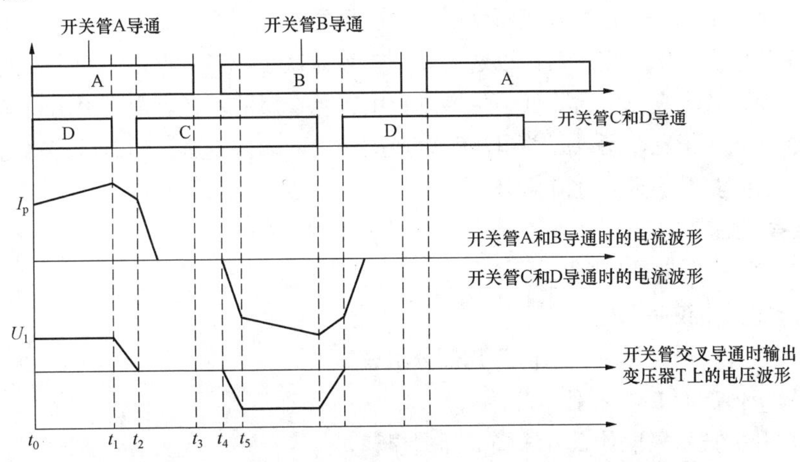

图Z11L1006Ⅰ-8　全桥相移软开关ZVZCS主要波形图

当 $t_0 \leqslant t \leqslant t_1$ 时，主回路中A、D两管导通，饱和电感 L_s 处于饱和状态，电感量很小，可以认为是短路状态。电源电压通过变压器加在输出电感 L_0 和负载上，主回路的电流 I_p 线性增加，电源向负载输送能量，电容 C_e 的电压 U_{ce} 由负向正逐渐增加。

当 $t_1 \leqslant t \leqslant t_2$ 时，在 $t=t_1$ 时，D管关断，主回路的电流持续，使C管的电容 C_c 放电，最终使C管的电压为零，并通过C管的二极管续流，在 $t=t_2$ 时C管零电压开通。这个过程与全桥相移ZVS的情况完全一致。此时电容 C_e 上形成的阻挡电压 U_{ce} 达到最大。

当 $t_2 \leqslant t \leqslant t_3$ 时，由于 L_0 的续流作用，输出二极管钳位使变压器二次侧短路，在主回路中只有变压器的漏感存在，因此阻挡电压 U_{ce} 迅速将主回路的电流 I_p 回复到零。当 I_p 回复到零时，饱和电感 L_s 退出饱和状态，呈现出很大的电感量，使 I_p 维持在零附近一直到A管关断。

当 $t_3 \leqslant t \leqslant t_4$ 时，在 $t=t_3$ 时，A管零电流关断，经过一个死区时间B管开通。

当 $t_4 \leqslant t \leqslant t_5$ 时，B管开通时由于饱和电感 L_s 尚未饱和，I_p 经过一定的滞后再迅速上升，电流的滞后使B管的开通损耗大大降低。在 $t=t_5$ 时 I_p 达到输出电流在主回路的折合值，变压器二次侧出现电压，电源再次向负载输送能量，电容 C_e 的电压 U_{ce} 由正向负逐渐减小，开始下半个对称的周期。

从上述原理分析可以看出，主动臂上的两只主管（C、D）处于ZVS状态，其开通损耗为零，同时由于电容 C_r（r=a、b、c、d）的存在，降低了主管关断时电压的上升斜率，关断损耗也得到降低；被动臂上的两只主管（A、B）处于ZCS状态，其关断损耗为零，同时由于饱和电感 L_s 的存在，降低了主管开通时电流的上升斜率，使整个开关损耗大大降低。

总之，无论高频开关电源电路如何变化，其核心就是将直流电源变换成高频率脉冲形式的交流电源，通过高频变压器隔离输出再经整流变换成另一电压等级的直流。由于工作频率高，所以变压器可以选用高频铁氧体铁芯，其特点是体积小、质量轻、绕组匝数少、效率高，大大降低了生产过程中有色金属的消耗。由于输出直流电压与开关导通时间成正比，所以开关电源可以适应较大的输入电压波动而保持输出电压稳定不变，从而获得稳定的直流输出。

【思考与练习】

1. PWM的含义是什么？
2. 脉宽大小说明了什么？
3. 高频开关电源模块内部由哪几部分组成？
4. 模块内部的EMI起什么作用？
5. 软开关技术采取什么方法降低开关损耗？
6. 同样功率的直流电源为什么高频开关电源的体积和质量远远小于工频直流电源？

模块 2　模拟控制原理（Z11L1007Ⅰ）

【模块描述】本模块包含模拟控制方法组成的电源模块，以及该电源模块与外部的接口电路、均流电路方法。通过具体电路的分析，了解模块内部具体电路结构的组成。

【模块内容】

高频开关电源模块输出电压的调整有内部控制和外部控制两种模式。

当监控器与模块的控制线没有连接时，模块工作在内部设定的固有输出电压，例如：110V（220V）直流系统在没有降压硅情况下，蓄电池与直流母线直连时模块的固有输出电压一般设定在 117V（232V），并且所有模块的输出电压均设置为同样的定值。

当高频开关电源模块与监控器相连时，模块内部输出电压控制自动转接到与监控器所连的控制总线，该控制总线输出一个统一的控制电压。所有模块输出电压均以此为标准，受该电压的控制，随该电压调控而改变输出电压。同时，监控器对模块的输出电压进行采样，将采样值与监控器内部的设定值进行比较，并调整控制总线的电压，使直流输出电压保持在监控器的设定值上。

这种通过控制总线电压的变化调整所有模块输出电压的方式，称为模拟控制原理，结构组成如图 Z11L1007Ⅰ-1 所示。

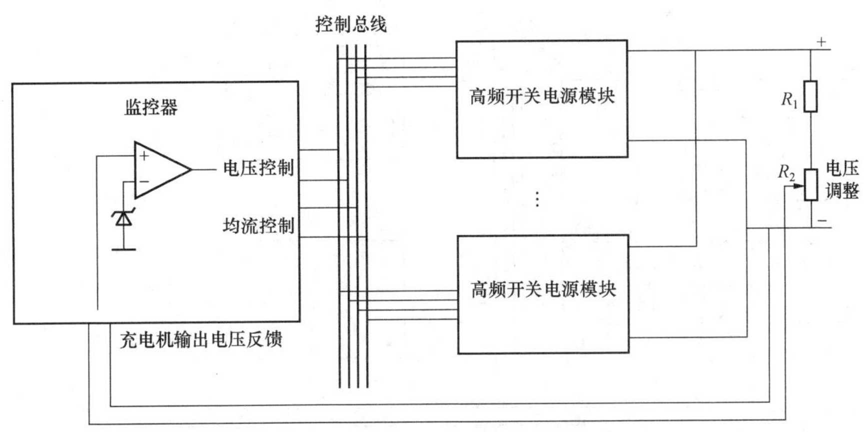

图 Z11L1007Ⅰ-1　模拟控制总线图

图 Z11L1007Ⅰ-1 中控制总线的右侧是高频开关电源模块并机工作，输出电压经 R_1 和 R_2 分压，将 R_2 上的采样电压反馈到监控器，与监控器设定电压比较后调整控制总线上的电压控制，高频开关电源模块根据控制总线上的电压控制大小，调整高频开关电源模块输出电压。如果模块输出电压偏高，反馈到监控器的电压将增大，监控器输出的控制电压下调，使模块输出电压降低，达到输出稳压和控制的目的。

控制总线中的均流控制使各模块间输出电流平衡，不受监控器控制，即便监控器退出运行该均流控制仍起作用。因此通过电压控制和均流控制，模块输出的电压稳定、各模块电流平均。

【思考与练习】

1. 模拟控制总线上是电压信号还是数据信号？
2. 输出电压需要调低，R_2 电位器应该如何调节？

模块3 数字控制原理（Z11L1008Ⅰ）

【模块描述】本模块包含数字控制方式构成的充电模块结构。通过原理讲解，了解数字控制方式模块的原理。

【模块内容】

当高频开关电源模块与监控器通过数据通信线相连时，模块内部输出电压将通过数据通信方式接受监控器发出的控制指令，调整模块的输出电压，模块对输出电压进行采样，与上级监控器发出的设定值进行比较，控制输出电压达到设定值。数字式控制原理框图如图 Z11L1008Ⅰ–1 所示。

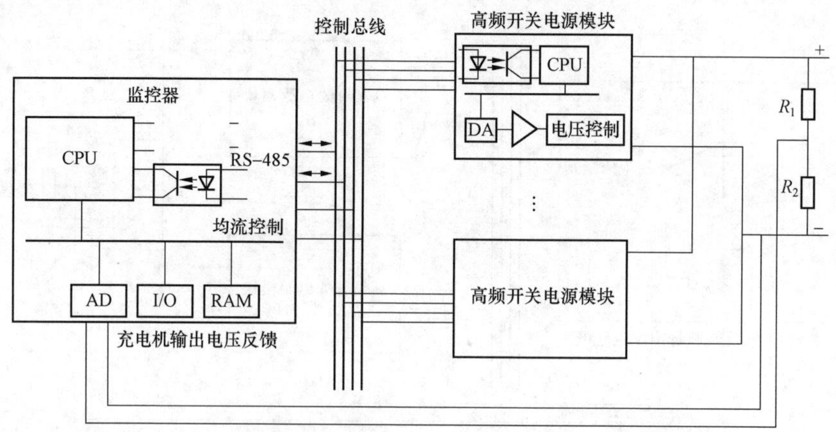

图 Z11L1008Ⅰ–1 数字控制总线与模块和监控器的关系

图 Z11L1008Ⅰ–1 中，监控器通过 RS–485 总线相连，组成监控器和模块通信的主从结构，监控器向模块发出模块电压设定值的数码指令，模块中内置 CPU 计算机系统接收后，通过数/模变换变成电压控制信号，控制模块输出电压。

当数据线发生故障，模块 CPU 继续保持执行原来的电压控制指令，直到下一个调控指令才能改变输出电压。

如果模块接收到监控器发出的错误指令，模块会自动判断这个指令的有效性，通过数据通信交换确认。超出均充电压的指令或超过 CPU 内部设定最低的电压控制信号将不予执行，保证输出电压的可靠性。

通信控制中发生干扰对模块将不起作用，模块将等待下一次指令，通过 N 次确认后执行，保证输出电压的稳定性和可靠性。

【思考与练习】

1. 数字控制两端一定要有 CPU 计算机系统吗？
2. 通信受到干扰是否一定会影响电压控制和输出电压的稳定性？

第三十五章

逆变器电源（UPS）的基本原理

模块 1 逆变的概念（Z11L1009Ⅰ）

【模块描述】本模块包含逆变电路、有源逆变、无源逆变和逆变原理。通过原理介绍，掌握逆变的概念。

【模块内容】

随着电子技术、计算机技术和通信技术的发展，变电站综合自动化技术也得到了迅速发展。调度自动化及变电站综合自动化均需要有高性能指标和高可靠性的交流供电电源，不希望在运行中发生供电中断，否则将造成设备停止工作、数据中断等严重后果。

为防止站用电故障和全站停电，应使用逆变电源或不间断电源（uninterruptible power supply，UPS）以提供连续稳定、可靠的交流不间断电源。当交流电不正常或发生中断故障时，它仍能向负载提供符合要求的交流电，从而保证负载能连续不断地正常工作。随着变电站综合自动化等使用交流电源的计算机设备日益增多，不间断电源已成为变电站内必不可少的电源配置。

一、逆变电源

1. 逆变及其用途

图 Z11L1009Ⅰ–1 为全控桥整流—逆变原理图。该电路采用 6 只晶闸管元件，可实现将三相交流电整流为直流电，又能将直流电逆变为三相交流电送入电网。

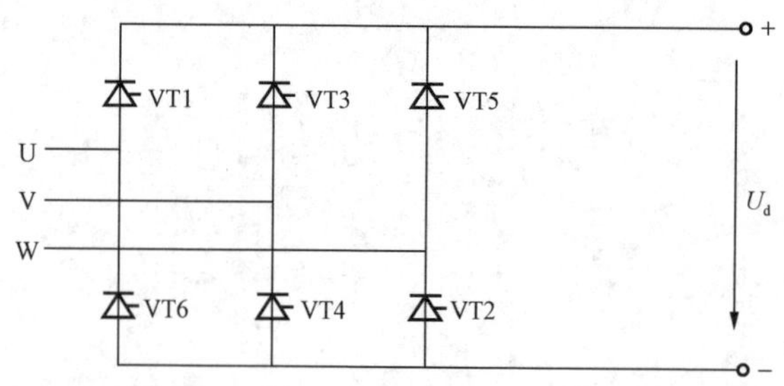

图 Z11L1009Ⅰ–1 全控桥式整流—逆变原理图

整流是将交流电转变成直流电，而逆变是将直流电转变成交流电，这种对应于整流而言的逆变过程，称之为逆变。

装置工作在逆变状态时，如果把变流器的交流侧接到交流电源上，便可把直流电逆变为同频率的交流电反送到电网中去，这就是有源逆变。电力系统中固定型铅酸蓄电池组的定期放电负载使用整流—逆变的晶闸管装置时，可以将铅酸蓄电池组放电的电能逆变送入交流电网中，属于有源逆变。

如果装置的交流侧不与电网相连接，而直接接到负载上，把直流电源逆变为某一频率或可调频率的交流电供给负载，叫无源逆变。

整流—逆变将交流和直流在晶闸管变流装置中互相联系。整流—逆变装置广泛应用于各个领域。上述电力系统中固定型铅酸蓄电池组的定期放电，可以用逆变的方式将蓄电池组的电能逆变为交流电送入电网中去。

2. 逆变原理

逆变与整流是相对的概念，两者的工作过程是相反的。把直流电能变为交流电能的变换原理如图 Z11L1009Ⅰ–2 所示。

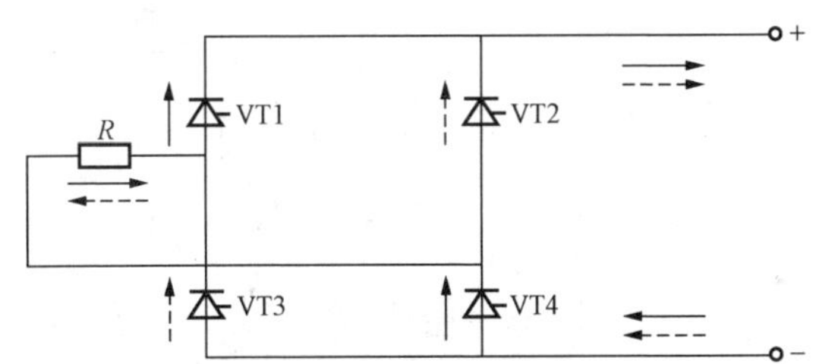

图 Z11L1009Ⅰ–2　无源逆变原理图

这是一个单相全控桥式电路，由 4 只晶闸管组成。当晶闸管 VT1、VT4 导通时，负载 R 上得到向右（实线箭头）方向的电流；当关断晶闸管 VT1、VT4 而使 VT2、VT3 导通时，负载 R 上流过相反方向（虚线箭头）的电流。如果按一定的规律交替接通、关断 VT1、VT4 及 VT2、VT3，在负载 R 上可以得到正、负按某一频率交变的单相交流电。同理，利用三相全控桥式电路，可以逆变出三相交流电。在这里主要是利用了晶闸管的可控制开关特性，实现了直流电源变换为交流电源的逆变过程。

二、逆变电源（UPS）的组成及分类

交流不间断电源 UPS 通常由整流器、逆变器、蓄电池、静态开关等部分组成。

1. 基本的 UPS

基本 UPS 电源框图如图 Z11L1009Ⅰ–3 所示。图中整流器将交流电变为直流电，然后分为两路，一路直流作为 DC/AC 逆变器的工作电源，输出的交流供给负载；另一路直流对蓄电池进行浮充电，由于具有储能蓄电池，所以当交流电中断时 UPS 能保证负载的供电不致中断。但是如果逆变器发生故障，则对负载的供电立即中断。显然，这种 UPS 的性能还不够完善。

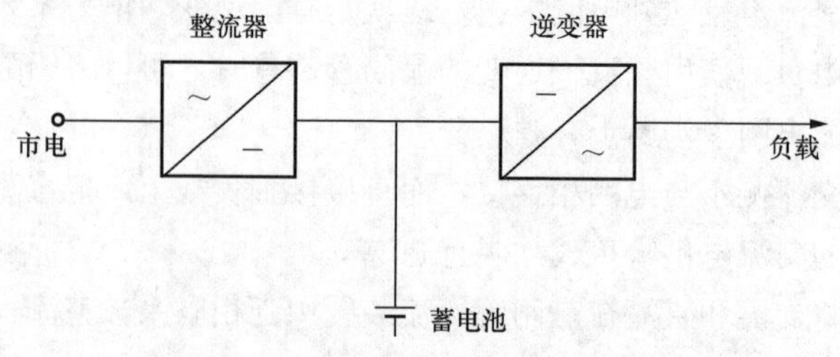

图 Z11L1009Ⅰ–3 UPS 电源结构

2. 具有静态开关的 UPS

具有静态开关的 UPS 原理框图如图 Z11L1009Ⅰ–4 所示。

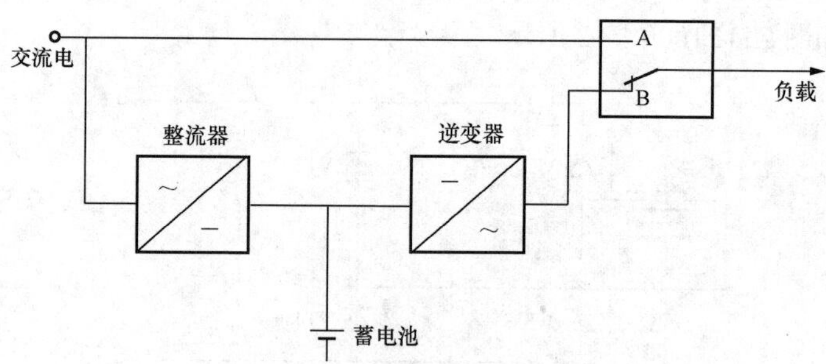

图 Z11L1009Ⅰ–4 具有切换功能的 UPS

这是在上述基本 UPS 的基础上增加了交流电切换开关构成的新系统。在正常情况下，仍由基本 UPS 经切换开关 B 端向负载供电。一旦逆变器发生故障，切换开关则立即换接到 A 点，由交流电直接向负载供电。这样无论是交流电发生故障或是逆变器发生故障，UPS 都可以保证对负载连续供电。

转换开关可以使用手动的机械开关，也可以使用自动静态电子开关。开关的操作模式可以选用优先 A 或 B。优选 A 时，逆变器在备用状态，正常时不带负载，也就是人们通常所说的“后备式 UPS”，这种工作方式适合交流电源供电质量比较稳定的场合。优选 B 时，逆变器常工作，对负载来说供电电源输出质量有保证，适合供电电源质量差的环境，即“在线式 UPS”。

A 模式可以提高 UPS 电源效率，但输出交流没有稳压作用。B 模式交流输出稳定，不受电网波动影响；缺点是由于逆变器常带载工作，UPS 整机效率较低，相对而言故障率较 A 模式有所增加。为提高 B 模式工况下供电的可靠性，可在旁路上串联一组同样的 UPS 作为后备电源，现在的电力专用 UPS 就是采用这种形式。

【思考与练习】

1. 逆变的定义是什么？如何理解有源逆变与无源逆变？

2. UPS 电源分类方法有哪几种？

模块 2　三相半波有源逆变电路（Z11L1010Ⅰ）

【模块描述】本模块介绍了三相半波有源逆变电路。通过原理分析，掌握三相半波有源逆变工作过程。

【模块内容】

图 Z11L1010Ⅰ-1 为三相半波逆变电源及其电压和电流波形。从 d、n 两端输出电压波形 u_d 可看出，当 α 在 $\pi/2\sim\pi$ 范围内改变时，输出电压的瞬时值 U_d 在整个周期

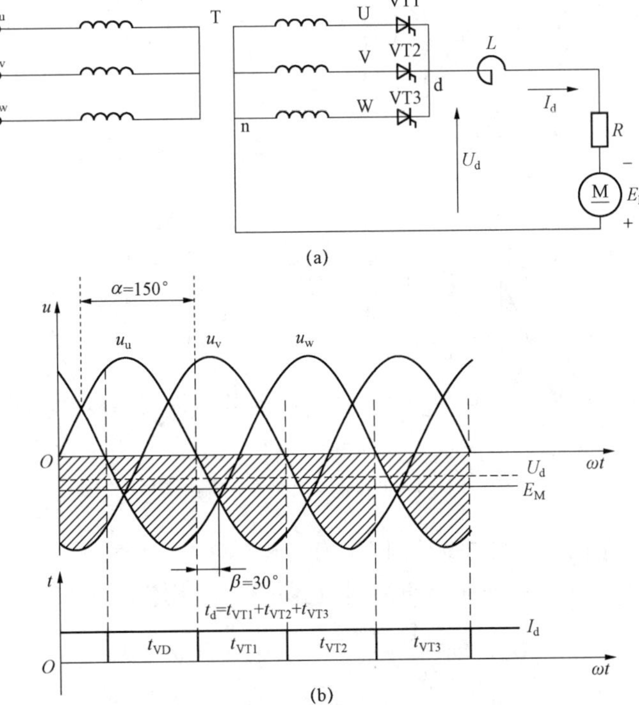

图 Z11L1010Ⅰ-1　三相半波逆变电源及其电压和电流波形

（a）三相半波逆变电源；（b）电压和电流波形

内也是有正有负或全部为负，但负面积总是大于正面积，故 u_d 为负，其极性是上负下正。此时的 E_M 应稍大于 U_d，I_d 的方向不变，但它从 E_M 的正极流出，到 U_d 的正端流入，故反送电能。就变压器二次侧 U 相绕组来看，晶闸管导通时，电流 i_{T1} 的方向与 u_n 的极性相反，说明交流电源输入电能。晶闸管轮流导通，把直流电能变为交流电能回馈到电网。在变流器中确定电网是输入功率还是输出功率一般从直流侧来分析决定，因变流器中交流电源与直流电源之间变换有功功率 $P_d=U_dI_d$，整流时 $U_d>0$，电网输出功率；逆变时，$U_d<0$，表示电网输入功率。

通过分析不同控制角时晶闸管两端的电压波形，可看出晶闸管在逆变状态工作的特点。在图 Z11L1010Ⅰ–2 中分别绘出控制角为π/3、π/2、2π/3和5π/6时输出电压 u_d 的波形，以及晶闸管 VT1 两端的电压波形。可以看出，在整流状态，晶闸管在阻断时主要承受反向电压，而在逆变状态，晶闸管在阻断时主要承受正向电压。

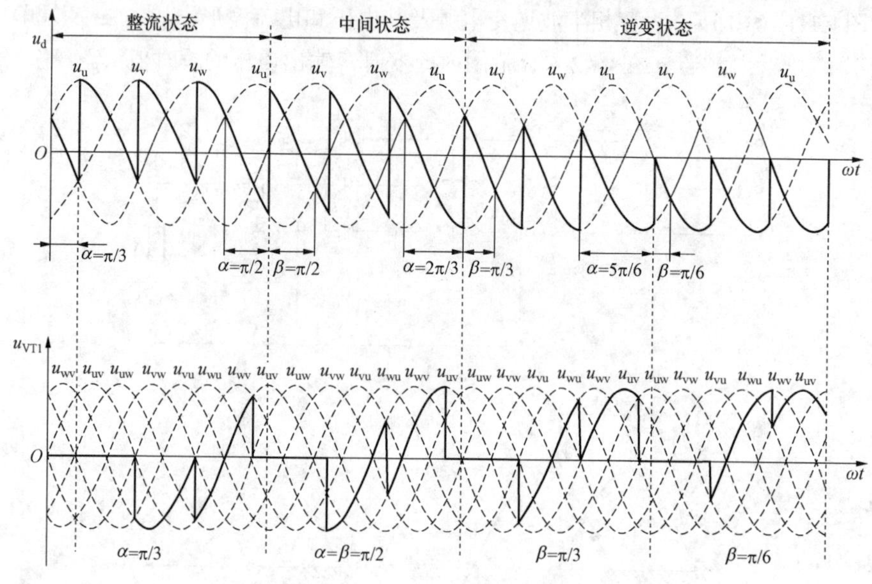

图 Z11L1010Ⅰ–2 不同控制角时输出电压波形

三相半波电路在整流和逆变范围内，如果电流连续，则每个晶闸管的导通角都是2π/3。故不论控制角 α 为何值，直流侧输出电压的平均值均计算公式

$$U_{mean}=\frac{1}{2\pi/3}\int_{\frac{\pi}{6}+\alpha}^{\pi/6+\alpha+2\pi/3}U_{max}\sin\omega t\mathrm{d}\omega t$$

$$=\frac{3\sqrt{3}}{2\pi}U_{max}\cos\alpha=1.17U_1\cos\alpha$$

式中 U_{max} ——相电压幅值，V；

U_1——相电压有效值，V。

变流器工作于有源逆变状态时，则常用逆变角 β 表示。规定逆变角 β 以控制角 $\alpha=\pi$ 作为计量的起点，即此时 $\beta=0$。控制角 α 是以自然换相点作为计量起始点，以此向右方计量，所以逆变角 β 和控制角 α 的计量方式相反，自 $\beta=0$ 的起始点向左方计量，两者关系满足 $\alpha+\beta=\pi$。

变流器工作于有源逆变时，α 位于 $\pi/2\sim\pi$ 之间，β 则位于 $0\sim\pi/2$ 之间。在整流的假定正方向下，在逆变角 β 时的输出电压平均值为

$$U_{\text{mean}}=\frac{1}{2\pi/3}U_{\max}\cos\beta-1.17U_1\cos\beta$$

式中　$U_{\max}$——相电压幅值，V；

U_1——相电压有效值，V。

与整流状态时一样，有源逆变时晶闸管之间的换相也是由触发脉冲控制的，只是对触发电路的要求更为严格，即要求触发装置必须严格按照规定的换相次序，依次发出脉冲，否则会造成逆变失败。

【思考与练习】

1. 画出三相半波逆变电源电压和电流波形图。
2. 根据三相半波逆变电源电压和电流波形说明三相半波逆变电源的工作过程。

◢ 模块 3　三相桥式逆变电路（Z11L1011Ⅰ）

【模块描述】 本模块介绍了三相桥式逆变电路。通过原理分析，掌握三相桥式逆变工作过程。

【模块内容】

当一个三相桥式全控整流（有源逆变）电路工作在整流状态时，能量从交流侧传向直流侧，对整流桥来说交流侧是能量输入侧，直流侧是输出侧；但当它工作在 $\alpha>90^\circ$ 的有源逆变状态时，能量是从直流侧传向交流侧，从能量传递方向来讲直流侧是输入侧，交流侧是输出方。但从变换器控制的角度来看，交流侧的电压及频率由电网决定，是不能被改变的，调节控制角 α 的结果仍是改变变换器直流侧的电压 U_d 及电流 I_d，使 U_d 得到所需的 I_d，且为了与前面整流分析中的各种叙述保持一致，以下仍沿用整流电路的把交流侧作为“输入”、把直流侧作为“输出”来叙述。

图 Z11L1011Ⅰ-1（a）是采用三相全控桥式整流电路构成的有源逆变电路。图中 L_d 足够大，能维持直流侧电流 i_0 为一恒定值 I_d。三相交流电源是容量无穷大的交流电网，是恒压恒频的三相对称系统。各相交流侧的等效电感相等，都为 L_c。但在下面的

分析中，为了分析不同α时的工作波形，假定在某一确定α时，E_d是能自动满足电路正常工作条件的特殊电动势源，即认为E_d是随α的改变而改变大小的。

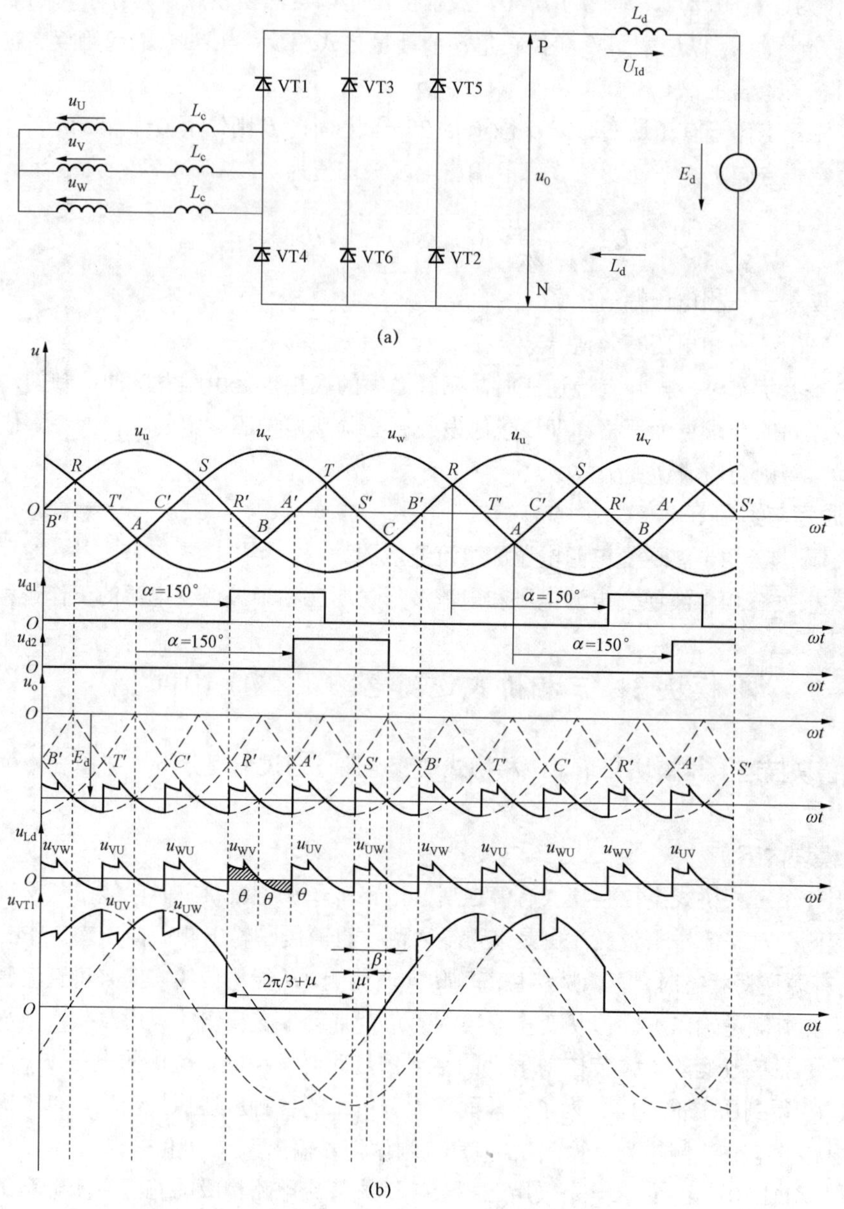

图 Z11L1011Ⅰ-1 三相桥式逆变电路的接线图和电压波形图

（a）有源逆变电路的接线图；（b）电压波形图

下面分析三相桥式逆变电路工作原理及状态。

电网线电压和相电压的波形和各晶闸管的控制及脉冲波形如图 Z11L1011 Ⅰ-1（b）所示。为了简化，图中只给出了 u_{g1}、u_{g2} 的波形，其余类推。u_{g1}、u_{g2} 从各自然换流点后移了 150° 电角度，即 R→R′、A→A′。依此类推，对应的各换流点都从各自然换流点推迟了 α=150° 电角度。

在 $\omega t = \pi/6+\alpha$ 即 R′ 点前面的区间，VT5 和 VT6 元件导通，输出电压 $u_0=u_{WV}<0$；当 $\omega t = \pi/6+\alpha$（即 R′ 点）时，u_{g1} 到来，此时 VT1 元件电压 $u_{V1}=u_U-u_W=u_{UW}>0$，因此 VT1 元件具备了导通条件而被触发导通，VT1 和 VT5 开始换流，换流期间输出电压 $u_0=(u_{WV}+u_{UV})/2$。经过 μ 电角度后换流结束，换流结束后，$u_0=u_{UV}<0$。当 $\omega t = \pi/2+\alpha$（即 A′ 点）时，u_{g2} 到来，此时 VT2 元件电压 $u_{V2}=u_V-u_W=u_{VW}>0$，VT2 满足导通条件而被触发导通，VT6 和 VT2 换流，换流期间输出电压 $u_0=(u_{UV}+u_{UW})/2$。经过 μ 电角度后换流结束，换流结束后，$u_0=u_{UW}<0$。同理，可以分析其他区间的电路工作过程，并可综述如下：

（1）各元件的工作情况和整流状态时一样。在非换流期间，上、下元件组各有一个元件导通，在换流的 μ 期间内，电路中有 3 个元件导通。

（2）电路每隔 $\pi/3$ 出现一次元件换流，并按 R′→A′→S′→B′→T′→C′→R′ 次序轮番进行。每个元件的导通角 $\theta = 2\pi/3+\mu$。

（3）由于控制角 α>90°，其输出电压 u_0 的平均值 U_d 为负值，三相桥式全控整流器运行在逆变工作状态下，其 u_0 的波形如图 Z11L1011 Ⅰ-1（b）所示。

由于三相桥式逆变电路由两组三相半波逆变电路串联组成，故其输出电压的平均值应为三相半波时的 2 倍，即

$$U_{mean} = \frac{3\sqrt{3}}{\pi} \cdot U_{max}\cos\beta = -2.34U_1\cos\beta$$

式中　U_{max}——交流电源相电压的幅值，V；

　　U_1——相电压有效值，V。

输出直流电流的平均值为

$$I_{mean} = \frac{U_{mean}-E}{R}$$

式中　R——回路总电阻，Ω。

三相桥式逆变电路具有变压器利用率高，电压脉动小，所用电抗器的电感量比三相半波时要小，以及晶闸管的额定电压相对低等优点。

【思考与练习】

1. 试分析三相桥式逆变电路的工作原理。

2. 试说明三相桥式逆变电路的工作过程。

第三十六章

直流系统通用技术

◢ 模块 1　系统组成（Z11L1012Ⅰ）

【模块描述】本模块介绍了直流系统的基本组成及附属组成部分。通过功能介绍，了解直流系统主要部件的作用。

【模块内容】

直流系统主要由充电装置、蓄电池、直流馈电柜 3 大部分组成，还有其他辅助组成部分，还有绝缘监测（接地选线可选）、母线调压装置（可选）、电压（电流）监测（可选）、电池巡检（可选）、闪光装置等单元。其组成框图如图 Z11L1012Ⅰ–1 所示。

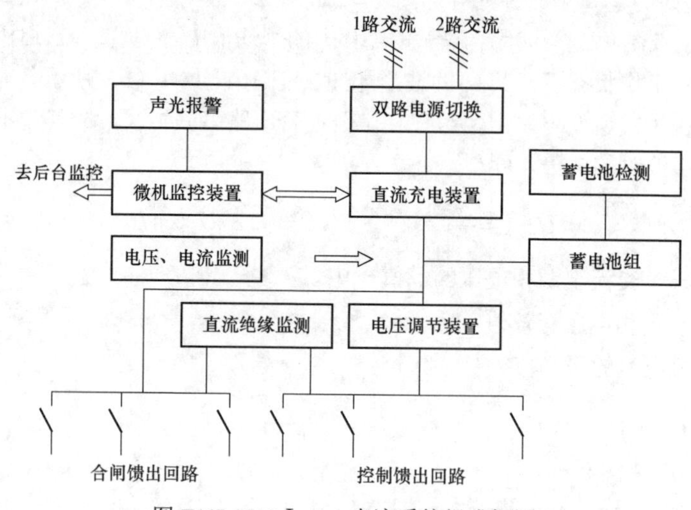

图 Z11L1012Ⅰ–1　直流系统组成框图

一、绝缘监测装置

直流系统是不接地系统。当直流电源一极接地后，再发生另一点接地容易产生寄生回路，造成保护设备误动或拒动、电源短路。因此，直流系统必须配置绝缘监测装置监视直流是否接地并立即告警，以便运行和继电保护人员及时处理，防止发生由直流接地带来的继电保护设备误动或拒动、电源短路等严重后果。现在一般大型变电站均采用有自动查找支路接地功能的直流绝缘监测装置，避免人工查找支路接地过程中拉、合直流负载电源，减轻了运行工作人员的工作强度，避免了人工拉、合直流支路电源时可能带来的危险。

通常，直流绝缘监测仪和蓄电池监测仪作为独立单元设备，供组柜（屏）制造厂选配。这些监测仪均能通过数据通信或接点信号与监控器相连，监控器成为直流系统一个信息管理中心，与变电站综合自动化有很好的接口界面，适应变电站无人值守发展形势的需要。

二、母线调压装置

母线调压装置（降压硅装置）是直流电源系统解决蓄电池（动力合闸母线）电压和控制母线电压之间相差太大的矛盾而采用的一种简单易行的方法，通过调整降压硅上的压降使得蓄电池不管在浮充电状态、均衡充电状态、放电状态下，控制母线电压基本保持不变（在合格范围内）。设有母线调压装置的系统，必须采取防止母线调压装置开路造成控制母线失压的措施。

三、蓄电池巡检装置

蓄电池巡检仪是监测运行蓄电池组中单只蓄电池端电压的装置，也可测量环境温度和蓄电池电流。近几年来，新出现的先进技术手段还可以测量单只蓄电池内阻，并进一步向蓄电池在线状态监测方向发展，通过各种在线测量手段和测量数据综合统计、分析、判断监测蓄电池组运行的状态和可靠性。尽管在线监测的各种方法仍无法替代蓄电池核对性放电工作，但完善的在线监测装置如蓄电池巡检仪，还是获得了广泛的应用，它的一个重要功能是可以避免蓄电池极端状况的发生，如蓄电池开路、接触不良导致的放电电压降低等，从而保证了直流系统的安全性和可靠性。

四、闪光装置

闪光装置能够提供闪光母线，在开关预分、预合、位置不对应时闪光灯闪烁。目前，微机保护的广泛应用，闪光装置、闪光母线已逐步取消。传统的直流系统供电回路中，有专门的闪光直流电源给控制屏提供高压断路器开关指示灯，当运行值班人员操作控制开关到预“合”“分”位置及控制开关和高压断路器位置不对应时，该闪光电源提供断续的直流电源，使得指示灯闪烁，提醒运行值班人员高压断路器状态的改变。闪光继电器是直流系统信号回路的辅助设备，该继电器只要感受到有电流输出，就发生周期性的通断使得输出直流断续，该电源的特点是只提供一路正的闪光直流电源（+SM），负电源是共用的直流负极（–KM）。

五、交流进线单元

交流进线单元指对直流柜内交流进线进行检测、自投或自复的电气/机械联锁装置。根据2006年国家电网公司对直流系统中交流输入的要求，充电柜的交流输入必须有两路分别来自不同站用变压器的电源，因此两路交流电源之间必须具有相互切换功能、优先选择任一路输入为工作电源功能、交流失电后来电自启动恢复充电装置工作等功能。不管直流系统是一段直流母线还是两段直流母线，每组充电装置有两路交流电源输入可以提高直流系统的可靠性，尤其是在实现变电站综合自动化而进行集控管理模式下，两路交流输入可以防止一路交流故障造成的蓄电池过放电等不测后果，两组充电装置分别选择不同的交流输入，可以避免当一路输入交流过电压时造成所有直流电源发生同一性质的故障。

六、监控器

高频开关电源充电装置中均使用监控器，监控器以计算机为核心，增强了对充电机的控制和保护功能、直流系统管理及监测功能，并且监控器的通信功能更容易与站内综合自动化融合，完成自动化系统的遥信、遥测等功能，也为实现各种方式的通信组网检测留有进一步发展的余地。

不论变电站采用什么形式的直流系统，选用何种类型的直流设备，都要具有监测直流电压和电流的表计。

【思考与练习】

1. 绝缘监测装置的作用是什么？
2. 闪光装置的作用是什么？

◢ 模块2 部件和结构要求（Z11L1013Ⅰ）

【模块描述】本模块介绍了直流电源系统中各主要部件的基本要求。通过工艺和标准的介绍，了解直流电源系统中各部件的功能要求和电气标准。

【模块内容】

一、部件要求

1. 交流输入

每个充电机有两路交流输入，当运行的交流输入失去时能自动切换到备用交流输入供电。必须设有防雷保护环节。

2. 母线调压装置

在动力母线（或蓄电池输出）与控制母线间设有母线调压装置的系统，必须采用防止母线调压装置开路造成控制母线失压的双通道设计（如采用备用硅链等措施）。母线调压装置的标称电压不小于系统标称电压的15%。

3. 直流系统的电压、电流监测

应能对直流母线电压、充电电压、蓄电池组电压、充电浮充电装置输出电流、蓄电池的充电和放电电流等参数进行监测。蓄电池输出电流表要考虑蓄电池放电回路工作时能指示放电电流，否则应装设专用的放电电流表。直流电压表、电流表应采用1.5级精度的表计，如采用数字显示表，应采用精度不低于 0.1 的表计。电池监测仪应实现对每个单体电池电压的监控，其测量误差应不大于2‰。

4. 电池组（柜）

防酸蓄电池和大容量的阀控式蓄电池应安装在专门的蓄电池室内，容量较小的镉镍电池（40Ah及以下）和阀控式蓄电池（300Ah及以下）可安装在电池柜内。电池柜内应设温度计，电池柜内通风、散热应良好。电池柜内的蓄电池应摆放整齐并保证足够的空间：蓄电池间距离不小于15mm，蓄电池与上层隔板间距离不小于150mm。系统应设有专用的蓄电池放电回路，其直流空气断路器容量应满足蓄电池容量要求。

5. 采用高频开关电源模块的要求

N+1配置，并联运行方式，模块总数宜不小于3块。监控单元发出指令时，按指令输出电压、电流，脱离监控单元，可输出恒定电压给电池浮充电。可带电拔插更换。软启动、软停止，防止电压冲击。

二、结构与元器件的要求

（一）结构要求

柜体外形尺寸（柜体外形尺寸是指柜体框架尺寸）应采用以下两种之一（根据需要，柜的宽度和深度可取括号中的调整值）：2200mm×800（1000、1200）mm×600（800）mm（优选值）（高×宽×深），2300mm×800（1000、1200）mm×550（800）mm，高度公差为±2.5mm，宽度公差为0～2mm，深度公差为±1.5mm。柜体应设有保护接地，接地处应有防锈措施和明显标志。门应开闭灵活，开启角不小于90°，门锁可靠。紧固连接应牢固、可靠，所有紧固件均具有防腐镀层或涂层，紧固连接应有防松措施。元件和端子应排列整齐、层次分明、不重叠，便于维护拆装。长期带电发热元件的安装位置应在柜内上方。

（二）元器件的要求

柜内安装的元器件均应有产品合格证或证明质量合格的文件，不得选用淘汰的、落后的元器件。导线、导线颜色、指示灯、按钮、行线槽、涂漆，均应符合国家或行业现行有关标准的规定。设备面板配置的测量表计，其量程应在测量范围内，测量最大值应在满量程85%以上。直流空气断路器、熔断器应具有安—秒特性曲线，上下级应大于2级的配合级差。重要位置的熔断器、断路器应装有辅助报警触点，如蓄电池组、交流进线处等。馈线开关应并接在直流汇流母线上，以便维护、更换。同类元器件的插接件应具有通用性和互换性，应接触可靠、插拔方便。插接件的接触电阻、插拔力，允许电流及寿命，均应符合国家及行业现行标准要求。

（三）电气间隙和爬电距离

柜内两带电导体之间、带电导体与裸露的不带电导体之间的最小距离，均应符合表 Z11L1013Ⅰ–1 规定的最小电气间隙和爬电距离的要求。

表 Z11L1013Ⅰ–1　　最小电气间隙和爬电距离

额定绝缘电压 U_i 额定工作电压交流均方根值或直流（V）	额定电流≤63A		额定电流＞63A	
	电气间隙（mm）	爬电距离（mm）	电气间隙（mm）	爬电距离（mm）
≤60	3.0	5.0	3.0	5.0
60＜U_i≤300	5.0	6.0	6.0	8.0
300＜U_i≤600	8.0	12.0	10.0	12.0

注　小母线汇流排或不同极的裸露带电的导体之间，以及裸露带电导体与未经绝缘的不带电导体之间的电气间隙不小于 12mm，爬电距离不小于 20mm。

（四）电气绝缘性能

（1）绝缘电阻。柜内直流汇流排和电压小母线，在断开所有其他连接支路时，对地的绝缘电阻应不小于 10MΩ。

蓄电池组的绝缘电阻要求：

1）电压为 220V 的蓄电池组不小于 200kΩ。

2）电压为 110V 的蓄电池组不小于 100kΩ。

3）电压为 48V 的蓄电池组不小于 50kΩ。

（2）工频耐压。柜内各带电回路，按其工作电压应能承受表 Z11L1013Ⅰ–2 所规定历时 1min 的工频耐压的试验，试验过程中应无绝缘击穿和闪络现象。试验部位：非电连接的各带电电路之间；各独立带电电路与地（金属框架）之间；柜内直流汇流排和电压小母线，在断开所有其他连接支路时对地之间。

表 Z11L1013Ⅰ–2　　绝缘试验的试验等级

额定绝缘电压 U_i 额定工作电压交流均方根值或直流（V）	工频电压（kV）	冲击电压（kV）
≤60	1.0	1
60＜U_i≤300	2.0	5
300＜U_i≤500	2.5	12

（3）冲击耐压。柜内各带电电路对地（金属框架）之间，按其工作电压应能承受表 Z11L1013Ⅰ–2 所规定标准雷电波的短时冲击电压的试验。试验过程中应无击穿放电。

（五）防护等级

柜体外壳防护等级应不低于 GB 4208—2008《外壳防护等级（IP 代码）》中 IP20 的规定。

（六）噪声

在正常运行时，采用高频开关充电装置的系统，自冷式设备的噪声应不大于 50dB（A），风冷式设备的噪声平均值应不大于 55dB（A）；采用相控充电装置的系统的设备噪声平均值不大于 60dB（A）。

（七）温升

充电浮充电装置及各发热元器件，在额定负载下长期运行时，其各部位的温升均不得超过表 Z11L1013Ⅰ–3 的规定。

表 Z11L1013Ⅰ–3　　设备各部件的极限温升

<table>
<tr><th>部件或器件</th><th>极限温升（K）</th><th>部件或器件</th><th>极限温升（K）</th></tr>
<tr><td>整流管外壳</td><td>70</td><td>整流变压器、电抗器 B 级绝缘绕组</td><td>80</td></tr>
<tr><td>晶闸管外壳</td><td>55</td><td rowspan="2">铁芯表面</td><td rowspan="2">不损伤相接触的绝缘零件</td></tr>
<tr><td>降压硅堆外壳</td><td>85</td></tr>
<tr><td>电阻发热元件</td><td>25（距外表 30mm 处）</td><td rowspan="3">母线连接处：
铜与铜
铜搪锡—铜搪锡</td><td rowspan="3">
50
60</td></tr>
<tr><td>与半导体器件的连接处</td><td>55</td></tr>
<tr><td>与半导体器件连接的塑料绝缘线</td><td>25</td></tr>
</table>

（八）蓄电池组容量

蓄电池组应按规定的放电电流进行容量试验。蓄电池组允许进行 3 次充放电循环，第 3 次循环应达到额定容量，放电终止电压应符合表 Z11L1013Ⅰ–4 的规定。

表 Z11L1013Ⅰ–4　　蓄电池放电终止电压与充放电电流

<table>
<tr><th>电池类别</th><th>标称电压（V）</th><th>放电终止电压（V）</th><th>额定容量（Ah）</th><th>充放电电流（A）</th></tr>
<tr><td>固定型防酸式铅酸蓄电池</td><td>2</td><td>1.8</td><td>C_{10}</td><td>I_{10}</td></tr>
<tr><td rowspan="3">阀控式密封铅酸蓄电池</td><td>2</td><td>1.8</td><td>C_{10}</td><td>I_{10}</td></tr>
<tr><td>6</td><td>5.25（1.75×3）</td><td>C_{10}</td><td>I_{10}</td></tr>
<tr><td>12</td><td>10.5（1.75×6）</td><td>C_{10}</td><td>I_{10}</td></tr>
</table>

（九）其他要求

1. 事故放电能力

蓄电池组按规定的事故放电电流放电1h后，叠加规定的冲击电流，进行10次冲击放电。冲击放电时间为500ms，两次之间间隔时间为2s，在10次冲击放电的时间内，直流（动力）母线上的电压不得低于直流标称电压的90%。

2. 负荷能力

设备在正常浮充电状态下运行，当提供冲击负荷时，要求其直流母线上电压不得低于直流标称电压的90%。

3. 连续供电

设备在正常运行时，交流电源突然中断，直流母线应连续供电，其直流（控制）母线电压波动瞬间的电压不得低于直流标称电压的90%。

4. 电压调整功能

设备内的调压装置应具有手动调压功能和自动调压功能。采用无级自动调压装置的设备，应有备用调压装置。当备用调压装置投入运行时，直流（控制）母线应连续供电。

5. 充电装置的技术性能

（1）设备应有充电（恒流、限流恒压充电）、浮充电及自动转换的功能，并具有软启动特性。

（2）相控型、高频开关电源型充电浮充电装置主要技术参数应达到表 Z11L1013Ⅰ-5的规定。

表 Z11L1013Ⅰ-5　　充电装置的精度及纹波系数允许值

项　目	充电装置类别		
	相控型		高频开关电源型
	Ⅰ	Ⅱ	
稳压精度（%）	≤±0.5	≤±1	≤±0.5
稳流精度（%）	≤±1	≤±2	≤±1
纹波系数（%）	≤1	≤1	≤0.5

注　Ⅰ、Ⅱ表示充电浮充电装置的精度分类。

（3）高频开关电源模块并机均流要求：多台高频开关电源模块并机工作时，其均流不平衡度应不大于±5%。

（4）限压及限流特性。充电浮充电装置以稳流充电方式运行，当充电电压达到限压整定值时，设备应能自动限制电压，自动转换为恒压充电方式运行。充电浮充电装置以稳压充电方式运行，若输出电流超过限流的整定值，设备能自动限制电流，并自动降低输出电压，输出电流将会立即降至整定值以下。

（5）恒流充电时，充电电流的调整范围为（20%～130%）I_N。

（6）恒压运行时，充电电流的调整范围为 0～100%I_N。

（7）蓄电池组充电电压调整范围。电压调整范围为 90%～125%（2V 铅酸式蓄电池）、90%～130%（6V、12V 阀控式蓄电池）、90%～145%（镉镍蓄电池）的直流标称电压。

6. 效率

相控型充电装置的效率应不小于 70%，高频开关电源型充电装置的效率应不小于 90%。

7. 保护及报警功能要求

（1）绝缘监察要求。

1）设备的绝缘监察装置绝缘监察水平应满足表 Z11L1013Ⅰ–6 的规定。

表 Z11L1013Ⅰ–6　　绝缘水平整定值

标称电压（V）	220	110	48
普通绝缘监察装置（kΩ）	25	7	1.7

2）当设备直流系统发生接地故障（正接地、负接地或正负同时接地），其绝缘水平下降到低于表 Z11L1013Ⅰ–6 规定值时，应满足以下要求：① 设备的绝缘监察应可靠动作；② 能直读接地的极性；③ 设备应发出灯光信号并具有远方信号触点以便引接柜（屏）的端子。

（2）电压监察要求。设备内的过电压继电器电压返回系数应不小于 0.95，欠电压继电器电压返回系数应不大于 1.05。当直流母线电压高于或低于规定值时应满足以下要求：

1）设备的电压监察应可靠动作。

2）设备应发出灯光信号，并具有远方信号触点以便引接柜（屏）的端子。

3）设备的电压监察装置应配有仪表并具有直读功能。

（3）闪光报警要求。当用户需要时，设备可设置完善的闪光信号装置和相应的试验按钮。

（4）故障报警要求。当交流电源失压（包括断相）、充电浮充电装置故障、绝缘监察装置故障或蓄电池组熔断器熔断时设备应能可靠发出报警信号。

8. 微机监控装置的要求

（1）控制程序。

1）监控装置应具有充电、长期运行、交流中断的控制程序。

2）微机监控装置能自动进行恒流限压充电—恒压充电—浮充电—正常充电运行状态。

3）根据整定时间，微机监控装置将自动地对蓄电池组进行均衡充电。

（2）显示及报警功能。

1）监控装置应能显示控制母线电压，动力母线电压，充电电压，蓄电池组电压，充电浮充电装置输出电流，蓄电池的充电、放电电流等参数。

2）监控装置应能对其参数进行设定、修改。若发现下列状态，如交流电压异常、充电浮充电装置故障、母线电压异常、蓄电池电压异常、母线接地等，应能发出相应信号及声光报警，其保护及报警功能应符合规定。为防止在监控装置异常时无法发出报警信号，建议较重要的信号，如母线电压异常、母线接地等信号可再由不经监控装置的独立接点送出。

3)监控装置能自我诊断内部的电路故障和不正常的运行状态,并能发出声光报警。

（3）三遥功能。监控装置内应设有通信接口，实现对设备的遥信、遥测及遥控，见表 Z11L1013Ⅰ–7。

表 Z11L1013Ⅰ–7　　遥信、遥测及遥控功能

遥测	直流母线电压、负载总电流、蓄电池电压、电池充放电电流等参数
遥信	充电浮充电装置故障、交流电压异常、控制母线过/欠压、直流接地、直流空气断路器脱扣、电池组熔断器熔断、绝缘监测和其他装置故障等信号
遥控	直流电源装置的开启、关停控制
	充电装置的均衡充电、浮充电转换控制

9. 电磁兼容性（抗扰度）

（1）振荡波抗扰度要求。装有微机监控装置或高频开关电源的设备应能承受 GB 17626.12—1998《电磁兼容　试验和测量技术　振荡波抗扰度试验》中规定的试验严酷等级为三级的振荡波抗扰度试验。

（2）静电放电抗扰度。装有微机监控装置或高频开关电源的设备应能承受 GB/T 17626.2—1998《电磁兼容　试验和测量技术　静电放电抗扰度试验》中规定的试验严酷等级为三级的静电放电抗扰度试验。

10. 谐波电流

装有高频开关电源的设备，交流输入端谐波电流含有率应不大于30%。

【思考与练习】

1. 充电装置的技术性能是如何要求的？
2. 蓄电池组容量是如何要求的？
3. 绝缘监察装置应满足什么条件？
4. 直流系统电气绝缘性能是如何要求的？

模块3 直流系统使用条件（Z11L1014Ⅰ）

【模块描述】本模块介绍了直流电源系统的使用条件。通过条文归纳，掌握直流系统正常使用的环境条件和电气条件。

【模块内容】

一、正常使用的环境条件

（1）海拔不超过1000m。

（2）设备运行期间周围空气温度不高于40℃，不低于–10℃。

（3）日平均相对湿度不大于95%，月平均相对湿度不大于90%。

（4）安装使用地点无强烈振动和冲击，无强电磁干扰，外磁场感应强度均不得超过0.5mT。

（5）安装垂直倾斜度不超过5%。

（6）使用地点不得有爆炸危险介质，周围介质不含有腐蚀金属和破坏绝缘的有害气体及导电介质，不允许有霉菌存在。

二、正常使用的电气条件

（1）频率变化范围不超过±2%。

（2）交流输入电压波动范围不超过–10%～+15%。

（3）交流输入电压不对称度不超过5%。

（4）交流输入电压应为正弦波，非正弦含量不超过10%。

本模块只提出了正常使用环境条件下的基本要求，对于高海拔、高湿热以及特殊使用环境下使用的直流电源设备，用户在设备订货时，还应根据具体情况，补充提出其特殊要求。

【思考与练习】

1. 直流系统正常使用的电气条件有哪些？
2. 直流系统正常使用的环境条件有哪些？

模块 4 直流系统型号与基本参数（Z11L1015Ⅰ）

【模块描述】本模块介绍了直流电源设备的型号及基本参数。通过编码说明，了解直流系统型号的含义。

【模块内容】

一、型号

直流系统型号及含义如图 Z11L1015Ⅰ–1 所示。

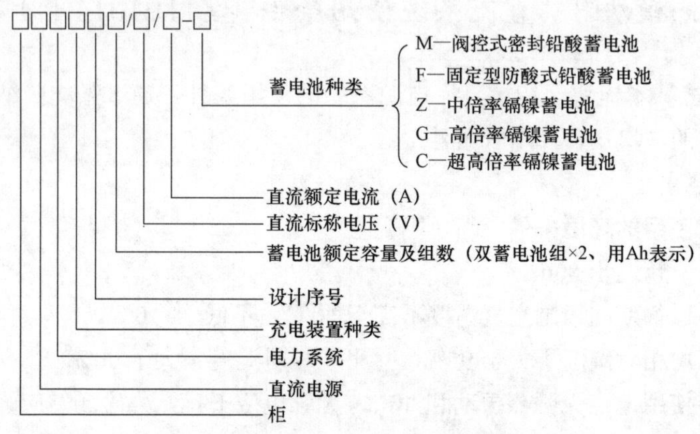

图 Z11L1015Ⅰ–1 直流系统型号及含义

例如：型号为 GZDW31–200Ah/220V/30A–M，G 表示柜式结构，Z 表示直流电源，D 表示电力系统用，W 表示微机型，31 为设计序号表示单充电机、单蓄电池组、单母线，200Ah 表示蓄电池额定容量为 200Ah，220V 表示直流标称电压 220V，30A 表示直流额定电流 30A，M 表示蓄电池种类为阀控式密封铅酸蓄电池。

二、基本参数

额定输入电压：单相，220V；三相，380V。

额定输入频率：50Hz。

直流额定电压：50、115、230V。

直流标称电压：48、110、220V。

充电装置输出直流额定电流：5、10、15、20、30、40、50、80、100、160、200、250、315、400A。

蓄电池的额定容量：10～3000Ah。

设备负载等级：负载等级为一级（即连续输出额定电流）。

稳流精度：±1%、±2%。

稳压精度：±0.5%、±1%。

纹波系数：0.5%、1%。

【思考与练习】

1. 型号 GZDW200Ah/220V/30A–M 表示什么含义？

2. 直流系统额定电压与标称电压分别是多少？

第三十七章

蓄电池组的基本原理

模块 1　铅酸蓄电池的基本知识（Z11L1016Ⅰ）

【模块描述】本模块介绍了蓄电池的工作原理、分类、构造等知识。通过原理讲解、结构分析，掌握电化学反应以及蓄电池的工作过程。

【模块内容】

为确保电网的安全运行，在变电站故障时，利用蓄电池提供能源，及时地将故障点切除，以防事故的进一步扩大。

一、铅酸蓄电池的工作原理

蓄电池是一种化学能源，它能把电能转变为化学能储存起来。使用时，把储存的化学能再转变为电能。两者的转变过程是可逆的。

蓄电池能量转化的可逆过程是指充电与放电的重复过程。将蓄电池与直流电源连接进行充电时，蓄电池将电源的电能转变为化学能储存起来，这种转变过程称为蓄电池的充电。在已经充好电的蓄电池两端接上负荷后，则储存的化学能又转变为电能，这种转变过程称为蓄电池的放电。

铅酸蓄电池的工作原理如图 Z11L1016Ⅰ-1 所示。

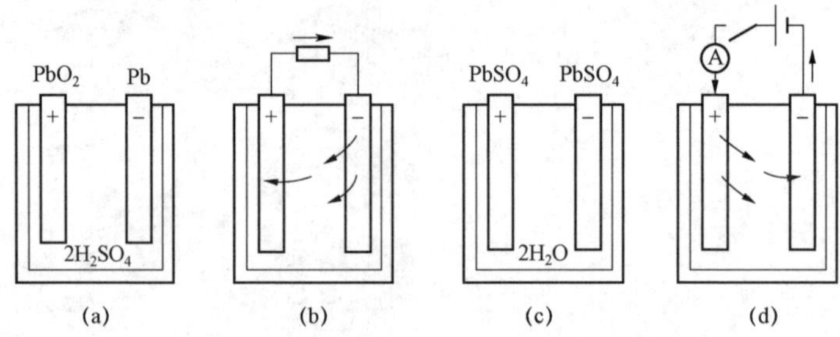

图 Z11L1016Ⅰ-1　铅酸蓄电池工作原理

（a）充电后；（b）放电时；（c）放电后；（d）充电时

蓄电池充电后，正极板上的活性物质已变成二氧化铅（PbO_2），负极板上的活性物质已变成绒状铅（Pb）（电解液密度为 1.21 时，单电池的端电压为 2.05V）。这时如果在蓄电池两端接上电阻，电路内就会产生电流，由蓄电池正极板流到负极板。硫酸（H_2SO_4）在水（H_2O）的溶液中一部分分子分解为离子，即分解为正的氢离子（H^+）和负的硫酸根离子（SO_4^{2-}）；当蓄电池放电时，氢离子移向正极板，而硫酸根离子移向负极板。在负极板上的化学反应式为

$$P_b+SO_4^{2-}\longrightarrow P_bSO_4+2e$$

在正极板上的化学反应式为

$$P_bO_2+2H^++H_2SO_4+2e\longrightarrow P_bSO_4+2H_2O$$

充电过程中，水被吸收与硫酸根离子生成硫酸，使正极板复原为 P_bO_2，负极板复原为绒状铅，结果使电解液的浓度和密度增加，蓄电池的内阻降低，端电压升高。

放电和充电循环过程中的可逆化学反应式为

$$P_bO_2+2H_2SO_4+Pb\longleftrightarrow P_bSO_4+2H_2O+P_bSO_4$$

式中从左向右为放电时化学反应，从右向左为充电时化学反应。

在蓄电池放电、充电过程中，将发生下列现象：

1. 放电时

（1）正极板由深褐色的 P_bO_2 逐渐变为 P_bSO_4，正极板的颜色变浅。

（2）负极板由灰色的绒状铅逐渐变为 P_bSO_4，负极板的颜色也变浅。

（3）电解液中的水分增加，浓度和密度逐渐下降。

（4）蓄电池的内阻逐渐增加，端电压逐渐下降。

2. 充电时

（1）正极板由 P_bSO_4 逐渐变为 P_bO_2，颜色逐渐恢复为深褐色。

（2）负极板由 P_bSO_4 逐渐变成绒状铅，颜色逐渐恢复为灰色。

（3）电解液中的水分减少，浓度和密度逐渐上升。

（4）充电接近完成时，正极板上的硫酸铅大部分恢复为 P_bO_2，氧离子因找不到和它起作用的 P_bSO_4 而析出，所以在正极板上产生了气泡。在负极板上，氢离子最后也因为找不到和它起作用的 P_bSO_4 而析出，所以在负极板上也有气泡产生。

（5）蓄电池的内阻逐渐减小，而端电压逐渐升高。

二、铅酸蓄电池的分类与构造

（一）铅酸蓄电池的分类

固定式铅酸蓄电池目前一般分为固定式防酸蓄电池（富液式）和密封蓄电池。固定式防酸蓄电池有防酸隔爆式（如 GGF–300）、消氢式（如 GGX–1000）、干荷式（如 GAF–3000）、湿荷式（如 GGM–1500）。密封蓄电池有全密封式和阀控式（贫液式和

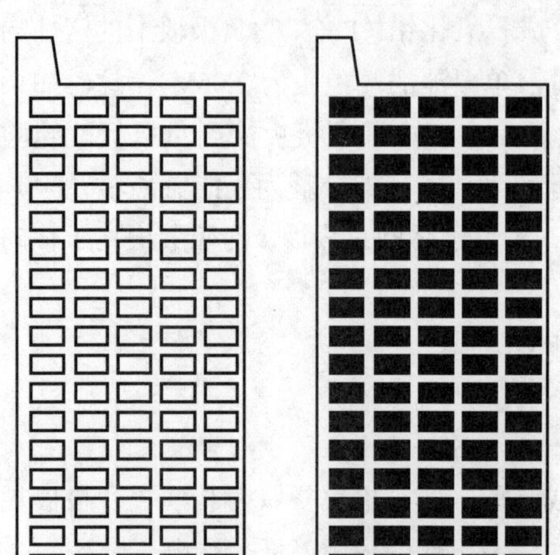

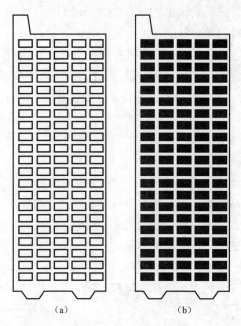

图 Z11L1016Ⅰ-2 涂膏式极板

（a）极板栅架；（b）涂有活性物质的极板

阴极吸附式）。

（二）铅酸蓄电池的构造

1. 铅酸蓄电池的构造

铅酸蓄电池的结构组件有正极板、负极板、电解质、容器外壳、引出正/负极板的极柱等组成。根据用途的不同会在结构上有所差异。

富液式铅酸蓄电池极板可分为涂膏式和管式两种。

涂膏式极板如图 Z11L1016Ⅰ-2 所示。它是将活性物质铅膏涂在铅锑合金制成的极板栅上，阳极铅膏为褐色的二氧化铅（PbO_2），阴极铅膏为灰色的铅棉（Pb）。

管式极板如图 Z11L1016Ⅰ-3 所示。正极板是把铅粉灌入或将铅膏挤入玻璃丝套内，丝套为多孔型，是用玻璃纤维或涤纶类的合成纤维编织后经树脂固化成的。

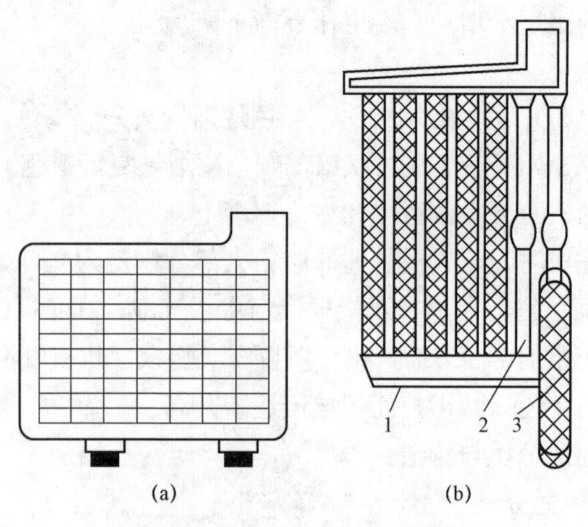

图 Z11L1016Ⅰ-3 管式极板

（a）板栅结构；（b）管栅正极板

1—封底；2—筋条；3—套管

蓄电池极板总数为不少于 3 的奇数，铅酸蓄电池布置在两侧的负极板比正极板多 1 块，以防止正极板翘曲变形。各正极板、负极板均有极耳通过汇流排连在一起组成正极板群和负极板群，正/负汇流排通过极柱引出壳体外形成正/负极接线端，正/负极板之间都用微孔橡胶隔板或塑料隔板隔开，如图 Z11L1016Ⅰ–4 所示。

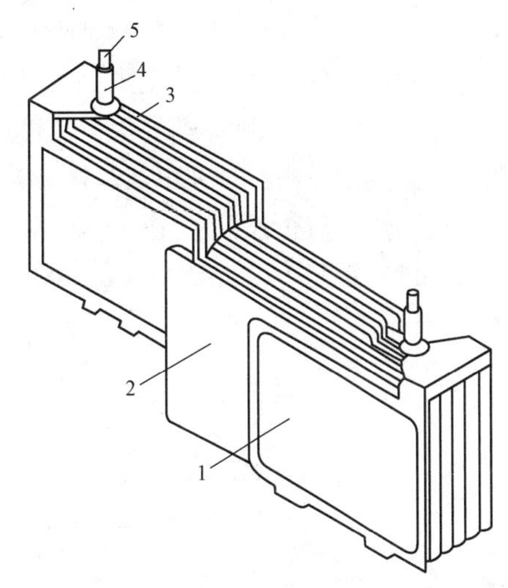

图 Z11L1016Ⅰ–4　正/负极板之间的隔板

1—负极群；2—隔板；3—正极群；4—汇流排；5—极柱

2. 阀控式铅酸蓄电池的构造

阀控式铅酸蓄电池根据其用途的不同可组装成 2V、6V 和 12V 系列的电池规格，这些电池除了内部结构的差异外，在性能上都具有 VRLA 蓄电池的特点。下面介绍 2V 和 12V 系列电池的结构和组件的作用。

（1）2V 系列 VRLA 蓄电池的结构如图 Z11L1016Ⅰ–5 所示。图中各部件的作用如下：

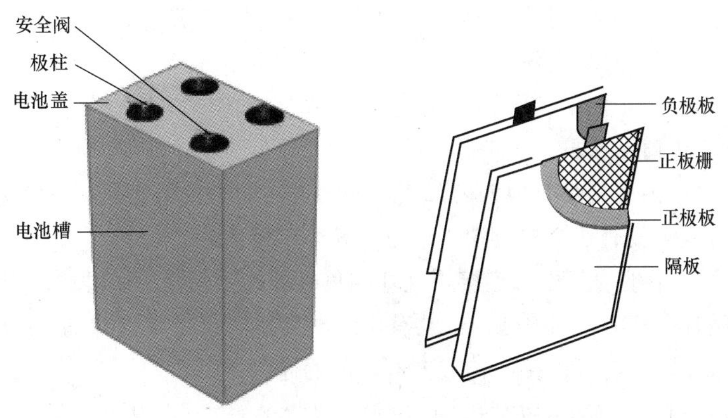

图 Z11L1016Ⅰ–5　2V 系列 VRLA 蓄电池结构

1）板栅：由铅合金经过模具铸造形成栅格状的物体，用于支撑活性物质和传导电流。

2）极板：板栅上涂膏后称为极板，它提供电化学反应的活性物质，是电化学反应的场所及电池容量的主要制约者。根据所涂铅膏性质的不同分为正极板和负极板。

3）隔板：储存电解液，作为氧气通道，防止活性物质脱落，并防止正负极之间短路。

4）电池槽：盛装极群，槽的厚度及材料直接影响到电池是否膨胀变形。

5）极柱：直接焊接在汇流排上，用连接条连接形成串联或并联回路，传导电流。

6）安全阀：安全阀安装在电池盖上，由阀体和安全阀共同组成，使电池保持一定内压，提高反应效率；过充电或高电流充电时，安全阀打开排出气体，防止电池变形甚至发生爆炸；防止外界空气进入电池；防止电解液挥发。

（2）12V 系列 VRLA 蓄电池的结构如图 Z11L1016Ⅰ–6 所示。图中各部件的作用如下：

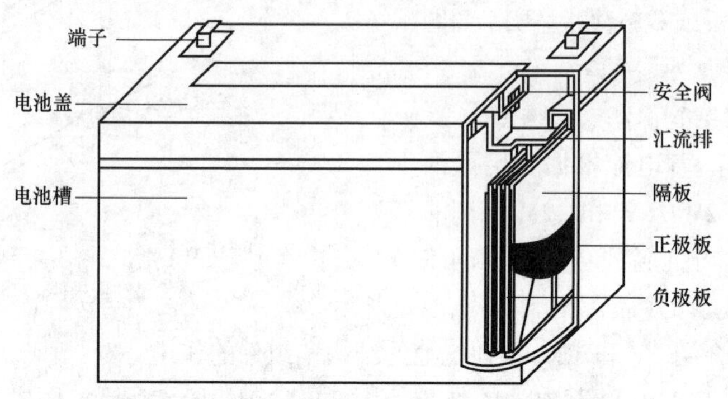

图 Z11L1016Ⅰ–6 12V 系列 VRLA 蓄电池结构

1）端子：相当于 2V 系列电池中的极柱，直接焊接在汇流排上，用连接条连接形成串联或并联回路，传导电流。

2）电池盖：与电池槽共同起到盛装极群和密封的作用。

3）电池槽：盛装极群。

4）安全阀：内压过高时成为内部气体的通道，同时也阻止外部空气进入电池中。12V 系列的电池一般有 6 个安全阀，分布在 6 个单格上。

5）汇流排：电池内部用于连接正极耳或负极耳的铅合金的熔融体，分为正汇流排和负汇流排两种。12V 系列电池内部共有 12 个汇流排，不同单格之间的正、负汇流排通过跨桥焊或穿壁焊进行连接，构成内部电流的通路。

6）隔板：用于正/负极板之间防止短路和吸收电解液及提供氧气通道。

7）正极板：正板栅上涂膏后称为正极板，它提供电化学反应的正极活性物质，是电化反应的场所，电池容量的主要制约者。

8）负极板：负板栅上涂膏后称为负极板，它提供电化学反应的负极活性物质，是电化反应的场所，电池容量的主要制约者，需要容量足以复合正极析出的氧气。

铅酸蓄电池是由正极板、负极板、隔离板、隔离棒、容器、电解液、铅连接板、压条等部分组成。G–12–180Ah（KQ 型、1K 型）蓄电池因为体积和质量较小，厂家制造时将正极板和负极板分别焊接成极板群；而 G–216Ah 以上（2K 型和 4K 型）蓄电池的正极板和负极板体积和质量较大，为了便于包装和运输，出厂时为单片，用户可自行焊接成极板群。

【思考与练习】

1. 简述铅酸蓄电池在放电时发生的现象。
2. 写出放电和充电循环过程中的可逆化学反应式。
3. 简述铅酸蓄电池的工作原理。

模块 2 蓄电池组在直流系统中的应用（Z11L1017Ⅰ）

【模块描述】本模块介绍了蓄电池组在直流系统中的几种组成方式。通过结构、特点分析，掌握蓄电池组在直流系统中的应用。

【模块内容】

电力系统中，蓄电池最早为 K 型开口式，以后选用 GF（GGF）型、GAM 型或其他型号的固定型蓄电池。目前在变电站中大量使用的是阀控式铅酸密封蓄电池。

固定型铅酸蓄电池组的充电及浮充电设备最早采用电动直流发电机组，20 世纪 70 年代硅整流设备被广泛采用，在以后新设计的发电厂、变电站中广泛采用硅整流设备作为充电和浮充电设备。采用带有端电池的直流系统，在对蓄电池组进行的充电与放电过程中，可以利用端电池的调整保持母线电压恒定。目前与阀控式铅酸密封蓄电池组屏的是微机控制的高频开关电源直流系统。

铅酸蓄电池在直流电源系统的应用提高了直流系统的可靠性，但因采用的蓄电池型号及规格、充电设备型号与电路接线、直流柜型式和结构不同而不尽一致，系统还在不断改进。铅酸蓄电池具有以下共同点：

（1）正常情况下，蓄电池组与浮充电设备并联运行，蓄电池组只承担断路器合断时的瞬间性冲击负荷，由浮充电设备承担经常直流负荷；同时以较小的电流对蓄电池组进行浮充电，以补偿其自放电损失，使蓄电池组随时处于满容量备用状态。这种浮充电运行方式可以延长电池的寿命。

（2）由于蓄电池组经常处于满容量充足电量状态，因此又增加了蓄电池组对直流系统供电的可靠性。在事故情况下，蓄电池组容量能够发挥独立电源的作用。

目前，常用的组成方式有以下 3 种。

1. 单电池组单母线直流系统

单电池组单母线直流系统可以采用两组充电机对控母和蓄电池分别供电，两者之间通过后备式降压硅链连接，这样既保证控制母线电压的稳压精度，又满足蓄电池对电压的要求，两者之间互不干扰。这种结构的直流系统构成如图 Z11L1017Ⅰ–1 所示。图中蓄电池电源模块对蓄电池进行充电，控制母线电源模块对负载进行供电。蓄电池电压与控制母线之间通过后备式降压硅链连接，保证蓄电池通路，两组电源完全独立。

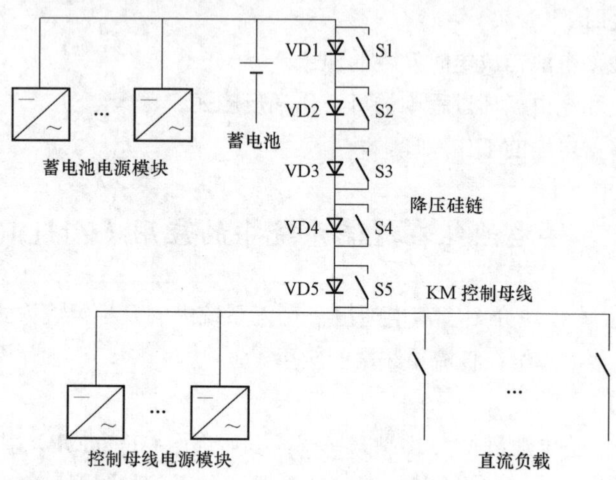

图 Z11L1017Ⅰ–1　单电池组单母线直流系统

这种电路的优点是可以分别设置蓄电池电压和控制母线电压，并由高频开关电源模块保证输出高稳压精度的电压。这里控制母线虽然没有与蓄电池直接相连，但高频开关直流输出的纹波大大低于相控充电机，一般均小于 0.5%，控制母线电源质量很高。使用模块电源结构保证输出功率有冗余，提高了电源的可靠性。有两组独立模块组成的直流电源系统电压质量好，同时高频开关电源模块体积小，也不增加屏位。缺点是同样的充电装置容量，模块配置数量要增多，使得设备成本增加。

正常运行中降压硅链同前面一样处于临界导通状态，当控制母线馈线上有大电流冲击时，首先是开关模块输出满负荷电流，当达到开关模块的限流值后控制母线电压开始下降，只要母线电压稍一下降，降压硅就开始导通。所以短路冲击仍由蓄电池提供，对于短路暂态过程仅仅是控制母线电压有一个几伏的下跌幅度。

2. 单电池组双母线直流系统

单电池组双母线直流系统是一组蓄电池和开关电源模块组成的单母线分段直流系统，其结构如图 Z11L1017Ⅰ–2 所示。

单母线分段结构简单、灵活，重要负荷可以从两段母线上分别输出，充电机和蓄电池分别接在两段母线上。正常运行时联络开关处于合闸位置，充电机在对负荷进行供电的同时也对蓄电池进行浮充。分段开关在直流接地时也可以短时分开，利于缩小查找直流接地范围。

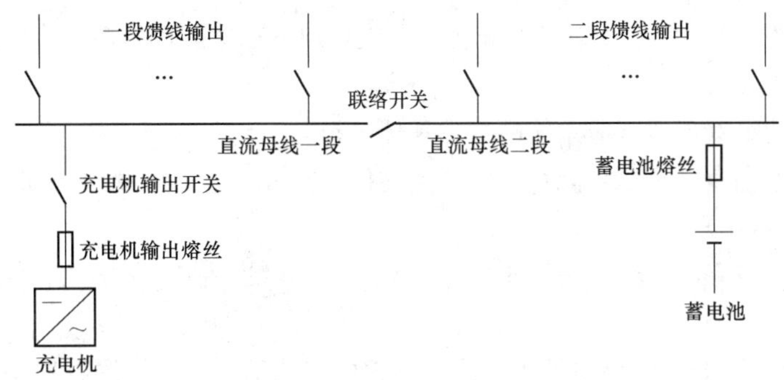

图 Z11L1017Ⅰ–2　单电池组双母线直流系统

联络开关没有熔丝，所以蓄电池始终挂在两段直流母线上，没有中间环节，直流电源的可靠性较高。

3. 双电池组双母线直流系统

双电池组双母线直流系统能满足继电保护设备采用双重保护，需要两组完全独立的电源供电，以保证继电保护设备的可靠性。双电池组双母线直流系统的结构如图 Z11L1017Ⅰ–3 所示。

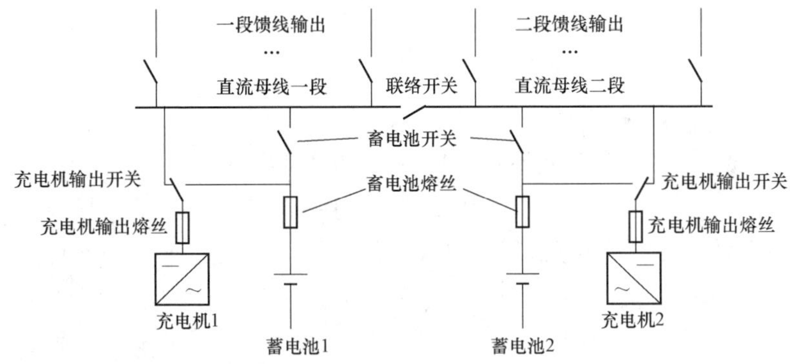

图 Z11L1017Ⅰ–3　双电池组双母线直流系统

两组蓄电池双母线分段直流系统具有两段完全独立、配置完全相同的直流母线结构。正常运行中联络开关处于分开位置，保证两段直流互不影响，蓄电池开关始终在合闸位置，充电机输出开关在母线位置。两组蓄电池组成的两段母线可以对蓄电池进行全容量放电试验，放电试验前，在保证两组蓄电池电压相差小于 4%的条件下，将联络开关合上，然后退出其中一组蓄电池进行放电，放电结束后用充电机单独对蓄电池进行充电。当蓄电池电压恢复正常后并入直流母线，充电机闸刀恢复充母线位置，并拉开联络开关进入分段运行状态。充电装置使用高频开关电源模块，模块数量按 N+1

冗余配置。整个直流系统仅需两组充电装置就可保证充电的可靠性。

【思考与练习】

1. 单电池组双母线直流系统的特点是什么？

2. 两组蓄电池双母线直流系统的特点是什么？

模块 3 阀控式密封铅酸蓄电池的基本知识（Z11L1018Ⅰ）

【模块描述】本模块介绍了阀控式铅酸蓄电池的基本知识。通过原理讲解、结构形式的介绍，了解阀控式铅酸蓄电池工作原理和特性。

【模块内容】

随着科学技术的提高，直流系统中的重要组成部分——蓄电池，也有了新型的产品，即阀控式密封铅酸蓄电池。它解决了水的损耗问题，并且实现了密封和减少维护量，既提高了设备的可靠性也减少了环境污染。

一、蓄电池内氧气再化合原理

铅酸蓄电池充电时，在正极上发生的电化学反应为

$$P_bSO_4+2H_2O \longrightarrow H_2SO_4+2H^++2e$$

$$H_2O \longrightarrow 2H^++\frac{1}{2}O_2+2e$$

在负极上发生的化学反应为

$$PbSO_4+2H^+ \longrightarrow Pb+H_2SO_4$$

$$2H^++2e \longrightarrow H_2$$

同时还伴随着海绵状铅（纯铅）的氧化反应

$$Pb+\frac{1}{2}O_2 \longrightarrow PbO$$

$$PbO+H_2SO_4 \longrightarrow PbSO_4+H_2O$$

由于正、负极发生的电化学反应各具特点，所以正、负极板的充电接受能力存在差别。当正极板充电到 70%时，开始析氧 O_2，见反应式为 $H_2O \longrightarrow 2H^++\frac{1}{2}O_2+2e$。而负极板充电到 90%时，开始析氢 H_2，见反应式为 $2H^++2e \longrightarrow H_2$。

阀控密封铅酸蓄电池在长期搁置状态下，也将产生氧气，化学反应式为

$$PbO_2+H_2SO_4 \longleftrightarrow PbSO_4+H_2O+\frac{1}{2}O_2$$

从以上分析可见，运行中的蓄电池必然产生水分损耗。为此，阀控式密封免维护

铅酸蓄电池采用了负极活性物质过量的设计。当蓄电池充电时，正极充足100%后，负极尚未充到90%，这样蓄电池内只有正极产生的氧，不存在负极产生的难以复合的氢气。为了解决水的损耗问题，还必须为氧的复合创造条件。采用贫电解液设计加上超细玻璃纤维隔板膜，解决了氧的传输问题，使反应得以进行，完成了氧的再化合，蓄电池实现了密封和免维护。

氧的再化合过程如图Z11L1018Ⅰ–1所示。

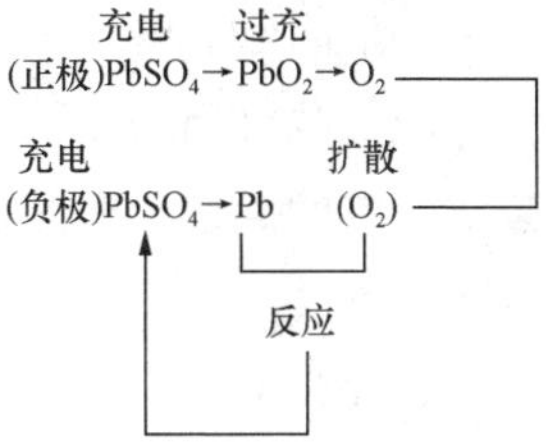

图Z11L1018Ⅰ–1　氧的再化合过程

二、技术参数与电气特性

1. 浮充电压

浮充电压：即以恒定电压对蓄电池组进行补充电的电压，单体2V防酸蓄电池的浮充电压一般为2.1～2.2V，阀控式密封铅酸蓄电池的浮充电压一般为2.23～2.28V。

贫电解液的阀控式密封免维护铅酸蓄电池，为保证其容量，电解液的密度比普通铅酸蓄电池高，为1.30g/cm^3，相应单格（体）开路电压可达2.16～2.18V。各生产厂家规定的浮充电压不尽一致，可参见表Z11L1018Ⅰ–1。

表Z11L1018Ⅰ–1　不同系列阀控式铅酸蓄电池浮充电压

型号	单格浮充电压（V）	温度（℃）	备　注
XM、MF	2.24	25	
GM	2.25	25	
UXL	2.23	25	
UPS12–300	13.5～13.8	25	
阳光A700系列	2.23～2.28	20	

当环境温度变化时，蓄电池的浮充电压应随之调整，调整幅度按以下公式计算

$$U_f=U_{25}+[1+\Delta U(25-X)]$$

式中　U_f——需要的单体浮充电压，V；

U_{25}——25℃时的单体浮充电压，V；

ΔU——环境每变化1℃需要调整浮充电压的变化值，V；

X——当前环境温度，℃。

浮充电运行方式下的阀控式密封免维护铅酸蓄电池组，其浮充电压不应低于或高于规定的浮充电压，并需要严格监视，否则蓄电池容量会减小、使用寿命会缩短。

2. 浮充电流

在系统正常运行时，充电装置承担经常负荷，同时向蓄电池组补充充电，以补充蓄电池的自放电，使蓄电池以满容量的状态处于备用。

阀控式密封免维护铅酸蓄电池由于本身的结构，极间与极间和极间对地绝缘状况较好，蓄电池的自放电率较小。据测试，在环境温度20℃时储存，蓄电池自放电所造成的容量损失每月约为4%，浮充电流小于2mA/Ah。运行中的浮充电压、浮充电流一定要遵照厂家的规定，严格防止过充电发生，并且要选用性能优良的浮充电设备。

3. 均衡充电

在正常浮充电条件下运行，阀控式密封铅酸蓄电池一般可以不进行均衡充电。这是因为阀控式密封免维护铅酸蓄电池自放电率小，运行中容量损失小。随着运行时间的增长，出现落后蓄电池（2.2V/单格及以下）时，蓄电池组出现的性能分散性可能影响到蓄电池组的可靠性，为保证蓄电池组容量应进行均衡充电。均衡充电采用定电流、恒电压的两阶段充电方式。充电电流为1～2.5倍10h率电流；充电电压为2.35～2.40V，一般选用10h率电流，2.35V电压。具体操作按照厂家要求。

4. 放电特性

阀控式密封免维护铅酸蓄电池电解液的密度大，浮充电压高，所以开路电压和初始放电电流与GF型和GFD型铅酸蓄电池相比，相对要大些。这一点对于以初始放电电流值来确定蓄电池容量的负荷（如断路器的合闸）是有利的。另外，阀控式密封免维护铅酸蓄电池是贫电解液蓄电池，随着放电时间的增长，蓄电池的内阻增大较快，端电压下降也较大。

阀控式密封免维护铅酸蓄电池的放电电压，不能低于生产厂家规定的放电终止电压，否则会导致过放电。如果蓄电池反复过放电，即使再充电，也难以恢复容量，使用寿命会缩短。

阀控式密封免维护铅酸蓄电池的放电容量和GF型、GFD型铅酸蓄电池一样，由初始放电阶段放电电流、放电终止电压、放电时间参数来确定。

5. 放电容量与温度关系

阀控式密封免维护铅酸蓄电池的放电容量与温度有关。额定容量（标称容量）是指在标准温度下，按标准制放电所放出的容量。例如：XM型、GM型阀控式密封免维护铅酸蓄电池的标准温度为25℃。一般情况下蓄电池的放电容量随着温度的升高而增大，但若长期运行在超过标准温度下，则温度升高10℃蓄电池的寿命约降低一半。在标准温度25℃时放出额定容量的100%；在25～0℃时，温度每下降1℃，放电容量下降1%。阀控式密封免维护铅酸蓄电池的使用环境温度在10～30℃范围内较为合适。阀控式密封免维护铅酸蓄电池容量与温度的关系如图Z11L1018Ⅰ–2所示。

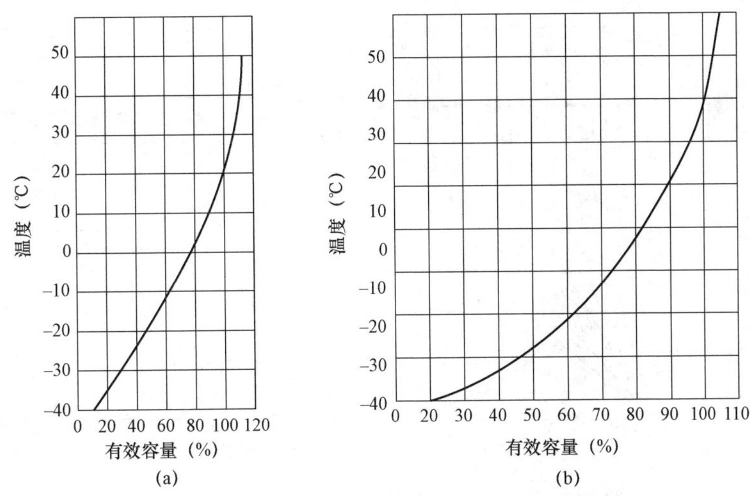

图 Z11L1018Ⅰ–2　容量与温度的关系曲线

（a）XM 型阀控式密封免维护铅酸蓄电池；（b）GM 型阀控式密封免维护铅酸蓄电池

6. 高压排气系统

虽然阀控密封免维护铅酸蓄电池在设计上采用了先进技术措施，但要在蓄电池内部绝对不产生气体是很难办到的。为此，装设一个安全排气阀，实行高压排气。如 GM 型阀控式密封免维护铅酸蓄电池的安全排气阀工作压力设计为闭阀（1～10）×10kPa、开阀（10～49）×10kPa。当蓄电池内部压力超过正常值时，该阀自动开启；待到蓄电池内压力恢复到正常值后该阀自动关闭。安全阀上装有滤酸装置，避免酸雾排出。

7. 浮充使用寿命

阀控式密封免维护铅酸蓄电池采用紧装配结构，极板与隔膜紧压在一起，有效地防止了活性物质的脱落，具有性能好和寿命长的特点。例如：在浮充电运行条件（25℃）下，GM 型阀控式密封免维护铅酸 2V 蓄电池设计寿命一般为 8～10 年。

运行经验表明：各类型号的铅酸蓄电池的使用寿命不仅与产品质量有关，而且与技术管理、运行方式、使用方法、维护与检修水平等因素有关。

8. GM 型阀控式密封免维护铅酸蓄电池的放电曲线

（1）GM 型阀控式密封免维护铅酸蓄电池充放电特性曲线如图 Z11L1018Ⅰ–3 所示。

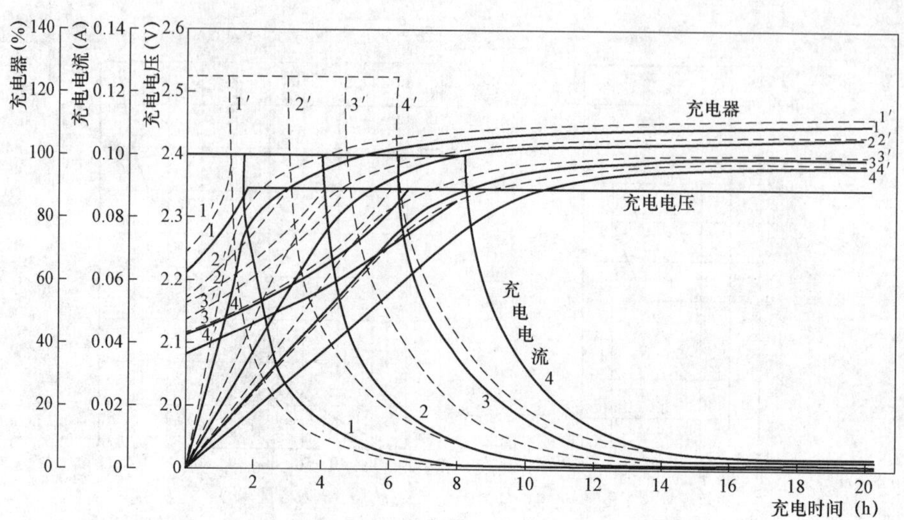

图 Z11L1018Ⅰ-3 铅酸蓄电池充放电特性曲线

1、1′—放电深度 20%Q10；2、2′—放电深度 50%Q10；3、3′—放电深度 80%Q10；4、4′—放电深度 100%Q10

（2）GM 型阀控式密封免维护铅酸蓄电池放电特性曲线如图 Z11L1018Ⅰ-4 所示。

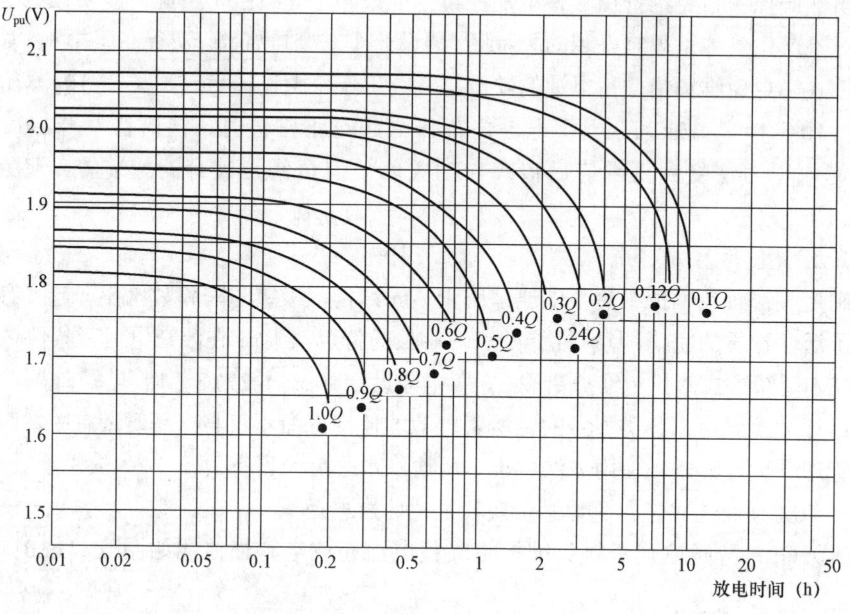

图 Z11L1018Ⅰ-4 GM 型阀控式密封免维护铅酸蓄电池放电特性曲线（25℃）

（3）GM 型阀控式铅酸蓄电池放电容量与放电时间关系曲线如图 Z11L1018Ⅰ–5 所示。

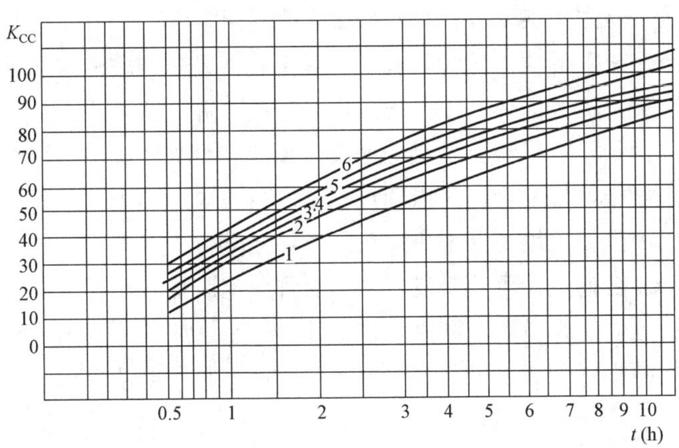

图 Z11L1018Ⅰ–5　GM 型阀控式铅酸蓄电池放电容量与放电时间关系曲线（25℃）

1—终止电压 1.93V；2—终止电压 1.90V；3—终止电压 1.87V；4—终止电压 1.83V；5—终止电压 1.80V；6—终止电压 1.75V；K_{CC}—容量系数（不同放电率的容量占 10h 率容量的百分数）

【思考与练习】

1. 阀控式蓄电池安全阀的作用是什么？
2. 阀控式蓄电池是怎样实现密封和免维护的？

模块 4　蓄电池的 AGM/GEL 技术（Z11L1019Ⅰ）

【模块描述】本模块介绍了阀控式密封铅酸蓄电池电解液 AGM/GEL 技术。通过对比和分析，了解阀控式蓄电池液体存在的形式。

【模块内容】

阀控式密封铅酸蓄电池解决了密封性的难题，解决了水的消耗问题，进而实现了蓄电池单一的直立摆放。实现这一目标的基础是实现了电解液的胶体化和电解液的贫液式结构。

一、阀控式密封蓄电池的分类

阀控式密封蓄电池为了不使电解液流动，采用了两种方法：① 使电解液胶体化；② 使电解液吸收于多孔基中。这就形成了阀控式电池的两种形式：胶体式（geld type，GEL）和吸液式（absorbent glass mat，AGM）。在我国，大多采用前者。吸液式结构也称贫液式结构，它更加适合于通信电源和电力（备用）电源低内阻、性能均一性好、长寿命、少维护的特殊要求。

二、蓄电池的 AGM、GEL 技术

GEL 技术是把硫酸与 SiO_2 溶胶混合，然后灌入电池壳内，几小时后充满隔板和极板及电池槽各个部分并固化。这种结构从宏观上看，是传统富液式电池加上了胶体电解质。在使用初期，因为胶体占据了电池所有空间，并把正负极板完全包裹起来，正极上产生的氧气由于没有扩散到负极的通道，无法完全把负极上的活性物质还原，与负极上的氢气不能很好地复合，只能通过安全阀排出电池体外，从而造成水的损失。所以，在胶体电池的使用地点应考虑排气装置。当胶体失水干涸收缩，产生裂缝后，便产生了氢氧的复合通道，可正常进行氢氧循环。但胶体干涸程度越大，电池内阻也越大，大电流放电性能也越差，同时胶体干涸收缩易造成胶体脱离电极，电极与电解液的反应接触面减小，造成电极部分过度放电腐蚀、整只电池容量不足（可通过测量电压来判断）。

AGM 技术是选用超细玻璃纤维隔膜吸收电解液，放置在正/负极板中间代替所有的隔板和包裹电极的物质。玻璃纤维的孔率大于 90%，硫酸被吸收在其中，但不完全吸饱而留有 2%的空隙提供氢气和氧气的复合通道。所以，玻璃纤维隔膜既吸收了电解液又提供氧气循环通道，隔膜与极板紧装配结构使隔膜处于受压状态，保证隔膜始终与正/负极板紧密结合，给极板的放电反应提供了足够的可持续供应的硫酸根离子。因为上述原因，吸液式阀控铅酸蓄电池内阻通常较小，可以高倍率大电流放电，放电过程中的电压高于胶体电池。电解液在隔膜中的均匀性和良好的扩散性，保证所有极板之间的放电深度均等并提高活性物质的利用率；且在安装方向上无特殊要求，没有堵塞安全阀的危险。

三、阀控式密封蓄电池吸液式电解液应用前景

目前，在世界上阀控式铅酸蓄电池的销量和使用中，吸液式蓄电池占 90%以上。中国的不少铅酸蓄电池生产厂家，也大量地引进了国外先进的吸液式蓄电池生产技术和生产流水线。

虽然吸液式阀控密封铅酸蓄电池更适合通信电源系统使用，但不同制造厂的产品从极板材料和形式、电解液密度配比组成、电池槽体结构和安装方法都不尽相同，故虽然基本原理一样，但技术数据和特性曲线尚有较大差异。

【思考与练习】

1. 什么叫蓄电池的 AGM 技术？
2. 什么叫蓄电池的 GEL 技术？

第三十八章

蓄电池组的运行与维护

模块 1　铅酸蓄电池的运行方式（Z11L1020Ⅰ）

【模块描述】本模块介绍了铅酸蓄电池最常见的两种运行方式。通过对工作方式的讲解和分析对比，了解铅酸蓄电池组的基本运行知识。

【模块内容】

蓄电池组是直流系统的重要组成部分，正常运行时，蓄电池组通过直流系统中的充电单元补充本身自放电而消耗的能量，一旦变电站交流电源消失、充电单元故障时，蓄电池组便将自身的化学能转变为电能，通过直流系统提供给变电站重要的直流负荷和大电流负荷。

一、防酸蓄电池按充电—放电方式运行

按充电—放电方式运行的蓄电池组，在运行中循环地进行充电与放电。也就是说，蓄电池在放出其保证容量后，应立即接于直流充电装置上进行充电。在进行充电时，直流负荷应由充电装置兼供，如图 Z11L1020Ⅰ-1 所示。如为 2 组蓄电池时，直流负荷应由另一组蓄电池供给。

按充电—放电方式运行的蓄电池组，由于循环地进行充电与放电，加速了蓄电池的劣化，较按浮充电方式运行的蓄电池，寿命缩短一半以上。此外，如果不按期充电、过充电、充电不足，或疏忽大意等，将加剧蓄电池的劣化。

当蓄电池放电终了时，应立即停止放电，准备充电。如不及时充电，将造成极板硫化。充电开始时，应切换直流电压表以检查蓄电池电压，并调整充电装置，使充电装置电压高于蓄电池组电压 2～3V。然后合上充电开关，慢慢地增加充电装置的电压，使充电电流达到要求的数值。一般采用 10h 放电率的电流进行充电。为防止极板损坏，当正、负极上产生气泡和电压上升至 2.5V 时，将电流降至一半继续充电，直到充电完成。

极板质量不良和运行已久的蓄电池，充电开始时，可以用 10h 放电率电流值的 50% 充电，然后逐渐增加至 10h 放电率的电流值。当两极板产生气泡和电压升至 2.5V 时，再将充电电流降至 10h 放电率电流值的 50%，直到充电完成。

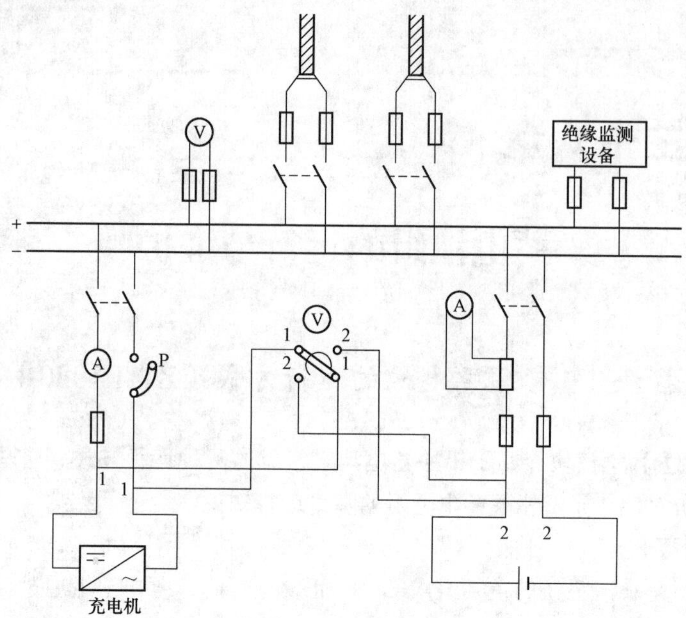

图 Z11L1020Ⅰ–1 蓄电池组按充电—放电方式运行接线

V—直流电压表；A—直流电流表；P—逆流电流开关

充电是否已经完成，应根据下列特征与标准来判断：

（1）正、负极板上发生强烈气泡，电解液呈现乳白色。

（2）电解液密度升高到 1.215～1.220（温度为 15℃），并且在 3h 以内稳定不变。

（3）单电池电压达 2.75～2.80V，并且在 2h 以内稳定不变。

（4）正极板颜色变为棕褐色，负极板颜色变为纯灰色，两极板颜色均有柔软感。

为了监督充电的正确性，可根据放电记录，当充电充入蓄电池的容量（安时）比前期放电放出的容量高 20%以上时，即可认为充电已完成。

在充电过程中，必须将通风装置投入运行。在充电完成后，通风装置仍须继续运行 2h，将充电过程所产生的氢气完全排出室外。当蓄电池电解液产生气泡后，要检查全组蓄电池，看每只单电池的电解液是否都沸腾了。如果有个别电池电解液不沸腾，则需检查两极电压、密度和温度等，除温度外，都应逐渐上升。如果发现内部短路现象，应迅速加以消除。充电时，电解液的温度不应超过 40℃，如超过 40℃，应减小充电电流，待温度下降至 35℃后，再用原充电电流进行充电。

对充电—放电方式运行的蓄电池组，最好每年在大风和梅雨季节前进行一次 10h 放电率的容量放电试验。这种放电不但可使极板上的活性物质得到全面均匀的活动，而且可鉴定蓄电池的容量是否正常，以确保断路器、继电保护和通信等装置能正常运行。做这种放电试验时，当终止电压达 1.9V 时，即可停止放电。

为使极板处于正常状态，并消除各单电池之间的差别，按充电—放电方式运行的蓄电池组，每 3 个月至少应进行一次均衡充电（过充电），以消除极板硫化。

二、防酸蓄电池按浮充电连续充电方式运行

蓄电池按浮充电方式运行，就是将充满电的蓄电池组与充电装置并联运行，接线如图 Z11L1020Ⅰ–2 所示。浮充电除供给恒定负荷以外，还以不大的电流来补偿蓄电池的局部自放电，以供给突然增大的负荷。这种运行方式可以防止极板硫化和弯曲，从而延长蓄电池的使用寿命。按照浮充电方式运行的蓄电池组，一般可以使用 8～10 年以上。使用寿命与制造质量有一定关系，使用寿命 8～10 年以上是对半条多式、条多式和丝管式的极板而言。蓄电池的容量基本上可以保持原有水平，运行管理也比较简单。因此可以说，按浮充电方式运行，是保证蓄电池长期运行中仍能维持良好状态的最好的运行方式。

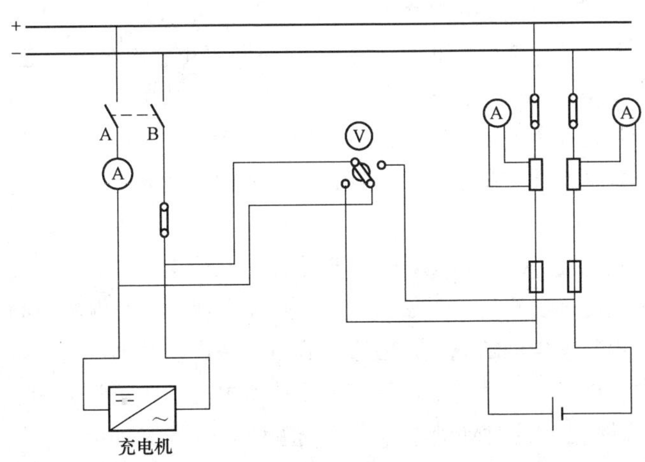

图 Z11L1020Ⅰ–2　蓄电池组按浮充电方式运行接线

在浮充电运行中，蓄电池的电压应保持在（2.15±0.05）V 之间，电解液密度保持在 1.215±0.005 之间，即大体上使蓄电池经常保持充满电状态。因为每 12Ah 极板的内部自放电由约 0.01A 的充电电流来补偿，所以浮充电所需电流值可按式（Z11L1020Ⅰ–1）计算

$$I=0.1CN/12$$

式中　I——浮充电所需电流值，A；

CN——蓄电池的额定容量，Ah。

旧蓄电池浮充电所需的电流有所不同。电解液的温度和密度以及金属杂质等对局

部自放电均有影响。

按浮充电方式运行的蓄电池组，每3个月至少进行一次均衡充电（过充电）。因为在蓄电池组中，很可能有个别蓄电池自放电较强，以致密度低落。均衡充电的目的是使单电池的容量、电压和密度等处于同样均衡状态，以消除所生成的硫化物。按浮充电方式运行的蓄电池组，由于条件限制而不能浮充电运行时，则必须按期进行均衡充电。

按浮充电方式运行的蓄电池组，运行1年内每6个月进行一次核对性放电以核对其容量，并使极板活性物质得到均匀的活动。核对性放电应放出蓄电池容量的50%～60%。但为了保证突然增加负荷，当电压降至1.9V时，应即停止放电。在停止放电后，须立刻进行正常充电和均衡充电。以后，虽然已经到核对性放电周期，但因充电装置发生故障或其他原因，使蓄电池被迫放电时，则这次核对性放电可以不进行，然而仍须进行均衡充电。

对按浮充电方式运行的蓄电池组，每年亦应做一次（最好在大风和雷雨之前）10h放电率的容量放电试验，放电终止电压达1.9V时即停止放电，以鉴定蓄电池的容量，并使极板活性物质得到均匀的恢复。按浮充电方式运行的蓄电池组，为使在充电装置发生故障或由于其他原因不能浮充电运行时仍能保持直流母线电压，应采用有辅助电池并附有电池开关（平面控制器）的接线，其母线电压波动范围不应超过额定电压值的2%。

在按浮充电方式运行的蓄电池组中，有些辅助电池不流过充电电流，经常处于自放电状态，从而促使极板硫化。对这些电池，必须定期给予充电，周期一般为15天。在充电时，为防止基本电池的充电，应进行到电池中产生强烈气泡，电解液密度达到1.215±0.005时为止。有辅助电池而无切换器的蓄电池，在正常情况下，基本电池和充电装置都接到母线上，这时辅助电池开路，但每过15天必须用10h放电率的电流进行一次充电。

当充电装置发生故障或由于其他原因，蓄电池组中的基本电池的电压降到一定程度而又不能保持母线额定电压时，则需将辅助电池接入回路中运行，以保持母线电压正常。按浮充电方式运行而无辅助电池的蓄电池组，当充电装置发生故障或由于其他原因被迫停止时，则由蓄电池单独供给负荷，这时每一蓄电池的电压由2.15V急剧下降至2.0V，以后将缓慢降低，放电可继续到单电池电压为1.85V或1.9V为止。在正常情况下，母线电压应保持高于额定电压 3%～5%，也就是说，蓄电池只数等于母线电压被2.15V除所得之商。

所以，母线电压如为230V或120V，其电池只数则应分别为107或56。

三、阀控式蓄电池正常浮充电方式运行

阀控式蓄电池正常浮充电方式运行的直流系统，如 GZDW 系列等，为变电站的合闸、继电保护、自动装置、信号装置等提供操作电源及事故照明和控制用直流电源，如图 Z11L1020Ⅰ–3 所示。提供的直流电源具有稳压、稳流精度高，效率高，输出纹波及谐波失真小的品质特征。该系统的集中监控系统使电力操作电源系统的浮充电、均充电等自动化程度提高，使蓄电池的充放电更加合理。将系统各种信号实时传输至后台监控系统，方便监控与操作。

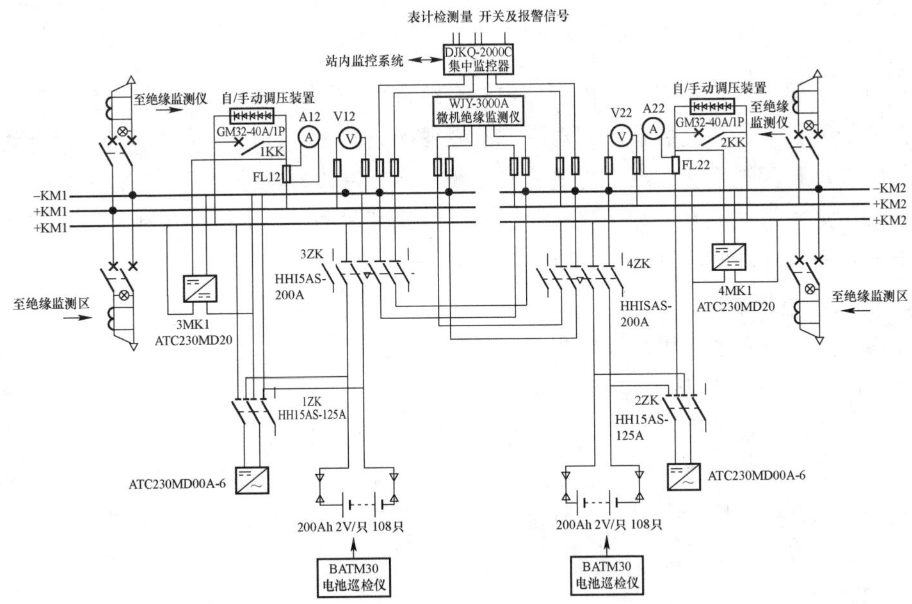

图 Z11L1020Ⅰ–3　阀控式蓄电池组浮充电方式运行的直流系统

1. 交流进线单元

交流进线单元指对直流柜内交流进线进行检测、自投或自复的电气/机械联锁装置。双路交流自投回路由两个交流接触器组成。交流配电单元为双路交流自投的检测及控制组件，接触器为执行组件。交流配电单元上设有转换开关 QK、两路电源的指示灯和交流故障告警信号输出的空触点。

2. 调压装置

对于 108～104 只蓄电池组（220V 系统）来说，当系统正常工作时，充电机对蓄电池的均/浮充电压，通常会高于控制母线允许的波动电压范围，采用多级硅调压装置串接在充电机输出（或蓄电池组）与控制母线之间，使调压装置的输出电压满足控制母线的要求。

降压硅链由多只大功率硅整流二极管串接而成，利用 PN 结基本恒定的正向压降，通过改变串入电路的 PN 结数量来获得适当的压降。装置处于自动调压状态，调压装置实时检测控制母线电压，并与设定值进行比较，根据比较结果，控制硅链的投入级数，从而保证控制母线电压波动范围。

3. 电池巡检装置

单只电池巡检装置可独立测量蓄电池组中单体电池的端电压、温度等状态量，实时监视整组蓄电池的运行状况，配合集中监控器组成更完善的蓄电池管理单元，减少了检修人员工作量。

4. 闪光装置

对于新建变电站及电厂，由于站内设有综合自动化系统且采用了新式负荷开关，不需要加装独立的闪光装置。但对于一些老变电站改造工程，若站内不设综合自动化系统则需加装闪光装置。对于母线分段系统，应在每段母线独立配置一台闪光装置。闪光输出形式是馈线开关加闪光极，指单个馈线开关增加独立的一极或半极（即辅助触点），闪光电源同直流电源一同引出。

5. 微机绝缘监测仪

微机绝缘监测仪主机在线检测正、负直流母线的对地电压，通过对地电压计算出正、负母线对地绝缘电阻。当绝缘电阻低于设定的报警值时，自动启动支路巡检功能。支路漏电流检测采用直流有源电流互感器。每个电流互感器内含 CPU，被检信号直接在电流互感器内部转换为数字信号，由 CPU 通过串行口上传至绝缘监测仪主机。支路检测精度高、抗干扰能力强。采用智能型电流互感器，所有支路的漏电流检测同时进行，支路巡检速度高。

【思考与练习】

1. 充电是否已经完成，应根据什么特征与标准来判断？
2. 阀控式蓄电池组正常浮充电方式运行的直流系统由哪几部分构成？

◢ 模块 2 铅酸蓄电池的日常维护方法（Z11L1021 Ⅰ）

【模块描述】本模块介绍了铅酸蓄电池日常维护的方法。通过要点介绍，熟悉铅酸蓄电池组的基本运行维护知识。

【模块内容】

蓄电池组在变电站日常维护和巡视中是一个重要项目，维护和巡视是否到位直接关系到蓄电池组的健康运行。只有及时地发现和处理暴露出的缺陷，蓄电池组在使用时才不会出现无电可供的现象。

一、铅酸蓄电池维护应注意的事项

为使铅酸蓄电池处于良好状态，并保持其额定容量和寿命，必须注意做好下列工作：

（1）对于固定式铅酸蓄电池的维护，应注意使蓄电池经常处于充电饱满状态。可采用浮充电运行方式，既能补偿自放电的损失，又能防止极板硫化，应按时进行均衡充电和定期进行核对性放电或容量放电，使活性物质得到充分和均匀的活动。

（2）按充电——放电方式运行的蓄电池组，当充电和放电时，应分别计算出充入容量和放出容量，避免放电后硫酸盐集结过多而不能消除。放电后必须及时进行充电。

（3）要用大电流放电。以免极板脱粉或弯曲变形，容量减少。

（4）充入容量应足够，按充电——放电方式运行的蓄电池组应及时进行均衡充电。

（5）蓄电池室和电解液的温度应保持正常，不可过低或过高。过低将使电池内电阻增加，容量和寿命降低，过高将使自放电现象增强。蓄电池室应保持通风良好。

（6）电解液应纯净，含有杂质不超过一定限度，电解液液面应保持正常高度。每年应进行一次化验分析。调整密度或补液所用的硫酸和纯水必须合格。

（7）清除沉淀物，以防极板间短路。

（8）保持蓄电池的整洁，经常擦洗溅到各部分的电解液。

（9）放电后的蓄电池，要尽可能早些充电，在充电过程中电解液温度不得超过规定值。

（10）电池室内，应严禁烟火。焊接和修理工作，在充电完成 2h 或停止浮充电 2h 以后才能进行，在进行中要连续通风，并用石棉板使焊接点与其他部分隔离开。

（11）经常不带负荷的备用蓄电池，每 3 个月应进行一次充电和均衡充电。

（12）辅助蓄电池每 15 天应进行一次充电。

二、蓄电池的巡视周期和检查项目

1. 巡视周期和外部检查

（1）值班人员在交接时进行一次外部检查，并将结果记入运行记录簿中。

（2）变电站站长或车间主任对蓄电池室每周至少检查一次，并根据运行维护记录和现场检查，对值班员和专工提出要求。

2. 外部检查项目

（1）根据蓄电池记录，检查有无电压、电解液密度等特低的电池。

（2）检查蓄电池室的门窗是否严密，墙壁表面是否有脱落现象。

（3）检查取暖设备是否完好。

（4）检查木架及容器是否完整、清洁。

（5）检查电解液液面，应不低于上部红线。

（6）检查沉淀物的高度，应不低于下部红线。

（7）检查领示电池的温度，应不高于规定值。

（8）检查领示电池的电压、电解液密度是否正常（各电池应在蓄电池组中轮流担当领示电池）。

（9）检查玻璃盖板是否完整、齐全，位置是否得当。

（10）检查各种备品是否齐全、完好。

（11）检查工具、仪表、保护用品是否齐全、完好无缺，并备有足够数量的苏打溶液。

（12）检查蓄电池室内和蓄电池组的清洁卫生状况。

3. 内部检查项目

（1）测量每只蓄电池的电压、电解液密度和温度。

（2）检查各连接点的接触是否严密，有无氧化，并涂以凡士林油。

（3）检查极板弯曲、硫化和活性物质脱落程度。

（4）变电站站长或车间主任应检查蓄电池自从上次检查以来，记录簿中的全部记录是否正确、及时、完全。

（5）核算放出容量和充入容量，有无过充电、过放电或充电不足等现象。

（6）检查大电流放电后（指开关操动机构的合闸电流）接头有无熔化现象。

（7）确定蓄电池是否需要修理。

【思考与练习】

1. 固定式铅酸蓄电池组维护的注意事项有哪些？

2. 固定式铅酸蓄电池组巡视周期和外部检查项目是什么？

第三十九章

相控电源设备的运行与维护

模块1　设备运行操作（Z11L1022Ⅰ）

【模块描述】本模块介绍了晶闸管相控电源的运行操作。通过操作过程的详细介绍，掌握晶闸管相控电源设备运行操作的技能。

【模块内容】

一、设备的面板功能

充电单元前面板如图Z11L1022Ⅰ-1所示。

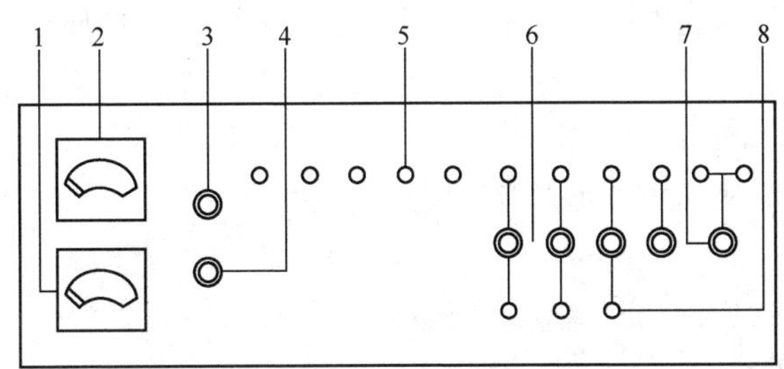

图Z11L1022Ⅰ-1　充电单元前面板

1—充电单元输出电流指示；2—充电单元输出电压指示；3—开机按钮；4—关机按钮；5—运行状态及故障指示灯；6—操作按钮（包括均充、浮充电、恒压、恒流操作按钮）；7—本控/遥控选择按钮；8—输出电压电流调整电位器

二、运行操作

1. 开机操作

（1）断开充电柜上所有断路器，并将充电柜控制面板上的“本控/遥控”按钮拨到“本控”位置。

（2）合上站用电柜上的380V三相四线交流输入电源开关（给充电柜供电），再将充电柜的输入开关合上，此时同步变压器上电。

（3）同步变压器给触发控制板供电，同时控制面板上“电源”“浮充”“恒压”指示灯点亮。

（4）在进行第（2）步操作时，如果相序指示灯亮且蜂鸣器报警，则将三相四线交流输入电源中任意两相相线位置倒换即可（设备只是在初次安装时有相序要求，设备运行后无此项要求）。

（5）上述故障解决后，可按“开机”按钮，设备进入慢启动状态，输出电压缓慢升到设备出厂设定值。这时充电柜控制面板上的“运行”灯亮，表明充电柜已正常运行。

（6）充电柜输出参数出厂时已根据蓄电池参数设定好，用户一般不需调整。若必须调整，可按下面步骤进行：

1）浮充电压调整。按控制面板上的“恒压”“浮充”按钮，调节触发控制板上的浮充给定电位器，使合闸母线输出电压为指定电压值。

2）均充电压调整。按控制面板上的“恒压”“均充”按钮，调节触发控制板上的均充给定电位器，使合闸母线输出电压为指定电压值。

3）注意事项：① 在进行均充、浮充电压调整时，注意必须断开蓄电池，同时最好在正、负合闸母线上挂一个功率为 2000W 左右的阻性负载；② 在进行均充、浮充电压调整时，注意调整的电压、电流值不要超过充电柜自身的保护值；③ 如果蓄电池容量很满，调节限流值时，电压会升高，可先将蓄电池放电一段时间后再进行调整；④ 充电柜自身保护值出厂时已设定好，一般不允许调整触发控制板上的过电流、过电压、限流、总限流、限压电位器以及遥控给定电位器。

2. 停机操作

按下“关机”按钮，切断主电路交流电源。

【思考与练习】

1. 简述相控电源控制面板上各按钮的功能。

2. 简述运行操作方法。

◢ 模块 2　设备运行检查（Z11L1023 Ⅰ）

【模块描述】本模块介绍了相控电源运行故障排查的相关内容。通过处理过程的详细介绍，掌握相控电源设备运行检查的技能。

【模块内容】

一、运行维护中的注意事项

（1）运行时，应经常检查整流元件工作是否正常，可用点温计测量各整流元件散热片的温度是否过高或相差很大，满负荷时更应注意。

（2）晶闸管元件散热片上带有不同的电位，切勿将导电体物件置于散热片上，以免造成晶闸管元件的损坏。

（3）开机后，需经几秒钟的延时，然后才有输出。

二、相控电源的故障排查

（1）交流电源接通后，未开机，但“停止”信号灯不亮。其原因是：中间继电器损坏，线路连接不良或信号变压器的输入输出线松脱等。

出现上述故障时，可检查修理接触器的触点，更换或拧紧熔断器的芯子，更换信号灯泡，检查线路是否松脱和接入零线。

（2）按下“运行”按钮，机器不启动，电压表无指示。这是因为交流接触器主触点接触不良、停机按钮未复位，以及线路接触不良等造成的。根据所查到的原因，可修复主触点，检修停机按钮，修复中间继电器触点，更换或拧紧熔断器芯子及断开交流电源检查线路等。

（3）开机后不久又停机。这是由于中间继电器触点接触不良或自保持触点线路松脱等原因造成的。

（4）开机后电压很高，又调不下来。这种故障主要是由于负载电流过小（小于允许值）或位移电路松脱、晶体管烧坏等原因所致。

（5）输出电压很低，旋动“手动调压”电位器时，共电压无变化。这种现象产生的原因是控制变压器线松脱、熔断器芯子松脱或熔断、电位器接触不良或损坏、硅元件开断、转换开关触点接触不良和控制绕组出线处脱掉等。

检查线路，修复拧紧或更换熔断器芯子。检查电位器，修复触点，检查控制绕组的焊接处及其接线端子。

（6）开机后满负荷，手动调压或自动调压均升不上去。这是由于交流电源电压过低（小于340V）或三相中某一相熔断器的熔丝熔断。检查交流电源电压降低的原因，或更换熔断器芯子。

（7）滤波后的交流脉动电压很高。产生这种现象的主要原因是熔断器断开，电容器损坏或过期限，自动控制盘上的电阻脱焊使阻值增大。检查更换熔断器芯子、电容器或自动控制盘上的电阻等。

（8）自动稳流时，输出电流突然升高，或摆动不稳。产生这种现象的原因主要是整流二极管、电容器损坏或变流器系统开断或短路。检查测试整流二极管的反向和正向电阻，检查测试电容器，检查修理变流器系统的开断或短路。

【思考与练习】

1. 简述相控电源装置运行中的注意事项。
2. 相控电源装置运行中常见的故障有哪些？

模块3 硅整流器的参数结构和使用条件（Z11L1024Ⅰ）

【模块描述】本模块介绍了常用晶闸管的使用条件。通过要点介绍，熟悉常用晶闸管相控电源装置的环境要求、电气参数要求。

【模块内容】

一、相控电源装置的使用条件

（1）海拔不超过1000m。

（2）设备运行期间周围空气温度不高于40℃，不低于−10℃。

（3）日平均相对湿度不大于95%，月平均相对湿度不大于90%。

（4）安装使用地点无强烈振动和冲击，无强电磁干扰，外磁场感应强度不得超过0.5mT。

（5）安装垂直倾斜度不超过5%。

（6）使用地点不得有爆炸危险介质，周围介质不含有腐蚀金属和破坏绝缘的有害气体及导电介质。

（7）频率变化范围不超过±2%。

（8）交流输入电压波动范围不超过−10%～+15%。

（9）交流输入电压不对称度不超过+5%。

（10）交流输入电压应为正弦波，非正弦波含量不超过额定值的10%。

二、相控电源装置的主要电气参数

目前国内外生产的相控整流器基本有两种类型，一种为具有常规测控系统的普通型，另一种为具有遥控监控系统的智能型。表Z11L1024Ⅰ–1为部分产品的电气参数。

表Z11L1024Ⅰ–1 部分产品电气参数

序号	型号	输入电压（V）	输出电压（V）	输出电流（A）	备注
1	ZGVA15/165	AC 220	165	15	
2	ZGVA30/365	3×380	365	30	
3	ZGVA80/365	3×380	365	80	

【思考与练习】

1. 简述相控电源装置的使用条件。
2. 说明相控电源装置的类型有哪几种。

第四十章

逆变器电源（UPS）的运行与维护

模块 1　UPS 设备运行操作（Z11L1025 Ⅰ）

【模块描述】本模块介绍了逆变器电源（UPS）的运行、停机操作步骤和方法。通过对操作流程的介绍，掌握逆变器电源（UPS）的使用方法。

【模块内容】

UPS 的开机与关机必须符合以下步骤：

（1）检查交流输入的中性线与相线，外接电池的电压大小、方向是否正确。

（2）先合电池输入开关，再合市电输入开关，使 UPS 工作于旁路供电状态。

现以某公司电力专用 UPS 电源操作程序为例，介绍逆变器电源（UPS）的运行操作。

一、开机前准备工作

为使电力专用电源能正常无误运行，开机前须确认下列事项：

（1）确认后面板上电源开关置于 OFF 处，前面板开关机循环按键置于 OFF 处。

（2）对系统回路核实图纸，再进行确认一次。

（3）检查输入电源线是否有松动情形，如有则再锁紧。

（4）先不要接负载。

（5）用万用表检查输入电压是否合乎电力专用电源所需电压额定值。

二、第一次开机操作程序

在确认上列事项无误后，按下列方法开机：

（1）根据先后顺序将小型断路器置于“ON”。前面板市电指示灯与旁路指示灯同时亮起，如图 Z11L1025 Ⅰ–1 所示。

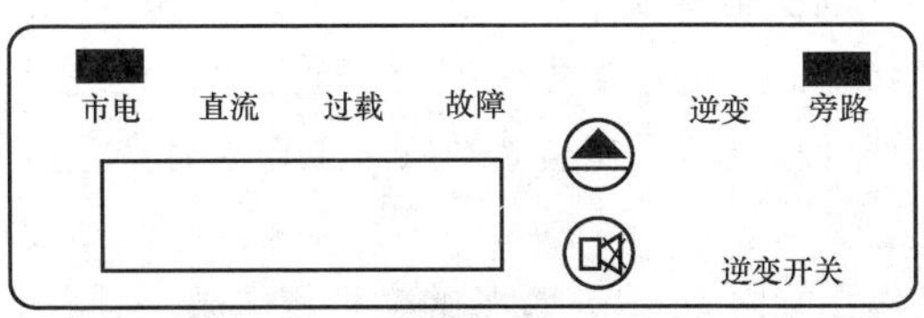

图 Z11L1025 Ⅰ–1　前面板

（2）将前面板逆变开关合上，前面板市电指示灯与旁路指示灯持续明亮，过4s后，逆变指示灯变亮，LCD显示市电正常，直流正常，由市电经旁路供电输出。

（3）经过15s后前面板市电指示灯明亮，旁路指示灯熄灭，逆变指示灯亮，直流正常，由设备变流器供电输出。

（4）切断设备交流输入电源，市电指示灯熄灭，直流正常，设备逆变器供电输出，如图Z11L1025Ⅰ-1所示。设备发出告警后，表示设备目前是使用直流电池组供电运行。

（5）恢复设备输入电源，市电指示灯亮起，按下LCD显示循环切换按钮切换显示项目，检查显示值是否正常，即完成第一次开机程序，正式启用由设备提供的纯净电源。

（6）按下LCD显示循环切换按钮切换显示项目至输出功率显示百分比（%），如果显示值大于100%，去除不重要的负载，使显示值小于100%。

三、日常开关机操作程序

日常使用中如欲开机或关机，按下列方法操作：

（1）UPS日常关机时，将设备逆变开关断开，将后面板SW2、SW3置于“OFF”。

（2）UPS日常开机时，将后面板置于“ON”，将设备逆变开关合上即可启动。

四、长时间不用的开关机操作程序

如果超过10天不使用UPS时，先按下位于前面板上的逆变开关机按键，再将位于后面板的所有电源输入开关断开，置于“OFF”。

【思考与练习】

1. 试说明逆变器电源（UPS）开机前的准备工作有哪些。
2. 试说明UPS电源的操作程序。

◢ 模块2 UPS设备运行检查（Z11L1026Ⅰ）

【模块描述】本模块介绍了UPS设备维护的方法和安全注意事项。通过对操作流程的介绍，掌握UPS设备的运行维护。

【模块内容】

UPS设备的维护与管理主要包含如下内容：

一、UPS设备维护的安全事项

（1）UPS设备的维护必须遵循电力生产的安全生产规程进行。小型维护工作应坚持工作票制度、工作许可制度。大型检修及安装工作应有安全措施、技术措施和组织措施。

（2）正常维护工作不能中断UPS设备的交直流电源，对由UPS设备供电的重要设备，如继电保护等，应有中断电源后可能造成装置误动的防范措施。

（3）设备检修工作，除了做好措施使UPS设备所供电源不中断外，还应做好防止交直流电源短路、直流接地及防止人身触电的安全措施。

（4）将蓄电池的均衡充电分为恒流、恒压两个阶段。先采用 $0.1C_{10}$ 的恒定电流充电，当充电电压达到2.35V/只（2V蓄电池，下同）时，转为2.35V/只的恒压充电。均衡充电末期，当电流小于 $0.01C_{10}$ 时，启动定时（2～3h，可设定），定时到，则转浮充电。将定时功能与电流判据结合起来，控制均衡充电、浮充电的转换，可避免蓄电池的过充电或欠充电。

二、UPS设备的检查维护工作

要使UPS设备长期、稳定、可靠地运行在最佳状态，必须坚持执行正确的操作维护，做好日常管理工作。

1. 例行检查

例行巡视检查由值班员每日定期进行。检查时，可采用看、听、测、记的方法进行。

（1）现场观察UPS设备的操作控制显示屏，确认表示UPS运行状态的指示信号灯的指示都处于正常状态，所有的电源运行参数值都处于正常值范围内，在显示屏上没有出现任何故障和报警信息。

（2）听是否有不正常的声音。UPS设备在运行过程中会发出一定声音，如电抗器、变压器、继电器、冷却风扇等，它们都要发出各种不同的声音，值班人员可根据正常与异常时的声音变化来判断设备的运行状态。

（3）测量蓄电池的端电压是否正常，再测变压器、电抗器、功率元件等主要发热元件的工作温度是否有明显过热现象。

（4）记录上述巡视检查结果，并注意分析比较记录数据的变化情况，遇有异常及时处理，防止设备事故的发生。

2. 定期维护

UPS设备运行一个阶段后，要进行定期维护。定期维护工作由专职的维护人员进行，维护人员对UPS设备的原理应有较深的认识，并具有分析判断设备故障的能力。定期维护时，可根据日常操作和例行检查记录有针对性地查找问题，排除故障；也可在定期维护时，发现新的问题，消除设备隐患。维护人员在完成已有的故障排除和设备隐患的处理工作后，还应做好以下工作。

（1）检查各电气连接螺钉是否松动，各插件的接触是否良好，各零部件有无破损、划伤，导线有无折断及折伤等，发现问题及时处理。

（2）检查各功率驱动元件和印制电路插件有无烧黄、烧焦和烟熏状的痕迹，有无电容炸裂、漏液、膨胀变形现象。

（3）检查变压器绕组及连接器件和扼流线圈是否有过热变色和分层脱落现象。

（4）检查触点的磨损情况，对烧焦、损坏的电气触点进行处理。

（5）检查电源熔断器是否完好，固定是否牢固。

（6）检查绝缘电阻应符合要求，对绝缘电阻不合格的部件应及时更换或维修。

（7）清除 UPS 设备各部件的污物和灰尘，以降低装置的运行温升和提高设备的工作性能。

（8）给蓄电池充电过程中，在状态转换瞬间及浮充电状态时，有可能发生蓄电池电压高于整流模块输出电压的情况，此时整流模块运行灯熄灭，故障灯亮，蓄电池放电。待蓄电池端电压低于整流模块输出电压后，整流模块会自动恢复正常充电状态。若发生某个整流模块长时间为故障状态，则应重新调节该模块电压调节旋钮，保证所有模块工作正常。

（9）手动停交、直流输入，UPS 能自动切换至旁路供电状态；恢复交、直流供电，UPS 又能切换至逆变供电状态。

定期维护结束后，要将检查项目、发现问题、处理情况详细记入定期维护记录，并存档备查。

【思考与练习】

1. UPS 设备维护的安全事项有哪些？

2. UPS 设备的检查维护工作包括哪些方面？

模块 3 技术参数（Z11L1027Ⅰ）

【模块描述】本模块介绍了逆变器电源（UPS）的输出电流和容量、直流输入额定电压和产品种类。通过图表说明，掌握逆变器电源（UPS）参数与类型。

【模块内容】

一、产品种类

单一式不间断电源设备包含 4 种类型，分别是：

（1）单一式不间断电源设备，如图 Z11L1027Ⅰ–1 所示。

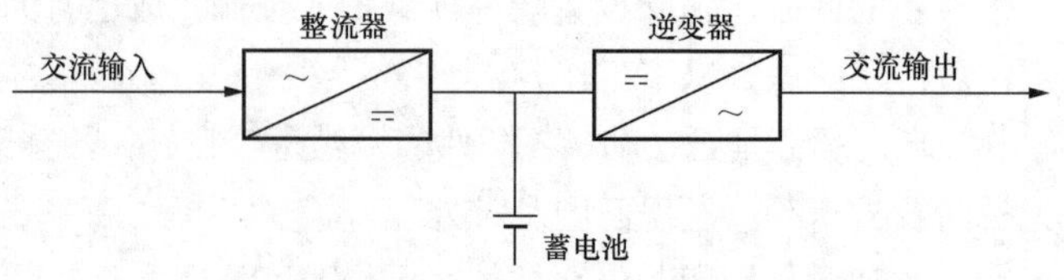

图 Z11L1027Ⅰ–1 单一式不间断电源设备

（2）有独立蓄电池充电装置的单一式不间断电源设备，如图 Z11L1027Ⅰ–2 所示。

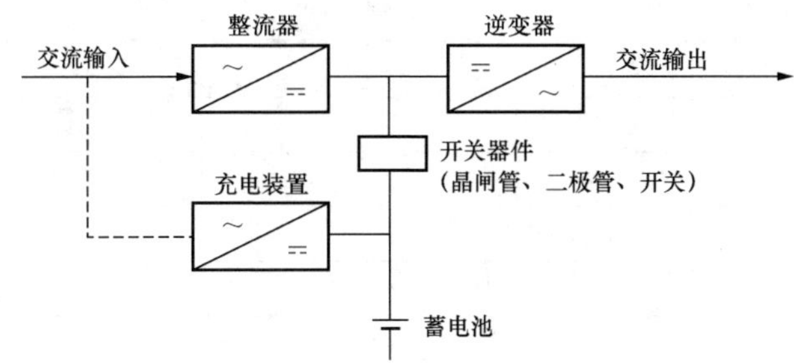

图 Z11L1027Ⅰ–2　有独立蓄电池充电装置的单一式不间断电源设备

（3）带直流输出的单一式不间断电源设备，如图 Z11L1027Ⅰ–3 所示。

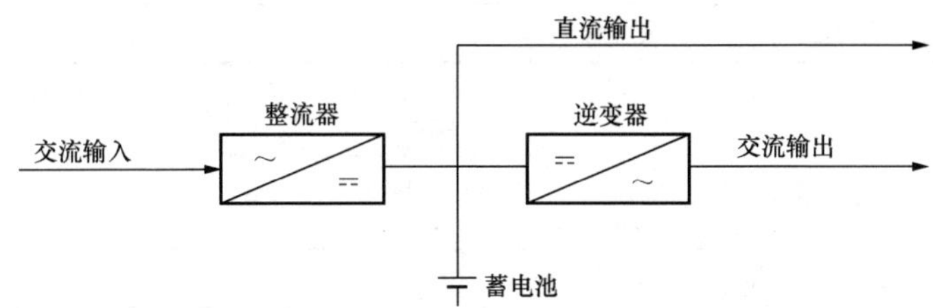

图 Z11L1027Ⅰ–3　带直流输出的单一式不间断电源设备

（4）带旁路的单一式不间断电源设备，如图 Z11L1027Ⅰ–4 所示。

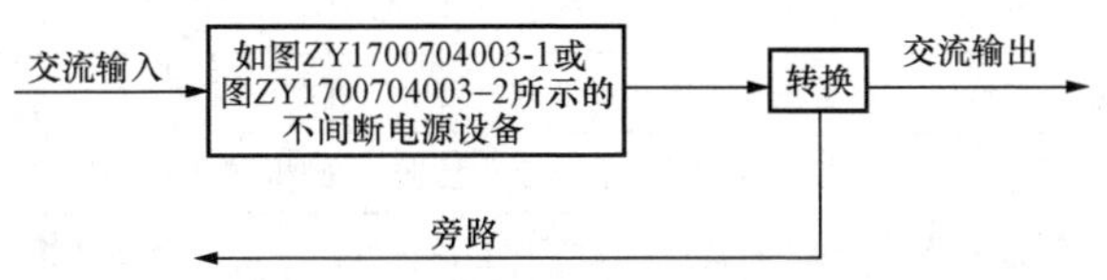

图 Z11L1027Ⅰ–4　带旁路的单一式不间断电源设备

二、直流环节额定电压

不间断电源设备中的直流环节（整流器、蓄电池）的额定电压应在 24、48、110、220V 中选取。

有特殊要求时，100V 以下等级可按 12 的整数倍选取，220V 以上等级按 GB/T 3859 规定的直流电压等级选取。

三、技术指标

技术指标如表 Z11L1027Ⅰ–1 所示。

表 Z11L1027Ⅰ-1　　技 术 指 标

项目名称		技术参数
额定容量（kVA）		5/7.5/10
额定功率（kW）		4/6/8
交流输入	电压（V）	323～437
	频率（Hz）	50×（1±10%）
	功率因数	≥0.80
直流输入	电压（V）	176～286（220V 系统） 99～143（110V 系统）
交流输出	电压（V）	220×（1±1%）
	频率（Hz）	50×（1±0.5%）
	波形	纯正弦波
	失真度	≤1%（纯阻性负载） ≤3%（计算机类负载）
	超载能力	125%额定负载维持 10min 150%额定负载维持 1min
	功率因数	0.80
效率		≥85%
转换时间	交流 ⟷ 直流	0ms
	逆变 ⟷ 旁路	≤4ms
保护和告警	电容电压过低	检测电容电压过低时将自动关机并告警，可自动恢复
	直流电压过低	检测直流电压过低时将告警，可自动恢复
	过负荷	检测到过负荷后将自动延长一段时间关机，并告警，需手动恢复
	输出过高/过低	输出电压过高/过低时自动关机并告警，可自动恢复
	输出短路	自动关机，并切换到旁路以使空开跳闸，正常后可自动恢复
	旁路电压过高/过低	检测旁路电压过高/过低将告警，可自动恢复
显示和上传		可显示和上传旁路输入电压、直流输入电压、逆变输出电压、逆变输出电流、电容电压、逆变输出频率、逆变输出容量、供电状态等信息
通信接口		RS-232/RS-485
通信规约		CDT、FDK、MODBUS、DFGY
无源接点		交流输入异常、旁路输入异常、直流输入异常、逆变输出异常、交流母线失电
平均无故障时间（MTBF）		≥100 000h
遥控功能		遥控逆变开关机、逆变旁路供电状态切换

【思考与练习】

1. 单一式不间断电源设备有哪些类型？

2. 不间断电源设备中的直流环节（整流器、蓄电池）的额定电压应在什么范围内选取？

第四十一章

直流电源设备的运行与维护

模块 1　微机绝缘监测仪（Z11L1028Ⅰ）

【模块描述】本模块介绍了微机绝缘监测仪。通过原理讲解，了解微机绝缘监测仪的作用及其使用方法。

【模块内容】

变电站直流系统采用不接地系统，这样当直流系统发生一点接地时不会立即发生短路现象。对地绝缘的直流电源，避免了一次设备接地故障地电位升高对直流系统的冲击，保护了直流负载设备（继电保护等设备）的安全，同时保证了人身的安全。当直流电源发生一点接地时，由于不能构成回路，一般来说对保护没有影响，尽管如此，如果以后再发生一点接地，构成寄生回路对设备运行会产生无法预计的后果，严重时将发生继电保护误动、拒动和直流电源短路。因此，直流绝缘的监测和直流接地的处理是直流电源运行的一项重要内容。

变电站的直流系统通过电缆线路与室内、室外的直流电源、直流柜、保护柜、控制柜、信号接点、配电装置端子箱、操动机构相连，走线遍布变电站各个位置，在运行中易受到环境和人为因素影响、绝缘受损影响以致发生接地的机会较多，所以运行中的直流系统必须配备直流绝缘监测装置。220kV 及以上大型变电站发生直流接地，传统的方法是通过拉直流开关判明哪一回路接地，这种方法工作量较大并存在一定的风险，所以绝缘监测装置应配直流支路检测功能，保证发生直流接地时，能够告警和确定哪一支路接地。

直流电源绝缘监视装置，从早期的电桥平衡原理、电子式电桥到现在的微机绝缘监视仪，从监视总的直流系统绝缘到现在可以监测每一支路绝缘，性能日益完善。20 世纪 80 年代以前，绝缘监视装置都是用高灵敏度小电流继电器直接组成平衡电桥，监测直流接地故障。从 80 年代开始，在平衡电桥原理的基础上，应用电子技术替代小电流继电器直接检测，提高了接地告警灵敏度。随后以微处理机为基础的绝缘监视装置，克服了平衡电桥原理结构上的缺陷，它可以准确测量直流母线正极和负极对地电阻值，同时可对直流母线电压进行监测显示。进入 90 年代后，由于大型变电站直流系统馈线日趋增多，从运行的安全性考虑，希望能在直流接地时不通过拉直流负载就知道哪一直流支路接地，一些制造厂生产了带支路检测功能的绝缘监测装置，目前，常用支路检测有交流互感器和直流互感器两种形式，各有所长。

一、平衡桥原理绝缘监测装置

平衡桥原理（又称电桥原理）绝缘监测装置等效电路如图 Z11L1028Ⅰ–1 所示。图中电阻 R_1、R_2 和继电器 K 组成绝缘监测的基本元件，通常 R_1 与 R_2 电阻值相等，均为 1kΩ，继电器 K 选用直流小电流继电器，动作电流为 1.5～3mA，继电器 K 的内阻为 7.5kΩ（110V 直流系统）或 15kΩ（220V 直流系统）。电阻 R_+和 R_-分别是直流系统正极和负极的对地电阻。正常运行时，直流系统对地绝缘良好，R_+和 R_-无穷大，正负两极通过 R_1、R_2 的中心经直流小电流继电器 K 接地，但不构成回路，继电器 K 中没有电流。

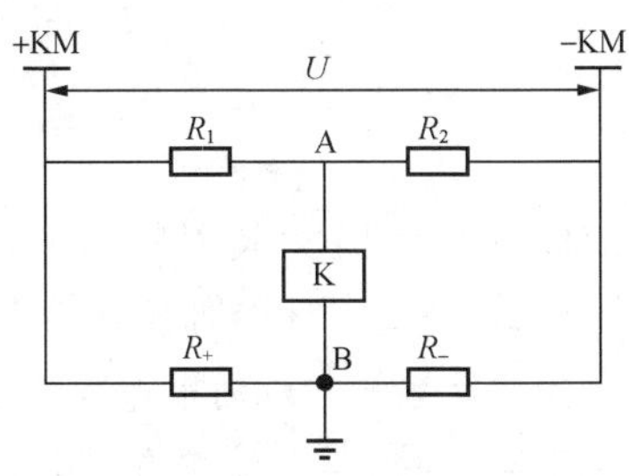

图 Z11L1028Ⅰ–1　平衡桥原理绝缘监测装置等效电路

由绝缘监测原理结构可知，平衡电桥组成的绝缘监视装置在系统绝缘良好时，正对地电压和负对地电压的绝对值相等，均为直流母线电压的 1/2。因此，在运行中人们常常以正负两极对地电压的不相等程度来判断直流系统绝缘下降的严重性。

当运行中直流系统对地绝缘不良，R_+或 R_-的电阻下降时，与 R_1、R_2 构成电桥的桥臂中就有不平衡电流流过，当直流系统正接地或负接地（R_+或 R_-小于一定数值）时，流过继电器 K 的不平衡电流使得继电器 K 动作告警，报告直流系统接地。

调整继电器动作电流的大小可以设定接地电阻的告警值，动作电流越小，接地告警电阻值越大。

当电桥失去平衡时，加在继电器上的电压为

$$U_K=\frac{U\left(\dfrac{R_+}{R_++R_-}-\dfrac{R_1}{R_1+R_2}\right)R_K}{\dfrac{R_+R_-}{R_++R_-}+R_K+\dfrac{R_1R_2}{R_1+R_2}}$$

式中　U——直流母线电压，V；

R_K——继电器线圈电阻，Ω。

因 $R_1=R_2$，则

$$U_{\mathrm{K}}=\frac{U\left(\dfrac{R_{+}}{R_{+}+R_{-}}-0.5\right)R_{\mathrm{K}}}{\dfrac{R_{+}R_{-}}{R_{+}+R_{-}}+R_{\mathrm{K}}+0.5R}$$

流过继电器线圈电流为

$$I_{\mathrm{K}}=\frac{U\left(\dfrac{R_{+}}{R_{+}+R_{-}}-0.5\right)}{\dfrac{R_{+}R_{-}}{R_{+}+R_{-}}+R_{\mathrm{K}}+0.5R}=\frac{U(R_{+}-R_{-})}{2R_{+}R_{-}+(2R_{\mathrm{K}}+R)(R_{+}+R_{-})}$$

由于绝缘监测装置中必须有一个人工接地点才能检测直流系统接地（如图Z11L1028Ⅰ–1中继电器K接地点B），所以绝缘监测装置的对地电阻必须足够大。这样，当直流系统中任何地方发生一点接地时，形成电流通路时的电流很小，不足以引起继电器的误动。从安全性考虑 R_{K} 电阻大一些好，但由于受小电流直流继电器灵敏度限制，一般220V直流系统 R_{K} 为15kΩ，110V直流系统为7.5kΩ，继电器动作电流 I_{K} 在 1.5～3mA 之间可调。这个数值的接地电阻，对于直流系统中所有继电器来讲还是很安全的，一点接地构成的回路电流远小于继电器动作电流。

从式（Z11L1028Ⅰ–3）中可以看出，当直流系统对地电阻 R_{+}和 R_{-}等值下降时，由于电桥仍是平衡状态，将没有电流通过继电器K，这是平衡桥原理绝缘监测装置的一个原理性缺陷，无法对直流系统的 R_{+}和 R_{-}等值下降进行告警。实际运行中发生正、负极绝缘同时下降，大都是铅酸蓄电池酸液泄漏并遇到潮湿天气在蓄电池外壳爬酸造成的，但这种情况相对较少。

二、微机型绝缘监测装置

平衡电桥原理组成的直流系统绝缘监测仪，在运行中存在3个方面的不足：

（1）直流系统正、负绝缘等值下降的情况不会发出告警。

（2）无法准确测出正极和负极接地电阻值。

（3）报警灵敏度低和报警定值整定困难。

针对上述缺陷，20世纪80年代末期，开发研制出微机型绝缘监测装置。目前，通常采用单片微机技术，二次通过不同的电阻接地，经对地电压采样、计算后分别显示准确的正对地电阻和负对地电阻值，实现对直流系统绝缘工作状况的监测，并能设定确切的接地电阻告警值。此外，监测装置还能对瞬时接地进行告警和记录，定时对绝缘状况自动进行记录，形成绝缘电阻的历史记录表或曲线。可以同时对两段直流母线进行绝缘监测和电压监测及告警。当直流接地电阻小于设定告警值时，除了告警并显示接地电阻值外，装置还自动进行支路巡检找出接地支路，避免运行人员进行接地试拉，避免了试拉接地过程中的风险。

微机型绝缘监测装置分为带支路检测和不带支路检测两种。不带支路检测的装置通常称为常规绝缘检测，完成对整个直流系统正负极对地电阻、母线电压监测。带有支路检测的微机型绝缘监测装置，除了完成常规绝缘检测外，还可以通过小电流互感器检测馈线支路接地，报告接地发生在哪一支路。

带接地支路的绝缘监测装置，运行工作时内部分为两部分：正常时工作在常规绝缘检测状态，与不带支路的绝缘监测装置一样，支路巡检部分不工作；当发生接地后，绝缘监测装置检测到母线绝缘下降后，会自动启动支路巡检部分投入，找出接地支路。

（一）直流系统常规绝缘检测原理

1. 电压表测对地电压

在直流系统存在接地电阻时，可以通过分别测量直流正负母线对地电压，以及母线电压，并进行计算得出准确的接地电阻，如图 Z11L1028Ⅰ–2 所示。

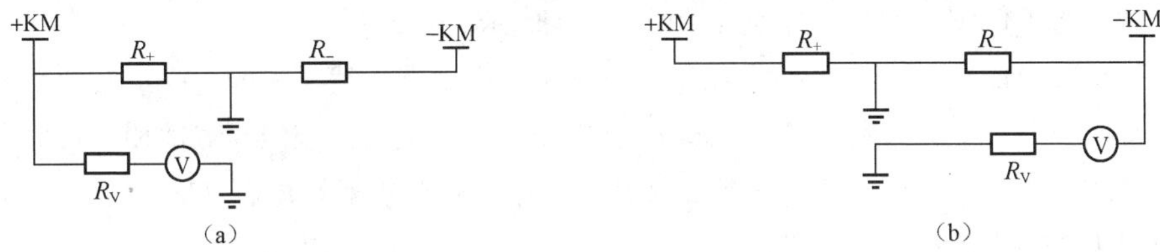

图 Z11L1028Ⅰ–2　电压表测对地电压

（a）测正对地电压；（b）测负对地电压

其中 R_+、R_-是直流系统正、负极对地电阻，R_V是电压表内阻。当 R_V已知时，通过测量控制母线电压 U、正对地电压 U_+和负对地电压 U_-计算得出直流系统对地电阻的准确数值。

从图 Z11L1028Ⅰ–2 中可以看出，测正对地电压时，电压与电阻的关系有

$$U_+ = \frac{U}{\dfrac{R_+R_V}{R_+ + R_V} + R_-} \times \frac{R_+R_V}{R_+ + R_V}$$

测负对地电压时，电压与电阻的关系有

$$U_- = \frac{U}{\dfrac{R_-R_V}{R_- + R_V} + R_+} \times \frac{R_-R_V}{R_- + R_V}$$

由上述两式，解得正对地电阻和负对地电阻的计算公式

$$R_+ = R_V \frac{U - U_+ - U_-}{U_-}$$

$$R_{-}=R_{\mathrm{V}}\frac{U-U_{+}-U_{-}}{U_{+}}$$

微机绝缘监测装置可以采用上述方法，测得控制母线电压 U、正对地电压 U_+和负对地电压 U_-，进行计算得出绝缘电阻值。

实际运行中，由于对地电阻 R_+、R_-不同将产生对地电压的不确定性。例如当直流系统 R_+=100kΩ，R_-=1000kΩ 时，负对地的电压将高达直流母线电压的 90%，不利于设备的安全运行。为此，绝缘监测装置内部必须配置电阻，适当地平衡接地电阻，避免直流母线对地电阻不平衡造成负对地电压过高的潜在威胁，一般正对地和负对地均接 100kΩ 左右电阻（110V 直流系统）。

2. 平衡与不平衡桥测量

另一种直流系统常规绝缘检测方法是运用平衡桥和不平衡桥两种状态方式进行检测，绝缘监测装置在工作时不断在两种状态下切换，同时测量两种状态下的电压数据以供计算接地电阻。原理如图 Z11L1028Ⅰ–3 所示。

如图 Z11L1028Ⅰ–3 所示，在绝缘监测装置内部有虚线框内的电阻组成的平衡桥和不平衡桥两种结构，图中 R_+、R_-和 C_+、C_-分别代表直流系统中正对地和负对地电阻及电容。绝缘监测装置工作时，第一次从平衡电桥中测得对地电压 U，改变平衡电桥一电阻为 $2R$ 测得对地电压 U'。

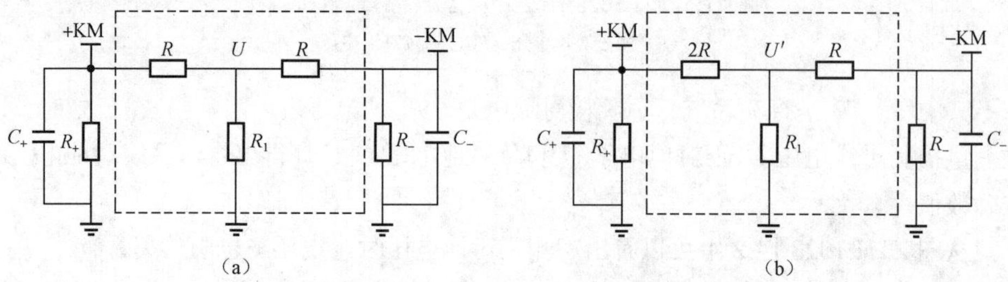

图 Z11L1028Ⅰ–3 平衡与不平衡电桥测量原理

（a）平衡桥；（b）不平衡桥

从电路基本定理分析，可以导出正对地绝缘电阻 R_+和负对地绝缘电阻 R_-的有关计算公式，此公式仅与 U、U' 和母线电压值有关。微电脑对 U、U' 值进行编程计算后，将母线电压、正对地电阻和负对地电阻依次进行显示。同时，微机对所显示的 3 个值与母线超欠压整定值、绝缘报警整定值进行比较，若超过整定值发出相对应的电压超欠压报警或接地报警。

此外，还有其他方式的采样电路，其基本方法均是人为改变一下电路状态，对改变前后的电路状态电压数据进行采样计算得出接地电阻。

（二）支路巡检原理

绝缘监测装置检测到直流系统接地后，自动转入支路巡检。目前，直流接地支路巡检，通常采用交流和直流两种方式：交流方式是通过对直流系统注入低频交流信号，由接地支路互感器检测到信号告警；直流方式是利用接地支路直流电流不平衡，检测在直流互感器中造成的磁场微弱变化原理来判断接地。

1. 交流注入式支路巡检原理

交流注入式使用交流信号源向直流控制母线（KM）输入交流信号方式，如图 Z11L1028Ⅰ–4 所示。

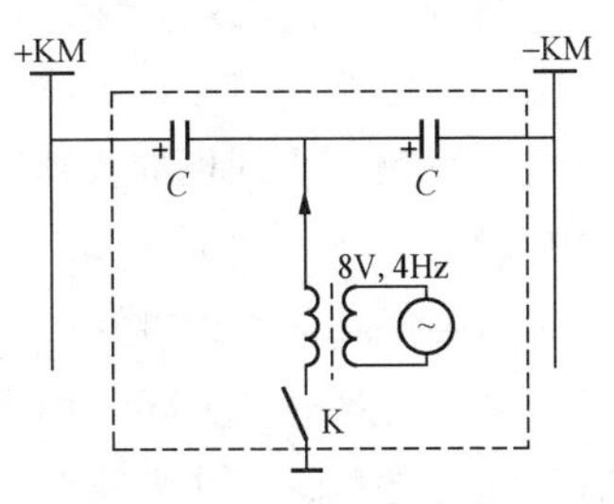

图 Z11L1028Ⅰ–4 支路巡检信号源

在直流绝缘正常状态下，继电器触点 K 断开，此时两电容器 C 串联，对直流相当于滤波。当直流系统发生接地时，绝缘监测装置中常规绝缘检测计算接地电阻是否小于设定值。当接地电阻小于设定值时，装置发出告警信号，同时转入支路巡检，触点 K 合上，低频信号通过两个耦合电容分别向正、负直流母线注入低频信号，交流信号通过接地点经 K 回流，形成信号电流。

由于在所有直流馈线支路均套有交流小电流互感器，任何一支路接地一定有低频交流电流流过该支路的小电流互感器。小电流互感器的工作原理类似交流钳形表测量交流电流原理，当本支路接地时低频交流电流通过小电流互感器，在互感器二次侧感应出二次电压，二次电压的大小与接地电阻成反比，从而反映该支路接地电阻，如图 Z11L1028Ⅰ–5 所示。

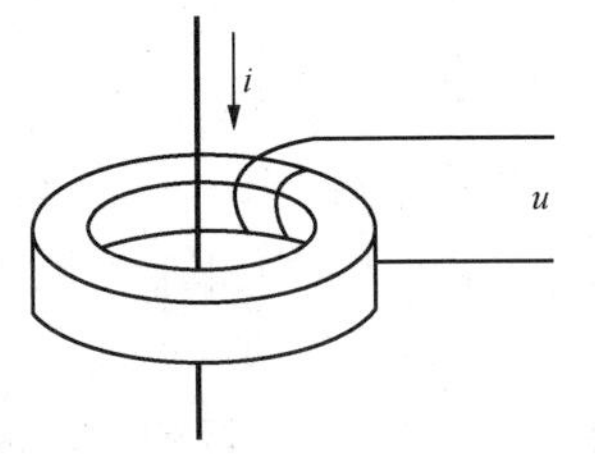

图 Z11L1028Ⅰ–5 支路接地互感器

这种电流互感器有别于一般工频交流电流互感器，由于注入直流系统的交流信号是超低频低电压信号，当发生直流接地时，通过互感器的电流很小，频率很低，通常在 4～20Hz 之间，避免使用工频信号引起继电保护设备误动及测量干扰，所以二次感应到的信号电压很小，均在毫伏级，需要经过放大处理。

交流检测在运用中碰到的最大的问题是电容电流引起的干扰。现在的直流负载（继电保护设备）大都是微机型设备，使用的均是 DC/DC 开关电源，开关电源的电磁兼容要求有 EMI 滤波器，滤波器内部对地均接电容，这个对地电容电流流过电流互感器形成对接地检测的干扰。为此，从两个方面消除对地电容对测量的干扰。

（1）降低交流信号频率。电容电流与频率成正比，频率降低后电容电流自然就小了，也就降低了对测量接地支路的影响。但频率降低后相应的检测信号就更困难，对小信号处理要求就提高了，所以目前国内一般最低做到 4Hz。

（2）采用 90°相位自动锁相技术。即便交流频率降低，还是存在电容电流影响测量接地电阻的准确性，尤其是在一些包括很多分支的总支路中电容电流的影响更大。自动锁相技术使用了闭环 90°自动锁相电路。其工作原理为：将容性电信号加到锁相放大器的输入端，通过信号放大、相位检波产生微弱直流信号，将此直流信号放大反馈，推动相位调整电路，改变放大器的相移，使容性相位检波输出的直流为零，从而排除电容影响，使开环放大器因时漂、温漂或元件老化等因素引起的相位移都能自动得到补偿。

采用超低频信号以及 90°相位自动锁相技术，支路电容在 10μF 以下对测量没有影响，变电站支路电容大部分均小于 10μF，可以较好地满足现场运行。只有在总支路下挂有很多分支路时，在支路电容大于 10μF 的情况下，测量支路电阻读数会有所影响，即在支路绝缘良好时仍会显示该支路有几十 kΩ 的电阻值。但当支路接地并且接地电阻小于 10kΩ 时，电容电流对支路测量的影响就可忽略，仅仅影响支路测量精度，仍可以准确地找出接地支路。

2. 直流差流式支路巡检原理

直流差流式支路检测是将一小直流电流互感器（TA）接入馈线支路中，类似于直流钳形电流表形式。直流绝缘正常时，正、负两根导线内电流值相等、方向相反，合成磁通等于零，当正或负发生一点接地时，将有电流通过接地点，直流互感器中流进和流出的电流不相等产生差流，使得 TA 内产生磁通，如图 Z11L1028Ⅰ–6 所示。

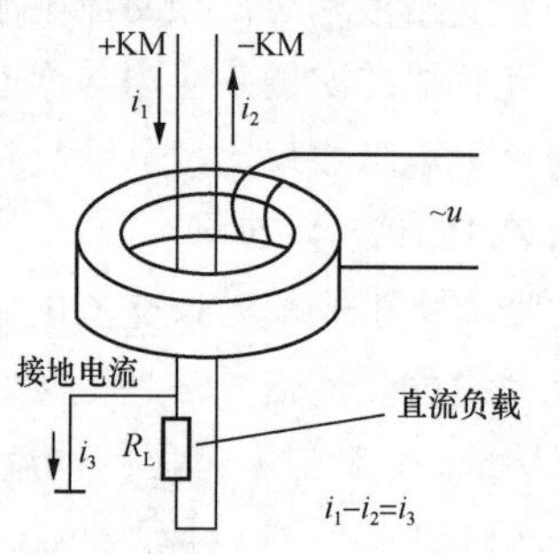

图 Z11L1028Ⅰ–6 直流电流互感器示意图

没有接地时，电流 i_1 流经 TA 后通过负载 R_L 流回 TA 形成 i_2，正、负电流相等流过 TA，对 TA 没有磁偏。如果直流正极接地时，流经 TA 的电流有一部分通过接地点回流到电源的负极，通过负载回流到 TA 的电流 i_2 减少了 i_3，TA 内的偏磁为电流 $i_1-i_2=i_3$。

直流接地后绝缘监测仪通过常规检测就能检测到对地电阻的接地阻值，与设定告警值比较后决定是否进入支路查找。进入支路查找后，如果接地不完全，磁偏电流就会比较小，影响灵敏度。为提高查找支路的灵敏度和可靠性，按照一定程序调整仪器内部对地采样电阻，保证直流互感器能准确地把接地支路检测出来，并通过计算得出支路接地电阻值。

利用直流互感器原理测量支路接地的装置，其本身一定要在正、负电源上对地接一个电阻，且数值不能太大。否则，当直流系统对地绝缘电阻较大时，支路接地与装置内部电阻构成回路，使流过 TA 的电流太小而无法测量出来。

接地电阻的选取主要在于满足直流TA的灵敏度。目前，一般直流 TA 可以检测大于1mA 的电流，当支路接地电阻检测灵敏度设置为 20kΩ 时，在 110V 直流系统中绝缘装置对地电阻可取 80kΩ 左右。

如图 Z11L1028Ⅰ–7 所示，R_1、R_2 分别是绝缘监测装置内部正对地和负对地的接地电阻。降低绝缘装置内部接地电阻 R_1、R_2，可以增加在一点接地时电流，提高检测支路电阻的灵敏度，但过低的接地电阻会造成在直流系统一点接地时接地电流可能使继电器误动。一般根据直流系统使用的最高灵敏度继电器的动作电流，使在一点完全接地时的接地电流远小于最高灵敏度继电器的动作电流。

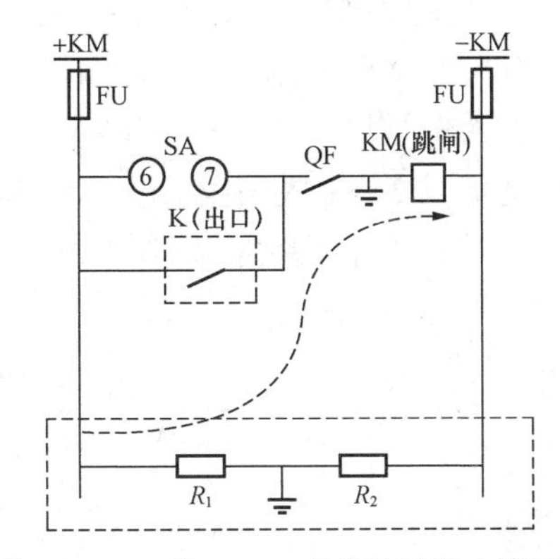

图 Z11L1028Ⅰ–7　一点接地时的电流回路

直流 TA 不使用交流信号，支路电容不管数值多大对直流 TA 毫无影响，彻底解决了电容干扰问题，这是直流 TA 的最大优点。但如果支路正、负极同时等值接地时，通过 TA 的直流差流将为零，TA 铁芯内将无偏磁产生，也就无法判定该支路是否接地，这也是使用这种原理检测支路接地的原理性缺陷。但一般来说，直流某一支路正、负绝缘同时等值接地的可能性相当小。

直流小电流互感器检测原理目前常用的有两种：① 霍尔元件组成的直流小电流互感器测量元件，霍尔元件本身是一种磁电转换元件，用来测量磁场强度大小，将霍尔元件嵌入直流 TA 铁芯磁回路中，当 TA 中有直流电流流过时，根据电磁感应原理在 TA 铁芯中产生磁场，霍尔元件就有电压输出，并且此电压与磁场强度成正比，由此检测出直流电流；② 利用闭合铁芯中交流线圈在通过不同直流电流时，造成铁芯偏磁、TA 电感发生变化的关系进行直流小电流的检测。

使用霍尔元件测量，由于存在零点漂移，每次使用前均要进行校零，所以一般用在直流钳形表中；利用铁芯偏磁造成的电感变化测量方式，由于在 TA 上附加交流信号，零点的长期稳定性较好，故在现行的支路直流互感器方式中普遍采用。

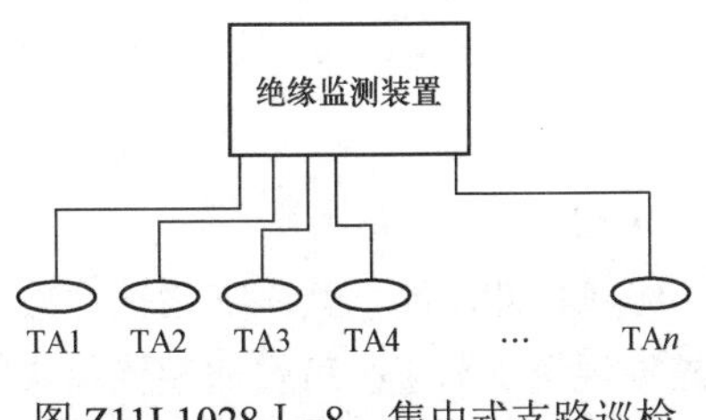

图 Z11L1028Ⅰ–8　集中式支路巡检

对各支路互感器信号的采集方式，目前有以下 3 种：

（1）集中式。所有 TA 信号均接入一台绝缘监测仪中，每一个 TA 有 3 根线，如图 Z11L1028Ⅰ–8 所示。

（2）模块式。以一定支路数为一个模块采集单元，各模块单元与主机之间采用RS–485通信线进行数据传输，如图Z11L1028Ⅰ–9所示。这种方式的好处是：数量众多的TA与模块的连接线大为缩短，而模块分机和主机的连线虽然距离长但只有3根线（电源线2根和通信线1根），与集中式相比大大简化了接线工艺，远离主机的支路或扩展支路不受距离影响，仅受模块与主机RS–485通信约束，而RS–485的通信距离可达几百米。

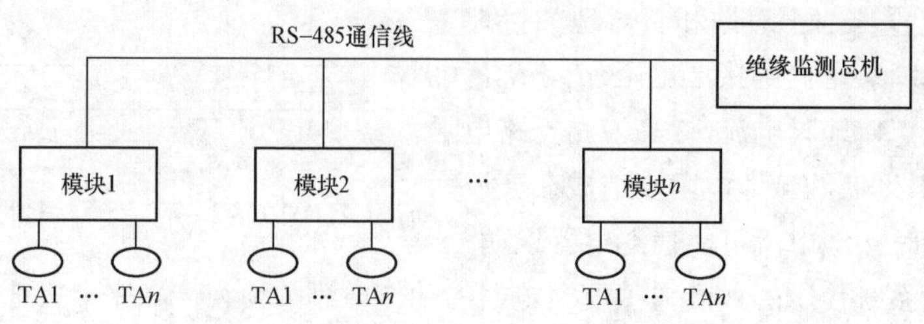

图Z11L1028Ⅰ–9 模块式支路巡检

（3）智能TA式。每个TA内含CPU芯片处理器，该芯片处理器直接将TA被检信号转换成数字信号，由CPU通过串行口上传至绝缘监测仪主机，如图Z11L1028Ⅰ–10所示。由于在接地时每个TA内部的CPU同时对漏电流进行检测，所以接地支路巡检大大快于集中式和模块式，同时省掉了模块这个中间环节，各TA之间直接用线串联（电源线2根和数据线3根），接线比模块式还要简单，与前两种方式相比，单个TA的价格要高一些。

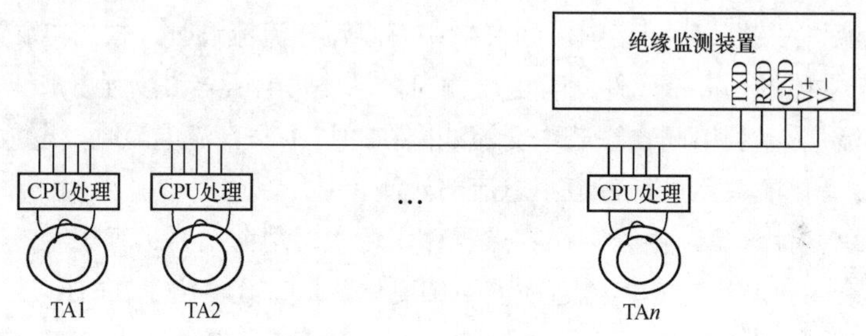

图Z11L1028Ⅰ–10 智能TA式支路巡检

三、案例介绍

（一）案例1——交流注入法查接地的绝缘监测仪介绍

某型号绝缘监测仪具有直流母线绝缘检测和支路绝缘检测功能，其中支路接地采用模块结构，每一模块可采集16条支路接地信号，根据现场支路多少可灵活配置模块数，各模块与主机之间采用RS–485总线结构进行数据传输。这种结构模式的最大好处是系统扩展方便，主机与分机设置灵活，接线简单。在电流互感器分散采集状况下，使用模块结构进行数据采集，具有安装调试方便、运行维护简单的特点。

该微机型直流系统绝缘监测仪由一台主机控制下属若干个采集模块。一台主机可以任意扩展多个采集模块，使得馈线支路增减更加方便灵活。各采集模块接收主机指令后，同时对本模块所带的16个支路进行检测，并向主机报告检测结果，使支路检测速度大大提高。绝缘监测仪除了对直流绝缘监测外，还具有母线电压监测功能，可对直流母线电压异常进行监视和告警，以及测量直流系统正负母线对地电压等。

直流系统绝缘电阻测量采样电路如图Z11L1028Ⅰ–11所示。

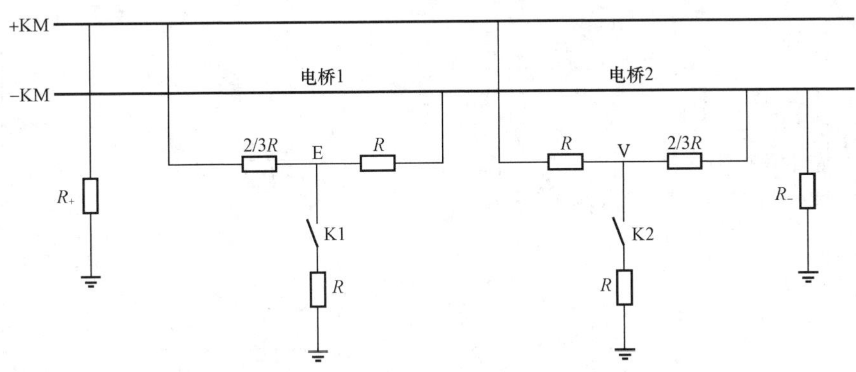

图Z11L1028Ⅰ–11　直流系统绝缘电阻测量采样电路

该装置的采样电桥原理如前所述，设计了两个不平衡电桥电路。当K1闭合、K2断开时，电桥1工作，电桥2不工作，测得E点电压，此时可以列出电桥1的电回路方程式。当K2闭合、K1断开时，电桥2工作，电桥1不工作，测得V点电压，此时可以列出电桥2的电回路方程式。将上述两个电回路方程式联立求解，可以求得R_+与R_-的电阻值。

1. 结构组成

绝缘监测仪由主机、信号采集模块、传感器3部分组成，如图Z11L1028Ⅰ–12所示。

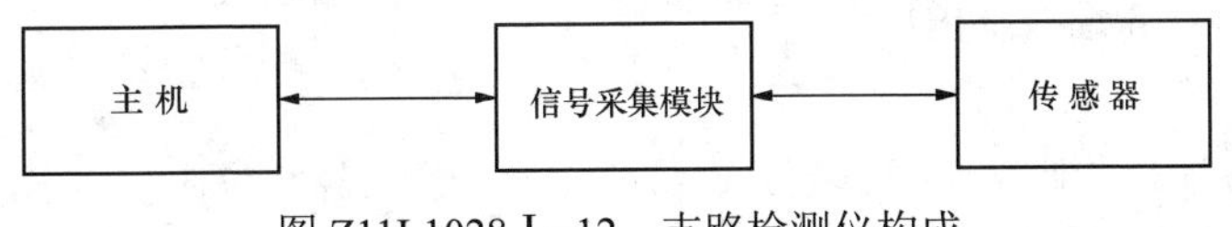

图Z11L1028Ⅰ–12　支路检测仪构成

（1）主机部分。主机部分设有常规检测部分进行母线绝缘、母线电压测量。当发生接地电阻低于设定值时，装置内超低频信号源将4Hz的超低频信号通过隔直电容注入直流母线，辐射至各馈线，同时发送同步信号给各信号采集模块。液晶显示器显示接地电阻数据，监测仪对上通过串行数据通信接口（RS–232、RS–485）或触点输出接地告警，对下通过 RS–485 数据线与各模块连接，采集各支路接地电阻数据。

（2）传感器。传感器安装在直流母线的每个支路输出回路上，如图 Z11L1028Ⅰ–13 所示。如果馈线支路上有接地，直流母线上低频信号将通过该馈线支路，装在该支路上的传感器产生感应电流，感应电流的大小与支路接地电阻的阻值成反比。

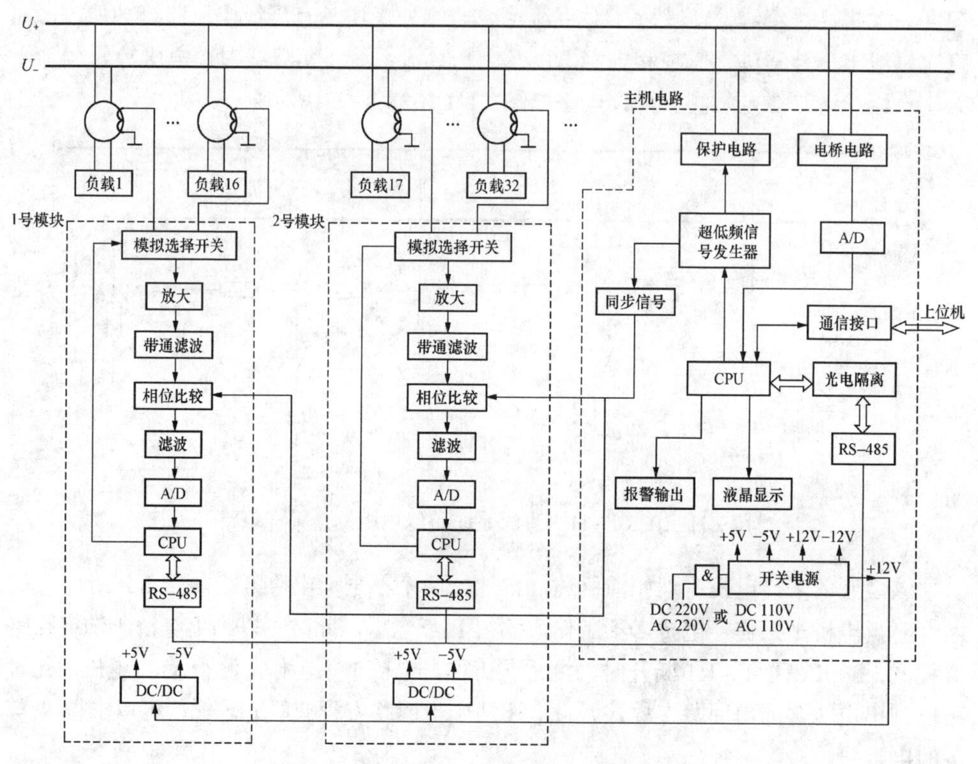

图 Z11L1028Ⅰ–13 支路检测电路结构

（3）信号采集模块。信号采集模块对传感器感应电流信号进行一系列的处理，如图 Z11L1028Ⅰ–13 虚线框内所示。

2. 工作过程

首先由电子开关逐路选择、放大、带通滤波，然后经相位比较器消除支路回路上的对地电容对测量接地电阻的影响，通过滤波回路排除母线上非同步交流信号干扰，再进行 A/D 转换，转换后的数据送 CPU 进行数据处理，得出每一路接地电阻数值，通过 RS–485 数据线上传到主机，由主机显示接地支路编号和接地电阻。

（1）主机在没有接地情况下显示内容：

1）母线电压和正、负端对地电压值。

2）母线电压上、下门限设定值。

3）母线段数及设定回路数。

4）母线正、负端对地绝缘电阻值。

5）母线绝缘门限设定值。

6）超出门限报警。

7）瞬时接地报警。

8）母线绝缘电阻发生接地变化时的时间和数值。

（2）主机在接地情况下显示内容：

1）母线正、负端对地绝缘电阻值。

2）接地支路编号及支路接地电阻。

（3）面板信号灯指示的含义：

1）电源指示灯，接通仪器工作电源时，该灯亮。

2）信号指示灯，仪器进入支路检测状态后，向直流母线发低频信号时，该灯亮且闪烁。

3）超压报警灯，母线电压超过门限设定值时，该灯亮。

4）欠压报警灯，母线电压低于门限设定值时，该灯亮。

5）绝缘报警灯，母线对地绝缘电阻值低于设定值时，该灯亮。

6）支路报警灯，支路检测时，接地电阻值低于门限设定值时，该灯亮。

7）瞬时接地灯，母线瞬时对地绝缘电阻值低于门限设定值时，该灯亮（当瞬时接地告警与设备误动在时间上相关时，可以判定是由接地寄生回路引起，这对进一步分析保护误动原因提供了帮助）。

8）信号保护灯，当直流母线对地有较高交流电压时，信号源保护电路动作，控制信号源与直流母线断开，该灯亮。

3. 软件工作流程

仪器工作流程分为两大部分：绝缘监测与支路巡检。其中支路巡检又分为手动巡检和自动巡检。绝缘监测仪上电复位后，即进入检测工作状态，工作流程如图 Z11L1028 Ⅰ–14 所示。

在正常情况下，对直流系统母线电压变化和母线绝缘进行监测。进入主程序后，先对母线进行检测，判断电压超欠压。然后对绝缘进行检测，看是否超过绝缘定值。当超过绝缘定值时主机上的超欠压报警指示灯或绝缘指示灯亮，同时相对应报警继电器输出触点闭合。当有绝缘电阻小于绝缘定值时，仪器发出绝缘报警的同时转入自动巡检状态，查找发生接地支路。仪器进入自动支路顺序巡检，液晶显示器显示已检测到的支路号与支路电阻值。当有支路接地报警时，液晶显示器显示画面分为两组：一组显示继续巡检的支路号与支路电阻值；另一组显示报警支路的支路号与接地电阻值。而且仪器反复巡检报警支路，如果支路接地被排除，仪器自动回到母线常规监测状态。

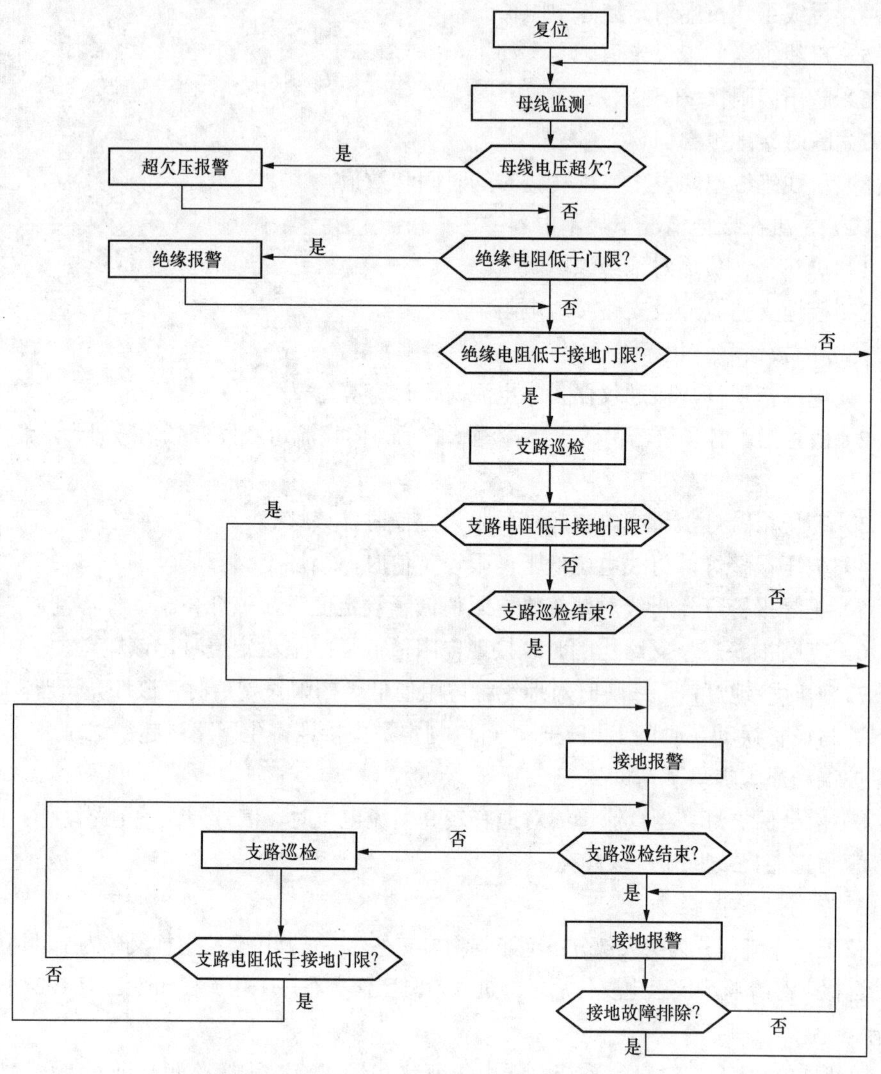

图 Z11L1028Ⅰ-14　绝缘监测装置工作流程

在自动支路巡检状态下，支路巡检完毕，没有支路接地报警，仪器自动回到母线监测状态。

为了方便使用与调试，该仪器还具有手动巡检功能。在母线监测状态下，操作“连续”“↑”“↓”等功能键，可随意查巡任一支路的接地情况。连续查巡完各支路后，仪器会自动回到母线监测状态。单步查巡支路，时间超过 5min，仪器会自动回到母线监测状态。在手动巡检中，也可以按复位键，使仪器回到母线监测状态。

当绝缘电阻在告警定值以上时，接地电阻每变化 20%，主机存储器将记录其变化的绝缘电阻值及时间。操作记忆键，液晶显示器显示所存储的绝缘电阻值及时间量。记忆显示完成后，自动进入母线监测状态。

（二）案例 2——某微机绝缘监测仪介绍

该装置支路巡检采用直流差流原理，每个 TA 均使用智能 TA，将所测得的数据通过数据线上传至绝缘监测仪主机，见图 Z11L1028Ⅰ–14。常规检测部分可以选择使用平衡桥和不平衡桥两种方式，可根据现场直流母线绝缘状况选定采用哪一种方式。直流母线绝缘电阻很高时可选平衡电桥方式，这时正、负母线的对地电压相等、和不变，避免了不平衡工作方式在两种状态下切换造成对地电压跳动而给人造成误解。当绝缘电阻在 100kΩ 以内时，选用不平衡方式可以准确测量正负对地电阻，并对绝缘状况进行监测记录，记录的数据曲线历史可供运行人员在直流接地时进行分析判断。

该绝缘监测仪实时监测直流母线电压和正、负母线的对地电阻及对地电压。当直流母线对地电阻低于设定值时，自动启动支路巡检，对每一支路的接地电阻进行测量。

该装置有以下功能特点：

（1）大屏幕汉字显示，具有操作提示信息，便于人机对话。

（2）无需在直流系统中注入任何信号，对直流系统无影响。

（3）抗直流供电系统对地大电容的影响。

（4）直流传感器抗电流冲击后的剩磁影响，保证传感器长期的稳定性。

（5）传感器与主机采用数字信号传输，传感器与主机的接线少，连接使用方便，抗干扰能力强。

（6）用于主分屏直流系统时，装置可设为主机或分机。

（7）数字显示母线电压，电压超过允许范围时发出报警信号。

（8）数字显示正负母线的对地绝缘电阻值，当绝缘电阻低于设定值时，发出报警信号；并自动巡查各支路对地绝缘电阻。

（9）汉字显示历史记录，装置掉电后信息不丢失。

（10）能监测馈出线具有环路的直流系统，并准确定位与测量环路接地。

（11）实时显示正负母线接地电阻—时间曲线，当出现接地故障时，自动锁定并存储电阻—时间曲线。

（12）能监测正、负母线和支路平衡接地，分别显示故障支路的正、负母线接地电阻值。支路巡检速度基本与支路数量无关。

【思考与练习】

1. 画出平衡桥绝缘监测原理图，并说明接地告警原理。
2. 支路检测模式有哪几种，各有什么优缺点？
3. 写出 48、110、220V 接地告警设定值。
4. 为什么微机监测方法可以测量出对地电阻的确切数值？
5. 造成支路检测数据偏离过大的原因是什么？
6. 直流电流互感器检测时接地电流不可以过大，为什么？

◢ 模块 2 交流进线单元（Z11L1029Ⅰ）

【模块描述】本模块介绍了高频开关电源交流进线单元的功能和要求。通过图例说明，了解交流进线单元的作用及其选用方法。

【模块内容】

交流进线单元指对直流柜内交流进线进行检测、自投或自复的电气/机械联锁装置。根据 2006 年国家电网公司对直流系统中交流输入的要求，充电柜的交流输入必须有两路分别来自不同站用变压器的电源，因此两路交流电源之间必须具有相互切换、优先选择任一路输入为工作电源、交流失电后来电自启动恢复充电装置工作等功能。

不管直流系统是一段直流母线还是两段直流母线，每组充电装置有两路交流电源输入可以提高直流系统的可靠性，尤其是在实现变电站自动化而进行集控管理模式下，两路交流输入可以防止一路交流故障造成的蓄电池过放电等不测后果，两组充电装置分别选择不同的交流输入，可以避免当一路输入交流过电压造成所有直流电源发生同一性质的故障。

典型的交流进线单元如图 Z11L1029Ⅰ–1 所示。

双路交流自投回路由两个交流接触器（1KM、2KM）和交流配电单元控制器组成。交流配电单元控制器为双路交流自投的检测及控制组件，接触器为执行组件。交流配电单元上设有转换开关 QK、两路电源的指示灯和交流故障告警信号输出的空接点。转换开关 QK 有 4 个挡位，旋转手柄旋至不同挡位可实现如下功能：

（1）“退出”位：两个交流接触器均断开，关断两路交流输入。

（2）“1 号交流”或“2 号交流”位：手动选择 1 号或 2 号交流投入作为充电机的输入电源。

（3）“互投”位：两路交流的自动互投位，当任一路交流故障时，均可自动将另一路交流投入，以保证充电装置交流输入电源的可靠性。

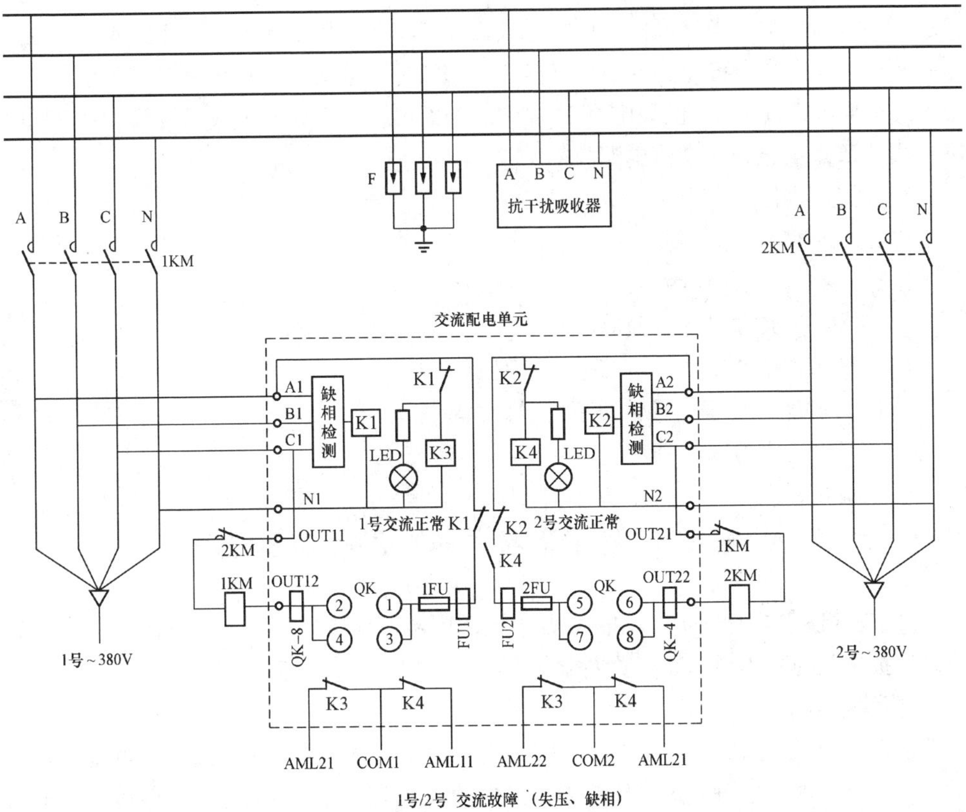

1号/2号 交流故障（失压、缺相）

QK(LW12−16/9.6910.2)

位置 触点	0°	90°	180°	270°
1−2			×	
3−4		×		
5−6				×
7−8			×	

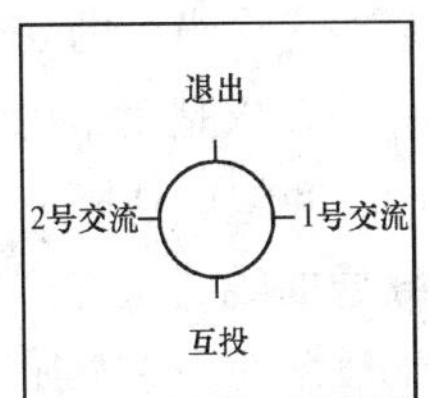

图 Z11L1029Ⅰ−1　典型交流进线单元

决定交流输入的主交流接触器 1KM 和 2KM，这两个接触器绝对不能同时合上，不然会造成两路交流的并列，形成环流或短路引起上级交流空气断路器跳闸。为此，在各自工作回路上均有对方的闭锁触点，因此不会形成 1KM 和 2KM 同时吸合的可能。

正常运行时，三相交流电处于相对平衡的状态，三相交流电中性点与中性线之间无电势差，内部继电器 K1（K2）不动作，交流故障监测单元内的告警继电器 K3（K4）的线圈通过 K1（K2）的动断触点接于中性线与相线间，同时 LED 发光管亮，指示各自的交流电源正常。当交流任一相发生缺相或三相严重不平衡时，三相交流电中性点与中性线之间产生电势差，内部继电器 K1（K2）得电动作，其动断触点断开，使得内部继电器 K3（K4）线圈失电，K3（K4）动断触点闭合，发出故障告警信号，同时 LED 发光管熄灭，指示交流电源故障。

【思考与练习】

1. K3 继电器动作说明了什么？
2. K4 继电器动作说明了什么？
3. 1KM 和 2KM 是什么继电器？
4. 1FU 熔丝或 2FU 熔丝熔断会产生什么后果？
5. K1 和 K2 继电器正常情况下处于什么状态？
6. 指示灯不亮有哪几种可能？

◢ 模块 3　防雷保护电路（Z11L1030Ⅰ）

【模块描述】本模块介绍了高频开关电源中防雷保护电路。通过图例说明，了解防雷保护单元的基本原理和配置要求。

【模块内容】

雷击分为直击雷和感应雷两种。线路直接遭雷击时，电缆中流过很大电流，同时引起数千伏的过电压直接加到线路装置和电源设备上，持续时间达若干微秒，直接危害用电设备。感应雷通过雷云之间或雷云对地放电，在附近的电缆或用电设备上产生感应过电压，危害用电设备的安全，因此必须在交流配电单元入口加装防雷器。

对防雷元件的要求是正常电压范围下漏电流要小，当电压超过标定电压值时，要立刻导通，导通时间越短越好（一般在纳秒级），同时能够承受大电流。实际元件一般很难做到理想导通曲线的状态，故防雷器参数中有一项是最大电流下的最大电压，供用户选择时验证设备在最大电压下能否承受得住。

充电装置的三级防雷一般按照如下位置分配：

（1）B 级防雷器属于第一级防雷器，一般在交流主配电柜上，一般泄流容量在 50～60kA。

（2）C 级防雷器属于第二级防雷器，设置在充电装置的交流输入部分，一般泄流容量在 40kA。

（3）D 级防雷器属于第三级防雷器，应用于重要设备的前端，如模块的电源端，进行精细保护，一般泄流容量在 40kA 以下。

一、直流电源柜 C 级及 D 级防雷

C 级防雷器设在交流配电单元入口，选用防雷器的技术指标为：最大通流量为 40kA，动作时间小于 25ns。

D 级防雷器设在充电模块内，最大通流量为 10kA，动作时间小于 25ns，可以有效地将雷电引入大地，将雷电的危害降至最小。

当防雷器故障时，C 级防雷器的工作状态窗口由绿变红，提醒更换防雷模块，防雷模块插拔方便，易于更换。D 级防雷器故障有两种结果：① 开路，对模块工作没有影响；② 短路，造成熔丝熔断而使模块故障。

二、雷击浪涌吸收器

雷击浪涌吸收器具有防雷和抑制电网瞬间过电压的双重功能，最大通流量为 40kA，动作时间小于 25ns。雷击浪涌吸收器原理如图 Z11L1030Ⅰ-1 所示，由图可见，相线与相线之间、相线与中性线之间的瞬间干扰脉冲，均可被压敏电阻和气体放电管吸收。因此，其功能优于单纯的防雷器。

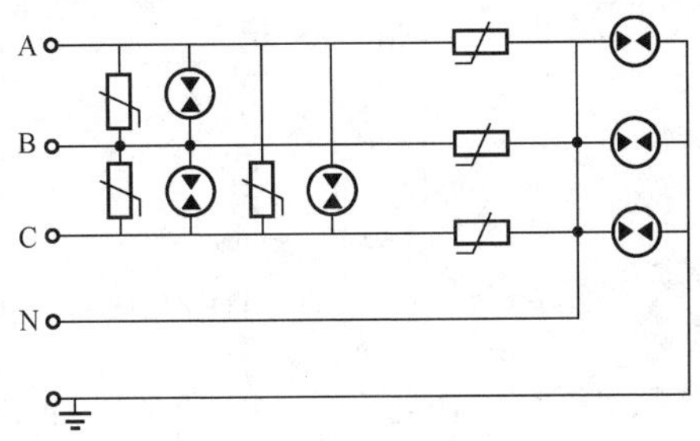

图 Z11L1030Ⅰ-1　雷击浪涌吸收器原理

【思考与练习】

1. 防雷器窗口由绿变红说明什么，该如何处理？
2. 防雷器主要通过什么方法来限制雷电压？

模块 4　降压装置（Z11L1031Ⅰ）

【模块描述】本模块介绍了降压装置的基本原理及动作条件等相关知识。通过图例说明，了解降压装置调节母线电压的方法。

【模块内容】

降压硅装置是直流电源系统解决蓄电池电压和控制母线电压之间相差太大的问题而采用的一种简单易行的方法，通过调整降压硅上的压降使得蓄电池不管在浮充电状态、均衡充电状态、放电状态下，控制母线（KM）电压基本保持不变。

一、降压硅原理

硅整流二极管除了单向导电特性外，还有一个特点就是在导通状态下有一个管子压降存在，硅二极管的恒定压降为 0.7V，锗二极管的恒定压降为 0.3V。利用这个特性将数个硅整流二极管串联起来组成硅链，利用硅链的压降调节蓄电池电压和控制母线电压的差值。降压二极管以组的形式串联组成，每组可由 5～8 个二极管组成，压降在

4～6V，根据降压多少的需要，一般串入 4～8 组，每组有抽头供运行中短接调整电压。在设备运行时，控制母线（KM）的负荷电流流过降压硅链，因此硅链工作时会发热，硅链的功耗等于硅链的压降和负荷电流的乘积，通常每个降压硅均有散热片，散热片的设计应按最大负载电流发热量考虑。采用降压硅的直流系统，降压硅调节控制母线电压电路如图 Z11L1031Ⅰ–1 所示。

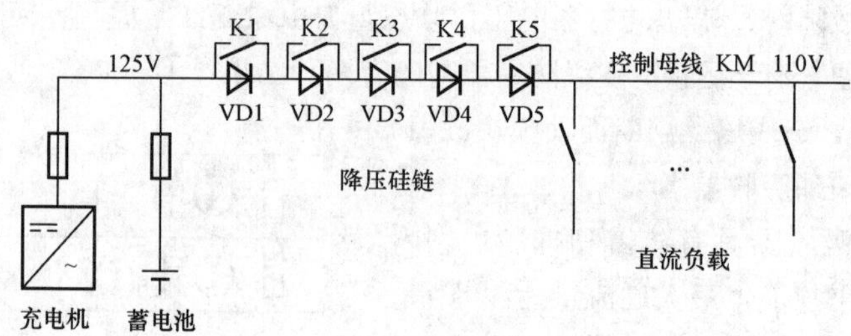

图 Z11L1031Ⅰ–1 降压硅调节控制母线电压电路

图 Z11L1031Ⅰ–1 中，降压硅链 VD1～VD5 共 5 组降压硅，每组降压硅由 4 个二极管串联组成，形成一个电压降约 3V 的降压硅组，5 组串联后总的电压约 15V，满足控制母线电压的要求。正常运行中 K1～K5 触点断开，当交流失电蓄电池放电时，控制回路自动控制 K1～K5 触点，在蓄电池电压下降过程中，逐个短接降压硅提高控制母线的输出电压，可在相当长的一段时间内维持控制母线电压不变。当 K1～K5 全部动作降压硅链短接后，蓄电池电压与控制母线电压一致，控制母线电压才真正随蓄电池电压同步下降。

可见，使用降压硅链可以解决蓄电池电压和控制母线电压不一致的矛盾，消除蓄电池放电过程中蓄电池电压下降对控制母线的影响，保证了蓄电池放电过程中大部分时间内控制母线电压的稳定性。

降压硅链的工作是否正常直接影响控制母线的电压质量，因此，降压硅的自动控制电路要保证动作准确和可靠。为防止自动控制电路故障造成的降压硅链调整出错，降压硅控制电路一般均具有自动和手动两挡，正常时放在自动挡，当自动挡故障时切到手动挡，由人工进行干预控制。

二、使用降压硅组成的直流系统结构

1. 降压硅常用工作模式

以 220V 直流系统为例，当使用 108 只蓄电池时，控制母线的电压将大于额定电压的 10%，因此需降低控制母线电压。可以采用蓄电池抽头方式降低电压，但这样做将使得接线复杂，对蓄电池不利。由于硅整流二极管固有的压降工作特性，现在一般都利用二极管的压降来调节控制母线电压。

在设计和调试时，尤其要注意短接降压硅的调节继电器问题，由于降压硅继电器工作在蓄电池放电状态，要保证在蓄电池放电到80%前的电压条件下降压硅继电器能可靠动作。不能因为蓄电池放电造成电压下降而使继电器无法保持在动作状态，进而使继电器短接触点打开，加速控制母线电压下降。该继电器选取的动作电压应小于标称母线电压的80%。

一些制造厂家为防止硅链在运行中意外开断，从运行可靠性考虑，在降压硅链旁并联一组旁路硅链，旁路硅链压降略大于正常硅链。这样，一旦工作中降压硅链开断，可通过旁路硅链自动连通，不至于造成控制母线失电压。

2. 后备式降压硅工作模式

降压硅链串联在负载回路中，正常运行时存在降压硅发热现象，在直流负载电流较大的情况下，这种情况更为严重。为此，一些厂家便开发了后备式降压硅链结构，在这种结构中，正常工作时降压硅中只有很小的电流流过，几乎不存在降压硅发热问题，一旦交流失电降压硅自动投入，此后工作过程如同串联降压硅链工作模式：在蓄电池放电过程中，逐级短接降压硅，保持控制母线电压不变。由于降压硅平时工作不发热，提高了降压硅工作的可靠性。

此种结构巧妙地利用了二极管正向导电曲线的临界导通点的特性，平时工作在二极管拐点处，在此点二极管的压降与导通压降相差不大，但工作电流很小。

硅二极管的正向导电曲线如图Z11L1031Ⅰ–2所示。曲线中硅二极管的拐点电压是0.7V，大于拐点电压以后是全导通，小于拐点电压时电流很小。将数个硅二极管串联起来组成降压硅链，串联的二极管多压降就大。设计中将正常运行加在降压硅链上的电压控制在A点，此时二极管处于临界导通状态，管压降在0.6V，电流为0.1～0.2A。当交流失电压后，降压硅链电压稍有增大就进入正常压降状态。

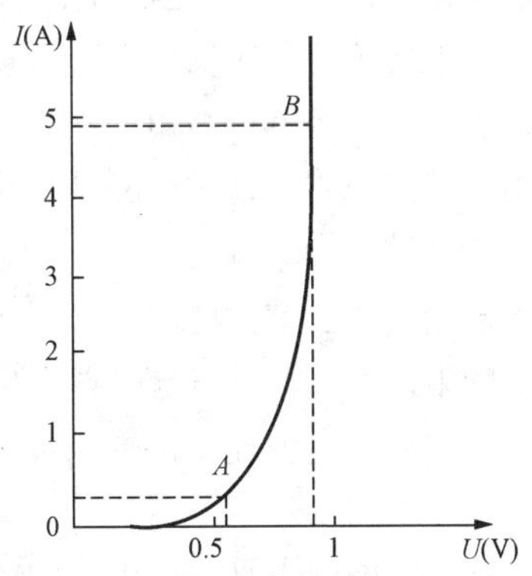

图Z11L1031Ⅰ–2　硅二极管的正向导电曲线

以110V直流系统为例，采用后备式降压硅链的电路结构，如图Z11L1031Ⅰ–3所示。

图Z11L1031Ⅰ–3中，高频开关电源充电装置有两组电压输出，上面一组高频开关电源模块对蓄电池进行充电，下面一组高频开关电源模块对负载进行供电，监控装置分别控制蓄电池浮充电电压和控制母线电压。蓄电池与控制母线之间通过降压硅链连接，由于设计中将硅链二极管工作电压设定在临界导通工作点，正常运行时，硅链

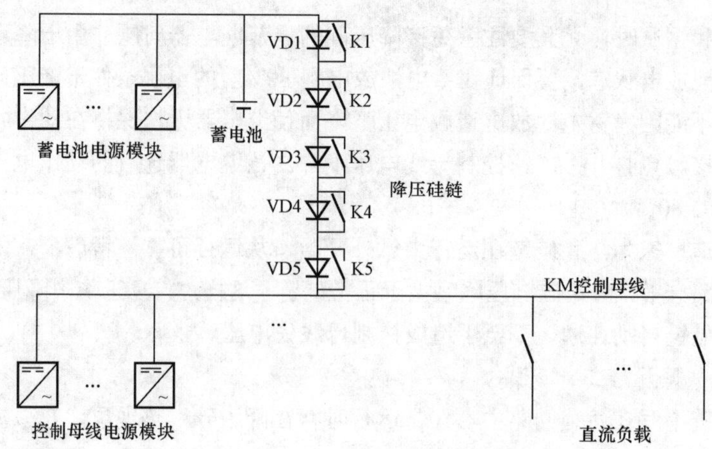

图 Z11L1031Ⅰ-3 后备式降压硅链的电路结构

通过的电流非常小，一般仅在 0.1～0.5A 范围内。硅链上尽管有压降，但电流非常小，整个硅链几乎不发热，避免了硅链长期工作发热带来的不利影响，提高了效率，降低了降压硅链的故障率。一旦交流失电控制母线电压稍有下降，硅链立即导通保证连续供电。由于硅链工作在临界导通状态，实际上控制母线电压只要下降 3～4V 硅链就完全导通了，保证控制母线电压在正常范围内。之后，只要母线电压稍有下降，降压硅控制电路就起作用，通过不断地短接降压硅组调整母线电压。所以该降压硅链称为后备式降压硅链。

当控制母线上有大电流冲击时，首先是高频开关电源模块输出满负荷电流，当达到模块的限流值后，控制母线电压开始下降，只要稍一下降降压硅就开始导通。所以，短路冲击仍由蓄电池提供，控制母线电压下跌幅值受蓄电池电压控制，跌幅与直连相差不大。

这种电路的优点是：可以分别精确设置蓄电池电压和控制母线电压，并由高频开关电源模块保证输出高质量的控制母线电压。这里控制母线虽然没有与蓄电池直接相连，但高频开关直流输出的纹波大大低于相控充电机，一般均小于 0.5%，控制母线电源质量很高。使用模块电源结构保证输出功率有冗余，提高了电源的可靠性。由两组独立模块组成的直流电源系统电压，可以保证控母电压稳定，不受蓄电池充电电压变化的影响。两组高频开关电源模块在同一块屏位内，也不增加屏位。

运行中应该注意的是，这种后备式降压硅链由交流输入供电，设备正常运行时，降压硅调整继电器一个都不能误动吸合。如果有一个误动，也就意味着降压硅链导通电压的下降，将进入降压硅链的工作区，蓄电池电压通过降压硅链对控制母线电压进行供电，造成降压硅处于长期工作状态，由于散热器按后备工作方式设计，裕量很小，使得降压硅链温度较高，长期运行在这种状态下，对降压硅不利。

此外，后备式降压硅链相对采用一组输出电压的高频开关电源充电装置，相同容量的充电装置，模块配置数量要增加1～2个，使得设备成本略有增加。

三、降压硅旁链

目前，均在降压硅链上并联了另一个降压硅旁链（见图 Z11L1031Ⅰ–4），是为了防止降压硅链在工作中意外开路造成整个直流系统失电。正常运行中旁链是备而不用，对回路没有影响，一旦硅链开路，旁链自动投入。旁链是不受控制的，只要工作电压大于其导通电压就投入运行。

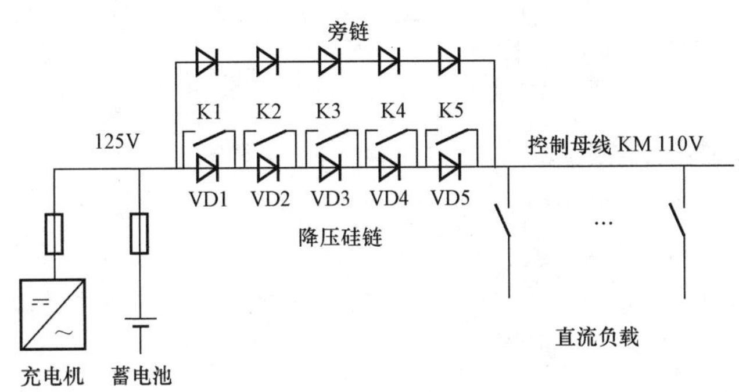

图 Z11L1031Ⅰ–4　带旁链的降压硅链

通常设计中，旁链的二极管比降压硅链多1～2个，这样旁链的导通电压高于降压硅链，不影响正常运行，只有在降压硅链开路情况下参与工作，保证直流不失电。

四、斩波器式降压装置

斩波器式降压装置是利用高频开关 PWM 原理进行调压的一种直流系统，其特点是调压效率高、可控性能好，其缺点是调压回路的可靠性要比降压硅链低，而且一旦开关器件损坏或由于某种原因不工作将造成整个控制母线的失电压，大电流冲击性能差，瞬间的冲击是靠大电容放电来完成的。为提高可靠性和提供冲击大电流，可在降压装置两端并接旁链降压硅，并使降压硅工作在临界后备状态。斩波器降压装置结构如图 Z11L1031Ⅰ–5 所示。

在图 Z11L1031Ⅰ–5 中，G 为大功率开关器件，和储能元件 L 以及续流二极管 VD6 组成基本斩波器电路，其控制端输入可变脉宽控制脉冲，对控制母线进行稳压。电容器 C 为滤波电容。VD1～VD5 组成后备降压硅链。K1～K5 为硅链调整触点。

这种电路的优点是 G 的工作频率较高，输出电压的纹波较小，以及控制母线电压稳压精度较高，相比前述后备式降压硅电源的纹波要小。

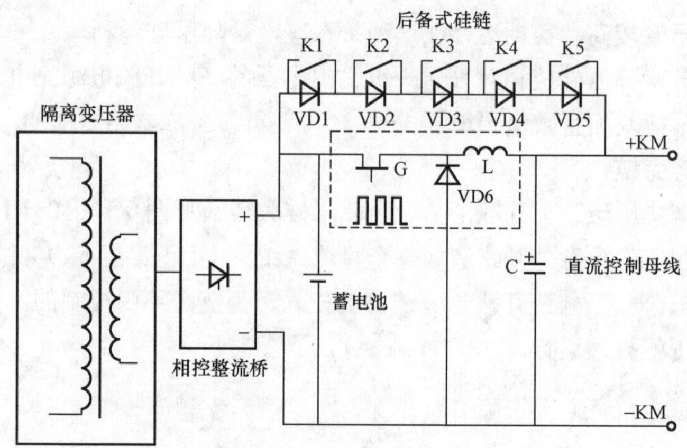

图 Z11L1031Ⅰ-5 斩波器降压装置结构

五、降压硅链的控制电路

1. 降压硅链的控制电路结构

降压硅链的控制电路是在检测到控制母线电压下降时，短接一降压组，从而提高母线电压，达到电压补偿目的。图 Z11L1031Ⅰ-6 所示为降压硅控制电路中控制一个降压硅组的电路。

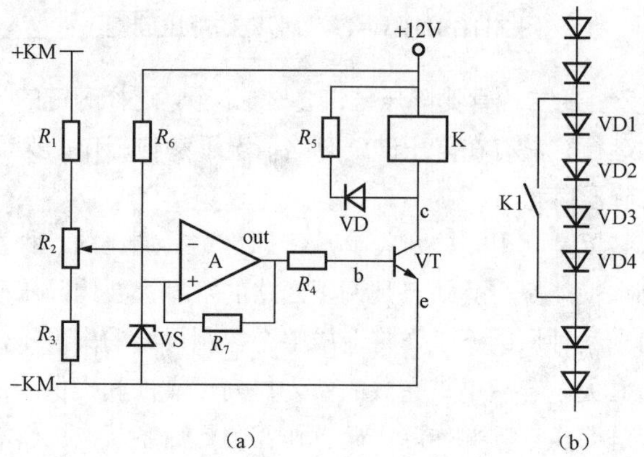

图 Z11L1031Ⅰ-6 降压硅控制电路和降压硅组

（a）降压硅链控制电路；（b）降压硅组

2. 工作原理分析

（1）电路简介。A 为电压比较器，当 $V_+>V_-$时输出+12V，反之输出为零。降压硅链由 N 个降压硅组串联组成，图 Z11L1031Ⅰ-6 中画出了一个降压硅组及其相对应的控制电路。K 为 12V 继电器，其触点控制降压硅组的短路。VT 为三极管，驱动继电器 K 动作。R_1～R_3组成控制母线分压采样电路。VS 为稳压管，12V 电压通过 R_6维持 VS 的工作电流，使得 VS 两端产生非常稳定的 6V 基准电压。在浮充电状态时，调整电位器 R2 中点电压略高于 6V，这样在比较器 A 的输入端 A–电压高于 A+电压，A 输出为零，VT 基极（b）电压为零，处于关断状态，继电器 K 没有电流流过。

（2）动作分析。当控制母线电压由于某种原因降低时，通过 R_1～R_3的分压，使得电位器 R2 中点电压下降，结果就使得在比较器 A 的输入端 A+电压高于 A–电压，A 输出+12V 电压，大于晶体管 VT 基极（b）导通电压，VT 集电极（c）、发射极（e）导通，继电器吸合，其触点 K1 动作，将 VD1～VD4 降压硅组短路。由于 VD1～VD4 降压硅组平时有近 3V 的压降，短路后可将母线电压提高 3V，这就是降压硅链控制电路的工作原理。当降压硅链有 N 个降压硅组串联起来时，就有 N 个控制电路，可调节的电压范围为 N<3V。

（3）其他元件作用。R4 为三极管 VT 基极电流限流电阻。R5 和二极管 VD 串联后并联在继电器两端，起防止过高的继电器线圈自感电动势的作用。R7 为动作电压返回系数调整电阻，以避免在临界电压时继电器的频繁动作。

【思考与练习】

1. 简要描述降压硅电路在直流系统中的作用。
2. 什么是后备式降压硅链？
3. 后备式降压硅链与常用降压硅链相比有什么优点？
4. 一旦降压硅链中有一个二极管损坏，如何才能保证直流系统不失电？
5. 降压硅链可以精确调整母线电压的说法对吗？为什么？
6. 斩波器式降压装置是否可以精确调整母线电压？为什么？

模块 5 事故照明切换（Z11L1032Ⅰ）

【模块描述】本模块介绍了站内事故照明直流工作电源切换装置原理和在运行中要注意的事项。通过图例说明，掌握事故照明切换装置的基本应用。

【模块内容】

当站内交流由于事故停电后，通常变电站重要场所均有事故照明灯，保证一定的事故照明亮度，以方便运行人员和检修人员处理缺陷工作，该照明称为事故照明。

事故照明由站内蓄电池供电，一般有两种供电方式：① 蓄电池经 DC/AC 事故照明逆变器供电，其电压等级是 220V 交流电，照明使用一般的 220V 灯具；② 直接使用站内蓄电池供电，电压有 110V 直流和 220V 直流两种规格，照明灯具只能使用相应等级的直流照明灯，不能混淆。直接使用蓄电池进行事故照明的最大优点是没有逆变这一设备，电源结构简化、可靠，因此，尽管该方式使用了几十年，目前还有采用。其缺点是在事故照明线路运行维护中，一定要区分两种供电方式的性质，避免搞混后将交流窜入直流系统引起直流设备的损坏。

直接使用蓄电池作照明电源时，一旦交流停电，需要由直流系统提供电源供事故照明使用，事故照明切换单元就是实现这样功能的单元。220V 直流系统的事故照明切换单元原理如图 Z11L1032Ⅰ-1 所示。

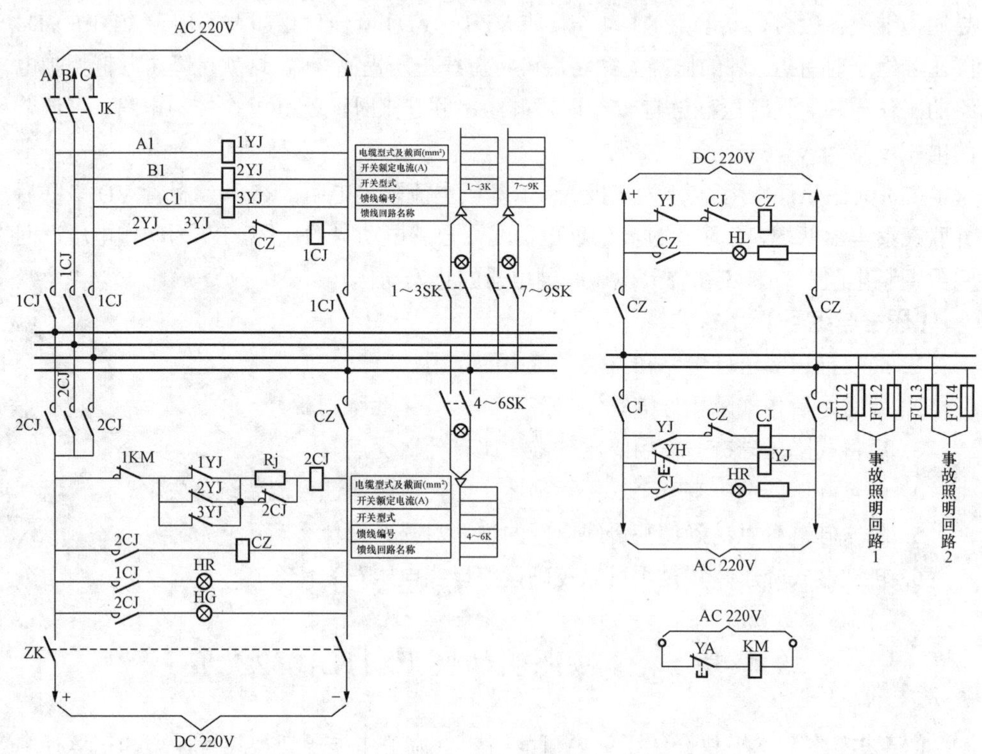

图 Z11L1032Ⅰ-1　220V 直流系统事故照明切换单元原理图

当交流正常时由交流供电，交流停电后自动切换到由直流供电。图 Z11L1032Ⅰ-1 中 YA 为试验按钮，交流正常时，YA 接通，中间继电器 YJ 线圈带电，YJ 动断触点断开，直流接触器 CZ 线圈不带电，YJ 动合触点闭合，交流接触器 CJ 线圈带电，CJ 动合触点闭合，红灯 HR 亮。按下 YA，中间继电器 YJ 线圈失电，YJ 动合触点断开，交流接触器 CJ 线圈失电，CJ 动合触点断开，红灯 HR 熄灭，YJ 动断触点闭合，直流接触器 CZ 线圈带电，CZ 动合触点闭合，绿灯 HL 亮，表示发生交流故障失电。

【思考与练习】

1. 什么是事故照明？

2. 220V 白炽灯可以当事故照明灯吗？

模块 6 直流断路器（Z11L1033 Ⅰ）

【模块描述】本模块介绍了直流空气断路器的工作原理及与交流断路器的区别。通过结构和技术特性的分析，了解直流断路器的特性和基本应用。

【模块内容】

小型空气断路器一般称为空气断路器，其基本特点是：具有过负荷及短路保护，开断短路电流能力强，动作时间快，可重复使用，相比熔断器保护的优势是保护动作快、恢复送电快、灭弧能力强。因为它脱扣动作时间短以致在很大程度上限制了短路峰值电流。

小型直流空气断路器是从传统的空气断路器发展而来的专用直流空气断路器，其灭弧能力大大提升，灭弧时间更短，动作更快，应用在直流系统中具有很大的优势，因此在直流系统中得到广泛应用。

一、小型空气断路器

直流空气断路器与交流空气断路器在大的结构上基本相同。空气断路器由于过电流分断能力强、分断迅速、故障恢复快、操作使用简便等优势，正在越来越多的场合替代熔断器的功能。在低压配电保护中，空气断路器是目前大量使用的保护元件。小型空气断路器的结构如图 Z11L1033 Ⅰ–1 所示。

在空气断路器结构中，电磁线圈是空气断路器短路快速动作元件，当负载短路时，短路电流通过电磁线圈产生电动力使断路器分闸。双金属条是过负荷保护动作元件，当负载电流大于额定电流时，双金属条因绕在其上的电阻丝发热使金属条弯曲动作达到过负荷保护的目的。灭弧室有助于断路器分断过程中电弧的冷却熄灭，提高断路器的分断能力。

为满足各种不同场合的需要，制造厂还开发出一些具有断路器时间特性的新产品，如不同过负荷分断特性的系列断路器、带有时间控制和调整的空气断路器等，从而在断路器的选用上有了更大的余地，也要求仔细辨别各种类型断路器的差异，根据使用条件合理地选择空气断路器。

应用于直流系统负载保护的空气断路器，应选用直流专用空气断路器。直流断路器与交流断路器在大的结构上相同，但由于直流短路电流灭弧比交流困难，不像交流电流有过零的特征容易熄弧，所以断路器开断距离要大于交流断路器。并且，为了更

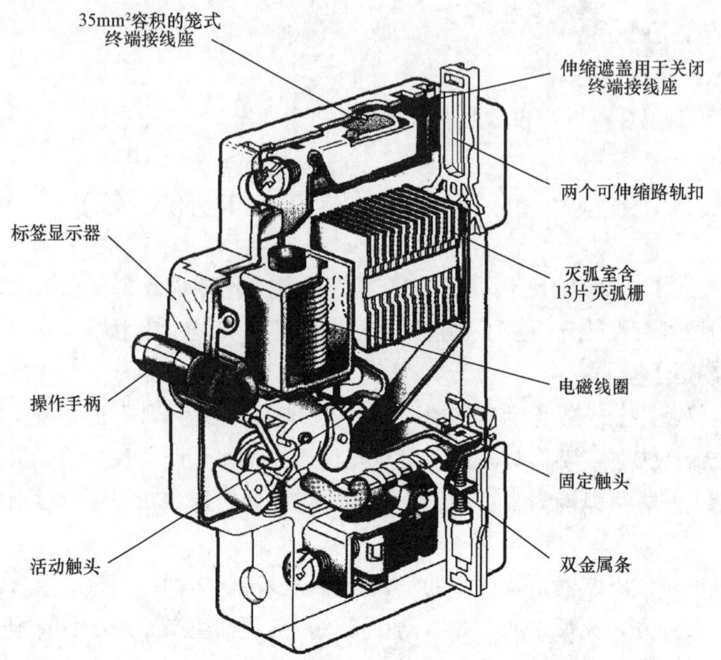

图 Z11L1033Ⅰ–1 小型空气断路器的结构

好地提高灭弧能力，在断路器的消弧槽内附加了永久磁铁，与直流电弧在灭弧室内相互作用，使之更容易熄灭。因此直流断路器的接入是有极性的，不能接反，如果将极性接反，将大大降低直流灭弧能力，甚至还不如交流空气断路器。

空气断路器的过负荷和过电流特性与熔断器不同，由于其有两个动作元件，整个动作曲线实际上是由两个曲线拼合而成。空气断路器典型的过电流动作曲线如图 Z11L1033Ⅰ–2 所示。

从空气断路器动作曲线图中可以看出，断路器中所通过的电流超过额定工作电流时，过负荷保护元件双金属条就开始延时动作。其原理是过负荷电流发热使得双金属条产生弯曲变形，缓慢位移直到推动脱钩跳闸。过负荷电流越大移动越快，跳闸时间越短，其动作曲线具有反时限特性。当过负荷电流大于 6～8 倍额定电流时，速断元件动作，使断路器瞬时跳闸。

二、保护元件的级差配合

在直流系统中，为了保证负载回路故障不影响其他设备的运行，应设有保护元件（熔断器或空气断路器）快速、准确地将故障负载从系统中切除。保护元件的设置有如下特点：从切除故障角度看保护元件的级数多些为好，可以保证切除故障的可靠性，如果其中某一个保护元件失效还有后备元件可以切除故障；但从保护元件角度看，级

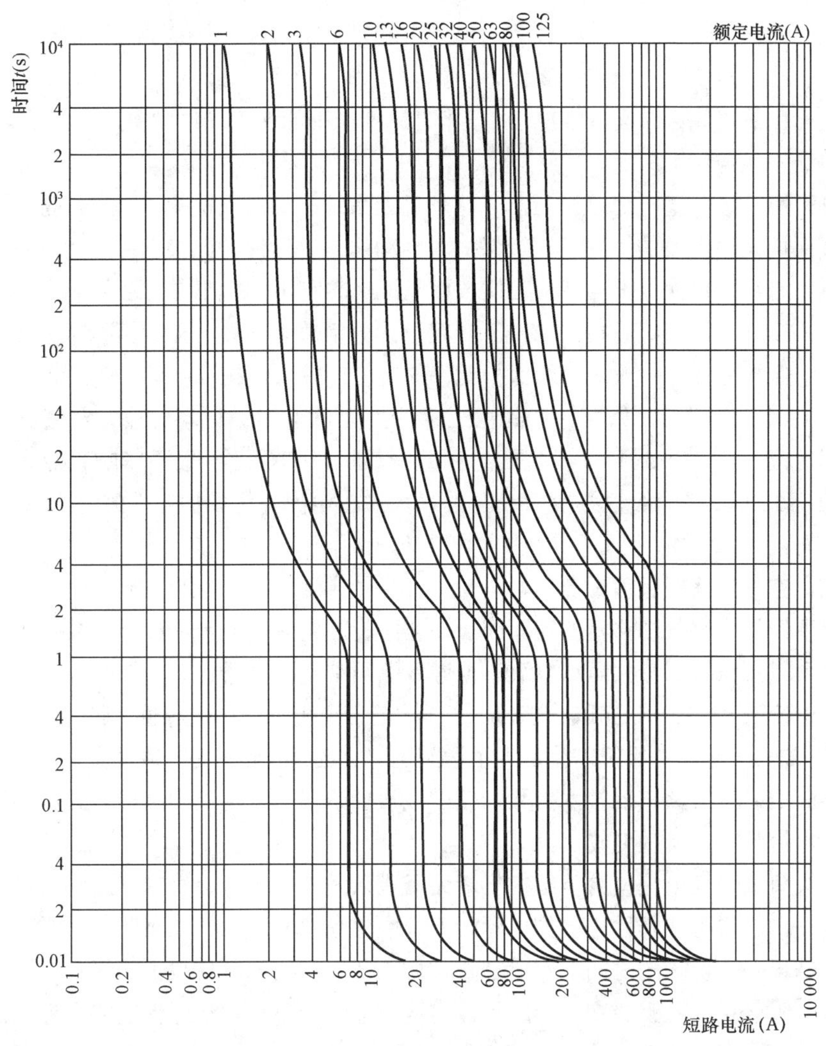

图 Z11L1033 Ⅰ-2　空气断路器典型的过电流动作曲线

数多保护元件的级差不大好设置。现在的熔断器或空气断路器过电流动作定值均有一定偏差范围，如 C 级直流空气断路器速断电流在 8～12 倍的额定工作电流范围内，要保证各级保护元件有选择性地正确动作，就要保证上下级空气断路器有 2～4 级级差配合，保护元件级数多就无法保证级差配合。从保护元件本身看级差多增加了保护元件误动的可能性。保护元件级数少，对负载来讲减少了中间环节，提高了供电的可靠性，保护元件的级差配合容易，但对保护元件要求提高，尤其不能发生拒动，否则将使故障范围扩大。

总之，直流系统保护元件设置的出发点在于：① 直流电源供电的可靠性；② 能够快速、准确地切除故障点；③ 尽量避免故障范围的扩大化。

根据目前直流系统运行情况，一般将直流系统中的保护元件设置为 2 级以上保护。通常的级差配合如下：

（1）第一级，蓄电池总熔断器。这是直流系统的最高级保护，只有在母线故障或下一级保护元件失效的情况下这级保护才会动作，这级保护元件动作的后果是直流系统失电。通常蓄电池保护元件的定值按蓄电池（0.8～1）C_{10} 容量来整定。

（2）第二级，馈线总柜上输出下一级馈线分柜总熔断器、控制柜总熔断器及主要大负荷的保护元件。一般这一级保护元件的定值比较大，在 40～125A 之间。

（3）第三级，馈线分柜、控制柜上各保护元件。保护对象直接针对某一具体负载目标，通常认为负载目标发生的电源故障最多，切除这一级不影响直流系统其他设备运行。一般这一级根据负荷设备的最大冲击电流，将保护元件的定值设在 16～25A 之间。

三、空气断路器级差配合

上下级均为空气断路器的速断配合，实际上就是短路电流的配合。要求下级空气断路器负载短路时的最大短路电流不得进入上级空气断路器速断动作电流区域（如 C 级速断电流为 8～12 倍的额定电流），这样才能保证上下级的选择性，通常选择上下级断路器级差大于 2～4 级级差就是为了达到这一目的。因此，变电站直流系统必须根据直流熔断器、直流断路器技术参数，在图纸设计阶段对变电站内接线方式的各回路进行短路电流计算、灵敏度校核。

如果负载短路电流使得下级空气断路器进入速断区域，上级空气断路器进入反时限区域，则一定有选择性。但如果此时下级空气断路器拒动，上级断路器需延时后才动作，结果是在保护的时间上有所延长。如果负载短路电流使得上下级空气断路器均进入反时限区域，且上级空气断路器额定电流值大于下级，选择性能够保证，但保护时间延长。

四、断路器的技术特性

1. 额定工作电压 U_N

断路器的额定工作电压是制造商指配的电压值（尤其是短路性能）。不同的额定电压和不同的额定短路能力可指配给相同的断路器。所有小型断路器都是为预见到交流电流和直流电流的功能性而设计的。

2. 额定电流 I_N

额定电流是由制造商指配的并由断路器预定在指定参考环境温度下、在不间断工作中承载的电流值。按照 CEI 23-3/4a 版本标准，小型断路器的参考环境温度为 30℃。

如果在安装断路器地点的环境温度高于或低于30℃，则应在该温度下借助正确的校正系数对断路器的额定电流进行修正。

对于小型断路器来说，温度每升高或降低10℃，额定铭牌上标注的额定电流值将分别减小或增大5%。

小型断路器的额定电流覆盖范围在0.3～125A之间，具体数值为：0.3，0.5，1，1.6，2，3，4，6，8，10，13，16，20，25，32，40，50，63，80，100，125A。

3. 脱扣特性A、B、C、D

小型断路器具有一系列范围广泛的且正确定义的脱扣特性，以满足设备的任何要求。这些脱扣特性分别标明了A、B、C、D 4个字母并适用于30℃的参考环境温度。反时限脱扣区即热继电器脱扣区对所有这四个特性都是相同的：常规脱扣电流 I_f 等于 $1.45I_N$，而常规非脱扣电流 I_{Nf} 为1.13 I_N。A、B、C、D四个不同特性之间的差异在于界定瞬时脱扣（磁性脱扣）区的数值不同。这4个脱扣特性覆盖的瞬时脱扣区域在 $2I_N$ 与 $20I_N$ 之间。小型断路器瞬时脱扣区B、C、D规定的脱扣特性B、C、D，分别具有各自瞬时脱扣区的极限值，如图Z11L1033Ⅰ-3所示。

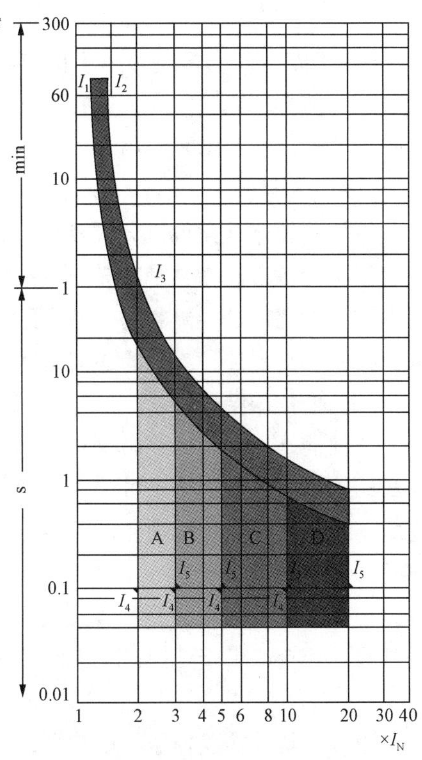

图Z11L1033Ⅰ-3　A、B、C、D四种不同脱扣特性的开断时间特性

从图Z11L1033Ⅰ-3注意到，由于结构公差值最小以及电磁脱扣器的校准更精确，使得小型断路器的瞬时脱扣区的极限更具有限制性。小型断路器因此具有的优点便是更好地承受住了设施的启动电流，尤其是当决定采用特性C或D时更是如此。

特性A：用于需要快速（无延时）脱扣的小型断路器使用场合，亦即用于较低的故障电流值（通常是额定电流 I_N 的2～3倍），以限制 I^2t 值和总的分断时间。该特性允许用一个小型断路器来替代熔断器作为电子元器件的过电流保护。

特性B：用于需要较快速度脱扣且短路电流不是很大的小型断路器使用场合。相比较特性A，特性B允许通过的峰值电流小于 $3I_N$。

特性C：适用于大部分的电气回路，它允许负载通过较高的短时峰值电流而小型断路器不动作，事实上特性 C 允许通过的峰值电流最大可达 5 倍的额定电流值（$5I_N$）。

特性 D：被推荐用于很高的峰值电流（<$10I_N$）的断路器设备。例如，它可以用于变压器的一次线路和电磁阀等的保护。

一般直流系统应用的直流断路器选特性 C，适合直流负载实际情况。

【思考与练习】

1. 小型空气断路器与熔断器相比有什么优点？
2. 为什么保护直流系统强调使用直流空气断路器？
3. 空气断路器保护由哪两部分组成？
4. 空气断路器上下级如何保持选择性？
5. 上下级空气断路器均进入速断区域还能保证选择性吗？为什么？
6. 空气断路器速断过电流特性分为几级？每一级的定义是什么？

模块 7 微机监控器（Z11L1034Ⅰ）

【模块描述】本模块介绍了直流监控装置的组成、测量功能、控制功能、控制方式、工作流程、通信方式、管理模式、告警等内容。通过原理讲解和功能描述，了解监控装置的功能和基本应用。

【模块内容】

微机监控器是充电机装置发展到高频开关电源阶段出现的一个新型部件，监控器以计算机为核心，增强了对充电机的控制和保护功能、直流系统管理及监测功能，并且监控器的通信功能更容易与站内综合自动化融合，完成自动化系统的遥信、遥测等功能，也为实现各种方式的通信组网检测留有进一步发展的余地。

一、监控器结构

监控器是由微型计算机来实现的，根据目前监控器使用的形式，大致可以分为工控机结构、单片机结构、可编程控制器与触摸屏结构 3 类。3 种结构各有特点，都能完成基本的直流监控器功能，但由于结构不同，在实现功能的方式上有所不同。

1. 工控机结构

由工控机组成的监控器，其最大的特点是可扩展性能好、程序修改灵活，易于和外挂设备连接，由于工控机主板硬件为专业化生产，硬件的可靠性高。

2. 单片机结构

单片机组成的监控器，结构简洁，但采用不同级别的单片机在性能上差距较大。现在高性能 32 位单片机性能优良，处理图形数据速度也很快。但若要更改扩充，涉及硬件线路，不方便。

3. 可编程控制器与触摸屏结构

可编程控制器与触摸屏组合成的监控器，图形界面非常漂亮，在触摸屏上的操作也非常方便，但成本较高，要进行功能扩展只能增加可编程控制器。

二、监控器功能

1. 直流输出电压控制

充电机最基本的控制就是输出直流电压，长期稳定地输出直流电压对直流系统是最基本的质量保证。由高频开关电源模块组成的直流充电装置，直流输出电压的控制有两个层次：① 底层的基本直流电压控制由模块设定值决定，一般设定在蓄电池浮充电电压值，在监控器故障或退出运行时，充电装置输出电压就是模块输出的电压；② 上层控制是在监控器智能化管理模式下控制，正常运行中监控器控制优先于模块控制，模块的输出电压取决于监控器设定值。通常，监控器控制输出电压值有浮充电电压和均衡充电电压两个设定值，这两个电压值根据蓄电池运行管理要求，在监控器控制下，按照预定程序进行转换。

2. 直流输出电流控制

充电装置的输出电流由负载决定，随负载大小而变化。当负载很大输出电流超出充电机最大输出电流能力时，充电装置如果不对输出电流限制，将引起充电装置过负荷损坏。反过来，如果充电装置可以输出很大电流对蓄电池进行充电，蓄电池充电电流将超出允许范围，造成蓄电池过充电损坏。因此监控器必须对各种情况下的输出电流进行控制，保证设备的安全运行。

充电机输出电流的控制体现在两个方面：总的输出电流的限制和蓄电池充电电流的限制。总的输出电流的限定值考虑最大负载电流和蓄电池充电电流之和，采用这种方式可以省略对蓄电池限流的控制。但这种方式存在一个明显的缺陷，如果负载电流变化，势必造成蓄电池充电电流的变化，负载的增大造成蓄电池充电电流的减小，蓄电池充电恢复慢，负载的减小造成蓄电池充电电流增大，甚至有可能充电电流大于蓄电池允许的最大电流。目前，大量使用贫液阀控式密封蓄电池，过大的充电电流往往造成蓄电池大量失水而严重影响其使用寿命。理想的充电特性是除了输出总电流限流外，还有蓄电池恒流充电功能。恒流值通常取蓄电池容量的 I_{10}，即 300Ah 的蓄电池组充电电流限制在 30A。恒流控制优先于输出总电流控制和电压控制，这种方式既保证了蓄电池合理的充电电流，同时又可以保证充电机在负载需要时有最大的输出电流。

限流与恒流的控制都是通过调整输出电压来实现的，只是调整电压的依据来自于电流采样反馈。将蓄电池电流采样反馈调整称为恒流充电，将充电机输出电流采样反馈调整称为充电机输出限流，不管是限流或恒流只要当电压大于浮充电（或均衡充电）值时，就进入恒压充电，反馈控制信号来自于电压采样，保持输出电压不变。

充电机的电流控制优先于电压控制，在电流控制中蓄电池充电电流的控制优先于输出总限流控制。电流控制起作用时输出电压要低于均衡充电电压或浮充电电压。

3. 蓄电池温度补偿控制

蓄电池的浮充电电压与环境温度有关，尤其是阀控式密封铅酸蓄电池，由于液体介质吸附在玻璃棉中属贫液电池，环境温度变化时最好是电压也跟着调整。尽管这个电压的调整量很小，对2V电池来讲仅3mV/℃，但长期运行对蓄电池还是有影响的。由于监控器均采用计算机技术，只要采集到蓄电池环境温度，调整输出电压非常方便。

4. 浮充电转均衡充电控制

浮充电转均衡充电控制一般有两个条件：① 定时均衡充电时间启动；② 浮充电电流增大启动。

对于阀控式密封蓄电池来讲，平时长期运行在浮充电电压状态下，串联蓄电池通过的浮充电电流流过每个蓄电池均相同。浮充电电流用来补偿各个蓄电池内部电阻放电所造成的损失，蓄电池内阻尽管很大，但存在的差异往往会造成各个蓄电池电量得失不同，时间一长，蓄电池端电压离散性增大，使个别蓄电池长期欠充电。解决的方法是对蓄电池进行定时均衡充电，人为地提高蓄电池的充电电压（这个电压称为均衡充电电压），强行对蓄电池进行补充电。对于亏欠电量的蓄电池，由于充电电流的增加得到了弥补；对于本身容量充足的蓄电池，由于均衡充电电压相比浮充电电压增加不大，充电电流增大得不是很多，略微的过充电仅仅是分解水分释放热量，然后在催化反应下还原成水，对电池没有影响。这样一个均衡充电的过程，保证了蓄电池在长期浮充电电压运行下，始终保持充足的容量和一致的电压特性。

定时均衡充电间隔时间（或称定时均衡充电周期）的设定，一般为3个月或半年。根据蓄电池浮充电电流的大小和端电压的离散性决定，浮充电电流小并且端电压一致性好，均衡充电间隔时间可以相对延长。均衡充电时间的结束一般有两种方式：① 判断蓄电池电流减小到某一设定值后再延迟均衡充电电压一段时间后回到浮充电状态；② 直接设定均衡充电时间，时间一到立刻转回到浮充电状态。这里要注意均衡充电时间设定要适当，蓄电池容量大一些均衡充电时间可以长一点，同时要注意验证均衡充电电压在蓄电池环境温度较低条件下，加上温补电压补偿后是否超出允许工作电压。

此外，有一些厂家提出利用监控器计算电池的实时容量与设置的标称容量的比值，当比值小于设定的参数时，系统转均衡充电，此种方式还有待于在实践中进一步验证。

5. 均衡充电转浮充电控制

均衡充电转浮充电一般发生在蓄电池放电后的充电过程。当蓄电池放电结束后进入充电过程时，充电装置在监控器的管理控制下对蓄电池进行恒流充电。随着充电的进行，蓄电池电压慢慢提高，当到达均衡充电电压时，就维持均衡充电电压继续对蓄电池进行充电。此后的蓄电池充电电流，随着蓄电池容量逐步充满而下降，当下降到某一电流值时，标志电池进入基本稳定的尾电流状态。该电流设置为 $0.1I_{10}$，监控器判定以一设定时间继续均衡充电，设定时间一到即转入浮充电，进入正常运行状态。

三、监控器调控高频开关电源方式

监控器控制充电模块输出电压，即是对输出电流的控制，是通过控制总线实现的。

目前，高频开关电源充电装置监控器控制模块输出有两种方式：数字通信方式和模拟电压控制方式。数字通信方式是监控器与电源模块内的计算机建立通信通道，监控器通过发送数据命令调整模块电压；模拟电压控制方式是监控器输出一个统一的基准电压，所有电源模块根据这个基准电压调整自己的直流输出电压。

从控制功能上讲数字通信方式强一些，每个高频开关电源模块内部需要有单片机管理系统来接收上位监控器的指令，通过单片机控制电源模块的工作，同时将模块内部情况通过通信口传到监控器。当通信口或监控器发生故障时，模块内部单片机管理系统自动锁定默认的浮充电电压。

模拟电压控制方式完全由监控器直接控制，控制方式简单，模块内部无需单片机管理系统。但这种控制方式容易在监控器内部电源故障时发生基准电压的偏移，造成输出电压失控，而且在这种情况下，监控器已不能正常工作，结果造成电压失控的同时监控失效。因此，一般均采取技术措施来防止此类事故的发生，如在模块设定最高和最低输出电压保护，在监控部分设定当监控器内部电源故障损坏时隔离输出，让模块工作在自主状态下。

四、监控器对蓄电池的工况管理

监控器的很大一部分工作是对蓄电池在各种状态下的控制和管理。由于目前阀控式密封蓄电池应用较多，监控器对此类蓄电池的运行管理技术比较成熟。图 Z11L1034Ⅰ–1 以 110V 单母线直流系统为例，描述了在监控器管理下，蓄电池在整个运行过程中，电压和电流的变化关系，整个运行过程分为 6 个区域，除了第 5 区是由于交流失电引起的蓄电池放电外，每个区域均在监控器管理下。

1. 第 1 区域的蓄电池充电过程

此区域是对蓄电池的充电过程，蓄电池组的起始电压为 88V。显然，如果直接在电压如此低的蓄电池组上直接加 110V 充电电压，将导致严重的充电电流过负荷而损坏蓄电池。在监控器的控制下，充电机以 $0.1C_{10}$ 电流为限值对蓄电池进行恒流充电，该充放电曲线蓄电池组容量 300Ah，电流限值 30A，这个过程中蓄电池电压缓慢上升。经过一段时间的充电，蓄电池组电压上升到均衡充电电压值（121V），充电机维持均衡充电电压不变，随着蓄电池容量的增加，蓄电池端电压逐步上升，端电压与均衡充电电压之差逐步减小，造成蓄电池电流逐渐变小。当电流小到某一值时，启动均衡充电计时，计时结束，监控器命令充电机进入浮充电状态，输出电压回调到浮充电电压（116V），蓄电池充电过程结束进入第 2 区域。

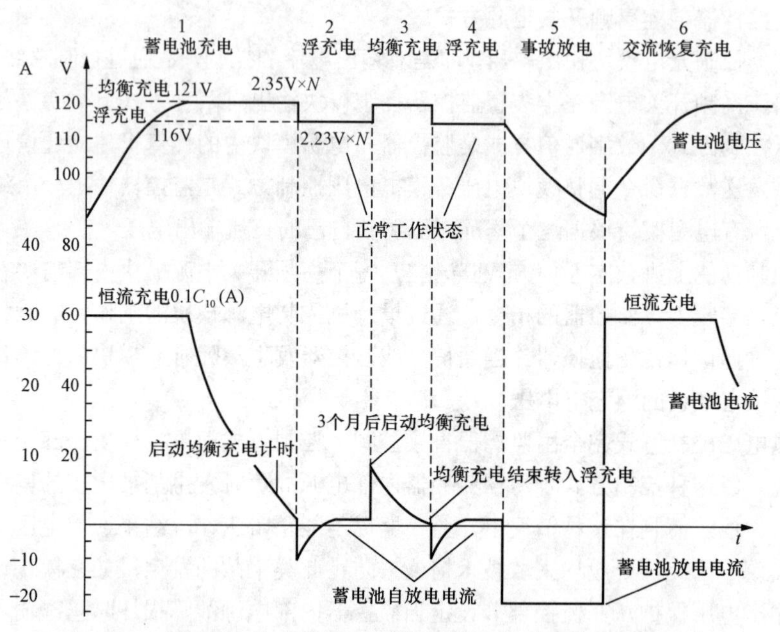

图 Z11L1034Ⅰ–1 监控器控制的直流电源运行过程示波图

2. 第 2 区域的长期浮充电工作状态

由于充电电压转到浮充电状态，电压下跌造成蓄电池电压高于充电机电压及母线电压，蓄电池对母线负载放电，经过几分钟后蓄电池电压下跌与浮充电电压相等。此后很长一段时间内，充电机仅对蓄电池有一个很小的浮充电电流补充蓄电池内阻的放电，浮充电电压长期保持稳定，保证直流母线电压工作正常。这个过程一直要维持到 3 个月（或 6 个月）后，监控器对蓄电池进行均衡充电，进入第 3 区域。

3. 第 3 区域的均衡充电阶段

长期浮充电会造成蓄电池端电压离散性增大，部分蓄电池容量减小。因此，进入均衡充电阶段对蓄电池进行调整，以保证蓄电池性能。蓄电池均衡充电电压高于浮充电电压，蓄电池电流增加补充长期浮充电的亏损，经过一段时间补充电后（一般为 3h），蓄电池端电压一致性变好，个别落后容量通过补充电得到了补偿。监控器命令回到浮充电电压，又进入一个长期的浮充电状态即第 4 区域。如此周而复始，监控器自动对蓄电池进行维护，直到某一天，由于事故造成交流停电，蓄电池对直流母线负载进行供电，进入第 5 区域。

4. 第 5 区域的事故放电阶段

电网故障等引起的交流失电，使得蓄电池进入放电状态。由于放电，蓄电池电压随时间逐步下跌。直到交流供电恢复，充电机重又对蓄电池和直流系统进行供电，进入第 6 区域。第 6 区域的工作过程与第 1 区域相同。

五、监测和保护功能

监控器除了对蓄电池进行检测管理外，还可对运行中交流输入和直流系统的所有参数进行监测和保护。

1. 交、直流电压电流采样

监控器可对交流输入电压和电流、直流输出电压和电流、蓄电池电压和电流、母线电压等进行测量采集，并在监控显示屏上显示。

2. 交流监测和保护

交流输入过电压保护：当交流输入大于 456V 时（定值由监控器设定），关机并报警。这样，可以避免电源模块在高电压下运行带来的损坏。

交流输入欠电压报警：当交流输入电压小于 280V 时（定值由监控器设定），发出告警信号，但电源模块仍可继续工作输出直流。

交流输入缺相告警：当交流输入缺相时发出告警信号。如果高频开关电源交流采用单相电源，仍有直流输出，输出容量减少。当高频开关电源交流输入采用三相电源时，高频开关电源一般将停止工作。

3. 直流输出监测和保护

直流输出过电压保护：当直流输出电压大于设定值时（定值由监控器设定）报警并且停机。

直流输出欠电压告警：当直流输出电压小于设定值时（定值由监控器设定）报警。

4. 采集直流绝缘和蓄电池监视告警信号

在直流系统中，直流绝缘监测仪告警信号，除了直接通过接点告警输出到中央告警信号屏或自动化系统外，也可由监控器通过对外通信口和遥信采集口，采集绝缘告警信号以及绝缘测量数据。蓄电池检测仪测量数据同样如此。

考虑到目前变电站无人值守的趋势，直流监控信号日益重要。因此，往往将绝缘监测仪对电压异常监测的告警信号，通过独立的信号回路直接输出到站内自动化系统，与监控器告警组成双重化告警，避免监控器故障时丧失对直流系统的监控，提高了监测的可靠性。

六、与自动化通信功能

监控器与站内综合自动化系统相连，可以通过接点输出或数据通信来实现。接点输出的特点是简单可靠，但如果要传送较多的信息需要建立较多的遥信点。随着计算机通信技术的发展，采用通信技术建立直流系统监控器与站内自动化系统联系也是非常容易的，通信数据具有信息量大的优势，采用通道监视手段监控通信运行状况，随时发现通信异常情况，可以提高数据通信的可靠性。

数据通信一般采用 RS–232 或 RS–485 接口。RS–485 的通信距离较 RS–232 远，但 RS–232 是双工通信，RS–485 是单工通信。在对通信速度要求不是很高的条件下，以上两种通信接口均可以满足使用要求。数据通信速度的一个重要标志是波特率，一般有 300、600、1200、2400、4800、9600bit/s 等，波特率越高通信速度越快。

要使通信数据得到有效传输，通信双方要约定一定的格式，通常称为通信规约。通信规约是由国家或国际专门机构制定的一个标准，通信双方只有按照某一通信规约格式标准进行约定，才有可能进行数据传输。目前世界上通信规约繁多，根据我国电力系统行业特点，大多使用 DL 451—1991《循环式远动规约》和 FDK 规约，当然也可以使用其他规约，但要双方都能接受。

【思考与练习】

1. 简述监控器的作用。
2. 监控器对蓄电池的管理功能体现在哪几个方面？
3. 监控器有几种结构形式？
4. 正常情况下监控器输出电压有什么规定？
5. 监控器故障，输出电压是否会变化？

◢ 模块 8　闪光装置（Z11L1035Ⅰ）

【模块描述】本模块介绍了闪光装置。通过原理介绍和实例分析，了解闪光继电器原理和闪光继电器在变电站的应用。

【模块内容】

传统的直流系统供电回路中，有专门的闪光直流电源给控制屏提供高压断路器开关指示灯，当运行值班人员操作控制开关到预“合”“分”位置及控制开关和高压断路器位置不对应时，该闪光电源提供断续的直流电源，使得指示灯闪烁，提醒运行值班人员高压断路器状态的改变。

闪光继电器是直流系统信号回路的辅助设备，该继电器只要感受到有电流输出，就发生周期性的通断使输出直流断续。该电源的特点是只提供一路正的闪光直流电源（+SM），负电源是共用的直流负极（–KM）。

一、闪光继电器及工作回路

1. 传统闪光继电器原理

闪光继电器内部结构及试验回路如图 Z11L1035Ⅰ–1 所示。

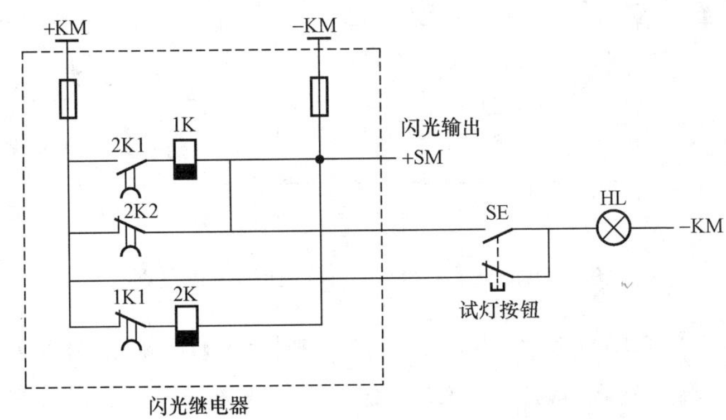

图 Z11L1035Ⅰ–1　闪光继电器内部结构及试验回路

闪光继电器的工作电源接在直流控制母线（KM）上，其输出端接到闪光母线上。闪光母线输出正电源，并用+SM 表示，负电源与设备中的控制母线–KM 相接。闪光继电器输入的正电源由+KM 经过 2K1 触点和启动继电器 1K 线圈输出。

当+SM 回路没有负载电流时，继电器 1K 不动作，动断触点 1K1 闭合，继电器 2K 动作，动合触点 2K1 闭合、动断触点 2K2 打开。

当+SM 有负载时，将有电流流过 2K1 触点及 1K 继电器线圈并使 1K 继电器动作，触点 1K1 打开，继电器 2K 复归，2K1 触点打开、2K2 触点闭合，在+SM 输出全电压的同时，反过来又造成 1K 继电器失压复归，2K 继电器动作。由于 1K 和 2K 继电器均是带有延时功能的继电器，所以只要+SM 有负载电流（一般为 10～20mA）流过，其输出电压就是断续的，造成指示灯闪光。

2. 电子式闪光继电器

上述闪光继电器使用继电器 1K 作为启动元件，结构简单，但闪光继电器的启动电流较大，一般在几十毫安，对于白炽灯之类负载，工作电流较大，负载启动没有问题。但对于现在普遍使用的长寿命节能型 LED 发光二极管，作为指示灯负载来启动闪光继电器，由于负载工作电流太小导致无法启动 1K 继电器。因此，对于小电流启动的闪光回路，均采用电子式闪光继电器。电子式闪光继电器启动电流灵敏度很高，做到几个毫安就可启动闪光继电器工作。电子式闪光继电器启动电流一般整定在 5mA 左右，其原理如图 Z11L1035Ⅰ–2 所示。

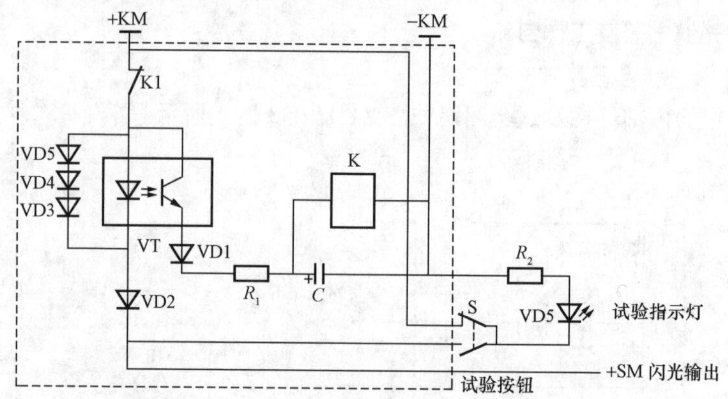

图 Z11L1035Ⅰ–2 电子式闪光继电器原理

图 Z11L1035Ⅰ–2 中+KM 和–KM 是直流控制母线电压输入，K 为继电器，VD1、VD2 二极管是隔离二极管，VD3～VD5 起保护光耦合器内发光二极管的作用，防止光敏三极管内部发光二极管过电流。外回路 K、R2、VD5 组成闪光试验回路。

在电子式闪光继电器内部，关键元件是一个光耦式三极管。当+SM 输出有几个毫安的电流时，电流通过光耦合器内的发光二极管发光，使得光耦三极管 VT 导通，通过限流电阻对电容器 C 进行充电，当电容器上的电压达到继电器动作电压时，继电器 K 动作 K1 触点打开，工作电源消失，但由于电容器 C 放电继续维持继电器吸合，直到放电电压低于继电器返回电压，继电器 K 释放，K1 触点闭合，又重新开始一个新的充放电阶段。如此往复，使得接在+SM 闪光母线上的指示灯闪烁。

继电器 K 的动作返回系数影响闪烁的频率，返回系数越小频率越低。

闪光继电器启动后电容器充放电与输出的关系如图 Z11L1035Ⅰ–3 所示。

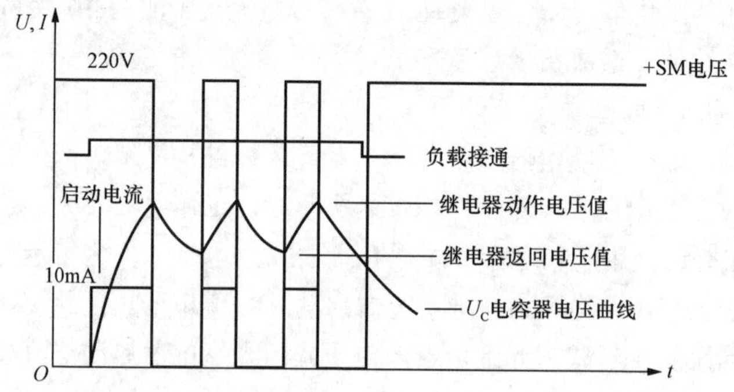

图 Z11L1035Ⅰ–3 闪光继电器启动后电容器充放电与输出的关系

二、实际运行中的闪光回路

闪光继电器接入直流系统信号回路中，当发生下列情况时，闪光继电器动作，相应的指示灯闪烁。

1. 断路器控制开关在预备合闸位置

表 Z11L1035Ⅰ–1 是控制开关位置与触点关系表，其中 45 位置是操作时暂时位置，分别是跳、合闸触点接通，断路器动作位置，当手离开操作手柄自定位时只有垂直和水平位置。当断路器动作后，依靠控制开关内部弹簧复归垂直位置为“合闸”位置、复归水平位置为“跳闸”位置。触点的闭合、分开与位置对应关系可以从表 Z11L1035Ⅰ–1 中查到。

表 Z11L1035Ⅰ–1　控制开关 SA（LW2–Z–1a、4、6a、40、20、6a/F8）位置与触点关系

在“跳闸后”位置的手柄（正面）的样式和触点盒（背面）的接线图		合 跳	1 2 4 3		5 6 8 7		9 10 12 11			13 14 16 15			17 18 20 19			21 22 24 23		
手柄和触点盒的型式		F8	1a		4		6a			40			20			6a		
触点号		—	1–3	2–4	5–8	6–7	9–10	9–12	10–11	13–14	14–15	13–16	17–19	17–18	18–20	21–22	21–24	22–23
位置	跳闸后		—	×	—	—	—	—	×	—		—	—	—		—	—	×
	预备合闸		×	—	—	—	×	—	—	×	—	—	—	×	—	×	—	—
	合闸		—	—	×	—	—	×	—	—	—	×	×	—	—	—	×	—
	合闸后		×	—	—	—	×	—	—	—	—	×	×	—	—	×	—	—
	预备跳闸		—	×	—	—	—	—	×	×	—	—	—	×	—	—	—	×
	跳闸		—	—	—	×	—	—	×	—	×	—	—	—	×	—	—	×

注　“×”表示该触点闭合，“—”表示该触点断开。

实际闪光操作回路原理如图 Z11L1035Ⅰ–4 所示。

当原始状态是控制开关在“跳闸后”位置，断路器在分闸状态时，SA10–11 触点通，绿色信号灯 HG 亮。进行合闸操作如下：

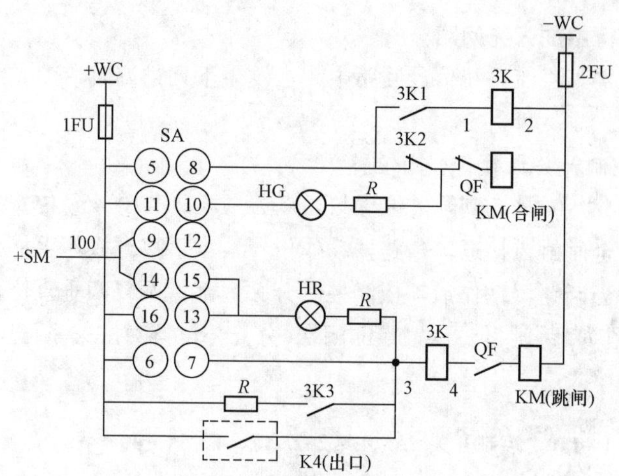

图 Z11L1035Ⅰ–4 实际闪光操作回路原理图

首先将控制开关 SA 的把手切换到“预备合闸”位置，其触点 SA9–10 通，将绿色信号灯 HG 回路接至闪光电源+SM，使绿色信号灯 HG 闪烁，发出断路器预备合闸的提示信号。

当继续操作控制开关 SA 偏转 45° 角到合闸位置时，触点 SA5–8 通，断路器合闸，合闸提示指示灯 HG 停止闪光，并熄灭。同时，触点 SA13–16 通，红色信号灯 HR、跳闸线圈回路接通，红色信号灯 HR 亮。

放开操作开关手柄，控制开关依靠弹力自动回复“合闸后”位置，红色信号灯 HR 保持亮。

红色信号灯亮表示断路器在合闸位置，可以进行跳闸。其中隐含了一个重要的信息就是跳闸线圈回路正常，可以可靠跳闸，所以红色信号灯又起到了跳闸断线监视的作用。

2. 断路器控制开关在预备跳闸位置

如表 Z11L1035Ⅰ–1 所示，当原始状态是控制开关在“合闸后”位置，断路器在合闸状态时，触点 SA13–16 通，红色信号指示灯 HR 亮。进行跳闸操作如下：

将控制开关 SA 把手切换到“预备跳闸”位置，其触点 SA13–14 接通，红色信号指示灯 HR 回路接至闪光电源+SM，红色信号灯 HR 闪烁，发出断路器预备跳闸的提示信号。

当继续操作控制开关 SA 偏转 45° 角到跳闸位置时，触点 SA6–7 通，断路器跳闸，跳闸提示指示灯 HR 停止闪光，并熄灭。同时，由于触点 SA10–11 通，绿色信号灯 HG、合闸线圈回路接通，绿色信号灯 HG 亮，表示跳闸过程已经完成。

3. 控制开关 SA 位置与断路器状态不对应

在运行中，控制开关位置在“合闸后”位置，断路器合闸运行，由于继电保护装置动作，如图 Z11L1035Ⅰ–4 中的出口继电器 K4 触点闭合使得断路器跳闸，此时断路器处于“跳闸后”位置状态，而断路器控制开关 SA 仍处于“合闸后”位置，这种状态称为断路器控制开关与断路器状态不对应。不对应的闪光提示信号是这样发出的：+SM→控制开关 SA9–10→绿色信号灯 HG→断路器合闸辅助触点 QF→合闸线圈 KM→–WC。闪光电源构成回路，绿色信号灯闪光。提示运行人员断路器已经跳闸。此后，运行人员将控制开关切换到“跳闸后”位置，触点 SA9–10 断开、SA10–11 通，闪光停止，绿色信号灯 HG 亮（也表示合闸线圈回路正常）。

三、闪光继电器的技术要求

闪光继电器要求在直流母线电压降至额定电压值的 80%时仍能正常工作，不对应回路中虽然串有信号灯、接触器线圈亦能启动。例如，当图 Z11L1035Ⅰ–4 所示灯光监视的控制回路接线，直流控制电压为 220V 时，中间继电器 1K 通常选用额定电压为 220V 的 DZS–115 型中间继电器，该继电器的直流电阻 R_K=1.5kΩ，控制回路的 XD–2 型信号灯具为 110V/8W，灯电阻 RHG=1500Ω，附加电阻 R=2500Ω，合闸接触器线圈的电阻 R_{KM}=224Ω，此时中间继电器 1K 上的电压 U_K 为

$$U_K = \frac{0.8UR_K}{R_K + R_{HG} + R + R_{KM}} = \frac{0.8 \times 220 \times 1500}{1500 + 1500 + 2500 + 224} = 137$$

此值大于 50%额定电压（110V），1K 中间继电器仍能可靠动作。

当中间继电器 1K 的线圈串入电路时，信号灯上的电压 U_{HG} 为

$$U_{HG} = \frac{1500 \times 220}{1500 + 2500 + 1500 + 224} = 17$$

当中间继电器 1K 的线圈被短接时，信号灯上电压 U_{HG} 为

$$U_{HG} = \frac{1500 \times 220}{1500 + 1500 + 224} = 78$$

信号灯上电压在 17～78V 变化，由此可见，闪光时灯光的变化是很明显的。

为使该类型闪光继电器有合适的变化频率，中间继电器 2K 选用 JT3–11/1 型、额定电压为 220V 的直流电磁继电器，其固有动作时间约为 0.2s，延时返回时间为 0.8s，而 ZDS–115 型中间继电器 1K 的动作与返回也有延时，这就使得 1K 与 2K 继电器相互启动与关闭，形成往复通断。

对于电子式闪光继电器，见图 Z11L1035Ⅰ–2，由于启动元件的内阻很低，且启动电流起始值很小，在欠电压和过电压的工作条件下，对闪光继电器没有影响，指示灯、跳合闸线圈限流的考虑，仅仅考虑母线电压就可以了，简化了设计。

四、闪光继电器不闪原因的检查

闪光继电器不闪光，在排除电源原因后，首先检查闪光继电器触点有无因过负荷烧坏，触点是否由于氧化接触不良等造成回路障碍。确认闪光继电器工作正常后，如外回路闪光不工作，应重点检查外回路连线有否松动，辅助触点有否接触不良。可以测量闪光母线对地电压是否正常（正常电压为正1/2母线电压），如果发现是负电压说明闪光母线正电压回路开路。运行中经常遇到的是指示灯灯泡断线和接触不良。

【思考与练习】

1. 设置闪光电源的目的是什么？
2. 闪光继电器动作的条件是什么？
3. 跳闸指示灯和合闸指示灯在什么情况下会闪烁？
4. 一次断路器跳闸后指示灯常亮不闪烁是什么原因？
5. 断路器控制开关在预备分闸和预备合闸位置时指示灯闪烁表示什么含义？

◢ 模块9 电池巡检仪（Z11L1036Ⅰ）

【模块描述】本模块介绍了电池巡检仪的工作原理、组成结构、接线方式。通过图例讲解，了解电池巡检仪的基本应用。并对智能网络化监测、控制管理进行了展望。

【模块内容】

蓄电池巡检仪是监测运行蓄电池组中单只蓄电池端电压的装置，也可测量环境温度和蓄电池电流。近几年来，新出现的先进技术手段还可以测量单只蓄电池内阻，并进一步向蓄电池在线状态监测方向发展；通过各种在线测量手段和测量数据综合统计、分析、判断监测蓄电池组运行的状态和可靠性。尽管在线监测的各种方法仍无法替代蓄电池核对性放电工作，但完善的在线监测装置如蓄电池巡检仪，还是获得了广泛的应用，它的一个重要功能是可以避免蓄电池极端状况的发生，如蓄电池开路、接触不良导致的放电电压降低等，从而保证了直流系统的安全性和可靠性。

一、基本的电池巡检仪

1. 电池巡检仪工作原理

电池巡检仪的工作原理框图如图Z11L1036Ⅰ-1所示。

电池巡检仪对蓄电池进行采样，为防止采样短路造成对电池的伤害，串接熔断器保护。采样单元可以和巡检仪在一起，也可以分开，这样就分成如图Z11L1036Ⅰ-1所示的两部分。采集的数据与巡检仪内部的设定值进行比较，判别蓄电池电压是否正常，正常就显示测量值，如超差立即告警。采集的电压信号通过RS-485总线传输到巡检仪，进行电压比较、显示，发出告警信号。

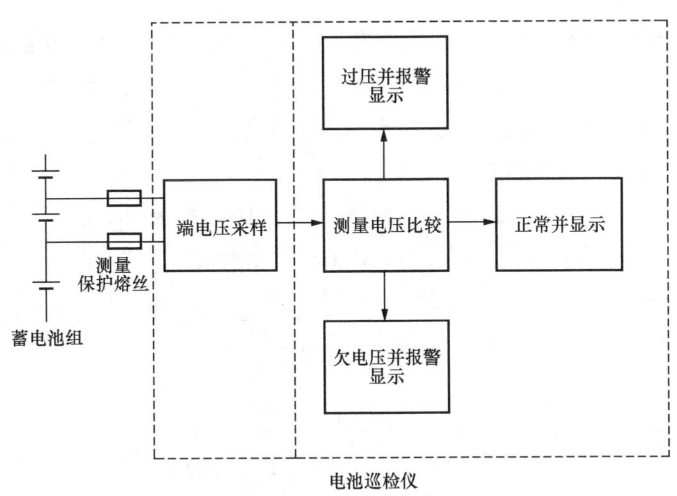

图 Z11L1036 Ⅰ–1　电池巡检仪和蓄电池

2. 电流与温度数据采集单元

电流与温度数据采集单元对蓄电池室温度和蓄电池充放电电流数据进行采集。它由温度传感器、霍尔电流传感器作探头，将测得的信号送到电流/温度采集单元中，该单元由单片机系统组成，通过模拟开关和模数转换器将采集的数据处理后，经 RS–485 通信接口与主控制单元进行数据交换。

通常采集速度为 0.1s/次，霍尔传感器的电流一般选取较大，至少要能采集到最大的测量内阻的放电电流，一般为 100A 以上。霍尔元件的工作电压一般为±15V，输出电压为 0～5V。安装霍尔元件时要注意电流方向，不能装反。电流/温度采集单元的接线如图 Z11L1036 Ⅰ–2 所示。

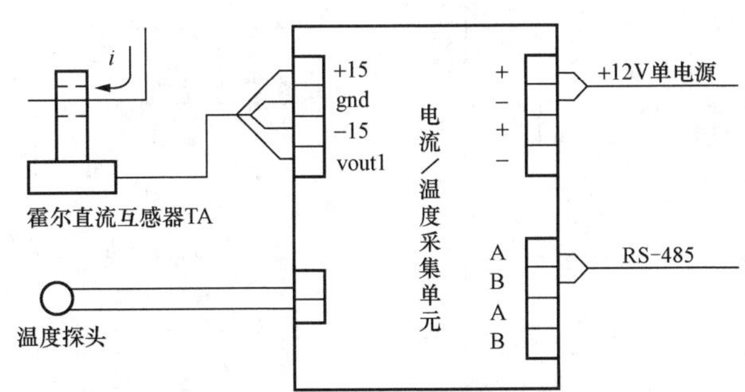

图 Z11L1036 Ⅰ–2　电流/温度采集单元接线图

二、技术展望

随着社会的进步和信息化、自动化程度的不断提高，未来的蓄电池在线监测手段将更为丰富，集电池测量技术、电子技术、计算机控制技术等多项技术为一体的蓄电池组网络化在线管理系统将取代现有的在线监测仪。该系统不仅满足现有在线监测仪的单体电池电压、电池组组端电压、充放电电流和温度的监测功能，而且将实现如下功能。

1. 蓄电池在线内阻测试功能

系统采用直流放电法在线测试每一只蓄电池内阻，即给电池增加一个负载，测量由此产生的变化电压和电流，可以通过电压变化值除以电流变化值计算得到电池的内阻，即

$$R=\frac{U_1-U_2}{\Delta I}=\frac{\Delta U}{\Delta I}$$

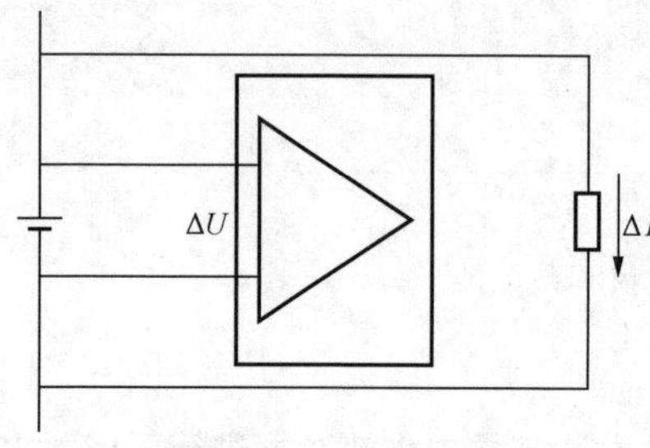

图 Z11L1036Ⅰ-3　内阻测试

内阻测试采用了四线制的方法，如图 Z11L1036Ⅰ-3 所示。

由于在电路中采用了软硬件的滤波措施，可有效地滤除充电机纹波对内阻测试的影响，保证了蓄电池在线内阻测试的准确性、一致性和重复性，进而判断蓄电池性能变化趋势。

2. 实现蓄电池组恒流放电功能

系统通过现场配置的专用放电模块，采用 DL/T 724—2000《电力系统用蓄电池直流电源装置运行与维护技术规程》，对蓄电池进行 $0.1C_{10}$ 核对性放电，测试电池组的实际容量。同时，该模块可实现对电池电压动态放电，测量每只电池的负载能力，瞬间判断电池特性。工作原理如图 Z11L1036Ⅰ-4 所示。

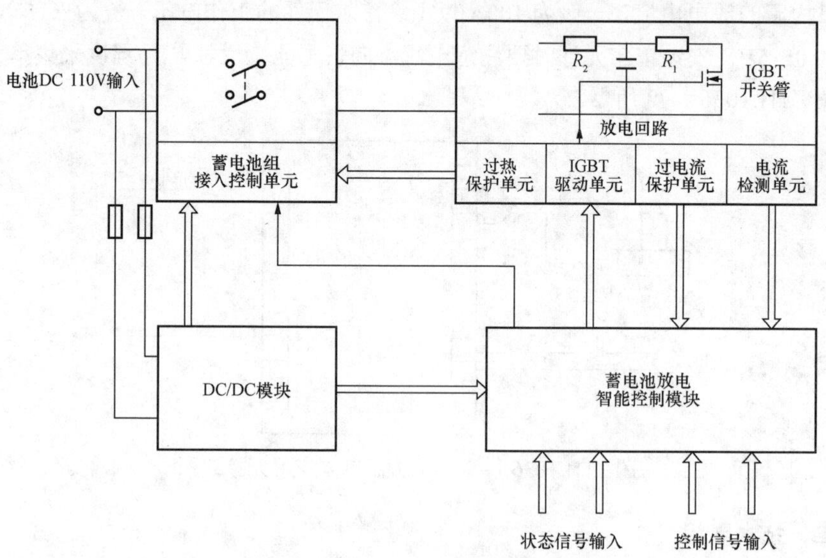

图 Z11L1036Ⅰ-4　恒流放电器工作原理

蓄电池放电智能控制模块具有：

（1）静态放电（恒流容量测试）和动态放电（内阻检测）功能，放电电流可调整。

（2）手动控制和远端（主控单元）控制功能。

（3）过电流保护和主放电回路自检功能。

（4）限温保护功能。主放电器件温度超过 200℃，控制器自动切断蓄电池组与放电回路的电气连接。

主放电回路由 IGBT 大功率开关管和 PTC（正温度系数）热敏电阻构成。控制模块通过控制 IGBT 开关管导通时间达到控制放电电流的目的。主回路由放电回路过热检测单元、IGBT 驱动单元、放电电流检测单元、过电流保护单元组成完善的安全保障体系。极端情况下，输入空气断路器将动作保护蓄电池的安全。

整套系统构成原理框图如图 Z11L1036Ⅰ–5 所示。

3. 蓄电池失效判断数学模型的建立

大量的电池运行数据统计表明，电池电压的变化与电池性能变化有相关性。

随着电池使用时间的增加，电池性能不断劣化，电池容量不断下降，而此时电池电压的离散性也会变得越来越大，这是有理论依据的。找出其中规律，并以一种可用的数学模型表达，即可成为可用的电池测试分析手段。基于以上，通过对大量的电池组运行数据进行长时间跟踪分析，证明了这一规律的存在，并在此基础上建立起分析数学模型。

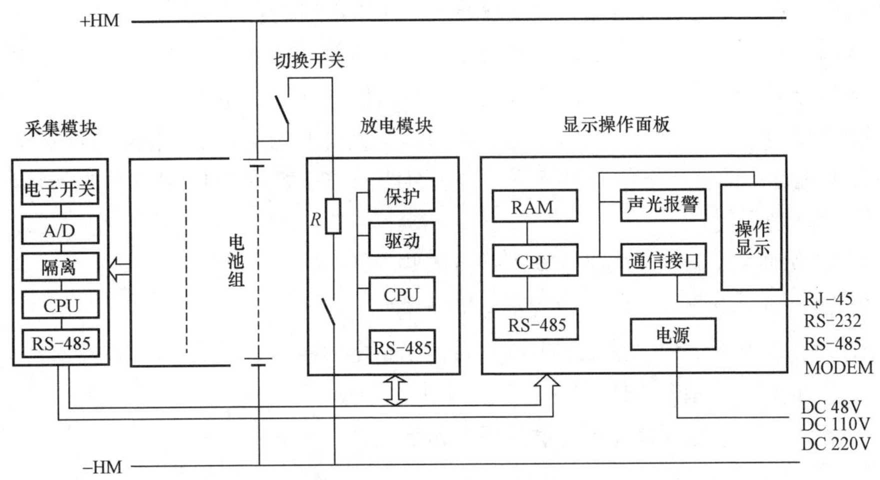

图 Z11L1036Ⅰ–5　系统构成原理框图

电池失效数学模型的判定依据有以下几点：

（1）伴随着电池性能的劣化，该电池相对于自身的电池电压离散度将逐步变大。

（2）伴随着电池性能的劣化，该电池相对于整组电池的电池电压离散度将逐步变大。

（3）伴随着电池性能的劣化，该电池相对于自身的内阻值将逐步变大。

（4）伴随着电池性能的劣化，该电池的充放电曲线电压之差相对于电池组其他电池的值将逐步变大。

显然，面对不断采集到的大量电池电压数据，要快速分析这些数据，理出有用的信息是非常复杂的，并非可以通过简单的函数关系计算所能得到。

在蓄电池失效判断数学模型中，采用了模糊数学和人工神经网络的诊断原理，以一种非线性处理方式及某种拓扑结构，对各种数据进行关联，并得出判断结论。其最大特点就是它的自适应功能，网络权值可以通过学习算法不断地调整，从而不断提高判断的精度。一般通过 6～10 个月的数据积累，模型即可给出分析结果，随着时间增加和测试结果的反馈，模型将不断学习改进，分析精度也会不断提高。其意义在于：

（1）蓄电池失效判断数学模型将给蓄电池维护带来新的高效手段，大大节约维护时间。

（2）维护人员能预知蓄电池性能的变化趋势，提前做出维护处理，从而能够避免重大事故的发生，为电力系统的安全运行提供有效的管理手段。

4. 智能网络化集中监测与管理

通过智能蓄电池组网络化在线管理系统，对电池组的各项参数进行采集，采用以太网传输手段，将数据实时上送，集中存储到远端数据接收服务器中，通过应用程序进行数据分析统计、故障报警，并提供友好的人机交互管理界面。运行维护人员通过 IE 浏览器即可查看各变电站蓄电池组的实时运行信息及历史运行数据，实现对现场直流系统蓄电池组的远程在线监测管理。系统组成的拓扑如图 Z11L1036 Ⅰ–6 所示。

【思考与练习】

1. 蓄电池在线监测仪的基本检测量有哪些？
2. 蓄电池内电阻测量能否替代蓄电池放电？
3. 为什么不可以说“蓄电池电压正常说明蓄电池没问题”？
4. 内阻变大的原因是什么？
5. 蓄电池在线监测仪监测温度的目的是什么？

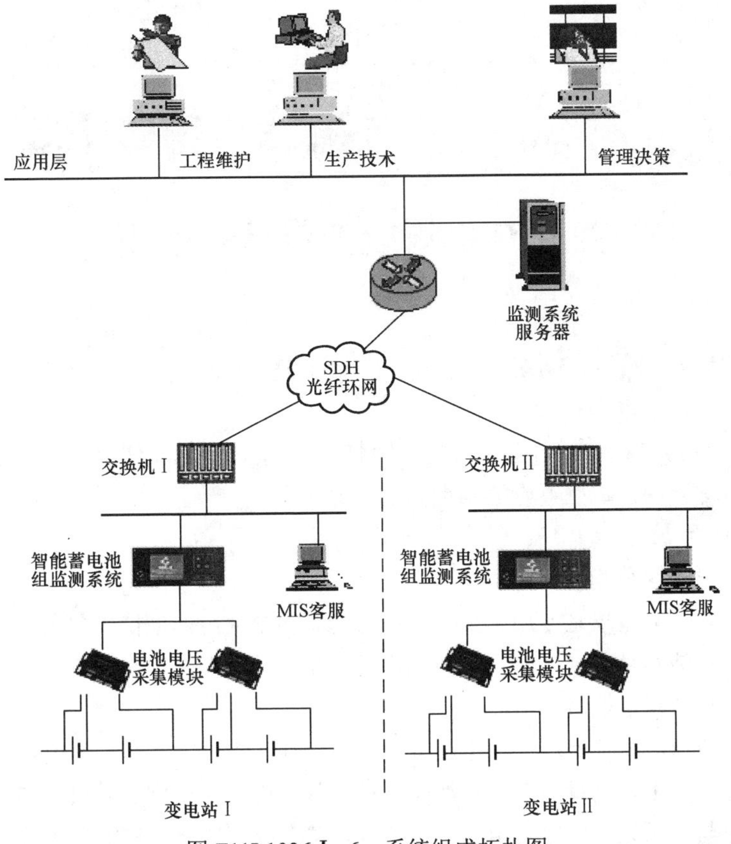

图 Z11L1036Ⅰ–6　系统组成拓扑图

第四十二章

直流专业测量工器具的使用

模块1　蓄电池容量测量仪的原理和应用（Z11L2001Ⅱ）

【模块描述】本模块包含蓄电池容量测量仪的工作原理和使用操作。通过原理说明、操作程序介绍，掌握蓄电池容量测量仪的使用。

【模块内容】

一、蓄电池容量测量仪介绍

蓄电池容量测量仪是专用于日常维护、测试蓄电池组的便携式仪器，它可以针对不同蓄电池组的实际情况，对蓄电池组进行容量试验。在进行充放电时，可对蓄电池组充放电过程进行全程监视。

蓄电池容量测量仪原理：蓄电池容量测量仪通过内置电子负载对蓄电池组进行放电。在放电过程中，测量仪对蓄电池总电压、放电电流、温度实时自动扫描。当实际放电电流值与所预设放电电流值发生偏差时，测量仪能闭环调控放电电流，保持恒流放电。测量仪根据预设参数，并考虑到放电率等因素，依据容量计算公式实时计算累加，测量蓄电池的实际放出电量。

二、蓄电池容量测量仪测试目的

在变电站，交流失电或其他事故状态下，蓄电池组是负荷的唯一能源供给者，如果出现问题，供电系统将面临瘫痪，造成设备停运及其他重大运行事故。因此，蓄电池组作为备用电源在系统中起着极其重要的作用。但除了正常的使用寿命周期外，由于蓄电池本身的质量如材料、结构、工艺的缺陷及使用不当等问题导致蓄电池早期失效的现象时有发生，且运行中的蓄电池为了检验可备用时间及实际容量，需要对蓄电池组进行核对性放电测试，以保证系统的正常运行。为了使蓄电池组工作更加安全稳定，新蓄电池组在投运前和投运后都需定期进行容量测试。

三、蓄电池容量测量仪测试的准备

（1）仔细阅读测试仪的使用说明书，掌握测试仪的使用方法。

（2）检查所配测试线及其附件是否齐全、完好。

（3）检查现场是否符合测试条件。

（4）检查蓄电池组是否脱离充电装置。

四、蓄电池容量测量仪测试的注意事项

（1）在测量时，必须至少由两人进行。

（2）仪器规格与蓄电池组电压等级对应，切勿错用，否则将导致仪器损坏。

（3）如果发生过热、过电流或器件损坏，仪器将发出故障报警，应停机检查，并与产品厂家联系。如果因过热引发保护，则应稍后再开机，并注意降温。

五、测试步骤

（1）连接蓄电池容量测量仪与被测试蓄电池组。

（2）设备启动和参数设置。

（3）放电测试。

（4）充电测试。

（5）测试完毕后，将数据保存。

（6）关机和恢复原接线。

（7）测试结果记录整理。

六、测试结果分析

将测试结果打印出来，与被测试蓄电池组的技术参数进行对比。测试结果如果在合格范围内，即在检修记录上填写相应数据，并把打印记录粘贴在检修记录上，工作结束后交运行审核；测试结果如果不合格，根据实际情况进行处理，处理合格后再交运行审核。

七、仪器的维护

（1）蓄电池容量测量仪属于精密仪器，不要擅自拆开。

（2）仪器存放时不能受潮，搬运时要注意小心轻放，尽量减少振动。

（3）在使用过程中出现问题，先检查接线是否正确、接触是否良好。如果解决不了，必须和厂家联系，由生产厂家来处理。

（4）蓄电池容量测量仪应定期进行校验，以保证精确度。

八、实例

某种型号蓄电池容量测量仪的测试步骤及要求

1. 功能说明

仪器可连续调控放电电流，实现定电流恒流放电，并采用无线采集方式实时采集各单体电池电压。在充放电时，当组端电压或单体电池电压跌至或升高至设定值时，或设定的放电时间到，自动停止放电保存数据，也可随时手动停止放电。在放电过程中，实时显示充放电电流、组端电压、各单体电池电压、放电时间及放电曲线，并自动保存放电数据。按键的功能说明如表 Z11L2001Ⅱ–1 所示。

表 Z11L2001Ⅱ-1 按键的功能说明

功能键	取消键 ●	向上键 ▲	向下键 ▼	确定键 ■
时钟设置	退出时间设置，不保存	修改选定位置的时间值		确认该时间值，进入下一项
数据保存	不保存此次测试数据			保存此次测试数据
主菜单		移动选择不同的工作方式		进入指定的工作模式
参数设置	返回到上一项，连续按6次，退出参数设置，不保存	修改选定位置的参数值或功能项		确认该项参数值，进入下一项，直至所有参数设置完毕
单机工作	退出放电状态	如有单体监测功能，可翻看单体电池实时电压和组端电压曲线及其他测试信息		进入单机工作放电状态
联机工作	取消"联机工作"状态			进入"联机工作"状态
数据通信	取消"数据通信"状态			进入"数据通信"状态
记录查询	返回上一级查询模式	移动选择不同电池组不同时间的放电记录		进入选择的数据记录
数据清除	不清除此次查询数据/所有测试记录			清除此次查询数据/所有测试记录

注 光标"∧"或"<"指示符号所对应的设置即为当前可修改的项目。

仪器前面板如图 Z11L2001Ⅱ-1 所示。

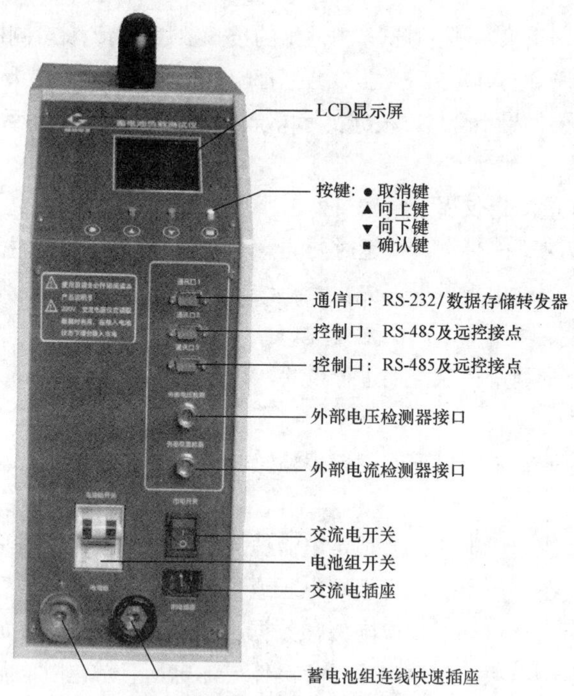

图 Z11L2001Ⅱ-1 仪器前面板

2. 仪器的连接及原理简介

（1）测试系统的连接。测试系统的接线示意图如图 Z11L2001Ⅱ–2 所示。

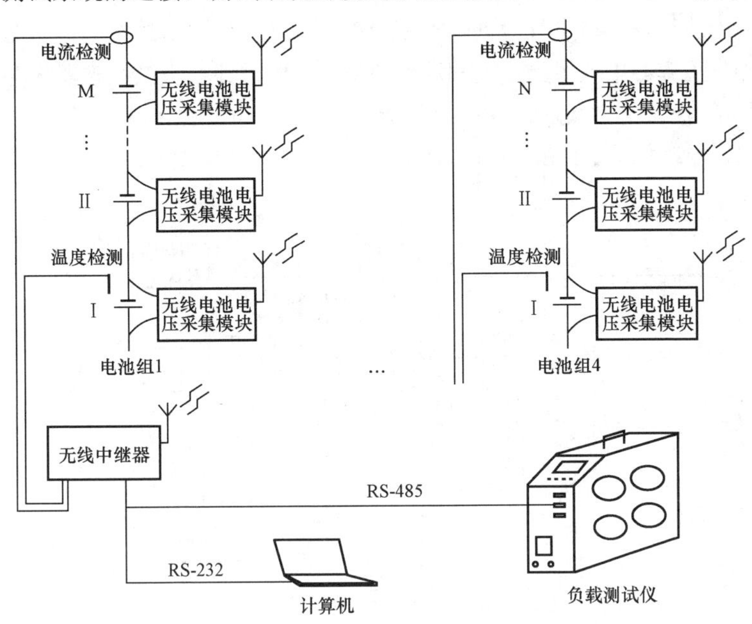

图 Z11L2001Ⅱ–2　测试系统的接线示意图

（2）无线蓄电池测试系统工作原理。

1）无线电池电压采集模块。无线电池电压采集模块主要功能是将电池的电压模拟量经 A/D 转换器变换后，由小功率无线射频收发模块以无线方式将电池电压信号传送到中继器。它的最大特点在于采用了小功率高灵敏度的射频收发模块进行数据的双向传送，每个模块相互之间无需连接，使操作非常简便。高精度的四位半 A/D 转换器可以使采样最大误差不到 2mV，分辨率在 0.2mV 以内。唯一的地址编码设置，可在通信过程中对每个电池进行识别。无线模块的原理结构如图 Z11L2001Ⅱ–3 所示。

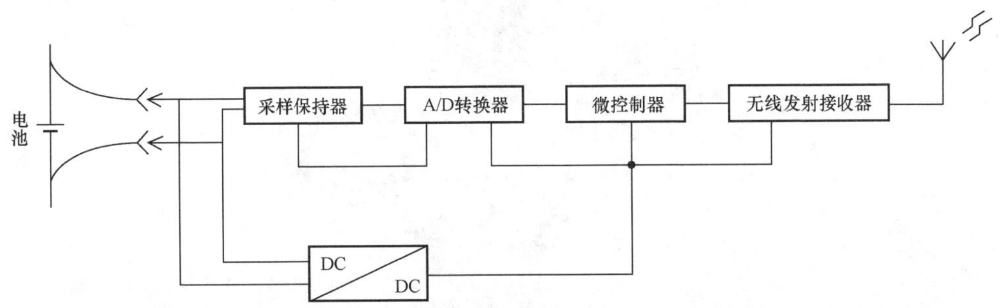

图 Z11L2001Ⅱ–3　无线电池电压采集模块原理结构示意图

2）中继器。中继器是为了接收各电池电压信号并进行数据及协议处理的数据收发缓冲器。由于采用了双 CPU 模式，无线数据微处理器可以不受干扰地按照一定的时序，对通信范围内的无线模块进行数据的收发管理，并通过中继器的电流传感器接口和温度传感器接口采集各电池组的电流和温度信号，同时总线数据微处理器将各个电池组的电压、电流、温度等参数通过 RS-232 送达计算机或通过 RS-485 送达蓄电池容量测量仪。中继器原理如图 Z11L2001Ⅱ-4 所示。

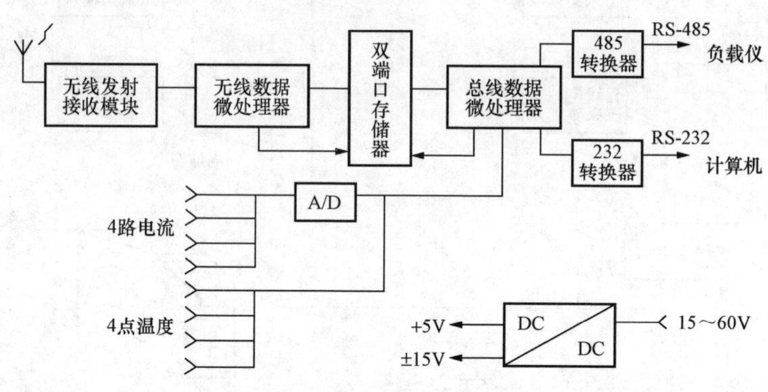

图 Z11L2001Ⅱ-4 无线信号中继器原理示意图

（3）放电导线的连接。容量测量仪与电池组连接如图 Z11L2001Ⅱ-5 所示。首先将放电导线的快速插头插入容量测量仪的快速插座对接（红正黑负），然后将放电导线另一端分别与电池组两端连接（红正黑负）。

图 Z11L2001Ⅱ-5 仪器连接图

3. 设备启动和参数设置

1）合上空气开关，仪器开始工作，首页显示如图 Z11L2001Ⅱ–6 所示。此时，按任意键即进入时钟设置，按上下键▲▼及确认键■即可调整时钟。

如在显示首页时不按任何键，延时过后将进入内存自检程序，检查已存测试数据所占空间并显示如图 Z11L2001Ⅱ–7 所示的界面。

图 Z11L2001Ⅱ–6　时间设置界面

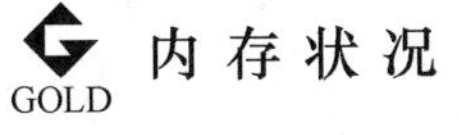

目前内存已使用50%

为了您的数据安全，请及时将数据拷贝至PC机中。

内存状况

GOLD

目前内存已使用75%

为了不影响您的正常使用，请立即清空内存!

图 Z11L2001Ⅱ–7　内存自检界面

仪器数据区具有 4M 的存储空间，掉电不丢失。如内存自检显示数据已占空间超过 70%，则应使用本仪器所配的计算机软件或便携式数据存储转发器下载数据，并将仪器中的记录清空，否则将无法进行放电操作。

2）自检完毕后，进入主菜单。如图 Z11L2001Ⅱ–8（a）所示，在主菜单中按上下键▲▼，即可移动手形符指向不同的功能菜单，按确认键■进入相应的工作模式。

（a）

（b）

图 Z11L2001Ⅱ–8　主菜单及参数设置界面

（a）主菜单界面；（b）参数设置界面

3）参数设置如图 Z11L2001Ⅱ–8（b）所示。

电池组——前六位：机站/变电站编号；后两位：本站某电池组的编号。

建议：事先将所有机站/变电站统一编号，以便于维护和存档。

模式——主：主控模式，可进行“单机工作”；从：受控模式，执行来自控制口的其他设备命令控制放电。例如，多台容量测量仪并机使用时可任选一台设置为“主”，其余设置为“从”。

接点控制——开启远控接点控制功能时，放电操作由远控接点控制，一般设置为“关”。

电池列数——待放电蓄电池组的列数，最多为 4 列。

电池总数——待放电蓄电池组的单体蓄电池数目，应为电池列数的整数倍。如果不使用单体电池电压监测功能，设为 000，系统显示“* * *”，此时电池列数必须设置为 1。

设定放电电流——设定用户需要的放电电流。当外部有其他放电负荷时，设置电流应为：

用户需要的放电总电流：外部其他放电负荷放电电流；

设定放电时间：设定用户需要的放电时间；

组端电压下限：组端电压保护下限；

单节电压下限：单体电池电压保护下限。

说明：放电电流、放电时间、组端电压下限、单体电池电压下限等可按蓄电池运行维护要求或实际情况设置。当满足“设定放电时间”“组端电压下限”“单节电压下限”三个条件中的任何一个，仪器即自动停止放电，并自动保存放电数据。

举例：某机站有 2 组蓄电池并联使用，每组有 24 节电池，单体电池为 2V/800Ah，组端电压等级为 48V。如果按电信行业标准 10h 率做核对性放电测试，容量测量仪放电电流 160A，电池列数 2 列，电池总数 48 节，放电时间 10h，组端电压下限 1.8×24=43.2（V），单节电压下限 1.8V。

参数设置结束后继续按“确认键■”，系统显示放电过程中各变化量的存储阀值。这些阀值只能通过计算机来设置（详见软件中的帮助文件），继续按“确认键■”，保存设定的参数值，退回到主菜单。

4. 充放电测试

（1）放电测试。

1）系统有两组以上电池组或有备用电池组时，将欲测试蓄电池组退出运行（如只有 1 组电池，需将备用电池组投入运行），进行全容量核对性放电测试。

2）系统只有 1 组电池组，且没有备用电池组时，蓄电池组不退出运行，把充电装置输出电压调低到保护电压或蓄电池组半容量的电压点（2V 蓄电池 10h 率放电半容量点在 1.95～2.00V 之间，可查蓄电池厂家放电曲线获得），利用实际负载和外加负载对蓄电池组进行半容量（50%）放电测试。由于此时蓄电池组电压高于充电装置的输出电压，故充电装置没有电流输出，不会影响放电测试。在放电过程中，若有失效蓄电池导致电池组电压急剧跌落，或放电至电池组电压到达充电装置输出电压的设定值，充电装置恢复输出，保证了负载的供电，因此这一方法是安全的，对实际蓄电池容量测试也是有效的。

3）选择放电操作，按“确认键■”后仪器显示确认提示，如图 Z11L2001Ⅱ-9 所示。

说明：“单机工作”是容量测量仪最常用的使用模式，除放电操作由外部其他设备控制的情况外，都工作于此种模式。

此时，再按“确认键■”，仪器开始放电前的环境温度、组端电压、单体电池电压检测，若超限则会给出相应的报警画面。若检测通过，则开始放电，显示屏显示放电电流、组端电压、累计放电时间、组端电压放电曲线及放电起始电压、已设定的放电终止电压、日期、时钟等，如图 Z11L2001Ⅱ-10 所示。

图 Z11L2001Ⅱ-9　放电显示界面（一）

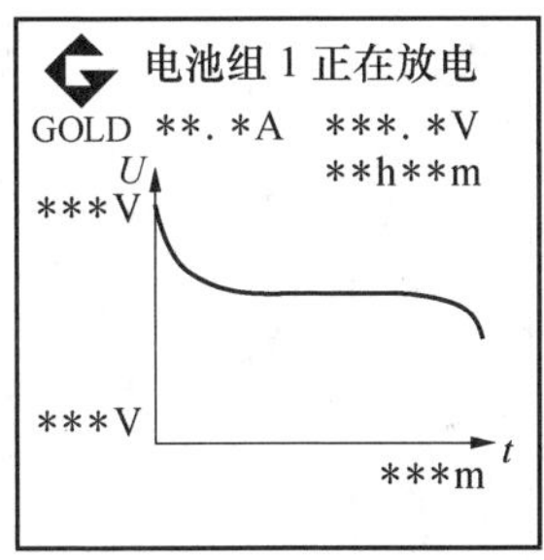

图 Z11L2001Ⅱ-10　放电显示界面（二）

在放电过程中，也可按“取消键●”随时停止放电。若电池总数不为 0，按“上下键▲▼”可查看各单节电池实时电压以及每列中的最高和最低的电池电压，如图 Z11L2001Ⅱ-11 所示。

4）当电池组放电到达电压下限或放电时间到，仪器自动停止放电，保存数据，声鸣提示并显示放电结果：放电电流、放电终止电压、放电时间、放电容量及放电曲线。若电池总数不为 0，按“上下键▲▼”可查看各单节电池电压以及每列中的最高和最低的电池电压，如图 Z11L2001Ⅱ-12 所示。按“确认键■”，系统提示是否保存本次放电的数据，如图

图 Z11L2001Ⅱ-11　放电显示界面（三）

Z11L2001Ⅱ–13 所示。若选择保存，按“确认键■”，仪器自动将测试数据保存在设备数据存储区中，掉电不丢失，供查询或通过配套的计算机软件读取到计算机中进行查询、分析和报表输出。

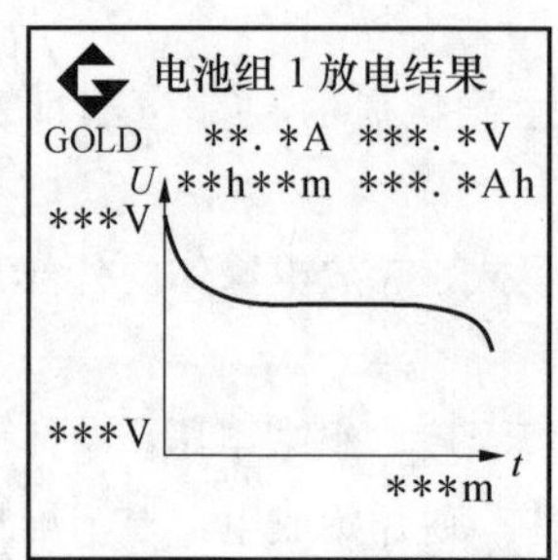

图 Z11L2001Ⅱ–12 放电显示界面（四）

图 Z11L2001Ⅱ–13 数据保存界面

图 Z11L2001Ⅱ–14 放电记录选择界面（一）

（2）充电测试。为了检测蓄电池容量，在充电装置给蓄电池充电过程中，用蓄电池容量测量仪自带软件选充电模式，按照提示操作。充电结束后，数据自动保存。

5. 记录查询

1）进入“记录查询”可查看已做测试的记录。仪器显示所有已做测试的电池组序号和测试时间，如图 Z11L2001Ⅱ–14 所示。此时按“上下键▲▼”可选中光标“＜”对应的电池组序号，按“确认键■”即可查询该电池组的所有测试记录。

2）选择了需要查询的电池组后，仪器将检索有关该电池组的所有测试记录，并列表显示，如图 Z11L2001Ⅱ–15 所示。按“上下键▲▼”可选中光标“＜”对应的某次测试记录，按“确认键■”，即可查询该次记录的参数，如图 Z11L2001Ⅱ–16 所示。若电池总数不为 0，也可以按“上下键▲▼”查看各单节电池电压，如图 Z11L2001Ⅱ–17 所示。

3）按“取消键●”可退出该条记录的查询，此时显示是否删除本记录操作提示，如图 Z11L2001Ⅱ–18 所示。在此，可以按“确认键■”删除该条记录，也可以按“取消键●”选择不删除，直接返回上一级菜单，直到完全退出查询状态时，系统会询问是否全部清空记录，如图 Z11L2001Ⅱ–19 所示。如确认清空记录，按“确认键■”；在再次确认提示后，按“确认键■”，则完成数据清空。否则，按“取消键●”退出。

GOLD

组号	月	日	时	分
1	**	**	**	** <
2	**	**	**	**
3	**	**	**	**
4	**	**	**	**

图 Z11L2001Ⅱ-15　放电记录选择界面（二）

GOLD　本次放电结果

组端电压　***. *V

放电时间　**h**m

放电容量　***.*Ah

列序	电流 A	温度℃
1	**. *	**. *
2	**. *	**. *

图 Z11L2001Ⅱ-16　放电记录选择界面（三）

图 Z11L2001Ⅱ-17　放电记录是否删除界面（一）

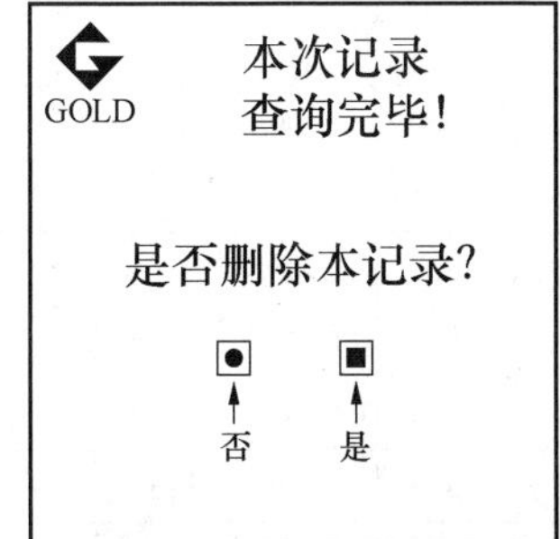

图 Z11L2001Ⅱ-18　放电记录是否删除界面（二）

图 Z11L2001Ⅱ-19　放电记录是否删除界面（三）

注意：清空记录前请确认数据是否已保存在计算机中，如确认清空将清除数据存储区中所有数据。所有删除和清空的数据都是不可恢复的。

6. 关机

放电结束，待风机散热后仪器会自动停止并存储此次放电数据，将放电附件整理好，结束放电。

附蓄电池放电记录及结果分析（如表 Z11L2001Ⅱ-2 所示），供参考。

表 Z11L2001Ⅱ-2 电池放电测试报告

机站名称	×××变			电池组名		×××变一组		设定时间		600min
型号	GFM-200		规格		2V		生产厂家		××××	
电池额定容量	200Ah		单体电压下限		1.8V		生产日期		2007-4-10	
电池数量	108节		组端电压下限		194.4V		投用日期		2007-4-24	
测试日期	07-04-24		测试温度		19.9℃	实际时间		600min	总电流	20.2A
起始组端电压	228.8V	终止组端电压		203.3V	实际容量		201.6Ah	实际/额定容量		100.8%

电池时间	14:15:59	15:15:59	16:15:59	17:15:59	18:15:59	19:15:59	20:15:59	21:15:59	22:15:59	23:15:59	00:15:59
组端电压（V）	228.8	220.2	219.2	217.9	216.5	214.9	213.2	211.3	209.3	206.7	203.3
电流（A）	-9.1	-20.3	-20.2	-20.2	-20.2	-20.3	-20.1	-20.2	-20.2	-20.1	-20.1
1	2.099	2.039	2.030	2.017	2.005	1.989	1.975	1.957	1.938	1.916	1.888
2	2.086	2.026	2.015	2.002	1.988	1.974	1.958	1.941	1.920	1.895	1.856
3	2.098	2.035	2.025	2.013	2.000	1.985	1.970	1.953	1.934	1.912	1.882
4	2.091	2.030	2.019	2.007	1.993	1.978	1.963	1.944	1.925	1.900	1.866
5	2.102	2.045	2.035	2.023	2.009	1.993	1.977	1.958	1.936	1.913	1.876
6	2.101	2.044	2.035	2.023	2.009	1.993	1.978	1.959	1.940	1.914	1.879
7	2.104	2.044	2.035	2.024	2.008	1.994	1.978	1.961	1.942	1.917	1.884
8	2.102	2.041	2.030	2.019	2.005	1.990	1.975	1.957	1.938	1.916	1.886
9	2.100	2.035	2.028	2.015	2.001	1.987	1.971	1.952	1.931	1.906	1.870
10	2.104	2.046	2.034	2.023	2.009	1.993	1.976	1.959	1.937	1.911	1.873
11	2.129	2.044	2.034	2.022	2.008	1.993	1.977	1.958	1.939	1.914	1.881
12	2.128	2.038	2.029	2.016	2.003	1.988	1.972	1.956	1.937	1.915	1.883
13	2.136	2.043	2.033	2.022	2.008	1.992	1.978	1.961	1.942	1.918	1.886
14	2.134	2.039	2.029	2.017	2.004	1.990	1.974	1.959	1.940	1.918	1.890
15	2.131	2.040	2.030	2.019	2.005	1.991	1.977	1.959	1.942	1.918	1.890
16	2.129	2.044	2.034	2.023	2.009	1.995	1.979	1.962	1.943	1.920	1.886
17	2.118	2.025	2.016	2.003	1.989	1.975	1.959	1.942	1.923	1.898	1.863
18	2.132	2.044	2.034	2.023	2.009	1.993	1.977	1.960	1.939	1.916	1.881
19	2.126	2.032	2.023	2.012	1.998	1.982	1.968	1.950	1.931	1.909	1.881
20	2.131	2.044	2.035	2.022	2.008	1.992	1.975	1.956	1.934	1.907	1.867
21	2.124	2.038	2.029	2.016	2.004	1.990	1.976	1.959	1.941	1.921	1.894

续表

机站名称	×××变		电池组名	×××变一组		设定时间	600min				
型号	GFM–200	规格	2V	生产厂家	××××						
电池额定容量	200Ah	单体电压下限	1.8V	生产日期	2007–4–10						
电池数量	108 节	组端电压下限	194.4V	投用日期	2007–4–24						
测试日期	07–04–24	测试温度	19.9℃	实际时间	600min	总电流	20.2A				
起始组端电压	228.8V	终止组端电压	203.3V	实际容量	201.6Ah	实际/额定容量	100.8%				
电池时间	14:15:59	15:15:59	16:15:59	17:15:59	18:15:59	19:15:59	20:15:59	21:15:59	22:15:59	23:15:59	00:15:59
组端电压（V）	228.8	220.2	219.2	217.9	216.5	214.9	213.2	211.3	209.3	206.7	203.3
电流（A）	–9.1	–20.3	–20.2	–20.2	–20.2	–20.3	–20.1	–20.2	–20.2	–20.1	–20.1
22	2.139	2.048	2.038	2.026	2.013	1.997	1.981	1.962	1.942	1.917	1.880
23	2.131	2.039	2.030	2.017	2.004	1.989	1.974	1.957	1.938	1.916	1.885
24	2.138	2.044	2.036	2.023	2.011	1.995	1.981	1.964	1.945	1.921	1.891
25	2.124	2.026	2.016	2.004	1.991	1.977	1.961	1.945	1.928	1.906	1.876
26	2.130	2.036	2.026	2.014	2.001	1.985	1.969	1.952	1.933	1.908	1.872
27	2.137	2.048	2.039	2.026	2.012	1.997	1.981	1.962	1.942	1.916	1.880
28	2.133	2.048	2.039	2.026	2.014	1.998	1.984	1.967	1.948	1.926	1.898
29	2.116	2.029	2.020	2.007	1.994	1.980	1.966	1.950	1.933	1.911	1.882
30	2.123	2.032	2.022	2.011	1.997	1.983	1.967	1.951	1.933	1.911	1.881
31	2.129	2.037	2.028	2.017	2.003	1.988	1.973	1.955	1.936	1.914	1.886
32	2.130	2.040	2.029	2.018	2.005	1.989	1.975	1.956	1.937	1.912	1.880
33	2.124	2.029	2.021	2.009	1.994	1.980	1.964	1.949	1.930	1.906	1.874
34	2.130	2.035	2.026	2.014	2.002	1.988	1.972	1.954	1.935	1.913	1.885
35	2.133	2.044	2.034	2.022	2.009	1.994	1.979	1.962	1.942	1.920	1.892
36	2.135	2.034	2.025	2.014	2.000	1.986	1.970	1.954	1.936	1.914	1.885
37	2.129	2.041	2.031	2.018	2.006	1.992	1.976	1.960	1.941	1.919	1.891
38	2.128	2.034	2.024	2.013	1.999	1.985	1.969	1.952	1.931	1.908	1.873
39	2.130	2.042	2.033	2.020	2.006	1.992	1.976	1.959	1.940	1.916	1.885
40	2.134	2.041	2.033	2.021	2.008	1.992	1.978	1.961	1.941	1.919	1.887
41	2.134	2.047	2.037	2.026	2.012	1.996	1.980	1.963	1.942	1.917	1.884
42	2.128	2.035	2.025	2.013	1.999	1.985	1.971	1.953	1.935	1.910	1.877
43	2.123	2.033	2.025	2.013	2.000	1.986	1.972	1.955	1.937	1.915	1.887

续表

机站名称	×××变			电池组名	×××变一组			设定时间	600min		
型号	GFM–200		规格	2V		生产厂家		××××			
电池额定容量	200Ah		单体电压下限	1.8V		生产日期		2007–4–10			
电池数量	108 节		组端电压下限	194.4V		投用日期		2007–4–24			
测试日期	07–04–24		测试温度	19.9℃	实际时间		600min	总电流		20.2A	
起始组端电压	228.8V	终止组端电压		203.3V	实际容量		201.6Ah	实际/额定容量		100.8%	
电池时间	14:15:59	15:15:59	16:15:59	17:15:59	18:15:59	19:15:59	20:15:59	21:15:59	22:15:59	23:15:59	00:15:59
组端电压（V）	228.8	220.2	219.2	217.9	216.5	214.9	213.2	211.3	209.3	206.7	203.3
电流（A）	–9.1	–20.3	–20.2	–20.2	–20.2	–20.3	–20.1	–20.2	–20.2	–20.1	–20.1
44	2.132	2.046	2.038	2.026	2.013	1.999	1.983	1.964	1.945	1.919	1.888
45	2.119	2.033	2.025	2.012	2.000	1.986	1.970	1.954	1.936	1.912	1.884
46	2.126	2.043	2.033	2.022	2.010	1.994	1.980	1.962	1.943	1.921	1.893
47	2.128	2.044	2.035	2.022	2.010	1.994	1.978	1.961	1.941	1.916	1.882
48	2.124	2.034	2.026	2.013	2.000	1.984	1.970	1.954	1.935	1.913	1.885
49	2.134	2.050	2.041	2.030	2.015	2.001	1.984	1.966	1.946	1.920	1.886
50	2.123	2.035	2.025	2.012	2.001	1.985	1.971	1.954	1.935	1.911	1.881
51	2.118	2.033	2.024	2.011	1.999	1.985	1.969	1.953	1.935	1.913	1.886
52	2.126	2.042	2.034	2.022	2.009	1.995	1.980	1.965	1.946	1.925	1.898
53	2.139	2.050	2.042	2.031	2.017	2.004	1.988	1.974	1.955	1.935	1.911
54	2.117	2.037	2.028	2.017	2.004	1.989	1.974	1.957	1.938	1.915	1.883
55	2.126	2.047	2.040	2.027	2.014	1.999	1.983	1.966	1.945	1.920	1.887
56	2.118	2.033	2.023	2.011	1.998	1.986	1.970	1.951	1.934	1.912	1.879
57	2.117	2.034	2.024	2.012	1.999	1.985	1.971	1.953	1.935	1.913	1.881
58	2.128	2.043	2.035	2.022	2.010	1.996	1.980	1.962	1.943	1.920	1.888
59	2.125	2.046	2.037	2.024	2.010	1.994	1.978	1.959	1.939	1.912	1.873
60	2.127	2.047	2.037	2.025	2.012	1.998	1.982	1.964	1.945	1.921	1.888
61	2.125	2.046	2.037	2.024	2.011	1.997	1.981	1.964	1.943	1.920	1.888
62	2.118	2.033	2.024	2.013	2.000	1.986	1.972	1.956	1.938	1.918	1.891
63	2.127	2.046	2.037	2.024	2.012	1.996	1.982	1.964	1.945	1.923	1.895
64	2.112	2.029	2.019	2.007	1.994	1.980	1.964	1.948	1.929	1.909	1.879
65	2.121	2.044	2.034	2.022	2.009	1.995	1.981	1.964	1.946	1.924	1.897

续表

机站名称		×××变			电池组名		×××变一组			设定时间	600min
型号		GFM–200	规格		2V		生产厂家		××××		
电池额定容量		200Ah	单体电压下限		1.8V		生产日期		2007–4–10		
电池数量		108 节	组端电压下限		194.4V		投用日期		2007–4–24		
测试日期		07–04–24	测试温度		19.9℃	实际时间		600min	总电流		20.2A
起始组端电压		228.8V	终止组端电压		203.3V	实际容量		201.6Ah	实际/额定容量		100.8%
电池时间	14:15:59	15:15:59	16:15:59	17:15:59	18:15:59	19:15:59	20:15:59	21:15:59	22:15:59	23:15:59	00:15:59
组端电压（V）	228.8	220.2	219.2	217.9	216.5	214.9	213.2	211.3	209.3	206.7	203.3
电流（A）	–9.1	–20.3	–20.2	–20.2	–20.2	–20.3	–20.1	–20.2	–20.2	–20.1	–20.1
66	2.115	2.032	2.024	2.011	1.998	1.984	1.970	1.953	1.935	1.913	1.885
67	2.124	2.042	2.034	2.022	2.007	1.992	1.976	1.958	1.939	1.914	1.881
68	2.124	2.042	2.034	2.022	2.009	1.995	1.979	1.962	1.945	1.921	1.891
69	2.127	2.047	2.039	2.026	2.012	1.998	1.980	1.963	1.942	1.915	1.881
70	2.128	2.037	2.028	2.017	2.003	1.989	1.973	1.956	1.937	1.915	1.887
71	2.126	2.048	2.040	2.027	2.013	1.999	1.981	1.964	1.944	1.919	1.884
72	2.118	2.035	2.026	2.013	2.001	1.986	1.970	1.955	1.936	1.914	1.883
73	2.111	2.027	2.019	2.005	1.992	1.978	1.962	1.945	1.926	1.902	1.871
74	2.123	2.037	2.028	2.015	2.001	1.986	1.971	1.953	1.931	1.906	1.868
75	2.126	2.050	2.041	2.028	2.014	1.998	1.982	1.963	1.943	1.917	1.881
76	2.127	2.035	2.028	2.015	2.002	1.988	1.972	1.957	1.938	1.916	1.887
77	2.118	2.039	2.030	2.017	2.004	1.989	1.975	1.956	1.937	1.913	1.880
78	2.117	2.034	2.026	2.013	2.001	1.985	1.970	1.955	1.937	1.916	1.889
79	2.121	2.046	2.038	2.025	2.011	1.997	1.981	1.963	1.944	1.921	1.892
80	2.115	2.035	2.025	2.013	2.000	1.986	1.971	1.955	1.938	1.917	1.889
81	2.104	2.034	2.024	2.014	2.001	1.987	1.971	1.956	1.938	1.916	1.890
82	2.109	2.046	2.037	2.024	2.010	1.994	1.979	1.961	1.941	1.916	1.881
83	2.109	2.043	2.033	2.021	2.007	1.992	1.977	1.959	1.940	1.917	1.885
84	2.107	2.043	2.033	2.021	2.008	1.992	1.977	1.959	1.937	1.914	1.879
85	2.112	2.029	2.019	2.007	1.994	1.980	1.964	1.947	1.928	1.906	1.873
86	2.118	2.044	2.034	2.023	2.009	1.993	1.978	1.959	1.937	1.911	1.877
87	2.126	2.045	2.035	2.023	2.010	1.994	1.979	1.960	1.938	1.911	1.874

续表

机站名称		×××变			电池组名		×××变一组		设定时间	600min
型号		GFM–200	规格		2V		生产厂家		××××	
电池额定容量		200Ah	单体电压下限		1.8V		生产日期		2007–4–10	
电池数量		108 节	组端电压下限		194.4V		投用日期		2007–4–24	
测试日期		07–04–24	测试温度		19.9℃	实际时间		600min	总电流	20.2A
起始组端电压		228.8V	终止组端电压		203.3V	实际容量		201.6Ah	实际/额定容量	100.8%

电池时间	14:15:59	15:15:59	16:15:59	17:15:59	18:15:59	19:15:59	20:15:59	21:15:59	22:15:59	23:15:59	00:15:59
组端电压（V）	228.8	220.2	219.2	217.9	216.5	214.9	213.2	211.3	209.3	206.7	203.3
电流（A）	–9.1	–20.3	–20.2	–20.2	–20.2	–20.3	–20.1	–20.2	–20.2	–20.1	–20.1
88	2.119	2.043	2.034	2.021	2.008	1.992	1.977	1.959	1.939	1.915	1.882
89	2.114	2.032	2.021	2.010	1.997	1.981	1.967	1.948	1.929	1.907	1.874
90	2.105	2.024	2.013	2.002	1.988	1.972	1.956	1.939	1.919	1.893	1.853
91	2.102	2.040	2.029	2.018	2.005	1.990	1.975	1.959	1.940	1.918	1.891
92	2.105	2.040	2.031	2.018	2.006	1.990	1.976	1.959	1.942	1.920	1.892
93	2.105	2.044	2.035	2.022	2.010	1.994	1.980	1.963	1.944	1.922	1.894
94	2.097	2.033	2.023	2.012	2.000	1.984	1.970	1.954	1.937	1.915	1.888
95	2.106	2.043	2.033	2.022	2.008	1.992	1.977	1.958	1.939	1.914	1.881
96	2.106	2.038	2.029	2.016	2.002	1.987	1.972	1.956	1.937	1.914	1.888
97	2.106	2.046	2.037	2.022	2.010	1.994	1.977	1.958	1.936	1.909	1.870
98	2.108	2.045	2.036	2.023	2.009	1.993	1.976	1.957	1.935	1.908	1.870
99	2.104	2.047	2.036	2.025	2.011	1.995	1.980	1.963	1.942	1.917	1.884
100	2.105	2.044	2.034	2.022	2.009	1.994	1.978	1.960	1.940	1.916	1.883
101	2.097	2.029	2.020	2.007	1.994	1.979	1.963	1.946	1.925	1.900	1.861
102	2.104	2.042	2.033	2.022	2.008	1.992	1.976	1.959	1.937	1.912	1.874
103	2.103	2.042	2.032	2.021	2.007	1.991	1.977	1.958	1.940	1.916	1.886
104	2.098	2.037	2.026	2.013	2.000	1.986	1.970	1.953	1.934	1.912	1.882
105	2.099	2.035	2.026	2.013	1.999	1.984	1.968	1.951	1.930	1.907	1.876
106	2.102	2.042	2.033	2.020	2.006	1.990	1.974	1.955	1.933	1.906	1.865
107	2.102	2.036	2.025	2.014	2.000	1.986	1.970	1.953	1.936	1.912	1.881
108	2.106	2.039	2.032	2.019	2.005	1.989	1.973	1.956	1.936	1.910	1.876

测试人： 测试时间：

分析结果：按蓄电池试验规范，以恒定电流进行放电，当放至终止电压时为止。其实际容量应达到额定容量的 85%以上为合格。本组测试的蓄电池其实际容量为 201.6Ah，额定容量为 200Ah，实际/额定容量为 100.8%。故本组蓄电池为合格。

【思考与练习】

1. 说明蓄电池容量测量仪的操作程序和注意事项。

2. 使用蓄电池容量测量仪进行测量示范操作。

模块 2　充电装置综合测试仪的原理和应用（Z11L2002Ⅱ）

【模块描述】本模块包含充电装置综合测试仪的工作原理和使用操作。通过原理说明、操作程序介绍，掌握充电装置综合测试仪的使用。

【模块内容】

一、充电装置综合测试仪介绍

充电装置综合测试仪主要用于各类直流电源系统充电装置的稳压精度、稳流精度及纹波系数等技术指标的检测。

目前运行中的直流电源系统的技术指标是生产厂家在设备出厂试验时提供的数据。现场专业维护人员由于不具备相应的测试手段，难以确认设备的技术指标是否满足要求。在直流电源系统长年运行过程中，技术指标不可避免地因电气元器件老化、温度、湿度等影响而发生偏差，严重时会出现直流电源系统的稳压精度、稳流精度、纹波系数超标等现象，直接威胁电网的安全运行。

充电装置综合测试仪原理：充电装置综合测试仪包括 1 台主机，1 对电流电压输入装置和电流电压输出采样装置。通过对待测充电装置输出信号的采样和分析，判断该装置的性能优劣。

二、测试目的及功能

1. 测试目的

实践证明，随着运行时间的推移，充电装置的技术指标会发生偏移。同样因现场不具备相应的测试手段，无法及时发现、调整，所造成的后果就是蓄电池提前失效或损坏。特别是对于广泛采用的阀控式密封铅酸蓄电池，虽然具有无需加酸加水、维护量小的优点，但对于充电设备的指标具有严格的要求，如不满足则会发生干涸、热失控等故障，很快失效报废，甚至造成蓄电池发热、溢酸等问题，严重者甚至发生爆炸。因此应及时对充电装置技术指标进行测试，以杜绝此类现象发生。

2. 测试功能

（1）稳压精度测试。

（2）纹波有效值系数及纹波峰值系数测试。

（3）稳流精度测试。

三、测试前的准备

（1）仔细阅读测试仪的使用说明书，掌握测试仪的使用方法。

（2）检查所配测试线及其附件是否齐全、完好。

（3）检查测试仪工作电源是否正常。

（4）检查现场是否符合测试条件。

四、测试的注意事项

（1）在测量时，必须至少由两人进行。

（2）仪器使用前需要设置参数，参数设置的准确性直接影响仪器的测量精度。

（3）仪器长时间存放后，再次使用前需进行检查。

（4）避免在高温、高湿环境下测量。

（5）避免剧烈震动，防止损害仪器。

（6）将被测模块或直流电源柜从直流系统中隔离之前，认真仔细研究现场直流系统接线原理图，确认交流空气开关、直流空气开关点，即确认交流输入输出接线点、直流信号取样点的接线，确保直流系统供电的安全性、可靠性。

（7）设备接线时，用万用表确认接线点已经断电；确认交流电源三相相序，区别U、V、W三相与N线，直流正极、负极等。

五、测试步骤

（1）连接仪器主机与调压箱。

（2）连接仪器主机与负载箱。

（3）连接仪器数据线及采集线。

（4）连接仪器和被测试设备，保证接线正确。

（5）开机，进行测试。

（6）测试结束后，断开电源后拆除接线。

六、测试结果分析

将测试结果打印出来，与被测试充电装置的技术参数进行对比，测试结果如在合格范围内，即在相应的检修记录上填上相应数据，并把打印记录粘贴在检修记录上，工作结束后交运行人员审核；测试结果如不合格，根据实际情况进行调试，调试合格后再交运行人员审核。

七、仪器的维护

（1）存放仪器时不能受潮，搬运时注意小心轻放，尽量减少振动。

（2）在使用过程中出现问题，应联系厂家，请勿擅自拆开。

（3）应定期对充电装置综合测试仪进行校验，保证精确度。

八、实例

某种型号充电装置综合测试仪的测试步骤及要求。

（一）功能说明

1. 面板布置

ZY 调压箱（TYX）面板布置如图 Z11L2002Ⅱ–1 所示，ZY 负载箱（FZ）面板布置如图 Z11L2002Ⅱ–2 所示，ZY 主机面板布置如图 Z11L2002Ⅱ–3 所示。

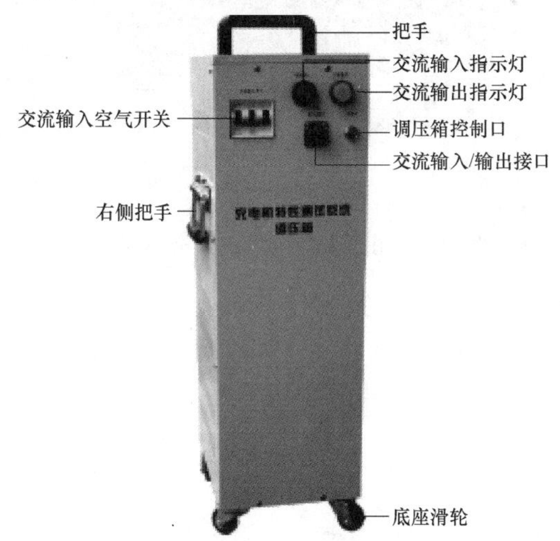

图 Z11L2002Ⅱ–1　调压箱面板布置图

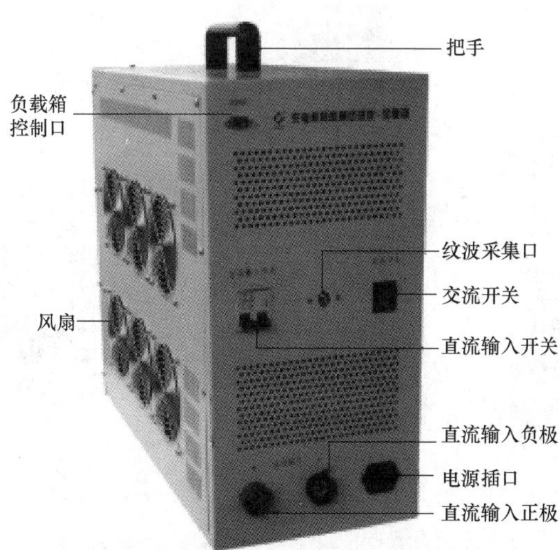

图 Z11L2002Ⅱ–2　负载箱面板布置图

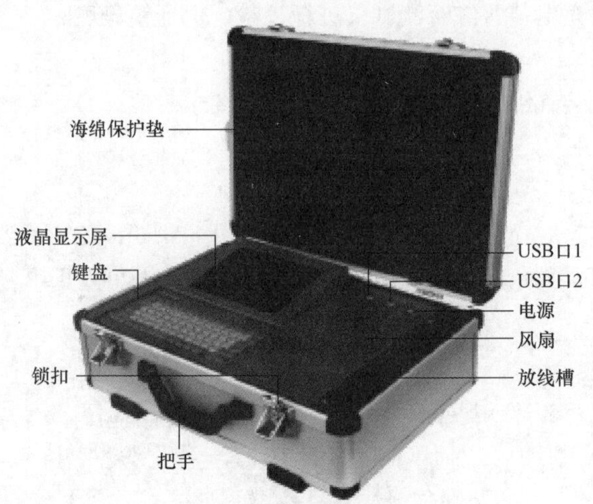

图 Z11L2002Ⅱ-3 主机面板布置图

2. 测试仪的功能

（1）稳压精度测试。

（2）纹波有效值系数及纹波峰值系数测试。

（3）稳流精度测试。

（二）仪器与设备接线

装置测试接线如图 Z11L2002Ⅱ-4 所示。

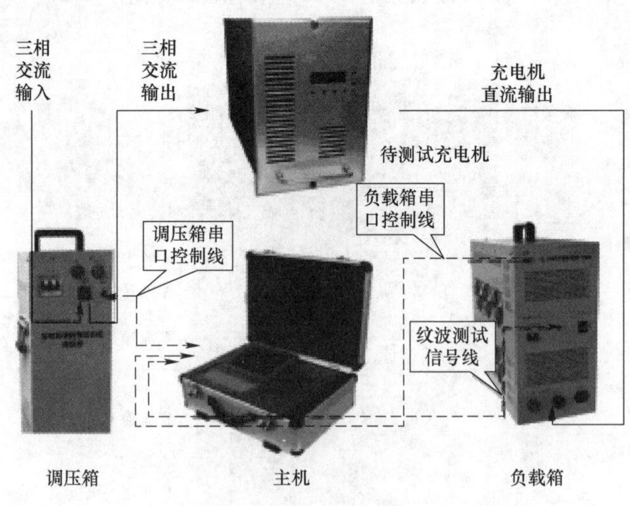

图 Z11L2002Ⅱ-4 ZY 系统测试接线图

1. 控制线连接

（1）主机与调压箱的连接。将调压箱控制线的任意一端与主机箱左侧“调压箱控制口”连接，另一端与调压箱“调压箱控制口”连接。四芯航空插头有凹槽，连接时应对准调压箱控制口的凸起部位；四芯航空插头设有螺纹保护装置，插入以后顺时针拧紧，以确保线缆连接牢固。

（2）主机与负载箱的连接。将负载箱控制线一端与主机箱左侧“负载箱控制口”连接，另一端（DB9 接口）与负载箱上的“负载箱控制口”连接。

（3）纹波采集线连接。将纹波采集线两端分别与主机箱左侧“CH”和负载箱上“纹波采集”连接。

（4）键盘、鼠标的连接。主机面板上有两个 USB 接口，用于鼠标和其他设备的接入。

2. 电气线连接

（1）调压箱三相电源线连接。三相电源线共有 3 个插头，将航空插头与调压箱上标有“交流输入/输出”字样的插座连接；三相输出线与被测充电模块或直流电源系统的交流输入端连接；三相输入线可以接至直流屏交流输入端或其他 380V 交流电源处。

（2）负载箱直流输入导线连接。取出两根放电线（红、黑），将其快速插头端分别插入负载箱相同颜色端，并且顺时针旋紧；另一端与被测充电模块或直流电源系统的直流输出端连接。

（3）工作电源线连接。将主机箱左侧和负载箱前面板都标有“AC220V”字样的电源线接口分别接入 220V 交流电源。

3. 开启电源

电源开启顺序：主机电源→负载箱交流开关→负载箱直流开关→调压箱交流输入/输出开关。

（三）参数设置

Windows XP 系统启动完成后，点击图标进入软件主界面，如图 Z11L2002Ⅱ-5 所示。

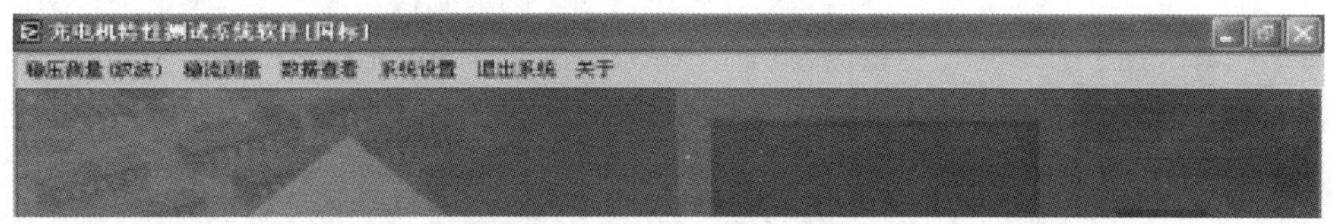

图 Z11L2002Ⅱ-5　系统启动界面

进入主界面后，软件将弹出标准选择界面，可根据需要选择本软件测量过程采用的标准类型。该功能还可以通过主界面的系统设置→标准选择打开。以下说明以国家标准为例，界面如图 Z11L2002Ⅱ–6 所示。

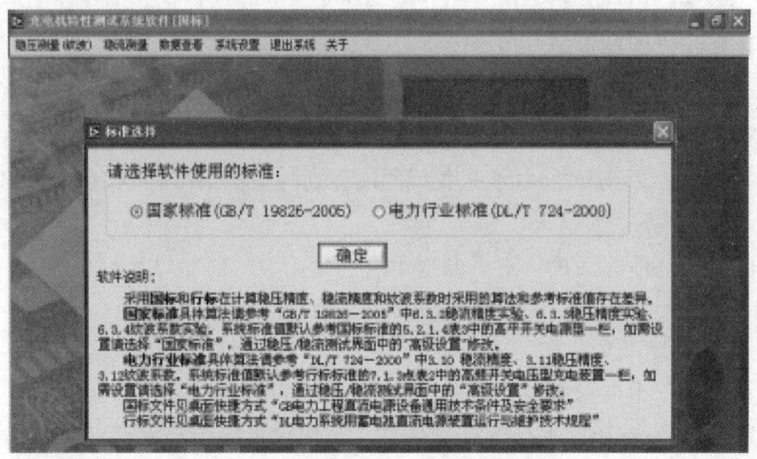

图 Z11L2002Ⅱ–6　系统设置界面

充电机特性测试系统软件主界面有 6 个功能模块，依次为稳压测量（纹波）、稳流测量、数据查看、系统设置、退出系统、关于。

“稳压测量（纹波）”模块：实现被测充电模块的稳压精度和纹波系数（纹波峰值系数和纹波有效值系数）的测试。测试过程中，实时显示被测充电模块的基本信息、各项设置参数、电压值的实时信息、纹波系数的实时信息、电压波形、纹波波形，并计算稳压精度和纹波系数。

“稳流测量”模块：实现被测充电模块的稳流精度的测试。测试过程中，实时显示被测充电模块的基本信息、各项设置参数、电流值的实时信息、电流波形，并计算稳流精度。

“数据查看”模块：查看被测充电模块的历史测试数据，并生成报表。

“系统设置”模块：该模块包括稳压自动化测量流程设置、稳流自动化测量流程设置、标准选择和系统校准 4 个子模块。“稳压自动化测量流程设置”为稳压精度自动化测试流程设置的功能模块；“稳流自动化测量流程设置”为稳流精度自动化测试流程设置的功能模块；“标准选择”为标准选择界面；“系统校准”为设备调试窗口，生产测试人员使用。

“退出系统”模块：点击该模块功能，软件可以直接退出，停止运行。

“关于”模块：主要是软件版本信息的介绍。

（四）试验计算方法

1. 稳流精度试验

充电装置在恒流充电状态下，充电电流设定为规定整定范围（20%～100%）内的任一点，交流输入电压在（85%～115%）额定值范围内变化，调整充电电压在（90%～130%）规定范围内变化，测量充电装置的输出电流，其稳流精度按以下公式计算

稳流精度 $$\delta_i = \frac{I_m - I_z}{I_z} \times 100\%$$

式中 δ_i——稳流精度；

I_m——输出电流波动极限值，A；

I_z——交流输入电压为额定值且充电电压在调整范围内中间值时的充电电流测量值，A。

2. 稳压精度试验

充电装置在稳压状态下，直流输出电压设定为规定整定范围（90%～130%）内的任一点，交流输入电压在（85%～115%）额定值内变化，调整负载电流在规定范围（0～100%）内变化，测量充电装置的输出电压，其稳压精度按以下公式计算

稳压精度 $$\delta_u = \frac{U_m - U_z}{U_z} \times 100\%$$

式中 δ_u——稳压精度；

U_z——交流输入电压为额定值且负载电流为 50%额定电流时的输出电压测量值，V；

U_m——输出电压波动极限值，V。

3. 纹波系数试验

充电装置在浮充电（稳压）状态下，交流输入电压在超过其额定值的–10%～+15%的范围内变化，输出电流在其额定值的 0～100%范围内变化，输出电压在浮充电电压调节范围内任一数值上，测得电阻性负载两端的纹波系数均应符合表 Z11L2002Ⅱ–1的规定。纹波系数可用以下公式计算

$$\delta = \frac{U_f - U_q}{2U_p} \times 100\%$$

式中 δ——纹波系数；

U_f——直流电压脉动峰值，V；

U_q——直流电压脉动谷值，V；

U_p——直流电压平均值，V。

表 Z11L2002Ⅱ-1 稳压精度、稳流精度、纹波峰值系数的标准值

充电装置类型	稳压精度（%）	稳流精度（%）	纹波峰值系数（%）
高频开关电源型	0.5	1	0.5
相控型	1	2	1

（五）测试操作方法

1. 稳压精度、纹波系数测试操作方法

（1）稳压精度、纹波系数测试的手动操作方法。点击“稳压测试”功能模块，进入稳压精度和纹波系数的测试界面，如图 Z11L2002Ⅱ-7 所示。

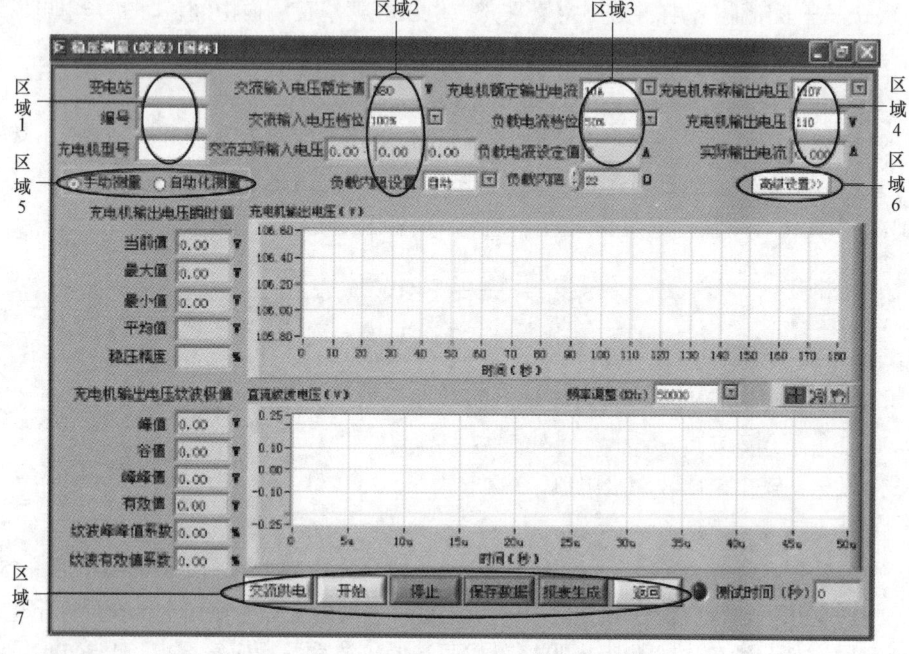

图 Z11L2002Ⅱ-7 稳压精度、纹波系数测试界面（一）

稳压精度、纹波系数测试的操作步骤如下：

1）设置区域 1，输入变电站名称、编号、充电机型号。

2）设置区域 2，输入“交流输入电压额定值”为 380V；“交流输入电压档位”为 100%。

3）设置区域 3，“充电机额定输出电流”为充电机的实际型号，如 20A 等；“负载电流档位”为被测充电模块的负载电流，建议第一次设置为 50%。

4）设置区域 4，设置“充电机标称输出电压”，如 220V 或 110V；注意“充电机

输出电压”必须与被测充电模块设置输出的电压值保持一致。

5）设置区域 5，设置为“手动测试”，负载内阻值选择“自动”。

6）设置区域 6，调整“高级设置”的内容，设置“测试时间最大值”和“数据有效起始时刻”，建议采用系统默认值。

7）设置区域 7，点击“交流供电”，调整被测充电模块的输出电压，该电压必须与区域 4 中的“充电机输出电压”一致，再将被测充电模块的工作状态设置为“浮充状态”。

8）点击区域 7 中的“开始”，进入测试状态；测试结束，点击“保存”和“报表生成”。

如果需要改变交流输入电压、负载电流和被测充电模块的输出电压，测试模块其他输出电压值下的稳压精度和纹波系数，重复上述操作。

（2）稳压精度、纹波系数测试的自动操作方法。

1）稳压自动化测量流程设置。将测试步骤编写成测试流程，并命名保存。

2）点击“稳压测试”功能模块，进入测试界面，如图 Z11L2002Ⅱ–8 所示。

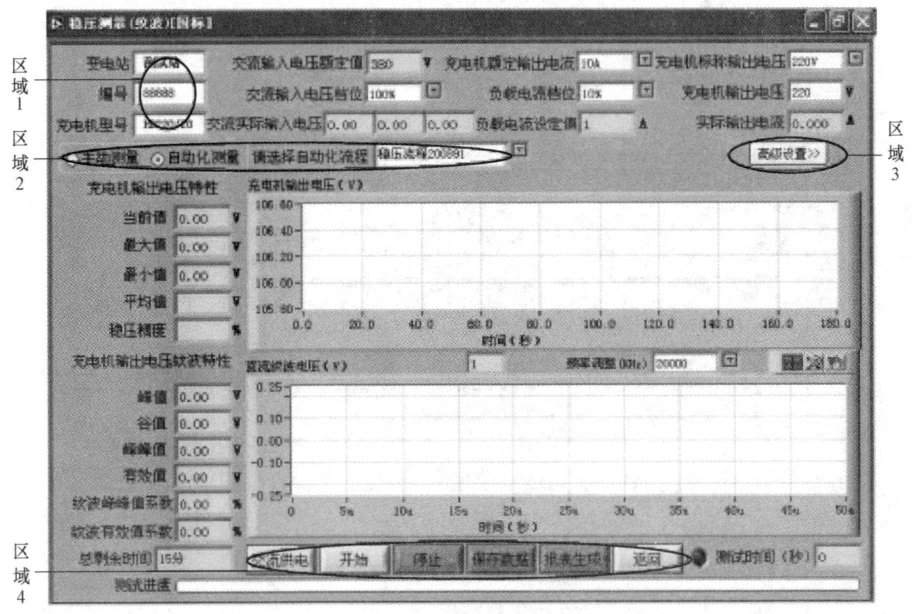

图 Z11L2002Ⅱ–8　稳压精度、纹波系数测试界面（二）

3）设置区域 1，输入变电站名称、编号、充电机型号。

4）设置区域 2，选中“自动测试”，选择对应的测试流程，如稳压流程 200891。

5）设置区域 3，调整“高级设置”的内容，建议采用系统默认值。

6）设置区域 4，点击“交流供电”，调整被测充电模块的输出电压，该电压必须与测试流程中的“充电机输出电压”电压值一致，再将被测充电模块设置为“浮充状态”。

7）点击区域 4 中的“开始”，系统进入测试状态，测试过程中，用户根据相关提示进行操作。

8）测试结束后，点击“报表生成”，将生成的 Word 文档进行保存。

2. 稳流精度测试操作方法

（1）稳流精度测试的手动操作方法。点击“稳流测试”功能模块，进入到稳流精度测试界面，如图 Z11L2002Ⅱ–9 所示。

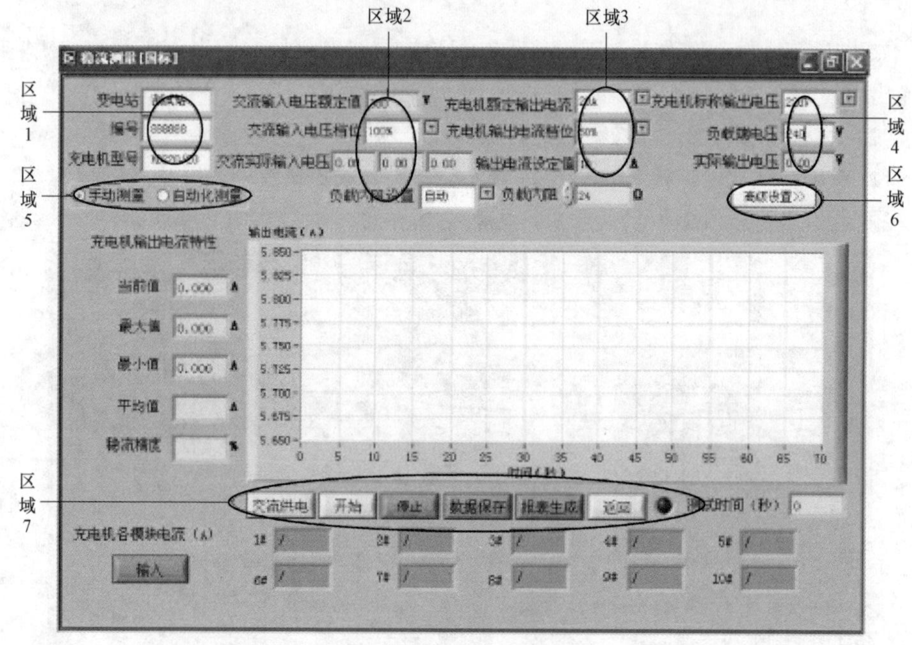

图 Z11L2002Ⅱ–9 稳流精度测试界面（一）

1）设置区域 1，输入变电站名称、编号、充电机型号。

2）设置区域 2，输入“交流输入电压额定值”为 380V，“交流输入电压挡位”为 100%、90%或 110%。

3）设置区域 3，“充电机额定输出电流”为充电机的实际型号，如 20A 等；“充电机输出电流挡位”为被测充电模块的输出电流值。

4）设置区域 4，设置“充电机标称输出电压”为被测充电模块电压等级，如 220V；“负载端电压”设置为一个小于均充电压值的数值。

5）设置区域 5，选中“手动测试”。

6）设置区域 6，调整“高级设置”的内容。

7）设置区域 7，点击“交流输出”，调整被测充电模块的输出限流值，该电流值必须与区域 3 中的“充电机输出电流档位”一致，再将被测充电模块的工作状态设置为“均充状态”。

8）点击区域 7 中的“开始”开始测试，结束后，点击“保存”和“报表生成”。

如果还需要改变交流输入电压、被测充电模块的输出限流值，再测试该模块其他限流值下的稳流精度，重复上述操作。

（2）稳流精度测试的自动操作方法。

1）稳流自动化测量流程设置。根据“稳流自动化测量流程设置”模块功能介绍的操作方法，将测试步骤编写成测试流程，并命名保存。

2）在主界面点击“稳流测试”功能模块，进入到稳流精度测试界面，如图 Z11L2002Ⅱ–10 所示。

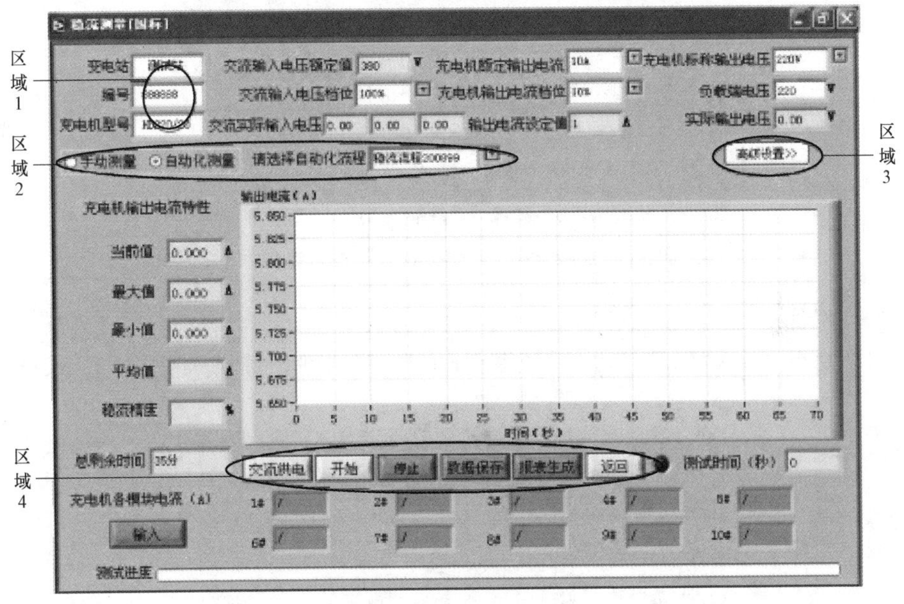

图 Z11L2002Ⅱ–10　稳流精度测试界面（二）

3）设置区域 1，输入变电站名称、编号及充电机型号。

4）设置区域 2，选中“自动测试”和对应的测试流程。

5）设置区域 3，调整“高级设置”的内容。

6）设置区域 4，点击“交流供电”，调整被测充电模块的输出限流值，该电流值必须与区域 3 中的“充电机输出电流档位”一致，再将被测充电模块的工作状态设置为“均充状态”。

7）点击区域4中的“开始”，系统进入测试状态，测试进程中系统根据测试流程设置的步骤，提示用户相关的操作。

8）测试结束后，点击“报表生成”，将生成的Word文档进行保存。

（六）数据查看保存

1. 稳压精度和纹波系数数据的查看

点击主界面菜单中的“数据查看”，选择“稳压测量数据查看”，进入数据查看界面，如图Z11L2002Ⅱ-11所示。

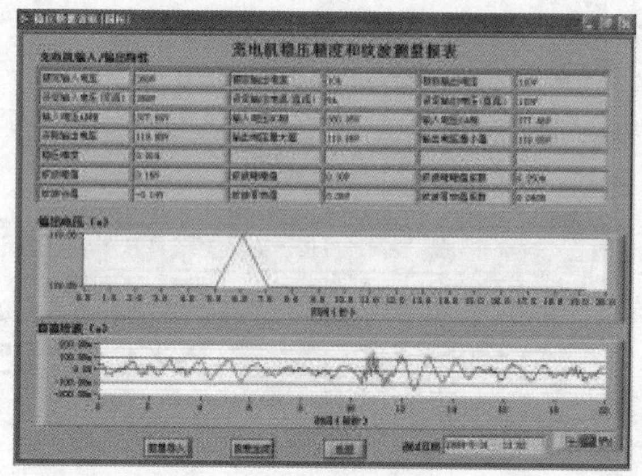

图Z11L2002Ⅱ-11 稳压测量数据查看界面

操作步骤：

（1）点击“导入数据”按钮，系统将弹出选择导入文件对话框，如图Z11L2002Ⅱ-12所示。

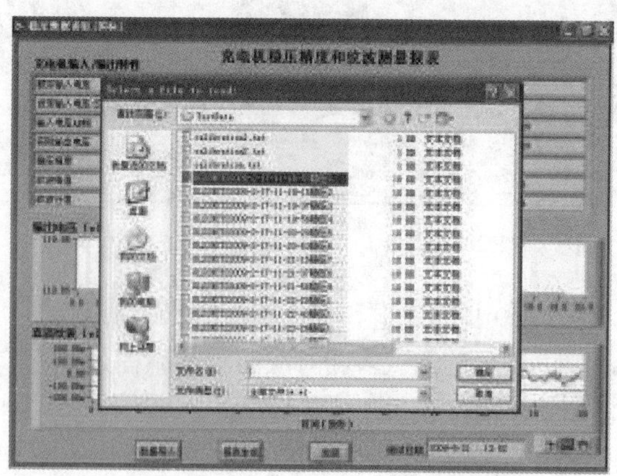

图Z11L2002Ⅱ-12 导入数据界面

（2）双击要查看的数据文件，就会显示原有的测量数据，若需要生成报表，点击“生成报表”即可。注意：选择的文件请和采用的标准相对应，否则无法导入数据。采用国标测试的数据文件名称以“GB”开头，采用行标测试的数据文件名称以“DL”开头。

（3）点击“返回”，回到主界面。

2. 稳流精度数据的查看

点击主界面菜单中的“数据查看”，选择“稳流测量数据查看”，进入数据查看界面，如图 Z11L2002Ⅱ–13 所示。数据的查看、数据导入、报表生成与“稳压测量数据查看”操作一样。

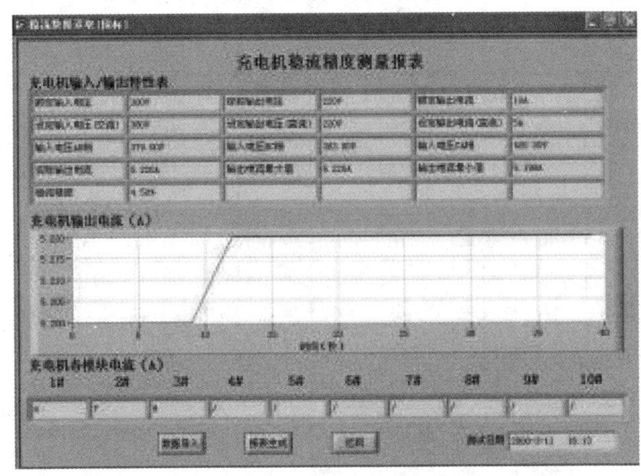

图 Z11L2002Ⅱ–13　稳流测量数据查看界面

（七）稳压精度（纹波系数）测试报告及试验结果分析

稳压精度（纹波系数）测试报告及试验结果分析见表 Z11L2002Ⅱ–2。

表 Z11L2002Ⅱ–2　充电机稳压精度和纹波系数自动化测量报表

变电站：220kV×××变电站					编　　号：1-6						充电机型号：HD22020-3				
额定输入电压：380V					额定输出电流：20A						标称输出电压：220V				
测试步次	设定参数			测量结果											
	充电机输出电压（V）	交流输入电压（V）	负载电流设定值（A）	三相平均输入电压（V）	实际输出电压（V）	输出电压最大值（V）	输出电压最小值（V）	输出电压平均值（V）	稳压精度（%）	纹波波峰（V）	纹波波谷（V）	纹波峰峰值（V）	纹波有效值（V）	纹波峰值系数（%）	纹波有效值系数（%）
1	220	342	20.00	335.69	219.63	219.63	219.62	219.63	0.17	0.20	–0.33	0.54	0.05	0.24	0.02
2	220	342	10.00	335.43	219.62	219.62	219.62	219.62	0.17	0.24	–0.31	0.55	0.05	0.25	0.02
3	220	342	2.00	334.99	219.63	219.63	219.63	219.63	0.17	0.23	–0.32	0.54	0.05	0.25	0.02

续表

测试步次	设定参数			测量结果											
	充电机输出电压（V）	交流输入电压（V）	负载电流设定值（A）	三相平均输入电压（V）	实际输出电压（V）	输出电压最大值（V）	输出电压最小值（V）	输出电压平均值（V）	稳压精度（%）	纹波波峰（V）	纹波波谷（V）	纹波峰峰值（V）	纹波有效值（V）	纹波峰值系数（%）	纹波有效值系数（%）
4	220	380	20.00	374.87	219.64	219.64	219.64	219.64	0.16	0.26	−0.39	0.65	0.06	0.29	0.03
5	220	380	10.00	375.08	219.65	219.65	219.65	219.65	0.16	0.26	−0.36	0.62	0.06	0.28	0.03
6	220	380	2.00	375.40	219.66	219.67	219.66	219.66	0.15	0.23	−0.40	0.63	0.06	0.29	0.03
7	220	418	20.00	412.83	219.67	219.67	219.67	219.67	0.15	0.28	−0.40	0.68	0.06	0.31	0.03
8	220	418	10.00	413.05	219.67	219.67	219.67	219.67	0.15	0.24	−0.43	0.67	0.06	0.31	0.03
9	220	418	2.00	413.08	219.67	219.68	219.67	219.67	0.15	0.26	−0.43	0.69	0.06	0.31	0.03
10	240	342	20.00	334.27	239.86	239.87	239.85	239.86	0.06	0.23	−0.24	0.48	0.07	0.20	0.03
11	240	342	10.00	334.03	240.36	240.36	240.36	240.36	0.15	0.24	−0.27	0.50	0.07	0.21	0.03
12	240	342	2.00	335.87	240.78	240.78	240.78	240.78	0.32	0.31	−0.34	0.64	0.08	0.27	0.03
13	240	380	20.00	373.08	239.84	239.84	239.84	239.84	0.07	0.22	−0.30	0.52	0.07	0.21	0.03
14	240	380	10.00	374.29	240.36	240.36	240.36	240.36	0.15	0.25	−0.33	0.58	0.07	0.24	0.03
15	240	380	2.00	374.50	240.78	240.78	240.78	240.78	0.32	0.36	−0.31	0.67	0.08	0.28	0.03
16	240	418	20.00	412.27	239.84	239.84	239.84	239.84	0.07	0.29	−0.29	0.58	0.08	0.24	0.03
17	240	418	10.00	408.93	240.35	240.35	240.35	240.35	0.15	0.27	−0.35	0.62	0.08	0.26	0.03
18	240	418	2.00	410.91	240.77	240.78	240.77	240.77	0.32	0.37	−0.35	0.72	0.09	0.30	0.04

测试日期和时间：2009–7–9　13:33　　测试人签名：＿＿＿＿＿　　审核人签名：＿＿＿＿＿

测试结果分析：根据本次试验测试结果，稳压精度范围为 0.06～0.32，纹波系数范围为 0.20～0.30。满足充电装置稳压精度应不大于 0.5%、纹波系数应不大于 0.5%的要求，故本充电机测试为合格。

【思考与练习】

1. 叙述充电装置综合测试仪的操作程序和注意事项。
2. 现场进行测试示范操作。

模块 3　直流接地故障定位仪的原理和应用（Z11L2003Ⅱ）

【模块描述】本模块包含直流接地故障定位仪的工作原理和使用操作。通过原理说明、操作程序介绍，掌握直流接地故障定位仪的使用。

【模块内容】

一、直流接地故障定位仪介绍

直流接地故障定位仪就是通过接地电阻形成电流通路来判别接地故障。它可以在不影响直流系统正常工作的情况下，实现“便捷、可靠、安全、快速、在线、直接”的有效检测。查找直流系统接地故障时，不需要断开电源，可实现接地点定位。仪器不但能检测直流系统接地电阻阻值，还可以检测直流系统对地电容值。

直流接地故障定位仪原理：当接地发生时，信号发生器产生交流检测信号（频率几至几十 Hz）。利用小电流互感器采样检测，接地支路有对应频率交流信号输出，接地电阻越小相应输出幅度越大。

二、测试目的及功能

1. 测试目的

直流系统接地是一种易发生且对电力系统危害性较大的故障。直流系统正极接地容易造成熔丝熔断、断路器误动作、拒动作，因此迅速查找直流系统接地故障是必要的，学会使用直流接地故障定位仪是专业人员的必修科目。

2. 测试功能

（1）单点接地故障定位。

（2）多点接地故障定位。

（3）环路接地故障定位。

（4）交流串直流定位。

（5）蓄电池浮充干扰。

（6）两点同时接地或平衡接地。

（7）电容负载接地。

三、测试前的准备

（1）仔细阅读该型号测试仪的使用说明书，掌握测试仪的使用方法。

（2）检查所配测试线及其附件是否齐全、完好。

（3）检查现场是否符合测试条件。

（4）检查仪器正、负极对仪器的“地”是否短路。

（5）检查测试仪电源工作是否正常，即表内电池是否有电。

四、测试的注意事项

（1）在测量时，必须至少由两人进行。

（2）测试仪器如果需要与绝缘装置脱离，应关掉绝缘装置电源或拔掉绝缘装置地线。

（3）直流接地发生器在接入前，仪器电源应在关闭状态。

（4）接地查找结束后，直流接地发生器先关闭电源，再拆除接线。

（5）在查找接地时应防止造成另一点接地。

（6）使用前应选择适当量程，请勿超量程使用。

五、测试步骤及要求

（1）直流接地发生器在接入前，仪器电源应在关闭状态。

（2）直流接地发生器的正、负电源分别接在直流母线的正、负端，仪器的“地”应接地良好。

（3）查看接线正确后，打开仪器电源开关，查看运行状态。

（4）将直流钳形表接入直流接地检测器，打开电源开关，查看运行状态。

（5）用直流钳形表分别对直流各馈线支路进行测试。

（6）接地查找结束后，直流接地发生器先关闭，再拆除接线。

六、仪器的维护

（1）蓄电池测试仪属于精密仪器，不要擅自拆开。

（2）在使用过程中出现问题，先检查接线是否正确、接触良好。如果解决不了，必须和厂家联系，由生产厂家来处理。

（3）仪器存放时不能受潮，搬运时注意小心轻放，尽量减少振动。

【思考与练习】

1. 直流接地故障定位仪使用时的注意事项有哪些？
2. 现场进行测试示范操作。

附录：

某种型号直流接地故障定位仪的测试步骤及要求

一、面板说明

面板分别如图 Z11L2003Ⅱ–1～图 Z11L2003Ⅱ–4 所示。

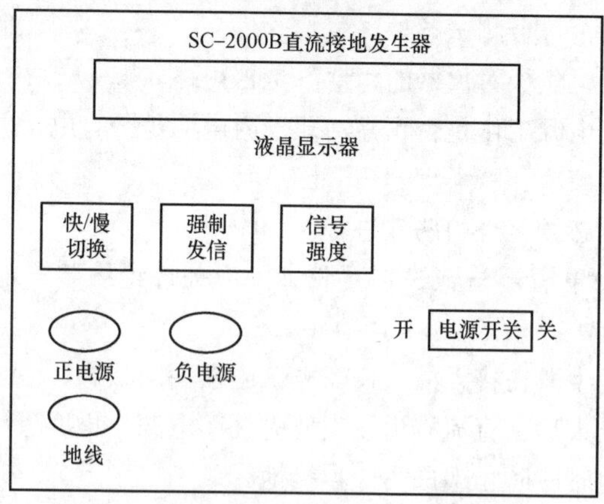

图 Z11L2003Ⅱ–1 直流接地发生器面板

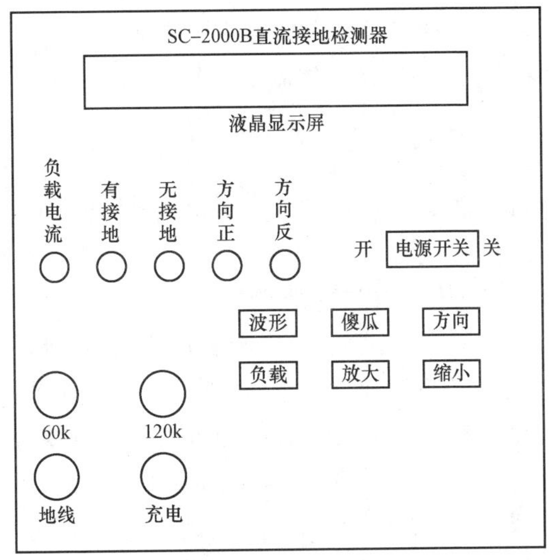

图 Z11L2003Ⅱ-2　直流接地检测器面板

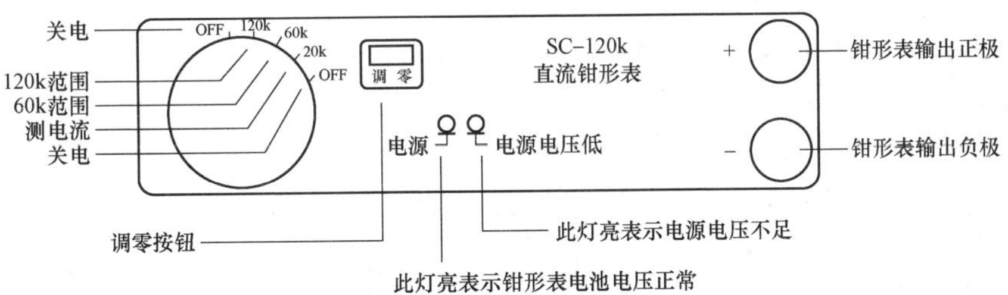

图 Z11L2003Ⅱ-3　SC-120k 直流钳形表面板

图 Z11L2003Ⅱ-4　SC-600k 直流钳形表面板

二、与设备连接

（1）直流接地发生器在接入前，仪器应在关闭状态。

（2）直流接地发生器的“正、负”电源分别接在直流母线的正、负端，仪器的“地”应接地良好。

（3）查看接线正确后，打开仪器电源开关，查看运行状态。

（4）将直流钳形表接入直流接地检测器，打开电源开关，查看运行状态。

（5）用直流钳形表分别对各直流馈线支路进行测试。

（6）接地查找结束后，直流接地发生器在接入前，仪器应在关闭状态。

三、使用方法

（1）故障定位：

1）首先判断支路可钳整捆、双根、单根，若出现接地波形就按测试键判断有接地的支路。

2）沿该支路树状向下查找：在该支路下查找小分支，直至某一条线。

3）已知哪一条线要定位，往下钳。若有接地波形或报接地，说明故障点在后面；若钳到末端没有，故障点在有和没有接地波形之间，逐步缩小范围来定位。

4）如果该线一直钳到末端都有接地指示，说明故障点在终端设备。

（2）若分支都没有接地指示，就查母排、固定绝缘监测装置和告警继电器部分。

（3）以上都没有接地指示就查蓄电池。

四、具体测量实例

1. 单点接地故障定位

如图 Z11L2003Ⅱ–5 所示，A1 有接地波形，A2 有接地波形，A3 无接地波形，则故障点在 A2 和 A3 之间。

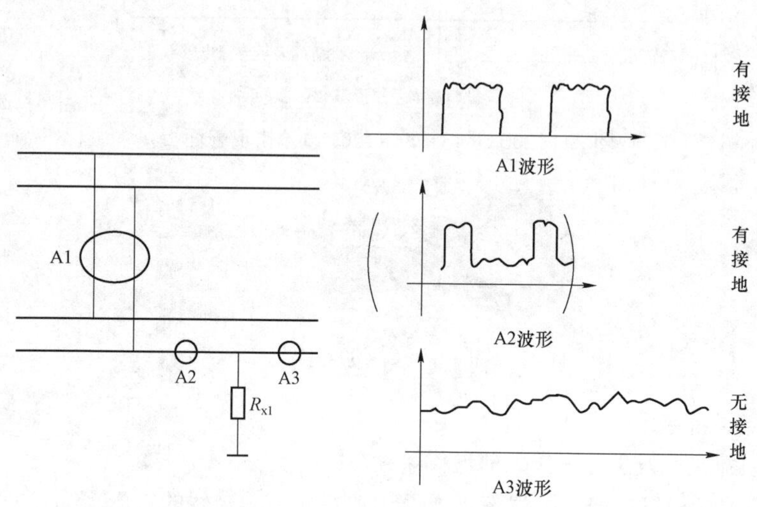

图 Z11L2003Ⅱ–5 单点接地故障

2. 多点接地故障定位

多点接地时，接地电阻小的故障点波形幅度大，先排除接地强的。若接地电阻相差不大，则同时显示。如图 Z11L2003Ⅱ–6 所示，A1、A2 有接地波形，A3 无，则接地点 R_{x1} 在 A2 和 A3 之间；B1、B2、B3 有接地波形或有接地电流，B4 无接地波形，接地点在 R_{x2} 在 B3 与 B4 之间。

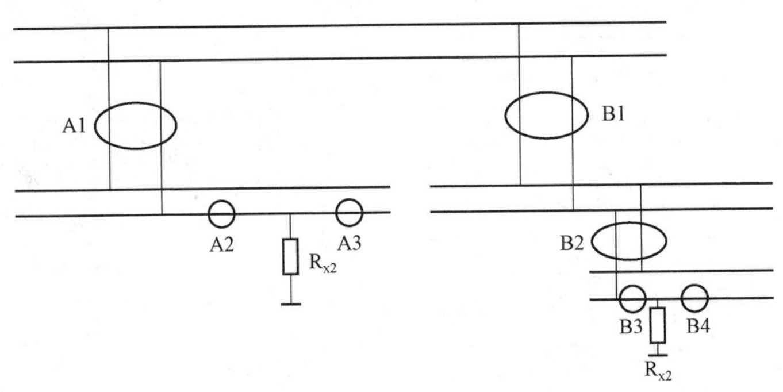

图 Z11L2003Ⅱ–6　多点接地故障

3. 环路接地故障定位

环路接地分为两种情况，如图 Z11L2003Ⅱ–7 所示。图 Z11L2003Ⅱ–7（a）为接地之下无小分支路情况，如小母线环路接地，此时钳 A1 或 A2 处均有接地电流或接地波形。若要定位必须借助方向才能定位，A1 与 A2 方向相反，方向相交处即为环路接地点。

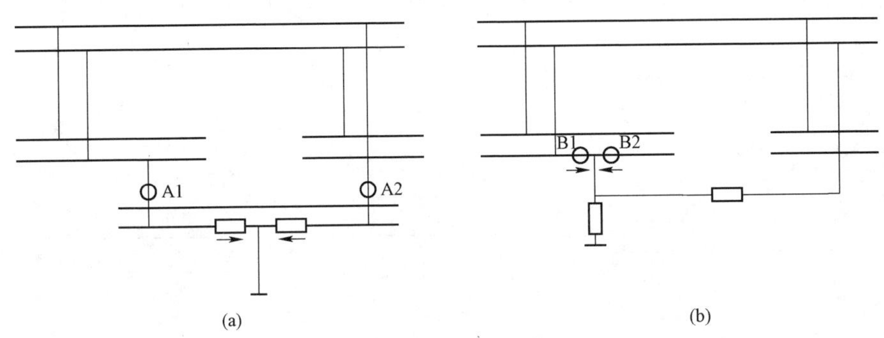

图 Z11L2003Ⅱ–7　环路接地故障

（a）无小分支路情况；（b）环网的另一种形式

若系统方便解环也可用解环方式，用普通方法测量。

图 Z11L2003Ⅱ–7（b）为环网的另一种方式，B1 处有接地电流或波形，B2 处无接地电流或波形，在有和无接地波形交汇处即为接地点，不借助方向也能判断。

4. 交流串直流定位

发生交流串直流接地时，接地点对地阻抗变小，利用接地点对地阻抗形成通路，定位方法同普通定位方法一样。利用波形观察显示图形，如图 Z11L2003Ⅱ–8 所示，矩形波中有一条条细竖条，表示交流串直流接地。

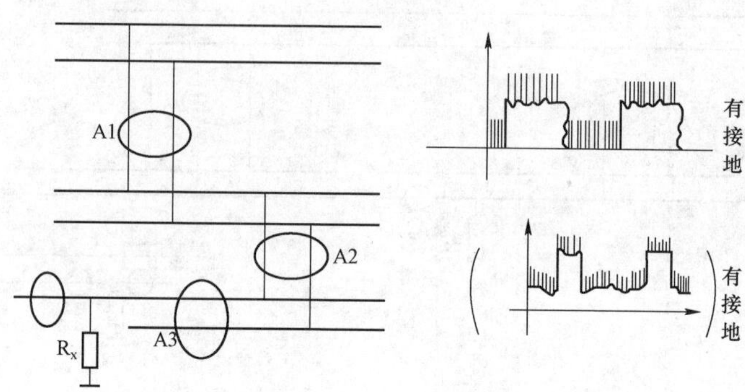

图 Z11L2003Ⅱ–8 交流串直流接地故障

5. 瞬间接地

图 Z11L2003Ⅱ–9 中 A1、A2、A3 均有接地波形，不论钳单根或钳双根都可采用波形捕捉观察。发生瞬间接地，无规律。发生器提供了快速/慢速切换功能，有四种速度：1Hz、0.5Hz、0.2Hz、0.1Hz。为了便于捕捉，建议发生器使用 1Hz 方式。

由于是瞬间接地，发生器发出信号取决于瞬间接地发生时间，是随机的，检测到的波形也是与发生器同步的，只要有相应频率的矩形波出现就可认定该支路接地。

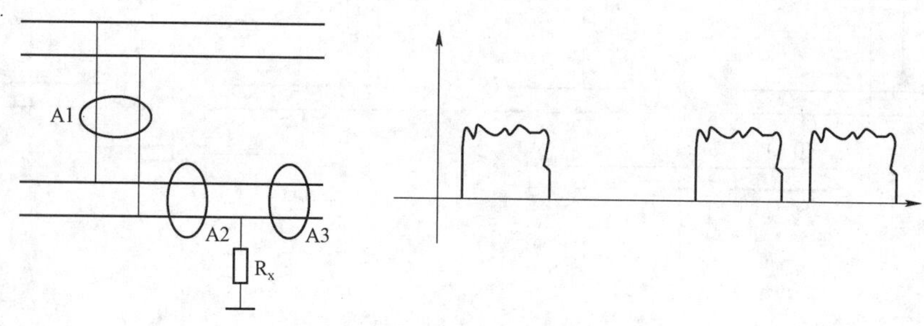

图 Z11L2003Ⅱ–9 瞬间接地故障

6. 蓄电池浮充干扰

蓄电池接地需多观察几个周期，因为浮充干扰大，如图 Z11L2003Ⅱ–10 所示。由于蓄电池有浮充干扰而无法直接定位，只有用波形来观察。建议钳形表置于 60k、检测器置于 120k 不匹配方式观察波形。

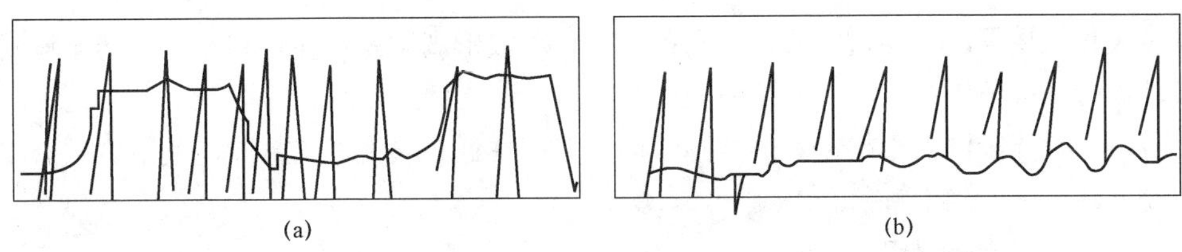

图 Z11L2003Ⅱ-10　蓄电池接地故障

（a）蓄电池接地波形；（b）蓄电池无接地波形

7. 两点同时接地或平衡接地

如图 Z11L2003Ⅱ-11 所示，查找（Rx1）对地接地点。发生器按下强制发信功能（2 功能键）即可发信。两点同时接地，发生器会检测到正对地、负对地电阻值都很小，采用强制发信，必须钳单根查找。图中 A1、A2、A3 有接地波形，A4 无；B1、B2、B3 有接地波形，B4 无。

8. 电容负载接地

电容负载接地必须使用波形功能，用电流功能必然引起误判（因有瞬间电流），如图 Z11L2003Ⅱ-12 所示。

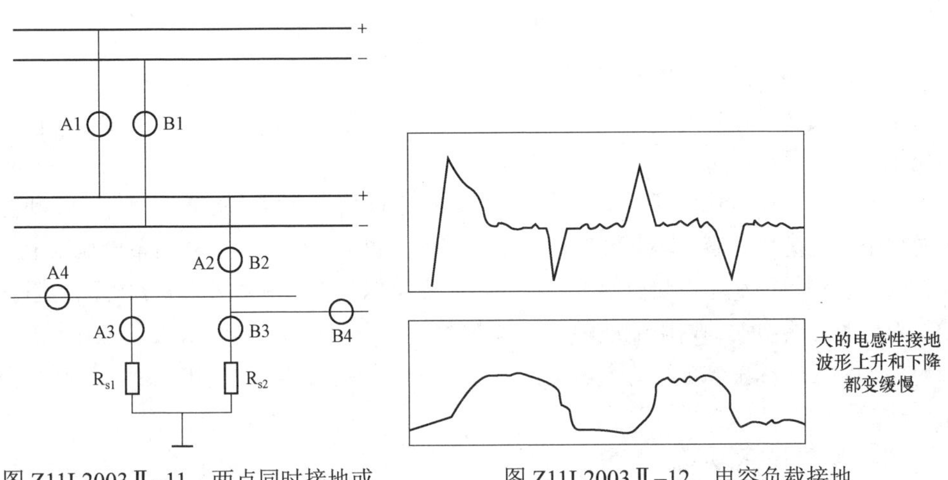

图 Z11L2003Ⅱ-11　两点同时接地或平衡接地

图 Z11L2003Ⅱ-12　电容负载接地

五、虚假接地的常见情形

（1）平衡电桥脱掉一端。如正对地脱掉，则固定装置报警为负接地，且接地电压很低。加上信号发生器测试，显示正对地平衡电阻大于 200kΩ，负对地为实际值。

（2）系统并无接地。有些在线绝缘监测装置会间隔数秒发一次接地信号，原因是固定装置采用摆动平衡桥方式测量引起的。使用波形观察发现支路和蓄电池均无瞬间接地波形，关掉绝缘监测装置则消失。

（3）故障录波器干扰。有的故障录波器会产生低频对地干扰脉冲，使用检测器波形功能即可观察到干扰信号。

六、测量支路电阻

若要测量支路电阻，必须在发生器和检测器之间实现通信。原因是必须根据不同接地电阻产生相应的信号电流，限流的阻值是变化的。如果没有通信或输入电压值，就意味着限流阻值是一个不变的值，或电压是一个定值。

固定电压方式或固定限流电阻方式对系统会产生更大电压或电流冲击。合理的方式是根据接地电阻大小产生相应的限流电阻或电压，由于是变化值，要想计算接地电阻值必须通信或键入相应电压数据。

模块4 蓄电池内阻测试仪的原理和应用（Z11L2004Ⅱ）

【模块描述】本模块包含蓄电池内阻测试仪的工作原理和使用操作。通过原理说明、操作程序介绍，掌握蓄电池内阻测试仪的使用。

【模块内容】

一、蓄电池内阻测试仪介绍

蓄电池内阻测试仪是用来测试蓄电池内阻变化以及电池虚接、开路的仪器。通过蓄电池内阻的测试，可以发现蓄电池的缺陷。

蓄电池内阻测试仪原理：由于蓄电池的内阻值随蓄电池容量的降低而升高，即随着蓄电池不断老化、容量不断降低，蓄电池的内阻也会不断加大。利用蓄电池放电给测试仪器，测量加在蓄电池内阻上的压降，然后除以放电电流即可得到蓄电池内阻。通过对比整组蓄电池的内阻值或跟踪单体电池的内阻变化程度，可以找出整组中落后的电池，通过跟踪单体电池的内阻变化程度，可以了解蓄电池的老化程度，达到维护蓄电池的目的。

二、测试目的及功能

1. 测试目的

随着蓄电池使用时间的延长，必然会有个别或部分电池因内阻变大，呈衰退、老化现象。基于蓄电池组按规定核对性放电周期较长，平时对蓄电池不能进行有效检测，而蓄电池内阻测试仪可以随时进行测试，是周期性充放电的有效补充手段。

2. 蓄电池内阻测试仪功能

现在的蓄电池内阻测试是根据设定的电池容量，智能地采用大放电电流对蓄电池进行瞬间放电测试，迅速准确测得蓄电池的电压、内阻以及电池间连接片电阻，其具体功能为：

（1）测量电池电压。能在电池整个浮充过程中或离线状态，测量每节电池的电压。

（2）测量电池内阻。测量蓄电池内阻，用以分析、判断单体及整组电池的健康状况。

三、测试前的准备

（1）仔细阅读测试仪的使用说明书，掌握测试仪的使用方法。

（2）检查所配测试线及其附件是否齐全、完好。

（3）检查现场是否符合测试条件。

（4）检查测试仪电源工作是否正常，即表内电池是否有电。

四、测试的注意事项

（1）测量时必须至少由两人进行。

（2）使用前，确保蓄电池内阻测试仪内置电池处于满充状态。

（3）蓄电池内阻测试仪的测试对象为单体蓄电池，测试时注意蓄电池的极性。

（4）注意测试夹与电池极柱接触良好。

（5）测试过程中，确保蓄电池处于浮充状态或静止状态。

（6）内阻测试仪参数设置正确。

五、测试步骤及要求

（1）将测试夹连接到测试仪，红色夹子夹在被测电池的正极，黑色夹子夹在被测电池的负极。

（2）进行测试。

（3）测试完成后，保存数据。

（4）查询、查看。

六、测试结果分析

将测试结果打印出来，与被测试蓄电池的技术参数进行对比。测试结果如果在合格范围内，即在相应的记录上填上相应数据；如果测试结果不合格，根据实际情况进行调试，调试合格后再填写在记录上。

七、仪器的维护

（1）仪器存放时不能受潮，搬运时注意小心轻放，尽量减少振动。

（2）在使用过程中出现问题，应联系厂家，请勿擅自拆开。

（3）蓄电池内阻测试仪应定期进行校验，保证精确度。

（4）当仪器多点误差较大且不等时，需要重新标定仪器。

八、实例

（一）功能介绍

1. 设备功能

电池内阻测量，依据待检测的电池容量，智能地采用 10～100A 放电电流对蓄电池进行瞬间放电，从而准确测得蓄电池内阻；并且自身具有科学的诊断模型，可以分析、判断单体及整组电池的健康状况。

2. 测试原理

当前的测量仪器多采用的是交流注入或直流测量两种方法。

由于使用交流注入的仪器（如测量阻抗或电导的仪表）在测量时需要对电池施加一个交流测试信号，再通过测出相应的电压和电流，从而计算得出蓄电池的阻抗。但随之带来的结果是阻抗的读数 U/I 会随测试频率不同而变化，且存在易受充电器输出纹波和噪声源干扰的问题，不宜采用。

采用直流测量方法，即对电池进行极短暂的恒流放电，放电时间约 2.5s。通过高速的采集手段对电池表现出来的欧姆特性进行测量计算，并得到其内阻值。

对于不同容量电池的内阻测试，采用了与容量相关的恒流激励信号。对不同厂家、不同容量电池建立了统一的测量基准，提高了电池内阻测量的准确度。

现以 2V、300Ah 电池为例进行说明，测试原理如图 Z11L2004Ⅱ-1 所示。

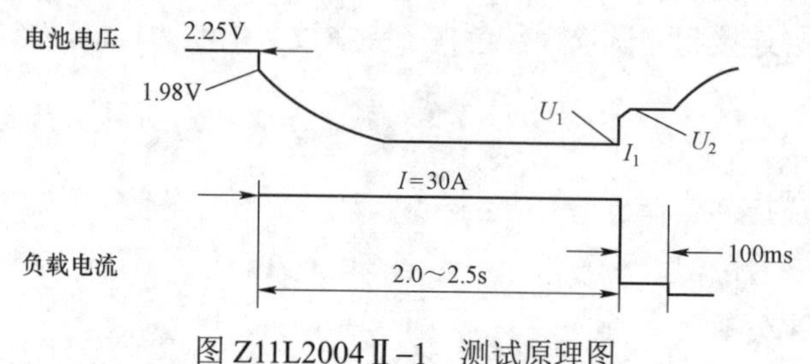

图 Z11L2004Ⅱ-1 测试原理图

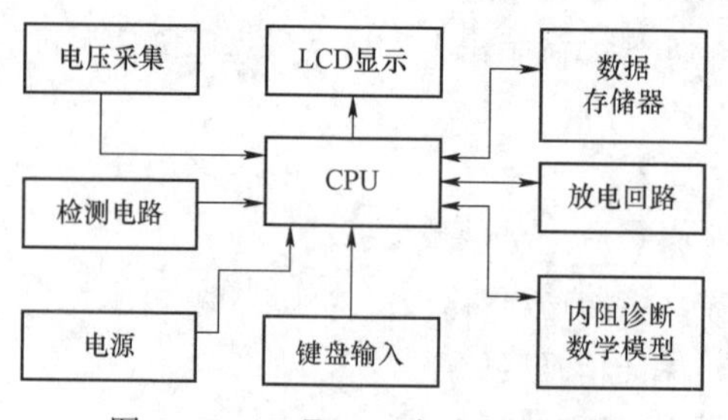

图 Z11L2004Ⅱ-2 电路原理框图

电池内阻的计算公式为

$$R_{内}=\Delta U/I=(U_2-U_1)/0.1C_{10}=(U_2-U_1)/30\text{A}$$

电路原理如图 Z11L2004Ⅱ-2 所示。

（二）测试说明

1. 界面介绍

蓄电池内阻测试仪实物照片如图 Z11L2004Ⅱ-3 所示。

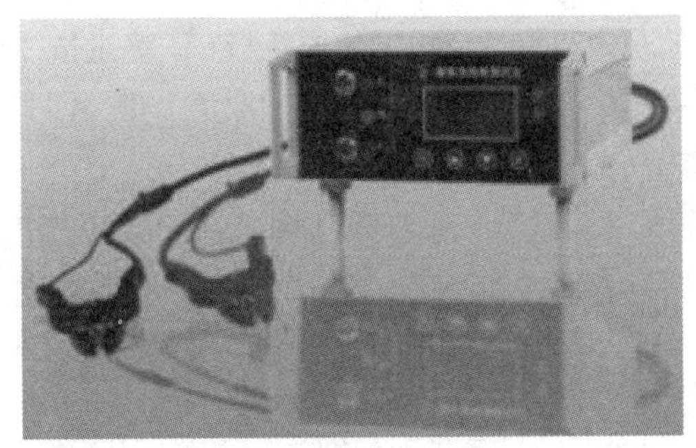

图 Z11L2004Ⅱ–3　内阻测试仪实物图

功能键说明：

◉ 取消键：取消某项操作的选择并返回上层操作。

▲ 向上键：向上移动子菜单或增加当前参数设置值。

▼ 向下键：向下移动子菜单或增加当前参数设置值。

■ 确定键：确定某项参数设置值或选择进入下项操作。

2. 连接说明

将测试夹连接到测试仪。红色夹子夹在被测电池的正极，黑色夹子夹在被测电池的负极，如图 Z11L2004Ⅱ–4 所示。

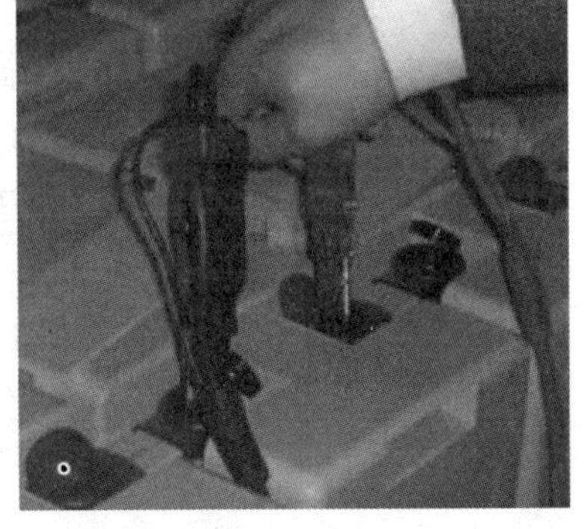

图 Z11L2004Ⅱ–4　实际接线示意图

（三）操作步骤

（1）打开测试仪，设定测量参数，选择测量内容。

（2）连接好被测电池，按相关测试按键进入测试，详细操作如下：

1）开机显示。开机时会有蜂鸣声提示，并显示开机画面 3s 后，自动进入仪器自检界面；或按任意键，直接进入仪器自检界面。自检完成后，自动进入主菜单。

2）主菜单显示，如图 Z11L2004Ⅱ–5 所示。

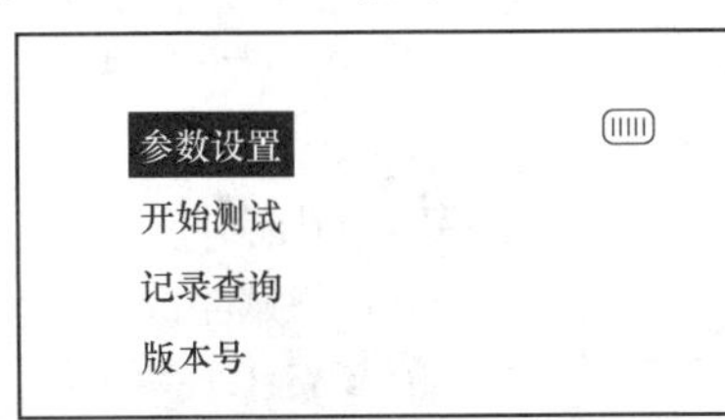

图 Z11L2004Ⅱ–5　主菜单界面

在右上角，显示的是内阻测试仪电源的电量指示。通过按“向上”“向下”和“确认”键，选择进入子菜单。在任何时候，长按“取消”键，回到主菜单。

注意：反色显示为当前选择的子菜单。

3）进入“参数设置”后的显示界面如图 Z11L2004Ⅱ–6 所示。

按“确定”键，向后选择一位修改；按“取消”键向前选择一位修改；按“向上”或“向下”键，修改当前位的值。在最后一位时，按“确定”键返回主菜单或者长按“取消”键，返回主菜单。

4）进入“开始测试”后的显示界面如图 Z11L2004Ⅱ–7 所示。

电池组号：0001
电池节数：108
电池规格：02V
电池容量：0100Ah

图 Z11L2004Ⅱ–6 参数设置界面

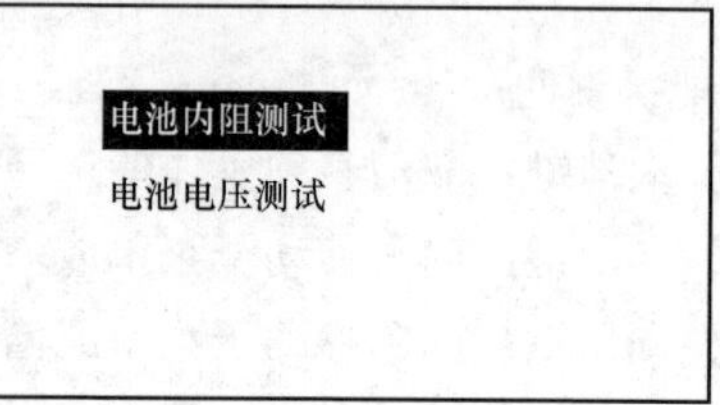

图 Z11L2004Ⅱ–7 开始测试界面

在显示此界面时，通过按“向上”键或者“向下”键，选择“电池内阻测试”或者“电池电压测试”菜单。按“取消”键，返回上一级菜单。

按“确定”键，进入下一级子菜单。如果第一次测试时，选择“电池内阻测试”，则系统认为当前整组电池组都是进行电池内阻测试；如果第一次测量时，选择“电池电压测试”，则系统认为当前整组电池组都是进行电池电压测试。选择不同的测量方法，对分析结果有影响。如果是电池电压测试，则分析结果时只分析电压，而不进行内阻分析。如果选择电池内阻测试时，则分析结果时会对电池电压和内阻都进行分析。

注意：如果在测量过程中断电，当前已测量的数据不会丢失。在重新上电后，系统会自动进入此界面，而不是主菜单界面。在进入下一级子菜单后，可以继续以前没有结束的测量。

序号：001
电压：0.000V
内阻：0.000mΩ

图 Z11L2004Ⅱ–8 电池内阻测试界面

5）进入“电池内阻测试”后的显示界面如图 Z11L2004Ⅱ–8 所示。

可以按“向上”或“向下”键，修改当前测量电池的序号。

6）测试完成后，保存数据。

（四）数据查询

（1）进入“记录查询”后的显示界面如图

Z11L2004Ⅱ-9 所示。

通过按“向上”“向下”和“确认”键，选择进入子菜单。按“取消”键返回上一级菜单。

注意：内存使用是指电池记录的组数所占的比例。

（2）进入“查询”后的显示界面如图 Z11L2004Ⅱ-10 所示。

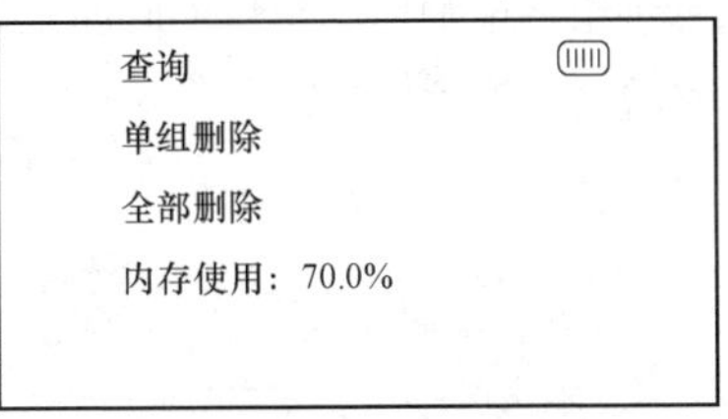

图 Z11L2004Ⅱ-9　记录查询界面

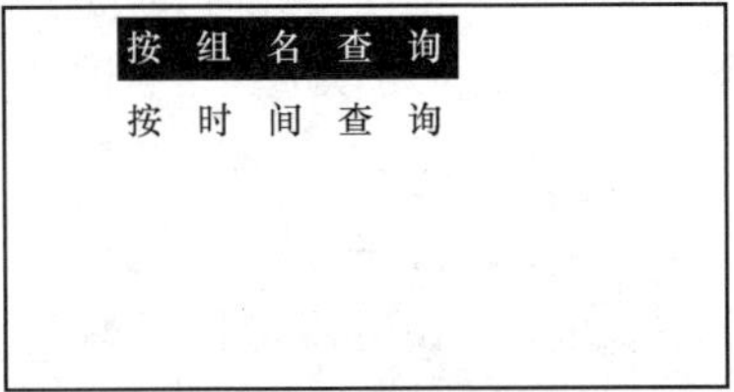

图 Z11L2004Ⅱ-10　查询界面

按“向上”“向下”键选择相应的电池组号，按“取消”键返回上一级子菜单；按“确定”键进入下一级子菜单。

（3）进入“按组名查询”后的显示界面如图 Z11L2004Ⅱ-11 所示。

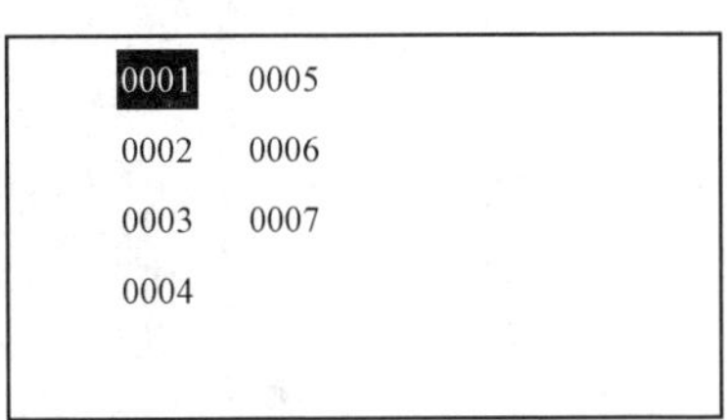

图 Z11L2004Ⅱ-11　按组名查询界面

按“向上”“向下”键选择相应的电池组号，按“取消”键返回上一级子菜单；按“确定”键进入下一级子菜单。

（4）进入“0001”后的显示界面如图 Z11L2004Ⅱ-12 所示。

按“确定”键后的显示界面如图 Z11L2004Ⅱ-13 所示。

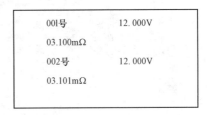

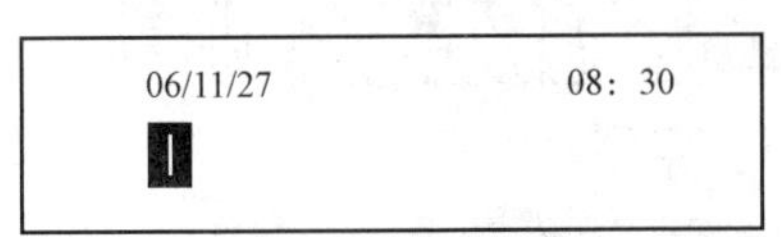

图 Z11L2004Ⅱ-12　按组名查询选择界面

001号	12. 000V
03.100mΩ	
002号	12. 000V
03.101mΩ	

图 Z11L2004Ⅱ-13　选择结果查看界面

显示电池节号、电池电压、电池内阻。按“向上”和“向下”键翻页，长按“向上”和“向下”键快速翻页；按“取消”键返回上一级子菜单。

（五）测试报表

（1）图表。显示包括电池内阻和电压的棒图，图表可同时显示 5 个时间点的内阻和电压，每页显示 25 节电池的数据，最大电池节数 256 节。通过横向、纵向对蓄电池内阻值进行比较，判断电池性能以及性能变化趋势。

（2）报表。显示单组电池组内阻柱状图及最大 10 节最小 10 节电压值，并可导出到 Excel 软件进行编辑。

（六）测试结果分析

选择机站和蓄电池组，此时会在列表中显示该组蓄电池所测试过的时间记录，可以选择多个时间点，最多可以选 5 个测试时间点，然后点击画图按钮，如图 Z11L2004Ⅱ-14 所示。

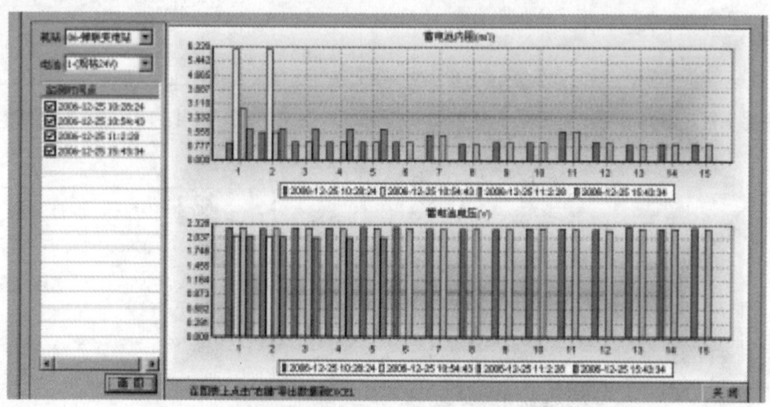

图 Z11L2004Ⅱ-14　内阻柱状图分析界面

在右边柱状图上右击，弹出浮动菜单，选择导出到 Excel，如图 Z11L2004Ⅱ-15 所示。

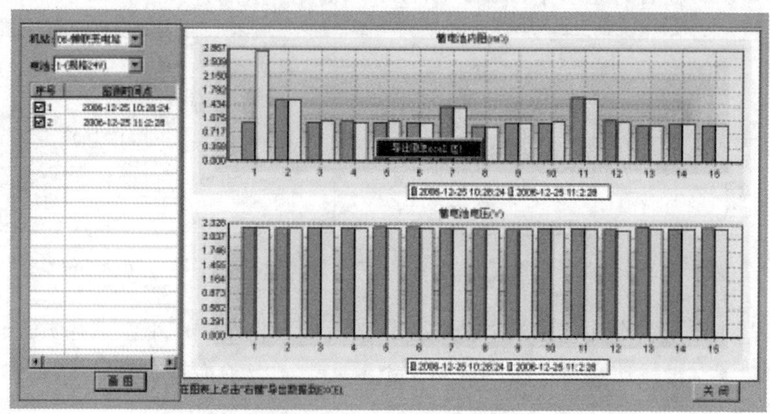

图 Z11L2004Ⅱ-15　导出到 Excel 界面（一）

选择路径，便可将数据导出到 Excel，如图 Z11L2004Ⅱ-16 所示。

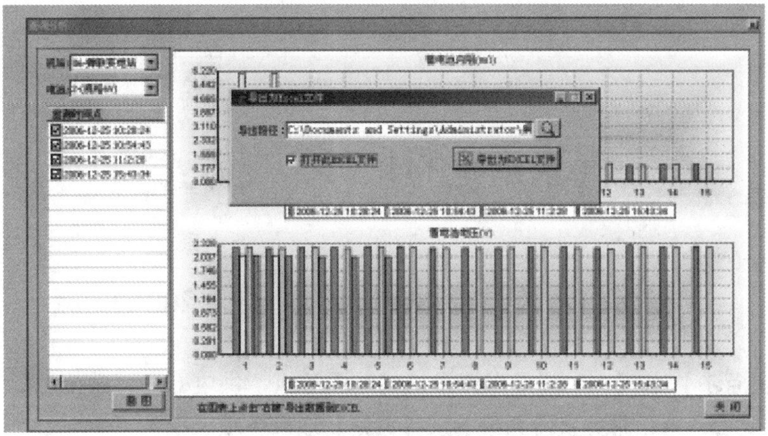

图 Z11L2004Ⅱ-16　导出到 Excel 界面（二）

注意：蓄电池的内阻不是一个固定数值，而是随着电解液的密度、温度和极板上活性物质的变化而变动。蓄电池的内阻反映了其健康的程度，内阻增加容量降低。通过测试蓄电池的内阻，可判断已测蓄电池的老化程度。当其内阻增大到一定程度而不满足其容量要求时，该蓄电池为不合格。

【思考与练习】

1. 说明蓄电池内阻测试仪的使用注意事项。

2. 现场进行测试示范操作

第四十三章

直流系统的几种接线方式

模块 1　直流系统的选择（Z11L2005Ⅱ）

【模块描述】本模块介绍了直流系统的电压等级、供电方式、系统运行方式等内容。通过要点分析，掌握直流系统的选择原则及注意事项。

【模块内容】

运行实践证明，蓄电池是比较可靠的直流电源，并有成熟的运行经验，因此发电厂、变电站的直流负荷应首选由蓄电池组供电。

蓄电池应以全浮充电方式运行，即浮充电装置与蓄电池并联连接在母线上，浮充电装置承担经常负荷，同时以不大的电流向蓄电池浮充电，以补偿蓄电池自放电的损失，这种方式可以保证蓄电池组能随时在事故停电时以全容量放电。

按控制负荷与动力负荷分类是考虑不同的要求，便于直流系统设计中蓄电池容量和系统电压的选择。按负荷性质分类，经常性负荷便于选择充电装置，事故性负荷直接影响蓄电池的容量选择。

一、直流系统选择

直流系统额定电压根据 DL/T 5044—2004《电力工程直流系统设计技术规程》规定按 110V 或 220V 选择。

220V 直流系统，满足功率较大、供电距离较长的要求。110V 直流电源系统，其优点是可以减少蓄电池个数和蓄电池室面积，从而简化安装和维护工作，还可以降低直流系统绝缘水平，减少中间继电器断线和接地故障概率，对二次设备的安全运行有利。但规模较大的变电站由于供电距离较长或负荷电流过大时，其电缆截面比 220V 系统要增加较多。采用 110V 或 220V 直流系统，工程技术上应进行技术经济比较后确定。目前电力系统普遍采用 220V 直流系统。

无端电池的直流系统，其优点是接线简单，蓄电池组各个单体在各种工况下均处于一致的工作状态，因而是均衡的，运行可靠性明显提高。在选择蓄电池容量及个数时，应首先考虑满足直流母线电压在各种工况下运行均能在允许范围内波动，一般情况下是可以做到的，因此目前蓄电池组一般不设置端电池。

浮充电属于正常充电方式，按直流系统额定电压220V或110V的105%，基本符合DL/T 5044—2004标准电压的要求，其他运行方式是指均衡充电、事故放电、运行中要求进行核对性充放电时也应考虑。各种运行方式下，从安全性和可靠性出发应满足用电设备所允许的电压范围的要求。

专供控制负荷的直流系统的电压应控制在直流系统标称电压的85%～110%，专供动力负荷的直流系统的电压应控制在直流系统标称电压的87.5%～112.5%，对控制负荷与动力负荷合用的直流系统的电压应控制在直流系统标称电压的87.5%～110%。

二、直流系统类型

按充电机种类分为：相控型充电机式直流系统，高频开关电源式直流系统，脉宽调制可逆式直流系统。

按电池组和接线形式分为：单电池组单母线，单电池组单母线分段接线，双电池组单母线，双电池组单母线分段接线，双电池组双母线。

三、直流系统配置原则及方案介绍

对于110kV及以下变电站建议采用一台充电浮充电装置，一组蓄电池组的供电方式。110kV重要变电站是指城乡电网枢纽站、重要负荷站，这类变电站主变压器容量较大，进出线回路多，主设备投资大，继电保护和自动装置复杂，因此直流负荷电流较大，供电网络也很复杂。为保证直流系统的可靠性和灵活性，配备两台充电浮充电装置，两组蓄电池接成双套直流电源，对整体工程的技术经济比较是合理的。110kV以上变电站建议采用两台充电浮充电装置，两组蓄电池组的供电方式。

为防止直流系统故障造成枢纽变电站全停，枢纽变电站、重要的220kV及330kV及以上电压等级变电站应采用3台充电浮充电装置，两组蓄电池组的供电方式。直流系统应充分考虑设备检修时的冗余，应采用两组蓄电池、3台充电机的方案。每组蓄电池和充电机应分别接于一段直流母线上，第3台充电装置（备用充电装置）可在两段母线之间切换，任一工作充电装置退出运行时，投入第3台充电装置。直流母线应采用分段运行方式，每段母线分别由独立的蓄电池组供电，并在两段直流母线之间设置联络开关，正常运行时该开关处于断开位置。

加强直流熔断器管理，直流熔断器应按有关规定分级配置。直流熔断器必须采用质量合格的产品，防止因直流熔断器熔断而扩大事故。当直流断路器与熔断器配合时，应考虑动作特性的不同，对级差作适当调整，直流断路器下一级不应再接熔断器。

新建、扩建或改造的变电站直流系统的馈出网络应采用辐射状供电方式，不应采用环状供电方式。在用设备如采用环状供电方式的，应尽快改造成辐射状供电方式。

加强直流系统的防火工作。直流系统的电缆应采用阻燃电缆，两组蓄电池的电缆应分别铺设在各自独立的通道内，尽量避免与交流电缆并排铺设。在穿越电缆竖井时，两组蓄电池电缆应加穿金属套管。

【思考与练习】

1. 为防止直流系统故障造成枢纽变电站全停，直流系统应怎样选择及配置？
2. 直流系统按电池组和接线形式大致分几种？

模块 2　蓄电池组的选择（Z11L2006Ⅱ）

【模块描述】本模块介绍了蓄电池组的型式、容量、组数、只数选择等内容。通过定量分析，掌握蓄电池组选择的原则及注意事项。

【模块内容】

一、蓄电池型式选择

阀控式密封铅酸蓄电池，是 20 世纪 90 年代发展起来的铅酸蓄电池，因具有密封结构，无酸雾排出，运行维护工作量小，有较长的运行经历，完善了技术资料和应用曲线，推荐采用。阀控式密封铅酸蓄电池有单体 2、6、12V 几种，在电力系统中额定容量在 100Ah 以上的蓄电池建议采用单体 2V 的蓄电池。

防酸式铅酸蓄电池，是传统的选择型式，具有丰富的运行维护经验，有完整的技术资料和应用曲线，故仍可以采用。但是运行维护复杂，占地面积大，调酸、给排水、环保、通风都比较麻烦，不适合无人值守变电站使用。

镉镍碱性蓄电池的日常维护工作量大，并且额定容量较低、事故放电能力较弱，限制了其在电力系统中的应用。

二、蓄电池负荷统计

（1）当装设两组蓄电池时，因控制负荷属经常性负荷，为保证安全，可以允许切换到一组蓄电池运行，故应该统计全部负荷。发电厂的事故照明负荷因负荷较大且往往影响蓄电池容量的大小，故按 60%统计在每一组蓄电池上。变电站的事故照明负荷相对于发电厂较小，为安全和简化事故照明切换接线，每一组蓄电池可按 100%负荷统计。对于电磁合闸机构冲击负荷，按随机负荷叠加在最严重的放电阶段，对于动力和远动通信的事故负荷宜由两组蓄电池分担，避免蓄电池容量不合理地加大。

（2）有人值班变电站在全场事故停电时，据调查 30min 左右即可恢复厂站用电，为了保证事故处理的充裕时间，计算蓄电池容量时仍应按 1h 的事故放电负荷计算。

无人值班变电站考虑在事故停电时间内无法立即处理恢复站用电，增加维修人员前往变电站的路途时间 1h，故 DL/T 5103—1999《35kV～110kV 无人值班变电所设计规程》中规定，蓄电池的容量按全站事故停电 2h 放电容量计，其中事故照明负荷 1h 计，实际上在事故放电时经常性负荷不大的变电站，2h 的事故放电容量不会使蓄电池容量增加太大。事故照明采用维修人员到达现场手投方案，必要时还可在全站停电 2h 时自动退出蓄电池供电回路，2h 蓄电池放电容量是完全可以满足要求的。

（3）交流不停电电源装置的负荷计算时间，按变电站事故停电时间全过程使用的原则，以提高安全可靠性。负荷系数综合考虑装置裕度和实际运行负荷，一般不大于 50%的情况取 0.6。

（4）事故初期冲击负荷的统计，原则是全面地考虑这些负荷的存在，并发生在事故放电初期。但是由于这些负荷的作用时间参差不齐，有长有短，精确统计这些负荷困难较大，因而在统计上不遗漏负荷电流，适当考虑叠加因素，负荷作用时间均考虑在 1min 放电时间内，为了计算方便和偏于安全的要求，分别乘以 0.5 左右的系数。

（5）恢复供电时断路器电磁合闸这种较大的冲击负荷，可以发生在事故停电过程中的任何时间，按随机负荷考虑是合适的，叠加在事故放电过程中的严重工况上，而不固定在事故放电末期，从偏于安全考虑，合闸计算时间按 5s 计，负荷系数取 1。

三、蓄电池容量选择计算

蓄电池容量应满足事故停电时间内全过程放电容量的要求，事故放电初期负荷的统计非常重要，若有直流电动机应考虑电动机的启动电流，还有各种断路器的跳合闸以及各种装置投入时的冲击电流。上述因素往往决定了蓄电池容量的计算结果，事故持续放电时间内叠加的冲击负荷按随机负荷统计，计算蓄电池容量时应叠加在事故放电过程的严重阶段上，并不一定放在事故放电末期，以便于正确计算蓄电池容量。

蓄电池容量选择计算方法，仍沿用 DL/T 5044—2004《电力工程直流系统设计技术规程》中推荐的方法，但作了如下几点调整：

（1）电压控制法亦称容量换算法，阶梯负荷法亦称电流换算法。

（2）电压控制法中取消了容量比例系数和电流比列系数两个概念词，以简化蓄电池厂家及设计计算的工作量。两种计算方法在系统选取时，可以共用一条曲线，即

容量系数=容量换算系数×放电时间

（3）当有随机负荷时，两种计算方法的计算结果可能不一致，因为阶梯负荷法是采用容量叠加方式，而电压控制法是采用电压校验方式。当用电压控制计算法时，如

果已满足最低允许电压值，则不需要再叠加随机负荷所需要的这一部分容量。

四、蓄电池组数选择

110kV 及以下变电站，一般装设一组蓄电池，一般情况下均可以满足其直流负荷的要求。对于重要的 110kV 变电站也可装设两组蓄电池。

220～500kV 变电站应装设不少于两组蓄电池。

直流输电换流站，站用蓄电池应装设两组，极用蓄电池每极可装设两组。

五、220V 直流系统的蓄电池只数选择

防酸式铅酸蓄电池根据 GB 13337.1—1991《固定型防酸式蓄电池　技术条件》称涓流充电时单体蓄电池的充电电压，数值为 2.15～2.25V。对于 GF 型蓄电池，沈阳蓄电池研究所的研究结果为浮充电电压采用（2.17±0.01）V 为好；GFD 型蓄电池规定浮充电电压为 2.23V，则蓄电池可不进行均衡充电，若浮充电压低于 2.23V，则每 3 个月需进行一次均衡充电。当满足直流母线电压在浮充电方式运行为 105%U_n（U_n 为直流系统标称电压）的要求时，其蓄电池可达 103～108 只，均衡充电电压范围为 2.25～2.35V。试验证明，这个范围的电压均可以充足蓄电池的容量，只是电压低时充电时间长些。宜取 2.30V，是按每组 105 只蓄电池直流母线电压的允许电压上限值设定的，GFD 型蓄电池规定均衡电压为 2.35～2.4V。实用中必须减少每组蓄电池数量，避免在均衡充电时直流母线电压过高，放电末期电压取 1.80V，保证了蓄电池组选择 104 只可以满足直流母线允许 87.5%U_n 的要求。

阀控式密封铅酸蓄电池是贫电解液蓄电池，为保证其容量，其电解液密度比防酸式铅酸蓄电池高，取电解液密度 D=1.30，相应开路电压高达 2.16～2.18V，浮充电电压为 2.23～2.28V，建议取 2.25V。但浮充电电压值随环境温度变化而修正，修正值为±1℃时 3mV，即当温度升高 1℃，其浮充电电压应下降 3mV，反之应增加 3mV。按满足 220V 直流母线电压在浮充方式时应为 105%U_n 的要求，选择 103 只。均衡充电电压为满足事故放电或长期浮充电运行出现个别电池落后时采用的要求，选取 2.30～2.35V，220V 直流母线电压达到 242.05V，等于 110%U_n（242V）的标准，放电末期取 1.85V，保证了蓄电池组选择 102 只可以满足直流母线允许 87.5%U_n 的要求。考虑安全运行的要求，对于带母线电压调节装置的直流系统，建议选择 108 只，无母线电压调节装置的直流系统，建议选择 104 只。

对于 110V 直流系统的蓄电池只数选择，建议按 220V 直流系统的 50%进行选择，这里不进行详细介绍。

【思考与练习】

1. 蓄电池组的选择应从几个方面考虑？
2. 蓄电池组的型式和组数如何选择？

模块3　充电装置的选择（Z11L2007Ⅱ）

【模块描述】本模块介绍了充电装置的型式、数量、技术参数、附属件选择等内容。通过定性分析，掌握充电装置选择的原则及注意事项。

【模块内容】

一、充电装置设置

（1）设置充电装置的原则是既能保证正常工作又有备用，另外由于小型电力工程的直流系统蓄电池容量选择不大，充电和浮充电时的容量差别也不大，按功能合一宜同容量选择比较合理。

两组蓄电池的直流系统，每组宜设一套晶闸管式充电装置，共用一套备用晶闸管式充电装置。当采用高频开关充电装置时，由于高频开关电源具有模块化冗余配置的原则，正常运行时不可能全部损坏，个别模块损坏除具有报警功能外，充电装置可以继续运行，更换损坏的模块不需停电，因此每组蓄电池分别设置一套高频开关充电装置是可行的。

一组蓄电池的直流系统，采用晶闸管式充电装置是按一套工作、一套备用的原则。采用高频开关充电装置时，因目前是采用大容量模块冗余配置，造价较高，原则上配一套就可以了。重要变电站或选用个别模块损坏影响整套装置正常工作的高频开关充电装置时，仍可设置备用充电装置。

（2）高频开关整流具有体积小、质量轻、技术指标先进、少维护、效率高、个别模块故障时不会影响整套装置的工作等特点，提高了直流系统的可靠性和自动化水平，故受到设计和运行人员的好评，已经得到了广泛的应用。

晶闸管式整流装置有多年的运行经验，具有运行可靠、维护方便、规格齐全等特点，目前仍有部分变电站使用。

上述充电装置均要求在浮充电时具有稳压性能，防止浮充电电压不足产生落后电池；要求在充电时具有稳流性能，在第一阶段定电流充电时便于调节，保持稳定的电流而使电压自动逐步上升。同时要求具有限流功能，在负荷突增时，可以防止调压上升时间过快以致产生抢负荷和超调现象，而造成充电装置跳闸。

充电装置应满足直流系统的各种运行方式的需要，采用微机型控制器实现对蓄电池的长期浮充电运行，事故放电后或需要时自动均衡充电，同时也应具有手动控制功能，长期连续工作制也是直流系统的需要。

充电装置交流输入电压的规定是按充电设备实际的通用性考虑的。

充电装置主要技术参数的要求，是根据目前设备合理的制造水平而规定的标准。相控型、高频开关电源型充电浮充电装置主要技术参数应达到表 Z11L2007Ⅱ-1 的规定。

表 Z11L2007Ⅱ-1 充电装置的精度及纹波系统允许值

项目	充电浮充电装置类别		
	相控型		高频开关电源型
	Ⅰ	Ⅱ	
稳压精度（%）	≤±0.5	≤±1	≤±0.5
稳流精度（%）	≤±1	≤±2	≤±1
纹波系数（%）	≤1	≤1	≤0.5

注 Ⅰ、Ⅱ表示充电浮充电装置的精度分类。

稳压精度的提高，是蓄电池长期浮充电运行时，避免出现欠充电现象的最好方法，从而保证蓄电池在事故放电时的保持容量。均衡充电时的稳压精度要求可以低于浮充电，但为了避免充电电流波动太大和防止突破直流母线上限电压也应尽量提高精度。

稳流精度的提高，对于蓄电池的初充电和均衡充电的长时间过程是有利的，满足了蓄电池电化学反应的最佳状态。

纹波系数较大，曾发生中央音响信号装置误动作和高频继电保护误发信号等事故。充电装置与蓄电池并联运行时，浮充电压波动或偏低时会出现蓄电池的脉动充电放电过程，对蓄电池不利，故规定充电设备纹波系数应满足相关规定。

满足浮充电要求，应按经常性负荷电流与蓄电池自放电电流之和选择。关于蓄电池自放电电流，不同型式的蓄电池其自放电特性是不一样的，就是同型式蓄电池，由于电池结构不同，制造工艺的差别和原材料不同，有的同一环境温度下的自放电也不同。影响自放电的因素主要是电池内的杂质多少和电化学的稳定性，另外，使用环境温度也对自放电有影响。按照常规做法，以 $0.01I_{10}$ 补充电流，直流系统的经常性负荷电流决定直流系统的设计，均由充电装置供电。浮充电电流为蓄电池的补充充电或定期保证蓄电池的一致性的充电，而选择充电设备，除提高补充电的要求外，还应加上经常性负荷电流。

充电设备输出电压的调节范围，应满足蓄电池组放电末期最低电压和充电末期最高电压的要求。经计算，铅酸蓄电池 110V 直流系统可选 90～160V 的输出电压，220V 直流系统可选 180～315V 的输出电压；关于镉镍蓄电池，由于尚不具备固定接线方式，整组蓄电池个数对于 110V 直流系统采用 90 只，220V 直流系统采用 180 只或更多，故电压调节范围对于 110V 选用 100～165V 的输出电压，220V 选用 200～330V 的输出电压。

二、直流柜上的设备及导体选择

直流柜应和其他柜一样，采用柜式结构，加强型因为柜内荷重较大，必须达到一定的机械强度。其防护等级应不低于 IP20 级，即要求能防止手指或长度不大于 80mm 的类似物体触及壳内带电部分。运行部件能防止直径大于 12mm 的固定异物进入壳内。对外壳进水而引起的有害影响，无专门防护。

外形尺寸按标准的通用性要求推荐，应满足运行维护方便的要求，内部结构可采用装配式、分隔式、抽屉式等。

直流柜（屏）母线宜采用阻燃绝缘铜母线，早在 1985 年典型设计已制定原则，如今执行得并不理想，从直流系统安全性需要出发，为避免直流母线短路所带来的严重危害，今后必须严格执行。

关于母线导体截面选择，按 1h 放电率电流或充电设备的额定电流计算长期允许载流量，选择最小截面再连接，以避免硬连接造成振动时出现极柱松动而加大接触电流。

蓄电池出口回路保护电器的额定电流应按 1h 放电率电流选择，考虑可靠性应加大 1 级，同时要满足过负荷保护的配合和直流母线短路时蓄电池供给的短路电流能使保护电器可靠动作。蓄电池出口回路保护电器比馈线保护电器应大 2 级来满足选择性要求。

操作电器是指在直流系统中选用的刀开关、转换开关、刀熔开关等，应按大于回路最大工作电流和工作电压选择额定电流和额定电压。

直流馈线自动空气断路器和熔断器的选择原则如下：

（1）额定电压大于或等于回路的工作电压。

（2）额定电流选择，分为如下情况：

1）对于直流电动机馈线

$$I_N=K_{ph}I_{st}$$

式中 I_N——熔件和自动空气断路器热脱扣器的额定电流，A；

I_{st}——电动机启动电流，A；

K_{ph}——配合系数，取 0.3～0.35。

2）对于控制信号回路馈线

$$I_N=K_{ph}I_{qm}$$

式中 I_{qm}——馈线回路最大工作电流，A；

K_{ph}——配合系数，取 0.65～0.7。

3）对于电磁型操动机构合闸线圈的馈线回路

$$I_N=K_{ph}I_{hq}$$

式中 I_{hq}——合闸线圈额定电流，A；

K_{ph}——配合系数，取0.2～0.3。

根据上述计算结果，校验在合闸电流下自动空气断路器过负荷脱扣时间或熔件的熔断时间，是否大于断路器固有合闸时间，否则可加大1级选择。

直流空气断路器具有可靠切断直流回路故障电流的保护功能，现在已广泛采用。从可靠性的要求出发，规定干线较支线大2～4级的配合方法（考虑回路阻抗因素），满足了过负荷保护的配合。但是短路保护的配合也十分重要，依据短路电流的计算，还应保证短路时的选择性及动作的可靠性。仅从拉开级差来满足过负荷保护的配合，往往由于短路电流接近或太小，完全采用10倍 I_N 整定的瞬时脱扣，将会出现误动或拒动的情况。依据短路电流计算，改变瞬时脱扣整定倍数，设计和制造均十分麻烦，可采用具有过负荷长延时和短路瞬时并具有短路短延时的智能式直流空气断路器来实现短路配合。从电源经干线、支线到负荷，尽量减少保护配合层次，是直流系统设计中应注意的问题。

三、电缆选择

蓄电池引出线为电缆时，其正、负极应采用单独的电缆，这样可以减小正、负极间电容值，提高绝缘水平。

合闸回路电缆截面的选择，应考虑网络供电时电源供电至最远端的情况和合闸冲击负荷的随机性质，按严重工况时直流母线电压为最低值计算，来保证电磁合闸机构的可靠性。

基于控制信号回路供电的重要性，其馈线电缆应保证足够的机械强度，一般采用铜芯电缆。同时，为了增加供电可靠性和减小回路压降，规定采用不宜小于 $4mm^2$ 的铜芯电缆。

考虑控制信号馈线较长，在满足运行电压要求的情况下，避免任意增大电缆截面，规定电压降不超过直流母线额定电压的5%。

直流电缆的选择和敷设应符合GB 50217—2007《电力工程电缆设计规范》的要求。

重点应考虑：不宜合用一根控制电缆的要求；计算机监测系统信号控制电缆的屏蔽选择；控制电缆金属屏蔽的接地方式；电力电缆截面选择的基本要求；电缆防火与阻止延燃的规定等。

对于控制、信号和保护回路电缆及重要的直流动力电缆，如交流不停电电源装置的电源电缆等，宜用铜芯电缆。

【思考与练习】

1. 直流馈线自动空气断路器和熔断器的选择原则是什么？
2. 充电装置选择应注意哪些问题？

模块4　接线方式与组屏方案（Z11L2008Ⅱ）

【模块描述】本模块介绍了直流系统的接线方式与组屏方案。通过要点介绍，了解直流母线接线方式、充电装置连接方式、保护与监测表计配置、直流屏组屏等内容。

【模块内容】

一、接线方式

1. 母线型式

直流系统采用单母线或单母线分段接线，其主要原因是保证直流系统的安全、可靠，这种接线简单、清晰，供电范围明确，便于运行维护。

一组蓄电池的直流系统，推荐采用单母线接线。如扩建第二组蓄电池时，再自成一组单母线接线，两组母线之间只需加一个联络刀开关即可。采用单母线分段接线时，推荐蓄电池可接任一分段的母线。

两组蓄电池的直流系统，推荐采用单母线分段接线。接线中应考虑避免并联运行和正常切换而不中断供电要求。

蓄电池经保护电器接入母线，是沿用多年的典型接线，主要原因是蓄电池距直流柜（屏）母线较远，故装设保护电器。优点是具有明显的断开点和对蓄电池组的保护，缺点是直流系统多一级保护，可靠的配合有一定困难，尤其是小容量蓄电池的短路电流较小，不适合多级配合。另外，出现故障该保护电器立即发出信号并及时进行处理，否则蓄电池将失去浮充电电源。一旦出现交流停电时，直流母线也将停电，事故时有发生。如果蓄电池距直流柜（屏）主母线很近，正、负极引线绝对分开，直流主母线实现了阻燃绝缘或者全封闭，蓄电池至母线是可以不必经过保护电器的。

2. 充电装置的连接方式

充电装置应尽量与蓄电池并接，减少连接导线压降，同时也要考虑充电装置直接接母线临时供电的可能性。公共备用充电设备可以实现对任一组蓄电池充电，也可以在蓄电池退出带负荷运行时进行充电。

一组蓄电池和一套充电设备的单母线分段接线，习惯上将蓄电池和充电设备分别接在两个分段上，有些单位认为没有蓄电池的母线段上其直流供电可靠性降低了，要求蓄电池可以任意接在不同分段上，提高了直流供电的可靠性。

关于蓄电池放电设备的引接，宜考虑投切方便，还应考虑电流的测量问题。

3. 馈出网络

推荐辐射状供电方式，减少环状供电方式，同一安装单位的各直流负荷宜由同一组蓄电池供电，双重化回路宜由不同直流母线段引接，以提高可靠性。

二、保护与监测接线

工程中已大量采用自动空气断路器作为操作设备，插拔式或抽屉式接线可与主电路隔离，也可手动或电动操作，并方便实现机械闭锁，还可以带辅助触点，又能实现与保护设备合一，应采用专用直流空气断路器。

直流系统表计配置应强调下列几点：

（1）蓄电池输出电流表要考虑蓄电池放电试验回路工作时能指示放电电流，否则应装设专用的放电电流表。

（2）关于直流母线电压表，建议采用0.1级精度的数字电压表。

（3）关于浮充电电流表，从运行维护的观点出发，大多数人的意见是需要的。装设浮充电电流表可监视蓄电池自放电的变化，有助于判断蓄电池的运行状况。但是，老式的利用直流接触器短时打开直流主回路、利用小量程直流电流表测量浮充电电流的方法，比较麻烦且安全性不高，必须改进。带正负号的4位半高精度数字显示直流电流表，当接于蓄电池回路的分流器（0～75mV）上时，可方便地指示出浮充电电流或放电电流值。

直流系统应保证在允许的电压范围内运行，故必须设置电压监察装置，为了可靠，宜选用高返回系数的直流电压继电器作为启动元件。目前，普遍采用具备直流母线电压监察功能的微机智能综合监察装置。

直流系统为不接地系统，如一极已接地，若另一极再发生接地会发生接地短路现象，有可能发生事故，为此绝缘监察十分重要。大型直流系统均采用微机型直流绝缘监测装置，可以测量全范围的绝缘状况和对地电阻和电压，还可对支路进行巡检，自动定位故障点。直流系统故障信号应尽量完善。

小型直流系统如需要设置闪光装置时装设。

三、设备组柜与布置

1. 设备组柜

为减少主回路电压降，便于维护管理，组柜宜按充电装置柜、馈电柜、分电柜和蓄电池柜的组柜原则，并减少柜的数量。

直流柜正面可按模数分隔成多个功能单元格，各自独立，通过插件或插头实现相互间的联系。每一个单元格集中布置一个单元的设备，操作设备布置在中央，测量表计可布置在上方。直流柜正面操作设备的布置高度不应超过1800mm，距地高度不应低于400mm。

直流柜内电流在63A及以下的直流馈线，应经电力端子出线。端子宜装设在柜的两侧或中部下方，以便于电缆连接。

蓄电池柜隔架最低距地不小于150mm，最高距地不大于1700mm。

2. 设备布置

直流系统的充电装置柜、馈电柜宜布置在蓄电池室附近专用的直流电源室或电气控制室内。直流电源成套装置可布置在电气控制室内，但应保持良好通风。直流分电柜应布置在该直流负荷中心附近。直流柜前后应留有运行和检修通道。

蓄电池组的布置应尽量远离高温和振动的处所，应干燥、明亮，便于气体和酸液体排泄，还应考虑其安装荷重的需要等。而蓄电池专门布置，这主要是指防酸式铅酸蓄电池，对于300Ah以下的阀控式铅酸蓄电池应尽量和充电装置以及直流柜（屏）布置在同一室内，这对维护管理、节约联络电缆、减少电缆压降都是有利的。阀控式密封铅酸蓄电池根据出厂要求，多数厂家要求立式安装，少数要求卧式安装，应考虑便于维护、清扫及电压检测的要求。

【思考与练习】

1. 馈出网络有哪些要求？
2. 充电装置的连接方式应注意哪些问题？

第四十四章

直流设备的验收

模块 1　充电装置投运前检查项目（Z11L2009Ⅱ）

【模块描述】本模块介绍了充电装置投运前检查项目。通过测试方法的讲解，掌握充电装置投运前的试验项目、检查方法、合格标准、注意事项及相关的技术、工艺标准和质量要求等内容。

【模块内容】

直流充电装置，当安装完毕后，应做投运前的交接验收试验，运行接收单位应派人参加试验，所试项目应达到技术要求后才能投入试运行，在 72h 试运行中若一切正常，接收单位方可签字接收。

一、充电装置稳流精度范围

（1）磁放大型充电装置，稳流精度应不大于±5%。

（2）相控型充电装置，稳流精度应不大于±2%。

（3）高频开关模块型充电装置，稳流精度应不大于±1%。

二、充电装置稳压精度范围

（1）磁放大型充电装置，稳压精度应不大于±2%。

（2）相控型充电装置，稳压精度应不大于±1%。

（3）高频开关模块型充电装置，稳压精度应不大于±0.5%。

三、直流母线纹波系数范围

（1）磁放大型充电装置，纹波系数应不大于 2%。

（2）相控型充电装置，纹波系数应不大于 1%。

（3）高频开关模块型充电装置，纹波系数应不大于 0.5%。

四、“三遥”功能

控制中心通过遥信、遥测、遥控通信接口，监测和控制远方变电站中正在运行的直流电源装置。

（1）遥信内容。直流母线电压过高或过低、直流母线接地、充电装置故障、直流绝缘监测装置故障、蓄电池熔断器熔断、断路器脱扣、交流电源电压异常等。

（2）遥测内容。直流母线电压及电流值、蓄电池组电压值及充放电电流值等参数。

（3）遥控内容。直流电源装置的开机、停机、充电装置的切换。

五、高频开关电源及相控整流装置外观工艺验收

在验收时，应按下列要求进行检查：

（1）盘、柜的固定及接地应可靠，盘、柜漆层应完好、清洁整齐。

（2）盘、柜内所装电器元件应齐全完好，安装位置正确，固定牢固。

（3）所有二次接线应准确，连接可靠，标志齐全清晰，绝缘符合要求。

（4）用于热带地区的盘、柜应具有防潮、抗霉和耐热性能，按 JB/T 4159—1999《热带电工产品通用技术要求》验收。

（5）盘、柜及电缆管道安装完毕后，应做好封堵措施。可能结冰的地区还应有防止管内积水结冰的措施。

六、操作及联动试验

操作及联动试验正确，交流电源切换可靠，符合设计要求，具体检验项目及质量标准，如表 Z11L2009Ⅱ-1 所示。

表 Z11L2009Ⅱ-1　　检验项目及质量标准

序号	工序	检验项目	质量标准
1	相控型充电装置	接　线	牢固、整齐、规范
2		主回路绝缘检查	≥1MΩ
3		二次回路绝缘	一般地区绝缘电阻大于等于 1MΩ 潮湿地区绝缘电阻大于等于 0.5MΩ
4		交流输入回路检查	交流切换正常，断相保护可靠，配置防雷保护
5		硅整流元件温升	（1）整流管外壳：70K （2）晶闸管外壳：55K （3）降压硅锥外壳：85K
6		直流输出回路检查	限压限流试验正常，检查软启动正常
7		稳压精度	晶闸管：Ⅰ型，≤±0.5%；Ⅱ型，≤±0.1%
8		稳流精度	晶闸管：Ⅰ型，≤±1%；Ⅱ型，≤±2%
9		纹波系数	≤±1%
10		噪声	小于 60dB（A）

续表

序号	工序	检验项目	质量标准
11	高频开关电源装置	接线	牢固、整齐、层次分明、不重叠
12		外观	模块均流及故障指示正确，外壳完好
13		主回路绝缘检查	≥1MΩ
14		二次回路绝缘检查	一般地区绝缘电阻大于等于1MΩ 潮湿地区绝缘电阻大于等于0.5MΩ
15		交流输入回路检查	交流切换正常，断相保护可靠，配置防雷保护
16		直流输出回路检查	参数设置：检查限压、限流
17		稳压精度	≤±0.5%
18		稳流精度	≤±1%
19		纹波系数	≤±0.5%
20		均流度	≤±5%
21		排风装置	散热风扇装置启动以及退出正常，运转良好
22		噪声	小于55dB（A）
23	监控装置	参数设置	若参数发生变化应根据实际情况修正参数
24		检测值	监控装置的显示和实测值应一致
25		报警信息	现场试验各种故障及异常信号报警并通过接口上传
26		充电程序功能转换	手动充电功能转换、自动充电功能转换及自动充电功能强行转换
27	绝缘监测装置	检测值	监测装置的电压显示和实测电压值应一致
28		接地试验	用规定阻值的电阻分别在合闸、控制某一出线上正极和负极接地试验观察报警信息
29		支路	支路显示一一对应
30	直流屏内相关设备	闪光装置	手动试验、模拟试验正常
31		熔断器和断路器级差	熔断器装设断路器上一级时熔断器额定电流应为断路器额定电流的2倍。直流断路器下级不应再接熔断器
32		断路器和熔断器级差	断路器装设熔断器上一级时断路器额定电流应为熔断器额定电流的4倍
33		断路器和断路器级差	蓄电池总断路器与馈线屏断路器4级级差取上限，馈线屏断路器与分电屏断路器2级级差
34		断路器	具有跳闸报警功能
35	屏柜接地		不小于$16mm^2$绝缘导线单独接地

【思考与练习】

1. 充电装置投运前检查项目有哪些？

2. 高频开关模块型充电装置的稳流精度、稳压精度、纹波系数的合格范围是多少？

模块2　蓄电池投运前的检查项目（Z11L2010Ⅱ）

【模块描述】本模块包含蓄电池投运前的检查项目。通过测试方法的讲解，掌握各种蓄电池投运前的试验项目、检查方法、合格标准及注意事项等内容。

【模块内容】

当蓄电池安装完毕后，应做投运前的交接验收试验，运行接收单位应派人参加试验，所试项目应达到技术要求后才能投入试运行，在72h试运行中若一切正常，接收单位方可签字接收。

一、蓄电池验收

在验收时应进行下列检查：

（1）蓄电池室及其通风、调温、照明等装置应符合设计的要求。

（2）布线应排列整齐，极性标志清晰、正确。

（3）蓄电池编号应正确，应由正极按序排列，蓄电池外壳清洁，液面正常。

（4）极板应无弯曲、变形及活性物质剥落。

（5）初充电、放电容量及倍率校验的结果应符合要求。

（6）蓄电池组的绝缘应良好。

（7）蓄电池呼吸装置完好，通气正常。

（8）蓄电池组容量试验。

不同的蓄电池种类具有不同的充电率和放电率。

二、蓄电池组容量试验

1. 防酸蓄电池组容量试验

防酸蓄电池组的恒流充电电流及恒流放电电流均为I_{10}，其中一个单位蓄电池放电终止到1.8V时，应停止放电。在3次充放电循环之内，若达不到额定容量值的100%，此组蓄电池为不合格。

2. 阀控式蓄电池组容量试验

阀控式蓄电池组的恒流限压充电电流和恒流放电电流均为I_{10}。额定电压为2V的蓄电池，放电终止电压为1.8V；额定电压为6V的组合式蓄电池，放电终止电压为5.4V；额定电压为12V的组合式蓄电池，放电终止电压为10.8V。只要其中一个蓄电池放电到了终止电压，应停止放电。在3次充放电循环之内，若达不到额定容量值的100%，此组蓄电池为不合格。

具体检验项目及质量标准如表Z11L2010Ⅱ-1所示。

表Z11L2010Ⅱ-1　　检验项目及质量标准

序号	工序	检验项目	质量标准
1	蓄电池安装检查	外观检查	设备完好，清洁，无异常
2		电池本体	完好无破损，编号齐全
3		蓄电池间距	蓄电池间距10～15mm
4		电压、温度监测装置	设备及引线安装牢固
5		接线	整齐、层次分明、不重叠
6		电池开路端电压测量	2V蓄电池最大值与最小值误差小于等于30mV，12V蓄电池最大值与最小值误差小于等于60mV
7		浮充电状态电池端电压测量	最大值与最小值误差小于等于50mV
8		容量核对	按I_{10}放电电流，容量应达到100%
9		蓄电池电压、温度	放电末期单体蓄电池的端电压不得低于1.8V，充电末期蓄电池的电压应达到设定电压，蓄电池温度不得高于30℃
10		绝缘电阻	电压为220V的蓄电池组不小于200kΩ，电压为110V的蓄电池组不小于100kΩ，电压为48V的蓄电池组不小于50kΩ
11		接地线	门与柜体之间应采用截面积不小于6mm²的多股软铜线可靠连接
12	其他	电缆	截面面积符合要求，电缆弯曲半径符合敷设要求
13		电缆通道	独立通道
14		室内温度	满足15～30℃

【思考与练习】

1. 蓄电池投运前的检查项目有哪些？
2. 如何进行阀控式蓄电池组投运前的容量试验？

◢ 模块3　直流系统辅助项目的检查项目（Z11L2011Ⅱ）

【模块描述】本模块介绍了直流系统辅助项目的检查。通过测试方法的讲解，掌握绝缘监测及信号报警试验、耐压及绝缘试验、直流母线连续供电试验、微机控制装置自动转换程序试验等试验内容及方法。

【模块内容】

当直流装置安装完毕后，应做投运前的交接验收试验，运行接收单位应派人参加试验，所试项目应达到技术要求后才能投入试运行，在 72h 试运行中若一切正常，接收单位方可签字接收。

一、绝缘监测及信号报警试验

（1）直流电源装置在空载运行时，额定电压为 220V，用 25kΩ 电阻；额定电压为 110V，用 7kΩ 电阻；额定电压为 48V，用 1.7kΩ 电阻。按上述分别使直流母线接地，应发出声光报警。

（2）直流母线电压低于或高于整定值时，应发出低电压或过电压信号及声光报警。

（3）充电装置的输出电流为额定电流的 105%～110%时，应具有限流保护功能。

（4）装有微机型绝缘监测仪的直流电源装置，应能监测和显示其支路的绝缘状态，各支路发生接地时，应能显示和报警。

二、耐压及绝缘试验

在做耐压试验之前，应将电子仪表、自动装置从直流母线上脱离开，用工频 2kV 对直流母线及各支路做耐压试验，历时 1min，应不闪络、不击穿。

直流电源装置的直流母线及各支路，用 1000V 绝缘电阻表测量，绝缘电阻应不小于 10MΩ。

三、直流母线连续供电试验

交流电源突然中断，直流母线应连续供电，电压波动应不大于额定电压的 10%。

四、微机控制自动转换程序试验

（1）阀控式蓄电池的充电程序（恒流——恒压——浮充）。根据蓄电池不同种类，确定不同的充电率进行恒流充电，蓄电池组端电压达到某一整定值时，微机将控制充电装置自动转为恒压充电，当充电电流减小到某一整定值时，微机将控制充电装置自动转为浮充电运行。

（2）阀控式蓄电池的补充充电程序。微机按设定程序，控制充电装置自动地进行恒流充电——恒压充电——浮充电并进入正常运行，始终保证蓄电池组具有额定容量。交流电源中断，蓄电池组将不间断地向直流母线供电，交流电源恢复送电时，交流电源充电装置将进入恒流充电，再进入恒压充电和浮充电，并转入正常运行。

【思考与练习】

1. 如何进行直流母线连续供电试验？

2. 如何进行耐压及绝缘试验？

第四十五章

蓄电池组的安装与调试

模块 1　蓄电池组安装要求（Z11L2012Ⅱ）

【模块描述】本模块介绍了蓄电池组的安装。通过要点介绍，掌握蓄电池室通风、采暖、照明和蓄电池安装的基本要求。

【模块内容】

蓄电池室及蓄电池屏是安装蓄电池组的专用场所，场所的环境是否符合蓄电池组的安装要求，将直接影响到蓄电池组的健康运行和在需要时能否出力、出好力。

一、防酸隔爆式蓄电池

（一）蓄电池室的基本要求

蓄电池应安装在专用的室内，禁止将酸性和碱性蓄电池组安装在同一房间内。24～48V 的蓄电池组一般可安装在通风良好的专用柜内，但柜子必须用防酸涂料涂抹 3 层以上。近几年来，耐酸涂料一般多使用耐酸漆，因为它的耐酸性能较好，容易涂刷，颜色齐全，价格便宜，并且对施工人员的刺激性较小。

蓄电池室的墙壁、天花板、门窗、室内补助电池的母线和支架，以及管路等设备，均须涂以耐酸瓷漆，以免被酸侵蚀。

蓄电池室隔壁应设有储藏酸、水及配制电解液和放置工具的专用套间，通过套间进入蓄电池室。蓄电池室和套间的门都应向外开，门上应安装在室内不用钥匙就可将门打开的自动弹簧锁（即碰锁）。

充电装置应安装在靠近蓄电池室的专用套间内，但应考虑充电机组在运行时的振动是否能使蓄电池极板活性物质脱落。

蓄电池室的门窗玻璃应是半透光的，或者使用毛玻璃、窗帘等，以免阳光直射电池槽，增加蓄电池的自放电。如果使用透明玻璃时，则涂以白色或浅蓝色的耐酸瓷漆。为防止灰尘进入室内，其门窗结合处必须严密。蓄电池室的门上须标明“蓄电池室”“严禁烟火”等字样。

为了便于维护，蓄电池室内应留有一定宽度的过道。单侧安装的电池槽，其过道宽应不小于 0.8m；两侧安装的电池槽，应不小于 1m。蓄电池室的总面积应根据设计需要来决定。

蓄电池室应设有上下水道。为排出污水，其地面应有 2%～3%的坡度，以便排除积水。室内地面应用耐酸水泥或瓷砖铺设。用瓷砖铺设时，相邻的瓷砖之间应留有 5mm 的间隙，并在此间隙内涂一层 1～2mm 厚的沥青（沥青不得高出并且要结合严密）。瓷砖接缝处用尖嘴壶将沥青滴入。为使其结合严密，必须在滴入沥青后用铁锯条或刀划几次，最后再用水平仪检查地面是否合乎要求。

室内 24～110V 母线可采用埋入地下的穿管动力电缆。220V 的母线或电池的连接线可采用引出线端子板，引出线用裸铜棒，裸铜棒的接头可用大电流熔焊法焊接。为确保施工质量，在焊接前先将裸铜棒端面的氧化层除掉，然后使裸铜棒两端之间留有 1～3mm 的空隙，再将点焊机的两个炭精棒对应地接到裸铜棒的焊口处，通入大电流进行焊接。当加热熔化时，在间隙中放入银片和少量的硼砂粉，待铜棒的两端被焊在一起之后，将两个炭精棒同时脱离焊接点，等其冷却后，焊接成为一根铜棒。

相邻导线或导线对地距离均不得小于 50mm，母线支持点之间的距离应不大于 2m。

防酸蓄电池组补助电池的引出线明线布置是用裸铜棒作母线，固定在绝缘子上。蓄电池组补助电池的直流母线穿过引出线板和电缆引向直流屏。因为明母线和引出线板上的螺栓均布置在蓄电池室内，长期受硫酸雾气侵蚀，易于直接接地，并且需要材料多，工序繁杂。

防酸蓄电池组补助电池的引出线，通过墙壁暗槽引向直流屏的暗槽布线。布线时，正极和负极的引出线分别从塑料管中引出。补助电池的抽头引出线和正极、负极引出线，穿入暗槽的塑料盖板的孔眼引至直流屏。塑料盖板与暗槽框架之间、引出线孔眼和塑料管端头等均应密封，以免硫酸雾气进入暗槽。补助电池引出线的暗槽布线应清晰美观、省工省料，并提高直流系统的绝缘水平。

（二）蓄电池室的通风、采暖与照明

1. 蓄电池室的通风

蓄电池在充电过程中，尤其是接近充电末期时，由于充电电流将水分解，释放出大量氢、氧气体。同时，在气体逸放的过程中，蓄电池附近将溅出许多酸液和硫酸的雾气，雾气将充满蓄电池室内。如果蓄电池室内空气不流通，而蓄电池放出的氢、氧气体和硫酸雾又在不断地产生，这将使蓄电池室内的氢气含量增加，如果超过 4%，容易发生爆炸。氢气的含量最大限度不超过 0.7%。硫酸雾气含量超过 $2mg/m^3$ 时，对工作人员身体有害。为此，采用通风装置，向室内送入大量新鲜空气，并且排出氢、氧气体和硫酸雾气等有害气体。在一般情况下，通风装置每小时应排换蓄电池室内容积的 5～10 倍的新鲜空气。如果蓄电池室内安装的蓄电池组数较多，容量很大时，则根据稀释氢气和硫酸雾气两种方法计算的结果（取其最大值），来决定每小时应排换蓄电池室内的氢气量和次数。

蓄电池室应设有独立的通风管道。采用自然通风时，其通风管道要比屋顶高出2m，在其上部应设有防止雨雪侵入的装置。蓄电池室的通风系统，不论是强力通风或自然通风，均不许与烟道或建筑物的总通风系统相通。

2. 蓄电池室的采暖

蓄电池室应保持一定的温度，冬季不应低于5℃，夏季不应高于30℃，最高不应超过35℃。一般在冬季或夏季蓄电池室的温度保持在15℃最为适宜。但因各地区的气候不同，低于规定温度的地区必须装设采暖装置。容量在180Ah以上的蓄电池组，应采用热风采暖装置。热风采暖装置装设于蓄电池室外的专用通风机室内，经过滤器向蓄电池室内送入热风。容量在180Ah以下的蓄电池组可采用蒸汽的或热水的采暖装置，安装在蓄电池室内，管道和部件，不许有汽门或法兰盘。管道连接处必须密封，焊接良好。不具备上述采暖条件者，也可以装设电热器采暖，但必须装设在墙壁内或地面下。不论怎样装设，必须密封良好，避免接头外露而发生火花。在使用电热器采暖时，应保证发出的热量扩散到全室，确保室内采暖装置与蓄电池槽之间的距离均不得小于1m。

3. 蓄电池室的照明

蓄电池室的照明采用防爆白炽灯或新型防爆节能灯。在室内不得装设开关、插座和熔断器等。连接灯具的电线在室内部分必须采用橡皮线。蓄电池槽单侧布置时，可采用安装在墙壁上的曲杆灯；蓄电池槽双侧布置时，则应采用直杆灯，并装设在两基础台中间过道的正中或两端。灯头与地面的距离应保持在2m以上。

二、阀控密封式铅酸蓄电池

（一）蓄电池柜、室的基本要求

阀控式铅酸蓄电池容量超过200Ah时应安装在专用的室内，200Ah以下的蓄电池组一般可安装在通风良好的专用柜内。蓄电池室的墙壁、天花板、门窗、室内补助电池的母线和支架以及管路等设备，均须涂以耐酸瓷漆，以免被酸侵蚀。蓄电池间距不小于15mm，蓄电池与上层隔板之间不小于150mm。绝缘电阻值的规定是：电压为220V的蓄电池组不小于200kΩ，电压为110V的蓄电池组不小于100kΩ，电压为48V的蓄电池组不小于50kΩ。门与柜体之间应采用截面积不小于6mm^{2}的多股软铜线可靠连接。

蓄电池室的门窗玻璃应是半透光的，或者使用毛玻璃、窗帘等，以免阳光直射电池槽，增加蓄电池的自放电。如果使用透明玻璃时，则涂以白色或浅蓝色的耐酸瓷漆。为防止灰尘进入室内，其门窗结合处必须严密。蓄电池室的门上须标明“蓄电池室”“严禁烟火”等字样。

为了便于维护，蓄电池室内应留有一定宽度的过道。单侧安装的电池架，其过道宽应不少于 0.8m。两侧安装的电池架，应不小于 1m。蓄电池室的总面积应根据设计需要来决定。

蓄电池室应设有上下水道。为排出污水，其地面应有 2%～3%的坡度，以便排除积水。室内地面应用耐酸水泥或瓷砖铺设。用瓷砖铺设时，相邻的瓷砖之间应留有 5mm 的间隙，用水平仪检查地面是否合乎要求。

相邻导线或导线对地距离均不得小于 50mm，母线支持点之间的距离不应大于 2m。

阀控式蓄电池受震歪倒损坏较少。但为了最大限度地防止因地震等外力破坏而造成蓄电池组无法将电能提供给重要负荷，蓄电池组必须有专用的蓄电池组防震支架。防震支架一般是用两块塑料板将蓄电池组列夹在中间，以免倾倒。其他材料也可以使用，但必须满足绝缘要求。

（二）蓄电池室的通风、采暖与照明

1. 阀控蓄电池室的通风

阀控式蓄电池在充放电过程中，由于它的密封性，排出的氢、氧气体较防酸蓄电池少之又少。因此在蓄电池室安装 1 只防尘、防雨、防爆功能的排风扇即可。

2. 阀控蓄电池室的采暖

阀控式蓄电池室应保持一定的温度，冬季不应低于 10℃，夏季不应高于 30℃。有条件的一般将蓄电池室及蓄电池屏温度控制在 25℃±5℃。严禁使用浸油设备。

3. 阀控蓄电池室的照明

蓄电池室的照明，采用防爆白炽灯或新型防爆节能灯。在室内不得装设开关、插座和熔断器等。地面最低照度 30lx，事故照明最低照度 3lx。

三、实例

一组阀控铅酸蓄电池（2V/300Ah）的安装。

（一）蓄电池组安装作业内容

1. 蓄电池室装修

蓄电池支架的槽钢安装应根据蓄电池厂方提供的支架图纸进行。预留电缆管线。地面、墙壁使用防酸瓷砖。排风扇的安装应符合蓄电池室通风要求。蓄电池室应保持一定的温度，冬季不应低于 5℃，夏季不应高于 30℃，最高不应超过 35℃。有条件的一般将蓄电池室及蓄电池屏温度控制在 25℃±5℃。安装温度调节设备。

2. 蓄电池组至直流柜的电缆施工

电缆容量应满足蓄电池组容量的要求，使用带铠甲屏蔽层的阻燃电缆。

3. 蓄电池组安装

蓄电池单体间距应符合要求，排列整齐，接线牢固。

4. 蓄电池组充放电试验

蓄电池组恒流限压充电电流和恒流放电电流均为I_{10}，放电终止电压为1.8V；只要其中任何一只蓄电池达到了放电终止电压，则应停止放电；然后以I_{10}充电电流进行两阶段恒压定电流充电，准备再放。在3次充放电循环之内，应达到额定容量的100%，此组蓄电池合格。

（二）施工前准备

1. 准备工作安排

准备工作安排如表Z11L2012Ⅱ-1所示。

表Z11L2012Ⅱ-1　　准备工作安排

序号	内容	标准	责任人	备注
1	开工前，向有关部门上报本次工作的材料计划	根据现场状况及需执行的反措计划并按照Q/GDW 1799.1—2013《电力安全工作规程　变电部分》（简称《安规》）执行		
2	开工前，准备好施工所需仪器仪表、工器具、相关材料、相关图纸及相关技术资料	仪器仪表、工器具应试验合格，满足施工要求，材料应齐全，图纸及资料应符合现场实际情况		
3	开工前确定现场工器具摆放位置、工作前工作负责人应查清现场装置实际运行状态	现场工器具摆放参考位置图，确保现场施工安全、可靠		
4	根据本次作业内容和性质确定好检修人员，并组织学习作业指导书	要求所有工作人员都明确作业内容、进度、要求、作业标准及安全注意事项		
5	申请填写第二种工作票和动火工作票，在开工前交值班员办理	工作票应填写正确，并按《安规》执行		
6	工作前制定作业指导书，并申请批准	按《安规》制定执行		
7	施工前应熟悉装置原理图	了解装置性能，是否符合变电站要求		
8	开工前必须召开开工会	开好现场安全措施交底会并做好记录		

2. 人员要求

人员要求如表Z11L2012Ⅱ-2所示。

表Z11L2012Ⅱ-2　　人员要求

序号	内容	责任人	备注
1	现场工作人员的身体状况、精神状态应良好		
2	作业辅助人员（外来）必须经工作负责人对其进行安全措施、作业范围、安全注意事项等方面交代后方可参加工作		

续表

序号	内容	责任人	备注
3	所有作业人员必须具备必要的电气知识，掌握本专业作业技能及《安规》等相关知识，并经《安规》考试合格		
4	工作负责人必须经上级主管部门批准		
5	工作负责人应向工作班成员进行安全交底，交代工作内容和装置改造范围等内容		

3. 人员分工

人员分工如表 Z11L2012Ⅱ–3 所示。

表 Z11L2012Ⅱ–3　　人员分工

序号	人员分工	人员名单	作业人员
1	工作负责人		
2	工作班成员		

4. 工器具

工器具如表 Z11L2012Ⅱ–4 所示。

表 Z11L2012Ⅱ–4　　工器具

序号	名称	规格	单位	数量	备注
1	梅花扳手	8～32mm	套	1	
2	活动扳手	8″、10″、12″、15″、18″	把	6	8″、10″各 1 把，12″2 把，15″、18″各 1 把
3	老虎钳	8″	把	1	
4	尖嘴钳	6″	把	1	
5	十字螺丝刀	4″～6″	把	4	各 2 把
6	一字螺丝刀	3″、4″、6″	把	6	各 2 把
7	铁榔头	2 磅、4 磅	把	2	各 1 把
8	套筒扳手	28 件	套	1	
9	砂纸		张	10	
10	仪表螺丝刀	十字、一字	把	2	
11	锉刀	12″半圆、圆、平	把	3	
12	万用表		只	1	高内阻数字

续表

序号	名称	规格	单位	数量	备注
13	卷尺	5m	把	1	
14	电钻	13mm	把	1	
15	钻头	5～13mm	支	若干	
16	机械液压钳		套	1	
17	撬棍		根	4	
18	钢锯		把	2	
19	力矩扳手	符合尺寸	把	1	

5. 材料

材料如表 Z11L2012Ⅱ–5 所示。

表 Z11L2012Ⅱ–5　　材　料

序号	名称	规格	单位	数量	备注
1	铜端子	$70mm^2$	个	10	
2	铜芯线	$1.5mm^2$	m	200	
3	防锈漆			若干	
4	灰漆			若干	
5	PVC 管	40	根	4	
6	PVC 弯头	40	个	6	
7	尼龙扎带		包	2	
8	绝缘自粘带		卷	2	
9	绝缘相色带		卷	4	

（三）危险点分析与预防措施

危险点分析与预防措施如表 Z11L2012Ⅱ–6 所示。

表 Z11L2012Ⅱ–6　　危险点分析与预防措施

序号	内容	措施
1	搬运电池时野蛮搬运，造成电池损坏或人员伤亡	必须听从工作负责人指挥并注意相互配合
2	电缆接头连接不牢固引起桩头发热	电缆接头连接应牢固
3	检修电源设备损坏或接线不规范，引起低压触电	须按安全规程操作，检修电源必须有剩余漏电保护器
4	作业人员之间协调配合不好，引起设备损坏或伤及人身	作业人员要相互关心、相互提醒，避免引起损坏设备或伤及人身

续表

序号	内　　容	措　　施
5	拆除连接头时没有标明极性及相序，造成接线错误	拆除连接头时应标明极性及相序，避免接线错误
6	蓄电池电缆因无固定措施造成接线脱落和工艺不达标。蓄电池防震加固工作焊接时造成的火情和人员伤害	蓄电池电缆应连接牢固，在拐弯处加装固定措施。蓄电池防震加固作业时要有防火措施和蓄电池室内通风措施；焊接工器具应进行严格检查；电焊机要有明显接地点
7	电池组在连接时单电池正、负极性倒置造成蓄电池损坏	电池组在连接时应加强监护，连接后由第三人重新检查

（四）安全措施

安全措施如表 Z11L2012Ⅱ–7 所示。

表 Z11L2012Ⅱ–7　　　安　全　措　施

序号	内　　容
1	开工前确认各项安全措施，工作负责人认真核对当天工作内容及施工步骤
2	在工作地点挂“在此工作”标示牌
3	工作中必须要有专人监护
4	全体工作人员必须正确、合理使用劳动防护用品
5	检查确认现场安全措施与工作票所列安全措施一致
6	施工中防止蓄电池组短路
7	搭接线头时应认真核对正、负极性
8	工作中出现异常情况，应立即停止工作，迅速查明原因

（五）蓄电池组安装作业流程

蓄电池组安装作业流程如图 Z11L2012Ⅱ–1 所示。

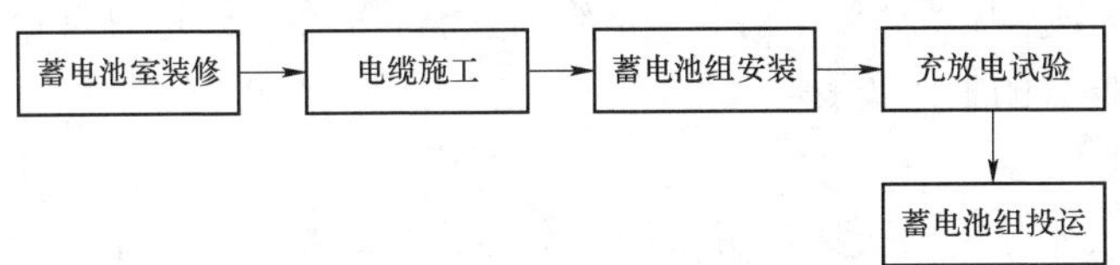

图 Z11L2012Ⅱ–1　蓄电池组安装作业流程

（六）蓄电池组安装工艺和质量标准

1. 工艺标准

工艺标准如表 Z11L2012Ⅱ–8 所示。

表 Z11L2012Ⅱ–8 工 艺 标 准

序号	检修内容	工 艺 标 准
1	安装新蓄电池组	对蓄电池组进行固定，并进行防震加固，焊接表面要涂刷防锈漆和银粉漆
2	新蓄电池组充放电	按照厂家提供的说明书进行，必要时请厂家提供技术支持，放电时单电池电压不得低于 1.8V

2. 质量标准

质量标准如表 Z11L2012Ⅱ–9 所示。

表 Z11L2012Ⅱ–9 质 量 标 准

序号	内 容	责任人员签字
1	清理工作现场，将工器具全部收集并清点，材料及备品备件回收清点	
2	按相关规定，关闭检修电源	
3	做好检修记录，记录本次检修内容、反措或技改情况、有无遗留问题	
4	会同验收人员对各项检修、试验项目进行验收	
5	会同验收人员对现场安全措施及检修设备的状态进行检查，要求恢复至工作许可时状态	
6	经全部验收合格，做好检修记录后，办理工作票结束手续，并由值班人员签字，做好两次记录	

【思考与练习】

1. 对铅酸蓄电池室的通风要求有哪些？
2. 对阀控蓄电池室及安装蓄电池柜的要求有哪些？

模块 2 蓄电池调试前的准备（Z11L2013Ⅱ）

【模块描述】本模块介绍了对蓄电池组调试前的准备。通过要点介绍，掌握蓄电池组调试前应准备的工作和报告表格。

【模块内容】

调试前的准备是十分重要的，准备得充分与否将直接影响调试工作的质量和进度。

一、人员

（1）现场监护人。

（2）现场工作负责人。

（3）现场工作班成员。

（4）参与施工的相关班组。

（5）协作成员：厂方有关人员。

二、各种工（机）具及仪器仪表

（一）工（机）具、仪表的准备

工（机）具、仪表的准备如表 Z11L2013Ⅱ–1 所示。

表 Z11L2013Ⅱ–1　　工（机）具、仪表的准备

序号	工（机）具及设备名称	用途	规格	数量
1	蓄电池电压测量表计	测量蓄电池单体及整组电压	高内阻数字万用表	1 台
2	蓄电池内阻测试仪	测量单体蓄电池内阻	内阻测量仪	1 台
3	蓄电池比重测量表计	测量单体铅酸蓄电池比重	蓄电池电解液比重计	1 台
4	卡钳电流表	调试	交、直流两用	1 台
5	组合套筒扳手	安装用		1 台
6	电源	调试	AC 380V/220V DC 220	1 台
7	水平尺	调整用	水平尺	各 1 把
8	绝缘电阻表	绝缘检测用	1000V	1 只
9	蓄电池容量测量仪	蓄电池组放电试验用	容量满足蓄电池组容量需要	1 台

（二）主要仪器仪表的介绍

1. 蓄电池内阻测试仪

蓄电池内阻测试仪是用来测试蓄电池内阻变化以及电池虚接、开路的仪器。通过蓄电池内阻的测试，可以发现蓄电池的缺陷。现在的蓄电池内阻测试是根据设定的电池容量，智能地采用大放电电流对蓄电池进行瞬间放电测试，迅速准确地测量蓄电池的电压、内阻以及电池间连接片电阻。

2. 蓄电池容量测量仪

蓄电池容量测量仪是专用于日常维护、测试蓄电池组的便携式仪器。它可以针对不同蓄电池组的实际情况，对蓄电池组进行容量试验。在进行充放电时，可对蓄电池组充放电过程进行全程监视。为了使蓄电池组更加安全稳定的工作，在投运前和投运后都需定期对新蓄电池组进行容量测试。

三、记录表格

（一）2V 铅酸蓄电池测试记录

2V 铅酸蓄电池测试记录如表 Z11L2013Ⅱ–2 所示。

表 Z11L2013Ⅱ-2　　　　2V 铅酸蓄电池测试记录

站名：×××　　　　测试单位：×××　　　　测试人：×××

电池型号：GGF—300				生产厂家：×××	
环境温度（℃）：18				生产日期：1996 年 3 月 7 日	
电池电压标准（V）：2				电池标准比重：1.220	
测试项目	标准	盘表	实测	测试项目	实测值
全电池浮充电压（V）	234	234	234	浮充电流（A）	1.5
正负母线对地电压（V）	110	110	110	初充电流（A）	30
控制母线电压（V）	220	220	220	电池个数	108

序号	电压	比重	序号	电压	比重	序号	电压	比重	序号	电压	比重
1	1.130	1.220	28	1.135	1.225	55	1.130	1.220	82	1.120	1.225
2	1.125	1.225	29	1.130	1.230	56	1.125	1.225	83	1.120	1.230
3	1.110	1.230	30	1.125	1.230	57	1.110	1.230	84	1.120	1.230
4	1.125	1.230	31	1.120	1.225	58	1.110	1.230	85	1.100	1.225
5	1.125	1.225	32	1.120	1.230	59	1.120	1.225	86	1.105	1.230
6	1.135	1.230	33	1.125	1.230	60	1.130	1.230	87	1.120	1.225
7	1.105	1.230	34	1.130	1.230	61	1.150	1.230	88	1.105	1.230
8	1.120	1.230	35	1.120	1.240	62	1.130	1.230	89	1.125	1.230
9	1.125	1.240	36	1.120	1.240	63	1.120	1.240	90	1.120	1.225
10	1.135	1.240	37	1.120	1.240	64	1.135	1.240	91	1.100	1.230
11	1.110	1.240	38	1.110	1.220	65	1.110	1.225	92	1.100	1.220
12	1.125	1.220	39	1.135	1.230	66	1.120	1.230	93	1.105	1.225
13	1.120	1.230	40	1.125	1.230	67	1.120	1.230	94	1.080	1.230
14	1.121	1.230	41	1.110	1.225	68	1.120	1.225	95	1.120	1.230
15	1.125	1.225	42	1.125	1.225	69	1.115	1.225	96	1.120	1.225
16	1.120	1.225	43	1.130	1.225	70	1.125	1.230	97	1.110	1.230
17	1.125	1.225	44	1.130	1.230	71	1.110	1.230	98	1.110	1.230
18	1.130	1.230	45	1.125	1.230	72	1.115	1.225	99	1.120	1.230
19	1.135	1.230	46	1.110	1.230	73	1.115	1.230	100	1.100	1.240
20	1.100	1.230	47	1.125	1.230	74	1.110	1.230	101	1.100	1.240
21	1.140	1.230	48	1.110	1.230	75	1.120	1.230	102	1.110	1.220
22	1.120	1.230	49	1.140	1.230	76	1.115	1.225	103	1.110	1.220
23	1.105	1.230	50	1.110	1.230	77	1.125	1.230	104	1.140	1.220
24	1.130	1.230	51	1.135	1.230	78	1.120	1.230	105	1.110	1.220
25	1.120	1.230	52	1.130	1.230	79	1.110	1.230	106	1.120	1.220
26	1.140	1.230	53	1.120	1.230	80	1.110	1.240	107	1.125	1.220
27	1.120	1.230	54	1.120	1.220	81	1.130	1.240	108	1.125	1.220

测试结果及发现问题：测量电压×2

测试日期：1997 年 5 月 6 日　　　　审核人：×××

（二）2V 阀控式铅酸蓄电池测试记录

2V 阀控式铅酸蓄电池测试记录如表 Z11L2013Ⅱ-3 所示。

表 Z11L2013Ⅱ-3　　2V 阀控式铅酸蓄电池测试记录

站名：×××　　测试单位：×××　　测试人员：×××

电池型号：HPK/300AH/OPZV/2V			生产厂家：×××		
环境温度（℃）：20			生产日期：2006 年 4 月 15 日		
电池电压标准（V）：2					
测试项目	标准	盘表	实测	测试项目	实测
全电池浮充电压（V）	234	234	234	浮充电流（A）	0.1
母线对地电压（V）	110	110	110	负荷电流（A）	7.5
控制母线电压（V）	220	220	220	全电池个数	104

序号	电压	序号	电压	序号	电压	序号	电压	序号	电压	序号	电压
1	2.221	19	2.225	37	2.225	55	2.225	73	2.221	91	2.221
2	2.222	20	2.221	38	2.225	56	2.225	74	2.222	92	2.222
3	2.226	21	2.222	39	2.225	57	2.221	75	2.226	93	2.226
4	2.235	22	2.226	40	2.221	58	2.222	76	2.235	94	2.235
5	2.228	23	2.235	41	2.222	59	2.226	77	2.228	95	2.228
6	2.229	24	2.228	42	2.226	60	2.235	78	2.229	96	2.229
7	2.221	25	2.229	43	2.235	61	2.228	79	2.233	97	2.233
8	2.222	26	2.221	44	2.221	62	2.229	80	2.221	98	2.221
9	2.226	27	2.222	45	2.222	63	2.233	81	2.222	99	2.221
10	2.235	28	2.226	46	2.226	64	2.221	82	2.221	100	2.222
11	2.228	29	2.235	47	2.235	65	2.222	83	2.222	101	2.226
12	2.229	30	2.228	48	2.228	66	2.221	84	2.226	102	2.235
13	2.233	31	2.229	49	2.229	67	2.222	85	2.235	103	2.228
14	2.221	32	2.233	50	2.233	68	2.226	86	2.228	104	2.229
15	2.222	33	2.221	51	2.221	69	2.235	87	2.229		
16	2.226	34	2.222	52	2.222	70	2.228	88	2.233		
17	2.235	35	2.226	53	2.226	71	2.229	89	2.221		
18	2.228	36	2.235	54	2.235	72	2.233	90	2.222		
测试结果及发现问题：无											
测试日期：2006 年 6 月 20 日　审核人：×××											

（三）12V 阀控式铅酸蓄电池测试记录

12V 阀控式铅酸蓄电池测试记录如表 Z11L2013Ⅱ–4 所示。

表 Z11L2013Ⅱ–4　　12V 阀控式铅酸蓄电池测试记录

站名：×××　　测试单位：×××　　测试人员：×××

电池型号：HPK/100AH/OPZV/12V								生产厂家：×××			
环境温度（℃）：20								生产日期：2006 年 5 月 15 日			
电池电压标准（V）：2											
测试项目				标准	盘表	实测		测试项目		实测	
全电池浮充电压（V）				234	234	234		浮充电流（A）		0.1	
母线对地电压（V）				110	110	110		负荷电流（A）		5.5	
控制母线电压（V）				220	220	220		全电池个数		18	
序号	电压	序号	电压	序号	电压	序号	电压	序号	电压	序号	电压
1	13.45	4	13.54	7	13.54	10	13.56	13	13.45	16	13.50
2	13.55	5	13.43	8	13.55	11	13.46	14	13.55	17	13.55
3	13.56	6	13.42	9	13.40	12	13.47	15	13.54	18	13.56
测试结果及发现问题：无											
测试日期：2006 年 6 月 20 日						审核人：×××					

四、图纸、使用说明书的准备

图纸包括蓄电池基础及管线图纸、蓄电池支架图纸、蓄电池平面布置图、蓄电池使用说明书等。

【思考与练习】

1. 调试前的准备工作有哪几方面？
2. 调试前的主要仪器仪表有哪些？

◢ 模块 3　蓄电池电解液的选择与配制（Z11L2014Ⅱ）

【模块描述】本模块包含了防酸蓄电池电解液选择与配制的基本知识。通过定义描述、实例讲解，掌握蓄电池电解液的配制方法。

【模块内容】

一、电解液的性质

铅酸蓄电池用的电解液是由纯硫酸和纯净水按一定比例配制而成的稀硫酸。两者质量均应合格才能配制出合格的电解液。

硫酸是由无水硫酸与水混合而成，水吸收其中游离的 SO_3，即 $SO_3+H_2O=H_2SO_4$。

纯硫酸是澄清透明、无色无臭的油状液体，浓度为98%，15℃时密度约为1.84。

1. 配制电解液时的释放热量

表Z11L2014Ⅱ–1为1克分子（分子量95）硫酸被n克分子（分子量18）水稀释时发出的热量。利用此表可以概略地算出混合液的温升。

表Z11L2014Ⅱ–1　　配制电解液时的释放热量

1克分子的硫酸中混入水的克分子（n）	纯硫酸的含量百分数（%）	密度（15℃）	稀释时发出的热量（kcal/克分子）	比热[cal/（g·℃）]
—	98.0	1.842	—	0.33
1	84.4	1.779	6.38	0.38
2	73.0	1.651	9.42	0.43
3	64.4	1.551	11.14	0.48
5	52.1	1.421	13.11	0.57
9	37.7	1.288	14.95	0.71
19	22.3	1.161	16.26	0.82
49	10.0	1.069	16.68	0.91
99	5.2	1.035	16.86	0.95
199	2.6	1.108	17.06	0.97
399	1.3	1.009	17.31	0.99
1599	0.3	—	17.86	—

2. 电解液的收缩量

硫酸A毫升与水B毫升混合时，其总体积收缩，即混合后的体积C小于A与B之和。其收缩量与配制成的电解液的密度有关，在密度达到1.600以前，收缩量随密度的增加而逐渐增大，其后则随密度的增加而逐渐减小。

3. 电解液的冰点

电解液的浓度不同，冰点也不同。所以在某一组蓄电池中，在充电和放电状态下的冰点也是不同的。密度为1.15的硫酸溶液（相当于全放电时）结冰温度为–15℃，一般移动式蓄电池安全充电时，电解液密度为1.290，这时它的冰点是–66℃。

而实际上电解液中因有杂质，冰点略有变化，即电解液密度在1.290以下时，其冰点比同密度的纯硫酸要高2～4℃。但密度在1.290以上时，则比纯硫酸的冰点低一些。密度达1.800的硫酸很容易结冰。如浓度再高，冰点又降低。

4. 电解液的电阻率

电解液的电阻率与硫酸的浓度和温度有关。电解液的电阻率在密度为1.150～1.300时最低，所以一般将蓄电池电解液的浓度限制在这个范围内。温度为18℃、密度为1.220时的电解液，其电阻率最低。

如果想降低蓄电池的内部电阻，可以采用密度为 1.220 左右的电解液。但欲使放电容量达到规定值，必须有一定的密度的硫酸，而蓄电池槽的容积有限，因此必须提高电解液浓度，尤其是移动式蓄电池。由于电池槽较小，常用密度较高的电解液。

二、电解液密度的选择

蓄电池用电解液的密度根据蓄电池的用途、安装点和周围温度来决定。例如移动式蓄电池，因受电池槽容积较小的限制，所以采用的密度较高（1.250～1.300），而固定式蓄电池槽的容积允许大一些，因而多采用密度较低的电解液（1.200～1.220）。

同一蓄电池，当周围温度高时，要采用密度低些的电解液；在周围温度低时，要采用密度高些的电解液。这是因为蓄电池电解液的必需用量是按其放电容量来计算的，而且在放电时不能把硫酸完全消耗掉，即让电解液的密度不能降到零。因此，电解液用量比理论计算量大得多。实际上，国产固定式铅蓄电池用电解液的密度在 15℃时为 1.215±0.005。

电解液的密度过高时，蓄电池内将发生自放电，尤其是蓄电池的正、负极板活性物质与硫酸化合生成硫酸铅，会显著降低容量。此外，还会加速木质隔离物的腐蚀和损伤，就是说密度过高，会降低蓄电池的寿命。通常不采用密度大于 1.250 的电解液。同样道理，蓄电池电解液的密度过低，则蓄电池容量将降低。

三、电解液的配制

配制电解液时，可用密度为 1.835～1.840 的浓硫酸和纯水。使用浓硫酸和用纯水制成的冰来配制电解液时，因温度上升很少，也较方便。

将硫酸和纯水混合后，配制成具有任何密度的电解液，也可以向具有一定密度的电解液中加硫酸或纯水，用来配制具有其他密度的电解液。

配制电解液时，先将一定量的纯水注入瓷缸、塑料槽或铅槽中，并在容器壁上挂一支刻度为 0～100℃的温度计，将密度计放入容器内。然后再将硫酸以细流徐徐地注入纯水中，切不可将水注入硫酸中。在配制电解液时，用玻璃棒或耐热的塑料棒不断搅拌（不准用金属棒）散热。配制时，最高温度不允许超过 80℃，如果温度超过 80℃，应停止注入硫酸，待温度降低后，再继续慢慢注入硫酸，使电解液达到所需要的密度。

电解液的配制工作须由四五个人合作进行（两三人注入硫酸，一人搅拌，另一人测量温度和密度）。这项工作必须由熟练人员担任。工作人员必须佩戴白光护目眼镜、口罩、耐酸手套、穿耐酸衣或耐酸围裙、靴，脸上涂油脂（医用凡士林油）。

配制电解液前，应先将浓硫酸从大坛子倒入有嘴的玻璃杯、塑料杯或尖嘴铅壶等小容器内，再注入水中。从大容器中倒出硫酸时，应利用固定和倾斜坛子用的支架，以防硫酸溅出。在配制电解液的场所，应备苏打溶液或无水碳酸钠溶液，以便临时急救使用。

【思考与练习】

1. 叙述蓄电池电解液的配制方法。

2. 配制电解液时工作人员必须注意那些事项？

模块4　蓄电池核对性充放电方法（Z11L2015Ⅱ）

【模块描述】本模块介绍了蓄电池核对性充放电。通过作业流程的介绍，掌握蓄电池核对性充放电试验的内容、要求和注意事项。

【模块内容】

防酸蓄电池组和阀控式蓄电池组在大修后和新电池在投入运行前，应进行核对性充放电，以检查其容量是否达到要求。对运行后达到运行年限的蓄电池组进行定期充放电以确定其实际容量。

一、核对性放电

核对性放电就是将已充满容量的蓄电池组按规定的 I_{10} 电流放电，放电过程中定时记录蓄电池的端电压、单只电压、蓄电池环境温度、放电电流等数据。当单体蓄电池电压降到 1.8V 终止电压时立即停止放电，并计算蓄电池组容量。

蓄电池放电后应以补充电的方式按规定的充电电流 I_{10} 将蓄电池充满容量。

二、测试目的

新安装或长期处于限压限流浮充电运行方式的蓄电池，无法判断其实际容量或运行后蓄电池内部是否失水、干枯。通过核对性放电，即可鉴定新安装或长期浮充电的蓄电池组的实际容量。

三、危险点分析及控制措施

危险点分析及控制措施如表 Z11L2015Ⅱ-1 所示。

表 Z11L2015Ⅱ-1　　危险点分析及控制措施

序号	内　容	措　施
1	电池间连接松动，引起电池发热或着火	检查电池连接件是否松动
2	电缆接头连接不牢固引起接头发热	电缆接头连接应牢固
3	放电设备损坏或接线不规范，易引起设备故障	须按安全规程操作，放电设备应检查，保证设备完好
4	拆除连接头时没有标明极性及相序，造成接线错误	拆除连接头时应标明极性及相序，避免接线错误
5	放电参数设置错误，造成设备损坏	检查面板设置，操作正确

四、测试前准备

（1）仔细阅读蓄电池组说明书。

（2）准备高内阻万用表一块。

（3）准备放电设备一台并检查其规格、容量是否合适。

（4）准备合适的工具：绝缘扳手、螺丝刀和绝缘胶带。

（5）确定蓄电池组已充满容量。

五、充放电测试步骤及要求

（1）将蓄电池输出电缆接入准备好的放电设备，并检查极性是否正确。

（2）按照充电标准（以 I_{10} 或按厂方提供的说明书进行）调整好充电电流，将蓄电池组充满电。

（3）按照放电标准要求 I_{10} 调整好放电电流，并启动放电设备。

（4）用高内阻万用表再次校验放电参数是否正确，如果正确则将测试数据记录在测试记录表格中（规定记录初始放电数据），之后每隔 1h 记录一次数据。如果放电设备数据不正确应停止放电，校准后再进行放电。

（5）当蓄电池单体电压降至 1.9V 后，因电池下降加快应缩短记录间隔时间。

（6）当单体蓄电池电压降到 1.8V 终止电压时停止放电，计算蓄电池组容量。

（7）断开蓄电池组与放电装置的连线，将蓄电池组接入充电装置，将放电后的蓄电池组进行完全充电。

六、测试结果分析

整理测试结果并计算蓄电池容量。蓄电池容量公式为

$$C_{10}=I_{10}XT\,[1+0.008(25-t)]$$

式中 C_{10}——放电容量，Ah；

I_{10}——10h 率放电电流，A；

X——放电时间，h；

T——蓄电池环境温度，℃；

t——蓄电池本身温度，℃。

当蓄电池组第一次核对性放电就放出了额定容量则不再放电，充满容量后便可投入运行；若蓄电池充放电 3 次循环之内，仍达不到额定容量的 100%，则此组电池不合格，应更换不合格电池。某些电池组在新安装后的第一次放电可以放出额定容量的 110%，属正常范围。

七、测试注意事项

（1）要了解蓄电池放电设备的正确接线和使用方法。

（2）注意放电设备与电池组极性的正确连接。

（3）蓄电池放电设备应保证通风良好，避免过热。

（4）在进行放电测试过程中，工作人员不得离开现场，以便及时有效地处理可能发生的故障。

八、实例

表 Z11L2015Ⅱ–2 为某变电站第 10h 的实测数据。

表 Z11L2015Ⅱ–2　　2V 阀控式铅酸蓄电池测试记录

站名：×××　　测试单位：×××　　测试人员：×××

电池型号：HPK/300AH/OPZV/2V						生产厂家：×××					
环境温度（℃）：20						生产日期：2006 年 4 月 15 日					
电池电压标准（V）：2											
测试项目				标准	盘表	实测	测试项目			实测	
全电池浮、均充电压（V）				244	244	244	浮、均充电流（A）			30	
母线对地电压（V）				110	110	110	负荷电流（A）				
控制母线电压（V）				220	220	220	全电池个数			104	
序号	电压	序号	电压	序号	电压	序号	电压	序号	电压	序号	电压
1	1.821	19	1.822	37	1.821	55	1.821	73	1.821	91	1.821
2	1.813	20	1.821	38	1.813	56	1.813	74	1.813	92	1.813
3	1.823	21	1.813	39	1.823	57	1.823	75	1.823	93	1.823
4	1.824	22	1.823	40	1.824	58	1.824	76	1.824	94	1.824
5	1.821	23	1.824	41	1.821	59	1.821	77	1.821	95	1.821
6	1.830	24	1.821	42	1.821	60	1.830	78	1.830	96	1.821
7	1.811	25	1.830	43	1.813	61	1.811	79	1.811	97	1.813
8	1.832	26	1.811	44	1.823	62	1.832	80	1.832	98	1.823
9	1.822	27	1.832	45	1.824	63	1.822	81	1.822	99	1.824
10	1.812	28	1.822	46	1.821	64	1.821	82	1.821	100	1.821
11	1.811	29	1.821	47	1.830	65	1.813	83	1.813	101	1.830
12	1.831	30	1.813	48	1.811	66	1.823	84	1.823	102	1.811
13	1.810	31	1.823	49	1.832	67	1.824	85	1.824	103	1.832
14	1.813	32	1.824	50	1.822	68	1.821	86	1.821	104	1.822
15	1.821	33	1.821	51	1.821	69	1.811	87	1.822		
16	1.813	34	1.813	52	1.813	70	1.831	88	1.811		
17	1.823	35	1.822	53	1.823	71	1.810	89	1.831		
18	1.824	36	1.822	54	1.824	72	1.813	90	1.810		
测试结果及发现问题：合格											
测试日期：2006 年 6 月 20 日						审核人：×××					

本次测试蓄电池组标称容量为 300Ah，8:00 开始放电，蓄电池放电电流为 30.1A，放电到 17:50 时有一只电池（序号为 103）电压达到 1.80V，此时放电时间为 9h50min（即 9.83h），蓄电池环境温度为 20℃。

根据蓄电池容量公式，得

$$C_{10}=I_{10}XT\left[1+0.008(25-t)\right]$$

$$=30.1\times9.83\left[1+0.008(25-20)\right]=307.71\text{（Ah）}$$

大于标称 300Ah，故此组蓄电池容量合格。

【思考与练习】

1. 蓄电池组充放电步骤及要求有哪些？

2. 1 组 200Ah 的阀控式蓄电池在充满电后放电 9.5h 时，有 1 只蓄电池端电压达到 1.8V，此时环境温度为 18℃。试计算分析该组蓄电池是否合格？

模块 5　蓄电池的验收与交接（Z11L2016Ⅱ）

【模块描述】本模块介绍了蓄电池验收与交接。通过要点介绍，掌握蓄电池的验收与交接的主要内容和资料。

【模块内容】

新安装的防酸蓄电池、阀控式蓄电池，在运行前的验收应根据施工设计、厂家说明文件，以及安装、调整密度和放电试验等记录进行全面检查和验收。对检查出的问题，不符合要求者，应进行处理，最后提出安装验收报告书。只有完全具备运行条件时，方可投入运行。

一、防酸蓄电池

1. 验收的主要内容

（1）检查蓄电池室（专用柜）的布置、各项设施、施工质量（采暖设备、通风系统、门窗、母线及支架、上下水道、地面、天花板、照明等）是否符合要求。

（2）检查蓄电池的位置和固定状态是否正确，蓄电池的连接是否良好。

（3）检查蓄电池槽的隔板、隔棒是否齐全、完整，有无破裂。

（4）检查液面高度是否符合要求；容器、盖板是否清洁，有无破裂。

（5）检查设备有无防酸措施。检查蓄电池的位置、编号是否相符。

（6）检查密度计、温度计、高内阻万用表及专用工具等是否齐全。

（7）根据实验记录，检查蓄电池的各项参数（充电容量、放电容量、电压、密度等）是否合格。

（8）电池组的绝缘是否符合要求。

2. 资料交接

验收时，施工单位应提交下列资料：

（1）蓄电池室的设计和施工图纸；

（2）蓄电池室的照明、采暖和通风装置等设计、计算书和施工图纸；

（3）制造厂的有关文件资料；

（4）酸、水化验合格证书；

（5）新安装或检修报告见表 Z11L2016Ⅱ–1。

表 Z11L2016Ⅱ–1　　变电站蓄电池新安装或检修报告样式

年　月　日

<table>
<tr><td>型号</td><td></td><td colspan="2">型式</td><td colspan="3"></td><td colspan="3">容量（Ah）</td><td colspan="2"></td><td>制造厂</td><td colspan="3"></td><td colspan="2">使用电压（V）</td><td></td></tr>
<tr><td colspan="2">初充电电流
（A）</td><td colspan="2"></td><td colspan="3">充电时间
（–h–min）</td><td colspan="3"></td><td colspan="3">充入容量
（Ah）</td><td colspan="3"></td><td colspan="2">充入额定容量
的倍数</td><td></td></tr>
<tr><td colspan="13">电解液温度与密度</td><td colspan="5">端电压（V）</td><td></td></tr>
<tr><td rowspan="2">配制时</td><td>温度
（℃）</td><td></td><td rowspan="2">充电前</td><td>最低</td><td></td><td rowspan="2">充电后</td><td>最低</td><td></td><td rowspan="2">注入电池时</td><td>温度
（℃）</td><td></td><td>静止
时间</td><td rowspan="2">充电前</td><td>最低</td><td></td><td rowspan="2">充电后</td><td>最低</td><td></td></tr>
<tr><td>密度</td><td></td><td>最高</td><td></td><td>最高</td><td></td><td>密度</td><td></td><td></td><td>最高</td><td></td><td>最高</td><td></td></tr>
<tr><td colspan="19">平面接线示意图</td></tr>
<tr><td colspan="19"></td></tr>
</table>

批准　　　审核　　　制表

3. 仪表和备品交接

验收时，施工单位应提交下列仪表和备品：

（1）高内阻数字万用表；

（2）密度计 2 支，刻度为 1.000～2.000；

（3）温度计 2 支，刻度为 0～100℃；

（4）灌注电解液用的有嘴玻璃杯或塑料杯（2L）1 个；

（5）试验酸、水用的硝酸银和试管；

（6）蓄电池的部件、备品；

（7）保护用品，如护目眼镜、口罩、耐酸衣、耐酸手套、耐酸靴和苏打或无水碳酸钠等。

4. 检修后蓄电池的验收

检修后的验收应根据检修前存在的缺陷、检修项目和记录进行全面检查与验收。发现缺陷应及时消除，并提出检修后的验收报告。具备运行条件时，方可投入运行。

检查与验收工作除参照新安装蓄电池的验收项目外，还进行以下的检查：

（1）检查全部缺陷消除情况；

（2）检查所使用的酸、水化验结果是否合格。

二、阀控式蓄电池

1. 新安装验收的主要内容

（1）检查蓄电池室（专用柜）的布置、各项设施、施工质量（采暖设备、通风系统、门窗、母线及支架、上下水道、地面、天花板、照明等）是否符合要求。

（2）检查蓄电池的支架、位置固定状态，蓄电池的连接是否良好。

（3）检查蓄电池外壳有无破裂，有无渗液。

（4）检查设备有无防酸措施；检查蓄电池的位置、编号是否相符。

（5）检查高内阻万用表及专用工具等是否齐全。

（6）根据记录，检查蓄电池的各项参数（充入容量、放电容量、电压、密度等）是否合格。

2. 资料交接

验收时，施工单位应提交下列资料：

（1）充电装置的安装设计与电气接线图纸。

（2）蓄电池室的设计和施工图纸。

（3）蓄电池室的照明、采暖和通风装置等设计和施工图纸。

（4）制造厂的有关文件资料。

3. 仪表和备品交接

验收时，施工单位应提交下列仪表和备品：

（1）高内阻万用表。

（2）温度计2支，刻度为0～100℃。

（3）蓄电池的备品。

4. 大修后蓄电池的验收

检修后的验收应根据检修前存在的缺陷、检修项目和记录进行全面检查与验收。发现缺陷应及时消除，并提出检修后的验收报告。具备运行条件时，方可投入运行。

检查与验收工作，除参照新安装蓄电池的验收项目外，还进行以下的检查：

（1）检查全部缺陷消除情况。

（2）检查各连接部分的状态。

（3）检查各蓄电池的位置、固定状态和卫生情况。

（4）核对检修后蓄电池的各项参数是否合格。

5. 蓄电池组（集中组屏）、蓄电池组（组架式）安装的验收规范表

（1）蓄电池组（集中组屏）安装验收规范表如表Z11L2016Ⅱ-2所示。

表 Z11L2016Ⅱ–2　　蓄电池组（集中组屏）安装验收规范表

变电站：________ 额定电压：________ 运行编号：________ 型号：________ 制造厂：________
施工单位：________ 验收人员：________ 验收日期：________

一、设备验收					
序号	工序	检验项目	性质	质量标准	验收结论
1	蓄电池柜安装检查	外观检查		设备完好，清洁，无异常	
2		电池本体	重要	完好无破损，编号齐全	
3		蓄电池间距		蓄电池间距 15mm，与上层隔板间距不小于150mm	
4		电压、温度监测装置		设备及引线安装牢固	
5		接线	重要	整齐、层次分明、不重叠	
6		电池开路端电压测量		2V 蓄电池最大值与最小值误差≤30mV；12V 蓄电池最大值与最小值误差≤60mV	
7		浮充状态电池端电压测量		最大值与最小值误差≤50mV	
8		容量核对		按 I_{10} 放电电流，容量应达到 100%	
9				放电末期单体蓄电池的端电压不得低于 1.8V；充电末期，蓄电池的电压应达到设定电压；蓄电池室温度为 10～30℃	
10		绝缘电阻		电压为 220V 的蓄电池组不小于 200kΩ；电压为 110V 的蓄电池组不小于 100kΩ；电压为 48V 的蓄电池组不小于 50kΩ	
11		接地线		门与柜体之间应采用截面积不小于 $6mm^2$ 的多股软铜线可靠连接	
12	其他	电缆	主要	截面积符合要求	
13				电缆弯曲半径符合敷设要求	
14		电池编号		清晰，整齐	
15		室内温度		10～30℃	

二、资料验收			
序号	资料名称	张/份数	验收结论
1	安装及调整、检验、整定记录等电气装置交接记录		
2	设备出厂证明、试验报告		
3	设备现场开箱记录		
4	设备缺陷通知单、设备缺陷处理记录		
5	装箱单、质保书、合格证		
6	安装使用说明书、图纸、出厂试验报告、维护手册等技术文件		

三、验收总体意见	
总体评价	
整改意见	
验收结论	

（2）蓄电池（组架式）安装验收规范表如表 Z11L2016Ⅱ-3 所示。

表 Z11L2016Ⅱ-3　　蓄电池（组架式）安装验收规范表

变电站：________ 额定电压：________ 运行编号：________ 型号：________ 制造厂：________

施工单位：________ 验收人员：________ 验收日期：________

一、设备验收

序号	工序	检验项目	性质	质量标准	验收结论
1	蓄电池安装检查	外观检查		设备完好，清洁，无异常	
2		基础及通道		符合承载要求，高度 0.25～0.3m，通道宽度不小于 0.8m	
3				台架底层距地面 0.15～0.3m，整体高度不得高于 1.6m	
4		电池本体	重要	完好无破损，编号齐全	
5		蓄电池间距		蓄电池间距 15mm，与上层隔板间距不小于 150mm	
6		护栏		安装牢固	
7		电压、温度监测装置		设备及引线安装牢固	
8		接线	重要	可靠，整齐，层次分明，规范	
9		电池开路端电压测量		2V 蓄电池最大值与最小值误差≤30mV；12V 蓄电池最大值与最小值误差≤60mV（新安装的胶体电池可适当放宽）	
10		浮充状态电池端电压测量		最大值与最小值误差≤50mV	
11		容量核对		按 I_{10} 放电电流，容量应达到 100%	
12				放电末期单体蓄电池的端电压不得低于 1.8V；充电末期，蓄电池的电压应达到设定电压；蓄电池室温度为 10～30℃	
13	其他	电缆		截面积符合要求	
14				电缆弯曲半径符合敷设要求	
15		电缆通道		独立通道	
16		室内温度		10～30℃	

二、资料验收

序号	资料名称	张/份数	验收结论
1	安装及调整、检验、整定记录等电气装置交接记录		
2	设备现场开箱记录		
3	设备缺陷通知单、设备缺陷处理记录		
4	装箱单、质保书、合格证、进口报关单		
5	安装使用说明书、图纸、出厂试验报告、维护手册等技术文件		

续表

三、验收总体意见	
总体评价	
整改意见	
验收结论	

【思考与练习】

1. 防酸蓄电池组的验收内容有哪些？
2. 阀控式铅酸蓄电池组的验收内容有哪些？
3. 如何进行阀控式铅酸蓄电池大修后的验收？

第四十六章

蓄电池组的运行与维护

模块1　蓄电池的均衡充电（过充电）法（Z11L2017Ⅱ）

【模块描述】本模块介绍了均衡充电（过充电）法。通过操作方法的介绍，了解蓄电池组的维护知识。

【模块内容】

均衡充电是保证蓄电池容量和改善落后电池的一种有效方法，通过均衡充电将落后电池拉上来，保持蓄电池组的均压性。

为了补偿蓄电池在使用过程中产生的电压不均匀现象，使其恢复到规定的范围内而进行的充电，以及大容量放电后的补充充电，通称为均衡充电。

一、防酸蓄电池组

防酸蓄电池在运行中往往因为长期充电不足、过度放电或其他一些原因，使极板出现硫化现象。出现硫化现象的蓄电池在充电时，电压和密度都不易上升。为使蓄电池运行良好，如有下列情形之一者，需进行均衡充电：

（1）蓄电池已放电到极限电压，继续放电。

（2）以最大电流放电，超过了限度。

（3）蓄电池放电后，停放了1～2昼夜而没有及时充电。

（4）蓄电池极板抽出检查，清除沉淀物之后。

（5）电解液内混入杂质。

（6）个别电池极板硫化，充电时密度不易上升。

均衡充电，就是当发生上述现象时，在正常充电之后，再用10h放电率的1/2或3/4电流过充电1h，然后停止1h，如此反复进行，直到最后充电装置刚一合闸就产生强烈气泡为止，均衡充电才完成。

蓄电池在充电过程中，由于产生气体，使电解液中水分减少，因此液面有所降低。与此同时，硫酸虽然也有少许飞溅，但是损失极少，所以补充液面至原来高度时，只许加合格的纯水，切不可加酸。一年中，调整密度几次即可。当电解液密度低于1.215（温度为15℃）时，应首先查明密度降低的原因。除加水过多是原因之一外，电解液密度过低往往是由于过度放电，使极板硫化造成的。前者可按制造厂的要求，补加不同密度（通常为1.18～1.400）的稀硫酸来调整；而后者则须通过正常充电和过充电，消除极板硫化后，电解液密度即可还原。如密度高于1.215（温度为15℃）时，可补加纯水进行调整。

调整电解液密度的工作，应在正常充电或均衡充电之后进行。正常充电或均衡充电完成之后，先将电解液密度调至1.215±0.005（温度为15℃），然后用正常充电电流的一半再充电30min或1h，使电解液混合均匀。如果从各电池测得的密度之间仍有差别，应按照以上方法反复进行调整，直到蓄电池组的密度达到一致为止。这项工作最好在均衡充电的间歇时间内进行，因为进行均衡充电时，间歇时间长，充电次数多，可反复调整并能使电解液混合均匀。

二、阀控式蓄电池组

阀控式蓄电池出现下列情形之一者，需进行均衡充电：

（1）蓄电池已放电到极限电压后。

（2）以最大电流放电，超过了限度。

（3）蓄电池放电后，停放了1～2昼夜而没有及时充电。

（4）个别电池极板硫化，充电时密度不易上升。

（5）静止时间超过6个月。

（6）浮充电状态持续时间超过6个月时。

阀控式蓄电池充电采用定电流、恒电压的两阶段充电方式。充电电流为1～2.5倍10h放电率电流，充电电压为2.35～2.40V，一般选用10h放电率电流、2.35V电压。充电时间最长不超过24h。当充电装置均衡充电电流在3h内不再变化时，可以终止均衡充电状态自动转入浮充电状态。

【思考与练习】

1. 防酸蓄电池均衡充电的意义是什么？
2. 阀控式蓄电池如何进行均衡充电？

◢ 模块2　阀控式密封铅酸蓄电池的运行与维护（Z11L2018Ⅱ）

【模块描述】本模块介绍了阀控式铅酸蓄电池组运行与维护的方法。通过概念介绍和要点分析，掌握阀控式铅酸蓄电池组的基本运行维护知识。

【模块内容】

阀控式蓄电池的使用寿命与生产工艺和产品质量有密切关系，除了这一先天因素以外，对于质量合格的阀控式蓄电池而言，运行环境与日常维护都直接决定了其使用寿命。可见，正确合理的运行与维护对阀控式蓄电池显得尤为重要。

一、阀控式蓄电池对充电设备的技术要求

1. 稳压精度

稳压精度是指在输入交流电压或输出负荷电流这两个扰动因素变化时，其充电设备在浮充电（简称浮充）或均衡充电（简称均充）电压范围内输出电压偏差的百分数。阀控式蓄电池一般都在浮充电状态下运行，每只电池的浮充端电压一般在 2.25V 左右（25℃时）。

2. 自动均充功能

阀控式蓄电池需要定期进行均衡充电，所谓均衡充电就是在原有浮充电的状态下，提高充电器的工作电压，使每只电池的端电压达到 2.3～2.35V。阀控式蓄电池进行均衡充电的目的是为了确保电池容量被充足，防止蓄电池的极板钝化，预防落后电池的产生，使极板较深部位的有效活性物质得到充分还原。

阀控式蓄电池组由多只电池串联组成。由电工学理论可知，在串联电路中通过每只电池的电流是完全相同的，这些电能在充电时大部分使蓄电池有效物质还原；另一部分则在电池内部变成热能被消耗掉。因为每只蓄电池（特别是经过长期使用后的电池）内部的自放电和内阻不可能完全一致，经过一段时间的浮充电或储存，或者经过停电后由电池单独放电，会使每只电池的充电效率不可能完全一致，就会出现部分电池充电不足（出现落后电池）的现象，所以必须进行均衡充电。

3. 温度自动补偿功能

当环境温度在 40～45℃时，浮充电流约为 3000mA。

为了能控制阀控式蓄电池浮充电流值，要求充电设备在温度变化时，能够自动调整浮充电电压，也就是应具有输出电压的温度自动补偿功能。温度补偿的电压值，通常为温度每升高或降低 1℃，其浮充电压就相应降低或升高 3～4mV/只。

4. 限流功能

充电设备输出限流和电池充电限流是两个不同的功能。充电设备的输出限流是对充电设备本身的保护，而电池充电限流是对电池的保护。整流设备输出限流是当输出电流超过其额定输出电流的 105%时，整流设备就要降低其输出电压来控制输出电流的增大，保护整流设备不受损坏。而电池的充电限流是根据电池容量来设定的，一般为 $0.15C_{10}$(A) 左右，最大应控制在 $0.2C_{10}$(A)。整流设备限流电流为

$$I=N\times0.15\times C_{10}(\mathrm{A})+I_0$$

式中　N——浮充电电池并联组数；

C_{10}——电池额定容量，Ah；

I_0——负荷电流值，A。

5. 智能化管理功能

阀控式蓄电池是贫液式的密封铅酸蓄电池，其对浮充电压、均充电压、均充电流和温度补偿电压都要严格控制。因而对阀控式蓄电池使用环境的变化，均充的开启和停止、均充的时间、均充周期等进行智能化管理就显得非常必要。人们最关心的问题是阀控式蓄电池在充电时的容量饱和度、电池的剩余容量和使用寿命的检测判定。对阀控式蓄电池充电饱和度的控制有多种方法：

（1）充电终止电流变化率控制。

（2）电压—时间控制法。

（3）安时控制法。

对充电饱和度的控制一般以将电池容量充足而又不过充电为准则。

二、阀控式蓄电池的运行环境对使用寿命的影响

（一）温度对阀控式蓄电池寿命的影响

1. 温度影响电池使用容量

通常，电池在低温环境下放电时，其正、负极板活性物质利用率都会随温度的下降而降低，而负极板活性物质利用率随温度下降而降低的速率比正极板活性物质随温度下降而降低的速率要大得多。如在−10℃环境温度下放电时，负极板容量仅达到额定容量的 35%，而正极板容量可达到 75%。因为在低温工作条件下，负极板上的绒状铅极易变成细小的晶粒，其小孔易被冻结和堵塞，从而减小了活性物质的利用率。若电池处于大电流、高浓度、低温恶劣环境下放电，负极板活性物质中小孔将被严重地堵塞，负极板上的海绵状物可能就变成致密的 $PbSO_4$ 层，使电池终止放电，导致极板钝化。

2. 温度影响电池充电效率

倘若在低温下对阀控式蓄电池充电，其正、负极板上活性物质微孔内的 H_2SO_4 向外界扩散的速度因低温而显著下降，也就是扩散电流密度显著减小，而交换电流密度减小不多，致使浓差极化加剧，导致充电效率降低。另外，放电后正、负极板上所生成的 $PbSO_4$ 在低温下溶解速率小，溶解度也很小，在 $PbSO_4$ 的微细小孔中，很难使电解液维持最小的饱和度，从而使电池内活性物质电化反应阻力增加，进一步降低了充电效率。

3. 温度影响电池自放电速率

阀控式蓄电池的自放电不仅与板栅材料、电池活性物质中的杂质和电解液浓度有

密切关系，还与环境温度有很大关系。

阀控式蓄电池自放电速率与温度成正比，温度越高，其自放电速率就越大。在高温环境下，电池正、负极板自放电速率会明显高于常温下的自放电速率。在常温下，阀控式蓄电池自放电速率是很小的，每天自放电量平均为其额定容量的0.1%左右。温度越低，自放电速率越小，因此低温条件下有利于电池储存。

阀控式蓄电池自放电反应式如下：

（1）正极板自放电反应。

$$PbO_2+2H^++H_2SO_4+2e \longrightarrow PbSO_4+2H_2O$$

$$2H_2O \longrightarrow O_2+4H^++4e$$

从上式所给的正极板自放电反应式中可以看出，其自放电反应主要是析氧，伴随着析氧过程损耗 PbO_2 和 H_2O，因此在高温下正极板上自放电速率比负极板上自放电速率要大得多。

（2）负极板自放电反应。

$$Pb+HSO_4^- \longrightarrow PbSO_4+H^++2e$$

$$2H^++2e \longrightarrow H_2$$

4. 温度影响电池极板使用寿命

温度对电池极板使用寿命影响很大，尤其当阀控式蓄电池在高温下使用时，电化反应越剧烈，其自放电现象越严重，这样会导致正极板的使用寿命被缩短。

另外，阀控式蓄电池极板腐蚀速度及活性物质软化膨胀程度都随温度升高而增大。在以温度 T 为加速应力时，极板寿命 η 和温度 T（℃）的关系如下

$$\eta = A\mathrm{e}^{\frac{E}{KT}}$$

$$I_n\eta=I_nA+E/K_T$$

式中 E——活化能；

K——波尔兹曼常数；

A——常数。

上式称为Arrhenius（阿伦钮斯）方程，从式中可以看出，环境温度与极板使用寿命成反比，即环境温度越高，阀控式蓄电池的使用寿命就越短。阀控式蓄电池寿命与环境温度的关系曲线如图Z11L2018Ⅱ-1所示。

（二）过放电对阀控式蓄电池使用寿命的影响

所谓过放电就是指阀控式蓄电池在放电终了时还继续进行放电。

1. 阀控式蓄电池放电终了的判断

判断阀控式蓄电池组在放电终了时的标志主要有两个：

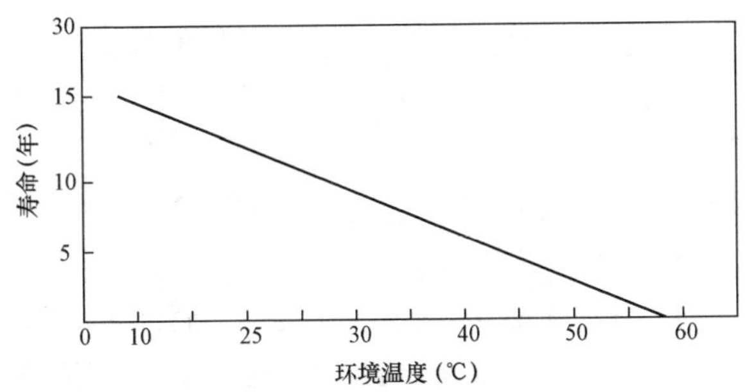

图 Z11L2018Ⅱ-1　阀控式蓄电池寿命与环境温度的关系曲线

（1）当阀控式蓄电池组在放电时，以放电端电压最低的一个电池为衡量标准，其端电压到达该放电小时率所对应的终了电压，这时就认为该蓄电池组的放电已经终了，必须立即停止该蓄电池组的放电。

（2）当阀控式蓄电池的放电容量已经到达该放电小时率的标称额定容量时，就认为该蓄电池组的放电已经终了，必须立即停止该蓄电池组的放电。

2. 过放电对电池极板的影响

过放电使正、负极板上生成的 $PbSO_4$ 结晶颗粒变粗，从而使电化学极化增大，导致极化电阻的增大。同时电解液密度随着过放电的深入而迅速减小，导致阀控式蓄电池内阻急剧增大。

根据欧姆定律，有

$$U=E-IR$$

式中　U——电池端电压，V；

E——电池电动势，V；

I——放电电流，A；

R——电池内阻，Ω。

由于内阻的急剧增大，会使电池内压降急剧上升，从而使端电压急剧下降。

另外，过放电所生成的 $PbSO_4$ 结晶颗粒变粗，会使极板膨胀，甚至变形。而这种粗颗粒的 $PbSO_4$ 结晶，在充电时不能完全还原成有效的活性物质 PbO_2（正极）和绒状 Pb（负极）。尤其是负极板中的活性物质将会发生硫酸盐化，导致电池容量降低。

3. 过放电容易造成电池反极

蓄电池在运行中是串联成组的，当电池过放电时，整组电池中就会有某只甚至几只电池不能输出电能，而不能输出电能的电池又会吸收其他电池放出的电能。由于整组电池是由每只电池串联起来的，这样吸收电能的电池就会被反向充电，造成电池极板的反极，导致整组电池的输出电压急剧下降。对电池而言，由于反极，在充电时正、负极板上原有的活性有效物质难以完全还原，使活性物质的有效成分减少，造成电池容量下降。

（三）过充电对阀控式蓄电池寿命的影响

充电所需的时间由蓄电池放电深度、充电电压的高低、限流值选择的大小和电池充电时的温度，以及充电设备的性能等因素决定。所谓过充电，就是电池被完全充电后，即正、负极板上的有效活性物质已经被完全还原，而仍继续充电。过充电的程度与充电电压和充电电流的大小成正比，同时也与充电的温度和充电时间成正比。

1. 过充电与电化反应

正常充电时的化学反应方程式为

$$PbSO_4 + 2H_2O + PbSO_4 \longrightarrow PbO_2 + 2H_2SO_4 + Pb$$

（正极）（电解液）（负极）（正极）（电解质）（负极）

当阀控式蓄电池的充电接近完全充电时的电化反应主要是水的电解，反应式为

$$2H_2O \longrightarrow O_2\uparrow +4H^{+}+4e$$

分析上述反应，正极上产生氧气的速度大于氧气通过负极进行氧复合成水的速度，随着正极氧气的溢出，使蓄电池内电解液中的水减少，电解液的密度增加，正极板栅腐蚀加剧。同时，由于过充电所产生的气体对极板活性物质的冲击，造成有效物质脱落，使极板容量减小。

2. 过充电与温升的关系

过充电会使阀控式蓄电池的温度很快升高。其主要原因是阀控式蓄电池内部存在氧循环，氧气与负极的复合过程中生成 PbO，并产生热能。阀控式蓄电池内部由于无流动的电解液，加之采用紧密装配，充电反应中产生的热量难以散发，容易导致电池温度升高，甚至会造成热失控。热失控将会使端电压急剧降低，危及安全供电，同时使电池迅速失水，使隔膜内电解液很快干涸，最终使电池失效。

（四）浮充电压对阀控式蓄电池使用寿命的影响

1. 浮充电压设置偏低的影响

浮充电压设置偏低，会影响电池容量饱和度。浮充电压偏低，时间长了就会造成电池的欠充，导致电池容量下降。当阀控式蓄电池放电后，由于浮充电压偏低造成充电不足，使正、负极板上的有效活性物质不能充分还原，影响了电池容量饱和度。

另外，如果浮充电压长期偏低，加上阀控式蓄电池的自放电，导致电池亏损，使正、负极板上的有效活性物质减少。如果不及时纠正，将会使正极板上的有效活性物质钝化，负极板上的有效活性物质硫酸盐化，造成电池容量迅速下降。

2. 浮充电压设置偏高的影响

浮充电压设置过高，会加剧正极板栅的腐蚀。板栅腐蚀速度与浮充电压成正比，

过高的浮充电压，会使阀控式蓄电池内盈余气体增多，影响氧再化合效率，使板栅腐蚀加剧，从而会使电池提前损坏。

3. 浮充电压与浮充寿命

阀控式蓄电池的使用寿命包括电池的充放电循环寿命和电池浮充寿命两个方面。电池的充放电循环寿命取决于极板的厚度、板栅材料以及制造工艺，这是先天质量所决定的。而浮充寿命直接由运行环境所决定，除了温度对浮充寿命有较大影响外，浮充电压同样对浮充寿命起到较大的作用。

4. 浮充电压与极板寿命

过大的浮充电压，必然导致较大的充电电流。由于正极周围析氧速率增大，一方面会使电池内盈余气体增多，使电池内压升高；另一方面，滞留在正极周围的氧会窜入正极板 PbO_2 内层，引起板栅氧化腐蚀。同时，活性物质小孔内 H^+骤增而提高了电解液浓度，使正极板腐蚀加速。板栅腐蚀会引起板栅变形而增长，造成活性物质与板栅剥离，缩短极板寿命。

5. 阀控式蓄电池容量测试

蓄电池容量就是指电池在一定放电条件下的荷电量。由于受密封结构所限，阀控式蓄电池不像普通铅酸蓄电池那样，可以观察电池内正、负极板的情况，测量电解液密度，除能测量端电压外，要想了解电池的实际荷电量，必须进行容量检测。

三、阀控式蓄电池的运行及维护

1. 阀控式蓄电池的运行及维护

（1）阀控式蓄电池组正常应以浮充电方式运行，浮充电压值应控制在 2.23～2.28V×*N*，一般宜控制在 2.25V×*N*（25℃时）；均衡充电电压宜控制在 2.30～2.35V×*N*。

（2）运行中的阀控式蓄电池组，主要监视项目为蓄电池组的端电压值、浮充电流值、每只单体蓄电池的电压值、运行环境温度、蓄电池组及直流母线的对地电阻值和绝缘状态等。

（3）阀控式蓄电池在运行中电压偏差值及放电终止电压值，应符合表 Z11L2018Ⅱ-1 的规定。

表 Z11L2018Ⅱ-1　阀控式蓄电池在运行中电压偏差值及放电终止电压值的规定

阀控式密封铅酸蓄电池	标称电压（V）		
	2	6	12
运行中的电压偏差值	±0.05	±0.15	±0.3
开路电压最大、最小电压差值	0.03	0.04	0.06
放电终止电压值	1.80	5.40（1.80×3）	10.80（1.80×6）

（4）在巡视中应检查蓄电池的单体电压值，连接片有无松动和腐蚀现象，壳体有无渗漏和变形，极柱与安全阀周围是否有酸雾溢出，绝缘电阻是否下降，蓄电池通风散热是否良好，温度是否过高等。

（5）阀控式蓄电池的浮充电电压值应随环境温度变化而修正，其基准温度为25℃，修正值为±1℃时 3mV，即当温度每升高 1℃，单体电压为 2V 的阀控式蓄电池浮充电电压值应降低 3mV，反之应提高 3mV。阀控式蓄电池的运行温度宜保持在 5～30℃，最高不应超过 35℃。

2. 阀控式蓄电池组的充放电

（1）恒流限压充电。采用 I_{10} 电流进行恒流充电，当蓄电池组端电压上升到 2.3～2.35V×N 限压值时，自动或手动转为恒压充电。

（2）恒压充电。在 2.3～2.35V×N 的恒压充电方式下，I_{10} 充电电流逐渐减小，当充电电流减少至 0.1I_{10} 电流时，充电装置的倒计时开始启动，当整定的倒计时结束时，充电装置将自动或手动转为正常的浮充电方式运行。浮充电电压值宜控制在 2.23～2.28V×N。

（3）补充充电。为了弥补运行中因浮充电流调整不当造成的欠充，根据需要可以进行补充充电，使蓄电池组处于满容量。其程序为：恒流限压充电——恒压充电——浮充电。补充充电应合理掌握，确在必要时进行，防止频繁充电影响蓄电池的质量和寿命。

（4）阀控式蓄电池的核对性放电。长期处于限压限流的浮充电运行方式或只限压不限流的运行方式，无法判断蓄电池的现有容量、内部是否失水或干枯。通过核对性放电，可以发现蓄电池容量缺陷。

1）一组阀控式蓄电池组的核对性放电。全站（厂）仅有一组蓄电池时，不应退出运行，也不应进行全核对性放电，只允许用 I_{10} 电流放出其额定容量的 50%。在放电过程中，蓄电池组的端电压不应低于 2V×N。放电后，应立即用 I_{10} 电流进行限压充电——恒压充电——浮充电。反复放充 2～3 次，蓄电池容量可以得到恢复。若有备用蓄电池组替换时，该组蓄电池可进行全核对性放电。

2）两组阀控式蓄电池组的核对性放电。全站（厂）具有两组蓄电池时，则一组运行，另一组退出运行进行全核对性放电。放电用 I_{10} 恒流，当蓄电池组端电压下降到 1.8V×N 时，停止放电。隔 1～2h 后，再用 I_{10} 电流进行恒流限压充电——恒压充电——浮充电。反复放充 2～3 次，蓄电池容量可以得到恢复。若经过 3 次全核对性放充电，蓄电池组容量均达不到其额定容量的 80%以上，则应安排更换。

3）阀控式蓄电池组的核对性放电周期。新安装的阀控式蓄电池在验收时应进行核对性充放电，以后每 2～3 年应进行一次核对性充放电，运行了 6 年以后的阀控式蓄电池，宜每年进行一次核对性充放电。备用搁置的阀控式蓄电池，每 3 个月进行一次补充充电。

四、阀控式蓄电池的巡视和检查

（1）运行中的阀控式蓄电池，电压偏差值及放电终止电压值，应符合表 Z11L2018 Ⅱ–1 的规定。

（2）在巡视中应检查蓄电池的单体电压值，连接片有无松动和腐蚀现象，壳体有无渗漏和变形，极柱与安全阀周围是否有酸雾溢出，绝缘电阻是否下降，蓄电池温度是否过高等。

（3）备用搁置的阀控式蓄电池，每 3 个月进行一次补充充电。

（4）阀控式蓄电池的温度补偿系数受环境温度影响，基准温度为 25℃时，每下降 1℃，单体 2V 阀控式蓄电池浮充电电压值应提高 3～5mV。

五、阀控式蓄电池的清洁工作

每次充电后应进行一次擦洗工作，每周要在蓄电池室内全面彻底进行一次清扫。

（1）用干净的布在 1%的苏打溶液中浸过之后，擦拭容器表面、木架、支持绝缘子和玻璃盖板，再把布用水冲洗至无碱性溶液之后，擦去容器表面、木架、支持绝缘子和玻璃盖板上碱的痕迹。擦布用过之后，洗净晾干，下次再用。

（2）用湿布擦去墙壁和门窗上的灰尘。

（3）用湿拖布擦去地面上的灰尘和污水。

【思考与练习】

1. 阀控式蓄电池组的巡视项目有哪些？
2. 温度的高低对阀控式蓄电池有什么影响？
3. 浮充电电压对阀控式蓄电池使用寿命的影响有哪几方面？

第四十七章

相控电源设备的安装与调试

模块 1　相控电源设备安装要求（Z11L2019Ⅱ）

【模块描述】本模块介绍了相控电源的安装。通过安装流程的介绍，熟悉相控电源安装的主要要求和注意事项。

【模块内容】

一、作业内容

（1）设备开箱并搬运到安装楼层。开箱过程中注意收集厂方附带的设备安装指导、技术文件及备品备件。安装充电柜、馈线柜时，按设计要求将屏柜安装到设计指定的位置，柜体应固定牢固安全。

（2）柜体之间的连接。一般由厂方提供柜体之间的标准连线，根据图纸对号连接，并保证连接接头牢固可靠。

二、危险点分析与控制措施

（1）搬运前应考察必经过道、楼层、保护室等环境，查看楼道各转角、楼层高度是否合适，是否有与运行设备相碰等安全问题。

（2）吊装前应对吊绳等工器具进行安全检查，对吊装物总质量准确评估。吊装过程有专人监护，吊装物下不得站人。

（3）搬运过程要合理安排人力，防止人员受伤。

（4）吊装人员应有上岗证和专业知识，禁止非专业人员从事吊装工作。

三、作业前准备

1. 工具及设备要求

（1）带电操作的工具应做好绝缘隔离措施。

（2）电钻、冲击钻等施工工具。

（3）导线压接专用工具及接头、电工刀、剥线钳等。

（4）如卷尺、水平仪、垂直仪、万用表等测量工器具。

（5）扎线、白头、白头编号打印机。

（6）安装使用的工具及设备如表 Z11L2019Ⅱ–1 所示。

表 Z11L2019Ⅱ–1　　安装使用的工具及设备

序号	仪器设备名称	量程（范围）	准确度	分辨率
1	游标卡尺	0～125mm	±0.02mm	0.02mm
2	钢直尺	0～1000mm		1mm
3	绝缘电阻表	0～500MΩ，1000V	1.0 级	0.1MΩ
4	工频耐压试验装置	0～5000V		
5	数字式万用表	DC 0～300V AC 0～1000V	±0.025% ±0.2%	10mV
6	分流器	100A/75mV	0.2 级	
7	分流器	300A/75mV	0.2 级	
8	波形记录仪	双通道	1 级	
9	水银温度计	0～50℃	二等	0.1℃
10	直流钳形表	0～50A	2.5%	0.1A
11	红外热像仪	0～250℃	1.5%	

2. 新设备开箱检验

（1）检查设备包装、本体是否有明显的物理损伤，如有损伤应进行评估是否影响设备的使用和运行，并与厂方交涉解决。

（2）对装箱清单所列设备进行清点，收集所有技术资料并登记保存。

（3）阅读设备安装要求，按厂方要求进行施工。

3. 环境要求

（1）检修现场应无可燃或爆炸性气体、液体，无引燃火种，否则应采取有效的防范措施。

（2）安装现场应具备可靠的施工电源及充足的照明。

四、操作步骤及质量标准

（一）直流系统允许停电时的安装步骤

1. 原直流柜拆除

（1）核对原直流柜各接线名称、正/负极性，并做好标记。

（2）断开原直流柜的交、直流电源。

（3）验明无电压后，拆除原直流柜接线，并做好绝缘处理。

（4）拆除原直流柜。

2. 新直流柜安装

（1）直流柜底部固定孔复制到槽钢基架，并打孔攻丝。注意尽量不要与原来的老孔冲突。打孔时注意选择直流柜底部孔中间位置，左右留有余地以便安装过程中微调柜体。

（2）直流柜安装就位，并可靠接地。

（3）接入直流柜内部连线及交流电缆。

（4）直流柜调试，并空载试运行。

（5）将直流出线电缆从临时直流柜接入新直流柜。

（二）直流电源系统不允许停电时的更换

（1）核对原直流柜各接线名称、正/负极性，并做好标记。

（2）临时直流电源系统的接线、调试。

1）根据直流负荷、电压等级要求选择合适的临时充电装置和足够容量、数量的临时蓄电池。

2）临时充电装置和临时蓄电池组接线、调试。

3）临时直流柜接线调试，并对绝缘监察、电压监察、闪光装置的报警功能进行试验。

4）直流柜各馈路接入临时直流柜。

5）将临时直流柜与原直流柜的母线电压调整一致，压差应不超过 5V。

6）按其他、合闸、控制、信号、保护的顺序拆接各馈路接线，具体倒换顺序应按现场实际情况确定。利用万用表电压挡和直流钳型电流表来判断电路状况，保证带电转接过程中电压极性正确、电压差符合要求、电流负荷已经转移。

7）环网的馈路应带电倒换；单回路允许停电的可直接停电倒换，不允许停电的应带电搭接。

8）带电电缆的接头应做可靠的绝缘包扎，并有表示回路名称和是否带电等记号。

9）临时直流转接柜的各馈路开关应做好标识。

（3）原直流柜的拆除。

1）断开原直流柜的交、直流电源。

2）拆除原直流柜接线。

3）测量交、直流，确认无电压，拆除原直流柜。

（4）新直流柜安装。

1）安装就位，并可靠接地。

2）接入新直流柜内部连线及交流进线电缆。

3）新直流柜调试，并空载试运行。

4）将直流出线电缆从临时直流柜接入新直流柜。

5）拆除临时直流电源系统。

（三）外观检验

（1）柜及设备的固定完整，接地可靠；门与柜体之间经截面积不小于 $6mm^2$ 的裸体软导线可靠连接；柜体与接地网之间应使用截面积不小于 $25mm^2$ 的铜导线可靠连接；外表防腐涂层应完好；设备清洁整齐。

（2）检查设备元件无明显的碰撞和损坏。

（3）装配接口无错位及松动。

（4）检查各连接线紧固状况良好，无松动小线，走线规范，无临时飞线。小线标识齐全。

（四）资料移交

安装工作完成后应移交下列资料：

（1）产品安装、使用说明书等出厂技术文件、资料。

（2）设计图纸。

（3）现场安装调试报告、图纸、备品备件移交清单等竣工文件和资料。

五、注意事项

（1）要仔细核对柜体之间连接电缆的截面是否符合设计规定。

（2）安装过程中要注意检查连接电缆的压接头不得有松动或压接不实等现象，发现问题应及时纠正。

（3）接头紧固时要注意力度适当，螺丝刀大小要和所紧固螺丝大小相配合。截面积小于 $3mm^2$ 的接线端子，要防止力量过大造成滑丝损坏；$6mm^2$ 以上的接线端子，要防止力量过小没有旋紧，造成大电流时接触不好而发热。

多股软线一定要套专用接头，以防止接线松弛，或细线散落在外造成短路。

（4）安装过程中需要焊接或切割时，应按有关规程规定，履行动火工作允许手续。

【思考与练习】

1. 新设备开箱检验的内容有哪些？

2. 直流柜不允许停电时更换安装的步骤是什么？

◢ 模块 2　相控电源设备调试前的准备（Z11L2020Ⅱ）

【模块描述】本模块介绍了相控电源调试前的准备。通过要点介绍，掌握相控电源调试前应准备的工作和报告表格。

【模块内容】

充电装置在安装完成后进行调试前必须做好两方面的准备工作：① 做好仪表、工具等的准备工作；② 要掌握使用仪表的基本技能及调试技能，熟悉作业指导书和调试报告等。

一、方案准备

（1）安装项目及进度。

（2）临时电源倒换的操作方案。

（3）检查项目和质量标准。

（4）工序控制内容及标准。

（5）必要的图纸和资料。

（6）组织、安全和技术措施。

二、人员准备

（1）工作负责人。

（2）足够的熟练操作人员。

（3）质量检验员（可兼职）。

（4）必要时应邀请制造厂的技术人员参加。

三、相控充电装置调试仪表准备

（1）数字万用表：4 位半万用表，周检精度合格且在有效期内。在直流调试中，测量交/直流电压、元器件电阻及二极管正向压降等。

（2）1000V 绝缘电阻表：用于测量设备绝缘电阻。

（3）大电流负载电阻：5A～20A/110V（或 220V）。

（4）示波器：检查纹波。

（5）三相交流试验电源：3kW 调压器，试验导线，用来做交流稳流、稳压、限流等试验。

（6）充电装置综合测试仪：测量纹波，稳压、稳流精度试验。

四、充电装置设备调试前准备

（1）检查充电装置已安装到位，充电装置和馈线柜主接线以及各信号线均已连接。

（2）设备已具备通电条件，有交流电源、蓄电池及电缆已接入充电装置。

（3）工作现场具备试验工作电源，无其他可燃、易爆物存在。

五、调试报告

调试报告的格式如表 Z11L2020Ⅱ–1 所示。

表 Z11L2020Ⅱ-1　　相控充电装置校验报告

序号	交接验收试验项目	标准要求	试验数据	试验结果
1	外观检查	结构、元器件、极性、配线工艺检查		
2	绝缘电阻测量	≥10MΩ		
3	工频耐压试验	2.0kV/1min		
4	电压调整功能试验	手动、自动调压功能		
5	稳流精度试验	≤±2		
6	稳压精度试验	≤±1%		
7	纹波系数试验	≤±1%		
8	限流及限压特性试验	限流、限压		
9	保护及报警功能试验	绝缘监测、电压监测、闪光报警、故障报警、蓄电池监测		
10	控制程序试验	正常充电、长期运行、均衡充电、交流中断		

【思考与练习】

1. 相控充电装置调试前准备的常规仪表有哪些？
2. 相控充电装置调试前应准备哪些工具？

模块 3　主电路与控制电路的调试（Z11L2021Ⅱ）

【模块描述】本模块介绍了相控电源主电路、各元件、控制电路与保护电路调试的相关内容。通过调试步骤的讲解，熟悉相控电源主电路与控制电路调试的要求和注意事项。

【模块内容】

一、装置介绍

相控电源装置主要由主电路及辅助控制电路、保护电路组成。其功能是完成AC/DC 整流、直流输出限压、直流输出限流，并具有故障保护及告警功能。

二、调试目的

通过对相控电源装置的调试，可以完成对相控电源装置绝缘性能的测试、电压调整功能的测试、稳压及稳流功能的测试、限压及限流功能的测试及整定，故障告警功能的测试及整定，确保相控电源装置的各项功能及性能指标均符合技术规范，保证相控电源装置的安全可靠运行。

三、危险点分析及控制措施

（1）防止人身触电。工作前，应明确带电部位，做好带电部位的绝缘包扎，不得有带电部分裸露现象，防止人身触电，保持与周围带电部分的安全距离。

（2）防止直流母线短路。检查直流输出是否短路。

（3）防止蓄电池回路短路。接入蓄电池前检查蓄电池与直流输出的极性是否正确。

四、测试前的准备工作

（1）检查相控电源装置内部接线是否有松动或损坏的现象。

（2）检查直流输出是否有短路情况。

（3）仔细阅读装置说明书，明确装置的额定输入电压、输出电压及输出电流。

（4）接入三相交流调压装置及必要的测试负载，并检查接线是否正确。

（5）确定调试项目。调试项目如表 Z11L2021Ⅱ-1 所示。

表 Z11L2021Ⅱ-1　　调 试 项 目 表

序号	调　试　项　目	调试内容或要求	备注
1	耐压及绝缘试验	在做耐压试验之前，应将电子仪表、自动装置从直流母线上脱离开。用工频 2kV 电压对直流母线及各支路进行耐压 1min 试验，应不闪络、不击穿	
		用 1000V 绝缘电阻表测量直流电源装置的直流母线及各支路的绝缘电阻，应不小于 10MΩ	
2	电压调整功能	应具有自动或手动调压功能	
3	充电装置稳流精度范围	稳流精度应不大于±2%	
4	充电装置稳压精度范围	稳压精度应不大于±1%	
5	纹波系数范围	纹波系数应不大于±1%	
6	限压限流	相控电源装置应具有限制直流输出电压及电流的功能	
7	报警功能试验	发生交流电压异常、母线电压异常、母线接地等故障时，应能发出相应声光报警信号	

五、调试步骤

（一）电气绝缘性能试验

1. 绝缘电阻

（1）试验前确定主回路上所有电子器件已经断开连接。

（2）用 1000V 绝缘电阻表对柜内直流母排和电压小母线进行绝缘测量，测试结果应满足整个二次电路对地绝缘电阻不小于 10MΩ，控制母线、动力母线对地绝缘电阻应不小于 10MΩ。

2. 工频耐压

（1）进行绝缘试验时，应使充电装置的主端子及所有半导体器件的阳极、阴极和控制极诸端子连接在一起，主电路中的开关器件和控制装置应处于闭合状态或被短路。将不能耐受试验电压的电器元件（如电子设备、电容器等）从电路中拆除。

（2）使用耐压测试仪以工频 2.0kV、耐压 1min 对以下部分进行测试。

1）非电连接的各带电电路之间；

2）各独立带电电路与地（金属框架）之间；

3）柜内直流汇流排和电压小母线，在断开所有其他连接支路时对地之间。

满足各测试部位应承受工频 2.0kV、1min 的耐压试验，无绝缘击穿和飞弧、闪络现象。

电气绝缘性能试验的试验等级如表 Z11L2021Ⅱ–2 所示。

表 Z11L2021Ⅱ–2　　绝缘试验的试验等级

额定绝缘电压 U_i 或额定工作电压交流均方根值或直流（V）	工频电压（kV）
$U_i \leqslant 60$	1.0
$60 < U_i \leqslant 300$	2.0

（二）电压调整功能试验

当蓄电池只数较多、合闸母线电压超过控制母线电压要求时，相控电源装置应加装母线电压调整装置，电压调整装置应具有手动和自动调整功能。

1. 手动电压调整功能试验方法

（1）空载情况下启动相控电源装置，观察相控电源装置直流输出应处于正常状态。

（2）手动调整电压调节器转换开关各个挡位，观察控制母线电压应随之相应调整，调整电压应满足调压装置性能要求。

（3）将调压装置转换开关设置到自动位置。

2. 自动电压调整功能试验方法

（1）空载情况下启动相控电源装置，观察相控电源装置直流输出应处于正常状态。

（2）手动调整相控电源装置输出电压，观察控制母线电压。当直流输出电压在装置额定电压以上时，控制母线应保持在额定电压工作；当直流输出电压在装置额定电压以下时，控制母线应与直流输出电压一致。

（3）将直流输出电压调整到额定电压位置。

（三）稳流精度试验

启动相控电源装置，调整三相交流调压器，使输入交流电压分别调整为 342、380、437V，相控电源装置直流输出电流分别调整为装置额定电流的 20%、50%、100%。相控电源装置直流输出电压在额定电压的 90%～130%范围内变化，测量对应的充电电流波动极限值并记录。

按下式计算稳流精度，其结果应符合 $\delta_i \leqslant \pm 2\%$的规定。

$$\delta_i=(I_m-I_z)/I_z\times 100\%$$

式中 δ_i——稳流精度；

I_m——输出电流波动极限值，A；

I_z——输出电流稳定值，A。

（四）稳压精度试验

启动相控电源装置，调整三相交流调压器，使输入交流电压分别调整为 342V、380V、437V，相控电源装置的直流输出电流分别调整为装置额定电流的 0、50%、100%。输出直流电压调整在额定电压值的 90%～130%范围内变化，实测电压波动极限值并记录。

按下式计算稳压精度，其结果应符合 $\delta_u \leqslant \pm 1\%$的规定。

$$\delta_u=(U_m-U_z)/U_z\times 100\%$$

式中 δ_u——稳压精度；

U_m——输出电压波动极限值，V；

U_z——输出电压稳定值，V。

（五）纹波系数试验

在稳压精度试验时，同时测量直流母线的交流分量有效值并记录。

按下式计算纹波系数，其结果应符合 $\delta_u \leqslant 1\%$的规定。

$$\delta_u=U_{ac}/U_z\times 100\%$$

式中 δ_u——纹波系数；

U_{ac}——直流电压含有的交流分量有效值，V；

U_z——直流电压平均值，V。

（六）限压及限流功能试验

1. 限压功能试验方法

将蓄电池或可变负载接入相控电源装置，启动相控电源装置，以稳流充电方式工作，使充电电压逐步上升并达到限压整定值。相控电源装置应能自动限制装置电压，自动转换为恒压运行方式。

2. 限流功能试验方法

将可变负载接入相控电源装置，启动相控电源装置，以稳压充电方式工作。调整输出电流使输出电流超过限流的整定值时，相控电源装置应能自动限制装置电流，并自动降低输出电压，输出电流值会降至整定值。

（七）告警功能试验

1. 熔断器告警功能试验

相控电源装置空载运行，人为设置或模拟任意一只熔断器动作时，应能发出声光告警信号。故障消除后，电源系统应能恢复工作。

2. 交流输入过、欠电压告警试验

相控电源装置空载运行，人为调整三相交流调压器，使相控电源输入电压逐步升高（或降低）。当电压达到相应规定值时，装置内告警继电器应动作，并发出声光告警信号。故障消除后，电源系统应能恢复工作。

3. 直流输出过、欠电压告警试验

相控电源装置空载运行，人为调整相控装置输出电压，使相控电源输出电压逐步升高（或降低）。当电压达到相应规定值时，装置内告警继电器应动作，并发出声光告警信号。

4. 接地故障告警试验

相控电源装置空载运行，人为制造接地故障，接地电阻选择在 20～25kΩ 之间，相控电源应能发出声光告警信号。接地故障消除后，电源系统应能恢复工作。

5. 本地信号与调度远方信号比对试验

调试过程中，应将“装置异常”“失电”等信号上传至调度，保证远方信号与现场一致。

6. 微型断路器和空气开关动作试验

各级直流开断设备应检查级差设置是否符合安措要求，并试验开关动作信号及上传功能。

六、测试结果分析和测试报告编写

将测试结果填入测试表格，并与标准值进行比较分析。对与标准值偏差较大的试验项目进行分析，查找原因。测试报告如表 Z11L2021Ⅱ–3 所示。

表 Z11L2021Ⅱ-3 测 试 报 告

序号	试验项目或定值名称	定值标准	实测值	结果
1	装置外观一般检查	合格		
2	绝缘电阻	≥10MΩ		
3	工频耐压	2kV		
4	电压调整功能	合格		
5	稳压精度	<±1%		
6	稳流精度	<±2%		
7	纹波系数	<1%		
8	限压及限流功能	合格		
9	告警功能	合格		

七、测试注意事项

（1）测试前应做好事故预想及其相应的应急处理预案。

（2）在工频耐压试验项目中，测试加压过程中人与设备要保持安全距离，并设有专人监护。

（3）交流输入过、欠电压保护调试中要注意：调整电压过程中要密切观察电压，不要使电压远超过设定值，以免电压失控过高造成设备损坏。

（4）注意测试负载的工作情况，避免过热或发生着火事故。

【思考与练习】

1. 调试相控电源装置时应做哪些调试项目？

2. 远方告警信号主要有哪些？

3. 某变电站直流系统额定电压为220V，实测交流分量有效值5V，请问该系统纹波系数是多少？

◢ 模块4 稳流稳压整定（Z11L2022Ⅱ）

【模块描述】本模块介绍了相控电源装置的过电压和过电流保护。通过定性分析和要点介绍，掌握稳压稳流装置的整定内容和要求。

【模块内容】

一、相控电源装置的过电压整定及保护

1. 设置过电压保护的目的

相控电源装置在稳压状态下运行时，一旦相控充电装置因为稳压调节环节故障而导致稳压失控，则会使充电装置输出过电压。如果输出电压过高会导致蓄电池过充电或直流负荷烧毁，所以相控电源装置应设置过电压保护功能。

2. 过电压保护的整定

相控电源装置的过电压整定原则是将输出直流电压限制在额定电压（阀控式蓄电池）的125%以内，整定步骤如下：

（1）确定相控电源装置已将稳压功能调整完毕。

（2）将相控电源装置空载运行，确定直流输出达到额定电压。

（3）调整稳压控制电位器，使直流输出电压达到额定电压的125%后稳定运行；再调整过电压整定电位器，使过电压保护放大器动作驱动过电压信号继电器动作；过电压信号继电器带动中间继电器动作，一路驱动交流输入回路接触器跳闸，充电装置停止工作，一路驱动过电压声光告警动作。当按下相控电源装置停止按钮后，过电压保护复归。

（4）将稳压控制电位器调整回额定位置。

二、相控电源装置过电流整定及保护

1. 设置过电流保护的目的

相控电源装置在稳流状态下运行时，一旦相控电源装置因为稳流调节环节故障而导致稳流失控，则会使相控电源装置输出过电流。如果电源装置输出电流过大，会导致蓄电池过充电或相控电源装置过载或烧毁，所以相控电源装置应设置过电流保护功能。

2. 过电流保护的整定

相控电源装置的过电流整定原则是将输出直流电流限制在额定电流的110%以内，整定步骤如下：

（1）确定相控电源装置已将稳流功能调整完毕。

（2）计算相控电源装置的额定电压与额定电流的比值，并取其80%左右为试验负载值。

（3）将负载接入相控电源装置，并启动相控电源，检查直流输出处于稳流状态运行。

（4）调整稳流控制电位器使直流输出电流达到额定电流的110%后稳定运行；调整过电流整定电位器，使过电流保护放大器动作，驱动过电流信号继电器动作；过电流信号继电器带动中间继电器动作，一路驱动交流输入回路接触器跳闸，使相控电源装置停止工作，一路驱动过电流声光告警动作。当按下相控电源装置停止按钮后，过电流保护复归。

（5）试验后应将稳流控制电位器调整回额定位置。

【思考与练习】

1. 如何整定相控电源装置过电压值？

2. 如何整定相控电源装置过电流值？

第四十八章

逆变器电源（UPS）的安装与调试

◢ 模块1　UPS设备的安装要求（Z11L2023Ⅱ）

【模块描述】本模块介绍了逆变器电源（UPS）安装场所的技术要求、安装前的检查、设备安装的技术要求。通过要点介绍，掌握逆变器电源（UPS）的安装要求。

【模块内容】

UPS安装质量的好坏直接影响UPS系统的正常运行，为了更好地发挥UPS电源性能，必须充分重视UPS电源的安装质量。一般由厂方提供柜体之间的标准连线，根据图纸对号连接。

一、危险点分析与控制措施

（1）搬运前应考察必经过道、楼层、保护室等环境，查看楼道各转角、楼层高度是否合适，是否有与运行设备相碰等安全问题。

（2）设备搬运时应小心轻放，搬运过程要合理安排人力，防止人员受伤。

（3）电缆接头连接应牢固。

（4）须按安全规程操作，检修电源必须有漏电保安器。

（5）请勿打开机盖，以免触电造成人员伤害及机器损坏。

二、作业前准备

1. 环境要求

（1）UPS可用专用安装房间，若和其他设备统一布置则应考虑设备间的抗干扰措施。

（2）安装UPS的场地应是水泥水平地面。若采用防静电活动地板，应特别注意地板的荷重是否符合要求，必要时采取加固措施。

（3）UPS的安装场地应清洁干燥，通风良好，温度、湿度适宜。UPS使用温度为0～40℃，厂家推荐工作温度为20～25℃。实际使用中，一般将温度控制在35℃以下，湿度控制在50%左右为宜。

（4）UPS应安装在没有导电尘埃、腐蚀性气体及离开热源的场所。

（5）为便于设备的维修及散热，UPS 的机柜四周应留有 0.5～1m 的空间。若 UPS 靠墙安装，机柜与墙之间的距离至少为 0.1m。

2. 设备开箱检验

（1）设备到现场后，应仔细打开包装箱；根据装箱清单认真检查备件是否齐全，检查设备有无损坏，内部紧固件及连接线是否有松动现象，对松动部分加以紧固。

（2）检查设备外观是否完好，有无在运输中损坏现象。

（3）检查收到的设备有无产品安装使用说明书、试验报告、产品三证等资料。

（4）检查插件及接线有无松动，若在运输中造成插件和接线的脱落，应对照有关资料核实编号再作恢复，以免因工作失误造成设备损坏。

三、安装步骤

（1）设备安装现场地面基础必须平整。

（2）各机柜要安装整齐、靠紧对齐，以保证柜间连接铜排准确对接。

（3）充电柜的安装：

1）安装就位，并可靠接地。

2）新充电柜内部连线及交流进线电缆接入。

3）新充电柜调试，并空载试运行。

（4）用电池连接线将各节电池依次串联，并将电池组的正、负极连接到蓄电池联络断路器的输入端（下端）上预留的导线上，注意蓄电池组正、负极不可接错。

（5）将各机柜顶部的母线铜排用柜间连接铜排连接起来。

（6）将机柜的接地铜排与现场的大地相连。

四、质量标准

UPS 及配件在出厂前已经过严格的检查和调试，其产品有详细的安装说明示意图和安装步骤。现场要注意外围设备的选择和正确的安装。

1. 配线电缆的技术要求

（1）UPS 的交流输入/输出电缆、逆变器的直流输入电缆、中型以上设备宜选用铠装电缆。

（2）UPS 配线的截面积必须足够大。

（3）安全接地线的线径一般为电力电缆的 0.5～1 倍；对于逻辑控制板接地线，可选用 $4mm^2$ 以上的多股电缆。

2. UPS 交、直流电源接线的技术要求

（1）UPS 逆变器直流进线的极性连接必须正确。

（2）三相 UPS 要保证交流工作电源、旁路电源和逆变器的相序一致。对于有相序要求的三相全控整流装置，其电源进线应为顺相序。

（3）单相UPS电源进线的相线和零线连接应正确，否则将会造成设备故障。尤其是单相进线的后备式UPS，若相线和零线接反，具有极性保护功能的用电设备或UPS将会导致整机不启动而进入保护状态。

（4）UPS有保证工作人员人身安全的接地线，还有为控制板提供参考地电平及防止附近设备产生干扰信号而影响UPS正常运行的逻辑控制板接地线。安装时，控制地线应采用专用管道敷设，不能同安全地线相连接。UPS的接地应与厂（站）的接地网连接。

【思考与练习】

1. 对UPS安装场所的技术要求有哪些？
2. UPS安装的技术要求有哪些？

模块2 UPS设备的调试运行（Z11L2024Ⅱ）

【模块描述】本模块介绍了UPS调试运行的相关知识。通过操作流程的介绍，掌握UPS调试技能。

【模块内容】

为保证变电站、发电厂的某些重要交流设备（如后台机、自动装置、变送器、通信设备等）能在市电停电后不间断工作，一般采用UPS作为主要解决方案，但UPS存在价格贵、维护量大、故障率高等不足。因此，近年来人们开始采用专为电力系统设计的电力专用UPS来代替常规UPS，其优势在于：电力专用UPS可与变电站、发电厂中的直流操作电源系统配套使用，挂靠220V/110V直流母线，直接利用直流操作电源系统中的大容量蓄电池，比常规UPS供电方案更节约投资费用，减少系统维护，降低系统运行成本。

电力专用UPS系统框图如图Z11L2024Ⅱ-1所示。

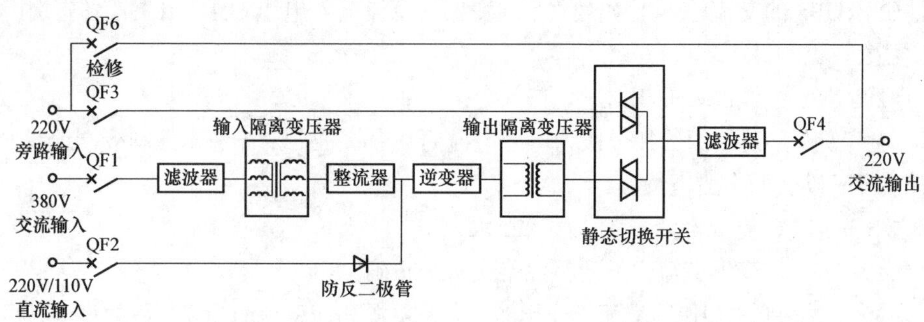

图Z11L2024Ⅱ-1　电力专用UPS系统框图

一、测试目的

测试 UPS 的目的主要是鉴定 UPS 的实际技术指标是否满足使用要求。UPS 的测试一般包括稳态测试和动态测试两类。本模块重点介绍常规测试项目。

二、危险点分析及控制措施

UPS 安装完毕后，即可通电试运行，具体要求如下：

（1）设备的绝缘和耐压应符合规定要求。

（2）通电前，再次检查 UPS 的安装是否符合设计规范，接线是否正确无误。

（3）检查工具、仪器、仪表是否到位，所准备的模拟负载是否符合现场要求。

（4）按送电——停电——复电的步骤检验设备动作是否正常。

（5）由设备向模拟负载供电，检验设备带负载后的运行状况。

三、调试前准备

仪器的仪表准备如表 Z11L2024Ⅱ–1 所示。

表 Z11L2024Ⅱ–1　　调试 UPS 所用仪器仪表

序号	名称	单位	数量	基本用途	备注
1	数字式万用表	台	2	电压、电流等测试及校准	
2	1000V 绝缘电阻表	台	1	绝缘电阻的测试	
3	介质击穿装置	台	1	工频耐压试验	

四、现场测试步骤及要求

（一）电气绝缘耐压性能测试

1. 检验内容

检验内容如表 Z11L2024Ⅱ–2 所示。

表 Z11L2024Ⅱ–2　　电气绝缘耐压性能测试记录

<table>
<tr><th>试验内容</th><th>测试仪器</th><th>技术要求</th><th colspan="2">测试结果</th><th>结论</th></tr>
<tr><td rowspan="3">绝缘电阻测量</td><td rowspan="3">1000V 绝缘电阻表</td><td>交流输入对地绝缘电阻≥10MΩ</td><td colspan="2">______MΩ</td><td rowspan="3"></td></tr>
<tr><td>交流输出对地绝缘电阻≥10MΩ</td><td colspan="2">______MΩ</td></tr>
<tr><td>交流输入对交流输出绝缘电阻≥10MΩ</td><td colspan="2">______MΩ</td></tr>
<tr><td rowspan="4">工频耐压试验</td><td rowspan="4">介质击穿装置</td><td rowspan="2">交流输入回路对地施加 2500V 交流电压 1min</td><td colspan="2">无飞弧，无击穿</td><td rowspan="4"></td></tr>
<tr><td>漏电流</td><td></td></tr>
<tr><td rowspan="2">交流输出回路对地施加 2000V 交流电压 1min</td><td colspan="2">无飞弧，无击穿</td></tr>
<tr><td>漏电流</td><td></td></tr>
</table>

2. 试验方法

（1）拆下接地铜排上的所有接地线（与机柜门及外壳相连的不要拆除），用绝缘胶布包好（或拔出避雷器、绝缘装置及其他接到接地铜排上的元件）。试验结束后恢复。

（2）检测交流输入对地（测试点选择交流输入端子的 U、V、W、N 与接地铜排）的绝缘电阻并记录数值。

（3）检测交流输出对地（测试点选择直流母线与接地铜排）的绝缘电阻并记录数值。

（4）检测交流输入对交流输出（测试点选择交流输入端子与交流母线）的绝缘电阻并记录数值。

（5）将交流输入端子的 U、V、W、N 短接，并对接地铜排施加 2500V 的交流电压 1min，记录漏电流值。

（6）将交流输出母排的 L、N 短接，并对接地铜排施加 2000V 的交流电压 1min，记录漏电流值。

（二）UPS 输出测试

1. 检验内容

检验内容如表 Z11L2024Ⅱ–3 所示。

表 Z11L2024Ⅱ–3　　UPS 输出测试记录

试验内容	技术要求	检查结果		
空载启动功能	直流正常供电或交流正常供电时，逆变器都能够正常启动，输出电压在 216～224V 的范围内	输出电压	交流供电	
			直流供电	
带载启动功能	直流正常供电或交流正常供电时，逆变器都能够满载正常启动，输出电压在 216～224V 的范围内	输出电压	交流供电	
			直流供电	
输出稳压精度	设备在空载运行和满载运行时，UPS 的输出电压应在 216～224V 的范围内	输出电压	空载	
			满载	

2. 测试方法

（1）空载启动功能试验。交流输入电压在 380V±15%的范围内，直流输入电压在 198～264V 的范围内，在不带负载的情况下，分别闭合交流输入开关和直流输入开关；待逆变器工作后，用数字万用表测量交流输出母线上的电压值，并记录。

（2）带载启动功能。交流输入电压在 380V±15%的范围内，直流输入电压在 198～264V 的范围内，将输出可调负载调节至满载，分别闭合交流输入开关和直流输入开关；待逆变器工作后，用数字万用表测量交流输出母线上的电压值，并记录。

（3）输出稳压精度。交流输入在 380V±15%的范围内，断开负载开关，并闭合交流输入开关；待逆变器工作后，用数字万用表测量交流输出母线上的电压值，并记录。闭合负载开关，并调节输出为满载，用数字万用表测量交流输出母线上的电压值，并记录。

（三）切换调试

1. 检验内容

检验内容如表 Z11L2024Ⅱ–4 所示。

表 Z11L2024Ⅱ–4 切换功能试验记录

试验内容	技术要求	检查结果	
交、直流切换试验	模拟交流输入和直流输入失电，系统输出无异常	是否合格	
本机切换功能	通过面板的“供电选择开关”，可正确控制逆变供电和旁路供电	是否合格	
监控切换控制	通过控制菜单，可正确控制逆变供电和旁路供电的切换	是否正常	

2. 试验方法

（1）交、直切换试验。交流输入电压在 380V±15%的范围内，直流输入电压在 198～264V 的范围内，旁路输入电压在 220V±10%的范围内，分别闭合和断开旁路开关 5 次，观察交流输出电压表，交流输出应无中断。

（2）本机切换功能。交流输入电压在 380V±15%的范围内，直流输入电压在 198～264V 的范围内，旁路输入电压在 220V±10%的范围内，通过面板的“供电选择开关”，分别选择 1 号交流供电和 2 号交流供电，面板的供电指示灯应正确转换至 1 号交流供电和 2 号交流供电。

（3）监控切换控制。交流输入电压在 380V±15%的范围内，直流输入电压在 198～264V 的范围内，旁路输入电压在 220V±10%的范围内，通过监控器的控制菜单分别设置逆变供电和旁路供电，面板的供电指示灯应正确转换至 1 号交流供电和 2 号交流供电。将控制菜单的切换控制选项恢复到“正常”状态。

（四）告警及空接点测试

1. 检验内容

检验内容如表 Z11L2024Ⅱ–5 所示。

表 Z11L2024Ⅱ–5 其他功能试验记录

试验内容	技术要求	检查结果
空接点测试	各空接点可以正确动作	

2. 试验方法

空接点试验。在系统正常的情况下，用数字万用表的蜂鸣挡分别测量各空接点端子，均为“断开”的状态，断开交流输入开关，用蜂鸣挡测量交流输入故障空接点，应为“短路”状态，闭合交流输入开关；断开直流输入开关，用蜂鸣挡测量直流输入故障空接点，应为“短路”状态，闭合直流输入开关；断开旁路输入开关，用蜂鸣挡测量旁路输入故障空接点，应为“短路”状态，闭合旁路输入开关；通过监控器控制逆变器关机，用蜂鸣挡测量逆变器故障空接点，应为“短路”状态，控制逆变器开机；断开交流输出总开关，用蜂鸣挡测量交流输出母线故障空接点，应为“短路”状态，闭合交流输出总开关。

五、注意事项

UPS 的开机与关机必须符合以下要求：

（1）检查交流输入的零线和相线，以及外接电池的电压大小、方向是否正确。

（2）先合电池输入开关，再合市电输入开关。

（3）做耐压试验时，升压应当从零开始，禁止在较高的试验电压以上进行冲击试验。试验时应均匀升压，升压速度为每秒 3%试验电压左右。升压过程中应监视电流的变化，当保护动作后，应查明原因，消除后再进行试验。

（4）交流耐压试验中，加至试验标准电压后，为了便于观察被检测对象的情况，同时也为了使已经开始击穿的缺陷及时暴露出来，要求持续 1min 的耐压时间。耐压时间不应过长，以免引起不应有的绝缘损伤，甚至使本来合格的绝缘发生热击穿。耐压时间一到，应速将电压降至输出电压的 25%以下，再切断电源，严禁在试验电压下切断电源。

【思考与练习】

1. 对逆变器（UPS）进行调试有哪些要求？

2. 试绘制电力专用逆变器（UPS）系统框图。

第四十九章

高频开关电源设备的安装与调试

模块 1　高频开关电源设备安装要求（Z11L2025Ⅱ）

【模块描述】本模块包含高频开关电源的安装及工艺要求，以及安装后对屏柜的验收检查。通过安装工艺的介绍，了解高频开关电源现场安装工作的基本要求。

【模块内容】

一、作业内容

（1）设备开箱并搬运到安装地点。开箱过程中注意收集厂方附带设备安装指导、技术文件、备品备件。按设计要求将充电柜、馈线柜安装到设计指定的位置，柜体应固定牢固、安全。

（2）柜体之间的连接线连接。一般由厂方提供柜体之间的标准连线，根据图纸对号连接，并保证连接接头牢固可靠。

二、危险点分析与控制措施

（1）搬运前应考察必经过道、楼层、保护室等环境，查看楼道各转角、楼层高度是否合适，是否有与运行设备相碰等安全问题。

（2）吊装前应对吊绳等工器具进行安全检查，对吊装物的总质量准确评估。吊装过程有专人监护，吊装物下不得站人。

（3）搬运过程要合理安排人力，防止人员受伤。

（4）吊装人员应有上岗证和专业知识，禁止非专业人员从事吊装工作。

三、作业前准备

1. 工具及设备准备

工具及设备准备见表 Z11L2025Ⅱ–1。

表 Z11L2025Ⅱ–1　　安装使用设备、工具及材料

序号	仪器设备名称	量程（范围）	准确度	分辨率
1	游标卡尺	0～125mm	±0.02mm	0.02mm
2	钢直尺	0～1000mm		1mm

续表

序号	仪器设备名称	量程（范围）	准确度	分辨率
3	绝缘电阻表	0～500MΩ 1000V	1.0 级	0.1MΩ
4	工频耐压试验装置	0～5000V		
5	冲击耐压试验装置	0～6000V		
6	数字式万用表	DC 0～100mV AC 0～1000V	±0.025% ±0.2%	10mV
7	电子秒表	0～60s～24h		0.01s
8	分流器	100A/75mV	0.2 级	
9	分流器	300A/75mV	0.2 级	
10	波形记录仪	双通道	1 级	
11	温度计	0～50℃	二等	0.1℃
12	便携式充电模块	110V（或 220V）	0.5%	
13	放电装置	10～40A	1%	
14	蓄电池内阻仪测试仪	0～1000mΩ	1%	
15	密度计	0～3g/cm^3	1%	
16	直流钳形表	0.0～50A	2.5%	0.1A
17	红外热像仪	0～250℃	1.5%	
18	数字纹波系数表	0～2000mV	1%	1mV
19	撬棒	4 根		
20	电钻、冲击钻			
21	卷尺、水平仪、垂直仪			
22	扎线、白头、白头编号打印机			
23	充电装置综合测试仪	110V（或 220V）直流	0.5 级	

2. 新设备开箱检验

（1）检查设备包装、本体是否有明显的物理损伤，如有损伤应进行评估是否影响设备的使用和运行，并与厂方交涉解决。

（2）对装箱清单所列设备进行清点，收集所有技术资料并登记保存。

（3）依据技术协议对屏柜尺寸、颜色、模块型号、模块数量、开关型号等充电装置配置要求进行核对，对技术协议规定的特殊要求进行重点检查。

（4）检查充电装置、直流屏柜内部安装工艺，如元件编号、开关名称、内部线路等是否规范和存在安全隐患。

（5）设备应符合 Q/GDW 061170301—2009《直流电源系统技术标准》中“5.3 结构和元器件”的要求。

（6）阅读设备安装要求，按厂方要求进行施工。

3. 环境要求

（1）检修现场应无可燃或爆炸性气体、液体，无引燃火种，否则应采取有效的防范措施。

（2）安装现场应具备可靠的施工电源及充足的照明。

四、操作步骤及质量标准

（一）直流系统允许停电时的安装步骤

1. 原直流柜拆除

（1）核对原直流柜各接线名称、正/负极性，并做好标记。

（2）断开原直流柜的交、直流电源。

（3）验明无电压后，拆除原直流柜接线，并做好绝缘处理。

（4）拆除原直流柜。

2. 新直流柜安装

（1）直流柜底部固定孔复制到槽钢基架，并打孔攻丝，注意尽量不要与原来的老孔冲突。打孔工艺应选择在直流柜底部孔中间位置，周围留有余地以便安装过程中微调柜体。

（2）直流柜安装就位，并可靠接地。

（3）接入直流柜内部连线及交流电缆。

（4）直流柜调试，并空载试运行。

（5）将直流出线电缆从临时直流柜接入新直流柜。

（二）直流电源系统不允许停电时的更换

（1）核对原直流柜各接线名称、正/负极性，并做好标记。

（2）临时直流电源系统的接线、调试。

1）根据直流负荷及电压等级要求，选择合适的临时充电装置和足够容量、数量的临时蓄电池。

2）临时充电装置和临时蓄电池组接线、调试。

3）临时直流柜接线调试，并对绝缘监察、电压监察、闪光装置的报警功能进行试验。

4）直流柜各馈线接入临时直流柜。

5）将临时直流柜的母线电压与原直流柜的母线电压调整一致，压差应不超过5V。

6）按其他、合闸、控制、信号、保护的顺序拆接各馈路接线，具体倒换顺序应按现场实际情况确定。利用万用表电压挡和直流钳形电流表来判断电路状况，保证带电转接过程中电压极性正确、电压差符合要求、电流负荷已经转移。

7）环网的馈路应带电倒换；单回路允许停电的可直接停电倒换，不允许停电的应带电搭接。

8）带电电缆的接头应做可靠的绝缘包扎，并有表示回路名称和是否带电等记号。

9）临时直流转接柜的各馈线开关应做好标识。

（3）原直流柜的拆除。

1）断开原直流柜的交、直流电源。

2）拆除原直流柜接线。

3）测量交、直流确认无电压，拆除原直流柜。

（4）新直流柜的安装。

1）安装就位，并可靠接地。

2）新直流柜内部连线及交流进线电缆接入。

3）新直流柜调试，并空载试运行。

4）将直流出线电缆从临时直流柜接入新直流柜。

5）拆除临时直流电源系统。

（三）外观检验

（1）柜及设备的固定完整，接地应可靠；门与柜体之间应使用截面积不小于 $6mm^2$ 的裸体软导线可靠连接；柜体与接地网之间应使用截面积不小于 $25mm^2$ 的铜导线可靠连接；外表防腐涂层应完好，设备应清洁整齐。

（2）检查设备元件无明显的碰撞损坏。

（3）装配接口无错位及松动。

（4）检查各连接线紧固状况良好，无松动小线，走线规范，无临时飞线。小线标志齐全。

（四）资料移交

安装工作完成后应移交以下资料：

（1）产品安装、使用说明书等出厂技术文件、资料。

（2）设计图纸及设计修改通知书。

（3）现场安装调试报告及蓄电池充放电记录、曲线、图纸、备品备件移交清单等竣工文件和资料。

五、注意事项

（1）要仔细核对柜体之间连接电缆的截面积是否符合设计规定。

（2）安装过程中要注意连接电缆的压接头不得有松动或压接不实等现象，发现问题应及时纠正。

（3）接头紧固要注意力度适当，螺丝刀大小要和所紧固螺丝大小相配合。截面积小于 $3mm^2$ 接线端子，要防止力量过大造成滑丝损坏；$6mm^2$ 以上接线端子，要防止力量过小而没有旋紧，造成大电流时接触不好而发热。

（4）多股软线接头一定要套专用接头，防止接线松弛或细线散落在外造成短路。

【思考与练习】

1. 新设备开箱检查有哪些内容？

2. 对安装工具有哪些要求？

3. 叙述直流系统允许停电时的安装步骤。

4. 叙述直流系统不允许停电时的更换步骤。

模块2　高频开关电源设备调试前的准备（Z11L2026Ⅱ）

【模块描述】本模块介绍了高频开关电源调试应准备的调试工具、调试仪表、调试报告以及调试项目等内容。通过要点介绍，掌握高频开关电源调试前应准备的工作和报告表格。

【模块内容】

高频开关电源充电装置在安装完成后进行调试前，必须做好两方面的准备工作：① 做好仪表、工具等的准备工作；② 要掌握使用仪表的基本技能及调试技能，熟悉作业指导书及调试报告等。

一、高频开关电源调试仪表准备

（1）钳形电流表：准备0～100A的交、直流钳形表，周检精度合格且在有效期内，用于测量直流恒流、限流、负载电流、交流输入电流等。

（2）数字万用表：准备4位半万用表，周检精度合格且在有效期内，在直流调试中测量交、直流电压、元器件电阻、二极管正向压降等。

（3）1000V绝缘电阻表：测量设备的绝缘电阻。

（4）大电流负载电阻：5A～20A/110V（或220V）。

（5）三相交流试验电源：3kW调压器，试验导线若干，用来做交流稳流、稳压、限流等试验。

（6）充电装置综合测试仪：测量纹波，稳压、稳流精度试验。

（7）电源线及电源板。

二、充电装置调试前准备

（1）检查充电装置已安装到位，充电装置和馈线柜主接线和各信号线均已连接。

（2）设备已具备通电条件，交流电源、蓄电池及电缆已接入充电装置。

（3）工作现场具备试验工作电源，无其他可燃、易爆物存在。

三、调试报告

调试报告内容见表Z11L2026Ⅱ-1。

表Z11L2026Ⅱ-1 调试报告内容

序号	交接验收试验项目	标准要求	试验数据	试验结果
1	外观检查：结构、元器件、极性、配线工艺检查	结构整齐、配线规范、元器件标识清楚		
2	绝缘电阻测量	≥10MΩ		
3	工频耐压试验	2.0kV，1min		
4	连续供电试验	≥90%U_n		
5	直流输出电压调节范围试验	90%～130%U_n		
6	电压调整功能试验	浮充N×2.25，均充N×2.30（不大于110U_n）		
7	稳流精度试验	≤±1		
8	稳压精度试验	≤±0.5%		
9	纹波系数试验	≤±0.5%		
10	并机均流试验	≤±5%		
11	限流及限压特性试验	限流、限压		
12	保护及报警功能试验	绝缘监测、电压监测、闪光报警、故障报警、蓄电池监测		
13	控制程序试验	正常充电、长期运行、均衡充电、交流中断		
14	显示及检测功能试验	实际值、动作值与设定值、测量值一致		
15	“三遥”功能试验	遥信、遥测、遥控		
16	降压硅链试验	手动、自动调压80%动作电压		

注 U_n为直流标称电压。

【思考与练习】

1. 简述高频开关电源调试前要准备的常规仪表有哪些。
2. 简述高频开关电源调试前要准备的工具有哪些。

模块3 充电模块的调试（Z11L2027Ⅱ）

【模块描述】本模块介绍了充电模块的调试要点和方法。通过作业流程的介绍，掌握充电模块的调试操作。

【模块内容】

一、装置介绍

高频开关电源模块是组成充电装置的最重要的基本部件，通常情况下所有模块均在监控器的控制下完成 AC/DC 整流任务，并在监控器控制下工作在浮充或均充状态。当监控器故障时，模块均能独立工作在浮充状态。

二、调试目的

高频开关电源模块的调试是充电装置等调试的基础，一般在充电装置安装完成后即可进行。这时充电模块的交流工作电源和模块的直流接插头及出线均已完成，可以分别将一个或多个模块插入模块位置进行模块调试。模块的测试有绝缘试验、输出电压调整、耐压试验、初步通电试验、过/欠电压试验、均流试验、软启动试验等项目，确保模块的性能指标符合技术规范，保证充电装置的安全可靠运行。

三、危险点分析及控制措施

（1）防止人身触电。工作前应明确带电部位，做好带电部位的绝缘包扎，不得有带电部分裸露现象，防止人身触电，保持与周围带电部分的安全距离。

（2）防止直流母线短路。模块与母线接头无松动或脱线现象，防止造成插口短路。

（3）防止接通电源时设备烧损。电源调节过程中注意电流和电压的变化，使电流、电压不超出控制范围。

四、测试前的准备工作

（1）模块外壳无损伤，四周无突出异物，平整光滑，应满足电力系统屏柜的安装要求。模块正面应朝向巡视者和操作者，应能带电更换。

（2）输入和输出接口没有脱落、受潮、松动现象，电流和电压显示屏完整，操作开关无滞卡，信号接插件完整，连接线无松动。

（3）模块的外壳应采用防锈蚀、防老化、防火、不产生有害气体且具有一定强度、不变形的材料制作。

（4）模块应设置报警信号。根据用户要求，模块正面可设置开/关机、均/浮充转换操作按键。操作按键应安装整齐牢固，信号灯的标识符号应正确、整齐、完整。

（5）模块背面应方便接线、行线和试验；交流输入电源、直流输出电源、通信接口等接线端子应正确完整，标识符号明确清晰。

（6）模块之间的连接及对外连接应采用接触紧固、不易松动的插头和抗干扰、能屏蔽的多芯连接电线及电缆。

（7）模块背面应有明显的接地标识，应通过屏柜可靠接地。

（8）多台模块安装时，应满足其通风散热的要求。

（9）相关部件应完好，回路连接应紧固。

五、测试步骤和要求

1. 绝缘电阻测试

（1）测量交流输入对外壳的绝缘电阻：停电情况下，将充电装置输入三相交流并接短路，手动将接触器接点合上，用1000V绝缘电阻表测量交流对地绝缘电阻，应大于10MΩ。

（2）测量直流输出对外壳的绝缘电阻：停电情况下，将充电装置直流输出的正、负端并接短路，用1000V绝缘电阻表测量直流对地绝缘电阻，应大于10MΩ。

（3）测量交流输入与直流输出：将充电装置输入三相交流并接短路，将充电装置直流输出正、负端并接短路，用1000V绝缘电阻表测量两短接点之间的绝缘电阻，应大于10MΩ。

2. 工频耐压

充电装置按照运行状态全部安装到位，在停电情况下，将充电装置输入三相交流并接短路；短接接触器两端；将工频耐压试验仪输出端接到交流输入端，另一点接地；缓慢施加电压，在电流上升过程中监视交流电流不得大于5mA，直到电压加大到2kV，维持1min，充电装置应无击穿现象。

3. 通电检查

确认交流输入正常、模块输入无短路、直流输出无短路后，将模块插入到位，开启充电装置交流电源、模块输入交流开关后，检查模块面板工作指示灯是否正常，风扇运转是否正常，有无杂音。

在通电试验过程中，要检查每个模块均有独立的保护开关，并与总电源交流开关有合理的级差配合；防止运行中发生某一块电源模块短路，造成总交流开关跳闸，使整个充电装置停电。

检查监控器和门限告警灯是否发出告警信号；如有告警，需检查输出设定值和告警设定值是否正确。

4. 模块输出电压调试

模块调试前应退出监控器与模块的联系，插入调试每个模块。调整模块输出电压为浮充电压值，并用仪表测量验证电压数值是否正确。

5. 交流输入过、欠电压保护

调试接线如图Z11L2027Ⅱ-1所示。

将三相调压器输出接入充电装置，接好监测交流电压表，合上交流电源后，调整输出电压到额定电压。充电机正常工作后，调低电压直到充电装置告警，记录告警电压值，此为交流欠电压值。恢复正常电压后，调高交流电压直到充电装置告警，记录告警电压值，此为交流过电压值。

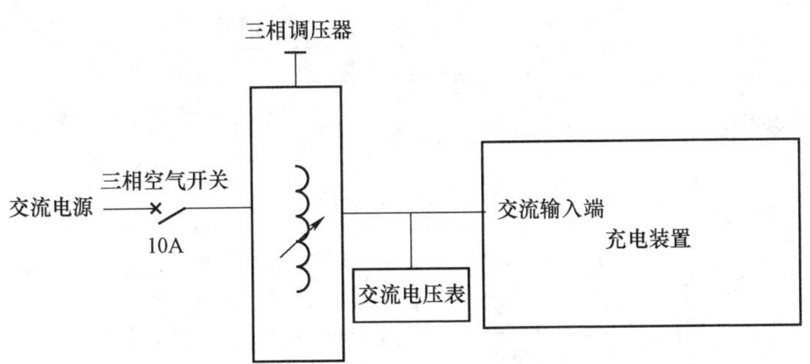

图 Z11L2027Ⅱ-1　过、欠电压保护试验接线图

过电压报警的同时整流模块应自动关机，当电网电压正常后，应能自动恢复工作（具体功能可参见制造厂说明）。

过、欠电压的数值应为±15%标称电压或根据厂方技术说明。

6. 模块均流检查

该项工作通常是在所有模块调试完成后进行。打开所有模块，使直流系统带 50%负载，均流不平衡度＜5%。均流不平衡度计算为

$$B = \frac{I - I_{av}}{I_N} \times 100\%$$

式中　B——均流不平衡度；

I——实测模块输出电流的极限值，A；

I_{av}——N 个工作模块输出电流的平均值，A；

I_N——模块的额定电流值，A。

7. 模块软启动功能试验

充电装置开机，检查直流电压是否缓慢建立，如直流电压缓慢建立，说明软启动正常；一开机就有直流电压输出，说明模块软启动有故障，需要进一步检查。对于模拟控制的电源模块，应重点检查监控器控制模块的电压是否缓慢建立，因为所有模块均为电压控制，这方面出问题是影响软启动的主要原因。对于数值控制的模块，可以减半区分检查。先关掉一半模块，开启充电装置交流看是否软启动，如果正常，则故障模块在另一半，依此类推直到找到没有软启动的模块。

软启动时间可根据用户设定，一般为 2～8s。

有的模块本身带有电流表和电压表，因此应对此表进行精度比对检查。测量方法是用经鉴定并在有效期内的 4 位半数字式万用表进行测量，经计算误差应符合精度要

求。误差计算为

$$引用误差=\frac{直流表显示值-标准表测量值}{直流表满度值}\times 100\%$$

或用符号表示成

$$\gamma_{\rm n}=\frac{\Delta\chi}{\chi_{\rm n}}\times 100\%$$

式中 $\gamma_{\rm n}$——应用误差；

$\Delta\chi$——绝对误差；

$\chi_{\rm n}$——表计满度值。

注意：标准表量程应选在接近满度值挡位。

8. 模块限流和短路保护检查

模块限流和短路保护试验接线如图 Z11L2027Ⅱ-2 所示。

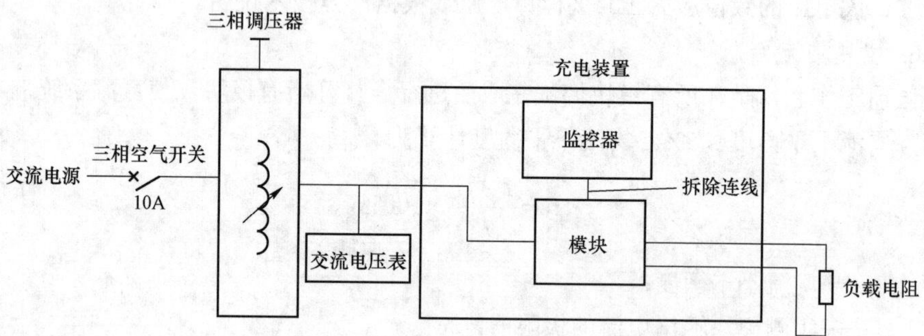

图 Z11L2027Ⅱ-2 模块限流和短路保护试验接线图

将单个模块插入充电装置，输出直流接上负载电阻。

电阻值和电阻功率分别为

$$R=\frac{U_{\rm N}}{2I_{\rm N}}$$

$$P=\frac{1}{2}U_{\rm N}I_{\rm N}$$

式中 $U_{\rm N}$——模块额定电压，V；

$I_{\rm N}$——模块额定电流，A。

合上交流电源，缓慢调节输出电压，模块输出电流缓慢上升，直到模块额定电流后应维持稳定不再升高，这就是模块的限流值。测量电流并记录，同时测量电压应小于额定电压。

输出电流应达到最大输出电流。

9. 模块纹波试验

鉴于现场条件的限制和可用手段，模块纹波试验可逐个模块进行。

（1）插入单个模块，退出蓄电池后用蓄电池放电负载充当直流负载（不能使用载波原理放电负载），使负载电流达到模块额定电流。用数字万用表测量负载两端的交流电压，应小于纹波技术指标。

（2）即便模块纹波满足要求，还需要比较模块一致性，对于纹波电压高于平均值很多的模块应更换。主要是为了防止模块内部电解电容品质不良，在运行中失效给直流系统带来不良影响。

（3）直流系统带负载后测量的纹波电压，实际上已经包括负载的影响。运行经验证明，如果纹波电压大于300mV，应进一步检查直流负载的影响，尤其是大功率负载如UPS和事故照明逆变等。

六、测试结果分析和测试报告编写

（1）将测试结果填入测试表格，并与标准值进行比较分析。对与标准值偏差较大的试验项目进行分析，查找原因。调试报告标准值如表Z11L2027Ⅱ-1所示。

表Z11L2027Ⅱ-1　　模块调试报告标准值

序号	试验项目或定值名称	定值标准	说明
1	模块外观一般检查	合格	
2	直流输出对外壳绝缘	≥10MΩ	1000V 绝缘电阻表
3	交流输入与直流输出	≥10MΩ	1000V 绝缘电阻表
4	模块输出电压	≥10MΩ	1000V 绝缘电阻表
5	模块过电压告警值	112.5%U_N	无降压硅链
6	模块欠电压告警值	100%U_N	无降压硅链
7	模块均流最大值	＜5%	
8	模块软启动功能试验	≥0.5s	每个模块应一致
9	模块稳压精度试验	＜0.5%	有条件做
10	模块限流精度试验	＜1%	有条件做
11	模块纹波系数试验	＜0.5%	带100%负载
12	表计精度核对	＜0.5%	根据各表计精度
13	保护及报警功能试验	合格	根据模块的功能做

（2）仔细核对厂方产品说明书，是否遗漏专项特殊功能试验，并补充完成。

七、测试注意事项

（1）在进行工频耐压试验时，测试加压过程中人与设备要保持安全距离，并设有专人监护。

（2）在模块输出电压调试过程中，模块电压输出值浮充电压一般为 2.23～2.27V 乘以蓄电池只数，具体数值应严格遵循厂方推荐的蓄电池浮充电压推荐值。

模块输出电压一定要调试准确和一致，这样可以保证模块的均流特性。

（3）交流输入过、欠电压保护调试要注意：调整电压过程中，要密切观察电压不要使电压远超过设定值，以免电压失控过高造成设备损坏。

【思考与练习】

1. 如何选择模块限流调整负载电阻值（110V 系统）？

2. 模块输出电压值如何确定？

模块 4 表计校准（Z11L2028Ⅱ）

【模块描述】本模块介绍了直流充电装置、馈线屏、电池巡检仪的精度试验。通过概念描述和要点介绍，掌握仪表校准的工艺。

【模块内容】

一、直流系统仪表的特点

直流系统表计品种相对较少，按照功能分类，主要有交流电压表、直流电压表、交流电流表、直流电流表、纹波表等。直流柜表计的发展越来越趋向于数字化仪表，甚至于将测量数字集中在监控器的显示屏上显示。即便如此，指针式电压电流表由于其结构简单，稳定可靠，还占有一定的市场份额。

仪表数字化带来的另一个特点是智能化仪表，即数字仪表的内核由单片计算机组成。仪表除了可以显示电压、电流等参数外，还具备通信接口，可与其他计算机控制系统相连进行数据通信，替代传统意义上的变送器进行电压和电流的采集。数字仪表的广泛应用提高了测量精度、运行稳定性和测量可靠性。

二、测量误差概述

测量误差有系统误差、随机误差、粗大误差三类。现场测量误差大都是随机误差和粗大误差。

1. 测量的定义

测量是通过物理实验的方法，把被测量与其同类的单位量进行比较的过程，或者说为确定被测对象的量值而进行的试验过程。

2. 测量的过程

测量的过程一般分为下面 3 个阶段：

（1）准备阶段。首先要明确测量的内容，例如进行电流或电压、功率等的测量，通过测量达到什么目的，然后确定测量方法及选择合适的测量仪器。

（2）测量阶段。在测量仪器具备所必需的测量条件下进行测量，按规范进行操作，认真记录测量数据。

（3）数据处理阶段。根据记录的数据进行数据处理，求得测量结果或测量误差，从而达到测量的目的。

三、测量方式和测量方法的分类

1. 直接测量法

直接测量法可以从实际数据中获得测量结果，也就是用直读式的或比较式的量具对被测量进行测量，从而得到被测量的值。例如用电压表测量电压、用电流表测量电流等。

2. 间接测量法

间接测量法是通过对与被测量有函数关系的其他量的测量，得到被测量值的测量方法。例如：用电位差计测量直流电流，就是通过电位差计测量电流在电阻两端的电压降，从而获得电流值。

3. 组合测量法

组合测量法是直接测量与被测量具有一定函数关系的某些量，根据直接测量和间接测量所得的数据，解一组联立方程而求出各未知量值来确定被测量的大小。

四、直流柜仪表现场校验一般方法

1. 比对校验法

选用比被校仪表高一精度的表作为标准表，并联测量被校表测量值，记录标准表读数 x_0 和被校表读数 x，计算误差是否与表计精度相符合。

直流柜表计采用应用误差考核，引用误差定义为

$$\text{引用误差} = \frac{\text{绝对真误差}}{\text{测量上限}} \times 100\%$$

测量过程中绝对误差计算公式为

$$\Delta x = x - x_0$$

式中 Δx——绝对误差；

x ——被测量表显示值；

x_0 ——标准表显示值。

被测仪表精度计算公式为

$$\gamma=\frac{\Delta x}{x_0}\times100\%\approx\frac{\Delta x}{x}\times100\%$$

式中 x——被测量表计的满度值。

2. 现场测量注意事项

（1）防止粗大误差。粗大误差是测量人员不正确的行动造成的。例如：温度的突变，电源的不稳定，测量人员选用了不合格的仪器、不正确的接线，读错、记错、算错数据等。含有粗大误差的测量结果称为坏值，应予以剔除。

（2）减小环境、人员误差。现场一般使用的电压表和电流表应避免用大量程挡去测量小的电气值。例如：将电压挡放在 1000V 而测量的对象却只有 100V，误差就会增大。量程选择要适当，尽量让测量值显示在挡位的 2/3 以上，这样可以最大限度地发挥仪表的精度，提高测量准确性。

五、标准表计选择

根据校验仪表规程，标准表要比被校表在精度上高一个等级。目前，仪表精度等级有 0.1、0.2、0.5、1.0、1.5、2.0、2.5、5 级。也就是说，0.5 级仪表要用 0.2 级及以上的表作为标准表才能进行校验。

【思考与练习】

1. 0.5 级直流电压表，现使用 4 位半数字万用表进行比对校准，是否可以？

2. 描述误差产生的类型。

3. 测量对象为 116V 电压，测量时表计应该用 1000V 电压挡还是 200V 电压挡？为什么？

模块 5 限流调整（Z11L2029Ⅱ）

【模块描述】本模块介绍了充电装置限流调整。通过原理讲解，掌握现场操作中限流调试的方法。

【模块内容】

充电装置限流调整是设定输出总电流最大值，防止过大的短路电流损坏充电装置和模块，该定值一般在监控器中设置。其电流采样从充电装置直流输出通过霍尔传感器获取，霍尔传感器将电流信号转换成 0～5V 标准电压信号并传输到监控器；同时，隔离霍尔传感器与直流回路的电气连接，如图 Z11L2029Ⅱ-1 所示。

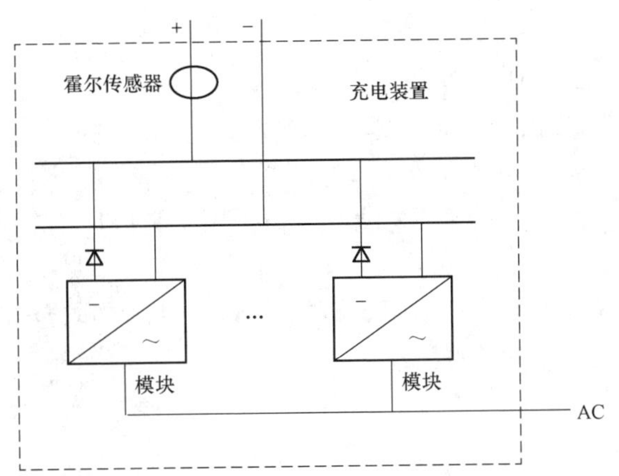

图 Z11L2029Ⅱ-1　充电装置中的霍尔传感器

监控器根据霍尔传感器的电压控制充电装置输出电压，达到限制最大输出电流的目的。

通常，霍尔传感器传输比为 200A/5V。有 4 根连线，正极和负极分别接+12V 和-12V，G 为地电位，M 为输出点。当传感器中的电流为零时，调整“零点”电位器，使 M 端对地电位 G 输出为 0V；当电流等于 200A 时，调整“增益”电位器使输出电压为 5V，如图 Z11L2029Ⅱ-2 所示。

现场可能缺乏获得大电流的条件，可以用小电流比对检验霍尔传感器的精度。如输出电流 25A，霍尔元件对应输出 0.625V。

在监控器上设置输出电流值，如图 Z11L2029Ⅱ-3 所示。

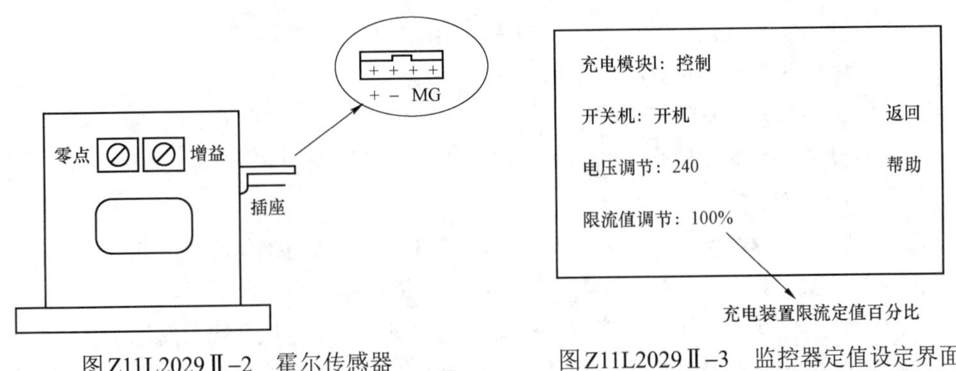

图 Z11L2029Ⅱ-2　霍尔传感器

图 Z11L2029Ⅱ-3　监控器定值设定界面

有的监控器将限流值直接用电流值设定，结果都一样。百分比设置能更全面地反映电流的状况。

【思考与练习】

1. 霍尔传感器是否与电气回路直接相连？

2. 霍尔元件采集电流有什么优点？

◢ 模块6 微机监控器的调试（Z11L2030Ⅱ）

【模块描述】本模块介绍了微机监控器的调试内容和调试方法。通过操作流程的介绍，掌握微机监控器的调试技能。

【模块内容】

一、装置介绍

微机监控器作为充电装置和直流柜内的智能控制管理单元，主要采集运行过程中直流系统电压和电流数据，监控故障信息，并根据充电装置设定的各项参数实时调控。监控装置可对采集的信息综合处理、分析，判断直流系统的运行状况，实现智能化控制，从而提高直流系统运行的可靠性。监控装置具有良好的人机对话界面，通过该界面可设定充电装置的运行参数，并获取运行数据及详细的告警信息。

微机监控装置还可通过自身的通信接口，按照一定的通信规约与站内自动化进行通信，对各种信息进行遥测、遥信、遥调和遥控。

二、调试目的

监控器的调试主要达到以下目的：

（1）过、欠电压功能的检查和定值设定。

（2）设定蓄电池充电电流的恒流定值。

（3）调试各类接点告警信号（以站内自动化信号监控为目的）。

（4）监控器与自动化监控的通信调试。

（5）检查装置自身绝缘性能。

（6）设定监控器监控画面的各类参数，检查监控管理功能。

三、危险点分析

（1）防止人身触电。工作前应明确带电部位，做好带电部位的绝缘包扎，不得有带电部分裸露现象，防止人身触电，保持与周围带电部分的安全距离。

（2）防止直流电源短路。接头无松动或脱线现象，以免造成插口短路。

（3）防止接通电源时设备烧损。确认装置的工作电压，电源接线应准确无误、极性准确。

四、测试前准备工作

（1）阅读监控器功能说明书及遥信接入信息量对照表。

（2）检查接点告警信号电缆已接入自动化系统。

（3）检查遥测 RS–485 通信电缆已接入自动化系统。

（4）准备 4 位半及以上数字式万用表。

（5）准备大小各型螺丝刀、剥线钳、电工刀、电工胶带等。

（6）编写监控器调试报告。

（7）接头接线无松动或脱线等现象。

五、现场调试步骤及要求

（一）检查监控器面板通电后的显示状况

机内是否有异味，显示是否正常，检查出厂设置原始值或出厂设置是否按照技术协议规定设置。

（二）过、欠电压告警调试

1. 过电压告警值的设定和调试

如果直流系统采用双母线结构（合闸母线和控制母线），则应分别设置合闸母线和控制母线的过电压值。对于控制母线的过电压定值应取 110%U_N，通常蓄电池均充时控制母线最高电压不允许超过 110%U_N；合闸母线的过电压定值设定应大于蓄电池均充电压。

定值设定完成后，应对定值的正确性进行试验，具体有以下两种方法：

（1）将充电装置的浮充输出电压定值设定得比过电压告警定值高 1V，用标准电压表监视输出电压值，同时看监控器是否告警，站内信号是否告警。如果监控器当地告警而站内信号没有告警，应检查告警电缆接线是否正确，直到过电压告警在监控器和站内信号全部正常，并做调试记录。

注意：过电压告警试验完成后应立即将浮充输出电压恢复正常。

（2）将模块控制总线退出，独立调高模块输出电压，同时用标准电压表进行监控，记录告警电压值，并做调试记录。

同样应注意：过电压告警试验完成后应立即恢复正常。

充电装置在已带负荷情况下，当需要检查过电压告警输出回路是否正常时，可以采用的方法是：将过电压告警设定值设定得比浮充电压低，检查告警信号输出是否正常。

2. 欠电压告警值的设定和调试

欠电压告警值是对母线电压异常过低情况的监控，欠电压发生时除了包含充电装置输出电压低这一事实外，还包括充电装置交流失电造成的低电压。通过对监控装置中的欠电压告警值的设定，使当母线电压超出正常工作范围时，由继电器接点发出告警信号，该信号出现时必须立即进行处理，以避免蓄电池长时间放电造成直流母线失压。

如果直流系统采用双母线结构（合闸母线和控制母线），则应分别设置合闸母线和控制母线的欠电压值。对于控制母线的欠电压定值一般取 90%U_N，合闸母线的欠压定值可设定为蓄电池浮充电压值的 90%。

单母线结构蓄电池与控制母线直接相连，正常运行电压一般在 105%U_N 左右。实际欠电压值的整定可以根据运行情况确定，例如：现在许多变电站均采用集控模式，受控站和集控站的距离较远，这时如果按照常规的 90%U_N 来设定，往往发生欠电压告警时蓄电池容量已经放电差不多了。以 110V 为例，通常采用 52 只蓄电池，每只蓄电池的浮充电压为 2.25V，蓄电池控制母线电压为 117V，蓄电池放电到 1.9V（90%U_N）时实际蓄电池容量已近放完。当运行人员得到信号赶到现场处理故障时，留给工作人员的处理时间已经不多了，因此欠电压的告警设定一定要留有余地，以给处理故障留有充足的时间。在上述运行工况中，将欠电压告警值设定为 110V，运行中也不会发生误报情况。当蓄电池放电时，一般负载条件下放电很短时间就告警了，这样给处理事故提供了充足的时间，保证了直流电源的可靠运行。

定值设定完成后，应对定值的正确性进行试验验证，具体有以下两种方法：

（1）将充电装置的浮充输出电压定值设定得比欠压告警定值低 1V，用标准电压表监视输出电压值，同时看监控器是否告警，站内信号是否告警。如果监控器当地告警而站内信号没有告警，应检查告警电缆接线是否正确，直到欠压告警在监控器和站内信号全部正常该项目才完成，并做调试记录。

注意：欠压告警试验完成后立即将浮充输出电压恢复正常。

（2）将模块控制总线退出，独立调低模块输出电压，同时用标准电压表进行监控，记录告警电压值，并做调试记录。

注意：欠压告警试验完成后应立即恢复正常。

充电装置在已带负荷情况下，当需要检查欠电压告警输出回路是否正常时，可以采用的方法是：将欠压定值设定得比浮充电压高，检查告警信号输出是否正常。

无降压硅直流系统的电压设定如表 Z11L2030Ⅱ-1 所示。

表 Z11L2030Ⅱ-1　　无降压硅直流系统告警设定值

直流系统电压	110V	220V
过电压告警值	125V	245V
欠压告警值	110V	220V

（三）蓄电池熔丝熔断告警调试

熔丝故障告警是利用熔丝熔断后的弹力触动微动开关告警。在调试蓄电池熔丝告警时，可以直接用手按动微动开关来检验蓄电池熔丝熔断信号是否正常。

在调试中还要注意熔断触头与微动开关位置是否相对，以避免位置没有对准微动触点造成不告警。

（四）交流失电告警调试

将输入的 2 路交流分别拉开，检查监控装置是否发出交流失电告警，自动化后台告警是否正常。

（五）综合告警信息（充电装置异常）的调试

（1）模块故障。调试中可将模块的交流开关拉开，检查模块故障信号是否发出。

（2）避雷器故障。将避雷器模块拔出，检查避雷器告警是否正常。

（3）馈线开关跳闸。在任一个空气开关的侧面试验小孔中用小针拨动空气开关跳闸，发出告警信号，检查微机监控装置的告警信号是否发出。试验中要注意，人工操作开关到分闸的位置是不会报警的，只有故障跳闸告警接点闭合。

（4）表计故障。将表计的 RS–485 总线拔出，检查监控装置告警是否正常。

（5）交流缺相告警。拉开一相交流，检验微机监控装置的缺相告警信号是否发出。

（6）三相电压不平衡。用单相调压变压器降低其中一相电压，直到告警输出。

（7）微机监控装置故障。将微机监控装置的工作电源拔掉，应有监控装置告警输出。

（六）充电装置限流的调试

充电装置限流包括单模块输出限流、充电装置输出总限流、蓄电池充电限流。限流的调整有通过人机对话界面进行定值设置和通过硬件电路调整直接完成两种类型。其中，通过人机对话界面设置完成限流功能，设置方便简单，但限流速度没有硬件快；硬件限流有独立的硬件电路，但电路结构较复杂。

蓄电池深度放电和交流长时间停电后，充电装置恢复工作将对蓄电池进行充电。由于此时蓄电池容量放出较多，蓄电池的端电压明显下降，充电必须限流充电，电流值为 I_{10}。

（七）微机监控装置运行管理的调试

1. 充电模块管理调试

充电模块通过串行总线接受监控器的监控，实时向监控器传送工作状态和工作数据，并接受监控器的控制。监控的功能有：

（1）遥控充电模块的开/关机及均/浮充；

（2）遥测充电模块的输出电压和电流；

（3）遥信充电模块的运行状态；

（4）遥调充电模块的输出电压。

微机监控装置通过对充电模块的管理，实现对蓄电池浮充和均充状态的管理。平时充电装置对蓄电池进行长期浮充，定时均充一般设置为3～6个月进行一次，对这个过程调试中设置最短时间进行试验并观察记录。但蓄电池的均充转浮充可以根据各个不同监控装置的设定进行试验，将监控装置强行进入均充状态，观察蓄电池电流小于$0.1I_{10}$定值后0.5h（具体根据厂方的设定或用户自己的设定，一般取0.5～3h）转入浮充。同样，当交流电源故障，蓄电池放电超过10min后，监控装置进入均充状态。

2. 输出电压精度调试

将监控装置设定在浮充和均充状态，分别用标准表测量浮充电压值和均充电压值，计算输出电压与设定电压值的偏差，应小于充电装置的稳压精度，例如充电装置电压稳压精度为±0.5%，计算设定误差值

$$\delta_u = \frac{U_m - U_z}{U_z} \times 100\%$$

式中 δ_u——稳压精度；

U_m——输出电压波动极限值，V；

U_z——输出电压整定值，V。

3. 恒流充电调试

恒流充电是保证充电过程中蓄电池快速安全恢复容量的技术手段。其特征是当蓄电池放电后，进行加压充电过程中，通过调整输出电压，保证蓄电池充电电流维持在I_{10}，直到蓄电池电压上升到设定的浮充（或均充）电压值，继续维持恒定的控制电压。

因此在监控器设定（或硬件设定）恒流充电电流值后，现场调试检验恒定电流值，可直接利用蓄电池充电电流即可。具体方法如下：

（1）充电装置关机使蓄电池放出容量的20%。

（2）开启充电装置，记录蓄电池充电电流值。当蓄电池电压小于浮充电压值时，该电流即为蓄电池恒流值，记录并与定值核对是否正确。稳流精度计算公式为

$$\delta_i = \frac{I_m - I_z}{I_z} \times 100\%$$

式中 δ_i——稳流精度；

I_m——输出电流波动极限值，A；

I_z——输出电流整定值，A。

蓄电池恒流值和稳流精度的检查，在现场可充分利用蓄电池充放电试验中测量充电电流的变化进行。当充电电流稳定而蓄电池电压没有达到设定值时，该蓄电池电流

就是稳流值；当蓄电池电压已经达到浮充电压值进入稳压状态，该电流数据就不能作为稳流值处理。

当稳流最大偏差值 I_m=30.15A，稳流设定值 I_z=30A 时，计算得到稳流精度 δ_i=0.5%。

4. 电池管理调试

（1）显示蓄电池电压和充放电电流，当出现过、欠电压时告警。进行蓄电池测量电压精度校验，其测量误差小于 0.5%（0.5 级或根据设备精度确定）。

（2）设有温度变送器测量蓄电池环境温度。当温度偏离 25℃时（或根据蓄电池厂家提供值），由监控器发出调压命令到充电模块，调节充电模块的输出电压，实现浮充电压温度补偿。

温度补偿系数一般设定为−5～−3mV/℃单只电池，即当环境温度高于电池厂家设定值时，充电电压降低；反之，则充电电压升高。温度变化后，充电电压变化的 $U\pm$ 计算如下：

$$U\pm = nK_cT$$

式中　n——蓄电池组个数；

K_c——温度补偿系数，一般取 3mV/℃；

T——温度较基准温度 25℃的变化，℃。

（八）通信口调试

微机监控装置除了硬接点告警输出与站内自动化系统连接，还可通过通信口 MODEM、RS−485、网口等与站内自动化的前置机相连，通过设定的多种通信规约（部颁规约、用户指定规约等）将微机监控装置监测到的所有信息上传到站内自动化系统。

在完成以上通信调试后，应进行监控器与后台监控的联调，对信息表内容逐一进行试验核对。

（九）历史记录

微机监控装置能将系统运行过程中的重要状态、数据和时间等信息存储起来，以备后查，装置掉电后信息不丢失。近几年，随着监控技术的发展，信息的储存容量和显示方式，以及人机对话界面都发生了很大变化，其结果是操作更简便，运行记录和分析功能更齐全。通过通信方式，用户可在计算机后台随时浏览。

现场的历史记录调试可以结合告警信号的调试进行，从人机对话中调用故障信息记录以验证历史记录的功能。历史记录尤其注重日期和时间的准确性，因此监控装置的时间应定期检查校准，接入站内统一的 GPS 将是最好的选择。

六、测试报告编写

调试报告内容如表 Z11L2030Ⅱ−2 所示。

表 Z11L2030Ⅱ-2 调试报告内容

型号：			
调试项目	设定值	实际值	说明
控母过电压	232.0V	232.3V	
合母过电压	265V	265.8V	
控母欠压	220.0V	219.5V	
合母欠压	240.0V	239.8V	
蓄电池过电压	2.40V	2.42V	
蓄电池欠压	1.80V	1.81V	
交流过电压	253.0V	253.6V	
交流欠电压	197V	196.6V	
蓄电池充电恒流	30.0A	31.2A	
温度补偿	−3mV/℃	−3mV/℃	
模块故障		√	模块交流失电造成
交流失电		√	拉交流开关
避雷器故障		√	拔出避雷器模块
馈线开关跳闸		√	10A 开关输出短路试验
监控器故障		√	拔出监控器工作电源
充电装置故障		√	
蓄电池熔丝熔断		√	手按微动开关
直流接地		√	负对地接 7kΩ 电阻
调试人员：＿＿＿＿ 调试日期：＿＿＿＿ 审核人员：＿＿＿＿ 审核日期：＿＿＿＿			

结论：合格。

七、注意事项

（1）监控器调试一定要与站内自动化系统后台直接相连，整体试验结果才算有效。防止用短接信号方法调试，一旦中间环节出问题就会造成没有信号上传。

（2）所有整定值均应通过试验确认其有效性。

（3）独立告警继电器虽不属于监控器范围内，但应与监控器同步调试。在现场必须保证该告警通道的独立性，不受监控器故障影响，强调告警双重化。

（4）现场更换设备内部集成电路时，应注意防止感应电对器件的损害，应带金属手环并接地后方可进行。

【思考与练习】

1. 如何模拟蓄电池熔丝告警？
2. 如何确定告警电压值的设定值？
3. 如何检验电压告警值设定的有效性？

模块 7　绝缘监测仪的调试（Z11L2031Ⅱ）

【模块描述】本模块包含了绝缘监测仪的调试内容和调试方法。通过操作流程的介绍，掌握绝缘监测仪的调试技能。

【模块内容】

一、装置介绍

直流系统是不接地系统，因此，直流系统必须配置绝缘监测装置，监视直流系统是否发生接地。当直流母线对地的接地电阻小于设定值时应立即告警，以便运行和继电保护人员及时处理，防止发生由直流接地带来的继电保护设备误动、拒动、电源短路等严重后果。

目前，绝缘监测装置通常都包含常规检测和支路检测两部分。

（1）常规检测。是对整个直流系统绝缘的监测，分别测出 R_+、R_-电阻。一旦 R_+、R_-测量值小于设定值时就进入支路查找，即支路检测。

（2）支路检测。具体查找接地支路，一般找到支路后给出支路编号、支路电阻值等。正常情况下支路检测不工作。

二、测试目的

绝缘监测装置的测试主要达到以下目的：

（1）监测对地绝缘电阻值小于设定值的报警功能及测量接地电阻准确性。

（2）支路接地查找功能。

（3）过、欠电压定值设定和功能检查。

（4）上述告警信号的调试（以站内自动化信号监控为目标）。

（5）装置自身绝缘性能检查。

（6）绝缘监测装置监控画面的各类参数的设定和监控管理功能检查。

三、危险点分析

（1）防止人身触电。工作前应明确带电部位，做好带电部位的绝缘包扎，不得有带电部分裸露现象，防止人身触电，保持与周围带电部分的安全距离。

（2）防止直流母线短路。模块与母线接头无松动或脱线现象，防止造成插口短路。

（3）防止接通电源时烧损设备。确认装置的工作电压，电源接线应准确无误。

（4）对地接地电阻和功率应满足要求。

四、测试前准备工作

（1）准备 5kΩ、10kΩ、25kΩ/5W 接地电阻 1 只。

（2）软导线 10m 及鳄鱼夹若干。

（3）准备 4 位半及以上数字式万用表 1 只。

（4）准备大小各型螺丝刀、剥线钳、电工刀、电工胶带等。

（5）编写绝缘监测仪调试报告。

（6）检测小 TA 编号，并与支路一一对应。

（7）接头接线无松动或脱线等现象。

五、现场测试步骤及要求

（1）接通绝缘监测装置工作电源，检查人机对话画面和各类指示灯工作正常。

（2）按照表 Z11L2031Ⅱ–1 要求设定绝缘监测装置接地电阻告警定值。

表 Z11L2031Ⅱ–1　　绝缘监测装置接地电阻告警定值

直流系统电压（V）	48	110	220
接地电阻告警值（kΩ）	1.7	7	25

（3）按照表 Z11L2031Ⅱ–2 要求设定绝缘监测装置过、欠电压定值。

表 Z11L2031Ⅱ–2　　绝缘监察装置过、欠电压定值

直流系统电压	48V	110V	220V
过电压告警值	58V	125V	245V
欠电压告警值	42V	110V	220V

注　该电压为无降压硅的直流系统设定值，具体参数视现场情况决定。

（4）测试直流系统接地告警正确与否。

1）测试前应保证直流系统对地电阻大于设定值，在直流系统某一支路的负极与地之间接入 5kΩ（110V）或 15kΩ（220V）电阻，过几十秒钟绝缘监测装置告警，显示接地电阻值。

2）对地接 100μF 左右电容，重复上述过程，接地电阻值误差应在允许范围内。

3）直流系统接地同时，应检查自动化系统后台告警信号是否正常。

（5）测试直流支路接地告警正确与否。

1）支路接地告警测试。在微机直流绝缘监视仪检测到直流系统有接地的情况下，监视仪将进入支路查巡，一般几分钟后显示接地支路号和接地电阻。通过每一个支路接地试验验证支路回路的准确性。

如果绝缘监测装置采用交流信号注入法检验支路接地的同时，还要做电容干扰试验，即在接地电阻上并联一个 10μF 电容，再看支路接地告警值是否准确，注意电容的极性和耐压要满足试验要求。采用直流 TA 则无需这一过程。

2）支路接地电阻准确性试验。接直流负电源一线，该线穿越所有 TA 后经 5kΩ 电阻接地，过几十秒后装置接地告警，显示接地电阻值应符合出厂精度要求。如果某支路没有显示接地数值或偏离很大，应排除故障原因后继续，直到所有支路显示值正确。

3）两支路同时接地试验。两条支路同时接地，绝缘监测装置应不会漏报，能准确报出两条接地支路。

六、调试报告

调试报告如表 Z11L2031Ⅱ–3 所示。

表 Z11L2031Ⅱ–3　　绝缘监测仪调试报告

绝缘监视仪型号		制造厂	
调试日期		环境温度	
调试人员		使用仪器	
直流系统电压（V）		直流系统纹波（mV）	
绝缘监视仪工作电源（V）	直流：	交流：	
外观检查			
（1）有无伤痕		（2）螺丝等小附件齐全	
（3）铭牌标志清晰		（4）按钮、开关功能正常	
一、绝缘检查			
（1）交流（直流）电源端对外壳（MΩ，1000V）			
（2）直流输入端 U_+、U_-对外壳绝缘（MΩ）		U_+：	
		U_-：	
二、总体直流绝缘监测仪试验			
1. 被测直流电压（V）	标准：	显示：	误差：
2. 接地电阻报警（kΩ）	设定：	动作：	返回：　kΩ
	设定：	动作：	返回：　kΩ
	设定：	动作：	返回：　kΩ
3. 过电压报警（V）	设定：	动作：	返回：　V
4. 欠电压报警（V）	设定：	动作：	返回：　V

续表

5. R_+、R_-电阻等值下降试验（kΩ）	$R_+=R_-=20$		（电阻不小于设定值）	报（不报）警	
	$R_+=R_-=7.5$		（电阻不小于设定值）	报（不报）警	
	$R_+=R_-=5k\Omega$		（电阻不小于设定值）	报（不报）警	
6.测量精度试验	$R_+=R_-=100k\Omega$	显示	$R_+=$，$R_-=$	最大误差	%
	$R_+=10k\Omega$、$R_-=100k\Omega$	显示	$R_+=$，$R_-=$	最大误差	%
	$R_+=100k\Omega$、$R_-=10k\Omega$	显示	$R_+=$，$R_-=$	最大误差	%
7.瞬时接地试验	$R_-=5k\Omega$，接地1s	报（不报）警			

三、支路接地试验

支路编号	接地电阻（kΩ）	接地电容	显示接地电阻值	误差
1	5			
	−5			
2	5			
	−5			
3	5			
	−5			
…				

四、支路编号与馈线名称对应表

支路编号	馈线名称
1	
2	
3	
⋮	

结论：总体绝缘测试误差小于%；支路绝缘测试误差小于%，功能试验正常

注 采用直流TA做支路检测，不考虑电容影响；采用交流TA做支路检测只做5kΩ试验，电容根据厂方抗电容数值确定。

七、注意事项

（1）调试中要区分支路检测采用直流TA还是交流TA，直流TA不存在电容干扰，但支路对正负同时接地无法检测；交流TA存在电容干扰问题，但支路正负绝缘同时

下降可以检测。

（2）直流接地后需要经过一段时间才能显示接地电阻，是因为要避免直流系统对地电容影响测量精度，所以是正常的。

八、电压告警试验

参见模块“Z11L2030Ⅱ微机监控器的调试”内容。

【思考与练习】

1. 绝缘监视仪分为哪两个部分？
2. 直流系统绝缘电阻测量值和支路测量值为什么会有误差？
3. 什么情况下支路电容对支路的测量有影响？
4. 多支路接地影响支路检测吗？

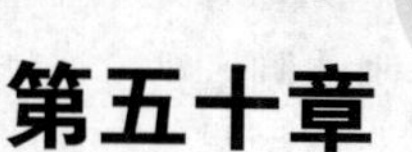

第五十章

直流系统故障处理

模块 1　变电站直流全停的处理（Z11L3001Ⅲ）

【模块描述】本模块介绍了变电站直流全停事故。通过处理过程的详细介绍，掌握变电站直流全停事故的解决方法。

【模块内容】

变电站直流系统是站内继电保护和自动化装置等设备的工作电源，该电源系统的供电质量和可靠性直接影响上述设备的工作状况。变电站的运行经验证明，直流电源的故障往往扩大事故范围并引发灾难性的后果，因此人们称直流电源系统为变电站的心脏。以下介绍在变电站直流全停情况下，应如何采取应对措施。

一、变电站直流全停的现象

（1）充电装置及蓄电池组均无电压输出。

（2）充电装置及蓄电池组有电压输出，但直流母线无电压。

二、直流全停的原因分析

（1）充电装置及蓄电池组均无电压输出。可能原因是：

1）电网事故停电，同时蓄电池组故障。电网事故停电，这时充电装置停止工作，若此时蓄电池组开路或蓄电池输出熔断器熔断，将造成直流母线停电。

2）交流输入电压正常，充电装置不工作，同时蓄电池组故障。交流输入电压正常，充电装置故障，同时蓄电池组故障，将造成直流母线停电，充电机不工作，蓄电池电压放电至终止电压。造成此故障极有可能是直流系统的监控器故障。由于监控器故障后，故障信号无法输出，值班人员得不到故障信号，使蓄电池一直处于放电状态直至蓄电池容量全部放完。

（2）充电装置及蓄电池组有电压输出，但直流母线无电压。可能原因是：降压装置（硅链）开路。

三、故障查找及处理步骤

（1）应首先检查交流电源是否真的消失，若无交流电压，则检查交流进线开关是否跳闸，检查交流进线开关上端交流电压是否正常。

若交流电源输入正常，交流失压是由于交流进线开关跳闸引起，立即进行修理或更换进线开关，恢复交流供电，用充电机带直流母线运行。

（2）检查蓄电池熔断器是否熔断，若熔断应立即更换同一规格的熔断器。如果是蓄电池组故障，尽快查出故障电池，并将故障电池跨接，保证蓄电池组尽快恢复供电。

（3）如交流输入正常、充电机及蓄电池组两端均有电压输出而控制母线无电压，测得降压硅输入端有电压，输出端无电压，则判断降压装置（硅链）开路。此时应立即将开路硅链短接，并调整充电装置输出电压，保证控制母线电压在合格范围内，并更换开路的压降硅链，同时对直流母线供电。

（4）若交流电源输入正常，检查充电装置是否有输出电压，若无输出电压则可能为充电装置内部故障，应检查修理或更换。另外，发生蓄电池组整体损坏，短期内不能恢复时，为尽快恢复供电，需接临时直流装置。

（5）若需接临时直流装置，将原充电装置和蓄电组退出运行，临时充电装置接入直流柜蓄电池放电开关下端，接线完毕再核对各种充电数据正确后送电，恢复直流系统部分供电。

（6）在原充电装置和蓄电组全部修理或更换完毕后，启动充电装置对蓄电池组补充充电，检查充电装置充电电流是否在规定范围，充电至额定容量的1.2～1.3倍。

（7）测量原直流装置和临时直流装置电压的极性一致、电压值基本相等，两套直流系统并列后，拆除临时直流装置，恢复原直流系统的正常运行，并做好记录。

【思考与练习】

1. 试叙述在直流系统全停情况下，查找故障的步骤。
2. 试针对不同故障类型，分析故障原因及处理方法。

模块2 变电站直流接地的处理（Z11L3002Ⅲ）

【模块描述】本模块介绍了变电站直流接地异常。通过处理过程的详细介绍，掌握变电站直流接地的解决方法。

【模块内容】

变电站继电保护直流系统电压等级有220V和110V，直流系统采用不接地方式。运行中由于各种原因时常会造成直流系统一点或多点接地，当接地点与正常工作电路构成回路时，会造成继电保护误动、拒动、直流电源短路3种故障，从而引起严重后果。下面从各种接地形成的典型回路，分析直流接地带来的危害。

一、事故现象

当直流系统发生一点接地时，由直流系统绝缘监测装置发出预告信号。直流系统发生两点接地时，可能造成直流电源短路，使熔断器熔断，或使断路器、继电保护及自动装置拒动或误动。

二、事故类型及其危害

（1）直流系统发生一点接地时，由于没有形成短路回路，并不影响用电设备的正常工作，仍可以继续运行。

（2）如图 Z11L3002Ⅲ-1 所示，当直流电源的正极 A 点发生了一点接地后，如在以下的各点又发生一点接地，构成两点接地时，将发生不同的后果。

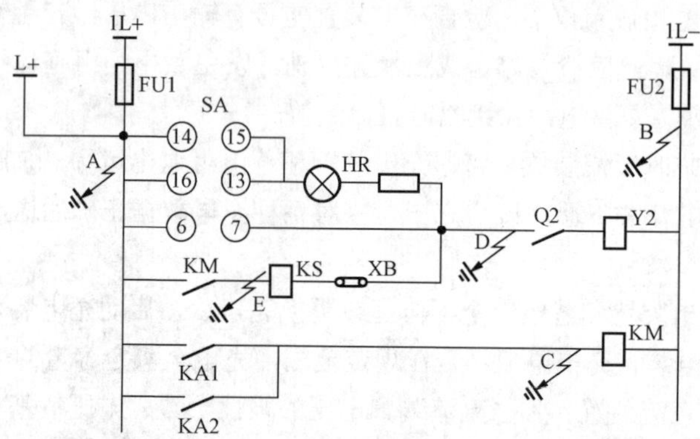

图 Z11L3002Ⅲ-1 直流系统两点（多点）接地

1）如在负极 B 点又发生接地，将造成直流电源短路，熔断器 FU 熔断，断路器将失去操作电源。

2）在正极 C 点又接地时，即将电流继电器的动合触点 KA1、KA2 短接，中间继电器 KM 启动，其触点闭合，使断路器的跳闸线圈 Y2 通过电流而发生误跳闸。此时，一次系统并未发生故障，故称为误动。实际上，如第二个接地点发生在正极的 D 点或 E 点等时，都能使断路器误动作。因此，当正极发生一点接地后，危险性很大。

3）如负极 B 点首先发生接地，而后在正极 C 点或 E 点又发生接地形成两点接地时，如果此时保护动作将引起直流短路，不但断路器拒绝跳闸，而且电源熔断器熔断，同时短路电流有可能烧坏继电器。

为了防止直流系统发生两点接地造成严重后果，当直流系统发生一点接地时，必须及时找出接地点并消除故障。

三、事故处理

首先检查是否有交流电源串入，查找串入点并隔离。

1. 寻找接地点的一般原则

（1）绝缘监测装置告警，实测有接地并显示哪一路接地。首先检查装置，断开对应的空气断路器，若故障消除，则是外接回路有接地，然后查外接回路接地点并排除故障。

（2）绝缘监测装置告警，若装置未显示出哪一路接地应采取下列方法：

1）拔掉绝缘监测装置所有接线，接地消除则可判定是装置故障，若拔掉装置所有接线接地现象仍然存在，则需判断是否柜内有接地现象。应进行如下操作：关监控单元，停交流电，抽出所有模块，接地现象若消失则是某个模块内部有接地。否则，将所有模块恢复，送交流电，待模块工作正常后拉开电池开关，解掉电池回路检查接地是否消失，若消失则是电池回路有接地，查电池连接线是否碰到机壳、电池是否漏液等，若还有接地则说明和电池无关，此时就要参照接线图将母线上接地极（即哪一极有接地现象）所有线能断的断开，依次排查，每进行一项操作检查一下，尽量保证控制负载不失电。

2）对直流母线上允许短时停电的直流负荷馈线，采用短时停电法寻找。当拉开某一回路时，如接地信号消失，并且各极对地电压恢复正常（不能只靠接地信号消失为准），则说明接地点在该回路上。

3）在某些现场由于无表计可观察，可用内阻大于 2000Ω/V 的电压表检查。将电压表的一根引线接地，另一根接于不接地的一极（即对地电压高的一极），然后试拉，如拉开后电压表指示明显降低，即说明该设备回路接地。

如接地发生在某一专用直流回路时，可按先次要设备后主要设备的顺序分别取下（拉开）该回路的各分支回路的熔断器或刀闸来找出接地点。

4）对于不允许短时停电的重要直流负荷，可采用转移负荷法查找接地点。

2. 寻找接地点的具体试拉、合步骤

（1）拉、合临时工作电源、实验室电源、事故照明电源。

（2）拉、合备用设备的直流电源。

（3）拉、合绝缘薄弱的、运行中经常发生接地的回路。

（4）按先室外后室内拉、合断路器的合闸电源。

（5）拉、合载波室通信电源及远动装置电源。

（6）按先次要设备后主要设备拉、合信号电源、操作电源及中央信号电源。

（7）试解列充电设备。

（8）将有关直流母线并列后，试解列蓄电池，并检查端电池调节器。

（9）倒换直流母线。

3. 寻找接地时应注意的事项

（1）寻找接地时，应由两人进行。试拉、合继电保护电源、操作电源、自动装置及信号电源等重要的直流负荷时，事先应取得调度许可。

（2）对各分支线取下熔断器寻找接地点时，应先取下正极，后取下负极；送电时，先送上负极，后送上正极。

（3）试拉的直流负荷与其他部门有关时，应事先与对方联系。

（4）试拉各设备的直流电源时，应密切监视一次设备的运行情况及有关仪表指示的变化情况。

（5）无论回路有无接地，拉开停电时间一般不得超过 3s，如回路有接地，也应先合上，再设法处理。

（6）在电容补偿装置运行中，查找直流系统接地时，如需判断带有补偿电容的控制回路有无接地时，则必须将具有公共负极的补偿控制回路全部断开，而不能只断开一个回路，否则会由于电容器上的残余电压造成接地假象而误判断。

如图 Z11L3002Ⅲ-2 所示，具有两个补偿电容的控制回路，其负极连接在一起。当断开 1S（回路Ⅰ）时，如Ⅰ回路负极接地（K2 点），则通过负极连接线将接地点引至负极母线，检查装置仍反映为负极接地现象。

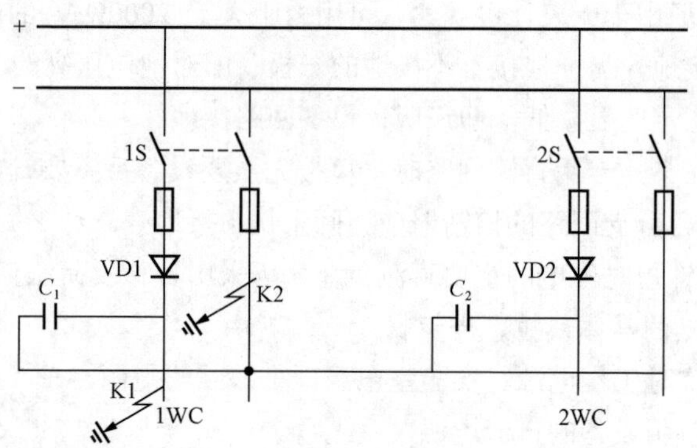

图 Z11L3002Ⅲ-2 具有两个补偿电容的控制回路

如Ⅰ回路正极接地（K1 点），此时虽已将接地点断开，但由于 C_1 上的残留电压仍为母线电压，C_1 的负极通过负极连线和负极母线相连，故负极对地电压为 C_1 两端电压，检查装置反映的仍为正极接地现象，因此将被误判断为接地点未切除。只有将Ⅰ、Ⅱ回路开关全部断开，使控制回路负极和母线完全断开时，检查装置才能正确指示。

当已判明接地点在Ⅰ、Ⅱ回路时，可用下述方法进一步寻找接地。

如为负极接地，可断开其中一路补偿电容与负极母线的连线，并将该路控制开关断开，若接地现象消失，则为该路接地，若接地现象未消失，则为另一路接地。

如为正极接地，可先断开其中一路的开关，然后用电容器检查转换开关切换，将电容器进行放电，若接地现象消失，则为该路接地，若接地现象未消失，则为另一路接地。

【思考与练习】

1. 说明寻找接地点的具体试拉、合步骤是什么？

2. 试说明寻找接地点时应注意的事项有哪些？

模块3 直流母线异常处理（Z11L3003Ⅲ）

【模块描述】本模块介绍了变电站直流母线异常。通过处理过程的详细介绍，掌握直流母线异常的解决方法。

【模块内容】

正常运行时，直流母线电压波动范围不应超过额定电压的±10%，当直流母线电压过高或过低时，将由电压监察装置发出预告信号，值班人员应及时调整，使电压恢复至正常值。

一、故障概况

1. 直流母线电压过高的影响

（1）对长期带电运行的继电器、指示灯、信号灯等容易过热或烧坏。

（2）继电保护、自动装置容易误动。

（3）通过继电器触点的电流大，容易烧坏触点。

（4）断路器合闸时，由于冲力大而不易合上。

2. 直流母线电压过低的影响

（1）指示灯、信号灯、光字牌等变暗，使运行监视困难，甚至会使运行人员误判断。

（2）断路器合闸、继电保护及自动装置动作不可靠。

二、故障现象及其处理方法

1. 充电模块故障

（1）故障现象。直流过电压告警，现场检查发现母线电压超出过电压告警设定值，检查模块输出电压和电流，发现其中一个模块电流很大，其他模块电流几乎为零，充电模块故障灯亮。

（2）原因分析。系统过电压有监控器造成和模块造成两个原因，只要将监控器退出运行就可以区分。当监控器退出后模块进入自主工作状态，如此时电压还是过高，则是模块内部控制回路故障造成输出电压失控。发生这种情况时，直流系统负载电流一般小于单个模块输出电流，所以当某一模块输出失控输出电压过高时，除了供给负载外还不断对蓄电池进行充电，最终使得直流母线电压过高而报警。

（3）处理方法。首先检查模块的告警信号，观察哪一个模块输出电流最大且接近模块的最大电流，符合上述两个条件的立即将此模块退出运行，如直流系统恢复正常，则证明该模块故障，更换此电源模块即可。

2. 交流电源失电

（1）故障现象。运行中发生充电装置交流失电。

（2）原因分析。充电装置交流失电原因有：① 交流输入电源没有电压；② 充电装置内部存在短路，通常有两种可能，一种是交流进线短路，这种可能性比较小；另一种是模块内部短路。在模块内部保护采用熔断器的情况下，模块内部发生短路时尽管熔断器定值远小于上级空气断路器，但熔断器的熔断时间大于空气断路器的动作时间，容易发生越级或同时上下级保护动作，导致充电装置空气断路器动作而停电。

模块采用空气断路器跳闸并且上下级级差比较大，可以避免类似故障，所以模块保护采用空气断路器不容易扩大事故。

（3）处理方法。要尽快恢复变电站站用电电源。遇到内部短路情况不要急于合上交流总开关，如果故障还存在，合上总开关可能会造成故障扩大。首先将所有模块退出，仔细检查交流回路有无烧黑痕迹，如果没有，可以合上交流总开关，同时安排人员观察交流回路，是否有放电短路情况。合上后，如果正常，则排除交流总母线故障的可能，接下来应分别检查模块，通常模块内部短路会产生焦煳味道，据此可找出发生故障的模块，或者用万用表测量交流输入回路电阻，判断是否有短路。但有时故障电流已经将故障点烧断，用此方法检查不出来短路现象，这时可以通过输入电阻比较法找到故障模块，一般输入电阻很大的模块就是故障模块。以上两种方法均无法判断故障模块，就只能将模块分别缓慢插入进行检查，如果插入过程中发生短路就证明是该模块故障，也有插入后全部都正常的情况，但一定有一个模块是没有输出电流的，原因就是彻底烧断了，将损坏充电模块更换。

3. 电压调整装置自动调压挡损坏

（1）故障现象。控制母线电压上下波动频繁，无报警。

（2）原因分析。电压调整装置自动挡是由一个电压检测调整模块来控制，随着合闸母线电压的变化，为使控制母线电压恒定在设定值，就要进行调整。如电压检测调整模块故障损坏，将使控制母线电压无法受控在一个恒定的设定值上，有时出现电压上下波动，有时出现电压过高或过低。

（3）处理方法。控制母线电压上下波动频繁，应将电压调整装置自动挡改在手动挡，并调整到设定值电压，控制母线电压恢复正常。应尽快将故障处理或更换。

4. 硅整流充电装置的浮充电电流过大或过小而造成母线电压过高、过低

检查浮充电电流是否正常，如电压过高时，应减小浮充电电流；电压过低时，应增大浮充电电流。

【思考与练习】

1. 分析说明直流母线电压过高或过低的影响有哪些？

2. 试说明直流母线电压过高或过低的处理方法。

第五十一章

蓄电池组的故障处理

模块 1　蓄电池极板故障的判断与处理（Z11L3004Ⅲ）

【模块描述】本模块介绍了铅酸蓄电池的极板故障。通过处理过程的详细介绍，掌握蓄电池极板常见故障的解决方法。

【模块内容】

铅酸蓄电池的故障种类很多，原因也较复杂，很多故障都不是短时间内形成的，而且有时从外表上看不出来。蓄电池一旦发生较大的故障，一般都不容易修复。这里着重叙述常见的 3 种故障及其消除方法。

一、极板弯曲

1. 极板弯曲的现象

蓄电池在经过长时期充放电后，极板的活性物质会变得松软和膨大。当充电或放电电流过大，或温度过高时，极板将因膨胀不均匀而发生弯曲。特别是条多式的正极板，由于在制造厂没能把氧化层全部除掉，它的活性物质在充放电过程中将继续生长，体积也将继续膨大，从而加速极板弯曲或裂开。

2. 极板弯曲的原因

极板的弯曲，会对隔板产生很大的压力，一旦把隔板压碎，将使正、负极板互相接触而造成短路。产生极板弯曲和裂开的主要原因是：

（1）极板化成不均匀，各部分机械强度不一致，当充放电时，极板的膨胀收缩也不一致。

（2）充放电电流过大，使极板上产生的应力变化过大和过于剧烈。

（3）过量放电，硫酸铅产生过多，引起极板过度膨胀。

（4）蓄电池中的电解液温度过高，使蓄电池的容量增大，而造成过量放电。

（5）充电过多，主要是正常时的充电电流大，不进行定期放电，致使极板经常处于充电状态。

（6）电解液中含有能溶解铝的酸类（如硝酸、盐酸、醋酸），或含有镁、锰、铜、砷等物质，它们对极板会产生腐蚀和硬化作用。

3. 措施及处理方法

为了防止极板发生弯曲和裂开的现象，可采取以下措施：可将定期充放电或定期浮充电方式运行的蓄电池改为连续浮充电方式运行；在充电和放电时，要防止用过大的工作电流，放电后必须及时进行充电；不要使蓄电池过量放电；浮充电电流应适当；当电解液温度超过规定范围时，应设法降温改善运行条件。

对极板已弯曲的蓄电池，应取出电解液，检查电解液中有无能溶解铅的酸类或有害的金属物质存在。如存在，须用纯水漂洗极板，并更换新的电解液。将极板从容器中取出，抽出隔离板后，立即将正、负极板分开并浸入纯水中洗去酸液，然后送入干燥室干燥。经干燥后，先用电木板、塑料板或光滑清洁的木板夹好弯曲的极板，再加以适当的压力来压平（亦可采用滚筒压平）。在压平时，注意不要使活性物质与板栅发生裂纹，以防活性物质脱落。将平直后的极板组成极板群，并按初充电方法进行处理。

对于损坏严重的蓄电池要进行更换。

二、极板硫化

1. 极板硫化的现象

在正常充电或放电时，活性物质（无论是二氧化铅或绒状铅）都是多孔而松软的。这种活性物质与电解液接触面较大。在放电情况下，极板表面生成一层白色的硫酸铅结晶体，把活性物质盖住并堵塞了小孔，从而使极板变硬，这种情况称为硫化。极板硫化后内阻将增大，蓄电池的容量降低，导致充电时温度升高，冒气泡过早。硫化较严重时，硫酸与极板上活性物质不能完全起化学反应，因而使电解液的密度显著地降低。

2. 极板硫化的原因

（1）经常充电不足。

（2）经常过放电。

（3）蓄电池长期处于已放电或半放电状态。

（4）没有定期过充电。

（5）蓄电池内部短路。

（6）电解液面低于标准线，极板外露。

3. 措施及处理方法

极板发生硫化时，应及时进行消除硫化的处理。一般处理硫化的方法有以下 3 种：

（1）均衡充电方法。当极板硫化程度轻微时，可用这种方法消除。

（2）小电流充电法。极板硫化程度较重时，先往电解液中加入纯水，使密度降到 1.200 以下，液面达到上部标准线处为止，然后用 10h 放电率的 1/2 电流进行充电。当开始冒气泡、电压约为 2.4V 时，停止充电 30min，然后再将充电电流减低至 10h 放电率的 1/4 电流继续进行充电，充至正、负极板均已开始剧烈冒气泡时，停止充电 20min，然后再按 10h 放电率的 1/2 电流继续充电。如此反复进行充电，直到蓄电池达到正常状态为止。

（3）水疗法。极板硫化程度严重时，可先将蓄电池充电，再以 10h 放电率的电流放电，直至电压降至 1.8V 为止。然后倒出电解液，立即注入纯水，并静置 1～2h，再用 10h 放电率 1/2 的电流进行充电。当电解液密度达到 1.100 时，将充电电流减至 10h 放电率的 1/5 电流继续充电。当电解液密度达到 1.120 时，重新更换纯水。再用 10h 放电率的 1/2 电流继续充电，充至正、负极板开始均匀地冒出气泡，密度不再升高为止。然后再用 10h 放电率的 1/5 电流进行放电。如此反复地充电和放电，直到极板恢复正常颜色为止。重新更换隔离极和隔离棒，调整密度，使之达到 1.215±0.005 时再进行充电。充电完毕后，即可投入运行。

用水疗法处理，花费时间较长，有时达数星期之久。硫化程度极为严重时，此法也不一定能使蓄电池恢复原有状态。此外，用此法处理时，蓄电池电压较高，可达 2.2～3.0V，但电解液密度很低。硫化程度减轻后，电压逐渐下降，然后再上升，电解液密度逐渐升高。如果电解液温度升高到 40℃时，应设法冷却或停止充电，待温度下降后，再继续充电。

经验证明，处理极板硫化的最好方法是均衡充电法或用小电流连续充电法，效果比较显著。

4. 注意事项

防止极板硫化应注意以下事项：

（1）应根据运行规程规定，按时对蓄电池进行充电或放电，特别是均衡充电，以使生成的少量硫酸铅及时被消除，并能使活性物质得到恢复。

（2）蓄电池在放电后，应立即以额定电流充电。当发生气泡后，充电电流应减少 1/2，然后继续充电，直到完成为止。

（3）在运行过程中不可随意往蓄电池中加酸，电解液密度也不得超过规定值。

（4）酸水经化验分析必须合格。

三、极板短路

1. 极板短路的现象

极板发生短路时，将出现如下情况：

（1）充电时发生气泡的时间比正常情况晚。

（2）电压低，电解液密度低，并且在充电后无变化，但电解液的温度却比正常情况高。

（3）放电时，电压很快降到极限放电电压值，容量也有显著降低。

2. 产生短路的原因

（1）沉淀物堆积过多，达到与极板下边缘接触状态。

（2）活性物质脱落的粉末随着发生的气泡冲浮极板上端。

（3）正极极板上部端耳脱落成片状物质与相邻的负极板接触。

（4）由于正极板弯曲变形而挤碎隔离物，从而使正、负极板接触。

（5）其他导电物质落入蓄电池内，或板栅边缘生出枝状物，致使正、负极板连通。

（6）电解液温度过高，密度过大，使隔离物受腐蚀而损坏，从而造成正、负极板的接触。

短路点如在透明容器的正面很容易观察出来，如在侧面时，可用手电筒的亮光照三角水银玻璃镜，利用反光来观察有无导电物质落入、沉淀物是否堆积过高、隔离物是否损坏、极板是否生出了枝状物等。为消除因正、负极间接触而造成的短路，可用薄竹条插入极板间缓慢移动它，以清除极板间的短路堆积物。

3. 处理方法

衬铅木槽的蓄电池，内部短路在外面是看不到的，可行的办法是在充电过程中，根据电压、密度、温度、冒气等不正常现象，来判断蓄电池是否有短路故障，然后用温度计在正、负极板之间逐片测量，如测出两片正、负极板之间温度稍高，断定这就是短路的位置。

此外，在充电时，沿着蓄电池的连接板移动指南针，指南针指向突然发生明显变动的地方，也就是有短路的地方。这是因为在短路处电流逆转的缘故。正常蓄电池在充电时，蓄电池内的充电电流通过内电路由各正极板流向负极板，假如有一片极板发生短路，则充电电流就由短路处流向充电装置，不经过其他极板。而其他良好的正、负极板间，因充电电压消失，又短路，不但不能充电，反而经过短路的地方放电。由于短路点电流方向的不同，电流所产生的磁力线方向也就不同，因而用指南针检查时指针的指向也随之改变。

如果短路是由于极板弯曲而挤碎隔离板造成的，则应重新更换隔离板；如极板弯曲严重的，则应取出整平；如沉淀物堆积过多时，则应吸出沉淀物。

【思考与练习】

1. 蓄电池极板发生短路时，将出现哪些情况？
2. 蓄电池极板硫化的原因有哪些，如何处理？
3. 蓄电池极板弯曲的原因有哪些，如何处理？

模块 2 蓄电池容量下降的原因与处理（Z11L3005Ⅲ）

【模块描述】本模块介绍了铅酸蓄电池容量下降故障。通过处理过程的详细介绍，掌握铅酸蓄电池容量下降故障的解决方法。

【模块内容】

蓄电池容量下降是蓄电池故障中最为常见的一种，蓄电池自放电、极板故障、极性颠倒、充电不足等都是造成容量下降的原因。

一、内部自然放电

1. 内部自然放电的现象

内部自然放电的蓄电池具有容量小、电解液密度低、负极板在不充电时也发生气泡的特点。此外，在电解液中含有害的金属杂质时，在充电过程中将出现紫红色；如含有铁杂质时，将出现浅红色。

2. 内部自然放电的原因

蓄电池内部放电，是由于电解液中含有害的金属杂质沉积过多，或附着于极板上与活性物质构成小电池而引起的放电（一般发生在负极板上）；也有的是由于正极板中所含有的金属杂质溶解于电解液中或经过电解液集附于负极板上，从而形成小电池而引起放电。

如果电解液中含有氯、铁等杂质，它们便会和正极板上的二氧化铅直接发生化学反应，这样就会失去一部分或全部的活性物质。如果没有这种情形，正极板上的自然放电将是很轻微的。负极板遇到氧化剂时，也会发生直接的化学反应。最易引起严重后果的金属是铂和铜。如果含有 0.003%的铂和 0.05%的铜，就会造成正、负极板的严重自然放电。

3. 内部自然放电的处理方法

对自然放电蓄电池的电解液应进行化验分析，不符合电解液技术条件时，则应更换电解液，并给予足够的充电；若符合技术条件时，则应将蓄电池拆开检查有无短路情况，如果因短路引起的自然放电，则应立即将短路原因消除。

二、正、负极板的故障

1. 正、负极板故障的现象

良好的正极板形状是一致的，在充电后呈深褐色，并有柔软感。当电解液内混入硝酸、盐酸、醋酸等不纯物质时，它与活性物质发生强烈的化学反应后，会使极板弯曲、伸长和裂开。

负极板应呈纯灰色，活性物质紧紧地涂填在板栅的小格中，看起来有柔软感。当充电不足、极板硫化或长时间没有进行放电时，活性物质失去活动性能，此时活性物质（绒状铅）凝结硬化，体积增大，并出现白色颗粒状结晶体。

2. 正、负极板故障的原因

（1）当蓄电池内混入盐酸时，在充电过程中析出氯气，除此之外，极板颜色变浅，隔离物变得暗淡无光或呈微黄色。

（2）当电解液中含有铁质时，极板变硬，颜色变为浅红色，含有锰质时则呈现紫色。

（3）此外，长期充电不足，极板硫化发生的气泡不够强烈，容器下部的电解液未能趁气泡沸腾的时机和全部电解液混合均匀，下部密度过高，电流易于集中，使极板下部边缘受到侵蚀以致损坏。

（4）负极板当充电电流过大或过负荷时，极板上部活性物质膨胀成苔形浮渣，下部活性物质脱落露出板栅。

3. 处理方法

发生上述故障时，应对电解液进行化验分析，如混有不纯物质，则须更换电解液。由于极板弯曲、变形或开裂，造成的短路或失去的容量又无法恢复时，则须更换极板。负极板上有轻微的前述现象时，可进行全容量的充电、半容量的放电，然后再进行充电和均衡充电；严重时，应更换极板。

三、极性颠倒

1. 极性颠倒的现象

蓄电池在放电后应立即充电，充电电流应从正极流入，从负极流出，否则蓄电池将继续放电，并被反方向充电，从而导致负极板上生成二氧化铅，正极板上生成少量的绒状铅，这种现象称为极性颠倒，也叫转极。

转极的蓄电池组电压会突然下降，其中个别单电池的电压可降到零值。此时正极板由正常的深褐色变为铁青色，极板上看不出有活性物质存在，几乎和铁相似；负极板由正常的纯灰色变为粉红色，极板上也看不出有绒状铅的存在，几乎与正极板的颜色相似，并失去全部容量。

用较精密的直流电压表（刻度为–3～0～+3V）测量发生转极的单电池时，当电压表的“+”接到正极上的时候，则指针将指向反方向或不指示；当电压表的“–”接到正极上的时候，则指针将有微小的正向指示；当电压表的“+”接到负极上时，指针将有微小的正向指示。

2. 极性颠倒的原因

（1）充电时把正、负极接错，即反向充电。

（2）由于极板硫化、短路及降低了容量的单电池在放电时，过早地放完电。在蓄电池整组放电过程中，良好的电池对过早放完电的单电池进行反向充电。

（3）在蓄电池组中，抽出部分单电池担负额外的负荷。这些被抽出的电池容量降低到一定程度时，在蓄电池组放电过程中，其余放电较少的电池将对这些减少容量的单电池进行反向充电。

（4）在大容量的蓄电池组中，有几个小容量的单电池，在连续充电运行时共同承担一定的负荷。当充电停止时，小容量的单电池将提早放完电，此时，大容量蓄电池继续向小容量单电池反向充电。

3. 极性颠倒的处理方法

当发现蓄电池的电压和容量急剧降低时，应停止放电，并检查个别电池内部是否发生短路、接线是否错误。当确认是某只电池发生转极时，可将转极的单电池由蓄电池组中撤出，并对它进行充电，使活性物质恢复原状。此外，要改善运行方式，在蓄电池组中不可有部分电池承担额外负荷的现象。

对个别经过充电处理后仍接入蓄电池组中参加运行的单电池，在以后的放电过程中，仍需加以观察。

【思考与练习】

1. 造成蓄电池容量下降的原因有哪些？
2. 蓄电池产生转极的原因是什么？怎样处理？
3. 造成蓄电池内部自然放电的原因有哪些？

模块3 阀控式密封铅酸蓄电池常见故障（Z11L3006Ⅲ）

【模块描述】本模块介绍了阀控式铅酸蓄电池常见故障。通过处理过程的详细介绍，掌握阀控式铅酸蓄电池常见故障的解决方法。

【模块内容】

阀控式蓄电池是近年来大量使用的新型蓄电池，其故障率较铅酸蓄电池有所下降。但电压偏低、电池漏液、电热失控还是蓄电池常见的故障。要对故障及时进行处理，以确保变电站直流电源正常运行。

一、蓄电池浮充电时单体电压偏低

1. 蓄电池浮充电时单体电压偏低的原因

在浮充电过程中，产生单体电压偏低即单体相对来说有较大的电压偏差，对于密封式铅酸蓄电池来说是典型的。这种情况是由系统所决定的，不说明电池失效。

2. 蓄电池浮充电时电压偏低的原因

蓄电池浮充电时电压偏低的原因主要有3个方面：① 内阻变化；② 负载变化；

③ 极板质量。

密封式蓄电池产生这种情况的可能原因是两个阴极过充电反应，即质子还原成氢气（H_2）和氧气（O_2），还原成水（H_2O）。蓄电池的负极由于 O_2 的作用而硫化，因此在充电的后期电压要随着再化合速度的提高而降低，又因为整组蓄电池的充电电压是以单体电池充电电压乘以单体只数来确定的一个恒定电压值，所以再化合速度低的单体电池，其充电电压必然要升高。这样将导致蓄电池充电后期电流增加，继而导致更高的 H_2O 分解速度。这一过程的结果，将使胶体产生裂隙，结果使较高充电电压的蓄电池形成更高些的 O_2 再化合速度。

密封式蓄电池初始阶段的单体间电压偏差大约可达到150mV，此后随使用时间的延长变得更加均匀，而充电电流由于 O_2 的阴极还原所需要的能量低，由开始的约1mA/Ah 增加至 7～10mA/Ah。

3. 处理方法

对单只电池进行充放电或整组电池进行均衡充电。

二、阀控式蓄电池壳体鼓胀的原因和处理方法

（一）热失控的现象

阀控式密封铅酸蓄电池如果使用维护不当，在恒压充电期间会出现一种临界状态，此时蓄电池的电流及温度发生一种积累性的相互增强作用，轻者会使电池槽变形“鼓肚子”（在允许范围内除外），缩短电池寿命，并逐渐导致电池失效，重者还会涉及整个通信电源系统，使电路和设备蒙受损失。胶体蓄电池的导热性好，一般不会出现热失控现象。

（二）热失控的原因

1. 充电末期由正极产生的 O_2 跟负极起反应

$$Pb+O_2 \longrightarrow PbO+Q_1 \quad (Q_1=219.2\text{kJ/mol})$$

$$PbO+H_2SO_4 \longrightarrow PbSO_4+H_2O+Q_2 \quad (Q_2=172.8\text{kJ/mol})$$

上述反应为放热反应，总放热量高达 392kJ/mol。

2. O_2 再化合使浮充电流增加

（1）由于放热反应引起蓄电池温度升高，如不及时调整浮充电电压，则浮充电电流就会增大，浮充电电流增大又能引起蓄电池温度继续升高。如此反复积累的结果，将会导致蓄电池出现热失控。

（2）蓄电池充电末期，电压会快速上升，此时充电电能绝大部分转化为热能，从而引起蓄电池温升加剧。

（3）AGM 式密封铅酸蓄电池是紧装配，内部散热困难，不像开口式自由电解液铅酸蓄电池，可以在充电析气时搅拌电解液有利于散热。

（4）电池局部短路，这是电池寿命后期常会出现的现象，它会导致电池温度升高。

（5）电池周围环境温度升高，在夏天或野外气温会超过 35℃以上。温度每升高 1℃，电池电压下降近 3mV/只，浮充电电流相应增大，这会促进电池温度进一步升高。

（三）处理方法

（1）正确选择浮充电电压，使最大浮充电电流不大于 2mA/Ah。浮充电电压取 2.23～2.27V。各个电池厂也规定了不同的浮充电电压值，其范围也基本上处于 2.23～2.30V 之间。实际操作时，浮充电电压值应随温度而变化，见表 Z11L3006Ⅲ-1。胶体电池浮充电电压值要比表 Z11L3006Ⅲ-1 相应低 0.03～0.05V。另外，上述数值也要随电池的新旧程度不同作适当调整，新电池可以高一些，旧电池则要低一些。如负荷变化频繁且幅度较大，则可适当提高浮充电电压 0.02V。

表 Z11L3006Ⅲ-1　　不同温度时的浮充电电压

温度（℃）	0	5	10	15	20	25	30	35
浮充电电压（V）	2.36	2.34	2.32	2.30	2.27	2.25	2.23	2.21

（2）单体电池间留有间隙，电池之间应留有 15mm 左右的间隙，以便通风降温，并避免个别坏电池的连锁效应。

（3）尽可能使环境温度保持在（25±5）℃，这样既可以减小电池出现热失控的可能性，又有利于延长电池寿命。如果电池室有空调设施当然更好，如果没有，则必须保持通风良好，尤其是夏天，千万不要紧闭门窗。

三、蓄电池漏液的原因和处理方法

1. 蓄电池漏液的现象

在极柱周围有酸雾溢出（爬酸），环境潮湿。其中酸雾溢出（爬酸），蓄电池漏液会造成绝缘下降，严重的造成电池报废。

2. 蓄电池漏液的原因

（1）蓄电池密封不好。

（2）气阀质量问题引起气阀处漏酸。

（3）焊接工艺问题引起极柱处漏酸。

（4）人为造成电池的开裂引起漏酸。

3. 蓄电池漏液的处理方法

将蓄电池置于干燥的环境中使用，有酸雾溢出（爬酸）时，将其擦拭干净并涂以凡士林进行处理，观察一段时间仍有问题则应予以更换。电池开裂的予以更换。

【思考与练习】

1. 蓄电池浮充电时电压偏低的 3 个原因是什么？

2. 蓄电池漏液的原因是什么？

3. 描述热失控的表现及其危害。

模块 4　蓄电池其他故障原因与处理（Z11L3007Ⅲ）

【模块描述】本模块介绍了连接柄腐蚀与隔离物损坏、容量不足等故障。通过处理过程的详细介绍，掌握蓄电池其他常见故障的解决方法。

【模块内容】

连接柄腐蚀与隔离物损坏、充电后容量不足与容量减少、放电时电压下降过早等也是铅酸蓄电池众多故障中的几种，如何将防酸蓄电池、阀控式蓄电池的故障及时排除是直流维护工作的一个重点。

一、连接柄腐蚀与隔离物损坏

1. 故障现象

连接柄受酸腐蚀后，将生成导电不良的氧化层，它使接触电阻增大。故在充电放电时连接柄会发热，有火花甚至熔化。

2. 故障产生的原因

隔离物的损坏，往往是由于正极板硫化、活性物质膨胀、负极板上的绒状铅形成苔状等，造成极板弯曲变形引起的，或者是由于电解液密度和温度过高，对隔离物腐蚀过强造成的。隔离物损坏的后果是易于引起极板短路。

3. 处理方法

蓄电池在运行当中，应经常用蜡烛试验连接柄是否发热，如有发热现象，应从回路中把它撤出，刮去氧化层，并在铅螺钉帽内、外及连接柄上薄薄地涂一层凡士林油，然后再接入回路中并紧固好铅螺钉。

可用调整电解液密度，使其达到规定值，降低电解液的温度，并给予均衡充电的方法来预防隔离物的损坏。

二、充电后容量不足与容量减小

1. 故障现象

虽给予足够的充电，一经放电，容量很快减小，始终达不到足够的容量。

2. 产生的原因

极板上的活性物质脱落过多，充电时的电压和电解液的密度都高于正常值，并过早地发生气泡。使用年限过久，质量不良，电解液中含有有害杂质。

3. 故障处理

这种蓄电池必须更换极板，方能继续使用。如故障电池超过规定数（3 只以上），建议整组更换。

三、放电时电压下降过早

1. 故障现象

放电时电压下降过早。

2. 产生的原因

放电时个别单电池的电压低于相邻的单电池电压。电解液的密度和温度低于正常值、电解液不足、极板硫化及隔离物的内阻大等，都能使电压降低、容量减小。

3. 处理方法

（1）调整电解液的密度，补充液面至正常规定的范围。

（2）换用密度相同的电解液浸泡隔离物，使隔离物中的酸液浓度与电解液的浓度相同，以减少隔离物的内电阻。

（3）确保蓄电池室的温度为15℃。

（4）检查极板是否由于硫化而产生电压降（因为极板硫化时细孔被堵塞，电解液渗透困难，温度低时电解液变稠反应滞缓，两者都能使电压降低）。如极板硫化时，则按消除极板硫化的方法迅速进行处理，以免损坏极板。

四、电解液密度低于或高于正常值

1. 故障现象

电解液密度低于正常的规定值，容量减小，电解液的温度高于其他单电池，电压无论是在充电或放电时也同样比正常的电压低。

2. 产生的原因

加水过多造成密度降低，电池内部短路。

3. 故障处理

加水过多造成密度降低时，可用密度为1.400的稀硫酸调整电解液密度至规定值（1.215±0.005），然后再充电，一直到冒气泡为止。如此反复调整两三次即可达到规定值。如果发现电解液密度继续下降，且电解液的温度高于其他单电池，说明该电池内部短路，应立即予以排除。

五、单只蓄电池的更换

1. 需要更换的蓄电池

（1）铅酸蓄电池极柱被腐蚀，需要拆下螺钉，清除腐蚀物，涂抹凡士林油。此时不能切断电源，也不能短接电池回路者。

（2）铅酸蓄电池槽内沉淀物过多，需要拆下电池进行清理者。

（3）铅酸蓄电池、阀控式铅酸密封蓄电池电压过低，需要拆离蓄电池组进行单独过充电或进行修复者。

（4）铅酸蓄电池、阀控式铅酸密封蓄电池物理性损坏以及蓄电池外壳爆裂等需要立即拆除者。

（5）其他需要进行单电池拆除和处理者。

2. 单只蓄电池更换方法

根据具体情况用一只硅元件将 2 只或 3 只蓄电池连接起来，然后即可拆下故障蓄电池，如图 Z11L3007Ⅲ–1 所示。

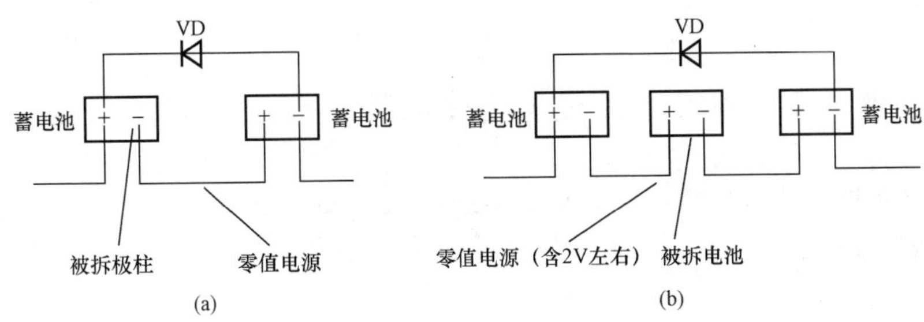

图 Z11L3007Ⅲ–1　单只电池更换方法

（a）2 只蓄电池；（b）3 只蓄电池

3. 注意事项

（1）所选择的硅元件和连接导线容量应满足该蓄电池组最大负荷和冲击负荷的需要。

（2）硅元件的极性不能接反，否则会造成蓄电池的短路而损坏蓄电池和影响整组蓄电池的健康运行。

（3）在直流系统故障情况下严禁更换。

（4）如遇大风、雷电、大雨恶劣天气，变电站特殊运行方式下禁止工作。

【思考与练习】

1. 描述单只蓄电池更换的方法。

2. 说明蓄电池电解液密度低于或高于正常值的处理方法。

3. 蓄电池连接柄腐蚀会造成什么危害？

第五十二章

相控电源设备的故障处理

模块1　相控电源交流进线故障处理（Z11L3008Ⅲ）

【模块描述】本模块介绍了交流进线故障。通过处理过程的详细介绍，掌握交流进线故障的解决方法。

【模块内容】

交流进线单元指相控电源装置的交流输入部分，由相控电源装置内的交流进线开关、交流检测元件、进线接触器或切换单元组成。直流系统中交流输入有一路或两路进线回路，有两路进线回路的电源应是分别来自不同主变压器的电源，因此两路交流电源之间必须能相互切换。交流进线单元常见的故障类型有如下两种。

一、相控电源装置无交流输入

1. 原因分析

出现相控电源装置无交流输入可能的原因有：

（1）站用电源交流进线故障。

（2）相控电源装置电源侧元件故障。

2. 处理方法

（1）检查相控电源装置交流进线开关是否跳闸。

（2）检查相控电源装置交流进线开关上口交流电压是否正常。

（3）检查进线接触器是否跳闸。

（4）检查交流电压采集单元工作是否正常。

发现以上哪一项有问题后再仔细排查。

二、相控电源装置交流输入过/欠电压告警

1. 原因分析

出现相控电源装置交流输入过/欠电压告警可能的原因有：

（1）站用电源缺相或熔丝熔断。

（2）相控电源装置变压器一次侧故障。

2. 处理方法

（1）检查相控电源装置交流进线开关上口交流电压是否正常。

（2）检查进线接触器上口交流电压是否正常。

（3）检查交流电压采集单元工作是否正常。

（4）检查交流进线主回路是否有断线、虚接点。

发现以上哪一项有问题后再仔细排查。

【思考与练习】

1. 相控电源装置无交流输入应如何处理？

2. 相控电源装置出现过/欠电压告警应如何处理？

模块 2 相控电源输出异常处理（Z11L3009Ⅲ）

【模块描述】本模块介绍了相控电源运行中输出异常故障。通过处理过程的详细介绍，掌握相控电源运行中输出异常故障的解决方法。

【模块内容】

相控电源装置的直流输出应设置在一定范围，否则会造成装置损坏或者带负荷不正常，不满足运行要求，应查明故障并及时处理。常见的输出故障类型有如下三种。

一、直流输出电压为 0V

1. 原因分析

造成直流输出电压为 0V 的原因可能是：

（1）直流输出熔断器熔断。

（2）插件接触不良或运输中损坏。

（3）控制板熔断器熔断。

（4）控制板损坏。

2. 处理方法

（1）检查负载是否短路，更换熔断器。

（2）检查插件运输中有无损坏，并重新插牢。

（3）检查输出端外接元件是否与负极输入短路，更换控制板熔断器。

（4）更换备板。

二、直流输出电压低

1. 原因分析

造成直流输出电压低的原因可能是：

（1）电源缺相。

（2）变压器压流桥或同步相序接错。

（3）主回路晶闸管开路或损坏。

（4）控制板一路或两路无输出。

2. 处理方法

（1）查电源。

（2）查相序。

（3）用小螺丝刀逐只短路各个晶闸管，观察短路时输出电压是否降低。如短路某只晶闸管输出电压不降低，则该晶闸管已坏，需更换。

（4）用万用表测量控制板内相应支路电压，正常时应为 0.6～1V，如果某一路为正常值的 1/2 或 0V，则本路无输出，需更换备用板。

三、开机熔断器即断

1. 原因分析

造成开机时熔断器即断的原因可能是：

（1）主回路接线错误。

（2）主回路晶闸管短路击穿。

2. 处理方法

（1）查主回路接线，若有错误立即改正。

（2）查出短路的晶闸管并更换。

【思考与练习】

1. 相控电源直流输出异常有哪些现象？

2. 简述直流输出异常的原因及处理方法。

◢ 模块 3 控制电路故障处理（Z11L3010Ⅲ）

【模块描述】本模块介绍了相控电源控制电路故障。通过处理过程的详细介绍，掌握相控电源控制电路故障的解决方法。

【模块内容】

控制电路和信号电路是相控电源装置的有机组成部分，智能型相控电源装置的控制和信号电路在运行中有较高的可靠性。即使如此，一旦发现控制电路的故障应立即处理。

一、交流电源接通后，未开机，但“停止”信号灯不亮

1. 原因分析

产生上述现象的原因可能是中间继电器损坏、线路连接不良或信号变压器的输出

线松脱等。

2. 处理方法

检查修理接触器的触点，更换或拧紧熔断器的芯子，更换信号灯泡，检查线路是否松动和接入中性线。

二、输出电压很低，手动调压，其电压无变化

1. 原因分析

出现上述现象的原因可能是：

（1）控制变压器线路松脱。

（2）熔断器松脱或熔断。

（3）电位器接触不良或损坏。

（4）转换开关触点接触不良和控制绕组出线处脱掉等。

2. 处理方法

（1）检查控制变压器的线路。

（2）修复拧紧或更换熔断器芯子。

（3）检查电位器，修复转换触点。

（4）检查控制绕组的焊接处及其接线端子。

三、开机后不久又停机

1. 原因分析

出现上述故障的原因可能是：

（1）中间继电器触点接触不良。

（2）自保持触点线路松脱等。

2. 处理方法

（1）修复中间继电器的触点。

（2）连接紧固好自保持触点线路，重新开机。

【思考与练习】

1. 控制电源故障有哪些现象？

2. 简述控制电源故障的产生原因及处理方法。

第五十三章

逆变器电源（UPS）的故障处理

模块 1 UPS 交流进线故障处理（Z11L3011Ⅲ）

【模块描述】本模块介绍了 UPS 交流进线故障。通过处理过程的详细介绍，掌握 UPS 交流进线故障的解决方法。

【模块内容】

一、交流进线电源故障处理

1. 逆变电源无交流输入

（1）原因分析。

出现逆变电源无交流输入可能的原因有：

1）站用电源交流进线故障。

2）逆变电源装置交流电源侧元件故障。

（2）处理方法。

1）应首先检查交流输入熔断器。当逆变器工作于备用状态，市电停用或恢复时不能自动切换，可能是时间继电器或交流接触器失灵，应断开交流输入开关，更换时间继电器或交流接触器。

2）检查交流进线开关是否跳闸。

3）检查交流进线开关上口交流电压是否正常。

4）检查进线接触器是否跳闸。

5）检查交流电压采集单元工作是否正常。

2. 逆变电源装置交流输入过、欠压告警

（1）原因分析。

出现逆变电源装置交流输入过、欠压告警可能的原因有：

1）站用电源交流进线故障。

2）逆变电源装置交流电源侧元件故障。

（2）处理方法。

1）检查交流进线开关上口交流电压是否正常。

2）检查交流电压采集单元工作是否正常。

3）检查交流进线主回路是否有断线、虚接点。

二、交流进线故障处理的有效措施

（1）市电断电，由直流供电，负载满负荷使用。处理方式：减少不必要的负载，以延长使用时间。若直流电即将用完时，设备即将自动关机，请立即完成手边工作，计算机资料请存档。

（2）检查机器后面电池输入开关是否闭合。如果开关闭合，检查是否有电池组或直流系统故障。若是电池系统故障，应立即查找原因并消除。

【思考与练习】

1. 如果市电断电，由直流供电如何处理？

2. 如何处理交流进线故障？

模块 2　UPS 输出异常处理（Z11L3012Ⅲ）

【模块描述】本模块介绍了逆变器（UPS）交流输出异常。通过处理过程的详细介绍，掌握逆变器（UPS）交流输出异常的解决方法。

【模块内容】

故障类型及处理方法如下：

一、故障类型 1

（1）故障现象：逆变电源开机开关打到 ON 位置，逆变电源不能开机。

（2）原因分析：逆变电源输出短路。

（3）处理方法：应关闭逆变电源，解除负载，确认负载没有故障或内部短路，重新上电开机。

二、故障类型 2

（1）故障现象：直流输入电压偏低、偏高。

（2）原因分析：直流输入故障。

（3）处理方法：检查直流输入部分是否连接良好。

三、故障类型 3

（1）故障现象：无交流输出。

（2）原因分析：输出总开关断开。

（3）处理方法：检查输出总开关是否断开。

四、故障类型 4

（1）故障现象：输出异常灯亮。

（2）原因分析：输出过载或输出短路。

（3）处理方法：应关闭开关，调整负载至正常范围，查找短路原因并消除。

五、故障类型 5

（1）故障现象：过负荷灯亮。

（2）原因分析：若过负荷灯出现异常，应断开负载，将面板开关位置复位后再试，恢复正常则说明是负载问题，再检查负载，反之则表示逆变器自身故障。

（3）处理方法：关机拔掉输出电流检测传感器插头，再重新开机。如恢复正常，则说明输出电流检测传感器故障，反之则说明是微机板故障。

六、故障类型 6

（1）故障现象：无交流输出。

（2）原因分析：监控器故障。

（3）处理方法：检查监控部分的电源输入电压是否正常，检查各插件是否插接牢固。

七、故障类型 7

（1）故障现象：UPS 液晶显示黑屏。

（2）原因分析：UPS 液晶显示不正常。

（3）处理方法：检查液晶模块与显示板连接是否可靠。

【思考与练习】

1. 逆变电源常见故障及处理方法有哪些？
2. 如何判断及处理逆变电源过负荷现象？

◢ 模块 3　UPS 逆变模块的故障处理（Z11L3013Ⅲ）

【模块描述】本模块介绍了逆变器（UPS）逆变模块故障。通过处理过程的详细介绍，掌握逆变器（UPS）逆变模块故障的解决方法。

【模块内容】

一、逆变器（UPS）模块故障类型及处理

（1）模块过热。逆变器内部过热，应检查逆变电源是否过负荷，通风口是否堵塞，若室内环境温度未过高，卸载等待 10min，让逆变电源冷却，再重新启动。

（2）模块输入熔断器熔断。

1）模块输入电压过高，导致模块输入端压敏电阻烧坏，需更换压敏电阻。

2）模块内部开关管损坏，需更换开关管。

判断方法：如果压敏电阻损坏，将压敏电阻剪掉，测量交流输入端电阻，如果电阻为几百 Ω 则正常，如果电阻为 0 则是开关管损坏，如果电阻为无穷大则是辅助电源变压器损坏。

（3）模块故障、运行灯均不亮。

1）查看熔断器是否烧毁，如果烧毁，按前述查找原因。

2）拆开模块，查看模块与前面板连接的电缆是否脱落。

（4）模块故障灯亮。

1）输入电压是否正常，是否在输入电压范围之内。

2）监控调节速度过快，模块过电压保护。将交流输入断开，5s 后重新合上电源即可。

（5）模块启动后马上关闭，间隔 10s 左右重新启动，周而复始。

1）如果模块不带负载，则模块已损坏，需更换模块内部的开关管或整流管。

2）如果是模块带载后发生，则是负载端存在短路现象。

（6）如果更换模块插槽后，该模块仍然故障，则基本判定是模块故障。打开模块外壳，检查模块内插座、电缆和集成电路等有无松动，模块有无烧煳痕迹，交流部分熔断器是否熔断。如果仅仅是熔断器烧毁，还要检查交流压敏电阻是否烧坏，可去掉交流压敏电阻后再换一个熔断器试一下。

二、注意事项

（1）在开机状态下，出现逆变模块故障指示，确认需更换某个逆变模块，先拆掉前面板上固定该模块的两个螺钉，从机内拔出坏模块，装入新模块，应缓慢将逆变模块推入导轨，若遇到阻力，可用力快速将模块推入插槽。

（2）正常情况下，开关处于“逆变”位置。

（3）在维修时首先将监控器上的“逆变/市电”开关置于“市电”位置，或者将控制面板上的“逆变”开关置于“关”位置，方可旋转维修旁路开关至“维修旁路”位置。

【思考与练习】

1. 逆变模块常见故障及处理方法有哪些？

2. 更换逆变模块的注意事项有哪些？

第五十四章

高频开关电源设备的故障处理

◢ 模块 1 高频模块故障处理（Z11L3014Ⅲ）

【模块描述】本模块介绍了高频电源充电模块故障。通过处理过程的详细介绍，掌握高频电源充电模块故障的解决方法。

【模块内容】

一、直流系统过电压故障

1. 故障现象

直流过电压告警，现场检查发现母线电压超出过电压告警设定值，检查模块输出电压和电流发现其中一个模块电流很大，其他模块电流几乎为零。

2. 原因分析

系统过电压有监控器造成和模块造成两个原因，只要将监控器退出运行就可以区分。当监控器退出后模块进入自主工作状态，如此时电压还是过高，则是模块内部控制回路故障造成输出电压失控，发生这种情况时直流系统负载电流一般小于单个模块输出电流，所以当某一模块输出失控输出电压过高时，除了供给负载外还不断对蓄电池进行充电，最终使得直流母线电压过高而报警。

3. 处理方法

首先检查模块的告警信号，观察哪一个模块输出电流最大且接近模块的最大电流，符合上述两个条件的立即将此模块退出运行，如直流系统恢复正常，则证明该模块故障，更换此电源模块即可。

二、模块均流故障

1. 故障现象

模块输出电流不一致，均流超标。

2. 原因分析

造成模块输出电流差别过大通常是均流回路部分故障，也有的是模块输出电压不一致造成的。模块间的均流是靠模块之间建立均流线，通过硬件电路完成。如果模块之间电压相差太大超出了均流调整范围，就会出现模块均流不好的问题。所以在模块投运前，一定要将每一个模块的输出电压调整一致，这样均流控制才会更好地发挥作用。长期运行的模块输出电压也会发生一定的偏差，因此定期对单个模块输出电压的调整是必需的。

3. 处理方法

分别将每一模块输出电压精确调整到浮充电电压值，如果还是达不到均流要求应考虑模块内部均流问题，可将最大或最小电流的模块退出再一次进行均流试验，反复如此直到找出有均流问题的模块。

三、模块内部短路造成交流总开关跳闸

1. 故障现象

运行中发生充电装置交流失电。

2. 原因分析

充电装置交流失电一定是充电装置内部存在短路，通常有两种可能：① 交流进线短路，这种可能性比较小；② 模块内部短路。在模块内部保护采用熔断器的情况下，模块内部发生短路时尽管熔断器定值远小于上级空气断路器，但熔丝的熔断时间大于空气断路器时间，容易发生越级或同时上下级保护动作，导致充电装置空气断路器动作而停电。

模块采用空气断路器跳闸，并且上下级级差比较大，可以避免类似故障，所以模块保护采用空气断路器不容易扩大事故。

3. 处理方法

遇到这种情况不要急于合上交流总开关，如果故障还存在，合上总开关可能会造成故障扩大。首先，将所有模块退出，仔细检查交流回路有无烧黑痕迹，如果没有可以合上交流总开关，同时安排人员观察交流回路，是否有放电短路情况。合上后如果正常则排除交流总母线故障的可能，接下来应分别检查模块。通常模块内部短路会产生焦煳味道，用鼻子闻就可以找出发生故障的模块，或者用万用表测量交流输入回路电阻，判断是否有短路。但有时故障电流已经将故障点烧断，用此方法检查不出来短路现象，这时可以通过输入电阻比较法找到故障模块，一般输入电阻很大的模块就是故障模块。若以上两种方法均无法判断故障模块，就只能将模块分别缓慢插入进行检查，如果插入过程中发生短路就证明是该模块故障，也有插入后全部都正常的情况，但一定有一个模块是没有输出电流的，原因就是彻底烧断了。

四、模块输出过电压或欠电压

1. 故障现象

模块故障报警，直流系统电压、电流均正常。

2. 原因分析

这种情况一般是模块内部故障造成无电压输出，所以对系统正常运行没有影响，但 N+1 的冗余没有了，需要及时更换模块。

另外一种造成这种现象的可能是模块输出电压失控，输出电压远远大于其他模块的输出定值，使得模块输出最大电流到达限流值，但由于充电机总的输出电流要大于单个模块的最大电流，因此输出电压还是维持在正常的设定值。

3. 处理方法

检查哪个模块报警灯亮或输出电流为零，退出该模块后重新设置工作模块数量，告警自动消除，证明该模块故障。有些监控器可以直接从监控屏幕上读出几号模块故障，处理就更简单了。

判别模块电压失控导致输出电流增大，只要检查是哪一模块输出增大到额定电流，而其他模块电流很小，就可判定输出最大电流的模块电压失控故障。

五、模块自动退出运行

1. 故障现象

充电装置报模块故障，但充电装置表面看上去正常。

2. 原因分析

这种情况的充电装置一般具有故障模块自动退出运行功能，可以更好地保证充电装置的可靠性。

3. 处理方法

从监控器菜单中选中故障信息内容，可知道是几号模块故障，一般也可从模块表面指示灯的运行情况判别，自动关机后模块指示灯就不亮了。可以加电重启一次看能否恢复正常，或更换模块。

六、模块风扇故障

1. 故障现象

个别模块不工作。

2. 原因分析

风冷模块自动退出运行最常见的故障是风扇损坏，将模块退出后放置一段时间，待模块冷却后再插进去，模块会工作一段时间，然后又报故障，检查风扇发现风扇是不转的。

3. 处理方法

更换同类型风扇即可解决问题。

七、充电装置输出电压不稳定

1. 故障现象

蓄电池电流不稳定，一会儿充电一会儿放电，无告警信号发出。

2. 原因分析

造成充电装置输出电压不稳定有两方面的原因：① 模块本身输出不稳定影响充电装置输出电压的稳定性；② 监控器控制出了问题，造成输出电压不稳定。发生这种情况的充电装置大都是由模拟电压控制输出的模块。模块输出电压由模拟电压控制，控制电压发生小幅波动，将造成输出电压的波动。但这种波动如果幅度不大没有超过告警设定值，充电装置不会发出告警信号，平时也不易发现，只有在做电压稳定测试时才能反映出来。但从蓄电池电流频繁进出不稳定可能发现该故障，该故障对蓄电池寿命有一定影响。

3. 处理方法

将监控器输出到模块的控制线全部拔掉，让模块处在自主工作状态，看输出电压不稳定是否消除，如果消除了证明是监控器控制出了问题，需要进一步检查监控器。如果还是不稳定，需要进一步判断是哪一个模块的问题，可以逐个退出模块，直到输出电压稳定，以此推定有问题的模块。

八、电压失控升高

1. 故障现象

输出电压不断往上升至极限值。

2. 原因分析

造成这一原因的通常是电压采样回路开路所造成，当监控器采样回路开路时，由于采不到反馈电压，监控器将逐步调整模拟控制电压使得模块输出电压升高，各模块输出电流均流很好，当模块内部采不到反馈电压时该模块升压，失控后如果直流负荷较小，对蓄电池不断充电造成母线电压升高。

电压采样回路开路形成不了闭环控制会造成这个问题。

3. 处理方法

检查电压采样回路是否有断线现象，或更换失控模块。

九、模块输出电流小

1. 故障现象

个别模块输出电流太小。

2. 原因分析

单个模块电压均调整正常，小电流均流也正常，但一带大电流模块电流无法增大，做单个模块试验发现一带负载电压就明显下降。一般来讲这是模块带载能力降低的表现，通常是模块的软启动限流电阻在正常启动后没有短接所造成的，可能是继电器问题，也可能是继电器驱动问题。由于模块内部电路复杂，一般不主张非专业人员在现场维修，只能进行模块更换处理。

3. 处理方法

更换模块。

十、模块熔丝熔断

1. 故障现象

模块故障告警，检查发现模块熔断器熔断。

2. 原因分析

熔断器熔断大部分是由于发生短路引起的，也有熔断器本身质量问题造成熔断的。后一种熔断如果是玻璃管熔断器可以看到熔丝是中间断开一截，短路造成的熔断器熔断是玻璃管发黑，熔丝基本上看不见。

3. 处理方法

前一种熔断器熔断可以更换相同规格的熔断器一试。对于后一种熔断器熔断不宜进行更换熔断器试验，以免模块再次短路扩大故障。

十一、直流母线纹波大

1. 故障现象

运行中发现纹波比原来要大许多。

2. 原因分析

纹波增大有模块造成和外界造成两种可能，首先是要区别是哪一种原因造成的。内部原因通常是模块滤波电解电容器失效，丧失了滤波功能造成纹波过大；外部原因一般为大功率逆变电源电磁兼容滤波器发生故障。判断纹波产生的原因，只要将充电装置退出直流母线，检查纹波电压有否变化。如果是模块原因，退出充电装置纹波源消失，纹波电压就明显降低；如果是外部原因，纹波应该变化很小，也可以逐个退出模块从中发现哪一个模块产生纹波。

3. 处理方法

如果纹波由模块产生只要更换模块中输出电解电容器或整个更换模块；如果由外部产生，可以通过试拉直流电源查找纹波源，并作进一步处理。

十二、模块风扇声响

1. 故障现象

运行巡视中听见有异常声响，寻踪发现模块风扇造成。

2. 原因分析

模块风扇寿命一般为5年左右，超过5年风扇轴承磨损会造成风扇响声增大并最终损坏，风扇故障将导致模块散热不良而故障，应立即处理。

3. 处理方法

模块退出运行后更换同型号规格的风扇。

【思考与练习】

1. 模块失控造成母线过电压需要什么条件？

2. 模块纹波输出增大的一般原因是什么？

3. 造成模块过电压，最简单的判别方法是什么？

模块 2　监控器故障处理（Z11L3015Ⅲ）

【模块描述】本模块介绍了微机监控器故障。通过处理过程的详细介绍，掌握微机监控器故障的解决方法。

【模块内容】

一、直流输出电压过高或过低告警

1. 故障现象

直流信号发出电压过高或过低告警。

2. 原因分析

直流电压过高或过低有两种可能：① 监控器故障造成的；② 模块故障造成的。判断方法是将监控器退出。如果是模拟电压控制模块输出方式，还需将所有模块的控制线拔出，因为一个模块故障通过控制总线可以相互影响。如果是数字控制模块输出方式，模块需要失电后重启。如果输出恢复浮充电电压说明造成电压过高的原因在监控器身上，否则就是模块出现问题。

3. 处理方法

如果是监控器故障造成输出电压过高，首先要检查监控器中的电压设定值是否正确，排除电压不正常是人为因素造成误整定或干扰造成数据偏差。如定值正确，可以开机重新试验一次，看问题是否解决，如电压正常，大都是监控器内部死机造成失控，一般可以继续运行，当然这说明监控器抗干扰方面存在一定问题。如果电压仍然不正常，说明监控器仍存在问题，可将监控器与各模块的控制线拔出，使各模块自主运行，保持在默认的浮充电电压运行方式下继续工作，同时尽快更换监控器。如监控器一时无法解决，现场必须验证有基本的电压异常告警信号能够发送到中央信号屏（或自动化告警信号）方可继续运行。

当监控器退出运行后输出电压仍不正常，还要排除一种可能是某个模块内部损坏通过控制线影响其他模块，造成输出电压不正常。所以还要将每个模块的控制线全退出试一下，如果电压正常，说明是坏模块通过公共控制线影响其他模块，退出各模块之间的控制线不会影响各自电源模块的正常运行，但会影响模块之间的均流。

二、监控器黑屏

1. 故障现象

监控器没有显示，无法判断监控器是否工作。

2. 原因分析

监控器黑屏有两种可能：显示屏损坏或工作电源缺失。显示器损坏一般有痕迹可循，如有很淡的字迹、画线等；显示器工作电源缺失不影响监控装置正常工作，仅仅没有显示而已。当监控器外部工作电源缺失或内部电源故障一般有报警信号。

3. 处理方法

检查监控器工作电源是否正常，电源熔断器是否熔断，更换熔断器一试。

检查监视器电源开关是否开或开关是否正常，检查内部电源模块是否有电压输出，没有输出只能更换电源模块。

检查显示屏是否有微弱的光感和字体，如果有一般监控器的功能不会有问题，故障仅仅是显示器问题，不影响设备的正常运行。显示器故障大都是背光电源问题，可以通过调整液晶显示屏的背光大小使显示器恢复正常。如果显示字体缺画等大都是接触不良引起的，重新紧固可以解决。

三、监控器死机

1. 故障现象

不管如何操作监控器按键，显示器都没有变化。

2. 原因分析

这种情况一般是监控器死机造成的。

3. 处理方法

通过重启监控器大部分可以恢复，方法是将监控器关机后等待几秒再开机，恢复正常后要检查各设定值是否正确，防止工作定值设置改变造成监控装置工作不正常。否则更换监控器。

【思考与练习】

1. 监控器死机可以用什么方法一试？
2. 监控器没有显示，如何判断仅仅是显示问题还是监控器故障？
3. 如何判断充电装置的输出电压过高是由监控装置造成的？

模块3 绝缘监测仪故障处理（Z11L3016Ⅲ）

【模块描述】本模块介绍了绝缘监测仪故障。通过处理过程的详细介绍，掌握绝缘监测仪故障的解决方法。

【模块内容】

一、绝缘监测仪装置发故障告警信号

1. 故障现象

绝缘监测仪装置发出故障告警信号。

2. 原因分析

绝缘监测仪装置本身故障，从运行统计来看电源模块发生的故障率最高。绝缘监测装置内部的电源如果是采用交流注入法的，通常有两个独立的电源模块：① 供监视母线绝缘电阻的电源模块；② 供交流信号发生器的电源。当供母线绝缘监测的电源发生故障时，绝缘监测装置将停止工作，面板的显示屏、工作状态指示灯均熄灭。当供交流信号发生器的电源故障时，绝缘监测装置显示正常，直流系统发生绝缘下降时照常报警，但无法查找到接地支路。

3. 处理方法

检查绝缘监测装置工作电源是否正常，用万用表测量电源工作电压，如果没有工作电源，需要检查供电熔断器（或开关）是否熔断（或断开），并试进行恢复供电。恢复供电后装置面板显示正常，应从菜单中调用故障信息判定故障。如果接地电阻测量正常而告警故障依然存在，则信号电源故障可能性较大，可以更换电源模块一试。

二、绝缘监测仪遭受交流入侵

1. 故障现象

绝缘监测仪冒烟，接地信号变压器烧毁。

2. 原因分析

绝缘监测仪装置采用交流注入法，其交流信号是通过低频隔离变压器和电容器耦合接到直流母线上，信号隔离变压器烧毁一般是遭受外部交流侵入，当直流系统侵入交流电时，通过耦合电容和变压器接地构成接地电流回路。

交流电源的平均直流分量为零，当直流系统中由于各种原因串入 220V 交流电源时，相当于直流接地，直流母线对地电压为零，绝缘监测装置判断直流接地后，投入接地信号源构成交流对地通道形成大电流，烧毁变压器。

3. 处理方法

首先要将侵入的交流电源排除，这样就消除了烧毁变压器的根源，同时直流接地也将消除。然后更换低频信号隔离变压器和耦合电容器，并进行直流接地精度的调试。比较快捷的判别方法是分路拉合站用电交流的输出开关，当拉到某一交流开关接地消失时，即可判断该路交流输出与直流相混。拉的过程中要注意对接地一极用直流电压表监视，电压恢复正常说明接地消失。

【思考与练习】

1. 绝缘监测装置发生故障可能性较大的原因是什么？

2. 为什么交流串入直流后，绝缘监测报直流接地？